INTERNATIONAL ATOMIC MASSES*

Name	Symbol	Atomic Number	Atomic Mass
Actinium	Ac	89	[227]
Aluminium	Al	13	26.9815385(7)
Americium	Am	95	[243]
Antimony	Sb	51	121.760(1)
Argon	Ar	18	39.948(1)
Arsenic	As	33	74.921595(6)
Astatine	At	85	[210]
Barium	Ba	56	137.327(7)
Berkelium	Bk	97	[247]
Beryllium	Be	4	9.0121831(5)
Bismuth	Bi	83	208.98040(1)
Bohrium	Bh	107	[270]
Boron	B	5	10.81
Bromine	Br	35	79.904
Cadmium	Cd	48	112.414(4)
Calcium	Ca	20	40.078(4)
Californium	Cf	98	[251]
Carbon	C	6	12.011
Cerium	Ce	58	140.116(1)
Cesium	Cs	55	132.90545196(6)
Chlorine	Cl	17	35.45
Chromium	Cr	24	51.9961(6)
Cobalt	Co	27	58.933194(4)
Copernicum	Cn	112	[285]
Copper	Cu	29	63.546(3)
Curium	Cm	96	[247]
Darmstadtium	Ds	110	[281]
Dubnium	Db	105	[270]
Dysprosium	Dy	66	162.500(1)
Einsteinium	Es	99	[252]
Erbium	Er	68	167.259(3)
Europium	Eu	63	151.964(1)
Fermium	Fm	100	[257]
Flerovium	Fl	114	[289]
Fluorine	F	9	18.998403163(6)
Francium	Fr	87	[223]
Gadolinium	Gd	64	157.25(3)
Gallium	Ga	31	69.723(1)
Germanium	Ge	32	72.630(8)
Gold	Au	79	196.966569(5)
Hafnium	Hf	72	178.49(2)
Hassium	Hs	108	[270]
Helium	He	2	4.002602(2)
Holmium	Ho	67	164.93033(2)
Hydrogen	H	1	1.008
Indium	In	49	114.818(1)
Iodine	I	53	126.90447(3)
Iridium	Ir	77	192.217(3)
Iron	Fe	26	55.845(2)
Krypton	Kr	36	83.798(2)
Lanthanum	La	57	138.90547(7)
Lawrencium	Lr	103	[262]
Lead	Pb	82	207.2(1)
Lithium	Li	3	6.94
Livermorium	Lv	116	[293]
Lutetium	Lu	71	174.9668(1)
Magnesium	Mg	12	24.305
Manganese	Mn	25	54.938044(3)
Meitnerium	Mt	109	[278]
Mendelevium	Md	101	[258]
Mercury	Hg	80	200.592(3)
Molybdenum	Mo	42	95.95(1)
Neodymium	Nd	60	144.242(3)
Neon	Ne	10	20.1797(6)
Neptunium	Np	93	[237]
Nickel	Ni	28	58.6934(4)
Niobium	Nb	41	92.90637(2)
Nitrogen	N	7	14.007
Nobelium	No	102	[259]
Osmium	Os	76	190.23(3)
Oxygen	O	8	15.999
Palladium	Pd	46	106.42(1)
Phosphorus	P	15	30.973761998(5)
Platinum	Pt	78	195.084(9)
Plutonium	Pu	94	[244]
Polonium	Po	84	[209]
Potassium	K	19	39.0983(1)
Praseodymium	Pr	59	140.90766(2)
Promethium	Pm	61	[145]
Protactinium	Pa	91	231.03588(2)
Radium	Ra	88	[226]
Radon	Rn	86	[222]
Rhenium	Re	75	186.207(1)
Rhodium	Rh	45	102.90550(2)
Roentgenium	Rg	111	[281]
Rubidium	Rb	37	85.4678(3)
Ruthenium	Ru	44	101.07(2)
Rutherfordium	Rf	104	[267]
Samarium	Sm	62	150.36(2)
Scandium	Sc	21	44.955908(5)
Seaborgium	Sg	106	[269]
Selenium	Se	34	78.971(8)
Silicon	Si	14	28.085
Silver	Ag	47	107.8682(2)
Sodium	Na	11	22.98976928(2)
Strontium	Sr	38	87.62(1)
Sulfur	S	16	32.06
Tantalum	Ta	73	180.94788(2)
Technetium	Tc	43	[97]
Tellurium	Te	52	127.60(3)
Terbium	Tb	65	158.92535(2)
Thallium	Tl	81	204.38
Thorium	Th	90	232.0377(4)
Thulium	Tm	69	168.93422(2)
Tin	Sn	50	118.710(7)
Titanium	Ti	22	47.867(1)
Tungsten	W	74	183.84(1)
Ununoctium	Uuo	118	[294]
Ununpentium	Uup	115	[289]
Ununtrium	Uut	113	[285]
Uranium	U	92	238.02891(3)
Vanadium	V	23	50.9415(1)
Xenon	Xe	54	131.293(6)
Ytterbium	Yb	70	173.045(10)
Yttrium	Y	39	88.90584(2)
Zinc	Zn	30	65.38(2)
Zirconium	Zr	40	91.224(2)

*The 2013 values from the IUPAC website at http://www.chem.qmul.ac.uk/iupac/AtWt/
Numbers in parentheses indicate the uncertainty in the last digit of the atomic masses. Values enclosed in brackets, for example, [209], indicate the mass number of the longest-lived isotope of the element. From J. Meija, et al., *Pure Appl. Chem.*, **2016**, *88*, 265, **DOI**: 10.1515/pac-2015-0305.

IMPORTANT PHYSICAL CONSTANTS

Constant	Symbol	Value
Speed of light (*in vacuo*)	c	2.99792×10^{8} ms^{-1}
Planck's constant	h	6.62607×10^{-34} J s
Avogadro's number	N	6.022140×10^{23} particles mol^{-1}
Faraday constant	F	96485.33 C mol^{-1}
Gas constant	R	8.31446 J K^{-1} mol^{-1}
		0.0820578 L atm K^{-1} mol^{-1}
Boltzmann's constant	k	1.38065×10^{-23} J K^{-1}
Rest mass of the electron	m_e	9.10938×10^{-31} kg
Electronic charge	e	1.602177×10^{-19} C

ENERGY CONVERSION FACTORS

	Joules	Ergs	Calories	Liter Atmosphere	Electron Volts
1 joule =	1	10^{7}	2.3901×10^{-1}	9.8692×10^{-3}	6.2415×10^{18}
1 erg =	10^{27}	1	2.3901×10^{-8}	9.8692×10^{-10}	6.2415×10^{11}
1 calorie =	4.1840	4.1840×10^{7}	1	4.1293×10^{-2}	2.6114×10^{19}
1 liter atmosphere =	1.0133×10^{2}	1.0133×10^{9}	24.217	1	6.3242×10^{20}
1 electron volt =	1.6022×10^{-19}	1.6022×10^{-12}	3.8293×10^{-20}	1.5812×10^{-21}	1

스쿠그의

수정판

기기분석의 이해

7th Edition

Principles of Instrumental Analysis, Seventh Edition

Douglas A. Skoog
F. James Holler
Stanley R. Crouch

ISBN-13: 978-89-6218-471-6

Cengage Learning Korea Ltd.
14F YTN Newsquare 76 Sangamsan-ro
Mapo-gu Seoul 03926 Korea

Cengage is a leading provider of customized learning solutions with employees residing in nearly 40 different countries and sales in more than 125 countries around the world. Find your local representative at: **www.cengage.com**

To learn more about Cengage Solutions, visit **www.cengageasia.com**.

Printed in Korea
Print Number: 05 Print Year: 2024

Douglas A. **Skoog**
F. James **Holler**
Stanley R. **Crouch**

7th Edition

스쿠그의

수정판

기기분석의 이해

명노승 · 명승운 · 이효중 · 장병용 · 최성신 외 10인 | 옮김

Cengage

Australia • Brazil • Canada • Mexico • Singapore • United Kingdom • United States

옮긴이 소개

명노승 건국대학교 응용화학과
명승운 경기대학교 화학과
이효중 전북대학교 화학과
장병용 부경대학교 화학과
최성신 세종대학교 화학과
김성환 경북대학교 화학과
김주훈 경희대학교 화학과
김혁한 단국대학교 화학과
문명희 연세대학교 화학과
윤완수 성균관대학교 화학과
이영일 울산대학교 화학과
이용일 창원대학교 화학과
이인호 대전대학교 응용화학과
이혜진 경북대학교 화학과
최상일 경북대학교 화학과
(옮긴이 순서: 대표역자/세션별 감수/ 가나다 순)

스쿠그의 기기분석의 이해

Principles of Instrumental Analysis, Seventh Edition

제7판 수정판 1쇄 발행 | 2019년 8월 22일
제7판 수정판 5쇄 발행 | 2024년 8월 16일

지은이 | Douglas A. Skoog, F. James Holler, Stanley R. Crouch
옮긴이 | 명노승, 명승운, 이효중, 장병용, 최성신 외 10인
발행인 | 송성헌
발행처 | 센게이지러닝코리아㈜
등록번호 | 제313-2007-000074호(2007.3.19.)
이메일 | asia.infokorea@cengage.com
홈페이지 | www.cengage.co.kr

ISBN-13: 978-89-6218-471-6

공급처 | 사이플러스
주 소 | 서울시 영등포구 양평로 30길 14, 세종앤까뮤스퀘어 1106호
도서안내 및 주문 | Tel 02) 332-6170~1 Fax 02) 332-6185
홈페이지 | www.sciplus.co.kr

정가 48,000원

역자 서문

Preface

기기 분석 화학은 화학을 전공하는 학생이라면 학부 및 대학원 과정에서 한 학기 또는 두 학기 동안 배우게 되는 필수 과목이다. 아울러, 물리학과 지구과학, 생명과학과 같은 기초 과학 분야는 물론이고 공학, 환경 및 의 · 약학 등의 다양한 분야에서도 기기를 이용한 분석법이 더욱 중요한 역할을 담당하게 되었고, 이에 따라 화학 이외의 전공자들에게도 유용한 교재의 필요성이 증가하고 있다.

기기 분석과 관련한 다수의 교재가 출간되었음에도 불구하고, 『Principles of Instrumental Analysis』는 1971년에 처음 출간된 이후 현재까지 전 세계적으로 가장 널리 사용되고 있는 교재 가운데 하나다. 본 교재가 널리 사랑받는 데에는 여러 가지 요인이 있겠지만, 그중에서도 주기적인 개정판을 통해 분석기기의 발전과 변화를 충실히 반영해온 것이 주된 이유가 아닐까 싶다. 이번에 출간된 7판도 거의 모든 장의 내용이 최신 자료와 문헌을 이용하여 업데이트되었으며 "기기 분석법의 실제 응용" 섹션에도 새로운 사례들이 수록되었다. 특히 디지털 시대의 흐름에 맞추어 참고 문헌에 DOI(디지털 객체 식별자)를 추가함으로써 심화 학습에 필요한 자료에 접근이 매우 간편해진 것도 이번 개정판의 특징이다. 7판은 6판과 마찬가지로 전기 회로, 원자분광학, 분자분광학, 전기 분석 화학, 크로마토그래피, 열분석법 등 다양한 기기 분석법을 다루고 있으므로 화학 전공자는 물론이고 분석기기를 다루는 여러 분야의 많은 사람들에게 교재 또는 참고 자료로 이용될 수 있을 것이다.

본 교재의 번역에 참여한 역자들이 정확한 번역을 위해 최선을 다하였음에도 불구하고 부족한 부분이 있을 것이다. 미흡하거나 잘못된 부분에 대해 이 책을 사용하시는 독자 여러분들의 적극적인 지적과 충고를 부탁한다. 마지막으로, 이 책이 나오기까지 애써 주신 우일미디어와 센게이지러닝 코리아, 그리고 사이플러스 출판사 관계자 분께 감사의 말을 전한다.

2018년 1월
역자 일동

지은이 머리말

Preface

오늘날에는 물질의 구조와 조성에 관한 정량 및 정성적 정보를 얻는 데 필요한 강력하고 우수한 기기 분석 도구들의 다양한 조합이 있다. 화학이나 생화학, 물리학, 지리학, 생명과학, 법정과학, 그리고 환경화학을 전공하는 학생들은 이러한 기기 분석 도구들에 대한 이해를 바탕으로 각 분야와 관련된 분석적인 문제들에 대한 해결 능력을 증진시켜 나가야 한다. 이 책은 위와 같은 학생들과 다른 분석기기들을 사용하는 사람들의 필요를 충족시키고자 하였다.

분석기기들을 적절히 선택하고 효율적으로 사용하기 위해서 사용자들은 현대 분석 장비들에 내재된 근본 원리들을 숙지하여야 한다. 주어진 어떠한 분석적 문제에 있어서도, 우리는 원하는 정보를 얻기 위해 사용할 수 있는 분석법들에 상상 외의 많은 선택지가 있음에 놀라게 된다. 다양한 분석법들에 대한 이점과 한계에 대한 이해를 통해서만 적절한 선택이 이루어질 수 있고, 사용자들이 분석법의 민감도, 정밀도, 정확성에 대한 한계에 적절히 대응할 수 있게 된다. 또한, 분석기기 사용자들은 선택한 분석기기의 보정, 표준화, 검증을 위한 여러 방법들을 숙지하고 있어야 한다. 따라서, 이 책의 목적은 독자들에게 분광 분석, 전기 화학 분석, 크로마토그래피 분석, 방사화학 분석, 열 및 표면 분석법들을 포함하는 기기 분석법의 원리들에 대한 온전한 이해를 제공하는 것이다. 이 책을 세심하게 공부함으로써 독자들은 분석기기들의 종류와 그것들의 강점 및 한계들에 대해 알게 될 것이다.

본 개정판의 구성

이 책은 여섯 번째 개정판과 유사한 섹션들로 구성되어 있다. 이 책은 간략한 서론 장과 이어지는 여섯 부로 나뉜다.

- 제1부는 4개의 장으로 이루어져 있으며, 이들은 기초 전기회로, 연산증폭기, 디지털 전자회로와 컴퓨터, 신호, 잡음, 신호-대-잡음비 개선에 관한 장이다.
- 제2부는 다양한 원자분광법에 관한 7개의 장으로 이루어져 있다. 이들은 분광법, 분광학 장치, 원자 흡수분광법, 원자 형과이분광법, 원자 질량 분석법, X선분광법에 관한 장이다.
- 제3부는 9개의 장에 걸쳐 흡수분광법, 방출법(emission), 발광법(luminescence), 적외선 분광법, Raman 분광법, 핵자기 공명법, 질량 분석법, 표면 분석법을 포함하는 분자 분광법에 대해 다룬다.
- 제4부는 전위차법, 전기량법, 전압-전류법을 포함하는 전기 화학 분석을 다루는 4개의 장으로 이루어져 있다.
- 제5부는 기체/액체 크로마토그래피, 초임계 유체 크로마토그래피, 전기 이동, 장-흐름 분획법을 포함하는 5개의 장으로 구성되어 있다.
- 제6부는 열분석법, 방사화학 및 자동화 분석법을 중심으로 여러 기타 기기 분석법에 관한 4개의 장을 포함하며, 입자크기 분석법에 관한 장도 포함되어 있다.

이 책의 초판이 1971년에 출판된 이후, 기기 분석 분야는 한두 학기 과정으로는 모든 현대 기기 분석법을 다루기 불가능할 정도로 아주 방대하고 다양하게 성장해왔다. 또한, 가르치는 수업 과정에서 어떤 기기 분석법을 다룰지 아니면 생략할지에 대해서는 다른 의견들이 있을 수 있다. 이러한 이유로, 이 책은 하나의 기기 분석 강좌에서 다룰 수 있는 것보다 더 많은 내용들을 다루었다. 이를 통해 이 포괄적인 교재는 기기 분석 강좌 이후에도 가치 있는 참고 자료가 될 수 있을 것이다. 여러 부의 형태로 내용들을 분류하여 정리함으로써, 본 교재는 강좌를 진행해나가는 데에 필요한 선행 읽기 과제를 내어줄 주제들을 선정하는 데에도 유리할 수 있다는 중요한 장점을 지닌다. 따라서, 본 개정판에서도 이전 판에서와 같이 원자분광학, 분자분광학, 전기 화학, 크로마토그래피에 관한 부에서는 각 분석법의 특정 방법에 선행하여 각 분석법의 서론 장으로 시작한다. 각 부의 개요 장을 선행 읽기 과제로 내어준 후, 강좌의 성격에 따라 다양한 순서로 각 섹션의 장들을 다루어 나갈 수 있다. 이 책을 사용하는 학생들을 위해서는, 제시된 문제풀이의 절반에 대한 해답을 책의 마지막에 제공하였다.

본 개정판의 새로운 점

- ⋙ 많은 기기 분석법들이 NASA의 화성 탐사에 사용되었거나 사용되어 오고 있기 때문에, 본 개정판에서는 적절한 곳에 이러한 기기 분석법들의 원리와 적용들을 제시하였다.
- ⋙ 본 개정판에서는 각 부의 끝부분에 "*기기 분석법의 실제 응용*(Instrumental Analysis in Action)"에 관한 새로운 사례나 업데이트 된 사례를 포함시켰다. 새로운 사례 연구의 하나로 *비스페놀 A* (bisphenol A)에 관한 논쟁과 이와 관련된 환경 문제에서의 크로마트그래피의 역할을 다루었다. 두 번째 사례로는 John F. Kennedy 암살 조사들에 사용된 중성자 방사화 분석법(neutron activation analysis)의 역할을 다루었다. 이러한 사례 연구들은 각 부에서 다루어지는 방법들에 확대 적용되었으며, 그것들이 각 특정 분석적 문제들에 어떻게 적용되었는지를 보여준다. 이와 같은 흥미로운 예시들은 법정과학, 환경 분야, 생의학 분야에서 선택되었다.
- ⋙ *디지털 객체 식별자*(Digital Object Indentifiers, DOI)는 주요 논문들의 대부분의 참조문헌에 부여되었다. 이러한 범용 식별자들은 웹 사이트 **www.doi.org**와의 연결을 통해 문서 찾기 작업을 상당히 간소화시켰다. DOI를 위의 웹사이트 홈페이지의 입력창에 입력하면, 해당 출판사 웹사이트에 직접 연결되어 해당 문서를 찾을 수 있다. 예를 들어, DOI 10.1351/goldbook.S05812를 위 DOI 웹사이트 홈페이지 입력창에 입력하면, 인터넷 브라우저는 *분광 띠너비 오차*(spectral bandwidth error)에 관한 IUPAC 문서를 바로 연결시켜준다. 다른 방법으로는, DOI는 어느 인터넷 브라우저에서든 접두사 http://dx.doi.org/와 함께 http://dx.doi.org/10.1351/goldbook.S05812와 같이 주소창에 직접 입력하여 사용할 수 있다. 다만, 찾고자 하는 출판물에 대한 승인된 접근권이 있어야 함을 유의하기 바란다. 많은 학술지들은 구독권이 없는 비승인된 사용자들에게도 논문의 초록에 대한 접근을 허용한다. 따라서, 예비적 문헌조사는 완전한 승인권이 없어도 이루어질 수 있을 것이다.
- ⋙ 모든 장들은 분석 화학 문헌에 있는 최근의 저술들을 참고하여 개정하고 보완하였다. 특히, 광학기기의 부분장치(7장), 플라스마 원자 방출분광법(10장), 원자 질량 분석법(11장), 원자 X선분광법(12장), 분자 질량 분석법(20장), 초임계 유체 크로마토그래피(29장)와 같은 장들은 광범위하게 개정되었다. 이 책의 전반에 걸쳐 최신의 분석 방법들과 기술들이 기술되었고, 필요한 곳에는 특정 시판 분석 기기들의 사진들을 적절히 첨가하였다. 이러한 최신 주제들은 레이저 기반 분광법, 형광 소멸법과 lifetime 측정법, 탄뎀(tandem) 질량 분석법, 바이오센서들을 포함한다.
- ⋙ 새롭게 개정된 많은 차트, 도표, 그림들에는 정확하고 현실적인 표현을 위해 이론에 기반하여 계산하거나 원작 문헌에서 얻은 데이터, 곡선, 파형들을 포함하였다.

본 개정판의 핵심 사항

- ⋙ 스프레드시트(spreadsheet) 응용 예시들은 계산 프로그램들이 어떻게 기기 분석법에 사용될 수 있는지를 보여주기 위하여 이 책의 전반에 걸쳐 제시되었다. 아이콘과 함께 제시된 문제풀이에는 스프레드시트 프로그램을 사용하기를 권장한다. 만약 더 구체적인 설명이나 보충적인 내용을 필요로 하는 경우에는 이 책의 보충 교재이고 S. R. Crouch와 F. J. Holler의 공동 저서인 *Applications of Microsoft Excel in Analytical Chemistry* (3rd ed., Belmont, CA: Cengage Learning, 2017)를 참고하기 바란다. 이 책을 구입한 이들은 www.tinyurl.com/skoogia7 웹사이트에서 보충 교재에 대한 접근이 가능하다. 이는 이러한 스프레드시트 응용들을 이해하는 데 도움이 될 것이다.
- ⋙ 이 책은 2가지 색상으로 인쇄되었다. 이러한 점은 책 내의 많은 그림들과 도표들을 이해하는 데 도움을 준다. 두 번째 색상은 그래프를 보다 명확히 한다. 즉, 도표 내의 데이터 흐름을 파악하는 데 도움을 주고, 다수의 차트, 그래프, 그리고 도표들에 나타낸 관련 데이터들을 연관 짓는 핵심 사항을 제시하여 전체적인 모양을 선명하게 한다.
- ⋙ 열린 결말을 갖는 *도전 문제*(Challenge Problem)는 각 장의 내용과 관련된 연구 지향적 경험을 제공한다. 도전 문제들은 열린 결말과 연구 형식의 형태를 지니도록 의도되어 보통의 문제들보다 더욱 도전적인 문제들이다. 이러한 문제들은 서로 의존적인 여러 단계들을 포함한 형태이거나, 관련 정보를 찾기 위해 도서관이나 웹 탐색을 통해 관련 정보를 찾는 것을 필요로 할 수도 있다. 이러한 도전 문제들이 학생들의 토론을 유도하고, 각 장의 주제들을 분야들로 확장시킬 수 있기를 기대한다. 또한, 이러한 도전 문제들을 그룹 프로젝트, 조사 중심(inquiry-driven) 학습과제, 사례 학습 토론과 같은 혁신적인 형태로 사용하기를 권장한다. 많은 도전 문제들이 열린 결말의 형태를 지니고

다수의 해답이 나올 수 있기 때문에 문제 정답이나 해설을 제공하지는 않았다.

- 이 책의 전반에 걸쳐 능동적이고 참여적인 학생 친화적인 형태로 내용을 제공하고자 하였다. 각 장의 예제들은 관련된 흥미로운 문제들을 해결하는 데 도움이 될 수 있도록 선택하였다. 각 예제들의 해답은 따로 표시되어 예제 문제와 해답을 쉽게 구별할 수 있도록 하였다.

부록

- 이 책의 웹사이트인 **www.tinyurl.com/skoogpia7**에는 학생들이 중요한 개념들을 시각화하는 데 도움을 줄 수 있도록 기기 분석법과 관련된 100여 개의 대화형 자습, 분석 기술의 시뮬레이션, 연습, 동영상들을 제공한다. 또한, 데이터와 샘플 스프레드시트를 포함하는 엑셀 파일들도 다운로드할 수 있다. 화학 관련 문헌들 중 일부 논문들도 학생들에게 흥미를 제공하고 학습을 위한 배경 지식을 제공하고자 PDF 파일 형태로 제공하고 있다. 책의 전반에 걸쳐 아이콘 표시를 통해 학생들이 해당 내용에 대한 학습을 위해 웹사이트를 활용하도록 권장하였다.
- 이 책의 모든 문제들에 대한 해답들과 그림들을 포함한 지도 매뉴얼은 **www.tinyurl.com/skoogpia7**에서 얻을 수 있다.

감사의 글
Acknowledgments

원고에 대한 검토와 비평을 해주신 많은 분들께 감사드린다. 도움이 되는 수많은 제안과 수정을 해주신 분들은 다음과 같다.

Portland State University의 Atkinson 학장
Jason Bennett, Pennsylvania State University, The Behrend College
Salim Diab, University of St. Francis
John Dorsey, Florida State University
Constantinos E. Efstathiou, University of Athens
Dale Ensor, Tennessee Tech University
Doug Gilman, Louisiana State University
Warren Goux, The University of Texas at Dallas
Michael Ketterer, Northern Arizona University
Michael Koupparis, University of Athens
Keith Kuwata, Macalester College
David Ryan, University of Massachusetts – Lowell
Alexander Scheeline, University of Illinois at Urbana-Champaign
Dana Spence, Michigan State University
Apryll Stalcup, University of Cincinnati
John Suggs, Brown University
Greg Swain, Michigan State University
Dragic Vukomanovic, University of Massachusetts – Dartmouth
Mark Wightman, University of North Carolina
Charles Wilkins, University of Arkansas
Steven Yates, University of Kentucky

책 대부분의 장을 검토하고 원고 전체에 대한 수정 검토자로 힘써 주신 St. Louis University의 James Edwards 교수님의 도움에 특별한 감사를 전한다. 그분의 노력에 진심 어린 감사함을 느낀다. 이전 개정판은 California State University, Fresno의 David Zellmer 교수님의 도움을 받았는데, 그분의 많은 조언과 수정이 이번 개정판에도 반영되어 있다.

University of Kentucky Science Library의 Janette Carver 부인에게 특별한 감사를 전한다. Janetter Carver 부인은 최고의 참조 사서로서 힘써주었을 뿐만 아니라 필수적인 도서관 서비스와 많은 전자 자료들의 사용에도 기술적인 지원을 제공해주었다.

분석기기와 관련 상품들, 그리고 분석 화학 관련 서비스를 제공하는 많은 분석기기 제조 회사들이 도표와 응용 노트, 그리고 분석기기 제품 사진들을 제공해주었다. 특히, Agilent Technologies, Inc., Bioanalytical Systems, Beckman Coulter, Inc., Brinkman Instruments, Caliper Life Sciences, Hach Co., Hamamatsu Photonics, InPhotonics, Inc., Kaiser Optical Systems, Leeman Labs, LifeScan, Inc., Mettler-Toledo, Inc., National Instruments Corp., Ocean Optics, Inc., Perkin-Elmer Corp., Postnova Analytics, Spectro Analytical Instruments, T. A. Instruments, and Thermo-Electron Corp 회사 등에 감사드린다. 또한, 사용하시던 장비들의 사진을 제공해주신 The Pennsylvania State University의 Srinivas Tadigadapa 교수님과 Vanderbilt University의 David Cliffel 교수님, 그리고 스펙트럼 데이터를 제공해주신 Instituto Nacional de Investigaciones Nucleares의 Hilario López González 박사님에게도 감사의 말씀을 전한다.

이 책의 출판 과정에 많은 도움을 준 Cengage Learning의 직원들에게 특별한 감사의 말씀을 드린다. 콘텐츠 개발자인 Ed

Dodd는 프로젝트를 진행함에 있어 저자들을 독려하고 많은 중요한 조언과 제안하는 일을 훌륭히 해내었다. 또한, 이 책의 출판에 관련된 다른 많은 분들에게도 감사드린다. 콘텐츠 프로젝트 주 매니저 Teresa L. Trego와 Lumina Datamatics의 프로젝트 매니저 Sakthivel Sivalingam에게 감사를 드린다. 마지막으로 Maureen Rosener의 협조와 도움에 감사드린다. 그녀의 인내와 이해심, 그리고 지도는 이 프로젝트의 완성에 큰 도움이 되었다.

*Principles of Instrumental Analysis*의 6번째 개정판이 출간된 이후 Douglas Arvid Skoog는 돌아가셨다. 그는 우리 연구의 조언자이자 교사, 안내자, 그리고 친구였다. 오랜 기간 우리는 그의 지식, 지혜, 기술, 그리고 친절함의 수혜자였다. 그는 강하고 전통적인 과학적 목소리로 효율적이고도 유창한 글쓰기를 보여주었다. 지난 60년이 넘는 시간 동안 세계적으로 수많은 학생들이 분석 화학에 관한 많은 지식들을 그에게서 배웠다. 우리는 그의 곁에서 작업하는 것이 특권이었다고 생각하고 그것이 자랑스럽다.

마지막으로, 이 책을 쓰고 출판을 준비하는 과정에서 조언과 인내 그리고 협조를 보여준 우리들의 배우자 Vicki Holler와 Nicky Crouch에게 깊은 감사를 드린다. 슬프게도 Nicky는 이 책을 준비하는 동안 용감하게 췌장암과 싸우다가 이 세상을 떠났다. 그녀가 매우 그립다.

F. James Holler
Stanley R. Crouch

요약 차례

Contents Overviews

5부

분리법 671

6부

기타 방법들 795

차례

Contents

1장

서론
Introduction

분석화학은 시료물질의 화학적 조성을 알아내는 방법을 다루는 학문이다. **정성 분석(qualitative method)**은 시료 속에 원자나 분자 화학종 또는 작용기가 존재하는지에 대한 정보를 제공한다. 반면에 **정량 분석(quantitative method)**은 하나 이상의 성분물질들의 상대적인 양과 같은 숫자적인 정보를 제공한다.

이 교재에서 옆의 로고는 온라인 학습의 기회가 있음을 나타낸다. 이 교재의 자매 웹사이트인 **www.tinyurl.com/skoogpia7**에서 대화형 자습, 시뮬레이션, 연습 등을 살펴보시오.

1A 분석법의 분류

분석법은 *고전*(classical)분석법과 *기기*(instrumental)분석법으로 분류되는 경우가 많다. 고전 분석법은 *습식화학분석법*(wet-chemical methods)이라고도 하며, 기기 분석법보다 약 1세기 이상 앞서 시작되었다.

1A-1 고전 분석법

화학의 초창기에는 대부분의 화학분석이 침전법, 추출법, 또는 증류법을 이용하여 시료에서 관심대상이 되는 성분들, 즉 *분석물*(analytes)을 분리해냄으로써 수행되었다. 정성 분석을 할 경우, 분리된 성분을 시약과 반응시켜 색깔, 끓는점 또는 녹는점, 일련의 용매에 대한 용해도, 냄새, 광학 활성도, 또는 굴절률 등으로 식별할 수 있는 생성물을 만들었다. 정량 분석의 경우, *무게법*(gravimetric measurements) 또는 *부피법*(volumetric measurements)으로 분석물의 양을 알아냈다.

무게법에서는 분석물 또는 분석물로부터 생성된 어떤 화합물의 질량을 알아낸다. 부피법은 *적정*(titrimetric)법이라고도 하며, 주어진 분석물을 완전히 반응시키는 데 필요한 표준 시약의 부피 또는 무게를 측정한다.

분석물을 분리하고 밝혀내는 이와 같은 고전적인 방법은 오늘날에도 많은 실험실에서 사용되고 있다. 그러나 낮은 농도에서 적은 양의 분석물을 측정할 필요성이 증가함에 따라, 고전 분석법의 이용은 시간이 지나면서, 또 고전 분석법을 대신할 기기 분석법이 등장하면서 점점 줄어들고 있다.

1A-2 기기 분석법

20세기 초에, 과학자들은 분석 문제를 해결하기 위하여 고전 분석법에서 이용하던 현상과는 다른 현상을 활용하기 시작하였다. 이리하여 전도도, 전극 전위, 빛의 흡수 또는 방출, 질량 대 전하의 비, 형광 등과 같은 분석물의 물리적 성질들이 정량 분석에 이용되기 시작하였다. 게다가, 고도로 효율적인 크로마토그래피와 전기 이동 기술이 증류법, 추출법, 침전법을 대체하여 정성 또는 정량 분석 이전에 복잡한 혼합물로부터 성분을 분리해내는 과정에 이용되기 시작하였다. 이와 같이 화학종을 분리하고 알아내는 새로운 방식을 집합적으로 *기기 분석법*(instrumental methods of analysis)이라고 한다.

기기 분석의 기초가 되는 현상들은 한 세기 또는 그 이전부터 알려져 있었다. 그러나 많은 과학자들은 믿을 만하고 간단한 기기장치의 부족으로 이 현상들을 적용할 수 없었다. 실제로, 현대적인 기기 분석법의 성장은 전자기학과 컴퓨터 산업의 발달과 함께 이루어졌다.

1B 기기 분석법의 종류

먼저 정성 또는 정량 분석에 유용한 화학적, 물리적 특징에 대해 살펴보자. 표 1-1에 현재 기기 분석에 사용되는 고유 특성 중 상당수가 나타나 있다. 표에 적혀 있는 대부분의 특성은 분석물에서 측정 가능한 신호를 일으키는 에너지원을 필요로 한다. 예를 들어, 원자 방출법에서는 분석물을 기체 원자 상태로 만들고, 이 원자들을 높은 에너지 상태로 들뜨게 하기 위해 온도를 높여 주어야 한다. 이후 들뜬 상태의 원자들은 특징적인 전자기 복사를 방출하고, 기기를 통해 이를 정량 분석한다. 에너지원은 여기서처럼 급격한 열에너지 변화의 형태일 수도 있고, 스펙트럼의 특정 영역에 해당하는 전자기 복사 또는 전압, 전류, 전하량과 같은 전기적인 양을 활용하는 형태일 수 있다. 또는 분석물 자체의 고유한, 보다 감지하기 어려운 형태일 수 있다.

표 1-1의 첫 6개의 특성은 전자기 복사와의 상호작용을 수반한다는 데 주목하자. 첫 번째 특성에서는 분석물에 의해 복사에너지가 만들어지고, 나머지 5개의 특성은 시료와의 상호작용으로 인한 전자기 복사의 변화를 수반한다. 그 뒤에 이어지는 4개의 특성은 전기신호와 관련된 것이다. 마지막으로, 질량, 질량 대 전하의 비, 반응 속도, 열적 성질, 방사능 등 5개의 다양한 특성을 묶어 놓았다.

표 1-1의 두 번째 열에는 여러 가지 물리적, 화학적 특징에 기반한 기기 분석법을 적어 놓았다. 가능한 기기 분석 기술과 이에 상응하는 고전적 분석 기술 중에서 최적의 방법을 선택하는 것이 항상 쉬운 일이 아니라는 것을 명심해야 한다. 많은 기기 분석 기술은 고전적 기술보다 민감하지만, 어떤 것은 그렇지 않다. 특정한 원소 또는 화합물 조합의 경우 기기 분석법이 더 선택적일 수 있지만, 다른 경우에는 무게법이나 부피법이 간섭을 더 적게 받을 수도 있다. 정확성, 편리성, 소요시간에 대해 일반화하는 것 또한 어렵다. 기기 분석 기술이 더 정교하거나 더 값비싼 장비를 사용한다는 것도 항상 옳지는 않다.

앞에서도 말했듯이, 표 1-1의 두 번째 열에 나열되어 있는 많은 분석법 이외에도 서로 밀접하게 연관된 화합물을 분리하는 데 이용되는 일련의 기기 분석법이 있다. 이 방법의 대부분은 크로마토그래피, 용매 추출, 또는 전기 이동(electrophoresis)에 근거한 것이다. 표 1-1에 나열된 특성 중 하나는 크로마토그래피를 이용한 분리 단계 이후 분석을 완결하는 데 주로 이용된다. 예를 들어 열전도도, 자외선 및 적외선 흡수, 굴절률, 전기전도도가 이런 목적으로 이용된다.

이 책은 표 1-1에 나열된 기기 분석법과 크로마토그래피 및 전기 이동을 통한 분리법의 원리, 응용, 성능특성을 다룬다. 고전 분석법에 대해서는 학생들이 모두 공부했으리라고 생각하여

표 1-1 기기 분석법에서 이용되는 화학적 및 물리적 성질

특성	기기 분석법
복사선 방출	방출분광법(X선, UV, 가시선, 전자, Auger); 형광, 인광 및 발광법(X선, UV 및 가시선)
복사선 흡수	분광광도법과 광도법(X선, UV, 가시선, IR); 광음향분석법; 핵 자기 공명과 전자 스핀 공명 분광법
복사선 산란	비탁법; 네펠로법; Raman 분광법
복사선 굴절	굴절법; 간섭측정법
복사선 회절	X선과 전자회절법
복사선 회전	편광법; 광회전분산법; 원편광 이색성법
전위	전위차법; 시간-전위법
전하량	전기량법
전류	전류법; 폴라로그래피법
전기 저항	전도도법
질량	무게 분석법(수정진동자저울)
질량 대 전하비	질량 분석법
반응 속도	반응 속도법
열적 성질	열 무게법과 열적정법; 시차 주사 분광법; 시차열분석법; 열전도도법
방사능	방사화법; 동위 원소 묽힘법

이 책에서는 다루지 않는다.[1]

1C 분석용 기기

화학분석용 기기는 분석물의 물리적 또는 화학적 성질에 관한 정보를 사람이 가공하고 해석할 수 있는 정보로 바꿔준다. 그러므로 분석기기는 분석의 대상이 되는 물질계와 연구원 사이의 통신기기라고 볼 수 있다. 분석물로부터 원하는 정보를 얻기 위해서는 그림 1-1에 나타나 있는 것처럼 전자기적, 전기적, 기계적 또는 핵에너지와 같은 자극을 주어야 한다. 자극은 분석의 대상인 물질계에서 감응을 이끌어내는데, 이 감응의 성질과 규모는 화학과 물리의 기본 법칙에 따른다. 분석물과 자극의 상호작용으로 나타나는 현상으로부터 원하는 정보를 얻을 수 있다. 잘 알려진 예는 시료에 좁은 파장 범위의 가시선을 통과시켜 분석물에 의해 흡수된 빛을 측정하는 것이다. 시료와 상호작용하기 전후의 빛의 세기를 측정하여, 빛의 세기의 비율을 통해 분석물의 농도를 측정할 수 있다.

일반적으로, 화학분석용 기기는 몇 개의 기본적 부분 장치로 구성되며, 그중 몇 가지가 표 1-2에 나타나 있다. 이들 부분 장치의 관계와 분석물의 특징으로부터 부분 장치를 거쳐 숫자 또는 그래프 형태의 출력으로 이어지는 정보의 흐름을 이해하기 위해서는, 관심의 대상이 되는 정보가 어떻게 표현되고 변환될 수 있는지 살펴보는 것이 좋다.

1C-1 데이터 영역

측정 과정은 정보의 형태를 변환시키는 다양한 장치들의 도움을 받아 이루어진다. 기기가 어떻게 기능하는지 알아보기 전에, 정보가 어떻게 물리적 및 화학적 특성에 의해, 특히 전류, 전압, 전하량과 같은 *전기신호*(electrical signals)에 의해 표현되는지, 즉 *부호화되는지*(encoded) 이해하는 것이 중요하다. 정보를 부호화하는 다양한 방법들을 *데이터 영역*(data domains)이라고 한다. 기기 시스템의 분석을 크게 단순화하고, 측정 과정의 이해를 돕는 이 개념을 바탕으로 분류법이 개발되었다.[2] 그림 1-2의 데이터 영역 도표에서 볼 수 있듯이, 데이터 영역은 크게 *비전기적 영역*(nonelectrical domains)과 *전기적 영역*(electrical domains)으로 분류된다.

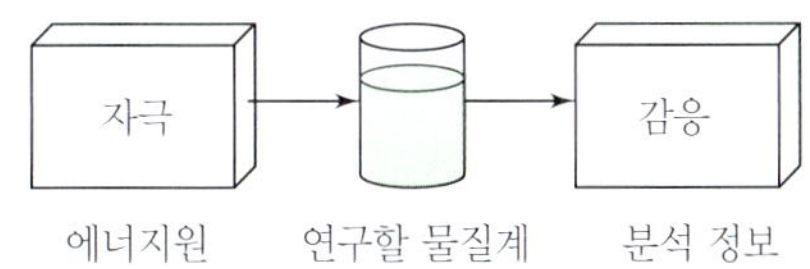

그림 1-1 기기 분석 측정의 전체 과정을 보여주는 그림.

[1]고전 분석법에 대해서는 다음을 참고하시오. D. A. Skoog, D. M. West, F. J. Holler, and S. R. Crouch, *Fundamentals of Analytical Chemistry*, 9th ed., Belmont, CA: Brooks/Cole, 2014, Chaps. 1 – 17.

[2]C. G. Enke, *Anal. Chem.*, **1971**, *43*, 69A, **DOI**: 10.1021/ac60296a764.

1C-2 비전기적 영역

측정 과정은 비전기적 영역에서 시작되고 끝난다. 특정한 실험에서 관심의 대상이 되는 물리적 및 화학적 정보는 이 데이터 영역에 속한다. 이런 정보에는 길이, 밀도, 화학적 조성, 빛의 세기, 압력, 그리고 표 1-1의 첫 번째 열에 나열된 다른 특성들이 있다.

비전기적 영역에 속하는 정보들만으로 측정이 이루어질 수도 있다. 예를 들어 양팔의 길이가 같은 기계식 저울을 사용하여 질량을 측정할 때, 물질을 저울의 한쪽 접시에 올려놓고, 다른 쪽 접시에 표준추를 올려놓고 비교한다. 표준 단위로 물체의 질량을 나타내는 정보는 추의 질량을 합하여 결괏값을 얻도록 정보를 처리하는 실험자에 의해 직접적으로 부호화된다. 다른 구조의 기계식 저울의 경우, 저울의 한쪽 팔의 길이를 다른 쪽보다 길게 하여 질량에 작용하는 중력을 기계적으로 증폭시켜 측정의 분해능을 향상시킨다.

자를 사용하여 물체의 길이를 측정하거나 눈금 실린더를 사용하여 액체 시료의 부피를 측정하는 것도 비전기적 영역에서만 수행되는 측정의 예이다. 이런 측정은 종종 고전 분석법과 관련되어 있다. 값싼 전자 신호 처리 장치, 감도 좋은 변환장치(제1C-4절 참고) 및 판독 장치의 출현으로 비전기적 영역에서 정보를 얻어 전기적 영역에서 처리하고, 다시 비전기적인 형태로 정보를 표현하는 많은 전자공학적 기기가 발달하게 되었다. 전자공학적 장치는 양팔의 길이가 다른 기계식 저울에서 질량을 증폭하는 것과 유사한 방식으로 정보를 처리하고 정보를 한 영역에서 다른 영역으로 변환시킨다. 이와 같은 장치들을 이용하여 신속하고 정교한 정보 처리를 할 수 있게 됨에 따라 비전기적 정보에만 의존하는 기기들은 구시대의 유물로 전락하고 있다. 그렇지만 우리가 얻으려는 정보는 분석물의 성질에서 시작하여 어떤 숫자로 끝나며, 이 둘 모두 비전기적인 표현이다. 측정의 궁극적인 목적은 최종적으로 분석물의 특정한 화학적 및 물리적 성질에 어떤 방식으로든 비례하는 숫자적인 결과를 얻는 것이다.

1C-3 전기적 영역

정보를 전기적 양으로 부호화하는 방식은 그림 1-2의 원형 도표의 아랫부분에 나타낸 것과 같이 *아날로그 영역*(analog domains), *시간 영역*(time domains), 그리고 *디지털 영역*(digital domain)으로 나눌 수 있다. 디지털 영역이 전기적 신호뿐만 아니라 하나의 비전기적 표현으로 구성된다는 사실에 주목하자.

자습: www.tinyurl.com/skoogpia7에서 **데이터 영역(data domain)**에 대해 더 알아보시오.

표 1-2 기기 부분 장치의 몇 가지 예시

기기	에너지원(자극)	분석 정보	정보 분류	입력 변환기	변환정보의 데이터영역	신호처리/판독기
광도계	텅스텐 등	감쇄 빛살	필터	광다이오드	전류	증폭기, 디지타이저, LED 디스플레이
전자 방출 분광계	유도 결합 플라스마	UV 또는 가시선 복사	단색화장치	광전증배관	전류	증폭기, 디지타이저, 디지털 디스플레이
전류계	직류 전원	분석물을 산화 또는 환원하는 데 필요한 전하	전지 전위	전극	시간	증폭기, 디지털 타이머
pH 미터	시료/유리전극	수소 이온 활성도	유리전극	유리-칼로멜 전극	전위	증폭기, 디지타이저, 디지털 디스플레이
질량 분석기	이온원	질량 대 전하비	질량 분석기	전자 증배기	전류	증폭기, 디지타이저, 컴퓨터 시스템
불꽃 이온화 기체 크로마토그래피	불꽃	이온 농도 대 시간	크로마토그래피 컬럼	바이어스 전극	전류	전기계, 디지타이저, 컴퓨터 시스템

이는 어떤 표시판에 나타나는 어떤 숫자들이든 디지털 정보를 전달하기 때문이다.

모든 측정 과정은 일련의 *영역 간 변환*(interdomain conversions)으로 나타낼 수 있다. 예를 들어, 그림 1-3은 미량의 퀴닌이 들어있는 토닉 워터 시료의 분자 형광 세기를 측정하는 과정을 보여주며, 일반적으로 형광 세기를 나타내는 숫자를 얻는 데 필요한 데이터 영역 간 변환 방식을 보여준다. 여기서 형광 세기가 중요한 이유는 궁극적으로 얻고자 하는 정보인 토닉 워터에 존재하는 퀴닌의 농도에 비례하기 때문이다. 정보는 토닉 워터의 퀴닌의 농도에서 시작된다. 이 정보는 시료에 그림 1-3에 나타난 레이저의 전자기적 에너지를 가해서 자극을 줌으로써 얻어진다. 복사선은 토닉 워터 속의 퀴닌과 상호작용하여 퀴닌 고유의 스펙트럼 영역에서 농도에 비례하는 크기의 형광을 방출한다. 퀴닌 농도와 무관한 복사선은 그림 1-3에서와 같이 광학 필터에 의해 빛살에서 제거된다. 비전기적 정보인 형광 방출 세기는 *입력 변환기*(input transducer)라고 하는 특별한 장치에 의해 전기신호로 부호화된다. 이 실험에 사용된 특별한 변환기는 광변환기로, 여러 가지 형태가 있으며 이 중 몇 가지는 제6장과 제7장에서 다룬다. 이 예시에서 입력 변환기는 토닉 워터의 형광을 복사선의 세기에 비례하는 전류 I로 변환시킨다. 변환기의 표면에 들어오는 입력 복사선의 세기와 전기적 출력 사이의 수학적 관계를 변환기의 *변환함수*(transfer function)라고 한다.

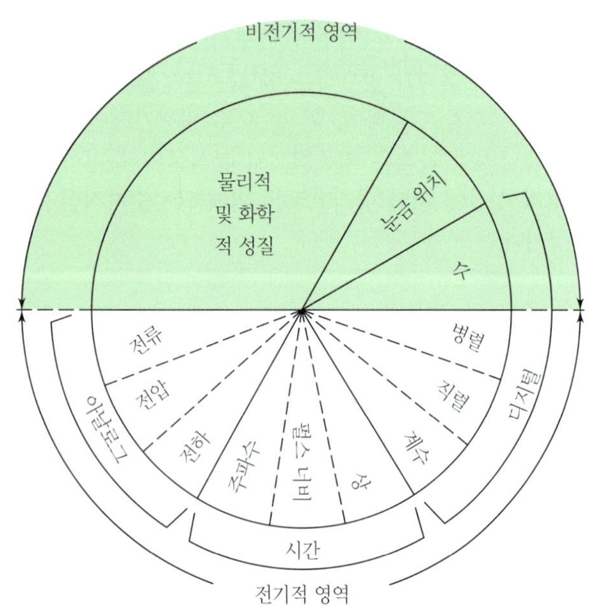

그림 1-2 데이터 영역 도표. 도표의 위쪽(색칠된) 절반은 비전기적인 영역을 나타낸다. 아래쪽 절반은 전기적 영역이다. 디지털 영역이 전기적, 비전기적 영역 양쪽에 걸쳐 있음에 주목하자.

그 다음 광변환기에서 생성된 전류는 저항 R을 통과하고, 여기서 Ohm 법칙에 따라 I에 비례하는 전압 V를 얻는데 이 역시 형광의 세기에 비례한다. 마지막으로 V는 디지털 전압계에 의해 측정되어 시료에 들어있는 퀴닌농도에 비례하는 출력을 낸다.

전기적 영역에서 비전기적 영역으로 데이터를 변환시키는 전압계, 영숫자(문자와 숫자) 표시판, 전기모터, 컴퓨터 스크린 및 여러 다른 장치들을 *출력 변환기*(output transducers)라 한다. 그림 1-3의 형광계의 디지털 전압계는 전압 V를 액정표시판에 숫자로 나타나도록 변환시켜 기기의 사용자가 읽고 해석할 수 있게 하는 비교적 복잡한 출력 변환기이다. 디지털 전압계, 여

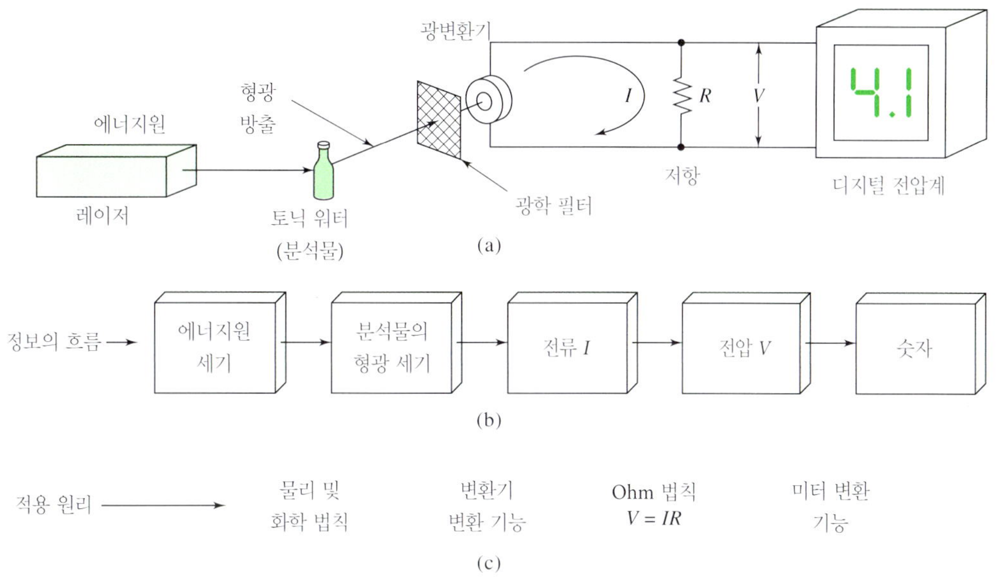

그림 1-3 (a) 형광계의 일반 구조 계통도, (b) 형광계 내에서 다양한 데이터 영역 간 정보의 흐름을 나타내는 도표, (c) 측정 과정에서 데이터 형태 변환을 지배하는 원리를 나타내는 개략도.

러 다른 전기회로들 그리고 신호들의 특성은 제2장~제4장에서 자세히 살펴볼 것이다.

아날로그 영역 신호

아날로그 영역의 정보는 전기적인 양—전압, 전류, 전기량 또는 전력—중 하나의 *크기*(magnitude)로 부호화된다. 이 양들은 그림 1-4의 전형적 아날로그 신호에서 보는 것과 같이 크기와 시간 모두에서 연속적이다. 아날로그 양의 크기는 연속적으로 측정하거나, 또는 제4장에서 설명할 것과 같이 특정한 실험이나 기기 분석법의 필요한 시간 범위에서 정해진 점들을 취할 수 있다. 그림 1-4의 데이터는 시간에 따른 함수로 기록되지만, 파장, 자기장의 세기 또는 온도와 같은 변수는 적절한 상태에서 독립 변수가 될 수도 있다. 측정한 물리적 또는 화학적 성질과 상응하는 두 개의 아날로그 신호의 상관관계는 핵 자기 공명 분광법, 적외선 분광법, 시차열분석법과 같은 다양한 기기적 측정법에서 중요하다.

아날로그 신호는 특히 측정회로 내에서의 상호작용으로 또는 측정장치 가까이에 있는 다른 전기 장치에서 생기는 전기적 잡음에 영향을 받기 쉽다. 이런 잡음은 분석 정보와는 아무 관계가 없으므로 이런 원치 않는 정보의 효과를 최소화하는 방법들이 개발되어 왔다. 신호, 잡음, 그리고 기기감응의 최적화에 대해서는 제5장에서 설명한다.

시간 영역 정보

정보는 신호의 크기보다는 시간에 따른 신호의 변동으로 시간 영역에 저장된다. 그림 1-5는 시간에 따른 아날로그 크기로 기록된 세 개의 다른 시간 영역 신호를 보여준다. 수평점선은 임의의 아날로그 신호 문턱값을 나타내며 이는 신호가 HI(문턱값 위)인지 LO(문턱값 아래)인지를 결정하는 데 사용된다. 신호가 HI에서 LO로 또는 LO에서 HI로 전이되는 사이의 시간관계는 관심의 대상이 되는 정보를 가지고 있다. 주기적인 신호를 만드는 기기에서는 단위 시간당 신호의 사이클의 수를 *주파수*(frequency)라 하고, 한 사이클이 나타나는 데 걸리는 시간을 *주기*(period)라 한다. 주파수 영역으로 부호화된 정보를 만들어내는 기기방법의 두 가지 예로는 Raman 분광법(제18장)과 중성자 방사화 분석(제32장)이 있다. 이 방법들에서 검출기에 도달하는 광자 빈도수는 분석물에서 나오는 방출세기에 직접적으로 관련되어 있으며 따라서 시료의 농도에 비례한다.

연속되는 LO에서 HI로의 전이 사이의 시간을 *주기*라 하고 하나의 LO에서 HI로의 전이와 하나의 HI에서 LO로의 전이 사이의 시간을 *펄스 너비*(pulse width)라고 한다. 전압-주파수 변환기와 주파수-전압 변환기 같은 장치는 시간 영역 신호를 아날로그 영역 신호로 또는 그 반대로 변환하는 데 사용될 수도 있다. 이들과 *데이터 영역 변환기*(data-domain converters) 같은 다른 장치들은 전자장치의 한 부분으로 제2장~제4장에서 설명되고 이 책의 다른 부분에서도 언급될 것이다.

디지털 정보

데이터는 2준위 체계로 디지털 영역에 부호화된다. 정보는 전구, 발광 다이오드, 토글 스위치 또는 논리준위 신호 등으로 표현될 수 있다. 이런 장치들이 갖고 있는 특징은 이들 각각이 오직 두 가지 상태 중 어느 하나의 상태에 있게 된다는 것이다. 예를 들면 빛과 스위치는 ON과 OFF의 상태 중 하나에만, 논리준위 신호는 HI와 LO의 상태 중 하나에만 있게 된다. 스위치와 빛의 ON과 OFF 상태에 대한 정의는 잘 알려져 있다. 그러나 전기신호의 경우는 시간 영역 신호의 경우와 같이 HI와 LO 상태를 구별할 수 있도록 임의의 신호준위를 결정해주어야 한다. 이

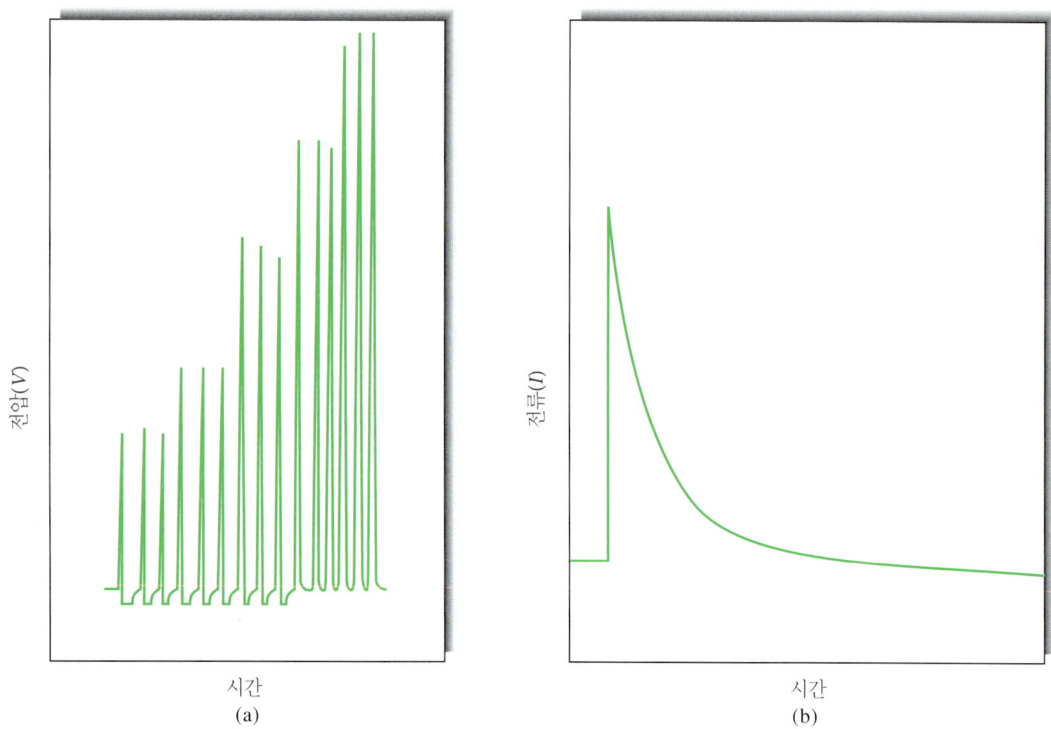

그림 1-4 아날로그 신호. (a) 흐름주입 분석실험의 광전검출계의 장치응답. 다섯 가지 농도에서 세 번씩 측정된 반응 혼합물은 붉은 $Fe(SCN)^{2+}$를 포함한다. 이것은 단색광원과 광전 변환기를 통과하여 흐르며, 광전 변환기는 시료의 농도 변화에 따라 전압을 변화시킨다. (b) 펄스광원의 빛이 장치의 광음극에 도달할 때 광전증배관의 전류응답.

런 결정은 실험조건에 따라 또는 사용하는 전자장치의 특성에 따라 달라진다. 예를 들어 그림 1-5c에 나타난 신호는 핵검출기로부터 나오는 일련의 펄스 신호이다. 이때 일정 시간 동안 펄스를 계수하여 방사선 세기를 측정한다. 점선은 신호준위를 나타내는데 신호준위는 충분히 낮아서 펄스가 전혀 제거되지 않아야 하고, 그와 동시에 관심 있는 핵현상과 무관한 무질서한 요동신호를 제거할 수 있을 정도로 충분히 높아야 한다. 신호가 그림 1-5c에서와 같이 문턱값을 14번 넘으면 14개 핵변환이 일어났다고 확신할 수 있다. 핵변환들을 계수(카운트, count)한 후 데이터는 숫자 14의 형태로 디지털 영역에 부호화된다. HI-LO를 전자공학적으로 결정하고 디지털 영역으로 정보를 부호화하는 방법을 제4장에서 살펴볼 것이다.

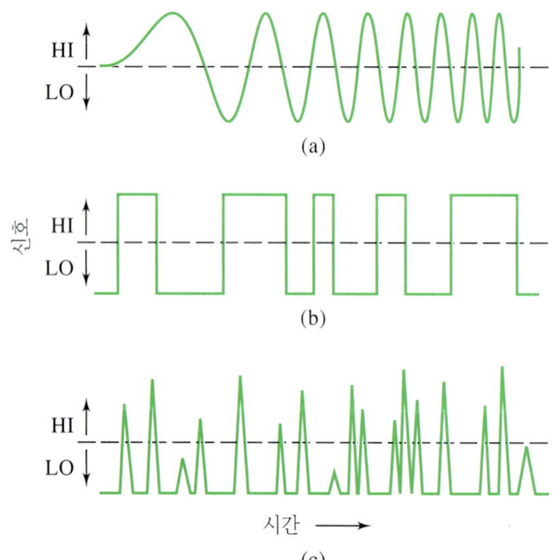

그림 1-5 시간 영역 신호. 수평 점선은 신호의 문턱값을 나타낸다. 각 신호가 문턱값 위에 있을 때의 신호는 HI이고, 문턱값 아래에 있을 때 신호는 LO이다.

그림 1-2의 디지털 영역 도표에서 알 수 있는 것과 같이 디지털 영역은 전기적 영역과 비전기적 영역 양쪽에 걸쳐 있다. 위에서 본 예에서 핵변환은 전자공학적 계수기를 사용화여 계수되고 이것이 디지털 판독 장치에 나타난다. 실험자가 판독 장치를 읽고 해석할 때 측정된 양을 나타내는 숫자는 역시 비전기적 영역에 속한다. 핵변환을 나타내는 HI-LO 데이터의 각 펄스를 정보의 2진 숫자, *비트*(bit)라고 하며, 이것은 디지털 영역 정보의 기본 단위이다. 하나의 전자공학적 채널 또는 전선을 따라 전송되는 정보의 비트 수는 채널을 탐지하는 전자장치나 관측기에 의해 계수된다. 이렇게 얻은 데이터를 *계수 디지털 데이터*(count digital data)라고 하며, 이는 그림 1-2의 데이터 영역 도표에도 나타나 있다. 예를 들면 그림 1-5a의 신호는 완전한 사이클이 8개 있으므로 수 $n = 8$에 해당한다. 마찬가지로, 그림 1-5b의 신호는 $n = 5$에 해당하고, 그림 1-5c의 신호는 $n = 14$를 나타낸다. 이렇게 정보를 전달하는 방법은 효과적이긴 하지만 그다지 효율적이지 못하다.

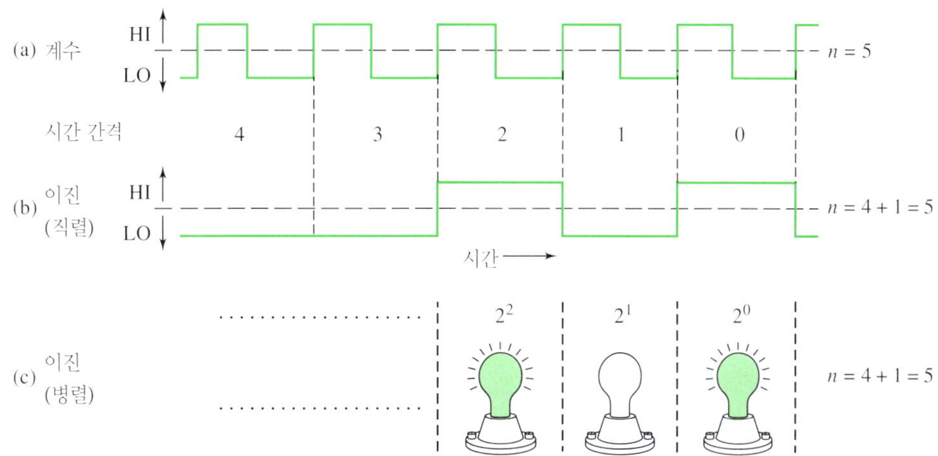

그림 1-6 디지털 데이터의 세 가지 형태를 나타내는 그림. (a) 계수 직렬 데이터, (b) 이진–코드화 직렬 데이터, (c) 병렬 이진 데이터. 세 경우 모두 데이터는 수 n = 5를 나타낸다.

정보를 부호화하는 보다 효율적인 방법은 이진수를 사용하여 숫자와 알파벳 데이터를 나타내는 것이다. 이런 종류의 부호화를 어떻게 할 수 있는지 알아보기 위해 그림 1-6에 있는 신호를 생각해보자. 그림 1-6a에 있는 신호의 계수 디지털 데이터는 앞에서와 같이 n = 5이다. 신호를 관찰하고 완전한 진동의 수를 계수한다. 이 과정은 신호의 사이클 수에 비례하는 시간, 즉, 이 경우에는 그림 1-6에 나타낸 것과 같이 하나의 시간간격 길이의 5배를 필요로 한다. 시간간격은 0부터 시작해서 연속적으로 숫자를 배정해 놓았다. 그림 1-6b의 신호에서 보여준 것과 같은 이진 코드화 과정에서는 각 연속적인 시간간격에 숫자를 배정한다. 예를 들면 그림 1-6에서와 같이 0번째 시간간격은 2^0 = 1, 첫 번째 시간간격은 2^1 = 2, 두 번째 시간간격은 2^2 = 4를 나타내는 식이다. 각 시간간격 동안 신호가 HI인지 또는 LO인지만 결정하면 된다. 만약 어떤 주어진 시간간격 동안 신호가 HI이면 그 간격에 해당하는 값을 전체 값에 더해준다. LO인 간격에 있는 값은 더하지 않는다.

그림 1-6b를 보면 간격 0과 간격 2에서만 신호가 HI에 있으므로 전체 값은 $(1 \times 2^0) + (0 \times 2^1) + (1 \times 2^2) = 5$가 된다. 그러므로 단지 3개의 시간간격에서 수 n = 5가 결정된다. 그림 1-6a의 신호의 계수 디지털 예에서는 같은 수를 결정하는 데 5개의 시간간격이 필요하였다. 이 두 예에서 이진 코드화 직렬 데이터는 계수 직렬 데이터보다 거의 두 배 정도 효과적이다. 더욱 극적인 예는 그림 1-6a에 있는 신호와 같은 n = 10 진동을 계수하는 데서 볼 수 있다. 같은 10개의 시간간격에서 직렬 이진 코드화 체계로는 10개의 HI-LO 비트의 정보를 0에서 $2^{10} - 1$까지의 1024개 수, 즉 0000000000에서 1111111111까지의 이진수로 표시할 수 있다. 효율은 1024/10 즉 약 100배 정도 증가한다. 다시 말하면 계수 직렬 과정은 1024를 나타내기 위해 1024개의 시간간격을 필요로 하지만 이진 코드화 과정에는 단지 10개의 시간간격만 필요하다. 이진 코드화 과정이 효율적이므로 대부분의 디지털 정보는 어떠한 이진법 상태로 코드화, 변환, 처리, 해독된다.

하나의 전송선에서 이진 코드로 나타낸 데이터는 *직렬 코드화 이진 데이터*(serial-coded binary data) 또는 단순히 *직렬 데이터*(serial data)라 한다. 직렬 데이터 전송의 일반적인 예로는 전화나 케이블 TV 선을 통해 정보를 전달하는 장치인 컴퓨터 모뎀(변조기/복조기)이 있다.

디지털 영역의 데이터를 코드화하는 데 좀 더 효율적인 방법은 그림 1-6c의 신호에서 볼 수 있다. 여기서는 세 개의 전구를 이용하여 세 개의 이진수 2^0 = 1, 2^1 = 2, 2^2 = 4를 나타내었다. 그러나 스위치, 전선, 발광 다이오드 또는 여러 전자장치 중 어느 하나를 사용해서 정보를 나타낼 수도 있다. 이런 방법에서 ON = 1이고 OFF = 0이다. 따라서 그림 1-6에서와 같이 첫째와 셋째 빛은 ON, 가운데 빛은 OFF로 코드화된 숫자는 4 + 0 + 1 = 5를 나타낸다. 이 방법이 매우 효율적인 것은 그림 1-3에 있는 디지털 전압계의 표시판에 모든 숫자가 동시에 나타나는 것과 같이 필요한 모든 정보를 동시에 알려주기 때문이다. 이렇게 표현된 데이터를 *병렬 디지털 데이터*(parallel digital data)라고 한다. 병렬 데이터 전송에 의해 분석 장비와 컴퓨터 안에서 데이터 전송이 이루어진다. 이런 장치들 안에서는 데이터가 비교적 짧은 거리를 이동하기 때문에, 병렬 데이터 전송을 이용하는 것이 경제적이고 효율적이다. 짧은 거리를 이동할 경우의 경제성은 기기 간 또는 컴퓨터 간 전송에서와 같이 데이터가 긴 거리를 이동해야 하는 경우와는 대조적이다. 이런 경우에 통신은 모뎀이나 다른 보다 정교하고 빠른 직렬 데이터 전송 체계를 이용하여 직렬로 이루어진다. 이에 대한 좀 더 자세한 내용은 제4장에서 다룰 것이다.

1C-4 검출기, 변환기 및 감지기

검출기(detector), *변환기*(transducer), *감지기*(sensor)라는 용

어는 종종 동의어처럼 사용되지만, 시실 서로 약간 다른 의미를 갖는다. 세 용어 중 가장 많이 사용되는 *검출기*(detector)는 압력, 온도, 전하, 전자기 복사선, 핵 방사선, 입자 또는 분자와 같은 변수들 중 하나의 변화를 확인, 기록, 또는 표시하는 기계적, 전기적 또는 화학적 장치를 말한다. 넓은 의미로는 기기 전체를 칭하기도 하지만, 기기 분석에서 *검출기*는 위에서 정의한 일반적인 의미로 사용해야 하며, 물리적, 화학적 양을 나타내거나 기록하는 장치 전체를 말할 때는 *검출계*(detection system)라는 용어를 사용한다. 검출기의 한 예로, 자외선 검출기는 액체 크로마토그래피에서 용출된 분석물의 존재를 나타내고 기록하는 데 사용된다.

변환기(transducer)는 특히 비전기적 영역의 정보를 전기적 영역의 정보로, 혹은 그 반대로 전환하는 장치를 의미한다. 광다이오드, 광전증배관 및 여러 전자공학적 광검출기 등이 변환기에 속하고, 이들은 표면으로 들어오는 전자기복사선의 세기에 비례하는 전류나 전압을 생성한다. 변환기의 다른 예로는 서미스터, 스트레인 게이지, Hall 효과 (자기장 세기) 변환기 등이 있다. 앞에서 언급한 바와 같이, 입력되는 복사선의 세기, 온도, 힘 또는 자기장의 세기와 전기적 출력 사이의 수학적 관계를 그 변환기의 *변환함수*(transfer function)라고 한다.

감지기(sensor)라는 용어도 꽤 넓은 의미로 사용되고 있지만, 이 책에서는 감지기를 특정 화학종을 연속적이고 가역적으로 검출할 수 있는 분석장치를 의미하는 용어로 사용할 것이다. 이 책에는 감지기의 예시가 많이 나타나 있는데, 제23장에서 다룰 유리전극과 이온-선택성 전극, 제25장에서 다룰 Clark 산소 전극, 제7장에 등장할 광섬유 감지기(광전극) 등이 이에 포함된다. 그림 1-7에서 볼 수 있듯이, 감지기는 화학물질을 선택적으로 인식할 수 있는 상(phase)과 짝지어진 변환기로 구성된다. 예를 들어 광전극은 광변환기와 이와 짝지어진 광섬유로 구성되는데, 광섬유의 변환기 반대쪽 끝에는 분석물의 물리적 또는 화학적 특성에 선택적으로 감응하는 물질이 입혀져 있다.

석영 결정 마이크로저울(quartz crystal microbalance, QCM)이라고 하는 특별히 흥미롭고 유익한 센서가 있다. 이 장치는 석영의 *압전기적*(piezoelectric) 특성에 근거한 것이다. 석영이 기계적으로 변형될 때 표면에 전위차가 발생한다. 그리고 석영 결정면에 전압을 걸면 결정이 변형된다. 결정이 적절한 전기 회로에 연결되면 특정한 주파수를 가지며 진동하는데, 이 주파수는 결정의 질량과 모양에 의해 결정되며, 결정의 질량이 일정한 한 놀라울 정도로 일정한 값을 가진다. 일부 결정성 물질의 이러한 특징을 *압전 효과*(piezoelectric effect)라 하며, 이 효과는 QCM의 기본 원리이다. 이에 더해 석영 결정이 일정한 주파수를 갖는 특징은 최신 고정밀 시계, 시간 기준, 계수기, 타이머, 주파수 측정기의 기초가 되며, 이를 통해 매우 정확하고 정밀한 분석기기를 만들 수 있었다.

만약 석영 결정의 표면이 특정한 분자를 선택적으로 흡착하는 고분자로 코팅되어 있으면, 이 분자가 존재하는 경우에 결정의 질량이 증가하고, 이에 따라 석영 결정의 공명주파수가 감소한다. 분자들이 표면에서 탈착되면 결정의 주파수는 원래대로 되돌아간다. 석영의 주파수 변화 Δf와 석영의 질량 변화 ΔM 사이의 관계는 아래 식과 같다.

$$\Delta f = \frac{Cf^2 \Delta M}{A}$$

여기서 M은 결정의 질량, A는 표면적, f는 결정의 주파수이고, C는 비례 상수이다. 위의 관계식은 결정의 주파수를 정밀하게 측정하면 결정의 미세한 질량변화를 측정할 수 있음을 나타낸다. 알려진 바와 같이 값싼 기기장치를 이용하더라도 10^7 중 하나의 주파수 변화를 쉽게 측정할 수 있다. 이런 형태의 압전 감지기의 검출 한계는 약 1 pg, 즉 10^{-12} g으로 추정된다. 이 감지기들은 폼알데하이드, 염화 수소, 황화 수소 및 벤젠 같은 다양한 기체상의 분석물을 검출하는 데 사용된다. 또한 머스터드 가스나 포스겐과 같은 화학무기 시료의 감지기로도 사용되고 있다.

압전 질량감지기는 분석물의 성질, 여기서는 질량을 전기적인 양인 석영 결정의 공명주파수로 변환시키는 훌륭한 하나의 예이다. 이런 예는 변환기와 감지기 사이의 차이점을 보여준다. 석영 결정 마이크로저울에서 변환기는 석영 결정이고 또 다른 선택적인 상은 코팅된 고분자이다. 감지기는 변환기와 선택적

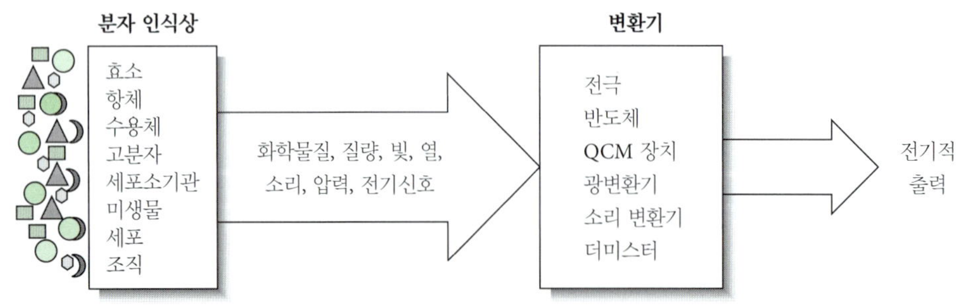

그림 1-7 화학적 감지기. 감지기는 분자 인식 요소와 변환기로 이루어져 있다. 다양한 인식 요소가 가능한데, 여기 나타나 있는 것은 바이오센서에 특히 유용한 선택적인 인식 요소이다. 인식상은 흥미 있는 정보를 다른 화합물, 질량, 열 같은 검출특성으로 변환한다. 변환기는 이 특성을 측정할 수 있는 전기신호로 변환한다.

인 상으로 이루어져 있다.

1C-5 판독 장치

판독 장치(readout device)는 정보를 전기적 영역에서 관찰자가 이해할 수 있는 영역으로 변환시키는 변환기이다. 보통 변환된 신호는 음극선관의 알파벳, 숫자, 또는 그래프 상의 출력, 디지털 표시판 상의 일련의 숫자, 사진건판의 흑화도, 또는 기록기 종이 위의 기록과 같은 형태로 나타난다. 어떤 경우 판독 장치가 분석물 농도를 직접 나타내기도 한다.

1C-6 기기 내의 컴퓨터

대부분의 최신 분석기기는 연산증폭기, 집적회로, 아날로그-디지털 및 디지털-아날로그 변환기, 계수기, 마이크로프로세서, 컴퓨터와 같은 정교한 전자 장치와 데이터 영역 전환기를 하나 이상 가지고 있거나 이와 연결되어 있다. 이런 기기의 성능과 한계를 이해하기 위해서 이 장치들이 어떻게 작동하는지, 무엇을 할 수 있는지에 대해 적어도 정성적으로 이해할 필요가 있다. 제3장과 제4장에서는 이런 중요한 주제들에 관해 간략히 다룰 것이다.

1D 기기 분석법의 교정

모든 분석과정에서 교정과 표준화 과정은 매우 중요한 부분이다. *교정*(calibration)은 분석 감응과 분석물 농도 간의 관계를 정하는 것이다. 보통 교정은 *화학 표준물*(chemical standards)을 사용하여 이루어진다.

거의 모든 분석법은 화학 표준물을 이용한 어떤 형태의 교정 과정을 필요로 한다. 무게 분석법과 몇몇 전기량법(제24장)은 화학 표준물을 이용한 교정을 필요로 하지 않는 몇 없는 *절대*(absolute) 분석법의 예이다. 이 부분에서는 여러 종류의 교정 과정에 대해 설명할 것이다.

1D-1 표준물과의 비교

여기서는 두 가지 비교방법, 즉 직접 비교법과 적정법에 대해 설명한다.

직접 비교

일부 분석과정은 분석물(혹은 분석물과의 반응 생성물)과 표준물의 성질을 비교하는 과정을 포함하는데, 여기서 분석물의 성질이 표준물의 성질과 같거나 비슷하도록 한다. 예를 들어 초기 비색계에서는 분석물의 화학반응의 결과로 나타난 색깔과 표준물의 반응으로 나타난 색을 비교하였다. 만일 표준물의 농도를 묽혔을 때 꽤나 정확한 색깔 일치가 얻어지는 경우, 묽힌 이후의 표준물 농도는 분석물의 농도와 일치한다. 이런 과정을 *영점비교*(null comparison) 또는 *아이소메이션 방법*(isomation method)[3]이라고 한다.

적정법

적정법(titrations)은 모든 분석과정 중 가장 정확한 과정이다. *적정법*에서 분석물은 알려진 화학 양론의 반응으로 표준시약(적정시약)과 반응한다. 보통 화학 지시약의 색깔 변화 또는 기기 감응의 변화로 지시되는 화학적 평형에 도달할 때까지 적정 시약의 양을 변화시킨다. 화학적 평형에 도달하기 위해 필요한 표준시약의 양은 존재하는 분석물의 양과 관련되어 있을 수 있다. 따라서 *적정법*은 화학적 비교 과정의 한 종류라고 할 수 있다.[4]

1D-2 외부표준물 교정

외부표준물(external standard)은 시료와 별도로 준비되는 반면에, *내부표준물*(internal standard)은 시료 자체에 가해진다. 외부표준물은 분석물 용액의 기질 성분에 의한 간섭이 없는 경우에 기기 및 과정을 교정하는 데 이용된다. 알려진 농도의 분석물을 포함하고 있는 일련의 외부표준물을 준비한다. 이상적으로는 세 개 이상의 용액이 교정 과정에서 사용된다. 그러나 일부 일상적인 분석의 경우, 두 점 교정도 가능하다.

교정은 감응신호(흡광도, 방출 세기, 전위차, 피크 면적)를 알려진 분석물 농도의 증가에 따른 함수로 나타냄으로써 이루어진다. 교정곡선은 데이터를 도시(plot)하거나 선형최소제곱법에서의 기울기 절편 형태와 같은 적당한 수학적 방정식으로 데이터를 변환하여 얻는다. 그 다음은 예측 단계로, 여기서는 시료로부터 감응신호를 얻어 미지의 분석물 농도, c_x를 *예측*(predict)하는 데 사용한다. 이후 c_x에 시료 준비 과정과 알맞은 묽힘 인자를 곱해서 원 시료의 분석물 농도를 계산한다.

최소제곱법

그림 1-8은 전형적인 교정곡선으로, 과량의 티오시안산염과 반응하여 흡수 착물 [$Ni(SCN)^+$]를 생성하는 반응을 통해 Ni(II)를 분석하는 과정을 나타낸 것이다. 이 화합물의 흡수도를 일련의 Ni(II) 표준 용액에 대해 측정하고, 이를 Ni(II) 농도에 따른 함수로 도시한다. 세로 좌표는 종속변수인 흡광도이고, 가로 좌표는 독립변수인 Ni(II) 농도이다. 전형적이고 일반적으로 원하는 바와 같이, 도시는 직선으로 근사된다. 그러나 측정과정에 존재하는 불가측한 오차로 인해 모든 데이터가 직선상에 나타나지 않음을 기억하라. 따라서 연구자는 데이터 점들을 지나는

---

[3]예를 들어, 다음을 참고하시오. H. V. Malmstadt and J. D. Winefordner, *Anal. Chim. Acta*, **1959**, *20*, 283, **DOI**: 10.1016/0003-2670(59)80066-0; L. Ramaley and C. G. Enke, *Anal. Chem.*, **1965**, *37*, 1073, **DOI**: 10.1021/ac60227a041.

[4]D. A. Skoog, D. M. West, F. J. Holler, and S. R. Crouch, *Fundamentals of Analytical Chemistry*, 9th ed., Belmont, CA: Brooks/Cole, 2014, Chaps. 13–17.

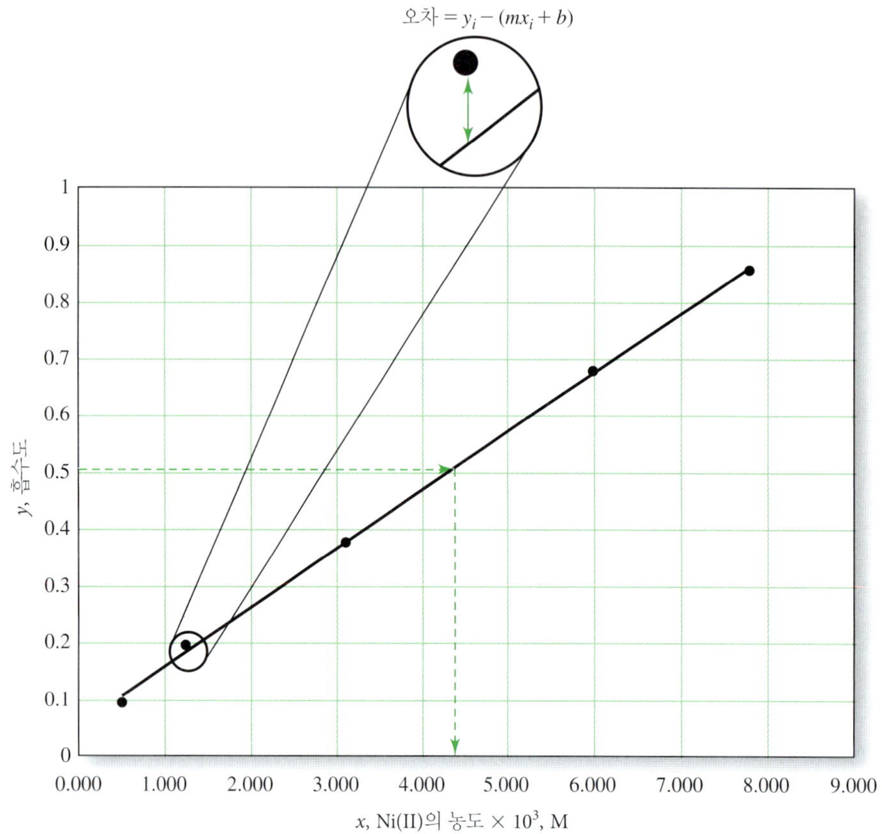

그림 1-8 흡수체 형성을 통한 Ni(II) 측정의 교정곡선. 표준물의 흡수도는 채워진 원으로 표시되어 있다. 삽도에 나타나 있듯이 데이터 점과 예측된 직선 사이의 y축상의 거리를 *오차*(residual)라 한다. 교정곡선은 미지의 농도를 알아내기 위해 역으로 이용된다.

"최선의" 직선을 그려야 한다. *회귀 분석*(regression analysis)은 그런 직선을 객관적으로 찾아내고 이어지는 적용에서 발생하는 불확정성을 밝혀낼 수 있는 수단을 제공한다. 불확정성은 그림 1-8에 나타난 *오차*(residuals)와 관련되며, 여기서 오차는 데이터 점이 최선의 직선으로부터 얼마나 멀리 떨어져 있는가를 나타낸다. *최소제곱법*(method of least squares)은 이 직선의 방정식을 알아내는 데 활용된다(부록 1의 제a1D절 참고).[5]

최소제곱법은 두 개의 가정에 기초를 둔다. 첫째는 측정감응 y와 표준분석물 농도 x 간에 선형적 관계가 있다는 것이다. 그런 가정을 설명하는 수학적 관계를 *회귀모델*(regression model)이라 하며, 이를 다음 식으로 나타낸다.

$$y = mx + b$$

여기서 b는 y절편(x가 0일 때의 y값)이고, m은 직선의 기울기이다(그림 1-8 참고). 또 하나의 가정은 각각의 점이 직선상에서 벗어나는 것은 *측정*(measurement)의 오류 때문이라는 것이다. 즉, 각 점의 x값(농도)에는 오류가 없다고 가정한다. 이 두 가지 가정은 많은 분석법에서 적절하지만, x 데이터의 불확정성이 상당한 경우에는 기초적인 최소제곱법으로 얻어진 직선이 최선의 직선이 아닐 수 있다는 점을 기억해야 한다. 이런 경우에는 보다 복잡한 *상관 분석*(correlation analysis) 과정이 필요할 수 있다. 이외에도 y값의 불확정성이 x값에 따라 상당하게 변할 때 기초 최소제곱법이 적절하지 않을 수 있다. 이 경우에는 각 점의 시차가중인자를 이용하여 *가중최소제곱분석*(weighted least-squares analysis)[6]을 수행해야 한다.

데이터가 직선 모델에 부합하지 않을 경우에는 비직선 회귀법을 사용할 수 있다.[7] 이 중 일부는 다항 모델이나 다중 회귀과

자습: www.tinyurl.com/skoogpia7에서 **교정(calibration)**에 대해 더 알아보시오.

[5]스프레드시트를 이용한 선형 회귀 분석에 대해 다음 문헌을 참고하시오. S. R. Crouch and F. J. Holler, *Applications of Microsoft® Excel in Analytical Chemistry*, 3rd ed., Belmont, CA: Cengage Learning, 2017, Chap. 4.

[6]다음을 참고하시오. P. R. Bevington and D. K. Robinson, *Data Reduction and Error Analysis for the Physical Sciences*, 3rd ed., New York: McGraw-Hill, 2003; 엑셀을 이용한 가중 선형 회귀법에 관해서는 다음 문헌을 참고하시오. S. R. Crouch and F. J. Holler, *Applications of Microsoft® Excel in Analytical Chemistry*, 3rd ed., Belmont, CA: Cengage Learning, 2017, pp. 331–337.

[7]J. L. Devore, *Probability and Statistics for Engineering and the Sciences*, 9th ed., Pacific Grove, CA: Duxbury Press at Brooks/Cole, 2016.

정을 이용한다. 내부적 또는 사용자가 정의한 수식의 집합에서 일련의 실험 데이터를 설명하는 모델을 찾는 컴퓨터 프로그램도 있다.

선형 최소제곱선의 기울기 m과 y절편 b는 부록 1의 식 a1-34와 a1-35를 이용하여 계산한다. 최소제곱선에서 미지의 농도 c_x를 알아내기 위해 기기 감응값 y_c값을 얻고, 기울기와 절편을 이용하여 아래 식 1-1과 같이 c_x값을 계산한다.

$$c_x = \frac{y_c - b}{m} \tag{1-1}$$

농도의 표준 편차 s_c는 식 1-2에 나타나 있는 *추정의 표준오차*(standard error of the estimate) s_y로부터 알 수 있다. 추정의 표준오차는 *회귀의 표준오차*(standard deviation about regression)라고도 한다.

$$s_c = \frac{s_y}{m}\sqrt{\frac{1}{M} + \frac{1}{N} + \frac{(\bar{y}_c - \bar{y})^2}{m^2 S_{xx}}} \tag{1-2}$$

여기서 M은 반복 실험 결과 수, N은 교정곡선에 있는 점의 수(표준물의 개수), $\bar{y}_c$는 미지값에 대한 감응값의 평균, $\bar{y}$는 교정 결과 y값들의 평균을 의미한다. S_{xx}는 부록 1의 식 a1-31에 나와 있는 것과 같이 x값의 평균으로부터의 편차의 제곱의 합을 말한다.

외부표준 교정곡선의 오차

외부표준물이 사용될 때는 시료와 표준물에 같은 농도의 분석물이 있을 때 같은 감응을 얻는다고 가정한다. 그러므로 감응과 분석물 농도 간의 교정 관계가 시료에도 잘 적용되어야 한다. 보통 분석에서 기기의 원시 감응을 사용하지 않는다. 이 대신 원시 분석 감응은 *바탕용액*(blank)을 측정하여 보정한다. *이상 바탕용액*(ideal blank)은 시료와 동일하되 분석물이 존재하지 않는 것이다. 실제로 복잡한 시료에서 이상 바탕용액을 만드는 것은 시간이 지나치게 많이 걸리거나 불가능하므로, 타협점을 찾아야 한다. 주로 실제 바탕용액은 시료가 녹아 있는 용매와 같은 용매를 포함하는 *용매 바탕용액*(solvent blank), 용매와 시료를 준비할 때 사용된 시약이 모두 포함된 *시약 바탕용액*(reagent blank) 중 하나이다.

바탕용액을 이용한 보정의 경우에도 몇 가지 요인에 의해 외부표준 방법의 기본 가정이 무너질 수 있다. 표준물이나 바탕용액에는 없는 시료의 화학종들에 의한 기질 효과(matrix effects)로 인해, 분석물의 농도가 동일한 시료와 표준물로부터 서로 다른 감응을 얻을 수 있다.[8] 바탕용액, 시료, 그리고 표준물을 측정하는 각 시점에서 실험적인 변수의 차이로 인해, 수립된 교정 기능이 약화될 수 있다. 기본 가정이 타당한 경우에도 시료 채취나 준비과정의 오염으로 인해 오차가 발생할 수 있다.

또한, 교정과정에서 계통오차가 발생할 수 있다. 예를 들어 표준물이 부정확하게 준비되면 오차가 발생할 것이다. 표준물 준비 과정의 정확성은 무게 측정과 부피 측정 기술과 기기의 정확성에 의해 좌우된다. 표준물의 화학적 형태는 시료 속 분석물의 것과 일치해야 한다. 즉, 분석물의 산화 상태, 이성질화, 복합체 형성 등으로 인해 감응이 달라질 수 있다. 준비 과정 이후 분해, 증발, 용기 벽의 흡수 등으로 표준물의 농도가 변할 수 있다. 또한 표준물의 오염으로 인해 분석물의 농도가 예상보다 높게 나타날 수 있다. 교정 모델에 편향이 있는 경우 계통 오차(systematic error)가 발생할 수 있다. 예를 들어, 교정 기능이 매개 변수들의 좋은 통계적 추정을 얻기에 충분한 표준물을 사용하지 않고 얻어진 경우 오차가 발생할 수 있다.

그림 1-9에 나타나 있듯이, 우연오차 또한 교정곡선으로부터 얻어진 결과의 정확성에 영향을 줄 수 있다. 교정곡선에서 얻은 분석물의 농도 s_c'의 불확정성은 감응이 평균값 $\bar{y}$ 근처일 때 가장 적다. 점 $\bar{x}$, $\bar{y}$는 회귀선의 중앙을 나타낸다. 곡선의 중앙 근처에서 분석물 농도를 측정한 경우 곡선의 끝에서 이루어진 경우보다 불확정성이 적다.

다변량 교정

조금 전에 설명한 최소제곱법은 시료당 하나의 감응만 사용하므로 단일 변량 교정법이다. 다중의 기기 감응을 분석물이나 분석물의 혼합물에 연관짓는 과정을 *다변량 교정*(multivariate calibration)이라고 한다. 다변량 교정법[9]은 다차원적인 감응(여러 시료의 여러 파장에서의 흡광도, 크로마토그래피를 통해 분리된 구성 성분들의 질량 스펙트럼 등)을 발생시키는 새로운 기기들을 사용할 수 있게 되면서 최근 들어 꽤나 널리 사용되고 있다. 다변량 교정법은 매우 효과적이다. 이 방법들은 혼합물에서 각 성분을 동시에 정량하는 데 이용될 수 있고, 정확도를 높이기 위한 반복 측정을 가능하게 한다. 측정을 N회 반복할 경우 평균값의 정밀도가 $\sqrt{N}$만큼 향상되기 때문이다(부록 1의 제 a1B-1절 참고). 이들은 또한 단일 변량 교정으로는 밝힐 수 없는 간섭의 존재를 검출하는 데 사용될 수 있다.

1D-3 표준물 첨가법

표준물 첨가법은 기질 효과가 있을 가능성이 상당히 큰 복잡한 시료를 분석할 때 특히 유용하다. 표준물 첨가법에는 몇 가지 형태가 있다.[10] 가장 일반적인 형태 중 하나는 같은 부피의 시료 분취량에 표준물 용액 일정량을 한 번 이상 증가시키며 가하는

---

[8]*기질*(matrix)은 분석물과 다른 구성 요소들을 포함하며, 이 구성요소들을 *협잡물*(concomitants)이라고 한다.

[9]보다 광범위한 내용은 다음 문헌을 참고하시오. K. Varmuza and P. Filzmoser, *Introduction to Multivariate Statistical Analysis in Chemometrics*, Boca Raton, FL: CRC Press, 2009; K. R. Beebe, R. J. Pell, and M. B. Seasholtz, *Chemometrics: A Practical Guide*, New York: Wiley, 1998, Chap. 5; H. Martens and T. Naes, *Multivariate Calibration*, New York: Wiley, 1989.

[10]다음 문헌을 참고하시오. M. Bader, *J. Chem. Educ.*, **1980**, *57*, 703, **DOI**: 10.1021/ed057p703.

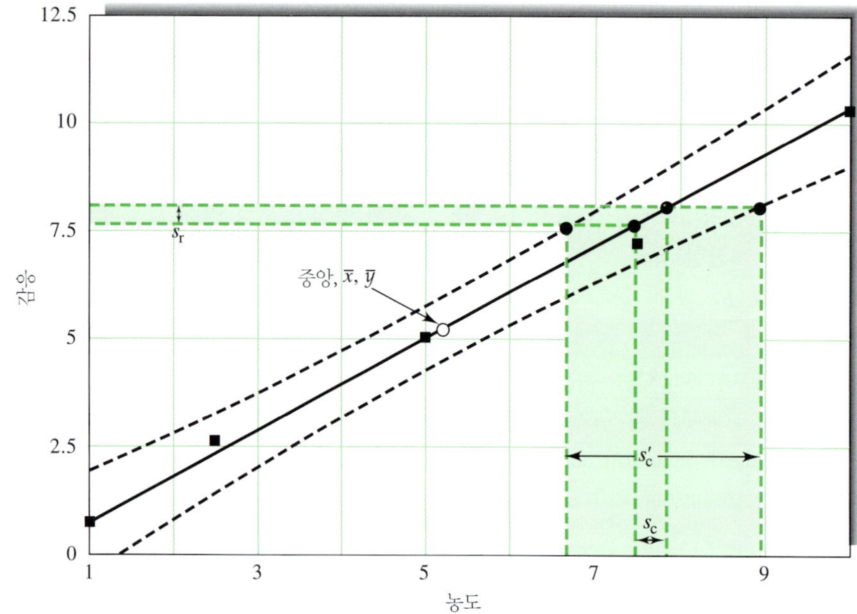

그림 1-9 교정곡선의 불확정성의 영향. 점선은 회귀선으로부터 결정한 농도의 신뢰한계이다. 불확정성은 도시의 끝에서 증가한다는 점에 주목하라. 분석물의 농도의 불확정성은 주로 응답의 표준 편차로부터 추정한다. 교정곡선의 불확정성은 s_c에서 s_c'까지 분석물 농도의 불확정성을 증가시킨다.

방법이다. 이 과정을 흔히 시료에 *소량 첨가*(spiking)한다고 한다. 이후 각 용액을 일정한 부피로 묽히고 측정이 이루어진다. 시료의 양이 제한되어 있을 때, 표준물 첨가는 하나의 일정 부피의 미지 시료에 표준물 일정량을 연속적으로 가함으로써 이루어질 수 있다는 점에 주목하자. 측정은 원래의 시료와 표준물을 첨가할 때마다 시료에 표준물을 가한 용액 각각에 대해 행해진다. 표준물 첨가법의 대부분의 형태에서 시료 기질은 매 첨가마다 거의 일정하다. 유일한 차이는 표준물의 농도, 또는 과량의 분석 시약을 가하는 경우 시약의 농도이다. 표준물이 시료의 분취량에 가해지기 때문에 반응 혼합물의 다른 모든 성분은 같아야 한다.

농도가 c_x인 미지의 용액으로부터 얻은 여러 개의 분취량 V_x가 부피 V_t의 부피 플라스크에 옮겨졌다고 가정하자. 각각의 플라스크에 알려진 농도 c_s의 분석물 표준 용액을 변량인 부피 V_s만큼 첨가한다. 그 다음 적절한 시약을 첨가하고, 각각의 용액을 일정 부피로 희석한다. 이후 각 용액에 대해 기기 측정이 이루어지고, 바탕 감응값으로 보정하여 알짜 기기 감응값 S를 얻는다. 표준물 첨가법에서 가정된 바와 같이 바탕값-보정 기기 감응값이 농도에 비례한다면, 아래 식을 얻을 수 있다.

$$S = \frac{kV_s c_s}{V_t} + \frac{kV_x c_x}{V_t} \tag{1-3}$$

여기서 k는 비례 상수이다. S를 V_s에 대해 도시하면 아래와 같은 직선을 얻는다.

$$S = mV_s + b$$

여기서 기울기 m과 절편 b는 각각

$$m = \frac{kc_s}{V_t}$$

그리고

$$b = \frac{kV_x c_x}{V_t}$$

이다. 이런 표준물 첨가 도시는 그림 1-10에서 볼 수 있다.

최소제곱분석(부록 1, 제a1D절)을 이용하여 m과 b를 결정할 수 있고, 그러면 이 두 값의 비율과 알려진 값 c_s, V_x, V_s를 이용하여 c_x를 얻을 수 있다. 따라서

$$\frac{b}{m} = \frac{kV_x c_x/V_t}{kc_s/V_t} = \frac{V_x c_x}{c_s}$$

또는

$$c_x = \frac{bc_s}{mV_x} \tag{1-4}$$

이다.

농도의 표준 편차는 부피의 표준 편차 s_V를 계산한 후 부피와 농도 간의 관계를 이용하여 구할 수 있다. 부피의 표준 편차는 식 1-2를 약간 변형하여 얻을 수 있다. 표준물 첨가법에서 교정곡선을 x축까지 연장하기 때문에 미지의 값에 대한 y값은 0이고 $1/M$항은 사라진다. 따라서 s_V의 식은 다음과 같다.

$$s_V = \frac{s_y}{m}\sqrt{\frac{1}{N} + \frac{(0 - \bar{y})^2}{m^2 S_{xx}}} \tag{1-5}$$

그림 1-10에 점선으로 나타나 있듯이 원점(0)에서 가해진 표준물의 부피와 직선이 x축과 만나는 지점에서의 부피값, 즉 x절편

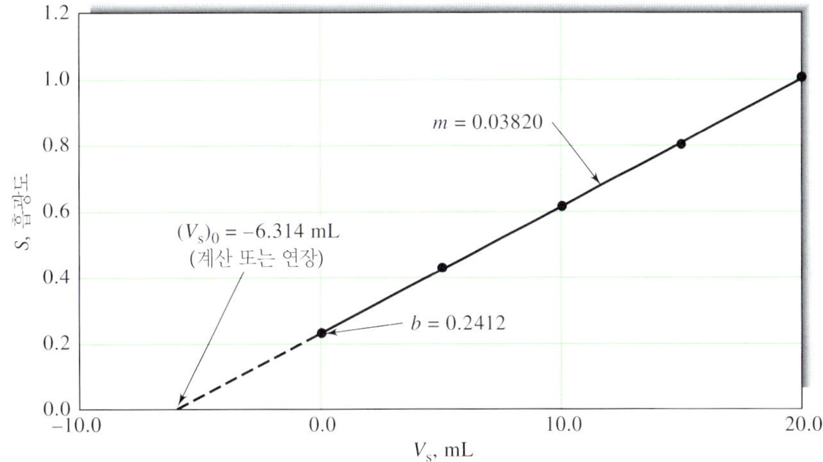

그림 1-10 표준물 첨가법의 직선 교정 도시. 미지 용액의 농도는 기울기 *m*과 절편 *b*로부터 계산하거나, 본문에 설명되어 있는 바와 같이 연장을 통해 알아낼 수 있다.

$(V_s)_0$의 차이는 시료 안의 표준물의 양과 동일한 표준 용액의 부피이다. 또한 *x*절편은 기기감응이 0인 경우에 해당하므로, 아래와 같이 식을 쓸 수 있다.

$$S = \frac{kV_s c_s}{V_t} + \frac{kV_x c_x}{V_t} = 0 \qquad (1\text{-}6)$$

식 1-6을 c_x에 대해 풀면 아래 식이 얻어진다.

$$c_x = -\frac{(V_s)_0 c_s}{V_x} \qquad (1\text{-}7)$$

용액의 표준 편차 s_c는 다음과 같다.

$$s_c = s_V\left(\frac{c_s}{V_x}\right) \qquad (1\text{-}8)$$

예제 1-1은 이들 값을 어떻게 사용하는지 보여준다.

예제 1-1

천연수 시료의 10 mL 분취량 여러 개를 50.00 mL 부피플라스크에 각각 넣는다. 각 플라스크에 11.1 ppm의 Fe^{3+}가 함유된 표준 용액을 정확히 부피 0.00, 5.00, 10.00, 15.00, 20.00 mL만큼 가한 후, $Fe(SCN)^{2+}$의 적색 착물을 만들기 위해 과량의 SCN^-를 가한다. 일정 부피까지 묽힌 후 5개 용액 각각의 기기 감응을 비색계로 측정한 값이 각각 0.240, 0.437, 0.621, 0.809, 1.009이었다. (a) 물 시료 속의 Fe^{3+} 농도는 얼마인가? (b) Fe^{3+} 농도의 표준 편차를 계산하시오.

풀이

(a) 이 문제에서 $c_s = 11.1$ ppm, $V_x = 10.00$ mL, $V_t = 50.00$ mL이다. 그림 1-10에서와 같이 데이터를 도시하면 기기 감응과 첨가된 철의 양 사이에 직선 관계가 있음을 알 수 있다.

그림 1-10의 직선식($S = mV_s + b$)을 얻기 위해 부록 1의 예제 a1-11에 나타난 방법을 이용하자. 그림 1-11의 스프레드시트에 나타나 있는 결과는 $m = 0.0382$, $b = 0.2412$이고 따라서 아래와 같다.

$$S = 0.0382V_s + 0.2412$$

식 1-4 또는 스프레드시트로부터, 우리는 아래의 결과를 얻는다.

$$c_x = \frac{0.2412 \times 11.1}{0.0382 \times 10.00} = 7.01 \text{ ppm } Fe^{3+}$$

이 값은 그림에서 볼 수 있는 그래프의 연장을 통해서도 얻을 수 있다. 연장을 통해 얻은 값은 기기 감응(흡수) 0에 상응하는 시약의 부피를 나타내며, 이 경우에는 −6.314 mL이다. 원래 용액 속 분석물의 미지의 농도는 식 1-7로부터 아래와 같이 계산된다.

$$c_x = -\frac{(V_s)_0 c_s}{V_x} = \frac{6.314 \text{ mL} \times 11.1 \text{ ppm}}{10.00 \text{ mL}}$$
$$= 7.01 \text{ ppm } Fe^{3+}$$

(b) 농도의 표준 편차는 부피 절편의 표준 편차를 통해(식 1-5), 그리고 그림 1-11의 스프레드시트에서 볼 수 있듯이 식 1-8을 통해 얻을 수 있다. 결과는 $s_c = 0.16$ ppm이다. 그러므로 미지용액 안의 철 농도는 7.01 ± 0.16 ppm이다.

시간 또는 시료를 절약하기 위해 오직 두 개의 시료만을 사용하는 표준물 첨가법도 있다. 이때는 V_s mL의 표준물을 두 개의 시료 중 하나에만 가한다. 따라서 아래와 같이 쓸 수 있다.

$$S_1 = \frac{kV_x c_x}{V_t}$$

$$S_2 = \frac{kV_x c_x}{V_t} + \frac{kV_s c_s}{V_t}$$

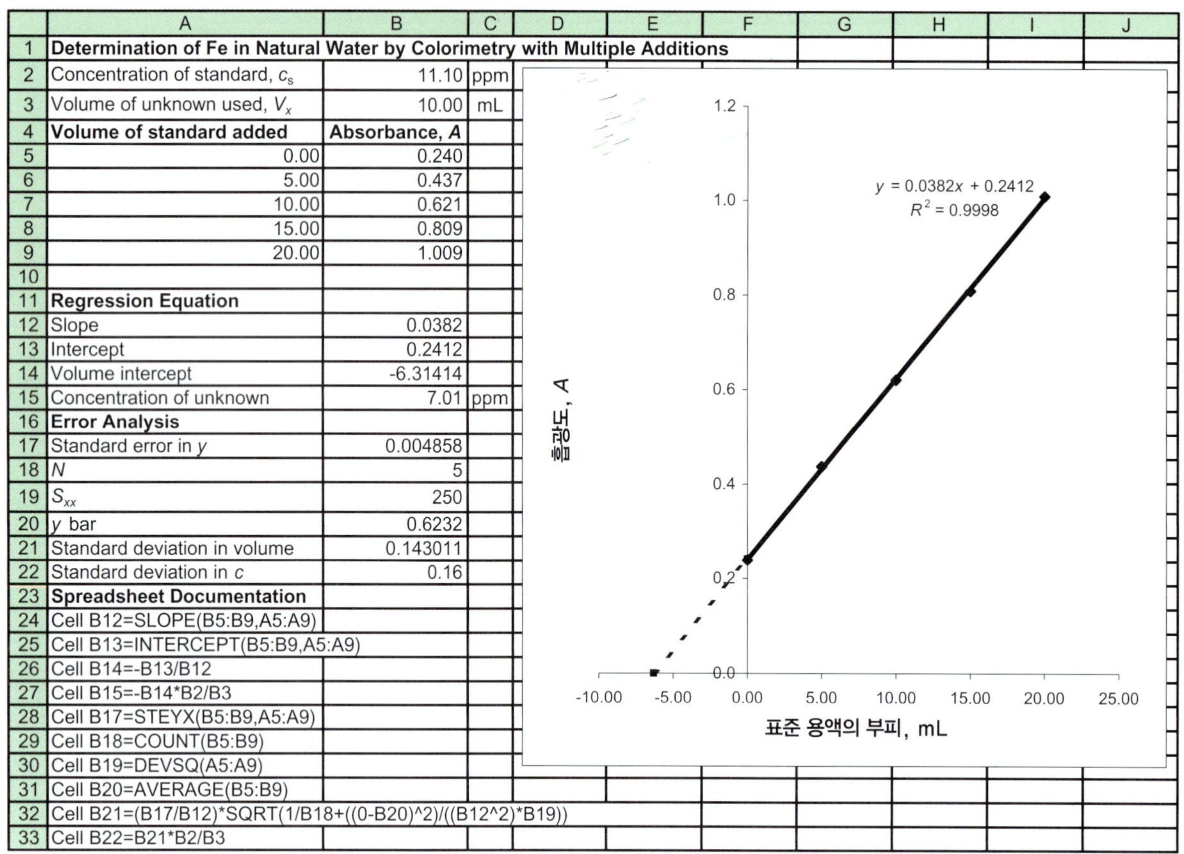

	A	B	C
1	**Determination of Fe in Natural Water by Colorimetry with Multiple Additions**		
2	Concentration of standard, c_s	11.10	ppm
3	Volume of unknown used, V_x	10.00	mL
4	**Volume of standard added**	**Absorbance, *A***	
5	0.00	0.240	
6	5.00	0.437	
7	10.00	0.621	
8	15.00	0.809	
9	20.00	1.009	
10			
11	**Regression Equation**		
12	Slope	0.0382	
13	Intercept	0.2412	
14	Volume intercept	-6.31414	
15	Concentration of unknown	7.01	ppm
16	**Error Analysis**		
17	Standard error in *y*	0.004858	
18	*N*	5	
19	S_{xx}	250	
20	*y* bar	0.6232	
21	Standard deviation in volume	0.143011	
22	Standard deviation in *c*	0.16	
23	**Spreadsheet Documentation**		
24	Cell B12=SLOPE(B5:B9,A5:A9)		
25	Cell B13=INTERCEPT(B5:B9,A5:A9)		
26	Cell B14=-B13/B12		
27	Cell B15=-B14*B2/B3		
28	Cell B17=STEYX(B5:B9,A5:A9)		
29	Cell B18=COUNT(B5:B9)		
30	Cell B19=DEVSQ(A5:A9)		
31	Cell B20=AVERAGE(B5:B9)		
32	Cell B21=(B17/B12)*SQRT(1/B18+((0-B20)^2)/((B12^2)*B19))		
33	Cell B22=B21*B2/B3		

그림 1-11 표준물 첨가 예제 1-1의 스프레드시트.

여기서 S_1과 S_2는 각각 묽힌 시료 용액과 묽힌 시료와 표준물 용액으로부터 나온 신호이다. 두 번째 식을 첫 번째 식으로 나누어 정리하면 아래 식을 얻는다.

$$c_x = \frac{S_1 c_s V_s}{(S_2 - S_1)V_x}$$

단일 첨가법은 다소 위험한데, 그 이유는 이 방법이 직선 관계를 가정하면서 가정을 전혀 확인하지 않기 때문이다. 다중 첨가법은 최소한 선형성의 가정을 한 번 이상 검토한다.

1D-4 내부표준물법

내부표준물(internal standard)이란 모든 시료, 바탕용액, 분석의 교정 표준물에 일정량을 가해주는 물질이다. 때로는 이것이 시료와 표준물의 주 성분이어서, 모든 경우에 그 농도가 같다고 볼 수 있을 만큼 충분히 많은 양이 들어 있다. 교정 과정에서는 분석신호 대 내부표준물 신호의 비를 표준물의 분석물 농도에 대한 함수로 도시한다. 그 다음 시료들의 이 비율은 교정곡선으로부터 그들 안의 분석물 농도를 얻는 데 이용된다.

내부표준물을 적절히 선택하여 사용하면 여러 형태의 우연오차와 계통오차를 보정할 수 있다. 분석물과 내부표준물의 신호가 기기 우연오차와 방법 우연오차에 비례하여 변한다 해도, 이 신호들의 비는 이런 오차와 무관할 것이다. 두 신호가 기질 효과에 같은 방식으로 영향을 받는다면 이로 인한 오차 역시 보정된다. 내부표준물이 시료와 표준물에서 주 성분인 경우 시료 준비, 용해, 청소과정에서 생기는 오차를 보정할 수 있다.

내부표준물법을 적용하는 데 있어 가장 큰 어려움은 내부표준물로 사용할 적절한 물질을 선택하는 것과, 이를 재현 가능하게 시료와 표준물에 가하는 것이다. 내부표준물은 거의 모든 경우 분석물의 신호와 유사한 신호를 내야 하지만, 두 신호는 기기에 의해 쉽게 구분될 수 있을 정도로 서로 달라야 한다. 내부표준물은 시료 기질에 존재하지 않는 물질임이 명확하여, 첨가되는 양이 내부표준물의 유일한 출처여야 한다. 예를 들어, 리튬은 혈액 내의 소듐과 포타슘을 정량할 때 좋은 내부표준물인데, 그 이유는 두 분석물에 대한 리튬의 화학적 행동이 유사하고, 자연 상태의 혈액 속에 존재하지 않기 때문이다.

리튬을 내부표준물로 이용한 불꽃분광법을 통한 혈액 속 소듐 정량 예시가 그림 1-12에 나타나 있다. 위쪽 그림은 소듐 농도(ppm)에 따른 소듐신호를 나타내는 일반 교정곡선이다. 꽤 직선에 가까운 도시를 얻었지만, 다소 벗어나 있는 것을 볼 수 있다. 아래의 도시는 소듐 대 리튬의 세기 비를 소듐 농도에 따라 도시한 것이다. 내부표준물을 사용할 때 교정곡선이 향상된 것에 주목하라.

새로운 내부표준물법의 개발에 있어, 분석물 농도의 변화가

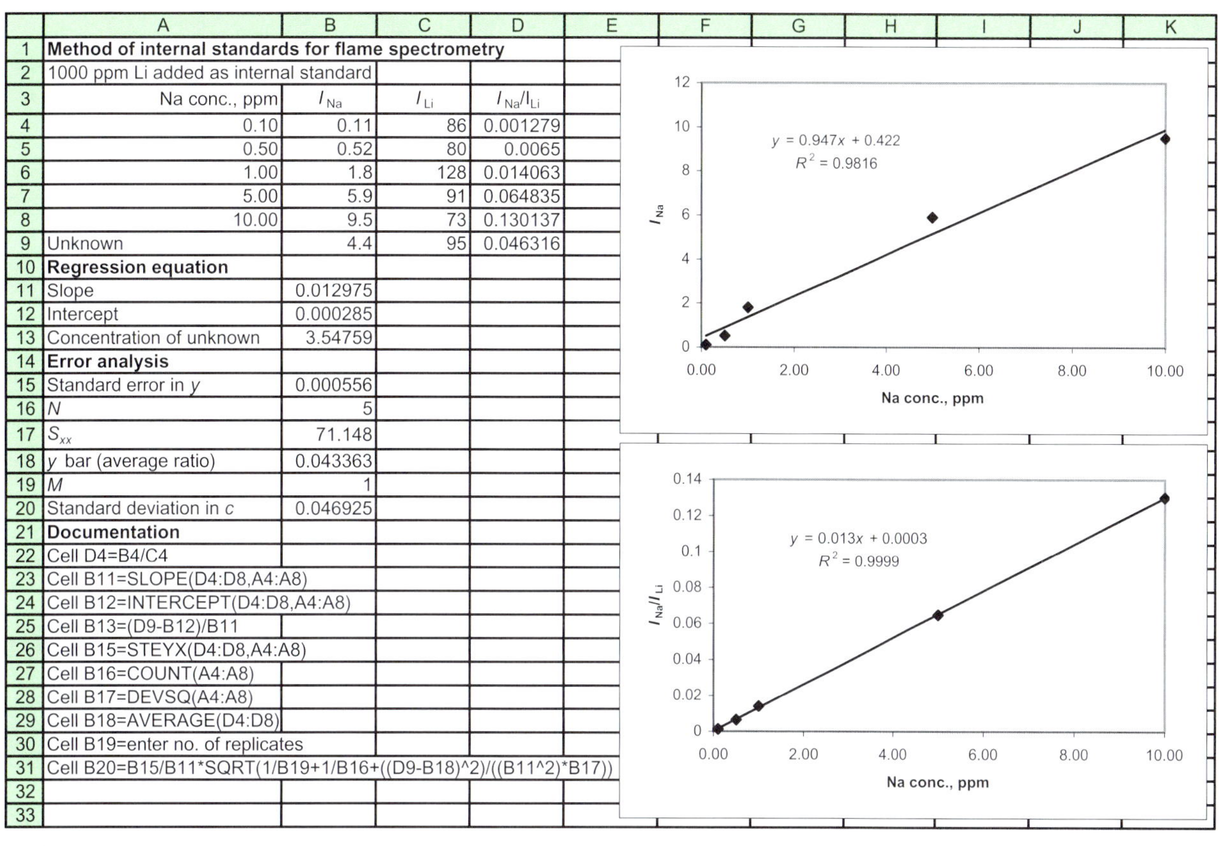

	A	B	C	D
1	**Method of internal standards for flame spectrometry**			
2	1000 ppm Li added as internal standard			
3	Na conc., ppm	I_{Na}	I_{Li}	I_{Na}/I_{Li}
4	0.10	0.11	86	0.001279
5	0.50	0.52	80	0.0065
6	1.00	1.8	128	0.014063
7	5.00	5.9	91	0.064835
8	10.00	9.5	73	0.130137
9	Unknown	4.4	95	0.046316
10	**Regression equation**			
11	Slope	0.012975		
12	Intercept	0.000285		
13	Concentration of unknown	3.54759		
14	**Error analysis**			
15	Standard error in *y*	0.000556		
16	*N*	5		
17	S_{xx}	71.148		
18	*y* bar (average ratio)	0.043363		
19	*M*	1		
20	Standard deviation in *c*	0.046925		
21	**Documentation**			
22	Cell D4=B4/C4			
23	Cell B11=SLOPE(D4:D8,A4:A8)			
24	Cell B12=INTERCEPT(D4:D8,A4:A8)			
25	Cell B13=(D9-B12)/B11			
26	Cell B15=STEYX(D4:D8,A4:A8)			
27	Cell B16=COUNT(A4:A8)			
28	Cell B17=DEVSQ(A4:A8)			
29	Cell B18=AVERAGE(D4:D8)			
30	Cell B19=enter no. of replicates			
31	Cell B20=B15/B11*SQRT(1/B19+1/B16+((D9-B18)^2)/((B11^2)*B17))			
32				
33				

그림 1-12 소듐의 불꽃분광법 분석에서 내부표준물법을 보여주는 스프레드시트.

내부표준물로부터 발생하는 신호 세기에 영향을 주지 않고, 내부표준물이 분석물 신호를 억제하거나 강화하지 않는지 반드시 검증해야 한다.

1E 분석법의 선택

표 1-1의 2열은 오늘날 화학분석을 위해 많은 장치의 집합체가 필요하다는 것을 알 수 있게 한다. 사실, 장치들이 많다 보니 그 중에서 선택하는 일이 쉽지 않다. 이 부분에서는 이런 선택이 어떻게 이루어지는지 간략히 살펴볼 것이다.

1E-1 문제 정의하기

분석법을 잘 선택하기 위해서는 분석 문제의 성질을 명확하게 정의하는 것이 매우 중요하다. 이런 정의를 위해서는 아래 질문들에 대답해야 한다.

1. 요구되는 정확도는 얼마인가?
2. 사용할 수 있는 시료의 양은 얼마인가?
3. 분석물 농도의 범위는 얼마인가?
4. 시료의 어떤 성분이 간섭을 발생시킬 수 있는가?
5. 시료 기질의 물리적 및 화학적 성질이 무엇인가?
6. 분석해야 할 시료의 수는 몇 개인가?

1번 질문에 대한 대답이 특히 매우 중요한데, 이는 분석을 하는 데 얼마나 많은 시간과 주의를 기울여야 하는가를 결정하기 때문이다. 2번과 3번 질문에 대한 대답은 분석법이 얼마나 감도가 좋아야 하는지, 그리고 측정할 수 있는 농도 범위가 얼마나 넓어야 하는지 결정한다. 4번 질문에 대한 대답은 이 분석이 가져야 하는 선택성을 결정한다. 5번 질문에 대한 대답도 중요한데, 표 1-1의 여러 분석법들 중 일부가 용액(주로 수용액)에 적용되기 때문이다. 다른 방법들은 기체 시료에 보다 쉽게 적용되고, 또 다른 방법들은 고체를 직접 분석하는 데 알맞다.

분석해야 할 시료의 개수(6번 질문) 또한 경제적 관점에서 중요한 고려사항이다. 이 숫자가 크면 분석기기장치, 분석법 개발 및 교정에 많은 시간과 돈이 든다. 게다가 숫자가 큰 경우, 시료당 소요 시간이 가장 적은 방법을 선택해야 한다. 이와 반대로 분석해야 할 시료가 몇 개 되지 않으면, 전처리 작업이 거의 또는 전혀 필요하지 않은, 보다 간단하지만 시간이 오래 걸리는 방법이 보통 더 현명한 선택이다.

표 1-1에 나타난 다양한 기기들의 성능특성을 안다면, 이 여섯 가지 질문에 대한 답을 통해 분석법을 선택할 수 있다.

1E-2 기기의 성능특성

표 1-3에는 기기의 성능을 나타내는 정량적인 기준을 적어 놓았다. 이 기준을 이용하면 주어진 분석법이 분석문제를 해결

표 1-3 분석법 선택에서 고려되는 숫자적 기준

기준	성능계수
1. 정밀도	절대 표준 편차, 상대 표준 편차, 변동 계수, 분산
2. 바이어스	절대 계통오차, 상대 계통오차
3. 감도	교정 감도, 분석 감도
4. 검출 한계	바탕값 + 3 × 바탕값의 표준 편차
5. 다이내믹 레인지	정량농도한계(LOQ)에서 선형농도한계(LOL)까지
6. 선택성	선택계수

표 1-4 분석법 선택에서 고려해야 할 다른 특성

1. 신속성
2. 난이도와 편리성
3. 조작자가 갖추어야 할 숙련도
4. 장치의 가격과 이용 가능성
5. 시료당 비용

하는 데 적당한지 아닌지 결정할 수 있다. 이 특성은 *성능계수*(figures of merit)라고 불리는 숫자항으로 나타낼 수 있다. 성능계수는 주어진 분석문제를 해결하기 위해 선택할 수 있는 기기 범위를 좁혀 준다. 좁혀진 범위 내에서의 선택은 표 1-4에 나타난 기기성능의 정성적인 기능을 이용하여 할 수 있다.

이 부분에서는 표 1-3에 나타난 6개의 성능계수 각각을 정의할 것이다. 이 계수들은 기기와 기기 분석법에 대해 다루는 이 책의 나머지 부분에서 계속 사용될 것이다.

정밀도

부록 1의 제a1A-1절에서 볼 수 있듯 분석 데이터의 정밀도란 똑같은 방법으로 얻은 데이터들이 서로 얼마나 일치하는지 그 정도를 나타내는 것이다. 정밀도는 한 분석의 우연오차, 즉 불가측오차의 척도를 나타낸다. 정밀도를 나타내는 성능계수에는 *절대 표준 편차*(absolute standard deviation), *상대 표준 편차*(relative standard variation), *평균의 표준오차*(standard error of the mean), *변동 계수*(coefficient of variation) 및 *분산*(variance) 등이 포함되어 있는데, 이것을 표 1-5에 적어 놓았다.

바이어스

부록 1의 제A-2절에서 볼 수 있듯 바이어스는 한 분석법의 계통 오차, 즉 가측오차의 척도를 나타낸다. 바이어스 Δ는 다음과 같은 식으로 정의된다.

$$\Delta = \mu - \tau \qquad (1\text{-}9)$$

여기서 μ는 시료 안의 분석물 농도의 모평균이고, τ는 참값이다.

바이어스는 분석물 농도를 이미 알고 있는 하나 이상의 표준 기준물질을 이용하여 구한다. 이런 물질은 부록 1의 제a1A-2절

표 1-5 분석법의 정밀도를 나타내는 성능계수

용어	정의*
절대 표준 편차, s	$s = \sqrt{\dfrac{\sum_{i=1}^{N}(x_i - \bar{x})^2}{N-1}}$
상대 표준 편차(RSD)	$\text{RSD} = \dfrac{s}{\bar{x}}$
평균의 표준오차, s_m	$s_m = s/\sqrt{N}$
변동 계수(CV)	$\text{CV} = \dfrac{s}{\bar{x}} \times 100\%$
분산	s^2

* x_i = i번째 측정값

$\bar{x}$ = N번 측정의 평균 = $\dfrac{\sum_{i=1}^{N} x_i}{N}$

에 설명되어 있다. 그러나 이런 분석으로부터 얻은 결과는 우연오차와 계통오차 둘 다를 포함한다. 하지만 측정을 충분히 많은 횟수만큼 반복하면, 평균값을 어떤 주어진 신뢰 수준으로 얻을 수 있다. 부록 1의 제a1B-1절에서 볼 수 있듯이, 20~30회의 반복 분석에서 얻어진 평균은 대개 식 1-9에 나타난 모평균 μ의 좋은 추정으로 간주된다. 이 평균값과 표준 기준물질의 알려진 분석물 농도 간의 차이가 바이어스로 나타나게 된다.

표준물에 대한 20회의 반복 분석을 수행하는 것이 현실적으로 불가능하다면, 부록 1의 예제 a1-10에 나타나 있는 것과 같이 바이어스의 존재 여부를 알아볼 수 있다. 보통 분석법을 개발할 때, 바이어스의 근원을 밝히고 바탕값이나 기기 교정을 통해 그것을 제거하거나 보정하려는 시도를 한다.

감도

기기 또는 측정법의 감도란 분석물의 작은 농도 차이를 식별할 수 있는 능력을 말한다는 것이 일반적인 약속이다. 교정곡선의 기울기, 그리고 측정장치의 재현성 또는 정밀도라는 두 요인이 감도를 제한한다. 동일한 정밀도의 두 방법이 있을 때, 교정곡선의 기울기가 더 큰 방법이 더 감도가 높다. 마찬가지로, 교정곡선의 기울기가 같은 두 방법의 경우, 더 높은 정밀도를 나타내는 방법의 감도가 더 높다.

국제 순수 · 응용 화학 연합(IUPAC)이 인정한 감도의 정량적인 정의를 *교정 감도*(calibration sensitivity)라고 하며, 이는 원하는 농도에서 교정곡선의 기울기를 나타낸다. 분석화학에서 사용하는 대부분의 교정곡선은 직선 형태이므로, 아래와 같은 식으로 나타낼 수 있다.

$$S = mc + S_{bl} \qquad (1\text{-}10)$$

여기서 S는 측정신호, c는 분석물의 농도, S_{bl}은 바탕의 기기신호, m은 직선의 기울기를 나타낸다. S_{bl}값은 직선의 y절편이다. 이런 곡선에서, 교정 감도는 c와는 무관하고 m과 같다. 성능계수

로서의 교정 감도는 개별 측정의 정밀도를 고려하지 못한다는 단점이 있다.

Mandel과 Stiehler[11]는 감도의 수학적 표현에 정밀도를 포함시킬 필요성을 인식하고 *분석 감도*(analytical sensitivity) γ라는 다음과 같은 정의를 제안했다.

$$\gamma = m/s_S \tag{1-11}$$

여기서 m은 마찬가지로 교정곡선의 기울기를 나타내고, s_S는 측정의 표준 편차이다.

분석 감도는 증폭인자의 영향을 비교적 덜 받는다는 장점이 있다. 예를 들어, 기기의 증폭률을 5배 증가시키면 m도 5배로 증가한다. 그러나 일반적으로 이 증가는 s_S도 이에 상응하는 만큼 증가하도록 하여, 분석 감도가 상당히 일정해지도록 한다. 분석 감도의 두 번째 장점은 이것이 S의 측정단위와 무관하다는 점이다.

분석 감도의 단점은 s_S가 농도에 따라 변할 수 있기 때문에, 분석 감도가 종종 농도에 의존한다는 것이다.

검출 한계

가장 일반적으로 받아들여지는 *검출 한계*(detection limit)의 정량적인 정의는 주어진 신뢰 수준에서 검출될 수 있는 분석물의 최소 농도 또는 최소 질량이다. 검출 한계는 분석신호의 크기 대 바탕신호의 통계적 요동의 크기의 비에 의해 달라진다. 즉, 분석신호가 우연오차로 인한 바탕신호의 편차보다 몇 배, 즉 k배 이상 크지 않으면 검출된 신호가 분석신호라고 확신할 수 없다. 따라서 검출 한계에 접근함에 따라 분석신호와 그의 표준 편차는 바탕신호 S_{bl}과 그의 표준 편차 s_{bl}에 가까워진다. 그러므로 식별 가능한 최소의 분석신호 S_m은 바탕신호의 평균 $\bar{S}_{bl}$과 바탕값의 표준 편차의 k배의 합이라고 할 수 있다. 즉, 아래와 같다.

$$S_m = \bar{S}_{bl} + ks_{bl} \tag{1-12}$$

실험적으로 S_m은 20~30회의 바탕값 측정을 통해 구할 수 있고, 연속된 시행이면 더 좋다. 결과 데이터를 통계적으로 처리하여 $\bar{S}_{bl}$과 s_{bl}을 구한다. 식 1-10의 기울기를 이용하여 S_m을 검출 한계 c_m으로 변환한다. 즉 검출 한계는 아래와 같이 나타난다.

$$c_m = \frac{S_m - \bar{S}_{bl}}{m} \tag{1-13}$$

Ingle[12]이 지적한 바와 같이 수많은 방법들이 정확하게 혹은 부정확하게 t 또는 z와 같은 통계계수(부록 1, 제a1B-2절)에 바탕을 두고 식 1-12의 k값을 구하는 데 사용되었다. Kaiser[13]는 이 상수의 합당한 값이 $k = 3$이라고 주장한다. 그는 바탕측정으로부터 얻은 결과가 엄밀한 정규분포를 따른다고 가정한 것은 잘못이며, $k = 3$일 때 검출의 신뢰 수준은 거의 항상 95%일 것이라고 말한다. 그는 또한 더 큰 k값을 사용하여 신뢰 수준을 크게 할 경우의 이점이 거의 없다고 주장한다. Long과 Winefordner[14] 역시 검출 한계에 대한 설명에서 $k = 3$의 값을 사용할 것을 추천한다.

이 성능계수들을 계산하는 과정은 예제 1-2에 나와 있다.

예제 1-2

불꽃 방출스펙트럼을 이용하여 납을 정량하기 위해 교정 데이터를 얻고, 이를 최소제곱분석하여 아래 식을 얻었다.

$$S = 1.12c_{Pb} + 0.312$$

여기서 c_{Pb}는 ppm 단위의 납 농도이고, S는 납 방출선의 상대적 세기의 측정값이다. 이후 다음의 반복적인 데이터를 얻었다.

농도, ppm Pb	반복 횟수	S의 평균	s
10.0	10	11.62	0.15
1.00	10	1.12	0.025
0.000	24	0.0296	0.0082

다음을 계산하시오. (a) 교정 감도, (b) 납 농도가 1 ppm, 10 ppm일 때의 분석 감도, (c) 검출 한계

풀이

(a) 정의에 의해, 교정 감도는 기울이 $m = 1.12$이다.

(b) 10 ppm Pb에서 $\gamma = m/s_S = 1.12/0.15 = 7.5$

1 ppm Pb에서 $\gamma = 1.12/0.025 = 45$

분석 감도가 농도에 상당히 큰 영향을 받는다는 데 주목하시오. 이 때문에, 분석 감도는 교정 감도만큼 자주 이용하지 않는다.

(c) 식 1-12를 적용하면 아래와 같다.

$$S = 0.0296 + 3 \times 0.0082 = 0.054$$

이를 식 1-13에 대입하면 다음을 얻는다.

$$c_m = \frac{0.054 - 0.0296}{1.12} = 0.022 \text{ ppm Pb}$$

다이내믹 레인지

그림 1-13은 분석법의 *다이내믹 레인지*(dynamic range)의 정의를 잘 보여주고 있는데, 다이내믹 레인지란 정량적 측정이 가능

[11] J. Mandel and R. D. Stiehler, *J. Res. Natl. Bur. Std.*, **1954**, *53*, 155, **DOI**: 10.6028/jres.053.018.

[12] J. D. Ingle Jr., *J. Chem. Educ.*, **1974**, *51*, 100, **DOI**: 10.1021/ed051p100.

[13] H. Kaiser, *Anal. Chem.*, **1970**, *42*, 24A, **DOI**: 10.1021/ac60284a721; H. Kaiser, *Anal. Chem.*, **1970**, *42*, 26A, **DOI**: 10.1021/ac60286a027.

[14] G. L. Long and J. D. Winefordner, *Anal. Chem.*, **1983**, *55*, 712A, **DOI**: 10.1021/ac00258a724.

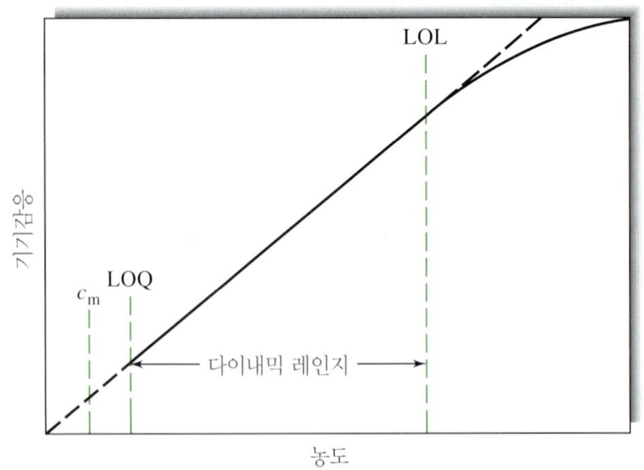

그림 1-13 분석법의 유용한 범위. LOQ = 정량 측정의 한계, LOL = 선형 감응의 한계.

한 최소의 농도(정량한계, LOQ)부터 교정곡선이 특정한 거리만큼 직선을 벗어나는 농도(선형한계, LOL)까지를 말한다. 보통 직선으로부터 5% 벗어나는 지점을 위쪽 한계로 한다. 높은 농도에서는 이상적이지 않은 검출 감응과 화학적 작용 때문에 직선으로부터 벗어나는 경우가 흔하다. 정량을 할 수 있는 최소의 농도한계는 일반적으로 바탕용액을 반복 측정하였을 때의 표준 편차의 10배에 해당한다고 본다($10s_{bl}$). 이 점에서 상대 표준 편차는 30% 정도이고, 농도가 증가함에 따라 빠르게 감소한다.

어떤 분석법이 매우 유용하게 이용되기 위해서는 이 방법의 다이내믹 레인지가 적어도 몇 개 자릿수 이상의 규모여야 한다. 흡수 분광광도법과 같은 어떤 분석법에서는 한두 자릿수 범위에서도 선형성이 얻어진다. 질량 분석법과 분자형광법과 같은 다른 분석법의 경우 네다섯 자릿수 이상에서 선형성이 나타날 수 있다.

선택성

어떤 분석법의 선택성은 그 분석법이 시료 기질 속에 포함되어 있는 다른 화학종으로부터 방해를 덜 받는 정도를 나타낸다. 불행하게도, 다른 화학종에 의한 간섭으로부터 완전히 자유로운 분석법은 없고, 이런 간섭의 효과를 최소화할 수 있도록 각 단계를 수행해야 하는 경우가 많다.

예를 들어, 분석물 A와 함께 잠재적으로 간섭을 일으킬 수 있는 물질 B와 C를 포함하는 시료를 생각하자. 물질 각각의 농도를 c_A, c_B, c_C라 하고, 각각의 교정 감도를 m_A, m_B, m_C라 하면, 전체 분석신호는 식 1-10의 수정된 형태로 나타난다. 즉, 아래와 같다.

$$S = m_Ac_A + m_Bc_B + m_Cc_C + S_{bl} \qquad (1\text{-}14)$$

B에 대한 A의 선택계수 $k_{B,A}$를 아래와 같이 정의해보자.

$$k_{B,A} = m_B/m_A \qquad (1\text{-}15)$$

이 선택계수는 주어진 분석법에서 A와 비교한 화학종 B의 감응을 나타낸다. 이와 유사하게 C에 대한 A의 선택계수 $k_{C,A}$는 다음과 같다.

$$k_{C,A} = m_C/m_A \qquad (1\text{-}16)$$

이런 관계를 식 1-14에 대입하면 아래 결과를 얻는다.

$$S = m_A(c_A + k_{B,A}c_B + k_{C,A}c_C) + S_{bl} \qquad (1\text{-}17)$$

선택계수는 0(간섭 없음)부터 1보다 더 큰 값까지 가질 수 있다. 간섭이 분석물의 출력 신호 강도를 감소시키는 경우 계수가 음수라는 사실을 기억하라. 예를 들어, 간섭 물질 B가 식 1-14의 S값을 감소시키는 경우, $k_{B,A}$와 m_B는 모두 음의 부호를 가진다.

선택계수는 분석법의 선택성을 나타내는 데 유용한 성능계수이다. 불행하게도, 이것은 이온선택성 전극(제23장)의 성능의 특성을 파악하는 경우 외에는 널리 사용되고 있지 않다. 예제 1-3은 가능한 경우에 선택계수가 어떻게 사용되는지 보여준다.

예제 1-3

K^+이온선택성 전극을 이용한 경우 Na^+의 선택계수가 0.052가 된다고 알려져 있다. Na^+ 농도가 다음과 같은 경우에 K^+ 농도가 3.00×10^{-3} M인 용액에서 K^+ 정량의 상대 오차를 계산하시오. (a) 2.00×10^{-2} M, (b) 2.00×10^{-3} M, (c) 2.00×10^{-4} M. 일련의 바탕용액의 S_{bl}값은 0에 가깝다고 가정하시오.

풀이

(a) 식 1-17을 이용하면

$$S = m_{K^+}(c_{K^+} + k_{Na^+,K^+}c_{Na^+}) + 0$$

$$S/m_{K^+} = 3.00 \times 10^{-3} + 0.052 \times 2.00 \times 10^{-2}$$
$$= 4.04 \times 10^{-3}$$

만약 Na^+이 없다면

$$S/m_{K^+} = 3.00 \times 10^{-3}$$

c_{K^+}의 상대 오차는 S/m_{K^+}의 상대 오차와 같다(부록 1의 제a1B-3부 참고). 따라서

$$E_{rel} = \frac{4.04 \times 10^{-3} - 3.00 \times 10^{-3}}{3.00 \times 10^{-3}} \times 100\%$$
$$= 35\%$$

같은 방법으로 계산하면 다음을 구할 수 있다.

(b) $E_{rel} = 3.5\%$

(c) $E_{rel} = 0.35\%$

질문과 문제

*별표가 있는 문제의 해답은 이 책의 끝에 있다.

이 아이콘이 있는 문제는 스프레드시트를 이용하여 쉽게 풀 수 있다.

1-1 분석기기에서 변환기는 무엇인가?

1-2 용액의 색깔을 가시적으로 측정하는 기기의 정보 처리장치는 무엇인가?

1-3 스펙트럼을 광사진법으로 기록하는 분광사진법에서 변환기는 무엇인가?

1-4 연기 검출기의 변환기는 무엇인가?

1-5 데이터 영역은 무엇인가?

1-6 시간 영역 신호로 간주되는 전기신호를 말하시오. 시간 영역 신호에 정보가 어떻게 부호화되는가?

1-7 입력 변환기 4개를 나열하고 이들이 어떻게 이용되는지 설명하시오.

1-8 성능계수는 무엇인가?

***1-9** Cu^{2+}을 포함하는 시료 25.0 mL의 기기신호가 25.2단위(바탕값으로 보정)이다. 정확히 0.500 mL의 0.0275 M $Cu(NO_3)_2$ 용액이 시료에 가해졌을 때, 신호는 45.1단위로 증가했다. 신호가 분석물 농도와 직접 비례한다고 가정할 때 Cu^{2+}의 몰농도를 계산하시오.

***1-10** 아래 표의 데이터는 혈액 내 포도당을 비색정량하여 얻은 것이다.

포도당 농도, mM	흡광도, *A*
0.0	0.002
2.0	0.150
4.0	0.294
6.0	0.434
8.0	0.570
10.0	0.704

(a) 선형관계를 가정할 때, 기울기와 절편의 최소제곱 추정값을 구하시오.

(b) 기울기와 절편의 표준 편차를 얻기 위해 엑셀의 LINEST를 사용하시오.[15] 추정의 표준오차는 얼마인가?

(c) 기울기와 절편의 95% 신뢰 구간을 구하시오.

(d) 혈액 시료의 흡광도가 0.350일 때, 포도당 농도와 표준 편차를 구하시오.

1-11 Phenobarbital 용액 정확히 5.00 mL를 50.00 mL 부피 플라스크에 넣고 KOH를 첨가하여 염기성으로 만든다. Phenobarbital 2.000 μg/mL를 포함하는 phenobarbital 표준 용액을 각각의 플라스크에 부피 0.000, 0.500, 1.00, 1.50, 2.00 mL만큼 넣고, 혼합물을 눈금까지 묽혔다. 각각의 용액의 형광을 형광계로 측정하여, 각각 3.26, 4.80, 6.41, 8.02, 9.56의 값을 얻었다.

---

[15]다음 문헌을 참고하시오. S. R. Crouch and F. J. Holler, *Applications of Microsoft® Excel in Analytical Chemistry*, 3rd ed, Belmont, CA: Cengage Learning, 2017, Chap. 4.

질문과 문제(계속)

(a) 데이터를 도시하시오.

* **(b)** (a)의 도시를 이용하여 미지 용액의 phenobarbital 농도를 계산하시오.

* **(c)** 데이터로부터 최소제곱식을 유도하시오.

* **(d)** (c)의 식을 이용하여 phenobarbital의 농도를 구하시오.

(e) (d)에서 얻은 농도의 표준 편차를 계산하시오.

도전 문제

1-12 **(a)** 검색 엔진을 이용하여 IUPAC 웹사이트를 찾고 *Compendium of Chemical Terminology*를 찾으시오. 최신 개정판은 몇 년도에 출판되었는가? 저자는 누구인가?

(b) *Compendium*에서 추천하는 *바이어스*(bias)의 정의를 찾으시오. 이 정의와 기호는 이 장의 것과 다른가? 설명하시오.

(c) *Compendium*에서 추천하는 *검출 한계*(detection limit)의 정의를 찾으시오. 이 정의와 기호는 이 장의 것과 다른가? 설명하시오.

(d) 교정 감도와 분석 감도의 차이점은 무엇인가?

(e) 다음 데이터는 수용액에서 화학종 X의 기기 분석으로 얻은 것이다.

X의 농도, ppm	반복 횟수	평균 분석신호	표준 편차
0.00	25	0.031	0.0079
2.00	5	0.173	0.0094
6.00	5	0.422	0.0084
10.00	5	0.702	0.0084
14.00	5	0.956	0.0085
18.00	5	1.248	0.0110

(i) 교정 감도를 계산하시오

(ii) 각각의 분석물 농도에서 분석 감도를 구하시오.

(iii) 반복 세트 각각의 평균에 대한 분산계수를 구하시오.

(iv) 이 분석법의 검출 한계는 무엇인가?

F. James Holler

1부

측정의 기초
Measurement Basics

우리의 삶은 마이크로 전자공학의 혁명에 의해 많은 영향을 받아 왔다. 기기 분석 분야에도 비슷한 혁명이 있었다는 것은 놀랄 일이 아니다. 위의 컴퓨터와 전자기기 부품의 사진은 일어나고 있는 변화의 속도와 성질을 상징한다. 여러분이 이 글을 읽고 있는 시점에는 이 기기장치의 한두 부분이 더 정교한 기술에 의해 교체, 보강되었거나, 아예 고물이 되어 있을 것이다.

제1장에서는 기기화학분석의 기초를 설명했다. 제1부의 4개 장에서는 아날로그 전자공학, 디지털 전자공학, 컴퓨터, 그리고 데이터 처리를 설명한다. 이런 개념들은 기기적 측정을 이해하는 데 기초가 된다. 제2장에서는 아날로그 직류와 교류 회로의 구성요소와 원리를 설명한다. 제3장에서는 연산증폭기 회로의 원리와 응용을 통해 아날로그 전자공학에 대해 계속해서 다룬다. 제4장에서는 디지털 전자공학과 아날로그와 디지털의 경계영역을 공부하며 기기 분석에서 컴퓨터의 성질과 역할을 알아본다. 제5장에서는 신호와 잡음의 성질을 이해함으로써 측정의 기초를 완전하게 하고, 신호 대 잡음비를 개선하는 하드웨어와 소프트웨어법을 공부한다. 기기 분석법의 실제 응용에서는 종이 없는 전자 실험실인 분석실험실의 최근 발전에 대해 알아본다.

2장

전자부품과 회로

Electrical Components and Circuits

제1장에서는 데이터 영역의 기본개념을 소개하고, 한 영역에서 다른 영역으로 데이터 형태를 변환시키는 기기 기능에 관해 설명했다. 대부분의 변환은 전기적 영역들 간에 이루어졌다. 이러한 전환을 이해하고 현대의 전자장치가 어떻게 작동하는지 파악하기 위해서 직류(dc)와 교류(ac) 회로의 기본 성분에 대한 약간의 지식이 필요하다. 이 장의 목적은 화학분석용 기기 중에서 집적 회로와 마이크로 컴퓨터에 대해 다루는 다음의 두 장을 준비하는 데 필요한 내용을 설명하는 것이다. 이러한 지식을 갖춤으로써 이 책의 여러 부분에서 설명되는 방법들과 다양한 측량 체계의 기능들을 이해하게 될 것이다.

이 장에서 옆의 로고는 www.tinyurl.com/skoogpia7에서 대화형 자습, 시뮬레이션, 연습 등을 통해 온라인으로 학습할 수 있는 기회가 있음을 나타낸다.

2A 직류 회로와 측정

이 절에서는 몇 가지 간단한 직류 회로를 살펴보고 이들이 전류, 전압 및 저항을 측정할 때 어떻게 이용되는지 설명한다. *회로*(circuit)는 전류가 흐를 수 있는 닫힌 경로라고 정의할 수 있다. 네 가지 중요한 전기법칙을 통해 회로에 대해 알아보자. 우리는 여기서 *양의전류협약*(positive current convention)을 채택한다. 즉 전기 회로에서 전류의 방향은 양전위에서 음전위이다. 많은 회로에서 전하 운반체는 전자이고, 양의전류협약은 전자의 흐름과 반대이다. 그러나 반도체와 이온용액에서는 양전하 화학종이 주 운반체가 될 수 있다. 어떤 경우에도 전류 방향에 대해 일치된 협약을 채택하는 것이 필요하다. 양의전류협약은 과학과 공학에서 거의 모두 적용된다.

2A-1 전기 법칙

Ohm 법칙

Ohm 법칙은 *직렬 저항 회로*(resistive series circuit)에서 전위, 저항 및 전류 간의 관계를 설명한다. 이러한 직렬 회로에서 모든 회로 요소들은 전원과 3개의 저항들로 이루어진 그림 2-1과 같이 처음 부분에서부터 끝부분까지 회로를 따라 차례대로 연결되어 있다. Ohm 법칙은 아래 식으로 나타낼 수 있다.

$$V = IR \tag{2-1}$$

여기서 V는 회로의 두 점 사이의 전위차이로 volt로 나타낸다. R은 두 점 사이의 저항으로 Ohm으로 나타내고, I는 ampere로 나타낸 전류이다.[1]

Kirchhoff 법칙

Kirchhoff 전류 법칙(Kirchhoff's current law)은 회로에 있는 어느 한 점 주위의 전류들의 총합이 0이라는 것이다. 이는 회로의 한 점으로 들어오는 전류의 합이 그 점에서 나가는 전류의 합과 같음을 의미한다. *Kirchhoff 전압 법칙*(Kirchhoff's voltage law)은 닫힌 전기 루프 주위 전압들의 수학적 총합이 0이라는 것이다. 이는 전위 증가(상승)의 합은 전위 감소(강하)의 합과 같음을

[1]이 책의 대부분에서 기호 V는 회로의 전위차 또는 전압을 나타낸다. 그러나 제22장~제25장에서는 전기화학 협약에 따라 기전력을 E로 나타낸다.

의미한다. 이 법칙은 전기 회로에서의 에너지 보존의 결과이다.

단순한 dc 회로에 대한 Kirchhoff 법칙과 Ohm 법칙의 응용은 제2A-2절에서 다룰 것이다.

전력 법칙

저항기에서 소비되는 watt 단위의 전력 P는 저항을 가로지르는 volt 단위의 전압차이와 ampere 단위의 전류의 곱으로 주어진다.

$$P = IV \tag{2-2}$$

여기에 Ohm 법칙을 대입하면 아래와 같다.

$$P = I^2R = V^2/R \tag{2-3}$$

2A-2 직류 회로

이 절에서는 전기 장치에서 널리 사용되는 두 종류의 기본적인 dc 회로를 설명할 것이다. 두 회로는 각각 *직렬 저항 회로*(series resistive circuits)와 *병렬 저항 회로*(parallel resistive circuits)이다. 앞서 설명한 법칙들을 이용하여 이런 회로들의 성질을 분석할 것이다.

직렬 회로

그림 2-1은 배터리, 스위치, 그리고 세 개의 저항이 직렬로 연결되어 있는 기본적인 직렬 회로를 나타낸다. 부품들이 서로 공유하는 접촉 지점이 하나뿐이면 직렬로 연결되었다고 한다. 스위치가 닫혀 있을 때 회로에 전류가 흐른다. Kirchhoff 전류 법칙을 이 회로의 점 D에 적용하면 다음의 결과를 얻는다.

$$I_4 - I_3 = 0$$

또는

시뮬레이션: www.tinyurl.com/skoogpia7에서 **Ohm 법칙(Ohm's law)**에 대해 더 알아보시오.

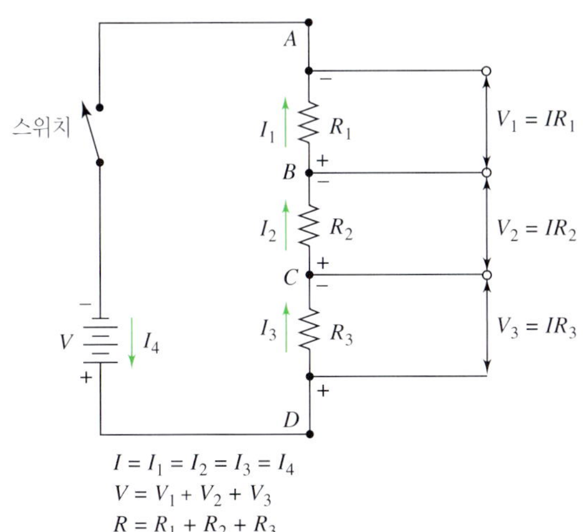

그림 2-1 직렬 저항; 전압 분할기. 구성 요소 간의 접촉이 오직 하나이면 직렬로 연결되었다고 한다. 직렬 회로의 전류는 어디에서나 같다. 다시 말해, $I_1 = I_2 = I_3 = I_4$이다.

$$I_4 = I_3$$

점 D에서 나가는 전류는 점 D로 들어가는 전류와 부호가 **반대**라는 사실에 주목하라. 유사하게, 이 법칙을 점 C에 적용하면

$$I_3 = I_2$$

이므로, **직렬 회로의 모든 지점에서 전류는 일정하다**. 즉, 오직 하나의 전류값 I가 존재하며, 아래와 같이 쓸 수 있다.

$$I = I_1 = I_2 = I_3 = I_4 \tag{2-4}$$

Kirchhoff 전압 법칙을 그림 2-1의 회로에 적용하면 다음의 결과를 얻는다.

$$V - V_3 - V_2 - V_1 = 0$$

또는

$$V = V_3 + V_2 + V_1 \tag{2-5}$$

스위치에서 시작하여 루프를 따라 반시계 방향으로 진행할 때 한 번의 전위 증가(V)와 세 번의 전위 감소(V_1, V_2, V_3)가 있다는 사실에 주목하자. 또한 저항을 지나면 전류 방향의 *전압 강하*(voltage drop)가 있음에 주목하자.

Ohm 법칙을 식 2-5에 대입하면 다음과 같다.

$$V = I(R_1 + R_2 + R_3) = IR_s \tag{2-6}$$

식 2-6은 직렬 회로의 총 저항 R_s가 개개의 저항의 총합과 같음을 보여준다. 즉, 그림 2-1에서 세 저항은 아래 식을 만족한다.

$$R_s = R_1 + R_2 + R_3 \tag{2-7}$$

직렬로 연결된 n개의 저항에 대해 식 2-7을 확장하여 다음과 같이 쓸 수 있다.

$$R_s = R_1 + R_2 + \cdots + R_n = \sum_{i=1}^{n} R_i \tag{2-8}$$

전압 분할기

직렬 저항들은 각 저항을 지날 때 전체전압의 분할이 나타나는 *전압 분할기*(voltage divider)를 형성한다. 그림 2-1에서 점 B부터 A까지의 회로 부분에 Ohm 법칙을 적용하면 다음과 같다.

$$V_1 = I_1R_1 = IR_1 \tag{2-9}$$

R_1을 지날 때 나타나는 전압의 전체 전압에 대한 분율은 V_1/V이다. 식 2-9를 식 2-6으로 나누면 다음과 같다.

$$\frac{V_1}{V} = \frac{IR_1}{I(R_1 + R_2 + R_3)} = \frac{R_1}{R_1 + R_2 + R_3} = \frac{R_1}{R_s} \tag{2-10}$$

같은 방법으로,

$$\frac{V_2}{V} = \frac{R_2}{R_s}$$

이고,

$$\frac{V_3}{V} = \frac{R_3}{R_s}$$

이다. 따라서 주어진 저항을 지날 때 나타나는 전압의 전체 전압에 대한 분율은 전체 직렬 저항 R_s로 그 저항을 나눈 값이다. 이를

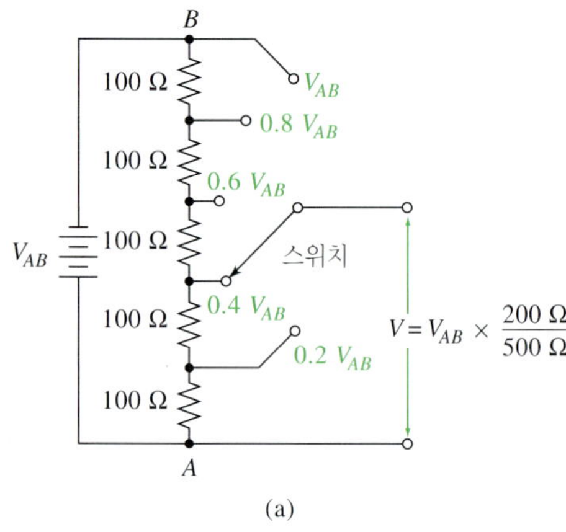

(a)

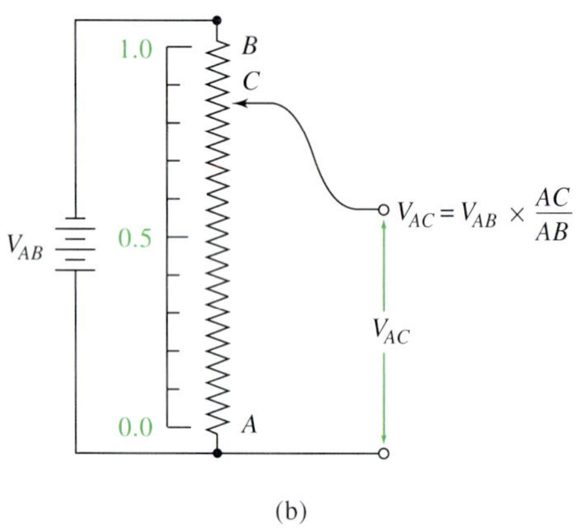

(b)

그림 2-2 전압 분할기. (a) 고정 감쇠기형, (b) 연속 변화형(전위차계).

전압 분할기 정리(voltage divider theorem)라고 칭하기도 한다.

전압 분할기는 입력전압의 분할인 출력전압을 얻기 위해 전기 회로에서 널리 사용된다. 이런 면에서 이들을 *감쇠기*(attenuators)라 부르고, 이때 전압이 *감쇠되었다*(attenuated)라고 한다. 그림 2-2a에서 볼 수 있는 것처럼 고정된 직렬 저항은 고정된 증분의 전압을 준다. 그림의 스위치 위치에서 출력전압 V는 두 개의 저항(100 Ω과 100 Ω)을 지날 때의 전압강하이다. 선택된 전압의 전체 전압 V_{AB}에 대한 분율은 200 Ω/R_s, 즉 200 Ω/500 Ω = 0.400이다. V_{AB}가 5 V이면 전압은 0.400 × 5.00 V = 2.00 V이다. 저항이 정확하게 알려진 저항기를 이용하면 선택된 전압의 분율은 대단히 정확해진다(1% 이내).

두 번째 형태의 전압 분할기는 그림 2-2b에서 볼 수 있다. 이런 형태를 *전위차계*(potentiometer)[2]라 하고, 0.00 V에서 전체 입력전압 V_{AB}까지 전압을 연속적으로 공급한다. 대부분의 전위차계에서 저항은 선형적이다. 즉, 한 끝 A에서 점 C까지의 저항은 그 부분의 길이 AC에 정비례한다. 다시 말해, $R_{AC} = kAC$이다. 여기서 AC는 편리한 길이 단위로 나타내며 k는 비례 상수이다. 마찬가지로 $R_{AB} = kAB$이다. 이러한 관계들을 식 2-10에 대입하면 다음을 얻는다.

$$\frac{V_{AC}}{V_{AB}} = \frac{AC}{AB}$$

또는 다음과 같이 쓸 수 있다.

$$V_{AC} = V_{AB}\frac{AC}{AB} \tag{2-11}$$

시판되는 전위차계에서 R_{AB}는 일반적으로 나선형 코일로 된 철사형 저항이다. *와이퍼*(wiper)라고 하는 이동식 접점 손잡이를 한쪽 끝에서 다른 쪽 끝까지 움직여 0부터 입력전압 V_{AB}까지 V_{AC}를 변화시킬 수 있다.

자습: www.tinyurl.com/skoogpia7에서 **dc 회로(dc circuits)**와 **전압 분할기(voltage dividers)**에 대해 더 알아보시오.

병렬 회로

그림 2-3은 *병렬*(parallel) dc 회로를 보여준다. Kirchhoff 전류 법칙을 이 그림의 점 A에 적용하면 다음을 얻는다.

$$I_1 + I_2 + I_3 - I_t = 0$$

또는

$$I_t = I_1 + I_2 + I_3 \tag{2-12}$$

Kirchhoff 전압 법칙을 이 회로에 적용하면 세 개의 독립된 식들을 얻는다. 그러므로 전지와 R_1을 포함하는 고리에 대하여 아래와 같다.

$$V - I_1R_1 = 0$$

$$V = I_1R_1$$

V와 R_2를 포함하는 고리에서는

$$V = I_2R_2$$

V와 R_3을 포함하는 고리에서는

$$V = I_3R_3$$

이다. 전지전압 V가 세 개 저항 모두에서 나타난다는 점에 주목하라.

R_2와 R_3을 포함하는 고리뿐만 아니라 R_1과 R_2를 포함하는 고리에 대해서도 추가적인 식을 쓸 수 있다. 그러나 이 식들은 앞

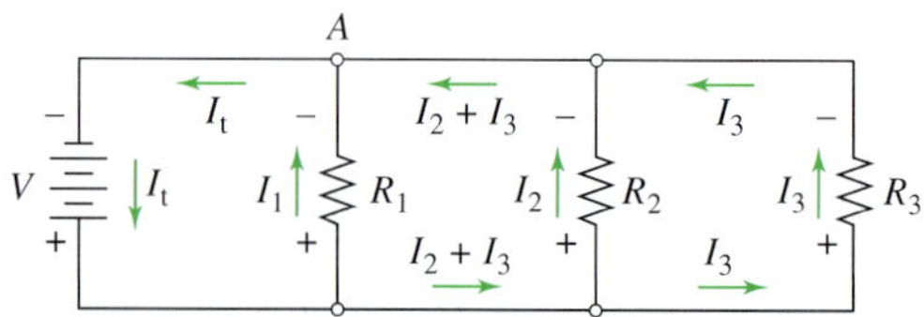

그림 2-3 병렬 저항. 병렬원소들은 2개의 공통 접촉점을 갖는다. 각 저항기를 지나는 전압은 전지전압 V와 같다.

[2] *전위차계*(potentiometer)는 다른 맥락에서 선형 전압 분할기를 이용하여 전압을 정확히 측정하는 전체 기기의 이름으로 사용되기도 한다.

서 나온 세 개의 식과 무관하지 않다. 세 개의 독립적인 식을 식 2-12에 대입하면 다음을 얻는다.

$$I_t = \frac{V}{R_p} = \frac{V}{R_1} + \frac{V}{R_2} + \frac{V}{R_3}$$

여기서 R_p는 병렬로 연결된 저항들의 전체 저항이다.

이 식을 V로 나누면 다음 식을 얻는다.

$$\frac{1}{R_p} = \frac{1}{R_1} + \frac{1}{R_2} + \frac{1}{R_3} \quad (2\text{-}13)$$

저항 R의 전도도 G는 $G = 1/R$로 주어진다. 따라서 그림 2-3의 병렬 저항 3개에 대해 다음과 같이 쓸 수 있다.

$$G_p = G_1 + G_2 + G_3 \quad (2\text{-}14)$$

병렬로 연결된 n개의 저항에 대해 식 2-13과 2-14를 확장하면 다음과 같다.

$$\frac{1}{R_p} = \frac{1}{R_1} + \frac{1}{R_2} + \frac{1}{R_3} + \cdots + \frac{1}{R_n} = \sum_{i=1}^{n} \frac{1}{R_i} \quad (2\text{-}15)$$

$$G_p = G_1 + G_2 + G_3 = \sum_{i=1}^{n} G_i \quad (2\text{-}16)$$

식 2-16은 직렬 회로와는 다르게 병렬 회로에서는 저항이 아니라 전도도 G가 합으로 나타난다는 것을 보여준다.

특별하게 두 개의 저항이 병렬로 연결된 경우, 식 2-13을 풀어서 다음을 얻을 수 있다.

$$R_p = \frac{R_1 R_2}{R_1 + R_2} \quad (2\text{-}17)$$

즉, 병렬 저항은 두 저항의 곱을 합으로 나눈 값이다.

전류 분할기

직렬 저항이 전압 분할기를 형성하듯이, 병렬 저항은 *전류 분할기*(current splitter)를 형성한다. 그림 2-3의 R_1에 존재하는 전류의 전체 전류 I_t에 대한 분율은 다음과 같다.

$$\frac{I_1}{I_t} = \frac{V/R_1}{V/R_p} = \frac{1/R_1}{1/R_p} = \frac{G_1}{G_p}$$

또는

$$I_1 = I_t \frac{R_p}{R_1} = I_t \frac{G_1}{G_p} \quad (2\text{-}18)$$

두 개의 저항 R_1과 R_2가 병렬 회로를 구성하는 흥미롭고 특별한 경우, R_1에 흐르는 전류 분율은 다음과 같다.

$$\frac{I_1}{I_t} = \frac{G_1}{G_p} = \frac{1/R_1}{1/R_p} = \frac{1/R_1}{1/R_1 + 1/R_2} = \frac{R_2}{R_1 + R_2}$$

마찬가지로,

$$\frac{I_2}{I_t} = \frac{R_1}{R_1 + R_2}$$

다시 말해, 두 개의 병렬 저항이 있을 때 하나의 저항에서의 전류 분율은 다른 하나의 저항값 대 두 저항값의 합의 비율이다. I_1/I_t와 I_2/I_t의 식을 *전류 분할식*(current-splitting equations)이라고 부르기도 한다.

직렬과 병렬 회로에서의 계산 과정은 예제 2-1에 설명되어 있다.

예제 2-1

아래 회로에 대하여 다음을 계산하시오. (a) 전체 저항, (b) 전지에서의 전류, (c) 각각의 저항에 흐르는 전류, (d) 각각의 저항에서의 전압 강하

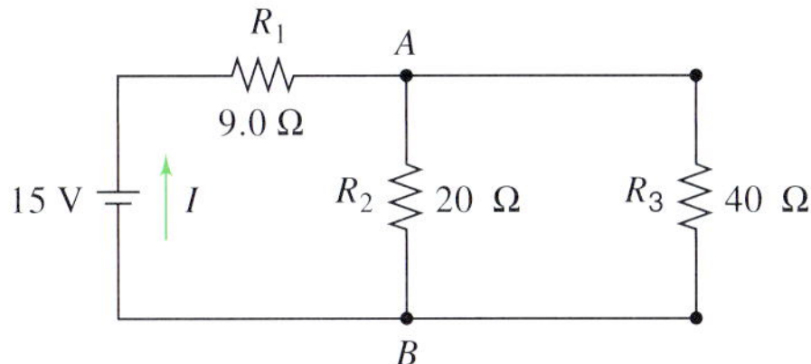

풀이

R_2와 R_3은 병렬 저항이다. 그러므로 점 A와 B 사이의 저항 $R_{2,3}$은 식 2-13으로 주어질 것이다. 즉,

$$\frac{1}{R_{2,3}} = \frac{1}{20\ \Omega} + \frac{1}{40\ \Omega}$$

이고

$$R_{2,3} = 13.3\ \Omega$$

따라서 주어진 회로를 아래와 같은 *등가 회로*(equivalent circuit)로 축소할 수 있다.

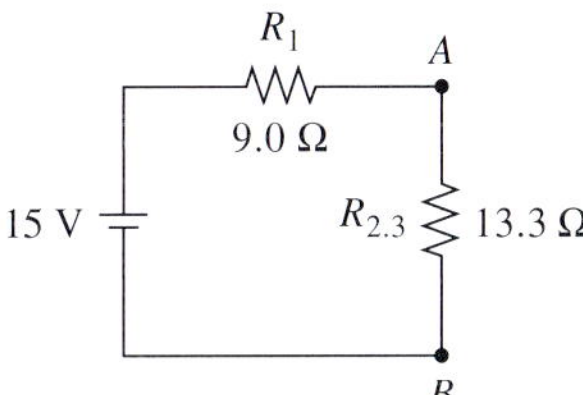

즉 두 직렬 저항이 연결된 것과 같아지므로,

$$R_s = R_1 + R_{2,3} = 9.0\ \Omega + 13.3\ \Omega = 22.3\ \Omega$$

Ohm 법칙으로부터 다음과 같이 전류 I를 구한다.

$$I = 15\ \text{V}/22.3\ \Omega = 0.67\ \text{A}$$

식 2-8을 적용하면, 저항 R_1에서의 전압 V_1은

$$V = 15\ \text{V} \times 9.0\ \Omega/(9.0\ \Omega + 13.3\ \Omega) = 6.0\ \text{V}$$

마찬가지로, 저항 R_2와 R_3에서의 전압은

$$V_2 = V_3 = V_{2,3} = 15\ \text{V} \times 13.3\ \Omega/22.3\ \Omega$$
$$= 8.95\ \text{V} = 9.0\ \text{V}$$

Kirchhoff 전압 법칙에서 요구하는 대로 두 전압의 합이 15 V라는 것에 주목하시오.

R_1에 흐르는 전류는 다음과 같다.

$$I_1 = I = 0.67\ \text{A}$$

R_2와 R_3에 흐르는 전류도 Ohm 법칙으로 구할 수 있다. 따라서 다음과 같다.

$$I_2 = 9.0\ \text{V}/20\ \Omega = 0.45\ \text{A}$$

$$I_3 = 9.0\ \text{V}/40\ \Omega = 0.22\ \text{A}$$

Kirchhoff 전류 법칙에서 요구하는 대로 두 전류의 합이 알짜 전류의 합과 같음에 주목하시오.

2A-3 직류 전류, 전압 및 저항 측정

이 절에서는 직류(dc) 회로에서 (1) 전류, 전압, 저항이 어떻게 측정되는지와 (2) 이런 측정에서의 불확정성에 대해 알아본다.

디지털 전압계와 멀티미터

약 30년 전까지만 해도 dc 전기 측정은 100년도 더 전에 개발된 D'Arsonval 가동 코일 계기로 이루어졌다. 요즘은 이런 계기를 거의 사용하지 않고, 그 대신에 디지털 전압계(digital voltmeter, DVM)와 디지털 멀티미터(digital multimeter, DMM)가 널리 보급되었다.

DVM은 보통 단일 집적회로와 액정 디지털 디스플레이로 구성되는데, 회로의 전원은 대개 전지이다. 집적 회로의 핵심부분은 *아날로그-디지털 변환기*(analog-to-digital converter, ADC)이고, 이것은 입력 아날로그 신호를 입력전압의 크기에 비례하는 숫자로 변환시킨다.[3] ADC에 대한 논의는 제4C-7절에서 이루어질 것이다. 현재 상용화된 DVM들은 작고, 대개 저렴하며($50 미만), 입력 저항은 일반적으로 10^{10}~$10^{12}\ \Omega$ 정도이다.

DVM은 DMM의 심장부이다. DMM은 전압을 측정할 수 있을 뿐만 아니라, 전류와 저항도 측정할 수 있도록 하는 내부 회로들을 가지고 있다. 그림 2-4는 DVM이 dc 전압, 전류, 저항을 측정하는 데 어떻게 사용될 수 있는지를 보여준다. 각각의 그림에서 전압계 표시판의 숫자는 V_M이고 DVM의 내부 저항은 R_M이다. 그림 2-4a의 배열 형태는 내부 저항이 R_s인 전압원의 전압 V_x를 측정하는 데 사용된다. 미터에 나타난 전압 V_M은 다음 부분에서 설명할 *부하 오차*(loading error) 때문에 실제 전압과 다소 다를 수 있다. DMM의 입력은 주로 그림 2-2a와 같은 전압 분할기인데, 이는 DMM의 측정범위를 넓히기 위한 것이다.

DMM은 또한 다양한 범위의 전류를 측정하는 데 사용될 수 있다. 미지의 전류가 미터 속에 들어 있는 작은 표준 저항기 몇 개 중 하나를 통과하여 흐른다. 이 저항기를 통과할 때 생기는 전압 강하를 측정하는데, 이는 전류에 비례한다. 그림 2-4b는 dc 전원과 부하 저항 R_L로 구성된 회로에서 미지의 전류 I_x를 측정하는 방법을 보여준다. 미터의 정밀 저항 R_{std}는 보통 0.1 이하에서부터 수백 ohm에 이를 수 있기 때문에 전압의 범위가 다양하게 나타난다. 예를 들어, 만약 $R_{std} = 1{,}000\ \Omega$이고 DVM의 측정값이 0.456 V이면, 측정된 전류는 0.456 A (456 mA)이다. 10의 짝수제곱이 되도록 표준 저항을 선택하고 저항과 짝이 맞게 표시판의 소수점이 움직이도록 회로를 배열함으로써 DMM이 직접 전류를 읽는다.

그림 2-4c는 최신 DMM으로 미지 저항 R_x를 어떻게 측정하는지 보여준다. 이런 용도를 위해, 미터 내의 dc 전원이 일정한 전류 I_{std}를 발생시켜 미지 저항 R_x를 통과하여 흐르도록 한다. DVM은 전류 I_{std}가 저항기를 통과할 때 저항 R_x 주위에서 발생하는 전압 강하를 감지한다. 예를 들어, 표준 전류가 0.0100 A라면, DVM의 측정값이 0.945V일 때 측정되는 저항은 0.945 V/0.0100 A = 94.5 Ω이다. 여기에서도, 저항의 직접적인 판독을 위해 단순히 소수점만 이동시킨다.

전류, 전압, 저항을 측정할 수 있는 완전한 DMM을 $30 이하의 가격에 살 수 있다. 자동화 범위, 반도체 시험 및 ac 측정능력 등을 갖춘 보다 정교한 기기는 $100 이하의 가격에 살 수 있다.

전압 측정에서의 부하 오차

미터를 사용해서 전압을 측정할 때마다, 미터 자체의 저항이 *부하 오차*(loading error)를 발생시키기 때문에 미터의 존재 자체가 회로의 측정을 방해하는 경향이 있다. 이 현상은 전압 측정에서만 나타나는 것이 아니다. 사실 이것은 어떤 물리적 측정의 경우이든지 나타나는 근본적 한계의 한 예이다. 즉, 측정 과정은 불가피하게 측정 대상계를 혼란시키며 실제로 측정한 양은

[3] 아날로그 신호는 시간에 따라 계속 변하고 어떤 범위 내의 모든 값을 가질 수 있다.

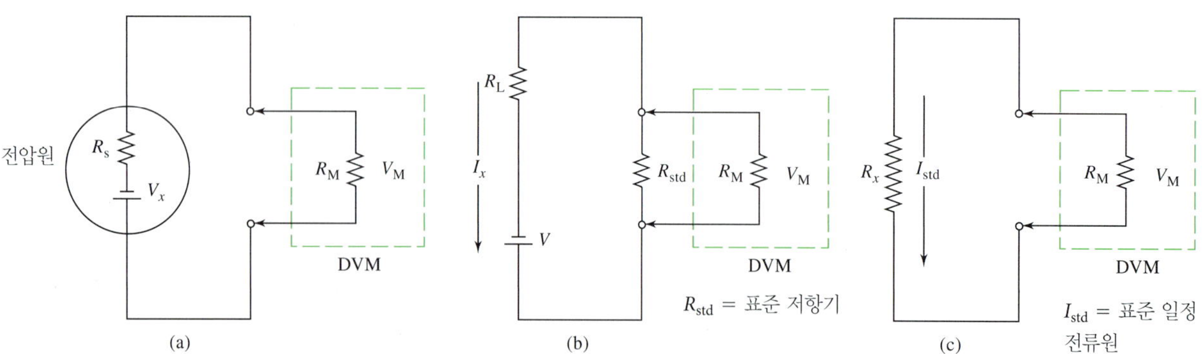

그림 2-4 DVM의 용도. (a) 전압원의 출력전압 V_x 측정, (b) 부하 저항기 R_L을 지나는 전류 I_x 측정, (c) 저항 회로 원소의 저항 R_x 측정.

측정 전의 값과 다르다. 이런 유형의 오차는 결코 완전하게 제거할 수 없으나, 무시할 수 있는 수준으로 줄일 수는 있다.

전압 측정에서 부하 오차의 크기는 미터의 내부 저항 대 측정 대상인 회로의 저항의 비율에 의해 결정된다. 그림 2-4a에서 측정된 전압 V_M에 관한 퍼센트 상대 부하 오차는 다음과 같다.

$$E_r = \frac{V_M - V_x}{V_x} \times 100\%$$

여기에서 V_x는 전원전압의 참값이다. 전압 분할기에 관한 식 2-11을 이용하면 다음과 같이 쓸 수 있다.

$$V_M = V_x\left(\frac{R_M}{R_M + R_s}\right)$$

이 식을 이전 식에 대입하여 정리하면 다음을 얻는다.

$$E_r = -\frac{R_s}{R_M + R_s} \times 100\% \qquad (2\text{-}19)$$

식 2-19에서 상대 부하 오차가 전원 저항 R_s에 비해 미터 저항 R_M이 클수록 작아진다는 것을 알 수 있다. 표 2-1은 이 효과를 보여준다. 오늘날의 DMM은 $10^8 \sim 10^{12}$ Ω 사이의 매우 큰 내부 저항을 가지고 있어서 10^6 Ω 이상의 저항을 가진 회로의 경우를 제외하면 부하 오차를 피할 수 있다는 장점이 있다. 종종 미터의 고유 저항이 아니라 DMM의 입력전압 분할기가 유효한 입력 저항을 결정하는 경우가 있다. 부하 오차의 중요한 예가 $10^6 \sim 10^9$ Ω 또는 그 이상의 저항을 갖는 유리 pH 전극의 전압 측정에서 발생할 수 있다. pH 미터나 pIon 미터와 같은 기기들은 이런 부하 오차를 피하기 위해 매우 높은 입력 저항을 가지고 있다.

전류 측정에서의 부하 오차

그림 2-4b에 나타나 있듯이 전류를 측정하는 경우 회로에 저항 R_{std}를 갖는 고정밀 표준 저항기가 들어 있다. 이 저항이 없으면 회로의 전류는 $I = V/R_L$일 것이다. 저항기 R_{std}가 있는 경우, 전류는 $I_M = V/(R_L + R_{std})$가 된다. 따라서 부하 오차는 다음과 같다.

$$E_r = \frac{I_M - I_x}{I_x} \times 100\%$$

$$= \frac{\dfrac{V}{(R_L + R_{std})} - \dfrac{V}{R_L}}{\dfrac{V}{R_L}} \times 100\%$$

이 식을 간단히 하면 다음과 같다.

$$E_r = -\frac{R_{std}}{R_L + R_{std}} \times 100\% \qquad (2\text{-}20)$$

표 2-2는 전류 측정에서 R_{std} 대 R_L의 비율이 작아짐에 따라 부하 오차가 작아지는 것을 보여준다.

시뮬레이션: www.tinyurl.com/skoogpia7에서 **DMM과 부하(loading)**에 대해 더 알아보시오.

2B 교류 회로

변환기에서 나오는 분석신호의 전기적 출력은 주기적으로 변동하거나 그렇게 변동하도록 만들어질 수 있다. 이 변하는 신호는 (그림 2-5에서처럼) 순간 전류나 전압을 시간에 대한 함수로 도시하여 표현할 수 있다.

신호의 *주기*(period) t_p는 한 사이클이 완전히 이루어지는 데 걸리는 시간이다. 주기의 역수는 신호의 *주파수*(frequency) f이다. 즉, 다음과 같다.

$$f = 1/t_p \qquad (2\text{-}21)$$

주파수의 단위는 hertz (Hz)이고, 1초당 사이클 수로 정의된다.

2B-1 Sine파 신호

Sine파(그림 2-5, 파동 A)는 가장 흔히 볼 수 있는 주기적 전기 신호의 형태이다. 흔히 볼 수 있는 경우로는 (발전기에서와 같이) 자기장에서 코일을 회전시킬 때 얻는 전류가 있다. 그러므로 발전기에서 만들어진 순간 전류 또는 전압을 시간에 대한 함수로 도시하면 sine파를 얻는다.

순수한 sine파는 일정한 각속도 ω를 가지고 반시계 방향으로 회전하는 길이 I_p(또는 V_p)의 벡터로 간단히 표현될 수 있다. 벡터 표현과 sine파 도시의 관계가 그림 2-6a에 나타나 있다. 이 벡터는 주기 t_p당 2π radian의 속도로 회전한다. 따라서 각속도는 다음과 같다.

표 2-1 전위 측정의 정확성에 미터 저항이 미치는 영향(그림 2-4a 참고)

미터 저항 R_M, Ω	전원 저항 R_s, Ω	R_M/R_s	상대 오차, %
10	20	0.50	−67
50	20	2.5	−29
500	20	25	−3.8
1.0×10^3	20	50	−2.0
1.0×10^4	20	500	−0.20

표 2-2 전류 측정의 정확성에 표준 저항기의 저항 R_{std}가 미치는 영향(그림 2-4b 참고)

회로 저항 R_L, Ω	표준 저항 R_{std}, Ω	R_{std}/R_L	상대 오차, %
1.0	1.0	1.0	−50
10	1.0	0.10	−9.1
100	1.0	0.010	−0.99
1000	1.0	0.001	−0.10

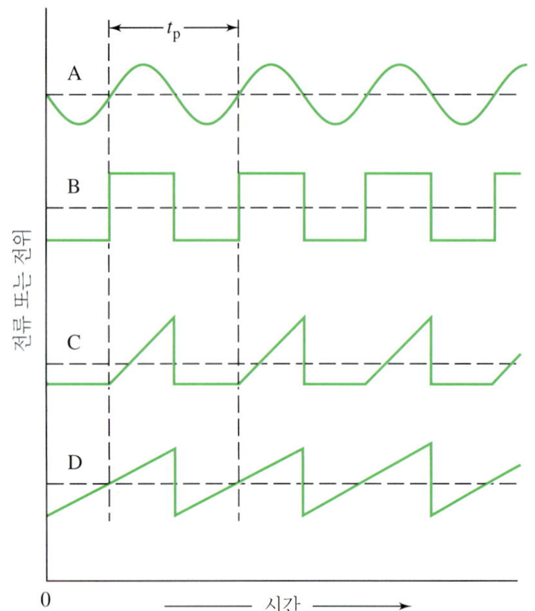

그림 2-5 주기적 신호의 예시. (a) sine파, (b) 사각파, (c) 경사파, (d) 톱날파.

$$\omega = \frac{2\pi}{t_p} = 2\pi f \tag{2-22}$$

벡터량이 전류 또는 전압이면, 시간 t에서의 순간 전류 i 또는

시뮬레이션: www.tinyurl.com/skoogpia7에서 **sine파형 (sinusoidal waveforms)**에 대해 더 알아보시오.

순간 전압 v는 아래와 같다(그림 2-6b 참고).[4]

$$i = I_p \sin \omega t = I_p \sin 2\pi ft \tag{2-23}$$

또는

$$v = V_p \sin \omega t = V_p \sin 2\pi ft \tag{2-24}$$

여기서 I_p와 V_p는 최고, 즉 피크 전류와 전압을 나타내며, 이것을 sine파의 진폭 A라고 부른다.

그림 2-7은 서로 다른 진폭을 갖는 2개의 sine파를 나타낸다. 두 개의 파는 90°, 즉 $\pi/2$ radian의 위상차를 가지고 있다. 이 위상차를 *위상각*(phase angle)이라 하며, 한 벡터가 다른 벡터보다 이 각도만큼 앞서거나 뒤쳐질 때 발생한다. 따라서 보다 일반적인 sine파의 식은 다음과 같다.

$$i = I_p \sin(\omega t + \phi) = I_p \sin(2\pi ft + \phi) \tag{2-25}$$

여기서 ϕ는 기준 sine파로부터의 위상각으로, radian으로 나타

[4]시간에 따라 변화하는 전류, 전압, 또는 전하는 각각 소문자 i, v, q로 나타내는 것이 유용하다. 이와 반대로, 대문자는 일정한 전류, 전압, 전하, 또는 피크 전압 V_p, 피크 전류 I_p와 같이 특별히 정의된 변량을 나타내는 데 사용한다.

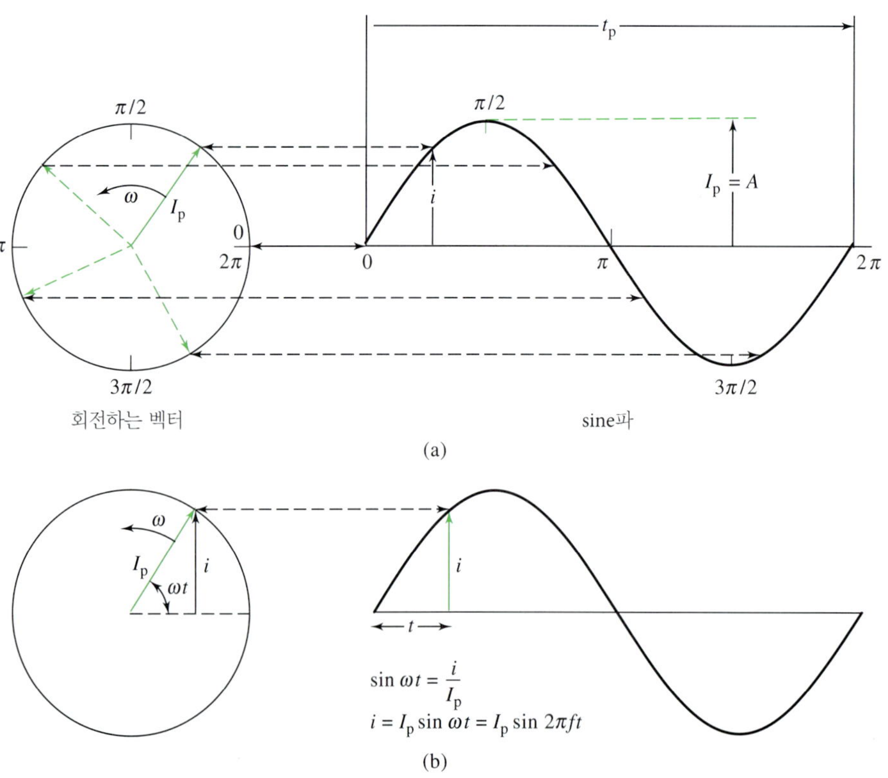

그림 2-6 주기 t_p, 진폭 I_p를 갖는 sine파와 각속도 $\omega = 2\pi f$ radians/s 또는 주파수 f Hz로 회전하는 길이 I_p의 벡터와의 관계.

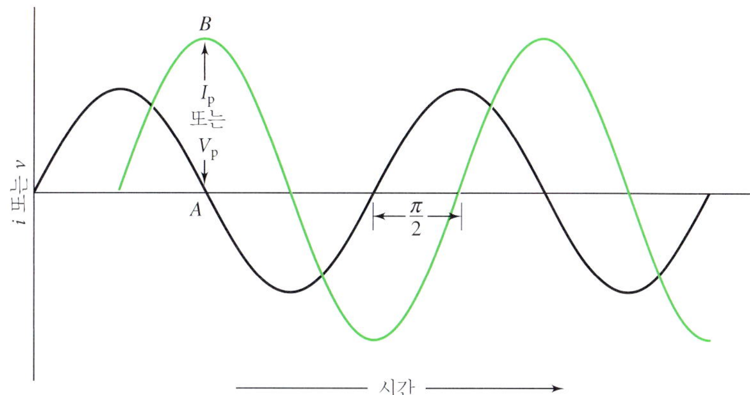

그림 2-7 서로 다른 진폭(I_p 또는 V_p)과 90°, 즉 $\pi/2$ radian의 위상차를 가진 두 sine파.

낸다. 전압에 대해서도 유사한 식을 쓸 수 있다.

$$v = V_p \sin(\omega t + \phi) = V_p \sin(2\pi f t + \phi) \tag{2-26}$$

Sine파와 관계된 전류 또는 전압은 여러 가지 방식으로 표현될 수 있다. 가장 단순한 방법은 피크 진폭 I_p(또는 V_p)로, 한 사이클에서 순간 전류 또는 전압의 최댓값을 말한다. 또는 한 피크에서 다음 피크까지의 값, 즉 $2I_p$ 또는 $2V_p$를 사용하기도 한다. *제곱평균근*(root-mean-square, rms)으로 나타낸 교류 전류는 저항기에서 같은 크기의 직류 전류에 의해 발생하는 것과 같은 양의 열을 발생시킨다. 그러므로 rms 전류는 전력 계산(식 2-2와 2-3)에서 중요하다. Rms 전류는 다음과 같다.

$$I_{rms} = \sqrt{\frac{I_p^2}{2}} = 0.707 I_p$$
$$V_{rms} = \sqrt{\frac{V_p^2}{2}} = 0.707 V_p \tag{2-27}$$

2B-2 전기 회로의 리액턴스

전기 회로의 전류가 증가 또는 감소될 때, 전하의 흐름과 관련된 전기장과 자기장을 변화시키기 위해 에너지가 필요하다. 예를 들어, 회로가 구리선으로 된 코일, 즉 *인덕터*(inductor)를 포함하는 경우, 인덕터의 자기장에 에너지가 저장됨에 따라 코일이 전류 변화에 저항한다. 전류가 보존되므로 에너지가 교류 전원으로 돌아온다. 그 다음 절반의 사이클이 완성될 때, 반대 방향의 자기장에 에너지가 다시 한 번 저장된다. 비슷한 방식으로, 교류 회로의 축전기는 전압 변화에 저항한다. 인덕터의 전류 변화에 대한 저항과 축전기의 전압 변화에 대한 저항을 *리액턴스*(reactance)라고 한다. 나중에 살펴보겠지만 교류 회로의 리액턴스는 교류 신호의 상 이동을 일으킨다. 축전기와 인덕터의 특성에 의한 리액턴스의 두 가지 형태를 각각 *용량리액턴스*(capacitive reactace), *유도리액턴스*(inductive reactance)라고 한다.

용량리액턴스와 유도리액턴스 모두 주파수에 따라 달라진다. 전류의 변화 속도가 작은 경우, 즉 주파수가 낮을 때는 회로의 대부분의 부품에서 유도리액턴스의 영향이 무시할 수 있을 정도로 충분히 작다. 반대로 변화가 빠를 때는 스위치, 접촉부 및 저항기가 유도리액턴스를 나타낼 수 있다. 이에 반해 용량리액턴스는 낮은 주파수에서 가장 크고 주파수가 증가함에 따라 감소한다. 리액턴스 효과는 부품 고유의 전기용량과 유도용량으로 인해 발생하는 원치 않는 결과일 수 있다. 이런 경우 리액턴스를 최소화하기 위한 시도를 한다.

전기용량과 유도용량은 종종 *축전기*(capacitors)와 *인덕터*(inductors)를 사용하여 회로에 의도적으로 도입된다. 이런 장치들은 교류를 직류로 또는 그 반대로 변환하고, 서로 다른 주파수의 신호를 구별하고, 교류 신호와 직류 신호를 구별하고, 신호를 미분 또는 적분하는 등의 유용한 기능에 중요한 역할을 한다.

이어지는 부분에서는 축전기의 성질에 대해서만 살펴볼 것인데, 이는 오늘날 대부분의 전자 회로들이 인덕터보다는 축전기 장치에 기반을 두고 있기 때문이다.

2B-3 축전기와 전기용량: 직렬 *RC* 회로

전형적인 축전기는 얇은 유전체 층으로 분리된 한 쌍의 전도체로 구성되어 있다. 여기서 유전체란 이동 가능하고 전류를 전달하는 전하를 띤 화학종이 존재하지 않는 전기 절연체를 말한다. 가장 단순한 축전기는 공기, 기름, 플라스틱, 운모, 종이, 세라믹, 금속 산화물과 같은 유전체의 얇은 막으로 분리되어 있는 두 장의 얇은 금속판으로 구성된다. 공기 또는 운모 축전기를 제외하고는 절연체와 두 장의 얇은 금속판을 접거나 말아서 작은 꾸러미로 만들고 공기의 유입을 막기 위해 밀봉한다.

축전기의 성질을 설명하기 위해 그림 2-8a의 *직렬 RC 회로*(series RC circuit)를 살펴보자. 이 회로에는 전지 V_i, 저항기 R, 축전기 C가 직렬로 연결되어 있다. 축전기 기호는 같은 길이의 평행선 한 쌍이다.

스위치 S를 위치 2에서 위치 1로 이동시키면, 전자들이 전지의 음극에서부터 저항기 R을 지나 축전기의 아래쪽 전도체, 또

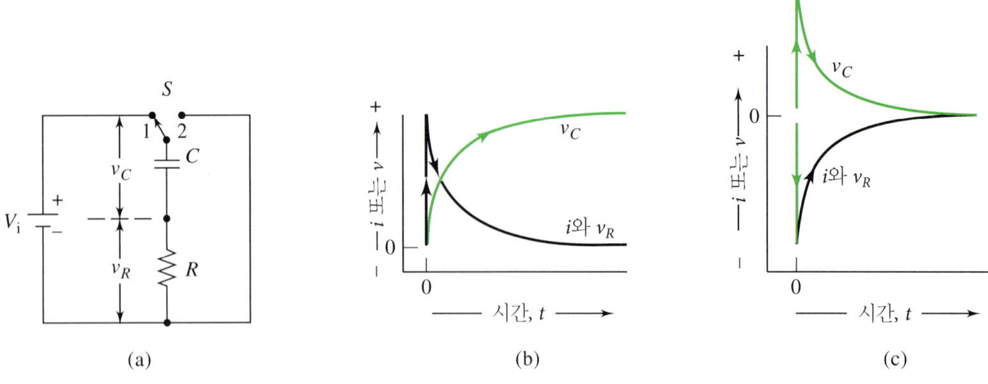

그림 2-8 (a) 직렬 *RC* 회로. 스위치 *S*가 (b) 위치 1, (c) 위치 2에 있을 때 회로의 시간에 대한 응답.

는 판으로 이동한다. 이와 동시에, 전자들은 축전기의 위쪽 판으로부터 나와서 전지의 양극으로 흘러간다. 이 움직임으로 인해 순간적으로 전류가 흐른다. 그러나 축전기 판을 가로질러 전위차가 발생하고 최종적으로 전지 전위 V_i에 도달함에 따라 전류는 매우 빠르게 0으로 떨어진다. 전류가 흐르지 않으면 축전기가 충전되었다고 말한다.

이때 스위치를 위치 1에서 위치 2로 이동시키면, 전자가 마이너스 전하를 띤 축전기의 아래쪽 판에서부터 저항기 R을 지나 플러스 전하를 띤 위쪽 판으로 흐른다. 이러한 움직임 역시 두 판 사이의 전위차가 사라짐과 동시에 0이 된다. 이렇게 되면 축전기가 방전되었다고 말한다.

일정 시간 동안 전하를 저장하고, 필요할 때 저장한 전하를 내놓는 능력은 축전기가 가진 유용한 성질이다. 따라서 그림 2-8a의 S를 먼저 위치 1에 놓아 C를 충전시킨 다음, 스위치를 위치 1과 위치 2 사이에 놓으면 축전기가 일정 시간 동안 충전된 상태를 유지할 것이다. S를 위치 2로 움직이면, 위치 1에서 2로의 이동이 빠르게 이루어진 경우와 동일한 방식으로 방전이 일어난다.

축전기를 완전히 충전시키는 데 필요한 전하량 Q는 판의 넓이, 모양, 판 사이의 간격, 그리고 판을 분리시키는 물질의 유전 상수 등에 따라 결정된다. 그리고 전하량 Q는 걸어준 전압에 정비례한다. 즉 다음과 같다.

$$Q = CV \tag{2-28}$$

여기서 V는 전압(volt), Q는 전하량(coulomb)이고, 비례 상수 C는 축전기의 전기용량으로, 단위는 farad (F)이다. 즉, 1 farad 축전기는 걸어준 전압 1 volt당 1 coulomb의 전하량을 저장한다. 전자 회로에 사용되는 대부분의 축전기는 microfarad (10^{-6} F)에서 picofarad (10^{-12} F) 범위의 전기 용량을 가진다.

전기용량은 교류에서 중요한데, 특히 시간에 따라 변화하는 전압이 시간에 따라 변하는 전하량, 즉 전류를 나타내기 때문이다. 이런 관계는 식 2-28을 미분하여 얻은 다음의 식에서 알 수 있다.

$$\frac{dq}{dt} = C\frac{dv_C}{dt} \tag{2-29}$$

정의에 의해, 전류 i는 전하량의 변화속도이다. 즉, $dq/dt = i$이다. 따라서 다음과 같다.

$$i = C\frac{dv_C}{dt} \tag{2-30}$$

축전기에서의 전압이 시간과 무관할 때, 즉 축전기에 걸린 전압이 일정할 때 전류가 0이 된다는 것에 주목해야 한다. 이에 더해, 축전기 주위의 전압을 빠르게 변화시키기 위해서는 매우 큰 전류가 필요하다는 것에 주목하라. 이런 결과는 제25장에서 설명할 바와 같이 특정한 전기화학 분석법의 상당한 한계점이 된다.

RC 회로에서의 전류 변화 속도

축전기가 충전되거나 방전되는 속도는 한정되어 있다. 예를 들어, 그림 2-8a에 나타난 회로를 생각해보자. Kirchhoff 전압 법칙에 의해, 스위치를 위치 1로 옮긴 이후의 C와 R 주위의 전압(v_C와 v_R)의 합계는 모든 순간 입력전압 V_i와 같아야 한다. 즉, 다음과 같다.

$$V_i = v_C + v_R \tag{2-31}$$

V_i가 일정하므로, 축전기의 충전에 따른 v_C의 증가는 v_R의 감소로 완전히 상쇄되어야 한다.

위 식에 식 2-1과 2-28을 대입하여 정리하면 다음과 같다.

$$V_i = \frac{q}{C} + iR \tag{2-32}$$

RC 회로의 전류가 시간에 따라 어떻게 변화하는지 알아보기 위해 식 2-32를 시간에 대해 미분한다. V_i가 상수임을 기억하고 미분하면, 다음과 같다.

$$\frac{dV_i}{dt} = 0 = \frac{dq/dt}{C} + R\frac{di}{dt} \tag{2-33}$$

자습: www.tinyurl.com/skoogpia7에서 ***RC* 회로(RC circuits)**에 대해 더 알아보시오.

여기서, 순간 전하량과 전류를 나타내기 위해 다시 소문자를 사용하였다.

앞서 말했듯, $dq/dt = i$이다. 이 식을 식 2-33에 대입하여 정리하면 다음과 같다.

$$\frac{di}{i} = -\frac{dt}{RC}$$

이를 최초 전류 I_{init}에서 i까지 적분하면 다음을 얻는다.

$$\int_{I_{\text{init}}}^{i} \frac{di}{i} = -\int_{0}^{t} \frac{dt}{RC} \tag{2-34}$$

그리고

$$i = I_{\text{init}}\, e^{-t/RC} \tag{2-35}$$

이 관계식은 RC 회로의 전류가 시간에 따라 지수함수꼴로 감소한다는 것을 나타낸다.

RC 회로에서의 전압 변화 속도

저항에 걸리는 순간전압 v_R의 표현식을 얻기 위해 Ohm 법칙을 이용하여 얻은 식 $i = v_R/R$과 $I_{\text{init}} = V_R/R$을 식 2-35에 대입하여 정리하면 다음을 얻는다.

$$v_R = V_{\text{i}}\, e^{-t/RC} \tag{2-36}$$

이 표현식을 식 2-31에 대입하여 정리하면 축전기에 걸리는 순간전압 v_C의 표현식을 얻는다.

$$v_C = V_{\text{i}}(1 - e^{-t/RC}) \tag{2-37}$$

앞 세 개의 식에서 $R = v_R/i$, $C = q/v_C$이므로 RC 곱은 시간의 단위를 가진다는 것에 주목하라.

$$RC = \frac{v_R}{i} \times \frac{q}{v_C}$$

이고

$$\frac{\text{volts}}{\text{coulombs/second}} \times \frac{\text{coulombs}}{\text{volt}} = \text{seconds}$$

곱 RC는 그 회로의 *시간상수*(time constant)라고 부르며, 축전기를 충전시키거나 방전시키는 데 걸리는 시간을 나타낸다. 충전 시간이 RC에 따라 달라진다는 것은 식 2-37로부터 알 수 있다. 비율 $-t/RC$가 이 식의 지수이므로, RC는 축전기에 걸린 전압이 지수함수적으로 변화하는 속도를 결정한다.

예제 2-2는 방금 유도한 식을 어떻게 사용하는지 보여준다.

예제 2-2

그림 2-8a의 각 부품에 대한 값이 $V_{\text{i}} = 10.0$ V, $R = 1000\ \Omega$, $C = 1.00\ \mu$F 즉 1.00×10^{-6} F일 때, 다음을 계산하시오. (a) 회로의 시간상수, (b) 시간상수의 2배($t = 2RC$)의 시간이 흘렀을 때의 i, v_C, v_R

풀이

(a) 시간상수 $= RC = 1000 \times 1.00 \times 10^{-6} = 1.00 \times 10^{-3}$ s, 즉 1.00 ms

(b) Ohm 법칙 $I_{\text{init}} = V_{\text{i}}/R$과 $t = 2.00$ ms를 식 2-35에 대입하면 다음과 같다.

$$i = \frac{V}{R}e^{-t/RC} = \frac{10.0}{1000}e^{-2.00/1.00}$$

$$= 1.35 \times 10^{-3}\text{A} \text{ 또는 } 13.5 \text{ mA}$$

식 2-36으로부터

$$v_R = 10.0\, e^{-2.00/1.00} = 1.35 \text{ V}$$

이고, 이를 식 2-31에 대입하면 다음을 얻는다.

$$v_C = V_{\text{i}} - v_R = 10.00 - 1.35$$

$$= 10.0(1 - e^{-2.00/1.00}) = 8.65 \text{ V}$$

RC 회로에서 전류와 전압 사이의 위상 관계

그림 2-8b는 RC 회로의 충전 사이클에서 일어나는 i, v_R, v_C의 변화를 보여준다. 이 곡선들의 모양이 회로의 시간상수와 무관하기 때문에 도시를 임의의 단위로 나타내었다. 그림 2-8a의 스위치가 위치 1로 옮겨지는 순간에 v_R과 i가 최댓값을 가진다는 것에 주목하라. 한편으로는 같은 순간에 축전기에 걸린 전압은 0에서부터 빠르게 증가하여 나중에는 일정한 값에 가까워진다. 실용적인 관점에서 축전기는 시간 간격의 5배(5RC)가 경과했을 때 완전히 충전되었다고 본다. 이 시점에, 전류는 초깃값의 1% 미만으로 감소한 상태이다($e^{-5RC/RC} = e^{-5} = 0.0067 \approx 0.01$).

그림 2-8a의 스위치를 위치 2로 움직인 경우 전지는 회로에서 제거되고 축전기가 전류 공급원이 된다. 그러나 전하의 흐름은 충전과정과는 반대 방향이 될 것이다. 따라서 다음과 같다.

$$dq/dt = -i$$

만약 완전히 충전된 상태였다면 초기 축전기 전압은 전지전압과 같다. 즉,

$$V_C = V_i$$

이 식을 이용하여 앞의 유도과정과 같은 과정을 거치면, 방전 사이클의 식을 다음과 같이 얻을 수 있다.

$$i = -\frac{V_C}{R}e^{-t/RC} \tag{2-38}$$

$$v_R = -V_C e^{-t/RC} \tag{2-39}$$

그리고 $V_{\text{i}} = 0 = v_C + v_R$(식 2-31)이므로,

$$v_C = V_C e^{-t/RC} \tag{2-40}$$

그림 2-8c는 시간에 따라 i, v_R, v_C가 어떻게 변화하는지를 보여준다.

각 과정에서 축전기 주위의 전압 변화는 저항을 지나는 전류 및 전압의 변화와 서로 위상이 다르고, 이보다 뒤처져 있다는 데 주목해야 한다.

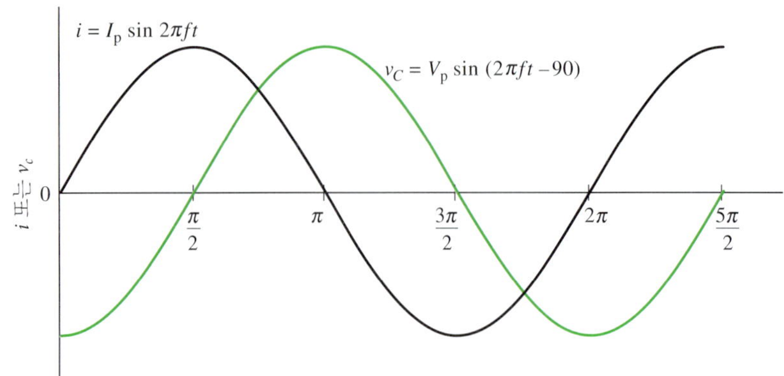

그림 2-9 축전기의 sine파 전류(i)와 전압(v_C) 신호.

2B-4 Sine파 입력에 대한 직렬 *RC* 회로의 응답

이 절에서는 sine파 ac 전압신호에 대한 직렬 *RC* 회로의 응답에 대해 공부할 것이다. 입력전압 v_s는 식 2-24에 의해 주어진다. 즉, 다음과 같다.

$$v_s = V_p \sin \omega t = V_p \sin 2\pi ft \tag{2-41}$$

축전기 회로에서의 위상 변화

그림 2-8a에서 *RC* 회로의 스위치와 전지를 sine파 ac 전원으로 대체하면 축전기는 전하를 저장하고 방출하기를 계속하게 되어, 방향이 교대로 바뀌고 지속적으로 변화하는 전류를 생산한다. 이때 축전기를 충전하고 방전하는 데 정해진 시간이 걸리기 때문에 전류와 전압 사이에 위상차 ϕ가 발생한다(그림 2-8b와 c 참고).

저항이 없는 이상적인 회로의 축전기를 고려하여 위상 이동의 크기를 알아낼 수 있다. 먼저 식 2-23을 식 2-30에 대입하여 정리하면 다음을 얻는다.

$$C\frac{dv_C}{dt} = I_p \sin 2\pi ft \tag{2-42}$$

$t = 0$에서 $v_C = 0$이다. 따라서 이 식을 정리하고 0에서 t까지 시간에 대해 적분하면 다음을 얻는다.

$$v_C = \frac{I_p}{C}\int_0^t \sin 2\pi ft\,dt = \frac{I_p}{2\pi fC}(-\cos 2\pi ft)$$

여기서 삼각함수의 성질에 의해 $-\cos x = \sin(x - 90)$이다. 그러므로 다음과 같이 쓸 수 있다.

$$v_C = \frac{I_p}{2\pi fC}\sin(2\pi ft - 90) \tag{2-43}$$

식 2-43을 식 2-26과 비교하면 $I_p/2\pi fC = V_p$임을 알 수 있다. 따라서 식 2-43은 다음과 같이 쓸 수 있다.

$$v_C = V_p \sin(2\pi ft - 90) \tag{2-44}$$

그런데 순간 전류는 식 2-23에 의해 주어진다. 즉,

$$i = I_p \sin 2\pi ft$$

위 두 개의 식을 비교하면 sine파 입력에 의해 순수한 축전기에 걸리는 전압은 sine파 형태를 띠고 전류보다 90° 뒤처져 있다는 것을 알 수 있다(그림 2-9 참고). 나중에 설명하겠지만, 이 지체는 저항을 포함하는 실제 회로에서는 90°보다 작다.

용량리액턴스

저항기와 마찬가지로, 충전 중인 축전기는 전하의 흐름을 방해하여, 전류의 크기를 지속적으로 감소시킨다. 이 효과는 주어진 전압에서 전하를 저장하는 축전기의 제한된 용량에 따라 달라지며, 이는 $Q = CV$로 나타낼 수 있다. 그러나 저항기에서와는 달리 축전기를 충전할 때는 열의 형태로 에너지가 완전히 손실되지 않는다. 여기서 에너지는 충전 과정에서 저장되어 방전될 때 계로 방출된다.

Ohm 법칙을 축전기 ac 회로에 적용하면 다음과 같다.

$$V_p = I_p X_C \tag{2-45}$$

여기에서 X_C는 *용량리액턴스*(capacitive reactance)이고, 이는 저항기의 저항과 마찬가지로 축전기의 성질을 나타낸다. 식 2-43과 2-44를 비교하면 다음을 알 수 있다.

$$V_p = \frac{I_p}{2\pi fC} = \frac{I_p}{\omega C}$$

따라서 용량리액턴스는 다음과 같이 주어진다.

$$X_C = \frac{V_p}{I_p} = \frac{I_p}{I_p 2\pi fC} = \frac{1}{2\pi fC} = \frac{1}{\omega C} \tag{2-46}$$

여기서 X_C의 단위는 ohm이다.

또한 저항과는 달리 용량리액턴스는 **주파수에 의해 달라지며**, 주파수가 높을수록 작아진다는 사실에 주목해야 한다. 매우 높은 주파수에서 용량리액턴스는 0에 가까워지며, 축전기는 단락(short circuit)처럼 작용한다. 주파수가 0일 때 X_C는 극단적으로 커져서, 축전기는 (초기의 순간적인 충전 전류를 무시한다면) 직류 회로에 대해 열린 회로(절연체)로 작용한다. 예제 2-3은 여러 다른 주파수의 용량리액턴스에 대한 스프레드시트[5] 계산에 대해 보여준다.

[5]스프레드시트 응용에 관한 추가적인 정보에 대해서는 다음 문헌을 참고하시오. S. R. Crouch and F. J. Holler, *Applications of Microsoft® Excel in Analytical Chemistry*, 3rd ed, Belmont, CA: Cengage Learning, 2017.

예제 2-3

스프레드시트를 이용하여 주파수가 각각 28 Hz, 280 Hz, 2.8 kHz, 28 kHz, 280 kHz, 2.8 MHz일 때의 0.0200 μF 축전기의 리액턴스를 계산하시오.

풀이

	A	B	C
1	예제 2-3 용량리액턴스		
2	*C*	2.00E−08	
3		***f*, Hz**	$X_C = 1/2\pi fC, \Omega$
4		28	2.84E+05
5		280	2.84E+04
6		2800	2.84E+03
7		28000	2.84E+02
8		280000	2.84E+01
9		2.80E+06	2.84E+00
10			
11	조사		
12	Cell C4=1/(2*PI()*B4*$B$2)		

셀 C4~C9에 식 2-46을 적용한다. 리액턴스가 28 Hz일 때 284 kΩ에서 2.8 MHz일 때 2.84 Ω으로 변화하는 것에 주목하시오.

직렬 *RC* 회로의 임피던스

RC 회로의 임피던스 *Z*는 두 성분, 즉 저항기의 저항과 축전기의 리액턴스로 구성된다. 그러나 용량리액턴스의 위상이동 때문에 두 성분을 직접 결합할 수 없고, 그림 2-10에서와 같이 벡터식으로 더해야 한다. 여기서 *R*의 위상각은 0으로 정한다. 앞에서 설명했듯이 순수한 축전기의 위상각은 −90°이다. 따라서 X_C 벡터는 *R* 벡터에 대해 직각으로 뻗어 내려온다. 피타고라스의 정리에 의해 *임피던스*(impedance) *Z*의 식은 다음과 같이 주어진다.

$$Z = \sqrt{R^2 + X_C^2} \tag{2-47}$$

위상각은 다음과 같다.

$$\phi = \arctan \frac{X_C}{R} \tag{2-48}$$

임피던스와 위상각이 주파수에 따라 달라진다는 사실을 보이기 위해 식 2-46을 2-47과 2-48에 대입하면 다음을 얻는다.

$$Z = \sqrt{R^2 + \left(\frac{1}{2\pi fC}\right)^2} \tag{2-49}$$

그리고

$$\phi = \arctan \frac{1}{2\pi fRC} \tag{2-50}$$

RC 회로에서 전압이 전류보다 지체되는 정도 ϕ는 회로의 주파수 *f*, 저항 *R*, 전기용량 *C*에 따라 달라진다는 것을 알 수 있다.

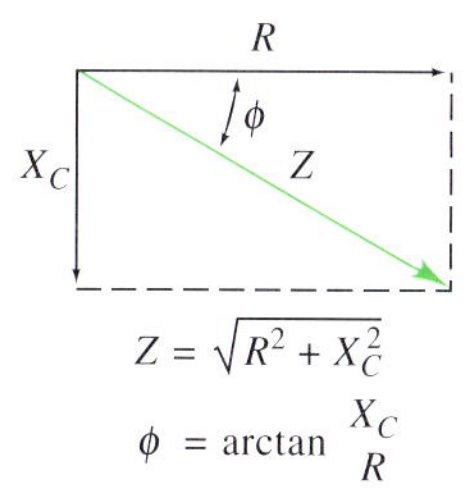

그림 2-10 직렬 *RC* 회로의 벡터 작도.

직렬 *RC* 회로에 대한 Ohm 법칙은

$$I_p = \frac{V_p}{Z} = \frac{V_p}{\sqrt{R^2 + \left(\frac{1}{2\pi fC}\right)^2}} \tag{2-51}$$

또는

$$V_p = I_p Z = I_p \sqrt{R^2 + \left(\frac{1}{2\pi fC}\right)^2}$$

와 같이 쓸 수 있다.

예제 2-4는 직렬 *RC* 회로에서 임피던스에 대한 스프레드시트[6] 계산을 보여준다.

예제 2-4

20 V의 피크 전압을 갖는 sine파 ac 전원과 15 kΩ 저항, 0.0080 μF 축전기를 직렬로 연결하였다. 전원의 주파수가 75 Hz, 750 Hz, 7.5 kHz, 75 kHz일 때의 피크 전류, 위상각, 그리고 각 부품을 지나갈 때의 전압강하를 스프레드시트를 이용하여 계산하시오.

풀이

셀 C5~C8에서 예제 2-3에서와 마찬가지 방법으로 식 2-46을 이용해 용량리액턴스를 계산한다. 셀 D5~D8에서는 식 2-49를 이용하여 회로의 임피던스를 구한다. 셀 E5~E8에서는 식 2-48을 이용하여 위상각을 구한다. 엑셀은 arc tangent를 radian으로 계산한다는 것을 기억하시오. 셀 F5~F8에서는 엑셀의 DEGREES() 함수를 이용하여 위상각을 도(°) 단위로 바꾼다. 셀 G5~G8에서는 식 2-51을 통해 피크 전류를 얻는다. 저항기와 축전기에서의 전압 강하는 다음의 전압 분할식으로부터 얻는다.

$$(V_p)_R = V_p\left(\frac{R}{Z}\right) \text{ 그리고 } (V_p)_C = V_p\left(\frac{X_C}{Z}\right)$$

---

[6]다음 문헌을 참고하시오. S. R. Crouch and F. J. Holler, *Applications of Microsoft® Excel in Analytical Chemistry*, 3rd ed, Belmont, CA: Cengage Learning, 2017.

	A	B	C	D	E	F	G	H	I
1	예제 2-4 임피던스 계산								
2	R	1.5E+04	V_p	20.0					
3	C	8.0E−09							
4		**f, Hz**	**X_C, Ω**	**Z, Ω**	**ϕ, rad**	**ϕ, deg**	**I_p, A**	**$(V_p)_R$, V**	**$(V_p)_C$, V**
5		75	2.7E+05	2.7E+05	1.5	87	7.5E−05	1.1	20.0
6		750	2.7E+04	3.0E+04	1.1	61	6.6E−04	9.8	17.4
7		7.5E+03	2.7E+03	1.5E+04	0.2	10	1.3E−03	19.7	3.4
8		7.5E+04	2.7E+02	1.5E+04	0.0	1	1.3E−03	20.0	0.354
9									
10	스프레드시트 조사								
11	Cell C5=1/(2*PI()*B5*$B$3)			Cell G5=$D$2/D5					
12	Cell D5=SQRT($B$2^2+C5^2)			Cell H5=$D$2*$B$2/D5					
13	Cell E5=ATAN(C5/$B$2)			Cell I5=$D$2*C5/D5					
14	Cell F5=DEGREES(E5)								

예제 2-4의 결과로부터 직렬 *RC* 회로의 몇 가지 유용한 성질을 알 수 있다. 첫째로, 저항과 축전기의 피크 전압의 합은 전원의 피크 전압과 같지 않다. 예를 들어, 낮은 주파수에서 그 합은 21.1 V로, 전원의 20.0 V와 다르다. 이런 분명한 차이는 축전기에서의 전압 지연으로 인해 저항기에서가 축전기에서보다 더 빨리 피크 전압에 도달한다는 사실로부터 이해할 수 있다. 그러나 어떤 시점에서든 두 구성요소를 지나는 순간전압의 합은 전원의 순간전압과 같다.

둘째로, 축전기의 리액턴스는 75 Hz에서 주파수가 가장 높을 때보다 1000배 더 크다. 결과적으로, 높은 주파수에서 임피던스는 거의 모두 저항에 의한 것이고, 전류가 상당히 크게 나타난다. 높은 주파수에서는 리액턴스가 감소하므로, 축전기에 걸린 전압은 낮은 주파수에서보다 매우 작다.

마지막으로, 축전기에서 전압 지체의 크기가 흥미롭다. 이 지체는 가장 낮은 주파수에서 약 87°가 되지만, 가장 높은 주파수에서는 단지 1° 정도이다.

2B-5 *RC* 회로 기반 필터

직렬 *RC* 회로는 때때로 저주파 성분을 통과시키고 고주파 신호를 감소시키기 위해(저주파 통과 필터), 또는 반대로 고주파 성분을 통과시키고 저주파 신호를 감소시키기 위해(고주파 통과 필터) 사용된다. 그림 2-11은 직렬 *RC* 회로가 고주파 또는 저주파 통과 필터로 쓰이기 위한 배열을 보여준다. 각각의 경우에, 입력과 출력은 전압 $(V_p)_i$와 $(V_p)_o$로 나타낸다.

고주파 통과 필터

RC 회로를 고주파 통과 필터로 사용하는 경우 출력전압은 저항기 *R*에서 얻어진다(그림 2-11a 참고). 이 회로의 피크 전류는 식 2-51에 대입하여 얻을 수 있다. 즉,

$$I_p = \frac{(V_p)_i}{Z} = \frac{(V_p)_i}{\sqrt{R^2 + \left(\frac{1}{2\pi fC}\right)^2}} \tag{2-52}$$

저항기에 걸린 전압은 전류와 위상이 같으므로,

$$I_p = \frac{(V_p)_o}{R}$$

피크 출력전압 대 피크 입력전압의 비율은 두 번째 식을 첫 번째 식으로 나누어 정리하여 얻을 수 있다. 즉, 다음과 같다.

$$\frac{(V_p)_o}{(V_p)_i} = \frac{R}{Z} = \frac{R}{\sqrt{R^2 + \left(\frac{1}{2\pi fC}\right)^2}} \tag{2-53}$$

전형적인 고주파 통과 필터에서의 이 비율을 주파수에 대한 함수로 도시한 결과가 그림 2-12a의 곡선 *A*에 나타나 있다. 20 Hz 이하의 주파수는 입력 신호로부터 많이 제거되었다는 점에 주목하라.

저주파 통과 필터

그림 2-11b에 나타난 저주파 통과 필터에 대해 다음과 같은 식을 쓸 수 있다.

$$(V_p)_o = I_p X_C$$

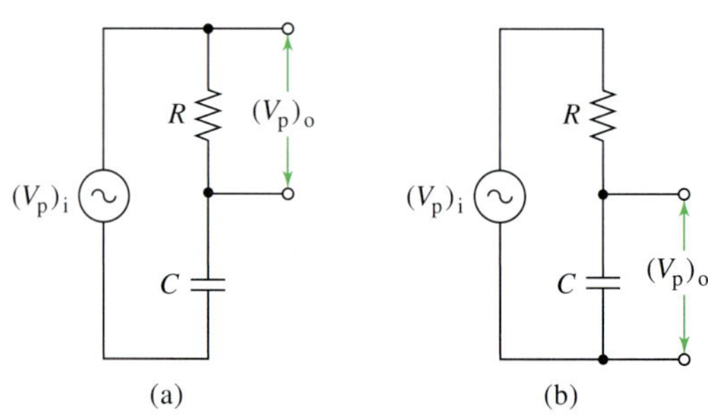

그림 2-11 필터 회로. (a) 고주파 통과 필터, (b) 저주파 통과 필터.

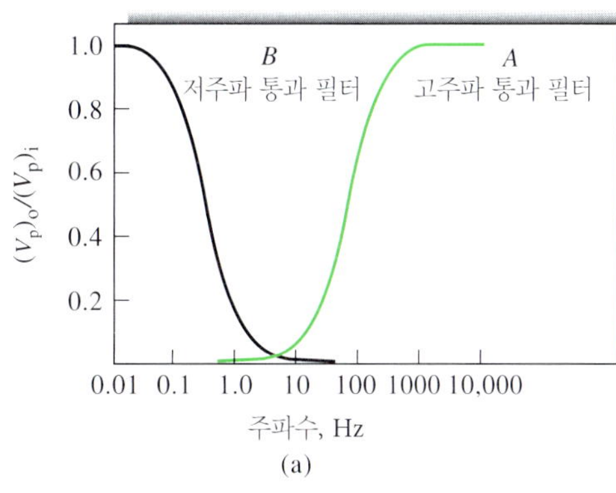

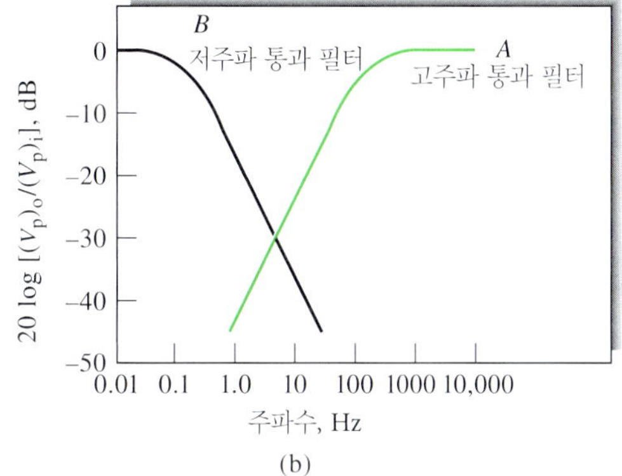

그림 2-12 (a) 고주파 통과 및 저주파 통과 필터의 주파수에 대한 응답, (b) 고주파 통과 및 저주파 통과 필터의 Bode 도표. 고주파 통과 필터에서 $R = 10\ \text{k}\Omega$ 이고 $C = 0.1\ \mu\text{F}$. 저주파 통과 필터에서 $R = 1\ \text{M}\Omega$ 이고 $C = 1\ \mu\text{F}$.

식 2-46에 대입하여 정리하면,

$$I_p = 2\pi fC(V_p)_o$$

식 2-52에 대입하여 정리하면 다음을 얻는다.

$$\frac{(V_p)_o}{(V_p)_i} = \frac{X_C}{Z} = \frac{1/2\pi fC}{\sqrt{R^2 + \left(\frac{1}{2\pi fC}\right)^2}} \tag{2-54}$$

그림 2-12a의 곡선 B는 전형적인 저주파 통과 필터의 주파수 응답을 보여준다. 도시를 위한 데이터는 식 2-54를 이용하여 얻은 것이다. 이 경우에, 입력 신호의 직류 또는 저주파 성분은 회로 출력으로 전환되지만 고주파 성분은 효과적으로 제거된다.

그림 2-12b는 방금 설명한 두 가지 필터에 대한 *Bode 도표*(Bode diagrams) 또는 *도시*(plots)를 나타낸다. Bode 도시는 전자 공학의 문헌에서 회로, 증폭기, 필터에서 입력–출력 비율의 주파수 의존성을 보여주기 위해 널리 사용된다. 20 log$[(V_p)_o/(V_p)_i]$ 값은 필터나 증폭기의 증폭(또는 감쇠)을 나타내며, 단위는 *데시벨*(decibel, dB)이다. 그러므로 $[(V_p)_o/(V_p)_i] = 10$이면 증폭이 20 dB이고, $[(V_p)_o/(V_p)_i] = 0.10$이면 감쇠가 −20 dB이다.

저주파와 고주파 통과 필터는 전자 회로의 설계에서 매우 중요하다.

2B-6 펄스 입력에 대한 *RC* 회로의 응답

펄스 입력이 *RC* 회로에 들어가는 경우 축전기와 저항기에서의 전압은 펄스의 너비와 시간상수의 관계에 따라 다양한 형태를 가진다. 이 효과는 그림 2-13에 나타나 있는데, 여기서 입력 신

시뮬레이션: www.tinyurl.com/skoogpia7에서 ***RC* 필터 (RC filters)**에 대해 더 알아보시오.

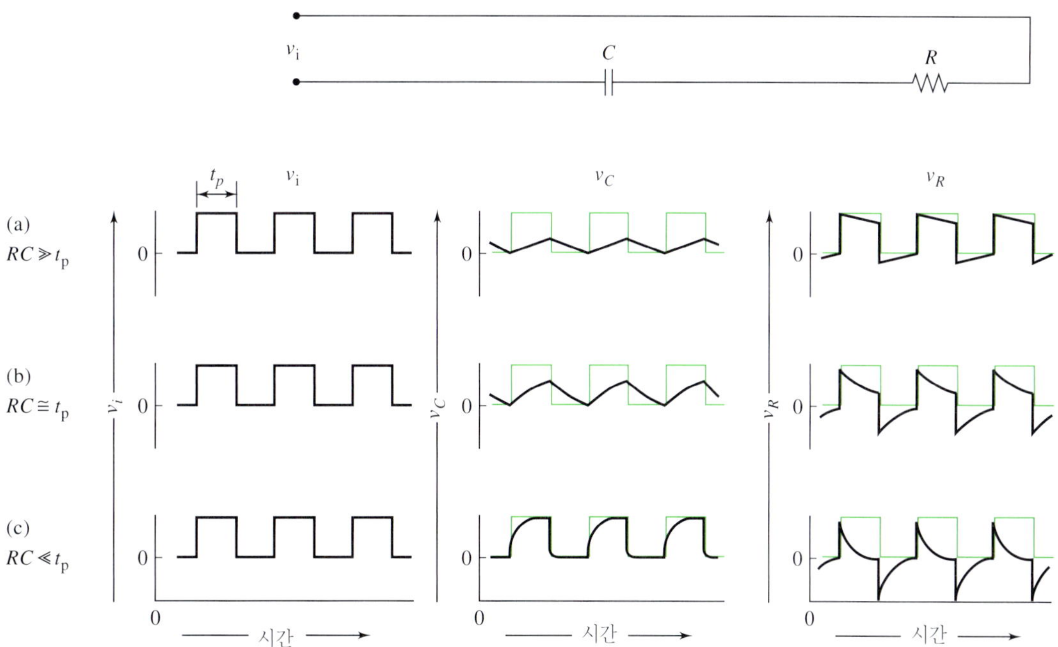

그림 2-13 **펄스 입력 신호 v_i에 대한 출력 신호 v_R과 v_C.** (a) 시간상수 ≫ 펄스 너비 t_p, (b) 시간상수 = t_p, (c) 시간상수 ≪ t_p.

호는 펄스 너비가 t_p초인 사각파이다. 두 번째 열은 시간 변화에 따른 축전기 전위의 변화를 보여준다. 세 번째 열은 같은 시간에서의 저항기 전압의 변화를 보여준다. 가장 위의 도시(그림 2-13a)은 입력 펄스 너비보다 시간상수가 매우 클 때를 나타낸다. 이 조건에서 축전기는 매 펄스마다 일부만 충전될 수 있다. 입력전압이 0으로 돌아감에 따라 축전기가 방전되어, 톱날파의 출력이 만들어진다. 이 조건에서 저항기에 걸리는 전압은 순간적으로 최댓값에 도달하고, 펄스 수명 동안 직선에 가까운 형태로 감소한다.

아래쪽 도시들(그림 2-13c)은 펄스 너비보다 시간상수가 매우 짧을 때의 두 가지 출력을 보여준다. 여기서 축전기에 저장된 전하는 급속히 증가하고 펄스가 끝날 때쯤 완전히 충전된다. 결과적으로 저항기에 걸리는 전압은 초기의 증가 이후 급격하게 0으로 떨어진다. v_i가 0이 될 때, 축전기는 즉시 방전된다. 이때, 저항기에서의 출력은 음의 방향에서 피크를 찍고 빠르게 0에 가까워진다.

이런 여러 가지 출력파형은 다양한 전자 회로에서 응용된다. 그림 2-13c에서와 같이 뾰족한 피크를 가진 전압 출력은 시한 회로(timing circuits)와 트리거 회로에 특히 중요하다.

2B-7 AC 전류, 전압 및 임피던스 측정

교류 전류, 전압 및 임피던스 측정은 많은 DMM을 이용하여 수행할 수 있다. 이런 디지털 멀티미터들은 넓은 범위의 ac와 dc 전압, 전류, 저항 또는 임피던스를 측정할 수 있도록 하는 정교한 기기이다. 제2A-3절에서 설명했던 바와 같이 DMM의 심장부는 dc DVM이라는 것이 그림 2-14에 나타나 있다. 이 종류의 미터에서, 그림 2-4에 나타난 것과 유사한 회로가 사용된다. Ac 측정을 위해, 다양한 입력 전환 회로로부터 나온 출력 신호는 ac-dc 변환기를 통과한 후 디지털화되고 디스플레이된다.

2C 반도체와 반도체 장치

전자 회로는 보통 트랜지스터, 반도체 다이오드, 진공관 또는 가스충전관[7]과 같은 비선형장치를 한 개 이상 포함한다. 저항기, 축전기, 인덕터와 같은 회로성분과는 달리 비선형장치의 입력전압, 출력전압이나 전류는 서로 비례하지 않는다. 결과적으로, 비선형장치는 전기신호를 ac에서 dc로 변환하는 *정류*(rectification), 전압 또는 전류를 증폭하거나 감쇠시키는 *진폭변조*(amplitude modulation), ac 신호의 주파수를 변화시키는 *주파수변조*(frequency modulation) 등을 할 수 있다.

역사적으로, 진공관은 전자 회로에 널리 사용되었던 비선형장치이다. 그러나 1950년대에 진공관은 값싸고, 전력소모가 적고, 열 발생이 적고, 수명이 길고 소형이라는 장점을 갖는, *반도체 기반의 다이오드*(semiconductor-based diodes)와 *트랜지스터*(transistors)에 의해 급격히 그리고 완전히 대체되었다. 그러나 단독부품으로서의 트랜지스터의 시대는 대단히 짧았고, 현재 전자공학은 대체로 *집적 회로*(integrated circuits)에 기반한다. 집적 회로는 하나의 아주 작은 반도체 칩 위에 백만 개 정도의 트랜지스터, 저항기, 축전기, 전도체를 포함한다. 집적 회로는 과학자나 공학자가 각각의 칩의 내부 회로에 대한 자세한 지식 없이도, 이들 기능의 성질과 입력, 출력 특징만으로도 보다 복잡한 기기를 설계하고 만들 수 있도록 해준다.

이 절에서는 전자 회로를 구성하는 가장 기본적인 부품 몇 가지에 대해 살펴볼 것이다. 그 다음, 대부분의 전자 기기에서 중

[7]현대 전자 회로와 부품에 관한 더 자세한 정보에 대해서는 다음 문헌을 참고하시오. J. W. Nilsson and S. Riedel, *Electric Circuits*, 10th ed., Upper Saddle River, NJ: Prentice Hall, 2015; C. Alexander and M. Sadiku, *Fundamentals of Electric Circuits*, 5th ed., New York: McGraw Hill, 2012; E. Gates, *Introduction to Electronics*, 5th ed., Clifton Park, NY: Delmar/Cengage, 2012; H. V. Malmstadt, C. G. Enke, and S. R. Crouch, *Microcomputers and Electronic Instrumentation: Making the Right Connections*, Washington, DC: American Chemical Society, 1994.

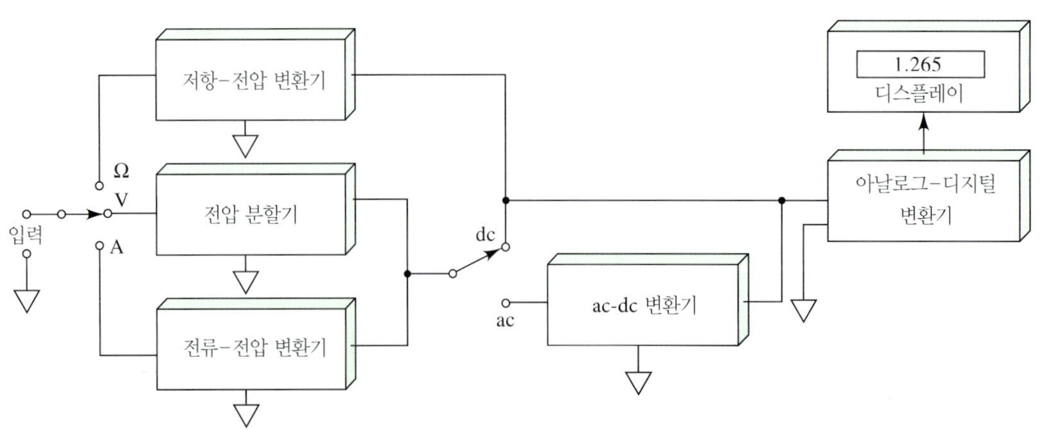

그림 2-14 디지털 멀티미터의 계통도. (출처: H. V. Malmstadt, C. G. Enke, and S. R. Crouch, *Electronics and Instrumentation for Scientists*, Menlo Park, CA: Benjamin-Cummings, 1981, with permission.)

요한 부분을 차지하는 몇 개 장치에 대해 자세히 다룰 것이다.

반도체는 도체와 절연체의 중간에 해당하는 전도성을 가지는 결정성 고체이다. 반도체 물질에는 규소(실리콘), 게르마늄과 같은 원소, 탄화규소와 비소화칼륨과 같은 준금속성 화합물, 다양한 유기 화합물 등 여러 형태가 있다. 이 중에 결정성 규소와 게르마늄이 가장 널리 사용된다. 여기서는 이 두 물질에 대해서만 설명하기로 한다.

2C-1 규소와 게르마늄 반도체의 성질

규소와 게르마늄은 IV족 원소이므로 결합을 형성할 수 있는 4개의 원자가전자를 가진다. 규소 결정에서 이 전자들은 각각 다른 규소 원자의 전자 하나와 짝지어져 공유결합을 형성함으로써 고정된다. 따라서 원칙적으로 규소 결정에는 자유전자가 존재하지 않으며, 이 물질은 절연체가 될 것이다. 그러나 실제로는 실온에서도 몇몇 전자를 유리(liberate)시키기에 충분한 열적 운동이 일어나 전자들이 결정격자를 통하여 자유롭게 움직이게 되고 따라서 전기가 통한다. 이런 전자의 열적 *들뜸*(excitation)은 규소 원자 근처에 양으로 하전된 영역을 만드는데, 이 자리를 *정공*(hole)이라 한다. 이 정공은 전자와 마찬가지로 이동할 수 있어서 이 결정의 전기 전도에 기여한다. 정공이 움직이는 기작(mechanism)은 단계적으로 일어난다. 이웃한 규소 원자의 전자 하나가 전자가 부족한 영역으로 이동하면 그 자리에 양전하 구멍이 남는다. 따라서 반도체의 전기 전도는 열적으로 들뜬 전자가 한쪽 방향으로 이동하면 정공이 반대 방향으로 이동하면서 일어난다.

규소 또는 게르마늄 결정의 전도도는 *도핑*(doping)을 통해 크게 향상될 수 있다. 도핑이란, 가열한 게르마늄 또는 규소 결정에, 주로 확산을 통해 아주 작고 통제된 양의 불순물을 도입하는 과정을 말한다. 규소나 게르마늄 반도체는 주로 비소, 안티모니 등의 V족 원소 또는 인듐, 갈륨 등의 III족 원소로 도핑한다. V족 원소의 원자가 격자의 규소 원자를 대체하면, 이 구조에 결합에 참여하지 않은 전자가 도입된다. 이 전자는 작은 열에너지로도 자유로워져서 전기 전도에 참여할 수 있다. 여기서 생성되는 V족 원소의 양이온은 **이동 가능한** 정공을 제공하지 않는다는 것을 알아야 한다. 이는 전자들이 규소 원자 간 공유 결합으로부터 비결합 위치로 이동하려는 경향이 거의 없기 때문이다. 도핑이 이루어져 비결합 전자를 가진 반도체에서는 음전하를 띤 전자들이 전하의 *다수 운반체*(majority carriers)이므로, 이 반도체를 *n형*(n-type, negative type)이라고 한다. 도핑하지 않은 결정에도 규소 원자와 붙어 있는 정공이 존재하지만, 이들의 숫자는 전자의 수에 비해 작다. 따라서 정공은 *n*형 반도체의 소수 *운반체*(minority carriers)이다.

p형(p-type, positive type) 반도체는 규소나 게르마늄에 원자가전자가 3개인 III족 원소를 도핑하여 만든다. 여기서 전자가 인접한 규소 원자로부터 불순물 원자의 비어있는 궤도로 이동할 때 정공이 생긴다. 이 과정이 III족 원자가 음전하를 띠게 한다는 점에 주목하라. 앞서 설명했듯이 규소 원자에서 규소 원자로 정공이 이동할 때, 양전하를 띤 다수 운반체에 의한 전류가 만들어진다. 정공은 자유전자보다 이동성이 작기 때문에, 원칙적으로 *p*형 반도체의 전도도는 *n*형 반도체보다 작다.

2C-2 반도체 다이오드

다이오드(diode)는 한쪽 방향의 전도도가 반대 방향에 비해 매우 큰 비선형장치이다. 유용한 다이오드를 *n*형과 *p*형 부분을 하나의 게르마늄이나 규소 결정으로 연결함으로써 만들 수 있다. 두 부분의 경계를 *pn 접합*(pn junction)이라고 한다.

pn 접합의 성질

그림 2-15a는 한 형태의 *pn* 접합 단면을 나타낸다. 이 형태는 안티모니 등의 *n*형 불순물로 도핑한 작은 규소 칩에 인듐과 같은 *p*형 불순물을 과량 확산시켜 만든 것이다. 이런 종류의 접합에서는 *p* 부분에서 *n* 부분으로 정공이 흐르고 반대 방향으로 전자가 흐를 수 있다. 정공과 전자가 서로 반대 방향으로 확산되므로, 이동 가능한 전하 운반체들이 결핍되어 저항이 매우 큰 부분이 생긴다. 이 부분을 *공핍 지역*(depletion region)이라 하며, 그림 2-15d에 나타나 있다. 공핍 지역을 경계로 전하가 분리되어 있기 때문에 이 부분을 사이에 두고 전위 차이가 발생하고, 이는 반대 방향으로 정공과 전자를 이동시킨다. 정공과 전자의 확산으로 인해 발생하는 전류는 전기장에서 전하 운반체의 이동에 의한 전류에 의해 상쇄되어 알짜 전류는 없다. 공핍 지역 주위의 전위차의 크기는 *pn* 접합에 사용된 물질 조성에 따라 다르다. 규소 다이오드의 경우 전위차는 약 0.6 V이고, 게르마늄 다이오드의 경우는 약 0.3 V이다. *pn* 접합에 양의 전압을 걸면, *p*형에서 *n*형 부분으로 흐르는 전류에 대한 저항은 거의 없다. 반대로, *pn* 접합은 반대 방향으로의 정공 흐름에 대해 높은 저항을 나타낸다. 즉, *전류 정류기*(current rectifier)가 된다.

그림 2-15b는 다이오드를 나타내는 기호를 보여준다. 화살표는 양의 전류에 대해 낮은 전압을 나타내는 방향을 보여준다. 다이오드 기호의 삼각형 부분은 전도성 다이오드에서 전류의 방향을 가리킨다고 할 수 있다.

그림 2-15c는 *p* 부분이 *n* 부분에 대해 플러스 값을 갖도록 전압을 걸어주었을 때 전기 전도의 메커니즘을 나타낸다. 이런 과정을 *정방향 바이어스*(forward bias)라 한다. 여기서, 각 부분의 다수 운반체, 즉 *p* 부분의 정공과 *n* 부분의 과잉 전자는 전기장의 영향으로 접촉면을 향하여 움직이고, 그곳에서 서로 결합하여 소멸한다. 전지의 음극은 *n* 부분에 새로운 전자를 공급하고, 이로써 전기 전도 과정이 지속될 수 있다. 한편, 전지의 양극은 *p* 부분에서 전자를 끌어당겨 새로운 정공을 만들고, 이 정공들은 다시 *pn* 접합부를 향해 이동한다.

그림 2-15d에서와 같이 다이오드가 *역방향 바이어스*(reverse bias) 상태가 되면, 각 부분의 다수 운반체는 *pn* 접합에서 멀어

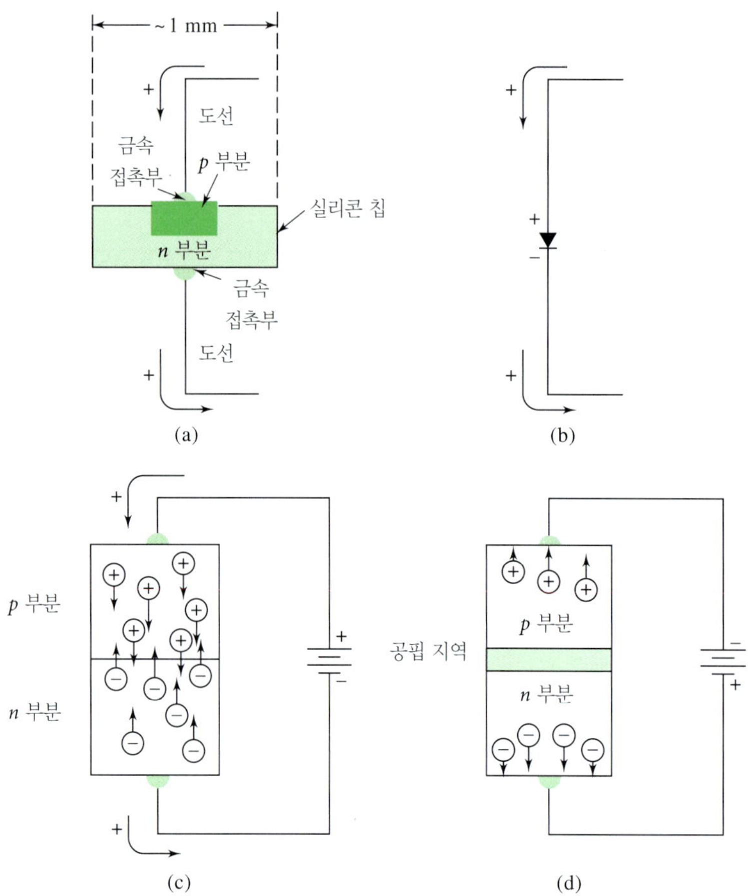

그림 2-15 ***pn* 접합 다이오드.** (a) *n*형 반도체에 *p*형 불순물을 확산시켜 만든 다이오드의 한 가지 형태, (b) 다이오드 기호, (c) 정방향 바이어스에서의 전류, (d) 역방향 바이어스에서 전류에 대한 저항.

지는 방향으로 이동하여 전하가 거의 없는 공핍층이 생성된다. 각 부분에서 작은 농도의 소수 운반체만이 접합부를 통해 이동하여 전류를 만든다. 결과적으로, 역방향 바이어스에서의 전기 전도도는 일반적으로 정방향 바이어스에서의 10^{-6}~10^{-8}배 정도가 된다.

반도체 다이오드의 전류-전압 곡선

그림 2-16은 정방향과 역방향 바이어스에서 반도체 다이오드의 일반적인 작용을 나타낸다. 정방향 바이어스에서 전류는 전압에 따라 거의 지수함수적으로 증가한다. 어떤 전력용 다이오드의 경우 수 ampere의 전류가 흐르기도 한다. 역방향 바이어스에서 게르마늄 다이오드의 경우 상당한 전압 범위에서 수십 μA의 전류를 나타낸다. 규소 다이오드의 경우 역방향 바이어스에서 수십 nA 정도의 전류가 흐른다. 다이오드 특성 곡선의 이 부분에서 나타나는 전도는 소수 운반체에 이루어진다. 일반적으로 이 역전류는 영향이 거의 없다. 그러나 역방향 바이어스 전압이 증가하여 *파괴 전압*(breakdown voltage)에 도달하면 역전류가 매우 높은 값으로 급격히 증가한다. 이 경우에는 반도체의 공유결합이 파괴되면서 생성된 정공과 전자가 전기장에 의

시뮬레이션: www.tinyurl.com/skoogpia7에서 **다이오드(diodes)**에 대해 더 알아보시오.

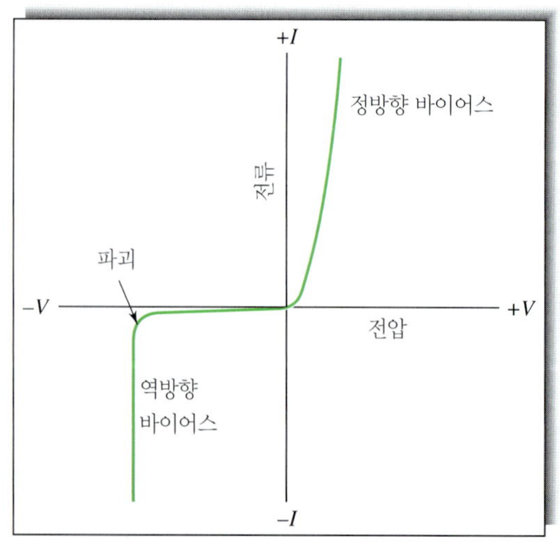

그림 2-16 실리콘 반도체 다이오드의 전류-전압 특성곡선. (이해를 돕기 위해 파괴 이전의 역방향 바이어스에서 작은 전류값을 과장되게 나타내었다.)

해 가속되고 이들이 충돌하면서 여분의 전자와 정공이 더 많이 생성된다. 이 외에 접합층을 통과하는 전자의 양자역학적 터널 현상은 전기 전도를 더욱 증가시킨다. 전기 전도가 충분히 크면 열이 발생하고 다이오드가 손상될 수 있다. 역방향 바이어스에서 전류가 급격히 증가하는 지점의 전압을 *Zener 파괴 전압*(Zener breakdown voltage)이라고 한다. 접합층의 두께와 형태를 조절함으로써 Zener 파괴 전압을 수 volt에서 수백 volt 범위로 조절할 수 있다. 이런 현상은 정밀한 전압원에서 실제로 중요하게 응용되고 있다.

2C-3 트랜지스터

트랜지스터는 기본적인 반도체로서 증폭 작용과 스위치 작용을 하는 장치이다. 이 장치는 과거의 진공관 증폭기와 같은 기능을 가지고 있다. 즉, 일반적으로 입력보다 훨씬 큰 출력 신호를 발생시킨다. 여러 종류의 트랜지스터가 존재하는데, 이 중 가장 널리 사용되는 두 가지는 양극성 접합 트랜지스터와 전계 효과 트랜지스터(field-effect transistor)이다. 여기서는 이 두 가지에 대해 살펴본다.

양극성 접합 트랜지스터

양극성 접합 트랜지스터(bipolar junction transistor, BJT)는 두 개의 반도체 다이오드의 뒷면을 연결한 것처럼 보인다. *pnp* 트랜지스터는 2개의 *p* 부분 사이에 얇은 *n* 부분이 샌드위치처럼 들어가 있는 형태이고, *npn* 트랜지스터는 이와 반대의 구조를 가진다. BJT는 그림 2-17에 나타난 두 가지 방법 이외에도 여러 가지 방법으로 만들 수 있다. *pnp*와 *npn*형 트랜지스터의 표현기호는 그림 2-17의 오른쪽에 나타나 있다. 이러한 표현기호에서 이미터(eitter) 도선의 화살표는 플러스 전류 흐름의 방향을 나타낸다. 즉, *pnp*형에서는 플러스 전류가 이미터에서 베이스 쪽으로 흐르고, *npn*형에서는 그 반대이다.

양극성 접합 트랜지스터의 전기적 특성

여기서는 *pnp*형 양극성 접합 트랜지스터를 중점적으로 설명할 것이다. *npn*형은 *pnp*형과 유사한 방식으로 작동하고, 전류의 방향만 반대라고 생각하면 된다.

전자 장치에서 트랜지스터를 이용할 때, 단자의 한쪽을 입력에 연결하면 다른 쪽이 출력 단자로 이용되고, 마지막 세 번째 단자는 입력과 출력 모두에 연결되는 공통(common)단자이다. 따라서 공통–이미터, 공통–콜렉터, 공통–베이스의 세 가지의 구조가 가능하다. 공통–이미터 구조는 증폭을 위해 가장 널리 사용되며, 우리는 이 형태에 대해 자세히 살펴볼 것이다.

그림 2-18은 공통–이미터 형태로 *pnp* 트랜지스터가 사용되었을 때 전류 증폭을 보여준다. 여기서 증폭시키고자 하는 작은 dc 입력 전류 I_B를 이미터–베이스 회로에 도입한다. 이 전류는 그림에서 베이스 전류라고 표시하였다. 뒤에서 설명하겠지만 ac 전류도 I_B와 함께 도입하여 증폭시킬 수 있다. 증폭 이후에, 필터를 통해 dc 성분을 제거할 수 있다.

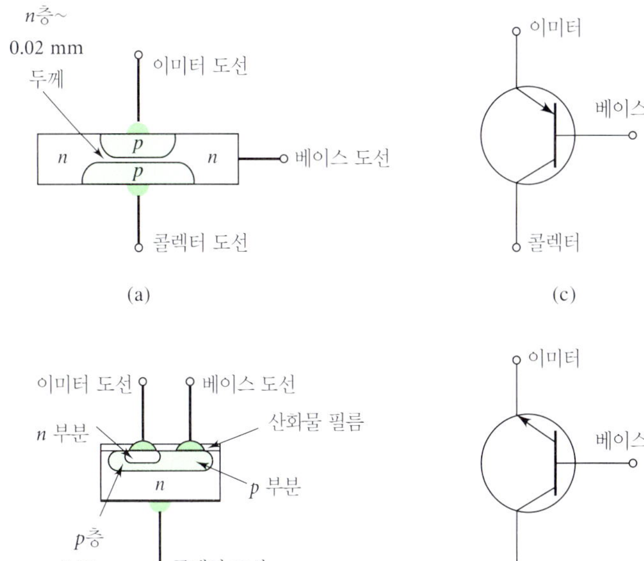

그림 2-17 두 가지 종류의 양극성 접합 트랜지스터. (a) *pnp* 합금 양극성 접합 트랜지스터, (b) *npn* 평면 트랜지스터의 상세한 구조. *pnp*와 *npn* BJT의 기호는 각각 (c)와 (d)에 나타나 있다. (합금 접합 트랜지스터를 *npn*형으로 또는 평면 트랜지스터를 *pnp*형으로 만들 수도 있다.)

이미터–콜렉터 회로는 제2D절에서 설명할 바와 같이, dc 전력 공급원으로부터 전력을 공급받는다. 일반적으로 이 전력 공급원은 9~30 V의 전압을 공급한다.

그림에서 화살표의 너비를 통해 알 수 있는 바와 같이 콜렉터 전류, 즉 출력 전류 I_C는 베이스 입력 전류 I_B에 비해 매우 크다. 이에 더해 콜렉터 전류는 입력 전류에 정비례한다. 즉, 다음과 같다.

$$I_C = \beta I_B \qquad (2\text{-}55)$$

여기서 비례 상수 β는 전류 증폭이 얼마나 일어났는지를 나타내는 전류 이득(gain)이다. 일반적인 트랜지스터의 경우 β값의 범위는 20~200이다.

양극성 접합 트랜지스터에서 이미터와 콜렉터 사이의 전도를 일으키기 위해 베이스 쪽으로 또는 밖으로의 전류를 필요로 한다는 점이 중요하다. 결과적으로, 양극성 접합 트랜지스터로 설계된 회로는 가동 중에 전력 공급장치로부터 상당한 전류를 끌어온다. 가동에 0에 가까운 전류를 필요로 하는 다른 형태의 트랜지스터, 즉 전계 효과 트랜지스터에 대해 곧 살펴볼 것이다.

양극성 접합 트랜지스터의 증폭 메커니즘

그림 2-18에 나타난 트랜지스터의 이미터–베이스 접촉면은 그림 2-15c에 나타난 것과 유사하게 작동하는 정방향 바이어스 *pn* 접합으로 구성된다. 이와 동시에, 베이스–콜렉터 영역은 그림 2-15d에 나타난 것과 유사한 역방향 바이어스 *np* 접합이다. 정방향 바이어스에서, 입력전압이 십 분의 몇 volt 정도일 때 상당한 전류 I_B가 발생한다(그림 2-16 참고). 이와 반대로, 역방향

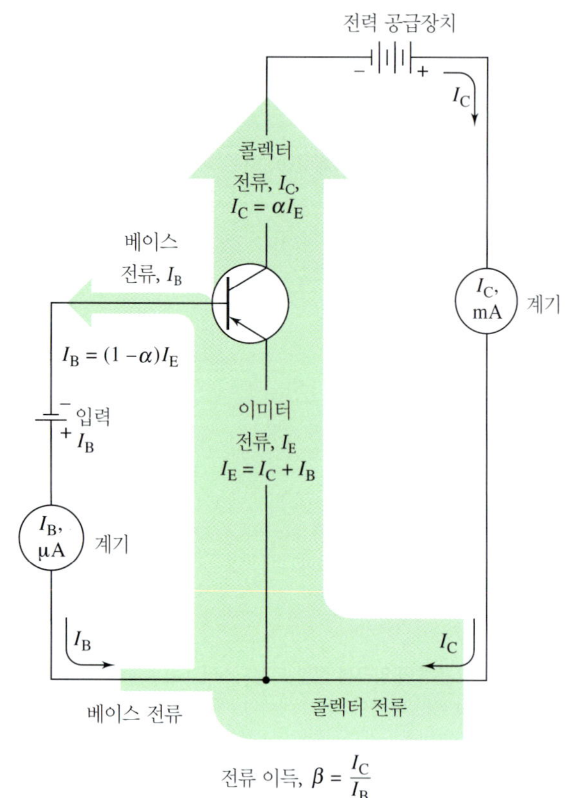

그림 2-18 트랜지스터의 공통-이미터 회로에 흐르는 전류. 보통 α = 0.95~0.995, β = 20~200이다.

바이어스 상태인 콜렉터-베이스 접합부를 통과하는 전류는 그림 2-15d에서와 같이 다수 운반체가 접촉부에서 멀어지기 때문에 방해를 받는다.

pnp 트랜지스터를 제조할 때 *p* 부분을 *n* 부분에 비해 의도적으로 더 많이 도핑한다. 이 결과 *p* 부분의 정공 농도는 *n* 부분의 이동성 전자의 농도보다 100배 이상 많다. 따라서 정공에 의해 흐르는 전류의 분율이 전자에 의한 것보다 약 100배 정도 더 클 것이다.

다시 그림 2-18을 살펴보면, 두 개의 dc 전원, 입력 신호와 전력 공급장치에 의해 전자가 제거됨에 따라 *p*형 이미터 접합부에서 정공이 생성된다. 이 정공들이 얇은 *n*형 베이스 부분으로 옮겨 들어가서 그 일부는 입력전원에서 나오는 전자와 결합될 것이다. 이 결과 베이스 전류 I_B가 흐르게 된다. 그러나 이 정공의 대부분은 얇은 베이스층을 통과하여 이동하고, 마이너스로 하전된 콜렉터 접합부로 끌어당겨져 그곳에서 전력 공급장치로부터 공급되는 전자와 결합한다. 이 결과 콜렉터 전류 I_C가 흐른다.

콜렉터 전류의 크기는 이미터에 존재하는 전류 운반 정공의 수에 따라 결정된다. 그러나 이 숫자는 입력 베이스 전류에 의해 공급된 전자 수의 일정배수이다. 그러므로 베이스 전류가 두 배가 되면 콜렉터 전류 역시 두 배가 된다. 이 관계가 BJT의 전류 증폭을 만들어낸다.

전계 효과 트랜지스터

다양한 종류의 전계 효과 트랜지스터(field-effect transistor, FET)가 개발되어 집적 회로에 널리 사용되고 있다. 이들 중에 하나인 절연-게이트 FET는 증폭기의 입력 저항을 증가시킬 필요성 덕에 발전하였다. 일반적인 절연-게이트 FET의 입력 저항은 10^9~10^{14} Ω 사이이다. 이 종류의 트랜지스터는 흔히 MOSFET이라고 부르며, 이는 *금속 산화막 반도체 전계 효과 트랜지스터*(metal oxide semiconductor field-effect transistor)의 약자이다.

그림 2-19a는 *n-통로*(n-channel) MOSFET의 구조 특성을 나타낸 것이다. 이 경우 *p*형 기질 속에 두 개의 분리된 *n* 부분이 접촉하고 있다. 이 두 부분은 매우 좋은 절연체인 이산화규소로 덮여 있고, 이 위에 질화규소 보호층으로도 덮여 있다. 이들 층을 통과하는 구멍을 뚫어서 두 개의 *n* 부분에 전기적 접촉이 가능하도록 한다. 추가로 두 개의 접촉이 형성되는데, 하나는 기질에 그리고 다른 하나는 절연층의 표면에 연결된다. 절연층의 표면에 연결된 전극 전위가 드레인과 전원 사이의 플러스 전류의 크기를 결정하므로 *게이트*(gate)라고 부른다. 게이트의 도선과 기질 간의 이산화규소 절연체막 때문에 MOSFET가 높은 임피던스를 가진다는 것에 주목하라.

게이트의 전위가 없는 경우 사실상 드레인과 전원 간에 전류가 흐르지 않는다. 이는 두 *pn* 접합 중의 하나는 V_{DS} 전위의 부호에 상관없이 항상 역방향 바이어스로 되기 때문이다. MOSFET 장치는 *증강*(enhancement) 또는 *결핍*(depletion) 방식 중의 하나로 작동한다. 그림 2-19a는 게이트에 플러스 전위를 걸어줌으로써 전류가 증가하는 증강 형태를 나타낸 것이다. 보이는 바와 같이 이 플러스 전위는 즉시 마이너스 기질 통로를 게이트 전극을 덮고 있는 이산화규소층 아래에 만든다. 그리하여 게이트 전압 V_{GS}가 증가함에 따라 이 음전하의 수, 즉 전류가 증가한다. 이런 효과의 크기를 그림 2-19c에 나타내었다. 마찬가지로 그림 2-19a에 나타난 것과 *p*와 *n* 부분이 반대인 *p*-통로 증강방식 MOSFET도 이용할 수 있다.

결핍방식 MOSFET 장치는 게이트 전압이 **없을 때** 전도하고, 전위를 게이트에 걸어줄 때 비전도성이 되도록 설계되었다. 이 형태의 *n*-통로 MOSFET은 두 개의 *n* 부분이 좁은 *n*형 반도체 통로에 연결되어 있다는 점을 빼고는 그림 2-19a의 트랜지스터의 구조와 유사하다. V_{DS}에 마이너스 전위를 걸면 채널에서 전자를 밀어내어 통로를 통한 전도가 감소한다. 중요한 것은 전원과 드레인 사이에서 전도를 일어나게 하기 위해 MOSFET 장치의 게이트에서 사실상 전류가 흐르지 말아야 한다는 것이다. 이렇게 작은 전류가 요구되는 것은 양극성 접합 트랜지스터에서 비교적 큰 전력이 요구되는 것과 대조적이다. 전계 효과 장치의 낮은 전력소모 때문에, 이들은 전지 전력을 사용하는 휴대용 기기에 적용하기 알맞다.

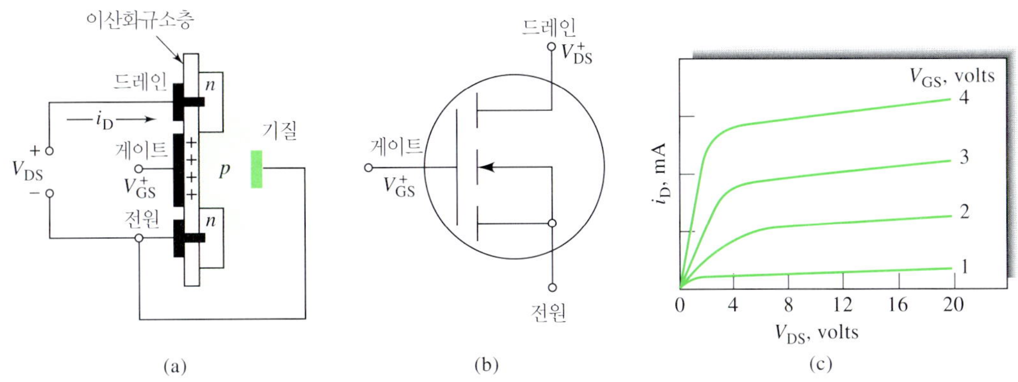

그림 2-19 ***n*-통로 증강 방식 MOSFET.** (a) 구조, (b) 기호, (c) 성능특성.

2D 전력 공급장치와 조절기

일반적으로 실험실 기기는 증폭기, 컴퓨터, 변환기 또는 다른 전자장치를 작동하는 데 dc 전원을 필요로 한다. 그러나 가장 편리한 전력원은 공공 전기회사에서 공급하는 110 V ac, 60 Hz 전원이다.[8] 그림 2-20에 나타난 바와 같이 실험실 전력 공급장치는 가정용 전원에서 나오는 전압을 증가시키거나 감소시키고, 전류가 단일 극성을 갖도록 정류하고, 평탄한 출력파동으로 만들어 결국 일정한 dc 신호와 비슷해지도록 한다. 대부분의 전력 공급장치은 일정한 출력전압을 내게 하는 전압 조절기(voltage regulator)를 갖추고 있다.

2D-1 변압기

교류 전력으로부터의 전압은 그림 2-21에 나타난 전력 변압기로 늘리거나 줄일 수 있다. 110 V ac로 인해 *1차*(primary)코일 주위에 생기는 변화하는 자기장은 *2차*(secondary)코일에 ac전류를 유발한다. 2차코일 각각을 가로지르는 전압 V_x는 다음의 식으로 주어진다.

$$V_x = 115 \times N_2/N_1$$

여기서 N_2와 N_1은 각각 2차와 1차코일의 감은 횟수이다. 그림 2-21처럼 출력 꼭지를 여러 개 가지고 있는 전력 공급장치(power supply)를 시중에서 구할 수 있고, 다양한 전압 조합을 얻을 수 있다. 즉, 하나의 변압기가 서로 다른 전압을 요구하는 기기장치 속 다양한 부품의 전력 공급장치로 사용될 수 있다.

2D-2 정류기와 필터

그림 2-22는 세 가지 형태의 정류기와 그 출력 신호 모양을 나타낸다. 각 정류기는 다이오드(제2C-2절 참고)를 이용하여 한쪽 방향의 전류흐름을 막고 다른 쪽 방향의 전류만을 흐르게 한다. 그림 2-22에 나타난 전류의 요동을 최소화하기 위해, 보통 그림 2-23에서처럼 부하 저항 R_L과 병렬로 큰 전기용량을 연결하여 정류기의 출력을 필터링한다. 축전기의 충전과 방전은 전류의 변화를 비교적 작은 *잔물결*(ripple)로 감소시키는 효과가 있다. 어떤 경우에는 부하 저항에 직렬로 연결한 인덕터와 병렬로 연결한 축전기가 필터 역할을 하는데, 이런 필터를 *L 부분*(L section)이라고 한다. 적절한 전기용량과 유도용량을 선택함으로써,

시뮬레이션: www.tinyurl.com/skoogpia7에서 **전력 공급장치(power supplies)**에 대해 더 알아보시오.

[8]미국에서 실제 ac 전압은 105~125 V이며, 평균은 보통 115 V이다. 유럽에서는 220 V가 일반적이고 주파수는 50 Hz이다. 대한민국에서 전압은 220 V이며, 주파수는 60 Hz이다.

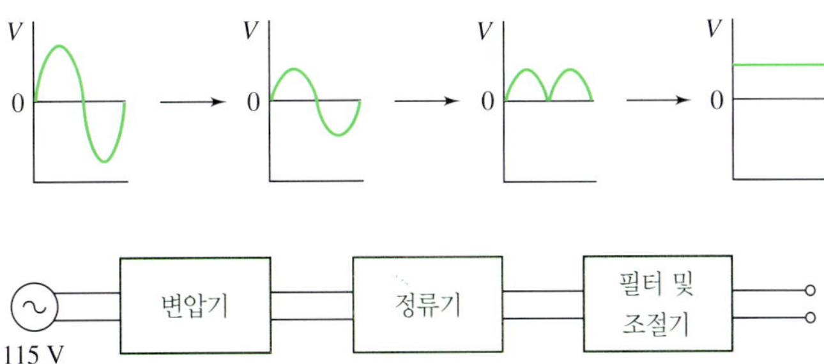

그림 2-20 **115 V 전선 전압에서 전력 공급장치의 조절기기들과 이들이 전압에 미치는 영향을 나타내는 도표.**

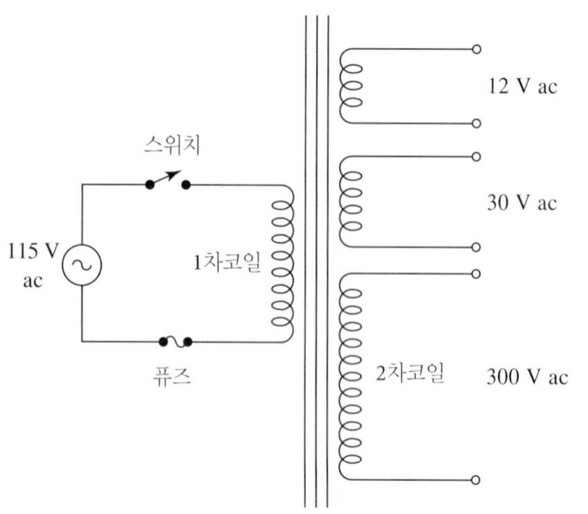

그림 2-21 여러 개의 2차코일을 갖는 대표적 전력 변압기 구조.

잔물결의 피크 간 간격을 mV 범위나 그 이하로 줄일 수 있다.

2D-3 전압 조절기

기기장치는 전류를 끌어 쓰는 양에 관계없이 항상 일정한 dc 전압을 필요로 하는 경우가 많다. *전압 조절기*(voltage regulators)는 이런 목적에 사용된다. 그림 2-24는 파괴전압 조건하에서 작동하도록 설계된 *pn* 접합 *Zener 다이오드*(Zener diode)를 이용하는 간단한 전압 조절기를 나타낸다. 이런 종류의 다이오드를 표현하는 특수한 기호에 유의하라. 그림 2-16에서 보는 바와 같이 반도체 다이오드는 특정한 역방향 바이어스에서 파괴 현상이 나타나 급격한 전류변화가 나타난다. 예를 들어 파괴조건에서 0.1 V 또는 그 이하의 전압변화가 생길 때 20~30 mA의 전류변화가 나타난다. 여러 가지 특정한 파괴전압을 가지는 Zener 다이오드가 상용화되어 있다.

전압 조절기로 사용되는 Zener 다이오드는 항상 파괴 조건에서 작동하도록 선택해야 한다. 즉, 조절해야 하는 입력전압은 파괴전압보다 커야 한다. 그림 2-24의 전압 조절기에서, 전압의 증가는 다이오드를 통과하는 전류를 증가시킨다. 그러나 파괴전압에서는 전류–전압 곡선이 매우 가파른 경사를 가지고 있기 때문에(그림 2-16), 다이오드, 즉 부하 저항을 가로지르는 전압은 사실상 일정하게 유지된다.

최신 집적 회로 전압 조절기는 안정된 표준전압을 제공하기 위해 Zener 다이오드의 성질을 이용한다. 이 전압은 피드백 회로와 전력 트랜지스터에 결합되어 ±1 mV 또는 그 이하로 조정된 전력 공급장치를 만드는 데 사용된다. 이런 조절기는 입력, 출력, 회로 공통의 세 개 단자를 가진다. 정류기와 필터를 거친 전력 공급장치의 최초 출력은 3차원 전압 조절기에 연결되어

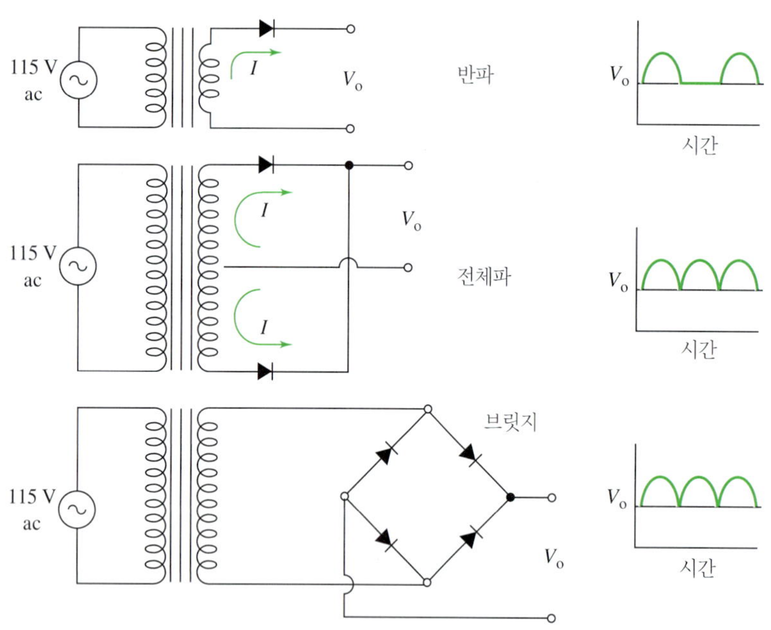

그림 2-22 세 가지 형태의 정류기: 반파, 전체파, 브릿지.

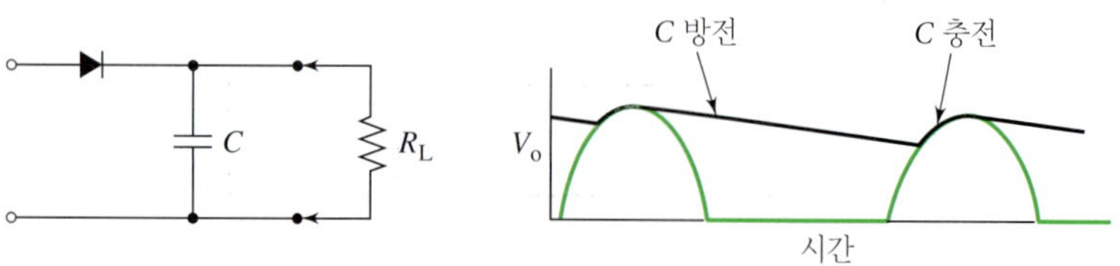

그림 2-23 정류기에서 나오는 출력을 필터링하는 과정.

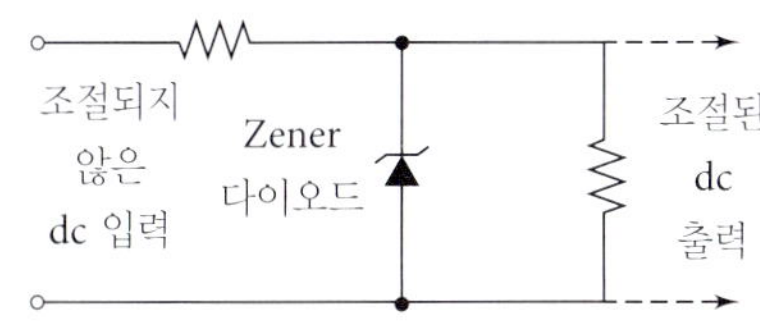

그림 2-24 **Zener-안정화 전압 조절기.**

온도변화에 대해 안정적이고 부하 전류가 최댓값을 넘어갈 경우 자동으로 차단되는 공급원을 만든다. 널리 이용되는 회로 대부분에서 부하 전류의 최댓값은 1 ampere이다. 대부분의 기기 장치의 전력 공급장치는 집적 회로 전압 조절기를 포함한다.

이런 방식의 조절기는 상당량의 전력을 낭비하는 단점이 있다. 그래서 컴퓨터와 다른 전기장치의 보급에 따라 더 효율적인 조절기가 필요하게 되었다. 일정전압을 유지하는 동안 필요할 때만 전력을 공급하는 *스위칭조절기*(switching regulators)의 개발로 이런 어려움을 해결하였다. 대부분의 컴퓨터 전력 공급장치는 스위칭 조절기를 가지고 있다. 스위칭 전력 공급장치에 대한 자세한 설명은 여기서의 논의 수준을 넘어선다.[9]

2E 판독 장치

영상 매체의 발달과 더불어, 판독 장치 또한 지난 몇십 년간의 전자공학 혁명에 상응하는 혁명을 경험하였다. 판독은 상대적으로 원시적인 전자기계 장치로부터 정교한 고배율 디스플레이로 진화하여 고글 착용형 컴퓨터의 조그만 0.5제곱인치 비디오 화면에서 Houston Texans의 Reliant Stadium에 있는 277 ft × 52 ft 비디오 스크린에 이르기까지, 상상할 수 있는 어느 크기로든 제작할 수 있다. 기기 스크린의 배율은 컴퓨터 화면, 태블릿 컴퓨터, 또는 스마트폰의 배율과 일반적으로 비슷하다. 이 장치들 모두 1, 2, 3차원의 데이터를 원하는 그래프나 영숫자 형태로 표현할 수 있다. 최근 출시된 텔레비전과 같은 특별한 하드웨어가 있으면, 데이터를 3차원으로도 시각화할 수 있다. 물론 화면에 띄울 수 있는 어떤 것이든 인쇄하여 인쇄 출력물을 얻을 수 있다.

이 절에서는 두 가지 판독 장치, 오실로스코프와 영숫자 표시 장치에 대해 간략히 살펴볼 것이다. 판독 장치로서의 컴퓨터에 대해서는 제4장에서 다룰 것이다.

2E-1 오실로스코프

오실로스코프는 표시와 진단 목적에서 매우 유용한 장치이다. 이 장치는 변환기로부터 나오는 신호가 시간에 따라 변화하는 것을 관찰하거나, 아날로그 신호 처리회로에서의 다양한 반복 과정을 비교하거나, DMM이나 다른 측정 장치로는 관찰할 수 없는 관심대상의 신호나 고주파잡음을 보여주는 데 사용할 수 있다. 오실로스코프는 기기실험실에서 필수적인 진단 장치이다.

그림 2-25에 나타나 있듯이, 현대의 오실로스코프에서는 매우 빠른 ADC들(제4장의 제2A-3절 참고)에 의해 2개에서 8개 또는 그 이상의 신호가 아날로그에서 디지털 영역으로 전환되고, 여기서 나오는 디지털 데이터가 기억 장치에 저장되고, 컴퓨터로 처리되고, LCD 화면에 표시된다. 신호 간의 시간 관계는 외부의 동기화 신호(트리거)를 통해서 또는 오실로스코프 사용자가 쓸 수 있는 몇 가지 가능한 선택 기준(피크 전압, 영점 등)에 기반한 컴퓨터를 이용하여 유지될 수 있다. 발전된 모델은 역사적으로 분석하기 어려웠던, 동시에 존재하지 않는 순간적인 신호를 포착, 분석, 표시할 수 있다. 현대적 오실로스코프에서 데이터 처리 기능의 원리는 기본적으로 디지털 데이터 습득과 처리로, 이에 대해서는 제4장에서 더 살펴볼 것이다. 2016년 현재 새로 생산된 오실로스코프의 90% 이상이 디지털이지만, 많은 아날로그 오실로스코프도 여전히 사용되고 있으며 이런 장치들은 음극선관을 디스플레이로 사용한다. 오실로스코프의 가격은 기본적인 손바닥 크기의 단일 채널 모델의 경우 $100 이하에서부터 매우 빠르고, 여러 개의 채널이 있고, 고도로 정교한 장치의 경우 $300,000까지 다양하다.

2E-2 영숫자 표시 장치

디지털 장치의 출력을 표시하는 가장 편리한 방법은 십진수와 글자, 즉 영숫자 형태이다. 7세그먼트 판독 장치는 모든 영숫자가 그림 2-26에 나타난 일곱 개 조각의 적절한 조합으로 표시될 수 있다는 원리에 바탕을 두고 있다. 예를 들어, *a*, *f*, *g*, *c*, *d* 조각에 불이 켜지면 5가 나타나고, *a*, *d*, *e*, *f*에 불이 켜지면 글자 C가 나타난다. 7세그먼트 표시판에 불을 켜는 가장 일반적인 방법은 각 조각을 발광 다이오드(LED)로 만드는 것이다. 일반적인 LED는 *pn* 접합이 하나의 조각으로 되어 있고, 비소화갈륨에 인을 도핑하여 만들어진다. 정방향 바이어스에서 접합부는 소수 운반체가 재결합한 결과 붉은 빛을 방출한다. 7개의 조각 각각은 적절한 시간에 활성화될 수 있도록 암호 해독 논리 회로(decoder logic circuit)에 연결되어 있다.

7세그먼트 액정 표시판(LCD)도 널리 사용된다. 이 장치에서는 소량의 액정이 얇고 평평한 광학 셀에 들어 있는데, 이 셀의 벽은 전도체 필름으로 코팅되어 있다. 셀의 선택한 지역에 전기장을 걸어 주면 액정 분자의 배열 상태가 변화하여 광학적으로 다른 모습을 보이게 된다.[10] LED와 LCD 모두 다양한 종류의 기기에 사용되고, 이들 전자 판독은 각각 장점을 가지고 있다.

---

[9]이들 장치에 대한 이론적, 실용적 설명에 대해서는 다음 문헌을 참고하시오. H. V. Malmstadt, C. G. Enke, and S. R. Crouch, *Microcomputers and Electronic Instrumentation: Making the Right Connections*, Washington, DC: American Chemical Society, 1994; S. Maniktala, *Switching Power Supplies A-Z*, 2nd ed., Boston, MA: Elsevier/ Newnes, 2012.

[10]액정의 성질과 응용에 대해서는 다음 문헌을 참고하시오. G. H. Brown, *J. Chem. Educ.*, **1983**, 60, 900, **DOI**: 10.1021/ed060p900.

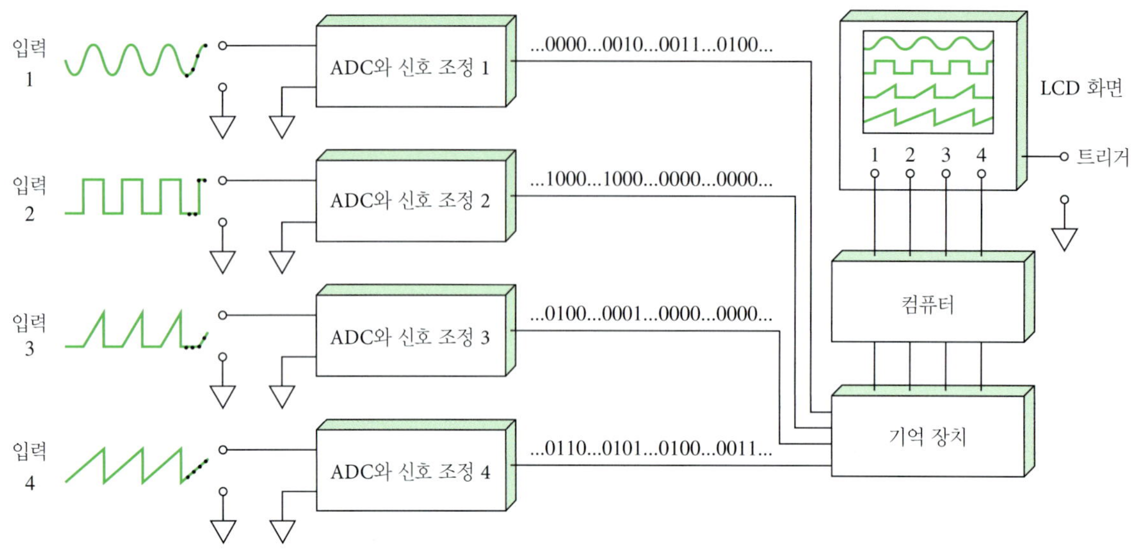

그림 2-25 기본적인 4채널 오실로스코프의 블록 도표. 이 예시에서는 최대 4개의 신호를 동시에 관찰할 수 있다. 입력의 아날로그 신호들은 초고속 ADC에 의해 디지털 영역의 숫자로 변환되어 기억 장치에 저장된다. 그 다음 통합 컴퓨터가 데이터를 읽고 필요한 계산과 크기 조정을 수행한 뒤 데이터를 시간에 대한 함수로 나타낸다. 타이밍은 데이터를 얻는 속도에 의해 조절되는데, 이 속도는 초당 100기가샘플(100 GHz)에 이를 수 있다. 데이터 수집의 시점 조절은 트리거라 불리는 외부 신호에 의해 이루어질 수도 있다. 데이터는 저장된 입력 신호들 중 어떤 것을 각각의 축에 도시하여 *x*-*y* 형태로도 나타낼 수 있다.

LCD는 전력 소모가 적기 때문에 전지로 작동하는 기기에 특히 유용하지만, 매우 밝거나 매우 희미한 빛에서는 읽기 힘들 수 있다. 한편으로 LED는 희미한 빛이나 꽤 밝은 빛에서도 잘 읽을 수 있지만, 상당히 더 많은 전력을 소모하기 때문에 전지를 이용하는 경우에는 잘 사용하지 않는다.

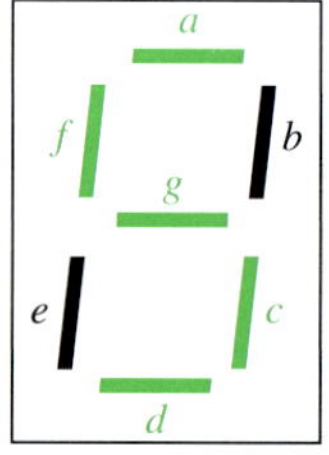

그림 2-26 7세그먼트 표시 장치.

2E-3 컴퓨터

현대의 많은 기기가 컴퓨터와 컴퓨터 모니터를 판독 장치로 사용한다. 오늘날, 데이터 계산, 프로세싱, 그래프 표현을 위한 서식 작성 및 출력은 거의 항상 컴퓨터로 이루어진다. 컴퓨터-기반 기기들은 제4D절에서 자세히 다룰 것이다.

*별표가 있는 문제의 해답은 이 책의 끝에 있다.

질문과 문제

이 아이콘이 있는 문제는 스프레드시트를 이용하여 쉽게 풀 수 있다.

* **2-1** 아래 그림과 같은 전압 분할기를 조립하려고 한다. 250 Ω, 500 Ω, 1.00 kΩ의 저항을 갖는 저항기가 각각 두 개씩 준비되어 있다.

(a) 표시된 전압을 나타낼 알맞은 저항의 조합을 설명하시오.

(b) R_3을 지날 때의 IR 강하는 얼마이겠는가? 단, R_3은 두 개 이상의 저항기일 수도 있다.

(c) 전원으로부터 나오는 전류는 얼마인가?

(d) 회로에 의해 소비되는 전력은 얼마인가?

* **2-2** 문제 2-1에서와 유사한 회로가 주어져 있고, $R_1 = 200\ \Omega$, $R_2 = 400\ \Omega$, $R_3 = 2.00\ \text{k}\ \Omega$, $V_a = 15.0$ V라고 가정하자.

(a) 전압 V_2는 얼마인가?

(b) 저항기 R_2에서의 전력 손실은 얼마이겠는가?

(c) 회로의 전체 전력 소모 중 저항기 R_2가 소모한 전력이 차지하는 비율은 얼마인가?

* **2-3** 문제 2-1의 회로와 유사한 회로에서, $R_1 = 1.00\ \text{k}\Omega$, $R_2 = 2.00\ \text{k}\Omega$, $R_3 = 4.00\ \text{k}\Omega$, $V_a = 24.0$ V라고 하자. 접촉부 2와 4 사이에 전압계를 설치하였을 때, 전압 측정의 상대 오차를 전압계의 내부 저항이 다음과 같은 경우에 대해 각각 계산하시오. (a) 4000 Ω (b) 80.0 kΩ (c) 1.00 MΩ

* **2-4** 내부 저항이 1.00 kΩ인 전지의 전압을 전압계로 측정하였다. 상대 오차가 (a) −1.0%, (b) −0.10%보다 작다면 각 경우에 계기의 내부 저항은 얼마이겠는가?

* **2-5** 아래와 같은 회로에서, 다음을 계산하시오.

(a) 각 저항기 간의 전위차

(b) 나타난 각 전류의 크기

(c) 저항기 R_3에서 소모되는 전력

(d) 3과 4 지점 사이의 전위차

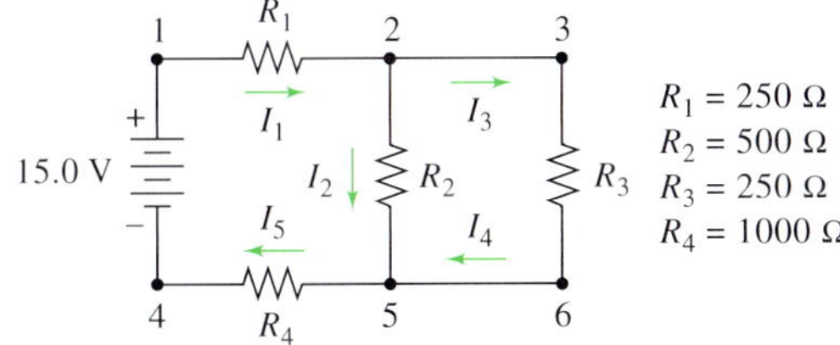

* **2-6** 다음과 같은 회로에서 다음을 계산하시오.

(a) 1과 2 지점 사이에서 소모되는 전력

(b) 전원에서 나오는 전류

질문과 문제(계속)

(c) 저항기 R_A에서의 전압 강하

(d) 저항기 R_D에서의 전압 강하

(e) 5와 4 지점 사이의 전위차

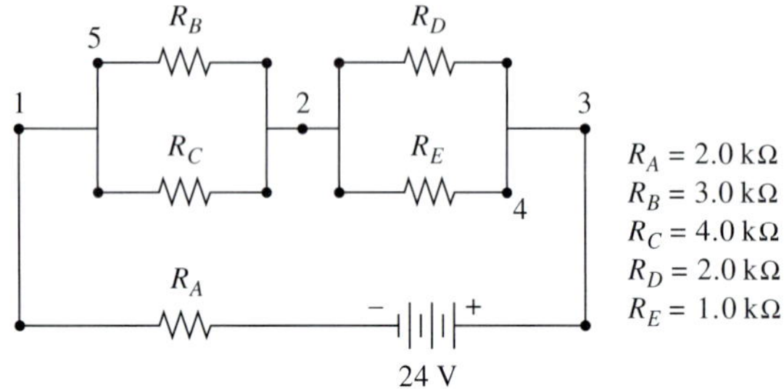

***2-7** 다음 회로는 미지의 전압 V_x를 측정하기 위한 실험실용 전위차계이다.

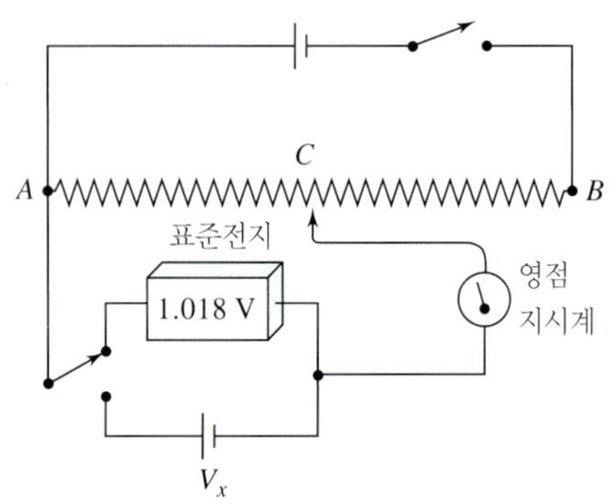

저항기 *AB*는 저항이 길이에 정비례하는 가변선이다. 회로에서 표준 Weston 전지(1.018 V)가 사용되었고, 접점 *C*가 *A* 지점으로부터 84.3 cm 떨어졌을 때 영점이 관찰되었다. Weston 전지가 미지의 전압 V_x의 전지로 교체되었을 때 영점은 44.3 cm에서 관찰되었다. 미지의 전위 V_x를 계산하시오.

2-8 표 2-1의 마지막 열의 데이터가 옳음을 보이시오.

2-9 표 2-2의 마지막 열의 데이터가 옳음을 보이시오.

***2-10** 회로에서 전류는 그 회로에 직렬로 연결된 정확한 저항을 가로지르는 전위차를 측정하여 알 수 있다.

(a) 1.00 V가 20 μA에 해당한다면 저항기의 저항은 몇 ohm인가?

(b) 전류측정의 상대 오차가 2.0% 이내라면 전압 측정 장치의 저항은 얼마인가?

2-11 다음의 배열을 통해 거의 일정한 전류에서 전기분해가 일어나게 할 수 있다.

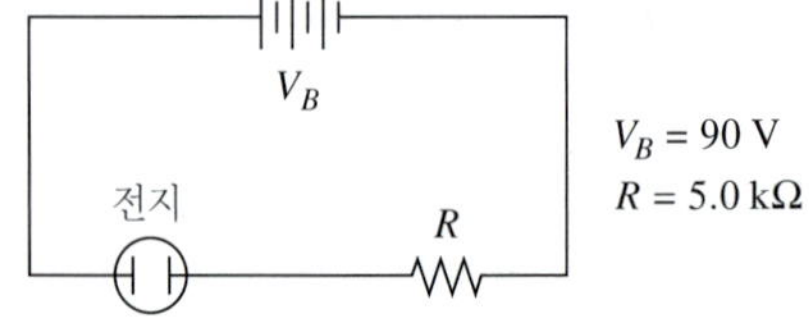

90 V 전원은 짧은 시간 동안은 전압이 일정하다고 볼 수 있는 건전지로 이루어져 있다. 전기분해가 일어나는

동안 이온화학종들의 소모 때문에 전지의 저항은 25 Ω에서 45 Ω까지 증가한다. 건전지의 내부 저항이 0이라고 가정할 때 전류의 퍼센트 변화를 계산하시오.

2-12 $V_B = 12.5$ V, $R = 0.40$ kΩ 인 경우에 대해 문제 2-11의 계산을 반복하시오.

***2-13** 직렬로 연결된 저항과 축전기에 24 V dc 전원을 걸어주었다. 저항이 25 MΩ이고 전기용량이 0.20 μF일 때, 0.00, 0.010, 0.10, 1.0, 10.0초 후의 전류를 계산하시오.

***2-14** 다음과 같은 저항을 통해 0.025 μF 축전기를 완전히 충전되었을 때의 1%까지 방전시키는 데 얼마나 걸리겠는가? (a) 10 MΩ, (b) 1 MΩ, (c)1 kΩ

***2-15** 문제 2-14의 *RC* 회로의 시간상수를 계산하시오.

2-16 직렬 *RC* 회로가 25 V dc 전원, 50 kΩ 저항기, 0.035 μF 축전기로 구성된다.

(a) 이 회로의 시간상수를 계산하시오.

(b) 충전 주기 동안 축전기와 저항기에서의 전류 강하, 전압 강하를 계산하시오. 시간은 0, 1, 2, 3, 4, 5, 10 ms로 하시오.

(c) 충전 시간이 10 ms라 가정하고 방전 주기에 대해 (b)의 계산을 반복 수행하시오.

2-17 전원이 15 V, 저항이 20 MΩ, 전기용량이 0.050 μF라고 가정하고, 문제 2-16의 계산을 반복 수행하시오. 시간은 0, 1, 2, 3, 4, 5, 10초로 하시오.

2-18 다음 직렬 *RC* 회로에서 용량리액턴스, 임피던스, 위상각 ϕ를 계산하시오.

주파수, Hz	*R*, Ω	*C*, μF
(a) 1	30,000	0.033
(b) 10^3	30,000	0.033
(c) 10^6	30,000	0.0033
(d) 1	300	0.0033
(e) 10^3	300	0.0033
(f) 10^6	300	0.0033
(g) 1	3,000	0.33
(h) 10^3	3,000	0.33
(i) 10^6	3,000	0.33

2-19 $R = 3.0$ kΩ, $C = 0.015$ μF인 저주파 통과 *RC* 필터에서의 주파수 감응곡선을 유도하시오. 0.01에서 0.9999까지의 $(V_p)_o/(V_p)_i$ 범위를 포함하고, $(V_p)_o/(V_p)_i$와 ln f를 비교하여 도시하시오.

2-20 $R = 300$ kΩ이고 $C = 100$ pF (1 pF $= 10^{-12}$ F)인 고주파 통과 필터에서의 주파수 감응곡선을 유도하시오. 0.01에서 0.9999까지의 $(V_p)_o/(V_p)_i$ 범위를 포함하고, $(V_p)_o/(V_p)_i$와 ln f를 비교하여 도시하시오.

도전 문제

2-21 **(a)** 아래 회로는 병렬로 연결된 네 개의 축전기를 나타낸다. 병렬 전기용량 C_p가 $C_p = C_1 + C_2 + C_3 + C_4$로 주어짐을 보이시오.

질문과 문제(계속)

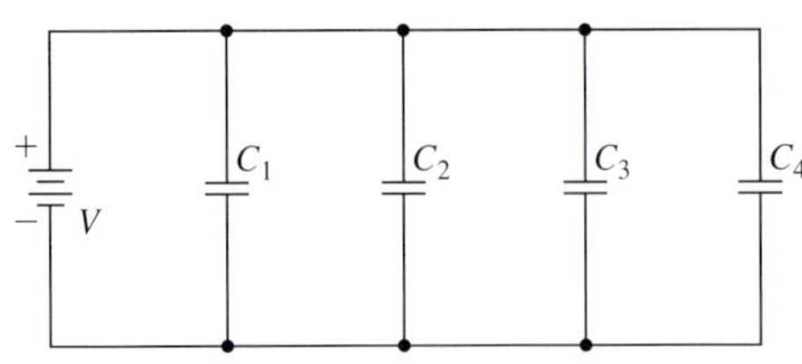

(b) $V = 5.00$ V, $C_1 = 0.050\ \mu$F, $C_2 = 0.010$ F, $C_3 = 0.075\ \mu$F, $C_4 = 0.020\ \mu$F인 경우에 병렬 전기용량 C_p, 각 축전기의 전하량, 그리고 전체 전하량 Q_p를 계산하시오.

(c) 아래 그림은 직렬로 연결된 축전기를 나타낸다. 직렬 전기용량 C_S가 다음과 같이 주어짐을 보이시오.

$$\frac{1}{C_S} = \frac{1}{C_1} + \frac{1}{C_2} + \frac{1}{C_3}$$

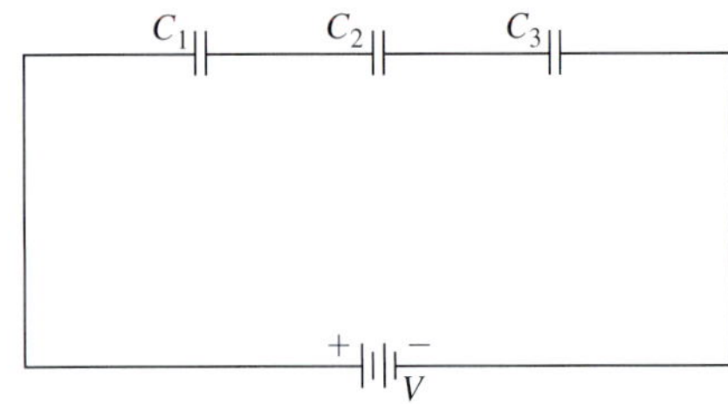

(d) $V = 3.00$ V, $C_1 = 1.00\ \mu$F, $C_2 = 0.75\ \mu$F, $C_3 = 0.500\ \mu$F인 경우에 직렬 전기용량 C_S와 각 축전기에서의 전압 강하를 구하시오.

(e) (d)의 직렬 회로에서 오직 두 개의 축전기 C_1과 C_2만 있다고 가정하자. 이 경우에 직렬 전기용량은 두 전기용량의 곱을 전기용량의 합으로 나눈 것과 같음을 보이시오.

(f) 다음 그림과 같은 복잡한 축전기 회로를 연결하였다. 이 회로의 전기용량, 각 축전기에 걸리는 전압, 각 축전기의 전하량을 계산하시오.

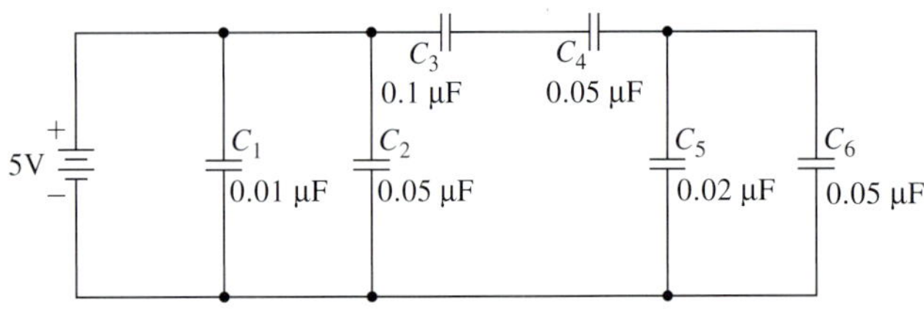

3장

화학 기기장치의 연산증폭기

Operational Amplifiers in Chemical Instrumentation

대부분의 현대적 아날로그 신호 처리 회로가 성공적일 수 있었던 것은 연산증폭기로 알려진 집적 회로의 우수성 덕분이다. 연산증폭기는 종종 **op 앰프(op amp, OA)**라 불린다. 연산증폭기는 어디에서나 흔히 볼 수 있다. 어떤 기기나 전자 장치의 한 부분을 열어보거나 장치의 설계도를 살펴보더라도 하나 이상의 op 앰프를 발견할 수 있을 것이다. 이 사실에 더불어 이들을 통해 비교적 복잡한 기능도 쉽게 처리할 수 있다는 점은 op 앰프의 작동 원리를 근본적으로 이해할 필요가 있음을 말해 준다. 이 장에서는 많은 연산증폭 회로와 그 응용에 대해 살펴보고, 이들의 성질, 이점 및 한계에 대해 공부할 것이다.

이 장에서 옆의 로고는 **www.tinyurl.com/skoogpia7**에서 대화형 자습, 시뮬레이션, 연습 등을 통해 온라인으로 학습할 수 있는 기회가 있음을 나타낸다.

3A 연산증폭기의 성질

연산증폭기라는 이름은 이들이 처음에 아날로그 컴퓨터에서 더하기, 곱하기, 미분, 적분과 같은 수학적인 처리[1]를 하는 데 사용되었기 때문에 붙여진 것이다. 연산증폭기는 또한 전압, 전류, 저항을 정확히 측정하는 데도 사용된다. 이런 변수들은 일반적으로 화학 기기에 사용되는 변환기의 측정 가능한 양이다. 이에 더해 연산증폭기는 일정한 전류나 전압을 공급하는 전원으로도 널리 사용된다.[2]

3A-1 연산증폭기 기호

그림 3-1은 연산증폭기의 등가 회로를 나타낸 것이다. 이 그림에서 입력전압은 v_+와 v_-로 표현하였다. 이 두 전압의 차이를 입력전압차 v_s라고 한다. 즉, $v_s = v_+ - v_-$이다. 전력 공급장치에 연결된 부분은 +PS와 −PS로 표시하였으며, 주로 +15와 −15 V dc의 값을 갖지만 때로는 +5와 −5 V 값을 갖기도 한다. 이른바 연산증폭기의 *열린 루프 이득*(open-loop gain)은 A로 표시했으며, 출력전압 v_o는 $v_o = Av_s$로 주어진다. 마지막으로, Z_i와 Z_o는 연산증폭기의 입력과 출력 임피던스를 나타낸다. 입력 신호는 ac 또는 dc 중 하나이고, 출력 신호는 입력 신호와 같은 종류가 된다.[3] 연산증폭기 회로의 모든 전압은 그림 3-1에 나타난 *회로 공통*(circuit common)과 비교하여 측정된다는 점을 기억하라. 회로 공통은 *접지*(ground)라고 잘못 불리기도 한다. 제3A-2절에서 이런 용어들을 조심스럽게 정의하고 이들의 중요성에 대해 논의할 것이다.

그림 3-2에 나타나 있듯이, 그림 3-1의 다른 버전 두 가지

---

[1]연산증폭기와 그 특성을 포함한 전자공학, 컴퓨터, 기기장치에 대한 일반적인 정보에 대해서는 다음을 참고하시오. H. V. Malmstadt, C. G. Enke, and S. R. Crouch, *Microcomputers and Electronic Instrumentation: Making the Right Connections*, Washington, DC: American Chemical Society, 1994; P. Horowitz and W. Hill, *The Art of Electronics*, 2nd ed., New York: Cambridge University Press, 1989.

[2]연산증폭기에 대한 자세한 정보에 대해서는 다음을 참고하시오. S. Franco, *Design with Operational Amplifiers and Analog Integrated Circuits*, New York: McGraw-Hill, 2014.

[3]이 책에서는 대문자 *I*, *V*, *Q*는 직류 전류, 전압, 전하를 표시하고 소문자 *i*, *v*, *q*는 교류의 값을 나타내는 관습을 따를 것이다.

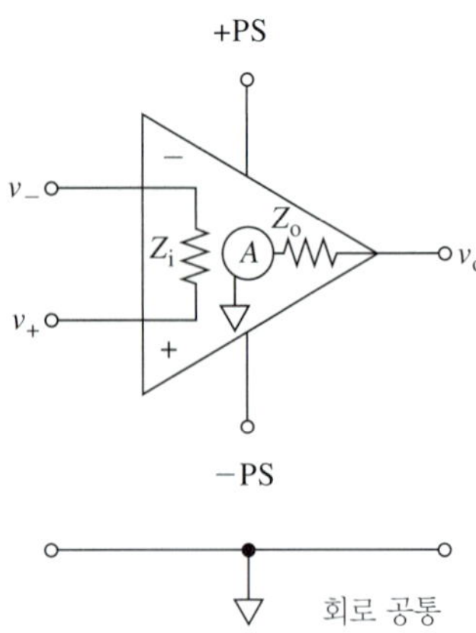

그림 3-1 **연산증폭기의 등가 회로.**

가 회로 그림에서 연산증폭기를 나타내는 기호로 흔히 사용된다. 그림 3-2a와 같은 완전한 기호는 거의 사용되지 않고, 그림 3-2b의 단순화된 그림이 거의 항상 사용된다. 여기서, 전원과 공통 접촉부는 생략된다. 상용화된 op 앰프들은 보통 그림 3-2c에서와 같이 8-핀 집적 회로에 들어 있는 형태이다.

3A-2 연산증폭기의 일반적인 특징

그림 3-3에서 볼 수 있듯이 전형적인 연산증폭기는 높은 입력 임피던스 차이 증폭기 단계, 높은 이득 전압 증폭기 단계, 저-출력 임피던스 증폭기 단계로 구성되는 아날로그 장치이다. 대부분은 단일 집적 회로칩에 20개의 트랜지스터와 저항기를 가지고 있다. 축전기, 다이오드와 같은 다른 부품들도 장치에 포함될 수 있다. 연산증폭기는 전력 공급장치를 제외하면 보통 약 1 cm 이하의 크기를 갖는다. 최신 연산증폭기는 매우 작게 만들어지는데다 매우 신뢰도가 높고 값싸다. 이들의 가격은 일반적 목적의 증폭기의 경우 몇 센트부터 특별한 것의 경우 $50 이상 정도까지 이른다. 다양한 종류의 연산증폭기가 개발되었으며, 이들 각각은 이득, 입력과 출력 임피던스, 작동 전압, 속도, 최대 전력 등에 차이를 보인다. 상용화된 전형적인 연산증폭기는 그림 3-2c에서와 같이 8-핀 에폭시 또는 세라믹 포장으로 되어 있다.

연산증폭기는 다음의 성질을 갖는다. (1) 큰 열린 루프 이득(A = 10^4에서 $>10^6$), (2) 높은 입력 임피던스($Z_i = 10^8 \sim 10^{15}$ Ω), (3) 낮은 출력 임피던스($Z_o = 0.001 \sim 1$ Ω), 그리고 0의 입력에 대해 0에 가까운 출력전압을 얻는다. 대부분의 연산증폭기는 사실 입력이 0이라도 작은 출력을 나타내는데, 이것은 회로의 특징이나 부품의 불안정성 때문이다. *상쇄 전압*(offset voltage)은 출력전압을 0으로 만들기 위해 필요한 입력전압을 말한다. 현대적인 연산증폭기는 제조 과정에서의 레이저 가공으로 인해 상쇄 전압이 5 mV 이하인 경우가 많다. 일부 연산증폭기는 *상쇄 가공*(offset trim)을 통해 상쇄 전압을 무시할 수 있을 정도의 값으로 줄여서 제공되기도 한다(그림 3-2c 참고).

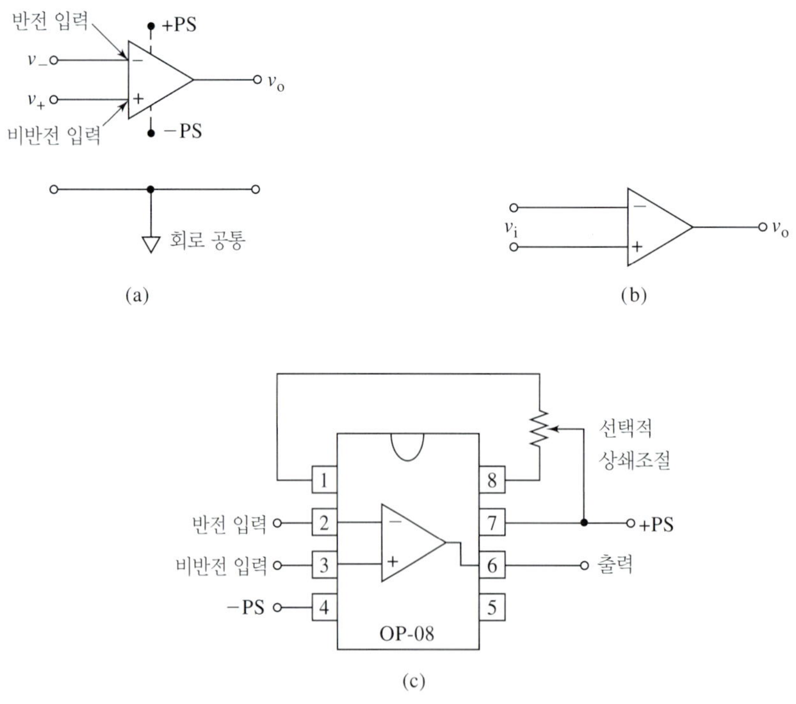

그림 3-2 **연산증폭기의 표현 기호.** 일반적인 경우보다 더 자세한 그림이 (a)에 나타나 있다. 출력전압 v_o뿐만 아니라 두 입력전압 v_-, v_+도 접지전위 값이나 그 근처의 값을 갖는 회로 공통에 대해 측정된다는 것을 기억하라. (b) 회로 그림에서 연산증폭기를 나타내는 일반적인 방식, (c) 전형적인 상업 8-핀 연산증폭기의 표현.

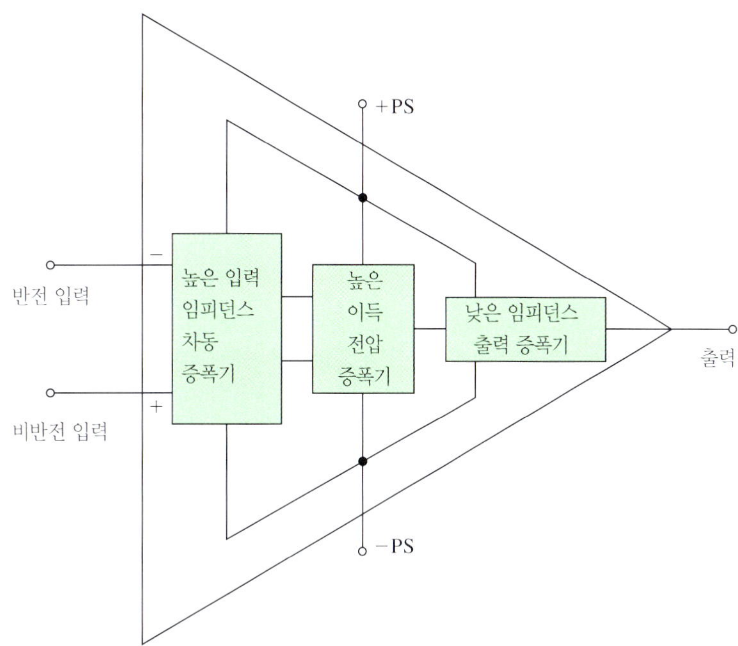

그림 3-3 전형적인 연산증폭기의 회로 설계. 입력 단계는 높은 이득 증폭 단계로 이어진다. 출력 단계는 +와 −전력 공급장치 값에 의해 결정되는 전압 범위에서 부하에 전류를 공급할 수 있다.

회로 공통과 접지 전위

그림 3-2a에 나타나 있듯이 일반적인 연산증폭기의 두 입력전압 각각과 출력전압은 회로 공통을 기준으로 측정되며, 회로 공통은 아래를 가리키는 빈 삼각형(⏚)으로 기호화된다. 회로 공통은 모든 전류가 그들의 발생원으로 돌아가게 하는 공통연결 도체이다. 결과적으로 회로의 모든 전압은 회로 공통을 기준으로 측정된다. 일반적으로 전자 기기는 지면과 직접 연결(기호 ⏚로 나타낸다)되어 있지 않다. 보통 회로 공통 전위는 접지 전위와 크게 다르지 않지만, 회로 공통이 접지 전위와 일치할 필요는 없다는 사실을 아는 것은 중요하다. 그림 3-2b에서 회로 공통이 나타나 있지 않지만, 회로 공통이 존재하여 모든 전압이 이에 대해 측정되고 있음을 가정할 수 있다.

반전 입력과 비반전 입력

그림 3-2에서 **음의 부호와 양의 부호가 증폭기의 반전 입력과 비반전 입력을 나타내며**, 이들이 음 또는 양의 신호에 연결된 것을 나타내는 것이 **아님**을 알아야 한다. 회로가 어떻게 사용되느냐에 따라 어떤 입력이든 양 또는 음의 신호에 연결되어 있을 수 있다. 따라서 만약 음의 전압이 반전 입력에 연결되어 있다면, 증폭기로부터의 출력은 이에 대해 양의 값을 갖는다. 반대로, 만약 양의 전압이 증폭기의 반전 입력 단자에 연결되어 있다면, 음의 출력을 얻는다. 반전 입력 단자에 연결된 ac 신호로부터 얻어지는 출력 신호는 **입력 신호와 180°의 위상차를 보인다**. 이와 반대로, 증폭기의 비반전 입력 단자에서는 같은 위상의 신호를 얻을 수 있다. Dc 신호가 비반전 입력 단자에 연결되는 경우 출력은 입력과 같은 극성을 가진 dc 신호일 것이다.

3B 연산증폭기 회로

연산증폭기는 *비교기*(comparator) 방식, *전압 팔로워*(voltage follower) 방식, *전류 팔로워*(current follower) 또는 *연산*(operational) 방식의 세 가지 다른 방식으로 이용된다.

3B-1 비교기

비교기 방식에서 연산증폭기는 *열린 루프*, 즉 그림 3-4a에서와 같이 피드백 없이 사용된다. 이 방식에서, 증폭기는 거의 항상 +와 전력 공급장치 값(대개 ±15 V 전원)에 의한 한계값 중 하나에 존재한다. 보통 비교할 전압은 두 개의 op 앰프 입력에 직접 연결된다. 증폭기 출력은 $v_o = Av_s = A(v_+ - v_-)$로 주어진다. 예를 들어, $A = 10^6$이고 전력공급 한계가 ±13 V인 경우,[4] 작은 예외 범위 $v_s \geq -13\ V/10^6$ 또는 $v_s \leq 13\ V/10^6$의 경우를 제외하면 증폭기는 두 한계값 중 하나에 있을 것이다. 즉, v_s가 −13 μV에서 +13 μV의 범위에 있지 않다면, 출력은 그림 3-4b에서와 같이 한계값을 가진다. 출력전압 v_o의 부호는 $v_+ > v_-$인지 $v_+ < v_-$인지를 알려준다. 만약 13 μV가 넘는 차이로 $v_+ > v_-$라면, 출력은 양의 한계값(여기서는 +13 V)을 가진다. 반대로, 약 13 μV가 넘는 차이로 $v_+ < v_-$라면, 출력은 음의 한계값(−13 V)을 가진다. 비교기 회로의 몇 가지 응용이 제3F절과 제4C절에 소개되어 있다.

[4]증폭기의 내부 전압 강하 때문에, 연산증폭기가 가질 수 있는 한계값은 보통 전력 공급장치 전압(±15 V)보다 조금 작다.

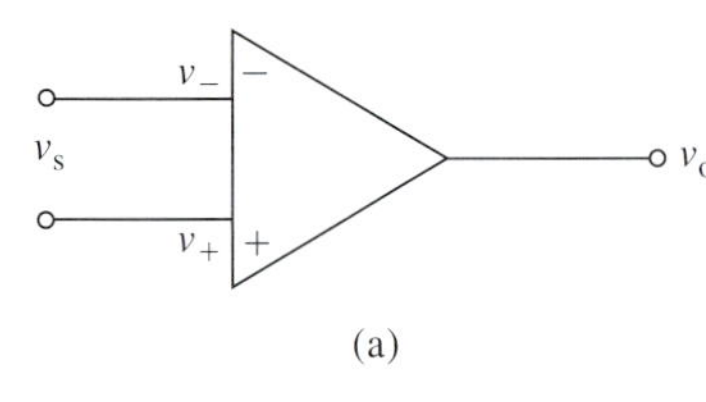

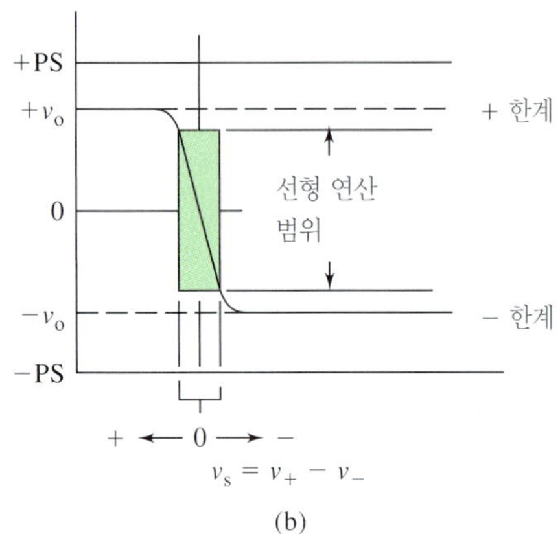

그림 3-4 (a) 비교기 방식. 연산증폭기에 피드백이 없고 따라서 열린 루프 증폭기이다. (b) 연산증폭기의 출력전압 v_o는 입력 차 전압의 v_s의 함수로 나타난다. 두 입력전압의 작은 차이도 증폭기 출력을 한쪽 한계값으로 만든다.

3B-2 전압 팔로워

제2A-3절에서 전압원의 부하와 출력 왜곡의 문제를 설명하였다. 이런 부하를 막기 위해 측정 장치의 입력 저항이나 연결 회로 저항은 전압원의 고유 내부 저항보다 대단히 커야 한다. 전압원이 유리 pH 전극이나 pIon 전극 같은 큰 내부 저항을 갖는 변환기라면 부하 오차를 막기 위해 *전압 팔로워*(voltage follower)라고 알려진 회로를 사용해야 한다.

일반적인 연산증폭기 전압 팔로워가 그림 3-5에 나타나 있다. 현대의 고품질 연산증폭기의 입력 임피던스는 10^{12}~$10^{15}\,\Omega$ 사이이고, 출력 임피던스는 1 Ω보다 작다. 그러므로 비반전 입력 단자에 연결된 전압원은 회로나 증폭기 전압 v_0에 연결된 측정 장치에 의해 부하가 걸리지 않는다. 이에 더해, 출력전압은 입력전압과 같지만 입력과 분리되어 있다. 전압 팔로워는 부하로부터 높은 임피던스를 보호하는 거의 이상적인 완충제이다.

연산증폭기의 출력 신호가 입력 단자 중 하나에 연결된 경우, 이 과정을 *피드백*(feedback)이라 한다. 전압 팔로워의 경우 출력 신호는 반전 입력 단자에 연결되어 입력 신호 v_i의 반대가 된다. 이런 형태의 오류 교정 피드백을 *음성 피드백*(negative feedback)이라 한다.

실제 전압 팔로워 회로에서는 v_s가 0이 아니다. 회로에는 v_s로 나타나는 작은 오차가 항상 존재하여 증폭기의 출력전압을 생성한다. 전압 팔로워에 대해 Kirchhoff 전압 법칙으로부터 다음과 같은 식을 쓸 수 있다.

$$v_o = v_i + v_s \tag{3-1}$$

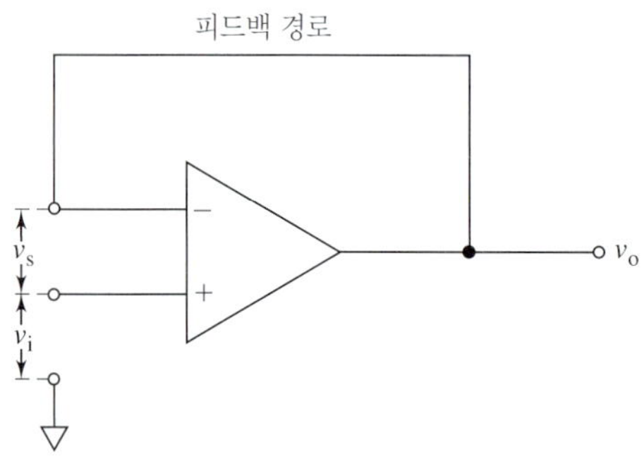

그림 3-5 전압 팔로워. 증폭기 출력은 증폭기의 반전 입력 단자에 다시 직접 연결된다. 입력전압 v_i는 비반전 입력 단자에 연결된다. 출력전압은 입력전압과 차전압 v_s의 합이다. 출력전압이 한계에 있지 않으면 v_s는 매우 작다. 따라서 $v_o \approx v_i$이고 출력전압은 입력전압을 따라간다.

전압 팔로워가 한계값에 있지 않다면, $v_s = -v_o/A$이다. 이를 식 3-1에 대입하면 다음과 같다.

$$v_o = v_i - \frac{v_o}{A} = v_i\left(\frac{A}{1 + A}\right) \tag{3-2}$$

증폭기가 한계값에 있지 않다면, v_s는 매우 작아야 한다(이득이 10^6이고 13 μV 한계를 가진 op 앰프에서 −13 μV~+13 μV 사이). 따라서 $|v_0| \geq 10$ mV이면 오차 $v_s \leq 0.13\%$이다. 실제적인 목적에서는 항상 $v_o = v_i$이다.

이 회로가 단위 전압 이득($v_o/v_i = 1$)을 갖지만, 연산증폭기가 높은 입력 임피던스와 낮은 출력 임피던스를 갖기 때문에 전력 이득은 매우 높을 수 있다는 것을 기억하자. 큰 임피던스 차이가 어떤 영향을 미치는지 보여주기 위해 전력 이득을 P_o/P_i로 정의하자. 여기서 P_o는 연산증폭기의 출력 전력이고, P_i는 입력 전력이다. 이 정의에 전력 법칙($P = iv = v^2/R$)과 Ohm 법칙을 대입하고, 전압 팔로워에서 v_o와 v_i가 거의 같다는 점을 이용하면 아래의 표현식을 얻을 수 있다.

$$\text{전력 이득} = \frac{P_o}{P_i} = \frac{i_o v_o}{i_i v_i} = \frac{v_o^2/Z_o}{v_i^2/Z_i} = \frac{Z_i}{Z_o}$$

여기서 Z_i와 Z_o는 연산증폭기의 입력과 출력 임피던스이다. 이 결과는 전압 팔로워가 입력으로부터 전류를 거의 끌어오지 않지만 연산증폭기의 내부 회로와 전력 공급장치가 연산증폭기의 출력 단자에 큰 전류를 공급할 수 있다는 것을 의미하기 때문에 중요하다.

3B-3 전류 팔로워 회로

연산증폭기를 *전류 팔로워*(current follower) 방식으로 연결하면 전류를 측정하고 처리하는 데 사용될 수 있다. 이 방식은 전류공급원이 거의 0의 저항 부하를 갖도록 하고, 측정 장치나 회

시뮬레이션: www.tinyurl.com/skoogpia7에서 **전압 팔로워(voltage followers)**에 대해 더 알아보시오.

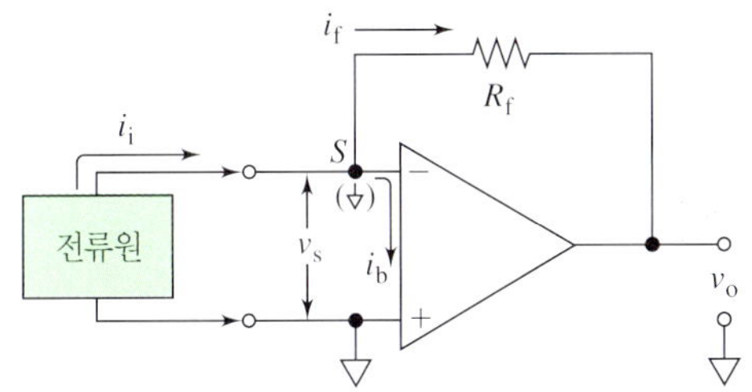

그림 3-6 연산증폭기의 전류 팔로워. 전류 공급원이 비반전 입력 단자와 반전 입력 단자 사이에 연결된다. 비반전 입력 단자는 공통단자에 연결된다. 피드백 저항 R_f는 출력과 반전 입력 단자에 연결된다.

로에 의해 부하가 걸리지 않도록 막아준다. 전류 측정에서 부하의 영향은 제2A-3절에서 설명하였다.

전류 팔로워

연산증폭기 전류 팔로워 방식에서, 출력은 그림 3-6에서와 같이 *피드백 저항기*(feedback resistor) R_f를 지나 반전 입력 단자에 연결된다. 증폭기가 전력공급 한계 내에 있으면, 이미 설명한 바와 같이 v_s는 매우 작다. 따라서 반전 입력 단자에서의 전위는 기본적으로 비반전 입력 단자에서의 전위와 같다. 비반전 입력 단자를 회로 공통에 연결하였을 때, 증폭기가 한계값에 있지 않다면 반전 입력은 회로 공통과 거의 같게 유지된다. 이를 비반전 입력은 **실질적으로 회로 공통에 있다**거나 혹은 **실질적 공통 전위**에 있다고 한다. Kirchhoff 전류 법칙에 의해 입력 전류 i_i는 피드백 전류 i_f와 증폭기 입력 바이어스 전류 i_b의 합과 같다.

$$i_i = i_f + i_b \tag{3-3}$$

현대적인 증폭기에서, 일반적으로 i_b의 값은 10^{-11}~10^{-15} A이다. 따라서 $i_i \approx i_f$이다.

그림 3-6의 지점 S가 실질적 공통 전위에 있다면, 출력전압 v_o는 피드백 저항기 R_f를 지날 때의 iR 강하와 값이 같고 부호가 반대여야 한다. 따라서 다음과 같이 쓸 수 있다.

$$v_o = -i_f R_f = -i_i R_f \tag{3-4}$$

지점 S가 실질적 공통(⏚)이므로 몇 개의 전류 공급원이 서로 간 상호작용 없이 여기에 연결될 수 있다. 따라서 지점 S를 *합산점*(summing point) 또는 *합산 접합*(summing junction)이라고 부른다.

식 3-4에서 연산증폭기는 입력 전류 i_i를 **따르는** 피드백 전류 i_f를 만들고, i_i에 정비례하는 출력전압 v_o를 생성한다. 예를 들어, 만약 R_f = 100 MΩ (10^8 Ω)이고 i_i = 5.00 nA (5.0×10^{-9} A)일 때, 출력전압은 0.50 V이다. 여기서 입력 **전류**에 비례하는 출력전압이 만들어지기 때문에, 전류 팔로워는 종종 *전류-전압 변환기*(current-to-voltage converter)라고도 한다.

전류 팔로워 회로에는 부하 효과가 거의 없다. 입력전류원은 점 S와 공통 간에 연결되고 점 S가 실질적 공통이므로, 입력 신호 공급원은 출력 단자에서 사실상 0의 저항을 느낀다. 효과적인 입력 저항 R_i는 오차 전압 v_s를 입력 전류 i_i로 나눈 값이다. 즉, $R_i = v_s/i_i$이다. 여기서 $v_s = -v_0/A$이고 식 3-4에서 $i_i = -v_o/R_f$이므로, 다음과 같이 쓸 수 있다.

$$R_i = \frac{R_f}{A} \tag{3-5}$$

회로의 부하 효과 R_i는 A배로 감소한다. 예를 들어 R_f = 100 MΩ이고 $A = 10^7$일 때, 유효한 입력 저항은 10 Ω으로 줄어든다.

v_o와 i_i 간의 보다 정확한 관계가 식 3-6에 주어져 있으며, 이는 전류 팔로워의 한계를 나타낸다.

$$\begin{aligned} v_o &= -R_f(i_i - i_b)\left(\frac{A}{1 + A}\right) \\ &= -i_i R_f + i_b R_f \frac{v_o}{A} \end{aligned} \tag{3-6}$$

A가 매우 크고 i_b가 작을 때, 식 3-6은 식 3-4로 된다. 낮은 전류의 측정은 증폭기의 입력 바이어스 전류에 의해 제한을 받으며, 대개 10^{-11} Ω 이하이다. 전류가 높게 나타나는 한쪽 끝에서는 연산증폭기의 출력 전류 가능용량(보통 2~100 mA)이 한계값이다. 연산증폭기의 열린 루프 이득 A는 출력전압이 작거나 바이어스 전류가 큰 경우에만 한계값이 된다.

전환전압 증폭기

입력 전류 i_i가 그림 3-7에서와 같이 전압원과 직렬 저항기 R_i로부터 올 때, 전류 팔로워 방식은 전환전압 증폭기를 만드는 데 사용될 수 있다. 합산점 S가 실질적 공통전위에 있기 때문에, 입력 전류는 다음과 같다.

$$i_i = \frac{v_i}{R_i} \tag{3-7}$$

이 결과를 식 3-4에 대입하면 다음을 얻는다.

$$v_o = -i_i R_f = -v_i \frac{R_f}{R_i} \tag{3-8}$$

따라서 출력전압 v_o는 입력전압 v_i에 두 저항의 비율 R_f/R_i을 곱하고 부호를 반대로 한 값이다. 두 저항기가 정밀 저항기인 경우, 증폭기의 *닫힌 루프 이득*(closed-loop gain) R_f/R_i를 상당히 정확히 구할 수 있다. 예를 들어, R_f가 100 kΩ이고 R_i가 10 kΩ이면 이득은 10이고 $v_o = -10 \times v_i$이다. 이 이득의 정확성은 연산증폭기의 *열린 루프 이득*(open-loop gain) A가 아니라 두 개의 저항이 얼마나 정확한지에 따라 결정된다는 점에 주목하라.

$R_i = R_f$일 때 입력전압의 부호가 전환되기 때문에 그림 3-7의

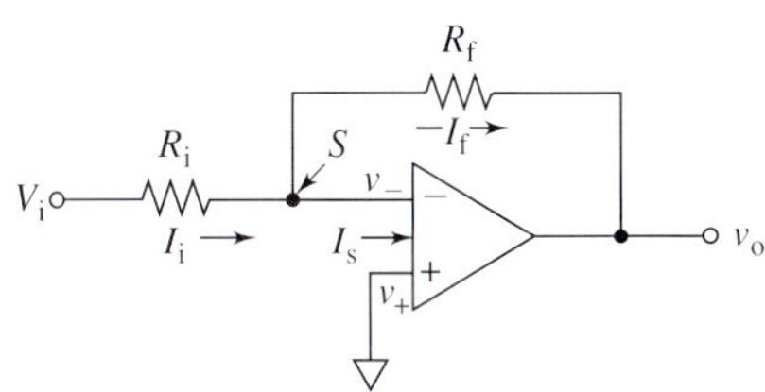

그림 3-7 전환전압 증폭기. 여기서, 합산점 S로의 입력 전류는 입력전압 v_i와 입력 저항 R_i로부터 나온다.

시뮬레이션: www.tinyurl.com/skoogpia7에서 **전류 팔로워(current followers)**에 대해 더 알아보시오.

증폭기를 *변환 증폭기*(inverting amplifier) 또는 *변환기*(inverter)라고도 한다. 그러나 식 3-7의 전류가 전원으로부터 나오기 때문에 입력전압 v_i의 부하 가능성이 있음을 알아야 한다.

3B-4 음성 피드백 회로의 주파수 감응

전형적인 연산증폭기의 이득은 입력 신호의 주파수가 증가할 때 빠르게 감소한다. 이런 주파수 의존성은 연산증폭기 내부의 트랜지스터에서 나타나는 작은 전기용량 때문에 발생한다. 전형적인 증폭기의 주파수 감응은 보통 *Bode 도표*(Bode diagram)의 형태로 나타내며, 한 예시가 그림 3-8에 나타나 있다(제2B-5절 참고). 여기서, 열린 루프 이득이라고 표시된 실선은 그림 3-7의 **피드백 저항기 R_f가 없을 때** 증폭기의 동작을 나타낸다. 세로축과 가로축 모두 log 값으로 나타내었고, 이득은 데시벨, 즉 dB로 주어진다. 여기서 1 dB = 20 log(v_o/v_i)이다.

저주파 입력 신호에서는 $A = 10^5$, 즉 100 dB이다. 그러나 주파수가 10 Hz 이상으로 증가하면, 저주파 필터에서와 같은 방식으로(제2B-5절) 열린 루프 이득이 −20 dB/decade로 감소한다. Dc에서 $A = 1$, 즉 0 dB까지의 주파수 범위를 *단위 이득 대역폭*(unity-gain bandwidth)이라고 하며, 이 증폭기의 경우에는 1 MHz이다. $A = 1$인 지점은 또한 *이득 대역폭 곱*(gain bandwidth product)을 1 MHz로 고정하는데, 이것은 10 Hz를 넘는 모든 주파수 범위에서 상수로 나타나는 연산증폭기의 특성이다. 이 성질은 주어진 증폭기 구조에서 대역폭을 계산할 수 있도록 해준다.

예를 들어, 그림 3-7과 같은 증폭기에서, 그림 3-8의 위쪽 점선과 같이 $A_1 = R_f/R_i = 1000$인 경우를 살펴보자. 그러면 증폭기의 대역폭은 1 MHz/1000 = 1 kHz이고, 이는 위쪽 점선과 열린 루프 이득 곡선의 교점에 해당한다. $A_2 = 10$인 유사한 증폭기의 경우 대역폭이 100 kHz이고, 이는 아래쪽 점선에서 볼 수 있다. 그리고 이와 같이 주어진 op 앰프에 대해 다른 신호 이득 값을 선택할 수 있다. 따라서 음성 피드백이 증폭기 대역폭을 증가시키고, 이것은 신호 이득과 연산증폭기의 단위 이득 대역폭으로부터 계산할 수 있음을 알 수 있다.

증폭기의 속도 또는 대역폭 Δf와 관계된 다른 두 개의 매개변수가 그림 3-9에 나타나 있다. 단계적 입력에 대한 전압 팔로워의 출력 감응의 특성은 *상승시간*(rise time) t_r을 통해 드러난다. 상승 시간이란 출력이 전체 변화의 10%에서 90%까지 변할 때 걸리는 시간이며, 다음 식과 같다.

$$t_r = \frac{1}{3\Delta f} \tag{3-9}$$

닫힌 루프 이득이 1이고 단위 이득 대역폭이 10^6인 전압 팔로워의 경우 $t_r = 1/(3 \times 100\text{ MHz}) = 0.33\ \mu s$이다. 5 V에서 10 V까지 변하는 동안 출력 단자에서 전압 변화의 기울기로부터 *회전율*(slew rate)을 다음과 같이 계산할 수 있다.

$$\text{회전율} = \frac{\Delta v}{\Delta t} = \frac{5\text{ V}}{0.33\mu s} = 17\text{ V}/\mu s$$

회전율은 증폭기에서 입력의 단계적 변화에 따른 출력 변화의 최고 속도를 나타낸다. 회전율의 전형적인 값은 마이크로초당 수 volt 정도이지만, 특별한 연산증폭기의 경우 회전율이 마이크로초당 수백 volt인 경우도 있다.

시뮬레이션: www.tinyurl.com/skoogpia7에서 **op 앰프 주파수 감응(op amp frequency response)**에 대해 더 알아보시오.

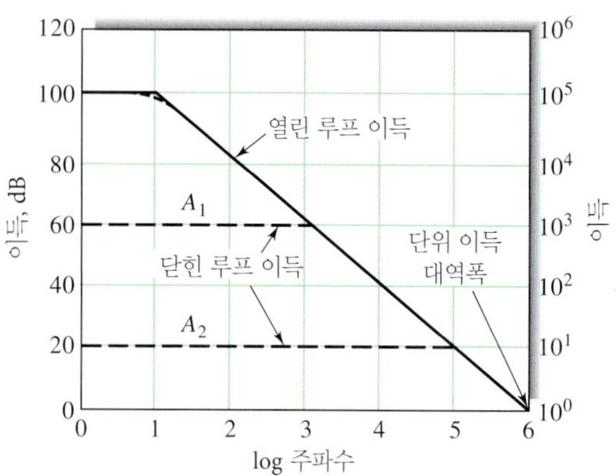

그림 3-8 **전형적인 연산증폭기의 주파수 감응을 보여주는 Bode 도표.** 실선: 음성 피드백 없는 연산증폭기 열린 루프 이득. 점선: 그림 3-7에서와 같은 변환 증폭기. $A_1 = R_f/R_i = 1000$이고 $A_2 = R_f/R_i = 10$

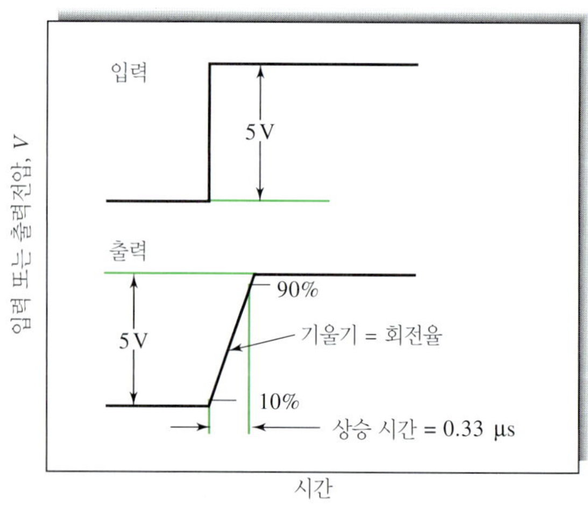

그림 3-9 **입력전압의 빠른 단계적 변화에 따른 연산증폭기 감응.** 출력 신호 변화 부분의 기울기는 회전속도이고, 출력 신호가 전체 변화의 10%에서 90%까지 변하는 데 걸린 시간이 상승시간이다.

3C 변환기 신호의 증폭과 측정

연산증폭기는 변환기의 전기신호를 증폭하고 측정하는 데 일반적으로 사용된다. 이 변환기들은 전압 출력, 전류 출력, 또는 전하량 출력을 발생시킬 수 있다. 분석기기의 변환기에서 나오는 이런 신호들은 대개 농도와 관련이 있다. 이 절에서는 각 종류의 신호를 측정하는 연산증폭기의 기본적인 활용에 대해 설명할 것이다.

3C-1 전류 측정

전압-전류법, 전기량법, 광도법 및 기체 크로마토그래피법과 같은 분석법에서는 작은 전류를 정확히 측정하는 것이 매우 중요하다. 제2장에서 지적한 바와 같이, 측정 과정 자체가 측정 대상인 신호를 크게 변화시켜 부하 오차가 발생하는 것은 전류 측정을 포함한 모든 물리적 측정에서 중요한 문제다. 측정과정이 측정계에 혼란을 주어 실제 측정값이 측정 전의 본래 값과 다르게 나타나게 되는 것은 불가피하다. 따라서 혼란이 매우 적도록 노력해야 한다. 전류 측정의 경우에는 이를 위해 측정 장치의 내부 저항을 최소화하여 이로 인해 전류가 크게 변하지 않도록 해야 한다. 제3B-3절에서 살펴본 전류 팔로워는 거의 이상적인 전류 측정 장치이다.

작은 광전류를 측정하기 위해 전류 팔로워를 사용한 예가 그림 3-10에 나타나 있다. 변환기는 광전관으로, 빛의 세기를 이에 따른 전류 I_x로 변환한다. 광음극을 때리는 복사선에 의해 음극 표면에서 전자가 방출된다. 양극이 음극에 대해 플러스 전위를 갖도록(음극이 양극에 비해 마이너스가 되도록) 유지되면, 방출된 광전자들이 끌려가고, 이에 따라 입사광의 세기에 비례하는 광전류를 발생시킨다.

식 3-4로부터 출력전압 V_o는 다음과 같이 쓸 수 있다.

$$V_o = -I_f R_f = -I_x R_f$$

그리고

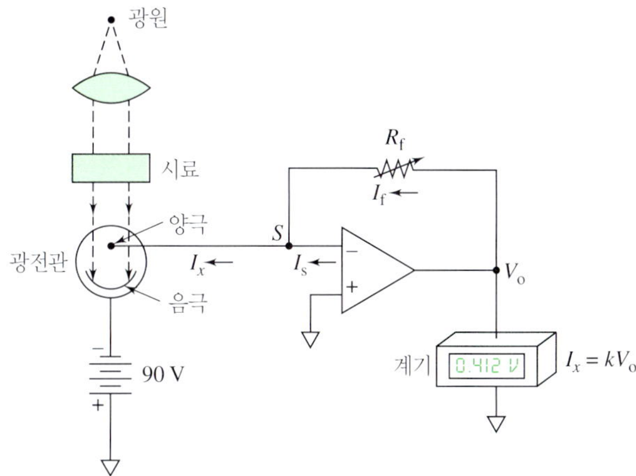

그림 3-10 작은 광전류 I_s의 측정을 위한 연산증폭기 전류 팔로워의 응용.

$$I_x = -V_o/R_f = kV_o$$

그러므로 R_f를 안다면 V_o를 측정함으로써 I_x를 알아낼 수 있다. R_f가 큰 값을 가지면 nA 크기의 전류도 매우 정확하게 측정할 수 있다.

예제 3-1에 나타나 있듯이, 연산증폭기의 전류 팔로워는 전류 측정에서 혼란에 의한 오차를 최소화할 수 있다.

예제 3-1

그림 3-10에서 $R_f = 1\ \text{M}\Omega$이고 광전관의 내부 저항이 $5.0 \times 10^4\ \Omega$, 증폭기의 열린 루프 이득이 1.0×10^5라고 가정하자. 측정 회로의 존재로 인해 발생하는 전류 측정의 상대 오차를 계산하시오.

풀이

식 3-5로부터, 전류 팔로워의 입력 저항 R_i는

$$R_i = \frac{R_f}{A} = \frac{1 \times 10^6}{1 \times 10^5} = 10\ \Omega$$

식 2-20에 의해 전류 측정의 상대 부하 오차는 다음과 같다.

$$\text{상대 부하 오차} = \frac{-R_M}{R_L + R_M}$$

여기서 계기 저항 R_M은 전류 팔로워 입력 저항 R_i이고, R_L은 광전관의 내부 저항이다. 따라서 다음과 같다.

$$\text{상대 부하 오차} = \frac{-10.0\ \Omega}{(5.0 \times 10^4\ \Omega) + 10.0\ \Omega}$$

$$= -2.0 \times 10^{-4},\ \text{즉 } 0.020\%$$

그림 3-10에 나타난 기기를 *광도계*(photometer)라고 한다. 광도계는 용액에서 분석물이 흡수한 빛살의 감소를 측정하는 데 사용된다. 흡광도는 흡수 화학종의 농도와 관계가 있다. 광도계에 대해서는 제13D-3절에서 자세히 설명한다.

광전관 이외에도, 산소 전극, 불꽃이온화 검출기, 광다이오드, 광전증배관 같은 다른 변환기가 농도 또는 관심대상인 물리적 현상에 관계된 전류를 발생시킨다. 전류 팔로워는 생성된 작은 전류를 측정하는 데 없어서는 안 될 회로이다.

3C-2 전압 측정

몇 가지 변환기는 분석물의 농도나 물리적 양에 따라서 출력 신호를 낸다. 예를 들어 이온 선택성 전극은 pH나 용액 속 이온농도와 관계된 출력전압을 발생시킨다. 열전기쌍은 온도에 따른 전압 출력을 생성한다. 이와 유사하게, Hall 효과 변환기는 자기장 세기에 비례하는 출력전압을 생성한다. 특히 전압 팔로워(제3B-2절 참고)에 기반한 연산증폭기 회로가 이런 측정에 거의 대부분 사용된다.

식 2-19는 정확한 전압 측정을 위해 측정 장치의 저항이 측정

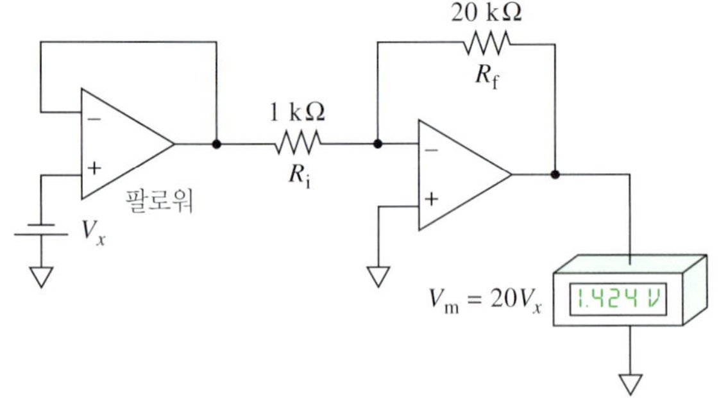

그림 3-11 전압 증폭과 측정을 위한 높은 임피던스 회로.

대상인 전압원의 내부 저항에 비해 커야 한다는 것을 말해준다. 큰 저항을 가진 측정 장치의 필요성은 특히 수십 또는 수백 MΩ (megohms)의 내부 저항을 가진 유리 전극을 이용하여 pH를 측정하는 경우에 중요해진다. 그림 3-5의 전압 팔로워 회로는 유리 전극의 부하를 막기 위한 매우 높은 입력 저항을 제공한다. 증폭이 필요한 경우, 그림 3-11에서와 같이 전압 팔로워를 그림 3-7의 기본적인 변환 증폭기와 결합하여 증폭과 함께 높은 임피던스를 갖는 전압 측정 장치를 만들 수 있다. 여기서 첫 번째 단계는 보통 10^{12} Ω이 넘는 입력 임피던스를 제공하는 전압 팔로워로 구성된다. 그 다음 변환 증폭기 회로가 팔로워 출력을 R_f/R_i배로, 즉 이 경우에는 20배로 증폭한다. 이것과 같은 저항이 100 MΩ 이상인 증폭기를 *전위계*(electrometer)라고 한다. 잘 설계된 연산증폭기 기반의 전위계가 시중에서 판매되고 있다.

종종 전압 출력 변환기에서 신호를 전환 없이 증폭할 필요가 있다. 이런 경우, *이득을 갖는 전압 팔로워*(voltage follower with gain)라고 알려진 회로가 이용될 수 있다. 이 회로에서는, 그림 3-5의 팔로워 출력전압 중 일부만이 반전 입력 단자로 피드백된다.[5]

3C-3 저항 또는 전도도 측정

서미스터(thermistor)나 볼로미터(bolometer) 같은 온도 감응장치와 전해 전지는 분석 신호에 감응하여 전기 저항과 전도도가 변하는 변환기의 흔한 예이다. 이런 장치들은 다양한 분석 측정의 전도도 적정과 열적정, 적외선 흡수와 방출 측정, 온도 조절 등에 사용된다.

그림 3-7에 나타난 회로는 변환기의 저항 또는 전도도를 측정하는 편리한 방법을 보여준다. 여기서, 일정한 전압원이 V_i를 공급하고, 회로에서 R_i 또는 R_f 중 하나를 변환기로 대체한다. 그 다음 증폭된 출력전압 v_o를 적절한 계기, 전위차계, 컴퓨터화된 데이터 수집 시스템을 통해 측정한다. 따라서 그림 3-7에서 변환기로 R_f를 대체한 경우, 식 3-8을 정리하여 다음과 같은 출력을 얻을 수 있다.

$$R_x = \frac{-v_o R_i}{V_i} = kv_o \tag{3-10}$$

여기서 R_x는 측정하는 전압이고, k는 R_i와 V_i를 알면 계산할 수 있는 상수이다. 또는 R_x가 표준 저항기로 대체된 교정 과정에서 k를 결정할 수 있다.

측정할 것이 저항이 아니라 전도도인 경우, 변환기로 R_i를 대체하는 것이 편리하다. 식 3-8로부터 다음을 얻는다.

$$\frac{1}{R_x} = G_x = \frac{-v_o}{V_i R_f} = k'v_o \tag{3-11}$$

그림 3-12는 전도도 또는 저항을 측정하기 위한 연산증폭기의 두 가지 기본적인 활용을 보여준다. (a)에서, 전도도 적정을 위한 전지의 전도도가 측정대상이다. 여기서 대략 5~10 V 사이의 ac 입력 신호 v_i가 ac 전력 공급장치로부터 제공된다. 그 다음 출력 신호가 정류되고 필터링되어 dc 전압으로 측정된다. 가변 저항 R_f는 측정 가능한 전도도 범위를 변경시키는 방법을 제공한다. 교정은 전도도 전지 자리에 표준 저항기 R_s를 연결함으로써 할 수 있다.

그림 3-12b는 그림 3-7의 회로가 저항 또는 전도도의 비율을 측정하는 데 어떻게 사용될 수 있는지를 보여준다. 여기서 시료의 복사 에너지 흡수율을 기준 용액의 흡수율과 비교한다. 광전도도 변환기는 활성화된 표면을 때리는 빛의 세기와 저항값이 반비례하는 장치로, 두 개의 광전도도 변환기가 그림 3-7의 R_f와 R_i를 대체한다. 전압이 V_i인 dc 전력 공급원가 전력원으로 사용되고, 식 3-8로부터 출력전압 M은 다음과 같음을 알 수 있다.

$$M = V_o = -V_i \frac{R_0}{R}$$

일반적으로, 광전도도 전지의 저항은 여기에 닿는 복사선의 세기 P에 반비례한다. R과 R_0가 각각에 해당하는 광전도체라고 한다면,

$$R = C \times \frac{1}{P} \quad \text{이고} \quad R_0 = C \times \frac{1}{P_0}$$

이다. 여기서 C는 두 광전도 전지에서 상수이며, 따라서 다음과 같다.

$$V_o = M = -V_i \frac{C/P_0}{C/P} = -V_i \frac{P}{P_0} \tag{3-12}$$

그러므로 계기의 눈금값 M은 두 빛의 복사선 세기 비율(P/P_0)에 비례한다.

3C-4 차동 증폭기

그림 3-12b에서처럼 분석물의 신호를 기준신호와 비교하여 측정하는 것이 필요할 때가 있다. 그림 3-13에 나타난 것과 같은 차동 증폭기가 이러한 목적에 이용될 수 있다. 여기서 이런 증폭기는 온도측정에 이용된다. 두 개의 입력 저항기가 동일한 저항 R_i를 가진다는 데 주목하자. 이와 유사하게, 피드백 저항기와

---

[5] H. V. Malmstadt, C. G. Enke, and S. R. Crouch, *Microcomputers and Electronic Instrumentation: Making the Right Connections*, Washington, DC: American Chemical Society, 1994, pp. 131, 132.

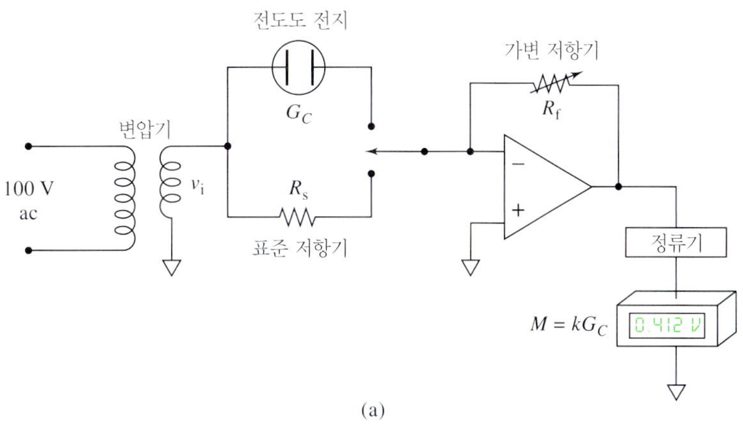

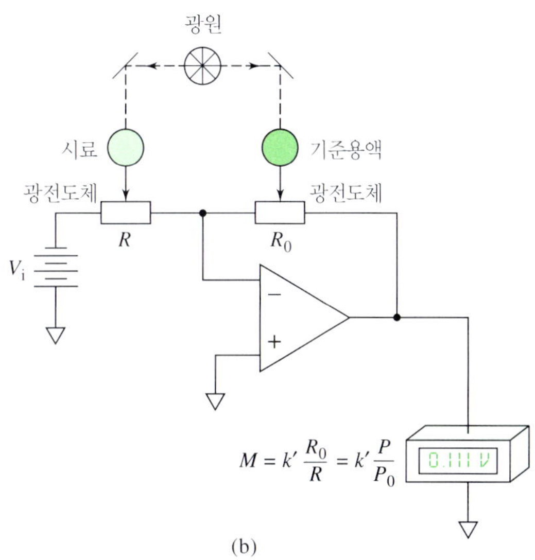

그림 3-12 각각 변환기의 전도도 또는 저항을 측정하는 두 개의 회로. (a) 전지의 출력은 전해질의 전도도에 비례하는 전류이다. (b) 광전도 전지들의 저항 비율이 계기 눈금에 비례한다.

비반전 입력 단자와 회로 공통 사이의 저항기도 같은 값의 저항을 갖고, 이를 R_k로 나타내었다.

그림 3-13의 회로에 Ohm 법칙을 적용하면 다음을 알 수 있다.

$$I_1 = \frac{V_1 - v_-}{R_i}$$

그리고

$$I_f = \frac{v_- - V_o}{R_k}$$

연산증폭기가 높은 입력 임피던스를 갖기 때문에, I_1와 I_f는 거의 같다.

$$I_1 \approx I_f$$

$$\frac{V_1 - v_-}{R_i} = \frac{v_- - V_o}{R_k}$$

이 식을 v_-에 대해 정리하면 다음과 같다.

$$v_- = \frac{V_1 R_k + V_o R_i}{R_k + R_i} \tag{3-13}$$

전압 v_+는 전압 분할식 2-10에 의해 V_2에 대한 식으로 나타낼 수 있다.

$$v_+ = V_2\left(\frac{R_k}{R_i + R_k}\right) \tag{3-14}$$

음성 피드백 루프를 가지고 있는 연산증폭기는 식 $v_+ \approx v_2$가 성립할 조건을 만족한다는 것을 기억하자. 여기에 식 3-13과 식 3-14를 대입하여 정리하면 다음을 얻는다.

$$V_o = \frac{R_k}{R_i}(V_2 - V_1) \tag{3-15}$$

따라서 증폭되는 것은 두 신호의 차이임을 알 수 있다. 그림 3-13의 **두 입력에서 공통적인** 다른 전압은 상쇄되어 출력에 나타나지 않는다. 그러므로 변환기 출력에 나타나는 느린 이동이

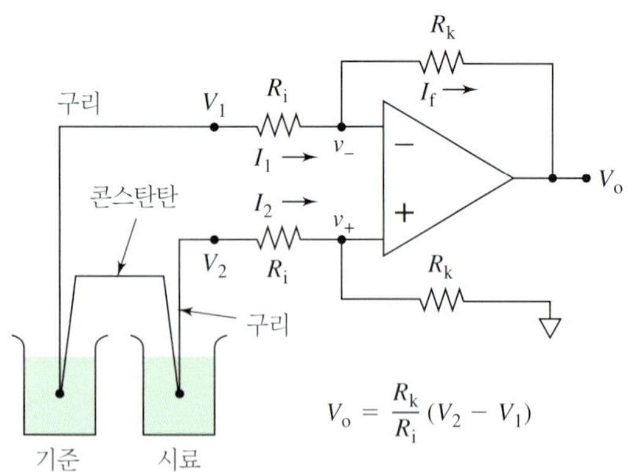

그림 3-13 두 개의 열전기쌍의 출력전압 차를 측정하는 차동 증폭 연산증폭기. 콘스탄탄은 저항의 온도계수가 낮은 구리-니켈 합금이다.

나 실험실 전력선에서 나오는 60 사이클 전류 등도 V_o에서 제거된다. 이런 유용한 성질 덕에 여러 기기의 첫 증폭단계에서 시차 회로가 널리 사용되고 있다.

방금 설명한 차동 증폭기와 같은 연산증폭기의 중요한 성질로 *동상 제거 비율*(common mode rejection ratio), 즉 CMRR이 있다. 차동 증폭기에서 CMRR은 이 증폭기가 두 입력에 공통적인 신호를 얼마나 잘 제거하는지 나타낸다. CMRR은 시차 이득 A_d 대 동상 이득 A_{cm}의 비율이다. 즉 다음과 같다.

$$\text{CMRR} = \frac{A_d}{A_{cm}}$$

입력 V_1과 V_2에 동일한 신호를 걸고, $R_k = 1000R_i$, $V_o = 0.1\ V_2$라고 가정하자. 이상적인 차동 증폭기에서 V_o는 0이 된다. 실제 차동 증폭기에서는 제거되어야 할 신호인 V_2의 일부가 출력에 나타난다. 이 경우에 V_2는 제거되어야 할 신호, 즉 동상의 신호이고, 따라서 동상 이득은 $A_{cm} = V_o/V_2 = 0.1$이다. 시차 이득 A_d는 차동 증폭기의 이득이고, 즉 $A_d = R_k/R_i = 1000$이다. 따라서 이 경우의 CMRR은 다음과 같다.

$$\text{CMRR} = \frac{A_d}{A_{cm}} = 1000/0.1 = 10{,}000$$

차동 증폭기의 CMRR이 클수록 동상의 신호, 즉 두 입력에 동시에 걸어준 신호가 잘 제거된다.

그림 3-13에 나타난 변환기는 한 쌍의 *열전기쌍 접촉*(thermocouple junctions)이다. 변환기 둘 중 하나는 시료에, 하나는 일정 온도로 유지되고 있는 기준 용액(종종 얼음 중탕)에 담겨 있다. 온도에 의존하는 접촉 전위가 두 접합의 구리와 콘스탄탄 합금(다른 금속 쌍도 사용된다) 전선으로부터 생성된다. 전위 차이 $v_2 - v_1$는 대략 온도차 100°C당 5 mV 정도이다.

3D 전압과 전류 조절을 위한 전압 증폭기의 응용

연산증폭기는 일정한 전압이나 일정한 전류 신호를 생성하는 데 쉽게 이용된다.

3D-1 일정 전압 공급원

여러 기기법에서 전압을 정확히 알 수 있고 전압 변화 없이 적당량의 전류를 얻은 수 있는 dc 전력 공급장치를 필요로 한다. 이 조건을 만족하는 회로를 *일정 전위기*(potentiostat)라고 한다.

그림 3-14에 나타난 두 일정 전위기 각각은 피드백 회로에 표준 전압원을 가지고 있다. 이 전압원은 일반적으로 값싸고 시중에서 구매할 수 있는 Zener 안정화 집적 회로(제2D-3절 참고)로, 0.01% 이내의 오차를 갖는 출력전압을 생성한다. 그러나 이런 전압원은 큰 전류가 필요한 경우에는 전압을 유지하지 못한다.

앞서 설명한 바와 같이 그림 3-14a의 지점 *S*가 실질적 공통 전위에 있음을 기억하자. 이 상태가 되기 위해서는 $V_o = V_{std}$를 만족해야 하고, 여기서 V_{std}는 표준 전압이다. 즉, 부하 저항 R_L에서의 전류는 $I_L R_L = V_{std}$를 만족해야 한다. 그러나 이 전류가 **표준 전압원이 아니라** 연산증폭기의 전력 공급장치로부터 발생한다는 것을 알아야 한다. 반전 입력 단자의 임피던스가 매우

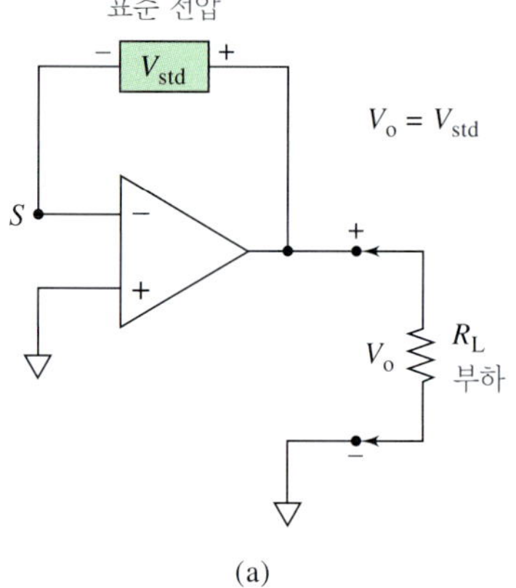

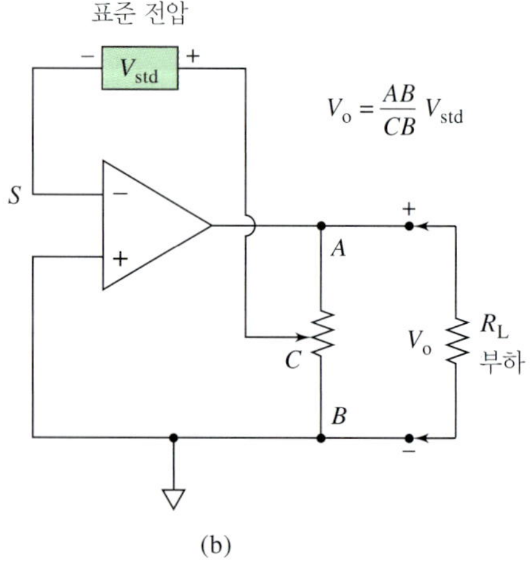

그림 3-14 일정 전압 공급원.

크기 때문에 피드백 루프에는 실질적으로 전류가 흐르지 않는다. 그러므로 표준 전지는 V_o를 조절하지만 부하에 전류를 사실상 공급하지 않는다.

그림 3-14b는 (a) 회로의 수정된 형태를 나타내며, 여기서 일정 전위기의 출력전압은 표준 전위원 출력전압의 일정 배수에 해당하는 값으로 고정된다.

3D-2 일정 전류 공급원

일정 전류 dc 전원을 *일정 전류기*(amperostat)라 부르고, 다양한 분석기기에 사용한다. 예를 들어, 이 장치들은 보통 전기화학 전지를 통과하는 전류를 일정하게 유지하는 데 사용된다. 일정 전류기는 입력 전력이나 전지 내부 저항의 변화에 반응하여 정해진 수준의 전류를 유지하는 방향으로 출력전압을 바꾼다.

그림 3-15는 두 일정 전류기를 나타낸다. 첫 번째 것은 상당한 전류를 공급하면서 전위가 일정한 전압 입력 V_i를 필요로 한다. 앞의 설명으로부터 다음을 기억하자.

$$I_L = I_i = \frac{V_i}{R_i}$$

그러므로 V_i와 R_i가 일정하다면, 전류는 전지의 저항에 관계없이 일정하다.

그림 3-15b는 일정 전류를 유지하기 위해 표준전압 V_{std}를 이용하는 일정 전류기를 나타낸다. 연산증폭기 1이 연산증폭기 2를 포함하는 음성 피드백 루프를 가지고 있음에 주목하자. $v_- = v_+$를 만족하기 위해서는 합산점 S에서의 전압이 $-V_{std}$이어야 한다. 이에 더해 S에서 다음과 같이 쓸 수 있다.

$$I_iR_i = I_LR_L = -V_{std}$$

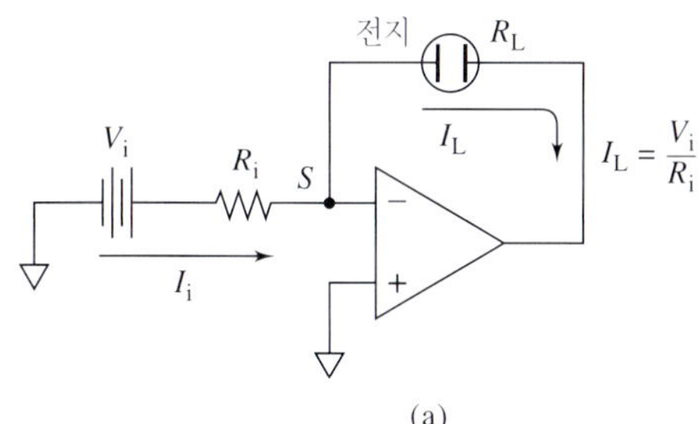

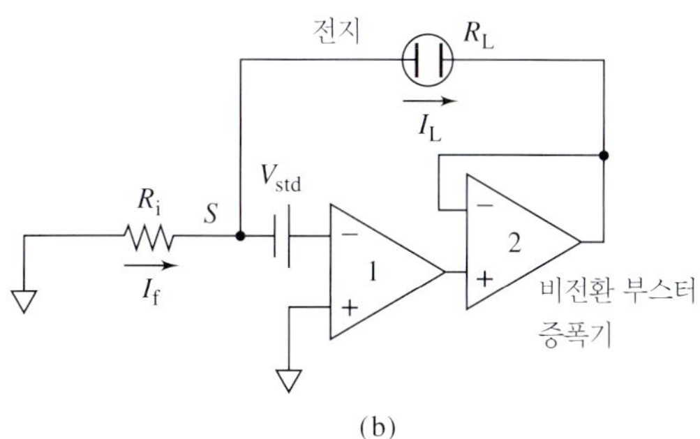

그림 3-15 일정 전류 공급원.

이 식에서 R_i와 V_{std}가 일정하므로 연산증폭기는 I_L을 R_i에 의해 결정되는 일정한 수준으로 유지하도록 작동한다.

그림 3-15b의 연산증폭기 2는 단순히 연산증폭기 1의 음성 피드백 루프에 삽입되어 있는 전압 팔로워이다. 이 구조에서 사용되는 전압 팔로워는 종종 *비전환 부스터 증폭기*(noninverting booster amplifier)라고 불리는데, 이는 이것이 일정 전류기에서 필요한 비교적 큰 전류를 공급할 수 있기 때문이다.

3E 수학적 연산을 위한 연산증폭기의 응용

그림 3-16에 나타난 바와 같이, 다양한 회로 구성요소들로 그림 3-7의 회로의 R_i과 R_f를 대체하면 분석기기에서 발생하는 전기신호에 대해 여러 가지 수학적 연산을 수행할 수 있다. 예를 들어, 크로마토그래피 관으로부터 나오는 출력은 검출기의 전기신호를 시간에 대한 함수로 도시했을 때 보통 피크 형태를 가진다. 분석물 농도에 비례하는 피크 면적을 알기 위해서는 이 피크를 적분해야 한다. 그림 3-16c에 나타난 연산증폭기는 이 적분을 자동으로 수행하여, 분석물 농도와 직접 비례하는 신호를 발생시킬 수 있다.

3E-1 상수의 곱셈과 나눗셈

그림 3-16a는 입력 신호 v_i에 크기가 $-R_f/R_i$인 상수를 어떻게 곱하는지 보여준다. 이 비율이 1보다 작으면 나눗셈에 해당한다.

3E-2 덧셈 또는 뺄셈

그림 3-16b는 연산증폭기가 여러 입력 신호의 합인 출력 신호를 어떻게 생성하는지 보여준다. 증폭기의 임피던스가 크기 때문에 그리고 출력은 충분한 전류 i_f를 공급하여 합산점 S가 실질적 공통에 있도록 해야 하기 때문에, 다음과 같은 식을 쓸 수 있다.

$$i_f = i_1 + i_2 + i_3 + i_4 \tag{3-16}$$

그런데 $i_f = -v_o/R_f$이고, 따라서 다음과 같이 쓸 수 있다.

$$v_o = -R_f\left(\frac{v_1}{R_1} + \frac{v_2}{R_2} + \frac{v_3}{R_3} + \frac{v_4}{R_4}\right) \tag{3-17}$$

만약 $R_f = R_1 = R_2 = R_3 = R_4$라면, 출력전압은 네 입력 저항의 합이고 부호가 반대이다.

$$v_o = -(v_1 + v_2 + v_3 + v_4)$$

네 신호의 평균을 얻기 위해 $R_1 = R_2 = R_3 = R_4 = 4R_f$라 하자. 이를 식 3-17에 대입하면 다음을 얻는다.

$$v_o = -\frac{R}{4}\left(\frac{v_1}{R} + \frac{v_2}{R} + \frac{v_3}{R} + \frac{v_4}{R}\right)$$

즉 v_o는 네 입력의 평균이 되며, 식 3-18과 같다.

$$v_o = \frac{-(v_1 + v_2 + v_3 + v_4)}{4} \tag{3-18}$$

비슷한 방식으로, 입력 저항의 비를 변화시키면 가중 평균을 얻을 수 있다.

뺄셈은 그림 3-16b의 회로에 $R_i = R_f$인 변환기를 하나 이상의 저항기와 직렬로 연결하여 하나 이상의 입력의 부호를 변화시킴으로써 수행할 수 있다. 가중치가 있는 뺄셈도 저항의 비율을 변화시켜서 수행할 수 있다.

3E-3 적분

그림 3-16c는 가변 입력 신호 v_i를 시간에 대해 적분하는 회로를 나타낸다. 리셋 스위치를 열고 홀드 스위치를 닫으면

$$i_i = i_f$$

이고 축전기 C_f가 충전되기 시작한다. 축전기의 전류 i_f는 식 2-30에 의해 다음과 같이 주어진다.

$$i_f = -C\frac{dv_o}{dt}$$

Ohm 법칙에 의해 전류 i_i는 $i_i = v_i/R_i$로 주어진다. 따라서 다음과 같이 쓸 수 있다.

$$\frac{v_i}{R_i} = -C\frac{dv_o}{dt}$$

또는

$$dv_o = -\frac{v_i}{R_i C}dt \qquad (3\text{-}19)$$

식 3-19를 적분하면 출력전압 v_o의 식을 얻을 수 있다.

$$\int_{v_{o1}}^{v_{o2}} dv_o = -\frac{1}{R_i C}\int_{t_1}^{t_2} v_i\,dt \qquad (3\text{-}20)$$

또는

$$v_{o2} - v_{o1} = -\frac{1}{R_i C}\int_{t_1}^{t_2} v_i\,dt \qquad (3\text{-}21)$$

일반적으로 이 적분값은 먼저 홀드 스위치를 열고 리셋 스위치를 닫아 축전기를 방출시켜서 $t_1 = 0$에서 $v_{o1} = 0$으로 만든 후에 구한다. 이때 식 3-21을 다음과 같이 단순화할 수 있다.

$$v_o = -\frac{1}{R_i C}\int_0^t v_i\,dt \qquad (3\text{-}22)$$

적분을 시작할 때는 리셋 스위치를 열고 홀드 스위치를 닫는다. 홀드 스위치를 열면 시간 t에서 적분이 중지된다. 그러면 0에서 t까지의 시간에 대한 적분값이 v_o이다. 입력 신호 v_1이 일정한 경우 출력이 시간에 따라 선형적으로 증가한다는 데 주목하라. 이 회로는 종종 선형 훑음 발생기(linear sweep generator)라고 부른다(제25B절 참고).

3E-4 미분

그림 3-16d는 미분을 위한 기본 회로이며, 이는 실험하는 양의 시간에 대한 변화율이 측정하는 변수일 때 유용하다. 이 회로가 적분 회로와 다른 점은 C와 R의 위치가 서로 바뀐 것뿐이라

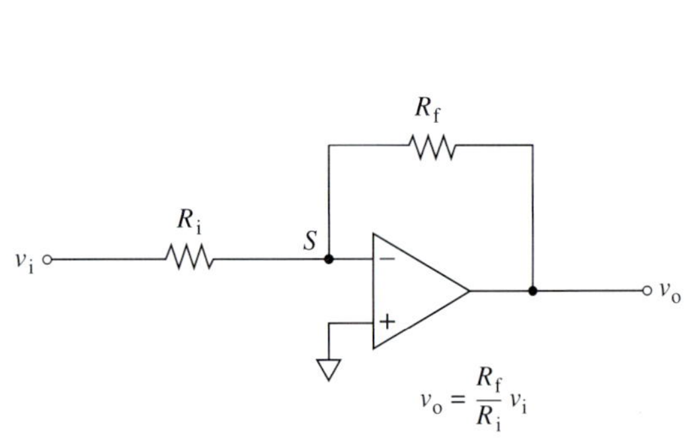

(a) 곱셈과 나눗셈

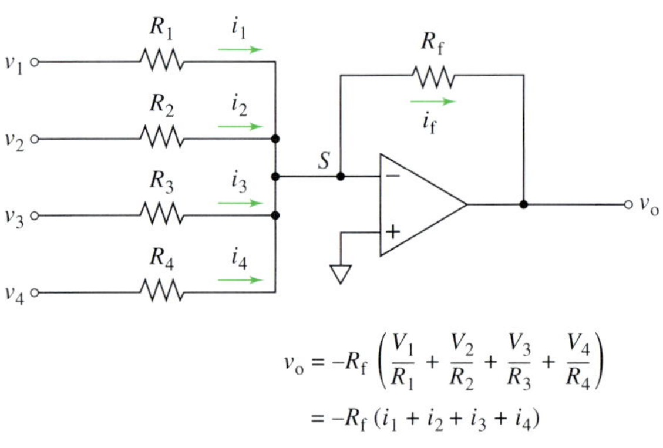

(b) 덧셈과 뺄셈

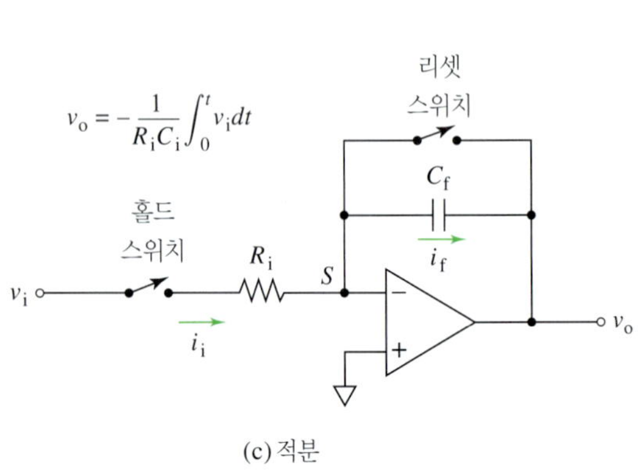

(c) 적분

$v_o \cong -R_f C_i \frac{dv_i}{dt}$

(d) 미분

그림 3-16 연산증폭기를 이용한 수학적 연산.

는 데 주목하라. 앞의 유도 과정을 계속하면, 다음과 같이 쓸 수 있다.

$$C\frac{dv_i}{dt} = -\frac{v_o}{R_f}$$

또는

$$v_o = -R_f C\frac{dv_i}{dt} \tag{3-23}$$

사실, 그림 3-16d에 나타난 회로는 변환기 신호의 변화속도가 느린 많은 화학적 응용에서 그다지 실용적이지 않다. 예를 들어, 미분은 전위차 적정법의 데이터를 처리하는 데 유용한 방식이다. 여기서, 측정하는 전위의 변화는 1초 이상의 시간 동안 일어난다($f \leq 1$ Hz). 그러나 입력 신호는 ac 전력 공급장치에 의해 도입되는 관련 없는 60, 120, 240 Hz 요소를 포함한다(그림 5-3 참고). 게다가, 시약과 분석물 용액의 불완전한 혼합의 결과로 발생하는 신호의 변동 또한 종종 관찰된다. 이런 잡음 요소들은 종종 필요한 신호 요소보다 빠른 변화율을 가진다.

이런 문제는 작은 병렬 축전기 C_f를 피드백 회로에, 작은 직렬 저항기 R_i를 입력 회로에 도입하여 고주파 전압을 걸러냄으로써 어느 정도 해결할 수 있다. 추가된 이들 부품들은 분석신호의 상당한 감쇠가 일어나지 않을 정도로 충분히 작아야 한다. 일반적으로, 미분기는 잡음 증폭 회로이고, 적분기는 잡음을 제거하거나 평균으로 만든다. 따라서 아날로그 적분기가 미분기에 비해 널리 사용된다. 신호의 미분이 필요한 경우, 이는 종종 제5장에서 설명할 바와 같이 디지털 방식으로 이루어진다.

3E-5 로그와 진수 생성

별도의 트랜지스터를 연산증폭기 회로에 넣어주면 회로에 따라 입력전압의 로그값 또는 진수에 해당하는 출력전압을 생성할 수 있다. 그러나 이런 종류의 연산증폭기 회로는 주파수와 온도에 크게 의존하고 단지 몇 % 정도의 정확도를 가진다. 게다가 이들은 10~20가지의 입력전압으로 한정된다. 온도와 주파수를 보정하여 10분의 몇 %의 정확도로 로그 또는 진수 값을 얻는 모형을 시중에서 구할 수 있다. 과거에 이런 회로들은 분광광도계에서 흡광도에 비례하는 신호를 발생시키거나 데이터를 압축하는 데 사용되었다. 현재 로그와 진수 값은 연산증폭기보다는 컴퓨터를 통해 수적으로 계산한다.

3F 비교를 위한 연산증폭기의 응용

연산증폭기는 또한 아날로그 신호를 비교하는 데 널리 사용된다. 이런 회로들은 표본 추출 회로, 피크 검출 회로, 아날로그 타이머, 제한된 신호 수준을 생성하도록 설계된 회로, 그리고 디지털과 아날로그 영역의 경계 인터페이스의 회로 등에서 다양하게 활용된다. 연산증폭기의 비교기 방식은 제3B-1절에서 소개되었다. 그림 3-17a와 b는 두 기본적 비교기 회로와 입력전압에 대한 이들의 출력 감응을 나타낸다. (a)의 회로에서 입력전압은 회로 공통과 비교되고, (b)에서의 비교는 기준 전압 V_{ref}에 대해 이루어진다.

그림 3-17의 회로는 종종 *부호 변환점 검출기*(zero-crossing detector)라고 불리는데, 이는 출력전압의 부호가 입력전압이 0(공통)보다 큰지 작은지를 알려 주기 때문이다. 만약 수 μV 이상의 차이로 $v_i > 0$이면, 출력은 − 한계에 존재한다. 만약 수 μV 이상의 차이로 $v_i < 0$이면, v_o는 + 한계에 존재한다. 증폭기 감응이 매우 빠르기 때문에, 이런 검출기는 그림의 오른편의 파형에서 볼 수 있듯이 sine파 신호를 사각파 신호로 바꾸는 데 사용될 수 있다. Sine파가 0점을 지날 때마다, 비교기는 상태를 변환한다. 이런 회로들은 오실로스코프의 트리거로도 종종 이용된다. 비전환 부호 변환점 검출기는 sine파 신호를 비반전 입력 단자에 연결하고 반전 입력 단자를 회로 공통에 연결하여 만들 수 있다.

그림 3-17b에서는 v_i와 V_{ref} 간의 비교가 이루어진다. 만약 $v_i > V_{ref}$이면 출력은 + 한계에 있다. $v_i < V_{ref}$일 때는 출력이 − 한계에 도달한다. 이런 종류의 비교기를 종종 *레벨 검출기*(level detector)라고 한다. 이 검출기는 예를 들어 변환기 출력이 특정 레벨을 초과하였는지를 결정하는 데 이용될 수 있다. 그림 3-17b에 나타나 있듯이, 레벨 검출기는 피드백 조절 시스템의 일부가 될 수 있다. 이런 레벨 검출기는 화학적 과정에서 온도가 임계값을 초과하는 경우 냉매를 공급하거나, pH가 일정 수

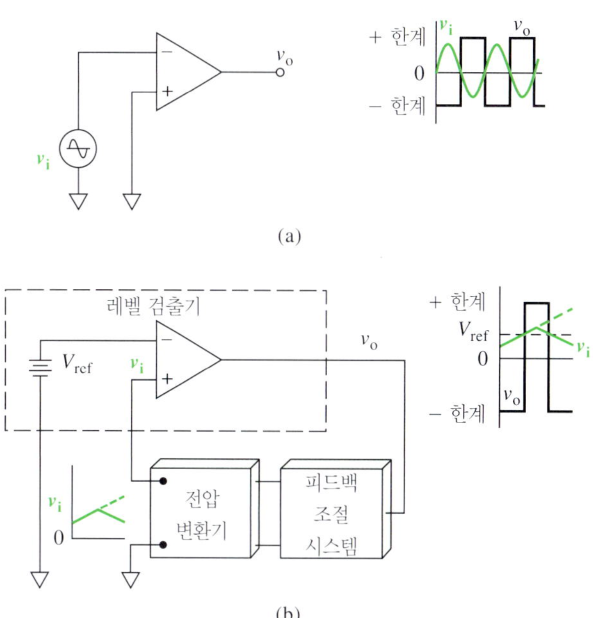

그림 3-17 연산증폭기 부호 변환점 검출기(a)와 레벨 검출기(b).

시뮬레이션: www.tinyurl.com/skoogpia7에서 **적분기(integrators)**와 **미분기(differentiators)**에 대해 더 알아보시오.

시뮬레이션: www.tinyurl.com/skoogpia7에서 **비교기(comparators)**에 대해 더 알아보시오.

준 아래로 떨어진 경우 염기를 공급해야 하는 경우에 이 결정을 위해 사용될 수 있다. 레벨 검출기 또한 오실로스코프의 트리거 회로에서 사용될 수 있다.

어떤 연산증폭기든지 비교기 방식으로 사용될 수 있긴 하지만, 높은 이득(> 10^6)과 매우 빠른 상승시간을 갖는 특별한 증폭기를 사용할 수 있다. 이런 특별한 *비교기*(comparator)들은 컴퓨터 인터페이스와 다른 스위치 등에 사용된다.

질문과 문제

*별표가 있는 문제의 해답은 이 책의 끝에 있다.

이 아이콘이 있는 문제는 스프레드시트를 이용하여 쉽게 풀 수 있다.

***3-1** ±15 V 전력 공급장치를 사용했을 때 연산증폭기의 출력전압 한계가 +13 V, −14 V이다. 이 증폭기가 비교기로 사용하였을 때, v_+가 v_-보다 또는 v_-가 v_+보다 얼마나 커야 증폭기가 한계값에 있을지 열린 루프 이득 A가 다음의 값을 가질 경우에 대해 각각 계산하시오.

(a) 100,000

(b) 600,000

(c) 2.6×10^6

***3-2** CMRR은 비교기와 다른 차동 증폭기에서 중요하다. 입력전압 차이 v_s가 300 μV일 때의 출력전압 변화가 5 V이고, 동상의 입력전압 300 μV에 대한 출력전압 변화가 1.0 V일 때, 이 증폭기의 CMRR은 얼마인가?

***3-3** 출력전압의 한계가 ±13 V인 비교기에서, 전압차의 절댓값 $|v_s| \le 2.0\ \mu$V를 유지하기 위한 열린 루프 이득 A는 얼마인가?

***3-4** 열린 루프 이득이 1.0×10^5이고 입력 저항이 1.0×10^{12}인 연산증폭기가 그림 3-5의 전압 팔로워 회로에 사용되었다. 전압원은 전압 2.0 V와 저항 10.0 kΩ 으로 측정하였다. 다음에 의한 팔로워 출력전압의 퍼센트 상대오차를 각각 구하시오. (a) 증폭기의 일정 이득, (b) 전압원의 부하

3-5 다음 회로의 출력전압 v_o와 입력전압 v_i가 다음 관계를 가짐을 보이시오. $v_o = v_i\left(\frac{R_1 + R_2}{R_1}\right)$

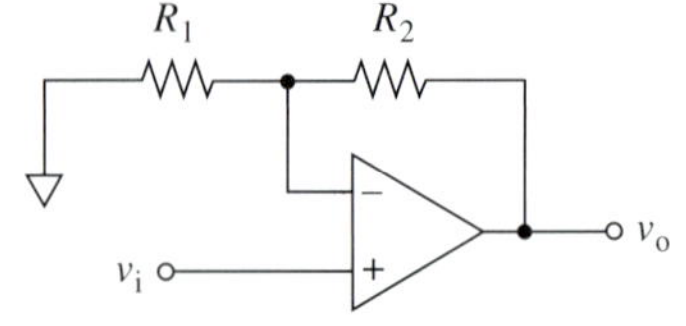

이 회로를 이득을 갖는 전압 팔로워라고 부르는 이유는 무엇인가?

***3-6** 문제 3-5의 회로에서, $v_o = 8.5v_i$이다. 전체 저항 $R_1 + R_2$가 50.0 kΩ일 때, R_1과 R_2의 알맞은 값을 구하시오.

3-7 다음의 회로에서 R은 가변 저항기이다. v_o를 v_i와 이동 가능한 전압 분할기 접촉 위치 x에 대한 식으로 나타내는 식을 유도하시오. 피드백 루프의 저항이 0일 때 x가 0을 만족하도록 유도를 수행하시오.

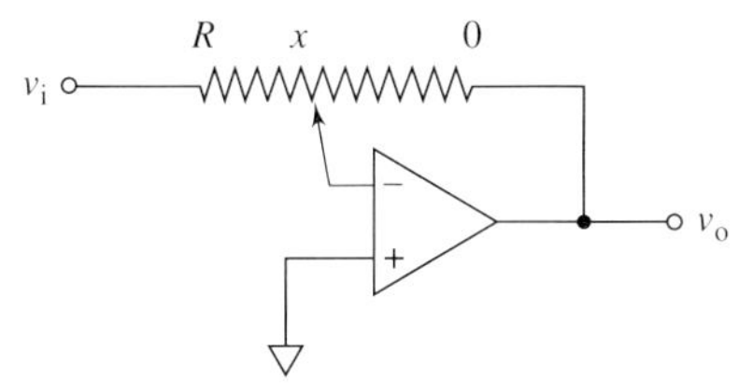

3-8 전류 팔로워에서 사용되는 연산증폭기의 열린 루프 이득 A가 1×10^6이고 입력 바이어스 전류가 2.5 nA이다.

(a) 10.0 μA 입력 전류에 대해 1.0 V의 출력을 만들어내는 전류 팔로워를 설계하시오.

(b) (a)에서 설계한 전류 팔로워의 효과적인 입력 저항은 얼마인가?

(c) 25 μA 입력 전류에 대해 (a)에서 설계한 회로에서 퍼센트 상대 오차는 얼마인가?

3-9 변환 증폭기 배열에 사용되는 연산증폭기의 열린 루프 이득이 $A = 1.0 \times 10^6$, 입력 바이어스 전류가 5.0 nA, 선형 출력전압 범위가 ±10 V, 입력 저항이 1.0×10^{13} Ω이다.

(a) 입력 저항 R_i가 50 kΩ일 때의 이득이 40인 변환 증폭기를 설계하시오.

(b) (a)의 증폭기에서 유용한 입력전압의 범위를 구하시오.

(c) (a)에서 설계한 변환 증폭기의 입력 저항을 구하시오.

(d) (c)에서 구한 입력 저항에 의해 전압원에 부하가 걸려 있을 때, 부하 오차를 피할 수 있는 방법은 무엇인가?

3-10 다음 회로의 입력 신호는 낮은 주파수의 sine파 전압이다. 각 회로에서 예상되는 출력을 그리시오.

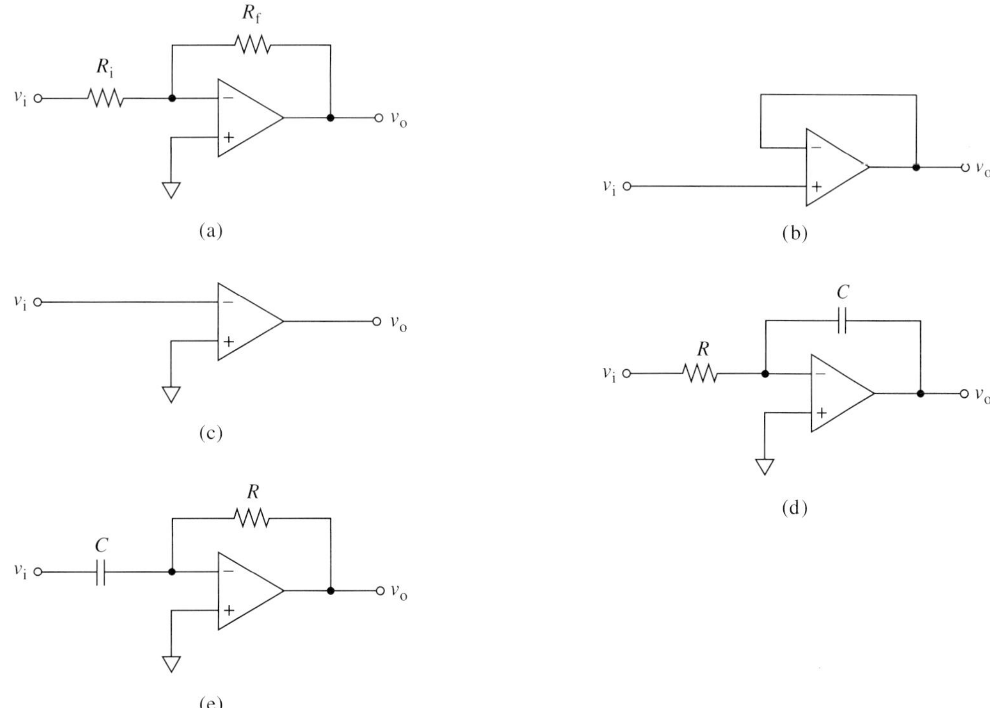

* **3-11** 출력이 10 V만큼 변할 때 80 MHz의 대역폭을 갖는 연산증폭기의 회전율과 상승시간을 계산하시오.

3-12 다음과 같은 출력을 가지는 회로를 설계하시오.

질문과 문제(계속)

$$-V_o = 3V_1 + 5V_2 - 6V_3$$

3-13 세 입력전압의 평균값의 1000배를 계산하는 회로를 설계하시오.

3-14 다음 계산을 수행하는 회로를 설계하시오.

$$-V_o = \frac{1}{10}(5V_1 + 3V_2)$$

3-15 다음 계산을 수행하는 회로를 설계하시오.

$$V_o = -4V_1 - 1000I_1$$

* **3-16** 다음의 회로에 대해

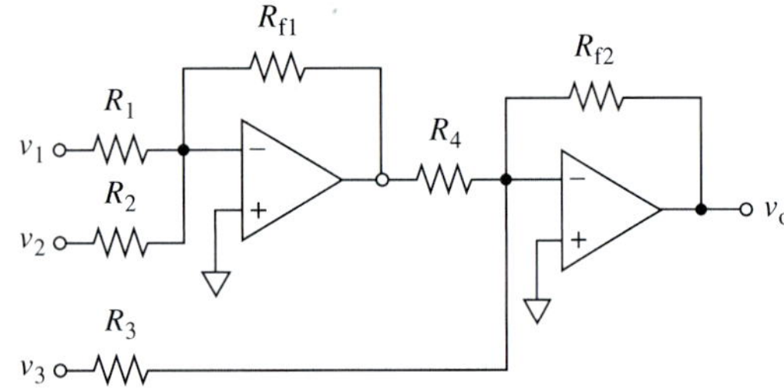

(a) 출력전압을 세 입력전압과 다양한 저항에 대한 식으로 나타내시오.

(b) $R_1 = R_{f1} = 300\ \text{k}\Omega$, $R_4 = R_{f2} = 600\ \text{k}\Omega$, $R_2 = 30\ \text{k}\Omega$, $R_3 = 20\ \text{k}\Omega$일 때, 회로에 의해 수행되는 수학적 연산을 나타내시오.

3-17 다음 회로의 입력전압과 출력전압 사이의 수학적 관계를 나타내시오.

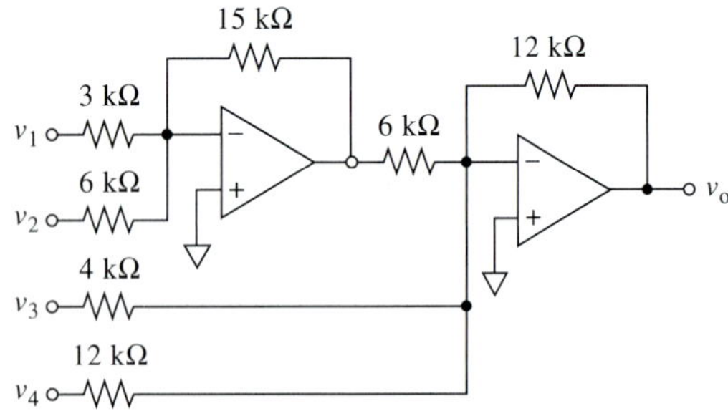

3-18 처음에 입력이 0이지만 시간 0에서 일정한 양의 전압으로 전환되었을 때, 다음의 회로의 v_{oA}와 v_{oB}에서의 출력을 그리시오.

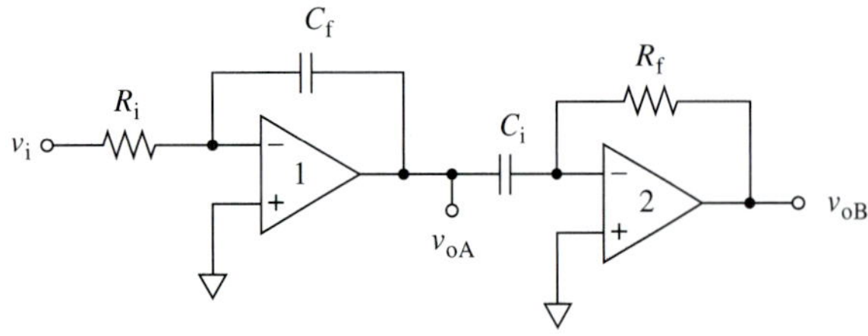

3-19 다음 회로의 출력전압을 나타내는 식을 유도하시오.

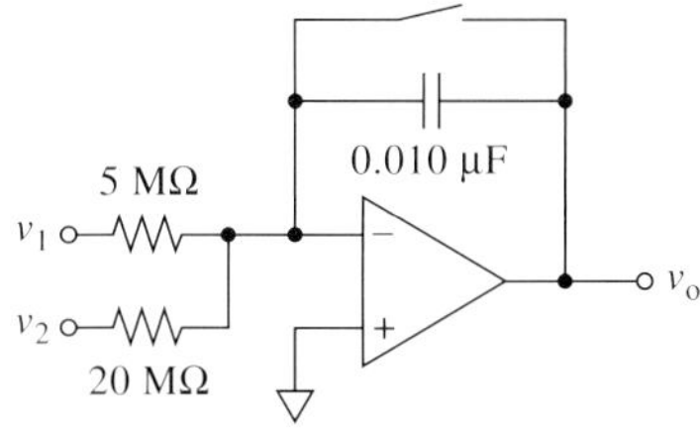

3-20 네 저항의 값이 같을 때 다음의 회로가 뺄셈 회로가 됨을 보이시오.

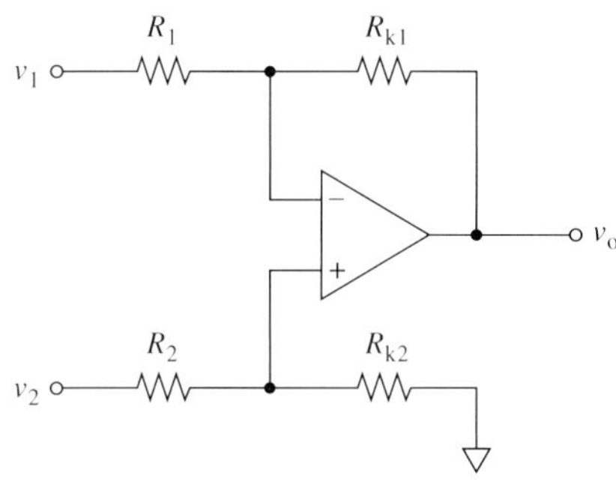

* **3-21** 다음 회로의 선형 슬라이드 전선 *AB*의 길이가 100 cm이다. 이 길이 중 어느 지점에 접촉 *C*가 존재해야 V_o에서 정확히 8.00 V의 전압을 공급할 수 있겠는가? Weston 전지의 전압은 1.02 V이다.

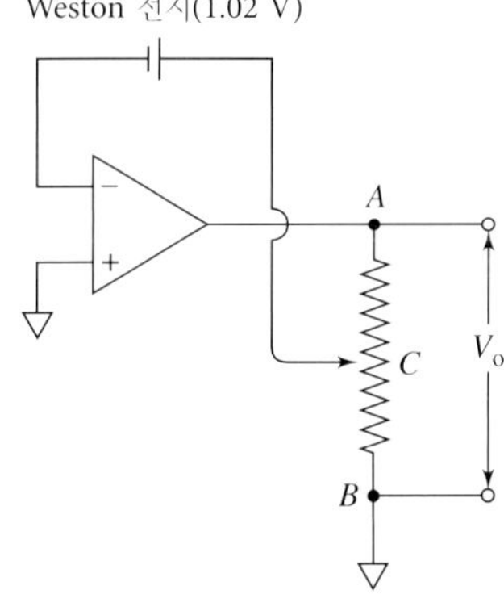

3-22 다음의 출력을 생성하는 회로를 설계하시오.

$$v_o = 4.0\int_0^t v_1\,dt + 8.0\int_0^t v_2\,dt$$

3-23 다음의 출력을 생성하는 회로를 설계하시오.

$$v_o = 2.0\int_0^t v_1\,dt - 6.0(v_2 + v_3)$$

3-24 입력 저항기가 2.0 MΩ, 피드백 축전기가 0.25 μF, 입력전압이 4.0 mV일 때, 적분 시작 후 1, 3, 5, 7초에서 적분기의 출력전압을 도시하시오.

질문과 문제(계속)

도전 문제

3-25 아래 그림의 회로는 다음 논문에서 서술한 회로에 근거한 미분기의 통합된 형태이다. E. M. Cordos, S. R. Crouch, and H. V. Malmstadt, *Anal. Chem.*, **1968**, *40*, 1812~1818, **DOI:** 10.1021/ac60268a018. American Chemical Society.

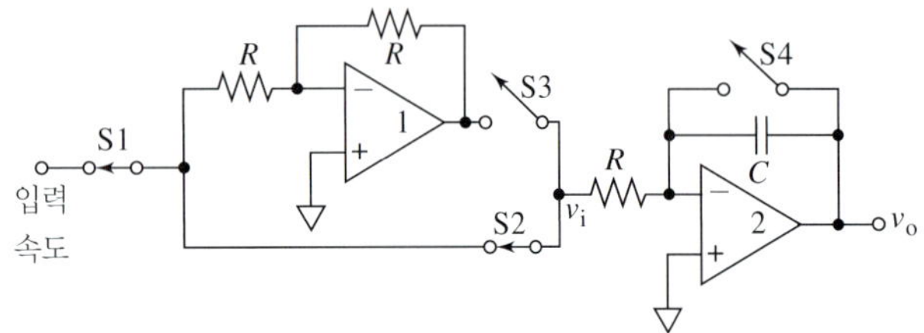

(a) 연산증폭기 1의 기능은 무엇인가?

(b) 연산증폭기 2가 수행하는 기능은 무엇인가?

(c) 입력 신호가 선형적으로 증가하는 전압이고, 이 신호의 변화율을 구해야 한다고 가정하자. 처음 시간간격 Δt_1에서 스위치 *S*1과 *S*2가 닫히고, 스위치 *S*4가 열린다. 이 시간간격 Δt_1에서의 출력전압 v_o를 설명하고 도시하시오.

(d) 두 번째 연속적이고 동일한 시간간격 $\Delta t_2 = \Delta t_1 = \Delta t$에서, 스위치 *S*2가 열리고 *S*3이 닫힌다. 두 번째 간격 동안의 출력 v_o를 설명하고 도시하시오.

(e) 두 번째 시간간격의 끝에 스위치 *S*1가 열려서 입력 신호와의 연결이 끊긴다. 측정 사이클의 끝에서 출력전압 v_o가 다음과 같이 주어짐을 보이시오.

$$v_o = k \times \text{입력 속도}$$

(f) 그림 3-16d의 일반 연산증폭기 미분기와 비교했을 때 이 회로의 장점과 단점은 무엇인가?

(g) 측정 사이클 동안 입력 신호의 기울기가 바뀐다면 어떻게 되겠는가?

(h) 두 시간간격이 연속적이지 않고 시간 지연 Δt_3만큼 떨어져 있다면 어떤 결과가 나타나겠는가?

(i) 두 시간간격의 길이가 다르다면 어떤 결과가 나타나겠는가?

(j) 연속적인 시간간격에서 위의 회로는 효소 동역학을 측정하는 기기의 여러 자동 계수율계의 기초였다. 이 기기의 전체 측정 시간은 $2\Delta t$이다. $2\Delta t$가 가능한 한 긴 것이 바람직한 이유를 설명하시오. 효소 동역학 측정에서, 측정 시간이 너무 길 때 어떤 한계가 발생하는가? 힌트: 위의 (g) 부분을 참고하시오.

4장

디지털 전자공학과 컴퓨터

Digital Electronics and Computers

이 장은 현대의 기기 시스템을 더 잘 이해하고 사용하는 것에 대한 도약판이다. 여기서는 (1) 디지털 정보가 어떻게 코드화되는지에 대한 개략적인 설명을 제공하고, (2) **디지털 회로**(digital circuits)와 **마이크로컴퓨터**(microcomputers)의 기본 구성요소를 소개, (3) 대표적인 기기–컴퓨터의 상호작용을 설명, (4) 컴퓨터와 소프트웨어가 분석 실험실에서 어떻게 사용되는지 보여주는 것을 목표로 한다.

이 장에서 옆의 로고는 www.tinyurl.com/skoogpia7에서 대화형 자습, 시뮬레이션, 연습 등을 통해 온라인으로 학습할 수 있는 기회가 있음을 나타낸다.

전자공학, 기기장치, 컴퓨터 기술은 매우 놀라운 속도로 성장하고 있다.[1] 컴퓨터가 화학 실험실에 나타나기 시작한 것은 1960년대 중반이었지만, 매우 고가였고 프로그램을 제작하거나 사용하기에 매우 어려웠다. 그리고 1970년대 마이크로컴퓨터가 나타나면서 화학 실험실과 화학 계측기기에 대한 컴퓨터의 응용 분야가 점차 증가하게 되었다. 하지만 과학자들이 작동시키고자 하는 방법에 혁명적인 변화를 가져온 것은 다양한 주변기기와 연결되며 저렴하고 대량 생산이 가능한 개인 컴퓨터(personal computer, PC)의 출현이었다. 그리고 현재 컴퓨터는 거의 모든 실험실에서 볼 수 있다. 단순히 컴퓨터만 존재하는 것이 아니라, 지금의 컴퓨터는 고속 인터넷과 연결되어 있고, 조직의 다른 컴퓨터들과도 연결되어 있다. 이제 컴퓨터는 (시뮬레이션, 이론적 계산, 모델링, 데이터 수집, 데이터 분석, 그래픽 도시화, 실험 수행 등을 하는) 과학적 컴퓨터로서뿐만 아니라 원고 작성, 시각화, 문서 공유, 다른 과학자들 또는 재단 기관과의 통신에도 사용되고 있다.

현대적 전자기기와 컴퓨터의 장점과 한계점을 이해하는 것은 지금의 과학자들에게 중요하다. 화학자들이 전자기기와 컴퓨터에 대해 설계 단계부터 아는 것은 불가능하고 아마도 바람직하지도 않지만, 전자기기 및 컴퓨터 기술을 개념적으로 직관적인 하향식(top-down) 접근 방식을 통해서 구현한다면 고기능 집적–회로(integrated-circuit) 모듈과 데이터 수집(data-acquisition) 하드웨어를 개발할 수 있다. 이러한 하향식 관점에서는 기기라는 것은 그림 4-2, 4-4, 4-5와 같은 개략도에서 블록으로 표현될 수 있는 기능성 모듈의 모음이라는 견해를 가정으로 한다. 이러한 접근법을 사용하면 여러 기능성 모듈과 집적 회로, 또는 컴퓨터들을 적합한 순서에 따라 연결함으로써 매우 정교한 물리화학적 측정을 할 수 있다. 여기서 기기 시스템의 개별 구성요소의 내부 설계에 대한 자세한 지식을 꼭 알 필요는 없다. 이러한 하향식 접근법은 쉽게 배우게 할 수 있을 뿐만 아니라, 시

[1] 다음 문헌을 참고하시오, S. R. Crouch and T. V. Atkinson, "The Amazing Evolution of Computerized Instruments," *Anal. Chem.*, **2000**, 72, 596A, **DOI**: 10.1021/ ac0029096; T. Hey and G. Pápay, *The Computing Universe: A Journey through a Revolution*, Cambridge, UK: Cambridge University Press, 2014.

스템의 오작동을 진단하고 기기 시스템을 화학적 문제 해결에 응용할 수 있는 데 도움을 준다.

4A 아날로그와 디지털 시그널

제1장에서 기술한 바와 같이, 화학적 데이터는 *디지털 영역*(digital domain), *아날로그 영역*(analog domain) 또는 *시간 영역*(time domain)으로 인코딩(encoding, 부호화)된다. 방사성 물질의 붕괴에 의해 생성되는 복사 에너지는 비전기적 영역에서 디지털 영역으로 쉽게 변환될 수 있는 불연속 현상의 하나이다. 정보는 개별 원자가 붕괴될 때 생성되는 일련의 에너지 펄스로 구성된다. 이 펄스는 적절한 입력 변환기(transducer)를 사용하여 먼저 아날로그 펄스로, 그리고 카운트(count, 계수)할 수 있는 디지털 펄스의 전기 영역으로 변환될 수 있다. 이렇게 얻은 정보는 비전기적 정보의 형태인 방사성 붕괴 수로서 해석되고 다룰 수 있다.

화학적 현상에서 측정된 신호가 연속적인지 또는 불연속적인지는 신호의 세기와 관찰 방법에 따라 달라질 수 있음을 알아야 한다. 예를 들어, 가열된 Na 이온으로부터 생성된 황색 복사선의 복사 에너지는 광변환장치(phototransducer)에 의해 아날로그 전류로 변환될 수 있는데, 전류의 세기는 시간과 실험 조건에 따라 다양하게 변화될 수 있다. 복사 세기가 낮은 경우에는 개별 광자에 반응할 수 있도록 적합하게 설계된 변환기를 사용하여 광자에 반응한 연속된 아날로그 펄스로 이루어진 신호를 생성하고 다시 디지털 펄스로 변환하면 광자를 셀 수 있다.

현대적 계측기기에서는 그림 4-1a과 같은 아날로그 신호는 일정 시간간격에 따라 표본 추출(sampling)하여 기록함으로써 그림 4-1와 같은 디지털 신호로 변환된다. 이 장의 다른 절에서 이러한 변환이 *아날로그-디지털 변환기*(analog-to-digital converter, ADC)를 통해서 어떻게 이루어지는지 다룰 것이다.

디지털 회로는 아날로그에 대비하여 몇 가지 중요한 장점이 있다. 예를 들면, 디지털 회로는 주변 잡음에 덜 민감하고, 디지털로 인코딩된 신호는 일반적으로 전송 시에도 본래의 신호를 더 잘 유지할 수 있다. 두 번째로, 디지털 신호는 디지털 컴퓨터로 직접 전송이 가능한데, 이것은 컴퓨터의 소프트웨어를 이용하여 화학 기기로부터 받은 출력 신호로부터 정보를 추출할 수 있음을 의미한다.[2]

[2]더 자세한 정보는 다음 문헌을 참고하시오: H. V. Malmstadt, C. G. Enke, and S. R. Crouch, *Microcomputers and Electronic Instrumentation: Making the Right Connections*, Washington, DC: American Chemical Society, 1994; E. Lipiansky, *Electrical, Elec-tronics, and Digital Hardware Essentials for Scientists and Engineers*, Piscataway, NJ: IEEE Press, 2013.

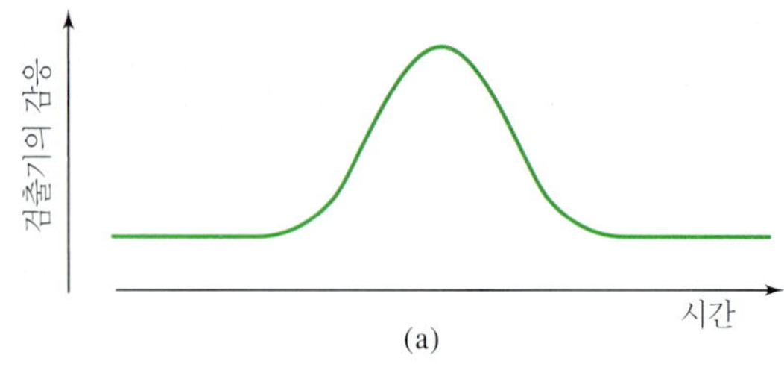

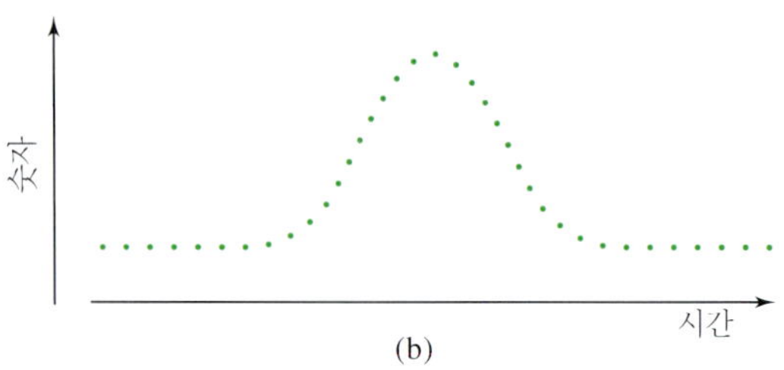

그림 4-1 같은 신호에 대하여 시간에 따른 검출기의 감응을 각각 (a) 아날로그 영역과 (b) 디지털 영역에 나타낸 도표.

4B 카운트와 이진수의 산술

일반적인 디지털 측정에서는 고속의 전자 카운터(counter)를 사용하여 정해진 경계 조건에서 일어나는 사건의 수를 센다. 그런 신호의 예로는, 분석물질에서 발산되는 초당 광자 수나 알파 입자 붕괴 수, 적정에서 방울 수, 스텝 모터를 이용하여 주사기에서 시약을 주입할 때의 스텝 수 등이 있다. 여기서 경계 조건은 1초와 같은 시간간격이 될 수 있고[이후 Hz 단위의 주파수 신호로 변환 가능], pH 또는 흡광도, 전류, 전압 등의 실험 변수에 주어지는 변화가 될 수 있다.

그러한 신호를 전기적으로 카운트하기 위해서 먼저 신호는 카운터의 디지털 회로에서 인지될 수 있는 전압의 크기를 가진 펄스의 연속으로 변환될 필요가 있다. 그리고 최종적으로 펄스들은 카운터에 의해 컴퓨터 처리를 위한 이진수로 변환되거나 화면에 나타내기 위한 십진수로 변환된다. 전자 카운트는 이진수-부호화-십진수(binary-coded-decimal number, BCD) 또는 이진수로 수행된다. 이 두 가지 부호화 방법 모두 어떠한 수를 표현하는 데 있어 0과 1만 요구한다. 많은 전자 카운터에서 일반적으로 숫자 0은 0 V, 숫자 1은 5 V의 크기를 가진 전압 신호로 표현된다. 하지만 이러한 전압 크기는 현재의 기술 수준에 따라 달라지며, 서로 다른 논리 회로 제품군마다 다를 수 있다는 것을 인지해야 한다. 예를 들면, 많은 최첨단 컴퓨터는 내부적으로 3 V를 사용하여 1을 나타내고 0 V를 사용하여 0을 나타낸다.

4B-1 이진법

십진법의 각 자릿수는 10의 거듭제곱항의 계수를 의미한다. 따라서 3076이라는 수는 다음과 같이 작성될 수 있다.

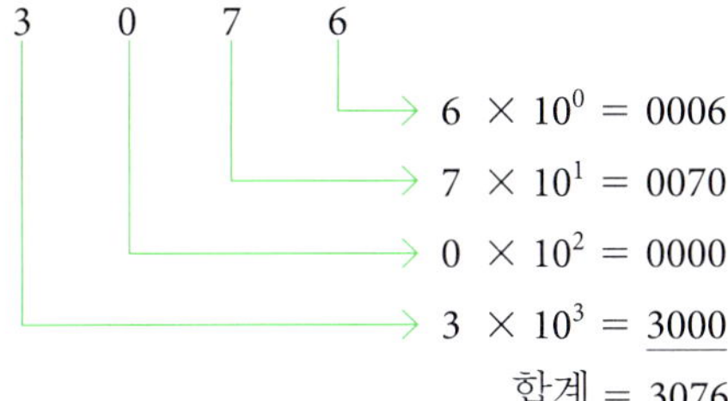

이처럼 이진법의 수 표현에서도 각 자릿수는 2의 거듭제곱항의 계수에 해당한다.

4B-2 이진수와 십진수의 상호 전환

표 4-1은 십진수와 이진수의 관계를 예시로 보여주고 있다. 다음 예제는 두 체계 간의 상호 변환 방법을 보여주고 있다.

예제 4-1

이진수 101011을 십진수로 변환하시오.

풀이

이진수는 2를 밑으로 하고 있으므로,

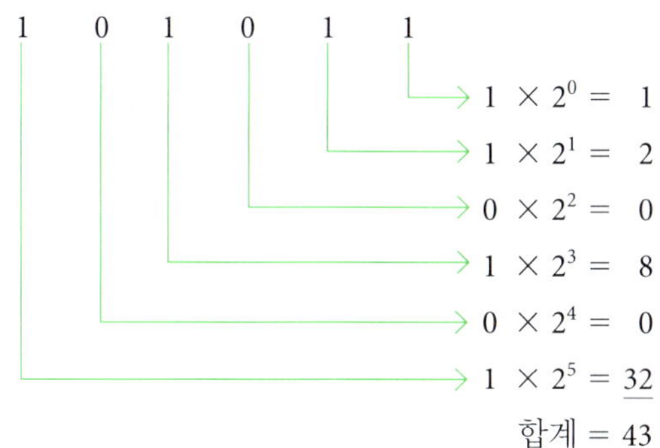

표 4-1 십진수와 이진수의 관계 예시

십진수	이진수
0	0
1	1
2	10
3	11
4	100
5	101
6	110
7	111
8	1000
9	1001
10	1010
12	1100
15	1111
16	10000
32	100000
64	1000000

예제 4-2

710을 이진수로 변환하시오.

풀이

첫 번째 단계로, 2의 거듭제곱 중에 710보다 작은 수를 찾는다. $2^{10} = 1024$이므로 진수는 2를 밑으로 하고 있으므로,

$2^9 = 512$이고 $710 - 512 = 198$

198에 대해 똑같은 방법을 적용하면:

$2^7 = 128$이고 $198 - 128 = 70$

계속 같은 방법을 적용하면

$2^6 = 64$이고 $70 - 64 = 6$

$2^2 = 4$이고 $6 - 4 = 2$

$2^1 = 2$이고 $2 - 2 = 70$

이진수는 다음과 같이 계산된다.

1	0	1	1	0	0	0	1	1	0
2^9	-	2^7	2^6	-	-	-	2^2	2^1	-

이진법에서 가장 오른쪽에 있는 이진 숫자 또는 *비트*(bit)를 *최하위 비트*(least significant bit, LSB)라고 하며, 가장 왼쪽에 있는 이진 숫자를 *최상위 비트*(most significant bit, MSB)라고 한다.

4B-3 이진수의 산술

이진수의 산술은 십진수의 산술과 비슷하지만 더 단순하다. 덧셈에는 다음의 네 가지 조합만이 가능하다.

$$\begin{array}{r} 0 \\ +0 \\ \hline 0 \end{array} \qquad \begin{array}{r} 0 \\ +1 \\ \hline 1 \end{array} \qquad \begin{array}{r} 1 \\ +0 \\ \hline 1 \end{array} \qquad \begin{array}{r} 1 \\ +1 \\ \hline 10 \end{array}$$

마지막 덧셈에서 1이 다음 상위 자리로 옮겨간 것을 눈여겨 보자. 곱셈도 유사하게 다음과 같이 나타난다.

자습: www.tinyurl.com/skoogpia7에서 **이진수와 이진수-부호화-십진수(binary and binary-coded decimal)**에 대해 더 알아보시오.

0	0	1	1
×0	×1	×0	×1
0	0	0	1

다음 예제는 이러한 연산의 사용을 보여주고 있다.

예제 4-3

이진 산술을 이용하여 다음을 계산하시오.
(a) 7 + 3, (b) 19 + 6, (c) 7 × 3, (d) 22 × 5

풀이

(a)
```
  7      111
 +3     +11
 10     1010
```
(b)
```
 19     10011
 +6     +110
 25     11001
```
(c)
```
  7      111
 ×3     ×11
 21      111
        111
       10101
```
(d)
```
 22       10110
 ×5       ×101
110       10110
         00000
        10110
        1101110
```

십진수의 자리올림처럼 이진수의 자리올림이 사용된다. (a)의 두 번째 열에서 보면, 두 개의 1의 합은 0과 다음 자리에 올리는 1이 된다. 다음 자리에서는 세 개의 1의 합이 이루어지고 결과는 1과 그 다음 자리올림에 대한 1이 된다. 최종적으로, 자리올림 1과 다음 자릿수 1의 합은 0과 자리올림한 최상위 숫자 1을 내게 된다.

4B-4 이진수-부호화-십진수 체계

이진수-부호화-십진수(binary-coded-decimal, BCD) 체계에서는 4개의 이진 비트를 하나의 그룹 안에서 배열하여 0부터 9의 십진수를 나타낸다. 4개로 이루어진 각 그룹은 하나의 십진수를 표현한다. BCD 코드는 0부터 9까지의 숫자에 대해 일반적인 이진수과 같다. 97이라는 수로 예를 들면, 9는 네 개의 이진 비트로는 1001, 7은 0111이 되므로, BCD로 표현한 97_{10}은 1001 0111이 된다. 표 4-2는 이진법과 BCD 법의 차이를 보여주기 위해 여러 개의 십진수를 각각의 방법으로 나타내고 있다.

표 4-2 십진수의 이진수와 이진수-부호화-십진수로 변환 결과 비교

십진수	이진수 2^7 (128)	2^6 (64)	2^5 (32)	2^4 (16)	2^3 (8)	2^2 (4)	2^1 (2)	2^0 (1)	이진수-부호화-십진수 100단위	10단위	1단위
83	0	1	0	1	0	0	1	1	0000	1000	0011
97	0	1	1	0	0	0	0	1	0000	1001	0111
135	1	0	0	0	0	1	1	1	0001	0011	0101
198	1	1	0	0	0	1	1	0	0001	1001	1000
241	1	1	1	1	0	0	0	1	0010	0100	0001

4C 기본 디지털 회로

그림 4-2는 변환기로부터 단위 시간당 받아들이는 전기 펄스의 수를 세는 장치의 블록 다이어그램이다. 변환기로부터 들어오는 전압 신호는 먼저 신호 성형기(shaper)를 통해 작은 배경 신호를 제거하고 큰 펄스 신호를 입력 신호와 같은 주파수를 가지는 사각 펄스로 변환된다. 그 후에 그 결과 신호는 내부 클럭에 의해 열린 게이트에 입력되며, 내부 클럭은 카운터에서 입력 펄스를 축적할 수 있는 정확한 시간간격 *t*를 제공한다. 최종적으로 카운터의 BCD 출력은 디코드(decode, 해독)되어 십진수로 표현된다.

4C-1 신호 성형기

그림 4-3a는 전형적인 신호 성형기의 회로이다. 전압 비교기(voltage comparator)를 이용하여 입력 신호를 그림 4-3c와 같은 직사각 펄스 파형으로 변환한다. 전압 비교기의 출력 신호는 그림 3-17b에서 보는 것처럼 양(+)의 한계값 또는 음(−)의 한계값을 가진다. 이 두 한계 레벨은 *논리 레벨*(logic levels)로 불리기도 한다. 상용화된 집적 회로 비교기는 (LO 논리 레벨의) 0 V와 (HI 논리 레벨의) 5 V 한계값을 가지도록 설계되어 있다. 일반적으로 그림 4-2와 4-3에서 보는 것처럼 HI 레벨은 이진수 1, LO 레벨은 이진수 0을 표현할 수 있도록 선택된다. 이러한 HI, LO 논리 레벨은 대부분의 현대적 디지털 집적 회로와 호환된다. 그림 4-3b와 c에서 보면, 비교기에 입력된 전압 v_i가 기준 전압 V_{ref}보다 크면 출력은 HI(논리 레벨 1)가 된다. 반면에, v_i가 V_{ref} 보다 작으면 출력은 LO(논리 레벨 0)가 된다. 명심할 사항은, 비교기는 오로지 V_{ref}보다 큰 신호만 반응하고, 신호의 잡음이나 배경 요동은 V_{ref}보다 충분히 작다는 가정하에 배경 신호의 요동은 무시한다는 것이다. 신호 형성에 사용되는 전압 비교기를 종종 *식별기*(discriminator)라고도 한다.

4C-2 이진 카운터와 BCD 카운터

이진 카운터와 BCD 카운터는 전기 펄스를 카운트하는 집적 회로 형태로 제공된다. 그림 4-2에 나와 있는 카운터 전체 시스템은 사실 하나의 직접 회로로도 구할 수 있다. 그림에 BCD 카운

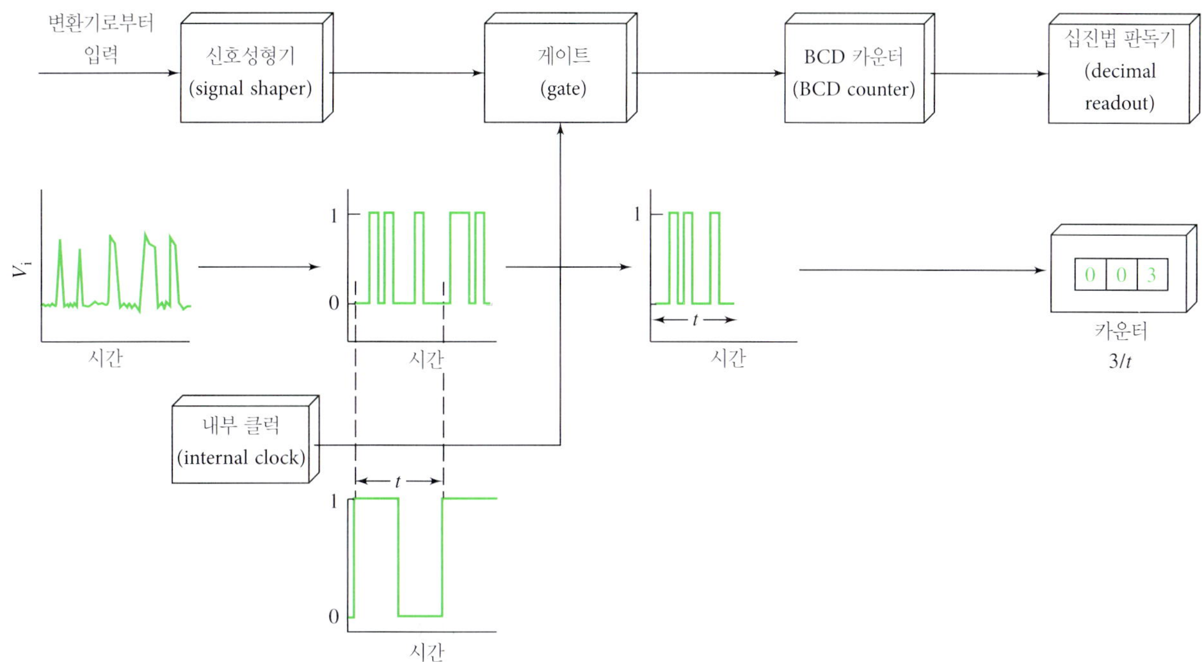

그림 4-2 **단위 시간당 전압 펄스를 측정하는 카운터.**

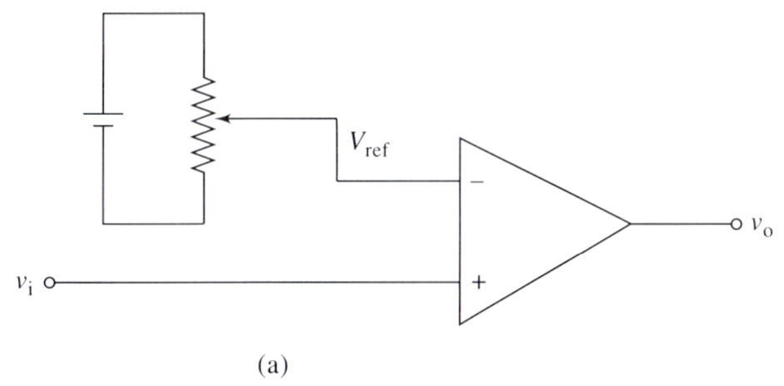

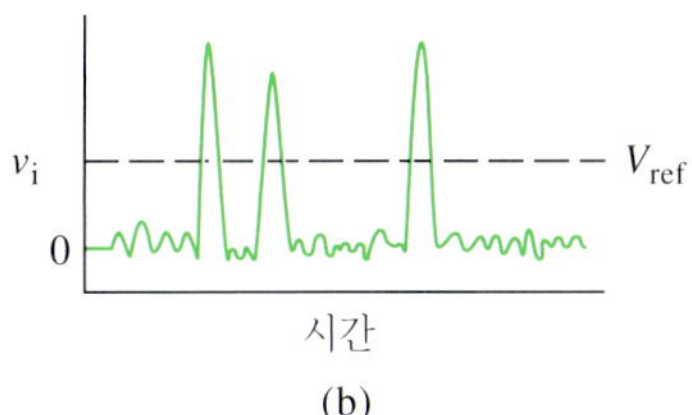

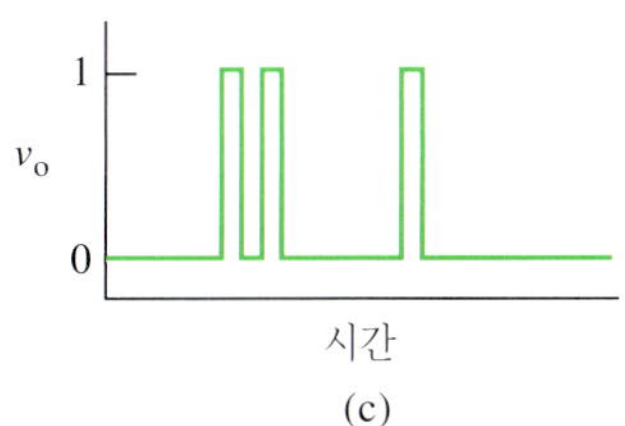

그림 4-3 **신호 성형기.** (a) 회로, (b) 입력 신호, (c) 출력 신호.

터가 있지만, 이진 카운터도 역시 가능하다. 이진 카운터 칩의 내부 회로는 HI와 LO 또는 1과 0의 두 가지 가능한 논리 상태를 가진 전자 스위치들로 구성되어 있다. 따라서 각각의 스위치 회로는 이진수의 한 비트(또는 2 거듭제곱의 계수)를 표현하는데 사용될 수 있다. 두 개의 회로는 네 개의 출력 조합이 가능하다: 0/0, 0/1, 1/0, 1/1. 세 개의 회로는 8개의 서로 다른 출력 조합을, 네 개의 회로는 16개의 출력 조합을 가짐을 알 수 있다. 따라서 n개의 회로는 2^n의 구별 가능한 출력 조합을 가지게 된다. 충분한 수의 회로 단계를 이용하면 계수의 유효 비트 숫자를 원하는 만큼의 많이 만들 수 있다. 즉, 8개의 단계는 256가지의 상태를 가지며 카운트는 0부터 255까지 가능하다. 카운트 회로는 종종 ±1의 오류를 발생하므로, 8개의 이진 단계는 256 중에 1, 또는 상대적으로 0.5%보다 나은 정확도를 가지는 카운트 수를 내는 것으로 볼 수 있다.

BCD 카운터에서는 *십 단위 카운트 유닛*(decade counting unit, DCU)을 이용하여 10번째 카운트되는 펄스 신호를 DCU의 다음 십 단위 자릿수로 보내고 원래 십 단위 자릿수는 0으로 설정되도록 배열되어 있다. 10^{10}의 카운트가 가능한 카운터까지 나와 있다.

카운터는 *플립-플롭*(flip-flop)이라고 불리는 회로로 구성되어 있다. 카운터에 사용되는 플립-플롭은 입력 신호가 논리 레벨 1에서 0으로 변화할 때 출력 레벨을 바꾼다; 반면 입력이 0에서 1로 변할 때는 **출력이 변화되지 않는다**. 플립-플롭 역시 다이오드, 저항, 트랜지스터의 적당한 조합으로 만들어진 집적 회로이다. 집적 회로 카운터에는 여러 개의 플립–플롭이 하나의 칩에 집적되어 있으며, 집적 회로 카운트 시스템에는 카운터, 게이트, 클럭, 판독기 등이 단일 칩에 집적되어 있다. 집적 회로 플립–플롭은 *소규모 집적*(small-scale integration, SSI), 완성된 카운트 시스템은 *대규모 집적*(large-scale integration, LSI)의 예이다.

시뮬레이션: www.tinyurl.com/skoogpia7에서 **카운터(counters)**에 대해 더 알아보시오.

4C-3 카운트 측정

카운트는 가장 신뢰할 수 있는 측정법 중의 하나이다. 제4B절에서 논의한 바와 같이, 우리는 항상 주어진 경계 조건에서 (100 m당 시간, 부셸당 사과 수, 초당 펄스, 분당 회전 수 등) 일어나는 사건들의 수를 센다. 그림 4-2에서 카운트할 사건은 변환기의 펄스이며, 경계 조건은 게이트(gate)를 여는 데 이용된다. 여기의 경우에는, 클럭 시간 t가 경계 조건이다. 그림 4-2에서 보이는 카운터는 펄스를 단위 시간당 수(주파수)로 측정하는 *주파수 측정기*(frequency meter)이다. 그림 4-4a는 일반적인 주파수 측정기를 보여주고 있다.

주파수 측정기의 카운트 게이트가 열리고 닫히는 것은 입력

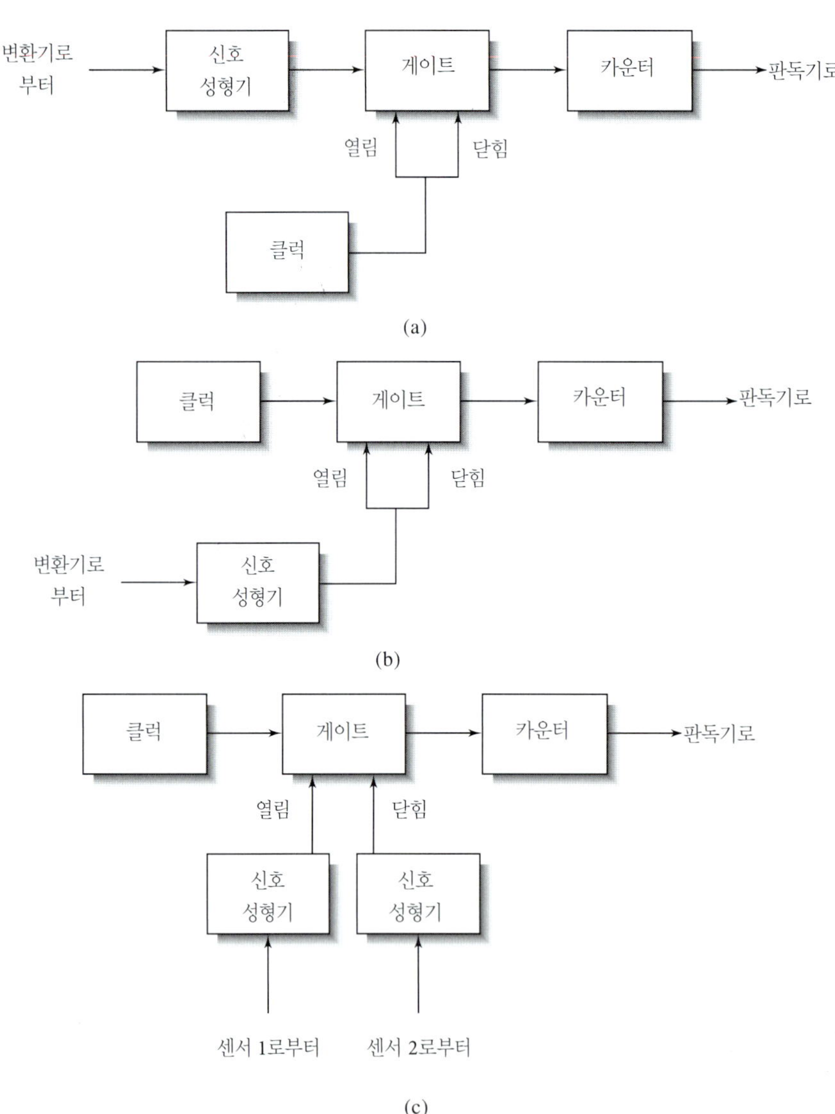

그림 4-4 카운트 측정. (a) 주파수 측정기: 변환기로부터 들어와 성형된 신호는 정밀한 디지털 클럭에 의해 열리고 닫히는 카운트 게이트에 입력된다. (b) 주기 측정기: 입력 신호의 한 주기 동안 정밀한 클럭이 카운트된다. (c) 시간간격 방식: 이 측정 방식에서는 센서 1의 입력 신호에 의해 게이크가 열리고 센서 2의 입력 신호에 의해 게이트가 닫힌다. 두 사건의 사이에 정밀한 클럭의 주기를 카운트하여 시간간격을 측정한다.

펄스와 동기화되어 있지 않다. 이러한 이유로 항상 ±1의 불확실성이 존재한다. 따라서 0.1% 이하 오차율의 결과를 얻기 위해서는 최소 1000회의 카운트가 축적되어야 한다. 낮은 주파수 신호에 대해서 긴 시간 동안 카운트를 하거나 또는 그림 4-4a의 구성 요소를 재배열하여야 한다. 예를 들어 만약 입력 주파수가 10 Hz라고 한다면, 100초 동안 측정하여 1000회의 카운트 수와 0.1%의 불확실도를 얻을 수 있다. 또 1 Hz 신호라면 비슷한 수준의 불확실도를 얻기 위해 1000초 동안 측정하여야 한다. 그림 4-4b의 *주기 측정기*(period meter)는 낮은 주파수에서 더 낮은 불확실도를 달성하기 위해, 변환기의 출력 신호를 재성형하여 게이트를 개폐하고 정밀한 클럭의 사이클을 카운트한다. 예를 들어 만약 클럭의 시간 단위가 1 ms이고 변환기로부터 1 Hz의 신호가 입력되면, 카운터는 입력 신호의 1주기(여기서는 1초) 동안 클럭의 펄스를 1000 회의 카운트하게 된다. 또 입력 신호가 0.1 Hz라면, 1주기(10초) 동안 10,000펄스를 카운트 할 것이다. 따라서 주기 모드는 저주파 신호에 훨씬 더 좋다.

그림 4-4c는 범용 디지털 카운트 시스템의 추가적인 모드인 시간간격 모드를 보여주고 있다. 우리는 100 m 달리기에서처럼 출발 총소리 발사와 도착 테이프 끊기와 같이 두 사건 사이의 경과하는 시간을 측정하는 데 더 관심이 갈 때도 있다. 보는 것처럼, 한 사건은 게이트를 열고, 다른 사건은 게이트를 닫으며, 이 시간간격 동안 정밀한 클럭의 펄스가 카운트된다. 시간간격 측정은 과학의 여러 분야에서 매우 중요하다. 예를 들면, 지구와 달 사이의 거리는 지구에서 출발한 레이저살이 달의 표면의 거울에 반사되고 다시 돌아오는 시간을 측정함으로써 알 수 있다. 여기서 타이머는 레이저살 발사에 의해 시작되고(게이트가 열림), 돌아오는 펄스에 의해 중지된다(게이트 닫힘). 빛의 속도를 알고 빛이 왕복하는 데 걸리는 시간을 측정하면 지구와 달의 거리를 계산할 수 있다.

4C-4 축척기

DCU는 10번째 카운트에서 하나의 자리올림 펄스를 생성한다. 카운트하는 동안 이 펄스는 다음 십 단위 카운트 단계로 공급된다. 여기서 DCU의 출력 주파수는 입력 주파수를 10으로 나눈 것임을 명심해야 한다. 1 MHz 입력 신호는 하나의 DCU를 통해 100 kHz의 출력 신호가 된다. 주파수 나눗셈은 엄밀하게 이루어지며 출력 주파수의 정확도는 입력 주파수의 정확도와 같다. DCU를 계단식으로 나열하면 입력 주파수를 정확히 10단위로 축소시킬 수 있다. 이러한 과정을 *축척*(scaling)이라고도 한다. 축척은 신호의 입력 주파수가 카운터가 감당하는 주파수보다 큰 경우에도 사용된다. 이러한 경우 *축척기*(scaler)는 그림 4-4a에서 신호 성형기와 카운터 사이에 위치된다. 주기 측정에서는(그림 4-4b) 입력 신호의 주파수가 매우 높으면 신호 성형기와 게이트 사이에 축척기가 삽입된다. 이를 통해 측정하는 동안 여러 주기의 평균을 낼 수 있다.

4C-5 클럭

많은 디지털 기기들은 그림 4-4b와 c처럼 시간 측정이 관련된 경우 매우 재현성이 높고 정확하게 알고 있는 주파수 소스를 사용할 것을 요구한다. 일반적으로 전자 주파수 소스는 제1C-4절에서 설명된 *압전 효과*(piezoelectric effect)를 내는 석영 수정에 기반을 둔다. 석영 수정(quartz crystal)의 공진 주파수는 수정의 질량과 크기에 따라 달라진다. 이러한 변수들을 변화시키면 10 kHz에서 50 MHz, 또는 그 이상의 주파수를 출력할 수 있다. 일반적으로 이러한 주파수는 100 ppm 정도의 정확도로 일정하다. 수정 발진기(quartz oscillator)에 미세한 온도 조절과 같은 특별한 주의를 해주면 10,000,000분의 1의 정확도를 가지는 시간 표준기로 만들 수 있다.

그림 4-5처럼, 수정 발진기를 일련의 십진 축적기와 같이 사용하면 정교한 클럭(clock)을 제공할 수 있다. 주파수는 본래의 10 MHz에서 축적된 0.1 Hz까지 십진 단계에 따라 선택될 수 있다. 카운트 과정에서 잡음이나 변동이 없으므로, 모든 출력은 사용되는 수정 발진기와 똑같은 정확도와 정밀도를 지닌다. 여러 십진 단계의 축척을 가지는 집적 회로가 상용화되어 있다. 이러한 회로는 이진 입력으로 선택되어 출력된 십진 축척에 따라 프로그래밍이 가능하다.

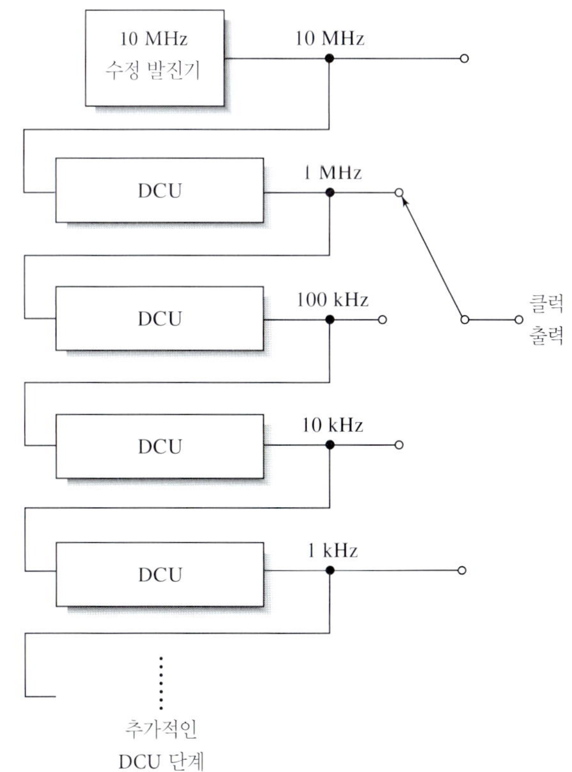

그림 4-5 정밀한 클럭 회로. 십진 카운트 유닛은 입력 주파수를 정확히 10으로 나눈다. 출력 주파수는 수정 발진기와 같은 정확도를 가진다.

4C-6 디지털-아날로그 변환기

디지털 신호는 기기를 제어하거나, 측정기와 오실로스코프의 판독기를 통한 표현, 또는 아날로그-디지털 변환기(analog-to-digital converter, ADC)의 일부분으로서 종종 아날로그 신호로 변환된다. 그림 4-6은 디지털-아날로그 변환기(digital-to-analog converter, DAC)와 일반적인 작동 원리 중의 하나인 *가중-저항 사다리*(weighted-resistor ladder) 네트워크에 기반한 변환 방식을 보여주고 있다. 이 회로는 그림 3-16b에 있는 4개의 저항이 8:4:2:1의 비로 차등 가중되어 있는 덧셈 회로와 유사함을 알 수 있다. 덧셈 회로로부터 출력값 v_{DAC}는 다음과 같이 계산된다.

$$v_{DAC} = -V_{ref}\left(\frac{D}{1} + \frac{C}{2} + \frac{B}{4} + \frac{A}{8}\right) \tag{4-1}$$

여기서 V_{ref}는 논리 상태 1에 해당하는 전압이며, D, C, B, A는 각각 D가 최상위 숫자(MSB)이고 A가 최하위 숫자(LSB)인 4비트 이진수의 논리 상태(0 또는 1)를 나타내고 있다. 만약 A가 논리 상태 1이라면 스위치 A는 닫히고, B의 논리 상태가 1이라면 스위치 B가 닫히며, C, D에 대해서도 똑같이 적용된다. 표 4-3은 V_{ref}가 5 V인 경우 저항-가중 사다리의 다양한 스위치 조합에 따라 달라지는 아날로그 출력값을 보여주고 있다.

DAC의 분해능은 장치에 입력되는 비트 수에 따라 달라진다.

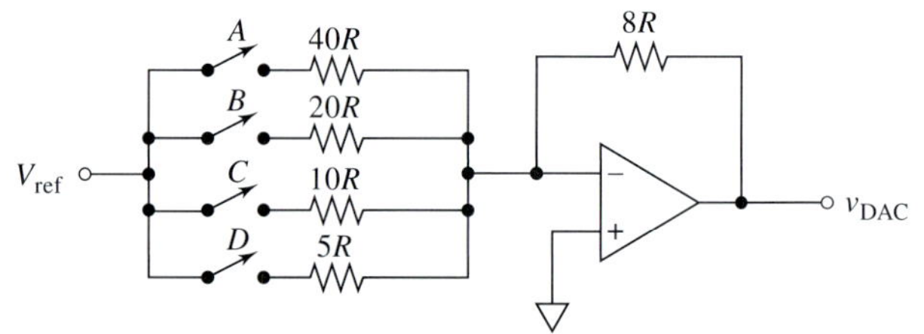

그림 4-6 비트 디지털-아날로그 변환기. 여기서 A, B, C, D는 논리 상태 1에 대해서는 +5 V, 논리 상태 0에 대해서는 0 V의 전압을 가진다.

표 4-3 그림 4-6의 DAC의 아날로그 출력

이진수 DCBA	대응 십진수	닫힌 스위치	v_{DAC}, V
0000	0	없음	0.0
0001	1	A	−1.0
0010	2	B	−2.0
0011	3	A, B	−3.0
0100	4	C	−4.0
0101	5	A, C	−5.0

n비트 장치는 2^n분의 1의 분해능(resolution)을 가진다. 따라서 10비트 DAC는 2^{10} 또는 1024의 출력을 가지므로 1/1024의 분해능을 가지며, 12비트 DAC는 1/4096의 분해능을 가진다. 여기서 DAC 또는 ADC에 대해 설명할 때 사용되는 문자 n은 분해능의 비트 수를, N은 디지털 출력(숫자)을 나타낸다.

4C-7 아날로그-디지털 변환기

분석 장치에서 변환기의 출력은 대부분 아날로그 신호이다. 디지털 전자기기와 컴퓨터 데이터 처리의 장점을 활용하려면 아날로그 신호는 아날로그 영역에서 디지털 영역으로 변환되어야 한다. 그림 4-1은 디지털화 과정을 보여주고 있다. 이러한 종류의 변환에는 여러 가지 방법이 사용되고 있다. 대표적인 두 유형의 ADC인 계단형(staircase) ADC와 연속-근사(successive-approximation) ADC에 대해 설명한다.

계단형 아날로그-디지털 변환기

그림 4-7은 미지의 아날로그 전압 v_i를 디지털 숫자 N으로 변환시키는 단순 개략도를 보여준다. 앞선 절에서 설명된 바와 같이 크리스탈 클럭의 신호에 의해 제어되는 n비트 이진 카운터는 n비트 DAC를 구동하는 데 사용된다. DAC의 출력은 그림 아랫부분에 보여지는 **계단형** 전압 출력 v_{DAC}이다. 각 계단은 1 mV와 같은 전압 증가분에 해당한다. DAC의 출력은 전압 비교기(comparator)에 의해 미지의 입력 v_i와 비교된다. 두 전압이 DAC의 분해능 범위 내에서 같아지면 비교기는 논리 상태를 HI에서 LO로 변화시키고, 이에 카운터는 중지된다. 그리고 카운트 수 N은 밀리볼트 단위의 입력전압 v_i에 해당한다. 리셋 스위치를 닫으면 카운터는 0으로 재설정되고, 리셋 스위치가 열리면 시작되는 새로운 입력을 준비한다. 출력이 정확한 전압을 나타내기 위해 변환 과정 중에는 입력전압 v_i를 일정하게 유지해야 한다.

사용되는 DAC의 분해능이 높을수록 v_i의 값은 더 정확하게 측정된다. 이러한 유형의 변환기가 측정하는 과정은 다음과 같다. DAC의 출력은 차동 검출기(비교기)에 입력되어 입력 v_i를 비교하는 기준 표준으로 사용된다. 변환 시간은 $t_c = Nt_p$인데 여기서 N은 입력 v_i에 의해 결정되는 카운트 수 출력이고, t_p는 클럭의 주기이다. 만약 v_i가 상대적으로 작은 경우 변환 시간은 상대적으로 짧다. 만약 v_i가 큰 경우에는 변환 시간은 비례해서 길어진다. 이러한 종류의 ADC는 주로 핵 분광법 및 이와 관련된 배경 신호에 비해 신호가 작은 분야에 사용된다. 고속 카운터, DAC, 비교기 등이 사용되는 경우 발진기의 주파수를 100 MHz까지 증가시킬 수 있다.

계단형 ADC는 단순한 카운터 대신에 비교기에 의해 제어되는 업-다운 카운터를 사용하여 연속적인 작동이 가능하다. v_i가

시뮬레이션: www.tinyurl.com/skoogpia7에서 **디지털-아날로그 변환기(DAC)**에 대해 더 알아보시오.

시뮬레이션: www.tinyurl.com/skoogpia7에서 **아날로그-디지털 변환기(ADC)**에 대해 더 알아보시오.

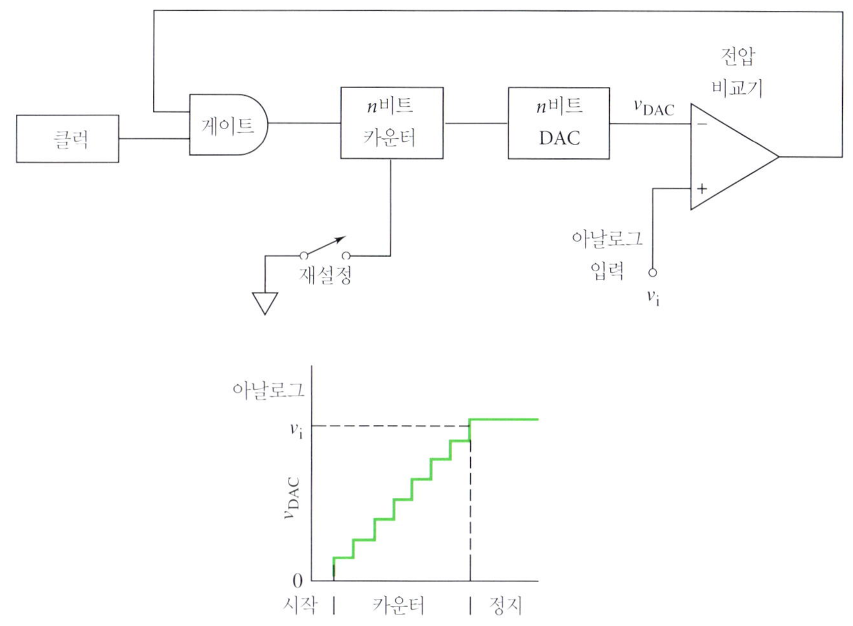

그림 4-7 계단형 아날로그-디지털 변환기.

증가하면 비교기 출력은 HI가 되며 카운터는 증가 카운트를 하고, v_i가 감소하면 카운터는 감소 카운트를 한다. 그리고 DAC 출력이 v_i와 교차하면 카운터는 입력 v_i의 $\pm\frac{1}{2}$ LSB의 범위인 N과 $N - 1$ 사이에서 번갈아 출력한다. 이러한 종류의 ADC는 v_i가 변환 시간에 비해 변화가 느리거나 연속적인 판독이 요구되는 경우 잘 작동한다.

연속-근사 아날로그-디지털 변환기

연속-근사 ADC의 작동을 이해하기에 앞서 다음의 질문을 생각해보자. 0과 15 사이에 존재하는 숫자 N을 **확신성을 가지고** 결정하는 데 있어 추측 시도를 최소한 몇 번 해야 하는가? 추측할 때마다 당신의 숫자가 큰지 작은지 알려준다고 가정하자. 답은 최소 네 번의 추측이 필요하다는 것이다. 예를 들어 정답 숫자 $N = 10$이라고 하자. 먼저 범위를 반으로 나누어 7을 예측한다. 그러면 7은 10보다 작으므로 N은 상반부에 해당하고, 다시 상반부 범위의 반을 고려하여 7 + 4 = 11을 두 번째 추측 숫자로 한다. 11은 10보다 크므로 4 대신에 4의 반에 해당하는 2를 더해 7 + 2 = 9를 세 번째 추측 숫자로 한다. 세 번째 추측 수인 9는 10보다 작으므로 2의 반에 해당하는 1을 더해 9 + 1 = 10이라는 정답 숫자를 구하게 된다. 연속 근사법의 규칙은 다음과 같다.

1. 전체 범위의 반에 해당하는 값으로 시작한다.
2. 만약 추측값이 크면, 이 추측값을 버린다.
3. 만약 추측값이 작면, 이 추측값을 유지한다.
4. 증가한 값의 반을 추측값에 더한다.
5. 완료될 때까지 2~4단계를 반복한다.

n번의 추측 시도는 0에서 $2^n - 1$ 범위의 숫자를 결정하는 데 필요한 추측 횟수라는 것을 명심하자. 예를 들어 12번을 시도한다면 0과 4095 (= $2^{12} - 1$) 사이의 어떤 숫자를 확신성을 가지고 결정할 수 있다.

연속-근사 ADC는 그림 4-8a에 나타나있는 것처럼 전압 v_i를 표현하기 위해 이진수 또는 BCD 수에서 사용하는 똑같은 논리를 사용한다. 여기에서는 그림 4-6의 4비트 DAC가 어떻게 연속-근사 프로세스가 이루어지는지 보여주고 있다. v_i = 5.1 V이고 모든 비트는 0으로 초기화되어 있다고 하자. 그림 4-8b에서 발진기(오실레이터)는 첫 번째 사이클에서 MSB = 2^3을 1로 설정하여 DAC의 출력전압 v_{DAC}는 8 V가 된다. 이 주기를 *테스트*(test) 주기라고 하며 그림에서 T로 표시되어 있다. P로 표시된 *포스트*(post) 주기에서는 $v_{DAC} > v_i$이므로 연속-근사 레지스터(successive-approximation register, SAR)는 2^3비트 = 1 항을 지운다. 발진기의 두 번째 사이클에서 2^2비트를 1로 설정하여 v_{DAC} = 4 V (= 0 + 4)가 되게 한다. 여기서 $v_{DAC} < v_i$이므로 비교기는 논리 1 (HI)을 출력하고 포스트 주기에서 SAR은 2^2비트를 논리 1로 유지한다. 다음 사이클에서 2^1비트를 1로 설정하여 v_{DAC} = 6 V (=0 + 4 + 2)를 출력하는데 이 값은 v_i보다 크다. 따라서 비교기는 0을 출력하여 SAR의 2^1비트를 지워 0으로 한다. 최종적으로 SAR은 2^0비트 = 1로 하여 v_{DAC} = 5 V (= 0 + 4 + 0 + 1)을 출력하는데 이 값은 v_i보다 크다. 따라서 2^0은 논리 1 상태를 유지하게 된다. 이러한 프로세스는 그림 4-8b에 그려지고 있다. 최종 결과 이진수는 0101이며, 이것은 입력전압 5 V ± 0.5 V를 표현한다. 분해능은 $\pm\frac{1}{2}$ LSB이며, 이 경우에는 ±0.5 V에 해당한다.

ADC의 분해능을 증가시키기 위해서는 요구되는 분해능을 가진 DAC가 필요하며, SAR은 이에 상응하는 많은 비트의 숫자

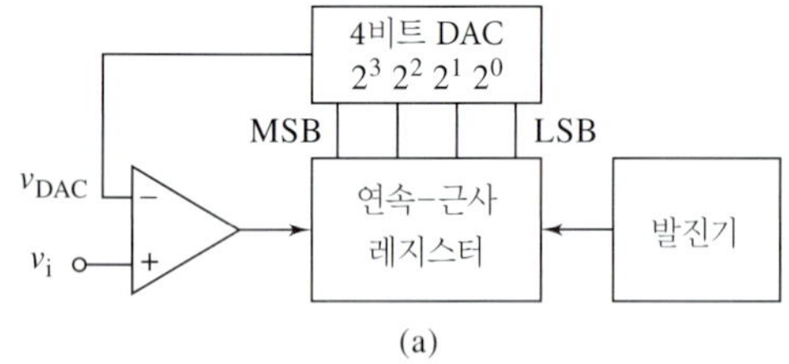

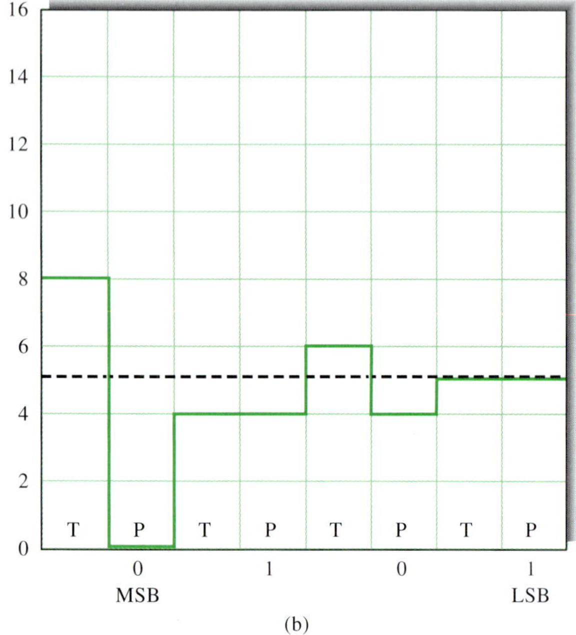

그림 4-8 연속-근사 아날로그-디지털 변환기. (a) 아날로그-디지털 변환기의 블록 다이어그램, (b) 변환 과정에서의 디지털-아날로그 변환기의 출력.

를 가져야 한다. 입력 범위가 ±5 V, ±10 V, 또는 0~10 V인 12비트 ADC가 일반적으로 많이 사용된다. 이러한 변환기는 고정된 변환 시간을 가지고 있으며, 일반적으로 12비트에 대해 2~8 μs 정도 된다. 이러한 연속-근사 변환기는 컴퓨터에 의해 시간이 제어되는 데이터 수집에 널리 사용되고 있다. 변환 과정 중에는 측정되는 전압이 변하지 않게 하는 것이 중요하므로, 변환 과정에서 신호를 측정하며 유지를 할 수 있는 *샘플-앤드-홀드*(sample-and-hold) 증폭기로 불리는 고속 아날로그 메모리가 거의 항상 사용되고 있다.

4D 컴퓨터와 컴퓨터화된 계측기기

1960년대 실험실에서 처음으로 사용된 컴퓨터는 단독 구성 요소들로(트랜지스터, 다이오드, 저항기, 커패시터 등) 구성되었었다. 이 마이크로컴퓨터는 사용과 프로그래밍이 어려웠으며 측정 장치와 연결하는 것은 복잡하여 종종 좌절스럽기까지 했었다. 실험 제어, 데이터 수집 및 데이터 분석에 사용할 수 있는 프로그램은 거의 없었으므로 과학자들은 컴퓨터화된 장치를 개발하고 사용하는 컴퓨터 프로그래머가 되어야 했다.

1970년대에는 마이크로프로세서와 마이크로프로세서 기반의 마이크로컴퓨터가 도입되면서 상황이 급격하게 변화되었다. *마이크로프로세서*(microprocessor)는 대형 집적 회로로서, 단면이 몇 밀리미터에 불과한 단일 실리콘 칩의 크기에 맞는 소형화된 수백, 수천, 심지어는 수백만 개의 트랜지스터, 저항, 다이오드 그리고 그 밖의 다른 회로 소자들로 구성되어 있다. 마이크로프로세서는 마이크로컴퓨터의 *중앙 처리 장치*(central processing unit, CPU)로 불리며, 종종 산술과 논리 처리부로서 작동한다. 또한 마이크로프로세서는 분석 도구, 자동차 점화 시스템, 전자 레인지, 금전 등록기 및 전자 게임과 같은 다양한 장치를 작동시키는 데 폭넓게 사용된다.

마이크로컴퓨터(microcomputers)는 하나 이상의 마이크로프로세서로 구성되며 메모리, 타이밍, 입력 및 출력 기능을 제공하는 다른 회로 구성 요소와 결합되어 있다. 마이크로컴퓨터는 분석 장비를 제어하고, 생산된 데이터를 처리, 저장, 디스플레이하는 방면에 그 활용도가 점차 증가하고 있다. 컴퓨터를 분석 기기에 연결하는 데에는 최소한 두 가지 이유가 있다. 첫 번째는 측정이 부분적으로 또는 전체적으로 자동화가 가능해진다는 것이다. 일반적으로 자동화는 보다 신속한 데이터 수집을 가능하게 하는데, 이로 인해 분석에 필요한 시간이 단축되고 추가적인 반복 측정 시간이 가능하여 정밀도가 높아지게 된다. 게다가 자동화는 실험 변수에 대해서 사람이 작동해서 제어하는 것보다 더 빠르고 잘 제어할 수 있다. 그 결과 더 정밀하고 정확한 데이터를 얻을 수 있다.

컴퓨터와 기기를 연결하는 두 번째 이유는 엄청난 양의 계산과 데이터 처리 능력의 장점을 활용한다는 것이다. 이러한 컴퓨터의 능력은 과도한 계산 시간이 요구되어서 반복이 비실용적일 수 있는 처리 기법을 가능하게 만든다. 이러한 응용 중에서 주목할 만한 것은 Fourier 변환 계산, 신호 평균화, 분광학에서 잡음 많은 환경으로부터 작은 분석신호를 추출하는 상관 관계 분석법 등이 있다.

장치들을 기기에 연결하는 인터페이스는 이 책에서 상세히 다루기에는 너무 큰 주제이다. 인터페이스 보드와 이를 제어하는 소프트웨어에 대한 많은 발전이 이루어졌다. 오늘날에는 화학자들이 실험을 수행하면서 정교한 인터페이스 작업을 가능하게 하는 하드웨어와 소프트웨어가 사용하기 쉽게 나와 있다. 이 장에서는 설명의 범위를 제한하여, 컴퓨터 용어, 컴퓨터의 구조와 성질, 계측 응용에 사용되는 하드웨어와 소프트웨어, 그리고 이러한 주목할 만한 장치를 사용하여 얻을 수 있는 장점 등에 대한 일반적인 개요에 대해 설명한다.

4D-1 컴퓨터 용어

컴퓨터와 컴퓨터 응용 분야를 처음 접하면서 직면하는 문제 중에 하나는 CPU, RAM, ROM, BIOS, FTP, GUI, HTTP, USB, WiFi, LAN, 방화벽, TCP/IP 등과 같은 새로운 용어와 이니셜을 딴 축약어 등이 혼란스럽게 나열되어 있다는 것이다. 불행히도 이러한 용어들은 기초적인 발표 프레젠테이션에서조차 흔히 정의되어 있지 않다는 것이다. 매우 중요한 용어와 축약어 몇몇을 여기서 정의한다. 다른 용어들은 나중에 다른 장에서 언급될 때 정의할 것이다.

비트, 바이트, 워드

비트는 컴퓨터에서 서로 다른 두 전기적 상태(HI/LO 또는 1/0)를 2~5 V의 전압으로 표현한 것이다. 8비트가 모이면 1*바이트*(byte)가 된다. *워드*(word)는 바이트가 순차적으로 나열된 것으로, 데이터 단위 또는 명령어를 나타낸다. 1워드의 비트(바이트) 수는 컴퓨터마다 다르며, 일반적인 크기는 8, 16, 32, 64비트 또는 1, 2, 4, 8바이트이다.

레지스터

디지털 컴퓨터에서 가장 기본적인 구성 블록을 *레지스터*(register)라고 하며, 바이트 또는 워드를 저장할 수 있는 물리적인 장치이다. 예를 들어 16비트 이진 카운터는 16비트 워드를 담을 수 있는 레지스터로 작동할 수 있다.

레지스터에 담겨진 데이터는 다양한 방법을 통해 처리될 수 있다. 예를 들며, 레지스터는 모두 0으로 재설정되는 프로세스에 의해 레지스터가 비워질 수 있다. 레지스터의 *보수*(complement)를 취할 수 있다. 즉, 모든 1은 0으로, 모든 0은 1로 바뀔 수 있다. 레지스터의 정보는 다른 레지스터로 전송될 수 있다. 뿐만 아니라 레지스터의 내용은 다른 레지스터의 내용과 더하기, 빼기, 곱하기, 나누기가 가능하다. 이러한 수행을 하는 레지스터를 종종 *누산기*(accumulator)라고 한다. 계산 또는 정보 처리 문제가 아무리 복잡할지라도 해결책에 대한 *알고리즘*(algorithm)이 있으면 레지스터 연산을 적절한 순서로 나열함으로써 해결할 수 있음이 입증되었다. 알고리즘은 해결에 도달하기 위해 필요한 개별 단계의 상세한 설명이다. 하나 이상의 알고리즘이 모여 하나의 *컴퓨터 프로그램*(computer program)을 만든다.

하드웨어와 소프트웨어

컴퓨터 *하드웨어*(hardware)는 컴퓨터를 구성하는 물리적인 장치들로 이루어져 있다. 예를 들면 디스크 드라이브, 프린터, 클럭, 메모리, 데이터 수집 모듈, 산술 논리 장치 등이 있다. 컴퓨터에 대한 명령어와 프로그램들, 그리고 이것들을 저장하고 있는 디스크나 테이프 등을 포함하는 집합체를 *소프트웨어*(software)라고 한다. 하드웨어와 소프트웨어는 컴퓨터를 성공적으로 활용하는 데 있어 동등하게 중요하며, 소프트웨어의 초기 비용은 하드웨어만큼 클 수 있다. 특히, 데이터 처리, 커브 핏팅, 통계적 분석 등과 같은 특정한 목적을 수행하는 전문적 소프트웨어 패키지의 경우에는 더더욱 그러하다. 지난 몇 년간 고속, 고용량, 저가격의 PC가 쉽게 구할 수 있게 됨에 따라 사용자 친화적이며 유용한 소프트웨어 패키지에 대한 수요가 증가하였다. 전 세계적으로 수천만, 수억 대의 컴퓨터가 생산/판매됨에 따라 합리적인 가격의 다양한 소프트웨어를 구할 수 있게 되었다. 이러한 시장의 힘에 따라 특정 목적을 가지는, 나중에 제4F절에서 다룰 과학적 소프트웨어의 가격까지 낮아지게 되었다.

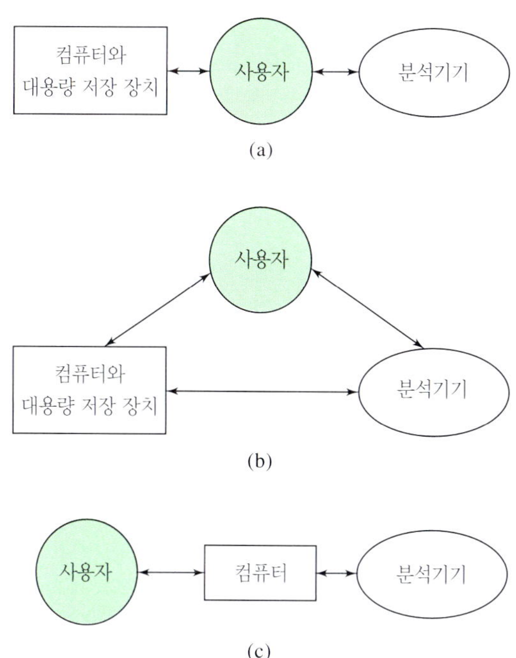

그림 4-9 컴퓨터가 분석 측정에 사용되는 세 가지 방법. (a) 오프–라인(off-line), (b) 온–라인(on-line), (c) 인–라인(in-line).

4D-2 컴퓨터화 계측기기의 작동 모드

그림 4-9는 컴퓨터가 분석 측정에 사용되는 세 가지 작동 방식을 보여주고 있다. 그림 4-9a의 *오프–라인*(off-line) 방법에서는 사용자가 데이터를 수집하고 데이터 처리를 위해 컴퓨터로 전송한다. 그림 4-9b의 *온–라인*(on-line) 방법에서는 오프–라인 방법과는 달리 기기와 컴퓨터 사이에 전자 *인터페이스*(interface)가 있어 직접적인 통신이 이루어지며, 컴퓨터는 기기로부터의 신호를 받아 파형의 모양을 변경하고, 디지털로 변환하고, 저장할 수 있다. 여기서 컴퓨터는 대용량의 데이터 저장소와 데이터 처리 명령을 지원하는 별도의 개체에 불과하다. 이러한 작업 배열을 통한 작동은 오프–라인에서도 가능하다.

대부분의 현대적 계측기기는 그림 4-9c처럼 구성되어 있다. 이러한 *인–라인*(in-line) 배열에서는 마이크로컴퓨터 또는 마이크로프로세서가 기기에 내장되어 있다. 여기서 사용자는 컴퓨터를 직접 다루고, 컴퓨터를 통해 기기의 작동을 지시한다. 그렇다고 사용자가 꼭 컴퓨터를 프로그램할 필요는 없지만, 종종 선택 사항으로 할 수는 있다. 일반적으로 기본 소프트웨어 제품군은 프로그래밍 언어와 함께 상용 기기에 포함되어 제공되므로 사용자는 데이터 수집과 처리에 대한 선택 모드를 프로그램할 수 있다. 구입한 기기에는 여러 개의 컴퓨터 또는 마이크로프로세서가 포함되어 있는 경우가 많다. 사용자는 하나의 컴퓨터를 통해서 계측기기와 통신을 할 수 있을지라도, 계측기기는 여러 대의 컴퓨터와 연결되어 제어되고 데이터 수집을 수행할 수 있다.

인-라인과 온-라인 작동에서 계측기기에 의해 생성되는 데이터가 *실시간*(real-time)으로 다른 컴퓨터에 전송되는 경우가 많다. 계측기기가 데이터를 생산하는 속도가 충분히 낮은 경우 컴퓨터가 데이터를 수집하는 데 소모하는 시간은 매우 적다. 이러한 경우 데이터를 수집하는 사이의 시간간격 동안 다양한 방법을 통해 정보를 처리할 수 있다. 예를 들어, 데이터 처리에는 농도 계산, 곡선 부드럽게 하기(평활화, smoothing), 이전에 수집되어 저장된 데이터와 결합하여 평균 내기, 그리고 결과 인쇄 또는 그래프 그리기 등이 포함된다. 실시간 처리(real-time processing)에는 데이터 수집과 동기화된 데이터 처리도 포함된다. 이러한 실시간 처리에는 두 가지 장점이 있다. 첫째로 데이터를 저장하는 공간을 크게 줄일 수 있으므로 매우 정교하고 비싼 컴퓨터를 쓸 필요가 없다. 둘째로 데이터를 수집하는 간격 사이에 충분한 시간이 있다면 다음에 측정되는 신호를 향상시키기 위해 처리된 신호를 이용하여 기기의 측정 변수를 조정할 수 있다. 마이크로컴퓨터의 저장 속도와 용량이 증가함에 따라 실시간 처리 능력도 증가하고 있다. 현재 다중 프로세서를 탑재한 기기를 이용한 실시간 작동이 매우 보편화되고 있다.

실시간 처리 시스템의 예로 마이크로프로세서-제어 장치에 의한 자동화된 전위차 적정을 들 수 있다. 대개의 경우 이러한 장치는 디지털화된 전위에 따른 용액 부피 곡선과, 이 적정과 관련된 결과 보고에 필요한 모든 정보를 저장하는 데 요구되는 저장 용량을 가지고 있다. 또한 이러한 장치는 실시간으로 용액 부피에 따른 전위의 1차 미분을 계산하고, 이를 이용하여 모터에 의해 주입되는 적정액의 첨가 속도를 제어하는 경우가 일반적이다. 적정 초기에 전위의 변화가 느린 경우에는 전위 미분값이 작아 적정액이 빠르게 첨가된다. 적정점에 가까워질수록 전위 미분값은 커지고 컴퓨터는 첨가 속도를 느리게 한다. 적정점이 지나면 반대로 주입 속도가 느림에서 빠름으로 변한다.

4E 컴퓨터의 구성 요소

그림 4-10의 블록 다이어그램은 컴퓨터와 주변 기기의 주요 하드웨어 구성을 보여주고 있다.

4E-1 중앙 처리 장치

컴퓨터의 심장은 CPU이다. 마이크로컴퓨터에서는 마이크로프로세서 칩에 해당한다. 마이크로프로세서는 제어 장치와 산술 논리 장치로 구성되어 있다. 제어 장치는 컴퓨터 메모리에 저장된 프로그램의 명령을 통해서 작동의 순서를 결정한다. 제어 장치는 입력 장치로부터 정보를 수신하고, 메모리로부터 명령과 데이터를 불러오며, 연산 장치, 출력 및 메모리에 명령을 전송한다.

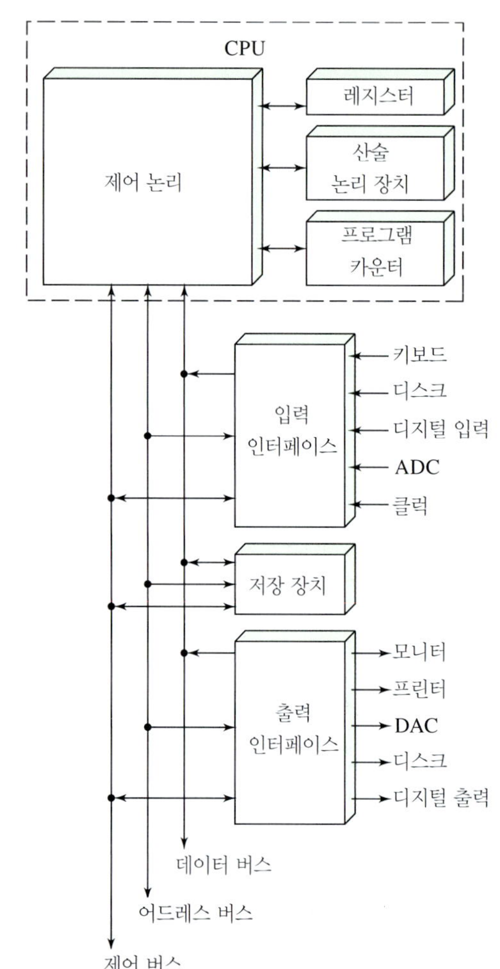

그림 4-10 디지털 컴퓨터의 기본 구성 요소와 주변 기기.

CPU의 산술 논리 장치 또는 ALU (arithmetic logic unit)는 이진 산술과 논리 연산의 중간 결과가 누적되는 레지스터 또는 누산기에 연결되어 구성된다. 인텔 펜티엄 4 프로세서는 약 5,000만 개의 트랜지스터로 구성되어 있으며, 3.5 GHz 이상의 클럭 속도로 작동할 수 있다. 인텔 이테니엄 프로세서에는 2,200만 개의 트랜지스터가, 인텔 이테니엄 2 프로세서에는 4억 1,000만 개의 트랜지스터가 들어 있다. 가장 빠른 컴퓨터는 초당 약 10억 개의 명령을 실행할 수 있다.

4E-2 버스

컴퓨터 부품과 메모리, 주변 장치들은 *버스*(bus)에 의해 연결되어 있으며, 각 버스들은 여러 개의 전송 라인으로 구성되어 있다. 컴퓨터 부품 간의 신속한 통신을 위해서 워드를 구성하는 모든 디지털 신호는 일반적으로 버스의 병렬 라인을 통해 동시에 전송된다. CPU 내부 버스의 라인 수는 컴퓨터가 수행하는 워드의 크기와 같다. 예를 들어, 32비트 CPU의 내부 버스는 32개의 병렬 전송 라인으로 구성되어 있고, 각 전송 라인은 32비트 워드의 한 비트씩을 전송한다.

표 4-4 일반적인 통신 규격의 사양

	RS-232	IEEE-488	Ethernet 10BaseT	Ethernet 100BaseT	USB*	IEEE-1394 (Fire-Wire)
유형	직렬	병렬	직렬	직렬	직렬	직렬
거리(m)	30	20	100	100	4.8	4.5
최대 Baud**	19.2 kbps	10 Mbps	10 Mbps	100 Mbps	12 Mbps (1.1) 480 Mbps (2.0) 5 Gbps (3.0) 10 Gbps (3.1)	400 Mbps (1394a) 800 Mbps (1394b) 1.6 Gbps (1394b 1600) 3.1 Gbps (1394b 3200)
연결선	연선	차폐된 묶음	연선	연선	차폐된 연선	차폐된 연선

* USB는 범용 직렬 버스(universal serial bus)를 의미한다.

** Baud는 정보가 전송되는 속도를 의미하며, 단위는 bps, 즉 초당 비트 수이다.

데이터는 그림 4-10에 표현된 것처럼 데이터 버스를 통해서 CPU 안팎으로 전달된다. 데이터 버스 라인에 있는 신호의 출발지와 도착지는 어드레스 버스에 의해 지정된다. 32라인을 가지는 어드레스 버스는 2^{32} 또는 4,294,967,296개의 레지스터에, 또는 컴퓨터나 4 GB 메모리의 다른 위치에 직접적으로 주소를 지정할 수 있다. 제어 버스는 CPU에서 드나드는 제어와 상태 정보를 운반한다. 이러한 전송은 제어 버스 안의 타이밍 신호에 의해 순차적으로 이루어진다.

또한 데이터는 CPU와 계측기기 또는 주변 장치 사이에 전송되어야 한다. 이 경우 외부 버스 또는 통신 라인이 사용될 수 있다. 표 4-4는 몇 가지 일반적인 외부 통신 표준에 대한 사양을 간략히 보여주고 있다.

4E-3 기억 장치

컴퓨터에서 기억 장치는 CPU가 직접적으로 액세스(접근, access)할 수 있는 저장 공간이다. 메모리는 데이터와 프로그램 정보 모두를 가지고 있으므로 CPU는 프로그램 단계마다 최소 한 번씩 메모리를 액세스한다. CPU가 메모리로부터 정보를 검색하는 데 필요한 시간을 *액세스 타임*(access time)이라고 하며, 보통 수십 나노 초의 범위에 있다.

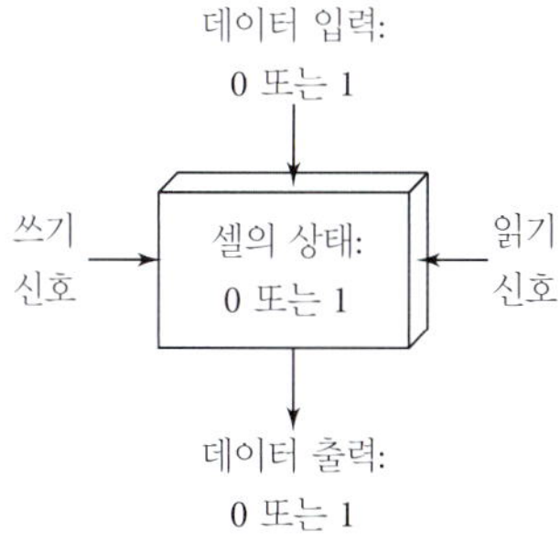

그림 4-11 **1비트를 저장하는 단일 컴퓨터 메모리 셀.**

메모리 칩

메모리 칩(memory chip)의 기본 단위는 셀(cell)이며, 두 상태 중에 하나를 가지므로 1비트의 정보를 저장할 수 있다. 일반적으로 하나의 실리콘 메모리 칩에는 수십억 개에 달하는 셀이 있다. 그림 4-11은 단일 메모리 셀과 관련된 기능을 보여주고 있다. CPU로부터 READ 명령을 받으면 가능한 두 상태 중의 하나가 논리 상태(1 또는 0)로서 출력된다. WRITE 명령을 받으면 셀 내에 이미 있는 내용을 지우고 입력 단자에 있는 1 또는 0 상태를 새로운 값으로 저장한다.

개별 셀은 메모리 칩상에 배열로서 생산되며, 컴퓨터 케이스에 바로 결합할 수 있는 PCB (printed circuit board, 인쇄 회로 기판)에 올려진다. 보통 PC의 메모리 크기는 128~1024 MB이지만, 다양한 구성의 메모리가 가능하다. 메모리가 정보에 주소를 부여하고 저장하는 실제 프로세스는 제조 과정에서 이루어지거나 CPU에 의해 제어되므로 대부분의 화학자들은 메모리의 자세한 설계에 대해 이해할 필요는 거의 없다. 그럼에도 불구하고 메모리를 설명하는 데 사용되는 용어를 조금이라도 접해본다면 특정 계산 작업 수행에 필요한 메모리 용량을 선택하는 데 도움이 될 것이다.

메모리의 종류

대부분의 컴퓨터에는 다음 두 가지 종류의 메모리가 존재한다: *RAM* (*random access memory*), *ROM* (*read-only memory*). ROM도 *랜덤 액세스*(random access, 불특정 순서 접근)할 수 있기 때문에 RAM의 랜덤 액세스라는 용어는 다소 오해의 소지가 있다. 랜덤 액세스는 메모리의 모든 위치가 동등하게 액세스되고 동일한 속도로 도달할 수 있다는 의미이다. 따라서 읽기–쓰기(read-write) 메모리가 RAM을 더 잘 표현하는 용어가 된다. 반도체 RAM의 이전 형태는 휘발성이었다; 즉, 메모리가 주기적으로 리프레시(refresh)되지 않으면 정보는 유지되지 못했다. 현재 많은 RAM 기판에는 보조 전원 장치가 있어 8시간 이상 전원이 끊겨도 정보가 손실되지 않도록 유지하고 있다. 이러한 메모리는 마치 휴대용 계산기가 전원이 꺼진 상태에서도 데이터와 명령어를 유지하는 것과 유사하다고 볼 수 있다.

읽기 전용 메모리인 ROM은 만들어질 때 명령어와 데이터가 영구적으로 심어져 있다. 이러한 메모리는 컴퓨터나 계산기의 수명 동안 처음 값을 유지한다는 면에서 진정한 정적 메모리라고 할 수 있다. ROM의 내용은 프로그램을 통해서 바뀔 수 없다. ROM의 다른 형태인 *EPROM* (*erasable programmable read-only memory*, 지우고 프로그램 가능한 ROM 또는 소거가능 PROM)은 자외선 노출에 의해 내용이 지워질 수 있다. 이후에 특수 장치에 의해 메모리는 다시 프로그래밍이 가능하게 된다. 뿐만 아니라 상대적으로 간단한 논리 신호에 의해 다시 프로그래밍되는 ROM도 존재하며, EAROM(전기적 가변 ROM)이라고 한다. 컴퓨터를 켰을 때 초기화를 자동적으로 수행하는 부트스트랩 프로그램은 보통 여러 종류의 ROM에 저장되어 있다. 전원이 꺼져서 시스템 정보가 저장되어야 하거나, 간혹 컴퓨터에 새 장치가 설치되어 시스템 정보가 다시 프로그래밍되어야 하는 경우에 이 데이터를 저장하는 데 배터리-구동 RAM이 자주 사용된다.

간단한 디지털 장치와 휴대용 계산 시스템에는 ROM을 이용하여 다음을 수행하는 프로그램들이 저장되어 있다. 로그, 지수, 삼각함수 등의 수학적 연산; 평균, 표준 편차, 최소 제곱 매개변수 등의 통계량 계산; 고정 소수점, 과학적 표기법, 공학적 표기법에 맞는 데이터 형식 변환. 하지만 대부분의 컴퓨터에서는 이러한 작업들이 소프트웨어를 통해 이루어지고 있다.

대용량 저장 장치

컴퓨터에는 일반적으로 실리콘 기반의 메모리뿐만 아니라 대용량 저장 장치가 장착되어 있다. 자기 테이프가 초기에 한동안 주요 저장 장치로 사용되었지만 현재는 디스크, USB 플래시 메모리, CD, DVD 등으로 대체되었다. 디스크의 용량은 지속적으로 증가하고 있다. 플로피 디스크와 ZIP 디스크는 일반적인 저장 수단이었지만 현재는 완전히 폐기되었다.

USB 플래시 드라이브는 USB 포트에 꽂아 쓰는 반도체 메모리 장치로, 이 책이 쓰여지고 있는 시점에서 최대 1 TB (terabyte)의 비휘발성 메모리로 이루어져 있다. 이 책이 인쇄될 쯤에는 수 TB의 데이터가 하나의 플래시 메모리에 저장될 수도 있을 것이다. 이 USB 플래시 메모리는 네모난 껌 정도의 크기를 가지며 주머니 안에 쉽게 넣어 다닐 수 있다.

하드디스크는 5 TB 이상 저장 가능하며 현재는 매우 일반화되어 있다. 디스크는 컴퓨터의 내부 저장 장치로 사용되거나 외부 USB 드라이브 형태의 보조 저장 장치로 사용될 수 있다. CD ROM은 가격이 싸고 복제가 쉬어 데이터베이스, 백과 사전, 데이터 백업 등의 목적을 위한 매력적인 장치였다. 저장 수요가 증가함에 따라 데이터와 소프트웨어 배포를 위해 DVD가 점점 더 많이 사용되고 있다. 플래시 메모리의 용량이 엄청나게 증가함에 따라 CD ROM과 DVD는 점차 비중이 줄어들 것이다. 새로운 저장 기술과 기존 저장 기술의 성능 향상은 끊임없이 나타나고 있다.

4E-4 입력-출력 장치

입력-출력 장치는 사용자 또는 연결된 기기가 컴퓨터와 통신할 수 있는 수단을 제공한다. 친숙한 입력 장치로는 키보드, 마우스, 디지털 카메라, 스캐너, 하드 디스크, CD ROM, USB 플래시 메모리, 분석기기로부터 입력되는 신호 등이 있다. 출력 장치에는 프린터, CD ROM, USB 플래시 메모리, 스피커, 모니터, 하드 디스크 등이 있다. 여기서 중요한 점은 앞서 설명한 바처럼 컴퓨터가 디지털 신호에만 반응할 수 있지만 많은 입력-출력 장치들은 **아날로그** 신호를 사용한다는 것이다. 따라서 입력-출력 시스템의 중요한 부분은 데이터를 컴퓨터가 사용할 수 있는 형태로 변환하는 ADC와 컴퓨터로부터 출력을 사용이 가능한 아날로그 신호로 변환하는 DAC이다.

컴퓨터화된 수집, 분석, 분석 정보의 출력에서 중요한 하드웨어는 데이터 수집 모듈(data-acquisition module, DAQ)이다. DAQ는 컴퓨터 버스에 직접 꽂아 사용하거나 USB 포트를 통해서 컴퓨터에 연결될 수 있으며, 또는 LAN에 연결된 이더넷 포트를 통해 통신이 가능하다. DAQ를 이용하여 ADC를 통한 데이터 수집, DAC를 통한 아날로그-데이터를 실험에 피드백, 데이터 수집 과정에서 중요 시점 제공, 디지털 데이터를 컴퓨터에 직접 전송 등을 할 수 있다. 그림 4-12a는 전형적인 USB 기반의 데이터 수집 모듈의 블록 다이어그램을 보여준다. 여기에는 ADC, DAC, 프로그램 가능한 이득 증폭기(gain amplifier), 디지털 입력과 출력 라인, 수집된 데이터를 임시 저장하는 메모리, 데이터 수집의 주요 시점을 제공하는 정밀한 실시간 클럭 등이 포함된다. 데이터 수집의 전체 프로세서는 내장된 고성능 마이크로프로세서에 의해 수행되며, 기기와 연결된 주 컴퓨터로부터 사용자-선택 지시를 받는다. 데이터 수집 모듈의 사진이 그림 4-12b에 나와 있다.

주 컴퓨터는 다음의 제4F절에서 설명할 소프트웨어 패키지를 이용하여 데이터를 분석하고 대용량 데이터를 장기간 보관한다. 사용자는 주 컴퓨터를 이용하여 전체 프로세스를 통제한다. 이러한 데이터 수집 모듈들을 이용하면, 거의 모든 기기와 실험이 컴퓨터와 연결(인터페이스)되어 계측 데이터의 효율적인 분석과 출력이 가능하다.

최근의 분석기기의 추세 중의 하나는 장치를 USB 포트를 통해 컴퓨터에 연결하여 사용하는 것이다(표 4-4 참고). USB 표준에 따르면 127개의 개별 장치를 간단하고 직관적으로 연결할 수 있다. 현재 프린터, 카메라, 디스크 드라이브, 스캐너, 웹캠, 네트워크 구성품, 일부 데이터 수집 시스템과 분석기기 등

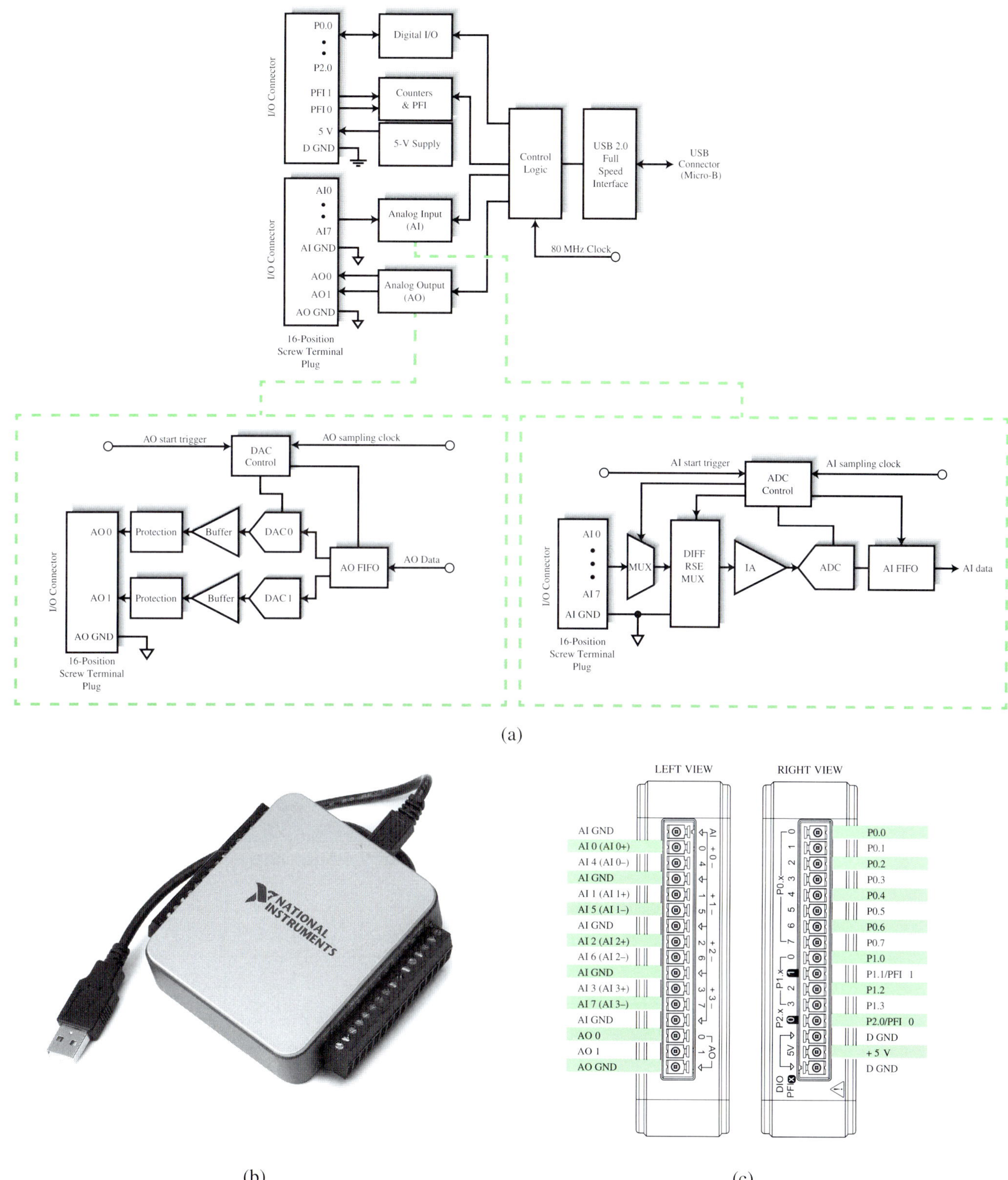

그림 4-12 컴퓨터 데이터-수집 모듈. (a) 모듈의 블록 다이어그램, (b) USB 데이터 수집 모듈의 사진, (c) 입력에 외부 신호를 연결하고 출력에 외부 기기를 연결하는 나사 단자를 가진 데이터 수집 모듈의 연결부 모습. AI는 아날로그 입력, AO는 디지털 출력, P0, P1, P2는 입력 또는 출력으로 설정이 가능한 포트, PFI는 제어와 카운트를 위한 디지털 입력 단자에 해당한다. 이 데이터 수집 모듈에 대한 더 자세한 정보는 www.ni.com에서 찾을 수 있다. (Reprinted with permission of National Instrument Corporation)

이 USB 인터페이스를 통한 연결이 가능하다. 일부 장치는 FireWire 연결을 포함한다. FireWire 방법은 여러 개의 장치를 직렬로 연결(daisy-chain 방식)할 수 있으므로, 하나의 FireWire 포트만 있어도 여러 개의 장치가 연결될 수 있다. 고주파 데이터 수집 모듈과 같은 고속 연결이 필요한 장치는 여전히 내부 컴퓨터 버스와 직접적으로 연결되는 인터페이스 보드가 필요하다.

4F 컴퓨터 소프트웨어

과거에는 과학자들이 데이터 수집, 데이터 처리, 실험 제어 등을 위해 기계어나 어셈블리어로 프로그램을 작성해야만 했다. PC의 시대에는 과학자, 교사, 학생, 비즈니스 전문가, 가정 사용자들을 위한 다양한 프로그램들이 생겨났다. 최근에는 데이터 수집, 통계 처리, 그래픽 프레젠테이션, 워드 프로세스, 스프레드시트 프로그램, 데이터베이스 관리, 이 밖에 다른 응용 프로그램들이 상용화되어 있다. 오늘날, 상용화되어 있지 않는 특수한 프로그램의 경우 일반적으로 과학자가 직접 자신만의 프로그램을 만든다. 이러한 프로그램은 대게 C와 C로부터 파생된 C++, C#, Objective C, 또는 BASIC, Visual BASIC, FORTRAN, R 등의 고급 언어로 작성된다.

4F-1 스프레드시트

스프레드시트는 원래 사업용 프로그램으로 설계되었지만, 사용하기가 편리해짐에 따라 각계 각층의 사람들이 과학을 포함하는 많은 분야에서 수치 계산을 수행하는 데 사용하기 시작했다. 소프트웨어 제작사들은 고객들의 다양성에 맞춰 정교하고 특수한 기능을 스프레드시트에 추가하기 시작했다. 예를 들어, 마이크로소프트의 엑셀에는 복잡한 통계 또는 엔지니어링 분석을 전개하는 데 단계를 줄일 수 있는 많은 함수들이 있다.[3] 이러한 것들에는 평균, 표준 편차, 중간값, 최빈수, 여러 가지 분포함수 등의 기본 통계함수와 선형 또는 비선형 최소 제곱법, *t*-테스트, *F* 테스트, 난수 생성 및 분산 분석과 같은 고급 통계함수가 있다.

그림 4-13은 스펙트럼 데이터를 분석하고 도표로 그려주는 엑셀 스프레드시트를 보여주고 있다. 스프레드시트의 A열과 B열은 1,4-다이오산의 적외선 스펙트럼 데이터이다. 데이터는 Fourier 변환 적외선 분광기를 통해서 수집되었다. 몇몇 회사들은 데이터를 엑셀과 같은 스프레드시트로 바로 보내기 할 수 있

[3]스프레드시트의 응용에 대한 추가적인 정보는 다음 문헌을 참고하시오: S. R. Crouch and F. J. Holler, *Applications of Microsoft® Excel in Analytical Chemistry*, 3rd ed., Belmont, CA: Cengage Learning, 2017.

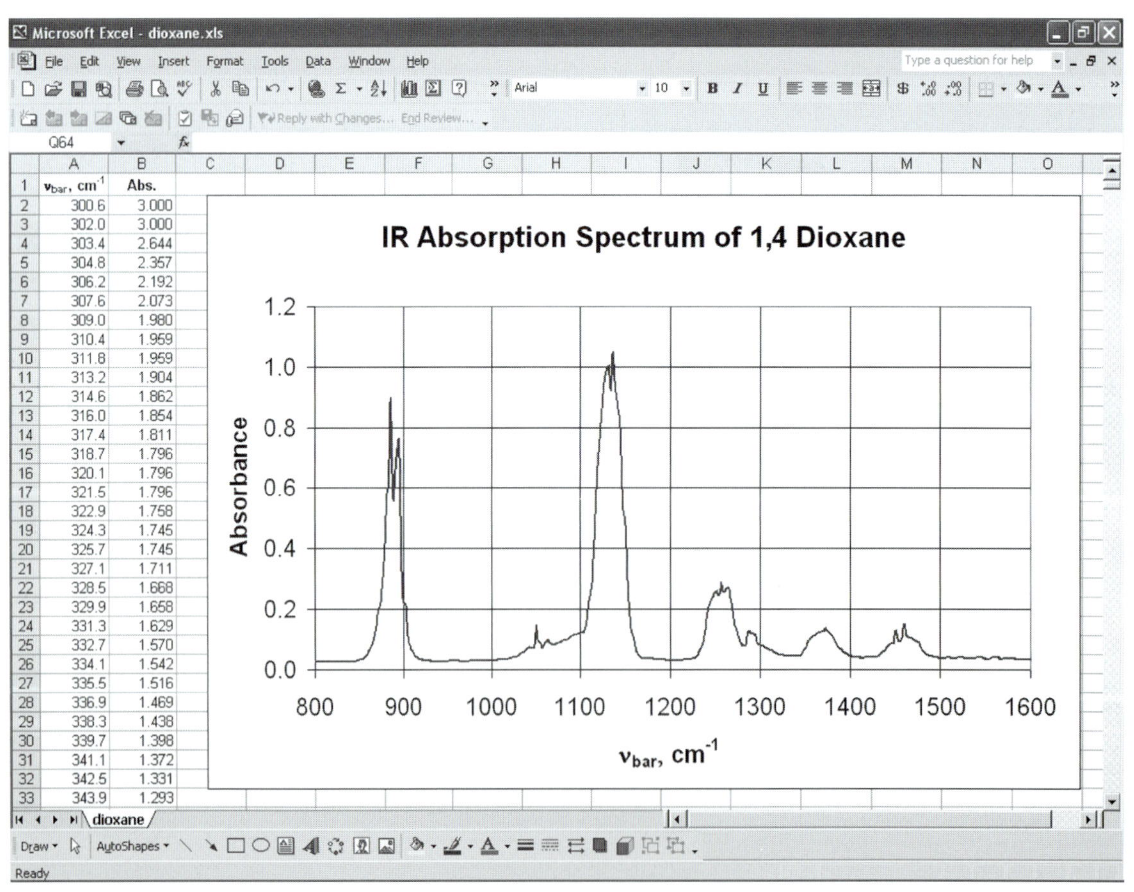

그림 4-13 1,4-다이옥산의 적외선 분광 스펙트럼의 데이터를 보여주는 엑셀 스프레드시트.

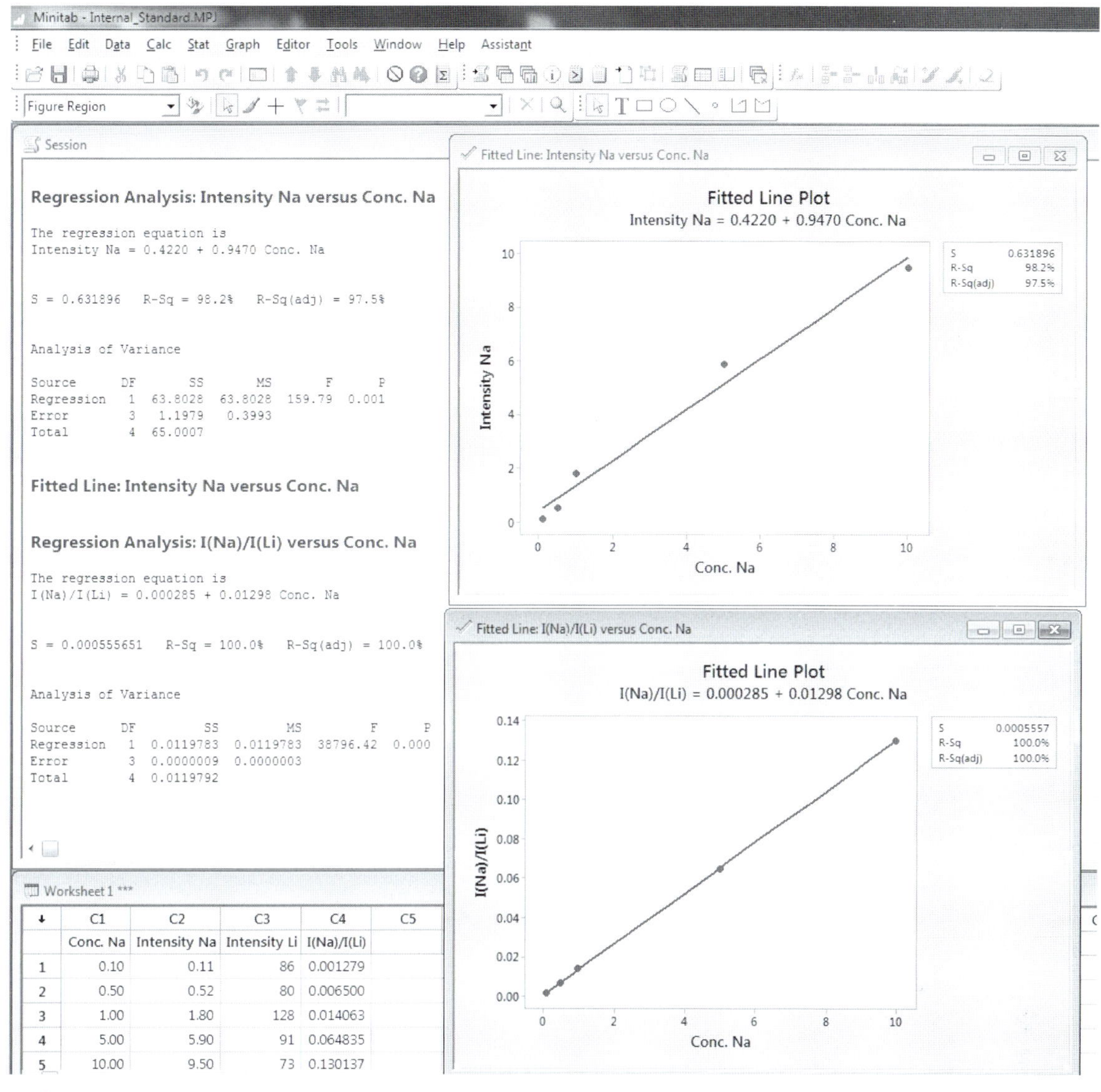

그림 4-14 불꽃 분광법을 이용한 Na 정량 분석에서 내부표준물법을 사용한 Minitab의 결과. 데이터는 왼쪽 아래의 Worksheet 창에 보인다. 위쪽의 산점 도표는 Na의 ppm 농도에 따른 Na 세기를 최소 제곱 선으로 나타낸 것이고, 아래 산점 도표는 Li에 대한 Na의 세기 비율을 농도에 따라 나타낸 것이다. Session 창의 회기 분석 통계로부터 내부표준물법이 더 나은 선형성을 가지고 있음을 알 수 있다. 같은 데이터를 다른 버전의 스프레드시트로 표현된 그림 1-12와 비교하시오.

는 소프트웨어를 제공하고 있다. 사용자는 엑셀에서 제공하는 기본 내장함수를 적용시키거나 특수한 기능을 하는 루틴(routine)을 작성하여 데이터를 처리할 수 있다.

4F-2 통계적 분석

많은 과학자들은 스프레드시트보다 더 복잡하고 완벽한 분석을 하기 위해 통계 소프트웨어 패키지를 사용한다. 유명한 통계 프로그램에는 MINITAB, SAS, SYSTAT, Origin, STATISTICA, SigmaStat, STATGRAPHICS Plus 등이 있다. 이러한 통계 프로그램들은 기본적인 통계함수 외에도 실험 설계, 부분 최소 제곱 회귀 분석, 주 성분 분석, 인자 분석, 클러스터 분석, 시계열(time-series) 분석, 관리도 생성, 비모수 통계 등의 고급 기능을 수행할 수 있다.

MINITAB 결과의 일반적인 예가 그림 4-14에 나와있다. 불꽃 분광법에 의한 Na의 분석에 있어 내부표준물 Li를 사용하는 경우와 아닌 경우의 결과를 보여주고 있다. 열려 있는 창을 통해 데이터(Worksheet 창), 회귀 통계(Session 창), 두 개의 x-y 산점도(scatter plot) 창이 보여지고 있다. 내부표준물법이 더 나은 선형성을 보여주고 있다.

4F-3 수학적 도구

몇 가지 수학 전문 프로그램이 상용화되어 있다. 화학자들이 특별히 관심을 가지는 것은 방정식 계산기인데, 여러 개의 평형이 존재하는 경우의 복잡한 수학 방정식을 신속히 풀 수 있는 프로그램이다. 상용화된 방정식 계산기로는 TK Solver, Mathematica, Mathcad 등이 있다. 이런 프로그램들은 모두 높은 평가를

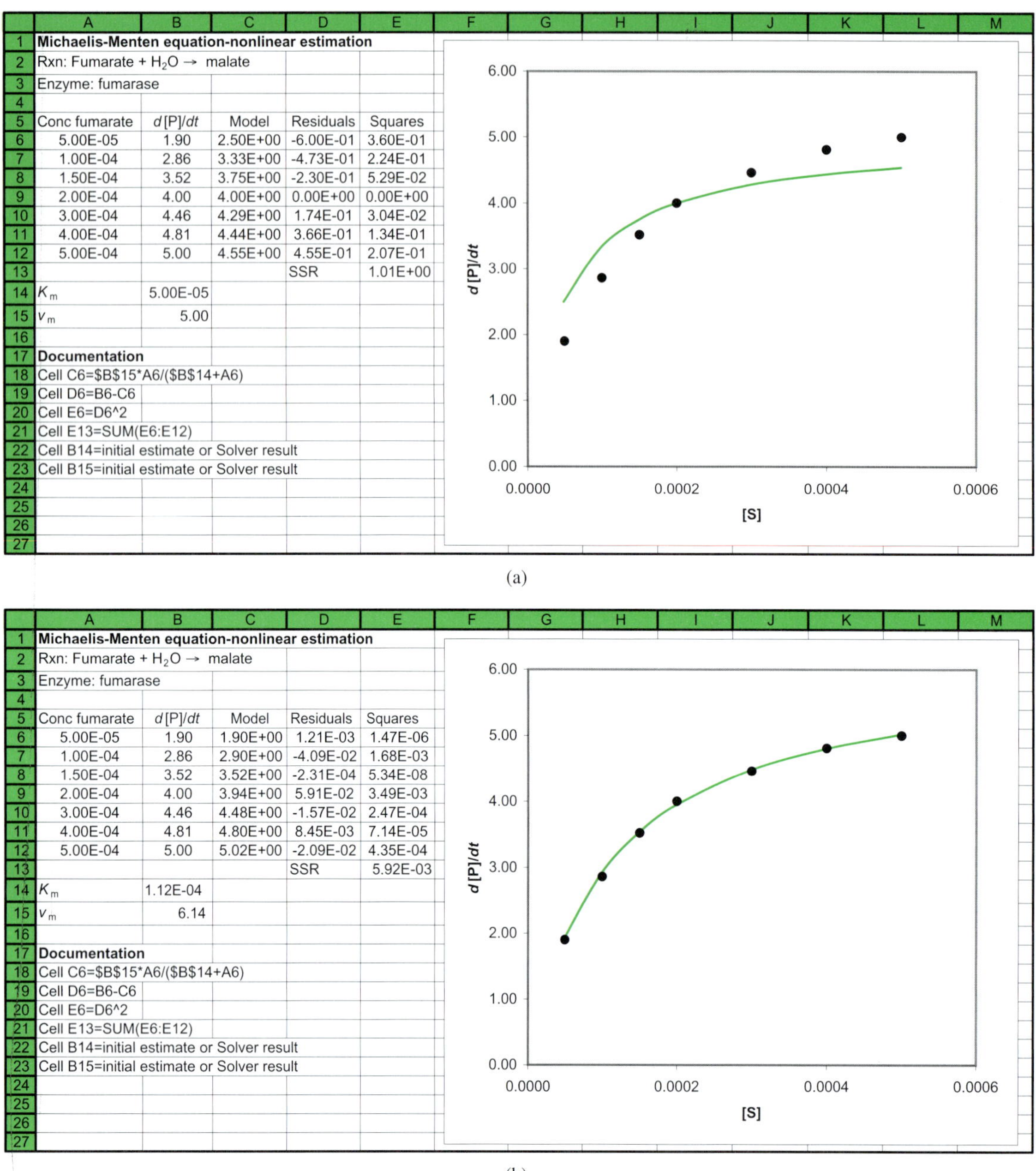

(a)

	A	B	C	D	E
1	**Michaelis-Menten equation-nonlinear estimation**				
2	Rxn: Fumarate + H_2O → malate				
3	Enzyme: fumarase				
4					
5	Conc fumarate	*d* [P]/*dt*	Model	Residuals	Squares
6	5.00E-05	1.90	2.50E+00	-6.00E-01	3.60E-01
7	1.00E-04	2.86	3.33E+00	-4.73E-01	2.24E-01
8	1.50E-04	3.52	3.75E+00	-2.30E-01	5.29E-02
9	2.00E-04	4.00	4.00E+00	0.00E+00	0.00E+00
10	3.00E-04	4.46	4.29E+00	1.74E-01	3.04E-02
11	4.00E-04	4.81	4.44E+00	3.66E-01	1.34E-01
12	5.00E-04	5.00	4.55E+00	4.55E-01	2.07E-01
13				SSR	1.01E+00
14	K_m	5.00E-05			
15	v_m	5.00			
16					
17	**Documentation**				
18	Cell C6=$B$15*A6/($B$14+A6)				
19	Cell D6=B6-C6				
20	Cell E6=D6^2				
21	Cell E13=SUM(E6:E12)				
22	Cell B14=initial estimate or Solver result				
23	Cell B15=initial estimate or Solver result				

(b)

	A	B	C	D	E
1	**Michaelis-Menten equation-nonlinear estimation**				
2	Rxn: Fumarate + H_2O → malate				
3	Enzyme: fumarase				
4					
5	Conc fumarate	*d* [P]/*dt*	Model	Residuals	Squares
6	5.00E-05	1.90	1.90E+00	1.21E-03	1.47E-06
7	1.00E-04	2.86	2.90E+00	-4.09E-02	1.68E-03
8	1.50E-04	3.52	3.52E+00	-2.31E-04	5.34E-08
9	2.00E-04	4.00	3.94E+00	5.91E-02	3.49E-03
10	3.00E-04	4.46	4.48E+00	-1.57E-02	2.47E-04
11	4.00E-04	4.81	4.80E+00	8.45E-03	7.14E-05
12	5.00E-04	5.00	5.02E+00	-2.09E-02	4.35E-04
13				SSR	5.92E-03
14	K_m	1.12E-04			
15	v_m	6.14			
16					
17	**Documentation**				
18	Cell C6=$B$15*A6/($B$14+A6)				
19	Cell D6=B6-C6				
20	Cell E6=D6^2				
21	Cell E13=SUM(E6:E12)				
22	Cell B14=initial estimate or Solver result				
23	Cell B15=initial estimate or Solver result				

그림 4-15 엑셀의 Solver를 이용한 효소의 속도론의 비선형 회기 분석. (a) Fumarate가 malate로 분해되는 fumarase 촉매 가수분해의 반응 속도, $d[P]/dt$를 fumarate의 농도에 대해 나타내고 있다. Michaelis 상수(K_m)와 최대 속도(v_m)에 대한 초기 예측이 선으로 나타나고 있다. (b) Solver는 잔차 제곱의 합(SSR)을 최소화함으로써, K_m과 v_m은 훨씬 나은 데이터 피팅을 보여주는 값으로 수렴하고 있다. (From S. R. Crouch and F. J. Holler, *Applications of Microsoft® Excel in Analytical Chemistry*, 3rd ed., Belmont, CA: Cengage Learning, 2017, pp. 372–375.)

받고 있으며, 어떤 프로그램을 사용할지는 현재 수행 중인 작업과 가능한 자원에 따라 결정하면 된다.

TK Solver는 많은 함수를 내장하고 있으며, 엑셀과 잘 통합된다. TK Solver는 규칙-기반(rule-based) 프로그래밍 시스템이다. Mathematica는 기호 계산을 다루면서 수치 기반의 모델링과 시뮬레이션이 가능하다. Mathcad는 낮은 가격과 성능, 쉬운 사용법, 복잡한 수학적 표현의 직관적인 표현 등의 장점으로 인하여, 물리학과 공학 분야에서 기본적인 통계 분석부터 양자 화학의 고윳값-고유 벡터 문제에 이르는 매우 다양한 계산 문제를 푸는 데 많이 사용되고 있다.

엑셀은 내장된 Solver를 가지고 있으며, 방정식 풀이나 데이터 피팅을 하는 데 매우 유용하다. 화학 연구에서 엑셀은 반응 속도론, 크로마토그래피 등의 분야에서 관찰되는 비선형 피팅

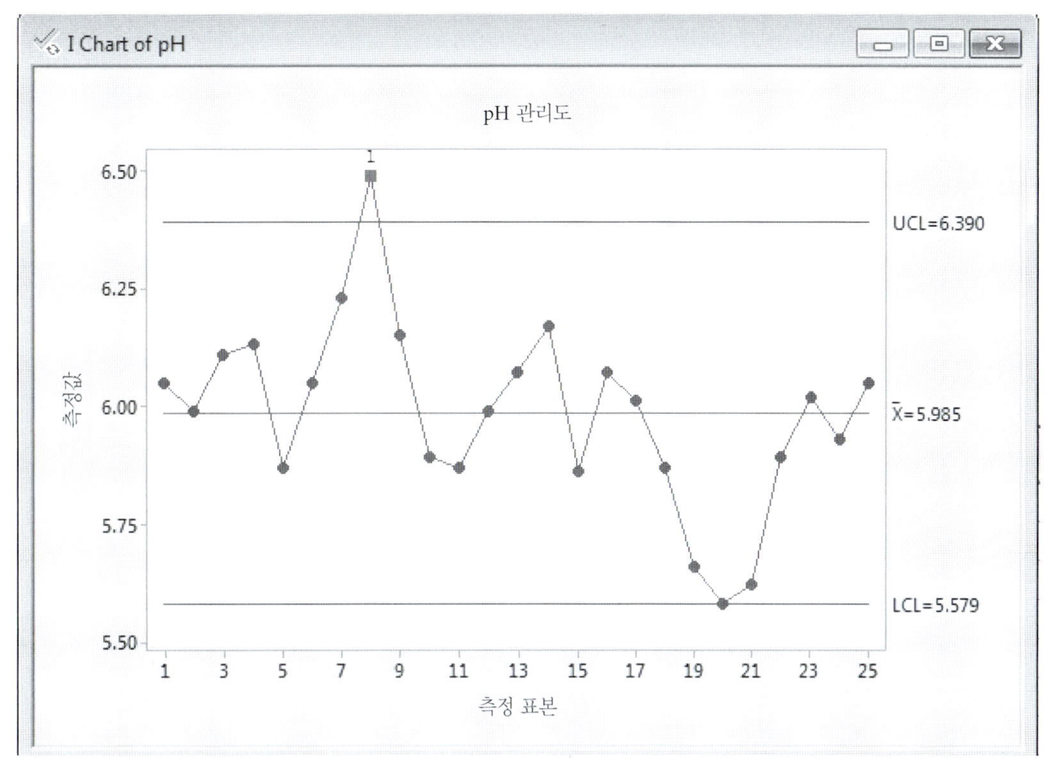

그림 4-16 액체 세제 표본의 생산에 대한 관리도를 Minitab을 이용하여 출력. 표본의 pH는 25회의 표본 관찰을 통해서 관찰되었다. 평균값은 상한선(UCL)과 하한선(LCL)과 같이 보여진다. 관찰 8은 상한선을 벗어났고 관찰 20은 하한선에 가깝다.

을 할 수 있다.[4] 그림 4-15는 엑셀 Solver를 이용하여 효소-촉매 반응의 Michaelis 상수 K_m과 최고 속도 v_m을 계산하는 예를 보여준다. 그림 4-15a에서 보듯이 초기 계산에서는 핏팅의 결과가 좋지 못하다. 하지만 Solver를 이용하여 잔차 제곱의 합(sum of the squares of the residuals, SSR)을 최소로 하면 그림 4-15b에서 보듯이 훨씬 나은 핏팅 결과를 낼 수 있다.

그림 4-16은 액상 세제 표본을 생산하는 공정을 모니터링하기위해 MINITAB을 이용하여 관리도(control chart)를 작성하는 예를 보여주고 있다. 표본의 pH가 도시되고 상한값과 하한값이 데이터로부터 얻어진다.[5] 차트에서 측정값 중에 하나가 한도값을 벗어난 것으로 관찰된다.

행렬 대수와 다양한 응용을 다루는 정교한 프로그램도 상용화되어 있다. 그중에 하나가 MathWorks의 MATLAB이다. 기본 프로그램 외에도, 도구상자(toolbox)로 불리는 응용 프로그램 모듈이 행렬 응용 프로그램으로 제공된다. 사용 가능한 도구상자에는 통계, 기기 제어, 계량화학, 화상 처리, 생물정보학, 신호처리 등이 포함된다. MathWorks뿐만 아니라 많은 다른 소프트웨어 개발사에서도 MATLAB과 함께 사용할 수 있는 도구상자를 제공하고 있다.

4F-4 과학 패키지

화학 그리고 관련된 과학분야에서 사용되는 많은 소프트웨어 패키지가 특별히 개발되었다. 프로그램은 다음의 용도만큼 다양하다; 유기 분자의 구조 그리기(ChemWindows와 ChemDraw), 열역학 계산(HSC Chemistry for Windows), 곡선 핏팅(SYSTAT Software 사의 TableCurve와 PeakFit), 광학 스펙트럼 분석 및 도시(Thermo Scientific 사의 GRAMS software), 실험실에서의 데이터 수집, 분석, 도시(National Instrument사의 LabVIEW).

GRAMS

데이터 분석을 위한 소프트웨어의 유용성을 보여주기 위해 GRAMS를 살펴보자. GRAMS는 그래픽과 관계된 배열 관리 시스템(graphic relational-array management system)의 축약어이며 스펙트로그램과 크로마토그램을 나타내기도 한다. GRAMS는 GRAMS/AI 분광법 데이터 처리/보고 소프트웨어를 중심으로 통합된 소프트웨어 모듈의 모음집이다. 이 모음집의 각 모듈들은 개별적으로 사용되거나 GRAMS/AI과 같이 사용될 수 있다. 포함된 모듈에는 다차원 데이터 세트를 시각화하고 도시할 수 있는 GRAMS/3D, 그룹별로 공유할 수 있는 데이터베이스를 만드는 SPECTRAL DB, 스펙트럼을 정성적으로 식별하는 SPECTRAL ID 등이 있다. 뿐만 아니라 계량화학적 교정 모

[4]엑셀의 Solver에 대한 추가적인 정보는 다음 문헌을 참고하시오: S. R. Crouch and F. J. Holler, *Applications of Microsoft® Excel in Analytical Chemistry*, 3rd ed., Belmont, CA: Cengage Learning, 2017.

[5]관리도에 정보는 다음 문헌을 참고하시오: D. A. Skoog, D. M. West, F. J. Holler, and S. R. Crouch, *Fundamentals of Analytical Chemistry*, 9th ed., Belmont, CA: Brooks/Cole, 2014, pp. 188-190.

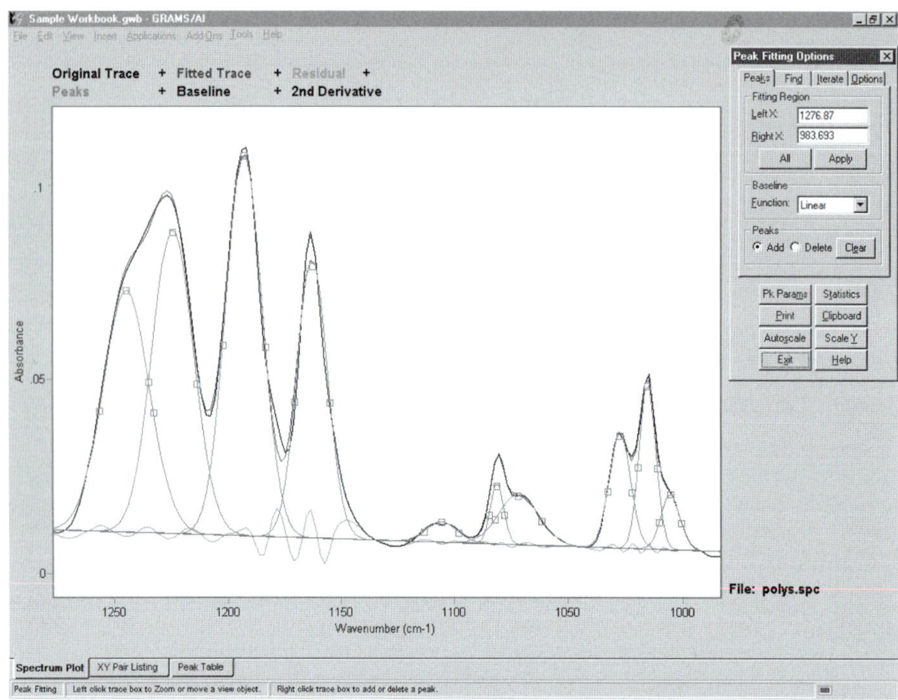

그림 4-17 **중첩한 피크 신호에 대해 GRAMS/AI를 이용하여 피크와 기저선을 찾은 컴퓨터 화면.** (Courtesy of Thermo Fisher Scientific)

델(PLSplus/IQ)을 만들고 엑셀과 데이터 교환하는 모듈도 있다. GRAMS는 분광기, 크로마토그래프와 그 외의 기기를 포함한 100종 이상의 화학 기기와 기타 소프트웨어 패키지가 만드는 파일들을 읽고, 분석하고, 변환할 수도 있다. 데이터 파일들은 JCAMP와 같은 표준 분광법 형식뿐만 아니라 아스키(ASCII), 쉼표로 구분되는 형식, 스프레드시트 형식을 포함하는 여러 형식으로 서로 변환이 가능하다. 그림 4-17은 GRAMS/AI를 이용하여 여러 개의 피크가 중첩되어 있는 크로마토그램에 기저선과 피크를 핏팅한 결과를 보여준다. 이러한 소프트웨어는 크로마토그래피를 통해 분리된 혼합물의 개별 성분을 찾아내는 데 필수불가결한 도구이다.

도시 패키지

과학자들이 사용하도록 고안되고 출판-품질의 그래픽을 제공하는 소프트웨어가 있다. 엑셀과 같은 다목적 프로그램은 상당히 광범위한 도시(plotting) 기능을 가지지만, 좀 더 특화된 프로그램들은 2차원, 3차원 도시, 등고선 도시, 고급 통계 도시, 다중 축 도시, 그리고 기타 특징을 나타내는 고급 기능을 가지고 있다. SYSTAT Software사의 SigmaPlot, OriginLab사의 Origin, GRAMS/AI 등은 과학자들이 논문을 게재하거나, 발표, 수업에 사용될 도표를 준비하는 데 필요한 기능을 제공한다.

LabVIEW

LabVIEW는 다양한 기기로부터 데이터 수집과 다양한 유형의 데이터 분석, 정교한 데이터 표현에 대한 그래픽 환경을 제공하는 프로그램이다. LabVIEW의 데이터 수집 부분은 National Instruments사의 데이터 수집 보드와 함께 작동한다. 데이터는 플러그-인 보드, USB 장치, 이더넷 기반의 시스템으로부터 수집된다. 사용자는 그림 4-18에서 보는 것처럼 LabVIEW를 이용하여 데이터 수집과 측정 환경에 맞게 사용자가 정의한 고유 프론트 패널을 가지는 가상 기기(virtual instrument)를 설정할 수 있다. 구성 요소와 프로세스는 그림 4-19에서처럼 블록 다이어그램으로 시각화될 수 있으며, 블록 간의 연결을 쉽게 바꿀 수 있다.

LabVIEW의 데이터 분석 부분은 곡선 핏팅, 피크 분석, Fourier 분석, 디컨볼루션(deconvolution), 평활화(smoothing), 그리고 다양한 수학적 연산을 하는 도구들을 포함하고 있다. 프로그램은 또한 Mathcad나 MATLAB과 같은 표준 수학 소프트웨어와 같이 통합될 수 있다.

LabVIEW의 표현부는 2차원 또는 3차원 차트와 같은 도시화 및 시각화 도구, 보고서 생성 도구, 웹 출판 도구 등의 다양한 도구들을 포함하고 있다. 기기 제어 패널과 블록 다이어그램은 웹을 통해서 게시할 수 있으며, 가상 기기는 인터넷을 통해 원격으로 접근하여 제어할 수 있다.

LabVIEW는 가상 기기를 상대적으로 쉽게 구성하고 사용할 수 있는 환경을 제공한다. 많은 템플릿과 광범위한 사용자 네트워크를 통해 LabVIEW 응용 프로그램을 개발하는 데 도움을 받을 수 있다. LabVIEW 프로그램은 산업, 연구 실험실, 교육 실험실 등 광범위하게 사용되고 있다.

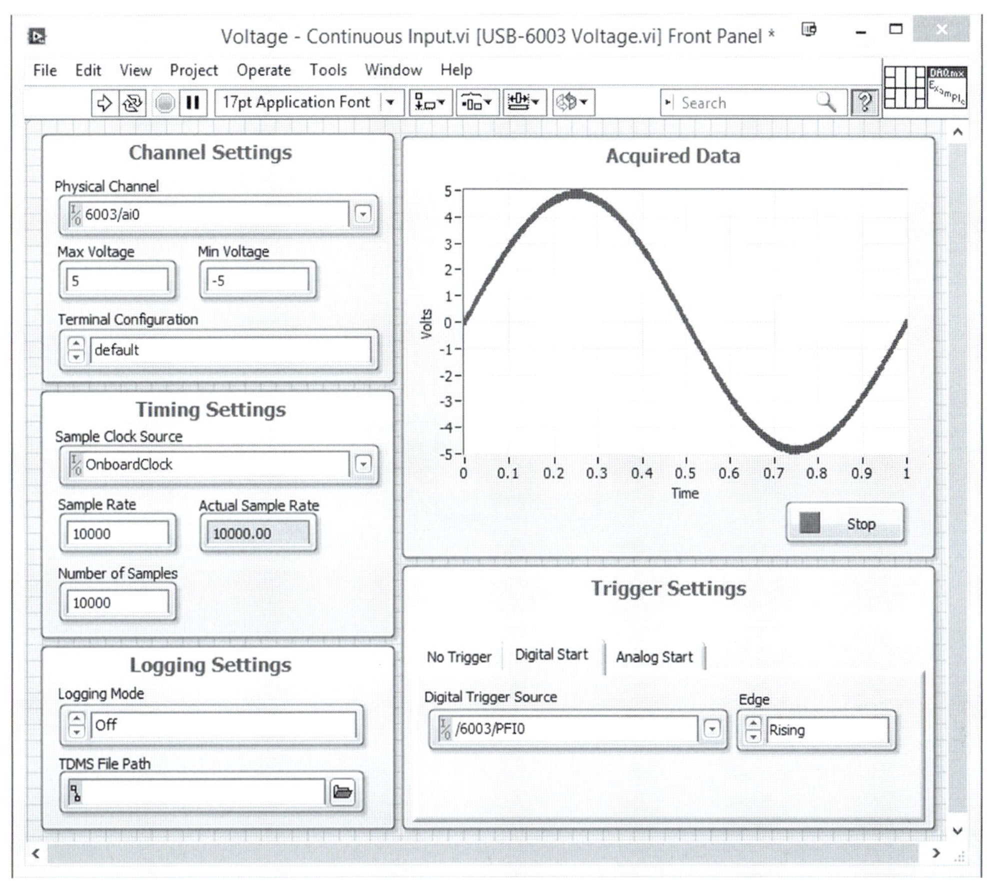

그림 4-18 표본 추출 속도, 표본 길이, 필터 값 등의 매개변수를 선택할 수 있는 데이터 수집 시스템의 LabVIEW 프론트 패널. (Reprinted with permission of National Instruments Corporation.)

4G 컴퓨터의 응용

컴퓨터가 분석기기와 상호작용은 *수동적*(passive)과 *능동적*(active)의 두 가지 방식으로 이루어진다. 수동적 응용 프로그램에서는 컴퓨터가 실험을 제어하는 데 참여하지 않고 단지 데이터를 다루고, 처리하고, 저장하고, 파일을 찾고, 보여주는 역할만 한다. 능동적 상호작용에서는 컴퓨터의 출력이 기기를 작동하는 데 필요한 일련의 단계를 제어한다. 예를 들면 분광측정에서 컴퓨터는 적당한 광원을 선택하고 활성화시켜 세기가 적당한 수준이 되도록 조절한 후, 시료와 바탕용액에 빛을 투과시키고, 단색화장치(monochromator)를 제어함으로써 적합한 파장을 선택하며, 검출기 감응을 조절하고, 신호의 세기를 기록한다. 뿐만 아니라 수집되는 데이터를 이용하여 실험 조건을 변화시키도록 컴퓨터에 프로그램함으로써 이후에 측정되는 데이터의 질을 향상시킬 수 있다. 컴퓨터로 제어되는 기기는 자동화되었다라고 한다.

4G-1 수동적 응용

컴퓨터를 이용한 데이터 처리에는 농도 계산, 데이터 평균, 최소 제곱 분석, 통계적 분석, 피크 면적을 구하는 적분 등의 상대적으로 단순한 수학적 연산이 포함될 수 있다. 보다 복잡한 계산에는 다항 연립 방정식의 해, 곡선 핏팅, 평균화, Fourier 변환 등이 있다.

데이터 저장은 컴퓨터의 또 다른 중요한 수동적 기능이다. 예를 들어, 크로마토그래피(GC)가 질량 분석기(MS)와 연결되는 경우(제11장, 제20장, 제27장 참고) 복합적인 혼합물을 분석할 수 있는 강력한 도구가 된다. GC는 적절하게 충진된 컬럼의 끝에 혼합물의 개별 성분이 나타나는 시간을 기반으로 혼합물을 분리한다. MS는 화합물이 전자와 같은 여러 종류의 입자 중의 하나에 의해 충돌되면서 형성되는 분해 조각의 질량에 따라 각 개별 성분을 식별할 수 있다. GC/MS에 장착된 장치는 몇 분 안에 100개의 스펙트럼을 측정할 수 있으며, 각 스펙트럼은 수십에서 수백에 이르는 피크를 가질 수 있다. 이러한 데이터를 해석 가능한 (그래프) 형태로 실시간 변환시키는 것은 불가능하다. 따라서 데이터는 보통 후속 처리와 그래픽 형태의 표현을 위해 디지털 형식으로 저장된다.

질량 스펙트럼에서 성분을 찾아내는 것은 순수한 화합물의 스펙트럼 파일을 검색하여 맞는 것을 찾아내는 과정을 포함한다. 수동적으로 이루어지기에 시간을 많이 소모하는 작업이지만 컴퓨터를 사용하여 빨리 마칠 수 있다. 하드 디스크에 저장되어 있는 순수한 화합물의 스펙트럼을 검색하여 분석물질과 비슷한 스펙트럼을 찾아낸다. 수천 개의 스펙트럼이 1분 이내에

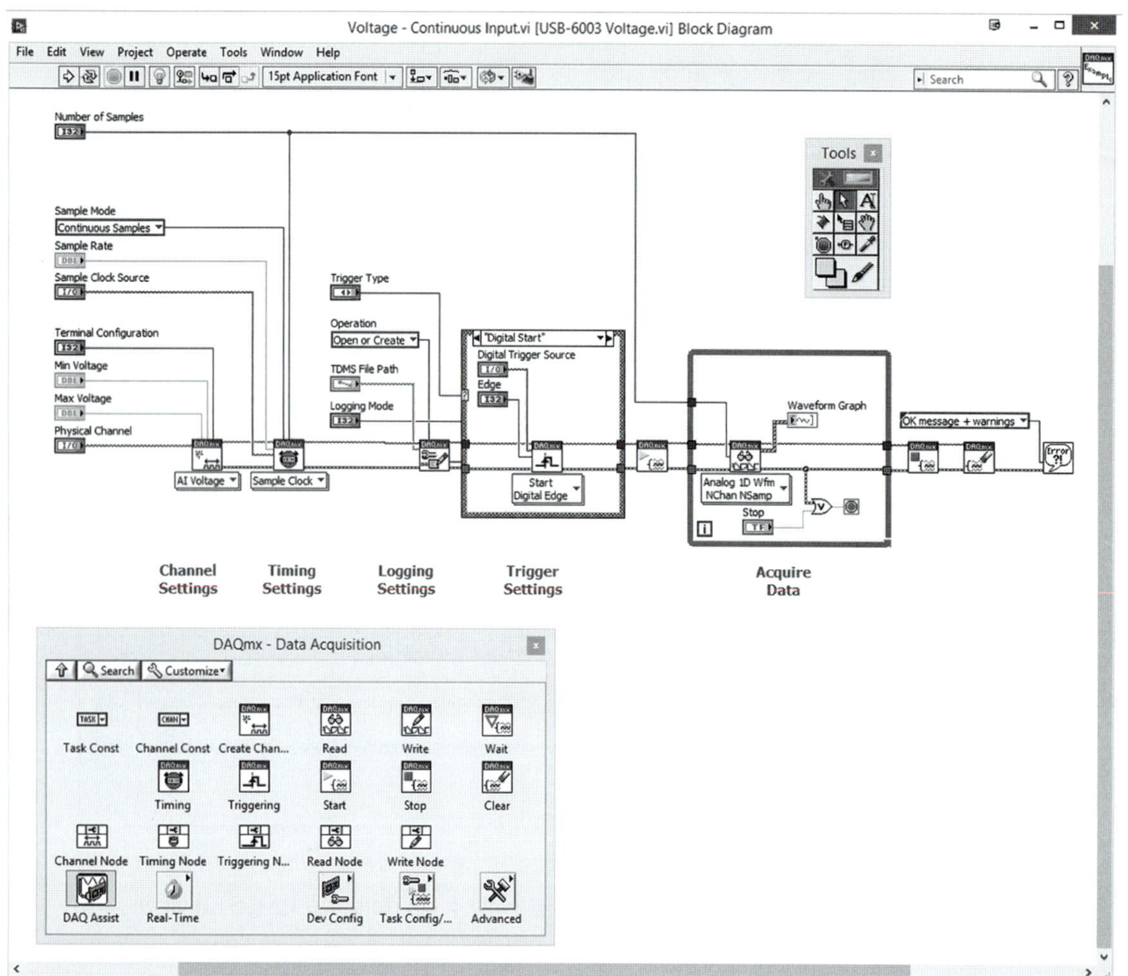

그림 4-19 데이터 수집과 측정 프로세스를 표현하는 LabVIEW 블록 다이어그램. (Reprinted with permission of National Instruments Corporation.)

검색될 수 있다. 이러한 검색을 통해서 몇 가지 가능한 화합물을 찾아낼 수 있다. 과학자가 스펙트럼을 더 상세히 비교함으로써 성분을 확인할 수 있게 된다.

또 다른 중요한 수동형 응용 프로그램은 컴퓨터의 강력한 기능을 이용하여 고속으로 데이터를 수집하고 상관관계를 찾아내는 것이다. 예를 들어 GC 컬럼을 통해 빠져나가면서 분리되는 성분의 스펙트럼을 컴퓨터로 호출하여 모니터상에 나타낼 수 있다.

4G-2 능동형 응용

능동형 응용 프로그램에서는 컴퓨터의 시간 자원의 일부만이 데이터를 수집하는 데 사용되며, 나머지는 데이터 처리와 제어에 사용된다. 따라서 능동형 프로그램은 실시간 작업이다. 대부분의 현대 기기는 제어 기능을 수행하는 하나 이상의 마이크로프로세서를 가지고 있다. 예를 들어 다음과 같은 것들을 조정할 수 있다; (1) 단색화장치의 슬릿 폭과 파장 설정, (2) 크로마토그래피의 컬럼 온도, (3) 전극의 인가 전위, (4) 시약의 첨가 속도, (5) 피크의 적분을 시작하는 시간. 바로 앞 절에서 다루었던 GC/MS에 대해 종종 컴퓨터를 이용하여 크로마토그래피의 컬럼 끝에서 물질이 감지될 때마다 질량 스펙트럼 수집을 실시하도록 할 수 있다.

컴퓨터를 이용한 제어는 방금 예제로 언급한 것처럼 다소 간단하기도 하지만 복잡하기도 하다. 예를 들어 보자. 원자 방출 분광기를 통해서 원소의 농도를 알기 위해 각 원소의 고유 파장에서 관찰되는 방출 선의 높이를 측정한다(제10장 참고). 여기서 컴퓨터는 피크가 감지되기 전까지 파장 범위를 단색화장치로 빠르게 주사(scan)한다. 신호가 감지되면 주사 속도를 줄여 최대 출력 신호가 나타나는 신호의 정확한 파장을 알아낸다. 이 지점에서 세기 측정을 여러 번 반복하여 적당한 신호 대 잡음비(signal-to-noise ratio, 제5장 참고)를 가지는 평균값을 구한다. 컴퓨터는 기기로 하여금 이러한 작업을 모든 피크에 대해 반복 수행하도록 한다. 최종적으로 컴퓨터는 존재하는 원소의 농도를 계산하여 프린터로 전송한다.

컴퓨터는 속도가 매우 빠르므로 사람이 수행하는 것보다 더 효율적으로 변수를 제어할 수 있다. 더 나아가 초기 데이터의 성질에 따라 측정되고 있는 방법을 바꿀 수 있도록 컴퓨터를 프

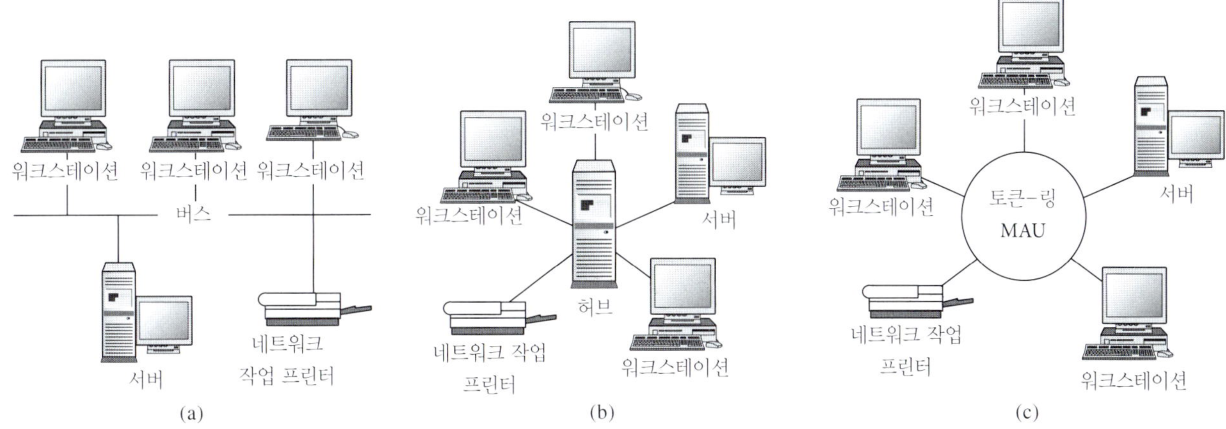

그림 4-20 네트워크 토폴로지. (a) 버스 토폴로지. 여기서 컴퓨터는 물리적인 버스를 통해 통신한다. 다양한 장치들이 통신하기 위해서는 소프트웨어가 필수적이다. (b) 스타 토폴로지. 연결 상자 또는 허브는 컴퓨터끼리 연결할 수 있도록 한다. (c) 토큰-링 토폴로지. 정보는 네트워크를 둘러싸는 링을 따라 돈다. MAU = multistation access unit.

로그램시킬 수 있다. 피드백 루프를 이용하여 출력 신호를 디지털로 변환하고 컴퓨터에 피드백함으로써 이후의 측정을 어떻게 할지 제어하고 최적화시킨다.

4H 컴퓨터 네트워크

두 대 이상의 컴퓨터가 연결되면 컴퓨터 네트워크 또는 간단히 말해 *네트워크*(network)가 만들어진다. 오늘날의 세계에는 컴퓨터 네트워크가 항상 우리 주변을 둘러싸고 있다. ATM에서 돈을 인출하고, 인터넷에 접속하여 정보를 얻고, 디지털 케이블 TV를 통해 프로그램을 시청한다. 이 모든 것에는 컴퓨터 네트워크가 필요하다. 오늘날 네트워크는 정보를 전송하고 다루는 데 효율성을 매우 향상시키고 있다.[6]

4H-1 네트워크의 종류

네트워크에는 매우 많은 컴퓨터 간의 상호작용이 존재하지만, 크게 근거리 통신망, 광역 통신망, 인터넷으로 분류될 수 있다. 여기서 앞으로 설명되는 모든 물리적 네트워크는 연결된 모든 장치에 적절한 소프트웨어가 없으면 제대로 작동하지 않는다.

근거리 통신망

근거리 통신망(local area network, LAN)은 가장 단순한 형태의 네트워크이다. LAN은 한 장소에서 컴퓨터가 연결된 그룹이다. 일반적으로 LAN은 초당 메가비트(Mbps)부터 기가비트(Gbps)에 이르는 고속 데이터 전송 속도를 가진다.

대다수의 LAN은 전선을 통해 물리적으로 연결되어 있다. 최근에는 무선 네트워크가 널리 사용되어 전송기와 수신기 사이에 전달되는 전파를 통해 컴퓨터끼리 통신할 수 있게 되었다. 과거의 유선 LAN은 버스 타입 구조를 가졌으며, 그림 4-20a에 보듯이 컴퓨터는 공유된 (버스) 케이블을 따라 T자 형으로 연결되어 있었다. 만약 이러한 구조의 버스 토폴로지에서 컴퓨터 사이에 연결이 끊어지면 전체 네트워크가 끊어지게 되었다. 버스 네트워크의 대표적인 예로 동축 이더넷 네트워크(10Base5와 10Base2)가 있다. 버스 네트워크는 근래에 와서 스타 네트워크로 대체되었다. 연선(twisted-pair, TP) 이더넷 네트워크(10BaseT 또는 100BaseT)는 그림 4-20b에서처럼 스타 토폴로지를 사용하고 있다. 스타 네트워크는 버스 네트워크에 비해 견고하며 장애가 적다. 링 네트워크는 스타 네트워크와 유사한 구성을 가지지만 정보가 네트워크의 고리를 따라 순환하는 점에서 다르다. IBM Token Ring 네트워크와 FDDI (fiber-optic distributed-data interface) 네트워크는 링 구조를 사용한다.

네트워크에 연결되어 사용자가 일하는 컴퓨터를 *워크스테이션*(workstation)이라고 한다. 네트워크상에서 다른 컴퓨터와 공유되는 자원을 가지는 컴퓨터를 *서버*(server)라고 한다. 이러한 물리적인 장치 외에 LAN을 구성하기 위해서는 소프트웨어와 함께 허브, 액세스 장치, 네트워크 카드, 적절한 배선과 케이블 등이 필요하다.

광역 네트워크

두 번째 네트워크는 *광역 네트워크*(wide area network, WAN)이다. WAN을 통해 컴퓨터는 지리적으로 분산되어 있다. 대체로 이러한 네트워크는 데이터 흐름을 관리하는 *라우터*(routers)를 통해서 고속으로 서로 연결되는 LAN들로 구성되어 있다. WAN은 일반적으로 미국에서 1.5 Mbps (T-1선) 또는 45 Mbps (T-3선 또는 DS3선)로 운영되는 임대 디지털 전화선(T-carrier 선)을 이용해 접속한다. 이러한 임대선은 매우 고가인데, 1달 사용료가 T-1선은 $수백, T-3선은 $수천에 이른다.

[6]참고문헌: B. Hallberg, *Networking: A Beginner's Guide*, 6th ed., New York: McGraw-Hill, 2013; L. L. Peterson, B. S. Davie, *Computer Networks: A Systems Approach*, 4th ed., Burlington, MA: Kaufmann, 2007; C. Wu and J. D. Irwin, *Introduction to Computer Networks and Cybersecurity*, Boca Raton: CRC Press, 2013.

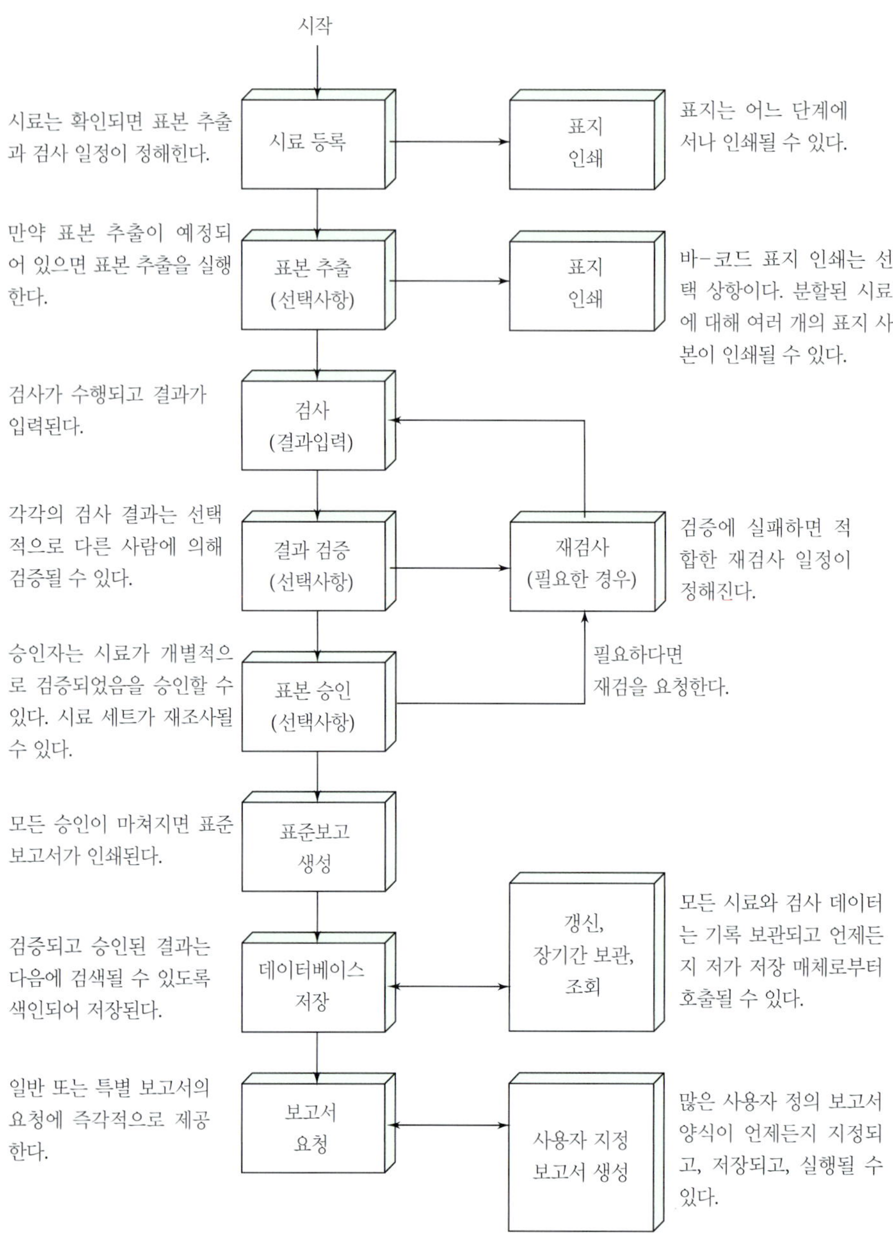

그림 4-21 **실험실 정보 관리 시스템(laboratory information management system, LIMS)의 데이터와 표본 관리에 대한 개요.** (Reprinted with permission from F. I. Scott, *Amer. Lab.*, **1987**, *19* (11), 50. Copyright 1987 by International Scientific Communications, Inc.)

인터넷

마지막으로 인터넷이다. 인터넷은 믿을 수 없을 정도의 매우 다양한 문자, 그래픽, 오디오, 비디오 정보로 이루어진 디지털 표현물을 전 세계에 걸쳐 신속하게 전송할 수 있다. 인터넷은 실제로 네트워크의 네트워크라고 할 수 있다. 인터넷은 몇 가지 방법을 통해서 접속할 수 있다: 표준 다이얼업 전화선을 통해서, 케이블 TV를 전송하는 동축 케이블을 이용한 모뎀을 통해서, 개인 전화선의 일부를 데이터 전송에 분할한 *DSL* (*digital subscriber line*, 디지털 가입자 회선)을 통해서 접속할 수 있다. 다이얼업 회선은 보통 전송속도가 56 kbps로 제한되어 있어 그래픽이 거의 없는 문자 기반의 통신 외에는 매우 느리다. 케이블 모뎀 및 DSL 연결을 흔히 *광대역*(broadband) 연결이라고 부른다. 케이블 모뎀은 전화선보다 훨씬 빠르며 최고 속도는 50 Mbps에 이른다. 하지만 케이블 통신은 공유 네트워크 토폴로지를 기반으로 하여, 대역폭이 항상 원하는 만큼 나오지 않는다. DSL의 한 종류인 비대칭 DSL은 다운로드에 20 Mbps 이상, 업로드에 800 kbps 이상 속도를 제공한다. DSL은 개인 전화선을 이용하므로 사용자 수가 증가하여도 속도가 느려지지 않는다. 하지만 통신 속도는 중앙 전화국으로부터 가입자까지의 거리에 따라 달라진다. 보안에 대해서도 케이블 모뎀에 비해 문제가 적다.

인터넷은 최종적으로 수백 Mbps의 고속 케이블이나 전화선을 통해 거의 모든 집으로 정보를 전송하게 될 것이다. 오늘날 과학

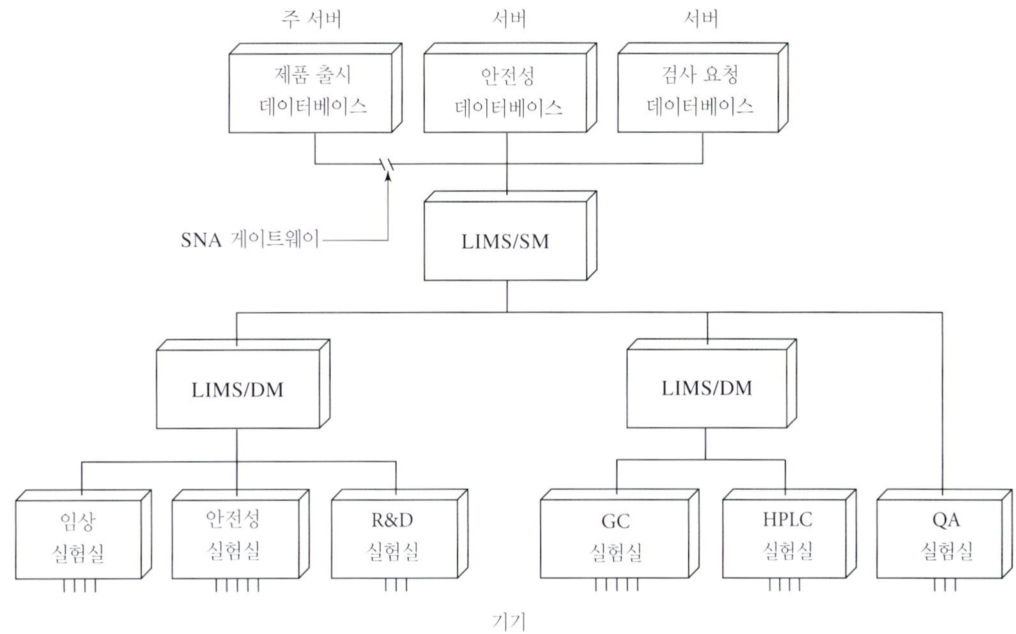

그림 4-22 자동화된 실험실 시스템의 블록 다이어그램. SNA = systems network architecture; SM = system-sample management; DM = data management; R&D = research and development; HPLC = high-performance liquid chromatography; QA = quality assurance. (Reprinted with permission from E. L. Cooper and E. J. Turkel, *Amer. Lab.*, **1988**, *20* (3), 42. Copyright 1988 by International Scientific Communications, Inc.)

적 데이터, 논문, 그 외의 다른 유형의 보고서 등을 포함하여 전 세계의 매우 많은 정보가 이미 인터넷을 통해 구할 수 있다.

4H-2 실험실 정보 관리 시스템

실험실 환경에서 네트워킹 컴퓨터는 엄청난 양의 데이터를 다루고, 처리하고, 저장할 수 있다. 또한 정부 규정, 표본 검증, 품질 관리에서는 데이터를 보관하다가 언제나 즉각적으로 다시 불러올 수 있어야 한다. LIMS(실험실 정보 관리 시스템, laboratory information management system)은 이러한 문제들을 다룰 수 있다.[7]

잘 설계된 LIMS는 완료되었거나 진행 중인 프로젝트와 시료에 관한 모든 정보를 추적한다. 그림 4-21은 테스트 실험실에서 LIMS에 의해 관리될 수 있는 프로세스를 요약하여 보여주고 있으며, 시료가 처리되면서 행해질 수 있는 선택 사항들에 대한 개요를 제공한다. 최종적으로 그림 4-22는 전체 실험실을 완벽하게 자동화하도록 설계된 컴퓨터 시스템의 블록 다이어그램을 보여준다. 그림의 아랫부분에 모든 실험실이 블록으로 표현되고 있음을 주시한다. 실험실은 각각의 내부 활동을 조직하고 계층 구조상의 다음 단계와 통신하는 데 LAN을 사용할 수 있다. 이 시스템에서 두 가지 다른 형태의 LIMS가 사용됨을 볼 수 있다. DM으로 지정된 것은 데이터 관리(data-management)를, SM으로 지정된 것은 시스템-표본 관리(system-sample management)를 나타낸다. 본질적으로 이 두 관리 컴퓨터 또는 서버의 유일한 차이점은 통신과 데이터 처리를 제어하는 소프트웨어이다. SNA (systems network architecture) 게이트웨이는 이 실험실의 컴퓨터 클러스터가 본사의 주 서버에 연결되는 수단을 나타낸다.

대형 다국적 기업은 종종 LIMS를 이용하여 실험실 데이터를 전 세계에 걸쳐 공유한다. 예를 들어, Procter & Gamble은 60개국 이상에서 사업을 하고 있으며, 모든 분석 화학 실험실은 GAIMS (Global Analytical Information Management System)라고 불리는 시스템을 통해 연결되어 있다. 이 GAIMS는 LabWare라는 상용 시스템에 기반하고 있다.[8]

[7]더 많은 정보는 다음 문헌을 참고하시오: C. Paszko and E. Crossland, *Laboratory Information Management Systems*, 2nd ed., New York: Dekker, 2001.

[8]LabWare, Inc., Wilmington, DE.

질문과 문제

*별표가 있는 문제의 해답은 이 책의 끝에 있다.

이 아이콘이 있는 문제는 스프레드시트를 이용하여 쉽게 풀 수 있다.

***4-1** 다음의 십진수를 이진수로 변환하시오.

(a) 37 **(b)** 93 **(c)** 129 **(d)** 355

***4-2** 문제 4-1의 십진수를 BCD 수로 변환하시오.

4-3 문제 4-1과 4-2의 결과로 볼 때, 이진수와 BCD 중에 어떤 방법이 더 적은 비트로 10진수를 효율적으로 표현하고 있는가? 왜 덜 효율적인 방법이 여전히 유용하게 사용되고 있는가?

***4-4** 다음의 이진수를 십진수로 변환하시오.

(a) 110 **(b)** 11101 **(c)** 1100101 **(d)** 1101011011

***4-5** 다음의 BCD 수를 십진수로 변환하시오.

(a) 1001 **(b)** 1001 1001 **(c)** 0011 0100 0011 **(d)** 1001 0110 1000

4-6 문제 4-4와 4-5의 결과로 볼 때, 이진수와 BCD 중에 어떤 방법이 더 쉽게 십진수로 변환하는가? 이유는 무엇인가?

***4-7** 이진수를 이용하여 다음 계산을 하고, 결과를 다시 십진수로 나타내시오.

(a) 8 + 5 **(b)** 339 + 25 **(c)** 47 + 16 **(d)** 2 × 9

***4-8** 세 개의 ADC는 0~12 V의 입력 범위와 ±1 LSB의 불확정도를 가지고 있다. 세 개의 ADC가 다음의 분해능을 가지고 있다고 하면, 10 V의 신호가 디지털로 변환되는 경우 각각의 최대 오차는 얼마가 되겠는가?

(a) 8 bits? **(b)** 12 bits? **(c)** 16 bits?

4-9 문제 4-8에서 입력 신호가 1.2 V이다. 이 신호가 세 개의 ADC에 (a) 증폭되지 않은 경우와 (b) 최대 축척으로 10배 증폭되어 입력되는 경우 각각의 불확정도는 얼마인가?

4-10 ADC에 의한 전압의 최대 오차율은 다음 식에 의해 주어진다:

최대 % 오차 = (최대 불확정도/측정된 전압) × 100%

만약 같은 ADC를 이용하여 12 V와 1.2V를 측정하는 경우 각각의 전압 오차율은 어떻게 되는지 비교하시오.

***4-11** ADC는 다른 속도로 디지털 변환한다. 크로마토그래피에서 검출되는 피크가 기저선에서 상승하여 다시 기저선으로 되돌아오는 시간이 (a) 20초, (b) 1초인 경우, 피크를 25회 디지털 변환하는 데 필요한 속도는 각각 얼마인가?

***4-12** Nyquist 표본 추출 기준(제5C-2절 참고)에 따르면, 신호에 포함된 최고 주파수 성분의 최소 2배 이상 표본 추출해야 표본 추출 오류를 피할 수 있다. 만약 12비트 ADC의 변환 시간이 5 μs인 경우, 정확히 측정할 수 있는 최대 주파수 신호는 얼마인가?

도전 문제

4-13 Google과 같은 검색 엔진을 이용하여 Gordon E. Moore와 Moore의 법칙에 대한 정보를 찾아보고 다음 질문에 답하시오.

(a) Moore의 법칙이 무엇인지 자신만의 단어로 설명하시오.

(b) Gordon E. Moore는 누구인가? Moore의 법칙을 제안하였을 때 그의 위치는 무엇이었는가? 그가 나중에 공동 창업한 회사는 무엇이고 누구와 같이 하였는가?

(c) Gordon E. Moore가 학사 학위를 받은 분야는 무엇인가? 어느 대학에서 학위를 받았는가? 박사 학위를 받은 학교는 무엇인가? 박사 학위를 받은 분야는 무엇인가?

(d) Gordon E. Moore에게 첫 번째 일자리를 제안했던 Nobel 물리학상 수상자는 누구인가?

(e) Gordon E. Moore의 회사에서 처음 개발한 마이크로프로세서는 몇 개이고 몇 개의 트랜시스터로 이루어졌는가? 이것은 언제 소개되었는가?

(f) Moore의 법칙에 대해 Thomas Friedman의 기사를 읽어, Gordon E. Moore과의 인터뷰 영상을 보시오.[9] 몇 년에 어떤 매체에서 Moore가 Moore의 법칙을 예언하였는가? Moore가 그의 법칙에서 배운 가장 중요한 교훈은 무엇이었는가? 과학과 공학 분야에서 Moore의 흥미를 끈 것은 무엇인가? Moore는 과학에서 가장 큰 문제가 무엇이라고 보았는가? 오늘날 Moore의 법칙에 대해 어떻게 생각하는지 자신의 생각을 설명하시오.

(g) 컴퓨터 발전에 대한 중요 평가 기준 중에 하나가 가격–대–성능 비(performance-to-price ratio, PPR)이다.[10] PPR은 워드당 비트를 클럭 주기(1/클럭 속도)와 가격으로 나눈 값이다. 초기 IBM PC (1981)는 8비트 워드, 4.77 MHz의 속도, $5000 USD의 가격을 가지고 있어 PPR은 약 7600이 되었다. 2000년대에 들어서 상용화된 프로세서의 컴퓨터가 아래 표로 나타나 있다.[10] 각 컴퓨터에 대한 PPR을 계산하시오. PPR에도 Moore의 법칙이 적용되는가? 그러한 결론에 대한 이유를 설명하시오.

프로세스 유형	연도	클럭 속도, MHz	워드당 비트 수	가격, USD
286	1982	6.0	16	5000
486	1989	25	32	4000
Pentium	1993	60	32	3500
Pentium II	1997	266	32	3000
Pentium III	1999	700	32	2500
Pentium 4	2000	3000	64	2000

[9] T. L. Friedman, "Moore's Law Turns 50," *New York Times*, May 13, 2015. Accessed May 17, 2015. http://www.nytimes.com/2015/05/13/opinion/thomas-friedman-moores-law-turns-50.html.

[10] 다음을 참고하시오. S. R. Crouch and T. V. Atkinson, *Anal. Chem.* **2000**, 72, 596A-603A, **DOI**: 10.1021/ac0029096.

5장

신호와 잡음

Signals and Noise

모든 기기 측정량은 두 가지로 구성 요소로 이루어져 있다. 하나는 **신호(signal)**로서, 분석물질에 대한 정보와 같이 과학자들이 알고 싶어하는 정보를 가지고 있다. 두 번째는 **잡음(noise)**으로서, 신호에서 측정을 모호하게 하고 정밀도와 정확도를 저해하는 불필요한 요동으로 구성되어 있다. 또한 잡음은 검출될 수 있는 분석물질의 검출 한계를 정의한다. 이 장에서는 일반적인 잡음의 원인과 그러한 잡음의 효과를 최소화할 수 있는 방법에 대해 설명할 것이다.

이 장에서 옆의 로고는 **www.tinyurl.com/skoogpia7** 에서 대화형 자습, 시뮬레이션, 연습 등을 통해 온라인으로 학습할 수 있는 기회가 있음을 나타낸다.

5A 신호 대 잡음비

신호에서 잡음의 영향[1]은 그림 5-1a에서 그려져 있는 약 10^{-15}A의 아주 작은 직류 전류로 표현되고 있다. 그림 5-1b는 같은 전류에 대해 잡음이 없는 이론적인 그래프이다.[2] 두 그래프의 차이는 실험에 따른 잡음에 해당한다. 불행히도, 측정할 때 피할 수 없는 열역학 및 양자 효과로부터 나타나는 잡음의 종류에 의해 그림 5-1b에서 보이는 잡음 없는 데이터는 실제로 실험실에서 얻을 수 없다.

대부분의 측정에서 잡음 N의 평균 강도는 일정하며 신호 S의 크기에 무관하다. 따라서 측정되는 양의 크기가 감소하면 할수록 상대 오차에서 잡음의 영향은 커진다. 이러한 이유로 분석법에 대한 우수성 또는 기기의 성능을 설명하는 데 있어 단순히 잡음보다는 *신호 대 잡음비*(signal-to-noise ratio, S/N)가 더 유용한 성능 지수로 사용된다.

그림 5-1a와 같은 직류 신호에 있어, 잡음의 크기는 일반적으로 여러 번 측정된 신호의 표준 편차 s로 정의되며, 신호는 측정의 평균값 $\bar{x}$로 주어진다. 따라서 S/N은 아래 식에 의해 주어진다.

$$\frac{S}{N} = \frac{\text{평균}}{\text{표준 편차}} = \frac{\bar{x}}{s} \tag{5-1}$$

여기서 신호 대 잡음비는 $\bar{x}/s$이며, 상대 표준 편차인 RSD(부록 1, 제a1B-1절 참고)의 역수임을 주목하자. 즉, 다음과 같다.

---

[1]잡음(noise)이라는 용어는 원하지 않는 신호가 오디오의 잡음으로 나타나는 라디오 공학에서 파생되었다. 이제는 이 용어가 과학과 공학에 두루 걸쳐서 반복적으로 신호를 측정할 때마다 관찰되는 무작위 요동을 묘사하는 데 사용된다. 무작위 요동은 통계학적 방법으로 설명되고 다루어진다(부록 1, 제a1B절 참고).

[2]잡음에 관한 더 자세한 설명은 다음 문헌을 참고하시오, T. Coor, *J. Chem. Educ.*, 1968, *45*, A533, **DOI**: 10.1021/ed045pA533, A583, **DOI**: 10.1021/ed045pA583; G. M. Hieftje, *Anal. Chem.*, **1972**, *44* (6), 81A, **DOI**: 10.1021/ac60314a780; J. D. Ingle, Jr. and S. R. Crouch, *Spectrochemical Analysis*, Ch. 5, Upper Saddle River, NJ: Pren-tice Hall, 1988; H. V. Malmstadt, C. G. Enke, and S. R. Crouch, *Microcomputers and Electronic Instrumentation: Making the Right Connections*, Washington, DC: American Chemical Society, 1994.

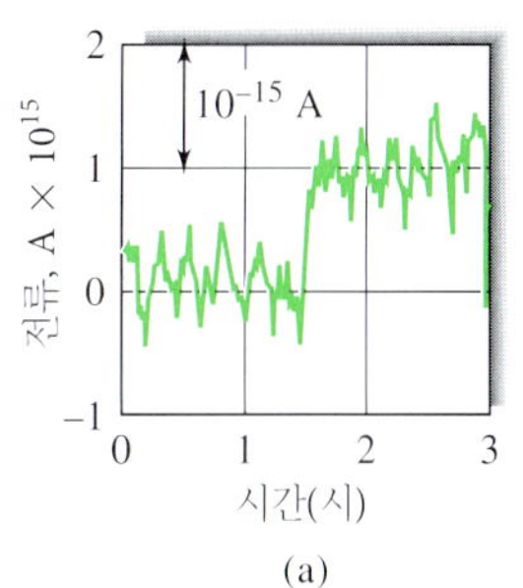

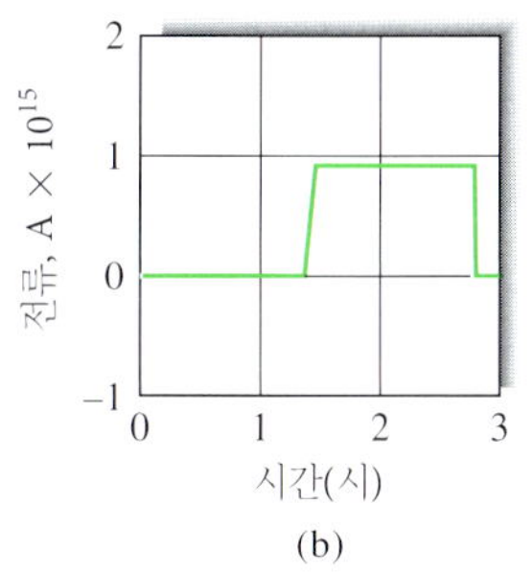

그림 5-1 전류에 대한 잡음의 영향. (a) 0.9 × 10^{-15} A의 직류 전류를 측정한 스티립 차트의 기록, (b) 전류의 평균. (Adapted from T. Coor, *J. Chem. Educ.*, **1968**, *45*, A583. With permission.)

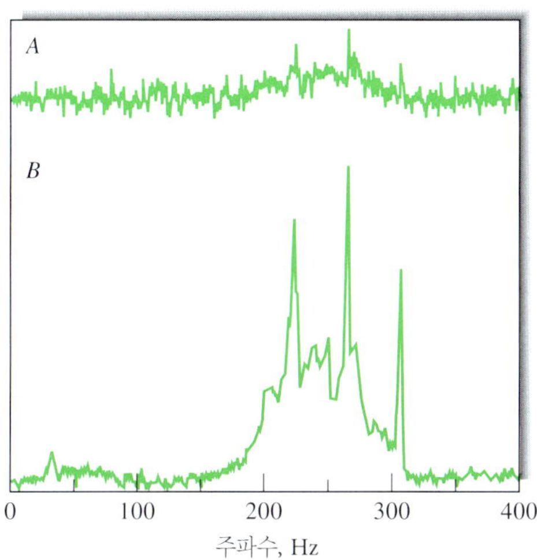

그림 5-2 신호 대 잡음비에 따른 progesterone의 NMR 스펙트럼에 대한 영향. *A*, *S/N* = 4.3; *B*, *S/N* = 43. (Adapted from R. R. Ernst and W. A. Anderson, *Rev. Sci. Inst.*, **1966**, *37*, 93, **DOI**: 10.1063/1.1719961. With permission.)

$$\frac{S}{N} = \frac{1}{\text{RSD}} \tag{5-2}$$

그림 5-1a와 같은 기록된 신호에서 최댓값과 최솟값의 차이를 5로 나누면 99%의 신뢰도의 표준 편차를 간단히 예측할 수 있다. 여기서 평균으로부터 벗어난 정도는 무작위이므로 통계적인 방법으로 처리할 수 있음을 가정하고 있다. 부록 1의 그림 a1-5를 보면 정규오차곡선에서 99%의 데이터는 평균 $\pm 2.5\sigma$의 범위 안에 있음을 알 수 있다. 따라서 최대와 최소의 차이가 5σ 내에 있음을 99%의 확실성으로 말할 수 있게 되는 것이다. 또, 최대와 최소 차이의 1/5은 표준 편차를 예측하는 좋은 방법이기도 하다.

일반적인 규칙으로서, 신호 대 잡음비가 2 또는 3보다 작으면 신호를 검출하는 것은 불가능하다. 그림 5-2는 이 규칙을 설명하고 있다. 위 그래프(*A*)는 progesterone의 핵 자기 공명(NMR) 스펙트럼이며, 신호 대 잡음비가 약 4.3이다. 아래 그래프(*B*)는 신호 대 잡음비가 43이다. 신호 대 잡음비가 작을수록 확실성을 가지고 구분할 수 있는 피크는 단지 몇 개에 불과하다.

5B 기기 분석에서 잡음의 원인

화학 분석에 영향을 미치는 잡음은 두 가지이다: 화학적 잡음과 기기적 잡음.

5B-1 화학적 잡음

화학적 잡음은 분석되고 있는 화학 시스템에 영향을 미치는 제어할 수 없는 변수로부터 생긴다. 예를 들어, 화학 평형의 위치에 영향을 주는 온도 또는 압력에서 감지되지 않는 변수, 시료의 수분 함량에 변화를 주는 상대 습도의 변동, 분말 고체를 층상 배열하는 진동, 감광성 물질에 영향을 미치는 빛 세기의 변화, 시료 또는 시약과 상호작용하는 실험실 증기 등이 있다. 화학적 잡음에 대한 상세한 내용은 나중에 특정 기기 분석법을 설명하는 장에서 설명하고, 여기서는 단지 기기적 잡음에 대해 초점을 맞추기로 한다.

5B-2 기기적 잡음

잡음은 기기를 구성하는 각각의 부분 장치들과 연관되어 있다. 즉, 광원과 같은 신호원, 입력 변환기, 모든 신호 처리 요소, 출력 변환기 등이다. 뿐만 아니라 이러한 구성 요소 각각으로부터 오는 잡음은 다양한 유형을 가질 수 있으며, 각종 원인으로부터 올 수 있다. 따라서 최종적으로 관찰되는 잡음은 일반적으로 완벽하게 분석될 수 없는 복합체라고 할 수 있다. 인지할 수 있는 기기적 잡음의 종류는 다음과 같다. (1) 열적 잡음 또는 Johnson 잡음; (2) 산탄(shot) 잡음; (3) 플리커 또는 $1/f$ 잡음; (4) 환경 잡음이다.

열적 잡음 또는 Johnson 잡음

열적 잡음은 기기를 구성하는 저항, 축전기, 방사 변환기, 전기화학 셀 그리고 그 밖의 저항성 소자 안의 전자나 전하들의 열 교란에 의해 생성된다. 이러한 전하 입자들의 교란은 무작위적이고 전하의 불균일성을 주기적으로 만드는데, 그 결과 전압이 요동되고 판독되는 값의 잡음으로 나타난다. 이러한 열적 잡음은 저항 요소에 전류가 없는 경우에도 나타나며, 절대 온도 0도에서 사라진다는 점을 알아 두는 것은 중요하다.

저항성 회로 소자의 열적 잡음의 크기는 열역학적 고찰[3]을 통해 이론적으로 유도될 수 있으며, 다음 식으로 주어진다.

$$\bar{v}_{\text{rms}} = \sqrt{4kTR\Delta f} \tag{5-3}$$

여기서 $\bar{v}_{\text{rms}}$는 Δf Hz의 주파수 대역폭과 관계 있는 근–평균–

[3]예시는 다음 참고문헌에서 찾아볼 수 있다. T. Coor, *J. Chem. Educ.*, **1968**, *45*, A533.

제곱 잡음 전압이며, k는 Boltzmann 상수(1.38×10^{-23} J/K), T는 절대 온도(K), R은 저항성 소자의 저항 값(Ω)이다.

제3B-4절에서 상승 시간 t_r과 연산증폭기의 대역폭 Δf 와의 관계에 대해 살펴보았다. 이 두 변수들은 다음 식에 의한 관계를 가지고 있으므로, 정보를 변환하고 전송하는 과정에서 기기의 응답을 설명하는 데에도 사용된다.

$$\Delta f = \frac{1}{3t_r} \tag{5-4}$$

기기의 상승 시간은 급작스런 변화에 대한 응답 시간(초)을 의미하며, 일반적으로 출력이 최종값의 10%에서 90%로 증가할 때 걸리는 시간으로 측정된다. 따라서 상승 시간이 0.01초이면 대역폭은 33 Hz가 된다.

식 5-3을 통해 대역폭이 감소하면 열적 잡음이 줄어듦을 알 수 있다. 하지만 대역폭이 감소하면 기기가 신호 변화에 응답하는 속도가 느려지고, 신뢰할 수 있는 측정을 하는 데 더 많은 시간이 요구된다.

예제 5-1

기기의 응답 시간을 1초에서 1×10^{-6}초로 감소하면 열적 잡음은 어떤 영향을 받는가?

풀이

여기서 응답 시간은 대략 상승 시간과 같다고 가정하면, 대역폭은 0.3 Hz에서 3.3×10^5 Hz 또는 10^6배로 변한다고 알 수 있다. 식 5-3에 따르면 이러한 변화는 열적 잡음을 $(10^6)^{1/2}$배 또는 1000배 증가시키게 된다.

식 5-3에서 볼 수 있듯이, 열적 잡음은 기기의 전기 저항을 낮추거나 기기 구성 부품의 온도를 낮춤으로써 감소할 수 있다. 변환기의 열적 잡음은 종종 냉각을 통해 감소된다. 예를 들어, 자외선-가시선 광다이오드 어레이의 온도를 실온(298 K)에서 액화 질소 온도(77 K)로 낮추면 열적 잡음은 반으로 감소한다.

비록 열적 잡음이 주파수의 대역폭에 의존하지만, 주파수 자체에 대해서는 의존하지 않음을 명심하는 것은 중요하다. 이러한 이유로 열적 잡음은 모든 가시선 주파수 범위를 가지고 있는 백색광에 비유되어 *백색 잡음*(white noise)이라고도 한다. 또한 저항성 회로 소자의 열적 잡음은 저항의 물리적인 크기에 무관함을 명심한다.

산탄 잡음

산탄 잡음(shot noise)은 전자 또는 전하 입자가 접합점을 지날 때마다 발생한다. 일반적인 전자 회로에서 이러한 접합점은 *pn* 계면에서 발견된다. 광전지와 진공관에서 접합점은 양극과 음극 사이의 진공 공간으로 이루어진다. 전류는 양자화된 사건의 연속, 즉 접합점을 가로지르는 개별 전자들의 연속적인 이동으로 이루어진다. 하지만 이러한 사건은 무작위로 일어나며, 사건의 발생 속도는 통계적 요동에 따르고 다음 식으로 표현된다.

$$i_{rms} = \sqrt{2Ie\Delta f} \tag{5-5}$$

여기서 i_{rms}는 평균 직류 전류(I)에 대한 근-평균-제곱 요동 전류이며, e는 전자의 전하량인 1.60×10^{-19} C, Δf는 주파수 대역폭이다. 열적 잡음과 마찬가지로 산탄 잡음은 백색 잡음이며, 따라서 어느 주파수에서나 똑같이 나타난다.

식 5-5는 대역폭을 감소시킴으로써 산탄 잡음을 최소화할 수 있음을 제시하고 있다.

플리커 잡음

플리커 잡음(flicker noise)의 특징은 측정되는 신호의 주파수에 반비례하는 크기를 가진다는 것이다; 따라서 $1/f$ (*one-over-f*) 잡음으로 불리기도 한다. 플리커 잡음의 원인은 완벽하게 알려지지 않고 있지만, 어디서나 존재하며 주파수의 의존성을 통해 알 수 있다. 플리커 잡음은 약 100 Hz 이하의 저주파에서 크게 나타난다. 직류 증폭기, 광원, 전원 공급장치, 전압계, 전류계 등에서 관찰되는 지속되는 드리프트는 플리커 잡음의 예가 된다. 플리커 잡음은 일반적으로 사용되는 탄소-조성 저항 대신에 권선 저항 또는 금속-막 저항을 사용하면 크게 줄일 수 있다.

환경 잡음

환경 잡음은 주변으로부터 오는 다양한 형태의 잡음으로 구성되어 있다. 그림 5-3은 대학 실험실에서의 전형적인 환경 잡음의 원인을 제시하고 있다.

많은 환경 잡음은 기기 내부의 각 전도체가 잠재적 안테나로 작용하여 전자기 방사선을 수신하고 이를 전기신호로 변환함으로써 생성된다. 주변에는 교류 전원 선, 라디오와 TV 방송국, 가솔린 엔진 점화기, 아크 스위치, 전기 모터의 브러시, 번개, 대기 전리층의 교란 등을 포함한 많은 전자기 방사원이 있다. 교류 전원 선과 라디오 방송국과 같은 전자기 방사원은 상대적으로 좁은 주파수 대역폭의 잡음을 생성한다.

그림 5-3은 주파수에 따른 잡음의 크기 도표, 즉 *잡음 세기 스펙트럼*(noise power spectrum)을 보여주고 있다. 스펙트럼이 낮은 주파수의 크고 연속적인 잡음 영역을 가지고 있음을 주목하자. 이 잡음은 플리커 잡음과 같은 성질을 가지고 있다; 하지만 근원은 완벽하게 알려지지는 않고 있다. 플리커 잡음에 중첩되어 연간/일간 온도 변동, 그리고 실험실 건물 사용에 따른 주기적인 현상과 관계된 잡음 피크가 나타나고 있다.

최종적으로 환경 잡음이 매우 낮은 두 고요한 주파수 영역이 그림 5-3에 표시되어 있다. 하나는 약 3 Hz부터 60 Hz에 이르고, 다른 하나는 약 1 kHz부터 500 kHz 또는 AM 라디오 주파수까지 이르는 영역이다. 많은 경우에 신호 처리 과정에서 잡음 감소하기 위해 신호를 이 영역으로 변환시키기도 한다.

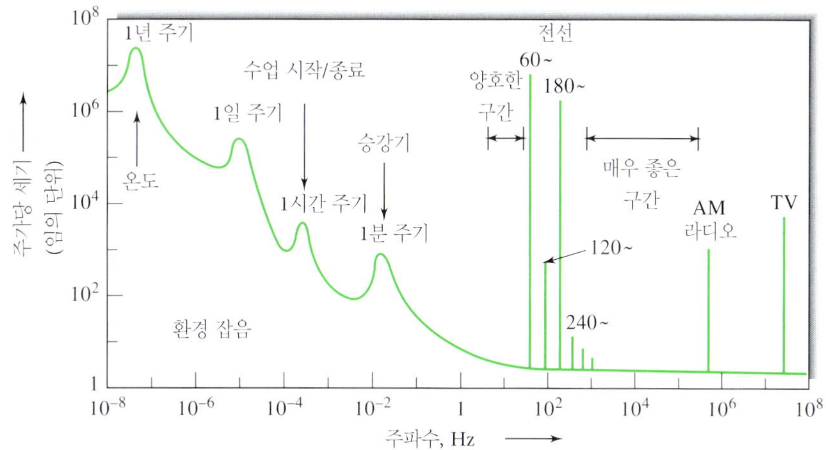

그림 5-3 **대학 실험실에서 관찰되는 환경 잡음의 원인 예시.** 주파수 의존성과 다양한 간섭이 일어나는 영역에 주목하시오. (From T. Coor, *J. Chem. Educ.*, **1968**, *45*, A583. With permission.)

5C 신호 대 잡음 향상

실험실에서 측정하는 경우에는 대체로 신호 대 잡음비를 허용 가능한 수준으로 유지하기 위해 많은 노력을 하지 않아도 된다. 예를 들어, 화학 합성 과정에서 질량을 재거나, 수영장의 염소 함유량을 측정하기 위한 색상 비교 등이 그러하다. 두 경우 모두 잡음에 비해 신호가 매우 크므로 정밀도와 정확도를 위한 노력은 많이 요구되지 않는다. 하지만 민감도와 정확도의 증가가 요구되는 경우 신호 대 잡음비가 측정의 정밀도를 결정하는 요소가 되기도 한다.

기기 분석법에서 신호 대 잡음비를 향상시키기 위해 하드웨어 방법과 소프트웨어 방법 모두 가능하다. 하드웨어 방법은 필터, 토막틀, 차폐, 변조기, 동기화 검출기 등의 부품을 기기 설계에 포함시킴으로써 잡음을 감소시킬 수 있다. 이러한 장치들은 분석 신호에 크게 영향을 주지 않으면서 잡음을 제거하거나 줄일 수 있다. 소프트웨어 방법은 잡음이 섞인 데이터로부터 신호를 추출하는 다양한 컴퓨터 알고리즘에 기반하고 있다. 최소한, 소프트웨어 방법은 기기로부터 받은 출력 신호를 조절하고 아날로그에서 디지털로 변환하기에 충분한 하드웨어를 필요로 한다. 일반적으로 데이터는 제4장에서 설명했던 데이터 수집 모듈이 갖추어진 컴퓨터를 이용하여 수집한다. 이후에 신호는 데이터 수집 컴퓨터 또는 네트워크로 연결된 다른 컴퓨터를 이용하여 잡음으로부터 추출될 수 있다.

5C-1 잡음 감소를 위한 하드웨어 장치

신호 대 잡음비를 향상시키기 위해 사용되는 하드웨어 장치와 기술에 대해 간략히 설명하기로 한다.

접지와 차폐

환경에서 생성된 전자기 방사선으로부터 발생하는 잡음은 차폐(shielding), 접지(grounding), 기기 내부의 도선 단축을 통해 대폭 감소할 수 있다. 차폐물은 회로 전체 또는 회로의 주요 전도체를 접지된 전도체로 감싸서 만들 수 있다. 따라서 전자기 방사선은 차폐된 전도체가 아닌 차폐물에 의해 흡수된다. 따라서 기기 회로에 의한 잡음의 포착과 증폭은 최소화될 수 있다. 접지와 차폐를 통한 잡음의 감소 기술은 과학이라기보다 예술에 가깝다는 것은 다소 놀라운 사실이다. 특히 아날로그와 디지털 회로를 모두 포함하는 기기에서 더 그러하다. 최적화된 구성은 많은 시행착오를 통해서만 이루어질 수 있는 경우가 많다.[4]

차폐는 유리 전극처럼 저항이 큰 변환기로부터의 출력이 증폭되는 경우 특히 중요해진다. 여기서 무작위로 유도되는 전류가 매우 작더라도 측정 신호에서는 상대적으로 큰 전압의 요동으로 나타난다.

차동 증폭기와 계측 증폭기

변환기의 회로에서 생성된 잡음은 기기 판독기에서 증폭된 형태로 나타나기 때문에 특히 중요하다. 이러한 종류의 잡음을 줄이기 위해 대부분의 기기들은 증폭의 첫 단계에서 그림 3-13에서 보는 것과 같은 차동 증폭기(differential amplifier)를 사용한다. 변환기의 회로에서 생성된 동상(common-mode) 잡음은 일반적으로 증폭기의 반전 입력과 비반전 입력에 모두 같은 상(phase)으로 나타나 회로에서 대부분 상쇄되므로, 출력에서 잡음은 크게 감소된다. 만약 차동 증폭기가 잡음을 제거하기 위해 충분하지 않은 경우 그림 5-4에 보이는 것과 같은 계측 증폭기(instrumentation amplifier)가 사용된다.

계측 증폭기는 그림 5-4에 보이는 것처럼 세 개의 연산증폭기로 구성되어 있다. 연산증폭기 *A*와 연산증폭기 *B*는 계측 증

---

[4]접지와 차폐에 관한 더 자세한 설명은 다음 문헌을 참고하시오, (1) H. V. Malmstadt, C. G. Enke, and S. R. Crouch, *Microcomputers and Electronic Instrumentation: Making the Right Connections*, pp. 401-409, Washington, DC: American Chem-ical Society, 1994. (2) R. Morrison, *Grounding and Shielding Circuits and Interference*, 6th ed., Hoboken, NJ: Wiley, 2016.

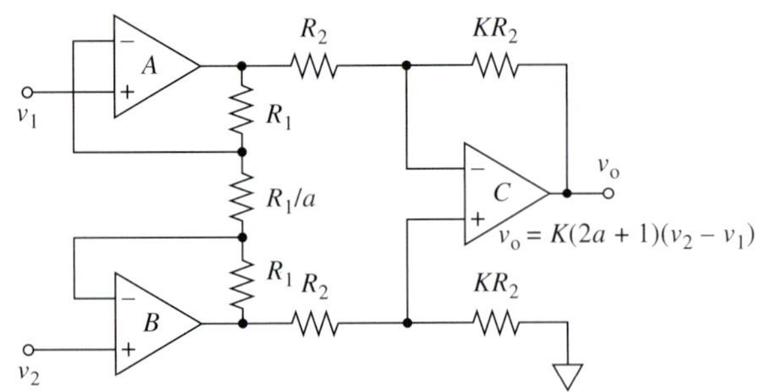

그림 5-4 두 입력에 공통적 들어가는 잡음의 감소를 위한 계측 증폭기. 회로의 증폭 이득은 R_1/a와 KR_2에 의해 조절된다.

폭기의 입력 단계를 구성하며, 두 연산증폭기는 세 개의 저항 R_1, R_1/a, R_1을 통해 교차 결합되어 있다. 계측 증폭기 모듈의 두 번째 단계는 연산증폭기 C에 의한 차동 증폭기이다. 이 회로의 전체 이득은 다음 식으로 주어진다.[5]

$$v_o = K(2a + 1)(v_2 - v_1) \tag{5-6}$$

식 5-6은 계측 증폭기의 두 가지 장점을 부각시킨다: (1) 전체 이득은 하나의 저항 R_1/a를 변화시켜 조절할 수 있고, (2) 두 번째의 차동 단계에서 동상 신호는 소거된다. 게다가 연산증폭기 A와 B는 입력 저항이 매우 큰 전압 팔로워이므로 계측 증폭기가 변환기 회로에 가하는 부하는 무시할 만큼 작다. 이 두 단계의 조합을 통해서 동상 잡음은 $1/10^6$ 이하로 감소시키면서 신호는 1000배까지 증폭시킬 수 있다.

이러한 증폭기들은 유기체가 안테나로 활동하는 생물체에서처럼 잡음이 매우 많은 환경에서 낮은 신호를 측정할 때 종종 사용된다. 심전도 측정기는 계측 증폭기의 장점을 잘 활용하고 있다. 또 다른 대표적인 응용은 그림 4-12(a)에 나와 있는 PGIA (programmable-gain instrumentation amplifier)와 같은 컴퓨터 데이터 수집 모듈이다. 컴퓨터는 디지털로 제어되는 고체-상 스위치를 통해 그림 5-4의 저항 R_1/a를 변경하여 계측 증폭기의 이득을 조절한다.

아날로그 필터

분석기기의 신호 대 잡음비를 개선시키는 일반적인 방법 중의 하나는 그림 2-11b에 같은 저역-통과 필터(low-pass analog filter)를 사용하는 것이다. 이러한 저역-통과 필터가 널리 사용되는 이유는 많은 계측 신호가 단지 몇 Hz 범위의 대역폭을 가지는 저주파이기 때문이다. 따라서 그림 2-12b의 Bode 도표에 의해 특성을 알 수 있는 저역-통과 필터를 이용하면, 열적 잡음과 산탄 잡음을 포함하여 신호의 고주파 성분의 많은 잡음을 효과적으로 감쇄시킬 수 있다. 그림 5-5는 RC 저역-통과 필터를 이용하여 서서히 변화하는 직류 신호의 잡음을 감소시키는 것을

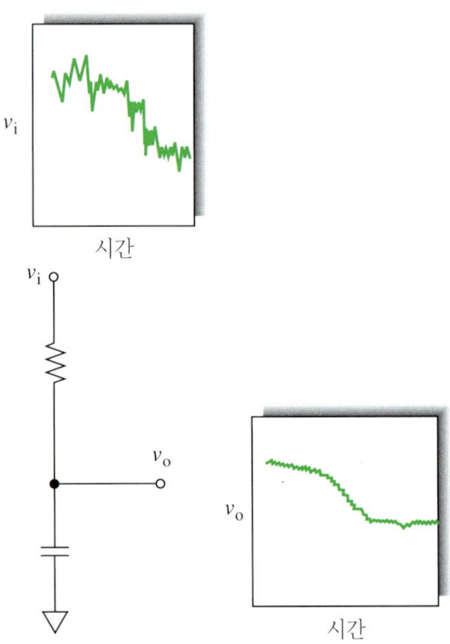

그림 5-5 시간상수가 큰 저역-통과 필터를 이용하여 서서히 변화하는 직류 전류의 잡음을 제거.

보여주고 있다.

그림 2-11a의 고역-통과 필터(high-pass analog filter) 역시 분석신호가 상대적으로 고주파인 분석기기에 상당히 응용되고 있다. 고역-통과 필터는 드리프트와 다른 저주파 플리커 잡음의 영향을 감소시킨다.

협대역 전자 필터(narrow-band electronic filter) 또한 예상되는 신호 주파수 대역을 벗어난 잡음을 감쇄시키는 데 사용되고 있다. 우리는 앞서 잡음의 크기가 신호의 주파수 대역폭의 제곱근에 정비례함을 지적하였다. 따라서 입력 신호의 주파수 대역을 좁게 제한하고, 증폭기를 이 대역에 맞게 조정함으로써 잡음을 상당히 감소시킬 수 있다. 여기서 주의할 점은 필터의 통과 대역이 신호의 주파수를 모두 포함할 수 있을 만큼은 충분히 넓어야 한다는 것이다.

변조

기기가 증폭 드리프트와 플리커 잡음을 나타내는 경우, 저주파 또는 직류 신호의 직접적인 증폭은 특별히 문제가 된다. 때때로 이러한 $1/f$ 잡음은 그림 5-3에서 그려진 잡음 세기 스펙트럼에서처럼 고주파에서 크게 나타나는 잡음의 종류보다 몇 배 더 크게 나타난다. 이러한 이유로 인해 변환기의 저주파 또는 직류 신호는 종종 고주파로 변환되는데, 이 고주파 영역에서는 $1/f$ 잡음에 의한 문제는 적다. 이러한 변환 과정을 *변조*(modulation)라고 한다. 증폭 후, 변조된 신호는 고역-통과 필터를 통해 걸러내면 증폭기의 $1/f$ 잡음을 제거할 수 있다; 복조(demodulation) 후 저역-통과 필터로 여과하면 출력에 적합한 증폭된 직류 신호를 생성하게 된다.

그림 5-6은 이러한 시스템을 통한 정보의 흐름을 보여주는 개략도이다. 세기 스펙트럼 A의 원본 직류 신호가 변조되어 협

---

[5] H. V. Malmstadt, C. G. Enke, and S. R. Crouch, *Microcomputers and Electronic Instrumentation: Making the Right Connections*, pp. 210-211, Washington, DC: American Chemical Society, 1994.

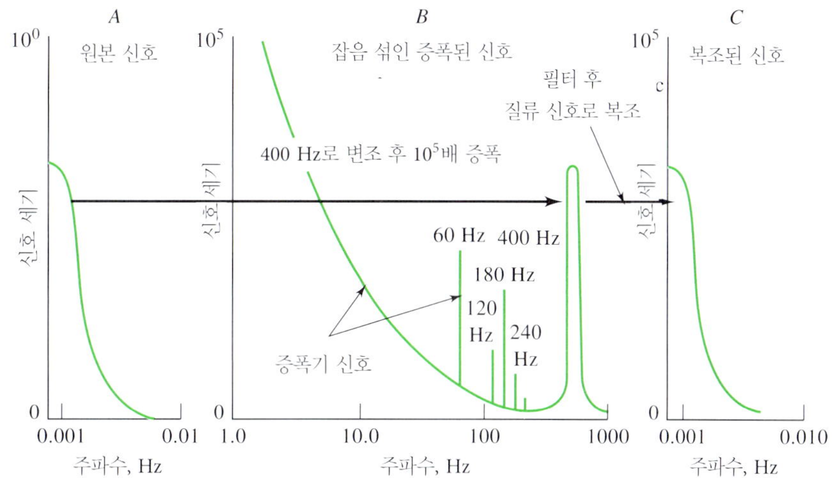

그림 5-6 변조된 직류 전류의 증폭. (Adapted from T. *Coor, J. Chem. Educ.*, **1968**, *45*, A583. With permission.)

대역의 400 Hz 신호가 되었고, 이후에 10^5배로 증폭되었다. 가운데 그림의 세기 스펙트럼 *B*에 나와있듯이 증폭 과정에서 $1/f$와 전원선 잡음이 생성되었다. 상당한 양의 $1/f$와 전원선 잡음은 그림 2-11a에서 보는 것과 같은 알맞은 파장의 고역-통과 필터를 사용하여 제거할 수 있다. 여과된 신호를 복조함으로써 증폭된 직류 신호를 얻을 수 있으며, 이 신호의 세기 스펙트럼은 그림 *C*에 나타나 있다.

분석신호를 변조하는 데에 몇 가지 방법이 있다. 분광법에서는 그림 5-7에서 보이는 *토막틀*(chopper)로 불리는 기계 장치를 이용하여 방사광원을 변조할 수 있다. 이 토막틀은 물리적으로 빛을 차단하여 주기적으로 방사광선을 방해한다. 통과한 방사선은 최대 강도와 최소 강도 사이를 번갈아 나타난다. 전기신호로 변환되면 토막틀의 주파수를 가지는 사각파가 만들어진다. 대안적인 방법으로, 광원을 전기적으로 펄스화하면, 주기적으로 교대하는 온-오프 효과를 똑같이 낼 수 있다.

원자 흡수분광법(제9장 참고)에서 신호 변조를 위한 기계적 토막틀의 사용 예를 찾아볼 수 있다. 불꽃과 원자화 장치에 고유한 저주파 요동이 존재하고 있으므로, 원자 흡광원으로부터 신호를 감지하고 측정하는 과정에서 잡음은 중요한 문제가 된다. 이러한 잡음 문제를 최소화하기 위해 그림 5-8처럼 구멍(slot)이 있는 회전 원반을 빛의 경로에 위치시킴으로 원자 흡광기기의 광원을 분절시킨다. 토막틀이 회전하면 광원은 0과 최대 세기를 주기적으로 번갈아가며 요동하는 신호로 변환된다. 신호는 불꽃에서 시료와 상호작용을 하고 난 후 변환기(transducer)에 의해 사각파의 전기신호로 변환되며, 신호의 주파수는 구멍의 크기와 원반의 회전 속도에 따라 결정된다. 불꽃과 원자화 장치에 내재된 잡음은 보통 저주파이며 토막틀의 주파수에 맞춘 교류 증폭기를 사용하면 크게 줄일 수 있다. 교류 증폭기는 신호를 증폭하고 잡음을 분리하는 것뿐만 아니라 그림 5-8에서처럼 사각파 신호를 sine파형 신호로 바꾸기도 한다.

동기식 복조

그림 5-8에 나타난 변조와 동조 증폭(tuned amplification) 과정을 통해서 생성된 신호는 주파수와 위상이 토막틀과 일치하는 sine파 신호이다. 그림에서 스위치는 출력의 저역-통과 필터와 회로 공통을 번갈아 교대한다. 만약 스위치가 토막틀과 같은 위상으로 교대하면, 양의 반 주기(half cycle) 동안만 sine 신호를 통과시키고 다른 음의 반 주기에서는 차단하는 효과를 낸다. 파형에서 알 수 있듯이, 이것은 *정류*(rectification)의 한 형태이면

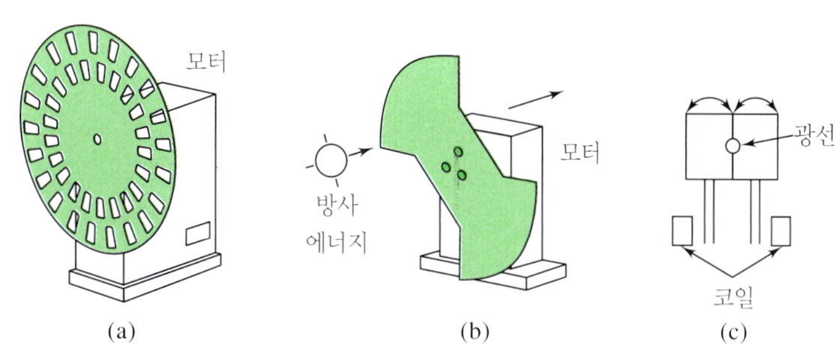

그림 5-7 전 광선을 변조하는 기계적 토막틀. (a) 회전 원반 토막틀, (b) 회전 날개 토막틀, (c) 날개의 회전 진동이 광선의 주기적인 간섭을 일으키는 진동 소리굽쇠 디자인.

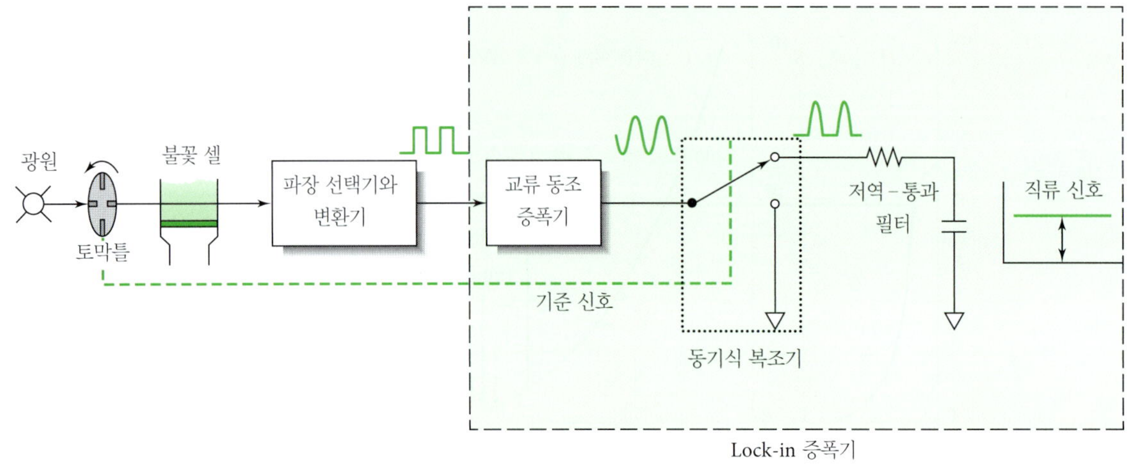

그림 5-8 원자 흡수분광기에 사용되는 lock-in 증폭기. 토막틀은 광원의 빛을 온-오프(on-off) 신호로 변환하여 흡광이 일어나는 불꽃 셀을 통과시킨다. 파장 선택과 전기신호로 변환을 통해 교류의 사각파 생성되며, 이 신호가 lock-in 증폭기로 입력되면 교류 증폭기에 의해 증폭되어 sine파형의 신호로 변환된다. 동기식 복조기는 교류 신호의 상으로 고정되어 신호의 반-파(half-wave) 정류(rectification)를 실행한다. 저역-통과 필터는 복조된 신호를 측정을 위한 직류 신호로 변환한다.

서, 토막틀과는 *동기식*(synchronous)이다. 일반적으로 스위치를 구동하기 위한 기준 신호는 토막틀에서 제공된다. 기준 신호는 토막틀과 같은 주파수를 가지며 분석신호와 일정한 위상 관계를 가지고 있다. 기준 신호는 토막틀을 통과하는 (하지만 불꽃을 통과하지 않는) 다른 빛에 의해 제공되거나, 토막틀을 구동하는 모터로부터 파생될 수 있다. 그림 5-8에 보이듯이, 동기식 복조의 결과는 직류 신호이며, 저역-통과 필터를 통해 최종적인 직류 신호로 출력된다.

Lock-In 증폭기

그림 5-8에 나와 있는 동조 증폭기, 동기식 복조기, 기준 입력, 저역-통과 필터는 *lock-in 증폭기*(lock-in amplifier)를 구성한다. 이러한 증폭기는 잡음에 의해 완전히 가려진 신호를 복원할 수 있다. 일반적으로 lock-in 증폭기의 동기 복조기는 그림 5-8의 반파(half-wave) 정류 모드가 아닌 완파(full-wave) 정류 방식으로 작동한다. 완파 정류 방식은 반 주기 동안 sine파형 신호를 바로 통과시키고, 다른 반 주기 동안에는 반전하여 통과시켜 작동하며, 저역-통과 필터로 상대적으로 쉽게 여과할 수 있는 요동하는 직류 신호를 출력한다. 동기 복조기에는 기계적인 스위치보다 *아날로그 곱셈기*(analog multiplier)로 불리우는 고체-상 장치가 자주 사용된다.

일반적으로 lock-in 증폭기에서 신호는 기준 신호에 고정된 신호만 증폭되고 복조되므로 상대적으로 잡음이 적다. 주파수와 위상이 다른 기타 신호들은 lock-in 증폭기에서 걸러진다.

시뮬레이션: www.tinyurl.com/skoogpia7에서 **변조(modulation)와 lock-in 증폭기(lock-in amplifier)**에 대해 더 알아보시오.

5C-2 소프트웨어 방법

실험실 컴퓨터가 널리 보급됨에 따라 이전 절에서 설명한 신호 대 잡음비를 향상시키는 많은 장치들이 컴퓨터 프로그램에 의해 대체되거나 보완되고 있다. 이러한 프로그램 중에는 평균화, 디지털 필터, Fourier 변환, 평활화(smoothing), 상관 관계(correlation) 등의 다양한 처리를 하는 루틴(routine)들이 포함되어 있다. 이러한 것들은 흡광도와 같은 비주기적 또는 비규칙적 파형, 동기화되거나 기준 파형이 없는 신호, 그리고 주기적인 신호 등에 적용시킬 수 있다. 여기서는 상대적으로 많이 사용되는 처리 몇 가지에 대해 간략히 설명하겠다.

앙상블 평균

앙상블 평균에서는 메모리의 *배열*(array)에 저장된 데이터의 세트가 연속적으로 수집되고 점대점(point by point)으로 합산되어 평균을 낸다. 이러한 과정이 때로는 *코어디션*(coaddtion)이라고 불린다. 수집과 합산이 완료되면, 각 점의 합을 합산된 데이터 세트의 수로 나누어 데이터가 평균화된다. 그림 5-9는 흡광 스펙트럼의 앙상블 평균화를 보여주고 있다.

앙상블 평균이 디지털로 수집된 신호의 신호 대 잡음비를 효과적으로 증가시킬 수 있는지를 이해하기 위해, 직류 신호 S의 크기를 측정한다고 가정하자. 신호 S를 n번 반복하여 측정하면 신호의 평균은 다음 식에 의해 계산된다.

$$\bar{S}_x = \frac{\sum_{i=1}^{n} S_i}{n} \tag{5-7}$$

여기서 S_i, $i = 1, 2, 3, \cdots, n$이며 잡음을 포함하고 있는 신호를 개별적으로 측정한 값이다. 따라서 각 측정에 대한 잡음은 $S_i - \bar{S}_x$가 된다. 아래의 주어진 식에 따라, 평균값($\bar{S}_x$)으로부터 신호의 편차를 제곱하여 합한 후 측정 횟수 n으로 나눠주면 평균-

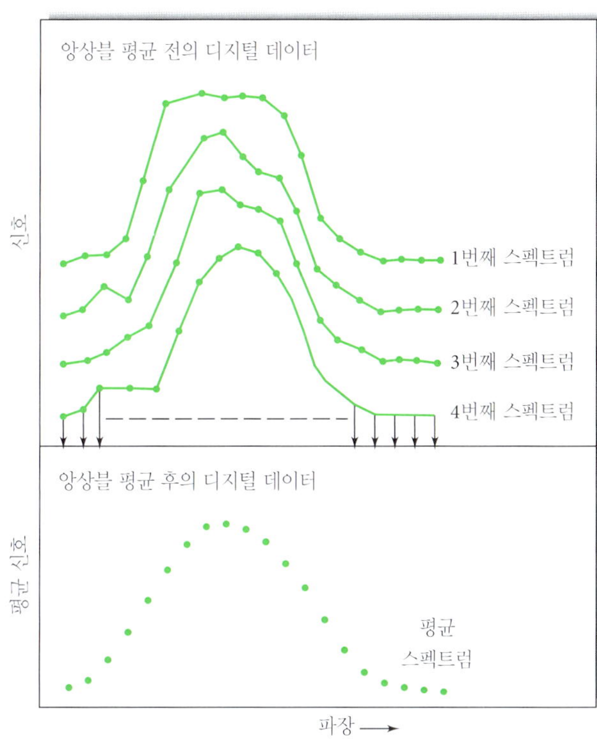

그림 5-9 앙상블 평균을 적용한 스펙트럼. (From D. Binkley and R. Dessy, *J. Chem. Educ.*, **1979**, *56*, 148, **DOI**: 10.1021/ed056p148. With permission.)

제곱(mean-square) 잡음을 계산할 수 있다.

$$\text{평균-제곱 잡음} = \sigma_i^2 = \frac{\sum_{i=1}^{n}(S_i - S_x)^2}{n} \tag{5-8}$$

평균-제곱 잡음은 신호의 분산 σ_i^2이며, *근-평균-제곱*(root-mean-square) 또는 *rms*는 표준 편차가 된다(부록 1, 제a1B-1절 참고).

$$\text{rms 잡음} = N_i = \sigma_i = \sqrt{\frac{\sum_{i=1}^{n}(S_i - S_x)^2}{n}} \tag{5-9}$$

앙상블 평균을 얻기 위해 n번의 측정을 더하면, 신호 S_i가 반복할 때마다 더해진다. 종합적인 신호 S_n은 $S_n = \Sigma_{i=1}^{n} S_i = nS_i$으로 주어진다. 잡음에 대해서 분산은 가법적이다(부록 1, 표 a1-6 참고). 전 분산은 $\sigma_n^2 = \Sigma_{i=1}^{n}\sigma_i^2 = n\sigma_i^2$이다. 표준 편차 또는 종합적인 rms 잡음은 $\sigma_n = N_n = \sqrt{n}\sigma_i = \sqrt{n}N_i$가 된다. 따라서 n번의 반복을 통한 신호 대 잡음비 $(S/N)_n$은 다음과 같이 주어진다.

$$\left(\frac{S}{N}\right)_n = \frac{nS_i}{\sqrt{n}N_i} \tag{5-10}$$

시뮬레이션: www.tinyurl.com/skoogpia7에서 **신호 평균(signal averaging)**에 대해 더 알아보시오.

$$\left(\frac{S}{N}\right)_n = \sqrt{n}\left(\frac{S}{N}\right)_i \tag{5-11}$$

마지막 식에서 신호 대 잡음비가 앙상블 평균을 계산하는 데 수집된 데이터 점의 개수의 제곱근에 비례함을 알 수 있다. 이것과 똑같은 신호 대 잡음 향상이 다음 절에서 설명할 박스카 평균과 디지털 필터에서 구현됨을 명심하자.

신호 평균을 통한 S/N의 향상은 과학의 많은 분야에서 사용되고 있다; 핵 자기 공명(NMR) 분광법과 Fourier 변환 적외선(IR) 분광법은 화학 기기의 가장 대표적인 두 가지 예이다. 신호 평균과 디지털 데이터 수집에 대한 다른 관점을 NMR과 IR에 관한 장에서 보다 자세히 다룰 것이다.

앙상블 평균의 장점을 이용하여 신호 파형에서 얻을 수 있는 정보를 추출하기 위해서는 측정 파형의 최고 주파수 성분보다 두 배 이상의 주파수로 데이터를 측정해야 한다. 이 주장은 *Nyquist 표본 추출 이론*(Nyquist sampling theorem)의 결과로, 대역폭이 제한된 신호에 대해서 표본 추출(샘플링)은 측정하고자 하는 신호를 구성하는 성분의 최고 주파수 f보다 최소한 두 배 이상의 주파수에서 이루어져야 한다고 설명한다. 즉, 데이터 수집 주파수는 최소한 $2f = 1/\Delta t$이며, 여기서 Δt는 신호 표본 간의 시간 간격이다. 예를 들어, 기기 신호의 최대 주파수 성분이 150 Hz라면 신호가 정확하게 재현되기 위해 데이터는 정확하게 최소한 초당 300회 추출의 속도로(또는 300 Hz의 속도로) 표본 추출되어야 한다.

Nyquist 주파수보다 훨씬 큰 주파수로 표본 추출하여도 의미 있는 추가 정보를 얻는 것은 아니며, 오히려 주파수가 너무 높아지면 원하지 않는 잡음이 포함될 수도 있다. 하지만 신호의 무결성을 보장하기 위해서 Nyquist 주파수보다 약 10배 높은 주파수로 표본 추출하는 것이 통상적이다. 뿐만 아니라 파형을 재현적으로 표본 추출하는 것은 매우 중요하다; 즉, 연속적인 파형이 표본 추출되는 경우 시점을 정확히 맞추어야 한다. 예를 들어 파형이 가시선 흡광 스펙트럼이라면 각 스펙트럼의 주사(scan)가 똑같은 파장에서 정확히 시작할 수 있도록 동기화되어야 하며, 스펙트럼의 연속적인 표본 추출도 각각 똑같은 파장 간격으로 이루어져야 한다. 일반적으로 동기화는 파형 자체로부터, 또는 레이저 펄스나 무선 주파수 펄스와 같이 파형을 시작하는 실험적 사건에 의한 동기화 펄스를 통해 이루어진다. 이 펄스 신호는 각 주사 파형에 대한 데이터 수집을 개시한다.

앙상블 평균은 그림 5-10의 세 개의 NMR 스펙트럼의 예시에서 보는 것처럼 신호 대 잡음비에 대해 극적인 향상을 가져올 수 있다. 무작위 잡음에 의한 큰 이탈로 인해 단일 주사 스펙트럼에서는 구분할 수 있는 공명이 얼마 되지 않는다. 하지만 그림 5-10에서 다중 주사 스펙트럼의 신호 평균에 의해 얻어진 결과 스펙트럼은 향상을 명확하게 보여주고 있다. Nyquist 표본 추출 이론과 결과에 관한 더 자세한 설명은 제19장의 Fourier 변환 NMR 분광법을 다루는 부분에서 찾아볼 수 있다.

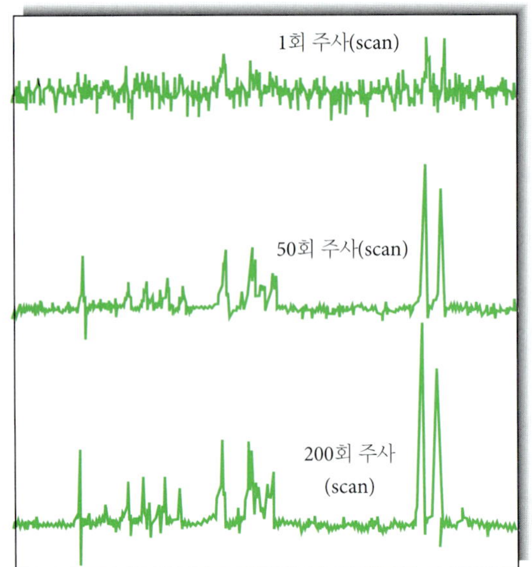

그림 5-10 신호 평균의 효과. 여기서 세로축의 척도는 주사(scan) 횟수가 증가할수록 작아짐을 명심한다. 신호 대 잡음비는 $\sqrt{n}$에 비례한다. 신호에서 무작위 요동은 주사 횟수가 증가할수록 상쇄되는 반면, 신호 자체는 누적된다. 그래서 *S/N*은 주사 횟수가 증가할수록 증가한다.

박스카 평균

박스카 평균(boxcar averaging)은 파형의 불규칙적인 것을 부드럽게 하고 신호 대 잡음비를 향상시키는 과정이며, 파형의 불규칙성은 잡음에 의해 나타난다는 것을 가정한다. 즉, 아날로그 분석신호는 시간에 따라 천천히만 변화하고 각각 개별적인 포인트보다는 그 주변의 몇 개의 포인트를 평균한 값이 더 좋은 측정값이라는 것을 가정하고 있다. 그림 5-11a 그래프의 데이터에 대해 박스카 평균을 적용한 효과가 그림 5-11b에 보여지고 있다. 박스카 그래프에서 첫 번째 포인트는 원본 데이터의 포인트 1, 2, 3의 평균이며, 포인트 2는 포인트 4, 5, 6의 평균, 이렇게 나아간다. 실제로는 2~50포인트를 평균하여 하나의 포인트를 얻는다. 이러한 평균은 거의 대부분 컴퓨터에 의해 데이터가 수집되면서 실시간으로 수행된다(데이터를 저장한 후 다음 과정에서 처리하는 앙상블 평균과 다르다). 그림 5-11에 보이듯 박스카 평균에서 세세한 부분은 손실되므로, 시간에 따라 빠르게 변화하는 복합적인 신호에 대해서는 제한적으로 사용된다. 그럼에도 불구하고 박스카 평균은 단지 평균적인 진폭만이 중요한 사각파 또는 반복적인 펄스 출력에 대해서는 상당한 의미가 있다.

박스카 평균은 *박스카 적분기*(boxcar integrator)를 이용하여 아날로그 영역에서도 가능하다. 박스카 적분기는 고속 스위치를 이용하여 파형의 원점에서 프로그램된 시간간격으로 파형을 반복적으로 표본 추출한다. 표본 추출된 파형은 아날로그 적분기에 연결되어 프로그램된 시간간격으로 신호의 저주파 버전을 생성한다. 기기는 잡음이 매우 많은 신호를 처음부터 끝까지 주사하도록 프로그램될 수 있다. 이러한 방법을 통하여, 적분기의 시간상수, 표본 추출 구간(sampling window)의 주사 속도 또는 시간을 조절하여 선택 가능한 신호 대 잡음비의 신호 도표를 얻을 수 있다. 여기서 표본 추출 구간을 *조리개 시간*(aperture time)이라고 한다.

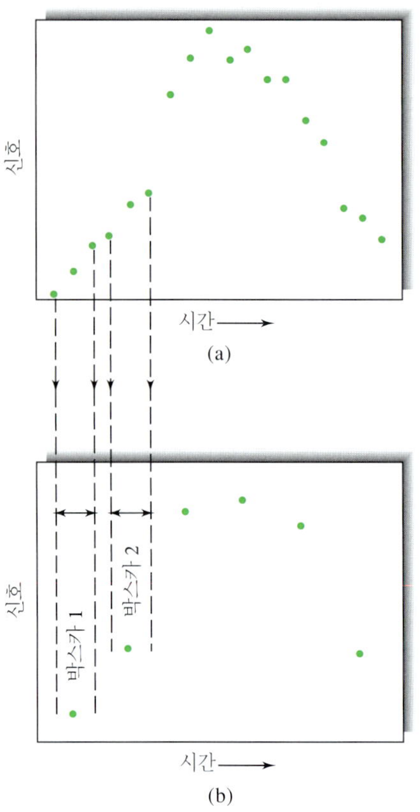

그림 5-11 박스카 평균의 효과. (a) 원본 데이터, (b) 박스카 평균 후의 데이터. (From G. Dulaney, *Anal. Chem.*, **1975**, *47*, 24A, **DOI**: 10.1021/ac60351a002. Figure 2, p. 27A. Copyright 1975 American Chemical Society.)

박스카 적분기는 10^{-12}~10^{-6}초의 시간 범위에서 기기 파형을 표본 추출하고 측정하는 데 자주 사용된다. 이러한 적분기는 종종 물리/화학적 사건들이 매우 빠른 시간에서 일어나는 펄스-레이저(pulsed-laser) 시스템과 같이 사용된다. 적분기의 출력은 데이터를 기록하고 후처리 분석과 도시화를 위해 제4E-4절에 설명된 컴퓨터 데이터 수집 시스템에 연결될 수 있다. 박스카 적분기를 이용한 신호 수집의 장점은 평균화 시간을 늘림으로써 *S/N*을 향상시킬 수 있다는 것이다. 신호 대 잡음비는 적분기가 각 파형의 시간 창(time window)에서 신호를 수집하는 데 소요되는 시간의 제곱근에 비례한다. 이러한 신호 향상은 디지털 데이터 수집에서 구현되는 앙상블 평균에 의한 신호 향상에 해당된다.

디지털 필터링

디지털 필터링은 잘 정의된 여러 가지 수치 처리법에 의해 이루어질 수 있다. 여기에는 이전 절에서 설명된 앙상블 평균과 Fourier 변환(Fourier transformation), 최소 제곱 다항식 평활화(least-squares polynomial smooting), 상관 관계 분석법(correlation) 등이 포함된다. 이 절에서는 Fourier 변환 처리와 가장 많이 사용되는 수치 데이터 향상 기법 중에 하나인 최소 제곱 다항식 평활화에 대해 간략히 설명할 것이다.

Fourier 변환에서는 그림 5-12a의 스펙트럼과 같이 시간 영역에서 얻어진 신호가 그림 5-12b처럼 변수가 시간이 아닌 주파수 f인 주파수 영역(frequency-domain)의 신호로 변환된다. 이러한 변환은 컴퓨터상에서 고속 Fourier 변환 알고리즘을 통해 이루어지며, 제7I절에서 좀 더 자세히 설명될 것이다. (b)의 주파수 영역 신호는 그림 (c)의 상부-절단 주파수(upper-cutoff frequency) f_0를 가지는 디지털 저역-통과 필터의 주파수 응답 함수와 곱해진다. 그 결과, 그림 (d)처럼 f_0 이상의 주파수 성분이 제거되는 효과를 낸다. 역 Fourier 변환은 그림 5-12e의 여과된 시간 영역 스펙트럼을 복원한다. Fourier 변환은 많은 실험실 시험 기기와 디지털 오실로스코프뿐만 아니라 대부분의 현대적 IR과 NMR 분광기에 사용된다. Fourier 변환은 Mathcad, 엑셀 등의 범용 소프트웨어 패키지에 내장되어 있으며, 다양한 컴퓨터 언어에 서브루틴 패키지로 널리 보급되고 있다.

여기서 설명할 마지막 그리고 아마도 가장 널리 사용되는 디지털 데이터 향상 기법은 최소 제곱 *다항식 데이터 평활화*(polynomial data smoothing)이다. 가장 간단한 형태의 평활화는 그림 5-11의 박스카 평균 개략도와 매우 유사하다. 그림 5-13은 비가중 데이터 평활화가 어떻게 이루어지는지를 보여준다. 속이 찬 원으로 표현된 11개의 데이터는 잡음이 있는 흡광 스펙트럼이다. 그림에서 브라켓 1에 포함되는 처음의 5개의 데이터 포인트는 평균되어 x축상에 중앙점의 위치에 또는 삼각형 1로 표시되는 점에 도시화된다. 브라켓은 오른쪽으로 한 점 이동하여 위치 2에 놓이고, 포인트 2부터 6까지 평균되어 삼각형 2로 점이 찍힌다. 이러한 과정은 브라켓 3, 4, 5 그리고 그 이상으로 이어져 마지막 두 점이 평균될 때까지 반복하면, 삼각형 점과 점을 잇는 선으로 표현되는 새로운 흡광 곡선이 만들어진다. 새 곡선은 원본 데이터에 비해 잡음이 다소 적게 보인다. 이 처리법를 5-포인트 *이동 평균 평활화*(moving average smooth)라고 부른다. 이러한 형태의 신호 대 잡음비의 향상에서는 평활 함수의 폭은 항상 홀수 개의 포인트를 포함하며, 데이터 세트의 처음과 끝에 짝수 개의 포인트는 평활화되지 않는 채로 남는다. 이동 평균에는 평활화의 처음과 끝에 각각 $(n - 1)/2$ 개의 데이터 포인트가 손실된다. 5-포인트 평활화에서는 모두 4개의 포인트가 손실된다. 수백 또는 수천의 데이터 포인트로 이루어진 흡광 스펙트럼에서 몇 개의 포인트 손실은 일반적으로 큰 문제가 되지 않는다.

신호 대 잡음비를 더 향상시키기 위해 평활화되는 포인트의 수를 7-포인트, 9-포인트 등으로 증가시킬 수 있다. 하지만 더 많은 포인트가 평활화되면 데이터 세트의 처음과 끝에 더 많은 포인트가 손실되는 것은 물론이고, 결과에 더 많은 왜곡이 나타날 수 있다.[6]

이동 평균 평활화의 또 다른 방법은 가중 이동 평균을 계산하

[6]스프레드시트를 이용한 평활화 방법은 다음 문헌을 참고하시오, S. R. Crouch and F. J. Holler, *Applications of Microsoft® Excel in Analytical Chemistry*, 3rd ed., Belmont, CA: Cengage Learning, 2017, pp. 425-435.

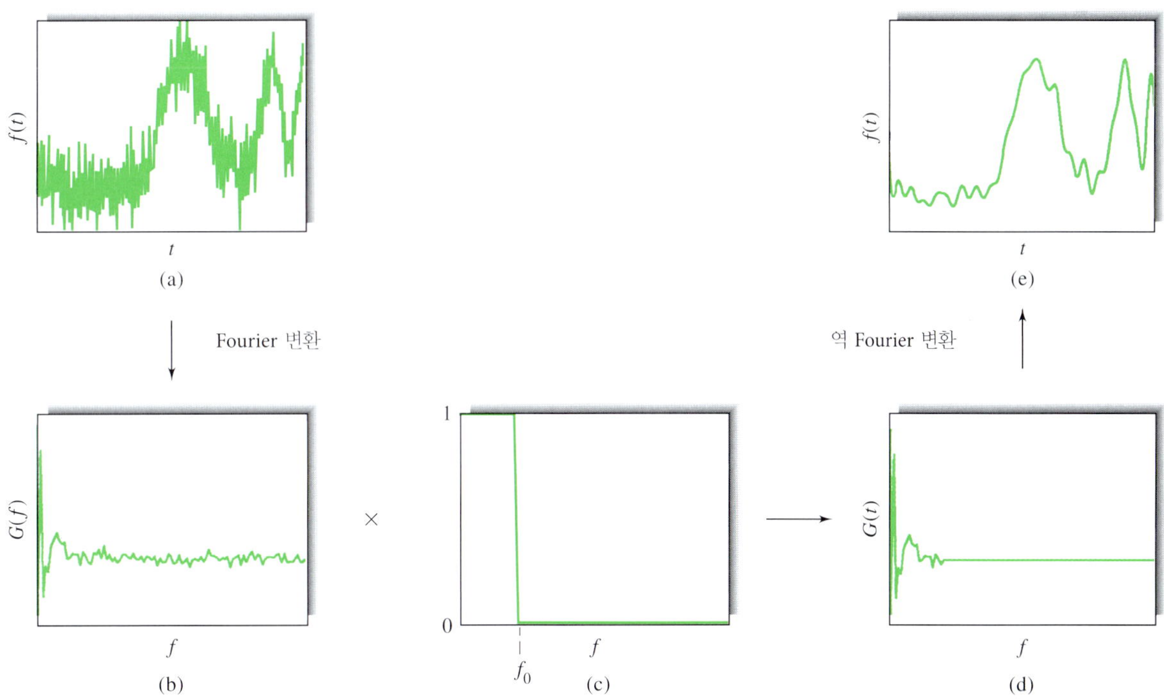

그림 5-12 Fourier 변환을 이용한 디지털 필터. (a) 잡음이 많은 분광 피크, (b) (a) 부분 스펙트럼의 Fourier 변환 결과로 나타난 주파수 영역 스펙트럼, (c) 저역-통과 디지털 필터 함수, (d) (b)와 (c)의 곱, (e) (d)를 역 Fourier 변환한 결과이며 고주파의 잡음이 거의 제거되었다.

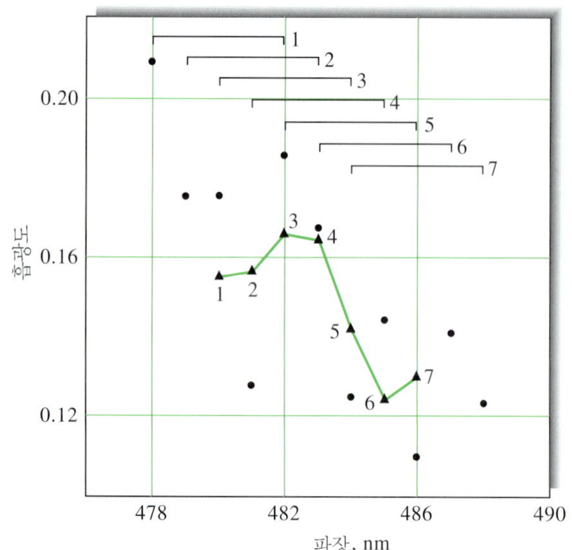

그림 5-13 비가중 이동 평균 평활화: 잡음 있는 스펙트럼 데이터(●)와 평활화된 데이터(▲). 평활화 과정은 본문에 설명되어 있다.

는 것이다. 과학적 분석에서 가장 적용 가능한 가중치법은 지수함수적 가중 이동 평균이다. 이러한 유형의 가중치법에서는 현재의 데이터 포인트에 가장 높은 가중치를 부여하고 이전 데이터 포인트에는 지수함수적으로 감소하는 가중치를 부여하는 것이다. 지수함수적 평활화는 *RC* 필터와 유사한 효과를 내며, 평활화 데이터의 폭 크기는 *RC* 필터의 시간상수의 크기에 해당한다.

데이터 곡선의 데이터를 단순히 평균하는 것보다 훨씬 나은 방법은 곡선의 일부 구간을 최소 제곱 다항식에 맞추고, 이 다항식의 곡선의 중간 점을 계산하여 새로운 평활화된 데이터 포인트로 얻는 것이다. 이 방법은 비가중 평균법보다 훨씬 우수하지만 더 많은 컴퓨터의 시간을 소모한다. Savitzky와 Golay[7]는 평활화 작업을 수행하는 데 가중계수로 사용될 수 있는 정수의 세트가 유도되고 사용될 수 있음을 보여주었다. *컨볼루션 정수*(convolution integer)라고도 불리는 가중계수를 사용하는 것은 방금 전에 설명했던 데이터를 최소 제곱 다항식에 맞추는 것과 **정확히 일치**하는 것으로 판명되었다. 5-포인트 2차 다항식 평활화 함수에 대한 컨볼루션 정수가 그림 5-14a[8]에 그려지고 있다. 이러한 방법으로 곡선을 부드럽게 하는 과정을 *최소 제곱 다항식 평활화*(least-squares polynomial smoothing)라고 한다.

그림 5-14a의 평활화 정수를 그림 5-13의 데이터에 적용하여 평활화 과정을 살펴보자. 먼저 그림 5-14a의 가장 왼쪽의 컨볼루션 정수(여기서 −3)를 그림 5-13의 포인트 1의 흡광도에 곱한다. 두 번째 컨볼루션 정수(여기서는 12)를 두 번째 데이터에 곱한 후 첫 번째 구한 값과 합산한다. 포인트 3은 세 번째 정수(여기서 17)와 곱하여 다시 합산한다. 이렇게 다섯 번째까지 해당 정수와 데이터를 곱해서 모두 합산한다. 마지막으로 합계를 소위 정규화 정수인 여섯 번째 정수(여기서는 −3 + 12 + 17 + 12 − 3 = 35)로 나누어 이 값을 평활 구간의 중앙점의 새 값으로 사용한다. Savizky-Golay 방식은 다양한 평활화에 대한 정규화정수를 제공할 뿐만 아니라 데이터의 1차, 2차 미분함수를 생성하는 컨볼루션 정수도 제공한다. 5-포인트 3차 다항식 평활화 곡선의 1차 미분함수를 구하는 컨볼루션 정수가 그림 5-14b에, 5-포인트 2차 다항식 평활화 곡선의 2차 미분함수를 구하는 컨볼루션 정수가 그림 5-14c에 각각 도시화되고 있다. 이러한 정수 세트들은 앞서 설명한 평활화 정수를 적용한 것과 똑같은 방법을 통해서 흡광 데이터의 1차, 2차 미분함수를 구하는 데 사용될 수 있다. 제3E-4절의 아날로그 미분기에서 언급된 바 있듯이 미분은 대체로 잡음이 증가하는 과정이므로, 스펙트럼의 미분함수를 전개하는 데 있어 최소 제곱 다항식 미분함수 평활화가 사용될 수 있다. 미분함수 평활화의 효과는 미분과정에서 생성되는 잡음을 최소화할 수 있다.

최소 제곱 다항식 평활화가 분석 데이터의 질을 향상시키는 데 매우 광범위하게 사용되므로 이 방법의 장점과 한계점을 아는 것은 중요하다. 이 방법은 잡음을 감소시키고, 데이터에 대한 저역−통과 필터의 역할을 한다. 다른 필터 과정과 마찬가지로 필터 과정 자체가 가지는 대역폭 한계로 인해 신호는 왜곡을 경험한다. 평활화를 사용하면서 잡음 감소와 신호의 왜곡 가능성의 균형을 맞추어야 한다는 것을 인지해야 한다. 이 방법의 장점은 평활화에 대한 유형, 데이터 크기(폭), 횟수 등의 변수들을 데이터가 수집된 이후에 정할 수 있다는 것이다. 뿐만 아니라 평활화 알고리즘은 컴퓨터에게는 어려운 일이 아니며 소요시간도 적다. 평활화로부터 오는 *S*/*N* 향상은 비교적 적다. 예를 들어 스펙트럼에서 피크의 폭이 32 데이터 포인트이고 평활화 폭이 이것의 두 배 정도 된다고 하면 일반적으로 *S*/*N*은 4 정도까지 증가할 수 있다. 하지만 평활화을 하게 되면 사람이 해석하기에 보다 깨끗한 데이터를 만들 수 있고, 그러한 목적으로 널리 사용되고 있다. 실제로 "최소 제곱 다항식 평활화는 예쁘게 꾸며진 값에 불과하다"[9]라고 명시되어 있다. 평활된 데이터에는 추가적인 정보는 없으며 오히려 왜곡이 생성된다. 평활화를 정량 분석에 적용시키는 경우에는 시료와 표준물이 같은 방

시뮬레이션: www.tinyurl.com/skoogpia7에서 **FFT**에 대해 더 알아보시오.

[7]A. Savitzky and M. J. Golay, *Anal. Chem.*, **1964**, *36*, 1627-1639, **DOI**: 10.1021/ac60214a047.

[8]Savitzky-Golay 평활화와 이동 평균 평활화의 비교는 다음문헌을 참고하시오. S. R. Crouch and F. J. Holler, *Applications of Microsoft® Excel in Analytical Chemistry*, 3rd ed., Belmont, CA: Cengage Learning, 2017, pp. 428-435.

[9]T. A. Nieman and C. G. Enke, *Anal. Chem.*, **1976**, *48*, 705A, **DOI**: 10.1021/ac50002a769.

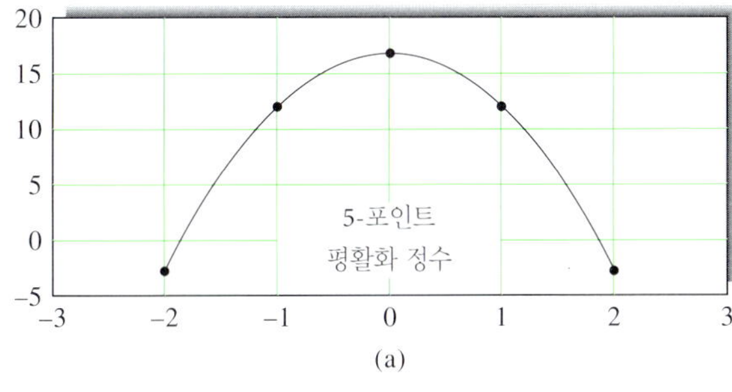

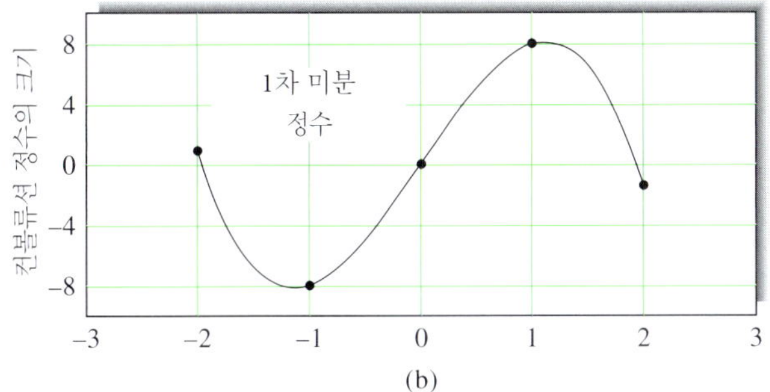

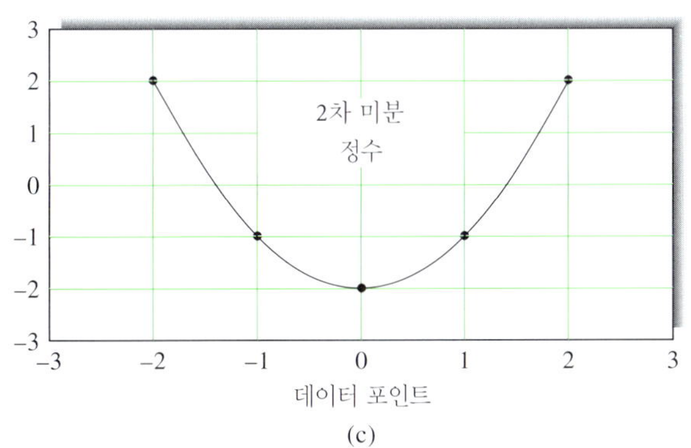

그림 5-14 최소 제곱 다항식 평활화 컨볼루션 정수. (a) 2차 다항식 5-포인트 정수, (b) 1차 미분 3차 다항식 5–포인트 정수, (c) 2차 미분 2차 다항식 5-포인트 정수.

식으로 평활되므로 왜곡에 의한 오차가 상쇄되어 정량적인 결과에 대한 영향은 적다.

그림 5-15는 염료 tartrazine로부터 얻은 곡선 *A*의 잡음이 많은 501-포인트 흡광 스펙트럼과 이 스펙트럼에 대한 최소 제곱 다항식 평활화의 적용을 보여주고 있다. 곡선 *B*는 5-포인트 이차 다항식 평활화, 곡선 *C*는 13-포인트 4차 다항식 평활화, 곡선 *D*는 77-포인트 10차 다항식 평활화이다. 곡선 *D*의 데이터 세트에서 처음과 끝의 38 포인트는 평활되지 않고 있음을 주목한다. 평활화 과정에 의한 효과는 곡선 *A*에서 곡선 *D*로 가면서 확연해지고 있다.

시뮬레이션: www.tinyurl.com/skoogpia7에서 **데이터 평활화(data smoothing)**에 대해 더 알아보시오.

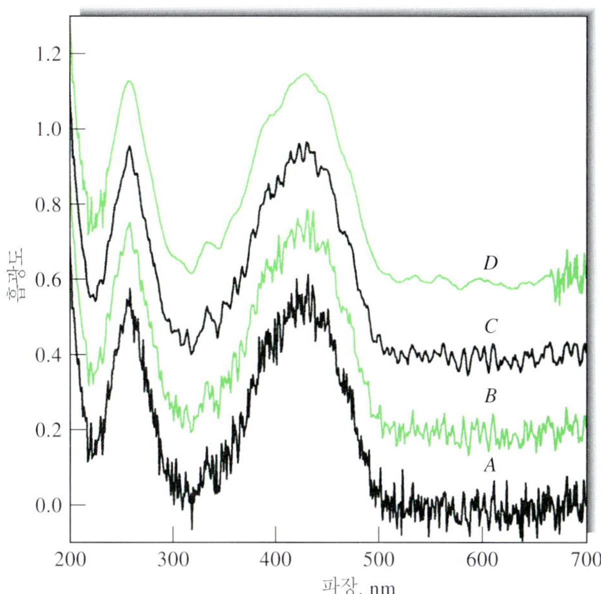

그림 5-15 Tartrazine의 잡음이 있는 스펙트럼의 평활화 효과. (*A*) 원본 데이터, (*B*) 2차 다항식 5-포인트 평활화 결과, (*C*) 4차 다항식 13-포인트 평활화 결과, (*D*) 10차 다항식 77-포인트 평활화 결과.

평활화가 일반적으로 사용되고 널리 응용되고 있으므로 이 방법의 사용에 대한 지침들이 개발되었고, 평활화 계수를 계산하는 방정식도 쉽게 얻을 수 있으며, 다이오드–배열 스펙트럼과 같은 2차원 데이터에도 적용[10]되고 있다.

상관 관계 분석법

상관 관계 분석법(correlation method)은 분석기기로부터 측정된 데이터를 처리하는 데 자주 사용된다. 이 방법은 잡음에 의해 손실된 것처럼 보이는 신호를 추출, 잡음이 많은 데이터의 평활화, 분석물질의 스펙트럼을 이미 저장되어 있는 순수한 물질들의 스펙트럼과 비교, 분광법과 크로마토그래피에서 중첩되거나 분해되지 않는 피크들의 분리와 같은 작업을 수행하는 데 강력한 도구가 된다.[11] 상관 관계 분석법은 컴퓨터 또는 정교한 아날로그 기기에 의해서만 수월히 수행될 수 있는 복잡한 수학적 데이터 처리에 기반하고 있다.

이 장에서는 상관 관계 분석법에 대해서 여기까지만 설명한다. 이에 대해 더 자세히 알고 싶으면 각주 11에 명시된 참고문헌을 참고한다.

---

[10]평활화의 성질과 실행에 관한 깊은 설명은 참고문헌 9와 다음 문헌을 참고하시오, J. Steinier, Y. Termonia, and J. Deltour, *Anal. Chem.*, **1972**, *44*, 1906, **DOI**: 10.1021/ac60319a045; H. H. Madden, *Anal. Chem.*, **1978**, *50*, 1383, **DOI**: 10.1021/ac50031a048; K. L. Ratzlaff, *Introduction to Computer-Assisted Experimentation*, New York: Wiley, 1987.

[11]상관 관계 분석법에 대한 더 자세한 설명은 다음 문헌을 참고하시오, G. Horlick and G. M. Hieftje, in *Contemporary Topics in Analytical and Clinical Chemistry*, D. M. Hercules, et al., eds., Vol. 3, pp. 153-216, New York: Plenum Press, 1978

질문과 문제

*별표가 있는 문제의 해답은 이 책의 끝에 있다.

이 아이콘이 있는 문제는 스프레드시트를 이용하여 쉽게 풀 수 있다.

5-1 어떤 종류의 잡음이 주파수에 의존하는가? 주파수에 의존하지 않는가?

5-2 다음 방법에 의해 감소할 수 있는 잡음을 답하시오.

(a) 측정 온도 감소

(b) 측정에 사용되는 주파수 증가

(c) 측정의 대역폭 감소

5-3 잡음을 최소화에 적합한 주파수 범위를 제안하시오. 설명하시오.

5-4 10^6 ohms 이상의 내부 저항을 가지는 유리전극을 설계하는 데 있어 차폐가 매우 중요한 이유를 설명하시오.

5-5 어떤 종류의 잡음이 (a) 고역–통과 필터와 (b) 저역–통과 필터에 의해 감소될 수 있는가?

5-6 그림 5-1a에서 전류 0.9×10^{-15} A에 대한 신호 대 잡음비를 어림짐작하시오.

***5-7** 다음의 데이터는 상판 저울을 이용하여 1.004 g의 표준 물질을 5회 반복 측정하여 얻은 값이다.

1.002 1.000 0.997

1.004 1.003 1.001

1.005 0.999 1.007

(a) 무작위 잡음을 가정하여, 이 저울의 신호 대 잡음비를 계산하시오

(b) *S*/*N*이 500이 되기 위해서 몇 번 측정하여 평균하여야 하는가?

***5-8** 다음은 잡음이 포함된 시스템을 측정한 mV 단위의 전압 데이터이다: 1.25, 1.74, 1.33, 1.97, 1.10, 1.27, 1.54, 1.62

(a) 잡음이 무작위라는 가정하에 신호 대 잡음비는 얼마인가?

(b) *S*/*N*이 10이 되기 위해서 몇 번 측정하여 평균하여야 하는가?

***5-9** 1-MHz의 대역폭을 가지는 오실로스코프를 사용할 때 상온에서 1.0 MΩ의 부하 저항과 연관된 rms 열적 잡음을 계산하시오. 만약 대역폭이 100 Hz로 감소하면 잡음은 몇 분의 1로 감소하겠는가?

***5-10** 그림 5-2에서 스펙트럼 *A*는 단일 스캔, 스펙트럼 *B*는 앙상블 평균을 통해 얻은 결과라고 한다면 *S*/*N*을 4.3에서 430으로 증가시키기 위해 몇 개의 스펙트럼이 합산되어야 하는가?

***5-11** 그림 5-10에서 위 스펙트럼에서 아래 스펙트럼으로 진행되면서 향상되는 *S*/*N*을 계산하시오. 아래 스펙트럼은 중간 스펙트럼에 비해 *S*/*N*이 몇 배 향상되었는가?

***5-12** 그림 5-15의 스펙트럼 *A*에서 *D*로 진행하면서 향상되는 *S*/*N*을 계산하시오.

도전 문제

5-13 **(a)** 다음 페이지에 나오는 엑셀 표는 모세관 전기 이동을 형광 검출기로 측정한 결과이다. 본 데이터를 그래프로 그리고, 또 이 결과에 대한 5-포인트 비가중 이동 평균을 계산하여 도시하시오.

(b) 이 장에서 주어진 평활화 계수를 이용하여 5-포인트 Savizky-Golay 평활화를 계산하고 도시하시오. (a)의 이동 평균 평활화에 의한 *S*/*N* 향상과 Savitzky-Golay 평활화에 의한 *S*/*N* 향상을 비교하시오. 또 두 평활화 곡선의 피크에 대한 변형을 비교하시오.

(c) Google과 같은 검색 엔진을 이용하여 7-포인트 2차 다항식의 Savitzky-Golay 평활화 계수를 찾으시오. 많은 경우에 이 계수들은 이미 정규화 정수로 정규화되어 있음을 명심하시오. 이미 정규화되어 있는지는 그림 5-14a의 데이터를 비교하여 35로 나누어져 있는지를 확인하여 결정할 수 있다.

(d) 이제 엑셀 표의 데이터에 7-포인트 이동 평균 평활화와 7-포인트 Savitzky-Golay 평활화를 적용해본다. *S*/*N*의 향상과 피크의 모양 변형을 비교한다.

(e) 이 데이터에 7-포인트 이동 평균 평활화와 15-포인트 이동 평균 평활화를 수행한다. 둘 중 어느 방법이 더 나은 *S*/*N* 향상을 내는가? 또 어느 것이 피크의 모양을 덜 변형시키는가?

(f) Enke와 Nieman이 그들의 논문에서 평활화에 대한 다음의 결론을 변호하거나 또는 비평하시오. "최소 제곱 다항식 평활화는 예쁘게 꾸며진 값에 불과하다." (*Anal. Chem.*, **1976**, *48*, 705A, **DOI**: 10.1021/ac50002a769) 먼저 그들의 결론에 동의하는지 않는지를 말하시오. 자신의 추론과 더불어 논문의 결과와 간섭을 이용하여 본인의 결론을 정당화하시오.

질문과 문제(계속)

	A	B	C
1	**Smoothing of data**		
2	Capillary electrophoresis peak		
3	detected by fluorescence		
4	**time, s**	**Intensity**	
5	100	0.0956	
6	105	0.1195	
7	110	0.1116	
8	115	0.1275	
9	120	0.0717	
10	125	0.1036	
11	130	0.0319	
12	135	0.0717	
13	140	0.1355	
14	145	0.2231	
15	150	0.1753	
16	155	0.5817	
17	160	1.8646	
18	165	2.6535	
19	170	2.8527	
20	175	2.8846	
21	180	2.8368	
22	185	2.7890	
23	190	2.7093	
24	195	2.5180	
25	200	2.3427	
26	205	2.2312	
27	210	1.9603	
28	215	1.8248	
29	220	1.6017	
30	225	1.4901	
31	230	1.2989	
32	235	1.2590	
33	240	1.1076	
34	245	0.9642	
35	250	0.9164	
36	255	0.8845	
37	260	0.7809	
38	265	0.7172	
39	270	0.6694	
40	275	0.6215	
41	280	0.6454	
42	285	0.6454	
43	290	0.5817	

	A	B	C
44	295	0.5259	
45	300	0.5658	
46	305	0.5259	
47	310	0.5020	
48	315	0.5419	
49	320	0.5419	
50	325	0.3426	
51	330	0.4940	
52	335	0.4383	
53	340	0.4462	
54	345	0.3984	
55	350	0.4064	
56	355	0.4383	
57	360	0.3984	
58	365	0.3905	
59	370	0.4861	
60	375	0.3984	
61	380	0.3267	
62	385	0.3905	
63	390	0.3825	
64	395	0.4303	
65	400	0.3267	
66	405	0.3586	
67	410	0.3905	
68	415	0.3745	
69	420	0.3347	
70	425	0.3426	
71	430	0.2869	
72	435	0.2550	
73	440	0.3506	
74	445	0.3028	
75	450	0.3028	
76	455	0.3108	
77	460	0.2311	
78	465	0.2709	
79	470	0.3028	
80	475	0.2789	
81	480	0.3347	
82	485	0.2311	
83	490	0.1753	
84	495	0.2869	
85	500	0.2311	

기기 분석법의 실제 응용

전자 분석 실험실

많은 연구실에서는, 특히 제약 산업의 경우에, 정부 규정, 신개품 개발, 제품 테스트, 감사 등으로 인한 서류 작업이 크게 증가하였다. 분석 실험실에서 컴퓨터와 자동화 기기가 광범위하게 사용되고 있으므로, 종이 없는 전자 실험실(electronic laboratory)을 만들면 급증하는 서류 작업과 기록 보관으로 인한 문제를 해결할 수 있다는 논의가 지난 몇 년간 있었다. 전자 실험실에서는 처리, 작업, 보고, 보관, 저장, 데이터 수집 등이 전자적으로 다루어질 것이다. 최근 정부 규정은 특정 조건이 충족되면 종이 없는 실험실이 허가되고 권장되도록 작성되었다. 미연방 규정집 식품 의약청(Food and Drug Administration) 21권 11부는 특히 제약 산업에 대해서 가능한 전자 기록 보관, 전자 제출, 전자 서명을 다루고 있다. 현대의 기술적 진보의 장점을 최대한 활용하고자 하는 욕구뿐만 아니라 규정을 준수하는 것은 완벽한 전자 실험실을 구현하는 것에 힘찬 발전을 가져왔다.

잠재적 장점

전자 실험실에는 몇 가지 가능한 이점이 있다.[1] 서류 작업의 감소는 당연히 주요 장점 중의 하나이다. 기기로부터 수집된 데이터는 전자적으로 처리되고 저장될 수 있다. 또한 데이터는 노트북 컴퓨터에 자동으로 입력될 수 있다. 종이 기반의 시스템에서는 데이터는 수작업을 통해서 노트에 입력되고, 차트 기록 또는 사진이 저장되어야만 한다.

전자 실험실의 또 다른 긍정적인 효과는 효율 증대이다. 데이터가 전자적으로 이용이 가능하면 조직 내의 많은 공동 연구자들끼리 데이터와 정보를 매우 쉽게 공유할 수 있게 된다. 정보를 원하는 공동 연구자는 거의 즉각적으로 접근이 가능하여 종이 기반의 실험실에서보다 훨씬 신속하게 결정을 내릴 수 있게 된다.

세 번째 장점은 분석 실험실의 시료 처리 능력을 가속화한다는 점이다. 실험실 자동화와 데이터의 전자 처리는 시료의 분석을 더 신속하게 완료하는 데 도움을 주며, 분석 결과를 원하면 빨리 받아볼 수 있다. 또한 생산 문제를 줄이고, 신제품의 효능을 연구하고, 신재료의 시장 출시를 가속화시키는 데 도움을 줄 수 있다.

종이 없는 실험실은 정부 규정을 준수하는 데도 역시 큰 도움이 된다. 규정에 일치하는 시스템은 준수 과정을 자동화할 수 있으며, 규정에 부합되지 않는 실험실 행위가 있는 경우 더 잘 발견될 수 있도록 한다. 전자 기반 시스템에서는 감사 추적은 더 쉬워지고 변동 가능 사항은 더 빨리 발견된다.

마지막으로 비용 절감이다. 종이 없는 실험실에는 서류 작업을 하고 보고서를 생산하는 사람이 덜 필요해지기 때문이다. 가능한 자원을 더 효율적으로 사용하게 되면 더 넓은 혜택과 비용 절감을 얻을 수 있다.

[1]Liscouski J. *Computerized Systems in the Modern Laboratory: A Practical Guide* Bethesda, MD; Parenteral Drug Association (PDA)/Davis Healthcare International (DHI) Publishing, 2015.

전자 실험실의 구성 요소

무엇이 전자 실험실을 구성하는가? 그림 IA1-1은 종이 없는 실험실의 주요 구성 요소를 보여주고 있다. 먼저, 컴퓨터화된 분석 기기는 데이터를 수집하고, 다루고, 처리하는 데 필요하다. 분석 기기는 많은 크로마토그래피 기기처럼 자체 데이터 시스템에 연결될 수 있고, 또는 전자 실험실 노트에 직접 연결될 수 있다. 노트는 제4H-2절에 설명된 실험실 정보 관리 시스템(laboratory information management system, LIMS)과 실험실 데이터 저장 시스템에 대한 입력을 제공한다. 어떤 경우에는 정보가 데이터 시스템 또는 노트로부터 보관소로 직접 전달된다. 이러한 구성 요소들의 몇 가지를 여기 사례 연구를 통해 설명한다.

전자 실험실 노트

전자 실험실 노트(electronic laboratory notebooks, ELN)는 1990년대 중반 보급되었다. ELN은 데이터를 수집하고 배포하는 데 혁명적일 것이라고 약속했다. 하지만 최근 전까지만 해도 ELN은 산업, 정부, 대학 실험실에 널리 사용되지 못하고 있었다. 효율을 증대하고자 하는 욕구와 신설 규정과 함께, 신제품이나 분석 시료에 관한 정보를 가능한 한 빨리 수집하고 조직 내에 다른 사람들이 정보를 이용하게 하는 것은 상당한 장점이 있는 생각이라는 것을 깨닫게 되었다. 따라서 ELN은 지난 몇 년간, 특히 제약 산업에, 다시 돌아오고 있는 중이다.

ELN은 연구자가 데이터와 도표를 입력하거나 기기, 데이터 시스템 또는 스프레드시트와 과학 패키지와 같은 소프트웨어로부터 데이터를 가져올 수 있는 실험실 노트 페이지로 구성되어 있다. 하나의 ELN에 대하여, 먼저 도서관에서 도서관 카드가 발급된다. 도서관 사서는 각각의 노트 사용자에게 그림 IA1-1에서 보이는 유형의 노트로 도서관 카드를 준다. 도서관 카드는 그림 IA1-2와 같은 사용자의 개인 정보를 담고 있다.

도서관 카드, ID 번호, 비밀번호를 받으면, 사용자는 ELN을 열수 있고 페이지를 볼 수 있다. 일반적인 노트 페이지는 그림 IA1-3에 나타나 있다. 여기서 페이지의 작성자는 사진, 설명과 함께 게시함으로써 페이지에 전자 서명을 하게 된다. 전자 서명은 개인을 식별할 수 있는 유일한 전자적인 수단이므로 다른 사용자는 사용할 수 없다. 일반적으로 ID 번호, 비밀번호, 바코드,

기기 분석법의 실제 응용(계속)

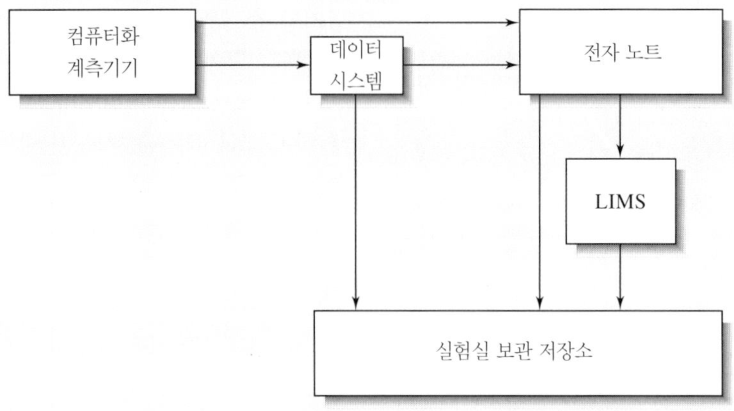

그림 IA1-1 전자 분석 실험실의 구성 요소.

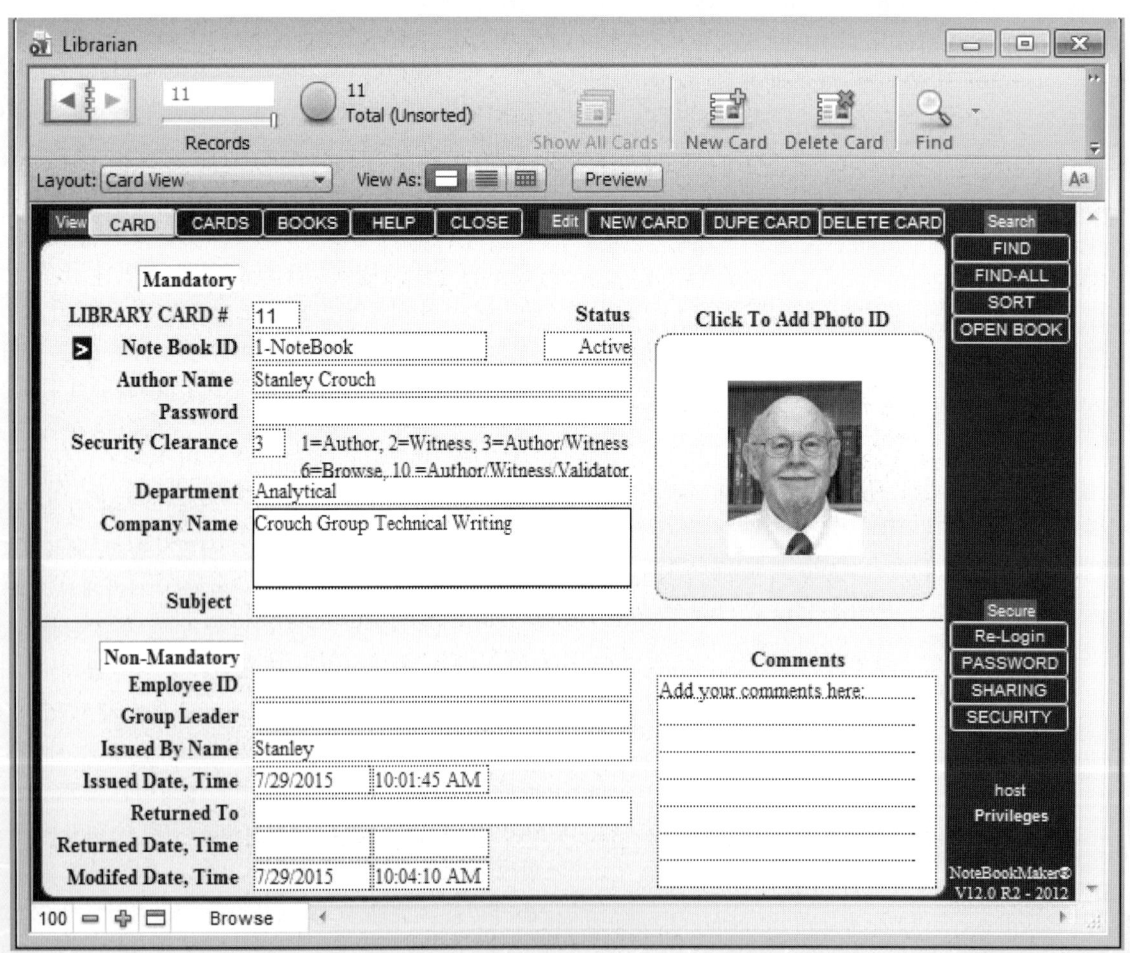

그림 IA1-2 **Stanley Crouch의 도서관 카드.** (Courtesy of FileMaker, Inc.)

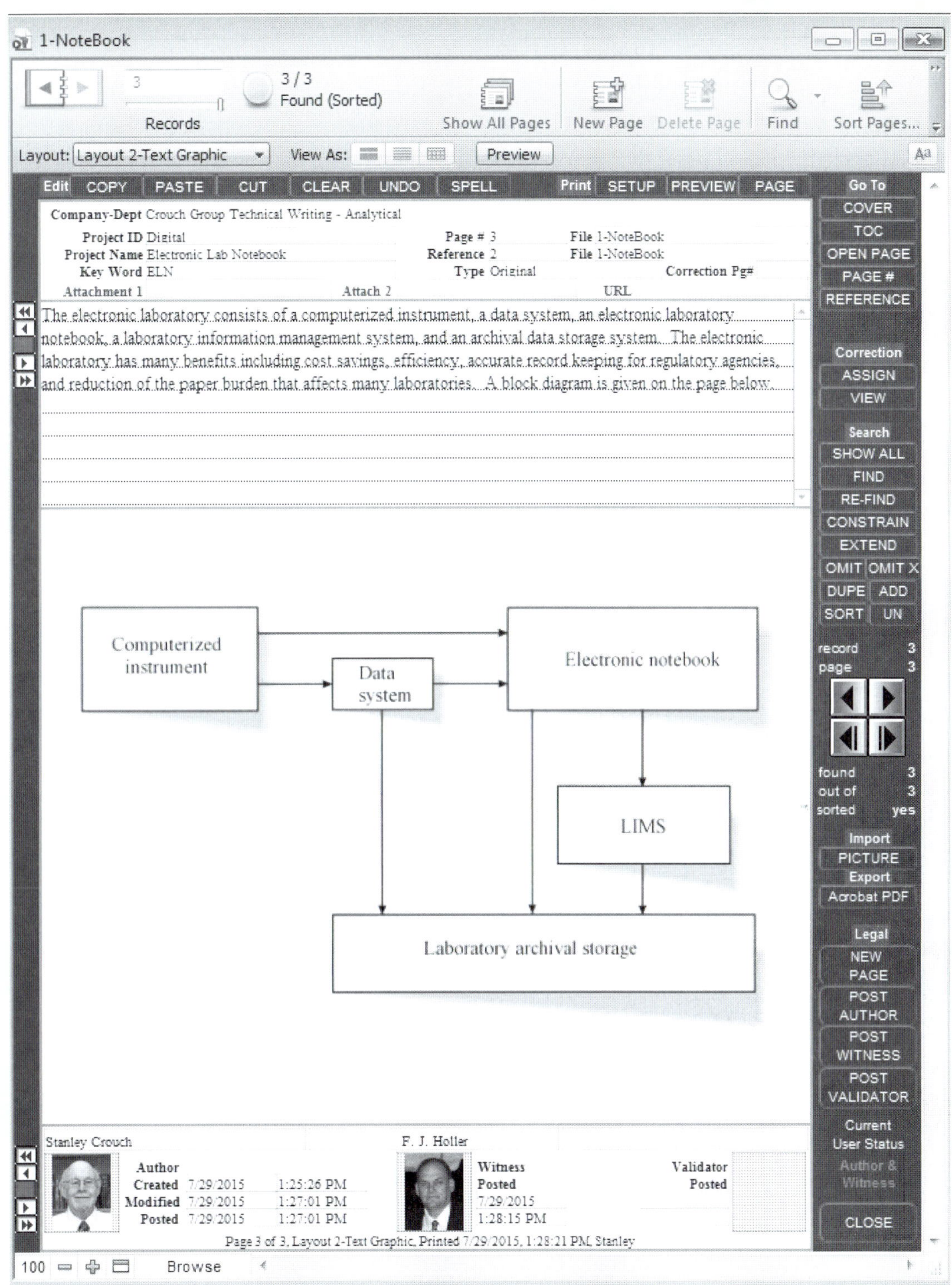

그림 IA1-3 **작성자와 증거인을 보여주는 실험실 노트 페이지.** 이 페이지는 아직 유효화되지 않았다. (Courtesy of FileMaker, Inc.)

기기 분석법의 실제 응용(계속)

그리고 개인 ID 코드나 망막, 음성, 지문 인식 등을 포함하고 있다. 다음에 증거인은 ID 번호와 비밀번호를 이용하여 서명하고 이 페이지를 전자적으로 증명해야 한다. 같은 방법으로 인가자가 서명하면 페이지는 유효성이 인증된다. 사용자에게는 도서관 카드가 발급될 때 다양한 보안 수준이 주어진다.

ELN은 등록된 모든 사용자에 의해 전자적으로 검색이 가능하다. 이 기능을 통해 사용자는 데이터를 빨리 검색할 수 있으며, 적절한 보안 등급을 가지는 공동 작업자와 공유할 수 있다. ELN은 일반적인 노트와 달리 사용자의 필체에 의존하지 않는다. ELN은 집, 다른 장소에서의 회의, 또는 집무실로부터 원격 접속이 가능하다. ELN은 일반적인 방법으로 백업이 가능하여 연구자에 의해 소실되거나 파괴되지 않는다. 노트 페이지는 보고서로 사용하기 위해 인쇄도 가능하다.

과학적 학문 분야, 회사나 대학의 규정, 요구되는 보안, 비용 등에 따라 사용 가능한 ELN의 종류는 많다. 사용 가능한 노트는 용이성, 휴대성, 유연성, 비용 면에서 다양하다. 이들 중 많은 것들은 무료 또는 저비용으로 사용 가능하지만, 다른 것들은 비용이 수천 USD 범위에 이른다. 어떤 것들은 로컬 서버로 다운로드되지만, 어떤 것들은 인터넷 기반이고 클라우드 지향적이다. Agilent와 PerkinElmer와 같은 유명 기기 회사들은 실험실 노트 제품을 생산한다. 어떤 제품들은 문서와 시각 자료를 추가하는 자체 제작 기능을 가지고 있다. 몇몇 ELN은 제약된 환경과 구조화된 절차에 맞도록 특별히 설계되었다.

그림 1A1-4는 무료로 사용되는 인터넷 기반 노트들 중 하나의 그래픽 유저 인터페이스(GUI)를 보여주고 있다. 보이는 것처럼 파일 구조와 일반적인 짜임새는 Windows나 Mac 사용자에게 친숙한 형태다. Bisphenol A에 대한 MSDS (Materials Safety Data Sheet)가 나와 있다. 프로그램은 이름이 수정되고 사용자 정의가 가능한 기본적인 폴더와 템플리트 세트가 함께 제공된다. 페이지는 보안과 지적 재산 보호를 위해 전자 서명이 가능하다. 노트는 실험실 내에서 또는 전 세계적으로는 초대장이나 링크를 보냄으로써 공유가 가능하다. 필요에 따라 게스트, 사용자, 관리자가 노트에 추가될 수 있으며, 사용자 그룹을 만들어서 같은 프로젝트를 수행하는 공동 작업자 간의 데이터 공유도 가능하다.

LIMS와 보관 저장소 연결

많은 전자 실험실 노트는 네트워크를 통해 LIMS 또는 보관 저장소 시스템에 연결되어 있다. LIMS는 일정 관리와 데이터 보관과 더불어 시료 추적과 관리를 다룬다(그림 4-21 참고). 어떤 ELN은 LIMS 또는 데이터 보관 시스템과 무선으로 통신하고, 다른 부분은 유선 LAN으로 연결되어 있다. 기존의 기기, 데이터 시스템, LIMS를 통합하는 것은 종종 방대하여 엄두가 나지 않는 작업이다. 오래된 실험실을 완전히 통합시키는 것은 어려운 일이긴 하지만, 신설되거나 재설계되는 실험실은 처음부터 전자 실험실의 기본 요소들을 통합시킬 수 있다.

앞으로의 발전

앞으로는 전자 실험실 시스템이 더 집약될 것으로 예상된다. 제약 산업의 회사들은 이미 전환을 시작하였다. 이러한 이점이 좀

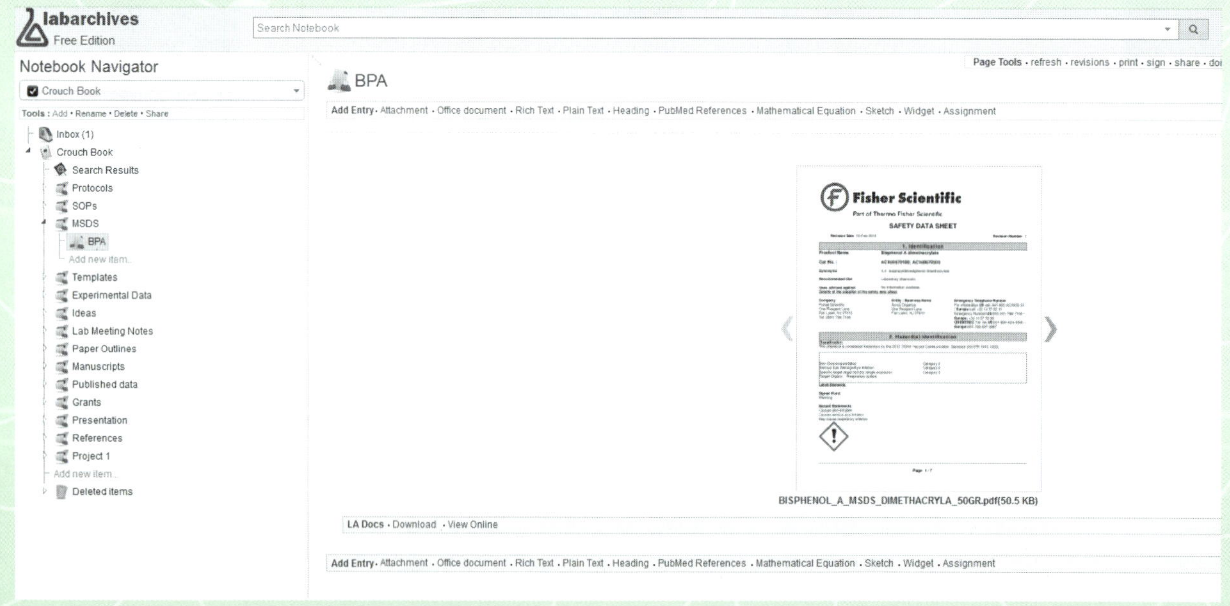

그림 IA1-4 LabArchives 실험실 노트의 사용자 인터페이스.

더 널리 인정되어감에 따라 다른 산업, 정부, 학계에서도 종이 없는 실험실을 만들게 될 것이다. 과학자들은 대체로 작업 보조 도구로 랩탑 컴퓨터, 태블릿, 스마트폰 등의 추가적인 전자기기를 가지고 있다. 갈수록, 효율성과 생산성을 더 향상시키기 위해 이러한 장치가 ELN, LIMS, 실험실 기기와 통신하는 것을 보게 될 것이다. 정부 규정이 제약 산업에 전자 실험실의 도입을 주도하였지만, 생산성 향상, 서류 작업의 감소, 비용 절약 등의 혜택은 결과적으로 종이 없는 전자 실험실을 시행하는 데 가장 중요한 이유가 될 것이다.

Ted Kinsman/Science Source

원자 분광법

Atomic Spectroscopy

위 사진은 수많은 기체 상태 물질의 광학 방출 스펙트럼을 나타낸다. 물질은 고유한 지문을 가지고 있기 때문에 각각의 스펙트럼은 물질을 확인하는 데 이용된다. 위에서부터 아래로, 각 물질들은 브로민, 중수소, 헬륨, 수소, 크립톤, 네온, 수증기와 제논이다. 수소와 중수소 및 수증기의 스펙트럼은 서로 유사하다는 점에 유의하라. 방출선의 위치(파장) 이외에도, 스펙트럼 선들의 세기는 그 원소들의 농도에 관한 정보를 알려준다. 광학 분광법은 제2부에서 공부하게 될 다양한 분광법 중의 하나이다.

제2부는 원자 분광법의 기본적인 원리와 방법으로 구성되어 있다. 제6장에서는 빛의 성질과 물질과의 상호작용에 대해 연구하고, 제7장에서는 광학 기기의 광학적, 전자적, 기계적인 요소들을 소개한다. 또한, 6장과 7장에서는 제3부에서 소개할 분자 분광학의 유용한 기기적 구성 요소와 개념들을 설명한다. 제8장에서는 원자 스펙트럼의 일반적인 성질과 원자 시료를 분광기에 주입하는 실질적인 모습들을 소개한다. 제9장은 실질적인 원자 흡수 분광법과 원자 형광 분광법에 대해 탐구하고, 제10장에서는 원자 방출 분광법에 대해 설명한다. 제11장에서는 원자 질량 분석법을 소개하며, 원자 질량 분석법의 다양한 기기 장치와 분석법들을 설명하고자 한다. 원자 분광 분석법에 대한 설명은 제12장의 X선 분광법의 설명으로 마무리된다. 기기 분석법의 실제 응용에서는 환경 중의 수은을 추적하고 화학종을 구별하는 분석법에 대해 알아본다.

2부

6장

분광 분석법 서론

An Introduction to Spectrometric Methods

이 장에서는 전자기파와 원자 및 분자들 간의 상호작용에 관한 일반적인 사항을 다룬다. 이 분광 분석법 서론 후에, 다음 여섯 개 장에서는 다양한 형태로 물질에 존재하는 원소들을 확인하고 이를 정량하기 위하여 과학자들에 의해 이용되고 있는 분광 분석법을 설명한다. 제13장에서 제21장까지는 분자 화학종의 구조적 결정을 하기 위한 분광 분석법의 이용에 대해 논의하고 이러한 방법들이 정량 분석에 어떻게 사용되는지에 대해 설명한다.

이 장에서 옆의 로고는 **www.tinyurl.com/skoogpia7** 에서 대화형 자습, 시뮬레이션, 연습 등을 통해 온라인으로 학습할 수 있는 기회가 있음을 나타낸다.

분광 분석법은 원자 및 분자 분광법에 기반을 둔 다수의 분석법들을 포함하고 있다. *분광학*(spectroscopy)은 복사선과 물질과의 상호작용을 다루는 과학의 일반적인 용어이다. 예전에는 단순히 전자기 복사선과 물질 사이의 상호작용에 대해 다뤘지만, 현재 분광학은 다양한 형태의 에너지와 물질 사이의 상호작용을 포함하는 것으로 의미가 확장되었다. 예를 들면, 음향파, 이온 및 전자와 같은 입자살이 여기에 포함된다. *분광법과 분광 분석법*(spectrometry와 spectrometric methods)은 광전자 변환기나 다른 종류의 전자 장치를 이용하여 복사선의 세기를 측정하는 방법을 의미한다.

가장 광범위하게 사용되는 분광학적 방법은 전자기 복사선을 기반으로 한다. 이 복사선은 여러 종류의 에너지 형태를 가지며 흔히 볼 수 있는 형태는 빛과 복사열이다. 덜 알려진 형태로는 감마선, X선, 마이크로파 및 라디오 주파수의 복사선이 있다.

6A 전자기 복사선의 일반적 성질

전자기 복사선의 여러 가지 성질은 파장, 주파수, 속도 및 진폭과 같은 특성을 가진 고전적인 sine파 모형으로 설명하는 것이 편리하다. 소리와 같은 다른 파동 현상과 다르게 전자기 복사선은 전파하는 데 매질이 필요하지 않으며, 따라서 진공에서도 쉽게 통과한다.

파동 모형은 복사선 에너지의 흡수 및 방출과 관련된 현상을 잘 설명하지 못한다. 이러한 과정을 이해하기 위하여 전자기 복사선을 *광자*(photon)라는 에너지의 불연속 입자 또는 파속(wave packets)의 흐름으로 보는 입자 모형을 이용할 필요가 있다. 이 광자 에너지는 복사선의 주파수에 비례한다. 복사선에 대한 입자와 파동의 이중적인 견해는 서로 상반되는 개념이 아니라 상호보완적인 관계를 갖는다. 실제로, 파동-입자의 이중성은 전자, 양성자 및 다른 소립자의 흐름 거동에도 적용되며 양자 역학에 의해 완전히 설명되고 있다.

6B 전자기 복사선의 파동 성질

여러 가지 목적으로 전자기 복사선은 전기장과 자기장이 전파하는 방향에 대하여 위상이 일치하며, 서로 직각으로 진동하

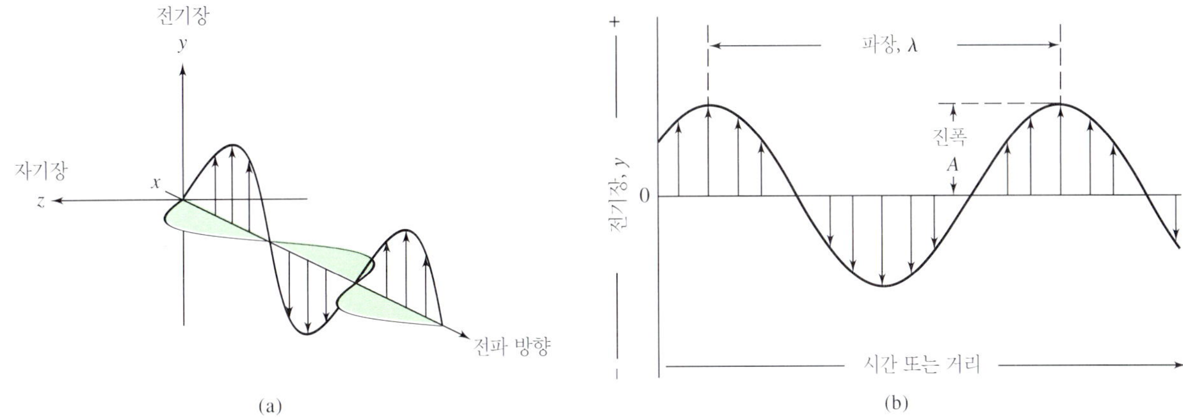

그림 6-1 단일 주파수 전자기 복사선의 파동 성질. (a)는 평면–편광파가 x축을 따라 전파되는 것을 보여준다. 전기장은 자기장과 수직으로 같은 평면에서 진동한다. 복사선이 편극되지 않았으면 전기장의 성분이 모든 평면에서 보였을 것이다. (b)는 전기장의 진동만 나타나 있다. 파동의 진폭은 최대 파고에서 전기장 벡터의 길이이며, 파장은 연속적으로 나타나는 최대 파고 간의 거리이다.

는 sine 진동파로서 편리하게 나타낼 수 있다. 그림 6-1a는 평면–편광된 전자기 복사선의 한 복사선을 나타낸다. *평면–편광*(plane polarized)은 전기장 또는 자기장 중 하나가 단일 평면에서 모든 진동이 일어나는 것을 의미한다. 그림 6-1b는 그림 6-1a에 있는 복사선의 전기장 성분을 2차원적으로 나타낸 것이다. 그림 6-1에서 전기장의 세기는 그것의 길이가 세기에 비례하는 벡터로 표시된다(검정색 화살표). 이 그래프의 가로축은 복사선이 공간에서 일정한 지점을 통과하는 시간이거나 시간을 일정하게 유지했을 때의 통과 거리이다. 전기장은 우리가 관심을 가지고 있는 투과, 반사, 굴절 및 흡수를 포함한 대부분의 현상과 관련이 있기 때문에 이 장과 나머지 남은 본문에서는 복사선의 전기적 성분만 다루게 될 것이다. 그러나 전자기 복사선의 자기적 성질은 핵 자기 공명 분광법에서 라디오 주파수의 흡수와 관련이 있다는 것에 유의하라(제19장 참고).

6B-1 파동의 특성

그림 6-1b에서 sine파의 *진폭*(amplitude) A는 파동의 극대점에서의 전기 벡터의 길이로 나타낸다. 극대점 또는 극소점이 공간의 일정한 지점을 연속적으로 통과하는 데 걸리는 초 단위의 시간을 *주기*(period) p라고 한다. *주파수*(frequency) ν는 전기장이 매초당 진동하는 수를 의미하며,[1] $1/p$과 같다. *파장*(wavelength) λ는 파동에서 연속되는 동일한 두 점(예를 들면, 연속적인 극대점 또는 극소점)에서의 직선 거리로 나타낸다.[2] 매초당 사이클 단위의 주파수에 사이클당 미터 단위의 파장을 곱하면 *전파 속도*(velocity of propagation) ν_i를 초당 미터 단위로 구할 수 있다.

$$\mathrm{v}_i = \nu\lambda_i \tag{6-1}$$

복사선의 주파수는 광원에 의하여 결정되기 때문에 변화하지 않고 **일정하게 유지**된다. 이에 비해 복사선의 속도는 통과하는 매질의 조성에 따라 변화한다. 그러므로 식 6-1은 복사선의 파장이 매질의 조성에 의존하는 것을 알 수 있다. 식 6-1의 아래 첨자 i는 이러한 의존성을 나타낸다.

진공 상태에서 복사선의 속도는 파장에 의존하지 않고 최댓값을 갖는다. 이 속도는 c로 표기하고 2.99792×10^8 m/s의 값을 갖는다. 공기 중에서 복사선의 속도는 c값과 약간 차이가 있다(약 0.03% 작다). 그러므로 공기 또는 진공 상태인 경우, 식 6-1은 다음과 같이 세 자리 유효 숫자로 표시할 수 있다.

$$c = \nu\lambda = 3.00 \times 10^8\,\mathrm{m/s} = 3.00 \times 10^{10}\,\mathrm{cm/s} \tag{6-2}$$

어떤 물질을 포함하는 매질에서, 복사선의 전파는 복사선의 전자기장과 그 물질에 있는 결합 전자 사이의 상호작용으로 느려진다. 복사선의 주파수는 광원에 따라서 변화하지 않고 고정되어 있기 때문에 복사선의 파장은 진공에서 다른 매질로 통과될 때 감소되어야만 한다(식 6-2). 가시선의 단색 빛살에 대해 이러한 효과가 그림 6-2에 설명되어 있다.[3] 유리를 통과할 때 파장은 약 200 nm나 30% 이상으로 감소됨을 알 수 있다. 복사선이 다시 유리에서 공기로 통과 할 때는 반대의 현상이 나타난다.

전자기 복사선을 나타내는 또 다른 방법은 파장의 역수로 정의되는 센티미터 단위의 *파수*(wavenumber) $\bar{\nu}$이다. $\bar{\nu}$의 단위는 cm^{-1}이다. 파수는 적외선 분광법에서 널리 사용된다. 파수는 파장과 달리 복사선의 주파수, 즉 에너지에 직접 비례하기 때문에 유용한 단위이다. 그러므로 다음과 같이 쓸 수 있다.

---

[1]주파수의 단위는 매 초당 1 사이클에 해당하는 초의 역수(s^{-1}) 또는 *헤르츠*(hertz, Hz)로 나타낸다.

[2]파장을 나타내는 데 사용되는 일반적인 단위는 여러 가지 스펙트럼 영역에 따라 상당히 다르다. 예를 들어, 옹스트롬 단위 Å (10^{-10} m)는 X선 및 단파장 자외선 영역에서 사용하기 편리하며; 나노미터 nm (10^{-9} m)는 가시선 및 자외선 광선에 사용된다; 마이크로미터 μm (10^{-6} m)는 적외선 영역에 유용하다. [*마이크로미터*(micrometer)는 초기의 문헌에서 *미크론*(micron)이라고했지만, 이 용어의 사용은 권장하지 않는다.]

[3]*단색*(monochromatic) 빛살은 광선이 동일한 파장을 갖는 복사선의 광선이다. *다색*(polychromatic) 빛살은 서로 다른 파장의 광선으로 구성된다.

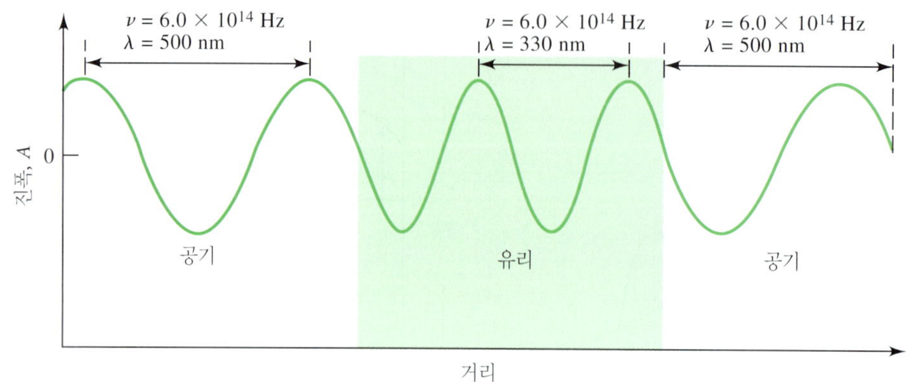

그림 6-2 복사선이 공기에서 유리로 그리고 다시 공기로 통과할 때의 파장의 변화. 복사선이 유리를 통과할 때 파장은 거의 200 nm 또는 30% 이상 짧아지는 것에 주목하라. 다시 공기로 통과할 때는 반대 현상이 일어난다.

$$\bar{\nu} = k\nu \qquad (6\text{-}3)$$

여기서 비례 상수 k는 매질에 의존하며 속도의 역수와 같다(식 6-1).

복사선의 *힘*(power) P는 매초당 주어진 면적에 도달하는 빛살의 에너지이며, *세기*(intensity) I는 단위 입체 각(unit solid angle)당의 힘이다. 이 크기는 진폭 A의 제곱과 관련이 있다(그림 6-1 참고). 엄격히 말해 맞는 말은 아니지만, 힘과 세기는 종종 같은 뜻으로 사용된다.

6B-2 전자기 스펙트럼

그림 6-3에서 볼 수 있듯이 전자기 스펙트럼은 대단히 넓은 범위의 파장과 주파수(즉, 에너지)를 포함한다. 실제로, 그 범위는 매우 커서 그것을 표시하기 위해서는 log 눈금이 필요하다. 또한 그림 6-3은 주요 스펙트럼 영역을 정성적으로 보여주고 있다. 스펙트럼의 영역 구분은 다양한 종류의 복사선을 발생시키고 검출하는 데 사용되는 방법에 근거를 두는 것이다. 여기서 몇 개의 영역은 겹치게 된다. 사람의 눈으로 볼 수 있는 가시선 영역은 다른 스펙트럼 영역과 비교하여 매우 작은 부분을 차지하고 있음에 주목하라. 또한, 가시선뿐만 아니라 사람의 눈으로 감지하기 어려운 자외선과 적외선을 사용하는 분광 분석법은 종종 *광학적 방법*(optical methods)이라고 일컫는다. 이러한 다소 모호한 용어는 이 세 가지 스펙트럼 영역에서 사용되는 기기 장치의 공통적 특성과 3개의 복사선이 물질과 상호작용을 하는 것을 관찰하는 방식이 유사하기 때문에 발생되는 것이다.

표 6-1은 분석 목적에 따라 중요한 스펙트럼 영역의 파장 및 주파수 범위를 나타내고 이들과 관련된 다양한 분광법에 대해서도 정리되어 있다. 표의 마지막 열은 여러 가지 분광법의 원리로 이용되는 핵, 원자 또는 분자들의 양자 전이를 나타내고 있다.

6B-3 파동의 수학적 표현

시간을 하나의 변수라고 하면 파동은 그림 6-1b와 같이 sine파의 식으로 나타낼 수 있다.

$$y = A\sin(\omega t + \phi) \qquad (6\text{-}4)$$

여기서 y는 *전기장*(electric field), A는 y의 진폭 또는 극대값이며, ϕ는 *위상각*(phase angle)을 나타낸다. 이는 제2B-1절, 27페이지에 정의된 용어이다. 벡터의 각속도 ω는 복사선의 주파수 ν와 다음과 같은 관계식을 갖는다.

$$\omega = 2\pi\nu$$

이 관계식을 식 6-4에 대입하면 다음과 같은 식을 얻을 수 있다.

$$y = A\sin(2\pi\nu t + \phi) \qquad (6\text{-}5)$$

6B-4 파동의 겹침

두 개 또는 그 이상의 파동이 동일한 공간을 통과할 때 각각의 파동에 의해서 교란이 일어나는데 이것을 *겹침의 원리*(principle of superposition)라고 한다. 이 원리는 교란이 발생되는 전자기파에 적용되며, 이는 전기장뿐만 아니라 원자나 분자가 치환된 다른 형태의 파동에서도 나타난다. 주파수, 진폭 및 위상각이 다른 n개의 전자기파가 공간의 어떤 점을 동시에 통과할 때, 겹침의 원리와 식 6-5를 이용하여 다음과 같은 식을 얻을 수 있다.

$$y = A_1\sin(2\pi\nu_1 t + \phi_1) + A_2\sin(2\pi\nu_2 t + \phi_2) + \cdots + A_n\sin(2\pi\nu_n t + \phi_n) \qquad (6\text{-}6)$$

여기서 y는 식을 통해 계산된 전기장을 의미한다.

그림 6-4a의 검은색 선은 진폭과 위상각은 다소 다르지만 동일한 주파수를 갖는 두 개의 파동에 대해 식 6-6을 적용한 것이

연습: www.tinyurl.com/skoogpia7에서 **전자기 스펙트럼(electromagnetic spectrum)**에 대해 더 알아보시오.

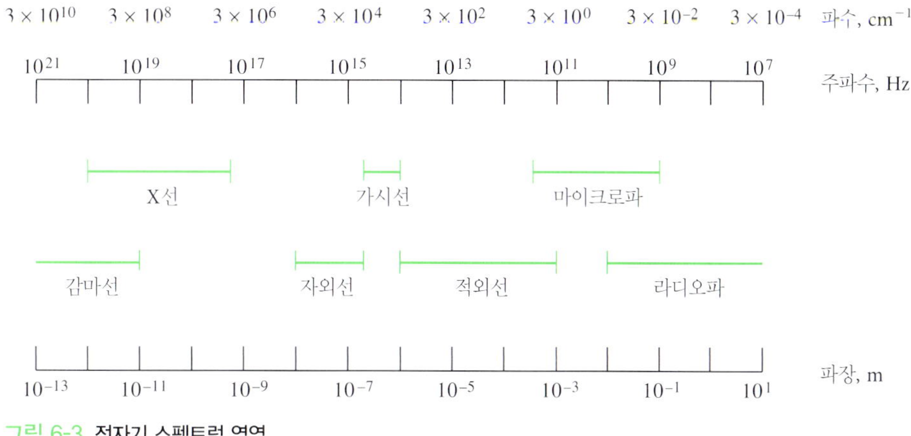

그림 6-3 전자기 스펙트럼 영역.

표 6-1 전자기 복사선을 기반으로 한 일반적인 분광법

분광법의 종류	보통 파장 범위*	보통 파수 범위, cm^{-1}	양자 전이 형태
감마선 방출	0.005~1.4 Å	—	핵
X선 흡수, 방출, 형광 및 회절	0.1~100 Å	—	내부 전자
진공 자외선 흡수	10~180 nm	1×10^6~5×10^4	결합 전자
자외선-가시선 흡수, 방출 및 형광	180~780 nm	5×10^4~1.3×10^4	결합 전자
적외선 흡수 및 Raman 산란	0.78~300 μm	1.3×10^4~3.3×10^1	분자의 회전/진동
마이크로파 흡수	0.75~375 mm	13~0.03	분자의 회전
전자 스핀 공명	3 cm	0.33	자기장 내의 전자 스핀
핵 자기 공명	0.6~10 m	1.7×10^{-2}~1×10^3	자기장 내의 핵 스핀

*1 Å = 10^{-10} m = 10^{-8} cm

1 nm = 10^{-9} m = 10^{-7} cm

1 μm = 10^{-6} m = 10^{-4} cm

다. 이 결과로 얻은 파동은 주파수가 같은 주기적 함수이지만 그 성분 파동보다 더 큰 진폭을 갖는다. 그림 6-4b와 그림 6-4a가 다른 점은 위상 차이가 크다는 것이다. 이때, 결과적으로 얻은 진폭은 성분 파동의 진폭보다 작다는 것이다. 최대 진폭은 두 파동의 위상이 완전이 일치할 때 나타나며, 이러한 상황은 위상 차이($\phi_1 - \phi_2$)가 0°, 360° 또는 360°의 정수배일 때 발생한다. 이러한 조건을 만족한다면 최대 *보강 간섭*(constructive interference)이 발생한다고 한다. 또한 ($\phi_1 - \phi_2$)가 180° 또는 180° + 360°의 정수배일 때 최대 *상쇄 간섭*(destructive interference)이 일어난다. 간섭성은 전자기 복사선을 기반으로 하는 여러 가지 기기 분석법에서 중요한 역할을 한다.

그림 6-5는 진폭은 같으나 주파수가 다른 두 파동의 겹침을 보여준다. 겹침으로 생긴 파동은 더 이상 sine파가 아니지만, 주기성, 즉 *맥놀이*(beat)를 나타낸다. 맥놀이의 주기 p_b는 두 파동

시뮬레이션: www.tinyurl.com/skoogpia7에서 **파동의 겹침(superposition of waves)**에 대해 더 알아보시오.

주파수 차이($\Delta\nu$)의 역수라는 것에 주목하라. 즉,

$$p_b = \frac{1}{\Delta\nu} = \frac{1}{(\nu_2 - \nu_1)} \quad (6\text{-}7)$$

겹침의 중요한 점은 *Fourier 변환*(Fourier transformation)이라는 수학적 연산을 통해 복잡한 파동 형태를 간단한 성분으로 나눌 수 있다는 것이다. 프랑스 수학자 Jean Fourier (1768~1830)는 어떤 주기 함수도 복잡함에 관계없이 간단한 sine이나 cosine 항의 합으로 표현할 수 있음을 보여주었다. 예를 들어, 전자공학에서 광범위하게 발생되는 사각파형은 다음과 같은 방정식으로 나타낼 수 있다.

$$y = A\left(\sin 2\pi\nu t + \frac{1}{3}\sin 6\pi\nu t + \frac{1}{5}\sin 10\pi\nu t + \cdots + \frac{1}{n}\sin 2n\pi\nu t\right) \quad (6\text{-}8)$$

여기서 n은 3, 5, 7, 9, 11, 13, …… 등등의 값을 갖는다. 그림 6-6은 합해진 파동의 겹침을 보여준다. 그림 6-6a에서의 파란색 곡선은 진폭이 5:3:1이고, 주파수가 1:3:5의 비율을 가지는 3개

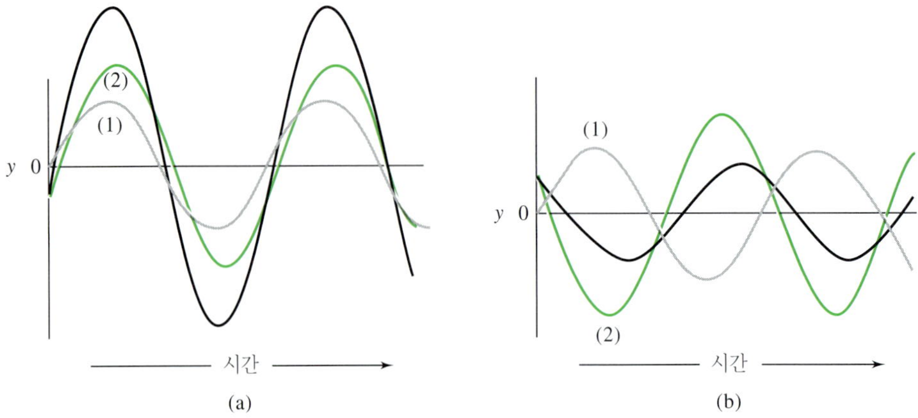

그림 6-4 Sine파의 겹침. (a) $A_1 < A_2$, $(\phi_1 - \phi_2) = 20°$, $\nu_1 = \nu_2$, (b) $A_1 < A_2$, $(\phi_1 - \phi_2) = 200°$, $\nu_1 = \nu_2$. 검정색 곡선은 다른 두 곡선이 겹쳐서 생긴 것이다.

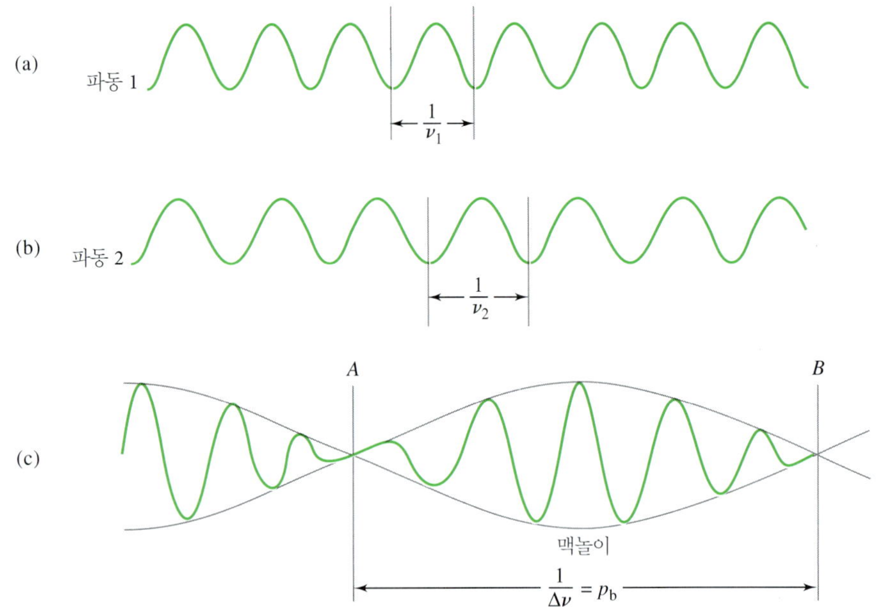

그림 6-5 주파수는 다르나 진폭이 같은 두 파동의 겹침. (a) $1/\nu_1$의 주기를 갖는 파동 1, (b) $1/\nu_2$ ($\nu_2 = 1.25\nu_1$)의 주기를 갖는 파동 2, (c) ν_1와 ν_2의 겹침은 $\Delta\nu = |\nu_1 - \nu_2|$인 $1/\Delta\nu$ 주기를 갖는 맥놀이가 형성된다.

sine파의 합이다. 식 6-8에서 3개의 항만 포함하였을 때 그 결과는 사각파형에 가깝다는 것을 알 수 있다. 그림 6-6b의 파란색 곡선에 표시된 것처럼, 9개의 파동이 겹쳐지면 사각파형에 더욱 근접하는 것을 알 수 있다.

수작업으로 복잡한 파형을 sine 또는 cosine 성분으로 분해하는 일은 지루하고 시간이 많이 걸린다. 그러나 컴퓨터의 소프트웨어를 이용하면 Fourier 변환을 쉽게 할 수 있다. 이 방법에 대한 응용은 제5C-2절에서 언급되어 있으며 몇 가지 종류의 분광법들을 설명할 때 논의될 것이다.

6B-5 복사선의 회절

복사선의 평행한 빛살이 날카로운 벽을 지나거나 좁은 구멍을 통과할 때 구부러지는 현상을 *회절*(diffraction) 현상이라 하는데 이는 모든 형태의 전자기 복사선에서 나타난다. 그림 6-7은 이러한 현상을 보여준다. 회절은 전자기 복사선에서뿐만 아니라 기계적 파동 또는 음향 파동에서도 관찰되는 파동의 특성이다. 예를 들면, 물 탱크에서 기계적으로 발생된 일정한 주파수는 직사각형 구멍이나 슬릿을 통과한 전후의 파동을 관찰함으로써 실험실에서 회절 현상을 쉽게 관찰할 수 있다. 슬릿이 파장에 비해 넓으면(그림 6-7a) 회절 현상이 약하게 발생되어 검출하기 어렵다. 반면에, 파장과 슬릿 구멍 크기의 정도가 같으

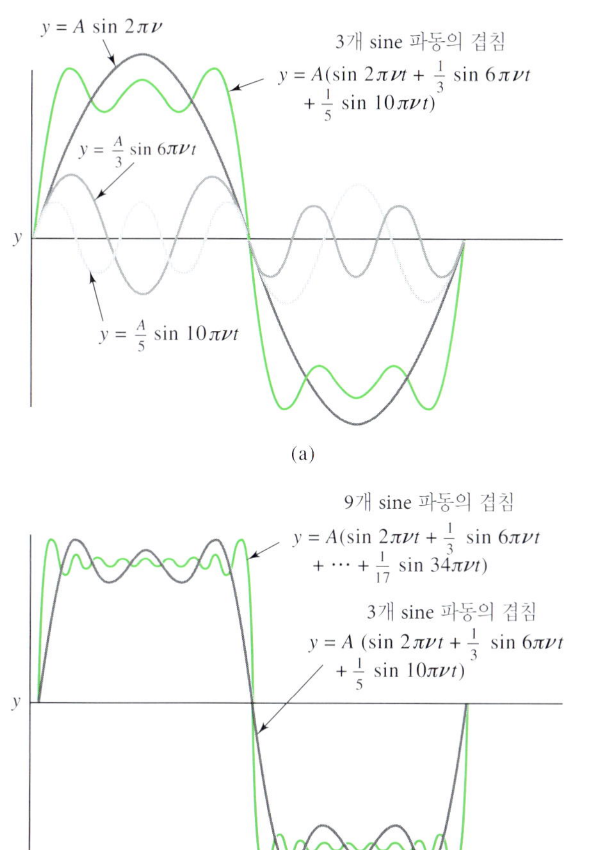

그림 6-6 사각파형을 형성하기 위한 sine 파동의 겹침. (a) 3개의 sine 파동의 조합, (b) (a)의 3개의 파동 조합과 9개의 sine 파동의 조합.

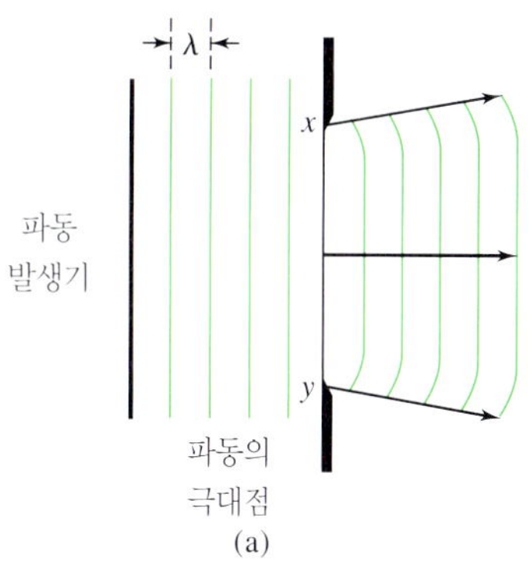

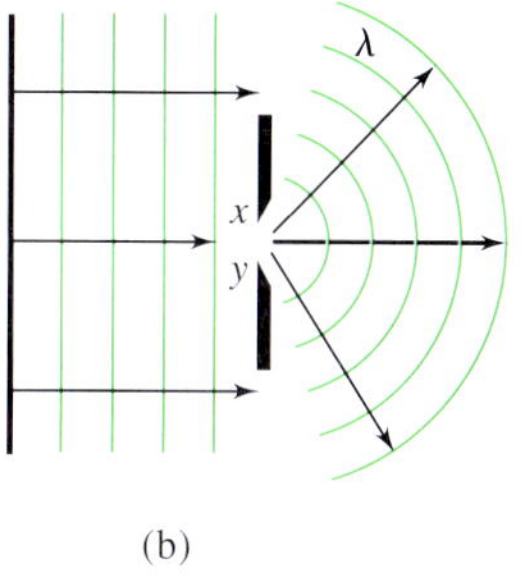

그림 6-7 슬릿을 통한 파동의 전파. (a) $xy \gg \lambda$, (b) $xy = \lambda$

면 그림 6-7b에서 보여주는 바와 같이 회절 현상이 명확하게 나타난다. 여기서 슬릿은 거의 180° 반원 모양의 파동을 연속적으로 방출하는 새로운 광원으로 작용한다. 파동이 나아가는 방향은 슬릿의 두 가장자리를 지나면서 휘어진 것처럼 보인다.

간섭(interference) 현상은 회절을 일으킨다. 이러한 관계는 1800년도에 Thomas Young에 의해 처음으로 수행된 실험으로부터 쉽게 이해할 수 있으며, 이 실험을 통해 빛의 파동성은 명확하게 증명되었다. 그림 6-8a에서 보면 평행한 복사선의 빛살은 좁은 슬릿 A(또는 Young 실험에서의 작은 구멍)를 통과한 다음 회절되어, 인접한 2개의 슬릿 또는 작은 구멍 B와 C에 어느정도 동일하게 빛을 비춘다. 이 슬릿들로부터 나오는 복사선은 XY 평면에 있는 스크린상에서 관찰된다. 만약 복사선이 단색광인 경우, 이 페이지의 평면에 수직으로 일련의 어둡고 밝은 상이 관찰된다.

그림 6-8b에는 스크린 길이에 따른 함수로서 띠의 세기를 나타내었다. 이 그림에서 보여주는 바와 같이 슬릿 너비가 복사선의 파장 크기와 거의 같으면 띠의 세기는 중앙 부분의 띠에서 거리가 멀어질수록 띠 강도는 점차 감소하게 된다. 슬릿의 너비가 넓어질수록 세기가 크게 감소한다.

그림 6-8a에서 두 개의 슬릿 사이에 있는 희미한 물질의 그림자에 위치한 중앙의 띠 E가 나타나는 것은 B에서 E 거리와 C에서 E까지의 거리가 같다는 것으로부터 쉽게 설명될 수 있다. 따라서 두 개의 슬릿에서 회절되어 나온 빛이 보강 간섭을 일으켜 밝은 띠가 관찰되며, 그림 6-8c를 이용하면 다른 밝은 띠가 나오는 최대 보강 간섭의 조건을 유도할 수 있다. 그림 6-8c에서 회절 각 θ는 선 OE(법선)와 OD에 의해 형성된 각도이며, D는 최대 세기의 지점이다. 검은색 선 BD와 CD는 슬릿 B와 C로부터 D까지의 빛의 경로를 나타낸다. 일반적으로, 거리 $\overline{OE}$는 슬릿 $\overline{BC}$ 사이의 거리와 비교했을 때 매우 크다. 결과적으로 선 BD, OD와 CD는 실제적으로 평행이라 할 수 있다. 선 BF는 CD와 수직이며 삼각형 BCF는 삼각형 DOE와 유사한 닮은 꼴이라 볼 수 있다. 따라서 CBF의 각도는 회절 각 θ와 같다. 이로부터

$$\overline{CF} = \overline{BC} \sin\theta$$

관계식을 얻을 수 있다.

$\overline{BC}$는 $\overline{OE}$에 비해 매우 작기 때문에 $\overline{FD}$와 $\overline{BD}$는 거의 같으며, $\overline{CF}$의 길이는 $\overline{BD}$와 $\overline{CD}$의 빛살의 경로 차이를 나타낸다. 두 빛살이 D에서 위상이 일치할 경우에 $\overline{CF}$는 복사선의 파장에 해당된다. 즉,

$$\lambda = \overline{CF} = \overline{BC} \sin\theta$$

이다.

또한 두 빛살의 경로 차이가 2λ, 3λ 등과 같은 경우에는 보강 현상이 발생한다. 따라서 중앙 띠 주변을 둘러싸고 있는 밝은 띠에 대한 일반적인 표현은 다음과 같다.

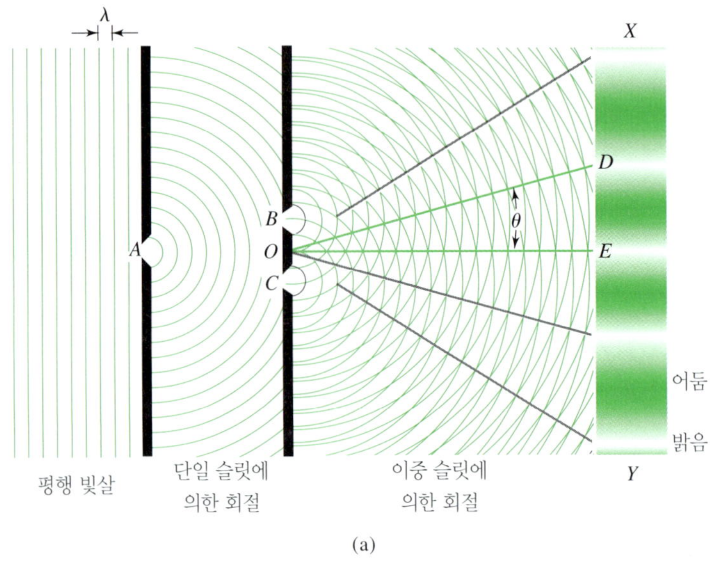

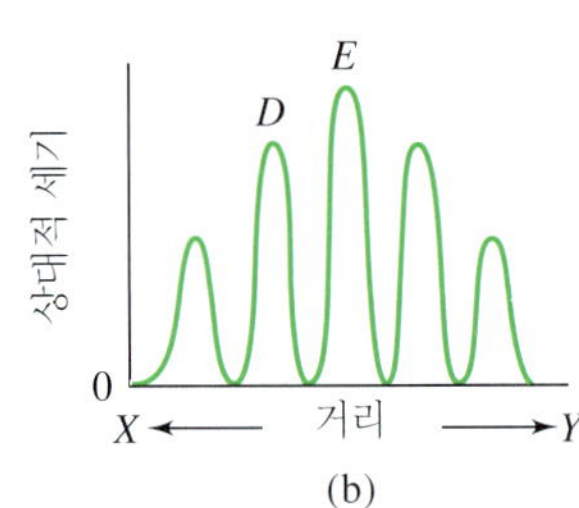

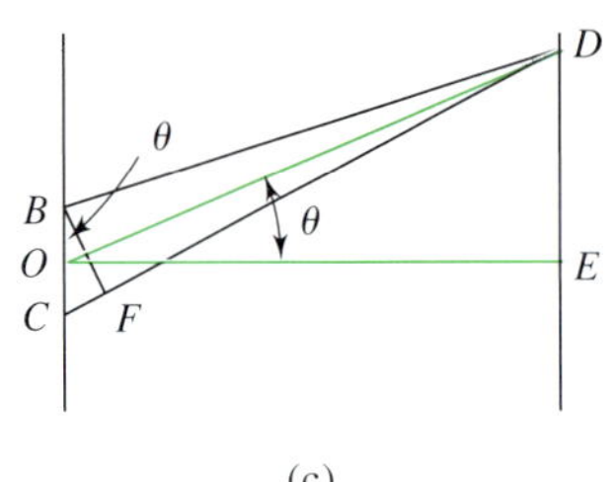

그림 6-8 슬릿에 의한 단색 복사선의 회절.

$$\mathbf{n}\lambda = \overline{BC}\sin\theta \tag{6-9}$$

여기서, **n**은 간섭 *차수*(order)라 하는 정수이다.

스크린 면을 따라 회절된 빛살의 직선 변위 $\overline{DE}$는 스크린과 슬릿면 사이의 거리 $\overline{OE}$와 슬릿 사이의 간격에 따라 달라진다. 이에 대한 식은 다음과 같이 주어진다.

$$\overline{DE} = \overline{OD}\sin\theta$$

이 식을 식 6-9에 대입하면 다음과 같은 식을 얻을 수 있다.

$$\mathbf{n}\lambda = \frac{\overline{BC}\,\overline{DE}}{\overline{OD}} = \frac{\overline{BC}\,\overline{DE}}{\overline{OE}} \tag{6-10}$$

식 6-10을 통해 3개의 측정 가능한 길이로부터 파장을 계산할 수 있다.

예제 6-1

그림 6-8의 스크린은 슬릿면으로부터 2.00 m 떨어져 있고 슬릿 간격이 0.300 mm라고 가정하시오. 네 번째 띠가 중앙 띠로부터 15.4 mm 떨어진 곳에 있다면 이 복사선의 파장은 얼마인가?

풀이

식 6-10에 대입하면

$$4\lambda = \frac{0.300\ \text{mm} \times 15.4\ \text{mm}}{2.00\ \text{m} \times 1000\ \text{mm/m}} = 0.00231\ \text{mm}$$

$$\lambda = 5.78 \times 10^{-4}\ \text{mm} = 578\ \text{nm}$$

시뮬레이션: www.tinyurl.com/skoogpia7에서 **이중-슬릿 회절(double-slit diffraction)**에 대해 더 알아보시오.

6B-6 간섭성 복사선

그림 6-8a와 같은 회절 무늬가 생기려면 슬릿 *B*와 *C*에서 스크린의 어떤 점(*D* 또는 *E*와 같은)으로 이동하는 전자기파가 시간에 따라 **전적으로** 일정하게 유지되는 위상차를 가져야 한다. 즉, 슬릿 *B*와 *C*로부터 나오는 복사선은 *간섭성*(coherent)이어야 한다. 간섭성의 조건은 (1) 두 복사 광원은 동일한 주파수(또는 일련의 주파수)를 가져야 하고, (2) 두 빛살 사이의 위상 관계가 시간에 따라 일정하게 유지되어야 한다는 것이다. 이 요구 조건은 그림 6-8a의 두 슬릿에 각기 다른 텅스텐 램프를 비추어 입증될 수 있다. 이 조건에서는 스크린 위에 명확히 구분되는 어둡고 밝은 무늬는 사라지고 그 대신에 대체로 균일한 조명이 나

타난다. 이러한 현상은 필라멘트 광원이 *비간섭성*(incoherent)임을 나타내는 것이다(전자기 복사선의 다른 여러 광원도 비간섭성이다).

비간섭성 광원인 경우 빛은 각기 다른 원자나 분자에 의해 방출되며 이렇게 발생된 빛은 10^{-8} s 정도 지속되는 무수히 많은 각각의 빛살이 합쳐진 것이다. 결과적으로, 이런 종류의 광원으로부터 발생되는 복사선의 빛살은 연속적이지 않고 몇 미터의 길이밖에 안 되는 일련의 *파동 토막*(wave trains)으로 구성된다. 파동 토막은 무작위로 형성되기 때문에 토막 사이의 위상 차이 또한 변화된다. 슬릿 *B*로부터 나온 파동 토막이 슬릿 *C*에서 나온 파동 토막과 스크린의 한 점에 같은 위상으로 도달하게 되면 보강 간섭이 발생하게 된다. 그러나 다음 순간에 같은 점에서 파동 토막의 위상이 완전히 다르게 되면 상쇄 간섭이 발생하게 된다. 따라서 스크린 위의 모든 점에 도달하는 복사선은 파동 토막 사이의 마구잡이 위상 변화에 의해 결정된다. 이 결과 파동 토막들의 간섭 현상이 평균화되어 균일한 조명으로 나타나게 된다.

일정한 주파수와 무한한 길이를 가진 파동 토막의 전자기 복사선을 생성하는 광원들이 있다. 예를 들면, 라디오파 발진기, 마이크로파 광원 및 광학 레이저가 있다. 물이 차있는 잔물결 통에서 두 가지 경로로 진동하는 장치와 같은 다양한 기계적 광원은 간섭성 복사선과 유사한 기계적 파동을 발생시킨다. 그림 6-8a에서 보여준 실험에서 슬릿 *A* 대신 두 개의 간섭성 광원을 이용하면 규칙적인 회절 무늬가 관찰된다.

그림 6-8a와 유사한 장치가 사용된다면 텅스텐 필라멘트와 같은 마구잡이 광원으로부터 회절 무늬를 얻을 수 있다. 이 예로, 슬릿 *A*를 매우 좁게 하면 광원의 작은 부분에서 방출되는 똑같은 빛살이 *B*와 *C*에 도달하게 한다. 이 상황에서 슬릿 *B*와 *C*로부터 나오는 다양한 파동 토막은 동일한 무리의 주파수와 서로 같은 위상 관계를 가지게 되기 때문에 간섭성이 있다. 만약 광원의 대부분의 빛살이 들어오도록 슬릿 *A*를 넓히면, 두 빛살은 부분적으로 간섭성이 발생하기 때문에 회절 무늬의 선명도가 감소한다. 슬릿 *A*가 매우 넓으면 간섭성이 크게 떨어져서 스크린 위에 균일한 조명만 남아있게 된다.

6B-7 복사선의 투과

투명한 물질을 통과하는 복사선의 속도는 진공 상태에서의 속도보다 작으며, 그 속도는 매질 중의 원자, 이온 또는 분자의 종류와 농도에 따라 달라진다는 것이 실험적으로 관찰되었다. 이러한 관찰로부터 복사선은 물질과 어떤 식으로든 상호작용을 한다는 것을 알 수 있다. 그러나 주파수 변화가 관찰되지 않기 때문에 이러한 상호작용에서 영구적인 에너지 전이는 발생**하지 않는다**.

굴절률(refractive index)은 매질과 복사선의 상호작용 정도를 나타내며 다음과 같이 정의된다.

$$n_i = \frac{c}{v_i} \qquad (6\text{-}11)$$

여기서 n_i는 특정 주파수 i에서의 굴절률, v_i는 매질에서 복사선 속도, c는 진공에서의 속도를 나타낸다. 대부분 액체들의 굴절률은 1.3~1.8 사이에 존재하며, 고체의 경우에는 1.3~2.5 또는 그 이상이다.[4]

투과 과정에서 발생하는 상호작용은 매질을 이루고 있는 원자 및 분자 화학종의 주기적 *편극*(polarization)을 통해 일어난다. 이러한 편극은 복사선의 교류 전자기장에 의해 원자 또는 분자의 전자 구름이 일시적으로 변형되는 것을 의미한다. 복사선이 흡수되지 않는다면, 편극이 일어나기 위해 필요한 에너지는 화학종에 잠깐 머무르고(10^{-14}~10^{-15}초) 물질이 원래 상태로 되돌아갈 때 에너지 변화 없이 다시 방출된다. 이 과정에서 알짜 에너지 변화가 없으므로 방출된 복사선의 주파수는 변화하지 않지만, 전파 속도는 머문 다음 다시 방출하는 시간만큼 느려지게 된다. 따라서 매질을 통한 투과는 편극된 원자, 이온 또는 분자와 같은 중간체를 포함하는 단계적인 과정이라 볼 수 있다.

편극된 입자로부터 나오는 복사선은 매질 내의 모든 방향으로 방출된다. 그러나 입자가 너무 작으면 본래의 빛 경로 이외의 방향으로 많은 양의 복사선이 나가게 되어 상쇄 간섭이 발생해 전파되지 못하게 한다. 반면에 매질이 큰 입자(중합체 분자 또는 콜로이드 입자와 같은)를 포함하고 있으면, 상쇄 간섭은 불완전하게 발생하게 되므로 일부 빛살은 이런 상호작용으로 인해 모든 방향으로 산란된다. 산란은 제6B-10절에서 다루게 될 것이다.

물질 내에서의 복사선의 속도는 파장에 따라 달라지며 식 6-11의 c는 파장과 무관하기 때문에 물질의 굴절률은 파장에 따라 변화해야 한다. 물질의 굴절률이 파장 또는 주파수에 따라 변화하는 것을 *분산*(dispersion)이라 한다. 그림 6-9는 일반적인 물질의 분산을 보여준다. 여기서 복잡하게 얽힌 곡선은 이 관계가 복잡하다는 것을 의미한다. 하지만 일반적으로 분산 도시는 두 가지 종류의 영역으로 나타낼 수 있다. *정상 분산*(normal dispersion) 영역에서는, 주파수가 증가(또는 파장이 감소)함에 따라 굴절률도 점차적으로 증가한다. *비정상 분산*(anomalous dispersion) 영역은 굴절률이 급격하게 변화하는 주파수 영역을 말한다. 비정상 분산은 물질 중의 분자, 원자 또는 이온의 일부와 관련된 자연 조화 진동에 해당하는 주파수 영역에서 항상 발생한다. 이러한 주파수에서 에너지가 복사선으로부터 물질로 영구적으로 전이되며 빛살의 *흡수*(absorption)가 발생한다. 흡수에 대해서는 제6C-5절에서 설명될 것이다.

분산 곡선은 기기의 광학 부분 장치의 재료를 선택할 때 중요하다. 측정하고자 하는 파장 영역에서 정상 분산을 나타내는 물

[4]굴절률 측정에 대한 더 자세한 내용은 다음을 참조하시오. T. M. Niemczyk, in *Physical Methods in Modern Clinical Analysis*, T. Kuwana, Ed., Vol. 2, pp. 337–400. New York: Academic, 1980.

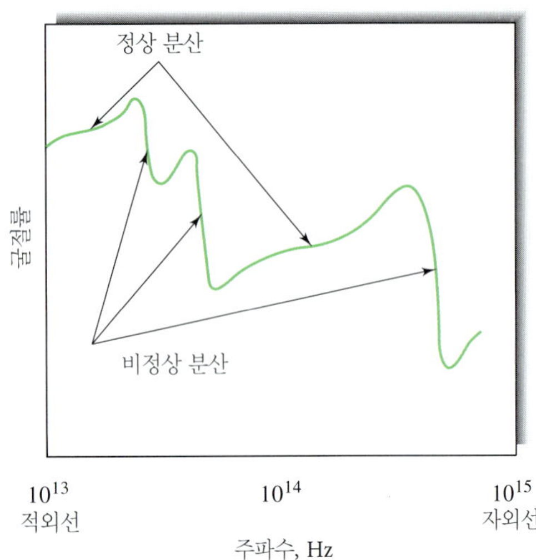

그림 6-9 **전형적인 분산 곡선.**

질은 굴절률이 크고 비교적 일정하기 때문에 렌즈를 만드는 재료로서 적합하다. 이러한 물질을 선택함으로써 색수차(색깔을 띠는 상을 만듦)를 최소화할 수 있다. 이와 반대로 굴절률이 크고 주파수에 높은 의존성을 나타내는 물질은 프리즘을 만드는 재료에 적합하다. 따라서 프리즘으로 이용할 수 있는 파장 영역은 프리즘의 재료 물질이 비정상 분산 영역에 가까운 파장 범위가 된다.

6B-8 복사선의 굴절

서로 다른 밀도를 갖는 투명한 매질 사이의 경계면에서 복사선이 일정한 각도로 통과할 때 두 매질에서의 복사선의 속도 차이로 인해 빛살의 급격한 방향 변화인 *굴절*(refraction) 현상이 관찰된다. 그림 6-10에 보이는 바와 같이 복사선이 덜 조밀한 매질에서 더 조밀한 매질로 통과할 때 경계면의 법선 쪽으로 굽어져 지나간다. 빛살이 더 조밀한 매질에서 덜 조밀한 매질로 통과할 때 법선으로부터 먼 쪽으로 구부러지는 현상이 발생한다.

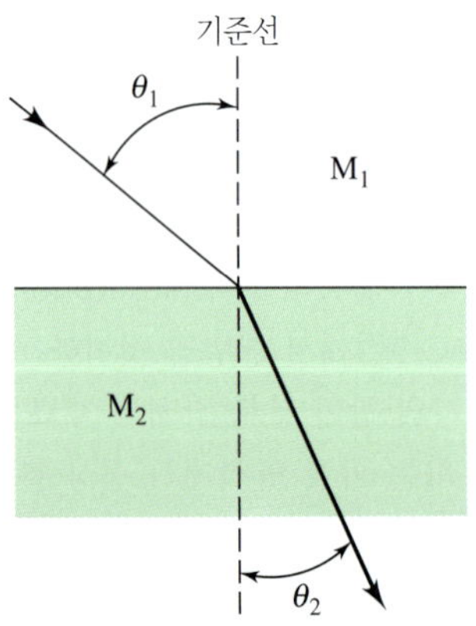

그림 6-10 **빛살이 덜 조밀한 매질 M_1으로부터 더 조밀한 매질 M_2로 통과할 때의 굴절.** 이때, 속도는 감소하게 된다.

굴절되는 정도는 Snell 법칙으로 나타낼 수 있다.

$$\frac{\sin\theta_1}{\sin\theta_2} = \frac{n_2}{n_1} = \frac{v_1}{v_2} \tag{6-12}$$

그림 6-10에서 M_1이 *진공*(vacuum)이라면 v_1은 c와 같게 되고, n_1은 1이 된다(식 6-11 참고). 다시 정리하면 식 6-12는 다음과 같이 표현할 수 있다.

$$(n_2)_{\text{vac}} = \frac{(\sin\theta_1)_{\text{vac}}}{\sin\theta_2} \tag{6-13}$$

물질 M_2의 굴절률은 $(\theta_1)_{\text{vac}}$와 θ_2를 측정함으로써 알 수 있다. 편의상, 굴절률은 대부분 진공보다는 공기 상태에서 측정하여 보고된다. 그러므로 굴절률은 다음과 같이 표현된다.

$$(n_2)_{\text{air}} = \frac{(\sin\theta_1)_{\text{air}}}{\sin\theta_2} \tag{6-14}$$

대부분의 굴절률 값을 정리해놓은 표는 식 6-14를 이용하여 얻은 데이터이다. 이러한 데이터는 진공에 대한 공기의 굴절률을 곱함으로써 진공을 기준으로 사용한 굴절률로 쉽게 변환할 수 있다.

$$n_{\text{vac}} = 1.00027 n_{\text{air}}$$

이러한 변환은 거의 필요치 않다.

6B-9 복사선의 반사

굴절률이 서로 다른 두 매질 사이의 경계면을 통과하는 복사선은 항상 반사가 발생한다. 반사된 복사선의 분율은 굴절률의 차이가 증가함에 따라 커진다. 경계면에 수직으로 입사하는 복사선의 경우, 복사선의 분율은 다음과 같은 식으로 나타낸다.

$$\frac{I_r}{I_0} = \frac{(n_2 - n_1)^2}{(n_2 + n_1)^2} \tag{6-15}$$

여기서 I_0은 입사하는 빛살의 세기이며, I_r은 반사하는 빛살의 세기이다. n_1과 n_2는 두 매질의 굴절률이다.

예제 6-2

물이 들어있는 유리 용기에 노란색 빛살이 수직으로 통과될 때 반사로 인한 빛살 세기의 손실 백분율은 얼마인가? 노란색 빛살의 경우 유리에 대한 굴절률은 1.50, 물은 1.33, 공기는 1.00이라고 가정한다.

풀이

전체 반사 손실은 각 경계면에서 발생하는 손실의 합계이다. 첫 번째 경계면(공기에서 유리)에 대한 반사율은 다음과 같이 계산할 수 있다.

$$\frac{I_{r1}}{I_0} = \frac{(1.50 - 1.00)^2}{(1.50 + 1.00)^2} = 0.040$$

빛살의 세기는 $(I_0 - 0.040I_0) = 0.960I_0$으로 감소되었다. 유

리-물 경계면에서의 반사 손실은 다음과 같이 계산될 수 있다.

$$\frac{I_{r2}}{0.960I_0} = \frac{(1.50 - 1.33)^2}{(1.50 + 1.33)^2} = 0.0036$$

$$I_{r2} = 0.0035I_0$$

빛살의 세기는 $(0.960I_0 - 0.0035I_0) = 0.957I_0$으로 더 감소되었다. 물-유리 경계면에서의 반사 손실은 다음과 같이 나타낼 수 있다.

$$\frac{I_{r3}}{0.957I_0} = \frac{(1.50 - 1.33)^2}{(1.50 + 1.33)^2} = 0.0036$$

$$I_{r3} = 0.0035I_0$$

그러므로 빛살의 세기는 $0.953I_0$가 된다. 마지막으로, 또 다른 유리-공기 경계면에서 발생하는 반사는 다음과 같다.

$$\frac{I_{r4}}{0.953I_0} = \frac{(1.50 - 1.00)^2}{(1.50 + 1.00)^2} = 0.0400$$

$$I_{r4} = 0.038I_0$$

전체 반사 손실 I_{rt}는

$$I_{rt} = 0.040I_0 + 0.0035I_0 + 0.0035I_0 + 0.038I_0$$
$$= 0.085I_0$$

따라서

$$\frac{I_{rt}}{I_0} = 0.085 \text{ 또는 } 8.5\%\text{이다.}$$

다음 장들에서는 예제 6-2에서 보여준 것과 같이 반사 손실이 여러 가지의 광학기기에서 상당히 중요하다는 것을 보여줄 것이다.

닦은 유리나 석영 표면에서의 반사 손실은 입사 광선의 각도가 약 60°로 증가할 때까지는 약간 증가하게 된다. 하지만 입사 광선의 각도가 60°를 넘게 되면 반사되는 복사선의 비율이 급격히 증가하여 90° 또는 스침 각 입사에서는 100%에 가깝게 된다.

6B-10 복사선의 산란

앞에서 언급했듯이, 복사선이 물질을 투과하는 경우에는 복사선 에너지가 물질 속에 있는 원자, 이온 또는 분자에 순간적으로 머문 후에, 본래의 상태로 되돌아가면서 모든 방향으로 복사선을 재방출한다. 원자 또는 분자 입자가 복사선의 파장에 비해 작은 경우, 상쇄 간섭이 발생해서 원래 방향으로 이동하는 복사선을 제외하고 다시 방출되는 복사선의 대부분이 제거된다. 따라서 빛살의 방향은 이러한 상호작용에 의해 변하지 않는다. 그러나 자세히 관찰하게 되면 극히 적은 양의 복사선은 원래의 경로에서 모든 방향으로 전파된다는 것을 알 수 있다. 이러한 *산란 복사선*(scattered radiation)의 세기는 입자의 크기에 따라 증가하게 된다.

Rayleigh 산란

복사선의 파장보다 상당히 작은 크기를 갖는 분자 또는 분자의 응집체에 의해 발생되는 산란을 *Rayleigh 산란*(Rayleigh scattering)이라 한다. 이 산란의 세기는 파장의 4제곱승의 역수, 산란 입자의 크기, 입자 편극률의 2제곱승에 비례한다. 매일 나타나는 Rayleigh 산란으로 하늘은 푸른색이다. 이는 가시선 스펙트럼에서 짧은 파장이 더 많이 산란되기 때문이라는 사실에 의해 나타나는 현상이다.

큰 분자에 의한 산란

큰 입자의 경우, 산란은 서로 다른 방향에서 다르게 발생될 수 있다(Mie scattering). 산란된 복사선의 측정은 큰 분자 및 콜로이드 입자의 크기와 모양을 결정하는 데 이용된다(제34장 참고).

Raman 산란

Raman 산란의 효과는 산란된 복사선의 일부가 양자화된 주파수 변화를 겪는다는 점에서 일반적인 산란 현상과는 다르다. 이러한 변화는 편극 과정의 결과로서 분자 내에서 발생되는 진동 에너지 준위에서의 전이 때문에 나타난다. Raman 분광법은 제18장에서 설명할 것이다.

6B-11 복사선의 편광

일반적인 복사선은 빛살 경로를 중심으로 하는 수많은 평면들에 균등하게 분포되어 진동하는 무수한 전자기 파동의 다발로 이루어져 있다. 측면에서 보면, 그림 6-11a와 같이 단색 복사선의 빛살은 0에서 최대 진폭 A까지 길이가 변화하는 무한한 무리의 전기 벡터로 볼 수 있다. 그림 6-11b는 한 단색 복사선의 파동이 공간에서 한 지점을 통과하는 동안 여러 시간에서 관찰된 벡터에 대한 측면도를 보여준다.

그림 6-11b에 나타낸 파동이 극대값을 갖는 순간에 대한 몇 가지 벡터를 그림 6-12a에서 보여준다. 그림 6-12a에서 보여

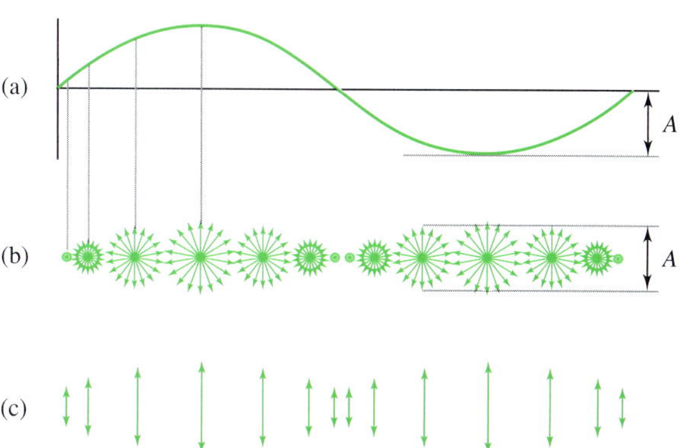

그림 6-11 비편광 및 평면-편광 복사선. (a) 단색 복사선 빛살의 단면도, (b) (a)의 비편광 복사선을 연속적으로 측면에서 볼 때의 단면도, (c) 수직축으로 평면-편광된 복사선인 경우 (a)를 계속적으로 측면에서 볼 때의 단면도.

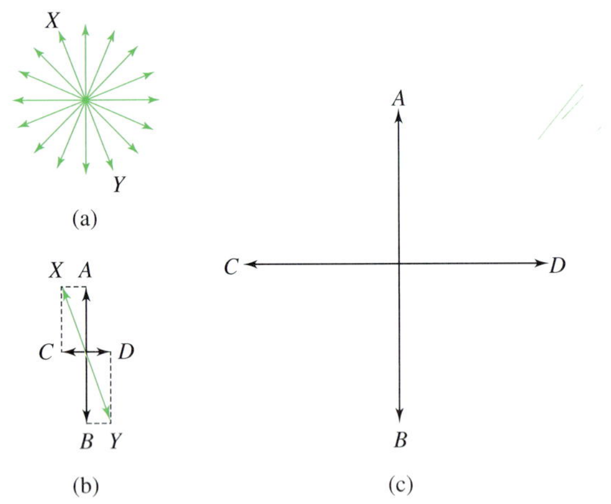

그림 6-12 (a) 종이 면에 수직으로 이동하는 빛살의 전기 벡터 중 일부, (b) 평면 XY에서의 벡터를 두 개의 서로 수직인 구성 성분으로 분해, (c) 모든 벡터가 분해 될 때의 모습(척도에 맞지 않음).

준 *XY*와 같은 한 평면의 벡터는 그림 6-12b와 같이 서로 수직이 되는 두 성분 *AB*와 *CD*로 분해될 수 있다. 만약 그림 6-12a에서 보여준 것과 같이 모든 평면에 대해서 이와 같은 두 성분을 합친다면 그림 6-12c와 같은 결과를 얻게 된다. 그림 6-12c에서 얻은 두 개의 진동면 중에서 하나를 제거하면 *평면-편광*(plane polarized)된 빛살이 발생한다. 그 결과, 평면-편광된 빛살의 전기 벡터는 단일 평면에 있게 된다. 그림 6-11c는 평면-편광된 빛살을 여러 시간 간격을 두고 측면에서 바라본 그림이다.

평면-편광된 전자기 복사선은 특정한 복사 에너지원에서 얻을 수 있다. 예를 들어, 안테나에서 방출되는 라디오파와 klystron 관에서 생성되는 마이크로파는 모두 평면 편광으로 되어 있다. 하나의 들뜬 원자나 분자의 이완으로 발생되는 가시선과 자외선 복사선도 편광되어 있으나, 그러한 광원으로부터 나오는 빛살은 개개의 원자 또는 분자에 의해 생성된 수많은 개개의 파동 토막으로 구성되어 있기 때문에 완전히 편광되어 있지 않다. 이 개별적인 파동들의 편광면은 불규칙적이므로 개개의 편광 효과는 사라진다.

편광된 자외선 및 가시선은 한 평면 내에서만 진동하는 복사선을 선택적으로 흡수하고, 반사하고 또는 굴절시키는 매질에 복사선을 통과시켜 얻을 수 있다.

6C 복사선의 양자-역학적 성질

전자기 복사선이 흡수되거나 방출될 때, 복사선의 에너지는 방출 물질로부터 흡수 매질로의 에너지가 영구적으로 전이된다. 이러한 현상을 설명하기 위해서는 전자기 복사선이 파동의 집합체보다는 *광자*(photons) 또는 *양자*(quanta)라고 하는 불연속 입자의 흐름이라고 생각할 필요가 있다. 복사선에 대한 입자 모형의 필요성은 19세기 후반에 광전 효과가 발견됨으로써 명백

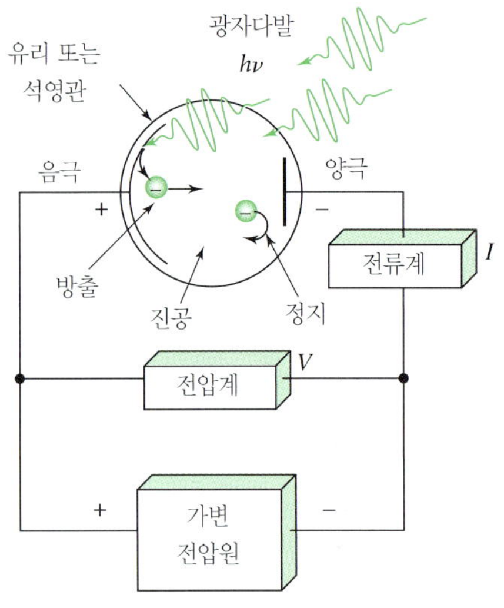

그림 6-13 **광전 효과를 연구하기 위한 장치.** 광자들이 광전관에 들어가 음극과 충돌하면 전자가 방출된다. 광전자들은 음극에 대해 양의 값인 양극에 끌린다. 그림에서와 같이 양극이 음의 값을 가질 때, 전자들은 "정지"하며 전류는 흐르지 않는다. 전류가 0일 때 양극과 음극 간의 음의 전압이 멈춤 전압이다.

해졌다.

6C-1 광전 효과

광전 효과는 1887년에 Heinrich Hertz에 의해 처음으로 관찰되었는데, 두 개의 하전된 구의 표면에 빛을 쬐었을 때 이 구 사이에서 스파크가 더 쉽게 발생된다고 보고하였다. 이러한 발견 시기와 1905년에 Einstein에 의해 광전 효과가 이론적으로 설명된 사이에 오늘날 잘 알려진 진공 광전관을 이용하여 광전 효과에 대한 여러 가지 중요한 연구가 이루어졌다. Einstein의 광전 효과에 대한 설명은 간단하면서도 명쾌했지만, Millikan의 체계적인 연구를 통해 Einstein의 이론적인 결론을 상세히 증명한 1916년까지는 일반적으로 잘 받아들여지지 않았다.

그림 6-13은 광전 효과를 연구하기 위해 Millikan이 사용했던 것과 유사한 진공 광전관의 회로도이다. 왼쪽에 있는 큰 *광음극*(photocathode)의 표면은 보통 알칼리 금속이나 그의 화합물 중 하나로 코팅되어 있다. 단색 복사선이 광음극 표면을 때리면 전자는 일정한 운동 에너지를 갖고서 표면으로 방출된다. 음극과 양극 사이의 전압 *V*를 양의 값을 갖게 걸어주면 광전관에서 전자가 왼쪽에서 오른쪽으로 이동하게 되어 회로에는 전류 *I*가 발생하게 된다. 음극에 대해 양극을 약간 음의 전압값이 되게 조절을 하면 광전자는 양극에 의해 반발해서 광전류가 감소하는 현상이 나타난다. 그러나 이때 일부 전자들은 양극에 걸어준 음의 전압을 극복하기에 충분한 운동 에너지를 갖고 있기 때문에 전류는 여전히 흐르게 됨을 알 수 있다.

자습: www.tinyurl.com/skoogpia7에서 **광전 효과(photoelectric effect)**에 대해 더 알아보시오.

이 실험은 광음극 표면에 다른 물질을 입힌 광전관을 이용해서 반복할 수 있다. 각 실험에서 광전류는 걸어준 전압의 함수로 측정이 되며, 광전류가 정확하게 0이 될 때의 전압을 V_0이라 한다. 광전류가 0인 음의 전압을 *멈춤 전압*(stopping voltage)이라고 한다. 이 전압은 음극으로부터 방출된 가장 큰 에너지를 갖는 전자가 양극에서 반발될 때의 전위에 해당한다. 만약 멈춤 전압에 전자의 전하 즉, $e = 1.60 \times 10^{-19}$ 쿨롱을 곱한다면 방출된 전자 중 **가장 큰 에너지**를 갖는 전자의 운동 에너지를 J 단위로 측정할 수 있다. 이러한 실험을 여러 주파수의 단색광에 대하여 반복하여 실험하면, 다음과 같은 결과들이 관찰된다.

1. 낮은 음의 전위를 걸어준 상태에서 일정한 주파수의 빛을 음극에 쪼여줄 경우 광 전류는 입사한 복사선의 세기에 비례한다.
2. 멈춤 전압의 크기는 광음극에 충돌하는 복사선의 주파수에 따라 달라진다.
3. 멈춤 전압은 광음극 표면에 입혀진 물질의 화학적 조성에 따라 달라진다.
4. 멈춤 전압은 **입사 복사선(incident radiation)의 세기에 의존하지 않는다(independent).**

이러한 결과들로부터 전자기 복사선은 금속 표면으로부터 전자를 방출시켜 음으로 하전된 전극으로 이동할 수 있도록 충분한 운동 에너지를 갖게 하는 에너지의 한 형태임을 알 수 있다. 또한 방출된 광전자의 수는 입사 복사선의 세기에 비례한다.

이 실험의 결과는 그림 6-14에 나타내었는데, 이 그림에는 마그네슘, 세슘 및 구리의 광음극 표면에서 나오는 광전자의 최대 운동 에너지 또는 멈춤 에너지 $KE_m = eV_0$와 주파수에 대한 관계가 나타나 있다. 음극의 표면이 다르면 기울기 h는 동일하지만, 절편값 ω는 다르게 나타남을 알 수 있다. 그림 6-14에 나타난 도시는 다음과 같은 식으로 나타낼 수 있다.

$$KE_m = h\nu - \omega \tag{6-16}$$

이 식에서 기울기 h는 Planck 상수(6.6254×10^{-34} J · s)이고, 절편 $-\omega$는 음극 표면의 물질 특성에 따라 달라지며, 금속 결합 전자의 최소 에너지를 나타내는 상수인 *일 함수*(work function)

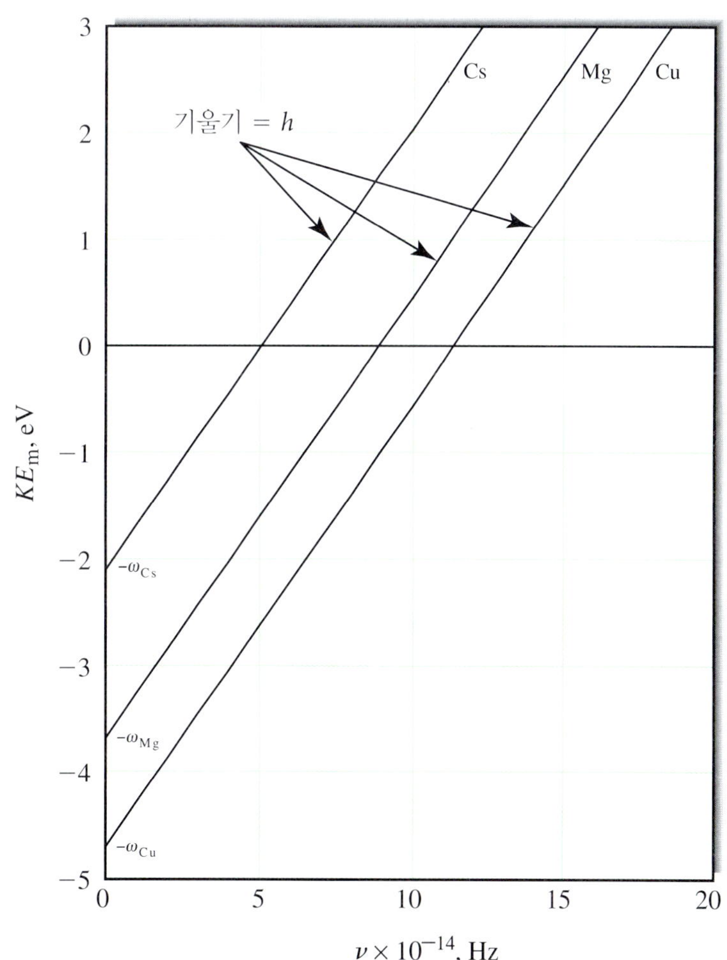

그림 6-14 **복사선의 주파수에 따라 세 가지 금속 표면에서 방출되는 광전자의 최대 운동 에너지.** y축 절편 ($-\omega$)은 각 금속에 대한 일 함수이다. 입사 광자가 최소한 $h\nu = \omega$의 에너지를 갖지 않으면 광전자는 광음극에서 방출되지 않는다.

이다. Millikan이 식 6-16 관계식을 이끌어내기 약 10년 전에 Einstein은 빛의 주파수 ν와 에너지 E 사이의 관계를 현재 잘 알려진 다음과 같은 식으로 나타내었다.

$$E = h\nu \tag{6-17}$$

이 식을 식 6-16에 대입하고 재정리하면 다음과 같은 식을 얻을 수 있다.

$$E = h\nu = KE_{\mathrm{m}} + \omega \tag{6-18}$$

이 식은 입사된 광자의 에너지는 떨어져 나가는 광전자의 운동에너지와 복사선이 입사하는 표면에서 광전자를 떼어내는 데 필요한 에너지를 더해준 것과 같다는 것을 보여준다.

광전 효과는 고전적인 파동 모형으로 설명할 수 없으나, 대신에 그림 6-13에 보이는 것처럼 복사선을 불연속적인 에너지 다발 또는 광자의 흐름이라고 간주되는 양자 모델로 설명될 수 있다. 예를 들면, 파동 모형에서처럼 표면을 때리는 복사선이 전극 표면 위에 균일하게 퍼진다고 하면, 어떤 단일 전자도 튕겨져 나오는 데 필요한 충분한 에너지를 얻을 수 없음을 계산에 의하여 알 수 있다. 어떤 전자라도 관찰되는 거의 순간적인 전류를 만들기에 충분한 에너지를 충분히 빠르게 축적 할 수 없다. 따라서 에너지는 빛살 진로 면에 균일하게 분포되어있는 것이 아니라 에너지 입자 다발 형태로 뭉쳐져 있다고 가정해야 한다.

식 6-18에 식 6-2을 대입함으로써 파장에 대한 식을 다시 나타낼 수 있다. 즉,

$$E = h\frac{c}{\lambda} = KE_{\mathrm{m}} + \omega \tag{6-19}$$

광자 에너지는 주파수에 정비례함에도 불구하고, 파장에는 반비례한다는 것에 주목하라.

예제 6-3

(a) 5.3 Å의 X선 광자와 (b) 530 nm 가시선 광자의 에너지를 계산하시오.

$$E = h\nu = \frac{hc}{\lambda}$$

›풀이

(a) $E = \dfrac{(6.63 \times 10^{-34}\,\mathrm{J \cdot s}) \times (3.00 \times 10^{8}\,\mathrm{m/s})}{5.30\,\text{Å} \times (10^{-10}\,\mathrm{m/}\text{Å})}$

$= 3.75 \times 10^{-16}\,\mathrm{J}$

X선 영역에서의 복사선 에너지는 일반적으로 eV 단위로 나타내며, 이는 1 V의 전위차에서 한 개의 전자가 가속될 때 얻어지는 에너지이다. 이 책의 앞 표지에 있는 환산표를 보면 1 J = 6.24×10^{18} eV임을 알 수 있다.

$$E = 3.75 \times 10^{-16}\,\mathrm{J} \times (6.24 \times 10^{18}\,\mathrm{eV/J})$$
$$= 2.34 \times 10^{3}\,\mathrm{eV}$$

(b) $E = \dfrac{(6.63 \times 10^{-34}\,\mathrm{J \cdot s}) \times (3.00 \times 10^{8}\,\mathrm{m/s})}{530\,\mathrm{nm} \times (10^{-9}\,\mathrm{m/nm})}$

$= 3.75 \times 10^{-19}\,\mathrm{J}$

가시선 영역에서의 복사선 에너지는 종종 흡수된 광자의 에너지와 화학 결합 에너지 사이의 관계를 설명하는 데 도움이 되도록 kJ/photon보다는 kJ/mol 단위로 표현된다.

$$E = 3.75 \times 10^{-19}\,\frac{\mathrm{J}}{\mathrm{photon}} \times \frac{(6.02 \times 10^{23}\,\mathrm{photons})}{\mathrm{mol}} \times 10^{-3}\,\frac{\mathrm{kJ}}{\mathrm{J}}$$
$$= 226\,\mathrm{kJ/mol}$$

6C-2 화학종의 에너지 상태

양자 이론은 1990년 독일 물리학자 Max Planck에 의해 가열된 물체에서 방출되는 복사선의 특성을 설명하기 위해 최초로 제안되었다. 나중에 이 이론은 다른 유형의 흡수나 방출 과정을 이해하기 위해 의미가 확장되었다. 양자 이론은 다음과 같은 두 가지 중요한 가정을 포함한다.

1. 원자, 이온 및 분자들은 한정된 에너지를 가지기 때문에 어떤 정해진 불연속 상태로만 존재한다. 한 화학종이 에너지 상태를 바꾸게 되면 그 에너지 준위 사이의 에너지 차이에 해당하는 **정확히** 똑같은 양의 에너지를 흡수하거나 방출한다.
2. 원자, 이온 또는 분자가 한 에너지 상태에서 다른 에너지 상태로 전이할 때 복사선을 흡수 또는 방출하게 되는데 이 복사선의 주파수 ν 또는 파장 λ은 아래의 식과 같이 에너지 준위 사이의 에너지 차이와 관련 있다.

$$E_1 - E_0 = h\nu = \frac{hc}{\lambda} \tag{6-20}$$

여기서, E_1은 높은 상태의 에너지이고, E_0은 낮은 상태의 에너지이다. c와 h는 각각 빛의 속도와 Planck 상수를 나타낸다.

원소 상태에 있는 원자 또는 이온의 경우, 주어진 상태에서의 에너지는 양 전하를 띤 핵 주위의 전자들의 운동에 의해 발생한다. 이러한 이유로 다양한 에너지 상태들을 *전자 상태*(electronic states)라고 한다. 전자 상태 이외에도 분자들은 양자화된 *진동 상태*(vibrational states)를 갖는데, 이는 원자들 간의 진동에 의한 에너지와 연관되어 있으며, 무게 중심 주위로 분자들이 회전함으로써 발생되는 양자화된 *회전 상태*(rotational states)도 가지고 있다.

원자나 분자의 가장 낮은 에너지 상태를 *바닥 상태*(ground state)라고 하며, 더 높은 에너지 상태를 들뜬 *상태*(excited states)라고 한다. 실온에서 화학 종들은 주로 바닥 상태에 존재한다.

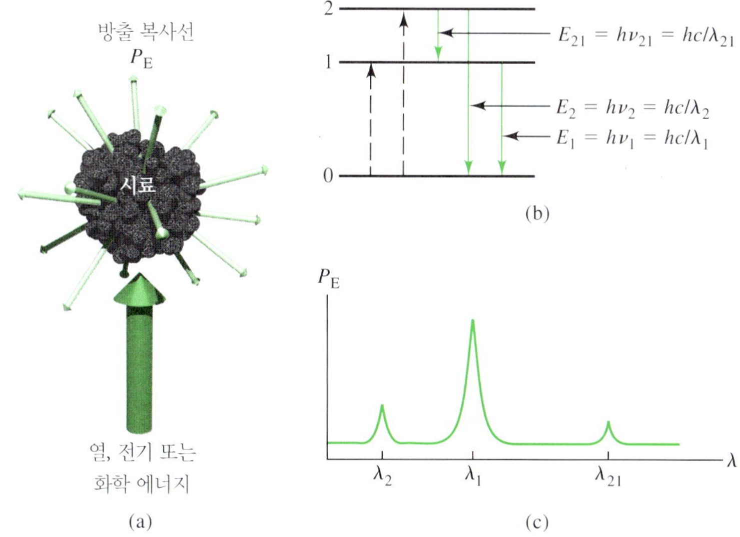

그림 6-15 방출 또는 화학 발광 과정. (a)에서 시료는 열, 전기 또는 화학적 에너지에 의해 들뜬다. 이러한 과정은 복사 에너지를 포함하고 있지 않으므로 비복사 과정이라고 한다. (b)의 에너지 준위 다이어그램에서 위쪽으로 향한 점선 화살 표시는 비복사 들뜸 과정이며, 아래로 향한 색깔이 있는 실선 화살표는 광자의 방출로 분석물질이 에너지를 잃는 것을 나타낸다. (c)에서, 결과적으로 생긴 스펙트럼은 방출된 복사선의 세기 P_E를 파장 λ의 함수로 나타낸 것이다.

6C-3 복사선과 물질의 상호작용

분광학자들은 물질에 대한 정보를 얻기 위해 복사선과 물질의 상호작용을 이용한다. 몇 가지 화학 원소들은 분광학을 통하여 발견되었다. 시료는 일반적으로 열, 전기 에너지, 빛, 입자 또는 화학 반응 형태의 에너지를 이용하여 자극된다. 자극을 가하기 전에는, 분석물질은 대부분 가장 낮은 에너지 상태 또는 **바닥 상태**에 존재한다. 자극에 의해 분석물질의 일부가 더 높은 에너지 또는 **들뜬 상태**로 전이된다. 그들이 바닥 상태로 되돌아갈 때 방출되는 전자기 복사선을 측정하거나 들뜰때 흡수되거나 산란되는 전자기 복사선의 양을 측정함으로써 분석물질에 대한 정보를 얻는다.

그림 6-15는 방출 및 화학 발광 분광법에 관련된 과정을 나타낸다. 그림 6-15a와 같이 분석물질은 열, 전기 에너지 또는 화학 반응에 의해 자극을 받는다. *방출 분광법*(emission spectroscopy)은 일반적으로 열 또는 전기 에너지에 의해 분석물질이 자극되고, *화학 발광 분광법*(chemiluminescence spectroscopy)은 화학 반응에 의해 분석물질이 들뜨게 된다. 두 경우에서는, 그림 6-15b와 같이 분석물질이 바닥 상태로 되돌아갈 때 방출되는 복사선의 세기를 측정하여 물질을 확인할 수 있으며 농도에 관한 정보를 얻을 수 있다. 이러한 측정에 대한 결과들은 파장이나 주파수에 따른 방출 복사선의 도시를 통한 *스펙트럼*(spectrum)으로 나타낸다(그림 6-15c 참고).

시료가 외부 전자기 복사선 광원에 의해 자극이 될 때 몇 가지의 현상이 일어난다. 예를 들어, 복사선은 반사(제6B-9절), 산란(제6B-10절) 또는 흡수(제6C-5절)될 수 있다. 그림 6-16과 같이 흡수된 일부의 입사 복사선은 분석 화학종의 일부를 들뜬 상태로 만든다. *흡수 분광법*(absorption spectroscopy)에서는 파장에 따라 흡수된 빛의 양을 측정한다. 이는 시료에 대해 정성적 및 정량적 정보를 준다. *광발광 분광법*(photoluminescence spectroscopy)(그림 6-17)은 흡수 후 발생되는 광자의 방출을 측

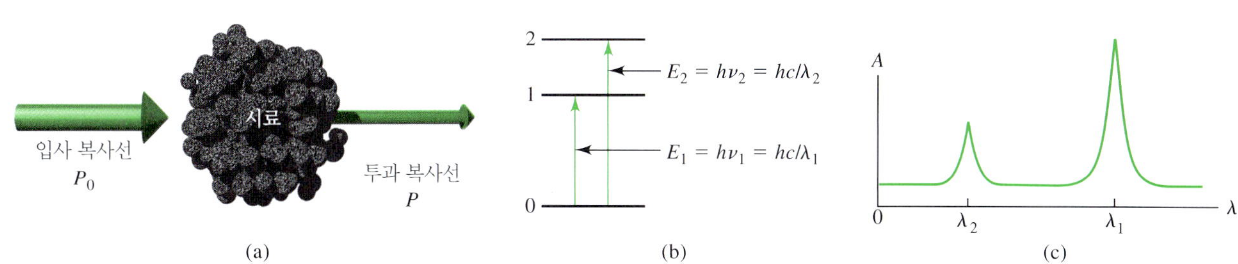

그림 6-16 흡수법. 입사 복사선의 세기 P_0는 시료에 의해 흡수되고 결과적으로 더 낮은 세기의 투과 복사선 P를 생성한다. 흡수가 일어나기 위해서는 입사되는 빛살의 에너지가 (b)에 나타낸 에너지 차이 중 하나와 일치해야 한다. 결과적으로 생성된 흡수 스펙트럼은 (c)에 나타나 있다.

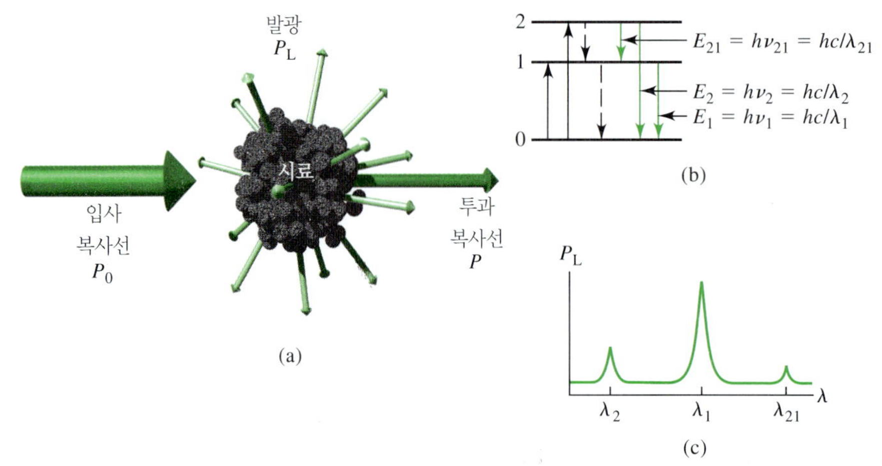

그림 6-17 광발광법(형광과 인광). 형광과 인광은 (a) 전자기 복사선을 흡수한 다음 복사선의 에너지가 소실된 결과로 일어난다. (b)에서 흡수는 시료를 상태 1이나 2까지 들뜨게 만든다. 일단 들뜨게 되면 과잉의 에너지는 광자의 방출(발광, 실선으로 표시) 또는 비복사선 과정(점선으로 표시)에 의해 소실이 될 수 있다. 방출은 모든 각도에서 발생하며, (c) 방출된 파장은 에너지 준위 간의 에너지 차이에 해당한다. 형광과 인광의 주요 차이점은 방출되는 시간의 차이이다. 형광은 방출시간이 빠르고 인광은 느리다.

정한다. 광발광의 가장 중요한 분석 형태는 *형광 분광법*(fluorescence spectroscopy)과 *인광 분광법*(phosphorescence spectroscopy)이다.

복사선이 산란될 때 입사하는 복사선과 시료와의 상호작용은 탄성적이거나 비탄성적일 수 있다. 탄성 산란에서 산란된 복사선의 파장은 광원의 파장과 동일하다. 탄성적 산란 복사선의 세기는 *네펠로법*(nephelometry), *탁도법*(turbidimetry) 및 입자 크기 측정에 이용된다. 제6B-10절에서 간략히 설명되고 제18장에서 자세히 논의되는 *Raman 분광법*(Raman spectroscopy)은 그림 6-18에서 나타난 바와 같이 비탄성 산란을 이용하여 시료 분자의 진동 스펙트럼을 생성한다. 이러한 종류의 분광 분석에서는 산란된 복사선의 세기를 입사 복사선의 주파수 이동의 함수로 기록한다. Raman 피크의 세기는 분석물질의 농도와 관련이 있다.

6C-4 복사선 방출

전자기 복사선은 들뜬 입자(원자, 이온 또는 분자)가 과량의 에너지를 광자로 내놓으면서 더 낮은 에너지 준위로 이완될 때 생성된다. 입자를 들뜨게 하는 데는 다음과 같은 여러 가지 방법이 사용된다. (1) 일반적으로 X선의 방출을 일으키기 위해 전자 또는 다른 소립자로 충돌시키는 방법, (2) 자외선, 가시선 또는 적외선 복사선을 생성하기 위해 전류, ac 스파크 또는 강한 열 원(불꽃, dc 아크 및 흑연로)에 노출시키는 방법, (3) 형광 복사선을 생성하기 위한 전자기 복사선을 쪼여주는 방법, (4) 화학발광을 일으키기 위해 발열 화학 반응을 이용하는 방법.

들뜬 입자에서 발생되는 복사선은 보통 *방출 스펙트럼*(emission spectrum)에 의해서 특성이 파악되며, 이는 대개 방출된 복사선의 상대적인 세기를 파장 또는 주파수의 함수로 나타낸다. 그림 6-19는 산소-수소 불꽃에 바닷물을 분무하여 얻은 전형적인 방출 스펙트럼을 나타낸다. 그림에서는 3가지 유형의 스펙트럼, 즉 *선*(lines), *띠*(bands), *연속*(continuum) 스펙트럼을 나타내고 있다. 선 스펙트럼은 각 원자의 들뜸으로 인해 발생되는 일련의 좁고 명확한 피크로 이루어져 있다. 띠 스펙트럼은 선들이 너무 가깝게 모여있어 완전히 분리되지 않는 여러 개의 선들의 그룹으로 이루어져 있다. 띠 스펙트럼은 작은 분자 또는 라디칼에 의해 생긴다. 마지막으로, 연속 스펙트럼은 약 350 nm 이상에서 명확하게 나타나는 바탕선의 증가를 초래한다. 선 스펙트럼과 띠 스펙트럼은 이러한 연속 스펙트럼에 겹쳐서 나타난다. 연속 스펙트럼 광원에 대해서는 132페이지에 설명되어 있다.

그림 6-20은 강력한 전자들의 흐름으로 몰리브데넘을 충돌시킴으로써 얻은 X선 방출 스펙트럼이다. 연속 스펙트럼에 선 스펙트럼이 겹쳐져 있음을 주목하라. 이러한 X선 방출에서 연속 스펙트럼이 생기는 이유는 제12A-1절에 설명되어 있다.

선 스펙트럼

자외선 및 가시선 영역의 선 스펙트럼은 기체 상태에서 충분히 분리되어 있는 개별적 원자 입자들이 빛을 방출할 때 나타난다. 기체 상태의 개별적 입자들은 서로 독립적으로 행동하며 스펙트럼은 10^{-5} nm (10^{-4} Å) 정도의 너비를 갖는 일련의 매우 좁은 선들로 이루어져 있다. 그림 6-19에서 기체 상태의 소듐, 포

시뮬레이션: www.tinyurl.com/skoogpia7에서 **복사선과 물질의 상호작용(interaction of radiation with matter)**에 대하여 더 알아보시오.

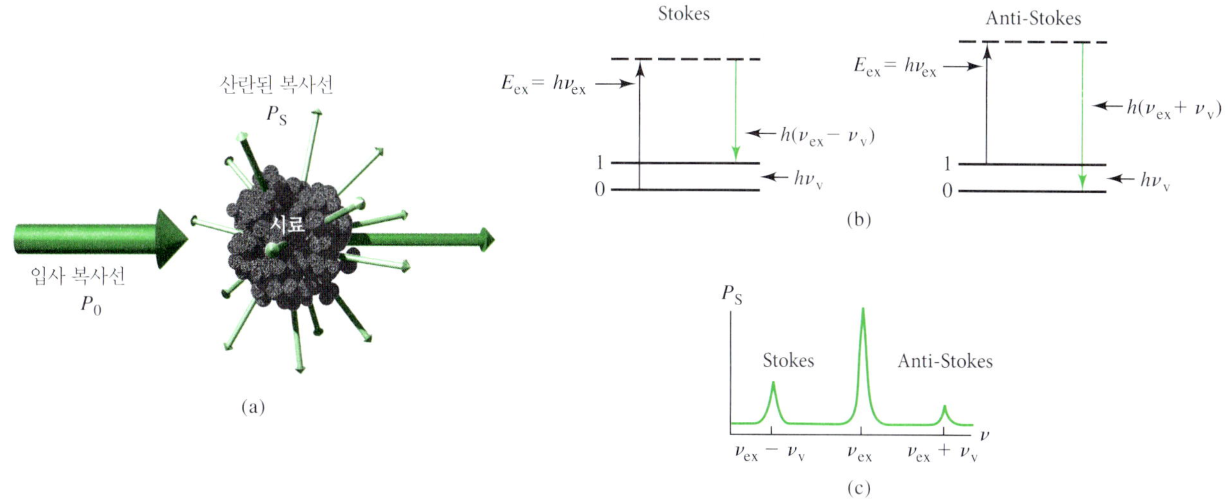

그림 6-18 Raman 분광법의 비탄성 산란. (a) 주파수 ν_{ex}의 입사 복사선이 시료에 충돌함에 따라 시료의 분자는 바닥 진동 상태 중 하나에서 (b)에 점선으로 표시된 소위 *가상의 상태*(virtual state)로 들뜨게 된다. 분자가 이완될 때는 나타난 바와 같이 첫 번째 진동 상태까지 되돌아오며 $E = h(\nu_{ex} - \nu_v)$의 에너지 광자를 방출한다. 여기서 ν_v는 진동 전이의 주파수이다. 또한, 분자가 첫 번째 진동 상태에 있다면 그 분자는 입사 복사선의 광자를 흡수하여 들뜨게 되고 바닥 상태로 다시 이완된다. 이 과정에서는 $E = h(\nu_{ex} + \nu_v)$의 에너지 광자를 방출한다. 두 경우 모두, 방출된 복사선의 주파수는 입사 복사선의 주파수와 분자의 진동 주파수 ν_v만큼 다르게 나타난다. (c) 비탄성 산란 복사선으로 인한 스펙트럼은 3개의 피크를 보여준다. 하나는 $\nu_{ex} - \nu_v$(Stokes), 세기가 큰 두 번째 피크는 주파수의 변화 없이 산란되는 복사선 ν_{ex}, 그리고 세 번째 피크는 $\nu_{ex} + \nu_v$(anti-Stokes)에서 나타난다. Stokes와 anti-Stokes 피크의 세기를 통해 정량적인 정보를 알 수 있으며, 피크의 위치는 시료 분자에 대한 정성적인 정보를 준다.

타슘 및 칼슘의 선 스펙트럼이 관찰된다.

그림 6-21의 에너지 준위 도표는 한 원소의 전형적인 방출 스펙트럼에서 두 개의 선 스펙트럼이 나타나는 이유를 보여준다. 수평선 준위 E_0는 원자 에너지가 가장 낮은 상태, 즉 바닥 상태에 해당한다. E_1과 E_2로 표시된 수평선 준위는 그 화학종보다 높은 에너지의 전자 준위이다. 예를 들어, 바닥 상태 E_0에 있는 소듐 원자의 경우 하나의 외각 전자가 3*s* 궤도에 위치한다. 그 다음 전자가 열, 전기 또는 복사 에너지를 흡수하여 3*p* 상태로 들뜨게 될 때의 원자 에너지 준위를 E_1으로 나타낸다. 이러한 과정은 그림 6-21a의 왼쪽에 짧은 파형 화살표로 표시하였다. 약 10^{-8}초 정도 후에 원자는 식 6-20에 의해 주어진 주파수와 파장을 가진 광자를 방출하면서 바닥 상태로 되돌아온다.

$$\nu_1 = (E_1 - E_0)/h$$

$$\lambda_1 = hc/(E_1 - E_0)$$

이러한 방출 과정은 그림 6-21a의 오른쪽에 색깔이 있는 짧은 직선 화살표로 표시되어 있다. 약 590 nm의 선(실제는 선들)은 3*p*에서 3*s*로의 전이로부터 나타난다.

소듐 원자인 경우, 그림 6-21에서 E_2는 보다 높은 에너지 준위인 4*p* 상태에 해당한다. 그 결과 방출된 복사선 λ_2는 더 짧은 파장 또는 더 높은 주파수를 갖는다. 그림 6-19에서 약 330 nm의 선 스펙트럼은 이러한 전이로부터 나타난 것이다.

X선 선 스펙트럼 또한 전자 전이에 의해 나타나지만 이 경우에는 최내각 궤도함수에 있는 전자들과 관련이 있다. 따라서, 자외선 및 가시선 방출과는 달리 X선 스펙트럼은 그 원자의 주위 환경에 영향을 받지 않는다. 예를 들어, 들뜨게 하려는 시료가 몰리브데넘 금속, 고체 황화 몰리브데넘, 기체 상태의 육플루오린화 몰리브데넘 또는 금속의 음이온 착물의 수용액이든 관계없이 몰리브데넘의 방출 스펙트럼은 동일하다.

띠 스펙트럼

띠 스펙트럼은 기체 상태의 라디칼 또는 작은 분자들이 존재할 때 자주 스펙트럼에 나타난다. 예를 들면 그림 6-19에서 OH, MgOH 및 MgO에 대한 띠들은 스펙트럼을 얻기 위해 사용된 기기로는 완전히 분리할 수 없는 일련의 매우 조밀한 선들로 이루어져 있다. 이러한 띠들은 분자의 바닥 상태 전자 에너지 준위에 겹쳐진 수많은 양자화된 진동 준위에 의해 생성된다.

그림 6-21b는 한 분자에 대한 바닥 상태의 E_0와 몇몇 들뜬 에너지 준위 중 2개인 E_1과 E_2를 보여주는 에너지 준위 도표이다. 바닥 상태에 있는 많은 진동 준위 중 일부가 표시되었다. 두 개의 들뜬 전자 상태와 관련된 진동 준위는 들뜬 진동 상태가 들뜬 전자 상태보다 수명이 매우 짧기(10^{-15} s 대 10^{-8} s) 때문에 나타내지 않는다. 한 전자가 바닥 상태에서 들뜬 전자 상태 중의 더 높은 진동 준위로 들뜨게 되면 이들의 수명이 매우 짧기 때문에 바닥 상태로 전자 전이가 일어나기 전에 그 전자 상태의 가장 낮은 진동 준위로의 이완이 먼저 일어난다. 그러므로 다원자 화학종의 전기적 · 열적 들뜸에 의해 발생하는 복사선은 거의 항상 들뜬 전자 상태의 **가장 낮은 진동 준위로부터 바닥 상태**의 여러 진동 준위 중 어느 한 곳으로 전이되면서 발생한다.

들뜬 진동 상태에 있는 화학종이 가장 가까운 전자 상태로 이완되는 메커니즘은 일련의 충돌 과정을 통하여 과량의 에너지를 시스템의 다른 원자들로 전이하는 것과 관련이 있다. 앞에서

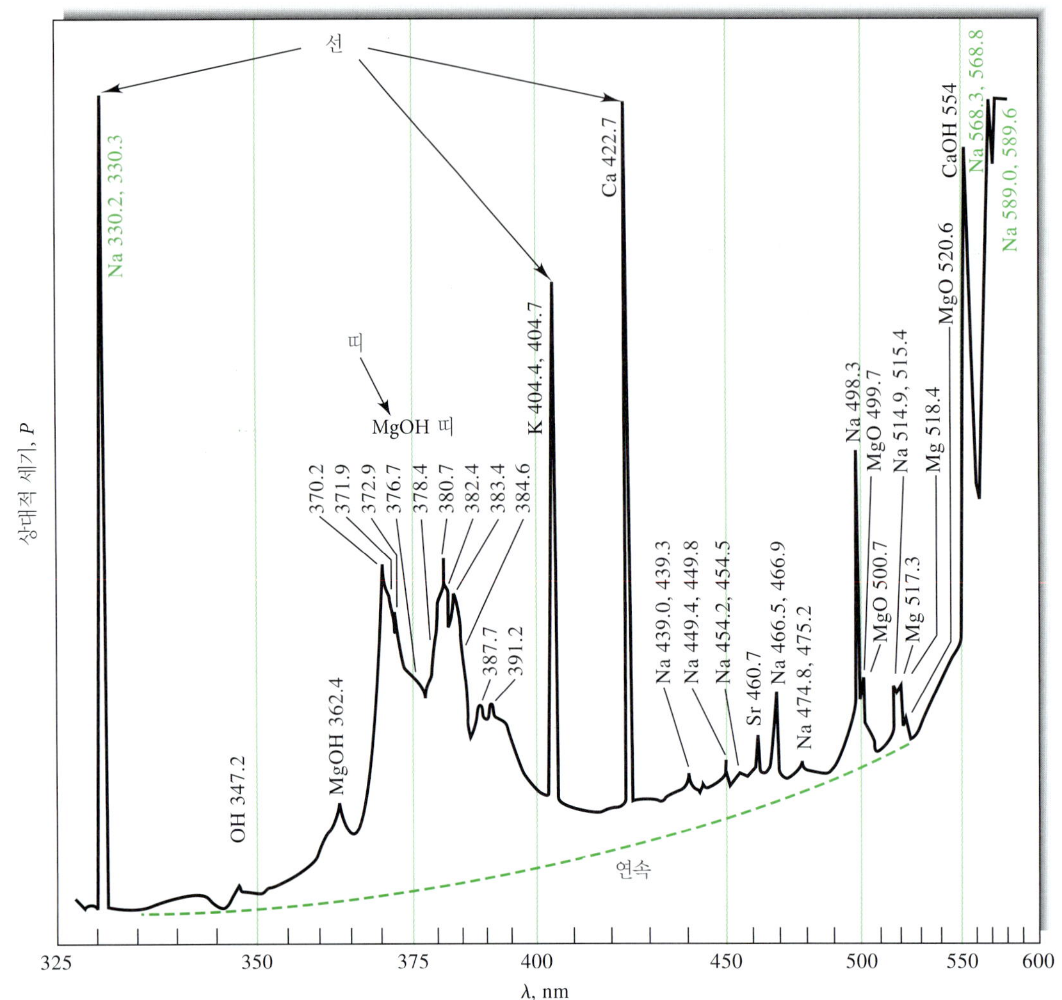

그림 6-19 산소-수소 불꽃에서 얻은 바닷물 시료의 방출 스펙트럼. 스펙트럼은 시료 성분의 겹쳐진 선, 띠 및 연속 스펙트럼으로 이루어져 있다. 스펙트럼을 만드는 화학종에 대한 특징적인 파장들을 각각 나열해 놓았다. (R. Hermann and C. T. J. Alkemade, *Chemical Analysis by Flame Photometry*, 2nd ed., p. 484. New York: Interscience, 1979.)

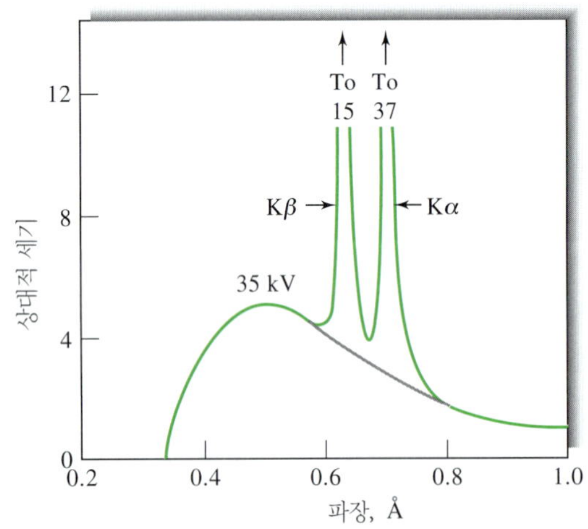

그림 6-20 몰리브데넘 금속의 X선 방출 스펙트럼.

언급했듯이 이러한 과정은 매우 빠른 속도로 진행된다. 한 전자 상태로부터 다른 전자 상태로의 이완 과정은 충돌 과정에 의해 에너지를 전이할 수 있지만 이 과정은 너무 느려서 광자 방출에 의한 이완이 더 잘 일어난다.

그림 6-21b의 에너지 준위 도표는 열 또는 전기 에너지로부터 들뜬 한 분자에 의해 각각 다섯 개의 조밀한 선들로 구성된 두 개의 복사선 띠가 방출되는 메커니즘을 보여준다. 실제 분자인 경우, 수많은 진동 상태 이외에 많은 회전 상태가 각각에 중첩되어 있기 때문에 개개의 선들의 수는 훨씬 더 많다. 회전 준위들 간의 에너지의 차이는 진동 준위보다 약 수십 배 정도 작다. 따라서 실제 분자의 띠는 그림 6-21b에 보이는 것보다 훨씬 더 많으며, 이러한 선들은 훨씬 더 조밀하게 모여 있다.

연속 스펙트럼

그림 6-22에서 나타냈듯이 연속 복사선은 고체가 백열 상태로 가열되었을 때 발생한다. *흑체 복사선*(blackbody radiation)이라고 불리는 이러한 종류의 열 복사선은 표면을 이루는 물질보다는 방출되는 표면의 온도에 따라 다르게 나타난다. 흑체 복사선은 밀집된 고체 내에서 열에너지에 의해 들뜬 수많은 원자나

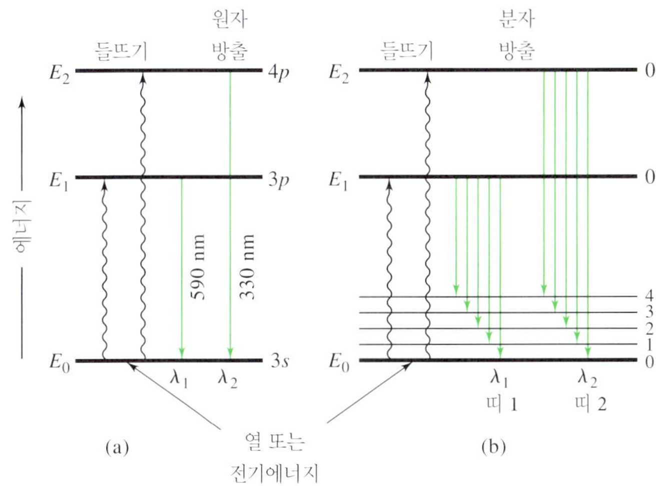

그림 6-21 (a) 선 스펙트럼의 근원을 보여주는 소듐 원자 및 (b) 띠 스펙트럼의 근원을 보여주는 간단한 분자에 대한 에너지 준위.

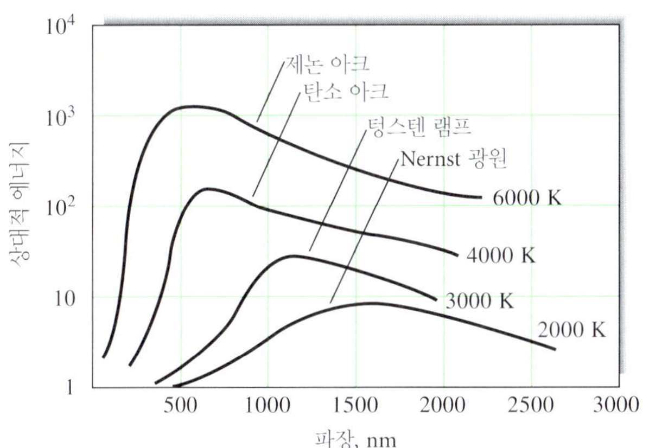

그림 6-22 흑체 복사선의 곡선.

분자가 진동을 하기 때문에 생성된다. 그림 6-22의 에너지 피크에서도 나타나듯이 온도가 증가함에 따라 더 짧은 파장 쪽으로 이동함을 볼 수 있다. 열적으로 들뜨는 광원이 에너지의 상당한 부분을 자외선으로 방출하기 위해서는 매우 높은 온도를 필요로 한다는 것을 알 수 있다.

앞에서 언급했듯이 그림 6-19의 불꽃 스펙트럼에서 나타난 연속 바탕 복사선의 일부는 불꽃 내의 백열 입자들이 열적으로 방출한 것이라고 예상된다. 이러한 바탕선은 자외선 영역으로 갈수록 급격히 감소하게 된다.

가열된 고체는 분석 기기에서 적외선, 가시선 또는 긴 파장의 자외선 영역의 중요한 광원으로 쓰인다.

6C-5 복사선의 흡수

복사선이 고체, 액체 또는 기체 시료를 통과할 때 어떤 주파수는 *흡수*(absorption)에 의하여 선택적으로 제거되기도 한다. 이 과정에서 전자기 에너지는 시료를 이루고 있는 원자, 이온 또는

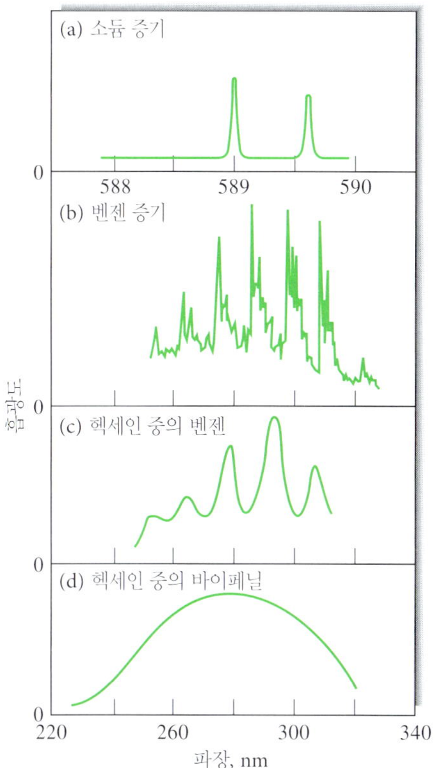

그림 6-23 몇 가지 전형적인 자외선 흡수 스펙트럼.

분자로 전이된다. 흡수는 이 입자들을 보통의 실온 상태 또는 바닥 상태로부터 하나 또는 그 이상의 높은 에너지 상태, 즉 들뜬 상태로 들뜨게 한다.

양자론에 따르면 원자, 분자 또는 이온은 일정한 수의 불연속적으로 양자화된 에너지 준위를 갖는다. 복사선의 흡수가 일어나기 위해서는 들뜨게 하는 광자의 에너지가 흡수 화학종의 바닥 상태와 들뜬 상태 사이의 에너지 차이와 **정확하게** 일치되어야 한다. 이러한 에너지 차이는 각 화학종에 대하여 고유한 값이므로 흡수된 복사선의 주파수를 연구하면 시료 물질의 성분을 알아낼 수 있다. 이러한 목적을 위하여 흡광도를 파장 또는 주파수의 함수로서 도시한 관계도를 실험적으로 구하도록 한다 [*흡광도*(absorbance)는 제6D-2절에서 식 6-32에 의해 정의되며, 복사선의 세기가 감소하는 척도를 말한다]. 전형적인 흡수 스펙트럼은 그림 6-23에서 보여주고 있다.

그림 6-23에 나타낸 네 가지 흡수 스펙트럼은 흡수 스펙트럼의 모양이 매우 다양하다는 것을 보여주고 있다. 어떤 것들은 수많은 좁은 피크로 이루어져 있고, 반면에 다른 것들은 완만한 연속 곡선을 이루기도 한다. 일반적으로 스펙트럼의 특성은 흡수 화학종의 복잡성, 물리적 상태, 환경 등의 변수에 의해 영향을 받는다. 하지만 더 근본적인 차이점은 원자 흡수 스펙트럼과 분자 흡수 스펙트럼 사이에서 나타난다.

원자 흡수

다색 자외선이나 가시선을 수은이나 소듐 증기와 같은 단원자

입자로 구성된 매질에 통과시킬 때, 단지 몇 개의 주파수 선만이 뚜렷하게 흡수됨을 알 수 있다(그림 6-23a 참고). 이러한 비교적 간단한 스펙트럼은 이 흡수 입자들이 가질 수 있는 에너지 상태의 수가 적기 때문이다. 이 경우 들뜸 과정은 원자 속의 하나 또는 그 이상의 전자가 더 높은 에너지 준위로 올라가는 전자 전이에 의해서만 발생할 수 있다. 예를 들어 소듐 증기의 경우에는 3*s*의 전자가 에너지가 약간 다른 두 개의 3*p* 상태로 들뜸으로써 가시선 스펙트럼의 노란색 영역에서 인접한 두 개의 날카로운 흡수 피크(589.0과 589.6 nm)를 나타낸다. 또한 허용된 다른 전자 전이에 해당하는 몇 개의 좁은 흡수선도 관찰된다. 예를 들어 약 285 nm에서 나타나는 피크는 소듐의 3*s* 전자가 5*p* 들뜬 상태로 들뜨면서 나타난 것이다. 이 과정은 3*p* 상태로 들뜨게 하는 것보다 훨씬 더 큰 에너지를 필요로 한다(실제로 285 nm에서의 피크도 이중선이다. 하지만 두 피크 사이의 에너지 차이가 매우 작기 때문에 대부분의 기기는 이들을 분리하지 못한다).

자외선과 가시선은 최외각 전자 또는 결합 전자들만 전이시키기에 충분한 에너지를 갖는다. 반면에 X선 주파수는 10의 수 제곱승 더 큰 에너지를 가지고 있으며(예제 6-3), 원자핵에 가장 가까운 전자와 상호작용을 할 수 있다. 그러므로 이러한 최내각 전자의 전자 전이에 해당하는 흡수 피크는 X선 영역에서 관찰된다.

분자 흡수

특히 응축된 상태로 있는 다원자 분자의 흡수 스펙트럼은 원자 스펙트럼보다 상당히 더 복잡한데, 이는 분자의 에너지 상태의 수가 단일 원자의 것에 비해 일반적으로 대단히 많기 때문이다. 분자의 띠와 관련된 에너지 *E*는 세 가지 성분으로 구성되어 있다. 즉

$$E = E_{\text{전자}} + E_{\text{진동}} + E_{\text{회전}} \tag{6-21}$$

여기서 $E_{\text{전자}}$는 몇 개의 결합 전자의 에너지 상태로부터 생기는 분자의 전자 에너지를 말한다. 오른쪽의 두 번째 항은 분자 화학종에 존재하는 원자 사이의 수많은 진동의 수와 관련된 전체 에너지이다. 일반적으로 분자는 전자 에너지 준위보다 더 많은 수의 양자화된 진동 에너지 준위를 가지고 있다. 마지막으로 $E_{\text{회전}}$은 한 분자 내의 여러 가지 회전 운동에 의해 발생되는 에너지를 나타낸다. 여기서도 회전 상태의 수는 진동 상태의 수보다 훨씬 더 많다. 따라서 분자는 각 전자 에너지 상태에 대해 보통 몇 가지의 가능한 진동 상태를 가질 수 있고, 또 이들의 각 진동 상태에서도 여러 가지 회전 상태를 가질 수 있다. 따라서 한 분자에 대한 가능한 에너지 준위 수는 일반적으로 한 원자 입자의 경우보다 훨씬 더 많다.

그림 6-24는 한 분자가 가지는 수많은 전자 상태 및 진동 상태 중 몇 가지 관련된 에너지의 준위를 나타낸 그림이다. 굵은 실선으로 표시된 E_0는 분자의 바닥 상태에 있는 전자 에너지이다(가장 낮은 전자 에너지 상태). E_1과 E_2로 표시된 굵은 실선은 두 개의 들뜬 전자 에너지 상태를 나타낸다. 많은 진동 에너지 준위(e_0, e_1, …, e_n) 중 몇 가지를 이러한 전자 상태 각각에 대해 나타내었다.

그림 6-24는 전자의 바닥 상태와 들뜬 상태 사이의 에너지 차이가 주어진 전자 상태에 속하는 진동 준위 사이의 에너지 차이에 비해 훨씬 크다는 것을 보여준다(보통 이 두 가지는 10~100배만큼 차이가 난다).

그림 6-24a에 있는 화살표는 복사선의 흡수로 인해 일어나는 몇 가지의 전이를 나타낸다. 가시선은 한 전자를 E_0로부터 E_1과 관련된 *n*개의 진동 에너지 준위 중 어느 곳으로 들뜨게 한다(그림 6-24에서는 *n*개 진동 에너지 준위 중 단지 5개만 나타내었다). 따라서 흡수 가능성이 있는 주파수는 각각 다음과 같은 형태인 *n*개의 식에 의해 나타낼 수 있다.

$$\nu_i = \frac{1}{h}(E_1 + e_i' - E_0) \tag{6-22}$$

여기서 $i = 1, 2, 3, \cdots, n$이다.

마찬가지로 만약 두 번째의 전자 상태가 *m*개의 진동 에너지 준위를 갖는 경우(여기서는 4개로 도시됨), 자외선을 흡수할 가능성이 있는 주파수는 다음과 같이 *m*개의 식으로 나타낼 수 있다.

$$\nu_i = \frac{1}{h}(E_2 + e_i'' - E_0) \tag{6-23}$$

여기서 $i = 1, 2, 3, \cdots, m$이다.

마지막으로 그림 6-24a에서 볼 수 있듯이, 에너지가 작은 근적외선과 중(간)적외선은 바닥 전자 상태의 *k*개의 진동 에너지 준위 중 어느 하나로만 전이를 일으킬 수 있다. 여기서 흡수 가능성이 있는 *k*개의 주파수를 다음과 같이 *k*개의 식으로 나타낼 수 있다.

$$\nu_i = \frac{1}{h}(e_i - e_0) \tag{6-24}$$

여기서 $i = 1, 2, 3, \cdots, k$이다.

비록 그림 6-24에 나타나 있지 않지만 몇 가지 회전 에너지 준위가 각 진동 에너지 준위에 관련되어 그 안에 존재한다. 회전 에너지 준위 사이의 에너지 차이는 진동 에너지 준위 사이의 에너지 차이에 비해 작다. 회전 에너지의 바닥 상태와 들뜬 상태 사이에서의 전이는 마이크로파와 원적외선 영역에 해당하는 0.01~1 cm 정도의 파장 범위의 복사선에 의해 발생한다.

일련의 좁고 선명한 선으로 이루어진 원자 흡수 스펙트럼과 달리 자외선과 가시선 영역에서 나타나는 분자 스펙트럼은 일반적으로 상당히 넓은 파장 범위의 흡수띠를 나타낸다는 특징을 가지고 있다(그림 6-23b, c 참고). 분자 흡수는 전자 전이를 포함한다. 하지만 식 6-23와 식 6-24으로 나타낸 바와 같이 수많은 진동 상태가 존재하기 때문에 몇 개의 조밀한 흡수선들이 각 전자 전이와 관련되어 나타난다. 게다가 앞에서 언급된 것처럼 수많은 회전 에너지 준위도 각 진동 상태에 관련되어 있다. 따라서 분자 스펙트럼은 일반적으로 그림 6-23b의 벤젠 증기에서 보여준 것과 같이 일련의 조밀한 흡수선으로 이루어진 흡수

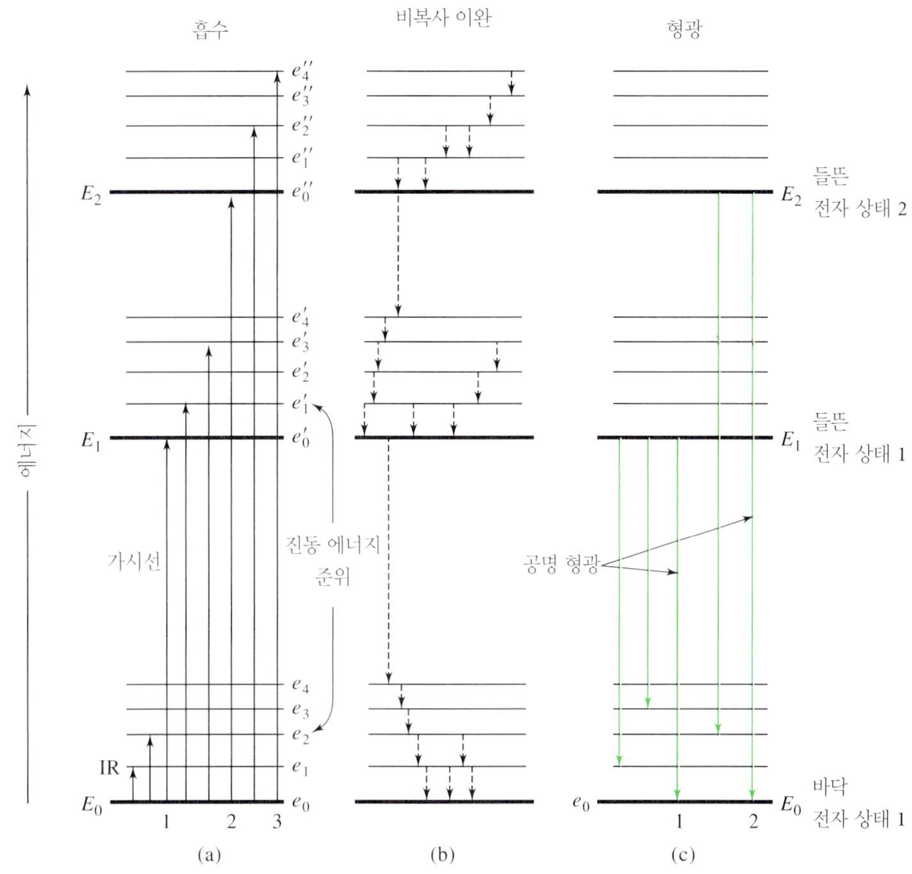

그림 6-24 형광성 유기 분자의 에너지 준위도의 일부.

띠(absorption band)로 구성되어 있다. 높은 분해능을 갖는 기기를 이용하지 않으면 개개의 피크는 검출할 수 없으므로 스펙트럼은 그림 6-23c에서 보여주는 것과 같이 넓고 완만한 곡선으로 나타나게 된다. 마지막으로 그림 6-23d에서 보여준 것과 같이 밀집된 상태 그리고 용매에 용해되어 있는 상태인 경우에는 각 흡수선이 넓어져 *연속 스펙트럼*(continuous spectra)을 나타낸다. 용매 효과는 다음 장에서 언급하기로 한다.

적외선 영역에서는 순수한 진동 흡수가 관찰되며, 여기서 복사선의 에너지는 전자 전이를 일으키기에 충분하지 않다. 이러한 스펙트럼은 양자화된 여러 진동 양자 준위 사이에서 전이가 일어나기 때문에 매우 좁은 흡수 피크를 보여준다(그림 6-24a의 아래쪽에 IR로 나타낸 전이 참고). 회전 준위의 변화는 각 진동 상태에 대해 일련의 피크를 발생시킬 수 있다. 그러나 액체 및 고체 시료에서의 회전 운동은 작은 에너지 차이에 의한 영향이기 때문에 보통 검출되지 않는다. 그러나 기체에 대한 순수한 회전 스펙트럼은 마이크로파 영역에서 관찰될 수 있다.

자기장에 의해 유도된 흡수

어떤 원소의 핵의 전자가 강한 자기장을 받으면 이러한 소립자의 자기적 특성의 결과로 추가적인 양자화된 에너지 준위가 나타난다. 이렇게 유도된 상태들 사이의 에너지 차이는 매우 작으며, 이 상태들 간의 전이는 장파장(또는 낮은 주파수) 복사선의 흡수에 의해서만 일어난다. 핵의 경우, 30~500 MHz (λ = 1000~60 cm) 범위의 라디오파를 흡수하고 전자의 경우에는 약 9500 MHz (λ = 3 cm) 정도의 주파수를 갖는 마이크로파가 흡수된다. 자기장 속에서 핵 또는 전자에 의한 흡수는 각각 *핵 자기 공명*(nuclear magnetic resonance, NMR)과 *전자 스핀 공명*(electron spin resonance, ESR)에 의해 연구된다. 핵 자기 공명은 제19장에서 다루기로 한다.

6C-6 이완 과정

일반적으로 복사선 흡수에 의해 들뜬 원자나 분자는 바닥 상태로 되돌아가게 하는 몇 가지 *이완 과정*(relaxation process)이 있기 때문에 수명이 짧다.

비복사 이완

그림 6-24b에서 볼 수 있듯이 *비복사 이완*(nonradiative relaxation)은 다른 분자들과의 충돌에 의해 들뜬 에너지가 운동 에너지로 변환되는 일련의 작은 단계를 통해 에너지를 잃는 과정을 포함한다. 이 경우 계의 온도는 약간 증가할 것이다.

그림 6-24c에서 파란색 선으로 표시된 것처럼 형광 복사선의 방출에 의해 이완이 일어날 수도 있다. 기타 다른 이완 과정은

제15장, 제18장, 제19장에서 논의될 것이다.

형광과 인광 방출

형광과 인광은 (원자나 분자가) 전자기 복사선의 흡수에 의해 (들뜬 상태로 되고,) 들뜬 화학종이 바닥 상태로 되돌아갈 때 방출되는 복사선이며 분석적으로 매우 중요한 방출 과정이다. 형광은 인광보다 더 빠르게 발생하며 일반적으로 들뜬 시간으로부터 약 10^{-5}초 후에(또는 그 이내에) 완료된다. 인광 방출은 10^{-5}초보다 더 긴 시간에 걸쳐 일어나는데 실제로 빛의 조사가 멈춘 후에도 수 분 또는 심지어 수 시간까지 계속될 수 있다. 형광과 인광은 대부분 들뜸 빛살에 대해 90°에서 가장 쉽게 관찰된다.

공명 형광(resonance fluorescence)은 방출된 복사선이 들뜸 복사선의 주파수와 동일한 과정을 나타낸다. 그림 6-24c에서 1과 2로 표시된 선은 공명 형광의 예시이다. 공명 형광은 일반적으로 진동 에너지 준위가 전자 에너지 준위에 겹쳐지지 않는 기체 상태의 *원자*(atoms)에 의해 주로 발생한다.

비공명 형광(nonresonance fluorescence)은 용액상 또는 기체상 분자에 빛을 쪼여주었을 때 생성된다. 그림 6-24a에서 보여주는 것과 같이 복사선의 흡수는 분자를 두 개의 들뜬 전자 에너지 준위와 관련된 여러 개의 진동 에너지 준위 중 어느 하나로 들뜨게 한다. 그러나 이 들뜬 진동 상태의 수명은 단지 10^{-15}초 정도이며 들뜬 전자 상태의 수명(10^{-8}초)보다 매우 짧다. 따라서 전자 이완보다 진동 이완이 평균적으로 먼저 일어난다. 결과적으로 방출된 복사선의 에너지는 흡수된 복사선의 에너지보다 들뜬 진동 에너지만큼 더 작아진다. 예를 들어 그림 6-24a에서 3으로 표시된 흡수의 경우 흡수된 에너지는 $(E_2 - E_0 + e_4'' - e_0'')$와 같지만, 형광 복사선의 에너지는 $(E_2 - E_0)$로 다시 주어진다. 따라서 방출된 복사선은 형광의 들뜸 복사선보다 더 낮은 주파수, 즉 더 긴 파장을 가지게 될 것이다. 이렇게 더 낮은 주파수 쪽으로 파장이 이동하는 것을 때로 *Stokes 이동*(Stokes shift)이라고 하고 그림 6-18의 Raman 산란과 관련하여 언급하였다.

인광은 들뜬 분자가 준안정 들뜬 전자 상태(*삼중 상태*, triplet state)로 이완될 때 일어난다. 이는 약 10^{-5}초보다 긴 평균 수명을 갖는다. 이러한 형태의 들뜬 상태의 성질은 제15장에서 논의된다.

6C-7 불확정성 원리

불확정성 원리(uncertainty principle)는 Werner Heisenberg에 의해 1927년에 처음 제안되었으며 그는 어떤 한 쌍의 물리적인 양을 동시에 정밀하게 측정하는 것에는 한계가 있다고 가정하였다. 기기 분석에 중요하고 광범위한 영향을 미치는 불확정성 원리는 제6B-4절에서 설명한 중첩 원리로부터 파생될 수 있다. 이 원리의 응용들은 분광법을 다룬 여러 장에서 보여줄 것이다.[5]

단색 복사선의 주파수 ν_1를 정확히 알려진 주파수 ν_2를 갖는 빛살(파동)을 만들어내는 진동자인 표준 시계의 출력과 비교하여 측정하기로 하자. 알고 있는 주파수와 알지 못하는 주파수 사이의 차이 $\Delta\nu = \nu_1 - \nu_2$를 검출하고 측정하기 위하여 두 빛살을 그림 6-5에서 보여주는 것과 같이 간섭 현상이 일어나게 하여 맥놀이 사이의 시간 간격(그림 6-5에서 *A*에서 *B*까지)을 결정할 수 있다. 측정을 하기 위해 필요한 최소 시간 Δt는 그림 6-5에 나타낸 맥놀이의 한 주기와 같거나 더 커야 하고 $1/\Delta\nu$와 같다. 따라서 측정하는 데 필요한 최소 시간은 다음과 같이 나타낼 수 있다.

$$\Delta t \geq 1/\Delta\nu$$

즉

$$\Delta t \Delta\nu \geq 1 \tag{6-25}$$

무시할 정도의 작은 불확정도로 $\Delta\nu$를 측정하기 위해서는 무한한 측정 시간이 필요하다. 만약 매우 짧은 시간에 걸쳐 측정을 한다면 불확정도는 커질 것이다.

식 6-25의 양변에 Planck 상수를 곱하여 주면 다음을 얻게 된다.

$$\Delta t \cdot (h\Delta\nu) = h$$

식 6-17로부터 다음과 같이 됨을 알 수 있다.

$$\Delta E = h\Delta\nu$$

따라서

$$\Delta t \cdot \Delta E = h \tag{6-26}$$

식 6-26은 Heisenberg 불확정성 원리를 나타내는 여러 가지 방법 중 하나이다. 이 식이 나타내는 의미는 다음과 같다. 만약 한 입자 또는 입자계—예를 들어 광자, 전자, 중성자 또는 전자—의 에너지 *E*가 정확한 시간간격 Δt 동안 측정되는 경우, 이 에너지는 적어도 $h/\Delta t$만큼의 불확정도를 갖는다. 따라서 무한한 시간 동안 측정된 경우에만 불확정도가 0인 입자의 에너지를 알 수 있다. 제한된 시간 동안 측정되었다면 에너지는 결코 $h/\Delta t$보다 더 정밀할 수 없다. 이런 한계성의 실제 결과는 다음의 여러 장에서 다루게 될 것이다.

6D 분광 화학적 측정에서의 정량적 개념

표 6-2에서 볼 수 있듯이 분광 화학적 방법은 네 개의 주요한 범주로 구성되어 있다. 네 가지 모두 주어진 면적에 초당 도달하는 복사선 에너지인 *복사선의 세기*(radiant power) *P*를 측정한다. 최신 기기들은 복사선 에너지를 전기적 신호 *S*로 변환시키는 복사선 검출기로 복사선의 세기를 측정한다. 일반적으로 *S*

---

[5]불확정성 원리와 응용에 관한 일반적인 설명은 다음을 참조하시오. L. S. Bartell, *J. Chem. Ed.*, **1985**, *62*, 192, **DOI**: 10.1021/ed062p192.

표 6-2 분광 화학법의 주요 과정

과정	측정된 복사선 세기	농도 관계	방법 형태
방출	방출된, P_e	$P_e = kc$	원자 방출
발광	발광된, P_l	$P_l = kc$	원자와 분자 형광, 인광, 화학발광
산란	산란된, P_{sc}	$P_{sc} = kc$	Raman 산란, 비탁법과 입도 분석법
흡수	입사광 P_0와 투과광 P	$-\log \frac{P}{P_0} = kc$	원자와 분자 흡수

는 이상적일 경우 복사선 세기에 정비례하는 전압 또는 전류이다. 즉,

$$S = kP \tag{6-27}$$

이때 k는 상수이다.

많은 검출기는 복사선이 없어도 *암신호*(dark signal) 또는 *암반응*(dark response)이라고 알려진(일반적으로 전류 또는 전압) 작고, 일정한 감응을 나타낸다. 이러한 경우, 전체 신호는 다음과 같은 관계식을 갖는다.

$$S = kP + k_d \tag{6-28}$$

여기서 k_d는 암반응으로서 일반적으로 짧은 시간 동안 작고 일정하다. 분광화학 기기들은 측정할 때마다 k_d를 0으로 줄일 수 있는 보상 회로를 갖추고 있다. 이러한 기기들은 식 6-27이 적용된다.

6D-1 방출, 발광 그리고 산란법

표 6-2에서 나타낸 것과 같이 방출, 발광 그리고 산란법에서 분석물이 들뜬 후 방출되는 복사선의 세기는 일반적으로 분석물질의 농도 c에 정비례한다($P_e = kc$). 이 식을 식 6-27과 결합하면 다음과 같다.

$$S = k'c \tag{6-29}$$

여기서 k'는 하나 또는 그 이상의 표준물들을 들뜨게 한 후 측정된 S에 의해 평가할 수 있는 상수이다.

6D-2 흡수법

표 6-2에서 볼 수 있듯이, 정량적인 흡수법은 두 가지 빛의 세기를 측정하는데, 하나는 분석물질을 포함하고 있는 매질을 빛이 통과하기 전(P_0)에 그리고 다른 하나는 매질을 빛이 통과한 후(P)에 측정한다. 흡수 분광법에서 널리 사용되며, P_0와 P의 비와 관련이 있는 두 용어는 *투광도*(transmittance)와 *흡광도*(absorbance)이다.

투광도

그림 6-25는 두께가 b cm이고 흡광 물질의 농도가 c인 매질을 통과하기 전과 후의 평행한 복사선을 보여주고 있다. 흡광 원자 또는 분자와 광자 사이에서 상호작용의 결과로서, 빛살의 세기는 P_0에서 P로 감소하게 된다. 따라서 매질에서의 *투광도* T는 매질을 통해 투과된 입사 복사선의 분율로 나타낸다.

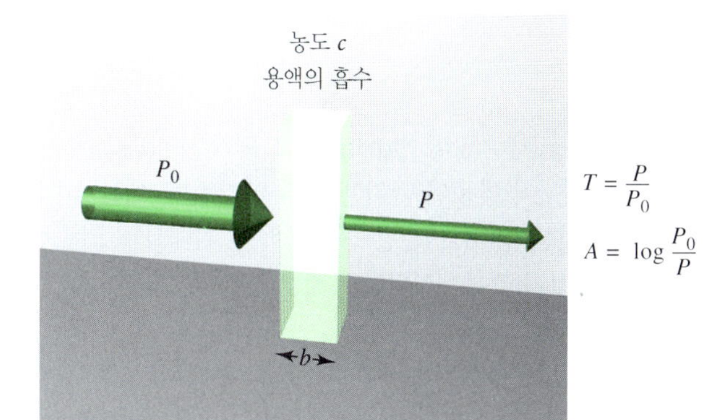

그림 6-25 **흡광 용액에 의한 복사선 빛살의 감쇠.** 입사광의 큰 화살은 용액을 투과한 것보다 더 큰 복사선 세기를 나타낸다. 흡광 용액의 통과 길이는 b이고, 농도는 c이다.

$$T = \frac{P}{P_0} \tag{6-30}$$

또한 투과도는 %로 나타내기도 한다.

$$\%T = \frac{P}{P_0} \times 100\% \tag{6-31}$$

흡광도

매질에서의 흡광도 A는 다음과 같은 식으로 나타낸다.

$$A = -\log_{10} T = \log \frac{P_0}{P} \tag{6-32}$$

투과율과 달리 흡광도는 빛살의 감쇠가 커짐에 따라 매질의 흡광도가 증가한다.

Beer 법칙

단색 복사선의 경우 흡광도는 매질을 통과하는 경로 길이 b와 흡광 물질의 농도 c에 정비례한다. 이러한 관계는 다음과 같은 식으로 주어진다.

자습: www.tinyurl.com/skoogpia7에서 **투광도(transmittance)와 흡광도(absorbance)**에 대해 더 알아보시오.

자습: www.tinyurl.com/skoogpia7에서 **Beer 법칙(Beer's law)**에 대해 더 알아보시오.

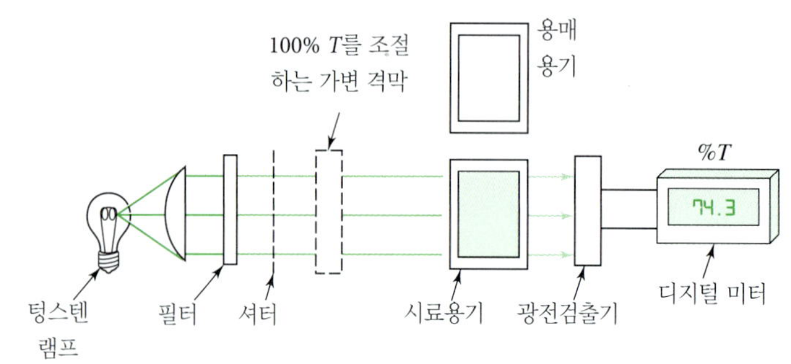

그림 6-26 가시선 영역에서 흡수 측정을 위한 홑살 광도계.

$$A = abc \tag{6-33}$$

여기서 a는 *흡광 계수*(absorptivity)라고 불리는 비례 상수이다. a의 크기는 b와 c에 이용된 단위에 따라 달라진다. 예를 들어 흡광 화학종을 갖는 용액의 흡광도를 구하기 위해서는 b는 종종 cm 단위로 주어지고 c는 리터당 그램의 단위를 가진다. 따라서 흡광계수는 L g^{-1} cm^{-1}의 단위를 갖는다.

식 6-33의 농도가 리터당 몰의 단위로 표시되고 셀 길이가 cm의 단위일 때 흡광 계수를 *몰흡광 계수*(molar absorptivity)라고 하며 특수 문자 ϵ로 표시한다. 따라서 b의 단위가 cm이고 c의 단위가 리터당 몰일 때 다음과 같은 식으로 나타낼 수 있다.

$$A = \epsilon bc \tag{6-34}$$

이때 ϵ의 단위는 L mol^{-1} cm^{-1}이다.

식 6-33과 식 6-34는 *Beer 법칙*(Beer's law)에 대한 식으로 원자와 분자의 흡광도 측정에 의한 정량 분석에 이용된다. Beer 법칙을 이용할 때에는 몇 가지 제한이 있으며, 이것에 대해서는 제13B-2절에서 자세히 논의된다.

투광도와 흡광도의 측정

그림 6-26은 *광도계*(photometer)라 불리는 간단한 기기의 개략도이다. 이는 가시선 영역의 필터된 빛살로 수용액의 흡광도와 투광도를 측정하는 데 사용된다. 여기에서 텅스텐 전구로부터 나온 복사선은 연속 파장으로서 정해진 띠의 복사선을 얻기 위해 색유리 필터를 통과한다. 통과한 빛살은 가변 격막을 통과하게 되는데 이는 시료가 들어있는 투명 용기에 도달하는 빛의 세기를 조절할 수 있다. 이 가변 격막 바로 앞에는 셔터가 있어서 빛살을 완전히 차단할 수 있다. 셔터가 열린 상태에서 복사선은 빛의 복사 에너지를 그림과 같이 디지털 미터로 측정할 수 있는 신호(전류 또는 전압)로 변환하는 광전 검출기에 도달한다. 디지털 미터의 출력 S는 식 6-28에 의해 설명된다.

이러한 기기를 % 투광도로 직접 판독하기 위해 두 가지 예비조정이 이루어진다. ***0% T* 즉, 암반응 조정과 *100% T* 조정**이다. 0% T 조정은 기기의 셔터를 닫음으로써 광원으로부터 차단된 검출기로 이루어지고 이때 검출기에서 적은 암반응이 나타나면 디지털 표시 장치가 0이 될 때까지 전기적으로 영점 보정을 한다.

100% T 조정은 셔터가 열려 있고 광로에 용매 용기를 놓은 상태에서 이루어진다. 일반적으로 용매는 용기에 담겨져 있으며 가능한 시료가 담겨질 용기와 동일한 용기를 사용해야 한다. 이러한 기기의 100% T 조정은 가변 격막을 사용하여 빛살의 세기를 변하게 한다. 어떤 기기에서는 광원의 복사선 출력 세기를 전기적으로 변화시킴으로써 동일한 효과를 얻을 수 있다. 그런 다음 검출기에 도달하는 복사선의 세기는 디지털 표시 장치가 정확히 100이 될 때까지 변화시킨다. 결과적으로 이 과정은 식 6-31의 P_0를 100%로 설정한다. 용매 대신 시료를 함유하는 용기로 교체되면 그 눈금은 다음 식에서 도시된 바와 같이 % 투광도를 나타낸다.

$$\%T = \frac{P}{P_0} \times 100\% = \frac{P}{\cancel{100\%}} \times \cancel{100\%} = P$$

오늘날 많은 광도계는 제13D절에서 논의한 로그 함수로의 변환에 의해 판독값이 선형화되어 있다. 직접 흡광도 판독을 위해, 셔터를 열고 시료 용기 안에 용매를 넣은 다음 흡광도 0을 맞춘다. 이때 빛을 차단(0% T에 해당)하고 측정을 하지 않아도 된다. 따라서 암반응은 무시할 수 있거나 다른 방법을 통해 0으로 맞추어야 한다.

질문과 문제

*별표가 있는 문제의 해답은 이 책의 끝에 있다.

이 아이콘이 있는 문제는 스프레드시트를 이용하여 쉽게 풀 수 있다.

6-1 다음 용어를 정의하시오.

(a) 간섭성 복사선

(b) 중첩 원리

(c) 매질의 굴절률

(d) 물질의 정상 분산

(e) 비정상 분산

(f) 물질의 일 함수

(g) 광전 효과

(h) 분자의 바닥 상태

(i) 전자 들뜸

(j) 형광

(k) 인광

(l) 투광도

(m) 흡광 계수

(n) 흡광도

(o) 진동 이완

(p) Stokes 이동

***6-2** 5.47 Å의 파장을 갖는 X선 광자의 Hz 단위의 주파수, joule (J) 단위의 에너지, 전자 볼트(eV) 단위의 에너지를 계산하시오.

***6-3** 지방족 케톤의 2843 cm^{-1} 진동 흡수띠에 대한 Hz 단위의 주파수, joule (J) 단위의 에너지, μm 단위의 파장으로 계산하시오.

***6-4** 250 MHz에서 얻은 NMR 신호와 관련된 파장과 joule (J) 단위의 에너지를 계산하시오.

***6-5** 소듐 광원으로부터의 빛이 굴절률 n_D가 1.12인 광학 용기를 지나갈 때, 소듐 D선(λ = 589 nm)의 속도, 주파수 및 파장을 계산하시오.

***6-6** 소듐 D선이 공기–다이아몬드 경계면을 25.0°의 입사각을 가지고 충돌할 때 굴절각이 10.1°임을 알았다. 이때 다이아몬드의 n_D는 얼마인가?

***6-7** 파장이 820 nm인 광자보다 3배 더 큰 에너지를 가지는 광자의 파장은 얼마인가?

***6-8** 브로민화 은의 결합 에너지는 약 243 kJ/mol이다(AgBr은 빛에 의해 매우 민감하고 사진 촬영에 널리 사용된다). 브로민화 은의 결합을 끊을 수 있는 빛의 가장 긴 파장은 얼마인가?

***6-9** 세슘 금속은 모든 안정한 원소 중 이온화 에너지가 가장 낮기 때문에 광전지와 텔레비전 카메라에서 널리 사용된다.

(a) 520 nm 빛에 의해 세슘으로부터 방출된 광전자의 최대 운동 에너지는 얼마인가? 세슘 표면에 조사되는 빛살의 파장이 660 nm보다 길면 광전자는 방출하지 않는다는 것을 알아두시오.

질문과 문제(계속)

(b) 전자의 정지 질량을 이용하여 (a)에서 광전자의 속도를 계산하시오.

***6-10** 흑체방사체로부터 얻어진 Wien 변위 법칙은 kelvin (K) 단위의 온도와 최대 방출 파장의 곱은 상수값 k가 된다는 것이다($k = T \cdot \lambda_{max}$). 이때 1900 K에서 작동되는 글로바 적외선 광원에 대한 최대 방출 파장을 계산하시오. 상수값을 계산하기 위해서 그림 6-22에 있는 네른스트 광원에 대한 자료를 이용하시오.

***6-11** 다음의 파장을 계산하시오.

(a) 굴절률이 2.419인 다이아몬드에서 589 nm의 소듐선

(b) 굴절률이 1.49인 아크릴 시트(Plexiglas®)를 통과할 때 694.3 nm의 루비 레이저

***6-12** 석영의 굴절률을 1.55라고 가정할 때 복사 에너지의 빛살이 빈 석영 셀을 통과할 때의 반사 손실을 계산하시오.

6-13 복사선의 파동 모형으로 광전 효과를 설명할 수 없는 이유를 설명하시오.

***6-14** 다음의 흡광도 값을 백분율 투광도로 바꾸시오.

(a) 0.173 **(b)** 0.799 **(c)** 1.145 **(d)** 0.056

***6-15** 다음의 백분율 투광도를 흡광도로 바꾸시오.

(a) 22.7 **(b)** 91.2 **(c)** 45.6 **(d)** 2.17

***6-16** 문제 6-14에 있는 흡광도의 절반을 갖는 용액의 투광도를 계산하시오.

***6-17** 문제 6-15에 있는 백분율 투광도의 절반을 갖는 용액의 흡광도를 계산하시오.

***6-18** X의 농도가 3.59×10^{-3} M 인 용액은 2.00 cm 셀을 사용하여 측정했을 때 0.196의 투광도를 보였다. 1.00 cm 셀을 사용했을 때 투광도를 3배 증가시키기 위해 필요한 X의 농도는 얼마인가?

***6-19** 몰흡광 계수가 2.93×10^3 L cm^{-1} mol^{-1}인 화합물이 있다. 2.00 cm 셀에서 투과율이 10.16%가 되는 용액을 만들려고 할 때 필요한 그 화합물의 농도는 얼마인가?

도전 문제

6-20 물리학과 화학의 발전에 분기점을 나타내는 사건 중 하나는 빛의 미립자성을 나타내는 광전 효과를 설명하고 현미경 영역의 파동−입자 이중성에 대한 현대적 관점을 유도한 Einstein의 획기적인 논문의 출현이다.

(a) 광전 효과에 대한 Millikan의 논문을 볼 때, 그는 Einstein의 연구의 특징을 어떻게 묘사했는지 설명하시오.[6]

(b) 제6C-1절에서 우리는 주파수의 함수로서 광전관의 멈춤 전압 측정이 어떻게 Planck 상수를 결정하는 데 사용될 수 있는지에 대해 설명했다. 이 방법으로 Planck 상수를 결정할 때 3가지 실험적 어려움을 설명하고 논의하시오. 이런 논의에서 Keesing[7]의 논문이 유용함을 알게 될 것이다.

(c) Millikan의 논문의 표 III에 있는 데이터를 사용하여 파장 433.9, 404.7, 365.0, 312.5, 253.5 nm에서 멈춤 전압을 측정하시오.

---

[6] R. A. Millikan, *Phys. Rev.*, **1918**, *7*, 355, **DOI**: 10.1103/PhysRev.7.355.

[7] R. G. Keesing, *Eur. J. Phys.*, **1981**, *2*, 139, **DOI**: 10.1088/0143-0807/2/3/003.

(d) 이 데이터를 엑셀 스프레드시트에 입력하고 데이터의 최소 제곱법 분석을 수행하여 Planck 상수와 그의 불확정도를 측정하시오. 얻은 결과와 Millikan의 값을 비교하여 차이점을 설명하시오.

(e) (b)와 (c)에서 발견한 어려움 중 하나는 멈춤 전압의 측정과 관련된다. Knudsen[8]은 다음과 같은 식[9]에 기반을 둔 방법을 설명했다.

$$\phi(\delta) = \frac{4\pi mk^2T^2}{h^2}\left(e^{\delta} - \frac{e^{2\delta}}{2^2} + \frac{e^{3\delta}}{3^2} - \cdots\right) \quad (\delta \le 0)$$

$$\phi(\delta) = \frac{4\pi mk^2T^2}{h^2}\left[\frac{\pi^2}{6} + \frac{1}{2}\delta^2 - \left(e^{-\delta} - \frac{e^{-2\delta}}{2^2} + \frac{e^{-3\delta}}{3^2} - \cdots\right)\right] \quad (\delta \ge 0)$$

여기서 $\phi(\delta)$은 정상 광 전류이고 δ은 kT 단위의 정상 지연 전압이다. 스프레드시트를 만들고 $\delta = -5$에서 $\delta = 50$까지 범위에서 56개의 δ 값에 대해 $\Phi(\delta) = \log \phi(\delta)$ 대 δ를 도시하시오. 또한 365.015 nm에서 얻은 다음 정상 데이터를 도시하시오.

δ, kT	$\log \phi(\delta)$
33.24	0.17
33.87	0.33
34.72	0.53
35.46	0.79
36.20	0.99
36.93	1.20
37.67	1.39
38.41	1.58
40.43	1.97
42.34	2.27
44.25	2.47
46.16	2.64
47.97	2.77
49.99	2.89
51.90	3.01
53.82	3.10
55.63	3.19
57.65	3.25
59.56	3.33
61.48	3.38
63.29	3.44
65.31	3.51
67.23	3.54
69.04	3.60

전체 페이지 형식으로 그래프를 두 장 인쇄하고, 이를 광원 위에서 겹쳐보시오. Knudsen의 설명에 따라 365.015 nm에서 멈춤 전압을 측정하시오. 얻은 결과를 (f)의 표에 있는 결과와 비교하시오.

(f) Planck 상수를 측정하기 위해 다음 표에서 데이터의 최소 제곱법 분석을 수행하시오. 얻은 결과를 Millikan의 결과 및 (c)의 결과와 비교하시오. 실험적 차이와 다른 기본적 고려 사항에 따라 결과의 차이점을 논리화하시오.

---

[8]A. W. Knudsen, *Am. J. Phys.*, **1983**, *51*, 725, **DOI**: 10.1119/1.13155.

[9]R. H. Fowler, *Phys. Rev.*, **1931**, *38*, 45, **DOI**: 10.1103/PhysRev.38.45.

» 질문과 문제(계속)

λ, nm	kT	멈춤 전압 V
435.834	56.7	1.473
404.656	48.1	1.249
365.015	35.4	0.919
334.148	23.4	0.608
313.170	14.0	0.364
296.728	5.8	0.151
289.36	1.3	0.034

(g) Knudsen 과정에는 순환 논리의 요소가 있다. 멈춤 전압을 측정하기 위해 곡선 적합 과정의 사용을 설명하고 논의하시오.

(h) Planck 상수는 광전지 측정에 의해 더 이상 측정할 수 없다. 그렇다면 어떻게 측정하겠는가?[10] 어떤 다른 기본상수가 Planck 상수에 의존하는가? 이들 상수들의 현재 값은 얼마이며 불확정도는 얼마인가?

(i) 최소 제곱 과정을 사용하여 기본 상수들의 값이 내적으로 일정하게 되도록 조절할 수 있다.[11] 이 과정이 어떻게 이루어지는지 설명하시오. Avogadro 수와 같은 하나의 상수의 측정 품질이 어떻게 향상되어 다른 상수값에 어떤 영향을 주는가?

(j) 지난 수십 년간 기본 상수들의 값을 측정하는 데 많은 노력이 기울여졌다. 분석 화학에서 이러한 노력이 중요한 이유는 무엇인가? 또는 중요하지 않은 이유는 무엇인가? 분석 화학에서 어떤 측정 가능한 양들이 이 기본 상수에 의존하는가? 이러한 효과가 과학과 세계 전반에서 중요한 이유는 무엇인가? 기본 상수들의 측정에 대한 시간과 노력의 투자 면에서 비평적으로 설명하시오.

---

[10] E. R. Williams, R. L. Steiner, D. B. Newell, and P. T. Olsen, *Phys. Rev. Lett.*, **1998**, *81*, 2404, **DOI**: 10.1103/PhysRevLett.81.2404.

[11] J. W. M. DuMond and E. Richard Cohen, *Rev. Modern Phys.*, **1953**, *25*, 691, **DOI**: 10.1103/RevModPhys.25.691.

7장

광학 기기의 부분 장치

Components of Optical Instruments

자외선, 가시선 및 적외선 영역들에 대한 기기들은 사람의 눈이 자외선뿐만 아니라 적외선 파장을 감지하지 못하더라도 흔히 광학적 기기라고 불리는 공통된 특징을 가지고 있다. 이 장에서는 세 가지 유형의 복사선 모두에 대한 분광법 기기의 부분 장치의 기능, 필요 조건 및 작동 방법에 대해 알아보고자 한다. 자외선보다 에너지가 크거나, 적외선보다 에너지가 작은 영역에서 분광학적 연구를 하는 기기는 보통의 광학 기기와는 상당히 다른 특성을 가지며 이는 제12장과 제19장에서 별도로 설명할 것이다.

이 장에서 옆의 로고는 **www.tinyurl.com/skoogpia7** 에서 대화형 자습, 시뮬레이션, 연습 등을 통해 온라인으로 학습할 수 있는 기회가 있음을 나타낸다.

7A 광학 기기의 일반적인 설계

광학 분광법은 (1) 흡수, (2) 형광, (3) 인광, (4) 산란, (5) 방출 및 (6) 화학발광과 같은 여섯 가지 현상에 바탕을 둔 것이다. 이들 각각을 측정하기 위한 기기의 구성은 약간 다르지만 대부분의 경우 기본 부분 장치들은 매우 비슷하다. 또한 자외선, 가시선 또는 적외선 스펙트럼 영역에 적용되는지의 여부에 관계없이 이들의 부분 장치에서 필요로 하는 특성은 동일하다.[1]

전형적인 분광 기기는 다음과 같이 다섯 가지 부분 장치를 포함한다. (1) 복사 에너지 광원, (2) 시료를 담는 용기, (3) 측정을 위해 제한된 스펙트럼 영역을 분리하는 장치,[2] (4) 복사 에너지를 사용 가능한 신호(보통 전기 신호)로 변환시키는 복사선 검출기 및 (5) 변환된 신호를 컴퓨터 화면, 디지털 계기 또는 다른 기록 장치에 나타내는 신호 처리 장치 및 판독 장치 등을 포함한다. 그림 7-1은 앞서 언급한 여섯 가지 유형의 분광학적 측정을 수행하기 위하여 이 부분 장치가 구성되는 세 가지 방식을 나타내었다. 이 그림에서 부분 장치 (1), (4) 및 (5)는 각 유형의 측정에 대해 동일한 방식으로 배열되어 있음을 보여준다.

흡수, 형광 및 인광을 측정하는 데 사용되는 처음 두 가지의 기기 배열은 외부 복사선 광원을 필요로 한다. 흡수법의 경우 광원으로부터 나오는 빛살은 파장 선택기를 통과한 다음 시료를 통과하지만 어떤 기기에서는 파장 선택기와 시료의 위치가 반대로 되어 있는 경우도 있다. 형광 및 인광의 경우 광원은 시료 용기 안에 있는 시료의 특성적인 복사선 방출을 유도하며, 일반적으로 방출된 복사선들은 광원 방향에 대해 90°의 각도에서 측정된다.

---

[1]광학 기기의 부분 장치에 대한 더 자세한 내용은 다음을 참조하시오. J. Lindon, G. Tranter, J. Holmes, eds., *Encyclopedia of Spectroscopy and Spectrometry*, Vols. 1-3, San Diego: Academic Press, 2000; J. W. Robinson, ed., *Practical Handbook of Spectroscopy*, Boca Raton, FL: CRCPress, 1991; E. J. Meehan, in *Treatise on Analytical Chemistry*, P. J. Elving, E. J. Meehan, and I. M. Kolthoff, eds., Part I, Vol. 7, Chap. 3, New York: Wiley, 1981; J. D. Ingle Jr. and S. R. Crouch, *Spectrochemical Analysis*, Chaps. 3 and 4, Upper Saddle River, NJ: Prentice Hall, 1988.

[2]제7I-3절에서 논의 된 FT 기기는 파장 선택기가 필요치 않으며, 대신 수학적으로 해석할 수 있는 형태로 스펙트럼 자료를 제공하는 주파수 변조기를 사용한다.

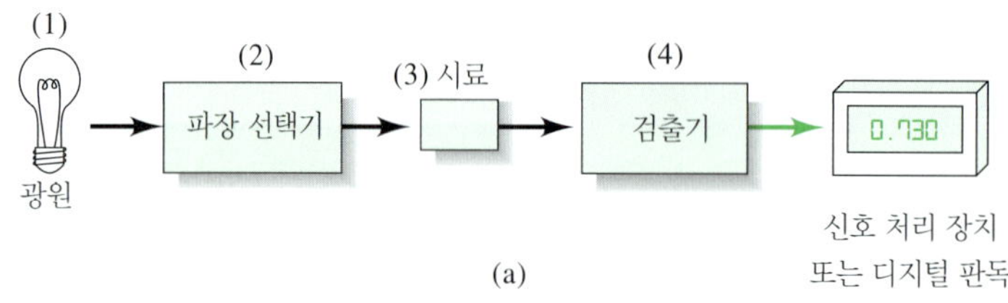

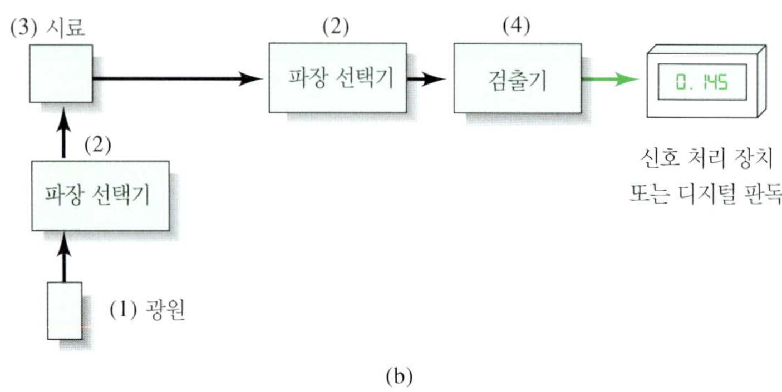

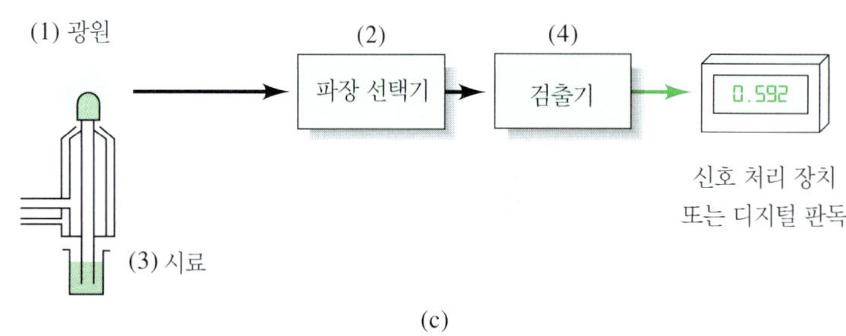

그림 7-1 광학 분광 기기의 여러 가지 유형의 부분 장치. (a) 흡수 측정 장치에 대한 배열을 나타내었다. 선택된 파장의 복사선 광원이 시료로 보내지고, 투과 복사선은 검출기와 신호 처리 장치와 판독 장치에 의하여 측정된다. 어떤 측정 장치에서는 시료와 파장 선택기의 위치가 반대로 되어 있는 경우도 있다. (b) 형광 측정 장치에 대한 배열을 나타내었다. 여기서는 들뜸 및 방출 파장을 선택하기 위해 두 개의 파장 선택기가 필요하다. 선택된 복사선 광원이 시료에 입사되고, 방출된 복사선은 일반적으로 산란을 피하기 위해 직각으로 측정된다. (c) 방출 분광법의 배열을 나타내었다. 여기서 플라스마나 불꽃 같은 열에너지 광원은 분석물질 증기를 생성하고 방출 복사선을 파장 선택기로 분리한 다음 검출기에 의해 전기적 신호로 변환한다.

방출 분광법과 화학 발광 분광법은 외부 복사선 광원이 필요 없다는 점에서 다른 유형과 다르다. 이는 시료 그 자체가 발광체이다(그림 7-1c 참고). 방출 분광법에서 시료 용기는 플라스마, 스파크 또는 불꽃으로 모두 다 시료를 포함하고 있으며 특정 복사선을 방출한다. 화학 발광 분광법에서 복사선의 광원은 분석물질과 반응시약의 용액이며 이는 투명한 시료 용기에 들어 있다. 방출은 분석물질이 직접적으로 또는 간접적으로 참여하는 화학반응에서 방출되는 에너지에 의해 발생한다.

그림 7-2와 7-3은 그림 7-1에서 나타낸 신호 처리 장치와 판독 장치를 제외한 모든 부분 장치의 광학적 특성을 요약해놓았다. 기기의 부분 장치는 이용되는 파장 영역에 따라 조금씩 다르다. 그들의 설계는 또한 기기가 주로 정량 또는 정성 분석에 이용되는지의 여부와 원자 분광법 또는 분자 분광법에 적용되는지의 여부에 따라 달라진다. 그럼에도 불구하고 각 유형의 부분 장치의 일반적인 기능과 성능의 요구 사항은 파장 영역 및 응용에 관계없이 유사하다.

7B 복사선의 광원

광원이 분광법에 적절하게 사용되기 위해서는, 충분한 세기의 복사선 빛살을 방출하여 쉽게 검출되고 측정될 수 있어야 하며, 출력이 일정 시간 동안 안정적이어야 한다. 일반적으로 광원의 복사선 세기는 전력 공급원의 전압에 따라 기하급수적으로 변한다. 따라서 안정한 복사선 세기를 얻기 위해서는 항상 전력공급 조절기가 필요하다. 광원의 안정성 문제를 해결할 수 있는 또 다른 방법은 시료가 없는 상태에서 나온 신호와 시료를 통해

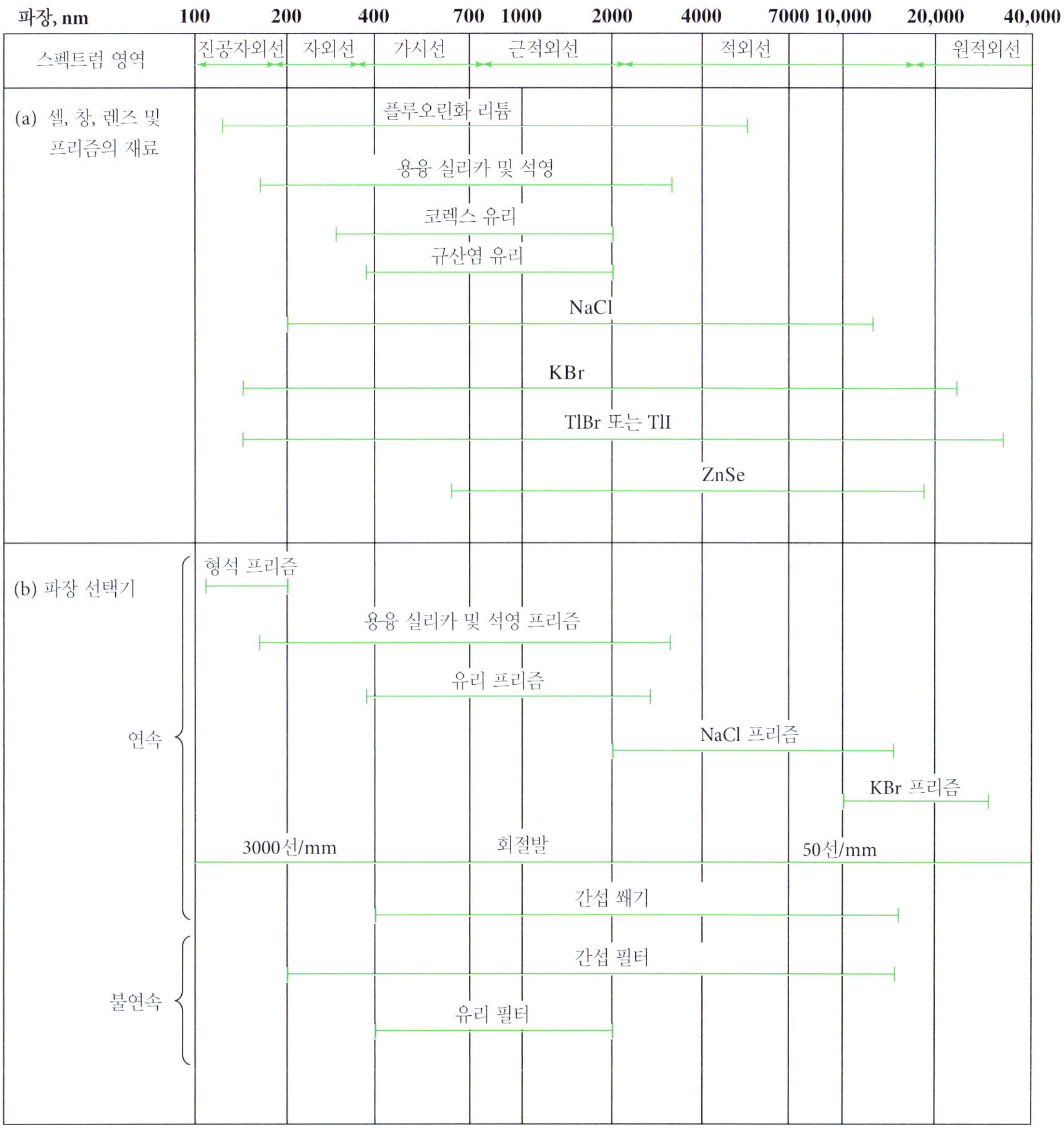

파장, nm 100 200 400 700 1000 2000 4000 7000 10,000 20,000 40,000

스펙트럼 영역: 진공자외선 | 자외선 | 가시선 | 근적외선 | 적외선 | 원적외선

(a) 셀, 창, 렌즈 및 프리즘의 재료

플루오린화 리튬

용융 실리카 및 석영

코렉스 유리

규산염 유리

NaCl

KBr

TlBr 또는 TlI

ZnSe

(b) 파장 선택기

연속

형석 프리즘

용융 실리카 및 석영 프리즘

유리 프리즘

NaCl 프리즘

KBr 프리즘

3000선/mm 회절발 50선/mm

간섭 쐐기

불연속

간섭 필터

유리 필터

그림 7-2 분광 기기의 (a) 구성 재료, (b) 파장 선택기.

서 나온 신호의 비가 분석적 변수로서 이용되는 겹살형 설계를 사용하여 극복하는 것이다. 이러한 설계에서, 두 빛살의 세기는 동시에 또는 거의 동시에 측정되므로 광원에서 일어나는 출력 변동의 영향이 대부분 상쇄된다.

그림 7-3a에는 분광법에서 가장 널리 사용되는 광원들을 나열해놓았다. 이러한 광원에는 두 가지 유형이 있다. 하나는 파장의 함수로서 세기가 매끄럽게 변화하는 복사선을 방출하는 *연속 광원*(continuum sources)이며 또 하나는 매우 제한된 범위의 파장에 걸쳐 제한된 수의 선 또는 띠의 복사선을 방출하는 *선 광원*(line sources)이다.

7B-1 연속 광원

연속 광원은 흡수 및 형광을 비롯한 여러 유형의 분광법에서 유용하게 사용된다. 자외선 영역의 경우 가장 많이 사용되는 연속 광원은 중수소 램프이다. 특히 강한 광원이 필요할 때는 아르곤, 제논 또는 수은이 포함된 고압 기체 충전 아크 램프가 사용된다. 가시선 영역에 대한 스펙트럼에서는 텅스텐 필라멘트 램프가 많은 응용 분야에 사용된다. 일반적인 적외선 광원은 1,500~2,000 K로 가열된 비활성 고체이며, 이때 복사선의 최대 출력 파장이 1.5~1.9 μm에서 발생한다(그림 6-22 참고). 이러한 다양한 연속 광원의 구조와 성질에 대한 내용은 각 분광법을 다루는 장에서 상세히 다루어질 것이다.

자습: www.tinyurl.com/skoogpia7에서 **광학 물질과 광원(optical materials and sources)**에 대해 더 알아보시오.

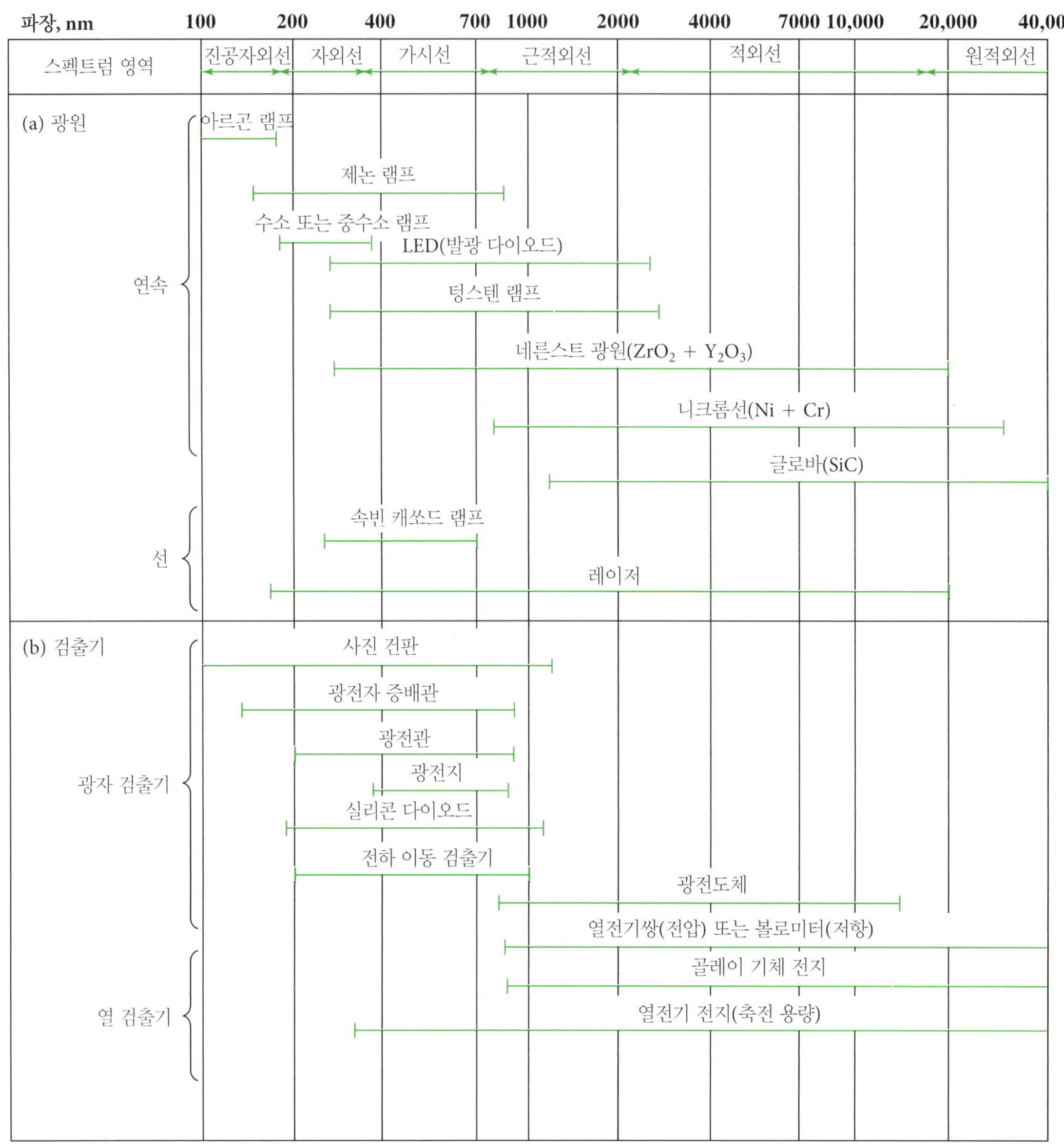

그림 7-3 분광 기기의 (a) 광원 및 (b) 검출기.

7B-2 선 광원

몇 개의 불연속선을 방출하는 광원은 원자 흡수 분광법, 원자 및 분자 형광법, Raman 분광법에 널리 사용된다(굴절법, 편광법 등에서도 선 광원이 사용된다). 잘 알려진 수은 및 소듐 증기 램프는 자외선과 가시선 영역에서 비교적 적고 좁은 선 스펙트럼을 방출하며, 여러 분광법 기기에 사용된다. 속빈 캐쏘드 램프와 무전극 방전 램프는 원자 흡수 및 형광법에 널리 사용되는 매우 중요한 선 광원이다. 이 광원들에 대한 논의는 제9B-1절에서 다루어질 것이다.

7B-3 레이저 광원

레이저는 높은 강도와 좁은 띠너비 및 간섭성의 출력을 가지고 있기 때문에 분석 기기에서 매우 유용한 광원이다.[3] 최초의 레이저는 1960년에 만들어졌으며, 그 이후로 화학자들은 레이저 광원을 이용하여, 고분해능 분광법, 초고속 현상에 대한 탐사 및 모니터링, 화성 토양과 지구 대기 및 과학 수사에서의 극미

---

[3]레이저와 레이저 분광법에 대한 더 자세한 설명은 다음을 참조하시오. K. Thyagarajan and Ajoy Ghatak, Lasers: *Fundamental and Applications*, 2nd ed., New York: Springer, 2010; W. T. Silfvast, *Laser Fundamentals*, 2nd ed., Cambridge: Cambridge Univ. Press, 2008; H. H. Telle, A. G. Urena, and R. J. Donovan, Laser *Chemistry: Spectroscopy, Dynamics and Applications*. Chichester: Wiley, 2007. D. L. Andrews and A. A. Demidov, eds., *An Introduction to Laser Spectroscopy*, 2nd ed., New York: Springer, 2002.

량 원소의 검출과 정량[4] 등의 수많은 유용한 응용 분야를 발견해 왔다. 또한 레이저 광원은 Raman 분광법, 분자 흡수 분광법, 형광 분광법, 방출 분광법, 그리고 Fourier 변환 적외선 분광법을 포함한 몇 가지 일상적인 분석법에 중요하게 사용되었다.

레이저(laser)란 복사선의 자극 방출에 의한 빛살의 증폭(**l**ight **a**mplification by **s**timulated **e**mission of **r**adiation)에 대한 약어이다. 빛의 증폭 특성 때문에 레이저는 공간적으로 좁고(100분의 수 마이크로미터 정도) 극도로 센 복사선을 생성한다. 이 절의 뒷부분에서 설명할 자극 방출과정은 매우 순수한 단색광의 빛살(0.01 nm 또는 그 이하의 띠너비)과 현저한 간섭성의 복사선을 생성한다(제6B-6절). 이러한 고유 특성 때문에 레이저는 자외선, 가시선 및 적외선 영역의 스펙트럼에서 사용되는 중요한 광원이 되고 있다. 초기 레이저의 한계는 어떤 광원으로부터의 레이저 복사선이 상대적으로 몇 개 되지 않는 불연속 파장 혹은 선에 제한되어 있다는 점이었다. 그러나 최근에는 여러 스펙트럼 영역에서 상당히 좁은 범위의 복사선을 나타내는 파장 가변 레이저를 이용할 수 있게 되었다.

레이저 광원의 부분 장치

전형적인 레이저 광원의 부분 장치를 보여주는 개요도를 그림 7-4에 나타냈다. 레이저의 발생 매질이 이 장치의 핵심이다. 이것은 루비와 같은 고체 결정, 갈륨 비소와 같은 반도체, 유기물 염료 용액 또는 아르곤이나 크립톤 같은 기체일 수 있다. 레이저 발생 매질은 종종 외부광원에서 오는 복사선으로부터 활성화되거나 *펌핑*(pumped)되어 적절한 에너지를 갖는 몇 개의 광자가 동일한 에너지의 광자 다발 형성을 유도하게 한다. 또한 펌핑은 전류 또는 전기 방전에 의해 유도될 수 있다. 따라서 기체 레이저는 일반적으로 그림 7-4에 나타낸 것과 같은 외부 복사선 광원을 갖고 있지 않다. 그 대신에 전원 공급 기구는 기체로 충전된 용기에 들어 있는 한 쌍의 전극에 연결된다.

레이저 광선을 쬐는 작용에 의해 생성된 복사선이 그림 7-4에서 보여지는 한 쌍의 거울에 의해 매질 속을 여러 번 앞뒤로 왕복하여 얻어진다는 면에서 레이저 장치는 일반적으로 일종의 발진기 또는 공명기와 같은 기능을 한다고 볼 수 있다. 엄청난 증폭현상을 유도하는 새로운 광자는 한 번 왕복할 때마다 추가로 발생된다. 반복되는 복사선의 왕복 통과는 비평행 복사선이 몇 번 반사된 후에는 매질의 측면에서 빠져나가기 때문에 매우 평행한 빛살만을 얻을 수 있다(그림 7-4 참고). 유용한 레이

[4]레이저 응용의 일부에 대한 논문 및 총설은 다음을 참조하시오. J. B. Baxter and G. W. Guglietta, *Anal. Chem.*, **2011**, *83*, 4342-4368, **DOI**: 10.1021/ac200907z; F. J. Fortes, J. Moros, P. Lucena, L. M. Cabalin, and J. J Laserna, *Anal. Chem.*, **2013**, *85*, 640-669, **DOI**: 10.1021/ac303220r; K. H. Cochran, J. A. Barry, D. C. Muddiman, and D. Hinks, *Anal. Chem.*, **2013**, *85*, 831-836, **DOI**: 10.1021/ac302519n; F. A. Orellana, C. G. Gálvez, M. T. Roldán, and C. García-Ruiz, *TrAC Trends Anal. Chem.*, **2013**, *42*, 1-34, **DOI**: 10.1016/j.trac.2012.09.015.

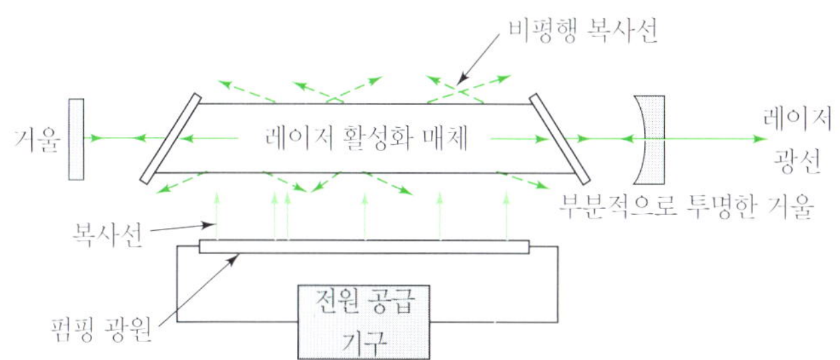

그림 7-4 전형적인 레이저 광원의 개요도.

저살을 얻기 위한 가장 쉬운 방법 중 하나는 한쪽 거울에 반사막을 충분히 얇게 입힘으로써 반사되는 빛살의 일부를 투과하도록 하는 것이다.

레이저 발생 메커니즘

레이저 작용을 설명하기 위하여 분자계를 고려해보자. 그러나 많은 레이저는 원자 또는 이온 레이저이며, 이러한 레이저의 메커니즘은 분자 레이저의 메커니즘과 유사하지만 세부적인 면에서 다소 다르다. 레이저 발생 과정은 그림 7-5에서 나타낸 네 가지 과정을 고려하여 이해할 수 있다. 즉 (a) 펌핑, (b) 자발 방출(형광), (c) 자극 방출 및 (d) 흡수에 대해 알아보기로 하자. 이 그림에서는 레이저 발생 매질을 구성하는 많은 분자 중 2개 분자에 대한 행동을 보여준다. 각각 몇 가지 전자 에너지 준위 중, 단지 두 가지 에너지 준위에 대해서 E_y와 E_x로 나타내었다. 또한 각 분자의 보다 높은 전자 에너지 상태를 나타내기 위해서 서로 조금씩 다른 몇 개의 진동 에너지 준위를 E_y, E_y', E_y'' 등으로 나타내었다. 여기에는 낮은 전자 에너지 상태에 대한 추가적인 준위를 나타내지 않았지만 이러한 준위는 일반적으로 존재한다. He-Ne, Ar^+, 루비, Nd:YAG, 다른 원자 또는 이온 레이저들은 **진동 에너지 준위를 갖지 않는** 대신에 이러한 레이저 매개체는 다른 전자 에너지 준위를 가지고 있다.

펌핑(pumping). 레이저를 발생하게 하는 데 필요한 펌핑은 레이저 활성 화학종을 전기 방전, 전류를 통과하거나 또는 센 복사선에 노출시키는 것 등과 같은 방법에 의해 들뜨게 되는 과정이다. 분자계에서 펌핑하는 동안 더 높은 전자 및 진동 에너지 준위에 활성 화학종이 많이 채워진다. 그림 7-5a의 (1)에 나타낸 것과 같이 하나의 전자는 E_y'' 에너지 상태로 들뜨게 되고, 다른 분자는 약간 더 큰 진동 에너지 준위 E_y''' 상태로 들뜨게 된다. 들뜬 진동 상태의 수명은 매우 짧기 때문에 그 전자는 10^{-13}~10^{-15}초 후에 가장 낮은 들뜬 진동 준위[그림 7-5a(3)에서의 E_y]로 이완되어 검출할 수 없는 양의 열이 발생한다. 레이저 매질의 몇 가지 들뜬 전자 상태는 들뜬 진동 상태보다 훨씬 더 긴 수

시뮬레이션: www.tinyurl.com/skoogpia7에서 **레이저가 어떻게 작동하는지(how lasers work)**에 대해 더 알아 시오.

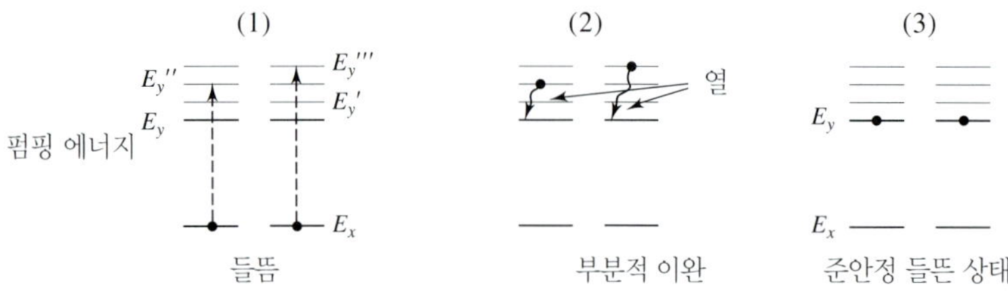

(a) 펌핑(전기, 복사선 또는 화학에너지에 의해 들뜸)

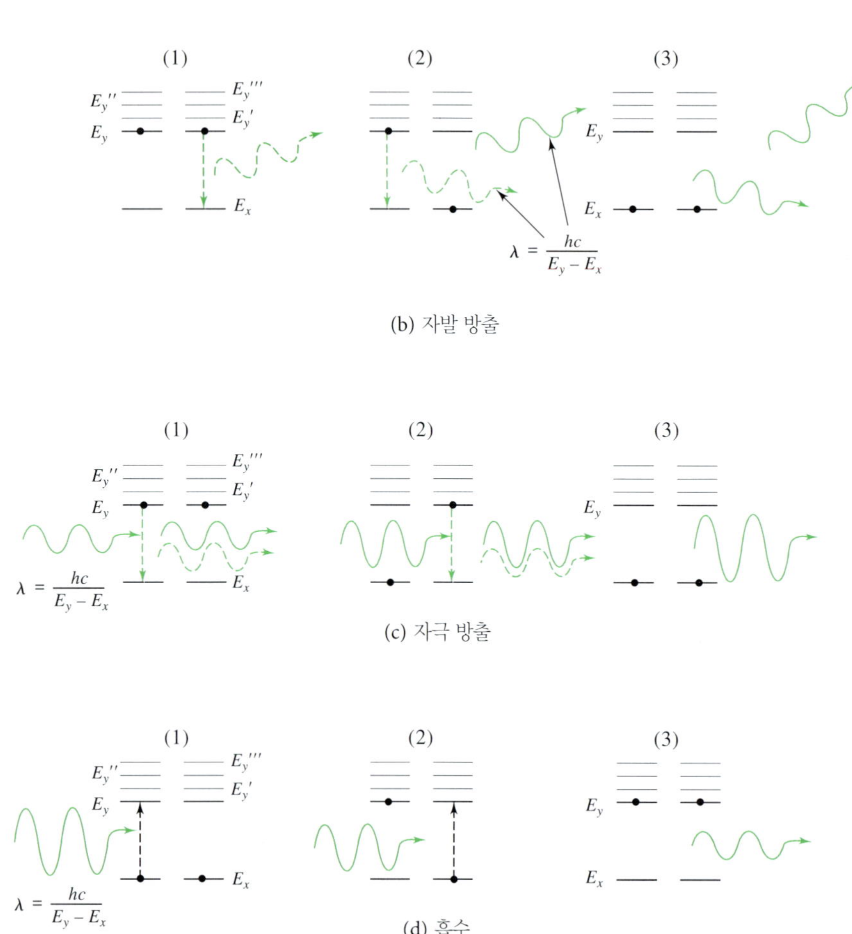

그림 7-5 레이저 발생에서 중요한 네 가지 과정. (a) 펌핑(전기, 복사선 또는 화학에너지에 의한 들뜸), (b) 자발 방출, (c) 자극 방출 및 (d) 흡수.

명(때로 1 ms 또는 그 이상) 상태를 가지며 이러한 긴 수명 상태를 때로 *준안정 상태*(metastable states)라고 한다.

자발 방출(spontaneous emission). 형광(제6C-5절)에 대한 설명에서 지적했듯이, 들뜬 전자 상태의 화학종은 자발 방출되는 복사선에 의해 여분의 에너지 전부 또는 일부분을 잃어버릴 수 있다. 이 과정은 그림 7-5b의 세 가지 그림에 나타내고 있다. 형광 복사선의 파장은 $\lambda = hc/(E_y - E_x)$의 관계로 주어진다. 여기서 h는 Planck 상수이고, c는 빛의 속도이다. 자발 방출은 무작위 과정이기 때문에 광자가 방출하는 시간과 이 결과로 생긴 광자의 방출 방향은 들뜬 분자에 따라 서로 다르다는 점도 중요하다. 따라서 그림 7-5b(1)의 입자 중 하나에 의해 방출된 형광 복사선은 또 다른 입자[그림 7-5b(2)]에 의해 방출된 것과 방향 및 위상이 다르다. 그러므로 자발 방출은 *비간섭성*(incoherent) 단색 복사선을 방출한다.

자극 방출(stimulated emission). 레이저 발생의 기본이 되는 자극 방출은 그림 7-5c에 보여주고 있다. 이 경우는 들뜬 레이저 매질의 입자가 자발 방출에 의해 생성된 광자와 정확하게 동일한 에너지($E_y - E_x$)를 갖는 광자에 의하여 충돌되는 경우이다. 이와 같은 유형의 충돌은 들뜬 화학종을 보다 낮은 에너지 상태로 즉시 이완시키고 이와 동시에 이 과정을 자극한 광자와 정확히 동일한 에너지의 광자를 방출한다. 이것만큼 중요한 것은 방출된 광자가 이 방출을 자극시킨 광자와 정확히 동일한 방향으로 **이동하고**, 위상 역시 **정확히 일치한다**는 것이다. 그러므로 자극 방출된 복사선은 들어오는 복사선과 전적으로 *간섭성*(coherent)이 된다.

흡수(absorption). 그림 7-5d에 자극 방출과 경쟁하는 흡수과정을 나타냈다. 여기서 $(E_y - E_x)$와 정확하게 동일한 에너지를 갖는 두 개의 광자가 흡수되어 그림 7-5d(3)에 나타낸 것처럼 준안정 들뜬 상태를 생성한다. 이 상태는 펌핑에 의해 그림 7-5a(3)에서 얻은 것과 동일한 결과를 얻음에 주목하라.

분포 상태 반전과 빛살 증폭

레이저에서 빛살 증폭이 일어나기 위해서는 자극 방출에 의해 생성된 광자 수가 흡수에 의해 잃어 버리는 광자 수보다 커야만 한다. 이러한 조건은 높은 에너지 상태의 입자 수가 낮은 에너지 상태의 입자 수보다 더 클 때만 우세하게 일어난다. 달리 말하면, 에너지 상태의 정상 분포가 뒤바뀌는 *분포 상태 반전*(population inversion)이 일어나야 한다. 분포 상태 반전은 펌핑에 의해 일어난다. 그림 7-6은 반전되지 않은 분포 상태에서 입사 복사선이 미치는 영향과 분포 반전 상태에 미치는 영향을 비교한 것이다. 각 경우에 있어서 레이저 발생 매질의 9개 분자들은 두개의 에너지 상태인 E_x와 E_y에 있다. 반전되지 않는 계에서는 3개의 분자들이 들뜬 상태에 있고 6개의 분자들이 더 낮은 에너지 준위에 있다. 매질은 3개의 입사 광자를 흡수하여 추가적으로 3개의 들뜬 분자를 생성하며, 그 후 견고한 분포 상태 반전을 이루지 않고 매우 빠르게 바닥 상태로 되돌아간다. 또한 복사선은 들뜬 분자로부터 2개 광자의 방출을 자극하여 결과적으로 하나의 광자에 의한 빛살 감소를 나타낸다. 그림 7-6b에서 나타낸 것처럼 두 개의 분자를 가상 E_n 상태들로 펌핑하고 이어서 E_y로 이완시키는 것은 E_y 및 E_x 사이의 분포 상태 반전을 야기한다. 따라서 이 도표는 E_y 상태에 있는 6개의 전자들과 E_x 상태에 있는 3개의 전자들만을 보여준다. 반전 분포 상태 시스템에서는 자극 방출이 흡수보다 우세하게 일어나기 때문에 최종적으로 하나의 방출 광자가 많게 된다. 따라서 빛살 증폭 또는 레이저 발생이 발생한다.

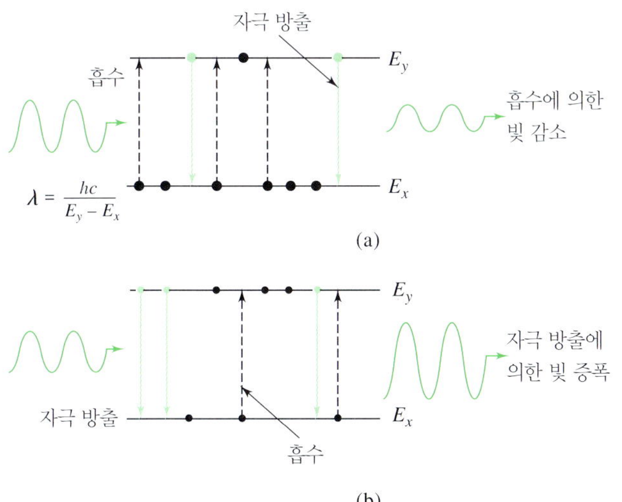

그림 7-6 외부 에너지 광원(펌핑)에 의한 전자들의 들뜸화로 생성되는 (a) 비반전 분포 상태와 (b) 반전 분포 상태를 통한 복사 과정.

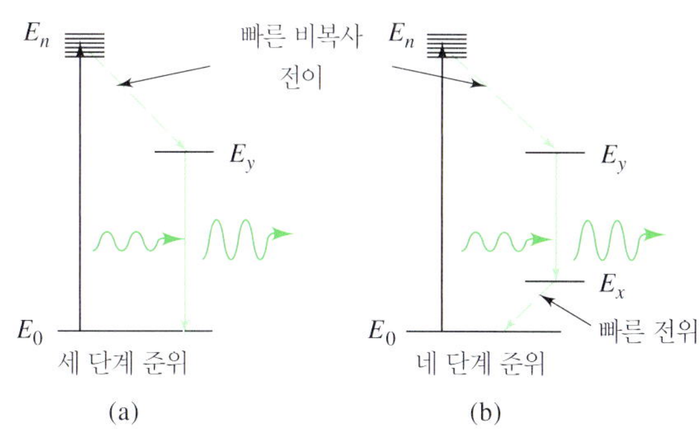

그림 7-7 두 가지 형태의 레이저 시스템의 에너지 준위도.

세 단계와 네 단계-준위 레이저 시스템

그림 7-7은 두 가지 일반적인 유형의 레이저 시스템을 위한 간단한 에너지 준위도를 나타낸다. 세 단계 시스템에서 레이저 복사선의 전이는 들뜬 상태 E_y와 바닥 상태 E_0 사이에서 발생한다. 반면에 네 단계 시스템에서 레이저 복사선은 E_y로부터 바닥 상태보다 더 높은 에너지 상태에 있는 E_x 상태로의 전이에 의해 발생한다. 또한 E_x와 바닥 상태 사이의 전이는 빠르게 진행되어야 한다. 네 단계 시스템의 장점은 레이저를 발생하는 데 필요한 분포 상태 반전이 세 단계 시스템보다 더 쉽게 일어난다는 것이다. 이 장점을 이해하기 위해서는 세 단계 및 네 단계 시스템에서 대부분의 화학종은 실온에서 바닥 상태의 에너지 준위인 E_0 상태로 존재한다는 것에 주목해야 한다. 그러므로 세 단계 시스템의 경우에 레이저 발생 화학종의 50% 이상을 E_y 준위로 들뜨게 하기 위해서는 막대한 에너지를 공급해주어야 한다. 네 단계 시스템에서는 E_y 에너지 준위에 있는 입자 수가 E_x 준위에 있는 입자 수보다 더 많을 정도로만 에너지를 공급해주면 된다. 그러나, E_x 상태에 있는 입자는 빠르게 E_0 상태로 전이되기 때문에 수명이 짧다. 그러므로 E_x 상태에 있는 입자의 수는 E_0 상태에 있는 입자 수에 비해 무시할 정도이며 또 (적합한 펌핑에너지를 공급할 때) E_y 상태에 있는 입자 수에 비해서도 무시할 정도로 작다. 따라서 네 단계 시스템 레이저에서는 일반적으로 적은 펌핑 에너지로도 분포 반전을 일으킬 수 있다.

몇 가지 유용한 레이저들

표 7-1에 유용하게 사용되는 주된 레이저들의 종류와 그들의 특징들이 요약되어 있다. 분석화학에서 가장 유용한 레이저들이 여기에서 논의된다.[5]

[5]화학에서 유용하게 사용되는 레이저의 종류에 관한 논문은 다음을 참조하시오. O. Svelto, *Principles of Lasers*, 5th ed., New York: Springer, 2010; K. Thyagarajan and Ajoy Ghatak, *Lasers: Fundamental and Applications*, 2nd ed., New York: Springer, 2010; C. Gooijer and A. J. G. Mank, *Anal. Chim. Acta*, **1999**, *400*, 281, **DOI**: 10.1016/ S0003-2670(99)00656-X.

표 7-1 레이저의 종류*

종류	매질 및 이름	파장	펌프	주요 기능	연속/펄스
기체	He-Ne	632.8 nm와 그 외	전기 방전	정렬, 분광법, 간섭 측정법, 홀로그래피, 바코드 스캐너	연속
	아르곤 이온	454.6 nm, 488.0 nm, 514.5 nm와 그 외	전기 방전	분광법, 전사법, 광치료, 펌핑 레이저 연구	연속
	제논 이온	가시선, UV와 IR까지 확장된 영역	전기 방전		연속
	질소	337.1 nm	전기 방전	색소 레이저 펌핑, 대기 오염 모니터링	펄스
	CO_2	10.6 μm	전기 방전	재료연구, 수술	연속
	들뜬 이합체	193 nm (ArF), 248 nm (KrF), 308 (XeCl), 353 (XeF)	전기 방전에 의해 들뜬 이합체 재조합	전사법, 레이저 수술, 라식	펄스
고체 상태	루비	694.3 nm	섬광 램프	홀로그래피, 레이저 어블레이션 분광법, 재료, 수술, 연구	펄스
	Nd:YAG	1.06 μm, 주파수 증폭에 의한 그 외 파장	섬광 램프, 레이저 다이오드		펄스
	Nd:유리	1.062 μm 또는 1.054 μm, 증폭에 의한 그 외 파장	섬광 램프, 레이저 다이오드	레이저 핵융합, 고에너지 다중 빛살	펄스
	타이타늄:사파이어	650~1100 nm	다른 레이저들	분광법, LIDAR, 연구	펄스
	도핑된 광학 섬유	1.0~1.55 μm, 도핑제에 따라 결정	레이저 다이오드, 다른 섬유 레이저	분광법, 통신, 제약	연속 또는 펄스
염료	유기 염료	염료에 따라 다양	다른 레이저, 섬광 램프	분광법, 레이저 의학, 동위 원소 분리, 제약	펄스
금속 증기	Sr 증기	430.5 nm	금속 증기에서의 전기 방전	연구	펄스
	Cu 증기	510.6 nm, 578.2 nm	금속 증기에서의 전기 방전	연구	펄스
반도체	다이오드 레이저	물질에 따라 0.40~20 μm	전기 전류	통신, 홀로그래피, 다른 레이저의 펌프원, 바코드 스캐너	연속
	GaN	400-405 nm	전기 전류	광학 디스크, 블루레이 디스크, 분광학, 녹음	연속
	InGaAsP	1.0~2.1 μm	전기 전류	통신, 고체 펌핑 레이저	연속
	양자 연속 단계	Mid-far IR	전기 전류	연구, 입김 분석, 기체 검출	연속
그 외	자유 전자	넓은 범위	전자살	대기 연구, 제약, 물질, 무기 분광법	펄스
	광학 파라미터 발진기	UV부터 mid-IR까지 조정 가능	다른 레이저		펄스 또는 연속

*출처: F. Trager, ed. *Springer Handbook of Lasers and Optics*, 2nd ed., Berlin: Springer-Verlag, 2012; O. Svelto, *Principles of Lasers*, 5th ed., New York: Springer, 2010; K. Thyagarajan and Ajoy Ghatak, *Lasers: Fundamental and Applications*, 2nd ed., New York: Springer, 2010.

고체 상태 레이저(solid state lasers). 처음으로 성공한 레이저이며, 현재에도 사용되고 있는 레이저는 루비 결정을 활성 매질로 사용하는 세 단계 장치이다. 루비는 주로 Al_2O_3로 이루어져 있지만 알루미늄(III) 격자 자리에 약 0.05%의 크로뮴(III)이 분포되어 있으며 이것이 적색을 띠게 한다. 이 크롬(III) 이온이 레이저 활성 물질이다. 초기 레이저에서, 루비는 길이가 약 4 cm, 지름은 약 0.5 cm 정도의 막대 형태로 제작되었다. 막대에 코일을 감은 섬광 램프(저압의 크세논 램프)을 광원으로 사용된다. 펄스형 섬광 램프으로 펄스형 레이저살이 발생된다. 연속파(CW) 루비 광원도 사용할 수 있다.

Nd:YAG 레이저는 가장 널리 사용되고 있는 고체 상태 레이저 중의 하나로 yttrium aluminum garnet (YAG) 결정에 네오디뮴(Nd) 이온이 포함되어 있는 구조이다. 이 레이저는 세 단계 루비 레이저와는 달리 네 단계 레이저의 장점들을 가지고 있다. Nd:YAG 레이저는 1,064 nm에서 매우 센 세기의 복사선을 방출하는데 보통 주파수를 두 배로 증가시켜서(154페이지 참고) 532 nm에서 강한 세기의 레이저 복사선을 얻는다.

타이타늄-사파이어(Ti-sapphire) 레이저는 적외선 및 근적외선 영역에서 파장을 지속적으로 조정할 수 있기 때문에 분광법에서 중요한 레이저이다. 조화파 발생(비선형 광학 효과 참고)으로 가시선 또는 UV 스펙트럼 영역에서 조정 가능한 출력을 생성할 수 있다. 타이타늄-사파이어 레이저는 수십에서 수백 펨토초 범위의 폭을 갖는 초단 펄스를 생성할 수 있다. 레이저 매질은 약 0.1%의 타이타늄으로 도핑된 사파이어(Al_2O_3)결정체이다. 타이타늄-사파이어 레이저는 주로 아르곤 이온 레이저(이 절의 기체 레이저 참고)에 의해 펌핑된다. 간혹 주파수가 두 배로 증가한 Nd:YAG 레이저가 사용되기도 한다.

광섬유 레이저는 어븀(erbium), 이터븀(ytterbium) 또는 툴륨(thulium)과 같은 희토류 원소로 도핑된 광섬유를 레이저 매질로 사용하는 비교적 새로운 유형의 레이저이다. 광섬유는 반도체 다이오드 레이저(이 절의 뒷부분 참고)또는 다른 광섬유 레이저를 사용하여 끝이나 측면에서 직접 펌핑할 수 있다. 광섬유 레이저는 유연한 섬유에 결합되어 발생하는 높은 품질의 레이저살을 생산할 수 있다는 장점이 있다. 이 레이저는 다른 고체 상태의 레이저보다 크기가 더 작으며, 길고 얇은 섬유는 표면적 대 부피 비율이 높다. 이 레이저는 생성된 열을 막대 모양의 레이저 매질보다 효과적으로 방출하여 킬로와트 단위의 고출력을 생성 할 수 있다. 광섬유 레이저는 기본적으로 유지 보수가 필요 없는 믿을 수 있는 레이저이다. 또한 이 레이저는 근적외선 스펙트럼 영역에서도 파장을 조정할 수 있다.[6]

기체 레이저(gas lasers). 다양한 기체 레이저가 시판되고 있다. 이 장치에는 네 가지 종류가 있다. (1) He-Ne과 같은 중성 원자 레이저; (2) Ar^+, Xe^+, 또는 Kr^+ 같은 이온이 활성 화학종으로 사용되는 이온 레이저; (3) 레이저 발생 매질로 CO_2 또는 N_2를 사용하는 분자 레이저; 그리고 (4) 들뜬 이합체(eximer) 레이저. He-Ne 레이저는 구입 가격과 유지비가 저렴하고, 신뢰성이 높으며 전력 소비가 적기 때문에 가장 널리 사용되는 레이저이다. 이 레이저의 가장 중요한 방출 선은 632.8 nm에서 나타난다. 이 레이저는 일반적으로 펄스 방식보다는 연속 방식으로 작동한다.

녹색(514.5 nm)과 청색(488.0 nm) 영역에서 강한 세기의 선 스펙트럼을 나타내는 아르곤 이온 레이저는 중요한 이온 레이저 중의 하나이다. 이 레이저는 전기 방전이나 라디오파 방전에 의해 생성된 아르곤 이온을 사용하는 네 단계 장치이다. 아르곤 이온 레이저는 방출선의 세기가 매우 강하기 때문에 형광 및 Raman 분광법에서 광원으로 사용된다.

질소 레이저는 기체를 통해 순간적인(1~5 ns) 펄스의 전류를 제공하는 고전압 스파크원에 의해 펌핑된다. 이 펌핑 작용은 들뜬 상태로의 반전을 일으키는데, 이 상태는 에너지가 낮은 상태들에 비해 수명이 매우 짧으므로 자발적 방사에 의해 빠르게 감쇠한다. 그 결과 짧은(수 나노초) 펄스의 강한(최대 1 MW) UV 복사선이 방출된다. 이산화탄소 기체 레이저는 10.6 μm에서 단색광의 IR 복사선을 발생하는 데 사용한다.

들뜬 이합체 레이저는 헬륨, 플루오린과 비활성 기체인 아르곤, 크립톤 또는 제논 중 하나의 기체와의 혼합물로 이루어져 있다. 비활성 기체는 전류에 의해 들뜨고 플루오린과 반응하여 ArF^*, KrF^* 또는 XeF^*와 같은 들뜬 종들을 만든다. 이들은 들뜬 상태에서만 안정하기 때문에 들뜬 *이합체*(eximer)라고 불린다. 들뜬 이합체의 바닥 상태는 불안정하기 때문에, 광자를 방출하면서 이완될 때 화합물이 빠르게 해리된다. 따라서 펌핑이 지속되는 한 분포 상태 반전이 유지된다. 들뜬 이합체 레이저는 UV 영역에서에서 고에너지 펄스를 생성한다.

색소 레이저(dye lasers). 색소 레이저[7]는 분석화학에서 중요한 복사 광원으로 스펙트럼의 가시선 영역에서 20~50 nm 범위로 지속적으로 조정될 수 있다. 이 레이저에서는 레이저에 사용되는 색소를 바꿔가면서 파장 범위를 선택할 수 있다. 조정할 수 있는 색소 레이저의 띠너비는 일반적으로 몇백 나노미터 또는 그 이하이다. 색소 레이저의 활성 물질은 UV, 가시선 또는 IR 영역에서 형광을 낼 수 있는 유기 화합물의 용액이다. 색소 레이저는 4단계 시스템이다. 그러나 다른 레이저와는 달리, 레이저 발생 단계에서 낮은 에너지 준위(그림 7-6b의 E_x)는 단일 에너지가 아니라 기존의 전자 에너지 상태에서 수많은 진동, 회전 에너지가 겹쳐져서 생성된 에너지 띠이다. E_y의 전자는 에너지 띠 속의 모든 에너지 준위로 전이할 수 있기 때문에 조금씩 다른 에너지를 갖는 광자를 방출할 수 있다. 색소 레이저는 그림 7-4에 있는 비투과성 거울 대신에 레이저 매질 속으로 좁은 띠너비의 복사선만을 반사시키는 반사 회절발이나 Fabry-Perot 에탈론(156페이지 참고)으로 된 단색화 장치로 대체시켜 쉽게 파장을 조절할 수 있다. 피크 파장은 회절발이나 프리즘을 회전시켜 조절될 수 있다. 방출 복사선은 형광 스펙트럼의 일부인 단색화 장치에서 선택된 파장으로 유도되게 된다. 펌프원에 따라 색소 레이저는 펄스 또는 CW 모드로 작동할 수 있다.

---

[6] F. J. Duarte, *Tunable Laser Applications*, 2nd ed., Boca Rotan, FL: CRC Press, 2009; J. Hecht, *Understanding Lasers: An Entry-Level Guide*, 3rd ed., Piscataway, NJ: Wiley, 2008.

[7] 이에 관한 더 많은 정보를 얻고 싶으면 다음을 참조하시오. M. Stuke, ed., *Dye Lasers: Twenty-Five Years*, New York: Springer, 1992; F. J. Duarte and L. W. Hillman, *Dye Laser Principles with Applications*, San Diego: Academic Press, 1990; see also reference 6.

반도체 레이저(semiconductor lasers). 반도체 광원은 상업용 포토닉스, 과학 및 기술 분야에서 매우 중요하다(반도체 원리에 대한 논의는 제2C절 참고). 발광 다이오드(LED)와 다이오드 레이저는 이러한 분야에 혁명을 일으켰다. 반도체 레이저는 다른 레이저 유형에 비해 관심을 끄는 여러 가지 특성을 가지고 있다. 그것들은 크기가 작고, 효율적으로 전기 에너지를 복사 에너지로 변환시킬 수 있으며, 조정될 수 있다. 또한, 반도체 레이저는 광범위한 파장 범위의 복사선을 생성할 수 있도록 디자인할 수 있다.[8]

전압을 반도체 다이오드를 가로질러 정방향으로 걸어주면(제2C-2절 참고), 전자들은 전도띠로 들뜨게 되는데, 이때 전자-정공 짝이 생성되기 때문에 다이오드에 전류가 흐르게 된다. 결국에는 이런 전자들의 일부는 이완되어 원자가 띠로 되돌아가게 되고, 띠간격 에너지 $E_g = h\nu$만큼에 해당하는 에너지를 방출한다. 일부 에너지는 $\nu = E_g/h$의 주파수를 갖는 전자기 복사선 형태로 방출된다. 발광 다이오드(light-emitting diodes, LED)는 빛이 더 많이 발생하도록 제작한다. LED는 주로 갈륨 비소 인화물($GaAs_{1-x}P_x$)로 만들어진다. 띠간격 에너지는 분수값 x에 의해 주어지는 As와 P의 상대적 양에 의해 결정된다. 이 비율을 0.15에서 0.6으로 변경하면 방출의 최대 파장이 노란색인 589 nm에서 빨간색인 650 nm로 이동한다. 이러한 유형의 다이오드는 전자 기기의 표시기 및 판독기로 폭넓게 사용된다. III 족 및 V족 원소로 이루어진 이성분, 삼성분, 사성분 화합물을 사용함으로써 많은 다른 방출 범위가 생성될 수 있다. 표 7-2는 주요 상업용 LED 소재와 그 파장 범위 또는 파장 최대치에 대한 정보를 나타내고 있다.

"백색광(white-light)" LED라고 불리는 발광 다이오드는 적색, 녹색 및 청색 LED를 하나로 통합하거나 적절한 인광체를 강렬한 청색 LED로 조명함으로써 제조된다. 이러한 백색광 LED는 손전등, 야간 조명, 캠핑용 등불 및 기타 일반 조명 장치에 사용될 수 있다. LED는 제13D-1절에서 설명한 것처럼 간단한 광도계 및 기타 광도 검출기에 널리 사용된다.

다이오드 레이저는 방금 설명한 LED와 밀접한 관련이 있다. LED와 다이오드 레이저 모두 전자-정공 짝 재결합을 통해 빛을 생성한다. 두 가지 모두 정방향으로 바이어스된 접합을 통과하여 발생하는 전류에 의한 자연 방출을 생성한다. 그러나 다이오드 레이저는 분포 반전이 일어나는 전류에서 광학적 피드백을 만드는 반사 표면을 가지고 있다.

Fabry-Perot는 가장 간단한 다이오드 레이저 유형이다(Fabry-Perot 에탈론에 대한 논의는 제7C-1절 참고). 이 장치에서, 반도체의 두 개의 평행한 끝이 결정 축을 따라 쪼개져서 레이저 공동에 반사 거울을 형성한다(그림 7-4 참고). 반도체는 이득 매질이다. Fabry-Perot 장치는 값이 저렴해야 하고 파장이 정밀하지 않아도 되는 곳(상업용 CD 플레이어, 레이저 포인터 등)에서 널리 사용된다.

표 7-2 전형적인 무기 LED 물질의 발광 특성

재료/기질	최대 파장 또는 파장 범위, nm
InGaN/GaN	360~525 조성에 따라
SiC	470
GaP	550
$GaAs_{1-x}P_x$/GaAs	589~700 조성에 따라
$Ga_{1-x}Al_xAs$/	650~900 조성에 따라
GaAs	880~1020 조성에 따라
InGaAsP/InP	600~1600 조성에 따라

더 좁은 범위의 파장이 필요한 응용 분야에서는, 분배된 피드백 레이저가 사용된다. 분배된 피드백은 레이저가 방출하는 파장의 범위를 제한한다. 현대 반도체 제조 방법은 그림 7-8에 묘사된 DBR (distributed bragg-reflector) 다이오드 레이저와 같은 복잡한 집적 장치를 만들 수 있을 정도로 발전했다. 이 장치는 약 975 nm에서 IR 복사선을 발생하는 갈륨 비소 pn-접합 다이오드를 포함한다. 또한, 칩 위에 가는 줄 모양의 구멍을 만드는데, 이는 복사선이 구멍에서 공명을 일으켜서 구멍 안에서 빛이 증폭되도록 한다. 함께 설치되어 있는 회절발은 복사선을 구멍 안에서 왕복하게 하여 약 10^{-5} nm 정도의 매우 좁은 띠너비를 갖게 한다. 이런 유형의 레이저 다이오드는 높은 연속 출력(100 mW 이상)과 높은 열적 안정성을 갖는다. 레이저 다이오드는 CD 플레이어, CD-ROM 드라이브, DVD 플레이어, 바코드 스캐너 및 다른 유사한 광전자 광학 장치에서 광원으로 사용되어서 급속도로 발전했다.

최근에 반도체 레이저 분야에서 양자 우물(quantum well) 레

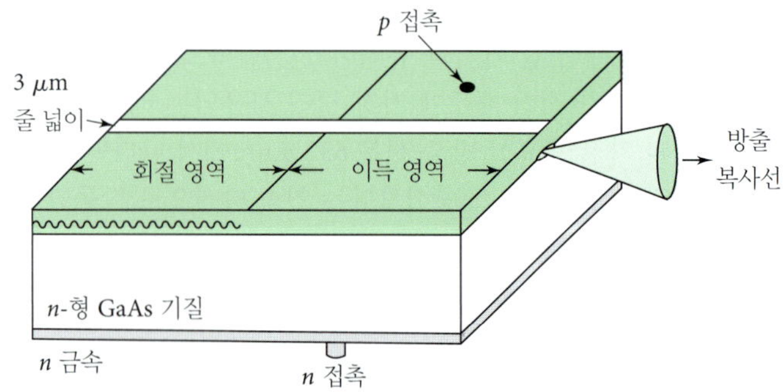

그림 7-8 분배된 Bragg-반사 레이저 다이오드. [From D. W. Nam and R. G. Waarts, *Laser Focus World*, **1994**, *30* (8), 52. Reprinted with permission of PennWell Publishing Company.]

---

[8]반도체 레이저에 대한 더 많은 정보는 다음을 참조하시오. L. A. Coldren, S. W. Corzine, and M. L. Mashanovitch, *Diode Lasers and Photonic Integrated Circuits*, Hoboken, NJ: Wiley 2012; J. Ohtsubo, *Semiconductor Lasers: Stability, Instability, and Chaos*, 3rd ed., Berlin-Heidelberg: Springer-Verlag, 2013; T. Numai, *Fundamentals of Semiconductor Lasers*, New York: Springer-Verlag, 2004.

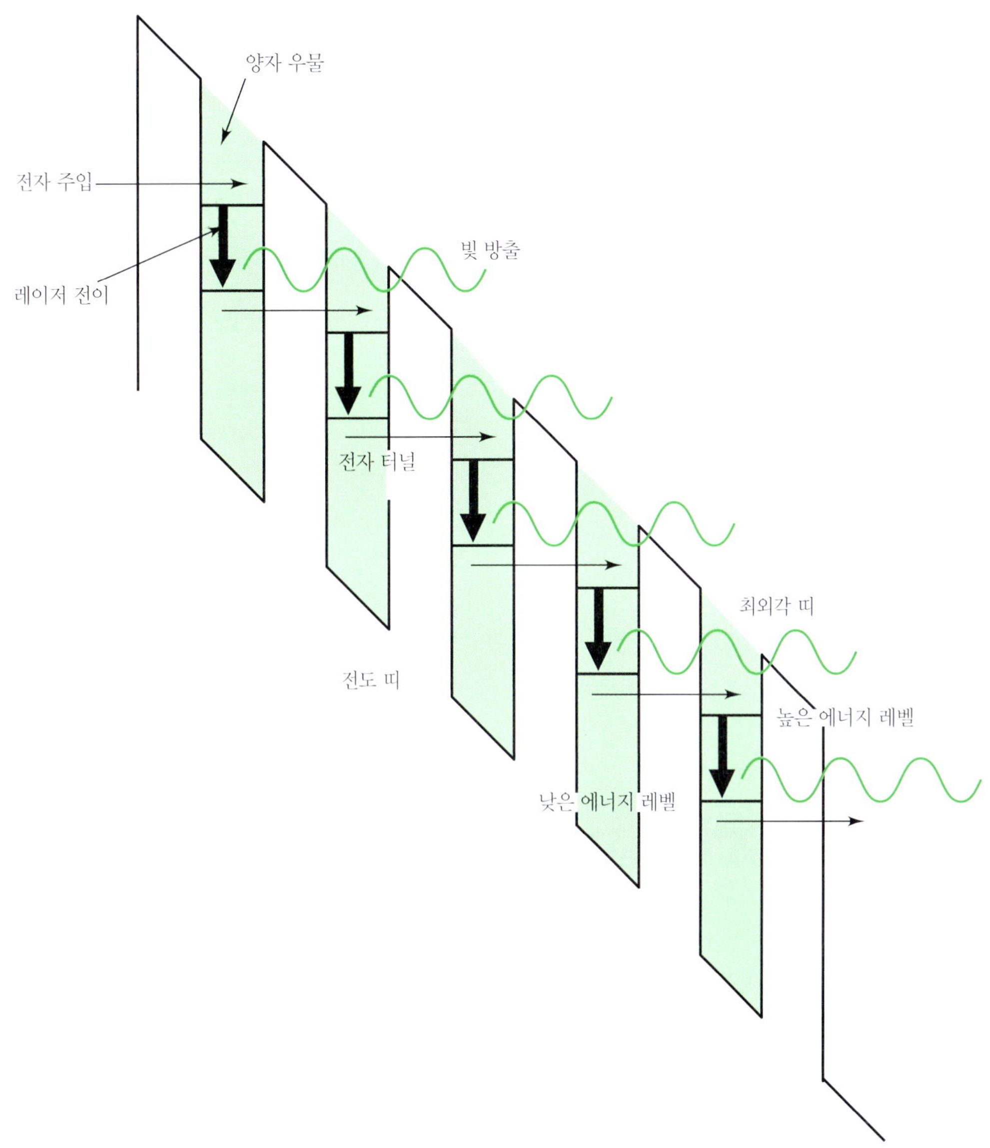

그림 7-9 양자 다단계 레이저. 전기장이 장치의 구조를 따라 가해지고 있다. 수십 개의 양자 우물은 전기장 기울기에 따라 에너지가 점차적으로 낮아진다. 하나의 전자를 높은 에너지 상태의 양자 우물에 주입시킨다. 전자를 복사선을 방출하도록 자극시키면, 전자가 우물 안의 더 낮은 에너지 상태로 전이하고 터널을 통하여 인접한 우물로 이동하여 다시 높은 에너지 상태에서 낮은 에너지 상태로 계속해서 전이한다. 양자 다단계 레이저는 전자 하나로 여러 개의 광자를 발생시키며 높은 광학 효율을 나타낸다. (J. Hecht, *Understanding Lasers: An Entry-Level Guide*, Figure 9.18, IEEE Press, Piscataway, NJ: 2008.)

이저, 양자점(quantum dot) 레이저 및 양자 연속단계(quantum cascade) 레이저가 개발되었다. 양자 우물 레이저에서는 활성 영역이 매우 좁아 광자와 전자의 양자 구속이 발생한다. 방출되는 파장은 반도체의 띠간격 에너지 대신 우물의 폭에 의해 결정된다. 양자점은 전자를 3차원으로 한정하고 매우 높은 효율을 달성할 잠재력을 가지고 있다.

양자 다단계 레이저는 다른 유형의 반도체 레이저와 근본적으로 다르다.[9] 이 레이저에서 전자는 일련의 전자 트랩 또는 나노미터 두께를 갖는 양자 우물 안에서만 구속된다. 전자가 더 낮은 준위의 우물로 떨어지면, 그 우물에서부터 높은 준위의 우물로 전자들이 뻗어나온다(그림 7-9). 층의 두께를 조절하여 레이저 파장을 변경할 수 있다. 양자 다단계 레이저에서는 IR 영역(3.4~9.6 μm)의 복사선이 방출되며 출력이 높다(>100 mW). 양자 다단계 레이저는 연속(CW) 또는 펄스 형식으로 상업적으로 제공된다. 그것들은 환경 오염 물질의 원격 감지 및 입김 분석을 포함한 다양한 분석 응용 분야에 사용되고 있다.

레이저 다이오드는 스펙트럼의 적색 및 적외선 영역에 파장 범위가 제한이 되어 있기 때문에 분광법에 응용하기에 많은 한계가 있다. 이러한 단점은 레이저 모드를 펄스 모드로 작동시켜 그림 7-10에 나타낸 바와 같이 주파수를 두 배로 증폭시킬 수 있는 비선형 광학을 사용하여 충분한 피크 파워를 생성함으로

[9] J. Faist, *Quantum Cascade Lasers*, Oxford, UK: Oxford University Press, 2013.

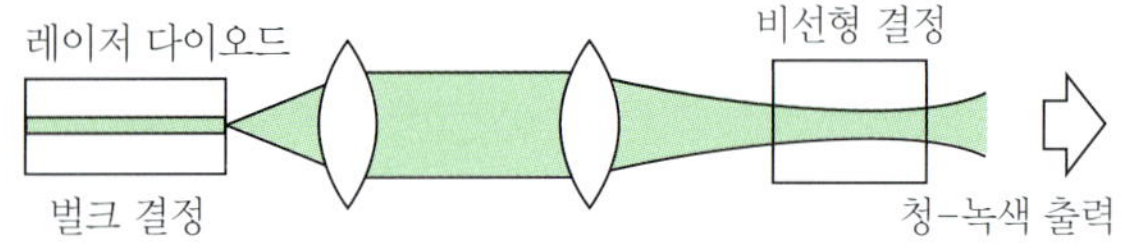

그림 7-10 **975 nm 레이저를 490 nm로 출력을 변환시키기 위한 주파수–배가 시스템.** (D. W. Nam and R. G. Waarts, *Laser Focus World*, **1994**, *30* (8), 52. Reprinted with permission of PennWell Publishing Company.)

써 극복될 수 있다. 여기에서 다이오드 레이저의 복사선은 스펙트럼의 청색–녹색 영역(~490 nm)에서 출력을 제공하기 위해 주파수가 두 배로 되는 결정에 초점을 맞춘다. 적절한 외부 광학 장치를 사용하면 주파수가 두 배로 된 레이저 다이오드는 약 30 nm의 조정 파장 범위에서 0.5~1.0 W의 평균 출력을 얻을 수 있다. 이러한 광원은 작고, 전력 효율과 신뢰성이 높고 견고하다는 장점이 있다. 외부 광학 장치를 레이저 다이오드에 추가하면 장치 비용이 크게 증가하지만, 크고 덜 효율적이며 신뢰성이 떨어지는 기체 기반 레이저와 경쟁할 수 있다.

질화 갈륨(gallium nitride) 레이저 다이오드는 스펙트럼의 청색, 녹색 및 황색 영역에서 직접 복사선을 생성한다.[10] 이 레이저는 현재 분광법 연구에 일상적으로 사용되고 있다.

레이저의 비선형 광학 효과

제6B-7절에서 언급했던 것처럼 전자기파가 유전체 매질을 통과할 때 복사선의 전자기장은 매질을[11] 구성하는 분자의 원자가 전자를 순간적으로 찌그러지게, 즉 편극을 일으킨다. 일반적인 복사선의 경우, 편극도 P는 복사선의 전기장 E의 크기에 정비례한다.

$$P = \alpha E$$

여기서 α는 비례 상수이다. 이 식이 성립될 때의 광학 현상을 *선형적*(linear)이라고 한다.

레이저에서 매우 센 세기의 복사선이 발생하는 경우, 특히 E가 전자의 결합 에너지와 거의 같을 때 이 관계식은 성립되지 않는다. 이러한 상황에서는 *비선형 광학 효과*(nonlinear optical effects)가 관찰되고, 편극과 전기장 사이의 관계는

$$P = \alpha E + \beta E^2 + \gamma E^3 + \cdots \tag{7-1}$$

여기서 세 상수의 크기는 $\alpha > \beta > \gamma$의 순서를 갖는다. 일반적인 복사선 세기에서, 오른쪽 첫 번째 항만이 중요한 역할을 하므로 편극과 전기장 세기 사이의 관계는 선형적이다. 그러나 높은 세기의 레이저의 경우, 두 번째 항과 때때로 세 번째 항까지도 편극 정도를 설명하는 데 필요하다. 단지 2개의 항만이 필요할 경우, 식 7-1은 복사선 주파수 ω와 전기장 세기의 최대 진폭 E_m을 이용하여 다시 쓸 수 있다. 그러므로,

$$P = \alpha E_m \sin\omega t + \beta E_m^2 \sin^2 \omega t \tag{7-2}$$

삼각함수법 $\sin^2\omega t = 1/2(1 - \cos^2\omega t)$를 식 7-2에 대입하면 다음과 같이 된다.

$$P = \alpha E_m \sin \omega t + \frac{\beta E_m^2}{2}(1 - \cos 2\omega t) \tag{7-3}$$

식 7-3의 첫 번째 항은 낮은 복사선의 세기에서 우세하게 나타나는 선형 항이다. 충분히 높은 세기에서는, 두 번째 항이 중요한 역할을 하게 되고, 입사 복사선의 **2배**인 주파수 2ω를 갖는 복사선이 생성된다. 주파수를 두 배로 증폭시키는 이 과정은 현재 널리 사용되어 더 짧은 파장의 레이저 주파수를 생성하는 데 사용된다. 예를 들어, Nd:YAG 레이저의 1064 nm의 근적외선 복사선을 인산이수소포타슘과 같은 결정성 물질에 통과시켜 주파수를 두 배로 증가시켜서 532 nm의 녹색 방사선을 30% 수득률로 얻을 수 있다. 그런 다음 532 nm의 복사선을 인산이수소암모늄 결정을 통과시켜 주파수를 다시 2배로 증가시켜 266 nm의 UV 복사선을 생성할 수 있다.

광학 매개변수 진동자

광학 매개변수 진동자(OPO)는 실제적으로 레이저는 아니지만 "레이저와 같은(laser-like)" 광원이라고도 한다. OPO는 레이저에 의해 펌핑되고 공명을 일으키는 공동을 사용하지만 유도 방출에 의존하지 않는다. 방금 설명한 과정과 유사한 결정의 비선형 효과의 결과로 OPO는 단파장의 복사선을 *신호 파장*(signal wavelength) 및 *공전 파장*(idler wavelength)이라고 하는 두 개의 긴 파장으로 변환하기 위해 *3파장 혼합*(three-wave mixing)을 사용한다. 신호 파장과 공전 파장의 주파수의 합은 펌프 주파수와 같아야 한다. 비선형 결정은 더 낮은 주파수 중 하나에서 진동하도록 설계된 공동 내부에 배치된다. 펌프 레이저는 가시선 영역의 복사선을 방출하지만 OPO는 IR 영역의 복사선을 출력한다. OPO의 출력은 매우 좁은 스펙트럼 폭을 가지며, 실제 레이저의 출력과 같이 간섭성이 있다. 출력은 펄스 또는 연속 일 수 있다.

OPO의 주된 장점은 IR 영역의 출력이 상당히 넓은 스펙트럼 범위에서 조정될 수 있다는 것이다. 어떤 펌프 주파수에서, 출력 주파수는 비선형 결정의 온도를 변경하거나 결정에 외부 전기장을 가하거나 방향을 변경하여 조절할 수 있다. 1.4~4.6 μm까지 파장을 조정할 수 있는 진동자는 상업적으로 이용 가능하다. 또한, 근–가시선 OPO는 600 nm 정도로 낮은 파장에 도달할 수 있다. 광범위한 범위에서 조정할 수 있기 때문에 OPO는 분광법, 기체 감지, 레이저 냉각 및 레이저 트래핑에 다양한 방법으로 적용되고 있다.

[10]G. Fasol, *Science*, **1996**, *272*, 1751, **DOI**: 10.1126/science.272.5269.1751.

[11]유전체는 자유 전자가 없기 때문에 부도체 물질이다. 일반적으로 복사선을 흡수하거나 강하게 반사하는 전도성 고체와는 달리 유전체는 복사선을 투과시키는 성질이 있다.

7C 파장 선택기

대부분의 분광법에는 *띠*(band)라고 하는 제한되고 좁으며 연속적인 파장의 다발로 이루어진 복사선이 필요하다.[12] 좁은 띠너비는 흡광도 측정의 감도를 높이고 방출 및 흡수법의 선택성을 높이며 광학적 신호와 농도 사이에 직선 관계를 얻기 위하여 요구되는 것이다(식 6-29). 파장 선택기에서 얻는 복사선은 단일 파장이거나 단일 주파수를 갖는 것이 이상적이다. 그러나 이런 이상적인 파장 선택기는 존재하지 않는다. 대신에 그림 7-11에 나타나 있는 것과 같은 파장 띠가 생성된다. 이 도시는 어떤 파장에서 선택기를 투과하는 입사 복사선의 백분율을 파장의 함수로 나타낸 것이다. 그림 7-11에서 정의된 *유효 띠너비*(effective bandwidth)(피크 높이의 절반에서의 전체 폭)는 이 장치의 성능에 대해 역비례하는데, 띠너비가 좁을수록 더 좋은 성능을 가지고 있다는 것을 말해준다. 많은 기기장치들은 단색화 장치 또는 필터를 파장 선택기로 사용한다. 다른 기기장치에서는 다중 파장 검출과 *분광 사진기*(spectrograph)또는 여러 단일 파장 검출기와 *다색화 장치*(polychromator)를 사용하기도 한다.

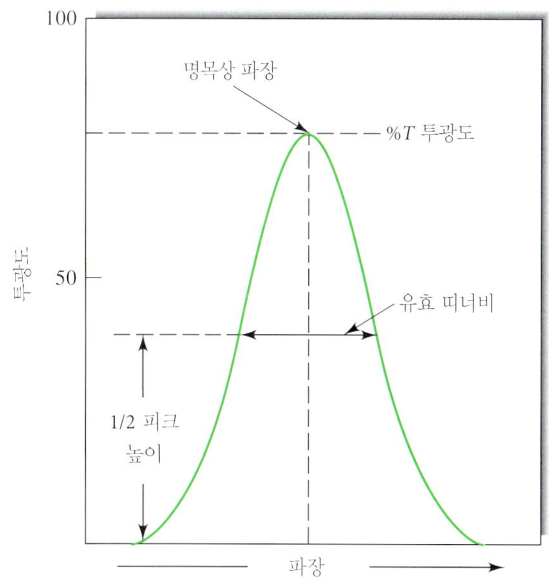

그림 7-11 일반적인 파장 선택기의 출력.

7C-1 필터

분광 응용 분야에서 파장을 선택하기 위해 여러 유형의 필터가 사용된다. 전통적으로 필터는 때론 *Fabry-Perot 필터*(Fabry-Perot filter)라고 불리우는 *간섭 필터*(interference filter) 또는 *흡수 필터*(absorption filter) 중 하나를 사용한다. 흡수 필터는 가시선 영역의 스펙트럼에 제한되어 있다. 반면에 간섭 필터는 자외선, 가시선 및 IR 영역에서도 사용할 수 있다. 지난 몇 년 동안 음향–광학 조정 필터가 상용화되었다. 이러한 장치는 근적외선 스펙트럼 영역의 간섭 필터에 비해 중요한 장점을 가지고 있다.

간섭 필터

이름이 뜻하는 것처럼, 간섭 필터는 광학적 간섭에 의해 좁은 띠의 복사선을 제공한다. 간섭 필터는 두 개의 반투명한 금속 필름 사이에 투명한 유전체(각주 11 참고)(주로 CaF_2 또는 MgF_2)를 채워서 만든다. 이것을 유리 또는 다른 투명한 물질의 두 판 사이에 넣는다(그림 7-12a 참고). 유전체층의 두께를 조심스럽게 조절하여 투과하는 복사선의 파장을 결정한다. 평행한 복사선이 이 장치에 수직으로 들어오면 일부 빛살은 첫 번째 금속층을 통과하고 나머지는 반사된다. 통과한 빛살이 다음 금속 필름에 부딪히면 처음과 같은 비율로 일부는 반사하고 일부는 통과한다. 만약 두 번째 금속 필름에서 반사한 빛살이 적당한 파장을 가지면 이것은 첫 번째 금속층의 안쪽 면에서 다시 일부는 반사하게 되고 이는 같은 파장의 입사살과 위상이 같게 될 것이다. 그 결과 이 특정 파장을 가지는 빛살만이 보강 간섭을 하게 되고, 반면에 위상 차이가 있는 대부분의 다른 파장들은 상쇄 간섭을 일으키게 된다. 간섭 필터는 빛을 투과 광선과 반사 광선으로 분리하기 때문에 때때로 *이색성 필터*(dichroic filters)라고도 한다.

유전체 층의 두께 d와 투과 복사선의 파장 λ 사이의 관계는 그림 7-12b를 통해서 알 수 있다. 좀 더 자세히 설명하면, 입사살은 유전체의 표면에 수직으로부터 각도 θ로 도달한다. 점 1에서 복사선의 일부는 반사되고 일부는 점 1′에 도달하여 여기서 다시 일부는 반사하고 일부는 투과한다. 동일한 과정이 2, 2′ 등에서 발생한다. 점 2에서 보강 간섭이 발생하려면, 1′에서 반사된 빛살이 이동한 거리가 매질에서의 복사선의 파장 λ'의 배수가 되어야 한다. 두 표면 사이의 통과 거리는 $d/\cos\theta$로 표현할 수 있으므로 보강 간섭의 조건은 다음과 같다.

$$\mathbf{n}\lambda' = 2d/\cos\theta$$

여기서, **n**은 작은 정수이고, λ'은 **유전체에서의** 복사선 파장, d는 유전체의 두께이다.

일반적으로 θ는 0에 가까우므로 cos θ는 약 1이 되어 식은 다음과 같이 단순화된다.

$$\mathbf{n}\lambda' = 2d \tag{7-4}$$

공기 중에서 해당 파장은 다음과 같다.

$$\lambda = \lambda' n$$

여기서, n은 유전체 매질의 굴절률이다. 따라서, 필터에 의해 투

[12] 이 단락에서의 띠(band)는 제6장에서 스펙트럼의 종류를 설명하는 데 사용되는 것과는 의미가 다르다는 점에 유의하시오.

자습: www.tinyurl.com/skoogpia7에서 **파장 선택기(wavelength selector)**에 대해 더 알아보시오.

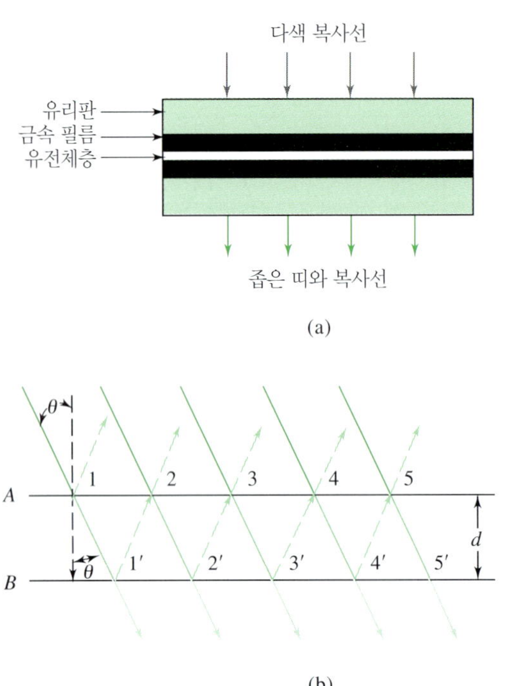

그림 7-12 (a) 간섭 필터의 단면도. 이 그림은 실제와 다른 축척 정도를 나타내며, 중앙에 있는 세 개의 띠는 보여지는 것보다 훨씬 더 좁다. (b) 보강 간섭이 나타나는 조건을 보여주는 개략도.

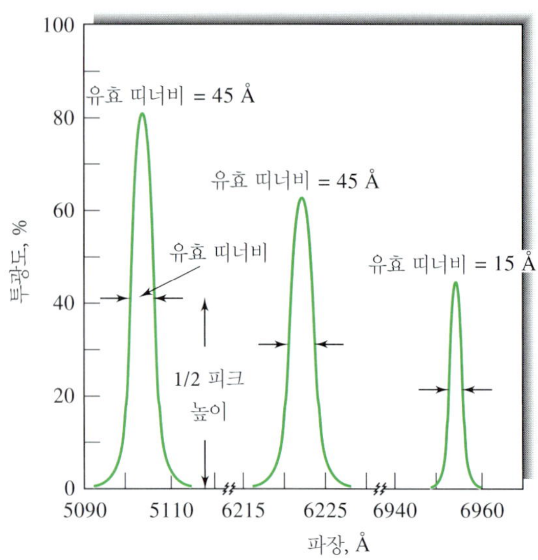

그림 7-13 일반적인 간섭 필터의 투과 특성.

과된 복사선의 파장은 다음과 같이 주어진다.

$$\lambda = \frac{2dn}{\mathbf{n}} \tag{7-5}$$

정수 **n**은 간섭 *차수*(order)이다. 종종 필터의 유리층은 보강 간섭하는 띠 중 한 파장만을 제외하고는 모든 빛살을 흡수하는 유리를 선택할 수 있다; 따라서 투과는 단일 차수로 제한된다.

그림 7-13에서는 대표적인 간섭 필터의 성능 특성을 보여주고 있다. 필터의 특성은 일반적으로 그림과 같이 투광도를 나타내는 피크의 파장, 피크에서 투과되는 입사 복사선의 백분율(*백분율 투광도*, percent transmittance, 식 6-31) 및 유효 띠너비로 표시될 수 있다.

간섭 필터는 자외선 및 가시선 영역에서 최대 투과율을 가지며 IR에서 약 14 μm까지 사용할 수 있다. 일반적으로 유효 띠너비는 최대 투광도가 나타나는 피크 파장의 약 1.5%이지만 일부 좁은 띠 필터를 이용하는 경우는 0.15%로 감소한다. 이들은 최대 10%의 투광도를 갖는다.

Fabry-Perot 에탈론

간섭 원리를 기반으로 하는 또 다른 중요한 장치는 *Fabry-Perot 에탈론*(Fabry-Perot etalon)이다. 이 장치는 빛을 흡수하지 않고, 반사를 잘하는 물질로 코팅된 평행한 면을 가진 투명한 재료로 만들어진 하나의 판으로 구성되어 있다. 또는 일정한 두께로 평행하게 배열된 인바(철-니켈 합금, invar)나 석영으로 만든 간격재를 두 거울 사이에 끼워 넣어도 에탈론을 만들 수 있다. 장치의 띠너비는 코팅재 또는 거울의 반사율에 의해 결정되며, 투과한 띠들의 분리는 거울 사이의 거리에 의해 결정된다. 에탈론을 기울여서 투과되는 띠를 변화시킬 수 있다. 만일 반사면들 사이에 공기 간격이 형성되면, 분리 정도를 기계적으로 조정할 수 있으며, 이 장치는 *Fabry-Perot 간섭계*(Fabry-Perot interferometer)라고 부른다. Fabry-Perot 에탈론은 레이저 실험, 분광법 및 광섬유 통신 분야에서 주파수 띠를 분리하는 데 많이 사용된다. Fabry-Perot 필터는 매우 좁은 복사 띠너비를 격리할 수 있다. 중심 파장이 190~2100 nm인 것들이 상업적으로 이용되고 있다.

간섭 쐐기

간섭 쐐기는 쐐기 모양의 유전체 층으로 분리된, 부분적으로 투명한 거울 판으로 구성된다. 판의 길이는 약 50~200 mm이며, 투과된 복사선은 쐐기의 두께가 변화함에 따라 한쪽 끝에서 다른 쪽 끝으로 파장이 연속적으로 변화한다. 쐐기 위의 적당한 직선상의 점을 선택하면 약 20 nm의 띠너비를 갖는 파장이 분리 될 수 있다. 이 필터는 장파장(장파 또는 고역-통과 필터) 또는 단파장(단파 또는 저역-통과 필터)을 통과시킬 수 있다. 고역-통과 필터와 저역-통과 필터를 결합하면 가변 띠통과 필터가 생성된다.

간섭 쐐기는 가시선 영역(300~800 nm), 근적외선 영역(1000~2000 nm) 및 적외선 영역의 여러 부분(2.5~14.5 μm)에 대해 사용할 수 있다. 분광기에서 프리즘이나 회절 격자 대신 사용할 수 있다.

홀로그래피 필터

홀로그래피 광학 장치 및 특히 홀로그래피 필터는 광학 장치 중에서[13] 자주 사용되며 광범위한 레이저 기술이 적용된 결과물이

[13]V. Toal, *Introduction to Holography,* Boca Raton, FL: CRC Press, 2012; J. R. Lakowicz, *Principles of Fluorescence Spectroscopy,* 3rd ed., New York: Springer, 2006.

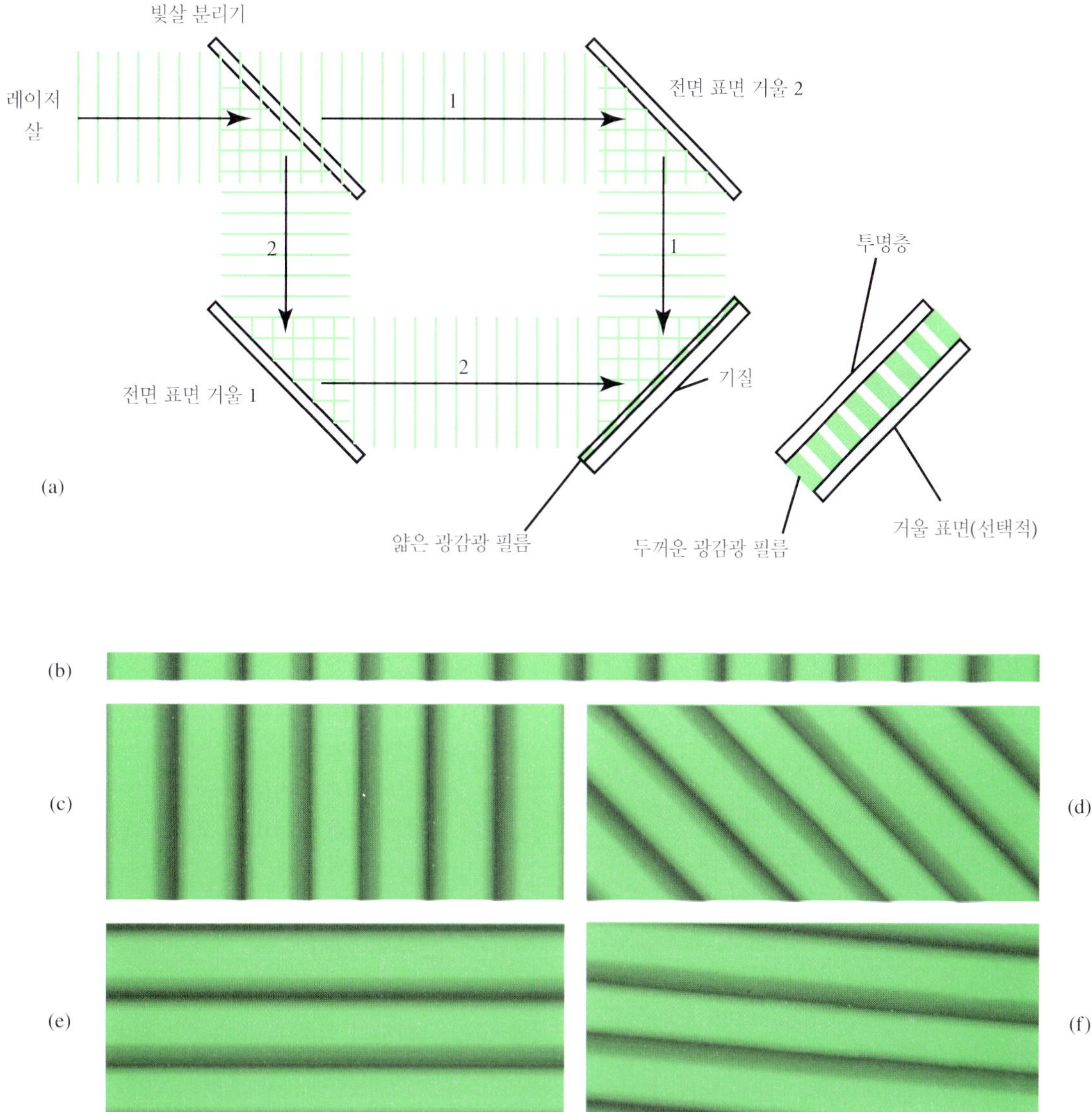

그림 7-14 (a) 홀로그램 제조를 위한 실험 배열도. 레이저살이 두 개의 빛살로 갈라져서 감광 표면에서 재결합하기 위해 거울로 향한다. 보여준 기구들은 홀로그래픽 반사 회절발을 제작하는 데 사용된다. 표면 물질을 오른쪽 그림과 같이 두꺼운 감광성 필름으로 교체하면 부피 투과 홀로그램이 생성된다. (b) 감광성 필름에서 간섭이 발생하면 그에 대응하는 굴절 패턴이 형성된다. (c) 경사가 없는 줄무늬, (d) 경사가 있는 줄무늬, (e) 거울의 두꺼운 필름의 후면에서 생성된 등각 줄무늬, (f) 비등각 줄무늬.

다. 그림 7-14a는 홀로그램을 생성하기 위한 전형적인 실험 장치의 개략도이다. 한 레이저살의 간섭성 복사선은 빛살 분리기로 들어가서 그림에서 보이는 것과 같이 두 개의 빛살(1과 2)로 분리된다. 두 개의 빛살은 두 개의 전면 거울에 의해 방향이 조정되어 얇은 감광 필름(10~50 μm)의 표면에서 재결합한다. 상호 간섭을 하는 두 개의 빛살은 고정된 위상 및 강도 관계를 갖기 때문에 그림 7-14b에 묘사된 것처럼 필름 표면에 밝은 막대와 어두운 막대 또는 테두리 형태의 매우 균일한 간섭 패턴을 생성한다. 이러한 간섭 줄무늬는 사진용 에멀젼 또는 감광성 고분자층인 감광 영역을 증감시켜 감광 영역이 나타나거나 또는 녹아서 사라지면 기판 표면에 홈 구조를 남긴다. 이 구조는 알루미늄 또는 다른 반사 재료로 코팅되어 *홀로그램 반사 회절발*(holographic reflection grating)을 생성한다. 회절발의 특성과 용도는 제7C-2절에서 자세히 설명할 것이다.

유사한 방식으로 제조될 수 있는 홀로그램 장치의 두 번째 유형은 *부피 투과 홀로그램*(volume transmission hologram)이다. 이 장치는 그림 7-14a의 오른쪽에 표시된 것처럼 두 개의 투명한 층 사이에 감광 재료들을 100 μm 이상의 두께로 끼워 넣어서 제조된다. 이 두껍게 끼워 넣어진 필름은 앞에서와 같이 두 개의 레이저살의 교차면에 배치되며, 간섭 줄무늬는 필름의 표면보다는 필름층의 전체 부피에 걸쳐서 형성된다. 두 개의 빛살이 필름의 표면 법선과 동일한 각도로 교차할 때 그림 7-14c와 같은 sine파로 변조된 테두리 형태의 패턴이 필름 내에 형성되고 필름의 전체 부피가 이 패턴으로 감광된다. 그런 다음 필름을 화학적으로 처리하여 패턴을 "고정"시킴으로써 필름 재료의 내부에 굴절률의 변화 패턴을 생성한다. 두 개 빛살의 입사각을 필름의 법선에 대해 비대칭으로 만들었을 때의 굴절률 변조 형태는 그림 7-14d에 예시된 바와 같이 기울어질 수 있다. 빛살의 레이저 파장 및 입사각을 조절함으로써 굴절률 변조 주파수를 요구조건에 맞출 수 있다. 이 장치들은 또한 플라스마 선들과 레이저 복사선에서 나오는 측면띠와 같은 불필요한 띠들을 제거하기 위한 회절발이나 필터로서 사용된다.

기존의 부피 홀로그램 장치에서 두꺼운 필름의 투명한 뒷면을 거울로 바꾸고, 필름을 하나의 레이저살로 조명하면 매우 유용하게 사용될 수 있다. 빛살은 필름의 전면으로 들어가서 필름 후면과 거울 사이의 경계면에서 반사되어 그림 7-14e에 나타난 것처럼 필름 내에서 면과 평행한 간섭 패턴을 형성한다. 이러한 장치를 *등각반사 홀로그램*(conformal reflection holograms)이라고 하며, 그 특성으로 인해 *노치 필터*(notch filter)로 사용하기에 이상적이다. 전형적인 홀로그램 노치 필터의 투과 특성은 그림 7-15a의 유전체 간섭 필터의 투과 특성과 견줄 만하다. 흡광도(광학 밀도)가 4에 해당하는 입사 복사선의 99.99% 이상을 차단하는 노치를 제외한 모든 홀로그램 필터는 모든 파장에서 매우 균일한(평평한) 투과율을 나타낸다. 필터의 유효 띠너비는 10 nm 미만이며, 그 가장자리 폭 또는 흡광도가 0.3 내지 4인 파장 범위는 4 nm 미만이다. 그림 7-15b는 노치 필터를 입사선에 대해 기울여서 제거할 띠를 어떻게 조절하는지를 보여준다. 이 필터는 다양한 크기로 이용할 수 있으며, 제거되는 띠들은 350~1400 nm 범위에서 가장 일반적인 레이저 선으로 조정된다. 상업적으로 유용한 홀로그램 노치 필터는 기존의 일상 작업에서 사용되던 비싸고 높은 분해능을 가지는 이중 단색화 장치의 필요성을 감소시켜서 Raman 분광법(제18B-3절 참고)의 사용에 혁명을 일으켰다. *비등각*(nonconformal) 홀로그램 광학 요소의 굴절률 변조 특성은 그림 7-14f에 나와 있다. 이 장치는 표면에 굴절률의 일부 변조가 있기 때문에 원칙적으로 노치 필터와 회절발로 작용할 수 있다.

흡수 필터

흡수 필터는 간섭 필터보다 비용이 적게 들고 일반적으로 가시선 영역의 복사선 띠를 선택하는 데 널리 이용된다. 이 필터는 스펙트럼에서 선택된 부분을 흡수한다. 가장 일반적인 유형은 젤라틴에 서스펜션된 유리 필터를 유리판 사이에 끼운 색유리이다. 색유리 필터는 열에 안정하다는 장점을 가지고 있다.

흡수 필터는 30~250 nm 범위의 유효 띠너비를 갖는다(그림 7-16 및 7-17 참고). 가장 좁은 유효 띠너비를 제공하는 필터는 원하는 복사선의 상당한 부분을 흡수하기 때문에 띠 피크에서 10% 이하의 투광도를 가질 수 있다. 시중에서 모든 가시선 영역에서 최대 투광도를 갖는 각종 유리 필터를 구할 수 있다.

절단 필터(cutoff filters)는 가시선 스펙트럼의 일부분에서 거의 100%의 투광도를 갖지만, 그 외 나머지 부분에서는 투광도가 급격히 감소하여 0이 된다. 절단 필터를 다른 필터와 연결시켜 사용하면 좁은 스펙트럼의 띠들도 분리해낼 수 있다(그림 7-17 참고).

그림 7-16은 흡수 필터의 성능 특성이 간섭 유형 필터의 성능 특성보다 상당히 떨어진다는 것을 보여준다. 흡수 필터의 띠너비는 간섭 필터의 띠너비보다 클 뿐만 아니라 흡수 필터를 통해 투과된 빛살은 유효 띠너비가 크다. 그럼에도 불구하고 흡수 필터는 일부 용도에는 적합하다.

7C-2 단색화 장치

단색화 장치는 광원의 시야를 한정하는 입구 슬릿과 하나의 파장 띠를 분리하기 위한 출구 슬릿을 사용하는 장치이다. 스펙트럼 *주사*(scanning)는 출구 슬릿을 통해 하나씩 차례로 각기 다른 파장 띠들을 투과해 이루어진다. 자외선, 가시선 및 적외선

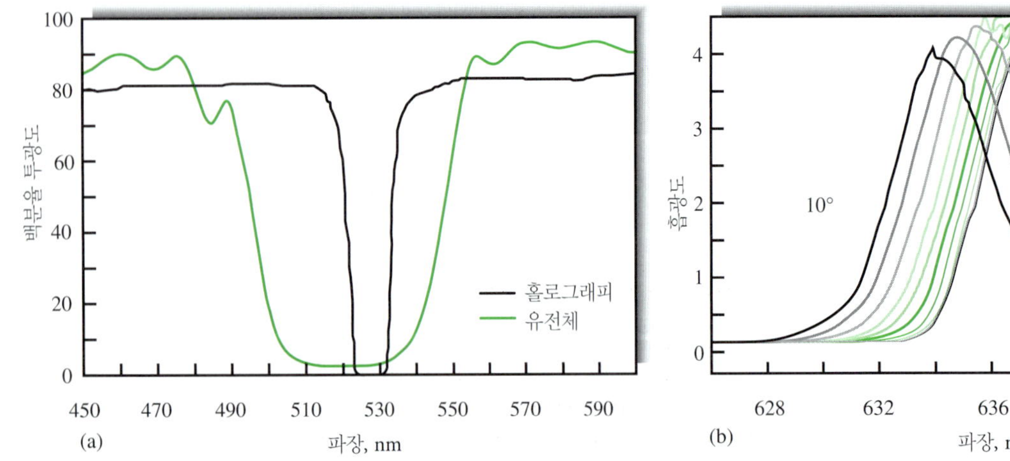

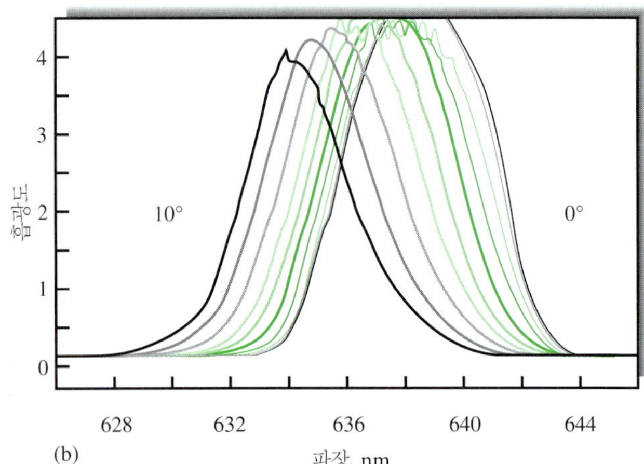

그림 7-15 (a) 대표적인 홀로그램 노치 필터와 간섭 필터의 유효 띠너비 비교, (b) 홀로그래피 노치 필터를 입사 레이저 광선에 수직으로 1°씩 기울일 때의 흡광도. 레이저살에 대해 노치 필터의 각도를 변경하여 제거되는 띠를 미세하게 조정할 수 있다. (Courtesy of Kaiser Optical Systems, Inc., Ann Arbor, MI , with permission.)

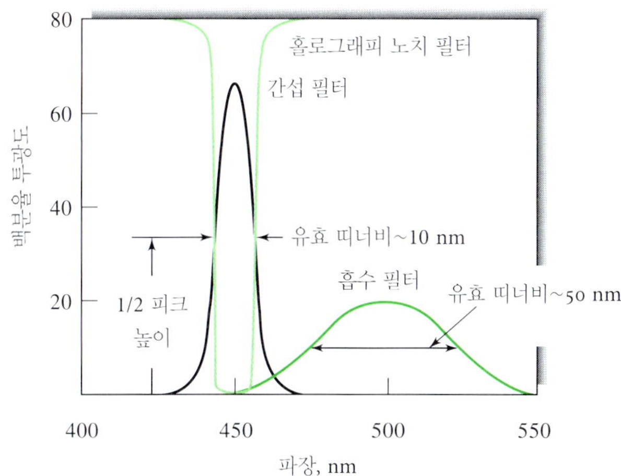

그림 7-16 세 종류 필터의 유효 띠너비.

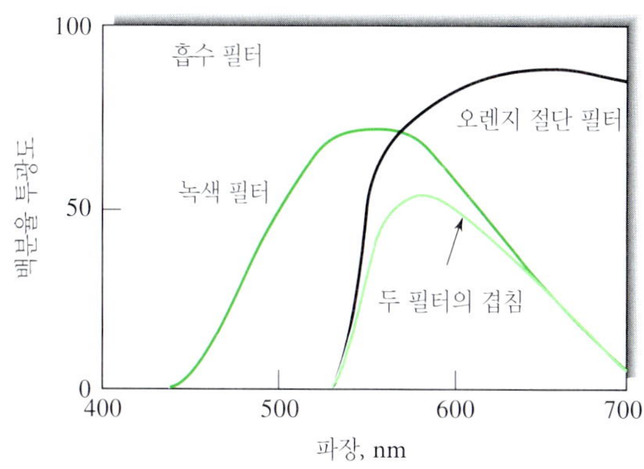

그림 7-17 가시선 복사선에 이용되는 여러 가지 종류의 흡수 필터 비교.

영역에서 사용되는 단색화 장치는 모두 슬릿, 렌즈, 거울, 창, 격자 또는 프리즘을 사용한다는 면에서 기계적 구조는 모두 유사하다. 그러나 부분 장치를 만드는 재료는 사용하려는 파장 영역에 따라 각기 다르다(그림 7-2 참고).

단색화 장치의 구성 요소

그림 7-18은 모든 단색화 장치에서 볼 수 있는 광학 부분 장치를 보여주고 있다. 여기에는 (1) 직사각형 광학 이미지를 만들어내는 입구 슬릿, (2) 평행한 빛살을 생성하는 평행화 렌즈 또는 거울, (3) 복사선을 그 성분 파장들로 분산시키는 프리즘 또는 회절발, (4) 입구 슬릿의 상을 다시 만들어 *초점면*(focal plane)이라고 하는 평면 위에 모이게 하는 초점 장치 및 (5) 초점면에서 원하는 스펙트럼 띠를 분리해내는 출구 슬릿을 포함하고 있다. 또한 대부분의 단색화 장치는 부분 장치들을 먼지나 부식성 실험실 증기로부터 보호하도록 설계된 입구창과 출구창을 가지고 있다.

그림 7-18은 단색화 장치에서 흔히 볼 수 있는 두 가지 유형의 분산 장치, 즉 반사 회절발과 프리즘을 보여준다. 예로, 빛살이 단지 2개의 파장 λ_1과 λ_2 ($\lambda_1 > \lambda_2$)로만 이루어졌다고 하자. 좁은 직사각형 구멍 또는 슬릿(slit)을 통해 단색화 장치로 들어가는 복사선은 평행화된 다음 하나의 각도를 이루면서 분산 장치의 표면에 충돌한다. 회절발 단색화 장치의 경우, 반사 표면에서 발생하는 *회절*(diffraction)이 일어나고 이에 따라 파장의 각도가 분산된다. 프리즘의 경우, 두 면에서의 *굴절*(refraction)로 인해 그림과 같이 복사선의 각도 분산이 일어난다. 두 설계 모두에서, 분산된 복사선은 초점면 *AB*상에 초점을 맞추고, 여기서 입구 슬릿(λ_1에 대해 하나, λ_2에 대해 하나)의 2개의 직사각형 이미지로서 나타난다. 분산 장치를 회전시킴으로써 하나의 띠 또는 다른 띠를 출구 슬릿 위에 모이게 할 수 있다.

단색화 장치가 1950년대에 상업적으로 처음 출시되었을 때, 거의 대부분 프리즘을 사용했다. 그러나 현재 상업용 단색화 장치는 반사 회절발을 기반으로 하고 있다. 왜냐하면 제작 비용이 저렴하고 동일한 크기의 분산 장치를 이용해서도 더 좋은 파장 분리를 할 수 있고 초점 평면을 따라 선형으로 분산시킬 수 있기 때문이다. 그림 7-19a에서 볼 수 있듯이 선형 분산은 회절발의 초점면 위에서 한 띠의 위치가 파장에 따라 선형적으로 변하는 것을 의미한다. 반면 프리즘 장치의 경우 파장이 짧을수록 긴 파장보다 더 크게 분산을 하기 때문에 기기 설계가 복잡해진다. 두 가지 유형의 프리즘 단색화 장치의 비선형 분산이 그림 7-19b에 나와 있다. 회절발이 일반적으로 많이 사용되기 때문에 대부분의 논의를 회절발에 기초를 둔 단색화 장치에 집중하고자 한다.

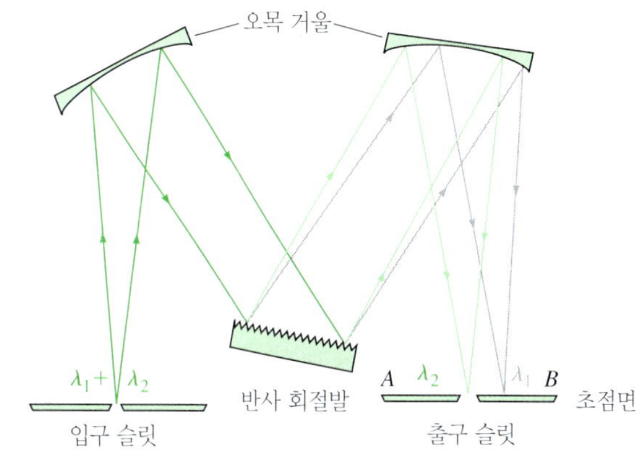

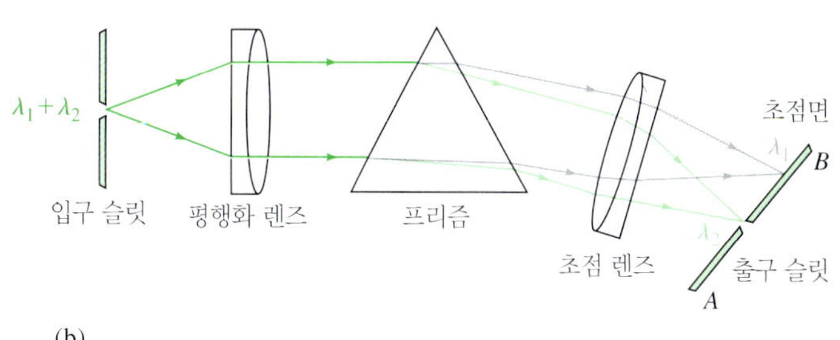

그림 7-18 **두 종류의 단색화 장치.** (a) Czerney-Turner 회절발 단색화 장치, (b) Bunsen 프리즘 단색화 장치(두 가지 모두에서 $\lambda_1 > \lambda_2$).

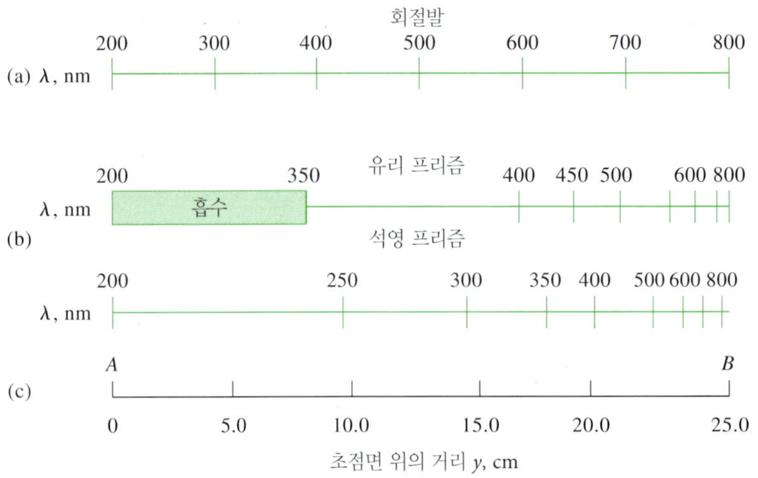

그림 7-19 세 가지 종류의 단색화 장치의 분산. (c)의 눈금 위에 있는 점 *A*와 *B*는 그림 7-18에서 나타낸 점에 해당한다.

프리즘 단색화 장치

프리즘은 자외선, 가시선 및 적외선을 분산시키는 데 사용할 수 있다. 그러나 프리즘을 만드는 데 사용하는 재료는 파장 영역에 따라 다르다(그림 7-2b 참고).

그림 7-20은 가장 일반적인 두 가지 유형의 프리즘 구조를 보여준다. 첫 번째는 60° 프리즘이며, 일반적으로 하나의 덩어리 물질로 제작된다. 그러나 결정성(용융되지 않은) 석영이 프리즘 재료인 경우 프리즘은 그림 7-20a와 같이 2개의 30° 프리즘을 함께 붙여서 만든다. 하나는 우회전성 석영이고, 다른 것은 좌회전성 석영이다. 이러한 방식으로, 광학적으로 활성을 띠는 석영을 통과하는 복사선의 알짜 편극은 일어나지 않는다; 이런 유형의 프리즘을 *Cornu 프리즘*(Cornu prism)이라고 한다. 그림 7-18b는 *Bunsen 단색화 장치*(Bunsen monochromator)를 보여주며, 일반적으로 석영으로 만들어진 60° 프리즘을 사용한다.

그림 7-20b에 표시된 것처럼 *Littrow 프리즘*(Littrow prism)은 뒷면이 거울로 된 30° 프리즘이며 단색화 장치를 보다 작게 만들 수 있다. 이 유형의 프리즘에서는 같은 경계면에서 굴절이 두 번 발생하기 때문에 성능은 Bunsen의 60° 프리즘과 유사하다.

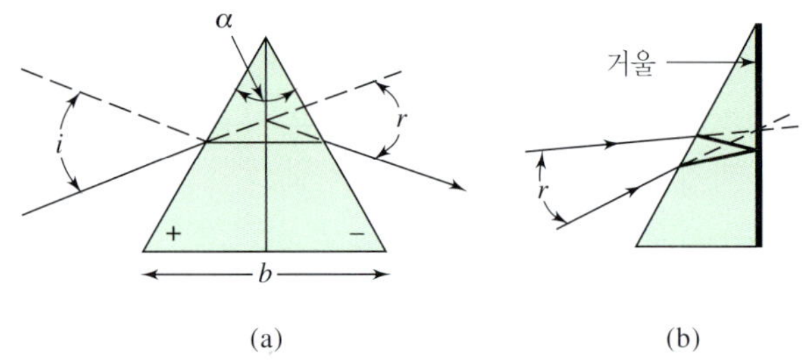

그림 7-20 프리즘에 의한 분산. (a) 석영 Cornu형, (b) Littrow형.

회절발 단색화 장치

자외선, 가시선 및 적외선 복사선을 분산시키기 위해서는 다색 복사선을 *투과 회절발*(transmission grating)에 통과시키거나 *반사 회절발*(reflection grating)의 표면에서 반사시키면 된다. 일반적으로 반사 회절발이 더 많이 사용된다. 대부분의 단색화 장치에 사용되는 *복제 회절발*(replica grating)은 주로 *원판 회절발*(master grating)을 이용하여 만든다.[14] 원판 회절발은 다이아몬드로 이루어진 기구에 의해 만들어진 평행하고 조밀한 많은 홈으로 구성되어 있는, 단단하고 광학적으로 평평하며 매끈하게 다듬어진 표면으로 이루어져 있다. 그림 7-21은 몇 가지 일반적인 홈의 확대된 단면도이다. 자외선 및 가시선 영역에서 사용되는 회절발은 일반적으로 300~2000홈/mm를 가지며, 1200~1400홈/nm이 가장 많이 사용된다. 적외선 영역의 경우, 회절발은 일반적으로 10~200홈/mm이 사용된다. 가장 널리 사용되는 적외선 범위 5~15 μm을 측정하기 위해 설계된 분광 광도계의 경우 약 100홈/mm의 회절발이 적합하다. 좋은 원판 회절발을 만드는 일은 홈의 크기가 똑같아야 하고, 정확히 평행을 이루어야 하며, 또한 회절발 전체 길이(3~10 cm)에서 똑같은 간격을 가져야 하기 때문에 지루하고, 시간이 많이 걸리며 비싸다.

복제 회절발은 원판 회절발을 이용하여 만드는데 이때 투명 수지 표면에 원래의 원판 회절발의 광학 정확도를 거의 완벽하

연습: www.tinyurl.com/skoogpia7에서 **단색화 장치(monochromator)**에 대해 더 알아보시오.

[14]회절발의 제조, 실험 및 성능 특성에 관한 정보는 다음을 참조하시오. C. Palmer, *Diffraction Grating Handbook*, 6th ed., Rochester, NY: Newport Corp., 2005 (www.newport.com). 과학의 진보에서 회절발의 중요성에 대한 역사적 관점에 대해서는 다음을 참조하시오. A. G. Ingalls, *Sci. Amer.*, **1952**, *186* (6), 45.

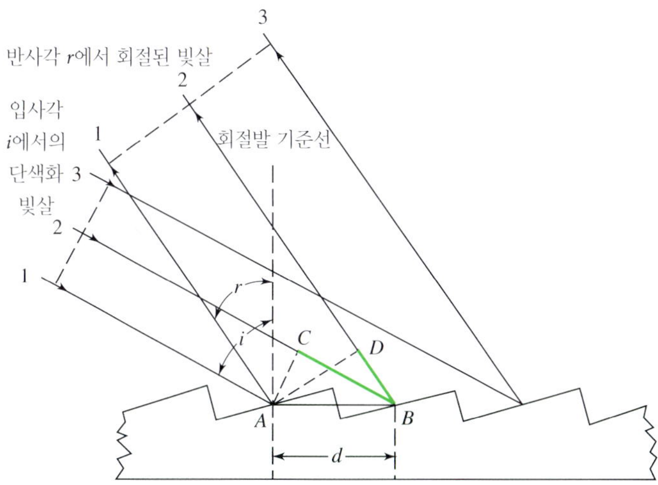

그림 7-21 에셀레트형 회절발의 회절 메커니즘.

게 유지할 수 있는 액체 수지 주조 방법에 의해 제조된다. 이 표면은 일반적으로 알루미늄 또는 때로는 금 또는 백금으로 코팅되어 반사된다.

에셀레트 회절발(echellette grating). 그림 7-21은 *에셀레트형*(echellette-type) 회절발의 개요도이다. 이 회절발은 홈이 파여져 있으며, *섬광반사*(blazed)가 일어나는 비교적 넓은 면과 사용되지 않는 좁은 면으로 구성되어 있다. 이 기하학적 구조는 복사선을 매우 효과적으로 회절시키며, 섬광반사를 시키는 이유는 복사선을 원하는 방향으로 모으기 위해서이다.[15] 회절발을 이루는 각각의 넓은 면은 면 위의 한 점에 수직으로 도달하는 복사선의 점광원으로 간주될 수 있다. 따라서 반사된 빛살(1, 2, 3) 간의 간섭이 발생할 수 있다. 보강 간섭이 일어나기 위해서는, 이 빛살의 진행거리의 차이가 입사살 파장 λ의 정수배 **n**만큼 되는 것이 필요하다.

그림 7-21에서는 단색 복사선 1과 2의 평행 빛살은 *회절발 법선*(grating normal)에 대하여 입사각 i에서 회절발에 부딪힌다는 것을 보여준다. 최대 보강 간섭은 반사각 r에서 일어난다. 빛살 2는 빛살 1보다 더 멀리 진행하고 이 진행 거리의 차이($\overline{CB}+\overline{BD}$)와 같다(그림에서 색상이 있는 선으로 표시). 보강 간섭이 발생하려면 이 차이가 **n**λ와 같아야 한다. 즉,

$$\mathbf{n}\lambda = (\overline{CB}+\overline{BD})$$

여기서 **n**은 작은 정수로서 회절 *차수*(order)라고 한다. 여기서 각 CAB는 각 i와 같고 각 DAB는 각 r과 같음을 알아야 한다. 따라서 간단한 삼각함수법을 이용하면 다음과 같이 쓸 수 있다.

$$\overline{CB} = d\sin i$$

여기서 d는 반사 표면 사이의 간격이다. 이는 또 다음과 같이 표현할 수 있다.

$$\overline{BD} = d\sin r$$

마지막 두 표현식을 그 앞의 식에 대입하면 보강 간섭이 일어날 수 있는 조건을 나타낼 수 있다. 즉,

$$\mathbf{n}\lambda = d(\sin i + \sin r) \qquad (7\text{-}6)$$

식 7-6을 통해 일정한 회절각 r에 대해 여러 가지의 λ값이 존재한다는 것을 알 수 있다. 따라서 900 nm의 1차선(**n** = 1)이 각 r에서 나타나면, 2차선(450 nm), 3차선(300 nm)도 또한 이 각도에서 나타난다. 1차선은 일반적으로 가장 강하다. 이 차수에서 입사선 세기의 90% 정도를 집중시키는 섬광반사 각도 및 모양을 가진 격자를 설계하는 것이 가능하다. 높은 차수의 선들은 일반적으로 필터를 이용하여 제거할 수 있다. 예를 들어, 350 nm 이하의 복사선을 흡수하는 유리는 대부분의 가시선 영역에서 1차 복사와 관련된 고차 스펙트럼을 제거한다. 다음 예제는 이러한 점을 설명하고 있다.

예제 7-1

1450홈/mm의 에셀레트 회절발에 회절발 법선에 대하여 48°의 입사각으로 다색 복사선을 쪼여주었다. +20°, +10°, 그리고 0°(각 r, 그림 7-21)의 반사각에서 나타나는 복사선의 각 파장을 계산하시오.

풀이

식 7-6의 d를 구하면 다음과 같다.

$$d = \frac{1\text{ mm}}{1450\text{홈}} \times 10^6\,\frac{\text{nm}}{\text{mm}} = 689.7\,\frac{\text{nm}}{\text{홈}}$$

그림 7-21의 r이 +20°일 때

$$\lambda = \frac{689.7\,\text{nm}}{\mathbf{n}}(\sin 48° + \sin 20°) = \frac{748.4}{\mathbf{n}}\,\text{nm}$$

따라서 1차, 2차, 3차의 반사 복사선의 파장은 각각 748, 374, 그리고 249 nm이다.

이와 마찬가지 방법으로 다음 데이터를 얻을 수 있다.

	파장 λ, nm		
r, 각도	**n = 1**	**n = 2**	**n = 3**
20	748	374	249
10	632	316	211
0	513	256	171

오목 회절발(concave gratings). 오목 회절발은 오목한 표면 위에 평면 회절발과 같은 방법으로 홈을 만든 회절발이다. 오목 회절발의 오목한 표면이 복사선을 분산시키고 이를 출구 슬릿에 모을 수 있기 때문에 별도의 평행화 거울과 초점거울 혹은 렌즈 없이 단색화 장치를 만들 수 있다. 이러한 배열은 비용면에서 유리하고, 광학 표면의 수를 줄일 수 있기 때문에 에너지

[15] J. D. Ingle Jr. and S. R. Crouch, *Spectrochemical Analysis*, p. 66, Upper Saddle River, NJ: Prentice Hall, 1988.

출력을 증가시킨다.

홀로그래피 회절발. *홀로그래피 회절발*(holographic gratings)[16]은 최신 광학 장치, 심지어 비교적 싼 광학 장치에서도 자주 이용되고 있다. 홀로그래피 회절발은 선 모양과 크기에 있어서 거의 완벽하기 때문에 상대적으로 떠돌이 복사선과 이중상(ghost)이 거의 나타나지 않는다.

홀로그래피 회절발은 광저항성 물질을 입힌 유리 표면에 한 쌍의 동일한 레이저살을 적당한 각도로 쪼여주어서 만든다. 두 레이저살의 보강 간섭으로 생긴 복사선은 광저항성 물질을 자극시켜 녹게 만들고 이때 홈선 구조가 생성된다. 여기에 알루미늄이나 다른 반사성 물질을 코팅시켜서 반사 회절발을 만든다. 홈의 간격은 두 레이저살의 각도를 서로에 대해 변화시켜서 조절된다.

제7C-1절 및 그림 7-14에서 설명한 것처럼 홀로그래피 회절발은 감광 물질의 표면에 간섭 무늬를 일으켜서 홈 구조를 만든다. 회절발은 주로 알루미늄과 같은 반사성 물질로 코팅된다. 이와 같은 방법으로 6000홈/mm을 가지고 있는 거의 완벽하고 큰 회절발(~50 cm)을 비교적 싼 비용으로 만들 수 있다. 홈을 판 회절발과 마찬가지로 복제 회절발은 원판 홀로그래피 회절발로부터 주조될 수 있다. 원판 홀로그래피 회절발과 복제 홀로그래피 회절발을 구별할 수 있는 명백한 광학적 판별법은 없다.[17]

회절발 단색화 장치의 성능특성

단색화 장치의 성능은 분산되어 나오는 복사선의 순도, 인접한 파장을 분리하는 능력, 빛을 모으는 능력, 그리고 스펙트럼의 띠너비에 따라 결정된다. 마지막 성능은 제7C-3절에서 설명할 것이다.

스펙트럼 순도(spectral purity). 보통 단색화 장치에서 나오는 빛살은 기기가 조정해놓은 파장과는 전혀 다른 소량의 산란복사선이나 떠돌이 복사선으로 오염되어 있다. 이러한 원하지 않는 복사선이 섞이는 몇 가지 원인이 있다. 이들 중에는 다양한 광학 부분 장치 및 단색화 장치를 덮어 놓은 상자로부터 발생하는 빛 반사가 있다. 광학 부분 장치에서 반사되는 빛은 기계적인 결함에 의해서 발생하고, 특히 회절발인 경우는 제작 과정 중에 발생한다. 대기 중이나 광학 부분 장치 표면에 있는 먼지에 의한 산란도 떠돌이 복사선을 출구 슬릿에 도달하게 한다. 일반적으로 이러한 가짜 복사선의 영향은 차 폐장치를 단색화 장치의 적당한 위치에 설치하거나 광택이 없는 검은색 페인트로 내부를 칠함으로써 최소화할 수 있다. 또한, 단색화 장치의 슬릿 앞에 창문을 설치하여 먼지와 증기가 들어가지 못하도록 할 수 있다. 하지만 이런 예방 조치에도 불구하고 약간의 가짜 복사선이 여전히 생기게 된다. 제13-B2절에 보이듯이, 산란된 복사선은 특정 조건하에서 흡수 측정에 심각한 영향을 줄 수 있다.

분산(dispersion). 단색화 장치가 서로 다른 파장을 분리하는 능력은 그것의 *분산*(dispersion)에 따라 달라진다. *각분산*(angular dispersion)은 $dr/d\lambda$로 주어지며, 여기서 dr은 파장의 변화 $d\lambda$에 대한 굴절각 또는 반사각의 변화를 말한다. 각도 r은 그림 7-20과 그림 7-21에서 정의된다.

회절발의 각분산은 i를 일정하게 유지하면서 식 7-6을 미분함으로써 얻어진다. 따라서 주어진 입사각에서는 다음과 같이 나타낼 수 있다.

$$\frac{dr}{d\lambda} = \frac{\mathbf{n}}{d\cos r} \tag{7-7}$$

선형 분산(linear dispersion) D는 그림 7-18에 표시된 것처럼 파장 변화를 초점면 AB 위의 거리 y의 함수로서 나타낸 것이다. 만약 f를 단색화 장치의 초점 거리라고 한다면 선형 분산은 각분산과 다음과 같은 관계를 갖는다.

$$D = \frac{dy}{d\lambda} = \frac{f\,dr}{d\lambda} \tag{7-8}$$

더 유용한 분산의 척도는 *역선형 분산*(reciprocal linear dispersion) D^{-1}이다.

$$D^{-1} = \frac{d\lambda}{dy} = \frac{1}{f}\frac{d\lambda}{dr} \tag{7-9}$$

D^{-1}의 단위는 자외선-가시선 영역에서 nm/mm 또는 Å/mm이다.

식 7-9에 식 7-7을 대입하여 회절발 단색화 장치의 역선형 분산을 얻을 수 있다:

$$D^{-1} = \frac{d\lambda}{dy} = \frac{d\cos r}{\mathbf{n}f} \tag{7-10}$$

여기서 선형 분산은 홈 사이 거리 d가 작을수록, mm당 홈의 수가 증가할수록, 또는 초점 거리가 증가할수록 증가한다는 것을 알 수 있다. 작은 회절각(>20°)에서는 $\cos r \approx 1$이 되므로 식 7-10은 대략 다음과 같이 된다.

$$D^{-1} = \frac{d}{\mathbf{n}f} \tag{7-11}$$

따라서 실제로 만약 각 r이 작다면 **회절발 단색화 장치의 선형 분산은 일정하다**. 이 성질은 단색화 장치의 설계를 매우 단순하게 할 수 있게 한다.

분해능. 단색화 장치의 분해능(resolving power) R은 파장 차이가 매우 작은 인접 파장의 상을 분리할 수 있는 능력의 한계를 나타낸다. 여기서 정의에 의하면,

$$R = \frac{\lambda}{\Delta\lambda} \tag{7-12}$$

여기서 λ는 두 상의 평균 파장이고 $\Delta\lambda$는 이들의 차이이다. 전형적인 탁상용 자외선-가시선 단색화 장치의 분해능은 $10^3 \sim 10^4$

---

[16] C. Palmer, *Diffraction Grating Handbook,* 6th ed., Ch. 4, Rochester, NY: Newport Corp., 2005.

[17] I. R. Altemose, *J. Chem. Educ., 1986,* **63**, A216.

범위이다.

회절발의 분해능은 다음과 같은 표현식으로 나타낼 수 있다.[18]

$$R = \frac{\lambda}{\Delta\lambda} = \mathbf{n}N \qquad (7\text{-}13)$$

여기서 **n**은 회절 차수이고, N은 입구 슬릿으로부터 오는 복사선이 쪼여질 수 있는 회절발의 섬광 홈수이다. 따라서 회절발의 분해능은 그 길이가 길수록, 홈의 간격이 작을수록 그리고 회절 차수가 클수록 좋아진다. 이 식은 에셀레트와 에셀레 회절발 모두에 적용된다(후에 논의됨).

집광력(light-gathering power). 분광계의 신호 대 잡음비를 증가시키기 위하여 검출기에 도달하는 복사선 에너지를 가능한 한 크게 하는 것이 좋다. *f*-수(*f-number*) F 또는 집광 속도(speed)는 단색화 장치의 입구 슬릿으로부터 들어오는 복사선을 모으는 능력의 척도이다. *f*-수는 다음 식으로 정의된다.

$$F = f/d \qquad (7\text{-}14)$$

여기서 f는 평행화 렌즈(또는 거울)의 초점 거리이고, d는 그것의 지름이다. 광학 장치의 집광력은 *f*-수의 제곱의 역수에 따라 증가한다. 따라서 $f/2$ 렌즈는 $f/4$ 렌즈보다 4배 더 많은 빛을 모을 수 있다. 대부분의 단색화 장치의 $f/$수는 1~10 사이의 값을 갖는다.

에셀레 단색화 장치(echelle monochromators). 에셀레 단색화 장치는 일렬로 배치된 두 가지 분산 장치로 구성되어 있다. 이 분산장치들 중 첫 번째 것은 *에셀레 회절발*(echelle grating)이라고 하는 특별한 형태의 회절발이다. 그 뒤에 있는 두 번째 것은 대개 분산이 낮은 프리즘이거나 때로는 회절발이 사용된다. 1949년 G. R. Harrison이 처음 발명한 에셀레 회절발은 같은 크기의 에셀레트보다 더 큰 분산과 분해능을 나타낸다.[19] 그림 7-22는 전형적인 에셀레 회절발의 단면도를 나타낸 것이다. 이는 그림 7-21에서 보여준 에셀레트 회절발과는 몇 가지 면에서 차이점이 있다. 첫 번째로, 입사각을 크게 하기 위해 에셀레 회절발의 홈 경사각을 에셀레트 회절발의 홈 경사각보다 더 크게 만들어서 홈의 넓은 면이 아닌 좁은 면을 사용한다. 뿐만 아니라 이 회절발은 홈의 밀도가 작은데, 자외선 또는 가시선 복사선에 대하여 mm당 300 또는 그 이상의 홈 수를 갖는다. 반사각 r은 에셀레 회절발에서보다 에셀레트에서 훨씬 더 크고 입사각 i와 거의 같다. 즉

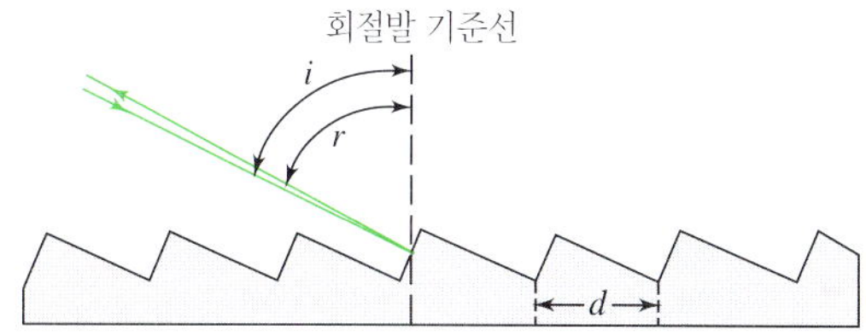

그림 7-22 **에셀레 회절발.** i = 입사각, r = 반사각, d = 홈간격. 일반적으로 $i \approx r = \beta = 63°26'$.

$$r \approx i = \beta$$

이런 조건에서 회절발에 대한 식 7-6은 다음과 같다.

$$\mathbf{n}\lambda = 2d\sin\beta \qquad (7\text{-}15)$$

보통의 에셀레트 회절발인 경우에, 분산을 높이려면, 즉 역분산을 낮추려면 홈너비 d는 작게 하고 초점 거리 f는 크게 해야 한다. 그러나 초점 거리를 크게 하면 집광력을 감소시키고, 단색화 장치의 크기를 크게 하여 이용하기 어려울 수 있다. 이에 비해 에셀레 회절발은 각 β와 회절 차수 **n** 모두를 크게 해서 높은 분산을 얻을 수 있다. 초점 거리 f를 가지는 에셀레 단색화 장치에서 역선형 분산은

$$D^{-1} = \frac{d\cos\beta}{\mathbf{n}f} \qquad (7\text{-}16)$$

표 7-3은 1개의 전형적인 단색화 장치 즉 기존의 에셀레트 회절발 및 다른 에셀레 회절발에 대한 성능 특성을 보여준다. 이 데이터는 에셀레 회절발의 장점을 잘 보여주고 있다. 같은 초점거리를 가질 때, 선형 분산과 분해능은 에셀레인 경우가 10배 더 크다는 것에 주목하라. 집광력에서도 에셀레가 조금 더 우수하다.

에셀레 회절발을 사용할 때 발생하는 문제 중 하나는 높은 회절 차수를 가질 때 선형 분산이 크게 나타나므로, 넓은 스펙트럼 범위를 다루기 위해서는 많은 연속 차수를 사용해야 한다. 예를 들어, 200~800 nm의 범위에서 사용하도록 설계된 기기는 28~118 (90의 연속 차수)의 회절 차수를 사용한다. 이 차수들은 겹쳐있기 때문에, 그림 7-23a에 나타나 있는 것처럼, 에셀

표 7-3 기존 회절발과 에셀레 회절발의 성능 비교

	기존 회절발	에셀레
초점 거리	0.5 m	0.5m
홈 밀도	1200/mm	79/mm
회절각, β	10°22′	63°26′
차수 **n** (300 nm에서)	1	75
분해능(300 nm에서), $\lambda/\Delta\lambda$	62,400	763,000
역선형 분산, D^{-1}	16 Å/mm	1.5 Å/mm
집광력, F	$f/9.8$	$f/8.8$

With permission from P. E. Keliher and C. C. Wohlers, *Anal. Chem.*, **1976**, *48*, 334A, **DOI**: 10.1021/ac60367a782. Copyright 1976 American Chemical Society.

[18] J. D. Ingle Jr. and S. R. Crouch, *Spectrochemical Analysis*, pp. 71 – 73, Upper Saddle River, NJ: Prentice Hall, 1988.

[19] 에셀레 회절발에 대한 자세한 사항은 다음을 참조하시오. C. Palmer, *Diffraction Grating Handbook*, 6th ed., Rochester, NY: Newport Corp. (www.newport.com), 2005, pp. 196 – 201; D. J. Brady, *Optical Imaging and Spectroscopy*, Hoboken, NJ: Wiley, 2009, pp. 393 – 397; D. A. Cremers and L. J. Radziemski, *Handbook of Laser-Induced Breakdown Spectroscopy*, Chichester, England: Wiley, 2006, pp. 80 – 83.

레 회절발은 교차 분산 장치와 함께 사용되어야 한다. 여기에서, 회절발을 통해 분산된 복사선은 회절발 축에 90°로 놓여있는 프리즘(또는 다른 회절발)을 통과한다. 이런 배열로 인해 그림 7-23b에서 볼 수 있는 것처럼 2차원 스펙트럼이 나타나는 효과를 얻을 수 있다. 이 그림에서, 70개의 차수 중 8개의 차수에 대한 분산 파장 위치를 짧은 수직선으로 나타내었다. 어떤 주어진 차수에 속해 있는 파장들은 거의 선형으로 분산되지만 그림에서 볼 수 있듯이 더 낮은 차수 또는 더 높은 파장에서는 분산 정도가 줄어든다. 에셀레 단색화 장치로부터 나온 실제 2차원 스펙트럼은 각 수평축이 하나의 회절 차수에 해당하는 50~100개의 수평축을 따라 높여있는 복잡한 일련의 짧은 수직선들로 이루어져 있다. 에셀레 단색화 장치로 파장을 변화시키려면 회절발과 교차 분산 요소(프리즘이나 회절발) 모두를 이용하여 각을 변화시켜주어야 한다.

최근, 여러 기기 제조회사들이 원자 방출 분광법으로 여러 원소를 동시에 측정할 수 있는 에셀레형 분광기를 생산한다. 그림 10-7과 그림 10-9 및 그림 10-11에는 이런 기기들의 두 가지 형태의 광학적 설계를 보여주고 있다.

단색화 장치의 슬릿

슬릿은 단색화 장치의 성능 특성 및 품질을 결정하는 데 중요한 역할을 한다. 슬릿은 조심스럽게 가공한 날카로운 가장자리를 갖는 두 조각의 금속으로 되어 있다. 슬릿의 가장자리는 서로 정확히 평행하고 동일한 평면에 놓이도록 해야 한다. 어떤 단색화 장치에서는 두 슬릿의 입구가 고정되어 있지만 대부분의 단색화 장치에서는 기계적, 전자적으로 간격을 조절할 수 있다.

단색화 장치의 입구 슬릿(그림 7-18 참고)은 복사선의 광원 역할을 하고, 궁극적으로 이 슬릿의 상이 출구 슬릿의 초점면 위에 모이게 된다. 만약 복사선 광원이 몇 개의 불연속적인 파장으로 이루어져 있으면 일련의 직사각형 모양의 상이 초점면에 밝은 선으로 나타나며, 각 선은 주어진 파장에 해당한다. 분산 장치를 회전시키면 특정 선이 출구 슬릿 위에 초점이 맞추어질 수 있도록 할 수 있다. 입구 및 출구 슬릿의 폭이 같은 경우

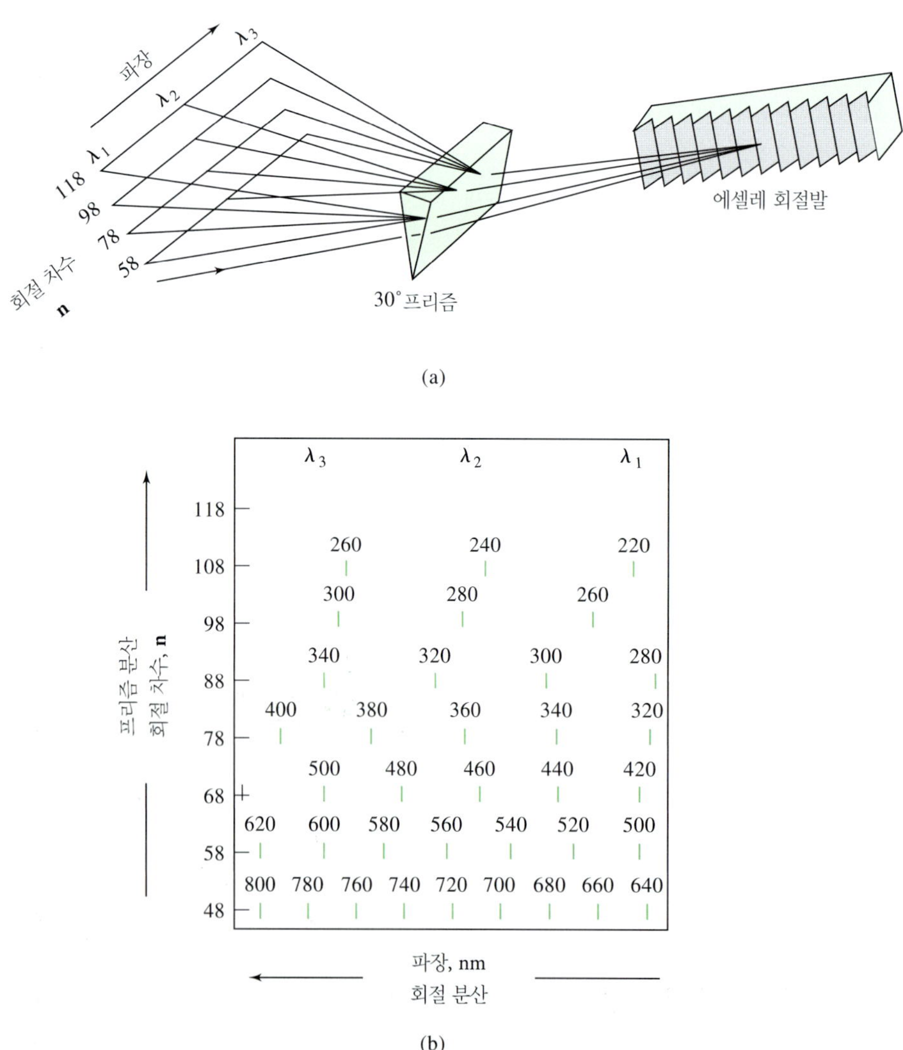

그림 7-23 에셀레 단색화 장치. (a) 분산되는 원소들의 배열, (b) 변환기에서 본 분산된 복사선의 단면도.

(일반적으로 그렇듯이), 이론적으로 단색화 장치가 적당한 파장을 선택하면 입구 슬릿의 상이 출구 슬릿의 구멍에 들어맞게 차게 된다. 단색화 장치를 한 방향 또는 다른 방향으로 움직이면 방출 빛살의 세기는 연속적으로 감소하여 입구 슬릿의 상이 전체 너비와 동일한 거리만큼 이동하면 0에 도달한다.

분해능에 미치는 슬릿 너비의 영향(effect of slit width on resolution). 그림 7-24는 출구 슬릿에 도달하는 파장 λ_2의 단색 복사선을 보여준다. 여기서 단색화 장치는 λ_2로 설정되고 두 슬릿의 너비는 동일하다. 그러므로 입구 슬릿의 상은 출구 슬릿에 꽉 찬다. 단색화 장치를 λ_1 또는 λ_3으로 설정하면 λ_2의 상은 완전히 슬릿 밖으로 벗어난다. 그림 7-24의 하단은 슬릿을 통과하는 방출 복사선의 세기를 단색화 장치 선택 파장의 함수로서 도시한 것이다. *띠너비*(bandwidth)는 입구 슬릿의 상이 출구 슬릿을 거쳐 지나갈 수 있게 하는 데 필요한 단색화 장치의 선택 파장의 폭(파장단위 때로는 cm^{-1})이라고 정의된다. 다색 복사선을 사용하는 경우에도, 띠너비는 주어진 단색화 장치의 선택 파장에서 출구 슬릿으로부터 나오는 파장의 폭을 말한다.

두 개의 슬릿 너비가 동일할 때 띠너비의 절반에 해당하는 것을 *유효 띠너비*(effective bandwidth)[*스펙트럼 띠 통과*(spectral bandpass) 또는 *스펙트럼 슬릿 너비*(spectral slit width)라고도 함]라고 하는데 이는 주어진 선택 파장에서 단색화 장치로부터 나오는 파장의 폭을 말한다. 유효 띠너비는 식 7-9를 다음과 같은 형식으로 나타내어 역선형 분산과 관련이 있음을 알 수 있다.

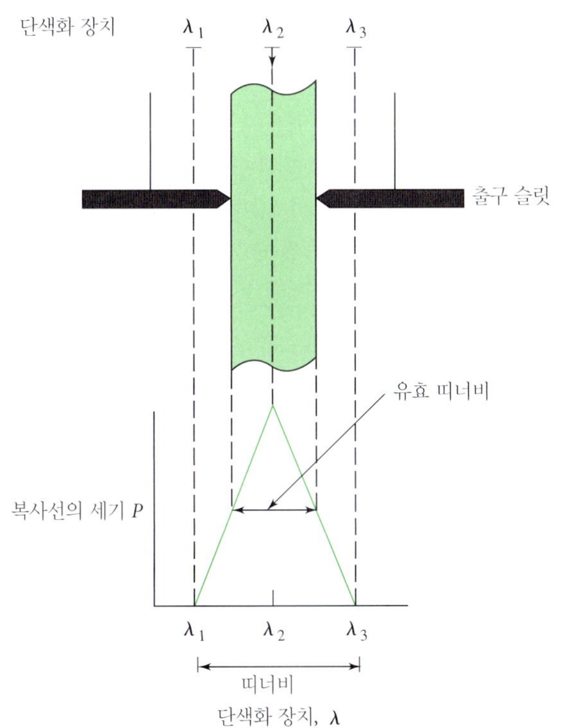

그림 7-24 단색화 장치에서 단색 복사선 λ_2가 출구 슬릿에 도달한 그림. 출구 및 입구 슬릿의 크기는 동일하다.

$$D^{-1} = \frac{\Delta\lambda}{\Delta y}$$

여기서 $\Delta\lambda$ 및 Δy는 각각 초점면에 따라 나타난 파장과 직선 거리의 한정된 간격이다. 그림 7-24에서와 같이 Δy가 슬릿 너비 w와 같을 때 $\Delta\lambda$는 유효 띠너비가 된다. 즉,

$$\Delta\lambda_{\text{eff}} = wD^{-1} \tag{7-17}$$

그림 7-25는 기기의 유효 띠너비와 스펙트럼 피크를 분리할 수 있는 능력 간의 관계를 보여주는 것이다. 여기서, 회절발 단색화 장치의 출구 슬릿에 모두 같은 간격을 갖는 세 파장 λ_1, λ_2 및 λ_3로 이루어진 빛살을 비추는데, 각 파장들은 똑같은 세기를 가지고 있다고 가정하자. 상단의 그림에서 기기의 유효 띠너비가 λ_1과 λ_2 사이 또는 λ_2와 λ_3 사이의 파장 차이와 정확하게 같다. 단색화 장치의 파장 선택을 λ_2로 설정하면, 이 파장의 복사선이 슬릿을 채운다. 어느 쪽으로든지 단색화 장치를 움직이면 투과되는 λ_2의 세기는 감소된다. 하지만 감소한 양과 같은 양만큼 다른 선의 세기는 증가하게 된다. 오른쪽 도시에서 실선으로 표시된 것처럼 세 파장의 스펙트럼은 분리되지 않은 것을 알 수 있다.

그림 7-25의 가운데 그림에서는 출구 슬릿과 입구 슬릿의 틈 간격을 원래의 3/4로 좁혀서 기기의 유효 띠너비를 줄였다. 오른쪽 그림에서는 실선으로 나타낸 것처럼 세 개의 스펙트럼선들이 부분적으로 분리되고 있다는 것을 보여준다. 유효 띠너비를 3개의 빛살의 파장 차이의 절반으로 감소시키면 아래 그림과 같이 완전히 분리된다는 것을 알 수 있다. 따라서 단색화 장치의 유효 띠너비가 이들의 파장 차이의 절반과 같도록 슬릿의 너비를 조정할 때에만 두 선이 완전히 분리될 수 있다.

예제 7-2

1.2 nm/mm의 역선형 분산을 갖는 회절발 단색화 장치를 이용하여 588.9950 nm와 589.5924 nm의 두 소듐선을 분리하려고 한다. 이론상으로 필요한 슬릿 너비는 얼마인가?

풀이

두 선을 완전히 분리하기 위해서는 다음과 같이 필요하다.

$$\Delta\lambda_{\text{eff}} = \frac{1}{2}(589.5924 - 588.9950) = 0.2987 \text{ nm}$$

정리한 후 식 7-17에 대입하면

$$w = \frac{\Delta\lambda_{\text{eff}}}{D^{-1}} = \frac{0.2987}{1.2 \text{ nm/mm}} = 0.25 \text{ mm}$$

예제 7-2에서 계산된 슬릿 너비 값은 이론값이라는 점에 유의해야 한다. 대부분의 단색화 장치는 완전하지 못하기 때문에 원하는 분해능을 얻으려면 슬릿 너비가 이론값보다 더 좁아야 한다.

그림 7-26은 벤젠 증기의 스펙트럼에 미치는 띠너비의 효과

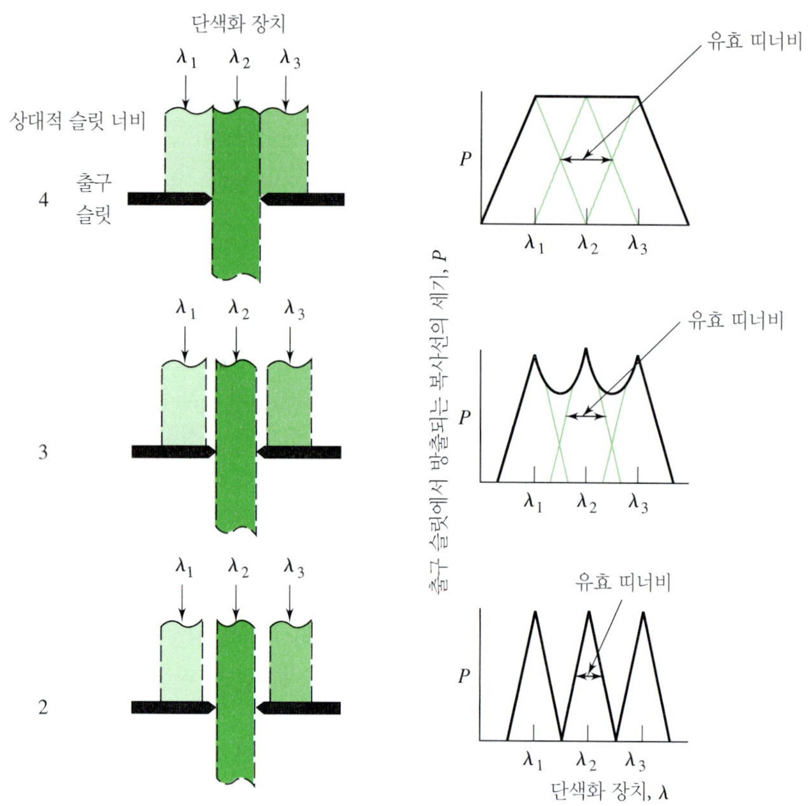

그림 7-25 스펙트럼에 대한 슬릿 너비의 영향. 입구 슬릿을 λ_1, λ_2 및 λ_3으로 조사한다. 입구 및 출구 슬릿은 같다. 오른쪽 그림은 단색화 장치의 슬릿 너비를 변화시킴에 따라 방출 세기가 어떻게 변하는지를 보여준다.

를 실험적으로 보여주고 있다. 더 상세한 스펙트럼을 얻기 위해서는 더 좁은 슬릿 너비, 즉 더 좁은 띠너비를 사용할 필요가 있음을 알 수 있다.

슬릿 나비의 선택(choice of slit widths). 단색화 장치의 유효 띠너비는 입구 슬릿과 출구 슬릿의 너비뿐만 아니라 프리즘 또는 회절발의 분산에 따라 달라진다. 대부분의 단색화 장치에는 조절 가능한 슬릿이 장착되어 있으므로 유효 띠너비를 변화시킬 수 있다. 좁은 흡수 또는 방출띠들을 분리해야 할 때는 슬릿 너비를 최소화하여 사용하여야 한다. 한편, 슬릿이 좁아지면 이용할 수 있는 복사선의 세기가 현저하게 감소하고, 그 세기를 정확하게 측정하는 것이 더욱 어려워진다. 따라서 정량 분석을 하기 위해서는 슬릿 너비를 넓게 하여 사용하고, 상세한 스펙트럼이 필요한 정성 분석에서는 슬릿 너비를 비교적 좁게 하여 사용한다.

7C-3 기타 파장 선택기

단색화 장치 외에도 몇 가지 다른 파장 선택 장치가 분광학에 사용된다. 여기에는 다색화 장치, 분광 사진기 및 음향 광학 조절 필터가 있다.

다색화 장치

단색화 장치가 하나의 파장 띠를 분리하는 것처럼, 다색화 장치는 여러 파장의 띠를 분리한다. 그림 7-18에 보여준 바와 같은 하나의 출구 슬릿 대신에 다색화 장치에는 여러 개의 출구 슬릿이 있다. 복사선 변환기는 각 출구 슬릿 뒤에 배치되어 여러 파장을 모니터링할 수 있다. 이러한 배열은 여러 가지 다른 원소들을 동시에 측정하는 원자 스펙트럼에서 특히 유용하다. 반면에 단색화 장치는 한 번에 한 파장선만을 통과할 수 있다. 다중 파장은 단색 화장치의 회절발 위치(미끄러짐 혹은 미끄러지며 스캐닝)를 빠르게 변화시킴으로써 순차적으로만 관찰할 수 있다.

분광 사진기

분광 사진기(spectrographs)는 출구 슬릿은 없고 입구 슬릿만 있는 장치이다. 그 스펙트럼은 초점면에서 공간적으로 표시된다. 초기의 분광 측정법은 분광기와 초점면에 위치한 사진판으로 수행되었다. 이 스펙트럼은 파장, 빛의 세기와 관련된 은부착물의 밀도에 따라 다른 거리를 가지고 사진판에 표시되었다. 요즘은 작은 감광성 요소들이 배열되어 구성된 다중 채널 변환기가 사용된다. 이 다중 채널 변환기는 분광 사진기의 초점면에 위치하고 있다.

음향-광학 가변 필터

음향-광학 가변 필터(acousto-optic tunable filters, AOTF)는 음향 광결정 초음파의 작용에 따라서 입사 복사선을 분산시킨다. 이 필터는 복굴절 결정에 결합된 압전형 변환기로 구성되어

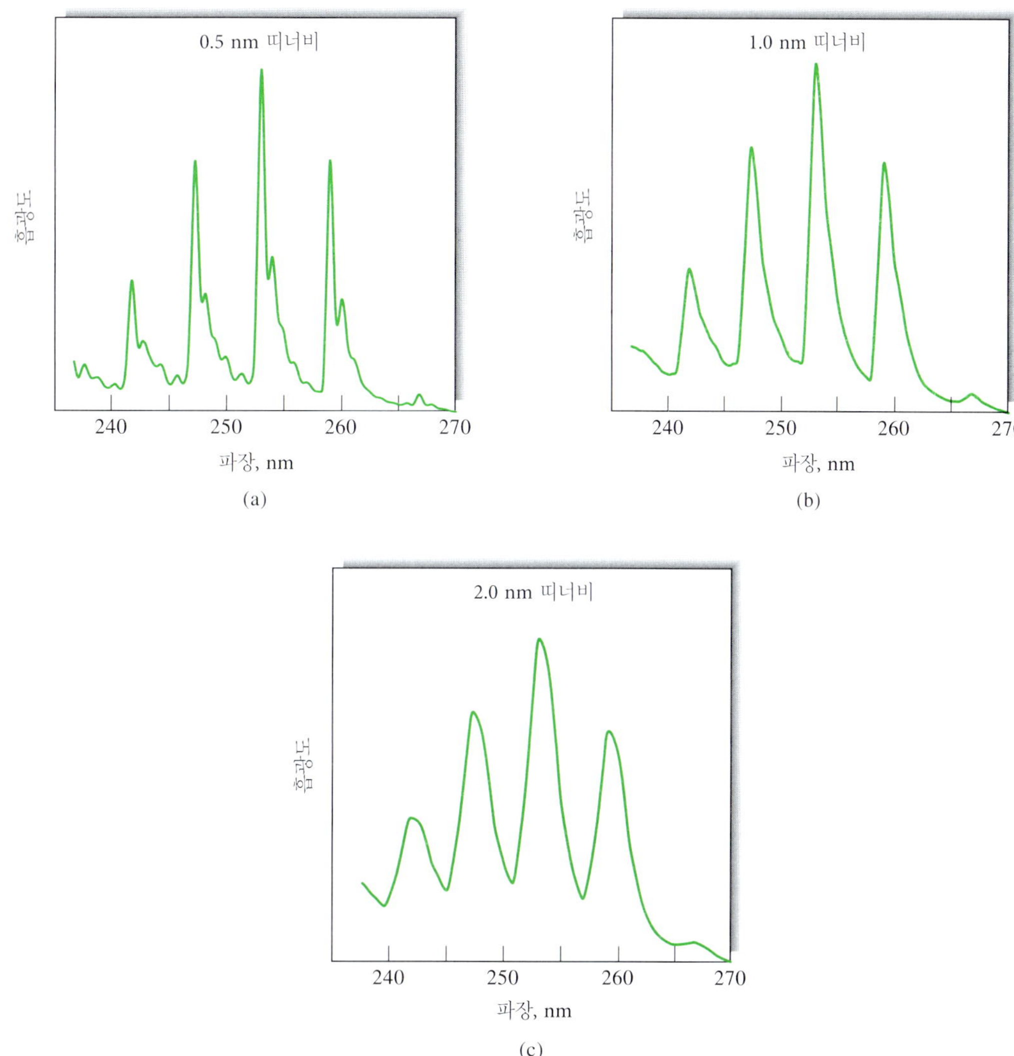

그림 7-26 벤젠(benzene) 증기의 상세한 스펙트럼에 대한 띠너비의 영향. (a) 0.5 nm, (b) 1.0 nm, (c) 2.0 nm.

있다.[20] 라디오 주파수(RF) 신호가 변환기에 들어가면 음파가 발생된다. 음파는 복굴절 결정으로 전파되어 굴절률을 주기적으로 변화시킨다. 그 후에 결정은 투과형 회절발처럼 작용하여 파장에 따라서 입사 복사선을 분산시킨다. 주어진 RF 주파수에서, 파장의 좁은 띠만 고정된 각도로 회절된다. RF 주파수가 변하면 굴절률 변화의 주기가 변하고, 다른 파장띠가 투과된다.

가시선 및 근적외선 영역에서 AOTF의 파장을 수백 나노미터 정도로 조정할 수 있다. 이러한 조정은 RF 주파수를 변경함으로써 매우 빠르게(마이크로초) 발생한다. 스펙트럼 분해능은 나노미터에서 수십 나노미터까지 다양하다. 부품을 움직이지 않고 신속하게 조정하는 것은 다른 조정 장치(회절발 및 프리즘)를 능가하는 주요 장점 중 하나이다. 이를 통해 빠른 스펙트럼 스캐닝 또는 두 개 이상의 파장 사이의 신속한 전환이 가능하다.

음향–광학 가변 필터는 큰 시야각을 가지고 있기 때문에 형광 현미경 검사(제15C-6절 참고)와 같은 스펙트럼 이미징 응용 프로그램에 매우 유용하다. 이 장치는 동시에 스캐닝하는 형광 측정(제15A-5절 참고)뿐 아니라 형광 들뜸화 및 방출 분광법에도 사용되었다. 근적외선 분광법(제17D-1절 참고)은 AOTF 장치가 매우 유용하다는 것이 증명된 분야이다. 그것들의 속도와 견고함은 많은 새로운 진단 및 분석 응용 프로그램을 가능하게 했다.

[20]이중굴절이라고도 불리는 복굴절은 편광과 입사광의 전파 방향에 따라 변하는 굴절률을 가진 물질의 성질이다. 복굴절은 입사광 빛살을 수직으로 혹은 다른 방향으로 편광된 두 개의 빛살로 나눈다. 방해석, 석영 및 이산화텔루륨(TeO_2)과 같은 결정성 물질은 이러한 성질을 나타내며, 복굴절결정 혹은 비등방성결정이라 불린다.

7D 시료 용기

방출 분광법을 제외한 모든 분광법 측정에는 시료 용기가 필요하다. 시료가 담기는 *셀*(cell) 혹은 *큐벳*(cuvette)은 단색화 장치의 광학 장치와 같이 스펙트럼 영역의 복사선에 대해 투명하게 만들어야 한다. 그러므로 그림 7-2에서 보여준 것과 같이 석영이나 용융 실리카는 자외선 영역(350 nm 이하)에 활발하게 쓰인다. 이 물질들은 가시 영역과 적외선 영역의 약 3 μm까지의 복사선도 통과시킨다. 규산염 유리는 350~2000 nm의 영역에서 사용되며, 플라스틱 용기는 가시선 영역에서 사용된다. 결정성의 NaCl 결정은 적외선 영역에서 시료 용기 내의 창으로 사용된다. 그림 7-2에 나타난 적외선에 투명한 다른 물질들도 시료 용기의 창으로 이용될 수 있다.

7E 복사선 변환기

7E-1 서론

초기 분광기의 검출기는 사람의 눈, 사진판 혹은 필름을 이용하였다. 복사 에너지를 전기 신호로 바꿔주는 변환기들은 대부분의 검출장치를 대체하였다. 이 부분에서는 최신 변환기에 대해 논의하기로 한다.

이상적인 변환기의 특징

이상적인 변환기는 높은 감도, 높은 신호 대 잡음비, 그리고 넓은 파장 영역에서 일정한 감응을 나타낸다. 또한, 빠른 감응시간을 가지며 빛이 없을 때는 출력 신호가 나타나지 않아야 한다. 결국, 변환기를 통해 얻은 전기 신호는 복사선 세기 P에 정비례한다. 즉,

$$S = kP \qquad (7\text{-}18)$$

여기서 S는 변환기의 전류 혹은 전압 출력이고, k는 검정 감도이다(제1E-2절).

실제로 많은 변환기들은 복사선이 없을 때 *암신호*(dark signal)라고 알려진 작고 일정한 감응을 나타낸다. 이러한 경우, 감응은 다음과 같은 식으로 나타낸다.

$$S = kP + k_d \qquad (7\text{-}19)$$

위의 식에서 k_d는 암전류(전류 혹은 전압)를 나타내며 보통 짧은 측정 시간 동안 일정하다. 암전류가 발생하는 변환기를 가진 기기 장치는 k_d를 0으로 감소시킬 수 있는 상쇄 회로를 주로 가지고 있다. 그때, 식 7-18을 사용할 수 있다.

복사선 변환기의 종류

그림 7-3b에서 볼 수 있듯이 두 가지 일반적인 유형의 복사선 변환기가 있다. 한 가지 유형은 광자에 감응하고 다른 유형의 변환기는 열에 감응한다. 모든 광자 변환기[*광전*(photoelectric) 혹은 양자 검출기]는 복사선을 흡수하는 활성 표면이 있다. 일부 유형의 변환기는 흡수된 에너지는 전자를 방출되고 광전류가 생성된다. 다른 경우, 복사선은 전자를 전도띠로 전이시키고 증강된 전기전도도(*광전도*, photoconduction)로 인해 검출이 이루어진다. 광자 변환기는 주로 자외선, 가시선 및 근적외선의 측정에 이용된다. 파장이 3 μm 이상인 복사선을 측정할 경우, 이러한 변환기는 열적 바탕 잡음으로 인한 방해를 피하기 위해 드라이아이스나 액체 질소로 온도를 낮추어야 한다. 광전 변환기는 일련의 개별 사건(단일 광자의 흡수)으로 인해 발생하는 전기 신호를 생성하는데 이 확률을 통계적으로 나타낼 수 있다. 이와 대조적으로, 적외 복사선을 검출하는 데 널리 사용되는 열검출기는 입사 복사선의 평균 전력에 감응한다.

산탄 잡음이 종종 광자 변환기의 성능을 제한하는 반면, 열적 잡음은 열변환기의 성능을 제한하는 경우로 인해 광자 변환기와 열변환기의 차이를 구분하는 것은 중요하다. 제5B-2절에서 배웠듯이 이 두 변환기의 불확정 오차는 근본적으로 다르다.

그림 7-27은 자외선, 가시선 및 적외선 분광법에 유용한 여러 변환기의 상대적인 스펙트럼 감응도를 보여준다. 세로축은 변환기의 잡음과 반비례 관계에 있으며 표면적의 제곱근에 정비례한다. 열변환기(곡선 H와 I)의 상대 감도는 파장과는 무관하지만 광전 변환기의 감도보다 훨씬 낮다. 하지만 광자 변환기는 파장에 일정한 감응을 해야 한다는 이상적 조건과는 맞지 않는 경우가 많다.

7E-2 광자 변환기

다음과 같은 몇 가지 광자 변환기(photon transducer)가 이용되고 있다. (1) 복사 에너지가 반도체층과 금속판과의 계면에서 전류를 생성하는 광전지, (2) 복사선이 감광성 고체 표면으로부터 전자를 방출하는 광전관, (3) 광방출 표면 뿐 아니라 감광 영역에서 전자 충돌 시 폭포와 같이 전자 다발을 방출하는 여러 개의 활성 표면을 가지고 있는 광전자 증배관, (4) 반도체에 의한 복사선 흡수로 전자와 정공을 생성하여 전도도를 향상시키는 광전도도 변환기, (5) 광자가 쪼여져 전자–정공 짝이 생성되고 역방향 바이어스가 걸려있는 pn 접합을 가로지르며 전도도가 증가되는 규소 광다이오드, (6) 광전자의 흡수로 규소 결정에서 발생된 전하를 수집하여 측정하는 전하이동 변환기.[21]

장벽 층 광전지

광전지(photovoltaic cell)는 가시선 영역에서 복사선을 검출하고 측정하는 데 사용되는 기본적인 장치이다. 전형적인 전지는 약 550 nm에서 최대 감도가 나타난다. 350 nm와 750 nm에서는 최대 감도의 약 10%가 감소한 값이 나타난다(그림 7-27의

자습: www.tinyurl.com/skoogpia7에서 **복사선 변환기(radiation transducers)**에 대해 더 알아보시오.

[21]가장 민감하고 광범위하게 사용되는 세 가지 광자 변환기(광전자 증배관, 규소 다이오드 및 전하 이동 장치)의 성능특성 비교를 위해 다음을 참조하시오. W. E. L. Grossman, *J. Chem. Educ.*, **1989**, 66, 697, **DOI**: 10.1021/ed066p697.

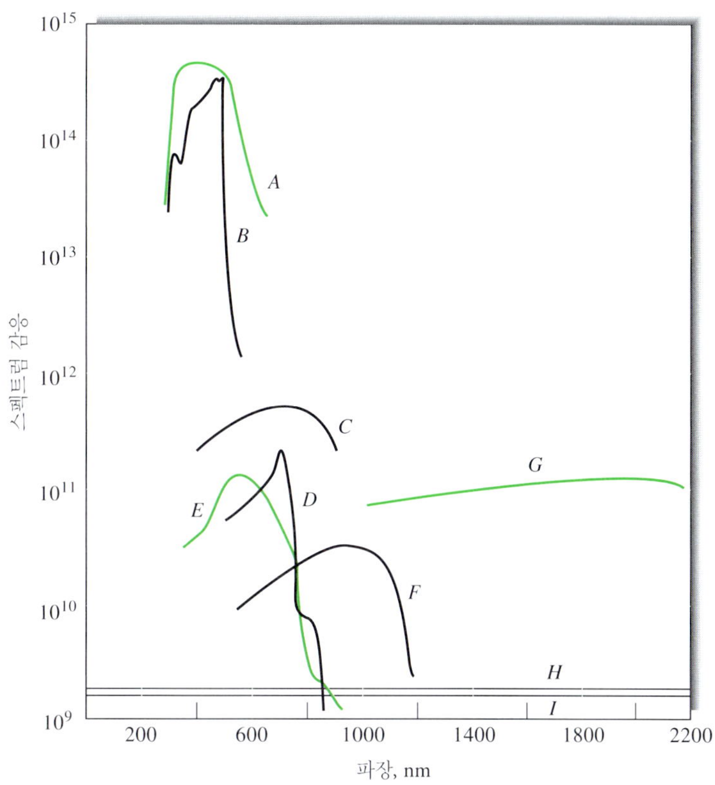

그림 7-27 다양한 광자 변환기(A~G)와 열변환기(H, I)의 상대적 감응도. *A.* 광전자 증배관, *B.* CdS 광전도 전지, *C.* GaAs 광전지, *D.* CdSe 광전도도 전지, *E.* Se/SeO 광전지, *F.* 규소 다이오드, *G.* PbS 광전도도 전지, *H.* 열전기쌍, *I.* Golay 전지. (Adapted from P. W. Druse, L. N. McGlauchlin, and R. B. Quistan, *Elements of Infrared Technology,* pp. 424–25, New York: Wiley, 1962. Reprinted by permission of John Wiley & Sons Inc.)

곡선 *E* 참고). 그 범위는 사람 눈의 감응 범위와 비슷하다.

광전지는 셀레늄과 같은 반도체성 물질의 층을 평평한 구리나 철 전극 위에 입혀 구성된다(그림 7-28 참고). 반도체의 외부 표면은 두 번째 전극이나 수집 전극 역할을 하는 금이나 은으로 된 얇은 투명한 금속막으로 코팅된다. 장치의 전체적인 배열은 투명한 덮개로 보호되어 있다. 충분한 에너지의 복사선이 반도체에 도달하면, 전자와 정공이 형성된다. 전도띠까지 올라간 전자는 금속막 쪽으로 이동하고 반도체가 코팅된 바닥 전극으로 이동한다. 방출된 전자는 외부 회로를 통해 자유롭게 이동하여 정공과 상호작용한다. 결과적으로 반도체 표면에 부딪히는 광자의 수에 비례하는 크기의 전류가 흐르게 된다. 광전지에 의해 생성된 전류는 일반적으로 마이크로 전류계로 측정하기에 충분히 크다. 외부 회로의 저항이 작을 경우($<400\ \Omega$), 광전류는 전지에 닿는 복사선의 세기에 정비례한다. 이때 10~100 μA 정도의 전류가 일반적이다.

장벽 층 전지는 복사선의 세기 측정을 위한 견고하고 저렴한 장치이며 외부의 전기 에너지를 필요로 하지 않는다. 반면에 이 전지는 낮은 내부 저항으로 인하여 출력을 증폭하는 데 불편함이 있다. 따라서 장벽 층 전지는 센 복사선에서는 쉽게 감응이 나타나지만 약한 복사선에서는 감응이 잘 나타나지 않는다. 또 다른 단점으로는 지속적으로 빛을 쪼이면 전류 출력이 점차 감소하는 *피로현상*(fatigue)이 나타나는 것이다. 적절한 회로 설계 및 실험 조건의 선택은 이 효과를 최소화할 수 있다. 장벽 층 전지는 견고하며 저렴하기 때문에 휴대용 기기에 널리 쓰인다. 일상적인 분석에서 이러한 장비는 종종 신뢰할 만한 분석 결과를 제공하기도 한다.

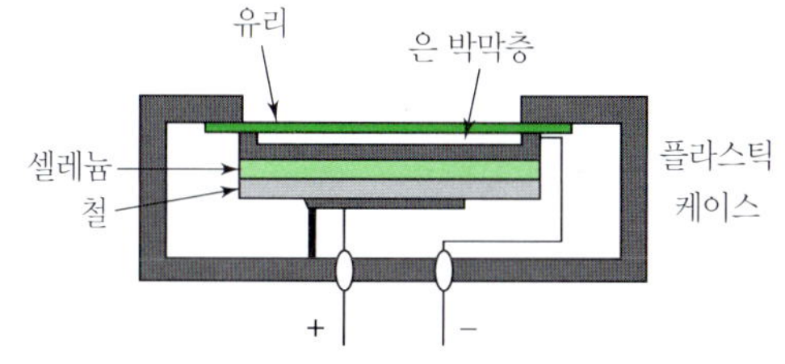

그림 7-28 **일반적인 광전지의 개요도.**

진공 광전관

두 번째 유형의 광전 검출기는 진공 광전관(vacuum phototubes)[22]으로 그림 7-29에서와 같이 반투명한 음극과 철사 양극선으로 구성된다. 전극의 오목한 면은 빛이 조사될 때 전자를

[22]가장 감도가 좋고 널리 사용되는 광자 변환기. 즉, 광전자 증배관. 규소 다이오드 및 전하 이동 장치의 수행 특성의 비교에 대해 다음과 같은 논문을 참조하시오. F. E. Lytle, *Anal. Chem.*, **1974**, *46*, 545A, **DOI**: 10.1021/ac60342a718.

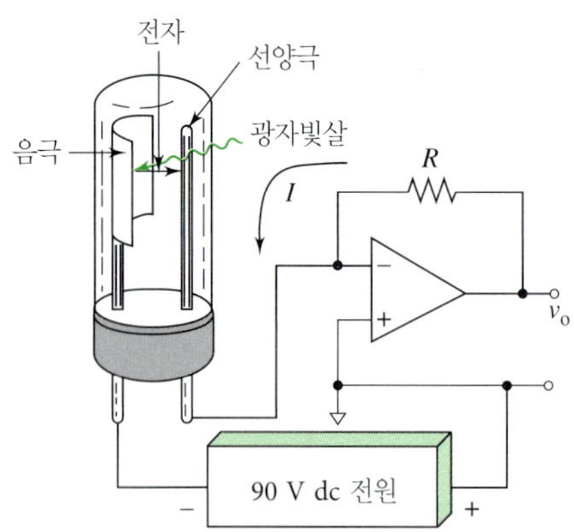

그림 7-29 광전관과 연산 독해장치. 복사선으로 인해 발생한 광전류는 R을 지나면서 전압 강하를 일으키고 전류–전압 전환기의 출력 v_0로 나타난다. 이 전압은 데이터 수집기에 의해 얻거나 미터에 나타난다.

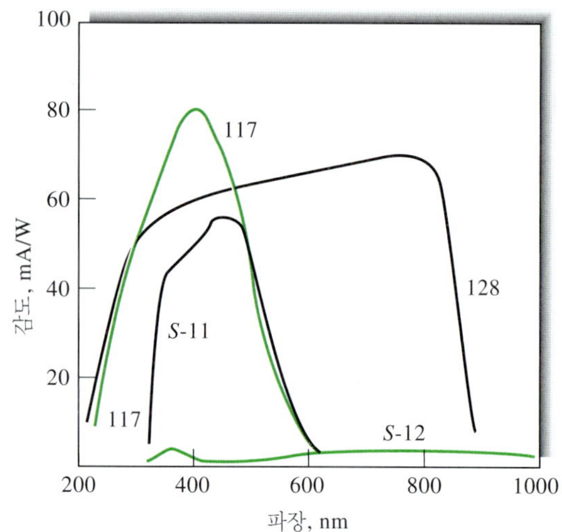

그림 7-30 몇 가지 대표적인 광방출 표면에 대한 스펙트럼 감응도. (From F. E. Lytle, *Anal. Chem.*, **1974**, *46*, 545A, **DOI**: 10.1021/ac60342a718, Figure 1, p. 546A. Copyright 1974 American Chemical Society.)

방출하는 광방출 물질(제6C-1절)로 덮여있다. 두 전극 사이에 전압을 걸어주면 방출된 전자는 주어진 복사선의 세기에 대한 광전류를 생성하게 되는데 이는 광전지에서 생긴 전류의 1/10 정도이다. 반면에 광전관은 높은 전기 저항으로 인해 증폭이 쉽게 이루어진다.

광방출 표면으로부터 방출되는 전자의 수는 그 표면에 부딪히는 복사선의 세기에 정비례한다. 광전관의 두 전극 사이에 걸어준 전압이 증가함에 따라 포화 전압에 도달할 때까지 양극에 도달하는 방출 전자의 비율이 급격히 증가한다. 이 시점에서 모든 전자가 양극에서 수집된다. 전류는 전압과 무관하며 복사선의 세기에 정비례한다. 광전관은 일반적으로 포화 영역 내의 약 90 V의 전압에서 작동한다.

다양한 광방출 표면이 상용되고 있는 광전관에서 사용되고있다. 대표적인 예가 그림 7-30에 나와 있다. 사용자의 관점에서 볼 때, 광방출 표면은 고감도형, 적색 민감형, 자외선 민감형 및 평탄 감응형의 네 가지 범주로 나뉜다. 가장 민감한 음극은 그림 7-30의 117번과 같은 이중 알칼리 유형이다. 이것은 포타슘, 세슘 및 안티모니로 이루어진다. 적색 민감 물질은 다중 알칼리 금속 유형(예, Na/K/Cs/Sb) 혹은 Ag/O/Cs 조성이다. Ag/O/Cs 표면의 성질은 그림에서 S-11로 표시된다. Ga/In/As의 조성은 약 1.1 μm까지 연장된 적색 영역에서도 이용된다. 만약, 광전관이 자외선 투명창이 있는 경우 대부분의 조성은 자외선에 민감하다. 상대적으로 평탄 감응은 그림 7-30에서 128이라고 표시된 Ga/As 조성이라고 볼 수 있다.

광전관은 열유도로 인한 전자 방출과 관의 유리 덮개에 있는 ^{40}K의 자연 방사능으로 인해 발생하는 작은 암전류(식 7-19 참고)를 가진다.

광전자 증배관

낮은 복사선을 측정하는 데는 *광전자 증배관*(photomultiplier tube, PMT)이 일반적인 광전관보다 더 유리하다.[23] 그림 7-31은 이 장치의 개요도이다. 광음극 표면은 그림 7-30에서 설명한 광전관 음극 표면의 조성이 비슷하며 복사선에 노출되면 전자를 방출하게 된다. 또한, 광전자 증배관에는 *다이노드*(dynodes)라고 불리는 여러 개의 추가 전극(그림 7-31의 9개)이 있다. 다이노드 D1은 음극보다 약 90 V 더 높은 전압으로 유지되고 결과적으로 전자는 가속된다. 다이노드와 충돌하는 광전자는 몇 개의 추가 전자를 방출한다. 이 방출된 전자들은 차례로 다이노드 D1보다 ~90 V만큼의 더 플러스 전위를 가지는 다이노드 D2를 향해 가속된다. 이때 다시 한번 표면에 충돌하는 각 전자마다 여러 개의 전자가 방출된다. 이 과정이 9번 반복되어 각각의 입사 광자에 대해 10^6~10^7개의 전자가 형성된다. 이 증폭된 전자들을 최종적으로 양극에 수집되고 이로 인해 발생한 전류는 전압으로 변환되어 측정된다.

그림 7-27의 곡선 A는 광전자 증배관이 자외선이나 가시선에 매우 감도가 좋다는 것을 나타내준다. 더욱이 응답 시간이 매우 빠르다. 일반적으로 광전자 증배관을 사용하는 기기 장치의 감도는 암전류에 의해 제한된다. 열적 방출은 암전류 전자를 생성하는 주 원인이기 때문에 냉각에 의해 광전자 증배관의 성능을 향상시킬 수 있다. 실제로, 열적 암전류는 검출기를 −30°C로 냉각하면 사실상 제거할 수 있다. 적절한 냉각수의 순환에 의해 냉각될 수 있는 변환기 상자를 상업적으로 이용할 수 있다.

광전자 증배관은 강한 복사선에 의해 광전 표면에 심각한 손

[23]진공 광전관의 자세한 이론과 응용에 진공광전관의 자세한 이론과 응용에 관해서는 다음을 참조하시오. *Photomultiplier Tubes: Basics and Applications*, Hamamatsu Photonics, K. K., Hamamatsu City, Japan, 2006; R. W. Engstrom, *Photomultiplier Handbook*, Lancaster, PA: RCA Corporation, 1980.

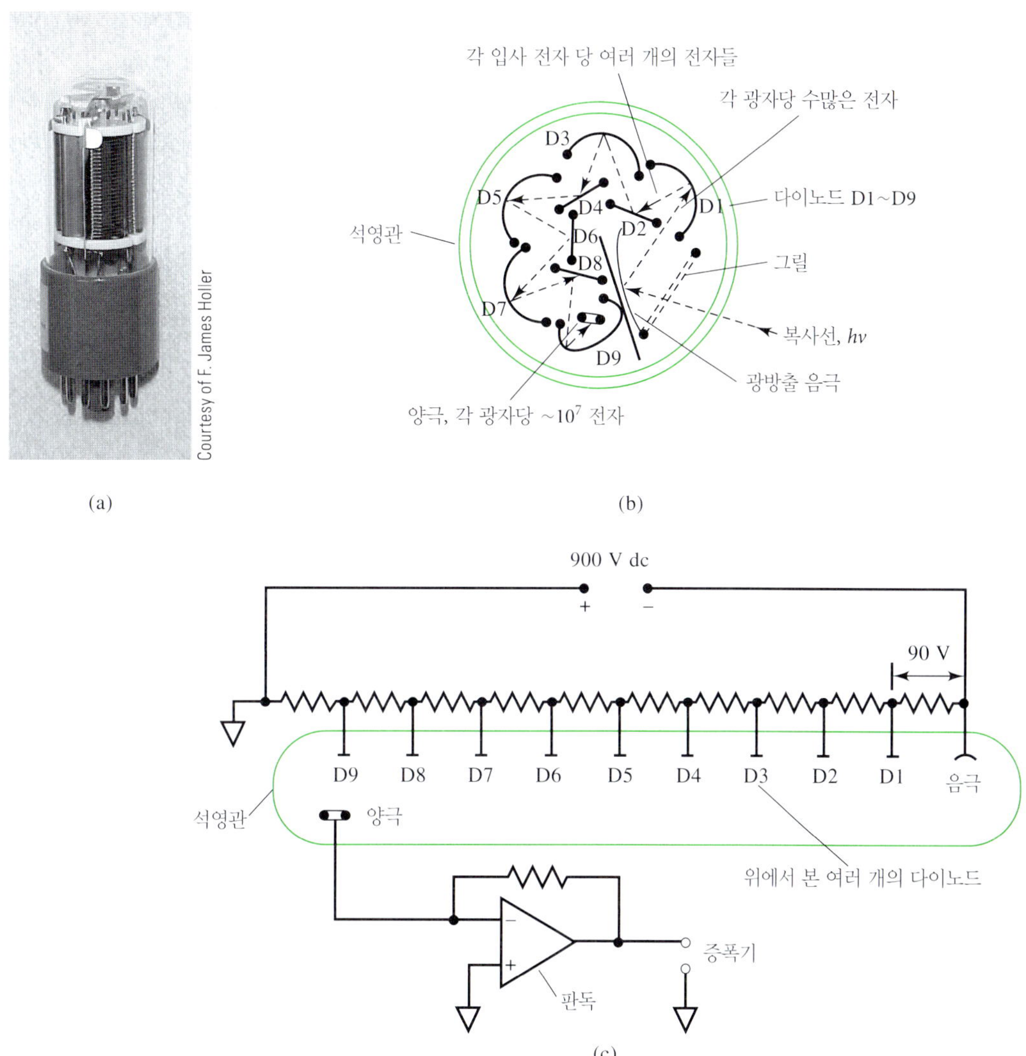

그림 7-31 광전자 증배관. (a) 일반적으로 시판되는 광전자 증배관, (b) 단면도, (c) 다이노드 분극화와 광전류 측정을 보여주는 전기 도형. 광감성 음극 (b)에 충돌하는 복사선은 광전효과에 의해 광전자를 발생시킨다. 다이노드 D1은 광음극에 대하여 양의 전압으로 유지된다. 음극에서 방출된 전자는 첫 번째 다이노드로 끌려 장에서 가속된다. 따라서 각각의 전자가 부딪치며 다이노드 D1에서는 2개 혹은 4개의 이차전자를 발생한다. 이들은 다이노드 D1에 비해 양의 전압을 갖는 다이노드 D2에 끌리게 된다. 결과적으로 양극에서 10^6 혹은 그 이상의 증폭이 일어나게 된다. 정확한 증폭계수는 다이노드의 수와 각각의 전압차에 따라 달라진다. 이 자동적으로 일어나는 내부 증폭은 광전자 증배관의 주요한 장점 중 하나이다. 최신 기기에서, 평균 전류를 측정하는 대신 각각의 광전류 펄스를 검출할 수 있다. 광자 계수법(photon counting)이라고 하는 이 방법은 적은 양의 빛을 검출하는 데 장점을 가지고 있다.

상을 입기 때문에 약한 복사선 측정에 이용된다. 이 때문에 기기장치는 항상 가벼운 밀폐 공간에 위치하며 전원이 잠시라도 노출될 수 있는 가능성을 제거하기 위해 주의를 기울여야 한다. 적절한 외부 회로를 사용하면 광전자 증배관으로 광음극에 개별 광자가 도달하는 것을 감지할 수 있다.

광전자 증배관은 기존의 다이노드 대신 *마이크로채널 판*(microchannel plate)을 이용한 것도 사용되고 있다. 이러한 장치는 흔히 이미지 *증폭 장치*(image intensifier)라고 한다. 마이크로채널 판은 다수의 유리모세관이 얇은 원판 형태의 병렬식으로 묶여 있다. 일차 전자가 채널의 내벽에 부딪치면 이차 전자가 방출된다. 이들은 판을 가로질러 전기장에 의해 가속되고 채널 벽에 다시 충돌하여 추가적인 이차 전자를 발생시킨다. 이 과정은 채널을 따라 여러 번 반복되어 양극에서 많은 수의 전자를 생성한다.

마이크로채널 판 광전자 증배관은 낮은 수준의 이미징 응용 분야, 빠른 감응을 요구되는 기술 분야, 혹은 개별 광자(광자 계수)를 감지하는 빛의 양이 적은 수준의 응용 분야에서 사용된다. 또한 마이크로채널 판 전압을 신속하게 켜고 끌 수 있어, 시간 분해능(형광 수명 측정, 레이저 유도 파괴 분광법 등)을 필요로 하는 응용에 게이팅 기능을 제공한다. 마이크로채널 판 광전자 증배관은 동시에 2차원적 검출을 가능하게 하는 다중 양극을 사용할 수 있다. 마이크로채널 판 변환기는 제11B-1절에서 논의될 질량 분석에도 사용된다.

규소 광다이오드 변환기

규소 광다이오드 변환기(silicon photodiode transducer)는 규소 칩 위에 형성된 역방향 바이어스가 걸린 *pn* 접합으로 구성된다.

그림 7-32에서 볼 수 있듯이 역방향 바이어스는 접합부의 전도도를 거의 0으로 감소시키는 결핍층을 만든다. 그러나 복사선이 칩에 충돌하게 되는 경우, 정공과 전자가 결핍층에 형성되고 적절한 전극에 끌려 복사선의 세기에 비례하는 전류가 발생한다. 이는 저전압 전원 공급 장치만 필요로 하거나 제로 바이어스 하에서만 작동하기 때문에 전지로 작동하는 휴대용 장치에 널리 사용된다.

규소 광다이오드는 진공 광전관보다 감도가 좋지만 광전자 증배관보다는 감도가 낮다(그림 7-27의 곡선 *F* 참고). 광다이오드는 약 190~2000 nm 이상의 스펙트럼 범위를 가진다.

핀 광다이오드(pin photodiode)는 *p*- 혹은 *n*- 도핑 영역 사이에 도핑되지 않은 고유 영역을 가지며, 상대적으로 큰 결핍 영역을 갖는다. 광자 흡수의 대부분은 효율적으로 수집된 운반자를 발생시키는 고유 영역에서 나타난다. 보통의 *pn* 광다이오드에 비해, 핀 광다이오드는 적은 축전 용량으로 인해 높은 양자 효율과 빠른 응답시간이 나타난다.

애벌랜치 광다이오드(avalanche photodiode)는 이득을 가진 규소 광다이오드이다. 일반적인 광다이오드와 마찬가지로, 입사 광자는 전자–정공 짝을 생성한다. 애벌랜치 광다이오드는 소자의 파괴 전압 근처인 일반적으로 수십 혹은 수백 볼트의 비교적 높은 역방향 바이어스에서 작동시킨다. 강한 내부 전기장은 충돌 이온화에 의해 이차 전자를 생성하는 규소 격자를 통하여 전자를 가속시킨다. 결과적으로 생기는 수많은 전자들은 수백 배의 이득률을 발생한다.

애벌랜치 광다이오드는 일반적으로 광전자 증배관보다 훨씬 작은 활성 영역을 가지고 있다. 그러나 애벌랜치 광다이오드 배열장치는 정상적인 광전자 증배관의 활성 영역과 비슷한 활성 영역으로 제조되어 있다. 이러한 배열장치를 *규소 광전자 증배관*(silicon photomultiplier, SiPM)이라고 하며 상용화되어 있다. 이 장치는 광전자 증배관보다 훨씬 낮은 20~100 V의 전압에서 표준 광전자 증배관(≈10^6)에 견줄 만한 이득률을 나타낸다. 규소 광전자 증배관은 20~50%의 광자 검출 효율과 빠른 응답시간을 가진다. 규소 광전자 증배관은 자외선 영역에서 적외선 영역까지의 스펙트럼 범위를 가질 수 있으며, 광전자 증배관보다 훨씬 작다. 이 장치는 단일 광자에 대해 높은 감도를 가지며 광자 계수 응용에 활용될 수 있다. 현재 규소 광전자 증배관은 양전자 방출 단층 촬영(PET) 장비 및 단일 광자 방출 컴퓨터 단층 촬영(SPECT)와 같은 의료 영상 장치 등에 폭넓게 활용되고 있다.

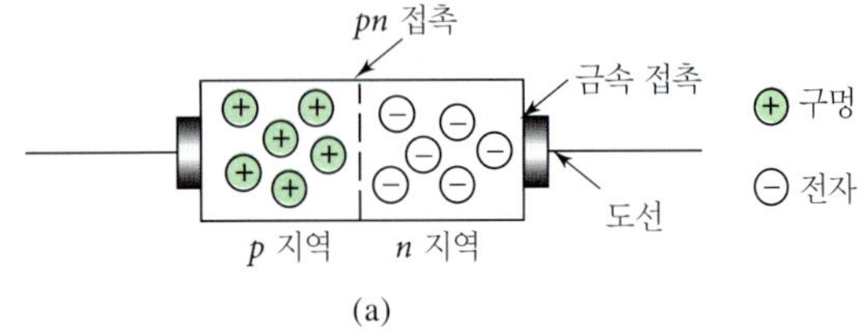

(a)

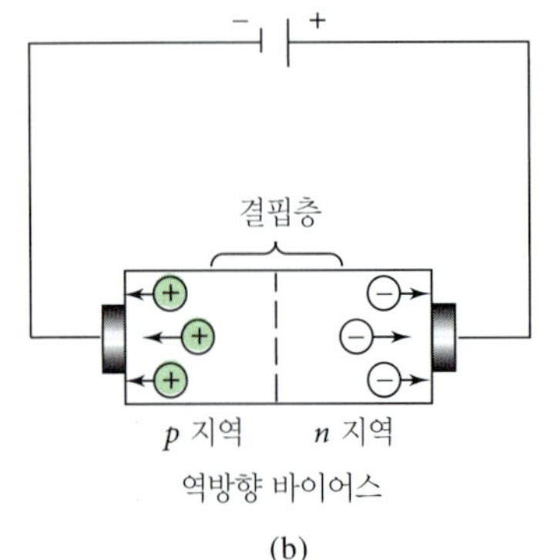

(b)

그림 7-32 (a) 규소 다이오드의 개략도, (b) 역방향 바이어스에서 전기 흐름을 방해하는 결핍층 형성.

7E-3 다중 채널 광자 변환기

분광학에 사용된 최초의 다중 채널 검출기는 분광 기기의 초점 평면의 길이를 따라 배치된 사진판이나 필름으로 스펙트럼의 모든 선을 동시에 기록할 수 있었다. 사진 검출법은 상대적으로 감도가 좋고 10~100개의 광자에도 반응하는 감광유제를 사용한다. 그러나 이러한 유형의 검출기의 한계는 스펙트럼 이미지를 개발하고 유제의 흑화도를 복사 강도로 변환하는 시간이 길다는 것이다.

최신 다중 채널 변환기는[24] 단일 반도체 칩에 선형 혹은 2차원형으로 배열된 작은 감광성 요소들로 배열되어 있다. 일반적으로 규소로 구성되어 있고, 한 면의 크기가 수 mm인 칩은 각각의 광감응 요소로부터 나오는 전기적인 출력 신호를 순차적 혹은 동시에 제공하는 전자 회로를 포함한다. 분광학 연구를 위해 일반적으로 다중 채널 변환기가 분광기의 초점면에 배치되어 분산된 스펙트럼의 다양한 요소를 동시에 변환하고 측정할 수 있다.

상업용 분광기에는 *배열 광다이오드*(photodiode array, PDA), *전하–주입 장치*(charge-injection device, CID) 및 *전하 결합 소자*(charge-coupled device, CCD)의 세 가지 유형의 다중채널 장치가 사용되고 있다. PDA는 감광 요소가 변환기 표면에 직선형으로 배열된 1차원 변환기이다. 대조적으로, CID 및 CCD의 개별 감광성 요소는 일반적으로 2차원 배열로 형성되어 있다. 전하–주입 및 전하 결합 변환기는 변환기 표면의 다양한 영역에서 빛에 의해 생성된 전하를 수집한 다음 짧은 기간에 누적된 전하량을 측정한다. 두 장치 모두 수집 영역에서 검출

[24]다중 채널 검출기에 관한 더 많은 정보를 얻고 싶으면 다음을 참조하시오. D. J. Brady, *Optical Imaging and Spectroscopy,* Ch. 5, Hoboken, NJ: Wiley, 2009; J. M. Harnly and R. E. Fields, *Appl. Spectros.*, **1997**, *51*, 334A, **DOI**: 10.1366/0003702971941971; J. V. Sweedler, K. L. Ratzlaff, and M. B. Denton, eds., *Charge-Transfer Devices in Spectroscopy,* New York: VCH, 1994; J. V. Sweedler, *Crit. Rev. Anal. Chem.*, **1993**, *24*, 59, **DOI**: 10.1080/10408349308048819.

영역으로 전하를 전송하여 측정을 수행한다. 이러한 이유로 두 가지 유형의 변환기를 *전하–이동 장치*(charge-transfer device, CTD)라고도 한다. 이러한 장치는 텔레비전 응용 프로그램, 분광 이미징 및 천문학을 위한 영상 변환기로 널리 사용된다.

광다이오드 배열

PDA에서, 각각의 광감응 요소들은 작은 규소 광다이오드로서, 이들은 역방향 바이어스의 *pn* 접촉으로 되어 있다(앞 절 참고). 이 각각의 광다이오드는 하나의 규소 칩 위에 만들어진 큰 집적 회로의 일부이다. 그림 7-33에서는 몇 개의 변환기 표면 영역의 형상을 보여준다. 각 요소는 일련의 나란한 요소 혹은 *픽셀*(pixel)로 구성된 표면 영역을 제공하기 위해 *n*형 규소판에 확산된 *p*형 막대로 구성된다. 픽셀은 일반적으로 간격이 25 μm이고 높이가 0.5~2.5 mm이다(그림 7-33b). 크기가 작은 14 × 14 μm의 정사각형 픽셀도 상품화되어 있다. 이러한 요소에 입사되는 복사선은 *p* 및 *n* 영역 모두에서 전하를 생성한다. 양전하는 포집되어 연속적인 통합을 위해 *p* 영역에 저장된다(*n*개의 영역에서 형성된 전하가 인접한 두 개의 *p* 영역 사이에서 균등하게 나뉜다). 칩 내의 변환기 요소 수는 64~4096개이며, 1024개가 가장 일반적으로 사용된다.

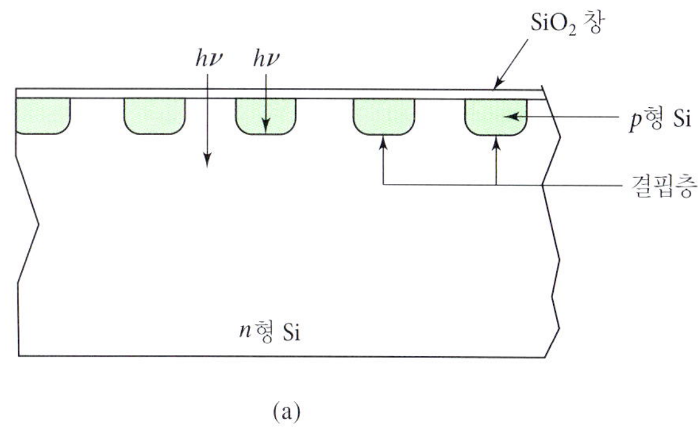

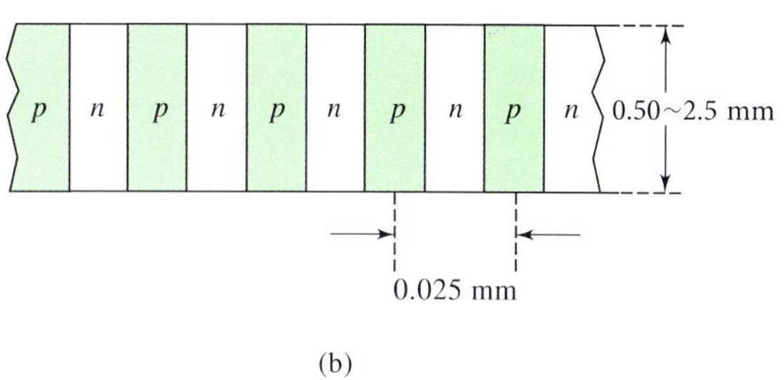

그림 7-33 역방향 바이어스의 선형 다이오드 배열 검출기. (a) 단면도, (b) 평면도.

다이오드 배열을 구성하는 집적 회로는 개별 다이오드–축전기 회로를 순차적으로 스캔하기 위한 회로뿐만 아니라 각 다이오드에 대한 저장 축전기 및 스위치를 포함한다. 그림 7-34는 이러한 구성 요소의 배치를 보여주는 단순화된 개략도이다. 각 광다이오드와 병렬로 존재하는 10-pF의 저장 축전기가 함께 제공된다. 각 다이오드–축전기 쌍은 *N*-bit 이동 레지스터 및 트렌지스터 스위치에 의해 공통 출력라인에 순차적으로 연결되어 있다. 이동 기록기는 이들 스위치를 순차적으로 닫아 일시적으로 충전기가 −5 V로 충전되도록 하며, 그 후에 검출기의 *pn* 접합부에 역방향 바이어스가 생성되도록 한다. *p* 혹은 *n* 영역의 결핍층에 충돌하는 복사선은 회로에서 충전기를 부분적으로 방전시킬 수 있는 전류를 생성하는 전하(전자 및 정공)를 형성한다. 이렇게 손실된 충전기 전하는 다음 주기 동안에 다시 생성된다. 결과적으로 충전 전류는 예비 증폭회로에서 적분되어 복사선의 강도에 비례하는 전압을 생성한다. 증폭 후, 예비 증폭회로의 아날로그 신호는 아날로그–디지털 변환기와 판독값을 처리하기 위한 컴퓨터로 전달된다.

다이오드 배열 변환기를 사용할 때, 분광기의 슬릿 너비는 일반적으로 입구 슬릿의 상이 배열을 구성하는 다이오드 중 하나의 표면 영역을 채우도록 조절된다. 따라서 얻은 정보는 기존의

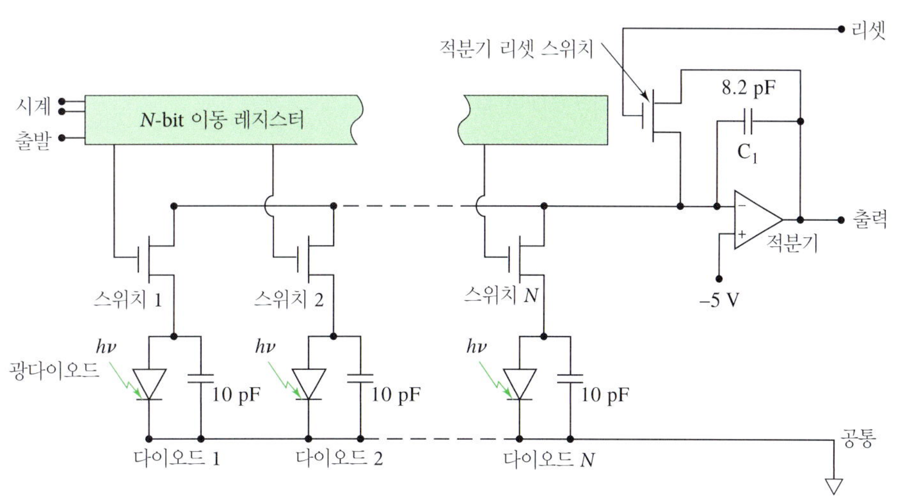

그림 7-34 광다이오드 배열 검출기 칩의 개요도.

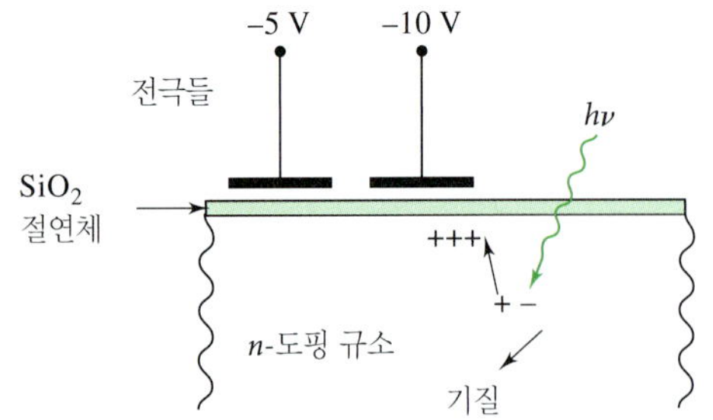

그림 7-35 전하 적분 모드에서의 CTD 검출기 단면도. 광자 *hν*에 의해 생기는 양의 정공은 음전극 아래에 모인다.

분광 광도계로 스캔하는 동안 기록된 정보와 동일하다. 그러나 배열을 사용하면 전체 스펙트럼에 대한 정보가 연속적인 방식이 아닌 비연속적인 요소에 동시에 누적되고 축적된다. 광다이오드 배열은 매우 빠른 감응시간을 가지며 마이크로채널 판의 동조회로는 이득률을 나타내며, 적은 빛의 양을 검출할 수 있게 된다.

앞 절에서 언급한 광전도 변환기 중 일부는 적외선 영역에서 사용하기 위해 선형 배열로 가공할 수 있다. 광다이오드의 2차원적 배열은 또한 상업적으로도 이용 가능하다.

전하-이동 장치

PDA는 감도, 적용범위 및 신호 대 잡음비와 관련해서 광전자 증배관(PMT)의 성능에 미치지 못한다. 한편, CTD의 성능은 다중채널 이점 외에도 광전자 증배관의 성능도 가지고 있다.[25] CTD의 또 다른 이점은 개별 변환기 요소가 행과 열로 배열된다는 점에서 일반적으로 2차원형이라는 것이다. 예를 들어, 다음 절에서 설명할 검출기는 244개의 변환기 행으로 구성되며, 각 행은 388 개의 검출기 요소로 구성되어 6.5 mm × 8.7 mm의 규소 칩에 19,672개의 개별 변환기 혹은 *픽셀*(pixel)을 2차원적 배열로 나타나고 있다. 이 장치를 이용해 에셀레 분광기에서 전체 2차원 스펙트럼을 동시에 기록할 수 있다(그림 7-23).

CTD는 복사선에 의해 신호 정보가 통합된다는 의미에서 사진필름과 비슷한 원리로 작동한다. 그림 7-35는 전하-이동 배열 내의 픽셀들 중 하나의 단면도이다. 이 경우, 픽셀은 규소의 절연층 위에 놓이는 한 쌍의 전극으로 구성된다(CTD 일부의 픽셀이 2개 이상의 전극으로 구성되지 않는다). 규소층은 *n*-도핑된 규소 영역으로부터 전극을 분리한다. 이 배열은 복사선이 도핑된 규소에 충돌할 때 형성되는 전하를 저장하는 금속산화물 반도체 축전기를 구성한다. 그림과 같이, 음의 전압이 전극에 걸릴 때, 정공 저장영역에 대해 에너지적으로 유리한 전하 역전 영역이 전극 아래에 형성된다. 광자의 흡수에 의해 생성된 이동성의 정공은 이러한 전하 역전 영역에서 이동하고 수집된다. 일반적으로 이 영역은 *전위 우물*(potential well)로서 인접 픽셀로 넘치기 전에 10^5~10^6개의 전하를 보유할 수 있다. 그림에서, 이 전극 아래의 전하 축적은 더 유리하게 일어난다. 복사선에 노출되는 동안 생성되는 전하량은 두 가지 방법 중 하나로 측정된다. *전하-주입 장치*(charge injection device, CID)에서, 한 전극의 아래 영역에서 다른 전극의 아래 영역으로 전하가 이동함으로써 발생하는 전압 변화가 측정된다. *전하-쌍 장치*(charge-coupled device, CCD)에서, 전하는 측정을 위해 전하 감지 증폭기로 이동한다.

전하-주입 장치. 그림 7-36은 반도체의 한 픽셀이 광자에 노출되었을 때 생성되는 전하의 수집, 저장 및 측정과 관련된 단계를 보여주는 간단한 도표이다. 센서 소자에 부딪히는 복사선의 세기를 감지하기 위해 그림에서 단계 (a)에서 단계 (d)에 표시된 것처럼 축전기에 적용된 전압이 순환한다. 단계 (a)에서, 음전압이 두 전극에 걸리고, 광자의 흡수에 의해 *n*층에 형성된 정공을 수집하고 저장하는 전위우물의 형성을 유도한다. 오른쪽의 전극이 더 음의 전압에 있기 때문에, 처음에는 모든 정공이 이 전극 아래에 유지된다. 짧은 시간 간격에서 수집된 전하의 크기는 단계 (b) 및 (c)에서 결정된다. (b)에서 왼쪽의 축전기 전압(V_1)은 전압을 제거한 후에 결정된다. 단계 (c)에서, 우측 전극에 걸린 전압을 음전압에서 양전압으로 전환함으로써, 우측 전극에 축적된 정공들이 좌측 전극 아래의 전위우물에 전달된다. 그 후, 전극(V_2)에서 새로운 전압이 측정된다. 축적된 전하의 크기는 전압의 차이($V_1 - V_2$)로부터 결정된다. 단계 (d)에서, 양전극에 양전압을 걸어줌으로써 검출기가 원래의 상태로 복귀되고, 정공이 기판을 향해 이동하게 된다. 그러나 단계 (d)에 대한 대안으로서, 검출기는 이미 축적된 전하의 손실 없이 (a)에 도시된 상태로 복귀된다. 이 과정을 *비파괴 판독모드*(nondestructive readout mode, NDRO mode)라고 한다. CCD에 비해 CID의 주요 이점은 통합이 진행되는 동안 연속 측정이 가능하다는 것이다.

다이오드 배열 검출기의 경우와 마찬가지로, 전하-주입 변환기 소자의 배열을 포함하는 칩은 순환과 측정단계를 수행하는데 적절한 집적 회로를 포함한다.

전하 결합 소자. CCD는 다양한 모양과 형태로 시중에 판매되고 있다. 그림 7-37a는 512 × 320 픽셀로 구성된 일반적인 배열의 개별 감지기의 구성을 보여준다. 이러한 경우, 반도체는 *p*형 규소로 형성되고 축전기는 복사선의 흡수에 의해 형성된 전자가 전극 아래의 전위우물에 모이고 정공이 *n*형 층에서 기판 쪽으로 움직여 양의 전압이 걸린다. 또한 각 픽셀은 CID와 같이 두 개의 전극이 아닌 세 개의 전극(그림 7-37b의 1, 2, 3으로 표시)으로 구성된다. 누적된 전하를 측정하기 위해 3상 시계를 사용하여 그림 7-37a에 표시된 고속 이동 레지스터의 오른쪽으로 단

[25]CTD에 관한 자세한 사항은 다음을 참조하시오 J. M. Harnly and R. E. Fields, *Appl. Spectros.*, **1997**, *51*, 334A; J. V. Sweedler, K. L. Ratzlaff, and M. B. Denton, eds., *Charge-Transfer Devices in Spectroscopy,* New York: VCH, 1994; J. V. Sweedler, *Crit. Rev. Anal. Chem.*, **1993**, *24*, 59, **DOI**: 10.1080/10408349308048819.

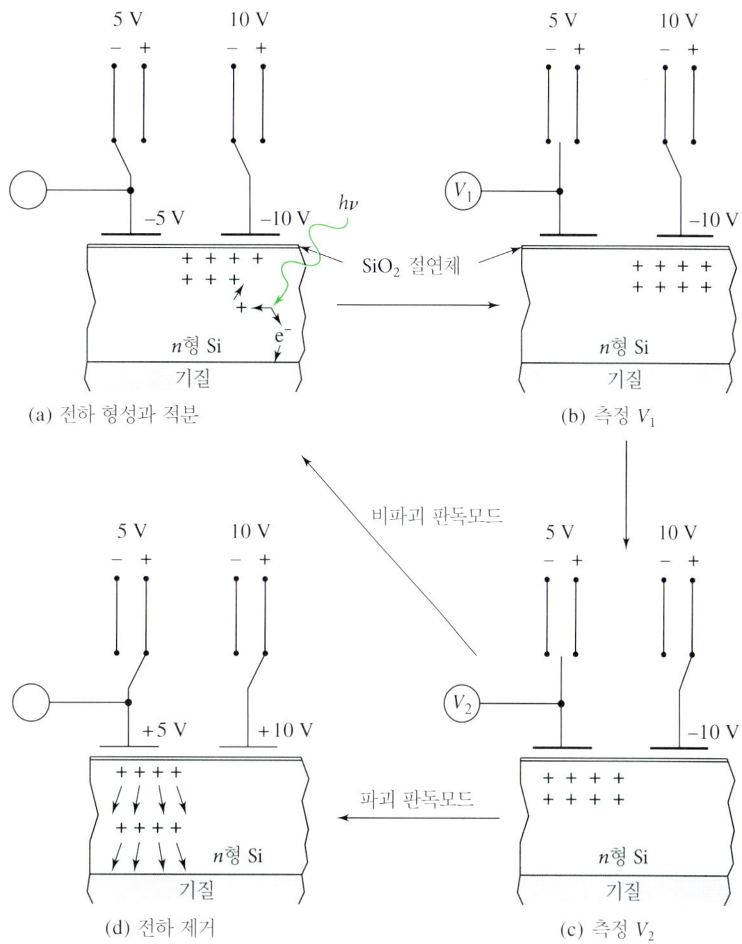

그림 7-36 전하–주입 장치의 순환도. (a) 전하의 생성과 저장, (b) 첫 번째 전하 측정, (c) 전하 이동 후 두 번째 전하 측정, (d) 반도체에 전하를 재주입.

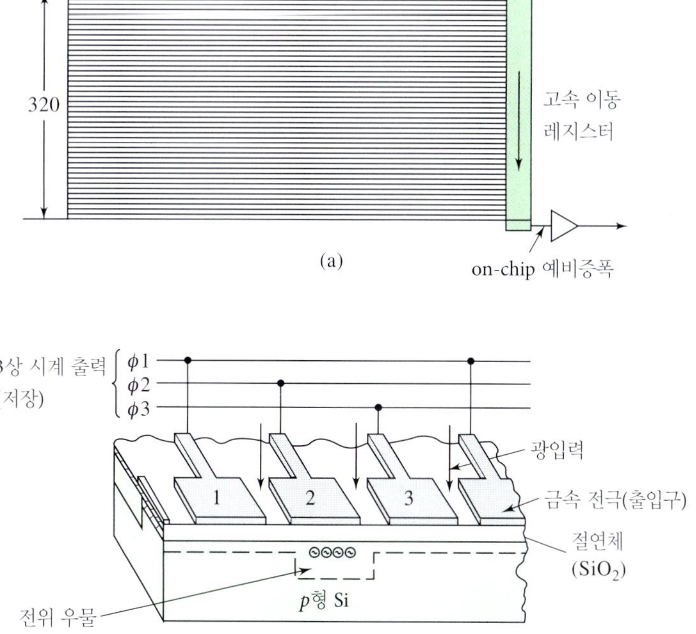

그림 7-37 전하 결합 소자 배열. (a) 512 × 320 픽셀의 조정, (b) 각 4개의 검출기의 구성도.

계적으로 전하를 이동시킨다. 전하는 예비 증폭기로 내려간 다음 판독값으로 전송된다. 따라서 검출기 표면의 행 단위 스캔이 수행된다. CID와는 대조적으로, 이 경우의 판독은 축적된 전하를 없애준다. CCD는 낮은 조도에 더 큰 감도의 이점을 제공한다. 하지만 일부 응용법의 단점은 판독 과정의 파괴적 성질이다.

선형 CCD 배열 및 카메라는 이제 12,000만큼 큰 픽셀 치수로 이용 가능하다. 이러한 장치는 점점 더 광범위한 분석 응용 분야에서 스펙트럼 정보를 고해상도로 감지한다. 분석, 저장 및 데이터 표시를 위해 컴퓨터로 데이터를 전송하기 위한 USB 포트가 내장된 카메라는 여러 제조업체에서 구입할 수 있다.

Giles 등[26]은 응용 분광학 분야에서 CCD 카메라 선택의 포괄적인 지침서에 관한 논문을 발표했다. 저자들은 배열 재료, 감도, 양자 효율, 잡음 고려사항, 동적 범위, 해상도, 판독모드 및 이들 장치의 데이터 수집 및 사용과 관련된 하드웨어 및 소프트웨어 문제에 대해 자세히 서술하였다.

7E-4 광전도 변환기

약 0.75~3 μm의 근적외선 영역에서 복사선을 관찰할 수 있는 가장 민감한 변환기는 이 영역의 복사선을 흡수할 때 저항이 감소하는 반도체이다. 광전도체의 유용한 범위는 밀집된 에너지 레벨 사이에서 열에 의해 유도된 전이로부터 발생하는 잡음을 냉각에 의해 억제함으로써 원적외선 영역으로까지 확장할 수 있다. 이러한 광전도체의 응용은 FT-IR 기기에서 중요하게 작용한다. 결정성 반도체들은 납, 카드뮴, 갈륨 및 인듐과 같은 금속의 황화물, 셀렌화물 및 안티모니화물로부터 형성된다. 이 물질들이 복사선을 흡수하면 결합된 전자의 일부는 자유롭게 전기전도가 가능한 에너지 상태로 전이된다. 결과적으로, 전도도의 변화는 그림 3-10a와 같은 회로로 측정할 수 있다.

PbS는 실온에서 사용할 수 있는 가장 널리 사용되는 광전도성 물질이다. PbS 변환기는 0.8~3 μm (12,500~3,300 cm^{-1}) 사이의 영역에서 민감하게 반응한다. 이 화합물의 얇은 층을 유리나 석영 판에 입혀 전지를 형성한다. 그 다음, 전체 배열은 대기와의 반응으로부터 반도체를 보호하기 위해 진공용기에 밀봉된다. CdS, CdSe 및 PbS의 변환기 감도는 그림 7-27의 곡선 *B*, *D*, *G*로 표시된다.

7E-5 열 변환기

지금까지 고려한 편리한 광변환기들은 적외선에 적용할 수 없는데, 그 이유는 이 영역의 광자들이 광전자를 방출하기에 충분한 에너지를 갖고 있지 않기 때문이다. 따라서 열 변환기나 광전도 변환기를 사용해야 하지만 이들 중 어느 것도 광자 변환기만큼 만족스럽지 못하다.

열 변환기에서,[27] 복사선은 작은 흑체에 충돌하고 흡수된다. 결과적으로 온도 상승이 관찰된다. 전형적인 적외선 빛살의 복사선 세기는 매우 작기 때문에(10^{-7}~10^{-9} W), 온도 변화가 감지되는 경우 빛을 흡수하는 물체의 열용량이 가능한 작아야 한다. 빛을 흡수하는 물체의 크기와 두께가 최소화되고 전체 적외선 광선이 표면에 집중되어 최적의 조건에서 온도 변화가 수천 분의 1 K로 제한된다.

열적인 방법으로 적외선을 측정하는 것은 주변의 열적 잡음 때문에 복잡한 일이다. 이로 인해 열 검출기는 진공 상태로 보관되며 주변의 다른 물체에서 방출되는 열 복사선으로부터 보호된다. 외부 열원의 영향을 최소화하기 위해 광원에서 나오는 빛살은 일반적으로 토막을 낸다. 이러한 방식으로, 분석 신호는 변환 후 토막틀의 주파수를 가지며 일반적으로 시간에 따라 천천히 변하는 외래 잡음과 전기적으로 분리될 수 있다.

열전기쌍

가장 간단한 형태의 열전기쌍은 구리와 같은 두 개의 금속 조각이 그림 3-13과 같이 콘스탄탄과 같은 이종 금속의 각 끝부분에 용접하여 만들어질 때 형성된 한 쌍의 접촉으로 구성된다. 온도 *차이*(difference)에 따라 변하는 2개의 접합부 사이에 전압이 발생한다.

적외선 복사선을 위한 변환기 접합부는 Bi와 Sb의 매우 미세한 전선으로 만들거나 비전도성 지지체 위에 금속을 증발시킴으로써 형성된다. 두 경우 모두 접합부는 일반적으로 열 흡수 능력을 향상시키기 위해 흑색으로 처리되고 적외선 복사에 투명한 창을 가진 진공관에서 밀봉된다.

일반적으로 활성 접합부와 동일한 관에 수용되는 기준 접합부는 상대적으로 큰 열용량을 가지도록 설계되고 입사 복사선으로부터 신중하게 보호된다. 분석물질 신호는 잘게 토막이 났으므로 두 접합점 사이의 온도 차이가 중요하다. 따라서 기준 접합부는 일정한 온도로 유지될 필요가 없다. 감도를 높이기 위해 열전기쌍 여러 개를 직렬로 연결하여 *열전 소자*(thermopile)를 형성할 수 있다.

잘 설계된 열전기쌍 변환기는 10^{-6} K의 온도 차이에 응답할 수 있다. 이 차이는 약 6~8 μV/μW의 전위차에 해당한다. 적외선 검출기의 열전기쌍은 일반적으로 그림 7-38의 계측 증폭기와 같이 높은 임피던스 차동 증폭기에 연결된 낮은 임피던스 장치이다. 계측 증폭기는 제5C-1절에서 논의된다. 그림 3-13과 같은 차동 증폭기는 열전기쌍 검출기 회로의 신호 조절에도 사용된다.

볼로미터

볼로미터는 백금이나 니켈 혹은 반도체와 같은 금속선으로 구

[26] J. H. Giles, T. D. Ridder, R. H. Williams, D. A. Jones, and M. B. Denton, *Anal. Chem.*, **1998**, *70* (19), 663A, **DOI**: 10.1021/ac981990y.

[27] 열 검출기를 포함한 모든 형태의 복사선 변환기에 대한 더 많은 정보를 얻고 싶다면 다음을 참조하시오. E. L. Dereniak and G. D. Growe, *Optical Radiation Detectors*, New York: Wiley, 1984.

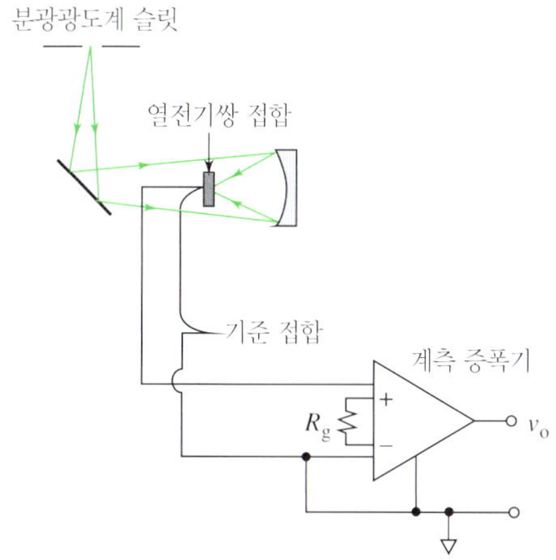

그림 7-38 **열전기쌍과 계측 증폭기의 개요도.** 출력 전압 v_0는 열전기쌍 전압에 비례. v_0의 크기는 그림 5-4의 R_1/a와 같은 기능을 수행하여 얻어지는 저항 R_g에 의해 결정된다.

성된 저항 온도계 유형이다. 반도체 볼로미터는 흔히 *더미스터*(thermistors)라고 불린다. 이 물질들은 온도의 함수로서 상대적으로 큰 저항 변화를 나타낸다. 반응성 요소는 복사열을 흡수하기 위해 작고 검게 유지된다. 볼로미터는 중간 적외선 영역용으로 사용되는 다른 적외선 변환기처럼 광범위하게 사용되지 않는다. 그렇지만 1.5 K에서 작동되는 Ge 볼로미터는 5~400 cm^{-1} (2000~25 μm) 범위의 복사선에 대해 거의 이상적인 변환기이다.

열전기 변환기

열전기 변환기(pyroelectric transducer)는 특별한 열적 및 전기적 특성을 갖는 절연체(유전체 물질)인 *열전기 물질*(pyroelectric material)의 단결정 웨이퍼로 구성된다. 황산 트리글리신(Triglycine sulfate) $(NH_2CH_2COOH)_3 \cdot H_2SO_4$(보통 중수소화되거나 글리신의 일부가 알라닌으로 대체된다)는 적외선 변환기의 구성에 사용되는 가장 중요한 열전기 물질이다.

전기장이 임의의 유전체 재료에 가해질 때, 전기적 편극이 발생하고 그 크기는 재료의 유전상수의 함수로 나타난다. 대부분의 유전체에서 외부 유도장이 제거되면 유도된 분극은 빠르게 0으로 감소한다. 대조적으로, 열전기 물질은 장을 제거한 후에도 강한 온도 의존형 분극을 유지한다. 따라서 두 전극(두 전극 중 하나는 적외선에 투명) 사이에 열전기 결정을 끼워 넣음으로써 온도에 따른 축전기가 생성된다. 적외선 복사선을 조사하여 온도를 바꾸면 결정의 전하 분포가 바뀌고, 이로 인해 축전기의 양면을 연결하는 외부 전기 회로에 측정 가능한 전류가 발생한다. 이 전류의 크기는 결정의 표면적과 온도에 따른 편극의 변화율에 비례한다. 열전기 결정은 *Curie 점*(Curie point)이라고 불리는 온도로 가열될 때 잔류 편극을 잃게 된다. 황산 트리글리신의 Curie 점은 47°C이다.

열전기 변환기는 간섭계의 시간 영역 신호의 변화를 추적할 수 있을 만큼 빠른 응답 시간을 나타낸다. 이러한 이유로 대부분의 Fourier 변환 적외선 분광기는 열전기 변환기를 사용한다.

7F 신호 처리 장치와 판독 장치

신호 처리 장치는 주로 변환기의 전기 신호를 증폭하는 전자 장치이다. 또한 신호를 dc에서 ac(혹은 그 반대)로 바꾸거나, 신호 위상을 변경하고 걸러내 원하지 않는 구성 요소를 제거할 수 있다. 어떤 경우, 신호 처리기는 미분이나 적분, 대수로의 변환과 같은 신호에 대해 수학적 연산을 수행할 수 있다.

현대의 장치에는 여러 유형의 판독 장치가 있다. 디지털 계량기, LCD 및 컴퓨터 디스플레이가 일반적이며 기존의 계측기로는 아날로그 계량기, 아날로그 레코더 혹은 음극선관을 판독 장치로 사용할 수 있다.

7F-1 광자 계수

광전자 증배관의 출력은 검출기 표면에 도달하는 각 광자에 대한 전자 펄스로 구성된다. 이 아날로그 신호는 종종 광음극에서 광자의 무작위적인 출현으로 인한 바람직하지 않은 변동을 제거하기 위해 걸러지며 dc 전압이나 전류로 측정된다. 하지만 복사선의 세기가 만족스러운 신호 대 잡음비를 제공하기에 너무 낮으면 제4C절에 논의된 것과 같이 셀 수 있는 일련의 디지털 펄스로 신호를 처리하는 것이 가능하고 유리하다. 복사선의 레벨이 낮으면 복사선의 세기는 평균 전류 혹은 전압보다는 단위 시간당 펄스 수에 비례한다. 이러한 유형의 측정을 *광자 계수*(*photon counting*)라고 한다.

X선 또는 방사성 화학종의 붕괴로 인해 생성된 복사선의 세기를 측정하기 위해 수년 동안 계수 기법이 사용되어 왔다(이 기법은 제12장과 제32장에서 자세히 다룬다). 광자 계수는 자외선이나 가시선에도 사용되며 광전자 증배관의 출력을 이용하여 계산한다. 이전 절에서 우리는 광전자 증배관의 음극에 충돌하는 단일 광자가 궁극적으로 10^6~10^7개의 전자를 연쇄적으로 생성하고, 이것들이 증폭하고 셀 수 있는 전하의 펄스를 생성한다는 것을 알았다.

일반적으로 광자 계수 장비는 그림 4-2와 유사하지만 미리 결정된 최소 전압을 초과하지 않는 펄스들은 포함되지 않는다. 암전류 및 계측기 잡음은 종종 신호 펄스보다 상당히 작고, 따라서 포함되지 않기 때문에 비교기는 이 작업에 유용하다. 따라서 신호 대 잡음비가 향상된다.

광자 계수법은 아날로그 신호 처리법에 비해, 향상된 신호 대 잡음비, 낮은 복사선에 대한 감도, 주어진 측정 시간에 대한 향상된 정밀도 및 광전자 증배관의 전압 및 온도 변동에 대한 감도 저하와 같은 많은 이점을 가지고 있다. 하지만 필요한 장비는 더 복잡하고 비싸다. 그 결과, 이 기술은 높은 감도가 요구되지 않는 자외선이나 가시선 영역에서 통상적인 분자 흡수 측정

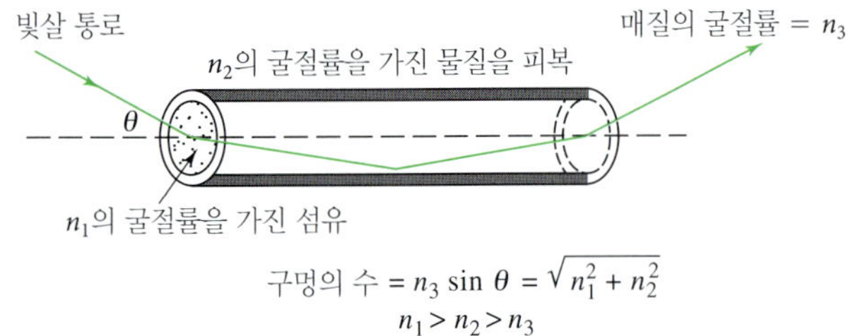

그림 7-39 광섬유를 통과하는 빛살의 경로 개략도.

에 광범위하게 적용되지 못했다. 그러나 복사선의 세기가 낮은 일부 형광, 화학 발광 및 Raman 분광 기술에서 검출 방법으로 널리 사용되고 있다.

7G 섬유 광학

1960년대 후반에 복사선 및 영상을 장비의 한 요소에서 다른 요소로 전송하기 위한 광섬유가 포함된 분석장비가 나타나기 시작했다.[28] 광섬유는 광학 기기 설계에 매우 유용하게 사용된다.

7G-1 광섬유의 특성

광섬유는 수백 피트 이상의 거리에서 복사선을 전달하는 유리나 플라스틱의 미세한 가닥이다. 광섬유의 직경은 0.05 μm에서 최대 0.6 cm까지 다양하다. 영상이 전송되는 곳에서는 끝에서 융합된 섬유 묶음이 사용된다. 이러한 섬유 다발의 주요 적용은 의학적인 진단에 있으며, 섬유 다발의 유연성으로 인해 구불구불한 경로를 통해 장기의 이미지를 의사에게 전송할 수 있다. 광섬유는 관측뿐만 아니라 사물을 조명하는 데도 사용된다. 이러한 응용에서, 가열하지 않고 조명하는 능력은 매우 중요하다.

광섬유에서의 광 전송은 그림 7-39와 같이 전체 내부 반사에 의해 발생한다. 내부 전반사가 발생하기 위해, 투과 섬유는 섬유 재료의 굴절률보다 다소 작은 굴절률을 갖는 재료로 코팅될 필요가 있다. 따라서, 전형적인 유리 섬유는 굴절률이 약 1.6인 중심부와 굴절률이 약 1.5인 유리 코팅을 갖는다. 전형적인 플라스틱 섬유는 굴절률이 1.5인 폴리 메틸메타크릴레이트 중심부와 굴절률이 1.4인 고분자 코팅을 갖는다.

섬유(그림 7-39)는 그림에 θ로 표시된 반각을 갖는 제한된 입사 원뿔에 포함된 복사선을 전달한다. 광섬유의 *구멍 수*(numerical aperture)는 소위 *수용 원뿔*(acceptance cone)의 크기를 측정하는 척도로 작용한다.

적절한 재료 선택을 통해 자외선, 가시선 혹은 적외선을 전송하는 섬유를 제조할 수 있다. 다음 장에서 기존 분석장비에 적용한 몇 가지 예를 찾을 수 있다.

7G-2 광섬유 감지기

광전극(optrode)으로도 불리는 *광섬유 감지기*(fiber-optic sensor)는 광섬유 끝부분에 시약을 고정시켜 구성된다.[29] 시약과 분석물의 상호작용으로 인해 흡광도, 반사율, 형광 혹은 발광의 변화가 생성되어 전송되고 광섬유를 통해 검출기로 보내진다. 광섬유 감지기는 일반적으로 간단하고 저렴한 장치로 쉽게 소형화된다. 이들은 종종 *바이오센서*(biosensor)로서 생물학적 물질을 감지하는 데 광범위하게 사용된다.[30] 사실 이러한 감지기는 나노미터 규모로 소형화되었다. 이러한 장치를 *나노 바이오센서*(nanobiosensor)라고 한다.

7H 광학기기의 종류

이 절에서는 다양한 유형의 광학기기를 설명할 때 사용하는 용어를 정의한다. 여기에 제안된 명명법은 모든 과학자가 동의하고 사용하지 않는다는 것을 이해하는 것이 중요하다. 여기서 사용되는 용어는 이 책에서 다루게 되는 것으로서 일반적으로 많이 사용된다.

분광기(spectroscope)는 원자 방출선의 *시각적*(visual) 식별에 사용되는 광학기기이다. 그림 7-18과 같은 단색화 장치로 구성되어 있으며, 출구 슬릿은 초점 평면을 따라 움직일 수 있는 접안렌즈로 교체된다. 방출선의 파장은 선이 접안렌즈의 중심에 있을 때 입사광선과 분산광선 사이의 각도로 결정된다.

하나 이상의 색 비교 표준을 사용하여 사람의 눈이 감지기 역할을 하는 흡수 측정 도구를 지정하기 위해 *비색계*(colorimeter)라는 용어를 사용한다. *광도계*(photometer)는 광원, 필터 및 광전변환기와 신호 처리 장치 및 판독기로 구성된다. 일부 과학자 및 계측기 제조업체는 광도계를 광전 비색계라고도 지칭한다. 필터 광도계는 자외선, 가시선 및 적외선 영역에서의 흡수 측정뿐만 아니라 처음 두 파장 영역에서의 방출 및 형광에 대해 상업적으로 이용 가능하다. 형광 측정을 위해 설계된 광도계는 *형광계*(fluorometer)라고도 한다.

분광계(spectrometer)는 파장이나 주파수의 함수로 복사선의 세기에 대한 정보를 제공해준다. *분광 광도계*(spectrophotometer)는 흡수분광법에서처럼 파장의 함수로 두 복사선의 복사 세기 비율을 결정할 수 있는 하나 이상의 출구 슬릿 및 광전 변환

[28]다음의 광섬유에 대한 논문을 참고하시오. J. Hayes, *FOA Guide to Fiber Optics,* Fallbrook, CA: Fiber Optics Association, **2009**; J. Hayes, *Fiber Optics Technician's Manual,* Clifton Park, NY: Delmar Learning, **2006**.

[29]X. E. Wong and O. S. Wolfbeis, *Anal. Chem.,* **2012**, *85*, 487, **DOI**: 10.1021/ac303159b; O.S. Wolfbeis, *Anal. Chem.,* **2008**, *80*, 4269, **DOI**: 10.1021/ac800473b; M. A. Arnold, *Anal. Chem.,* **1992**, *64*, 1015A, **DOI**: 10.1021/ac00045a720.

[30]T. Vo-Dinh, in *Encyclopedia of Nanoscience and Nanotechnology,* Stevenson Ranch, CA: American Scientific Publishers, **2004**, *6*, 53–59. J. M. Song, P. M. Kasili, G. D. Griffin, T. Vo-Dinh, *Anal. Chem.*, **2004**, *76*, 2591, **DOI**: 10.1021/ac0352878.

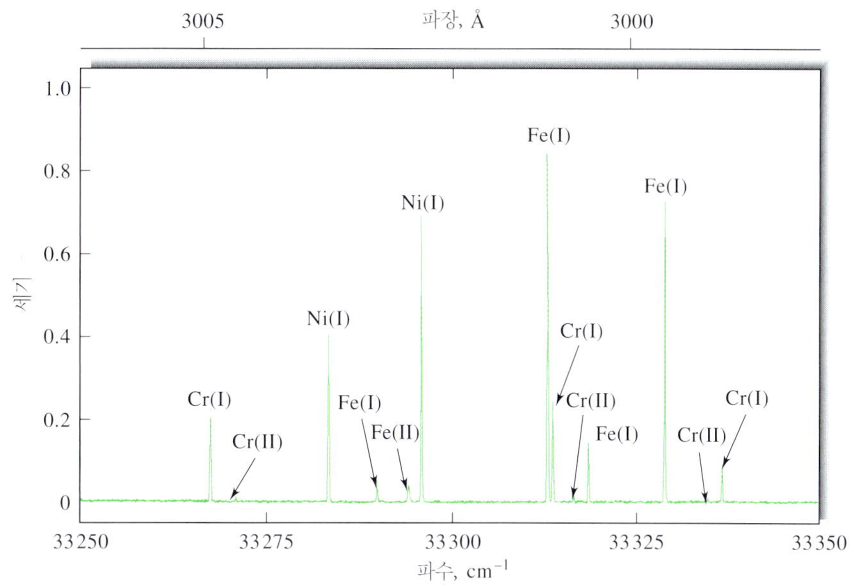

그림 7-40 **Fourier 변환 방출 분광계의 고분해능을 보여주는 철의 방출 스펙트럼.** (From A. P. Thorne, *Anal. Chem.*, **1991**, *63*, 57A, **DOI**: 10.1021/ac00002a712. Copyright 1991 American Chemical Society.)

기가 장착된 분광계이다. 형광 분석을 위한 분광광도계를 때때로 *분광 형광계*(spectrofluorometer)라고 한다.

이 절에서 명명된 모든 장비는 측정을 위해 필터나 단색화 장치를 사용하여 스펙트럼의 일부를 분리한다. 반대로 *다중형*(multiplex) 기기는 관심 있는 파장을 제공하기 위해 먼저 복사선을 분산시키거나 걸러내지 않고 스펙트럼 정보를 얻는다.

대부분의 다중형 분석 장비는 신호 해독을 위해 *Fourier 변환*(Fourier transform)에 의존하기 때문에 종종 Fourier 변환 분광계라고 한다. 이러한 기구는 결코 광학 분광학에 국한되지 않는다. Fourier 변환 장치가 핵 자기 공명 분광법, 질량 분석법 및 마이크로파 분광법에 대해 설명한다. 이 기기 중 몇 개는 다음 장에서 자세히 설명한다. 다음 절에서 Fourier 변환 광학 분광기의 작동 원리를 설명한다.

7I Fourier 변환 광학 측정의 원리

Fourier 변환 분광법(Fourier transform spectrometry)은 멀리 떨어진 별의 적외선 스펙트럼을 연구하기 위해 1950년대 초에 천문학자에 의해 처음 개발되었다. Fourier 변환 분광법의 첫 화학적 응용은 에너지와 검출기 민감도가 낮은 원적외선 영역에 적용되었다. 1960년대 후반에는 원적외선(10~400 cm^{-1})과 일반 적외선 영역 모두에서 화학적 연구를 위한 도구가 상업적으로 이용 가능했다.[31] 자외선 및 가시선 영역을 위한 Fourier 변환 도구에 대한 설명은 문헌에서도 찾을 수 있다. 하지만 널리 사용되지는 않았다.

7I-1 Fourier 변환 분광법의 본질적 이점

Fourier 변환 기기의 사용에는 몇 가지 주요 장점이 있다. 첫 번째는 Fourier 변환 장치에 광학요소가 거의 없고 복사선 감쇠요소가 없기 때문에 실현되는 *처리량 이점*(throughput advantage) 혹은 *Jaquinot 이점*(Jaquinot advantage)이다.

Fourier 변환 장비의 두 번째 장점은 높은 분해능과 파장재현성으로 매우 많은 수의 좁은 선들이 겹쳐져 개개의 스펙트럼의 특성을 결정하기 어려운 복잡한 스펙트럼을 분석할 수 있다. 그림 7-40은 강철 시료의 방출 스펙트럼의 장점을 보여준다. 단지 299.85~300.75 nm까지 확장된 스펙트럼은 세 원소들의 잘 분리된 13개의 선을 포함한다. 가장 가까운 두 선에 대한 파장 분해능($\Delta\lambda/\lambda$)은 약 6 ppm이다.

[31]광학 Fourier 변환 분광법에 대한 참조논문. B. C. Smith, *Fundamentals of Fourier Transform Infrared Spectroscopy*, 2nd ed., Boca Raton, FL: CRC Press, 2011; P. Hariharan, *Basics of Interferometry*, 2nd ed., Burlington, MA: Academic Press, 2007; P. R. Griffiths and J. A. de Haseth, *Fourier Transform Infrared Spectrometry*, 2nd ed., Hoboken, NJ: Wiley, 2007; A. G. Marshall and F. R. Verdun, *Fourier Transforms in NMR, Optical, and Mass Spectrometry*, New York: Elsevier, 1990.

세 번째 장점은 광원의 모든 요소가 동시에 검출기에 도달하는 것이다. 이 특성으로 인해 1초 이내에 전체 스펙트럼에 대한 데이터를 얻을 수 있다. 이 마지막 이점의 결과를 자세히 논의한다.

이를 설명하기 위해, 실험적으로 도출된 스펙트럼을 *분해능 요소*(resolution element)라 불리는 동일한 간격의 주파수 혹은 파장 간격에서 측정한 m개의 개별적인 투광도로 구성되는 것으로 생각하는 것이 편리하다. 스펙트럼의 품질, 즉 스펙트럼 세부 사항의 양은 분해능 요소의 수가 증가하거나 측정 간의 주파수 간격이 작아짐에 따라 증가한다.[32] 따라서 스펙트럼 품질을 높이려면 m을 더 크게 해야 한다. 분명한 것은 분해능 요소의 수를 늘리면 스캐닝 도구로 스펙트럼을 얻는 데 필요한 시간도 증가해야 한다.

예를 들어 500~5000 cm^{-1}의 적외선 스펙트럼 측정을 생각해보자. 3 cm^{-1}의 분해능 요소가 선택되면 m은 1500이 된다. 스펙트럼을 얻기 위해 각 해상도 요소의 투광도를 기록하는 데 0.5초가 필요하다면 750초 혹은 12.5분이 필요하다. 분해능 요소의 너비를 1.5 cm^{-1}로 줄이면 훨씬 더 큰 스펙트럼 세부 사항을 제공할 것으로 예상한다. 또한 분해능 요소의 수와 측정에 필요한 시간을 두 배로 늘릴 수 있다.

대부분의 광학기기, 특히 적외선 영역을 위해 설계된 광학기기의 경우, 분해능 요소의 폭을 줄이는 것은 신호 대 잡음비를 줄이는 불리한 효과가 있다. 이는 좁은 슬릿으로 인해 발생하는데, 이로 인해 변환기에 도달하는 광원 신호의 세기가 약하게 나타난다. 하지만 적외선 검출기의 경우 신호 세기의 감소는 검출기 잡음의 감소를 수반하지 않는다. 따라서 신호 대 잡음비가 저하된다.

제5장에서는 신호 대 잡음비가 신호평균법을 통해 향상될 수 있다는 것을 지적하였다. 식 5-11에 보여준 바와 같이, n개의 측정 평균에 대한 신호 대 잡음비 S/N은 다음과 같이 주어진다.

$$\left(\frac{S}{N}\right)_n = \sqrt{n}\left(\frac{S}{N}\right)_i \tag{7-20}$$

$(S/N)_i$는 한 번 측정에 대한 S/N이다(식 5-11). 불행하게도 기존의 분광법에서 신호 평균을 얻는 데는 시간적인 측면에서 비용이 많이 든다. 따라서 주어진 예에서 1500개의 분해능 요소의 스펙트럼을 얻으려면 750초가 필요하다. 신호 대 잡음비를 2배로 향상시키려면 4개의 스펙트럼을 평균화해야 하며, 그러면 4 × 750초 혹은 50분이 소요된다.

Fourier 변환 분광법은 스펙트럼의 모든 분해능 요소가 **동시에** 측정되므로 선택된 신호 대 잡음비에서 스펙트럼을 얻는 데 필요한 시간을 획기적으로 단축했다는 점에서 기존 분광법과 다르다. 따라서 1500개의 분해능 요소의 전체 스펙트럼을 기존 분광법(이전 예에서 0.5초)으로 단 하나의 요소를 관찰하는 데 필요한 시간 내에 기록할 수 있다. 관측 시간의 이러한 큰 감소는 종종 Fourier 변환 측정의 신호 대 잡음비를 크게 향상시키는 데 사용된다. 예를 들어, 스캐닝에 의해 스펙트럼을 얻는 데 필요한 750초 동안, 1500개의 Fourier 변환 스펙트럼이 기록되고 평균화될 수 있다. 식 7-20에 따르면, 신호 대 잡음비의 향상은 $\sqrt{1500}$ 혹은 약 39이다. Fourier 변환 분광학의 이러한 고유한 이점은 1958년, P. Fellgett에 의해 처음으로 알려졌으며, *Fellgett 이점*(Fellgett advantage) 혹은 *다중형 이점*(multiplex advantage)이라고 한다. 몇몇 이유로 신호 대 잡음비의 이론적인 향상 $\sqrt{n}$이 거의 실현되지 않는다는 점을 주목할 필요가 있다. 그럼에도 불구하고 신호 대 잡음비의 증가는 일반적으로 Fourier 변환 기술에서 관찰된다.

다중형 이점은 거의 모든 적외선 분광계에서 Fourier 변환 형태를 사용할 수 있을 만큼 중요하다. 그러나 Fourier 변환 계측기는 자외선, 가시선 및 근적외선 영역에서 흔하지는 않다. 이러한 유형의 복사선을 사용한 스펙트럼 측정의 신호 대 잡음 제한은 드물게 검출기 잡음의 결과가 아닌 광원과 관련된 산탄 잡음과 깜박이 잡음으로 인한 것이기 때문이다. 검출기 잡음에 비해 산탄 잡음과 깜박이 잡음의 크기는 신호 세기가 증가함에 따라 증가하게 된다. 또한 Fourier 변환 측정에서 모든 분해능 요소에 대한 총 잡음은 평균화되고 전체 변환 스펙트럼에 걸쳐 균일하게 분포되는 경향이 있다. 따라서 약한 피크의 존재에서 강한 피크에 대한 신호 대 잡음비는 평균화에 의해 향상되지만 전체 변환 스펙트럼에 걸쳐 균일하게 분포되는 경향이 있다. 따라서 약한 피크의 존재에서 강한 피크에 대한 신호 대 잡음비는 평균화에 의해 향상되고 더 약한 피크에 대해서는 약화된다. 많은 스펙트럼 광원의 배경 복사선에서 마주치는 것과 같은 깜박이 잡음의 경우 모든 피크에 대한 신호 대 잡음비의 저하가 관찰된다. 이 효과는 때로 *다중형 단점*(multiplex disadvantage)으로 간주되고, 자외선-가시선 분광법에 널리 적용되지 않는 Fourier 변환에 크게 기여한다.[33]

7I-2 시간 영역 분광법

일반적인 분광법은 복사선 세기 데이터가 주파수나 파장의 함수로 기록된다는 점에서 *주파수 영역 분광법*(frequency-domain spectroscopy)이라고 할 수 있다. 그와 반대로, Fourier 변환에 의해 이루어지는 *시간 영역 분광법*(time-domain spectroscopy)은 *시간*(time)에 따른 복사선 세기의 변화와 관련되어 있다. 그

---

[32]각각의 점대점 측정은 기록형 분광광도계로는 할 수 없다. 그럼에도 불구하고 분해원소의 생각은 유용하고 이런 생각은 기록형기기장치에 응용될 수 있다.

[33]원자 분광법에서 *다중형 단점*(multiplex disadvantage)에 관한 참조 논문. A. P. Thorne, *Anal. Chem.*, **1991**, *63*, 62A, **DOI**: 10.1021/ac00002a712; A. G. Marshall and F. R. Verdun, *Fourier Transforms in NMR, Optical, and Mass Spectrometry*, Chap. 5, New York: Elsevier, 1990.

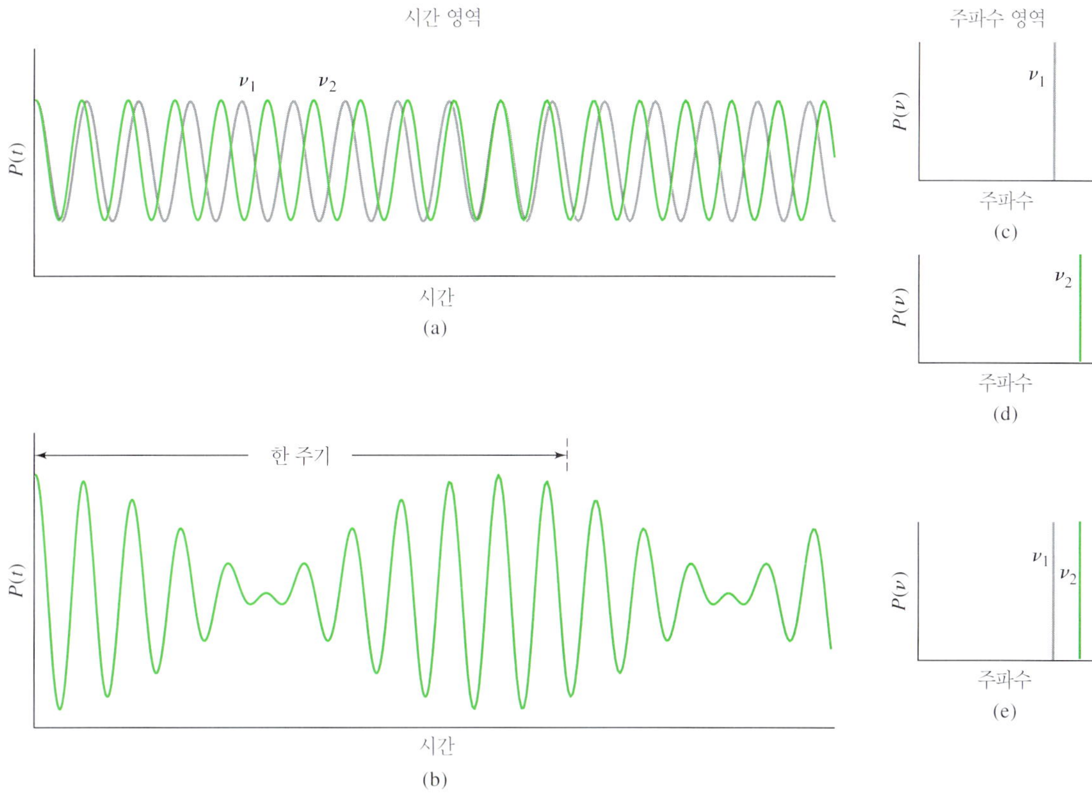

그림 7-41 (a) 같은 진폭의 ν_1과 ν_2의 두 주파수 차이에 의한 시간 영역에 대한 도시, (b) (a)의 두 파장을 더한 시간 영역에 대한 도시, (c) ν_1의 주파수 영역에 대한 도시, (d) ν_2의 주파수 영역에 대한 도시, (e) (b)에 있는 파장의 주파수 영역에 대한 도시.

림 7-41은 그 차이점을 보여준다.

그림 7-41c와 d의 그래프는 주파수 ν_1과 ν_2 Hz를 갖는 두 개의 단색 광원의 일반적인 스펙트럼이다. 그림 7-41e의 곡선은 두 주파수를 모두 포함하는 광원의 스펙트럼이다. 각각의 경우에, 복사 세기 $P(\nu)$는 Hz 단위의 주파수에 대해 도시된다. 괄호 안의 기호는 세기의 주파수 의존성을 강조하기 위해 추가되었다. 시간 영역 세기는 $P(t)$로 표시된다.

그림 7-41a의 곡선은 두 단색 광원에 대한 시간 영역의 스펙트럼을 보여준다. 이 스펙트럼들은 작은 주파수 차이를 보다 분명하게 나타내기 위해 함께 도시하였다. 여기서, 순간 세기 $P(t)$는 시간의 함수로서 도시된다. 그림 7-41b의 곡선은 두 주파수를 모두 포함하는 광원의 시간 영역 스펙트럼이다. 수평 화살표로 표시된 것처럼, 그래프는 두 개의 파동이 위상이 다른 파동에 따라 주기성이나 *맥놀이*(beat)를 보여준다.

그림 7-42는 많은 파장을 포함하는 광원의 시간 영역 신호이다. 이것은 그림 7-41에 표시된 것보다 상당히 복잡하며, 많은 수의 파장이 관련되어 있기 때문에 나타나 있는 시간에는 전체 주기가 끝나지 않는다. 특정 파장이 위상을 벗어나서 통과할 때 맥놀이 무늬가 나타난다. 일반적으로 신호 세기는 근접한 파장들이 더욱 더 위상이 어긋나기 때문에 시간에 따라 감소하게 된다.

시간 영역 신호에는 주파수 영역에서의 스펙트럼과 동일한

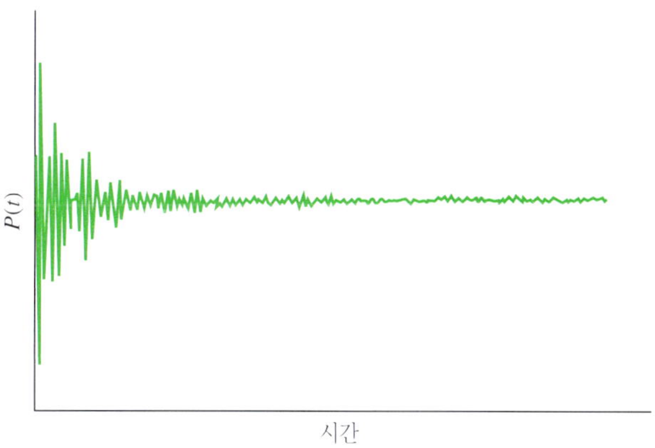

그림 7-42 여러 가지 파장을 방출하는 광원의 시간 영역 신호.

정보가 포함되어 있으며 실제로는 수치 계산을 통해 다른 영역으로 변환될 수 있음을 인식하는 것이 중요하다. 따라서 그림 7-41b는 k가 상수이고 t가 시간인 식을 사용하여 그림 7-41e의 데이터로부터 계산되었다. 두 선 사이의 주파수 차이는 ν_2의 약 10%이다.

$$P(t) = k\cos(2\pi\nu_1 t) + k\cos(2\pi\nu_2 t) \qquad (7\text{-}21)$$

많은 파장이 관여할 때, 시간 및 주파수 영역 신호의 상호 변환은 복잡하고 수학적으로도 지루한 작업이다. 따라서 작업을 컴퓨터로 할 때에만 실용적이다. 오늘날, 고속 Fourier 변환 알

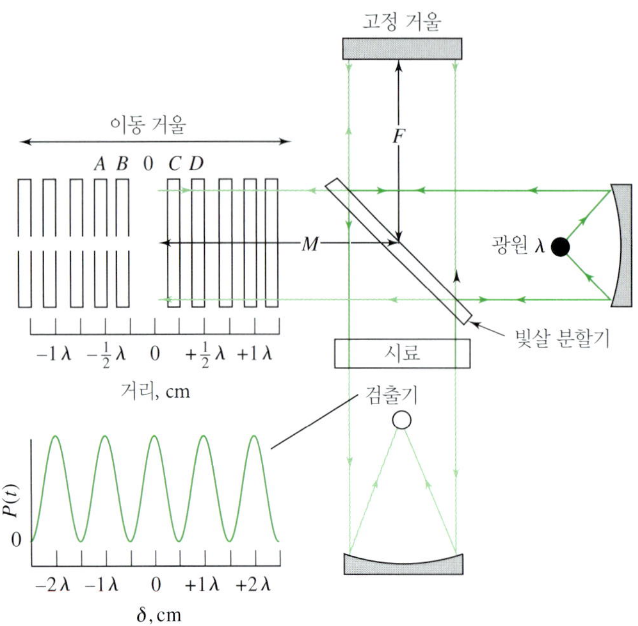

그림 7-43 단색 복사선으로 조사된 Michelson 간섭계의 개요도.

고리즘은 시간 영역 스펙트럼으로부터 주파수 영역 스펙트럼으로 수 초 내에 계산할 수 있게 한다.

7I-3 Michelson 간섭계를 이용하여 시간 영역 스펙트럼 구하기

그림 7-41과 7-42에 나타난 것과 같은 시간 영역 신호들은 광학분광법(10^{12}~10^{15} Hz)과 관련된 주파수 범위에서는, 고주파수 복사선 세기의 변화에 감응하는 변환기가 없기 때문에 실험적으로 얻을 수 없다. 일반적인 변환기는 주기적인 변화가 아닌 고주파수의 평균 세기에 감응하는 신호를 나타낸다. 그러므로 시간 영역 스펙트럼 신호를 얻으려면, 신호에 포함된 시간 관계를 왜곡시키지 않고 고주파수 신호를 측정 가능한 주파수 중 하나로 변환 혹은 *변조*(modulating)하는 방법이 필요하다. 즉, 변조된 신호의 주파수는 원본의 주파수와 정비례해야 한다. 다양한 신호 변조 절차가 스펙트럼의 다양한 파장 영역에 사용된다. *Michelson 간섭계*(Michelson interferometer)는 광학 영역에서 복사선을 변조하는 데 광범위하게 사용된다.

광학 복사선을 변조하는 데 사용되는 장치는 19세기 후반, Michelson이 처음 설명한 기술과 비슷한 설계의 간섭계이다. Michelson 간섭계는 하나의 복사선 빛살을 거의 동일한 세기의 두 빛살로 분리한 후, 두 빛살의 이동거리의 차이를 함수로 측정될 수 있는 방식으로 재결합하는 장치이다. 그림 7-43은 광학 Fourie 변환 분광법에 사용되는 간섭계의 개략도이다.

그림 7-43에서 볼 수 있듯이, 광원으로부터의 복사선 광선은 평행화되어 빛살 분할기로 들어가 절반의 복사선을 투과시키고 다른 절반은 반사한다. 그 결과 생성된 두 빛살은 거울에서 반사되는데, 한 거울은 고정되어 있고 다른 거울은 이동이 가능하다. 그 다음 빛살은 빛살 분할기에서 다시 만나며, 각 빛살의 절반은 시료와 검출기를 향하고 다른 두 개의 절반은 다시 광원을 향하게 된다. 시료를 통과하여 검출기로 전달되는 각 빛의 절반만 분석 목적으로 사용된다.

이동 거울을 수평으로 움직이면 검출기에 도달하는 복사선의 세기를 재현 가능한 방식으로 변동할 수 있다. 두 개의 거울이 분할기에서 같은 거리에 있을 때(그림 7-43의 위치 0), 재조합된 빛살 두 개는 정확하게 같은 위상에 있고 신호 세기는 최대이다. 단색 광원의 경우, 이동 거울을 어느 한 방향으로 정확히 1/4 파장 (도면에서 B 또는 C 위치) 만큼 이동시키면, 대응하는 반사 복사선의 경로 길이는 1/2 파장만큼 (각 방향에 대해 1/4 파장) 변한다. 이 거울 위치에서, 상쇄 간섭은 재결합된 광선의 복사선 세기를 0으로 감소시킨다. 거울이 A 혹은 D로 이동하면 빛살의 두 절반이 같은 위상으로 돌아오므로 다시 보강 간섭이 발생한다.

두 빛살의 경로 길이 차이, 그림에서 $2(M - F)$를 *지연*(retardation) δ이라고 한다. 검출기의 출력 세기 대 δ의 그래프를 *인터페로그램*(interferogram)이라고 한다. 단색 복사선의 경우, 인터페로그램은 그림 7-43의 왼쪽 아래에 표시된 것과 같은 cosine 곡선의 형태를 취한다(δ가 0이고 두 경로가 동일할 때 세기가 항상 최대이기 때문에 사인이 아닌 cosine 곡선).

시뮬레이션: www.tinyurl.com/skoogpia7에서 **Michelson 간섭계와 Fourier 변환 분광계(Michelson interferometer and Fourier transform spectrometer)**에 대해 더 알아보시오.

Michelson 간섭계에서 검출기에 닿는 복사선에 의해 생성된 주파수는 광원 주파수보다 훨씬 낮은 주파수이다. 두 주파수 사이의 관계는 그림 7-43의 $P(t)$ 대 δ 도시를 참조하여 유도된다. 신호의 한 주기는 거울이 반파장($\lambda/2$)에 해당하는 거리만큼 이동할 때 발생한다. 거울이 일정한 속도의 v_M으로 움직이고 거울을 $\lambda/2$ cm만큼 이동시키는 데 필요한 시간을 τ로 정의하면 다음과 같이 쓸 수 있다.

$$v_M \tau = \frac{\lambda}{2} \tag{7-22}$$

검출기에 닿는 신호의 주파수 f는 τ의 역수, 즉 다음과 같다.

$$f = \frac{1}{\tau} = \frac{v_M}{\lambda/2} = \frac{2v_M}{\lambda} \tag{7-23}$$

또한 이 주파수는 복사선의 파수 $\bar{\nu}$와 다음과 같은 식이 성립된다.

$$f = 2v_M\bar{\nu} \tag{7-24}$$

복사선의 *광학 주파수*(optical frequency)와 인터페로그램 주파수 사이의 관계는 식 7-23의 $\lambda = c/\nu$를 대입하여 얻어진다.

$$f = \frac{2v_M}{c}\nu \tag{7-25}$$

여기에서 ν는 복사선의 주파수이며, c는 빛의 속도(3×10^{10} cm/s)이다. v_M이 일정하다면 **인터페로그램 주파수 f는 광학 주파수 ν에 정비례한다는 것을 알 수 있다**. 뿐만 아니라 비례 상수는 일반적으로 매우 작은 값임을 알 수 있다. 예를 들면 거울이 1.5 cm/s의 속도로 움직일 때 다음과 같은 식을 구할 수 있다.

$$\frac{2v_M}{c} = \frac{2 \times 1.5\ \text{cm/s}}{3 \times 10^{10}\ \text{cm/s}} = 10^{-10}$$

그리고 다음과 같은 관계가 성립된다.

$$f = 10^{-10}\nu$$

다음 예제에 설명한 것과 같이, Michelson 간섭계를 이용하여 가시선과 적외선의 주파수를 가청 주파수 영역으로 쉽게 변조시킬 수 있다.

예제 7-3

700 nm의 가시선 및 16 μm의 적외선($4.3 \times 10^{14} \sim 1.9 \times 10^{13}$ Hz)을 0.20 cm/s 속도로 움직이는 거울을 갖는 Michelson 간섭계로 변조시킬 때 얻는 신호의 주파수 영역을 계산하시오.

풀이

식 7-23을 이용하여 계산한 결과는 다음과 같다.

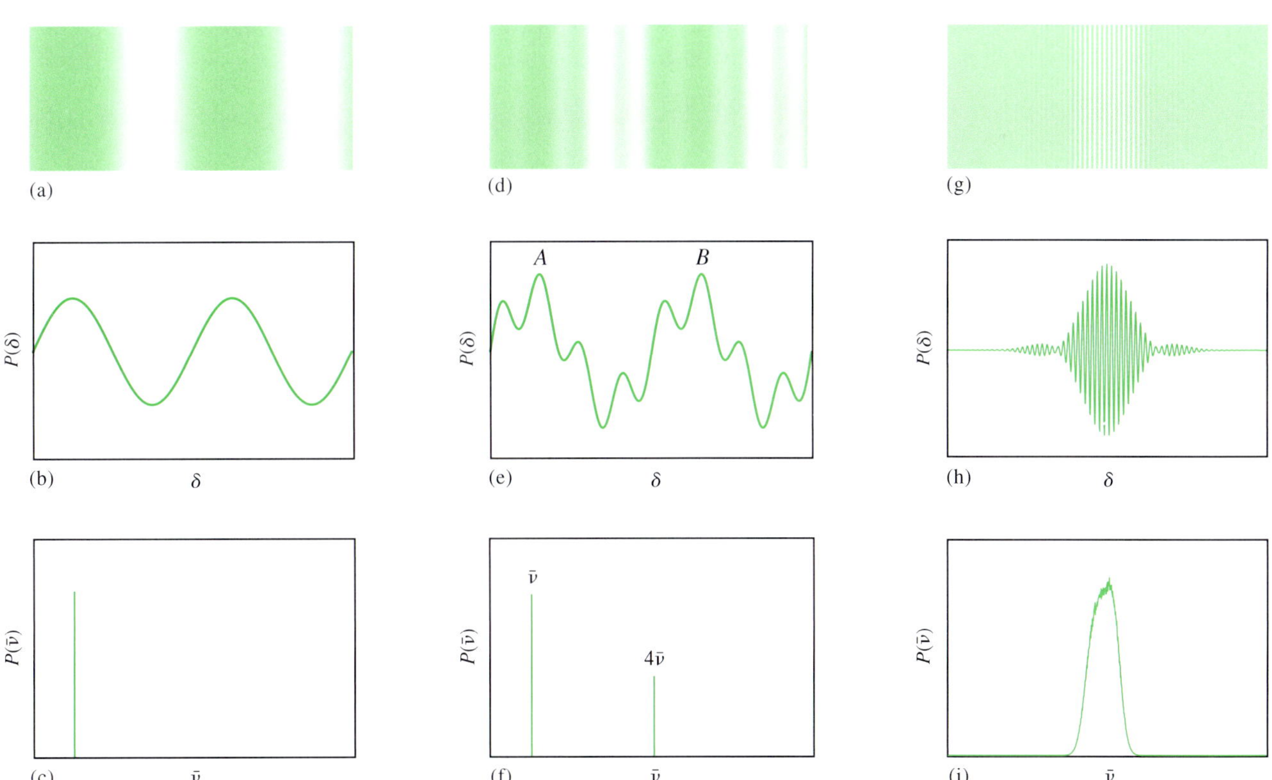

그림 7-44 Michelson 간섭계의 출력에서 인터페로그램의 모양. (a) 단색 광원의 결과로 나타난 간섭계 출력에서의 인터페로그램의 모양, (b) 무늬 (a)가 검출기를 지나가면 검출기에서 생성되는 sine파 신호(인터페로그램), (c) 신호 (b)를 Fourier 변환하였을 때의 단색 광원의 주파수 스펙트럼, (d) 두 주파수 광원으로부터 생성된 간섭계 출력의 간섭 무늬, (e) 검출기를 통과하는 (d)의 간섭 무늬에 의해 복잡한 신호 생성. 지연되지 않은 지점은 A점이다. (f) 두 주파수 광원의 주파수 스팩트럼, (g) 넓은 방출띠로부터 생성된 간섭 무늬, (h) (f)의 인터페로그램, (i) 방출띠의 주파수 스팩트럼.

$$f_1 = \frac{2 \times 0.20 \text{ cm/s}}{700 \text{ nm} \times 10^{-7} \text{ cm/nm}} = 5700 \text{ Hz}$$

$$f_1 = \frac{2 \times 0.20 \text{ cm/s}}{16 \text{ μm} \times 10^{-4} \text{ cm/μm}} = 250 \text{ Hz}$$

특정 유형의 가시선 및 적외선 변환기는 가청 주파수 범위에 속하는 신호 세기의 변동을 따라 감응할 수 있다. 따라서 가시선 및 적외선 광원으로부터의 매우 큰 주파수 시간 영역 신호의 정보를 변조된 시간 영역 신호에 기록할 수 있게 되었다. 그림 7-44는 이러한 시간 영역 인터페로그램을 나타내고, 각 열의 상단에는 Michelson 간섭계의 출력에 나타나는 간섭 무늬의 상이 나타난다. 가운데는 상단의 무늬로 인한 인터페로그램 신호가 있으며, 해당 주파수 영역 스펙트럼이 하단에 나타난다.

인터페로그램의 Fourier 변환

그림 7-44a(혹은 그림 7-43)의 인터페로그램의 cosine파는 다음 식에 의해 이론적으로 나타낸다.

$$P(\delta) = \frac{1}{2}P(\bar{\nu})\cos 2\pi ft \tag{7-26}$$

여기에서 $P(\bar{\nu})$는 간섭계에 들어오는 빛살의 세기이며 $P(\delta)$는 인터페로그램 신호의 신폭 혹은 세기이다. 괄호 속의 기호는 세기 $P(\nu)$가 주파수 영역, 세기 $P(\delta)$는 시간 영역이라는 것을 명시한다. 실제로는, 간섭계가 빛살을 정확하게 반으로 분할하지 않으며 검출기의 감응과 증폭기의 작동이 주파수에 의존한다는 것을 고려하기 위해 식 7-26을 변형시킨다. 그러므로 $P(\bar{\nu})$에 의존하면서 그 외의 요인들도 고려한 새로운 변수 $B(\bar{\nu})$를 도입하는 것이 유용하며 다음과 같이 표시한다.

$$P(\delta) = B(\bar{\nu})\cos 2\pi ft \tag{7-27}$$

식 7-24를 7-27에 대입하면 아래와 같다.

$$P(\delta) = B(\bar{\nu})\cos 4\pi\nu_M\bar{\nu}t \tag{7-28}$$

그러나 거울의 속도는 지연을 이용하여 다음 식으로 나타낼 수 있다.

$$\nu_M = \frac{\delta}{2t}$$

이러한 관계식을 식 7-28에 대입하면 아래의 식과 같다.

$$P(\delta) = B(\bar{\nu})\cos 2\pi\delta\bar{\nu}$$

이 식은 인터페로그램 신호의 크기를 지연 인자와 광원의 파수의 함수로서 나타낸 것이다.

그림7-44b, e, h에서 보여주는 인터페로그램은 각각의 파수에 대해서 두 항으로 나타낼 수 있다. 그러므로,

$$P(\delta) = B_1(\bar{\nu}_1)\cos 2\pi\delta\bar{\nu}_1 + B_2(\bar{\nu}_2)\cos 2\pi\delta\bar{\nu}_2 \tag{7-29}$$

그림 7-44i에서처럼 연속 광원의 경우에 인터페로그램은 무한의 cosine항의 합으로 나타낼 수 있다. 즉,

$$P(\delta) = \int_{-\infty}^{\infty} B(\bar{\nu})\cos 2\pi\bar{\nu}\delta \, d\bar{\nu} \tag{7-30}$$

이 적분의 Fourier 변환은 아래 식과 같다.

$$B(\bar{\nu}) = \int_{-\infty}^{\infty} P(\delta)\cos 2\pi\bar{\nu}\delta \, d\delta \tag{7-31}$$

완전한 Fourier 변환은 실수(cosine)와 허수(sine) 부분이 모두 필요하다; 이 책에서는 cosine 부분만을 나타내었는데 이는 실수와 짝수 함수들을 다루는 데 충분하기 때문이다.

광학 Fourier 변환 분광법은 δ(식 7-30)의 함수로서 $P(\delta)$를 기록하고 이후 식 7-31에서 보여준 것과 같이 $\bar{\nu}$(주파수 스펙트럼)의 함수로서 $B(\bar{\nu})$를 나타내는 관계식을 변환시키도록 한다.

식 7-30과 7-31은 여기서 쓰여진 그대로를 사용할 수 없다. 왜냐하면 빛살이 0부터 무한대까지의 파수인 복사선을 포함하며 거울이 무한한 길이를 움직인다고 가정하기 때문이다. 게다가, 컴퓨터를 이용해 Fourier 변환을 하려면 디지털화된 검출기의 출력이 필요하다. 즉, 이러한 출력은 주기적으로 시간을 두고 채취되어야 하며 디지털 형식으로 저장되어야 한다. 그러나 식 7-31은 채취 간격 $d\delta$가 무한히 작은 간격, 즉, $d\delta \rightarrow 0$을 요구한다. 실제로 오직 일정 크기의 채취 간격만이 한정된 수 cm의 지연거리 사이에서 합쳐질 수 있다. 이러한 한계점들은 Fourier 변환 기기의 분해능과 그 주파수 범위를 제한하는 데 영향을 끼친다.

분해능

Fourier 변환 분광계의 분해능은 기기에 의해서 분리될 수 있는 두 선의 파수의 차이로 나타낼 수 있다. 즉,

$$\Delta\bar{\nu} = \bar{\nu}_1 - \bar{\nu}_2 \tag{7-32}$$

여기서 $\bar{\nu}_1$와 $\bar{\nu}_2$는 간신히 분리될 수 있는 한 쌍의 선들의 파수이다.

두 스펙트럼선에 의해 완전한 한 주기 즉, 맥놀이가 나타날때까지 시간 영역 신호를 충분히 오랫동안 주사해야 두 스펙트럼선의 분리를 볼 수 있다. 오직 이렇게 할 때만이 스펙트럼에 포함된 모든 정보가 기록된다. 예를 들어, 그림 7-44f에서 두 선 $\bar{\nu}_1$과 $\bar{\nu}_2$의 분해능을 알기 위해서는 지연이 0인 최대점 A로부터 두 파동의 위상이 다시 일치되는 최대점 B까지 인터페로그램을 기록하여야 한다. 그러나 식 7-29에서 $\delta\bar{\nu}_2$가 $\delta\bar{\nu}_1$보다 1만큼 크다면 B에서 최대점이 생긴다. 즉,

$$\delta\bar{\nu}_2 - \delta\bar{\nu}_1 = 1$$

또는

$$\bar{\nu}_2 - \bar{\nu}_1 = \frac{1}{\delta} \tag{7-33}$$

식 7-32에 대입하면 분해능은 아래와 같다.

$$\Delta\bar{\nu} = \bar{\nu}_2 - \bar{\nu}_1 = \frac{1}{\delta} \tag{7-33}$$

이 식은 파수로 나타낸 분해능이 거울이 움직이는 거리의 역수에 비례하여 향상될 수 있음을 의미한다.

예제 7-4

0.1 cm^{-1}의 분해능을 얻으려면 거울이 움직이는 거리는 얼마나 되어야 하는가?

풀이

식 7-33에 대입하면

$$0.1\ cm^{-1} = \frac{1}{\delta}$$

$$\delta = 10\ cm$$

거울이 움직이는 거리는 지연의 1/2 ,즉, 5 cm이다.

기기

최신의 Fourier 변환 광학 분광계에 대한 자세한 설명은 제 16B-1절에서 찾아볼 수 있다. 이 기기들의 중요한 부분은 정교한 컴퓨터이며, 이는 데이터를 얻는 것을 조절하고, 데이터를 저장하고, 신호 평균법을 실행하며, Fourier 변환을 수행한다.

질문과 문제

*별표가 있는 문제의 해답은 이 책의 끝에 있다.

이 아이콘이 있는 문제는 스프레드시트를 이용하여 쉽게 풀 수 있다.

7-1 일정한 유효 띠너비를 얻기 위해서 프리즘 단색화 장치에서는 슬릿 너비를 반드시 조절해야 하고, 회절발 단색화 장치의 경우는 거의 일정한 슬릿 너비를 이용하는 이유는 무엇인가?

7-2 정량 및 정성 분석을 하는 데 단색화 장치의 슬릿 너비를 서로 다르게 해야 하는 이유는 무엇인가?

*** 7-3** Wien 변위법칙은 흑체 복사선의 μm 단위로 표시하는 최대 방출 파장을 다음 관계식으로 나타낼 수 있다.

$$\lambda_{max}T = 2.90 \times 10^3$$

여기서 T는 K 단위 온도이다. (a) 4500 K, (b) 2500 K, (c) 1250 K로 가열된 흑체의 최대 방출 파장을 계산하시오.

*** 7-4** Stefan 법칙은 흑체로 부터 단위 시간당, 그리고 단위 면적당 방출되는 전체 에너지 E_t를 $E_t = \alpha T^4$로 나타낸다. 여기에서 α값은 $5.69 \times 10^{-8}\ Wm^{-2}\ K^{-4}$이다. 문제 7-3의 각 흑체에 대한 전체 에너지 출력을 W/m^2 단위로 계산하시오.

*** 7-5** 문제 7-3과 7-4에서 설명한 관계식은 이번 문제를 푸는 데 도움을 줄 것이다.

(a) 2870 K와 3750 K 온도에서 텅스텐 필라멘트 전구의 최대 방출 파장을 계산하시오.

(b) W/cm^2 단위로 전구의 전체 에너지 출력을 계산하시오.

7-6 자발 방출과 유도 방출의 유사성과 차이점을 설명하시오.

7-7 3단계 준위 레이저 시스템보다 4단계 준위 레이저 시스템이 더 나은 점은 무엇인지 설명하시오.

7-8 필터의 *유효 띠너비*(effective bandwidth)라는 용어를 정의하시오.

*** 7-9** 나이트로벤젠의 흡수띠 1537 cm^{-1}를 분리할 수 있는 간섭 필터를 만들려고 한다.

(a) 1차 간섭에 기반한다면 유전층(굴절률 1.34)의 두께는 얼마로 만들어야 하는가?

(b) 어떠한 파장이 투과할 수 있는가?

7-10 400~700 nm 영역에서 선형 분산을 만드는 10.0 cm의 간섭 쐐기를 만들려고 한다. 이것의 구조를 상세하게 설명하시오. 사용되는 유전체의 굴절률은 1.32이라고 가정하시오.

질문과 문제(계속)

7-11 400~800 nm 영역에서 사용되는 단색화 장치의 프리즘의 구성 물질로 왜 용융 실리카보다 유리가 더 좋은가?

***7-12** 회절발에서 입사각이 45°일 때 7°의 반사각에서 λ = 400 nm에 해당하는 1차 회절선을 관찰하려면 mm당 얼마나 많은 홈선을 가져야 하는가?

***7-13** 90.0홈/mm와 15 mm의 조명 넓이를 가지는 적외선 회절발이 있다. 이 회절발의 1차 분해능($\lambda/\Delta\lambda$)을 계산하시오. 1200 cm^{-1}에 중심을 두는 두 선을 분해하려고 한다면 두 선의 파수 차이(cm^{-1} 단위)는 얼마인가?

7-14 문제 7-13의 회절발에서 (a) 25°와 (b) 0°의 반사각에서 나타나는 1차와 2차 회절 스펙트럼의 파장을 계산하시오. 입사각은 45°라고 가정하시오.

7-15 그림 7-2와 7-3을 참고하여 다음의 각 목적에 알맞은 적당한 기기를 만드는 기기 부분 장치와 재료를 제시하시오.

(a) 450~750 nm 영역에서 나타나는 흡수띠의 미세 구조에 관한 연구

(b) 원적외선(20~50 nm)에서 흡수 스펙트럼을 획득할 때

(c) $Fe(SCN)^{2+}$ 적색 착물의 복사선 흡수법을 기반으로 자연의 물에서 철의 함량을 측정하는 휴대용 장치

(d) 11.8 μm의 흡수 피크에 기반을 두고 공기 시료 중에 들어있는 나이트로벤젠의 일상적인 분석

(e) 200~780 nm 영역에서 금속 원소들의 불꽃 방출선 파장을 측정

(f) 진공 자외선 영역에서 분광학적 연구

(g) 근적외선 영역에서 분광학적 연구

***7-16** 5.2 cm의 지름과 15.6 cm의 초점 거리를 가지는 렌즈의 속도(*f*-수)는 얼마인가?

7-17 문제 7-16에서 설명한 렌즈의 집광력을 지름 36.6 cm와 초점 거리 15.8 cm를 가지는 렌즈의 집광력과 비교하시오.

***7-18** 1.6 m의 초점거리와 3.5 cm 지름의 평행화 거울을 가지고 있는 단색화 장치가 있다. 분산 장치는 1500홈/mm의 회절발이다. 1차 회절에 대해서,

(a) 평행된 빛살이 3.2 cm의 회절발을 조명한다면 이 단색화 장치의 분해능은 얼마인가?

(b) 이 단색화 장치의 1차 와 2차 역선형 분산을 얼마인가?

7-19 0.75 m 초점거리를 가지는 단색화 장치에 3000홈/mm 에셀레트형 회절발을 장치하였다.

(a) 이 기기의 1차 스펙트럼의 역선형 분산을 계산하시오.

(b) 2.0 cm의 회절발 면을 조명할 때에 이 단색화 장치의 1차 분해능을 구하시오.

(c) 약 400 nm에서, 이론적으로 이 기기를 사용하여 완전히 분해될 수 있는 최소 파장 차이는 얼마인가?

7-20 규소 광다이오드 변환기의 복사선 검출 원리를 설명하시오.

7-21 (a) 분광기, (b) 분광 사진기, (c) 분광 광도계 사이의 차이점들을 설명하시오.

***7-22** Michelson 간섭계는 2.75 cm/s의 속도로 움직이고 있다. (a) 350 nm UV 복사선, (b) 575 nm 가시 복사선, (c) 5.5 μm 적외 복사선, (d) 25 μm 적외 복사선들에 대한 인터페로그램의 주파수를 계산하시오.

* **7-23** 아래의 조건에서 분해하기에 충분한 분해능을 가지는 Michelson 간섭계의 거울 이동거리는 얼마인가?

(a) 600.7 cm^{-1}와 600.4 cm^{-1}의 적외선 피크

(b) 3002.5 cm^{-1}와 3008.6 cm^{-1}의 적외선 피크

도전 문제

7-24 홀로그래피 필터와 회절발의 행동은 쌍파동 이론(coupled wave theory)로 설명된다.[34] 홀로그래피 광학 원소의 Bragg 파장 λ_b는 아래 식과 같다.

$$\lambda_b = 2nd\cos\theta$$

여기서 n은 회절발의 물질의 굴절률이고, d는 회절 주기 또는 간격이며, θ는 복사선의 입사각이다.

(a) 입사각이 0~90°에서 회절 간격이 17.1μm, 굴절률은 1.53인 홀로그래피 회절발에 Bragg 파장을 계산하는 스프레드시트를 만드시오.

(b) Bragg 파장의 각도는 462 nm에서 얼마인가?

(c) Bragg 파장은 때때로 "playback 파장"이라 부른다. 왜 그런가?

(d) "Bragg 파장"이란 말의 역사적으로 중요한 이유는 무엇인가?

(e) 가변 부피 홀로그래피 필터는 상업적 응용으로 발전되어 왔다.[35] 이 필터는 $2nd$에서 $2d\sqrt{n^2 - 1}$의 파장 범위에서 변조할 수 있다고 한다. 이 필터가 1550 nm Bragg 파장과 535 nm 회절간격을 가진다면 이 필터의 각(angle) 조절 범위를 계산하시오.

(f) 211.5 nm 간격을 가지는 회절발의 Bragg 파장을 찾으시오. 회절발은 같은 물질로 만들어진다고 가정한다. 이 회절발이 변조될때에 파장 범위를 찾으시오.

(g) 조절 홀로그래피 필터의 분광학 분야에서의 응용 가능성에 대해 설명하시오.

(h) 부피 회절발이 홀로그래피 필름에 만들어질 때, 필름 물질의 굴절률은 Δn값에 따라 달라진다. 이는 *굴절률 변조*(refractive-index modulation)라고 부르며 이상적인 경우, 이 값은 다음과 같이 주어진다.

$$\Delta n \approx \frac{\lambda}{2t}$$

λ는 간섭 무늬를 만드는 레이저의 파장이고, t는 필름의 두께이다. 633 nm 레이저 파장으로 38 μm의 필름두께에서 굴절률 변조를 계산하시오.

(i) 실제 회절발에서 굴절률 변조는 다음과 같다.

$$\Delta n = \frac{\lambda \sin^{-1}\sqrt{D_e}}{\pi t}$$

여기서 D_e는 회절발 효율이다. 이상적인 회절발 효율의 식을 유도하고 그 값을 계산하시오.

(j) 633 nm 파장에서 굴절률 변조가 0.030이면 7.5 μm 두께 회절발의 효율을 계산하시오.

(k) 필터와 회절발을 제조하기 위한 홀로그래피 필름은 시판되고 있다. 그러나 이들은 실험실에서 일반 화합물을 사용하여 제조될 수 있다. 홀로그래피 필름 제조를 위한 다이크로뮴산 젤라틴 제조법을 탐색 엔진을 통해서 찾으시오. 그리고 필름의 제조, 화학적 합성 과정, 그리고 필름이 어떻게 기록되는지 설명하라.

---

[34]H. Kogelnik, *Bell Syst. Tech. J.* **1969**, *84*, 2909-2947.

[35]F. Havermeyer et al., *Optical Engineering*, **2004**, *43*, 2017.

8장

광학 원자 분광 분석법 서론

An Introduction to Optical Atomic Spectrometry

이 장에서는 먼저 광학 원자 분광법의 특성과 광원의 기본적인 이론들을 설명하려고 한다. 그리고 원소 분석을 하기 위해 시료를 원자화하는 데 사용되는 여러 가지 방법에 대해서 알아볼 것이다. 마지막으로, 원자 질량 분석법뿐만 아니라 광학 흡수법, 방출 그리고 형광 분광법에 사용되는 원자화 장치에 시료를 도입하는 다양한 방법들에 대해서 자세히 알아볼 것이다. 제9장에서는 모든 원자 분광법 가운데 가장 널리 사용되는 원자 흡수법을 설명하였다. 제10장에서는 원자 방출법에 관한 몇 가지 방법들을 다루었다. 이후의 장에서는 원자 질량 분석법과 원자 X선 법에 관해서 간단하게 설명한다.

이 장에서 옆의 로고는 www.tinyurl.com/skoogpia7에서 대화형 자습, 시뮬레이션, 연습 등을 통해 온라인으로 학습할 수 있는 기회가 있음을 나타낸다.

시료의 물질에 들어있는 원소들을 확인하고 이들의 농도를 측정하는 데 사용되는 중요한 세 가지 분광법이 있다. 즉 세 가지 분광법에는 (1) 광학 분광법 (2) 질량 분석법, (3) X선 분광법이 있다. 이번 장에서 다뤄질 광학 분광법에서 시료에 존재하는 원소들은 *원자화*(atomization) 과정에 의해 기체 상태의 원자나 이온으로 변환된다. 기체 상태의 원자 화학종에 대해 자외선-가시선 흡수, 방출, 또는 형광을 측정하게 된다. 원자 질량 분석법(제11장)에서도 시료들은 원자화 과정을 가진다. 그러나 이 경우에는 기체 상태의 원자들은 양이온(보통 일가 전하)으로 전환되며 이들의 질량 대 전하비에 의해 분리된다. 정량적 데이터를 만들기 위해 분리된 원자들이 계산된다. X선 분광법(제12장)에서는 원자화 과정은 필요 없다. 왜냐하면 대부분 원소들의 X선 스펙트럼은 시료에서 이들이 어떤 화학적 결합으로 되어 있는지 중요하지 않기 때문이다. 그러므로 정량적인 결괏값은 시료의 형광, 흡수, 또는 방출 스펙트럼의 직접적 측정에 근거하여 얻을 수 있다.

8A 광학 원자 스펙트럼

이 절에서는, 우리는 간단히 광학 원자 분광법의 기초와 몇 가지 분광 스펙트럼의 중요한 특성들에 대하여 생각해볼 것이다.

8A-1 에너지 준위도

검출되는 원소들의 외각 전자들에 대한 에너지 준위도를 이용하여 여러 가지 형태의 원자 분광법의 과정들을 이해할 수 있다. 그림 8-1a는 소듐의 일반적인 에너지 준위도이다. 에너지 척도는 전자볼트 단위(eV)로 직선적인 눈금으로 표현하였으며, 3*s* 궤도함수의 경우를 0의 값으로 잡았다. 에너지 척도는 3*s* 전자 하나를 제거하여 소듐 이온으로 만드는 *이온화 에너지*(ionization energy) 5.14 eV까지 표시되어 있다.

몇몇의 원자 궤도함수의 에너지들은 에너지 준위도에서 수평선들로 나타내었다. *p* 궤도함수는 약간의 에너지가 차이나는 두 준위로 분리되어 있는 것을 알 수 있다. 이 차이는 전자가 그 자신의 축 주위를 스핀하고 그 운동 방향이 전자의 궤도운동 방향과 같거나 또는 반대일 것이라고 생각하는 고전적 관점에서 설명할 수 있다.

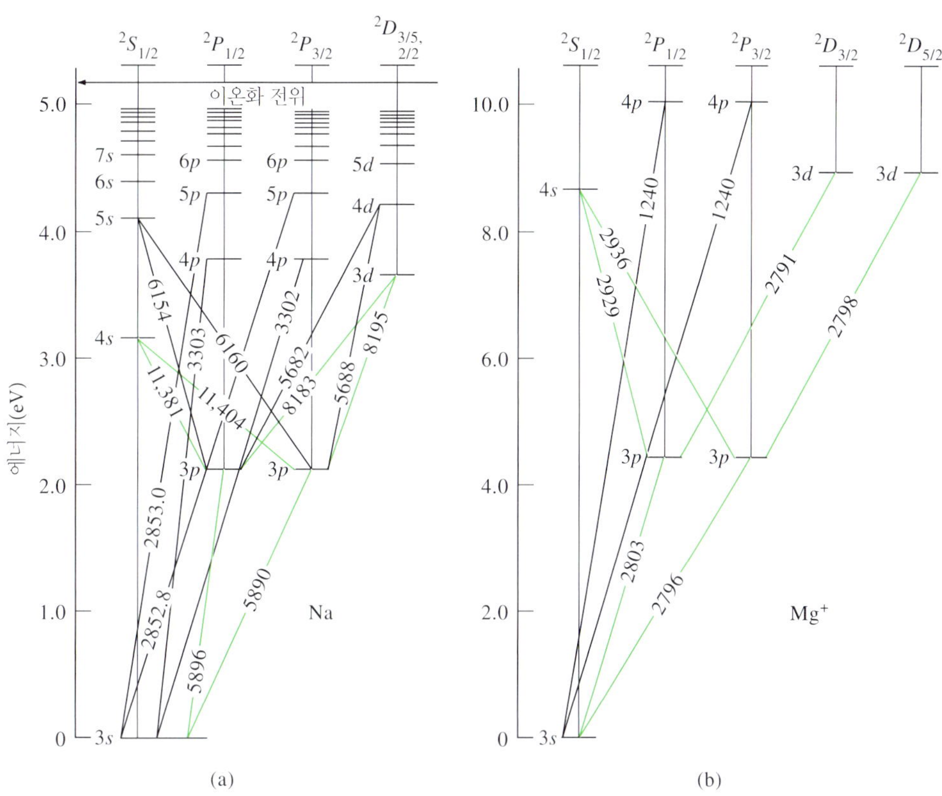

그림 8-1 에너지 준위도. (a) 소듐 원자, (b) 마그네슘(I) 이온. 실제 파장(Å)은 아니지만 파란 선으로 나타낸 선들의 패턴이 비슷한 것을 주목하라.

전하를 띤 전자의 회전의 결과로 전자의 스핀 운동과 궤도운동은 자기장을 형성한다. 이들의 운동 방향이 반대이면 두 자기장은 서로 끌어당기는 작용을 하며 한 자기장이 다른 자기장과 같은 방향으로 운동한다면 서로 반발하게 된다. 이 결과로 궤도운동과 반대인 전자의 에너지는 두 운동의 방향이 같은 전자의 에너지보다 약간 작다. 이와 유사한 에너지 차이가 *d*와 *f* 궤도함수에서도 나타난다. 그러나 그 차이가 일반적으로 검출되지 않을 정도로 너무 작다. 그러므로 그림 8-1a에서 *d* 궤도함수는 단일 에너지 준위로 나타내었다.

p, *d* 그리고 *f* 궤도함수들의 높은 에너지가 두 상태로 분리되는 것은 최외각에 **하나의** 전자만을 가지는 모든 화학종의 특성이다. 그러므로 그림 8-1b에 나타낸 Mg^+의 에너지 준위도는 중성 소듐 원자의 에너지 준위도와 매우 흡사하다. Al^{2+}와 나머지 알칼리 금속 원자의 에너지 준위도도 이와 비슷하다. 이러한 모든 화학종들이 등전자일지라도 각각의 경우에 화학종의 핵전하 차이가 있기 때문에 3*p*와 3*s*의 에너지 차이는 다르다. 예를 들어 이러한 에너지 차이는 Mg^+의 경우 Na보다 약 두 배 더 크다.

그림 8-1b와 그림 8-2를 비교해보면 이온의 에너지 준위, 즉 스펙트럼이 그 어미 원자의 에너지 준위와 큰 차이가 있다는 것을 알 수 있다. 1*s* 궤도함수에 두 개의 전자를 가지는 마그네슘 원자는 서로 에너지가 다른 단일항 상태와 삼중항 상태로 들뜰 수 있다. 단일항 들뜬 상태에서는 이 전자의 스핀이 서로 반대이며 짝을 이룬다. 삼중항 상태에서는 스핀이 짝을 이루지 않고 평행한 상태로 있다(제15A-1절). 스핀의 방향을 화살표로 나타내면 바닥 상태와 두 가지 들뜬 상태들을 그림 8-3와 같이 나타낼 수 있다. 분자에서와 마찬가지로 삼중항 들뜬 상태는 대응하는 단일항 들뜬 상태보다 에너지가 낮다.

마그네슘 이온의 경우 삼중항 상태의 *p*, *d*, 그리고 *f* 궤도함수는 서로 조금씩 다른 세 가지 에너지 준위로 분리된다. 이 분리는 두 외각 전자 스핀과 연관된 자기장과 모든 전자의 궤도운동으로 생기는 알짜 자기장 사이의 상호작용으로 설명할 수 있다. 단일항 상태에서 두 전자는 짝을 이루어 그들의 자기장 효과가 상쇄된다. 그러므로 에너지 분리가 보이지 않는다. 그러나 삼중항 상태에서 두 전자들이 짝을 이루지 않는다(즉, 그들의 스핀 모멘트는 같은 방향이다). 두 스핀의 자기장의 합에 궤도함수의 자기 모멘트가 가지는 영향은 삼중항 상태로 *p* 준위의 분리를 만든다. 이와 같은 행동은 B^+, Si^{2+}, 다른 이온들뿐만 아니라 모든 알칼리 토금속 원자들에서 볼 수 있는 특성이다.

채워진 껍질 밖에 있는 전자 수가 증가함에 따라서 에너지 준위도는 점점 복잡해진다. 세 개의 외각 전자를 가지는 경우 에너지 준위는 두 개 및 네 개의 상태로 분리되고, 외각 전자가 네

시뮬레이션: www.tinyurl.com/skoogpia7에서 **원자 스펙트럼(atomic spectra)**에 대해 더 알아보시오.

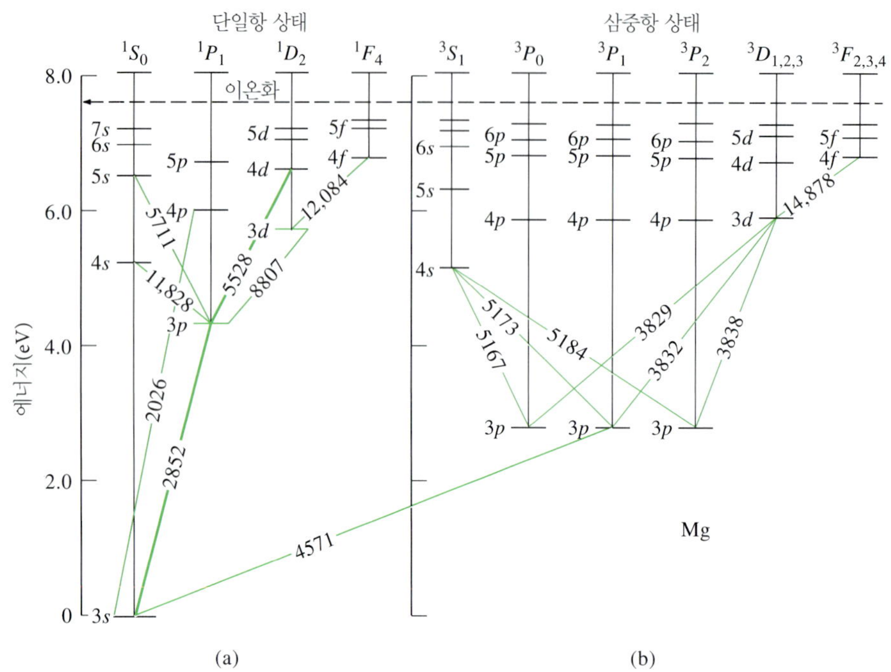

그림 8-2 마그네슘 원자의 에너지 준위도. 상태 사이를 연결하는 선 너비는 상대적인 선 세기를 나타낸다. 단일항–삼중항 상태 전이는 단일항–단일항 상태 전이보다 훨씬 더 잘 일어나지 않는다는 것을 주목하라. 파장은 Å 단위로 나타낸다.

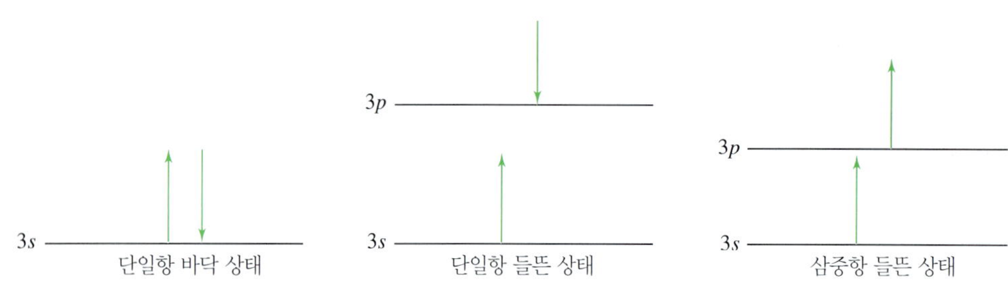

그림 8-3 단일항 바닥 상태, 단일항 들뜬 상태 그리고 삼중항 들뜬 상태들의 스핀 방향.

개일 때에는 단일항, 삼중항, 그리고 사중항의 상태가 존재하게 된다.

소듐과 마그네슘 같은 원소들의 에너지 준위도와 그 원자 스페트럼의 관계를 이론적으로 해석하는것은 비교적 간단하고 쉽지만 무거운 원소, 특히 전이 원소인 경우에는 그렇지 못하다. 이 화학종들은 많은 비슷한 수준의 에너지 준위를 갖는다. 이 결과, 많은 흡수선 또는 방출선이 존재할 수 있다. 예를 들어, 많은 원소들의 경우 중성 원자나 1가 이온의 스펙트럼에 나타나는 선들을 300~700 nm (3000~7000 Å) 범위에서 관찰한 결과[1], 선의 수는 다음과 같다.알칼리 금속에서는 리튬은 106개, 소듐은 170개, 포타슘은 124개, 그리고 루비듐이 294개의 선이 존재하였으며, 알칼리 토금속에서는 마그네슘은 147개, 칼슘은 182개, 그리고 바륨이 201개였다. 전형적인 전이 원소인 크로뮴, 철, 그리고 스칸듐이 각각 792개, 2340개, 그리고 1472개였다. 불꽃과 같은 낮은 온도 원자화 장치에서는 들뜨는 선의 수가 훨씬 적지만 여전히 불꽃에서 전이 금속의 스펙트럼은 원자 번호가 적은 원소의 스펙트럼보다 상당히 복잡하다.

그림 8-1과 그림 8-2에서 복사선이 생성되는 전이는 특정한 에너지 상태 사이에서만 나타난다는 것을 알려준다. 예를 들어, 5*s* 또는 4*s*에서 3*s* 상태로 전이는 일어나지 않으며, 또한 *p* 상태 사이나 *d* 상태 사이에서도 전이는 일어나지 않는다. 이러한 전이를 "금지된" 것이라고 한다. *양자역학 선택 규칙*(quantum mechanical selection rules)은 어떤 전이가 일어나고, 어떤 전이가 일어나지 않는다는 것을 예측할 수 있게 해준다. 그러나 이

---

[1] Y. Ralchenko, A. E. Kramida, and J. Reader, Developers, *NIST Atomic Spectra Database*, Version 5, updated 2012, www.nist.gov/pml/data/asd.cfm. 분광학에서 중성 원자 선은 로마숫자 I으로 표기되며, 1가 이온의 선은 로마숫자 II로 표기됨을 주목하라. 그러므로 로마숫자는 이온화 상태에 1을 더한 것이다. 중성 탈탄룸원자는 Ta(I)이다. http://physics.nist.gov/ PhysRefData/ASD/index.html

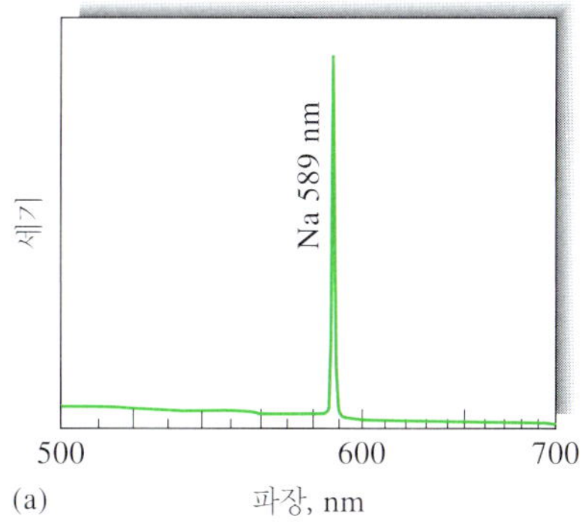

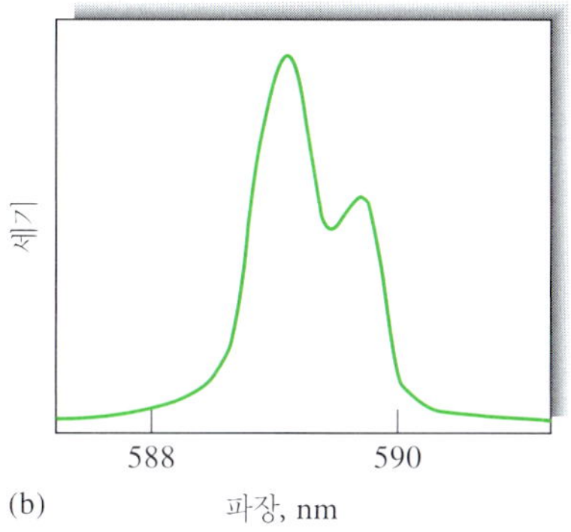

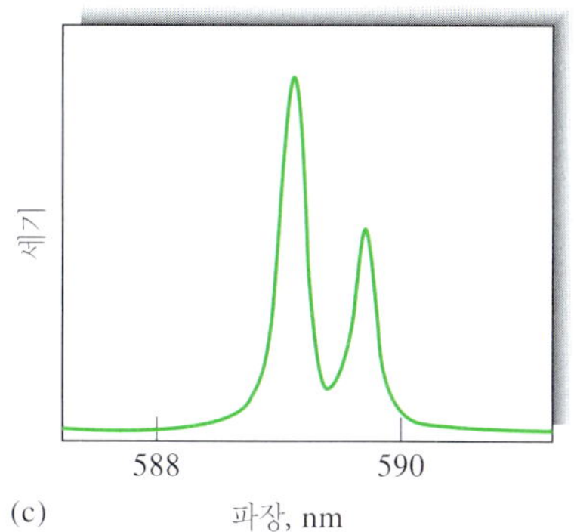

그림 8-4 소듐의 원자 방출 스펙트럼. (a) 낮은 분해능 스펙트럼은 589.0와 589.6 nm에서 분리되지 않은 소듐 이중선을 보여준다. (b) 중간 분해능 스펙트럼은 부분적으로 이중선이 분리된 것을 보여준다. (c) 고분해능 스펙트럼은 거의 완전히 분리된 이중선을 보여준다. [(a) Modified from C. T. J. Alkemade and R. Herrmann, *Fundamentals of Flame Spectroscopy*, New York: Wiley, 1979; (b) and (c) adapted from B. Kasalica, et al., *J. Anal. At. Spectrom.*, **2013**, *28*, 92, **DOI:**10.1039/c2ja30239j. With permission.]

규칙은 이 책의 수준을 넘어선다.[2]

원자 방출 스펙트럼

실온에서, 본질적으로 시료 물질의 모든 원자는 바닥 상태에 있다. 예를 들어, 금속 소듐의 하나의 외각 전자는 실온에서 3*s* 궤도함수에 존재한다. 이 전자의 더 높은 궤도함수로의 들뜸화는 불꽃, 플라스마, 전기적 아크 또는 스파크의 열에 의하여 이루어질 수 있다. 그러나 들뜬 상태의 수명은 짧아서 다시 바닥 상태로 되돌아오며, 복사선 광자를 방출하게 된다. 그림 8-1a에 나타낸 수직선들은 들뜬 소듐 원자에서 일어나는 일반적인 몇 개의 전자 전이를 나타낸 것이고 여기서 생긴 복사선의 파장도 나타내었다. 589.0과 589.6 nm (5890와 5896 Å)의 두 선은 가장 센 선이며 소듐염을 불꽃 속에 넣었을 때 나타나는 노란색 선이다.

그림 8-4a는 소듐의 실험적인 방출 스펙트럼의 일부를 보여주고 있다. 이 경우에는 염화 소듐 용액을 산소-수소 불꽃에 분무하여 들뜨게 하였다. 그림 8-1a에 보여준 바와 같이 큰 봉우리는 3*p*에서 3*s*로의 전이가 일어나면서 589.0과 589.6 nm (5890와 5896 Å)에서 생긴다. 사용된 단색화 장치의 분해능이 이 피크를 분리하는 데 불충분하였다. 그림 8-4b와 c는 최신 고분해능 단색화 장치들을 사용하여 중간과 고분해능으로 스캔한 소듐 원자의 이중선을 보여주고 있다. 그림 8-4c는 거의 완전히 분해된 이중선을 보여준다. 이 소듐 원자 이중선의 두 선은 들뜬 전자 상태와 바닥 상태 사이에서의 *공명선*(resonance line)이다. 그림 8-1에서 본 것처럼 다른 공명선들은 285.30과 285.28 nm (2853.0과 2852.8 Å)뿐만 아니라 330.2와 330.3 nm (3302와 3303 Å)에서도 나타난다.

원자 흡수 스펙트럼

뜨거운 기체 매질에서 소듐 원자들은 3*s* 상태로부터 보다 높은 상태로 고유한 특정 전자 전이의 파장의 복사선을 *흡수*(absorbing) 할 수 있다. 예를 들어, 스펙트럼에서 589.0, 589.6, 330.2 그리고 330.3 nm (5890, 5896, 3302, 그리고 3303 Å)에서 좁은 흡수 선들이 나타난다.

그림 8-1a를 보면 3*s* 준위에서 3*p*와 4*p* 준위로의 전자 전이에 의해 생긴 붙어 있는 두 쌍의 피크를 볼 수 있다. 3*p* 준위에서

[2] J. D. Ingle Jr. and S. R. Crouch, *Spectrochemical Analysis*, pp. 205-207, Upper Saddle River, NJ: Prentice-Hall, 1988.

5*s* 준위로의 전이로 생기는 비공명 흡수는 너무 약해서 잘 검출되지 않는다. 왜냐하면 이 불꽃의 온도에서 3*p* 준위에 있는 소듐 원자의 전자 수가 매우 적기 때문이다. 그러므로 일반적으로 원자 흡수 스펙트럼은 바닥 상태에서 보다 높은 준위로 전이할 때 나타나는 공명선으로 주로 이루어진다.

원자 형광 스펙트럼

불꽃 속에 있는 원자 또는 이온에 이 원소가 흡수할 수 있는 파장을 가진 센 광원을 조사해주면 형광을 내게 할 수 있다. 형광 스펙트럼은 빛의 진로에 대해 90°의 방향에서 측정하는 것이 가장 편리하다. 관찰되는 복사선은 바닥 상태 원자의 복사선 흡수와 들뜬 상태에서 바닥 상태로 돌아오는 방출의 결과로 공명 형광으로 인하여 생겨난 것이다. 예를 들어, 마그네슘 원자들이 자외선 광원에 조사되면 285.2 nm (2852 Å)의 복사선을 흡수하여 3*s* 전자가 3*p* 준위로 전이된다(그림 8-2 참고). 같은 파장으로 방출된 공명 형광은 분석에 이용될 수 있다. 한편 소듐 원자는 330.3 nm (3303 Å) 파장의 복사선을 흡수하며, 전자들은 4*p* 준위로 전이하게 된다(그림 8-1a 참고). 두 개의 3*p* 준위의 비복사 전이는 바닥 상태로 가는 형광이 만드는 전이보다 급격하게 일어난다. 이 결과 형광은 589.0과 589.6 nm (5890와 5896 Å)에서 발생한다.

그림 8-5에서는 탈륨 원자가 불꽃에 의해 들뜰 때 발생하는 3번째 원자 형광 메커니즘을 보여준다. 몇몇의 탈륨 원자들은 2단계를 통하여 바닥 상태로 돌아간다. 형광 방출 단계는 535.0 nm (5350 Å)의 선을 만들어내고 뒤따라 바닥 상태까지는 비복사 이완과정이 빠르게 일어난다. 또 공명 형광은 377.6 nm (3776 Å)에서 발생한다.

8A-2 원자 선너비

원자 선너비는 원자 분광법에서 매우 중요하다. 예를 들어, 좁은 선은 스펙트럼 선이 겹쳐서 방해가 일어날 가능성을 감소시켜주기 때문에 흡수 및 방출 스펙트럼에 매우 바람직하다. 게다가 나중에 배우게 되겠지만 선너비는 원자 방출 분광법의 기기 설계에 매우 중요하다. 이러한 이유로 우리는 원자 스펙트럼 선의 너비에 영향을 주는 몇 가지 변수들을 고려해보아야 한다.

그림 8-6에서 보여주는 것처럼 원자 흡수와 방출선은 일반적으로 평균 파장 λ_0을 중심으로 하는 파장의 대칭적인 분포로 나타낼 수 있다. 중심 파장은 최대 흡수 파장 또는 방출된 복사선의 최고 세기의 파장이다. λ_0와 관련된 에너지는 흡수나 방출에 관여된 두 양자 상태 사이의 에너지 차이와 정확히 일치한다.

그림 8-1a에서 보여주는 것처럼 에너지 준위도는 원자선은 오로지 단일 파장 λ_0만을 포함하는 것을 알 수 있다. 즉, 선은 두 개의 분리된 단일 에너지 상태 사이의 전자 전이로부터 생기기 때문이며 이 원자선의 선너비는 0이 될 것이다. 그러나 그림 8-6에 나타낸 것과 같이 몇 가지 현상이 선의 너비를 넓히며 모든 원자선은 한정된 너비를 가지게 된다. 원자 흡수 또는 방출선의 *선너비*(line width) 또는 *유효 선너비*(effective line width) $\lambda_{1/2}$는 최대 신호의 절반 지점에서 측정된 파장 단위로 나타낸 피크 너비로 정의하고 있다. 피크의 밑면에서 측정되는 너비보다 피크의 절반의 세기에서 보다 정확하게 측정될 수 있기 때문에 이 지점을 사용한다.

선 넓힘의 원인으로는 네 가지가 있다. (1) 불확정성 효과, (2) Doppler 효과, (3) 같은 종 원자들과의 충돌 및 다른 종 원자들과의 충돌에서 생기는 압력 효과, 마지막으로 (4) 전기장과 자기장 효과 등이 있다. 여기에서는 이 중에서 처음 세 가지에 대해서만 설명할 것이다. 자기장 효과는 Zeeman 효과와 연관된 제9C-1절에서 설명할 것이다.

불확정성 효과로 인한 선 넓힘

전이와 관련된 높은 에너지 상태와 낮은 에너지 상태의 수명이 유한하고, 이로 인해 각 상태의 에너지에 불확정성과 선 넓힘이 일어나기 때문에 스펙트럼 선들은 일정한 폭을 갖게 된다(제6C-7절 참고). 다시 말해서 두 상태의 수명이 무한대에 근접한다면 두 상태의 사이의 전이로 인해 생기는 원자선의 너비는 거의 0이 될 것이다. 비록 바닥 상태 전자들의 수명은 길다고 하더라도 들뜬 상태의 수명은 일반적으로 짧으며 보통 10^{-7}~10^{-8} s 정도이다. 예제 8-1은 평균 수명과 불확정성 원리를 이용하여 원자 방출선의 너비를 근사적으로 구하는 방법을 보여준다.

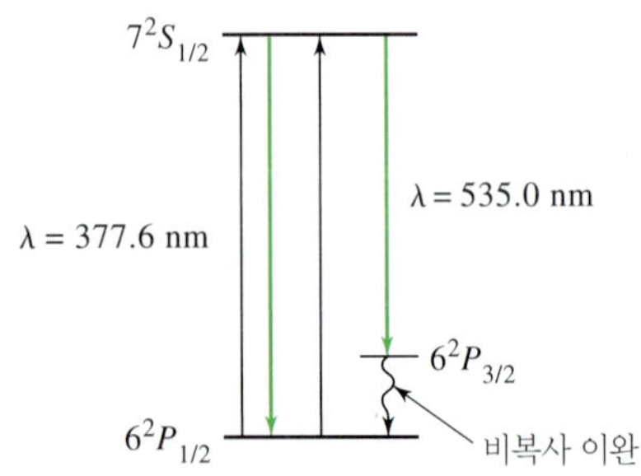

그림 8-5 두 가지 형광선을 나타내는 탈륨의 에너지 준위도.

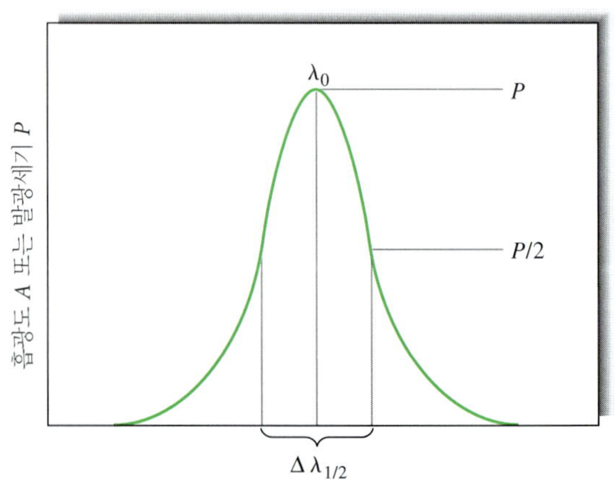

그림 8-6 유효 선너비 $\Delta\lambda_{1/2}$를 나타내는 원자선의 단면도.

예제 8-1

253.7 nm 복사선 펄스를 수은 증기에 조사하였을 때 들뜬 상태의 평균 수명은 2×10^{-8} s이다. 여기에서 생기는 형광선의 너비에 대한 근사적인 값을 계산하여라.

풀이

불확정성 원리에 따르면(식 6-25)

$$\Delta\nu\Delta t \geq 1$$

Δt에 2×10^{-8} s를 대입하여 다시 정리하면 방출 복사선 주파수의 불확정도 $\Delta\nu$을 얻는다.

$$\Delta\nu = 1/(2 \times 10^{-8}) = 5 \times 10^{7}\,\text{s}^{-1}$$

주파수 단위의 불확정도와 파장의 불확정도 사이의 관계식을 구하기 위해서 다음의 식 6-2를

$$\nu = c\lambda^{-1}$$

주파수에 대하여 미분하면

$$d\nu = -c\lambda^{-2}d\lambda$$

$\Delta\nu$가 $d\nu$와 거의 같고 $d\lambda$가 $\Delta l_{1/2}$와 거의 같다고 하고 식을 다시 정리하면 다음과 같다.

$$|\Delta\lambda_{1/2}| = \frac{\lambda^2\Delta\nu}{c}$$

$$= \frac{(253.7 \times 10^{-9}\,\text{m})^2(5 \times 10^{7}\,\text{s}^{-1})}{3 \times 10^{8}\,\text{m/s}}$$

$$= 1.1 \times 10^{-14}\,\text{m}$$

$$= 1.1 \times 10^{-14}\,\text{m} \times 10^{10}\,\text{Å/m} = 1 \times 10^{-4}\,\text{Å}$$

불확정성 넓힘으로 인한 선너비는 때때로 *자연 선너비*(natural line width)라 불리며, 예제 8-1에 보여준 것처럼 일반적으로 10^{-5} nm (10^{-4} Å) 정도이다.

Doppler 넓힘

빠르게 움직이는 원자에 의해 흡수되거나 방출되는 복사선의 파장은 원자의 움직임이 검출기 쪽을 향한다면 감소하고, 원자들이 검출기로부터 멀어진다면 증가한다(그림 8-7 참고). 이러한 현상을 *Doppler 이동*(Doppler shift)이라고 하며 이것은 전자기복사선뿐만 아니라 음파에서도 관측된다. 예를 들어, Doppler 이동은 자동차가 보행자를 지나치는 동안 경적을 울릴 때 발생한다. 자동차가 관측자에게 가까이 올수록 경적의 연속적인 진동소리는 관측자에게 계속 더 가까운 거리에서 발생하게 된다. 따라서 각 음파가 자동차가 정지해 있을 때보다 약간 더 빨리 보행자에게 도달하게 된다. 이 결과로 경적의 더 높은 주파수 즉 더 높은 소리를 듣게 된다. 자동차가 관측자와 같이 움직인다면 음파는 도로에 수직인 선을 따라 관측자의 귀에 직접적으로 들어오게 되며 이때에는 주파수의 이동이 없다. 자동차가 보행자로부터 멀어질 때 갈수록 각 음파는 앞선 음파에 비해 더

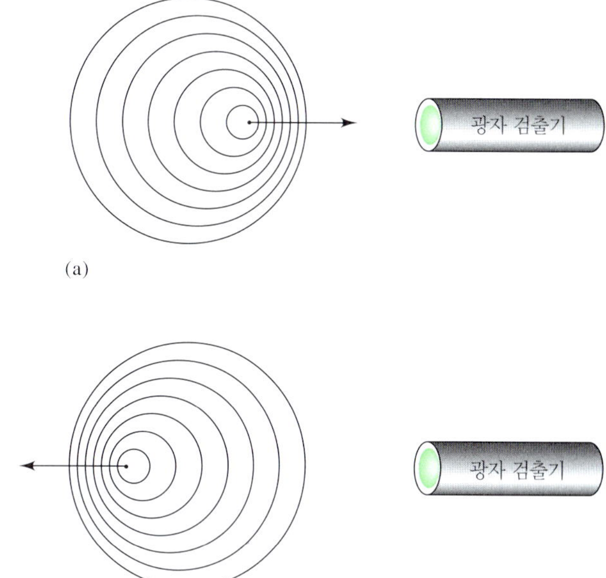

그림 8-7 Doppler 넓힘의 원인. (a) 원자가 광자 검출기 쪽으로 움직이며 복사선을 방출하면 검출기는 파동의 꼭대기를 더 자주 보게 되며 더 높은 주파수로 복사선을 검출한다. (b) 원자가 광자 검출기의 반대 방향으로 움직이며 복사선을 방출한다면 검출기는 사실상 파동의 꼭대기를 적게 보게 되며 더 낮은 주파수로 복사선을 검출하게 된다. 이러한 역동적인 매질에서의 결과는 주파수의 통계적인 분포를 나타내고 스펙트럼 선을 넓히게 된다.

먼 거리에서 발생하며, 결과적으로 주파수가 더 작아지고 소리는 작아지게 된다.

Doppler 이동의 크기는 방출하거나 흡수하는 화학종이 검출에 가까이 오거나 멀어지는 속도가 증가하면 함께 증가한다. 상대적으로 낮은 속도에서, Doppler 이동 $\Delta\lambda$와 접근하거나 멀어지는 원자의 속도 v 사이의 관계식은 다음과 같다.

$$\frac{\Delta\lambda}{\lambda_0} = \frac{v}{c}$$

여기서 λ_0는 변환기에 정지해 있는 시료 원소의 이동하지 않는 파장이며, c는 빛의 속도이다.

불꽃이나 플라스마 같은 뜨거운 환경에 원자들이 많이 존재할 때 원자 운동은 모든 방향으로 움직인다. 개별 원자들은 특정 원자 화학종의 평균 속도가 절대 온도의 제곱근에 따라 증가하는 Maxwell-Boltzmann 속도 분포를 나타낸다. 스펙트럼 선의 넓힘은 이러한 Doppler 이동의 결과이다.[3] 최대 Doppler 이동은 최고의 속도로 검출기를 향하거나 또는 멀어지는 원자들

시뮬레이션: www.tinyurl.com/skoogpia7에서 **선 넓힘(line broadening)**에 대해 더 알아보시오.

[3]Doppler 넓힘과 압력 넓힘의 정량적 처리에 대한 자세한 내용은 다음 문헌을 참고하시오. J. D. Ingle Jr. and S. R. Crouch, *Spectrochemical Analysis*, pp. 210-212, Upper Saddle River, NJ: Prentice-Hall, 1988.

에 의해서 나타난다. 검출기를 향하는 통로에 대하여 수직으로 움직이는 원자들은 Doppler 이동이 일어나지 않는다. 중간 정도의 이동은 나머지 원자들의 움직이는 속도와 방향에 따라 일어난다. 그러므로 검출기는 대략적으로 대칭적인 파장의 분포를 검출하게 된다. 불꽃과 플라스마에서 Doppler 선넓힘은 자연선 너비보다 10^2배 정도 더 넓은 선너비를 갖게 한다.

압력 넓힘

압력 넓힘 즉, 충돌 넓힘은 가열된 매체에서 방출하거나 흡수하는 화학종이 다른 원자나 이온들과 충돌하면서 생긴다. 이러한 충돌들은 에너지 준위에서 작은 변화를 만들며 흡수하거나 방출하는 파장이 어떤 범위를 가지게 된다. 불꽃 속에서 충돌은 연료에서 생기는 다양한 연소 생성물과 분석물질 원자들 사이에서 일어난다. 이러한 충돌들은 자연 선너비보다 10^2 또는 10^3 배 정도 넓은 선너비를 만든다. 원자 흡수 분광법에서 광원으로 사용되는 속빈 캐소드 램프 방전등에서 넓힘은 주로 방출 원자들 그리고 같은 종류의 다른 원자들 사이의 충돌로 인해 일어난다. 고압 수은 램프와 제논 램프에서는 이러한 형태의 압력 넓힘이 크게 일어나 자외선과 가시선 영역에서 연속 복사선이 나타난다.

8A-3 원자 스펙트럼에 미치는 온도 효과

원자화 장치에서 온도는 들뜬 원자 입자의 수와 들뜨지 않은 원자 입자의 수 사이의 비에 중대한 영향을 미친다. 이 효과의 크기는 Boltzmann 식으로 계산하며 그 식은 다음과 같다.

$$\frac{N_j}{N_0} = \frac{g_j}{g_0}\exp\left(\frac{-E_j}{kT}\right) \tag{8-1}$$

여기서, N_j와 N_0는 각각 들뜬 상태의 원자 수와 바닥 상태의 원자 수이며, k는 Boltzmannt 상수(1.38×10^{-23} J/K)이고, T는 절대 온도이고, E_j는 들뜬 상태와 바닥 상태 사이에 에너지 차이이다. g_j와 g_0은 각 양자준위에서 같은 에너지를 갖는 상태 수에 따라 결정되는 *통계적 무게*(statistical weights)라 불리는 통계적 인자이다. 예제 8-2는 N_j/N_0를 계산하는 방법을 예를 들었다.

예제 8-2

2500 K와 2600 K에서 바닥 상태에 있는 소듐 원자 수에 대한 $3p$의 들뜬 상태에 있는 소듐 원자 수의 비를 계산하시오.

풀이

$3p \rightarrow 3s$ 전이할 때 나타나는 두 개의 소듐 방출선의 평균 파장 589.3 nm (5893 Å)를 사용하여 식 8-1의 E_j를 계산한다. 에너지를 joule 단위로 얻기 위해 이 책의 앞표지 안쪽에 있는 환산 계수를 사용한다.

$$E_j = h\nu = h\frac{c}{\lambda}$$

$$= 6.6261 \times 10^{-34}\ \text{J s} \times \frac{2.998 \times 10^8\ \text{m s}^{-1}}{589.3\ \text{nm} \times 10^{-9}\ \text{m/nm}}$$

$$= 3.37 \times 10^{-19}\ \text{J}$$

$3s$와 $3p$ 양자준위의 통계적 무게는 각각 2와 6이다. 그러므로

$$\frac{g_j}{g_0} = \frac{6}{2} = 3$$

식 8-1에 대입하면

$$\frac{N_j}{N_0} = 3\exp\left(\frac{-3.37 \times 10^{-19}\ \text{J}}{1.38 \times 10^{-23}\ \text{J K}^{-1} \times 2500\ \text{K}}\right)$$

$$= 3 \times 5.725 \times 10^{-5} = 1.72 \times 10^{-4}$$

앞의 식에서 2500을 2600으로 바꾸면

$$\frac{N_j}{N_0} = 2.50 \times 10^{-4}$$

시뮬레이션: www.tinyurl.com/skoogpia7에서 **Doppler 효과(Doppler effect)**에 대해 더 알아보시오.

예제 8-2는 온도가 100 K 증가하였을 때 들뜬 소듐 원자의 수는 45% 증가한다는 사실을 보여준다. 두 선이 방출한 세기도 이에 상응하여 증가하게 된다. 그러므로 원자 방출 측정에 근거를 둔 분석법은 세밀한 원자화 온도의 조절이 요구된다.

흡수법과 형광법은 두 가지 방법 모두 열적으로 들뜬 원자보다 본래 *들뜨지 않은*(unexcited) 원자에 의해 일어나기 때문에, 이론적으로 온도에 덜 의존한다. 위의 예제에서 불꽃 온도 2500 K에서 약 0.017%의 소듐 원자만이 열적으로 들떠 있었다. 방출법은 분석물질의 이러한 작은 분율에 의해 측정된다. 반면에, 흡수법이나 형광법은 분석적 신호를 만들기 위해 99.98%가 들뜨지 않은 소듐 원자 상태로 존재하는 분석물질을 이용한다. 100 K가 증가하면 들뜬 원자가 45% 증가하지만 들뜨지 않은 원자의 분율의 *상대적*(relative) 변화는 무시할 만하다.

원자 흡수법과 형광 측정에서 실제로 온도 변화는 여러 방식으로 간접적인 영향을 준다. 온도의 증가는 보통 원자화 과정의 효율을 증가시키며 전체 기체 원자의 수를 증가시킨다. 게다가, 선 넓힘과 피크 높이의 감소가 발생하는데 이는 원자 입자의 이동 속도가 빨라져 Doppler 효과가 증가하기 때문이다. 마지막으로 온도 변화는 분석물질의 이온화 정도에 영향을 끼쳐 보통 분석에 이용되는 이온화되지 않은 분석물질의 농도에도 영향을 준다(225페이지 참고). 또 이러한 효과들 때문에 흡수 및 형광의 정량적 측정에서 적절한 불꽃 온도의 조절이 요구된다.

원자화 매질에서 들뜬 원자에 대한 들뜨지 않은 원자의 큰 비율은 세 가지 원자 분광법을 다른 면에서 비교할 수 있게 한다. 원자 흡수와 원자 형광 측정은 아주 많은 원자 수를 가진 상태에서 행해지기 때문에 이 두 방법은 방출법보다 더 감도가 좋은 방법이라고 예상할 수 있다. 그러나 이러한 명백한 장점은 흡수법에서 상쇄되는데 이는 흡광도 측정이 비율($A = \log P_0/P$)로

계산되기 때문이다. P와 P_0의 값이 거의 동일할 때에는 이 비에서 더 큰 상대 오차가 생기리라 예상된다. 그러므로 원자 흡수법과 원자 방출법은 감도에 있어 서로 상호보완적인 경향이 있다. 다시 말해 어떤 원소들에서는 원자 흡수법이 유리하고, 다른 원소에서는 원자 방출법이 유리하다. 측정 가능한 원자의 입자 수에 바탕을 두고 보면 적어도 이론적으로 원자 형광 분석법이 세 가지 방법 중에서 가장 감도가 좋다.

8A-4 원자 스펙트럼과 관련된 띠 스펙트럼과 연속 스펙트럼

일반적으로 원자 선 스펙트럼이 생성될 때에 띠 스펙트럼과 연속 스펙트럼 또한 생성된다. 예를 들어, 그림 6-19 (132페이지)에서 분자 띠와 연속 스펙트럼을 보여준다. 연속 스펙트럼은 원자화 매질에 존재하는 뜨거운 입자 물질로부터 나오는 열 복사선에 의해 생긴다. 또한 플라스마, 아크 그리고 스파크에서도 띠와 연속 복사선 모두 생성되는데 뒤에서 설명할 것이다.

띠 스펙트럼은 원자 흡수법과 방출 분광 분석법에 의해 원소를 정량할 때 자주 나타난다. 예를 들어, 칼슘 이온 용액이 낮은 온도의 불꽃에서 이온화될 때에 CaOH의 분자 흡수와 방출 스펙트럼이 554 nm(그림 8-8 참고) 영역에서 나타난다. 이러한 경우 이 스펙트럼은 칼슘의 농도를 정량하는 데 사용될 수 있다. 그러나 더 일반적으로 이러한 분자 띠와 연속 복사선이 존재하면 방해의 원인이 될 가능성이 더 높다. 이러한 방해는 적당한 파장 선택, 바탕 보정 그리고 원자화 조건의 변화를 통하여 최소화할 수 있다. 그림 8-8은 바륨의 공명선 파장으로 바륨을 정량할 때 불꽃 방출법에서 CaOH의 방출 또는 원자 흡수 분광 분석법에서 CaOH의 흡수로부터 오는 큰 방해를 보여준다.

8B 원자화 방법

원자 분광 스펙트럼과 원자 질량 스펙트럼을 얻기 위해서 시료 성분을 기체 상태의 원자나 이온화된 원자로 전환시켜야 하고 이후 방출, 흡수, 형광 또는 질량 스펙트럼을 측정하여 정량할 수 있다. 원자 분광 분석법의 정밀도와 정확도는 원자화 과정과 시료를 원자화 영역에 도입하는 방법에 크게 의존한다. 원자화 장치의 일반적인 형태를 표 8-1에 나타내었다. 이 장치들 중 몇 가지는 제9장, 제10장, 그리고 제11장에서 자세히 설명한다.

8C 시료 도입법

시료 도입법은 원자 분광법의 아킬레스건으로 여겨져 왔는데 이는 많은 경우에 시료 도입이 원자 분광 측정법의 정확도, 정밀도, 그리고 검출 한계를 제한하기 때문이다.[4] 원자 분광 분석법에서 시료 도입 장치의 주된 목표는 높은 효율과 방해 효과 없이 표 8-1에 적어놓은 원자화 장치들 중 하나에 재현성 있고 전체 시료를 대표하는 일정 분율의 시료를 도입하는 것이다. 이런 목표를 쉽게 실현할 수 있는가는 분석물질의 물리적, 화학적 상태와 시료 매트릭스에 크게 달려있다. 내화성 물질의 고체 시료에서 시료 도입은 보통 주된 문제가 된다. 반면에 용액과 기체 시료의 도입 단계는 간단하다. 이러한 이유로 인해 원자 분

[4]R. F. Browner and A. W. Boorn, *Anal. Chem.*, **1984**, *56*, 786A, **DOI:** 10.1021/ ac00271a718, 875A, DOI: 10.1021/ac00271a799; *Sample Introduction in Atomic Spectroscopy*, J. Sneddon, ed., New York: Elsevier, 1990; J. Todoli and J. Mermet, *Liquid Sample Introduction in ICP Spectrometry: A Pracical Guide*, Amsterdam: Elsevier, 2008

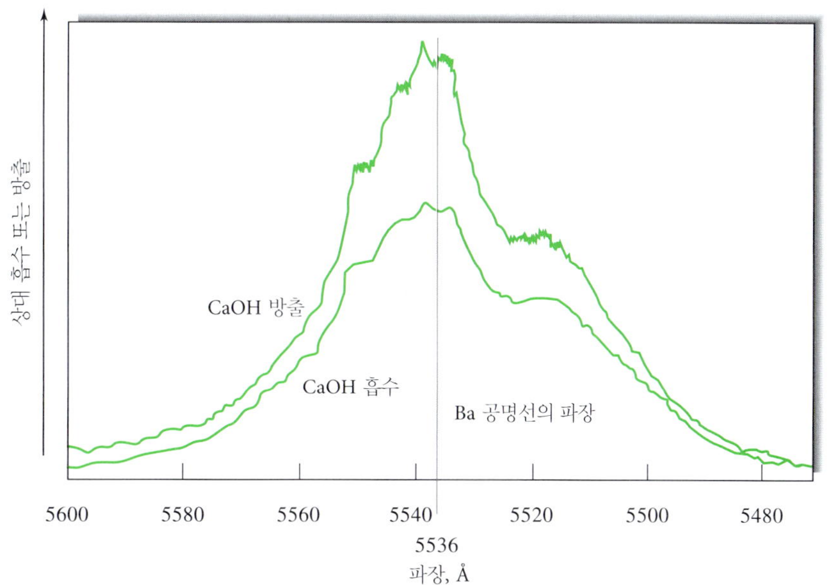

그림 8-8 **CaOH의 분자 불꽃 방출 그리고 불꽃 흡수 스펙트럼.** 또 바륨의 원자 방출 파장도 나타내었다. (Adapted from L. Capacho-Delgado and S. Sprague, *Atomic Absorption Newsletter*, **1965**, *4*, 363. Courtesy of Perkin-Elmer Corporation, Norwalk, CT.)

표 8-1 원자 분광법에 사용되는 원자화 장치 형태

원자화 장치 형태	대표적 원자화 온도, °C
불꽃	1700~3150
전열 증발화(ETV)	1200~3000
유도쌍 아르곤 플라스마(ICP)	4000~6000
직류 아르곤 플라스마(DCP)	4000~6000
마이크로 유도 아르곤 플라스마 (MIP)	2000~3000
레이저 유도 플라스마	8000~15,000
글로우 방전(GD) 플라스마	열이 아님
전기 아크	4000~5000
전기 스파크	40,000(?)

표 8-2 원자 분광법의 시료 도입 방법

방법	시료 형태
기체 분무화	용액이나 슬러리
초음파 분무화	용액
전열 증기화	고체, 액체, 용액
수소화물 생성법	특정한 원소 용액
직접 주입	고체, 가루
레이저 증발	고체, 금속
스파크나 아크증발	전도성 고체
글로우 방전 튕김	전도성 고체

광법의 대부분은 용액 상태에서 진행된다.

표 8-1에 적어놓은 처음 5개의 원자화 장치에서 시료들은 보통 수용액 상태(때때로, 비수용액이 사용된다)나 가끔은 슬러리 [*슬러리*(slurry)란 액체에 분산되어 있는 미세한 분말가루들의 서스펜션이다] 상태로 도입된다. 그러나 용해시키기 어려운 시료일 경우에는 고체 또는 미세 분말 형태로 원자화 장치에 도입하는 방법들이 사용된다. 일반적으로, 고체 시료 도입법은 재현성이 떨어지며 더 많은 다양한 오차가 존재하여 수용액을 이용한 도입 방법만큼 널리 이용되지 않는다. 표 8-2에는 원자 분광법에 사용되는 일반적인 시료 도입법들과 각각에 이용될 수 있는 시료의 형태를 적어놓았다.

8C-1 용액 시료의 도입

원자화 장치는 *연속 원자화 장치*(continuous atomizer)와 *불연속 원자화 장치*(discrete atomizer) 두 종류로 분류된다. 플라스마와 불꽃과 같은 연속 원자화 장치는 고정적인 방법으로 도입하고, 불연속 원자화 장치는 시료를 주사기나 자동 시료 도입기 같은 장치를 이용하여 불연속적으로 도입한다. 가장 일반적인 불연속 원자화 장치는 *전열 원자화 장치*(electrothermal atomizer)이다.

플라스마와 불꽃에 액체 시료를 도입하는 일반적인 방법들[5]을 그림 8-9에 나타내었다. 직접 *분무화*(nebulization)가 가장 자주 사용된다. 이러한 경우에는 *분무화장치*(nebulizer)가 *에어로졸*(aerosol)이라 불리는 작은 물방울의 형태로 계속적으로 시료를 도입시킨다. 불꽃이나 플라스마에 시료를 연속적으로 도입하면 일정 상태의 원자, 분자 및 이온의 분포가 만들어진다. 흐름 주입 크로마토그래피나 액체 크로마토그래피가 사용될 때에는 시간에 따라 변하는 시료 덩어리가 분무되고, 시간 의존적 증기 분포가 생성된다. 자유 원자나 원소의 이온이 생기는 복잡한 과정을 그림 8-10에 표현하였다.

자습: www.tinyurl.com/skoogpia7에서 **시료 도입법(sample introduction)**에 대해 더 알아보시오.

[5]액체 도입법에 대한 자세한 내용은 다음 문헌을 참고하시오. A. Montaser, *Inductively Coupled Mass Spectrometry*, Chaps. 3 & 5, Hoboken, NJ: Wiley, 1998; A. G. T. Gustavsson, in *Inductively Coupled Plasmas in Analytical Atomic Spectrometry*, 2nd ed., A. Montaser and D. W. Golightly, eds., Chap. 15. New York: Wiley-VCH, 1992.

불연속 용액 시료는 원자화 장치에 작은 물방울로 나누어져 도입된다. 전열 원자화 장치에서 생성된 증기 구름은 이용할 수 있는 시료의 양이 제한적이므로 일시적이다. 고체 시료들은 전기 스파크나 레이저 살로 시료를 원자화시켜 플라스마에 도입된다. 용액은 일반적으로 표 8-2에 나타낸 처음 세 가지 방법에 의하여 원자화 장치에 도입된다.

기압식 분무기

가장 일반적인 분무기의 종류는 그림 8-11a에서 보여주는 동심관 기압식 분무기 형태이다. 이 분무기에서는 액체 시료가 관 끝 주위를 흐르는 높은 압력의 기체에 의해서 모세관을 통해 빨려 들어간다(Bernoulli 효과). 이러한 액체 운반 과정을 *흡인*(aspiration)이라 한다. 높은 속도의 기체는 액체를 다양한 크기의 미세한 물방울로 쪼갠 이후 원자화 장치로 운반한다. 그림 8-11b에 나타낸 교차-흐름 분무기도 사용되며 이 분무기는 높은 압력의 기체가 직각으로 모세관 끝을 가로질러 흐른다. 그림 8-11c는 소결판 분무기의 개요도이며 시료 용액은 운반 기체의 흐름을 통하여 소결판 표면으로 주입된다. 이런 형태의 분무기는 앞에서 보았던 두 분무기보다 더 미세하고 많은 에어로졸을 만든다. 그림 8-11d는 Babington 분무기이다. 이것은 높은 압력의 기체가 구 표면의 작은 구멍을 통해 주입되는 속이 빈 구 모양으로 이루어져 있다. 넓어진 기체 분출구는 얇은 필름으로 흘러내리는 액체 시료를 구 표면 위로 분무한다. 이러한 형태의 분무기는 다른 장치보다 잘 막히지 않으며 이로 인해 염의 함량이 큰 시료 또는 입자 성분을 상당량 포함하고 있는 슬러리 시료에 특히 유용하다는 것이 입증되었다.

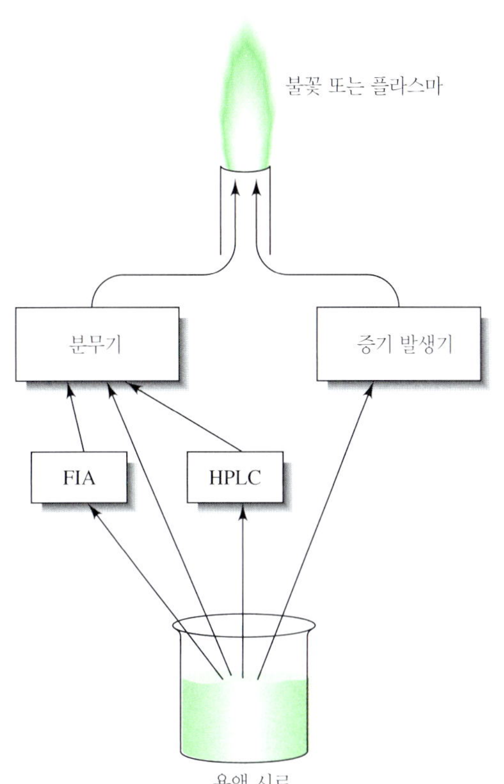

그림 8-9 연속 시료 주입법. 시료들은 자주 안개나 작은 물방울이 생성되는 분무기에 의해 플라스마나 불꽃 속으로 주입된다. 시료들은 분무기나 흐름 주입 분석(FIA; 제33장) 또는 고성능 액체 크로마토그래피(HPLC; 제28장) 방법으로 직접 주입할 수 있다. 몇몇 경우에 시료는 수소화물 생성법이나 전열 증발기와 같은 증기 발생기에 의해 증기로 분리 변환된다.

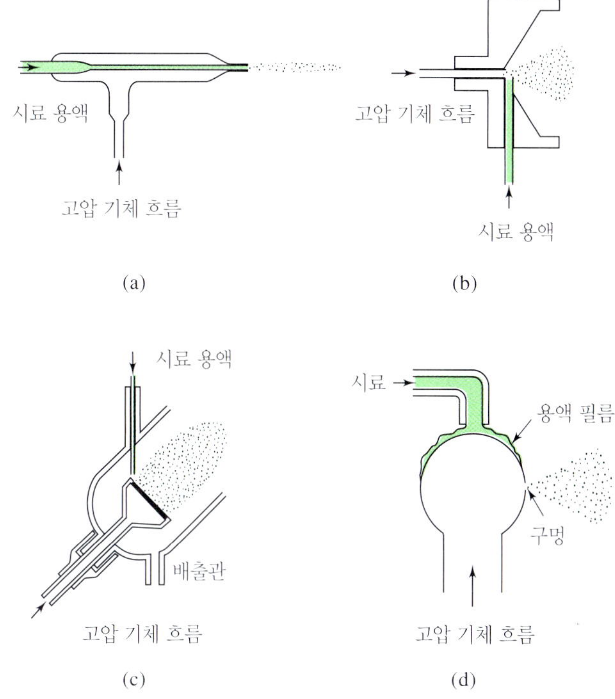

그림 8-11 여러 종류의 분무기들. (a) 중심관, (b) 가로-흐름, (c) 소결판, (d) Babington.

초음파 분무기

몇몇 기기 제조회사들은 20 KHz에서 수 MHz의 주파수에서 진동하는 압전기 결정의 표면으로 시료를 주입하는 초음파 분무기를 시판하고 있다. 초음파 분무기는 기압식 분무기보다 고밀도이고 더 균일한 에어로졸을 만든다. 그러나 이 장치는 점도가 있는 용액이나 입자들이 존재하는 용액에서는 낮은 효율을 가진다.

전열 증기화 장치

전열 증기화 장치(electrothermal vaporizer, ETV)는 증기화된 시료를 원자화 장치로 운반하기 위해 아르곤과 같은 불활성 기체가 흐르는 챔버에 위치한 증발기이다. 소량의 액체 또는 고체 시료는 탄소 튜브 또는 탄탈륨 필라멘트 같은 도체에 배치된다. 전류는 아르곤 흐름 안으로 시료를 빠르고 완전하게 증발시킨다. 이전에 봤던 분무장치 배치와 다르게 전열 원자화 시스템은 연속적인 신호보다 불연속 신호를 생성한다. 즉 원자화된 시료의 신호가 최대치로 증가하고 이후 시료가 관찰 영역을 지나가거나 분산에 의해 소멸하게 되면 신호는 0으로 감소하게 된다. 피크 높이 또는 면적은 원하는 정량적인 정보를 제공한다.

수소화물 생성법

수소화물 생성법은 비소, 안티모니, 주석, 셀레늄, 비스무트 그

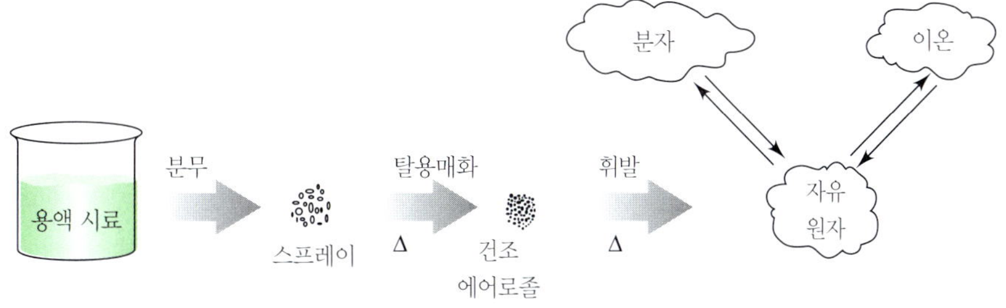

그림 8-10 플라스마 또는 불꽃에 연속 시료 주입으로 원자, 분자, 그리고 이온이 되는 과정. 용액 시료는 분무기에 의해 작은 물방울이 된다. 불꽃 또는 플라스마의 높은 온도는 용매가 증기화되고, 건조한 에어로졸 입자로 만드는 원인이 된다. 더 가열하면 생성된 원자, 분자 및 이온 화학종 입자는 휘발된다. 이들 화학종들은 적어도 일정한 영역에서는 평형이 된다.

리고 납을 함유한 시료를 추출하여 기체 상태로 만들어 원자화 장치에 도입하는 방법이다.[6] 이 방법은 원소들의 검출 한계를 10~100배로 높여준다. 이 화학종들 중 몇몇은 매우 독성이 강하기 때문에 농도가 낮은 수준에서 정량하는 것이 매우 중요하다. 또한 이러한 독성 때문에 원자화 과정에서 생성된 기체를 안전하고 효율적인 방법으로 폐기시켜야만 한다.

휘발성 수소화물은 일반적으로 산성 시료 수용액을 유리 용기에 함유된 1% 수소화붕소소듐($NaBH_4$) 수용액에 첨가함으로써 빠르게 발생시킬 수 있다.

$$3BH_4^-(aq) + 3H^+(aq) + 4H_3AsO_3(aq) \rightarrow 3H_3BO_3(aq) + 4AsH_3(g) + 3H_2O(l)$$

이 경우 휘발성 수소화물 아르신(arsine, AsH_3)은 불활성 기체에 의해 원자화 용기로 운반된다. 보통 이 용기는 실리카 튜브이고 불꽃 또는 전기로 수백 도까지 가열하여 수소화물이 분해되어 분석물질 원자가 생성되며, 그 다음 흡수법과 방출법 측정으로 정량한다. 이 신호는 전열 원자화 장치에서 얻은 것과 유사한 피크 모양을 가진다.

8C-2 고체 시료의 도입

플라스마와 불꽃 원자화 장치에 분말, 금속, 또는 미립자 형태의 고체 시료를 도입[7]하는 것은 시료를 분해하고 용해시키는 지루하고 시간이 많이 걸리는 과정을 피할 수 있는 큰 장점을 가진다. 그러나 이러한 과정은 교정 곡선, 시료의 조건화, 정밀도와 정확도에서 심각한 어려움을 겪는다.

원자화 장치에 직접 고체 시료를 도입하고자 여러 가지 기술이 사용되어 왔다. 이러한 방법들에는 (1) 원자화 장치 안에 고체 시료의 직접 도입, (2) 시료의 전열 증기화와 원자화 영역으로 증기의 이동, (3) 아크, 스파크나 레이저에 의한 고체 증발과 이로 인해 생긴 증기의 원자화 장치로 이동, (4) 미세 분말 고체 시료가 액체 매질에서 고체 서스펜션으로 되어 있는 에어로졸로서 원자화 장치로 운반하는 슬러리 분무, (5) 글로우 방전 장치에서의 스퍼터링이 있다. 이 방법들 중 어느 하나도 시료 용액을 분무시켜 시료를 도입하는 것만큼 만족스러운 결과를 만들지는 못한다. 이러한 방법의 대부분은 연속 신호보다는 불연속 분석 신호를 만든다.

직접 시료 도입

직접 시료 도입법에서는 시료를 물리적으로 원자화 장치에 도입한다. 고체인 경우, 시료를 가루로 만들고 그것을 탐침 위 또는 안에 놓고 직접적으로 원자화 장치로 도입한다. 전기 아크와 스파크 원자화 장치에서 금속 시료는 자주 아크나 스파크를 발생시키는 하나 또는 두 개의 전극으로 사용하여 도입된다.

전열 증기화 장치

앞 절에서 간단하게 설명한 전열 증기화 장치는 여러 형태의 고체 시료에도 사용된다. 시료는 흑연 또는 탄탈 막대나 보트에 놓고 여기에 전류를 주어 가열된다. 이후 증기화된 시료는 비활성 기체에 의해 원자화 장치로 운반된다.

아크와 스파크 증발

다양한 형태의 전기 방전이 때때로 고체 시료를 원자화 장치로 도입하는 데 이용된다. 전기 방전이 고체 시료 표면에서 상호작용하여 증기화된 입자 시료 집합체를 만든다. 전기 방전 또는 레이저살과의 상호작용으로 만들어진 고체 시료의 증기는 *증발*(ablation)이라 한다. 이후 증기화된 시료는 비활성 기체의 흐름에 의해 원자화 장치로 운반된다.

아크 또는 스파크 증발이 성공적이려면 시료가 전기적인 전도성이 있거나 전도체와 혼합되어 있어야만 한다. 증발은 보통 아르곤 기체 흐름과 같은 비활성 대기에서 수행된다. 시료의 성질에 따라 생기는 분석 신호는 불연속적이거나 연속적이다. 몇몇의 기기 제조업자들은 전기 아크와 스파크 증발을 위한 부품을 제조하고 있다.

또한 아크와 스파크는 시료를 원자화시키며 이로 인해 생성된 원자를 들뜨게 하여 분석에 유용한 방출 스펙트럼을 생성하기도 한다는 것에 주목하라. 또한 스파크는 질량 분석법에 의해 분리되고 정량할 수 있는 상당한 수의 이온을 생성한다(제11D절 참고)

레이저 증발

레이저 증발은 고체 시료를 원자화 장치에 도입하는 다재다능한 방법이다. 이 방법은 아크와 스파크 증발과 유사하다. 즉 Nd:YAG나 엑시머 레이저살을 집중시켜 얻은 충분한 에너지를 고체 시료의 표면에 조사하면 시료는 증기화된 미세 입자 시료 집합체로 전환된 후 원자화 장치로 운반된다.

레이저 증발은 전도성 또는 비전도성 고체, 무기 및 유기 시료, 그리고 분말과 금속성 물질에 적용 가능하다. 대량 분석 이외에, 집중된 레이저살은 고체 표면 위의 작은 부분의 분석이 가능하다. 몇몇 기기 제조회사에서 레이저 시료 장치를 제공하고 있다.

---

[6]이 방법들에 관한 자세한 내용은 다음 문헌을 참고하시오. T. Nakahara, in *Sample Introduction in Atomic Spectroscopy*, J. Sneddon, ed., Chap. 10, New York: Elsevier, 1990; J. Didina and D. L. Tsalev, *Hydride Generation Atomic Spectroscopy*, Chichester, England: Wiley, 1995. 증기 발생법에 관한 총설은 다음 문헌을 참고하시오. R. A. Gil, P. H. Pacheco, S. Cerutti, and L. D. Martinez, *Anal. Chim. Acta*, **2015**, *875*, 7, **DOI:** 10.1016/j.aca.2014.12.040.

[7]고체 도입법에 대해서는 다음 문헌을 참고하시오. C. M. McLeod, M. W. Routh, and M. W. Tikkanen, in *Inductively Coupled Plasmas in Analytical Atomic Spectrometry*, 2nd ed., A. Montaser and D. W. Golightly, eds., Chap. 16, New York: VCH, 1992.

글로우 방전법

글로우 방전(GD)[8] 장치는 시료 도입과 시료 원자화를 동시에 수행하는 다양한 용도의 원자 화원이다(그림 8-12 참고). 글로우 방전은 250~1000 V의 dc 전위로 유지되어 있는 한 쌍의 전극들 사이에 있는 낮은 압력(1~10 torr)의 아르곤 기체에서 발생한다. 전압을 걸어주면 아르곤 기체는 양으로 하전된 아르곤 이온과 전자로 분해된다. 전기장은 아르곤 이온을 시료가 포함된 전극 표면으로 가속한다. 이후 중성 시료 원자는 *스퍼터링*(sputtering)이라 불리는 과정에 의해서 방출된다. 스퍼터링 속도는 100 μg/min만큼 빠를 수도 있다.

글로우 방전에 의해 발생된 원자 증기는 원자와 이온의 혼합물이며 원자 흡수법 또는 원자 형광법 또는 질량 분석법에 의해 정량될 수 있다. 게다가 증기 상태의 원자화된 화학종 중 적은 양은 들뜬 상태에 있다. 들뜬 화학종이 바닥 상태로 이완되면서 낮은 세기의 글로우를 생성하는데 이는 분광학적 방출 측정에 사용될 수 있다.

글로우 방전 원자화 장치의 가장 중요한 응용은 금속과 다른 전도성 시료를 분석하는 것이며 약간 변형하면, 흑연이나 순수한 구리 분말과 같은 전도체와 섞어 액체 시료나 비전도성 물질을 분석하는 데도 사용할 수 있다. 최근에는 표면을 영상화하고 원소 지도 분석에서 글로우 방전 방출 분광법을 사용할 정도로 발전하였다.[9]

몇몇 기기 제조 업체에서 다양한 종류의 글로우 방전 원자 화원이 제공되고 있다.

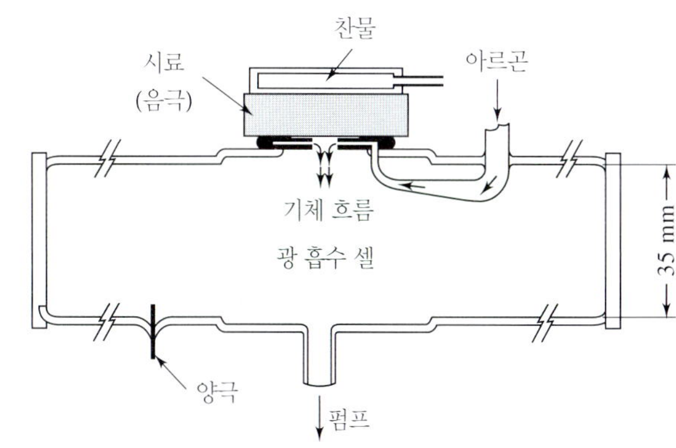

그림 8-12 글로우 방전 원자화 장치. (D. S. Gough, P. Hannaford, and R. M. Lowe, *Anal. Chem.*, **1989**, *61*, 1652, **DOI:** 10.1021/ac00190a013. Copyright 1989 American Chemical Society.)

[8]*글로우 방전 방출 분광법*(Glow Discharge Optical Emission Spectrometry)에 대한 내용은 다음 문헌을 참고하시오. R. Payling, D. Jones, and A. Bengston, eds., Chichester, England: Wiley, 1997; *Glow Discharge Plasmas in Analytical Spectroscopy*, R. K. Marcus and J. A. C. Broekhaert, eds., Chichester: Wiley, 2003.

[9]다음 문헌을 참고하시오, G. Gamez, M. Voronov, S. J. Ray, V. Hoffman, G. M. Hieftje, and J. Michler, *Spectrochim. Acta B*, **2012**, *70*, 1, **DOI:** 10.1016/j.sab.2012.04.007; M. Voronov, et al., *J. Anal. At. Spec.*, **2012**, *27*, 419, **DOI:** 10.1039/c2ja10325g

질문과 문제

*별표가 있는 문제의 해답은 이 책의 끝에 있다.

이 아이콘이 있는 문제는 스프레드시트를 이용하여 쉽게 풀 수 있다.

8-1 그림 8-8의 CaOH 스펙트럼은 왜 그림 8-4의 Na 방출선보다 훨씬 더 넓은가?

8-2 공명 형광이란 무엇인가?

8-3 원자 분광법에서 어떤 조건하에서 Stokes 이동(제6C-6절 참고)이 일어날 수 있는가?

8-4 원자 방출과 흡수선에 대한 자연 선너비는 무엇을 결정하는가? 일반적으로 이들의 너비는 어떻게 넓어지는가?

8-5 뜨거운 불꽃에서 589.0와 589.6 nm의 Na 선의 방출선은 시료 속에 KCl이 없을 때보다 있을 때 방출 세기가 더 커진다. 왜 이런지 설명하시오.

8-6 Li 원자에 대한 선의 세기가 천연가스 불꽃 1800°C에서 조작할 때보다 2700°C의 수소-산소 불꽃에서 더 작아진다. 이 이유를 설명하시오.

질문과 문제(계속)

8-7 원자 분광법에 사용되는 연속형과 불연속형의 원자화 장치들의 종류를 말하시오. 각각의 분광계에서 나오는 출력 신호는 어떻게 다른가?

***8-8** Dopper 효과는 원자 흡수 분광법에서 선 넓힘의 원인들 중 하나이다. 원자가 광원 쪽으로 움직이면 광원에서 반대쪽으로 움직이는 원자보다 높은 주파수를 갖게 된다. v(정지하고 있는 것과 비교하여)의 속도로 움직이는 원자가 나타내는 파장의 차이 $\Delta\lambda$는 $\Delta\lambda/\lambda = v/c$이다. 여기서 c는 빛의 속도이다. (a) 2000 K와 (b) 3120 K 온도에서 흡수하는 원자가 있을 때 원자가 흡수하는 리튬선[670.776 (6707.76 Å)을 nm 단위로 추산하시오. 원자의 평균 속도는 $v = \sqrt{8kT/\pi m}$]이다. 여기서 k는 Boltzmann 상수이고, T는 절대 온도, m은 질량이다.

***8-9** Na 원자와 Mg^+ 이온에 있어서 다음과 같은 조건하에서 $3p$ 들뜬 상태의 입자 수와 바닥 상태의 입자 수의 비를 비교하시오.

(a) 천연 가스–공기 불꽃(1800 K)

(b) 수소–산소 불꽃(2950 K)

(c) 유도 결합 플라스마 광원(7250 K)

8-10 높은 온도 광원에서 Na 원자는 1139 nm의 평균 파장을 갖는 두 개의 피크를 방출한다. 이때 일어나는 전이는 $4s$로부터 $3p$ 상태로 일어난다. 아세틸렌–산소 불꽃(3000°C)에서부터 유도결합 플라스마 광원의 가장 뜨거운 부분(8750°C)의 범위에서 $3s$에 있는 바닥 상태의 원자 수에 대한 $4s$에 있는 들뜬 원자 수의 비를 계산하는 스프레드시트를 만드시오.

8-11 500~2000 ppm의 우라늄 농도 범위에서 351.5 nm의 흡광도와 농도 사이에 선형 관계가 존재한다. 낮은 농도에서는 이 관계는 2000 ppm의 알칼리 금속염을 시료에 넣었을 때에만 선형이 된다. 이 이유를 설명하시오.

도전 문제

8-12 저압 레이저 유도 플라스마의 선 넓힘 메커니즘의 연구에서 Gornushkina[10] 외 몇몇은 원자선의 Doppler 넓힘 $\Delta\lambda_D$의 절반의 넓이를 다음과 같이 표현하였다.

$$\Delta\lambda_D(T) = \lambda_0\sqrt{\frac{8kT\ln 2}{\mathcal{M}c^2}}$$

여기서 λ_0는 방출선의 중심 파장이며 k는 Boltzanm 상수, T는 절대 온도, $\mathcal{M}$은 원자 질량, 그리고 c는 빛의 속도이다. Ingle과 Crouch[11]는 주파수를 유사한 식으로 나타내었다.

$$\Delta\nu_D = 2\left[\frac{2(\ln 2)kT}{\mathcal{M}}\right]^{1/2}\frac{\nu_m}{c}$$

여기서 $\Delta\nu_D$는 Doppler 반 넓이이고, ν_m은 최대선의 주파수이다.

(a) 두 식이 동일함을 증명하시오.

(b) 파장과 주파수 항으로 20,000 K의 온도와 361.939 nm (3619.39 Å)에서, Ni 원자의 $4s \rightarrow 4p$ 전이 선의

[10] I. B. Gornushkin, L. A. King, B. W. Smith, N. Omenetto, and J. D. Winefordner, *Spectrochim. Acta B*, **1999**, *54*, 1207, **DOI:** 10.1016/S0584-8547(99)00064-6.

[11] J.D. Ingle Jr. and S. R. Crouch, *Spectrochemical Analysis*, p. 212, Upper Saddle River, NJ: Prentice Hall, 1988.

Doppler 넓힘의 반 넓이를 nm 단위로 계산하시오.

(c) 들뜬 상태의 수명을 5×10^{-8} s라 가정하고 (b)에서의 전이의 자연 선너비를 추정하시오.

(d) 이번 장과 문제 8-8에 주어진 Doppler 이동의 표현은 상대적으로 낮은 속도에서 구한 근사치이다. Dopper 이동의 상대론적 표현은 아래와 같다.

$$\frac{\Delta\lambda}{\lambda} = \frac{1}{\sqrt{\dfrac{c - v}{c + v}}} - 1$$

이 상대론적 식이 이 장에서 소개한 낮은 원자 속도의 식과 일치함을 보이시오.

(e) 만일 결과로 얻은 선이 니켈의 같은 전이의 파장에서 나타난다면 385.9911 nm (3859.911 Å)의 $4s \rightarrow 4p$ 전이가 일어나는 철 원자의 속도를 계산하시오.

(f) (e)에서 계산한 속도를 가지고 10,000 K에서 철 원자 시료의 분율을 계산하시오.

(g) (b)와 (e)에서 3000~10,000 K의 온도 조건하에 니켈과 철의 들뜬 선의 Doppler 반 넓이 $\Delta\lambda_D$를 nm 단위로 계산하는 스프레드시트를 만드시오.

(h) Gornushkin 등(각주 10)의 논문과 그들이 설명한 4가지 압력 넓힘의 원인에 관해 논의하시오. 시료 원자에서 그들 중 두 가지 원인이 어떻게 발생하였는지 자세하게 설명하시오.

9장

원자 흡수 분광법 및 원자 형광 분광법

Atomic Absorption and Atomic Fluorescence Spectrometry

이 장에서는 시료 도입과 원자화 과정에 비슷한 방법이 사용되는 2가지 유형의 광학 원자 분광법을 소개한다. 첫 번째는 반세기 동안 분석 시료에서 단일 원소를 측정하는 데 가장 널리 사용되는 방법인 **원자 흡수 분광법(atomic absorption spectrometry, AAS)**이고, 두 번째는 1960년대 중반 이후 많은 연구가 진행된 **원자 형광 분광법(atomic fluorescence spectrometry, AFS)**이다. 그러나 원자 형광법은 원자 흡수법에 비교하여 원소 분석에는 많이 사용되지 않았다. 최근에서야 몇몇 기기 제조사가 특수 목적으로 원자 형광 분광기기를 제공하기 시작했지만 대다수의 기기는 여전히 원자 흡수법 형태로 판매되고 있다. 이 장에서 대부분의 시간에 AAS를 배우고 AFS는 마지막 부분에 간단하게 다루게 되며, 이를 통하여 두 분광법의 차이점을 배우게 된다.

이 장에서 옆의 로고는 www.tinyurl.com/skoogpia7에서 대화형 자습, 시뮬레이션, 연습 등을 통해 온라인으로 학습할 수 있는 기회가 있음을 나타낸다.

AAS[1]에 대해 자세히 논의하기 전에 먼저 AAS와 AFS에서 사용되는 원자화의 유형에 대한 개요를 살펴보자.

9A 시료 원자화 기술

이 절에서는 먼저, AAS와 AFS에 가장 많이 사용되는 시료 원자화 방법으로 불꽃 원자화 및 전열 원자화를 다루게 된다. 다음으로 두 유형의 분광법에 사용되는 특별한 세 가지 원자화 절차를 설명할 것이다.

9A-1 불꽃 원자화

불꽃 원자화에서, 용액 상태인 시료가 연료와 섞인 기체 산화제의 흐름에 의해 *분무*(nebulized)되어 원자화가 일어나는 불꽃 속으로 운반된다. 그림 9-1에서 볼 수 있듯이 불꽃에서 복잡한 일련의 과정이 일어난다. 첫 번째 단계는 시료의 용매가 증발되어 아주 작은 입자 상태의 고체 분자 에어로졸이 만들어지는 *탈용매*(desolvation)화 단계이다. 이때 만들어진 에어로졸은 기체 분자로 *휘발*(volatilized)이 된다. 이때 만들어진 대부분의 기체 분자는 *해리*(dissociation)되어 기체 원자를 만든다. 기체 원자 중 일부는 이온화되어 양이온과 전자를 형성한다. 연료와 산화제 및 시료의 다양한 상호작용으로 다른 분자와 원자도 생성된다. 그림 9-1에서 보듯이 분자, 원자 및 이온의 일부는 불꽃의 열에 의해 들뜬 원자, 이온 및 분자들이 되어 방출 스펙트럼을 내보낸다. 이렇게 복잡하고 수많은 과정이 일어나기 때문에 원자화 과정이 흡수 분광학의 가장 중요한 과정이고, 이 과정에 의해 분석법의 정밀도가 결정됨은 놀라운 일이 아니다. 이렇듯

[1]원자 흡수 분광법에 대해서는 다음 문헌을 참고하시오. L. H. J. Lajunen and P. Peramaki, *Spectrochemical Analysis by Atomic Absorption and Emission*, 2nd ed., Cambridge: Royal Society of Chemistry, 2004; J. A. C. Broekaert, *Analytical Atomic Spectrometry with Flames and Plasmas*, Weinheim, Germany: Wiley-VCH, 2002; B. Magyar, *Guide-Lines to Planning Atomic Spectrometric Analysis*, New York: Elsevier, 1982; J. D. Ingle Jr. and S. R. Crouch, *Spectrochemical Analysis*, Chap. 10, Englewood Cliffs, NJ: Prentice Hall, 1988; B. Weiz and M. Sperling, *Atomic Absorption Spectrometry*, 3rd ed., New York: VCH Publishers, 1999; N. H. Bings, A. Bogaerts, and J. A. C. Broekaert, *Anal. Chem.*, **2013**, *85*, 670, **DOI:** 10.1021/ac3031459.

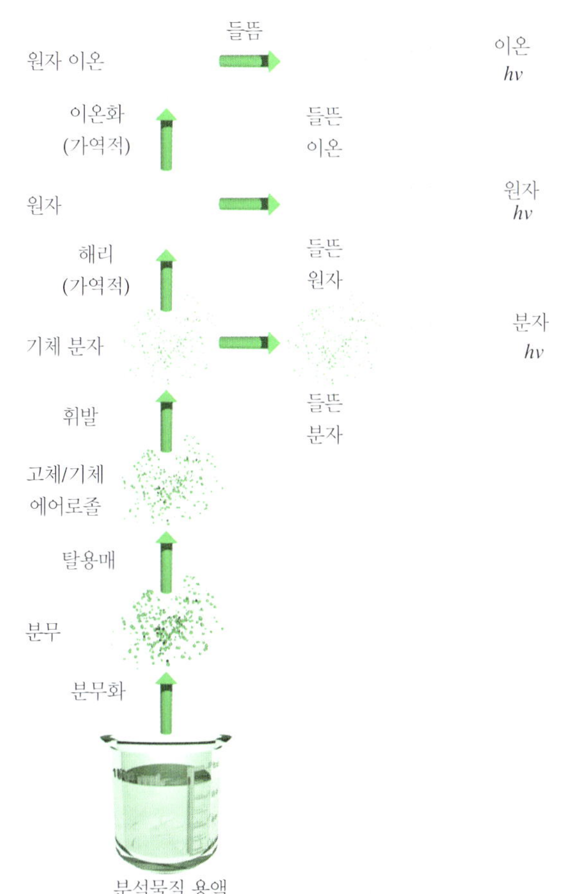

그림 9-1 원자화 발생 과정.

원자화 과정이 매우 중요하기에 때문에 불꽃의 특성과 이들 특성에 영향을 미치는 여러 변수들을 이해하는 것이 중요하다.

불꽃의 종류

표 9-1은 불꽃 분광법에서 사용되는 일반적인 연료와 산화제 및 이들 혼합물에서 얻는 대략적인 연소 온도와 연소 속도 범위를 나열하였다. 공기를 산화제로 사용할 때, 다양한 연료를 사용하여 1700~2400°C의 온도를 얻을 수 있다. 산화제로 공기

표 9-1 불꽃의 특성

연료	산화제	온도, °C	최대 연소 속도, cm s^{-1}
천연 가스	공기	1700~1900	39~43
천연 가스	산소	2700~2800	370~390
수소	공기	2000~2100	300~440
수소	산소	2550~2700	900~1400
아세틸렌	공기	2100~2400	158~266
아세틸렌	산소	3050~3150	1100~2480
아세틸렌	산화 이질소(N_2O)	2600~2800	≈ 285

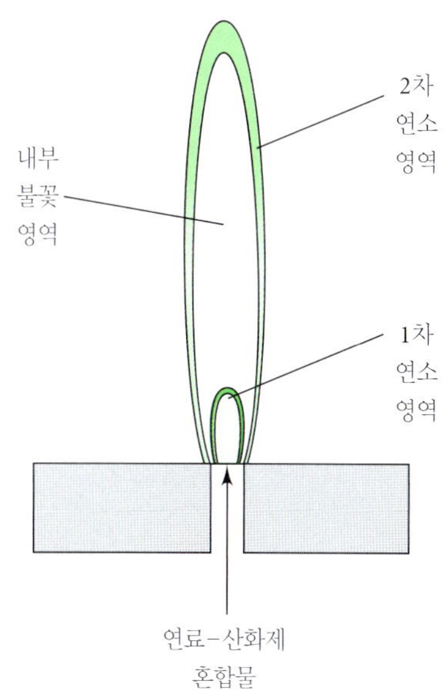

그림 9-2 불꽃 영역.

를 사용하는 경우에는 쉽게 분해되는 시료만 원자화된다. 원자화가 어려운 시료(내화성 시료)일 경우 산화제로 산소 또는 아산화 질소를 사용해야 한다. 이 경우 일반적인 연료를 사용하여 2500~3100°C의 온도를 얻을 수 있다.

표 9-1의 네 번째 열에 제시된 연소 속도는 불꽃이 특정 범위의 기체 유속에서만 안정된다는 것을 보여주는 중요한 데이터다. 운반 기체의 유속이 느릴 경우, 불꽃이 버너 속으로 침투하는 *역류*(fashback) 현상이 발생한다. 운반 기체의 유속이 증가함에 따라, 불꽃의 높이는 버너 위의 한 지점까지 증가하는데 이 지점에서는 유속과 연소 속도가 같아진다. 이 영역이 불꽃이 안정한 영역이다. 더 높은 유속에서는, 불꽃은 높아지고 결국 불꽃이 버너 위에서 날리는 불안정한 상태가 된다. 이러한 결과를 고려하면 연료-산화제 혼합물의 유속을 조절하는 것이 왜 중요한지 쉽게 알 수 있다. 표 9-1에서 보듯이 최적의 유속은 사용되는 연료와 산화제의 종류에 따라 크게 달라진다.

불꽃 구조

그림 9-2에서 볼 수 있듯이 불꽃의 중요한 영역에는 1차 연소 영역, 내부 불꽃 영역 및 2차 연소 영역이 있다. 이들 영역의 모양 및 상대적 크기는 연료 대 산화제 비율, 연료 및 산화제의 유형, 그리고 버너의 유형에 따라 상당히 다르다. 1차 연소 영역은 탄화수소 연료에서 발생하는 C_2, CH 및 다른 라디칼의 방출에 의해 푸른색 불꽃이 만들어진다. 보통 이 영역에서는 열적 평형이 이루어지지 않아 불꽃 분광법에 거의 사용되지 않는다.

내부 불꽃 영역은 화학량론을 따르는 탄화수소 불꽃에서는 상대적으로 좁고, 연료비가 높은 아세틸렌-산소 또는 아세틸렌-산화 이질소에서는 수 cm까지 이른다. 내부 불꽃 영역에서 자유 원자가 많이 생기므로 불꽃 분광법에서 가장 널리 사용되는 영역이다. 2차 연소 영역에서는, 내부에서 만들어진 생성물

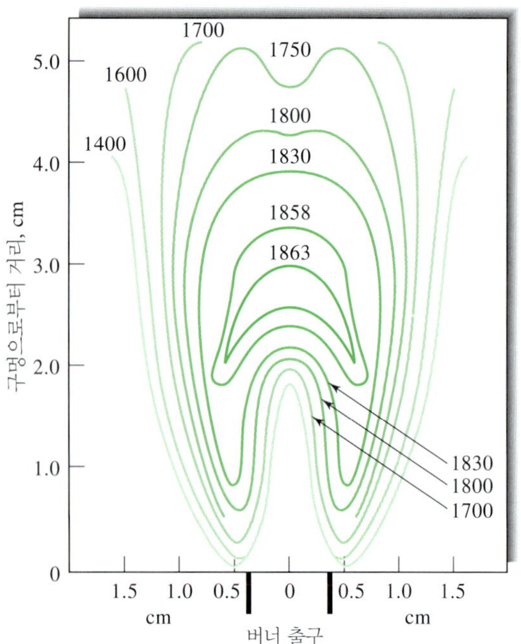

그림 9-3 **천연 가스–공기 불꽃에 대한 섭씨 온도 분포도.** (From B. Lewis and G. van Elbe, *J. Chem. Phys.*, **1943**, *11*, 94, **DOI:** 10.1063/1.1723808. With permission.)

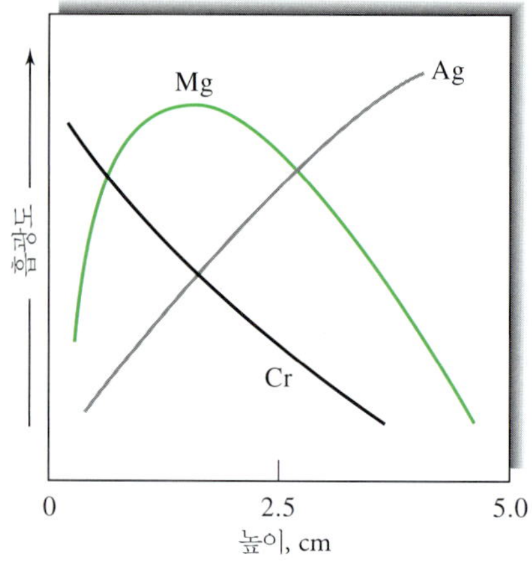

그림 9-4 **3가지 원소에 대한 불꽃 흡수 모습.**

이 안정된 분자 산화물로 변환되어 주위로 퍼져나간다.

불꽃 온도 단면도는 불꽃의 여러 부분에서 진행되는 일련의 과정에 대한 유용한 정보를 제공한다. 표의 동일한 윤곽선은 관심을 갖는 변수에 대해 유사한 값을 갖는 불꽃 영역을 나타낸다. 이러한 변수에는 온도, 화학적 조성, 흡광도, 복사선 또는 형광 세기 등이 있다.

불꽃 온도 분포도(temperature profiles). 그림 9-3은 원자 분광법의 전형적인 불꽃의 온도 분포도를 보여준다. 가장 높은 온도는 1차 연소 영역 바로 위 약 2.5 cm 높이에 있다. 특히 방출법(제10C-1절 참고)에서는 모든 교정 및 분석측정을 할 때 입구 슬릿을 불꽃의 동일한 위치에 맞추는 것이 매우 중요하다.

불꽃 흡수 유형(flame absorption profiles). 그림 9-4는 세 가지 원소에 대한 일반적인 불꽃 흡수 유형을 보여준다. 마그네슘은 두 개의 상반되는 효과 때문에 불꽃의 중간에서 최대 흡광도가 나타난다. 초기에 바닥으로부터의 거리가 증가함에 따라 흡광도가 증가하는 것은 불꽃의 열에 노출된 시간의 증가로 인해 생성된 마그네슘 원자의 수가 많아졌기 때문이다. 그러나 2차 연소 영역에 가까워짐에 따라 많은 마그네슘이 산화가 시작된다. 이 과정으로 인해 결국 흡광도는 감소하게 되는데, 그 이유는 산화물 입자들이 관측 파장의 빛을 흡수하지 않기 때문이다. 이 경우 최대 분석 감도를 얻으려면 최대의 흡광도를 얻도록 버너의 위치를 위아래로 조정해야 한다.

쉽게 산화되지 않는 은의 경우는 전혀 다른 흡수경향을 보인다. 그림 9-4에서 보듯이, 불꽃의 바닥에서 끝부분까지 흡수를 일으키는 원자 수의 증가로 흡광도가 증가한다. 이와는 대조적으로, 매우 쉽게 안정된 산화물을 형성하는 크로뮴의 경우에는 불꽃의 바로 위에서 흡광도가 최댓값을 보이고 계속해서 감소함을 보여준다. 이러한 현상은 산화물 형성이 초기부터 현저하게 나타난다는 것을 알려준다. 이러한 결과는 각각 다른 원소를 측정할 경우, 불꽃의 다른 영역을 사용해야 함을 나타내는 것이다. 더욱 정교한 불꽃 분광법 기기들에는 비교적 좁은 불꽃 영역에서 방출되는 빛을 수집하는 단색화 장치가 갖춰져 있고, 따라서 출력 신호의 최적화를 위한 중요한 단계는 입구 슬릿에 대해 불꽃의 위치를 조절하는 것이다.

불꽃 원자화 장치

불꽃 원자화 장치들은 원자 흡수, 형광 및 방출 분광법에 사용된다(제10장 불꽃 방출 분광법 참고). 그림 9-5는 그림 8-11a에서 보여준 것과 유사한 동심관 분무기를 사용하는 전형적인 상업용 혼합식 버너의 그림이다. 산화제와 연료로 형성된 에어로졸은 일련의 회전 날개를 거치면서 작은 미세 방울만이 통과가 된다. 큰 입자에 대한 차폐 기능을 갖는 회전 날개로 인하여 큰 방울의 혼합 시료는 혼합실 바닥으로 떨어져 폐기통으로 배출된다. 통과된 에어로졸, 산화제 및 연료는 긴 슬롯형 버너에서 5~10 cm 높이의 불꽃을 유지하며 연소된다.

혼합식 버너의 불꽃은 흡수를 극대화하기 위하여 비교적 안정하고 긴 빛살 경로를 갖는다. 이러한 특성이 AAS가 감도와 재현성 향상에 도움이 된다. 이러한 유형의 버너의 혼합실에는 잠재적인 폭발 혼합물이 들어있어서 유속이 너무 낮으면 불꽃의 역류가 발생할 수 있다. 이러한 이유로 그림 9-5의 혼합식 버너에는 압력 조절 밸브가 달려 있다. 여러 종류의 혼합식 버너 및 난류 버너들이 원자 방출 분광법 및 AFS에 사용된다.

연료 및 산화제 조절장치(fuel and oxidant regulators). 불꽃 분광법에서 정밀한 제어가 필요한 중요한 변수는 산화제와 연료

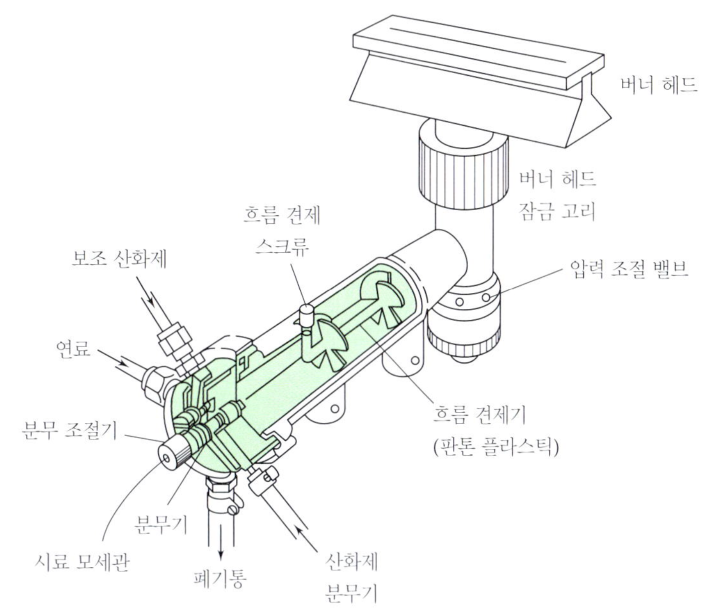

그림 9-5 혼합식 버너. (Courtesy of Perkin-Elmer Corporation, Norwalk, CT.)

의 유속이다. 최적의 원자화 조건이 실험적으로 얻어지도록 넓은 범위에 걸쳐 각각을 조절할 수 있는 것이 바람직하다. 연료와 산화제는 일반적으로 화학 양론적으로 혼합된다. 그러나 안정된 산화물들을 만드는 금속의 경우에는 과량의 연료를 함유한 불꽃이 더 바람직하다. 유속은 대개 이중-가로막 압력 조절기와 분석장비 몸체에 있는 바늘 밸브에 의해 제어된다. 유속을 측정하기 위해 널리 사용되는 장치는 유량계(rotameter)로, 가늘고 눈금이 있는 투명한 관으로 구성되어 있으며, 이 관의 뾰족한 끝이 밑을 향하여 수직으로 장착된다. 튜브 안에 가벼운 원추형 혹은 구형의 부표가 기체 흐름 세기에 따라 들어 올려지고, 그것의 수직 위치는 유속에 의해 결정된다. 최신 AAS 기기는 연료와 산화제 유속과 불꽃 점화를 컴퓨터를 통하여 제어하고 있다. 또한 컴퓨터 제어를 통하여 기기가 불안정한 조건에서 점화가 되지 않게 하는 안전 기능도 갖추고 있다.

불꽃 원자화 장치의 성능 특성(performance characteristics of flame atomizers). 불꽃 원자화는 현재 사용되는 AAS에 액체 시료 도입 방법 중에서 가장 재현성이 있다. 그러나 시료 효율과 감도 면에서 불꽃 원자화보다 다른 원자화 방법이 훨씬 우수하다. 시료 효율을 낮추는 데는 두 가지 주된 이유가 있다. 첫째, 시료의 많은 부분이 폐기통을 통해 빠져나간다. 두 번째는 불꽃의 광학 경로에 머무르는 원자들의 체류 시간이 짧다는 것이다 (10^{-4} s 정도).

9A-2 전열 원자화

1970년대 초반 시장에 등장한 전열 원자화 장치는 전체 시료가 짧은 시간에 원자화되고, 원자가 광학 경로에 머무는 시간이 1초 이상이기 때문에 일반적으로 높은 감도를 제공한다.[2] 전열 원자화 장치는 원자 흡수 및 원자 형광 측정에 사용되지만 일반적으로 방출 스펙트럼을 직접 얻는 데는 일반적으로 사용하지 않는다. 또한 전열 원자화 방법은 유도 결합 플라스마 방출 분광법에서 시료를 증발시키는 데도 사용된다.

전열 원자화 장치에서는 수 μL의 시료를 먼저 낮은 온도에서 증발시킨 다음 그림 9-6의 것과 같이 전기적인 방법에 의해 가열된 흑연 튜브 또는 흑연 컵 안에서 더 높은 온도에 의해 회화된다. 회화시킨 후에 전류를 수백 암페어로 빠르게 증가시켜 온도를 2000°C에서 3000°C까지 상승시킨다. 시료의 원자화는 수 msec 초에서 수 sec 사이에 일어난다. 그런 후에 가열된 표면 바로 위에서 기체 원자의 흡수를 측정한다.

전열 원자로

그림 9-6a는 시판되는 전열 원자로의 단면도이다. 원자화 장치는 양끝이 열려 있고 마이크로피펫을 사용하여 시료를 주입하기 위한 중앙 구멍이 있는 원통형 흑연관으로 구성되어 있다. 관의 길이는 약 5 cm이고, 내부 직경은 약 1 cm 미만이다. 교환할 수 있는 흑연관은 양 끝부분에 위치한 한 쌍의 원통형 흑연의 전기 접촉 장치에 딱 들어 맞는다. 이 전기 접촉 장치는 물로 냉각되는 금속통 속에 들어있다. 두 종류의 비활성 기체가 외부

[2]전열 원자화 장치에 대한 자세한 설명은 다음 문헌을 참고하시오. K. W. Jackson, *Electrothermal Atomization for Analytical Atomic Spectrometry*, New York: Wiley, 1999. For recent developments; N. H. Bings, A. Bogaerts, J. A. C. Broekaert, *Anal. Chem.*, **2013**, *85*, 670, **DOI:** 10.1021/ac3031459; *Anal. Chem.*, **2010**, *82*, 4653, **DOI:** 10.1021/ac1010469; E. H. Evans, J. Pisonero, C. M. M. Smith, R. N. Taylor, *J. Anal. At. Spectrom.*, **2015**, *30*, 779, **DOI:** 10.1039/c5ja90017d; *J. Anal. At. Spectrom.*, **2014**, *29*, 773, **DOI:** 10.1039/c4ja90019g.

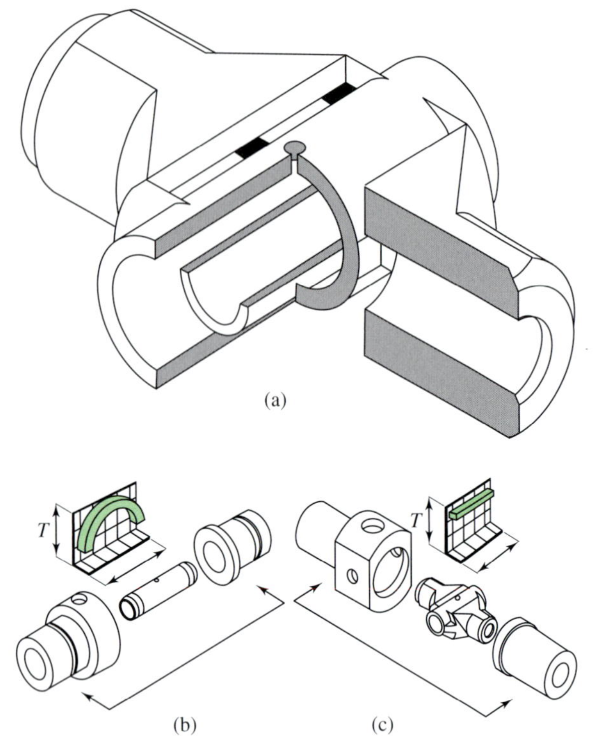

그림 9-6 (a) L'vov형 설치대를 갖는 흑연 전기로의 단면도, (b) 흑연 전기로의 길이 방향 구성. 전기로의 경로를 따라 파란색으로 표시된 온도 윤곽선이 보인다. 길이 방향 구성에선 경로를 따라 온도가 연속적으로 변화하며 중심에서 최댓값이 된다. (c) 전기로의 가로 방향 구성. 온도 윤곽선은 경로를 따라 상대적으로 일정하다. (Courtesy of Perkin-Elmer Life And Analytical Sciences, Shelton, CT.)

로 흐르며, 이런 기체의 흐름은 외부의 공기에 의해 흑연관이 타는 것을 방지한다. 내부 기체 흐름은 관의 양 끝부분에서 중앙 시료 주입구를 거쳐 흐른다. 내부 기체 흐름은 공기를 차단할 뿐만 아니라 첫 번째, 두 번째에서 가열 단계에서 시료에서 생성된 원자 기체를 운반한다.

그림 9-6a는 흑연 전기로에서 가장 많이 사용되는 L'vov형 설치대의 단면도를 보여준다. 설치대도 흑연으로 만들어져 있으며 시료 주입구 아래에 위치한다. 이 설치대에서 시료가 증발되고 회화된다. 관의 온도가 급격히 상승되어도 시료가 더 이상 전기로 표면에 없기 때문에 원자화가 지연된다. 결과적으로 온도가 급격히 변하지 않는 환경 속에서 원자화가 일어나 분석 신호의 재현성이 향상된다.

그림 9-6b와 c는 흑연 전기로의 광학 경로의 두 가지 가열 방법을 보여준다. 전통적으로 전기로는 그림 9-6b에 설명된 길이 배열에서 가열되었으며, 이는 그림에서 보여지는 것처럼 연속적으로 변화하는 온도 변화를 제공한다. 그림 9-6c의 가로 배열은 관의 전체 길이에 걸쳐 균일한 온도 변화를 제공한다. 가로 배열은 관 전체에 자유 원자를 형성하기 위한 최적 조건을 제공한다. 세로 배열의 관 양쪽 끝의 낮은 온도로 인하여 원자와 분자의 재조합, 원자 손실 및 응축 현상이 가로 배열에서 최소화될 수 있다.

자연적으로 만들어진 흑연의 기공을 감소함으로써 흑연 전기로의 원자화와 관련된 일부 시료 매트릭스 효과와 낮은 재현성이 최소화된다는 것이 실험적으로 알려졌다. 원자화 과정 중에 분석물질과 시료 매트릭스의 일부가 관 표면의 구멍으로 확산되어 원자화 과정이 느려져 분석물질의 신호가 감소된다. 이러한 효과를 제거하기 위해 대부분의 흑연관의 표면의 기공을 막기 위하여 얇은 층으로 열분해 탄소로 입힌다. 열분해한 흑연은 높은 균질성을 보이며 균일한 층으로 증착되는 흑연의 한 종류이다. 만드는 방법은 비활성 기체와 메탄과 같은 탄화수소의 혼합물을 높은 온도를 유지된 관을 통과시켜 만든다.

흑연 전기로 외에도 몇 가지 다른 전기로 장치가 제안되고 시험되었다. 백금과 텅스텐으로 만든 코일과 루프는 여러 전기로 연구의 주제였다. 이들 중 낮은 전력 및 단순성의 장점을 갖는 텅스텐 코일 원자화 장치는 가장 성공적이었다.[3] 또한 텅스텐으로 만들어진 밀폐형 전기로에 대한 연구도 진행되어 왔다.

출력 신호

흡수가 일어나는 파장에서, 변환기의 출력은 가열한 후 몇 초 후에 최대로 상승한 다음 원자화된 생성물이 주위로 빠져나가면서 급격하게 감소하여 0으로 돌아간다. 비교적 빠른 변화로 인하여 고속 데이터 수집 시스템을 필요로 한다($<$ 1 sec). 정량적 측정을 위하여 일반적으로 피크 높이를 사용하지만 피크 면적도 때때로 사용된다.

그림 9-7은 전열 원자화 장치가 장착된 원자 흡수 분광 광도계의 일반적인 출력 신호를 보여준다. 오른쪽에 있는 일련의 4개의 피크는 통조림에서 분취한 오렌지 주스 2 μL 시료를 원자화되었을 때 시간에 따른 납 피크 파장에서 측정한 흡광도를 나타낸 것이다. 시료의 건조 및 회화 과정 중에 3개의 피크가 나타나는데 이는 증발된 분자생성물 및 새로운 연소 생성물 때문에 나타난 것으로 보인다. 왼쪽에 있는 세 개의 피크는 검정에 사용되는 납 표준 시료에 해당된다. 오른쪽 끝에 있는 시료 피크는 약 0.05 μg/mL의 주스의 납 농도를 나타낸다.

전열 원자화 장치의 성능 특성

전열 원자화 장치는 소량의 시료에 대해 매우 높은 감도를 제공한다. 일반적으로 시료량 0.5~10 μL를 사용하고 이러한 조건에서 일반적인 분석물질의 절대 검출 한계는 10^{-10}~10^{-13} g 측정 범위를 갖는다.

전열 방법의 상대 정확도는 일반적으로 불꽃 또는 플라스마 원자화에 대해 예상할 수 있는 1% 또는 그 이상보다 높은 5~10%의 범위에 갖는다. 또한 전열 방식은 가열하고 냉각하고 하는 순환 과정 때문에 일반적으로 원소당 측정 시간이 수 분이 소요될 만큼 느리다. 또 다른 단점은 분석 농도 범위가 20배 미만으로 상대적으로 좁다. 결론적으로, 전열 원자화는 불꽃 또는

[3] S. N. Hanna and B. T. Jones, *Appl. Spectrosc.* Rev., **2011**, *46*, 624, **DOI:** 10.1080/05704928.2011.582659.

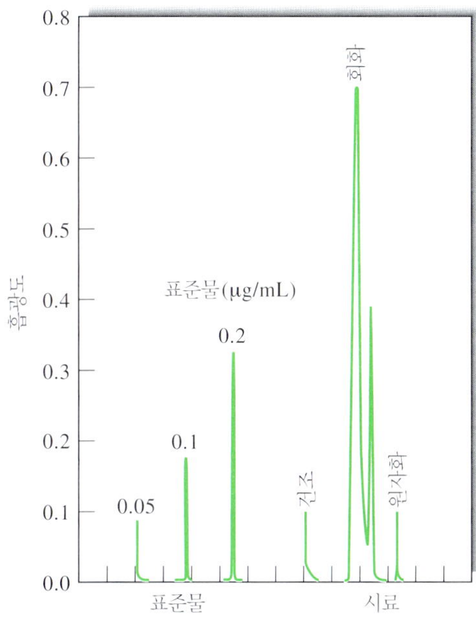

그림 9-7 전열 원자화 장치가 장착된 분광 광도계에서 납의 농도를 결정하는 전형적인 신호. 시료는 통조림 오렌지 주스 2 μl이다. 건조 및 회화 시간은 각각 20초 및 60초였다. (Courtesy of Agilent Technologies, Inc., Santa Clara, CA.)

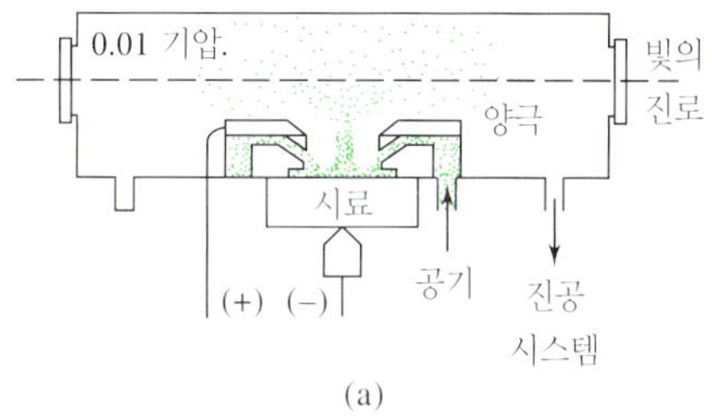

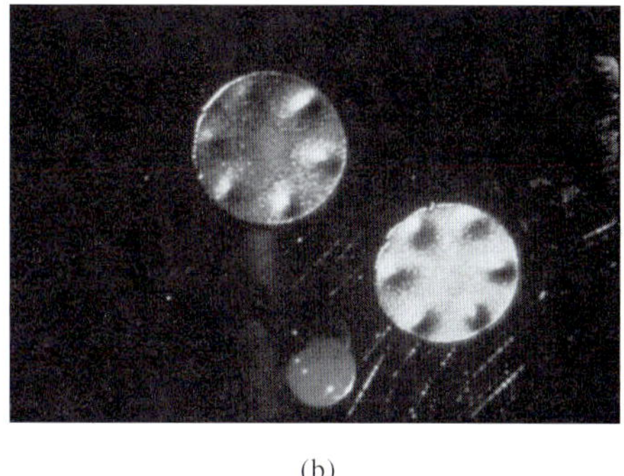

(b)

그림 9-8 (a) 고체 시료의 글로우 방전 원자화를 위한 셀의 단면, (b) 이온화된 아르곤의 분출에 의해 시료 표면에 형성된 패인 6개의 구멍. (Teledyne Leeman Labs, Hudson, NH.)

플라스마 원자화가 좋지 않은 검출 한계를 보일 경우에만 선택되는 방법이다.

전열 원자화 장치를 이용한 고체 분석

대부분의 전열 원자화 장치에서 시료는 용액으로 주입된다. 그러나 몇 개의 연구 보고서에서 직접 고체 시료를 분석하기 위한 원자화 장치로 사용할 수 있다고 발표되었다. 이런 측정을 진행하는 한 가지 방법으로 흑연 보트에 미세하게 분쇄된 시료를 일정량 취하고 흑연 보트를 수동으로 전기로에 넣어주는 것이다.

두 번째 방법은 수용 액상에서 초음파 교반을 이용하여 분말형 시료를 슬러리 상태로 제조하는 것이다. 그런 다음, 원자화를 위해 슬러리를 전기로 안으로 직접 주입하는 것이다.

9A-3 특별한 원자화 기술

원자 흡수 분석을 위한 가장 일반적인 시료 주입 및 원자화 기술은 불꽃 또는 전열 증발 장치이다. 그러나 다른 여러 원자화 방법이 종종 사용된다. 이 절에서는 이 중 3가지 방법에 대하여 간략하게 설명할 것이다.

글로우 방전 원자화 방법

제8C-2절에서 설명한 것처럼, 글로우 방전 장치는 흡수 측정을 위해 시료 용기로 보낼 원자화된 증기를 생성한다. 그림 9-8a는 대부분의 원자 흡수 분광기에 부속 장치로 사용할 수 있는 글로우 방전 용기를 보여준다. 장치의 구조는 실린더의 중앙 근처에 직경 약 2 cm의 둥근 구멍이 있는 길이 약 17 cm의 원통형 용기로 구성되어 있고, O-링이 구멍 주위를 둘러싸고 있다. 이 구멍 위에 시료를 놓고 스크류로 밀착시켜 관을 밀봉한다. 시료 위의 원형으로 배열된 6개의 작은 노즐로부터 나온 아르곤 기체가 6각형 모양으로 흘러 시료 표면에 충돌한다. 노즐을 지탱하는 양극과 시료가 고정된 음극 사이에 흐르는 전류에 의해 아르곤 기체는 이온화된다. 아르곤 이온에 의한 튕김의 결과로 그림 9-8b와 같이 시료 표면에 6개의 패인 구멍이 빠르게 생긴다. 튕겨나온 원자는 진공에 의해 용기 중심축 방향으로 이동하여, 분광기 광원의 복사선을 흡수한다.[4]

이 방법을 적용하려면 시료가 전기 전도체이거나 고운 분말의 흑연 또는 구리와 같은 전도체로 펠렛을 만들어야 한다. 용액 시료의 경우에는 흑연, 알루미늄 또는 구리 음극에 석출하여 분석한다. 이 장치에 대한 검출 한계는 고체 시료의 경우에 ppm 이하 정도라고 보고된다.[5]

글로우 방전 장치는 원자 방출 분광법(제10장)과 원자 질량 분석법(제11장)에서 추가적인 응용법을 찾을 수 있다.

수소화물 원자화 방법

제8C-1절에서 수소화물 생성에 의한 용액 시료 도입법을 설명하였다. 수소화물의 원자화는 그림 9-9와 같이 단지 석영관을 가열하기만 하면 된다.

---

[4]이에 관한 것은 다음 자료를 참고하시오. E. H. Piepmeier in *Glow Discharge Spectroscopies*, pp. 69~71, R. K. Marcus, ed., New York: Plenum Press, 1993.

[5]펄스화 글로우 방전 분광법에 관한 리뷰를 참고하려면 다음 자료를 참고하시오. W. W. Harrison, C. Yang, and E. Oxley, *Anal. Chem.*, **2001**, *73*, 480A, **DOI:** 10.1021/ac012502g.

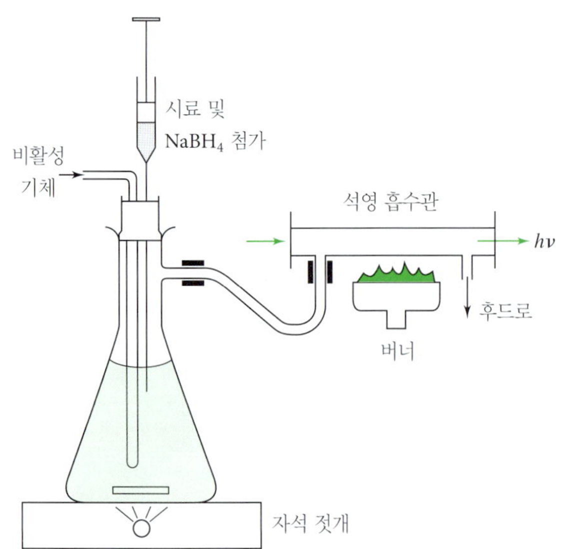

그림 9-9 AAS를 위한 수소화물 생성 및 원자화 시스템.

냉각 증기 원자화법

냉각 증기 원자화법은 단지 수은 측정에만 적용 가능한 원자화 방법인데 이는 상온에서 수은이 상당한 증기압을 갖는 유일한 금속 원소이기 때문이다.[6] 다양한 종류의 시료에서 수은을 측정하는 것은 유기 수은 화합물들이 유독하고 수은이 자연 환경에 광범위하게 퍼져 있기 때문에 현재 매우 중요하다.[7] 이 측정을 위한 자주 사용되는 한 가지 방법은 냉각 증기 원자화를 이용한 원자 흡수 분광법이다. 이 방법은 먼저 수은 측정하기 위해 질산 및 황산의 산화 혼합물로 시료를 처리하여 Hg^{2+}를 만든 후에 $SnCl_2$로 Hg^{2+}를 환원시켜 금속 수은으로 전환시킨다. 반응 혼합물에 비활성 기체를 불어 넣어 그림 9-9와 비슷하게 생긴 긴 석영 흡수관으로 원소 수은을 이동시켜 253.7 nm에서 흡광도를 측정한다.[8] 검출 한계는 10억 분의 1 (ppb) 범위이다. 몇몇 기기 제조업체들은 다양한 형태의 시료 측정을 위하여 자동화된 장비를 제공한다.

9B 원자 흡수 기기

AAS 기기의 일반적인 설계도는 그림 7-1a와 유사하며 복사선 광원, 시료 용기, 파장 선택기, 검출기 및 신호 처리 장치와 판독 장치로 구성되어 있다.[9] 원자 흡수 분광법의 시료 용기는 원자화된 기체 시료를 포함하는 원자화 장치이다.

9B-1 복사선 광원

원자 흡수법의 원자 흡수선들은 아주 좁고(0.002~0.005 nm), 각 원소마다 전자 전이 에너지가 독특하기에 매우 높은 선택성을 갖는다. 다만, 흡수선 폭이 너무 좁아서 일반적인 분자 흡수 분광법에선 발생하지 않는 측정 문제가 발생한다. 제13B-2절에서, 분석 신호(흡광도)와 농도 즉, 식 6-34에 따라 주어진 Beer 법칙의 선형 관계가 흡수 피크 띠너비에 비해 좁은 광원의 띠너비를 필요로 한다는 것을 보여준다. 그러나 아주 좋은 단색화 장치도 원자 흡수 선너비보다 훨씬 큰 유효 띠너비를 가지고 있다. 결과적으로, 원자 흡광도 측정 시에 연속 복사선 광원이 장착된 일반 분광 광도계를 사용할 경우에는 교정 곡선이 비선형이 되는 것을 피할 수 없다. 추가하여 단색화 장치의 슬릿을 통과한 복사선의 작은 부분만이 시료에 흡수되기 때문에 이 실험에서 얻은 교정 곡선의 기울기는 매우 작다. 그 결과 분석 감도가 떨어진다. 최근 몇 년 동안 배열 검출기와 결합된 이중 에셀레 단색화 장치에 기반한 고분해능($R > 10^5$) 연속 광원 분광기가 개발 중이고, 이런 기기들이 기존 선 광원을 갖춘 분광기와 경쟁하기 시작했다.[10]

원자 흡수 피크의 제한된 너비로 인해 생기는 문제는 흡수선의 너비보다 더 좁은 띠너비의 광원을 사용함으로써 해결할 수 있다. 예를 들어, 422.7 nm의 흡수 피크를 갖는 칼슘 원소를 정량하고자 하는 경우에는, 동일한 파장을 갖는 칼슘 방출선을 분리하여 사용하도록 한다. 이 경우, 방전에 의해 들뜬 칼슘 원자가 방출선을 내보낼 수 있는 칼슘 증기 램프를 사용할 수 있다. 광원에서 방출된 다른 칼슘 복사선은 필터 또는 상대적으로 저렴한 단색화 장치로 제거된다. 방출 스펙트럼의 작동 조건은 방출선의 Doppler 넓힘이 불꽃 또는 다른 원자화 장치에서 흡수선의 넓힘보다 작도록 선택되어야 한다. 즉, 광원 온도와 압력은 원자화의 온도와 압력보다 낮게 유지되어야 한다. 그림 9-10은 이 절차의 원리를 보여준다. 그림 9-10a는 네 개의 좁은 선으로 구성된 전형적인 원자 광원에 의한 방출 스펙트럼을 보여준다. 적합한 필터 또는 단색화 장치를 사용하면 이러한 선 중 하나를 제외하고 모두 제거된다. 그림 9-10b는 파장 λ_1과 λ_2 사이에서 시료에 대한 흡수 스펙트럼을 보여준다. 흡수 선너비가 방

[6]이에 관한 것은 다음 자료를 참고하시오. L. H. J. Lajunen and P. Peramaki, *Spectrochemical Analysis by Atomic Absorption and Emission*, 2nd ed., p. 63, Cambridge: Royal Society of Chemistry, 2004.

[7]예에 관한 것은 다음 자료를 참고하시오. D. A. Skoog, D. M. West, F. J. Holler, and S. R. Crouch, *Fundamentals of Analytical Chemistry*, 9th ed., pp. 797-798, Belmont, CA: Brooks/Cole, 2014.

[8]환경에 대한 수은 분석의 중요성에 관한 내용은 기기 분석법의 실제 응용, 제2부 끝부분과 관련이 있다.

[9]원자 흡수법에 대한 참고문헌. L. H. J. Lajunen and P. Peramaki, *Spectrochemical Analysis by Atomic Absorption and Emission*, 2nd ed., Cambridge, UK: Royal Society of Chemistry, 2004; B. Welz and M. Sperling, *Atomic Absorption Spectrometry*, 3rd ed., New York: VCH, 1999.

[10]B. Welz, H. Becker-Ross, S. Florek, and U. Heitmann, *High-Resolution Continuum Source AAS*, Hoboken, NJ: Wiley-VCH, 2005.

출선의 선너비보다 훨씬 큰 점에 주목하라. 그림 9-10c에서, 광원에서 불꽃을 통과하는 후에 P_0에서 P로 빛의 세기가 감소된다. 흡광도는 $\log(P_0/P)$로 주어지며, 이는 시료 중의 분석물질의 농도와 선형 관계에 있다.

위에 설명한 분석법의 단점은 각 원소(때로는 원소 그룹들)를 분석할 때마다 각각의 광원이 필요하다는 점이다.

속빈 캐쏘드 램프

원자 흡수법 측정을 위한 가장 일반적인 광원은 그림 9-11[11]과 같은 속빈 캐쏘드 램프(hollow cathode lamp)이다. 이 유형의 램프는 1~5 torr의 압력을 갖는 네온 또는 아르곤이 채워진 유리관에 텅스텐 양극과 원통형 음극으로 구성된다. 원통형의 음극은 스펙트럼이 요구하는 금속으로 구성되거나 그 금속의 층이 피복되어 있다.

두 전극 사이에 가해진 300 V 정도의 전압에 의하여 비활성 기체가 이온화되고, 이온 및 전자가 전극으로 이동함에 따라 약 5~15 mA의 전류가 발생한다. 전압이 충분히 높아지면, 기체

[11]See S. Caroli, *Improved Hollow Cathode Lamps for Atomic Spectroscopy*, New York: Wiley, 1985.

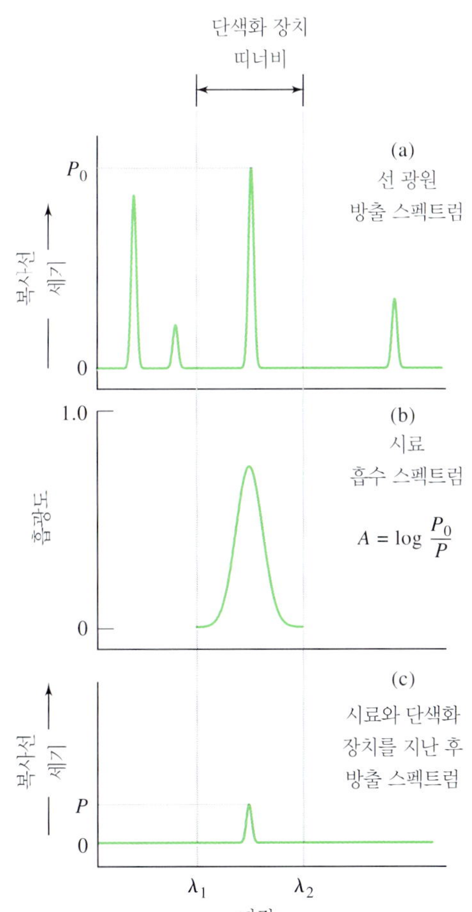

그림 9-10 원자들에 의한 방출 공명선의 흡수.

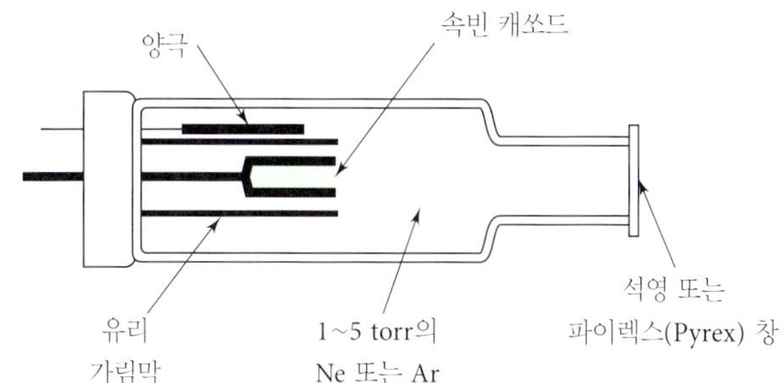

그림 9-11 속빈 캐쏘드 램프의 개략적인 단면 그림.

상의 양이온은 충분한 운동 에너지를 갖고 음극 표면에서 충돌한다. 이 과정을 *튕김*(sputtering)이라고 하며 이 과정을 통하여 일부 금속 원자를 떼어내고 또는 원자 구름을 생성한다. 튕겨진 금속 원자의 일부는 들뜬 상태가 되고 바닥 상태로 돌아갈 때 특정 파장의 복사선을 방출한다. 결국, 금속 원자는 음극 표면 또는 유리관 벽으로 다시 재증착(redeposited)이 이루어진다.

원통형 구조를 갖는 음극 구조는 금속관의 제한된 영역에 복사선을 모으는 데 도움이 된다. 또한 이러한 기하학적인 구조는 재증착이 유리벽보다는 음극에 이루어질 확률을 높인다.

속빈 캐쏘드 램프의 효율은 기하학적 구조와 작동 전압에 따라 달라진다. 따라서 전압을 높이면, 높은 전류가 흐르게 되어 광원의 세기가 증가된다. 이러한 장점은 광원 방출선의 Doppler 넓힘 효과가 증가함으로써 다소 상쇄된다. 또한, 더 큰 전류가 흐를수록 음극 주위의 원자 구름 내에서 바닥 상태의 원자들을 많이 만들어진다. 바닥 상태의 원자에 의하여 들뜬 원자들에 의해 방출된 복사선을 다시 흡수할 수 있다. 이러한 *자체 흡수*(self-absorption)로 인하여 특히 방출선의 중앙에서 낮은 세기가 얻어진다.

속빈 캐쏘드 램프는 제9E-1절에서 논의된 것처럼 AFS의 광원으로도 사용될 수 있다. 이러한 응용에서 광원은 1~10%의 작동 주기(duty cycle)와 0.1~1 A의 피크 전류로 펄스(pulsed)되며, 이는 직류(dc)로 작동되는 정상 상태 복사선 세기에 비해 피크 복사 세기가 10~100배 증가한다.[12]

상업적으로 많은 다른 종류의 속빈 캐쏘드 램프가 시판되며, 몇몇의 캐쏘드 램프는 몇 가지 금속의 혼합물로 이루어져 있다. 이러한 다중 원소 캐쏘드 램프는 한 개 이상의 원소를 광원의 교체 없이 사용할 수 있다.

무전극 방전등

무전극 방전등(electrodeless discharge lamp, EDL)은 원자선 스펙트럼을 내는 유용한 광원이며, 일반적으로 속빈 캐쏘드 램프

[12]J. D. Ingle Jr. and S. R. Crouch, *Spectrochemical Analysis*, p. 310, Englewood Cliffs, NJ: Prentice Hall, 1988.

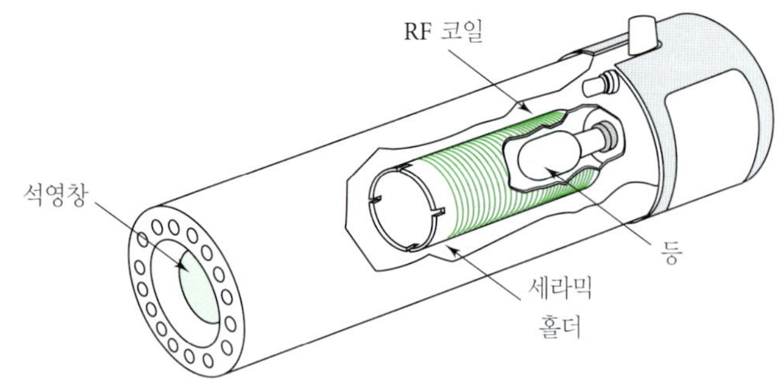

그림 9-12 EDL 모형도. (Courtesy of Perkin-Elmer Corp, Norwalk, CT. With permission.)

보다 10~100배의 더 큰 복사선 세기를 얻을 수 있다.[13] 일반적인 방전등은 밀봉형 석영관에 수 torr의 압력을 갖는 아르곤과 같은 비활성 기체와 측정의 대상이 되는 소량의 금속(또는 금속염)으로 이루어져 있다. 무전극 방전등에는 전극이 없는 대신 강력한 라디오 주파수 또는 마이크로파 복사선에 의해 에너지가 공급된다. 아르곤의 이온화에 의해 생성된 이온들은 스펙트럼을 얻고자 하는 금속의 원자를 들뜨게 만들기에 충분한 에너지가 얻어질 때까지 고주파 성분에 의해 가속된다.

상업적으로 15개 이상의 원소에 대한 EDL이 있다. 높은 복사 세기 때문에 초기에 EDL은 AFS의 광원으로 사용되었다. EDL의 높은 복사 세기는 대부분의 AAS 응용에 필요하지 않지만, Se, As 및 Sb와 같은 일부 원소의 경우 EDL 방법이 속빈 캐쏘드 램프보다 좋은 검출 한계를 나타낸다. 이것은 이러한 원소들의 경우 속빈 캐쏘드 램프가 낮은 세기 또는 낮은 안정성을 보이고, EDL이 보다 우수한 감도와 정밀도를 제공하기 때문이다. 그림 9-12는 27 MHz 라디오파 발생원에 의해 작동하는 시판중인 EDL을 개략적으로 나타낸 것이다.

광원 변조

전형적인 원자 흡수 기기에서는 불꽃 자체에서 방출하는 복사선에 의한 간섭을 제거할 필요가 있다. 이런 종류의 방출 복사선은 단색화 장치에 의해 대부분 제거된다. 그러나 분석물질 원자와 불꽃 기체 화학종의 들뜸과 방출에 의해 발생하는 복사선의 파장이 단색화 장치에 설정된 파장과 동일할 경우의 파장은 불가피하게 존재한다. 이러한 불꽃 방출선의 영향을 없애기 위해 광원의 출력을 일정한 주파수로 변화시키도록 출력을 변조할 필요가 있다. 그러면 두 종류의 신호가 검출기로 들어온다. 즉, 하나는 광원에서 오는 교류 신호이고, 다른 하나는 불꽃에서 오는 연속 신호이다. 이들 신호는 전기적 응답에 해당하는 유형으로 변환된다. 그 다음 간단한 고주파 *RC* 필터(제2B-5절)를 사용하여 변조되지 않은 *DC* 신호를 제거하고 증폭용 *AC* 신호만 통과할 수 있다. 다른 방법으로, 변조된(tuned) 또는 lock-in 증폭기도 사용된다.

광원의 복사선을 조절하는 간단한 방법은 광원과 불꽃 사이의 빛살 경로에 원형 금속판 또는 토막틀(chopper)을 삽입하는 것이다. 일반적으로 회전 금속 원판 및 회전 날개 토막틀이다(그림 5-7a와 b 참고). 알고 있는 일정한 속도의 회전판 또는 회전 날개를 통하여 원하는 주파수를 갖는 토막 난 빛살을 만들어 낸다. 또 다른 유형의 전기기계적 변조기에는 빛을 교대로 차단하거나 통과시키는 날개가 달린 소리 굽쇠(그림 5-7c 참고)와 고정된 호를 통해 날개를 회전시켜 같은 기능을 수행하는 장치가 포함되어 있다.[14] 다른 대안으로, 광원의 전력 공급 장치를 간헐적으로 또는 교류 방식으로 작동하도록 설계하여 광원이 일정한 주파수로 켜지고 꺼지게 하는 것이다.

9B-2 분광 광도 기기

많은 제조업체에서 원자 흡수 측정을 위한 홑살형 및 겹살형 구조를 갖는 기기를 제공하고 있다. 기기의 정교함에 따라서 판매 비용은 매우 다양한 편(수천 달러 이상)이다.

일반적으로, 기기는 측정을 위해 선택된 복사선이 측정에 방해가 되거나 측정의 감도를 감소시킬 수 있는 다른 선과 분리되도록 충분한 좁은 띠너비를 제공할 수 있어야 한다. 간섭 필터의 경우는 가시선 영역에서 넓은 간격의 공명선을 갖는 일부 알칼리 금속들에 매우 효과적이다. 쉽게 교체할 수 있는 간섭 필터가 장착된 장비는 시중에서 구입할 수 있다. 각 원소에 따라 별도의 필터와 광원이 사용되고, 22개의 금속 원소에 대한 만족스러운 분석 결과가 보고됐다. 대부분의 장비는 높은 품질의 자외선-가시선 단색화 장치를 가지고 있으며, 그중 많은 것들은 1 Å 정도의 띠너비를 얻을 수 있다.

대부분의 원자 흡수 기기들은 변환기로서 제7E-2절에서 설명한 광전자 증배관을 사용한다. 앞 절에서 지적했듯이, 광원으로부터의 변조된 신호와 불꽃으로부터의 연속적인 신호를 구별할 수 있는 전자공학적인 시스템이 필요하다. 현재 시중에 나와 있는 대부분의 기기에는 기기의 변수를 제어하고 데이터를 제어하고 조작하는 데 사용되는 컴퓨터 시스템을 갖추고 있다.

홑살형 분광기

그림 9-13a에 보이는 것과 같은 일반적인 홑살형 장치는 여러 개의 속빈 캐쏘드 램프들(그림에선 하나만 보여줌), 빛살 토막틀 또는 펄스 전원 공급 장치, 원자화 장치, 회절발 및 광전자 증배관 변환기가 구성된 간단한 분광 광도계로 구성되어 있다. 먼저 암전류를 제거하기 위해 변환기 앞에 셔터가 놓인다. 100% 투광도 조정은 바탕 용액을 불꽃 원자화 장치에 분무되거나 전열 원자화 장치에서 강열하는 과정에서 맞춘다. 최종적으

[13] L. H. J. Lahunen and P. Peramki, *Spectrochemical Analysis by Atomic Absorption and Emission*, 2nd ed., pp. 43-44, Cambridge: Royal Society of Chemistry, 2004.

[14] J. D. Ingle Jr. and S. R. Crouch, *Spectrochemical Analysis*, p. 44, Englewood Cliffs, NJ: Prentice Hall, 1988.

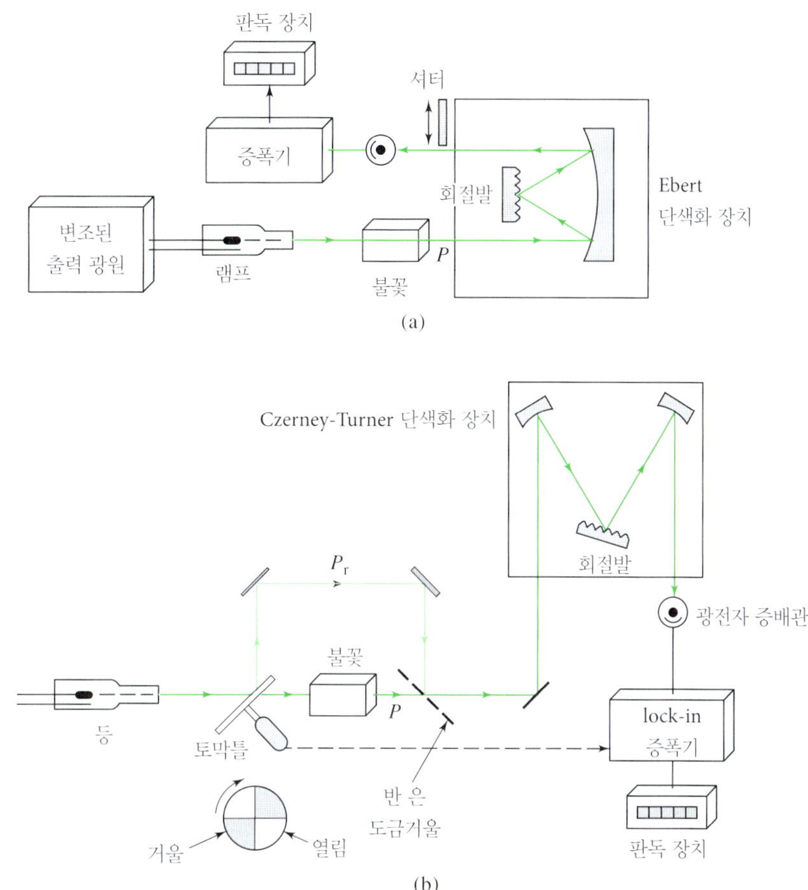

그림 9-13 전형적인 원자 흡광 광도계. (a) 홑살형 설계, (b) 겹살형 설계.

로 시료를 원자화하여 시료 투광도를 얻는다.

겹살형 분광기

그림 9-13b는 일반적인 겹살형 장치의 개략도이다. 속빈 캐소드 램프에서 나온 빛살은 반사 거울형 토막틀에 의해 두 개로 갈라지는데, 반은 불꽃을 통과하고 다른 반은 불꽃을 돌아서 진행한다. 그런 다음 두 빛살은 반투명 거울에 의해 다시 합쳐져 단색화 장치인 회절발로 들어간다. 광전자 증배관이 변환기 역할을 한다. 이후 출력(output)은 빛살 절단기 전동 모터와 동기화된 lock-in 증폭기로 들어간다(input). 기준 신호와 시료 신호 사이의 신호 비율은 증폭되어 판독 장치로 보내지고, 일반적으로 판독 장치로는 디지털 미터기 또는 컴퓨터이다.

원자 겹살형 장치에서는 기준 빛살이 불꽃을 통과하지 않기 때문에 불꽃 자체에 의한 흡수 또는 산란으로 인한 복사선 손실을 보정할 수 없다는 점에 유의해야 한다. 이러한 손실을 보정하는 방법은 다음 절에서 설명할 것이다.

연습: www.tinyurl.com/skoogpia7에서 **홑살형과 겹살형 분광 광도계(single-beam and double-beam spectrophotometer)**에 대해 더 알아보시오.

9C 원자 흡수 분광법에서 방해

원자 흡수법에서는 두 가지 유형의 방해가 있다. 스펙트럼 방해는 방해를 일으키는 화학종의 흡수 파장 또는 방출 파장이 겹치거나 너무 가까워 단색화 장치가 분리할 수 없을 때 발생한다. 화학적 간섭은 원자화 중에 다양한 화학적 과정으로 분석물질의 흡수 특성이 변화하기 때문에 생긴다.

9C-1 스펙트럼 방해

속빈 캐소드 램프의 방출선은 매우 좁기 때문에 스펙트럼 선이 겹치는 방해는 거의 없다. 이러한 방해가 생기기 위해서는 두 선 사이의 간격이 약 0.1 Å보다 작아야 한다. 예를 들어, 3082.11 Å에서의 바나듐 선은 3082.15 Å에서의 흡수선을 이용하는 알루미늄 분석을 방해한다. 그러나 이런 방해는 알루미늄 선을 3082.15 Å대신 3092.7 Å으로 사용하면 방해를 쉽게 피할 수 있다.

또한 스펙트럼 방해는 넓은 흡수를 보이는 연소 생성물과 복사선을 산란시키는 입자 생성물의 존재로 인해 나타나기도 한다. 이들은 모두 투과하는 빛살의 세기를 줄여 양의 값을 갖는 분석오차를 가져온다. 이들 오차의 원인인 생성물이 단지 연료와 산화제 혼합물에 의해 생긴다면, 바탕 용액을 분무시키면서 흡광도를 측정하는 동안 분석 데이터를 쉽게 보정할 수 있다. 그러나 겹살형 장치의 기준 빛살이 불꽃을 통과하지 않기 때문에 이 보정은 겹살형 및 홑살형 장치에 모두 사용해야 한다(그림 9-13b 참고).

흡수 또는 산란의 원인이 시료 매트릭스에 의해 생길 경우에는 훨씬 더 큰 문제가 발생한다. 이 경우, 투과 빛살 세기(P)는 매트릭스 성분에 의해 감소되지만, 입사 빛살 세기(P_0)는 영향을 받지 않는다. 그 결과 흡광도 및 이에 따른 농도 측정에서 양의 오차가 생긴다. 흡수 때문에 생기는 심한 매트릭스 방해의 한 예는 알칼리 토금속류 혼합물에서 바륨을 정량하는 경우이다. 그림 8-8의 실선으로 나타낸 것과 같이, 원자 흡수법에 사용된 바륨선의 파장은 CaOH의 넓은 흡수띠의 중심에 나타난다. 따라서 칼슘이 바륨 측정에 방해가 될 것으로 예상되지만 산화제로서 공기 대신 산화 이질소를 사용하면 이런 방해를 쉽게 제거할 수 있다. 산화 이질소 불꽃의 높은 온도는 CaOH를 분해하고 흡수띠를 제거한다.

원자화 과정에서 생긴 생성물에 의한 산란으로 생기는 스펙트럼 방해는 내화성 산화물을 형성하는 Ti, Zr 및 W과 같은 원소를 함유하는 진한 용액이 불꽃에 분무될 때 가장 흔하게 발생한다. 빛의 파장보다 큰 직경을 갖는 금속 산화물 입자가 생기면 입사 빛살을 많이 산란시킨다.

산란에 의한 방해는 시료에 유기 화학종이 있거나 시료를 녹이기 위해 유기 용매를 사용하는 경우에도 생길 수 있다. 여기에서, 유기 매트릭스의 불완전 연소는 빛을 산란시킬 수 있는 탄소를 포함한 입자를 생성하기 때문이다.

다행히 불꽃 원자화의 경우에는 매트릭스 생성물에 의한 스펙트럼 방해는 많이 발생하지 않으며 불꽃 온도 및 연료-대-산화제 비율과 같은 분석 조건을 변화시킴으로써 피할 수 있다. 또는, 방해 원인이 알려진 경우에는, 과량의 방해 물질을 시료와 표준물에 같은 양을 가한다. 표준물에 가한 과량의 방해 물질의 양이 시료 매트릭스에 있는 방해 물질의 농도보다 매우 많으면 시료 매트릭스에 원래 들어 있던 방해 물질의 처음 양에 의한 영향을 거의 무시할 정도가 된다. 이와 같이 과량으로 첨가한 물질을 *복사선 완충제*(radiation buffer)라고 한다. 또한 표준물 첨가법은 경우에 따라 유용하게 사용될 수 있다.

초기에 전열 원자화 장치를 사용할 경우 매트릭스 방해가 매우 심각하였다. 최근에 흑연 설치대, 새로운 고품질의 흑연 소재, 빠른 광도계 및 Zeeman 바탕교정 등이 개발되어 매트릭스 방해 문제가 불꽃법의 수준까지 감소되었다. 매트릭스 생성물에 의해 생기는 스펙트럼 방해를 보정하기 위한 몇 가지 방법이 개발되었다.[15]

[15]바탕 보정에 관한 여러 가지 방법을 비교하려면 다음 자료를 참고하시오. D. J. Butcher and J. Sneddon, *A Practical Guide to Graphite Furnace Atomic Absorption Spectrometry*, New York: Wiley, 1998, pp. 84-89.

두 선 보정법

두 선 보정법에서는 광원에서 나오는 방출선 하나를 기준선으로 사용한다. 기준선의 파장은 분석선의 파장에 가능한 가깝게 있어야 하지만 분석물질에 의해 흡수되어서는 안 된다. 이러한 조건이 갖추어진 경우, 검정하는 동안 관찰된 기준선의 감소는 시료의 매트릭스 생성물에 의한 흡수 또는 산란에 의해 발생한다고 볼 수 있다. 그러므로 이런 흡수선 세기의 감소를 분석선의 흡광도를 보정하는 데 사용할 수 있다.

기준선은 속빈 캐쏘드 램프의 불순물 등에 의해 나오는 방출선, 캐쏘드 램프 안의 기체인 네온 또는 아르곤에서 나오는 선 또는 정량하려는 원소의 비공명 방출선을 사용할 수 있다. 그러나 불행히도 적당한 기준선을 사용할 수 없는 경우가 종종 있다.

연속 광원 보정법

그림 9-14는 널리 사용되는 바탕 보정을 위한 두 번째 방법을 보여준다. 이 경우에는 중수소 램프가 자외선 영역의 연속 복사선을 제공하는 광원으로 사용된다. 빛살 토막틀을 이용하여 연속 광원과 속빈 캐쏘드 램프의 복사선이 전열 원자화 장치로 교대로 통과하도록 구성된다. 슬릿 너비를 충분히 넓게 하여 시료 원자에 의해 흡수되는 연속 광원의 분율을 무시할 수 있도록 유지한다. 따라서 연속 광원이 원자화된 시료를 통과할 때 발생하는 빛의 감소는 시료 매트릭스 성분에 의한 넓은 띠 흡수 또는 산란으로 인한 것이 된다. 분석물 램프의 흡광도에서 중수소 램프의 흡광도를 빼면 바탕 보정이 이루어진다.

그러나 불행하게도, 대부분의 기기 제작업체가 연속 광원 보정 시스템을 제공하지만 이러한 장치의 성능은 종종 이상적이지 못해서, 일부 시스템에서는 지나치게 보정이 되고 또 다른 시스템에서는 보정이 부족하게 이루어진다. 오류의 원인 중 하나는 보정 시스템의 추가로 인한 신호 대 잡음비가 불가피하게 줄어들기 때문이다. 또 다른 하나는 고온의 기체 매질의 화학 성분과 입자 분포가 매우 불균일해서 두 개의 램프가 완벽하게 일렬로 정렬되지 않은 경우 잘못된 보정으로 인해 양이나 음의

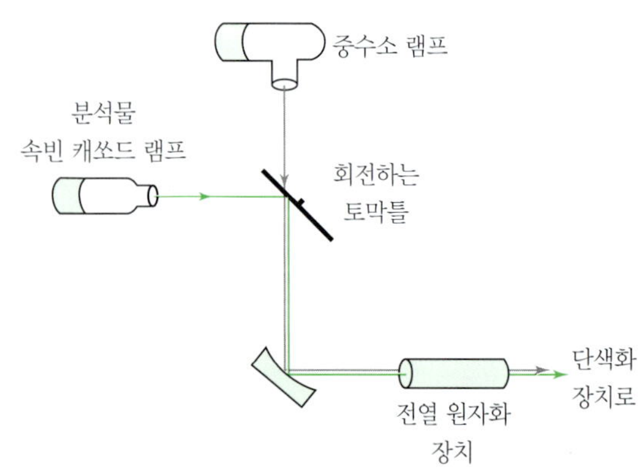

그림 9-14 연속 광원 보정 시스템의 그림. 각 램프에 교대로 펄스를 가하면 토막틀을 사용하지 않아도 된다는 것에 유의하라.

오차가 발생할 수 있다는 것이다. 마지막으로, 가시선 영역에서 중수소 램프의 복사선 출력이 매우 낮아서 약 350 nm 이상의 긴 파장에 대해서는 이 보정 방법을 이용할 수 없다.

Zeeman 효과에 의한 바탕 보정

원자 증기에 강한 자기장(10 kG)을 쪼여주면 원자의 전자 에너지 준위가 분리되어 각 전자 전이마다 여러 개의 흡수선이 생기게 된다. 이 선들은 약 0.01 nm만큼 차이가 있으며, 선들에 대한 흡광도의 합은 분리 전의 원래 선의 흡광도의 합과 정확히 같다. Zeeman 효과라고 불리는 이 현상은 모든 원자 스펙트럼에 대해 일반적 현상이다.[16] 흡수 과정의 전자 전이 유형에 따라 몇 가지 분리 형태가 있다. 가장 간단한 분리 형태(제8A-1절 참고)는 단일항 전이에서 관찰되는데, 중앙선 즉 π선과 이로부터 같은 거리만큼 떨어진 두 개의 σ선으로 이루어져 있다. 원래의 파장인 가운데 선은 각 σ선의 2배에 해당하는 흡광도를 가진다. 더 복잡한 전이의 경우, π 및 σ선이 추가로 더 분리된다.

Zeeman 효과를 원자 흡수 기기에 적용하는 것은 편광 복사선에 대한 두 가지 유형의 흡수선 감응이 서로 다르다는 것에 바탕을 두고 있다. π선은 외부 자기장에 평행한 방향으로 평면–편광된 복사선만을 흡수한다. 대조적으로 σ선은 외부 자기장에 90°로 편광된 복사선만을 흡수한다.

그림 9-15는 바탕 보정을 위해 Zeeman 효과를 이용하는 전열 원자 흡수 기기의 세부 사항을 보여주고 있다. 일반적인 속빈 캐쏘드 램프(*A*)에서 나오는 편광되지 않은 복사선을 회전 편광판(*B*)을 통과하여 빛살을 서로에 대해 90°로 평면–편광된 두 개의 빛살 성분(*C*)으로 분리한다. 이 빛살은 그림 9-6a에 표시된 것과 유사한 원통형 흑연로를 통과한다. 11 kG 영구 자석이 흑연로를 둘러싸고 있어 *D*에 나타낸 것과 같이 에너지 준위를 세개의 흡수 피크로 분리시킨다. 중앙 피크는 자기장에 대해 평행 방향인 평면–편광된 복사선만을 흡수한다. 광원 복사선이 같은–편광을 하는 반 주기 동안, *E*에 보여지는 것처럼 분석물질에 의한 복사선 흡수가 일어난다. 다른 반 주기 동안, 분석물질에 의한 흡수가 일어나지 않는다. 매트릭스 생성물에 의한 넓은 띠의 분자 흡수 및 산란은 두 반 주기 동안 모두 발생하며, 이는 *F*에 나타낸 바 같은 주기적인 흡수 모습이 나타난다. 데이터 수집 시스템은 수직 반 주기 동안의 흡광도를 평행 반 주기 동안의 흡광도로부터 빼서 바탕 보정이 이루어진 값을 제공한다.

Zeeman 효과 기기의 또 다른 형태는 자석이 속빈 캐쏘드 램프를 에워싸는 형태로 설계되어 있다. 이 경우는 시료의 흡수 스펙트럼보다는 광원의 방출 스펙트럼이 분리된다. 이런 형태의 기기도 유사한 보정을 하게 된다. 지금까지 대부분의 기기들은 그림 9-15에서 보여준 것과 같은 형태들이다.

Zeeman 효과 기기는 앞에서 설명한 보정 방법보다 더 정확한 바탕 보정 값을 제공한다. 이 기기들은 특히 전열 원자화 장치에 유용하며 소변 및 혈액과 같은 시료 중의 원소를 직접 측정할 수 있다. 이 시료들 중에 있는 유기 물질의 분해는 큰 바탕 보정(바탕 A > 1)을 필요로 하고, 결과적으로 매우 큰 오차를 일으키기 쉽다.

광원 자체 반전에 의한 바탕 보정

최근 Zeeman 효과 기기의 장점을 모두 갖고 있는 아주 간단한 바탕 보정 장치가 개발되어 시장에 제공되었다.[17] 이 보정 방법은 Smith-Hieftje 바탕 보정 방법이라고도 불리며, 높은 전류가 흐를 때 속빈 캐쏘드 램프에서 방출하는 복사선의 자체 반전 또는 자체 흡수 현상에 바탕을 두고 있다. 큰 전류가 흐르면 들뜨지 않는 원자들이 많이 생기고 이것들은 들뜬 화학종에서 나오는 복사선을 흡수하게 된다. 큰 전류의 또 한 가지 효과는 들뜬 화학종의 방출선 띠를 상당히 넓게 하는 것이다. 이런 알짜 효과는 흡수선 피크 파장과 정확히 일치하는 중앙에서 최솟값을 갖는 띠를 만든다는 것이다(그림 9-16 참고).

보정된 흡광도를 얻기 위해 속빈 캐쏘드 램프를 낮은 전류와 높은 전류에서 번갈아 작동되도록 프로그램되어 있다. 전체 흡광도는 낮은 전류가 흐르는 동안 측정하고, 바탕으로 인한 흡광도는 흡수 피크의 세기가 최소가 되는 큰 전류가 흐르는 동안 측정하여 얻는다. 그런 다음 데이터 획득 시스템은 전체 흡광도에서 바탕 흡광도를 빼서 보정된 흡광도를 얻는다. 전류를 감소시켜 광원이 작은 전류의 출력으로 복구되기까지는 ms 단위의 시간이 소요된다. 이런 과정을 충분히 반복 측정하면 만족할 만한 신호 대 잡음비를 얻을 수 있다. 이러한 유형의 바탕 보정을 위한 장치가 상업적으로 시판되고 있다.

9C-2 화학적 간섭

원자 흡수법에서 화학적 방해는 스펙트럼 방해보다 더 흔하게 일어난다. 이런 방해는 작동 조건을 적절하게 조절하면 최소화할 수 있다.

이론적으로나 실험적 증거를 통하여 불꽃 속에서 일어나는 많은 과정이 대략적인 평형 상태에서 일어나고 있다는 것이 알려져 있다. 따라서 불꽃을 만드는 연소 기체를 열역학적 계산이 적용될 수 있는 용매매질로 생각할 수 있다. 여기에 주요 관심

자습: www.tinyurl.com/skoogpia7에서 **Zeeman 효과(Zeeman effect)**에 대해 더 알아보시오.

[16]원자 흡수에서 Zeeman 효과에 대한 응용에 대하여 자세히 보려면 다음 자료를 참고하시오. D. J. Butcher and J. Sneddon, *A Practical Guide to Graphite Furnace Atomic Absorption Spectrometry*, New York: Wiley, 1998, pp. 73-84; F. J. Fernandez, S. A. Myers, and W. Slavin, *Anal. Chem.*, **1980**, *52*, 741.

[17]다음을 참고하시오. S. B. Smith Jr. and G. M. Hieftje, *Appl. Spectrosc.*, **1983**, *37*, 419, **DOI:** 10.1366/0003702834634893.

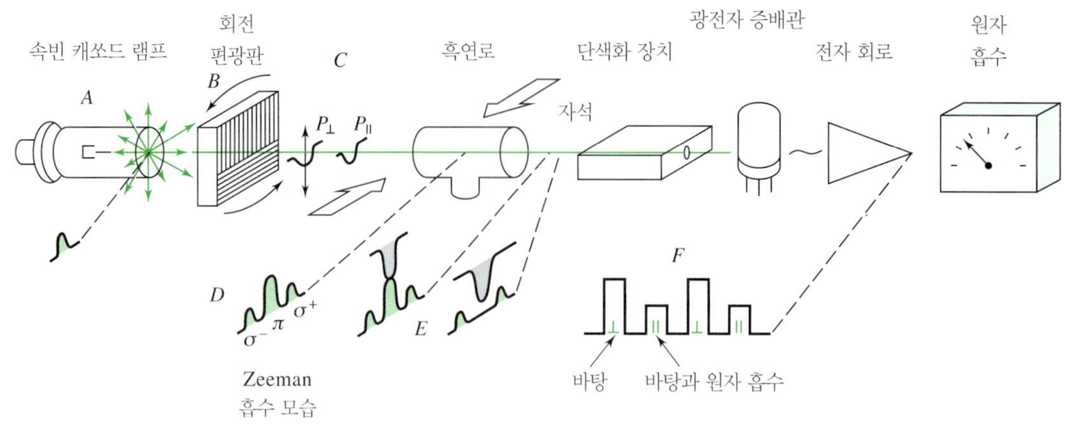

그림 9-15 Zeeman 효과에 근거한 바탕 보정을 제공하는 전열 원자 흡수 기기의 도식. (Courtesy of Hitachi Scientific Instruments, Mountain View, Ca.)

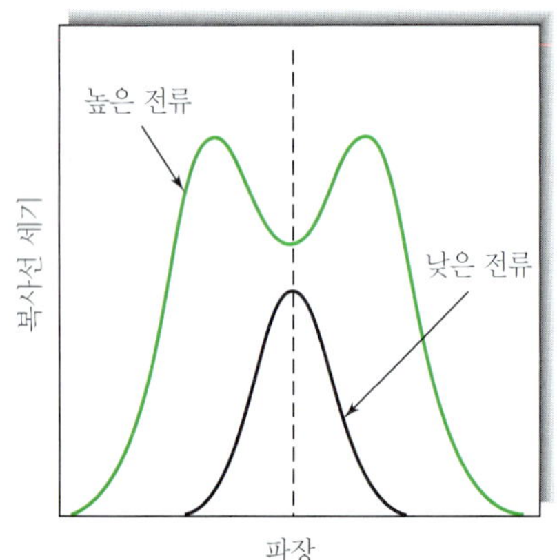

그림 9-16 높은 전류와 낮은 전류에서 작동하는 속빈 캐소드 램프의 방출선의 모습.

대상이 되는 평형에는 휘발성이 낮은 화합물의 형성, 해리 반응 및 이온화 반응이 있다.

낮은 휘발성 화합물 형성

아마도 가장 일반적인 방해 유형은 분석물질과 반응하여 휘발성이 낮은 화합물을 형성하여 분석물질의 원자화 효율을 감소시키는 음이온에 의한 방해일 것이다. 따라서 낮은 결괏값을 보인다. 예를 들어 황산 이온이나 인산 이온의 농도가 증가함에 따라 칼슘의 흡광도 감소한다. 이러한 음이온들이 칼슘과 결합하여 휘발되기 어려운 화합물을 생성한다. 예를 들어, 일정한 농도의 칼슘에서 음이온-대-칼슘 비가 약 0.5가 될 때까지 흡광도는 황산 이온 또는 인산 이온 농도가 증가함에 따라 거의 선형적으로 감소한다. 이후 흡광도는 원래 값의 약 30~50%될 때까지 감소하다가 그 이후에는 음이온 농도에 변화가 없다.

양이온에 의한 방해도 많이 보고되었다. 예를 들어, 알루미늄은 마그네슘을 정량할 때 낮은 결괏값을 보인다. 이는 열적으로 안정한 알루미늄-마그네슘 화합물(아마도 산화물)이 생기기 때문이다.

낮은 휘발성을 갖는 화학종의 생성에 의한 방해는 고온의 불꽃을 사용하면 제거할 수 있거나 줄일 수 있다. 또 다른 방법은, 방해 물질과 우선적으로 반응하여 분석물질과의 반응을 방지하는 양이온인 *해방제*(releasing agent)를 사용하는 것이다. 예를 들어 칼슘 정량 시 인산 이온의 방해를 막기 위해 과량의 스트론튬 또는 란타넘 이온을 첨가하면 방해를 최소화할 수 있다. 같은 스트론튬 또는 란타넘은 마그네슘의 정량 시에 알루미늄 방해를 막기 위한 해방제로 사용되어 왔다. 두 경우 모두, 스트론튬 또는 란타넘은 분석물질 대신에 방해 화학종과 화합물을 만든다.

보호제(protective agent)는 분석물질과 반응하여 안정하고 휘발성인 화학종을 형성함으로써 방해를 피할 수 있게 한다. 이런 목적을 위해 흔히 사용하는 세 가지 시약은 EDTA (ethylenediaminetetraacetic acid), 8-hydroxyquinoline 및 APDC (1-pyrrolidinecarbodithioic acid)이다. EDTA는 칼슘 정량 시에 알루미늄, 규소, 인산 이온 및 황산 이온의 방해를 막기 위하여 사용되어 왔다. 마찬가지로, 8-hydroxyquinoline은 칼슘과 마그네슘의 정량 시에 알루미늄의 방해를 억제한다.

해리 평형

불꽃 또는 흑연로의 뜨거운 기체 환경 속에서 많은 해리 반응과 회합 반응이 일어나 금속 성분을 원소 상태로 변환시킨다. 적어도 이 반응물 중 어떤 반응은 가역적으로 일어나므로 열역학 법칙으로 취급할 수도 있을 것이다. 따라서 다음과 같은 평형 반응이 불꽃 속에서 존재하는 것으로 알려져 있다.

$$MO \rightleftharpoons M + O$$

$$M(OH)_2 \rightleftharpoons M + 2OH$$

여기서 M은 분석물질 원자이고 OH는 하이드록실 라디칼이다.

실제로, 불꽃 속에서 일어나는 화학 반응의 성질은 수용액에서와 같이 정량적으로 처리가 이루어질 정도로 충분히 알려져 있지는 않다. 대신, 실험적 관찰에 의존해야 한다.

금속 산화물과 수산화물을 포함하는 해리 반응은 원소의 방출 또는 흡수 스펙트럼의 성질을 결정하는 데 중요한 역할을 한다. 예를 들어, 알칼리 토금속 산화물의 해리 에너지는 5 eV 이상으로 비교적 안정하다. 따라서 금속 산화물 또는 수산화물이 존재할 때 생기는 분자 띠 스펙트럼은 이들의 성질을 이해하는 데 중요한 역할을 한다(그림 8-8 참고). 매우 높은 온도를 제외하고, 이 띠 스펙트럼은 원자 또는 이온의 선 스펙트럼보다 세게 나타난다. 그러나 대조적으로 알칼리 금속의 산화물 및 수산화물은 훨씬 쉽게 해리되므로 비교적 낮은 온도에서도 이들 원소에 대한 선 스펙트럼의 세기는 세게 나타난다.

산소가 아닌 다른 음이온이 관여하는 해리 평형 또한 불꽃 방출과 흡수에 영향을 줄 수 있다. 예를 들어, 소듐선의 세기는 HCl이 있으면 현저하게 감소된다. 이에 대한 평형 설명은 질량 작용의 효과로 표현할 수 있다.

$$\mathrm{NaCl} \rightleftharpoons \mathrm{Na} + \mathrm{Cl}$$

첨가된 HCl로부터 형성된 염소 원자는 소듐 원자의 농도를 감소시키므로 선의 세기가 낮아진다.

이런 형태의 방해의 또 다른 예는 알루미늄 또는 타이타늄이 있을 때 바나듐의 흡광도가 증가하는 경우이다. 이런 방해는 연료가 부족한 불꽃보다 연료가 풍부한 불꽃에서 훨씬 더 심하다. 이런 효과는 불꽃에 존재하는 O와 OH와 같은 화학종이 3개의 금속과 상호작용한다고 가정하면 쉽게 설명할 수 있다. 산소를 갖는 화학종을 일반적인 화학식 Ox라고 하면, 일련의 평형 반응을 다음과 같이 생각할 수 있다.

$$\mathrm{VOx} \rightleftharpoons \mathrm{V} + \mathrm{Ox}$$

$$\mathrm{AlOx} \rightleftharpoons \mathrm{Al} + \mathrm{Ox}$$

$$\mathrm{TiOx} \rightleftharpoons \mathrm{Ti} + \mathrm{Ox}$$

연료가 풍부한 연소 혼합물에서 Ox의 농도는 매우 적으므로 시료에 알루미늄 또는 타이타늄이 있으면 Ox 농도가 현저하게 낮아진다. 이러한 Ox의 농도의 감소는 첫 번째 평형을 오른쪽으로 이동시켜 바나듐 농도가 증가함으로써 흡광도도 증가한다. 반면 연료 부족 연소 혼합물에서는 Ox의 농도가 금속 원자의 전체 농도에 비해 상당히 높다. 이 경우, 알루미늄 또는 타이타늄의 첨가는 Ox의 농도를 거의 변화시키지 않으며, 제1평형의 위치는 비교적 방해받지 않는다. 따라서 첫 번째 평형의 위치가 크게 영향받지 않는다.

이온화 평형

산화제로 공기를 사용할 때 원자와 분자의 이온화는 별로 일어나지 않아 무시할 수 있다. 그러나 산소 또는 산화 이질소가 산화제 역할을 하는 높은 온도의 불꽃에서는 이온화가 많이 일어나고 다음의 평형에 의해 자유 전자의 농도가 상당히 증가한다.

$$\mathrm{M} \rightleftharpoons \mathrm{M}^+ + e^- \qquad (9\text{-}1)$$

여기서 M은 중성 원자 또는 분자를 나타내고 M^+는 금속 이온이다. 여기서는 M이 금속 원자일 때의 평형에 초점을 맞출 것이다.

이 반응에 대한 평형 상수 K는 아래와 같다.

$$K = \frac{[\mathrm{M}^+][e^-]}{[\mathrm{M}]} \qquad (9\text{-}2)$$

불꽃에 다른 전자 발생원이 없다면, 위 식은 다음과 같이 쓸 수 있다.

$$K = \left(\frac{\alpha^2}{1-\alpha}\right)P$$

여기서, α는 이온화된 M의 분율이고, P는 이온화 전의 기체 용매 중의 금속의 분압이다.

표 9-2는 일반적인 불꽃 분광법에서 사용되는 것과 같은 조건에서 몇 가지 일반 금속에 대해 이온화된 분율을 계산한 값을 보여준다. 온도는 공기-아세틸렌 및 산소-아세틸렌 불꽃의 온도와 대략적으로 일치한다.

표 9-2 불꽃 온도에서 금속의 이온화도

원소	이온화 전위, eV	표시된 압력 및 온도에서 이온화된 분율			
		$P = 10^{-4}$ atm		$P = 10^{-6}$ atm	
		2000 K	3500 K	2000 K	3500 K
Cs	3.893	0.01	0.86	0.11	> 0.99
Rb	4.176	0.004	0.74	0.04	> 0.99
K	4.339	0.003	0.66	0.03	0.99
Na	5.138	0.0003	0.26	0.003	0.90
Li	5.390	0.0001	0.18	0.001	0.82
Ba	5.210	0.0006	0.41	0.006	0.95
Sr	5.692	0.0001	0.21	0.001	0.87
Ca	6.111	3×10^{-5}	0.11	0.0003	0.67
Mg	7.644	4×10^{-7}	0.01	4×10^{-6}	0.09

데이터 출처: B. L. Vallee and R. E. Thiers, in *Treatise on Analytical Chemistry*, I. M. Kolthoff and P. J. Elving, eds., Part I, Vol. 6, p. 3500, New York: Interscience, 1965. Reprinted with permission of John Wiley & Sons, Inc.

이온화 과정을 하나의 평형 반응으로 다루어 자유 전자를 이온화 과정의 하나의 생성물로 본다면, 금속의 이온화도는 불꽃 속에 존재하는 다른 금속의 이온화도에 크게 영향을 받는다는 것을 알 수 있다. 따라서 매질에 M뿐만 아니라 다른 화학종 B를 포함하고 B가 다음과 같이 이온화된다면

$$B \rightleftharpoons B^+ + e^-$$

B로부터 만들어진 전자의 질량 작용 효과로 인해 M의 이온화도는 감소될 것이다. 이러한 조건하에서 이온화도는 B에 대한 해리 상수 및 질량 균형 표현식을 고려하면 계산할 수 있다.

$$[e^-] = [B^+] + [M^+]$$

불꽃에서의 원자-이온 평형은 불꽃 분광법에서 중요한 결과를 가져온다. 예를 들어, 알칼리 금속, 특히 포타슘, 루비듐 및 세슘에 대한 원자 방출선 또는 흡수선의 세기는 복잡한 방식으로 온도의 영향을 받는다. Boltzmann 관계식에 따르면 온도가 상승하면 들뜬 원자의 수가 증가한다(식 8-1). 그러나 이 효과에 대한 반대 현상으로 이온화로 인한 원자 농도의 감소가 일어난다. 따라서 어떤 상황에서는 높은 온도에서 방출이나 흡수가 감소할 수 있다. 보통 알칼리 금속의 분석을 위해 들뜸 온도를 낮게 하는 것이 이러한 이유 때문이다.

이온화 평형에서 이동의 영향은 일반적으로 불꽃에서 상대적으로 높은 농도의 전자를 제공하는 *이온화 억제제*(ionization suppressor)를 첨가함으로써 제거할 수 있다. 그림 9-17은 스트론튬에 대한 교정 곡선에서 이온화 억제제의 효과를 단적으로 보여준다. 포타슘 이온과 전자의 농도가 증가함에 따라 스트론튬의 이온화가 억제되어 교정 곡선의 기울기가 크게 증가함을 알 수 있다. 또한 산화제로서 공기 대신에 산화 이질소를 사용함으로써 감도가 크게 향상되는 것을 알 수 있다. 이는 산화 이질소로 이용하여 얻은 높은 온도가 플라스마 내에서 스트론튬 화합물의 분해 및 증발 속도를 증가시키기 때문이다.

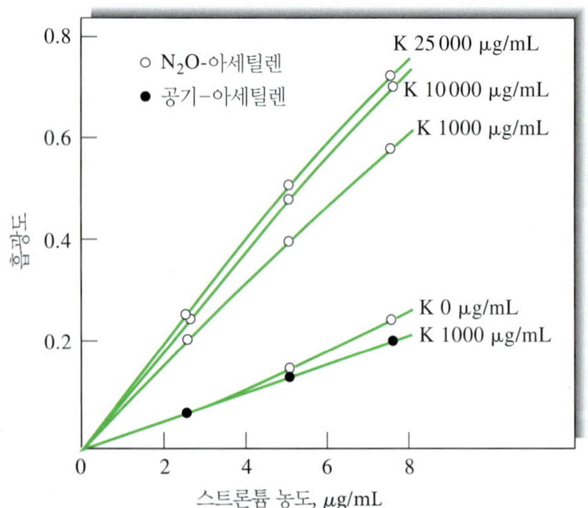

그림 9-17 포타슘의 농도가 스트론튬의 교정 곡선에 미치는 영향. (Reprinted with permission from J. A. Bowman and J. B. Willis, *Anal. Chem.*, **1967**, *39*, 1210, **DOI**: 10.1021/ac60255a014. Copyright 1967 American Chemical Society.)

9D 원자 흡수의 분석 기술

이 절에서는 불꽃 또는 전열 원자 흡수법으로 분석할 시에 고려해야 할 많은 실제적인 세부 사항 중 몇 가지를 설명하려고 한다.

9D-1 시료 준비

불꽃 분광법의 한 가지 단점은 시료가 용액 형태 즉, 일반적으로 수용액 형태로 불꽃 속으로 주입되어야 한다. 불행하게도 토양, 동물 조직, 식물, 석유 제품, 광물과 같은 관심 있는 많은 물질들은 일반적인 용매로 직접 용해할 수 없으므, 원자화 장치에 주입할 수 있는 분석물질의 용액을 얻기 위해 여러 전처리 과정이 필요하다. 실제로, 시료를 분해하여 용액으로 만드는 데 종종 긴 시간이 걸리며 분광법 측정 자체보다 더 큰 오차가 발생할 수 있다.

앞서 열거한 물질을 분해할 때는 보통 높은 온도에서 격렬하게 처리하는 과정에 휘발하거나 연기 중의 입자로 분석물질을 잃을 위험성을 갖고 있다. 또한, 시료 분해에 사용되는 시약은 이전에 설명한 화학적 및 스펙트럼 방해를 종종 일으킨다. 또한 분석물질이 이들 시약에 불순물로서 존재할 수도 있다. 사실, 상당한 주의를 기울이지 않으면 흔적량 분석에서 시료에서보다 시약에서 분석물질 농도가 높은 결과를 얻는 일이 흔히 있다. 이런 경우에는 바탕 보정을 해도 매우 큰 오차를 피할 수 없다.

원자 흡수법을 위해 시료를 분해하고 용해시키는 데 사용되는 일반적인 방법에는 뜨거운 무기산으로 처리하는 방법, 황산, 질산 또는 과염소산(습식재 만들기)과 같은 액체 시약에 의한 산화; 분석물질의 손실을 피하기 위해 산소 압축 용기 또는 다른 밀폐 된 용기에서의 연소; 고온에서의 회화(ashing); 붕소산화물, 탄산소듐, 과산화소듐, 또는 황산포타슘과 같은 시약을 이용한 고온 용융 등의 처리 방법이 있다.[18]

전열 원자화의 장점 중 하나는 어떤 시료 물질을 용해하지 않고 직접 원자화할 수 있다는 것이다. 예를 들어, 혈액, 석유 제품 및 유기 용매와 같은 액체 시료는 회화 및 원자화를 위해 직접 전기로에 넣을 수 있다. 식물 잎, 동물 조직 및 일부 무기 물질과 같은 고체 시료는 직접 무게를 달아 컵 모양의 원자화 장치 또는 보트 모양의 탄탈럼에 담아서 관 모양의 전기로 안에 넣을

[18] B. Kebbekus in *Sample Preparation Techniques in Analytical Chemistry*, S. Mitra, ed., Ch. 5. New York: Wiley, 2003; J. A. Dean, *Analytical Chemistry Handbook*, Section 1.7, New York: McGraw-Hill, 1995; R. Bock, *A Handbook of Decomposition Methods in Analytical Chemistry*, New York: Wiley, 1979.

수 있다. 다만 시료의 조성과 비슷한 표준 시료를 구하기 어려워 보통 검정하기 어렵다.

9D-2 흐름 주입에 의한 시료 도입

제33B절에서는 흐름 주입 분석법(FIA)의 기기 장치와 실험 방법을 설명하고 있다. 흐름 주입법은 불꽃 원자 흡수 분광법에서 시료를 도입하는 아주 좋은 방법이다. 다른 대안으로, FIA 시스템의 유용한 검출기로 원자 흡수 분광기를 생각할 수 있다. 어떤 관점에서든 제33장에 설명 된 FIA의 연동식 펌프 및 밸브 장치는 특히 시료를 보존하는 것이 중요할 때 재현 가능하고 효율적으로 분석물질 용액을 채취하는 편리한 방법이다. 탈이온수 또는 묽은 전해질로 이루어진 FIA 시스템에서 운반 용액의 흐름은 불꽃 원자화 장치를 연속적으로 씻어내므로, 염 또는 부유 고형물을 많이 함유하고 있는 시료에 특히 유리하다.

9D-3 유기 용매

원자 흡수 분광법의 개발 초기에는 낮은 분자량의 알코올, 에스테르 또는 케톤이 포함된 시료 용액을 사용하는 경우 흡광도를 높일 수 있다는 것을 알 수 있었다. 즉, 유기 용매의 효과는 주로 분무 효율을 증가시키는 역할에 기인한다. 즉, 이러한 용액은 표면 장력이 약해서 더 작은 방울로 되게 하여 결과적으로 불꽃에 도달하는 시료의 양을 증가시킨다. 또한 용매가 빨리 증발하는 효과도 얻을 수 있다. 첨가된 유기 물질로 인한 효과를 상쇄하기 위해 연료-산화제 비율이 더 낮은 불꽃을 사용해야 한다. 그러나 불행히도 연료-산화제 비율이 작을수록 불꽃 온도가 낮으므로 화학적 방해가 일어날 가능성이 증가된다.

불꽃 분광법을 위한 유기 용매의 가장 중요한 분석적 응용은 메틸이소뷰틸케톤과 같이 물과 섞이지 않는 용매를 이용하여 금속 이온의 착물을 추출하기 위해 사용하는 것이다. 그런 다음 추출물을 직접 불꽃에 분무한다. 감도가 증가하는 것은 유기 용매로 인해 흡수 피크가 향상됨과 동시에 비교적 큰 부피의 수용액에서 정량적으로 금속 이온을 추출하는 데 단지 소량의 유기 용매가 필요하기 때문이다. 이러한 농축 과정은 매트릭스 성분의 일부가 수용 액상에 남게 되고 이로 인해 방해를 감소시키는 이점도 갖게 된다. 일반적인 착화제는 ammonium pyrrolidinedithiocarbamate, diphenylthiocarbazone (dithizone), 8-hydroxyquinoline 및 acetylacetone 등이 있다.

9D-4 교정 곡선

이론적으로, 원자 흡수법의 흡광도는 농도에 직접 비례하는 Beer 법칙(식 6-34)을 따라야 한다. 그러나 실제로는 흡광도 대 농도의 관계가 종종 비선형적이다. 따라서 시료의 농도 범위를 포함하는 교정 곡선을 주기적으로 작성해보아야 한다. 또한 원자화 및 흡광도 측정에서 조절하기 어려운 변수가 있기 때문에 분석이 수행될 때마다 적어도 하나의 표준 용액의 측정값을 확인해보는 것이 좋다. 더 나은 방법은 분석물질의 농도 범위를 포함하는 두 가지 표준 용액을 사용하는 것이다. 이 측정값이 기존의 교정 곡선의 표준물의 값과 차이가 나면 이를 이용하여 분석 결과를 보정할 수 있다.

자습: www.tinyurl.com/skoogpia7에서 **원자 흡수 분광법(atomic absorption spectroscopy)**에 대해 더 알아보시오.

9D-5 표준물 첨가법

제1D-3절에서 설명한 표준물 첨가법은 시료 매트릭스에 의해 생기는 화학적 및 스펙트럼 방해를 부분적으로 또는 완전히 없애기 위하여 원자 흡광분광법에서도 널리 사용된다.

9D-6 원자 흡수 분광법의 응용

원자 흡수 분광법(AAS)은 60개 이상의 금속 또는 준금속 원소를 정량하는 데 사용되는 감도가 높은 분석법이다. 비금속 원소

표 9-3 선택된 원소에 대한 감도(ng/ml)[a]

원소	AAS 불꽃	AAS 전열	AES 불꽃	AES ICP	AFS ICP
Al	30	0.1	5	0.2	5
As	200	0.5	—	2	15
Ca	1	0.25	0.1	0.0001	0.4
Cd	1	0.01	2000	0.07	0.1
Cr	4	0.03	5	0.08	0.6
Cu	2	0.05	10	0.04	0.2
Fe	6	0.25	50	0.09	0.3
Hg	500	5	—	—	5
Mg	0.2	0.002	5	0.003	0.3
Mn	2	0.01	—	0.01	1
Mo	5	0.5	100	0.2	8
Na	0.2	0.02	0.1	0.1	0.3
Ni	3	0.5	600	0.2	0.4
Pb	8	0.1	200	1	5
Sn	15	5	300	—	200
V	25	1	200	0.06	25
Zn	1	0.005	50000	0.1	0.1

From J. D. Ingle Jr. and S. R. Crouch, *Spectrochemical Analysis*, pp. 250-251, 300, 321, Englewood Cliffs, NJ: Prentice Hall, 1988.

Note: AFS에 대하여, ICP 원자화와 함께 사용되는 펄스형 속빈 캐소드 램프 광원.

[a] 1 ng/mL = 10^{-3} μg/mL = 10^{-3} ppm.

AAS = 원자 흡수 분광법; AES = 원자 방출 분광법; AFS = 원자 형광 분광법; ICP = 유도 결합 플라스마.

의 경우 흡수 공명선은 일반적으로 200 nm보다 짧은 파장에 위치하여, 진공 장비를 갖추지 못한 일반적인 흡수 분광 기기로는 측정이 불가능하다.

검출 한계

표 9-3의 두 번째와 세 번째 열은 불꽃 및 전열 원자 흡수에 의한 여러 가지 일반적인 원소에 대한 검출 한계를 나열하였다. 비교할 목적으로 다른 원자 분광법의 검출 한계도 적어놓았다. 인용된 측정값 사이의 작은 차이는 별 의미가 없다. 다만, 측정값의 차이가 10의 제곱승일 경우에는 확실히 의미가 있을 수 있다.

많은 원소에 대한 불꽃 원자화를 이용한 원자 흡수 분광법의 검출 한계는 1~20 ng/mL, 즉 0.001~0.020 ppm의 범위를 갖는다. 전열 원자화의 경우는 0.002~0.01 ng/mL, 즉 2×10^{-6}~1×10^{-5} ppm 정도이다. 몇 가지 원소의 경우에는 이러한 검출 한계 범위를 벗어나는 경우도 있다.

정확도

일반적인 조건하에서, 불꽃 원자 흡수 분광법의 상대 오차는 수 % 정도이다. 특별히 주의하면 이 수치를 10분의 수 %까지 낮출 수 있다. 전열 원자화법의 오차는 일반적으로 불꽃 원자화법보다 5~10배 정도 더 크다.

9E 원자 형광 분광법

수년에 걸쳐 원자 형광 분광법(AFS)에 바탕을 둔 분석법의 연구개발에 많은 노력이 진행되어 왔다.[19] 연구들은 AFS가 많은 수의 원소를 정량적으로 측정하는 데 유용하고 편리한 방법임을 확실히 입증했다. 그러나 현재까지 AFS는 10년 이상 앞서 개발된 원자 방출법 및 원자 흡수법의 압도적인 성공으로 인해 오늘날까지 널리 사용되지 못하고 있다. 이미 언급했듯이, 이 같은 성공은 수많은 기기제작회사에서 만드는 흡수 및 방출 기기를 이용할 수 있게 했다. 최근 수년간 많은 기기 제조업체들이 Pb, Hg, Cd, Zn, As, Sb, Bi, Ge 및 Se와 같은 원소들을 증기 및 수소화물을 생성하여 원자 형광 분광법으로 유용하게 정량하는 방법을 소개하고 있다.[20]

원자 형광법의 제한된 이용은 그 분석법에 어떤 본질적인 문제가 있기 때문이 아니고 체계적으로 잘 정립된 흡수법과 방출법에 비해 커다란 이점을 갖지 못하기 때문이다. 특히 전열 원자화를 기반으로 하는 형광법은 몇 가지 원소에 대해 다소 감도가 좋은 반면에, 몇 가지 다른 원소에 대하여는 오히려 이 방법이 감도가 떨어지고, 유용한 농도 범위가 작은 것으로 보고되고 있다. 이러한 단점은 수은 분석에 사용하는 냉각 증기화 기술같이 일부 특수 목적 기기를 통하여 크게 극복되었다. 이 방법은 제2부 끝에서 설명한 특별한 목적을 위한 분석기기에서 더 자세히 다루겠다.

9E-1 기기 장치

원자 형광 측정기기의 구성 요소는 일반적으로 그림 7-1b에 나타낸 것처럼 배열된다. 시료 용기는 불꽃이 가장 일반적이지만 제10A-1절에서 설명한 전열 원자화 시료 용기, 글로우 방전, 증기 용기 또는 유도 결합 플라스마가 될 수도 있다.

광원

원자 형광 측정에서 연속 광원을 사용하는 게 바람직하다. 그러나 불행하게도 대부분의 연속 광원이 원자 흡수선만큼 좁은 영역에서 사용되는 경우 형광 출력이 매우 작아지므로 그에 따라 충분한 감도를 제공하기에는 너무 낮다.

AFS에 대한 가장 초기 연구는 금속 증기 램프들을 사용하여 수행되었다.[21] 이 램프는 다른 많은 선 광원에 비해 안정적이지 않고 몇 가지 원소에 대해서만 제한적으로 사용할 수 있다. 기존의 속빈 캐쏘드 램프들도 초기 연구에 사용되었다. 그러나 이들은 일반적으로 AFS 방법으로 낮은 검출 한계를 얻을 만큼 세기가 충분하지 않았다. 이후의 연구에서는 펄스화된 속빈 캐쏘드 램프(제9B-1절 참고)를 사용하여 높은 세기를 얻었다. 물론 검출기는 광원 복사선이 ON 상태의 펄스 동안만 형광 신호를 측정할 수 있도록 되어 있다.[22]

아마 원자 형광법의 광원으로 가장 널리 사용되는 것은 무전극 방전등(EDL)일 것이며(제9B-1절 참고), 일반적으로 속빈 캐쏘드 램프들보다 10~100배 정도 큰 복사선 세기를 갖는다. EDL은 연속과 펄스 방식으로 모두로 작동할 수 있다. 불행히도 이러한 유형의 등은 몇 가지 원소에서만 사용할 수 있다.

높은 세기와 좁은 띠너비를 갖은 레이저는 원자 형광 측정을 위한 이상적인 광원으로 보인다. 그러나 높은 가격과 운영상의 복잡성으로 때문에 일상적인 원자 형광법에 널리 적용하지 못하고 있는 실정이다.

분산형 기기

원자 형광 측정을 위한 분산형 시스템은 변조 광원, 원자화 장치(불꽃 또는 전열), 단색화 장치 또는 간섭 필터 시스템, 검출

[19] AFS에 관한 정보는 다음 문헌을 참고하시오. L. H. J. Lajunen and P. Peramaki, *Spectrochemical Analysis by Atomic Absorption and Emission*, 2nd ed., pp. 276-285, Cambridge: Royal Society of Chemistry, 2004; J. A. C. Broekaert, *Analytical Atomic Spectrometry with Flames and Plasmas*, pp. 290-296, Weinheim, Germany: Wiley-VCH, 2002; D. J. Butcher in *Handbook of Instrumental Techniques for Analytical Chemistry*, F. A. Settle, ed., Upper Saddle River, NJ, 1997, pp. 441-458.

[20] 예시는 다음 문헌을 참고하시오. Teledyne/Leeman Labs (Hudson, NH), Aurora Biomed (Vancouver, BC), PS Analytical (Deerfield Beach, FL), Arizona Instruments (Chandler, AZ), and Skyray Instruments (Japan).

[21] J. D. Winefordner and T. J. Vickers, *Anal. Chem.*, **1964**, *36*, 161, **DOI:** 10.1021/ac60207a052; J. D. Winefordner and R. A. Staab, *Anal. Chem.*, **1964**, *36*, 165, **DOI:** 10.1021/ac60207a053.

[22] E. Cordos and H. V. Malmstadt, *Anal. Chem.*, **1973**, *45*, 27, **DOI:** 10.1021/ac60323a006; *Anal. Chem.*, **1972**, *44*, 2277, **DOI**: 10.1021/ac60322a004.

기, 신호 처리 장치 및 판독 장치로 구성된다. 광원을 제외하고, 이 부분 장치들은 대부분은 이 장의 앞부분에서 설명한 것과 유사하다.

비분산형 기기

이론적으로 원자 형광법의 들뜸 광원으로 EDL 또는 속빈 캐쏘드 램프를 사용할 경우는 방출된 복사선이 원칙적으로 단일 원소의 것이기 때문에 단색화 장치 또는 필터가 필요하지 않다. 이는 이론적으로 광원의 방출 복사선이 특정 원소만의 빛살이므로 그 원소의 원자만을 들뜨게 하기 때문이다. 그러므로 비분산 시스템은 광원, 원자화 장치 및 검출기로만 구성될 수 있다. 이 시스템의 장점은 다음과 같다. (1) 단순성 및 값싼 기기 장치, (2) 다중 성분 분석에 대한 적응성, (3) 높은 에너지 산출(throughput) 및 높은 감도, (4) 다중 방출선에서 나오는 에너지의 동시 수집과 이에 따른 감도 증가.

이러한 중요한 이점을 실현하기 위해서는 광원의 출력에 다른 원소의 방출선에 의한 오염이 없어야 한다. 그외에도 원자화 장치가 바탕 복사선을 거의 방출하지 않아야 되는데, 이는 전열 원자화 장치를 사용하는 일부 경우에는 바탕 복사선이 적지만, 불꽃을 이용하는 경우에는 확실이 불가능하다. 이러한 문제를 해결하기 위해 광원과 검출기 사이에 위치한 필터가 대부분의 바탕 복사선을 제거하는 데 자주 사용되었다. 다른 방법으로, 320 nm보다 짧은 파장의 복사선에만 감응하는 가시선 불감 광전자 증배관 검출기를 이용하는 경우이다. 이런 장치를 효과적으로 사용하기 위해서는 분석물질의 방출 파장이 320 nm 파장 이하여야만 한다.

9E-2 방해 효과

원자 형광 분광법에서의 방해는 일반적으로 원자 흡수 분광법에서 알려진 것과 같은 유형이고 거의 같은 크기로 나타난다.

9E-3 응용

원자 형광법은 윤활유, 바닷물, 지질 학적 시료, 금속 시료, 임상 시료, 환경 시료 및 농산물 시료와 같은 물질에 들어있는 금속을 분석하는 데 이용되고 있다. 표 9-3에 원자 형광 분석법에 따른 검출 한계들을 보여준다.

>> 질문과 문제

*별표가 있는 문제의 해답은 이 책의 끝에 있다.

이 아이콘이 있는 문제는 스프레드시트를 이용하여 쉽게 풀 수 있다.

9-1 다음 용어를 정의하시오: (a) 해방제, (b) 보호제, (c) 이온화 억제제, (d) 원자화, (e) 압력 넓힘, (f) 속 빈 캐쏘드 램프, (g) 튕김(sputtering), (h) 자체 흡수, (i) 스펙트럼 방해, (j) 화학적 방해, (k) 복사선 완충제, (l) 휘발성 용질 방해

9-2 그림 9-4의 세 가지 다른 흡광도 모습을 보이는 원인을 설명하고 비슷한 양상을 보일 것으로 기대되는 세 가지 다른 원소를 선택하시오.

9-3 전열 원자화 장치가 불꽃 원자화 장치보다 감도가 큰 이유는 무엇인가?

9-4 중수소 램프를 이용하여 원자 흡수 스펙트럼의 바탕 보정을 할 수 있는 방법을 설명하시오.

9-5 원자 흡수 분광법에서 광원 빛살 변조를 사용하는 이유는 무엇인가?

9-6 동일한 니켈 농도를 갖는 두 가지 용액의 경우 352.4 nm에서 원자 흡수 피크가 수용액에서보다 50% 에탄올 용액에서 약 30% 더 큰 분석 결과를 얻었다. 그 이유를 설명하시오.

9-7 몰리브데넘 속빈 캐쏘드 램프의 방출 스펙트럼은 램프의 전류가 50 mA 이하일 때 313.3 nm에서 예리한 피크를 보인다. 그러나 보다 높은 전류에서는 흡수 피크의 최대점이 컵 모양의 파인 구멍이 생긴다. 이유를 설명하시오.

9-8 화학자는 산화 이질소–아세틸렌 버너가 장착된 원자 흡수 분광기로 스트론튬을 측정하려고 한다. 그러나 460.7 nm 원자 공명선과 관련된 감도가 만족스럽지 않다. 감도를 높이기 위해 시도할 수 있는 세 가지 이상의 방법을 제시하시오.

질문과 문제(계속)

9-9 원자 방출은 원자 흡수 또는 원자 형광보다 불꽃 불안정성에 더 민감한 이유는 무엇인가?

9-10 그림 9-1은 혼합식 버너에서 발생하는 많은 과정을 요약한 것이다. $CaCl_2$ 수용액의 분석에서 특별한 표준물을 이용하여 분석할 때 일어날 수 있는 과정을 기술하시오.

* **9-11** 500 nm에서 0.002 nm의 원자 흡수 선너비를 갖는 회절발 단색화 장치의 분해능을 식 7-13을 사용하여 회절발의 이론적인 최소 크기를 계산하시오. 회절발이 일차선으로 사용되며 2400홈/mm로 정해진다고 가정한다.

* **9-12** 그림 9-3에 나타낸 불꽃에서 다음과 같은 불꽃 위의 높이에 있는 포타슘이 766.5 nm 방출선에 대한 상대적 세기를 계산하시오. (이온화가 없는 것으로 가정하고 기준은 2.0 cm를 사용한다).

(a) 2.0 cm **(b)** 3.0 cm **(c)** 4.0 cm **(d)** 5.0 cm

9-13 수소–산소 불꽃에서 철에 대한 원자 흡수 피크는 높은 농도의 황산 이온이 존재할 때 감소한다.

(a) 이 관찰에 대해 설명하시오.

(b) 철의 정량에서 황산 이온의 방해를 해결하기 위한 세 가지 가능한 방법을 제안하시오.

* **9-14** Na 원자와 Mg^+ 이온이 다음과 같은 불꽃 조건일 때 3*p* 오비탈의 바닥 상태에 대한 들뜬 상태의 입자 수의 상대 비율을 구하시오.

(a) 천연 가스–공기 불꽃(2100 K)

(b) 수소–산소 불꽃(2900 K)

(c) 유도 결합 플라스마 광원(6000 K)

* **9-15** 높은 온도의 광원에서 소듐 원자는 평균 파장이 1139 nm인 이중선을 방출한다. 이때 일어나는 전이는 4*s*로부터 3*p* 상태이다. 아래의 온도 조건에서 3*s* 바닥 상태의 입자 수에 대한 4*s* 들뜬 원자수의 비를 계산하시오.

(a) 아세틸렌–산소 불꽃(3000°C)

(b) 유도 결합 플라스마 광원의 가장 뜨거운 부분(~9000°C)

* **9-16** 그림 9-7에 나와있는 흡수 피크를 2 μL의 표준물과 시료 물질에서 얻었다고 가정하시오. 통조림 오렌지 주스의 시료에서 납의 농도를 ppm 단위로 계산하시오.

9-17 그림 9-7에서 건조 및 회화 과정 중에 나타나는 두 피크의 원인을 설명하시오.

9-18 1~100 μg/mL 인(P)의 농도 범위에서 인산 이온은 칼슘의 원자 흡수의 선형성을 방해한다고 알려져 있다. 그러나 인의 농도가 100~300 μg/mL 사이에서 흡광도에 대한 이런 영향은 없어진다. 이유를 설명하시오. 어떻게 이 효과를 줄일 수 있는가?

9-19 AAS에서 표준물 첨가법이 보정하거나 보상할 수 있는 물리적 효과와 방해를 설명하시오.

* **9-20** 5.00 mL의 혈액 시료를 trichloroacetic acid으로 처리하여 단백질을 침전시켰다. 원심 분리 후, 그 용액을 pH 3으로 맞추고, 납의 유기 착화제인 APCD를 함유하는 메틸 이소부틸케톤 5.00 mL로 2회 추출하였다. 이 추출물을 공기–아세틸렌 불꽃에 분무하여 283.3 nm에서 흡광도 0.454 값을 얻었다. 0.240 및 0.475 ppm Pb를 포함하는 5 mL의 표준 용액을 분취하여 동일한 방식으로 처리하여 0.412 및 0.642의 흡광도를 얻었다. Beer 법칙을 따른다고 가정하고 시료 중의 납 농도를 ppm 단위로 계산하시오.

9-21 일련의 시멘트 시료에서 소듐을 불꽃 방출 분광법으로 정량하였다. 불꽃 광도계는 0, 20.0, 40.0, 60.0 및 80.0 μg Na_2O/mL를 함유하는 일련의 NaCl 표준 용액으로 보정되었다. 이들 용액에 대한 기기 눈금값 R은 3.1, 21.5, 40.9, 57.1 및 77.3이었다.

(a) 스프레드시트를 사용하여 데이터를 도시하시오.

(b) 데이터에 대한 최소 제곱 방정식을 구하시오.

(c) (b)의 직선에 대한 통계값을 계산하시오.

(d) 반복해서 시멘트 시료 1.000 g을 염산에 녹이고 중화시켜 100.0 mL로 묽혀서 다음과 같은 데이터를 얻었다.

		방출 눈금값		
	바탕	**시료 A**	**시료 B**	**시료 C**
반복 1	5.1	28.6	40.7	73.1
반복 2	4.8	28.2	41.2	72.1
반복 3	4.9	28.9	40.2	엎질렀다

각 시료에서 Na_2O의 백분율(%)을 계산하시오. 각 측정값의 평균값에 대한 절대 및 상대 표준 편차는 얼마인가?

9-22 수용액 상태의 크로뮴 미지 시료 10.0 mL씩을 취하여 5개의 50.0 mL 부피 플라스크에 각각 넣고, 여기에 12.2 ppm의 Cr을 포함하는 표준 용액을 여러 가지 부피를 첨가한 다음 눈금까지 채워 희석시켰다.

시료, mL	**표준물, mL**	**흡광도**
10.0	0.0	0.201
10.0	10.0	0.292
10.0	20.0	0.378
10.0	30.0	0.467
10.0	40.0	0.554

(a) 엑셀 스프레드시트를 이용하여 데이터를 도시하시오.

(b) 흡광도와 표준 물질의 부피 사이의 관계식을 유도하시오.

(c) (b)에서 최소 제곱법에 대한 통계값을 계산하시오.

(d) 시료 중 Cr의 농도를 ppm 단위로 계산하시오.

(e) (d)의 결과에 대한 표준 편차를 계산하시오.

도전 문제

9-23 **(a)** 전열 원자화에 대한 AAS의 검출 한계에 끼치는 여러 실험 변수의 영향에 관한 연구에서 Cabon과 Bihan은 최적화를 위한 중요한 몇 가지 인자를 발견하였다.[23] 이들 인자 6개를 나열하고 각 인자의 이론적 배경을 자세하게 기술하고 왜 중요한지에 대해 논의하시오.

[23] J. Y. Cabon and A. Le Bihan, *Analyst*, **1997**, *122*, 1335, **DOI:** 10.1039/a701308f.

질문과 문제(계속)

(b) 이 연구자는 검출 한계(LOD)를 결정하기 위한 기존의 방법을 설명한다. 제1E-2절에서 설명한 방법과 이 방법을 비교하시오. 이 방법은 "Orange Book"에 있는 IUPAC에서 정의한 방법을 어떻게 개선하는가? http://www.iupac.org/publications/analytical_compendium/를 참고하시오. 이 방법의 단점을 설명하시오.

(c) Cabon과 Bihan이 기술한 연구는 LOD를 측정하기 전에 최소 제곱 다항식 고르기(제5C-2절 참고)를 사용하여 데이터를 처리하였다. 실험값을 어떻게 고르기를 했는지 자세히 설명하시오. 고르기 과정에서 어떤 실험 변수를 최적화하였는가? 고르기 창의 넓이는 어떻게 정의하였는가? 고르기 과정은 이들 연구자들에 의해 결정된 LOD에 어떤 영향을 끼쳤는가? 고르기는 기기적 신호의 적분창을 결정할 때 어떤 영향을 끼쳤는가?

(d) 이 연구자들은 적분과 피크 신호 측정에 의해 신호 크기를 측정하여 비교하였다. 이 비교의 결과는 무엇인가? 신호 대 잡음 개선 과정에 대한 이해하기 위하여 이러한 결과가 왜 얻어졌는지 설명하시오.

(e) 기기 신호는 어떻게 적분되었는가? 디지털 신호를 적분하기 위해 사용할 수 있는 어떤 대안의 수식학적인 과정은 무엇인가? 적분된 신호 데이터의 품질에 영향을 미치는 변수 또는 과정적 변수는 무엇인가? Pb 작업 곡선에 대한 신호 적분의 영향을 설명하시오.

(f) *투입량*(dosing volume)은 무엇이며, 이 과정에서 결과들의 질에 어떤 영향을 미쳤는가?

10장

원자 방출 분광법

Atomic Emission Spectrometry

이 장에서는 광학 **원자 방출 분광법(atomic emission spectrometry, AES)**에 대해 다룬다. 일반적으로 표 8-1에 나열된 원자화 장치는 시료의 성분을 원자 또는 간단한 이온으로 전환시킬 뿐만 아니라 이 과정에서 이 화학종의 일부를 들뜬 전자 에너지 상태로 만든다. 뜰뜬 에너지 상태의 화학종들의 빠른 이완으로 원소들의 정성 및 정량 분석에 유용한 자외선 및 가시선 스펙트럼을 방출한다. 플라스마 광원은 원자 방출 분광법에서 가장 중요하고 널리 사용되는 광원이 되었다. 이 장에서는 널리 사용되는 유도 결합 플라스마 광원을 포함하는 장치들에 대해 먼저 설명하고자 한다. 다음 전기 아크와 전기 스파크 원자화 및 들뜸을 기반으로 하는 방출 분광법을 설명한다. 역사적으로 전기 아크 및 전기 스파크 광원은 방출 분광법에서 매우 중요하며, 이 방법들은 일부 금속 원소들을 분석할 때 여전히 중요하게 이용되고 있다. 마지막으로 불꽃, 글로우 방전 및 레이저를 포함한 여러 가지 기타 원자 방출 광원에 대하여 설명할 것이다.

이 장에서 옆의 로고는 www.tinyurl.com/skoogpia7에서 대화형 자습, 시뮬레이션, 연습 등을 통해 온라인으로 학습할 수 있는 기회가 있음을 나타낸다.

원자 방출 분광법은 제9장에서 설명한 불꽃 및 전열 흡수법과 비교할 때 여러 가지 장점을 가지고 있다.[1] 첫 번째는 방출법은 화학적 방해가 적게 나타나는데, 이는 높은 온도의 직접적인 결과이다. 두 번째는 하나의 들뜸 조건하에서 대부분의 원소들에서 좋은 방출 스펙트럼을 얻을 수 있다. 따라서 많은 원소의 스펙트럼을 동시에 측정할 수 있다. 이 점은 매우 작은 양의 시료에 들어있는 여러 원소들을 분석하는 데 특히 중요하다. 큰 에너지를 갖는 플라스마 광원의 또 다른 중요한 장점은 내화성 화합물을 만드는 경향이 있는 낮은 농도의 원소들을 측정할 수 있다는 것이다(즉, 높은 온도에서도 잘 분해되지 않는 화합물을 만드는 붕소, 인, 텅스텐, 우라늄, 지르코늄 및 니오븀의 산화물들의 경우). 또한, 플라스마 광원은 염소, 브로민, 아이오딘 및 황과 같은 비금속들도 측정할 수 있다는 것이다. 마지막으로 앞 장에서 설명한 흡수법의 경우, 농도 측정 범위는 20~30배 범위인데 비해 플라스마 광원은 보통 10의 몇 승 정도의 농도 범위에서 측정할 수 있다는 것이다. 원소마다 최적 들뜸 조건이 크게 다른 불꽃 광원은 이러한 점에서 볼 때 원자 방출 광원으로 만족스럽지 못하다; 어떤 원소의 들뜸에는 높은 온도를, 그리고 다른 원소의 들뜸에는 낮은 온도를 필요로 한다; 결국 최적의 방출선 세기를 내는 불꽃의 온도 영역이 원소마다 다르다.

플라스마, 아크 및 스파크와 같은 높은 온도를 갖는 광원에서 나오는 방출 스펙트럼은 수백 또는 수천 개의 방출선을 가지므로 종종 복잡하다. 이렇게 수많은 방출선들은 정성적인 정보를 얻을 때는 유리하지만 정량 분석을 할 때에는 스펙트럼 방해를 받을 가능성이 높아진다. 결과적으로 플라스마, 아크 및 스파크를 바탕으로 둔 방출 분광법은 불꽃 또는 전열 광원을 이용한 원자 흡수법에 필요한 것보다 더 높은 분해능과 더 비싼 광학 장비를 필요로 한다.

---

[1]원자 방출 분광법에 보다 광범위한 지식을 위해 다음 문헌을 참고하시오. J. A. C. Broekhaert, *Analytical Atomic Spectrometry with Flames and Plasmas*, 2nd ed., Chap. 5, Hoboken, NJ: Wiley-VCH, 2005; *Atomic Spectroscopy in Elemental Analysis*, M. Cullen, ed., Chaps. 3-5, Boca Raton, FL: CRC Press, 2004; L. H. J. Lajunen and P. Peramaki, *Spectrochemical Analysis by Atomic Absorption and Emission*, 2nd ed., Chaps. 4-6, Royal Society of Chemistry: Cambridge, 2004; J. D. Ingle Jr. and S. R. Crouch, *Spectrochemical Analysis*, Chaps. 7-9, 11, Upper Saddle River, NJ: Prentice-Hall, 1988.

이러한 여러 장점에도 불구하고 높은 에너지 광원을 기반으로 한 방출법이 불꽃 및 전열 원자 흡수법을 완전히 대체할 수는 없을 것이다. 사실상 원자 방출법 및 원자 흡수법은 상호보완적인 관계를 가지고 있다. 원자 흡수법의 장점들은 간단하고 저렴한 장비 사항, 낮은 운영 비용, 다소 높은 정밀도(최소한 현재까지는) 및 덜 숙련된 조작자도 만족스러운 결과를 얻을 수 있다는 점들에 있다.[2]

10A 플라스마 광원에 기반한 원자 방출 분광법

플라스마 광원은 분광학적 분석에서 매우 중요하다. 정의에 의하면 플라스마는 높은 농도의 양이온과 전자를 함유한 전기전도성 기체 혼합물이다(양이온과 전자의 농도는 알짜 전하가 0이 되게 한다). 원자 방출법 분석에 자주 사용되는 아르곤 플라스마에서는 시료의 양이온도 적은 양이 존재하지만 아르곤 이온과 전자가 주요 전도성 화학종 역할을 한다. 일단 플라스마에서 생성된 아르곤 이온은 외부 에너지원으로부터 충분한 에너지를 흡수하여 이온화 과정이 지속적으로 일어날 수 있도록 온도를 유지하여 준다. 이러한 플라스마는 10,000 K의 높은 온도를 나타낸다. AES에는 몇 가지 다른 플라스마들이 사용되어 왔다.[3] 가장 중요한 것은 *유도 결합 플라스마*(inductively coupled plasma, ICP)로서, 제10A-1절에서 자세히 설명할 것이다. *마이크로파 유도 플라스마*(microwave-induced plasma, MIP)도 일부 방출 분광법에서 사용된다. 직류 플라스마(DCP)는 한때 지구 화학분야에서 널리 사용되었지만, 현재는 주로 ICP 및 다른 플라스마 광원으로 대신하고 있다. 최근에 직류, 라디오 주파수(RF) 및 마이크로파 복사선에 기반을 둔 마이크로 플라스마가 주목을 받고 있다. 이러한 광원들은 크로마토그래피 검출기의 용도, 질량 분석법에서 이온을 생성하기 위한 용도 및 방출 분광법 등에 사용할 수 있다. 마지막으로, 레이저 파괴 또는 레이저 증발에 의해 생성된 레이저 유도 플라스마가 AES 광원으로 사용할 수 있다(제10A-3절 참고).

연습: www.tinyurl.com/skoogpia7에서 **ICP 토치(ICP torche)**에 대해 더 알아보시오.

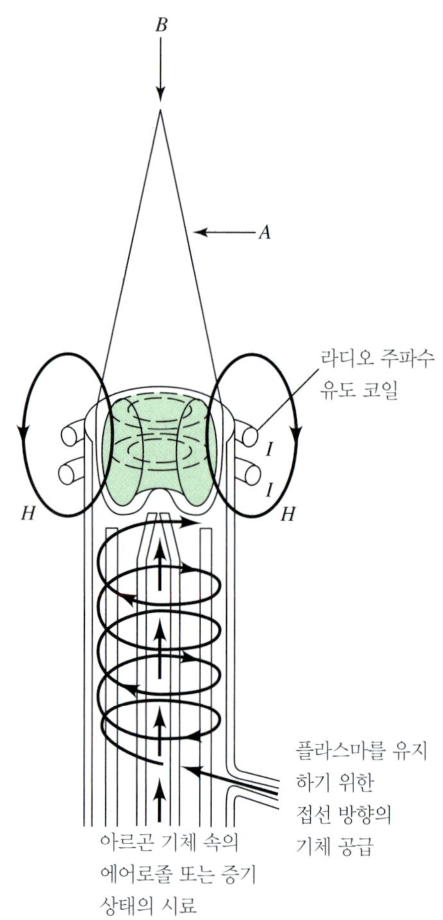

그림 10-1 일반적인 유도 결합 플라스마 광원. 위치 *A*는 토치의 측면 방향이고, 위치 *B*는 축 방향을 나타낸다. (From V. A. Fassel, *Science*, **1978**, *202*, 183. With permission. Copyright 1978 by the American Association for the Advancement of Science.)

10A-1 유도 결합 플라스마 광원

그림 10-1은 *토치*(torch)라고 불리는 전형적인 ICP 광원의 개요도이다.[4] 그것은 3개의 동심 원통형 석영관으로 되어 있고 이 관을 통해 아르곤 기체가 흐른다. 토치의 설계에 따라 다르지만 총 아르곤 소비 속도는 5~20 L/min 정도이다. 가장 큰 석영관의 지름은 약 2.5 cm이다. 이 관의 윗부분은 물로 냉각되는 유

---

[2]방출 분광학의 광원으로 불꽃, 전기로 및 플라스마의 장점과 단점을 명확하게 비교하기 위해 다음 문헌을 참고하시오. W. Slavin, *Anal. Chem.*, **1986**, *58*, 589A, **DOI**: 10.1021/ac00295a803.

[3]플라스마 및 기타 원자 분광법 광원에 대한 검토를 위해 다음 문헌을 참고하시오. E. H. Evans et al., *J. Anal. At. Spectrom.*, **2015**, *30*, 1017, **DOI**: 10.1039/c5ja90017d; *J. Anal. At. Spectrom.*, **2014**, *29*, 773, **DOI**: 10.1039/c4ja90019g; N. H. Bings, A. Bogaerts, and J. A. C. Broekaert, *Anal. Chem.*, **2013**, *85*, 670, **DOI**: 10.1021/ac3031459; *Anal. Chem.*, **2010**, *82*, 4653, **DOI**: 10.1021/ac1010469.

[4]ICP 광원에 대한 더 자세한 정보는 다음 문헌을 참고하시오. V. A. Fassel, *Science*, **1978**, *202*, 183; V. A. Fassel, *Anal. Chem.*, **1979**, *51*, 1290A, **DOI**: 10.1021/ac50049a717; G. A. Meyer, *Anal. Chem.*, **1987**, *59*, 1345A, **DOI**: 10.1021/ac00150a717; *Inductively Coupled Plasma Spectrometry and Its Applications*, 2nd ed., S. J. Hill, ed., Hoboken, NJ: Wiley-Blackwell, 2007; A. Varma, *CRC Handbook of Inductively Coupled Plasma Atomic Emission Spectroscopy*, Boca Raton, FL: CRC Press, 1990; *Inductively Coupled Plasma Mass Spectrometry*, A. E. Montaser, ed., Hoboken, NJ: Wiley-VCH, 1998; *Inductively Coupled Plasma in Analytical Atomic Spectroscopy*, 2nd ed., A. Montaser and D. W. Golightly, eds., New York: Wiley-VCH, 1992; *Inductively Coupled Plasma Atomic Emission Spectrometry: A Model Multi- Elemental Technique for Modern Analytical Laboratory*, G. A. Zachariadis, ed., Hauppauge, NY: Nova Science Publishers, Inc., 2012.

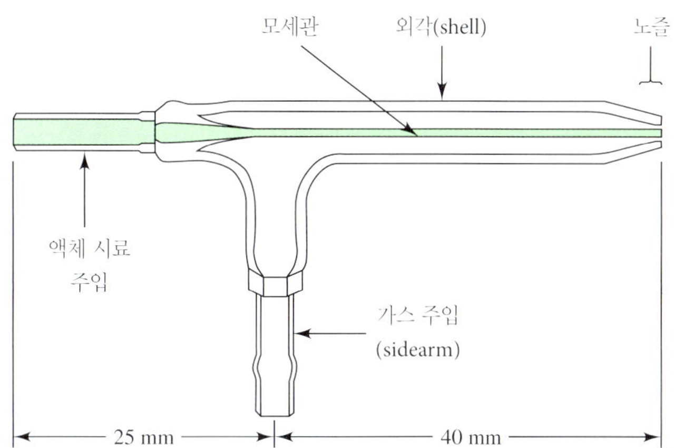

그림 10-2 Meinhard 분무기. 분무 기체는 모세관을 동심원으로 둘러싸는 바깥을 통해 흐른다. 이것은 팁에서 압력을 감소시키고 시료를 분무한다. 팁에서 고속의 기체는 용액을 미세 방울로 만든다. (Courtesy of J. Meinhard Associates, Inc.)

도 코일로 둘러싸여 있고, 이 코일은 약 27.12 MHz 또는 40.68 MHz에서 0.5~2 kW의 에너지를 발생하는 라디오 주파수 발생기에 의해 작동된다.[5] 아르곤의 이온화는 Tesla 코일의 스파크에 의해 시작된다. 생성된 이온과 전자는 유도 코일에 의해 생성된 요동치는 자기장(그림 10-1에서 *H*로 표시)과 상호작용한다. 이 상호작용은 코일 안의 이온과 전자가 그림 10-1에 표시된 닫힌 고리 모양 통로를 통하여 흐르게 된다. 이러한 이온과 전자에 흐름에 대한 저항은 플라스마의 ohmic 가열을 일으킨다.

이러한 방식으로 형성된 플라스마의 온도가 매우 높아 바깥 원통형 석영 실린더를 단열시킬 필요가 있다. 이러한 단열은 그림 10-1의 화살표로 표시된 것처럼 석영관의 벽 주위에 접선 방향으로 아르곤을 흘려 보내 얻는다. 이러한 접선 방향의 흐름은 중앙관의 내부벽을 냉각시키고 플라스마를 방사형으로 모이게 한다.

대부분의 제조회사가 제공하는 설계는 토치를 90° 회전시켜 분광기와 축 방향으로 배열되도록 한 것이다(그림 10-1의 *B*). 플라스마의 중앙에서 방출되는 복사선은 분석에 사용된다. 이 축 배열은 제11C-1절에서 설명하는 ICP 질량 분석법(ICPMS)에 특히 유용하다(축 방향 배열 분광기 그림 10-6 및 측면형 배열 분광기 그림 10-8 참고).

일반적인 토치를 통과하는 아르곤의 유속이 빨라 ICP 유지비(연간 수천 달러)가 높은 점에 유의하라. 1980년대에 저유속, 저에너지를 갖는 토치가 개발되었다. 일반적으로 이러한 토치는 총 아르곤 소비 속도가 10 L/min 미만이고 800 W 미만의 라디오 주파수 에너지를 갖는다.

시료 도입

시료는 중심 석영관을 통해서 약 1 L/min의 유속을 갖는 아르곤에 의해 ICP로 도입된다. 시료는 에어로졸, 열로 생긴 증기 또는 미세 분말 형태들로 도입된다. 가장 일반적인 시료 도입 방법은 그림 10-2에서 보여주는 같은 중심축을 갖는 유리 분무 장치이다. 시료는 Bernoulli 효과에 의해 팁으로 운반된다. 빠른 속도를 갖는 기체는 액체를 다양한 크기의 미세한 물방울들로 쪼개고, 다음 플라스마 속으로 운반한다.

자주 사용되는 또 다른 분무 유형은 가로-흐름 설계 방식이다 (그림 8-11b). 여기서 빠른 속도의 기체가 모세관 팁을 가로질러 직각으로 흐르므로 동일한 Bernoulli 효과가 생긴다. 종종 이 유형의 분무기에서 액체는 연동 펌프를 통해 모세관 끝으로 움직인다. 고효율 분무, 높은 고체 성분 함량을 지닌 시료의 분무 그리고 초미세 안개 생성을 위해 다른 유형의 분무기들을 사용할 수 있다.[6]

액체 및 고체 시료를 플라스마에 주입하는 또 다른 방법에는 전열 증기화 방법이 있다. 이 방법의 경우, 시료는 제8C-1절에서 설명한 것과 유사한 전기로에서 증기화된다. 다만 플라스마 응용 분야에서 전기로는 단지 **시료 도입에만** 사용되고, 시료의 원자화는 플라스마에서 일어난다. 그림 10-3은 뚜껑이 없는 흑연 막대 위에서 시료 증기가 생기는 전열 증기화 장치를 보여준다. 생긴 증기는 아르곤의 흐름에 의해 플라스마 토치로 보내진다. 관찰한 신호는 전열 원자 흡수법에서 얻은 피크와 유사한 순간적인 피크이다. 플라스마 토치와 결합된 전열 증기화법은 선형 측정 범위가 넓고, 방해 현상이 거의 없으며, 허용 가능한

[5] 현재 대부분의 상용 계측기는 40.68 MHz에서 작동한다. 코일과 플라스마 사이의 결합 효율이 높아지면 주파수가 높아지고 배경 방출이 낮아지기 때문이다.

[6] 다음 문헌을 참고하시오. J. Sneedon, *Sample Introduction in Atomic Spectroscopy*, New York: Elsevier, 1990; J. L. Todili and J. M. Mermet, *Liquid Sample Introduction in ICP Spectrometry: A Practical Guide*, Amsterdam: Elsevier, 2008.

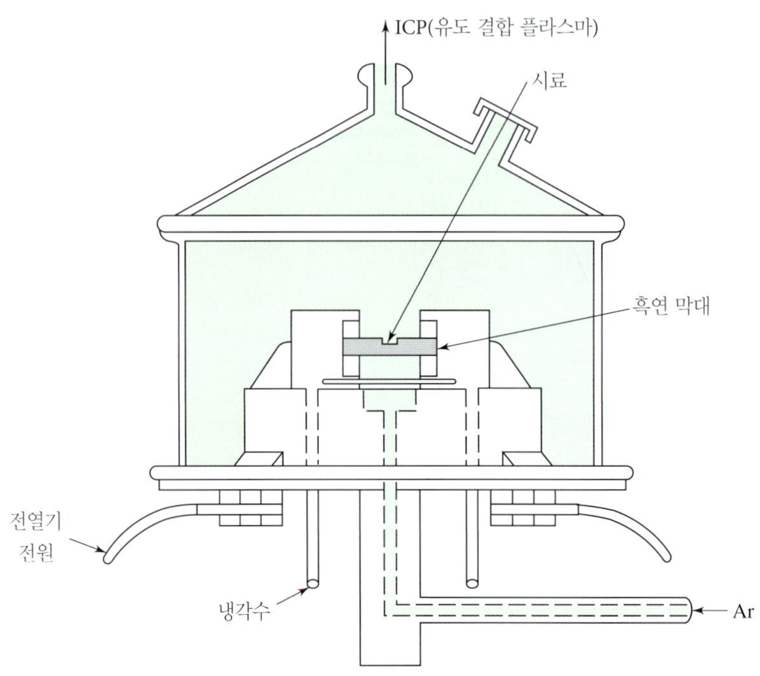

그림 10-3 전열 증기화 장치.

시료-대-시료 정밀도(5~10%), 동시에 여러 원소를 분석할 수 있는 ICP의 장점을 가지면서 미량 시료량(~5 μL)과 낮은 검출 한계(~1 ng)를 가지고 있다.[7]

제8C-2절에 설명한 고체 증발 장치는 여러 ICP 제조 업체에서 판매되고 있다. 이런 유형의 고체 시료 도입 장치에서는 전기 아크 또는 스파크, 레이저살이 시료와 상호작용에 의해 생성된 증기 및 미세 입자가 아르곤의 흐름에 의해 토치 속으로 보내져 원자화와 들뜸이 일어난다.

플라스마 모양 및 스펙트럼

전형적인 ICP 플라스마는 매우 강렬하게 빛나는 흰색이며 중심은 불투명하고 윗부분은 불꽃 모양의 꼬리를 갖는다. 중심부는 석영관 위로 수 밀리미터 뻗어 있으며, 아르곤의 원자 선 스펙트럼이 겹쳐 있는 연속 스펙트럼을 방출한다. 이 연속 스펙트럼의 발생은 이온과 전자 재결합 반응과 브레임스트라룽(bremsstrahlung)으로 불리는 하전된 입자가 느려지거나 멈추었을 때 생기는 것이다. 중심부 위의 10~30 mm 영역에서 연속 스펙트럼이 사라져 플라스마는 광학적으로 투명해보인다. 스펙트럼은 일반적으로 온도가 6000~6500 K인 유도 코일 위의 15~20 mm 높이에서 측정된다. 이 부분에서 바탕 복사선에 아르곤 선 스펙트럼이 현저히 감소하기 때문에 분석하기에 가장 적합하다. 이 플라스마의 영역에서 가장 감도 있게 측정할 수 있는 분석선을 방출하는 것은 Ca^+, Cd^+, Cr^+ 및 Mn^+와 같은 이온이다.

ICP 분광기에서 토치는 측면 방향(그림 10-1의 *A*) 또는 축 방향(그림의 *B*)의 형태를 갖거나 두 가지 형태를 다 이용할 수 있는 광학 시스템이 있다. 측면 방향에 비하여 축 방향의 장점은 더 긴 경로 길이와 높은 정밀도에 의한 복사선 세기의 증가로 낮은 검출 한계(초음파 분무 장치의 2~30배)를 보인다. 단점은 산화물로부터의 방해를 막기 위해 차가운 플라스마 꼬리를 광 경로에서 제거해야 하고, 측면 배열보다 축 배열에서 분광기의 광학장치를 열과 오염 물질로부터 막기가 더 어렵다는 점이다.[8] 플라스마의 차가운 꼬리는 플라스마 끝단을 가로질러 절단 기체(shear gas)를 불어서 제거하거나 원뿔형 접점장치로 제거할 수 있다. 어떤 배열을 사용할지에 대한 결정은 플라스마에서 분석물질의 화학적 거동, 분석을 위해 선택된 스펙트럼 선, 요구되는 데이터의 품질 및 실험의 자세한 특성에 달려 있다. 예를 들어, 축 배열은 ICPMS에서 특히 유용하며, 이는 제11C절에서 설명할 것이다.

분석물질의 원자화 및 이온화

그림 10-4에서 등온선은 플라스마의 온도 분포를 나타낸다. 시료 원자는 측정 지점에 도달하기 전에 몇 밀리초 동안 플라스마에 머무른다. 머무르는 시간 동안 원자들은 5500~8000 K 범위의 온도 영역에 놓이게 된다. 이러한 시간과 온도는 흡수 분광법에서 사용되는 가장 뜨거운 불꽃(아세틸렌-아산화 질소)보다 약 2~3배 더 크다. 결과적으로 원자화는 불꽃보다 플라스마에서 더 완전하게 이루어지고 화학적 방해는 거의 발생하지 않

[7] S. Kim et al., *Microchim. J.*, **2004**, *78*, 127, **DOI**: 10.1016/j.microc.2004.03.003.

[8] L. H. J. Lajunen and P. Peramaki, *Spectrochemical Analysis by Atomic Absorption and Emission*, 2nd ed., pp. 253-254, Cambridge: Royal Society of Chemistry, 2004.

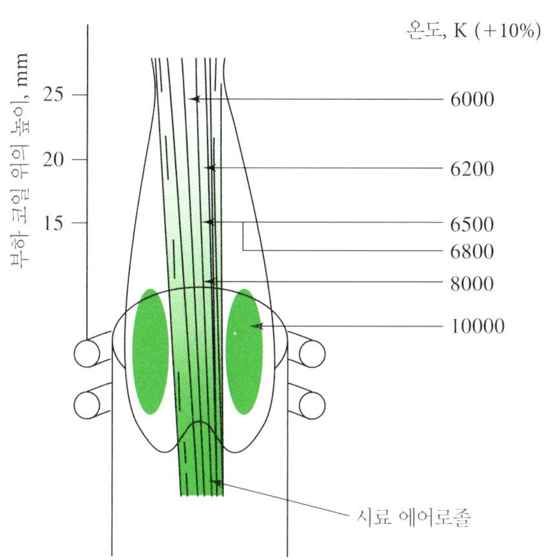

그림 10-4 일반적인 ICP 광원의 온도 분포. (From V. A. Fassel, *Science*, **1978**, *202*, 186. With permission. Copyright 1978 by the American Association for the Advancement of Science.)

는다. 놀랍게도 이온화에 의한 방해 효과도 거의 없는데, 이는 아르곤의 이온화로 인한 높은 전자 농도가 플라스마의 전자 농도를 거의 일정하게 유지하기 때문일 것이다.

플라스마 광원이 갖는 또 다른 장점들이 있다. 첫째, 원자화가 화학적으로 비활성인 환경에서 일어나며, 산화물 형성을 방지하여 원자의 수명이 길어지는 경향이 있다. 또한 아크, 스파크, 불꽃 광원과는 달리 플라스마 단면의 온도 분포가 비교적 균일하며 자체 흡수 및 자체 반전 효과는 자주 나타나지 않는다. 이 때문에 일반적으로 교정 곡선은 10의 몇 승의 농도 범위에서 직선성을 갖는다. 마지막으로, 플라스마는 충분한 이온화를 일으키므로 ICPMS의 훌륭한 광원이 된다.

10A-2 마이크로파 플라스마

오랫동안 마이크로파 플라스마에 대한 연구가 진행되어 왔다.[9] Beenakker가 개발한 것과 같은 공진 공동에 의해 방전관 내에 유지되는 MIP는 기체 크로마토그래피의 원소 선택 검출기로 유용해 지고 있다(제27B-4절 참고).[10] 그러나 AES의 경우, MIP는 ICP와 같은 낮은 검출 한계를 갖지 못하고, 플라스마의 경우에도 ICP만큼 견고하지도 안정하지도 못하다. 특히, 기존의 분무 장치로 액체 시료를 도입하는 것은 문제가 많은 방법이다.

그러나 지난 몇 년 동안, 특히 플라스마 작동에 공기를 사용하는 상용 시스템을 도입한 이래로 마이크로파 플라스마에 대한 관심이 다시 높아지고 있다.[11] 새로운 마이크로파 플라스마 시스템은 전기장 대신 마이크로파 광원의 자기장에서의 에너지를 결합하여 플라스마를 유지한다.[12] 자기적으로 들뜨게 된 플라스마는 앞서 말한 전기적으로 들뜬 MIP보다 견고하다. 이를 통해 플라스마가 질소 또는 공기로 유지되고 기존의 압축 기체 분무기로 시료를 주입할 수 있게 되었다. 시판되고 있는 MIP는 공기 실린더에서 질소를 발생시킴으로 아르곤으로 작동하는 ICP에 비해 운용 비용이 적게 든다. AA 또는 AES의 불꽃은 위험하고 폭발성을 갖는 데 비하여 공기로 작동하는 MIP는 훨씬 더 안전하고 효율적인 광원이다. 여러 원소에 대한 검출 한계는 표준 ICP 광원을 사용하여 달성한 것과 견줄 만하다.

10A-3 다른 플라스마 광원들

AES에 대한 추가적인 플라스마 광원은 마이크로 플라스마 및 레이저 유도 플라스마를 포함한다. 제9A-3절에 설명된 글로우 방전 장치는 AES에도 성공적으로 사용되었다.

마이크로 플라스마[13]

작고 소형화된 플라스마의 개발은 활발한 연구 분야이다. 앞에서 묘사한 플라스마는 마이크로파 결합, 라디오파 결합, 유전 장벽 방전 및 글로우 방전과 같은 직류 방전을 기반으로 한다.[14] 마이크로 플라스마는 작은 크기뿐만 아니라 낮은 전력 소비 및 작은 기체 흐름과 같은 장점들을 갖는다. 이러한 장치는 기체 크로마토그래피 분리 기체 및 수소화물 발생기에서 나오는 기체 시료 도입에 가장 성공적으로 사용되어왔다. 용액 전극을 이용하는 방전 장치 또한 기술되어 왔다.[15]

레이저 유도 플라스마

지난 10년간 레이저는 AES에서 플라스마를 만드는 데 매우 유용하게 사용되었다. 우리는 여기서 레이저 증발 및 *레이저 유도 파괴 분광법*(laser-induced breakdown spectroscopy, LIBS)을 다룰 것이다.

연습: www.tinyur com/skoogpia7에서 **ICP**에 대해 더 알아보시오.

[9] K. J. Jankowski and E. Rezke, *Microwave Induced Plasma Analytical Spectrometry*, Cambridge, UK: Royal Society of Chemistry Publishing, 2010.

[10] C. I. M. Beenakker, *Spectrochim. Acta B*, **1976**, *31*, 483, **DOI**: 10.1016/0584-8547(76)80047-X.

[11] Agilent Technologies, Santa Clara, CA 95051.

[12] M. R. Hammer, *Spectrochim. Acta B*, **2008**, *63*, 456, **DOI**: 10.1016/j.sab.2007.12.007.

[13] N. H. Bings, A. Bogaerts, and J. A. C. Broekaert, *Anal. Chem.*, **2013**, *85*, 670, **DOI**: 10.1021/ac3031459.

[14] 소형 플라스마에 관한 리뷰는 다음 문헌을 참고하시오. J. Franzke and M. Miclea, *Appl. Spectrosc.* **2006**, *60*, 80A, **DOI**: 10.1366/000370206776342689.

[15] M. R. Webb and G. M. Hieftje, *Anal. Chem.*, **2009**, *81*, 862, **DOI**: 10.1021/ac801561t.

레이저 증발. 증발은 증기화 또는 다른 과정에 의해 표면에서 물질을 제거하는 것이다. 레이저 증발은 일반적으로 고체 때로는 액체의 표면에 레이저를 조사하는 부분에 가열 및 증기화를 일으킨다. 일반적으로 고전력의 펄스 레이저가 사용되지만 연속적인 레이저살도 사용된다. 이중 펄스 증발도 종종 사용되기도 한다.[16] 레이저 세기가 충분히 높으면, 증발된 재료는 플라스마 안으로도 변환될 수 있다.

레이저 플라스마는 AES에서 유용한 복사선을 방출할 수 있거나 이온 생성 시 질량 분석법으로 분석이 가능하다. 몇몇 기술에서는, 단지 레이저는 원자 및 이온 기둥만을 생성하고, 두 번째 장치로 이를 들뜨게 한다. 예를 들어, *레이저 마이크로 탐침*(laser microprobe)의 경우, 레이저 조사에 의해 형성된 기둥 형태의 생성물은 표면 바로 위에 위치한 한 쌍의 작은 전극 사이에서 생기는 스파크 방전에 의해 들뜨게 된다(제10B-2절 참고). 방출된 복사선은 적절한 분광기 시스템을 통하여 모이게 된다. 레이저 마이크로 탐침 광원을 사용하여 단일 혈액 세포의 미량 원소 조성을 분석하였다. 몇 가지 고체 시료의 경우에는 레이저를 시료 표면에 가로질러 조사하여 표면 조성성분에 대한 입체적인 정보를 얻을 수 있다.

레이저 유도 파괴 분광법. 레이저 유도 파괴 분광법(LIBS)은 레이저 증발과 밀접한 관련이 있다. LIBS에 사용되는 레이저는 매우 강해 증발된 시료를 포함한 주위에서 절연 파괴가 일어나 매우 높은 발광성의 플라스마를 생긴다. 일반적으로 Nd:YAG 레이저의 경우 수 나노초 정도의 짧은 펄스로 플라스마가 생성된다. 레이저 펄스가 끝날 무렵 플라스마가 냉각되고, 들뜬 원자와 이온들의 복사선을 측정할 수 있다. 분광기는 적절한 시간에 방출되는 복사선을 수집하게 설계되어, 파괴에 의해 생성된 센 연속 복사선이 사라진 후, 적절한 원자 또는 이온 선 스펙트럼의 측정이 이루어진다.[17]

단일 펄스 LIBS 외에도 2-레이저 LIBS도 성공적으로 사용되고 있다. 2-레이저 LIBS에서 하나의 레이저는 시료를 증발하고 두 번째 레이저는 플라스마를 생성한다. LIBS는 여러 분야에 응용될 수 있다. 금속, 반도체, 세라믹, 석탄, 고분자 및 의약품이 이러한 응용 분야 중 하나이다. 또한 고체, 액체 및 기체 시료들에도 사용할 수 있다. 실제로 LIBS의 첫 번째 응용은 산업 환경 분야에서의 위험한 기체를 원격으로 분석하는 데에서 시작되었다. 다양한 공정 중의 액체, 생물학적 용액, 수용성 환경 용액 및 제약 조제품 분석에도 사용되고 있다. LIBS의 성공이 가능하게 된 것은 이 방법을 개발하여 상업적으로 판매하고자 하는 노력에 의해 이루졌다고 보여진다. 소형의 탁상용 LIBS 분석기도 거의 모든 매트릭스에서 Al, Mg 및 C와 같은 가벼운 원소를 포함한 미량 원소를 측정할 수 있다고 보고된다.[18]

현재 화성에서 가동 중인 화성 과학 실험실(Mars Science Laboratory) 내에서 LIBS 기기군이 포함됨에 따라 최근에 LIBS 장비의 소형화가 이루어졌다. LIBS 장비는 화성 탐사선인 rover Curiosity에 있는 ChemCam 장비군의 일부분을 담당하고 있다. ChemCam 시스템은 망원 렌즈가 장착된 카메라와 LIBS 부분으로 구성된다. LIBS 레이저는 화성 토양이나 암석을 로봇 팔의 오염 없이 원격으로 시료 채취를 통하여, 탑재된 분광기로 직접 분석할 수 있다. 그림 10-5는 LIBS 기기에서 얻은 화성 암석의 스펙트럼의 예를 보여준다. 이 장비는 레이저를 사용하여 한 번에 몇 번의 레이저로 암석 표면을 투과하여 깊이 분석을 가능하게 했다. 따라서 ChemCam은 표지하고자 하는 표면의 3차원 모델을 구성할 수 있게 하였다.

10A-4 플라스마 광원 분광기

표 10-1은 플라스마 방출 분광법을 사용되는 이상적인 측정 장비의 가장 중요한 성질들을 적어놓았다. 오늘날에도 이상적인 분광기는 만들 수가 없다. 부분적인 이유로 이러한 성질 중의 일부가 서로 상반되기 때문이다. 예를 들어, 고해상도는 좁은 슬릿을 사용해야 하는데, 이때는 신호대 잡음비(S/N)가 감소되어, 측정값을 정밀하게 읽지 못하게 된다. 그럼에도 불구하고 최근 개발된 최신 기기들은 표 10-1에 나열된 이상적인 특성을 많이 보여준다.

현재 12개 이상의 제조 업체가 플라스마 방출 분광기를 제작하고 있다. 이들 기기의 디자인, 성능 특성 및 파장 범위는 크게 다르다. 대부분의 기기는 170~800 nm의 자외선-가시선 영역에서 전체 스펙트럼을 얻는다. 몇 개의 기기들은 진공에서 측정할 수 있는 장치를 갖춰 150~160 nm의 자외선 영역까지 확장하여 측정할 수 있다. 이는 인, 황 및 탄소와 같은 원소들이 이 영역에서 방출선을 갖기 때문에 이러한 짧은 파장 영역이 중요하다.

방출 분광법 기기에는 *순차 측정*(sequential), *동시 다중 채널*(simultaneous multichannel), 그리고 *Fourier 변환*(Fourier transform) 등 세 가지 기본 유형이 있다. 현재 Fourier 변환 기기는 AES에서 널리 사용되지 않는다. 순차 측정 기기(sequential instrument)는 한 원소의 선 스펙트럼을 측정한 후 다른 원소의 선 스펙트럼을 측정하려고 할 때 잠시(수 초 동안) 멈추어, 만족스런 신호대 잡음비를 얻을 수 있도록 프로그램되어 있다. 이에 비하여 다중 채널 기기는 많은 원소들(때로 50 또는 60개

[16]더 많은 정보를 위해 다음 문헌을 참고하시오. *Laser Ablation: Effects and Applications*, S. E. Black, ed., Hauppauge, NY: Nova Science Publishers, Inc., 2011; C. Phillips, *Laser Ablation and Its Applications*, New York: Springer, 2007.

[17]다음 문헌을 참고하시오. D. A. Cremers and L. J. Radziemski, *Handbook of Laser-Induced Breakdown Spectroscopy*, Chichester, UK: Wiley, 2013; R. Noll, *Laser-Induced Breakdown Spectroscopy: Fundamentals and Applications*, Heidelberg: Springer-Verlag, 2012.

[18]TSI Incorporated, Shoreview, MN, 55126.

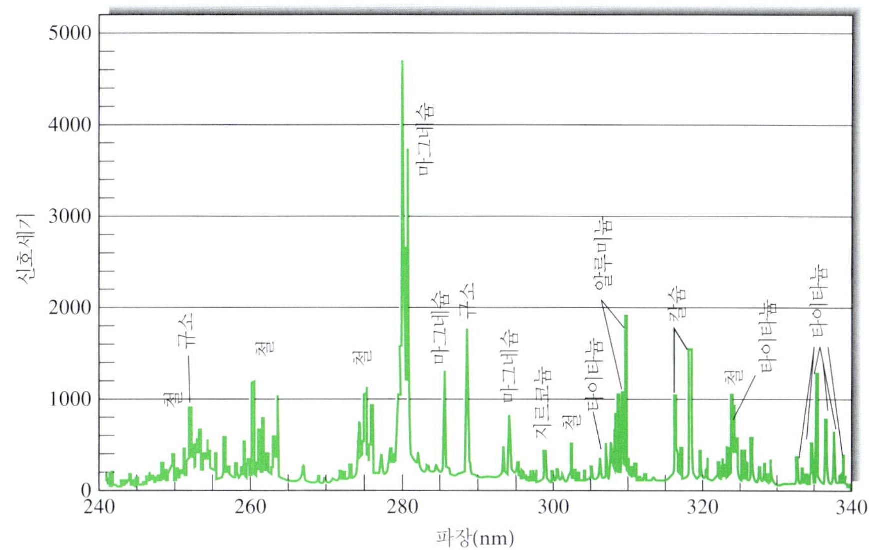

그림 10-5 **Rover Curiosity의 ChemCam LIBS 시스템에서 얻은 화성의 암석 스펙트럼.** (Courtesy of NASA).

표 10-1 방출 분광기의 이상적인 특성

1. 고분해능(0.01 nm 또는 $\lambda/\Delta\lambda > 100{,}000$)
2. 빠른 신호 획득과 회복
3. 낮은 세기의 미광 복사선
4. 넓은 측정 농도 범위($> 10^6$)
5. 정확하고 정밀한 파장 확인 및 선택
6. 정밀한 세기 읽기(500 × 검출 한계에서 1% 이하의 상대 표준 편차)
7. 주위 환경 변화에 대한 높은 안정도
8. 쉬운 바탕 보정
9. 컴퓨터로 작동: 판독, 데이터 저장, 데이터 처리 등

원소)의 방출선의 세기를 동시에 측정할 수 있도록 설계되어 있다. 측정하려는 원소들이 여러 개인 경우 순차 측정 기기를 이용할 때는 다른 두 형태 기기를 이용할 때보다 시료 도입 시간이 길어지게 되므로 더 간단하기는 하지만 시료의 소모량과 측정 시간 면에서는 불리하다.

순차 측정과 다중 채널 방출 분광장치는 두 가지 일반적인 단색화 장치를 갖고 있다. 하나는 고전적인 회절발 단색화 장치를 사용하는 것과 다른 하나는 그림 7-23에 보여준 것과 같은 에셀레(echelle) 회절발 단색화 장치를 이용한 분광기이다.

순차 측정 기기

대부분의 순차 측정 기기는 그림 10-6과 같은 회절발 단색화 장치를 갖추고 있다. 일반적으로, 회절발은 2400 또는 3600홈/mm를 갖는 홀로그래피 형태이다. 이러한 유형의 몇몇 측정 기기들은 디지털 방식으로 제어되는 단계식 모터로 회절발을 회전시켜, 서로 다른 파장이 출구 슬릿 위에 순차적으로 정확하게 모이도록 주사한다. 그러나 일부 다른 기기는 회절발을 고정시키고 슬릿 및 광전자 증배관을 초점면 또는 초점 곡선을 따라 움직일 수 있도록 설계되어 있다. 또한 그림 10-6과 같은 기기에는 슬릿과 광전자 증배관이 두 개인 기기들도 시판되고 있는데, 하나는 자외선 영역이고 다른 하나는 가시선 영역을 위한 것이다. 이 경우 적절한 파장에서 두 검출기 사이에 설치한 평면 거울을 움직여서 출구 빛살이 한 광전자 증배관에서 다른 광전자 증배관으로 전환된다.

변속–주사 분광기. 수백 개의 선으로 구성된 복잡한 스펙트럼의 경우, 중요한 파장 영역을 주사하는 것은 너무 오래 걸리고 실용적이지 못하다. 이러한 문제를 부분적으로 극복하기 위해 회절발(그림 10-6 참고) 또는 검출기와 슬릿이 움직이는 속도를 두 가지로 변속(또는 다중 속도)시키는 모터를 갖는 *변속–주사*(slew-scan) 분광기가 개발되었다. 이러한 장비에서는, 측정하고자 하는 분석선 근처의 파장까지 단색화 장치가 매우 빠르게 *변속*(slews)된다. 그런 다음 분석선에서는 주사 속도가 빠르게 감소되어 일련의 작은 단계(0.01~0.001 nm)로 변화되면서 주사한다. 변속–주사를 사용하면 필요한 데이터가 포함되지 않은 파장 영역에서 소요되는 시간은 최소화하고, 분석선에서는 충분한 시간을 소비하여 만족스러운 신호대 잡음비를 얻는다. 그림 10-6에 나와있는 것과 같은 분광계에서는 회절발의 작동이 컴퓨터로 조절되고, 변속은 매우 효율적으로 이뤄질 수 있다. 예를 들어, 15개의 원소에 해당하는 분석선들을 변속하여 5분 이내에 그들의 세기를 기록할 수 있다. 그러나 일반적으로 이러한 기기는 다중 채널 기기보다 느리고 더 많은 시료를 소비한다.

주사 에셀레 분광기. 그림 10-7은 주사형 장비 또는 동시 다중

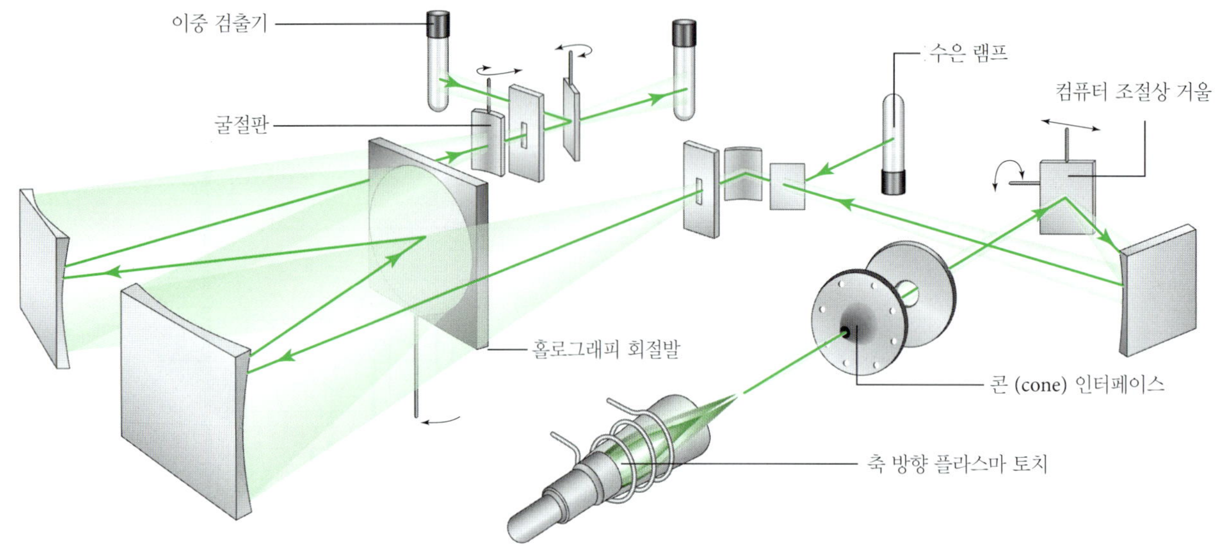

그림 10-6 순차적 ICP 방출 분광기의 광학 모형도. 모든 움직이는 부분은 컴퓨터로 제어되며 움직이는 방법은 3차원 화살표로 나타난다. 움직이는 부품에는 회절발, 변환기 선택을 위한 거울, 신호 처리량을 최적화하기 위한 굴절판, 그리고 플라스마 위치를 최적화하기 위한 거울이다. 분광기에는 자동 파장 보정을 위한 수은 램프를 가지고 있다. 축 방향인 것을 주목하자. (Courtesy of Agilent Technologies, inc., Santa Clara, CA.)

채널 분광기로 작동할 수 있는 에셀레 분광기의 개요도이다. 주사는 x 및 y 방향으로 광전자 중배관을 이동시켜 단색화 장치의 초점면에 위치한 구경판(aperture plate)을 주사함으로써 수행된다. 이 구경판에는 300개의 광-에칭 슬릿이 있다. 한 슬릿에서 다른 슬릿으로 이동하는 데 필요한 시간은 일반적으로 1초 정도이다. 기기는 변속-주사 방식으로 작동할 수 있다. 이 기기는 구경판의 적절한 슬릿 뒤에 몇 개의 작은 광전자 중배관을 설치하여 다중 채널 다색화 장치로 바꿀 수 있다.

다중 채널 분광기

동시 다중 채널 기기는 일반적으로 *다색화 장치*(polychromator) 또는 *분광 사진기*(spectrograph) 두 가지가 있다. 다색화 장치는 검출을 위해 일련의 광전자 중배관을 사용하지만 분광 사진기는 2 차원 전하-주입 장치(CID) 또는 전하-쌍 장치(CCD)를 신호 변환기로 사용한다. 더 오래된 분광기들은 분광 사진 유제를 신호 변환기로 사용하였다.

다색화 장치. 일부 다중 채널 방출 분광기에서 광전자 중배관을 그림 10-8에서와 같이 Paschen-Runge 설계와 같은 다색화 장치 회절발의 초점 곡면을 따라 고정된 슬릿 뒤에 위치한다. 이런 기기에서는 입구 슬릿, 출구 슬릿 및 회절발 표면이 오목한 회절발의 초점 곡면에 해당하는 곡면인 *Rowland 원*(Rowland circle)의 원주를 따라 놓여 있다. 고정된 슬릿 각각으로부터의

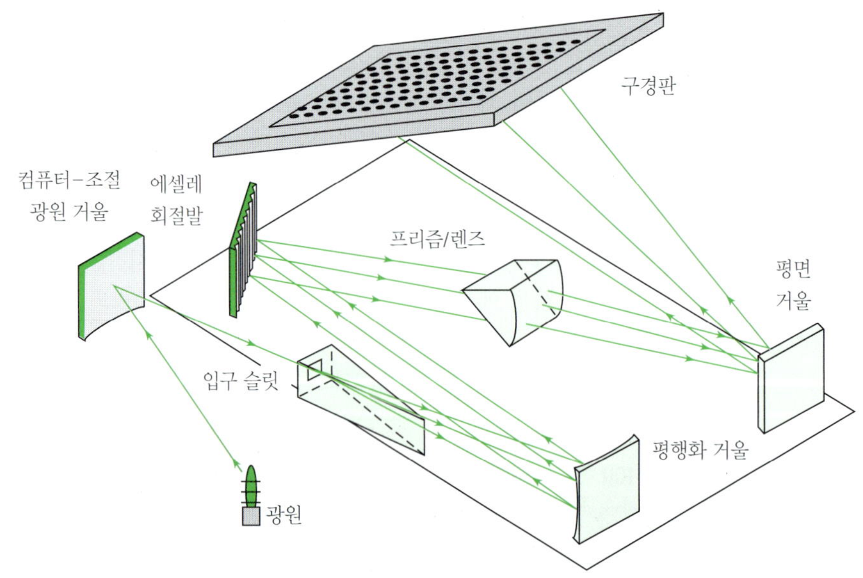

그림 10-7 에셀레 분광기의 개략도.

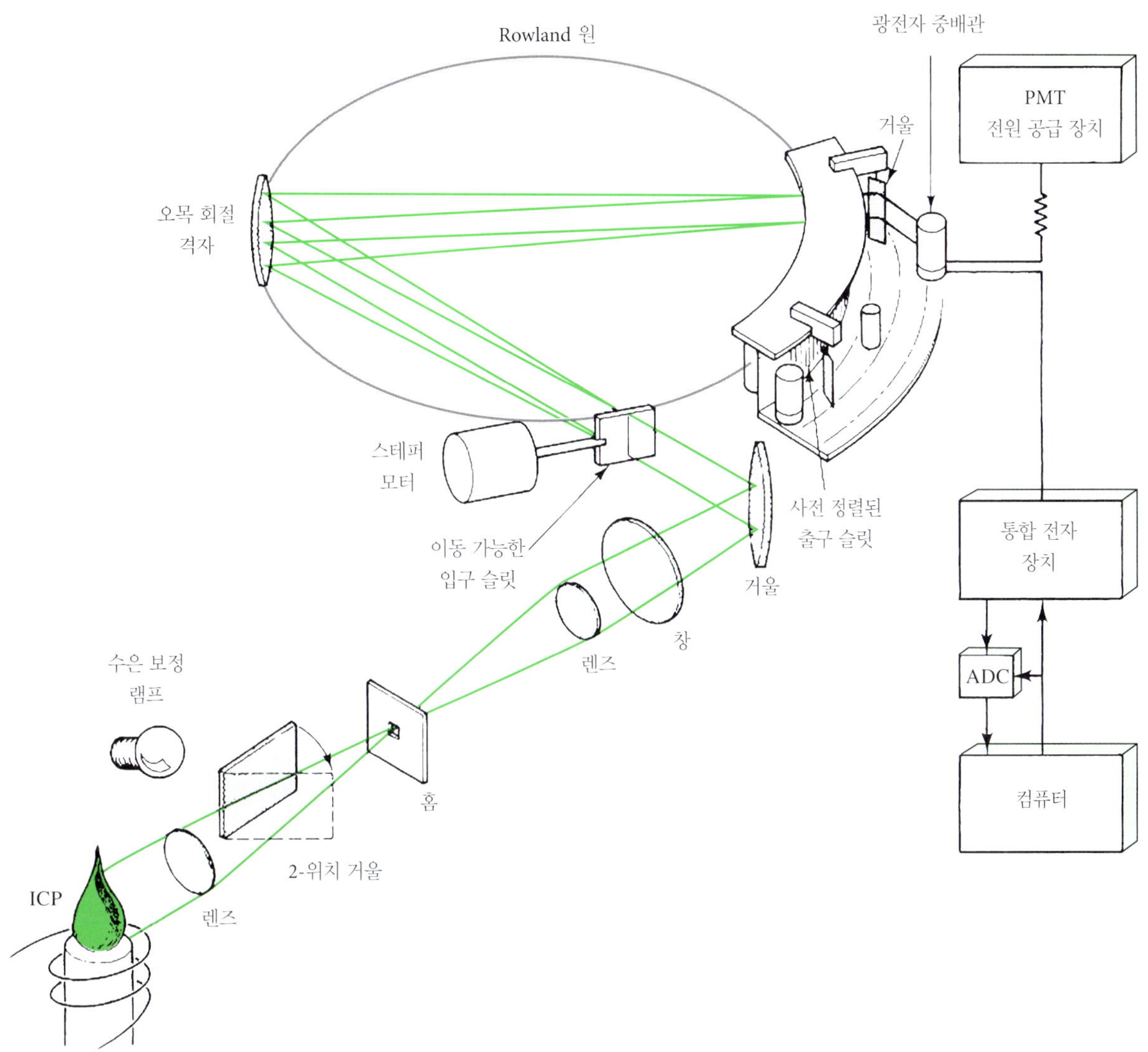

그림 10-8 직접 판독식 ICP 방출 분광기. 다색화 장치는 Paschen-Runge 디자인이다. 오목한 창을 특징으로 하고 Rowland 원 주위에 스펙트럼을 생성한다. 별도의 출구 슬릿은 각 스펙트럼 라인을 분리하고, 별도의 광전자 중배관은 각 채널의 광학 정보를 전기신호로 변환한다. 방사형 보기 기하학을 주목하시오. PMT = 광전자 중배관, ADC = 아날로그–디지털 변환기. (From J. D. Ingle Jr. and S. r. Crouch, *Spectrochemical Analysis*, p. 241, Upper Saddle River, NJ: Prentice-Hall, 1988, with permission.)

복사선은 광전자 중배관에 부딪친다. 슬릿은 선택된 원소에 대한 복사선을 통과하도록 기기회사에서 고정되어 나온다. 또한 이 선들의 배열 상태는 새로운 원소를 측정하려고 할 때 비교적 쉽게 변경이 가능하고, 몇 개의 광전자 중배관에서 나오는 신호는 각각 아날로그 적분기로 들어간다. 그 다음에 출력 전압은 디지털화되고 농도로 환산 후 저장된 다음 보여진다. 입구 슬릿은 단계식 모터를 통해 Rowland 원을 따라 이동할 수 있다. 이 장치는 피크를 따라 주사하게 하고 바탕 보정에 대한 정보를 제공한다.

전기신호 변환기로 광전자 중배관이 설치된 다색화 장치 분광기는 플라스마, 아크 및 스파크와 같은 광원과 함께 사용되고 있다. 일반적으로 신속한 분석을 위해, 이 장비는 매우 유용할 수 있다. 예를 들어, 합금 생산 공정에서 시료를 접수한 후 5분 이내에 20개 이상의 원소에 대한 정량적 분석을 수행할 수 있다. 그러므로 최종 제품의 조성을 세심하게 관리할 수 있다.

빠른 속도뿐만 아니라 광전 다중 채널 분광기는 때때로 좋은 분석 정밀도를 갖는 장점이 있다. 이상적인 조건하에서, 존재하는 양에 대하여 1% 정도의 상대 재현성을 나타낸다. 다른 기기 장치들은 분광기보다 낮은 정밀도를 나타내기 때문에 이러한 높은 정밀도를 모든 측정에서 이룰 수는 없다. 이런 유형의 다중 채널 기기들은 일반적으로 앞 절에서 설명한 순차 측정 기기보다 비용이 많이 들고 응용성이 다소 부족하다.

전하-주입 장치. 여러 회사가 에셀레 분광기와 2차원 전하-이

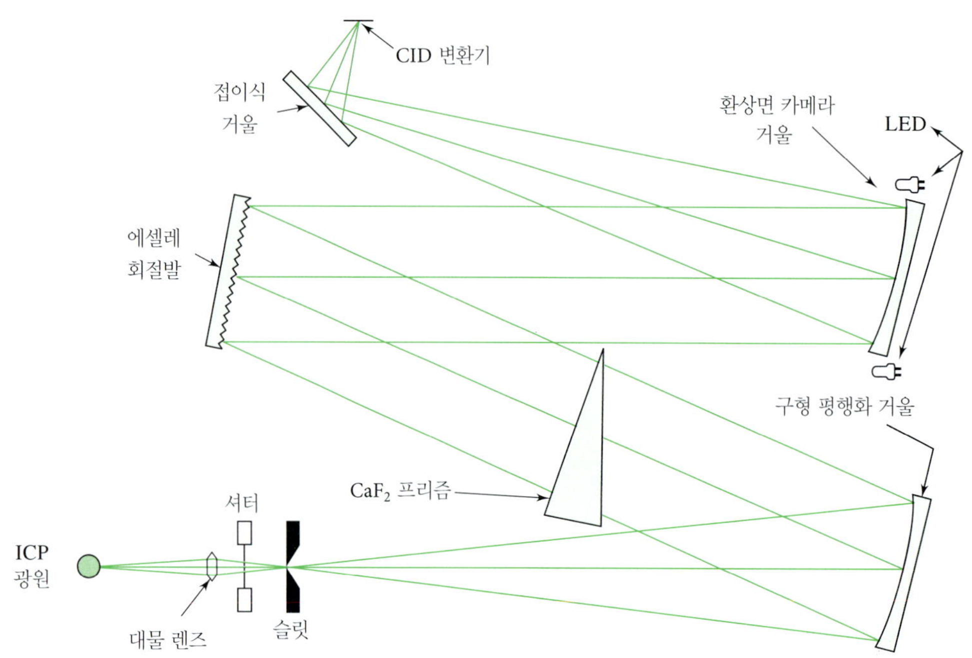

그림 10-9 CID가 장착된 에셀레 분광기의 광학 모형도. (From M. J. Pilon, M. B. Denton, R. G. Schleicher, P. M. Moran, and S. B. Smith, *Appl. Spectrosc.*, **1990**, *44*, 1613, **DOI**: 10.1366/0003702904417490. With permission.)

동 검출기를 기반으로 하는 다중 채널 동시 측정 분광기를 제공한다. 이러한 유형의 기기는 많은 응용 분야에서 기존의 다른 유형의 다중 채널 방출 분광기를 대체해왔다.

그림 10-9는 동시에 측정하기 위한 CID를 사용한 에셀레 분광기의 광학 개요도이다.[19] 에셀레 회절발에 의해 생기는 스펙트럼 차수를 분리하기 위해 CaF$_2$ 프리즘을 사용한다(그림 7-21 참고). 변환기는 8.7 mm × 6.6 mm이며, 94,672개의 변환기 요소를 갖는 전하–주입 장치이다(제7E-3절 참고). 환상면 카메라 거울(toroidal camera mirror)은 변환기 표면에 슬릿상을 보이게 하는 데 사용한다. 변환기 요소들에 있는 암전류를 제거하기 위해 이 장치는 135 K의 온도를 유지하는 액체 질소 저온 유지 장치 안에 설치한다.

읽기 창(read window)이라고 불리는 39개의 변환기 요소가 그림 10-10a와 같이 각각의 선 스펙트럼을 측정하는 데 사용된다. 일반적으로 "조사 창"이라고 표시된 창 중 하나의 투영된 상에서 볼 수 있듯이 선 스펙트럼은 창의 9개 중심 요소에 초점을 맞추고 조사 창 양 옆에 있는 15개 요소는 바탕 세기 데이터를 사용한다. 그림 10-10b는 철 297.32 nm 선에 대해 읽기 창의 기록된 세기를 보여준다.[20] 철 복사선의 대부분이 읽기 창 중앙 요소에 들어온다.

뒤에 설명할 전하–쌍 장치에 비해, CID의 좋은 특징 중 하나는 어느 순간에 한 변환기 요소에 축적된 전하의 양을 비파괴적으로 측정할 수 있다는 것이다. 즉, 측정 과정에서 전하가 손실되지 않는다. 가능한 신속하고 효율적으로 선 세기를 측정하기 위해 먼저 창의 9개 중앙 요소에 축적된 전하만 읽으면 충분한 전하가 축적되어 만족스러운 신호대 잡음비를 나타낼 수 있는 시간을 결정한다. 그 다음에 남아있는 두 세트의 15개 요소의 전하를 읽어 관찰된 선 세기를 바탕 복사선에 대해 보정한다. 이 과정은 각 원소에 대한 읽기 창에 있는 요소들과 동시에 이루어진다. 센 세기 선의 경우 원하는 만큼 전하를 모으는 데 필요한 시간은 짧고, 약한 세기의 선의 경우 짧은 기간에 축적된 전하는 종종 만족스러운 신호대 잡음비를 산출하는 데 필요한 적분 시간 추정에 사용된다. 경우에 따라 100초 또는 그 이상의 적분 시간이 필요로 한다.

앞에서 설명한 분광기의 파장을 주기적으로 교정할 경우는 작은 수은 램프로부터 나오는 253.65 nm 수은선을 기준으로 행해진다. 40개 이상의 원소에 대한 선 위치 데이터 파일이 개발되었고, 수은 선의 좌표에 대해 각 원소에 대한 10개 이상의 선 스펙트럼 파일의 x 및 y 좌표를 포함하고 있다. 이 파일에 있는 데이터의 재교정은 광학 시스템이 변동되지 않는 한 필요하지 않다. 시료에 들어있는 원소들은 비디오 모니터와 상호작용 표시기(interactive marker)를 사용하여 수행된다. ICP 들뜸 광원을 사용하면 대부분의 원소들의 검출 한계는 수십 ng/mL~10 μg / mL 범위이다. 인이나 비소와 같은 비금속의 경우 검출 한계가 100배 더 크다.

[19]다음 문헌을 참고하시오. M. J. Pilon, M. B. Denton, R. G. Schleicher, P. M. Moran, and S. B. Smith, *Appl. Spectrosc.*, **1990**, *44*, 1613, **DOI**: 10.1366/0003702904417490.

[20]R. B. Bilhorn and M. B. Denton, *Appl. Spectrosc.*, **1990**, *44*, 1538, **DOI**: 10.1366/0003702904417850.

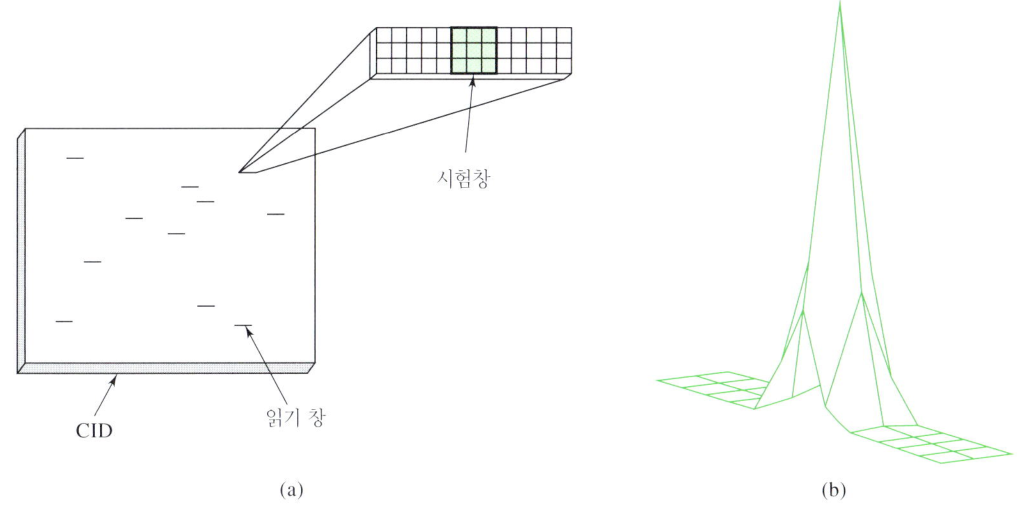

그림 10-10 (a) CID의 표면을 나타내는 모형도. 짧은 수평선은 읽기 창에 나타난다. 읽기 창 중 하나의 확대 이미지도 표시된다. 9개의 중심 원소는 선이 위치한 시험 창을 형성한다. (b) 철선에 대한 세기 모양. 선으로부터 나온 모든 복사선은 3 × 3 시험 창에 모인다. (From r. B. Bilhorn and M. B. Denton, *Appl. Spectrosc.*, **1990**, *44*, 1538. With permission.)

전하−쌍 장치. 그림 10-11은 두 개의 에셀레 시스템과 두 개의 CCD가 있는 상업용 분광기의 광학 개요도이다. 한 시스템은 160~375 nm 영역용이고, 다른 시스템은 375~782 nm 영역에서 사용하도록 설계되었다.[21] 플라스마로부터의 복사선은 슬릿을 통해 분광기로 들어가고, 에셀레 회절발에 의해 분산된다. 그다음 복사선은 Schmidt 교차−분산 장치로 들어가 자외선과 가시선으로 분리되며 또 자외선은 회절 차수에 따라 분리된다. Schmidt 분산 장치는 그림 7-23에서와 같이 회절 차수 분리가 발생하는 프리즘으로 가시선을 통과시키기 위해 중심에 구멍이 있는 구형 표면 위에 선이 새겨진 회절발로 구성되어 있다. 두 개의 분산된 빛살은 그림과 같이 변환기 요소의 표면상에 초점이 맞춰진다. 그림 10-11에 자외선 변환기의 표면에 나타나는 모양을 삽입 그림으로 나타냈다.

독특한 검출기 시스템으로 규소 칩에 제조된 수많은 부배열(subarray) 즉 *배열 성분*(array segments)으로 구성되며 각 부배열은 그 표면 위에 72개 원소에 대해 3~4개의 주요 방출선이 표면에 들어오도록 배열되어 있다. 각 배열 성분은 20~80픽셀로 구성된 *선형*(linear) 전하−쌍 장치(2차원이 아닌)로 구성된다. 그림 10-12는 배열 성분 중의 하나의 개요도로 광감응 레지스터, 기억 및 출력 레지스터 그리고 출력 전자 장치로 하나의 시스템으로 구성되어 있다. 각 배열 성분을 개별적으로 처리할 수 있기 때문에 전하 적분 시간을 10^5 또는 그 이상으로 제공할 수 있다. 시스템에 이러한 배열 성분에는 224개(현재 시판용은 235개)가 존재하지만, 많은 스펙트럼이 부배열 위로 들어오므로 약 6000개의 선 스펙트럼을 동시에 측정할 수 있다.

이 분광기의 시판용에서는 복사선을 광학 시스템으로 들어오게 유도하는 하나의 거울이 컴퓨터 제어하에 있어 플라스마를 축 방향, 측면형 또는 혼합형으로 운용할 수 있다. 이 배열은 또한 분광기 신호가 최적화되도록 해준다. 전체 광학 시스템은 완전한 온도 조절통에 들어있다. 그리고 출력 거울의 수명을 연장하는 압축식 셔터 조작에 의하여 시료에서 플라스마의 자외선 복사선을 막아준다. 또한 수은 램프이 분광기를 정기적으로 교정하기 위해 셔터장치에 설치되어야 한다. 분광기는 단일 또는 두 개의 검출기가 설치되어 있는지 여부에 따라 163~782 nm의 스펙트럼 범위 또는 그 파장을 포함하는 다양한 모델의 분광기를 사용할 수 있다.

복합 기기. Paschen-Runge 다색화 장치와 변조 배열 검출기의 중요성과 유용한 응용은 그림 10-13a의 사진에서 보이는 분광기이다. Rowland 원의 원주를 따라 15개 또는 16개의 선형 CCD 배열 검출기(8개가 보이기도 함)는 140~670 nm의 거의 완전한 범위를 제공한다. 각각의 검출기 모듈(그림 10-13b 참고)은 Rowland 원에 평행하게 배열된 CCD 배열까지 복사선을 반사시키는 거울을 가지고 있다. 모듈은 광학 경로에 따라 쉽게 변환하여 배치할 수 있다. 상대적으로 소형화된 설계(너비 115 cm × 깊이 70 cm) 때문에 이 분광기는 벤치탑 작업과 산업체 및 환경 관련 실험실에서 일상적으로 사용하기에 특히 적합하다.

Fourier 변환 기기

1980년대 초반부터 몇몇 연구자들은 제16B-1절에서 자세히 논의할 적외선 기기와 구조가 비슷한 Fourier 변환 기기를 자외

---

[21]이 기기에 대한 좀 더 상세한 설명은 다음 문헌을 참고하시오. T. W. Barnard et al., *Anal. Chem.*, **1993**, *65*, 1225, **DOI**: 10.1021/ac00057a020; T. W. Barnard, et al., *Anal. Chem.*, **1993**, *65*, 1231, **DOI**: 10.1021/ac00057a021.

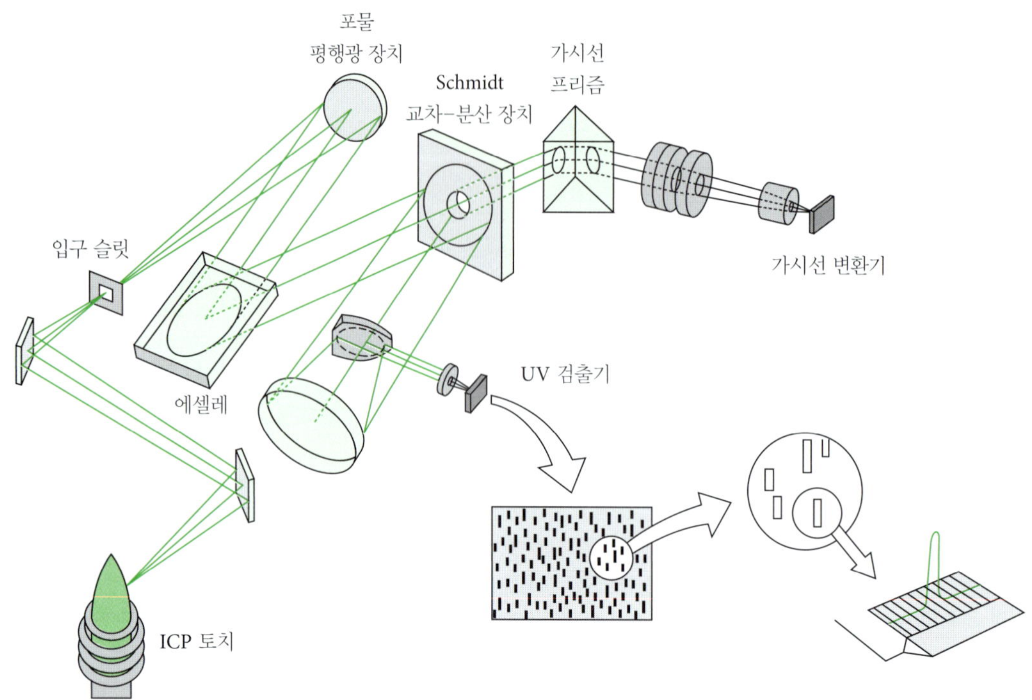

그림 10-11 부채꼴 배열 전하-쌍 장치의 에셀레 분광기. (From T. W. Barnard et al., *Anal. Chem.*, **1993**, *65*, 1231. Figure 1, p. 1232. Copyright 1993 American Chemical Society.)

선-가시선 스펙트럼 영역에 응용하는 방법을 개발했다.[22] 이 연구의 대부분은 ICP 광원을 이용한 다원소 분석을 위한 기기에 응용되었다. Fourier 변환 기기의 장점은 넓은 파장 범위(170 nm~>1000 nm), 빠른 속도, 높은 분해능, 매우 정확한 파장 측정, 큰 측정 농도 범위, 기기의 소형화 및 큰 광학 산출량 등이 있다. 그러나 Fourier 변환 적외선 기기와는 달리 이 유형의 자외선-가시선 기기는 종종 다중법에 이점을 나타내지 않으며 일부 상황에서 오히려 다중법의 단점을 나타낸다(제7I-1절 참고). 이러한 차이의 원인은 적외선 기기의 성능은 보통 변환기 잡음에 의해 영향을 받지만 자외선-가시선 분광기는 광원과 관련된 산탄 잡음과 깜박이 잡음에 의해 영향을 받기 때문이다.

 **자습:** www.tinyurl.com/skoogpia7에서 **ICP 분광기 (ICP spectrometer)**에 대해 더 알아보시오.

[22]A. P. Thorne, *Anal. Chem.*, **1991**, *63*, 57A, DOI: 10.1021/ac00002a712; L. M. Faires, *Anal. Chem.*, **1986**, *58*, 1023A, **DOI**: 10.1021/ac00122a779.

10A-5 플라스마 광원의 응용

플라스마 광원은 특성 방출선이 풍부한 스펙트럼을 생성하므로

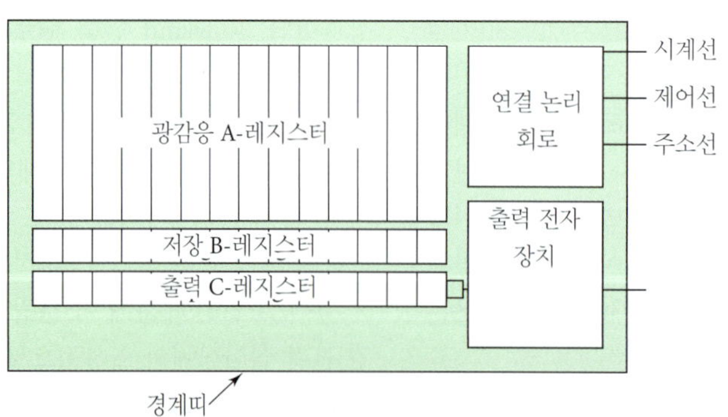

그림 10-12 광자 변환기, 저장 및 출력 레지스터 및 판독 회로를 보여주는 배열 그림. (From T. W. Barnard et al., *Anal. Chem.*, **1993**, *65*, 1231. Copyright 1993 American Chemical Society.)

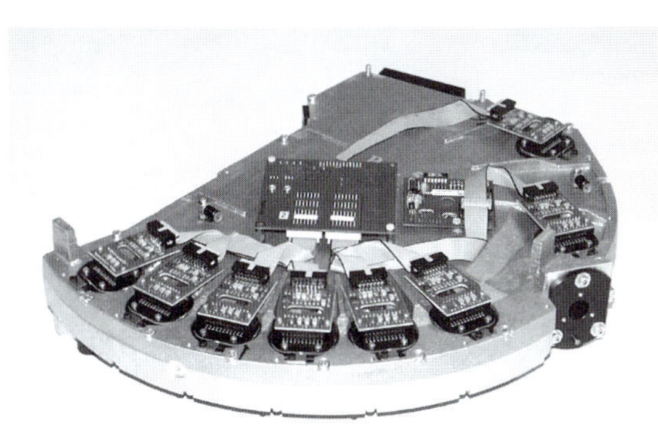

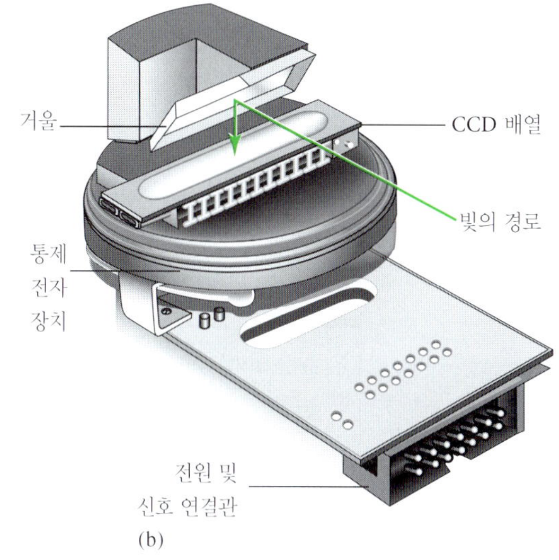

(a) (b)

그림 10-13 동시 측정 CCD-ICP 분광기 성분들. (a) 광학계 사진. Rowland 원에 설치된 후방의 회절발, 정면의 슬릿, 원을 따라 검출기 배열 모듈을 갖는다. (b) 1024 픽셀 직선 CCD를 포함하는 검출기 배열 모듈. (Courtesy of Spectro Analytical Instruments, Inc., Mahwah, NJ.)

정성 및 정량 원소 분석에 유용하게 사용된다.[23] ICP는 다른 방출광원보다 훨씬 좋은 정량적인 분석 데이터를 제공한다. 이러한 결과의 우수성은 적절한 실험 조건에서 작동할 때 얻는 높은 안정성, 낮은 잡음, 낮은 바탕 및 방해가 없다는 것에 기인한다. 새로운 방식의 공기를 이용한 마이크로파 광원이 기존의 ICP를 본질적으로 대체하기 위해서는 운용 비용이 작아야 한다.

시료 준비

ICP 방출 분광법은 주로 수용액 또는 유기 액체에 용해되거나 분산된 시료의 정성 및 정량 분석에 사용된다. 이러한 용액을 제조하는 기술은 제9D-1절의 불꽃 흡수법에서 설명한 것과 비슷하다. 플라스마 방출법은 고체 시료를 직접 분석하는 것이 가능하다. 고체 시료 분석을 위한 절차는 제8C-2절에 설명한 전열 증기화, 레이저 및 스파크 증발, 글로우 방전(glow-discharge) 기화법을 포함한다. 고체가 포함된 현탁용액은 그림 8-11d와 같은 Babington 분무기를 이용할 수 있다.

원소 정량

원칙적으로는 모든 금속 원소는 플라스마 방출 분광법에 의해 정량할 수 있다. 붕소, 인, 질소, 황 및 탄소의 정량에는 진공 분광기가 꼭 필요하다. 왜냐하면 이러한 원소의 방출선은 대기의 구성 성분이 복사선을 흡수하는 180 nm 미만의 파장이기 때문이다. 알칼리 금속의 정량은 다음 두 가지 어려움으로 인해 잘 사용되지 않는다. (1) 대부분의 다른 원소들에 사용되는 작동 조건들이 알칼리 금속에서 부적합하고, (2) Li, K, Rb 및 Cs의 가장 큰 방출선은 근적외선 파장에 있어, 주로 자외선 영역 측정을 위해 설계된 많은 플라스마 분광기로는 검출하기 어렵다. 이런 종류의 문제 때문에, 플라스마 방출 분광법은 일반적으로 약 60개의 원소를 측정하는 것으로 제한된다.

그림 10-14의 주기율표는 다양한 원소들에 대한 ICP 방출 분광법의 응용성을 보여주는 주기율표이다. 각 원소의 가장 센 방출선에 대한 검출 한계는 색과 음영 정도로 표시하였다. 음영 면적은 가장 센 방출선의 검출 한계의 3배 이내에서 검출 한계를 갖는 각 원소의 방출선의 수를 나타낸다. 이렇듯 이용 가능한 선이 많을수록, 비록 매트릭스가 많은 선을 방출할 때에도 방해 없이 분석할 수 있는 유용한 선들이 많게 된다.

분석선 선택

그림 10-14는 대부분의 원소가 정성과 정량 목적으로 사용될 수 있는 여러 개의 센 방출선을 가지고 있음을 보여준다. 70개 이상의 원소에 대해 센 선에 대한 적절한 세기 정보를 가지며 소수점 세 자리까지 기록된 파장 데이터를 여러 문헌에서 찾을 수 있다.[24] 따라서 임의의 원소를 정량하기 위한 적당한 선을 쉽게 찾을 수 있다. 분석선을 선택할 때는 시료 이외의 다른 원소가 존재할 수 있는지 그리고 이들 원소의 선들이 분석선에 겹칠

---

[23]플라스마 방출 원의 응용에 대한 유용한 논의를 위하여 다음 문헌을 참고하시오. *Inductively Coupled Plasma Spectrometry and Its Applications*, 2nd ed., S. J. Hill, ed., Hoboken, NJ: Wiley-Blackwell, 2007; *Inductively Coupled Plasma Atomic Emission Spectrometry: A Model Multi-Elemental Technique for Modern Analytical Laboratory*, G. A. Zachariadis, ed., Hauppauge, NY: Nova Science Publishers, Inc., 2012.

[24]다음 문헌을 참고하시오. R. K. Winge, V. A. Fassel, V. J. Peterson, and M. A. Floyd, *Inductively Coupled Plasma Emission Spectroscopy: An Atlas of Spectral Information*, New York: Elsevier, 1985; P. W. J. M. Boumans, *Line Coincidence Tables for Inductively Coupled Plasma Spectrometry*, 2nd ed., Oxford: Pergamon, 1984; C. C. Wohlers, *ICP Information Newslett.*, **1985**, *10*, 601.

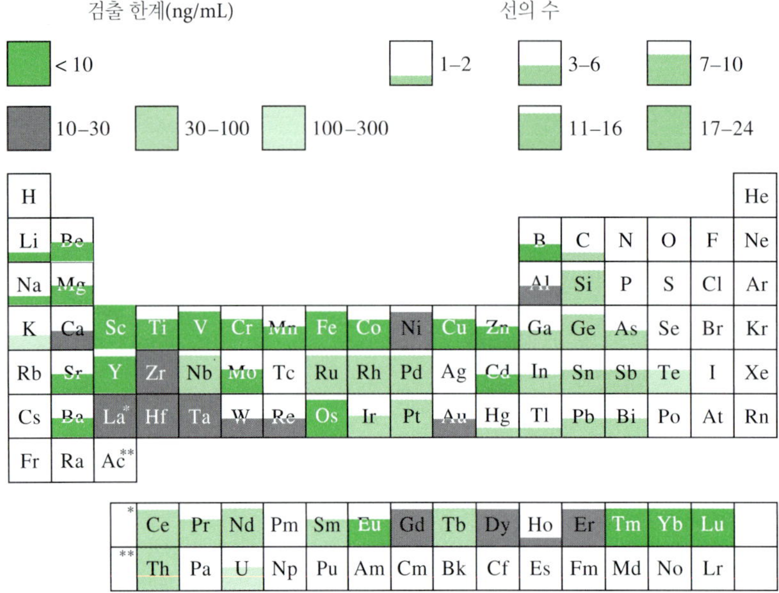

그림 10-14 공기식 분무기를 사용한 ICP의 검출 세기와 유용한 방출선의 수를 보여주는 주기율표. 음영도는 유용한 선의 검출 한계 범위를 나타낸다. 음영 면적은 유용한 선의 수를 나타낸다. (Adapted from *Inductively Coupled Plasma Emission Spectroscopy*, Part 1, p. 143, P. W. J. M. Boumans, ed., New York: Wiley, 1987. With permission.)

가능성이 있는지 여부를 고려해야 한다.

교정 곡선

플라스마 방출 분광법에 대한 교정 곡선은 대부분 변환기의 출력 전류 또는 전압을 분석물질의 농도에 대해 도시한 것이다. 농도의 범위가 클 경우 log-log 도시가 대신 사용될 수 있다. 그림 10-15는 철 시료에 존재하는 4개의 미량 원소에 대한 일반적인 교정 곡선을 보여준다. 흔히 교정 곡선은 그림 중앙의 두 곡선과 같이 선형이다. 그러나 농도 범위가 큰 경우 직선에서 벗어나는 경우가 종종 발생한다(그림 10-15의 바깥쪽 두 선 참고). 비선형의 주요 원인은 출력 신호가 매질 내의 바닥 상태의 원자에 의한 흡수로 인해 감소되는 *자체 흡수*(self-absorption) 때문이다. 자체 흡수는 분석물질 농도가 높을 때만 나타나고 교정 곡선이 수평 축 방향으로 기울어진다. 그림 10-15의 도시에서는 자체 흡수의 증거가 보이지 않는다. 또한 비선형은 잘못된 바탕 보정, 이온화 및 검출 시스템의 비선형 감응으로도 발생한다. 저농도에서 니오브(Nb)와 탈륨의 곡선에서 비선형성은 잘못된 바탕 보정의 결과인 것과 같다. 선형성에서 벗어나는 것은 농도 축으로부터 벗어난다는 것을 명심하자.

방출 분광법에서 내부 표준물이 종종 사용된다. 이 경우, 교정 곡선의 수직축은 내부 표준물의 검출기 신호에 대한 분석물질의 검출기 신호의 비율 또는 로그 비율이다. 그림 10-16은 몇 가지 원소에 대한 교정 곡선을 보여준다. 이 실험에서 고정된 양의 이트륨을 모든 표준물에 첨가하고, 분석선과 242.2 nm에서 이트륨 선의 세기에 대한 분석선의 상대 세기가 사용되었다. 모든 곡선은 선형이며 약 10^3 크기의 농도 범위를 갖는다. 또한 일부 데이터는 순수한 물에 다양한 양의 분석물질과 내부 표준물을 가하여 얻은 것이다. 다른 데이터는 상대적으로 높은 농도의 다른 염을 함유한 용액에 대한 것으로 원소 간 방해가 없음을 보여준다.

원자 흡수 분광법에서와 같이, 하나 또는 그 이상의 표준물로 교정하여 기기 표류(drift)의 효과를 주기적으로 보정하여야 한다. 이 교정을 통해 얻은 정밀도의 향상은 표 10-2의 데이터에 나타나 있다. 또한 측정하려는 분석물질의 농도가 클수록 정밀도가 향상된다는 점에 주목하자.

방해

이미 언급했듯이, 화학적 방해와 매트릭스 효과는 다른 원자화 장치보다 플라스마 광원의 경우에 훨씬 적다. 그러나 낮은 분석물질 농도에서 아르곤 이온과 전자의 재조합으로 인한 바탕 방출이 대단히 크므로 주의 깊은 보정이 필요하다. 단일 채널 및 다중 채널 기기의 경우 이런 보정이 측정하고자 하는 선의 양쪽의 바탕을 해독함으로써 이루어진다. 최신 장비에는 바탕 보정을 자동 또는 사용자에 의하여 진행되게 설계된 소프트웨어가 포함되어 있다.

많은 원소의 ICP 스펙트럼은 선이 너무 많기 때문에 실제로 선들이 겹쳐 스펙트럼 방해가 항상 있을 수 있다. 이러한 유형의 오차를 피하기 위해 시료에 포함될 가능성이 있는 모든 구성 원소에 대한 정보와 각주 23에 제시된 참고 문헌의 정보를 면밀히 검토해야 한다. 컴퓨터화된 최신 기기들의 소프트웨어는 파장 및 농도 교정, 스펙트럼 분석 및 겹침선의 단순화 등에 매우 강하다. 이러한 특징들은 분석 과정에서 오는 방해의 보정과 손

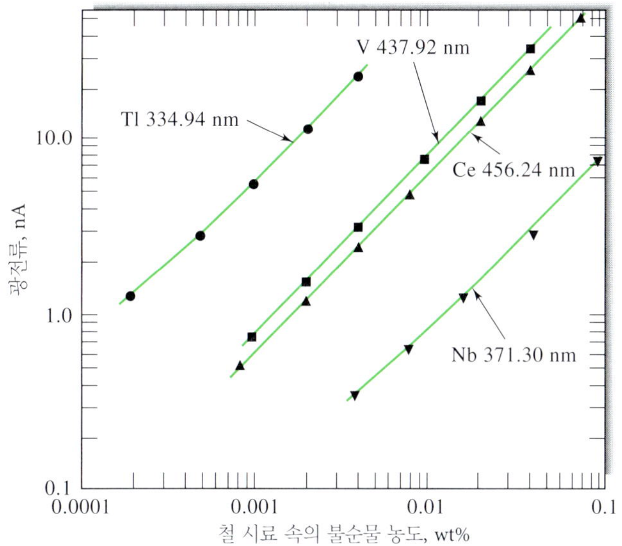

그림 10-15 **ICP 방출 분광기의 대표적인 교정 곡선.** (From V. A. Fassel and R. N. Kniseley, *Anal. Chem.*, **1974**, *46*, 1110A, **DOI**: 10.1021/ac60349a023. Copyright 1974 American Chemical Society.)

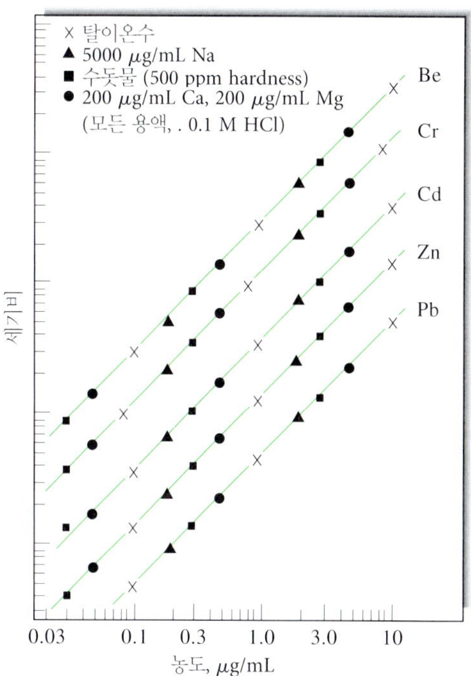

그림 10-16 **ICP 광원을 이용한 내부 표준 교정 곡선.** 여기서, 242.2 nm에서의 이트륨 선이 내부 표준물로 사용되었다. 원소 간 방해가 일어나지 않음을 알 수 있다. (From V. A. Fassel, *Science*, **1978**, *202*, 183. With permission. Copyright 1978 by the American Association for the Advancement of Science.)

상된 스펙트럼 선의 자료들을 적분하는 것이다.

검출 한계

일반적으로 ICP 광원의 검출 한계는 다른 원자화법과 비슷하거나 좀 더 우수하다. 표 10-3은 이러한 방법 중 몇 가지 분광법에 대한 검출 한계를 비교한 것이다. 10 ppb 이하의 수준에서 다른 방출법 또는 흡수법보다 플라스마 들뜸을 이용하면 더 많은 원소를 검출할 수 있다. 제11장에서 알게 되겠지만, 질량 분석계와 결합된 ICP는 많은 원소에 대해 100배에서 100000배의 검출 한계를 향상시켜 ICP 방출 분광법에 대하여 강력한 경쟁력을 갖고 있다.

10B 아크 및 스파크 광원의 방출 분광법

아크 및 스파크 광원 분광법은 분석을 위해 널리 사용된 최초의 기기 분석법이었다. 1920년대에 원소 분석을 위한 고전적인 무게 분석법과 부피 분석법을 대체하기 위하여 시작한 이 기술은, 전기 아크 또는 전기 스파크를 이용하여 원소를 들뜨게 하는 데 바탕을 두고 있었다. 이러한 스펙트럼은 금속, 합금, 토양, 광물 및 암석을 포함한 다양한 시료 유형에서 금속 원소의 정성 및 정량 분석을 할 수 있게 하였다.[25] 현재에도 아크 및 스파크 광원은 정성 분석 및 반정량 분석을 위해 일부 분야에서 사용되고 있고, 특히 철 관련 산업분야에서 많이 사용한다. 아크와 스파크 광원은 점차적으로 플라스마 광원에 의해 대체되고 있으며,

[25]더욱 세밀하게 알기 위해서 다음 문헌을 참고하시오. J. D. Ingle Jr. and S. R. Crouch, *Spectrochemical Analysis*, Chap. 9, Upper Saddle River, NJ: Prentice-Hall, 1988; R. D. Sacks, in *Treatise on Analytical Chemistry*, 2nd ed., P. J. Elving, E. J. Meehan, and I. M. Kolthoff, eds., Part I, Vol. 7, Chap. 6, New York: Wiley, 1981; P. W. J. M. Boumans in *Analytical Emission Spectroscopy*, Vol. 1, Part I, E. L. Grove, ed., New York: Marcel Dekker, 1972.

표 10-2 표준화 빈도가 ICP 데이터의 정밀도에 미치는 영향

	상대 표준 편차, % 검출 한계에 곱하는 계수			
재교정 주기, hr	10^1~10^2	10^2~10^3	10^3~10^4	10^4~10^5
0.5	3~7	1~3	1~2	1.5~2
2	5~10	2~6	1.5~2.5	2~3
8	8~15	3~10	3~7	4~8

Data from R. M. Barnes, in *Applications of Inductively Coupled Plasmas to Emission Spectroscopy*, R. M. Barnes, ed., p. 16, Philadelphia: The Franklin Institute Press, 1978. With permission.

표 10-3 몇 가지 원자분광법들의 검출 한계 비교

방법	각 농도에서 검출되는 원소의 수				
	<1 ppb	1~10 ppb	11~100 ppb	101~500 ppb	>500 ppb
ICP 방출	9	32	14	6	0
불꽃 원자 방출	4	12	19	6	19
불꽃 원자 형광	4	14	16	4	6
불꽃 원자 흡수	1	14	25	3	14

V. A. Fassel과 R. N. Kniseley, *Anal. Chem.*, **1974**, *46* (13), 1110A에 기재되어 있다. 저작권 1974년 American Chemical Society.

검출 한계는 바탕 잡음에 대한 표준 편차의 두 배에 해당하는 신호를 나타낸다.

이러한 경향은 계속될 것이다.

아크 및 스파크 광원에서 시료의 들뜸 현상은 한 쌍의 전극 사이의 틈새에서 발생한다. 두 전극 사이의 틈새의 전류는 시료가 원자화되고, 들뜬 전자 상태의 원자 또는 이온을 생성시키는 데 필요한 에너지를 제공한다.

10B-1 직류 아크 및 고전압 스파크의 특성

아크 및 스파크 광원 방법은 액체 및 기체 시료가 플라스마 방출 방법에 의해 훨씬 편리하게 처리되기 때문에 현재 고체의 원소 분석으로 한정되었다. 시료가 금속인 경우 잘 갈거나, 깎거나 또는 틀에 금속을 주조하여 시료로부터 전극을 만들 수 있다. 비금속 고체의 경우, 전극 위에 시료를 놓고 종종 사용하였다. 탄소는 많은 응용 분야에서 이상적인 전극 물질이다. 이는 매우 순수한 형태로 얻을 수 있으며, 좋은 전도체이고, 또한 열 저항성이 좋으며, 쉽게 성형할 수 있기 때문이다.

아크와 스파크 광원의 불안정성 때문에 이를 사용하여 재현성 있는 방출 신호를 얻기 위하여 최소 20초 이상, 때로는 1분 이상 동안 적분할 필요가 있다. 이러한 요구 사항으로 인해 제 10A-4절에서 설명한 것과 같이 순차 측정 기기는 대부분의 응용 분야에서 실요적이지 못하다. 동시 다중 채널 기기가 가장 자주 사용된다. 분광 사진기, 다색화 장치 및 배열 검출기 기반의 다중 채널 측정기가 사용된다.

직류 아크 광원에서 얻은 스펙트럼은 원자들의 센 선이 많고 이온들의 수가 적은 스펙트럼을 생성한다. 공기 중에서 탄소 또는 흑연 전극으로부터 생성된 직류 아크는 시아노겐 라디칼(CN)의 존재로 인해 강한 띠 스펙트럼을 방출한다. 따라서, 350~420 nm 영역의 대부분은 원소 분석에 사용되지 않는다. 고전압 스파크는 에너지 면에서 일반적인 직류 아크보다 훨씬 강력하다. 이 때문에 이온 스펙트럼은 직류 아크보다 고전압 스파크에서 더 많이 생긴다. 실제로 이온에 의해 방출된 선은 종종 분광 학자에 의해 "스파크 선"으로 불리는 반면, 원자 선은 때로는 "아크 선"이라고도 불린다.

10B-2 아크 및 스파크 방출의 응용

아크 광원은 특히 토양, 식물 재료, 암석 및 무기질과 같은 비금속 시료의 정성 및 반정량 분석에 유용하다. 일반적으로 아크 광원을 사용하여 얻을 수있는 정밀도는 스파크 광원을 사용하는 것보다 상당히 나쁘고, 플라스마 광원을 사용할 때보다 훨씬 더 나쁘다. 현재 스파크 방출법의 주요 용도는 금속 및 기타 전도성 물질의 확인 및 분석에 있다. 고전압 스파크는 플라스마 들뜸 광원으로 도입되기 전에 또한 고체 시료를 증발하기 위한 중요한 기기가 되었다.

스파크 및 아크 광원 분광기는 주조 공장, 공장 작업장, 고철 야적장 및 금속 주조 시설에서 주로 사용된다. 이런 응용을 위해 기기는 종종 이동 가능하고, 실험자가 금속 표면에 손을 대고 직접 시료를 원자화할 수 있는 휴대용 스파크 또는 아크 총의 형태를 갖는다. 이러한 장치는 합금 유형의 신속한 확인 및 고철 야적장 및 재활용 센터의 유형별 금속 분류에 빠르게 사용할 수 있다.

10C 방출 분광법의 다른 광원

플라스마, 아크 및 스파크 광원 외에도 두 가지 광원, 즉 불꽃 방출 광원 및 글로우 방전 광원에 대하여 살펴보기로 한다.

10C-1 불꽃 방출 광원

수년 동안, 다양한 원소의 방출 스펙트럼을 얻기 위해 불꽃이 사용되어왔고, 대부분의 최신 원자 흡수 분광기를 이용하면 불꽃 방출 측정에 응용할 수 있다. 그러나 대부분의 단일 원소 측정에서 흡수법이 정확도, 편리성 및 검출 한계가 우수하기 때문에 불꽃은 방출법으로 널리 사용되지 않았다. 여러 원소 분석의 경우, 플라스마 광원은 대부분 불꽃보다 훨씬 우수하다. 이러한 이유로 현재 불꽃 방출 분광법은 알칼리 금속 및 칼슘의 측정을 제외하고는 거의 사용되지 않는다. 이 원소들은 비교적 낮은 온도에서 들떠 매우 간단하고 다른 금속과의 방해가 없는 스펙트럼을 나타낸다. 알칼리 금속 스펙트럼은 일반적으로 비교적 적은 매우 센 선으로 이루어져 있으며, 대부분이 가시선 영역에 있고

방출법 측정을 이용하여 정량하기에 매우 적합하다.

스펙트럼이 매우 간단하기 때문에 알칼리 및 알칼리 토금속을 일상적으로 정량할 때에는 필터 광도계로도 충분하다. 낮은 온도의 불꽃을 사용하므로 대부분의 다른 금속의 들뜸 현상을 피할 수 있다. 결과적으로 스펙트럼이 단순하여, 간섭 필터만으로 원하는 방출선을 분리할 수 있다.

몇몇 기기 제조 업체는 특히 혈청, 소변 및 기타 생물학적 제제의 소듐, 포타슘, 리튬, 칼슘 정량을 위해 특별히 제작된 불꽃 광도계를 시판하고 있다. 이 측정을 위해 단일 채널이나 다중 채널(2~4 채널) 검출기를 사용할 수 있다. 다중 채널 검출기에서는, 각 채널을 내부 표준물 없이 별도의 원소를 정량하는 데 사용하거나, 채널 중 하나를 리튬과 같은 내부 표준물 용으로 사용할 수도 있다. 그런 다음 다른 채널의 신호와 리튬 채널의 신호의 비율을 취해 시약 흐름 속도 변동으로 인한 잡음과 불꽃 잡음을 상쇄한다. 이와 같은 불꽃 광도계는 시료 주입 과정을 자동화하기 위해 흐름-주입 시스템과 결합된다(제33B-3절 참고). 일반적으로 혈장에서 리튬, 소듐 및 포타슘의 정량을 위한 흐름-주입-분석 불꽃 광도계의 정밀도는 수 퍼센트 이하이다. 자동 흐름 주입 과정은 배치(batch) 과정에 비해 시간은 1/10이고 시료량은 1/100 정도이다.[26]

알칼리 금속은 매일 전 세계에서 엄청난 양의 시료가 측정되며, 대부분의 임상 시료에 대해 가장 좋은 분석법은 전위차법이고(제23장 참고), 불꽃 광도법은 현재 이런 시료 중 일부에서만 사용한다.

10C-2 글로우 방전 광원

제8C-2절과 제9A-3절에서 설명한 글로우 방전은 금속, 합금 및 기타 고체 물질의 들뜸 방출 스펙트럼을 얻는 데 유용한 광원임이 입증되었다.[27] 글로우 방전 광학 발광 분광법(glow-discharge optical emission spectroscopy, GDOES)은 최근 몇 년 동안 잘 알려진 기술이 되었으며 몇몇 기기 제조 업체는 이 유형의 분석 목적을 위해 구성된 완전한 분광기를 시판하고 있다. 글로우 방전 분광법은 고체의 벌크 분석과 깊이 분석(depth profiling)이 가능한 다목적 기술이다.

그림 10-17은 GDOES의 전형적인 셀을 보여주며, 많은 면에서 제8C-2절 및 제9A-3절에 설명된 흡수 셀과 아주 유사하다. 전극 사이에 인가된 1 kV의 직류 전압은 40~200 mA의 전류에서 고체 시료의 원자를 방출한다. 캐소드 표면에서 높은 에너지의 전자와 충돌하여 들뜨게 되고, 이완되면서 특정 복사선을 방출한다. 비전도성 물질을 GDOES로 분석하는 데 쓰이는 라디오

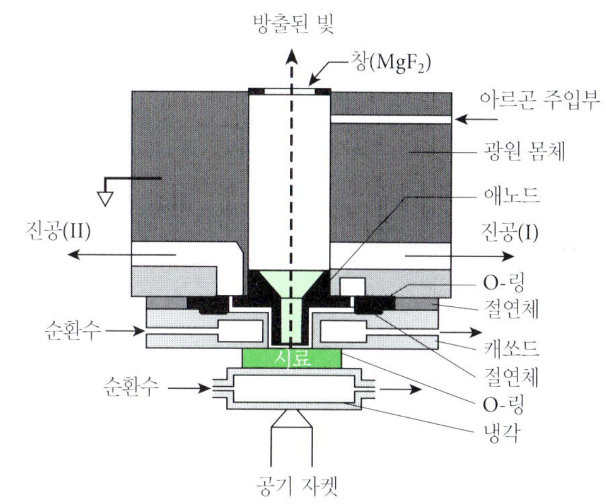

그림 10-17 **Grimn형 글로우 방전 광원의 설계도.** (From M. Boucharcourt and F. Schwoehrer, in *Glow Discharge Optical Emission Spectrometry*, R. Payling, D. G. Jones, and A. Bengtson, eds., p. 54, New York: Wiley, 1997, with permission.)

주파수 들뜨기가 시판되었으며, 펄스 dc와 펄스 RF 법이 방출선의 세기를 증가시키기 위해 쓰인다.[28]

그림 10-18은 청동 시료에 대해서는 GDOES 깊이 분석이 나와 있다. 깊이 분석 초기 글로우 방전으로부터 시간에 따른 7개의 측정 원소에 대한 곡선을 보여준다. 사전 적분 기간 동안 표면의 오염 물질은 증발하고, 60초 이상에서 벌크 시료의 조성에 해당하는 일정한 신호가 나타난다. 사전 적분 기간의 길이는 튕김 과정 동안 여러 시간에서 측정한 신호의 정밀도에 의해 가장 잘 결정된다. 그림에 표시된 시료의 경우 I_1 기간 동안 상대 정확도가 약 3%로 최적이었다. 이 기간은 이와 같이 유사한 성분 시료를 정량하기 위해 선택하였다. 최적의 결과를 위하여 분석의 특성에 따라 세기, 압력과 사전 적분 및 적분 시간을 선택할 수 있다.[29] 모든 원소에 대해 상대적으로 일정한 신호 수준은 시료 전체에 걸쳐 균일한 구성을 갖고 있음을 나타낸다. 그림 10-19에서는 RF 들뜸으로 GDOES를 사용하여 얻은 전자 집적 회로의 깊이 분석 모양을 볼 수 있다. 시간에 따라 피크와 띠가 나타내는 것은 회로 물질의 각각 층에 포함된 원소를 나타낸다. 각 곡선 위의 표시는 각 층의 성분과 두께를 나타낸다.[30]

GDOES의 바탕 수준이 낮기 때문에 그림 10-17의 Grimm 광원을 사용하여 백만 분의 1 (ppm) 정도의 검출 한계가 얻어지는 것이 일반적이다. 분석 범위는 아크 및 스파크 광원에 비해 상대적으로 크며, 이 장치는 일반적으로 1%이거나 그 이하의

[26]G. N. Doku and V. P. Y. Gadzekpo, *Talanta*, **1996**, *43*, 735, **DOI**: 10.1016/0039-9140(95)01808-5.

[27]*Glow Discharge Plasmas in Analytical Spectroscopy*, R. K. E. Marcus and J. A. C. E. Broekaert, eds., Hoboken, NJ: Wiley, 2003.

[28]N. Jakubowski, A. Bogaerts, and V. Hoffmann, *Atomic Spectroscopy in Elemental Analysis*, M. Cullen, ed., p. 120, Boca Raton, FL: CRC Press, 2004.

[29]T. A. Nelis and R. A. Payling, *Glow Discharge Optical Emission Spectroscopy*, pp. 23-24, New York: Springer, 2004.

[30]N. Jakubowski, A. Bogaerts, and V. Hoffmann, *Atomic Spectroscopy in Elemental Analysis*, M. Cullen, ed., p. 120, Boca Raton, FL: CRC Press, 2004.

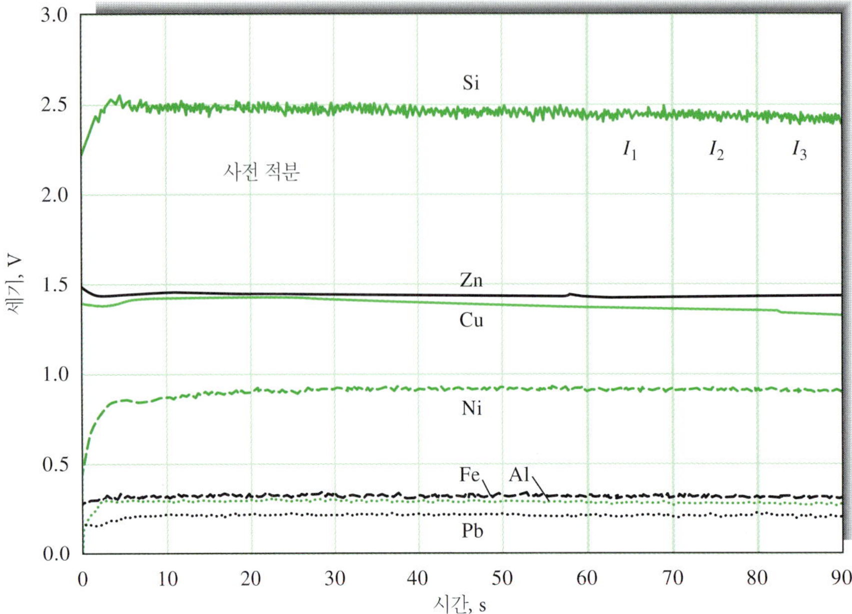

그림 10-18 청동 시료의 정성 깊이 분석. 주 성분과 미량 원소, 그리고 사전 적분에 사용한 시간과 3개의 방출기간 I_1, I_2 및 I_3을 보여준다. (From T. A. Nelis and R. A. Payling, *Glow Discharge Optical Emission Spectroscopy*, p. 23, new york: Springer, 2004. With permission.)

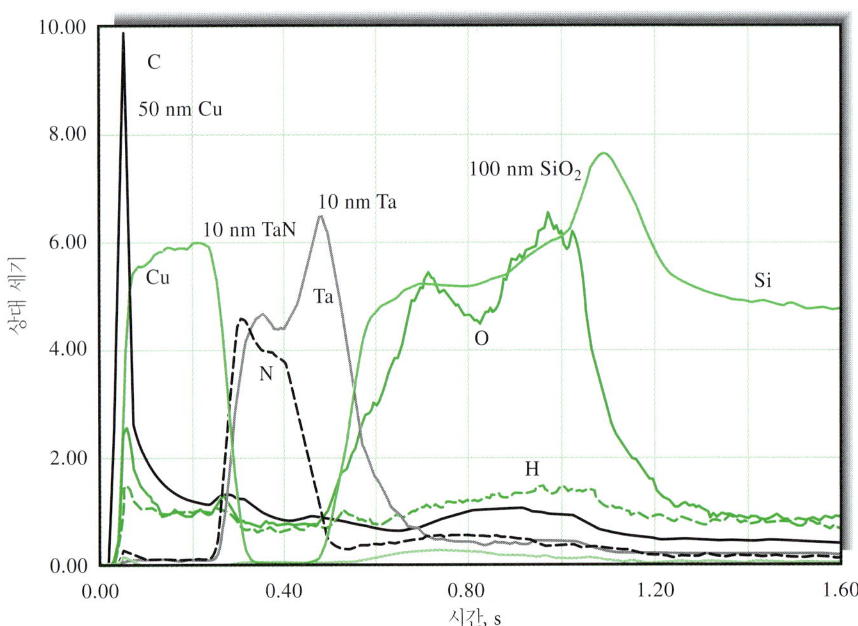

그림 10-19 마이크로 전자 회로 다중층계의 RF-GDOES 깊이 분석. 각 층의 두께와 성분은 각 피크나 선 위에 표시되었고 원소의 성분은 곡선 내에 표시하였다. (From N. Jakubowski, A. Bogaerts, and V. Hoffmann, *Atomic Spectroscopy in Elemental Analysis*, M. Cullen, ed., p. 129, Boca Raton, FL: CRC Press, 2004. With permission.)

상대 표준 편차를 갖는다.[31]

최근의 연구는 몇 가지 장점을 갖는 용액-캐쏘드 기술을 바탕으로 하는 글로우 방전 기술이 개발되었다.[32] 플라스마 광원과 달리, 용액-캐쏘드의 글로우 방전법은 기체 또는 연료를 필요로 하지 않고, 분무기 없이 직접 시료를 분석할 수 있다.

[31]J. A. C. Broekaert, *Analytical Atomic Spectrometry with Flames and Plasmas*, pp. 244-246. Hoboken, NJ: Wiley-VCH, 2002.

[32]Wang, Zheng, A. J. Schwartz, S. J. Ray, and G. M. Hieftje, *J. Anal. Atom. Spectrosc.*, **2013**, *28*, 234, **DOI**: 10.1039/c2ja30253e.

질문과 문제

* 별표가 있는 문제의 해답은 이 책의 끝에 있다.

이 아이콘이 있는 문제는 스프레드시트를 이용하여 쉽게 풀 수 있다.

10-1 내부 표준물이란 무엇이며 왜 사용하는가?

10-2 ICP 광원을 사용하는 원자 방출법이 불꽃 원자 흡수법보다 다중 원소 분석에 더 적합한 이유는 무엇인가?

10-3 스파크 스펙트럼에서는 이온선이 많이 나오고, 아크 스펙트럼에서는 원자선이 많은 이유는 무엇인가?

* **10-4** 회절 차수가 (a) 30 및 (b) 90인 경우 초점 거리 0.85 m, 홈 선밀도 120홈선/mm 및 회절각 61°16′의 이론적인 역선형 분산을 계산하시오.

10-5 아크 광원을 비활성 기체의 기류로 덮어싸는 이유를 설명하시오.

10-6 ICP 토치에 시료를 도입하는 세 가지 방법을 설명하시오.

10-7 마이크로파 플라스마와 ICP 플라스마의 상대적인 장점과 단점을 설명하시오.

10-8 이온화 방해가 불꽃 방출 분광법에서보다 ICP에서 덜 심각한 이유를 설명하시오.

10-9 방출 분광법에서 불꽃 광원에 비해 플라스마 광원의 장점을 설명하시오.

10-10 순차 측정 대 동시 다중 채널 ICP 분광기의 장점과 단점에 대해 설명하시오.

10-11 금은 ICP-AES에 의해 고농도의 다양한 이온을 함유한 용액에서 정량할 수 있다.[33] 용액 시료를 5 mL를 취하여 4개의 50.0 mL 부피 플라스크로 옮겼다. 20% H_2SO_4에 10.0 mg/L의 Au를 함유하는 표준 용액을 제조하고, 이 용액의 다음의 양을 시료 용액에 각가 첨가하였다: 0.00, 2.50, 5.00 및 10.00 mL. 이 용액이 전체 부피가 50.0 mL가 되도록 희석하여, ICP-AES로 분석하였다. 결과 데이터는 다음 표에 나타내었다.

표준물의 부피, mL	방출 세기, 계수
0.00	12,568
2.50	19,324
5.00	26,622
10.00	40,021

(a) 최소 제곱법을 사용하여 기울기, 절편 및 회귀 통곗값, 회귀에 대한 표준 편차를 결정하는 데 스프레드시트를 이용하시오.

[33]J. A. Whitehead, G. A. Lawrance, and A. McCluskey, *Aust. J. Chem.*, **2004**, *57*, 151, **DOI**: 10.1071/CH03198.

질문과 문제(계속)

(b) 결과를 사용하여 시료 용액 중의 금 농도를 mg/L 단위로 구하시오.

(c) 시료에서 알려진 금 농도는 8.51 mg/L이다. 이 결과가 95% 신뢰 수준에서 이 값과 동일하다는 가설을 증명하시오.

도전 문제

10-12 Watters 등은 ICP-OES의 교정 곡선과 관련된 불확실성 및 그러한 데이터의 최소 제곱 분석 결과를 최적화하는 과정에 대해 논의했다.[34]

(a) 이 연구자들이 다루는 핵심 쟁점은 가중치가 있거나 비가중치가 있는 최소 제곱법이 ICP 교정에 적합한지 여부이다. 어떤 절차를 사용할지 결정하는 일차 기준은 무엇인가?

(b) *Homoscedasticity*와 *heteroscedasticity*라는 용어는 무엇을 의미하는가?

(c) ICP 곡선에 대해 이들 연구자에 의해 사용된 모델은 다음 방정식으로 나타난다:

$$Y_{ij} = a + bx_i + error_{ij}$$

이 방정식의 각 변수를 정의하고 이 식에서 구체화한 관계의 의미를 설명하시오.

(d) Watters 등은 ICP 작업 곡선에서 오차의 모델을 세기보다는 농도 항으로 하기로 결정하였다. 이 선택에 대한 그들의 이론은 무엇인가?

(e) 교정 곡선에서 오차의 제시된 모델은 다음 식으로 주어진다.

$$\sigma(x) = c + dx + ex^2$$

각 변수의 의미를 설명하시오. 그리고 모델의 성질을 설명하시오.

(f) 실제로 $\sigma(x)$는 어떻게 결정하는가?

(g) (e)에서 보여준 식에서 산탄 잡음과 광원 깜박이 잡음은 어떤 변수에 해당하는가?

(h) 일정한 실험 잡음원은 어떤 것인가? (e)에서 보여준 식에서 어떤 변수가 이들 잡음에 해당하는가?

(i) (e)의 모델과 다음과 같은 대체 모델의 관계는 무엇인가?

$$\sigma^2(x) = g + hx + kx^2$$

(i) (e)와 (i) 모델의 목적은 무엇인가?

(k) 변수 $\hat{a}$와 $\hat{b}$의 의미는 무엇인가?

(l) "Heteroscedasticity를 무시하면 신뢰 구간이 ICP 교정 곡선의 높은 끝에서는 너무 좁고 낮은 끝에서는 너무 넓을 것"이라 저자들은 결론을 내렸다. "이들 영향의 크기는 교정용 표준 용액을 만들 때 사용한 특수 묽힘 과정에 달려있다."라고도 했다. 표준 용액의 이런 묽힘이 ICP 교정 곡선에 어떻게 영향을 주는가?

(m) Watters 등의 논문의 표 I의 데이터를 가지고 다음에 보이는 것과 유사한 엑셀 스프레드시트를 작성하고 그 데이터의 비가중과 가중의 최소 제곱 분석을 수행하시오. 먼저 비가중 분석을 수행하기 위해 LINEST를 사용하고, B14와 C14를 변화시켜 셀 C25를 최소화하기 위해 Solver를 사용하여 비가중 분석을 수행하시오. 두 방법에서 얻은 결과를 비교하시오. 각 방법의 장점을 비교하고 논평하시오.[35]

---

[34] R. L. Watters Jr., R. J. Carroll, and C. H. Spiegelman, *Anal. Chem.*, **1987**, *59*, 1639, **DOI**: 10.1021/ac00140a013.

[35] S. R. Crouch and F. J. Holler, *Applications of Microsoft® Excel in Analytical Chemistry*, 3rd ed., pp. 95, 131-138, Belmont, CA: Cengage Learning, 2017.

	A	B	C	D	E	F	G	H	I
1	Concn,	Intensity	s_i	s	s				
2	μg/μL	(counts)	(obsd)	(10 reps)	(4 reps)			LINEST	
3	0.00	11.33	8.54	7.88	6.97			b	a
4	0.0101	16.60	7.88	7.98	7.03		Value		
5	0.0251	37.92	9.06	8.12	7.12		Uncertainty		
6	0.0503	57.00	8.46	8.36	7.28		R / Sy		
7	0.101	149.88	6.13	8.84	7.58		F / dF		
8	0.251	369.24	11.57	10.25	8.50		SSreg/SSres		
9	0.503	763.36	11.94	12.48	10.02				
10	2.51	3688.46	26.24	25.42	22.25				
11	5.03	7431.08	29.12	29.30	37.55				
12									
13	Unweighted	b	a	Weighted(10)	b	a	Weighted(4)	b	a
14									
15	$bx + a$	Resid	Resid^2	$bx + a$	Resid	Resid$^2/s^2$	$bx + a$	Resid	Resid$^2/s^2$
16									
17	Cell A16=$B$14*A3+$C$14					Cell B14=Initial estimate of slope			
18	Cell B16=B3-A16					Cell C14=Initial estimate of intercept			
19	Cell C16=B16^2								
20	Cell D16=$E$14*A3+$F$14								
21	Cell F16+E16^2*(1/D3^2)								
22	Cell C25=SUM(C16:C24)								
23	Cell C26=SQRT(C25/(COUNT(C16:C24)-2))								
24									
25		SS	0.0000		SS	0.0000		SS	0.000
26		s_r	0.0000		s_r	0.0000		s_r	0.0000

스프레드시트 문서에서 주어진 형태를 사용하여 10개의 반복 실험 데이터의 분석을 반복하시오. 16열에 들어간 형식은 17-24열에 복사된다. 기울기와 절편을 추정하기 위해 Solver를 사용하여 셀 E14와 F14를 변화시켜 셀 F25를 최소화하시오. 셀 H14와 I14를 변화시켜 셀 I25를 최소화하기 위해 Solver를 사용하여 4개의 반복 데이터의 분석을 반복하시오. 당신의 과정과 Watters의 과정의 결과를 비교하고 차이점을 설명하라. 가중 최소 제곱 분석이 비가중 분석보다 좋은 점이 무엇인가?

(n) 분석물질의 농도의 평균과 표준 편차를 계산하기 위해 시료 ICP 방출 세기의 측정 회수를 엑셀 스프레드시트 부분에 가하시오.[36]

(o) 엑셀 내재 기능을 공급하는 function pack이나 프로그램이 있는 Excel add-in 인터넷에 시판되거나 시판되지 않는 자원이 많이 있다. 예를 들어, Solver는 실제로 독립 계약자에 의해 생산되며, 추가 기능을 갖는 향상된 버전 또한 판매자를 통하여 구입할 수 있다. Google과 같은 검색 엔진을 사용하면 가중치가 적용된 최소제곱분석을 추가기능으로 제공하는 판매자와 프로그래머를 찾을 수도 있다. 그런 vendor의 하나는 XLSTAT (www.xistat.com)이다. XLSTAT의 demonstration 버전을 내려 받아 이를 당신의 컴퓨터에 설치하고, (n) 데이터의 가중 및 비가중 최소 제곱 분석에 이용하라. 당신은 논문에 주어진 표준 편차에서 가중계수를 계산해야 하고 그들 눈금을 정하는 데 필요함을 명심하시오. 당신은 $1/s^2$를 포함하는 스프레드시트에서 컬럼을 계산하고 컬럼에서 가장 큰 값으로 각 셀을 나눈다. 가중치 인자는 가변도에 비례하며 당신이 편리하게 그들 눈금을 매길 수 있다. XLSTAT 결과와 당신의 스프레드시트에서 얻은 결과를 비교하시오. XLSTAT의 사용의 용이성과 기능성에 관해 언급하시오. XLSTAT는 많은 다른 통계수와 수학적 분석 기능을 가지고 있고 add-in을 영구히 사용하고자 하는 학생에게 저렴하게 이용된다.

---

[36] D. A. Skoog, D. M. West, F. J. Holler, and S. R. Crouch, *Fundamentals of Analytical Chemistry*, 9th ed., pp. 173–174, Belmont, CA: Brooks/Cole, 2014.

11장

원자 질량 분석법

Atomic Mass Spectrometry

원자 질량 분석법(atomic mass spectrometry)은 시료에 존재하는 원소들을 확인하고 이들의 농도를 정량하기 위해 다양하고 폭넓게 사용되는 방법이다. 질량 분석법은 주기율표상에 존재하는 대부분의 원소들을 정량할 수 있다. 원자 질량 분석법은 지금까지 살펴보았던 원자 광학 분광법과 비교하여 다양한 장점을 보여주는데, (1) 많은 원소들의 검출 한계가 다른 광학법보다 10^3배 정도 뛰어나고, (2) 스펙트럼이 매우 단순하여 독특하고 쉽게 해석이 가능하며, (3) 원자들의 동위 원소비를 측정할 수 있다. 단점으로는 (1) 기기의 가격이 광학 원자 기기보다 2~3배 정도 비싸며, (2) 시간당 5~10% 정도의 기기적 표류가 있고, (3) 뒤에서 설명하게 될 여러 종류의 방해 효과가 있다.

이 장에서 옆의 로고는 www.tinyurl.com/skoogpia7에서 대화형 자습, 시뮬레이션, 연습 등을 통해 온라인으로 학습할 수 있는 기회가 있음을 나타낸다.

11A 원자 질량 분석법의 몇 가지 일반적인 특징

원자 질량 분석법은[1] 다음과 같은 단계들로 분석한다. (1) 원자화하고, (2) 단계 1에서 생성된 원자의 일부분을 이온(주로 1가 양이온)의 흐름으로 전환하고, (3) 단계 2에서 생성된 이온들을 질량 대 전하비(m/z)에 따라 분리한다. 여기서 m은 이온의 질량수, z는 이온의 전하를 나타낸다.[2] 다음 단계로 (4) 각 종류별 이온의 수를 세거나 시료에서 생성된 이온이 적당한 변환기를 때릴 때 생기는 이온 전류를 측정한다. 단계 2에서 생성된 대부분의 이온들은 1가 전하($z = \pm1$)를 갖기 때문에, m/z는 주로 이온의 질량으로 표현된다. 단계 1과 2는 제8C절에서 설명한 원자 분광법과 동일한 방법으로 이루어진다. 단계 3과 4는 질량 분석계로 측정된다. 질량 분석법에서 얻은 값들은 주로 m/z 대비 상대 검출세기로 도시하여 나타낸다.

11A-1 질량 분석법에서의 원자량

먼저, 질량 분석법 관련 문헌과 이 장에서 사용하는 원자량은 대부분의 다른 분석화학 분야에서 사용하는 값과 다르다는 것을 짚고 넘어간다. 이는 질량 분석계는 동위 원소의 질량을 식별할 수 있지만 다른 분석기기는 일반적으로 식별할 수 없기 때

---

[1]원자 질량 분석법의 일반적인 취급에 대해서는 다음 문헌을 참고하시오. S. Becker, *Inorganic Mass Spectrometry*, Chichester, UK: Wiley, 2007; J. R. A. De Laeter, *Applications of Inorganic Mass Spectrometry*, Hoboken, NJ: Wiley-Interscience, 2001; C. M. A. Barshick, D. C. A. Duckworth, and D. H. A. Smith, *Inorganic Mass Spectrometry: Fundamentals and Applications*, New York: Dekker, 2000. 질량 분석법에 대한 일반적인 설명은 다음 문헌을 참고하시오. J. H. Gross, *Mass Spectrometry: A Textbook*, 2nd ed., Berlin: Springer-Verlag, 2011; C. Dass, *Fundamentals of Contemporary Mass Spectrometry*, Hoboken, NJ: Wiley, 2007; E. A. de Hoffmann and V. A. Stroobant, *Mass Spectrometry: Principles and Applications*, 3rd ed., Hoboken, NJ: Wiley, 2007; J. T. Watson and O. D. Sparkman, *Introduction to Mass Spectrometry*, 4th ed., Chichester, UK: Wiley, 2007.

[2]엄밀히 말해, *질량수*(m)는 이온의 기본 전하 수(z)와 같이 단위가 없다. 정수 값을 가지는 양적 개념의 z는 q/e와 같다. q는 이온의 전하, 그리고 e는 전자의 전하를 나타내는데, 이들은 같은 단위(coulomb, 쿨롱)로 측정된다. 질량 분석법의 정의와 용어에 대한 정리는 다음을 참조하시오. K. K. Murray, et al., *Pure Appl. Chem.*, **2013**, *85*, 1515, **DOI**: 10.1351/PAC-REC-06-04-06.

문이다. 그러므로 원자량과 분자량에 관련된 몇 가지 용어들을 간단히 설명하기로 한다.

원자량과 분자량은 일반적으로 탄소의 특정 동위 원소에 기반을 둔 *원자 질량 단위*(atomic mass scale)로 표시한다. 이 기준에서 얻어지는 *통일된 원자 질량 단위*(unified atomic mass unit)는 하나의 중성 $^{12}_{6}C$ 원자 질량의 1/12 값으로 정의하고, u로 표기한다. 통일된 원자 질량 단위는 SI 단위는 아니지만 통용되는 용어인 *달톤*(dalton, Da)으로 표시한다. 예전에 쓰이던 원자 질량 단위(amu)는 ^{16}O의 동위 원소에 기반을 두고 있어 사용을 자제한다. 그러므로 **u 또는 Da는 다음과 같다**.

$$^{12}_{6}\text{C 원자 질량} = \frac{12\text{ g }^{12}\text{C/몰 }^{12}\text{C}}{6.022142 \times 10^{23}\text{ 원자 }^{12}\text{C/몰 }^{12}\text{C}}$$
$$= 1.992646 \times 10^{-23}\text{ g/원자 }^{12}\text{C}$$
$$= 1.992646 \times 10^{-26}\text{ kg/원자 }^{12}\text{C}$$

따라서 통일된 원자량 단위는

$$1\,\text{u} = 1\,\text{Da}$$
$$= \frac{1}{12}(1.992646 \times 10^{-23}\text{ g})$$
$$= 1.6605387 \times 10^{-24}\text{ g}$$
$$= 1.6605387 \times 10^{-27}\text{ kg}$$

$^{35}_{17}Cl$와 같은 동위 원소의 원자량은 $^{12}_{6}C$의 질량을 기준 값으로 두고 상대적인 값을 얻는다. $^{35}_{17}Cl$는 $^{12}_{6}C$보다 2.914071배의 질량을 가지므로 $^{35}_{17}Cl$ 동위 원소의 원자량은 다음과 같다.

$$^{35}_{17}\text{Cl의 원자량} = 12.000000\text{ Da} \times 2.914071$$
$$= 34.968853\text{ Da}$$

$^{12}_{6}C$의 1 몰(mol)은 12.000000 g이므로 $^{35}_{17}Cl$의 몰 질량은 34.968853 g/몰이다.[3]

대부분의 다른 화학 분야와는 달리 질량 분석법에서는 특정 동위 원소의 정확한 질량 m이나 특정 동위 원소들이 포함되어 있는 화합물의 정확한 질량에 관심이 있다. 그러므로 화합물의 질량을 다음과 같이 구별할 필요가 있다.

$$^{12}\text{C}^{1}\text{H}_4 \quad m = (12.000000 \times 1) + (1.008 \times 4)$$
$$= 16.03200\text{ Da}$$
$$^{13}\text{C}^{1}\text{H}_4 \quad m = (13.0000 \times 1) + (1.008 \times 4)$$
$$= 17.0320\text{ Da}$$
$$^{12}\text{C}^{1}\text{H}_3{}^{2}\text{H}_1 \quad m = (12.0000 \times 1) + (1.008 \times 3) + (2.0160 \times 1)$$
$$= 17.0400\text{ Da}$$

[3]모든 원소의 동위 원소와 그들의 원자 질량은 다음의 핸드북에서 찾아볼 수 있다. *Handbook of Chemistry and Physics*, 96th ed., Boca Raton, FL: CRC Press, 2015.

계산에서 오른쪽 소수점 이하 4자리까지 동위 원소 질량을 나타내었다. 일반적으로 질량 분석법에서는 소수점 이하 3 또는 4자리의 정확한 질량을 사용한다. 이는 전형적인 고분해능 질량 분석계가 이 수준의 정밀도를 갖기 때문이다.

다른 상황에서는 질량 측정값으로 정수의 정밀도를 가지는 *명목 질량*(nominal mass)을 사용한다. 그러므로 앞에서 언급한 세 이성질체의 명목 질량은 각각 16, 17, 17 Da이다.

자연에 존재하는 원소의 *화학적 원자량*(chemical atomic mass) 또는 *평균 원자량*(average atomic mass) (A)은 다음 식으로 주어진다.

$$A = A_1p_1 + A_2p_2 + \cdots + A_np_n = \sum_{i=1}^{n} A_np_n$$

여기에서 A_1, A_2, ⋯, A_n은 그 원소의 n개의 동위 원소 각각의 원자량이고, p_1, p_2, ⋯, p_n은 자연에 존재하는 그 동위 원소들의 존재 비이다. 물론, 화학적 원자량은 대부분의 목적을 위하여 화학자들에게 관심 있는 질량이다. 그러므로 화합물의 평균 또는 화학적 분자량은 화학식에 나타나는 원자들의 화학적 원자량을 합한 값이다. CH_4의 화학적 분자량은 $12.011 + (4 \times 1.008) = 16.043$ Da이다. 단위 없이 표시된 원자량과 분자량은 *질량수*(mass number)이다.

11A-2 질량 대 전하비

이 장에서 사용하는 또 다른 용어는 원자나 분자 이온의 *질량 대 전하비*(mass-to-charge ratio)이다. 이 값은 한 이온의 질량수(m)를 그 이온의 전하(z)로 나누어 얻으며 단위가 없다. $^{12}C^{1}H_4{}^{+}$의 $m/z = 16.032/1 = 16.032$이고, $^{13}C^{1}H_4{}^{2+}$의 $m/z = 17.032/2 = 8.516$이다. 질량 분석계에서 대부분의 이온은 1가 전하를 가지므로 질량 대 전하비는 종종 편리하게 줄여서 *질량*(mass)이라고 한다. 엄밀하게 말하면, 이러한 약어 표현은 올바르지 않지만 질량 분석 관련 문헌에서 통용된다.

11A-3 원자 질량 분석법의 형태

표 11-1은 가장 중요한 원자 질량 분석법의 형태를 보여준다. 역사적으로 볼 때, 열법 이온화 질량 분석법과 스파크 광원 질량 분석법(SSMS)은 원소들의 정성과 정량 분석을 위해 개발된 최초의 질량 분석법으로서 표 11-1에 실린 다른 방법들 특히 유도 결합 플라스마 질량 분석법(ICPMS)보다 주목을 덜 받지만 아직까지 사용되고 있다. 표에 실린 앞의 세 가지 분석법은 두 종류의 기기법을 조합한 것들로서 각각의 독립된 기기법보다 월등한 *분석 결과*를 보여준다. 이 책에서는 다양한 *기기 조합 분석법*(hyphenated method)을 설명한다.

표에 실린 원자화와 이온화에 대한 다양한 질량 분석법을 설명하기 전에, 다음 절에서는 질량 분석계가 이온 화학종들을 분리하고 측정하는 데 어떻게 사용되는지 간단히 알아본다.

표 11-1 원자 질량 분석법의 형태

이름	약어	원자 이온원	대표적 질량 분석계
유도 결합 플라스마	ICPMS	고온 아르곤 플라스마	사중 극자
직류 플라스마	DCPMS	고온 아르곤 플라스마	사중 극자
마이크로파-유도 플라스마	MIPMS	고온 아르곤 플라스마	사중 극자
스파크 광원	SSMS	라디오 주파수 전기 스파크	이중 초점
열법 이온화	TIMS	전기 가열 플라스마	이중 초점
글로우 방전	GDMS	글로우 방전 플라스마	이중 초점
레이저 마이크로탐침	LMMS	집중된 레이저살	비행 시간
이차 이온	SIMS	가속 이온에 의한 충격	이중 초점

11B 질량 분석계

질량 분석계는 이온을 생성하고 생성된 이온을 질량 대 전하비(m/z)에 따라 빠르게 분리하는 기기이다. 앞으로 소개될 대부분의 이온들은 1가 전하를 갖기 때문에 m/z는 이온의 질량수와 같다. 몇 가지 형태의 질량 분석계가 현재 시판되고 있는데, 이 장에서는 세 가지 형태의 원자 질량 분석계, 즉 *사중 극자 질량 분석계*(quadrupole mass spectrometer), *비행 시간형 질량 분석계*(time-of-flight mass spectrometer), *이중 초점 질량 분석계*(double-focusing mass spetrometer)를 소개한다. 다른 형태의 질량 분석계는 제20장에서 분자 질량 분석법으로 다룰 것이다. 표 11-1의 마지막 열에는 가장 흔히 사용되는 세 가지 형태의 원자 질량 분석계를 적어 놓았다.

그림 11-1은 모든 형태의 질량 분석계의 주요 부분 장치를 보여주는 계통도이다. 시료 도입 장치는 매우 적은 양의 시료(mmole 혹은 더 적은)를 이온원에 넣어주는 역할을 한다. 이온원에서는 시료 성분을 전자, 광자, 이온, 또는 분자로 충돌시켜 기체 상태의 이온으로 변환시킨다. 열 에너지와 전기 에너지가 시료의 이온화에 사용되기도 한다. 이온원에서 생성된 기체 양이온(대부분) 또는 음이온의 흐름은 질량 분석계로 가속되어 들어간다.

질량 분석계의 기능은 광학 분광계의 회절발과 유사한 기능을 한다. 그러나 질량 분석계에서는 광자의 파장에 의해서가 아니라 분석 이온의 질량 대 전하비 차이에 의해서 분산이 일어난다.

광학 분광계에서 볼 수 있듯이, 유사 질량 분석계도 이온살을 전기 신호로 변환시키는 변환기(이온 변환기)를 포함한다. 전기 신호는 컴퓨터에서 처리되고 저장될 수 있으며, 여러 가지 방법으로 기록되거나 보여준다. 질량 분석계는 대부분 광학 분광계와 달리 신호 처리 장치와 판독 장치를 제외한 모든 부분 장치를 낮은 압력으로 유지시켜주는 정교한 진공 시스템을 필요로 한다. 낮은 압력 조건은 질량 분석계 내에서 자유 이온과 전자를 생성하고 유지하기 위하여 입자 간의 충돌 빈도를 낮춘다.[4]

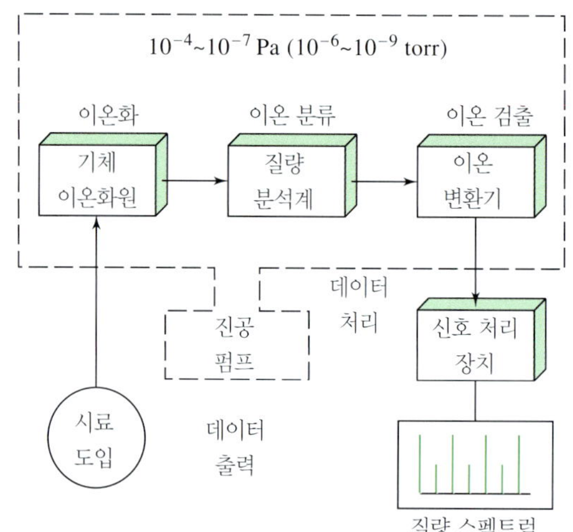

그림 11-1 질량 분석계의 구성.

다음 절에서는 질량 분석계에서 사용되는 여러 가지 변환기를 소개한다. 그 다음으로 원자 질량 분석계에 사용되는 세 가지 종류의 질량 분석계에 대해 살펴볼 것이다. 제11C절, 제11D절 및 제11E절 이후에는 원자 질량 분석계의 일반적인 이온원의 조작과 특성에 관련된 내용에 대해 다룰 것이다.

11B-1 질량 분석법의 변환기

질량 분석계에 사용되는 몇 가지 종류의 검출기가 시판되고 있다. *전자 증배관*(electron multiplier)이 가장 많이 사용되는 검출기이다.

전자 증배관

그림 11-2a는 양이온을 모으고 전기 신호로 변환시키기 위하여

[4]압력의 SI 단위는 파스칼(Pa)이며, 1제곱미터 면적에 가해지는 1뉴턴의 힘으로 정의한다. 질량 분석법에서는 torr (mm수은) 압력 단위를 주로 사용한다. 1 torr = 133.3 Pa로 변환한다.

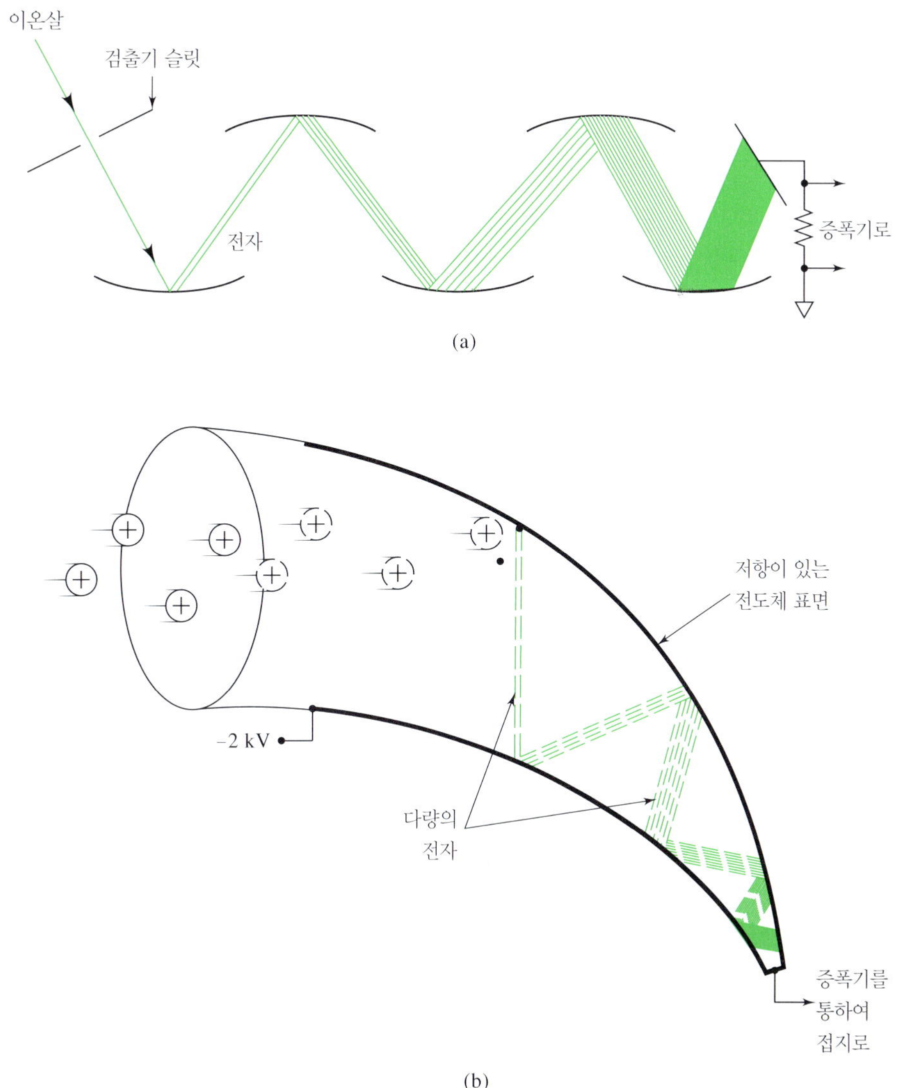

그림 11-2 (a) 불연속 다이노드 전자 증배관. 다이노드들은 다단계 전압 분할기로서 순차적으로 높은 전압을 유지한다. (b) 연속 다이노드 전자 증배관. (Adapted from J. T. Watson and O. D. Sparkman, *Introduction to Mass Spectrometry*, 4th ed., p. 141, Chichester, UK: Wiley 2007. With permission.)

설계한 불연속 다이노드(dynode) 전자 증배관의 약도이다. 이 변환기는 각 다이노드가 연속적으로 더 높은 전압에 연결되어 있는 자외선-가시선 광전자 증배관 변환기와 비슷하다. 음극과 다이노드의 표면은 에너지가 큰 이온이나 전자에 의해 충격을 받으면 많은 전자를 방출하는 Cu-Be으로 입혀져 있다. 음극과 부딪힌 이온에 의해 방출된 전자들은 다음 다이오드에 연속적으로 충격을 가하여 매우 많은 전자들이 발생하게 된다. 최대 20개까지의 다이노드를 갖는 전자 증배관은 전류를 10^7배 증폭시킨다.

그림 11-2b는 연속적인 다이노드 전자 증배관인데 납이 많이 도핑되어 있는 유리로 만든 트럼펫 모양을 하고 있다. 변환기 전체를 가로질러 1.8~2 kV의 전압이 걸려있다. 이온이 입구 가까이에 있는 표면을 때리면 전자가 방출되고, 이 *이차 전자*(secondary electron)들이 표면을 따라 튀어 다니면서 충돌할 때마다 더 많은 전자를 방출한다. 이러한 변환기는 전류를 10^5배 증폭시킬 수 있고, 경우에 따라서는 10^8배까지도 가능하다.

일반적으로 전자 증배관은 고장이 없고 신뢰도가 크며, 높은 전류 증폭률과 10^{-9}초 수준의 감응 시간을 제공한다. 이 변환기는 자기장 부채꼴 질량 분석계의 출구 슬릿 바로 뒤에 놓을 수 있게 되어 있다. 이는 변환기에 도달하는 이온들이 변환기의 첫 단계에서 전자를 방출시킬 만큼 충분한 운동 에너지를 가지고 있기 때문이다. 전자 증배관은 또한 낮은 운동 에너지 이온살을 이용하는 질량 분석계(즉, 사중 극자)에도 사용할 수 있다. 그러나 이 경우에는 분석계를 나오는 이온살이 첫 단계에 부딪치기 전에 수천 eV로 가속되어야 한다.

Faraday 컵

그림 11-3는 Faraday 컵 수집기의 약도이다. 변환기는 분석기로부터 나오는 이온들이 수집 전극에 충돌할 수 있도록 배열되어

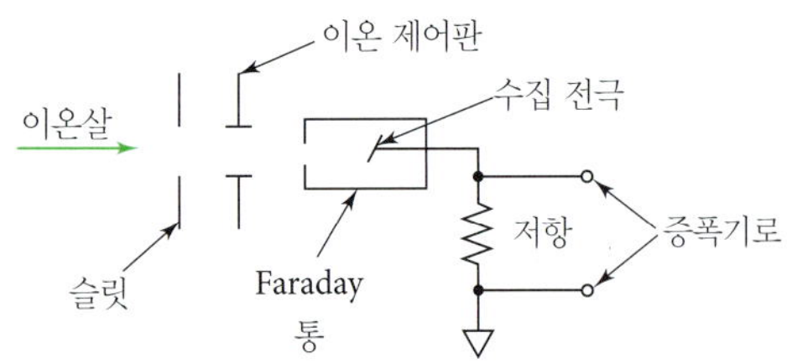

그림 11-3 Faraday 컵 검출기. 이온 제어판의 전압은 질량에 따라 변하는 감응차를 줄이도록 조절한다.

있다. 이 전극은 반사된 이온과 여기서 방출되는 이차 전자가 달아나는 것을 방지하기 위하여 상자로 둘러싸여 있다. 수집 전극은 입사 이온 통로에 대하여 기울어져 있어서 전극에 충돌하거나 떠나는 입자들이 반사되어 입구로부터 컵에 도달할 수 있게 되어 있다. 수집 전극과 상자는 높은 저항체를 통해 접지되어 있다. 이 전극판에 도달한 양이온의 전하는 접지로부터 저항체를 통하여 오는 전자의 흐름으로 중화되고 이때 저항체에서 생긴 전압 강하는 높은 임피던스 증폭기에 의해 증폭된다. 이 변환기의 감응도는 이온의 에너지, 질량, 화학적 성질에 무관하다. Faraday 컵은 비싸지 않고 기계적으로나 전기적으로 간단하다. 단점으로는 높은 임피던스 증폭기가 필요하다는 것인데, 이는 스펙트럼을 주사할 수 있는 속도를 제한한다(제3B-4절 참고). Faraday 컵 변환기는 내부 증폭을 하지 않으므로 전자 증배관보다 감도가 낮다.

배열 변환기

광학 분광계와 질량 분석계의 유사성은 검출 장치로 확대된다. 우리가 아는 것처럼 배열 변환기는 분산된 전자기 복사선을 판이나 곡면 표면에 모으는 광학 분광계에 대하여 아주 획기적이다. 배열 변환기는 질량 분석계의 초점면에 위치한다(그림 11-11). 이것은 단일 채널 검출보다 몇 가지 뛰어난 장점을 보여준다. 가장 중요한 것은 다중 분해된 원소들을 동시에 검출하는 것이다. 또 다른 장점은 큰 순환 효율, *m*/*z* 측정과 내부 표준물을 사용한 정밀도 증진, 그리고 빠른 순간 신호의 검출 증진이다.

마이크로채널 판. 질량 분석법의 배열 변환기의 한 종류는 그림 11-4a에 나타낸 전기광학 이온 검출기(EOID)이다. EOID의 핵심 요소는 마이크로채널 전자 증배관이나 마이크로채널 판(microchannel plates)이다. 이들은 영상처럼 광학적 응용력을 높이는 것이다. 마이크로채널 판의 기본 원리와 설계를 그림 11-4b에 나타냈다. 이 판은 납 유리로 만든 작은 관(직경이 6 μm 정도로 작은)의 배열로 구성되어 있다. 금속 전극들은 배열의 양쪽에 증착되어 있다. 그리고 약 1500 V의 전압이 채널들 끝 사이에 걸린다. 각 튜브는 전자 증폭기로 작용한다. 그래서 채널의 벽 안쪽을 때린 입자당 1000개 전자들이 채널의 다른 끝에서 발생된다. 만약 더 큰 증폭이 요구된다면 두 개 또는 그 이상의 마이크로채널 판들을 접속시켜 실험에 적당한 신호를 얻게 한다.

그림 11-4a의 EOID 검출기에서 인광 스크린은 마이크로채널 판의 뒤쪽에 설치한다. 그래서 다량의 전자가 섬광을 만들어 광섬유를 지나 광학 배열 검출기에 향하도록 한다. 그때 배열 검출기로부터 모인 데이터는 질량 분석계의 초점 곡면 판에서 나타나는 이온들의 2차원적 분해를 가능하게 한다.

마이크로-Faraday 배열 변환기. 마이크로-Faraday 배열 변환기(micro-faraday array transducer)는 Mattauch-Herzog 형태의 질량 분석계와 유사한 응용 분석계에 사용되어 기기의 초점 면에서 이온을 동시에 검출할 수 있게 되었다.[5] 그림 11-5는 Faraday 컵 배열의 기초상을 보여준다. 이 장치는 용량성 트랜스임피던스 증폭기에 연결된 금 Faraday 전극을 가지고 있다. 각 증폭기는 전극에서 발생하는 전하를 적분하고 출력 전압은 아날로그 대 디지털 변환을 위해 multiplexer를 통해 데이터계로 전환된다. 영상에 있는 원소들은 145 μm 너비를 갖고 있으나, 일반적으로 10 μm 정도로 좁힐 수 있다. 3세대 Faraday-strip 배열 검출기는 512개의 검출판으로 구성되어 있고, 4세대의 경우 1696개의 검출판으로 구성되어 있다.[6] 최신 기기는 최소 10^9 크기의 선형 동적 범위를 보여준다.

다른 형태의 검출계

섬광형 변환기는 광전자 증배관의 창에 고정된 얇은 알루미늄 판에 분산되어 있는 결정성 인광체로 구성되어 있다. 이온(또는 이온들이 음극을 때릴 때 생기는 전자)들이 인광체를 때릴 때, 그것들은 섬광을 발하게 되고 광전자 증배관에서 검출된다. 이 장치의 특수한 형태인 Daly 변환기는 손잡이 모양의 알루미늄(Daly 손잡이) 환원 전극으로 구성되어 있으며, 섬광형 변환기 반대쪽에 위치하여 매우 큰 음전압이 걸린다. 분석 이온들은 음극과 충돌하여 이차 전자를 발생하고 이 전자들은 섬광형 변환기 표면으로 빠르게 이동한다. Daly 검출기의 장점은 손잡이를 제외한 계의 모든 중요 구성 요소들이 진공실 밖에 있어서 진공 조건을 유지할 수 있다. 이 검출기는 특히 큰 질량의 화합물에 유용하게 쓰인다.[7]

오랫동안 사진 건판과 필름이 광자 변환기로 사용되었던 광

[5] A. K. Knight IV, R. P. Sperline, G. M. Hieftje, E. Young, C. J. Barinaga, D. W. Koppenaal, and M. B. Denton, *Int. J. Mass Spectrom.*, **2002**, *215*, 131, **DOI**:10.1016/S1387-3806(02)00528-6; J. H. Barnes IV, G. D. Schilling, G. M. Hieftje, R. P. Sperline, M. B. Denton, C. J. Barinaga, D. W. Koppenaal, *J. Am. Soc. Mass Spectrom.*, **2004**, *15*, 769-776, **DOI**: 10.1016/j.jasms.2004.01.010; J. H. Barnes IV, G. D. Schilling, R. P. Sperline, M. B. Denton, E. T. Young, C. J. Barinaga, D. W. Koppenaal, G. M. Hieftje, *Anal. Chem.*, **2004**, *76*, 2531-2536, **DOI**: 10.1021/ac030337u; J. H. Barnes IV et al., *J. Anal. At. Spectrom.*, **2004**, *19*, 751-756, **DOI**:10.1039/b311353a; G. D. Schilling et al., *Anal. Chem.*, **2006**, *78*, 4319, **DOI**:10.1021/ac052026k.

[6] A. A. Rubinshtein, et al., *J. Anal. At. Spec.*, **2010**, *25*, 735, **DOI**: 10.1039/B913118C; J. A. Felton, et al., *J. Anal. At. Spec.*, **2011**, *26*, 300, DOI: 10.1039/C0JA00087F.

[7] J. T. Watson and O. D. Sparkman, *Introduction to Mass Spectrometry*, 4th ed., pp. 145-146, Chichester, UK: Wiley, 2007.

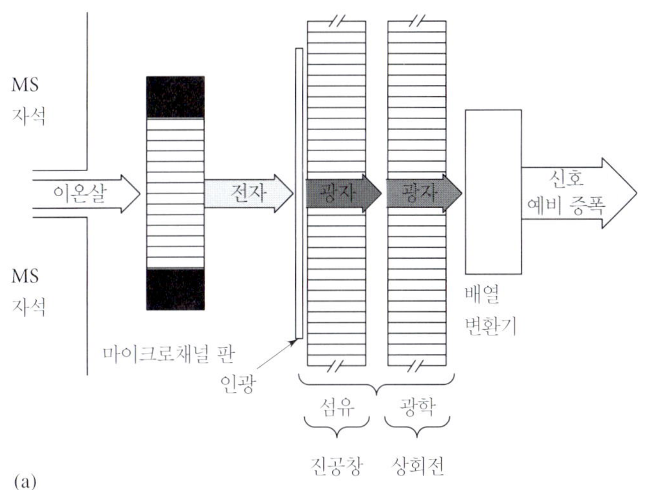

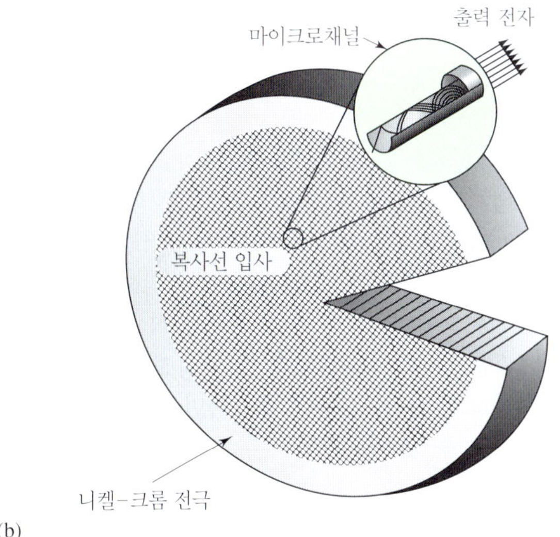

그림 11-4 (a) 전자 광학 이온 검출기. 이온이 마이크로채널 판을 때리면 다량의 전자가 생성되어 인광 스크린을 때린다. 스크린에서 생긴 복사선은 광섬유를 지나 배열 변환기로 들어간다. 변환기는 광학 신호를 전기 신호로 변환한다. (J. T. Watson and O. D. Sparkman, *Introduction to Mass Spectrometry*, 4th ed., p. 145, Chichester, UK: Wiley 2007. With permission.) (b) 마이크로채널 판. 배열 표면의 기준에서 작은 각으로 배향된 마이크로채널은 개개 전자 증배기이다. 채널의 내부 표면을 때린 입자들은 채널을 통해 다량의 전자를 방출하고 입사되는 입자당 약 1000개의 전자를 생산한다. (Diagram courtesy of Photonis, Inc.)

학 분광법에서와 같이, 사진 유제는 에너지가 큰 이온에 민감하기 때문에 초창기부터 한동안 질량 분석법의 유일한 변환기였다. 이런 형태의 검출은 판을 따라 이온을 집중시키는 기기에서 넓은 범위의 m/z값을 동시에 관찰하는 데 적합하다(그림 11-11). 전자 검출기가 사용되기 시작하면서 사진 검출법은 사라지고 있다. 확실치 않은 응용에서는 아직도 질량 스펙트럼의 사진 기록을 요구한다. 그러나 질량 분석법의 배열 변환기가 개발되고 사진 필름이나 건판 현상의 지루함 때문에 이 검출법은 사라지고 있다.

자습: www.tinyurl.com/skoogpia7에서 **질량 분석법의 변환기(transducers for mass spectrometry)**에 대해 더 알아보시오.

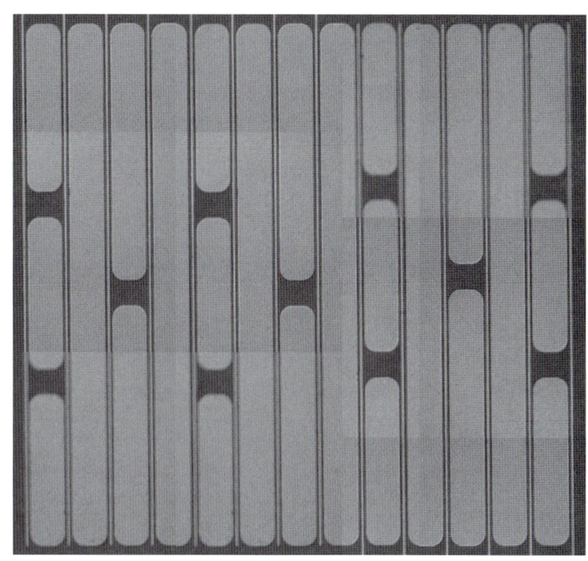

그림 11-5 **마이크로-Faraday 배열 이온 변환기.** 변환기의 세부 요소는 10 μm의 간격을 유지하는 5, 2.45, 1.60 mm의 길이와 145 μm 너비를 가지는 판들이다. 각 세부 판 사이에 10 μm-보호 전극이 있다. (Reprinted from A. K. Knight IV, R. P. Sperline, G. M. Hieftje, E. Young, C. J. Barinaga, D. W. Koppenaal, and M. B. Denton, *Int. J. Mass Spectrom.*, **2002**, *215*, 131. Copyright 2002 Wiley.)

11B-2 사중 극자 질량 분석계

원자 질량 분석법에서 가장 일반적인 형태의 질량 분석계는 그림 11-6에서 보여주는 사중 극자 질량 분석계이다. 사중 극자 질량 분석계는 다른 형태의 질량 분석계보다 크기가 작고 비용이 적게 들고, 내구성이 좋다. 또한 질량 스펙트럼의 전 범위를 100 ms 이내에 얻을 수 있을 정도로 주사 시간이 짧은 장점도 있다.[8]

사중 극자 기기의 핵심 부분은 전극으로 쓰이는 네 개의 평행한 원통형(원래는 쌍곡선 형을 가지는) 금속 막대이다. 마주보는 막대들 사이에 전기적으로 연결되어 있는데, 한 쌍은 가변 직류 전원의 +극에, 다른 한 쌍은 −극에 연결되어 있다. 그리고 각각의 막대 쌍에 180° 위상 차이를 가지는 가변 라디오 주파수의 교류 전압을 추가로 걸어준다. 질량 스펙트럼을 얻기 위해서 이 장치는 이온들을 5~10 V의 전압으로 가속하여 막대 사이의 공간으로 들어가게 한다. 한편 일정한 비율로 막대에 걸어준 교류와 직류 전압들이 동시에 증가한다. 어느 한 순간, 특정 m/z값을 가지는 이온을 제외한 나머지 이온들은 막대에 부딪혀 중성 분자로 변한다. 제한된 범위의 m/z 값을 가지는 이온들만 변환기에 도달하게 된다.

사중 극자 질량 분석계는 광학 분광계의 회절발이 전자기 복

[8] P. E. Miller and M. B. Denton, *J. Chem. Educ.*, **1986**, *63*, 617, **DOI:** 10.1021/ed063p617.

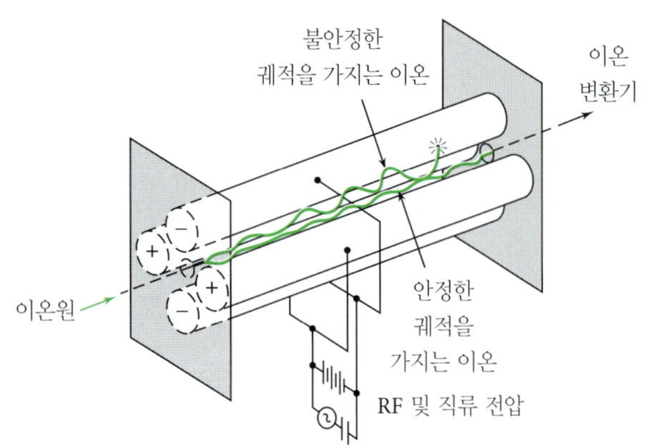

그림 11-6 사중 극자 질량 분석계.

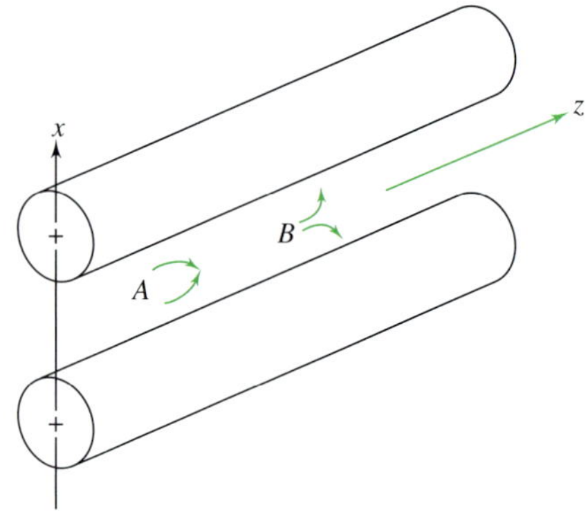

그림 11-7 xz면에서의 사중 극자의 작용. *A*: 이온들이 *z*축 쪽으로 모임, *B*: 이온들이 *x*축의 막대 쪽으로 끌림.

사선 스펙트럼을 분산시키는 것보다 광학 가변성-띠 필터 분광계와 더 유사하다. 따라서 이 장치는 때때로 질량 분석계보다는 질량 필터라고 여겨지기도 한다.

사중 극자 내에서의 이온 궤적

사중 극자의 필터링 능력을 이해하기 위해, 직류와 교류 전압이 막대 쌍 사이의 통로를 지나는 이온들의 궤적에 미치는 영향을 고려해볼 필요가 있다.[9] 먼저 그림 11-7에서 보여주는 것과 같이 *xz*면에 놓여 있는 한 쌍의 +극 막대를 살펴보자. 직류 전압이 걸리지 않은 상태에서 통로를 지나는 이온은 교류의 + 주기에는 통로의 중심으로 모이고 −주기에는 바깥으로 분산된다. 이러한 행동은 그림의 점 A와 B로 나타냈다. 교류의 −주기 동안에 이온이 막대에 충돌하면 양전하는 중화되어 분자 상태로 제거된다. 양이온의 막대 쌍 충돌 여부는 이온의 *z*축 방향 이동속도, *m*/*z*, 교류 신호의 주파수와 크기에 따라 결정된다.

이제 교류 신호에 +의 직류 전압이 겹칠 때를 고려해보자. Newton 물리학에서는 동일한 운동 에너지를 가지는 이온들의 운동량은 질량의 제곱근에 정비례한다고 정의한다. 그러므로 가벼운 이온보다 무거운 이온을 휘어지게 하는 것이 더 어렵다. 통로를 지나는 이온이 무겁거나 교류 전압의 주파수가 크면, 이온은 교류에 크게 감응하지 않고 직류 전압의 영향을 받는다. 이러한 상황에서 이온은 막대 사이의 통로에 그대로 남아 있을 것이다. 이와 반대로, 이온이 가볍거나 교류 주파수가 작으면 이온은 교류 전압의 −주기 동안에 막대와 충돌하여 제거될 것이다. 그러므로 그림 11-8a에 보이듯이 한 쌍의 +막대는 *xz*면을 이동하는 양이온들에 대하여 고질량 통과(high-pass) 질량 필터로 쓰인다.

한 쌍의 전극에 −의 직류 전압이 교류와 함께 겹칠 때를 생각해보자. 교류 전압이 걸리지 않을 때 모든 양이온들은 막대 전극에서 소멸된다. 그러나 교류 전압을 걸어주면 가벼운 양이온은 양 극의 영향이 상쇄될 수도 있다. 그러므로 그림 11-8b에 보이듯이 *yz*면의 막대 전극 쌍은 저질량 통과(low-pass) 질량 필터로 작용한다.

이온이 사중 극자를 통과하여 검출기로 이동하기 위해서는 이온의 이동 궤적이 *xz*면과 *yz*면에서 모두 안정해야 한다. 따라서 이온은 *xz*면의 고질량 통과 필터에 의해 제거되지 않도록 적절히 무거우면서, *yz*면의 저질량 통과 필터에 의해 제거되지 않도록 적절히 가벼워야 한다. 그러므로 그림 11-8c에 보이듯이 전체 사중 극자는 제한된 범위의 *m*/*z*값을 가진 이온 띠만을 통과시킨다. 교류와 직류 전압 값을 조절하면 통과 가능한 이온 띠의 *m*/*z*값이 변화한다.

사중 극자 필터에서 주사

사중 극자에서 다양한 질량을 가지는 이온들의 행동을 설명하기 위한 미분 방정식은 복잡하고 이 책의 범위 밖의 내용이다. 그러나 이 식은 사중 극자 안에서 하전된 입자의 진동이 다음 두 가지 범주에 속한다는 것을 알려준다. (1) 진동의 진폭이 유한하다. (2) 진동이 지수 함수적으로 증가하여 무한하다. 이 식에 포함되어 있는 변수들은 *m*/*z*, 직류 전압, 교류 전압의 주파수와 크기, 전극 막대 사이의 거리이다. 사중 극자의 분해능은 교류 대 직류 전압 비에 의해 결정되며, 이 비가 6보다 약간 작을 때 최댓값을 나타낸다. 즉, 사중 극자 분석계는 이 전압비를 일정하게 유지하여 작동한다.

사중 극자 기기로 질량 스펙트럼을 주사하기 위해서 교류 전압 *V*와 직류 전압 *U*의 비를 6보다 약간 작은 값으로 유지하는 조건에서 두 전압을 0부터 어떤 최댓값까지 동시에 증가시킨다. 그림 11-9는 스펙트럼이 주사되는 동안 두 전압이 증가하는 것을 보여준다. 갈라지는 두 직선은 시간에 따라 변하는 두 쌍의 막대 전극의 직류 전압 변화를 보여준다. 한 번 주사하는 시간은 수 ms이다. 직류 전압이 0에서 약 ±250 V까지 변화하는 동안 교류 전압은 0부터 약 1500 V까지 연속적으로 증가한다. 교류 전압은 180°의 위상 차가 있음을 참고하라.

---

[9]사중 극자 질량 필터의 설명은 다음 문헌을 참고하시오. P. E. Miller and M. B. Denton, *J. Chem. Educ.*, **1986**, *63*, 617, **DOI**: 10.1021/ed063p617; R. E. Marchand and R. J. Hughes, *Quadrupole Storage Mass Spectrometry*, New York: Wiley, 1989; J. J. Leary and R. L. Schmidt, *J. Chem. Educ.*, **1996**, *73*, 1142, **DOI**: 10.1021/ed073p1142.

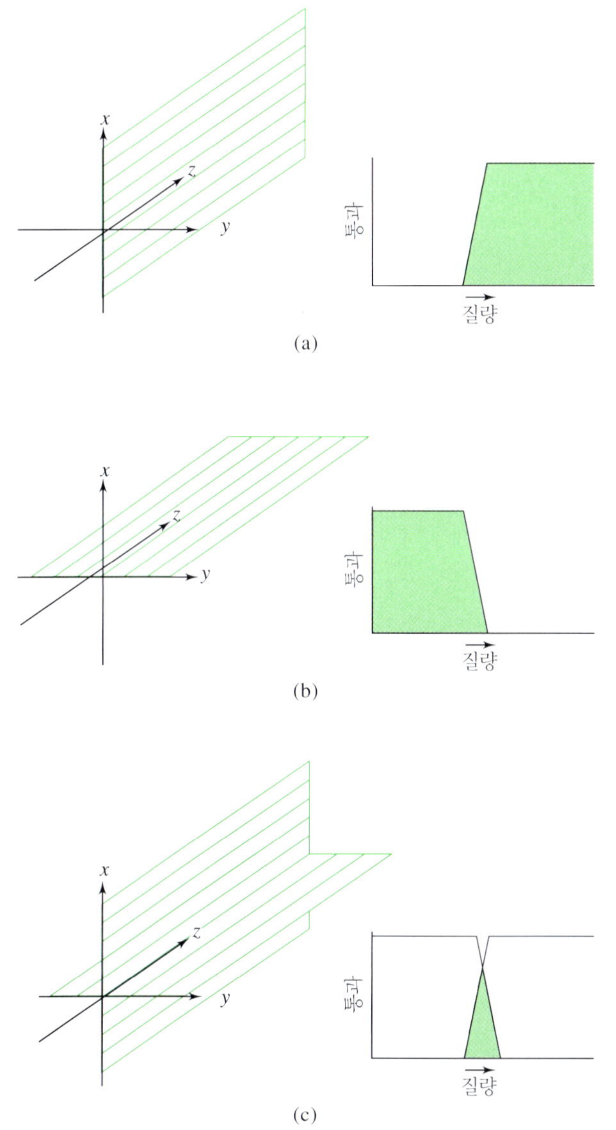

그림 11-8 사중 극자는 (a) *xz*면에서 고질량 통과 필터로, (b) *yz*면에서 저질량 통과 필터로, (c) 고질량과 저질량 필터가 동시에 작용하는 경우에는 협대역 질량 필터로 작동한다. (Reprinted with permission from P. E. Miller and M. B. Denton, *J. Chem. Educ.*, **1986**, *63*, 619, Figures 6, 7, and 8. Copyright 1986 Journal of Chemical Education.)

기기 회사들은 분석 가능한 질량 범위가 3000~4000 *m/z*까지 확장된 사중 극자 질량 분석계를 시판하고 있다. 이 기기는 질량이 1단위 차이 나는 이온들을 쉽게 분리한다. 일반적으로 사중 극자 기기는 시료를 분산 영역으로 도입하기 위해 슬릿보다는 원형 구멍으로 구성되어 있다(그림 11-6 참고). 자기장 부채꼴 기기에서 슬릿 나비와 분해능은 반비례하여 시료를 많이 공급할 수 없지만, 이 원형 구멍은 그런 문제가 해결되므로 많은 양의 시료를 공급할 수 있다.

시뮬레이션: www.tinyurl.com/skoogpia7에서 **사중 극자 질량 분석계(quadrupole mass analyzer)**에 대해 더 알아보시오.

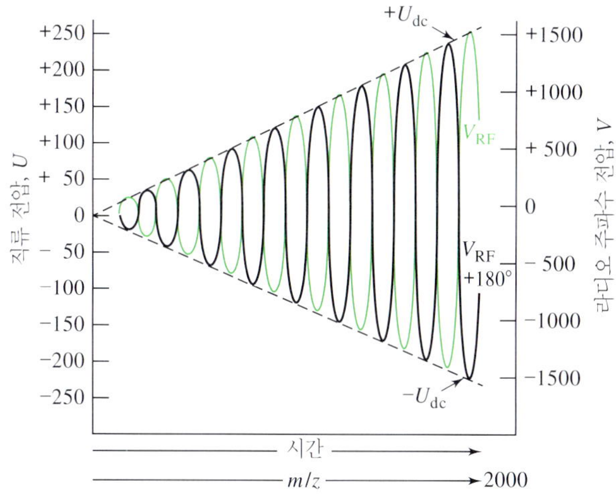

그림 11-9 사중 극자 분석계에서 질량 주사 동안의 전압 변화 관계.

11B-3 비행 시간형 질량 분석계

비행 시간형(time-of-flight, TOF) 기기는 양이온이 이온원에서 검출기로 이동하는 시간을 측정한다. 이온화되고 가속되는 이온들은 거의 동일한 운동 에너지를 가지게 된다. 가속된 입자는 1~2 m 길이의 장이 걸리지 않은 *표류관*(drift tube) 속을 통과한다(그림 11-10a). 관에 들어온 모든 이온들은 이론상 동일한 운동 에너지를 가지므로 관 속에서의 이동 속도는 이온들의 질량에 반비례한다. 즉, 가벼운 이온은 무거운 이온보다 검출기에 먼저 도달한다. 1 m 길이의 관에서 일반적인 비행 시간은 μs 수준이다.[10] TOF 질량 분석법과 관계된 식은 제20C-3절에서 참고하라. 전자, 이차 이온 또는 레이저 광자의 짧은 펄스로 시료에 충격을 주면 이온들이 생성된다. 이렇게 생성된 이온들은 전기장 펄스에 의해 가속된다.

선형 TOF 질량 분석계는 관의 길이, 가속하는 전기장의 세기, 이온원에서 생성되는 이온들의 공간적, 속도적 분산도에 영향을 받기 때문에 상대적으로 낮은 분해능을 가진다. 거울이나 반사계를 사용하면 이온들의 분산된 운동 에너지 차이를 상쇄시킬 수 있는데, 큰 에너지를 가지는 이온이 낮은 에너지의 이온보다 반사계에 더 깊이 투과하여 이동 거리가 약간 길어지기 때문이다. 이 결과, 운동 에너지는 다르지만 동일한 *m/z*값을 가지는 이온들의 검출기 도달 시간이 일정하게 유지되어 기기의 분해능이 향상된다. 또한 반사계를 사용하면 짧은 간격 사이에 긴 비행 거리 효과를 볼 수 있다. 다양한 구조의 반사 질량 분석계가 소개되고 있다. 잘 알려진 구조는 그림 11-10b에서 볼 수 있듯이 직각형 가속 구조체이다. 이 구조체에서는 생성된 연속적인 이온살들이 펄스화된 전기장에 의해 추출되어 관 속으로

---

[10] W. N. Delgass and R. G. Cook, *Science*, **1987**, *235*, 545.

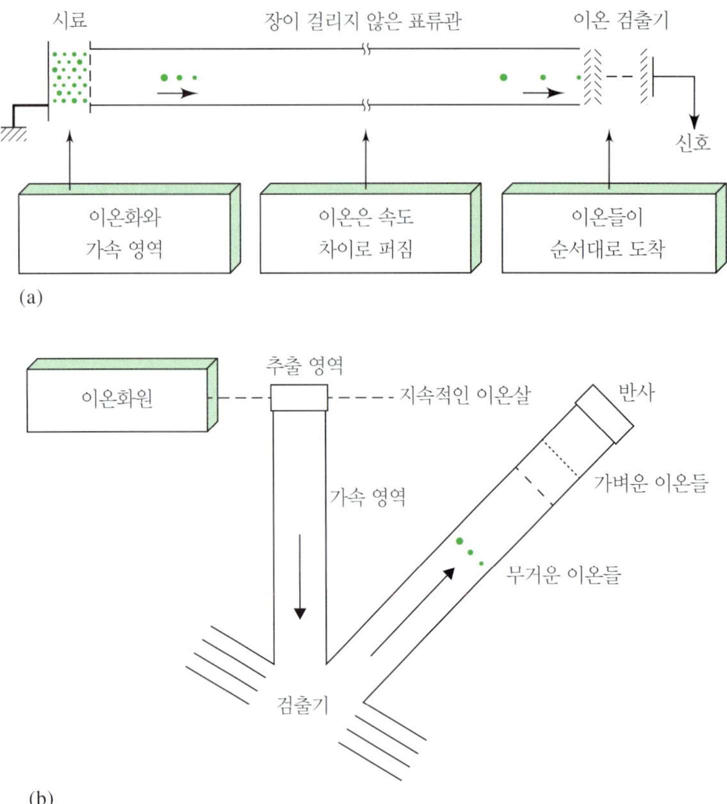

그림 11-10 (a) TOF 질량 분석계의 원리. 이온 다발은 가속되어 분리가 일어나는 표류관으로 들어간다. 이온들은 가벼운 순서로 검출기에 순차적으로 도착한다. (Adapted from A. H. Verbueken, F. J. Bruynseels, R. Van Grieken, and F. Adams, in *Inorganic Mass Spectrometry*, p. 186, F. Adams, R. Gijbels, and R. Van Grieken, eds., New York: Wiley, 1988. With permission.) (b) 직각 가속 TOF 질량 분석계. 이온살이 지속적으로 추출영역으로 주입되고, 정전기적 펄스에 의해 가속 영역으로 주입된다. 이온 거울(반사계)은 관에서 검출기 쪽으로 이온들을 반사시킨다.

이동한다. 이 구조는 분산된 에너지를 최소화하여 높은 분해능을 제공한다. 또한 반사 질량 분석계는 좋은 감도의 스펙트럼을 매우 빠른 시간(μs) 안에 얻을 수 있다.

TOF 질량 분석계의 변환기는 주로 마이크로채널 판 전자 증배관을 사용하는데 이 전자 증배관의 출력 결과물은 오실로스코프의 수직 방향 이동판에서 또는 빠른 평면 기록계의 수평 주사로 얻을 수 있다. 수평 주사는 가속펄스와 동시화된다. 전형적인 비행 시간은 나노초(ns)~마이크로초(μs) 정도이므로 디지털 데이터를 얻기 위해서는 매우 빠른 전자공학 장치가 필요하다.

분해능과 재현성 면에서 볼 때 TOF 질량 분석계는 사중 극자나 자기장 질량 분석계보다 만족스럽지 못하다. 예를 들면, ICP-TOF 질량 분석계는 사중 극자보다 10배 낮은 감도와 검출 한계를 보여준다.[11] 그러나 장점으로는, 기기가 간단하고 내구성이 좋으며 이온원에 쉽게 접근시킬 수 있고, 거의 무제한의 질량 범위와 빠른 데이터 획득 속도가 있다. 비행 시간형 기기는 몇몇 기기 제조회사에 의해 시판되고 있으나, 사중 극자 질량 분석계만큼 널리 사용되지 않는다.

최근에 새로운 형태의 비행 거리형 질량 분석계가 소개되었다.[12] 이 형태의 분석계는 생성된 이온의 m/z값을 고정된 시간 간격 동안 이동한 이온의 거리를 통해 얻는다. 질량 스펙트럼은 기기 감응 함수와 위치-민감 검출기에 의해 얻어지는 이온의 위치 값을 계산하여 얻는다. 비행 거리형 기술은 넓은 m/z 범위의 이온들을 *동시에*(simultaneously) 검출하는 성능을 보여준다.[13]

11B-4 이중 초점 분석계

그림 11-11에 보이듯이 이중 초점 질량 분석계는 이온살을 집

[11]ICP-TOF의 질량 분석계의 원리와 응용에 대해서는 다음 문헌을 참고하시오 S. J. Ray and G. M. Hieftje, *J. Anal. At. Spectrom.*, **2001**, *16*, 1206, **DOI**: 10.1039/b102857j.

[12]C. G. Enke and G. S. Dobson, *Anal. Chem.*, **2007**, *79*, 8650, **DOI**: 10.1021/ac070638u; A. W. G. Graham, S. J. Ray, C. G. Enke, C. J. Barinaga, D. W. Koppenaal, and G. M. Hieftje, *J. Am. Soc. Mass Spectrom.*, **2011**, *22*, 110, **DOI**:10.1007/s13361-010-0005-8.

[13]A. Gundlach-Graham, et al., *J. Am. Soc. Mass Spectrom.*, **2013**, *24*, 1736, **DOI**: 10.1007/s13361-013-0718-6.

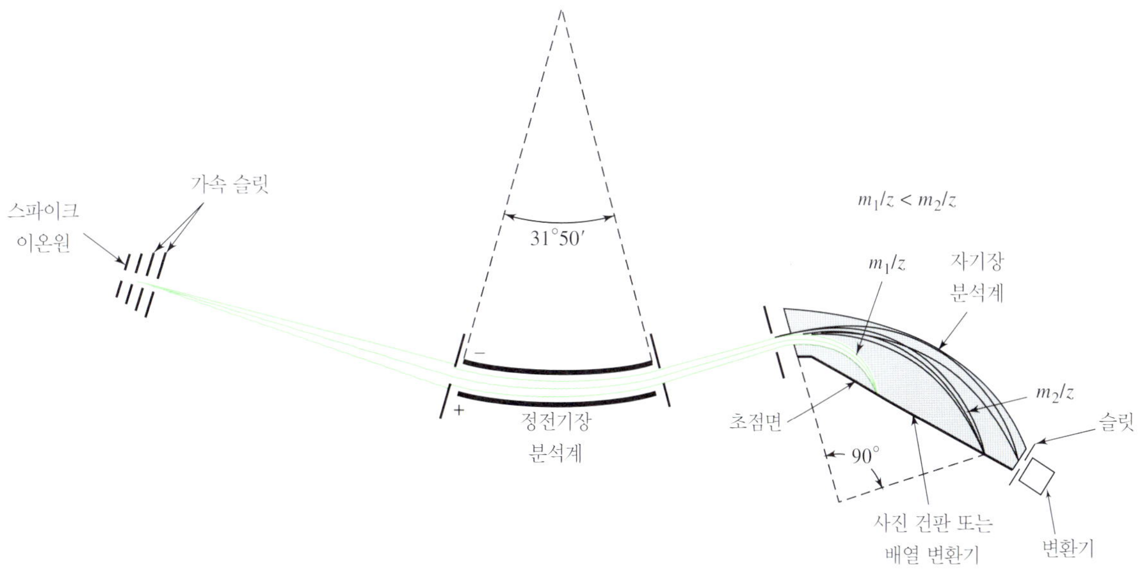

그림 11-11 Mattauch-Herzog 형태의 이중 초점 질량 분석계. 분해능 > 10^5

중시키는 두 가지 장치로 구성되어 있다. 즉, *정전기장 분석계*(electrostatic analyzer)와 *자기장 부채꼴 분석계*(magnetic sector analyzer)이다. 이 기기에서 이온원에서 생성되는 이온들은 슬릿을 통해 가속되고 협대역의 운동 에너지를 갖는 이온살을 자기장 슬릿에 모이게 하는 곡선의 정전기장 속으로 들어간다. 자기장에서 가벼운 이온들은 많이 휘고 무거운 이온들은 덜 휜다. 분산된 이온들은 사진 건판 위에 부딪혀서 기록되거나 배열 변환기에 기록된다. 정전기장과 자기장 분석계의 기능에 대해서는 제20C-3절에 자세하게 설명되어 있다. 표 11-1에서 나타낸 것처럼 이런 형태의 분석계는 여러 종류의 원자 질량 분석법에서 사용된다.

11C 유도 결합 플라스마 질량 분석법

1980년대 초부터, 유도 결합 플라스마 질량 분석법(ICPMS)은 원소 분석의 가장 중요한 방법 중의 하나로 여겨졌다. 이는 대부분의 원소들에 대해 낮은 검출 한계와 높은 선택성, 매우 좋은 정밀도와 정확도 때문이다.[14] ICP 토치는 원자화 장치와 이온원으로서의 역할을 한다. 용액 상태의 시료는 기압식 분무기나 초음파 분무기를 사용하여 기기에 주입한다. 고체 시료는 제8C-2절에서 이미 소개된 시료 도입 방법들로서 스파크, 레이저 증발 또는 글로우 방전 방법이 사용된다. 이러한 다양한 방법들이 응용된 기기들은 1980년대부터 시판되기 시작하였다. 이 기기에서는 일반적인 ICP 토치에서 생성된 금속 양이온들이 면간 펌프를 통해 시료화되고 사중 극자 질량 분석계에 연결된다. 이 과정으로 얻는 스펙트럼은 ICP 광학 스펙트럼보다 훨씬 단순한 결과를 얻을 수 있으며, 존재하는 각 원소들의 간단한 일련의 동위 원소 피크들을 보여준다. 이 스펙트럼들은 시료에 들어있는 원소들의 정성 분석과 정량 분석에 사용된다. 일반적으로 정량 분석은 분석물질의 이온 수-대-내부 표준물의 이온 수의 비를 농도의 함수로 도시한 교정 곡선을 이용한다. 제32D절에서 상세하게 설명된 동위 원소 묽힘법으로도 분석물질의 정량 분석이 가능하다.

11C-1 ICPMS 기기

그림 11-12은 시판되는 ICPMS 기기의 세부 요소들을 보여준다.[15] 기기의 중요한 부분은 10^{-2} Pa (10^{-4} torr)보다 낮은 압력

시뮬레이션: www.tinyurl.com/skoogpia7에서 **비행 시간형 질량 분석계(time-of-flight mass analyzers)**에 대해 더 알아보시오.

시뮬레이션: www.tinyurl.com/skoogpia7에서 **이중 초점 분석계(double-focusing mass analyzer)**에 대해 더 알아보시오.

[14]이 기술에 관한 자세한 설명은 다음 문헌을 참고하시오. R. A. Thomas, *Practical Guide to ICP-MS*, 3rd ed, Boca Raton, FL: CRC Press, 2013; *Inductively Coupled Plasma Spectrometry and Its Applications*, 2nd ed., S. J. Hill, ed., Hoboken, NJ: Wiley-Blackwell, 2007; H. E. Taylor, *Inductively Coupled Plasma-Mass Spectrometry: Practices and Techniques*, San Diego, CA: Elsevier, 2001; *Inductively Coupled Plasma Mass Spectrometry*, A. E Montaser, ed., Hoboken, NJ: Wiley-VCH, 1998.

[15]ICPMS의 기기와 발전에 대해서는 다음 문헌을 참고하시오. N. H. Bings, A. Bogaerts, and J. A. C. Broekaert, *Anal. Chem.*, **2013**, *85*, 670, **DOI**: 10.1021/ac3031459.

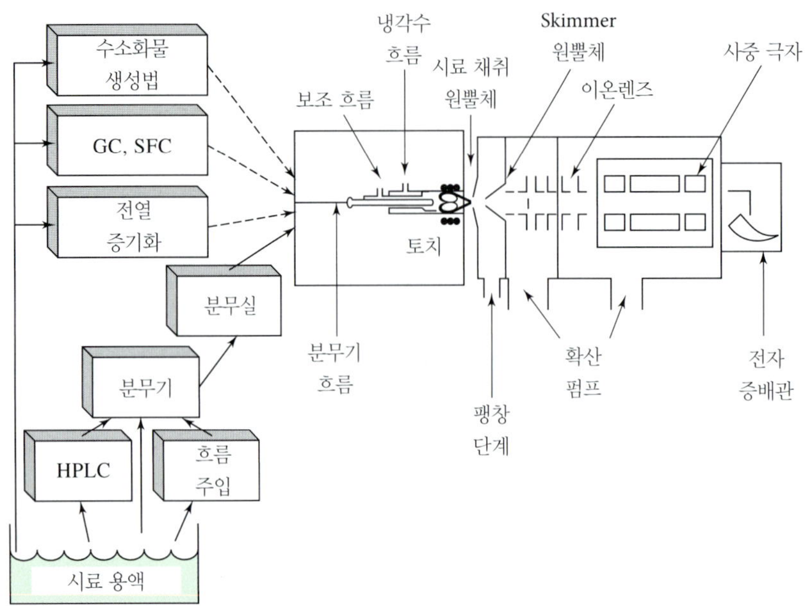

그림 11-12 ICPMS계의 약도. 점선은 기체 시료의 도입을 나타낸다. 실선은 액체 시료의 도입을 나타낸다. HPLC = high-performance liquid chromatography, SFC = supercritical fluid chromatography. (From N. P. Vela, L. K. Olson, and J. A. Caruso, *Anal. Chem.*, **1993**, *65*, 585A, **DOI**: 10.1021/ac00061a719. Copyright 1993 American Chemical Society.)

이 요구되는 질량 분석계와 대기압에서 작동하는 ICP 토치 사이의 연결 부분이다. 이 연결은 시료 채취 원뿔(sampling cone)을 포함하는 압력차 펌프 면간 연결체에 의해 이루어진다. 시료 채취 원뿔은 중앙에 작은 구멍(< 1.0 mm)이 있고 물로 냉각되는 니켈 원뿔이다. 뜨거운 플라스마 기체가 기계식 펌프에 의해 이 구멍을 통과하여 약 1 torr의 압력으로 유지되는 영역으로 들어간다. 이 영역에 들어간 기체는 빠르게 팽창하면서 냉각된다. 이 영역에서 기체의 일부는 스키머(skimmer)라고 하는 두 번째 원뿔의 작은 구멍을 통과하여 질량 분석계의 압력으로 유지되는 방으로 들어간다. 여기서 양이온들은 음의 전압에 의해 전자와 분자 화학종들과 분리되고, 가속되며, 자기 이온 렌즈에 의해 사중 극자 질량 분석계의 입구 구멍에 모인다.

ICP 토치가 장착된 시판 중인 원자 질량 분석계의 사양을 살펴보면, 3∼300의 질량 범위를 분석할 수 있고, $m/z = 1$의 차이를 식별할 수 있는 분해능을 가지고 있으며, 10^6 수준의 분석 정량 범위를 가진다. ICPMS를 사용하여 주기율표상의 90% 이상의 원소들이 정량되었다. 한 원소당 측정 시간은 10초 정도이며, 검출 한계는 대부분의 원소에서 0.1∼10 ppb 범위이다. 교정 곡선 중간 부분의 농도에서 상대 표준 편차는 2∼4% 수준이다.

최근에, 레이저 증발 장치를 ICPMS에 연결하여 매우 적은 양의 고체 시료를 분석할 수 있는 방법이 고안되었다.[16] 이 방법은 그림 11-13에 나타내었다. 펄스 레이저살이 고체 시료 위의 수 mm^2 면적에 집중되면 10^{12} W/cm^2 수준의 출력 밀도가 고체에 가해진다. 이러한 센 세기의 복사선은 대부분의 물질, 심지어 내화성 물질도 빠르게 증발시킨다. 증발된 시료는 아르곤의 흐름에 의해 ICP 토치로 들어가서 원자화와 이온화된다. 생성된 분석 기체 플라스마는 질량 분석계로 들어간다. 이러한 종류의 기기는 지질학적 물질, 합금, 유리, 보석, 농산물, 도시의 분진, 토양과 같이 분해되거나 용해되기 어려운 시료들을 반정량 분석(또는 내부 표준물 사용 시 정량 분석)에 특히 적합하다. 그림 11-14는 레이저 증발-ICPMS를 사용하여 얻은 표준 암석 시료의 질량 스펙트럼을 보여준다. 이 스펙트럼을 얻기 위해, 암석이 고운 가루가 되도록 분쇄한 뒤 압력을 가해 작은 원판으로 만들었다. 레이저살로 증발시킨 후, 발생한 증기는 기체 흐름 도입 장치에 의해 ICP 토치로 들어가서 이온화된다. 다음으로 기체 이온들은 사중 극자 질량 분석계에서 분석된다.

ICPMS에서 레이저 증발법의 검출 한계는 시료의 형태와 질, 기기적 변수를 포함하는 실험적 변수에 따라 다르지만 일반적인 한계 수준은 μg/g 이하이다. 탈륨과 우라늄과 같은 특정 원소들은 적절한 실험 조건하에서 검출 한계가 ng/g 범위이다. 상대 표준 편차는 일반적으로 수% 수준이다. 레이저 증발의 주요 장점은 빛살을 시료의 다양한 위치에 가하여 공간상의 분해가 가능한 질량 스펙트럼을 제공한다는 점이다.

대부분의 다른 이온화 장치들(표 11-1)을 ICP 토치에 연결하여 사용할 수 있게 해주는 부품들이 판매되고 있다.

[16]다음을 참고하시오. B. Hattendorf, C. Latkoczy, D. Gunther, *Anal.Chem.*, **2003**, *75*, 341A, **DOI**:10.1021/ac031283r; A. Montaser et al., in *Inductively Coupled Plasma Mass Spectrometry*, A. Montaser, ed., Hoboken, NJ: Wiley-VCH, 1998, pp. 194-218.

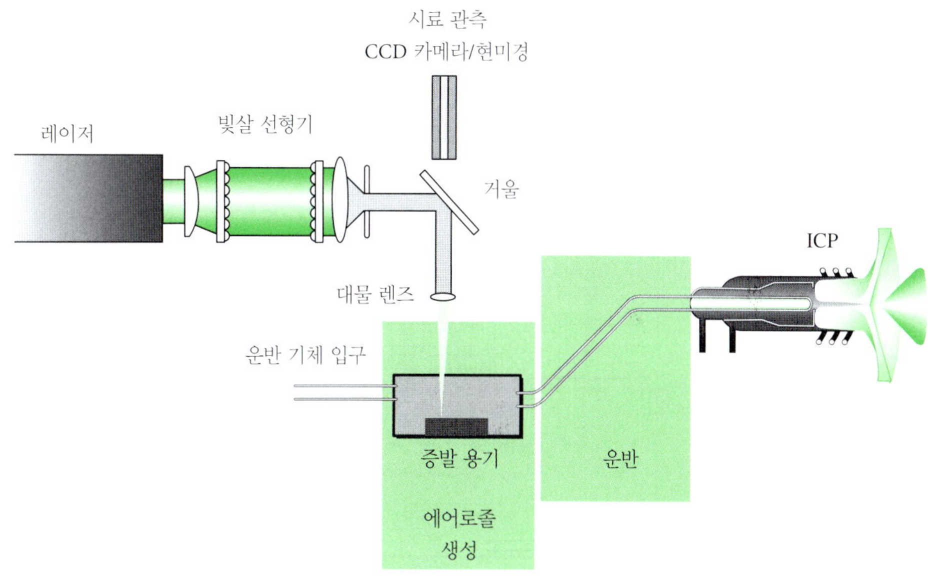

그림 11-13 질량 분석법의 레이저 증발 시료 도입계. 이 장치는 공간 분리 원소 분석을 위한 일반적인 시판가능 기기와 유사하다. CCD = 전하-쌍 장치. (Reprinted from B. Hattendorf, C. Latkoczy, and D. Gunther, *Anal. Chem.*, **2003**, *75*, 341A. Copyright 2003 American Chemical Society.)

11C-2 원자 질량 스펙트럼과 방해

ICP 질량 분석 검출법이 광학 검출법보다 뛰어난 장점 중의 하나는 질량 스펙트럼이 광학 스펙트럼들보다 매우 단순하여 해석하기 쉽다는 점이다. 특히 이러한 특성은 수천 개의 방출선을 나타내는 희토류 같은 원소들에서 더욱 도드라진다. 그림 11-15는 세륨을 포함하는 용액에서의 이러한 장점을 보여준다. 그림 11-15a는 100 ppm 농도의 세륨 용액의 광학 방출 스펙트럼이고, 그 아래는 10 ppm 농도의 질량 스펙트럼이다. 광학 스펙트럼은 십여 개 이상의 강한 세륨 선들과 수백 개의 약한 선들을 포함하고 있다. 모든 선들은 겹쳐진 상태로 복잡한 바탕 스펙트럼 위에 드러난다. 광학 바탕 스펙트럼은 NH, OH, N_2, H_2와 같은 대기 오염물로부터 생기는 분자 띠, 그리고 아르곤과 다른 이온들이 전자들과 재결합하면서 방출하는 연속 스펙트럼으로 이루어져 있다. 이에 반하여, 그림 11-15b은 Ce^+의 동위 원소 피크와 Ar^+, ArO^+, ArH^+, O^+, $O_2{}^+$, $Ar_2{}^+$와 같은 이온들의 바탕 스펙트럼으로 구성된 훨씬 단순한 세륨의 질량 스펙트럼을

자습: www.tinyurl.com/skoogpia7에서 **ICPMS**에 대해 더 알아보시오.

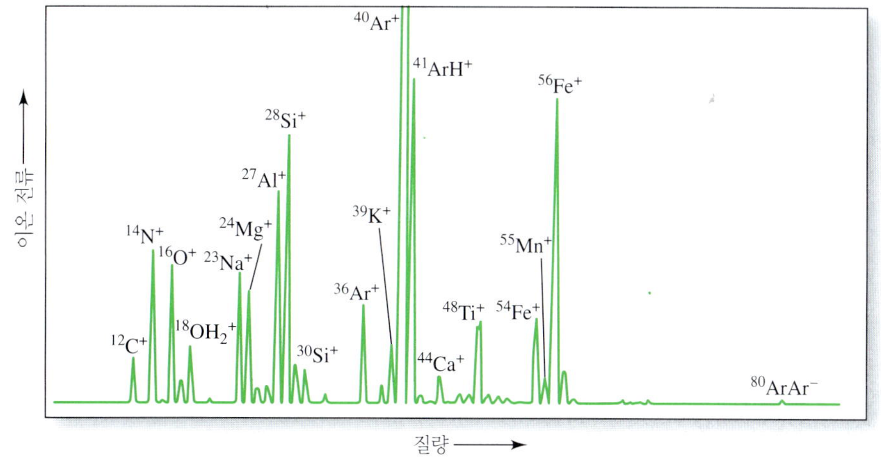

그림 11-14 레이저 증발/ICPMS에서 얻어지는 표준 암석 시료의 질량 스펙트럼. *y*축의 이온 전류는 이온 수에 비례한다. *x*축의 질량은 1가 이온의 *m/z*값에 비례한다. 주 성분(%) : Na, 1.80; Mg, 3.62; Al, 4.82; Si, 26.61; K, 0.37; Ti, 0.65; Fe, 9.53; Mn 0.15. [Reproduced (adapted) from A. L. Gray, *Analyst*, **1985**, *110*, 551, **DOI**: 10:1039/AN9851000551, with permission of the Royal Society of Chemistry.]

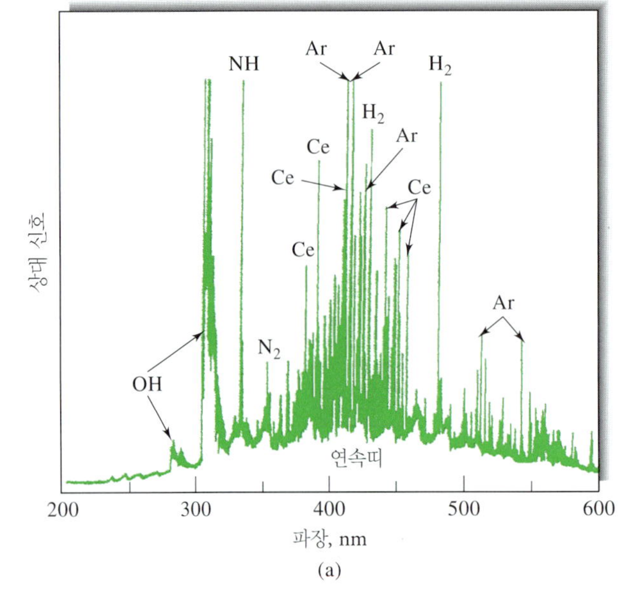

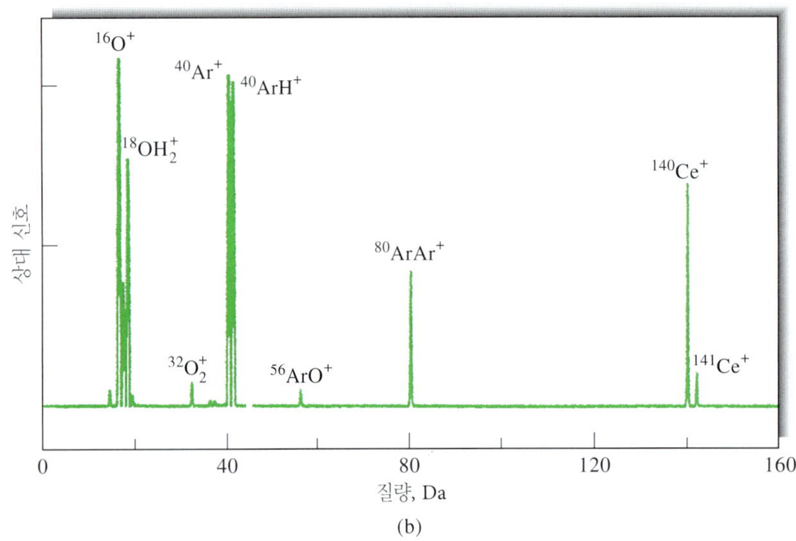

그림 11-15 (a) 100 ppm 세륨의 광학 ICP 스펙트럼, (b) 10 ppm 세륨의 질량 ICP 스펙트럼 비교. (Adapted from M. Selby and G. M. Hieftje, *Amer. Lab.*, **1987**, *19*, 16.)

보여준다. 바탕 스펙트럼은 낮은 *m*/*z*값에서 피크가 얻어져 Ce^+ 피크와 잘 분리된다.

그림 11-15b와 같은 스펙트럼들은 ICPMS 분야의 초기 연구자들에게 "방해 없는 방법"이라는 희망을 가지게 하였다. 불행하게도 이 희망은 계속된 연구를 통해 원자 질량 분석법도 때로는 원자 광학 분광법과 마찬가지로 방해 문제가 심각하다는 결과를 얻게 되면서 실현되지 못했다. 원자 질량 분석법의 방해 효과는 두 개의 큰 범주로 구분할 수 있다. 분광학적 방해와 비분광학적 방해이다. 비분광학적 방해의 효과는 광학 방출법과 흡수법에서 관찰되는 매트릭스 효과와 비슷하며 앞의 두 장에서 설명한 다양한 방법들로 해결할 수 있다.

분광학적 방해

분광학적 방해는 플라스마에 존재하는 한 이온 화학종이 분석 이온과 같은 *m*/*z*값을 가질 때 발생한다. 이러한 방해에는 4가지 종류가 있다. (1) 동중핵 이온, (2) 다원자 또는 첨가 생성물 이온, (3) 이중 하전 이온, (4) 내화성 산화물 이온.[17]

동중핵 방해(isobaric interferences). 동중핵 화학종은 두 원소들 각각의 동위 원소들이 동일한 질량을 가지는 것을 지칭한다. 사중 극자 질량 분석계를 이용한 원자 질량 분석법의 경우, 동

[17]ICPMS의 간섭에 관한 폭넓은 설명은 다음 문헌을 참고하시오. H. E. Taylor, *Inductively Coupled Plasma-Mass Spectrometry: Practices and Techniques*, San Diego, CA: Elsevier, 2001; G. Horlick and A. Montaser in *Inductively Coupled Plasma Mass Spectrometry*, A. Montaser, ed., Chap. 7, Hoboken, NJ: Wiley-VCH, 1998; K. E. Jarvis, A. L. Gray, and R. S. Houk, *Handbook of Inductively Coupled Plasma Mass Spectrometry*, Chap. 5, New York: Blackie, 1992.

중핵 화학종은 질량 차이가 1 이하인 동위 원소들이다. 더 높은 분해능을 가지는 기기들은 이보다 더 작은 질량 차이도 감지할 수 있다.

주기율표에 있는 대부분의 원소들은 동중핵 겹침이 없는 1~3개의 동위 원소를 가지고 있다. 인듐은 예외의 경우로, 두 개의 안정한 동위 원소 $^{113}In^+$와 $^{115}In^+$ 중에 앞의 것은 $^{113}Cd^+$와 겹치고 뒤의 것은 $^{115}Sn^+$와 겹친다. 좀 더 일반적으로 동중핵 방해는 가장 빈도가 많고 감도 좋은 동위 원소에서 나타난다. 예를 들어, $^{40}Ar^+$의 큰 피크(그림 11-15b 참고)는 가장 감도가 좋은 칼슘 동위 원소인 $^{40}Ca^+$ (97%) 피크와 겹치기 때문에, 두 번째로 감도가 좋은 $^{44}Ca^+$ (2.1%) 피크를 분석한다. 또 다른 예로서, 가장 감도가 좋은 니켈 동위 원소 $^{58}Ni^+$는 $^{58}Fe^+$와 동중핵 겹침이 일어난다. 이 경우에는 $^{56}Fe^+$ 피크를 측정하여 보정하는데, $^{56}Fe^+$-대-$^{58}Fe^+$의 자연 존재비를 알면 m/z = 58 피크의 Fe의 분포율을 알 수 있으므로, $^{58}Ni^+$값을 보정할 수 있다. 동중핵 겹침은 자연 동위 원소 존재비의 표를 참고하여 정확한 예측이 가능하므로 프로그램된 소프트웨어를 사용하여 보정을 할 수 있다. 몇몇 시판 기기들은 이런 보정을 자동적으로 수행할 수 있다.

다원자 이온 방해(polyatomic ion interferences). 플라스마 내의 화학종들, 시료 또는 대기 중의 화학종들 사이의 상호작용으로 생성된 다원자 화학종은 동중핵 원소들보다 더 심각한 방해 문제를 일으킨다. 이런 화학종들은 몇몇 분자 이온들을 생성하여 방해를 일으키기도 한다. 이런 류의 방해는 약 82 이하의 m/z값에서 주로 발생한다. 이런 화학종들 중 몇 가지는 그림 11-15b에서 보여주는 것처럼 $^{40}Ar^+$, $^{40}ArH^+$, $^{16}O^+$, $^{16}OH_2^+$, $^{16}OH^+$, $^{14}N^+$ 같은 것들이 있다. 심각한 다원자 방해를 일으키는 것들은 $^{28}Si^+$에 대해 $^{14}N_2^+$, $^{31}P^+$에 대해 NOH^+, $^{32}S^+$에 대해 $^{16}O_2^+$, $^{56}Fe^+$에 대해 $^{40}ArO^+$, $^{80}Se^+$에 대해 $^{40}Ar_2^+$등이 있다. 이것들 중 몇 가지는 바탕 보정이 가능하다. 그 외의 것들은 분석물질의 다른 동위 원소로 보정할 수 있다.

산화물과 수산화물 화학종 방해(oxide and hydroxide species' interferences). ICPMS에서 가장 심각하고 흔한 방해는 분석물질, 매트릭스 성분, 용매, 플라스마 기체에서 생성되는 산화물과 수산화물들이다. 이러한 산화물 중 몇 가지는 그림 11-15b에서 보여준다. 이러한 형태의 가장 심각한 방해는 분석물질과 매트릭스 성분의 산화물과 수산화물에 의한 것이다. 이 화학종들의 대부분은 MO^+와 MOH^+이온들을 생성하고, M은 분석물질과 매트릭스 원소를 나타낸다. 이런 화학종들의 피크들은 분석물질 이온의 한 피크와 겹치게 될 가능성이 있다. 예를 들어, 티타늄 자연 동위 원소의 1가 산화물 이온은 62, 63, 64, 65, 66의 질량을 가지고 있기 때문에 $^{62}Ni^+$, $^{63}Cu^+$, $^{64}Zn^+$, $^{65}Cu^+$, $^{66}Zn^+$의 피크에 방해를 일으킬 가능성이 있다. 또 다른 예로서 표 11-2에서 보여준 몇 가지의 금속 화학종을 정량할 때 칼슘 동위 원소의 산화물과 수산화물에 의한 방해가 발생할 수 있다.

표 11-2 니켈 정량용 질량 영역의 산화칼슘, 수산화칼슘 및 다른 방해 화학종들

m/z	원소[a]	방해
56	Fe (91.66)	^{40}ArO, ^{40}CaO
57	Fe (2.19)	$^{40}ArOH$, $^{40}CaOH$
58	Ni (67.77), Fe (0.33)	^{42}CaO, NaCl
59	Co (100)	^{43}CaO, $^{42}CaOH$
60	Ni (26.16)	$^{43}CaOH$, ^{44}CaO
61	Ni (1.25)	$^{44}CaOH$
62	Ni (3.66)	^{46}CaO, Na_2O, NaK
63	Cu (69.1)	$^{46}CaOH$, $^{40}ArNa$
64	Ni (1.16), Zn (48.89)	$^{32}SO_2$, $^{32}S_2$, ^{48}CaO
65	Cu (30.9)	^{33}S, ^{32}S, $^{33}SO_2$, $^{48}CaOH$

M. A. Vaughan and D. M. Templeton, *Appl. Spectrosc.*, **1990**. *44*, 1685, **DOI**: 10.1366/0003702904417634. With permission.

[a] ( ) 안에 있는 숫자: 자연 존재비.

많은 연구들은 플라스마에서 산화물과 수산화물이 생기지 않도록 하는 일을 진행하고 있다. 산화물의 생성은 시료 도입 장치의 흐름 속도, 라디오 주파수의 세기, 시료 채취 스키머 간격, 시료 채취 원뿔체 구멍 크기, 용매 제거 효율과 같은 실험 변수에 영향을 받는다. 이러한 모든 변수들을 잘 조절하면 특정 산화물과 수산화물에 대한 겹침 문제들을 해결할 수 있다.

이중 초점 기기와 같은 고효율 질량 분석계를 사용하면 몇몇 분광학적 방해가 감소되거나 제거될 수 있다. 그러나 이러한 기기는 사중 극자계 기기보다 많이 비싸다.

매트릭스 효과

ICPMS에서 매트릭스 효과는 약 500~1000 mg/mL보다 더 진한 농도에서 크게 나타난다. 이러한 효과는 특정 실험 조건에서 신호 증가를 관찰하기도 하지만, 주로 분석물질 신호의 감소를 야기한다. 매트릭스 효과는 높은 농도의 공존 원소에 의해 주로 나타난다. 일반적으로 매트릭스 효과는 더 묽은 용액을 사용하거나, 시료 도입 방법을 변화하거나, 방해 화학종을 분리해냄으로써 최소화할 수 있다. 또한, 이 효과는 분석물질과 거의 같은 질량과 이온화 에너지를 가지는 적절한 내부 표준물을 사용해서 제거할 수도 있다.

11C-3 ICPMS의 응용

ICPMS는 다양한 형태의 시료에 들어있는 하나 또는 그 이상의 원소들을 정성, 반정량, 정량 분석하는 데 사용할 수 있다.

정성과 반정량 응용

ICPMS는 다중 원소 분석을 쉽게 할 수 있기 때문에, 자연적으로 발생하거나 인공적으로 생산하는 다양한 종류의 복잡한 물

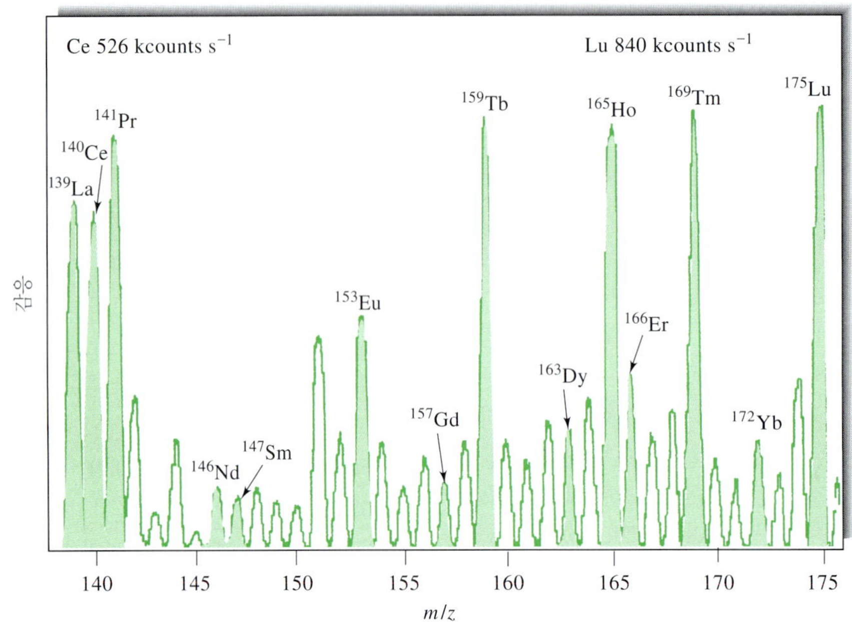

그림 11-16 희토류 원소의 ICPMS 스펙트럼. 용액들은 1 μg/mL의 각 원소를 포함한다. (From K. E. Jarvis, *J. Anal. Atom. Spectrom.*, **1989**, *4*, 563. **DOI**: 10.1039/ja9890400563. With permission.)

질들을 빠르게 정성 분석하고 반정량 분석하기에 적당하다. 일반적으로 ICPMS의 검출 한계는 ICP 광학 방출법보다 좋고, 전열 원자 흡수 분광법(ETAAS)의 검출 한계와는 비슷하다.

일반적으로 원자 질량 스펙트럼들은 광학 방출 스펙트럼들보다 훨씬 단순하고 해석하기 쉽다. 이러한 특성은 특히 희토류 원소나 복잡한 방출 스펙트럼들을 가진 철과 같은 중금속 성분을 포함하는 시료 분석에 유용하다. 그림 11-15b는 이러한 이점을 보여주고 있다. 이러한 스펙트럼의 단순함은 그림 11-16에서도 잘 보여주는데, 이 스펙트럼은 원자량 139~175 사이의 14가지 희토류 원소들의 혼합물에 대한 원자 질량 스펙트럼이다. 이 혼합물의 광학 방출 스펙트럼은 너무 복잡해서 해석하기 힘들고, 시간도 많이 걸리며, 해석이 불가능할 수도 있다.

그림 11-16에 나타낸 혼합물에서 하나 이상의 구성 성분에 대한 반정량 분석은 용액 중에서 농도를 아는 원소의 피크 이온 전류 또는 세기를 측정함으로써 가능하다. 이온 전류가 농도에 비례한다고 가정하면 시료에서의 분석물질의 농도를 계산할 수 있다. 이러한 대략적이면서도 간단한 방법에 의해 계산된 농도는 일반적으로 ±100%의 상대 오차의 정확도를 나타낸다.

검출 한계

ICPMS의 주요 장점 중 하나는 질량 분석법이 광학 검출법보다 더 낮은 검출 한계를 가진다는 것이다. 이러한 한계는 많은 경우에 전열 원자 흡수법의 것과 거의 같거나 더 좋은 결과를 보여주기도 하다. 물론 ICPMS는 분석 속도가 빠르고 다원소 분석이 가능하다는 장점도 있다. 그림 11-17에서는 선택된 몇 개의 원소들에 대한 ICPMS, ICP 광학 방출 분광법(ICP-OES), ETAAS의 검출 한계를 비교하였다. 이 데이터들은 주기율표상의 대부분 원소들에도 적용된다. 일반적으로 질량 분석법은 0.02~0.7 ppb의 검출 한계를 가지며 대부분의 원소들은 0.02~0.1 ppb의 범위에서 얻어진다.

정량 분석

ICPMS의 가장 널리 사용되는 정량 분석법은 외부 표준물에서 얻은 교정 곡선(제1D-2절 참고)을 이용하는 것이다. 수용액상의 표준물은 주로 고체의 농도가 2000 μg/mL 이하로 용해된 매우 묽은 미지 시료 용액의 분석에 적당하다. 매트릭스 원소들의 농도가 매우 높을 때는 종종 시료의 매트릭스 원소들과 표준물의 매트릭스 원소들의 종류와 양이 같아지도록 시도해야 한다. 기기의 표류, 불안정성, 매트릭스 효과 등을 보정하기 위해서는 내부 표준물을 표준물과 미지 시료에 넣어줄 수 있다. 내부 표준물의 원소는 시료에 포함되지 않으면서 분석 원소의 원자 질량과 이온화 에너지와 비슷해야 한다. 내부 표준물로 종종 사용되는 원소로는 인듐과 로듐이 있다. 이 두 원소의 이온은 질량이 ^{115}In, ^{113}In, ^{103}Rh으로서 전체 질량 범위의 중간에 해당하며 시료에서 거의 발견되지 않는다. 일반적으로 시료와 내부 표준물들의 이온 전류, 이온 수, 또는 세기의 비의 log/log 도시는 10의 수 제곱의 농도 범위에서 직선으로 얻어진다. 그림 11-18은 몇 가지 희토류 원소들을 정량하기 위한 교정 곡선을 보여준다. 피크 계수와 농도 사이의 직선적인 비례 구간은 10^4 이상의 농도 범위에서 얻어진다.

표 11-3은 미국 국립 표준국(NBS, 현 NIST)에서 천연수 시료에 포함된 미량 원소들을 정량 분석한 전형적인 결과들을 보여준다. 농도는 ppb 단위이다. 13개의 분석물질들을 분석하는 데 단 15분이 걸렸다. 대부분 원소들의 측정값들이 표준 시료 데이

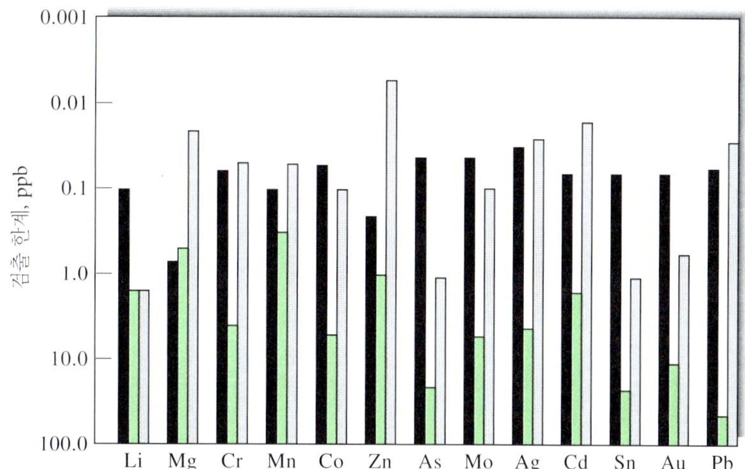

그림 11-17 선택 원소들의 ICPMS(검은 막대), ICP-OES(파란 막대), ETAAS(회색 막대)의 검출 한계 비교. ppb 농도(μg/L)에서 대수 눈금으로 도시하였다. ETAAS 검출 한계는 질량단위(pg)이기 때문에 시료를 대략 20 μL로 가정하여 농도 환산한다. (From M. Selby and G. M. Hieftje, *Amer. Lab.*, **1987**, *19*, 16. With permission.)

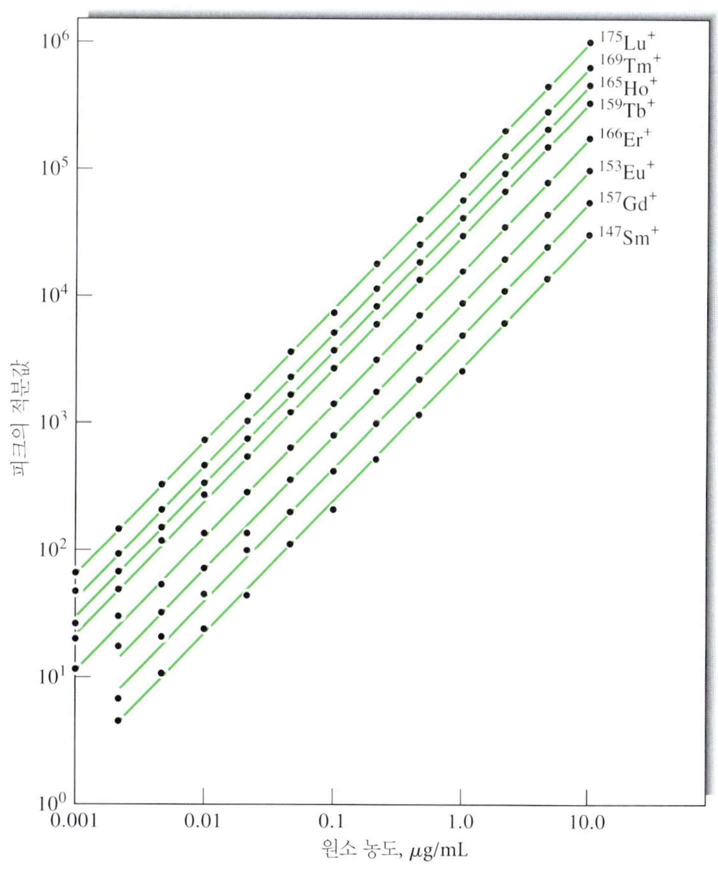

그림 11-18 몇 가지 희토류 원소들의 ICPMS 교정 곡선. (Data from S. Abbey, *Geological Survey of Canada*, papers 80–14, 1980 and 83–15, 1983.)

터 값과 잘 일치함을 알 수 있다.

가장 정확한 정량 분석을 위해서는 동위 원소 묽힘법을 사용할 수 있다. 이 방법은 어떤 원소의 두 개의 동위 원소들 중 한 동위 원소만 많이 들어있는 표준 용액을 일정량 첨가(spiked)하여 두 동위 원소의 신호 세기의 비의 변화를 측정하는 것이다. 분석물질 농도와 첨가된 표준 용액의 양, 그리고 그 결과로

표 11-3 물 표준 시료의 미량 원소 정량 분석

원소	Ion	NBSa	ICPMS[a]	
			평균[b]	RSD (%)[b]
베릴륨	$^{9}Be^{+}$	19	21	20
바나듐	$^{51}V^{+}$	54	52	6
크로뮴	$^{52}Cr^{+}$	17	18	12
망간	$^{55}Mn^{+}$	32	34	5
코발트	$^{59}Co^{+}$	19	21	7
아연	$^{66}Zn^{+}$	69	57	11
비소	$^{75}As^{+}$	77	76	5
스트론튬	$^{88}Sr^{+}$	243	297	7
몰리브데넘	$^{98}Mo^{+}$	97	134	9
은	$^{107}Ag^{+}$	2.8	3.5	16
카드뮴	$^{114}Cd^{+}$	10	13	22
바륨	$^{138}Ba^{+}$	47	74	17
납	$^{208}Pb^{+}$	27	31	8

[a] ppb 농도

[b] 10번 분석 결과

From A. R. Date and A. L. Gray, *Spectrochim. Acta*, **1985**, *40B*, 115, **DOI**: 10.1016/0584-8547(85)80015-X.

얻어지는 신호 세기의 비의 변화에 관련된 법칙과 수학적 관계식은 제32D절에 자세히 설명되어 있다. 참고로 제32D절은 방사성 동위 원소들을 사용한 이 방법을 설명하고 있다. 동위 원소 묽힘법의 장점은 다양한 물리적, 화학적 방해가 보정되어 정확도가 증가된 것이다. 주요 한계점은 이런 분석이 완결되는 데 시간이 많이 걸린다는 것이다.

동위 원소비 측정

동위 원소비의 측정은 과학과 의학의 여러 분야에서 매우 중요하다. 예를 들면 고고학자와 지질학자는 이런 데이터를 이용하여 다양한 종류의 퇴적물과 유물의 연대를 측정한다. 화학자와 임상연구자들은 다양한 형태의 연구에서 동위 원소가 들어있는 물질들을 추적자로 사용한다. 이런 연구들의 결과는 동위 원소비 측정에 기반을 둔다. 오랫동안 동위 원소 비 측정은 시료가 하나 이상의 전기적으로 가열된 필라멘트에서 분해되고, 원자화되고, 이온화되는 열적 원자화와 이온화에 기초를 두었다. 이러한 방법으로 생성된 이온들은 이중 초점 질량 분석계로 들어가서 동위 원소비를 측정하였다. 이 측정법은 시간이 많이 걸리지만 상대 표준 편차가 0.01%일 정도로 매우 정밀하다. 최근에는 동위 원소비가 주로 ICPMS로 측정되는데 5~10분이면 충분하다. 이 경우 정밀도는 보통 10~100배 정도로 떨어지지만, 높은 정밀도를 요구하지 않는 분석이 목적이라면 매우 만족스러운 방법이다.

11D 스파크 광원 질량 분석법

스파크 광원 질량 분석법(SSMS)은[18] 다원소 분석과 동위 원소의 추적 분석을 위한 일반적인 기기로서 1930년대에 처음 소개되었으나 시판되기 시작한 것은 1958년 이후이다. 1960년대의 빠른 개발기간 이후로 이 방법은 보편화되었으나, 그 이후 ICPMS와 이 장에서 소개하는 다른 질량 분석법들이 개발되면서 사용이 줄어들었다. 현재 SSMS는 플라스마에 의해 쉽게 용해되지 않거나 분석이 힘든 시료의 분석에 여전히 사용되고 있다.

SSMS에서 시료에 포함된 원자들은 높은 전압(~30 kV)의 라디오 주파수 스파크에 의해 질량 분석을 위한 기체 이온으로 변한다. 스파크는 질량 분석계에 바로 옆에 위치한 진공실에서 발생한다. 이 진공실은 시료가 변화된 후 내부 압력을 약 10^{-6} Pa까지 빠르게 감소시키는 분리된 고속 펌프 장치에 연결되어 있다. 종종 시료는 한 개 또는 두 개 모두의 전극으로 사용된다. 다른 대안으로는, 시료가 흑연과 혼합되어 컵 모양의 전극 안에 담기기도 한다. 스파크 플라스마에서 생성된 기체 양이온은 직류 전압에 의해 분석계로 가속되어 들어간다.

스파크 광원은 넓은 범위의 운동 에너지를 가지는 이온들을 생성한다. 그 결과, 이온들의 질량 분석을 위해서 이중 초점 질량 분석계가 필요하다. 일반적으로 그림 11-11에서 보여준 Mattauch-Herzog형이 사용된다. 스파크 광원 질량 분석계들은 사진 검출법과 전기 검출법 모두에 사용할 수 있도록 설계되었다. 전기 검출법은 제11B-1절에 소개한 전자 증배관을 사용한다. 전자 증배관이 이중 초점 기기들에 사용되었을 때, 자기장 분석계의 자기장을 변화시키면서 주사하여 스펙트럼을 얻는다. 스파크 광원을 사용한 이중 초점 질량 분석계의 분해능은 ICP를 사용한 사중 극자 질량 분석계보다 10의 수 제곱배 더 좋다. 그러므로 동중핵 원소에 의한 방해 현상은 확실히 감소한다. 예를 들어, 유리나 암석과 같이 규산염 매트릭스에 들어있는 철을 정량할 때 규소에 의해 방해가 생길 수 있다. 여기서 정량 분석은 $^{56}Fe^{+}$ (m/z = 55.93494) 피크를 이용하는데 $^{28}Si_2^{+}$ (m/z = 55.95386) 피크도 같이 검출된다. 사중 극자 질량 분석계는 규소 이합체에 의해 동중핵의 방해를 받게 되지만 대부분의 이중 초점 질량 분석계의 분해능은 이 피크들을 충분히 분리할 수 있다.

11D-1 스펙트럼

ICP 질량 스펙트럼처럼 스파크 광원 질량 스펙트럼도 원자 방출 스펙트럼보다 훨씬 단순하다. 스파크 광원 질량 스펙트럼은 한 원소에 포함된 각 동위 원소의 피크와 다가 이온들이나 이온화된 산화물과 수산화물들에서 얻어지는 약한 선들로 이루어져

[18] G. Ramendik, J. Verlinden, and R. Gijbels, in *Inorganic Mass Spectrometry*, F. Adams, R. Gijbels, and R. Van Grieken, eds., Chap. 2, New York: Wiley, 1988.

있다. 이런 여러 이온들의 존재로 인해 ICPMS에서와 같은 방해가 일어날 수 있다.

11D-2 정성 분석에의 응용

SSMS 분석법은 정성 분석과 반정량 분석을 위한 유용한 방법이다. 주기율표상에서 ^{7}Li와 ^{238}U 사이의 모든 원소들을 단 한 번의 들뜸으로 분석할 수 있다. 여러 번 반복 분석을 하면 주성분뿐만 아니라 ppb 농도 수준의 구성 성분도 측정이 가능하다. 그러나 다가 하전 이온, 다원자 화학종, 분자 이온들의 존재로 인해, 스펙트럼을 해석하는 것은 기술과 경험을 필요로 한다.

11D-3 정량 분석에의 응용

라디오 주파수 스파크는 짧은 시간 안에 매우 재현성 있는 이온을 제공하지 못한다. 따라서 좋은 정량 데이터를 얻기 위해서는 수 초에서 수백 초 동안 스파크에서 전달하는 출력 신호의 적분값을 사용해야 한다. 검출계는 그 자체가 전자 신호의 적분이 가능한 장치이다. 적분 장치뿐만 아니라, 내부 표준물의 신호 대 분석물질의 신호 비를 분석 인자로 사용하여 재현성을 높이기도 한다. 시료 매트릭스의 주 성분 원소 중의 하나를 내부 표준물로 정하는 경우가 종종 있다. 어떤 경우에는 순수한 화합물의 일정량을 시료와 표준물에 추가하여 내부 표준물로서의 교정 곡선을 얻기도 한다. 이런 경우에는 내부 표준물 성분이 시료에는 포함되지 않아야 한다. 이와 같은 방법으로 분석을 진행하면 상대 표준 편차를 20% 미만으로 얻을 수 있다.

SSMS의 장점은 높은 감도, 많은 시료 매트릭스에 적용 가능성, 출력 신호의 넓은 측정 농도 범위(주로 10의 수 제곱 수준), 많은 종류의 원소를 정량적으로 검출하고 측정 가능하다는 점이다.

11E 글로우 방전 질량 분석법

제8C-2절에서 보여준 것처럼 글로우 방전 광원은 다양한 원자분광법의 원자화 장치로 사용한다.[19] 이 광원은 시료의 원자화뿐만 아니라 고체 시료로부터 분석 양이온들을 생산한다. 이 장치는 두 개의 전극이 0.1～10 torr의 아르곤 기체와 함께 밀봉되어 있다. 펄스 직류 전원에서 5～15 kV의 전압을 전극 사이에 가해주면 아르곤 양이온이 생성되어 음극으로 가속된다. 음극은 시료 자체이거나 시료를 비활성 금속 전극에 용착시켜 만든다. 제9B-1절의 속빈 캐소드 램프(hollow-cathode lamp)과 같이 시료 원자들은 음극에서 두 전극 사이의 영역으로 튕겨나간다. 여기에서 시료 원자는 전자 또는 아르곤 양이온과 충돌하여 양이온으로 바뀐다. 그 후 분석물질 이온들은 시차 펌프에 의해 질량 분석계로 도입되고, 사중 극자 분석계에서 여과되거나 자기장 부채꼴 분석계에서 분산되어 검출되고 정량된다.

앞에서 언급한 것처럼, 글로우 방전 광원들은 주로 ICP 토치와 함께 사용한다. 글로우 방전은 원자화 장치로 사용하며, ICP는 이온화 장치로 사용한다.

글로우 방전 광원은 스파크 광원보다 더 안정하고, 구입 및 유지비가 적게 든다. 이 기기는 고체 시료의 직접 분석에 특화된 장치이다. 글로우 방전 광원이 장착된 사중 극자와 이중 초점 질량 분석계들은 현재 시판되고 있다.

[19]N. H. Bings, A. Bogaerts, and J. A. C. Broekaert, *Anal. Chem.*, **2013**, *85*, 670, **DOI**: 10.1021/ac3031459; R. K. Marcus and J. A. C. Broekaert, *Glow Discharge Plasmas in Analytical Spectroscopy*, New York: Wiley, 2003; W. W. Harrison, in *Inorganic Mass Spectrometry*, Chap. 3, F. Adams, R. Gijbels, and R. Van Grieken, eds., New York: Wiley, 1988.

11F 다른 질량 분석법

지난 20여 년간, 질량 분석법의 과학, 기술은 폭발적으로 성장하였다. 이 장의 마지막 절에서는 이 분야에서의 몇 가지 중요한 발전들을 짧게 다뤄본다.

11F-1 가속 질량 분석법

최근, *가속 질량 분석법*(accelerator mass spectrometry, AMS)이라고 하는 동위 원소비 측정법이 다양하게 발전해오고 있다. AMS에서 분석 원소는 우선 시료로부터 화학적으로 분리한 뒤, AMS 기기의 시료 용기에 넣는다. 시료 원소는 세슘 이온과 충돌하여 시료 속의 분석 원소를 음이온으로 만든다. 분석 이온은 수백만 볼트의 양전압 차에 의해 빛살관으로 가속되고, 전자 벗기게를 통과하여 양이온으로 변한다. 그 다음 양이온은 빛살관에 역방향으로 가속되어 이온 속도가 빛 속도의 수 % 수준에 도달하도록 한다. 일련의 자장과 정전기장 질량 필터를 사용하여 분석 원소의 모든 동위 원소들을 포함하는 이온살을 분리 빛살로 분리한다. 분리 빛살은 분석 대상의 불안정한 동위 원소와 다른 동위 원소들을 포함하는데, 각 동위 원소들은 분리된 검출기에 의해 계수된다. 한 예로, 탄소 연대 측정에서 단일 ^{14}C 핵은 10^{15} 개 수준의 ^{13}C과 ^{12}C 동위 원소들 사이에서 분리된 뒤 계수된다.

전 세계적으로 AMS 시설은 비교적 적지만, 이 방법은 제2의 안정한 동위 원소가 대량 존재하는 가운데 불안정한 동위 원소의 농도를 정량하는 데 매우 유용하다. 특히 방사성 탄소 연대 측정이나 외계와 지구에서의 우주선과의 상호작용으로 생긴 핵종 분석에 유용하다. 그들 핵종은 ^{10}Be, ^{14}C, ^{26}Al, ^{36}Cl, ^{41}Ca, ^{129}I 이다.[20]

[20]AMS 시설과 관련한 흥미로운 점들은 Google에서 "accelerator mass spectrometry"로 검색해보시오.

11F-2 원소 표면 분석법

과학과 공학의 특정 분야에서는 전체 시료의 원소 조성보다 수 Å~수십 Å 수준의 고체 표면 층의 원소 조성 분석이 더욱 중요한 의미를 가진다. 표면 조성이 매우 중요한 분야로는 불균일 촉매 반응, 부식과 부착, 무른 특성, 생물막의 기능과 작용에 관련된 연구들이 있다.

고체 표면의 원소 성분을 정량하는 데 사용되는 두 가지 원자 질량 분석법은 이차 이온 질량 분석법과 레이저 마이크로탐침 질량 분석법이 있다. 이 방법들은 제21D-1절과 제21D-3절에 자세히 설명한다.

질문과 문제

*별표가 있는 문제의 해답은 이 책의 끝에 있다.

이 아이콘이 있는 문제는 스프레드시트를 이용하여 쉽게 풀 수 있다.

11-1 ICPMS에 사용하는 질량 분석계는 어떤 형태가 있는가? 그들은 서로 어떻게 다른가?

11-2 선형 TOF 질량 분석계와 직선 TOF 기기의 차이점을 설명하시오. 두 구조의 장점들과 한계점들은 무엇인가?

* **11-3** ICPMS에서 ICP 토치의 기능은 무엇인가?

* **11-4** 원자 질량 스펙트럼의 세로 좌표와 가로 좌표는 무엇인가?

11-5 ICPMS가 중요한 분석법으로서 널리 사용되는 이유는 무엇인가?

11-6 ICPMS에서 ICP 토치와 질량 분석계 사이의 접속 부분을 설명하시오.

11-7 레이저 증발 장치는 무엇이며, ICPMS에서 어떻게 고체 시료화의 수단으로 사용되는가?

11-8 비행 거리형 질량 분석계는 무엇이며 TOF 기기와 어떻게 다른가?

11-9 ICPMS에서 동중핵 방해와 다원자 이온 방해의 차이점을 설명하시오.

* **11-10** 내부 표준물이 ICPMS의 정량 분석에 사용되는 이유는 무엇인가?

11-11 글로우 방전 질량 분석법이 어떻게 수행되는지 설명하시오. 이 기술의 장점은 무엇인가?

11-12 가속 질량 분석법은 무엇인가? 이 방법은 어떤 형태의 정보를 제공하는가?

도전 문제

11-13 Lezius는 B-TOF 질량 분석계를 설명하고, 기기의 이론적 배경과 초기 실험 결과를 발표하였다.[21]

(a) B-TOF 질량 분석계란 무엇인가?

(b) 기기를 어떻게 작동하는지 설명하시오.

(c) 이 기기는 어떤 형태의 실험에 유용한가?

(d) *Start-up 에너지*(start-up energy)라는 용어를 정의하시오.

(e) 비행관에서의 이온의 *편차 속도*(deflection velocity) $\dot{x}$는 다음과 같이 주어진다.

---

[21] M. Lezius, *J. Mass Spectrom.*, **2002**, *37*, 305, **DOI**: 10.1002/jms.286.

$$\dot{x} = \frac{qdB}{m}$$

여기서 $q = ze$이고, B와 m은 평상시의 값이며, 논문의 그림 1에 있는 d는 자기장 영역의 넓이다. 편차 속도는 이온의 초기 비행 경로에 수직인 속도 성분이다. 이 설명을 유도하시오. 편차 속도에 관련된 의문점은 무엇인가?

(f) 이온의 초기 비행 경로에 수직인 이온의 편차 x는 다음 식으로 주어짐을 보이시오.

$$x = (l + d/2)\frac{qdB}{mv\cos\alpha}$$

여기서 l은 이온이 자기장 영역을 떠난 후, 분석계의 축을 따라 이동하는 이온의 초기 이동 거리이며, v는 이동 경로에서의 이온 속도이다. B-TOF 실험에서 거리 x와 l가 왜 중요한가?

(g) TOF 관 출구에서 자기장 영역까지의 거리 l을 날아가는 이온의 비행 시간 t_{MD}은 다음과 같이 주어진다.

$$t_{MD} = \frac{1}{\sqrt{\frac{2E_{tot}}{m} - \dot{x}^2}}$$

여기서 E_{tot}은 무엇인가? 이 논문의 식 6에 오차가 있다. 오차를 발견하고 설명하시오.

(h) 에너지 보존 법칙을 사용하여 (g)의 설명을 유도하시오.

(i) 작은 편차각에서 $\cos\alpha \approx 1$이다. 같은 전하와 질량을 가지는 이온들에서 이 조건의 결과는 무엇인가?

(j) E_{tot}, l, v의 몇 가지 전형적인 값들을 보이시오. 그리고 m의 실제 값 범위에 대한 t_{MD}를 엑셀로 계산하시오. t_{MD}과 m의 관계를 도시하시오.

12장

원자 X선 분광법

Atomic X-ray Spectrometry

광학 분광법처럼 X선 분광법도 전자기 복사선의 방출, 흡수, 산란, 형광 및 회절 측정을 기반으로 한다. X선 형광법과 X선 흡수법은 소듐보다 원자 번호가 큰, 주기율표의 모든 원소의 정성 및 정량 분석에 널리 사용된다. 특수 장비를 사용하면 원자 번호가 5~10 범위에 있는 원소들도 측정할 수 있다.

이 장에서 옆의 로고는 **www.tinyurl.com/skoogpia7**에서 대화형 자습, 시뮬레이션, 연습 등을 통해 온라인으로 학습할 수 있는 기회가 있음을 나타낸다.

12A 기본 원리

X선은 고에너지 전자의 감속 또는 원자의 내부 오비탈에 있는 전자들의 전자 전이에 의해 생성된 짧은 파장의 전자기 복사선이다.[1] X선의 파장 범위는 약 10^{-5}~100 Å이다; 그러나 통상적인 X선 분광법은 약 0.1~25 Å (1 Å = 0.1 nm = 10^{-10} m)의 영역으로 국한된다.

12A-1 X선 방출

분석 목적으로 X선은 다음과 같은 네 가지 방법으로 생성된다: (1) 고에너지 전자살로 금속 표적에 충격을 가하는 방법, (2) X선 형광(XRF)의 이차 살을 생성하기 위해 X선 일차 살에 어떤 물질을 노출시키는 방법, (3) 방사성 동위 원소의 붕괴 과정에서 X선 방출을 만드는 방법,[2] (4) 가속기 복사선 광원으로부터 얻는 방법. 소형의 가속기 광원은 아직 개발 중이지만, 미국에는 약 12개의 연구소에서 가속기 복사선으로부터 X선을 생성할 수 있는 설비를 갖추고 있다.[3] 이러한 이유로 이 장에서는 앞의 3가지 광원만을 다룰 것이다.

자외선과 가시선 광원 방출기처럼, X선 광원 방출기는 일반

---

[1]X선의 이론과 분석적 응용에 관한 더 집중적인 논의는 다음 문헌을 참고하시오. M. Haschke, *Laboratory Micro-X-Ray Fluorescence Spectroscopy*, Heidelberg: Springer, 2014; B. E. Beckhoff, B. E. Kanngießer, N. E. Langhoff, R. E. Wedell, eds., *Handbook of Practical X-Ray Fluorescence Analysis*, New York: Springer, 2005; R. E. Van Grieken and A. A. Markowicz, eds., *Handbook of X-Ray Spectrometry*, 2nd ed., New York: Marcel Dekker, 2002; R. Jenkins, *X-Ray Fluorescence Spectrometry*, 2nd ed., New York: Wiley, 1999; R. Jenkins, R. W. Gould, and D. Gedcke, *Quantitative X-Ray Spectrometry*, 2nd ed., New York: Marcel Dekker, 1995.

[2]방사성 동위 원소로부터 얻은 전자기 복사선은 일반적으로 *감마복사선*(gamma radiation)이라 불린다. 감마 복사선은 X선과 구분할 수 없다.

[3]가속기 광원으로부터 얻은 빛살의 강한 세기와 평행한 성질로 인해 다른 3가지 X선 광원으로부터는 얻을 수 없는 다양한 응용이 가능하다. 가속기로 유도된 X선의 다양한 응용에 관한 리뷰는 다음 문헌을 참고하시오. K. W. Jones and B. M. Gordon, *Anal. Chem.*, **1989**, *61*, 341A, **DOI:** 10.1021/ac00180a719; 가속기 복사선에 의해 유도된 총-반사 XRF의 응용에 대한 토의는 다음 문헌을 참고하시오. R. Klockenkamper and A. von Bohlen, *Total Reflection X-Ray Fluorescence Analysis and Related Methods*, 2nd ed., Hoboken, NJ: Wiley, 2015; F. Meirer et al., *TrAC Trends Anal. Chem.*, **2010**, *29*, 479, **DOI:** 10.1016/j.trac.2010.04.001.

적으로 연속 스펙트럼과 선 스펙트럼 모두를 생성한다; 두 스펙트럼 모두가 분석에서 중요하다. 연속 복사선은 *백색 복사선*(white radiation) 또는 *제동 복사선*(bremsstrahlung)이라고 불린다. 제동 복사선은 입자들의 억제로부터 생성되는 복사선을 의미한다; 이러한 복사선은 일반적으로 연속 스펙트럼이다.

전자살 광원으로부터의 연속 스펙트럼

어떤 X선 관(tube)에서, 가열 음극에서 생성된 전자들은 100 kV보다 큰 전압차로 금속 양극(*타깃*, target) 쪽으로 가속된다. 전자들이 음극에 충돌할 때, 빛살 에너지의 일부가 X선으로 변환된다. 어떤 조건에서는 그림 12-1과 같은 연속 스펙트럼만이 나타나고, 다른 조건에서는 선 스펙트럼이 연속 스펙트럼 위에 겹쳐서 나타난다(그림 12-2 참고).

두 그림에서 보여지는 연속 X선 스펙트럼은 가속 전압 V에 따라서 선명하고 짧고 제한된 파장(λ_0)을 갖는 특징이 있지만 타깃 물질의 종류와는 관계가 없다. 따라서 35 kV에서 몰리브데넘 타깃으로 생성된 스펙트럼(그림 12-2)의 λ_0 (0.35 Å)는 같은 전압에서 텅스텐 타깃으로 생성된 스펙트럼(그림 12-1)의 λ_0와 동일하다.

전자살 광원으로부터 얻어지는 연속 복사선은 빛살의 전자들과 타깃 물질의 원자들 사이의 충돌에 의해 생성된다. 각 충돌에서 전자는 감속되고 X선 에너지의 광자가 생성된다. 광자의 에너지는 충돌 전과 후에서 전자의 운동 에너지 차이와 같다. 일반적으로, 빛살의 전자들은 일련의 충돌로 인해 감속되고, 또한 이로 인한 운동 에너지 손실의 결과는 매 충돌마다 다르다. 따라서, 방출된 X선 광자의 에너지들은 상당한 범위에서 연속적으로 다양하다. 생성된 최대 광자 에너지는 단일 충돌에서 전자가 순간적으로 감속되어 운동 에너지가 0 (zero)이 될 때이다. 이것을, 다음과 같은 수식으로 표현할 수 있다.

$$h\nu_0 = \frac{hc}{\lambda_0} = Ve \qquad (12\text{-}1)$$

여기서, 가속 전압과 전자 전하의 곱, Ve는 빛살에서 모든 전자들의 운동 에너지이고, h는 Planck 상수이며, c는 빛의 속도이다. ν_0의 크기는 전압 V에서 생성될 수 있는 복사선의 최대 주파수이고, λ_0는 복사선의 가장 낮은 파장 한계이다. 이 관계식은 *Duane-Hunt 법칙*(Duane-Hunt law)으로 알려져 있다. 식 12-1은 Plank 상수를 매우 정확하게 결정하는 직접적인 수단을 제공한다는 점이 흥미롭다. 상수들에 숫자 값을 대입하고 재정리하면 식 12-1은 다음과 같이 된다.

$$\lambda_0 = 12{,}398/V \qquad (12\text{-}2)$$

여기서 λ_0와 V는 각각 Å과 볼트(V) 단위를 가진다.

전자살 광원으로부터의 선 스펙트럼

그림 12-2에서 볼 수 있듯이, 몰리브데넘 타깃의 충돌은 약 0.63과 0.71 Å에서 강한 방출선을 생성한다; 더불어 추가적인 단순한 일련의 선들이 4~6 Å 범위의 더 긴 파장에서 나타난다.

몰리브데넘의 방출 거동은 원자 번호가 23보다 큰 모든 원소에서 일반적으로 나타나고, X선의 선 스펙트럼은 자외선 방출과 비교해볼 때 현저하게 단순하며, 두 계열의 선들로 구성된다. 더 짧은 파장의 그룹을 K 계열이라 하고, 다른 그룹을 L 계열이라고 한다.[4] 원자 번호가 23보다 작은 원소들은 K 계열만 생성한다. 표 12-1은 몇 가지 원소들의 방출 스펙트럼에 대한 파장 데이터를 보여준다.

X선 스펙트럼의 두 번째 특징은 각 원소의 스펙트럼 선을 들뜨게 하는 데 필요한 최소의 가속 전압이 원자 번호가 증가하면

[4]무거운 원소에 대해 추가적인 계열의 선들(M, N 등)이 더 긴 파장에서 발견된다. 그러나 그들의 세기는 약하고 거의 사용이 되지 않는다. K와 L자는 짧음과 긴 파장에 대한 독일어인 *kurtz*와 *lang*에서 온 것이다. 추가적인 알파벳 글자는 점차적으로 긴 파장에서 얻어지는 선들에 대해 추가된 것이다.

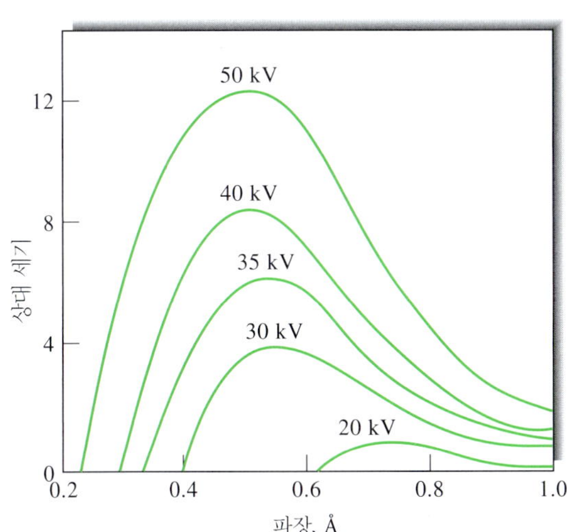

그림 12-1 텅스텐 타깃의 X선 관으로부터 얻은 연속 복사선의 분포도. 곡선 위의 숫자는 가속 전압을 나타낸다.

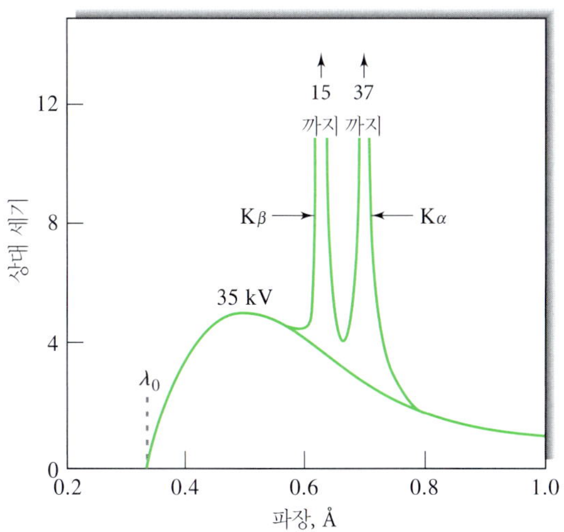

그림 12-2 몰리브데넘 타깃으로부터 얻은 X선의 선 스펙트럼.

표 12-1 몇 가지 전형적인 원소에 대한 강한 방출 선의 옹스트롬(Å) 파장

원소	원자 번호	K 계열		L 계열	
		α_1	β_1	α_1	β_1
Na	11	11.909	11.617	—	—
K	19	3.742	3.454	—	—
Cr	24	2.290	2.085	21.714	21.323
Rb	37	0.926	0.829	7.318	7.075
Cs	55	0.401	0.355	2.892	2.683
W	74	0.209	0.184	1.476	1.282
U	92	0.126	0.111	0.911	0.720

함께 증가한다는 것이다. 따라서, 들뜸 전압을 20 kV 이하로 하면 몰리브데넘(원자 번호 = 42)의 선 스펙트럼은 나타나지 않는다. 그림 12-1에서 볼 수 있듯이, 텅스텐(원자 번호 = 74)을 심지어 50 kV의 가속 전압으로 충돌시키더라도 0.1~1.0 Å의 영역에서 어떠한 선 스펙트럼도 나타나지 않는다. 그러나, 전압을 70 kV까지 증가시키면 특징적인 K 선은 0.18과 0.21 Å에서 나타난다.

그림 12-3은 특정(K 또는 L) 선에 대한 주파수의 제곱과 복사선을 나타내는 원소의 원자 번호 사이의 선형 관계를 보여준다. 이런 성질은 1914년 영국 물리학자 H. G. J. Moseley에 의해 처음 발견되었다.[5]

X선의 선 스펙트럼은 가장 내부의 원자 오비탈과 관련된 전자 전이로부터 비롯된다. 짧은 파장의 K 계열은 음극에서 나오는 고에너지 전자가 타깃 원자핵에 가장 가까운 오비탈로부터 전자를 떨어뜨리면서 생성된다. 이 충돌의 결과로 들뜬 *이온들*(ions)이 생성되고, 외부 오비탈의 전자들이 비어 있는 오비탈로 전이하면서 X선 양자들을 다수 방출한다. 그림 12-4에서 볼 수 있듯이, K 계열의 선들은 더 높은 에너지 준위와 K 껍질 사이의 전자 전이로부터 얻어진다. L 계열의 선들은 두 번째 주양자 에너지 준위에서 전자를 잃어버린 결과로 생성된다; 이는 음극에서 전자를 방출하거나 또는 L 전자가 K 준위로 전이하면서(K 복사선 양자의 생성을 동반함) 전자를 방출한 결과이다. 그림 12-4에서 에너지는 로그 눈금으로 되어 있다. 따라서 L과 K

[5]Henry Gwyn Jeffreys Moseley (1887~1915)는 University of Manchester에서 Ernest Rutherford와 함께 일하는 동안에 Moseley 법칙이라고 불리는 이 중요한 관계를 발견하였다. 그의 연구는 원자 번호 43, 61, 72, 75 및 87에서 원자 번호의 배열에서 빈 공간을 발견하였다; 현재는 이 공간에서 발견되었거나 인공적으로 만든 technetium, promethium, hafnium, rhenium, francium의 원소로 채워졌다. 제1차 세계대전이 끝났을 때 Moseley는 왕립 공학자에 올랐고, Gallipoli에서 일하는 동안 저격병에 의해 사망하였다. 그의 비극적인 사망은 영국의 과학자들이 군복무에서 제외하는 기점이 되었다. 사망하지 않았다면 Moseley는 그의 획기적인 연구로 인해서 Nobel 상을 받게 되을지도 모른다. Moseley의 생애와 업적에 대한 자세한 것은 R. Porter and M. Ogilvie, eds., *The Biographical Dictionary of Scientists*, 3rd ed., New York: Oxford, 2000을 보시오.

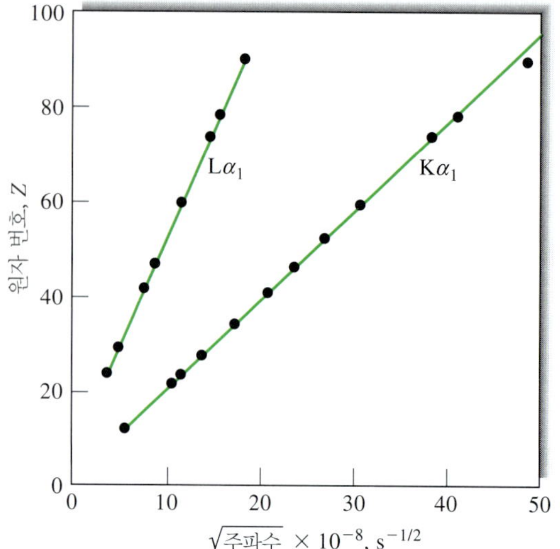

그림 12-3 X선 방출 주파수와 $K\alpha_1$과 $L\alpha_1$ 선들의 원자 번호 사이의 관계도.

준위 사이의 에너지 차이는 M과 L 준위의 차이보다 훨씬 크다. 그러므로, K선은 더 짧은 파장에서 나타난다. 또한 α_1과 α_2로 표시된 전이와 β_1과 β_2로 표시된 전이 간의 에너지 차이는 매우 작아서, 가장 높은 분해능의 분광기 이외의 일반적 분광기에서는 오직 단일 선만이 나타나는 것에 유의하자(그림 12-2 참고).

그림 12-4의 에너지 준위 도표는 많은 전이가 가능한 충분한 수의 전자를 갖는 어떤 원소에도 적용이 가능함을 보여주고 있다. 준위 간의 에너지 차이는 원자 번호와 함께 규칙적으로 증가하는데, 이는 핵전하가 증가하기 때문이다. 따라서 K 계열의 복사선은 무거운 원소일수록 더 짧은 파장에서 나타난다(표 12-1 참고). 또한, 핵 전하가 증가할수록, 이 원소들의 스펙트럼을 들뜨게 하는 데 필요한 최소 전압도 증가하여야 한다.

매우 가벼운 원소들을 제외한 모든 원소들의 특징적 X선 선 스펙트럼의 파장은 원소의 물리적 및 화학적 상태와 무관하다; 이 선들에 대한 전이는 결합과 무관한 전자들과 관련이 있기 때문이다. 따라서, 몰리브데넘의 $K\alpha$ 선의 위치는 타깃이 순수한 금속이거나, 황화물이거나, 산화물이거나 관계없이 동일하다.

형광 광원으로부터의 선 스펙트럼

선 스펙트럼을 생성하는 다른 편리한 방법은 X선 관에서 나오는 연속 복사선을 원소 또는 그 원소를 포함하는 화합물에 조사시키는 것이다. 이 과정은 이후의 절에서 자세히 살펴보자.

방사성 동위 원소로부터의 스펙트럼

X선은 보통 방사성 동위 원소의 붕괴 과정의 산물이다. X선과 구별할 수 없는 *감마선*(gamma ray)은 핵 내부의 반응에서 생성된다. 많은 α 및 β 방출 과정(제32A-2절 참고)에서는 핵들이 들뜬 상태로 남아있다; 핵은 다시 바닥 상태로 돌아오면서 한 개 이상의 감마선 양자를 방출한다. *전자 포획*(electron capture) 또는 *K 포획*(K capture)도 X선을 생성한다. 이 과정은 핵에 의한 K 전자(드물게는 L 또는 M 전자)를 포획하여 더 낮은 원자

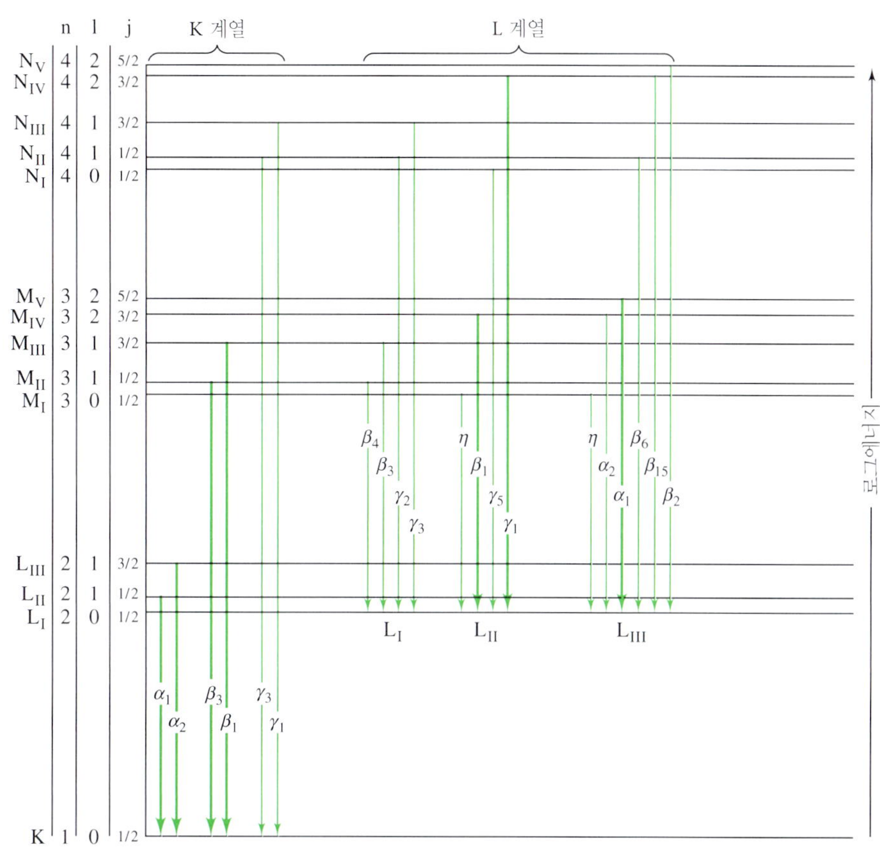

그림 12-4 X선을 생성하는 일반적인 전이를 보여주는 부분 에너지 준위도. 가장 강한 선은 더 넓은 화살표로 표시되었다.

번호의 원소를 생성한다. K 포획으로 인해 생긴 빈 오비탈로 전자 전이가 일어나고, 우리는 새로 생긴 원소의 X선 선 스펙트럼을 볼 수 있게 된다. K 포획의 반감기는 수 분에서 수천 년의 범위를 갖는다.

인위적으로 생성된 방사성 동위 원소들은 특정 분석에 적용할 수 있는 매우 단순한 단에너지(monoenergetic) 복사선을 제공한다. 가장 잘 알려진 예는 철-55인데, 2.6년의 반감기를 가지는 K 포획 반응을 일으킨다:

$$^{55}_{26}\text{Fe} \rightarrow\ ^{55}_{25}\text{Mn} + h\nu$$

약 2.1 Å에서 얻어진 망간의 Kα 선은 형광법과 흡수법 모두에서 유용한 것으로 입증되었다. 표 12-2에 X선 분광법을 위한 몇 가지 방사성 동위 원소 광원을 나열해두었다.

12A-2 흡수 스펙트럼

X선 살이 얇은 층의 물질을 통과할 때, 일반적으로 흡수와 산란으로 인해 그 세기 또는 힘은 감소한다. 흡수가 일어나는 파장 영역에서 매우 가벼운 원소를 제외하고 모든 원소에서 산란의 영향은 일반적으로 작아서 무시할 수 있다. 그림 12-5에서 볼 수 있듯이, 한 원소의 흡수 스펙트럼도 방출 스펙트럼처럼 단순하고 몇 개의 명확한 흡수 피크로 이루어져 있다. 최대 흡수 파장은 원소의 특징을 나타내며, 원소의 화학적 상태와는 무관하다.

X선 흡수 스펙트럼의 특징은 최대 흡수 바로 직후에 *흡수 모서리*(absorption edge)라고 불리는 선명한 불연속적인 형태를 나타낸다는 것이다.

흡수 과정

X선 광자의 흡수는 원자에서 가장 내부에 있는 전자 중 하나의 방출을 유발하여 들뜬 이온을 생성한다. 이 과정에서 복사선의 전체 에너지 $h\nu$는 전자의 운동 에너지(*광전자*, photoelectron)와 들뜬 이온의 퍼텐셜 에너지 사이로 분할된다. 양자 에너지가 전자를 원자의 바로 주위로 제거하는 데 필요한 에너지와 정확히 같을 때(즉, 제거된 전자의 운동 에너지가 0이 될 때), 흡수가 일어날 가능성이 가장 크다.

그림 12-5에서 보여주는 납의 흡수 스펙트럼에는 0.14 Å에서

첫 번째 피크가 나오면서, 4개의 피크가 나타난다. 이 파장에 해당하는 양자 에너지는 원소의 가장 큰 에너지를 갖는 K 전자를 제거하는 데 필요한 에너지와 정확하게 일치한다. 이 파장보다 조금 긴 파장에서 복사선 에너지는 K 전자를 제거하기에 불충분하고 흡수되는 정도가 급격히 감소된다. 0.14 Å보다 짧은 파장에서 전자와 복사선 사이의 상호작용이 일어날 가능성은 점차 감소한다; 이 결과는 흡수의 완만한 감소로 나타난다. 이 영역에서, 제거된 광전자의 운동 에너지는 파장이 감소됨에 따라 연속적으로 증가한다.

긴 파장에서의 세 개의 피크는 납의 L 에너지 준위로부터 전자가 제거될 때 나타나는 것과 일치한다. 에너지가 약간 다른 세 개의 L 에너지 준위가 존재하고(그림 12-4 참고), 그래서 세 개의 피크가 관찰된다. M 전자의 제거로 인해 생기는 일련의 피크는 더 긴 파장에 위치하여 그림 12-5에서는 나타나지 않는다.

그림 12-5는 0.485 Å에 나타나는 은의 K 흡수 모서리를 보여준다. 납보다 원자 번호가 작기 때문에 은의 흡수 파장이 더 긴 곳에서 나타난다.

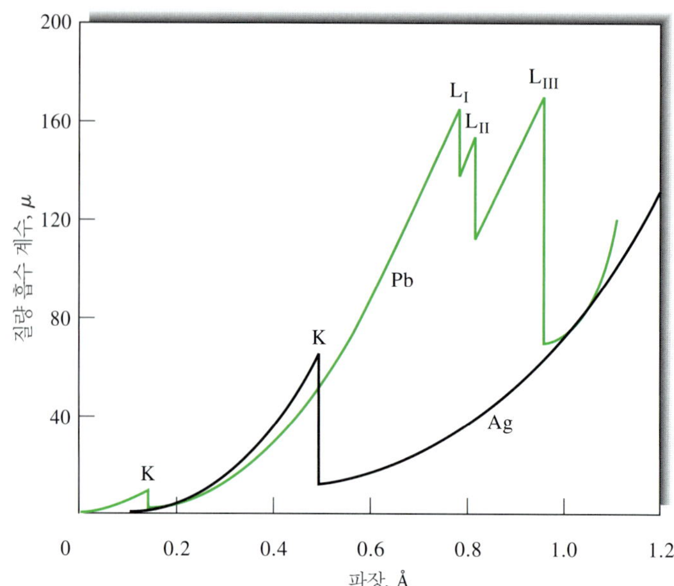

그림 12-5 납과 은의 X선 흡수 스펙트럼.

질량 흡수 계수

Beer 법칙은 X선 흡수에서도 적용되므로, 다음 식으로 표현할 수 있다.

$$\ln \frac{P_0}{P} = \mu x$$

여기서 x는 cm 단위의 시료 두께이고, P와 P_0는 투과된 빛살과 입사된 빛살의 세기이다. 상수 μ는 *선형 흡수 계수*(linear absorption coefficient)이며, 빛살의 통로에 있는 원소의 종류 및 원자의 수에 따라 달라진다. Beer 법칙의 더 편리한 형태는 다음과 같다.

$$\ln \frac{P_0}{P} = \mu_M \rho x \qquad (12\text{-}3)$$

ρ는 시료의 밀도이고, μ_M은 원소의 물리적 및 화학적 상태와 *무관한*(independent) 양을 나타내는 *질량 흡수 계수*(mass absorption coefficient)이다. 따라서 브로민의 질량 흡수 계수는 고체인 브로민산소듐과 기체인 HBr에서 동일한 값을 갖는다. 질량 흡수 계수의 단위는 cm^2/g이다.

질량 흡수 계수는 시료에 포함된 원소들에 대한 무게 분율의 합계 함수이다. 따라서,

표 12-2 X선 분광학을 위한 일반적인 방사성 동위 원소 광원

광원	감소 과정	반감기	방사선 유형	에너지, keV
$^{3}_{1}$H-Ti[a]	β^-	12.3년	연속	3~10
			Ti-K X선	4~5
$^{55}_{26}$Fe	EC[b]	2.7년	Mn-K X선	5.9
$^{57}_{27}$Co	EC	270일	Fe-K X선	6.4
			γ선	14, 122, 136
$^{109}_{48}$Cd	EC	1.3년	Ag-K X선	22
			γ선	88
$^{125}_{53}$I	EC	60일	Te-K X선	27
			γ선	35
$^{147}_{61}$Pm-Al	β^-	2.6년	연속	12~45
$^{210}_{82}$Pb	β^-	22년	Bi-L X선	11
			γ선	47

[a]비방사성 타이타늄 금속에 흡수된 삼중 수소

[b]EC = 전자 포획

$$\mu_M = W_A\mu_A + W_B\mu_B + W_C\mu_C + \cdots \quad (12\text{-}4)$$

μ_M은 원소 A, B 및 C의 무게 분율 W_A, W_B 및 W_C를 포함하는 시료의 질량 흡수 계수이다. μ_A, μ_B 및 μ_C는 해당하는 각 원소의 질량 흡수 계수이다. 여러 파장에서 원소들의 질량 흡수 계수를 나타낸 표는 많은 핸드북과 단행본, 연구자료, 웹사이트에서 찾을 수 있다.[6]

12A-3 X선 형광

X선 흡수는 전자 상태의 들뜬 이온들을 생성하고 높은 에너지 준위의 전자들이 관여된 전이에 의해 다시 바닥 상태로 돌아간다. 따라서, 납은 0.14 Å보다 짧은 파장을 흡수할 때(그림 12-5) 비어있는 K 껍질을 갖는 들뜬 이온이 생성된다; 짧은 시간 후에, 이온은 일련의 전이 과정을 거쳐 바닥 상태로 돌아가는데, 이때 전자 충돌로 인해 들뜰 때와 정확히 같은 파장의 복사선을 방출(형광)하는 특징이 있다. 그러나 형광선의 파장은 해당 흡수 모서리 파장보다 항상 좀 더 길다. 흡수는 전자의 완전한 제거(즉, 이온화)가 필요한 반면에, 방출은 이온 내부에서 더 높은 에너지 준위로부터의 전자 전이가 관련되기 때문이다. 예를 들어, 은에 대한 K 흡수 모서리는 0.485 Å에서 나타나지만, K 방출선은 0.497 및 0.559 Å의 파장을 갖는다. X선 관의 복사선에 의해 들뜨게 하여 형광을 일으키기 위해서, 작동 전압은 충분히 커야만 한다. 즉 차단 파장 λ_0(식 12-2)는 들뜨게 되는 원소의 흡수 모서리보다 더 짧아야 한다. 따라서 은의 K 선을 생성하기 위해서는, X선 관의 전압은 다음과 같아야 한다(식 12-2).

$$V \geq \frac{12{,}398\ \text{V}\cdot\text{Å}}{0.485\ \text{Å}} = 25{,}560\ \text{V 또는 } 25.6\ \text{kV}$$

XRF를 이용한 분석법은 제12C절에서 설명하고 있다.

12A-4 X선의 회절

다른 유형의 전자기 복사선과 마찬가지로 X선이 물질을 통과할 때 복사선의 전기적 벡터가 물질의 원자에 있는 전자들과 상호작용하여 산란을 일으킨다. X선이 결정의 잘 정렬된 환경에서 산란될 때, 산란 중심 간의 거리와 복사선의 파장이 같은 크기를 가지는 산란 복사선 사이에서 보강 간섭과 상쇄 간섭이 일어난다. 이 결과가 회절이다.

자습: www.tinyurl.com/skoogpia7에서 **X선 흡수법과 형광법(X-ray absorption and fluorescence)**에 대해 더 알아보시오.

[6]예로, J. H. Hubbell, *International Journal of Applied Radiation and Isotopes*, **1982**, *33*, 1269, **DOI:** 10.1016/0020-708X(82)90248-4와 http://physics.nist.gov/PhysRefData/XrayMassCoef/cover.html이 있다.

Bragg 법칙

X선 살이 각도 θ로 결정 표면에 입사될 때, 그 일부가 표면의 원자층에 의해 산란된다. 산란되지 않은 살은 두 번째 원자층으로 침투하여, 또 일부가 산란된다. 비산란 부분은 일부가 다시 산란되는 두 번째 원자층에 침투하고, 나머지는 세 번째 층으로 들어가고(그림 12-6), 이와 같은 과정이 계속된다. 규칙적으로 배열된 결정의 중심으로부터 이렇게 산란된 누적 효과가 빛살의 회절이다. 이는 가시 복사선이 반사 회절발에 의해 회절하는 것(제7C-2절)과 같다. X선 회절을 위해 요구되는 조건은 다음과 같다: (1) 원자층 사이의 간격은 복사선의 파장과 같아야만 하고, (2) 산란 중심이 매우 규칙적인 방식으로 넓게 분포되어 있어야만 한다.

1912년 W. L. Bragg는 그림 12-6에서 보여지는 것과 같이 결정에 의한 X선 회절을 다루었다. 여기서, 좁은 복사선 살이 각 θ로 결정 표면에 입사된다. O, P 및 R 위치의 원자와 복사선의 상호작용에 의해 산란이 일어난다. 만약, 거리가 다음과 같으면

$$AP + PC = \mathbf{n}\lambda$$

여기서 **n**은 정수이고, 산란된 복사선은 OCD에서 같은 위상에 있게 되고, 결정은 X선을 반사시킨다. 따라서, 위 수식을 다시 정리하면 다음과 같다.

$$AP = PC = d\sin\theta \quad (12\text{-}5)$$

여기서 d는 결정의 층간 거리이다. 따라서, 각 θ로 입사되는 빛살의 보강 간섭을 위한 조건은 다음과 같다.

$$\mathbf{n}\lambda = 2d\sin\theta \quad (12\text{-}6)$$

식 12-6은 매우 중요한 *Bragg 식*(Bragg equation)이다. 즉, 다음 조건을 만족시키는 입사각에서만 X선이 결정으로부터 반사된다.

$$\sin\theta = \frac{\mathbf{n}\lambda}{2d}$$

시뮬레이션: www.tinyurl.com/skoogpia7에서 **X선 회절법(X-ray diffraction)**에 대해 더 알아보시오.

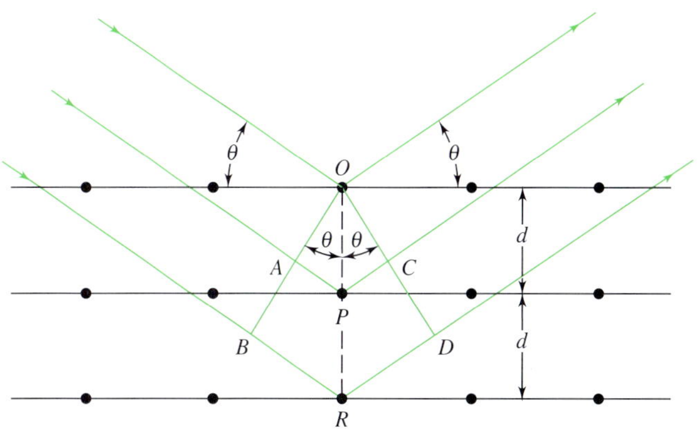

그림 12-6 결정에 의한 X선의 회절.

다른 모든 각에서는, 상쇄 간섭이 일어난다.

12B 기기 구성 요소

X선의 흡수, 방출, 형광 및 회절은 모두 분석 화학에서 사용된다. 이러한 응용을 위한 기기의 구성 요소는 광학 분광계의 5가지 기기 구성 요소와 기능 면에서 유사하다; 이 구성 요소에는 광원, 입사 복사선의 파장을 일정 범위에서 통제하는 장치, 시료 용기, 복사선 검출기 또는 변환기, 신호 처리 장치 및 판독 장치가 있다. 이들 구성 요소들은 세부적으로는 광학 장치의 구성 요소와 큰 차이가 있다. 그러나, 각각의 기능은 같고, 이들이 연결되는 기기 구성 방식은 그림 7-1에서 보여준 것과 유사하다.

광학기기와 같이, 광원으로부터 원하는 파장의 복사선을 송신하기 위해 X선 광도계는 필터를 사용하고 X선 분광 광도계는 단색화 장치를 사용하는 것은 동일하다. 그러나, 이외에도 X선 스펙트럼의 특정 부분에 대한 정보를 얻을 수 있는 방법이 있다. 이 방법은 복사선의 *파장*(wavelength)이 아닌 *에너지*(energy)를 기초로 스펙트럼의 여러 부분 중에서 일부 복사선만 구별하는 전자 장치를 이용하여 구현된다. 따라서, X선 기기는 스펙트럼을 분해하는 방법에 따라 *파장-분산형 기기*(wavelength-dispersive instruments) 또는 *에너지-분산형 기기*(energy-dispersive instruments)로 구분된다.

12B-1 광원

X선 기기에서 사용되는 광원으로는 X선 관, 방사성 동위 원소, 이차 형광 광원과 같은 세 종류가 있다.

X선 관

분석 연구에서 가장 흔히 사용되는 X선 광원은 여러 가지 모양과 형태를 가지는 X선 관[가끔 *Coolidge 관*(Coolidge tube)이라고도 불림]인데, 한 디자인을 그림 12-7에 개요도로 나타내었다. X선 광원은 텅스텐 필라멘트 음극과 커다란 양극으로 구성된 고진공 관이다. 일반적으로, 양극에는 타깃 금속이 무거운 구리 블록 표면에 도금 또는 장착되어 있다. 타깃 물질에는 텅스텐, 크로뮴, 구리, 몰리브데넘, 로듐, 스칸듐, 은, 철, 코발트 등과 같은 금속들이 있다. 필라멘트를 가열하고 전자를 타깃으로 가속시키기 위한 별도 회로가 사용된다. 가열 회로는 X선의 방출 세기를 조절할 수 있는 수단이 되며, 가속 전압은 이들의 에너지 또는 파장을 결정하게 된다. 정량 분석을 위하여, 두 회로는 전류와 전압의 상대 오차를 0.1% 이하로 조절할 수 있는 안정된 전력 공급원(power supply)으로 작동시켜야 한다.

전자 충격에 의한 X선의 발생은 매우 비효율적인 과정이다. 1% 미만의 전력이 복사선의 세기로 변환되고 나머지는 열로 소비된다. 따라서 최근까지 X선 관의 양극은 물로 냉각시켜야만 했다. 그러나, 최신 장치에서는 X선 관이 고출력 관의 1 kW보다 상당히 낮은 50 W 미만의 전력에서 작동될 수 있기 때문에

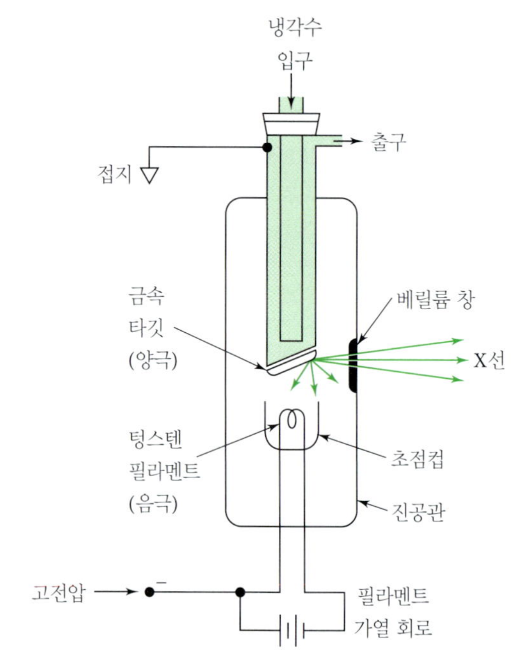

그림 12-7 X선 관의 개요도.

냉각이 불필요하다. 이러한 전력 감소로 현대 X선 변환기의 감도 증가가 가능하게 되었다.

방사성 동위 원소

다양한 방사성 물질이 XRF와 흡수법에서 광원으로 사용되고 있다(표 12-2 참고). 일반적으로, 방사성 동위 원소는 실험실의 오염을 막기 위해 캡슐에 싸여 있고, 어떤 한 방향을 제외하고는 모든 복사선을 흡수하기 위해 차폐되어 있다.

많은 최고의 방사성 광원은 단순한 선 스펙트럼을 제공하지만, 일부는 연속 스펙트럼을 제공한다(표 12-2 참고). X선 흡수의 모양이 곡선이기 때문에, 측정 원소의 범위에 따라 특정 방사성 동위 원소 광원이 형광 들뜸이나 흡수법에 적합하다. 예를 들어, 0.30과 0.47 Å 사이의 영역에서 선 스펙트럼을 발생시키는 광원은 은에 대한 K 흡수 모서리와 연관된 형광이나 흡수 연구에 적합하다(그림 12-5 참고). 광원의 선 스펙트럼 파장이 흡수 모서리에 가까워질수록 감도는 증가한다. 이런 면에서 보면, 0.46 Å의 선 스펙트럼을 가지는 아이오딘-125 방사성 동위 원소 광원은 은을 측정하기에 이상적이다.

이차 형광 광원

일부 응용에서, X선 관에서 방출된 복사선에 의해 들뜬 한 원소의 형광 스펙트럼이 흡수 또는 형광 연구용 광원으로 사용되기도 한다. 이런 장치는 일차 광원에서 방출된 연속 스펙트럼을 제거해주는 장점이 있다. 예를 들어, 텅스텐 타깃(그림 12-1)의 X선 관을 몰리브데넘의 $K\alpha$ 및 $K\beta$ 선(그림 12-2)을 들뜨게 하는 데 사용할 수 있다. 그 결과, 얻어진 형광 스펙트럼은 연속 스펙트럼이 없어진 그림 12-2의 스펙트럼과 유사하게 된다.

12B-2 X선용 필터

많은 응용에서, 좁은 파장 범위를 갖는 X선 빛살의 이용이 요구된다. 가시선 영역에서와 같이, 이를 구현하기 위하여 필터와 단색화 장치 모두가 사용된다.

그림 12-8은 필터를 사용하여 비교적 단색화된 빛살을 제조하는 일반적인 기법을 보여준다. 여기서, 몰리브데넘 타깃으로부터 방출된 Kβ 선과 대부분의 연속 스펙트럼은 약 0.01 cm 두께의 지르코늄 필터에 의해 제거된다. 그래서 남은 순수한 Kα 선만 분석에 이용된다. 이런 유형의 다른 몇 가지 타깃–필터 조합이 개발되어 타깃 원소의 강한 단색화 빛살 하나를 생성하는 데 사용된다. 이런 방법으로 만들어진 단색 복사선은 X선 회절 연구에서 폭넓게 사용된다. 이용 가능한 타깃–필터 조합이 비교적 적기 때문에, 이 방법으로 파장을 선택하는 것은 제한적이다.

X선 관에서 나온 연속 스펙트럼의 필터링은 금속의 얇은 박판으로도 제거할 수 있다. 가시 복사선에서 유리 필터를 사용한 것처럼, 원하는 파장의 복사선 세기가 상당히 감소되면서 비교적 넓은 띠(band) 형태로 투과된다.

12B-3 X선 단색화 장치

그림 12-9는 X선 분광계의 필수 구성 요소를 보여준다. 단색화 장치는 광학 장비의 슬릿과 동일한 목적을 수행하는 한 쌍의 빛살 평행화기와 분산 장치로 구성된다. 분산 장치는 *측각기*(goniometer) 또는 회전 테이블 위에 장착된 단결정이다. 이것이 결정면과 평행화된 입사 살 간의 각 θ를 가변시키고 정밀하게 측정될 수 있게 한다. 식 12-6으로부터, 측각기의 어떤 각도의 세팅에 대해 몇 개의 파장만이 회절됨을 알 수 있다($\lambda = 2d \sin\theta$일 때, $\lambda, \lambda/2, \lambda/3. . . , \lambda/\mathbf{n}$).

스펙트럼을 얻기 위해서는, 출구살 평행화 장치와 검출기가 측각기 속도의 두 배로 회전하는 다른 테이블 위에 설치되어야 한다. 즉, 결정이 각 θ로 회전할 때, 검출기는 동시에 2θ 각으로 움직여야 한다. 또한, 결정의 층간 거리 d는 정확히 알아야 한다(식 12-6). 최신 X선 단색화 장치는 기어에 기반한 기계적 연결이 아닌, 결정과 검출기를 독립적으로 구동할 수 있는 컴퓨터 제어 모터를 갖추고 있다. 이 장치는 매우 빠른 속도(약 240°/분)로 스캔할 수 있다. 회전 주사 작동 시스템을 갖춘 단색화 장치의 경우에는 원하는 파장 영역으로 빠르게 이동한 다음(약 1400°/분), 분석하고자 하는 피크 근처에서 느리게 주사한다.

X선 단색화 장치의 평행화 장치는 보통 일련의 조밀한 간격을 가진 금속판이나 관으로 이루어져 평행한 복사선 빛살 이외의 모든 빛살을 흡수한다.

약 2 Å보다 긴 X선은 대기 중의 성분들에 의해 흡수된다. 긴 파장을 사용할 경우에는 시료와 단색화 장치가 놓여 있는 부분에 헬륨을 연속적으로 흘려주어야 한다. 다른 방법은 이 부분을 펌핑하여 진공으로 만드는 것이다.

평면 단결정이 설치된 단색화 장치에서는 99% 정도의 많은 복사선이 분산되어 평행화 장치에서 흡수되므로, 빛살 세기의 손

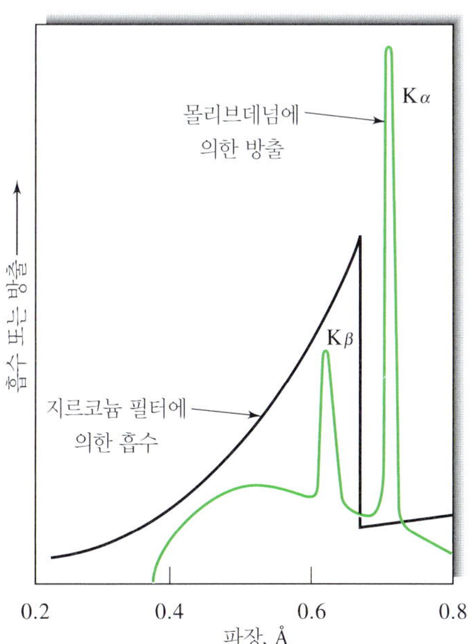

그림 12-8 필터를 이용한 단색 복사선의 생성 방법.

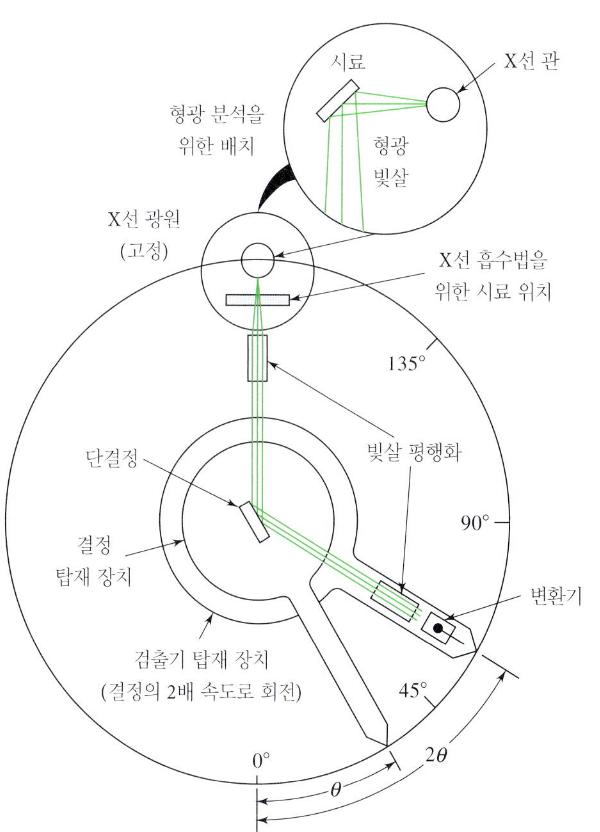

그림 12-9 X선 단색화 장치와 검출기. 입사된 빛살에 대해 검출기의 각도(2θ)는 결정면의 2배이다. 흡수법을 위해 광원은 X선 관을 사용하고, 시료는 빛살 선상에 위치한다. 삽입 그림과 같이 방출법에서는 시료가 XRF의 광원이 된다.

실이 매우 크다. 그래서 곡면 단결정을 사용하면 세기가 10배 정도 증가되는데, 이는 곡면 결정이 광원으로부터 분산된 빛살을 출구 평행화 장치로 회절도 시키고 모아주기도 하기 때문이다.

표 12-1에 나타냈듯이, 분석적으로 중요한 대부분의 X선 스펙트럼은 약 0.1~10 Å 사이의 영역에 있다. 그러나, 표 12-3에 있는 데이터를 살펴보면, 하나의 단결정만으로는 이 전체 영역을 만족스럽게 분산시킬 수 없음을 알 수 있다. 따라서 X선 단색화 장치는 적어도 두 개(또는 더 많은)의 교환 가능한 결정이 필요하다.

한 결정의 유용한 파장 범위는 결정의 격자 간격 d와 2θ가 0° 또는 180°에 접근할 때 복사선을 검출하는 것과 관련된 문제들에 의하여 결정된다. 단색화 장치가 10°보다 훨씬 작은 2θ 각에 놓여있을 때는, 결정 표면에서 산란되는 다색 복사선의 양이 엄청나게 커진다. 보통 2θ값이 약 160°보다 클 때, 광원 장치는 검출기가 이런 각도로 위치하지 못하도록 설정되어 측정할 수가 없다(그림 12-9 참고). 표 12-3에 있는 λ에 대한 최솟값과 최댓값은 이러한 제한 요인에 의해 결정되었다.

인산이수소암모늄($NH_4H_2PO_4$)처럼 격자 간격(d)이 큰 결정이 격자 간격이 작은 결정보다 더 넓은 파장 범위를 갖는다는 것을 표 12-3에서 알 수 있다. 그러나, 큰 d값으로 인한 이런 장점은 분산능(dispersion)이 낮아지는 효과로 인해 상쇄된다. 이 효과는 식 12-6을 미분하여 얻은 식으로부터 알 수 있다.

$$\frac{d\theta}{d\lambda} = \frac{\mathbf{n}}{2d\cos\theta}$$

여기에서 $d\theta/d\lambda$은 분산능의 척도이고 d에 반비례한다. 표 12-3은 여러 결정에 대한 최대와 최소 파장에서의 분산능 데이터를 보여준다. 인산이수소암모늄은 짧은 파장 영역에서는 분산능이 낮기 때문에 사용할 수 없다. 이때에는 토파즈(topaz) 또는 플루오린화 리튬(LiF)과 같은 결정으로 대체해야 한다.

표 12-3 일반적인 회절 결정의 특성

결정	격자 간 거리 d, Å	파장 범위,[a] Å		분산성, °/Å	
		$\lambda_{최대}$	$\lambda_{최소}$	$\lambda_{최대}$에서	$\lambda_{최소}$에서
Topaz	1.356	2.67	0.24	2.12	0.37
LiF	2.014	3.97	0.35	1.43	0.25
NaCl	2.820	5.55	0.49	1.02	0.18
EDDT[b]	4.404	8.67	0.77	0.65	0.11
ADP[c]	5.325	10.50	0.93	0.54	0.09

[a] 2θ의 측정 가능 범위는 λ_{max} 160°에서 λ_{min} 10°까지로 가정
[b] EDDT = Ethylenediamine *d*-tartrate.
[c] ADP = Ammonium dihydrogen phosphate.

12B-4 X선 변환기와 신호 처리 장치

초기의 X선 기기는 복사선의 검출과 기록을 위해 사진 에멀션을 사용하였다. 그러나, 편리하고 빠르고 정확하기 위해 최신 기기에는 복사선 에너지를 전기 신호로 변환시키는 변환기가 장착되어 있다. 주로 사용되는 세 가지 종류의 변환기는 *기체-충진 변환기*(gas-filled transducer), *섬광 계측기*(scintillation counter), *반도체 변환기*(semiconductor transducer)가 있다. 각 변환기의 기능을 살펴보기 전에, *광자 계측법*(photon counting)에 대한 설명이 필요하다; 이것은 신호 처리 방법의 하나로 X선 변환기와 함께 사용될 뿐만 아니라, 방사성 광원(제32장)과 자외선-가시선 광원(제7F-1절)에서 나오는 복사선의 검출기와도 함께 사용된다.

광자 계측법

이미 설명한 여러 가지 광전 검출기에 반하여, X선 검출기는 일반적으로 *광자 계측기*(photon counters)처럼 작동된다. 이런 작동 방식에서, 전하의 각 펄스는 복사선의 양자 다발처럼 만들어지고, 변환기에 의해 흡수되어 계측된다. 그리고 빛살의 세기는 단위 시간당 계측된 수로서 디지털로 기록된다. 광자 계측법은 변환기와 신호 처리 장치에서의 빠른 감응 시간이 요구되며, 각 광자의 도달이 정확하게 검출되고 기록된다. 또한, 이 방법은 비교적 낮은 세기의 빛살에서만 응용이 가능하다. 빛살의 세기가 증가하면 광자 펄스가 겹치기 시작하여, 정상 상태 전류(초당 펄스의 평균수를 표현함)만이 측정될 수 있다. 만약 변환기의 감응 시간이 느리면, 비교적 낮은 광자의 세기에서도 펄스 겹침이 일어난다. 감응 시간이 더 짧게 되면, 변환기는 펄스의 겹침이 없이 각 광자를 더 많이 검출할 수 있다.[7]

약한 복사선 광원의 경우, 광자 계수법은 일반적으로 평균 전류를 측정하여 얻는 결과보다 더 정확하고 강한 데이터를 제공한다. 소스, 변환기, 관련 전자 기기의 배경 잡음에서 발생하는 펄스보다 실질적으로 큰 신호 펄스를 추적하여 개선할 수도 있다. 잡음으로부터의 신호 분리는 제12B-5절에서 더 자세히 논의되는 전자 장치인 *펄스-높이 판별기*(pulse-height discriminator)를 사용하여 구현할 수 있다.

광자 계측법은 사용 가능한 광원의 전력이 낮기 때문에 X선 분석에서 사용된다. 또한, 광자 계측법은 단색화 장치를 사용하지 않고도 스펙트럼을 얻을 수 있다. 이 특성은 에너지-분산 시스템에 대한 절에서 다루어진다.

기체-충진 변환기

X선이 아르곤, 제논, 크립톤과 같은 불활성 기체를 통과할 때, 상호작용이 일어나 각 X선 양자에 대한 다수의 기체성 양이온

연습: www.tinyurl.com/skoogpia7에서 **X선 분광계(X-ray spectrometer)**에 대해 더 알아보시오.

[7] E. J. Darland, G. E. Leroi, and C. G. Enke, *Anal. Chem.*, **1980**, *52*, 714, **DOI**: 10.1021/ac50054a028.

과 전자(이온쌍)를 생성한다. X선 변환기의 3가지 유형인 *이온화실*(ionization chambers), *비례 계측기*(proportional counters) 및 *Geiger 관*(Geiger tubes)은 이러한 현상으로 생성된 기체의 전도도 증가를 기반으로 한다.

전형적인 기체-충진 변환기의 개략도를 그림 12-10에 나타냈다. 복사선은 운모, 베릴륨, 알루미늄 또는 마일라(Mylar)로 제작된 투명한 창을 통해 이온화실로 들어간다. 아르곤 원자 1개와 상호작용한 X선의 한 광자는 아르곤 원자의 최외각 전자 하나를 잃게 만든다. 이 *광전자*(photoelectron)는 X선 광자 에너지와 아르곤 원자에서 전자의 결합 에너지 차이와 같은 큰 운동 에너지를 가진다. 이 광전자는 기체 상태의 수백 개 원자를 이온화시키면서 이 여분의 운동 에너지를 잃는다. 특정 적용 전압의 영향 하에서, 움직이는 전자는 중앙의 선 양극 쪽으로 이동하고, 좀 더 느리게 움직이는 양이온은 원통형 금속 음극(cathode) 쪽으로 이동한다.

그림 12-11은 입사된 X선 광자 하나에 대해 기체-충진 변환기의 양극에 도달하는 전자의 수와 적용된 전압의 영향을 보여준다. 이 도면은 3개의 특징적인 전압 영역으로 구분된다. V_1보다 낮은 전압에서는 이온쌍에 가속된 힘이 낮고, 양성 및 음성 종이 분리되는 속도는 부분적 재조합을 방지하기에는 불충분하다. 결과적으로, 양극에 도달하는 전자의 수는 입사된 복사선에 의해 초기에 생성된 전자의 수보다 적다.

V_1과 V_2 사이의 *이온화실 영역*(ionization chamber region)에서는, 양극에 도달하는 전자의 수가 적당히 일정하고, 단일 광자에 의해 생성된 총 전자 수를 나타낸다.

V_3와 V_4 사이의 *비례 계측기 영역*(proportional counter region)에서는, 적용 전압에 따라 전자의 수가 급격히 증가한다. 이 증가는 가속된 전자와 기체 분자 사이의 충돌로 인한 이차 이온쌍의 생성 결과이다. 비례 계측기 영역에서는 이온 전류의 증폭(*기체 증폭*, gas amplification)이 발생한다.

V_5에서 V_6까지의 *Geiger 영역*(Geiger range)에서는, 전기 펄스의 증폭은 엄청나지만 더 빠르게 움직이는 전자가 느린 양이온에서 멀어짐에 따라 생성되는 양성의 공간 전하에 의해 제한된다. 이 효과 때문에, 양극에 도달하는 전자의 수는 입사된 복사선의 유형 및 에너지와 무관한 대신에 관의 구조와 기체 압력에 의해 영향을 받는다.

그림 12-11은 긴 파장의 5 Å X선보다, 더 강한 에너지의 0.6 Å의 복사선에 의해 더 많은 수의 전자가 생성된다는 것을 보여준다. 따라서 펄스의 크기(펄스 높이)는 저주파 X선보다 고주파 X선의 경우에 더 크다.

Geiger 관

Geiger 관은 그림 12-11의 V_5와 V_6 사이의 전압 영역에서 작동하는 기체-충진 변환기이다; 이 범위에서 기체 증폭은 10^9보다 크다. 각 광자는 전자와 양이온의 다발을 만들고, 그 결과의 전류는 크고 검출 및 측정하기 상대적으로 쉽다.

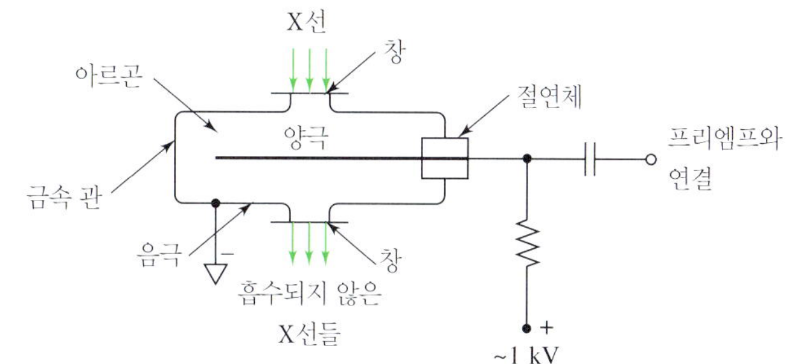

그림 12-10 기체–충진 검출기의 단면도.

비례 계측기 영역뿐만 아니라 Geiger 영역에서도 작동하는 이온화실을 통한 전기의 전도는 연속적이지 않다. 이는 앞서 언급된 공간 전하가 양극으로 전자의 흐름을 끊기 때문이다. 알짜 효과는 관이 전도되지 않는 휴지기 다음의 전류의 순간 펄스가 된다. 전도가 다시 일어나기 전에, 이 공간 전하는 양이온이 체임버 벽으로 이동함으로써 소멸되어야만 한다. *무용 시간*(dead time) 동안 관은 비전도 상태가 되고, 복사선에 대한 감응은 불가능하다. 따라서 무용 시간은 관의 감응 시간의 하한을 의미한다. 일반적으로 Geiger 관의 무용 시간은 50~200 μs 범위이다.

Geiger 관에는 일반적으로 아르곤이 채워지고, 양이온이 체임버 벽에 부딪칠 때 생성되는 이차 전자를 최소화하기 위한 낮은 농도의 알코올 또는 메테인과 같은 유기 *소광 기체*(quenching gas)가 존재한다. 관의 수명은 소광기가 고갈될 때인 약 10^8~10^9 계수로 제한된다.

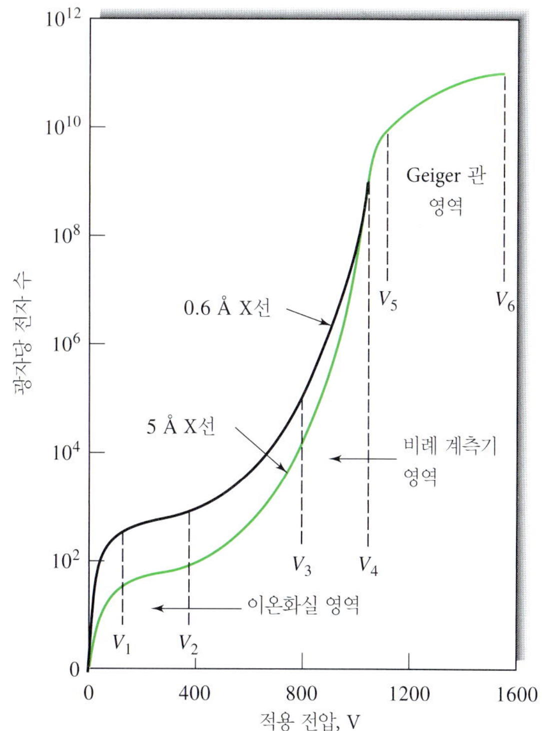

그림 12-11 다양한 유형의 기체–충진 검출기에 대한 기체 증폭.

Geiger 관의 복사선 강도는 전류 펄스를 계측하여 결정한다. 이 장치는 모든 유형의 원자핵 복사선과 X선에 사용할 수 있다. 그러나, 비교적 긴 무용 시간 때문에 다른 검출기와 같은 넓은 계수 범위의 사용이 힘들어, X선 분광계에서는 사용이 어렵다. Geiger 관 변환기의 정량적 응용은 감소했지만, 이 유형의 변환기는 휴대형 기기에 여전히 많이 사용된다.

비례 계측기

비례 계측기는 그림 12-11의 V_3에서 V_4까지의 전압 영역에서 작동하는 기체-충진 변환기이다. 이 영역에서 광자에 의해 생성된 펄스는 500~10,000배 정도 증폭되지만, 생성된 양이온 수는 충분히 적어서 무용 시간은 약 1 μs에 불과하다. 일반적으로, 비례 계측기 관에서 생긴 펄스는 계측되기 전에 증폭되어야만 한다.

비례 계측기 영역에서 생성되는 펄스당 전자의 수는 *펄스 높이*(pulse height)에 비례하고 입사되는 복사선의 에너지, 즉 *주파수*(frequency)에 정비례하다. 비례 계측기는 선별적으로 제한된 범위에 있는 크기의 펄스만을 계측하는 *펄스-높이 분석기*(pulse-height analyzer)로 X선 주파수의 한정된 범위에서만 민감하도록 만들어졌다. 사실, 펄스-높이 분석기는 복사선의 전자 선별이 가능하고, 이 기능은 단색화 장치의 기능과 유사하다.

비례 계측기는 X선 분광계의 검출기로 널리 사용되고 있다.

이온화실

이온화실은 그림 12-11의 V_1에서 V_2까지의 전압 범위에서 작동한다. 이 영역에서 전류는 작고(일반적으로 10^{-13}~10^{-16} Å), 상대적으로 적용 전압에 영향을 덜 받는다. 이온화실은 감도가 부족하기 때문에 X선 분광법에 유용하지 않다. 그러나 제32장에서 논의되는 방사성 화학 측정에 적용된다.

섬광 계측기

복사선이 인광 물질에 부딪칠 때 생성되는 발광은 방사능과 X선을 검출하는 가장 오래된 방법 중 하나이며, 특정한 측정에 여전히 널리 사용된다. 최초의 응용에서, 이 기술은 개별 광자 또는 방사성 화학 입자가 황화 아연 막을 때릴 때 발생하는 불빛신호(섬광)의 수를 수동 계측하였다. 눈으로 각 섬광을 세는 지루함으로 인해, Geiger는 기체-충진 변환기를 개발했다. 이 변환기는 편리하고 신뢰할 수 있으며, 복사선에 더 민감하다. 광전자 증배관(제7E-2절)과 더 나은 인광체의 출현으로 이 기술은 더 개선되었고, 섬광 계측법은 다시 복사선 검출 방법에서 중요한 방법 중 하나가 되었다.

가장 널리 사용되는 현대 *섬광 검출기*(scintillation detector)는 0.2% 아이오딘화 탈륨을 주입하여 활성화된 아이오딘화 소듐의 투명 결정으로 구성된다. 종종 결정은 각 면이 3~4인치 크기의 원통형이고, 한 면은 광전자 증배관의 음극과 마주보게 된다. 입사 복사선이 결정을 통과함에 따라, 그 에너지는 먼저 *섬광기*(scintillator)에 손실되면서 형광 복사선의 광자 형태로 방출된다. 약 400 nm의 파장을 갖는 수천 개의 광자가 약 0.25 μs의 무용 시간 동안 하나의 1차 입자 또는 광자에 의해 생성된다. 섬광 검출기의 무용 시간은 기체-충진 검출기의 무용 시간보다 현저히 짧다.

섬광 결정에서 생성된 빛의 섬광은 광전자 증배관의 광전 음극으로 전송되고 전기 펄스로 변환되어 증폭 및 계측이 가능해진다. 섬광기의 중요한 특징은 각 섬광에서 생성된 광자의 수가 입사 복사선의 에너지에 비례한다는 것이다. 따라서, 섬광 계측기의 출력을 모니터하기 위한 펄스-높이 분석기와의 결합은 뒤에 논의될 에너지-분산 광도계의 기본 형태가 된다.

아이오딘화 소듐 결정 외에도, 스틸벤(stilbene), 안트라센(anthracene) 및 터페닐(terphenyl)과 같은 많은 유기 섬광기가 사용되고 있다. 결정 형태에서 이들 화합물은 0.01 및 0.1 μs의 감쇠 시간을 갖는다. 유기 액체 섬광기도 개발되어 고체보다 복사선의 자기-흡수가 적은 장점 덕분에 사용된다. 액체 섬광기의 예는 톨루엔에 있는 *p*-터페닐(p-terphenyl)의 용액이다.

반도체 변환기

반도체 변환기는 X선 검출기로서 매우 중요하다. 이 장치의 가장 중요한 것들로는 *리튬-표류 실리콘 검출기*[lithium-drifted silicon detector, Si(Li)], *리튬-표류 저마늄 검출기*[lithium-drifted germanium detector, Ge(Li)], *실리콘 핀 포토다이오드*(silicon pin photodiode), *실리콘 표류 검출기*(silicon drift detector, SDD)가 있다.

그림 12-12는 결정성 실리콘 웨이퍼로 꾸며진 리튬-표류 검출기의 한 형태를 도시하고 있다. 결정에 있는 3개의 층은 X선 광원과 마주하는 *p*-형 반도체 층, 중앙의 *내부*(intrinsic) 구역, *n*-형 층으로 구성된다. *p*-형 층의 외부 표면은 전기적 접촉을 위한 얇은 금층으로 코팅되고, X선에 투명하고 얇은 베릴륨 창으로 덮여있다. 신호 출력은 *n*-형 실리콘을 코팅하고 있는 알루미늄 층에서 이루어지고, 이 출력은 약 10의 크기로 프리엠프로 전달된다. 프리엠프는 검출기의 내장 부품으로 제조된 필드-효과 트랜지스터이다.

리튬-표류 검출기는 *p*-도핑된 실리콘 결정의 표면에 리튬을 증기-증착하여 만든다. 결정이 400°C에서 500°C로 가열될 때, 리튬은 결정으로 확산된다. 리튬은 전자를 쉽게 잃기 때문에, 그 존재가 *p*-형 영역을 *n*-형 영역으로 변환시킨다. 반면에 꾸준히 상승된 온도에서는 결정에 적용된 직류 전압이 리튬층에서의 전자와 *p*-형 층의 정공의 회수를 일으킨다. *pn* 접합부를 가로지르는 전류는 리튬 *이온*(ion)이 *p* 층으로 이동 또는 표류하는 현상을 일으키고 전도에 의해 잃어버린 정공을 리튬 이온이 대체하는 내부 층을 형성한다. 결정이 냉각되면, 이 매질에서 리튬 이온은 대체한 정공보다 이동성이 떨어지기 때문에, 이 중앙 층은 다른 층에 비해 높은 저항을 갖는다.

실리콘 검출기의 내부 층은 기체-충진 변환기의 아르곤과 유사한 방식으로 작동한다. 초기에 광자 하나의 흡수는 고에너지

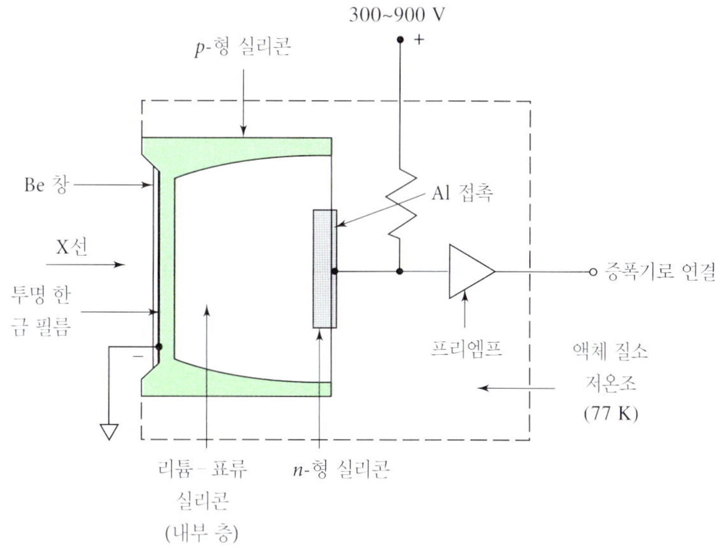

그림 12-12 방사성 광원으로부터의 X선 및 복사선에 대한 Si(Li)의 수직 단면도.

의 광전자 하나를 만들고, 그 다음에 실리콘에서 수천 개의 전자를 전도띠로 승격시키면서 운동 에너지를 잃어버려 전도도가 현저하게 증가한다. 결정에 전압이 가해지면, 전류 펄스가 각 광자의 흡수와 동반한다. 비례 검출기처럼, 펄스의 크기는 흡수된 광자의 에너지에 정비례한다. 그러나 비례 검출기와 달리, 펄스의 2차 증폭은 일어나지 않는다.

그림 12-12에서 보듯이, 리튬-표류 검출기의 검출기와 프리엠프는 전자 잡음을 허용 가능한 수준으로 낮추기 위해 액체 질소(77 K) 온도로 유지되어야만 한다. 실온에서 리튬 원자가 실리콘 전반으로 확산되어 검출기의 성능을 저하시키기 때문에 원래의 Si(Li) 검출기는 항상 냉각되어야 했지만, 최신 Si(Li) 검출기는 사용 중에만 냉각해도 된다.

실리콘 대신에 사용되는 리튬-표류 저마늄 검출기는 0.3 Å 보다 짧은 파장의 복사선을 검출하는 데 특히 유용하다. 이러한 검출기는 항상 냉각되어야 한다. 리튬-표류를 필요로 하지 않는 저마늄 검출기는 매우 순수한 저마늄으로 제작된다. *내재적 저마늄 검출기*(intrinsic germanium detectors)라고 하는 검출기는 사용 중에만 냉각해도 된다.

핀(pin) 광다이오드는 자외선-가시선 복사선의 변환기로 제 7E-2절에서 앞서 논의했다. 이 광다이오드 또한 X선 변환기이다. X선 광자가 광다이오드를 때리면 실리콘 원자가 이온화되고 전자-정공 쌍이 생성되며, 이 쌍이 소자를 스위프하며 전류를 생성한다. 각 X선 광자는 짧은 전류 펄스를 발생시키며, 이는 음극과 펄스-처리 전자 장치에 연결된 전하-감지 프리엠프에서 검출 및 측정될 수 있다. 전류 펄스의 진폭은 입사 광자의 에너지 크기에 정비례하다.

실리콘 표류 검출기(SDD)는 *핀* 광다이오드와 매우 유사하지만, 링 모양의 표류 전극으로 둘러싸인 매우 작은 양극을 사용한다. 소자의 중앙에 있는 음극으로 전자를 보내도록 구성된 양극은 표류 장을 형성한다. 이 양극의 작은 면적이 일반 *핀* 광다이오드 또는 Si(Li) 검출기보다 훨씬 낮은 축전 용량을 갖는 SDD를 가능하게 한다. 특히 높은 계측 속도에서, 이 작은 축전 용량은 일반적인 *핀* 다이오드보다 낮은 잡음과 높은 에너지 분해능을 구현한다. 실리콘 표류 다이오드는 환형 전극 때문에 *핀* 광다이오드보다 훨씬 고가이다.

전하-결합 소자(charge-coupled device, CCD)는 X선 검출기로도 사용된다. 이 2차원 장치는 다음과 같은 분야에서 전통적인 영상 검출기(예: 사진 필름)를 빠르게 대체하고 있다: X선 현미경, X선 영상학, 마이크로-XRF 영상학, X선 전사법 및 비파괴 X선 테스트. 대부분의 X선 CCD 카메라는 CCD가 입사된 X선 광자를 직접 흡수하는 직접 검출 소자이다. 다른 종류의 CCD 카메라(후면-조명 및 전면-조명 장치를 포함)는 노출되는 X선 에너지 범위에 따라 다양하게 사용된다. CCD에 대한 광섬유 입력 장치를 연결한 간접 검출형 카메라도 상용화되어 있다.

X선 변환기로부터의 펄스-높이 분포도

에너지-분산 분광기의 특성을 이해하려면, 변환기에서 동일한 에너지의 X선 광자를 연속적으로 흡수하여 생성된 전류 펄스의 크기가 정확히 일정하지 않다는 것을 인식하는 것이 중요하다. 광전자 방출과 그에 따른 전도성 전자의 생성으로 인한 변화는 확률의 법칙에 의한 무작위적인 과정이다. 따라서, 평균값을 중심으로 펄스 높이의 Gaussian 분포를 갖는다. 이 분포도의 폭은 변환기 유형에 따라 다르며, 반도체 검출기는 펄스 분포 폭이 매우 좁다. 이 특성 때문에 반도체 검출기는 에너지-분산형 X선 분광법에서 매우 중요하게 사용된다.

12B-5 신호 처리 장치

X선 분광기의 프리엠프로부터의 신호는 최대 10,000배까지 가변할 수 있는 선형 고속-감응 증폭기의 입력 신호가 된다. 최대 10 V의 펄스 전압이 생성된다.

펄스-높이 선택기

최신 X선 분광계(파장 분산형 및 에너지 분산형)에는 약 0.5 V(증폭 後) 미만의 펄스를 거절하는 *판별기*(discriminators)가 장착되어 있다. 이러한 방식으로, 변환기와 증폭기의 잡음이 크게 감소한다. 일부 기기에는 *펄스-높이 선택기*(pulse-height selectors) 또는 *창 판별기*(window discriminators)가 장착된다. 이것은 설정된 최소 준위보다 낮은 높이의 펄스뿐만 아니라 설정된 최대 준위보다 높은 펄스도 거절할 수 있는 전자 회로이다; 즉, 펄스 높이[8]의 정해진 *채널*(channel) 또는 *창*(window) 이내에 있는 펄스를 제외한 모든 펄스를 제거하는 장치이다.

분산형 기기는 동일한 결정 세팅에서 회절된 고차원이고 더 강한 복사선 에너지로부터 분석 선 스펙트럼을 분리하는 단색화 장치를 보완하고 잡음을 제거하는 펄스-높이 선택기를 장착하고 있다.

펄스-높이 분석기

펄스-높이 분석기는 에너지 스펙트럼을 제공하는 방식으로 구성된 하나 이상의 펄스-높이 선택기로 구성된다. 단일 채널 분석기는 일반적으로 0.1~0.5 V의 범위에서 약 10 V 이상의 전압 영역에서 구동된다. 이 범위는 수동 또는 자동으로 조정되며 전체 전압 범위를 스캔하여 에너지-분산 스펙트럼을 제공한다. 다중 채널 분석기는 일반적으로 수천 개의 개별 채널로 구성되며, 각 채널은 독립적으로 다른 전압 범위를 갖는다. 각 채널의 신호는 채널의 에너지에 해당되는 컴퓨터 또는 분석기의 기억 장치에 누적되고, 전체 스펙트럼을 동시에 계측하며 기록을 할 수 있다.

계수기 및 계측기

편리한 계측 속도를 얻으려면 X선 변환기의 출력을 계수해야 한다. 즉, 펄스 수는 회로가 10진법 또는 2진법 장치인지에 따라 10 또는 2의 배수로 나누어 줄어든다. 전자 계수기의 간략한 설명은 제4C-4절에 있다. 계수된 펄스의 계측은 제4C-2절 및 제4C-3절에 설명된 전자 계측기로 수행된다.

12C X선 형광법

X선 형광(XRF) 분광계에서 들뜸은 일반적으로 X선 관 또는 방사능 광원으로부터 X선 빛살을 시료에 조사하여 이루어진다. XRF에서 시료의 원소는 1차 X선 빛살의 흡수에 의해 들뜬다. 들뜬 원소들은 특징적인 X선을 연속적으로 방출(형광)한다. XRF는 큰 재료 또는 코팅, 미세 시료의 가장 가벼운 원소를 제외한 모든 원소를 신속하게 정량 분석을 하는 강력한 기기이다. 또한, XRF는 산소의 원자 수(> 8)보다 큰 원소의 정성 분석 및 원소의 준정량과 정량 분석에 주로 사용된다.[9] XRF의 특별한 장점은 다른 원소 분석법과 달리 비파괴적이다.

XRF는 단일-점과 다중-점 모드, 면적 측정 모드, 선 스캔 모드, 영상(매핑) 모드 등으로 사용될 수 있다. 특히, 미세-XRF 방법은 불규칙한 모양을 한 시료의 좁은 면적 측정이 가능하다.

12C-1 기기 장치

이전 절에서 다루었던 기기 구성 요소의 다양한 조합을 통해 *파장-분산형 X선 형광*(wavelength-dispersive X-ray fluorescence, WDXRF)과 *에너지-분산형 X선 형광*(energy-dispersive X-ray fluorescence, EDXRF) 기기와 같은 2가지 기본유형을 나눌 수 있다.[10]

파장-분산형 기기 장치

파장-분산형 기기 장치는 X선 빛살이 파장별 부품으로 평행화되고 분산될 때 발생하는 큰 에너지 손실 때문에 항상 여러 개의 관 광원들로 구성된다. 반면, 방사능 광원은 X선 관 광원의 10^{-4}보다 느린 속도로 X선 광자를 생성하고, 단색화 장치에 의한 빛살 세기의 추가적인 감소로 정확한 검출과 측정이 어렵거나 불가능하다.

파장-분산형 기기에는 *단일 채널형*(single channel)(또는 *순차형*, sequential)과 *다중 채널형*(multichannel)(또는 *동시형*, simultaneous)의 2가지 유형이 있다. 그림 12-9의 분광계는 XRF 분석에 쉽게 사용할 수 있는 순차형 기기이다. 이 유형의 기기에서는 X선 관 광원과 시료가 그림 상단 원 안의 삽입 그림에 표시된 것처럼 배치된다. 단일 채널형 기기는 수동식 또는 자동식이 있다. 수동식 기기는 몇 원소의 정량 분석에서 매우 만족스럽다. 이 응용에서는, 결정과 변환기를 적절한 각도(θ 및 2θ)로 설정하고 정밀한 결과를 얻기에 충분하도록 계측이 누적되는 모든 과정을 계측한다. 자동식 기기는 전체 스펙트럼을 스캔해야만 하기 때문에 정성 분석에 훨씬 유용하다. 이 장치에서는

연습: www.tinyurl.com/skoogpia7에서 **X선 변환기(X-ray transducer)**에 대해 더 알아보시오.

[8]신호 성형에 관한 토의는 제4C-1절을 참고하시오.

[9]다음 문헌을 참고하시오. M. Haschke, *Laboratory Micro-X-Ray Fluorescence Spectroscopy*, Heidelberg: Springer, 2014; R. Jenkins, *X-Ray Fluorescence Spectrometry*, 2nd ed., New York: Wiley, 1999.

[10]XRF를 포함한 X선 분광법의 리뷰는 다음 문헌을 참고하시오. K. Tsuji, K. Nakano, Y. Takahashi, K. Hayashi, C.U. Ro, *Anal. Chem.*, **2012**, *84*, 636, **DOI:** 10.1021/ac202871b; *Anal. Chem.*, **2010**, *82*, 4950, **DOI:** 10.1021/ac101069d; P. J. Potts, A. T. Ellis, P. Kregsamer, C. Streli, C. Vanhoof, M. West, and P. Wobrauschek, *J. Anal. Atomic Spectrometry*, **2005**, *20*, 1124, **DOI:** 10.1039/b511542f.

결정과 검출기는 동시에 움직이고 검출기 출력은 데이터-수집 시스템에 연결된다.

최신 단일 채널형 분광계에는 2개의 X선 광원이 제공된다. 일반적으로, 하나는 긴 파장을 위한 크로뮴 타깃이고, 다른 하나는 짧은 파장을 위한 텅스텐 타깃이다. $\lambda > 2$ Å인 경우, 헬륨 기체를 연속적으로 흘려서 펌핑 또는 배출하여 광원과 검출기 사이의 공기를 제거해야만 한다. 이 유형의 기기에서는 분산형 결정이 쉽게 교체될 수 있어야만 한다. 단일 채널형 기기 가격은 $50,000 이상이다.

최대 24개 원소들을 동시에 검출하고 정량할 수 있는 다중 채널 분산형 기기는 크고 비싼(> $150,000) 장비이다. 이 장치에는 적당한 하나의 결정과 하나의 검출기로 구성된 각각의 채널들이 X선 광원과 시료 용기 주위에 둥그렇게 배열되어 있다. 대부분 채널들에 사용된 결정들은 특정 분석 선 스펙트럼에 대해 적절한 각도로 고정되어 있다. 어떤 기기에서는 하나 이상의 결정들이 스펙트럼을 스캔하도록 움직일 수 있게 되어 있다.

다중 채널형 기기의 각 변환기마다 증폭기, 펄스-높이 선택기, 계수기, 계측기 또는 적분기 등이 내장되어 있다. 이 장치들은 컴퓨터와 연결되어 기기를 조정하고, 데이터를 처리하고, 분석 결과를 도시한다. 20개 이상의 원소를 정량하는 데는 수 초에서 수 분 정도 걸린다.

다중 채널형 기기는 강철, 합금, 시멘트, 광물, 석유 제품과 같은 산업용 물질에서 여러 원소를 분석하는 데 널리 사용된다. 다중 채널형과 단일 채널형 기기 모두는 금속, 분말 고체, 증착 필름, 순수 액체, 용액 등 다양한 형태의 시료에 적용할 수 있다. 필요한 경우에는 시료를 Mylar나 셀로판 창의 셀에 놓고 측정할 수도 있다.

에너지-분산형 기기 장치

그림 12-13a에서 보여주는 바와 같이, 에너지-분산형 X선 형광(EDXRF) 분광계는 X선 관 또는 방사성 물질로 만들어지는 다색 광원, 시료 용기, 반도체 검출기, 에너지 식별에 필요한 여러 전자 부품으로 이루어진다.[11]

에너지-분산형 시스템의 명백한 장점은 분광계의 들뜸 장치와 검출 장치에서 움직이는 부품이 간단하고 적다는 것이다. 더욱이, 평행화 장치와 결정 회절 장치가 없고, 검출기와 시료가 매우 가까워 검출기에 도달하는 에너지가 100배 이상 증가한다. 이러한 특징으로 방사성 낮은 물질 또는 낮은 출력의 X선 관과 같은 광원을 사용할 수 있어, 가격이 저렴해지고 시료의 복사선에 의한 손상이 적어진다. 일반적으로, 에너지-분산형 기기의 가격은 파장-분산형 기기보다 4~5배 정도 싸다.

그림 12-13b는 2004년의 화성 탐사용 센서 머리 부분을 보여준다. 비슷한 기기가 2012년에 화성의 Gale 분화구에 도착한 화성 탐사선 Curiosity호의 Mars Science Laboratory에 탑재되었다. 머리 부분은 X선과 5.81 MeV 알파 입자를 방출하는 curium-244 광원으로 구성된다. X선은 화성의 암석 시료에서 형광을 유발하고, 알파 입자는 동시에 X선 방출을 유도한다. 알파 입자와 양성자와 같은 미립자의 충격에 의해 유도된 X선 방출은 *입자 유도 X선 방출*(particle induced X-ray emission, PIXE)이라고 불린다. 이 X선 검출기는 새로운 실온형으로 화성의 밤(−40°C 이하)과 같은 낮은 온도에서 잡음 적고 우수한 분해능과 감도의 높은 신호 대 잡음비를 갖는다. 중앙 검출기 주변에 6

[11] 다음 문헌을 참고하시오. R. Jenkins, *X-Ray Fluorescence Spectrometry*, 2nd ed., New York: Wiley, 1999.

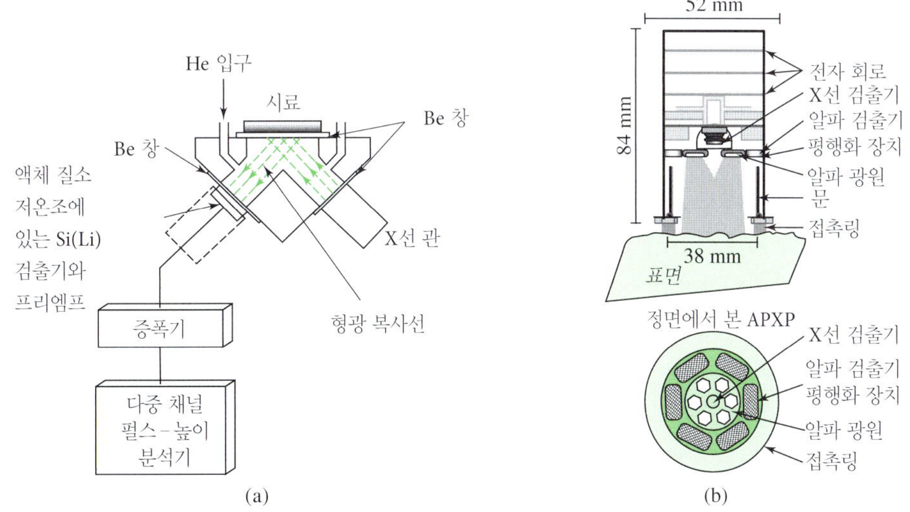

그림 12-13 에너지-분산형 X선 형광(EDXRF) 분광계. (a) X선 관의 X선 들뜸 장치, (b) 방사성 물질(curium-244, 5.18 MeV 알파 입자 및 X선의 광원)로 구성된 화성 탐사용 알파 광자 X선 분광계의 센서 머리 부분. 이 X선 검출기(b)는 새로운 실온형이다. (Reprinted with permission from R. Gellert et al., J. Geophys. Res., **2006**, *111*, E02S05, **DOI:** 10.1029/2005je002555.)

개의 Cm-244 광원이 배열된 센서 머리 부분의 집적된 디자인을 주의깊게 보라. 그림 12-14의 X선 스펙트럼은 화성 탐사선 Curiosity에 탑재된 Mars Science Laboratory에서 얻은 것이다.

다중 채널의 에너지-분산형 기기에서는, 방출된 모든 X선들이 동시에 측정된다. Fellgett 이점(제7I-1절 참고)의 결과로 감도가 증가되고 신호 대 잡음비가 개선된다. 결정형 분광계와 비교해서, 에너지-분산형 장치의 주된 단점은 1 Å보다 긴 파장에서 분해능이 낮다는 것이다. 한편, 짧은 파장에서는 에너지-분산형 장치가 훨씬 높은 분해능을 갖는다.

그림 12-15a는 상업용 기본 benchtop형 EDXRF의 사진으로, 많은 산업 공정에서의 시료 중 소듐으로부터 우라늄까지 광범위한 원소의 일상적인 분석을 위해 사용된다. 그림 12-15b는 그림 12-15a 사진 위에 있는 시료를 돌리는 테이블을 확대한 것으로 기기의 광학적 배치도를 보여준다. X선 관의 복사선은 회전하는 시료의 바닥을 때리기 전에 적당한 필터를 통과한다. 시료에 의해 방출된 X선 형광은 실리콘 검출기를 통과하여, 다중 채널 계측 시스템에 신호를 제공한다. 이 시스템은 로듐 양극 X선 관, 프로그램 가능한 5개의 필터, 헬륨 주입 시스템, 12개의 시료 교환기, 데이터 획득 과정 동안 각 시료를 회전시키는 스피너 등으로 구성된다. 시료의 스피닝은 시료의 불균일성으로 인한 오차를 감소시킨다. 제12C-3절에서 이 기기의 정량적인 응용을 다룰 것이다.

많은 기기 회사들은 현재 휴대용(현장용)과 이동용 EDXRF 분광기를 생산한다. 이 분석기는 시료를 실험실로 옮기지 않고 광산, 지질학적, 환경적, 고고학적 등의 현장에서 바로 측정할 수 있다. 휴대용 XRF 분석기는 이러한 측정에 매우 인기가 높다. 그림 12-15c는 이런 장치 하나를 보여준다. 휴대용 분광계는 보통 X선 관 광원을 사용하지만, 방사능 광원을 사용하기도 한다. 검출기는 보통 SDD-형 또는 *핀* 다이오드이다. 그림의 장치에는 로듐, 금 또는 탄탈럼 양극의 X선 관과 SDD 검출기로 구성되며, 컴퓨터 및 디지털-처리 전자 부품이 포함된다. 이 장치는 전지로 작동하며, 재충전용 리튬 이온 배터리를 빼면 1.3 kg (3 lbs)이 약간 넘는다.

미세 X선 형광법

X선 형광은 작은 점에 입사 살의 초점을 맞출 수 있는 X선 광학 장치와 검출된 방출을 제한하는 핀구멍 조리개를 이용하여 매우 작은 면적에서도 얻을 수 있다. 폴리케필러리 광학 장치(polycapillary optics)와 결정 포커싱 광학 장치(crystal focusing optics)는 수 μm의 점 크기를 얻는 데 사용되었다. 2개의 포커싱 광학 장치를 갖는 공초점 기하학적 구조도 사용되었다. 이러한 작은 면적을 측정할 때의 단점은 입사 및 방출된 빛살의 강도가 당연히 감소한다는 것이다. 이 이유로, 매우 높은 강도의 가속기 광원이 미세 X선 스펙트럼을 얻는 데 처음으로 사용되었다. 그러나, X선 광학 장치와 검출기의 개선으로 미세 X선법은 일상적인 실험실에서도 사용이 가능해졌다.[12]

미세-XRF가 개발된 후, 귀금속 분야, 법의학 분석, 고고학, 도금층 분석 등에 다양하게 응용되고 있다. 미세-XRF 기술은 생

[12]다음 문헌을 참고하시오. M. Haschke, *Laboratory Micro-X-Ray Fluorescence Spectroscopy*, Heidelberg: Springer, 2014.

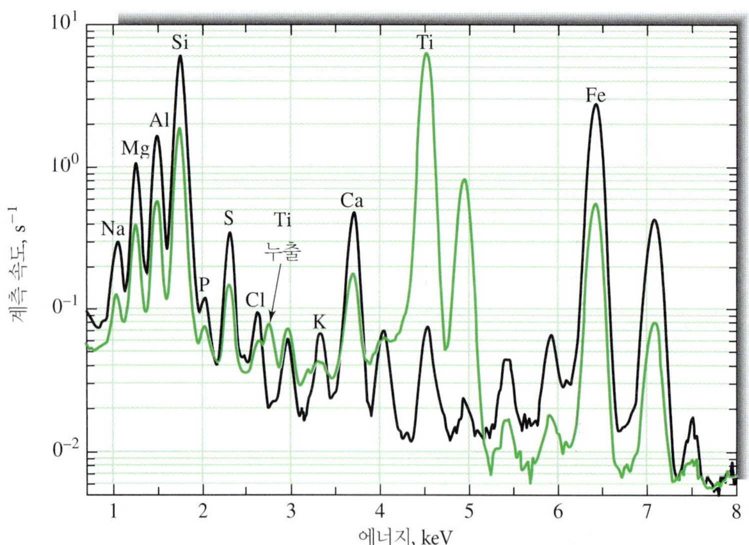

그림 12-14 화성 탐사선 Curiosity에 탑재된 Mars Science Laboratory으로 화성의 Gale 분화구에서 채취한 시료에서 얻은 X선 스펙트럼. 현장 입자(Portage, 검은색 곡선)와 Ti 관찰 쟁반으로 이동된 시료(o-tray 위의 시료, 파란색 곡선)의 비교. (Reprinted with permission from J. A. Berger et al., *J. Geophys. Res. Planets*, **2014**, *119*, 1046, **DOI:** 10.1002/2013JE004519.)

(a)

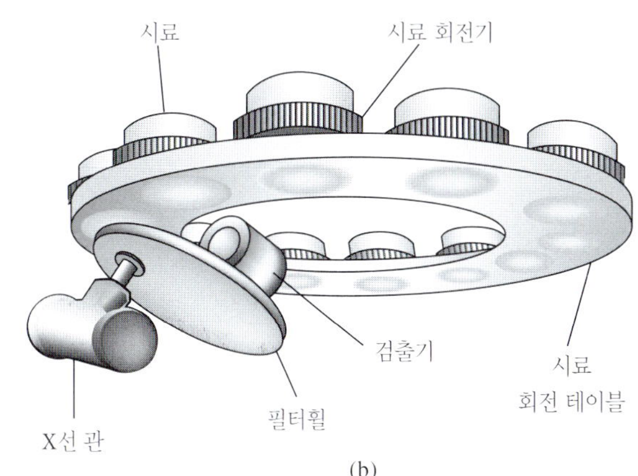

(b)

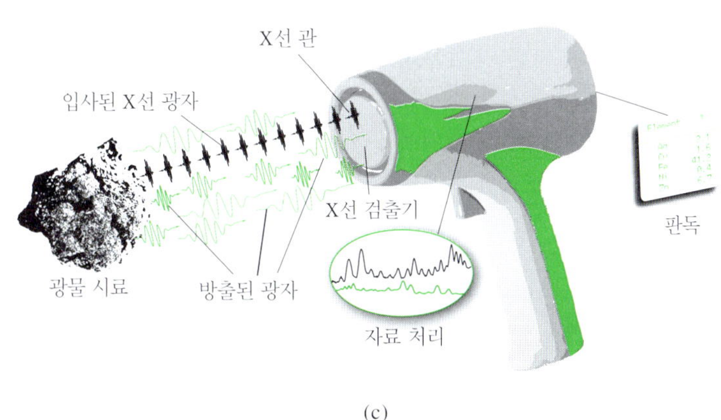

(c)

그림 12-15 (a) 최대 12개 시료를 수용할 수 있는 회전 테이블을 갖춘 Epsilon 3^{XLE} benchtop XRF 분광계, (b) X선 광원, 필터휠, 검출기, 바닥에서 본 시료 회전 테이블을 보여주는 개략도, (c) 휴대용 XRF 기기. X선 관 광원으로부터의 복사선은 시료를 때려, X선 형광을 방출하고, SDD 검출기로 검출된다. [Photo in (a) courtesy of PANalytical B.V., Almelo, The Netherlands.]

물학적, 지질학적, 반도체 시료와 같은 매우 작은 시료의 스캐닝과 영상학에도 적용되고 있다. 미세-XRF는 비교적 새로운 기술이지만, 광학, 검출법, 시료 위치 등이 개선되면서 이미 새롭고 독특한 응용이 이루어지고 있다. 예를 들어, NASA가 2020년에 발사할 계획인 새로운 화성 탐사선에는 화성에 있는 암석과 토양의 조성을 미세하게 분석하기 위해 설계된 미세-XRF 기기가 포함될 것이다.

전반사 X선 형광법

전반사 X선 형광법(total reflection XRF, TRXRF)은 매끄러운 표면의 미립자, 잔류물, 불순물 등을 측정하는 데 사용되는 표면 기술이다.[13] 외부 전반사를 위한 임계각보다 작은 각도로 입사 살이 시료를 때릴 때, TRXRF가 발생한다. 일반적으로 매끄러운 기질 위에 시료의 얇은 층이 사용된다. 입사 살의 전반사로 인해서, 이 복사선의 작은 부분만이 시료 기질으로 침투하여 배경 및 매트릭스 효과에 대한 산란 기여도를 크게 감소시킨다. 입사 살이 전반사되므로, 시료는 입사 살과 반사살 모두에 의해 들뜨게 되어, 형광 신호의 거의 2배가 된다. 스침각 입사(grazing incidence)는 검출기를 기질에 매우 가깝게 위치시킬 수 있어서 검출에서 매우 큰 입체각을 제공한다.

실리콘 웨이퍼와 같은 시료에서 표면 오염은 검출기 아래에서 웨이퍼를 이동시키면서 매핑(mapping)이 가능하다. 생물학적 재료, 광물, 법의학 시료, 고고학적 시료, 그림, 토양, 식물, 식품 등 다양한 적용이 가능하다.

12C-2 정성 및 준정량 분석

그림 12-16은 에너지-분산형 기기로 얻은 스펙트럼이다. 이 기기의 가로축은 일반적으로 채널 수 또는 keV의 에너지로 보정된다. 각 점은 수백 채널 중 하나에 누적된 계측 수를 나타낸다.

그림 12-16에서 보여준 정성적 정보는 조심스런 피크 높이의 측정을 통해 준정량적인 데이터로 변환할 수 있다. 대략적인 농도를 얻기 위하여, 다음의 관계식이 사용된다.

$$P_x = P_s W_x \tag{12-7}$$

[13]R. Klockenkamper and A. von Bohlen, *Total Reflection X-Ray Fluorescence Analysis and Related Methods*, 2nd ed., Hoboken, NJ: Wiley, 2015.

여기서 P_x는 정해진 시간에 계측한 수의 형태로 측정된 선 스펙트럼의 상대적인 세기이고, W_x는 시료 중 분석 원소의 무게 분율이다. 인자 P_s는 W_x가 1일 때와 같은 계측 조건에서 관찰된 상대적인 선 스펙트럼의 세기이다. P_s의 값은 순수한 원소의 시료 또는 조성을 아는 표준 시료를 이용하여 결정된다.

앞의 단락에서 다룬 식 12-7은 목표 화학종의 방출이 시료에 존재하는 다른 원소에 의해 영향을 받지 않는다는 가정에서 이용될 수 있다. 이 가정은 보통 올바르지 않을 수도 있다. 그 결과로 농도 계산값은 2배 이상의 오차가 있을 수 있다. 하지만 이런 불확정성은 자릿수 크기의 오차가 일반적인 광학 방출에 의한 준정량 분석보다는 훨씬 적다.

12C-3 정량 분석

최신 XRF 기기는 고전적 습식 화학 분석법이나 다른 기기 분석법과 비슷하거나 더 좋은 정밀도로 복잡한 물질을 정량 분석할 수 있다.[14] 그러나 분석의 정확도를 이런 수준까지 얻기 위해서는, 전체 화학적 물리적 조성이 시료와 거의 같은 검정 표준물이나, 매트릭스(matrix) 효과를 줄일 수 있는 적절한 방법이 있어야 한다.

[14]다음 문헌을 참고하시오. R. E. Van Grieken and A. A. Markowicz, eds., *Handbook of X-Ray Spectrometry*, 2nd ed., New York: Marcel Dekker, 2002; R. Jenkins, R. W. Gould, and D. Gedcke, *Quantitative X-Ray Spectrometry*, 2nd ed., New York: Marcel Dekker, 1995.

매트릭스 효과

형광 과정에서 생성된 X선은 시료 표면과 표면 아래의 원자들로부터 발생한다는 것을 기억해두자. 따라서 입사 복사선과 얻어진 형광의 일부가 시료 깊숙이 투과하면서 흡수와 산란이 일어날 수 있다. 어떤 빛살이 감소되는 정도는 매질의 질량 흡수 계수에 비례한다; 질량 흡수 계수는 시료 내 **모든** 원소들의 흡수 계수에 의해 결정된다. 따라서, XRF 측정에서 검출기에 도달한 선의 알짜 세기는 XRF 선을 생성하는 원소의 농도에 비례하지만, 매트릭스 원소들의 농도와 질량 흡수 계수도 선의 세기에 영향을 준다. 이것의 예외는 TRXRF이다. 스침각 입사는 시료와 기질로 침투가 거의 일어나지 않는다.

매트릭스에 의한 흡수 효과(absorption effect)는 식 12-7로 계산하여 얻은 결과를 높거나 낮게 할 수 있다. 예를 들어, 분석 원소보다 입사된 빛살이나 방출된 빛살을 더 강하게 흡수하는 원소들이 매트릭스에 많이 포함되어 있으면, 흡수가 적은 표준물로 P_s를 측정하였기 때문에 W_x는 낮게 될 것이다. 반면, 시료의 매트릭스 원소가 표준물보다 적게 흡수하면, 높은 값의 W_x가 얻어질 것이다.

상승 효과(enhancement effect)라고 불리는 두 번째 매트릭

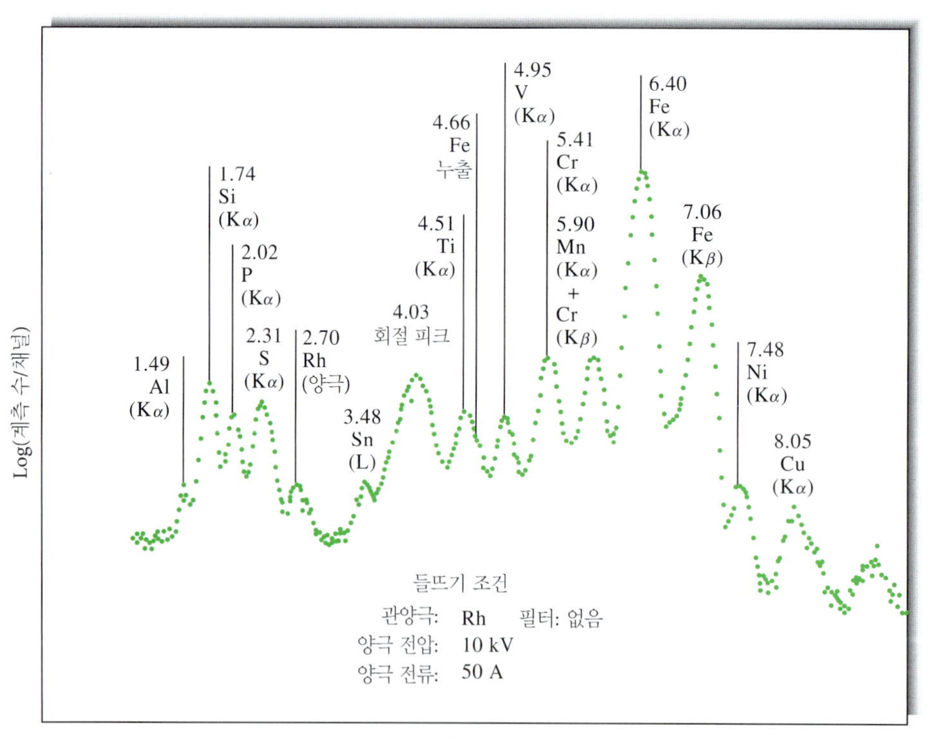

그림 12-16 Rh 양극 X선 관 광원의 에너지-분산형 기기로 측정한 철 시료의 스펙트럼. 피크 위의 숫자는 keV의 에너지를 나타낸다. (Reprinted with permission from J. A. Cooper, *Amer. Lab.*, **1976**, *8*(11), 44. Copyright 1976 by International Scientific Communications, Inc.)

스 효과는 예상보다 큰 결과를 낼 수도 있다. 이 현상은 입사 살에 의해 들떠서 만들어진 특징적 방출 스펙트럼을 내는 원소가 시료에 포함되어 있을 때 나타나는데, 이 방출 스펙트럼이 분석선의 이차 들뜸을 유발한다.

XRF 분석에서 흡수 효과와 상승 효과를 상쇄하기 위한 여러 방법이 개발되었다.

외부 표준물 검정법

전체 조성이 시료와 비슷한 일련의 표준물(외부 표준물)을 사용하여 분석 선 세기와 농도 간의 관계를 실험적으로 결정해야만 한다. 흡수 효과와 상승 효과가 시료와 표준물 모두에서 같다고 가정하고, 실험 데이터는 방출 데이터를 농도로 변환시킨 것이다. 이 방법으로 얻은 오차의 정도는 시료와 표준물이 얼마나 일치하느냐에 비례하다.

내부 표준물의 사용

이 과정에서 농도가 알려진 일정량의 한 원소(내부 표준물)를 검정 표준물들과 시료에 모두 주입한다; 주입한 원소는 원 시료에는 존재하지 않아야 한다. 분석 원소와 내부 표준물 사이의 방출선 세기 비는 분석적으로 가변적이다. 여기에는 흡수 효과와 증강 효과가 두 방출선에서 같고, 두 방출선의 세기 비를 이용하면 이들의 효과가 보정된다는 가정을 하고 있다.

시료와 표준물의 묽힘

X선을 약하게 흡수하는 물질, 즉, 낮은 원자 번호의 원소로만 구성된 물질로 시료와 표준물을 묽힌다. 이런 묽힘제로는 물; 탄소, 수소, 산소 및 질소만을 포함하는 유기 용매; 녹말; 탄산 리튬; 알루미나; 붕산 또는 붕산염 유리 등이 있다. 과량의 묽힘제를 사용하면, 묽혀진 표준물과 시료 모두에서 매트릭스 효과가 일정하게 되고, 적당하게 보정이 이루어진다. 이 과정은 광물 분석에 특히 유용함이 증명되었다. 시료와 표준물 모두를 용융 붕사에 용해시키고 냉각시킨 다음에, 대량의 융해 물질을 들뜨게 하는 일반적인 방법이다.

여러 원소의 분석법과 데이터 분석

전체 시료 X선 흡수가 예상되는 분석물질 농도의 전 범위에 대해 크게 변화가 없고, 상승 효과가 없다면, XRF 선 세기와 원소의 농도 사이는 일반적으로 직선 관계를 갖는다.[15] 이와 같은 조건에서는 *유형 표준화*(type standardization) 기법을 이용하는 것이 가능하다. 이 기술에서 표준물을 직접 제조하여 검증하거나 한국표준과학연구소 또는 미국표준기술연구소(NIST)와 같은 기관에서 구입할 수 있다. 이 표준물은 분광기를 검정하고 분석을 위한 검정선을 얻는 데 사용된다. 시료로 일치하는 조성의 특정한 형태의 표준물 수백 가지가 상용화되어 있다.

시료의 성질과 조성이 알려지지 않은 경우에는, 크게 3가지 형태의 *영향 검정법*(influence correction methods)을 이용할 필요가 있다: *기본*(fundamental), *유도*(derived) 및 *회귀*(regression). 기본 검정법에서는, 표준물의 각 원소에 대해 다음과 같은 변수에 따라 형광 세기를 계산한다. 변수로는 광원 스펙트럼, 흡수와 형광에 대한 기본 관계식, 매트릭스 효과, 결정의 반사도(WDXRF 기기의 경우), 기기 광학 부품, 검출기 효율 등이 있다. 표준물의 XRF 스펙트럼을 측정하고, 또 기기적 변수에 따라 반복적으로 측정하여 분석물질에 대한 *교정 함수*(calibration function)를 결정하기 위해서 기본적인 변수들을 정제하고 조합하여야 한다. 그 다음, 미지 시료의 스펙트럼을 측정하고, 분석물질의 농도를 초기 예측치를 이용하여 반복적으로 측정한다. 적당한 통계적 기준에서 계산된 스펙트럼이 미지 스펙트럼과 일치될 때까지 이 반복 측정은 계속된다. 이 방법은 1~4% 정도의 정확도의 우수한 결과를 제공하지만, 일반적으로 유도 또는 회귀 검정법보다 덜 정확하다.[16] 즉, *표준물 없는 분석법*(standardless analysis)은 기본 검정법의 변수를 이용하여 수행한다. 기기는 조심스럽게 검정되어야 하고, 기기와 기본 파라미터들은 컴퓨터에 저장된다. 그 다음, 시료들의 스펙트럼을 반복 측정하여 계산하고 일치시켜서, 분석물질의 농도를 결정한다.

유도 검정법은 기기의 교정 함수를 결정하기 위해 세밀한 기본적 계산들을 일반화된 파라미터들로 묶어서 기본적 검정법의 계산을 단순화시킨 것이다. 그러나, 분석물질 농도로부터의 형광 세기 계산은 기본적 검정법과 동일하다. 유도 검정법은 보통 기본 검정법보다 개선된 정확도와 정밀도를 갖는다.

회귀 검정법은 다음 식의 모델에 의존한다:

$$W_i = B_i + K_i I_i \left[1 + \sum_{j=1}^{n} m_{ij} W_{ij} \right]$$

여기서 B_i는 바탕(background) 농도이고, K_i는 감도 계수이고, I_i는 원소 i에 대한 세기이고, m_{ij}는 분석 원소 i에 대한 원소 j의 매트릭스 효과를 나타내는 *이진법 영향 계수*(binary influence coefficient)이고, W_{ij}는 i와 j에 대한 시료의 평균 조성이다. 기기를 검정하기 위하여, 표준물들의 스펙트럼을 얻고, 표준물들에서 원소들의 이진법 조합에 대해 B_i, K_i, m_{ij}를 결정하기 위하여 회귀 분석을 시행한다. 미지 시료로부터 얻은 스펙트럼 데이터를 회귀 분석에서 이용한 이 파라미터로 미지의 농도 W_i를 결정한다. XRF에서 회귀 검정 분석법을 위한 다양한 모델과 알고리즘이 있고, 많은 상용 기기는 자체 소프트웨어로 이들 알고리즘에서 조합과 변수를 이용한다.[17] 이 방법을 이용하여 최적의 조건하에서 얻은 정확도와 정밀도는 보통 1%보다 우수하다. 그림 12-14에 나타낸, EDXRF로 암석과 토양에서 많은 원소의 농

[15] R. Jenkins, *X-Ray Fluorescence Spectrometry*, 2nd ed., New York: Wiley, 1999, pp. 182-186.

[16] J. L. de Vries and B. A. R. Vrebos, in R. E. Van Grieken and A. A. Markowicz, eds., *Handbook of X-Ray Spectrometry*, 2nd ed., New York: Marcel Dekker, 2002, p. 378

[17] Ibid., pp. 341-405.

도를 정량한 화성 탐사선으로부터의 데이터는 회귀 검정법으로 분석되었다.

가격 대비 성능이 낮은 컴퓨터 때문에, 초창기 XRF는 영향 검정법이 어렵고 오랜 시간이 걸렸다. 현재는 고성능의 저가 컴퓨터의 개발로 정교한 데이터 분석이 일상화되어, 모든 상용 기기에 기기 조작, 검정, 데이터 축소, 분석 등을 위한 최신 소프트웨어가 탑재되어 있다.

X선 형광법의 정량적 응용

매트릭스 효과를 적절하게 보정한 XRF 분광계는 복잡한 시료에서 매우 가벼운 원소를 제외한 모든 원소들을 빠르게 정량 분석하는 가장 좋은 기기 중 하나이다. 예를 들면, Rose와 Bornhorst, Sivonen[18]은 분말로 갈고 펠렛(pellet)을 만드는 것까지 포함해서 두 시간 정도(한 시간의 기기 작동 시간) 내에 상업용 EDXRF 분광기로 분말 암석 시료에서 22가지 원소를 정량할 수 있음을 보여주었다. 이 방법에 대한 상대 표준 편차는 주성분 원소에 대해 1% 이하이고 미량 원소에 대해 5% 이하였다. 국제적 표준 암석 시료로 얻은 정확도와 검출 한계는 이미 발표된 기존의 다른 방법보다 비슷하거나 더 좋았다. 지질학적 물질에 대한 XRF 분석의 개략적인 우수성에 대한 것은 Anzelmo와 Lindsay의 논문을 참조하라.[19]

X선 분석법은 금속과 합금 공장에서 품질 관리를 위해 널리 응용되고 있다. 이런 응용에서 분석 속도가 빠르기 때문에, 제조공정 중에서 합금의 조성을 조절할 수 있게 된다.

XRF 분석법은 액체 시료에도 쉽게 적용할 수 있다. 항공기 연료 시료의 납과 브로민을 직접 정량 분석할 수 있는 방법도 개발되었다. 마찬가지로, 액체 탄화시료의 형광 들뜸으로 윤활유에 들어있는 칼슘, 바륨, 아연을 정량할 수 있다. 상용 XRF, 미세-XRF, TRXRF 등은 페인트 시료의 안료를 직접 측정할 때 유용하다.

XRF 분석법은 대기 오염물의 분석에도 널리 응용되고 있다. 예를 들어, 오염물을 검출하고 정량하기 위한 한 과정은 부유 입자를 거르기 위한 미세 다공성의 필터와 orthotolidine, 질산은 및 수산화소듐이 각각 탐침된 세 개의 거름종이 디스크로 구성된 스택(stack)으로 공기 시료를 빨아들이는 것이다. 시약들은 각각 순서대로 염소, 황화물 및 이산화황을 포집한다. 포집된 분석 성분을 함유한 필터들은 XRF 분석의 시료로 사용된다.

식품류의 원소 조성을 정량하기 위한 EDXRF의 한 가지 통상적인 응용 예인, 그림 12-17a와 12-17b[20]를 살펴보라. 이 분석에서 그림 12-15a와 유사한 분광기를 사용하여 쌀의 철, 구리, 아연을 정량하였다. 분광기는 쌀의 9개 표준 시료를 사용하여 검정되었다. 표준물은 고운 분말로 분쇄하여 펠렛으로 만들어져 시료 회전판에 놓였다. 각 시료는 알루미늄 필터를 통과한 X선(Rh 양극)으로 5분간 조사하여 데이터를 얻고, 그림 12-17a에서 보여지는 것과 같은 스펙트럼이 만들어졌다. 그 후, 기기의 컴퓨터는 데이터를 분석하고 그림의 하늘색 면과 같은 스펙트럼의 여러 피크의 면적을 계산하여서, 그림 12-17b와 같은 교정곡선을 각 분석 성분에 대해 만든다. 잘 특성화된 시료의 분석 성분의 정량 분석에서 철, 구리, 아연은 각각 73.49 ppm, 7.46 ppm, 38.95 ppm의 농도로 결정되었다. 3가지 원소에 대한 상대적 정확도는 광학 분광법으로 정량한 값과 비교하여 0.9% (Fe), 5% (Cu), 0.3% (Zn)였다.

XRF는 화성 Gale 분화구의 미립자와 암석 시료의 성분 조성을 측정하는 데 사용되는 것과 같이 다양하게 응용된다. 그림 12-14의 스펙트럼은 탐사선 Curiosity에 탑재된 Mars Science Laboratory로부터 얻은 것이다. 이 측정은 다른 측정 결과와 조합하여, 화성 시료의 화학적 조성을 얻을 수 있게 한다.[21] 화성 2020 임무는 탐사선의 로봇 팔에 장착된 미세-XRF 기기를 포함하게 될 것이다.

X선 형광법과 다른 방법의 결합

XRF는 다른 방법과 효과적으로 잘 결합할 수 있다. 가장 유용한 결합 중 하나는 EDXRF 분광기와 주사 전자 현미경(scanning electron microscope, SEM)의 결합이다(제21F-2절 참고). 이 방법에서, 시료는 SEM의 전자살로 스캐닝되어 시료로부터 형광을 일으킨다. 이 결합법을 이용하면 이미지상의 어떤 영역에서 원소별 SEM 이미지를 얻을 수 있다. 미세-XRF는 X선 관과 기존 SEM 기기에 초점 조절 광학 장치를 추가하여 SEM과 결합할 수 있다.

XRF는 Raman 및 적외선 분광기와도 결합된다. 이러한 결합법을 사용하면, XRF에서 제공하는 원소의 정보와 더불어 구조적 정보와 유기 화학적 조성도 알 수 있다. X선 회절과 결합된 XRF는 X선 회절의 위상 분석과 함께 원소 조성의 정보를 얻을 수 있다. 화학 조성에 대한 정보를 알고 있어야 더 빠르고 정확한 위상 분석이 가능하다.

X선 형광법의 장점과 단점

XRF는 여러 중요한 장점을 가지고 있다. 스펙트럼이 비교적 단순하기 때문에 스펙트럼 선 간섭이 매우 적다. 일반적으로, X선 분광법은 비파괴적이어서 시료에 아무런 손상을 주지 않아, 그림(고화), 골동품, 보석, 주화와 같은 귀한 물건을 분석하는 데 사용될 수 있다. 또한, μm 크기부터 커다란 물질까지의 시료 분석도 가능하다. 다른 장점은 실험 과정이 빠르고 편리하여 수 분

[18]W. I. Rose, T. J. Bornhorst, and S. J. Sivonen, *X-Ray Spectrometry*, **1986**, *15*, 55, **DOI:** 10.1002/xrs.1300150111.

[19]J. E. Anzelmo and J. R. Lindsay, *J. Chem. Educ.*, **1987**, *64*, A181. **DOI:** 10.1021/ed064pA181 and A200, **DOI:** 10.1021/ed064pA200.

[20]V. Sethi, M. Mizuhira, and Y. Xiao, *G.I.T. Laboratory Journal*, **2005**, 6, 22.

[21]예로, 다음 문헌을 참고하시오. D. F. Blake et al., *Science*, **2013**, *341*, 1239505, **DOI:** 10.1126/science.1239505.

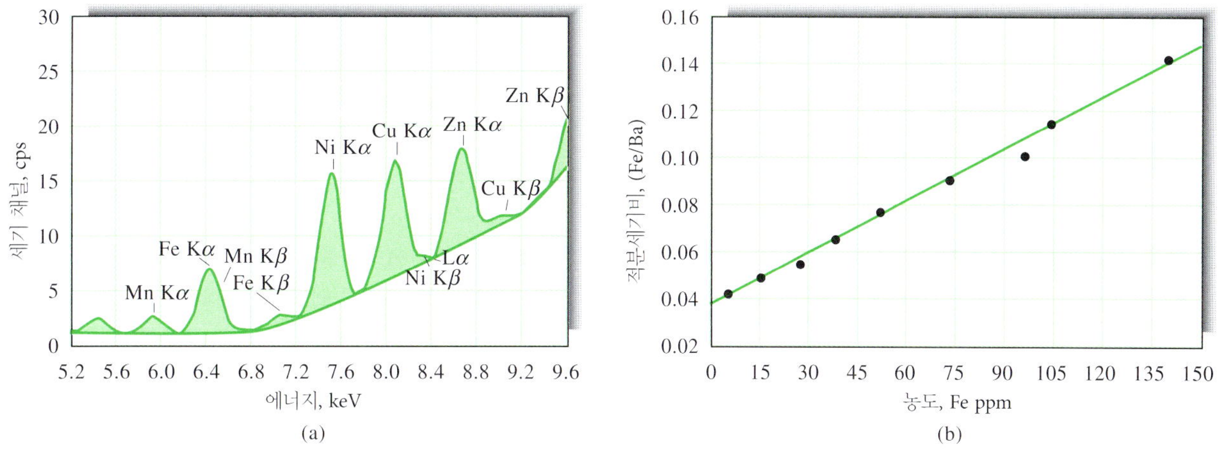

그림 12-17 (a) 쌀 시료의 XRF 스펙트럼. 곡선 아래 하늘색 영역은 시료의 각 원소 양에 비례한다. (b) 9개의 쌀 표준 시료로부터 얻은 교정 곡선. (a)와 유사한 적분 면적을 철의 검증 농도에 대하여 도시하였다. (Reprinted with permission from V. Sethi, M. Mizuhira, and Y. Xiao, *G.I.T Laboratory Journal*, **2005**, *6*, 22. Copyright by GIT Verlag Gmbh & Co.)

이내에 여러 원소의 분석이 가능한 것이다. 끝으로, XRF 분석법의 정확도와 정밀도는 다른 방법과 유사하거나 더 우수하다.[22]

XRF는 일반적으로 앞서 설명한 광학 분석법만큼 민감하지는 않다. 미량의 분석이 가능한 TRXRF를 제외하고, 대부분의 XRF 방법의 농도 범위는 약 0.01~100%이다. 가벼운 원소에 대한 XRF 분석법에는 어려움이 있다. *Auger 방출*(Auger emission, 제21C-2절 참고)이라는 경합 과정이 형광 세기를 감소시키는 부분 때문에(그림 21-7 참고), 원자 번호가 23 (vanadium)보다 작은 원소의 검출 및 측정은 매우 어렵다. 원자 번호 5(붕소) 또는 6(탄소)까지 측정이 가능한 최신 상용 기기가 개발되었다.

12D X선 흡수법

때로 X선 흡수 미세구조 분광법(X-ray absorption fine structure spectroscopy, XAFS)이라고도 불리는 X선 흡수 분광법(X-ray absorption spectroscopy, XAS)은 타깃 원소에 대한 화학적 및 물리적 정보를 제공할 수 있다. 정보에는 산화 상태, 배위수, 국부 구조 등을 포함한다. 이 기법은 원소 선택성을 가지며 여러 가지 형태의 시료(결정, 무정형, 용액, 콜로이드 등)에 적용할 수 있다. X선 흡수법은 2차원 매핑 모드와 3차원 영상 모드로도 사용된다. 정량적 흡수법이 가장 중요한 광학 분광법과 달리, 분석용 XAS는 XRF 분석법과 비교해서 제한적이다. 매트릭스 효과는 정량적 응용에서 중요한 문제이기 때문에, 대부분의 분석은 매트릭스 효과가 최소인 시료에만 국한된다.

자습: www.tinyurl.com/skoogpia7에서 **X선 형광법의 응용(applications of X-ray fluorescence)**에 대해 더 알아보시오.

정량적 XAS 방법은 X선 띠 또는 선의 감쇠가 분석 변수인 광학 흡수법 과정과 유사하다. 파장 선택은 그림 12-9의 단색화 장치 또는 그림 12-8과 유사한 필터 방식으로 수행된다. 대안으로, 방사능 광원으로부터의 단색 복사선이 사용될 수도 있다.

X선 흡수 피크의 폭 때문에, 직접 흡수법은 높은 원자 번호를 갖는 단일 원소가 가벼운 원소로 구성된 매트릭스에서 결정될 때만 일반적으로 유용하다. 이 방식의 응용 예는 가솔린의 납 함량 결정 및 탄화수소의 황 또는 할로젠 원소 함량 결정에 사용된다.

12D-1 X선 회절법

1912년 von Laue의 발견 이래로, X선 회절법은 과학과 산업 분야에 매우 가치 있는 정보를 제공하고 있다. 예를 들면, 결정성 물질의 원자 배열과 간격에 대한 많은 정보가 회절법으로 직접 결정된다. 더불어 이런 연구는 금속, 고분자 물질, 고체 물질의 물리적 성질을 명백하게 이해할 수 있게 한다. X선 회절법은 스테로이드, 비타민, 항생 물질과 같은 복잡한 천연물의 구조를 밝히는 데 중요한 한 방법이다. 이 응용의 자세한 설명은 이 교재의 범위 밖이다.

X선 회절법은 결정성 화합물을 실용적이면서 수월하게 정성 분석할 수 있는 수단이다. X선 분말 회절법은 고체 시료에 존재하는 *화합물*(compounds)에 대한 정성적 및 정량적인 정보를 제공해주는 유일한 분석법이다. 예를 들면, 분말법은 KBr과 NaCl의 고체 혼합물에서 KBr과 NaCl의 함량을 정량할 수 있다. 다른 분석법들로는 시료에 들어있는 K^+, Na^+, Br^- 및 Cl^-의 함

[22]환경 시료의 분석을 위한 X선 형광법과 유도 결합 플라스마 분석법의 비교는 다음 문헌을 참고하시오. T. H. Nguyen, J. Boman, and M. Leermakers, *X-Ray Spectrometry*, **1998**, *27*, 265, **DOI:** 10.1002/(SICI)1097-4539(199807/08)27:4<265::AID-XRS296>3.0.CO;2-3

량만을 알려준다.[23]

각 결정성 물질은 독특한 X선 회절 패턴을 가지고 있기 때문에, X선 분말 회절법은 정성 분석에 매우 적합하다. 따라서 미지 시료와 표준 시료의 회절 패턴이 정확히 일치한다면, 같은 물질로 확신할 수 있다.

12D-2 결정형 화합물의 확인

시료 전처리

회절법 분석을 하기 위하여, 결정성 시료는 미세하고 균일한 분말이 되도록 분쇄한다. 이런 형태에서 무수하게 많은 작은 결정 입자가 가능한 모든 방향으로 배열된다; 따라서 X선 빛살이 물질을 투과할 때, 매우 다양한 층간 간격의 반사에 대한 Bragg 조건에 대응하는 방식으로 상당히 많은 수의 입자가 다양한 배향을 갖는다.

일반적으로 시료는 시료 용기에 장착하기 위해, 함몰된 홈에 시료를 채운다. 이 시료 틀은 대개 알루미늄, 청동, Bakelite, 유리, 또는 Lucite로 만들어진다. 홈이 있는 이 시료 틀은 일반적으로 측면 또는 후면 장착된다. 젖빛 유리(frosted glass) 표면, 세라믹, 또는 판지를 전면에 씌우고, 시료를 열린 측면 또는 뒷면을 통해 조심스럽게 채운다. 바탕선이 0인 특수한 상면 적재 틀도 있다. 또한, 알맞은 비결정성 결합제와 섞어서 적절한 모양으로 틀에 채우는 방법도 있다.

자동 회절 분석기

그림 12-9에서 보여준 구조와 유사한 자동화 회절 분석기로 회절 패턴을 얻을 수 있다. 이 기기에서 광원은 적당한 필터를 갖춘 X선 관이다. 그러나, 단결정 대신에 분말 시료는 틀 위에 놓는다. 어떤 경우에는, 결정 배향의 무작위 정도가 커서 시료 용기가 회전한다. 그 다음, 방출 또는 흡수 스펙트럼을 얻는 방식으로 자동 스캔하여 회절 패턴을 얻는다. 이런 종류의 기기는 세기 측정 방식과 자동화된 데이터 감소 및 리포트 생성으로 높은 정밀도를 갖는 장점이 있다.

회절 패턴

X선 CCD 카메라의 사용이 증가하고 있지만, 분말 회절 패턴을 기록하기 위해 고전적인 사진 방법이 여전히 사용되고 있다. 이런 목적을 가진 일반적인 장치는 *Debye-Scherrer* 분말 카메라이다. 그림 12-18a는 개요도를 보여준다. 여기서, X선 관의 빛살은 필터를 통과하여 거의 단색화된 빛살(보통 구리 또는 몰리브데넘의 Kα 선)이 되고, 또 좁은 관을 통과하면서 평행화된다.

그림 12-8은 비교적 단색화된 빛살을 만들기 위해 필터가 어떻게 사용되는지 보여준다. Mo 타깃의 Kβ 선과 대부분의 연속선은 0.01 cm 두께의 지르코늄 필터에 의해 제거되는 것을 기억하자. 회절 분석기에는 순수한 Kα 선만 사용된다. 몇 가지 다른 타깃-필터 조합이 개발되어, 타깃 물질의 세기가 큰 X선 하나를 분리한다.

회절되지 않은 복사선 T는 그림 12-18a에서 보여주는 바와 같이 좁은 출구관을 통과하여 카메라로 나온다. 카메라 자체는 원통형이고 벽면 내부에 필름 띠를 장착한다. 원통의 내부 지름은 보통 5.73 또는 11.46 cm이고, 각 필름에서 거리 1 mm는 θ로 각각 1.0° 또는 0.5°에 해당한다. 시료는 적절한 틀을 이용하여 빛살의 중앙에 놓인다.

그림 12-18b는 노출 후 현상한 필름의 모습이다; 선들의 각 세트(D_1, D_2 등)는 결정면 한 세트의 회절을 나타낸다. 각 선에 대한 Bragg 각 θ는 카메라의 기하학적 구조로부터 쉽게 알아낼 수 있다.

12D-3 회절 패턴의 해석

분말 회절 패턴으로부터 시료를 분석하는 것은 선들의 위치(θ 또는 2θ 형식)와 이들의 상대적 세기를 기초로 한다. 회절각 2θ는 특정 세트의 면들 사이의 간격으로 결정된다; Bragg 식을 이용하면, 거리 d는 광원의 알려진 파장과 측정된 각으로부터 계산된다. 선 세기는 각 세트의 면들에 있는 원자 반사 중심의 수와 종류에 따라 달라진다.

결정은 실험적으로 분석된다. 분말 회절 데이터베이스는 International Centre for Diffraction Data, Newtown Square, Pennsylvania에 보관되어 있다. 2013년에 이 데이터베이스에는 800,000개 이상의 물질에 대한 분말 회절 패턴이 기록되어 있다. 이 파일은 너무 방대하기 때문에, 분말 데이터 파일을 무기물, 유기물, 광물, 금속, 합금, 법의학 물질 등 분야별로 소분류하여 보관하고 있다. 각 분류된 데이터베이스는 인터넷과 USB 접근키를 통해 사용되고, 몇 가지 탐색 기준의 조합을 사용하여 데이터베이스를 탐색하는 소프트웨어로 사용된다. 데이터베이스에 있는 각 데이터는 물질과 소재에 따라 다음과 같은 매우 가치 있는 정보를 포함한다; 이름, 화학식, 조성, 색깔, 선 세기, 녹는점, 광물 분류, 밀도, 물질의 중요 특성을 포함한 문헌정보 등, 다양한 표현 형식이 있어서, 그래프와 이미지를 확인하고 프린트할 수 있다.[24]

시료가 결정성 화합물을 두 가지 이상 포함하고 있으면, 분석은 더 복잡해진다. 이때는 더 많은 센 선들의 여러 가지 조합으로 일치하는 물질을 찾을 때까지 사용된다. 데이터의 컴퓨터 탐색과 대조 작업의 사용은 매우 쉽다.

---

[23] X선 분말 회절법의 더 자세한 토의는 다음 문헌을 참고하시오. R. Jenkins and R. Snyder, *Introduction to X-Ray Powder Diffractometry*, New York: Wiley, 1996.

[24] 분말 회절 데이터베이스에 관련된 더 많은 정보는 다음을 참고하시오. http://www.icdd.com/.

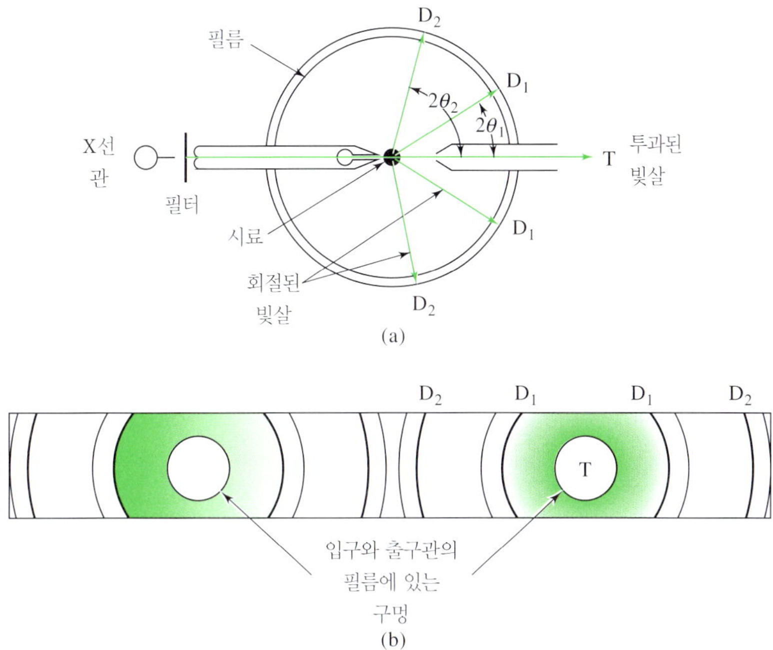

그림 12-18 (a) Debye-Scherrer 분말 카메라의 개요도, (b) 현상한 필름 띠. D_2, D_1, T는 카메라에서 필름의 위치를 나타낸다.

매우 중요한 한 응용은 물질의 결정화도(%)를 분석하는 것이다. 고분자와 섬유 물질의 분석에서, 결정-대-비결정 비(crystalline-to-amorphous ratio)를 결정하는 것은 오랫동안 중요해 왔고, 이 분석에서 X선 분말법이 매우 뛰어나다. 제약 분야에서 결정화도는 생물학적 활동도와 함께 형성의 긴 기간 안정성에 영향을 준다. X선 회절법은 제약 분야에서 응용이 증가하고 있다.

결정성 물질은 명확한 회절 피크를 생성하고, 피크 폭은 결정의 "질(quality)"과 관련이 있다. 고품질의 결정은 날카로운 피크를 제공하지만, 저품질 결정의 회절 피크는 넓어지게 된다. 비결정상은 이것이 어떻게 형성되었느냐에 따라서 다른 형태가 된다. 유리상은 바로 인접한 이웃과의 상호작용의 방사형 분포를 갖는 회절 신호를 나타낸다. 결정상으로부터 변형된 비결정상은 저품질 또는 파라결정(paracrystalline) 물질에 해당한다. 유리나 파라결정성 시료 모두 낮은 주파수의 후광을 나타내는데, 이는 넓은 바탕선 형식으로 나타난다.

결정-대-비결정 비를 결정하는 한 방법은 일반적인 정량 분석법을 사용하는 것이다. 분석하는 상과 겹치지 않는 X선 회절 피크를 선택하여, 피크의 높이 또는 면적을 이용하여 정량 분석을 수행한다. 알려진 농도의 표준물이 교정 곡선을 얻는 데 사용된다.

Vainshtein 방법에서는, 결정 피크들의 적분된 세기들의 표준화 인자(normalizing factor)처럼 비결정상을 사용한다.[25] 이것은 시료 전처리와 기기에서의 변동에 의한 효과를 제거해준다. 물질의 회절된 세기는 역격자 공간의 동일한 영역 내에서 정렬 상태에 무관하다는 *Vainshtein 법칙*(Vainshtein's law)을 분석에 이용한다. 이 법칙을 이용하기 위해서는, 결정화도 퍼센트를 알고 있는 하나의 표준물을 이용하여 결정성 피크 면적과 비결정의 "바탕" 피크 면적 사이의 정규화 비를 확정한다. 다음으로, 미지의 결정 시료에 대해 같은 측정을 한다. 미지 시료의 퍼센트 결정화도는 다음 식으로 구한다.

$$\%C_u = \%C_{std}\left[\frac{(C/A)_u}{(C/A)_{std}}\right] \tag{12-8}$$

여기서 $\%C_u$와 $\%C_{std}$는 미지 시료와 표준물 각각의 퍼센트 결정화도이고, C/A는 비결정 바탕 피크 A와 결정 피크 C의 적분 세기의 비이다.

다른 방법으로는, Fourier 변환 방법이 사용되는데, 이는 세기 스펙트럼을 낮은 주파수와 높은 주파수 영역으로 분리하는 방법이다. 비결정상은 낮은 주파수 영역으로, 결정상은 높은 주파수 영역으로 연관된다. 불필요한 영역을 필터한 후에, 역변환으로 비결정과 결정의 피크 세기를 얻는다. 표준물은 필터의 폭과 주파수를 결정하는 데 사용된다.

[25] B. K. Vainshtein (1921~1996)은 러시아의 유명한 X선 결정학자였다. 그의 연구 논문 *Diffraction of X-rays by Chain Molecules* (Amsterdam: Elsevier, 1966)는 고분자의 구조 연구 개발에서 매우 중요한 역할을 했다.

12E 전자 미세 탐침기

표면의 원소 조성을 결정하는 중요한 방법은 *전자 미세 탐침기*(electron microprobe)를 기반으로 하는 것이다. 이 기술에서, 시료 표면의 원소들로부터의 X선 방출은 좁게 초점화된 전자살에 의해 유도된다. 생성된 X선 방출은 파장–분산형 또는 에너지–분산형 분광계로 검출되고 분석된다. 이 방법은 제21F-1절에서 더 논의될 것이다.

질문과 문제

*별표가 있는 문제의 해답은 이 책의 끝에 있다.

이 아이콘이 있는 문제는 스프레드시트를 이용하여 쉽게 풀 수 있다.

***12-1** 50 kV에서 작동된 텅스텐 타깃의 X선 관에 의해 생성되는 연속선의 짧은 파장 한계는 얼마인가?

***12-2** (a) U, (b) K, (c) Cr, (d) Cs에 대한 Kβ 및 Lβ 계열의 선들을 들뜨게 하기 위하여 필요한 관의 최소 전압은 얼마인가?

12-3 Ca, Zn, Zr 및 Sn에 대한 Kα_1 선들은 3.36, 1.44, 0.79 및 0.49 Å의 파장을 각각 가진다. (a) V, (b) Ni, (c) Se, (d) Br, (e) Cd, (f) Sb의 Kα 선에 대한 대략의 파장을 계산하시오.

12-4 Ca, Zn, Zr 및 Sn에 대한 Lα 선들은 36.3, 11.9, 6.07 및 3.60 Å의 파장을 각각 가진다. 문제 12-3에 수록된 원소들의 Lα 선에 대한 파장을 계산하시오.

***12-5** Cu Kα 선으로 측정한 Ni의 질량 흡수 계수는 49.2 cm^2/g이다. Cu Kα 복사선의 입사 살 세기의 35.2%가 투과되었을 때 니켈 박막의 두께를 계산하시오. Ni의 밀도는 8.90 g/cm^{3}이다.

***12-6** Mo Kα 복사선(0.711 Å)에 대해 K, I, H, O의 질량 흡수 계수는 각각 16.7, 39.2, 0.0, 1.50 cm^2/g이다.

(a) 물 89.00 g과 KI 11.00 g을 혼합하여 만든 용액에 대한 질량 흡수 계수를 계산하시오.

(b) (a) 용액의 밀도는 1.086 g/cm^{3}이다. Mo Kα 광원이 이 용액 0.40 cm 두께의 층을 통과할 때 투과되는 복사선 비율은 얼마인가?

***12-7** Ag Kα 선으로 X선 흡수 측정을 위해 시료 용기의 창으로 알루미늄이 사용된다. 이 파장에서 알루미늄의 질량 흡수 계수는 2.74이고, 밀도는 2.70 g/cm^{3}이다. 2.8% 이상의 복사선을 흡수하지 않도록 창을 만들기 위해서 알루미늄 박막의 두께는 최대 얼마이어야 하는가?

***12-8** I_2이 녹아있는 에탄올 용액의 밀도는 0.794 g/cm^{3}이다. 이 용액 1.50 cm 두께 층은 Mo Kα 광원의 복사선 33.2%를 투과시키는 것으로 알려졌다. I, C, H, O의 질량 흡수 계수는 각각 39.2, 0.70, 0.00, 1.50이다.

(a) 알코올에 의한 흡수를 무시한다면, 이 용액에서 용질 I_2의 %를 계산하시오.

(b) 알코올에 의한 흡수를 고려할 경우, (a)의 결과를 보정하시오.

***12-9** 다음 회절 결정 (a) topaz, (b) LiF, (c) NaCl에 대하여, Fe (1.76 Å), Se (0.992 Å), Ag (0.497 Å)의 Kα_1 선을 관찰하기 위해서 필요한 측각기(goniometer)의 세팅값을 2θ로 각각 계산하시오.

12-10 다음 회절 결정에 대하여, Br의 Lβ_1 선(8.126 Å)을 관찰하기 위하여 필요한 측각기 세팅값을 2θ로 계산하시오.

(a) Ethylenediamine *d*-tartrate

(b) Ammonium dihydrogen phosphate

* **12-11** 다음의 선들을 들뜨게 하기 위해 필요한 관의 최소 전압을 계산하시오. 괄호 안의 숫자는 해당 흡수 모서리에 대한 Å 단위의 파장을 나타낸다.

(a) Ca의 K 선(3.064)

(b) As의 Lα 선(9.370)

(c) U의 Lβ 선(0.592)

(d) Mg의 K 선(0.496)

12-12 내부 표준물로 바륨을 사용하여 X선 형광법으로 지질 시료에서 망간을 정량하였다. 각 원소에 대한 분리된 형광 세기는 다음의 표에 주어졌다.

Wt. % Mn	Ba	Mn
0.00	156	80
0.10	160	106
0.20	159	129
0.30	160	154
0.40	151	167

Mn/Ba 계수비가 0.936인 시료에서 망간의 무게 퍼센트는 얼마인가?

도전 문제

12-13 제12C-3절에서 설명한 바와 같이, APXS(알파 양성자 X선 분광기)는 화성 탐사선에 탑재된 모든 분석 장치에서 중요한 기기이다. 2004년 임무를 수행한 APXS 실험의 결과에 대한 참고 논문을 이용하여 1997년의 Pathfinder의 기기와 측정 방법을 비교해보시오.[26]

(a) 참고 논문을 참조하여, 화성 탐사선들에 장착된 검출기 머리 부분의 구조와 작동 원리를 기술하시오. 각 기기부품에 대한 개략도를 그리고, 각 부품의 기능을 설명하시오.

(b) APXS 시스템의 선택성과 감도는 얼마인가?

(c) APXS로 측정할 수 없는 원소는 무엇인가? 그 이유는 무엇인가?

(d) 모든 화성 탐사선의 착륙 지점에서의 일반적인 원소 조성을 결정하시오. 착륙 지점들의 유사성과 차이점은 무엇인가? 유사성 측면에서 이 장치들과 다른 장치들을 설명하시오.

(e) 실험을 완료하는 화성의 날짜로 APXS 측정은 시간적으로 얼마나 제한되는가? 이 시간적 제한을 갖는 이유를 설명하시오. APXS 실험은 어떻게 그리고 왜 종료되는가?

(f) APXS 실험의 X선 모드 결과에서 온도의 효과는 무엇인가? (e)에서의 설명과 이 효과는 어떻게 관련이 되는가?

(g) 내부 조성과 표면 조성을 비교하기 위하여 APXS 실험이 이용되었다. 이것은 어떻게 이루어졌는가? 무슨 차이가 발견되었는가? 이 차이를 어떻게 설명할 수 있는가?

[26]R. Gellert et al., *J. Geophys. Res.*, **2006**, *111*, E02S05, **DOI:** 10.1029/2005je002555; S. W. Squyres et al., *J. Geophys. Res.*, **2003**, *108*, 8062, **DOI:** 10.1029/2003je002121; R. Rieder et al., *J. Geophys. Res.*, **2003**, *108*, 8066, **DOI:** 10.1029/2003je002150; J. Brückner et al., *J. Geophys. Res.*, **2003**, *108*, 8094, **DOI:** 10.1029/2003je002060; R. Gellert et al., *Science*, **2004**, *305*, 829, **DOI:** 10.1126/science.1099913; H. Y. McSween et al., *Science*, **2004**, *305*, 842, **DOI:** 10.1126/science.3050842; S. W. Squyres et al., *Science*, **2004**, *306*, 1709, **DOI:** 10.1126/science.1104559; L. A. Soderblom et al., *Science*, **2004**, *306*, 1723, **DOI:** 10.1126/science.1105127; G. Klingelhofer et al., *Science*, **2004**, *306*, 1740, **DOI:** 10.1126/science.1104653; R. Rieder et al., *Science*, **2004**, *306*, 1746, **DOI:** 10.1126/science.1104358; A. Banin, *Science*, **2005**, *309*, 888, **DOI:** 10.1126/science.1112794.

» 질문과 문제(계속)

(h) 화성의 암석 시료에서는 할로젠 원소의 존재가 확실하다. 이 현상에 대해 어떤 설명을 할 수 있는가?

(i) APXS 실험의 전반적인 정밀도와 정확도를 결정하시오. APXS 팀은 "정확도는 주로 정밀도에 의해 결정된다"라고 언급했다. 이 말의 의미가 무엇인지 설명하시오. 어떤 상황에서 이것이 진실인가?

(j) APXS 실험에 대한 검정 과정을 상세히 설명하시오. 화성에서 어떤 검정 표준물이 사용되었고 이것은 어디에 있었는가? X선 스펙트럼으로부터 각각의 원소 피크들을 어떻게 추출하였는가?

(k) 그림 12-19는 APXS 실험으로부터 Fe의 보정된 검정 데이터에 대한 도시를 보여준다. x와 y 데이터 모두에 대한 불확실성이 있음에 유의하시오. 그림으로부터의 데이터를 아래 표로 정리하였다. 엑셀을 사용하여 데이터의 정규 최소 제곱(normal least-squares) 분석을 수행하시오. 회귀법에 대한 기울기, 절편, 상관계수 및 표준 편차를 구하시오.

피크 면적	σ	**질량 %**	σ
2.36	0.28	2.12	0.13
7.04	0.54	5.75	0.13
6.68	0.54	5.85	0.13
8.01	0.39	7.14	0.10
8.42	0.44	7.45	0.13
9.04	0.44	7.87	0.10
14.74	0.74	13.20	0.10
17.93	0.90	15.58	0.18
21.27	1.05	20.24	0.21
23.22	1.18	20.71	0.23
25.02	1.26	20.55	0.18

(l) x와 y 변수에서의 불확실성을 결정한 문제 10-14에서 다룬 비슷한 과정을 사용하여, 위 데이터의 가중 최소 제곱(weighted least-squares) 분석을 수행하시오. 그 결과를 (k)에서의 결과와 비교하시오.

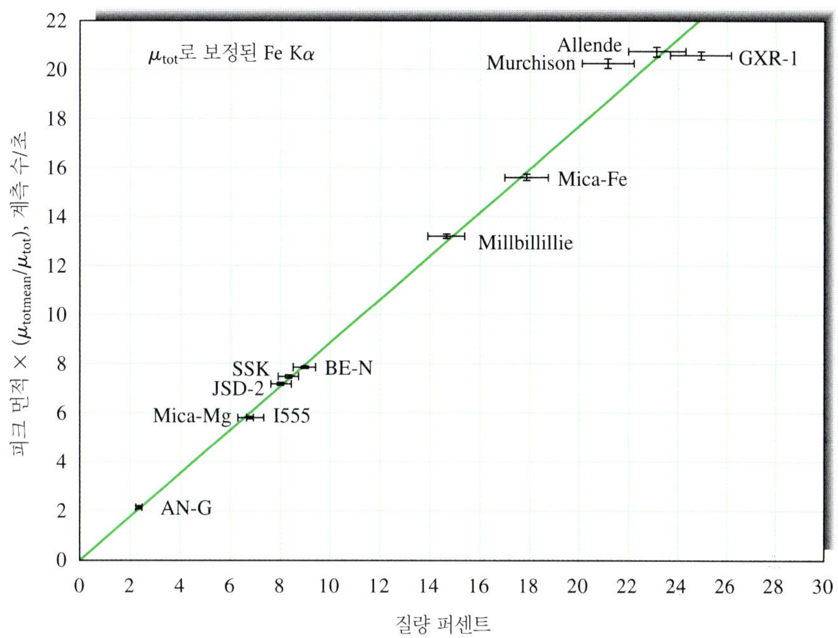

그림 12-19 **감쇠 계수에 대해 보정된 Fe의 APXS 교정 곡선.** (From R. Rieder et al., *J. Geophys. Res.*, **2003**, *108*, 8066, **DOI:** 10.1029/2003je002150, with permission.)

기기 분석법의 실제 응용

수은 모니터링

수은은 환경, 식품 및 산업 공정에서 매우 중요한 원소이다. 수은과 관련된 건강문제는 1956년 일본의 Minamata 만의 참사로 가장 잘 알려진 이래로 많은 사건이 있었다. Minamata는 Shiranui 해 연안에 있는 작은 산업 도시이다. Minamata의 최대 회사인 Chisso 사는 수은을 함유한 화합물 약 37톤을 1932년부터 1968년까지 Minamata 만에 퍼다 버렸다. 그 결과로, 그 만에서 잡은 생선을 먹은 수천 명의 주민에게서 methylmercury 독성 증상이 발현됐다. 이 병은 *Minamata 병*(Minamata disease)으로 알려졌다. 그 후, 높은 농도의 수은을 함유한 것으로 알려진 생선과 조개를 먹는 것에 관해 많은 경고를 한다. 미국환경보호국(EPA)과 미국식약청(FDA)의 최신 권고사항은 출산연령의 여성과 어린이는 상어, 황새치, 동갈삼치, 옥돔 같은 생선을 먹지 않는 것이다. 또한, 이 기관들은 여성과 어린아이들에게 낮은 수준의 수은을 포함하고 있는 새우, 참치 통조림, 연어, 대구, 틸라피아, 메기와 같은 생선을 1주일에 12온스 이상 먹지 말라고 권고한다. 더 심각한 권고사항이 특정한 호수, 강, 해안지역에서 잡은 생선에 적용된다.

수은의 발생원

수은은 물론 자연적으로 발생된 원소이다. 그러나 산업적 오염이 환경 수은의 주요 원인이다. 오염은 석탄화력발전소, 정유소, 공장가동, 산업 쓰레기와 같은 많은 원인으로 생긴다. 수은은 자동차 배기가스, 하수 처리장, 의료 및 치과 시설, 수은광 및 금광 조업의 유출수 등으로부터 환경에 배출된다. 대기오염 방지법은 1963년 미국에서 최초로 제정되었고 1970년, 1977년, 1990년 수은을 포함한 대기오염 수준이 개정되었다. 또한, EPA는 민물과 바닷물에서 수은의 농도에 대한 수질 기준을 정했다.[1] 수질 오염 방지법은 각 주가 수은과 같은 오염물질에 대한 안전 농도를 정하도록 요구한다.

공기나 물에서 나온 수은은 강과 호수에 축적된다. 수중의 박테리아는 수은을 methylmercury로 변환하여, 쉽게 곤충이나 수중 미생물에게 흡수시킨다. 수은-함유 화합물은 작은 미생물이 작은 물고기에게 먹히고, 작은 물고기가 큰 물고기에게 먹히는 먹이 사슬에 의해 윗 생태계로 빠르게 올라간다. 수은의 농도는 물고기의 생명주기와 식습관에 의해 결정된다. 최고 농도는 황새치와 상어와 같이 큰 생선에서 발견된다.

[1]*수질농도 기준*(Quality Criteria for Water), EPA 440/5-86-001, US Environmental Protection Agency, Office of Water Regulation and Standards, 1986.

분석화학의 도전

환경에서 중요성 때문에, 정확하고 신뢰성 있는 수은의 분석법이 필수적이다. 환경에서 들어오는 다양한 형태의 수은을 정량하는 것이 중요하지만, 현재의 규정은 총 수은의 측정에 집중되어 있고, 이것 자체도 쉽지 않다. 복잡한 환경 시료에 존재하는 수은은 매우 소량으로 존재하기 때문에 도전이 필요하다. EPA는 식용수의 수은은 2 ppb 수준으로, 자연계의 청정수는 최대 12 ppt (parts per trillion)로, 바닷물의 한계는 25 ppt로 정했다. EPA의 국가독성 규정[2]은 수은의 안전기준으로 1.3 ppt 이하를 추천한다. 해수에서 총 용존 수은(무기물 + 유기물 형태)은 이 기준보다 낮은 농도로 주로 발견된다. 어떤 해수 표면에서는 0.05 ppt 이하의 수은이 발견되지만, 중간층의 해수에서는 2 ppt 이상이 검출되기도 한다. 이런 낮은 농도는 많은 분석법의 검출 한계 이하이다. 청정수에서 더 높은 농도의 수은이 검출되기도 한다. 캘리포니아 호수의 경우 0.5~100 ppt의 수은이 검출되었다. 이 경우, 이런 초미량 수준의 검출은 분석화학자들에게 꽤 어려운 도전이 될 수 있다.

수은 정량의 전통적 방법

미국과 영국의 규정에 만족하는 농도는 ppt 이하이다. 그러나 불꽃 원자 흡수법, 유도 결합 플라스마 원자 방출법, 유도 결합 플라스마 질량 분석법과 같은 상용 분석법은 시료를 원자화 장치로 이동시키는 분무기를 사용함에 따라 비효율적(단지 시료의 2% 또는 그 이하만 이동)이어서 ppt 수준의 검출 한계를 얻기 어렵다.[3]

찬-증기 원자 흡수법(제9A-3절 참고)은 수 ppt 정도의 검출 한계를 얻을 수 있다. 가장 민감한 EPA 찬-증기 원자 분광법에서, 시료는 과망간산-과황산 용액에서 분해되어 모든 수은을 Hg(II) 형태로 산화시킨다. 염화 제1주석($SnCl_2$)은 Hg(II)를 원소의 수은으로 환원시키고, 이는 불활성 기체의 흐름에 의해 원자 흡수분광계의 관측 셀에서 측정된다. EPA 245.1 방법은 2~3 배의 동적범위을 갖는 ppt 수준의 감도를 얻을 수 있다.[4] EPA 7474 방법은 마이크로파 분해과정을 사용하여, 약 1 ppb~수 ppm의 농도 범위를 갖는다.

[2]http://www.epa.gov/mercury/report.htm.

[3]"Monitoring the Mercury Menace," P. Stockwell, *Today's Chemist at Work*, p. 27, November 2003; http://tinyurl.com/hnbhqj2.

[4]*Determination of Mercury in Water by Cold Vapor Atomic Absorption Spectrometry*. EPA Method 245.1, US Environmental Protection Agency, Office of Water, Rev. 3.0, 1994, http://tinyurl.com/jsm768p.

원자 형광법

규제가 더 강화되기 때문에, 수은의 더 민감한 분석법이 요구된다. 원자 형광분광기(AFS; 제9E절 참고)는 새로 개발된 찬-증기 방법과 연계하여 요구되는 낮은 검출 한계를 얻을 수 있다. 여러 기기 제조사가 원자 형광분광법에 기초한 수은 분석기를 판매하고 있다. 수은을 모니터링하는 상용 원자 형광분광기의 발달은 액체-기체 분리기술에 기초한 증기발생기술의 개발을 이끌었다. 이 시스템은 시료의 거의 100%를 분광계의 관측 셀로 보낼 수 있다. 수증기에 의한 빛의 산란도 막을 수 있다.

수은 분석용 찬-증기 원자 형광기의 개요도를 그림 IA2-1에 나타내었다. 여기서 사전-분해되고 산화된 시료를 $SnCl_2$나 다른 적당한 환원제와 섞어서 수은 원소를 만든다. 그 다음, 액체-기체 분리기를 사용하여 수은 증기로부터 액체 시약을 분리하여 분리된 수은을 불활성 기체 흐름을 통해 관측 셀로 보낸다. 높은 강도의 수은 증기 램프가 원자 형광을 들뜨게 한다.

EPA의 245.7 방법은 수은 검출기로 그림 IA2-1와 비슷한 시스템을 사용한다.[5] 어떤 상용 시스템에서는 분해-산화 단계가 자동화되어 있다. 분해는 HCl, Br^-, BrO_3^-의 혼합물로 한다. 이 방법은 0.1~0.2 ppt의 검출 한계를 갖는다.

EPA의 1631 방법[6]은 분사-포집 방법과 찬-증기 원자 형광법에 의한 산화를 사용한다. 수은은 아말감에 의해 금을 피복한 모래 포집장치에서 예비 농축된다. 한 상용 기기는 원자 형광 검출기를 사용하여 0.05 ppt 이하에서 250 ppb까지의 분석 범위에서 사용할 수 있다. 이 방법은 해수에서 폐수까지 여러 형태의 시료 분석에 유용하다.

결론

현재 규정에서 요구하는 초미량 수은의 농도는 찬-증기 AFS 방법으로 측정된다. 그러나 높은 신뢰도를 얻기 위해 많은 주의가 필요하다. 그러나, 환경 시료에서 발견되는 높은 농도의 수은을 제거하는 것은 다른 문제이다.

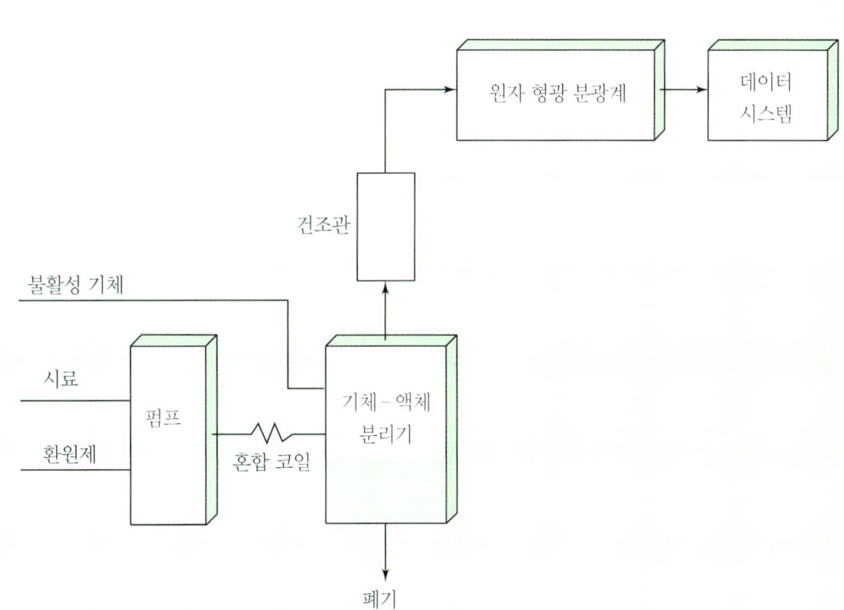

그림 IA2-1 초미량 수은 분석용 찬-증기 원자 형광계.

[5] *Mercury in Water by Cold Vapor Atomic Fluorescence Spectrometry*, EPA-821-R-05-001, US Environmental Protection Agency, Office of Water, 2005; http://tinyurl.com/zu753d7.

[6] *Mercury in Water by Oxidation, Purge and Trap, and Cold Vapor Atomic Fluorescence Spectrometry*, Method 1631, Revision E, EPA-821-R-02-019, US Environmental Protection Agency Office of Water, 2002; http://tinyurl.com/jomwyqn.

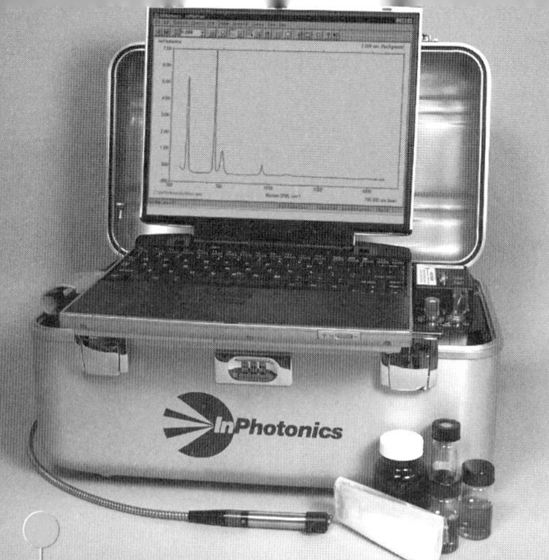

InPhotonics, Inc.

분자 분광학
Molecular Spectroscopy

위 사진은 법과학, 민방위, 국토안보, 의심스러운 액체나 고체를 마주했을 때를 위해서 특별히 고안된 휴대용 Raman 분광계이다. 이 장치에는 주파수-안정화 다이오드 레이저 들뜸원, Littrow 분광 사진계, 냉각 CCD 검출기, 들뜸과 수집을 위한 광섬유 탐침이 들어있다. Raman 분광법은 제18장에서 다룬다.

제3부는 제13장에서 자외선, 가시선, 근적외선 분광법의 이론과 실제에 대한 서론을 시작으로, 제14장에서는 이들 스펙트럼의 영역과 응용, 제15장에서는 형광, 인광, 화학 발광 측정법을 포함한 분자 발광 분광법을 다룬다. 제16장에서는 적외선 분광법의 이론과 적외선 스펙트럼을 얻는 장치에 대해서 기술하고, 제17장에서는 근적외선, 중간적외선, 원적외선 영역의 스펙트럼에 대한 응용에 대해서 설명한다. 제18장에서는 Raman 분광법과 응용, 제19장에서는 핵 자기 공명 분광법, 제20장에서는 분자 질량 분석법, 제21장에서는 전자 분광법, 이차-이온 질량 분석법, 주사 전자 현미경법, 주사 탐침 현미경법과 같은 표면 분석 기법들이 기술되어 있다. 기기 분석법의 실제 응용 그림은 중세시대의 Vinland 지도로 추정하는 것에 대한 진위를 결정하기 위해서 표면 분석법을 포함한 여러 분광 분석 도구를 사용하는 것에 대해서 설명한다.

3부

13장

자외선–가시선 분자 흡수 분광법의 서론

An Introduction to Ultraviolet-Visible Molecular Absorption Spectrometry

자외선과 가시선 스펙트럼 영역에서의 **분자 흡수 분광법(molecular absorption spectroscopy)**은 많은 무기물, 유기물, 생물학적 화학종들을 정량적으로 분석하는 데 널리 이용되고 있다. 이 장에서는 190~800 nm 파장 영역에 있는 전자기 복사선에 기초한 분자 흡수 분광법의 원리를 소개한다. 하지만 이 원리들 중 상당수는 적외선 영역과 같은 다른 스펙트럼 영역에서의 분광학 측정에도 응용될 수 있다.

이 장에서 옆의 로고는 **www.tinyurl.com/skoogpia7**에서 대화형 자습, 시뮬레이션, 연습 등을 통해 온라인으로 학습할 수 있는 기회가 있음을 나타낸다.

분자 흡수 분광법[1]은 경로 길이가 b 센티미터인 투명한 용기 내에 있는 용액의 흡광도 A 혹은 투광도 T를 측정하는 데 기초하고 있다. 일반적으로 흡수 분석물질의 농도는 Beer 법칙으로 주어지는 흡광도와 선형 관계에 있다:

$$A = -\log T = \log \frac{P_0}{P} = \varepsilon bc \qquad (13\text{-}1)$$

이 식에 있는 모든 변수는 표 13-1에 정의되어 있다.

13A 흡광도와 투광도 측정

표 13-1에 정의된 것과 같이 흡광도와 투광도는 분석물질 용액이 투명한 용기 내에 갇혀 있어야 하기 때문에 실험실 내에서 정상적으로는 측정될 수 없다. 그림 13-1과 같이 두 개의 벽–용액 계면에서와 마찬가지로 두 개의 공기–벽 계면에서 반사가 일어난다. 예제 6-2에서 보여진 바와 같이 빛살의 감쇠는 상당해서 물이 담긴 유리 용기를 통과하면서 반사에 의해 노란 빛살의 8.5%가 손실되었다. 아울러, 용기 벽에 의한 흡광과 거대 분자들에 의한 산란의 결과 때문에 빛살의 감쇠가 일어날 수도 있다. 이러한 효과들을 보상하기 위해서 보통은 분석물질이 포함된 용액에 의해 전달된 빛살의 세기를 용매만 담긴 동일한 용기에 의해 전달된 빛살의 세기와 비교한다. 실제 투광도와 흡광도에 근접하게 근사치를 낸 실험적 투광도와 흡광도는 다음 식으로 얻어진다.

$$T = \frac{P_{\text{solution}}}{P_{\text{solvent}}} \approx \frac{P}{P_0} \qquad (13\text{-}2)$$

$$A = \log \frac{P_{\text{solvent}}}{P_{\text{solution}}} \approx \log \frac{P_0}{P} \qquad (13\text{-}3)$$

이 책의 후반에서 사용되는 용어인 P_0와 P는 용매와 분석물

[1]다음 문헌을 참고하시오. F. Settle, ed., *Handbook of Instrumental Techniques for Analytical Chemistry*, Upper Saddle River, NJ: Prentice-Hall, 1997, Sections III and IV; J. D. Ingle Jr. and S. R. Crouch, *Spectrochemical Analysis*, Upper Saddle River, NJ: Prentice Hall, 1988; E. J. Meehan, in *Treatise on Analytical Chemistry*, 2nd ed., Part I, Vol. 7, Chaps. 1-3, P. J. Elving, E. J. Meehan, and I. M. Kolthoff, eds., New York, NY: Wiley, 1981; J. E. Crooks, *The Spectrum in Chemistry*, New York: Academic Press, 1978.

표 13-1 흡광 측정을 위한 중요한 용어와 기호

용어와 기호*	정의	다른 이름과 기호
입사 복사선 세기, P_0	시료에 입사한 복사선 세기(와트)	입사 세기, I_0
투과 복사선 세기, P	시료에 의해 투과된 복사선 세기	투과 세기, I
흡광도, A	$\log(P_0/P)$	광학 밀도, D; 소광, E
투광도, T	P/P_0	투과도, T
시료의 경로 길이, b	감쇠가 일어난 길이	l, d
흡광체의 농도, c	농도(명시한 단위)	
흡광 계수,† a	$A/(bc)$	소광 계수, k
몰흡광 계수,‡ ε	$A/(bc)$	몰소광 계수

*미국화학회에서 권고한 용어(*Anal. Chem.*, **1990**, *62*, 91)

†c는 리터당 그램 혹은 다른 명시한 농도 단위로 표시; b는 센티미터 혹은 다른 길이 단위로 표시

‡c는 리터당 몰로 표시; b는 센티미터로 표시.

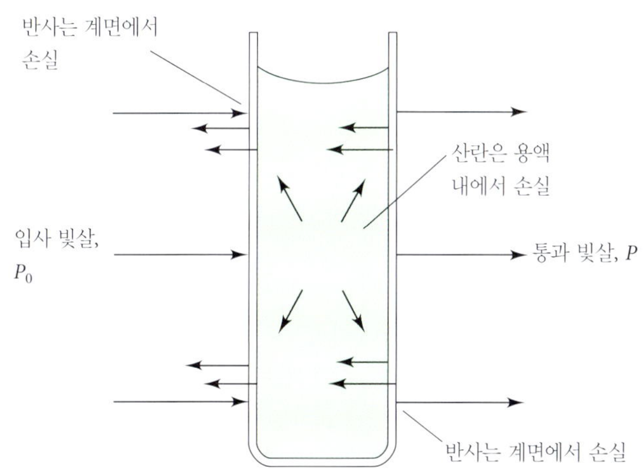

그림 13-1 반사와 산란은 일반적인 유리 용기에 담긴 용액에서 손실이 일어난다. 반사에 의한 손실은 다른 물질로 분리되는 모든 경계면에서 일어날 수 있다. 이 예에서 빛은 공기–유리, 유리–용액, 용액–유리, 유리–공기 계면을 통과한다.

질이 함유된 용기를 통과하기 전과 후의 복사선의 세기를 의미한다.

13B Beer 법칙

식 13-1은 Beer 법칙을 나타내고 있다. 이 관계식은 다음과 같이 설명될 수 있다.[2] 그림 13-2에서 나타낸 바와 같이 흡광 물질(고체, 액체, 혹은 기체)이 있는 사각 구역을 생각해 보자. 세기 P_0를 가진 평형한 단색 복사선이 표면에 직각으로 사각 구역을 두드린다. 원자, 이온 혹은 분자들을 흡광하는 n개의 물질이 들어있는 길이 b를 통과한 후에 흡광의 결과로 인하여 그 세기는 P로 감소한다. 면적이 S이고 두께가 dx인 사각 구역의 단면

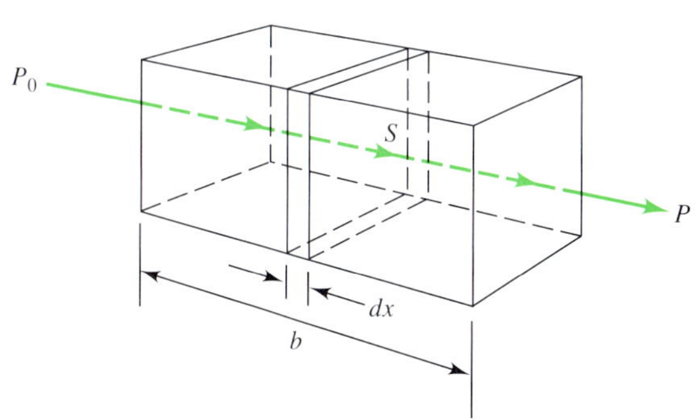

그림 13-2 **초기 복사 세기 P_0인 복사선은 경로 길이가 b 센티미터인 흡광 용액 1리터당 c 몰수를 포함하고 있는 용액에 의해 투과 세기 P로 감쇠된다.**

을 생각해보자. 이 단면 내에 흡광하는 입자들이 dn개 있다; 광자 포획이 일어날 때 각 입자들과 관계하고 있는 표면을 상상해 볼 수 있다. 즉, 광자 한 개가 우연히 이 면적들 중의 한 곳에 도달하게 되면 즉시 흡광이 일어날 것이다. 단면 내에서 이 포획 표면들의 전체 투영된 면적은 dS라 한다; 따라서 포획 면적 대 전체 면적의 비는 dS/S이다. 통계적인 평균으로 하면 이 비율은 단면 내에서 포획된 광자들의 확률을 나타낸다.

단면으로 들어가는 빛살의 세기 P_x는 단위 면적당 광자의 수에 비례하며, dP_x는 단면 내에서 흡광 세기를 나타낸다. 따라서, 흡광된 분율은 $-dP_x/P_x$이며, 아울러 이 비율은 포획될 평균 확률과 같다. 마이너스(−) 부호는 복사 세기 P가 흡광 구역을 통과함에 따라 감소됨을 의미한다. 따라서,

$$-\frac{dP_x}{P_x} = \frac{dS}{S} \tag{13-4}$$

dS는 단면 내에서 입자들에 대한 포획 면적임을 상기해보자; 따라서 이는 입자들의 수에 비례해야 한다.

$$dS = a\,dn \tag{13-5}$$

여기서 dn은 입자들의 수, a는 비례 상수로서 *포획 단면*(capture

[2]다음 문헌을 참고하시오. F. C. Strong, *Anal. Chem.*, **1952**, *24*, 338, **DOI:** 10.1021/ac60062a020.

cross section)이라 할 수 있다. 식 13-4와 13-5를 결합한 후 0과 n 구간에서 적분하면 다음과 같다.

$$-\int_{P_0}^{P} \frac{dP_x}{P_x} = \int_0^n \frac{adn}{S}$$

이 적분을 계산하면 다음과 같다.

$$-\ln \frac{P}{P_0} = \frac{an}{S}$$

밑이 10인 대수로 바꾸고 기호를 변화시키기 위해 분모와 분자를 바꾸면 다음과 같다.

$$\log \frac{P_0}{P} = \frac{an}{2.303S} \qquad (13\text{-}6)$$

여기서 n은 그림 13-2에 보여준 사각 구역 내에 있는 입자들의 전체 수이다. 단면적 S는 다음과 같이 사각 구역의 부피 V(입방 센티미터) 대 그것의 길이 b(센티미터)의 비로 표현할 수 있다.

$$S = \frac{V}{b}\,\text{cm}^2$$

이 값을 식 13-6에 대입하면 다음과 같다.

$$\log \frac{P_0}{P} = \frac{anb}{2.303V} \qquad (13\text{-}7)$$

n/V는 입방 센티미터당 입자의 수이므로 농도 단위가 된다. 몰수는 다음과 같기 때문에 리터당 몰수 n/V로 전환할 수 있다.

$$\text{number mol} = \frac{n\ \text{particles}}{6.02 \times 10^{23}\ \text{particles/mol}}$$

그리고 c는 리터당 몰수로 나타낸다.

$$c = \frac{n}{6.02 \times 10^{23}}\,\text{mol} \times \frac{1000\ \text{cm}^3/\text{L}}{V\ \text{cm}^3}$$

$$= \frac{1000n}{6.02 \times 10^{23}V}\,\text{mol/L}$$

이 관계식을 식 13-7과 결합하면 다음과 같다.

$$\log \frac{P_0}{P} = \frac{6.02 \times 10^{23}abc}{2.303 \times 1000}$$

마지막으로, 이 식에서 상수들을 모아서 ε으로 하면 다음과 같은 Beer의 식이 된다.

$$\log \frac{P_0}{P} = \varepsilon bc = A \qquad (13\text{-}8)$$

13B-1 혼합물에 대한 Beer 법칙 적용

Beer 법칙은 흡광 물질이 한 종류 이상 포함된 매질에도 적용될 수 있다. 화학종들이 상호작용을 하지 않는다고 한다면, 다중 성분계에 대한 전체 흡광도는 다음과 같이 주어진다.

$$\begin{aligned} A_{\text{total}} &= A_1 + A_2 + \cdots + A_n \\ &= \varepsilon_1 bc_1 + \varepsilon_2 bc_2 + \cdots + \varepsilon_n bc_n \end{aligned} \qquad (13\text{-}9)$$

여기서 아래 첨자는 흡광 성분 1, 2, …, n을 나타낸다.

13B-2 Beer 법칙의 한계점

흡광도가 경로 길이에 선형적으로 비례 관계에 있다는 것을 일반화하기에는 몇 가지 예외가 있다. 한편, 측정된 흡광도와 농도간의 직접 비례로부터 편차는 b가 일정할 경우에 자주 일어난다. *실제 편차*(real deviation)라 부르는 이들 편차들 중 몇몇은 근본적인 것이며 법칙의 실제 한계를 나타낸다. 다른 것들은 흡광도 측정을 어떻게 하는가의 결과이거나(*기기적 편차*, instrumental deviation) 혹은 농도가 변할 때 일어나는 화학적 변화의 결과(*화학적 편차*, chemical deviation)이다.

Beer 법칙에 대한 실제 한계점

Beer 법칙은 상대적으로 낮은 분석물질의 농도를 함유하고 있는 매질에 대한 흡광 거동을 기술하고 있다; 이런 의미에서 한계가 있는 법칙이다. 높은 농도(보통은 $>$ 0.01 M)에서 용질-용매 상호작용과 용질-용질 상호작용의 정도, 혹은 수소 결합이 분석물질의 환경과 그것의 흡광 계수에 영향을 미칠 수 있다. 예를 들어, 높은 농도에서 흡광을 하는 분자들이나 이온들 간의 평균 거리는 각 입자들이 이웃하는 것들의 전하 분포에 영향을 미칠 수 있는 지점까지 감소될 수 있다. 이 용질-용질 상호작용은 주어진 파장의 복사선을 흡수하는 분석물질의 능력을 바꿀 수 있다. 상호작용의 정도는 농도에 의존하기 때문에 흡광도와 농도 간의 선형 관계로부터 편차가 생길 수 있다. 흡광 물질의 농도는 낮지만 다른 화학종(특별히 전해질)의 농도가 높은 매질에서 종종 유사한 효과가 나타날 수 있다. 흡광 물질과 이온들의 거리가 가까우면 정전기 상호작용에 의해서 흡광 물질의 몰흡광 계수가 바뀔 수 있다; 이 효과는 묽힘에 의해서 감소된다.

분자 상호작용의 효과가 0.01 M보다 낮은 농도에서는 그다지 중요하지는 않더라도 어떤 거대 유기 이온이나 분자들 간에 일어나는 몇 가지 예외가 있다. 예를 들면, 수용액에서 메틸렌블루의 양이온에 대한 436 nm에서 몰흡광 계수는 염료의 농도가 10^{-5}에서 10^{-2} M로 증가하면 88%까지 증가한다는 보고가 있다; 10^{-6} M 이하에서도 Beer 법칙이 엄격하게 관찰되지 않는다.

또한, Beer 법칙으로 편차는 흡광 계수가 매질의 굴절률에 의존하기 때문에도 발생한다.[3] 이와 같이, 용액의 굴절률 n에서 큰 변화가 원인이 되어 농도가 변한다면 Beer 법칙으로부터 벗어남이 관찰된다. 식 13-8에서 ε에 대하여 $\varepsilon n/(n^2 + 2)^2$을 대입함으로 이 효과에 대한 보정이 가능할 수 있다. 일반적으로, 이 보정은 매우 크지는 않고 0.01 M보다 낮은 농도에서는 거의 중요하지 않다.

연습: www.tinyurl.com/skoogpia7에서 **흡수 분광법(absorption spectrophotometry)**에 대해서 더 알아보시오.

[3]G. Kortum and M. Seiler, *Angew. Chem.*, **1939**, *52*, 687; **DOI**: 10.1002/ange.19390524802.

뚜렷한 화학적 편차

Beer 법칙으로부터 뚜렷한 편차는 분석물질이 해리 또는 회합하거나 분석물질과 다른 흡광 성질을 가진 생성물을 생성하는 용매와 반응할 때 나타난다. 이러한 거동의 흔한 예는 산-염기 지시약 수용액에서 발견된다. 예를 들어, 전형적인 지시약 HIn과 관련된 색깔 변화는 다음의 평형 변화에서 알 수 있다.

$$\underset{\text{color 1}}{\text{HIn}} \rightleftharpoons \text{H}^+ + \underset{\text{color 2}}{\text{In}^-}$$

예제 13-1은 묽힘에 의한 평형 변화가 Beer 법칙으로부터 편차를 일으키는 것을 보여준다.

예제 13-1

$K_a = 1.42 \times 10^{-5}$인 산성 지시약 HIn이 다양한 농도로 포함되어있는 용액을 0.1 M HCl과 0.1 M NaOH에서 조제하였다. 두 매질에 대해서 전체 지시약의 농도 대 430 nm나 570 nm에서의 흡광도를 그리면 비선형이다. 하지만, 두 매질에 대해서 개별 화학종인 HIn과 In^-는 430 nm와 570 nm에서 Beer 법칙을 따르게 된다. 따라서, HIn과 In^-의 평형 농도를 안다면 HIn의 해리에 대하여 알 수가 있다. 보통 개별 농도는 모르더라도 전체 농도 $c_{total} = [HIn] + [In^-]$만은 알 수 있다.

$c_{total} = 2.00 \times 10^{-5}$ M인 용액에 대한 흡광도를 계산해보자. 지시약은 HCl 용액에서는 완전히 해리되지 않은 HIn 형태이고 NaOH 용액 내에서는 In^- 형태로 완전히 해리되었다고 생각했을 때 산해리 상수의 크기를 생각해본다. 약산인 HIn과 이것의 짝염기인 In^-의 430 nm와 570 nm에서 몰흡광 계수는 지시약의 강산과 강염기 용액을 측정함으로써 값을 얻을 수 있다. 그 결과는 다음과 같다.

	ε_{430}	ε_{570}
HIn	6.30×10^2	7.12×10^3
In^-	2.06×10^4	9.61×10^2

2.00×10^{-5} M에서 16.00×10^{-5} M 농도 범위에서 완충되지 않은 지시약의 흡광도(1.00 cm 용기)는 얼마인가?

풀이

먼저, 완충되지 않은 2.00×10^{-5} M 용액에서 HIn과 In^-의 농도를 구한다.

$$\text{HIn} \rightleftharpoons \text{H}^+ + \text{In}^-$$

$$K_a = 1.42 \times 10^{-5} = \frac{[\text{H}^+][\text{In}^-]}{[\text{HIn}]}$$

해리 반응에 대한 식으로부터 $[H^+] = [In^-]$이다. 지시약에 대한 질량 균형식은 $[In^-] + [HIn] = 2.00 \times 10^{-5}$ M이다. 이 관계식들을 K_a 식에 대입하면

$$\frac{[\text{In}^-]^2}{2.00 \times 10^{-5} - [\text{In}^-]} = 1.42 \times 10^{-5}$$

이 식을 재배열하면 다음과 같은 이차 방정식이 얻어진다.

$$[\text{In}^-]^2 + (1.42 \times 10^{-5}[\text{In}^-]) - (2.84 \times 10^{-10}) = 0$$

이 식에 대한 양의 해는

$$[\text{In}^-] = 1.12 \times 10^{-5}\ \text{M}$$

그리고

$$[\text{HIn}] = (2.00 \times 10^{-5}) - (1.12 \times 10^{-5})$$
$$= 0.88 \times 10^{-5}\ \text{M}$$

두 파장에서 흡광도를 구할 수도 있다. 430 nm에 대해서는 식 13-9에 대입하면 다음과 같다.

$$A = \varepsilon_{\text{In}^-} b[\text{In}^-] + \varepsilon_{\text{HIn}} b[\text{HIn}]$$

$$A_{430} = (2.06 \times 10^4 \times 1.00 \times 1.12 \times 10^{-5}) + (6.30 \times 10^2 \times 1.00 \times 0.88 \times 10^{-5}) = 0.236$$

비슷하게 570 nm에 대해서도

$$A_{570} = (9.61 \times 10^2 \times 1.00 \times 1.12 \times 10^{-5}) + (7.12 \times 10^3 \times 1.00 \times 0.88 \times 10^{-5}) = 0.073$$

같은 방식으로 얻어진 추가적인 데이터는 표 13-2에 나타내었다.

표 13-2의 데이터를 근거로 도식한 그림 13-3을 보면 흡광계가 해리나 회합이 일어났을 때는 Beer 법칙으로부터 벗어남을 알 수 있다. 곡선의 방향이 두 파장에서 반대임을 주목할 필요가 있다.

다색 복사선에 의한 기기의 편차

Beer 법칙은 엄밀하게는 단색 광원 복사선으로 측정될 때만 적용된다. 실제로, 파장들의 연속 분포를 가진 다색 광원들은 사용될 파장 주변의 거의 대칭된 파장의 띠들을 분리하기 위해서 필터나 회절발과 함께 사용된다(그림 7-13, 7-16, 7-17 참고).

다음 편차는 Beer 법칙에서 다색 복사선의 효과를 보여주고 있다. 두 개의 파장 λ'과 λ''으로 구성된 복사선 빛살을 생각해 보자. Beer 법칙이 각 파장에 엄격하게 적용된다고 가정하면 λ'는 다음과 같이 쓸 수 있다.

$$A' = \log\frac{P_0'}{P'} = \varepsilon' bc$$

혹은

$$\frac{P_0'}{P'} = 10^{\varepsilon' bc}$$

그리고

$$P' = P_0' 10^{-\varepsilon' bc}$$

유사하게, 두 번째 파장 λ''에 대해서는 다음과 같다.

표 13-2 여러 지시약 농도에 대해 계산된 흡광도 데이터

c_{HIn}, M	[HIn], M	$[In^-]$, M	A_{430}	A_{570}
2.00×10^{-5}	0.88×10^{-5}	1.12×10^{-5}	0.236	0.073
4.00×10^{-5}	2.22×10^{-5}	1.78×10^{-5}	0.381	0.175
8.00×10^{-5}	5.27×10^{-5}	2.73×10^{-5}	0.596	0.401
12.0×10^{-5}	8.52×10^{-5}	3.48×10^{-5}	0.771	0.640
16.0×10^{-5}	11.9×10^{-5}	4.11×10^{-5}	0.922	0.887

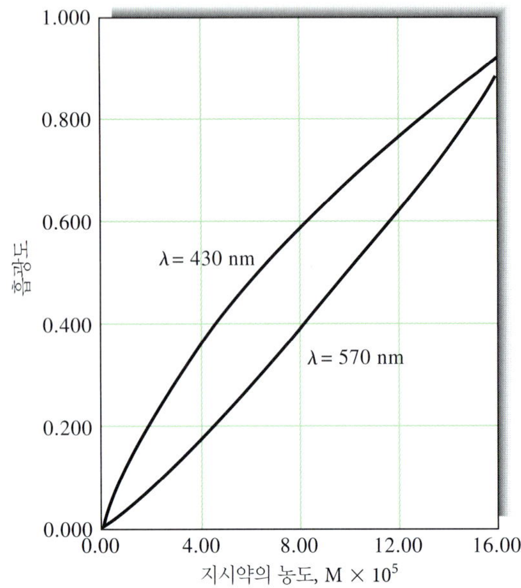

그림 13-3 완충되지 않은 지시약 HIn 용액에 대한 Beer 법칙으로부터 화학적 편차. 데이터는 예제 13-1을 참고하시오. 430 nm에서는 양의 편차이고 570 nm에서는 음의 편차임을 주목하시오. 430 nm에서는 흡광도가 일차적으로는 지시약의 이온화된 형태 In^- 때문이며 이온화된 분율에 비례하며 전체 지시약의 농도에 대하여 비선형적으로 변한다. 570 nm에서는 흡광도가 해리되지 않은 산 HIn 때문이며 전체 농도에 대하여 비선형적으로 증가한다.

$$P'' = P_0''10^{-\varepsilon''bc}$$

두 개 파장으로 구성된 복사선으로 흡광도 측정을 할 때는 용액으로부터 빠져나온 빛살의 세기는 두 파장에서 빠져나온 세기의 합 $P' + P''$이다. 마찬가지로, 전체 입사 세기는 $P_0' + P_0''$이다. 그러므로 측정된 흡광도 A_m은 다음과 같다.

$$A_m = \log\frac{(P_0' + P_0'')}{(P' + P'')}$$

P'와 P''을 대입하면 다음과 같다.

$$A_m = \log\frac{(P_0' + P_0'')}{(P_0'10^{-\varepsilon'bc} + P_0''10^{-\varepsilon''bc})}$$

몰흡광 계수가 두 파장에서 같으면($\varepsilon' = \varepsilon''$), 이 식은 다음과 같이 단순화되며 Beer 법칙을 따른다.

$$A_m = \varepsilon'bc = \varepsilon''bc$$

하지만, 그림 13-4에서 나타낸 바와 같이 A_m과 농도와의 관

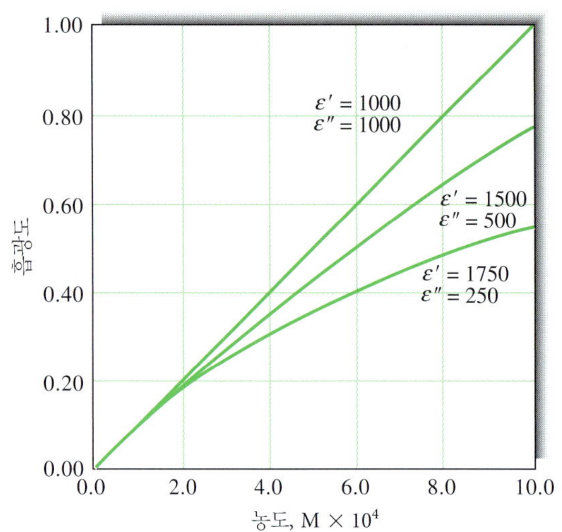

그림 13-4 다색 복사선에서 Beer 법칙으로부터 편차. 흡광체는 두 파장 λ'과 λ''에서 정해진 몰흡광 계수를 갖는다.

계는 몰흡광 계수가 다르면 더 이상 선형이 아니다. 추가적으로, ε'과 ε'' 간의 차이가 커지면, 선형으로부터 편차는 증가한다. 추가적인 파장이 포함되면 동일한 효과가 관찰된다.

분광 광도법 측정에서 선택된 파장의 띠가 분석물질의 몰흡광 계수가 일정한 흡수 스펙트럼의 영역에 해당한다면, Beer 법칙으로부터 벗어남은 최소화된다. 자외선(UV)-가시선 영역에 시 많은 분자 띠들은 이 설명에 맞다. 이들에 대해시 Beer 법칙은 그림 13-5에서 띠 A를 따른다. 반대로, 자외선-가시선 영역에서 어떤 흡수 띠와 많은 적외선(IR) 영역에서 흡수 띠는 매우 좁으며, 그림 13-5에서 띠 B와 같이 Beer 법칙을 벗어나는 것이 일반적이다. 따라서, 편차를 피하기 위해서 분석물질의 흡수가 파장에 따라 거의 변하지 않는 최대 흡수 파장 근처의 파장 띠를 선택할 것을 권유한다.

좁은 띠의 최대 흡수에서 흡광도 측정에 대해서 단색화 장치나 필터 $\Delta\lambda_{eff}$(식 7-17)의 유효 띠너비가 반높이(최대 높이 절반에서 전체 너비)에서 흡수 띠너비의 10분의 1보다 작으면 Beer 법칙으로부터 벗어남은 중요하지 않다.

떠돌이 복사선 존재 시 기기의 편차

단색화 장치로부터 나온 복사선은 보통 작은 양의 산란된 복사선이나 떠돌이 복사선에 의해 오염된다는 것을 제7장에서 보았

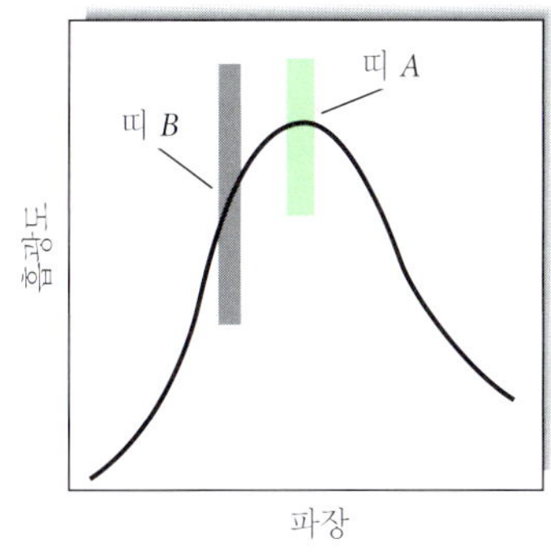

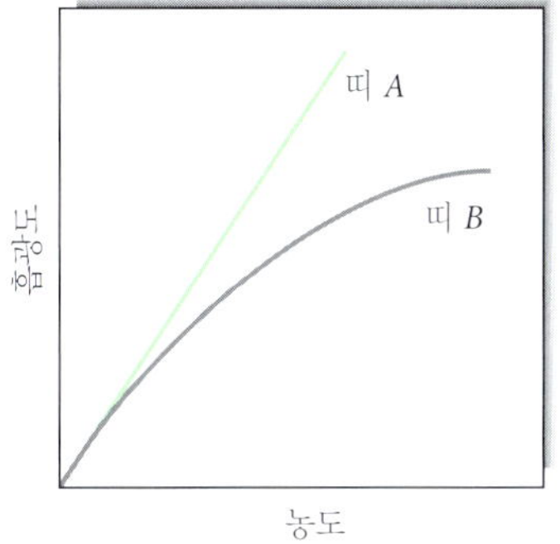

그림 13-5 Beer 법칙에서 다색 복사선의 영향. 위 스펙트럼에서 분석물질의 흡광 계수는 광원으로부터 띠 *A*까지에 걸쳐 거의 일정하다. Beer 법칙을 도시한 아래 그림에서는 띠 *A*를 사용하면 선형 관계를 나타냄을 주목하여야 한다. 스펙트럼에서 띠 *B*는 흡광 계수가 많이 변하는 영역에 해당한다. 아래 그림에서 그 결과는 Beer 법칙으로부터 크게 편차가 있음을 주목해야 한다.

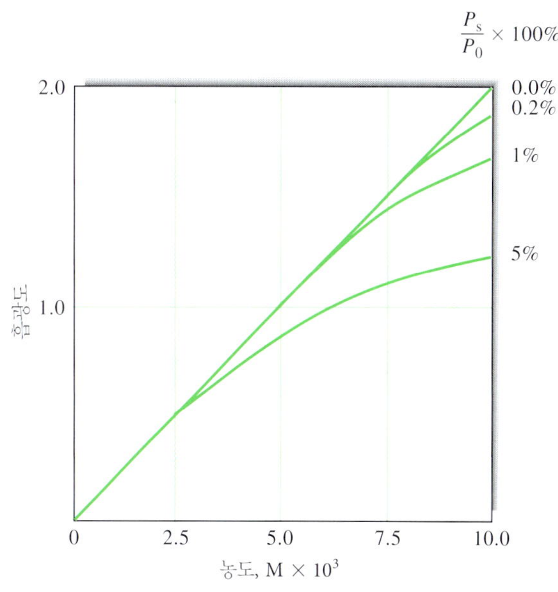

그림 13-6 다양한 크기의 떠돌이 복사선에 의해 발생되는 Beer 법칙으로부터의 겉보기 편차. 떠돌이 빛이 증가하면, 농도가 증가해도 흡광도는 일정해진다는 것에 유의해라. 항상 떠돌이 빛은 흡광도가 높을때 시료를 통과하는 복사선 세기가 떠돌이-빛 농도보다 낮거나 견줄 만하기 때문에 얻어질 수 있는 최대 흡광도를 제한한다. P_s = 떠돌이 복사선의 복사 세기; P_0 = 입사 복사선의 세기.

다. 보통 *떠돌이 빛*(stray light)이라 하는 이 복사선은 측정을 위해 선택된 명목상 파장 띠의 밖에 있는 기기로부터 나온 복사선으로 정의된다. 종종 이 떠돌이 빛은 회절발, 렌즈나 거울, 필터, 창의 표면에서의 산란과 굴절의 결과로부터 생기기도 한다. 떠돌이 복사선의 파장은 주 복사선의 파장과 크게 다른 경우도 있으며 더불어 복사선은 시료를 통과하지 않을 수도 있다.

떠돌이 빛의 존재하에서 측정될 때 관찰되는 흡광도 A'는 다음과 같다.

$$A' = \log \frac{P_0 + P_s}{P + P_s}$$

여기서 P_s는 비흡광 떠돌이 복사선의 세기이다. 그림 13-6은 여러 비율의 P_s대 P_0에 대한 농도 대 A'의 도시이다. 높은 농도와 긴 파장 경로에서 떠돌이 복사선은 흡광도와 경로 길이 간의 선형 관계로부터 큰 편차의 원인이 될 수도 있다.[4]

그림 13-5와 13-6에 나타낸 기기적 편차는 이론적인 것보다 더 작은 흡광도의 결과를 나타냄을 주목해야 한다. 항상 기기적인 편차는 음의 흡광도 오차의 원인이 됨을 보여줄 수 있다.[5]

부조화 용기

미미하지만 중요한 Beer 법칙에 대한 편차는 부조화 용기에 의해 발생한다. 분석물질과 바탕 용액을 담고 있는 용기의 경로 길이가 같지 않고 광학적 특성이 동일하지 않다면 절편 k가 교정 곡선에 나타나며 식 13-1 대신에 실제 식에서는 $A = \varepsilon bc + k$가 될 것이다. 이 오차는 주의해서 조화 용기를 사용하거나 교정 곡선의 기울기와 절편을 계산하기 위한 선형 회귀법을 사용함으로써 피할 수 있다. 바탕 용액이 전체적으로 방해 물질들을 보상하지 않는다면 절편이 생길 수 있기 때문에 대부분의 경우에 선형 회귀법이 최상의 전략이다. 홑살형 기기에서 부조화 용기 문제를 피하는 다른 방법은 단일 용기만을 사용하여 바탕 측정과 분석물질 측정에서 동일한 위치를 유지시키는 것이다. 바탕 측정을 한 후에 용기를 흡인으로 비운 다음 세척하고 분석물질 용액으로 채운다.

13C 분광 광도법 분석에서 기기 잡음의 영향

분광 광도법 분석의 정확도와 정밀도는 기기와 관련한 불확정

자습: www.tinyurl.com/skoogpia7에서 **Beer 법칙의 한계점(limitations of Beer's law)**에 대해서 더 알아보시오.

---

[4]떠돌이 복사선에 대한 효과는 다음 문헌을 참고하시오. M. R. Sharpe, *Anal. Chem.*, **1984**, 56, 339A, **DOI**: 10.1021/ac00266a880.

[5]E. J. Meehan, in *Treatise on Analytical Chemistry*, 2nd ed., P. J. Elving, E. J. Meehan, and I. M. Kolthoff, eds., Part I, Vol. 7, p. 73, New York: Wiley, 1981. For a spreadsheet approach to stray-light calculations, see S. R. Crouch and F. J. Holler, *Applications of Microsoft® Excel in Analytical Chemistry*, 3rd ed., pp. 320-322, Belmont, CA: Cengage Learning, 2017.

도와 잡음에 의해 제한을 받기도 한다.[6] 기기의 잡음과 신호대 잡음 최적화에 대한 일반적인 논의는 제5장에서 다루었다.

13C-1 투광도의 함수로서 기기의 잡음

앞서 지적한 바와 같이, 분광 광도법 측정은 세 단계를 수반한다: 0%T 측정 혹은 조정, 100%T 측정, 그리고 복사선 경로에 있는 시료에 대한 %T 측정. 각 단계와 관련된 잡음을 결합하면 T에 대해서 얻어진 최종 값에 대한 순 불확정도가 얻어진다. T 측정에서 접하는 잡음과 그 결과에 대한 농도 *불확정도*(concentration uncertainty) 간의 관계는 Beer 법칙을 다음과 같은 형태로 씀으로써 유도할 수 있다.

$$c = -\frac{1}{\varepsilon b}\log T = -\frac{0.434}{\varepsilon b}\ln T \qquad (13\text{-}10)$$

농도의 표준 편차 σ_c와 투광도에서 표준 편차 σ_T 간을 관련시키기 위해서 제a1B-3절 부록 1에서처럼 b와 c는 일정하게 유지한 채 T에 대해서 이 식을 부분 미분한다. 즉,

$$\frac{\partial c}{\partial T} = -\frac{0.434}{\varepsilon bT}$$

식 a1-29(부록 1)를 적용하면 다음과 같다.

$$\sigma_c^2 = \left(\frac{\partial c}{\partial T}\right)^2 \sigma_T^2 = \left(\frac{-0.434}{\varepsilon bT}\right)^2 \sigma_T^2 \qquad (13\text{-}11)$$

식 a1-29를 적용할 때 표본 분산 대신에 모집단 분산을 사용한다. 식 13-11을 제곱해서 식 3-10으로 나누면 다음과 같다.

$$\left(\frac{\sigma_c}{c}\right)^2 = \left(\frac{\sigma_T}{T\ln T}\right)^2$$

$$\frac{\sigma_c}{c} = \frac{\sigma_T}{T\ln T} = \frac{0.434\sigma_T}{T\log T} \qquad (13\text{-}12)$$

측정의 한계 수가 있어서 통계 표본이 작을 때는 모집단 표준 편차 σ_c와 σ_T 대신에 표본 표준 편차 s_c와 s_T(제a1B-1절, 부록 1)를 사용하므로 다음과 같다.

$$\frac{s_c}{c} = \frac{0.434 s_T}{T\log T} \qquad (13\text{-}13)$$

이 식은 c에서의 상대 표준 편차(s_C/c)와 투광도 측정의 절대 표준 편차(s_T)와 관련이 있다. 실험적으로, s_T는 정확하게 동일한 방법으로 용액의 투광도를 20회 반복 측정($N = 20$)하여 데이터를 부록1의 식 a1-10에 대입함으로써 얻어진다.

식 13-13은 광도법 농도 측정에서 불확정도는 투광도 크기에 비선형적으로 변함을 보여준다. 이 상황은 식 13-13으로 제시된 것보다 다소 복잡한데 이는 불확정도 s_T가 **T에 의존**하기 때문이다.

13C-2 기기 잡음의 원인

상세한 이론적이고 실험적인 실험을 통해서 Rothman, Crouch, Ingle은 기기적 불확정도의 여러 원인을 기술하였고 흡광도나 투광도 측정의 정밀도에서 이들의 최종 효과를 나타내었다.[7] 그 결과 불확정도는 그들이 광전류의 크기에 따라서 T에 의해 얼마나 영향을 받는가에 따라서 세 개의 부류 중 하나가 된다. 사례 I 불확정도에서는 정밀도가 T에 독립적이다: 즉, s_T가 상수 k_1과 동일하다. 사례 II 불확정도에서는 정밀도가 $\sqrt{T^2 + T}$에 비례한다. 마지막으로 사례 III 불확정도는 T에 비례한다. 표 13-3에는 이들 세 가지 불확정도의 원인과 이들이 일어날 만한 기기의 종류에 대한 정보가 요약되어 있다.

사례 I: $s_T = k_1$

사례 I 불확정도는 제한된 분해능을 가진 미터계나 디지털 표시

[6]다음 문헌을 참고하시오. L. D. Rothman, S. R. Crouch, and J. D. Ingle Jr., *Anal. Chem.*, **1975**, *47*, 1226, **DOI**: 10.1021/ac60358a029; J. D. Ingle Jr. and S. R. Crouch, *Anal. Chem.*, **1972**, *44*, 1375, **DOI**: 10.1021/ac60316a010; H. L. Pardue, T. E. Hewitt, and M. J. Milano, *Clin. Chem.*, **1974**, *20*, 1028, http://www.clinchem.org/content/20/8/1028. abstract; J. O. Erickson and T. Surles, *Amer. Lab.*, **1976**, *8* (6), 41; *Optimum Parameters for Spectrophotometry*, Santa Clara, CA: Agilent Technologies, Inc., 1977.

[7]L. D. Rothman, S. R. Crouch, and J. D. Ingle Jr., *Anal. Chem.*, **1975**, *47*, 1226.

표 13-3 투광도 측정에서 불확정도의 형태와 원인

범주	특성[a]	일반적인 원인	중요시해야 할 곳
사례 I	$s_T = k_1$	한정된 판독 분해능	작은 미터계나 디지털 표시계를 가진 저렴한 광도계와 분광 광도계
		열 검출기 Johnson 잡음	IR과 near-IR 분광 광도계와 광도계
		암전류와 증폭기 잡음	광원 세기와 검출기 감도가 낮은 영역
사례 II	$s_T = k_2\sqrt{T^2 + T}$	광검출기 산탄 잡음	고성능 UV-Vis와 IR 분광 광도계
사례 III	$s_T = k_3 T$	용기의 위치 불확정도	고성능 UV-Vis와 IR 분광 광도계
		광원 깜박거림	저렴한 광도계와 분광 광도계

[a]k_1, k_2, k_3는 주어진 시스템에 대한 상수

표 13-4 기기적 잡음의 세 부류에 대한 투광도와 흡광도의 함수로서 농도 측정에 대한 상대 정밀도

		농도에 대한 상대 표준 편차[a]		
투광도, T	흡광도, A	사례 I 잡음[b]	사례 II 잡음[c]	사례 III 잡음[d]
0.95	0.022	±6.2	±8.4	±25.3
0.90	0.046	±3.2	±4.1	±12.3
0.80	0.097	±1.7	±2.0	±5.8
0.60	0.222	±0.98	±0.96	±2.5
0.40	0.398	±0.82	±0.61	±1.4
0.20	0.699	±0.93	±0.46	±0.81
0.10	1.00	±1.3	±0.43	±0.56
0.032	1.50	±2.7	±0.50	±0.38
0.010	2.00	±6.5	±0.65	±0.2
0.0032	2.50	±16.3	±0.92	±0.23
0.0010	3.00	±43.4	±1.4	±0.19

[a] $(s_c/c) \times 100$

[b] $s_T = k_1 = \pm 0.0030$인 식 13-13으로부터

[c] $k_2 = \pm 0.0030$인 식 13-14로부터

[d] $k_3 = \pm 0.0030$인 식 13-15로부터

계를 가진 저렴한 UV-Vis 분광 광도계나 광도계에서 나타난다. 예를 들어, 어떤 디지털 기기는 3½−digit 표시계를 가지고 있다. 이들은 0.1%T까지 결과를 표시할 수 있다. 여기서 판독 해상도는 측정 정밀도를 제한할 수밖에 없어서 T에서 절대 불확정도는 0%T에서 100%T까지 동일하다. 이러한 한계는 한정된 미터계 분해능을 가진 구식 아날로그 기기에서도 일어난다.

IR과 near-IR 분광 광도계도 사례 I의 거동을 보인다. 이 기기들에서는 보통은 열 검출기에서 Johnson 잡음으로부터 제한적인 우연 오차가 발생한다. 이런 형태의 잡음은 광전류의 크기와 무관함을 기억해라(제5B-2절). 근본적으로 순 전류가 없을 때 복사선이 존재하지 않을 때조차도 요동이 관찰된다.

암전류와 증폭기 잡음은 보통 광도계와 분광 광도계에서 다른 잡음의 원인과 비교해서는 작으며 광원의 세기나 변환기의 감도가 낮은, 낮은 광전류 조건에서만 중요하다. 예를 들어, 그러한 조건들은 기기의 최대 파장 근처에서 종종 접할 수 있다.

사례 I 잡음에 의한 기기로부터 얻어진 농도 데이터의 정밀도는 $s_T = k_1$에 대해 실험적으로 측정된 값을 식 13-13에 대입함으로 얻어질 수 있다. 여기에서 특정 농도 결정의 정밀도는 기기의 정밀도가 T에 무관하더라도 T의 크기에 의존한다. 표 13-4의 세 번째 열에서는 절대 표준 편차 s_T가 ±0.003 혹은 ±0.3%T라고 가정될 때 식 13-13으로 얻어진 데이터임을 보여주고 있다. 그림 13-7에서 곡선 A는 이 데이터의 도시를 보여주고 있다. 흡광도가 약 0.5일때 최대임에 주목할 필요가 있다. 또한 약 0.1보다 낮고 약 1.0보다 큰 흡광도에서는 급격하게 상대 농도 오차가 증가하는 것에도 주목해야 한다.

시뮬레이션: www.tinyurl.com/skoogpia7에서 **기기적 잡음의 영향(effects of instrumental noise)**에 대해 더 알아보시오.

중간 정도 가격의 분광 광도계나 광도계는 보통 0.3%T의 불확정도를 갖는다. 이러한 기기에서는 시료의 흡광도가 0.1에서 1 사이에 있으면 1~2%의 농도 오차가 기대된다.

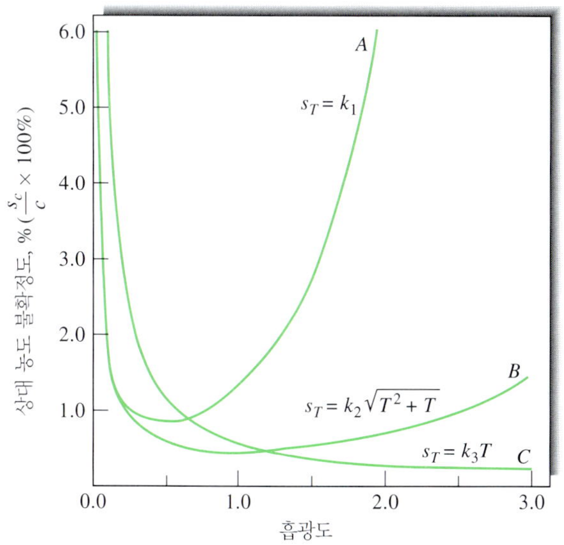

그림 13-7 **기기적 잡음의 여러 부류로부터 발생한 상대 농도 불확정도.** A, 사례 I; B, 사례 II; C, 사례 III. 데이터는 표 13-4로부터 가져온 것이다.

사례 II: $s_T = k_2\sqrt{T^2 + T}$

이런 형태의 불확정도는 보통 최고급 기기의 정밀도를 제약한다. 이는 광전자 증배관의 음극으로부터 양극으로 전자들이 움직이는 것과 같이 접합을 가로지르는 전하 이동이 포함되는 전류가 있을 때에는 언제나 일어나는 산탄 잡음(제5B-2절)이 그 원인이다. 여기서 전류는 연속되는 개별 사건 때문이다(음극으로부터 전자들의 방출). 단위 시간당 이러한 사건의 평균수는 광흐름에 비례한다. 사건들의 주파수와 전류는 평균치에 대해서 무작위로 분포된다. 전류 요동의 크기는 전류의 제곱근에 비례한다(식 5-5 참고). s_c에서 산탄 잡음의 영향은 식 13-13에 s_T를 대입하여 유도한다. 재배열하면 다음과 같다.

$$\frac{s_c}{c} = \frac{0.434k_2}{\log T}\sqrt{\frac{1}{T} + 1} \qquad (13\text{-}14)$$

표 13-4의 네 번째 열에 있는 데이터는 식 13-14를 사용하여 계산할 수 있다. 그림 13-7에서 곡선 *B*는 이 데이터를 도식한 것이다. 농도 불확정도가 훨씬 더 넓은 최솟값을 가짐을 주목할 필요가 있다. 농도 오차가 1~2%보다 크지 않게 큰 범위의 흡광도를 측정할 수 있다. 이러한 증가된 범위는 그림에서 곡선 *A*로 표시되는 열 형태의 광자-형태 검출기의 큰 장점임을 나타낸다. Johnson-잡음-한계 기기에서처럼 깜빡이-한계 기기는 95%보다 큰 투광도(혹은 $A < 0.02$)에서 매우 신뢰할 만한 농도를 제공하지 못한다.

사례 III: $s_T = k_3T$

$s_T = k_3T$를 식 13-13에 대입하면 이러한 형태의 불확정도로부터 농도에서의 상대 표준 편차가 투광도의 대수에 반비례함을 알 수 있다.

$$\frac{s_c}{c} = \frac{0.434k_3}{\log T} \qquad (13\text{-}15)$$

표 13-4의 5번째 열은 Rothman, Crouch, Ingle의 연구에서 관찰된 값을 근사치로 한 값인 k_3가 0.013을 갖고 있을 때 식 13-15로부터 얻은 데이터를 포함하고 있다. 이 데이터는 그림 13-7에 곡선 *C*로 도시되어 있다. 이러한 형태의 불확정도는 낮은 흡광도(높은 투광도)에서는 중요하지만 높은 흡광도에서는 영에 근접한다.[8]

이러한 형태의 잡음의 한 원인은 광원의 복사선 출력에서 느린 표류이다. 이러한 형태의 잡음을 *광원 깜박이 잡음*(source flicker noise)이라 할 수 있다(제5B-2절). 광원의 세기에서 요동의 영향은 광원의 세기가 일정 수준에서 유지되는 일정 전압 전력 전원이나 피드백 시스템을 사용함으로써 최소화될 수 있다. 현대의 겹살 분광 광도계(제13D-2절과 13D-3절)는 깜박이 잡음의 영향을 소멸시킬 수 있다. 많은 기기에서 광원의 깜박이 잡음들은 성능을 제한하지는 않는다.

중요하고 널리 접하게 되는 잡음의 원인은 투광도에 비례하는 것으로, 이것은 반복해서 투광도를 측정하는 동안에 빛살에 대하여 시료와 기준 용기를 재현성있게 설치하지 못해서 발생한다. 모든 용기들은 약간 불완전하다. 이 때문에 용기 창의 다른 부분이 빛살에 노출됨에 따라 반사와 산란 손실이 달라지고, 투광도에서 작은 변화가 나타난다. Rothman, Crouch, Ingle은 이러한 불확정도가 고급 UV-Vis 분광 광도계의 정확도에 가장 일반적인 한계가 된다는 것을 보여주었다. 또한, IR 기기에서 불확정도의 심각한 원인이 되기도 한다.

겹살 기기에 위치하고 있는 용기의 영향을 감소하기 위한 한 가지 방법은 검정과 분석하는 동안에 한 장소에 용기들을 놔두는 것이다. 주사기를 가지고 용기를 세척한 후에 새로운 표준 물질과 시료를 주입한다. 이 과정 동안 용기를 만지거나 부딪치지 않도록 주의해야 한다.

13C-3 흡광도 측정에서 슬릿 너비의 영향

제7C-3절에서 보여진 바와 같이 복잡한 스펙트럼들을 분해하기 위해서는 좁은 슬릿 너비가 필요하다.[9] 예를 들어, 그림 13-8은 슬릿의 너비가 왼쪽의 작은 값으로부터 중앙과 오른쪽의 큰 값으로 증가할 때 일어나는 정보들의 손실을 보여주고 있다. 이 예에서 벤젠 증기의 흡수 스펙트럼은 유효 띠너비를 1.6, 4, 10 nm로 슬릿을 설정했을때 얻어진 것이다. 정성 분석을 위해서는 넓은 슬릿을 사용할 때 수반되는 분해능의 손실이 중요할 때도 있는데 이는 스펙트럼의 정보가 화학종을 규명하는 데 유용하기 때문이다.

그림 13-9는 좁은 피크로 구성된 스펙트럼에서 슬릿 너비의 두 번째 영향을 나타내고 있다. 여기에서, 염화프라세디뮴 용액의 스펙트럼은 슬릿 너비 1.0, 0.5, 0.1 mm에서 얻어진 것이다. 슬릿 너비가 감소함에 따라 피크 흡광도 값이 크게 증가(한 번에 70%씩)하고 있음을 주목하여야 한다. 약 0.14 mm보다 낮은 슬릿 설정에서는 흡광도가 슬릿 너비와 무관함을 알 수 있다. 그림 13-8을 주의 깊게 살펴보면 동일한 형태의 영향이 나타난다. 두 스펙트럼에서 개별 피크 아래 면적은 동일하지만 넓은 슬릿에서는 낮은 최대 흡광도를 가진 넓은 피크가 나타난다.

이 그림들로부터, 좁은 흡수 띠의 정량적 측정에서는 좁은 슬릿 너비나 혹은 매우 반복성 있는 슬릿 너비 셋팅을 사용하는 것이 필요하다는 결론을 얻을 수 있다. 불행하게도, 복사선 세기는 슬릿 너비의 제곱에 비례하므로 슬릿 너비를 10만큼 감소

[8]이 경우에 대한 상대 농도 오차를 도시하는 스프레드시트 방법은 다음 문헌을 참고하시오. S. R. Crouch and F. J. Holler, *Applications of Microsoft® Excel in Analytical Chemistry*, 3rd ed., pp. 323-326, Belmont, CA: Cengage Learning, 2017.

[9]스펙트럼에 대한 슬릿 너비의 영향에 대해서는 다음 문헌을 참고하시오. *Optimum Parameters for Spectrophotometry*, Santa Clara, CA: Agilent Technologies, Inc., 1977; F. C. Strong III, *Anal. Chem.*, **1976**, *48*, 2155, **DOI:** 10.1021/ac50008a026; D. D. Gilbert, *J. Chem. Educ.*, **1991**, 68, A278, **DOI:** 10.1021/ed068pA278.

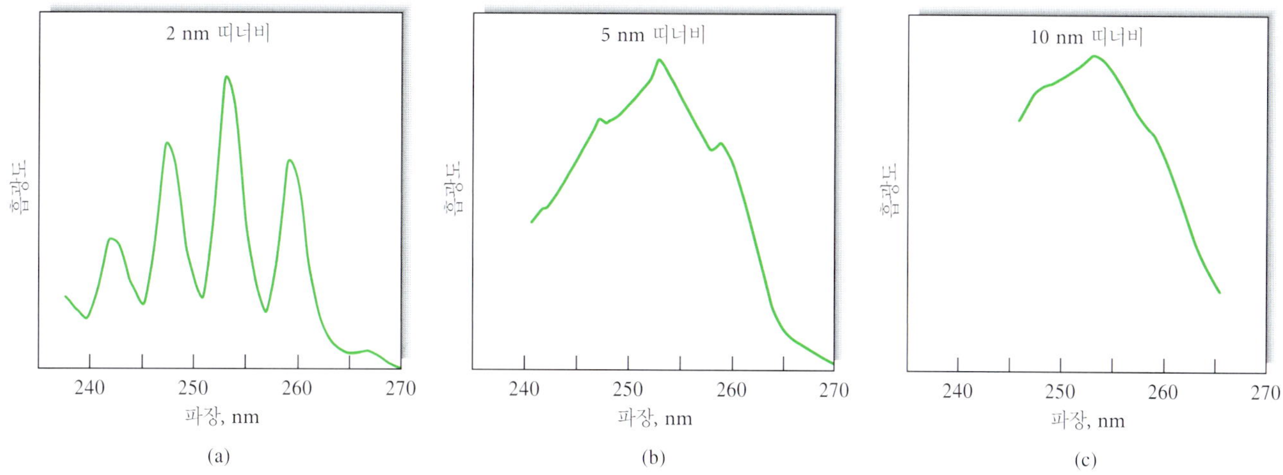

그림 13-8 벤젠 증기 시료에 대한 스펙트럼 띠너비의 영향. 스펙트럼 띠너비가 증가함에 따라서 스펙트럼에서 미세한 구조는 잃게 됨을 주목하여야 한다. 10 nm 띠너비에서 단지 넓은 흡수 띠만이 관찰된다.

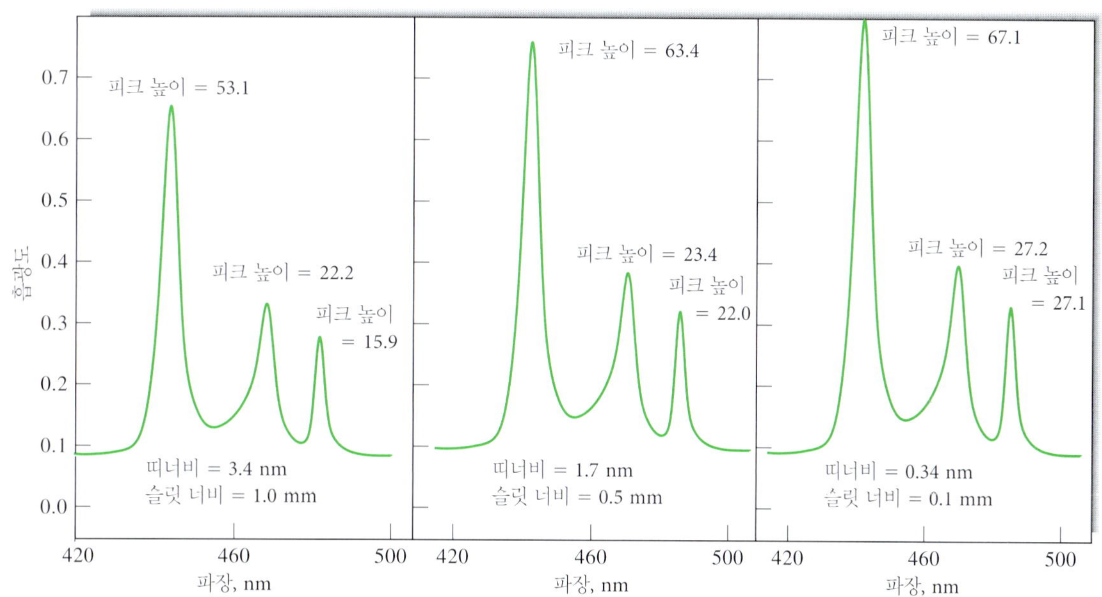

그림 13-9 피크 높이에서 슬릿 너비(스펙트럼 띠너비)의 영향. 여기서, 시료는 염화프라세디뮴 용액이다. 슬릿 너비가 1.0 mm부터 0.1 mm까지 감소함에 따라 스펙트럼 띠너비는 감소하고 피크 높이는 증가함을 주목하시오. (Data courtesy of Dr. Hilario López González, Departamento de Química, Instituto Nacional de Investigaciones Nucleares, México.)[10]

시키면 복사선 세기는 100만큼 감소한다.[11] 이와 같이 분해능과 신호대 잡음비 간의 균형이 있다. 종종 슬릿 너비를 절충해서 선택해야 하는 경우도 있다. 이 상황은 광원의 출력이나 검출기의 감도가 낮은 스펙트럼 영역에서 특별히 심각하게 된다. 이러한 환경하에서는 부분적으로 혹은 전체적으로 스펙트럼의 미세 구조를 잃게 되기에 충분히 큰 슬릿 너비가 요구되기도 한다.

일반적으로, 해당 스펙트럼의 분리에 필요한 만큼만 슬릿의 너비를 좁게 유지하는 것이 좋다. 가변-슬릿 분광 광도계에서는 최대 흡광도가 일정하게 될 때까지 계속적으로 더 좁은 슬릿에서 스펙트럼을 얻음으로써 적절한 슬릿 조정이 정해질 수 있다. 일반적으로, 일정한 피크 높이는 기기의 유효 띠너비가 흡수 띠의 최대 반높이에서 전체 너비의 10분의 1보다 적을 때 관찰된다.

13C-4 기기의 극단 파장에서 산란 복사선의 영향

산란 복사선이 Beer 법칙으로부터 기기적 편차를 일으킬 수 있다는 것을 앞서 설명하였다. 기기의 극단 파장에서 측정이 이루

[10]R, González-Mendoza, H. López-González, y A. Rojas-Hernández, *J. Mex. Chem. Soc.* **2010**, *54*, 51, http://tinyurl.com/jhgl2wz.

[11]J. D. Ingle Jr. and S. R. Crouch, *Spectrochemical Analysis*, p. 366, Upper Saddle River, NJ: Prentice-Hall, 1988.

어질 때 떠돌이 복사선의 영향이 더 심각할 수도 있고 경우에 따라서는 잘못된 흡수 띠가 나타나게 될 수도 있다. 예를 들어, 유리 광학 장치, 텅스텐 광원, 광전지 검출기를 갖춘 구형 가시선 분광 광도계를 생각해보자. 약 380 nm 이하 파장에서, 용기 창, 시료 용기, 프리즘은 복사선을 흡수하기 시작하면서 변환기에 도달하는 에너지를 감소시킨다. 변환기의 감도가 감소함에 따라 이 영역에서 광원의 출력은 급속히 떨어진다. 이와 같이 100%*T* 조절에 대한 전체 신호는 500~650 nm 영역에서 1~2% 만큼 낮게 나타날 수도 있다.

하지만 산란 복사선은 종종 기기의 감도가 매우 좋은 파장으로 구성되기도 한다. 이에 따라, 떠돌이 복사선의 영향은 크게 증가할 수 있다. 사실 어떤 경우에는 떠돌이 복사선에 의해 생성된 출력 신호가 단색화 장치의 출력 빛살에 의해 생성된 신호를 초과할 수도 있다. 이러한 경우에 떠돌이 복사선에 의한 측정된 투광도의 성분은 실제 투광도와 동등하거나 초과할 수도 있다.

가시선-영역 분광 광도계의 극단 파장에서 나타나는 잘못된 띠의 예는 그림 13-10에 나타나 있다. 200~750 nm 영역에서 감도가 좋은 UV-Vis 분광 광도계로 얻어진 세륨(IV) 용액의 스펙트럼은 곡선 *B*로 나타나 있다. 곡선 *A*는 간단한 가시선 분광 광도계로 얻은 동일한 용액의 스펙트럼이다. 곡선 *A*에서 보여진 명목 최대 흡수는 400 nm보다 더 긴 떠돌이 파장에 해당하는 기기로부터 나타난 것이다. 곡선 *B*에서 보여진 것처럼, 이들 긴 파장은 세륨(IV) 이온에 의한 흡수가 아니다. 이와 동일한 영향은 약 200 nm보다 낮은 파장에서 UV-Vis 기기로 흡수를 측정했을 때 종종 관찰된다.

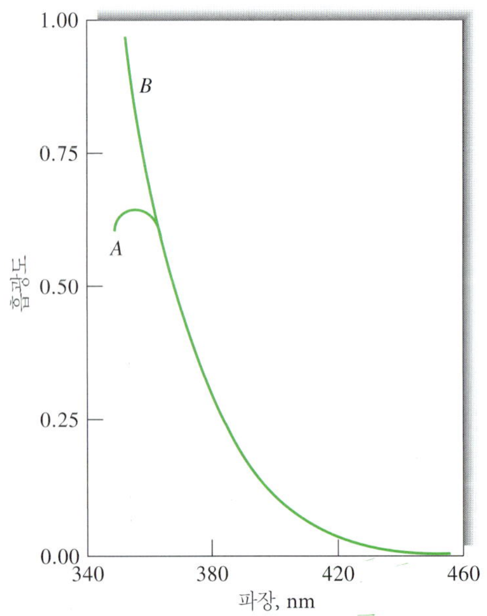

그림 13-10 유리 광학 장치(*A*)와 석영 광학 장치(*B*)를 가진 분광 광도계로 얻어진 세륨(IV)의 스펙트럼. 곡선 *A*에서 잘못된 피크는 긴 파장의 떠돌이 복사선의 투광도 때문에 나타난 것이다.

13D 기기

많은 회사들이 자외선, 가시선, 근적외선 영역에서 분자 흡광 측정을 하는 기기들을 생산하고 있다. 선택할 수 있는 기기 메이커와 모델은 수백 종이 있다. 어떤 것들은 간단하고 저렴(수백 달러)하며 어떤 것들은 복잡하고 컴퓨터로 조정 가능한 주사형 기기로써 3만 달러 이상이 되기도 한다. 간단한 기기들은 단일 파장에서 가시선 영역에서만 정량 측정이 가능하다. 더 복잡한 기기들은 선택 가능한 파장에서 스펙트럼 주사가 가능하고 가시선 영역은 물론이고 UV 영역에서도 측정이 가능하고 광원 세기의 요동에 대한 보상이 가능하고 다른 여러 기능들을 가지고 있다.[12]

13D-1 기기 구성 요소

자외선, 가시선, 근적외선 복사선의 흡수를 측정하기 위한 기기들은 (1) 광원, (2) 파장 선택기, (3) 시료 용기, (4) 복사선 변환기, (5) 신호 처리기와 출력 장치로 구성되어 있다. 성분 (2), (4), (5)의 디자인과 성능은 제7장에서 상세히 설명되었기 때문에 여기서는 더 이상 설명하지 않는다. 하지만 190~3000 nm 영역에 대한 광원과 시료 용기의 특징에 대해서는 간단히 살펴볼 것이다.

광원

분자 흡수 측정을 위해서는 고려하고 있는 파장 범위에 걸쳐서 복사 세기가 급격하게 변하지 않아야 한다.

중수소와 수소 램프. 낮은 압력에서 중수소나 수소의 전기적 들뜸에 의해 UV 영역의 연속 스펙트럼이 생성된다. 연속 스펙트럼이 생성되는 메커니즘은 들뜬 분자 화학종이 초기에 형성된 후 들뜬 분자의 해리에 의해서 두 개의 원자 화학종과 UV 광자를 생성한다. 중수소에 대한 반응은 다음과 같다.

$$D_2 + E_e \rightarrow D_2^* \rightarrow D' + D'' + h\nu$$

여기서 E_e는 분자에 의해 흡수된 전기 에너지이며 D_2^*는 들뜬 중수소 분자이다. 전체 과정에 대한 에너지는 다음 식으로 나타낼 수 있다.

$$E_e = E_{D_2^*} = E_{D'} + E_{D''} + h\nu$$

여기서, $E_{D_2^*}$는 D_2^*의 고정된 양자화된 에너지이며 $E_{D'}$과 $E_{D''}$은 두 중수소 원자들의 운동 에너지이다. $E_{D'}$과 $E_{D''}$의 합은 0에서 $E_{D_2^*}$까지 연속적으로 변할 수 있다. 이와 같이 광자의 에너지와 주파수도 역시 연속적으로 변할 수 있다. 즉, 우연히 두 운동 에너지가 작으면 $h\nu$는 커지게 되며 그 역도 성립한다. 그 결과 그림 13-11b에서 보여진 바와 같이 약 160 nm에서부터 가시선

[12]UV-Vis 흡수 측정을 위한 상용 기기에 대한 논의는 다음 문헌을 참고하시오. R. Jarnutowski, J. R. Ferraro, and D. C. Lankin, *Spectroscopy*, **1992**, *7* (7), 22.

영역까지 실제 연속 스펙트럼이 나타난다.

이런 형태의 대부분의 램프는 수소 대신에 중수소를 포함하고 있으며 가열된 산화물로 코팅된 필라멘트와 금속 전극(그림 13-11a 참고) 간에 아크가 형성되는 저전압 형태이다. 가열된 필라멘트는 필라멘트와 전극 사이에 약 40 V 전압이 걸릴 때 직류 전류를 유지하기 위해서 전자들을 제공한다. 일정한 세기를 위해서는 전압 조정 전원이 필요하다.

중수소와 수소 방전 램프의 주요한 특징은, 두 전극 사이에 있는 구멍의 모양인데, 이는 방전을 좁은 경로로 제한한다. 직경이 1~1.5 mm인 공 모양의 강한 복사선을 생성한다. 중수소 램프는 수소 램프보다 더 크고 밝은 공 모양을 나타내는데 이것이 중수소를 널리 사용하는 이유가 된다.

중수소 램프와 수소 램프는 160~800 nm 영역에서 출력을 생성한다. UV 영역(190~400 nm) 내에서 연속 스펙트럼은 그림 13-11b와 같이 존재한다. 더 긴 파장에서(> 400 nm)는 이들 램프로부터 생성된 스펙트럼은 더 이상 긴 연속 스펙트럼이 아닌 약한 연속 스펙트럼에 겹친 방출 선 스펙트럼과 띠 스펙트럼으로 구성되어 있다. 많은 응용에 있어서 선이나 띠 방출 스펙트럼은 귀찮은 존재이다. 하지만, 배열-검출기 기기들 중에는 800 nm 이상의 파장에서 중수소 광원을 사용하고 있다. 이때는 가시선 영역에서 낮은 광원 세기를 보상하기 위해서 더 긴 시간 동안 배열을 노출시킨다. 용매 바탕에 대한 전체 광원 스펙트럼을 얻은 후 시료에 대한 스펙트럼을 얻기 때문에 방출 선이 있다하더라도 흡수 스펙트럼을 계산하는 데 방해가 되지 않는다. 선 방출은 흡수 기기의 파장을 교정하는 데에도 사용된다.

유리는 약 350 nm보다 낮은 파장에서 강하게 흡수되기 때문에 중수소 램프와 수소 램프에서는 석영 창을 사용해야 한다. 중수소 램프의 연속 스펙트럼이 160 nm 이하의 파장까지 확장된다 하더라도 석영 창에 의한 흡수 때문에 약 190 nm가 유용한 최저 파장 한계이다.

텅스텐 필라멘트 램프. 가시선과 근적외선 복사선의 가장 일반적인 광원은 텅스텐 필라멘트 램프이다. 이 광원의 에너지 분포는 흑체의 에너지 분포와 유사하며(그림 6-22) 따라서 온도에 의존한다. 대부분의 흡수 기기에서 작동하는 필라멘트의 온도는 2870 K이다. 따라서 대부분의 에너지는 IR 영역에서 방출된다. 텅스텐 필라멘트 램프는 350~2500 nm 파장 영역에 유용하다. 그림 13-12는 전형적인 텅스텐 램프와 그 스펙트럼을 보여주고 있다. 필라멘트를 둘러싸고 있는 유리 덮개에 의한 복사선의 흡수는 낮은 파장 한계를 가져온다.

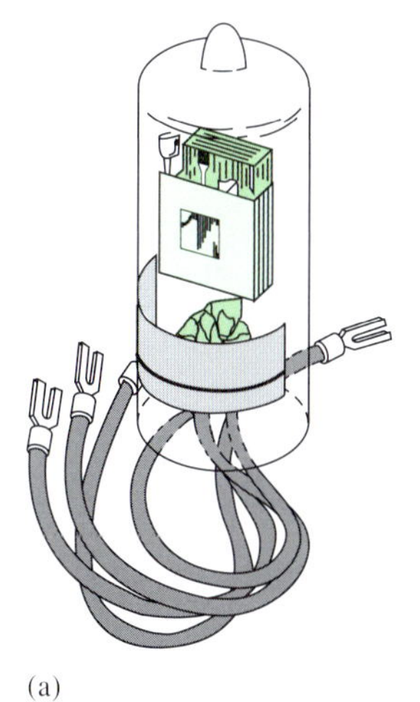

(a)

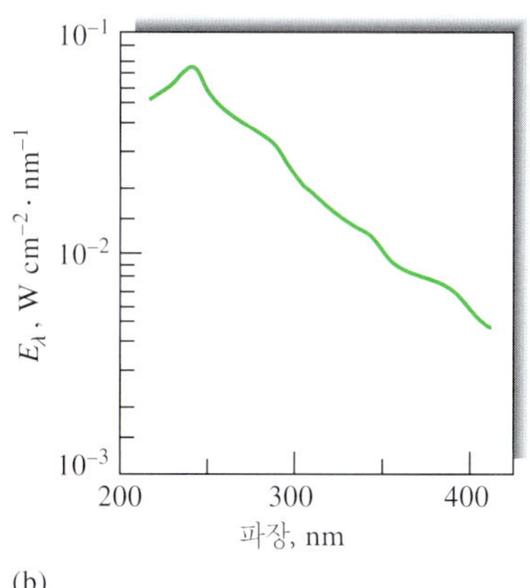

(b)

그림 13-11 (a) 분광 광도계에서 사용되는 중수소 램프와 (b) 스펙트럼. 조사량 E_λ(복사선 세기에 비례) 대 파장을 도시한 것이다. 최대 세기는 ~225 nm에서 나타난다. 일반적으로 ~350 nm에서 중수소 램프는 텅스텐 램프로 변경된다.

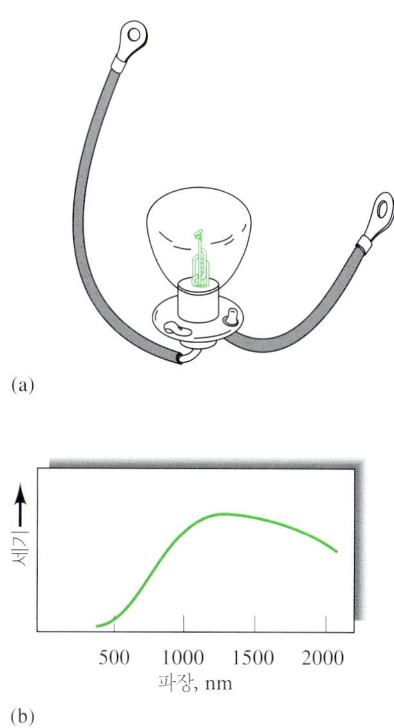

(b)

그림 13-12 (a) 분광학에서 사용되는 텅스텐 램프와 (b) 스펙트럼. 텅스텐 광원의 세기는 약 350 nm보다 짧은 파장에서는 꽤 낮다. 스펙트럼의 근적외선 영역에서 최대 세기에 도달한다(이 경우는 ~1200 nm).

가시선 영역에서, 텅스텐 램프의 에너지 출력은 대략 작동 전압의 4제곱 만큼 변한다. 따라서 안정된 복사선 광원을 위해서는 정밀한 전압 조절이 필요하다. 보통 안정성을 위해서 전압 조절기나 피드백 조절 전원 공급 장치가 사용된다.

석영-할로젠 램프라 불리는 텅스텐-할로젠 램프는 텅스텐 필라멘트를 둘러싼 석영 덮개 내부에 작은 양의 아이오딘이 포함되어 있다. 석영은 필라멘트가 대략 3500 K 온도에서 작동되게 하며 이렇게 하면 높은 세기를 얻을 수 있으며 램프의 영역을 UV 영역까지 확장시킬 수 있다. 텅스텐-할로젠 램프의 수명은 일반 램프의 두 배 이상이다. 이 연장된 수명은 보통 필라멘트의 수명을 제한하는 승화에 의해 형성된 기체 텅스텐과 아이오딘과의 반응의 결과이다. 생성물은 휘발성 WI_2이다. 이 화합물 분자들이 필라멘트를 두드릴 때 분해가 일어나서 텅스텐을 재증착시킨다. 텅스텐-할로젠 램프는 매우 효율적이며 UV 영역까지 출력 파장을 확장시킨다. 이러한 이유 때문에 많은 분광학 기기에서 사용되고 있다.

광-방출 다이오드. 광-방출 다이오드(LEDs)가 흡수 분광계에서 광원으로 사용된다. LED는 순 바이어스가 걸릴 때 복사선 에너지를 발생하는 *pn*-접합 소자이다. 갈륨 알루미늄 비소화물(λ_m = 900 nm), 갈륨 비소 질화물(λ_m = 650 nm), 갈륨 인(λ_m = 550 nm), 질화 갈륨(λ_m = 465 nm), 인듐 갈륨 질화물(λ_m = 450 nm)로부터 만들어진 다이오드가 널리 이용되고 있다. 이 화합물들의 혼합물들은 375 nm에서 1000 nm 이상까지의 영역 어느 곳으로 최대 파장을 이동시키는 데 사용된다. LED는 좁은 파장 범위에 걸쳐서 연속 스펙트럼을 생성한다. 일반적으로 LED의 최대 반높이에서 전체 너비는 20~50 nm이다. 분광학적인 광원으로서 LED는 "반단색화" 광원으로 사용되거나 간섭 필터와 함께 더 좁은 스펙트럼 출력을 내는 데 사용된다. 이들은 연속 모드나 펄스 모드에서 작동될 수 있다.

청색 LED (InGaN)로부터 나온 빛이 400~800 nm 범위에서 연속 스펙트럼을 방출하는 인광 물질을 두드릴 때 "백색" LED가 이용될 수 있다. 이러한 LED는 손전등과 같은 조명 제품들을 만드는 데 사용되고 있다. 이들은 텅스텐 필라멘트 램프보다 환경적인 영향이 적고 수명이 길다는 장점이 있다.

제논 아크 램프. 제논 아크 램프는 제논 환경을 통과하는 전류에 의해 강한 복사선을 생성한다. 약 200~1000 nm 범위의 연속 스펙트럼을 생성하며 약 500 nm에서 센 피크를 나타낸다(그림 6-22). 어떤 기기에서는 축전기로부터 규칙적인 방전이 있어서 램프가 간헐적으로 작동된다. 높은 세기가 얻어진다.

시료 용기

흡수 기기의 다른 광학 요소들과 마찬가지로 시료와 용매를 담고있는 용기 혹은 큐벳은 측정하고자 하는 스펙트럼 영역에서 복사선을 통시키는 재질로 만들어져야 한다. 그림 7-2a에서 보여진 바와 같이 석영이나 용융 실리카는 UV 영역(350 nm 이하)에서 작업하는 데 필요하다. 이 두 물질은 가시선과 근적외선 영역에서 약 3 μm까지 투명하다. 350~2000 nm 영역에서는 규산염 유리를 사용할 수 있다. 가시선 영역에서는 플라스틱 용기가 사용될 수 있다.

최상의 시료 용기는 빛살의 방향에 완전히 직각인 창을 가짐으로써 반사 손실을 최소화한다. UV와 가시선 영역에서 가장 일반적인 경로 길이는 1 cm이다. 이 사이즈에 맞고 교정된 용기들은 여러 회사들로부터 구매가 가능하다. 다른 경로 길이인 0.1 cm(더 짧은 것도 있음)에서 10 cm 용기도 구매할 수 있다. 경로 길이를 1 cm에서 0.1 cm 까지로 짧게 만들어주는 투명한 간격 띄우개도 이용이 가능하다.

UV와 가시선 영역에서 실린더형 용기가 사용되기도 하는데 이 용기는 저렴하기 때문이다. 빛살에 대한 용기의 재현성 있는 위치를 잡게 하려면 주의를 해야 한다. 그렇지 않으면 경로 길이의 변동과 곡면 표면에서의 반사 손실이 큰 오차를 일으킬 수 있다.

흡광도 데이터의 질은 시료 용기를 사용하고 유지 관리하는 방법에 결정적으로 의존한다. 벽면에 묻은 지문, 그리스 혹은 다른 부착물들은 용기의 투광 특성을 현저하게 변화시킨다. 이와 같이, 용기의 사용 전후에 완벽하게 세척하는 것이 기본이다. 창의 표면은 취급하는 동안에 만지지 않아야 한다. 용기는 불꽃이나 오븐에서 가열하여 건조시키면 안 된다—이렇게 취급하면 물리적인 손상이 있거나 경로 길이가 변할 수 있기 때문이다. 시료 용기는 흡수 용액을 가지고 서로에 대해서 정기적으로 교정해야 한다.

13D-2 기기의 형태

여기에서는 분광 기기의 네 가지 일반적인 형태를 다루고자 한다: (1) 홑살형, (2) 공간적 겹살형, (3) 시간적 겹살형, (4) 다중 채널형.

홑살형 기기

그림 13-13a는 흡광 측정을 위한 홑살형 기기의 개략도이다. 이 기기는 텅스텐 혹은 중수소 램프, 파장 선택을 위한 필터 혹은 단색화 장치, 복사선 빛살에 번갈아서 놓을 수 있는 시료 용기, 제 7E절에서 설명한 변환기, 증폭기, 판독 장치로 구성되어 있다. 보통 홑살형 장치는 100%*T* 측정을 가능하게 하고 분석물질에 대해서 %*T*를 측정하기에 필요한 시간 동안에 빛살 세기의 변화로 인한 오차를 피하기 위해서 안정된 전압 공급 장치가 필요하다.

연습: www.tinyurl.com/skoogpia7에서 **홑살형, 겹살형, 다중 채널 기기(single-beam, double-beam, and multichannel instruments)**에 대해 더 알아보시오.

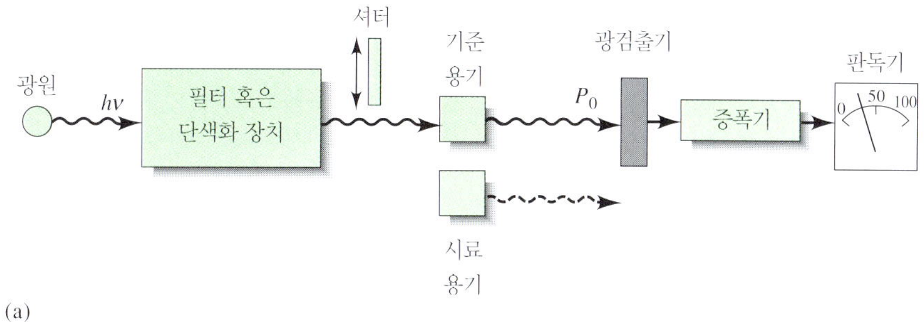

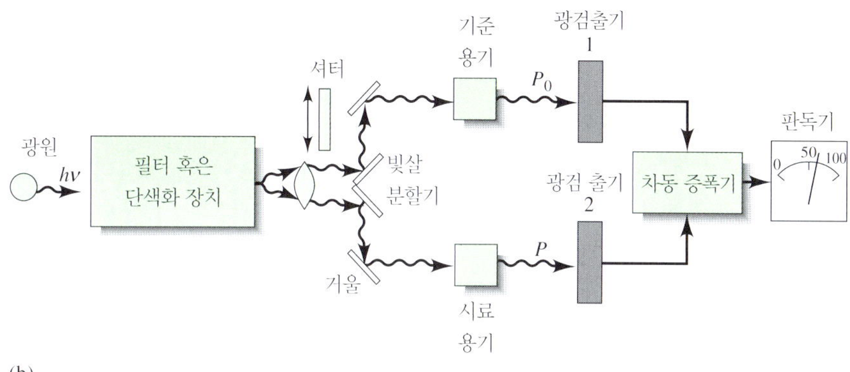

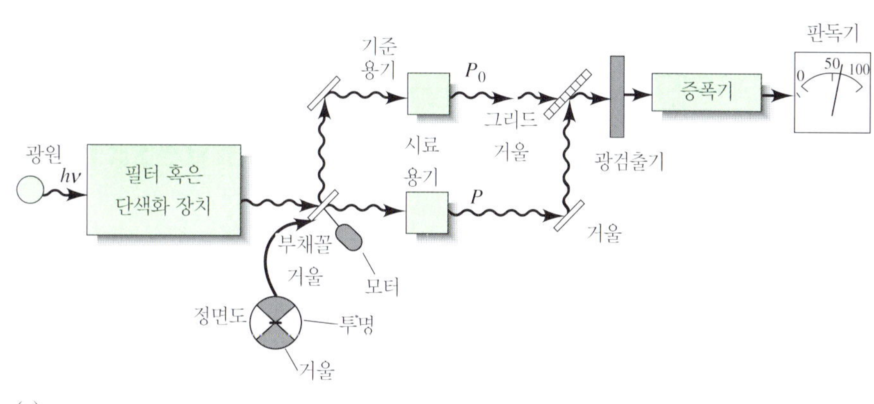

그림 13-13 UV-Vis 광도계 또는 분광 광도계에 대한 기기 구성도. (a) 홑살형 기기. 필터나 단색화 장치로부터 나온 복사선은 기준 용기나 시료 용기를 통과하여 광검출기에 부딪힌다. (b) 공간적–겹살형 기기. 필터나 단색화 장치로부터 나온 복사선은 두 개 빛살로 분리되어 동시에 기준 용기와 시료 용기를 통과한 후 두 개의 광검출기에 부딪힌다. (c) 시간적–겹살형 기기. 빛살은 기준 용기와 시료 용기를 번갈아 통과한 후 단일 광검출기에 부딪힌다. 두 개의 용기를 통과하면서 단지 밀리초 단위로 빛살을 분리한다.

홑살형 기기는 그들의 복잡함과 성능 특성이 매우 다양하다. 간단하면서 저렴한 기기는 배터리로 작동되는 텅스텐 전구 광원, 유리 필터 셋트로 된 파장 선택기, 시험관 시료 용기, 광전지로 된 변환기, 아날로그 미터계로 된 판독 장치로 구성되어 있다. 컴퓨터로 조절되는 최첨단 기기는 200 nm에서부터 1000 nm 이상까지의 영역 측정이 가능하다. 이 분광 광도계는 교체 가능한 텅스텐과 중수소 램프 광원이 있으며, 사각형 실리카 시료 용기를 사용하며, 가변형 슬릿을 가진 고분해능 회절발 단색화 장치를 갖추고 있다. 광전자 증배관이 변환기로 사용되며 출력은 디지털화 처리된 후 컴퓨터에 저장되어 프린트되거나 여러 형태로 도시될 수 있다.

겹살형 기기

현재의 분광계와 분광 광도계들은 겹살형에 기초하고 있다. 그림 13-13b는 두 개의 빛살이 *빛살 분할기*(beamsplitter)라 불리는 V-모양 거울에 의해 동일 공간 내에 형성되는 공간적–겹살형 기기를 보여주고 있다. 한 개 빛살은 기준 용액을 통과하여 광검출기에 도달하고, 동시에 두 번째 빛살은 시료를 지나서 두 번째 검출기에 도달한다. 두 개의 출력은 증폭되고 그들의 비

(혹은 그들 비의 대수)가 컴퓨터에 의해 결정되고 판독 장치에 의해 표시된다. 수동 기기에서는 측정이 두 단계로 작동되는데, 첫 번째 단계에서는 선택기와 빛살 분할기 사이에 놓여 있는 셔터를 사용하여 영점 조정이 이루어진다. 두 번째 단계에서는 셔터가 열리고 투광도나 흡광도가 직접 표시된다.

겹살형 기기의 두 번째 형태는 그림 13-13c에 나타나 있다. 단색화 장치로부터 나온 전체 빛살이 회전 부채꼴 거울에 의해 시간적으로 분리되어 기준 용기와 시료 용기를 통과한다. 복사선의 펄스는 한 펄스는 투과하고 다른 펄스는 변환기로 반사하는 다른 부채꼴 거울에 의해서 재결합된다. 그림 13-13c에서 "정면도"라고 표시되어 삽입되어 보여준 것처럼, 모터로 움직이는 부채꼴 거울은 파이 모양의 조각으로 구성되어 있어서 절반은 거울이고 절반은 투명하다. 거울 부분은 빛살을 주기적으로 차단하여 빛이 변환기에 도달하는 것을 막을 수 있도록 검게 된 금속 테두리로 고정되어 있다. 암전류 조절을 수행하기 위해서는 이들 주기를 사용하도록 검출 회로가 프로그램되어 있다. 시간적-겹살형 접근법을 일반적으로 선호하는 데 이는 공간적-겹살형 기기에서는 두 개의 검출기를 맞추는데 어려움이 있기 때문이다.

겹살형 기기는 변환기와 증폭기에서의 들뜸은 물론이고 광원의 복사선 출력에서 가장 짧은 순간의 요동을 제외한 모든 것을 보상하는 장점이 있다. 또한 파장에 따른 광원의 세기에서의 넓은 변동도 보상한다(그림 13-11과 13-12 참고). 더욱이 겹살형 기기는 투광도나 흡광도 스펙트럼을 연속해서 자체적으로 잘 기록한다.

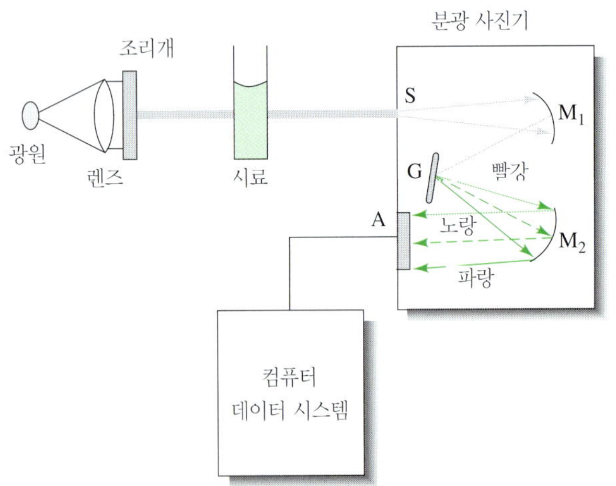

그림 13-14 배열 검출기를 갖춘 회절발 분광 사진기에 기초한 다중 채널 분광계의 구성도. 텅스텐이나 중수소 광원으로부터 나온 복사선은 평행하게 만들어진 후 렌즈와 조리개에 의해 크기가 감소된다. 시료에 의해 투과된 복사선은 슬릿 S를 통과하여 분광 사진기로 들어간다. 평행화 거울 M_1은 빛살이 회절발 G를 두드리기 전에 빛살을 평행하게 만든다. 회절발은 복사선을 성분 파장들로 분산시키며 성분 파장들은 초점 거울 M_2에 의해 초점이 맞춰져서 광다이오드나 CCD 배열 A로 들어간다. 배열 검출기로부터 나온 출력은 컴퓨터 데이터 시스템에 의해 처리된다.

다중 채널 기기

배열 검출기[광다이오드 배열 혹은 선형 전하-쌍 장치(CCD) 배열] 중 하나에 기초한 새로운 형태의 분광 광도계는 1980년대 초에 시장에 출시되었고 제7E절에 설명되었다. 이 기기들은 보통 그림 13-14에 보여진 바와 같은 홑살형이다. 다중 채널 시스템에서 분산 시스템은 시료나 기준 용기 다음에 위치한 회절발 분광 사진기이다. 배열 검출기는 분산된 복사선이 부딪치는 분광 사진기의 초점면에 놓여 있다.

제7E-3절에서 설명한 광다이오드 배열은 실리콘 칩의 길이를 따라서 배열한 수백 개의 광다이오드(256, 512, 1024, 2048개)의 선형 배열로 구성되어 있다. 전형적으로 칩의 길이는 1~6 cm이며 개별 다이오드의 너비는 15~50 μm이다(그림 13-15 참고). 보통 선형 CCD 배열은 2048개 요소로 구성되어 있으며 각 요소의 너비는 ~14 μm이다. 선형 CCD는 사실상 광다이오드 배열보다 더 감도가 좋으며 작은 광전자 증배관을 선형으로 배열한 것과 같이 거동한다.

홑살형 기기에서는 배열 암전류가 측정되며 컴퓨터 메모리에 저장된다. 그 다음에 광원의 스펙트럼이 얻어지고 암전류를 뺀 후에 메모리에 저장된다. 마지막으로, 시료의 원 스펙트럼이 얻어지고 암전류를 뺀 후에 시료 값들은 각 파장에서 광원 값으로 나눠진 다음에 흡광도로 나타난다. 다중 채널 기기들은 시간적-겹살 분광 광도계에 해당될 수 있다.

다중 채널 기기의 분광 사진기의 입구 슬릿은 보통 배열 요소 한 개의 너비에서부터 몇 배 더 넓게까지 변할 수 있다. 어떤 분광계들은 입구 슬릿이 없는 대신에 입구 구멍으로서 광섬유를 사용한다. 광다이오드 배열과 CCD 배열을 사용하는 다중 채널 분광기는 몇 밀리초 이내에 전체 스펙트럼을 얻을 수 있다. 배열 검출기에서는 빛이 칩에서 통합되거나 다중 주사를 해서 컴퓨터 메모리에서 평균화해서 신호 대 잡음비를 증가시킬 수 있다.

다중 채널 기기는 적당히 빠른 반응에서 중간 생성물 연구, 반응 속도 연구, 액체 크마토그래피 컬럼이나 모세관 전기 이동 컬럼에서 나오는 성분들을 정량과 정성적으로 분석하는 데 강력한 도구이다. 또한 일반적인 목적의 주사 실험에도 유용하다.

그림 13-15 여러 크기의 다이오드 배열. (Courtesy of Hamamatsu Photonics, Bridgewater, NJ.)

반응 속도 연구를 위해서는 네 개 이상의 파장에서 시간 의존도 분석에 필요한 소프트웨어가 필요하기도 하다.

모든 것이 갖춰진 일반 목적의 배열 검출기에 기초한 분광 광도계는 1만 달러 내외에서 상용화되어 있다. 여러 기기회사들은 빛이 시료를 오가는 광섬유 탐침을 배열 검출기 시스템과 결합하고 있다.

13D-3 몇 가지 대표적인 기기

이후에는 몇몇 대표적인 광도계와 분광 광도계를 설명하고자 한다. 이 기기들은 폭넓은 다양한 디자인들을 설명하기 위해서 선택되었다.

광도계

광도계는 흡광도 측정을 수행하는 데 있어서 간단하고 상대적으로 저렴한 기기이다. 필터 광도계는 성능 좋은 분광 광도계에 비해서 더 간편하고 견고하며 유지 관리와 사용이 쉽다. 더욱이 광도계는 높은 복사선 에너지 처리량을 가지고 있어서 상대적으로 간편하고 저렴한 변환기와 회로 소자임에도 불구하고 좋은 신호 대 잡음비를 나타낸다. 필터 광도계는 흐르는 유체의 흡광도를 측정하거나 현장에서 사용하기 위한 휴대용 기기에 특별히 유용하다. 이 광도계들은 임상 실험실에서 정량 분석에도 사용된다.

가시선 광도계. 그림 13-16은 두 개의 광도계 혹은 비색계에 대한 개략도를 나타낸 것이다. 위의 그림은 홑살형 직접 판독 기기인데 광원으로는 텅스텐 필라멘트 램프 혹은 LED, 평행한 빛살을 제공하는 렌즈, 필터, 광다이오드 변환기로 구성되어 있다. 광다이오드에 의해 생성된 전류는 전자 회로 또는 컴퓨터에 의해 처리되어 흡광도나 투광도를 직접 판독하게 해준다. 대부분의 기기에서 암전류(0%T)는 조리개로 빛살을 차단함으로써 얻어진다. 100%T (0 A)는 광로에서 용액 바탕이나 시약 바탕을 사용하여 조절된다. 어떤 기기에서는 램프에 걸린 전압을 변화시켜서 0 A 조정을 한다. 다른 종류에서는 광로에 위치한 조리개의 구멍 크기를 변경시켜서 조정하기도 한다. 그 다음에 시료를 광로에 넣는다. 대부분의 비색계는 기준(P_0에 비례)에 대한 광다이오드 신호를 저장하고 이 신호와 시료에 대한 광다이오드 신호(복사선 세기 P에 비례)의 비를 계산한다. 이 신호의 비에 대한 대수로 흡광도가 계산된다(식 13-3).

LED에 기초한 광도계는 그림 13-17에 나타나 있다. 어떤 기기에서는 LED나 필터를 변화시킴에 의해서 파장이 자동적으로 변하게 된다. 어떤 기기에서는 단지 고정된 한 파장에서만 작동되기도 한다. 두 개 또는 그 이상의 표준 물질을 사용하여 교정을 한다. 보여진 기기는 띠너비가 15 nm인 파장이 고정된 기기이다. 420, 450, 476, 500, 550, 580, 600, 650 nm의 파장이 이용 가능하다.

그림 13-16b는 유체 시료의 흡광도를 측정하는 데 사용되는 겹살형 광도계의 개략도이다. 빛살은 두 갈래의 광섬유에 의해 분할되어 복사선의 약 50%는 위쪽 지류에서 부딪쳐 투과되고 다른 50% 복사선은 아래쪽 지류에 부딪쳐 투과한다. 한 개 빛살은 시료 용기를 통과하고 다른 빛살은 기준 용기를 지나간다.

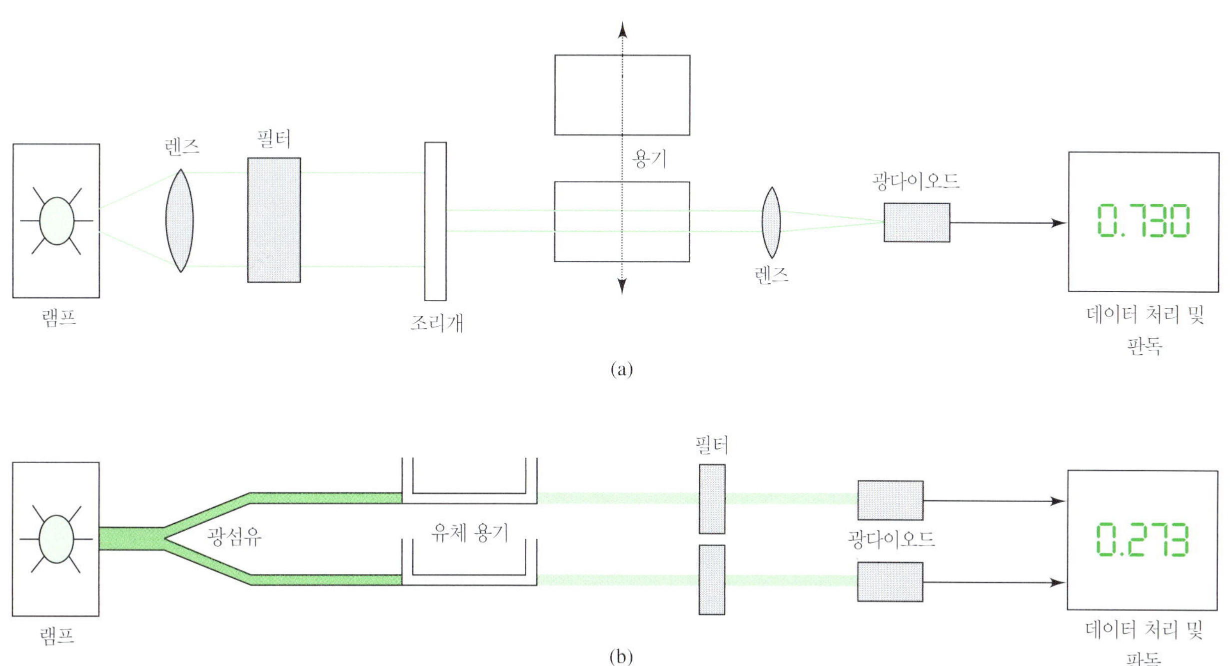

그림 13-16 (a) 홑살형 광도계, (b) 유체 분석을 위한 겹살형 광도계. 홑살형 기기에서는 먼저 기준 용기를 광로에 위치시키고 나중에 시료 용기를 위치시킨다. 겹살형 기기(b)에서는 광섬유가 빛살을 두 갈래로 분할시킨다. 하나는 시료 용기로 통과하고 다른 하나는 기준 용기를 통과한다. 이 공간적-겹살형 배열에서는 두 개의 광다이오드가 사용된다.

그림 13-17 **단순한 LED 기반 비색계.** (Hach Company, USA.)

필터는 시료 용기 뒤에 위치하고 그 다음에는 광다이오드 변환기가 있다. 이것이 거의 동일하게 반응하는 광다이오드들이 필요한 공간적 겹살형 기기이다. 두 개의 광다이오드로부터 나온 전기 출력은 전압으로 변환되고 신호는 처리되어 흡광도에 비례하는 정보값을 생성한다.

탐침형 광도계. 그림 13-18은 상용화된 담금형 광도계의 사진과 개략도인데 이 광도계에서는 광섬유가 빛을 광원으로부터 광섬유 끝에 있는 유리 접합과 거울 사이에 놓여 있는 용액 층까지 투과하게 한다. 거울로부터 반사된 복사선은 두 번째 유리섬유를 거쳐서 광다이오드 검출기까지 지나간다. 광도계는 광원과 동기화된 전자 토막틀을 갖춘 증폭기를 사용한다; 그 결과 광도계는 외부로부터의 복사선에는 감응하지 않는다. 선택된 응용을 위해서 여섯 개의 간섭 필터를 갖춘 필터 바퀴와 "삽입식" 필터가 옵션이다. 보통의 필터도 이용될 수 있다. 탐침은 스테인리스 강, Swagelok® Stainless Steel, Pyrex®, Acid-resistant Lexan® Plastic으로 만들어져 있다. 광로 길이는 1 mm에서 10 cm까지가 이용 가능하다.

흡광도는 먼저 탐침을 용매에 담가서 측정한 후에 다음에 용액에 넣어서 측정한다. 이 장치는 광도법 적정에 특별히 유용하다(제14E절).

필터 선택. 일반 목적의 광도계는 가시선 스펙트럼의 다른 부분을 투과하는 여러 종류의 필터를 갖추고 있다. 응용에 따라서 적절한 필터를 선택하는 것이 중요한데 이는 선택에 따라서 측정 감도가 좌우되기 때문이다. 보통 새로운 분석법에 대해서는 분석되는 용액의 흡수 스펙트럼이 주사 분광 광도계에서 얻어진다. 따라서 최대 흡수 파장과 가장 근접하게 일치하는 필터를

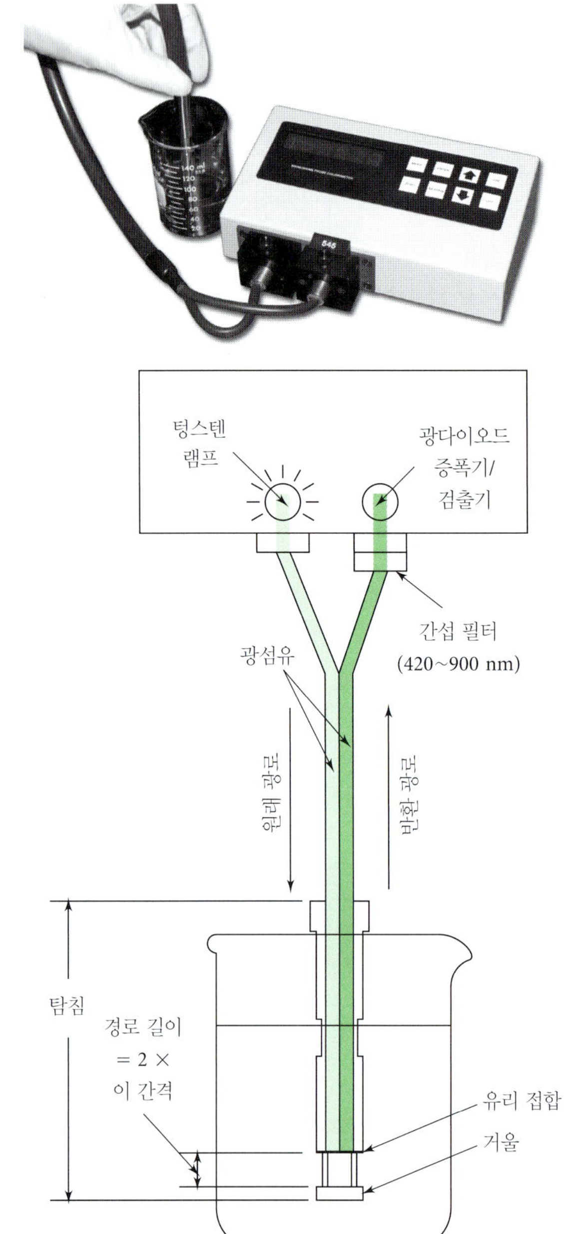

그림 13-18 **탐침형 광도계의 사진(a)과 개략도(b).** (Courtesy of Metrohm USA, Riverview, FL.)

선택한다. 어떤 경우에는 방해를 최소화하기 위해서 최대 흡수 파장으로부터 멀어진 파장에서 측정하기도 한다. 가능하면 다색 복사선에 의한 Beer 법칙으로부터 편차를 최소화하기 위해서 최대 흡수 파장 근처에서 측정을 한다(제13B-2절).

필터 선택 도움 기능이 없는 분광 광도계에서는 흡수된 빛의 색깔이 용액 자체의 색깔과 보색이라는 것을 상기하여 필터를 선택한다. 예를 들어, 용액이 빨간색으로 나타나는 것은 스펙트럼의 빨간색 부분은 투과하고 녹색은 흡수하기 때문이다. 농도에 따라 변하는 것은 녹색 복사선의 세기이다. 그래서 녹색 필터가 사용되어야 한다. 일반적으로, 가장 적합한 필터는 분석되는 용액의 보색이 될 것이다.

자외선 흡광 광도계

UV 광도계는 종종 고성능 액체 크로마토그래피에서 검출기로 사용된다. 이 응용에서는 보통 수은 증기 램프가 광원으로 사용되며 254 nm의 방출선이 필터에 의해 분리된다. 이런 형태의 검출기는 제28C-6절에서 간략하게 설명되어 있다.

UV 광도계는 공장에서 기체나 액체 유체의 한 개 혹은 그 이상의 구성 성분의 농도를 연속적으로 모니터링하는 데도 이용될 수 있다. 공간적-겹살형 기기이며(그림 13-16b 참고) 보통 필터 시스템에 의해 분리된 수은의 방출선 중 한 개를 사용한다. 전형적인 응용으로는 폐수에서 페놀의 낮은 농도 측정과 기체 중의 염소, 수은, 방향족 화합물의 농도 모니터링 및 대기 중의 황화 수소 대 이산화황의 비 측정이 있다.

분광 광도계

많은 수의 분광 광도계가 상용화되어 있다. 단지 가시선 영역만을 위한 것도 있으며; 어떤 것은 UV와 가시선 영역에 응용할 수 있는 것도 있다. 몇몇은 UV에서 근적외선(190~3000 nm)까지 측정이 가능한 것도 있다.

가시선 영역의 기기. 약 380~800 nm 파장 영역 내에서 작동하도록 디자인된 여러 분광 광도계가 상용화되고 있다. 이 기기는 간편한 홑살형 회절발 기기인데 상대적으로 저렴하고 ($1000~$3000 정도) 견고하고 휴대가 가능하다. 최소한 한 개의 배터리로 작동되며 취급하기에 가볍고 작다. 어떤 것들은 좋은 흡수 스펙트럼을 생성하기도 하지만 이 기기들의 가장 일반적인 응용은 정량 분석이다.

그림 13-19는 간단하고 저렴한 분광 분석계인 Spectronic 20을 보여주고 있다. 이 기기의 최초 모델은 1950대 중반에 시장에 선보였다. 그림에 보여진 수정된 모델은 새로운 Spectronic 200이며 아직까지 널리 이용되고 있다. 이 기기는 현재 다른 어떤 분광 광도계 모델보다도 전 세계적으로 더 많이 사용되고 있다. 이 기기는 특별히 교육용으로 대중성을 가지고 있는데 이는 가격이 저렴하며 견고하며 만족할 만한 성능 특성을 가지고 있기 때문이다.

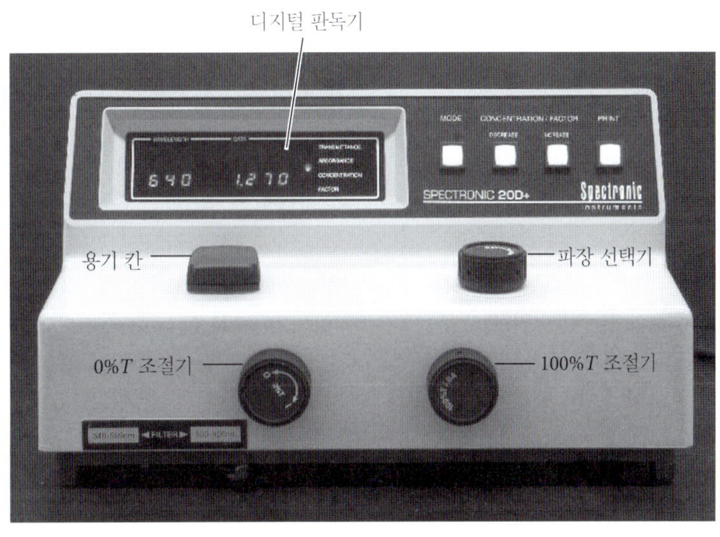

(a)

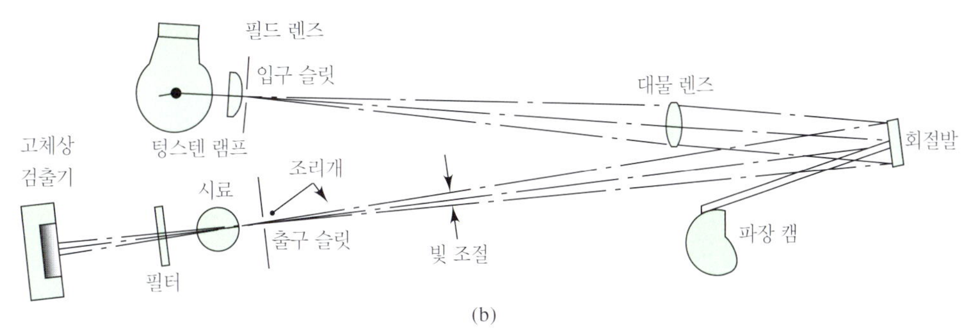

(b)

그림 13-19 (a) Spectronic 20 분광 광도계, (b) 광학 개략도. 텅스텐 필라멘트 광원으로부터 나온 복사선은 입구 슬릿을 통과하여 단색화 장치를 지나간다. 굴절 회절발이 복사선을 회절시키고 선택된 파장 띠가 출구 슬릿을 통하여 시료 체임버로 들어간다. 고체상 검출기는 빛의 세기를 전기 신호로 바꾸고 신호는 증폭되어 디지털 판독기에 표시된다. 새로운 Spectronic 200은 역광학 경로를 가지고 있다. (Courtesy of Thermo Electron Corp., Madison, WI.)

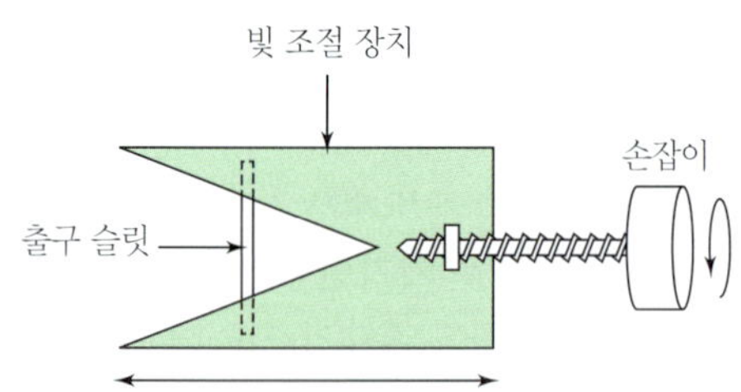

그림 13-20 그림 13-19의 Spectronic 20 분광 광도계 사진의 출구 슬릿에 대한 단면도.

Spectronic 기기는 일정한 세기의 복사선을 공급하는 안정한 전원에 의해 작동되는 텅스텐 혹은 텅스텐-할로젠 광원을 사용한다. 간단한 반사 회절발에 의한 회절이 있은 후, 복사선은 시료 큐벳이나 기준 큐벳을 통과하여 고체 상태 검출기로 들어간다. Spectronic 20은 LED 표시계에 흡광도나 투광도가 표시되며, 아날로그 모델에서는 미터계에 투광도가 표시된다. Spectronic 200은 LCD 디지털 표시계를 가지고 있다.

Spectronic 20은 큐벳이 홀더에서 제거될 때마다 빛살과 검출기 사이에 자동적으로 위치하게 되는 바람개비인 개폐기가 장착되어 있다. 0%*T* 조정은 제거된 큐벳으로 수행된다. 그림 13-20에 보여진 바와 같이 Spectronic 20에서 빛 조절 장치는 빛살을 안팎으로 움직여서 미터계를 100%*T*로 조절할 수 있는 V-모양으로 구성되어 있다.

Spectronic 20에서 퍼센트 투광도를 얻기 위해서는 먼저 시료 칸을 비워서 디지털 판독기를 영으로 맞춰서 개폐기가 빛살을 가리고 아무런 복사선도 검출기에 도달하지 않게 한다. 이 과정을 *0%T 교정*(calibration), 혹은 *조정*(adjustment)이라 한다. 그리고서 바탕(보통은 용매)을 담고 있는 용기를 큐벳 홀더에 삽입한다. 그리고 빛살 조절 구멍의 위치를 조절하면 지침이 100%*T* 표시점을 가리키게 되며 빛은 검출기에 도달한다. 이러한 조절을 *100%T 교정*(calibration), 혹은 *조정*(adjustment)이라 한다. 마지막으로 시료를 용기 칸에 위치시키고 퍼센트 투광도나 흡광도가 LED 표시계에 직접 표시된다.

Spectronic 200은 가동 초기에 자동적으로 0%*T*를 측정하며 전체 파장 영역에 걸쳐서 100%*T*를 기록할 수 있다. 스펙트럼 주사 모드는 전체 스펙트럼이 기록되게 해준다.

Spectronic 20은 2011년에 단종되고 Spectronic 200으로 대체되었다. 이 신종 기기는 Spectronic 20이 400~900 nm인 것에 비해서 340~1000 nm 스펙트럼 영역을 가지고 있다. Spectronic 20이 20 nm 띠너비인 대신에 Spectronic 200은 4 nm의 스펙트럼 띠너비를 가지고 있다. 신종 기기는 Spectronic 20의 전통적인 테스트 튜브는 물론이고 사각 큐벳도 장착하고 있다. 원래 기기와는 비교되는 역기하학적 구조와 CCD 배열 검출기를 사용하고 있다. 다른 사양으로는 ±2 nm (Spectronic 20에서는 ±2.5 nm)의 파장 정확도를 갖고 있으며, 광도계 정확도가 Spectronic 20에서는 ±4%인 반면에 Spectronic 200에서는 0.1 *A*에서 ±0.05 흡광도 단위의 정확도를 갖고 있다. Spectronic 200은 전통적인 기기에서처럼 많은 동일한 작동법을 제공하는 에뮬레이션 모드를 가지고 있어서 이전에 개발한 절차와 방법을 사용할 수 있다.

자외선-가시선 영역의 홑살형 기기. 여러 기기 제작사들이 자외선과 가시선 측정에 사용할 수 있는 기록이 되지 않는 홑살형 기기를 판매하고 있다. 이 기기들의 경우 낮은 극단 파장은 190 nm에서 210 nm까지, 높은 파장은 800 nm에서 1000 nm까지 변한다. 모두가 교체 가능한 텅스텐과 수소 혹은 중수소 램프를 장착하고 있다. 대부분은 변환기로서 광전자 증배관이나 광다이오드를 사용하고 분산을 위해서는 회절발을 사용하고 있다. 디지털 판독이 거의 모든 분광 광도계에서 표준이다. 기기 가격은 $2000~$8000이다.

기대했던 것처럼 성능 사양은 기기에 따라서 많이 다르며 최소한 어느 정도는 기기의 가격과 관련이 있다. 일반적으로 띠너비는 2~8 nm이며 파장의 정확도는 ±0.5~±2 nm로 알려져 있다.

여러 회절발 기기에 대한 광학 디자인은 그림 13-13a와 13-19에 보여진 것과 크게 다르지 않다. 하지만, 한 제작사는 평면형 회절발 대신에 곡면형을 사용하고 있다; 이는 더 간편하고 아담하게 디자인한 결과이다. 현재는 많은 분광 광도계에서는 홀로그램 회절발이 표준이 되고 있다.

컴퓨터화된 홑살형 분광 광도계. 여러 기기 제작사들이 컴퓨터화되어 기록이 가능한 UV-Vis 영역에서 작동하는 홑살형 분광 광도계를 판매하고 있다. 이 기기에서는 광로에 놓인 기준 용액에 대한 파장 주사가 먼저 수행된다. 그 결과 변환기 출력은 디지털화되어 컴퓨터 기억장치에 저장된다. 그 다음에 시료를 주사하여 저장된 기준 용액의 데이터의 도움으로 흡광도를 계산한다. 데이터 준비 몇 초 후에 완전한 스펙트럼이 표시된다. 기준 스펙트럼과 시료 스펙트럼이 다른 시간에 얻어지기 때문에 광원의 세기가 일정하여야 한다. 이 기기에서 사용되는 컴퓨터는 데이터 처리와 대수 흡광도, 투광도, 미분, 스펙트럼, 중첩, 반복 주사, 농도 계산, 피크 위치와 높이 결정, 반응 속도 측정과 같은 표현에 관한 여러 선택 옵션을 제공한다.

앞서 설명했듯이, 홑살형 기기는 큰 에너지 처리량, 우수한 신호 대 잡음비, 덜 어수선한 시료 칸과 같은 고유의 장점을 가지고 있다. 반면에, 다음에 설명될 겹살형 기기는 홑살형 기기보다 바탕선이 더 편평하고 장시간 안정하다. 아직까지는 최상품질의 분광 광도계로는 겹살형 기기를 사용한다.

겹살형 기기. 자외선-가시선 영역의 스펙트럼을 위한 많은 수의 겹살형 분광 광도계가 있다. 일반적으로 이 기기들은 비기록형 홑살형 기기보다 더 비싸며 $10,000~$50,000이다.

그림 13-21은 상대적으로 저렴하며 수동인 전형적인 겹살형 UV-Vis 분광 광도계에 대한 구성을 나타내고 있다. 이 기기에

그림 13-21 **UV-Vis 영역을 위한 전형적인 수동 겹살형 분광 광도계의 계략도.**

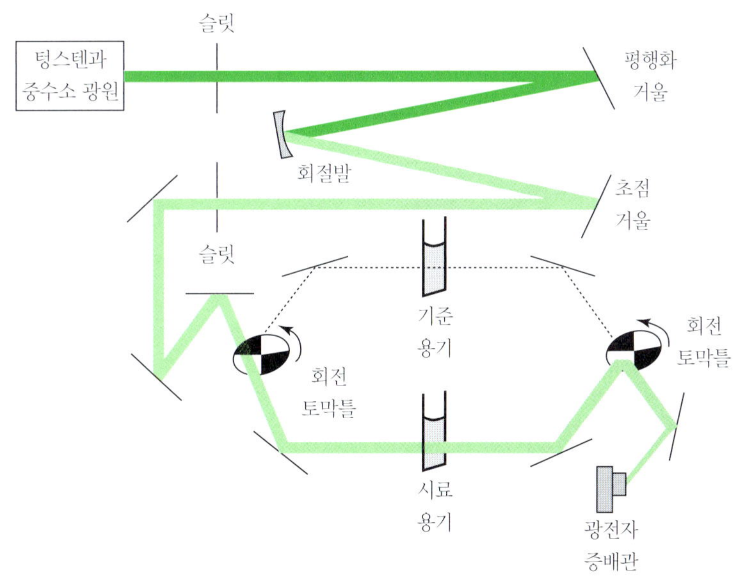

그림 13-22 **자외선-가시선 영역을 위한 Cary 100 겹살형 분광 광도계의 개략도.** 광원 중 하나로부터 나온 복사선은 입구 슬릿을 통과하여 회절발 단색화 장치로 들어간다. 단색화 장치를 나온 후 복사선은 토막틀에 의해서 두 개 빛살로 분할된다. 토막틀은 투명 분절과 두 개의 암분절에 더하여 거울 분절을 포함하고 있다. 용기를 통과한 후 빛살은 두 번째 토막틀에 의해 결합되고 다른 시간에 광전자 증배관을 두드린다. 광전자 증배관은 다음과 같은 순서로 만난다: 시료 빛살, 암, 기준 빛살, 암. (Courtesy of Agilent Technologies, Santa Clara, CA.)

서 복사선은 오목 회절발에 의해 분산되고, 이는 또한 회전 부채꼴형 거울에 빛살을 집중시킨다. 이 기기의 디자인은 그림 13-13c에 보여진 것과 유사하다.

기기는 파장 영역이 195~850 nm, 띠너비는 4 nm, 광도계 정확도는 0.5%*T*, 반복성은 0.2%*A*, 떠돌이 복사선은 240 nm와 340 nm에서 P_0의 0.1% 이하이다. 이 기기는 여러 기기 회사에 의해 제공되는 여러 분광 광도계 중에서 전형적인 것이다. 이러한 기기는 전체 스펙트럼의 수집이 자주 필요하지 않은 정량 측정에 적합하다.

그림 13-22는 더 고급화된 시간적-겹살형 기록 가능한 분광 광도계인 Cary 100의 광학 디자인을 보여주고 있다. 이 기기는 1200 lines/mm인 30 × 35 mm 평면형 회절발을 사용하고 있으며, 파장 영역은 190~900 nm이다. 0.2~4.00 nm의 띠너비는 모터로 작동되는 슬릿 조절 시스템에 의해서 0.1 nm 단계로 선택될 수 있다. 이 기기는 ±0.00016 *A*의 광도 측정의 정확도를 가지고 있다; 떠돌이 복사선은 370 nm에서는 P_0의 0.0013%보다 작고, 220 nm에서는 0.0074%보다 작다. 흡광도 범위는 0에서 3.7 흡광도 단위이다. 이 기기의 성능은 그림 13-21의 겹살형 기기의 성능보다 훨씬 낫다. 따라서 가격은 높다.

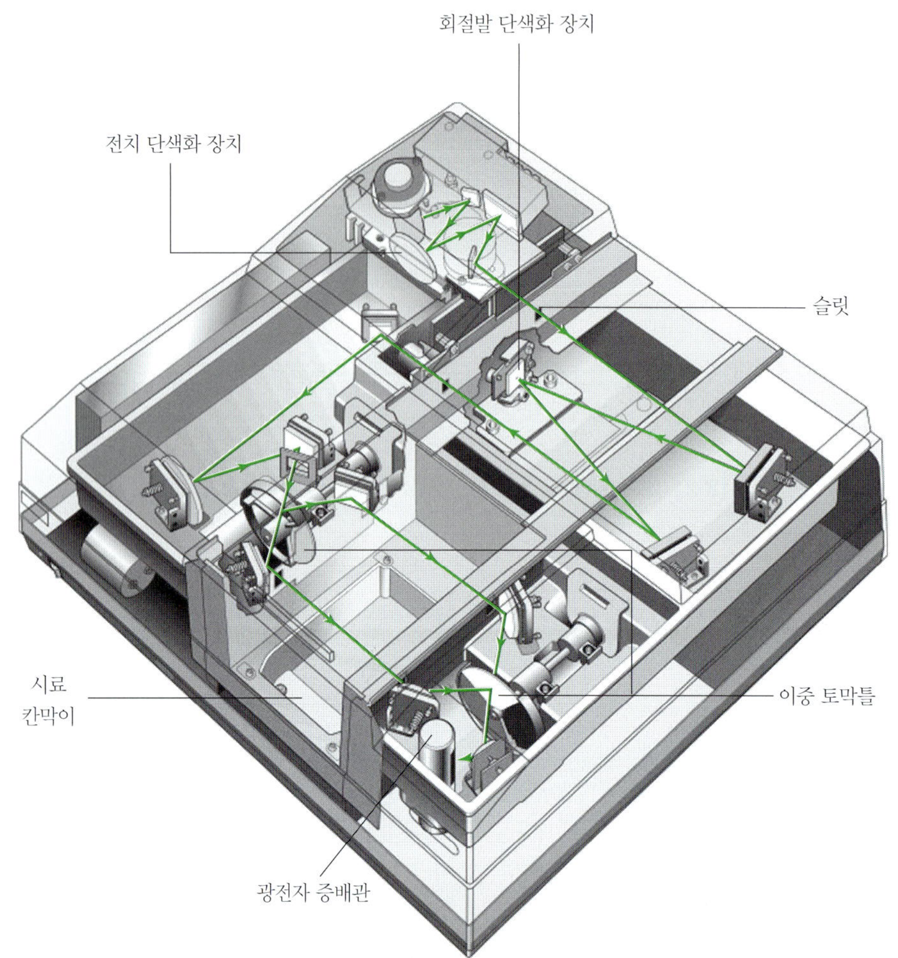

그림 13-23 Cary 300 이중-분산형 분광 광도계의 광학 개략도. 기기는 두 번째 단색화 장치가 광원 후미에 바로 추가된 것을 제외하고는 근본적으로 그림 13-22에 보여진 것과 동일하다. (Agilent Technologies, Santa Clara, CA.)

겹살 분산형 기기. 스펙트럼의 분해능을 향상시키고 산란 복사선을 현저히 감소시키기 위해서 많은 기기들은 사이에 낀 슬릿이 연속적으로 배열된 두 개의 회절발로 디자인되어 있다. 사실 이 기기들은 연속 배치된 두 개의 단색화 장치로 구성되어 있다.

그림 13-23에 보여진 Cary 300은 그림 13-22에 보여진 동일한 시간적-겹살형 기기의 앞에 전치 단색화 장치를 사용한다. 두 번째 단색화 장치는 떠돌이 빛의 수준을 370 nm에서는 0.000041%, 220 nm에서는 0.00008%까지 감소시킨다. 이는 흡광도 영역을 5.0 흡광 단위까지 연장시킨다. 대부분의 다른 특징들은 Cary 100과 동일하다. 두 기기는 두 빛살에 대해 거의 동일한 광로를 보증하는 이중 토막틀 배열을 가지고 있다. 두 빛살은 광음극의 불균일에 의한 오차를 최소화해주는 근본적으로 동일 지점에 있는 광전자 증배관을 두드린다.

다중 채널 기기. 1980년대에 UV-Vis 분광 광도계에서 배열 검출기가 등장하기 시작하였다. 분광 사진기의 초점 평면에 위치한 다이오드 배열, 혹은 최근에는 CCD 배열 기기에서는 기계적인 주사보다는 전자적인 주사에 의해 스펙트럼을 얻을 수 있다. 한 개의 스펙트럼을 나타내기 위해 필요한 모든 데이터의 점들은 기본적으로 동시에 모아질 수 있다. 다중 채널 기기의 개념은 그들의 응용성은 물론이고 동시 다성분 분석을 위한 스펙트럼을 얻을 수 있다는 빠른 속도 때문에 매력적이다. 지금까지 여러 기기 회사들이 독립된 분광 광도계나 소형 모델의 기기들을 판매하고 있다.

그림 13-24는 선형 CCD 배열을 사용한 소형 광섬유 분광계의 사진이다. 광학 개략도는 광섬유가 복사선을 시료 용기로 반복해서 전달하는 데 사용하는 것을 제외하고는 그림 13-14와 유사하다. 이 모델에서는 분광계가 컴퓨터와 외부로 연결되어 있다. 배열의 출력은 컴퓨터에 장착한 아날로그-디지털 전환기에 연결되어 있다. 다른 모델에서는, 전환기와 연결 장치가 USB 단자로 컴퓨터에 연결되는 분광계도 있다. 이러한 분광계는 $2000~$5000 이상까지의 가격을 가지고 있다.

결합된 중수소와 텅스텐 광원이 그림 13-24에 나타나 있다. 분리된 중수소와 텅스텐 광원은 자외선만 혹은 가시선만 가능

컴퓨터

균형 잡힌 중수소/
텅스텐 광원

CCD를 갖춘
불꽃 분광계

1 cm 석영 큐벳

SR 섬유

SR 섬유

큐벳 홀더

투광도 담금 탐침

그림 13-24 다중 채널 광섬유 분광계. 한 개의 광섬유 케이블은 빛살을 광원으로부터 시료 용기로 전달한다. 다른 케이블은 큐벳으로부터 분광 사진기와 검출기로 빛을 운반한다. 어떤 모델에서는 분광 사진기와 검출기가 컴퓨터에 끼워진 회로판에 장착되어 있다. 데이터 수집 시스템이 있는 컴퓨터에 연결하는 데 USB 단자가 사용된다. (Courtesy of Ocean Optics, Inc.)

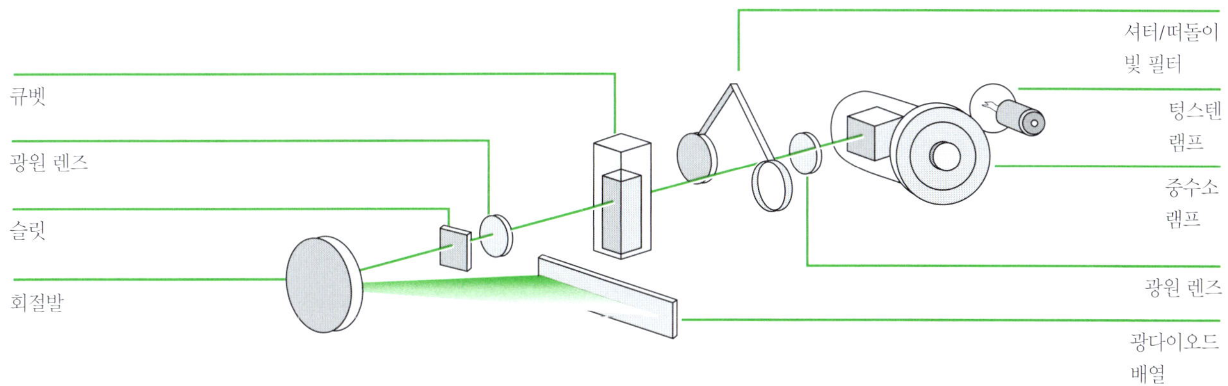

그림 13-25 다중 채널 다이오드 배열 분광 광도계, Agilent Technologies Cary 8454. (Courtesy of Agilent Technologies, Palo Alto, CA.)

한 분광계이다. 어떤 14개의 다른 회절발이 6개의 다른 입구 슬릿과 함께 이용될 수도 있다. 광섬유 결합에서는 입구 슬릿이 필요하지 않다. 분광계의 분해능은 회절발의 분산과 입구 구멍에 의존한다.

단독 다이오드 배열 기초 분광 광도계가 그림 13-25에 나타나 있다. 이 기기는 UV-Vis 영역(190~800 nm)을 위해서는 중수소 램프를 사용하고, 가시선과 근적외선 영역(370~1100 nm)에서는 텅스텐 램프를 사용한다. 셔터는 평행화된 광원 복사선을 막기도 하고 시료 용기까지 지나가게도 한다. 섬유가 떠돌이 빛 보정을 위해 삽입될 수도 있다. 분광 사진기는 입구 슬릿, 회절발, 다이오드 배열 검출기로 구성되어 있다. 1024개-요소 광다이오드 배열이 사용된다. 분광 광도계의 띠너비는 190~1100 nm영역에서 보통 1 nm이다. 떠돌이 빛은 220 nm에서 0.05%, 340 nm에서 0.03% 이하이다.

그림 13-25의 분광 광도계에서 주사 시간은 0.1초보다 짧을 수 있으나, 더 일반적으로는 배열이 1~1.5초 동안 노출된다. 이러한 짧은 노출 시간으로 광원과 단색화 장치 사이에 시료가 놓여 있음에도 불구하고 시료의 광분해는 최소화된다. 광원과 전자 시스템의 안정성은 매 5~10분에 용매 신호가 관찰되고 저장하면서 확인된다.

그림 13-25에 보여진 분광 광도계는 개인용 컴퓨터와 연결된 디자인이다. 기기의 정확한 가격은 부속품과 옵션에 따라 달라진다. 전형적으로는 $20,000 이하에 팔리고 있다.

질문과 문제

*별표가 있는 문제의 해답은 이 책의 끝에 있다.

이 아이콘이 있는 문제는 스프레드시트를 이용하여 쉽게 풀 수 있다.

***13-1** 다음의 흡광도를 퍼센트 투광도 값으로 나타내시오.

(a) 0.042 **(b)** 0.917

(c) 0.245 **(d)** 0.379

(e) 0.435 **(f)** 0.513

***13-2** 다음의 투광도 데이터를 흡광도로 바꾸시오.

(a) 5.38% **(b)** 0.492

(c) 39.4% **(d)** 23.8%

(e) 0.124 **(f)** 15.8 %

***13-3** 문제 13-1의 용액의 흡광도의 절반을 가지는 용액의 퍼센트 투광도를 계산하시오.

***13-4** 문제 13-2의 퍼센트 투광도의 2배를 가지는 용액의 흡광도를 계산하시오.

***13-5** 7.35 ppm $KMnO_4$ 용액은 520 nm와 1.00 cm 용기에서 0.145의 투광도를 가진다. 520 nm에서 $KMnO_4$의 몰흡광 계수를 계산하시오.

13-6 화합물 A (335 g/mol)를 3.92 mg/100 mL 포함하고 있는 용액은 425 nm에서 1.50 cm 용기로 64.1%의 투광도를 갖는다. 이 파장에서 A의 몰흡광 계수를 계산하시오.

***13-7** Bi(III)와 thiourea 간에 형성된 착물을 포함하는 용액이 470 nm에서 9.32×10^3 L mol^{-1} cm^{-1}의 몰흡광 계수를 가진다.

(a) 470 nm에서 1.00 cm 셀로 측정한 4.25×10^{-5} M 착물 용액의 흡광도는 얼마인가?

(b) (a)에서 설명한 용액의 퍼센트 투광도는 얼마인가?

(c) 470 nm에서 2.50 cm 셀로 측정할 때 (a)에서 설명한 흡광도를 가지는 용액에서 착물의 몰농도는 얼마인가?

***13-8** 최대 흡수 파장 580 nm에서 착물 $Fe(SCN)^{2+}$는 7.00×10^3 L cm^{-1} mol^{-1}의 몰흡광 계수를 가진다. 다음을 계산하시오.

(a) 580 nm에서 1.00 cm 용기로 측정한 4.47×10^{-5} M 착물 용액의 흡광도

(b) 착물의 농도가 (a)의 절반인 용액을 2.50 cm 용기로 측정한 흡광도

(c) (a)와 (b)에서 설명한 용액들의 퍼센트 투광도

(d) (a)에서 설명한 용액들의 절반 투광도를 가진 용액의 흡광도

***13-9** 6.4 ppm의 철(III)을 포함하는 용액 2.50 mL를 적당한 과량의 KSCN으로 처리하여 $Fe(SCN)^{2+}$를 형성 시킨 후 50.0 mL로 묽혔다. 580 nm에서 2.50 cm 용기로 측정한 용액의 흡광도는 얼마인가? 흡광 계수 데이터는 문제 13-8을 참고하시오.

13-10 아연(II)과 리간드 L은 600 nm에서 강하게 흡수하는 1:1 착물을 형성한다. L의 몰농도가 아연(II) 농도의 5배를 초과하면 흡광도는 양이온의 농도에 의존한다. 아연(II)이나 L은 600 nm에서 흡수하지 않는다. 1.59×10^{-4} M 아연(II)과 1.00×10^{-3} M인 용액 L이 600 nm에서 1.00 cm 용기로 측정한 흡광도는 0.352이다. 다음을 계산하시오.

(a) 이 용액의 퍼센트 투광도

(b) 2.50 cm 용기로 측정한 이 용액의 퍼센트 투광도

(c) 착물의 몰흡광 계수

13-11 다음의 짝산–짝염기쌍에 대해 평형 상수는 8.00×10^{-5}이다.

$$HIn + H_2O \rightleftharpoons H_3O^+ + In^-$$

다음 표의 추가적인 정보로부터 다음을 계산하시오.

(a) 다음의 지시약 농도에 대해 430과 600 nm에서 흡광도를 계산하시오:
3.00×10^{-4} M, 2.00×10^{-4} M, 1.00×10^{-4} M, 0.500×10^{-4} M, 0.250×10^{-4} M.

(b) 지시약 농도의 함수에 대한 흡광도를 도시하시오.

		몰흡광 계수	
화학종	**최대 흡수 파장, nm**	**430 nm**	**600 nm**
HIn	430	8.04×10^3	1.23×10^3
In-	600	0.775×10^3	6.96×10^3

13-12 다음 반응에 대한 평형 상수는 4.2×10^{14}이다.

$$2CrO_4^{2-} + 2H^+ \rightleftharpoons Cr_2O_7^{2-} + H_2O$$

$K_2Cr_2O_7$ 용액에서 두 개의 기본 화학종에 대한 몰흡광 계수는 다음 표와 같다.

λ	$\varepsilon_1(CrO_4^{2-})$	$\varepsilon_2(Cr_2O_7^{2-})$
346	1.84×10^3	10.7×10^2
370	4.81×10^3	7.28×10^2
400	1.88×10^3	1.89×10^2

$K_2Cr_2O_7$ 4.00×10^{-4}, 3.00×10^{-4}, 2.00×10^{-4}, 1.00×10^{-4} mol을 물에 녹이고 pH 5.60 완충 용액을 가하여 1.00 L로 묽혀서 네 가지 용액을 준비하였다. (a) 345 nm, (b) 370 nm 및 (c) 400 nm에서 각 용액에 대한 이론적 흡광도 값(1.00 cm 용기)을 구하고 그 데이터를 도시하시오.

13-13 다음의 차이를 설명하고 서로의 장점을 설명하시오.

(a) 자외선 복사선을 위한 광원으로서 수소와 중수소 방전 램프

(b) 파장 선택기로서 필터와 단색화 장치

(c) 전자기 복사선의 검출기로서 광전압 전지와 광전관

(d) 광다이오드와 광전자 증배관

(e) 공간적 겹살형과 시간적 겹살형 분광 광도계

(f) 분광 광도계와 광도계

(g) 흡광도 측정을 위한 홑살형과 겹살형 기기

질문과 문제(계속)

(h) 일반적인 분광 광도계와 다중 채널 분광 광도계

13-14 복사선에 선형으로 감응하는 휴대용 광도계가 광로에 놓여 있는 용매에 대해 56.3 μA를 나타내었다. 검출기에 부딪치는 빛이 없을 때 광도계는 0으로 설정하였다. 용매를 흡광 용액으로 대체하였을 때 36.7 μA의 감응을 나타냈다. 다음을 계산하시오.

(a) 시료 용액의 퍼센트 투광도

(b) 시료 용액의 흡광도

(c) 흡수체의 농도가 원래 시료 용액의 3분의 1인 용액에 대한 투광도

(d) 시료 용액 농도의 2배인 용액에 대한 투광도

* **13-15** 복사선에 선형으로 감응하는 광도계가 광로에 놓여 있는 용매에 대해 529 mV, 용매를 흡수 용액으로 대체했을 때 272 mV를 나타내었다. 검출기에 부딪치는 빛이 없을 때 광도계는 0으로 설정하였다. 다음을 계산하시오.

(a) 흡수 용액의 퍼센트 투광도와 흡광도

(b) 흡수체의 농도가 원래 용액의 반으로 되었을 때 예상되는 투광도

(c) 원래 용액을 투과하는 광로가 2배로 되었을 때 예상되는 투광도

13-16 왜 중수소등은 자외선에서 선 스펙트럼보다 더 연속 스펙트럼을 생성하는가?

13-17 왜 광전자 증배관은 적외선 복사선에 사용할 수 없는가?

13-18 왜 종종 텅스텐 램프에 아이오딘을 넣는가?

13-19 분광 광도계에서 산탄 잡음의 원인을 기술하시오. 깜박이 잡음이 주요 잡음의 원인이라면 상대 불확정도는 농도에 따라 어떻게 변하는가?

13-20 다음을 정의하시오.

(a) 암전류

(b) 변환기

(c) (단색화 장치에서) 산란 복사선

(d) 광원 깜박이 잡음

(e) 용기의 위치 불확정도

(f) 빛살 분리기

13-21 단색화 장치, 분광 사진기, 분광 광도계의 차이점을 설명하시오.

13-22 다음 데이터는 Co(II)-EDTA 착물의 스펙트럼 측정 실험에서 다이오드-배열 분광 광도계로부터 얻은 것이다. $P_{용액}$ 열은 암전류 신호를 뺀 후 용기 내에 있는 시료 용액에서 얻은 상대 신호이다. $P_{용매}$ 열은 암전류 신호를 뺀 후 용기 내에 있는 용매에서 얻은 기준 신호이다. 각 파장에서 투광도와 흡광도를 구하시오. 화합물의 스펙트럼을 도시하시오.

파장, nm	$P_{용매}$	$P_{용액}$
350	0.002689	0.002560
375	0.006326	0.005995
400	0.016975	0.015143
425	0.035517	0.031648
450	0.062425	0.024978
475	0.095374	0.019073
500	0.140567	0.023275
525	0.188984	0.037448
550	0.263103	0.088537
575	0.318361	0.200872
600	0.394600	0.278072
625	0.477018	0.363525
650	0.564295	0.468281
675	0.655066	0.611062
700	0.739180	0.704126
725	0.813694	0.777466
750	0.885979	0.863224
775	0.945083	0.921446
800	1.000000	0.977237

13-23 왜 정량 및 정성 분석에서 단색화 장치의 슬릿 너비를 다르게 하는가?

13-24 0.05 M KOH에 K_2CrO_4를 포함하고 있는 용액의 흡광도는 375 nm에서 1.0 cm 용기에서 측정되었고 다음과 같은 결과를 얻었다.

K_2CrO_4의 농도, g/L	375 nm에서 흡광도
0.0050	0.123
0.0100	0.247
0.0200	0.494
0.0300	0.742
0.0400	0.991

375 nm에서 크로뮴산 이온의 흡광 계수(L g^{-1} cm^{-1})와 크로뮴산 이온의 몰흡광 계수(L mol^{-1} cm^{-1})를 구하시오.

13-25 1.0 M H_2SO_4에서 다이크로뮴산 이온 $Cr_2O_7^{2-}$으로서 크로뮴을 포함하고 있는 용액의 흡광도가 440 nm에서 1.0 cm 용기로 측정되었고 다음과 같은 결과를 얻었다.

Cr의 농도, μg/mL	440 nm에서 흡광도
10.00	0.034
25.00	0.085
50.00	0.168
75.00	0.252
100.00	0.335
200.00	0.669

440 nm에서 다이크로뮴산 이온의 흡광도(L g^{-1} cm^{-1})와 몰흡광 계수(L mol^{-1} cm^{-1})를 구하시오.

질문과 문제(계속)

13-26 화합물 X를 UV-Vis 분광 광도계로 정량한다. 다음의 결과를 이용하여 X의 표준 용액으로 교정 곡선을 작성하였다: 0.50 ppm, A = 0.24; 1.5 ppm, A = 0.36; 2.5 ppm, A = 0.44; 3.5 ppm, A = 0.59; 4.5 ppm, A = 0.70. 미지 X 농도의 용액이 A = 0.50의 흡광도를 나타내었다. 교정 곡선의 기울기와 절편, Y에서 표준 오차, 미지 농도 X 용액의 농도, X의 농도에서 표준 편차를 구하시오.
교정 곡선을 도시하고 그 그래프로부터 미지 농도를 결정하시오.
회귀선으로부터 얻은 결과와 비교하시오.

도전 문제

13-27 다음 질문은 분광 광도법에서 상대 농도 불확정도에 관한 것이다.

(a) 상대 농도 불확정도가 식 13-13에 의해 주어진다면 최소 불확정도가 36.8%로 얻어짐을 보여주는 계산법을 사용하시오. 농도 불확정도를 최소화하는 흡광도는 얼마인가? s_T는 농도에 무관함을 가정하시오.

(b) 산탄 잡음에 제한되는 조건에서 상대 농도 불확정도가 식 13-14에 의해 주어진다. 산탄 잡음에 제한되는 경우에 다른 한 가지 식은 다음과 같다.[13]

$$\frac{s_c}{c} = \frac{-kT^{-1/2}}{\ln T}$$

여기서 k는 상수이다. 계산법을 사용하고 농도 불확정도를 최소로 하는 투광도와 흡광도를 유도하시오.

(c) 분광 광도계가 사례 I, 사례 II 또는 사례 III 조건의 어느 조건에서 어떻게 실험적으로 측정할 수 있는지 설명하시오.

[13] J. D. Ingle Jr. and S. R. Crouch, *Spectrochemical Analysis*, Upper Saddle River, NJ: Prentice Hall, 1988, Chap. 13.

14장

자외선–가시선 분자 흡수 분광법의 응용

Applications of Ultraviolet-Visible Molecular Absorption Spectrometry

자외선과 가시선 흡수 측정은 많은 다른 무기와 유기 화학종의 규명과 정량에 널리 사용되고 있다. 사실, UV-Vis 분자 흡수법은 전 세계를 통해서 화학, 환경, 법과학, 임상 실험실에서 모든 정량 분석 기술에 아마도 가장 널리 사용되고 있을 것이다.

이 장에서 옆의 로고는 www.tinyurl.com/skoogpia7에서 대화형 자습, 시뮬레이션, 연습 등을 통해 온라인으로 학습할 수 있는 기회가 있음을 나타낸다.

14A 몰흡광 계수의 크기

실험적으로 0에서 10^5 L mol^{-1} cm^{-1}보다 큰 범위의 몰흡광 계수(ε값)는 자외선(UV)–가시선(Vis) 분자 흡수 분광계에서 측정된다.[1] 어떤 특별한 최대 흡수에 대해서는 ε의 크기가 화학종의 포집 단면적(제13B절, 식 13-5)과 에너지 흡수 전이가 일어날 확률에 의존한다. ε과 이들 변수들 간의 관계는 다음과 같다.

$$\varepsilon = 8.7 \times 10^{19} PA$$

여기서 P는 전이 확률이고, A는 cm^2/분자로 나타낸 목표 물질의 단면적이다.[2] 전자 회절과 X선 연구에 의하면 전형적인 유기 분자들의 면적은 약 10^{-15} cm^2/molecule이다. 전이 확률은 0에서 1까지 변한다. 양자 역학적으로 허용된 전이의 경우, P의 값은 0.1에서 1인데 1에 가까울수록 강한 흡수 띠를 나타낸다($\varepsilon_{max} = 10^4 \sim 10^5$ L mol^{-1} cm^{-1}). 약 10^3보다 적은 몰흡광 계수의 최대 흡수는 낮은 세기로 분류된다. 이들은 보통 일어날 확률이 0.01인 금지된 전이의 결과이다.

14B 흡광 화학종

원자나 분자 화학종 M에 의한 자외선이나 가시선 복사선의 흡수는 두 단계 과정으로 생각할 수 있다. 첫 번째 단계는 다음 식으로 보여지는 전자 들뜸 과정이다.

$$\mathrm{M} + h\nu \rightarrow \mathrm{M}^*$$

화학종 M이 광자 $h\nu$를 흡수해서 생긴 생성물은 전자적으로 들뜬 화학종이며 M^*로 표시한다. 들뜬 화학종들의 수명은 짧다

[1]흡수법에 관한 몇 가지 유용한 참고 문헌들이 나열되어 있다: E. J. Meehan, in *Treatise on Analytical Chemistry*, 2nd ed., P. J. Elving, E. J. Meehan, and I. M. Kolthoff, eds., Part I, Vol. 7, Chaps. 1-3, New York: Wiley, 1981; R. P. Bauman, *Absorption Spectroscopy*, New York: Wiley, 1962; F. Grum, in *Physical Methods of Chemistry*, A. Weissberger and B. W. Rossiter, eds., Vol. I, Part III B, chap. 3, New York: Wiley-Interscience, 1972; H. H. Jaffe and M. Orchin, *Theory and Applications of Ultraviolet Spectroscopy*, New York: Wiley, 1962: G. F. Lothian, *Absorption Spectrophotometry*, 3rd ed., London: Adam Hilger, 1969; J. D. Ingle Jr. and S. R. Crouch, *Spectrochemical Analysis*, Chap. 13, Upper Saddle River, NJ: Prentice-Hall, 1988.

[2]E. A. Braude, *J. Chem. Soc.*, **1950**, 379, **DOI:** 10.1039/jr9500000379.

(10^{-8}~10^{-9} s). 여러 이완 과정들 중에서 어떤 것들은 M*의 탈들뜸이 일어날 수도 있다. 가장 흔한 이완의 형태는 다음 식으로 보여진 바와 같은 들뜸 에너지가 열로 변환되는 것이다.

$$M^* \rightarrow M + heat$$

M*가 분해되어 새로운 화학종을 형성하는 광화학적 과정에 의한 이완이 일어날 수도 있다. 다르게는 형광이나 인광에 의해 광자의 재방출이 포함되는 이완이 될 수도 있다. M*의 수명은 보통 매우 짧아서 어느 순간에 이것의 농도를 보통은 무시할 수도 있다는 것을 아는 것도 중요하다. 더욱이 이완에 의해 방출된 열에너지의 양은 아주 작다. 이와 같이 흡수 측정은 광화학적 분해가 일어날 때를 제외하고는 연구 중에 있는 시스템을 최소한으로 교란한다.

일반적으로 자외선이나 가시선 복사선의 흡수는 결합 전자들의 들뜸에 의한 것이다. 이 때문에 흡수 띠의 파장은 연구 중에 있는 화학종의 결합 형태와 형태와 관련지을 수 있다. 따라서 분자 흡수 분광법은 분자 내에 있는 작용기를 규명하는 데 중요하다. 더욱이 중요한 점은 흡광기를 포함하고 있는 화합물의 정량 분석에 자외선과 가시선 흡수 분광법을 응용한다는 것이다.

제6C절에서 설명한 것처럼 일반적으로 분자들에 의한 자외선과 가시선 복사선의 흡수는 많은 수의 빽빽하게 꽉 들어찬 그러나 불연속선들로 구성된 한 개 또는 그 이상의 전자 흡수 띠에서 일어난다. 각 선은 전자가 바닥 상태로부터 각 들뜬 전자 에너지 상태와 관계 있는 많은 진동과 회전 에너지 상태들 중 하나로 전이되면서 일어난다. 이러한 진동과 회전 상태는 많이 있고 그들의 에너지는 단지 약간만 다르기 때문에 많은 가까운 간격의 선들이 전형적인 띠에 포함되어 있다.

그림 14-1a에서 볼 수 있는 것처럼, 1,2,4,5-tetrazine 증기에 대한 가시선 흡수 스펙트럼은 이 방향족 분자의 들뜬 에너지 상태와 관계 있는 수많은 회전과 진동 준위 때문에 미세한 구조를 보여준다. 기체 상태에서 개별 tetrazine 분자들은 서로가 충분히 떨어져 있어서 자유롭게 진동과 회전이 가능하고 많은 수의 진동과 회전 에너지 상태의 결과로서 많은 개별 흡수선들이 나타난다. 하지만 응축된 상태나 용액에서는 tetrazine 분자들이 회전하기에는 거의 자유롭지 않기 때문에 회전 에너지 준위 차이에 의한 선들은 사라진다. 더욱이, 용매 분자들이 tetrazine 분자들을 둘러싸고 있을 때에는 여러 진동 준위의 에너지가 비균일한 방법으로 바뀌고, 주어진 상태에서 시료에 있는 용질 분자들의 에너지는 한 개의, 넓은 피크로 나타난다. 이 효과는 비극성 탄화수소에서보다는 물과 같은 극성 용매에서 더 뚜렷하다. 이러한 용매 효과는 그림 14-1b와 c에 설명되어 있다.

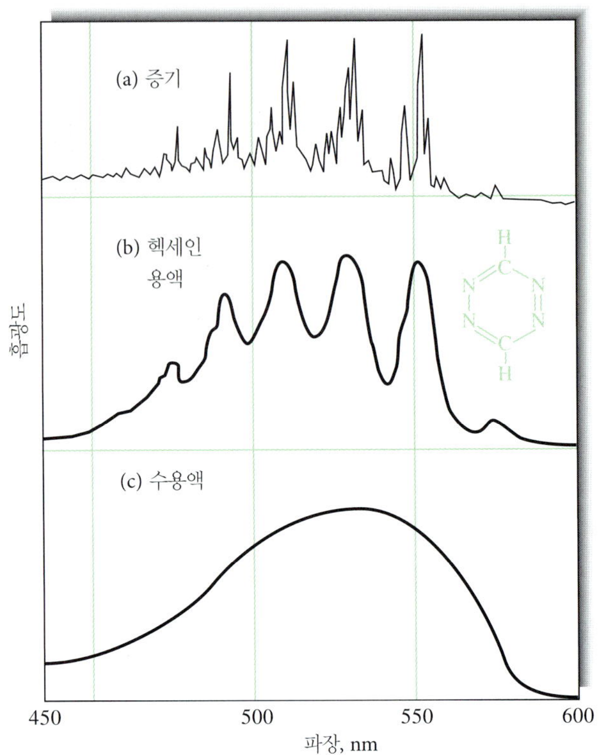

그림 14-1 1,2,4,5-tetrazine에 대한 자외선 흡수 스펙트럼. (a)는 전자, 진동, 회전 전이에 의해 많은 선들이 보여질 수 있는 기체상에서 스펙트럼을 보여주고 있다. (b) 비극성 용매에서는 전자 전이는 관찰될 수 있으나 진동과 회전 구조는 손실되었다. (c) 극성 용매에서는 강한 분자간 힘으로 인해 관련된 전자 피크들이 섞여서 단지 한 개의 부드러운 흡수 띠를 나타낸다. (From S. F. Mason, *J. Chem. Soc.*, **1959**, 1265, **DOI**: 10.1039/jr9590001263.)

14B-1 유기 화합물에 의한 흡수

모든 유기 화합물들은 높은 에너지 준위로 들뜰 수 있는 원자가 전자들을 가지고 있기 때문에 전자기 복사선을 흡수할 수 있다. 대부분의 단일 결합을 형성하는 전자들과 관련된 들뜸 에너지는 충분히 높아서 소위 진공 자외선(λ < 185 nm)영역에서 흡수가 일어나는데, 이 영역에서는 대기 중에 들어있는 성분들 또한 복사선을 강하게 흡수한다. 이러한 전이는 비결합 n 전자들이 σ^* 궤도로 들뜨는 것과 관련이 있다. $n \rightarrow \sigma^*$ 전이의 몰흡광계수는 중저 정도이며 보통은 100~3000 L mol^{-1} cm^{-1} 영역이다. 진공 자외선 영역과 관련한 실험은 어렵기 때문에 유기 화합물에 대한 대부분의 분광 광도법 연구는 185 nm보다 긴 파장에서 수행된다.

유기 화합물에 대한 흡수 분광법의 대부분의 응용은 n 전자나 π 전자들이 π^* 들뜬 상태로 전이되는 것에 기초하고 있는데 이는 이 과정에 필요한 에너지는 흡수 띠를 자외선-가시선 영역(200~700 nm)에서 일어나게 하기 때문이다. $n \rightarrow \pi^*$와 $\pi \rightarrow \pi^*$ 전이는 π 오비탈을 제공하는 불포화 작용기가 존재해야 한다. 이러한 작용기를 포함하고 자외선-가시선 복사선을 흡수할 수 있는 분자들을 *발색단*(chromophores)이라 한다.

발색단을 포함하고 있는 유기 분자들의 전자 스펙트럼은 보통 복잡한데, 이는 전자 전이에서 진동 전이의 겹침이 복잡하게 결합하여 선들을 겹치게 하기 때문이다. 그 결과 종종 연속되어 나타나는 넓은 흡수 띠를 보인다. 이러한 복잡한 스펙트럼들은 상세한 이론적 분석을 힘들게 하거나 불가능하게 한다. 그럼에

표 14-1 일반적인 발색단의 흡수 특성

발색단	예	용매	λ_{max}, nm	ε_{max}	전이 형태
Alkene	$C_6H_{13}CH{=}CH_2$	n-헵테인	177	13,000	$\pi \rightarrow \pi^*$
Alkyne	$C_5H_{11}CH{\equiv}C{-}CH_3$	n-헵테인	178	10,000	$\pi \rightarrow \pi^*$
			196	2,000	—
			225	160	—
Carbonyl	$CH_3\underset{\underset{O}{\|}}{C}CH_3$	n-헥세인	186	1,000	$n \rightarrow \sigma^*$
			280	16	$n \rightarrow \pi^*$
	$CH_3\underset{\underset{O}{\|}}{C}H$	n-헥세인	180	큼	$n \rightarrow \sigma^*$
			293	12	$n \rightarrow \pi^*$
Carboxyl	CH_3COOH	에탄올	204	41	$n \rightarrow \pi^*$
Amido	$CH_3\underset{\underset{O}{\|}}{C}NH_2$	물	214	60	$n \rightarrow \pi^*$
Azo	$CH_3N{=}NCH_3$	에탄올	339	5	$n \rightarrow \pi^*$
Nitro	CH_3NO_2	아이소옥테인	280	22	$n \rightarrow \pi^*$
Nitroso	C_4H_9NO	에틸에터	300	100	—
			665	20	$n \rightarrow \pi^*$
Nitrate	$C_2H_5ONO_2$	다이옥세인	270	12	$n \rightarrow \pi^*$

도 불구하고, 주어진 흡수 스펙트럼의 원인이 되는 전자 전이의 형태와 관련한 정성적 혹은 반정량적 설명들은 분자 오비탈 연구로부터 추론될 수있다.

표 14-1은 일반적인 유기 발색단들과 그들이 흡수하는 대략적인 파장을 나타내고 있다. 위치(λ_{max})와 피크 세기(ε_{max})에 대한 데이터는 구조 규명을 위해서 대략적으로만 이용될 수 있는데, 이 둘은 분자들의 다른 상세한 구조는 물론이고 용매의 영향을 받기 때문이다. 더불어, 둘 또는 그 이상의 발색단들 간의 컨쥬게이션은 최대 흡수를 더 긴 파장으로 이동하기 때문이다. 마지막으로, 진동 효과는 자외선과 가시선 영역에 있는 흡수 피크를 넓게 만들고, 이는 종종 최대 흡수 파장을 정확하게 결정하기 어렵게 만든다. $n \rightarrow \pi^*$ 전이에 대한 몰흡광 계수는 보통 낮으며 10~100 L mol^{-1} cm^{-1} 범위이다. 반면에 $\pi \rightarrow \pi^*$ 전이에 대해서는 1000~15,000 L mol^{-1} cm^{-1} 범위이다. 전형적인 흡수 스펙트럼은 그림 14-2에 나타내었다.

산소, 질소, 황, 할로젠과 같은 헤테로 원자를 포함하고 있는 포화 유기 화합물들은 170~250 nm 영역에서 복사선에 의해 들뜰 수 있는 비결합 전자들을 가지고 있다. 표 14-2는 이러한 화합물을 몇 가지 예를 보여주고 있다. 알코올, 에터와 같은 화합물은 일반적인 용매인데, 이 영역 내에서 이들의 흡수는 180~200 nm보다 짧은 파장에서 이들 화합물에 용해되어 있는 분석물질들의 흡수 측정을 방해한다. 보통, 이 영역에서 흡수는 할로젠과 황을 함유하고 있는 화합물들을 분석하는 데 사용된다.

14B-2 무기 화학종에 의한 흡수

많은 무기 음이온들은 들뜬 비결합 전자들로 인하여 UV 흡

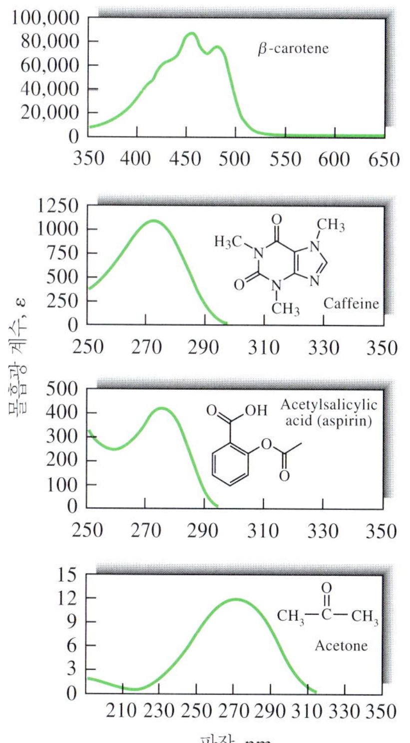

그림 14-2 전형적인 유기 화합물에 대한 흡수 스펙트럼.

표 14-2 비결합 전자를 가진 헤테로 원자를 포함하고 있는 유기 화합물에 의한 흡수

화합물	λ_{max}, nm	ε_{max}
CH_3OH	167	1480
$(CH_3)_2O$	184	2520
CH_3Cl	173	200
CH_3I	258	365
$(CH_3)_2S$	229	140
CH_3NH_2	215	600
$(CH_3)_3N$	227	*900*

수 띠를 나타내며 그 예는 다음과 같다: nitrate (313 nm), carbonate (217 nm), nitrite (360 and 280 nm), azido (230 nm), trithiocarbonate (500 nm).

일반적으로 첫 번째 두 개 전이 금속 계열에서 원소들의 이온과 착화합물들은 그들의 산화 상태 중 최소한 하나에서 가시선 복사선의 넓은 띠를 흡수하며, 그 결과 색깔을 나타낸다(그림 14-3 참고). 여기에서 흡수는 금속 이온에 결합한 리간드들에 의존하는 에너지를 갖는 채워진 *d*-오비탈과 채워지지 않은 *d*-오비탈간의 전이와 관련되어 있다. 이들 *d*-오비탈 간의 에너지 차이(그리고 해당하는 최대 흡수 위치)는 이것과 결합하고 있는 리간드의 성질, 산화 상태, 주기율표에서 원소의 위치에 의존한다.

란타넘족과 악티늄족 전이 금속 계열의 이온에 대한 흡수 스펙트럼은 그림 14-3에 보여진 것들과 근본적으로 다르다. 이 원소들(4*f*와 5*f*)에 의한 흡수에 관여하는 전자들은 더 큰 주양자수의 오비탈을 채우고 있는 전자들에 의해 외부 영향이 차단되어 있다. 그 결과 띠는 좁으며 외부 전자들에 의해 결합된 화학종들에 의해 상대적으로 영향을 덜 받는 경향이 있다(그림 14-4 참고).

14B-3 전하 이동 흡수

정량 분석을 위해서는 전하 이동 흡수가 특별히 중요한데, 이는 몰흡광 계수가 특별히 커서(ε > 10,000 L mol^{-1} cm^{-1}) 높은 감도를 나타내기 때문이다. 많은 무기 착물과 유기 착물들은 이러한 형태의 흡수를 나타내므로 전하 이동 착물이라 부른다.

전하 이동 착물은 전자 받개에 결합된 전자–주개 작용기로 구성되어 있다. 이 생성물이 복사선을 흡수할 때, 전자 주개로부터 나온 전자는 전자 받개와 상당히 관련되어 있는 오비탈로 전달된다. 이와 같이 들뜬 상태는 내부 산화–환원 과정의 한 종류에 해당하는 생성물이다. 이러한 거동은 들뜬 전자가 두 개 혹은 그 이상의 원자에 의해 공유하고 있는 분자 오비탈 내에 있는 유기 발색단의 거동과는 다르다.

전하 이동 착물의 익숙한 예로는 철(III)의 페놀 착물인 철(II)의 1,10-phenanthroline 착물, 분자 아이오딘의 아이오딘화 착물, 프러시안 블루 색깔인 hexacyanoferrate(II)–hexacyanoferrate(III) 착물이 있다. 철(III)–싸이오시안 착물의 붉은색은 전하 이동 흡수의 또 다른 예이다. 광자의 흡수는 전자 한 개가 싸이오시안 이온으로부터 철(III) 이온과 회합하는 오비탈로 이동한 결과이다. 생성물은 대부분 많은 철(II)과 싸이오사이안산 라디칼 SCN을 포함하고 있는 들뜬 화학종이다. 다른 형태의 전자

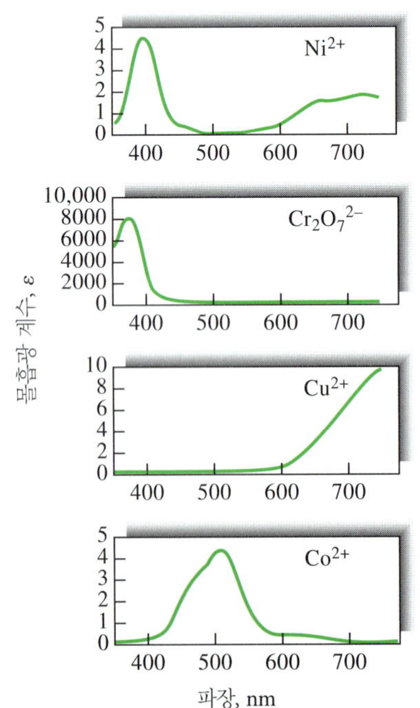

그림 14-3 전이 금속 이온 수용액의 흡수 스펙트럼.

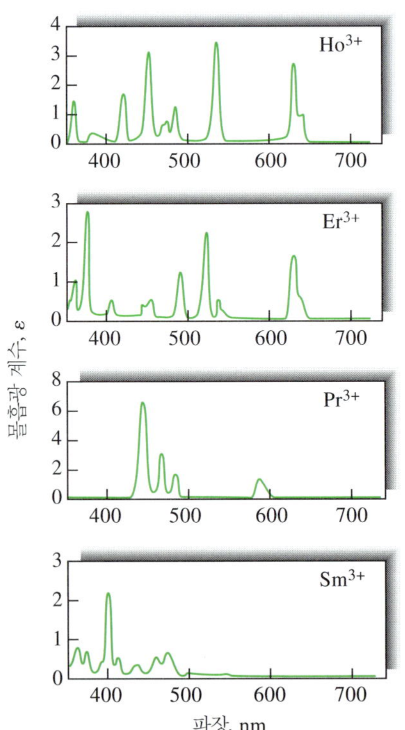

그림 14-4 희토류 이온 수용액의 흡수 스펙트럼.

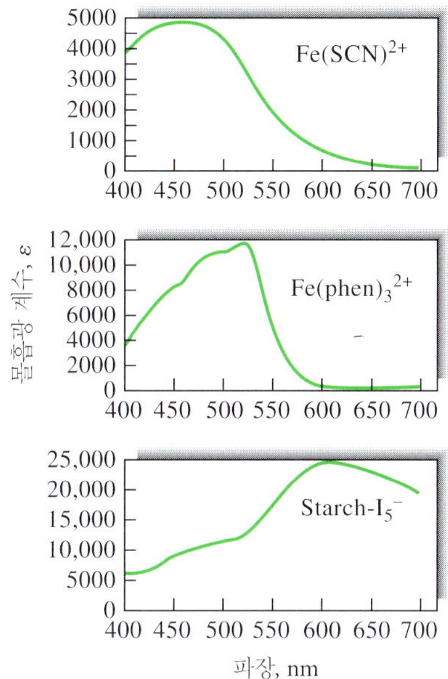

그림 14-5 전하 이동 착물 수용액의 흡수 스펙트럼.

들뜸에서처럼 이 착물 내에 있는 전자는 보통 짧은 기간 후에 원래 상태로 되돌아간다. 하지만 경우에 따라서는 들뜬 착물이 해리되어 광화학 산화–환원 생성물을 생성할 수도 있다. 세 가지 전하 이동 착물 스펙트럼이 그림 14-5에 나타나 있다.

금속 이온이 포함된 대부분의 전하 이동 착물에서는 금속이 전자 받개로 작용한다. 철(II)과 구리(I)의 1,10-phenanthroline 착물은 예외로서 여기에서는 리간드가 받개이고 금속 이온은 주개이다. 이러한 형태의 몇 가지 다른 착물의 예도 알려져 있다.

유기 화합물들은 많은 흥미로운 전하 이동 착물을 형성한다. 예를 들어 quinhydrone (quinone과 hydroquinone의 1:1 착물)은 가시선 영역에서 강한 흡수를 나타낸다. 다른 예로는 아민류, 방향족류, 황화물류와 아이오딘의 착물이 포함된다.

14C 자외선 가시선 흡수 분광법의 정량적 응용

UV 복사선의 분광 광도법 측정은 표 14-1에 보여진 바와 같은 발색단 기를 검출하는 데 유용하다.[3] 복잡한 유기 분자들 중 상당수는 180 nm보다 긴 복사선에서는 투명하기 때문에 200~400 nm 영역에서 한 개 또는 그 이상의 피크가 나타나는 것은 황이나 할로젠과 같은 원자나 불포화기가 존재함을 가리키는 것이다. 종종, 흡수 작용기의 정체는 여러 발색단 기를 포함하고 있는 간단한 분자들의 스펙트럼과 분석물질의 스펙트럼을 비교함으로써 정해질 수 있다.[4] 하지만 보통 UV 스펙트럼은 모호하게 규명되는 분석물질에 대해서 충분히 정밀한 구조를 제공하지는 못한다. 따라서, UV 정성 데이터는 용해도, 녹는점, 끓는점과 같은 정보는 물론이고 적외선, 핵 자기 공명, 질량 분석과 같은 다른 물리화학적 증거와 함께 보충 자료로 사용되어야 한다.

시뮬레이션: www.tinyurl.com/skoogpia7에서 **흡수 스펙트럼(absorption spectra)**에 대해 더 알아보시오.

14C-1 용매

정성 분석을 위한 UV 스펙트럼은 보통 분석물질의 묽은 용액을 사용하여 측정된다. 하지만, 휘발성 화합물에 대해서는 기체상 스펙트럼이 액체상 또는 액체 스펙트럼보다 더 유용하다(예로서 그림 14-1a와 b를 비교하시오). 기체상 스펙트럼은 종종 한 두 방울의 액체를 증발시키고 뚜껑있는 큐벳 내에서 대기와 평형을 이루게 함으로써 얻어질 수 있다.

용매가 사용된다면 용매의 투광성뿐만 아니라 흡수 시스템에 대한 효과도 고려해야 한다. 꽤 일반적으로 물, 알코올, 에스터, 케톤과 같은 극성 용매들은 진동 효과로부터 일어나는 정밀한 구조의 스펙트럼을 제거하는 경향이 있다. 기체상 스펙트럼과 유사한 스펙트럼(그림 14-6 참고)들은 탄화수소와 같은 비극성

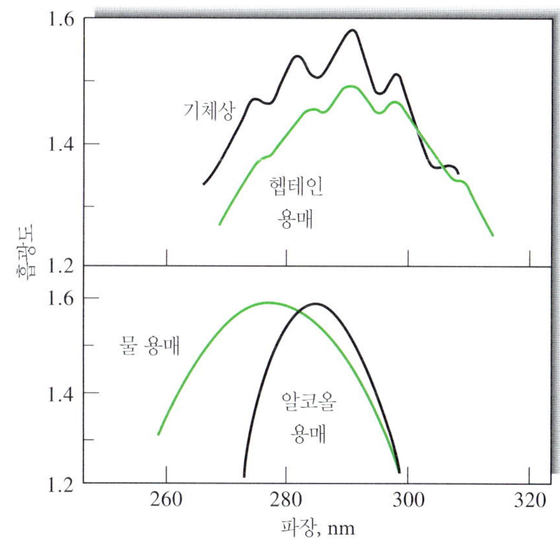

그림 14-6 아세트알데하이드의 흡수 스펙트럼에서 용매의 영향.

[3]유기 작용기의 확인에서 자외선 흡수 분광법의 자세한 논의를 위해서 다음 문헌을 보시오. R. M. Silverstein, G. C. Bassler, and T. C. Morrill, *Spectrometric Identification of Organic Compounds*, 5th ed., Chap. 6, New York: Wiley, 1991.

[4]H. H. Perkampus, *UV-VIS Atlas of Organic Compounds*, 2nd ed., Hoboken, NJ: Wiley-VCH, 1992. In addition, in the past, several organizations have published catalogs of spectra that may still be useful, including American Petroleum Institute, Ultraviolet Spectral Data, *A.P.I. Research Project 44*. Pittsburgh: Carnegie Institute of Technology; *Sadtler Handbook of Ultraviolet Spectra*, Philadelphia: Sadtler Research Laboratories; American Society for Testing Materials, Committee E-13, Philadelphia.

표 14-3 UV와 가시선 영역을 위한 용매

용매	낮은 파장 한계, nm	용매	낮은 파장 한계, nm
Water	180	Diethyl ehter	210
Ethanol	220	Acetone	330
Hexane	200	Dioxane	320
Cyclohexane	200	Cellosolve	320
Carbon tetrachloride	260		

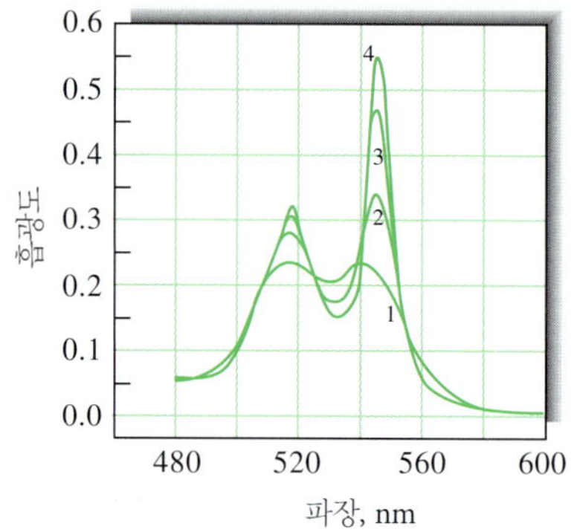

그림 14-7 네 개의 스펙트럼 띠너비에서 감소된 cytochrome c에 대한 스펙트럼. (1) 20 nm, (2) 10 nm, (3) 5 nm, (4) 1 nm. (Courtesy of Agilent Technologies, Inc., Santa Clara, CA .)

용매에서 더 많이 관찰된다. 더불어, 최대 흡수의 위치는 용매의 본성에 의해 영향을 받는다. 보통은 구조 규명 목적을 위해 흡수 스펙트럼을 비교할 때는 동일한 용매가 사용되어야 한다.

표 14-3은 일반적인 용매와 흡수 때문에 해당하는 파장 아래에서는 사용할 수 없는 대략적인 파장을 보여주고 있다. *차단 파장*(cutoff wavelengths)이라 불리는 이 파장들은 용매의 순도에 크게 의존한다.[5] UV 분광 광도법을 위한 일반적인 용매로는 물, 95% 에탄올, cyclohexane, 1,4-dioxane이 있다. 가시선 영역에 대해서는 색깔이 없는 용매가 적절하다.

14C-2 슬릿 너비의 영향

슬릿 너비의 변화에 따른 영향 즉 유효 띠너비는 그림 13-8에 기체상 스펙트럼에 대해서 보여주고 있다. 용액에서 스펙트럼의 영향은 그림 14-7에 환원된 cytochrome *c*에 대해서 나타나 있다. 도시에서는 피크 높이와 분리가 더 넓은 띠너비에서는 비틀어져 있다. 이 때문에 정성 분석 응용을 위한 스펙트럼은 최소 슬릿 너비에서 측정되어야 한다.

14C-3 작용기의 검출

비록 유기 화합물의 명백한 규명을 제공하지는 못한다 할지라도 가시선과 자외선 영역에서 흡수 스펙트럼은 발색단으로 작용하는 어떤 작용기가 존재함을 검출하는 데 유용하다. 예를 들어, 용매의 극성이 증가함에 따라 더 짧은 파장으로 대체되는 280~290 nm 영역에서의 약한 흡수 띠는 카보닐 기가 존재함을 강력하게 암시하고 있다. 이런 이동을 *단파장 쪽 이동*(hypsochromic shift) 혹은 *청색 이동*(blue shift)이라 한다. 진동의 미세 구조를 나타내는 약 260 nm에서 약한 흡수 띠는 방향족 고리가 존재함을 증명한다. 방향족 아민 혹은 페놀 구조의 존재의 확인은 페놀과 아닐린에 대해서 표 14-4에서 보여진 것과 시료를 포함하고 있는 용액의 스펙트럼에서 pH의 영향을 비교함으로써 가능하다.

방향족 탄화수소의 UV 스펙트럼은 $\pi \rightarrow \pi^*$ 전이에 의한 3개 세트의 띠가 특징적이다. 예를 들면, 벤젠은 184 nm에서 강한 흡수 피크를 가진다($\varepsilon_{max} \approx 60{,}000$). E_2 띠라고 하는 약한 피크가 204 nm에서($\varepsilon_{max} = 7900$), B 띠라고 하는 더 약한 피크가 256 nm에서(($\varepsilon_{max} = 200$) 나타난다. 벤젠 증기와 1,2,4,5-tetrazine (그림 14-1a 참고), 그리고 다른 방향족의 긴 파장 띠들은 기본적인 전자 전이에서 진동 전이의 겹침으로 인하여 연속된 뾰족한 피크들을 포함하고 있다. 그림 14-1에서 보는 바와 같이 용매들은 어떤 치환기가 포함되는가에 따라 이 미세한 구조들이 줄어드는 경향이 있다(때로는 제거되기도 함).

벤젠에 대한 모든 특징적인 띠는 고리 치환에 의해서 크게 영향을 받는다: 두 개의 긴 파장 띠에서의 효과는 특별히 흥미로운데 이는 그들이 일반적인 분광 광도 기기를 사용하여 연구할 수 있기 때문이다. 표 14-4는 일반적인 고리 치환의 효과를 나타내고 있다.

정의에 의하면, *조색단*(auxochrome)은 UV 영역에서는 그 자체로는 흡수가 없으나 발색단 세기의 증가는 물론이며 더 긴 파장으로 발색단 피크를 이동시키는 효과를 가진 작용기이다. 더 긴 파장으로 이동하는 것을 *장파장 쪽 이동*(bathochromic shift) 혹은 *적색 이동*(red shift)이라 부른다. 표 14-4를 보면 —OH와 —NH_2는 특별히 B 띠에 대해서 벤젠 발색단에서 조색단 효과를 가지고 있다. 조색단 치환은 고리의 π 전자들과 상호작용할 수 있는 *n* 전자들을 최소한 한 쌍을 가지고 있다. 이러한 상호작용은 뚜렷하게 π^* 상태를 안정화하여 에너지를 낮추고 해당 띠의 파장을 증가시키는 효과를 가지고 있다. 조색단 효과는 페놀 그 자체에 대해서보다는 페놀레이트 음이온에 대해서 더 현저한데 이는 음이온은 상호작용에 기여하는 추가적인 비공유 전자쌍을 가지고 있기 때문이다. 반면에 aniline에서는 anilinium

[5]미국의 대부분의 시약 공급 업체는 스펙트럼 화학 등급의 용매를 제공한다. 스펙트럼 등급 용매는 흡수 불순물을 제거하고 다음에 제시한 요구 사항을 충족시키거나 초과하도록 처리되어 있다. *Reagent Chemicals*, 10th ed., Washington, DC: American Chemical Society, 2005. *Reagent Chemicals* online is available at http://pubs.acs.org/reagents/index.html. Hardcover is available from the Oxford University press website, http://www.oup.com/us/brochure/0841239452/?view=usa.

표 14-4 방향족 화합물의 흡수 특성

화합물		E_2 띠		B 띠	
		λ_{max}, nm	ε_{max}	λ_{max}, nm	ε_{max}
Benzene	C_6H_6	204	7900	256	200
Toluene	$C_6H_5CH_3$	207	7000	261	300
m-Xylene	$C_6H_4(CH_3)_2$	—	—	263	300
Chlorobenzene	C_6H_5Cl	210	7600	265	240
Phenol	C_6H_5OH	211	6200	270	1450
Phenolate ion	$C_6H_5O^-$	235	9400	287	2600
Aniline	$C_6H_5NH_2$	230	8600	280	1430
Anilinium ion	$C_6H_5NH_3^+$	203	7500	254	160
Thiophenol	C_6H_5SH	236	10,000	269	700
Naphthalene	$C_{10}H_8$	286	9300	312	289
Styrene	$C_6H_5CH{=}CH_2$	244	12,000	282	450

양이온의 형성에 의해 비결합 전자들을 잃게 되고 조색단 효과가 사라진다.

14D 흡수 측정에 의한 정량 분석

자외선과 가시선 복사선에 기초한 흡수 분광법은 정량 분석을 위해 과학자들이 이용할 수 있는 가장 유용한 도구 중 하나이다.[6] 분광 광도법과 광도법의 중요한 특징들은 다음을 포함하고 있다. (1) 유기물과 무기물에 대한 폭넓은 응용성, (2) 10^{-4}~10^{-5} M의 검출 한계(경우에 따라서는 변형을 하면 더 낮은 검출 한계도 가능하다),[7] (3) 중간에서부터 높은 정도의 선택성, (4) 좋은 정확도(보통 상대 불확정도가 1~3%이며 특별히 주의하면 오차는 10분의 몇 %까지도 감소시킬 수 있다), (5) 데이터 수집이 쉽고 편리하다.

14D-1 범위

정량 분석을 위한 자외선과 가시선 흡수법의 응용은 많은 수가 있을 뿐만 아니라 정량적인 화학 정보를 필요로 하는 각 분야에서도 다루고 있다. 독자들은 *Analytical Chemistry*[8]에서 발행되는 총설 논문들의 시리즈뿐만 아니라 각 주제에 관한 논문[9] 의 도움을 받아서 분광 광도법의 범위를 알 수 있다.

흡수 화학종에 관한 응용

표 14-1, 14-2, 14-4는 일반적인 유기 발색단 기를 나타내고 있다. 발색단 기를 한 개 또는 그 이상을 함유하고 있는 유기 화합물에 대한 분광 광도법 분석은 충분히 가능성이 있다. 이러한 형태의 분석에 대한 많은 예는 문헌에서 찾을 수 있다.

또한, 여러 무기 화학종들도 자외선-가시선 복사선을 흡수하므로 직접 분석이 가능할 것이다. 전이 금속의 많은 이온들은 용액에서 색깔을 띠고 있어서 분광 광도법 측정에 의해서 분석이 가능하다. 아울러, 아질산염 이온, 질산염 이온, 크로뮴산 이온, 질소산화물, 할로젠 원소, 오존을 포함한 많은 다른 화학종들도 특징적인 흡수 띠를 보여준다.

비흡수 화학종에 대한 응용

여러 시약들은 비흡수 화학종들과 선택적으로 반응하여 자외선이나 가시선 영역에서 강하게 흡수하는 생성물을 생성한다. 보통 이러한 시약들을 정량 분석에 성공적으로 응용하기 위해서는 색깔을 형성하는 반응이 거의 완전히 이루어지는 것이 필요하다. 만약 생성물의 양이 분석물질에 의해 제한된다면 생성물의 흡광도는 분석물질의 농도에 비례한다. 속도론법들은 종종 흡광 생성물을 형성하는 속도에 바탕을 두고 있다(제14F절 참고). 색깔을 형성하는 시약들은 전이 금속 이온과 같은 흡수하는 화학종의 분석에도 자주 사용된다. 생성물의 몰흡광 계수는

[6] 분광 광도법의 실제에 대한 자세한 정보는 다음 문헌을 참고하시오. *Techniques in Visible and Ultraviolet Spectrometry*, Vol. I, *Standards in Absorption Spectroscopy*, C. Burgess and A. Knowles, eds., London: Chapman & Hall, 1981; J. R. Edisbury, *Practical Hints on Absorption Spectrometry*, New York: Plenum Press, 1968.

[7] 다음의 예를 참고하시오. T. D. Harris, *Anal. Chem.*, **1982**, *54*, 741A, **DOI:** 10.1021/ac00243a772.

[8] L. G. Hargis, J. A. Howell, and R. E. Sutton, *Anal. Chem.* (Review), **1996**, *68*, 169, **DOI:** 10.1021/a19600101; J. A. Howell and R. E. Sutton, *Anal. Chem.* (Review), **1998**, *70*, 107, **DOI:** 10.1021/a19800040.

[9] H. Onishi, *Photometric Determination of Traces of Metals*, Part IIA, Part IIB, 4th ed., New York: Wiley, 1986, 1989; *Colorimetric Determination of Nonmetals*, 2nd ed., D. F. Boltz, ed., New York: Interscience, 1978; E. B. Sandell and H. Onishi, *Photometric Determination of Traces of Metals*, 4th ed., New York: Wiley, 1978; F. D. Snell, *Photometric and Fluorometric Methods of Analysis*, New York: Wiley, 1978.

보통 반응 전 화학종의 몰흡광 계수보다 훨씬 더 큰 차수이다.

착화제의 호스트는 무기 화학종을 분석하는 데 사용된다. 전형적인 무기 시약으로는 철, 코발트, 몰리브데넘에 대해서는 싸이오사이안산 이온; 타이타늄, 바나듐, 크로뮴에 대해서는 과산화수소; 비스무트, 팔라듐, 텔루륨에 대해서는 아이오딘화 이온이 있다. 더 중요한 것은 양이온과 안정하고 색깔이 있는 착물을 형성하는 유기 킬레이트제이다. 일반적인 예로는 구리의 분석을 위한 diethyldithiocarmate, 납 분석을 위한 diphenylglyoxime, 철 분석을 위한 1,10-phenanthrolene, 니켈 분석을 위한 dimethylglyoxime이 있다. 니켈의 광도법 분석에 대한 반응의 응용에서 양이온 수용액은 섞이지 않는 유기 액체에 킬레이트제 용액으로 추출된다. 그 결과 붉은 유기층의 흡광은 금속의 농도 측정에 사용된다.

14D-2 상세한 절차

광도법 분석이나 분광 광도법 분석에서 첫 단계는 흡광도와 분석물질의 농도 간에 재현성 있는 관계(선형이면 좋음)를 이끌어 내는 조건을 개발하는 것이다.

파장 선택

높은 감도를 얻기 위해서 분광 광도법 흡광 측정은 보통 최대 흡수에 해당하는 파장에서 수행되는데 이는 그 지점에서 단위 농도당 흡광 변화가 가장 크기 때문이다. 아울러, 다색 복사선에 의해 Beer 법칙으로부터의 편차를 최소화하는 최대 흡수점에서는 파장에 따른 흡광도가 거의 일정하다(그림 13-5 참고). 마지막으로, 재현성있는 정밀한 기기의 파장 설정에 대한 실패로부터 나타나는 작은 불확정도가 최대 흡수에서는 덜 영향을 받는다.

흡광도에 영향을 미치는 변수들

물질의 흡수 스펙트럼에 영향을 미치는 일반적인 변수들로는 용매의 성질, 용액의 pH, 온도, 높은 전해질 농도, 방해 물질의 존재 등이 있다. 이 변수들에 대한 영향을 알아야 하며, 분광도가 그들의 크기에서 작고 조절이 되지 않은 변화에 의해 물질적으로 영향을 받지 않을 분석 조건이 선택되어야 한다.

용기의 세척과 취급

정확한 분광 광도법 분석은 좋은 재질의 짝 맞는 용기(셀)의 사용이 필요하다. 용기들이 긁힘, 파임, 닳아서 해짐으로 인하여 서로 다르게 측정될 수 있으므로 정기적으로 교정이 되어야 한다. 적절한 용기 세척과 건조 방법을 사용하는 것이 중요하다. Erickson과 Surles[10]는 용기의 바깥쪽 창은 다음과 같은 순서의 세척법을 권유하였다. 측정 전에, 스펙트럼 등급의 메탄올에 적신 렌즈용 종이로 시료 표면을 닦아야 한다. 닦는 동안에는 지혈 집개로 페이퍼를 잡거나 장갑을 착용하는 것이 좋다. 그리고서 메탄올이 휘발되도록 하여 오염물들이 없는 용기 표면이 되도록 놔둔다. Erickson과 Surles는 이 방법이 표면에 보푸라기와 필름이 남겨질 수 있는 마른 렌즈 세척 종이로 용기 표면을 닦는 보통의 방법보다 월등함을 보여 주었다.

흡광도와 농도와의 관계 측정

외부 표준물법(제1D-2절 참고)은 흡광도 대 농도 관계를 설정하는 데 가장 자주 사용되고 있다. 분석 조건이 결정된 후에 시료에 대해서 예상되는 농도 범위에 해당하는 연속된 표준 용액을 만들어서 교정 곡선을 작성한다. Beer 법칙을 따른다고 가정하고 단지 한 개의 표준 용액을 사용하여 몰흡광 계수를 측정하는 것은 결코 안전한 방법이 아니다. 몰흡광 계수는 많은 환경적인 요인들에 의존하기 때문에 문헌에 있는 흡광 계수값에 기초하여 측정해서는 안된다.

이상적으로는, 교정 곡선에 사용되는 표준 물질은 분석물질의 농도에 대해서뿐만 아니라 시료 매트릭스에 안에 있는 다른 화학종의 농도에 대해서도 분석 대상 시료의 성분과 비슷해야 한다. 이는 측정된 흡광도에서 시료의 여러 성분들에 대한 효과도 최소화시킬 수 있다. 예를 들면, 금속 이온들의 많은 착물들에 대한 흡광도는 음이온들이 금속 이온과 무색의 착물을 형성하기 때문에 황산 이온과 인산 이온의 존재 정도에 따라 감소된다. 그 결과 원하는 반응이 덜 완성되어 낮은 흡광도를 나타낼 수 있다. 황산염과 인산염의 매트릭스 효과는 시료에서 함유되었을 것이라 예측되는 두 화학종의 표준 양을 넣어줌으로써 중화될 수 있다. 불행하게도 토양, 광물, 조직과 같은 복잡한 물질들을 분석할 때는 매트릭스 매칭이 불가능하거나 매우 힘들다. 이런 경우에는 종종 *표준물 첨가법*(standard-addition method)이 교정 곡선의 기울기에 영향을 미치는 매트릭스 효과를 상쇄하는 데 유용하다. 하지만, 표준물 첨가법은 분석물질들이 바탕 용액에 동일 농도로 존재하지 않으면 외부 흡수 화학종에 대해서는 보상하지 못한다.

표준물 첨가법

표준물 첨가법은 여러 형태가 있을 수 있다.[11] 한 가지 방법이 광도법 분석이나 분광 광도 분석에 선택된다. 제1D-3절에서 상세히 설명된 방법은 시료 분취물에 표준 용액을 한 개 또는 그 이상의 증가된 양을 첨가한다. 그 후에 각 용액은 흡광도를 측정하기 전에 고정된 부피로 묽힌다. 예제 14-1은 아질산 이온의 광도법 측정에 대한 다중 첨가법에 대한 스프레드시트 방법을 보여주고 있다.

예제 14-1

아질산 이온은 일반적으로 Griess 반응을 사용하여 분광 광도법 절차에 의해 측정된다. 아질산 이온을 포함하고 있는 시료

[10]J. O. Erickson and T. Surles, *Amer. Lab.*, **1976**, *8* (6), 50.

[11]다음을 참고하시오. M. Bader, *J. Chem. Educ.*, **1980**, *57*, 703, **DOI:** 10.1021/ed057p703.

를 sulfanilimide와 N-(1-naphthyl)ethylenediamine과 반응시켜서 550 nm에서 복사선을 흡수하는 색깔이 있는 화학종을 형성한다. 다섯 개의 50.00 mL 부피 플라스크에 시료 5 mL씩을 취했다. 그리고 10.00 μM 아질산 이온 표준 용액을 0.00, 2.00, 4.00, 6.00, 8.00 mL를 각 플라스크에 가한 후에 색깔을 형성하는 시약을 첨가하였다. 50.00 mL까지 묽힌 후에 다섯 개 용액 각각에 대한 흡광도를 550 nm에서 측정하였다. 흡광도는 각각 0.139, 0.299, 0.486, 0.689, 0.865이었다. 스프레드시트를 사용하여 원래 시료에 있는 아질산 이온의 농도와 표준 편차를 계산하는 방법을 고안하시오.

풀이

스프레드시트는 그림 14-8에 나타나 있다. 마지막 결과는 원래 시료에 있는 아질산 이온의 농도가 2.8 ± 0.3 μM임을 가리키고 있다. 표준 편차는 제1장의 예제 1-1에서 나타낸 바와 같이 y는 0.000, 외삽된 x값인 −1.385를 사용하여 회귀선[12]으로부터 구했다.

시간이나 시료를 절약하기 위해서는 단지 두 개의 증가 시료를 사용하여 표준물 첨가법 분석을 수행할 수도 있다. 표준 용액 V_s를 두 시료 중 한 개에 한 번만 가한다. 이러한 접근 방법은 식 14-1에 기초한다(제1D-3절 참고).

$$c_x = \frac{A_1 c_s V_s}{(A_2 - A_1)V_x} \tag{14-1}$$

단일 첨가 방법은 예제 14-2에 나타나 있다.

예제 14-2

소변 시료 2.00 mL를 시약으로 처리하여 색깔이 있는 인산 이온 용액을 만든 후, 시료를 100 mL가 되도록 희석하였다. 0.0300 mg 인산 이온/mL가 함유된 인산 용액 5.00 mL를 두 번째 2.00 mL 시료에 정확하게 넣은 후 원래 시료와 동일한 방법으로 처리하였다. 첫 번째 용액의 흡광도는 0.428, 두 번째 용액은 0.538이었다. 시료 중 인산 이온의 농도를 mg/mL로 계산하시오.

풀이

식 14-1에 대입하면 다음과 같다.

$$c_x = \frac{(0.428)(0.0300\ \text{mg PO}_4^{3-}/\text{mL})(5.00\ \text{mL})}{(0.538 - 0.428)(2.00\ \text{mL sample})}$$

$$= 0.292\ \text{mg PO}_4^{3-}/\text{mL sample}$$

[12]표준물 첨가법에 대한 스프레드시트법은 다음 문헌을 참고하시오. S. R. Crouch and F. J. Holler, *Applications of Microsoft® Excel in Analytical Chemistry*, 3rd ed., Chaps. 4 and 12, Belmont, CA: Cengage Learning, 2017.

흡수 혼합물 분석

주어진 파장에서 용액의 전체 흡광도는 용액 내에 있는 개별 성분들의 흡광도의 합과 같다(식 13-9). 이 관계는 그 성분들의 스펙트럼들이 완전히 겹친다 할지라도 혼합물의 개별 성분의 농도를 측정하는 것이 원칙적으로는 가능하게 한다. 예를 들면, 그림 14-9는 개별 성분들에 대한 흡수 스펙트럼은 물론이며 화학종 M과 N의 혼합물을 포함하고 있는 용액의 스펙트럼을 나타내고 있다. 흡광도가 이 성분들 중의 바로 하나에만 기인한 파장은 없는 것이 명백하다. 혼합물을 분석하기 위해서는 시료의 흡광도를 망라하고 있는 흡광도 범위에 걸쳐서 Beer 법칙에 따른다는 것이 확실시되는 충분한 농도의 두 개 표준 용액으로 파장 λ_1과 λ_2에서 M과 N에 대한 몰흡광 계수가 먼저 결정되어야 한다. 선택된 파장은 두 성분의 몰흡광 계수가 충분히 다른 파장이어야 한다. 이와 같이 λ_1에서 성분 M의 몰흡광 계수는 성분 N의 몰흡광 계수보다 훨씬 더 크다. λ_2에 대해서는 반대가 된다. 분석을 완결하기 위해서는 혼합물의 흡광도를 동일한 두 파장에서 측정한다. 알고 있는 몰흡광 계수와 경로 길이로부터 다음 식이 성립된다:

$$A_1 = \varepsilon_{M_1} b c_M + \varepsilon_{N_1} b c_N \tag{14-2}$$

$$A_2 = \varepsilon_{M_2} b c_M + \varepsilon_{N_2} b c_N \tag{14-3}$$

여기서, 아래 첨자 1은 파장 λ_1에서의 측정, 아래 첨자 2는 파장 λ_2에서의 측정을 의미한다. ε과 b의 알려진 값을 이용하여, 식 14-2 및 식 14-3에 있는 두 개의 미지수(c_M 및 c_N)를 풀 수 있다. Beer 법칙이 두 파장에서 유지되고 두 성분이 서로 독립적으로 거동한 경우에만 관계식은 유효하다. 가장 큰 정확도는 몰흡광 계수의 차가 큰 파장을 선택함으로써 얻어진다.

추가된 각 성분에 대해 추가 흡광도 측정이 이루어지면 원칙적으로 2종 이상의 흡수 화학종을 함유하고 있는 혼합물도 분석할 수 있다. 하지만 측정 횟수가 증가함에 따라 결과 데이터의 불확정도는 더 커지게 된다. 일부 배열 검출기 분광 광도계는 시스템을 과다하게 측정함으로써 이러한 불확정도를 감소시킬 수 있다. 즉, 이 기기들은 미지의 것보다 더 많은 데이터 포인트를 사용하고, 행렬 대수 방법을 사용하는 최소 제곱 기법으로 가능한 미지의 전체 스펙트럼을 효과적으로 일치시킨다. 각 성분들의 표준 용액에 대한 스펙트럼이 분석을 위해 필요하다.

요인 분석 또는 주 성분 분석에 기초한 컴퓨터 데이터 처리 방법이 개발되어 혼합물의 성분 수와 농도 또는 흡광 계수들을 측정할 수 있게 되었다.[13] 이 방법은 보통 배열 검출기에 기초한

자습: www.tinyurl.com/skoogpia7에서 **검정과 혼합물 분석(calibration and analysis of mixtures)**에 대해 더 알아보시오.

[13]E. R. Malinowski, *Factor Analysis in Chemistry*, 3rd ed., Chap. 9, New York: Wiley, 2002.

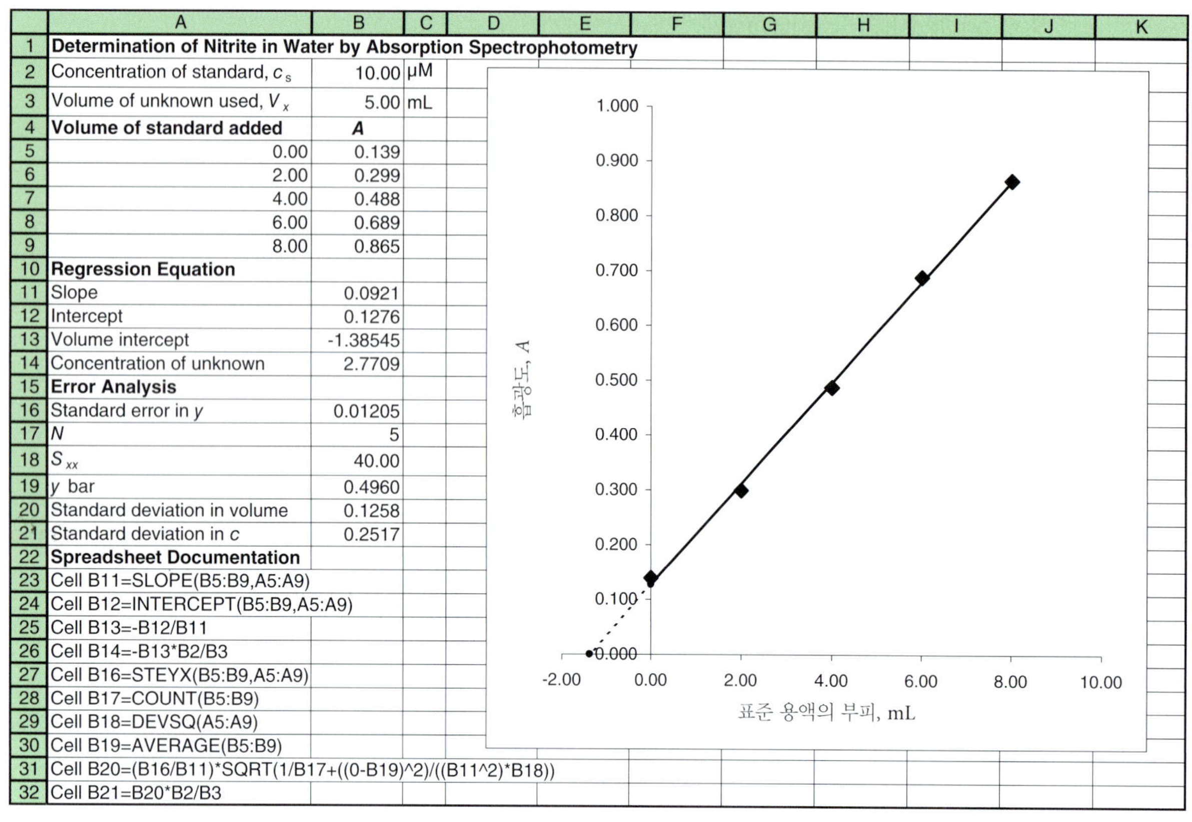

	A	B	C
1	**Determination of Nitrite in Water by Absorption Spectrophotometry**		
2	Concentration of standard, c_s	10.00	μM
3	Volume of unknown used, V_x	5.00	mL
4	**Volume of standard added**	***A***	
5	0.00	0.139	
6	2.00	0.299	
7	4.00	0.488	
8	6.00	0.689	
9	8.00	0.865	
10	**Regression Equation**		
11	Slope	0.0921	
12	Intercept	0.1276	
13	Volume intercept	-1.38545	
14	Concentration of unknown	2.7709	
15	**Error Analysis**		
16	Standard error in *y*	0.01205	
17	*N*	5	
18	S_{xx}	40.00	
19	*y* bar	0.4960	
20	Standard deviation in volume	0.1258	
21	Standard deviation in *c*	0.2517	
22	**Spreadsheet Documentation**		
23	Cell B11=SLOPE(B5:B9,A5:A9)		
24	Cell B12=INTERCEPT(B5:B9,A5:A9)		
25	Cell B13=-B12/B11		
26	Cell B14=-B13*B2/B3		
27	Cell B16=STEYX(B5:B9,A5:A9)		
28	Cell B17=COUNT(B5:B9)		
29	Cell B18=DEVSQ(A5:A9)		
30	Cell B19=AVERAGE(B5:B9)		
31	Cell B20=(B16/B11)*SQRT(1/B17+((0-B19)^2)/((B11^2)*B18))		
32	Cell B21=B20*B2/B3		

그림 14-8 여러 표준 물질 첨가에 의한 아질산 이온의 농도를 측정하는 스프레드시트.

분광계로부터 얻은 데이터에 적용된다.

14D-3 도함수 및 이중 파장 분광 광도법

도함수 분광 광도계에서는 파장에 대한 흡광도의 1차 또는 2차 미분을 파장의 함수로 도시하여 스펙트럼을 얻는다.[14] 종종 이러한 도시는 일반 스펙트럼에서 손실되는 세부 스펙트럼을 드러내 보이기도 한다. 또한, 간섭이 있는 분석물질 또는 혼합물 중에 있는 2종 이상의 분석물질의 농도 측정은 도함수 방법을 사용하여 더 쉽고 정확하게 측정할 수 있다. 불행하게도, 도함수를 얻으면서 수반되는 신호 대 잡음비의 저하로 인해 미분 스펙트럼의 이점이 적어도 부분적으로 상쇄된다. 그러나 UV 및 가시선의 일부 영역에서는 신호 대 잡음비가 제한 요소가 아니다. 미분으로 인하여 신호 대 잡음비가 저하되더라도 스무딩(매끄럽게 하는) 방법을 적용하여 정밀도를 높일 수 있다.

여러 다른 방법들이 도함수 스펙트럼을 얻는 데 사용되고 있다. 컴퓨터 제어 디지털 분광 광도계의 경우, 제5C-2절에서 다룬 최소 제곱 다항식 미분에 의한 스무딩과 같은 절차를 사용하여 수치적으로 미분을 수행할 수 있다. 구형 아날로그 기기에서는 적절한 연산 증폭기 회로로 도함수 스펙트럼 데이터를 전자적으로 얻을 수 있다(제3E-4절 참고). 또 다른 기술은 스펙트럼을 주사하는 동안에 굴절판의 기계적 진동을 사용하여 단색화 장치의 출구 슬릿을 가로질러서 수 나노미터 파장 간격으로 반복적으로 스위핑하는 것인데 이를 *파장 변조*(wavelength mod-

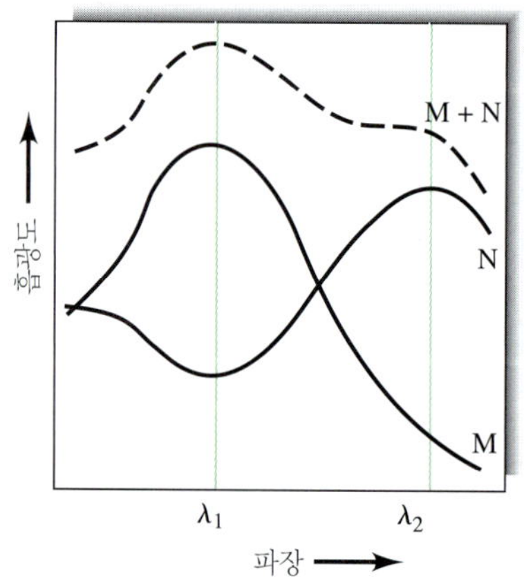

그림 14-9 개별 성분의 스펙트럼과 두 성분 혼합물(M + N)의 흡수 스펙트럼. 수직선은 두 성분을 분석하기 위한 최적의 파장을 가리킨다.

[14]추가적인 정보는 다음을 참고하시오. G. Talsky, *Derivative Spectrophotometry Low and High Order*, New York: VCH, 1994; T. C. O'Haver, *Anal. Chem.*, **1979**, *51*, 91A, **DOI:** 10.1021/ac50037a782; F. Sanchez Rojas, C. Bosch Ojeda, and J. M. Cano Pavon, *Talanta*, **1988**, *35*, 753, **DOI:** 10.1016/0039-9140(88)80179-6. For more recent reviews see, F. Sanchez Rojas and C. Bosch Ojeda, *Anal. Chim. Acta*, **2009**, *635*, 22, **DOI:** 10.1016/j.aca.2008.12.039; C. Bosch Ojeda and F. Sanchez Rojas, *Microchim. J.*, **2013**, *106*, 1, **DOI:** 10.1016/j.microc.2012.05.012.

ulation) 기법이라 한다. 다른 방법으로는 *이중 파장 분광 광도법*(dual-wavelength spectrophotometry)이라 하는 방법으로서, 스펙트럼이 몇 나노미터 상쇄(옵셋)된 두 개의 파장을 사용하여 주사하는 방법이다.

도함수 스펙트럼의 응용

자외선 및 가시선 영역에서 도함수 분광학의 가장 중요한 응용 분야는 화학종의 정성 분석을 위한 것이었다. 도함수 스펙트럼의 향상된 세부 사항은 종종 중복되는 스펙트럼을 갖는 화합물을 식별할 수 있게 하는 것인데 이를 *특징 향상*(feature enhancement)이라고 한다.[15] 그림 14-10은 도함수 도시가 세 개의 중첩되는 흡수 피크로 구성된 스펙트럼의 세부 사항을 어떻게 나타낼 수 있는지 보여주고 있다. 도함수를 취하면 잡음이 증가하므로 이 기술을 사용하려면 고품질 스펙트럼이 필수적이다. 고품질 스펙트럼을 사용하지 않으면 도함수 스펙트럼이 때로는 실제로 존재하지 않는 특성을 생성할 수도 있다.

도함수 분광 광도계는 혼합물에서 두 개 이상의 성분을 동시에 측정할 때도 매우 유용하다는 것이 입증되었다. 혼합물의 경우 정량 분석을 위한 몇 가지 방법이 제안되었다. 피크 대 피크 높이는 개별 성분에 대한 영점 통과 파장에서 피크 높이를 재는 것으로 사용되어 왔다. 최근에는 부분 최소 제곱 및 주 성분 분석과 같은 다변량 통계 기법이 농도를 결정하는 데 사용되고 있다. 도함수법은 혼합물 내의 미량 금속을 측정하는 데 사용되어 왔다. 예를 들어, 미량의 Mn과 Zn은 5,8-dihydroxy-1,4-naphthoquinone과 착물을 형성함으로써 혼합물에서 측정될 수 있다.[16] 또한 도함수법은 조제 의약품과 비타민 혼합물 분석에 널리 응용되어 왔다.[17]

도함수 및 이중 파장 분광 광도계는 빛의 산란이 흡수 스펙트럼의 세부 사항을 제거하는 탁한 용액에 존재하는 분석물질의 UV 가시선 흡수 스펙트럼을 추출하는 데 특히 유용함이 입증되었다. 예를 들어, 트립토판, 타이로신 및 페닐알라닌 등 3가지 아미노산은 240 내지 300 nm 영역에서 날카로운 흡수띠를 나타내는 방향족 사슬을 포함하고 있다. 그러나 소나 달걀 알부민과 같은 전형적인 단백질의 스펙트럼은 날카로운 모양의 피크가 나타나지 않는데, 이는 큰 단백질 분자가 복사선을 심하게 산란시켜 그림 14-11a와 같은 부드러운 흡수 띠만 생성하기 때문이다. 곡선 (b) 및 (c)에 도시 된 바와 같이, 방향족 미세 구조는 1차 및 2 차 도함수 스펙트럼에서 나타난다.

이중 파장 분광 광도계는 스펙트럼 방해가 있을 경우의 분석

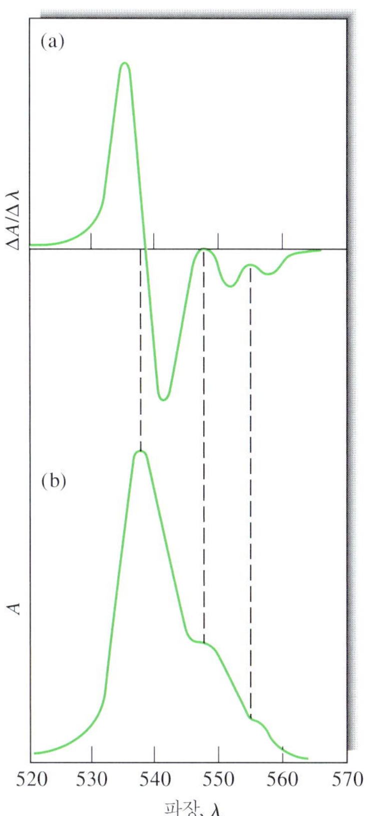

그림 14-10 (a) 도함수 스펙트럼과 (b) 표준 흡수 스펙트럼의 비교.

물질의 측정에도 유용하다고 증명되었다. 여기에서 기기는 간섭이 동일한 몰흡광 계수를 갖는 두 파장에서 흡광도를 측정하면서 비주사 모드로 작동된다. 대조적으로, 분석물질은 다른 파장보다는 이러한 파장 중 하나에서 더 강하게 복사선을 흡수해야 한다. 그래서 미분 흡광도는 분석물질의 농도에 직접 비례한다.

14E 광도법 적정과 분광 광도법 적정

광도법 또는 분광 광도법 측정은 분석물질, 시약 또는 적정 생성물이 복사선을 흡수하는 경우에 적정의 당량점을 찾는 데 유용하다.[18] 또는 흡수 지시약이 당량점의 위치에 필요한 흡광도 변화를 제공할 수 있다.

14E-1 적정 곡선

광도법 적정 곡선은 적정액의 부피의 함수로서 부피 변화에 대해 보정된 흡광도에 대한 도시이다. 많은 적정에서 곡선은 기울기가 다른 두 선형 영역으로 구성되어 있다. 하나는 적정 초기

---

[15]특징 향상에 대한 도함수 기법을 포함한 스프레드시트 응용은 다음 문헌을 참고하시오. S. R. Crouch and F. J. Holler, *Applications of Microsoft® Excel in Analytical Chemistry*, 3rd ed., pp. 437-441, Belmont, CA: Cengage Learning, 2017.

[16]H. Sedaira, *Talanta*, **2000**, *51*, 39, **DOI:** 10.1016/S0039-9140(99)00244-1.

[17]F. Aberastuuri, A. I. Jimenez, F. Jimenez, and J. J. Arias, *J. Chem. Educ.*, **2001**, *78*, 793, **DOI:** 10.1021/ed078p793.

[18]이 방법에 대한 추가적인 정보는 다음 문헌을 참고하시오. J. B. Headridge, *Photometric Titrations*, New York: Pergamon, 1961; M. A. Leonard, in *Comprehensive Analytical Chemistry*, G. Svehla, ed., Vol. 8, Chap. 3, New York: Elsevier, 1977.

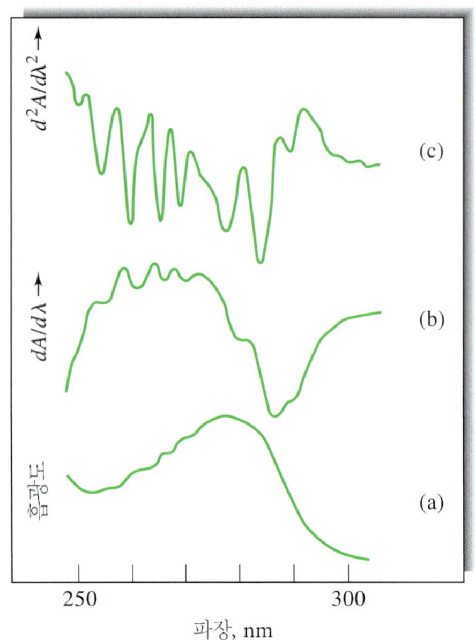

그림 14-11 소의 알부민 흡수 스펙트럼: (a) 일반 스펙트럼, (b) 일차-도함수 스펙트럼, (c) 이차-도함수 스펙트럼. (Reprinted with permission from J. E. Cahill and F. G. Padera, *Amer. Lab.*, **1980**, *12* (4), 109. Copyright 1980 by International Scientific Communications, Inc.)

에 발생하고 다른 하나는 당량점 이후에 위치한다. 종말점은 곡선의 외삽된 선형 부분의 교차점이다. 또한, 정해진 흡광도까지 적정하거나 선형 부분 곡선을 S자 모양 곡선으로 변환하기 위해 미분을 취함으로써 자동으로 종말점을 측정할 수 있다.

그림 14-12는 일반적인 광도법 적정 곡선을 보여주고 있다. 그림 14-12a는 분석물질과 반응하여 비흡수 생성물을 형성하는 흡수 적정액으로 비흡수 화학종을 적정할 때의 곡선이다. 트라이아이오딘화 이온(I_3^-)으로 싸이오 황산 이온($S_2O_3^{2-}$) 이온을 적정하는 예가 있다. 비흡수 반응물로부터 흡수 생성물을 형성하는 것에 대한 적정 곡선을 14-12b에 나타내었다: 예를 들면, 아이오딘 이온을 아이오딘화 이온(IO_3^-)으로 적정하여 트라이아이오딘화 이온을 형성하는 것이다. 나머지 그림은 흡수 분석

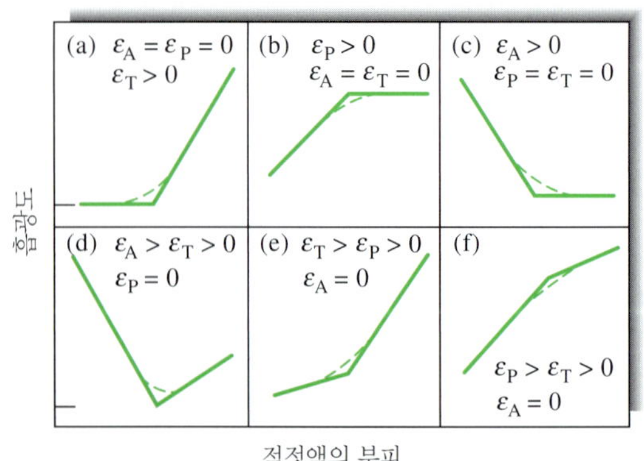

그림 14-12 전형적인 광도법 적정 곡선. 분석물질, 생성물, 적정액의 몰흡광 계수는 각각 ε_A, ε_P, ε_T에 해당한다. 점선은 실제 데이터이며 실선은 도시의 선형 부분으로부터 외삽한 것이다.

물질, 적정액, 및 생성물의 다양한 조합으로 얻은 곡선을 보여주고 있다.

외삽될 수 있는 선형 부분으로 적정 곡선을 얻으려면 흡수 시스템이 Beer 법칙을 따라야 한다. 또한, 흡광도는 관찰된 흡광도에 $(V + v)/V$를 곱함으로써 부피 변화에 대해 보정되어야 하며, 여기서 V는 용액의 원래 부피이고, v는 첨가된 적정액의 부피이다. 하지만, 많은 방법은 다양한 기술로 종말점을 찾기 위해서 단지 흡광도의 변화만을 사용한다. 이 방법들에서는 엄격하게 Beer 법칙을 따르는 것이 필수적인 것은 아니다.

14E-2 기기

광도법 적정은 보통 적정 용기가 광로에 고정되도록 분광 광도계 또는 광도계를 개조하여 수행한다. 또는 그림 13-18에 표시된 것과 같은 탐침 형태의 셀을 사용할 수도 있다. 장비가 적절한 파장으로 설정되거나 적절한 필터가 삽입된 후에 일반적인 방법으로 0%T 조정이 이루어진다. 복사선이 분석물질 용액을 통과하여 변환기에 도달하면, 기기는 광원의 세기 또는 변환기의 감도를 변화시킴으로써 알맞은 흡광도 값으로 조정된다. 상대적인 값이 종말점 검출에 완벽하게 적합하므로 보통은 실제 흡광도를 측정할 필요가 없다. 그 후에 기기의 설정을 변경하지 않고 적정 데이터를 수집한다. 복사선 광원의 세기와 변환기의 감응은 광도법 적정 동안에 일정하게 유지되어야 한다. 원통형 용기가 종종 광도법 적정에 사용되며, 용기가 움직이는 것을 피하여 경로 길이가 일정하게 유지되는 것이 중요하다.

필터 광도계와 분광 광도계가 광도법 적정에 사용되고 있으며, 몇몇 기기 회사는 현재에도 광도법 적정 장비를 생산하고 있다.

14E-3 광도법 적정의 응용

광도법 적정은 종종 여러 가지 측정의 데이터를 사용하여 종말점을 결정하기 때문에 직접 광도법 분석보다 더 정확한 결과를 제공한다. 더욱이, 흡광도의 변화만 측정되기 때문에 다른 흡수 화학종의 존재에 의해 간섭받지 않을 수도 있다.

선형 부분 광도법 적정 곡선으로부터 측정된 종말점의 장점은 당량점에서 멀리 떨어져 있는, 흡광도가 천천히 변하는 영역에서 실험 데이터가 수집된다는 것이다. 그러한 경우, 반응에 대한 평형 상수는 당량점 근처에서의 관측에 크게 의존하는(예: 전위차법 종말점 또는 지시약 종말점) S자 모양의 적정 곡선에 필요한 것과 같이 그렇게 클 필요는 없다. 동일한 이유로, 더 묽은 용액도 광도법 검출을 사용하여 적정될 수 있다.

광도법에 의한 종말점 측정은 많은 유형의 반응에 적용되고 있다. 예를 들어, 대부분의 표준 산화제는 특징적인 흡수 스펙트럼을 가지고 있어서, 광도법으로 검출 가능한 종말점을 생성한다. 표준 산이나 염기가 빛을 흡수하지는 않지만 산-염기 지시약을 사용하면 광도법 중화 적정이 가능하다. 광도법에 의해

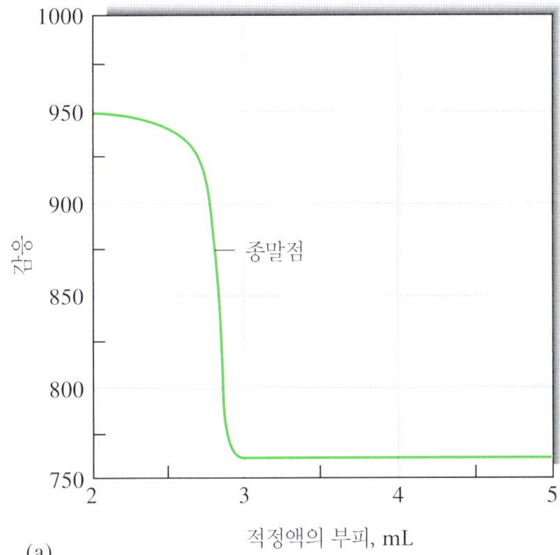

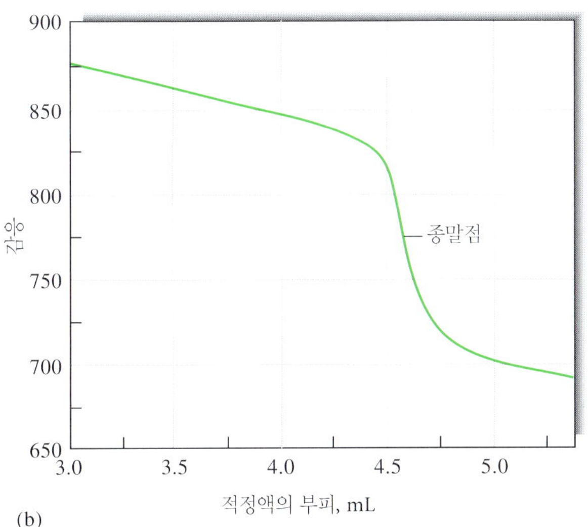

그림 14-13 광도법 적정 곡선. (a) 물의 총 경도, (b) 황산 이온의 측정. (a)는 2.82 mmol/L 총 경도를 함유한 용액 100 mL에 대해서 610 nm에서 0.10 M EDTA로 적정하여 얻은 총 경도이다. Eriochrome Black T가 지시약으로 사용되었다. (b)는 황산 이온을 함유한 용액 10.0 mL를 523 nm 파장에서 Thorin을 지시약으로 사용하여 0.050 M $BaCl_2$로 적정한 것이다. 보여진 감응은 투광도에 비례한다. (From A. L. Underwood, *Anal. Chem.*, **1954**, *26*, 1322. Figure 1, p. 1323. Copyright 1954 American Chemical Society.)

구한 종말점은 EDTA (ethylenediaminetetraacetic acid) 및 기타 착화제와의 적정에서 큰 장점으로 사용되었다.[19] 그림 14-13a는 Eriochrome Black T를 지시약으로 사용하여 수돗물의 총 경도를 측정하는 데 이 기술을 응용한 것을 보여주고 있다. 지시약의 흡광도는 610 nm에서 관찰된다.[20]

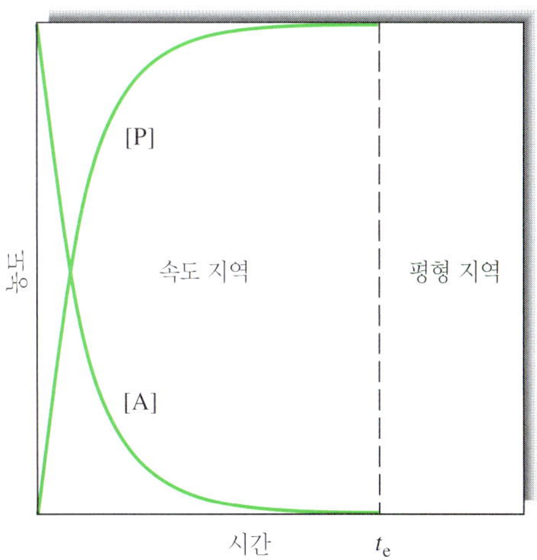

그림 14-14 시간의 함수로서 분석물질 [A]와 생성물 [P]의 농도 변화. 시간 t_e 까지 분석물질과 생성물의 농도는 지속적으로 변화한다. 이것은 운동 체계이다. t_e 이후 평형 영역에서, 분석물질 및 생성물 농도는 변하지 않는다.

광도법에 의한 종말점 측정은 침전 적정에도 적용된다. *비탁 적정*(turbidimetric titration)에서, 부유 고체 생성물은 침전물 입자로부터 산란에 의하여 광원의 복사선 세기를 감소시킨다. 침전물 형성이 멈추고 검출기에 도달하는 빛의 양이 일정해지면 종말점이 관찰된다. 일부 침전 적정에서 종말점은 지시약을 추가함으로써 그림 14-13b와 같이 검출될 수 있다. 여기서, Ba^{2+} 적정액은 SO_4^{2-}와 반응하여 불용성 $BaSO_4$를 형성한다. 일단 종말점에 도달하면 과량의 Ba^{2+} 이온은 지시약 Thorin과 반응하여 523 nm에서 빛을 흡수하는 착색된 착물을 형성한다.[21]

14F 분광 광도 속도론법

속도론 분석법[22]은 우리가 고려한 평형 또는 화학양론적 방법과 근본적으로 다르다. 속도론법에서는 반응물과 생성물의 농도가 시간의 함수로 변화하는 *동적*(dynamic) 조건에서 측정이 이루어진다. 대조적으로, 착화제를 사용하여 흡수 생성물을 형성하는 적정 또는 절차는 평형 상태 또는 정상 상태가 되어 농도가 *정적인*(static) 시스템에서 수행된다. 속도론법의 대부분은 반응 모니터링 기술로서 분광 광도법을 사용한다.

시뮬레이션: www.tinyurl.com/skoogpia7에서 **분광 광도법 적정(spectrophotometric titration)**에 대해 더 알아보시오.

[19]EDTA 적정에 대한 논의는 다음 문헌을 참고하시오. D. A. Skoog, D. M. West, F. J. Holler, and S. R. Crouch, *Fundamentals of Analytical Chemistry*, 9th ed., Belmont, CA: Brooks/Cole, 2014, Chap. 17.

[20]이 방법에 대한 정보는 다음을 참고하시오. Metrohm, Application Note, 084, Metrohm USA, Riverview, FL.

[21]다음을 참고하시오. Metrohm, Application Bulletin, 140 Metrohm USA, Riverview, FL.

[22]추가적인 정보는 다음을 참고하시오. D. A. Skoog, D. M. West, F. J. Holler, and S. R. Crouch, *Fundamentals of Analytical Chemistry*, 9th ed., Chap. 30, Belmont, CA: Brooks/Cole, 2014; H. O. Mottola, *Kinetic Aspects of Analytical Chemistry*, New York: Wiley, 1988.

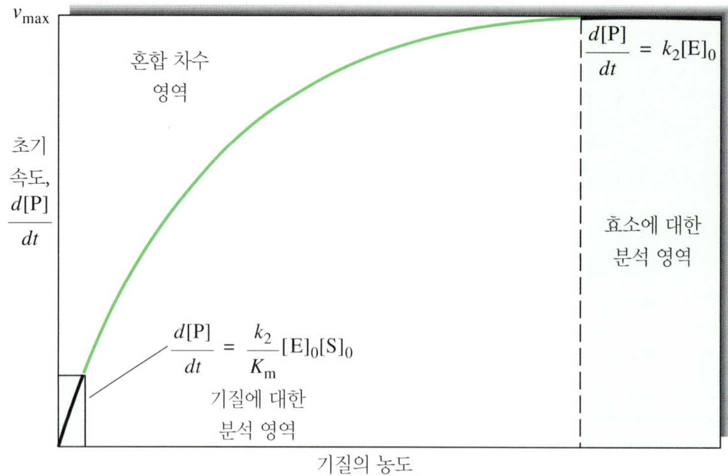

그림 14-15 기질 농도의 함수로서 생성물 형성의 초기 속도 도시. 기질과 효소를 측정하는 데 유용한 곡선의 부분을 보여주고 있다.

두 가지 방법의 차이점은 그림 14-14에 나와 있으며, 다음과 같은 반응 시간 경과에 따른 진행 상황을 보여주고 있다.

$$A + R \rightleftharpoons P \tag{14-4}$$

여기서 A는 분석물질, R은 시약, P는 생성물이다. 평형법은 반응물과 생성물의 벌크 농도가 일정해지고 화학 시스템이 평형 상태에 있는 시간 t_e 이후의 영역에서 효과를 나타낸다. 반면에, 속도론법은 분석물질과 생성물의 농도가 연속적으로 변화하는 0에서 t_e의 시간 간격 동안 수행된다.

속도론법은 시약과 조건을 선택하여 분석물질 및 잠재 간섭 물질이 반응하는 속도의 차이를 최대화할 경우에 평형 방법보다 더 선택적일 수 있다. 평형 기반 방법에서는 평형 상수의 차이를 극대화하여 선택성을 얻는다.

14F-1 반응의 형태

속도론법은 여러 가지 유형의 반응을 사용할 수 있다. 그중에서 촉매 반응이 가장 널리 사용된다. 이들을 사용하여 반응 속도에 대한 영향에 의해 촉매가 측정되거나 또는 반응물 중 하나가 측정된다. 예를 들어, 아이오딘화 이온은 Ce(IV)와 As(III)의 반응에서 촉매이다. I^- 농도의 함수로서 이 반응의 속도를 측정함으로써 미량의 I^-가 측정될 수 있다. 보통 외부 표준물 방법이 속도 대 아이오딘화 이온 농도의 교정 곡선을 작성하는 데 사용된다. 40개 이상의 무기 양이온과 15개 이상의 음이온이 그들의 촉매 효과에 기반하여 측정되었다.

유기 촉매 역시 속도론법에 의해서도 측정되었다. 유기 분석에 대한 촉매 반응의 가장 중요한 응용은 촉매로서 효소가 사용된다는 것이다. 다수의 효소에 대한 거동은 다음과 같은 일반적인 메커니즘과 일치한다.

$$E + S \underset{k_{-1}}{\overset{k_1}{\rightleftharpoons}} ES \xrightarrow{k_2} P + E \tag{14-5}$$

소위 *Michaelis-Menten 메커니즘*(Michaelis-Menten mechanism)에서, 효소 E는 기질 S와 가역적으로 반응하여 효소-기질 착물 ES를 형성한다. 그런 다음 이 착물은 생성물과 재생된 효소를 형성하여 비가역적으로 분해한다. 이 반응의 속도는 다음과 같은 속도식을 따른다.

$$\frac{d[P]}{dt} = \frac{k_2[E]_0[S]}{\frac{k_{-1} + k_2}{k_1} + [S]} = \frac{k_2[E]_0[S]}{K_m + [S]} \tag{14-6}$$

여기서 K_m은 Michaelis 상수 $(k_{-1} + k_2)/k_1$이다. 효소가 기질로 포화된 조건($[S] \gg K_m$)하에서, 속도 $d[P]/dt$는 초기 효소 농도 $[E]_0$에 직접 비례한다:

$$\frac{d[P]}{dt} = k_2[E]_0$$

따라서, 속도 측정은 효소 활성(농도)인 $[E]_0$을 얻기 위해 사용될 수 있다.

기질은 속도론법으로도 측정될 수 있다. $[S] \ll K_m$인 조건하에서, 식 14-6은 다음과 같이 간략화된다.

$$\frac{d[P]}{dt} = \frac{k_2}{K_m}[E]_0[S] = k'[S]$$

여기서 $k' = k_2/K_m$이다. 여기서, 반응 속도는 기질 농도 [S]에 직접 비례한다. 반응의 시작점 근처에서 측정이 이루어지면($<$ 5% 반응), $[S] \approx [S]_0$이며 속도는 초기 기질 농도에 비례한다.[23]

시뮬레이션: www.tinyurl.com/skoogpia7에서 **속도론법(kinetic method)**에 대해 더 알아보시오.

[23]효소 반응이 초기 단계에 있기 위해 필요한 조건은 다음 문헌을 참고하시오. J. D. Ingle Jr. and S. R. Crouch, *Anal. Chem.*, **1971**, *43*, 697, **DOI:** 10.1021/ac60301a007.

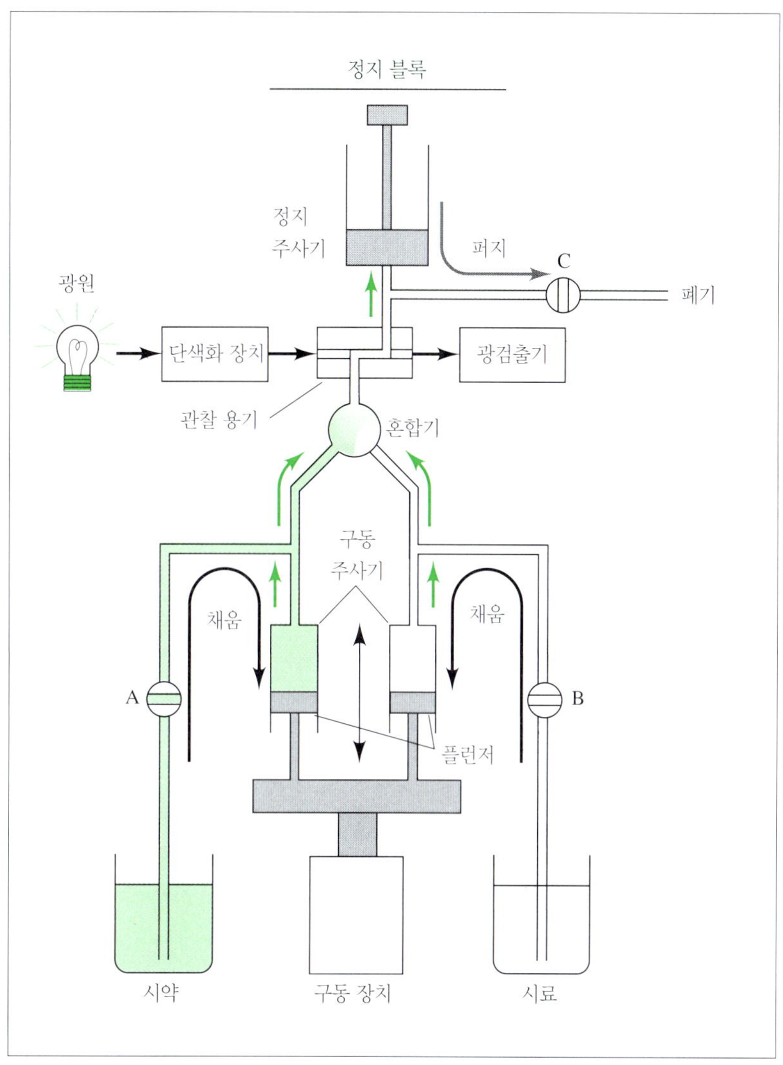

그림 14-16 정지–흐름 혼합 장치. 실험을 시작하기 위해서 구동 주사기를 시약과 시료로 채우고, 밸브 A, B, C는 닫는다. 구동 장치는 빠르게 구동 주사기 플런저를 향해 움직이도록 활성화된다. 시약과 시료는 혼합기에서 혼합되고 관찰 용기와 정지 주사기로 빠르게 통과한다. 정지 주사기가 채워지면 플런저는 정지 블록을 두드리고 분광 광도법 관찰 용기에 있는 최근에 혼합된 용액에 의해 거의 동시에 흐름이 멈춘다. 잘 설계된 시스템의 경우 혼합과 관찰 사이의 시간은 2~4 ms 정도가 될 수 있다.

효소 및 기질이 속도론법에 의해 측정될 수 있는 영역은 그림 14-15에 예시되어 있으며, 초기 속도 대 기질의 농도의 도시로 보여주고 있다. 초기 속도는 매우 낮은 농도에서 기질의 농도에 비례함을 알 수 있지만, 기질의 농도가 매우 높을 때의 속도는 효소의 농도에 비례한다.

촉매 반응에 덧붙여, 속도론법 분석은 촉매 없는 반응을 사용할 수도 있다. 예를 들어, 인산 이온은 몰리브데넘산 이온과 반응하여 헤테로 다중 화학종인 12-molybdophosphate를 형성하는 반응 속도를 측정함으로써 측정될 수 있다. 12-molybdophosphate를 아스코르브 산 또는 다른 환원제로 환원시켜 강하게 착색된 phosphomolybdenum blue를 형성함으로써 보다 민감해질 수 있다. 어느 경우든 생성물의 형성 속도는 인산 이온의 농도에 직접적으로 비례한다.

14F-2 기기

약 10초 이상의 반감기를 갖는 반응을 기반으로 하는 속도론법은 자동 온도 조절 용기(셀) 칸과 시료와 시약을 주입하고 혼합할 수 있는 설비가 장착된 일반 분광 광도계에서 수행할 수 있다. 반응 속도는 온도에 따라 크게 달라지므로, 좋은 재현성을 위해서는 약 0.1°C까지 온도를 조절하는 것이 필요하다. 많은 상용 분광 광도계는 반응 속도를 얻을 수 있는 부착물이 있다. 매우 느린 반응의 경우, 반응 혼합물을 시료 용기칸에 넣기 전에 시료 도입 및 혼합을 수행할 수 있다. 하지만 일반적으로 고정된 용기가 사용되고, 하나를 제외한 모든 시약을 시료 용기에 넣는다. 그리고서 반응을 시작하는 데 필요한 시약을 주사기 또는 피펫으로 주입하고 혼합물을 교반하면서 계속되는 반응을 모니터링한다. 단일 채널 분광 광도계를 사용하면 시간의 함수

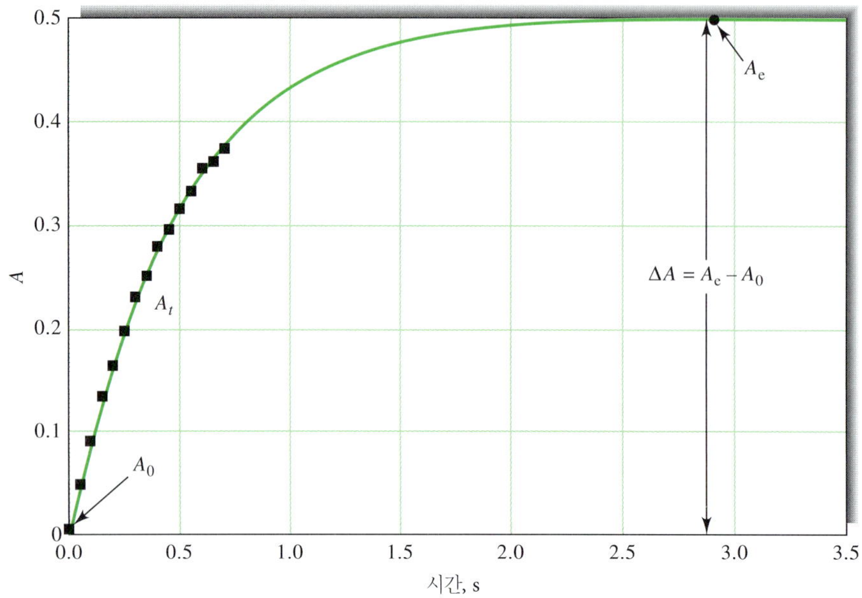

그림 14-17 속도론법에서 예측 접근법. 실선으로 표시된 수학적 모델은 반응의 속도론법 적용 동안에 감응(사각형으로 표시)을 피팅하는 데 사용된다. 그리고서 모델은 분석물질의 농도와 관련된 평형 흡광도 A_e를 예측하는 데 사용된다. 예에서 보여진 바와 같이, 흡광도는 시간에 대해 도시되고, 원으로 보여진 평형 값인 A_e를 예측하는 데 사용된다. (From G. E. Mieling and H. L. Pardue, *Anal. Chem.*, **1978**, *50*, 1611–1618, **DOI**: 10.1021/ac50034a011. American Chemical Society.)

로 흡광도를 측정하여 단일 파장에서 반응을 모니터링할 수 있다. 배열-기반 검출기 기기는 이후 분석을 위해 서로 다른 시간 간격으로 전체 스펙트럼을 수집할 수 있다.

흐름 주사 분석법(제33절 참고)과 같은 연속 흐름법 또한 시료 도입과 반응 모니터링에 사용된다. 흐름주입을 하는 보편적인 방법은 시료와 시약을 흐르는 흐름에 도입한 다음, 분광 광도계 흐름 용기에서 반응 혼합물로 흐름을 멈추는 것이다. 반감기가 10초 미만인 반응의 경우 *정지 흐름 혼합*(stopped-flow mixing) 기술이 일반적이다. 이 기술에서는, 시약과 시료의 흐름이 빠르게 혼합되어 혼합 용액의 흐름이 갑자기 중단된다. 반응의 진행은 혼합 지점으로부터 약간 하류 위치에서 모니터링된다. 그림 14-16에 나타낸 장치는 정지-흐름 혼합을 수행하고, 밀리초 단위로 측정할 수 있도록 설계되있다.

14F-3 속도론법의 형태

속도론법은 어떻게 측정을 하였는가에 따라서 분류될 수 있다.[24] *미분법*(differential methods)은 반응의 속도를 계산하여 이를 분석물질의 농도와 연관시킨다. 속도는 흡광도의 기울기 대 시간 곡선으로부터 측정된다. *적분법*(integral method)은 속도식의 적분 형태를 사용하여 여러 시간 간격에 걸쳐서 일어나는 흡광도의 변화로부터 분석물질의 농도를 측정한다. 곡선 피팅(curve-fitting) 방법은 흡광도 대 시간 곡선에 수학적 모델을 적용하고, 분석물질 농도를 포함한 모델의 매개 변수를 계산한다. 이 방법들 중에서 가장 정교한 것은 모델의 매개 변수를 사용하여 평형 또는 일정 상태의 감응 값을 추정한다. 이 방법은 평형 위치가 온도, pH 및 시약 농도와 같은 실험 변수에 덜 민감하기 때문에 오류의 보정을 제공할 수 있다. 그림 14-17은 이 접근법을 사용하여 흡광도 대 시간 곡선의 속도론법 적용 동안 얻은 데이터로부터 평형 흡광도를 예측하는 방법을 보여주고 있다. 그리고 나서 평형 흡광도를 일반적인 방법으로 분석물질의 농도와 관련시킨다.

[24]속도론적 방법에 대한 스프레드시트 방법은 다음 문헌을 참고하시오. S. R. Crouch and F. J. Holler, *Applications of Microsoft® Excel in Analytical Chemistry*, 3rd ed., Chap. 13, Belmont, CA: Cengage Learning, 2017.

14G 착물 이온의 분광 광도법 연구

분광 광도법은 용액 내의 착물 이온의 조성을 알아내고 그 형성 상수(K_f값)를 결정하는 데 유용한 도구이다. 고려 중인 평형을 교란시키지 않고 할 수 있기 때문에 정량적 흡수 측정은 착물화를 연구하는 데 매우 유용하다. 착물에 대한 많은 분광 광도법 연구가 반응물 또는 생성물이 복사선을 흡수하는 시스템이 포함되어야 하지만 비흡수 시스템 또한 성공적으로 연구될 수 있다. 예를 들어, 철(II)과 비흡수성 리간드의 착물에 대한 조성 및 형성 상수는 종종 1,10-phenanthroline의 흡수가 있는 철(II) 착물 용액이 다양한 양의 비흡수 리간드와 혼합될 때 일어나는 흡광도의 감소를 측정함으로써 분석될 수 있다. 이 접근법의 성공은 잘 알려진 *형성 상수*(formation constant)($K_f = 2 \times 10^{21}$) 값과 철(II)의 1,10-phenanthroline 착물(3:1)의 조성에 의존한다.

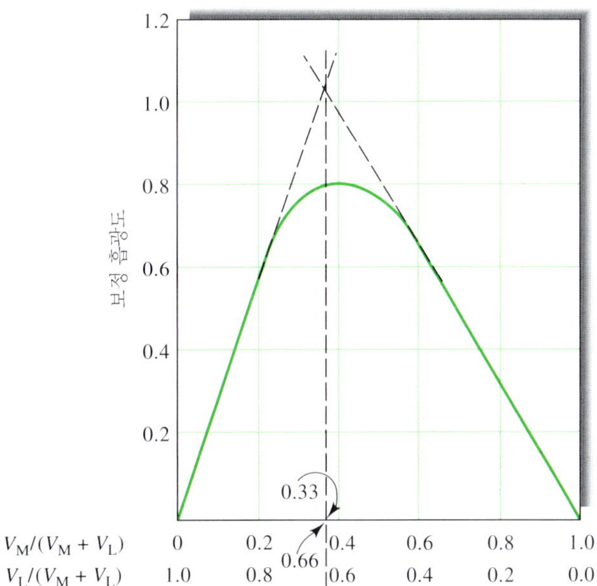

그림 14-18 **1:2 착물 ML_2에 대한 연속 변화 도시.**

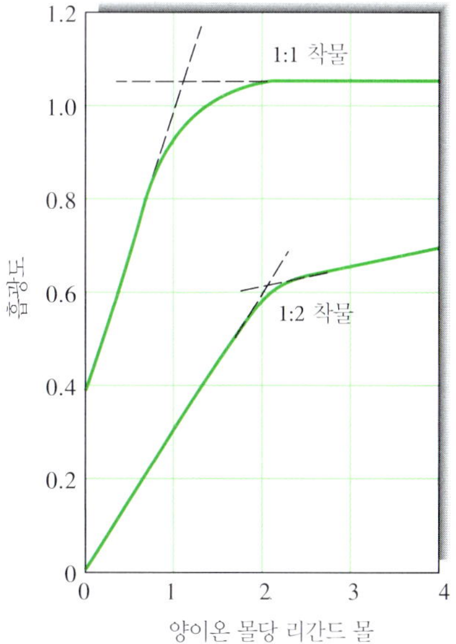

그림 14-19 **1:1과 1:2 착물에 대한 몰비 도시.** 1:2 착물은 외삽한 직선에 대한 실험 곡선의 근접성에 의해 가리킨 바와 같이 두 착물 중에서 더 안정하다. 곡선이 외삽된 선에 더 가까울수록 착물의 형성 상수는 더 크다. 직선으로부터 편차가 클수록 착물의 형성 상수는 작아진다.

착물-이온 연구에 사용되는 가장 일반적인 기법으로 (1) 연속 변화법, (2) 몰비 방법, (3) 기울기 비율법, (4) 컴퓨터 기반 곡선 맞춤법이 있다.

14G-1 연속 변화법

연속 변화법에서는 동일한 분석 농도를 갖는 양이온 및 리간드 용액을 각 혼합물 내의 반응물의 전체 부피 및 총 몰수는 일정하지만 반응물의 몰비가 체계적으로 변화하는 방식(예를 들어, 9:1, 8:2, 7:3 등)으로 혼합된다. 그런 다음 각 용액의 흡광도를 적절한 파장에서 측정하고, 혼합물이 아무런 반응이 일어나지 않음을 보여줄 수 있는 흡광도에 대해서 보정한다. 예를 들어, 리간드만이 UV 또는 가시선을 흡수한다면, 보정된 흡광도는 반응 혼합물의 흡광도에서 반응이 일어나지 않았던 리간드의 흡광도를 뺀 것이다. 보정된 흡광도를 한 반응물의 부피 분율 즉, $V_M/(V_M + V_L)$에 대해서 도시한다. 여기서 V_M은 양이온 용액의 부피이고, V_L은 리간드 용액의 부피이다. 일반적인 연속 변화 도시가 그림 14-18에 나타나 있다. 최대치(혹은 착물이 반응물보다 덜 흡수하면 최소치)는 착물 내의 양이온과 리간드의 결합 비율에 해당하는 부피비 V_M/V_L에서 나타난다. 그림 14-18에서 $V_M/(V_M + V_L)$는 0.33, $V_L/(V_M + V_L)$는 0.66이다; 따라서, V_M/V_L은 0.33/0.66이므로 착물의 화학식은 ML_2라고 제안할 수 있다.[25]

그림 14-18의 실험 선의 곡률은 착물 형성 반응이 불완전하다는 결과이다. 착물에 대한 형성 상수는 리간드와 금속 사이의 반응이 완료될 때까지 진행되는 곡선을 나타내는 이론적인 직선과의 편차를 측정하여 값을 구할 수 있다. 수학적 모델은 K_f 값의 계산이 가능하기 위해 유도되거나, 컴퓨터 커브-피팅 방법이 사용될 수 있다(제14G-4절 참고).

14G-2 몰비 방법

몰비 방법에서는, 한 반응물(일반적으로 양이온)의 분석 농도는 일정하게 유지하고 다른 반응물의 분석 농도를 변화시켜서 일련의 용액을 준비한다. 이어서, 반응물의 흡광도 대 몰비를 도시한다. 형성 상수가 합리적으로 유리하면, 착물의 결합비에 대응하는 몰비로 교차하는 상이한 기울기의 직선 2개가 얻어진다. 대표적인 몰비 그래프가 그림 14-19에 있다. 1:2 착물의 리간드는 선택된 파장에서 흡수가 있고 따라서 당량점 이후에서 기울기는 0보다 크다. 초기 점이 0보다 큰 흡광도를 가지고 있기 때문에 1:1 착물에 관여한 착물 형성이 안 된 양이온이 복사선을 흡수한다는 추론을 할 수 있다.

형성 상수는 반응이 최소로 완성된 몰비 그래프의 곡선 부분에 있는 데이터로부터 구할 수 있다. 두 개 이상의 착물이 형성될 경우에는 착물이 다른 몰흡광 계수와 다른 형성 상수를 갖는다면 몰비 도시에서 연속적인 기울기 변화가 발생할 수 있다.

14G-3 기울기 비율법

이 접근법은 약한 착물에 특히 유용하지만 단일 착물이 형성되는 시스템에만 적용할 수 있다. 이 방법은 (1) 과다하게 초과한 반응물에 의해 착물 형성 반응이 완성될 수 있고 (2) 이러한 상황에서 Beer 법칙을 따른다고 가정한다.

---

[25]연속 변화법에 대한 스프레드시트 방법은 다음 문헌에 나타나 있다. S. R. Crouch and F. J. Holler, *Applications of Microsoft® Excel in Analytical Chemistry*, 3rd ed., Chap. 12, Belmont, CA: Cengage Learning, 2017.

착물 M_xL_y가 양이온 M의 x 몰과 리간드 L이 y 몰인 반응에 의해 형성되는 다음 반응을 생각해보자:

$$xM + yL \rightleftharpoons M_xL_y$$

이 시스템에 대한 질량 균형식은 다음과 같다.

$$c_M = [M] + x[M_xL_y]$$

$$c_L = [L] + y[M_xL_y]$$

여기서 c_M과 c_L은 두 반응물의 몰농도이다. 이제는 L의 매우 높은 분석 농도에서 평형이 오른쪽으로 많이 이동하고 $[M] \ll x[M_xL_y]$라고 가정한다. 이 조건하에서, 첫 번째 질량 균형식은 다음과 같이 간략하게 된다.

$$c_M = x[M_xL_y]$$

시스템이 Beer 법칙에 따르면,

$$A_1 = \varepsilon b[M_xL_y] = \varepsilon bc_M/x$$

여기서 ε는 M_xL_y의 몰흡광 계수이며, b는 경로 길이이다. $[M] \ll x[M_xL_y]$라는 가정을 정당화하기에 충분하게 L이 존재할 때, c_M의 함수로서 흡광도의 도시가 선형이다. 이 도시의 기울기는 $\varepsilon b/x$이다.

c_M이 매우 클 때, $[L] \ll y[M_xL_y]$라고 가정하면, 두 번째 질량 균형식은 다음으로 간소화된다.

$$c_L = y[M_xL_y]$$

$$A_2 = \varepsilon b[M_xL_y] = \varepsilon bc_L/y$$

다시 한 번, 가정이 명확하면 A 대 c_L의 도시는 M의 농도가 높을 때 선형임을 발견한다. 이 도시의 기울기는 $\varepsilon b/y$이다.

두 직선의 기울기의 비는 M과 L 사이의 결합 비율을 나타낸다:

$$\frac{\varepsilon b/x}{\varepsilon b/y} = \frac{y}{x}$$

14G-4 착물의 형성 상수를 정하기 위한 컴퓨터 기반 방법

몇 가지 다른 방법은 착물의 형성 상수를 결정하기 위해 컴퓨터 곡선 피팅에 의존한다. 여기서는 하나의 방법을 설명하지만 다른 많은 방법이 사용되고 있다.[26]

원리

금속 이온 M과 리간드 L로부터 단일 1:1 착물 ML을 형성하는 경우를 생각해보자. 다시 한번 일반화를 위해서 전하는 생략한다:

$$M + L \rightleftharpoons ML \qquad K_f = \frac{[ML]}{[M][L]}$$

착물 형성이 안 된 금속 이온과 착물이 둘 다 분석 파장에서 복사선을 흡수한다면, 다음과 같이 쓸 수 있다.

$$A = \varepsilon_{ML}b[ML] + \varepsilon_M b[M] \tag{14-7}$$

금속 이온에 대한 질량 균형식은 다음과 같다.

$$c_M = [M] + [ML]$$

[M]에 대해서 풀고 식 14-7에 대입하면, 다음과 같다.

$$A = \varepsilon_{ML}b[ML] + \varepsilon_M b(c_M - [ML])$$

$$= \varepsilon_{ML}b[ML] + \varepsilon_M bc_M - \varepsilon_M b[ML] \tag{14-8}$$

리간드의 농도가 0일 때, [ML] = 0이며 흡광도 $A_{L=0}$는 다음과 같다.

$$A_{L=0} = \varepsilon_M bc_M$$

이 식을 식 14-8에 대입하고 정리하면,

$$\Delta A = A - A_{L=0} = \varepsilon_{ML}b[ML] - \varepsilon_M b[ML]$$

$$= \Delta\varepsilon b[ML] \tag{14-9}$$

여기서 ΔA는 리간드가 있을 때와 없을 때의 흡광도의 차이이며, $\Delta\varepsilon$은 ML과 M의 몰흡광 계수의 차이이다.

형성 상수 식으로부터 $[ML] = K_f \times [M][L]$로 쓸 수 있다. 더욱이, 실험이 과량의 리간드 존재하에서 수행된다면, $c_L \approx [L]$이다. 이 식과 [M]에 대한 질량 균형식을 식 14-9에 대입하면 다음과 같은 식을 얻을 수 있다.

$$\frac{\Delta A}{b} = \Delta\varepsilon K_f c_L[M] = \Delta\varepsilon K_f c_L\{c_M - [ML]\}$$

이 식을 처리하면 다음과 같은 결과를 얻게 된다.

$$\frac{\Delta A}{b} = \frac{\Delta\varepsilon K_f c_L c_M}{1 + K_f c_L} \tag{14-10}$$

데이터 분석

식 14-10은 형성 상수 K_f를 결정하기 위한 몇 가지 컴퓨터 기반 방법의 기초이다. 통상적인 실험에서, 일정 농도의 금속을 사용하고 총 리간드 농도 c_L을 변화시킨다. 흡광도 변화 ΔA는 총 리간드 농도의 함수로서 측정되고, 결과는 K_f를 얻기 위해 통계적으로 분석된다. 불행히도, 식 14-10에 보여지는 관계는 비선형이므로 방정식이 선형 형태로 변형되지 않으면 비선형 회귀가 사용되어야 한다.[27] 양변의 역수를 취하여 식을 선형화하면 다음 식을 얻을 수 있다.

시뮬레이션: www.tinyurl.com/skoogpia7에서 **착물의 조성을 측정하는 것(determining the composition of complexes)**에 대해 더 알아보시오.

[26]예를 들어 K. A. Connors의 결합 상수는 다음을 참고하시오. *The Measurement of Molecular Complex Stability*, New York: Wiley, 1988; F. J. C. Rossotti and H. Rossotti, *The Determination of Stability Constants*, New York: McGraw-Hill, 1961.

[27]다음을 참고하시오. D. A. Skoog, D. M. West, F. J. Holler, and S. R. Crouch, *Fundamentals of Analytical Chemistry*, 9th ed., Chap. 8, Belmont, CA: Brooks/Cole, 2014.

$$\frac{b}{\Delta A} = \frac{1 + K_f c_L}{\Delta\varepsilon K_f c_L c_M} = \frac{1}{\Delta\varepsilon K_f c_L c_M} + \frac{1}{\Delta\varepsilon c_M} \quad (14\text{-}11)$$

$b/\Delta A$ 대 $1/c_L$의 이중 역비례 도시(double reciprocal plot)는 $1/\Delta\varepsilon K_f c_M$의 기울기와 $1/\Delta\varepsilon c_M$의 절편을 갖는 직선이어야 한다. 이 식을 종종 Benesi-Hildebrand 방정식이라 부른다.[28]

이와 같이 선형 회귀는 c_M이 알려진 경우 $\Delta\varepsilon$뿐만 아니라 형성 상수를 얻는 데 사용될 수 있다. 얻어진 최소 제곱 파라미터는 선형화된 식에 대해서만 최적이며, 비선형 방정식에 대한 최적 값은 아닐 수 있다.

따라서 일반적으로 매개 변수 K_f 및 $\Delta\varepsilon$를 구하는 데 있어서 비선형 회귀를 선호하고 있다. 많은 컴퓨터 프로그램이 비선형 회귀에 이용 가능하다. 엑셀과 같은 스프레드시트 프로그램을 사용할 수는 있지만, 매개 변수에 대한 적합도 또는 표준 오차에 대한 통계적 예측은 해주지 못한다. 예제 14-3은 이러한 계산을 위해 엑셀을 사용하는 방법을 보여주고 있다. Origin, Minitab, GraphPad Prism, SigmaPlot, TableCurve 등의 다른 프로그램은 보다 완성된 통계를 제공한다.

예제 14-3

1:1 착물의 형성 상수를 얻기 위해, 다양한 리간드 농도 및 1.00×10^{-3} M의 금속 농도에서 다음 표의 흡광도 데이터를 얻었다. 착물화가 안 된 금속 이온과 착물이 둘 다 분석 파장에서 복사선을 흡수한다. 용기의 경로 길이는 10 cm였다. 스프레드시트를 사용하여 형성 상수를 정하시오.

[L], M	A
0.0500	1.305
0.0400	1.215
0.0300	1.158
0.0200	1.034
0.0100	0.787
0.0050	0.525
0.0000	0.035

풀이

먼저 식 14-10의 선형화된 형태인 식 14-11을 사용한다. 여기에서, 1/[L]과 $b/\Delta A$를 계산할 필요가 있다. 스프레드시트 계산 결과는 그림 14-20에 나와 있다. 이 방법으로 결정된 K_f값은 96이고 $\Delta\varepsilon$는 152이다. 다음으로 엑셀의 Solver를 사용하여 비선형 방정식 14-10에 대한 결과를 얻는다.[29] 매개 변수 $K_f = 10$ 및 $\Delta\varepsilon = 50$ 의 초기 추정치로부터 시작한다. 그림 14-21a에서 볼 수 있듯이 피트는 이 값에 적합하지 않다. 초기 추정값을 사용하여 모델에 의해 예측된 값을 계산하고 모델과 데이터 값 사이의 차이(오차)를 얻을 수 있다. 그러면 Solver는 오차의 제곱의 합을 최소화하여 그림 14-21b에 보여진 최적-피트 값을 얻을 수 있다. 도시에서 볼 수 있듯이 이제는 피트가 매우 잘 맞는다. 비선형 회귀 변수는 $K_f = 97$과 $\Delta\varepsilon = 151$이다.

[28]H. Benesi and J. H. Hildebrand, *J. Am. Chem.* Soc., **1949**, *71*, 2703, **DOI:** 10.1021/ja01176a030.

복잡한 평형에 확장

식 14-10은 다른 많은 경우에 맞게 수정할 수 있다. 다핵 착물의 형성과 다중 평형을 설명하기 위해 확장될 수 있다. 그러나 자외선 및 가시선 흡수 분광법은 특이성이 결여되고 각각의 추가적인 평형이 형성 상수 항과 몰 흡광도 항이라는 두 가지 미지수를 추가하기 때문에 다중 평형에 특히 적합하지 않다.

배열-검출기 분광 시스템의 도입으로 몇 가지 새로운 데이터 분석 접근법이 도입되었다. 단일 파장에서만 데이터를 사용하는 대신에 이 접근법은 여러 파장에서 동시에 데이터를 사용할 수 있다. 최신 컴퓨터를 사용하면 식 14-10과 유사한 식을 TableCurve (Systat Software)와 같은 곡선-맞춤 프로그램을 사용하여 거의 동시에 여러 파장에 맞출 수 있다.

형성 상수가 알려져 있거나 위의 방법에 의해 결정된다면, 다양한 농도에서 화학종의 조성을 결정하기 위한 몇 가지 프로그램이 이용 가능하다. HALTAFALL[30] 및 COMICS[31] 프로그램은 착물 시스템에서 화학종 분석을 위해 수년 동안 널리 사용되었다. 이 프로그램은 초기 농도의 함수로 화학종의 조성을 계산하기 위해 형성 상수와 질량 균형식을 사용한다. Windows 환경에서 작동하는 일부를 포함하여 여러 가지 최신 버전을 사용할 수 있다.

[29]엑셀을 사용한 비선형 회귀법에 대한 추가적인 정보는 다음을 참고하시오. S. R. Crouch and F. J. Holler, *Applications of Microsoft® Excel in Analytical Chemistry*, 3rd ed., Chap. 13, Belmont, CA: Cengage Learning, 2017.

[30]N. Ingri, W. Kalolowicz, L. G. Sillén, and B. Warnqvist, *Talanta*, **1967**, *14*, 1261, **DOI:** 10.1016/0039-9140(67)80203-0.

[31]D. D. Perrin and I. G. Sayce, *Talanta*, **1967**, *14*, 833, **DOI:** 10.1016/0039-9140(67)80105-X.

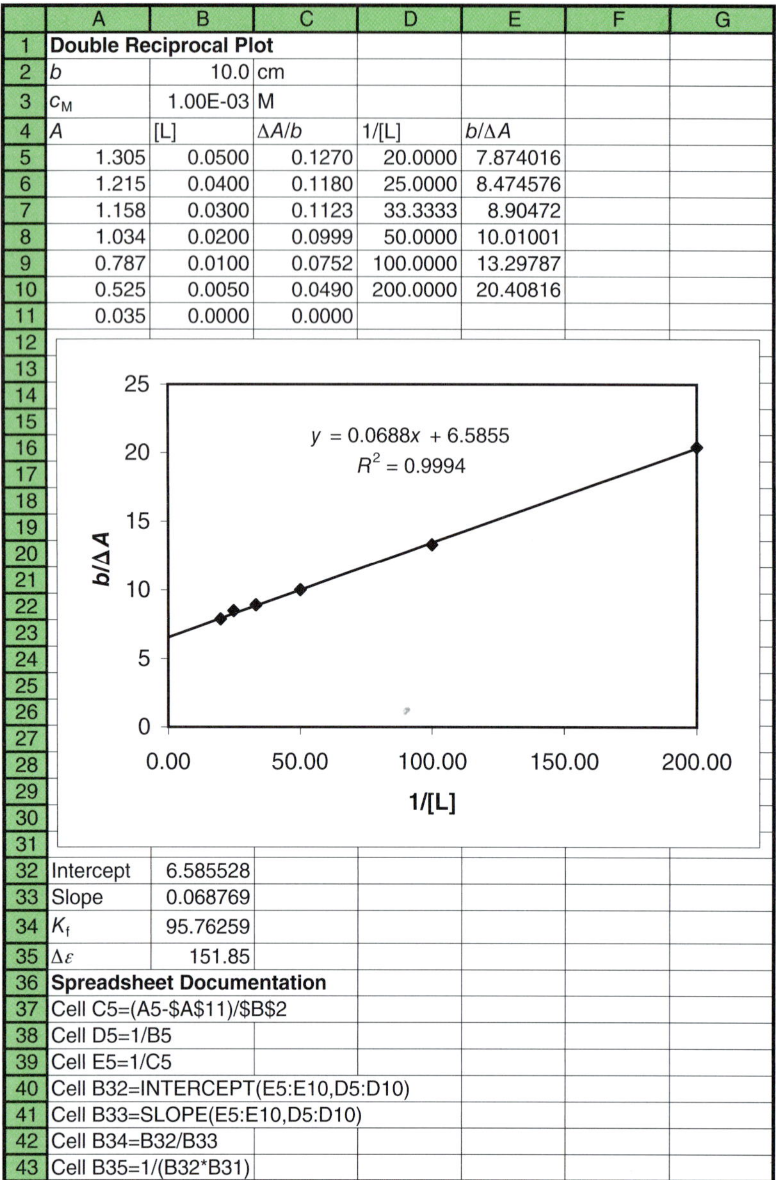

	A	B	C	D	E	F	G
1	**Double Reciprocal Plot**						
2	*b*	10.0	cm				
3	c_M	1.00E-03	M				
4	*A*	[L]	Δ*A*/*b*	1/[L]	*b*/Δ*A*		
5	1.305	0.0500	0.1270	20.0000	7.874016		
6	1.215	0.0400	0.1180	25.0000	8.474576		
7	1.158	0.0300	0.1123	33.3333	8.90472		
8	1.034	0.0200	0.0999	50.0000	10.01001		
9	0.787	0.0100	0.0752	100.0000	13.29787		
10	0.525	0.0050	0.0490	200.0000	20.40816		
11	0.035	0.0000	0.0000				
12							
13							
14							
15							
16							
17							
18							
19							
20							
21							
22							
23							
24							
25							
26							
27							
28							
29							
30							
31							
32	Intercept	6.585528					
33	Slope	0.068769					
34	K_f	95.76259					
35	$\Delta\varepsilon$	151.85					
36	**Spreadsheet Documentation**						
37	Cell C5=(A5-$A$11)/$B$2						
38	Cell D5=1/B5						
39	Cell E5=1/C5						
40	Cell B32=INTERCEPT(E5:E10,D5:D10)						
41	Cell B33=SLOPE(E5:E10,D5:D10)						
42	Cell B34=B32/B33						
43	Cell B35=1/(B32*B31)						

그림 14-20 이중 역비례 도시를 사용하여 흡광도 데이터로부터 착물의 형성 상수를 계산하는 스프레드시트. 식 14-10은 열 D와 E의 역수를 계산하여 선형화된다. 최소 제곱 기울기와 절편이 도시 아래에 있는 셀과 도시에 주어져 있다. 매개 변수 K_f 및 $\Delta\varepsilon$는 셀 B34와 B35에서 계산된다.

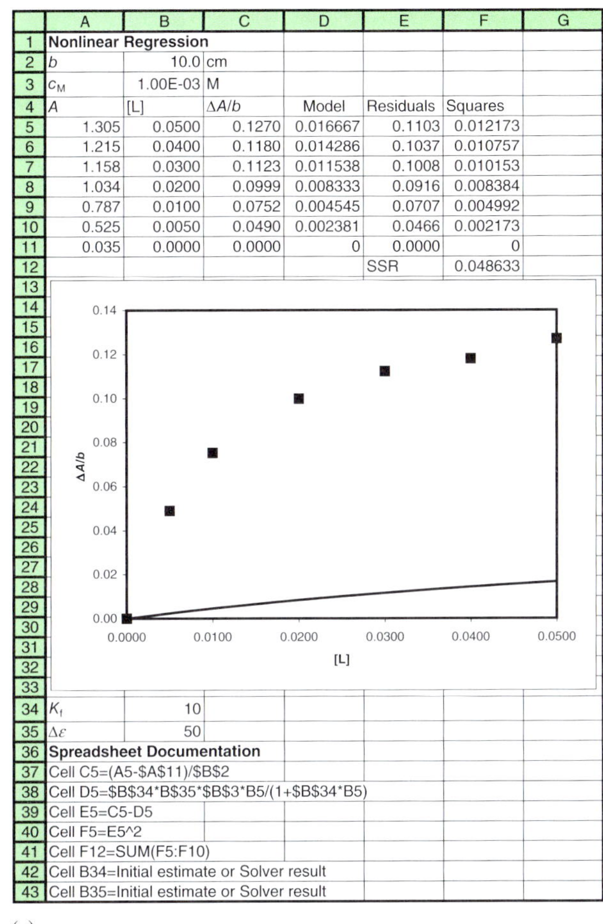

	A	B	C	D	E	F	G
1	Nonlinear Regression						
2	b	10.0	cm				
3	c_M	1.00E-03	M				
4	A	[L]	$\Delta A/b$	Model	Residuals	Squares	
5	1.305	0.0500	0.1270	0.016667	0.1103	0.012173	
6	1.215	0.0400	0.1180	0.014286	0.1037	0.010757	
7	1.158	0.0300	0.1123	0.011538	0.1008	0.010153	
8	1.034	0.0200	0.0999	0.008333	0.0916	0.008384	
9	0.787	0.0100	0.0752	0.004545	0.0707	0.004992	
10	0.525	0.0050	0.0490	0.002381	0.0466	0.002173	
11	0.035	0.0000	0.0000	0	0.0000	0	
12					SSR	0.048633	
34	K_f	10					
35	$\Delta\varepsilon$	50					
36	Spreadsheet Documentation						
37	Cell C5=(A5-$A$11)/$B$2						
38	Cell D5=$B$34*B$35*$B$3*B5/(1+$B$34*B5)						
39	Cell E5=C5-D5						
40	Cell F5=E5^2						
41	Cell F12=SUM(F5:F10)						
42	Cell B34=Initial estimate or Solver result						
43	Cell B35=Initial estimate or Solver result						

(a)

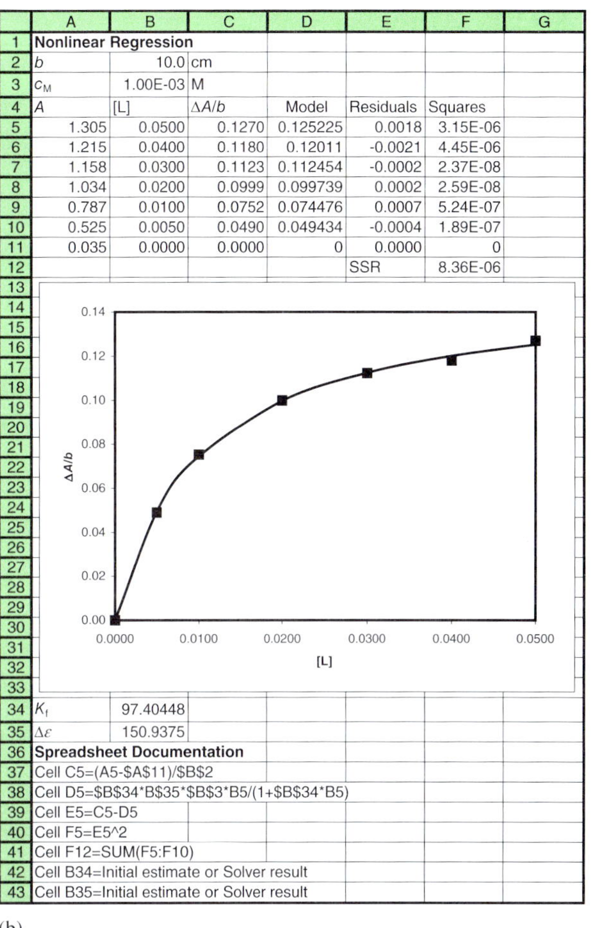

	A	B	C	D	E	F	G
1	Nonlinear Regression						
2	b	10.0	cm				
3	c_M	1.00E-03	M				
4	A	[L]	$\Delta A/b$	Model	Residuals	Squares	
5	1.305	0.0500	0.1270	0.125225	0.0018	3.15E-06	
6	1.215	0.0400	0.1180	0.12011	-0.0021	4.45E-06	
7	1.158	0.0300	0.1123	0.112454	-0.0002	2.37E-08	
8	1.034	0.0200	0.0999	0.099739	0.0002	2.59E-08	
9	0.787	0.0100	0.0752	0.074476	0.0007	5.24E-07	
10	0.525	0.0050	0.0490	0.049434	-0.0004	1.89E-07	
11	0.035	0.0000	0.0000	0	0.0000	0	
12					SSR	8.36E-06	
34	K_f	97.40448					
35	$\Delta\varepsilon$	150.9375					
36	Spreadsheet Documentation						
37	Cell C5=(A5-$A$11)/$B$2						
38	Cell D5=$B$34*B$35*$B$3*B5/(1+$B$34*B5)						
39	Cell E5=C5-D5						
40	Cell F5=E5^2						
41	Cell F12=SUM(F5:F10)						
42	Cell B34=Initial estimate or Solver result						
43	Cell B35=Initial estimate or Solver result						

(b)

그림 14-21 비선형 회귀를 사용하여 형성 상수를 계산하는 스프레드시트. (a) 모델의 결과(식 14-10)는 K_f = 10 및 $\Delta\varepsilon$ = 50의 초기 추정치를 사용하여 열 D에서 계산된다. 도시는 모델 값(실선)과 데이터 값(점)을 보여주고 있다. 데이터 값(열 C)과 모델 값(열 D)의 차이는 열 E에 표시된 잔차이다. 이들의 제곱은 열 F에서 계산되고 셀 F12 (SSR)에서 합계된다. (b)에서, 엑셀의 Solver는 셀 B34 및 셀 B35에 표시된 최적 값을 얻기 위해 셀 F12의 값을 최소화했다. 모델 값은 도시에서 실선으로 다시 표시되었다.

질문과 문제

*별표가 있는 문제의 해답은 이 책의 끝에 있다.

이 아이콘이 있는 문제는 스프레드시트를 이용하여 쉽게 풀 수 있다.

***14-1** Quinine 수용액 25.0 mL를 50.0 mL로 묽히고 나서 2.50 cm 시료 용기(셀)에서 측정할 때 348 nm에서 0.636의 흡광도를 얻었다. 두 번째 25.0 mL 용액을 quinine 25.7 ppm을 포함하는 10.00 mL 용액과 혼합하고 나서 50.0 mL로 묽혔다. 이 용액의 흡광도는 0.903이었다(2.50 cm 셀로). 시료에서 quinine의 농도를 ppm 단위로 계산하시오.

***14-2** 0.4740 g의 농약을 습식 회화에 의하여 분해하고 나서 부피 플라스크에서 200.0 mL로 묽혔다. 다음의 표에 나타낸 바와 같이 용액을 처리하여 분석을 완결시켰다.

질문과 문제(계속)

분취한 시료 부피, mL	사용한 시약 부피, mL			흡광도 A, 545 nm (1.00 cm 용기)
	2.75 ppm Cu^{2+}	리간드	H_2O	
5.00	0.00	20.0	25.0	0.723
5.00	1.00	20.0	24.0	0.917

시료 중 구리의 %를 계산하시오.

14-3 MnO_4^-로 Sn^{2+}를 적정하기 위한 광도법 적정 곡선을 구상하시오. 무슨 색의 복사선이 이 적정에서 사용되어야 하는가? 설명하시오.

14-4 철(III)은 thiocyanate 이온과 반응하여 붉은색 착물인 $Fe(SCN)^{2+}$를 형성한다. 데이터를 모으기 위하여 초록색 필터를 낀 광도계가 사용될 때 thiocyanate 이온으로 철(III)을 적정하는 광도법 적정 곡선을 구상하시오. 왜 초록색 필터를 사용하는가?

14-5 Ethylenediaminetetraacetic acid (EDTA)는 thiourea 착물로부터 비스무트(III)를 뺏는다.

$$Bi(tu)_6^{3+} + H_2Y^{2-} \rightarrow BiY^- + 6tu + 2H^+$$

여기서 tu는 thiourea 분자 $(NH_2)_2CS$이다. 분석을 위해 선정된 파장인 465 nm에서 빛을 흡수하는 시스템에서 Bi(III)나 thiourea 착물이 유일한 화학종일 경우 이 과정에 기초한 광도법 적정 곡선의 모양을 예측하시오.

* **14-6** 아래 데이터(1.00 cm 셀)는 2.44×10^{-4} M Nitroso R로 Pd(II) 10.00 mL를 분광 광도법 적정에서 얻었다(O. W. Rollins and M. M. Oldham, *Anal. Chem.*, **1971**, *43*, 262, **DOI**: 10.1021/ac60297a026).

Nitroso R의 부피, mL	A_{500}
0	0
1.00	0.147
2.00	0.271
3.00	0.375

색깔을 가지는 생성물의 리간드-대-양이온 비가 2:1일 때 Pd(II) 용액의 농도를 계산하시오.

* **14-7** 3.03 g의 석유 시편을 습식 회화법으로 분해하고 나서 부피 플라스크에서 500 mL로 묽혔다. 이 묽은 용액 25.00 mL의 분취액을 다음과 같이 처리하여 코발트를 정량하였다.

시약 부피, mL			흡광도 (1.00 cm 용기)
Co(II), 4.25 ppm	리간드	H_2O	
0.00	20.00	5.00	0.276
5.00	20.00	0.00	0.491

Co(II)-리간드 킬레이트가 Beer 법칙에 따른다 가정하고 원래 용액에서 코발트의 %를 계산하시오.

* **14-8** 코발트와 니켈에 대한 동시 정량은 그들의 해당 8-hydroxyquinolinol 착물에 의한 흡수에 바탕을 두고 있다. 그들 최대 흡수 파장에 해당하는 몰흡광 계수는 다음 표와 같다.

	몰흡광 계수, ε	
	365 nm	700 nm
Co	3529	428.9
Ni	3228	10.2

다음의 데이터를 사용하여 다음 용액 각각에서 니켈과 코발트의 몰농도를 계산하시오.

용액	흡광도 A (1.00 cm 용기)	
	365 nm	700 nm
(a)	0.426	0.026
(b)	0.792	0.081

* **14-9** 1.00 cm 셀로 측정할 때 7.50×10^{-5} M 화학종 A 용액은 475와 700 nm에서 각각 0.155와 0.755의 흡광도를 나타낸다. 4.25×10^{-5} M 화학종 B 용액이 동일한 환경에서 0.702와 0.091의 흡광도를 나타낸다. 2.50 cm 셀로 다음의 흡광도를 나타내는 용액에서 A와 B의 농도를 계산하시오. (a) 475 nm에서 0.439와 700 nm에서 1.025, (b) 475 nm에서 0.662와 700 nm에서 0.815.

* **14-10** 산-염기 지시약 HIn은 묽은 수용액 중에서 다음과 같은 반응이 일어난다.

$$\underset{\text{color 1}}{\text{HIn}} \rightleftharpoons \text{H}^+ + \underset{\text{color 2}}{\text{In}^-}$$

0.1 M NaOH와 0.1 M HCl에서 5.00×10^{-4} M HIn 용액의 흡광도 데이터를 각각 다음과 같이 얻었다. 1.00 cm 용기를 이용하여 485 nm와 625 nm의 파장에서 측정하였다.

0.1 M NaOH	$A_{485} = 0.075$	$A_{625} = 0.904$
0.1 M HCl	$A_{485} = 0.487$	$A_{625} = 0.181$

NaOH 용액 중에서 시실상 모든 지시약은 In^-로 존재히고 산성 용액 중에서는 시실상 모두 HIn의 형대로 존재한다고 할 수 있다.

(a) 485와 625 nm에서 In^-과 HIn의 몰흡광 계수를 계산하시오.

(b) 이 지시약을 소량 포함하는 pH 5.00 완충 용액이 485 nm에서 0.567, 그리고 625 nm에서 0.395의 흡광도(1.00 cm의 셀)를 나타내었다고 가정하고 이 지시약의 산 해리 상수를 계산하시오.

(c) 이 지시약을 소량 포함하는 용액이 485 nm에서 0.492와 635 nm에서 0.245의 흡광도를 나타내었다면(1.00 cm의 셀) 이 용액의 pH는 얼마인가?

(d) 정제한 약한 유기산 HX의 25.0 0 mL 분취액을 페놀프탈레인 종말점에 도달할 때까지 센 염기 표준 용액으로 적정하였을 때 정확히 24.20 mL가 필요하였다. 또 다시 분취한 이 산의 25.00 mL에 소량의 지시약을 넣고 정확히 12.10 mL의 염기를 넣었을 때 485 nm에서 0.333과 625 nm에서 0.655의 흡광도를 나타내었다(1.00 cm의 셀). 이 용액의 pH와 약한 산의 K_a를 계산하시오.

(e) 2.00×10^{-4} M인 이 지시약 용액이 pH 6.000으로 완충되어 있을 때 485와 625 nm에서(1.50 cm 셀) 이 용액의 흡광도는 얼마인가?

14-11 표준 용액을 적당하게 묽혀서 아래에서 보여주는 철의 농도를 만들었다. 철(II)-1,10, phenanthroline 착물이 이들 분취액 25.0 mL에서 형성되었다. 그리고 각각을 50.0 mL로 묽혔다. 다음의 흡광도가 510 nm에서 측정되었다(1.00 cm 셀).

질문과 문제(계속)

원래 용액에서 Fe(II)의 농도, ppm	A_{510}
4.00	0.160
10.0	0.390
16.0	0.630
24.0	0.950
32.0	1.260
40.0	1.580

(a) 이들 데이터로부터 교정 곡선을 작성하시오.

(b) 철(II)의 흡광도와 농도를 관련시키는 식을 최소 제곱법을 이용하여 작성하시오.

(c) 기울기와 절편에 대한 표준 편차를 계산하시오.

14-12 지하수 25.0 mL 분취액에 들어있는 철을 정량하기 위해 문제 14-11에서 개발된 방법이 이용되어왔다. 아래의 흡광도 데이터(1.00 cm 셀)를 주는 시료 중 농도로 나타내시오(ppm Fe로). 결과의 상대 표준 편차를 계산하시오. 흡광도 데이터가 세 번 측정의 평균이라고 가정하고 계산을 반복하시오.

(a) 0.143 **(b)** 0.675 **(c)** 0.068

(d) 1.009 **(e)** 1.512 **(f)** 0.546

14-13 구리(II) 이온은 산성 매질에서 유기 착화제 R과 1:1 착물을 형성한다. 착물의 형성 상수는 480 nm에서 분광 광도법으로 측정할 수 있다. R의 농도에 대한 속도의 교정 곡선을 작성하기 위하여 유사 1차 조건으로 모은 다음 데이터를 사용하시오. 같은 조건에서 속도가 6.2×10^{-3} A s^{-1}인 미지 시료에서 구리(II) 이온의 농도를 구하시오.

$c_{Cu^{2+}}$, ppm	속도, A s^{-1}
3.0	3.6×10^{-3}
5.0	5.4×10^{-3}
7.0	7.9×10^{-3}
9.0	1.03×10^{-2}

* **14-14** 알루미늄은 2-hydroxy-1-naphthaldehyde-*p*-methoxy-benzoylhydraxonal과 착물을 형성한다. 착물은 285 nm에서 UV 복사선을 흡수한다. 유사 1차 조건에서 알루미늄 농도(μM로)에 대해 반응의 최초 속도(초당 흡광도 단위)의 그래프는 다음 식으로 기술되는 직선을 나타낸다.

$$\text{속도} = 1.92c_{Al} - 0.225$$

동일한 실험 조건에서 초당 흡광도로 0.53의 속도를 나타내는 용액 중 알루미늄의 농도를 계산하시오.

* **14-15** 효소인 monoamine oxidase는 아민을 알데하이드로 산화시키는 것을 촉진한다. Tryptamine에 대해 pH 8에서 효소에 대한 K_m은 4.0×10^{-4} M이고 $v_{max} = k_2[E]_0 = 1.6 \times 10^{-3}$ μM/min이다. 위의 조건에서 monoamine oxidase의 존재하에 0.18 μM/min의 속도로 반응하는 tryptamine 용액의 농도를 계산하시오. [tryptamine] $\ll$ K_m을 가정하시오.

14-16 2-quinizarinsulfonic acid (NaQ)의 소듐 염은 Al^{3+}와 착물을 형성하여 560 nm에서 복사선을 강하게 흡수한다.[32]

[32] E. G. Owens and J. H. Yoe, *Anal. Chem.*, **1959**, *31*, 384, **DOI:** 10.1021/ac60147a016.

(a) Owens와 Yoe의 논문으로부터의 데이터를 사용하여 착물의 화학식을 구하시오. 모든 용액에서 $c_{Al} = 3.7 \times 10^{-5}$ M이고 측정은 1.00 cm 셀로 이루어졌다. (b) 착물의 몰흡광 계수를 계산하시오.

c_Q, M	A_{560}
1.00×10^{-5}	0.131
2.00×10^{-5}	0.265
3.00×10^{-5}	0.396
4.00×10^{-5}	0.468
5.00×10^{-5}	0.487
6.00×10^{-5}	0.498
8.00×10^{-5}	0.499
1.00×10^{-4}	0.500

14-17 Ni^{2+}와 1-cyclopentane-1-dithiocarboxylic acid (CDA) 사이에서 형성된 착물의 기울기 비 조사로 아래의 데이터가 얻어졌다. 530 nm에서 1.00 cm 셀로 측정이 이루어졌다.

$c_{CDA} = 1.00 \times 10^{-3}$ M		$c_{Ni} = 1.00 \times 10^{-3}$ M	
c_{Ni}, M	A_{530}	c_{CDA}, M	A_{530}
5.00×10^{-6}	0.051	9.00×10^{-6}	0.031
1.20×10^{-5}	0.123	1.50×10^{-5}	0.051
3.50×10^{-5}	0.359	2.70×10^{-5}	0.092
5.00×10^{-5}	0.514	4.00×10^{-5}	0.137
6.00×10^{-5}	0.616	6.00×10^{-5}	0.205
7.00×10^{-5}	0.719	7.00×10^{-5}	0.240

(a) 착물의 화학식을 결정하시오. 데이터를 분석하기 위하여 선형의 최소 제곱법을 이용하시오.

(b) 착물의 몰흡광 계수와 불확정도를 구하시오.

14-18 Cd^{2+}와 착화제 R 사이에서 형성된 색깔을 띤 생성물의 연속 변화 연구를 위해 1.00 cm 셀로 390 nm에서 아래의 흡광도 데이터를 얻었다.

용액	시약 부피, mL		A_{390}
	$c_{Cd} = 1.25 \times 10^{-4}$ M	$c_R = 1.25 \times 10^{-4}$ M	
0	10.00	0.00	0.000
1	9.00	1.00	0.174
2	8.00	2.00	0.353
3	7.00	3.00	0.530
4	6.00	4.00	0.672
5	5.00	5.00	0.723
6	4.00	6.00	0.673
7	3.00	7.00	0.537
8	2.00	8.00	0.358
9	1.00	9.00	0.180
10	0.00	10.00	0.000

질문과 문제(계속)

(a) 생성물의 리간드-대-금속의 비를 구하시오.

(b) 착물의 몰흡광 계수의 평균값과 불확도를 계산하시오. 그래프의 직선 영역에서 금속은 완전하게 착물을 형성했다고 가정하시오.

(c) (a)에서 결정한 화학량론적 비와 두 개의 외삽한 선의 교차점에서 흡수 데이터를 사용하여 착물에 대한 K_f를 계산하시오.

14-19 팔라듐(II)은 pH 3.5에서 arsenazo III와 반응하여 660 nm에서 진한 색깔의 착물을 형성한다.[33] 운석을 볼밀에서 갈아서 얻어진 분말을 여러 가지 센 무기산으로 삭힘을 한다. 그 용액을 증발 건조시키고 묽은 염산에 녹이고 이온 교환 크로마토그래피로 방해 성분을 분리한다. 미지량의 Pd(II)를 포함하는 용액을 pH 3.5 완충 용액으로 50.00 mL가 되게 묽힌다. 이 분석 성분 용액의 10 mL 분취액을 여섯 개의 50 mL 부피 플라스크에 옮긴다. 표준 용액만의 Pd(II)의 농도는 1.00×10^{-5} M로 나타낸다. 표에서 보여주는 부피의 표준 용액을 0.01 M arsenazo III 10.00 mL와 함께 부피 플라스크에 피펫으로 넣는다. 그리고 각 용액을 50.00 mL로 묽히고 나서 1.00 cm 셀을 사용하여 각 용액의 흡광도를 660 nm에서 측정한다.

표준 용액의 부피, mL	A_{660}
0.00	0.216
5.00	0.338
10.00	0.471
15.00	0.596
20.00	0.764
25.00	0.850

(a) 데이터를 스프레드시트에 입력하고 데이터의 표준물 첨가 그래프를 그리시오.

(b) 선의 기울기와 절편을 결정하시오.

(c) 기울기와 절편의 표준 편차를 구하시오.

(d) 분석 용액에서 Pd(II)의 농도를 계산하시오.

(e) 측정한 농도의 표준 편차를 구하시오.

14-20 다음의 반응과

$$Fe^{3+} + Y^{4-} \rightleftharpoons FeY^{-} \qquad K_f = 1.0 \times 10^{25}$$

$$Cu^{2+} + Y^{4-} \rightleftharpoons CuY^{2-} \qquad K_f = 6.3 \times 10^{18}$$

몇 가지 반응물과 생성물 중에서, 다만 CuY^{2-}만이 750 nm에서 복사선을 흡수하는 정보를 이용하여 Cu(II)가 어떻게 H_2Y^{2-}로 Fe(III)를 광도법 적정하는 데 지시약으로 사용될 수 있었는지 설명하시오. 반응: $Fe^{3} + H_2Y^{2-} \rightarrow FeY^{-} + 2H^{+}$

***14-21** 킬레이트 CuA_2^{2-}가 480 nm에서 최대 흡수를 나타낸다. 킬레이트제가 적어도 10배 과량으로 존재할 때 흡광도는 Cu(II)의 분석 농도에만 의존하고 넓은 범위에서 Beer 법칙에 따른다. Cu^{2+}의 분석 농도가 2.15×10^{-4} M이고 A^{2-}가 9.00×10^{-3} M인 용액은 480 nm에서 1.00 cm 셀로 측정했을 때 0.759의 흡광도를 가진다. Cu^{2+}

[33] J. G. Sen Gupta, *Anal. Chem.*, **1967**, *39*, 18, **DOI:** 10.1021/ac60245a029.

와 A^{2-}의 분석 농도가 각각 2.15×10^{-4} M과 4.00×10^{-4} M인 용액이 같은 조건에서 측정할 때 0.654의 흡광도를 가진다. 이 정보를 이용하여 다음 반응의 형성 상수 K_f를 계산하시오.

$$Cu^{2+} + 2A^{2-} \rightleftharpoons CuA_2^{2-}$$

* **14-22** 킬레이트제 B를 Ni(II)와 혼합하여 진한 색깔의 NiB_2^{2+}를 형성한다. 그 용액은 395 nm에서 넓은 범위에 걸쳐서 Beer 법칙에 따른다. 킬레이트제의 분석 농도가 5배(또는 그 이상)로 Ni(II)의 분석 농도를 초과한다면 양이온은 관찰 범위 내에서 전체적으로 착물의 형태로 존재한다. 아래의 데이터를 이용하여 이 과정에 대한 생성 상수 K_f를 평가하시오.

$$Ni^{2+} + 2B \rightleftharpoons NiB_2^{2+}$$

분석 농도, M		
Ni^{2+}	B	A_{395} (1.00 cm 용기)
2.00×10^{-4}	2.20×10^{-1}	0.844
2.00×10^{-4}	1.50×10^{-3}	0.316

14-23 1:1 착물의 생성 상수를 결정하기 위하여 보여준 리간드 농도에 대해서 2.50 cm 셀로 470 nm에서 아래의 흡광도를 측정하였다. 총 금속 농도는 $c_M = 7.50 \times 10^{-4}$ M이다.

[L], M	A
0.0750	0.679
0.0500	0.664
0.0300	0.635
0.0200	0.603
0.0100	0.524
0.0050	0.421
0.0000	0.056

(a) 선형 회귀법과 Benesi-Hildebrand 식(식 14-11)을 사용하여 형성 상수와 470 nm에서 몰흡광 계수 차이를 구하시오.

(b) 식 14-10과 비선형 회귀법을 사용하여 K_f와 $\Delta\varepsilon$의 값을 구하시오. $K_f = 50$과 $\Delta\varepsilon = 50$의 최초 대략 값으로 시작하시오.

도전 문제

14-24 **(a)** 연속 변화 그래프의 피크가 착물 조성을 주는 결합비에서 생기는 것을 수학적으로 증명하시오.

(b) 착물 ML_n에 대한 전체 생성 상수가 다음 식인 것을 보이시오.

$$K_f = \frac{\left(\frac{A}{A_{extr}}\right)c}{\left[c_M - \left(\frac{A}{A_{extr}}\right)c\right]\left[c_L - n\left(\frac{A}{A_{extr}}\right)c\right]^n}$$

여기서 A는 연속 변화 그래프 x축의 주어진 값에서 실험적인 흡광도이고 A_{extr}는 x축 같은 지점에 해당하는 외삽한 선으로부터 결정한 흡광도이며 c_M은 금속의 분석 농도이고 c_L은 리간드의 몰 분석 농도이며 그리고 n은

질문과 문제(계속)

착물에서 리간드-대-금속 비이다.[34]

(c) 어떤 가정하에서 그 식이 올바른가?

(d) *c*는 무엇인가?

(e) 0.5 이하의 값에서 연속 변화 그래프의 최대가 나타남을 설명하시오.

(f) Calabrese와 Khan[35]은 연속 변화법을 사용하여 I_2와 I^- 간에 형성된 착물을 특성화하였다. 그것들은 통상적인 방법으로 I_2와 I^-의 2.60×10^{-4} M 용액으로 결합하여 다음의 데이터를 얻는다. 데이터를 사용하여 I_2/I^- 착물의 조성을 찾으시오.

V(I_2 용액), mL	A_{350}
0.00	0.002
1.00	0.121
2.00	0.214
3.00	0.279
4.00	0.312
5.00	0.325
6.00	0.301
7.00	0.258
8.00	0.188
9.00	0.100
10.00	0.001

(g) 연속 변화 그래프는 비대칭임을 나타낸다. Calabrese와 Khan의 논문을 참고하여 이 비대칭을 설명하시오.

(h) 부분 (a)의 식을 사용하여 연속 변화 그래프상의 세 개의 중심점의 각각에 대한 착물의 형성 상수를 결정하시오.

(i) 그래프의 비대칭 항으로 세 개의 형성 상수에 나타나는 경향을 설명하시오.

(j) 이 방법으로 구한 형성 상수에서 불확정도를 구하시오.

(k) 연속 변화법을 사용하여 착물의 조성을 구하는 능력에 대해 형성 상수가 어떤 효과를 가지는가?

(l) 착화합물의 조성과 형성 상수를 결정하는 데 일반적인 방법으로 연속 변화법의 사용에 대한 다양한 장점과 잠재적인 함정을 논의하시오.

---

[34]J. Inczédy, *Analytical Applications of Complex Equilibria*, New York: Wiley, 1976.

[35]V. T. Calabrese and A. Khan, *J. Phys. Chem. A*, **2000**, *104*, 1287, **DOI:** 10.1021/jp992847r.

15장

분자 발광 분광법

Molecular Luminescence Spectrometry

이 장에서는 세 가지 유형의 광학 방법을 다룬다: **분자 형광(molecular fluorescence)**, **인광(phosphorescence)** 및 **화학 발광(chemiluminescence)**. 이들 각각의 방법에서는, 들뜸 스펙트럼이 정성 분석 또는 정량 분석을 위한 정보를 제공하는 화학종을 생성하도록 분석물질 분자가 들뜨게 된다. 이 방법들은 집합적으로 **분자 발광(molecular luminescence)** 절차로 알려져 있다.

이 장에서 옆의 로고는 www.tinyurl.com/skoogpia7에서 대화형 자습, 시뮬레이션, 연습 등을 통해 온라인으로 학습할 수 있는 기회가 있음을 나타낸다.

형광과 인광은 들뜸이 광자의 흡수에 의해 발생한다는 점에서 비슷하다. 결과적으로, 두 현상은 *광발광*(photoluminescence)이라는 좀 더 일반적인 용어로 종종 언급된다. 이 장에서 볼 수 있듯이, 형광은 형광을 일으키는 전자 에너지 전이가 전자 스핀의 변화를 수반하지 않는다는 점에서 인광과 다르다. 이 때문에 형광에 관련된 들뜬 상태는 수명이 짧다($< 10^{-5}$초). 대조적으로, 전자 스핀의 변화는 인광을 수반하며, 들뜬 상태의 수명은 훨씬 길며, 수 초 또는 수 분 정도이다. 대부분의 경우, 형광 또는 인광인 광발광은 들뜸 복사선의 파장보다 긴 파장에서 일어난다.

발광의 세 번째 유형인 화학 발광은 화학 반응 중에 형성된 들뜬 화학종에 의한 복사선의 방출에 기반한다. 경우에 따라, 들뜬 화학종은 분석물질과 적절한 시약(일반적으로 오존이나 과산화수소와 같은 강한 산화제) 사이의 반응 생성물이다. 결과는 분석물질 자체보다는 오히려 분석물질 또는 시약의 산화 생성물의 방출 스펙트럼 특성을 가지고 있다. 다른 예에서, 분석물질은 화학 발광 반응에 직접적으로 관여하지 않는다. 대신, 분석물질은 화학 발광 반응을 억제하거나 촉매 효과를 갖는다.

광발광 또는 화학 발광의 세기 측정은 미량의 여러 중요한 무기 및 유기 화학종을 정량적으로 측정할 수 있게 한다. 현재, 형광 측정법의 수는 인광 및 화학 발광 절차의 응용 횟수보다 훨씬 크다.

발광 방법의 가장 매력적인 특징 중 하나는 그들의 고유한 감도이며, 흡수 분광법에서 발생하는 것보다 검출 한계가 $10^1 \sim 10^3$ 정도 낮다는 것이다. 실제로, 조절된 조건하에서 선택된 화학종에 대해서, 형광 분광학에 의해 단일 분자가 검출되었다. 광발광법의 또 다른 장점은 흡수법에서보다 훨씬 큰 선형 농도 범위를 가지고 있다는 것이다. 들뜬 상태는 충돌 및 다른 과정에 의해 비활성화되기 쉽기 때문에, 많은 분자가 형광 또는 인광을 전혀 일으키지 않는다. 이러한 비활성화 과정 때문에 정량적 발광 방법은 종종 심각한 방해 효과의 영향을 받는다. 이러한 이유로 발광 측정은 종종 크로마토그래피 및 전기 이동과 같은 분리 기술과 결합된다. 형광 검출기는 액체 크로마토그래피(제28장) 및 모세관 전기 이동(제30장)의 검출기로서 특히 가치가 있다.

일반적으로, 발광법은 흡수법보다 정량 분석에 응용되는 범위가 더 좁은데, 그 이유는 자외선과 가시선 영역의 빛이 흡수될 때 광발광을 나타내는 화학종보다 더 많은 화학종이 이 영역의 빛을 흡수하기 때문이다.[1]

15A 인광과 형광의 원리

형광은 복잡한 기체, 액체 및 고체 화학 시스템뿐만 아니라 단순한 경우에도 발생한다. 가장 단순한 종류의 형광은 제9장에서 설명한 묽은 원자 증기에 의해 나타난다. 예를 들어, 기화된 소듐 원자의 3*s* 전자는 파장 589.6과 589.0 nm의 복사선의 흡수에 의해 3*p* 상태로 들뜰 수 있다(그림 8-1a 참고). 약 10^{-8}초 후에, 전자들은 바닥 상태로 돌아가고, 그렇게 함으로써 모든 방향에서 동일한 두 파장의 복사선을 방출한다. 흡수된 복사선이 주파수의 변화 없이 재방출되는 이러한 유형의 형광은 *공명 복사선*(resonance radiation) 또는 *공명 형광*(resonance fluorescence)으로 알려져 있다.

많은 분자 화학종 역시 공명 형광을 나타낸다. 하지만 훨씬 더 자주 분자 형광(또는 인광) 띠가 흡수 띠보다 긴 파장에서 나타난다. 더 긴 파장을 향한 이러한 이동을 *Stokes 이동*(Stokes shift)이라고 한다(제6C-6절 참고).

15A-1 형광과 인광을 생성하는 들뜬 상태

형광 및 인광 스펙트럼의 특성은 제14B-1절에 언급된 분자 궤도에 대한 내용을 통해 설명될 수 있다. 그러나 두 광발광 현상 간의 차이점을 이해하려면 전자 스핀 및 들뜬 단일항 상태와 들뜬 삼중항 상태의 차이점을 검토할 필요가 있다.

전자 스핀

Pauli 배타 원리는 원자에 있는 두 개의 전자가 동일한 4개의 양자수를 가질 수 없다는 것이다. 이 제한은 두 개 이상의 전자가 한 궤도를 차지할 필요가 없으며 두 전자는 반대 스핀 상태를 유지해야 한다. 이 환경에서, 스핀은 짝(쌍)지었다고 한다. 짝지은 스핀 때문에 대부분의 분자는 순 자기장을 나타내지 않으므로 반자기성이라고 한다—즉, 그들은 정적 자기장에 의해 이끌리지도 반발하지도 않는다. 반대로, 홀전자를 포함하고 있는 자유 라디칼은 자기 모멘트를 가지며 결과적으로 자기장에 의해 끌어 당겨진다. 따라서 자유 라디칼은 *상자기성*(paramagnetic)이라고 한다.

들뜬 단일항 상태와 삼중항 상태

모든 전자 스핀이 짝을 이루는 분자의 전자 상태를 *단일항 상태*(singlet state)라 하며, 분자가 자기장에 노출될 때 전자 에너지 준위의 갈라짐이 일어나지 않는다. 반면에 자유 라디칼에 대한 바닥 상태는 자기장 내에서 홀수 전자에 대해 두 가지 가능한 방향이 있기 때문에 *이중항 상태*(doublet state)이며, 각자는 시스템에 약간 다른 에너지를 전달한다.

한 분자의 한 쌍의 전자 중 하나가 더 높은 에너지 준위로 들뜨게 될 때, 단일항 또는 *삼중항 상태*(triplet state)가 형성된다. 들뜬 단일항 상태에서, 촉진된 전자의 스핀은 여전히 바닥 상태의 전자와 쌍을 이룬다. 그러나 삼중항 상태에서는, 두 전자의 스핀은 서로 짝을 이루지 않고 평행하다. 이런 상태는 그림 15-1과 같이 나타낼 수 있는데, 화살표는 스핀의 방향을 나타낸다. 단일항, 이중항, 삼중항의 명명법은 분광학적 *다중도*(multiplicity)에서 비롯된 것인데 여기에서는 관심을 둘 필요가 없다. 들뜬 삼중항 상태는 상응하는 들뜬 단일항 상태보다 에너지가 덜하다.

들뜬 삼중항 상태에 있는 한 분자의 특성은 들뜬 단일항 상태의 성질과 상당히 다르다. 예를 들어, 분자는 삼중항 상태에서는 상자기성이고, 단일항 상태에서는 반자기성이다. 하지만 더 중요한 것은 전자 스핀의 변화를 포함하고 있는 단일항에서 삼중항으로 전이(또는 그 반대)가 해당하는 단일항에서 단일항으로의 전이보다 훨씬 가능성이 적다는 것이다. 결과적으로, 들뜬 삼중항 상태의 평균 수명은 10^{-4}초에서 수 초까지의 범위일 수 있는데, 들뜬 단일항 상태에 대해서는 평균 수명이 약 10^{-8} 초와 비교된다. 또한, 바닥 상태 분자가 들뜬 삼중항 상태로 복사선-유도 들뜸은 발생확률이 낮으며, 이 과정으로 인한 흡수 띠는 유사한 단일항에서 단일항으로 흡수보다 10의 몇 승 정도 낮은 세기를 갖는다. 그러나 들뜬 삼중항 상태가 특정 분자의 들뜬 단일항 상태로부터 채워질 수 있음을 알아야 한다. 인광 방

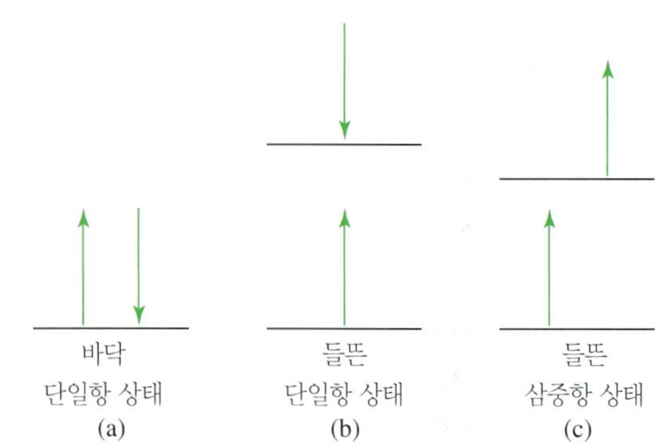

그림 15-1 분자의 전자 스핀 상태. (a)에서 바닥의 전자 상태를 보여준다. 가장 낮은 에너지 또는 바닥 상태에서 스핀은 항상 짝을 짓고 그 상태를 단일항 상태라고 한다. (b)와 (c)에서 들뜬 전자 상태를 보여준다. 만일 스핀이 들뜬 상태에서 짝지은대로 유지되면 분자는 들뜬 단일항 상태(b)에 있다. 만일 스핀이 짝을 짓지 않으면 분자는 들뜬 삼중항 상태(c)에 존재한다.

[1]형광, 인광 및 발광에 대한 이론 및 응용은 다음 문헌을 참고하시오. D. M. Jameson, *Introduction to Fluorescence*, Boca Raton, FL: Taylor & Francis, 2014; J. R. Lakowicz, Principles of Fluorescence Spectroscopy, 3rd ed., New York: Springer, 2006; *Molecular Luminescence Spectroscopy*, S. Schulman, ed., New York: Wiley, Part 1, 1985; Part 2, 1988; Part 3, 1993; E. L. Wehry, in *Physical Methods of Chemistry*, 2nd ed., Volume VIII, Chap. 3, B. W. Rossiter and R. C. Baetzold, eds., New York: Wiley, 1993.

수도 있다. 이 과정에서, 전자는 높은 전자 상태로부터 진동 에너지가 결합을 파열시킬 만큼 충분히 큰 하부 전자 상태의 상부 진동 준위로 이동한다. 큰 분자는 발색단의 전자 들뜸 에너지보다 적은 강도를 가진 결합이 존재할 확률이 꽤 높다. 이들 결합의 파열은 발색단에 의한 흡수의 결과로서 전자 에너지가 약한 결합과 관련된 진동 에너지로의 내부 전환 후에 일어날 수 있다.

선해리는 흡수된 복사선이 발색단의 전자를 충분히 높은 진동 준위로 직접 들뜨게 하여 발색단의 결합을 파열시키는 *해리*(dissociation)와는 구별되어야 한다. 이 경우에는, 내부 전환이 관여하지 않는다. 해리 과정은 또한 형광 과정과 경쟁한다.

외부 전환

들뜬 전자 상태의 비활성화는 들뜬 분자와 용매 또는 다른 용질 사이의 상호작용 및 에너지 전달을 포함할 수 있다. 이 과정을 *외부 전환*(external conversion)이라 한다. 외부 전환에 대한 증거로는 대부분의 화학종의 형광 강도에 대한 현저한 용매 효과가 포함되어 있다. 더욱이 입자 간의 충돌 수를 줄이는 경향이 있는 조건(저온 및 고점도)은 일반적으로 형광을 증가시킨다. 외부 전환 과정의 자세한 내용은 잘 알려져 있지 않다.

최저 들뜬 단일항 상태와 삼중항 상태로부터 바닥 상태로의 비복사 전이(그림 15-2)는 아마도 내부 전환은 물론이고 외부 전환과도 관련이 있다.

계간 교차

계간 교차(intersystem crossing)는 서로 다른 다중성의 전자 상태 사이에 교차가 있는 과정이다. 가장 보편적인 과정은 그림 15-2와 같이 단일항 상태에서 삼중항 상태($S_1 \rightarrow T_1$)로 이동이다. 내부 전환과 마찬가지로 두 상태의 진동 준위가 겹치면 계간 교차 확률이 높아진다. 그림 15-2에서 보여진 단일항–삼중항 교차에서, 최저 단일항 진동 준위는 상위 삼중항 진동 준위 중 하나와 겹치고 따라서 스핀 상태의 변화의 가능성이 더 있게 된다.

계간 교차는 아이오딘 또는 브로민과 같은 무거운 원자를 포함하고 있는 분자에 가장 일반적이다(*중원자 효과*, heavy-atom effect). 이러한 원자가 존재하면 스핀과 궤도 상호작용은 증가하고, 따라서 스핀의 변화는 더 유리하다. 또한, 용액 내에 분자 산소와 같은 상자기성 화학종이 존재하면 계간 교차가 증가하고 이에 상응하는 형광은 감소한다.

인광

전자 들뜬 상태의 비활성화 역시 인광을 수반할 수 있다. 삼중항 상태로 계간 교차 후, 내부 또는 외부 전환 또는 인광에 의해 추가로 비활성화가 발생할 수 있다. 삼중항 → 단일항 전이는 단일항–단일항 전환보다 훨씬 적다. 전이 확률 및 들뜬 상태 수명은 반비례 관계이다. 따라서 방출에 대한 들뜬 삼중항 상태의 평균 수명은 크며 10^{-4}초 내지 10초 또는 그 이상의 범위이다. 그러한 전이로부터의 방출은 쪼임이 중단된 후 얼마 동안 지속될 수 있다.

외부와 내부 전환은 인광과 성공적으로 경쟁하며, 이러한 종류의 방출은 일반적으로 고점도 매질에서 저온에서만 관찰되거나 삼중항 상태를 보호하기 위한 특수 기술을 사용하여 관찰된다.

15A-4 형광과 인광에 영향을 미치는 변수

분자 구조와 화학적 환경은 물질이 발광할지 여부에 영향을 미친다. 또한 이러한 요소들은 발광이 발생할 때 방출 세기를 결정한다. 이 변수 중 일부의 영향을 이 절에서 간략하게 고찰하고자 한다.

양자 수득률

형광 또는 인광에 대한 *양자 수득률*(quantum yield), 혹은 *양자 효율*(quantum efficiency)은 단순히 발광하는 분자의 수와 들뜬 분자의 총 수와의 비율이다. Fluorescein과 같은 고형광성 분자의 경우 양자 효율은 어떤 조건에서는 1에 가깝다. 형광을 내지 못하는 화학종은 효율성이 0에 가까워진다.

그림 15-2와 비활성화 과정에 대한 논의는 화합물에 대한 형광 양자 효율(ϕ)이 최저 들뜬 단일항 상태가 비활성화되는 과정에 대한 상대 속도 상수 k_x에 의해 측정됨을 제시하고 있다. 이러한 과정은 형광(k_f), 계간 교차(k_i), 외부 전환(k_{ec}), 내부 전환(k_{ic}), 선해리(k_{pd}), 해리(k_d)이다. 따라서 다음 식으로 이들 관계를 나타낼 수 있다.

$$\phi = \frac{k_f}{k_f + k_i + k_{ec} + k_{ic} + k_{pd} + k_d} \tag{15-1}$$

여기서 k항은 여러 비활성화 과정에 대한 각각의 속도 상수이다.

식 15-1은 형광의 세기에 영향을 미치는 많은 구조적 및 환경적 요인의 정성적인 해석을 가능하게 한다. 형광 속도 상수 k_f에 대한 높은 값을 유도하는 변수와 다른 k_x항에 대한 낮은 값은 형광을 향상시킨다. k_f의 크기, 선해리 속도 상수 k_{pd} 및 해리 속도 상수 k_d는 주로 화학 구조에 의존한다. 환경과 영향력은 다소 낮지만 구조가 나머지 속도 상수에 크게 영향을 미친다.

형광에서 전이 형태

형광은 250 nm보다 짧은 파장의 UV 복사선의 흡수로 거의 발생하지 않는데 이는 그러한 복사선은 에너지가 충분하여 선해리나 해리에 의해서 들뜬 상태의 비활성화를 일으키기 때문이다. 예를 들어, 200 nm 복사선은 약 140 kcal/mol에 해당한다. 대부분의 유기 분자는 이 크기의 에너지에 의해 적어도 일부 결합이 파열될 수 있기 때문이다. 그 결과 $\sigma^* \rightarrow \sigma$ 전이로 인한 형광은 드물게 관찰된다. 대신에 그러한 방출은 에너지가 덜한 $\pi^* \rightarrow \pi$와 $\pi^* \rightarrow n$ 과정에 국한된다.

언급했듯이, 전자적으로 들뜬 분자는 통상적으로 일련의 급속한 진동 이완 및 복사선의 방출을 발생시키지 않는 내부 전환에 의해 가장 낮은 들뜬 *상태*(lowest excited state)로 되돌아간다. 이와 같이, 형광은 가장 일반적으로 첫 번째 들뜬 전자 상태의 최저 진동 준위로부터 전자 바닥 상태의 진동 준위 중 하나로 전이됨에 따라 발생한다. 대부분의 형광 화합물의 경우, $\pi^* \rightarrow n$ 혹은 $\pi^* \rightarrow \pi$ 전이 중에서 에너지가 덜한 것에 의해 복사선이 생성된다.

양자 효율과 전이 형태

실험적 관찰에 의하면 형광은 가장 낮은 에너지 전이가 $n \rightarrow \pi^*$ 형태인(n, π^* 들뜬 상태) 화합물에서보다 가장 낮은 에너지 전이가 $\pi^* \rightarrow \pi$ 형태인(π, π^* 들뜬 단일항 상태) 화합물에서 더 일반적으로 발견된다; 즉, 양자 효율은 $\pi^* \rightarrow \pi$ 전이에 대해 더 크다.

π, π^* 상태와 연관된 보다 큰 양자 효율은 두 가지 방법으로 합리화될 수 있다. 첫째, $\pi^* \rightarrow \pi$ 전이의 몰 흡광도는 $n \rightarrow \pi^*$ 과정보다 일반적으로 100~1000배 더 크며, 이 양은 전이 확률의 크기를 나타낸다. 따라서, π, π^* 들뜬 상태와 관련된 고유 수명은 더 짧으며(n, π^* 상태에 대하여 10^{-5}~10^{-7}초에 비해 10^{-7}~10^{-9}초), 식 15-1의 k_f는 더 크다.

가장 효율적인 인광은 π, π^* 삼중항 상태보다 수명이 짧고 비활성화되기 쉬운 경향이 있는 n, π^* 들뜬 상태에서 자주 발생한다. 또한, 단일항 상태와 삼중항 상태 간의 에너지 차이가 더 크고 스핀-오비탈 결합이 일어날 가능성이 덜하기 때문에 계간 교차는 n, π^* 상태보다는 π, π^* 들뜬 상태에 대해 가능성이 적다.

요약하면, 들뜬 상태는 상대적으로 짧은 평균 수명(k_f가 더 큼)을 나타내며 형광과 경쟁하는 비활성화 과정이 덜 일어나기 때문에 형광은 더 일반적으로 π, π^* 상태와 연관된다.

형광과 구조

가장 세고 유용한 형광은 저에너지 $\pi^* \rightarrow \pi$ 전이를 가진 방향족 작용기를 함유하는 화합물에서 발견된다. 지방족 및 지방족 고리 구조 또는 고도로 콘쥬게이션된 이중 결합 구조를 함유하는 화합물 역시 형광을 나타낼 수 있지만, 이들의 수는 방향족계의 수보다 적다.

대부분의 치환되지 않은 방향족 탄화수소는 용액에서 형광을 나타내며, 보통 양자 효율은 고리 수와 축합의 정도에 따라 증가한다. Pyridine, furan, thiophene, pyrrole과 같은 간단한 헤테로 고리 화합물들은 형광을 나타내지 않는다.

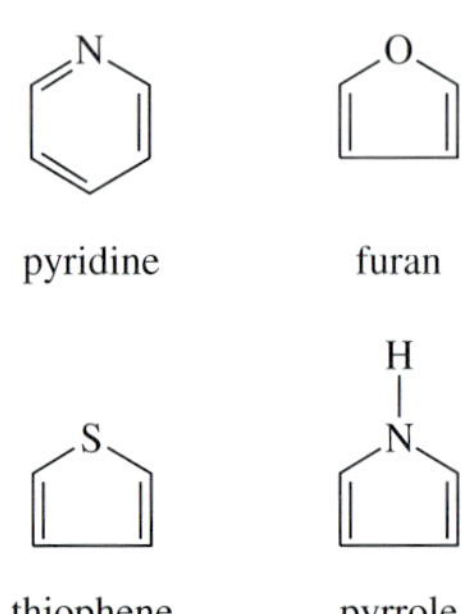

한편, 접합-고리 구조는 일반적으로 형광을 낸다. 질소 헤테로 고리 화합물과 같은 최저 에너지 전자 전이는 빠르게 삼중항 상태로 전환하고 형광을 방지하는 $n \rightarrow \pi^*$ 시스템을 포함한다고 여겨진다. 그러나 벤젠 고리와 헤테로 고리 핵의 접합은 흡수 띠의 몰흡광 계수를 증가시킨다. 이러한 구조에서는 들뜬 상태의 수명이 짧고, quinoline, isoquinoline, indole과 같은 화합물에서 관찰된다.

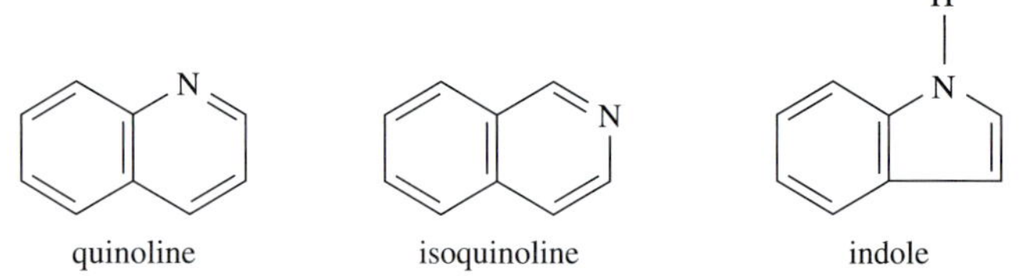

벤젠 고리에서의 치환은 최대 흡수 파장의 이동 및 형광 방출에서 대응하는 변화를 일으킨다. 또한, 치환은 종종 양자 효율에 영향을 미친다. 이러한 효과 중 일부는 표 15-1의 벤젠 유도체에 대한 데이터로 설명하고 있다.

할로젠 치환의 영향은 현저하다; 할로젠의 몰 질량이 증가함에 따라 형광이 감소하는 것은 중원자 효과(353페이지)의 예이며, 이로 인해 삼중항 상태로의 계간 교차 확률은 증가한다. 선 해리는 iodobenzene과 nitro 유도체에서도 중요한 역할을 하는 것으로 생각되는데 이는 이 화합물들이 내부 전환 후에 들뜸 에너지를 흡수할 수 있는 결합을 쉽게 파열하기 때문이다.

방향족 고리상의 카복실산 또는 카보닐 기의 치환은 일반적으로 형광을 억제한다. 이들 화합물에서, $n \rightarrow \pi^*$ 전이 에너지는 $\pi \rightarrow \pi^*$ 전이에서보다 적으며, 앞서 논의된 바와 같이, $n \rightarrow \pi^*$ 시스템으로부터의 형광 수율은 일반적으로 낮다.

구조적 경직성의 영향

형광은 단단한 구조를 가진 분자에서 특히 유리하다는 것이 실험적으로 밝혀졌다. 예를 들어, fluorene과 biphenyl의 양자 효율은 유사한 측정 조건하에서 거의 1.0과 0.2이다. 거동의 차이는 주로 fluorene에 있는 가교 메틸렌 기에 의한 증가된 경직성의 결과이다. 많은 유사한 예가 인용될 수 있다.

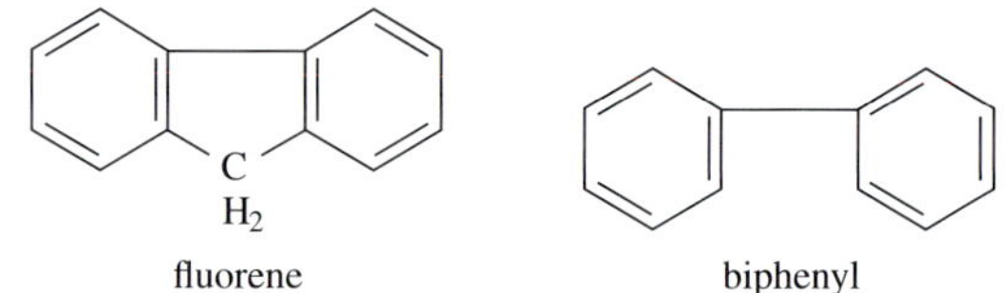

경직성의 영향은 그들이 금속 이온과 착물을 형성할 때 특정 유기 킬레이트제의 형광 증가를 설명하기 위해 사용되었다. 예를 들어, 8-hydroxyquinoline의 형광 세기는 이것의 아연 착물의 형광 세기보다 훨씬 적다:

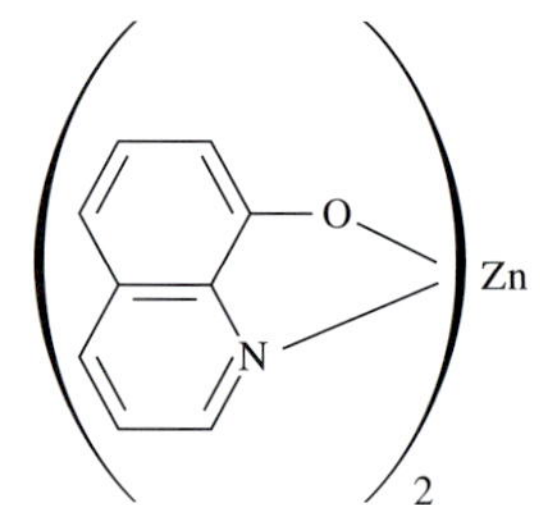

분자의 경직성 부족은 내부 전환 속도를 증가시키고(식 15-1

표 15-1 벤젠의 형광에서 치환의 영향

화합물	화학식	형광 파장, nm	형광의 상대 세기
Benzene	C_6H_6	270~310	10
Toluene	$C_6H_5CH_3$	270~320	17
Propylbenzene	$C_6H_5C_3H_7$	270~320	17
Fluorobenzene	C_6H_5F	270~320	10
Chlorobenzene	C_6H_5Cl	275~345	7
Bromobenzene	C_6H_5Br	290~380	5
Iodobenzene	C_6H_5I	—	0
Phenol	C_6H_55OH	285~365	18
Phenolate ion	$C_6H_5O^-$	310~400	10
Anisole	$C_6H_5OCH_3$	285~345	20
Aniline	$C_6H_5NH_2$	310~405	20
Anilinium ion	$C_6H_5NH_3^+$	—	0
Benzoic acid	C_6H_5COOH	310~390	3
Benzonitrile	C_6H_5CN	280~360	20
Nitrobenzene	$C_6H_5NO_2$	—	0

의 k_{ic}) 그 결과 비복사 비활성화에 대한 가능성이 증가한다. 경직성이 없는 분자의 한 부분은 그 분자의 다른 부분에 비하여 낮은 주파수 진동을 경험할 수 있다. 이러한 진동은 의심의 여지없이 에너지 손실에 대해 설명해준다.

온도와 용매 영향

상승된 온도에서 증가된 충돌 빈도는 외부 전환에 의한 비활성화 가능성을 향상시키기 때문에 대부분의 분자에서 형광의 양자 효율은 온도 증가에 따라 감소한다. 용매의 점도가 감소하면 외부 전환의 가능성이 높아져서 동일한 결과가 나타난다.

분자의 형광은 구조에 중원자를 함유한 용매나 중원자를 가진 다른 용질에 의해 감소된다; Carbon tetrabromide와 ethyl iodide가 그 예이다. 그 효과는 중원자가 형광 화합물로 치환될 때 발생하는 것과 유사하다. 궤도 스핀 상호작용은 삼중항 형성 속도의 증가와 그에 상응하는 형광 감소를 초래한다. 증가된 인광이 필요로 할 때 종종 중원자를 포함하는 화합물을 용매에 혼입한다.

형광에서 pH의 영향

산성 또는 염기성 고리 치환체를 갖는 방향족 화합물의 형광은 일반적으로 pH 의존적이다. 파장 및 방출 세기는 화합물의 양성자 및 비양성자 형태에 대해 다를 수 있다. 표 15-1에 나타낸 페놀과 아닐린에 대한 데이터는 이러한 효과를 설명하고 있다. 이러한 유형의 화합물의 방출 변화는 분자의 산성 및 염기성 형태와 관련된 다른 수의 공명 화학종에 기인한다. 예를 들어, aniline은 여러 공명 형태를 가지고 있지만 anilinium은 하나만 존재한다. 즉, 다음과 같다.

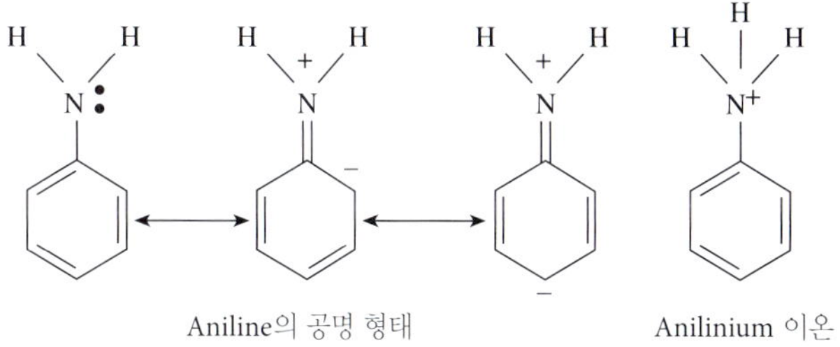

추가적인 공명 형태는 UV 영역에서 형광을 야기하는 보다 안정한 첫 번째 들뜬 상태를 유도한다.

pH의 함수로서 특정 화합물의 형광은 산–염기 적정에서 종말점의 검출에 사용되어왔다. 예를 들어, 페놀 형태의 1-naphthol-4-sulfonic acid의 형광은 UV 영역에서 발생하기 때문에 눈으로 검출할 수 없다. 그러나 화합물이 염기의 첨가에 의해 phenolate 이온으로 전환되면, 방출띠는 가시선 파장으로 이동하므로 쉽게 볼 수 있다. 이러한 변화가 화합물의 산 해리 상수로부터 예상되는 것과는 다른 pH에서 일어난다는 것은 중요하다. 이러한 불일치는 들뜬 분자의 산 해리 상수가 그것의 바닥 상태의 동일한 화학종의 산 해리 상수와 다르다는 것으로 설명된다. 들뜸으로 인한 산 또는 염기 해리 상수의 변화는 통상적이며 때때로 10^4~10^5 정도가 크다. 이러한 관찰은 형광을 기반으로 하는 분석 과정에서는 종종 세밀한 pH 조절이 필요하다는 것을 시사하고 있다.

용존 산소의 존재는 종종 용액에서 형광의 세기를 감소시킨다. 이 효과는 형광 화학종의 광 화학적으로 유도된 산화의 결과일 수 있다. 그러나 좀 더 일반적으로, 소광은 계간 교차와 들뜬 분자의 삼중항 상태로의 전환을 촉진하는 산소 분자의 상자기성 성질 때문에 일어난다. 다른 상자기성 화학종 역시 형광을 소광시키는 경향이 있다.

형광 세기에 대한 농도의 영향

형광 방출의 세기 F는 시스템에 의해 흡수된 들뜬 빛살의 복사 세기에 비례한다. 즉,

$$F = \phi_f K''(P_0 - P) = K'(P_0 - P) \qquad (15\text{-}2)$$

여기서 P_0는 용액에서 입사살의 세기, P는 매질의 길이 b를 이동한 후 빛살의 세기, ϕ_f는 형광 과정의 양자 효율, K''는 결합 구조 및 다른 요소들에 의존하는 상수이다. 형광의 양자 효율은 주어진 시스템에 대해 상수이므로, 곱 $\phi_f K''$는 식 15-2의 오른쪽에 새로운 상수 K'에 묶여진다. F를 형광 화학종의 농도 c와 관련시키기 위해, Beer 법칙을 다음과 같은 형태로 적는다.

$$\frac{P}{P_0} = 10^{-\varepsilon bc} \qquad (15\text{-}3)$$

여기서 ε은 형광 분자의 몰흡광 계수, εbc는 흡광도 A이다. 식 15-3을 식 15-2에 대입하면 다음과 같다.

$$F = K'P_0(1 - 10^{-\varepsilon bc}) \qquad (15\text{-}4)$$

식 15-4에서 지수항은 Maclaurin 급수로서 다음과 같이 전개될 수 있다.

$$F = K'P_0\left[2.303\varepsilon bc - \frac{(2.303\varepsilon bc)^2}{2!} + \frac{(2.303\varepsilon bc)^3}{3!} + \cdots\right] \qquad (15\text{-}5)$$

$2.303\varepsilon bc = A < 0.05$이면, 괄호 안의 모든 연속되는 항은 첫 번째 항에 비해 작다. 이 조건하에서, 첫 번째 항을 제외하고 모두를 생략하더라도 최대 상대 오차는 0.13%이다. 따라서 다음과 같이 쓸 수 있다.

$$F = 2.303\, K'\varepsilon bcP_0 \qquad (15\text{-}6)$$

혹은 일정한 P_0에서는 다음과 같다.

$$F = Kc = 2.303K'\varepsilon bcP_0 = 2.303\phi_f K''\varepsilon bcP_0 \qquad (15\text{-}7)$$

따라서 방출 화학종의 농도에 대한 용액의 형광 복사선 세기의 도시는 저농도에서 선형이어야 한다. c가 충분히 커서 흡광도가 약 0.05보다 클 때는 식 15-5의 고차 항이 중요해지고 선형성은 사라진다; 그러면 F는 직선 도시의 추정치 밑에 놓인다. 이 과도한 흡수는 *일차 흡수*(primary absorption)로 알려져 있다.

고농도에서 선형성으로부터의 음으로 이탈을 초래하는 또 다른 요인은 *이차 흡수*(secondary absorption)이다. 이차 흡수는 방출 파장이 흡수 띠와 겹칠 때 발생한다. 그래서 형광은 방출이 용액을 가로질러감에 따라 감소하고 용액 내의 다른 분자에 의해 재흡수된다. 이차 흡수는 분석 화학종 자체의 흡수 또는 용액 내의 다른 종의 흡수일 수 있다. 이러한 현상의 효과는 형광 대 농도의 도시가 최댓값을 나타낼 수도 있다는 것이다. 흡수 효과는 종종 *내부 필터 효과*(inner filter effects)라고도 한다.

시뮬레이션: www.tinyurl.com/skoogpia7에서 **발광 분광법(luminescence spectroscopy)**에 대해 더 알아보시오.

동적 소광

소광(quenching)이라는 용어는 일반적으로 들뜬 화학종에서 다른 분자로의 비복사 에너지 전달을 의미한다. *충돌 소광*(collisional quenching)이라고도 하는 *동적 소광*(dynamic quenching)은 들뜬 화학종과 소광제(Q) 사이의 접촉이 필요하다. 동적 소광은 충돌 파트너가 함께 확산될 수 있을 만큼 빠르게 일어난다. 속도는 온도와 점도에 의존한다. 소광체의 농도는 들뜬 상태의 수명 동안에 들뜬 화학종과 소광체 사이의 충돌 확률이 높을 정도로 충분히 높아야 한다.

단일 소광체의 동적 소광에 의해 조절되는 외부 전환에 대하여 외부 전환 속도 상수는 다음과 같다.

$$k_{ec} = k_q[Q] \qquad (15\text{-}8)$$

여기서 k_q는 소광에 대한 속도 상수 [Q]는 소광체의 농도이다. 소광이 없고($k_{ec} = 0$), 선해리와 해리가 없을 때는($k_{pd} = k_d = 0$) 형광 양자 효율 ϕ_f^0는 식 15-1로부터 다음과 같이 나타낼 수 있다.

$$\phi_f^0 = \frac{k_f}{k_f + k_i + k_{ic}} \qquad (15\text{-}9)$$

소광은 다음과 같다.

$$\phi_f = \frac{k_f}{k_f + k_i + k_{ic} + k_q[Q]} \qquad (15\text{-}10)$$

식 15-9와 식 15-10의 비율을 취함으로써 다음과 같은 Stern-Volmer 식을 얻게 된다.

$$\frac{\phi_f^0}{\phi_f} = 1 + K_q[Q] \qquad (15\text{-}11)$$

여기서 K_q는 $K_q = k_q/(k_f + k_i + k_{ic})$로 정의되는 Stern-Volmer 소광 상수이다. 이 식을 재배열하면 다음과 같다.

$$\frac{1}{\phi_f} = \frac{1}{\phi_f^0} + \frac{K_q[Q]}{\phi_f^0}$$

$1/\phi_f$ 대 [Q]의 도시는 기울기가 K_q/ϕ_f^0이고 절편이 $1/\phi_f^0$인 직선이어야 한다. Stern-Volmer 상수는 절편과 기울기의 비율로부터 얻을 수 있다. 동적 소광은 형광 양자 수율과 형광 수명을 줄어들게 한다.

형광 방출 F는 양자 효율 ϕ_f에 직접 비례하기 때문에(식 15-2), Stern-Volmer 식을 다음과 같은 쉽게 측정되는 양의 항으로 쓸 수 있다.

$$\frac{F_0}{F} = 1 + K_q[Q] \qquad (15\text{-}12)$$

여기서 F_0 및 F는 각각 소광체가 없을 때와 있을 때의 형광 신

호이다. 따라서 Stern-Volmer 상수는 F_0/F 대 [Q]의 도시의 기울기이며, 도시의 절편은 1이다. 예제 15-1은 K_q값을 결정할 때 식 15-12를 사용하는 것을 보여주고 있다.

예제 15-1

Quinine sulfate의 형광은(그림 15-3 참고) 고농도의 염화 이온에 의해 소광된다. 염화 이온의 농도 함수로서 다음의 형광 신호 F가 얻어졌다.

형광 세기, F	$[Cl^-]$, M
180.0	0.00
87.5	0.005
58.0	0.010
43.2	0.015
35.0	0.020
28.5	0.025
14.5	0.030
19.1	0.040
15.7	0.050

스프레드시트를 작성하고 소광 상수 K_q를 결정하시오.

풀이

스프레드시트와 Stern-Vomer 도시는 그림 15-4에 나와 있다. 데이터는 열 B와 C에 입력되고, F_0/F는 열 D에서 계산된다. 기울기와 표준 편차는 $K_q = 210 \pm 0.9\ M^{-1}$이며 스프레드시트 통계로부터 얻는다. 절편은 거의 1이다.

용존 산소의 존재는 종종 용액 내 형광의 세기를 감소시킨다. 이 효과는 때로는 형광 화학종의 광화학적으로 유도된 산화의 결과이다. 하지만 더 보편적으로는 분자 산소가 상자기성이기 때문에 소광이 일어나서 계간 교차와 들뜬 분자의 삼중항 상태로의 전환을 촉진시킨다. 또한 다른 상자기성 화학종은 형광을 소광시키는 경향이 있다. 용존 산소 역시 삼중항 상태의 효율적인 소광제이다. 이러한 이유로 용액은 보통 인광 측정 전에 탈산소화된다.

다른 형태의 소광

정적 소광(static quenching)에서, 소광체 및 바닥 상태 형광체는 *암 착물*(dark complex)이라고 불리는 착물을 형성한다. 형광은 대개 결합되지 않은 형광체에서만 관찰된다. 형광 세기의 감소는 정적 소광의 경우 Stern-Volmer 식으로도 설명될 수 있다. 그러나 식 15-11의 K_q가 이제는 형광체–소광체 착물의 형성상수이다. 정적 소광은 수명에 영향을 주지 않는다. 따라서 수명 측정을 통해 동적 소광이 정적 소광과 구별될 수 있다.

긴 영역(long-range) 또는 *Förster 소광*(Förster quenching)에서는 분자 간에 충돌이 없이 에너지 전달이 일어난다. 들뜬 형광체와 소광체 사이의 쌍극자–쌍극자 결합이 전달에 대해서 설명해준다. 소광체의 농도에 대한 소광의 정도 의존성은 복잡하며 Stern-Volmer 거동을 따르지 않는다.

15A-5 발광과 들뜸 스펙트럼

그림 15-5는 tryptophan에 대한 세 가지 유형의 광발광 스펙트럼을 보여주고 있다. 그림에서 E로 표시된 들뜸 스펙트럼은 들뜸 파장이 변화되는 동안 고정 파장에서의 발광 세기를 측정함으로써 얻어진다. 형광 방출을 생성하는 첫 번째 단계는 복사선을 흡

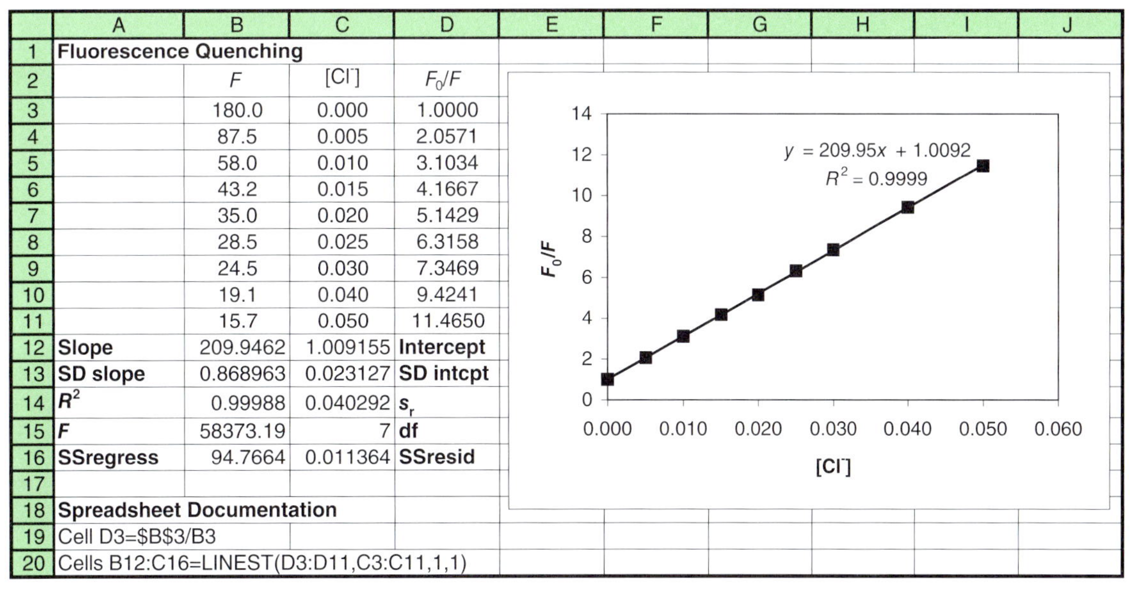

	A	B	C	D
1	**Fluorescence Quenching**			
2		F	$[Cl^-]$	F_0/F
3		180.0	0.000	1.0000
4		87.5	0.005	2.0571
5		58.0	0.010	3.1034
6		43.2	0.015	4.1667
7		35.0	0.020	5.1429
8		28.5	0.025	6.3158
9		24.5	0.030	7.3469
10		19.1	0.040	9.4241
11		15.7	0.050	11.4650
12	**Slope**	209.9462	1.009155	**Intercept**
13	**SD slope**	0.868963	0.023127	**SD intcpt**
14	R^2	0.99988	0.040292	s_r
15	F	58373.19	7	**df**
16	**SSregress**	94.7664	0.011364	**SSresid**
17				
18	**Spreadsheet Documentation**			
19	Cell D3=$B$3/B3			
20	Cells B12:C16=LINEST(D3:D11,C3:C11,1,1)			

그림 15-4 Quinine의 염화 이온 소광에 대한 소광 상수 결정을 위한 스프레드시트와 도시.

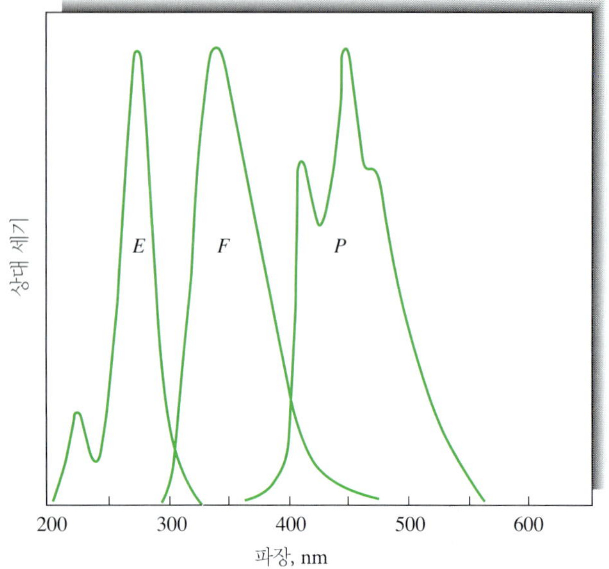

그림 15-5 Tryptophan의 스펙트럼. *E*, 들뜸; *F*, 형광; *P*, 인광. (Adapted from G. G. Guilbault, *Practical Fluorescence*, New York: Marcel Dekker, 1973, p. 164. Courtesy of Marcel Dekker, Inc.)

수하여 들뜬 상태를 만드는 것이기 때문에 들뜸 스펙트럼은 동일한 조건에서 얻은 흡수 스펙트럼과 본질적으로 동일하다. 한편, 형광과 인광 스펙트럼(각각 *F*와 *P*)은 고정된 파장에서 들뜸이 관련되어 있는데 파장의 함수로서 방출 세기가 기록된다.

다른 유형의 발광 스펙트럼이 그림 15-6에 나타나 있다. *전체 발광 스펙트럼*(total luminescence spectrum)은 3차원 표현 또는 등고선 도시 중 하나이다. 둘 다 동시에 들뜸 및 방출 파장의 함수로서 발광 신호를 나타낸다. 이러한 데이터를 종종 *들뜸-방출 매트릭스*(excitation-emission matrix)라고 부른다. 전체 발광 스펙트럼은 일반 컴퓨터 장비에서 얻을 수 있지만, 배열 검출기 기반 시스템(다음 절 참고)에서는 더 신속하게 얻을 수 있다.

일부 발광 기기는 들뜸 파장과 방출 파장 사이에 작은 파장 차이를 가지고 두 파장을 동시에 주사(스캐닝)할 수 있다. 그 결과로 나타나는 스펙트럼을 *동시 스펙트럼*(synchronous spectrum)이라 한다. 발광 신호는 그림 15-7과 같이 선택된 파장 차이에 대해 들뜸과 방출이 둘 다 발생하는 파장에서만 얻어진다. 또한 동시 스펙트럼은 적절한 소프트웨어를 사용하면 전체 발광 스펙트럼으로부터 생성될 수도 있다.

앞서 지적한 바와 같이, 광발광은 일반적으로 들뜸 파장보다 긴 파장에서 발생한다. 더욱이, 인광 띠는 일반적으로 형광 띠보다 더 긴 파장에서 발견되는데, 이는 들뜬 삼중항 상태는 대개의 경우 해당하는 단일항 상태보다 에너지가 낮기 때문이다. 실제로, 둘 간의 파장 차이는 삼중항 상태와 단일항 상태 간의 에너지 차의 측정을 편리하게 한다.

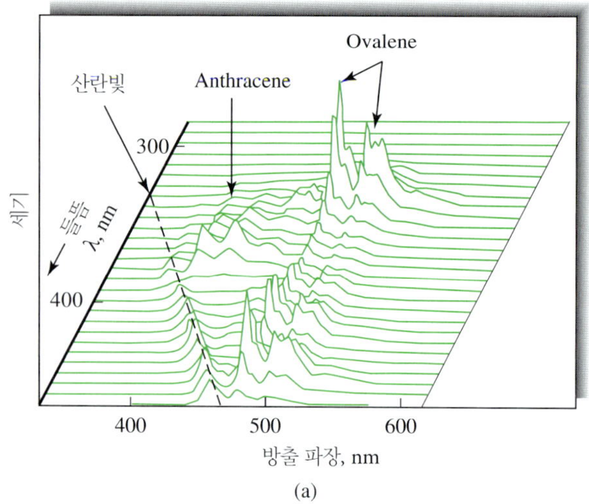

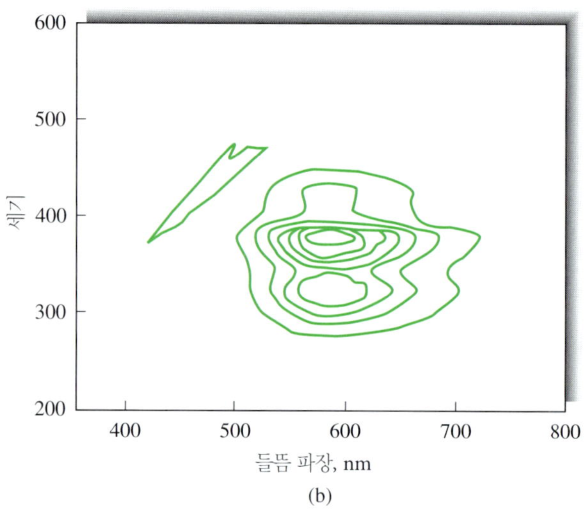

그림 15-6 전체 발광 스펙트럼. (a) Anthracene과 ovalene 혼합물의 전체 형광 스펙트럼은 3차원 도시로 표시되어 있다. (b) 8-hydroxybenzo[a]pyrene의 전체 형광 스펙트럼은 등고선 도시로 표시되어 있다. 각 선은 특정 형광 세기를 나타낸다. (Part a from Y. Talmi et al., *Anal. Chem.*, **1978**, *50*, 936A, **DOI**: 10.1021/ac50033a719. Figure 11, p. 948A. Part b adapted from J. H. Rho and J. L. Stewart, *Anal. Chem.*, **1978**, *50*, 620, **DOI**: 10.1021/ac50026a020. Figure 2, p. 622. Copyright 1978 American Chemical Society.)

15B 형광과 인광 기기

광발광 측정 기기의 구성 요소는 자외선-가시선 광도계 또는 분광 광도계에서와 유사하다. 그림 15-8은 *형광계*(fluorometer)와 *분광 형광계*(spectrofluorometer)에서 이러한 구성 요소에 대한 일반적인 구성을 보여주고 있다. 거의 모든 형광 기기는 방사선 세기에서의 변동을 보상하기 위해 표시된 것처럼 겹살 광학을 사용한다. 상단의 시료 빛살은 먼저 들뜸 파장 선택기(필터 또는 단색화 장치)를 통과하여 형광을 들뜨게 하지만 형광 방출 파장을 배제하거나 제한하는 복사선을 투과시킨다. 형광은 시료로부터 모든 방향으로 방출되지만, 들뜸 빛살에 대해 직각 방향에서 가장 편리하게 관찰된다. 직각 기하학은 산란과

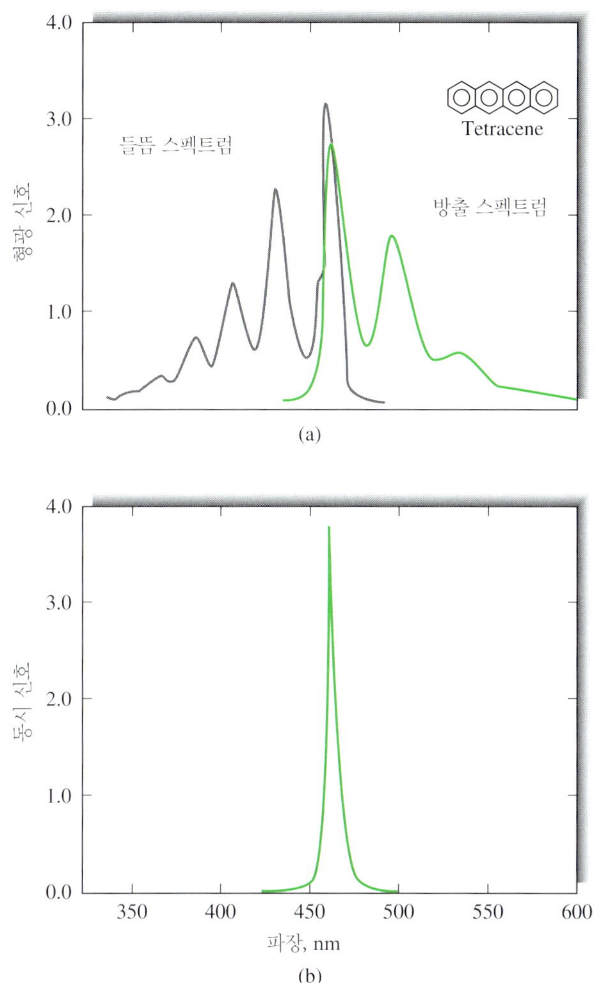

그림 15-7 동시 형광 스펙트럼. (a) Tetracene의 들뜸과 방출 스펙트럼을 보여주고 있다. (b) 동시 스펙트럼은 3 nm 고정 파장 차이에 대해서 보여주고 있다. (From T. Vo-Dinh, *Anal. Chem.*, **1978**, *50*, 396, **DOI**: 10.1021/ac50025a010. Figure 1, p. 397. Copyright 1978 American Chemical Society.)

강한 광원 복사선으로부터의 기여를 최소화한다. 그리고 방출 복사선은 형광 방출을 분리하는 방출 파장 선택기(필터 또는 단색화 장치)를 통과한다. 그 후에, 격리된 복사선이 광변환기를 두드리게 되면 전기 신호로 변환되어 측정이 이루어진다.

낮은 기준 빛살은 감쇠기를 통과하여 빛살 세기가 형광 복사선의 세기 정도로 줄어든다(세기의 감소는 보통 100배 이상이다). 그 후에 감쇠된 기준 빛살이 두 번째 변환기에 도달하고 전기 신호로 전환된다. 전자 장치 및 컴퓨터 데이터 시스템은 신호를 처리하여 형광 방출 강도와 들뜸 광원 세기의 비율을 계산하고, 결과 스펙트럼 또는 단일 파장 데이터를 생성한다.

형광 측정기와 분광 형광 측정기의 정교함, 성능 특성 및 비용은 흡수 측정을 위한 해당 기기와 마찬가지로 매우 폭넓고 다양하다. 파장 선택에 있어서 필터만 사용된다면, 이 기기를 *형광계*(fluorometer)라 한다. 정식 *분광 형광계*(spectrofluorometer)는 파장 분리를 위해 두 개의 단색화 장치를 사용한다. 일부 기기는 들뜸 파장을 선택하기 위해 필터를 사용하고 방출 파장을 선택하기 위해 단색화 장치를 사용한다는 점에서 하이브리드이다. 이들은 종종 분광 형광계라고 불린다. 몇몇 상업용 분광 광도계는 어댑터를 구매하여 장착하면 분광 형광계로 사용할 수 있다.

정식 분광 형광계는 형광 들뜸 스펙트럼 또는 형광 방출 스펙트럼을 생성한다. 그림 15-9a는 들뜸 파장이 주사되는 동안에 고정된 파장에서 형광 방출이 측정된 anthracene의 들뜸 스펙트럼을 보여주고 있다. 파장의 함수로서 광원 출력 세기 및 검출기 감응의 변화에 대한 적절한 보정으로, 절대 들뜸 스펙트럼이 흡수 스펙트럼과 매우 유사하게 얻어진다.

그림 15-9b는 anthracene의 형광 방출 스펙트럼이다. 스펙트럼은 방출 파장이 주사되는 동안 들뜸 파장을 일정하게 유지함으로써 얻은 것이다. 이 두 개의 스펙트럼은 서로 거의 거울상인데 이는 바닥 및 들뜸 전자 상태에 대한 진동 에너지 차이가 대략 동일하기 때문이다(그림 15-2 참고).

분광 형광계의 선택성은 분자의 전자 및 구조적 특성화에 중요하며 정성 및 정량 분석 측정에서 중요하다. 그러나 농도 측정을 위해서는 상대적으로 저렴한 형광계로도 충분하다. 이들

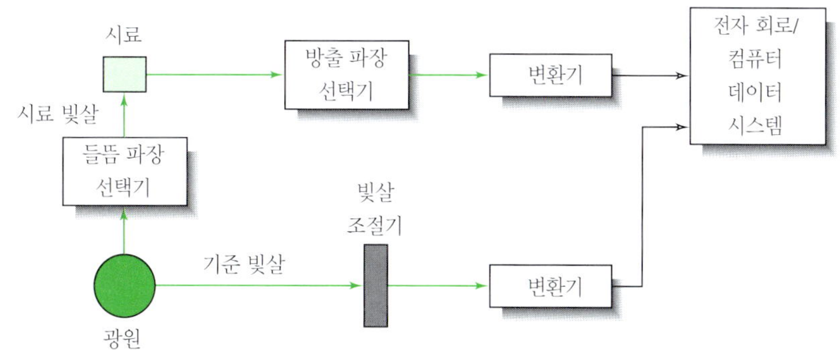

그림 15-8 형광계 혹은 분광계의 구성 요소. 광원 복사선은 두 개의 빛살로 분할된다. 시료 빛살은 들뜸 파장 선택기를 통과하여 시료까지 전달된다. 방출된 형광은 변환기를 두드리기 전에 방출 파장 선택기에 의해 분리된다. 기준 빛살은 변환기에 도달하기 전에 감쇠된다. 전자 회로 및 컴퓨터 시스템은 형광 세기와 기준 빛살 세기의 비를 계산하여 광원 세기의 변동에 대한 효과를 상쇄시킨다.

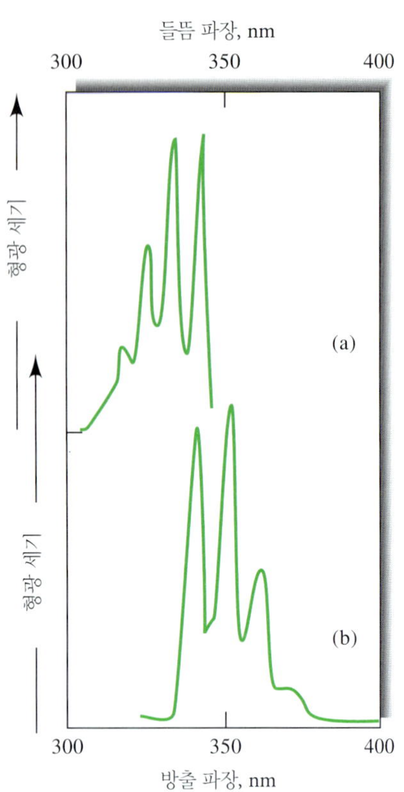

그림 15-9 알코올에 있는 1 ppm anthracene에 대한 형광 스펙트럼. (a) 들뜸 스펙트럼, (b) 방출 스펙트럼.

은 대개 형광법 특유의 측정 문제를 해결하기 위해 특별히 고안되었으며, 개량된 흡수 분광 광도계와 같이 특이성과 선택성이 있다.

15B-1 형광계와 분광계의 구성

형광계와 분광 형광계의 구성 성분은 흡수 광도계 및 분광 광도계에 대해 설명한 것과 매우 유사하다. 그러나 여기서는 몇 가지 차이점에 대해 설명하고자 한다.[2]

광원

식 15-6에 나타낸 바와 같이, 발광 측정에서의 출력 신호의 크기, 즉 감도는 광원의 복사선 세기 P_0에 정비례한다. 이러한 이유 때문에, 발광 측정에서는 흡수 측정에 사용되는 텅스텐 또는 중수소 램프보다 세기가 더 강한 광원이 사용된다.

램프. 필터 형광계의 가장 일반적인 광원은 용융 실리카 창으로 된 저압 수은 증기 램프이다. 이 광원은 254, 302, 313, 546, 578, 691 및 773 nm에서 형광을 들뜨게 하는 유용한 선들을 생성한다. 개별 선들은 적절한 흡수 또는 간섭 필터로 분리될 수 있다. 다양한 파장에 의해 대부분의 형광 화합물에서 형광이 유도될 수 있기 때문에, 보통 수은 선들 중에서 최소한 한 개는 적절하다는 것을 증명한다.

연속 복사선 광원이 필요한 분광 형광계의 경우 75~450 W 고압 제논 아크 램프가 일반적으로 사용된다. 이러한 램프는 15~30 V에서 5~20 A의 직류 전류를 생성할 수 있는 전원 공급 장치가 필요하다. 제논 아크 램프의 스펙트럼은 약 300~1300 nm의 연속 광원이다. 스펙트럼은 흑체 복사선과 유사하다(그림 6-22 참고). 일부 기기에서는 일정한 주파수에서 램프를 통해 축전기가 방전되어 정기적으로 시간 간격을 둔 순간 번쩍임을 제공한다; 더 큰 피크 세기는 펄스에 의해 얻어진다. 또한 변환기의 출력은 쉽게 증폭되고 처리될 수 있는 ac 신호이다.

청색 발광 다이오드(LED)는 형광 기기에서도 사용된다. 이 램프는 450~475 nm에서 복사선을 방출하며 일부 형광체를 들뜨게 하는 데 적합하다. 일부 LED에서 인광체 혼합물은 약 375 nm까지의 UV 영역에 있는 파장을 제공할 수 있다(제13D-1절 참고).

레이저. 1970년대 이후, 다양한 유형의 레이저가 광발광 측정을 위한 들뜸 광원으로 사용되고 있다. 특히 흥미로운 것은 펄스형 질소 레이저 또는 Nd:YAG 레이저에 의해 펌핑되는 조정 가능한 염료 레이저이다. 고정 파장 레이저도 크로마토그래피와 전기 이동 기기의 검출기로 사용되고 있다.

대부분의 상업용 분광 형광계는 가격이 저렴하고 서로 다른 들뜸 파장을 갖는 여러 분석물질을 분석하는 데 더 적용 가능하기 때문에 램프 광원을 사용한다. 그러나 레이저 광원은 어떤 경우에는 상당한 이점을 제공한다: 예를 들어, (1) 시료의 양이 마이크로리터 이하인 미세 구경 크로마토그래피 및 모세관 전기 이동과 같이 시료가 매우 작은 경우; (2) 레이저살의 조준 성질이 결정적으로 중요한 대기 중에 있는 hydroxyl 라디칼 혹은 물 속에 있는 chlorophyll을 형광 검출기로 검출하는 원격 감지의 경우, 혹은 (3) 고도의 단색화 들뜸이 형광 간섭 물질의 영향을 최소화하는 데 필요로 하는 경우.

필터와 단색화 장치

간섭 및 흡수 필터는 들뜸 빛살과 결과로 나온 형광 복사선의 파장 선택을 위한 형광계에 사용되고 있다. 분광 형광계는 적어도 하나 보통은 두 개의 회절발 단색화 장치가 장착되어 있다.

변환기

발광 방출 신호는 세기가 일반적으로 매우 낮다. 그러므로 민감한 변환기가 필요하다. 광전자 증배관은 감도 좋은 형광 기기에서 가장 일반적인 변환기이다. 종종, 이것들은 개선된 신호 대 잡음비를 제공하는 광자 계수 모드에서 작동된다(177페이지 참고). 신호 대 잡음비를 향상시키기 위해 변환기를 때때로 냉각시켜준다. 전하-결합 장치(CCD)와 같은 전하 이동 장치도 분

[2]사용 형광 기기의 총론은 다음을 참고하시오. J. Kling, *Anal. Chem.*, **2000**, *72*, 219A, **DOI:** 10.1021/ac002755u.

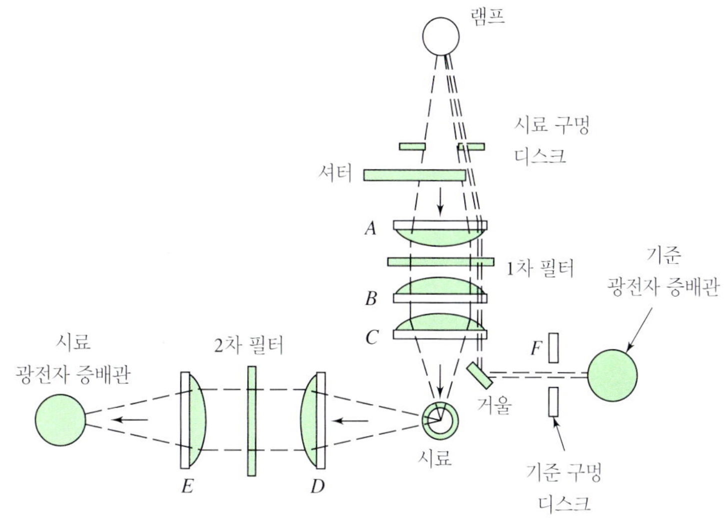

그림 15-10 전형적인 형광계. (Courtesy of Farrand Optical Components and Instruments Division of Ruhle Companies, Inc.)

광 형광법에 사용되고 있다.[3] 이 유형의 변환기는 들뜸 및 방출 스펙트럼을 신속하게 기록할 수 있으며 크로마토그래피 및 전기 이동에서 특히 유용하다.

시료 용기와 용기칸

유리 또는 실리카로 만든 원통형 및 직사각형 시료 용기가 형광 측정에 사용된다. 검출기에 도달하는 산란된 복사선의 양을 감소하기 위해 시료 용기(셀) 칸의 설계에 주의를 기울여야 한다. 종종 이 목적으로 배플(빛 차단 칸막이)을 시료칸에 도입하기도 한다. 피부 오일이 형광을 나타내기 때문에 흡광도 측정에서 보다 더 시료 용기에 지문이 묻는 것을 피하는 것이 중요하다.

시료의 부피가 제한적인 경우에는 저용량 마이크로 시료 용기를 이용할 수 있다. 몇몇 회사는 크로마토그래피 및 연속 흐름 분석에서 형광 검출을 위해 흐름 셀을 제작하였다. 시료 취급 부속품에는 마이크로 플레이트 판독기, 현미경 부속 장치, 광섬유 탐침 장치 등이 포함되어 있다. 종종 저용량 시료 용기가 실온 인광 및 화학 발광에 사용된다. 저온 인광 측정을 위해서는 특수 용기와 시료 취급이 필요하다.

그림 15-8에 나타낸 직각 구조가 가장 일반적이지만 다른 두 가지 시료 용기 구성이 사용되기도 한다. 전면 구조는 높은 흡광도 또는 불투명한 고체가 있는 용액에서 측정 가능하다. 약한 발광 신호는 방출 파장 선택기에 의한 강한 들뜸 빛살로부터 분리되어야 하기 때문에 180° 또는 직선상 구조는 거의 사용되지 않는다.

데이터 처리

현대의 컴퓨터 기반 발광 기기는 소프트웨어에서 사용할 수 있는 여러 가지 다양한 데이터 처리 체계를 갖추고 있다. 공통적인 데이터 처리 및 디스플레이 옵션에는 바탕 신호 빼주기, 보정된 들뜸 및 방출 스펙트럼 생성, 차별 및 미분 스펙트럼 계산과 표시, 피크 감지 및 처리, 디콘볼류션(deconvolution), 3차원 전체 발광 도시, 검정 데이터 도시, 통계적 파라미터의 계산, 다양한 방법에 의한 스펙트럼의 고르기 등이 있다. 특수한 소프트웨어는 속도론, 고성능 액체 크로마토그래피(HPLC) 검출, 혼합물의 분석, 시간 분해 측정 등이 가능하다.

15B-2 기기 설계

형광계

필터형 형광계는 정량 형광 분석을 수행하는 데 상대적으로 간단하고 저렴한 방법이다. 앞서 언급했듯이, 들뜸 및 방출된 복사선의 파장을 제한하는 데 있어서 흡수 및 간섭 필터를 사용한다. 일반적으로 형광계는 작고 견고하며 사용하기 쉽다.

그림 15-10은 형광 들뜸을 위해 수은 램프를 사용하고 변환기로서 한 쌍의 광전자 증배관을 사용하는 전형적인 필터형 형광계에 대한 개략도이다. 광원 빛살은 광원 근처에서 기준 빛살과 시료 빛살로 분할된다. 기준 빛살은 시료 구멍 디스크에 의해 감쇠되어서 그 세기가 형광 세기와 대략 동일하다. 두 빛살은 1차 필터를 통과하고, 기준 빛살은 기준 광전자 증배관으로 반사된다. 시료 빛살은 한 쌍의 렌즈에 의해 시료에 초점을 맞추고 형광을 방출한다. 방출된 복사선은 2차 필터를 통과한 다

[3]R. S. Pomeroy in *Charge Transfer Devices in Spectroscopy*, J. V. Sweedler, K. L. Ratzlaff, and M. B. Denton, eds., New York: VCH, 1994, pp. 281–314; P. M. Epperson, R. D. Jalkian, and M. B. Denton, *Anal. Chem.*, **1989**, *61*, 282, **DOI:** 10.1021/ac00178a020.

자습: www.tinyurl.com/skoogpia7에서 **형광 기기 (fluorescence instrumentation)**에 대해 더 알아보시오.

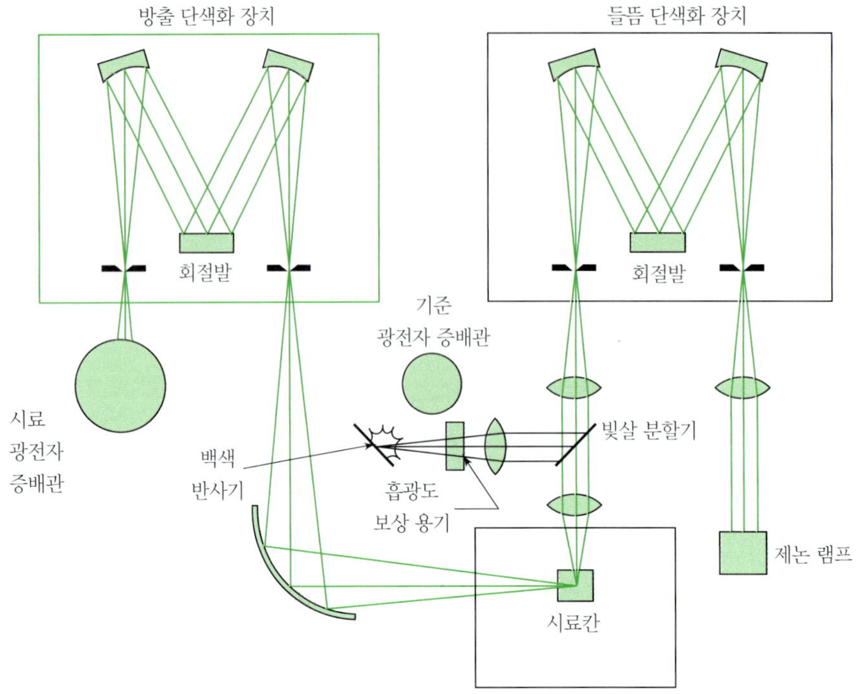

그림 15-11 분광 형광계. (Courtesy of Horiba Jobin Yvon, Edison, NJ.)

음 2차 광전자 증배관에 집중된다. 그런 다음 두 개의 변환기의 전기 출력은 처리되어 분석변수로 이용되는 시료 대 기준의 세기를 계산한다.

앞서 설명한 기기는 여러 상업용 형광계를 대표하는 것이다. 이들 중 일부는 더 단순한 홑살형 기기이다. 일부는 현장 실험용 휴대형 기기이다. 이러한 형광계들의 가격은 $수백에서 $10,000 이상이다.

분광 형광계

몇몇 계측기 제작사는 들뜸 및 방출 스펙트럼을 제공할 수 있는 분광 형광계를 공급하고 있다. 두 개의 회절발 단색화 장치를 사용하는 이들 중 하나의 광학 디자인이 그림 15-11에 나와 있다. 들뜸 단색화 장치로부터 나온 복사선은 분할되어 일부는 기준 광전자 증배관으로 통과하고 다른 일부분은 시료로 전달된다. 생성된 형광 복사선은 방출 단색화 장치에 의해 분산된 후 2차 광전자 증배관에 의해 검출된다.

그림 15-11에 표시된 것과 같은 기기는 정량 분석을 위한 완벽하게 만족스러운 스펙트럼을 제공한다. 그러나 얻어진 방출 스펙트럼은 형광의 세기뿐만 아니라 램프, 변환기 및 단색화 장치의 특성에 따라 출력이 달라지기 때문에 다른 기기를 이용하여 얻은 스펙트럼과 잘 비교되지는 않는다. 이러한 모든 기기의 특성은 파장에 따라 다르며 기기마다 다르다. 보정된 스펙트럼 즉, 기기 효과에서 벗어난 진짜 형광 스펙트럼을 얻기 위해 많은 방법들이 개발되었다(다음 절 참고).

배열 검출기 기반 분광 형광계

다이오드 배열 및 전하 전달 장치를 기반으로 하는 형광 스펙트럼을 초 단위로 얻을 수 있는 여러 가지 분광 광도계가 설명되었다.[4] 상업용 기기는 이제 CCD 검출기와 함께 사용할 수 있다.[5]

배열-검출기 분광 형광계 측정기의 독특한 용도 중 하나는 전체 발광 스펙트럼을 생성하는 것이다. 이러한 스펙트럼은 모든 들뜸 파장에서 방출 스펙트럼을 도시하는 것인데 일반적으로 3 차원으로 도시된다. 전체 발광 스펙트럼은 표준 광전자 증배관 변환기를 사용하여 일반적인 방식으로 얻을 수 있지만 관련 스펙트럼 수집에는 상당한 시간이 소요된다. 하나의 들뜸 파장에서 방출 스펙트럼을 얻은 다음 들뜸 단색화 장치는 다른 파장으로 이동되고 다시 방출 스펙트럼을 주사(스캔)한다. 이 과정은 충분한 범위가 들뜸에서 도달될 때까지 반복된다. 컴퓨터는 여러 스펙트럼을 저장하고 3차원 발광 스펙트럼을 표시한다.

전체 발광 스펙트럼을 생성하기 위한 정교한 배열 검출기 기반 기기의 원리가 그림 15-12a에 나타나 있다. 여기서 시료 용기의 길이는 출구 슬릿에 대해 90° 회전된 단색화 장치에 의해 *xy* 평면을 따라 분산된 들뜸 빛살로 조사된다. 변환기는 *xy* 평면에 있는 분산된 들뜸 복사선과 *yz* 평면에 있는 방출 단색화 장치로부터 분산된 복사선을 보는 2차원 CCD이다. 그림 15-12b는 가상의 분자 화학종에 대한 전통적인 들뜸 및 방출 스

[4]다음 예를 참고하시오. R. S. Pomeroy in *Charge Transfer Devices in Spectroscopy*, J. V. Sweedler, K. L. Ratzlaff, and M. B. Denton, eds., New York: VCH, 1994, pp. 281-314; P. M. Epperson, R. D. Jalkian, and M. B. Denton, *Anal. Chem.*, **1989**, *61*, 282, **DOI:** 10.1021/ac00178a020.

[5]예를 들어 다음 회사에서 만든 기기를 참고하시오. Ocean Optics, Inc., Dunedin, Florida, and Horiba Jobin Yvon, Edison, New Jersey.

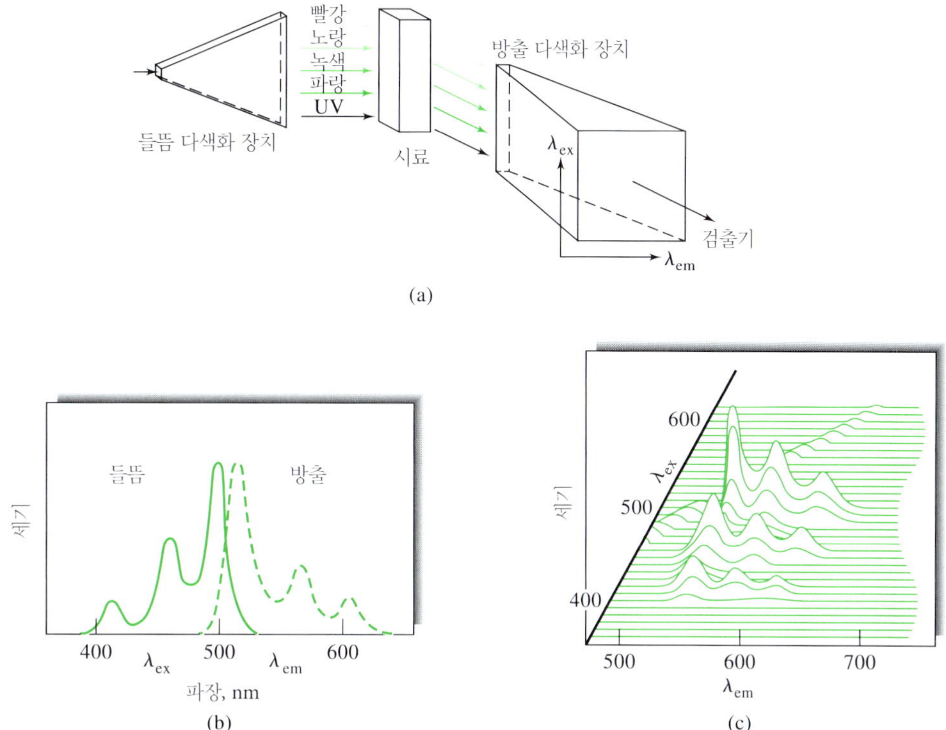

그림 15-12 3차원 분광 형광계. (a) CCD 검출기를 갖춘 전체 발광 스펙트럼을 얻기 위한 광학 시스템의 개략도. (With permission from G. W. Suter, A. J. Kallir, and U. P. Wild, Chimia, 1983, 37, 413.) (b) 가상 화합물의 들뜸 및 방출 스펙트럼. (c) (b) 화합물의 전체 발광 스펙트럼. (With permission of D. W. Johnson, J. P. Callis, and G. C. Christian, *Anal. Chem.*, **1977**, *49*, 747A, **DOI**: 10.1021/ ac50016a769. Figure 3, p. 749A. Copyright 1977 American Chemical Society.)

펙트럼을 보여주고 있다. 그림 15-12c는 이 화합물의 전체 발광 스펙트럼을 보여주며, 이는 그림 15-12a에 보여진 배치로 얻은 화합물의 완전한 들뜸 및 방출 스펙트럼이며 *등거리 투영법*(stack plot)이라고도 한다. 이 유형의 전체 스펙트럼은 몇 초 이내에 얻을 수 있으며, 형광 화학종의 혼합물 분석에 특히 유용하다. 이 유형의 상용 기기도 있다.[6]

광섬유 형광 센서

광섬유 탐침을 사용하면 광원 및 검출기에서 멀리 떨어져 있는 다양한 위치에서 형광 측정을 수행할 수 있다. 이러한 탐침을 사용하면 레이저 광원의 복사선이 광섬유를 통과하여 시료 용액에서 형광을 들뜨게 한다. 그런 다음 형광 방출은 동일한 광섬유를 통해 다시 측정을 위해 검출기로 이동한다. 이런 형태의 장치에 대한 응용성은 형광 지시약 물질을 광섬유의 끝부분에 고정시킴으로써 비형광 분석물질 측정까지도 확장되었다.[7] 광섬유의 성질과 화학 기기의 응용에 대한 설명은 제7G절에 나와 있다.

많은 형광 센서는 직접 형광이 아닌 형광의 소광을 기반으로 한다.[8] 예를 들어, 분자 산소는 최고의 충돌 소광제 중 하나이다. 산소는 여러 고리 방향족 탄화수소; 루테늄, 오스뮴, 이리듐 및 백금의 착물; 그리고 다수의 표면 흡착된 헤테로 고리 분자들로부터 형광을 소광시킬 수 있다. 산소 센서는 광섬유 다발의 끝부분에 있는 얇은 실리콘 층에 형광 물질을 고정시킴으로써 만들 수 있다.[9] SO_2, halide, H_2O_2 및 여러 다른 분자용 센서는 형광 소광에 기반을 두고 있다.

인광계

인광을 연구하기 위해 사용되는 기기는 두 가지 추가적인 구성요소가 필요하다는 것을 제외하고는 형광계와 분광 형광계와 디자인이 유사하다.[10] 첫 번째는 시료를 번갈아 조사하고 적절한 시간 지연 후에 인광 강도를 측정하는 장치이다. 수명이 긴

---

[6]Horiba Jobin Yvon, Edison, New Jersey.

[7]광섬유 형광 센서에 대한 논의는 다음 문헌을 참고하시오. O. S. Wolfbeis, in *Molecular Luminescence Spectroscopy*, S. G. Schulman, ed., Part 2, Chap. 3, New York: Wiley, 1988.

[8]다음 문헌을 참고하시오. W. Trettnak, in *Fluorescence Spectroscopy: New Methods and Applications*, O. S. Wolfbeis, ed., New York: Springer-Verlag, 1993, Chap. 7.

[9]J. N. Demas, B. A. DeGraff, and P. B. Coleman, *Anal. Chem.*, **1999**, *71*, 793A, **DOI:** 10.1021/ac9908546.

[10]다음을 참고하시오. R. J. Hurtubise, *Anal. Chem.*, **1983**, *55*, 669A, **DOI:** 10.1021/ac00257a783; R. J. Hurtubise, *Phosphorimetry: Theory, Instrumentation, and Applications*, Chap. 3, New York: VCH, 1990.

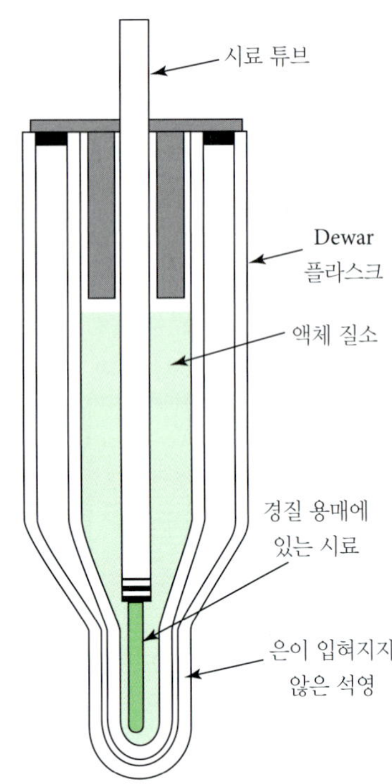

그림 15-13 저온 인광 측정용 Dewar 플라스크와 시료 용기. 광학 경로는 플라스크의 은이 입혀지지 않은 부분을 지나간다.

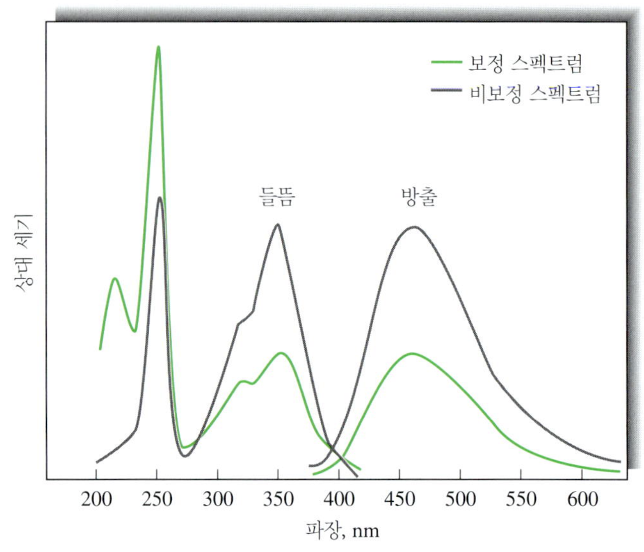

그림 15-14 0.2 M H_2SO_4에서 quinine sulfate에 대한 보정된 스펙트럼과 보정되지 않은 스펙트럼. 보정된 들뜸 스펙트럼은 250 nm 띠의 몰 흡광도가 더 크기 때문에 장파장(~350 nm) 영역보다는 단파장(~250 nm) 영역에서 더 높은 세기를 나타낸다는 것에 주목하라. 보정되지 않은 들뜸 스펙트럼은 광원 복사선 세기가 낮기 때문에 250 nm 영역에서 훨씬 낮은 강도를 보여준다. 350 nm 대역은 높은 광원의 복사선 세기 때문에 보정되지 않은 스펙트럼에서 더 높은 강도를 갖는다. (From *NIST Tech. Note* 584, p. 55, December 1971.)

인광 발광과 수명이 짧은 형광 방출을 구별하는 데 시간 지연이 필요하며, 둘 다 동일한 시료에서 유래된다. 기계 및 전자 장치가 사용되고 있으며, 많은 상용 형광 기기에는 인광 측정을 위한 부속 장치가 있다. 현재의 많은 기기는 시간 지연을 위해 게이트 방식을 사용한다. 펄스된 제논 아크 램프가 시료를 들뜨게 하는 데 자주 사용된다. 사용자에 의해 지정된 지연 시간 후, 데이터 수집 시스템이 활성화되어 인광 신호를 얻는다. 흔히 램프가 꺼지고 형광이 매우 작은 값으로 떨어졌을 때 이 기간 동안 신호를 적분한다.

인광 측정은 대개 경질 매질 내에서 액체 질소 온도에서 수행되어 수명이 긴 삼중항 상태의 충돌 비활성화를 최소화하기 때문에 두 번째 새로운 구성 요소가 필요하다. 일반적으로 그림 15-13과 같이 석영 창이 있는 Dewar 플라스크는 인광계의 일부이다. 사용된 온도에서, 분석물질은 유리 또는 고체 용매에 용질로서 존재한다. 이 목적을 위한 일반적인 용매는 디에틸 에테르, 펜테인 및 에탄올의 혼합물이다.

15B-3 보정 및 보상 기법

몇 가지 다른 계획을 사용하여 여러 가지 변수에 영향을 주는 일부에 대한 발광 스펙트럼을 보정한다. 광원의 안정성, 광원의 스펙트럼 분포, 내부 필터 효과, 광학 부품의 효율 및 기기 부품의 스펙트럼 감응은 발광 세기 및 스펙트럼에 영향을 줄 수 있는 변수 중 하나이다. 많은 기기들은 이러한 효과의 일부를 보정 또는 보상할 수 있는 설비를 가지고 있다.

광원의 보상

그림 15-10과 15-11에 나타낸 발광 기기는 기준 광전자 증배관을 통해 광원의 세기를 모니터한다. 가장 일반적으로, 시료의 발광 신호 대 기준 검출기로부터의 신호의 비율이 연속적으로 얻어진다. 이것은 광원 세기의 변동 및 들뜸을 보상할 수 있다. 공간적 겹살형과 시간적 겹살형 디자인 모두에 사용되고 있다.

보정된 들뜸 스펙트럼

광원 보정은 광원의 파장 의존성 또는 광학 구성 요소 및 들뜸 파장 선택기의 효율성을 보정하지 못한다. 이러한 효과에 대한 보정은 여러 가지 방법으로 수행할 수 있다. 일부 상용 기기에서는 *양자 계수기*(quantum counter)가 사용되었다. 양자 계수기는 Rhodamine B와 같이 높은 양자 효율성을 지닌 농도가 높은 형광체로 채워진 기준 용기이다. 글리세롤 내에서 3~8 g/L 용액은 기본적으로 220~600 nm의 모든 입사광을 흡수한다. 이 들뜸 영역에 대해 양자 효율은 사실상 일정하다. 들뜸 빛살은 파장 선택기 이후에 분할되고, 일부는 기준 물질을 들뜨게 한다. 동일한 방출 스펙트럼 분포는 모든 들뜸 파장에서 발생하므로 광전자 증배관의 스펙트럼 감응은 중요하지 않다. 그 결과로 나온 기준 신호는 시료를 두드리는 광원의 복사 세기에 정비례한다.

전산화된 분광 광도계는 종종 광원의 기준 스펙트럼을 컴퓨터 메모리에 저장함으로써 유사한 보정을 수행한다. 시료 스펙트럼을 스캔한 후, 시료 스펙트럼 대 기준 스펙트럼의 비를 계산함으로써 보정된다.

보정된 스펙트럼과 보정되지 않은 스펙트럼의 차이에 대한 예가 그림 15-14에 나와 있다. 적절하게 보정된 들뜸 스펙트럼은 같은 화합물의 흡수 스펙트럼과 동일해야 한다.

보정된 방출 스펙트럼

선택기와 변환기의 서로 다른 파장 의존성 때문에 서로 다른 기기에서 수집된 방출 스펙트럼은 다를 수 있다. 적절히 보정된 방출 스펙트럼의 모양은 그림 15-14에 표시된 것처럼 들뜸 파장에 따라 발광 효율이 어떻게 변하는지를 반영한다. 방출 스펙트럼을 보정하기 위해는 교정된 광원이 사용되며 방출 단색화 장치 및 변환기에 대한 교정 계수가 결정된다. 이들은 컴퓨터 메모리에 저장된다. 따라서 보정되지 않은 방출 결과는 적절한 보정 계수를 곱해서 보정된 스펙트럼을 얻는다.

15B-4 기기의 표준화

광원의 세기, 변환기의 감도 및 기타 기기적 변수의 변화 때문에 주어진 형광계 또는 분광 광도계로 매일 한 용액 또는 한 세트의 용액 대해 정확히 동일한 판독값을 얻는 것은 거의 불가능하다. 이러한 이유로 기기를 표준화하고 재현성 있는 감도 수준으로 설정하는 것이 일반적이다. 표준화는 종종 안정한 형광체의 표준 용액으로 수행된다. 이 목적을 위한 가장 일반적인 시약은 약 10^{-5} M 농도의 갖는 quinine sulfate 표준 용액이다. 일반적으로 350 nm에서 복사선에 의해 들뜨게 되며 450 nm의 복사선을 방출한다(그림 15-14 참고). 다른 화합물은 다른 파장 영역임을 기술한 바 있다.

여러 기기 제조업체는 일련의 형광 표준 물질을 제공하고 있다. 경우에 따라 표준 물질을 플라스틱 매트릭스에 용해시켜 특별한 저장 장치 없이 무기한 사용할 수 있는 안정적인 고체 블록을 제공한다. 이를 통해서 기기는 분석에 사용되는 파장 영역에 대해 쉽게 표준화된다.

다른 기기들 간의 형광 스펙트럼 비교는 제15B-3절에서 논의된 것처럼 보정된 스펙트럼으로만 수행되어야 한다.

15C 광발광법의 응용

형광법과 인광법은 본질적으로 흡수–기반 분광 광도계 측정보다 검출 한계(LOD)가 낮다. 이 방법들은 과학자들이 이용할 수 있는 가장 감도가 좋은 분석 기술 중 하나이다. 향상된 감도는 광원의 세기 P_0에 직접 비례하는 형광법과 인광법에 대한 농도 관련 파라미터인 F로부터 기인한다. 광발광 세기는 P_0에 독립적으로 측정될 수 있다. 대조적으로, 흡광도 측정은 농도에 비례하는 흡광도가 이 두 양의 비율에 의존하기 때문에 P_0와 P 모두를 평가해야 한다.

형광법의 감도는 P_0를 높이거나 형광 신호를 추가 증폭하여 향상시킬 수 있다. 실제로, 분석물질의 농도가 0일 때 발광 신호는 0이 아니다. 바탕 발광과 산란 및 기타 소스로부터의 신호가 최종 LOD를 결정한다. 반면에, 분광 광도계에서, P_0의 증가는 P의 비례 변화를 가져오고, 따라서 A에 영향을 주지 못한다. 그러므로 형광법은 일반적으로 상응하는 분광 광도법보다 10^1 내지 10^3배 정도 좋은 검출 한계를 갖는다. 다른 한편, 광발광법의 정밀도와 정확도는 분광 광도법보다 일반적으로 2~5배 정도 좋지 않다. 광발광법의 정밀도는 종종 광원의 깜박이 잡음과 들뜸에 의해 제한을 받는다. 정확도는 종종 추가적으로 형광 및 산란을 일으키게 하거나 분석물질의 형광을 소광시키는 시료 내의 부수물 또는 입자에 의해 제한받는다. 일반적으로 인광법은 형광법보다 정확하지 않다.

발광법은 일반적으로 해당 흡수 방법보다 더 넓은 선형 동적 범위를 갖는다. 교정 곡선은 종종 검출 한계보다 약간 위에서부터 흡수가 뚜렷하게 되는 즉, 일차 내부 필터 효과가 있는 지점까지 선형이다. 이들 방법은 또한 많은 분자가 방사선을 흡수하는 것과 같이 상당한 발광을 나타내지 않기 때문에 흡수 방법보다 선택성이 증가하고, 들뜸 및 방출 파장 모두가 변할 수 있다. 반면에, 시약, 실험실 초자 및 기타 간섭 물질로부터의 오염은 발광법에 더 중요하다.

15C-1 무기물의 형광법 측정

무기 형광법에는 두 가지 유형이 있다.[11] 직접적인 방법은 형광성 킬레이트의 형성 후에 그것의 방출을 측정한다. 두 번째 방법은 측정되는 물질의 소광 작용으로 인한 형광 방출의 감소 측정을 기반으로 한다. 후자 기술은 음이온 분석에 가장 널리 사용되고 있다.

형광 킬레이트를 형성하는 양이온

두 가지 요인이 형광 킬레이트를 형성하는 전이 금속 이온의 수를 크게 제한한다. 첫째, 이들 이온의 대부분은 삼중항 상태로의 계간 교차 속도를 증가시키는 상자기성이다. 인광이 관찰되더라도 형광에 의한 비활성화는 거의 불가능하다. 두 번째 요인은 전이 금속 착물들이 많은 밀집된 에너지 준위를 갖는다는 것인데, 이는 내부 전환에 의한 비활성화의 가능성을 높인다. 따라서, 형광법의 주요한 무기 화학종에 대한 응용은 이러한 비활성화 과정에 덜 민감한 비전이 금속 이온에 관한 것이다. 이러한 양이온들은 일반적으로 무색이며 무색의 킬레이트를 형성하는 경향이 있다. 따라서 형광법은 종종 분광 광도계를 보완한다.

형광용 시약

양이온 분석을 위한 가장 성공적인 형광용 시약은 금속 이온과 킬레이트 형성이 가능한 2개 이상의 주개 기능기가 있는 방향

[11]무기 화학종의 형광 측정에 대한 총설은 다음을 참고하시오. A. Fernandez-Gutierrez and A. M. De La Pena, in *Molecular Luminescence Spectroscopy*, S. G. Schulman, ed., Part 1, Chap. 4, New York: Wiley, 1985.

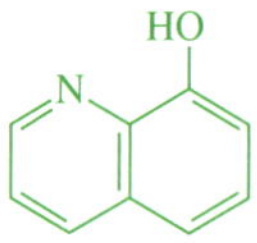

8-hydroxyquinoline
(Al, Be 및 다른
금속 이온을 위한 시약)

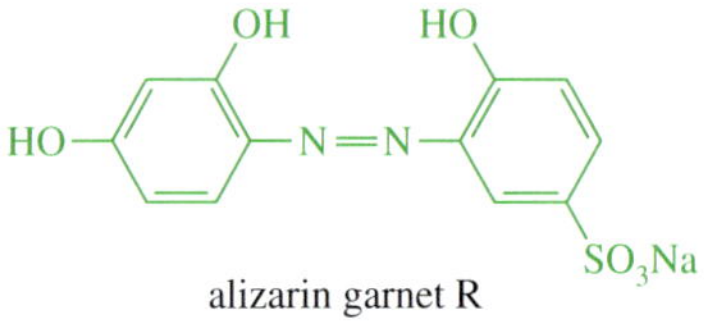

alizarin garnet R
(Al, F^-를 위한 시약)

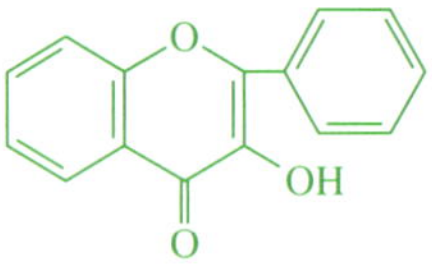

flavanol
(Zr과 Sn을 위한 시약)

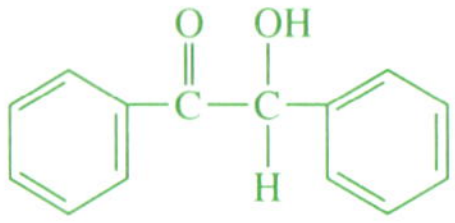

benzoin
(B, Zn, Ge 및 Si를 위한 시약)

그림 15-15 금속 양이온에 대한 형광 킬레이트제. Alizarin garnet R은 0.007 μg/mL 정도로 낮은 농도의 Al^{3+}를 검출할 수 있다. Alizarin garnet R로 F^-를 검출하는 것은 Al^{3+} 착물의 형광 소광에 기초한다. Flavanol은 0.1 μg/mL 농도에서 Sn^{4+}를 검출할 수 있다.

족 구조를 가지고 있다.[12] 네 개의 일반적인 시약의 구조는 그림 15-15에 나와 있다.

선택된 형광용 시약과 그 응용은 표 15-2에 나와 있다. 알 수 있듯이 LOD는 대부분의 방법에서 상당히 낮다.

15C-2 유기 및 생화학 화학종에 대한 방법

형광법을 유기 화학에 응용한 횟수가 인상적이다. Dean은 이들 중 가장 중요한 것을 표에 요약했다.[13] *일부 유기 화합물의 형광분광법*(Fluorescence Spectroscopy of Some Organic Compounds)이란 제목에는 adenine, anthranilic acid, aromatic polycyclic hydrocarbons, cysteine, guanine, isoniazid, naphthols, nerve gases sarin and tabun, proteins, salicylic acid, skatole, tryptophan, uric acid, warfarin (coumadin)과 같은 다양한 화합물이 200개 이상 포함되어 있다. 형광법으로 측정할 수 있는 많은 의약품으로는 adrenaline, morphine, penicillin, phenobarbital, procaine, reserpine, lysergic acid diethylamide (LSD)와 같은 것이 기재되어 있다. 의심의 여지가 없이, 형광법의 가장 중요한 응용은 식품, 의약품, 임상 시료 및 천연물의 분석이다. 이 방법의 감도와 선택성은 이 분야에서 특별히 가치가 있는 도구가 된다. 수많은 생리학적으로 중요한 화합물이 형광을 나타낸다.

15C-3 인광법

인광법과 형광법은 강하게 형광을 나타내는 화합물이 약한 인광을 나타내거나 약하기 때문에 상보적인 경향이 있다.[14] 예를 들어, 응축된 고리 방향족 탄화수소 중에서 할로젠 또는 황과 같이 무거운 원자를 포함하는 화합물은 종종 강하게 인광을 나타낸다. 그러나 중원자가 없는 동일한 화합물은 인광보다 형광을 나타내는 경향이 있다.

인광법은 nucleic acids, amino acids, pyrine and pyrimidine, enzymes, petroleum hydrocarbons, pesticides 같은 다양한 유기 및 생화학종의 측정에 사용되고 있다. 그러나 이 방법은 형광법처럼은 널리 사용되지는 않고 있는데 이는 아마도 낮은 온도가 필요하고 인광 측정의 일반적인 낮은 정밀도 때문일 것이다. 다른 한편으로는, 인광 절차의 잠재적인 더 큰 선택성이 매력적이다. 거동에서의 이러한 차이에 대한 이유는 효율적인 인광은 들뜬 삼중항 상태를 채우기 위해 빠른 계간 교차를 필요로 하며, 이는 들뜬 단일항의 농도와 형광 세기를 감소시킨다.

지난 20년 동안 실온에서 수행할 수 있는 인광법의 개발에 상당한 노력이 기울여졌다.[15] 여과지나 실리카젤과 같은 고체 지지체에 결합된 분석물질을 측정한 것이 실온 인광에 대한 첫 번째 관찰 결과였다. 이러한 응용에서, 분석물질의 용액이 고체에서 분산되고, 용매는 증발된다. 그런 다음 표면의 인광이 측정된다. 강성 매트릭스는 충돌 소광에 의한 삼중항 상태의 비활성화를 최소화한다. 충돌 소광은 삼중항 상태의 수명이 훨씬 길기 때문에 형광보다 인광에 더 많은 영향을 준다.

마이셀을 함유한 조직화된 매질 내에서 용액 내 실온 인광이 관찰되었다. 마이셀과 함께, 분석물질은 삼중항 상태를 보호하는 마이셀의 중심 속에 통합된다. 도넛 형태의 고분자인 cyclodextrin 분자도 사용되고 있다. 대부분의 실온 실험에서 Tl(I), Pb(II), Ag(I) 및 할로젠 이온과 중원자들 역시 계간 교차를 촉진하는 데 사용된다.

---

[12] 형광 시약에 대한 자세한 논의는 다음 문헌을 참고하시오. pp. 384–426 of *Molecular Luminescence Spectroscopy* (note 11), and G. Guilbault, in Comprehensive Analytical Chemistry, G. Svehla, ed., Vol. VIII, Chap. 2, pp. 167-178, New York: Elsevier, 1977.

[13] J. A. Dean, *Analytical Chemistry Handbook*, pp. 5.63–5.69, New York: McGraw-Hill, 1995.

[14] 다음을 참고하시오. R. J. Hurtubise, *Phosphorimetry: Theory, Instrumentation, and Applications*, Chap. 3, New York: VCH, 1990.

[15] T. Vo-Dinh, *Room Temperature Phosphorimetry for Chemical Analysis*, New York: Wiley, 1984.

표 15-2 무기 화학종을 위한 선택된 형광법

이온	시약	파장, nm 흡수	파장, nm 형광	LOD, μg/mL	간섭 물질
Al^{3+}	Alizarin garnet R	470	500	0.007	Be, Co, Cr, Cu, F^-, NO_3^-, Ni, PO_4^{3-}, Th, Zr
F^-	Quenching of Al^{3+} complex of alizarin garnet R	470	500	0.001	Be, Co, Cr, Cu, Fe, Ni, PO_4^{3-}, Th, Zr
$B_4O_7^{2-}$	Benzoin	370	450	0.04	Be, Sb
Cd^{2+}	2-(*o*-Hydroxyphenyl) benzoxazole	365	Blue	2	NH_3
Li^+	8-Hydroxyquinoline	370	580	0.2	Mg
Sn^{4+}	Flavanol	400	470	0.1	F^-, PO_4^{3-}, Zr
Zn^{2+}	Benzoin	–	Green	10	B, Be, Sb, colored ions

From J. A. Dean, *Analytical Chemistry Handbook*, New York: McGraw-Hill, 1995, pp. 5.60 – 5.62.

15C-4 액체 크로마토그래피에서 형광 검출

광발광 측정은 크로마토그래피 또는 모세관 전기 이동 컬럼에서 용출되는 시료의 성분을 검출하고 정량하는 데 중요한 방법을 제공한다. 빛살이 컬럼 직경 정도의 크기로 쉽게 집중될 수 있기 때문에 레이저-들뜸 형광이 특히 이러한 응용에 중요하다. 액체 크로마토그래피 및 모세관 전기 이동의 응용은 제28장과 제30장에서 보다 자세하게 논의된다.

15C-5 수명 측정

형광 수명 측정은 충돌 비활성화 과정, 에너지 전달 속도 및 들뜬 상태 반응에 대한 정보를 제공할 수 있다. 수명 측정은 발광 화학종을 함유한 혼합물의 분석에서 추가적인 선택성을 제공할 수 있도록 분석학적으로 사용될 수 있다. 발광 수명의 측정은 초기에는 인광 시스템에 제한되었는데, 여기서 붕괴 시간은 시간의 함수로서 방출 세기를 쉽게 측정할 수 있을 만큼 충분히 길었다. 그러나 근래에는 형광 시간 척도(10^{-5}~10^{-9}초)에서 발광 붕괴 속도를 일상적으로 측정하게 되었다.

수명 측정, *시간 영역*(time-domain) 접근법 및 *주파수 영역*(frequency-domain) 접근법에 널리 사용되는 두 가지 방법이 사용된다. 시간 영역 측정에서는 펄스 광원을 사용하고 형광의 시간 종속적인 붕괴를 측정한다. 주파수 영역 방법에서는 sine 곡선 변조 광원을 사용하여 시료를 들뜨게 한다. 들뜸 파형에 대한 형광 방출의 위상 이동 및 복조는 수명 정보를 제공한다. 상용 기기는 두 가지 기술을 수행하는 데 이용될 수 있다.[16]

15C-6 형광 영상법

최근에는 형광 분광기와 광학 현미경을 결합하여 단일 세포와 같은 복잡한 매트릭스에서 형광체의 편재된 이미지를 생성하는 것이 가능하게 되었다.[17] 어떤 경우에는 생체 분자의 고유(기본) 형광은 세포 내에서 운동력학을 모니터하는 데 현미경과 결합하여 사용될 수 있다.[18] 고유 형광체가 없는 경우에는 생물학적 결과를 조사하기 위해 형광 지시계를 사용할 수 있다. 특히 흥미로운 탐침은 Ca^{2+} 또는 Na^+와 같은 특정 이온에 결합했을 때 들뜸 또는 방출 스펙트럼이 변하는 소위 이온 탐침이다. 이 표시기는 개별 뉴런의 다른 부분에서 발생하는 결과를 기록하거나 뉴런의 수집 활동도를 동시에 모니터링하는 데 사용할 수 있다.

예를 들어, 신경 생물학에서 Fura-2 염료는 약리학적 또는 전기적 자극에 따라 유리 세포 내 칼슘 농도를 모니터링하는 데 사용되었다. 뉴런의 특정 부위에서 시간의 함수로서 형광 변화를 추적함으로써, 연구자들은 칼슘 의존 전기 현상이 언제 어디서 일어나는지를 결정할 수 있다. 연구된 한 세포는 중추 신경계에서 가장 큰 소뇌의 Purkinje 뉴런이다. 이 세포에 Fura-2 형광 표시기가 장착되면 개별 칼슘 작용의 전압에 해당하는 형광의 급격한 변화를 측정할 수 있다. 변화는 형광 형상 기술을 통해 세포의 특정 부위와 관련된다. 그림 15-16은 소듐 작용 전압의 스파이크와 관련된, 안정된 형광에 대한 형광의 변화인 $\Delta F/F$로 기록된 일시적인 형광과 함께, 형광 이미지를 오른쪽에 보여주고 있다. 이러한 종류의 패턴에 대한 해석은 시냅스 활동의

[16]수명 측정에 대한 참고 문헌을 다음을 참고하시오. F. V. Bright and C. A. Munson, *Anal. Chim. Acta*, **2003**, *500*, 71, **DOI:** 10.1016/S0003-2670(03)00723-2; J. R. Lakowicz, *Principles of Fluorescence Spectroscopy*, 2nd ed., Chaps. 4 and 5, New York: Kluwer Academic Publishers/Plenum Press, 1999.

[17]X. F. Wang, B. Herman, eds., *Fluorescence Imaging Spectroscopy and Microscopy*, New York: Wiley, 1996.

[18]예로 다음을 참고하시오. E. S. Yeung, *Anal. Chem.*, **1999**, *71*, 522A, **DOI:** 10.1021/ac9906025.

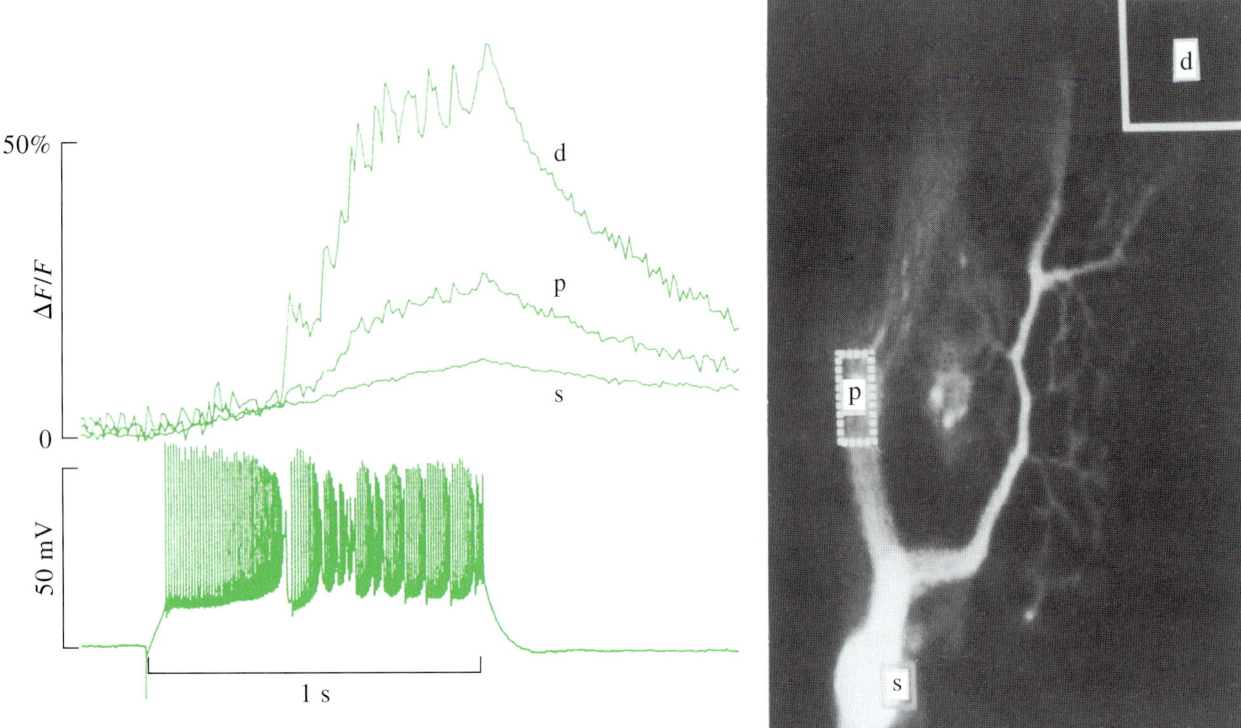

그림 15-16 소뇌 Purkinje 세포에서 칼슘 과도 현상. 오른쪽 이미지는 칼슘 농도에 반응하는 형광 염료가 채워진 세포의 이미지이다. 셀의 d, p 및 s 영역에서 기록된 순간적인 형광은 왼쪽 상단에 표시되어 있다. 영역 d에서의 과도 현상은 세포의 수상 돌기 영역에 해당한다. 특정 칼슘 신호는 왼쪽 하단에 표시된 활동 전압과 관계가 있다. (From V. Lev-Ram, H. Mikayawa, N. Lasser-Ross, W. N. Ross. Calcium Transients in Cerebellar Purkinje Neurons Evoked by Intracellular Stimulation, *J. Neurophysiol*, **1992**, *68*, 1170 – 1177, figure 2A.)

세부 사항을 이해하는 데 중요한 의미를 가질 수 있다. 상용 형광 현미경과 현미경 부속품들은 여러 출처에서 구할 수 있다.

형광 현미경과 형광 수명 방법은 *형광 수명 영상*(fluorescence lifetime imaging)으로 알려진 기술에 결합되었다. 여기에서 분자 수명은 2차원 형광 이미지에서 대비를 만드는 데 사용될 수 있다.[19]

15D 화학 발광

분석 화학에서 화학 발광의 응용은 비교적 최근에 개발되었다. 화학 발광을 일으키는 화학 반응의 수가 적기 때문에 이 방법이 적용되는 화학종의 수는 상대적으로 적다. 그럼에도 불구하고 화학 발광을 일으키기 위해 반응하는 몇몇 화합물들은 환경의 중요한 구성 성분이다. 이들의 경우, 방법의 높은 선택성, 단순성 및 극도의 감도가 사용의 증가를 설명하고 있다.[20]

15D-1 화학 발광 현상

화학 발광은 화학 반응에 의해 전자적으로 들뜬 화학종이 바닥 상태로 되돌아가면서 빛을 방출할 때 생성된다. 화학 발광 반응은 많은 생물학적 시스템에서 발생하며, 흔히 이 과정은 *생체 발광*(bioluminescence)이라고 한다. 생체 발광을 나타내는 종의 예로는 반딧불, 바다 팬지, 특정 해파리, 박테리아, 원생 동물 및 갑각류가 있다. 다양한 천연 생체 발광 과정의 화학은 완전히 이해되지 않고 있다.

약 1세기 전에, 비교적 단순한 몇 가지 유기 화합물 또한 화학 발광을 나타낼 수 있다는 것이 발견되었다. 화학 발광을 생성시키는 이러한 화합물의 가장 간단한 유형의 반응은 다음과 같이 식으로 표현할 수 있다.

$$A + B \rightarrow C^* + D$$

$$C^* \rightarrow C + h\nu$$

[19]예로 다음을 참고하시오. J. R. Lakowicz, *Principles of Fluorescence Spectroscopy*, 2nd ed., New York: Kluwer Academic Publishing/Plenum Press, 1999; B. Herman, *Fluorescence Microscopy*, 2nd ed., New York: Springer-Verlag, 1998.

[20]화학 발광과 분석 응용에 대한 총설은 다음을 참고하시오. S. Das et al., *Anal. Chem.*, **2012**, *84*, 597, **DOI:** 10.1021/ac202904n and previous reviews in *Analytical Chemistry*; T. A. Nieman, *in Handbook of Instrumental Techniques for Analytical Chemistry*, F. A. Settle, ed., Chap. 27, Upper Saddle River, NJ: Prentice-Hall, 1997.

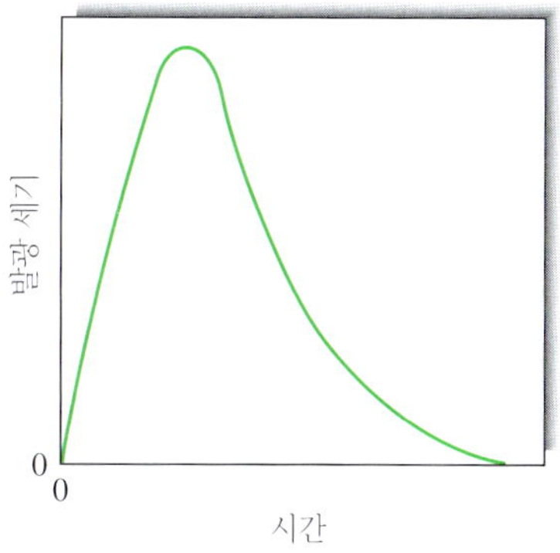

그림 15-17 시약 혼합 후 시간의 함수로서 화학 발광 방출 세기.

여기서 C*는 화학종 C의 들뜬 상태를 나타낸다. 발광 스펙트럼은 반응 생성물 C의 발광 스펙트럼이다. 대부분의 화학 발광 과정은 이러한 간단한 반응에 의해 제시된 것보다 상당히 더 복잡하다.

화학 발광의 경우, 복사선의 세기 I_{CL}(초당 방출되는 광자 수)은 화학 반응의 속도($d[C]/dt$)와 화학 발광 양자 수율 ϕ_{CL}(반응 한 분자당 광자 수)에 의존한다. 후자의 용어는 들뜸 양자 수율 ϕ_{EX}(반응 한 분자당 들뜬 상태)와 방출 양자 수율 ϕ_{EM}(들뜬 상태당 광자 수)의 곱과 동일하다. 이러한 관계는 다음 식으로 나타낼 수 있다.

$$I_{CL} = \phi_{CL}\frac{d[C]}{dt} = \phi_{EX}\phi_{EM}\frac{d[C]}{dt} \tag{15-13}$$

분석 화학에 유용한 화학 발광 시스템은 일반적으로 0.01~0.2의 ϕ_{CL}값을 갖는다.

15D-2 화학 발광의 측정

화학 발광 측정을 위한 기기는 매우 간단하며 적합한 반응 용기와 광전자 증배관만으로 구성될 수 있다. 일반적으로, 복사선의 유일한 광원은 분석물질과 시약 간의 화학 반응이므로 파장 선택 장치가 필요하지 않다. 여러 기기 제조사가 화학 발광 광도계를 판매하고 있다.

화학 발광 실험의 일반적인 신호는 시약과 분석물질의 혼합이 완료됨에 따라 빠르게 최대까지 상승하는 시간 의존 신호이다. 그리고 신호는 지수 함수적으로 감소한다(그림 15-17 참고). 일반적으로 정량 분석을 위해 신호는 고정된 시간 동안 적분되어 동일한 방식으로 처리된 표준 물질과 비교된다. 피크의 높이가 정량화에 사용되기도 한다. 종종 신호와 농도 사이의 선형 관계가 10의 몇 승 농도 범위에서 관찰된다.

15D-3 화학 발광의 분석학적 응용

화학 발광법[21]은 잡음이 없는 경우 약한 세기의 빛도 모니터링되기 때문에 일반적으로 감도가 매우 높다. 또한, 필터 또는 단색화 장치에 의한 복사선의 감쇠가 일반적으로 불필요하다. 실제로, 검출 한계는 일반적으로 변환기 감도가 아니라 시약의 순도에 의해 결정된다. 일반적인 검출 한계는 ppb(혹은 약간 아래)에서 ppm 범위이다. 측정의 정밀도는 기기의 종류와 사용상의 주의에 따라 다르다.

기체 분석

기체의 성분을 분석하기 위한 화학 발광법은 오존, 질소 산화물 및 유황 화합물과 같은 대기오염 물질을 측정하기 위한 고도로 민감한 방법의 필요성에 기인한 방법이다. 이들 방법 중에서 가장 널리 사용되는 방법 중 하나는 다음 반응과 같이 일산화질소(NO)를 측정하는 것이다.

$$NO + O_3 \rightarrow NO_2^* + O_2$$

$$NO_2^* \rightarrow NO_2 + h\nu\ (\lambda = 600 \sim 2800\ nm)$$

전기 발전기 및 대기 시료로부터 유래한 오존을 연속적으로 반응 용기로 끌어들여서, 발광 복사선을 광전자 증배관에 의해서 모니터링한다. 1 ppb에서 10,000 ppm의 일산화질소 농도에 대한 선형 감응이 보고되고 있다. 화학 발광법은 지면에서 20 km까지의 고도까지의 이 중요한 대기 성분의 농도를 모니터링하기 위한 주된 방법이 되었다.

산화질소와 오존의 반응은 높은 질소 산화물의 측정에도 적용되었다. 예를 들어, 자동차 배기 가스의 이산화질소 함량은 강관에서 700°C에서 기체의 열분해에 의해 결정된다. 반응은 다음과 같다.

$$NO_2 \rightleftharpoons NO + O$$

적어도 두 제조사는 0.1~30%의 질소를 함유한 고체 또는 액체 물질에서 질소 측정을 위한 기기를 공급하고 있다. 시료는 질소가 정량적으로 일산화질소로 전환되는 조건하에서 산소 분위기에서 열분해된다. 일산화질소의 농도는 방금 설명한 방법으로 측정된다.

또 다른 중요한 화학 발광법은 대기 오존을 모니터링하는 데 사용된다. 이 경우 측정은 분석물질이 활성화된 실리카 젤 표면에 흡착된 염료인 Rhodamine B와 반응할 때 생성되는 발광을 기반으로 한다. 이 절차는 1 ppb 미만의 오존에 민감하다. 400 ppb 오존까지 선형적으로 감응한다. 오존은 또한 분석물질이 에틸렌과 반응할 때 생성되는 화학 발광에 기초하여 기체상에서 측정될 수 있다. 오존에 특이성이 있는 두 가지 시약이 보고되고 있다.

또 다른 중요한 기체상 화학 발광법은 황화 수소, 이산화황 및 mercaptan 류와 같은 대기 황 화합물의 측정에 사용된다. 이 기술에서, 시료는 수소 불꽃으로 연소되어 황 이합체를 생성하며, 이 이합체는 분해되어 빛을 방출한다. 예를 들어, 이산화황의 반응은 다음과 같다.

[21] 최근 응용은 다음을 참고하시오. F. J. Lara, A. M. Garcia-Campaña, and J. J. Aaron, *Anal. Chim. Acta*, **2010**, *679*, 17, **DOI:** 10.1016/j.aca.2010.09.001.

$$4H_2 + 2SO_2 \rightleftharpoons S_2^* + 4H_2O$$

$$S_2^* \longrightarrow S_2 + h\nu$$

384 및 394 nm에서 최댓값을 갖는 청색에서 방출이 발생한다. 화학 발광 세기는 들뜬 황 이합체의 농도에 비례한다. 유사하게, 수소 불꽃에서 인 화합물의 연소는 526 nm에서 HPO^*에 의한 방출을 일으킨다. 10^4 이상에 걸친 농도의 선형 작업 곡선이 보고되고 있다. 이들 화염 화학 발광 기술은 모두 기체 크로마토그래피 컬럼에서 나오는 유출물에서 황 및 인 화학종의 검출에 사용되고 있다.

액상에서 무기 화학종의 분석

액상에서 수행되는 많은 분석은 다음과 같은 기능기를 함유한 유기 화학 발광 물질을 사용한다.

$$-\overset{\overset{\displaystyle O}{\|}}{C}-NH-NHR$$

이러한 시약은 산소, 과산화수소 및 기타 여러 강력한 산화제와 반응하여 화학 발광 산화 생성물을 생성한다. Luminol은 이러한 화합물의 가장 일반적인 예이다. 강한 염기의 존재하에서 산소, 과산화수소, 하이초 아염소산 이온 및 과망가니즈산 이온과 같은 강한 산화제와의 반응은 다음과 같다.

$$\text{Luminol} + 2OH^- + O_2 \rightarrow N_2 + 2H_2O + \text{3-aminophthalate} + h\nu$$

이 반응이 유용한 속도로 진행되기 위해서는 종종 촉매가 필요하다. 생성된 방출은 생성물인 3-aminophthalate 음이온의 형광 스펙트럼과 일치한다. 화학 발광은 청색으로 나타나며 약 425 nm가 중심이 된다.

특정 한계 내에서, 루미놀의 화학 발광 세기는 산화제, 촉매 또는 루미놀의 농도에 직접적으로 비례한다. 결과적으로 이 반응은 이 화학종들 중 어느 하나를 측정하는 민감한 방법을 제공한다. 루미놀은 소량의 혈액을 검출하기 위해 법의학에서 널리 사용되고 있다. 헤모글로빈 내에 있는 철은 반응을 촉진시킨다. 다른 예로서, 산화제로서 과산화수소를 사용하면, 촉매 Co^{2+}는 0.01 nmol/L 이하, Cr^{3+}는 0.5 nmol/L 이하, 그리고 Cu^{2+}는 1 nmol/L 이하의 농도까지 측정할 수 있다. 몇 가지 양이온을 사용하면 발광 억제가 발생한다. 이를 위해 세기의 감소는 농도 측정을 가능하게 한다.

유기 화학종의 분석

화학 발광 반응의 선택성을 증가시키고 그러한 반응에 직접적으로 관여하지 않는 분석물질에 화학 발광을 확장시키기 위해, 원하는 분석물질이 기질이고 생성물 중 하나가 화학 발광에 의해 검출되는 효소 반응에 의해 화학 발광 단계를 진행시키는 것이 일반적이다. 이는 고정된 효소를 포함하고 있는 반응기를 가진 유동 시스템에서 가장 일반적으로 행해진다. 그러나 최근에, 광섬유에 부착된 효소를 사용하는 바이오센서 디자인이 주목을 받고 있다.

H_2O_2를 생성하는 산화 효소는 사전 검출 단계에서 통상적으로 사용된다. H_2O_2는 여러 가지 화학 발광 시스템으로 측정될 수 있을 뿐만 아니라 필요한 산화제(O_2)는 이미 대부분의 시료에 존재한다. 효소에 의한 정량적 전환을 가정하면, H_2O_2와 마찬가지로 기질은 10~100 nM까지 측정할 수 있다. 이 방법으로 검출된 기질은 glucose, cholesterol, choline, uric acid, amino acids, aldehydes, lactate 등이 있다. 예:

$$\text{uric acid} + O_2 \xrightarrow{\text{uricase}} \text{allantoin} + H_2O_2$$

이 접근법은 순차적인 효소 단계를 사용하여 분석물질을 궁극적으로 동등한 양의 화학 발광 반응물로 전환시키는 데까지 확장될 수 있다. 이러한 방식으로 glucose, glucosides, cholesterol esters, creatinine, acetylcholine 이외의 당들이 측정되었다.[22] 예를 들어,

$$\text{sucrose} + H_2O \xrightarrow{\text{invertase}} \alpha\text{-D-glucose} + \text{fructose}$$

$$\alpha\text{-D-glucose} \xrightleftharpoons{\text{mutatrotase}} \beta\text{-D-glucose}$$

$$\beta\text{-D-glucose} + O_2 \xrightarrow{\text{glucose oxidase}} \text{gluconic acid} + H_2O_2$$

루미놀과 과산화효소 촉매는 H_2O_2를 측정하기 위한 우수한 반응 매질인 것으로 보인다. 최고 화학 발광 세기는 약 100 ms에서 도달한다. 용매는 물이며 일부 유기 성분과 호환 가능하다. 검출 한계는 약 0.1 pM이며, 10^3~10^4 농도에서 선형성이 있다.

---

[22] C. A. K. Swindlehurst and T. A. Nieman, *Anal. Chim. Acta*, **1988**, *205*, 195, **DOI:** 10.1016/S0003-2670(00)82328-4.

질문과 문제

*별표가 있는 문제의 해답은 이 책의 끝에 있다.

이 아이콘이 있는 문제는 스프레드시트를 이용하여 쉽게 풀 수 있다.

15-1 형광 방출 스펙트럼과 형광 들뜸 스펙트럼 간의 차이를 설명하시오. 어느 것이 흡수 스펙트럼과 더 비슷한가?

15-2 다음의 용어들을 정의하시오. (a) 형광, (b) 인광, (c) 공명 형광, (d) 단일항 상태, (e) 삼중항 상태, (f) 진동 이완, (g) 내부 변환, (h) 외부 변환, (i) 계간 전이, (j) 사전 분해, (k) 분해, (l) 양자 수득률, (m) 화학 발광

15-3 왜 분광 형광법이 분광 광도법보다 더 감도가 좋은가?

*** 15-4** 아래 쌍에서 어느 화합물이 더 큰 형광 양자 수득률을 가진다고 예상하는가? 이를 설명하시오.

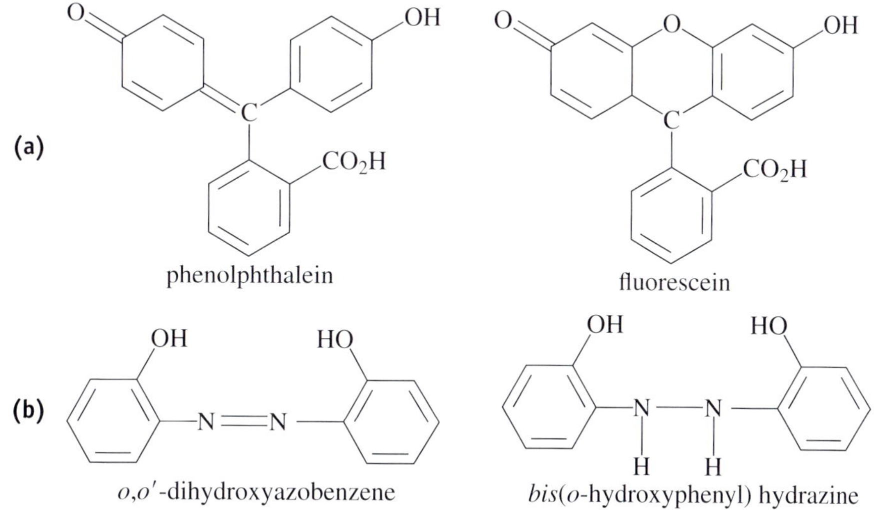

15-5 왜 어떤 흡수 화합물은 형광성인데 다른 것은 아닌가?

15-6 분자 인광 분광법이 분자 형광 분광법처럼 널리 사용되지 않는지 그 주요 이유를 설명하시오.

15-7 Nicotinamide adenine dinucleotide (NADH)의 환원형은 중요하고 크게 형광을 발하는 조효소이다. 340 nm에서 최대 흡수가 있고 465 nm에서 최대 방출을 한다. NADH의 표준 용액은 다음의 형광 세기를 나타낸다.

NADH의 농도, μmol/L	상대 세기
0.100	2.24
0.200	4.52
0.300	6.63
0.400	9.01
0.500	10.94
0.600	13.71
0.700	15.49
0.800	17.91

(a) 스프레드시트를 구성하고 그것을 사용하여 NADH에 대한 교정 곡선을 그리시오.

*** (b)** (a)의 그래프에서 최소 제곱 기울기와 절편을 구하시오.

질문과 문제(계속)

(c) 기울기의 표준 편차와 곡선의 회귀에 대한 표준 편차를 계산하시오.

***(d)** 미지 시료가 12.16의 상대 형광 세기를 나타낸다. 스프레드시트를 사용하여 NADH의 농도를 계산하시오.

***(e)** (d)의 결과에 대한 상대 표준 편차를 계산하시오.

***(f)** 7.95의 결과가 세 번 측정의 평균일 때 (d)의 결과에 대한 상대 표준 편차를 계산하시오.

15-8 표에서와 같이 1.10 ppm Zn^{2+}를 함유한 표준 용액을 미지 아연 용액 5.0 mL를 포함한 분별 깔때기에 피펫으로 가했다. 각각을 과량의 8-hydroxyquinoline을 포함하는 CCl_4 5 mL의 분취액으로 추출하였다. 추출물을 25.0 mL가 되게 묽히고 형광계로 그들의 형광을 측정하였다. 결과는 다음과 같다.

Zn^{2+} 표준 용액의 부피, mL	형광계 값
0.000	6.12
4.00	11.16
8.00	15.68
12.00	20.64

(a) 데이터를 이용하여 교정 곡선을 그리시오.

(b) 데이터에 대한 선형의 최소 제곱식을 계산하시오.

(c) 기울기와 절편에 대한 표준 편차와 회귀에 대한 표준 편차를 계산하시오.

(d) 시료 중 아연의 농도를 계산하시오.

(e) (d)의 결과에 대한 표준 편차를 계산하시오.

***15-9** 1.553 g의 항말라리아 정제약 중의 quinine을 충분한 0.10 M HCl에 녹여서 250 mL 용액으로 만들었다. 10.00 mL의 분취액을 산으로 묽혀서 50.0 mL를 만들었다. 347.5 nm에서 묽힌 시료에 대한 형광 세기가 임의의 눈금으로 196이었다. 묽힌 시료와 같은 조건으로 100 ppm quinine 표준 용액을 측정하였더니 형광 세기가 125였다. 정제약에서 quinine의 질량을 밀리그램으로 계산하시오.

***15-10** 표준물 첨가법을 사용하기 위하여 문제 15-9에서의 정량법을 개선하였다. 이 경우에는 3.925 g의 정제약을 충분한 0.10 M HCl에 녹여서 1.000 L로 만들었다. 20.00 mL의 분취액을 100 mL로 묽혀서 용액을 만들었는데 347.5 nm에서 형광 세기가 415를 주었다. 두 번째 20.00 mL 분취액을 50 ppm quinine 용액 10.0 mL를 가하여 100 mL로 묽혔다. 이 용액의 형광 세기는 503이었다. 알약에서 quinine의 %를 계산하시오.

***15-11** 철(II) 이온은 H_2O_2에 의한 루미놀의 산화를 촉진한다. 얻어진 형광 세기는 철(II)의 농도가 10^{-10}~10^{-8} M까지 선형으로 증가함을 보여주었다.

정확히 물 1.00 mL를 미지 철(II) 용액 분취액 2.00 mL에 넣고 묽은 H_2O_2 용액 2.00 mL와 루미놀의 알칼리 용액 1.00 mL을 가하였다. 혼합물로부터의 화학 발광을 10.0초간 적분하였는데 12.7이었다.

두 번째 시료 분취액 2.00 mL에 3.27×10^{-5} M 철(II) 용액 1.00 mL를 가하고, 동일한 부피의 H_2O_2와 루미놀을 가하였다. 적분 세기는 27.9였다. 시료에서 철(II)의 농도를 계산하시오.

15-12 SO_2의 화학 발광 정량을 위한 식을 370페이지에 기술하였다. 시료에서 SO_2의 농도, 발광 세기 및 첫 번째 반응에 대한 평형 상수 간의 관계를 나타내는 식을 유도하시오.

15-13 Quinine은 가장 잘 알려진 형광 분자의 하나이며, 형광계의 감도는 이 분자에 대한 검출 한계 항으로 특징지어진다. Quinine의 구조는 아래에 주어졌다. 발색단과 형광 센터로 작용하는 분자의 부분을 예견하시오.

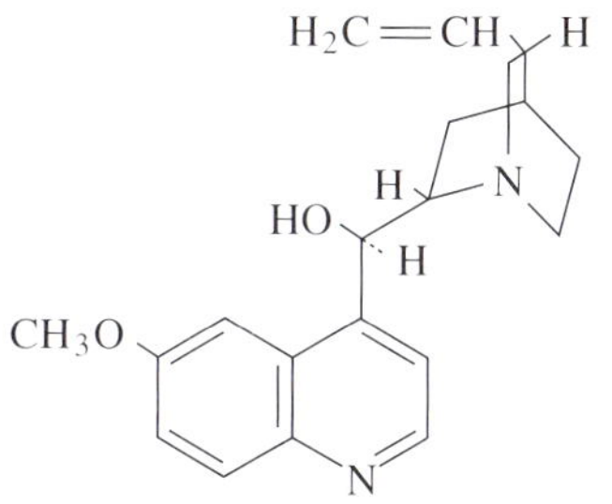

$H_2C{=}CH$, H, H, N, HO, H, CH_3O, N

15-14 형광의 양자 효율 ϕ_f은 다음과 같이 쓸 수 있다.

$$\phi_f = \frac{\tau}{\tau_0}$$

여기서 τ는 소광체가 존재할 때 들뜬 상태의 관찰된 수명이고 τ_0는 소광체가 없을 때 자연적인 수명이다. 형광 복사선의 세기 F는 식 15-7로 주어진다. 이 양은 수명 τ이 충돌 소광에 의해 영향을 받으므로 세기는 충돌 소광에 의해 영향을 받는다. F-τ 비가 충돌 소광에는 무관하고 농도에는 정비례함을 보여주는 식을 유도하시오. (From G. M. Hieftje and G. R. Haugen, *Anal. Chem. Acta*, 1981, *123*, 255, **DOI**: 10.1016/S0003-2670(01)83178-0.)

15-15 다음의 수명은 예제 15-1에서 주어진 quinine sulfate의 염화 이온 소광에 대해서 측정된 것이다. 형광 세기는 예제에서 주었다.

형광 수명 τ, ns	**$[Cl^-]$, M**
18.1	0.000
8.9	0.005
5.7	0.010
4.5	0.015
3.6	0.020
2.8	0.025
2.5	0.030
1.9	0.040
1.6	0.050

(a) $[Cl^-]$에 대한 형광 세기를 도시하시오.

(b) $[Cl^-]$에 대한 세기 대 수명, F-τ 비를 도시하시오.

(c) 측정한 형광 세기를 소광체가 없는 용액에 대해 보정하기 위한 정규화 인자를 개발하시오.

(d) 같은 그래프에 $[Cl^-]$에 대한 F와 $[Cl^-]$에 대한 F_{corr}을 도시하시오.

도전 문제

15-16 10.0 ppb F^- 표준 용액을 다음의 부피와 같이 네 개의 물 시료 10.00 mL 분취액에 가하였다: 0.00, 1.00, 2.00, 및 3.00 mL. 빛을 강하게 흡수하는 Al-acid alizarin garnet R을 과량 포함하는 용액 5.00 mL를 네 개의 용액 각각에 가하고 각각을 50.0 mL가 되게 묽혔다. 네 용액의 형광 세기는 다음과 같다:

질문과 문제(계속)

V_s, mL	계기 값
0.00	68.2
1.00	55.3
2.00	41.3
3.00	28.8

(a) 분석법의 화학적 이론을 설명하시오.

(b) 데이터의 그래프를 그리시오.

(c) F^- 표준물 양의 증가에 따라 형광이 감소하는 사실을 이용하여 다중 표준물 첨가에 대한 식 1-3과 같은 관계식을 유도하시오. 표준물 첨가 곡선의 기울기와 절편의 항으로 미지 농도 c_x에 대한 식 1-4와 비슷한 식을 얻기 위하여 위의 관계식을 사용하시오.

(d) 선형 최소 제곱법을 이용하여 표준 플루오린화 이온의 부피 V_s에 대한 형광 세기의 감소를 나타내는 선에 대한 식을 나타내시오.

(e) 기울기와 절편의 표준 편차를 계산하시오.

(f) 시료 중 F^-의 농도를 ppb 단위로 계산하시오.

(g) (e)의 결과에 대한 표준 편차를 계산하시오.

16장

적외선 분광법의 서론

An Introduction to Infrared Spectrometry

적외선(IR) 스펙트럼은 12,800~10 cm^{-1} 파수를 갖거나, 0.78~1000 μm의 파장 영역을 갖는 복사선을 말한다. 적외선 스펙트럼은 응용 분야와 기기 장치에 따라 근적외선, 중간 적외선 및 원적외선의 세 영역으로 다시 나뉜다. 세 가지 적외선 스펙트럼 영역에 대한 다양한 기법들과 응용은 이 장에서 심도 있게 논의된다.

이 장에서 옆의 로고는 www.tinyurl.com/skoogpia7 에서 대화형 자습, 시뮬레이션, 연습 등을 통해 온라인으로 학습할 수 있는 기회가 있음을 나타낸다.

표 16-1은 세 가지 적외선(IR) 분광법의 대략적인 분광학적 한계를 보여준다. 근적외선 영역의 측정은 앞의 장에서 설명한 자외선-가시선 분광법의 부분 장치와 설계가 비슷한 광도계와 분광 광도계를 사용한다. 이 스펙트럼 영역에서 가장 중요한 응용은 산업 및 농산물의 생산과 공정 관리 과정에서의 정량 분석이다. 근적외선 분광법의 응용들에 대해서는 제17D절에서 설명한다.

1980년대 초기까지 중간 적외선 영역에서는 주로 회절발을 이용한 분산형 기기가 사용되었다. 그러나 현재는 많은 변화를 통하여 중간 적외선 분광기의 대부분이 Fourier 변환형(FT) 기기이다. 간섭 필터를 갖는 광도계는 기체 및 대기 오염 물질의 조성을 측정하는 데 종종 사용된다.

최근 10년간 저가형의 Fourier 변환 분광기가 개발됨에 따라 중간 적외선 복사선을 이용한 응용 분야와 횟수가 크게 증가되고 있다. 이런 발전은 간섭형 기기로 얻을 수 있는 10배 이상의 검출 한계와 신호 대 잡음비를 통해 증가되었다. 이런 기기들이 나오기 전에 중간 적외선 스펙트럼 영역은 주로 흡수 스펙트럼에 기초하여 유기물을 정성 분석하고 구조를 결정하는 데 사용되어 왔다. 이에 비해 현재의 중간 적외선 분광법은 흡수와 방출 분광법으로 복잡한 시료들을 정량 분석하는 데 점차 사용되기 시작하였다. 이 스펙트럼 영역은 또한 표면의 마이크로분광법 연구, 감쇠 전반사와 확산 반사에 의한 고체 분석, 그리고 광음향 측정 등에도 응용할 수 있다. 이러한 여러 응용들에 대해서는 제17장에서 설명할 것이다.

과거 원적외선 분광법은 상당히 유용하지만 실험적인 어려움 때문에 사용하는 데 한계가 있었다. 원적외선에 사용되는 몇 가지 광원에서 나오는 복사선의 세기는 아주 약하며, 변환기에 높은 회절 차수를 갖는 빛을 차단하기 위해 사용되는 차수-분류 필터로 인하여 급격히 약해진다. 원적외선 분광법이 갖고 있는 이러한 문제는 매우 큰 결괏값을 얻는 Fourier 변환 분광기를 이용하게 되면서 해결되었다. 이에 따라 많은 화학자들이 원적외선 스펙트럼에 더욱 관심을 갖게 되었다. 원적외선 분광법에서의 여러 응용들은 제17E절에서 설명할 것이다.

이 장에는 먼저 흡수 분광법을 기본으로 사용하여 IR 복사선의 흡수, 방출 및 반사 메커니즘에 대해 다룬다. 그 다음에 IR 기기의 부분 장치에 대해 설명하고 이러한 부분 장치가 Fourier

표 16-1 IR 스펙트럼 영역들

영역	파장(λ), μm	파수($\bar{\nu}$), cm^{-1}	주파수(ν), Hz
근	0.78~2.5	12,800~4,000	3.8×10^{14}~1.2×10^{14}
중간	2.5~50	4,000~200	1.2×10^{14}~6.0×10^{12}
원	50~1,000	200~10	6.0×10^{12}~3.0×10^{11}
많이 사용되는	2.5~15	4,000~670	1.2×10^{14}~2.0×10^{13}

변환 분광기뿐만 아니라 분산과 비분산 기기에 어떤 순서로 배치되는지에 대해 설명할 것이다.[1]

16A IR 흡수 분광법의 이론

분자들의 적외선 분광법의 흡수 이론은 분자가 진동 또는 회전 에너지 상태에서 다른 에너지 상태로 전이되면서 일어나는 여러 에너지 변화가 흡수, 방출 및 반사 스펙트럼의 형태로 생긴다는 가정하에 이론적으로 설명할 수 있다. 이 절에는 분자 흡수를 이용하여 이런 전이들의 성질에 대해 설명하고자 한다.

16A-1 서론

그림 16-1에서는 시판 중인 IR 분광 광도계로부터 얻은 전형적인 스펙트럼을 보여준다. 아래의 그림에서 *y*축은 퍼센트 투광도(%)의 눈금을 보이지만, 현재의 컴퓨터에 기초한 분광 광도계는 흡광도 스펙트럼을 얻을 수 있다. 이 스펙트럼에서 가로축은 cm^{-1} 단위의 파수로 나타낸다. 또한 파장 눈금은 그래프의 위쪽에 보여진다. 현재의 컴퓨터에 기초한 분광 광도계로는 가로축을 파장으로 표현, 바닥선 보정, 미분 및 매끄럽게 한 스펙트럼과 같은 다양한 형태의 스펙트럼을 얻을 수 있다.

가로축의 파수 표기는 빛이 갖는 에너지 및 주파수에 모두 정비례하기에 IR 분광법에서 주로 사용된다. 흡수 복사선의 주파수는 흡수 과정에서 실제로 감응하는 분자의 진동 운동 주파수와 동일하다. 과거에는 종종 주파수가 가로축으로 사용되었지만 단위가 너무 크기 때문에 지금은 거의 사용하지 않는다. 예를 들어 그림 16-1에서 가장 많이 사용되는 주파수 눈금은 1.2×10^{14}~2.0×10^{13} Hz이다. 가끔 파수 축을 주파수 축이라 하지만, 파수($\bar{\nu}$)는 단지 주파수(ν)에 비례하기에 이런 용어를 혼용하는 것은 잘못된 것임을 기억하라. 두 용어의 관계는 식 16-1에서 주어졌다.

$$\bar{\nu}\,(\mathrm{cm^{-1}}) = \frac{1}{\lambda\,(\mu\mathrm{m})} \times 10^4\,(\mu\mathrm{m/cm}) = \frac{\nu\,(\mathrm{Hz})}{c\,(\mathrm{cm/s})} \quad (16\text{-}1)$$

마지막으로 그림 16-1의 가로축 눈금 간격이 2000 cm^{-1}에서 변하는 것에 유의하라. 즉, 높은 파수에서의 눈금 간격이 낮은 파수에서의 반이 된다. 이는 낮은 파수인 2000~650 cm^{-1} 영역에서 넓혀진 눈금 간격으로 대부분의 IR 흡수가 일어나는 이 구간의 복잡한 스펙트럼 특성을 더 쉽게 확인시켜 준다.

진동과 회전 시 쌍극자 모멘트의 변화

IR 복사선은 앞에서 설명한 자외선과 가시선과 같이 전자 전이를 일으킬 정도의 충분한 에너지를 갖고 있지 않다. 따라서 IR 복사선은 분자 화학종이 갖고 있는 여러 진동과 회전 상태 사이의 작은 에너지 흡수에서만 적용된다.

적외선 흡수를 위해서는 분자의 진동이나 회전 운동으로 인한 쌍극자 모멘트의 알짜 변화가 일어나야 한다. 이러한 상황에서만 복사선의 교류 전기장이 분자와 상호작용하여, 여러 분자 운동 중 한 개의 분자 운동 진폭을 변화시킨다. 예를 들면, 염화 수소와 같은 분자는 비대칭의 전하 분포 상태를 갖는데, 이는 염소가 수소보다 더 큰 전자 밀도를 갖기 때문이다. 그래서 염화 수소는 큰 쌍극자 모멘트를 갖는 극성 분자라 말한다. 쌍극자 모멘트의 크기는 두 전하 중심 사이의 전하 차이와 거리에 의해 결정된다. 염화 수소 분자가 진동하면 쌍극자 모멘트의 주기적인 요동에 의하여, 복사선의 전기장과 상호작용할 수 있는 전기장이 만들어진다. 만일 복사선의 주파수가 분자의 자연 주파수와 정확하게 일치하면 복사 에너지의 알짜 전이가 일어나서 분자 진동 운동의 진폭을 변화되며, 이때 복사선의 흡수가 일어난다. 같은 원리로, 비대칭 분자가 질량 중심으로 회전을 하게 되면 주기적인 쌍극자 진동으로 인하여 복사선과 상호작용을 하게 된다.

O_2, N_2 또는 Cl_2와 같은 동종핵 화학종은 진동이나 회전을 하는 동안 쌍극자 모멘트의 알짜 변화가 일어나지 않는다. 따라서 이와 같은 화합물들은 IR 복사선을 흡수할 수 없다. 이런 종류의 몇 가지 화합물을 제외한 거의 모든 분자 화학종들은 적외선을 흡수한다.

회전 전이

회전 준위를 변화시키는 에너지는 매우 작은 $\bar{\nu} \le 100\ cm^{-1}$ ($\lambda > 100\ \mu m$)의 파수에 해당한다. 양자화된 회전 준위는 원적외

---

[1]IR 분광법에 관한 자세한 설명은 다음 문헌을 참고하시오. *Introduction to Experimental Infrared Spectroscopy: Fundamentals and Practical Methods*, M. Tasumi, ed., Chichester, UK: Wiley, 2015; P. Larkin, *Infrared and Raman Spectroscopy: Principles and Spectral Interpretation*, Waltham, MA: Elsevier, 2011; N. B. Colthup, L. H. Daly, and S. E. Wiberley, *Introduction to Infrared and Raman Spectroscopy*, 3rd ed., San Diego: Academic Press, 1990; B. Schrader, *Infrared and Raman Spectroscopy, New York: VCH, 1995*; C.-P. S. Hsu, in *Handbook of Instrumental Techniques for Analytical Chemistry*, F. Settle, ed., Upper Saddle River, NJ: Prentice Hall, 1997, Chap. 15

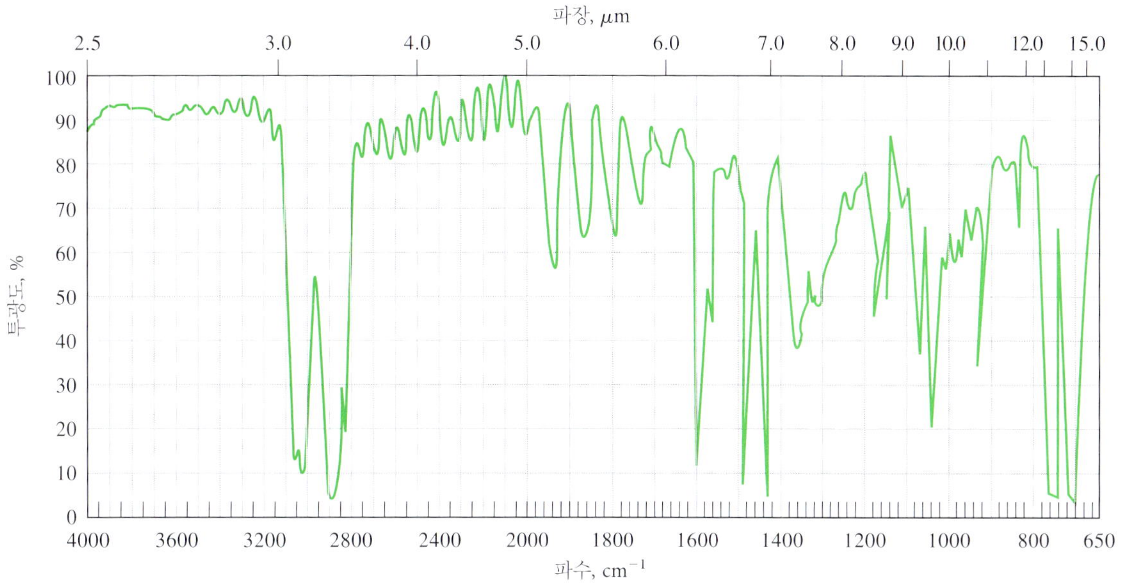

그림 16-1 얇은 polystyrene 필름의 IR 흡수 스펙트럼. 2000 cm^{-1}에서 x축의 눈금 변화에 유의하시오.

선 영역에서 기체에 의해 흡수되어 불연속적이며 선명한 흡수선들을 보여준다. 액체나 고체는 분자 내의 충돌과 상호작용으로 인하여 흡수선들이 넓어져 연속 스펙트럼이 된다.

진동-회전 전이

진동 에너지 준위도 양자화되어 있다. 대부분의 분자의 양자 상태 사이의 진동 에너지 차이는 중간 적외선 영역에 해당한다. 보통 기체 상태에서는 각 진동 상태에 여러 개의 회전 에너지 상태가 존재하므로 적외선 스펙트럼은 보통 연속적인 조밀한 선들로 구성된다. 한편, 액체와 고체에서의 회전은 매우 어렵다. 이와 같은 시료에서는 불연속적인 진동-회전선들은 사라지고 다소 넓은 형태의 진동 띠 스펙트럼만이 나타난다.

분자 진동의 종류

분자 내 원자의 상대적 위치는 정확히 고정되어 있지 않고, 대신 분자 결합 주위에서 일어나는 여러 종류의 진동과 회전으로 계속해서 요동하고 있다. 간단한 2원자 또는 3원자 분자의 경우에는 진동의 수와 성질을 알아내고 이들을 흡수 에너지에 연관시키는 것이 쉽다. 그러나 여러 개 이상의 원자들로 이루어진 분자들에서 이런 분석을 하는 것은 불가능하지는 않지만 매우 어려운 일이다. 큰 분자는 많은 진동 중심을 갖고 있을 뿐만 아니라, 여러 개의 중심 사이에 상호작용이 있음을 생각해야 한다.

진동은 기본적으로 신축(stretching)과 굽힘(bending)으로 구분된다. 신축 진동은 두 원자 사이의 결합 축을 따라 원자 간 거리가 연속적으로 변화하는 것이다. 굽힘 진동은 두 결합 사이의 각도가 변화되는 것이며, 다음과 같은 네 가지 종류가 있다. 즉, 가위질(scissoring), 좌우 흔듦(rocking), 앞뒤 흔듦(wagging) 및 꼬임(twisting)이다. 여러 종류의 진동을 그림 16-2에서 보여준다.

그림 16-2에서 보여준 진동 방식은 모두 두 개 이상의 원자를 갖는 분자에서 일어날 수 있다. 게다가 하나의 중심 원자에 붙은 결합들 사이에 진동이 일어나면 진동의 상호작용 또는 짝지음이 일어난다. 짝지음으로 인해 이와 관련된 진동의 특성이 변화된다.

다음 설명을 위해 먼저 단순 조화 진동자(harmonic oscillator) 모델에 의해 나타난 독립된 진동을 살펴보고자 한다. 그 다음에는 실제 분자 계에 적용하기 위해 조화 진동자 이론을 약간 개선하는 것에 대해 설명하려고 한다. 마지막으로, 분자 계에서 일어나는 진동 운동의 상호작용의 효과에 대해 설명해보자.

자습: www.tinyurl.com/skoogpia7에서 **IR 흡수(IR absorption)**에 대해 더 알아보시오.

16A-2 2원자 분자 신축 진동의 기계적 모델

어떤 원자 신축 진동의 특징은 두 개의 질량이 용수철에 연결되어 있는 기계적 모델로 대략 설명할 수 있다. 용수철의 축을 따라 이 질량들 중 하나가 움직이면 *단순 조화 운동*(simple harmonic motion)이라고 불리는 진동이 일어난다.

움직이지 않는 물체에 연결된 용수철에 하나의 질량이 매달려 진동하는 것에 대해 우선 살펴보자(그림 16-3a 참고). 용수철의 축을 따라 어떤 힘이 가해져서 이 질량이 평형 위치로부터 거리 y만큼 움직이게 되면 복귀하려는 힘 F는 움직인 거리에 비례한다(Hooke의 법칙). 즉,

$$F = -ky \tag{16-2}$$

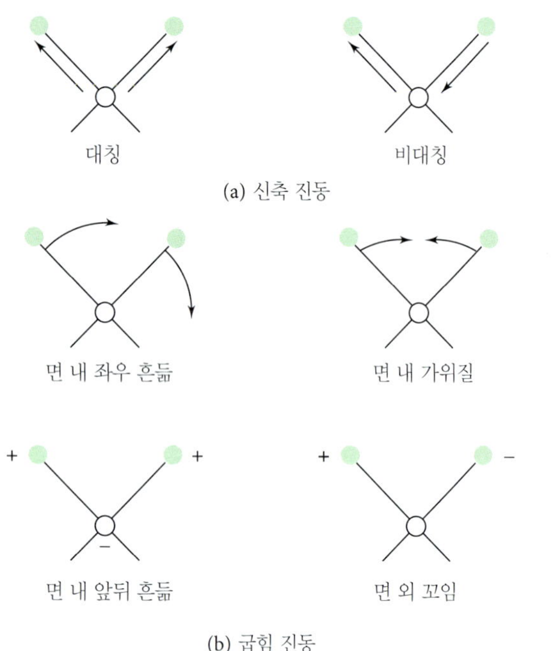

그림 16-2 분자 진동의 종류. +는 페이지로부터 독자를 향한 운동이고, −는 반대로 향하는 운동임에 유의하시오.

여기서 k는 힘 상수로서, 용수철의 강도에 의존한다. 음의 부호는 F가 복귀하려는 힘을 나타낸다. 이것은 힘의 방향이 질량의 이동 방향에 반대임을 의미한다. 따라서 이 힘은 질량을 원래 위치로 되돌아가게 하려는 경향성이 있다.

조화 진동자의 위치 에너지

질량과 스프링의 위치 에너지 E는 질량이 정지된 상태, 즉 평형 위치에 있을 때 임의적으로 0이라고 할 수 있다. 그러나 스프링이 수축되거나 늘어나면 이 시스템의 위치 에너지는 질량을 움직이는 데 필요로 하는 일과 같은 양만큼 증가한다. 예를 들어 질량이 어떤 위치 y에서 $(y + dy)$로 움직이면, 일, 즉, 위치 에너지의 변화량 dE는 힘 F에 이동 거리 dy를 곱한 것과 같다. 따라서

$$dE = -F\,dy \tag{16-3}$$

식 16-3에 식 16-2를 대입하면,

$$dE = ky\,dy$$

평형 위치($y = 0$)와 y 사이를 적분하면 다음과 같다.

$$\int_0^E dE = \int_0^y y\,dy$$
$$E = \frac{1}{2}ky^2 \tag{16-4}$$

식 16-4로부터 얻은 단순 조화 진동의 위치 에너지 곡선은 그림 16-3a에서 보여준 것과 같이 포물선 모양이다. 위치 에너지는 용수철이 최대 진폭 A로 수축하거나 늘어나면 최대가 되고 그 다음 평형 위치에서 0으로 감소한다.

진동의 진동수

시간 t의 함수로서의 질량 운동은 고전 역학을 이용하여 다음과 같이 유도할 수 있다. Newton의 제2법칙은 다음과 같다.

$$F = ma$$

여기서 m은 질량이고, a는 가속도이다. 그러나 가속도는 시간에 대해 거리를 2차 미분한 것이다. 즉,

$$a = \frac{d^2y}{dt^2}$$

이 식을 식 16-2에 대입하면,

$$m\frac{d^2y}{dt^2} = -ky \tag{16-5}$$

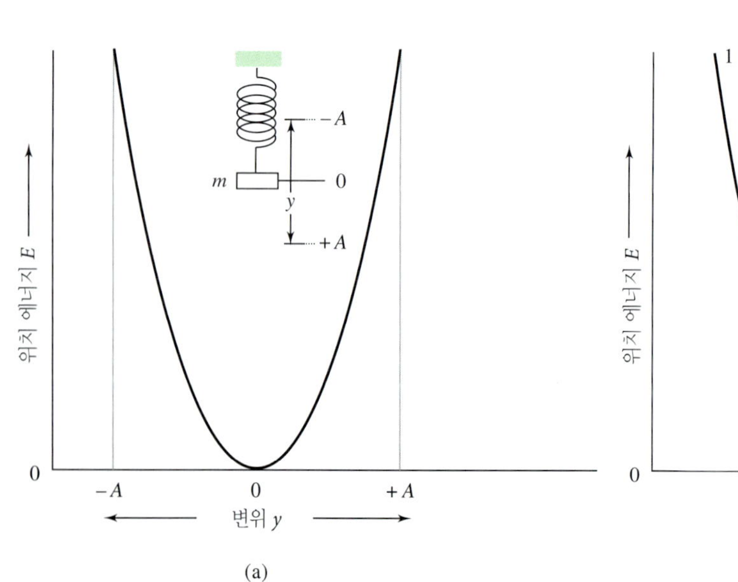

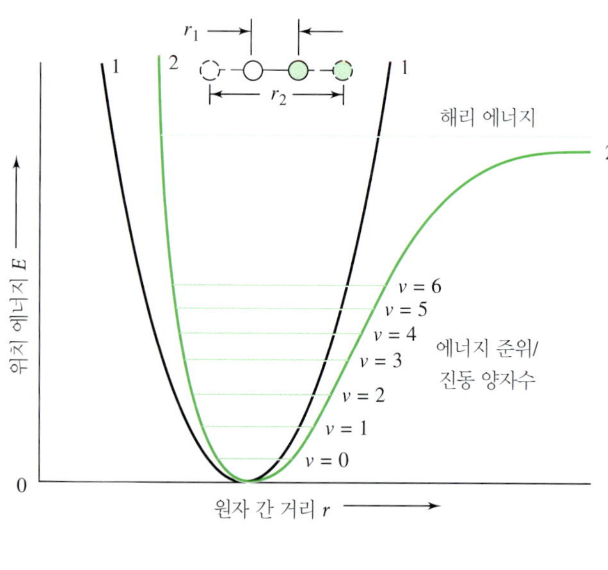

그림 16-3 위치 에너지 준위도. (a) 조화 진동자, (b) 곡선 1, 조화 진동자; 곡선 2, 비조화 진동자.

이 식의 해는 이의 2차 미분이 원래의 함수에 $-k/m$를 곱한 것과 같게 되는 주기 함수가 될 것이다. 적당한 cosine 관계식이 이 요구를 충족시킨다. 따라서 시간 t에서 질량의 순간적 위치 이동을 다음과 같이 쓸 수 있다.

$$y = A\cos 2\pi\nu_m t \tag{16-6}$$

여기서 ν_m은 자연 진동 운동 주파수이고 A는 운동의 최대 진폭이다. 식 16-6을 2차 미분하면 다음과 같이 된다.

$$\frac{d^2y}{dt^2} = -4\pi^2\nu_m^2 A\cos 2\pi\nu_m t \tag{16-7}$$

식 16-6과 식 16-7을 식 16-5에 대입하면,

$$A\cos 2\pi\nu_m t = \frac{4\pi^2\nu_m^2 m}{k}A\cos 2\pi\nu_m t$$

따라서 진동의 자연 주파수는 다음과 같이 된다.

$$\nu_m = \frac{1}{2\pi}\sqrt{\frac{k}{m}} \tag{16-8}$$

여기서 ν_m은 기계적 진동자의 자연 주파수이다. 자연 진동수는 스프링의 힘 상수와 매달린 물체의 질량에 의존하는 반면에, 계에 가해지는 에너지와는 무관하다. 에너지가 변화되면 단지 진동의 진폭 A만이 변하게 된다.

위에서 유도된 식은 두 개의 질량 m_1과 m_2가 하나의 스프링으로 연결되어 있는 계의 행동을 설명할 수 있도록 변형시킬 수 있다. 여기서, 하나의 질량 m 대신 다음 μ와 같은 환산 질량(reduced mass)을 치환하면 된다. 즉,

$$\mu = \frac{m_1m_2}{m_1 + m_2} \tag{16-9}$$

따라서 이와 같은 계에 대한 진동 운동 주파수는 다음과 같이 주어진다.

$$\nu_m = \frac{1}{2\pi}\sqrt{\frac{k}{\mu}} = \frac{1}{2\pi}\sqrt{\frac{k(m_1 + m_2)}{m_1m_2}} \tag{16-10}$$

분자 진동

실제 분자 진동의 방식도 위에서 설명한 기계적 모델과 유사함을 짐작할 수 있다. 따라서 식 16-9에 m_1과 m_2 대신 두 원자의 질량을 대입한 후 식 16-10으로부터 분자 진동의 주파수 ν를 계산할 수 있다. k의 크기는 화학 결합 세기를 나타내는 힘 상수이다.

16A-3 진동의 양자론 취급

이제까지 사용하였던 것과 같은 고전 역학식으로는 원자 크기의 입자 행동을 완전하게 설명할 수는 없다. 예를 들면 분자 진동 에너지뿐만 아니라 다른 원자 및 분자 에너지의 양자화된 성질이 이 식들에서는 나타나지 않는다. 그러나 단순 조화 진동자의 개념을 이용하면 양자 역학 파동식들을 얻을 수 있다. 위치 에너지들에 대한 이 식들의 답은 다음의 형태를 갖는다.

$$E = \left(v + \frac{1}{2}\right)\frac{h}{2\pi}\sqrt{\frac{k}{\mu}} \tag{16-11}$$

여기서 h는 Planck 상수이고 v는 0을 포함하는 양의 정숫값만을 가질 수 있는 *진동 양자수*(vibrational quantum number)이다. 따라서 진동자가 어느 크기의 위치 에너지도 가질 수 있는 고전 역학식과는 달리 양자 역학 진동자는 다만 어떤 불연속적인 에너지만을 가질 수 있다.

$\sqrt{k/\mu}/2\pi$항이 고전 역학식과 양자 역학식 모두에 들어있음을 주목해야 한다. 식 16-10을 식 16-11에 대입하면 다음 식이 얻어진다.

$$E = \left(v + \frac{1}{2}\right)h\nu_m \tag{16-12}$$

여기서 ν_m은 고전 역학 모델의 진동 운동 주파수이다.[2]

복사선의 에너지가 양자 상태의 진동 에너지 준위차 ΔE와 정확히 일치하고, 또한 진동이 쌍극자 진동을 일으킨다면 복사선의 흡수로 인해 진동 에너지 준위에서 전이가 일어난다고 볼 수 있다. 식 16-11과 식 16-12에서 v는 단지 정숫값만을 갖기 때문에 어떤 인접한 두 준위 사이에서도 에너지 차이는 같다. 즉,

$$\Delta E = h\nu_m = \frac{h}{2\pi}\sqrt{\frac{k}{\mu}} \tag{16-13}$$

실온에서 대부분의 분자들은 바닥 상태($v = 0$)에 있다. 따라서 식 16-12로부터 에너지는 다음과 같이 된다.

$$E_0 = \frac{1}{2}h\nu_m$$

다음 식의 에너지를 갖는 첫 번째 들뜬 상태 $v = 1$의 들뜸은

$$E_1 = \frac{3}{2}h\nu_m$$

다음의 에너지를 필요로 한다.

$$\left(\frac{3}{2}h\nu_m - \frac{1}{2}h\nu_m\right) = h\nu_m$$

이런 전이를 일으키는 복사선의 주파수 ν는 고전 역학의 진동 주파수 ν_m과 같다. 즉

$$E_{\text{radiation}} = h\nu = \Delta E = h\nu_m = \frac{h}{2\pi}\sqrt{\frac{k}{\mu}}$$

또는

$$\nu = \nu_m = \frac{1}{2\pi}\sqrt{\frac{k}{\mu}} \tag{16-14}$$

복사선의 진동수를 파수로 나타내려면 식 6-3을 대입하여 재배열하면 된다.

[2]불행히도 진동 양자수 v는 주파수를 나타내는 그리스 문자 nu, ν와 표현에서 비슷하다. 따라서 식 16-12와 같은 식들에서 이들 두 가지의 혼동을 피하기 위하여 항상 조심해야 한다.

$$\bar{\nu} = \frac{1}{2\pi c}\sqrt{\frac{k}{\mu}} = 5.3 \times 10^{-12}\sqrt{\frac{k}{\mu}} \qquad (16\text{-}15)$$

여기서 $\bar{\nu}$는 cm^{-1} 단위의 흡수 피크의 파수이고, k는 newtons/m (N/m) 단위의 결합의 힘 상수이고, c는 cm/s^{-1} 단위의 빛의 속도이며 식 16-9에서 정의한 환산 질량(μ)은 kg 단위를 갖는다.[3]

식 16-14 또는 16-15와 연결된 IR 측정은 여러 가지 종류의 화학 결합에 대한 힘 상수를 계산할 수 있다. 일반적으로 k는 대부분의 단일 결합의 경우 3×10^2와 8×10^2 N/m의 범위에 있고 평균적으로 5×10^2 N/m의 값을 갖는다. 이중 및 삼중 결합은 같은 방법으로 이 값의 약 두 배 및 세 배인 힘 상수(각각 1×10^3 및 1.5×10^3 N/m)를 갖는 것으로 알려졌다. 이 실험 평균값과 식 16-15를 이용하면 여러 종류의 결합에 대한 기본적인 흡수 피크, 즉 바닥 상태에서 첫 번째 들뜬 상태로의 전이에 해당하는 흡수 피크의 파수를 계산할 수 있다. 아래 예제가 이와 같은 계산 방법을 보여준다.

예제 16-1

카르보닐기 C═O의 신축 진동에 해당하는 기본 흡수 피크의 대략적인 파수와 파장을 계산하시오.

❯풀이

kg 단위의 탄소 원자 질량은 다음 식으로 주어진다.

$$m_1 = \frac{12 \times 10^{-3}\ \text{kg/mol}}{6.0 \times 10^{23}\ \text{atom/mol}} \times 1\ \text{atom}$$
$$= 2.0 \times 10^{-26}\ \text{kg}$$

마찬가지로, 산소에 대해서도

$$m_2 = (16 \times 10^{-3})/(6.0 \times 10^{23}) = 2.7 \times 10^{-26}\ \text{kg}$$

환산 질량은 식 16-9에 의하면 다음과 같다.

$$\mu = \frac{2.0 \times 10^{-26}\ \text{kg} \times 2.7 \times 10^{-26}\ \text{kg}}{(2.0 + 2.7) \times 10^{-26}\ \text{kg}}$$
$$= 1.1 \times 10^{-26}\ \text{kg}$$

앞에서 언급한 바와 같이, 전형적인 이중 결합의 힘 상수는 1×10^3 N/m 정도이다. 이 값과 μ를 식 16-15에 대입하면

$$\bar{\nu} = 5.3 \times 10^{-12}\ \text{s/cm}\sqrt{\frac{1 \times 10^3\ \text{N/m}}{1.1 \times 10^{-26}\ \text{kg}}}$$
$$= 1.6 \times 10^3\ \text{cm}^{-1}$$

카르보닐기의 신축 진동 흡수 띠의 실험값은 1600~1800 cm^{-1} (6.3 내지 5.6 μm)의 영역의 값을 갖는다.

[3]정의에 의하여 newton은 N = kg m/s^2의 단위를 가진다. 따라서 $\sqrt{k/\mu}$는 s^{-1}의 단위를 가진다.

선택 법칙

식 16-12와 16-13에 의해 알 수 있는 바와 같이, 에너지 준위 1에서 2로 또는 준위 2에서 3으로의 전이 에너지는 0에서 1로의 전이 에너지와 같다. 게다가 양자 이론은 진동 양자수가 1단위 변하는 전이만이 일어날 수 있음을 나타낸다. 즉, *선택 법칙*(selection rule)은 $\Delta\nu = \pm1$임을 알 수 있다. 진동 준위들 사이의 간격 크기가 같으므로 하나의 분자 진동 방식에서는 하나의 흡수 피크만이 관찰된다. $\Delta\nu = \pm1$의 선택 법칙에 덧붙여 진동하는 동안 쌍극자 모멘트가 변해야 한다.

비조화 진동자

지금까지 조화 진동자를 고전 및 양자 역학적으로 설명하였다. 조화 진동자의 위치 에너지는 질량 사이의 거리가 주기적으로 변화함에 따라 주기적으로 변한다(그림 16-3a). 그러나 정성적으로 살펴볼 때 이런 방식의 분자 진동에 대해 완벽하게 설명할 수가 없다. 예를 들어, 두 개의 원자가 서로 접근하면 두 핵 간의 정전기적인 반발이 증가하면서 결합을 원래 위치로 되돌리려는 방향으로 작용하는 힘을 만든다. 따라서 위치 에너지는 조화 진동자가 접근할 때보다 더 빨리 증가하리라고 예상할 수 있다. 이와 반대되는 경우에서는 원자 사이의 거리가 원자들이 해리할 정도로 멀어짐에 따라 복원력, 즉 위치 에너지가 조화 진동자가 멀어질 때보다 감소하게 된다.

이론적으로 양자 역학 파동식은 분자 진동에 대해 거의 정확한 위치 에너지 곡선을 얻을 수 있게 한다. 그러나 불행하게도, 이 식들은 수학적으로 매우 복잡하여 매우 간단한 계를 제외한 거의 모든 계에 대해 정량적으로 응용하는 것이 불가능하다. 그렇지만 정성적으로는 그림 16-3b의 곡선 2가 보여주는 것과 같은 비조화형 곡선을 갖는다. 이와 같은 곡선들은 결합의 성질과 이와 관련된 원자들에 따라 조화 진동으로부터 벗어나는 정도가 다르다. 그러나 조화 및 비조화 곡선들은 낮은 위치 에너지에서 거의 같음에 주목하고, 이런 사실은 이제까지 설명한 근사법을 이용할 수 있음을 알려준다.

비조화성은 두 가지 종류의 오차를 가져온다. 큰 양자수에서 ΔE는 점점 더 적어지므로(그림 16-3b의 곡선 2 참고) 선택 법칙을 엄격히 따르지 않는다. 이러한 원인으로 배진동이라 불리는 약한 전이가 때때로 관찰된다. $\Delta\nu = \pm2$ 또는 ±3의 전이값을 갖는다. 이와 같은 *배진동*(overtone) 전이들은 기본 진동수의 두 배 또는 세 배 정도 되는 진동수를 보이고, 일반적으로 배진동 흡수의 세기는 기본 진동수에 비하여 매우 낮다.

한 분자 내에서 두 개의 다른 진동이 상호작용하여 이들의 기본 진동수의 합 또는 차이와 거의 같은 진동수를 갖는 흡수 피크를 낼 수 있다는 사실로 인하여 진동 스펙트럼은 더 복잡해진다. 합 및 차이에 해당하는 피크의 세기도 역시 일반적으로 낮다.

16A-4 진동 방식

보통 간단한 2원자 및 3원자 분자의 경우 진동의 수 및 종류와 이 진동들이 어떤 복사선을 흡수할 것인지 예측할 수 있다. 복잡한 분자는 여러 종류의 원자와 결합을 하고 있다. 이런 분자에서 생기는 수많은 진동 형태들은 분석하거나 예측하기에 어려운 적외선 스펙트럼을 나타낸다.

다원자 분자가 가질 수 있는 진동의 수는 다음과 같이 계산할 수 있다. 공간에서 한 점을 나타내는 데는 세 개의 좌표가 필요하다. 따라서 N개의 점을 고정시키기 위해서는 각 점에 대해 세 개 좌표의 한 세트, 즉 전체로 $3N$개가 필요하다. 다원자 분자에서 각 좌표는 원자 한 개에 대한 한 개의 자유도에 해당한다. 이런 이유로 N개의 원자를 포함하는 분자는 *3N의 자유도*(3N degree of freedom)를 갖는다고 말한다.

분자 운동을 규정할 때, (1) 공간에서 전체 분자의 운동(즉, 무게 중심의 병진 운동), (2) 무게 중심 주위로 전체 분자의 회전 운동 및 (3) 다른 원자에 대한 각 원자의 운동, 즉 각각의 진동 운동을 고려할 필요가 있다. 병진 운동은 분자에 있는 모든 원자들이 공간에서 함께 움직이므로 병진 운동을 규정하는 데 세 개의 좌표가 필요하며 따라서 세 개의 자유도를 사용한다. 전체 분자의 회전을 나타내는 데 또 다른 세 개의 자유도가 필요하다. 나머지 $(3N - 6)$개의 자유도는 원자 사이의 운동과 관련되어 있으므로 분자 내에서 일어날 수 있는 진동의 수를 나타낸다. 선형 분자는 정의에 의하면 모든 원자들이 단일 직선상에 있는 것이기 때문에 특별한 경우이다. 이때 결합 축 중심의 회전은 변화가 없으므로 회전 운동을 나타내는데 두 개의 자유도를 사용하여도 충분하다. 따라서 선형 분자의 진동의 수는 $(3N - 5)$로 주어진다. 각각 $(3N - 6)$ 또는 $(3N - 5)$개의 진동을 *기준 진동 방식*(normal mode)이라 한다.

각 기준 진동 방식의 경우에 그림 16-3b에서 실선으로 나타낸 것과 같은 위치 에너지 준위가 존재한다. 이들 각각에 대해서 앞에서 설명한 것과 같은 선택 규칙이 적용된다. 그리고 진동이 조화 진동에 가까워질수록 주어진 진동 에너지 준위 사이의 차이가 같아진다. 즉, 쌍극자 변화가 있는 각 진동에 대해 하나의 흡수 피크만이 나타난다.

기준 진동 방식의 계산에서 예상되는 수보다 더 적은 수의 실험 피크를 만드는 네 가지 요인은 다음과 같다. (1) 분자의 대칭성으로 인해 어느 특별한 진동에서 쌍극자 변화가 일어나지 않는 경우, (2) 두 개 또는 그 이상의 진동 에너지가 서로 같거나 거의 같을 때, (3) 흡수 세기가 보통의 방법으로는 검출할 수 없을 만큼 낮을 때, 또는 (4) 진동 에너지가 측정 기기 범위 밖의 파장영역에 있을 때 더 적은 수의 피크가 나타난다.

가끔은 기준 방식의 예상되는 수보다 더 많은 수의 피크가 나타난다. 이미 언급한 바와 같이 기준 피크의 두 배 또는 세 배의 주파수를 갖는 배진동(overtone) 피크가 나타난다. 또, 한 광자가 동시에 두 개의 진동 방식을 들뜨게 할 때 *복합 띠*(combination bands)가 가끔 나타난다. 복합 띠의 주파수는 대략 두 개의 기본 주파수의 차이 또는 합이다. 이런 현상은 한 개보다는 두 개의 결합이 하나의 양자 에너지를 흡수할 때 나타난다.

16A-5 진동 짝지음

어떤 진동 에너지, 즉 흡수 피크의 최대 파장은 분자 내 다른 진동자에 의하여 영향을 받거나 또는 짝지음을 한다. 많은 요인들이 이와 같은 짝지음 정도에 영향을 끼친다.

1. 한 원자를 공유하며 생기는 두 신축 진동 사이에는 센 짝지음이 일어난다.
2. 굽힘 진동 사이에서 상호작용이 일어나려면 진동하는 결합 사이에 공통인 결합이 필요하다.
3. 신축 결합이 굽힘 진동의 변하는 각의 한쪽을 이루면 신축 진동과 굽힘 진동 사이에서 짝지음이 일어난다.
4. 각각 대략 같은 에너지를 갖는 짝지음 진동들이 상호작용은 크게 일어난다.
5. 두 개 이상의 결합에 의해 떨어져 진동할 때 상호작용은 전혀 또는 거의 일어나지 않는다.
6. 짝지음은 같은 대칭성(symmetry) 화학종에서 진동할 때 일어난다.[4]

짝지음 효과의 예로, 이산화탄소의 적외선 스펙트럼을 생각해 보자. 두 개의 C=O 결합 사이에서 짝지음이 일어나지 않으면 지방족 케톤 내의 C=O 신축 진동에 대한 피크와 같은 파수($1700\ cm^{-1}$, 즉 6 μm; 예제 16-1 참고)에서 흡수 피크가 나타나리라고 예상된다. 실험에서 이산화탄소는 두 개의 흡수 피크를 나타내는데 하나는 $2350\ cm^{-1}$ (4.3 μm)에서, 다른 것은 $667\ cm^{-1}$ (15 μm)에서이다.

이산화탄소는 선형 분자이므로 4개의 기준 진동 방식 $(3 \times 3) - 5 = 4$를 갖는다. 두 개의 신축 진동이 가능하다. 그리고 진동하는 결합은 공통으로 탄소 원자를 가지고 있으므로 두 진동 사이에 상호작용이 일어날 수 있다. 다음에서 보여주는 바와 같이, 짝지음 진동 중 한 가지는 대칭이고 다른 것은 비대칭이다.

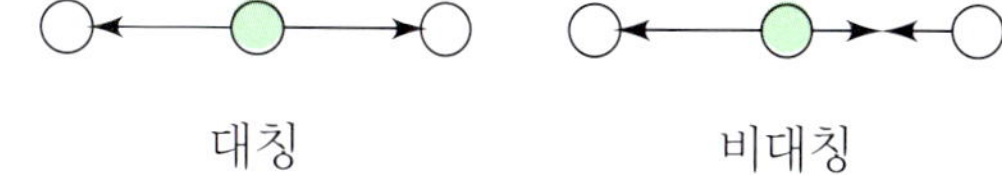

대칭　　　　비대칭

대칭 신축 진동은 두 개의 산소 원자가 중심 탄소 원자에서 멀리 또는 탄소 쪽으로 가깝게 동시에 움직이기 때문에 쌍극자 모멘트 변화를 일으키지 않는다. 따라서 대칭 신축 진동은 적외선

---

[4]대칭 조작과 대칭 화학종의 논의를 위하여 다음 문헌을 참고하시오. F. A. cotton, *Chemical Applications of Goup Theory*, 3rd ed., New York: Wiley 1990; R. S. Drago, *Physical Methods for chemists*, 2nd ed., Philadelphia: Saunders, 1992; A. Vincent, *Molecular Symmetry and Group Theory*, Chichester: Wiley, 2001.

에 비활성이다. 비대칭 신축 진동에서는 한 개 산소가 중심 탄소에서 멀게 움직일 때 탄소 원자는 다른 산소를 향하여 움직인다. 따라서 전하 분포의 알짜 변화가 주기적으로 일어난다. 그리하여 2350 cm^{-1}에서 흡수가 일어난다.

나머지 두 개의 이산화탄소의 진동 방식은 다음과 같은 가위질 진동이다.

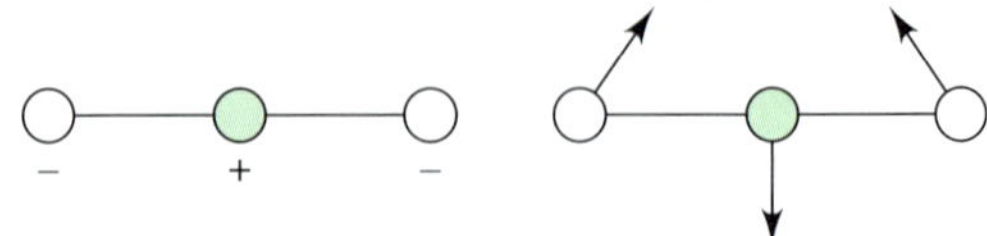

두 가지 굽힘 진동은 결합 축 주위의 가능한 모든 평면에서 서로 90°로 분해되어 굽힘 운동을 하는 성분들이다. 두 진동 에너지는 같으므로 677 cm^{-1}에서 하나의 피크로 나타난다. 이 진동들과 같은 에너지의 양자 상태를 *퇴화*(degenerate)되었다고 한다.

이산화탄소의 스펙트럼을 물, 이산화황 또는 이산화질소와 같은 비선형 3원자 분자의 것과 비교하는 것은 흥미로운 일이다. 이 분자들은 다음 그림과 같은 (3 × 3) − 6 = 3, 즉 3개의 진동 방식을 갖는다.

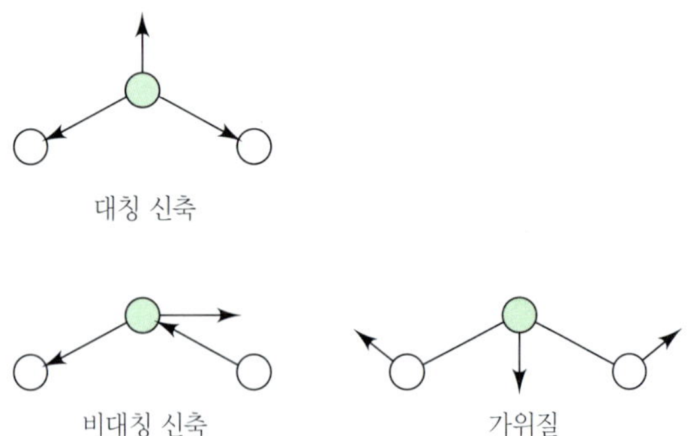

중심 원자는 다른 두 개와 같은 직선상에 있지 않으므로 대칭 신축 진동은 쌍극자 모멘트 변화를 일으키고, 따라서 적외선을 흡수할 것이다. 예를 들면 물 분자의 IR 스펙트럼은 3657과 3766 cm^{-1} (2.74 및 2.66 μm)에서 대칭 및 비대칭 신축 진동 피크를 나타낸다. 이런 비선형 분자에서는 단지 한 가지 가위질 진동만이 존재하는데 이는 분자 평면에서 일어나는 운동이 회전 자유도 하나를 사용하기 때문이다. 물의 굽힘 진동은 1595 cm^{-1} (6.27 μm)에서 흡수된다. 각각 두 개와 세 개의 흡수 피크를 갖고 있는 3원자 분자의 선형과 비선형의 스펙트럼 차이는 IR 흡수 분광법이 분자 모양을 예측하는 데 어떻게 이용될 수 있는지 보여준다.

진동의 짝지음은 흔히 일어나는 현상이다. 따라서 주어진 유기작용기에 해당하는 흡수 피크의 위치만으로 항상 정확히 그 화학종을 확인할 수 있는 것은 아니다. 예를 들면 메탄올의 C—O 신축 진동수는 1034 cm^{-1} (9.67 μm)이고, 에탄올의 경우 1053 cm^{-1} (9.50 μm)이며, 2-부탄올의 경우는 1105 cm^{-1} (9.05 μm)이다. 이러한 차이는 C—O 신축 진동이 인접한 C—C 신축이나 C—H 진동과 짝지음으로 생기는 것이다.

상호작용 효과는 비록 화합물에 있는 작용기를 확인하는 데 오차를 일으킬 수도 있지만 독특한 특징을 갖는 IR 흡수 스펙트럼을 얻게 되어 특정 화합물을 확실히 확인하는 데 매우 유용하다.

16B 적외선 기기 장치

적외선 흡수 측정을 하기 위한 세 가지 종류의 기기가 시판되고 있다. 즉 (1) 회절 단색화 장치를 가지는 분산형 회절발 분광 광도계, (2) 간섭계를 이용한 Fourier 변환 분광기(제7I절) 및 (3) 특정 파장에서 대기 기체의 성분 분석을 위해 사용되고 있는 필터 또는 흡수 기체를 사용하는 비분산형 광도계가 있다.

1980년대까지, IR 측정을 위해 가장 널리 사용된 기기들은 분산형 분광 광도계였다. 그러나 지금 분산형 기기는 속도, 신뢰도 및 편리성 때문에 중간 및 원적외선 측정을 위해 주로 Fourier 변환 분광 광도계로 바뀌고 있다. 분산형 기기는 자외선–가시선 기기의 확장되는 근적외선에서는 아직 사용되고 있지만, 많은 정밀한 근적외선 기기도 Fourier 변환 적외선(FTIR)형이다.

16B-1 Fourier 변환 분광기

Fourier 변환(FT)과 다른 다중형 기기의 이론적인 기초와 본질적 이점은 제7I절에서 어느 정도 자세히 설명하였는데 이 절을 더 공부하기 전에 그것을 복습하는 것이 좋을 것이다. 두 가지 형태의 다중형 기기가 IR 영역에서 사용되고 있다. FT 분광기계에서 코드화는 광원의 빛살을 둘로 나누어 그 통로 길이를 주기적으로 변하게 하여 간섭 무늬를 얻는다. 그 다음 Fourier 변환을 이용하여 데이터처리를 한다.[5] 두 번째는 Hadamard 변환 분광기인데 단색화 장치의 초점면에서 움직이는 마스크를 이용하여 스펙트럼 데이터를 코드화하는 분산형 기기이다. Hadamard 변환 적외선 기기는 널리 사용되지는 않으므로 이 책에서는 더 이상 설명하지 않겠다.[6]

초기의 FTIR 분광기가 시판되었을 때 크기가 크고, 값이 비싸고(> $100,000), 빈번한 기계적 조정이 필요하였다. 이런 이유로 FTIR은 이들의 고유한 특성(속도, 큰 분해능, 감도, 매우 좋은 파장의 정밀도와 정확도)이 꼭 요구되는 특별한 응용 분야에 제한적으로 사용되었다. 현재는 FT 기기가 탁자 위에 올려놓을 수 있을 정도의 크기로 작아졌고, 신뢰성이 있고 유지하기

---

[5]FIR 분광법에 관한 자세한 논의는 다음 문헌을 참고하시오. B. C. Smith, *Fundamentals of Fourier Transform Infrared Spectroscopy*, 2nd ed., Boca Raton, FL: CRC Press, 2011; P. R. Griffiths and J. A. deHaseth, *Fourier Transform Infrared Spectroscopy*, 2nd ed., New York: Wiley, 2007.

[6]Hamamard 변환과 Hamamard 변환 분광법에 관한 설명은 D. K. Graff, *J. Chem. Educ.*, **1995**, *72*, 304, **DOI**: 10.1021/ed072p304; *Fourier, Hamamard, and Hilbert Transforms in Chemistry*, A. G. Marshall, ed., New York: Plenum Press, 1982를 참고하시오.

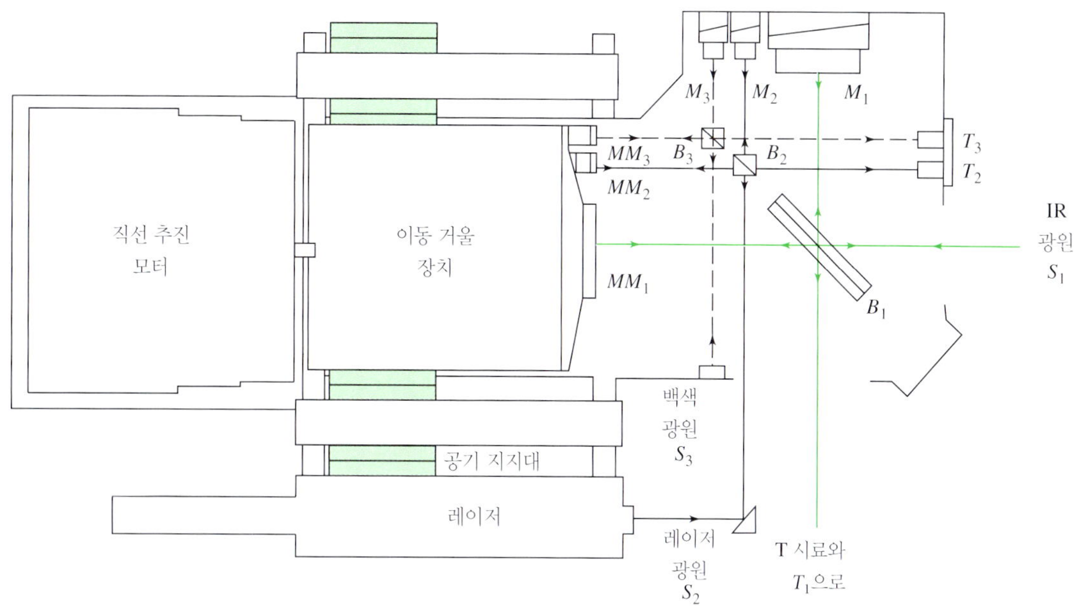

그림 16-4 FTIR 분광기의 간섭계. 아래 첨자 1은 IR 간섭계에서 복사선 통로를 정의한다. 아래 첨자 2와 3은 각각 레이저와 백색광 간섭계를 의미한다. (Courtesy of Thermo Fisher Scientific Inc., Waltham, MA.)

도 쉬워졌다. 더욱이 단순한 FTIR 사양의 가격이 가장 단순한 분산형 기기(~$15,000 또는 그 이상)와 비슷할 정도로 저렴해졌다. 이런 이유로 FT 기기는 실험실의 분산형 기기를 많이 대체하고 있다.[7]

FT 기기의 부분 장치

시판되는 FTIR 기기는 다른 형태의 광학계를 사용하기도 하지만 대부분 Michelson 간섭계에 기초를 두고 있다. 여기서는 그림 7-43에서 보여준 Michelson 구조에 대해서만 살펴보기로 한다.[8]

작동 메커니즘. 만족할 만한 인터페로그램(따라서 만족할 만한 스펙트럼)을 얻기 위해서는 움직이는 거울의 속도가 일정하고, 거울의 위치가 어느 순간에도 정확해야 한다. 거울의 평면성은 10 cm 이상의 전체 주사 범위에서 일정하게 유지되어야 한다.

파장이 50~1000 μm (200~10 cm^{-1}) 범위인 원적외선 영역에서 한 파장의 작은 분율만큼 거울의 이동과 거울의 위치는 모터로 움직이는 나사형 마이크로미터로 정확히 측정할 수 있다. 그러나 중간 및 근적외선 영역을 위하여 더 정밀하고 정교한 메커니즘이 요구된다. 이 경우에 거울 설치대는 일반적으로 밀착된 스테인리스 강관 내에 있는 공기 지지대 위에 떠 있다(그림 16-4 참고). 설치대는 확성기 내 음향 코일과 비슷한 전자기 코일과 선형 작동 모터에 의해 움직이게 된다. 코일의 전류를 증가시키면 일정한 속도로 거울이 움직인다. 거울 설치대가 끝에 도달하면, 전류를 빠르게 거꾸로 흐르게 하여 거울은 다음 주사를 위해 출발점으로 신속히 돌아간다. 이동 거리는 1~20 cm 정도이고 주사 속도는 0.01~10 cm/s 범위이다.

성공적으로 작동하기 위하여 거울 시스템에는 두 가지 특성이 필요하다. 첫 번째는 정밀한 거리의 지연 간격에서 인터페로그램을 채취하는 방법이다. 두 번째는 신호를 평균화하기 위하여 0의 지연 지점을 정확히 결정하는 방법이다. 만일 이 지점이 정밀하게 측정되지 않으면 반복적인 주사로부터 얻은 신호의 위상은 일치하지 않게 된다. 이렇게 되면 평균화는 신호를 증가시키기보다 감소시킬 것이다.

정밀한 신호 채취와 신호 평균화의 문제는 한 개보다 두세 개의 간섭계를 사용하여 해결할 수 있는데, 이 경우 세 개의 이동 가능한 거울이 함께 설치된 하나의 거울 설치대를 이용한다. 그림 16-4는 이와 같은 배열을 보여주는 개요도이다. 세 가지 간섭계 시스템 각각에 대한 부분 장치와 복사선 통로는 아래 첨자 1, 2, 3으로 각각 표시된다. 계 1은 결국 그림 16-5의 곡선 A와 비슷한 인터페로그램을 제공하는 IR 시스템이다. 계 2는 레이저 줄무늬의 기준 시스템이라 하며 채취 간격 정보를 제공한다. 이것은 헬륨(He)−네온(Ne) 레이저 S_2, 거울 MM_2와 M_2를 포함하는 간섭계, 빛살 분할기 B_2 및 변환기 T_2로 이루어져 있다. 이 계에서 나오는 출력은 그림 16-5의 C에서 보여주는 것과 같은 cosine파이다. 이 신호는 전자 회로에 의해 D에서 보여주는 사각 파형으로 변환된다. 신호 채취는 연속적으로 나타내는 0의 각 교차점에서 시작하거나 끝난다. 레이저 줄무늬 기준계는 대

---

[7]시판용 FTIR 분광기의 리뷰를 위하여 J. P. Smith and V. Hinson-Smith, Anal. Chem., 2003, 75, 37A, DOI: 10.1021/ac031224d; R. Mukhopadhyay, Anal. Chem., 2004, 76, 369A, DOI: 10.1021/ac041652z를 참고하시오.

[8]Michelson 간섭계는 1891년 A. A. Michelson에 의해 설계되어 제작되었다. 그는 간섭법의 발견으로 1907년 Nobel 상을 수상하였다.

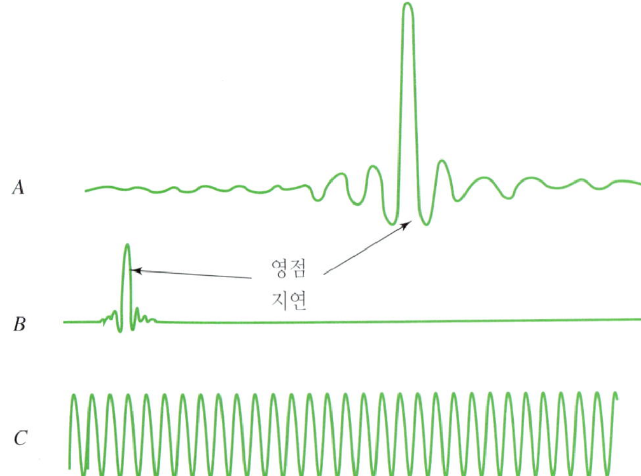

그림 16-5 많은 FTIR 기기에 포함된 세 개의 간섭계에 대한 시간 영역 신호. 곡선 *A*, IR 신호; 곡선 *B*, 백색광 신호; 곡선 *C*, 레이저 줄무늬 기준 신호; 곡선 *D*, 레이저 신호로부터 형성된 사각파 전기 신호. (Adapted from P. R. Griffiths, *Anal. Chem.*, **1974**, *46*, 645A, **DOI**: 10.1021/ac60343a756. Copyright 1974 American Chemical Society.)

단히 재현성이 있고 규칙적인 채취 간격을 갖게 한다. 대부분의 기기에서 레이저 신호는 또한 거울 운전계의 속도가 어느 한 수준으로 일정하게 되도록 조절하는 데 사용된다.

백색광계라고도 불리는 세 번째 간섭계는 텅스텐 광원 S_3과 가시 복사선에 감도 좋은 변환기 T_3을 이용한다. 이 거울계는 영점 지연이 분석 신호의 왼쪽에 나타나도록 설치되어 있다(그림 16-5의 인터페로그램 *B* 참고). 광원은 다색 광이므로 영점 지연에서의 출력은 그 지점의 전후의 어떤 신호 출력보다 훨씬 크다. 따라서 이 최대점은 재현성이 큰 지점으로서 각각의 주사에 대한 데이터 채취를 시작하는 점으로 이용되고 있다.

위에서 설명한 삼중 간섭계는 보통 회절발 기기보다 훨씬 더 정밀하게 주파수를 측정할 수 있게 한다. 이런 큰 재현성은 많은 주사 스펙트럼을 평균화할 때 특히 중요하다. 그림 16-6에서 보여주는 탁상용과 같은 최신 기기들은 하나 또는 두 개의 간섭계로도 같은 정도의 정밀한 주파수를 얻을 수 있다. 그림 16-7에서 개략으로 그린 기기에서 간섭계는 실제 두 개의 평행한 간섭계인데 하나는 광원으로부터 오는 IR 복사선이 시료를 통과하기 전에 복사선을 변조시키고 두 번째는 He-Ne 레이저로부터 온 붉은 광을 변조시켜서 IR 변환기로부터 데이터를 얻기 위한 기준 신호를 제공한다. 백색광 광원은 사용되지 않으며, IR 인터페로그램이 0의 지연을 확정하기 위하여 사용된다. IR 인터페로그램에서 최댓값 피크는 모든 파장이 보강 간섭을 하는 점

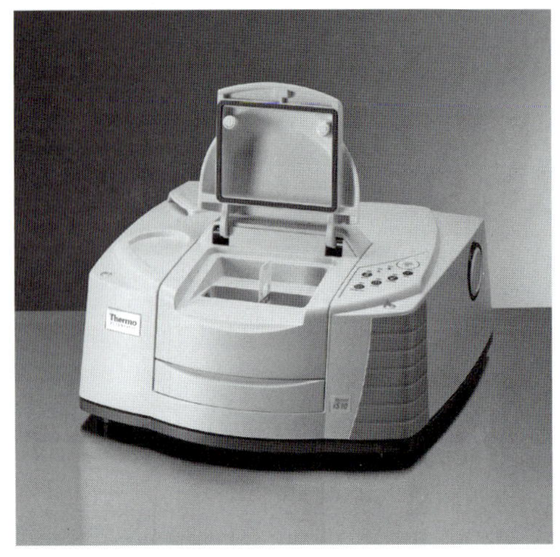

그림 16-6 학생용으로 적합한 기본적인 탁상용 FTIR 분광기의 사진. 스펙트럼은 수 초 내에 기록되어 보여주고 판독되기 위하여 LCD 패널에 나타난다. 소프트웨어를 통하여 기기제어, 자료 수집 및 처리 분석 결과를 처리할 수 있다. IR 데이터베이스는 분석 및 스펙트럼 해석을 위해 제공된다. (Courtesy of Thermo Electron Corp., Madison, WI.)

이기 때문에 우수한 기준이 된다.

그림 16-6에서 보여준 탁상용은 대략 1 cm^{-1}의 분해능을 가지는 스펙트럼을 제공할 수 있다. 이러한 교육용 키트는 교육현장에서 학생들이 기기를 사용하는 데 도움을 주고 있다. 키트에는 IR 이론, FTIR 측정 방법 및 여러 IR 실험들에 대한 정보를 포함하여 제공된다.

기기 설계

FTIR 분광기는 홑 또는 겹살 기기이다. 그림 16-8은 가격이 \$15,000~\$25,000 정도 되는 기본적인 홑살 분광기이다. 이런 형태의 기기로 투광도나 흡광도를 측정하는 전형적인 방법은 우선 기준 물질(보통 공기)을 20회 또는 30회 주사하여 기준 인터페로그램을 데이터로 얻어, (보통은 스펙트럼으로 변환시킨 후에) 기기 컴퓨터의 기억장치에 결과들을 저장한다. 그 다음 시료를 복사선 통로에 놓고 위의 과정을 반복한다. 시료와 기준 스펙트럼 데이터의 비를 계산하여 여러 주파수에서 투광도를 얻는다. 보통 최신 IR 광원과 변환기는 매우 안정적이기 때문에 기준 스펙트럼은 가끔 얻어도 된다.

겹살 분광기는 그림 16-9에서 보여준다. 시료와 기준 셀을 통과한 거울을 향한 간섭계 빛살은 간섭계 거울의 움직임에 비교되면서 빠르게 진동하여 각 거울 위치에서 시료와 기준의 정보를 얻을 수 있다. 겹살 설계는 광원과 변환기의 변동을 보정하여준다.

시판 기기의 성능 특성

많은 기기 제작 회사에서 여러 가지 모델의 FTIR 기기를 시판

시뮬레이션: www.tinyurl.com/skoogpia7에서 **IR 기기(IR instrumentation)**에 대해 더 알아보시오.

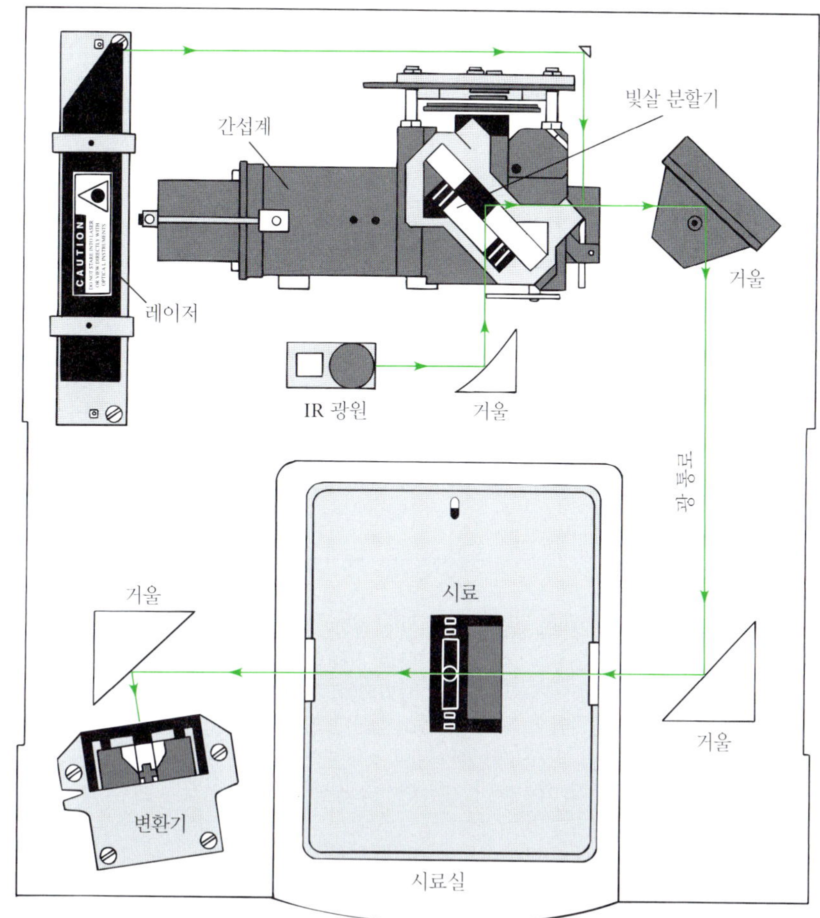

그림 16-7 기본적인 FTIR 분광기의 개략도. IR 광원으로부터의 모든 파장의 복사선이 반사되어 왼쪽에 있는 거울을 움직여서 조정되는 간섭계에 들어간다. 조정된 복사선은 오른쪽에 있는 두 개의 거울에서 반사되어 아래 구획에 있는 시료를 통과한다. 시료를 통과한 다음에 복사선은 변환기에 도달한다. 변환기에 붙어있는 데이터 획득 시스템이 신호를 기록하고 인터페로그램과 함께 컴퓨터의 메모리에 저장한다. (Courtesy of Thermo Electron Corp., Fisher Scientific, Waltham, MA.)

한다. 이들 중 가장 싼 기기는 수 파수의 분해능을 갖고 7800~350 cm^{-1} (1.3~29 μm)의 파수 범위에서 측정할 수 있다. 스펙트럼은 1초 정도의 짧은 주사시간으로 얻을 수 있다. 좀 더 비싼 기기는 교환 가능한 빛살 분할기, 광원 및 변환기를 갖춰서 주파수 범위가 더 넓고 분해능이 더 좋다. 예를 들면 어떤 기기는 원적외선(10 cm^{-1} 또는 1000 μm)에서 가시선 영역 50,000 cm^{-1} 또는 200 nm까지 스펙트럼을 얻을 수 있다. 시판되고 있는 기기들의 분해능은 8~0.01 cm^{-1} 이하까지 다양하다. 최고의 분해능으로 완전한 스펙트럼을 얻는 데 수 분 정도 걸린다.

FT 분광기의 장점

대부분의 중간 적외선 스펙트럼 영역에서 FT 기기는 고급 분산형 기기보다 10배 이상 좋은 신호 대 잡음비를 갖는다고 알려져 있다. 물론, 많은 경우 좋은 스펙트럼을 수 초 이내에 얻을 수 있는 빠른 주사를 하는 경우에 이 증가된 신호 대 잡음비는 다소 줄어들 수 있다. 또한, 간섭계 기기는 높은 분해능($<$ 0.1 cm^{-1})과 매우 정확한 주파수를 재현성 있게 측정할 수 있다. 후자의 성질은 바탕 보정을 하기 위해 스펙트럼을 빼주는 경우에 특히 유용하다.

또 다른 FT 기기의 장점은 분산형 광학계가 좁은 슬릿 너비를 필요로 하기 때문에 에너지량이 작아지는 데 비하여 더 많은 에너지를 통과(수십, 수백 배 크기로)시킬 수 있다는 것이다. 그러나 여기서 얻은 이점은 간섭계 측정을 위해 필요한 빠른 감응 변환기의 낮은 감도 때문에 부분적으로 상쇄되기도 한다. 마지막으로 각각의 IR 주파수가 다른 주파수로 토막나기 때문에 간섭계에는 미광의 문제가 없다는 것이다.

FTIR 기기는 분산형 기기를 넘어 다음과 같은 화학의 모든 분야에 강점을 갖고 있다. (1) 진동 및 회전 띠의 겹침으로 인해 복잡한 스펙트럼을 갖는 기체 혼합물에서 요구되는 매우 높은 분해능의 연구 실험, (2) 큰 흡광도를 갖는 시료의 연구, (3) 약한 흡수 띠를 갖는 물질의 연구(예로, 촉매 표면에 화학적으로

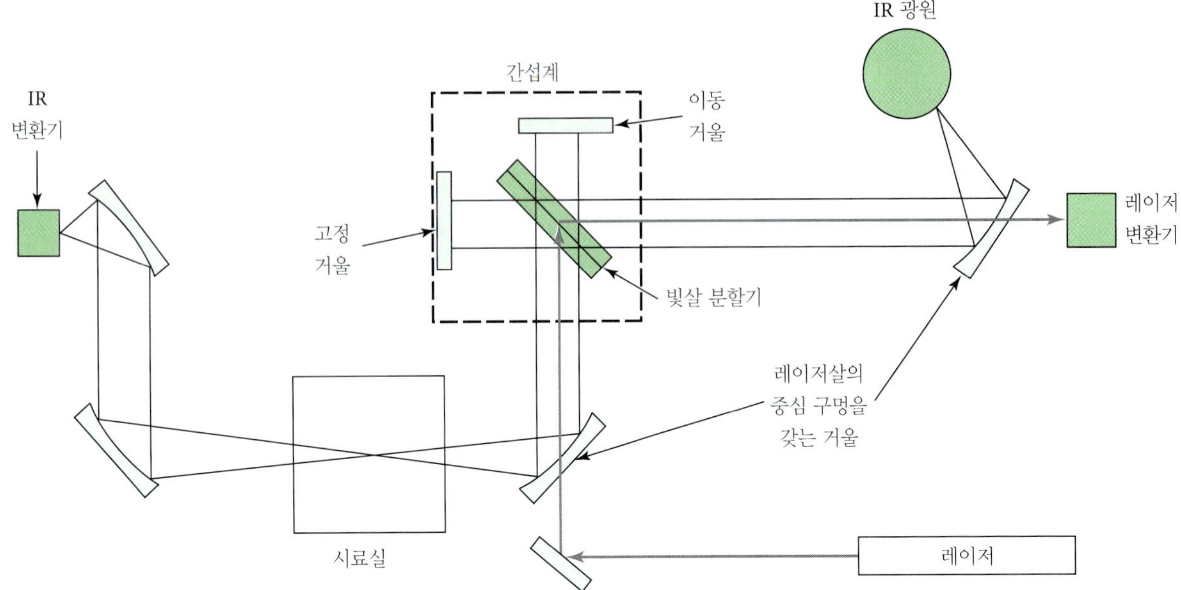

그림 16-8 홑살 FTIR 분광기. 간섭계의 하나의 팔에서 IR 광원 복사선이 빛살 분할기를 통과하여 고정된 거울에 갔다가 빛살 분할기로 돌아와서 시료를 통과하여 IR 변환기로 간다. 다른 팔에서는 IR 광원 복사선이 빛살 분할기로 가서 이동 가능한 거울에서 반사되어 빛살 분할기를 통하여 돌아와서 시료와 변환기에 도달한다. 두 개의 빛살이 빛살 분할기에서 다시 만날 때 상 차이(광로 차이)가 적당하면 그들은 서로 간섭한다. 거울의 이동 거리에 대해 신호의 도시가 인터페로그램이다. 인터페로그램은 존재하는 모든 주파수에 대한 정보를 포함한다. 파수에 대한 세기인 스펙트럼은 인터페로그램의 FT이다. 거울의 이동 거리에 대한 신호로부터 컴퓨터로 그것을 계산할 수 있다. 비어있는 시료 칸은 계산되는 기준 스펙트럼이 된다. 다음에 시료 칸에 시료를 넣고 시료의 스펙트럼을 얻는다. 기준 세기에 대한 시료 세기의 비로부터 각 파수에서 흡광도를 계산한다.

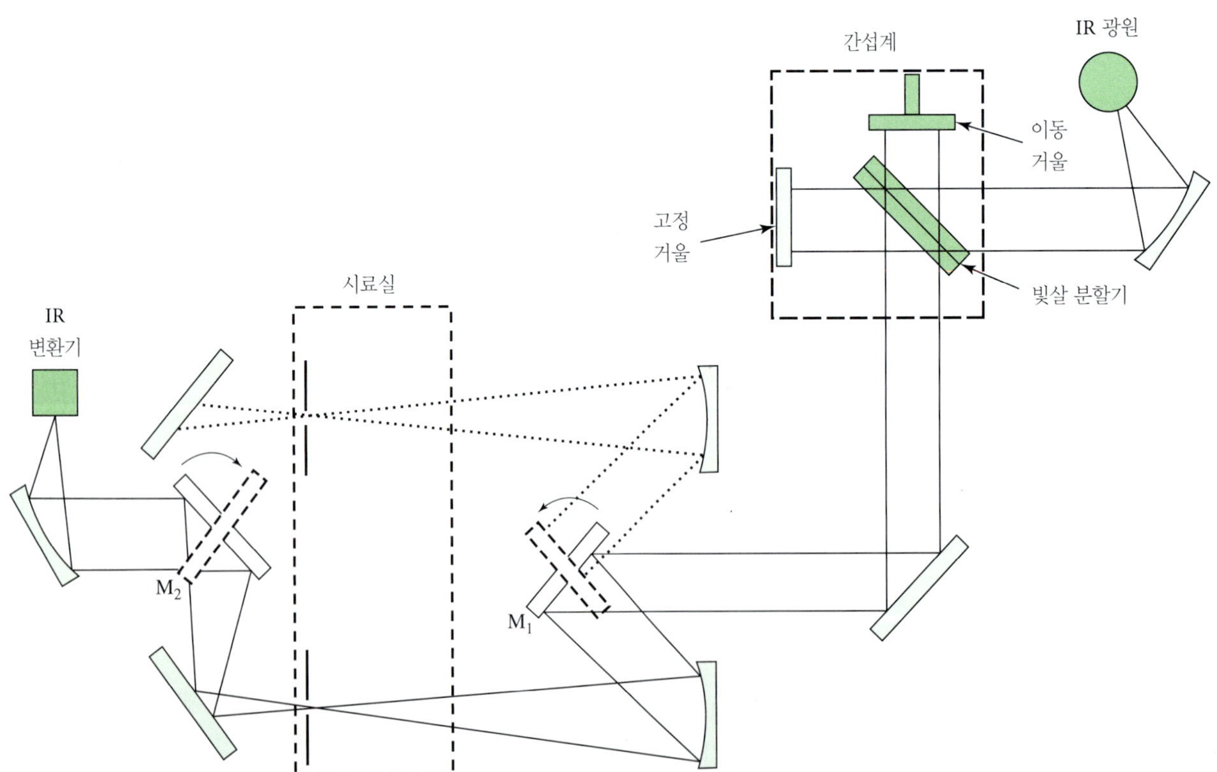

그림 16-9 겹살 FTIR 분광기. 간섭계로부터 나온 빛살은 거울 M_1에 도달하는데 한 위치에서는 빛살이 기준을 통과하는 방향으로 있고 다른 위치에는 빛살이 시료를 통과하는 방향으로 향하고 있다. M_1과 동시화된 거울 M_2는 기준 빛살과 시료 빛살이 교대로 변환기를 향해서 가도록 한다.

흡착된 화합물의 연구), (4) 크로마토그래피 용리액의 속도론적 연구 또는 검출과 같은 빠른 주사를 필요로 하는 연구, (5) 매우 작은 시료로부터 IR 데이터를 얻을 때, (6) 반사 스펙트럼을 얻을 때, (7) IR 방출 연구.

16B-2 분산형 기기

현재 생산되고 있는 대부분의 기기는 FT 계이지만 아직도 많은 분산형 분광 광도계가 실험실에서 사용되고 있다. 분산형 IR 분광 광도계는 일반적으로 겹살, 기록식 기기로 복사선을 분산시키는 데 반사 회절발을 사용한다. 제13D-2절에서 지적한 바와 같이, 겹살 설계가 갖는 중요한 특성은 비교적 낮은 세기의 IR 광원과 낮은 감도의 IR 변환기에 인한 작은 신호를 크게 증폭해야 할 필요성이 작은 데 있다(제16C절 참고).

일반적으로 IR 영역에서 겹살 기기를 사용하는 또 다른 이유는 그림 16-10에서 보여준다. 아래 곡선은 대기의 수분과 이산화탄소가 몇몇 중요한 영역에서 흡수되어 심각한 방해를 일으키고 있음을 보여준다. 위의 곡선은 기준 빛살이 이 두 화합물의 흡수를 거의 완전하게 보상해주는 것을 보여준다. 안정된 100%T의 바탕선이 얻어진다.

일반적으로, 분산형 IR 분광 광도계는 낮은 주파수의 토막틀(5~30주기/초)을 가지며, 이것은 변환기 주위에 있는 여러 물체에서 나오는 IR 방출과 같은 외부 복사선 신호와 광원에서 나오는 신호를 변환기가 식별할 수 있게 한다. 대부분의 분산형 기기에 사용되는 IR 변환기의 감응 시간이 느리기 때문에 토막틀 속도도 낮아야 한다. 일반적으로, 분산형 기기의 광학설계는 앞의 장에서 설명한 겹살 자외선-가시선 분광 광도계와 크게 다른 것이 없고, 다만 시료와 기준 용기가 IR 기기에서는 광원과 단색화 장치 사이에 놓여 있다는 것이 다르다. 자외선-가시선과는 달리 IR은 시료에 광화학적 분해를 일으킬 만큼 충분하게 큰 에너지를 가지지 않기 때문에 이런 배열이 가능하다. 그리고 단색화 장치 앞에 시료와 기준 물질을 놓는 것은 셀에서 발생하는 산란 복사선이 단색화 장치에서 효과적으로 제거되어 변환기에 도달하지 않기 때문이다.

그림 16-11은 대표적인 IR 분광 광도계에서 각 부분 장치들이 배열되어 있는 것을 보여준다. 많은 값싼 분산형 IR 기기와 같이, 이것도 영점 조절법으로 기준 빛살의 세기를 낮추거나 감쇠시켜 시료를 투과한 빛살의 세기와 일치시킨다. 빛살의 감쇠는 기준 빛살의 세기를 연속적으로 제거하는 장치를 이용하여 이루어진다. 감쇠기는 보통 빗 모양이고 점점 빗살이 가늘어지면 빗의 세로축 이동과 빛살 세기의 감쇠 사이에서는 선형관계가 이루어진다. 두 빛살의 출력 차이가 변환기에 의해 감응되는 정도에 따라 빗이 움직이게 되어 있다. 이런 움직임은 기록기 펜의 움직임과 동시화되어 그 위치가 두 빛살의 상대적 출력의 측정값 즉 시료의 투광도로 나타낸다.

그림 16-11에서는 기기 부분 장치들이 세 가지 형태로 연결되어 있음을 보여준다. 즉 (1) 점선으로 나타낸 복사선 연결, (2) 진한 검은 선으로 나타낸 기계적 연결, (3) 가는 실선으로 나타낸 전기적 연결이 있다.

광원에서 나오는 복사선은 두 개의 빛살로 나누어져 절반은 시료 셀을 통과하고, 다른 절반은 기준 물질을 통과한다. 기준 빛살은 감쇠 장치를 통과하여 토막틀을 지나간다. 토막틀은 모터로 작동되는 원판인데 이것은 기준 빛살은 반사하고 시료 빛살은 투과시켜 번갈아 단색화 장치로 보낸다. 빛살은 프리즘 또는 회절발에 의해 분산되고 교대로 변환기에 도달하여 전기 신호로 변환된다. 신호는 증폭되고 동시화 정류기를 통과하는데 이 장치는 기계적 및 전기적으로 토막틀에 연결되어 있는 장치

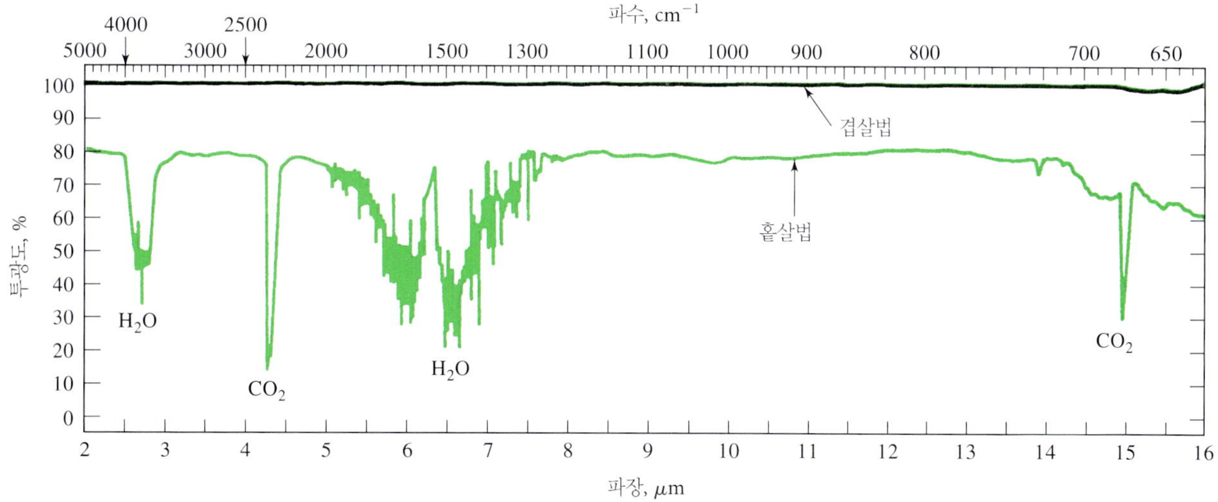

그림 16-10 대기의 수증기와 CO_2의 홑살 및 겹살 스펙트럼. 아래의 홑살 스펙트럼에는 대기에 포함된 기체들에 의한 흡수가 명백하게 나타나있다. 위의 겹살 스펙트럼에는 기준 빛살이 이런 흡수를 대단히 잘 보상해주는 것을 보여주고 있고 안정한 100%T의 바탕선을 얻도록 한다. (From J. D. Ingle Jr. and S. R. Crouch, *Spectrochemical Analysis*, p. 409, Upper Saddle River, NJ: Prentice-Hall, 1988. With permission.)

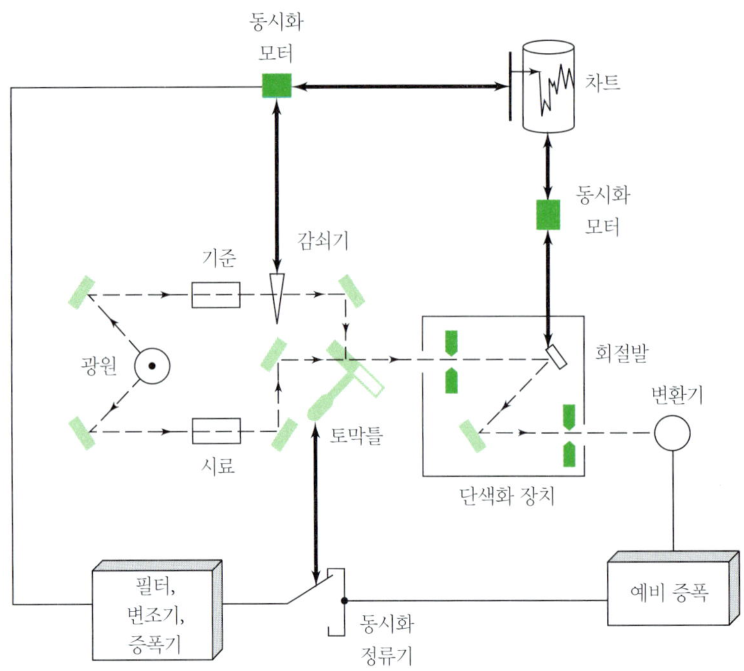

그림 16-11 겹살 분산형 IR 분광 광도계의 조직도. 굵고 검은 선은 기계적 연결을 나타내고, 약한 선은 전기적 접촉을 나타낸다. 복사선 광로는 점선으로 나타나 있다.

로서 정류기 스위치와 토막틀을 떠나는 빛살이 동시에 변하도록 한다. 만일 두 빛살의 출력이 같으면, 정류기로부터의 신호는 변동하지 않는 직류이다. 한편 두 빛살의 출력이 다르면, 변동하는 ac 전류가 흐르는데 전류의 위상은 어느 쪽 빛살이 더 센지에 따라 결정된다. 정류기에서 나오는 전류는 걸러지고 증폭되어 입력 전류의 위상에 따라 한 방향 또는 반대 방향으로 동시화 모터를 움직이게 한다. 동시화 모터는 기계적으로 감쇠기와 기록기의 펜 작동 장치에 연결되어 영점에 도달될 때까지 두 장치 모두 움직이게 한다. 또 다른 동시화 모터는 차트와 파장이 동시에 움직이도록 한다. 파장과 슬릿 작동이 기계적으로 연결되어 슬릿 너비를 변화시켜 변환기에 도달하는 복사선의 세기가 거의 일정하게 유지되도록 한다.

위에서 설명한 기준 빛살 감쇠기 시스템은 분산형 IR 기기의 성능에 세 가지 제한을 갖게 한다. 첫 번째는 특히 신호가 급격히 변하는 주사 영역에서 감쇠기 시스템의 감응 속도가 투광도 변화 속도보다 항상 느리다는 것이다. 두 번째는 기계식 감쇠기와 기록계 시스템과 관련된 추진력으로 인하여 기록기 펜이 실제 투광도를 초과하여 지나갈 수 있다는 것이다. 세 번째는 투광도가 거의 0인 영역에서 변환기에 도달하는 복사선이 거의 없는데도 정확히 영점 위치를 나타내지 않는다는 것이다. 이로 인해 변환기 감응이 느려지므로 피크가 완만하게 나타난다. 그림 16-12에서 낮은 투광도 영역(1700과 3000 cm^{-1})에서 나타나는 실제 투광도를 초과한 피크와 완만한 피크를 보여준다.

16B-3 비분산형 기기

몇 가지 간단하고 견고한 기기가 적외선 정량 분석용으로 설계되었다. 어떤 것은 간단한 필터 또는 비분산형 광도계이고 다른 것은 분산 장치 대신에 필터 쐐기를 이용하여 전체 스펙트럼을 얻는 기기이다. 또 몇몇 기체 분석기의 경우에는 파장 선택기를 이용하지 않은 것이다. 일반적으로 이러한 기기들은 앞서 설명한 다른 기기들보다 간단하고, 더 견고하며, 유지하기 쉽고, 가격도 저렴하다.

필터 광도계

그림 16-13은 대기 중의 여러 유기 물질을 정량 분석할 수 있는 휴대용 IR 필터 광도계의 개요도이다.[9] 1, 5, 30, 또는 100 이상의 기체를 검정한 여러 모델들이 있다. 기기는 컴퓨터로 조정된다. 많은 화합물에 대해 1.8, 3.3, 3.6, 4.0, 4.2, 4.5, 4.7, 8, 11, 및 14 μm의 고정된 띠통과 필터가 사용된다. 7.7과 14.1 μm (1300~710 cm^{-1}) 사이에 연속적으로 변하는 필터로 교대로 파장을 선택하거나 또는 스펙트럼 주사 응용 분야에 사용할 수 있다. 광원은 니크롬선이고 변환기는 파이로전기 변환기이다(광원과 변환기에 대해 제16C절 참고).

기체 시료는 배터리로 작동하는 펌프를 이용하여 20 L/min의 속도로 셀에 주입된다. 셀에서는, 금을 도금한 세 개의 거울이 접힌 빛살 경로 디자인에 사용된다. 0.5 m에서 12.5 m의 빛살 경로가 선택된다. 특별히 긴 광로 길이 설치로 ppm 이하 수

[9] P. A. Wilks, *Amer. Lab.*, **1994**(12), 44; *Proc. Control Qual.*, **1992**, 2, 283을 참고하시오.

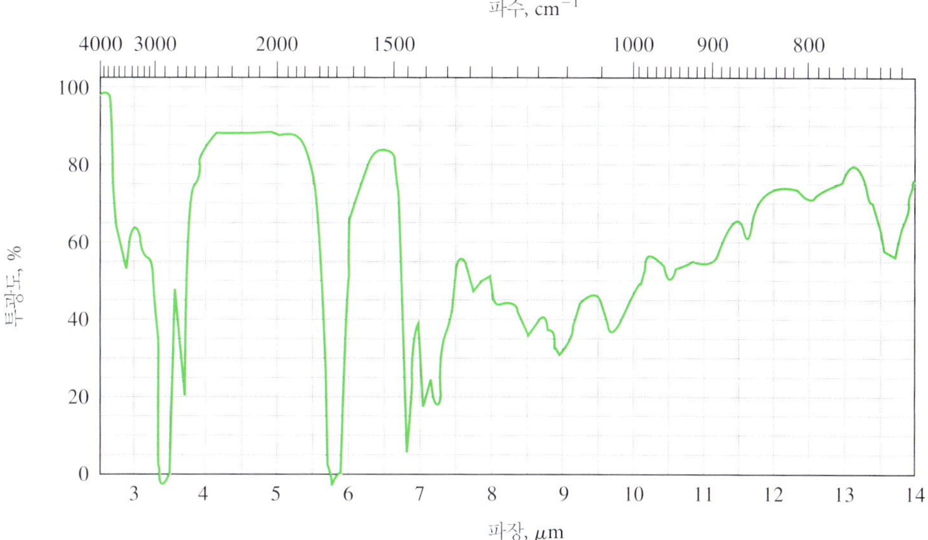

그림 16-12 낮은 %*T*에서 초과 신호를 보여주는 *n*-hexanal의 IR 스펙트럼.

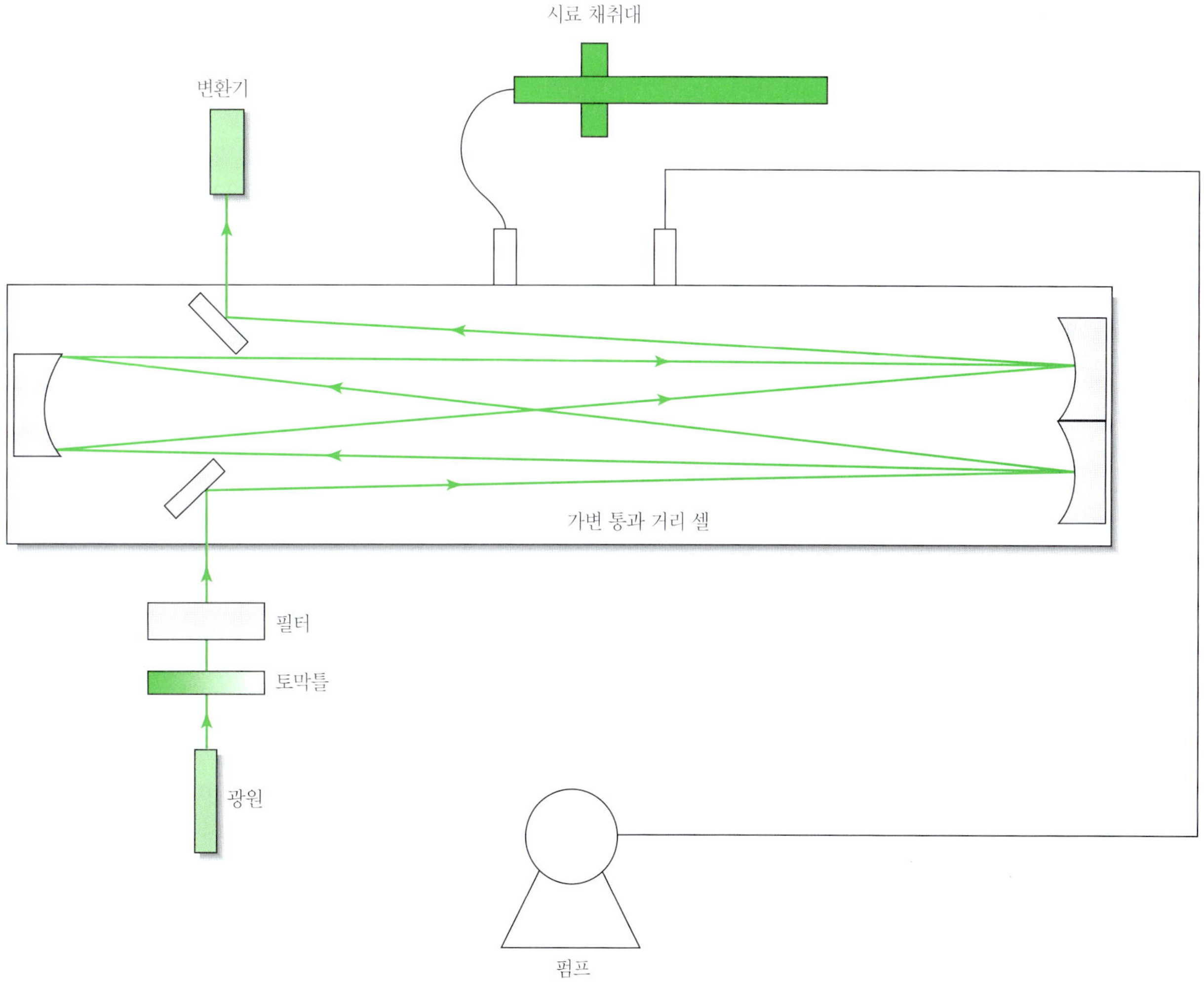

시료 채취대

변환기

가변 통과 거리 셀

필터

토막틀

광원

펌프

그림 16-13 **기체 분석을 위해 설계된 휴대용 IR 광도계.** 시료는 펌프로 셀에 넣는다. 광로 길이는 거울의 반사 수를 조정하여 변경시킬 수 있다. (Courtesy of Thermo Fisher Scientific, Waltham, MA.)

준의 많은 기체 검출이 이러한 광도계로 얻어졌다.

최근에 설계된 필터 IR 기기가 산업현장에서 CO_2를 측정하였다고 보고되었다. 추정된 검출 한계가 1 ppm이었다.[10]

필터 없는 광도계

파장 제한 장치가 없는 광도계가 기체 흐름 중의 한 성분만을 분석하는 데 널리 이용된다.[11] 그림 16-14는 기체 혼합물 중 일산화탄소를 정량할 수 있도록 설계된 전형적인 비분산형 기기를 보여준다. 기준 셀은 흡수하지 않는 기체로 채워진 밀폐한 용기이다. 그림에서 보여주는 것처럼, 통로 길이가 같은 또 다른 셀을 통하여 시료가 흘러간다. 토막틀은 동일한 광원에서 나오는 빛살이 초당 5회 정도의 속도로 동시에 토막 나게 한다. 변환기 용기의 두 방은 모두 분석물질 기체(여기서는 일산화탄소)를 채워서 선택성을 가지게 한다. 변환기의 두 방은 커페시터판의 역할을 하는 얇고 유연성 있는 금속 격막으로 분리되어 있고, 또 다른 판은 왼쪽에 있는 변환기 용기 안에 들어 있다.

시료 셀에 일산화탄소가 없으면 두 변환기 방은 두 개의 광원에서 오는 적외선에 의해 똑같게 가열된다. 만일 시료에 일산화탄소가 포함되어 있으면 오른쪽 빛살은 다소 감쇠되어 시료 변환기 방은 기준 변환기 방보다 차가워진다. 이 결과 격막은 오른쪽으로 이동하게 되므로 커페시터의 커페시턴스가 변한다. 이 커페시턴스의 변화는 증폭기에 감지되어 이 출력이 서보모터를 작동시켜서 빛살 감쇠기를 기준 빛살 통로로 밀어 넣어 두 방의 온도가 다시 같아지게 한다. 이 기기는 영점 조절법으로 작동한다. 토막틀은 표류와 $1/f$ 잡음에 덜 민감한 ac 신호를 만드는 역할을 한다.

이 기기는 시료 중의 일산화탄소에 의해 흡수되는 좁은 영역의 스펙트럼만이 변환기 기체를 가열시키기 때문에 매우 선택적이다. 이 장치는 어떠한 IR 흡수 기체의 분석에도 이용될 수 있다(즉, CO_2, NO, 또는 H_2S).[12]

필터 상관 분석기

그림 16-15에서 보여준 바와 같이 필터 상관 분석기는 IR 빛살이 통과하는 회전 기체 필터를 사용한다. 필터는 두 개의 칸을 갖는데 하나는 분석 기체용이고 다른 것은 질소와 같은 빛을 흡수하지 않는 기체용이다. 빛살에 분석 기체가 놓일 때 그것은 선택적으로 IR 광원을 감쇠하여 기준 빛살을 만든다. 시료 빛살은 투명한 기체에 의해 만들어진다. 대표적으로 IR 광원은 적당히 큰 주파수로(360 Hz)로 토막이 나는 반면에 필터는 적당히 낮은 주파수(30 Hz)로 회전한다. 변조된 신호가 만들어지는데 이는 분석 기체의 농도와 관련이 있다.

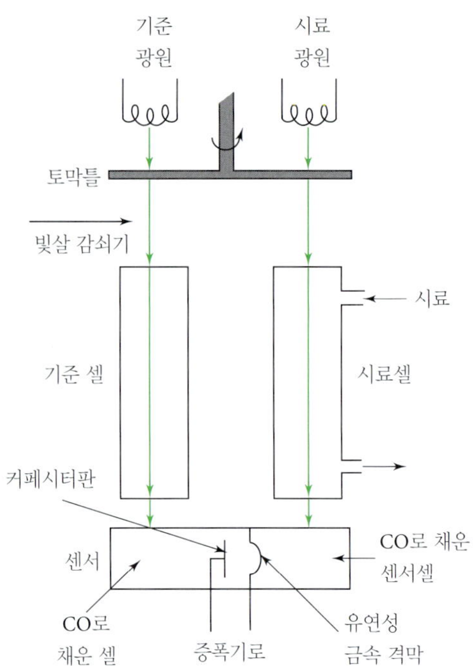

그림 16-14 일산화탄소를 모니터하기 위한 비분산형 IR 광도계.

필터 상관 분석기는 CO_2와 CO의 기체 분석용이 있다. 그것들은 미량 수준(< 0.1 ppm) 또는 더 많은 양을 검출할 수 있도록 조절될 수 있다. 분석기는 표준 기체를 묽혀서 교정 곡선을 작성하여 교정된다.

16C IR 광원과 변환기

IR 흡수 측정 기기는 모두 연속 IR 광원과 감도 좋은 IR 변환기를 필요로 한다. 이들 기기 부분 장치의 바람직한 특성은 제7B절과 제7E절에 수록되어 있다. 이 절에서는 현대 IR 기기에서 사용되는 광원과 변환기에 대하여 설명하려고 한다.

16C-1 광원

적외선 광원은 전기적으로 1500~2200 K의 온도에서 가열되는 비활성 고체로 만들어진다. 흑체 복사선과 비슷한 연속 복사선이 방출된다(그림 6-22 참고). 이들 온도에서 복사선의 최대 세기는 5000과 5900 cm^{-1} (2와 1.7 μm) 사이에서 얻어진다. 긴 파장 쪽으로 갈수록 세기는 점차 감소하여 670 cm^{-1} (15 μm)에서 최댓값의 1%로 줄어든다. 짧은 파장 쪽에서는 더 급격하게 감소하여 10,000 cm^{-1} (1 μm) 정도에서 1% 정도까지 줄어든다.

Nernst 백열등

Nernst 백열등은 지름이 1~3 mm이고 길이가 2~5 cm 정도 되

---

[10] J. Hodgkinson et al., *Sens. Actuators B*, **2013**, *186*, 580, **DOI:** 10.1016/j.snb.2013.06.006을 참고하시오.

[11] 담배 연기에서의 CO 정량을 위하여 *Appl. Spectrosc.*, **2006**, *60*, 272, **DOI:** 10.1366/000370206776342616을 참고하시오.

[12] 바닷물에서의 CO_2 정량을 위하여 다음 자료를 참고하시오. *Marine Chemistry*, **2006**, *100*, 24, **DOI:** 10.1016/j.marchem.2005.10.009; 담배 연기에서의 NO 정량을 위하여 다음 자료를 참고하시오. reference 11; 산성의 alkylamine 기체 흐름에서의 H_2S 정량을 위하여 다음 자료를 참고하시오. *Hydrocarbon Processing*, **2009**, *88* (February, issue 2), 73.

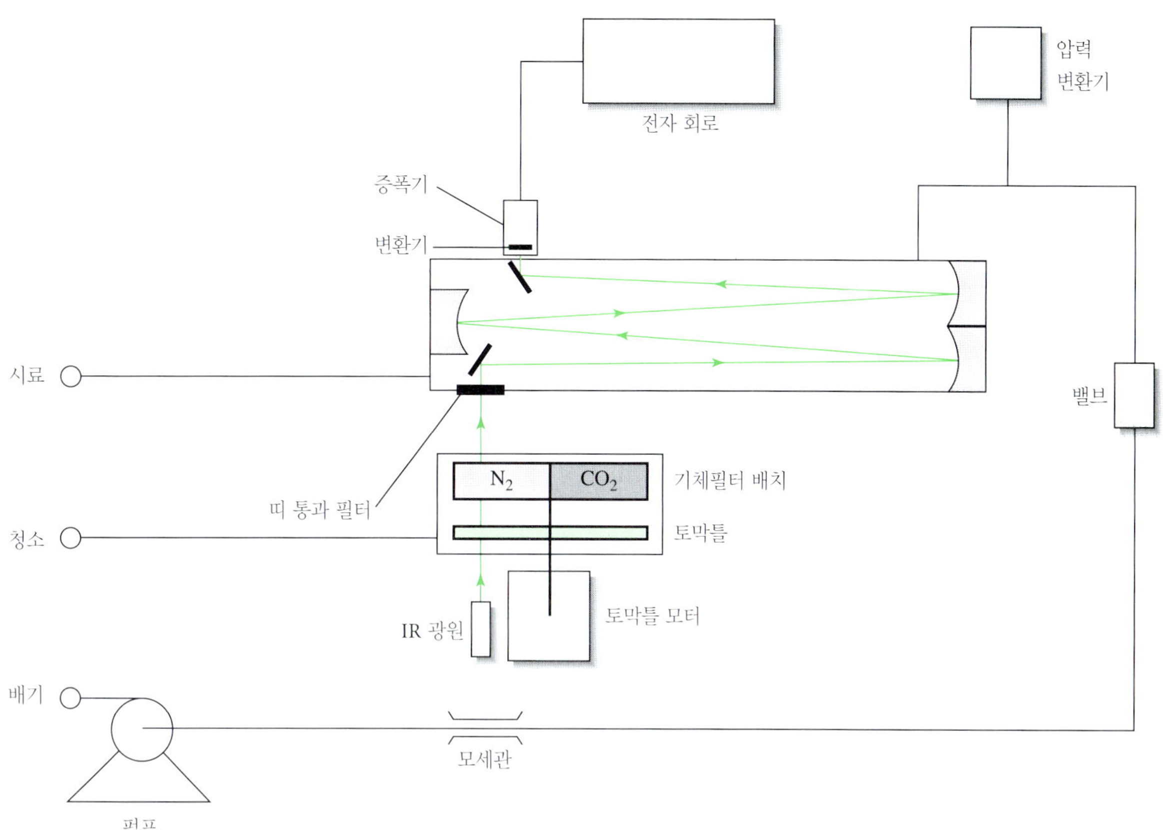

그림 16-15 CO_2의 정량을 위한 IR 필터 상관 분석기. 시료는 펌프에 의해 시료 셀에 넣는다. 토막이 난 IR 광원 복사선(360 Hz)이 30 Hz로 회전하는 필터 바퀴의 N_2와 CO_2 편 사이에서 교대된다. CO_2 편은 시료 셀에서 CO_2에 의해 더 이상 억제될 수 없는 기준 빛살을 제공한다. N_2 편은 IR 복사선이 시료에서 CO_2에 의해 억제될 수 있는 셀로 통과하여 가도록 함으로써 시료 빛살을 생산한다. 토막이 난 변환기 신호의 변조된 진폭이 시료 내 CO_2의 농도와 관련이 있다. 다른 기체는 기준과 시료 빛살을 같게 흡수하기 때문에 변환기 신호를 변조하지 않는다. (Courtesy of Thermo Fisher Scientific Inc., Waltham, MA.)

는 원통형의 회토류 산화물로 이루어져 있다. 백금선이 원통 끝에 밀봉되어 있어 저항 가열 소자로서 역할을 할 수 있도록 전기적으로 연결되어 있다. 여기에 전류가 흐르면 1200에서 2200 K까지 온도가 올라간다. Nernst 백열등은 전기 저항이 큰 음의 온도 계수를 가지므로 원하는 온도를 유지하기 위해서는 전류를 크게 가하기 전에 다소 붉은 색을 띨 때까지 외부에서 가열해야 한다. 온도가 증가하면 저항이 감소하므로 광원 회로는 전류를 억제할 수 있도록 설계하여야 한다. 그렇지 않으면 백열등은 급격히 뜨거워져서 쓸 수 없게 된다.

그림 16-16은 약 2200 K에서 작동하는 Nernst 백열등의 스펙트럼 출력을 보여준다. 곡선은 흑체의 스펙트럼과 비슷함을 알 수 있다. 작은 피크와 함몰부는 장치의 화학적 조성에 따라 달라진다.

Globar

Globar는 일반적으로 탄화규소 또는 복합재료인 세라믹 막대로 전기적으로 1000 K 이상 가열된다. 이전에 사용된 분산형 장비에는 충분한 세기를 제공하기 위해 1500 K로 가열되어 사용되었다. 현재 사용되는 FTIR의 높은 감도는 낮은 온도의 광원(1000~1300 K)에서 사용이 가능하여 결과적으로 광원의 수명이 길어졌다. FTIR의 Globar 광원은 높은 안정성을 위해 온도가 제어되어야 한다. 과거 몇몇 기기는 팬을 이용하여 공기로 냉각하였지만 물을 사용한 냉각법이 훨씬 효과적이다. Globar는 전기적으로 온도가 제어되고 저항은 양의 계수를 갖는 이점이 있다. 따라서 가장 안정적인 광원으로 전자식 온도 제어 방법을 사용하여 물의 순환에 의한 온도 변동과 불편함을 제거할 수 있다. 전자식 온도 제어는 또한 광원 수명을 증가시킨다. Globar와 Nernst 백열등의 스펙트럼 에너지는 Globar가 훨씬 더 큰 출력을 내는 5 μm 이하의 영역을 제외하면 비슷하다.

백열선 광원

백열선 광원은 Globar나 Nernst 백열등보다 세기가 다소 낮지만 수명이 긴 광원으로 전류를 흘려 약 1100 K까지 가열할 수 있는 나선형으로 단단히 꼬아진 니크롬선이다. 값이 비싸지만 세라믹 원통 내에 밀봉되어 있는 로듐선 히터도 이런 광원과 비슷한 성질을 갖는다. 니크롬선 광원은 많은 다른 IR 광원보다 낮은 세기를 나타낸다. 그러나 백열선 광원은 냉각시킬 필요가 없고 유지하는 비용이 거의 없다. 이런 이유로 니크롬선 광원은 과정 분석기와 같이 신뢰성이 요구되는 경우에 자주 사용된다.

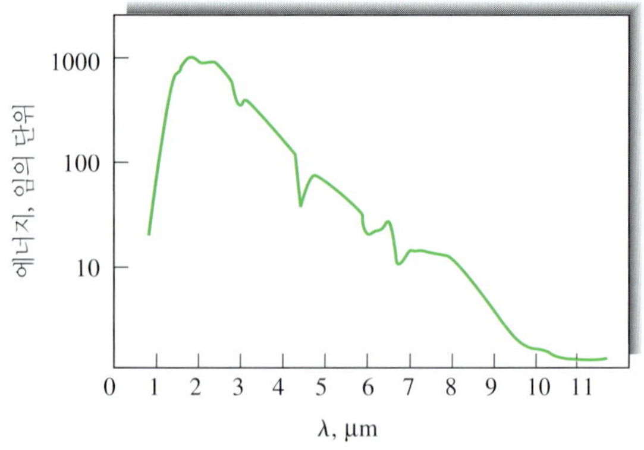

그림 16-16 대략 2200 K에서 작동하는 Nernst 백열등으로부터 얻은 에너지의 스펙트럼 분산.

수은 아크

지금까지 설명한 열 광원 중 어느 광원도 원적외선 스펙트럼($\lambda > 50$ μm)을 편리하게 검출할 수 있을 정도로 충분한 세기를 내지 못한다. 이 경우에 높은 압력의 수은 아크가 사용된다. 이 장치는 1기압보다 큰 압력의 수은 증기가 석영관에 들어있는데 여기에 전기를 통과시키면 내부 플라스마 광원을 형성하며 원적외선 영역의 연속 복사선을 방출한다.

텅스텐 필라멘트 램프

보통 텅스텐 필라멘트 램프는 4000~12,800 cm^{-1} (2.5~0.78 μm)의 근적외선 영역에서 사용되는 편리한 광원이다.

이산화탄소 레이저 광원

가변 이산화탄소 레이저는 대기 오염 물질의 농도를 측정하고, 수용액 중 흡수 화학종을 정량하기 위한 IR 광원으로 사용된다.[13] 이산화탄소 레이저는 900~1100 cm^{-1} (11~9 μm) 영역에서 100개 정도의 조밀한 불연속선으로 이루어진 복사선 띠를 방출한다. 제7B-3절에서 설명한 바와 같이, 레이저를 조절하여 이 선들 중 어느 하나를 선택할 수 있다. 비록 이용할 수 있는 파장 범위는 제한되어 있지만, 900~1100 cm^{-1} 영역은 CO_2의 짝지음 신축 진동으로 생기는 흡수 띠 중에서도 특히 많은 물질들을 흡수하는 영역이다. 따라서 이 광원은 암모니아, 부타디엔, 벤젠, 에탄올, 이산화질소 및 트리클로로에틸렌 등과 같은 수많은 중요한 화학종들의 정량 분석에 유용하다. 레이저 광원의 중요한 성질은 각 선의 복사 에너지가 흑체 광원의 것보다 십의 수 승 배 더 크다는 것이다.

이산화탄소 레이저는 광검출과 라이더(lidar)와 같은 원격 제어 감응을 하는 용도로서 널리 사용된다. 라이더의 작동 원리는 레이더의 원리와 비슷하다. 라이더 시스템은 상호작용하는 과녁으로 복사선을 투과시키고 과녁에 의해 변한다. 복사선의 일부는 라이더 기기로 반사되어 돌아와서 분석되고 과녁에 대한 정보를 얻기 위하여 사용된다. 라이더에 의해 원격 조정 목표물의 거리, 속도, 회전, 화학적 조성 및 농도를 얻을 수 있다.

반도체 IR 레이저 광원

변조 반도체 레이저도 근적외선 및 중간 적외선 광원(이 장치에 대한 설명은 제7B-3절 참고)으로 사용된다. 예를 들어 화성 탐사선인 Curiosity의 화성 탐사 실험을 위하여 변조 다이오드 레이저 분광기의 2.78 μm 파장을 이용하여 화성 환경에서의 탄소, 수소 및 산소를 검출하고 동위 원소 비율을 측정하였다. 또한 양자 폭포 변조 레이저의 3.3 μm 영역에 몇 개의 회전선을 주사하여 메탄의 존재를 측정하였다. 화성 탐사선 Curiosity에 탑재된 두 개 채널의 변조 레이저 분광기는 0.00002 cm^{-1}의 스펙트럼을 갖추고 있다. 밀폐된 셀에 채워진 화성의 대기로부터 메탄의 흡수신호를 측정한 후 터보 분자 펌프에 의해 배출된다. 화성 대기의 화학 물질로부터 검출된 메탄의 양과 화성 탐사선 자체에서 나오는 메탄의 양은 얼만큼인지에 대해서는 아직도 논란 중에 있다.

16C-2 IR 변환기

적외선 변환기는 일반적으로 세 가지 종류가 있다. (1) 파이로전기 변환기, (2) 광전도 변환기, (3) 열변환기. 처음 것은 광도계, 일부의 FTIR 분광기 및 분산형 분광 광도계에서 사용된다. 광전도 변환기는 많은 FTIR 기기에서 사용되고, 열변환기는 옛날 분산형 기기에 사용되었지만, FTIR 분광기에서는 사용하기에 너무 느리다.

파이로전기 변환기

파이로전기 변환기(pyroelectric transducer)는 특별한 열적 및 전기적 성질을 갖고 있는 절연체(유전 물질)인 파이로전기 물질의 단일 결정 박편(wafer)으로 만든다. 황산 트리글리신 $(NH_2CH_2COOH)_3 \cdot H_2SO_4$(보통 중수소화되든지, DTGS 또는 일부 글리신이 알라닌으로 대체됨, DLaTGS)는 IR 검출 시스템을 만드는 데 사용되는 가장 중요한 파이로전기 물질이다.

어떠한 유전 물질을 통하여 전기장을 걸어줄 때 전기적 편극이 일어나는데 이 편극이 일어나는 정도는 물질의 유전 상수에 따라 달라진다. 대부분의 유전 물질에서 이 유발된 편극은 외부장이 제거될 때 빠르게 0으로 감소된다. 이에 비해 파이로전기 물질은 전기장을 제거한 후에도 센 온도 의존성 편극이 유지된다. 따라서 파이로전기 결정을 두 개의 전극 사이에 끼워 넣으면 온도 의존성 커페시터를 형성한다. 하나의 전극은 IR에 투명하다. 이것에 IR 복사선이 쬐어 그 온도를 변화시키면 결정 내의 전하 분포가 변화하게 되고 이것은 커페시터 양면에 연결한 외부 전기 회로에 측정할 수 있는 정도의 전류를 만들어낸다. 이 전류의 크기는 결정의 표면적, 그리고 온도 변화에 따른 편

---

[13]다음 문헌을 참고하시오 . A. A. Demidov, in *Introduction to Laser Spectroscopy*, 2nd ed., D. L. Andrews and A. A. Demidov, eds., New York: Kluwer Academic/Plenum Press, 2002; Z. Zelinger, M. Strizik, P. Kubat, and S. Civis, *Anal. Chim. Acta*, **2000**, *422*, 179; P. L. Meyer, M. W. Sigrist, Rev. Sci. Instrum., 1990, 61, 1779.

극의 변화 속도에 비례한다. 파이로전기 결정은 *Curie 점*(Curie point)이라고 불리는 온도까지 가열될 때 나머지 편극을 잃어버린다. 황산 트리글리신의 Curie 점은 47°C이다.

파이로전기 변환기는 간섭계로부터 나오는 시간 영역 신호의 변화를 추적할 수 있을 정도로 매우 빠른 감응 시간을 가지고 있다. 이런 이유로 대부분의 FTIR 분광기는 이런 형태의 변환기를 사용한다.

광전도 변환기

IR 광전도 변환기(photoconducting transducer)는 비전도성 유리 표면에 장착되어 있는 황화납, mercury telluride-cadmium telluride (MCT), 또는 indium antimonide와 같은 반도체 물질의 얇은 필름으로 이루어져 있고, 대기로부터 반도체를 보호하기 위하여 진공관 속에 밀봉되어 있다. 이 물질들이 복사선을 흡수하면 비전도성 원자가 전자는 높은 에너지의 전도 상태로 들뜨게 되어 반도체의 전기 저항이 감소하게 된다. 일반적으로, 광전도체를 전압 공급원 및 부하 저항기와 직렬로 연결하였을 때 부하 저항기를 가로질러 나타나는 전압 강하는 복사선 빛살 세기의 정도를 나타낸다.

황화납 광전도체는 10,000~333 cm^{-1} (1~3 μm) 스펙트럼의 근적외선 영역에서 가장 널리 사용되는 변환기이다. 이것은 실온에서도 작동된다. 중간 및 원적외선에 대해서는 MCT 광전도 변환기가 사용된다. 이것들은 액체 질소(77 K)로 냉각시켜 열적 잡음을 최소화해야 한다. 이 검출기들의 긴 파장 차단 및 여러 다른 성질은 연속적으로 변화시킬 수 있는 mercury tellutide/cadmium telluride 비에 의존한다.

MCT 변환기는 앞에서 설명한 중수소화된 DTGS 변환기보다 더 빠르고 민감하다. 이러한 이유로 MCT 변환기는 기체 크로마토그래피와 연결된 분광기와 같이 빠른 감응 시간이 필요한 반응 속도 연구를 위한 FTIR 분광기에 널리 사용된다.

열변환기

복사선의 가열 효과에 따라 다른 정도로 감응하는 열변환기(thermal transducer)는 매우 짧은 IR 파장을 제외한 예전의 분산형 IR에 사용되었다. 이 장치는 복사선이 작은 흑체에 흡수되어 생기는 온도 증가 정도를 측정한다. 광원에서 나오는 복사선의 세기 수준은 대단히 적어서(10^{-7}~10^{-9} W) 검출 가능한 온도 변화가 일어나려면 흡수 물질의 열용량은 가능한 적어야 한다. 최상의 실험 환경에서 천 분의 몇의 절대 온도만큼의 온도 변화도 측정할 수 있다.

열에 의한 적외선을 측정할 때 생기는 문제점은 주위로부터 오는 열적 잡음이 혼합되어 있다는 것이다. 이런 이유로 열변환기는 보통 진공 상자 안에 설치하고 다른 인접 물체로부터 방출되는 열 복사선을 세심하게 차단하여야 한다. 외부의 열원의 영향을 최소화하기 위하여 보통 광원에서 나오는 빛살을 토막 낸다. 이렇게 하면 분석 신호가 변환된 후에는 토막틀 주파수를 갖게 되므로 보통 넓은 띠나 시간에 따라 서서히 변하는 외부 잡음 신호로부터 전자공학적으로 쉽게 분리시킬 수 있다.

열전기쌍. 가장 간단한 형태의 열전기쌍(thermocouple)은 비스무트와 같은 금속 조각을 이것과 성질이 다른 안티모니와 같은 금속의 끝에 용접시켜 만든 한 쌍의 접촉으로 이루어져 있다. 두 접촉 사이에서 나타나는 전위차는 이 두 접촉의 온도 차이에 따라 변한다.

IR 복사선 변환기 접합은 대단히 가는 금속선 또는 비전도성 지지체 위에 금속을 증착하여 만든다. 어느 경우에도, 접촉 부위는 열의 흡수 용량을 증가시키기 위하여 보통 검게 만들고 IR에 투명한 창을 갖는 진공 상자 속에 밀봉한다. 일반적으로 감응 시간은 30 ms이다.

기준 접촉은 측정 접촉과 같은 상자 내에 들어있도록 하고 비교적 큰 열용량을 갖도록 설계되어 있으며, 입사 복사선으로부터 조심스럽게 가려져 있다. 분석물질 신호가 토막 나기 때문에 두 접촉 사이의 온도 차이만이 중요하므로, 기준 접촉을 일정한 온도로 유지시킬 필요는 없다. 감도를 증가시키기 위하여 몇 개의 열전기쌍을 직렬로 연결하여 소위 *열전기파일*(thermopile)이라고 하는 것을 만든다.

볼로미터. 볼로미터(bolometer)는 백금이나 니켈과 같은 금속 조각이나 반도체로 만들어진 저항 온도계의 한 가지 종류이다. 뒤의 것은 종종 *서미스터*(thermistor)라고 불린다. 이 물질들은 온도 변화에 따라 비교적 큰 저항 변화를 보여준다. 감응 물질은 크기를 작게 하고 열복사선을 잘 흡수하기 위하여 검게 한다. 볼로미터는 중간 적외선 영역에 대해 다른 IR 변환기만큼 많이 사용되지 않는다. 그러나 1.5 K에서 작동하는 저마늄 볼로미터는 5~400 cm^{-1} (2000~25 μm) 범위의 복사선에 이상적인 변환기이다. 감응 시간은 수 ms 정도이다.

질문과 문제

* 별표가 있는 문제의 해답은 이 책의 끝에 있다.

이 아이콘이 있는 문제는 스프레드시트를 이용하여 쉽게 풀 수 있다.

***16-1** CO의 IR 스펙트럼은 2170 cm^{-1}에 중심인 진동 흡수 띠를 보여준다.

(a) CO 결합의 힘 상수를 구하시오.

(b) 어떤 파수(cm^{-1})에서 ^{14}CO의 해당 피크를 얻을 수 있는가?

***16-2** 기체 HCl은 수소-염소 신축 진동에 해당하는 2890 cm^{-1}에서의 흡수를 나타낸다.

(a) 결합에 대한 힘 상수를 계산하시오.

(b) (a)에서 계산한 것과 같은 힘 상수라고 가정하고 HCl에 대한 흡수 띠의 파수(cm^{-1})를 계산하시오.

16-3 $k = 5.0 \times 10^2$ N/m의 힘 상수를 가지는 단순한 2원자 C—H 분자로서 작용기를 취급하는 —C—H 신축 진동에 해당하는 흡수 주파수를 계산하시오. 계산한 값을 상관 차트의 범위(그림 17-6에서 보여준 것과 같은)와 비교하시오. 중수소화된 결합에 대해 계산을 반복하시오.

16-4 NO 결합의 힘 상수는 $k = 1.53 \times 10^3$ N/m이다. NO를 단순한 2원자 분자로서 취급하는 신축 진동에 해당하는 Hz 단위의 흡수 주파수와 기본 흡수의 파장 및 파수를 계산하시오. 계산한 값이 아래 논문의 NO 및 NO 이합체에 대한 실험값과 어떻게 비교되는가? Varetti, E. L.; Pimentel, G. C., *J. Chem. Phys.*, **1971**, *55*, 3813, **DOI:** 10.1063/1.1676666.

***16-5** 기본적인 O—H 신축 진동의 파장이 3.0 μm 정도이다. O—H 신축에 대한 첫 번째 과진동 띠의 대략적인 파수와 파장을 구하시오.

***16-6** N—H 신축 진동의 첫 번째 과진동 파장이 대략 1.5 μm이다. N—H 기본적인 띠에 대한 대략적인 파수와 파장을 구하시오.

***16-7** 이산화황은 비직선 분자이다. 이 화합물은 얼마나 많은 진동 방식을 가지는가? 이산화황이 IR 흡수 띠는 얼마나 가지는지 예상하시오.

***16-8** 다음의 진동이 IR 스펙트럼에서 활동적인지 비활동적인지 나타내시오.

분자	운동
(a) CH_3-CH_3	C−C 신축
(b) CH_3-CCl_3	C−C 신축
(c) SO_2	대칭 신축
(d) $CH_2=CH_2$	C−H 신축: 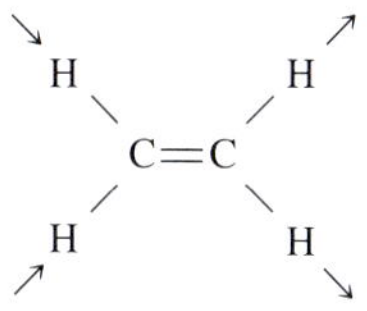
(e) $CH_2=CH_2$	C−H 신축: 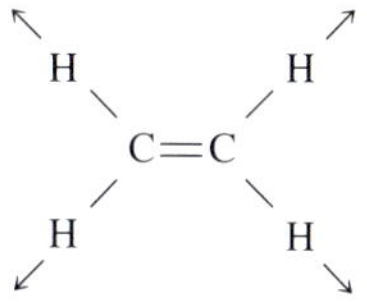
(f) $CH_2=CH_2$	CH_2 앞뒤 흔듦: 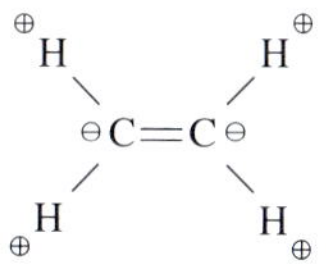
(g) $CH_2=CH_2$	CH_2 꼬임: 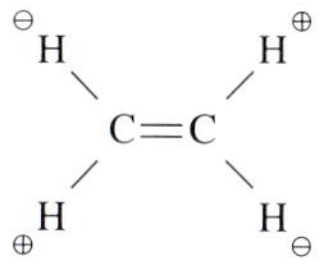

16-9 분산형 기기에 비교하여 FTIR 분광기의 장점은 무엇인가?

16-10 (a) 0.010 cm^{-1}, (b) 0.50 cm^{-1}, (c) 2.0 cm^{-1}의 분해능을 제공하기 위하여 FTIR 분광기에서 거울의 작동 거리를 구하시오.

* **16-11** 실온(25°C)에서 대부분의 분자는 바닥의 진동 에너지(v = 0)에 있음을 이야기하였다.

(a) Boltzmann 식(식 8-1)을 사용하여 HCl에 대한 들뜬 상태와 바닥 상태의 존재 비[$N(v = 1)/N(v = 0)$]를 계산하시오. HCl의 기본적인 진동 주파수는 2885 cm^{-1}이다.

(b) (a)의 결과를 사용하여 $N(v = 2)/N(v = 0)$을 구하시오.

16-12 기체 분석을 위하여 분산형 IR 분광기보다 비분산형 기기가 자주 사용되는가?

16-13 첫 번째 FTIR 기기가 세 가지 다른 간섭계 시스템을 사용하였다. 그것이 어떻게 그 당시 기기의 광학 시스템을 간단하게 할 수 있는지 간략히 기술하시오.

* **16-14** FTIR에 의한 특별한 흔적량 분석에서 16개의 인터페로그램 한 세트가 수집되었다. 특정한 스펙트럼 피크와 관련된 신호 대 잡음비(S/N)가 대략 4:1이었다. 만일 목표가 S/N = 20:1을 얻는 것이라면 수집해서 평균해야 하는 인터페로그램 수를 구하시오.

질문과 문제(계속)

* **16-15** 복사선이 (a) 9.10×10^{13} Hz의 고유 주파수를 갖고 광원에서 나왔다. 이 주파수에 해당하는 파수를 구하시오. 만일 Michelson 간섭계가 1.00 cm/s의 거울 속도를 가진다면 변환기에서의 주파수를 구하시오. (b) 9.20×10^{13} Hz 및 (c) 9.30×10^{13} Hz의 주파수에서 떠나는 복사선에 해당하는 변환기에서의 주파수와 해당되는 파수를 각각 구하시오.

도전 문제

16-16 (a) 기체 N_2O의 IR 스펙트럼은 2224 cm^{-1}, 1285 cm^{-1} 및 2089 cm^{-1}에서 세 개의 강한 흡수 띠를 보여준다. 이에 더하여 대단히 약한 흡수 띠가 2563 cm^{-1}과 2798 cm^{-1}에서 관찰된다. N_2O는 선형 분자로 알려졌지만 구조가 N—N—O 또는 N—O—N 중 어느 것도 아님이 알려졌다. IR 데이터를 사용하여 두 가지 구조를 결정하시오. 어느 진동이 강한 흡수 띠와 연관이 있는가? 어느 진동이 약한 흡수 띠를 나타내는가?

(b) HCN의 IR 스펙트럼은 3312 cm^{-1}, 2089 cm^{-1} 및 712 cm^{-1}에서 세 개의 강한 흡수 띠를 보여준다. 이 정보만으로 HCN이 선형인지 비선형인지 결정할 수 있는가? HCN이 선형이라고 가정하고 세 개의 흡수 띠에 대한 진동을 결정하시오.

(c) BF_3에서 몇 개의 기본적인 진동 방식이 예상되는가? 이들 중 어느 것이 IR에 활성인가? 왜인가? 진동을 그리시오.

(d) (1) methane, (2) benzene, (3) toluene, (4) ethylene 및 (5) carbon tetrachloride에 대해 몇 가지의 기본적인 진동 방식을 예상하시오.

17장

적외선 분광법의 응용

Applications of Infrared Spectrometry

적외선 흡수 분광법[infrared (IR) absorption spectrometry]은 모든 형태의 분자 화학종들의 정성 및 정량 분석에 응용되고 있는 다양한 용도의 도구이다. 이 장에서는 처음으로 분자 화합물 특히 유기 화합물과 생화학에서 중요한 화학종들에 대한 중간적외선 흡수와 반사 분광법에 대하여 중점적으로 다루려고 한다. 다음에 광음향 IR, 근적외선 및 원적외선 분광법, IR 방출법 및 IR 현미경 등이 포함된 몇 가지 다른 응용들을 설명하겠다.

이 장에서 옆의 로고는 **www.tinyurl.com/skoogpia7** 에서 대화형 자습, 시뮬레이션, 연습 등을 통해 온라인으로 학습할 수 있는 기회가 있음을 나타낸다.

표 17-1에서 보여준 바와 같이, IR 분광법의 응용은 세 개의 IR 영역에 따라 세 개의 주요한 범주로 나누어진다. 가장 널리 사용되는 영역은 중간적외선 영역인 670∼4000 cm^{-1} (2.5∼14.9 μm) 범위이다. 여기서는 흡수, 반사, 및 방출 스펙트럼을 이용하여 정성과 정량 분석을 한다. 4,000∼14,000 cm^{-1} (0.75∼2.5 μm) 범위인 근적외선 영역은 물, 이산화탄소, 황, 저분자량의 탄화수소, 아민 질소 및 농업과 산업 분야에서 관심을 갖는 많은 간단한 화합물들과 같은 화학종들을 일상적으로 정량 분석하는 데 많이 이용된다. 이 경우 보통 전처리되지 않은 고체 또는 액체 시료의 확산 반사를 측정하거나 또는 기체 시료의 투과 정도를 측정하여 정량을 한다. 원적외선 영역(15∼1000 μm)은 주로 흡수 스펙트럼으로 무기 및 유기금속 화학종의 구조를 결정하는 데 이용된다.

17A 중간적외선 흡수 분광법

중간적외선 흡수 및 반사 분광법은 유기물과 생화학종의 구조를 결정하는 데 중요하게 사용된다. 이 절에서는 중간적외선 흡수법의 응용에 대해 살펴보고 제17B절에서는 중간적외선 반사법 측정에 대해 설명할 것이다.[1]

17A-1 시료 취급법

이미 알아본 바와 같이, 자외선(UV)-가시선 스펙트럼은 분석물질의 묽은 용액에서 아주 쉽게 얻을 수 있다. 적절한 범위의 흡광도를 측정하려면 농도 또는 셀의 길이를 적당히 조절하면 된다. 불행하게도 이러한 접근 방법은 IR 분광법에서는 종종 응용할 수 없는데 이는 IR 영역에서 투명한 좋은 용매가 없기 때

[1]심화 공부를 위해 다음 문헌들을 보시오. R. M. Silverstein, F. X. Webster, D. Kiemle, and D. L. Bryce, *Spectrometric Identification of Organic Compounds*, 8th ed., Chap. 2, New York: Wiley, 2015; *Introduction to Experimental Infrared Spectroscopy: Fundamentals and Practical Methods*, M. Tasumi, ed., Chichester, UK: Wiley, 2015; P. Larkin, *Infrared and Raman Spectroscopy: Principles and Spectral Interpretation*, Waltham, MA: Elsevier, 2011; B. Schrader, *Infrared and Raman Spectroscopy*, New York: VCH, 1995; N. B. Colthup, L. H. Daly, and S. E. Wiberley, *Introduction to Infrared and Raman Spectroscopy*, 3rd ed., San Diego: Academic Press, 1990.

표 17-1 IR 분광법의 주요 응용

스펙트럼 범위	측정 형태	분석 형태	시료 형태
근적외선	확산 반사	정량	고체, 액체 산업 물질
	흡수	정량	기체 혼합물
중간적외선	흡수	정성	순수한 고체, 액체, 기체 화합물
		정량	복잡한 고체, 액체, 기체 혼합물
		크로마토그래피	복잡한 고체, 액체, 기체 혼합물
원적외선	반사	정성	순수한 고체, 액체 화합물
	방출	정량	대기 중 시료
	흡수	정성	순수한 무기, 유기금속물

문이다. 따라서 시료 취급법은 IR 분광법 분석에서 보통 가장 어렵고 시간이 많이 소요되는 부분이다.[2] 이 절에서는 적외선 흡수 측정을 위해 시료를 만드는 몇 가지 일반적인 방법들에 대해 살펴볼 것이다.

기체

낮은 끓는점의 액체 또는 기체의 스펙트럼은 적당한 창을 갖고 진공 상태인 원통형 셀에 시료를 확산시켜서 얻을 수 있다. 이를 위하여 수 cm에서 10 m 이상까지의 통로 길이를 갖는 여러 용기들이 이용될 수 있다. 더 긴 통로 길이는 짧은 셀 내부의 반사 표면에서 빛을 반사시켜 빛살이 셀에서 나오기 전에 시료를 많이 통과하여 얻을 수 있다(그림 16-13 참고).

용액

가능하면 IR 스펙트럼을 얻을 수 있는 편리한 방법은 자외선–가시선에서처럼 알려진 농도의 시료를 포함하는 용액을 이용하는 것이다. 그러나 이 방법은 IR의 넓은 파장 영역을 투과하는 용매를 선택하여 사용해야 한다는 점에서 다소 제한을 받는다.

용매. 그림 17-1에는 유기 화합물의 IR 측정에 자주 사용되는 용매들이 수록되어 있다. 중간적외선 전체 영역에 걸쳐 모두 투과되는 용매가 하나도 없음을 알 수 있다.

물과 알코올은 IR 분광법의 용매로 사용하기가 어렵다. 물은 그림 17-2에서 보이는 바와 같이 IR 영역에서 몇 개의 강한 흡수 띠를 보여준다. 여기서 물 스펙트럼과 아스피린 수용액 스펙트럼을 함께 보여준다. 컴퓨터에 의해 계산된 차이 스펙트럼은 물에 녹은 아스피린 스펙트럼을 나타낸다. 물과 알코올은 또한 셀의 창으로 가장 자주 사용되는 물질인 알칼리 금속의 할로젠화물을 녹인다. 따라서 플루오린화 바륨과 같은 물에 녹지 않는 창 물질이 이와 같은 용매와 함께 사용되어야 한다. 전형적인 셀과 함께 사용하기 전에 그림 17-1에서 보여준 용매를 건조하도록 주의해야 한다.

셀. 용매는 IR을 강하게 흡수하려는 경향성이 있기 때문에 액체용 IR 셀은 자외선–가시선 영역에서 사용하는 것보다 보통 매우 좁다(0.01~1 mm). 그리고 IR 복사선의 짧은 통로 길이와 IR 띠에 대한 작은 몰흡광 계수 때문에 비교적 큰 시료 농

[2] *Handbook of Spectroscopy*, G. Gauglitz and D. S. Moore, eds, Vol. 1, Section 1, Weinheim, Germany: Wiley-VCH, 2014; *Practical Sampling Techniques for Infrared Analysis*, P. B. Coleman, ed., Boca Raton, FL: CRC Press, 1993; T. J. Porro and S. C. Pattacini, *Spectroscopy*, **1993**, *8* (7), 40; Ibid., *8* (8), 39; A. L. Smith, *Applied Infrared Spectroscopy*, New York: Wiley, 1979, Chap. 4를 보시오.

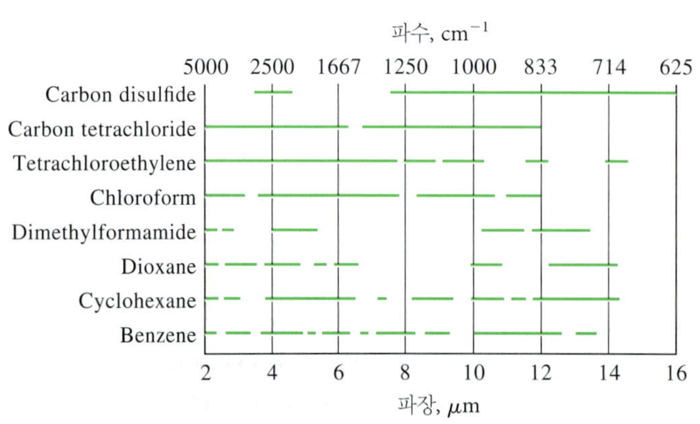

그림 17-1 IR 분광법을 위한 용매. 수평선은 사용할 수 있는 영역을 나타낸다.

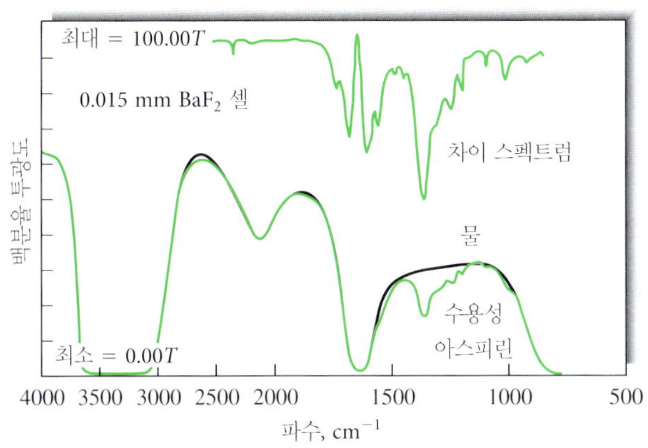

그림 17-2 물과 수용성 아스피린을 포함하는 수용액의 IR 스펙트럼. 위의 스펙트럼은 아스피린 수용액의 스펙트럼에서 물 스펙트럼을 컴퓨터로 빼서 얻은 차이에 의한 아스피린 스펙트럼이다. (From *Practical Sampling Techniques for Infrared Analysis*, P. B. Coleman, ed., Boca Raton, FL: CRC Press, 1993. With permission.)

도(0.1~10%)가 요구된다. 액체 셀은 보통 조립식이며 테플론(Teflon) 간격판을 사용하여 통로 길이를 조절할 수 있다(그림 17-3 참고). 고정된 통로 길이를 갖는 셀은 피하 주사기로 시료를 넣거나 뽑아낼 수 있게 되어 있다.

표 17-2에는 다양한 창 물질이 수록되어 있다. 창 물질은 비용, 투명도 범위, 용매 용해도, 시료 또는 용매와의 반응성을 감안하여 선택된다. 염화 소듐과 브로민화 포타슘 창이 가장 자주 사용되고 가격도 가장 저렴하다. 그러나 조심하더라도 습기가 표면에 흡수되면 흐려진다. 연한 분말로 연마를 하면 다시 원래 상태로 되돌아간다.

비록 전체 중간적외선 영역을 잘 투과시키지 않지만 젖거나 수용액인 시료에 대해 플루오린화 칼슘이나 바륨이 적합하다. 브로민화 은이 가끔 사용되기도 하는데 그것은 더 비싸고 빛에 민감하며 쉽게 긁히는 단점을 갖는다. Irtran 물질은 화학 반응에 저항성을 가지며 물에 녹지 않는다. 이 물질은 다소 비싸며 큰 굴절률(2.2~2.4)을 갖는다. 따라서 시료의 굴절률(흔히 대략 1.4~1.6)과 일치하지 않아 간섭 무늬를 나타낼 수도 있다.

그림 17-4는 매우 좁은 IR 셀의 두께 b를 간섭 무늬 법에 의해 어떻게 측정할 수 있는가를 보여준다. 그림 17-4a의 간섭 무늬는 시료 빛살의 통로에 빈 셀을 넣고 기준 빛살에 있는 공기에 투과하여 얻은 것이다. 셀 벽으로부터 반사된 복사선이 투과되는 빛살과 간섭하여 최대와 최소의 간섭 피크를 만든다. 셀의 두 내부 표면에 반사된 복사선이 반사 없이 투과된 복사선 파장

표 17-2 자주 사용되는 IR 창 물질들

창 물질	적용 범위, cm^{-1}	물에서 용해도, g/100 g H_2O, 20°C
Sodium chloride	40,000~625	36.0
Potassium bromide	40,000~385	65.2
Potassium chloride	40,000~500	34.7
Cesium iodide	40,000~200	160.0
Fused silica	50,000~2,500	불용
Calcium fluoride	50,000~1,100	1.51×10^{-3}
Barium fluoride	50,000~770	0.12 (25°C)
Thallium bromide iodide, KRS-5	16,600~250	<0.0476
Silver bromide	20,000~285	1.2×10^{-7}
Zinc sulfide, Irtran-2	10,000~715	불용
Zinc selenide, Irtran-4	10,000~515	불용
Polyethylene	625~30	불용

From *Practical Sampling Techniques for Infrared Analysis*, P. B. Coleman, ed., Boca Raton, FL: CRC Press, 1993.

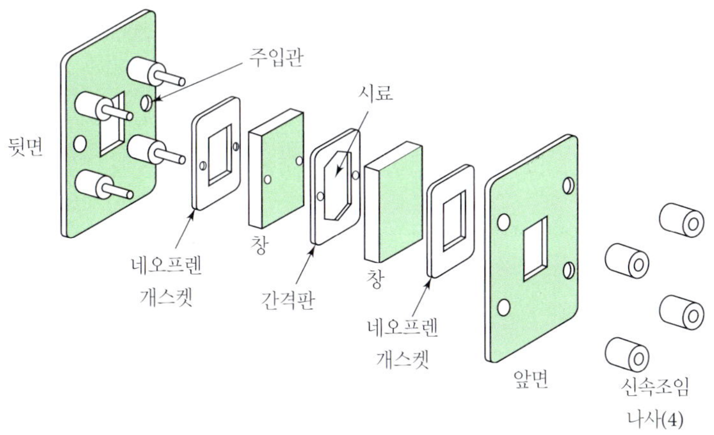

그림 17-3 액체 시료용 조립 가능한 IR 셀의 확대한 모양. 0.015~1 mm 두께의 범위를 가지는 Teflon 간격판이 사용된다. (Courtesy of Perkin-Elmer Corp., Norwalk, CT.)

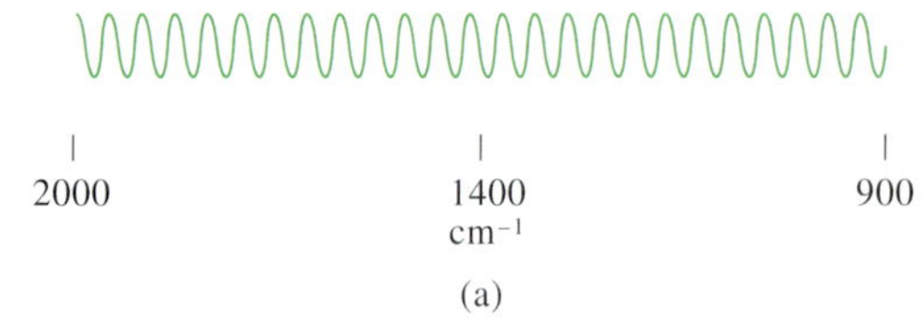

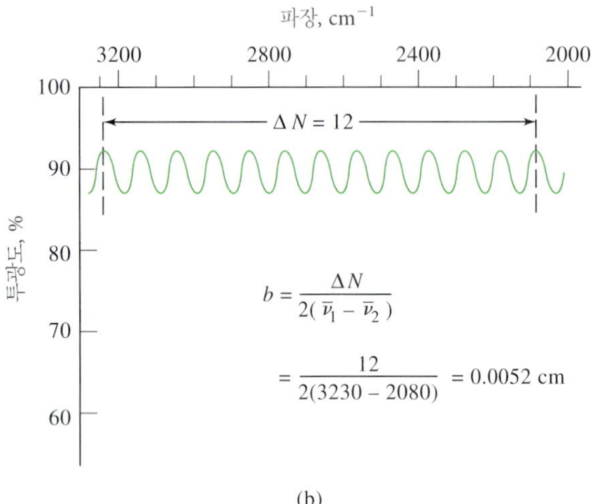

그림 17-4 간섭 무늬로부터 IR 셀의 광로 길이 결정하기. 무늬는 광로에 설치한 빈 셀을 이용하여 관찰된다(a). (b) 광로 길이의 계산을 보여준다.

의 N의 정수배에 해당되는 거리를 이동했을 때 최대 피크가 생긴다. 파장이 $2b/N$과 같을 때마다 보강 간섭이 발생한다. 즉

$$\frac{2b}{N} = \lambda \tag{17-1}$$

그림 17-4b에서 보여준 것처럼, 두 개의 알려진 파장 λ_1과 λ_2 사이의 간섭 무늬 수 ΔN을 세어서 다음 식에 대입한다.

$$\Delta N = \frac{2b}{\lambda_1} - \frac{2b}{\lambda_2} = 2b\bar{\nu}_1 - 2b\bar{\nu}_2$$

또는

$$b = \frac{\Delta N}{2(\bar{\nu}_1 - \bar{\nu}_2)} \tag{17-2}$$

대부분 액체의 굴절률은 창 물질의 굴절률과 비슷하기 때문에 셀이 액체로 채워졌을 때 간섭 무늬는 보통 나타나지 않고 반사도 최소화됨에 유의해야 한다(식 6-15). 한편 그림 16-1에서는 2800과 2000 cm^{-1} 사이에서도 간섭이 관찰될 수 있다. 이 경우 시료는 굴절률이 공기와 비교적 다른 값을 갖는 폴리스타이렌 필름이다. 따라서 필름의 두 경계면에서 매우 큰 반사가 일어난다. 식 17-2는 얇은 고분자 필름의 두께를 계산하는 데 자주 사용된다.

액체

시료의 양이 적거나 또는 적당한 용매가 없을 때 순수한 액체 시료에서 스펙트럼을 직접 얻는 것이 보통이다. 이 경우 매우 얇은 액체 시료 층만이 충분히 짧은 통로 길이를 갖게 되어 만족스런 스펙트럼을 얻을 수 있다. 흔히 한 방울의 순수한 액체를 두 개의 암염판 사이에 압착하여 0.015 mm 이하의 두께를 갖는 층을 만든다. 액체의 모세관 현상에 의해 유지된 두 개의 판을 빛살 통로에 설치한다. 이와 같은 방법으로는 재현성 있는 투광도를 얻을 수 없다는 것이 분명하지만 보통 이렇게 얻는 스펙트럼은 정성 분석을 하는 데는 충분하다.

고체

대부분의 유기 화합물은 중간적외선 영역에서 많은 흡수 피크를 나타내므로 이 피크들과 겹치지 않는 용매를 찾는다는 것은 거의 불가능하다. 따라서 스펙트럼은 종종 액체 또는 고체 매트릭스에 고체 시료를 분산시켜 얻는다. 일반적으로 이런 방법에서 복사선이 산란되지 않도록 하기 위해 고체 시료의 입자 크기가 적외선 빛살의 파장보다 작도록 곱게 갈아 만들어야 한다.

펠렛. 고체 시료를 다루는 가장 흔한 방법 중 하나가 KBr 펠렛(pelleting)이다(다른 알칼리 금속 할로젠화물도 또한 사용됨). 할로젠화 염들의 미세 분말에 높은 압력을 가하면 유리같이 투명하거나 또는 반투명한 특성을 갖는다. 이런 방법을 이용할 경우 미세 분말 시료 1 mg 이하를 건조된 브로민화 포타슘 분말 100 mg 정도와 균일하게 잘 혼합한다. 혼합 과정은 보통 막자와 막자사발로 할 수 있고 소형 볼밀(ball mill)을 사용하는 것이 더 좋다. 혼합물은 특별한 압축 틀에서 10,000~15,000 psi 압력으로 압축하여 투명한 원판을 만든다. 진공 중에서 원판을 만들 경우에는 시료 중에 들어있는 공기를 제거하면 더 좋은 스펙트럼을 얻을 수 있다. 그 다음 원판을 기기의 빛살 통로에 놓고 스펙트럼을 얻는다. 이렇게 얻은 스펙트럼은 종종 흡수된 수분으로 인해 3450과 1640 cm^{-1} (2.9와 6.1 μm)에서 흡수 띠를 나타내기도 한다.

좋은 펠렛 스펙트럼은 5~15%T (0.7~1.3 A) 범위에서 가장 강한 띠의 세기를 갖는 비교적 편평한 (기울어지 않은) 바탕선을 가져야 한다. 가장 강한 띠가 아주 작은 흡광도를 나타내는 경우, 더 작은 양의 KBr로 펠렛 제작을 반복함으로써 교정될 수 있다. 가장 강한 띠의 흡광도가 너무 높으면(즉, 완전히 흡수하는 경우), 펠렛을 더 작은 조각으로 부숴 이들 중 하나에 더 많은 KBr을 첨가하여 다시 압축하여 펠렛을 제작한다.

KBr 펠렛은 여러 스펙트럼 자료집에서 볼 수 있듯이 많은 화합물들의 훌륭한 스펙트럼들을 만들어낸다. 이온성인 KBr은 400 cm^{-1}의 낮은 영역까지 대부분의 IR 영역의 빛살을 투과시킨다. 이온 교환은 아민 염화 수소나 무기염과 같은 시료에서 종종 만들어진다. 전자의 경우에, 아민 브로민화수소 띠가 종종 발견된다. 다형성도 종종 일어나는데 이는 펠렛을 분쇄하고 압축하는 세기의 정도가 다르기 때문이다. 하나의 다형체가 또 다른 다형체로 바뀔 수도 있다. KBr이 가장 자주 펠렛의 염으로 사용되지만 CsI와 CsBr과 같은 물질이 쓰이기도 한다. 아이오딘화세슘은 KBr보다 낮은 주파수에서 더 큰 투과성을 보인다.

멀. IR을 투과하는 용매에 용해되지 않는 고체이거나 KBr로 펠렛을 만들기 어려운 고체의 경우는 광물성 오일 또는 유동성 플루오린–함유 탄화수소에 고체 시료를 분산시킨 *멀*(mull)로 IR 스펙트럼을 얻는다. 알맞은 멀 스펙트럼을 얻기 위하여 시료입자의 크기는 사용하는 가장 짧은 파장보다 약 1/5 이하로 분쇄되어야 한다. 보통 중간적외선의 주사 시작 파수는 4000~5000 cm^{-1}이며, 이는 파장으로 2~2.5 μm에 해당한다. 따라서 입자 크기는 0.4~0.5 μm 이하로 작게 분쇄되어야 한다. 큰 입자는 복사선 주파수의 4승에 비례하여 복사선을 산란시키고 바탕선의 기울임 현상을 발생시킨다. 흔히 20~30 mg의 시료를 분쇄하여 5~10 mg의 작은 시료만을 취한다. 분쇄된 막자사발 안의 시료는 균일하고, 매끄럽고, 광택을 가져야 한다. 보통 멀에 한두 방울의 무거운 탄화수소 오일(Nujol™)을 넣고 외관상으로 매끄러운 반죽 혹은 차가운 아이스크림 형태를 보일 때까지 분쇄 과정을 계속 진행한다. 만일 탄화수소에 의한 흡수 띠가 방해하면 대신 Fluorolube™, 즉 할로젠–함유 고분자를 사용할 수 있다. 어떤 경우이든 이렇게 만든 멀은 평평한 염판 사이에 필름과 같이 얇은 층을 만들어 측정한다.

고체 시료를 위한 다른 방법. 고체 시료의 IR 거동은 많은 고분자와 같이 고체 시료 박막을 만들어 얻을 수 있다. 일부 고체 시료의 스펙트럼은 반사법 측정과 광음향법에 의해서도 얻을 수 있다. 이 스펙트럼들은 흡수 스펙트럼과 비슷하고, 같은 종류의 정보를 알려준다. 이 방법들은 제17B절과 제17C절에서 설명한다.

17A-2 정성 분석

화학자들이 유기 화합물의 확인에 중간적외선을 일반적으로 이용하기 시작한 것은 5000~670 cm^{-1} (2~15 μm) 범위의 스펙트럼을 얻을 수 있는 값싸고 사용하기 쉬운 분산형 겹살 기록형 분광 광도계가 시장에 나타난 1950년대 후반이었다. 이런 형태의 기기(핵 자기 공명 분광기 및 질량 분석기와 함께)가 개발됨에 따라 유기, 무기 및 생물학적 화학종을 혁신적인 방법으로 확인할 수 있게 되었다. 이러한 도구를 통하여 물질의 정성 분석이나 구조를 결정하는 데 필요한 시간이 획기적으로 단축되었다.

그림 17-5는 값싼 분산형 겹살 기기로 얻은 대표적인 네 가지 스펙트럼들을 보여준다. 이런 종류의 스펙트럼으로 유기 화합물을 확인하는 데는 두 단계 과정이 있다. 첫 번째 단계는 약 3600~1250 cm^{-1} 범위의 복사선이 이용되는 *작용기 주파수 영역*(group frequency region)을 조사하여 어떠한 작용기가 존재할 가능성이 큰지 결정하는 것이다(그림 17-5 참고). 그리고 두 번째 단계는 첫 번째 단계에서 알아낸 모든 작용기들을 포함하고 있는 순수한 화합물의 스펙트럼과 시료 화합물의 스펙트럼을 자세히 비교하는 것이다. 이때에는, 1200~600 cm^{-1} 범위의 지문 영역(fingerprint region)이 특히 유용한데 이는 한 분자의 구조와 성분의 작은 차이가 이 영역의 흡수 피크 모양과 분포에 큰 변화를 주기 때문이다(그림 17-5). 따라서 지문 영역(다른 영역과 함께)에서 두 스펙트럼이 서로 잘 일치하면 이 스펙트럼을 내는 두 화합물이 같은 화합물이라는 거의 확실한 증거가 된다.

작용기 주파수

우리는 C═O, C═C, C—H, C≡C 또는 O—H와 같은 유기 작용기가 IR을 흡수하는 대략의 주파수(또는 파수)는 원자의 질량과 이들 사이 결합의 힘 상수로부터 계산할 수 있다는 것을 알고 있다(식 16-14와 식 16-15 참고). 작용기를 구성하고 있는 하나 또는 두 원자와 관련 있는 다른 진동과의 상호작용 때문에 소위 *작용기 주파수*(group frequency)라고 불리는 이런 주파수는 대체로 변하지 않을 수 없다. 한편 이런 상호작용 효과는 보통 작다. 따라서 주파수 영역은 한 주어진 작용기의 흡수 피크가 발견될 가능성이 큰 범위로 정해질 수 있다. 표 17-3에 몇 가지 흔한 작용기의 주파수들이 수록되어 있다. 작용기 주파수에 대한 더 자세한 정보는 그림 17-6에서 보여주는 *상관 차트*(correlation chart)에서 얻을 수 있다.[3] 대부분의 작용기 주파수는 3600~1250 cm^{-1} 범위에 속하지만 몇 가지는 지문 영역에 속한다는 것을 알아두자. 여기에는 1200 cm^{-1}에서의 C—O—C 신축 진동, 그리고 700~800 cm^{-1}에서의 C—Cl 신축 진동이 포함된다.

몇 가지 작용기 주파수가 그림 17-5의 네 개 스펙트럼에서 확인되었다. 네 개의 모든 스펙트럼에서는 C—H 신축 진동에 해당하는 2900~3000 cm^{-1}에서 하나의 피크가 나타나는데 이는 일반적으로 하나의 알케인 그룹이 존재함(표 17-3 참고)을 나타내는 것이다. 약 1375 cm^{-1}과 1450 cm^{-1}에서 나타나는 두 개의 피크 또한 C—H기에 대한 특성적인 작용기 주파수인데 이는 분자 내 굽힘 진동으로부터 생긴 것이다. 그림 17-5c의 스펙트럼은 알케인의 작용기 주파수뿐만 아니라 약 3200 cm^{-1}에서 O—H 신축 진동의 작용기 주파수를 나타낸다(이 피크들은 또한 그림 16-12에서 보여주는 *n*-헥산알의 스펙트럼에도 존재한다).

마지막으로 그림 17-5d의 스펙트럼에서는 C—Cl 신축 진동의 특성 작용기 주파수가 약 800 cm^{-1}에서 나타남을 보여준다.

작용기 주파수와 상관 차트를 이용하면 어떤 작용기가 분자에 존재하는지를 현명하게 추정할 수 있다. 보통 주어진 스펙트럼에서 모든 피크의 근원이나 분자의 정확한 존재 여부를 확실하게 확인한다는 것은 불가능한 일이다. 대신 작용기 주파수와 상관 차트는 물질 확인과정의 출발점 역할을 한다.

지문 영역

한 분자의 구조와 조성에서의 작은 차이는 1200~600 cm^{-1} 영역(8~14 μm)의 스펙트럼에서 흡수 피크의 분포에 큰 영향을

[3]다른 상관 차트는 R. M. Silverstein, F. X. Webster, D. Kiemle, and D. L. Bryce, *Spectrometric Identification of Organic Compounds*, 8th ed., Chap. 2, New York: Wiley, 2015에 있다.

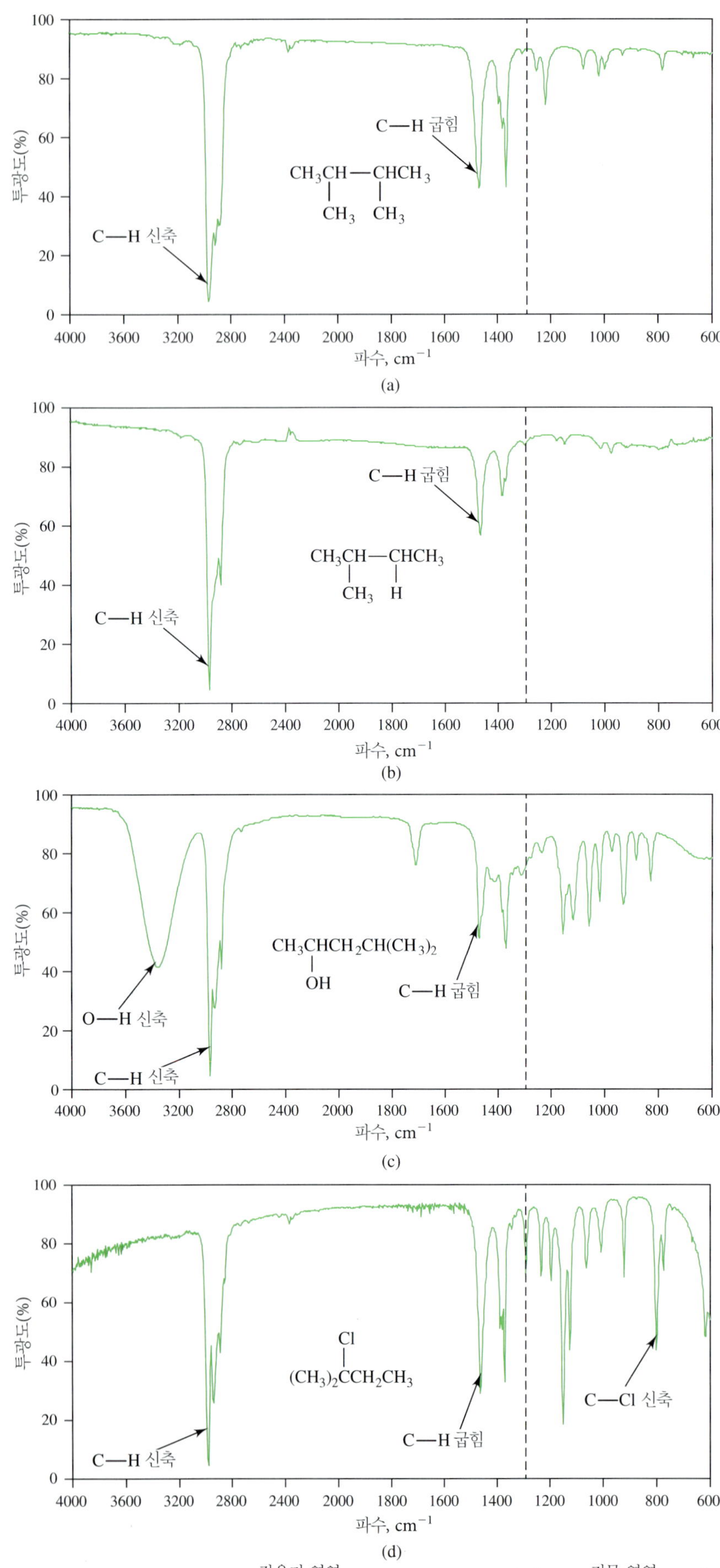

그림 17-5 중간적외선의 작용기 주파수 영역(~3600~1250 cm[21])이 흔한 작용기를 확인하기 위하여 사용된다. 지문 영역(~1200~600 cm^{-1})은 화합물을 확인하기 위하여 사용된다. (Adapted from J. C. Gilbert and S. F. Martin, *Experimental Organic Chemistry: A Miniscale and Microscale Approach*, 6th ed., Figures 8.11 (a) and (b), 10.11 (c), and 14.7 (d), Boston: Cengage Learning, 2016.)

표 17-3 유기 작용기에 대한 작용기 주파수의 간단한 표

결합	화합물의 종류	주파수 범위(cm^{-1})	세기
C—H	Alkanes	2850~2970	세다
		1340~1470	세다
C—H	Alkanes($>C=C<^{H}$)	3010~3095	중간
		675~995	세다
C—H	Alkanes(—C≡C—H)	3300	세다
C—H	Aroamtic rings	3030~3100	중간
		690~900	세다
O—H	Monomeric alcohols, phenols	3590~3650	가변
	Hydrogen-bonded alcohols, phenols	3200~3600	가변, 때로 넓음
	Monomeric carboxylic acids	3500~3650	중간
	Hydrogen-bonded carboxylic acids	2500~2700	넓음
N—H	Amines, amides	3300~3500	중간
C═C	Alkenes	1610~1680	가변
C═C	Aromatic rings	1500~1600	가변
C≡C	Alkynes	2100~2260	가변
C—N	Amines, amides	1180~1360	세다
C≡N	Nitriles	2210~2280	세다
C—O	Alcohols, ethers, carboxylic acids, esters	1050~1300	세다
C═O	Aldehydes, ketones, carboxylic acids, esters	1690~1760	세다
NO_2	Nitro compounds	1500~1570	세다
		1300~1370	세다

준다. 따라서 이 지문 영역(다른 영역에서뿐만 아니라)에서 두 스펙트럼이 잘 일치하면 이 스펙트럼을 내는 두 화합물이 같은 화합물이라는 강력한 증거가 된다. 대부분의 단일 결합은 이 주파수에서 흡수 띠를 나타낸다; 이들의 에너지는 거의 같기 때문에 이웃 결합 사이에서 센 상호작용이 일어난다. 따라서 흡수 띠는 이 다양한 상호작용들의 결과로 나타나고 분자의 전체 골격 구조에 따라 달라진다. 이 영역의 스펙트럼은 매우 복잡하기 때문에 이 영역에서 스펙트럼을 정확히 해석한다는 것은 거의 불가능하다. 반면에 이러한 스펙트럼 모양의 복잡성이 어떤 물질을 최종적으로 확인하는 데 매우 유용하다.

그림 17-5a와 b는 특히 지문 영역에서 IR 스펙트럼의 독특한 특성을 보여준다. 두 가지 분자는 단지 하나의 메틸기에서 차이가 나지만 지문 영역에서 두 스펙트럼은 상당한 모양 차이를 보여준다.

그림 17-6(404~405페이지)에서 보여주는 것과 같이, 황산 이온, 인산 이온, 질산 이온 및 탄산 이온과 같은 여러 무기 작용기들 또한 지문 영역(<1200 cm^{-1} 또는 >8.3 μm)에서 IR 복사선을 흡수한다.

상관 차트 이용의 한계

상관 차트만으로는 어떤 화합물을 확인하거나 구조를 명확히 밝히는 것이 거의 불가능하다. 작용기 주파수의 겹침, 시료의 물리적 상태(즉, 용액, 멀, 또는 펠렛의 형태 및 기타)에 따른 스펙트럼의 변화, 그리고 기기의 한계성 등으로부터 오는 불확정도가 자주 나타난다.

작용기 주파수를 이용할 때는, 작은 한 영역보다 전체 스펙트럼을 고려하고 상관시켜 보아야 한다. 스펙트럼의 일부분에 기초한 해석은 다른 영역도 조사하여 맞는지를 확인하여야 한다.

요약해서 말하면, 상관 차트는 더 상세한 연구를 하기 위한 지침서로서의 역할만 한다. 몇 가지 우수한 단행본들이 작용기의 흡수 특성에 대하여 자세히 설명하고 있다.[4] 시료의 다른 물리적 성질과 함께 이 특성들을 연구하면 더욱 명확한 확인을 할 수도 있다. IR 분광법을 질량 분석법, 핵 자기 공명 분광법 및 원소 분석과 같은 다른 방법들과 함께 사용하면 한 화학종을 더

[4]R. M. Silverstein, F. X. Webster, D. Kiemle, and D. L. Bryce, *Spectrometric Identification of Organic Compounds*, 8th ed., New York: Wiley, 2015; B., Schrader, *Infrared and Raman Spectroscopy*, New York: VCH, 1995; N. B. Colthup, L. H. Daly, and S. E. Wiberley, *Introduction to Infrared and Raman Spectroscopy*, 3rd ed., San Diego: Academic Press, 1990.

그림 17-6 상관 차트.

계속

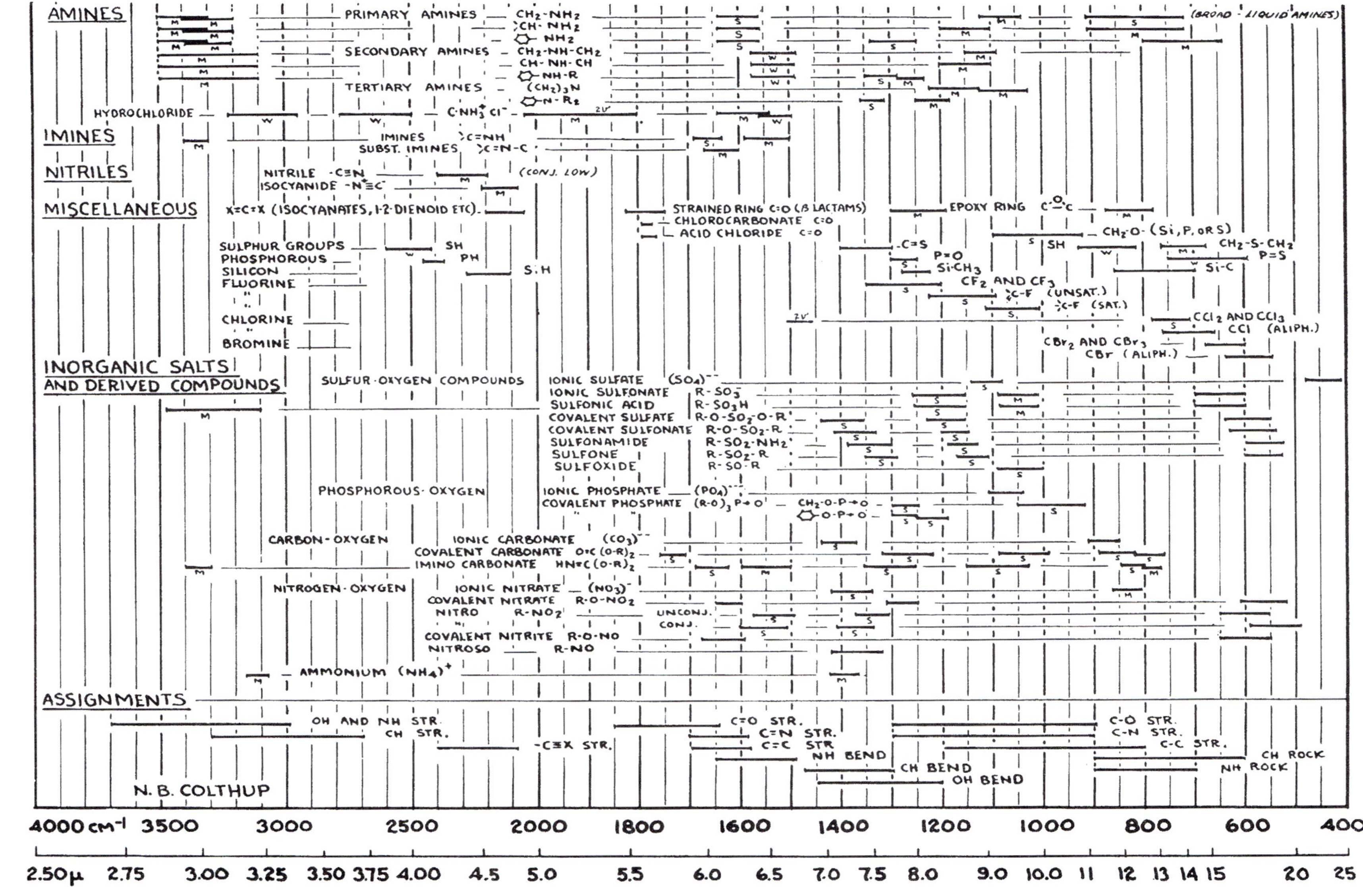

그림 17-6 상관 차트(계속). (From N. Colthup, *J. Opt. Soc. Am.*, **1950**, *40*, 397.)

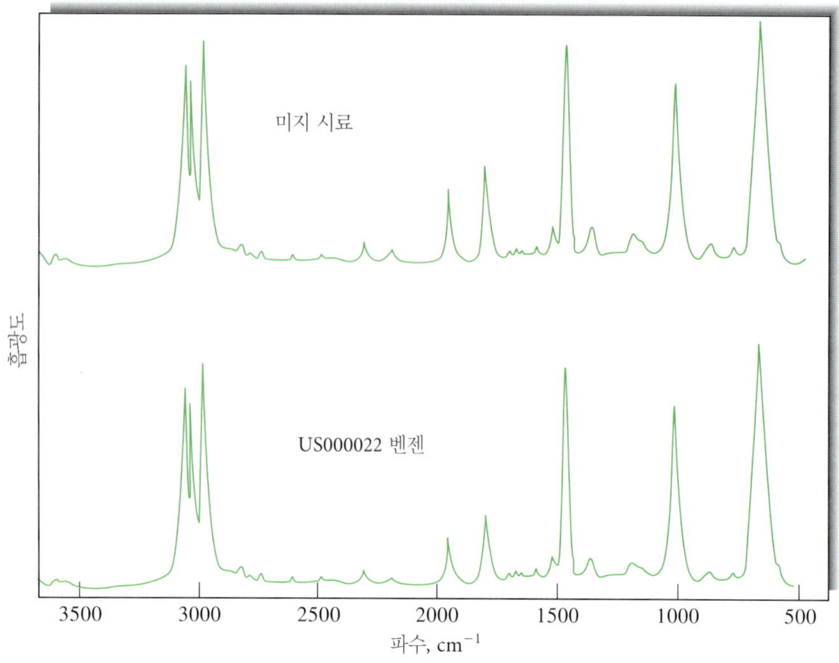

그림 17-7 미지 스펙트럼과 탐색 보고서에서 얻은 가장 잘 일치하는 스펙트럼의 도시. (Courtesy of Informatics/Sadtler Group, Bio-Rad Laboratories, Inc., Philadelphia, PA.)

확실하게 확인할 수 있다.

스펙트럼의 수집

앞에서 언급한 바와 같이, IR 스펙트럼을 이용하여 유기 화합물을 명확히 확인하려고 할 때 상관 차트만으로는 만족하지 못한다. 그러나 수많은 순수한 화합물의 스펙트럼들을 서로 비교해서 물질들을 정성적으로 확인할 수 있도록 IR 스펙트럼들을 모아놓은 몇 가지 목록들이 사용되고 있다.[5] 큰 목록에서 사람의 손으로 스펙트럼을 찾는다는 것은 느리고 지루한 일이다. 이런 이유로 컴퓨터를 이용한 검색 시스템이 널리 사용되고 있다.

컴퓨터 검색 장치

현재 모든 IR 기기들은 컴퓨터 검색 장치를 가지고 있어서 저장된 IR 스펙트럼 데이터를 이용하여 화합물을 확인할 수 있게 한다.[6] 분석물질의 스펙트럼에서 피크들의 위치와 상대 크기를 측정하여 피크 모양을 알려주는 기억 장치에 저장한다. 그 다음 하드디스크 또는 CD-ROM에 저장된 순수한 화합물의 피크 모양과 비교한다. 컴퓨터는 피크 모양들을 비교하여 분석물질과 비슷한 스펙트럼을 갖는 화합물들의 목록을 인쇄한다. 보통 분석물질의 스펙트럼과 일치될 가능성이 있는 각 스펙트럼들을 비교할 수 있도록 컴퓨터 모니터에 동시에 나타낼 수 있다(그림 17-7 참고).

1980년에 Sadtler Standard IR Collection과 Sadtler Commercial IR Collection이 소프트웨어 패키지로 제공되었다. 현재, 이 수집책에는 220,000개 이상의 스펙트럼들이 포함되어 있다.[7] 여기에는 순수한 화합물의 기체상 스펙트럼과 응축상의 스펙트럼이 포함되어 있다. 고분자, 산업 생산물, 순수한 유기 화합물, 법의학, 및 환경과 같은 응용 분야에서 각개의 데이터베이스를 제공하고 있다. 몇몇 Fourier 변환 IR (FTIR) 기기 제작 회사도 그들의 기기 컴퓨터에 이들 패키지를 내장하여 수십만 화합물의 IR 정보를 즉시 만들어 사용할 수 있다.

Sadtler 알고리즘의 검색 시스템은 미지 화합물의 스펙트럼에서 가장 큰 세기의 흡수 피크의 위치를 정리하여 제일 먼저 코드화한다; 그리고 4000~2000 cm^{-1} 영역에서는 200 cm^{-1} 간격의 10개 영역으로 나누고 세기가 그 다음으로 큰 흡수 띠(%T < 60%)를 이들의 위치에 따라 각각 코드화한다. 마지막으로, 2100~400 cm^{-1} 영역에서는 100 cm^{-1} 간격의 17개 영역으로

자습: www.tinyurl.com/skoogpia7에서 **IR 스펙트럼 해석과 확인(IR spectral interpretation and identification)**에 대해 더 알아보시오.

[5]Informatics/Sadtler Group, Bio-Rad Laboratories, Inc., Philadelphia, PA; C. J. Pouchert, *The Aldrich Library of FT-IR Spectra*, Milwaukee, WI: Aldrich Chemical Co., 1997; Thermo Fisher Scientific-Spectral Libraries (http://www.thermoscientific.com/en/products/spectral-libraries.html)를 보시오.

[6]E. Pretsch, G. Toth, M. E. Monk, and M. Badertscher, *Computer Aided Structure Elucidation: Spectra Interpretation and Structure Generation*, New York: VCH-Wiley, 2003; B. C. Smith, *Infrared Spectral Interpretation: A Systematic Approach*, Boca Raton, FL: CRC Press, 1998, Chap. 9; W. O. George and H. Willis, *Computer Methods in UV, Visible and IR Spectroscopy*, New York: Springer-Verlag, 1990을 보시오.

[7]각주 5를 참고하시오.

나누어 세기가 큰 흡수 띠를 마찬가지 방법으로 코드화한다. 목록에 있는 화합물들도 이와 같은 방법으로 코드화되어 있다. 데이터는 가장 센 흡수 띠의 위치를 나타내어 어떤 시료를 확인할 때 가장 센 흡수 띠의 위치가 서로 같은 화합물들을 비교하여 화합물을 확인할 수 있게 한다. 이런 과정은 빨라서 일치할 가능성이 큰 화합물들의 이름을 수 초 내에 찾아낸다. 예를 들어 이런 과정에 의해서 50,000개 화합물의 기본적인 자료를 찾는 데는 수 초 정도 걸린다.

인공지능이 추가된 검색 장치에 기초한 컴퓨터 프로그램은 스펙트럼을 통하여 구조 또는 세부 구조를 결정하기 위하여 찾아간다. 이들 프로그램 중 일부는 다른 종류의 기기(핵 자기 공명, 질량 및 IR 분광법 등)로부터의 데이터를 사용하여 구조를 결정한다.[8]

17A-3 정량적 응용

IR 흡수 정량 분석은 자외선-가시선 분자 분광법과 다소 다른데 이는 적외선 스펙트럼이 매우 복잡하고, 흡수 띠 피크가 좁고, 그리고 IR 기기의 기기적 한계점이 있기 때문이다. 분산형 IR 기기로 얻은 정량적 데이터는 일반적인 자외선-가시선 분광 광도계로 얻은 데이터에 비해 정량적인 면에서 별로 좋지 못하다. 그러나 현대 FTIR 측정기기에서 얻은 정밀도와 정확도는 분산형 기기로 얻은 것보다 훨씬 더 좋다. 하지만 좋은 결과를 얻기 위해서는 매우 신중한 주의가 필요하다.[9]

Beer 법칙으로부터의 편차

Beer 법칙으로부터의 기기적 편차는 자외선 및 가시선에서보다 IR 복사선에서 더 흔히 나타나는데 이는 IR 흡수 띠가 비교적 좁기 때문이다. 더욱이 분산형 기기의 경우 약한 세기의 광원과 낮은 감도의 검출기로 인하여 단색화 장치의 슬릿 너비를 비교적 넓게 하여야 하므로 종종 사용한 스펙트럼 띠너비는 흡수 피크의 띠너비와 같은 크기를 갖게 된다. 이런 상황들이 겹치는 경우 흡광도와 농도 사이에서 보통 선형 관계를 얻기 힘들다(제 13B-2절). 제16B-1절에서 설명한 바와 같이 FTIR 기기는 더 좋은 성능 특성을 갖는다. 이리하여 Beer 법칙 편차는 분산형 기기에 비하여 그렇게 심각하지 않다. 어느 경우에도 정량 분석에는 일반적으로 실험적 교정 곡선이 필요하다.

흡광도 측정

자외선-가시선 영역에서는 용매와 용액을 각각 담은 한 쌍의 흡수 셀이 보통 이용되므로 측정된 흡광도는 다음의 관계로부터 얻는다.

$$A = \log \frac{P_{\text{용매}}}{P_{\text{용액}}}$$

기준 흡수체로서 한 쌍의 셀에 용매를 담아 사용하면 여러 경계면에서의 반사, 용매에 의한 산란과 흡수 그리고 용기 창에 의한 흡수로 인한 복사선 손실의 효과를 많은 부분 상쇄시켜주는 이점이 있다. 이 기술은 IR 영역의 측정에서는 투과 특성이 똑같은 셀을 구하기 어렵기 때문에 거의 실용적이지 못하다. 대부분의 IR 셀은 대단히 짧은 통로 길이를 갖고 있어서 정확히 똑같이 만들기도 어렵다. 또 용기 창은 대기와 용매 중의 오염물질로 인해 쉽게 침식당하므로 사용함에 따라 투과 특성이 계속 변한다. 이런 이유로 IR 분석에서는 기준 흡수체를 종종 사용하지 않고 시료를 통과한 복사선의 세기를 단순히 어떤 흡수체도 지나지 않은 빛살의 세기와 비교한다. 어느 경우에서든지 얻은 투광도는 보통 100% 이하이다. 심지어 시료가 전혀 흡수하지 않는 스펙트럼 영역에서도 역시 그러하다(그림 17-5 참고).

정량 분석을 할 때는 용매와 셀에 의해 산란되고 흡수되는 것에 대해 보정할 필요가 있다. 이때에는 두 가지 방법이 이용된다. 소위 셀을 채우고-비우는 법(cell-in-cell-out)은 순수한 용매와 분석 용액의 스펙트럼을 흡수체를 지나지 않은 기준 빛살에 대해 순차적으로 얻는 방법이다. 두 측정에서는 같은 셀이 사용된다. 기준 빛살에 대한 각 용액의 투광도는 분석물질의 최대 흡수 파장에서 측정한다. 이 투광도들은 다음과 같이 쓸 수 있다.

$$T_0 = P_0/P_r$$

및

$$T_s = P/P_r$$

여기서 P_r는 흡수체를 지나지 않은 빛살의 세기이고, T_0와 T_s는 이 기준 빛살에 대한 용매와 분석물질 용액 각각의 투광도이다. 만일 두 가지 측정을 하는 동안 P_r이 일정하게 유지된다면 용매에 대한 시료의 투광도는 두 식을 나누어 얻을 수 있다. 즉,

$$T = T_s/T_0 = P/P_0$$

현대 FTIR 분광기로 기준 인터페로그램은 시료 셀에 아무 시료도 없는 것으로 얻는다. 그리고 시료를 셀에 넣고 두 번째 인터페로그램을 얻는다. 그림 17-8a는 시료 셀에 methylene chloride (CH_2Cl_2)를 넣어 FTIR 분광기로 얻은 인터페로그램이다. 기준과 시료의 IR 스펙트럼을 계산하기 위하여 Fourier 변환이 두 개의 인터페로그램에 응용되었다. 두 개 스펙트럼의 비가 계산될 수 있어서 그림 17-8b에서 보여주는 것과 같은 분석물질의 IR 스펙트럼을 얻는다.

단일 흡수 띠에 대해 P_0와 T를 얻는 또 다른 방법은 바탕선(baseline)법이다. 투광도를 나타내는 기기에서 그림 17-9에서 보여주는 바와 같이 용매 투과율이 일정하거나 적어도 흡수 피크의 어깨 사이가 선형적으로 변한다고 가정하는 것이다. T_0와 T_s의 양은 그림에서 보여준 대로 얻는다. 그림 17-7에서 보여준

---

[8]예로 M. E. Munk, *J. Chem. Inf. Comput. Sci.*, **1998**, *38*, 997, **DOI**: 10.1021/ci980083r이 있다.

[9]정량 FTIR 분광법의 논의를 위하여 다음 문헌을 보시오. B. C. Smith, *Fundamentals of Fourier Transform Infrared Spectroscopy*, 2nd ed., Boca Raton, FL: CRC Press, 2011; P. R. Griffiths and J. A. deHasech, *Fourier Transform Infrared Spectrometry*, 2nd ed., New York: Wiley, 2007.

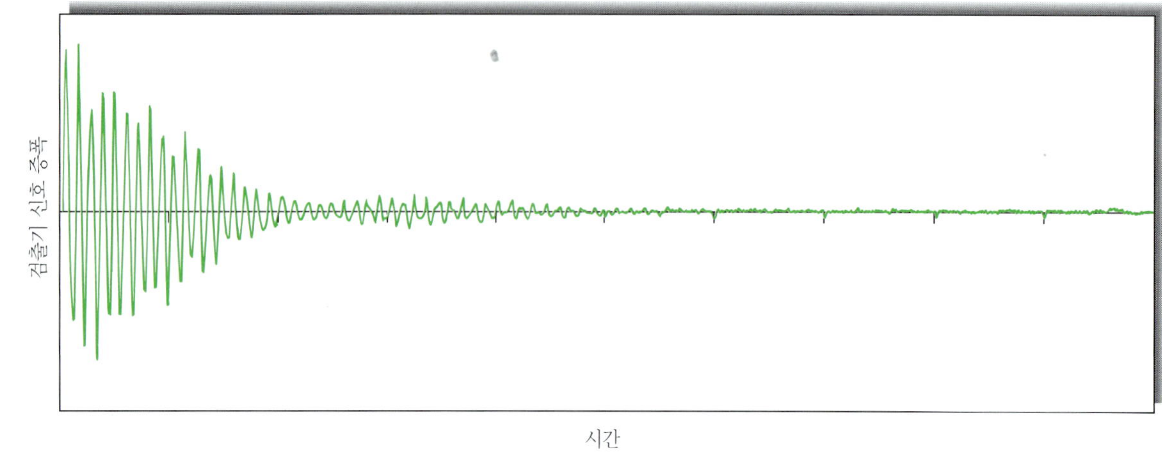

(a)

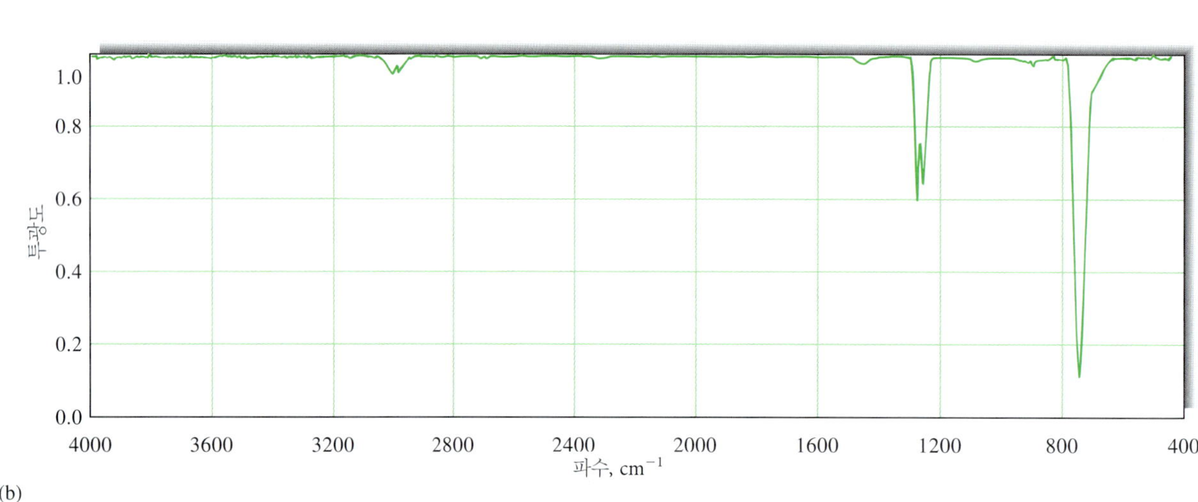

(b)

그림 17-8 (a) Methylene chloride의 전형적인 FTIR 분광기로부터 얻은 인터페로그램. 그래프는 시간의 함수 또는 간섭계의 이동 거울의 움직임으로 얻은 검출기 신호의 출력이다. (b) (a) 데이터의 Fourier 변환으로 얻은 methylene chloride의 IR 스펙트럼. Fourier 변환은 시간의 함수로 모은 신호 세기를 취하며 바닥선 인터페로그램을 빼고 적당한 눈금으로 만든 다음 주파수 함수로 투광도를 생산한다.

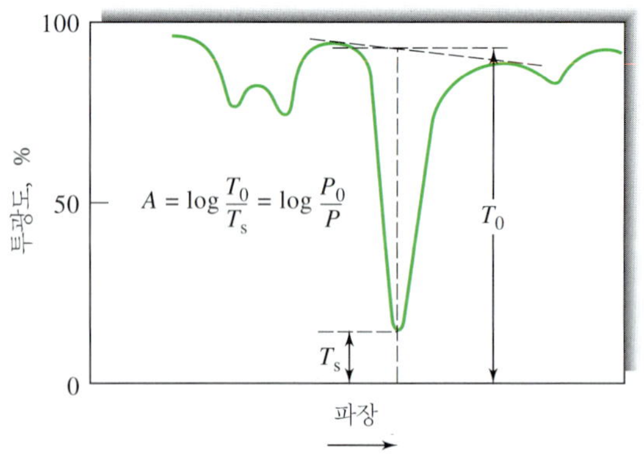

그림 17-9 최대 흡수에서의 흡광도를 결정하기 위한 바닥선법.

바와 같이 직접 흡광도를 판독하기 위하여 흡광도는 일정하든지 또는 흡수 띠 아래서 선형으로 변한다고 가정한다. 피크 흡광도는 바닥선 흡광도를 빼주어 얻는다.

대표적인 응용

동일 핵 분자를 제외하고 모든 유기 및 무기 분자 화학종은 IR 영역에서 복사선을 흡수한다. 따라서 IR 분광 광도법은 매우 많은 물질들을 정량할 수 있는 잠재력을 가지고 있다. 더욱이 특이성 면에서 볼 때 IR 스펙트럼과 견줄만하거나 또는 IR 스펙트럼을 능가하는 다른 분석법은 거의 없다. 이런 특이성은 매우 비슷한 유기 화합물들로 이루어진 혼합물을 분석하는 데 응용할 수 있게 해준다. 이런 응용을 대표하는 두 가지 예는 다음과 같다.

방향족 탄화수소의 혼합물 분석. 정량 IR 분광법의 대표적인 응용은 *o*-자일렌, *m*-자일렌, *p*-자일렌 및 에틸벤젠을 포함하는 혼합물에서 C_8H_{10} 이성질체를 분리 정량하는 것이다. 12~15 μm 범위에서 각 성분들의 IR 흡수 스펙트럼을 그림 17-10에서 보여준다. 용매는 사이클로헥세인이다. 각 화합물의 정량에 유용한 흡수 피크는 13.47, 13.01, 12.58 및 14.36 μm에서 각각 얻어진

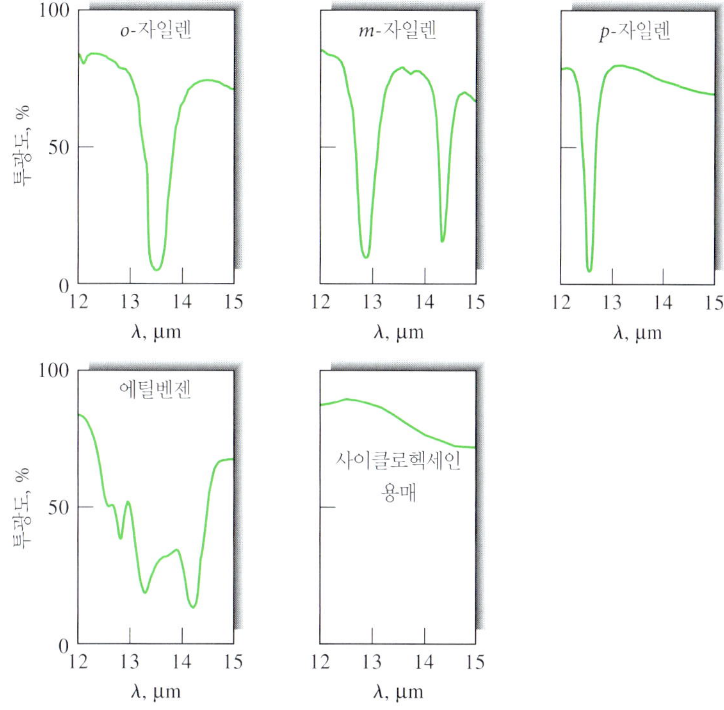

그림 17-10 사이클로헥세인 중 C_8H_{10} 이성질체의 스펙트럼.

다. 그러나 불행하게도 이 흡수 띠들이 겹치기 때문에 이 파장들 중 어느 하나에서 측정된 혼합물의 흡광도는 단지 한 성분의 농도에 의해서만 전적으로 측정된 것은 아니다. 따라서 네 가지 화합물 각각에 대한 몰흡광 계수를 네 개의 파장에서 측정해야 한다. 그리고 네 개의 흡광도 측정으로부터 각 화학종의 농도를 계산할 수 있는 네 개의 연립 방정식을 만들 수 있다(제14D-2절 참고). 또 다른 한 가지 방법으로 인자 분석법과 같은 화학계산 기술[10]이 각개 성분을 정량하기 위하여 전체 스펙트럼 영역을 사용할 수 있다. 이런 방법은 흡광도와 농도 사이의 관계가 선형이 아닐 때도(IR 영역에서는 자주 일어난다) 사용될 수 있다.

대기 오염물의 정량. 최근 대기 오염물에 대한 정부의 규제가 확대 적용됨에 따라 다양한 화합물들에 대한 감도가 좋고, 빠르고, 특이한 선택성이 있는 방법이 필요하게 되었다. IR 흡수법은 어떤 다른 분석 기기보다 이 필요성을 더 잘 충족시켜 준다.

표 17-4는 기체 혼합물을 분석하는 데 있어 IR 분광법의 우수성을 보여준다. 농도가 알려진 다섯 가지 화학종을 포함하고 있는 공기의 표준 시료를 그림 16-13에서 보여준 컴퓨터화된 기기로 분석하였다; 20 m 기체 셀을 사용하였다. 시료 주입 후 1~2분 내에 데이터가 인쇄되어 나왔다.

표 17-5는 직업안정 및 보건행정(Occupational Safety and Health Administration, OSHA)에서 규제하고 있는 대기 중 여러 가지 화합물들을 정량 분석하는 데 IR 필터 광도계(그림 16-13에서 보여준 것과 같은)가 이용될 수 있음을 보여준다.

OSHA가 400개 이상의 화합물에 대해 최대 허용 한계를 규정해놓았는데, 이 중 절반 이상이 IR 필터 광도계 또는 분광 광도계로 정량하기에 적합한 흡수 특성을 갖는 것으로 나타났다. 대다수의 흡수 화합물들 사이에서 피크 겹침이 일어나리라고 예상할 수 있다. 그러나 이 방법은 비교적 높은 선택성을 제공한다.

[10] E. R. Malinowski, *Factor Analysis in Chemistry*, 3rd ed., New York: Wiley 2002.

표 17-4 대기 오염물의 IR 정량의 한 가지 예

오염물	농도, ppm	측정값, ppm	상대 오차, %
Carbon monoxide	50.0	49.1	1.8
Methyl ethyl ketone	100.0	98.3	1.7
Methanol	100.0	99.0	1.0
Ethylene oxide	50.0	49.9	0.2
Chloroform	100.0	99.5	0.5

Courtesy of Thermo Fisher Scientific, Inc.

IR 정량법의 단점과 한계

IR 분광법에 의한 정량 분석에는 몇 가지 단점이 있다. 이 중에는 Beer 법칙으로부터 종종 벗어난다는 것과 스펙트럼이 복잡하다는 점이 있다. 뒤의 단점은 흡수 피크들이 겹쳐질 가능성을 증가시킨다. 또 과거 분산형 기기는 좁은 피크와 미광 복사선으로 인해 측정되는 흡광도가 슬릿 너비와 파장 설정에 따라 크게 달라졌다. 끝으로 좁은 셀을 사용하는 대부분의 분석은 다루기

표 17-5 OSHA에 따르는 기체의 IR 정량

화합물	허용치, ppm*	파장, μm	최하 측정 농도, ppm†
Carbon disulfide	2	4.54	0.5
β-Chloroprene	10	11.4	4
Diborane	0.1	3.9	0.05
Ethylenediamine	10	13.0	0.4
Hydrogen cyanide	4.7‡	3.04	0.4
Methyl mercaptan	0.5	3.38	0.4
Nitrobenzene	1	11.8	0.2
Pyridine	5	14.2	0.2
Sulfur dioxide	2	8.6	0.5
Vinyl chloride	1	10.9	0.3

Courtesy of Thermo Fisher Scientific, Inc.

*2013년 4월 26일자 8시간 가중 평균에 대한 Cal/OSHA의 노출 한계. http://tinyurl.com/ksbnhbm을 참조하시오.

†20.25 m 셀을 사용함.

‡단기 노출 한계: 작업 중 항상 15분의 가중 평균을 초과하지 않음.

가 불편하고 분석 결과에 큰 불확도를 가져온다. 따라서 IR 정량 분석에서 생기는 분석 오차는 아무리 조심하고 노력하더라도 자외선-가시선법의 수준만큼 감소시킬 수 없다.

17B 중간적외선 반사 분광법

IR 반사 분광법은 특히 고분자 필름, 섬유, 식품, 고무, 농산물 및 많은 다른 고체와 같이 다루기 힘든 고체 시료를 분석하는 데 널리 응용되고 있다.[11] 중간적외선 반사 스펙트럼은 흡수 스펙트럼과 똑같지는 않지만 거의 비슷한 모양 그리고 똑같은 정보를 알려준다. 반사 스펙트럼은 정성 분석과 정량 분석에 모두 이용될 수 있다. 요즈음 대부분의 IR 흡수 기기는 용기 위치에 잘 맞는 부착기를 보조부품으로 가지고 있어서 반사 스펙트럼을 쉽게 얻을 수 있다.

17B-1 반사의 형태

반사 복사선에는 4가지 형태가 있다: *거울 반사*(specular reflection), *확산 반사*(diffuse reflection), *내부 반사*(internal reflection) 및 *감쇠 전반사*(attenuated total reflectance, ATR)이다. 거울 반사는 반사 매질이 매끈하게 갈린 표면에서 일어난다. 여기서 반사각은 복사선의 입사각과 같다. 만약 표면이 IR 흡수물질로 되어 있다면 반사 빛살의 상대적 세기는 흡수가 일어나면 흡수가 일어나지 않은 것보다 더 약하게 된다. 그러므로 입사 복사선 세기의 반사된 분율인 반사도 R을 파장이나 파수에 대해 도시하면 이 화학종의 투과 스펙트럼의 모습과 비슷한 스펙트럼을 얻게 된다. 거울 반사 스펙트럼은 고체의 매끈한 표면이나 피복된 고체를 연구하고 그 특징을 알아보는 데 사용된다. 그러나 확산 반사 또는 전반사 스펙트럼만큼 널리 사용되지는 않는다. 그러므로 여기서는 확산 반사와 전반사에 대해 중점적으로 설명할 것이다.

17B-2 확산 반사 분광법

확산 반사 IR Fourier 변환 분광법(DRIRFTS)은 매우 적은 양의 분말 시료를 이용하여 직접 IR 스펙트럼을 얻을 수 있는 효과적인 방법이다.[12] 시료를 준비하는 데 시간이 절약될 뿐 아니라 원 상태에서 크게 변하지 않는 시료로부터 IR 스펙트럼 자료를 얻을 수 있다. 확산 반사 측정법은 1970년대 중반 FTIR 기기를 일반적으로 사용할 수 있게 된 후에 널리 이용되었는데 이는 고체 분말로부터 반사된 복사선의 세기가 너무 약해서 보통의 분해능으로는 측정할 수 없었고, 분산형 기기로는 적절한 신호 대 잡음비를 얻을 수 없었기 때문이다.

확산 반사는 미세 분말의 표면에 복사선이 부딪혔을 때 일어

---

[11]다음 문헌을 참고하시오. F. M. Mirabella, ed., *Modern Techniques in Applied Molecular Spectroscopy*, New York: Wiley, 1998; G. Kortum, *Reflectance Spectroscopy*, New York: Springer, 1969; N. J. Harrick, *Internal Reflection Spectroscopy*, New York: Wiley, 1967. 반사 분광법 이론을 위하여 B. Hapke, *Theory of Reflectance and Emittance Spectroscopy*, 2nd ed., Cambridge: Cambridge University Press, 2012를 보시오.

[12]추가적인 정보를 위해서 문헌을 보시오. A. Drochner and G. H. Vogel, in *Methods in Physical Chemistry*, 2nd ed., R. Schäfer and P. C. Schmidt, eds., Ch. 14, Somerset, NJ: Wiley, 2012; M. Milosevic, S. L. Berets, Appl. *Spectrosc. Rev.*, **2002**, *37*, 347, **DOI**: 10.1081/asr-120016081; P. R. Griffiths and M. P. Fuller in *Advances in Infrared and Raman Spectroscopy*, R. J. H. Clark and R. E. Hester, eds., Vol. 9, Chap. 2, London: Heydon and Sons, 1982.

나는 복잡한 과정이다. 이런 형태의 시료에서는 분말의 각 평면 표면에서 거울 반사가 일어난다. 그러나 많은 표면이 무질서하게 배열되어 있기 때문에 복사선은 모든 방향으로 반사된다. 따라서 일반적으로 반사된 복사선의 세기는 관찰 각도와는 무관하게 된다.

확산 반사된 복사선의 세기를 정량적으로 설명하기 위해 많은 모델들이 사용되어 왔다. 이 모델들 중 가장 널리 사용되는 것은 Kubelka와 Munk에 의해 개발된 것이다.[13] Fuller와 Griffiths는 이 모델에 대해 설명할 때 분말에 대한 상대 반사도 세기 즉 $f(R'_\infty)$는 다음과 같다고 하였다.[14]

$$f(R'_\infty) = \frac{(1 - R'_\infty)^2}{2R'_\infty} = \frac{k}{s}$$

여기서의 R'_∞는 흡수하지 않는 표준 물질인 미세 분말 형태의 KCl의 반사 세기에 대한 시료의 반사 세기의 비이다. k는 분석 물질의 몰흡광 계수이고, s는 산란 계수이다. 묽은 시료인 경우 k는 몰흡광 계수 ε과 분석물의 몰농도 c와 다음과 같은 관계를 갖는다.

$$k = 2.303\varepsilon c$$

반사도 스펙트럼은 파수에 대해 $f(R'_\infty)$를 도시하여 얻는다(그림 17-12b 참고).

기기 장치

최근 대부분의 FTIR 기기의 제작회사는 셀 칸막이에 잘 맞는 부착기를 제공하여 확산 반사를 측정할 수 있게 한다. 그림 17-11은 부착기 중 한 가지 형태이다. 간섭계로부터 나오는 평행화된 빛살은 두 개의 평면 거울에 의해 타원체 거울을 향하고 시료로 간다. 시료는 통상적으로 분쇄하여 희석제로 KBr이나 KCl과 혼합한다. 혼합물은 3~4 mm 깊이와 10~15 mm 직경의 시료 컵에 넣는다. 빛살이 검출기에 가기 전에 반사, 흡수 및 산란의 복잡한 경합이 일어난다.

[13]P. Kubelka and E. Munk, *Tech. Phys.*, **1931**, *12*, 593; P. Kubelka, *J. Opt. Soc. Am.*, **1948**, *38*, 448, **DOI**: 10.1364/josa.38.000448.

[14]M. P. Fuller and P. R. Griffiths, *Anal. Chem.*, **1978**, *50*, 1906. **DOI**: 10.1021/ac50035a045.

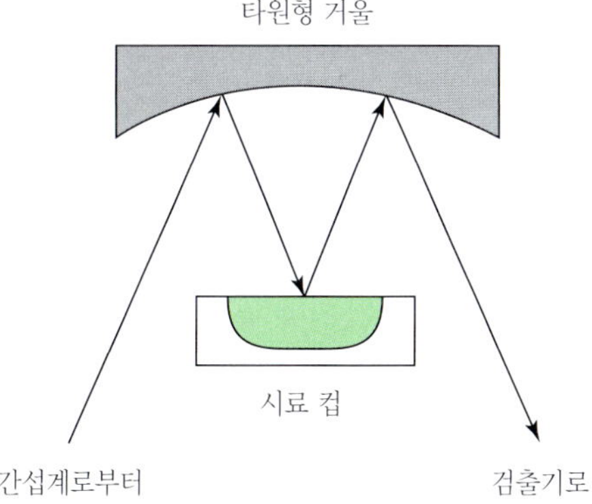

그림 17-11 FTIR 분광기용 확산 반사 부속 부품.

홑살 기기를 이용하여 스펙트럼을 얻기 위해서는 먼저 시료에 대한 신호를 저장한다. 그 다음에 시료 대신 미세 분말 KBr과 KCl과 같은 좋은 반사체의 기준 신호를 기록한다. 이 신호들의 비로부터 반사도를 얻는다.

흡수 스펙트럼과 반사 스펙트럼의 비교

그림 17-12에는 KBr 펠렛으로 얻은 전형적인 carbazole의 IR 흡수 스펙트럼과 KCl에 5%의 carbazole이 들어있는 미세 분말 혼합물의 확산 반사 스펙트럼을 비교해놓았다. 두 스펙트럼에서 피크의 위치는 같으나 상대적인 피크의 높이는 상당히 다르다는 것에 주목하라. 특히 주 피크가 아닌 피크들이 일반적으로 반사 스펙트럼에서 더 크게 나타나는 것이 전형적인 차이이다.

17B-3 ATR 분광법

내부 반사 분광법은 용해도가 낮은 고체, 필름, 실, 반죽, 접착제 및 분말과 같이 다루기 어려운 시료의 적외선 스펙트럼을 얻을 수 있는 방법이다.[15]

원리

복사선 빛살이 조밀한 매질에서 덜 조밀한 매질로 통과할 때 반사가 일어난다. 입사 빛살이 반사되는 분율은 입사각이 커지면 증가한다; 어떤 임계각을 초과하면 전반사가 일어난다. 반사 과정 중에서 반사가 일어나기 전에 빛살이 덜 조밀한 매질로 작은 거리를 침투하는 것처럼 행동하는 것이 실험적으로 그리고 이론적으로 알려졌다. 침투 거리는 십 분의 수 파장에서 수 파장까지로 변하는데, 이것은 입사 빛살의 파장, 두 물질의 굴절률 및 경계면에 대한 입사각에 따라 달라진다. 침투 복사선을 *소멸파*(evanescent wave)라고 한다. 만일 덜 조밀한 매질이 소멸파를 흡수하면 흡수 띠 파장의 빛살의 세기는 감쇠된다. 이런 현상을 *감쇠 전반사도*(attenuated total reflectance) 또는 ATR이라고 한다. 얻어진 ATR 스펙트럼은 통상적인 IR 스펙트럼과는 약간의 차이를 갖는다.

기기 장치

그림 17-13은 ATR을 측정하기 위한 장치를 보여준다. 그림에서 보여주는 것처럼, 시료(이 경우, 고체)는 큰 굴절률을 갖는 투명한 결정성 물질의 반대편에 놓는다. 입사각의 적당한 조정에 의해 복사선은 결정을 통과하여 검출기에 도달하기 전에 다중의 내부 반사를 일으킨다. 이들 반사 각각에서 흡수와 감쇠가 일어난다.

그림 17-13b는 대부분 적외선 분광기의 셀 영역에 부착기를

[15]F. M. Mirabella., ed., *Modern Techniques in Applied Molecular Spectroscopy*, New York: Wiley, 1998; G. Kortum, *Reflectance Spectroscopy*, New York: Springer, 1969; N. J. Harrick, *Internal Reflection Spectroscopy*, New York: Wiley, 1967.

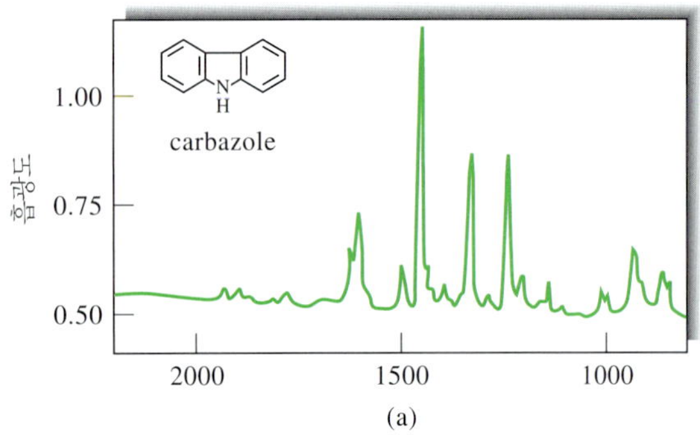

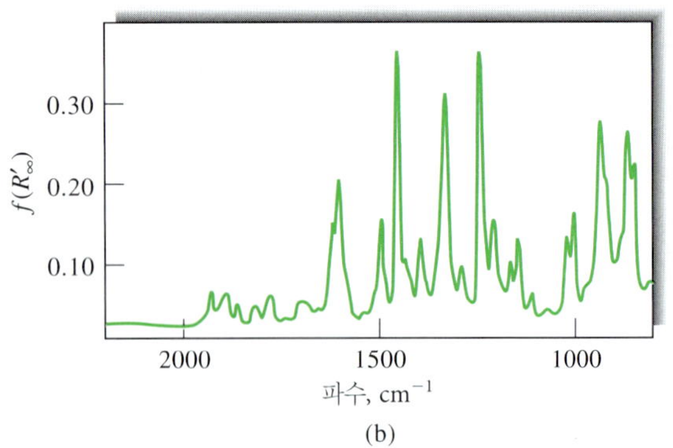

그림 17-12 Carbazole에 대한 흡수 스펙트럼(a)과 확산 반사 스펙트럼(b)의 비교.

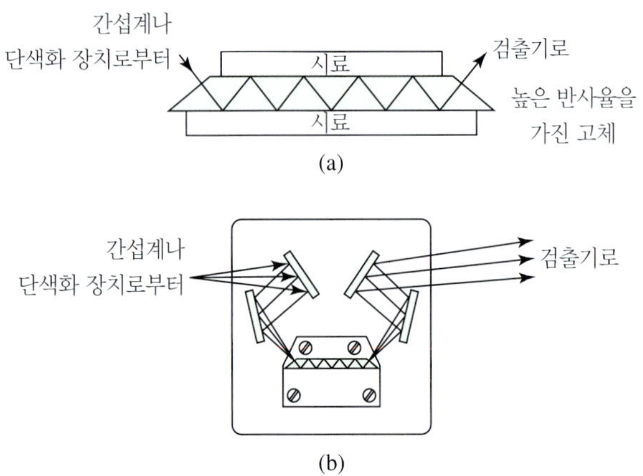

그림 17-13 ATR 장치. (a)에서 고체 시료가 큰 굴절률의 내부 반사 결정에 설치된다. ATR 결정으로 사용되는 물질은 KRS-5, AgCl, Ge, Si 및 Irtran 물질을 포함한다. 고체 시료는 결정과 함께 압축되어 광학 접촉을 하도록 한다. (b)에서 ATR용 대표적인 부속 부품을 보여준다. 많은 부속 부품에서 내부 반사판이 홀더에 위치하여 몇 가지 입사각을 제공한다.

설치하여 감쇠 전반사를 측정할 수 있게 되어 있는 광학계통도이다. 액체 시료용 셀도 있다.

ATR 스펙트럼

ATR 스펙트럼은 보통의 흡수 스펙트럼과 비슷하지만 같지는 않다. 일반적으로 같은 띠가 관찰되지만 이들의 상대적 세기는 다르다. ATR 스펙트럼에서 복사선이 시료에 수 μm밖에 침투하지 못하기 때문에 흡광도는 입사각에 의존하지만 시료 두께와는 무관하다. *효과적인 침투 깊이*(effective penetration depth) d_p는 빛살의 파장, 결정과 시료의 굴절률 및 빛살 각도에 의존한다. 침투 깊이는 다음 식으로 계산할 수 있다.

$$d_p = \frac{\lambda_c}{2\pi[\sin^2\theta - (n_s/n_c)^2]^{1/2}}$$

여기서 λ_c는 결정(λ/n_c)에서 파장이고, θ는 입사각이고, 그리고 n_s와 n_c는 각각 시료와 결정의 굴절률이다. 효과적인 침투깊이는 결정 물질, 입사각, 또는 둘 다에 의해 변할 수 있다. ATR 분광법을 사용하여 표면의 깊이 프로필을 얻는 것이 가능하다. 실제 45°를 갖는 다중 반사 결정은 대부분의 일반적인 시료에 사용할 수 있다.

감쇠 전반사 분광법의 주요한 장점들 중 한 가지는 최소의 시료 준비로 여러 종류의 시료에 대해 흡수 스펙트럼을 쉽게 얻을 수 있다는 것이다. 줄, 실, 직조 및 섬유는 조밀한 결정에 시료를 압착하여 실험할 수 있다. 반죽, 분말, 또는 현탁액도 같은 방법으로 처리할 수 있다. 반사 결정이 물에 용해되지 않으면 수용액에도 응용할 수 있다. ATR 흐름 셀도 존재한다. ATR 분광법은 고분자, 고무 및 다른 고체와 같은 많은 물질에 응용되어 왔다. 얻은 스펙트럼에 이미 논의한 간섭 무늬는 없다.

ATR 법으로 얻은 스펙트럼은 시료의 굴절률이 빠르게 변할 수 있는 강한 흡수 띠 근처에서 일어나는 일그러짐 때문에 IR 흡수 스펙트럼과 다를 수 있다. 또 ATR 결정 위의 시료의 배향에 따라 띠 세기와 상대적 세기에 영향을 줄 수 있다. 그러나 ATR 띠 세기는 보통 농도에 비례함으로 정량적 측정이 가능하다.

17C 광음향 적외선 분광법

광음향 분광법(PAS)은 고체, 반고체, 또는 탁한 액체의 자외선, 가시선 및 IR 흡수 스펙트럼을 얻는 방법을 제공한다.[16] 일반적인 방법으로 이들 물질에 대한 스펙트럼을 얻는 것은 빛의 산란과 반사 때문에 상당히 어렵고 가끔은 불가능하다.

17C-1 광음향 효과

PAS는 Alexander Graham Bell과 다른 연구자들에 의해 1880년 처음으로 연구된 광흡수 효과에 기초한다. 밀폐된 셀 기체에 복사선의 토막 난 빛살을 조사하였을 때 흡수되는 파장에 의해 위의 효과가 관찰된다. 흡수된 복사선은 기체를 주기적으로 가열하여 상자 내에서 장기적인 압력의 요동을 일으킨다. 토막틀 속도가 광 주파수 범위에 들면 이런 압력 펄스가 예민한 마이크로폰에 의해 검출된다. 광음향 효과가 금세기에 들어와 흡수 기

[16] K. H. Michaelian, *Photoacoustic Infrared Spectroscopy*, 2nd ed., Weinheim, Germany: Wiley-VCH, 2010.

체의 분석에 사용되었다. 최근에 광원으로 변조 가능한 IR 레이저가 출현하면서 이 목적을 위한 새로운 중요한 방법이 되었다. 그러나 보다 더 중요한 것은 고체나 탁한 액체의 흡수 스펙트럼을 얻기 위하여 광음향 효과를 사용할 수 있다는 것이다.

17C-2 광음향 IR 스펙트럼

광음향 IR 분광법은 FTIR 기기의 출현 전에는 제한적으로 응용됐다. 현재 몇 개의 제작회사에서 FTIR 기기용 광음향 부속품을 만들고 있다. 광음향 측정에서는 그림 17-14에서 보여주는 바와 같이 광음향 부속 부품 내의 작은 시료 컵에 시료를 넣는다. 광음향 분광기 상자가 헬륨이나 질소와 같은 열전도도가 큰 기체로 채워지고 FTIR 시료 칸에 놓인다. 보이는 거울은 변조된 빛살을 시료에 편향시킨다. 시료에 의한 IR 빛살의 흡수는 시료 분자의 들뜬 진동 상태를 비복사 붕괴시킨다. 이것이 열을 시료의 표면으로 이동시키고 상자 내 기체에서 변조된 음향파를 발생시키게 한다. 대단히 감도가 좋은 마이크로폰이 음향파를 검출한다.

광음향 스펙트럼은 그림 17-15에서 보여주는 바와 같이 흡수 스펙트럼과 비슷한 형태로 주로 도시된다. 스펙트럼은 카본 블랙과 같은 전체적으로 흡수하는 물질의 바탕선 주사에 대한 비로 도시되는 것이 보통이다. 비록 전이 주파수는 흡수 스펙트럼과 같지만 상대 세기는 파장과 변조된 주파수에 의존한다.

주로 시료 전처리 없이 광음향 스펙트럼을 시료에서 얻을 수 있다. 시료를 시료 컵 내에 고정시켜야 하는 것이 단 한 가지의 요구사항이다. 고체와 탁한 액체 외에도 얇은 막과 고성능 액체 크로마토그래피에 의해 분리된 혼합물의 성분들을 감지하고 대기 중 기체 오염물질의 농도를 검출하기 위해 광음향법이 사용되어 왔다.

17D 근적외선 분광법

근적외선(NIR) 영역의 스펙트럼은 가시선 영역의 위쪽 파장

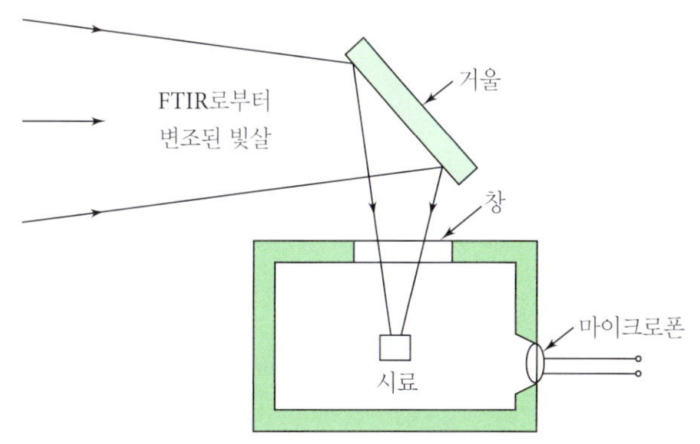

그림 17-14 **FTIR 분광기에서 광음향 부속 부품의 개략도.**

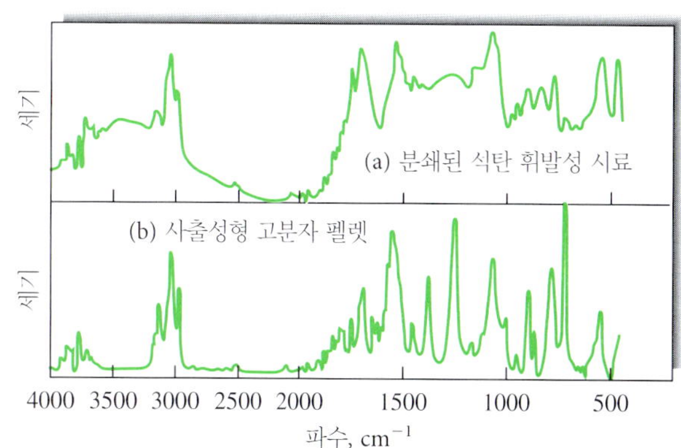

그림 17-15 (a) 분쇄된 석탄 시료와 (b) 사출성형한 고분자 펠렛의 광음향 IR 스펙트럼. (From *Practical Sampling Techniques for Infrared Analysis*, P. B. Coleman, ed., Boca Raton, FL: CRC Press, 1993.)

즉, 약 770~2500 nm까지(13,000~4000 cm^{-1}) 확장된다.[17] 이 영역의 흡수 띠는, 3000~1700 cm^{-1} 영역에서 일어나는 기준 신축 진동 흡수 띠의 배진동 또는 결합 진동(제16A-4절 참고)이다. 여기에 포함된 결합에는 보통 C—H, N—H 및 O—H가 있다. 흡수 띠는 배진동 또는 결합에 의한 것이기 때문에 이들의 몰흡광 계수는 작고 검출 한계는 0.1% 정도이다.[18]

중간적외선 분광법에 비해 근적외선 분광법의 가장 중요한 응용은 농산물, 식품, 석유제품, 및 화학제품에 들어있는 물, 단백질, 저분자량 탄화수소, 지방과 같은 화학종들을 일상적으로 *정량*(quantitative) 분석하는 것이다. 확산 반사법과 투과 측정법이 모두 사용되지만 확산 반사법이 더 널리 사용된다.

17D-1 기기 장치

네 가지 다른 형태의 기기가 NIR 영역에서 사용된다. 회절발 기기는 자외선-가시선 흡수 분광법에 사용되는 기기와 비슷하다. 일반적으로 서로 다른 파장을 선택하기 위하여 필터 바퀴를 포함하는 개별 필터 기기도 있다. 이들은 다른 기기보다 융통성이 적지만 고정되어 있고 특성화된 시료에 대해서는 유용하다. 또한 광음향 가변 필터(AOTF) 기기도 존재한다. 광음향 필터와 필터 기반 기기를 제7C-3절에서 논의하였다. 속도와 견고함이 AOTF의 주요 장점이다. Fourier 변환 분광기 또한 NIR 분광법에서 생산되어 시판되고 있다. 중간적외선 영역에서의 큰 처리량 및 분해능과 같은 FT 기기가 가진 장점이 NIR 영역에서는 응용성이 작다. 그러나 파장의 재현성과 신호 대 잡음비의 특성이 FT 시스템의 주요 장점이다.

대부분의 NIR 분광기는 석영 창의 텅스텐-할로젠 램프를 사

[17]NIR 분광법을 다룬 문헌에서 가로 좌표는 *파장*(wavelength, nm, μm)을 사용한다. 중간적외선 스펙트럼에서는 *파수*(wavenumber, cm^{-1})로 쓴다.

[18]NIR에 관한 일반적인 참고문헌은 다음을 보시오. *Handbook of Near-Infrared Analysis*, 3rd ed., D. A. Burns and E. W. Ciurczak, eds., Boca Raton, FL: Taylor & Francis, 2008.

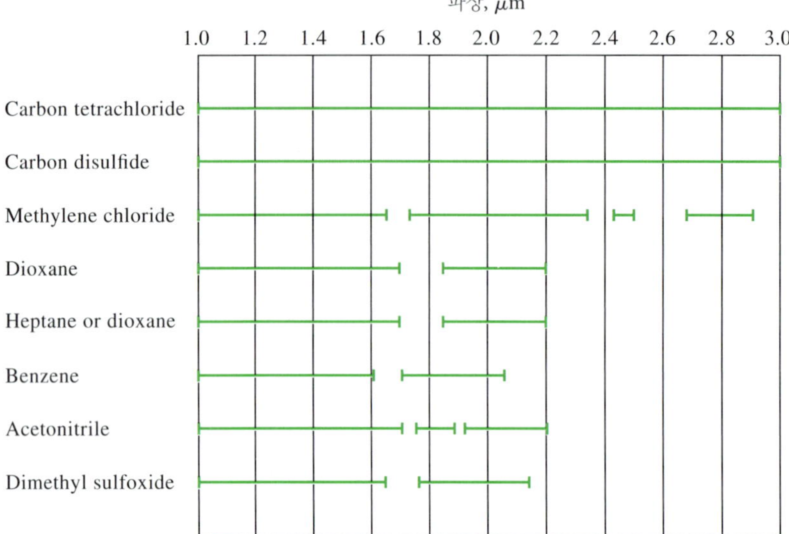

그림 17-16 **NIR 분광법을 위한 몇 가지 유용한 용매.** 실선은 1 cm 셀로 사용하기 위한 만족스러운 투명도를 나타낸다.

용한다. 흡수 측정에 사용되는 셀은 3000 nm까지 투명한 석영 또는 용융 실리카이다. 셀 길이는 0.1～10 cm이다. 일반적으로 검출기는 PbS과 PbSe 광전도전지에서 InSb와 InAs 광다이오드까지 사용한다. InGaAs와 같은 배열 검출기 또한 이 영역에서 사용된다. 180～2500 nm에서 사용할 수 있도록 설계된 몇 가지 자외선-가시선 분광 광도계는 NIR 스펙트럼을 얻는 데도 사용될 수 있다.

몇 가지 용매가 NIR 연구를 위해 사용된다. 이들 중 몇 가지가 그림 17-16에 수록되어 있다. 사염화탄소와 이황화탄소가 유일하게 NIR 전 영역에 걸쳐 투명하다는 데 유의하라.

17D-2 NIR 분광법의 데이터 처리

NIR 스펙트럼 띠는 보통 넓고 자주 겹친다. 분석성분 농도와 단순하게 연관된 깨끗한 스펙트럼 띠를 얻기가 드물다. 대신에 다중 변수 검정 기술이 사용된다.[19] 가장 흔하게 부분 최소 제곱, 주요 구성요소 회귀 및 인공 신경망이 이용된다. 가능한 시료에서 나타나는 많은 조건을 포함하는 "훈련 조작"에서 얻는 결과를 통하여 위의 검정 모델을 개발해야 한다. 모델을 개발할 때의 문제점과 위험성에 대해 논의되어 왔다.[20]

NIR 기기의 제작회사들은 검정 모델을 개발하는 소프트웨어 패키지를 제공한다. 더욱이 다중 변수 검정을 위해 타사의 소프트웨어는 쉽게 구할 수 있다.

17D-3 NIR 흡수 분광법의 응용

중간적외선 분광법에 비해 NIR 흡수 스펙트럼은 화합물을 확인하는 데 덜 유용하지만 탄소, 질소 및 산소에서 수소결합을 하는 작용기를 갖는 화합물을 정량 분석하는 데는 아주 유용하다. 이런 화합물들은 중간적외선 분광법보다 오히려 자외선-가시선 분광법과 거의 같은 정밀도와 정확도로 정량될 수 있다. 글리세롤, 하이드라진, 유기 필름 및 발연 질산 등의 다양한 시료 중에 들어있는 물의 정량; 7100 cm^{-1} (1.4 μm)에서 흡수하는 O—H 신축 진동의 첫 번째 배진동에 기초한 페놀류, 알코올류, 유기산 및 수소과산화물(hydroperoxide)의 정량; 3300～3600 cm^{-1} (2.8～3.0 μm) 영역의 흡수에 기초한 에스테르, 케톤 및 카복실산의 정량 등에 이용된다. 마지막 경우의 흡수는 카르보닐 신축 진동의 첫 번째 배진동이다.

NIR 분광 광도법은 또한 혼합물에 있는 3차 아민의 존재하에 1차 및 2차 아민을 확인하고 정량하는 데 유용하게 이용된다. 일반적으로, 10 cm 셀을 이용하여 사염화탄소 용액에서 스펙트럼을 얻는다. 1차 아민은 5000 cm^{-1} (2.0 μm)에서 일어나는 N—H 복합 신축 진동 띠의 흡광도를 직접 측정하여 정량한다;

[19]다중변수 기술의 논의를 위해서 다음을 보시오. K. R. Beebe, R. J. Pell, and M. B. Seasholtz, *Chemometrics: A Practical Guide*, Chap. 5, New York: Wiley, 1998; H. Martens and T. Naes, *Multivariate Calibration*, New York: Wiley, 1989; R. G. Brereton, *Applied Chemometrics for Scientists*, Chap. 6, Chichester, UK: Wiley, 2007; K. Varmuza and P. Fitzmoser, *Introduction to Multivariate Statistics in Chemometrics*, Chap. 4, Boca Raton, FL: CRC Press, 2009.

[20]예로 다음을 보시오. M. A. Arnold, J. J. Burmeister, and G. W. Small, *Anal. chem.*, **1998**, *70*, 1773, **DOI**: 10.1021/ac9710801; L. Zhang, G. W. Small, and M. A. Arnold, *Anal. Chem.*, **2003**, *75*, 5905., **DOI**: 10.1021/ac034495x.

2차 아민이나 3차 아민은 이 영역에서 흡수하지 않는다; 1차 아민과 2차 아민은 여러 N—H 신축 진동과 이들의 배진동에 해당하는 3300~10,000 cm^{-1} (1~3 μm) 영역에서 몇 가지 겹치는 흡수 띠를 갖는다. 반면에 3차 아민은 이와 같은 흡수 띠를 가지지 않는다. 따라서 이들 흡수 띠들 중의 하나를 이용하여 1차 아민의 흡수에 대해 보정한 후에 2차 아민의 농도를 측정한다.

17D-4 근적외선 반사 분광법의 응용

NIR 반사 분광법은 곱게 갈은 고체 시료의 성분을 일반적으로 정량 분석하는 데 중요한 도구가 되었다.[21] 이 방법은 곡물 및 기름씨앗과 같은 농산물에 들어있는 단백질, 수분, 녹말, 오일, 리피드 및 셀룰로스를 정량하는 데 가장 널리 사용되어 왔다.[22] 예를 들면 캐나다는 보증된 단백질 함량에 기초하여 모든 밀을 수출하는데 이를 위해 캐나다 곡물위원회는 매년 600,000번 이상 Kjeldahl 법으로 단백질을 정량한다. 1984년도에 캐나다 곡물의 80~90%가 NIR 반사 분광법으로 단백질을 분석함에 따라 연간 분석 비용으로 $500,000 이상 절약되었다고 추정된다.[23]

NIR 반사 분광법에서는 1~2.5 μm, 즉 10,000~4000 cm^{-1}의 파장 범위에 있는 하나 이상의 좁은 복사선 띠를 곱게 갈은 고체 시료에 쪼여준다. 이때 확산 반사가 일어나는데, 복사선은 입자의 표면층에 침투하여 분석물질 분자의 진동 방식을 들뜨게 한 다음 모든 방향으로 산란된다. 이렇게 얻은 반사 스펙트럼은 시료의 조성에 따라 달라진다. 전형적인 밀 시료의 반사 스펙트럼을 그림 17-17에서 보여준다. 이 경우 세로축은 반사도, R의 역수의 log 값이다. 여기서 R은 곱게 갈은 황산바륨이나 산화마그네슘과 같은 표준 반사체에서 얻는 반사 세기에 대한 시료에서 반사된 복사선 세기의 비이다. 1940 nm의 반사 띠는 물의 피크인데 수분 정량에 사용된다. 실제로 약 2100 nm에서의 피크는 두 개의 피크가 겹친 피크로서 하나는 녹말의 흡수에 의한 것이고 다른 것은 단백질의 흡수에 의한 것이다. 이 영역의 두 파장에서 측정하면 이 화합물들 각각의 농도를 정량할 수 있다.

확산 반사 측정기기도 시판되고 있다. 이들 중 어떤 것은 몇 개의 간섭 필터를 이용하여 좁은 복사선 띠를 제공한다. 다른 것은 회절발 단색화 장치를 가지고 있다. 보통 정량하려는 각 분석 화학종에 대해 두 개 이상의 파장에서 반사도를 측정한다.

NIR 반사법의 큰 장점은 빠르다는 것과 시료 준비가 간단하다는 것이다. 일단 방법 개발이 완료되면 몇 가지 화학종에 대한 고체 시료의 분석은 수 분 내에 완료될 수 있다. 보통 1~2%의 상대 정확도 및 정밀도를 규칙적으로 나타낸다.

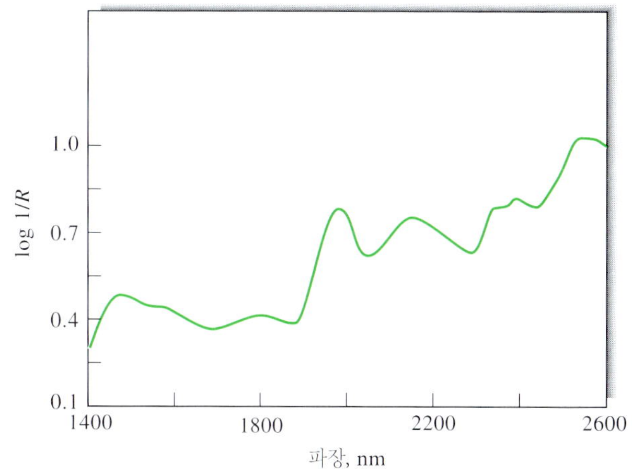

그림 17-17 밀 시료에 대한 확산 반사 NIR 스펙트럼.

17E 원적외선 분광법

원적외선 영역은 무기물 연구에 특히 유용한데, 이는 금속 원자와 무기 및 유기 리간드 사이 결합의 신축 및 굽힘 진동에 해당하는 흡수가 일반적으로 650 cm^{-1} 이하(>15 μm)의 파수에서 일어나기 때문이다. 예를 들면, 중금속의 아이오딘화물은 100 cm^{-1} 이하의 영역에서 흡수하는 반면, 브로민화물과 염화물은 더 높은 주파수에서 흡수한다. 금속-유기물 결합의 흡수 주파수는 금속 원자와 화학종의 유기 부분에 의존한다.

무기 고체의 원적외선 연구로 결정의 격자 에너지와 반도체 물질의 전이 에너지에 대한 유용한 정보를 얻을 수 있다.

가벼운 원자만으로 이루어져 있는 분자는 수소 이외의 다른 두 개 이상의 원자가 관련된 골격 굽힘 진동 모드를 갖고 있으면 원적외선을 흡수한다. 중요한 예로 벤젠 치환 유도체는 몇 개의 흡수 띠를 보인다. 이 스펙트럼들은 매우 특유하여 특정 화합물을 확인하는 데 매우 유용하다. 확실한 것은 특정 작용기의 흡수 진동수가 원적외선 영역에서도 존재한다는 것이다.

기체 분자가 영구 쌍극자 모멘트를 갖고 있으면 원적외선 영역에서 순수한 회전 흡수를 나타낸다. 예로는 H_2O, O_3, HCl 및 AsH_3이 있다. 물에 의한 흡수는 분석에 크게 방해를 한다; 이 방해를 없애기 위해서는 진공으로 만들거나 또는 적어도 분광기에 다른 기체를 통과시킬 필요가 있다.

Fourier 변환 분광기가 출현하기 전에 실험적인 어려움들이 좋은 원적외선 스펙트럼을 얻는 것을 어렵게 한다. 이 영역에 있는 광원은 세기가 대단히 약하다. 높은 회절발의 차수로부터 회절된 복사선을 최소로 하기 위하여 회절발 기기와 함께 차수를 분리하는 필터가 필요하다. 이들은 이미 낮은 분산형 분광기의 처리량을 또 감소시킨다. Fourier 변환 분광법이 이 스펙트럼 영역에서 최초로 응용된 것은 놀랄 만한 일이 아니다. 요구

[21] J. M. Soriano-Disla, L. J. Janik, R. A. Viscarra Rossel, L. M. Macdonald, M. J. McLaughlin, *Appl. Spectrosc. Rev.*, **2014**, *49*, 139, **DOI**: 10.1080/05704928.2013.811081을 보시오.

[22] H. Cen and Y. He., *Trends Food Sci. Technol.*, **2007**, *18*, 72, **DOI**: 10.1016/j.tifs.2006.09.003.

[23] S. A. Borman, *Anal. Chem.*, **1984**, *56*, 933A, **DOI**: 10.1021/ac00272a727.

되는 간섭계의 큰 처리량과 비교적 낮은 기계적 허용 한계는 좋은 신호 대 잡음비로 원적외선 영역에서 FTIR 스펙트럼을 얻는 것을 아주 간단하게 한다.

17F 적외선 방출 분광법

IR을 흡수하는 분자는 가열될 때 특성 IR 파장을 방출하기도 한다. 이런 현상을 분석에 응용하는 데 가장 크게 방해되는 것은 낮은 IR 방출신호로 인하여 신호 대 잡음비가 낮기 때문이다. 특히 시료가 주위보다 단지 약간 더 높은 온도에 있을 때 더 심하다. 하지만 간섭계법을 이용하여 흥미 있고 유용하게 응용한 예가 있다.

IR 방출 분광법의 초기 응용의 예가 연구 논문에 보고되었는데 논문에서는 μg 정도의 농약을 확인하는 데 Fourier 변환 분광기를 사용하였다.[24] 시료를 적당한 용매에 용해시키고 NaCl 또는 KBr 판 위에 증착시킨다. 이 시료판은 분광기 입구 근처에서 전기적으로 가열된다. DDT, 말라티온 및 디엘드린과 같은 살충제는 1～10 μg 정도의 적은 양까지 확인된다.

공장 굴뚝으로부터 방출되는 성분들을 원격 검출하는 데 간섭계 기기 장치를 사용하는 것도 마찬가지로 중요하다. 이런 응용들 중 한 가지에서 간섭계를 8인치 반사 망원경에 설치한다.[25] 공장에서 나오는 매연에 초점을 맞춘 망원경으로 수백 피트 거리 밖에서 CO_2와 SO_2를 쉽게 검출할 수 있다.

Mars Global Surveyor가 1996년 11월에 Cape Canaveral에서 이륙하였다. 이후 1997년에 화성 궤도에 도착하였다. 우주선에 탑재된 다섯 가지 기기 중 한 가지는 열-방출 분광기라고 불리는 IR 방출 분광기였다. 우주선은 화성 표면과 대기의 측정을 제공하는 도표화 임무를 2001년에 완수하였다. 화성 탐사선 *Spirit*은 우주선에 소형 열-방출 분광기를 가지고 화성 표면 근처 토양과 암석의 조성을 분석할 수 있었다. 그림 17-18은 2004년 초기에 얻은 IR 방출 스펙트럼을 보여주는데, 확인되지 않은 물을 포함하는 광석이 존재하는 증거를 보여줬다. 열-방출 스펙트럼은 또한 탄산기와 수화된 광물의 존재를 나타내었다. 이들은 오랜 세월에 걸쳐 화성에 존재하는 물의 본체에 의해 생성되었을 수 있다. 화성 탐사선인 *Spirit*에 대한 통신은 2010년 3월 중단되었고, 송신 재개를 위한 노력은 2011년 5월 종료되었다.

17G IR 현미경법과 이미징

IR 현미경법은 10～500 μm 범위 크기를 갖는 시료에 들어있는 화학종의 흡수 또는 반사 스펙트럼을 얻는 데 사용된다.[26] IR 현미경은 1980년대에 몇 군데 기기 제작회사에서 처음 소개되었다. 이는 두 개의 현미경으로 구성되었는데 하나는 일반적인 광학 현미경이고, 다른 하나는 IR 빛살의 크기를 시료의 크기만큼 작게 할 수 있는 반사 광학 장치를 갖고 있는 IR 장치이다. 광학 현미경은 IR 빛살로 연구하게 될 시료의 입자 또는 점을 시각적으로 찾기 위해 사용된다. IR 광원은 보통 회절발 기기가 아니라 Fourier 변환 분광기인데 대단히 감도가 좋은 FTIR 기기 때문이다. 검출기는 액체 질소로 냉각한 mercury telluride-cadmium telluride 광전도도 장치이다. 이것은 다른 형태의 IR 검출기보다 훨씬 감도가 좋다.

IR 현미경법의 응용 분야는 고분자 오염물질, 고분자 필름의 결함 및 얇은 판 모양의 고분자층 중 각 층의 확인에 있다. IR 현미경은 법의학 과학 분야에서 매우 유용함이 입증되었다.[27] 법의학에서의 응용은 섬유, 페인트, 폭발물의 작은 미세시료들의 확인 등이 포함된다. IR 현미경은 또한 단일 섬유 특성화를 위한 섬유공업에 적용되었다.

일반적인 의미에서 IR 현미경은 시료 *맵핑*(mapping) 또는 시료 *이미징*(imaging) 응용의 두 분야로 나눌 수 있다.[28] 시료 맵

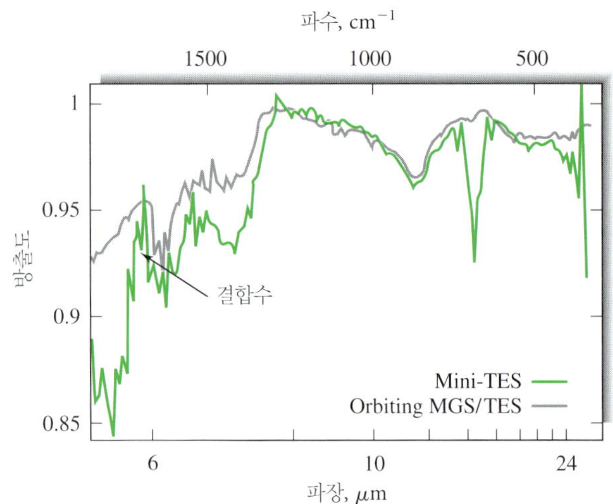

그림 17-18 결정 구조에서 결합수를 포함하고 있는 미확인 광물을 보여주는 화성 탐사선 *Spirit*의 스펙트럼. 지오라이트와 석고 같은 광물일 가능성이 있다. Mini-TES = 소형 열-방출 분광기, MGS = Mars Global Surveyor. (Courtesy of NASA/JPL/Airzona State University.)

---

[24] J. Coleman and M. J. D. Low, *Spectrochim. Acta*, **1966**, *22*, 1293, **DOI**: 10.1016/0371-1951(66)80034-6.

[25] M. J. D. Low and F. K. Clancy, *Env. Sci. Technol.*, **1967**, 1, 73, **DOI**: 10.1021/es60001a007

[26] *Practical Guide to Infrared Microspectroscopy*, H. J. Humecki, ed., New York: Marcel Dekker, 1995; J. Katon, *Infrared Microspectroscopy in Modern Techniques in Molecular Spectroscop*, F. Mirabella, ed., New York: Wiley, 1998을 보시오.

[27] *Infrared and Raman Spectroscopy in Forensic Science*, J. M. Chalmers, H. G. M. Edwards, and M. D. Hairgreaves, eds., Chichester, UK: Wiley, 2012를 보시오.

[28] P. R. Griffiths and E. V. Miseo in *Infrared and Raman Imaging*, 2nd ed., Chap. 1, R. Salzer and H. W. Siesler, eds., Weinheim, Germany: Wiley-VCH, 2014.

핑은 시료 영역의 스펙트럼을 취한 다음 다른 측정 영역으로 이동하여 새로운 스펙트럼을 얻음을 말한다. 이와 같이 관심 있는 영역 전체를 맵핑할 때까지 일련의 스펙트럼 획득은 반복적으로 수행된다. 이에 반하여, 이미징은 어레이 검출기로 시료 이미지의 초점을 맞추고 디지털 사진을 찍어서 수행된다. 각 시료 영역을 통과하는 복사선의 세기는 어레이 검출기에 의해 동시에 측정된다. 일부 시판용 기기가 시료의 위치를 변경하는 과정을 여러 번 반복하기 전에 어레이선에 맞춘 일련의 검출기를 사용하는 관계로 맵핑과 이미징의 구분이 다소 모호할 수도 있다.

고사양 분광 이미징(hyperspectral imaging)에서, 2차원 어레이 검출기로 동시에 여러 파장의 이미지를 수집한다. 비록 두 스펙트럼 영역에서 기기는 다르지만 중간적외선과 근적외선 영역에서 모두 사용된다. Raman 분광기(제18장 참고) 또한 고사양 분광 이미징 분야에서 널리 사용되고 있다. 이러한 이미징 기술은 종종 *화학 이미징*(chemical imaging) 방법이라고도 불린다.

IR 이미징과 맵핑의 생의학적 응용에는 조직 시료 검사 및 단일 세포 이미징이 포함된다.[29] IR 현미경은 농산물, 식물 및 식품 성분뿐만 아니라 고분자 및 의약품 검사에도 응용되고 있다.[30] 이러한 IR을 이용한 상당히 새로운 분석기술은 많아질 것이고, 가까운 미래에 더 많은 응용 프로그램이 나올 것을 확신한다.

[29]C. Krafft and J. Popp, Chap. 3, S. Gamsjaeger, R. Mendelsohn, K. Klaushofer, and E. P. Paschalis, Chap. 4, M. Diem et al., Chap. 5, in *Infrared and Raman Imaging*, 2nd ed., R. Salzer and H. W. Siesler, eds., Weinheim, Germany: Wiley-VCH, 2014.

[30]H. Schulz, A. Krahmer, A. Naumann, and G. Gudi, Chap. 6, V. Bellon-Maurel and N. Gorretta, Chap. 7, E. Grotheer et al. in *Infrared and Raman Spectroscopic Imaging*, 2nd ed., R. Salzer and H. W. Siesler, eds., Weinheim, Germany: Wiley-VCH, 2014.

질문과 문제

*별표를 한 문제의 해답은 이 책의 끝에 있다.

이 아이콘이 있는 문제는 스프레드시트를 이용하여 쉽게 풀 수 있다.

17-1 Cyclohexanone은 5.86 μm에서 가장 강한 IR 흡수 띠를 나타내는데 이 파장에서 흡광도와 농도 간에 선형의 관계를 가진다.

(a) 이 파장에서 흡광도에 해당할 수 있는 분자의 부분을 확인하시오.

(b) 이 파장에서 cyclohexanone의 정량 분석을 위해 적당한 용매를 제안하시오.

(c) (b)에서 선택한 용매 중 cyclohexanone (4.0 mg/mL) 용액이 0.025 mm 광로의 셀로 측정한 바탕보정된 흡광도가 0.800임을 나타내었다. 만일 용매의 스펙트럼과 연관된 잡음이 0.001 흡광도 단위라면 이런 조건에서 이 화합물의 검출 한계는 얼마인가?

***17-2** 그림 17-19의 스펙트럼은 C_3H_6O 실험식의 액체에 대해 얻어졌다. 화합물을 확인하시오.

17-3 그림 17-20의 스펙트럼은 실험식 $C_9H_{10}O$를 갖는 높은 끓는점의 액체에 대한 것이다. 가장 밀접한 화합물을 확인하시오.

***17-4** 그림 17-21의 스펙트럼은 50°C에서 끓는 매운 냄새의 액체에 대한 것이고 56 정도의 분자량을 가진다. 무슨 화합물인가? 어떤 불순물이 존재하는가?

***17-5** 그림 17-22의 스펙트럼은 97°C에서 끓는 질소를 포함하는 물질의 것이다. 무슨 화합물인가?

17-6 NIR 복사선에 기초한 정량 분석법이 중간적외선 복사선에 기초한 방법보다 왜 더 정밀하고 정확한가?

17-7 광음향 IR 스펙트럼의 기원을 설명하시오. 광음향 측정을 위한 시료의 보통의 형태는 무엇인가?

17-8 왜 IR 스펙트럼에서 투광도가 100%인 영역이 거의 안 보이는가?

질문과 문제(계속)

17-9 1745 cm^{-1}에서 흡광도를 측정하여 methyl iso-butyl ketone (MIBK)의 정량 분석을 수행하였다. 여러 다른 MIBK 농도의 용액에서의 흡광도를 아래 표에 실어 놓았다.

MIBK의 농도(%)	*A*
1.00	0.12
3.00	0.28
5.00	0.42
7.00	0.56
9.00	0.68

미지의 양 MIBK를 함유한 시료 1, 2 및 3은 다음과 같은 흡광도를 나타냈다.

시료	*A*
1	0.49
2	0.74
3	0.34

교정 곡선의 식과 각각의 미지 시료의 농도를 결정하시오.

* **17-10** 빈 셀이 6.0~12.2 μm의 파장 범위에서 20개의 간섭 무늬를 보여주었다. 셀의 광로 길이를 계산하시오.

* **17-11** 빈 셀이 1050~1580 cm^{-1}의 영역에서 17.5의 간섭 무늬를 나타내었다. 셀의 광로 길이를 계산하시오.

* **17-12** 그림 16-1에서 보여준 스펙트럼을 주는 polystyrene 필름의 두께를 계산하시오.

도전 문제

17-13 **(a)** 2000 cm^{-1}에서 1.03의 굴절률을 가지는 시료로 한 ATR 실험을 고려하시오. ATR 결정은 이 파장에서 2.00의 굴절률을 가지는 AgCl이다. 45°의 입사각에서 소멸파의 침투 두께는 얼마인가? 각이 60°로 변한다면 침투 두께는 어떻게 변하는가?

(b) (a)와 입사각을 60°로 했을 때 0.10의 단계에서 1.00에서 1.70로 변하는 시료의 굴절률에 대해 침투 두께를 계산하시오. 침투 두께를 굴절률의 함수로 도시하시오. 침투 두께가 0이 되는 굴절률을 구하시오. 이 지점에서 무슨 일이 일어나는가?

(c) 2000 cm^{-1}에서 굴절률이 1.37이고 입사각이 45°인 시료에 대해서 ATR 결정 굴절률에 대한 침투 두께를 도시하시오. 0.25 단계에서 2.00~4.00의 범위에 걸쳐서 결정 굴절률을 변화시키시오. AgCl (n_c = 2.00) 또는 Ge (n_c = 4.00) 중 어느 결정이 더 적은 침투 두께를 주는가? 이유를 설명하시오.

(d) 1.003의 굴절률을 가지는 수용액이 2.8의 굴절률을 가지는 ATR 결정으로 측정되었다. 입사각은 45°이다. 3000 cm^{-1}, 2000 cm^{-1} 및 1000 cm^{-1}에서 효과적인 침투 두께는 얼마인가? 정상적인 IR 흡수 측정에서와 같이 ATR 문제에서 수용액에 의해 흡수가 많이 되는가? 왜 또는 왜 아닌가?

(e) S. Ekgasit와 H. Ishida에 의한 연구(S. Ekgasit and H. Ishida, *Appl. Spectrosc.*, **1996**, *50*, 1187; *Appl. Spectrosc.*, **1997**, *51*, 461)는 ATR 분광법을 이용한 시료 표면의 깊이 프로필을 얻는 새로운 방법을 기술하고 있다. 이 새로운 방법의 원리를 설명하시오. 왜 다른 편광도를 가지는 스펙트럼이 얻어지는가? 복합 굴절률은 무엇을 말하는가?

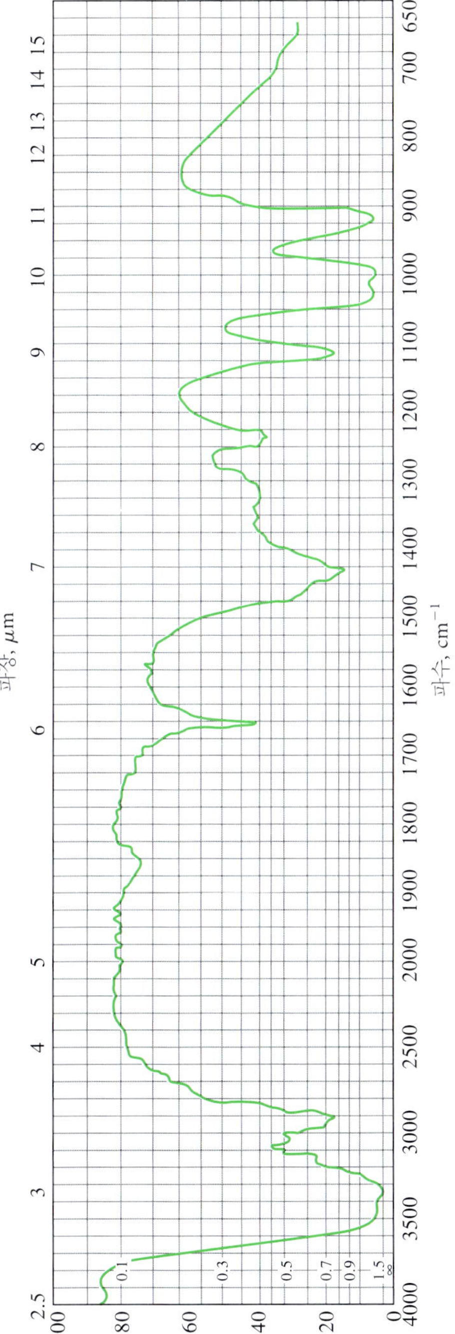

그림 17-19 **문제 17-2를 보시오.** (Spectrum courtesy of Thermodynamics Research Center Data Project, Texas A&M University, College Station, Texas.)

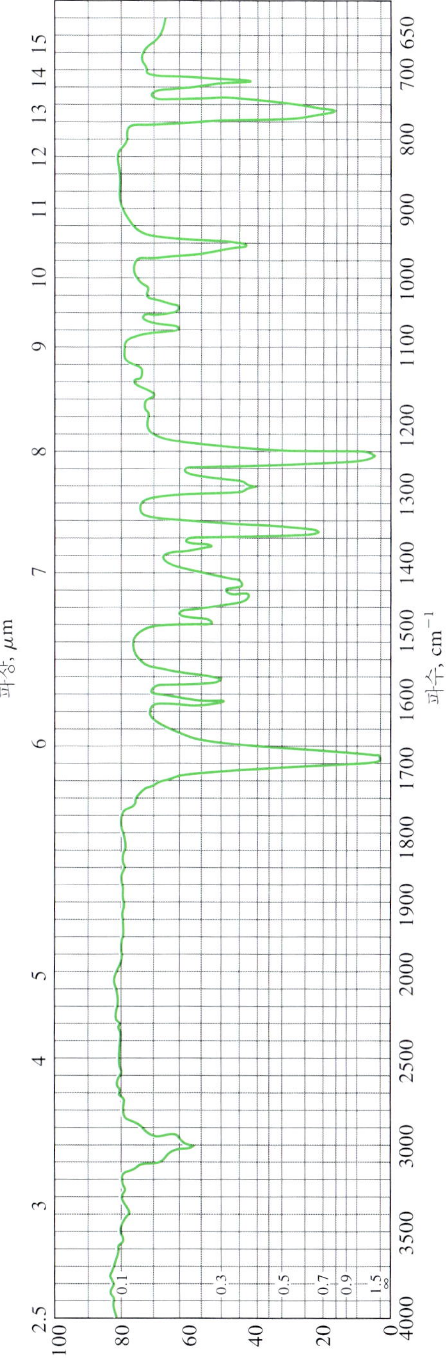

그림 17-20 **문제 17-3을 보시오.** (Spectrum courtesy of Thermodynamics Research Center Data Project, Texas A&M University, College Station, Texas.)

» 질문과 문제(계속)

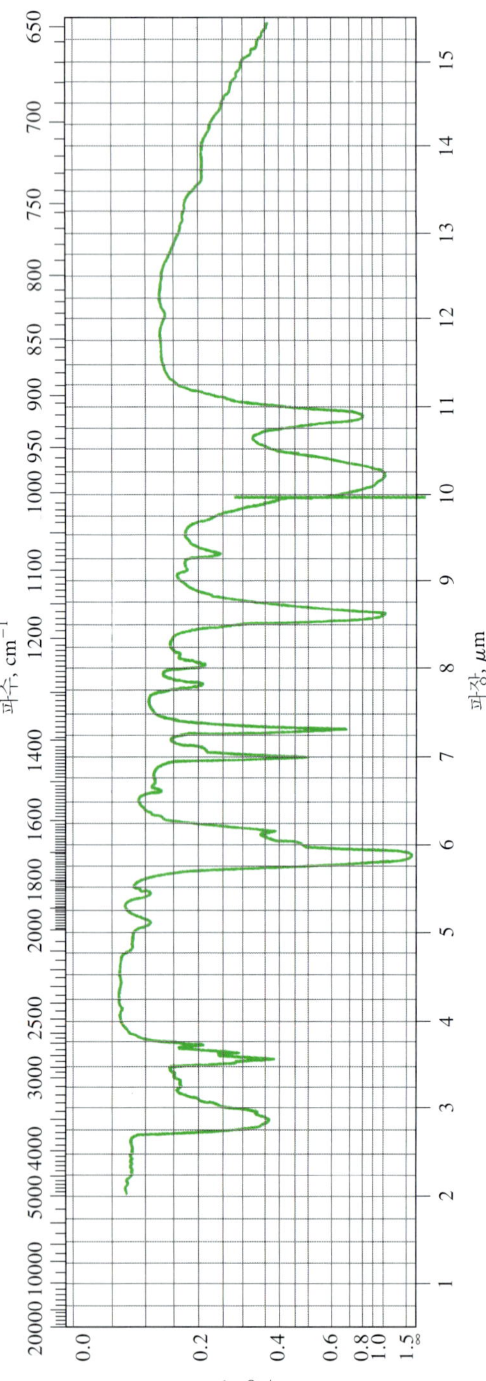

그림 17-21 **문제 17-4를 보시오.** (Spectrum courtesy of Thermodynamics Research Center Data Project, Texas A&M University, College Station, Texas.)

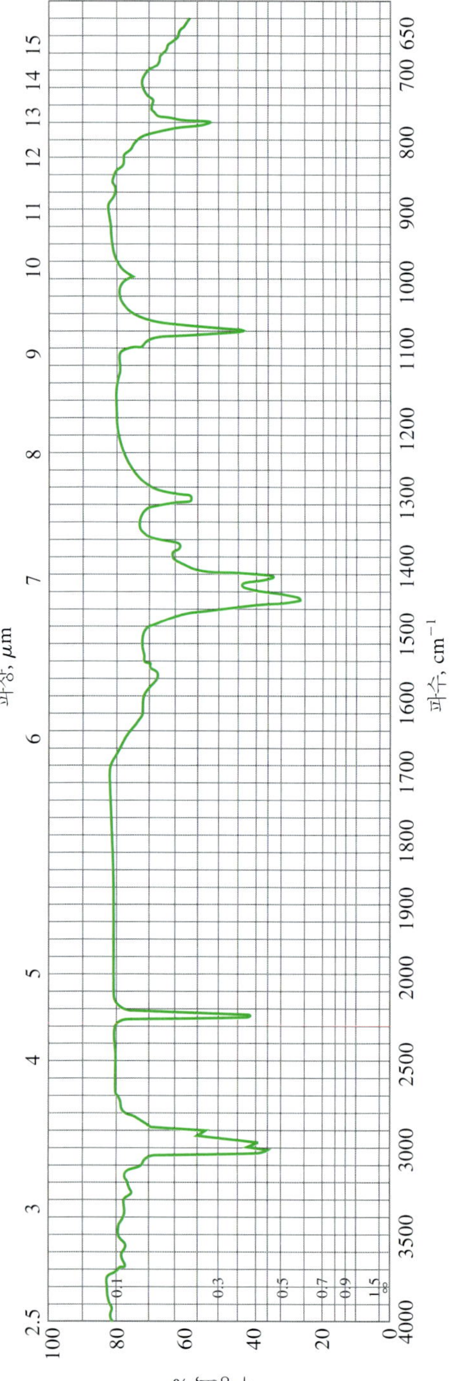

그림 17-22 **문제 17-5를 보시오.** (Spectrum courtesy of Thermodynamics Research Center Data Project, Texas A&M University, College Station, Texas.)

18장

Raman 분광법

Raman Spectroscopy

복사선이 투명 매질을 통과할 때 매질에 있는 화학종은 빛의 일부를 모든 방향으로 산란시킨다(제6B-10절). Raman 산란은 적외선(IR) 흡수와 연관된 양자화된 진동 변화의 결과이다. 따라서 입사 가시선과 산란 가시선 간의 파장 차이는 중적외선 영역에 해당한다. 실제로 어떤 화학종에 대한 Raman 산란 스펙트럼과 IR 흡수 스펙트럼은 종종 매우 흡사하다. IR 분광법은 여전히 진동 분광법으로 더 널리 사용되고 있지만, 몇몇 문제의 경우 **Raman 분광법(Raman spectroscopy)**이 보다 유용하고 선택적인 정보를 제공할 수 있다.

이 장에서 옆의 로고는 **www.tinyurl.com/skoogpia7**에서 대화형 자습, 시뮬레이션, 연습 등을 통해 온라인으로 학습할 수 있는 기회가 있음을 나타낸다.

1928년에 인도 물리학자 C. V. Raman은 어떤 분자에 의해 산란된 복사선 일부의 가시선 파장이 입사선 파장과 다르다는 것과 그 파장 이동은 산란을 일으키는 분자의 화학 구조에 의존한다는 것을 발견하였다. Raman은 이 발견과 이에 대한 체계적인 탐구로 1931년에 Nobel 물리학상을 수상하였다.[1]

Raman 스펙트럼과 IR 스펙트럼 간에는 놀랄 만한 유사성이 있을 수 있지만, IR 활성과 Raman 활성인 작용기의 종류에는 큰 차이가 있는데 이들은 경쟁적이라기보다는 상호보완적이다. 물은 Raman 분광법에서 용매로서 매우 유용하며, 이는 IR을 뛰어넘는 Raman의 대단한 장점이다. 게다가 Raman 산란은 보통 가시선이나 근적외선 영역에서 측정되어지며, 유리나 석영 셀을 사용할 수 있어서 염화소듐이나 다른 대기 불안정 창 재료를 사용하는 불편함에서 벗어날 수 있다. 이러한 이점에도 불구하고 Raman 스펙트럼을 손쉽게 얻을 수 있도록 만든 레이저가 출현한 1960년대까지 Raman 분광법은 화학자들에 의해 널리 사용되지 않았다. 최근에 Raman 분광법은 레이저, 배열 검출기, 그리고 적정 가격의 시판 기기 장치의 가용성 덕택으로 일상적인 도구가 되었다.

18A Raman 분광법의 이론

Raman 스펙트럼은 가시선이나 근적외선 영역의 거의 단파장인 레이저 광원으로 시료를 조사하여 얻어진다. 조사하는 동안, 산란 복사선의 스펙트럼이 적절한 분광기로 특정 각도(보통 90°)에서 측정된다. 공명 Raman 산란을 제외하고 들뜸 파장은 보통 형광을 최소화하기 위해 흡수 띠로부터 잘 제거된다. Raman 실험은 앞서 그림 6-18에서 묘사되었다. Raman 선의 세기는 기껏해야 광원 세기의 0.001%이다. 이렇기 때문에 IR 진동 띠보다 Raman 띠를 검출하고 측정하는 것이 더 어렵게 보인다. 하지만

[1]Raman 분광법의 이론과 실제에 대한 내용은 다음 문헌을 참고하시오. P. Vandenabeele, *Practical Raman Spectroscopy: An Introduction*, Chichester, UK: Wiley, 2013; E. Smith and G. Dent, *Modern Raman Spectroscopy: A Practical Approach*, Chichester, UK: Wiley, 2005; J. R. Ferraro, K. Nakamoto, and C. W. Brown, *Introductory Raman Spectroscopy*, 2nd ed., San Diego: Academic Press, 2003; R. L. McCreery, *Raman Spectroscopy for Chemical Analysis*, New York: Wiley, 2000.

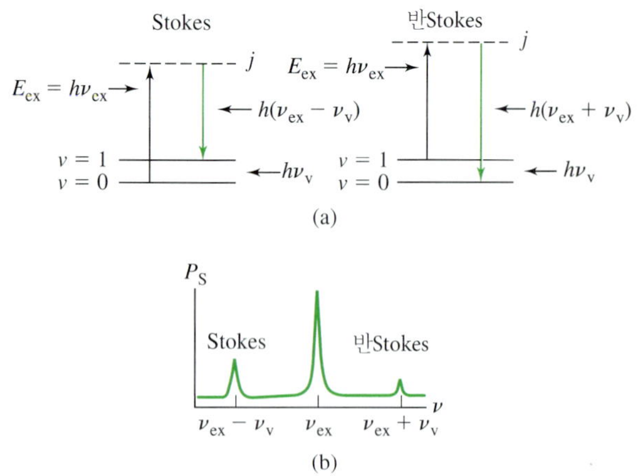

그림 18-1 Raman 스펙트럼의 근원. (a)에서 시료에 조사한 광원의 복사선은 모든 각도에서 산란을 일으킨다. 입사 복사선은 수직 준위 j로 들뜨게 하고 그 다음 낮은 에너지[(a)의 왼쪽]나 높은 에너지[(a)의 오른쪽]로 재방출이 일어난다. Raman 스펙트럼 (b)는 Stokes 산란이라 불리는 낮은 주파수 방출과 반Stokes 산란이라 불리는 높은 주파수 방출로 이루어진다. 보통 바닥 진동 준위($\nu = 0$)는 들뜸 진동 준위보다 더 많아서 Stokes 선이 반Stokes 선보다 더 강하다. 탄성 산란 복사선은 들뜸살과 동일한 주파수고 이를 Rayleigh 산란이라 한다.

Raman 산란 복사선은 보다 민감한 검출기의 사용이 가능한 가시선과 근적외선이어서 Raman 스펙트럼은 거의 IR 스펙트럼을 얻는 것만큼 쉽다.

18A-1 Raman 스펙트럼의 들뜸

그림 18-1에서 시료에 에너지 $h\nu_{ex}$의 단색살을 조사한다. 들뜸 파장이 보통 흡수 띠로부터 상당히 떨어져 있어서, 들뜸은 그림 18-1a에 점선으로 표시된 *가상 상태*(virtual state) 에너지 준위 j를 포함하는 것으로 생각될 수 있다.[2] 바닥 진동 준위($\nu = 0$)에 있는 분자는 그림 18-1a의 왼쪽 부분에 나타낸 것과 같이 에너지 $h\nu_{ex}$의 광자를 흡수하고 에너지 $h(\nu_{ex} - \nu_v)$의 광자를 재방출할 수 있다. 산란 복사선이 들뜸 복사선보다 낮은 주파수일 때, 이를 *Stokes 산란*(Stokes scattering)이라 부른다. 진동 여기 상태($\nu = 1$)에 있는 분자는 또한 비탄성적으로 복사선을 산란하여 에너지 $h(\nu_{ex} + \nu_v)$의 Raman 신호를 생성할 수 있다. 광원 복사선보다 더 높은 주파수의 산란 복사선을 *반Stokes 산란*(anti-Stokes scattering)이라 부른다. 탄성 산란은 또한 들뜸 광자 $h\nu_{ex}$와 동일한 광자의 방출을 일으킬 수 있다. 광원과 동일한 주파수의 산란 복사선을 *Rayleigh 산란*(Rayleigh scattering)이라 명명한다. 비탄성 산란 복사선의 주파수 이동 $(\nu_{ex} + \nu_v) - \nu_{ex} = \nu_v$와 $(\nu_{ex} - \nu_v) - \nu_{ex} = -\nu_v$는 진동 주파수 ν_v에 해당한다는 점을 유의해야 한다. 설명한 전이에 해당하는 단순화한 Raman 스펙트럼이 그림 18-1b에 제시되었다.

그림 18-2는 광원으로 488.0 nm의 아르곤 이온 레이저를 사용하여 얻은 사염화탄소의 Raman 스펙트럼의 일부를 묘사한 것이다. Raman 스펙트럼에서 보통 볼 수 있는 것과 같이 그림 18-2의 가로축은 파수 이동 $\Delta\bar{\nu}$로 이는 관측 복사선과 광원 복사선 간의 주파수(cm^{-1}) 차이로 정의된다. 3개의 Raman 선들은 Rayleigh 선의 양 옆에서 발견되고 양 옆에서의 이동 형태는 동일하다는 것을 유의해야 한다. 즉, Stokes 선들은 Rayleigh 선보다 218, 314, 459 cm^{-1}만큼 작은 주파수에서 발견되고 반Stokes 선들은 광원의 주파수보다 218, 314, 459 cm^{-1}만큼 큰 곳에서 나타난다. 추가 선들이 ±762와 ±790 cm^{-1}에서 발견될 수 있다는 것도 유의해야 한다. 반Stokes 선들은 해당 Stokes 선들보다 눈에 띄게 덜 강하기 때문에 단지 스펙트럼 중 Stokes 부분만이 일반적으로 사용되고 있다. 더구나 그 도시(plot)의 가로축은 종종 "파수 혹은 Raman 이동 $\Delta\nu$"보다는 "파수 $\bar{\nu}$, cm^{-1}"로 간단히 표시된다. 형광이 Stokes 이동 관찰을 심각하게 방해하지만 반Stokes는 그렇지 않다는 것은 주목할 만하다. 따라서, 반Stokes 신호의 세기가 낮음에도 불구하고 형광 시료의 경우에는 반Stokes 신호가 보다 유용하다.

Raman 이동의 크기는 **들뜸 파장에 무관하다**는 점에 유의하는 것이 중요하다. 따라서 그림 18-2에 보여준 것과 같은 Raman 이동은 들뜸이 아르곤 이온 레이저(488.0 nm)나 헬륨-네온 레이저(632.8 nm) 어느 것으로 진행되어도 사염화탄소에 대해 관찰된다.

표면상 낮은 에너지(긴 파장)로의 Raman Stokes 이동은 분자 형광에서 발견되는 Stokes 이동과 유사하다(제6C-6절 참고). 하지만 Raman 스펙트럼과 형광 스펙트럼은 근본적으로 다른 과정에서 생긴다는 것을 유의해야 한다.

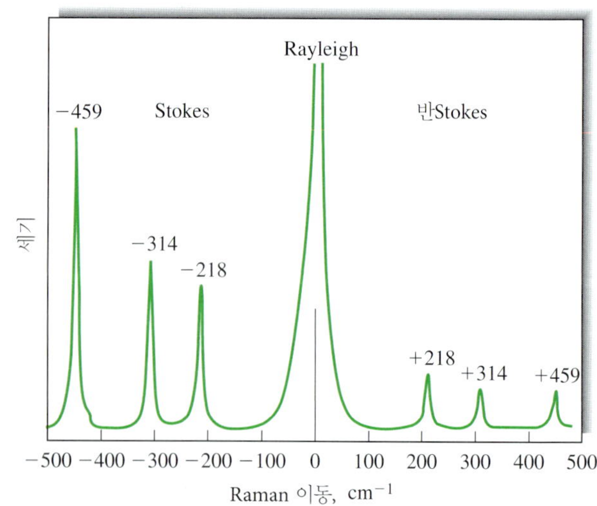

그림 18-2 λ_{ex} = 488 nm ($\bar{\nu}_{ex}$ = 20,492 cm^{21})의 레이저 복사선에 의해 들뜬 CCl_4의 Raman 스펙트럼. Raman 선 위의 숫자는 Raman 이동($\Delta\nu = \nu_{ex} \pm \nu_v$)이다. Stokes 이동선은 표기된 음의 값이 아닌 종종 양의 값으로 나타낸다. (From J. R. Ferraro, K. Nakamoto, and C. W. Brown, *Introductory Raman Spectroscopy*, 2nd ed., San Diego: Academic Press, 2003. Reprinted with permission.)

[2]가상 상태는 실제 상태가 아니지만 단지 산란 과정을 형상화하는 데 도움을 주는 추상적 개념임을 유의해야 한다.

18A-2 Raman과 Rayleigh 산란의 메커니즘

Raman 분광법에서 스펙트럼 들뜸은 보통 분석물질의 흡수 띠들로부터 멀리 떨어진 파장의 복사선을 사용하여 이루어진다. [공명 Raman(제18D-1절 참고)은 예외적으로 들뜸이 흡수 띠 부근이나 흡수 띠 내에서 일어난다.] 그림 18-1a의 에너지 준위 도표를 확대한 것이 그림 18-3으로 Raman과 Rayleigh 산란의 근원에 대한 정성적 형태를 보여준다. 가장 왼쪽 굵은 화살표는 분자가 광원의 광자와 상호작용할 때 분자 내 에너지 변화를 묘사한 것이다. 에너지 증가는 광자 에너지 $h\nu_{ex}$와 동일하다. 여기서 보여준 과정이 **양자화되지 않았다**는 것에 유의해야 한다. 따라서, 광원에서 방출된 복사선의 주파수에 따라, 분자의 에너지는 바닥 상태와 그림의 윗부분에 나타낸 최저(첫 번째) 전자 들뜸 상태 사이에 존재하는 무수히 많은 수의 에너지 상태, 즉 가상 상태 중의 어떤 것을 취할 수 있다. 왼쪽의 두 번째 가는 화살표는 전자 바닥 상태의 첫 번째 진동 에너지 준위에 있는 전자가 광자를 만났을 때 일어나는 변화 형태를 보여준다. 상온에서 이 상태에 있는 분자 분율은 작다. 따라서 화살표의 두께로 표시한 바와 같이 이 과정의 확률은 매우 낮다.

중간 부분 화살표들은 Rayleigh 산란을 생성하는 변화를 묘사한다. 보다 가능성이 있는 변화는 두꺼운 화살표로 나타내었다. Rayleigh 산란에서는 에너지 손실이 없음을 유의해야 하며, 광자와 분자 간의 충돌을 *탄성적*(elastic)이라 한다.

마지막으로 Stokes와 반Stokes 방출을 하는 에너지 변화는 오른쪽에 묘사하였다. 이 두 가지는 바닥 상태 $h\nu$의 첫 번째 진동 준위의 에너지 $\pm\Delta E$에 해당하는 주파수만큼 Rayleigh 복사선과 차이가 난다. 만일 그 결합이 IR 활성이라면 그 흡수 에너지도 ΔE라는 것을 명심해야 한다. 따라서 Raman *주파수 이동*(frequency shift)과 *IR 흡수 주파수*(IR absorption frequency)는 동일하다.

또한 두 상위 에너지 상태들의 상대 분포는 Stokes 방출이 반Stokes보다 훨씬 유리하다는 것을 명심해야 한다. 게다가 가장 가능성이 높은 것은 바닥 상태 분자로의 에너지 전이와 이들의 바닥 상태로의 복귀에 의한 재방출이므로 다시 Rayleigh 산란은 Raman 산란보다 훨씬 큰 가능성을 갖고 일어난다. 끝으로 고온에서는 첫 번째 진동 들뜸 상태의 분자들의 분율이 크기 때문에 반Stokes와 Stokes 세기의 비율(반Stokes/Stokes)은 온도에 따라 증가한다.

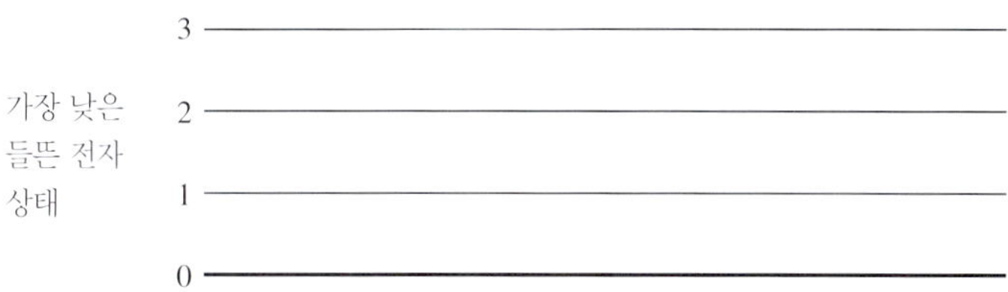

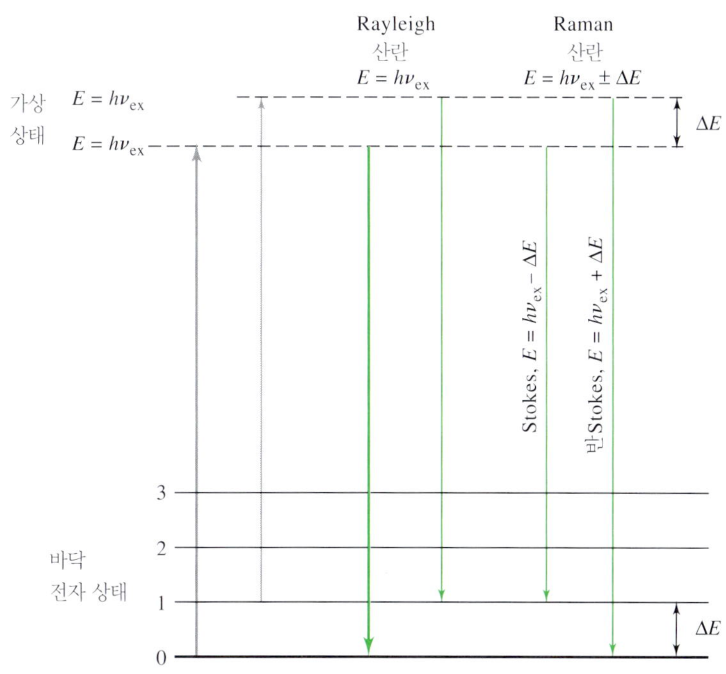

그림 18-3 Raman과 Rayleigh 산란의 근원.

18A-3 Raman과 Rayleigh 산란의 파 모형

주파수 ν_{ex}를 갖는 복사선이 분석 용액에 조사되었다고 가정하자. 이 복사선의 전기장 E는 다음 식으로 나타낼 수 있다.

$$E = E_0 \cos(2\pi\nu_{ex}t) \tag{18-1}$$

여기서 E_0는 파의 진폭이다. 복사선의 전기장이 분석물질 결합의 전자 구름과 상호작용할 때 결합에서 쌍극자 모멘트 m이 유도되고 그 식은 다음과 같다.

$$m = \alpha E = \alpha E_0 \cos(2\pi\nu_{ex}t) \tag{18-2}$$

여기서 α는 결합의 *편극도*(polarizability)라 불리는 비례 상수이다. 이 상수는 전기장에서 결합이 변형되는 정도의 척도이다.

편극도 α는 다음 식에 따라 핵간 거리의 함수에 따라 변한다.

$$\alpha = \alpha_0 + (r - r_{eq})\left(\frac{\partial\alpha}{\partial r}\right) \tag{18-3}$$

여기서 α_0는 평형 핵간 거리 r_{eq}에서 결합의 편극도이고, r은 어떤 순간 핵간 거리이다. 핵간 거리의 변화는 진동 주파수 ν_v에 따라 달라지며 다음과 같은 식으로 나타낸다.

$$r - r_{eq} = r_m \cos(2\pi\nu_v t) \tag{18-4}$$

여기서 r_m은 평형 위치에 대한 최대 핵간 거리이다.

식 18-4를 18-3에 대입하면 다음 식을 얻는다.

$$\alpha = \alpha_0 + \left(\frac{\partial\alpha}{\partial r}\right) r_m \cos(2\pi\nu_v t) \tag{18-5}$$

식 18-5를 식 18-2에 대입하여 유도 쌍극자 모멘트에 대한 표현을 얻을 수 있다. 따라서,

$$m = \alpha_0 E_0 \cos(2\pi\nu_{ex}t) + E_0 r_m\left(\frac{\partial\alpha}{\partial r}\right)\cos(2\pi\nu_v t)\cos(2\pi\nu_{ex}t) \tag{18-6}$$

만일 두 cosine의 곱에 대한 삼각함수 등식을 사용하면

$$\cos x \cos y = [\cos(x + y) + \cos(x - y)]/2$$

식 18-6으로부터 다음 식을 얻는다.

$$\begin{aligned} m = {} & \alpha_0 E_0 \cos(2\pi\nu_{ex}t) \\ & + \frac{E_0}{2} r_m\left(\frac{\partial\alpha}{\partial r}\right)\cos[2\pi(\nu_{ex} - \nu_v)t] \\ & + \frac{E_0}{2} r_m\left(\frac{\partial\alpha}{\partial r}\right)\cos[2\pi(\nu_{ex} + \nu_v)t] \end{aligned} \tag{18-7}$$

이 식의 첫 번째 항은 Rayleigh 산란을 나타내고, 이는 들뜸 주파수 ν_{ex}에서 일어난다. 식 18-7에서 두 번째와 세 번째 항은 각각 Stokes와 반Stokes 주파수인 $\nu_{ex} - \nu_v$와 $\nu_{ex} + \nu_v$에 해당한다. 본질적으로 들뜸 주파수는 결합의 진동 주파수에 의해 변조된다. Raman 산란에 대한 선택 규칙은 진동 동안 편극도의 변화를 요구한다는 것을 명심하는 것이 중요하다. 즉, Raman 선이 나타나기 위해서는 식 18-7에서 $\partial\alpha/\partial r$은 반드시 0보다 커야 한다. 선택 규칙은 또한 기본 방식에 해당하는 Raman 선들이 $\Delta\nu = \pm1$로 일어난다. IR 분광법과 똑같이 매우 약한 배진동 전이가 $\Delta\nu = \pm2$에서 나타난다.

주어진 결합에 대해 진동 방식이 IR과 Raman 활성 모두를 포함하고 있다면, Raman 실험에서 관찰된 에너지 *이동*(shift)은 IR 흡수 띠의 *에너지*(energy)와 동일해야 함을 명심해야 한다. 그림 18-4는 두 가지 형태의 스펙트럼의 유사성을 보여준다. 두 화합물에 대해 동일한 $\Delta\bar{\nu}$와 $\Delta\bar{\nu}$의 값을 갖는 여러 가지 띠가 존재한다는 것을 보여준다. 하지만 해당 띠들의 상대 세기는 종종 매우 다르다는 것 또한 명심해야 한다. 게다가 한 스펙트럼에서 나타난 어떤 피크들은 다른 것에서는 존재하지 않는다.

Raman 스펙트럼과 IR 스펙트럼의 차이는 이들이 동일한 진동 방식에 의존한다고 하지만 기본 메커니즘은 역학적으로 다르다는 점을 고려하면 놀랄 것이 못 된다. IR 흡수는 진동 중 쌍극자 모멘트나 전하 분포의 변화를 요구한다. 다만 동일한 주파수의 복사선이 분자와 상호작용하여 들뜬 진동 상태로 올릴 수 있다. 반대로 산란은 분자 결합 주위의 전자 분포의 순간적 뒤틀림을 수반하고 그 결합이 정상 상태로 돌아감에 따라 복사선의 재방출이 이어진다. 뒤틀린 상태에서 분자는 순간적으로 편극화된다. 즉, 순간적으로 유도 쌍극자가 만들어지고 이완과 재방출을 하면서 사라진다. 이 메커니즘의 기본적 차이로 인해 어떤 진동 방식의 Raman 활성도는 IR 활성도와 현저히 다를 것이다. 예를 들면, 질소, 염소, 수소와 같은 동핵 분자는 평형 위치에서나 신축 진동이 두 핵간 거리를 변화시킬 때나 쌍극자 모멘트를 갖지 않는다. 따라서 진동 주파수의 IR 복사선 흡수가 일어날 수 없다. 한편 이와 같은 두 원자 간 결합의 편극도는 신축 진동과 함께 위상이 주기적으로 변하며 최대 분리에서 최고치에 도달하고 최대 근접에서 최소치에 도달한다. 진동 방식의 주파수에 해당하는 Raman 이동이 결과로 나타난다.

앞서 이산화탄소 분자에 대해 묘사한 것(381~382페이지)과 같은 짝지은 진동 방식의 IR과 Raman 활성도를 비교하는 것은 흥미로운 일이다. 대칭 방식에서 두 산소 원자가 중심 탄소 원자로부터 멀어지거나 가까워져도 쌍극자 모멘트의 변화는 없다. 따라서 이 방식은 IR 비활성이다. 하지만 결합이 길어지면 뒤틀림이 보다 쉬워지고 결합이 짧아지면 뒤틀림이 더 어려워지기 때문에 편극도는 진동에 따라 변동한다. Raman 활성도는 이 방식과 연관된다.

반대로 이산화탄소의 쌍극자 모멘트는 비대칭 진동 방식의 위상에 따라 변동한다. 따라서 IR 흡수 띠는 이 방식에서 발생된다. 한편 결합 중 하나의 편극도는 그 길이가 길어짐에 따라 증가하고 다른 결합의 편극도는 감소하여 분자 편극도의 순 변화는 없다. 따라서 비대칭 신축 운동은 Raman 비활성이다. CO_2와 같이 대칭 중심이 있는 분자의 경우, IR 활성 전이가 아

자습: www.tinyurl.com/skoogpia7에서 **Raman과 IR 스펙트럼(Raman and IR spectra)**에 대해 더 알아보시오.

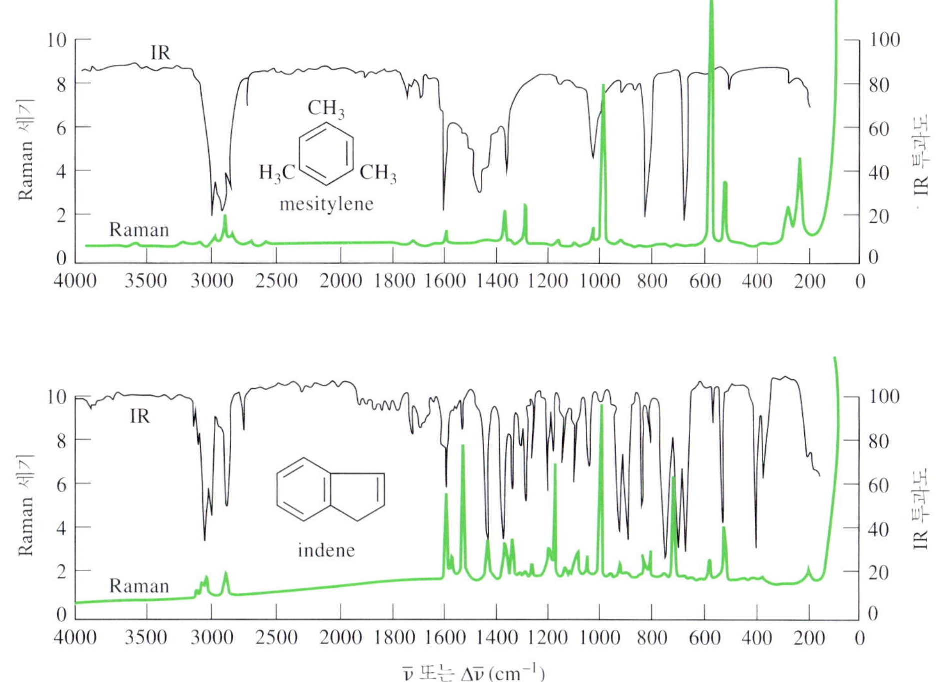

그림 18-4 **Mesitylene과 indene에 대한 Raman과 IR 스펙트럼의 비교.** (Courtesy of Perkin-Elmer Corp., Norwalk, CT.)

닌 것은 공통적으로 Raman 활성 전이이다. 이를 *종종 상호 배제 원리*(mutual exclusion principle)라 부른다.

앞서 언급한 예에서와 같이 종종 Raman과 IR 스펙트럼의 여러 부분은 상호보완적으로 각각 분자 내 진동 방식의 다른 조합과 연관되어 있다. 비중심 대칭성 분자들의 경우, 많은 진동 방식들은 Raman과 IR 모두에서 활성일 것이다. 예를 들면, 이산화황의 모든 진동 방식은 Raman과 IR 띠들을 모두 나타낸다. 하지만 그 전이 확률은 두 메커니즘에 대해 다르기 때문에 그 띠들의 세기는 다르다. Raman 스펙트럼에서는 배진동과 조합 띠들이 흔하게 나타나지 않기 때문에 Raman 스펙트럼은 종종 IR 스펙트럼보다 단순하다.

18A-4 정상 Raman 띠의 세기

정상 Raman 띠의 세기 혹은 복사력은 분자의 편극도, 광원의 세기, 활성 작용기의 농도, 그리고 다른 요소들에 의해 복합적으로 영향을 받는다. 흡수가 없으면, Raman 방출의 세기는 광원 주파수의 4승으로 증가한다. 하지만 자외선(UV) 조사가 분석물질의 광분해를 일으키거나 시료 성분의 형광을 일으킬 가능성 때문에 이런 관계가 성립될 가능성은 거의 없다.

Raman 세기는 보통 활성 화학종의 농도에 직선적으로 비례한다. 이런 점에서 Raman 분광법은 로그 농도–세기의 관계를 갖는 흡수보다 형광과 더 유사하다.

18A-5 Raman 감극비

Raman 측정은 세기와 주파수 정보 이외에 분자 구조를 결정하는데 유용하게 사용할 수 있는 *감극비*(depolarization ratio, *편광 해소비*)[3]라는 추가적인 변수를 제공한다. 여기서 *편극도*(polarizability)와 *편극*(polarization)의 용어들을 주의하여 구별하는 것이 중요하다. 전자의 용어는 결합의 뒤틀림 정도와 관련 있는 *분자*(molecular)의 성질이다. 반대로 편극은 복사선 살의 성질이고 복사선이 진동하는 면을 묘사한다.

Raman 스펙트럼이 면편광 복사선에 의해 들뜰 때(레이저 광원을 사용할 때와 동일한 상황), 산란 복사선은 산란의 진동 형태에 따라 다양한 각도로 편광되는 것으로 밝혀졌다. 이 효과의 본성을 그림 18-5에 묘사하였고, 레이저 광원에서 나온 복사선은 yz 평면에 편극된 것으로 나타내었다. 산란 복사선의 일부는 최초 살과 평행한 xz 평면에 편광된 것으로 나타내었다. 이 복사선의 세기는 아래첨자 ∥로 표기하였다. 산란 살 중 나머지는 xy 평면에 편광된 것으로 최초 살의 편광에 수직이다. 이 수직 편광 복사선의 세기는 아래첨자 ⊥로 표기하였다. 감극비 p는 다음과 같이 정의된다.

$$p = \frac{I_\perp}{I_\parallel} \tag{18-8}$$

실험적으로 감극도는 시료와 단색화 장치 사이에 폴라로이드 판이나 다른 편광체를 삽입하여 얻을 수 있다. 스펙트럼은 그 축을 먼저 xz 평면에 그 다음은 xy 평면에 평행하게 배열하여 그림 18-5와 같이 얻는다.

[3]D. P. Strommen, *J. Chem. Educ.*, **1992**, *69*, 803, **DOI:** 10.1021/ed069p803.

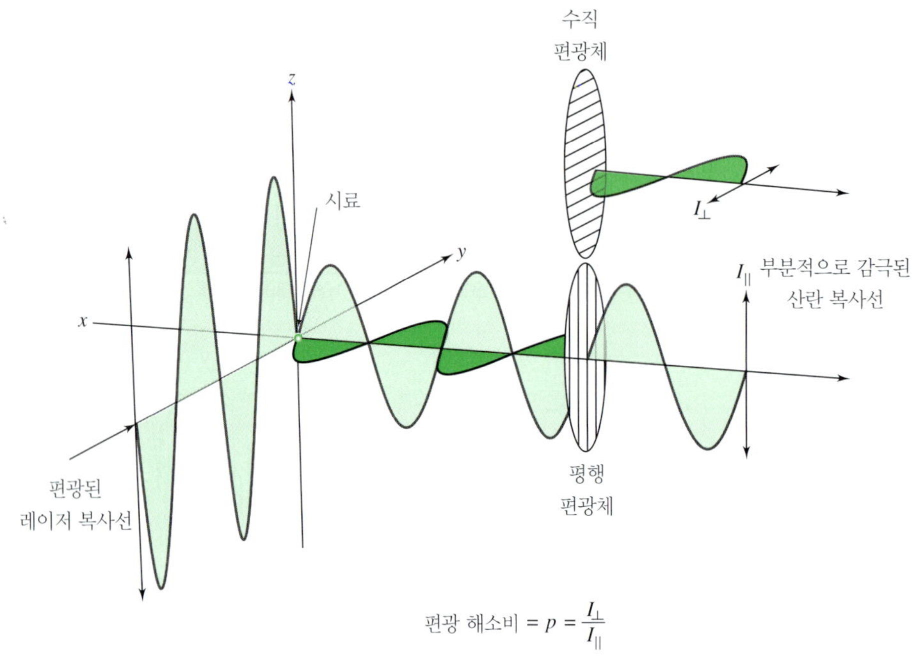

그림 18-5 Raman 산란으로부터 얻은 편광 해소.

감극비는 산란의 원인인 진동의 대칭성에 의존한다. 예를 들면, 사염화탄소의 495 cm^{-1} 띠(그림 18-2)는 사면체에 배열된 4개의 염소 원자가 중심 탄소 원자로 향하고 멀어지는 동시 운동을 포함하는 전대칭 "숨쉬기(breathing)" 진동으로부터 발생한다. 그 감극비는 0.005로 최소 편광 해소를 의미하며 495 cm^{-1} 띠가 편극되었다고 말한다. 반대로 비대칭 진동에서 발생하는 218과 314 cm^{-1}의 사염화탄소 띠는 감극도가 약 0.75이다. 산란 이론으로부터 비대칭 진동에 대한 최대 감극도는 6/7이라 할 수 있고 대칭 진동의 경우 이 비율은 항상 이 수보다 작다. 따라서 감극도는 Raman 선과 진동 방식을 연관시키는 데 유용하게 사용된다.

18B 기기 장치

현대 Raman 분광법의 기기 장치는 그림 18-6에 도식한 바와 같이 레이저 광원, 시료 조명계, 그리고 적절한 분광기로 이루어져 있다.[4] 하지만 Rayleigh 산란에 의해 생성되는 신호에 비해 Raman 산란 신호가 원천적으로 약하기 때문에, 이들 구성 요소들에 대한 성능 요구사항은 이미 묘사한 분자 분광기들에 대한 것보다 더 엄중하다.

18B-1 광원

현대 Raman 분광법에서 사용하는 광원은 거의 레이저이다. 이는 레이저의 고출력이 합리적인 신호 대 잡음비로 측정되는 충분한 세기의 Raman 산란을 만들기 위해 필요하기 때문이다. Raman 분광법에서 사용하는 가장 일반적인 레이저 네 가지를 표 18-1에 나열하였다. Raman 산란의 세기는 주파수의 4승배만큼 변하므로 스펙트럼의 청색과 초록색 영역에서 방출하는 아르곤과 크립톤 이온 광원들이 다른 광원들보다 이점이 있다. 예를 들면, 488 nm의 아르곤 이온 선에 의해 생성된 Raman 선들의 세기는 동일한 입력 전력의 He-Ne 광원에 의해 들뜬 것보다 거의 3배 정도 크다. 하지만 이들 단파장 광원들은 심각한 형광을 생성시킬 수 있으며 시료의 광분해를 유발시킬 수 있다.

표에서 마지막 2개의 광원들은 근적외선을 방출하는 것으로 들뜸 광원으로서 점점 더 알려지고 있다. 근적외선 광원들은 더 짧은 파장의 레이저에 비해 두 가지 주요 장점이 있다. 첫째는

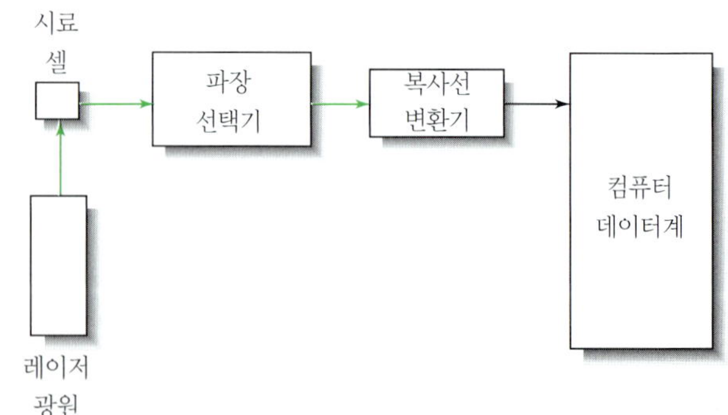

그림 18-6 Raman 분광기의 구역 도표. 레이저 복사선은 시료 셀로 바로 향한다. Raman 산란은 보통 광원 복사선을 피하기 위해 직각에서 측정된다. 파장 선택기는 정해진 스펙트럼 영역을 격리한다. 변환기는 Raman 신호를 전기 신호로 비례하여 변환하며, 이는 컴퓨터 데이터계에 의해 처리된다.

---

[4]Raman 기기 장치법의 묘사는 다음 문헌을 참고하시오. P. Vandenabeele, *Practical Raman Spectroscopy: An Introduction*, Chichester, UK: Wiley, 2013, Chap. 4.

표 18-1 Raman 분광법에서 일반적으로 사용하는 몇 가지 레이저 광원들

레이저 형태	파장, nm
아르곤 이온	488.0 혹은 514.5
크립톤 이온	413.1, 530.9, 647.1
헬륨-네온	632.8
다이오드	660~880
Nd:YAG	1064

시료의 광분해 없이 훨씬 고출력(50 W 까지)에서 작동될 수 있다는 것이다. 둘째는 대부분의 분자에서 형광을 유발시킬 수 있는 들뜬 전자 에너지 상태의 입자 수를 다량 만들 만큼 에너지가 충분하지 않다는 것이다. 결과적으로 이런 레이저들로는 형광이 일반적으로 매우 약하거나 존재하지 않는다. Fourier 변환 Raman (FT-Raman) 분광기에서 사용되는 Nd:YAG 레이저는 특히 형광을 제거하는 데 효과적이다. 다이오드 레이저의 두 파장 785와 830 nm도 대부분의 경우 형광을 현저히 줄인다.

그림 18-7은 Nd:YAG 광원이 바탕 형광을 완전히 제거한 것의 예를 보여준다. 위 스펙트럼(검정색, *A*)은 들뜸을 위해 아르곤 이온 레이저에서 514.5 nm를 이용한 평범한 Raman 장치로 얻은 것이다. 시료는 anthracene이고 대부분의 기록된 신호는 그 화합물의 형광으로부터 나온 것이다. 아래 스펙트럼(청색, *B*)은 동일한 시료를 1064 nm를 방출하는 Nd:YAG 레이저가 장착된 FT-Raman 분광기로 얻은 것이다. 바탕 형광 신호가 완전히 없다는 것에 유의해야 한다.

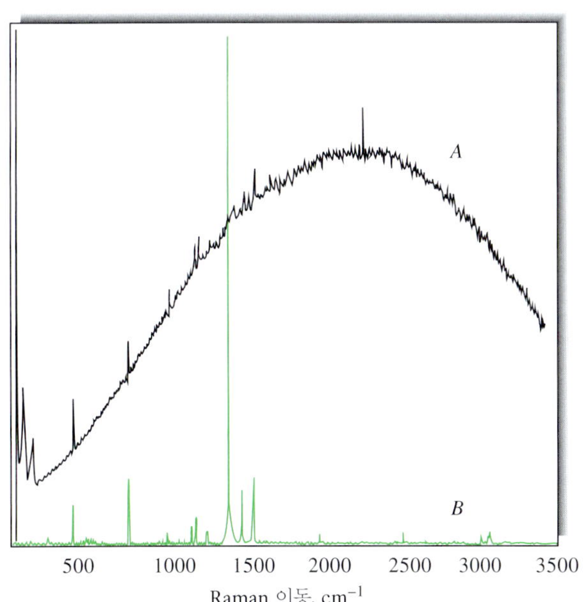

그림 18-7 Anthracene 스펙트럼으로 (*A*)는 514.5 nm의 아르곤 이온 레이저 광원을 사용한 일반 Raman 기기를 사용하여 얻은 것이고, (*B*)는 1064 nm의 Nd:YAG 광원을 사용한 FT-Raman 기기를 사용하여 얻은 것이다. (From B. Chase, *Anal. Chem.*, **1987**, *59*, 881A, **DOI:** 10.1021/ac00141a714. Copyright 1987 American Chemical Society.)

Raman 분광법에서 들뜸 파장은 주의해서 선택되어야 한다. 광분해와 형광에 대한 문제뿐만 아니라 유색 시료나 몇몇 용매들이 입사 복사선이나 Raman 산란 복사선을 흡수할 수 있다. 따라서 한 가지 이상의 광원이나 다중 파장 광원에 대한 필요성이 있다.

18B-2 시료 조명계

Raman 분광 측정을 위한 시료 처리는 IR 분광법보다 더 단순한데, 그 이유는 더 잘 깨지고 환경적으로 덜 안정한 결정 할로젠 화합물 대신 유리가 창, 렌즈, 그리고 다른 광학 구성 요소로 사용될 수 있기 때문이다. 게다가 레이저 광원은 작은 시료 면에 쉽게 집중되고 방출 복사선이 효율적으로 분광기의 슬릿이나 입구 구경으로 운반된다. 그 결과 매우 작은 시료를 연구할 수 있다. 사실 비흡수 액체 시료들을 위한 일반적인 시료잡이(sample holder)는 흔히 사용하고 있는 융점 측정용 유리 모세관이다.

기체 시료

기체는 보통 직경 1~2 cm이고 두께 1 mm인 유리관에 넣는다. 또한 작은 모세관에 넣어 밀봉할 수도 있다. 산란이 약한 경우, 그림 18-8a에 보여준 것과 같이 거울이 장착된 외부 다중 통과 장치가 사용될 수 있다. 시료관과 들뜸 레이저살에 직각으로 일어나는 Raman 산란은 큰 렌즈(그림에서 L2)에 의해 분광기의 입구 슬릿에 초점이 맞춰진다.

액체 시료

액체는 앰플, 유리관, 혹은 모세관에 넣어 밀봉될 수 있다. 그림 18-8b와 c는 액체 시료용 조명계 중 두 가지를 보여준다. 그림 18-8b는 모세관 셀이다. 모세관 크기는 구경 0.5~0.1 mm이고 길이 1 mm이다. 모세관 셀로 나노리터 부피의 시료의 스펙트럼을 얻는 것이 가능하다. 그림 18-8c에 묘사한 것과 같은 큰 원통 셀은 특히 시료에 흡수되는 국부 가열을 줄이기 위해 사용할 수 있다. 레이저살은 입사살의 흡수를 최소화하기 위해 벽 부근 지역에 초점이 맞추어진다. 국부 가열을 더 줄이기 위해 종종 모터를 부착하여 셀을 회전시킨다.

IR 분광법과 비교하여 Raman 분광법의 시료 처리의 주요 장점은 물이 약한 Raman 산란체이나 IR 복사선의 강한 흡수체이기 때문에 나타난다. 따라서 수용액은 Raman 분광법으로 연구될 수 있으나 IR 분광법으로는 어렵다. 이 장점은 특히 생물계와 무기물계 그리고 수질오염을 다루는 연구에서 중요하다.

고체 시료

고체 시료의 Raman 스펙트럼은 종종 고체 시료를 갈아 고운 분말로 만들어 작은 구멍이나 모세관에 채워 얻는다. 고분자는 보통 시료 전처리 없이 바로 사용될 수 있다. 어떤 경우에는 그림 18-8d에서 보는 것과 같은 IR 분광법에서 사용한 것과 유사한

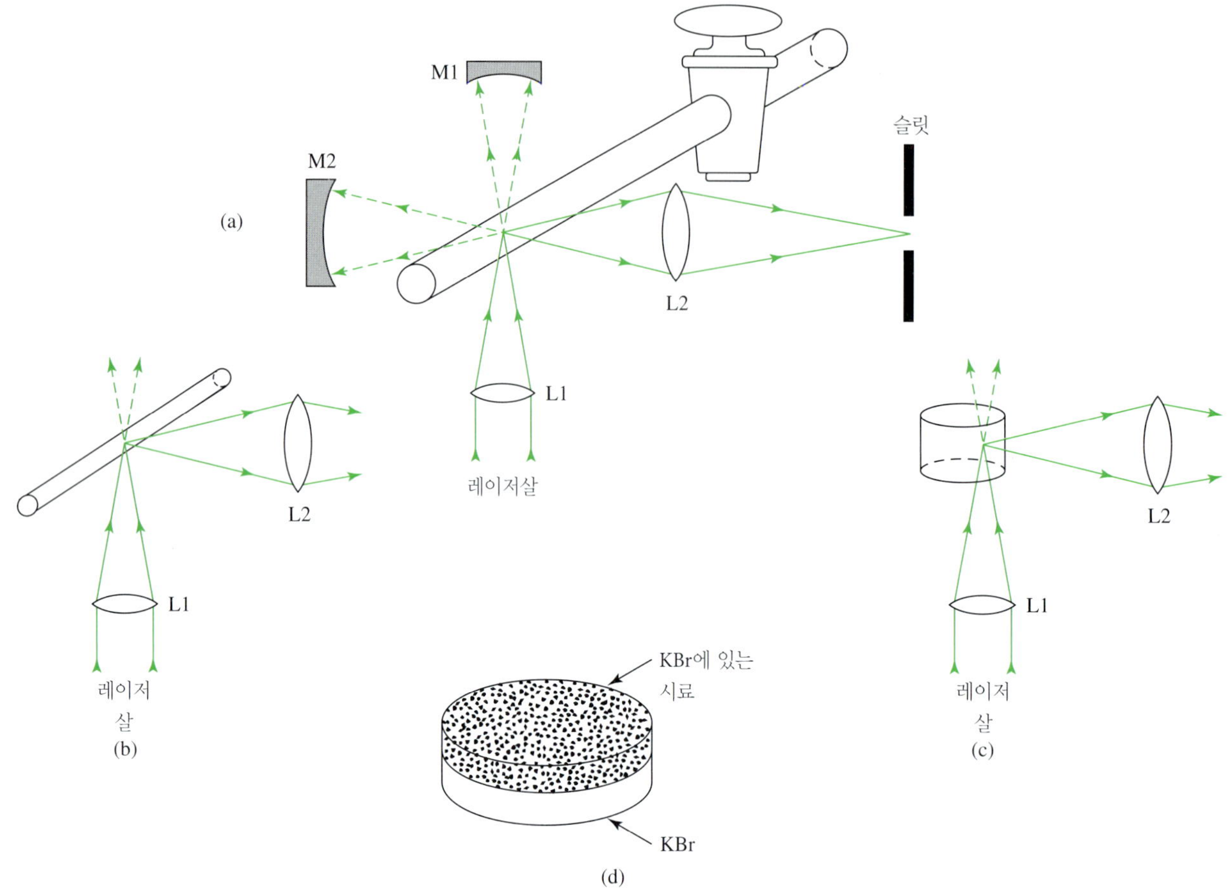

그림 18-8 Raman 분광법을 위한 시료 조명계. (a)는 기체 셀로 외부 거울에 의해 레이저살이 시료를 여러 번 통과하는 것을 보여준다. 액체 셀은 모세관 (b)이나 원통 셀(c)이 될 수 있다. 고체는 모세관에 분말 형태로 채워지거나 KBr 펠렛(d) 형태로 측정될 수 있다. (Adapted from J. R. Ferraro, K. Nakamoto, and C. W. Brown, *Introductory Raman Spectroscopy*, 2nd ed., San Diego: Academic Press, 2003. Reprinted with permission.)

KBr 펠렛이 사용된다. KBr로 희석하면 국부 가열에 의한 시료의 분해를 줄일 수 있다.

광섬유 시료법

Raman 분광법의 중요한 이점 중 하나는 광섬유를 통해 원거리(100 m 이상)를 전송할 수 있는 가시선이나 근적외선 복사선에 근거를 두고 있다는 점이다. 그림 18-9는 광섬유 탐침을 사용한 전형적인 Raman 기기의 구성을 보여준다. 이 실험에서 현미경 대물렌즈는 섬유 다발의 들뜸 섬유의 한 끝에 레이저 들뜸살을 집중시키는 데 사용한다. 이들 섬유들은 들뜸 복사선을 시료로 가져간다. 섬유들은 액체 시료에 잠겨 사용할 수 있고 고체를 비추는 데 사용할 수도 있다. 두 번째 섬유 혹은 섬유 다발은 Raman 산란을 모으고 그것을 분광기의 입구 슬릿으로 이송한다. 몇몇 시판 기기들은 이러한 탐침이 함께 제공된다.

그림 18-10에 보여진 Raman 스펙트럼은 어떻게 광섬유 탐침이 화학 과정을 관찰하는 데 이용되는지를 보여준다. 이 경우 광섬유 탐침이 수용액에서 aprotinin(세린 단백질분해효소 억제제)과 $(NH_4)_2SO_4$의 매달린 방울 결정화를 관찰하는 데 이용되었다. Raman 띠들은 단백질과 염 모두에 기인한 것이다. 화학 계기 기술을 이용함으로써 결정화 동안 일어나는 스펙트럼의 변화는 단백질과 염 모두의 소모와 연관되어 있다. 저자들은 이러한 방법을 이용하여 aprotinin의 과포화를 정확하게 결정할 수 있었다.

광섬유 탐침은 시료에서 멀리 떨어진 곳에서 Raman 스펙트럼을 얻는 데 매우 유용함이 밝혀졌다. 예시로는 위험한 반응기나 용융염과 같은 적대적 환경, 세포 조직과 동맥 벽과 같은 생물학적 시료, 그리고 지하수와 바닷물과 같은 환경 시료 등을 포함한다.

Raman 미세탐침

Raman 분광기를 위한 인기 있는 부대용품이 Raman 미세탐침이다. Raman 현미경법에서 첫 번째 발전은 1970년대에 일어났다. 오늘날 몇몇 기기회사들이 미세탐침 부착물을 만든다. 이것으로 시료가 현미경 위에 놓여지고 가시선이 비추어진다. 관찰할 영역을 선정하고 초점을 맞춘 후, 조명등이 꺼지고 들뜸 레이저살이 시료에 유도된다. 현대 광학으로 별도의 시료준비 없이 Raman 미세탐침은 1 μm의 공간 분해능을 갖는 피코그램 단위의 고품질 Raman 스펙트럼을 얻을 수 있다.

Raman 지도작성과 영상화

Raman 분광법은 IR 분광법에 대해서 제17-G절에서 기술한 것

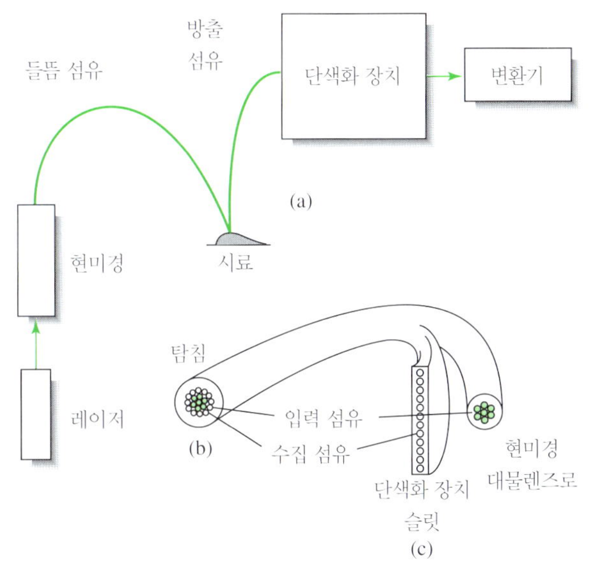

그림 18-9 섬유가 장착된 Raman 분광기. (a)에서 현미경 대물렌즈는 레이저 조사선을 시료에 살을 전달하는 들뜸 섬유에 초점을 맞춘다. Raman 산란은 방출 섬유에 모아지고 단색화 장치의 입구 슬릿이나 간섭계의 입구로 운반된다. 광전자 증배관 같은 복사선 변환기는 산란된 빛의 세기를 전류나 펄스 비에 비례하여 변환시킨다. (b)는 탐침의 말단 모습이고, (c)는 단색화 장치의 입구 슬릿에 있는 수집 섬유의 말단 모습이다. 유색 원들은 입력 섬유들을 나타내고 무색 원들은 수집 섬유들을 나타낸다. (Adapted from R. L. McCreery, M. Fleischmann, and P. Hendra, *Anal. Chem.*, **1983**, *55*, 146, **DOI:** 10.1021/ac00252a039. Copyright 1983 American Chemical Society.)

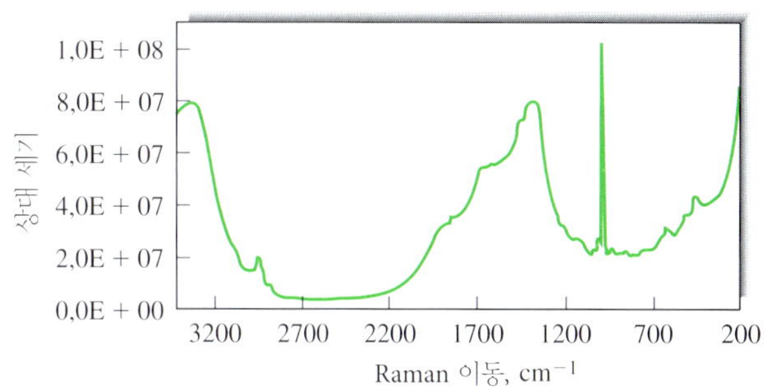

그림 18-10 pH 4.5, 24°C에서 50 mM sodium acetate 완충 용액에 aprotinin (100 mg/mL)와 $(NH_4)_2SO_4$ (1.0 M)의 Raman 스펙트럼. 785 nm의 다이오드 레이저와 CCD 검출기가 사용되었다. (From R. E. Tamagawa, E. A. Miranda, and K. A. Berglund, *Cryst. Growth Des.*, **2002**, *2*, 511, **DOI:** 10.1021/cg025544m. Copyright 2002 American Chemical Society.)

과 유사하게 지도제작(mapping)과 영상화(imaging) 응용에 이용될 수 있다. 지도제작에서 전영역 스펙트럼은 시료나 광학 탐침이 다른 스펙트럼을 위해 위치를 바꾸기 전에 얻어진다. 그 과정은 목표 2차원 분해능이 달성될 때까지 반복된다. 이런 방식으로 각 위치에서 스펙트럼으로 다위치 지도가 얻어지는 것은 시간이 매우 오래 걸릴 수 있다. 빠른 지도제작 기술들이 이 과정을 빠르게 하기 위해 묘사되고 있다.

지도제작 응용에서 보다 큰 영역이 부분적으로 초점이 흐려진 레이저살로 비추어진다. 파장 선택기(필터 혹은 단색화 장치)를 조절함으로써 사용자는 특정 Raman 띠를 분리시키려고 시도한다. 이 띠의 세기는 얻어진 영상에서 위치의 함수로 보여진다. 실제로 분리된 띠폭은 보통 단일 Raman 띠의 폭보다 커서 일정 파장 범위가 영상화된다.

1990년대에 Raman 지도제작과 영상화가 소개된 이후, 많은 다른 응용들이 묘사되고 있다.[5] 이들은 외계 생명체에 대한 연구에서 운석의 조사, 과학수사에서 유용한 물질의 확인, 인체 흉부 조직의 암세포 조사, 의약품 분말 중 오염물질의 확인, 그리고 탄소 나노튜브와 그래핀 리본과 같은 신물질의 특성분석 등을 포함한다. 생물의학적 응용에서 Raman 분광법의 주요 장점 중 하나는 오염물질을 도입할 수 있고 시료를 교란시킬 수 있는 방사선이나 형광 표지를 사용하지 않고, 분자 정보를 얻을 수 있다는 것이다. Raman 분광법에 의해 제공된 이 값진 정보는 미래에 이들 응용 사례들이 증가할 것으로 확신하게 한다.

[5]*적외선과 Raman 영상화*(Infrared and Raman Spectroscopic Imaging)에 대한 예는 다음 문헌을 참고하시오. R. Salzer and H. W. Siesler, eds., 2nd ed., Weinheim, Germany: Wiley-VCH, 2014; *Infrared and Raman Spectroscopy in Forensic Science*, J. M. Chalmers, H. G. M. Edwards, and M. D. Hairgreaves, eds., Chichester, UK: Wiley, 2012.

18B-3 Raman 분광기

1980년대 초반까지 Raman 분광기는 제13D-3절에서 기술한 고전 자외선-가시선 분산 기기와 동일한 형태의 구성 요소를 사용하여 유사한 구조로 설계되었다. 대부분 기기는 변환기에 도달하는 미광과 Rayleigh 산란 복사선의 양을 최소화하기 위해 이중 회절발계를 사용하였다. 광전자 증배관을 변환기로 사용하였다. 하지만 현재 판매되고 있는 대부분 Raman 기기는 냉각 저마늄 변환기가 장착된 Fourier 변환 기기이거나 전하결합 소자(charge-coupled device, CCD)에 기반한 다채널 기기이다.

파장 선택 장치와 변환기

Raman 분광법에서 강한 Rayleigh 산란 복사선에서 상대적으로 약한 Raman 선을 분리하기 위해 고품질 파장 선택 장치가 필요하다. 전통적인 분산형 Raman 분광기는 이런 목적을 위해 이중 혹은 삼중 회절발의 단색화 장치를 사용한다. 최근에는 *노치 필터*(notch filter)라고 하는 홀로그램 간섭 필터와 홀로그램 회절발이 개선되어 다회절발 단색화 장치가 필요 없을 정도까지 되었다. 사실 노치 필터와 고품질 회절발 단색화 장치의 결합은 시판 분산형 기기에서 대부분 발견된다.

단색화 장치를 가진 기기는 측정될 신호가 약하기 때문에 항상 변환기로 광전자 증배관을 사용한다. 많은 분광기는 또한 Raman 세기를 측정하기 위해 광계수계를 사용한다. 광계수는 본질적으로 디지털 기술이기 때문에 그런 계는 현대 컴퓨터 데이터계에 쉽게 연결된다.

많은 새로운 Raman 기기는 단파장 출력 단색화 장치를 분광

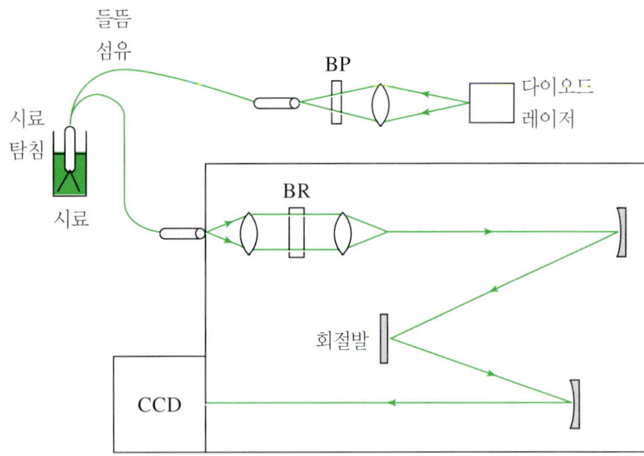

그림 18-11 분광사진기와 CCD 검출기가 장착된 Raman 분광기. 대역통과 필터(bandpass filter, BP)가 단일 레이저 선을 분리시키기 위해 사용되었다. 대역제거 필터(band-rejection filter, BR)는 Rayleigh 산란 복사선을 최소화한다.

사진기와 배열 검출기로 대체하였다. 배열된 광다이오드는 최초로 사용된 배열 검출기였다. 이것은 전체 Raman 스펙트럼의 동시 수집을 가능하게 한다. 배열된 광다이오드는 약한 Raman 신호를 증폭시키기 위해 보통 영상 증배관(image intensifier)과 연결하여 사용된다.

보다 최근에는 CCD와 전하주입 장치(charge-injection device, CID)와 같은 전하이동 장치가 Raman 분광기에 사용된다. 그림 18-11은 CCD를 다채널 검출기로 사용한 광섬유 Raman 분광기를 보여준다. 이 기기는 우수한 미광 제거를 제공하기 위한 대역통과와 대역제거(notch) 필터를 포함한다. 배열된 CCD는 2차원 배열이거나 어떤 경우에는 직선 배열일 수 있다.

Fourier 변환 Raman 분광기

Fourier 변환 Raman (FT-Raman) 기기는 FTIR과 마찬가지로 Michelson 간섭계를 사용하며, 그림 18-12에서 보는 바와 같이 연속파 Nd:YAG 레이저를 사용한다. 1064 nm (1.064 μm) 광원을 사용하면 형광과 시료의 광분해를 거의 피할 수 있다. 그러므로 염료와 다른 형광 화합물은 FT-Raman 기기로 조사되어질 수 있다. FT-Raman 기기는 또한 일반 기기 대비 탁월한 주파수 정밀도를 제공하고 이는 스펙트럼 빼기와 고분해능 측정을 가능하게 한다.

FT-Raman 분광기의 한 가지 단점은 물이 1000 nm 영역에서 흡수한다는 것으로, 이는 수용액을 사용할 수 있는 Raman 장점을 무색하게 한다. 또한 그림 18-2에서 보는 바와 같이 광학 필터가 필요하다. 들뜸 레이저에서 나온 미광은 많은 변환기를 포화시키기 때문에 이는 반드시 제거되어야 한다. Rayleigh 산란선은 종종 Stokes-이동 Raman 선보다 6승 배나 크고, 이 선의 세기는 변환기를 가격하기 전에 반드시 최소화되어야 한다. 홀로그램 노치 필터와 다른 필터 형태가 이 목적을 위해 사용된다. Nd:YAG 레이저로부터의 Raman 산란은 1700 nm의 긴 파장에서 일어날 수 있으므로, 광전자 증배기와 많은 배열 검출기들이 사용되지 않는다. 대신 대부분 FT-Raman 기기들은 InGaAs, Ge, 그리고 다른 변환기로서 광전도 장치를 사용한다. 이 장치들은 보통 극저온에서 작동된다.

FT-Raman 분광기는 Raman 분광법을 위한 많은 독특한 장점을 갖는다. 하지만 앞서 지적한 한계점들은 여전히 분산형 Raman 분광기가 당분간 사용될 것임을 의미한다.

자습: www.tinyurl.com/skoogpia7에서 **Raman 기기 장치법(Raman instrumentation)**에 대해 더 알아보시오.

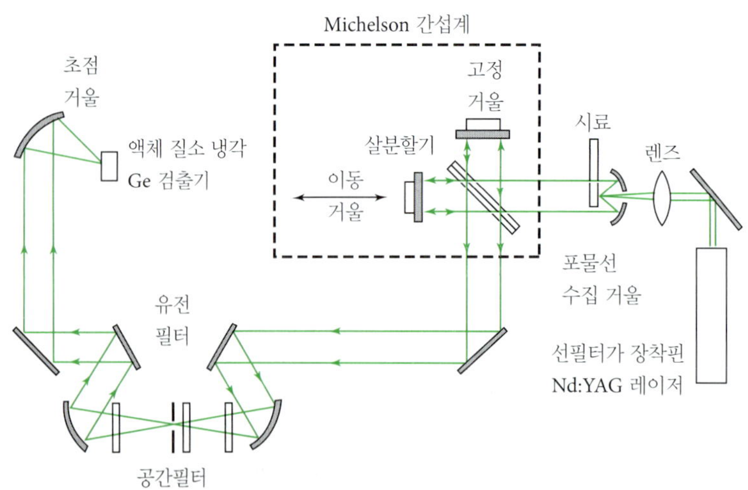

그림 18-12 FT-Raman 기기의 광학 도표. 레이저 복사선이 시료를 통과하고 간섭계로 들어간다. 간섭계는 살분할기와 고정 거울 그리고 이동 거울로 구성되어 있다. 간섭계의 출력은 미광 레이저 복사선과 Rayleigh 산란을 제거하기 위해 광범위하게 걸러진다. 필터를 거친 후, 복사선은 냉각 Ge 검출기에 초점이 맞추어진다.

휴대용 Raman 분광기

저렴한 다이오드 레이저의 유용성, 좁은 띠폭, 그리고 CCD 검출기는 휴대용과 포켓용 Raman 분광기의 개발을 조장시키고 있다. 몇몇 기기 회사들은 이런 장치를 소개하고 있다. 이들은 산업체, 국토안보, 그리고 과학수사를 위한 물질의 확인, 검증, 인증에서 응용되고 있음이 발견되고 있다.

18C Raman 분광법의 응용

Raman 분광법은 무기계, 유기계, 그리고 생물계의 정성과 정량 분석에 응용되고 있다.[6]

18C-1 무기 화학종의 Raman 스펙트럼

수용액을 사용할 수 있기 때문에 Raman 기술은 종종 무기계 연구에 있어서 IR 분광법보다 우수하다.[7] 게다가 금속–리간드 결합의 진동 에너지는 일반적으로 100~700 cm^{-1} 영역인데, 이는 실험적으로 연구하기 어려운 IR 영역이다. 그러나 이들 진동들은 종종 Raman 활성이고 이 범위의 $\Delta\bar{\nu}$값을 갖는 선들이 쉽게 관찰된다. Raman 연구는 배위 화합물의 조성, 구조, 그리고 안정도에 관한 정보의 잠재적으로 유용한 원천이다. 예를 들면, 많은 할로젠과 유사 할로젠 복합체들은 Raman 스펙트럼을 나타내므로 이 방법으로 연구할 수 있다. 금속–산소 결합 또한 Raman 활성이다. VO_3^{4-}, $Al(OH)_4^-$, $Si(OH)_6^{2-}$, 그리고 $Sn(OH)_6^{2-}$와 같은 화학종들에 대한 스펙트럼이 얻어진다. Raman 연구는 이들 그리고 이들과 유사한 화학종들의 가능한 구조를 결정하는 데 유용하다. 예를 들면, 과염소산 용액에서 바나듐(IV)은 $V(OH)_2^{2+}$ (aq)보다 VO^{2+} (aq)로 존재하는 것으로 나타났다. 붕산 용액의 연구는 산 해리에 의해 생성된 음이온은 $H_2BO_3^-$보다는 사면체의 $B(OH)_4^-$인 것을 보여준다. H_2SO_4, HNO_3, H_2SeO_4, 그리고 H_5IO_6와 강산의 해리 상수는 Raman 측정에 의해 계산된다. 미래에는 무기계의 이론적 입증과 구조적 연구에 대한 Raman 분광법의 보다 폭넓은 사용을 볼 수 있을 것으로 여겨진다.

18C-2 유기 화학종의 Raman 스펙트럼

Raman 스펙트럼은 IR 스펙트럼과 마찬가지로 작용기 검출에 대한 유용한 범위를 가지며 특정 화합물의 확인이 가능한 지문 영역을 갖는다. Daimay 등은 Raman 작용기 주파수의 포괄적 처리법을 출간하였다.[8]

Raman 스펙트럼은 상대 IR 스펙트럼보다 어떤 형태의 유기 화합물에 대해서는 더 많은 정보를 제공한다. 예를 들면, 올레핀의 이중 결합 신축 진동은 약해서 때로는 IR 흡수에서 불검출이다. 달리 말하면, Raman 띠(IR 띠와 같이 약 1600 cm^{-1}에서 나타난다)는 강하고 그 위치는 그들의 기하학적 구조뿐만 아니라 치환체의 특성에도 민감하다. 따라서 Raman 연구는 IR 스펙트럼에서 나타나지 않는 올레핀 작용기에 대한 유용한 정보를 제공할 가능성이 있다. 이런 언급은 또한 cycloparaffin 유도체에도 적용된다; 이들 화합물들은 700~1200 cm^{-1} 영역에 특징적 Raman 띠를 갖는다. 이 띠는 핵들이 고리 중심에 대해 대칭적으로 넘나드는 숨쉬기 진동에 기인한다. 이 띠의 위치는 cyclopropane의 1190 cm^{-1}부터 cyclooctane의 700 cm^{-1} 까지 연속적으로 감소한다. 따라서 Raman 분광법은 파라핀의 고리 크기를 평가하는 데 탁월한 진단 도구인 것 같다. 이 진동과 연관된 IR 띠는 약하거나 나타나지 않는다.

18C-3 Raman 분광법의 생물학과 과학수사 응용

Raman 분광법은 생물계의 연구에 광범위하게 응용되고 있다.[9] 이 기술의 장점에는 적은 시료 요구량, 물에 대한 최소 감도, 상세 스펙트럼, 그리고 형태(conformational)와 환경 감도가 포함된다.

Raman 분광법은 과학수사에서 유용한 도구가 되었다.[10] 종종 휴대용이나 포켓용 기기로 실행되는 Raman 방법은 체액, 발사 탄환 잔류물, 그리고 미량 증거의 분석에 이용되고 있다. 과학수사 응용에서 Raman 분광법은 일반적으로 다른 기기 방법에 의해 얻어진 결과를 확인하는 것으로 여겨진다.

18C-4 정량적 응용

Raman 스펙트럼은 IR 스펙트럼보다 띠들이 덜 어수선한 경향이 있다. 이로 인해 혼합물에서 피크 겹침이 적고 정량 측정이

---

[6]다음 문헌을 참고하시오. *Analytical Raman Spectroscopy*, J. G. Grasselli and B. J. Bulkin, eds., New York: Wiley, 1991.

[7]다음 문헌을 참고하시오. K. Nakamoto, *Infrared and Raman Spectra of Inorganic and Coordination Compounds*, 5th ed., New York: Wiley, 1996.

[8]L. Daimay, N. B. Colthup, W. G. Fately, and J. G. Grasselli, *The Handbook of Infrared and Raman Characteristic Frequencies of Organic Molecules*, New York: Academic Press, 1991.

[9]다음 문헌을 참고하시오. J. R. Ferraro, K. Nakamoto, and C. W. Brown, *Introductory Raman Spectroscopy*, 2nd ed., San Diego: Academic Press, 2003, Chap. 6; *Infrared and Raman Spectroscopy of Biological Materials*, H. U. Gremlich and B. Yan, eds., New York: Marcel Dekker, 2001; Biological Applications of Raman Spectroscopy, T. G. Spiro, ed., Vols. 1-3, New York: Wiley, 1987-88.

[10]과학수사에 대한 Raman 응용의 총설은 다음 문헌을 참고하시오. K. C. Doty et al., J. *Raman Spectrosc.*, **2016**, *47*, 39, **DOI:** 10.1002/jrs.4826; see also Infrared and Raman Spectroscopy in Forensic Science, J. M. Chalmers, H. G. M. Edwards, and M. D. Hairgreaves, eds., Chichester, UK: Wiley, 2012.

보다 간단하다. 게다가 Raman 시료채취 도구는 수분에 의한 공격 대상이 아니고 시료에 있는 소량의 물은 상관하지 않는다. 이런 장점에도 불구하고 Raman 분광법은 정량 분석에 단지 최근에 들어 널리 이용되고 있다. Raman 분광법의 사용 증가는 비싸지 않고 일반적인 Raman 기기 장치에 기인한다.

하지만 정량 분석을 위한 Raman 분광법 사용의 문제점이 있다. 먼저 Raman 측정에서 나타날 수 있는 매트릭스 효과이다. 시료에 있는 오염물질에 의한 Raman 신호의 흡수는 오차를 유발시킬 수 있다. 표준 첨가법이 매트릭스 효과를 상쇄시키기 위해 종종 사용된다. 시료의 비균질화에서 오는 효과도 있을 수 있다. 다른 문제점은 기기 불안정때문에 나타난다. 시료와 표준물질 혹은 시료와 분석물질이 첨가된 시료 간 레이저 세기의 요동은 결과에 영향을 미칠 수 있다. 온도나 기기 조건의 변화에 기인한 Raman 띠 위치의 변화가 나타날 수도 있다. 또한 레이저살의 시료 위치는 측정 결과를 변화시킬 수 있다. FT-Raman 계의 고안정성과 분광기의 큰 구경으로 인해 Raman 기기로 얻은 정량 결과는 종종 분산형 계에서 얻은 것보다 더 우수하다.

레이저살은 정밀하게 집중시킬 수 있기 때문에 매우 작은 시료에 대한 정량 분석이 가능하게 되었다. Raman 미세탐침은 단일 박테리아 세포에 있는 분석물질, 연기와 비산회(fly ash)의 개별 입자에 있는 성분, 그리고 금속 중 미세 함유물에 있는 화학종의 결정에 사용되고 있다. 표면은 기기를 주어진 진동 방식에 조율함으로써 관찰된다. 이것은 앞에서 언급하였듯이 특정 결합이나 작용기가 존재하는 표면 영역의 영상으로 나타난다.

Raman 미세탐침은 Vinland 지도(제3부 끝에 있는 기기 분석법의 실제 응용 참고)와 같은 추정 고문서의 입증에서 결정적 역할을 한다. 지도의 경우 잉크에 있는 TiO_2는 Raman 분광법에 의해 결정적으로 보여졌다.

18D 다른 종류의 Raman 분광법

가변 레이저의 발전은 1970년대 초반에 몇몇 새로운 Raman 분광 방법을 이끌었다. 이들 기술 중 몇 가지 응용에 대해 간단히 설명한다.

18D-1 공명 Raman 분광법

공명 Raman 산란은 분석물질의 전자 흡수 띠와 매우 근접한 파장으로 들뜨게 하여 Raman 선 세기가 크게 증가되는 현상을 나타낸다.[11] 이 상황에서 가장 대칭인 진동과 연관된 Raman 선의 크기는 10^2~10^6배 증가된다. 그 결과로 공명 Raman 스펙트럼은 최소 분석물질 농도 10^{-8} M에서 얻어진다. 이 수준의 감도는 정상적으로 0.1%보다 높은 농도로 제한된 정상 Raman 연구와 대조된다. 더구나 공명 증강은 발색단과 연관된 Raman 띠에 제한되므로 공명 Raman 스펙트럼은 보통 매우 선택적이다.

그림 18-13a는 공명 Raman 산란에 관한 에너지 변화를 묘사한 것이다. 이 그림은 전자가 들뜬 전자 상태로 전이되고 이어서 전자 바닥 상태의 진동 에너지 준위로 즉각 이완하는 정상 Raman 산란(그림 18-3)에 대한 에너지 도표와는 다르다. 그림에서 보는 것과 같이, 공명 Raman 산란은 형광(그림 18-13b)과 다른데, 형광은 바닥 전자 상태로 이완되기 전에 들뜬 전자 상태의 가장 낮은 진동 준위로 선행 이완이 먼저 진행된다. 두 현상에 대한 시간 척도는 매우 달라, 형광 방출이 10^{-6}~10^{-10} s인 반면 Raman 이완은 10^{-14} s 이하에서 일어난다.

공명 Raman 실험에서 선 세기는 들뜸 파장이 전자 흡수 띠의 파장에 근접함에 따라 신속히 증가한다. 따라서 넓은 범위의 흡수 신호를 최대로 증강시키기 위해서는 가변 레이저가 필요하다. 강한 레이저 복사선으로 전자 흡수 띠가 종종 자외선 영역에서 일어나므로 시료 분해가 주요 문제가 될 수 있다. 이 문제를 회피하기 위해 레이저 집속살을 지난 시료를 순환시키는 것이 일반적인 관례이다. 순환은 보통 다음 두 방법 중 하나이다. 시료 위치에 장착된 모세관을 통과하는 용액이나 액체에 조사하여 들뜨게 하거나 레이저살을 통과하는 시료가 담긴 원통형 셀을 돌리는 것이다. 따라서 단지 시료의 일부분만 어느 순간에 조사되고 가열되어 시료 분해는 최소화된다.

아마 공명 Raman 분광법의 가장 중요한 응용은 생리학적으로 중요한 조건(수분이 존재하고 농도는 낮거나 중간 수준 정도

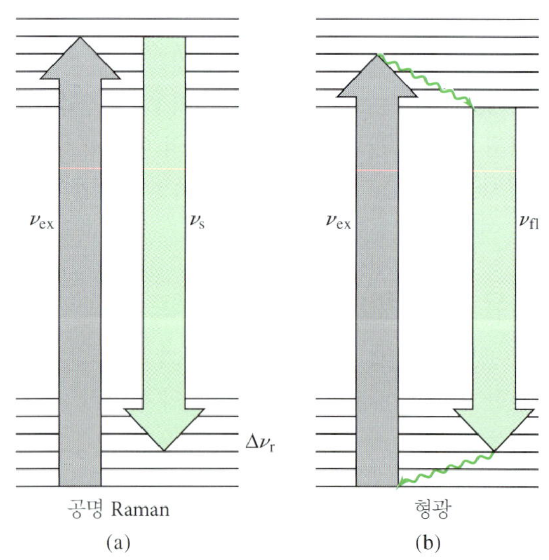

그림 18-13 (a) 공명 Raman 산란과 (b) 형광 방출에 대한 에너지 도표. 비복사 이완은 파형 화살표로 나타내었다. 공명 Raman의 경우 들뜬 전자는 바로 바닥 전자 상태의 진동 준위로 이완하고 Stokes 광자 ν_s를 내어놓는다. 형광에서 들뜬 전자 상태의 가장 낮은 진동 준위로의 이완은 방출에 앞서 일어난다. 공명 Raman 산란은 거의 즉각적이고 스펙트럼 띠들은 매우 좁다. 형광 방출은 보통 나노 초 단위에 일어난다. 형광 스펙트럼은 많은 진동 상태 때문에 보통 넓다.

[11]간단한 총설은 다음 문헌을 참고하시오. T. G. Spiro and R. S. Czernuszewicz in *Physical Methods in Bioinorganic Chemistry*, L. Que, ed., Sausalito, CA: University Science Books, 2000; S. A. Asher, *Anal. Chem.*, **1993**, *65*, 59A, **DOI:** 10.1021/ac00050a001.

인 경우)에서 생물 분자의 연구이다. 예를 들면, 이 기술은 헤모글로빈과 시토크롬 *C*에서 철 원자들의 산화 상태와 스핀을 결정하는 데 사용되고 있다. 이 분자들에서 공명 Raman 띠들은 단지 tetrapyrrole chromophore의 공명 방식에 기인한다. 이 단백질과 연관된 다른 띠들은 없고 보통 사용된 농도에서 이들 띠들은 간섭하지 않는다.

시간 분해 공명 Raman 분광법은 들뜬 상태 분자의 Raman 스펙트럼의 수집이 가능한 기술이다. 이 기술은 효소 반응의 중간체, 카로텐류 들뜬 상태의 스펙트럼, 매우 빠른 전자 이동 단계, 그리고 다양한 생물과 생무기 공정의 연구에 사용되고 있다.[12] 시간 식별 방법은 공명 Raman 분광법의 주요 한계(즉, 분석물질 자체나 분석물질 내 다른 화학종에 의한 형광 간섭)를 극복하는 데 사용되고 있다.

18D-2 표면 증강 Raman 분광법

표면 증강 Raman 분광법(surface-enhanced Raman spectroscopy, SERS)에서,[13] Raman 스펙트럼은 콜로이드 금속 입자(보통 은, 금, 혹은 구리) 표면이나 이들 금속 조각의 거친 표면에 흡착된 시료에서 얻어진다. 최소한 준정량적으로 이해되는 이유로, 흡착된 분자의 Raman 선들은 종종 10^3 내지 10^6 배 증강된다.

표면 증강은 두 가지 요소로부터 나타나는 것으로 여겨진다. 첫째는 전자기장에 기인한 증강이다. 이는 입사 전자기장 파가 편재된 표면 플라즈몬을 들뜨게 하는 금속 표면과 상호작용하여 표면 주위 장을 증폭시키기 때문이다. 장의 4승 배의 Raman 산란 척도 때문에 이 효과는 신호를 10,000배 증강시킬 수 있다. 두 번째 요소는 표면과 상호작용하는 흡착 분자로 인해 일어나는 화학 증강이다. 이 효과는 Raman 신호를 100배 증강시킬 수 있다. 순증강은 두 효과의 곱으로 대략 백만 배이다.[14] 표면 증강이 앞 절에서 기술한 공명 증강과 결합하면 신호 세기의 순증강은 대략 각 기술에 의해 발생한 세기의 곱이다. 따라서 검출 한계 10^{-9}~10^{-12} M 농도에서 관찰된다.

몇몇 시료처리 기술들이 SERS를 위해 사용된다. 한 기술에서는 콜로이드 은이나 금 입자가 묽은 시료 용액(보통 수용액)에 부유되어 있다. 이 용액은 레이저살에 의해 들뜨는 동안 좁은 유리관을 통해 잡혀있거나 흘려진다. 다른 방법에서는 콜로이드 금속 입자의 박막 필름이 유리 슬라이드 위에 놓여지고 필름 위에 시료 용액 한두 방울이 떨구어진다. 그 다음 Raman 스펙트럼이 보통 방법으로 얻어진다. 그렇지 않으면, 시료는 거친 금속 전극 위에 전기적으로 축적되어 용액으로부터 제거되고 레이저 들뜸 광원에 노출된다.

18D-3 비선형 Raman 분광법

제7B-3절에서 우리는 많은 레이저들이 상당한 양의 비선형 복사선을 생성할 정도로 강하다고 언급하였다. 1970년대와 1980년를 통해 많은 Raman 기술들이 2차 이상의 장세기에 의해 유도된 편극에 의존하여 발전되었다. 이 기술을 *비선형 Raman 방법*(nonlinear Raman method)이라 부른다.[15] 이 방법에 속하는 것들은 *자극 Raman 방출*(stimulated Raman scattering), *초 Raman 효과*(hyper-Raman effect), *방출 Raman 이득*(stimulated Raman gain), *역Raman 분광법*(inverse Raman spectroscopy), *간섭 반Stokes Raman 분광법*(coherent anti-Stokes Raman spectroscopy), 그리고 *간섭 Stokes Raman 분광법*(coherent Stokes Raman spectroscopy)이다. 이 방법들 중 가장 널리 사용되는 것은 간섭 반Stokes Raman 분광법 혹은 CARS이다.

비선형 기술들은 일반 Raman 분광법의 주요 결점들을 극복하기 위해 사용되고 있다. 특히, 일반 Raman 분광법의 저효율, 가시선과 근적외선 영역에서의 제한, 그리고 형광 방해에 대한 민감성이다. 비선형 방법의 한 가지 주요 단점은 이 기술이 분석물질 특이성 경향이 있어서 다양한 화학종에 적용하기 위해서는 서너 가지 다른 가변 레이저가 필요하다는 것이다. 지금까지 비전문가들 사이에서 널리 응용된 비선형 방법이 발견된 적이 없다. 하지만 이 방법들은 장래 유망함을 보여준다. 덜 비싸고 더 일반적으로 유용한 레이저를 사용할 수 있음에 따라 비선형 방법들은 특히 CARS는 보다 널리 사용될 것이다.

---

[12] J. R. Kincaid and K. Czarnecki, in *Comprehensive Coordination Chemistry II*, J. A. McCleverty and T. J. Meyer, eds., Oxford: Elsevier, 2004.

[13] 다음 문헌을 참고하시오. M. J. Weaver, S. Zou, and H. Y. Chan, *Anal. Chem.*, **2000**, *72*, 38A, **DOI:** 10.1021/ac0027136. American Chemical Society.

[14] 다음 문헌을 참고하시오. P. L. Stiles, J. A. Dieringer, N. C. Shah, and R. P. Van Duyne, *Ann. Rev. Anal. Chem.*, **2008**, *1*, 601, **DOI:** 10.1146/annurev.anchem.1.031207.112814.

[15] 다음 문헌을 참고하시오. J. R. Ferraro, K. Nakamoto, and C. W. Brown, *Introductory Raman Spectroscopy*, 2nd ed., San Diego: Academic Press, 2003, pp. 194-202.

질문과 문제

* 별표가 있는 문제의 해답은 이 책의 끝에 있다.

이 아이콘이 있는 문제는 스프레드시트를 이용하여 쉽게 풀 수 있다.

18-1 가상 상태란 무엇인가?

18-2 왜 반Stokes와 Stokes의 세기 비율은 시료 온도에 따라 증가하는가?

***18-3** Antihistamine은 Raman 이동 $\Delta\bar{\nu}$ = 488, 725, 875, 925, 1350 cm^{-1}에서 뾰족한 피크들이 나타난다. 다음 광원을 사용할 때 antihistamine에 대한 Stokes와 반Stokes Raman 선들($\Delta\bar{\nu}$ = 488, 725, 875, 925, 1350 cm^{-1})은 몇 nm의 파장에서 나타나는가?

(a) 헬륨–네온 레이저(632.8 nm)?

(b) 아르곤 이온 레이저(488.0 nm)?

***18-4** 문제 18-3에서 들뜸 광원들은 동일한 출력은 갖는다고 가정한다.

(a) 두 가지 들뜸 광원에 대해 antihistamine의 Raman 선들의 상대 세기를 각각 비교하시오.

(b) 만일 그 세기가 전형적인 단색화 장치–광전자 증배관 계로 기록되었다면, 왜 측정한 세기 비는 (a)에서 계산한 것과 다른가?

***18-5** 진동 상태에 대한 Boltzmann 식은 다음과 같다.

$$\frac{N_1}{N_0} = \exp(-\Delta E/kT)$$

여기서 N_0와 N_1은 각각 낮은 에너지와 높은 에너지 상태의 입자 수이고, ΔE는 상태 간 에너지 차이이며, k는 Boltzmann 상수이고, T는 절대온도이다.

20°C와 40°C에 대해 (a) 218 cm^{-1}, (b) 459 cm^{-1}, (c) 790 cm^{-1}에서 CCl_4에 대한 반Stokes와 Stokes 선들의 세기 비율을 계산하시오.

각 온도와 Raman 이동에 대해 Stokes 선이 반Stokes 선과 비교하여 얼마나 더 세기가 강한지 계산하시오.

18-6 Raman 분광법에서 레이저 광원에 대한 다음 질문을 해결하시오.

(a) 어떤 상황에서 헬륨–네온 레이저가 아르곤 이온 레이저보다 더 좋은가?

(b) 어떤 상황에서 다이오드 레이저가 헬륨–네온 레이저나 아르곤 이온 레이저보다 더 좋은가??

(c) 왜 자외선을 방출하는 광원을 피하는가?

***18-7** 다음 Raman 데이터는 $CHCl_3$에 대한 것으로 (1)은 분광기의 편광체를 레이저의 편광면과 평행할 때 얻은 것이고 (2)는 광원 평면과 90°일 때 얻은 것이다.

		상대 세기	
	$\Delta\bar{\nu}$, cm^{-1}	(1) $I_{\parallel}$	(2) $I_{\perp}$
(a)	760	0.60	0.46
(b)	660	8.4	0.1
(c)	357	7.9	0.6
(d)	258	4.2	3.2

감극비를 계산하고, 어떤 Raman 선들이 편광되는지 나타내시오.

18-8 FT-Raman 분광기의 장점과 단점을 전통 분산 Raman 분광기와 비교하여 설명하시오.

도전 문제

18-9 다음 문제는 모두 IR 분광법과 Raman 분광법의 유사성과 차이점을 다룬 것이다.

(a) IR 흡수를 보여주기 위한 분자의 진동 방식에 대한 필요 조건은 무엇인가? Raman 활성인 진동 방식에 대한 필요 조건은 무엇인가? 왜 이들 필요 조건은 다른가? 어떤 상황에서 진동 방식이 Raman과 IR 모두 활성이 될 것인가? 어떤 상황에서 진동 방식이 Raman 활성이나 IR 비활성이 될 것인가? 그리고 그 반대는 어떤 상황에서 일어나는가?

(b) 분자 chloroacetonitrile ($ClCH_2CN$)을 생각하시오. 이 분자는 몇 가지 진동 방식을 가지는가? 왜 예상보다 적은 Raman 띠가 관찰되겠는가?

(c) Chloroacetonitrile은 C—N 신축 진동으로 인해 2200 cm^{-1}에서 강한 Raman 띠를 보여준다. 여기에 해당하는 IR 흡수는 매우 약하거나 없다. 2200 cm^{-1} 부근의 스펙트럼을 비교함으로써 chloroacetonitrile의 C—N 신축 진동에 대해 어떤 결론을 내릴 수 있는가?

(d) IR과 Raman 분광법을 광학, 셀 소재, 시료 처리, 용매 적합성, 그리고 다양한 시료 형태에 대한 적용 가능성에 대해 비교하고 대조하시오.

(e) Raman 분광기에서 사용한 광원과 변환기를 IR 분광기에서 사용한 것과 비교하고 대조하시오. 비교할 때 FT-Raman과 분산 Raman 분광기 모두를 고려하시오.

(f) IR과 Raman 분광법을 정성적 유용성, 검출 한계, 정량 분석, 그리고 기기 복잡성에 대해 비교하고 대조하시오.

19장

핵 자기 공명 분광법

Nuclear Magnetic Resonance Spectroscopy

핵자기 공명(nuclear magnetic resonance, NMR) 분광법은 약 4~900 MHz의 라디오 주파수 영역에서 전자기 복사선의 흡수 측정을 기반으로 한다. 자외선(UV), 가시선, 적외선(IR) 등의 흡수와 달리, 외부 전자보다는 원자 핵이 흡수 과정에 관여한다. 또한 흡수를 일으킬 수 있는 충분한 에너지 준위 차를 갖는 핵의 상태를 위해, 분석물질은 매우 강한 자기장에 놓일 필요가 있다. 이 장에서는 NMR 분광법의 이론, 기기장치, 응용 등을 다룬다.

NMR 분광법은 화학종의 구조를 밝히기 위해 화학자 및 생화학자가 사용할 수 있는 가장 강력한 도구 중 하나이다. 또한 이 방법은 흡수종의 정량적 측정에도 이용된다. NMR 분광법은 고체, 액체, 기체 상태의 모든 시료에 적용할 수 있는 몇 안 되는 분석기기이다.

이 장에서 옆의 로고는 **www.tinyurl.com/skoogpia7**에서 대화형 자습, 시뮬레이션, 연습 등을 통해 온라인으로 학습할 수 있는 기회가 있음을 나타낸다.

NMR 분광법[1]의 이론적인 배경은 1924년 W. Pauli가 제안했다. 그는 어떤 원자핵은 스핀과 자기 모멘트의 특성을 가지고 있으며, 그 결과로 자기장에 노출되면 에너지 준위 분리가 이루어질 것이라고 제안하였다. 이후 10여 년 동안 이러한 가정이 실험적으로 검증되었다. 그러나 1946년이 되어 Stanford 대학의 Felix Bloch와 Harvard 대학의 Edward Purcell은 독립적인 연구를 통해 강한 자기장에 놓여있는 핵은 자기장에 의해 에너지 준위가 분리되어 전자기 복사선을 흡수한다는 것을 실현하였다. 이 두 물리학자는 연구로 1952년 Nobel 물리학상을 공동 수상하였다.

NMR 분광법의 발견 후 몇 년 이내에, 화학자들은 분자의 환경이 자기장에서 핵에 의한 라디오 주파수(radio-frequency, RF) 복사선의 흡수에 영향을 주고 이 효과는 분자의 구조와 관련이 있다는 것을 알게 되었다. 화학적 분자구조 연구를 위해 고안된 최초의 고분해능 NMR 분광기가 Varian 사에 의해 1953년 상용화되었다. 그 후, NMR 분광학은 폭발적으로 성장하였으며, 유기화학, 무기화학 및 생화학의 발전에 큰 영향을 미쳤다. 이처럼 짧은 기간에 과학적 발견이 널리 인정되고 응용되기란 쉽지 않은 일이다.[2]

현재 사용되고 있는 2가지 유형의 NMR 분광기는 *연속 파형*(continuous-wave, CW)과 *펄스형*(pulsed), *Fourier 변환형*(Fourier transform, FT) 분광기이다. 모든 초창기 연구는 연속 파형 기기로 수행되었다. 그러나 1970년경 FT-NMR 분광기가 상용화되어 현재는 이 펄스형 기기가 시장을 장악하고 있다. 두 유형의 기기에서 시료는 수 테슬라(tesla) 세기의 강한 자기장에

[1]심화 학습을 위해 다음 문헌을 추천한다: J. Keeler, *Understanding NMR Spectroscopy*, 2nd ed., Chichester, UK: Wiley, 2010; J. B. Lambert, E. P. Mazzola, *Nuclear Magnetic Resonance Spectroscopy*, Upper Saddle River, NJ: Pearson/Prentice-Hall, 2004; R. M. Silverstein, F. X. Webster, D. Kiemle, and D. L. Bryce, *Spectrometric Identification of Organic Compounds*, 8th ed., New York: Wiley, 2015; M. H. Levitt, *Spin Dynamics: Basics of Nuclear Magnetic Resonance*, 2nd ed., Chichester, UK: Wiley, 2008; E. D. Becker, *High Resolution NMR*, 3rd ed., New York: Academic Press, 2000; H. Günther, *NMR Spectroscopy: Basic Principles, Concepts and Applications in Chemistry*, 3rd ed., Weinheim, Germany: Wiley-VCH, 2013.

[2]NMR의 역사에 관한 흥미로운 설명은 다음 문헌을 참고하시오. D. L Rabenstein, *Anal. Chem.*, **2001**, *73*, 214A, **DOI**: 10.1021/ac012435q; E. D. Becker, *Anal. Chem.*, **1993**, *65*, 295A, **DOI**: 10.1021/ac00054a716.

위치한다.[3] 연속 파형 분광계는 광학 흡수 기기의 원리와 유사하여, 광원의 주파수별로 천천히 스캔하여 흡수 신호를 모니터링하는 방식이다. 어떤 기기에서는 광원의 주파수를 고정하고 자기장의 세기별로 스캔하기도 한다. 펄스형 분광계에서는 자기장에 수직한 방향으로 시료에 직접, 주기적인 RF 에너지의 펄스를 조사하는 방식이다. 이 들뜸 펄스들이 시간 영역(time-domain)의 신호를 유도한다; 이 신호는 펄스와 펄스 사이의 시간 동안 감쇠한다. 연속 파형 기기를 사용하여 얻는 유사한 스펙트럼을 구현하기 위해, 이 신호는 Fourier 변환을 사용하여 주파수 영역(frequency-domain)의 신호로 변환된다.

현재 생산되는 거의 모든 NMR 기기는 FT 유형이다. 연속 파형 기기는 정유 공정에서 수소화 정도의 결정 또는 기름, 식품, 농산물 등에서 수분의 함량 결정과 같은 특별한 응용에서 제한적으로 사용된다. 이러한 펄스형 기기가 시장을 점유하고 있지만, 편의상 NMR 이론의 초창기 발전에 사용된 연속 파형 실험을 먼저 이해하고 펄스형 NMR 측정을 다룰 것이다.

19A NMR 이론

광학 분광학에서 다룬 바와 같이, 고전역학과 양자역학 모두 NMR 현상을 설명하기에 유용하다. 두 가지 이론은 동일한 관계를 산출한다. 양자역학이 핵의 에너지 상태들로 주파수들을 흡수하는 것에 좀 더 유용하고, 반면에 고전역학은 흡수 과정의 물리적 그림을 제공하고 어떻게 측정되는지에 대해 좀 더 유용하다.

이 절에서는 연속 파형과 펄스형 NMR 측정에 적용되는 NMR의 양자역학적 표현을 먼저 설명할 것이다. 그 다음 NMR의 고전역학적 접근법을 다루고, 어떻게 CW-NMR의 유용한 그림이 얻어지는지 보여줄 것이다. 끝으로, 고전역학적 그림에 기초한 Fourier 변환 측정법에 대한 논의로 마무리할 것이다.

[3]자기장의 SI 기호는 B이지만, 관습적으로는 기호 H가 널리 사용되었다. $1\ \text{T} = 1\ \text{kg s}^{-2}\ \text{A}^{-1}$로 정의되는 자기장의 세기를 설명하는 단위인 tesla (T)를 사용한다. 과거에 많이 쓰인 단위는 gauss (G)이다. 두 단위 간의 관계는 $1\ \text{T} = 10^4\ \text{G}$이다. 또한, $1\ \text{T} = 1\ \text{Vs/m}^2$이고, V = volts이다.

19A-1 NMR의 양자학적 묘사

특정 핵의 특성을 설명하기 위해, 핵은 하나의 축을 중심으로 회전하여 *스핀*(spin)의 특성을 가진다고 가정해야 한다. 스핀의 특성을 갖는 핵은 각운동량 모멘트(p)를 가진다. 또한, 이 각운동량 모멘트의 최대 측정 가능한 성분은 양자화되며, $h/2\pi$의 정수 또는 반정수 배가 되어야만 한다(h는 Planck 상수). 특정 한 핵에 대하여 p의 스핀 성분들 또는 값들의 최대치가 스핀 양자수(spin quantum number, I)가 된다. 따라서 핵은 $2I + 1$개의 불연속적인 에너지 상태들을 갖는다. 어떤 선택된 방향에서 이 상태들에 대한 각운동량 모멘트의 성분은 $I, I - 1, I - 2, \ldots, -I$의 값들을 갖는다. 외부 자기장이 없으면, 이 여러 상태들은 동일한 에너지를 갖는다.

유기 화학자와 생화학자에게 가장 많이 사용된 4가지 핵은 ^{1}H, ^{13}C, ^{19}F, ^{31}P이다. 이 교재에서는 이 4가지 핵종만 다룰 것이다. 이 핵들의 스핀 양자수는 1/2이다. 따라서, 각 핵은 $I = +1/2$과 $I = -1/2$에 해당하는 2개의 스핀 상태들을 갖는다. 보다 무거운 핵은 0(알짜 스핀 성분이 없음)에서부터 9/2까지의 스핀 양자수를 갖는다.

스핀을 하며 전하를 갖는 핵은 작은 자기장을 생성한다(이는 전류가 와이어 코일을 통해 흐를 때 생성되는 자기장과 유사하다). 이때 생긴 자기 모멘트(μ)는 스핀축을 따라 배향되고, 각운동량 모멘트 p에 비례하므로,

$$\mu = \gamma p \tag{19-1}$$

이 비례 상수 γ는 *자기 회전 비율*(magnetogyric ratio or gyromagnetic ratio)이다. γ는 핵의 종류에 따라서 다른 값을 갖는다. 뒤에서 다룰 것처럼, 자기 회전 비율은 흡수된 에너지의 주파수와 자기장의 세기 사이의 관계식(식 19-5 참고)에서 사용되는 비례 상수이다. 우리가 다룰 4가지 원소에 대한 자기 회전 비율을 표 19-1의 두 번째 세로행에 나타내었다.

핵 스핀과 자기 모멘트 사이의 관계식은 다음에 의해 주어진 일련의 측정 가능한 자기 양자 상태(m)를 유도한다.

$$m = I, I - 1, I - 2, \ldots, -I \tag{19-2}$$

따라서, 우리가 다룰 핵들($I = 1/2$)은 2개의 자기 양자수, $m = +1/2$과 $m = -1/2$을 갖는다. 핵의 양자수를 결정하는 규칙은

표 19-1 스핀 양자수 1/2을 갖는 주요 핵종의 자기적 성질

핵종	자기 회전 비율, rad T^{-1} s^{-1}	자연 존재비, %	상대적 감도[a]	흡수 주파수, MHz[b]
^{1}H	2.6752×10^8	99.98	1.00	200.00
^{13}C	6.7283×10^7	1.11	0.016	50.30
^{19}F	2.5181×10^8	100.00	0.83	188.25
^{31}P	1.0841×10^8	100.00	0.066	81.05

[a]핵의 개수가 같고 자기장의 세기가 같을 때.
[b]자기장의 세기가 4.69 T일 때.

전자의 양자수를 결정하는 규칙과 유사하다.

자기장에서 에너지 준위

그림 19-1과 같이, 스핀 양자수 1/2을 갖는 하나의 핵이 외부 자기장(B_0)에 놓이면, 자기 모멘트는 자기 양자 상태에 따라 자기장에 대하여 두 방향 중 하나로 배향하게 된다. 이 두 배향(또는 양자 상태)에서 핵의 퍼텐셜 에너지(E)는 다음과 같이 주어진다.

$$E = -\frac{\gamma m h}{2\pi} B_0 \qquad (19\text{-}3)$$

낮은 에너지 $m = +1/2$ 상태(그림 19-1 참고)에 대한 에너지는 다음과 같다.

$$E_{+1/2} = -\frac{\gamma h}{4\pi} B_0$$

$m = -1/2$ 상태의 에너지는 다음과 같다.

$$E_{-1/2} = \frac{\gamma h}{4\pi} B_0$$

따라서 두 상태 사이의 에너지 차이(ΔE)는 다음과 같아진다.

$$\Delta E = \frac{\gamma h}{4\pi} B_0 - \left(-\frac{\gamma h}{4\pi} B_0\right) = \frac{\gamma h}{2\pi} B_0 \qquad (19\text{-}4)$$

다른 분광학에서처럼, 에너지 상태 사이의 전이는 에너지적으로 ΔE에 해당하는 한 주파수(ν_0)의 전자기 복사선의 흡수 또는 방출에 의해서만 일어난다. 따라서 Planck 관계식($\Delta E = h\nu_0$)을 식 19-4에 대입하면, 다음 식에서 전이를 일으키는 데 필요한 복사선의 주파수를 구할 수 있다.

$$\nu_0 = \frac{\gamma B_0}{2\pi} \qquad (19\text{-}5)$$

이전에 제안했듯이, 자기적 전이의 주파수는 적용한 자기장의 세기(B_0)와 비례 상수 $\gamma/2\pi$에 비례한다.

예제 19-1은 약 200 MHz의 RF 복사선은 자기장의 방향과 평행하게 배향된 양성자(^{1}H)의 자기 모멘트 방향을 자기장의 방향과 반대로 충분히 바꿀 수 있음을 보여준다.

예제 19-1

어떤 양성자(^{1}H) NMR 기기는 4.69 T의 자기장 세기를 가지는 자석으로 구성되었다. 이 자기장에서 수소 핵을 흡수하는 주파수는 얼마인가?

풀이

양성자(^{1}H)에 대한 자기 회전 비율(표 19-1)을 식 19-5에 대입하면 다음과 같다.

$$\nu_0 = \frac{(2.68 \times 10^8\ \mathrm{T^{-1}\,s^{-1}})(4.69\ \mathrm{T})}{2\pi} = 2.00 \times 10^8\ \mathrm{s^{-1}} = 200\ \mathrm{MHz}$$

자기 양자 상태에서 핵들의 분포

자기장이 없을 때, 핵의 자기 양자 상태 에너지들은 모두 같다. 그 결과, 양성자의 거대한 더미(collection)는 자기 양자 상태 $m = +1/2$과 $m = -1/2$에 정확히 같은 개수의 핵으로 나뉜다(즉, 2개의 자기 양자 상태에서 핵은 동일한 분포를 가짐). 그러나 자기장에 놓인 핵들은 낮은 에너지 상태($m = +1/2$)에 더 많은 수의 핵이 배향하려는 경향이 있다. 일반적인 NMR 실험으로 더 많은 정도(자기 양자 상태의 핵 분포율)를 계산하는 것은 의미가 있다. 이를 위해, Boltzmann 방정식(식 8-1)은 다음과 같이 쓸 수 있다.

$$\frac{N_j}{N_0} = \exp\left(\frac{-\Delta E}{kT}\right) \qquad (19\text{-}6)$$

여기서 N_j는 높은 에너지 상태($m = -1/2$)에 배향한 양성자의 개수이고, N_0은 낮은 에너지 상태($m = +1/2$)에 배향한 양성자 개수이고, k는 Boltzmann 상수(1.38×10^{-23} J K^{-1})이고, T는 절대 온도(K)이고, ΔE는 식 19-4에서 정의하였다.

식 19-6에 식 19-4를 대입하면 아래와 같다.

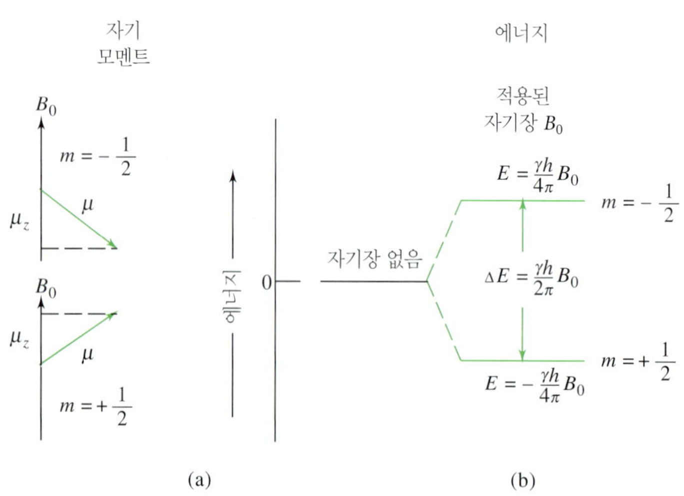

그림 19-1 스핀 양자수 1/2의 핵에 대한 자기 모멘트들과 에너지 준위들.

$$\frac{N_j}{N_0} = \exp\left(\frac{-\gamma h B_0}{2\pi kT}\right) \quad (19\text{-}7)$$

예제 19-2에서 NMR 측정 결과는 약 ~33 ppm의 매우 작은 수의 양성자가 낮은 에너지 상태에 좀 더 존재한다. 그러나 만약에 두 상태에 존재하는 핵의 수가 같다면, 알짜 복사선의 흡수를 관찰할 수 없다; 복사선에 의해 들뜬 핵의 수와 *유도*(induced) 방출을 생성하는 핵의 수가 정확하게 같기 때문이다.

예제 19-2

시료가 20°C에서 4.69 T의 자기장에 놓여있을 때, 높은 자기 상태와 낮은 자기 상태에 있는 양성자의 상대적인 수를 계산하시오.

풀이

식 19-7에 수치 값을 대입하면

$$\frac{N_j}{N_0} = \exp\left(\frac{-(2.68\times10^8\ \mathrm{T^{-1}\ s^{-1}})(6.63\times10^{-34}\ \mathrm{J\cdot s})(4.69\ \mathrm{T})}{2\pi(1.38\times10^{-23}\mathrm{J\ K^{-1}})(293\ \mathrm{K})}\right)$$

$$= e^{-3.28\times10^{-5}} = 0.999967$$

또는

$$\frac{N_0}{N_j} = 1.000033$$

따라서, 높은 에너지 상태에 정확히 10^6개의 양성자가 있다면 낮은 에너지 상태에 있는 양성자의 수는 다음과 같다.

$$N_0 = 10^6/0.999967 = 1{,}000{,}033$$

즉, 낮은 에너지 상태에 약 33 ppm이 초과하는 것이다.

Maclaurin 급수로 식 19-7의 우변을 전개하고 두 번째 항 이후를 생략하면, 다음과 같은 식을 얻을 수 있다.

$$\frac{N_j}{N_0} = 1 - \frac{\nu h B_0}{2\pi kT} \quad (19\text{-}8)$$

식 19-8은 낮은 에너지 핵의 초과된 상대적 수는 자기장 세기에 선형적 관계임을 보여준다. 따라서, NMR 신호의 세기는 자기장 세기에 비례하여 증가한다. 자기장 세기에 따른 신호 감도의 이런 의존성은 제조사들이 23.5 T (1 GHz ^{1}H 공명)와 같은 큰 자기장을 갖는 자석을 생산하도록 하였다.

19A-2 NMR 고전역학적 묘사

흡수 과정과 특히 흡수의 측정을 이해하기 위하여, 자기장에서 하전된 입자의 거동에 대한 고전역학적 그림은 도움이 된다.

자기장에서 핵의 세차 운동

우선 외부 자기장 안에서 나침반 바늘과 같은 회전하지 않는 자기체의 거동을 살펴보자. 순간적으로 자기장의 정렬된 방향으로부터 바꾸면, 바늘은 회전축의 한 면에서 스윙한다. 이는 바늘의 두 끝에 자기장에 의해 가해진 힘의 결과이다. 만약 마찰이 없다면, 바늘의 양끝은 자기장의 축을 중심으로 앞뒤로 무한히 요동친다. 그러나 자석이 북-남 축 주위로 빠르게 회전하는 경우에는 매우 다른 움직임이 생긴다. 자이로스코프(gyroscopic) 효과 때문에 자기장에 의해 회전축에 가해진 힘으로 인해 움직이게 된다. 이 힘의 면에서가 아닌 이 면에 수직한 방향으로 움직인다. 따라서 회전하는 입자의 회전축은 원형 궤도로 움직인다. 즉, 회전하는 입자의 회전축은 적용된 자기장으로 대표되는 벡터 주변으로 세차 운동을 한다. 그림 19-2에 표현한 이러한 움직임은 측면 힘이 가해지면 수직에서 벗어나 움직이는 자이로스코프와 유사하다. 이 움직임의 각속도(ω_0, 단위: rad/s)는 다음과 같이 주어진다.

$$\omega_0 = \gamma B_0 \quad (19\text{-}9)$$

각속도를 2π로 나누어 *Larmor 주파수*(Larmor frequency)로 알려진 세차 운동(precession)의 주파수(ν_0)로 변환하면 다음과 같다.

$$\nu_0 = \frac{\gamma B_0}{2\pi} \quad (19\text{-}10)$$

식 19-10과 식 19-5를 비교하면 Larmor 주파수는 양자역학으로 유도된 흡수 복사선의 주파수와 동일하다는 것을 알 수 있다.

연속 파형 실험에서의 흡수

그림 19-2에 표현한 하전된 입자의 퍼텐셜 에너지(E)는

$$E = -\mu_z B_0 = -\mu B_0 \cos\theta \quad (19\text{-}11)$$

로 주어지며, θ는 자기장 벡터와 입자의 스핀축 간의 각, μ는 입자의 자기 모멘트, μ_z는 자기장 방향에 있는 μ 성분이다. RF 에너지가 핵에 의해 흡수되면, 이 세차 운동의 각(θ)은 반드시 변

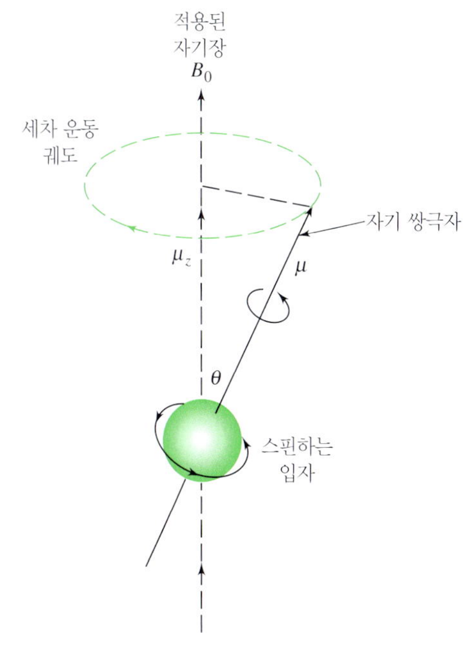

그림 19-2 자기장에서 회전하는 입자의 세차 운동.

한다. 따라서 1/2의 스핀 양자수를 갖는 핵이 흡수되면, 자기장 방향으로 나열되었던 자기 모멘트의 방향이 자기장의 반대 방향으로 뒤집어진다(flip)고 생각하자. 이 과정을 그림 19-3에 나타냈다. 자기 쌍극자가 뒤집어지기 위해서는 고정된 자기장에 수직하게 가해지는 자기력이 있어야만 하고, 세차 쌍극자와 위상이 일치하게 원형 경로로 회전한다. 적절한 주파수의 *원형 편광 복사선*(circularly polarized radiation)의 자기 모멘트는 다음의 특성을 가져야만 한다; 즉, 이 복사선의 자기 벡터는 그림 19-3에서 점선으로 표시된 원형 성분을 가져야만 한다.[4] 복사선의 자기 벡터의 회전 주파수가 핵의 세차 운동 주파수와 같을 때만 흡수와 뒤집어짐이 일어난다. 다음 단락에서 논의되는, 적절한 주파수의 원형 편광 복사선은 RF 진동자 코일에 의해 만들어진다.

NMR 기기의 광원 역할을 하는 RF 진동자 코일에 의해 생성된 복사선은 평면-편광화되어 있다. 그러나 평면-편광(plane-polarized) 복사선은 d와 l의 원형 편광 복사선으로 구성된다. 그림 19-4b에서처럼, d 성분의 벡터는 관찰자에 복사선이 접근하는 것처럼 시계 방향으로 회전하고, l 성분의 벡터는 반대로 회전한다. 두 벡터를 더하면, 단일 평면에서 진동하는 벡터 합이 된다(그림 19-4a).

따라서, 고정된 자기장 방향에 수직으로 배향된 진동자 코일에 의해 생성된 전자기 복사선은 시료 핵의 흡수를 일으키기 위해 시료 전체의 적절한 면으로만 원형 편광 복사선이 도입된다. 즉, 세차 운동 방향으로 회전하는 들뜬 복사선의 자기 성분만이 흡수된다.

[4]전자기 복사선의 전기장이 흡수종과 상호작용하는 광학 분광학과는 달리, NMR 분광학에서는 흡수종을 들뜨게 하는 것이 *복사선의 자기장*(magnetic field)임을 기억하라.

NMR에서의 이완 과정

강한 자기장에서 핵의 낮은 에너지 상태에 더 많은(excess) 핵이 존재하기 때문에, 핵이 적절한 주파수의 복사선에 노출되면 흡수가 일어난다. 예제 19-2의 결과에서 보듯이, 이 초과 정도가 작아서, 흡수 과정으로 두 상태에서 핵의 수를 같게 하여 흡수 신호가 감소하게 되어 0에 가까워지는 위험이 항상 있다. 이런 두 상태의 핵의 수가 같아질 때, 이 스핀 시스템은 *포화되었다*(saturated)라고 말한다. 포화를 피하기 위해, 들뜬 핵이 낮은 에너지 상태로 이완되는 속도는 핵이 RF 에너지를 흡수할 때의 속도보다 빨라야만 한다. 하나의 명백한 이완 경로는 형광이 일어나는 에너지 상태 간의 차이와 일치하는 주파수의 복사선 방

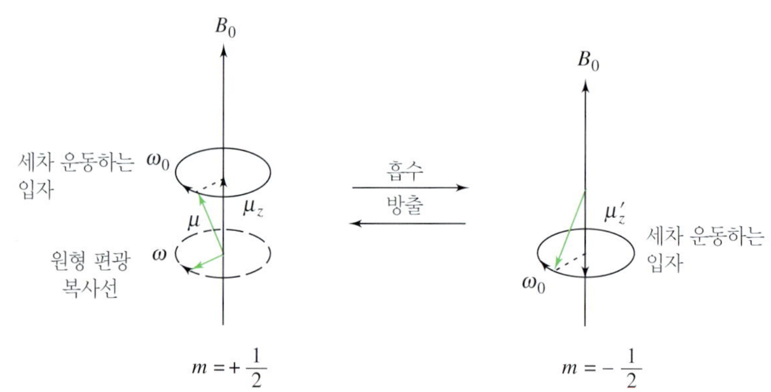

그림 19-3 세차 운동하는 입자의 복사선 흡수에 대한 모형.

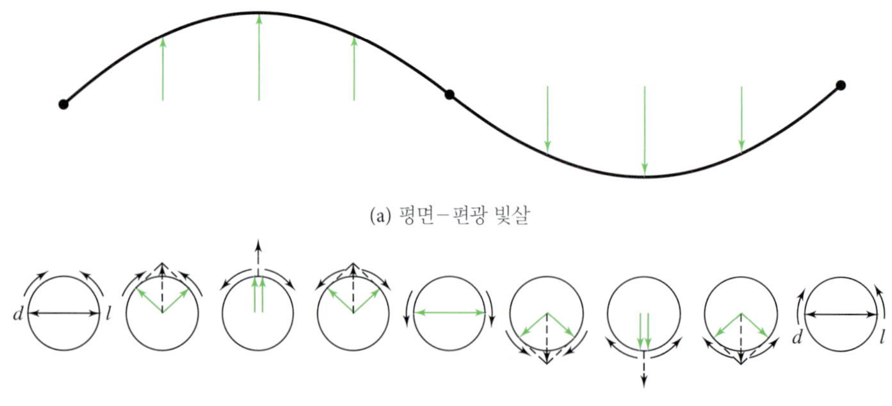

그림 19-4 복사선의 평면-편광 빛살과 원형 편광 빛살의 두 성분(d, l)을 동일선상에 배치한 모식도.

출 과정(즉, 복사선 이완 과정)이다. 그러나 광자의 자발적 재방출 가능성은 주파수의 세제곱에 비례하므로, RF 주파수 영역에서 이 과정은 유의미할 정도로 발생하지 않는다고 복사선 이론에 나와 있다. 그래서 NMR 연구에서는 비복사선 이완 과정만이 가장 중요하다.

포화를 줄이고 쉽게 검출할 수 있는 흡수 신호를 생성하려면, 이완 과정은 가능한 빨리 일어나야 한다. 즉, 들뜬 상태의 수명이 짧아야 한다. 두 번째 인자(들뜬 상태의 수명과 흡수선의 폭은 반비례 관계)는 매우 짧은 들뜬 상태의 수명의 장점을 무효화한다. 즉, 이완 속도가 빠르면(수명이 짧을 때), 흡수선의 폭이 넓어져 고분해능의 측정을 방해한다. 이 두 가지 상반되는 인자로 인해 들뜬 종의 최적 반감기는 약 0.1~10초 사이가 되도록 요구된다.

NMR 분광학에서 중요한 이완 과정 두 종류는 다음과 같다: (1) *스핀-격자* 또는 *종축 이완*(spin-lattice or longitudinal relaxation) 및 (2) *스핀-스핀* 또는 *횡축 이완*(spin-spin or transverse relaxation)이다.

스핀-격자 이완. NMR 실험에서, 시료를 구성하는 거대한 더미 중 일부 핵들만 흡수된다. 시료의 고체, 액체, 또는 기체와 같은 상태와 상관없이 전체 더미를 *격자*(lattice)라고 한다. 특히 액체와 기체 상태에서 격자를 구성하는 다양한 핵들은 격렬한 진동 및 회전 운동을 하고, 이는 각 자성 핵에 대해 복잡한 자기장을 생성한다. 결과적으로, 이 격자 자기장은 자기 성분의 연속체를 포함하며, 이중 적어도 일부는 관찰하고자 하는 자기 핵의 세차 운동 주파수와 일치하는 주파수 및 위상을 가져야만 한다. 이 진동 및 회전에서 도래된 많은 성분들이 핵과 상호작용을 하여 핵을 높은 스핀 상태에서 낮은 스핀 상태로 변환시킨다. 이때 발생된 에너지는 열 진동 또는 회전의 세기만을 단순히 증가시킨다. 이 변화가 시료의 미세한 온도 상승을 일으킨다.

스핀-격자 이완은 이완 시간(T_1)으로 특성 지어지는 *1차 지수적 감쇠*(first-order exponential decay)이고, 높은 에너지 상태에서 핵의 평균 수명의 측정치이다. 이 이완 시간은 흡수핵의 자기 회전 비율과 연관이 있고, 격자의 이동도(mobility)에도 강하게 영향을 받는다. 결정성 고체 및 점성 액체에서처럼 이동도가 낮은 경우, T_1은 길다. 이동도가 증가함에 따라(예, 온도 상승) 진동 및 회전 주파수가 증가하여, 이완 전이를 위한 적절한 크기의 자성 변동(fluctuation)의 확률이 높아진다. 결과적으로 T_1은 짧아진다. 한편, 매우 높은 이동도에서 변동 주파수는 더욱 증가되어, 스핀-격자 감소를 위한 적절한 특정 주파수가 생길 확률 폭이 넓게 퍼진다. 이 결과로 T_1과 격자 이동성 사이의 관계는 최소가 된다.

스핀-스핀 이완. 몇 가지 다른 효과는 이완 시간을 줄여 NMR 피크의 선폭을 넓히는 경향이 있다. 이러한 효과들은 보통 함께 묶어서, 횡축 또는 스핀-스핀 이완 시간 T_2로 표현된다. 일반적으로 결정성 고체 및 점성 액체의 T_2값은 매우 작아서(10^{-4} s 이하), 특별한 기법을 사용하지 않으면 고해상도의 스펙트럼을 얻을 수 없다. 이 특별한 기법은 고체의 ^{13}C NMR 연구를 다루는 뒤의 절에서 간략히 설명할 것이다.

같은 종류의 두 개의 인접한 핵이 동일한 세차 속도를 갖지만, 다른 자기 양자 상태에 있다면 각각의 자기장은 상호작용하여 상태를 교환할 수 있게 된다. 즉, 낮은 스핀 상태의 핵은 들뜨고, 들뜬 상태의 핵은 낮은 에너지 상태로 이완하게 된다. 이 결과로는 상대적인 스핀-상태 분포도의 변화가 없어서 포화도의 감소는 없지만, 특정한 들뜬 핵의 평균 수명은 단축된다. 결과적으로 선폭은 넓어진다.

선폭의 넓어짐에 영향을 주는 다른 두 가지 원인을 살펴보자. 식 19-10에서 B_0가 핵마다 조금 다르다면, 이 두 가지 원인이 모두 나타난다. 이 상황에서는 단일 주파수가 아닌, 주파수의 일정 영역이 흡수된다. 이러한 차이로 인한 한 원인은, 고정된 자기장에서 시료에 존재하는 다른 자기 핵종의 스핀이 작은 국부적 자기장들을 만들어, 측정하는 핵종에 대해 외부 자기장의 세기를 증가 또는 감소시킨다. 움직임이 많은 격자를 갖는 용액에서는, 국부적 자기장을 만드는 핵 스핀들이 빠르고 무작위로 움직이기 때문에 이 국부적 자기장들은 상쇄된다. 그러나 고체 또는 점성 액체에서는, 일정한 범위의 자기장 세기(즉, 일정 범위의 흡수 주파수 영역)를 만들기에 충분히 긴 시간 동안 국부적 자기장들이 유지된다. 두 번째 원인은 고정 자기장의 가변성으로 인한 자기장 자체의 작은 불균일성이다. 이 원인은 자기장에서 시료 전체를 빠르게 회전시킴으로써 상쇄시킬 수 있다.

19A-3 Fourier 변환형 NMR

펄스형 NMR 측정에서,[5] 특정 강한 자기장에 있는 핵은 그림 19-5와 같이 매우 강한 RF 복사선의 매우 짧은 펄스에 주기적으로 노출된다. 그림 (a)의 파형은 펄스 train 및 펄스 폭, 펄스 간의 시간 간격을 보여준다. 펄스 중 하나를 확대한 그림 (b)는 각 펄스가 실제로 RF 복사선의 다발임을 보여주고 있다. 파형은 묘사하여 그린 것이며, 실제 축적으로 그려진 것도 아니다. 복사선 다발은 묘사된 것보다 더 많은 사이클을 갖는다. 펄스

자습: www.tinyurl.com/skoogpia7에서 **NMR 이론(NMR theory)**에 대해 더 알아보시오.

[5]좀 더 상세한 내용은 다음 문헌을 참고하시오. H. Friebolin, *Basic One- and Two-Dimensional NMR Spectroscopy*, 5th ed., Weinheim, Germany: Wiley-VCH, 2011; J. Keeler, *Understanding NMR Spectroscopy*, 2nd ed., Chichester, UK: Wiley, 2010; J. B. Lambert, E. P. Mazzola, *Nuclear Magnetic Resonance Spectroscopy*, Upper Saddle River, NJ: Pearson/Prentice-Hall, 2004; S. Berger and S. Braun, *200 and More NMR Experiments*, New York: Wiley-VCH, 2004.

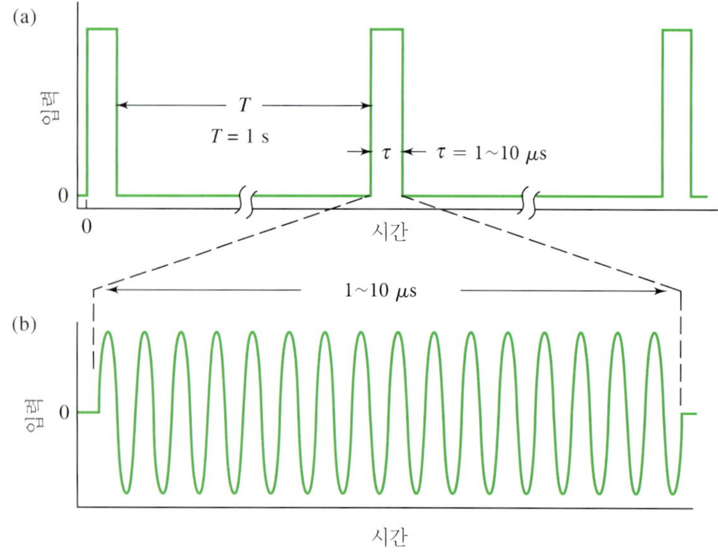

그림 19-5 펄스 NMR의 전형적인 입력 신호. (a) 펄스 서열, (b) 전형적으로 수백 MHz 주파수의 RF 펄스의 확대도. 시간 축은 축척에 따라 그리지 않았다.

의 길이(τ)는 보통 10 μs 미만이며, 복사선의 주파수는 10^2~10^3 MHz 범위에 있다. 펄스들 간의 간격(T)은 일반적으로 1초에서 수 초 사이이다. 펄스는 *자유-유도 감쇠*(free-induction decay, FID)라고 불리는 순간적인 신호를 불러일으키며, 이는 시간 T 동안 핵이 이완되면서 발생한다. FID 신호는 고정 자기장에 수직하게 있는 라디오 수신기 코일로 검출된다. 보통 하나의 코일로 RF 펄스를 시료에 조사하기도 하고, FID 신호를 검출하기도 한다. FID 신호는 디지털화되어 데이터 처리를 위해 컴퓨터에 저장된다. 제5C-2절에서 설명한 것처럼 신호 대 잡음비를 향상시키기 위하여, 일반적으로 여러 연속적인 펄스로 얻은 시간 영역 감쇠 신호는 모두 더해진다. 이렇게 합해진 데이터는 Fourier 변환에 의해 주파수 영역의 신호로 변환되고, 디지털 필터링에 의해 신호 대 잡음비를 추가로 향상시킨다. 최종적인 주파수 영역의 출력 신호는 연속 파형 실험에서 스캔하여 얻은 스펙트럼과 거의 같다.

펄스형 NMR 실험에서 일어나는 현상을 설명하려면, 그림 19-6a와 같이 자기장의 방향을 z축에 놓은 Cartesian 좌표가 도움이 된다. 작은 화살표는 낮은 에너지($m = +1/2$) 상태에 초과로 있는 핵들의 자기 모멘트 벡터이다. z축 주변의 이들 벡터의 방향은 무작위이며, Larmor 주파수(ν_0)로 회전한다. 이 초과 핵들의 벡터 합을 파란색 화살표로 표시했고, z축을 따라 정렬된 알짜 자기 모멘트 M으로 나타냈다.

그림 19-6에서 좌표들은 정확히 Larmor 주파수로 z축을 중심으로 회전한다고 상상하는 것이 설명에 도움이 된다. 이와 같은 기준의 회전 프레임(rotating frame)에서 그림 19-6a의 각 자기 모멘트 벡터들은 그림에서 보여주는 배향에서 공간적으로 고정되게 한다. 특별한 제시가 없다면 이 그림의 나머지 부분은 *기준의 고정 프레임*(static or laboratory frame of reference)이 아닌, *기준의 회전 프레임*(rotating frame of reference)으로 설명하게 된다.

펄스에 의한 들뜸

그림 19-6b는 x축으로 RF 복사선 펄스가 시료를 조사하는 순간의 알짜 자기 모멘트의 위치를 보여준다. 이 입사 전자기 복사선의 자기장을 기호 B_1으로 표시했다. 회전 프레임에서는 B_1과 시료의 자성 벡터 M은 고정적이고, B_1은 x축에 있고 M은 x축에 수직하다. 기초 물리학에서 배운 바와 같이, 각 펄스에 의해 M은 z축에서 떨어져 나와 토크(torque)운동을 하게 된다. 그림 19-6c와 d에서 보여준 바와 같이, 이 토크는 시료의 자기 모멘트 M을 yz 평면에서 x축을 중심으로 회전시킨다.[6] 회전되는 정도는 다음 식에서와 같이, 펄스 길이(τ)에 따라 달라지며

$$\alpha = \gamma B_1 \tau \qquad (19\text{-}12)$$

여기서 α는 radian 단위의 회전 각도이다. 대부분의 Fourier 변환 실험에서, 그림 19-6d와 같이 펄스 길이는 α가 90° 또는 $\pi/2$ radian이 되도록 선택된다. 일반적으로, 이 각도를 만드는 데 필요한 시간은 1~10 μs이다. 한번 펄스가 종료되면, 그림 19-6e와 같이 핵은 이완되기 시작하고 다시 평형 상태로 돌아가게 된다. 이전 부분에서 논의한 것처럼, 이완 과정은 두 개의 독립적 메커니즘인 스핀-격자 및 스핀-스핀 상호작용에 의해 일어난다. 몇 초 후, 이러한 상호작용의 결과로 그림 19-6a에 묘사된

---

[6]그림 19-6은 NMR이 왜 "공명(resonance)" 기법인지 생각하게 한다. 작은 주기적 섭동(perturbation)이 섭동된 계의 일부 변수에서 큰 변화를 일으키는 방식으로 에너지를 전달하게 되는 조건을 공명이라고 한다. 따라서 NMR은 작은 주기적 섭동(B_1)이 시료의 자성 벡터(M) 방향을 크게 변화시키기 때문에 공명 기법이다(그림 19-6d). 대부분의 실험에서, B_1의 크기는 B_0보다 수백에서 수천백 배 작다.

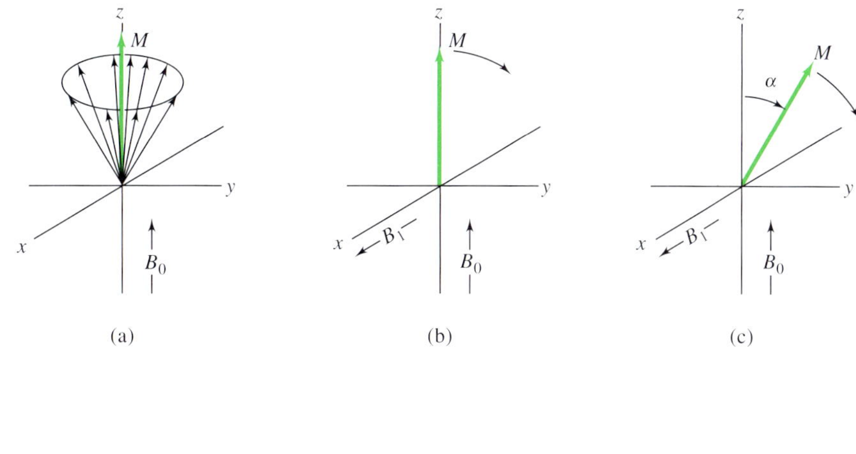

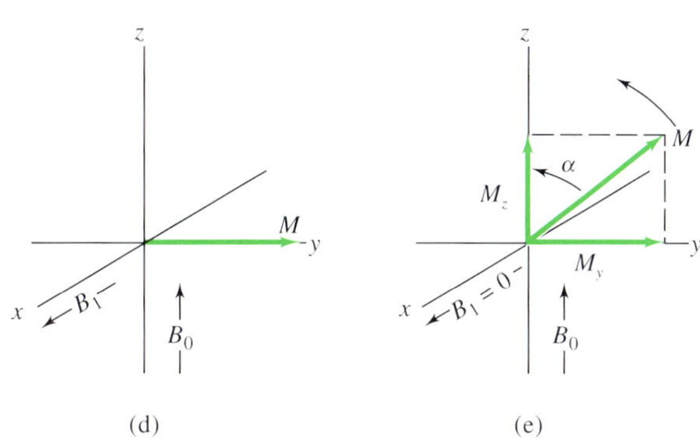

그림 19-6 기준 자기장의 회전 프레임에서 핵 자기 모멘트의 거동. (a) 펄스를 가하기 직전의 낮은 에너지 상태에 있는 초과분의 핵 자기 벡터들, (b), (c), (d) 90° 펄스를 가하는 동안, 시료의 자성 벡터 *M*의 회전, (e) 펄스 종결 후 자성 벡터의 이완 과정.

것처럼 핵은 원래의 상태로 되돌아간다.

그림 19-6e와 같이 RF 복사선 펄스에 의해 기울어진 뒤 다시 평형 상태로 핵이 돌아올 때, *y*축의 자기 모멘트 M_y는 감소하고 *z*축의 자기 모멘트 M_z는 증가한다. 그림 19-7은 고정 프레임에서 본 두 이완 과정의 메커니즘에 대한 더 자세한 그림을 제공하고 있다. 스핀–격자 이완 과정에서, 자성은 *z*축을 따라 그림 19-6a와 같은 원래 값으로 돌아갈 때까지 증가한다. 스핀–스핀 이완 과정에서 핵들은 서로 스핀 에너지를 교환하여, 어떤 핵들은 Larmor 주파수보다 빠른 속도로 세차 운동하고, 다른 핵들은 더 느리게 세차 운동을 한다. 그림 19-7의 오른쪽에 표시된 것처럼, 결과적으로 핵 스핀들은 *xy* 평면에서 전개되기 시작한다. 궁극적으로 이 과정이 *y*축을 따라 자기 모멘트가 0으로 감소되게 한다. 즉, 이완이 *z*축으로 완료되는 시간에 *xy* 평면에는 잔류하는 자성 성분이 없게 되고, 이것은 $T_2 \leq T_1$을 의미한다.

자유–유도 감쇠

그림 19-6d로 다시 돌아가, 펄스의 끝에서 B_1이 0된 상황을 생각해보자. 이제는 회전 프레임이 아닌 고정 프레임에서 어떤 일이 일어나는지 파악하는 것이 유용하다. 좌표가 고정되어 있는 경우, 자기 모멘트(*M*)는 Larmor 주파수로 *z*축을 중심으로 시계 방향으로 회전해야만 한다. 이 운동은 *x*축에 감겨있는 코일에 의해 검출될 수 있는 RF 신호를 발생시킨다. 앞에서 언급했듯이, 펄스를 생성하는 데 사용된 코일과 동일한 코일을 사용하여 신호를 검출할 수 있다. 이완 과정이 진행됨에 따라, 이 신호는 기하급수적으로 감소하여, 자기 벡터가 *z*축에 가까워짐에 따라 0에 근접해진다. 이 시간 영역 신호가 자유–유도 감쇠(free-induction decay, FID)이며, 궁극적으로 이것은 Fourier 변환에 의해 주파수 영역 신호로 변환된다.

그림 19-8은 ^{13}C 핵의 Larmor 주파수와 **정확히** 동일한 주파수의 RF 펄스에 의해 들뜬 ^{13}C 핵에 대해 관찰한 FID를 나타낸다. 신호는 4개의 ^{13}C 핵에 의해 다이옥세인(dioxane)에 생성되며 자기장에서 동일하게 거동한다. 그림 19-8a의 FID는 지수 곡선을 갖고, 1초 이내에 0에 가까워진다. 감쇠 패턴에 겹쳐진 잡음은 회전 곁띠들(spinning sidebands)에 의한 실험적 인공물이므로 무시한다. 그림 19-8b는 그림 19-8a의 곡선을 Fourier 변환한 것이다: 다이옥세인에 대해 좌측에 1개의 ^{13}C 흡수 피크만 나타난다. 일반적으로, 조사 주파수(ν)와 Larmor 주파수($\omega_0/2\pi$)가 작은 차이가 날 때, 지수 감쇠는 $|\nu - (\omega_0/2\pi)|$ 주파수의 sine파로 변조된다. 그림 19-9는 이 두 주파수의 차이가 50 Hz일 때를 나타내고 있다.

자기적으로 다른 핵이 존재하면, 그림 19-10a의 사이클로헥센(cyclohexene)의 ^{13}C 핵 스펙트럼처럼 FID는 뚜렷한 비트 패

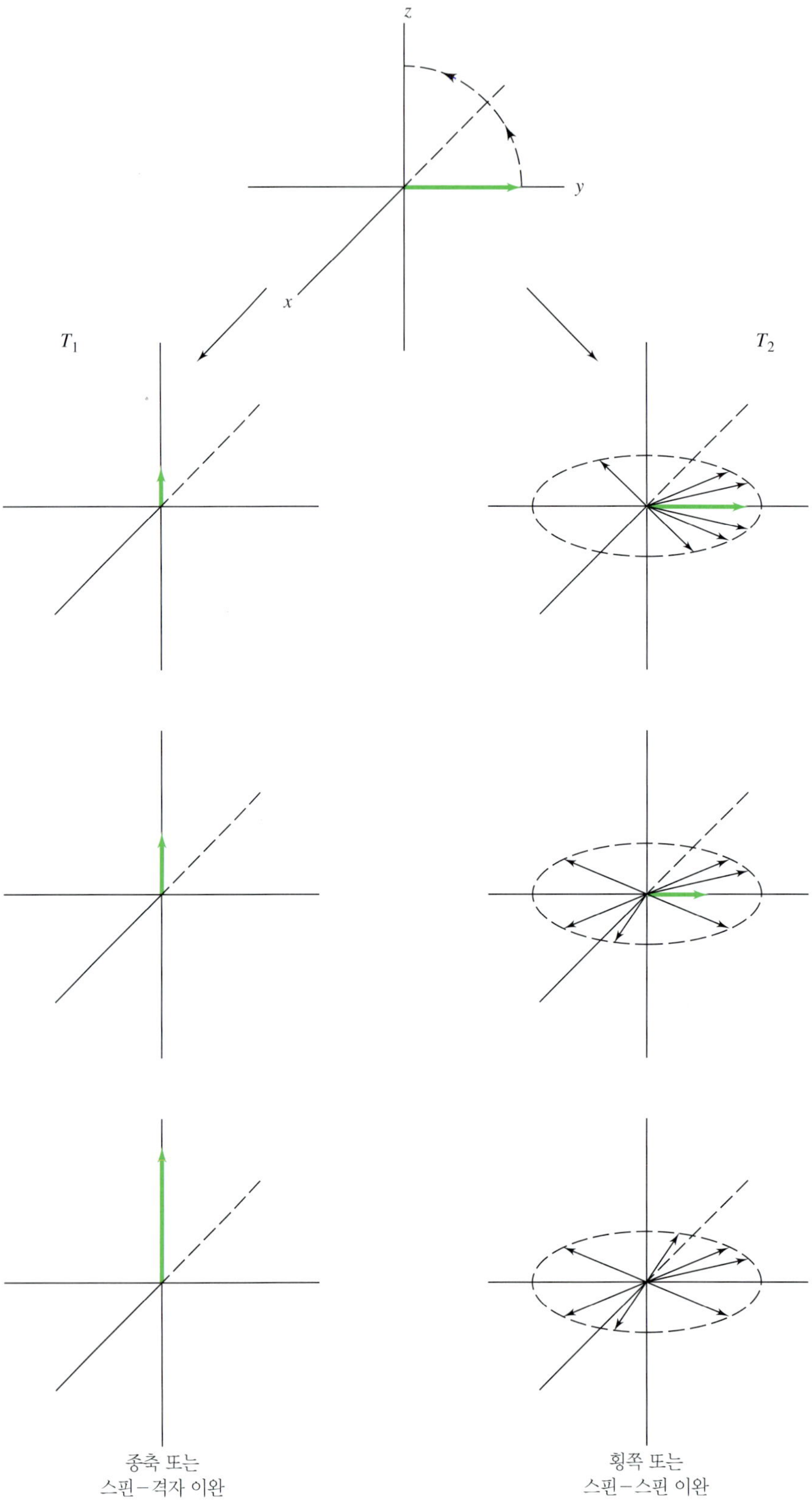

그림 19-7 핵의 2가지 이완 과정. 종축(스핀–격자) 이완은 *z*축에서 일어나고, *xy* 평면에서는 횡축(스핀–스핀) 이완이 일어난다. (Courtesy of Professor Stanford L. Smith, University of Kentucky, Lexington, KY.)

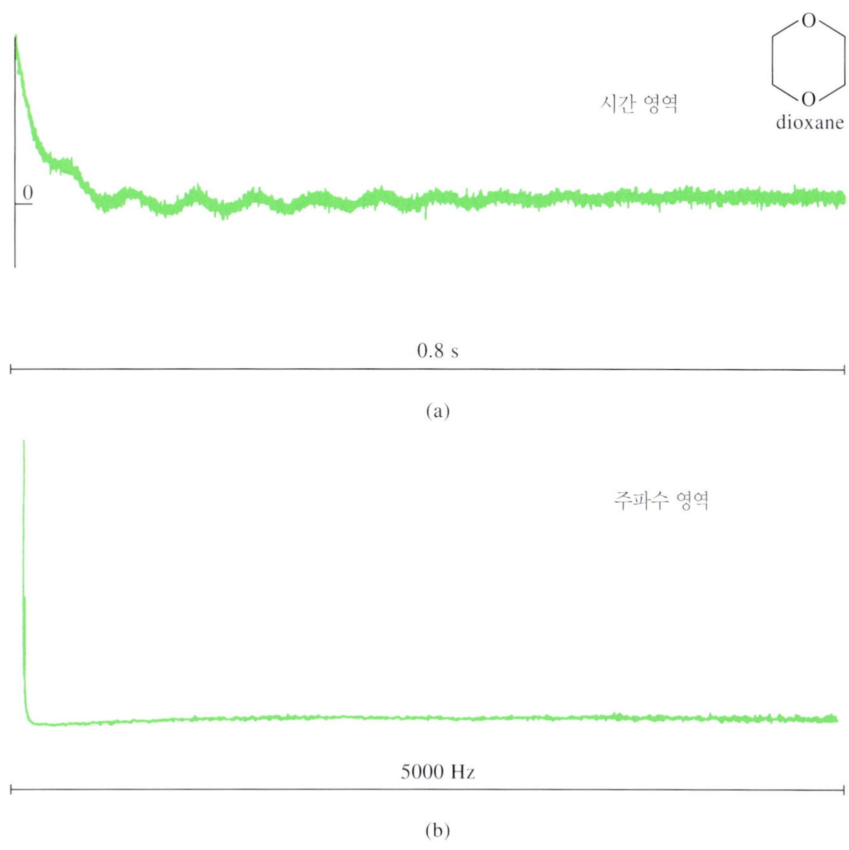

그림 19-8 (a) 펄스 주파수가 Larmor 주파수와 같을 때(on-resonance), 다이옥세인의 ^{13}C FID 신호, (b) (a)의 Fourier 변환 스펙트럼. (From R. J. Abraham, J. Fisher, and P. Loftus, *Introduction to NMR Spectroscopy*, p. 89, New York: Wiley, 1988. Reprinted by permission of John Wiley & Sons, Inc.)

턴을 갖는다. 이 화합물은 세 쌍의 자기적으로 다른 탄소 원자를 포함한다: 올레핀 탄소 한 쌍, 올레핀 쌍에 이웃하는 지방족 탄소 쌍, 올레핀 기와 정반대편의 탄소 쌍. 그림 19-10b에서 62 Hz 차이가 나는 두 선(피크)들은 두 쌍의 지방족 탄소 원자들로부터 생성된다. 올레핀 탄소 쌍은 좌측에 하나의 공명(피크)을 생성한다. 여러 흡수선들을 갖는 화합물의 경우, FID는 매우 복잡해진다. 그러나 모든 경우에, 시간 영역 감쇠 신호는 Fourier 변환한 주파수 영역의 흡수 스펙트럼을 생성하는 데 필요한 모든 정보를 포함한다.

19A-4 NMR 스펙트럼의 종류

사용된 기기의 종류, 관련된 핵의 유형, 시료의 물리적 상태, 분석대상 핵의 환경, 데이터 수집의 목적 등에 따라 NMR 스펙트럼은 여러 유형이 있다. 그러나, 대부분의 NMR 스펙트럼은 *넓은 선*(wide line) 또는 높은 *해상도*(high resolution)로 분류할 수 있다.

넓은-선 스펙트럼

넓은-선 스펙트럼(wide-line spectra)은 선의 폭이 너무 넓어서, 화학적 환경에 의한 미세 구조를 분석할 수 없다. 그림 19-11은 여러 동위 원소가 혼합된 넓은-선 스펙트럼이다. 하나의 공명은 각 핵종과 관련된다. 넓은-선 스펙트럼은 동위 원소의 정량 분석과 흡수종의 물리적 환경 연구에 유용하다. 넓은-선 스펙트럼은 보통 세기가 낮은 자기장에서 얻어진다.

고분해능 스펙트럼

대부분의 NMR 스펙트럼은 *고분해능*(high resolution)이며, 0.01 ppm 이하의 매우 작은 주파수 차이를 구별할 수 있는 기기로 측정된다. 이러한 스펙트럼은, 어떤 동위 원소의 화학적 환경의 차이가 각각의 여러 공명으로 나타낸다. 그림 19-12는 에탄올의 양성자에 대한 분해능이 다른 두 가지 스펙트럼을 보여준다. 위 스펙트럼에서는, CH_3, CH_2, OH 양성자에 의한 흡수로부터 3개의 피크가 나타난다. 그림 19-12b의 고분해능 스펙트럼에서는 3개의 피크 중 2개가 추가적인 공명들(피크들)로 분해된다. 다음부터는 고해상도 스펙트럼만을 다루고 있다.

19B NMR 스펙트럼에 대한 환경적 영향

특정 핵에 의해 흡수된 RF 복사선의 주파수는 화학적 환경에 의해(즉, 핵 및 핵 주변의 전자들에 의해) 크게 영향을 받는다.

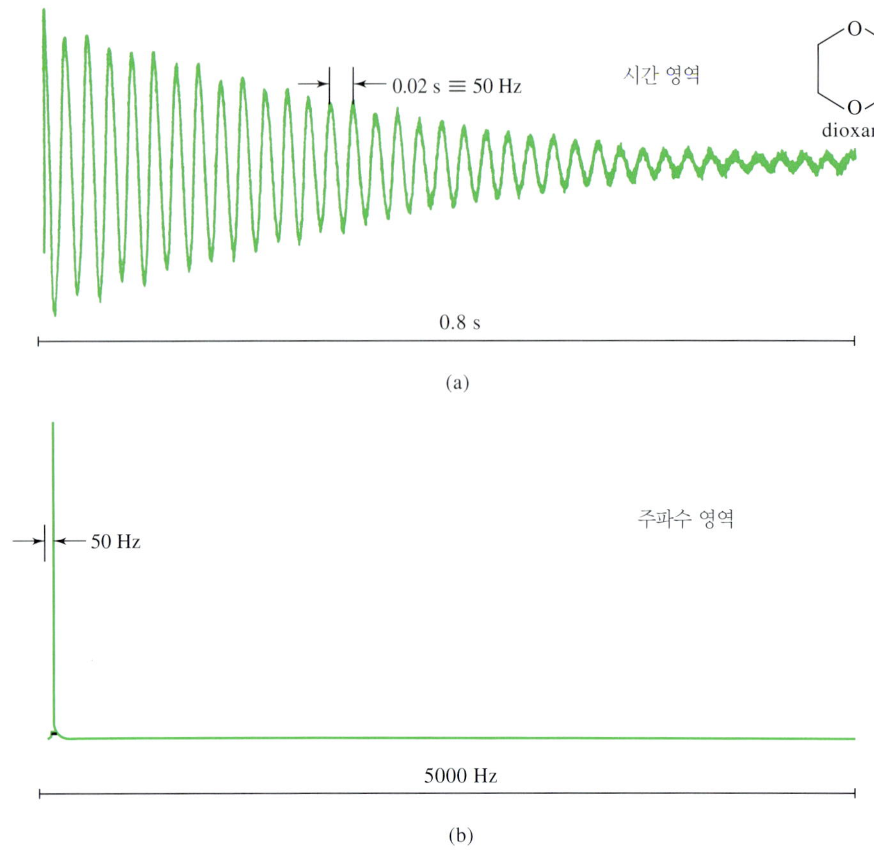

그림 19-9 (a) 펄스 주파수와 Larmor 주파수가 50 Hz 차이 날 때(off-resonance), 다이옥세인의 ^{13}C FID 신호, (b) (a)의 Fourier 변환 스펙트럼. (From R. J. Abraham, J. Fisher, and P. Loftus, *Introduction to NMR Spectroscopy*, p. 90, New York: Wiley, 1988. Reprinted by permission of John Wiley & Sons, Inc.)

따라서 단순한 분자조차도 화학적 구조를 밝히는 데 사용할 수 있는 중요한 스펙트럼 정보를 제공한다. ^{1}H가 가장 많이 측정되는 동위 원소이기 때문에, 앞으로는 양성자(^{1}H) 스펙트럼을 주로 다루고자 한다. 대부분의 기본 개념은 다른 동위 원소의 스펙트럼에도 적용될 수 있다.

19B-1 환경 효과의 유형

그림 19-12에서 보여준 에탄올의 스펙트럼은 2가지 유형의 환경적 효과를 나타낸다. 저해상도 장비로 얻은 그림 19-12a의 스펙트럼에서 세 종류의 양성자 피크들의 면적비는 1:2:3(왼쪽부터)이다. 이 비율에 기초하여 피크가 각각 하드록실기(—OH), 메틸렌기(—CH_2-), 메틸기(—CH_3)로부터 기인한 것이라고 추정할 수 있다. 예를 들어, 하이드록실기의 수소 원자를 중수소로 대체하면, 첫 번째 피크는 사라지게 된다. 또한 그림 19-12a에서는 수소 원자가 붙어있는 작용기의 차이 때문에 양성자의 공명 주파수가 조금 차이가 나는 것을 보여주고 있다. 이 효과를 *화학적 이동*(chemical shift)이라고 한다.

그림 19-12b에서의 고분해능 에탄올 스펙트럼은 3개의 양성자 공명 중 2개의 피크가 더 쪼개짐을 나타내고 있다. 화학적 이동과 중첩되는, 이 2차 환경적 효과는 다른 원인을 가지고 *스핀–스핀 갈라짐*(spin-spin splitting)이라고 한다.

화학적 이동과 스핀–스핀 갈라짐은 구조 분석에서 모두 중요하다. 화학적 이동으로 인한 피크의 분리 정도는 자기장의 세기 또는 공명 주파수에 정비례하기 때문에, 실험적으로 이 두 효과는 쉽게 구별할 수 있다. 만약 그림 19-12a의 스펙트럼을 60 MHz 대신 100 MHz 공명 주파수에서 획득하면, 그림 19-13에 나타낸 바와 같이 공명 세트 간 수평적 거리가 100/60만큼 증가한다. 반면, 스핀–스핀 갈라짐에 의한 공명 세트 내의 피크들 사이의 거리는 이 공명 주파수 변화에 의해 바뀌지 않는다.

화학적 이동의 원인

화학적 이동은 핵 주위를 순환하는 전자에 의해 생성되는 작은 자기장에 의해 발생한다. 이 자기장은 가해진 외부 자기장(NMR 자석에 의한 자기장)과 일반적으로 반대 방향이다. 결과적으로 핵이 노출된 유효 자기장(effective field)은 외부 자기장보다 작다. 내부적으로 생성된 자기장의 크기는 가해진 외부 자기장의 세기와 정비례하므로

$$B_0 = B_{appl} - \sigma B_{appl} = B_{appl}(1 - \sigma) \qquad (19\text{-}13)$$

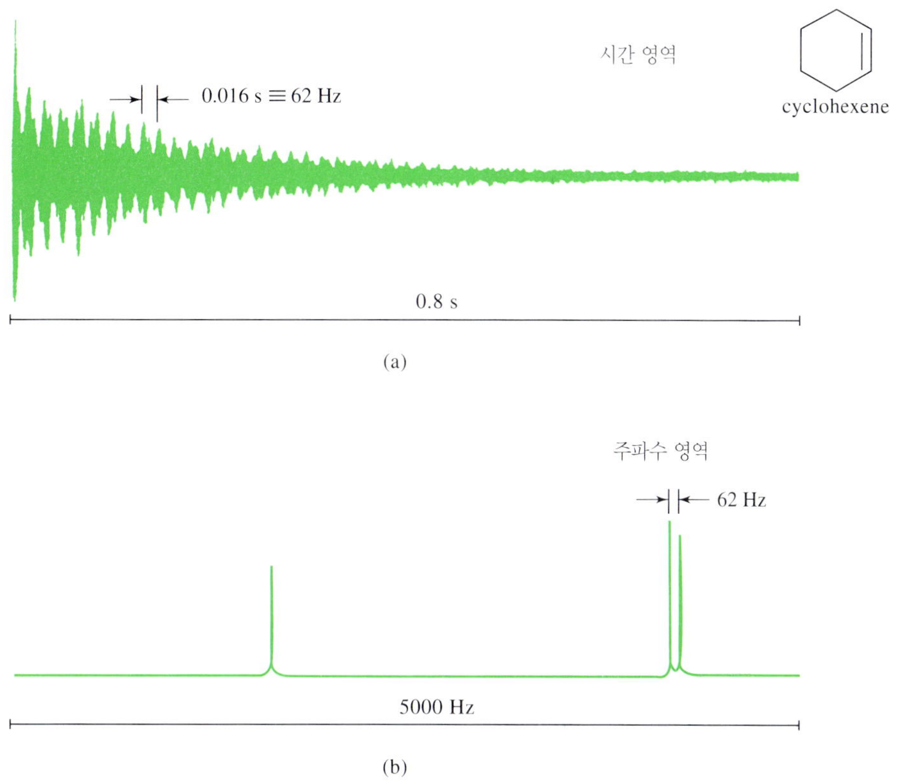

그림 19-10 (a) 사이클로헥센(cyclohexene)의 ^{13}C FID 신호, (b) (a)의 Fourier 변환 스펙트럼. (From R. J. Abraham, J. Fisher, and P. Loftus, *Introduction to NMR Spectroscopy*, p. 91, New York: Wiley, 1988. Reprinted by permission of John Wiley & Sons, Inc.)

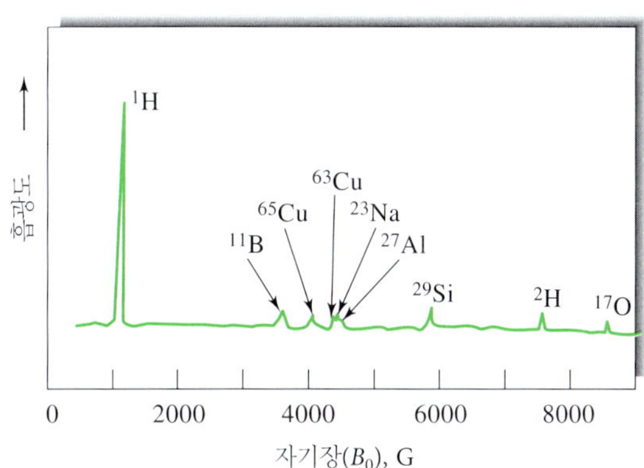

그림 19-11 유리 용기에 들어있는 물의 저해상도 NMR 스펙트럼. 주파수 = 5 MHz.

여기서 B_{appl}은 가해진 외부 자기장(applied field)의 세기이고, **B_0는 핵의 공명을 일으키는 최종 자기장의 세기이다.** σ는 전자 밀도와 핵 주변 전자의 공간적 분포에 의해 결정되는 *가리움 상수*(shielding constant)이다. 전자 밀도는 핵이 포함된 화합물의 구조에 의해 결정된다. 식 19-5를 식 19-13에 대입하면 공명 조건은 주파수의 항으로 주어진다.

$$\nu_0 = \frac{\gamma}{2\pi}B_0(1 - \sigma) = k(1 - \sigma) \qquad (19\text{-}14)$$

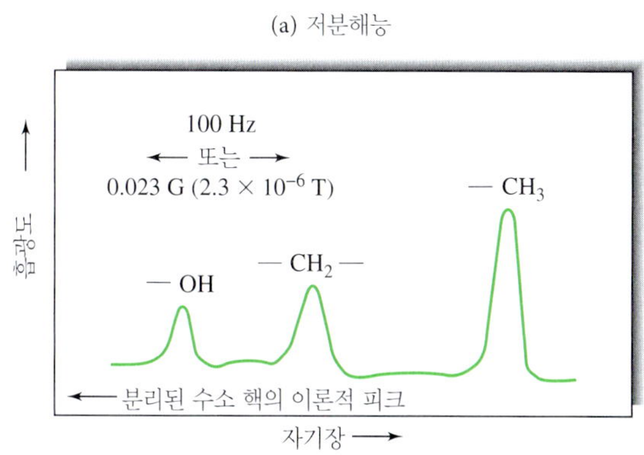

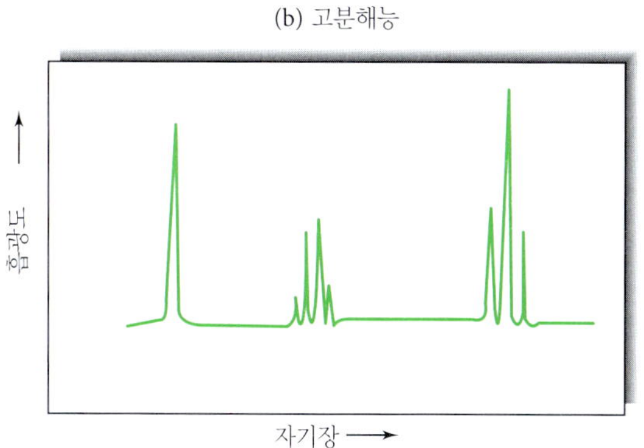

그림 19-12 주파수 60 MHz에서 에탄올의 NMR 스펙트럼. 해상도: (a) ~$1/10^6$, (b) ~$1/10^7$.

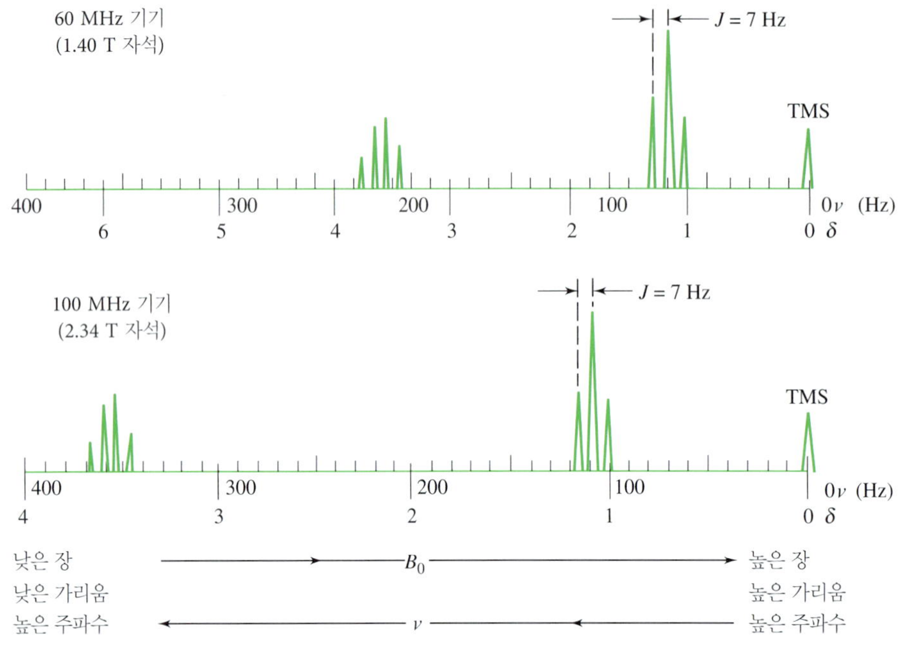

그림 19-13 **NMR 스펙트럼의 가로축 눈금.**

$k = \gamma B_0/2\pi$이다.

메틸 그룹의 양성자에 대한 가리움 상수는 메틸렌 양성자의 가리움 상수보다 크며, —OH 그룹의 양성자에 대한 가리움 상수는 훨씬 더 작다. 독립적으로 있는 수소 핵의 경우, 가리움 상수는 0이다. 따라서 한 주파수(ν)로 조사하여 들떠서 공명된 에탄올의 모든 양성자는 B_0(식 19-13, 독립적 수소 핵의 공명 자기장)보다 큰 B_{appl} 자기장이 가해져야만 공명이 일어난다. 반대로 가해진 외부 자기장이 하나로 고정된다면, 조사한 주파수는 공명을 일으키기 위해 높아져야 한다. 양성자의 σ는 작용기 종류에 따라 달라지므로 가해진 외부 자기장은 작용기별로 다르다. 그림 19-12a의 에탄올 스펙트럼처럼, 이 효과는 하이드록실기 양성자가 가장 낮은 자기장에, 다음으로 메틸렌 양성자, 끝으로 메틸 양성자에 나타난다. 이 공명(피크) 모두는 독립된 수소 핵의 이론적 자기장(그림 19-12a의 좌측 밖에 존재함)보다 더 큰 자기장에서 나타났다. 또한 외부 자기장의 세기가 메틸 양성자를 들뜨게 하기에 충분한 강한 자기장으로 고정된다면, 메틸렌 양성자가 공명하기 위해서는 주파수를 증가시켜야만 한다.

스핀-스핀 갈라짐의 원인

화학적 이동에 의한 공명 피크의 갈라짐은 핵의 자기 모멘트와 바로 이웃한 핵의 자기 모멘트 간의 상호작용으로 발생한다. 스핀하는 핵에 의해 생성된 자기장은 결합하고 있는 이웃 핵들의 전자 분포에 영향을 준다. 이 전자 분포의 변화는 이웃 핵의 자기장에 변화를 일으키고, 에너지 준위가 쪼개지게 되어 다중 전이를 일으킨다. 전자 결합에 의해 전달된 핵의 이러한 자기적 결합을 *분극 상호작용*(polarization interaction)이라고도 부른다. 그림 19-12b의 메틸렌 피크의 갈라짐은 이웃한 메틸 수소들의 전자 스핀에 기인한 효과이다. 반대로, 메틸 피크가 3개의 작은 피크로 갈라진 것은 이웃한 메틸렌 수소들 때문이다. 이 효과는 외부 자기장의 세기와 무관하며 화학적 이동 효과와 중첩된다. 스핀-스핀 갈라짐은 제19B-3절에서보다 자세하게 논의된다.

NMR 스펙트럼의 가로축 눈금

고분해능 NMR 측정에 필요한 정확도를 위해 절대적인 자기장 세기를 결정하는 것은 매우 어렵고 불가능하다. 하지만 제19C절에서 다룰 예정인, milligauss의 1/10 이상 수준의 자기장 *변화*(change)의 크기를 결정하는 것은 전적으로 가능하다. 따라서 시료에 넣은 내부 표준물에 대한 공명과 시료의 상대적 공명 위치를 관찰하는 것이 편리하다. 내부 표준물을 사용하여 조사한 주파수와 무관하게 표시되는 화학적 이동을 묘사할 수 있다면 이 방법은 많은 이점이 있다.

사용하는 내부 표준물은 관찰하는 핵종과 용매에 따라 다르다. 양성자(^{1}H) 실험에 주로 사용되는 내부 표준물은 테트라메틸실레인[tetramethylsilane (TMS), $(CH_3)_4Si$]이다. 이 화합물에서 모든 양성자는 동일하고, 또한 다른 모든 화합물의 양성자보다 TMS의 가리움 상수가 크다. 따라서 이 화합물은 특정 고자기장에서 1개의 날카로운 피크를 나타내며, 또한 한 스펙트럼에서 관찰되는 다른 공명 피크와 항상 분리되어 나타난다. 더불어 TMS는 불활성이며, 대부분의 유기 액체에 쉽게 용해되며, 증류(끓는점 = 27°C)를 통해 시료와 분리할 수 있다. 그러나 TMS는 수용성이 아니다. 따라서 수용액에서는 2,2-dimethyl-2-silapentane-5-sulfonic acid (DSS), $(CH_3)_3SiCH_2CH_2CH_2SO_3Na$를 대신 사용한다. 이 화합물의 메틸기 양성자는 TMS의 스펙트럼과 거의 동일한 위치에 1개의 피크를 생성한다. 그러나 DSS의 메틸렌기 양성자는 여러 작은 공명 피크들을 생성하여 간섭을 일으킬 수 있다. 그래서 대부분의 DSS는 중수소화된 메틸렌기를 가지고 있어, 이러한 불필요한 피크를 생성하지 않게 한다.

한 고정된 자기장(B_0)에서 측정할 때, TMS에 대한 시료의 화학적 이동을 정량적으로 표현하기 위해 식 19-14를 시료와 TMS 공명 피크에 적용하면

$$\nu_s = k(1 - \sigma_s) \tag{19-15}$$

$$\nu_r = k(1 - \sigma_r) \tag{19-16}$$

과 같다. 아래 첨자 r과 s는 표준물질(reference, TMS)과 시료(sample)를 의미한다. 두 번째 식에서 첫 번째 식을 빼면

$$\nu_r - \nu_s = k(\sigma_s - \sigma_r) \tag{19-17}$$

과 같다. 이 식을 식 19-16으로 나누어 k를 제거하면 다음과 같다.

$$\frac{\nu_r - \nu_s}{\nu_r} = \frac{\sigma_r - \sigma_s}{1 - \sigma_r}$$

일반적으로 σ_r은 1보다 훨씬 작기 때문에, 이 식은 다음과 같이 단순화된다.

$$\frac{\nu_r - \nu_s}{\nu_r} = \sigma_r - \sigma_s \tag{19-18}$$

이제 *화학적-이동 변수*(chemical-shift parameter) δ를 다음과 같이 정의하자.

$$\delta = (\sigma_r - \sigma_s) \times 10^6 \tag{19-19}$$

δ는 단위가 없지만, $1/10^6$ (parts per million, ppm)의 상대적인 이동을 의미함으로 ppm을 단위처럼 사용한다. 이 방법의 중요한 장점은, 200 MHz 기기에서 측정하든 800 MHz 기기에서 측정하든 상관없이 어떤 시료의 한 공명 피크에 대해 δ는 같다는 것이다. 대부분의 양성자 공명은 δ가 1~13 ppm 범위에 있다. 다른 핵종의 경우, 화학적 이동의 범위는 $2p$ 전자가 관여되기 때문에 더 넓다. 예를 들어, 여러 작용기에 대한 ^{13}C의 화학적 이동은 보통 0~220 ppm의 범위에 있지만, 400 ppm 또는 그 이상에서도 나타난다. ^{19}F의 경우, 화학적 이동 범위는 800 ppm 정도로 넓고, ^{31}P의 경우에는 300 ppm 이상으로 넓다.

일반적으로 NMR 스펙트럼의 가로축은 δ이고, 역사적으로 왼쪽에서 오른쪽으로 자기장이 증가하도록 그린다(그림 19-13 참고). 따라서 TMS를 기준으로 사용하면 TMS의 σ가 매우 크기 때문에, TMS의 피크는 스펙트럼의 가장 오른쪽에 나타난다. 그림에서와 같이 δ축에서 0값은 TMS 피크이고, δ값은 우측에서 좌측으로 증가한다. 그림 19-13을 다시 보면, 매우 다른 외부 자기장에서 측정한 2가지 스펙트럼에서 같은 피크는 주파수 가로축(Hz)에서는 매우 다른 위치에 있지만, δ 가로축(ppm)에서는 같은 값을 갖는다는 것을 주목하자.

스핀-스핀 갈라짐은 일반적으로 Hz 단위로 표현된다. 그림 19-13에서 주파수 단위로 스핀-스핀 갈라짐(J)은 60 MHz와 100 MHz 기기에서 동일하다는 것을 알 수 있다. 그러나 **주파수 단위(frequency unit)로 표현하면**, 화학적 이동은 더 높은 주파수의 기기를 사용하면 더 증가된다.

19B-2 화학적 이동의 이론

이전에 언급했듯이 화학적 이동은 분자 내에서 전자의 순환에 의해 생성된 2차 자기장으로부터 발생한다. 이 전자의 순환에 의해 생성된 국지적인 *반자성 전류*(diamagnetic currents)[7]는 고정된 외부 자기장에 의해 유도되며, 어떤 특정 양성자에 대한 자기장을 감소 또는 증가시키는 2차 자기장을 만든다. 그 효과는 매우 복잡하므로 여기서는 현상의 중요한 부분만 다루고자 한다. 더 상세한 이론은 여러 참고 문헌을 참조하자.[8]

자기장의 영향하에서, 양성자에 결합한 전자들은 자기장과 수직한 면에서 핵 주위를 세차 운동하는 경향이 있다(그림 19-14 참고). 이 움직임의 결과로 주 자기장에 반대 방향으로 이차 자기장이 만들어지고, 이것은 전자가 전선 고리(wire loop)를 지나갈 때와 유사하다. 따라서 핵은 더 작은 자기장을 느끼게 되고, 이 핵은 주 자기장의 전체 효과로부터 *가리어*(shield)졌다

[7]어떤 반자성 물질에서 유도된 자성의 세기는 동일한 자기장으로 진공에서 생성된 것보다 작다. 반자성(diamagnetism)은 외부 자기장에 의하여 결합 전자에서 유도된 운동의 결과물이다; 이 운동은 *반자성 전류*(diamagnetic current)라고 불리며, 외부 자기장의 반대 방향으로 2차 자기장을 생성한다. 상자성과 그에 따른 *상자성 전류*(paramagnetic currents)는 반대로 동작한다.

[8]예로, 다음 문헌을 참고하시오. J. B. Lambert, E. P. Mazzola, *Nuclear Magnetic Resonance Spectroscopy*, Upper Saddle River, NJ: Pearson/Prentice-Hall, 2004; E. D. Becker, *High Resolution NMR*, 3rd ed., New York: Academic Press, 2000.

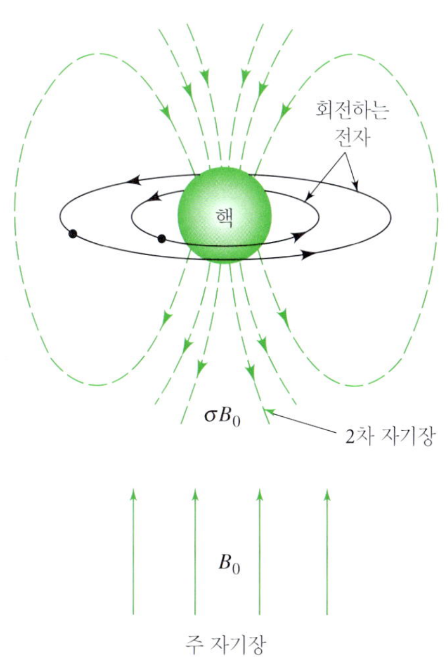

그림 19-14 핵의 반자성 가리움.

고 말한다. 결과적으로 외부 자기장의 세기는 핵의 공명을 일으키기 위해 증가되어야만 한다.

어떤 한 핵이 경험하는 가리움 정도는 핵을 둘러싼 전자 밀도와 정비례하다. 따라서 다른 영향이 없다면, 인접한 작용기의 전기 음성도가 증가함에 따라 가리움은 감소될 것으로 예측할 수 있다. 이 효과는 methyl halides (CH_3X)의 양성자에 대한 δ 값으로 표현하면 다음 순서가 된다: I (2.16), Br (2.68), Cl (3.05), F (4.26). 이 예에서, 가장 작은 전기 음성도를 갖는 할로젠족인 요오드(I)는 메틸기의 양성자로부터 전자를 뺏는 효과가 가장 작다. 따라서, 요오드의 전자는 가장 작은 가리움 효과를 제공한다. 또한 실리콘은 상대적으로 전기적 양성이기 때문에, TMS에서 양성자 피크가 오른쪽에 위치하는 것은 이 모델로 설명이 된다.

자기적 비등방성의 효과

이중 또는 삼중 결합을 가진 화합물의 스펙트럼을 관찰해보면, 국지적인 반자성 효과만으로 특정 양성자의 공명 위치를 설명하기에 충분하지 않다는 것을 알 수 있다. 예를 들어, 양성자가 결합된 작용기의 산성의 증가 또는 전기 음성도 증가 순서로 배열된, 다음 탄화수소의 양성자에 대한 δ값의 불규칙한 변화를 고려하여 보자: $CH_3—CH_3$ (δ = 0.9), $CH_2═CH_2$ (δ = 5.8), HC≡CH (δ = 2.9). 또한 알데하이드 양성자 RCHO ($\delta \approx 10$)와 벤젠의 양성자($\delta \approx 7.3$)는 결합한 작용기의 전기 음성도를 기초하여 예상한 것보다 훨씬 더 낮은 자기장에서 나타난다.

화학적 이동에서 다중 결합의 영향은 이 화합물들의 비등방성(anisotropic) 자기적 성질로 설명할 수 있다. 예를 들어, 결정성 방향족 화합물의 자화율(magnetic susceptibility)[9]은 외부 자기장에 대한 방향족 고리의 방향에 따라 매우 다르다는 것이다. 이 비등방성은 그림 19-15에 나타낸 모델로 설명할 수 있다. 이 모델에서 고리의 면은 자기장에 수직하다. 이 위치에서 자기장은 고리 주변에 π 전자가 흐르도록 유도하여, 고리 전류(ring current)라고 불리는 것을 생성한다. 고리 전류는 전선 고리에서의 전류와 유사하다; 즉, 외부 자기장에 반대 방향으로 거동하는 2차 자기장이 유도된다. 그러나 고리에 결합된 수소에 대해 이 유도 자기장은 자기장과 같은 방향으로 자기적 효과를 발휘한다(그림 19-15 참고). 따라서 방향족 수소는 공명을 일으키기 위해 더 낮은 외부 자기장이 필요하다. 이 효과는 고리의 다른 배향에서는 없어지기도 하고 자체−상쇄되기도 한다.

유사한 모델로는 에틸렌 또는 카보닐 이중 결합이 있다. 그림 19-16a와 같이, 분자가 자기장에 배향할 때 결합 축을 따른 평면에서 π 전자가 회전하는 것을 상상할 수 있다. 다시, 생성된 2차 자기장은 양성자에 작용하여 적용 자기장을 보강한다. 따라서 이 벗김(deshielding)은 피크를 더 큰 δ값으로 이동시킨다. 알데하이드에서는, 이 효과와 카보닐기의 전기 음성도에 의한 벗김이 더해져서 매우 큰 δ값을 가진다.

아세틸렌 결합에서는, 결합 축에 대해 π 전자의 대칭적 분포가 전자를 결합 주위에서 회전이 가능하게 한다. 반면에, 이중 결합에서는 전자 분포에서의 마디 평면(nodal plane)이 이러한 회전을 가로막는다. 그림 19-16b에서와 같은 배향에서의 양성자는 가리움 상태가 된다. 이 효과는 결합에 대해 수직하게 배향한 양성자의 산성도와 전자 전류에 의한 벗김을 상쇄하기에 충분히 크므로, 가리움 효과가 더 크다.

구조와 화학적 이동의 상관 관계

화학적 이동은 작용기를 구분하고, 작용기의 구조적 배열을 결정하는 데 도움이 된다. 이 응용은 구조와 화학적 이동 사이의 실험적 상관 관계를 기초로 한다. 이와 관련된 많은 상관 관계

[9] 한 물질의 자화율은 외부 자기장에 의해 유도된 자성이 얼마나 잘 생성되는지의 정도로 생각할 수 있다.

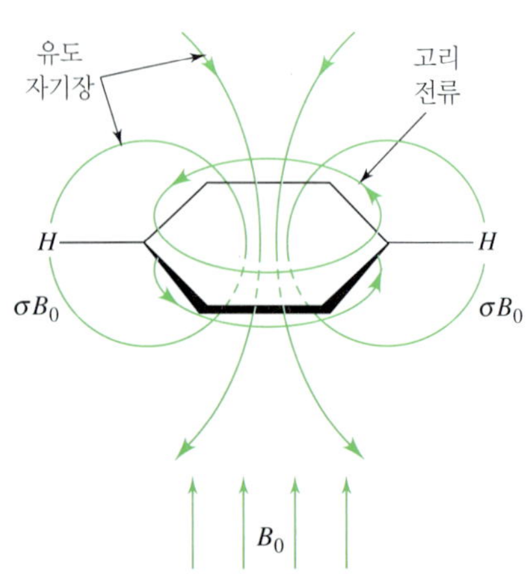

그림 19-15 고리 전류에 의해 유발되는 방향족 수소의 벗김(deshielding).

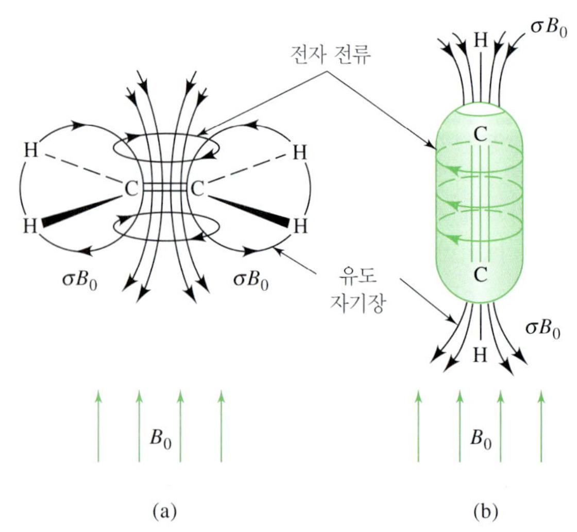

그림 19-16 전자 전류에 의한 에틸렌의 벗김과 아세틸렌의 가리움.

차트와 표가 있고,[10] 대표적으로 그림 19-17과 표 19-2에 나타내었다. δ에 대한 정확한 값은 용매의 성질뿐만 아니라 용질의 농도에 따라 달라질 수 있음을 기억하자. 이러한 영향은 특히 수소 결합을 하는 양성자에서 뚜렷이 나타난다. 알코올기의 양성자가 좋은 예이다.

19B-3 스핀-스핀 갈라짐

그림 19-12와 그림 19-13에서 보면, 에탄올의 메틸기와 메틸렌기 수소에 대한 흡수 띠는 고분해능 기기로 측정하면 분리된 여러 좁은 공명 피크들로 구성되어 있다. 자세히 살펴보면, 메틸기의 흡수 띠의 3개의 피크 간의 간격과 메틸렌기 흡수 띠의 4개 피크 간의 간격이 같다. Hz 단위로 이 간격은 상호작용에 대한 *짝지음 상수*(coupling constant)라고 불리며, 기호는 J로 표시한다. 또한 다중항에서 피크들의 면적 비율은 상호 간에 정수비를 가진다. 따라서 메틸기의 삼중항에 대한 면적비는 1:2:1이고, 메틸렌기의 사중항 피크는 1:3:3:1의 면적비를 가진다.

원인

그림 19-13에서 보여지는 갈라짐은, 한 세트의 핵 스핀은 다른 핵의 공명 거동에 영향을 주어서 나타나는 효과이다. 즉, 인접한 두 그룹의 양성자 사이에는 작은 상호작용 또는 짝지음이 있다고 말할 수 있다. 상세한 이론적인 계산의 결과는 짝지음은 자유공간을 통해서보다는 핵과 결합 전자 간의 상호작용을 통해서 일어난다는 개념과 일치된다. 이 교재의 목적상, 이 메커니즘은 간략하게 논의할 것이다.

우선 에탄올에서 메틸기 양성자의 공명에서 메틸렌기 양성자의 영향을 생각해보자. 자기장의 세기가 매우 강하더라도, 2가

[10]R. M. Silverstein, F. X. Webster, D. Kiemle, and D. L. Bryce, *Spectrometric Identification of Organic Compounds*, 8th ed., Chap. 3, New York: Wiley, 2015; B. Lambert, E. P. Mazzola, *Nuclear Magnetic Resonance Spectroscopy*, Chap. 3, Upper Saddle River, NJ: Pearson/Prentice-Hall, 2004.

표 19-2 구조에 따른 메틸, 메틸렌 및 메타인 양성자의 대략적인 화학적 이동

구조	δ, ppm		
	M = CH_3	M = CH_2	M = CH
지방족 α 치환기			
M—Cl	3.0	3.5	4.0
M—Br	2.7	3.4	4.1
M—NO_2	4.3	4.4	4.6
M—OH(또는 OR)	3.2	3.4	3.6
M—O—C_6H_5	3.8	4.0	4.6
M—OC(=O)R	3.6	4.1	5.0
M—C=C	1.6	1.9	—
M—C≡C	1.7	2.2	2.8
M—C(=O)H	2.2	2.4	—
M—C(=O)R	2.1	2.4	2.6
M—C(=O)C_6H_5	2.4	2.7	3.4
M—C(=O)OR	2.2	2.2	2.5
M—C_6H_5	2.2	2.6	2.8
지방족 β 치환기			
M—C—Cl	1.5	1.8	2.0
M—C—Br	1.8	1.8	1.9
M—C—NO_2	1.6	2.1	2.5
M—C—OH(또는 OR)	1.2	1.5	1.8
M—C—OC(=O)R	1.3	1.6	1.8
M—C—C(=O)H	1.1	1.7	—
M—C—C(=O)R	1.1	1.6	2.0
M—C—C(=O)OR	1.1	1.7	1.9
M—C—C_6H_5	1.1	1.6	1.8

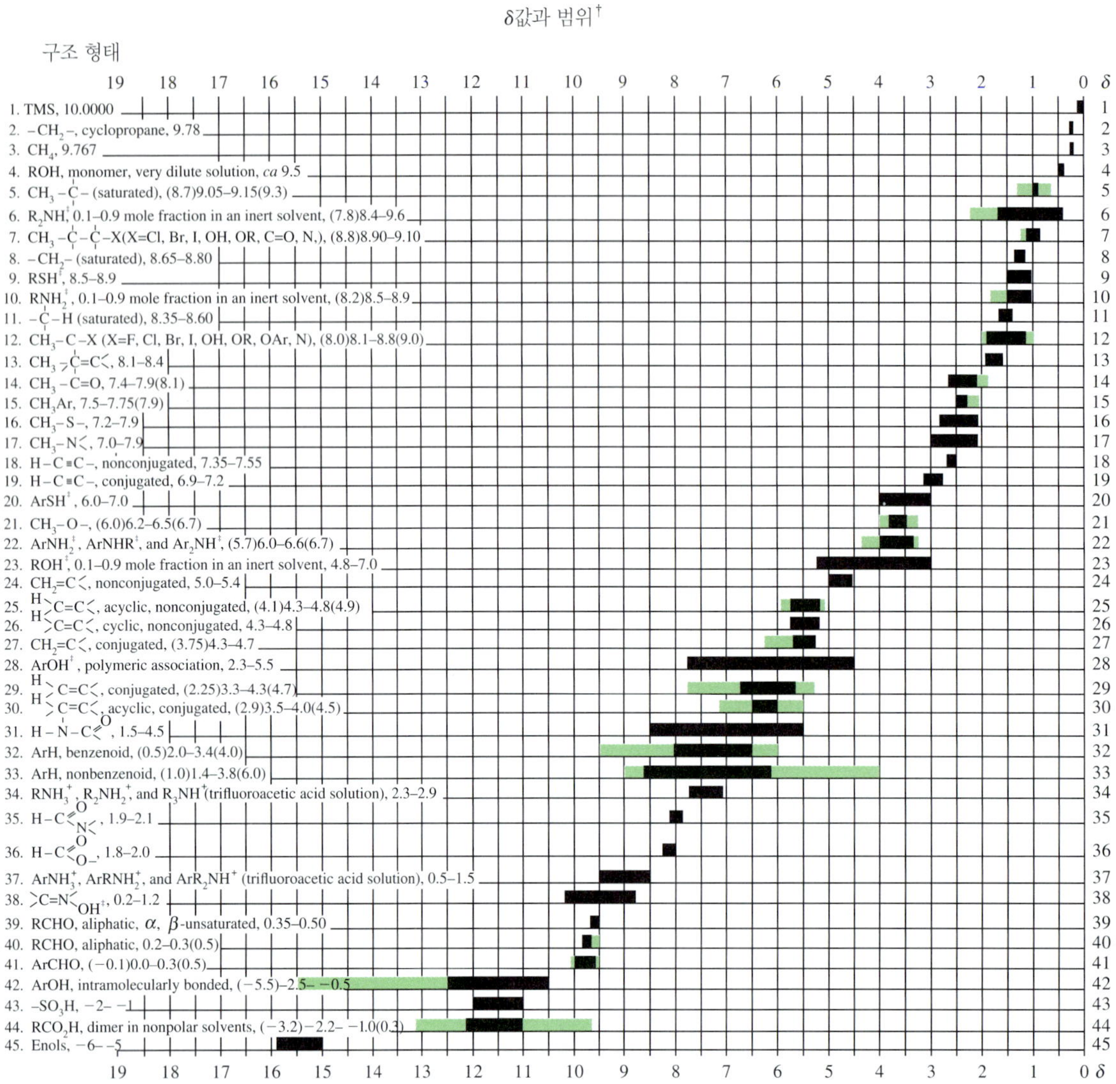

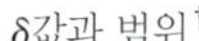

† 일반적으로, 리스트된 작용기에 대한 흡수는 표시된 범위 내에서 발견된다. 때로는 이 범위 밖에서 발견되기도 한다. 대략적인 한계는 괄호 안의 흡수 값과 그림의 파란색 음영으로 표시된다.
‡ 각 작용기의 흡수 위치는 농도에 의존하고, 더 묽게 희석된 용액에서는 더 높은 δ값으로 이동된다.

그림 19-17 다양한 구조적 환경에서 양성자의 흡수 위치. (Table taken from J. R. Dyer, *Applications of Absorption Spectroscopy by Organic Compounds*, p. 85, Englewood Cliffs, NJ: Prentice-Hall, 1965. With permission.)

지 가능한 스핀 에너지 상태($m = +1/2$ 또는 $-1/2$)에서 양성자의 비율은 거의 같다. 그러면, 분자 내에서 2개의 메틸렌기 양성자가 가질 수 있는 스핀 상태의 가능한 4가지 조합을 생각해 볼 수 있고, 전체 시료에서도 이 조합에서 각 상태의 수는 거의 동일할 것이다. 작은 화살표로 각 핵 스핀 배향을 표시하면, 4가지 상태는 다음과 같다:

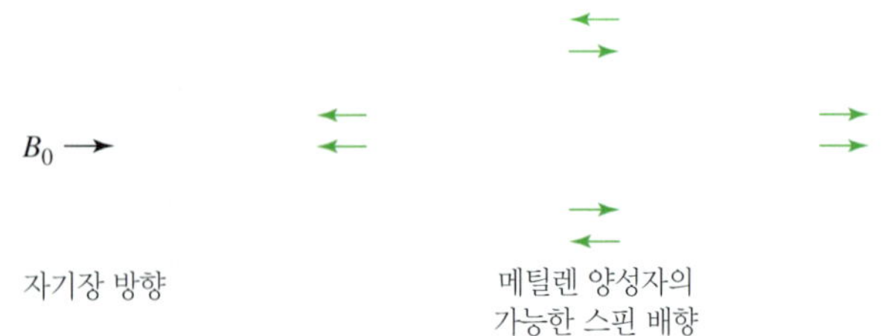

왼쪽 첫 번째 조합에서 2개의 메틸렌 양성자 스핀 쌍은 모두 자기장에 반대로 정렬되어 있다. 반면에 오른쪽 끝의 조합에서의 스핀 쌍은 이와 반대로 정렬되어 있다. 중간에 있는 2개의 조합에서는 스핀들이 서로 반대 방향으로 쌍을 이루고 있다. 이웃한 탄소 원자에 있는 메틸기의 수소로 전이되는 자기적 효과는 메틸렌기에서 순간적으로 생성되는 위 스핀들의 조합들에 의해 결정된다. 스핀 쌍이 외부 자기장에 반대로 놓이면, 메틸기의 양성자에 가해지는 유효 자기장은 다소 감소한다. 따라서 이 쌍의 공명은 더 센 자기장에서 이루어지므로, 피크는 고자기장으로 이동한다(upfield shift). 스핀 쌍이 외부 자기장과 같이 방향으로 배열되면, 피크는 저자기장으로 이동한다(downfield shift). 스핀 쌍이 서로 반대의 조합인 경우는 메틸 양성자의 공명에 아무런 효과를 주지 않는다. 따라서 메틸기의 양성자는 삼중항(triplet)으로 쪼개진다(그림 19-12b 참고). 삼중항의 중간 피크의 면적은 2개의 스핀 조합으로 이루어져 있기 때문에 양쪽에 있는 피크 면적의 두 배가 된다.

3개 메틸기 양성자가 메틸렌 피크에 미치는 효과를 생각해보자(그림 19-12a의 중앙 피크). 메틸기 양성자에 대한 가능한 스핀 조합은 다음과 같다.

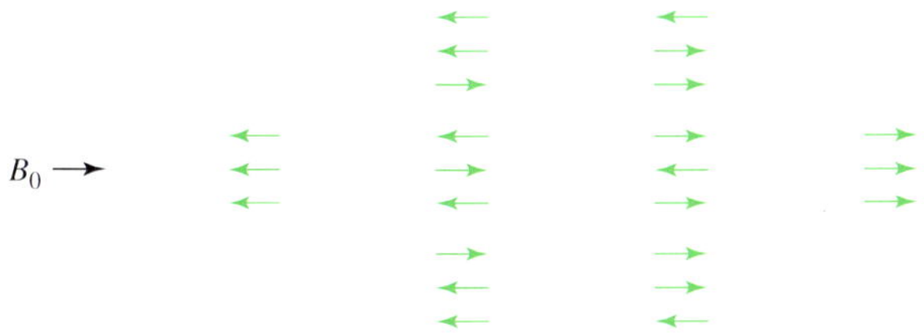

$B_0 \rightarrow$

이 경우에서는 8개의 가능한 스핀 조합이 있다. 그러나, 이들 중에 같은 자기적 효과를 가지는 3가지 조합을 갖는 2개의 그룹이 있다. 따라서 메틸렌 피크는 사중항(quartet)으로 1:3:3:1의 면적비를 갖는다(그림 19-12b). 에탄올에서의 이웃한 메틸기와 메틸렌기의 이러한 2가지 예시로부터 일반적인 규칙을 얻을 수 있다. 즉, 1차 스펙트럼에서 한 독립적인 띠의 피크의 수는 이웃하는 원자에 결합된 자기적으로 동등한 양성자(^{1}H)[11]의 수(n)에 1을 더해준 것과 같다(즉, n+1). 이러한 피크들의 쪼개짐을 *다중도*(multiplicity)라고 한다.

스핀–스핀 갈라짐 패턴의 해석은 *1차*(first-order) 스펙트럼의 경우 비교적 단순하다. 1차 스펙트럼은 상호작용하는 핵들 사이의 화학적 이동이 이들 간의 짝지음 상수 J에 비하여 현저히 큰 경우의 스펙트럼을 의미한다. 정확하게는 J/δ 비가 0.05보다 작은 경우를 1차 스펙트럼이라고 한다. 하지만 1차 스펙트럼의 분석에서 $\Delta\nu/J$값이 0.1보다 약간 큰 경우도 나타난다. 그림 19-13의 에탄올 스펙트럼은 순수한 1차 스펙트럼의 예이다. 메틸기와 메틸렌기의 피크들에 대한 J는 7 Hz이고, 2개의 다중항의 중심은 140 Hz 정도 떨어져있다.

2차 NMR 스펙트럼의 해석은 복잡하여 이 교재에서는 다루지 않을 것이다. 그러나 δ는 자기장의 증가와 함께 증가하지만 J는 변하지 않기 때문에, 강한 자기장의 기기로 얻은 스펙트럼은 약한 자기장의 분광기로 얻은 것보다 훨씬 더 쉽게 해석된다는 것을 기억하라.

1차 스펙트럼의 해석에 대한 규칙

1차 스펙트럼은 다음의 규칙을 따른다:

1. 동등한 핵들은 다중 흡수 피크를 만들기 위해 서로 상호작용을 하지 않는다. 에탄올에서 메틸기의 3개 양성자는 이웃한 메틸렌기 양성자의 쪼개짐은 일으키지만, 서로 간의 상호작용으로는 갈라지지 않는다.
2. 결합이 떨어져 있는 작용기끼리의 짝지음 상수는 급격히 감소하고, 4개 이상의 결합이 떨어지면 짝지음은 거의 일어나지 않는다.
3. 한 띠의 다중도는 이웃한 원자(주로, 탄소)에 결합한 자기적으로 동등한 양성자의 수(n)에 의해 결정되며, (n + 1)의 다중도를 갖는다. 따라서, 에탄올의 메틸렌 띠에 대한 다중도는 이웃한 메틸기의 양성자 수(3)에 의해 결정되어, 3 + 1 = 4의 다중도를 갖는다.
4. 원자 B의 양성자가 이웃하는 원자 A와 C의 동등하지 않은 양성자에 의해 영향을 받는다면, B 양성자의 다중도는 $(n_A + 1)(n_C + 1)$과 같다. 여기서 n_A와 n_C는 A와 C에 있는 각각의 동등한 양성자의 개수이다.
5. 다중선의 대략적인 상대적 면적은 띠의 중심을 기준으로 대칭적이고, $(x + 1)^n$을 전개한 각 항의 계수 값에 비례한다. 이 규칙은 표 19-3와 같다.
6. 짝지음 상수는 외부 자기장의 세기와 무관하다; 따라서 다중선은 2개의 각각 다른 자기장의 세기에서 측정하면 좁은 영역에 몰려있는 화학적 이동 피크로부터 쉽게 식별할 수 있다.

[11]자기적으로 동등한 양성자는 동일한 화학적 이동과 동일한 짝지음 상수를 갖는다.

표 19-3 1차 스펙트럼의 다중선(multiplet)에 대한 상대적인 세기(I = 1/2)

동등한 양성자 수 n	다중도 (n + 1)	상대적 피크 면적
0	1	1
1	2	1 1
2	3	1 2 1
3	4	1 3 3 1
4	5	1 4 6 4 1
5	6	1 5 10 10 5 1
6	7	1 6 15 20 15 6 1
7	8	1 7 21 35 35 21 7 1

예제 19-3

다음 각 화합물에 대해 각 띠의 다중선 수와 그들의 상대적 면적을 구하시오: (a) $Cl(CH_2)_3Cl$; (b) $CH_3CHBrCH_3$; (c) $CH_3CH_2OCH_3$.

풀이

(a) 분자의 양쪽 끝에 있는 4개의 동등한 양성자에 연관되는 다중도는 중심 탄소의 양성자 수에 의해 결정된다. 따라서 다중도는 2 + 1 = 3이고 면적은 1:2:1이다. 중심 메틸렌 양성자의 다중도는 양쪽 끝에 있는 4개의 동등한 양성자에 의해 결정되며 4 + 1 = 5이다. $(x + 1)^4$를 전개한 계수는 피크의 면적비 1:4:6:4:1이 된다(표 19-3).

(b) 메틸기 양성자 6개의 띠는 1 + 1 = 2 피크로 1:1의 상대적인 면적을 갖는다; 중심 탄소 원자의 양성자는 6 + 1 = 7의 다중도를 가진다. 이 피크들의 면적비는 1:6:15:20:15:6:1이다(표 19-3).

(c) 오른쪽의 메틸기 양성자들은 다른 양성자들로부터 3개의 결합 이상으로 떨어져 있어서 단일 피크가 관찰된다. 중심의 메틸렌기 양성자는 3 + 1 = 4의 다중도와 1:3:3:1의 면적비를 갖는다. 왼쪽의 메틸기 양성자는 2 + 1 = 3의 다중도와 1:2:1의 면적비를 갖는다.

앞의 보기들은 어떤 단일 띠의 다중도에 영향을 주는 모든 양성자들이 자기적으로 동등하므로 비교적 단순하다. 한 세트의 양성자가 2개 이상의 동등하지 않은 양성자들에 의해 영향을 받을 때는 더 복잡한 쪼개짐 패턴이 나타난다. 예를 들어 1-iodopropane, $CH_3CH_2CH_2I$의 스펙트럼을 고려해보자. 왼쪽에서 오른쪽으로 3개의 탄소 원자에 (a), (b), (c)로 기호를 붙이면 화학적 이동 띠는 $\delta_{(a)} = 1.02$, $\delta_{(b)} = 1.86$, $\delta_{(c)} = 3.17$에 각각 관찰된다. $\delta_{(a)} = 1.02$에서의 띠는 (b)에 있는 2개의 메틸렌 양성자에 의해 1:2:1의 상대적 면적비를 갖는 2 + 1 = 3개의 피크로 갈라질 것이다. $\delta_{(a)} = 3.17$ 띠도 비슷한 갈라짐이 관찰될 것이다. 두 띠의 실험적 짝지음 상수는 $J_{(ab)} = 7.3$이고 $J_{(bc)} = 6.8$이다. 메틸렌 양성자 (b)의 띠는 $J_{(ab)}$와 $J_{(bc)}$ 사이의 차이로부터 증명되는 것처럼 자기적으로 동등하지 않은 양성자들을 갖는 2개의 그룹으로부터 영향을 받게 된다. 따라서 4번째 규칙을 적용하면, (b)띠의 피크 수는 (3 + 1)(2 + 1) = 12가 될 것이다. 이러한 경우에 그림 19-18와 같은 방식으로 쪼개짐 패턴을 유추할 수 있다. 예를 들어, 먼저 (a) 양성자의 효과에 의해 7.3 Hz의 간격으로 분리된 1:3:3:1의 상대적 면적비로 4개의 피크를 만들어진다. 이 각각의 피크는 6.8 Hz의 간격으로 1:2:1의 상대 면적비를 갖는 3개의 피크로 다시 쪼개진다. 원래의 띠를 삼중항으로 먼저 쪼개도 최종적으로 같은 패턴을 얻을 수 있다. 매우 고분해능에서 1-iodopropane에 대한 스펙트럼을 얻으면 그림 19-18의 아래쪽에 나타낸 것과 같은 피크 패턴과 유사할 것이

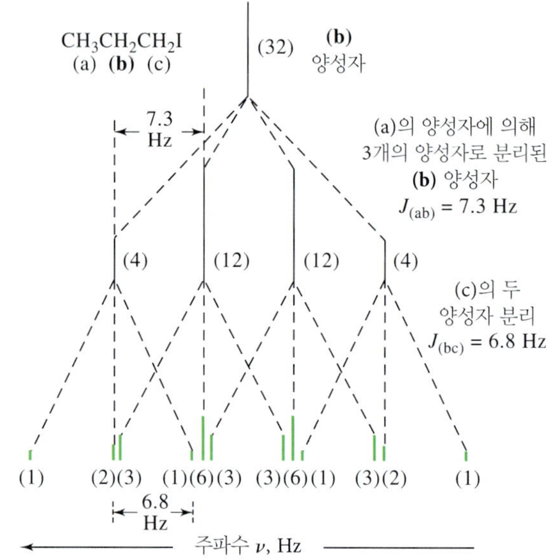

그림 19-18 **$CH_3CH_2CH_2I$의 메틸렌 양성자 (b)의 쪼개짐 패턴.** 괄호 안의 숫자는 상대적인 피크 면적비이다.

다. 낮은 분해능 기기에서는, $J_{(ab)}$와 $J_{(bc)}$의 차이를 검출하지 못하며, 6개 피크만이 1:5:10:10:5:1의 상대적 면적비로 관찰될 것이다.

현대의 분광기기는 3 또는 4 스핀 그룹을 갖는 시스템의 스펙트럼에 대해서도 상당히 정확하게 소프트웨어적으로 계산이 가능하다. 일반적으로, 시행착오식(trial-and-error) 접근법으로 화학적 이동과 짝지음 상수를 실험적으로 얻는 스펙트럼과 일치하는 시뮬레이션 스펙트럼을 만들 수 있다. 화학적 이동은 다중선의 폭과 위치가 일치할 때까지 변경하며 맞춘다. 그리고 짝지음 상수 또는 이들의 합과 차는 측정 스펙트럼과 시뮬레이션 스펙트럼이 일치하도록 계속 변경하며 맞춘다.

2차 스펙트럼

짝지음 상수는 일반적으로 20 Hz보다 작지만, 화학적 이동은 최대 수천 Hz만큼 크다. 그러므로 앞에서 설명한 규칙에서 설명한 갈라짐 방식이 일반적이다. 그러나 J/δ가 0.1 ~ 0.15보다 크게 될 때 이 규칙은 더 이상 적용되지 않는다. 일반적으로 δ가 J에 근접하면, 2개의 바깥쪽에 있는 피크들이 소멸되면서 다중선 내부에 있는 피크들은 증가되는 경향이 있고, 앞에서 설명한 각 다중선의 대칭성은 무너진다. 더불어 많은 또는 더 많은 피크들이 나타나서 피크들 간의 간격은 짝지음 상수의 크기와의 연관성이 없어진다. 이런 상황에서 스펙트럼의 분석은 어렵다.

스펙트럼에서 화학적 교환의 효과

에탄올의 NMR 스펙트럼(그림 19-12)을 다시 보고, 왜 OH기의 양성자가 삼중선이 아닌 단일선으로 나타나는지 생각해보자. 메틸렌기의 양성자와 OH기의 양성자는 3개 결합만큼만 떨어져 있으므로, 짝지음이 일어나서 OH와 메틸렌 띠의 다중성은 증가되어야 한다. 그림 19-19에서와 같이 고순도의 알코올 시료의

NMR 스펙트럼은 예상한 다중성이 실제로 관측된다. 이 스펙트럼에서는 삼중선의 OH 피크와 8개의 메틸렌 피크를 보여주고 있다. 만약 약간의 산이나 염기를 이 순수한 알코올 시료에 첨가하면, 스펙트럼은 그림 19-12와 같은 형태로 되돌아간다.

알코올 분자 중 OH 양성자들의 상호교환은 에탄올에서 흔히 발생하는 불순물에 의한 것처럼, 산과 염기에 의해 촉진되는(catalyzed) 것으로 알려져 있다. 한 상호교환 과정에서 촉매의 존재로 관찰되는 짝풀림(decoupling) 현상과 연관시켜 볼 수 있다. 만일 상호교환 반응이 빠르면, 각 OH기는 짧은 시간 동안 상호작용에 여러 개의 양성자가 연관되어 있다; 이 짧은 시간 동안 모든 OH기의 양성자는 메틸렌기 양성자의 3가지 스핀 배열을 모두 경험하는 효과가 있다. 따라서 알코올 양성자에 대한 자기적 효과는 평균화되어, 날카로운 1개의 피크만이 관찰된다. 이 상호교환 주파수가 상호작용하는 성분 간에 떨어져 있는 주파수보다 클 때는 항상 스핀의 짝풀림이 일어난다.

화학적 상호교환은 스핀-스핀 짝지음뿐만 아니라 화학적 이동에도 영향을 줄 수 있다. 순수한 알코올-물 혼합물은 뚜렷한 2개의 잘 분리된 OH 양성자 피크들을 갖는다. 그러나 산이나 염기를 이 혼합물에 첨가하면, 2개의 피크는 겹쳐서 1개의 날카로운 피크가 된다. 이 경우에 촉매는 알코올과 물 사이의 양성자 상호교환 속도를 증가시키고, 따라서 가리움 효과를 평균화한다. 즉, 상호교환 속도가 알코올과 물 피크 간의 떨어져 있는 주파수보다 현저히 크면, 1개의 날카로운 피크가 얻어지게 되는 것이다. 반면에 상호교환 주파수가 알코올과 물 간의 주파수 차이와 거의 같으면, 가리움은 부분적으로만 평균화되어 피크는 넓은 선폭을 갖는다. 선폭과 상호교환 속도와의 상관 관계는 이 과정의 반응 속도론 연구를 위한 직접적인 수단을 제공하여, NMR 실험의 중요한 응용이 된다. 이 연구는 여러 다른 온도에서 스펙트럼을 얻어, 다중선 피크가 1개의 피크로 겹쳐지는 온도를 결정하는 방식으로 수행된다. 이러한 정보로부터 활성화 에너지와 상호교환 과정에 대한 여러 반응 속도의 변수를 계산하고, 상호교환 과정의 메커니즘을 밝힐 수 있다.[12]

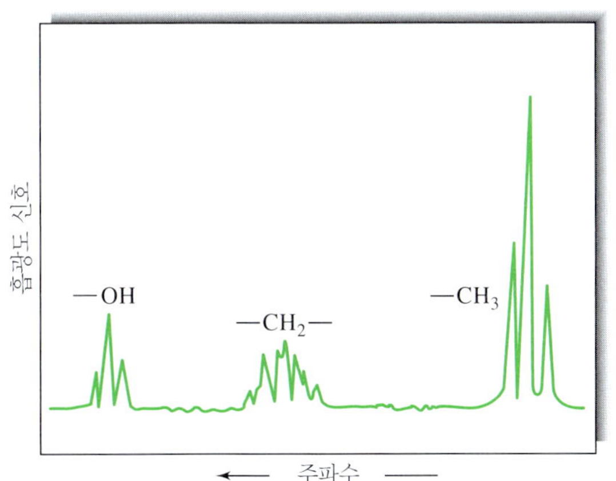

그림 19-19 OH와 CH_2 피크의 추가적인 쪼개짐를 보여주는 고순도 에탄올의 스펙트럼(그림 19-12와 비교).

19B-4 이중 공명 기법

이중 공명 실험은 시료를 2가지 이상의 다른 RF 신호로 동시에 조사하는 방법과 같은 여러 기법을 포함하고 있다. 이 기법 중에서 *스핀 짝풀림*(spin decoupling), *핵의 Overhauser 효과*(nuclear Overhauser effect), *스핀 간지럼*(spin tickling), *핵간 이중 공명*(internuclear double resonance) 등이 있다. 이들 과정은 복잡한 NMR 스펙트럼의 해석에 도움이 된다.[13] 이들 기법 중에서 스핀 짝풀림만을 다루고자 한다. 핵의 Overhauser 효과는 제19E-1절에서 간단히 논의될 것이다.

그림 19-20은 *동종 핵의 스핀 짝풀림*(homonuclear spin decoupling)이라고 불리는 비슷한 핵들 간의 스핀 짝풀림을 일으켜 단순화된 스펙트럼을 보여준다. 스펙트럼 *B*는 니코틴의 피리딘 고리에 있는 4개의 양성자와 연관된 흡수를 보여준다. 스펙트럼 *C*는 8.6 ppm에서 나타나는 (d)와 (c) 양성자의 흡수 피크의 중앙에 해당하는 주파수를 갖는 두 번째 RF 신호를 시료에 동시에 조사시켜 얻은 같은 영역의 스펙트럼을 보여준다. 두 번째 RF 신호의 세기는 이들 양성자의 신호를 포화 상태로 만들기에 충분한 크기이다. 그 결과로, (c), (d)의 양성자와 (a), (b)의 양성자 간에 상호작용은 짝풀림이 일어난다. 이 경우, (a)와 (b)의 복잡했던 흡수 스펙트럼은 2개의 이중선 피크로 줄어든다; 이 이중선은 이 2개의 양성자 간의 짝지음으로부터 생긴다. 마찬가지로 (d)와 (c)의 스펙트럼은 (a) 또는 (b) 양성자 피크에 해당하는 주파수의 신호로 짝풀림에 의해 단순화될 수 있다.

다른 핵종 사이의 상호작용의 짝풀림을 *이종핵 짝풀림*(heteronuclear decoupling)이라고 하고, 최신 NMR 기기로 쉽게 실험이 가능하다. 가장 중요한 예로 ^{13}C NMR에서 볼 수 있는데, 이 기법은 양성자의 짝풀림에 의해 ^{13}C 스펙트럼을 단순화하는 데 사용된다(제19E-1절).

19C NMR 분광계

기기 제조사들은 NMR 분광계를 일반적으로 두 종류의 제품을 생산한다: *넓은-선 분광계*(wide-line spectrometers)와 고분해능 분광계(high-resolution spectrometers)이다. 넓은-선 기기는 몇 1/10 T (tesla) 세기의 자석으로 구성되고, 고분해능 기

[12] R. S. Drago, *Physical Methods for Chemists*, 2nd ed., Chap. 8, p. 290, Philadelphia: Saunders, 1992.

[13] 이중 공명 기법의 상세한 내용은 다음 문헌을 참고하시오. H. Friebolin, *Basic One- and Two-Dimensional NMR Spectroscopy*, 5th ed., Chap.5, Weinheim, Germany: Wiley-VCH, 2011; J. B. Lambert and E. P. Mazzola, *Nuclear Magnetic Resonance Spectroscopy*, Upper Saddle River, NJ: Pearson/Prentice-Hall, 2004; M. H. Levitt, *Spin Dynamics: Basics of Nuclear Magnetic Resonance*, New York: Wiley, 2001; E. D. Becker, *High Resolution NMR*, 3rd ed., New York: Academic Press, 2000

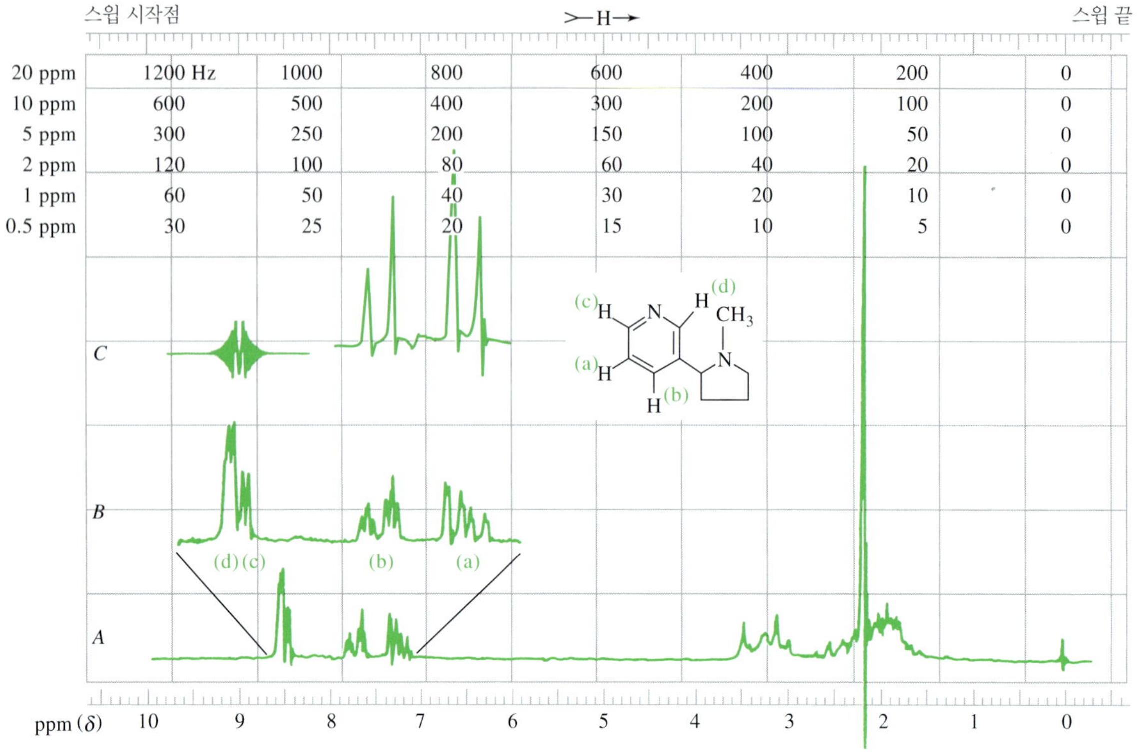

그림 19-20 $CDCl_3$에 용해한 니코틴의 NMR 스펙트럼에 대한 스핀 짝풀림 효과. 스펙트럼 *A*: 전체 스펙트럼. 스펙트럼 *B*: 피리딘 고리의 4개 양성자에 대한 확대한 스펙트럼. 스펙트럼 *C*: 8.6 ppm 정도에 해당하는 주파수를 갖는 두 번째 주파수로 조사하여 (d)와 (c)로부터 짝풀린 (a)와 (b) 양성자의 스펙트럼. (Courtesy of Agilent Technologies, Santa Clara, CA.)

기보다 훨씬 단순하고 덜 비싸다. 고분해능 기기는 60~1,000 MHz (1 GHz)의 양성자 주파수에 해당하는 1.4~23.5 T 범위의 세기를 갖는 자석으로 구성된다. 1970년 전에는 고분해능 NMR 분광기는 모두 연속 파형(continuous wave, CW)으로, 영구 자석이나 전자석을 사용하여 자기장을 제공했다. 이 형태의 기기는 초전도 자석으로 자기장을 제공하는 Fourier 변환형(FT) 분광기로 대부분 대체되었다. 컴퓨터는 현대 NMR 기기의 필수적인 부품이다; 컴퓨터는 신호를 디지털화하여 저장하며, FID의 Fourier 변환을 수행하여 주파수 영역 신호를 제공하며, 많은 종류의 데이터 처리 및 기기-조정 기능 등을 한다. FT 기기가 대중화된 주요 이유는 효율적인 신호 평균화(signal averaging)가 가능하게 하여, 감도를 크게 향상시키기 때문이다(제5C-2절과 제16B-1절 참고). 이런 향상된 감도 때문에, ^{13}C NMR, 극미량의 ^{1}H NMR, 플루오린, 인, 규소와 같은 핵들의 NMR 등이 쉽게 가능하여 광범위하게 사용된다.

고분해능 NMR 분광기는 수억 원 이상의 매우 비싼 분석기기이다. 요즘 대부분의 모든 상용 NMR 분광기는 펄스(또는 FT) 모드로 작동되기 때문에 FT-NMR에 대해서만 설명하고자 한다.

19C-1 Fourier 변환 분광기의 부분 장치

그림 19-21은 전형적인 FT-NMR 분광기의 기기 부분 장치를 보여주는 단순화된 블록도이다. 기기의 중심 부품은 매우 안정한 자석이고, 이 안에 시료가 놓인다. 시료는 송신기-수신기 코일(transmitter-receiver coil)로 둘러싸여 있다.

RF 복사선은 ν_c의 출력 반송 주파수(output carrier frequency)를 갖는 결정-조절된 주파수 합성기(crystal-controlled frequency synthesizer)에 의해 만들어진다. 이 신호는 펄스 스위치와 출력 증폭기를 통과하여 송신기 코일에서 세기가 크고 재현성이 있는 RF 전류의 펄스를 생성한다. 결과적으로 RF 복사선은 코일 내부에 놓여있는 시료에 조사된다. 펄스의 길이, 진폭, 모양 및 위상은 연산자에 의해 선택되어 콘솔로 전달되고, 컴퓨터에 의해 조정된다. 그림 19-21는 5 μs 길이의 펄스를 나타낸다. 얻어진 FID 신호는 같은 코일에서 잡히므로 이 코일은 수신기 역할도 한다. 이 신호는 증폭되어 위상 감응(phase-sensitive) 검출기로 전송된다. 이 검출기 회로는 핵의 신호(ν_n)와 주파수 합성기의 출력(ν_c) 간의 차이를 만들어, 그림의 오른편처럼 저주파수의 시간 영역 신호로 나타난다. 이 신호는 디지털화되고 컴퓨터 메모리에 수집되어 Fourier 변환 프로그램과 다른 데이터 분석용 프로그램으로 분석하는 데 사용된다. 이 프로그램을

자습: www.tinyurl.com/skoogpia7에서 **NMR 기기(NMR instrumentation)**에 대해 더 알아보시오.

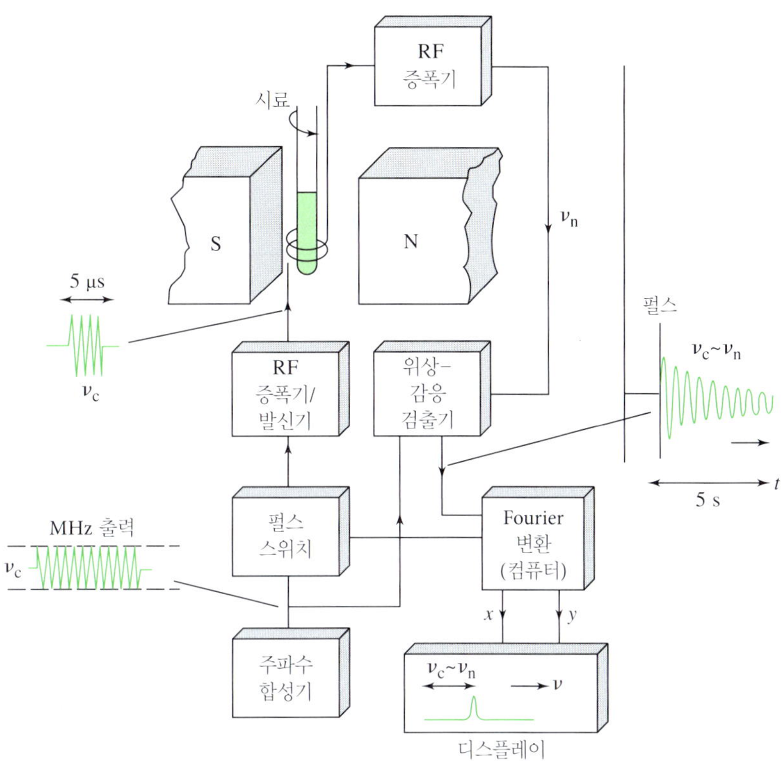

그림 19-21 **FT-NMR 분광기의 블록도.** (Adapted from J. W. Akitt, *NMR and Chemistry*, 2nd ed., p. 14, London: Chapman & Hall, 1983. With permission.)

수행하여 나오는 출력은 주파수 영역의 스펙트럼으로 모니터와 같은 디스플레이 장치에서 플롯된다.

19C-2 자석

모든 NMR 기기의 심장부는 자석이다. 분광기의 감도와 분해능은 모두 자석의 세기와 질에 크게 의존한다(예제 19-2와 그림 19-13 참고). 감도와 분해능은 자기장 세기가 증가하면 모두 증가하기 때문에, 가능한 높은 자기장의 세기에서 작동해야 유리하다. 더불어 자기장은 매우 균일하고 높은 재현성이 있어야 한다. 이런 요구 조건들이 NMR 분광기에서 자석을 가장 비싼 부품이 되게 한다.

세 종류의 자석이 NMR 분광기에 사용되어 왔다. 영구 자석, 전통적인 전자석, 초전도 솔레노이드 자석이다. 현재 전통적인 전자석은 NMR 기기에 거의 사용되지 않는다. 0.7, 1.4, 2.1 T 세기의 영구 자석이 상업용 연속 파형 기기에 사용되었다; 각 자기장의 양성자 주파수는 30, 60, 90 MHz이다. 영구 자석은 온도에 매우 민감하여, 철저한 일정 온도 조절 및 차폐가 필요하다. 자기장-표류(field-drift) 문제 때문에 영구 자석은 FT 기법에서처럼 장시간 동안의 데이터를 수집하는 경우에는 적절하지 않다.

초전도 자석이 대부분의 현대 고분해능 기기에 사용된다. 이 자석의 최대 자기장은 23.5 T이고, 이것은 1 GHz의 양성자 주파수에 해당한다. Nb-Sn 또는 Nb-Ti의 초전도 코일로 감은 솔레노이드는 4 K의 극저온인 액체 헬륨에 담겨져 초전도를 유지한다. 헬륨 Dewar 주변으로 액체-질소 Dewar가 감싸고 있다. 대부분의 초전도 자석장치는 매 주마다 액체 질소를 채워주어야만 하고, 액체 헬륨은 3~5개월마다 채워주어야 한다. 자기장 세기뿐만 아니라, 초전도 솔레노이드의 장점은 높은 안정성, 저가의 유지비, 전자석에 비하여 단순하고 부피가 작은 것 등이다.

분광기의 자석에 대한 기능적 규격은 까다롭다. 생성된 자기장은 시료 면적에서 몇 ppb ($1/10^{12}$) 이내로 균일해야 하고, 시료 데이터를 수집하는 데 필요한 긴 시간 동안 비슷한 정도의 안정성을 유지해야만 한다. 불행히도 대부분 자석의 고유한 안정도는 이 값보다 매우 낮아서, 1시간 동안 관찰하면 $1/10^7$ 정도 크기의 변화가 있다. 자기장 변동과 자기장 불균일성을 보정하기 위해 현대 NMR 기기에서는 몇 가지 장치가 이용된다.

자기장 잠금(locking)

자기장 변동의 효과를 상쇄하기 위해, *자기장-주파수 잠금 장치*(field-frequency lock system)가 상용 NMR 기기에서 사용된다. 이 시스템에서 특정 기준 핵은 연속적으로 조사되고, 자석의 자기장 세기에서 최대 공명에 해당하는 주파수에서 관찰된다. 기준 신호 세기의 변화가 피드백 회로를 조정하여, 이 회로의 출력은 자기장 차이만큼 자석 내 코일에 입력되어 자기장의 변동을 보정한다. 어떤 특정 핵에 대해 자기장 세기와 공명 주파수 간의 비율은 **핵의 종류와 상관없이** 일정함을 기억하라(식

19-5). 따라서 기준 신호에 대한 자기장의 변동 보정은 시료 내의 모든 핵들에 대해 적용되는 결과가 된다. 현대 분광기에서 기준 신호는 용매 중의 중수소로부터 얻으므로, 2번째 발신 코일의 주파수는 기준인 중수소를 관찰할 수 있도록 설정되어 있다. 대부분의 최신 초전도 자석은 매우 안정적이며, 1 ~ 20분 동안은 잠금 없이도 스펙트럼을 얻을 수 있다.

자기장 보정(shimming)

보정 코일은 여러 쌍의 전선 루프로 잘 제어된 전류를 흘려보내어, 주 자기장의 불균일성을 보정하도록 작은 자기장을 생성한다. 최신 기기에서 보정 제어는 자기장의 균일성을 최적화하기 위해 여러 알고리즘을 가지고 컴퓨터로 제어된다. 자기장 보정은 새로운 시료가 분광기에 도입될 때마다 수행되어야 한다. 그림 19-21에서 보여주는 단순한 그림에는 보정 코일을 나타내지 않고 있다.

시료의 회전(spinning)

또한 자기장 불균일성의 효과는 종축으로 시료를 회전시켜 상쇄시킬 수 있다. 시료 튜브 주위에 작은 플라스틱 터빈이 시료가 회전하게 만든다. 시료 튜브가 20~50회/초의 속도로 회전하도록 공기의 센 흐름이 터빈을 운전한다. 이 시료의 회전 주파수가 자기장의 불균일성으로 야기된 주파수 퍼짐보다 훨씬 크면, 핵들은 평균화된 환경에 놓이게 되어 주파수 퍼짐은 0에 가깝게 좁혀진다. 시료 회전의 단점은 자기장이 회전 주파수로 변조되어 각 흡수 피크 양옆에 *회전곁띠*(sidebands, or spinning sidebands)가 나타나는 것이다.

19C-3 시료 탐침기

NMR 분광기의 핵심 부품장치는 시료 탐침기(probe)로서 여러 기능을 수행한다. 이것은 자기장 내에 일정하게 같은 위치에 시료가 놓이도록 하고, 시료를 회전시키는 공기 터빈을 포함하고 있으며, NMR 신호를 들뜨게 하고 검출할 수 있는 코일(또는 코일들)을 탑재하고 있다. 보통의 탐침기는 2가지 또 다른 송신기 코일을 갖고 있다; 하나는 자기장을 잠금하는 코일이고, 다른 하나는 짝풀림 실험(제19E-1절)에 사용되는 코일이다. 또한 대부분의 탐침기는 온도 변이 실험이 가능하도록 제작된다. 보통의 NMR 시료 튜브는 500~650 μL 정도의 액체를 담을 수 있는 5 mm(외경) 유리관으로 만들어진다. 더 적은 시료 부피용 마이크로튜브와 특별한 목적의 큰 튜브도 있다.

송신기–수신기 코일

최신 NMR 분광기의 가변(adjustable) 탐침기는 송신기(transmitter)와 수신기(receiver) 코일로 구성된다. 수신기 코일은 실험 목적에 따라 배치되어 있다. 일반적인 탐침기는 양성자(^{1}H) 실험에서 ^{1}H 검출을 위한 내부(inner) 코일과 ^{13}C 또는 ^{15}N과 같은 핵종을 검출하기 위한 X-핵 코일이라고 불리는 외부(outer) 코일로 구성된다. 내부코일은 시료에 최대한 가까이 있어서 감도를 최대화한다. 양성자를 제외한 다른 핵종의 검출 실험을 수행하는 X-핵 코일은 ^{1}H 코일 바로 바깥쪽에 위치한다. 보통 양성자 스펙트럼은 신호 대 잡음비가 매우 좋아서 탐침기의 튜닝(tuning, 주파수 맞춤)이 중요하지 않다. 그러나 X-핵 코일이 주 관찰 코일로 사용되는 경우에는 튜닝이 매우 중요하다.

펄스 발생기. RF 발생기와 주파수 합성기는 본질적으로 단일 주파수의 하나의 신호만을 만들어야 한다. 그러나 Fourier 변환 스펙트럼을 얻기 위하여, 다른 공명 주파수를 갖는 핵들을 들뜨게 하기 위해서는 충분히 넓은 주파수 범위로 시료를 조사해야만 한다. 다행히 그림 19-5와 같이, 충분히 짧은 복사선의 펄스는 발진기(oscillator) 주파수를 중심으로 하나의 비교적 넓은 주파수 띠를 제공한다. 이 주파수 띠의 범위는 약 1/(4τ) Hz이다; τ는 펄스의 길이(단위는 초)이다. 즉, 100 MHz 발진기 주파수로 생성된 1 μs 펄스는 100 MHz ± 125 kHz의 주파수 범위를 제공한다. 이 좁은 펄스로부터 제공되는 주파수 띠의 생성(그림 6-6 참고)이 의미하는 바는, 직사각형의 파형은 작은 주파수 증가량에 따라 서로 다른 일련의 sine 또는 cosine 파형으로부터 만들어짐을 뜻한다. 거꾸로, 사각 파형을 Fourier 분석하면 넓은 범위의 주파수 성분들로 구성되어 있음을 알 수 있다. 즉, 사각 파형이 좁으면 좁을수록, 주파수 성분들의 범위는 더 넓어진다. 만약 파형이 끝없이 좁아지면, 이론적으로 모든 주파수를 포함한다. 따라서, RF 발진기를 매우 빠르게 스위칭하여 만든 좁은 한 펄스는 발진기의 주파수 근처에서 일어나는 모든 핵의 공명을 들뜨게 할 수 있는 주파수의 띠를 갖는다.

그림 19-21에서 보여주는 바와 같이, 전형적인 펄스 발생기(pulse generator)는 세 부분으로 구성되어 있다: 주파수 합성기, 적당한 시간에 펄스를 on-off 스위치하는 게이트, 펄스를 50~100 W까지 증폭시키는 파워 증폭기.

수신 장치(receiver system). 검출기 코일에 생성되는 전류의 전압은 nV~μV 범위 있어서, 신호를 더 처리하기 전에 반드시 0~10 V 범위에서 증폭되어야만 한다. 기기의 다른 부분으로부터 발생되는 잡음을 효과적으로 최소화하기 위해 예비 증폭기는 최대한 수신기 코일에 가까이 장착되며, 일반적으로 탐침기에 직접 연결된 예비–증폭기(preamplifier)에서의 증폭이 첫 번째 증폭의 단계이다. 그 다음 추가적인 증폭은 그림 19-21에서 보여주는 바와 같이, 외부 RF 증폭기에서 수행된다.

19C-4 검출기와 데이터–처리 시스템

그림 19-21에서 보여준 검출기에서 고주파수(high-frequency) 라디오 신호는 우선 디지털화하기 훨씬 쉬운 음파–주파수(audio-frequency) 신호로 변환된다. RF 증폭기에서 나온 신호는 2가지 성분으로 구성되었다고 생각할 수 있다: 발진기가 만드는 주파수를 갖는 *운반 신호*(carrier signal)와 분석물질로부터 나온 아주 많이 중첩된(superimposed) NMR 신호이다. 분석물

질 신호는 운반 신호와 수 ppm 정도의 주파수 차이가 난다. 예로, 어떤 양성자 스펙트럼의 화학적 이동은 일반적으로 10 ppm 범위에 걸쳐있다. 따라서 500 MHz 분광기에 측정한 양성자 NMR 데이터는 500,000,000~500,005,000 Hz까지의 주파수 범위에 있다. 이런 고주파수 신호를 디지털화하고 디지털 영역에서 시료에서 기인된 작은 차이를 추출하는 것은 실용적이지 않다; 그래서 아날로그 영역의 분석 신호 주파수(ν_n)에서 운반 주파수(carrier frequency, ν_c)를 전자 회로에서 뺄셈을 한다. 이 과정의 결과인 차이 신호($\nu_n - \nu_c$)는 0 ~ 5000 Hz 범위의 음파–주파수 영역이 된다. 이 과정은 가정용 라디오에서 음파 신호를 RF 운반 신호로부터 분리하는 것과 같은 방법이다.

음파 신호의 샘플링

운반 주파수를 뺀 후에 얻은 sine파형의 음파 신호는 신호 전압을 샘플링(sampling)하여 아날로그–디지털 변환기에서 주기적으로 디지털 형태로 변환된다. Sine파 또는 cosine파를 정확하게 디지털화하기 위해서는, *Nyquist 샘플링 이론*(Nyquist sampling theorem, 제5C-2절 참고)에 따라 각 주기에 최소 2번 이상 신호를 샘플링해야만 한다. 만약 신호 주파수의 2배 이하의 주파수로 샘플링을 하면 신호의 *접힘*(folding) 또는 *위신호*(aliasing)가 일어난다. 그림 19-22a는 접힘 효과를 보여주고 있다. 점선으로 나타낸 1600 Hz cosine 신호를 점선은 2000데이터/초의 속도로 샘플링한 것이다. 검은 점들은 컴퓨터가 데이터를 샘플링하고 디지털화한 시간에 표시한 점이다. 이 샘플링 속도는 Nyquist 주파수(2×1600 Hz $= 3200$ Hz)보다 작다. 이런 부적합한 샘플링 속도의 효과는 그림 19-22a의 실선처럼 400 Hz의 주파수를 갖는 cosine파로 나타난다. 따라서 그림 19-22b에서 보여주는 바와 같이, 주파수 영역 스펙트럼에서 1600 Hz에서의 피크는 없어지고, 400 Hz에 접힘 피크가 나타난다.

최신 NMR 분광기는 운반 주파수와 NMR 주파수 간 차이의 양수값과 음수값이 측정 가능한 직각 위상–감응(quadrature phase-sensitive) 검출기를 사용한다. 이 검출기는 주파수 차이의 음양의 부호를 감지할 수 있어서 접힘을 피할 수 있다.

신호의 적분

양성자 NMR 신호들의 면적은 그에 해당되는 양성자의 수에 항상 정비례한다. 따라서 최신 NMR 분광기는 NMR 신호를 제공할 뿐만 아니라, ^{1}H 스펙트럼에서는 신호의 적분(면적)값을 제공한다. ^{13}C 스펙트럼인 경우, 신호들은 존재하는 탄소의 숫자에 일반적으로 비례하지 **않는다**. 그림 19-23에서 보듯이 적분(integration) 데이터는 보통 NMR 스펙트럼에 겹쳐서 계단식 함수로 나타난다. 일반적으로, 면적 데이터는 상대적으로 수 %의 재현성이 있다.

19C-5 시료의 취급

최근까지 고분해능 NMR 연구는 비점성 액체 상태로 바꿀 수 있는 시료들에 한정되었다. 순수한 액체 시료의 점도가 충분히 낮다면 액체 시료를 그대로 시험할 수도 있지만 보통 2~15% 사이의 시료 용액이 사용된다.

용매는 측정하는 스펙트럼 범위에서 용매 자체의 공명을 갖

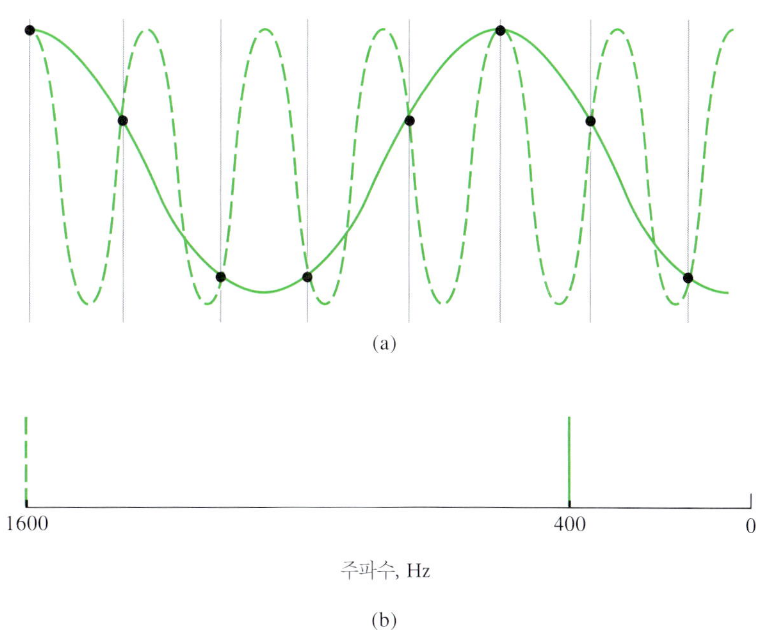

그림 19-22 (a) 점선은 1600 Hz 주파수의 시간 영역 신호를 Nyquist 주파수(3200 Hz)보다 작은 주파수(2000회/초)로 샘플링하여 얻은 스펙트럼 피크의 접힘. 실선은 400 Hz의 주파수를 갖는 cosine파이다. (b) 400 Hz에 접힘 피크를 보여주는 (a)의 점선 신호에 대한 주파수 영역 스펙트럼. (Adapted from D. Shaw, *Fourier Transform NMR Spectroscopy*, 2nd ed., p. 159, New York: Elsevier, 1987. With permission, Elsevier Science Publishers.)

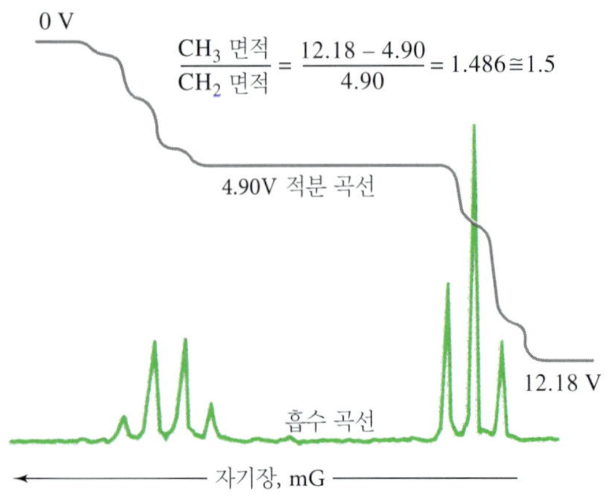

그림 19-23 묽은 에틸벤젠 용액의 흡수 및 적분 곡선(지방족 영역). (Courtesy of Agilent Technologies, Santa Clara, CA.)

지 않아야만 한다. 일반적으로 NMR 용매는 자기장-주파수 잠금 신호를 제공할 수 있도록 중수소로 치환된 것이 사용된다. (제19C-2절 참고). 유기 화합물에 대하여 가장 많이 사용되는 용매는 중수소로 치환된 chloroform ($CDCl_3$)이다. 극성 유기 화합물은 보통 $CDCl_3$에 충분히 용해되지 않기 때문에 좋은 스펙트럼을 얻지 못한다. 이런 경우에는, CD_3OD 또는 acetone-d_6, DMSO-d_6 등을 사용한다. 극성이 더 높은 화합물이나 이온 화합물은, D_2O를 용매로 사용하고, 강한 HOD 신호를 제거하기 위해 물-제거(water-suppression) 기법과 함께 사용한다.

고자장의 최신 NMR은 고품질의 NMR 튜브가 필요하다. 한 번 사용된 튜브는 잘 세척하고 사용 전에 완전히 건조해야만 한다. 이 목적을 위해 시료-튜브 세척기가 시중에서 판매되고 있다. 상자성 크로뮴 이온은 튜브의 벽에 흡수될 수 있고, 양성자 NMR 스펙트럼을 넓게 만들기 때문에, 크로뮴산-황산과 같은 세척 용액은 절대 사용하면 안 된다.

근래에 들어서는 고체 시료의 고분해능 스펙트럼을 쉽게 얻을 수 있게 되었다. 또한 고분자, 화석 연료, 다른 고분자량 물질 등의 ^{13}C 스펙트럼을 얻을 수 있는 많은 기법들이 개발되고 사용되고 있다. 고체 NMR 스펙트럼을 얻기 위하여 필요한 기기적 변경에 관한 짧은 논의는 제19E절에 다루고 있다.

19D 양성자 NMR의 응용

많은 원자핵 중에 수소(^1H) 핵만이 양성자 1개만으로 구성되어 있어서, NMR에서는 수소보다는 양성자(proton) NMR이라고 부른다. 양성자 NMR 분광법의 가장 중요한 응용은 유기, 금속-유기, 생화학 분자의 정성 분석과 구조 규명이다. 더불어 NMR은 흡수 화학종의 정량 분석에도 유용하다.

19D-1 화합물의 규명

적외선 스펙트럼처럼 NMR 스펙트럼도 그 자체만으로 유기 화합물을 규명하기에는 만족스럽지 않다. 그러나 자외선, 적외선 및 질량 스펙트럼 및 원소 분석과 결합하면, 순수한 화합물을 규명하는 데 있어서 NMR은 매우 중요하며 없어서는 안 될 기기이다. 다음의 예제들은 NMR 스펙트럼에서 얻을 수 있는 정보가 어떤 것들인지를 알려주고 있다.

예제 19-4

그림 19-24의 양성자 NMR 스펙트럼은 $C_5H_{10}O_2$의 실험식을 갖는 유기 화합물에 대한 것이다. 화합물을 규명하시오.

풀이

스펙트럼의 실험은 네 종류의 양성자가 존재함을 나타낸다. 피크의 적분 값과 실험식으로부터, 네 종류에는 3:2:2:3 비의 양성자들이 있음을 추론할 수 있다. δ = 3.6에서의 단일 피크는 고립된 메틸기에 해당한다. 그림 19-17과 표 19-3을 참고하면, 이 피크는 다음과 같은 작용기의 양성자로 예측된다.

$$CH_3O\overset{\overset{\large O}{\|}}{C}-$$

실험식과 나머지 양성자의 2:2:3 분포로부터 n-프로필기의 존재를 알 수 있다. 이 구조는 모든 관찰 결과와 일치한다.

$$CH_3O\overset{\overset{\large O}{\|}}{C}-CH_2CH_2CH_3$$

더불어, 이 세 피크의 위치와 갈라짐 방식은 이 가정과 잘 부합된다. δ = 0.9의 삼중선은 메틸렌기에 이웃하는 전형적인 메틸 그룹이다. 표 19-3으로부터, 카복실기에 이웃하는 메틸렌기의 두 양성자는 약 δ = 2.2에서 삼중선으로 나타나야만 한다. 다른 메틸렌기는 약 δ = 1.7 정도에서 $3 \times 4 = 12$개의 피크 패턴을 갖는 것을 예측할 수 있다. 그러나 기기의 분해능이 충분히 높지 않아서, 6개의 피크만이 관찰되었다.

예제 19-5

그림 19-25에서 보여주는 스펙트럼은 탄소와 수소만을 포함하는 무색의 이성질체 액체에 대한 것이다. 두 화합물을 규명하시오.

풀이

위 그림에서 약 δ = 7.2의 단일 피크는 방향족 구조로부터 나온 것을 알 수 있다: 이 피크의 상대 면적은 5개 양성자에 해당한다. 이로써 한 자리만 치환된 벤젠의 유도체임을 알 수

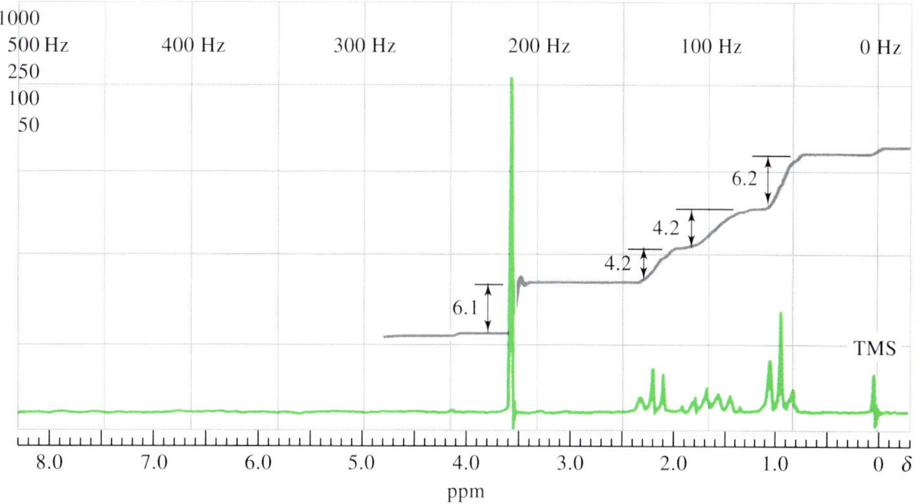

그림 19-24 **CCl_4에 용해한 유기 화합물 $C_5H_{10}O_2$에 대한 NMR 스펙트럼과 피크 적분 곡선.** (From R. M. Silverstein, G. C. Bassler, and T. C. Morrill, *Spectrometric Identification of Organic Compounds*, 3rd ed., p. 296, New York: Wiley, 1974. With permission.)

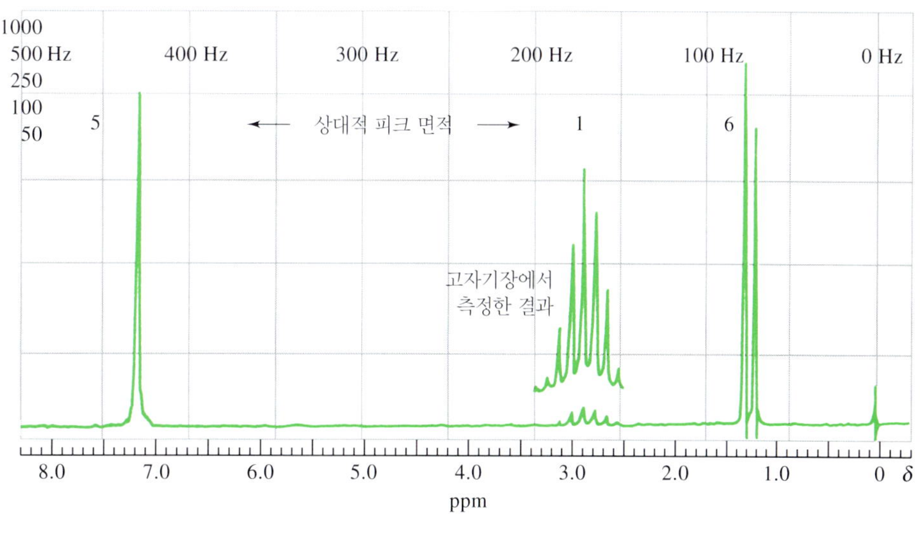

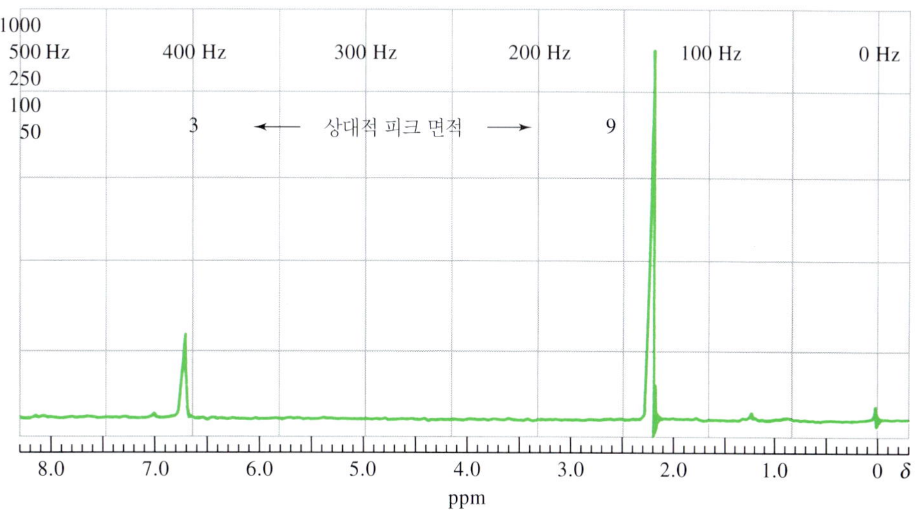

그림 19-25 **$CDCl_3$에 용해한 2가지 이성질체 유기 화합물에 대한 NMR 스펙트럼.** (Courtesy of Agilent Technologies, Santa Clara, CA.)

있다. 약 δ = 2.9의 1개 양성자(상대 면적)에 대한 7개 피크와 약 δ = 1.2의 6개 양성자에 대한 이중선으로부터 다음의 부분 구조를 예상할 수 있다.

$$-\mathrm{C}(\mathrm{H})(\mathrm{CH_3})-\mathrm{CH_3}$$

따라서 이 화합물은 다음과 같은, cumene으로 결론지을 수 있다.

$$\mathrm{C_6H_5}-\mathrm{C}(\mathrm{H})(\mathrm{CH_3})-\mathrm{CH_3}$$

다른 이성질체 화합물은 약 δ = 6.8에 한 방향족 피크를 가진다. 상대 면적으로부터 세 자리가 치환된 벤젠으로 추론되므로 가능한 화합물은 오직 $C_6H_3(CH_3)_3$이다. 상대 피크 면적이 이 추론을 확신해준다.

예제 19-6

그림 19-26에서 보여주는 스펙트럼은 분자량이 72이고, 탄소, 수소, 산소만을 포함하는 유기 화합물에 대한 것이다. 화합물을 규명하시오.

풀이

$\delta \approx$ 9.8의 삼중선 피크는 지방족 알데하이드, RCHO일 것이다(그림 19-17 참고). 이 가정이 사실이라면 R은 분자량이 43인, C_3H_7 조각에 해당한다. $\delta \approx$ 9.8에서 삼중선은 카보닐기에 이웃하는 메틸렌기가 있음을 의미한다. 따라서 화합물은 *n*-뷰틸알데하이드, $CH_3CH_2CH_2CHO$인 것으로 보인다.

δ = 0.97의 삼중선 피크는 말단의 메틸기로 보인다. 메틸기에 이웃한 메틸렌기의 양성자는 반대쪽에 이웃하는 메틸렌기와 더불어 갈라져서 4 × 3 = 12개의 복잡한 피크 갈라짐을 보여줄 것이 예측된다. δ = 1.7 주위의 피크들이 이러한 예측에 부합된다.

끝으로, 카보닐기에 이웃한 메틸렌기의 양성자에 대한 피크는 다른 메틸렌 양성자 피크보다 낮은 자기장에서 6중선으로 나타나야만 한다. δ = 2.4의 그룹이 이 예측과 일치한다.

19D-2 정량 분석에서의 NMR 응용

양성자 NMR 스펙트럼에서 독특하게도 피크의 면적은 그 피크에 해당하는 양성자의 수에 정비례하다. 그 결과로, 특정 화합물의 정량 분석은 검정을 위해 순수한 시료가 필요하지 않다. 따라서 시료 성분 중 하나의 공명 피크가 다른 성분의 공명과 겹치지 않는다면, 이 피크의 면적은 화학종의 농도를 규명하는데 직접 이용될 수 있다; 단, 한 양성자에 대해 신호 면적은 제공되어야 한다. 이 한 양성자에 대한 신호 면적은 알고 있는 농도의 내부 표준물로부터 쉽게 얻을 수 있다. 예를 들어 벤젠, 사이클로헥산, 물과 같은 물질의 알고 있는 양이 용매에 있다면, 이 화합물들의 단일 양성자 피크의 면적으로부터 양성자 1개에 해당하는 면적을 알 수 있다. 물론, 내부 표준물의 피크는 시료 피크들 중 어느 것과도 겹치지 않아야만 한다. 양성자들의 공명 피크 위치가 모두 매우 높은 자기장에 있는 유기 규소 유도체들이 검정 목적을 위해 사용하기에 적절하다.

많은 다중 성분의 혼합물 분석에 대한 방법들도 보고되고 있다. 예를 들어, 상용 진통제인 아스피린, 페나세틴(phenacetin), 카페인 등의 정량 분석에 대한 보고도 있다. 다양한 혼합물에서 벤젠, 헵테인, 에틸렌, 글라이콜, 물 등의 정량 분석에 대한 보고도 있다.

NMR의 유용한 응용 중의 하나는, 알코올과 페놀 중 하이드

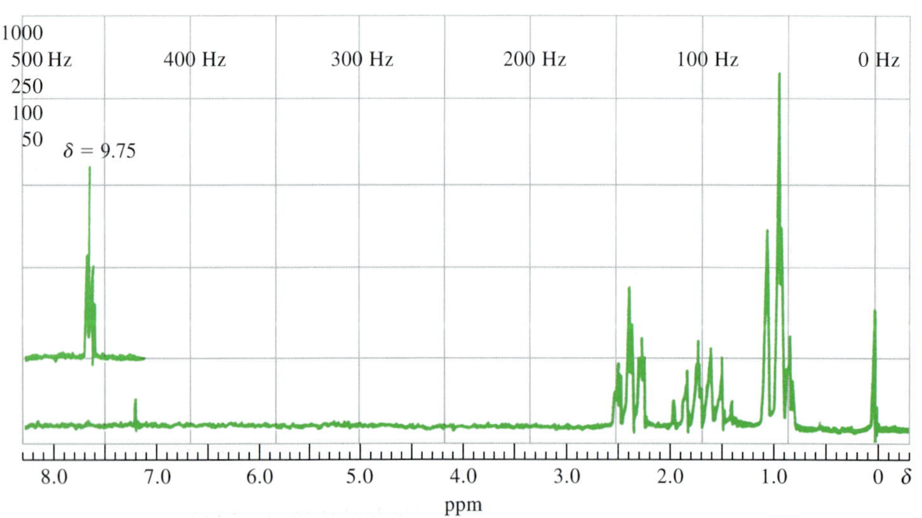

그림 19-26 C, H, O만을 포함하는 순수한 유기 화합물의 ^{1}H NMR 스펙트럼.

록시기, 알데하이드, 카복실산, 올레핀, 아세틸렌수소, 아민, 아마이드와 같은 작용기의 정량 분석이다.[14] 1~5% 범위의 상대적인 오차가 보고되었다.

NMR 분광법은 원소 분석에도 이용된다. 예를 들어, 유기 혼합물에서의 전체 수소의 양을 매우 정확하게 정량 분석할 수 있다. 비슷하게, ^{19}F 공명은 고전적인 방법으로 분석하기 어려운 유기 화합물 중 플루오린의 정량 분석을 하는 데 사용할 수 있다. 정량 분석을 위해서는 저분해능 또는 넓은-선 분광기가 사용되기도 한다.

앞의 예에도 불구하고, NMR 분광법이 정량 분석 목적에 널리 사용되지 못하는 것은 높은 기기 비용 때문이다. 더불어 시료의 복잡성이 증가함에 따라 공명 피크가 겹칠 가능성은 더 높아지기 때문에 정량 분석이 힘들다. 또한 NMR은 일반적으로 다른 기기에 비해 감도가 낮고 불편하여 정량 분석에 적합하지 않다.

19E 탄소 NMR

탄소(^{13}C) NMR은 1957년에 처음으로 연구되었으나 1970년 초까지는 널리 사용되지 않았다. 늦어진 이유는 ^{13}C 핵의 약한 NMR 신호를 검출하기에 충분한 감도를 갖는 기기를 개발하는 데 시간이 걸렸기 때문이다. 이 낮은 신호의 세기는 ^{13}C 동위 원소의 낮은 자연 존재비(1.1%, ^{12}C = 98.9%)와 ^{1}H의 1/4 정도인 낮은 자기 회전 비율 때문이다. 이런 두 인자로 인한 ^{13}C NMR은 양성자 NMR보다 감도가 6000배 정도 약하다.

^{13}C NMR의 폭발적인 성장은 고자기장 자석과 Fourier 변환형 기기의 개발로 NMR 신호의 향상이 가장 중요했다. 이러한 개발이 없었다면 ^{13}C NMR은 잘 용해되는 저분자량의 고체, 순수한 액체, 동위 원소로 치환된 화합물 등의 연구로만 한정되었을 것이다.[15]

^{13}C NMR은 유기 및 생화학물 구조를 규명하는 능력 면에서 ^{1}H NMR보다 여러 장점을 가진다. 먼저 ^{13}C NMR은 분자의 말단보다 분자의 골격에 대한 정보를 더 잘 제공한다. 또한 대부분의 유기 화합물에서 ^{13}C의 화학적 이동 범위는 약 200 ppm 정도로 넓어서(^{1}H 범위는 10~15 ppm), ^{1}H 스펙트럼에서보다 ^{13}C 스펙트럼에서 피크의 겹침이 적다. 예를 들어, 분자량이 200~400 범위의 화합물에서 각 탄소는 독립적인 공명 피크들로 관찰된다. 더불어 시료에서 2개의 ^{13}C가 이웃할 확률이 매우 낮아서(자연 존재비가 낮으므로), 탄소 원자 간의 동종핵(homonuclear) 스핀-스핀 짝지음이 일어나지 않는다. 또한 ^{12}C의 스핀 양자수가 0이므로, ^{13}C와 ^{12}C 핵 간의 *이종핵*(heteronuclear) 스핀-스핀 짝지음도 일어나지 않는다. 그러나 ^{13}C와 ^{1}H 핵 간의 이종핵 스핀-스핀 짝지음은 일어난다. ^{13}C와 ^{1}H 핵 간의 상호작용을 짝풀림(decouping)하는 방법은 여러 가지가 있다. 짝풀림 방법을 하면 스펙트럼에서 한 종류의 탄소는 일반적으로 단일 피크로 나타난다.

시뮬레이션: www.tinyurl.com/skoogpia7에서 **NMR 스펙트럼 해석(NMR spectral interpretation)**에 대해 더 알아보시오.

19E-1 양성자 짝풀림

^{13}C NMR에서 이용되는 3가지 주된 양성자 짝풀림 실험방법은 *넓은 띠 짝풀림*(broadband decoupling), *공명 비킴 짝풀림*(off-resonance decoupling), *펄스 짝풀림*(pulsed 또는 gated decoupling)이다.

넓은 띠 짝풀림

넓은 띠 짝풀림은 이종핵 짝풀림의 한 종류로, ^{1}H 핵에 의한 ^{13}C 피크들의 스핀-스핀 갈라짐이 일어나지 않게 하는 방법이다; 이 방법은 일반적인 ^{13}C 스펙트럼을 얻는 동안, 전체 양성자 스펙트럼 영역을 포괄하는 넓은 띠 RF 신호를 시료에 조사하는 것이다. 이 양성자의 넓은 띠 신호는 탐침기에 위치하는 2번째 코일에서 만들어진다. 넓은 띠 짝풀림의 효과는 그림 19-27에 나타내었다.

공명 비킴 짝풀림

넓은 띠 짝풀림은 대부분의 ^{13}C 스펙트럼을 매우 단순하게 하지만, 구조 결정에서 중요한 스핀-스핀 갈라짐에 대한 정보도 제거된다. 과거에는 이러한 문제점을 공명 비킴 짝풀림 방법으로 대체하여 해결하였다.

이 기법에서는 짝풀림 주파수를 양성자 스펙트럼 영역보다 1000~2000 Hz 정도 높게 설정한다. 이 경우 부분적 짝풀림 스펙트럼이 생성되지만, 가장 큰 스핀-스핀 이동은 나타나지 않는다. 이런 상황에서 1차(primary) 탄소 핵(3개의 양성자를 가짐)은 사중선, 2차(secondary) 탄소는 삼중선, 3차(tertiary) 탄소는 이중선, 4차(quaternary) 탄소는 단일선으로 나타낸다. 그림 19-28은 이 기법으로 얻은 ^{13}C 스펙트럼을 나타내고 있다.

펄스 짝풀림

최신 NMR 분광기는 복잡한 펄스의 조합을 이용하여 짝풀림을 수행한다; 이 방법은 공명 비킴 짝풀림보다 높은 신호 대 잡음비를 제공하면서 더 빨리 수행할 수 있어서 가장 많이 사용되는

[14] 다음 문헌을 참고하시오. R. H. Cox and D. E. Leyden in *Treatise on Analytical Chemistry*, 2nd ed., P. J. Elving, M. M. Bursey, and I. M. Kolthoff, eds., Part I, Vol. 10, pp. 127-36, New York: Wiley, 1983.

[15] 더 많은 정보는 다음 문헌을 참고하시오. D. L. Pavia, G. M. Lampman, G. S. Kritz, and J. R. Vyvyan, *Introduction to Spectroscopy*, 5th ed., Chap. 6, Stamford, CT: Cengage, 2015; K. Pihlaja and E. Kleinpeter, *Carbon-13 NMR Chemical Shifts in Structural and Stereochemical Analysis*, New York: Wiley-VCH, 1994; N. Beckmann, *Carbon-13 NMR Spectroscopy of Biological Systems*, New York: Academic Press, 1995; E. Breitmaier and W. Voelters, *Carbon-13 NMR Spectroscopy*, 3rd ed., New York: VCH, 1987.

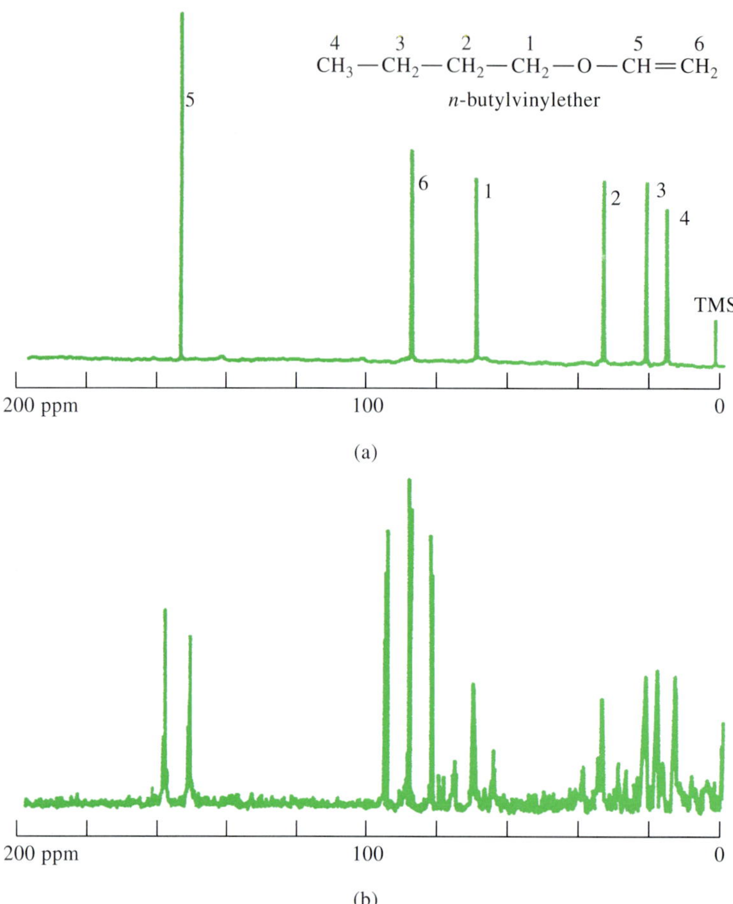

그림 19-27 25.2 MHz에서 얻은 *n*-butylvinylether에 대한 ^{13}C NMR 스펙트럼. (a) 양성자 짝풀림 스펙트럼, (b) ^{13}C와 이에 결합한 양성자 간의 짝지음 효과를 보여주는 스펙트럼. (From R. J. Abraham and P. Loftus, *Proton and Carbon-13 NMR Spectroscopy*, p. 103, Philadelphia: Heyden, 1978. With permission.)

기법이다. 이 기법의 설명은 이 교재의 범주를 벗어나는 어려운 내용임으로 참고 문헌을 보자.[16]

핵 Overhauser 효과

넓은 띠 짝풀림의 조건에서, ^{13}C 피크들의 면적은 다중선이 단일선으로 합쳐짐에 의해 단순히 증가되는 정도보다 더 크게 증가되었다. 이 현상은 *핵 Overhauser 효과*(nuclear Overhauser effect, NOE)로 표현되며 짝풀림 실험에서 나타나는 일반적 효과이다. 이것은 짝풀림 양성자와 이웃 ^{13}C 핵 간의 직접적인 자기적 결합의 결과로 증가되며, Boltzmann 관계식에서 예상되는 낮은 에너지 상태에 ^{13}C 핵의 수를 훨씬 더 증가시킨다. 이 결과로 ^{13}C 신호는 약 3배 증가된다. NOE는 ^{13}C 측정의 감도를 증가시키기도 하지만, 반면에 피크 면적과 핵의 수 사이의 비례 관계가 없어지는 단점도 있다. 쌍극자–쌍극자 상호작용에 기초한 NOE 이론은 참고 문헌을 보자.[17]

19E-2 ^{13}C NMR을 통한 구조 결정

양성자 NMR처럼, ^{13}C NMR의 가장 중요한 응용은 유기 및 생화학 물질의 구조를 결정하는 것이다. 이 구조 결정 방법은 주로 화학적 이동을 기초로 하고, 스핀–스핀 데이터는 양성자 NMR에서보다 작은 역할을 한다. 그림 19-29는 여러 가지 화학적 환경에서 ^{13}C을 관찰한 화학적 이동의 일부를 보여준다. 양성자 스펙트럼에서와 같이, 이 이동은 TMS에 대한 상대적 값으로 δ값은 0~200 ppm 범위에 있다. 일반적으로 환경 효과는 제 19B-2절에서 설명한 양성자에서의 효과와 유사하다. 그러나 양

[16]다음 문헌을 참고하시오. H. Friebolin, *Basic One- and Two-Dimensional NMR Spectroscopy*, 5th ed., Weinheim, Germany: Wiley-VCH, 2010; J. K. M. Sanders and B. K. Hunter, *Modern NMR Spectroscopy: A Guide for Chemists*, 2nd ed., New York: Oxford, 1993.

[17]다음 문헌을 참고하시오. D. Neuhaus and M. P. Williamson, *The Nuclear Overhauser Effect in Structural and Conformational Analysis*, 2nd ed., New York: Wiley-VCH, 2000; D. Shaw, *Fourier Transform NMR Spectroscopy*, 2nd ed., p. 233, New York: Elsevier, 1984.

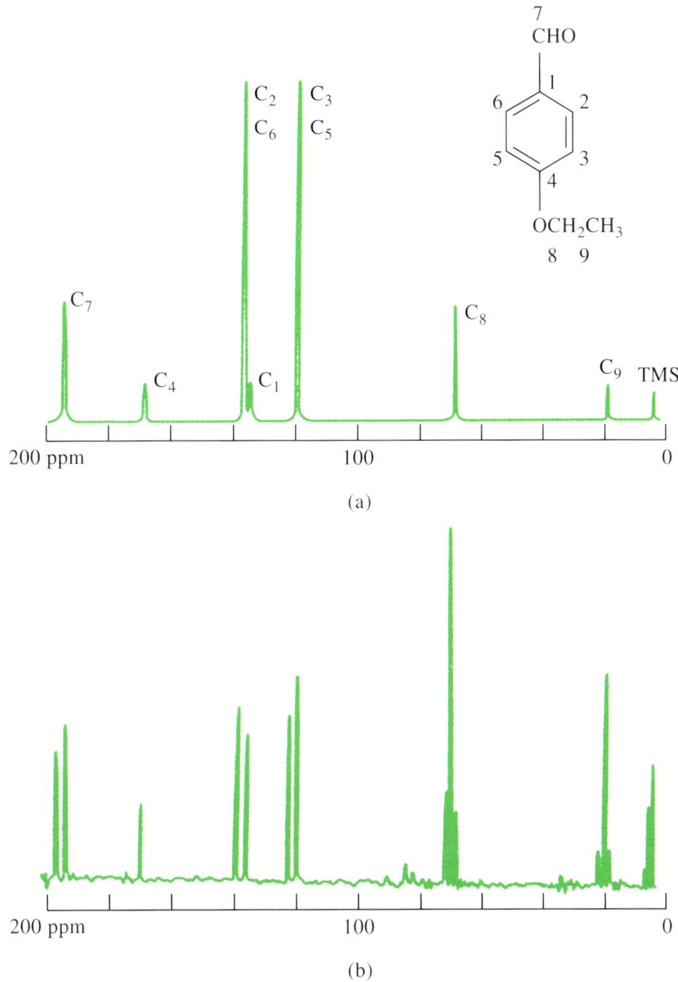

그림 19-28 *p*-ethoxylbenzaldehyde의 ^{13}C 스펙트럼의 (a) 넓은 띠 짝풀림과 (b) 공명 비킴 짝풀림 비교. (From R. J. Abraham, J. Fisher, and P. Loftus, *Introduction to NMR Spectroscopy*, p. 106, New York: Wiley, 1988. With permission.)

성자 스펙트럼과 대조적으로 ^{13}C 이동에서 치환 효과는 가장 인접한 원자로 한정되지 않는다. 예를 들어, *n*-pentane의 C_1 탄소에 염소 치환은 원래 C_1 탄소로부터 31 ppm만큼 화학적 이동한다. C_2 탄소에서 염소가 치환되면 C_1 탄소는 10 ppm 이동되며; 유사하게 C_3, C_4 및 C_5 탄소에 염소 치환은 C_1 탄소의 각각 −5.3, −0.5, −0.1 ppm의 이동을 일으킨다.

고체 시료에 대한 ^{13}C NMR의 응용

앞에서 언급 바와 같이, 고체[18]에 대한 NMR 스펙트럼은 선 넓어짐에 의해 NMR의 각각의 특성적인 날카로운 피크가 나타나지 못하게 되어, 과거에는 구조 분석 연구에 사용되지 않았다. 이런 선 넓어짐의 주 원인은 2가지이다: ^{13}C와 ^{1}H 간의 정적인 쌍극자 상호작용과 ^{13}C-가리움 텐서(shielding tensors)의 비등방성(anisotropy)이다. 등방성(isotropic) 액체에서는, 분자의 빠르고 불규칙적인 운동 때문에 이런 원인들은 평균화되어 0이 된다. 고체에서 ^{13}C와 ^{1}H와 같이, 자기 핵 간의 이종핵 쌍극자 상호작용은 특징적인 쌍극자 피크 갈라짐을 일으킨다; 고체에서는 C—H 결합과 외부 자기장 사이의 각도가 다양하게 존재하고, 이 각각의 공명 주파수는 작은 차이를 갖고 결국 피크의 갈라짐으로 나타난다. 비결정성 고체에서는 이러한 결합은 무수히 많은 각도로 존재하므로 무수히 많은 수의 피크 갈라짐이 발생한다. 이 경우 이러한 개별적인 쌍극자 상호작용으로부터 생기는 무수히 많은 선들은 결국 넓은 흡수 띠를 만든다. 스펙트럼을 얻어지는 동안, 양성자 주파수들을 시료에 조사함으로써 ^{13}C 스펙트럼의 쌍극자 갈라짐은 제거할 수 있다. *쌍극자 짝풀림*(dipolar decoupling)이라 불리는 이 과정은 앞서 논의한 스핀 짝풀림과 유사하지만 훨씬 센 파워가 필요하다.

고체에서 선 넓어짐의 두 번째 원인은 제19B-2절에서 논의된

---

[18]다음 문헌을 참고하시오. D. C. Apperley, R. K. Harris, P. Hodgkinson, *Solid State NMR: Basic Principles & Practice*, New York: Momentum Press, 2012; M. J. Duer, *Solid-State NMR Spectroscopy*, Oxford: Blackwell Science, 2002; C. Dybowski and S. Bai, *Anal. Chem.*, **2008**, *80*, 4295, **DOI**: 10.1021/ac800573y; S. Bai, W. Wang, and C. Dybowski, *Anal. Chem.*, **2010**, *82*, 4917, **DOI**: 10.1021/ac100761m.

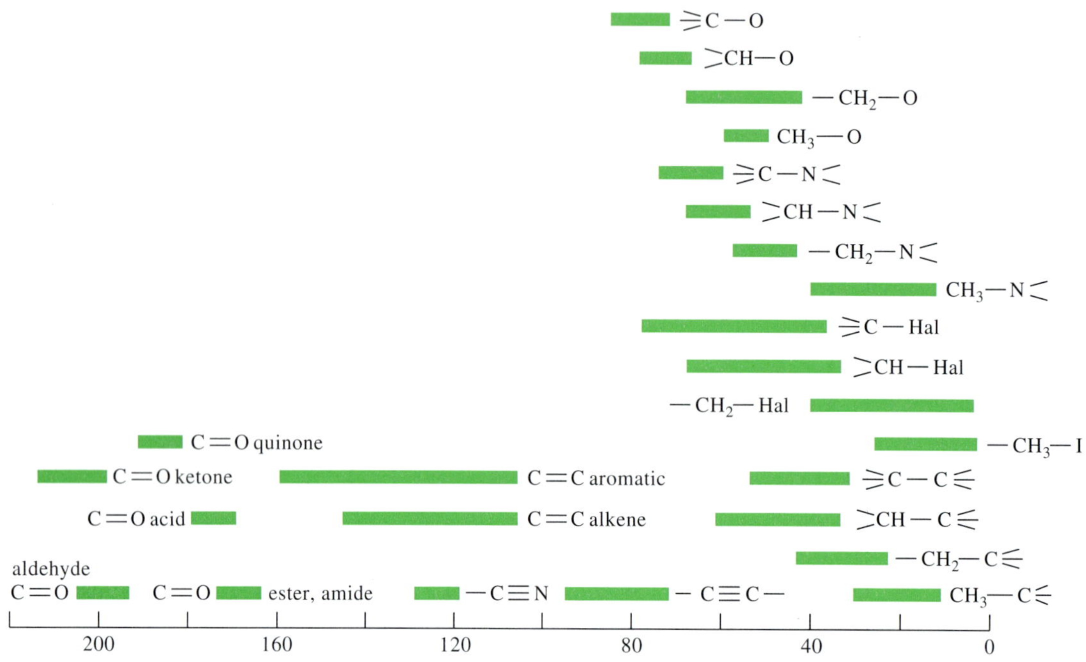

그림 19-29 ^{13}C의 화학적 이동. (From D. E. Leyden and R. H. Cox, *Analytical Applications of NMR*, p. 196, New York: Wiley, 1977. With permission.)

화학적 이동의 비등방성에 의해 발생한다. 이것은 외부 자기장에 대해 분자 또는 분자 일부의 방향에 따른 화학적 이동이 변함의 결과로 선 넓어짐이 생긴다. NMR 이론에서 자기적 비등방성에 의해 생긴 화학적 이동($\Delta\delta$)은 다음 식으로 정리된다.

$$\Delta\delta = \Delta\chi(3\cos^2\theta - 1)/R^3 \qquad (19\text{-}20)$$

θ는 이중 결합과 자기장 간의 각도이고, $\Delta\chi$는 이중 결합의 평행과 수직 배향 사이의 자기화율 차이이고, R은 이방성 작용기와 핵 사이의 거리이다. θ가 정확히 54.7° (magic angle)일 때, 식 19-20에서 정의된 $\Delta\delta$는 0이다. 실험적으로, 화학적 이동의 비등방성에 의한 선 넓어짐은 *요술각 회전*(magic angle spinning, MAS)에 의해 제거된다; 외부 자기장에 대해 54.7°의 각도로 고체용 시료 용기를 기울여 2,000회/초 이상의 주파수로 고체 시료를 빠르게 회전시키는 방법이다. 이 방법으로 고체는 자기장에서 회전함에 따라 액체처럼 거동한다.

고체 ^{13}C FT-NMR의 또 다른 어려움은 ^{13}C 핵의 스핀−격자 이완 시간이 길다는 것이다. 시료에 펄스를 주는 간격은 이완 시간에 비례한다. 즉, 펄스를 주어 들뜬 핵들이 바닥 상태로 돌아오면서 평형이 되는 데 충분한 시간이 필요하다. 불행히도, 고체 상태 ^{13}C 핵의 스핀−격자 완화 시간은 보통 수 분이 걸리므로, 양질의 스펙트럼을 얻기 위한 신호 평균화(signal averaging)는 수 시간 혹은 수일이 걸린다는 것을 의미한다.

이런 느린 스핀−격자 완화 시간의 문제는 *교차 편극화*(cross polarization) 기법으로 해결한다; 이 방법은 ^{1}H 핵과 ^{13}C 핵의 Larmor 주파수가 순간적으로 동일($\gamma_C B_{1C} = \gamma_H B_{1H}$)해지도록 하는 복잡한 펄스 기법이다. 이 조건에서, 세차 운동하는 ^{1}H 핵의 자기장은 ^{13}C 핵의 자기장과 상호작용하여, ^{13}C을 이완시킨다.

쌍극자 짝풀림, 요술각 회전, 교차 편극화 등이 가능한 상용 NMR로 고체 시료의 고분해능 ^{13}C 스펙트럼을 얻을 수 있다. 그림 19-30은 다양한 조건에서 얻은 adamantane 결정의 스펙트럼이고 상용 기기의 성능을 보여준다.

CH₂ — CH — CH₂ / CH₂ / CH — CH₂ — CH / CH₂ — CH — CH₂

adamantane

19F 그 외 핵의 NMR 응용

200개 이상의 동위 원소는 자기 모멘트를 가지므로 원칙적으로 NMR 연구가 가능하다. 가장 많이 연구되는 핵은 ^{31}P, ^{15}N, ^{19}F, ^{2}D, ^{11}B, ^{23}Na, ^{14}N, ^{29}Si, ^{55}Mn, ^{109}Ag, ^{199}Hg, ^{113}Cd, ^{207}Pb 등이다. 이들 중 처음 3개가 유기화학, 생화학 및 생물학 분야에서 특히 중요하다.

19F-1 인

1/2 스핀 양자수를 갖는 인(^{31}P)은 700 ppm 범위에 걸쳐 화학적 이동을 하는 날카로운 NMR 피크를 갖는다. ^{31}P의 공명 주파수는 4.7 T에서 81.0 MHz이다. 특히 생화학 분야에서 수많은 연구가 ^{31}P 공명을 기반으로 하여 이루어져 있다. 그림 19-31에

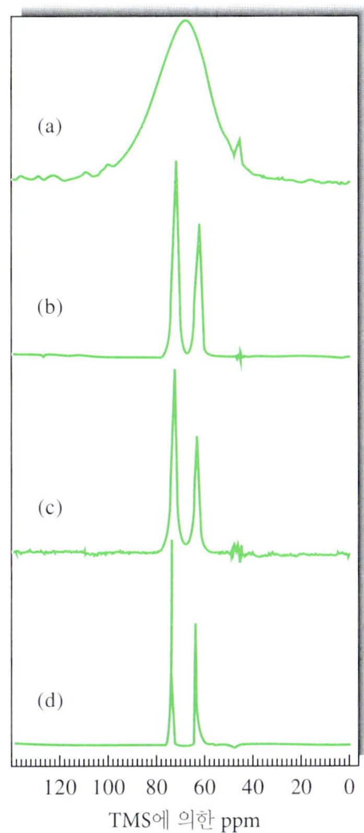

그림 19-30 Adamantane 결정의 ^{13}C 스펙트럼. (a) 무회전 실험(양성자 짝풀림 없음), (b) 무회전 실험(쌍극자 짝풀림과 교차 편극화 있음), (c) 요술각 회전 실험(쌍극자 짝풀림과 교차 편극화 없음), (d) 요술각 회전 실험(쌍극자 짝풀림과 교차 편극화 있음). (From F. A. Bovey, *Nuclear Magnetic Resonance Spectroscopy*, 2nd ed., p. 415, New York: Academic Press, 1988. With permission.)

서는 탄수화물 대사와 생체 내 에너지 저장 및 방출에서 중요한 역할을 하는 3가 음이온인 아데노신 3인산(adenosine triphosphate, ATP)에 대한 것이다.

아데노신-5′-3인산(ATP)

수용액 환경에서 ATP에 대한 스펙트럼(맨 아래)은 3개의 인 원자에 해당하는 세 세트의 피크들로 구성된다. 삼중선은 당연히 다른 두 개의 인 원자와 연결되어 있는 중앙의 인 피크이다. 약 14 ppm에서의 이중선은 약한 양성자 짝지음을 보여주므로, 메틸렌기와 인접한 인으로 예측된다.

마그네슘 이온은 ATP 대사작용에 관여하는 것으로 알려져

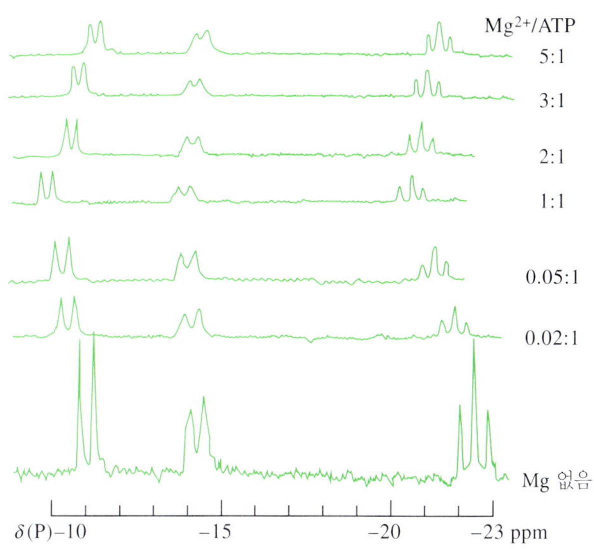

그림 19-31 마그네슘 이온을 포함한 ATP 용액에 대한 ^{31}P FT NMR 스펙트럼. 오른쪽 비율은 Mg^{2+}와 ATP의 몰비이다. (From J. W. Akitt, *NMR and Chemistry*, 2nd ed., p. 245, London: Chapman & Hall, 1983. With permission.)

있고, 그림 19-31의 위 6개의 스펙트럼은 인의 음이온과 양이온 사이의 복합체 형성에 의해 마그네슘 이온 농도 증가에 따라 낮은 자기장으로 화학적 이동을 야기한다.

19F-2 플루오린

플루오린(^{19}F)은 1/2의 스핀 양자수와 ^{1}H과 비슷한 자기 회전율을 갖는다. 그래서 4.69 T에서 측정할 때 200 MHz의 양성자 공명 주파수보다 조금 낮은 188 MHz에서 플루오린의 공명 주파수가 있다.

플루오린 흡수도 환경에 민감하고, 화학적 이동은 약 300 ppm 범위에서 나타난다. 또한 ^{1}H NMR에서보다 플루오린의 피크 위치를 결정할 때 용매의 역할이 매우 더 중요하다.

플루오린의 화학적 이동과 구조의 상관 관계는 양성자에서와는 다소 차이가 있다. 그러나 이 분야는 특히 유기 플루오린 화합물의 구조 연구분야에서 앞으로 많은 발전이 있을 것으로 보인다.

그림 19-32는 무기 화합물 PHF_2에 대한 ^{1}H, ^{19}F, ^{31}P 스펙트럼을 보여주고 있다. 각 스펙트럼에서, 스핀-스핀 갈라짐은 제 19B-3절에서 다룬 내용을 기반으로 쉽게 설명이 된다. 최신 다중핵 기기는 이러한 3가지 스펙트럼을 단일 자기장에서 얻을 수 있다.

19G 다중 펄스와 다차원 NMR

다중 펄스(multiple pulse)와 다차원 NMR은 유기 및 생물 분자에 대한 새로운 수준의 정보를 얻을 수 있는 완전히 새로운 실험이다.

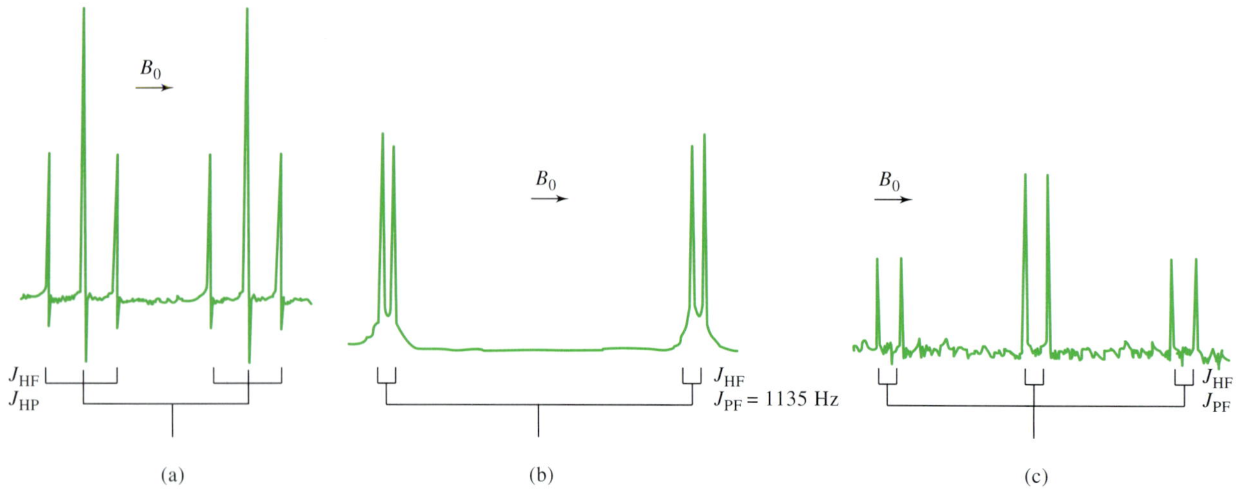

그림 19-32 −20°C에서 액체 PHF_2의 스펙트럼. (a) 60 MHz에서 ^{1}H 스펙트럼, (b) 94.1 MHz에서 ^{19}F 스펙트럼, (c) 40.4 MHz에서 ^{31}P 스펙트럼. (From R. J. Myers, *Molecular Magnetism and Molecular Resonance Spectroscopy*, Englewood Cliffs, NJ: Prentice-Hall, 1973. With permission.)

19G-1 다중 펄스 NMR

1960년대 후반 NMR 분광학자들은 다중 펄스 방법을 기반으로 한 실험에서 방대한 양의 화학적 정보를 발견했다. 즉, *역-회복*(inversion-recovery)과 *스핀-메아리 NMR*(spin-echo, NMR)과 같은 기법으로 스핀-격자 T_1과 스핀-스핀 T_2 이완 시간을 측정할 수 있다. 사실, 이러한 이완 시간의 정보는 분해능을 향상시키는 추가적인 변수로 사용되기 시작했다. 예를 들어, ^{1}H NMR에서 용질 양성자와 물 양성자의 T_1값 차이는 수용액에서 강한 용매 공명 신호를 줄이는 데 사용된다. 단백질과 작은 생물학적 분자를 함유한 혼합물에서 T_2의 차이는 고분자의 양성자 공명 피크를 근본적으로 제거하고, 작은 분자의 신호를 향상시키기 위해 사용된다. 그러나 가장 중요한 것은 이러한 NMR 실험에서는 두 번째 주파수 차원을 제공하는 다중 펄스 시퀀스를 사용한다는 것이다.

19G-2 2차원 NMR

2차원(two-dimensional, 2D) NMR은 복잡한 스펙트럼을 해결할 수 있는 다중 펄스 기법으로 구성된다.[19] 2차원 방법은 결합을 통한(through-bond) 짝지음, 공간을 통한(through-space) 상호작용, 화학적 상호교환 등에 의해 연관된 공명을 구분할 수 있다. 2차원 방법에서 데이터는 일반적인 FT-NMR에서와 같이 시간 t_2의 함수로 얻는다. 그러나 FID 신호를 얻기 전에, 시스템은 t_1 시간 동안 펄스에 의해 교란된다. 어떤 한 고정된 t_1에 대한 t_2의 함수로서 FID를 Fourier 변환하면 일반적인 펄스 실험에서 얻어지는 스펙트럼과 유사한 결과를 산출한다. 이 과정은 t_1의 다양한 값으로 반복되어, 2개의 주파수 변수 ν_1과 ν_2 또는 화학적-이동 변수 δ_1과 δ_2의 형태로 2차원 스펙트럼을 제공한다. 2D NMR이 사용된 펄스의 성격과 타이밍은 매우 다양하며, 경우에 따라 2개 이상의 반복되는 펄스가 사용된다. 따라서 문헌에 발표된 2차원 실험 유형의 수는 매우 많다. 결맞음(coherence) 전이에 기반한 보편적인 방법으로는 *homonuclear correlation spectroscopy* (COSY), *total correlation spectroscopy* (TOCSY), *incredible natural-abundance double-quantum transfer experiment* (INADEQUATE), *heteronuclear correlation* (HETCOR) *spectroscopy, heteronuclear multiple quantum coherence* (HMQC) *spectroscopy* 등이 있다.

그림 19-33a는 1,3-butanediol의 COSY 실험에 대한 ^{13}C 2D NMR 스펙트럼이다. 그림 19-33a는 화합물의 전형적인 1차원 스펙트럼이다. 2차원 스펙트럼은 다음과 같이 얻어진다: 양성자 넓은 띠 짝풀림이 꺼진 상태에서 90° 펄스를 시료에 가해진 후, 어떤 한 t_1 시간이 지나면, 짝풀림을 켜고 다른 펄스를 적용하여, 얻은 결과 FID는 디지털화되고 변환된다. 평형에 다시 이른 후, 다른 값들의 t_1로 이 과정을 반복하고, 얻어진 일련의 스펙트럼들은 그림에서 수평하게 그려졌다. 즉, δ_1축에 투영된 스펙트럼은 짝풀림 없이 얻은 것이다. δ_2축에 투영된 것은 완전히 짝풀린 ^{13}C 스펙트럼과 동일하다. 스펙트럼은 1개의 사중선, 2개의 삼중선, 1개의 이중선으로 구성되어 있으며, 이 원인은 분자 내에 4개의 ^{13}C에 결합된 양성자의 수와 관련된 것이 확실하다. 이 정보는 1차원(1D) 스펙트럼에서 명확하지 않다.

COSY, TOCSY, HETCOR 및 HMQC 실험은 ^{1}H과 ^{13}C 스펙트럼을 해석하는 데 큰 도움을 준다. 그러나 INADEQUATE 실험은 아마 최고의 2D NMR 기술일 것이다. 이 실험은 직접 결합된 핵 쌍 사이의 스핀-스핀 짝지음을 기반으로 한다. 유기 화

---

[19] 2D NMR 참고 문헌: D. L. Rabenstein, *Anal. Chem.*, **2001**, *73*, 214A, **DOI**: 10.1021/ac012435q. 좀 더 상세한 설명이 필요하면, 다음 문헌을 참조하시오. H. Friebolin, *Basic One- and Two-Dimensional NMR Spectroscopy*, 5th ed., Chap. 9, Weinheim, Germany: Wiley-VCH, 2010; J. Keeler, *Understanding NMR Spectroscopy*, 2nd ed., Chap. 8, Chichester, UK: Wiley, 2010; J. B. Lambert, E. P. Mazzola, *Nuclear Magnetic Resonance Spectroscopy*, Chap. 6, Upper Saddle River, NJ: Pearson/ Prentice-Hall, 2004.

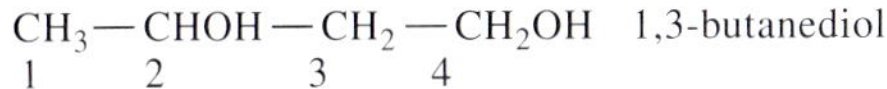

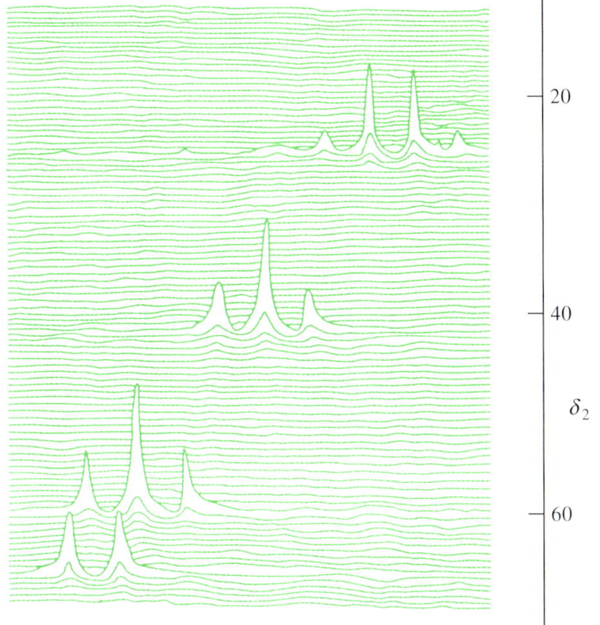

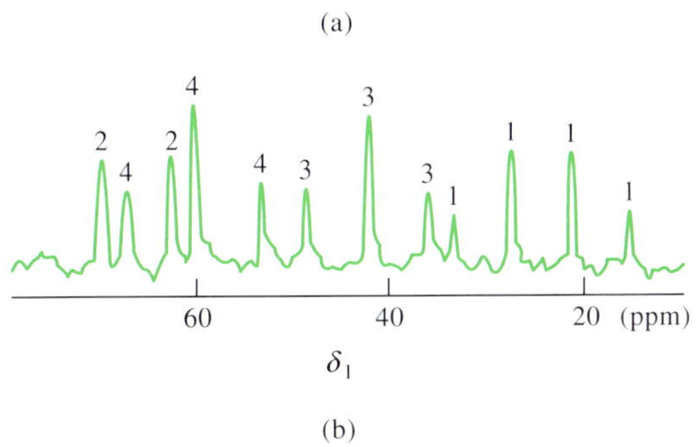

그림 19-33 (a) ^{13}C 공명을 분별하기 위한 2차원 스펙트럼과 (b) 1차원 스펙트럼. 일반적인 1차원 스펙트럼은 2D NMR의 대각선상의 피크로부터 얻어진다. 대각선 밖의 교차하는 피크는 스핀–스핀 짝지음과 관련된 공명에 의해 나타난다. (Adapted from S. Borman, *Anal. Chem.*, **1982**, *54*, 1129A, **DOI**: 10.1021/ac00248a601. Copyright 1982 American Chemical Society.)

합물의 탄소 골격의 탄소 하나 하나를 구분할 수 있다. 그러나 INADEQUATE의 낮은 감도가 실용성에 제한을 한다.

다른 종류의 2차원 실험은 NOE 또는 화학적 상호교환에 의한 자성의 비간섭성 전이를 기반으로 한다. *NOE spectroscopy* (NOESY), *rotating-frame Overhauser effect spectroscopy* (ROESY), *exchange spectroscopy* (EXSY) 등에서, 쌍극자–쌍극자 상호작용과 연관된 공명들 사이 또는 화학적 교환이 교차되는 피크로 나타난다. 예를 들어, 그림 19-34는 19개–아미노산 펩타이드에 대한 1차원과 ROESY 스펙트럼을 나타내고 있다. 1차원 ^{1}H NMR 스펙트럼도 완전히 해석될 수 있지만, ROESY 스펙트럼은 펩타이드가 용액에서 α-나선형 구조임을 증명한다.

19G-3 다차원 NMR

공명의 중첩 때문에, 2D NMR은 단백질 구조를 밝히는 데 있어서 매우 작은 단백질로 한정된다. 그러나 3차원 및 4차원 방법이 개발되면서, NMR 분광법이 상당히 큰 단백질 구조로까지 확장될 수 있게 되었다. 예를 들어, 3차원 NMR은 ^{1}H-^{1}H의 2D 스펙트럼에서 ^{15}N 또는 ^{13}C와 같은 다른 핵의 화학적 이동을 기초로 하여 중첩을 분리할 수 있다. 대부분 3차원 스펙트럼 실험은 거대분자에 대해 가장 효과적인 방법이다. COSY는 잘 사용되지 않고, NOESY-TOCSY와 TOCSY-HMQC와 같은 실험이 매우 효과적이다. 어떤 경우에는, 3차원 스펙트럼에서 ^{1}H-^{13}C-^{15}N 같은 다른 핵종을 모두 나타낼 수 있다. 이들은 HETCOR 실험의 변형으로 간주된다. X선(X-ray) 결정법으로 얻은 결정의 구조와 상보적으로 다차원 NMR은 용액 상태에서의 완전한 구조를 제공할 수 있다. 따라서 NMR 분광법은 용액에서의 복잡한 분자의 구조와 배향을 결정하는 매우 중요한 기술이다.

19H 자기 공명 영상법

1970년대부터 NMR 기술은 생물, 공학, 산업 품질관리 및 의학과 같은 화학 이외 분야의 응용이 확대되었다. 가장 특출한 NMR 응용은 자기 공명 영상법(magnetic resonance imaging, MRI)이다. MRI는 고체 또는 반고체 물체를 RF 펄스로 들뜨게 하여 얻은 데이터를 Fourier 변환하여 대상물질 내부의 3차원 영상으로 변환한 것이다. MRI의 주요 장점은 비침습적으로(noninvasively) 물체의 영상을 얻는 것이다. 즉, 이 방법은 X선 컴퓨터 단층 촬영법(computerized axial tomography, CAT)과 같은 방법에서 야기되는 인간 또는 동물의 방사선 피해 또는 상처가 MRI는 거의 없다는 것을 의미한다.[20] 2003년 미국 Illinois 대학교의 Dr. Paul Lauterbur와 영국 Nottingham 대학교의 Peter Mansfield 경이 MRI 발견으로 생리학–의학 분야에서 Nobel 상을 공동 수상했다.

MRI의 기본 개념을 그림 19-35에 표현하였다. MRI에서 그림의 윗부분의 프로파일과 같이 자기장의 세기는 실험 대상물 전체에 다양하게 전달된다. 자기장 B의 선형 변동(또는 자기장 경사, field gradient)은 기기와 연결된 컴퓨터가 제어하는 자석 내부 공간(bore: probe 및 shim 코일, gradient 코일을 장착하는 자석 내부의 원기둥형 빈 공간)의 보조 코일에 의해 생성된다. 대상 물체의 각각 다른 위치에 있는 양성자들은 그림에 표시

[20]MRI 이론과 응용에 대한 참고 문헌: J. P. Hornak, *The Basics of MRI* (http://www.cis.rit.edu/htbooks/mri/); H. Witjes, A. W. Simonetti, L. Buydens, *Anal. Chem.*, **2001**, *73*, 548A, **DOI**: 10.1021/ ac0125187; S. A. Huettel, A. W. Song, and G. McCarthy, *Functional Magnetic Resonance Imaging*, Sunderland, MA: Sinauer Associates, 2004; R. B. Buxton, *Introduction to Functional Magnetic Resonance Imaging*, Cambridge, UK: Cambridge University Press, 2002.

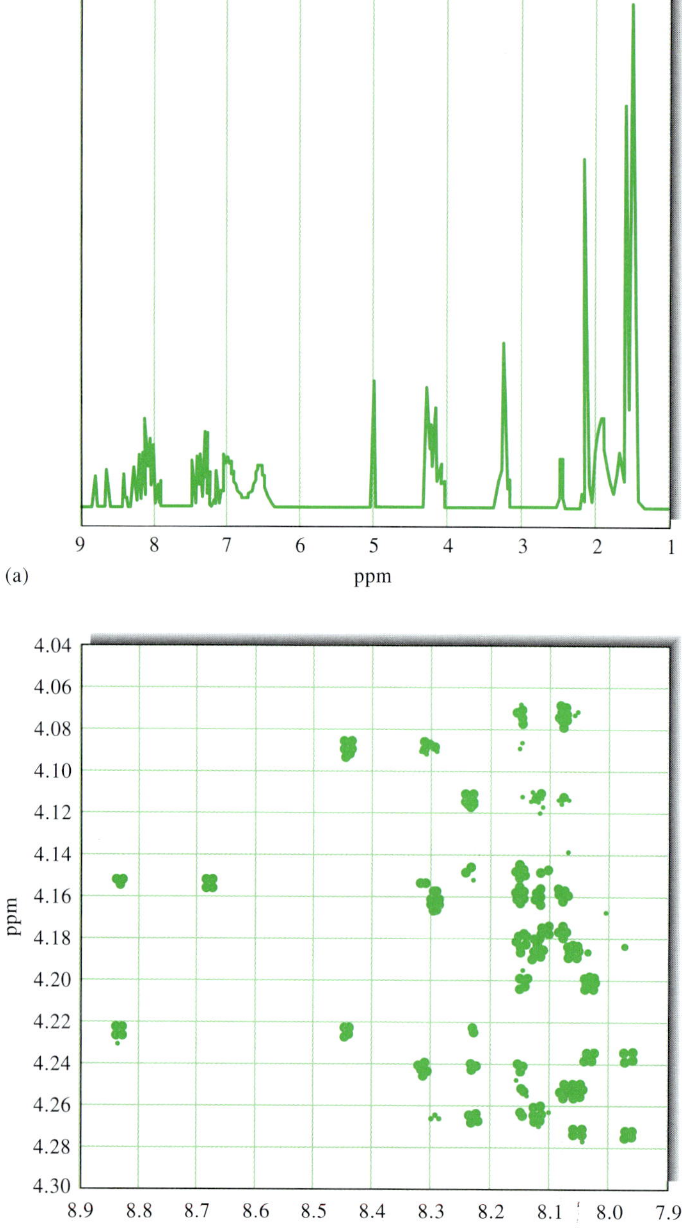

그림 19-34 19개-아미노산 단백질에 대한 500 MHz (a) 1차원 ^{1}H NMR 스펙트럼과 (b) 2차원 ROESY 스펙트럼의 일부분. 펄스 시퀀스를 이용하여 ^{1}H-^{1}H 스핀-스핀 짝지음으로 인한 다중선을 단일선으로 만들 수 있다. 쌍극자 상호작용의 교차 피크는 양성자 NMR 스펙트럼의 완전한 해석이 가능하게 한다. (Adapted from A. Kaerner and D. L. Rabenstein, *Magn. Reson. Chem.*, **1998**, *36*, 601, **DOI**: 10.1002/(SICI)1097-458X(199808)36:8<601::AIDOMR342>3.0.CO;2-C. Copyright 1998 Interscience/Wiley.)

된 2개의 영역처럼 다른 자기장의 세기인 B_1과 B_2에 영향을 받는다. 식 19-10의 Larmor 방정식에 따르면, 이 핵들은 각각 다른 공명 주파수 ν_1과 ν_2를 갖는다. 예를 들어, 1×10^{-5} T/cm의 자기장 경사가 MRI 자석 내벽(z축)에 가해지면, 공명 주파수의 범위는 $(2.68 \times 10^8 \text{ radians s}^{-1}\text{ T}^{-1}) \times (1 \times 10^{-5} \text{ T/cm})/(2\pi \text{ radians}) = 425$ Hz가 된다. 즉, 대상물에서 자기장 경사에 따라 1 cm 떨어진 양성자는 425 Hz 차이의 공명 주파수를 갖는다. 따라서 NMR 탐침기 펄스의 중심 주파수를 425 Hz씩 변경함으로써, 자기장 경사 방향으로 연속적으로 1 cm씩 떨어진 위치의 탐침이 가능한 것이다. 각각의 연속적인 RF 펄스는 자기장

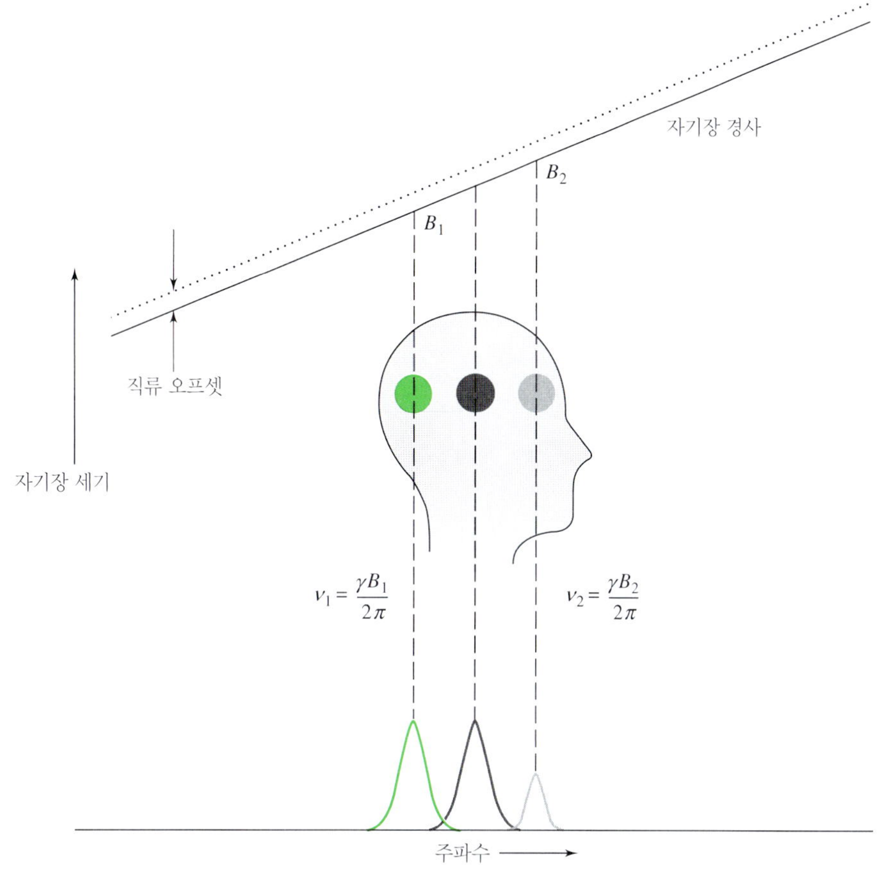

그림 19-35 **MRI의 기본 개념.**

경사 방향에 따라 1 cm의 간격으로 위치한 양성자의 농도에 해당하는 각각의 FID를 생성한다. 이러한 FID들을 Fourier 변환한, 그림 19-35의 하단에 있는 피크 높이는 농도에 대한 정보를 갖고 있다. 실제로 *z*축을 따라 얇게 자른 위치는 그림 19-35에서 점선으로 표시한 자기장 경사로 표현된 보조 코일의 직류 오프셋(dc offset)을 가해줌으로써 변화시킬 수 있다. 각각 얇게 자른 조각은 그 조각에서 양성자의 세차 운동 주파수에 해당되는 주파수로 조정된 RF 펄스의 펄스 폭을 변경하여 탐침된다. 그림 19-35의 중간 피크는 대상물 머리의 중심 위치에 있는 원의 양성자 신호에 해당한다. 가해진 자기장의 경사를 더 크게 하면 측정하는 조각의 두께는 더 작아진다: 즉, 이미지 해상도는 증가된다.

이전 단락에서 설명한 위치 선정 과정은 선택된 조각 내의 양성자 스핀들을 들뜨게 함으로써 *z*축을 따라 1차원적인 공간 정보를 제공한다. 그림 19-36에서 개략적으로 보여지는 것처럼, *z*축에 있는 각 조각들에 대한 정보는 약간 다른 방법으로 얻는다. 선택된 조각은 1, 2, 3행과 *a*, *b*, *c*열이 있는 *x*-*y* 조각이 2차원 좌표(grid)에 있는 것처럼 그림에 표현했다. 단순화하기 위해 좌표는 구성 성분을 3 × 3 배열처럼 표시되지만, 실제로는 시료 1 mm × 1 mm 면적의 한 조각은 128 × 128 또는 256 × 256, 512 × 512개의 구성 성분(또는 화소, pixel)을 갖는다. 3차원 영상 실험에서, *z*축 자기장 경사는 1 mm의 두께를 갖는 조각을 만들도록 선택된 후 이 경사를 끈다(turn-off). 실험 시퀀스의 이 순간에, 조각의 모든 양성자 스핀들은 들뜬 상태가 된다. 2번째 경사는 자석의 중심축과 수직하게 배향된 *y*축의 2번째 코일을 이용해서 *z*축에 수직 방향으로 대상물에 적용된다. *y*축을 따라 다른 위치에 있는 핵들은 (자기장 경사에서 이들의 위치에 따라) 다른 주파수로 세차 운동한다. 이 2번째 *y*축의 자기장 경사가 꺼지면 그림 19-36의 *y*축에서 1행에 해당되는 위치에 있는 모든 핵은 하나의 고정된 위상각으로 세차 운동하고, 이 각도는 1행 원들의 파이 모양의 회색 부분 면적에 비례한다. 따라서 *y*축에서 위치는 회색 파이조각으로 표현된 세차하는 양성자의 **위상 각도(phase angle)로 기호화(encode)된다**.

*y*축 경사가 꺼지자마자, *z*축과 *y*축의 코일들에 수직한 3번째 자기장 코일이 켜진다. 이 동작은 *x*축을 따른 3번째 차원의 자기장 경사를 생성한다. *b*열의 핵들은 *a*열의 핵들보다 더 강한 자기장에 놓여있기 때문에, 더 높은 주파수로 세차 운동하여 파란색 파이 조각의 크기가 더 크게 표현된다. 이와 같은 방식으로 *c*열의 핵들은 그림 19-36의 3 × 3 화소 배열에서 가장 큰 주파수를 갖는다. 그 결과 *x*축 차원에 있는 핵의 위치들은 **이들의 세차 주파수로 기호화된다**. 그림에서 원형 화살표로 표시된 전체 세차 각도는 좌표의 각 화소마다 다르므로, 각 화소의 위치

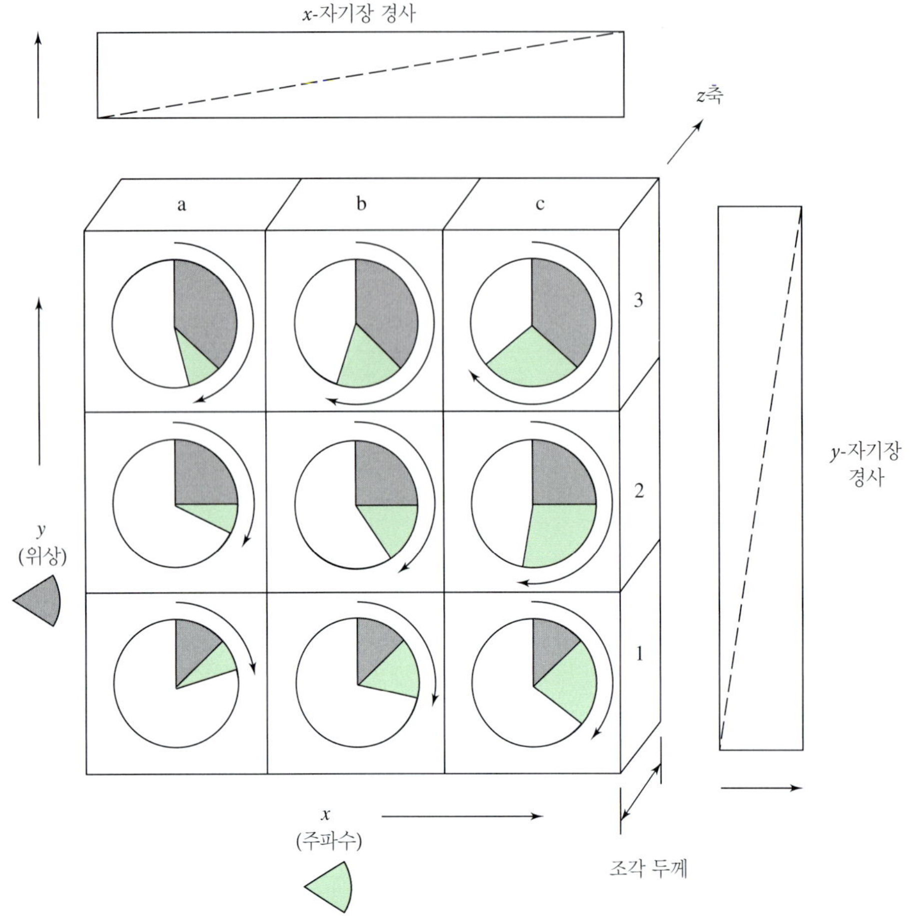

그림 19-36 z축에 대한 조각들의 정보 획득.

는 전체 각도로 기호화한다. 수신 코일은 이 마지막 주파수−기호화 상이 적용되는 동안 켜지며, 한 FID를 기록한다. (1) 조각의 선택 및 (2) y 차원에서 위상의 기호화, (3) x 차원에서 주파수의 기호화, (4) FID 기록의 전체 사이클은 대부분 수백 milliseconds 안에 이루어진다. 데이터 수집의 다음 단계는 z축 코일을 켜서 그 조각의 핵 스핀을 다시 들뜨게 하여, 2행의 위상−기호화를 위해 더 큰 y축 자기장 경사로 이 과정을 반복하는 것이다. 그 다음 x축 경사를 적용하여 a, b, c열에서 주파수−기호화하고 2행의 FID를 획득한다. 마지막으로, 전체 측정 시퀀스는 3행에 대해 반복하고 그에 해당되는 FID를 획득한다. 전체 3 × 3 조각에 대한 처리 결과는 시간 영역 공명 신호 S로 표현되는 3개의 FID가 되고, 각 S는 x 및 y의 자기장 경사 G_x와 G_y 함수를 갖는다. 전체 세차 운동 각도와 관련된 정보를 갖는 이러한 시간 영역 신호 $S(G_x, G_y)$는 2차원으로 Fourier 변환된다. 이 변환된 x와 y 차원에서의 주파수인 주파수 영역 신호 $S(\omega_x, \omega_y)$는 거리 d_x와 d_y에 정비례한다. 즉, 다음과 같은 순서로 신호는 변환된다.

$$S(G_x, G_y) \rightarrow S(\omega_x, \omega_y) \rightarrow S(d_x, d_y)$$

$S(d_x, d_y)$에서의 2차원 거리 정보는 마지막으로 z 차원의 모든 조각과 합쳐져 데이터의 3차원 배열을 제공한다. 이 3차원 배열의 각 구성 성분은 x, y, z 좌표를 갖는 *복셀*(voxel, 3D 화소)이라고 부르는 부피 구성 성분이고, 각 복셀의 세기는 양성자의 농도에 비례한다. 아주 큰 내부 공간(bore)과 0.5~4.7 T 세기의 아주 큰 정적인 자기장을 가져야하는 자석을 제외하면, MRI와 고분해능 NMR의 기기 구성은 기능면에서 동일하다. 펄스−시퀀스 기법 및 데이터−증진 과정은 두 기기에서 아주 똑같다. 앞에서 다소 단순화하여 MRI 실험법을 설명하였지만, 기본적으로 시퀀스와 기호화 순서들은 실제와 유사하다. 다양한 RF 펄스 시퀀스와 자기장 경사, 적절한 Fourier 변환, 데이터 분석과 재구성 소프트웨어 등의 어렵고 긴 시간이 걸려 3차원 영상을 만든다. 그림 19-37의 4개의 MRI 이미지와 같은 물체 내부의 구조는 수많은 3차원 데이터 배열들을 재구성하여 얻어진다. 이 이미지들은 Rasmussen 뇌염을 앓는 젊은 여성 환자의 한 MRI 데이터 세트를 이용하여 재구성한 3차원 뇌의 실제 영상이다. 이 희귀병에 의해 뇌의 오른쪽 앞부분이 쪼그라지는 특징을 보여주는 이미지들이다. 실제 3차원 데이터로부터 얻은 고분해능(mm scale) 영상은 MRI 기법의 독특한 장점을 나타내고 있다.

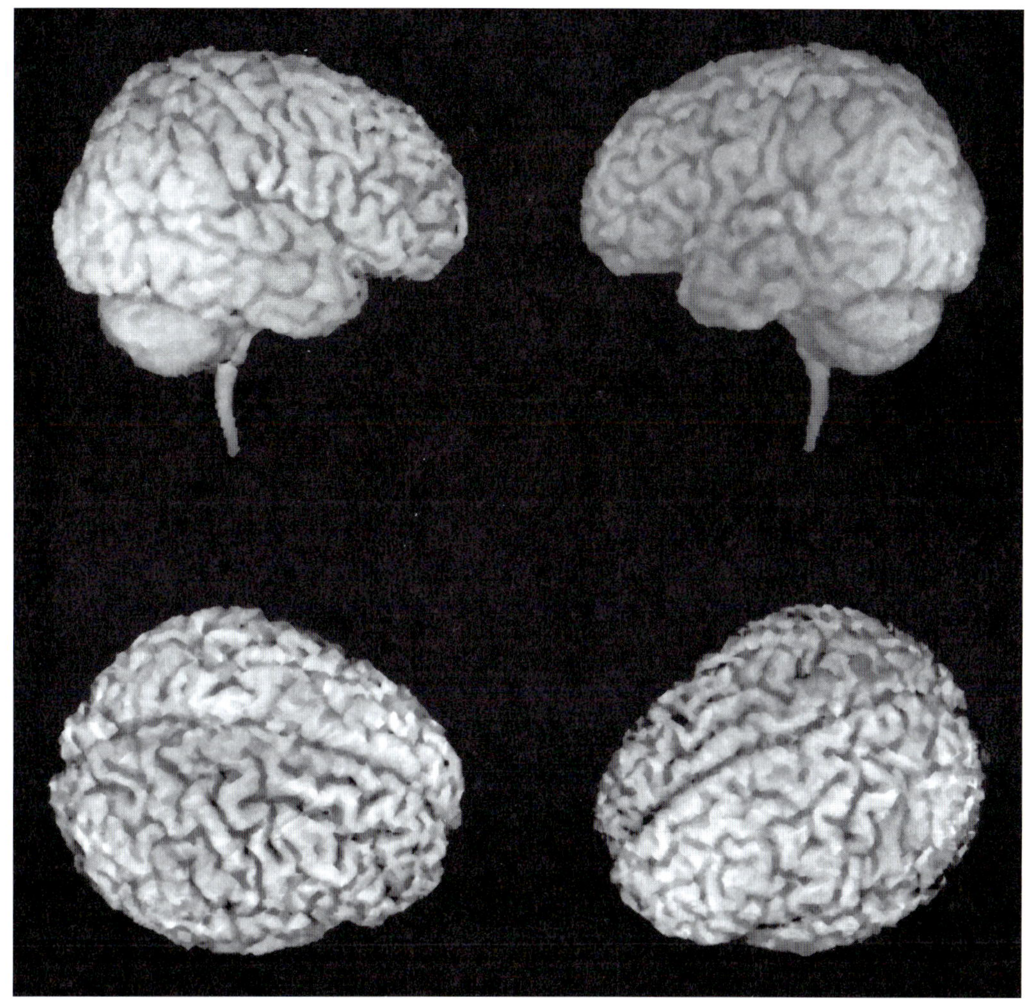

그림 19-37 **수많은 3차원 데이터 배열들을 재구성하여 얻어진 물체 내부의 구조를 보여주는 3D MRI 영상.** (Image courtesy of C. D. Smith, Memory Disorders Clinic, Sanders-Brown Research Center on Aging, University of Kentucky Medical Center. With permission.)

그림 19-38에서 보여주는 2번째 이미지는 뇌의 왼쪽 반구에서 시각적으로 뚜렷하게 보이게끔 지정된 기능성 MRI (functional MRI, fMRI) 지도를 보여주고 있다. 이 지도의 어두운 부분은 그림의 제어된 영역(control task)에 비교해서 지정된 영역(naming task)에 산소를 충분히 공급하여 산소화를 하고 활성화가 되게끔 한 다음, 뇌의 혈액 중의 산소화에 따른 신호 변화의 통계적 차이를 보여준다. 이 경우 대상물의 영역은 7개 대상물로부터 얻은 영상을 표준화하여 지정되었다. 이 지도는 *모서리 이랑*(angular gyrus)의 활성을 보여준다: 뇌의 오른쪽 윗부분의 커다란 어두운 영역과 오른쪽 아래 뒷부분의 작고 밝은 회색 영역(*area 37*이라고 불림). 뇌의 두 영역은 모두 언어 처리와 관련되어 있는 것으로 알려져 있다. 인간의 두뇌에서 특정 처리기능과 행동 기능과 연관된 뇌의 영역별로 지도를 만드는 연구는 매우 집중적으로 진행되고 있다. 다른 기법과 비교해서 fMRI는 기술의 비침습성이고 재현성이 우수하고, 데이터 처리 속도가 빠르며 고분해능을 갖는 장점이 있다.

MRI는 의학에서 진단 도구의 핵심 기술이 되었다. 식품 산업 및 과학, 상업 분야 등에서 MRI의 응용은 MRI가 고가여서 잘 사용되지 않고 있다. 그러나 데이터-증진, 독특한 펄스 시퀀스, 데이터-획득 절차의 정교함과 편이성이 지속적으로 향상되어 ^{1}H 이외의 핵에 대한 MRI 응용이 가능하게 된다면, 물질의 비침습성 연구 분야에서 독보적인 장비가 될 것임이 확실하다.

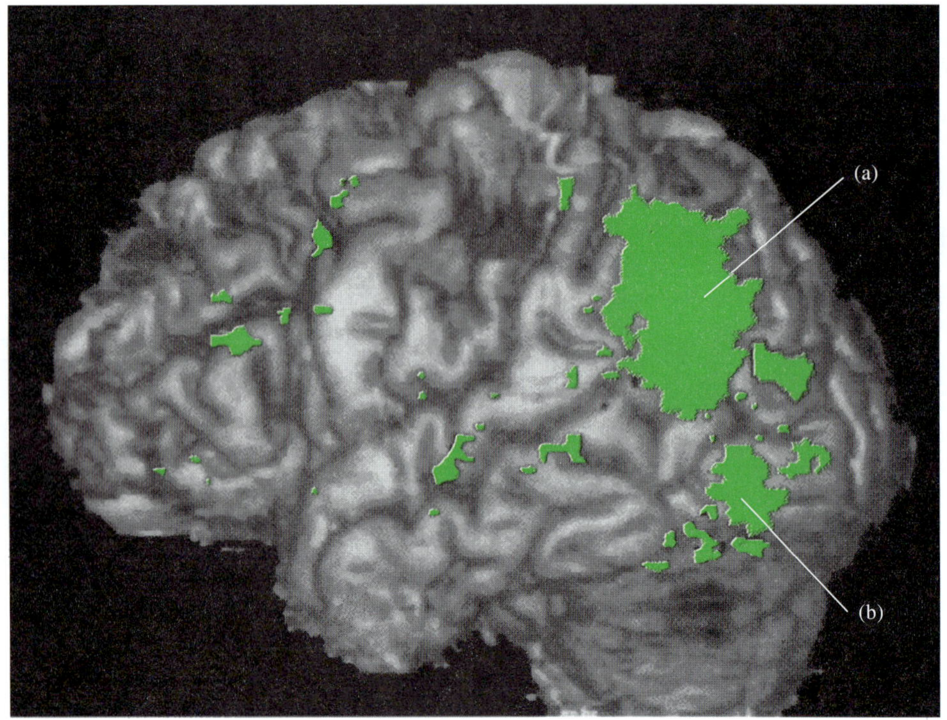

그림 19-38 좌뇌 반구에서 활성영역을 보여주는 fMRI 지도. (From C. D. Smith, A. H. Andersen, Q. Chen, L. X. Blonder, J. E. Kirsch, and M. J. Avison, *NeuroReport*, **1996**, *7*, 781. With permission.)

질문과 문제

*별표가 있는 문제의 해답은 이 책의 끝에 있다.

이 아이콘이 있는 문제는 스프레드시트를 이용하여 쉽게 풀 수 있다.

19-1 연속파법(CW)과 Fourier 변환법(FT) NMR의 실험 수행 방법에서의 차이를 설명하시오.

19-2 연속파법보다 Fourier 변환법 측정의 장점은 무엇이며, 단점은 무엇인지 설명하시오.

19-3 NMR 분광법에서, 가능하면 강한 자석을 사용하면 어떤 장점이 있는지 설명하시오.

19-4 화학적 이동 피크와 스핀-스핀 갈라짐 피크를 어떻게 구분하는지 설명하시오.

19-5 다음을 정의하시오.

(a) 자기적 비등방성

(b) 가리움 상수

(c) 화학적-이동 파라미터

(d) 연속파 NMR 측정

(e) Larmor 주파수

(f) 짝지음 상수

(g) 1차 NMR 스펙트럼

19-6 어떤 핵은 7/2의 스핀 양자수를 갖는다. 이 핵은 얼마나 많은 수의 자기적 에너지 상태를 가지고, 각 상태의 자기 양자수는 얼마인지 설명하시오.

* **19-7** 11.7 T 자기장에서 다음 핵종의 흡수 주파수를 계산하시오: (a) ^{1}H, (b) ^{13}C, (c) ^{19}F, (d) ^{31}P.

* **19-8** 다음 자기장에서 ^{13}C의 Larmor 주파수는 얼마인지 계산하시오: (a) 1.41 T, (b) 4.69 T, (c) 7.05 T, (d) 11.7 T, (e) 18.8 T, (f) 21.2 T.

* **19-9** 1.41 T 자기장에서 어떤 공명이 TMS으로부터 90 Hz 떨어져 일어났다. 다음 자기장에서 주파수의 차이와 화학적 이동 δ을 계산하시오: (a) 4.69 T, (b) 7.05 T, (c) 18.8 T.

19-10 보통 유기 화합물에서 왜 ^{13}C-^{13}C 스핀−스핀 갈라짐이 관찰되지 않는지 설명하시오.

* **19-11** 25°C의 다음 자기장에서 높은 자기 상태와 낮은 자기 상태의 상대적인 ^{19}F 핵의 수를 계산하시오: (a) 2.4 T, (b) 4.69 T, (c) 7.05 T.

19-12 횡축 이완과 종축 이완의 차이는 무엇인지 설명하시오.

19-13 FT NMR에서 FID 신호의 근원을 설명하시오.

19-14 기준 회전 프레임은 무엇인지 설명하시오.

19-15 ^{1}H 핵의 ΔE와 비교하여 독립된 ^{13}C 핵의 ΔE의 비율을 계산하시오.

19-16 11.7 T 자기장에서 다음 각 핵종의 공명 주파수를 계산하시오: (a) ^{19}F 및 (b) ^{31}P.

* **19-17** 300 K의 500 MHz에서 높은 자기 에너지 상태와 낮은 에너지 상태의 ^{13}C 핵 수의 비는 무엇인지 계산하시오.

19-18 7.05 T에서 methyl phosphorous acid $P(OCH_3)_3$의 ^{1}H 및 ^{31}P NMR 스펙트럼을 간단히 비교하시오. 이 화합물에서 인과 수소 핵 간에 스핀−스핀 짝지음은 매우 약하다고 가정하시오.

19-19 실온의 메탄올 ^{1}H 스펙트럼에는 스핀−스핀 짝지음이 관찰되지 않지만, 메탄올 시료를 −40°C로 냉각시키면, OH 양성자의 상호교환 속도는 충분히 느려서 갈라짐이 관찰된다. 두 가지 온도에서 메탄올에 대한 스펙트럼을 간략히 그리시오.

19-20 다음의 짝지음 상수 데이터를 사용하여, 예상되는 ^{1}H 및 ^{19}F 스펙트럼을 간략히 그리시오.

화학종	*J*, Hz
(a) F—C≡C—H	21
(b) CF_3—CH_3	12.8
(c) $(CH_3)_3$—CF	20.4

19-21 다음 화합물에 대한 고분해능 ^{13}C 스펙트럼(양성자 짝풀림 실험)을 예상하여 그리시오.

(a) methyl formate

(b) acetaldehyde

(c) acetone

질문과 문제(계속)

19-22 문제 19-21의 양성자 짝지음 실험에 대한 스펙트럼을 그리시오. $^{13}C—^{1}H$ 짝지음 상수는 일반적으로 100 ~ 200 Hz 범위에 있다.

19-23 NMR 분광계에서 주파수 잠금 시스템을 설명하시오. 2가지 형태의 잠금 시스템을 설명하시오.

* **19-24** NMR 분광계에서 자기장 조정(shim)은 무엇이고, 그 목적을 설명하시오.

* **19-25** NMR 실험을 하는 동안 액체 시료를 회전시켜야 하는 이유를 설명하시오.

19-26 Propionic acid의 고분해능 ^{1}H NMR 스펙트럼을 예측하여 그리시오.

19-27 다음 화합물의 고분해능 ^{1}H NMR 스펙트럼을 예측하여 그리시오.

(a) acetone

(b) acetaldehyde

(c) methyl ethyl ketone

19-28 다음 화합물들의 고분해능 ^{1}H NMR 스펙트럼을 예측하여 그리시오.

(a) ethyl nitrite

(b) acetic acid

(c) methyl-*i*-propyl ketone

* **19-29** 다음 화합물들의 고분해능 ^{1}H NMR 스펙트럼을 예측하여 그리시오.

(a) cyclohexane

(b) diethyl ether

(c) 1,2-dimethoxyethane, $CH_3OCH_2CH_2OCH_3$

19-30 다음 화합물들의 고분해능 ^{1}H NMR 스펙트럼을 예측하여 그리시오.

(a) tolune

(b) ethyl benzene

(c) *i*-butane

* **19-31** 그림 19-39의 ^{1}H 스펙트럼은 1개의 Br을 포함하는 유기 화합물에 대한 것이다. 화합물을 규명하시오.

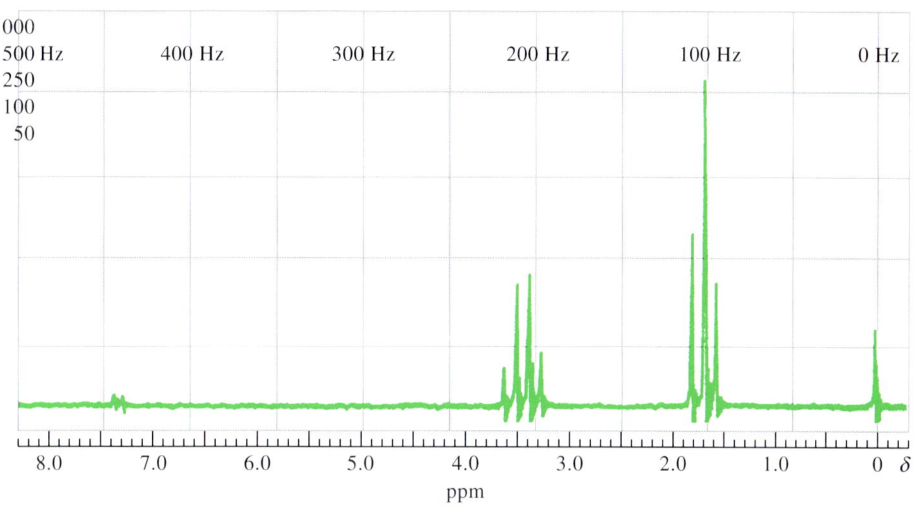

그림 19-39 **^{1}H NMR 스펙트럼.** (Courtesy of Agilent Technologies, Santa Clara, CA.)

19-32 그림 19-40의 ^{1}H NMR 스펙트럼은 실험식 $C_4H_7BrO_2$을 갖는 화합물로부터 얻었다. 이 화합물을 규명하시오.

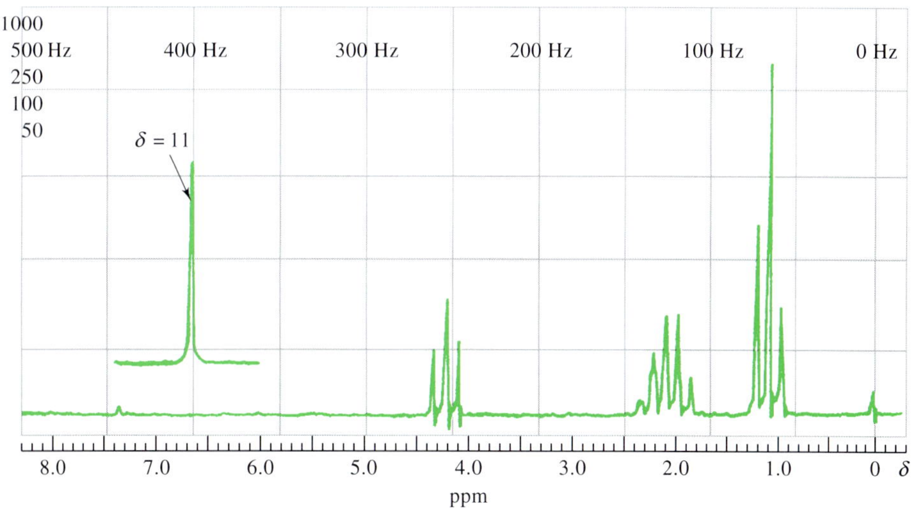

그림 19-40 **^{1}H NMR 스펙트럼.** (Courtesy of Agilent Technologies, Santa Clara, CA.)

질문과 문제(계속)

* **19-33** 그림 19-41의 ^{1}H NMR 스펙트럼은 실험식 C_4H_8O의 화합물로부터 얻었다. 이 화합물을 규명하시오.

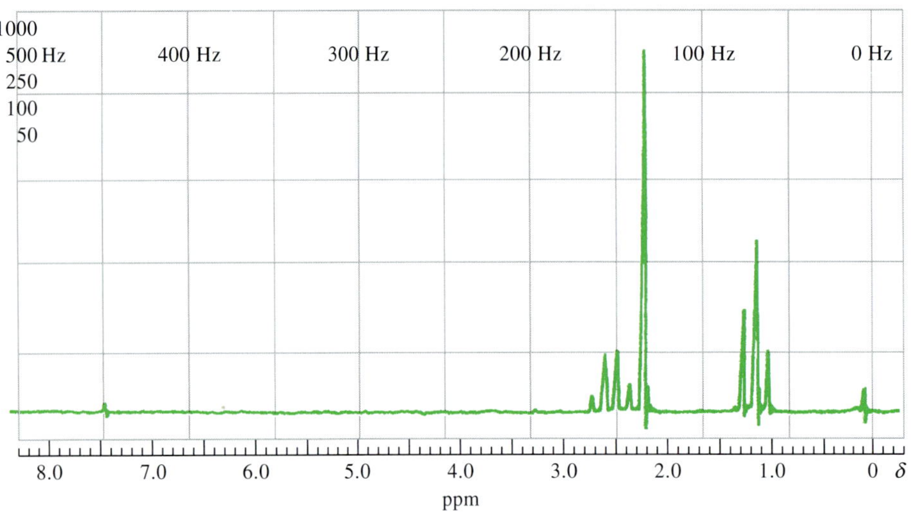

그림 19-41 **^{1}H NMR 스펙트럼.** (Courtesy of Agilent Technologies, Santa Clara, CA.)

19-34 그림 19-42의 ^{1}H NMR 스펙트럼은 실험식 $C_4H_8O_2$의 화합물로부터 얻었다. 이 화합물을 규명하시오.

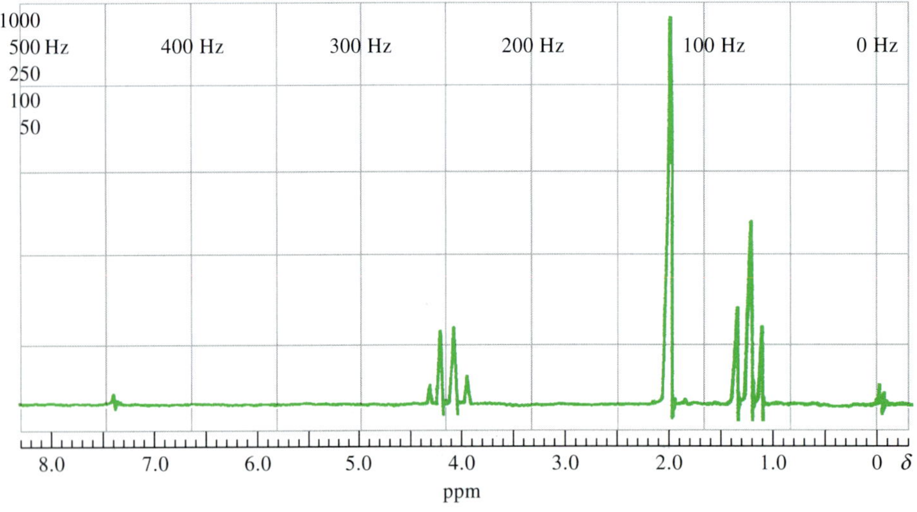

그림 19-42 **^{1}H NMR 스펙트럼.** (Courtesy of Agilent Technologies, Santa Clara, CA.)

19-35 그림 19-43a와 b의 ^{1}H NMR 스펙트럼은 실험식 C_8H_{10}의 화합물로부터 얻었다. 이 화합물을 규명하시오.

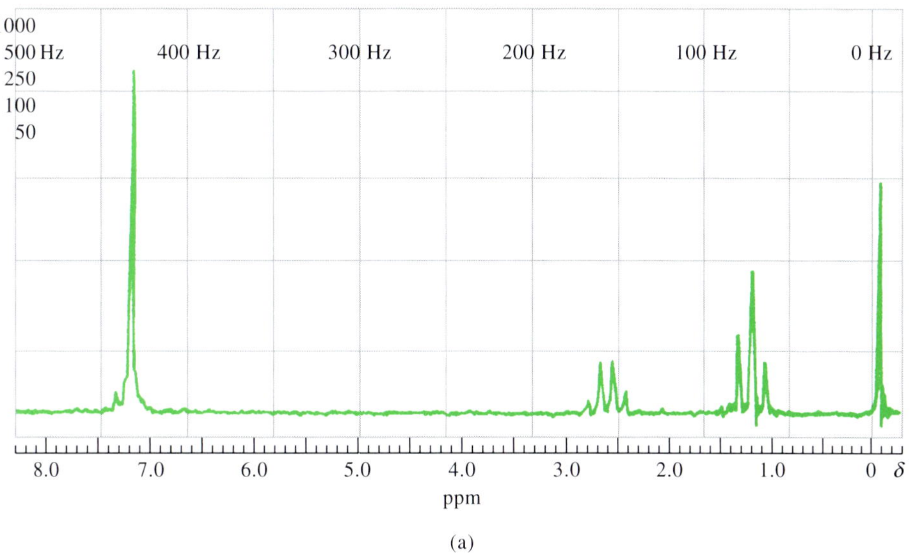

(a)

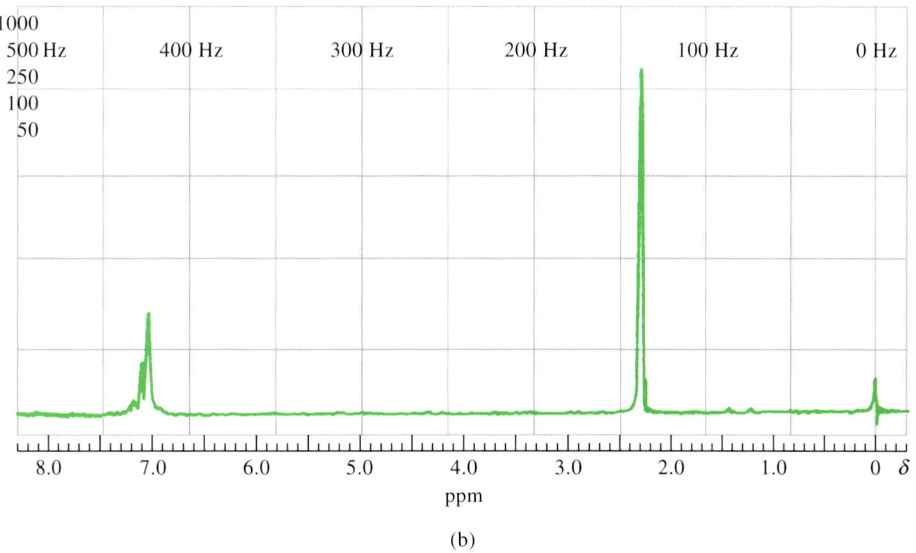

(b)

그림 19-43 **^{1}H NMR 스펙트럼.** (Courtesy of Agilent Technologies, Santa Clara, CA.)

질문과 문제(계속)

19-36 그림 19-44의 ^{1}H NMR 스펙트럼으로부터 이 탄화수소 화합물의 구조를 규명하시오.

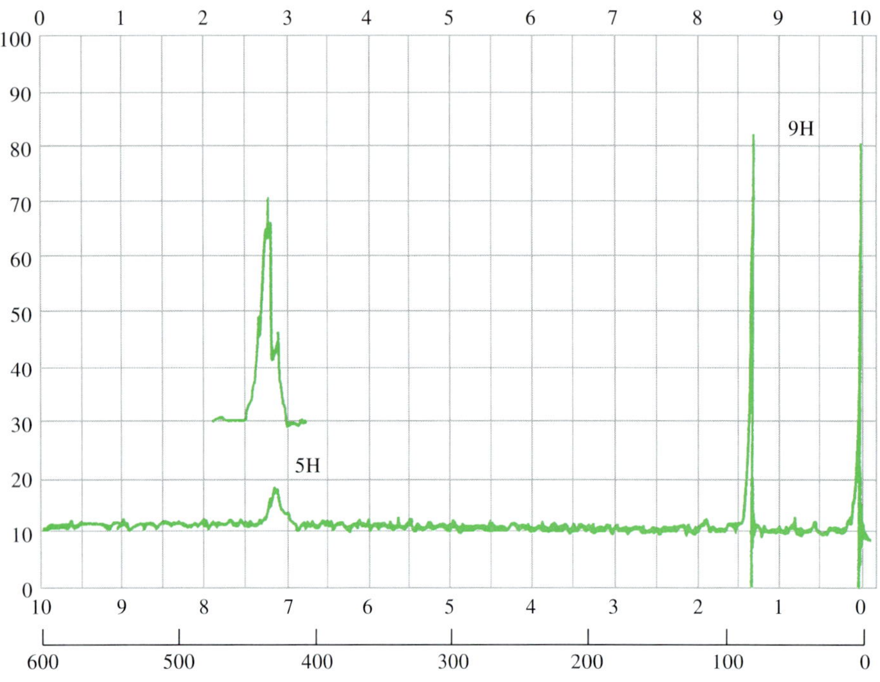

그림 19-44 ^{1}H NMR 스펙트럼. (From C. J. Pouchert, *The Aldrich Library of NMR Spectra*, 2nd ed., Milwaukee, WI: The Aldrich Chemical Company. With permission.)

* **19-37** 그림 19-45의 ^{1}H NMR 스펙트럼으로부터 이 화합물의 구조를 결정하시오. 실험식은 $C_{10}H_{13}NO_2$이고 진통제로 주로 사용된다.

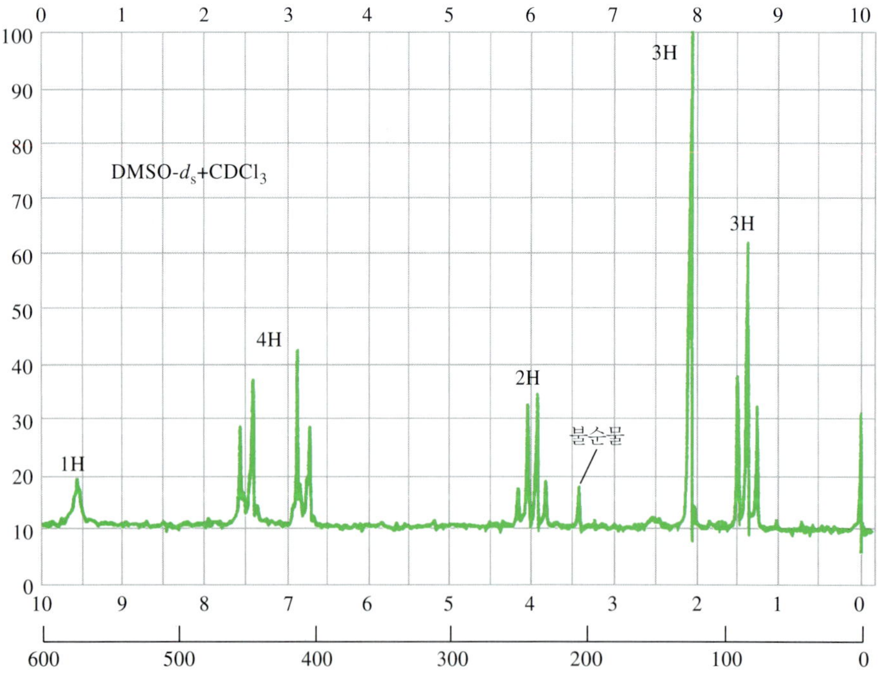

그림 19-45 ^{1}H NMR 스펙트럼. (From C. J. Pouchert, *The Aldrich Library of NMR Spectra*, 2nd ed., Milwaukee, WI: The Aldrich Chemical Company. With permission.)

19-38 필수적으로 RF 단색선 광원인 발진기로부터 주파수 띠를 얻는 방법을 설명하시오. ^{13}C 스펙트럼 전체(200 ppm)를 커버하기에 충분히 넓은 띠를 어떻게 얻을 수 있는지 설명하시오.

19-39 스펙트럼에서 피크들의 접힘의 원인에 대해 설명하시오.

19-40 핵 Overhauser 효과(NOE)와 그 원인을 설명하시오.

19-41 고체 ^{13}C 실험에서 선폭 넓어짐의 원인은 무엇이고, 고해상도 스펙트럼을 얻기 위해 선폭을 어떻게 좁히는지 설명하시오.

도전 문제

19-42 **(a)** 기존의 1차원 NMR 기법과 비교하여 2차원 NMR 방법의 주요 장점과 단점을 설명하시오.

(b) COSY 및 HETCOR 실험에 사용하는 펄스 시퀀스를 자세히 설명하시오. 두 경우 모두, 적용된 펄스의 결과인 자성 벡터 M의 동작을 설명하시오. 2차원 NMR 방법에 대한 자세한 내용은 각주 19를 참조하시오.

(c) 그림 19-46에서 재현된 phenanthro[3,4-b]thiophene의 300 MHz ^1H NMR 스펙트럼에서, H_1과 H_{11}의 공명 피크가 무엇인지 제시하시오. 다른 공명 피크도 제시할 수 있는가?

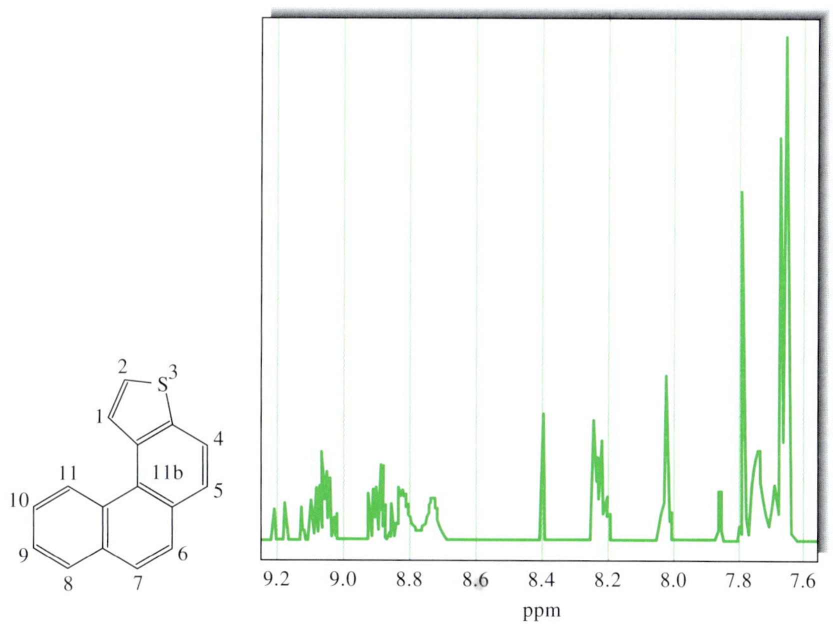

그림 19-46 **Phenanthro[3,4-b]thiophene의 300 MHz ^1H NMR 스펙트럼.** (From G. E. Martin and A. S. Zektzer, *Two-Dimensional NMR Methods for Establishing Connectivity*, New York: Wiley-VCH, 1988. With permission.)

» 질문과 문제(계속)

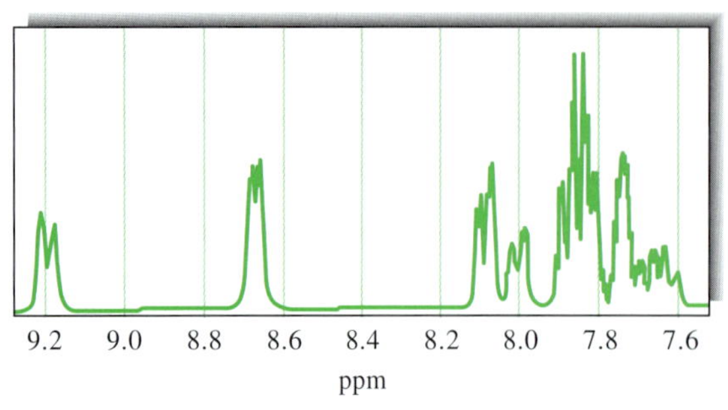

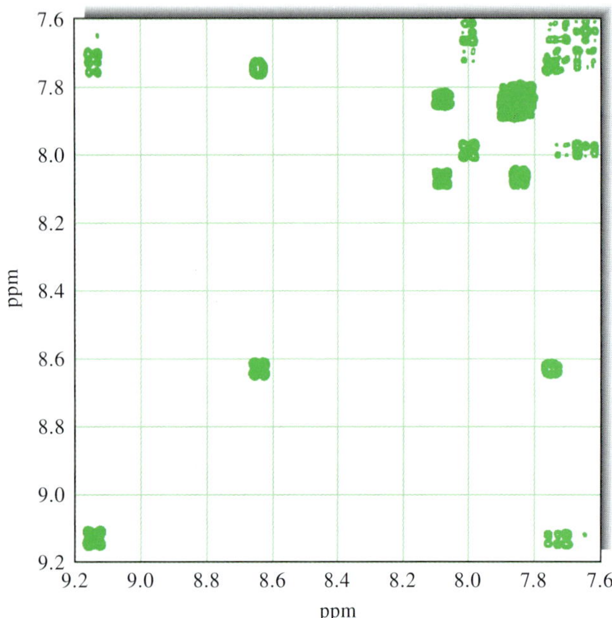

그림 19-47 Phenanthro[3,4-b]thiophene의 300 MHz COSY 스펙트럼. (From J. B. Lambert and E. P. Mazzola, *Nuclear Magnetic Resonance Spectroscopy*, Upper Saddle River, NJ: Pearson/Prentice-Hall, 2004. With permission.)

(d) 그림 19-47의 300 MHz COSY 스펙트럼에서 H_1과 H_{11}의 공명 피크는 어떻게 구별되는지 설명하시오.

(e) 그림 19-47의 COSY 스펙트럼에서, H_2, H_8, H_9, H_{10}의 공명 피크를 제시하고 그 이유를 설명하시오.

20장

분자 질량 분석법

Molecular Mass Spectrometry

질량 분석기는 모든 분석 도구들 중에서도 아마 가장 다양하게 적용될 수 있는데, 그 이유는 질량 분석기를 이용하여 (1) 시료를 이루는 물질의 화학식, (2) 무기, 유기, 바이오 분자들의 구조, (3) 복잡한 혼합물 화학 조성의 정성 및 정량, (4) 고체 표면의 구조 및 화학 조성, (5) 시료를 구성하는 원소의 동위원소비에 대한 정보를 얻을 수 있기 때문이다.

제11장에서 질량 분석법이 시료 물질에 있는 하나 혹은 그 이상의 원소를 정량적으로 확인하기 위하여 어떻게 활용되는지 알아보았다. 제20장에서는 질량 분석법이 위의 (2)와 (3)의 정보를 얻는 데 어떻게 사용되는지를 알아보고자 한다. 제21장에서는 질량 분석법이 표면의 구조와 조성을 밝히는 데 어떻게 사용되는지를 알아본다. 마지막으로 제20D절에서는 질량 분석법이 동위 원소의 비율을 결정하는 데 사용되는 것에 대하여 논의할 것이다.

이 장에서 옆의 로고는 **www.tinyurl.com/skoogpia7**에서 대화형 자습, 시뮬레이션, 연습 등을 통해 온라인으로 학습할 수 있는 기회가 있음을 나타낸다.

분자 질량 분석법을 이용하여 일상적인 화학 분석을 하는 것은 석유 촉매 분해 공정에 의하여 생성되는 탄화수소 혼합물의 정량 분석을 위하여 1940년대 초에 처음으로 시작되었다. 전에는 보통 아홉 개까지의 탄화수소 성분을 포함하는 이런 종류의 혼합물을 분석하기 위하여 분별 증류로 분리하고, 분리된 성분의 굴절률을 측정하였다. 이러한 흐름으로 분석을 완결하는 데 보통 200시간 혹은 그 이상이 필요했다. 그런데 질량 분석법을 사용하여 비슷한 정보를 얻는 데 몇 시간이면 된다는 사실이 알려졌다. 기존의 방법과 비교하여 좋은 효율은 상업적인 질량 분석기가 시판되고 빠르게 개선되는 결과를 낳았다. 1950년대 초부터 화학자들이 이러한 상업용 기기를 넓은 범위의 유기 화합물의 확인과 구조 규명에 이용하기 시작하였다. 이러한 질량 분석기의 사용은 NMR의 발명 및 적외선 분광계의 개선과 결합되어서 유기화학자들이 분자 구조를 확인 및 정량하는 방법을 혁신적으로 개선하였다. 이와 같은 질량 분석기의 응용은 아직도 매우 중요하다.

분자 질량 분석법의 응용은 1980년대 이후 매우 급속하게 변화하였는데, 그 이유는 비휘발성 분자나 열적으로 안정된 물질, 특히 생화학자나 생물학자들이 흔하게 다루는 분자들로부터 이온을 만들어내는 새로운 방법이 개발되었기 때문이다. 대략 1990년 이후부터는 이런 새로운 이온화 방법의 발달에 힘입어 생물 질량 분석법 분야의 응용이 폭발적으로 발전되었다. 현재는 질량 분석법이 고분자 펩타이드, 단백질 및 높은 질량을 갖는 분자로 이루어진 생체 고분자 물질 등의 구조 결정에 사용되고 있다.

이 장에서 우선 분자 질량 스펙트럼의 특성과 사용되는 용어를 정의할 것이다. 두 번째로 질량 분석법에서 분석하고자 하는 분자들으로부터 이온을 만드는 여러 가지 방법과 이를 통하여 얻어지는 스펙트럼에 대하여 설명할 것이다. 그 다음 분자 질량 분석법에서 사용되는 여러 가지 종류의 질량 분석기에 대하여 자세히 알아보고(제11B절에서 이미 자세히 고찰한 사중 극자 분석기나 비행 시간 분석기는 여기서 설명되지 않는다), 마지막으로 분자 질량 분석법에서 현재 응용되는 여러 가지 방법에 대

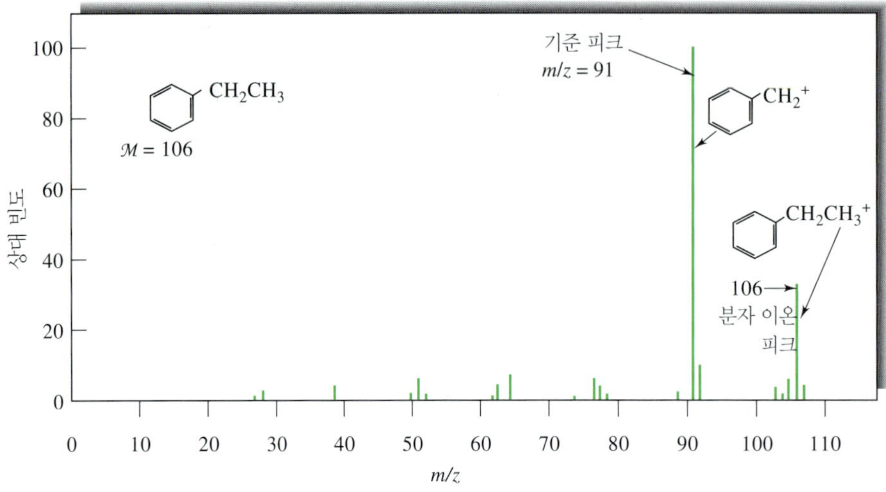

그림 20-1 에틸벤젠의 질량 스펙트럼.

하여 논의하고자 한다.[1]

20A 분자 질량 스펙트럼

그림 20-1은 질량 스펙트럼의 데이터가 어떻게 제시되는지를 보여준다. 106달톤의 명목 분자 질량(nominal molecular mass)의 에틸벤젠이 분석된 물질이다. 이 스펙트럼을 얻기 위해 기체상의 에틸벤젠이 일련의 전자(stream of electrons)에 세게 부딪혀서 전자를 잃고 다음 반응식에 제시된 $C_6H_5CH_2CH_3^{\cdot+}$ 이온을 형성하게 된다.

$$C_6H_5CH_2CH_3 + e^- \rightarrow C_6H_5CH_2CH_3^{\cdot+} + 2e^- \quad (20\text{-}1)$$

전하를 띤 화학종인 $C_6H_5CH_2CH_3^{\cdot+}$를 *분자 이온*(molecular)이라고 한다. 점으로 표시되듯이 분자 이온은 분자와 같은 분자 질량을 갖는 라디칼 이온이다.

높은 에너지를 지닌 전자와 분자들 사이 충돌은 일반적으로 충분한 에너지를 전달해서 분자들을 들뜬 상태에 머무르게 한다. 이완 과정에서 분자 이온이 조각나서 낮은 질량을 가지는 이온들이 생성된다. 예를 들면 에틸벤젠의 경우 주 생성물은 $C_6H_5CH_2^+$인데 이것은 CH_3기가 떨어져서 생긴 것이다. 보다 작은 질량을 가지는 양이온들 역시 작은 양이 생성되었다.

전자 이온화(electron ionization, EI)에 의해 생성된 양이온들은 질량 분석기의 슬릿을 지나서 질량 대 전하비에 따라 구분되고 질량 스펙트럼의 형태로 표현된다. 그림 20-1에 제시된 그림에서 해당하는 질량 대 전하비를 가지는 피크의 상대적인 크기를 막대의 높이로 보여줌에 주목하여야 한다. 각각의 스펙트럼에서 가장 큰 피크를 *기준 피크*(base peak)라고 부르는데, 크기를 임의로 100으로 한다. 나머지 피크들의 높이는 기준 피크에 대한 백분율로 계산된다. 현대의 질량 분석기는 기준 피크를 알아내게끔 프로그램되었으며 나머지 피크들의 높이는 기준 피크에 대하여 상대적인 값으로 표준화된다.

20B 이온화원

질량 분석기를 사용해 분석하기 위하여 첫 번째 출발점은 분석 물질을 기체 이온으로 만드는 것이고, 질량 분석법의 적용 범위와 응용은 이온화 방법에 의하여 결정된다. 주어진 분자의 질량 스펙트럼의 모습은 사용된 이온화 방법에 따라 크게 달라진다. 표 20-1은 분자 질량 분석법에서 사용되는 여러 가지 이온화 장치를 보여준다.[2] 나열된 방법들이 *기체상 이온화원*(gas-phase sources), *탈착 이온화원*(desorption sources), *대기 탈착 이온화원*(ambient desorption sources)의 세 가지 종류로 나누어진다는 것에 주목해야 한다. 표에서 처음 3개의 이온화원에 해당하는 기체상 이온화원은 시료를 먼저 증기로 만든 다음 이온화시킨다. 탈착 이온화원은 고체나 액체 상태의 시료를 직접 기체 상태의 이온으로 만든다. 탈착 이온화원의 장점은 휘발성이 낮고 열적으로 불안정한 시료에 적용할 수 있다는 점이다. 대기 탈착 이온화원을 이용하여 최소의 시료 준비로 일반적인 이온화원에서 사용되는 덮개 없이 탈착 이온화원을 사용할 수 있

[1]질량 분석법에 관한 더 자세한 내용은 다음을 보시오. J. H. Gross, *Mass Spectrometry: A Textbook*, Heidelberg, Germany: Springer, 2011; J. T. Watson and O. D. Sparkman, *Introduction to Mass Spectrometry*, 4th ed., Chichester, UK: Wiley, 2007; R. M. Smith, *Understanding Mass Spectra: A Basic Approach*, 2nd ed., New York: Wiley, 2004; E. de Hoffman and V. Stroobant, *Mass Spectrometry: Principles and Applications*, 2nd ed., Chichester, UK: Wiley, 2002.

[2]근래의 이온화 장치에 대한 더 많은 정보는 다음을 보시오. J. Greaves and J. Roboz, *Mass Spectrometry for the Novice*, Boca Raton, Fl: CRC Press, 2014; J. T. Watson and O. D. Sparkman, Introduction to Mass Spectrometry, 4th ed., Chichester, UK: Wiley, 2007; E. de Hoffman and V. Stroobant, *Mass Spectrometry: Principles and Applications*, 2nd ed., Chichester, UK: Wiley, 2002; for an historical perspective; F. W. McLafferty, *Ann. Rev. Anal. Chem.*, **2011**, *4*, 1, **DOI**: 10.1146/annurev-anchem-061010-114018.

표 20-1 분자 질량 분석법에 사용되는 이온화 장치의 종류

기본형	명칭 및 약자	이온화 장비
기체상	전자 충격(EI)	빠른 전자
	화학 이온화(CI)	기체 이온 시약
	장 이온화(FI)	높은 전위 전극
탈착	장탈착(FD)	높은 전위 전극
	전기 분무 이온화(ESI)	높은 전기장
	매트릭스 – 지원 레이저 탈착 이온화법(MALDI)	레이저살
	플라스마 탈착법(PD)	^{252}Cf에서 오는 분열 조각
	빠른 원자 충격법(FAB)	빠른 원자살
	이차 이온 질량 분석법(SIMS)	빠른 이온살
	열분무 이온화법(TS)	높은 온도
대기 탈착	탈착 전기 분무 이온화	하전된 방울 분무
	실시간 직접 분석	들뜬 원자나 분자

다.[3] 현재 시중에 판매되는 질량 분석기들은 다양한 이온화원들을 교환해가며 사용할 수 있는 보조 장치들을 갖추고 있다.

기체상 이온화원은 약 500°C 이하의 끓는점을 가진, 열에 안정적인 화합물의 분석에 한정된다. 대부분의 경우 이 방법은 대략 10^3달톤(Da) 이하의 분자량을 갖는 화합물에 적용된다. 탈착 이온화원은 분석하고자 하는 분자를 기체화할 필요가 없기 때문에 10^5달톤 이상의 분자량을 갖는 분석물질에 대하여도 사용이 가능하다.

이온화원을 *하드 이온화원*(hard source) 또는 *소프트 이온화원*(soft source)으로 분류하기도 한다. 하드 이온화원에서 생성된 이온은 큰 에너지를 받아 높은 에너지 상태로 들뜨게 된다. 이 경우 이완 과정에서 화학 결합이 끊어지게 되고, 결과적으로 분자 이온의 질량 대 전하비보다 작은 조각 이온들이 생긴다. 소프트 이온화원에서는 조각 이온이 적게 발생한다. 소프트 이온화원으로 얻은 스펙트럼은 분자 이온과 잘해야 몇 개 정도의 토막 이온을 포함한다. 그림 20-2는 하드 이온화원과 소프트 이온화원으로부터 얻은 스펙트럼의 차이를 보여준다.

하드 혹은 소프트 이온화원으로 얻은 두 종류의 스펙트럼은 모두 유용하다. 하드 이온화원으로 얻은 복잡한 스펙트럼은 작용기에 대한 정보를 제공함으로써 분석물질의 구조 확인에 이용된다. 소프트 장치로부터 얻는 간단한 스펙트럼은 분석물질의 분자량을 정확하게 결정하는데 유용하다.

20B-1 전자 이온화원

역사적으로 질량 분석 기기들은 *전자 이온화원*(electron ionization)으로(예전에는 전자 충격 이온화원으로 일컬어졌다) 이온을 만들어왔다.[4] 전자 이온화 과정에서는 시료 분자를 기화시키기에 충분한 온도만큼 가열하고, 만들어진 분자들은 고에너지 전자살과 충돌시켜 이온화된다. 몇 가지 단점에도 불구하고 이 방법은 아직도 중요하며 많은 질량 스펙트럼 데이터베이스가 이 방법을 통하여 구축되어 있다.

그림 20-3은 전자 이온화원의 약도이다. 전자는 가열된 텅스텐이나 레늄 선에서 방출된 후 필라멘트와 전극 사이에 걸어준 약 70 V 전압에 의해 가속된다. 그림에서 보는 바와 같이 전자와 분자의 흐름 방향은 서로 직각이고 이온화원의 중앙에서 충돌이 일어난다. 고에너지의 전자가 분자에 가까이 가면 정전기 반발력에 의하여 분자에서 전자가 떨어져 나가서, 주요 생성물인 일가 양이온(+1)이 생성된다. 전자 이온화법은 효율이 높은 방법이 아니어서 백만 개 중 대략 한 개의 분자가 다음 반응에 참여한다.

$$M + e^- \rightarrow M^{\cdot+} + 2e^- \qquad (20\text{-}2)$$

여기에서 M은 분석물질 분자이고 $M^{\cdot+}$는 분자 이온이다. 전자 이온화원에 의하여 발생한 양이온은 그림 20-3의 첫 번째 가속판과 가속 전극 사이에 걸린 작은 전압차(5 V)에 의해 가속되어 첫째 가속판에 있는 슬릿을 통과한다. 부채꼴 자기장 질량 분석 기기에서는 높은 전압(10^3~10^4 V)을 가속판에 걸어서 이온이 질량 분석 장치에 들어가기 전에 최종 속도를 갖게 한다. 시판 중인 전자 이온화원은 그림 20-3에서 보여준 것보다 더 복잡하고 전기장이나 자기장을 이용하여 전자나 이온살을 조절할 수 있다. 예제 20-1에 전자 이온화원에서 만들어진 높은 운동 에너지를 계산하는 문제가 제시되어 있다.

[3]화학 이온화에 대한 더 자세한 내용은 다음을 보시오. G. A. Harris, A. S. Galhena, and F. M. Fernandez, *Anal. Chem.*, **2011**, *83*, 4508, **DOI**: 10.1021/ac200918u.

[4]"전자 충격"이라는 용어는 많이 사용되지 않는데, 그 이유는 전자가 직접 물질과 충돌을 한다는 잘못된 개념을 전달하기 때문이다.

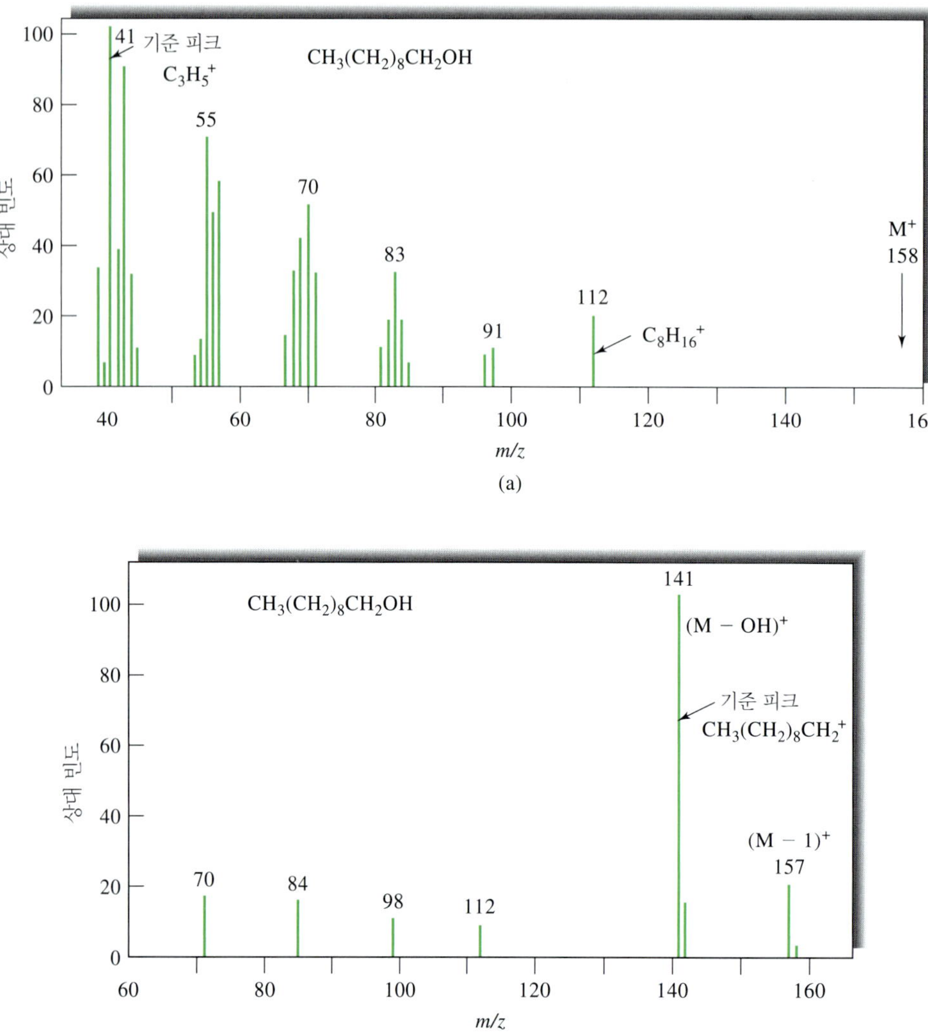

그림 20-2 (a) 하드 이온화원(전자 충격)과 (b) 소프트 이온화원(화학 이온화)으로 부터 얻은 1-decanol의 질량 스펙트럼.

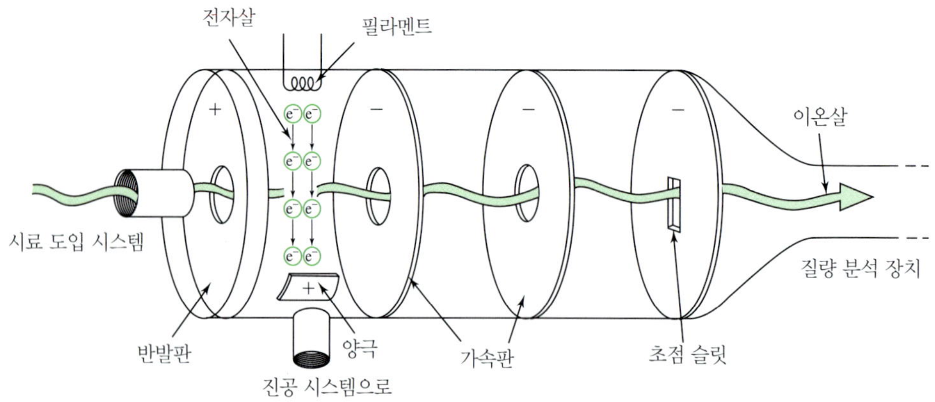

그림 20-3 전자 이온화원 개념도. (Adapted from D. L. Pavia, G. M. Lampman, G. S. Kriz, and J. R. Vyvyanh, *Introduction to Spectroscopy*, 5th ed., Stamford, CT: Cengage Learning, 2015, p. 110.)

예제 20-1

(a) 전자 이온화원에서 10^3 V으로 가속된 +1 이온(z = 1)의 운동 에너지를 계산하시오. (b) 이온의 운동 에너지는 질량에 의존하는가? (c) 이온의 속도는 질량에 의존하는가?

풀이

(a) 이온에 가해진 운동 에너지(KE)는 가속 전압 V와 다음 관계를 가진다.

$$\text{KE} = qV = zeV$$

여기서 e는 이온의 전하이다(1.6×10^{-19} C), $z = 1$이다.

$$\text{KE} = 1 \times 1.6 \times 10^{-19}\ \text{C} \times 10^3\ \text{V} = 1.6 \times 10^{-16}\ \text{J}$$

(b) 운동 에너지는 질량에 무관하고 전하와 가속 전위에만 의존한다.

(c) 이온의 운동 에너지의 병진 운동 성분은 이온 질량 m과 속도 v와 다음과 같은 관계를 가진다.

$$\text{KE} = (1/2)mv^2 \quad \text{또는} \quad v = (2\ \text{KE}/m)^{1/2}$$

그러므로 만약에 모든 이온들이 같은 양의 운동 에너지를 갖는다면, 가장 큰 질량을 갖는 이온이 가장 작은 속도를 갖는다.

전자 이온화 스펙트럼

많은 수의 기체 이온을 반복성 있는 속도로 생성하기 위하여 이온화원의 필라멘트에서 나오는 전자를 50 V보다 더 큰 전위로 가속하여야 한다. 질량이 작고 운동 에너지가 큰 전자와 충돌한 분자의 병진 운동 에너지 증가는 작다. 그 대신 분자는 높은 에너지로 들뜬 진동과 회전 상태에 있게 된다. 뒤따르는 이완 과정에서 분자 이온보다 작은(간혹 충돌에 의하여 큰) 질량을 가지는 다양한 양이온이 생긴다. 이 이온들을 *생성 이온*(product ion) 혹은 *조각 이온*(fragment ion)이라 부른다. 표 20-2는 가상의 분자 ABCD로부터 이온이 생성된 후에 나타나는 전형적인 토막 내기 반응을 보여준다. 예제 20-2에 70 V로 가속된 전자의 에너지를 계산하는 과정이 있다.

예제 20-2

(a) 70 V로 가속된 전자가 얻은 에너지를 J/mol 단위로 계산하시오. (b) 이 에너지의 크기는 전형적인 화학 결합의 세기와 어떻게 비교되는가?

풀이

(a) 각 전자의 운동 에너지 KE는 전자의 전하 e와 가속 전압 V의 곱이다. 여기에 Avogadro 수 N을 곱하면 몰당 에너지가 된다.

$$\begin{aligned}\text{KE} &= eVN \\ &= (1.60 \times 10^{-19}\ \text{C/e}^-)(70\ \text{V})N \\ &= (1.12 \times 10^{-17}\ \text{CV/e}^-)(6.02 \times 10^{23}\ \text{e}^-/\text{mol}) \\ &= 6.7 \times 10^6\ \text{J/mol} \text{ 혹은 } 6.7 \times 10^3\ \text{kJ/mol}\end{aligned}$$

(b) 전형적인 결합 에너지는 200~600 kJ/mol이다. 그러므로 70 V로 가속된 전자는 화학 결합을 깨뜨리는 데 필요한 에너지보다 상당히 크다.

전자 이온화법에 의하여 얻어진 복잡한 질량 스펙트럼은 화합물 확인에 유용하다. 반면에 어떤 종류의 분자는 토막 내기 과정이 매우 잘 일어나 분자 이온이 측정되지 않는다. 분자 이온이 측정되지 않으면 분석물질의 중요한 정보인 분자량 결정을 할 수 없다. 그림 20-4는 두 가지의 간단한 유기 분자인 methylene chloride와 1-pentanol의 전형적인 전자 이온화 스펙트럼을 보여준다. 각각 스펙트럼에서 분자들 조각에 해당하는 기준 피크 혹은 가장 큰 피크는 본래 화합물의 분자량보다 질량이 훨씬 적은 값을 가진다. Methylene chloride에서는 염소 원자 하나가 떨어져 나간 질량 대 전하비(m/z) 49에 기준 피크가 있다. 1-pentanol의 경우에 기준 피크는 CH_2CHOH^+에 해당하

표 20-2 전자 충격법에서 일어나는 전형적 반응

분자 이온 형성	$ABCD + e^- \rightarrow ABCD^{\bullet+} + 2e^-$
토막 내기	$ABCD^{\bullet+} \rightarrow A^+ + BCD^{\bullet}$
	$\rightarrow A^{\bullet} + BCD^+ \rightarrow BC^+ + D$
	$\rightarrow CD^{\bullet} + AB^+ \rightarrow B + A^+$ 또는 $\rightarrow A + B^+$
	$\rightarrow AB^{\bullet} + CD^+ \rightarrow D + C^+$ 또는 $\rightarrow C + D^+$
토막 난 후 다시 재결합	$ABCD^{\bullet+} \rightarrow ADBC^{\bullet+} \rightarrow BC^{\bullet} + AD^+$ 또는 $\rightarrow AD^{\bullet} + BC^+$
토막 난 후 충돌	$ABCD^{\bullet+} + ABCD \rightarrow (ABCD)_2^{\bullet+} \rightarrow BCD^{\bullet} + ABCDA^+$

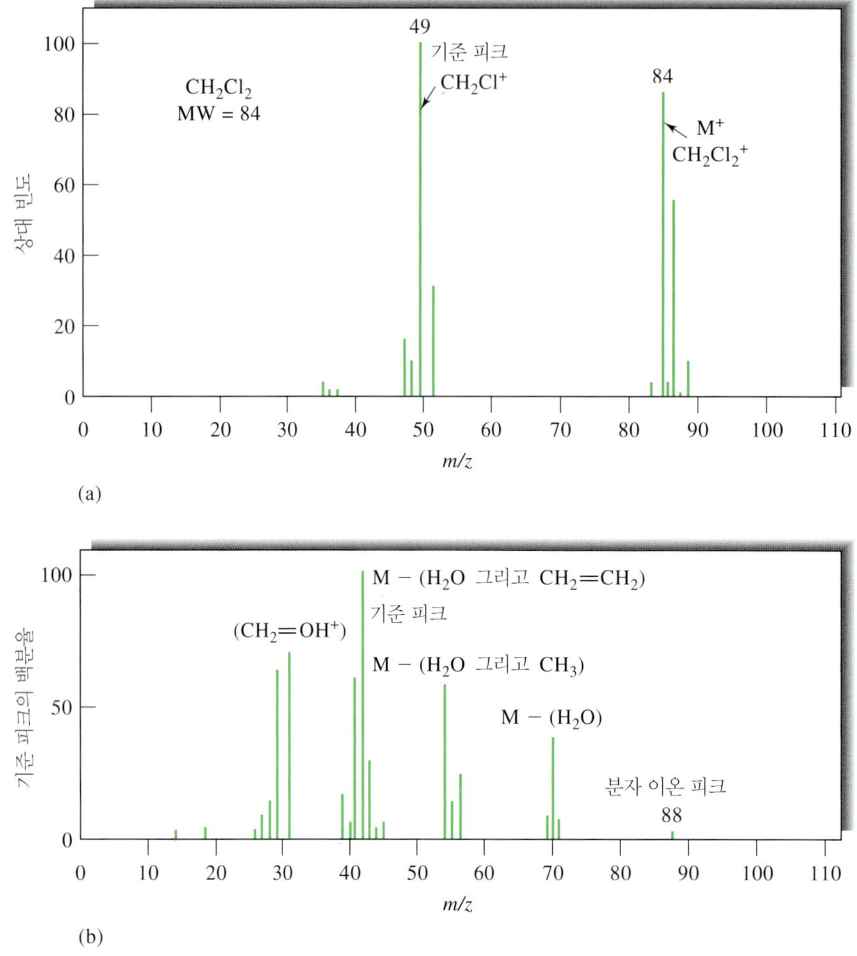

그림 20-4 (a) Methylene chloride와 (b) 1-pentanol의 전자 충격 질량 스펙트럼.

는 m/z = 44에 있다. 전자 이온화 스펙트럼의 기준 피크가 분자 이온에서보다 조각 이온에서 생기는 경우가 더 많다.

분자 이온 피크는 분석물질의 분자량에 해당하는 질량에서 나타난다. 따라서 methylene chloride의 분자 이온 피크는 m/z = 84, 1-pentanol은 m/z = 88에서 각각 나타난다. 시료 화합물의 분자량을 알려주기 때문에 분자 이온 피크가 구조 결정에 중요하다. 불행히도, 분자 이온 피크를 항상 확인할 수 있는 것은 아니다. 실제로 전자 이온화에서는 분자 이온 피크가 전혀 보이지 않는 경우도 있다(그림 20-2a 참고).

동위 원소 피크

그림 20-1과 그림 20-4의 스펙트럼에서 분자 이온보다 큰 값의 질량 대 전하비를 가지는 피크들이 관찰되는 것은 매우 흥미 있는 일이다. 이런 피크들은 같은 화학적 조성을 갖지만 다른 동위 원소 조성을 가진 이온에서 생긴 것이다. 예를 들면 methylene chloride에서 중요한 동위 원소 $^{12}C^{1}H_2{}^{35}Cl_2$ ($\mathcal{M}$ = 84), $^{13}C^{1}H_2{}^{35}Cl_2$ ($\mathcal{M}$ = 85), $^{12}C^{1}H_2{}^{35}Cl^{37}Cl$ ($\mathcal{M}$ = 86), $^{13}C^{1}H_2{}^{35}Cl^{37}Cl$ ($\mathcal{M}$ = 87) 및 $^{12}C^{1}H_2{}^{37}Cl_2$ ($\mathcal{M}$ = 88)이고, $\mathcal{M}$은 분자의 질량을 의미한다. 이들 각각 화학종의 피크들을 그림 20-4a에서 볼 수 있다. 각 피크의 크기는 동위 원소의 상대적 자연 존재비에 달려 있다. 표 20-3은 유기 화합물에서 많이 나타나는 원자들의 가장 일반적인 동위 원소들을 나열하였다. 플루오린, 인 및 아이오딘은 단일 동위 원소만 있음을 알 수 있다.

자습: www.tinyurl.com/skoogpia7에서 **MS 이온화원 (sources for MS)**에 대해 더 알아보시오.

그림 20-1의 m/z = 107에 나타난 ethyl benzene의 작은 피크는 ^{13}C이 존재하기 때문에 생긴 것이다. 둘 또는 이상의 ^{13}C 원자를 가지는 분자들의 피크는 작아서 검출되지 않는데, 한 분자 내에 ^{13}C 원자가 하나 이상 존재할 가능성이 적기 때문이다. 제 20D-1절에서 보게 될 것과 같이 동위 원소 피크는 화합물의 화학식을 결정하는 데 유용하게 쓰인다.

충돌 산물 피크

표 20-2의 마지막 식에서 나타낸 이온과 분자 간 충돌은 분자 이온보다 질량수가 큰 피크를 생성할 수 있다. 그러나 보통의 시료 압력하에서 일어나는 중요한 반응은 충돌 에너지가 수소 원자에 전달되어 수소 이온으로 되고, 이것이 양성자화된 분자

표 20-3 흔히보는 원소들의 자연 중에 존재하는 동위 원소의 비

원소[a]	가장 많은 동위 원소	가장 많은 동위 원소에 대한 상대 존재 백분율[b]	
Hydrogen	^{1}H	^{2}H	0.015
Carbon	^{12}C	^{13}C	1.08
Nitrogen	^{14}N	^{15}N	0.37
Oxygen	^{16}O	^{17}O	0.04
		^{18}O	0.20
Sulfur	^{32}S	^{33}S	0.80
		^{34}S	4.40
Chlorine	^{35}Cl	^{37}Cl	32.5
Bromine	^{79}Br	^{81}Br	98.0
Silicon	^{28}Si	^{29}Si	5.1
		^{30}Si	3.4

[a] Fluorine (^{19}F), phosphorus (^{31}P), sodium (^{23}Na), iodine (^{127}I)은 자연적으로 발생하는 동위 원소는 더 이상 없다.
[b] 이 값은 가장 많은 동위 원소의 원자 100개당 존재할 수 있는 상대적 평균값을 나타낸다; ^{12}C 원자 100개에 대해 ^{13}C 원자의 평균값은 1.08이 된다.

이온을 만드는 것이다. 결과적으로 $(M + 1)^+$ 피크가 생성된다. 이러한 전달은 이차 반응이고 산물의 양은 반응물의 농도에 강하게 의존한다. 그러므로, $(M + 1)^+$ 피크의 높이는 시료 압력이 증가함에 따라 다른 피크들보다 대단히 빠르게 증가한다. 이러한 현상을 이용하여 원자－전달 반응을 관찰하는 것이 가능하다.

전자 이온화원의 장점과 단점

전자 이온화원은 사용하기 편리하다. 또한 높은 이온 전류를 발생하므로 감도가 좋은 방법이다. 토막 내기 과정이 잘 일어나므로 많은 피크들이 생기기 때문에 분석물질을 확인하는 데 편리하다. 그러나 이 토막 내기 과정이 단점이 될 수도 있다. 왜냐하면 분자 이온 피크가 없어져서 분자량을 알 수가 없기 때문이다. 다른 단점은 시료를 기화시켜야 한다는 것이다. 이온화가 일어나기 전 기화 과정에서 어떤 분석물질은 열분해될 수 있다. 분석기의 입구 슬릿 가까이 장치된 가열된 탐침으로 시료를 기화시켜서 열분해를 최소화할 수도 있다. 이온화원 영역의 압력을 낮게 하여 시료의 기화를 낮은 온도에서 일어나게 할 수 있다. 이와 더불어, 열분해가 일어나지 않도록 빠른 시간에 기화를 시키기도 한다. 앞에서 언급한 바와 같이 전자 충격법은 10^3 dalton보다 작은 분자량을 갖는 분석물질에만 이용할 수 있다.

20B-2 화학 이온화원과 스펙트럼

대부분의 최신 질량 분석기에서는 전자 이온화(electron ionization)와 화학 이온화(chemical ionization)를 서로 바꾸어가며 사용할 수 있도록 설계되어 있다. 이런 이온화원을 전자 이온-화학 이온화원이라고 한다. 화학 이온화에서는 시료의 기체 분자(배치식 도입부나 가열 장치에서 생성된)를 전자 충격으로 생성된 과량의 시약 기체와 충돌시켜 이온화한다. 일반적으로 양이온을 측정하지만 전기 음성도가 매우 큰 원소를 포함하는 분석물질의 경우에는 음이온을 측정하기도 한다. 화학 이온화법은 아마도 질량 분석법의 이온 생성법 중 두 번째로 가장 일반화된 방법일 것이다.[5]

화학 이온화를 수행하기 위하여 그림 20-3에 보여진 전자 이온화 영역의 개조, 진공 펌프 용량의 증가, 질량 분석 장치 지역으로 통하는 슬릿의 너비 조정 등을 해야 한다. 이러한 조정들은 분석 장치 쪽의 압력을 10^{-7} Pa 이하로 유지하면서 이온화 영역의 시약 기체 압력을 100 Pa (0.75 torr)로 유지할 수 있도록 한다. 결과적으로 이온화 영역 내부에 시약 기체와 시료의 농도비가 10^3～10^4이 유지되도록 한다. 큰 농도 차이 때문에 전자살은 거의 모두 시약 기체와 반응하게 된다.

가장 일반적인 시약 중 하나인 메테인(methane)은 높은 에너지를 가지는 전자와 반응하여 CH_4^+, CH_3^+ 및 CH_2^+ 등으로 바뀐다. CH_4^+과 CH_3^+ 이온이 가장 많이 생성되어, 생성물의 90%를 차지한다. 이들 이온은 다른 메테인 분자와 다음과 같이 빠르게 반응한다.

$$CH_4^+ + CH_4 \rightarrow CH_5^+ + CH_3$$

$$CH_3^+ + CH_4 \rightarrow C_2H_5^+ + H_2$$

일반적으로, 시료 분자 M과 CH_5^+나 $C_2H_5^+$ 간의 충돌은 매우 반응성이 높기 때문에 양성자(H^+)나 수소화 이온(H^-) 전이가 일어난다. 예를 들어,

$$CH_5^+ + M \rightarrow MH^+ + CH_4 \qquad \text{양성자 이동}$$

[5]더 부가적인 내용을 원한다면 다음을 보시오. J. T. Watson and O. D. Sparkman, *Introduction to Mass Spectrometry*, 4th ed., Chap. 7, Chichester, UK: Wiley, 2007.

$$C_2H_5^+ + M \rightarrow MH^+ + C_2H_4 \quad \text{양성자 이동}$$

$$C_2H_5^+ + MH \rightarrow M^+ + C_2H_6 \quad \text{수소화 이온의 이동}$$

양성자의 이동 반응으로 $(M + H)^+$ 이온이, 수소화 이온의 이동으로 분석물질보다 질량이 1 작은 $(MH - H)^+$ 이온이 만들어 진다. 어떤 화합물의 경우에는 $(MH + 29)^+$ 피크가 생기는데, 이것은 분석물질에 $C_2H_5^+$ 이온이 결합하여 생긴 것이다. 프로페인, 이소부테인 및 암모니아 등 다양한 시약 기체가 화학 이온화에 사용된다. 같은 분석물질이어도 시약 기체에 따라서 다른 스펙트럼이 얻어질 수 있다.

그림 20-2는 전자 이온화와 화학 이온화 1-decanol 스펙트럼을 비교한 것이다. 전자 이온화 스펙트럼(그림 20-2a)은 분자 이온이 빠르고 광범위하게 쪼개진 피크들을 보여준다. 따라서 $C_8H_{16}^+$ 이온에 해당하는 질량 112 이상의 피크는 검출되지 않는다.

기준 피크는 질량 41인 $C_3H_5^+$에 해당한다. 탄소를 3개 포함하는 화학종에 해당하는 다른 피크들이 기준 피크 주위에 모여 있다. 유사한 일련의 피크들이 질량 14, 28 및 42에 있는데 이들은 한 개, 두 개, 세 개의 CH_2를 가진 이온들에 해당한다.

전자 이온화 스펙트럼과 비교하여 그림 20-2b 화학 이온화 스펙트럼은 단순하며, $(MH - H)^+$와 분자 이온에서 OH기가 떨어져 나가 생긴 피크들이 관찰된다. 그리고 14 질량 단위만큼 떨어진 일련의 피크들도 있는데, 이들은 전자 이온화 스펙트럼에서와 같이 인접한 탄소-탄소 결합이 끊어져 생긴 이온들로부터 생긴다. 앞에서 논의된 것처럼 화학 이온화 스펙트럼에는 분명한 $(M + H)^+$와 $(MH - H)^+$ 피크들이 나타나는데, 이는 시약 이온과 반응에 의하여 시료 분자에서 양성자가 더해지거나 빠지거나 해서 생긴 것이다.

20B-3 장 이온화원과 스펙트럼

장 이온화원(field ionization source)에서는 센 전기장(10^8 V/cm)의 영향으로 이온이 생성된다. 이와 같이 센 전기장은 특별하게 제작된 많은 수의 방출침(emitter)에 높은 전압(10~20 kV)을 걸어서 얻어진다. 방출침은 1 μm 이하 직경의 가늘고 예리한 바늘 모양을 가진다. 방출침을 만들기 위하여 텅스텐선(~10 μm 직경) 위에 높은 전기장에서 benzonitrile의 열분해에 의해 키워진 탄소(dendrites and whiskers) 구조를 키운다. 이런 처리를 하면 텅스텐선 주위에 수백 개의 탄소 마이크로 크기의 바늘이 생기게 된다(그림 20-5).

장 이온화 방출침(field ionization emitter)은 슬릿 작용을 하는 음극에서 0.5~2 mm 정도 떨어진 곳에 설치된다. 집단식 도입 장치에서 생성된 기체상 시료는 마이크로 방출침 주위의 높은 전기장 지역으로 확산된다. 전기장은 마이크 크기의 방출침 끝에 집중되어 있으며, 분석물질에서 전자들이 양자역학적 터널 메커니즘(tunneling mechanism)에 의해 양극의 방출침으로 빨려 들어간다고 생각된다. 매우 작은 진동 또는 회전 에너지가 이온화되는 분자에 가해지기 때문에 이온의 조각화가 거의 일어나지 않는다.

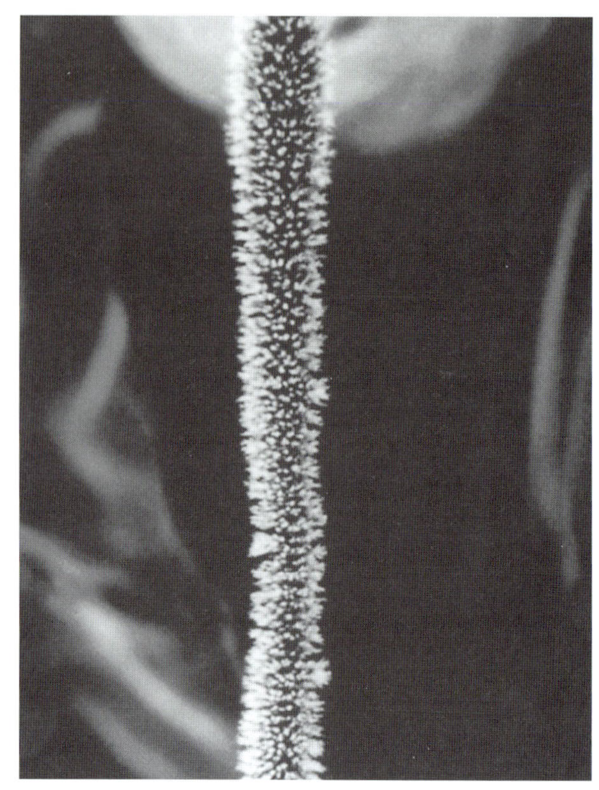

그림 20-5 탄소 마이크로 방출침의 현미경 사진. (Courtesy of R. P. Lattimer, BF Goodrich Research and Development Center.)

그림 20-6은 (a) 전자 이온화와 (b) 장 이온화에 의해 얻는 글루타민산의 스펙트럼을 보여준다. 전자 이온화 스펙트럼에서 분자 이온이 m/z = 147에 보이지 않는다. 가장 큰 피크(m/z = 129)는 분자 이온에서 H_2O가 빠져나간 것이다. m/z = 84에서 얻는 기준 피크는 H_2O와 —COOH기가 빠진 것이다. 많은 다른 조각이 낮은 질량에서 역시 나타난다. 이와 반대로, 장 이온화법 스펙트럼은 상대적으로 간단해서 m/z = 148에 $(M + 1)^+$ 피크가 분명하게 나타난다.

장 이온화법의 단점은 감도인데, 전자 이온화보다 적어도 10배 이상 적으며, 최대 이온 전류는 10^{-11} A 정도이다.

20B-4 탈착 이온화원

지금까지 설명한 이온화원들은 이온화 시약이 기체상 시료에 작용하는 것이었다. 이러한 방법은 비휘발성이나 열적으로 불안정한 시료에는 사용될 수 없다. 이러한 종류의 시료를 다루기 위한 여러 가지 *탈착 이온화*(desorption ionization) 방법이 개발되어 왔다(표 20-1 참고). 이 방법들은 열에 예민한 생화학적 물질과 분자량이 100,000달톤보다 더 큰 화학종의 질량 스펙트럼을 얻기 위하여 사용되고 있다.

탈착 방법은 시료의 기화 과정 후에 기체상 분석 분자들의 이온화 과정을 밟을 필요가 없다. 그 대신 여러 가지 형태의 에너

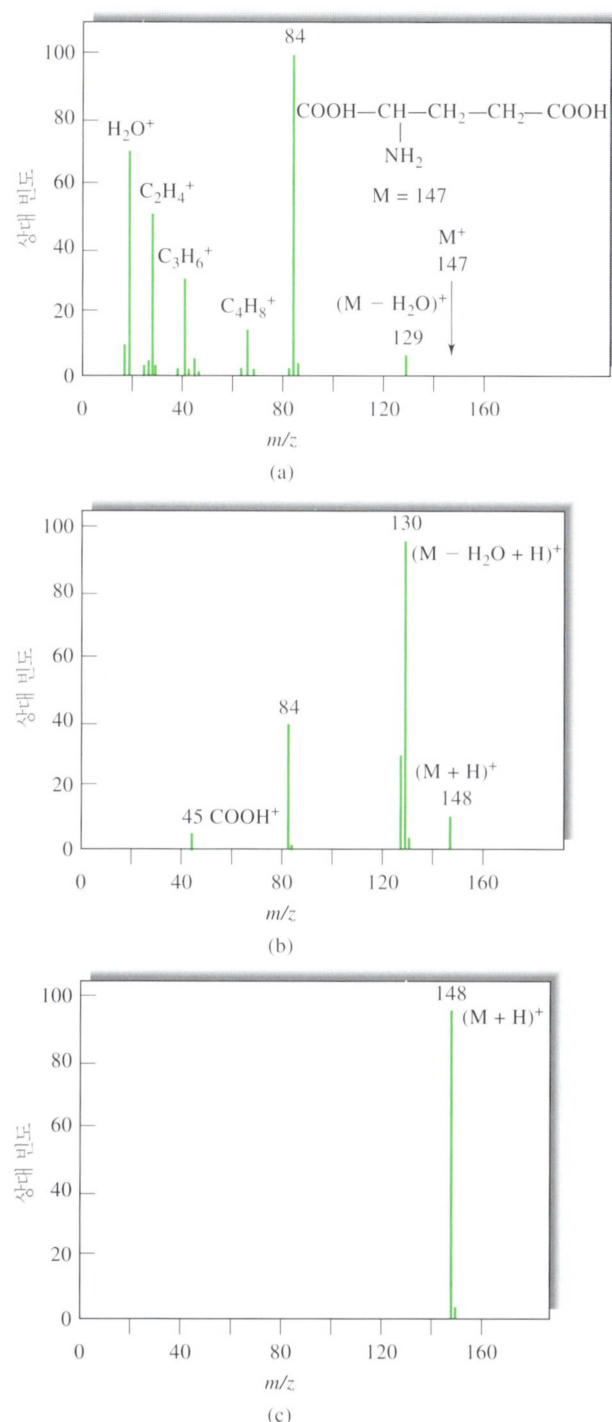

그림 20-6 Glutamic acid의 질량 스펙트럼. (a) 전자 충격 이온화법, (b) 장 이온화법, (c) 장탈착 이온화. (From H. D. Beckey, A. Heindrich, and H. U. Winkler, *Int. J. Mass Spec. Ion Phys.*, **1970**, *3*, A9, **DOI**: 10.1016/0020-7381(70)80009-2. With permission.)

지를 고체나 액체 시료에 가해서 직접적으로 기체 이온을 형성시킨다. 결과적으로 스펙트럼이 매우 간단해져서 대부분 분자 이온이나 혹은 양성자가 더해진 분자 이온만을 주로 형성한다. 대부분의 경우에 조각화가 안된 이온들이 형성되는 메커니즘이 알려져 있지 않다.

장탈착법

장탈착 이온화에서는 장 이온화에 사용된 것과 유사한 마이크로 방출침 끝이 사용된다.[6] 이 경우에는, 시료실에서 제거될 수 있는 탐침(probe)에 전극을 올리고 시료 용액으로 표면을 입힌다. 시료 도입 탐침을 시료실에 넣고 높은 전위를 가해서 이온화를 시킨다. 어떤 시료는 전극선에 전류를 통하여 방출 탐침을 가열할 필요가 있다. 이 경우에 이온화가 끝나기 전에 열분해가 일어날 수도 있겠다.

그림 20-6c는 glutamic acid의 장탈착 스펙트럼이다. 이것은 장 이온화 스펙트럼보다 더 간단하고 m/z = 148에 분자 이온과 m/z = 149에 동위 원소 피크가 관찰된다.

매트릭스-지원 레이저 탈착 이온화

매트릭스-지원 레이저 탈착 이온화(matrix-assisted laser desorption/ionization, MALDI)는 수천에서 수십만 달톤의 분자량을 갖는 극성 생화학 고분자 화합물에 대한 정확한 분자 질량에 대한 정보를 얻을 수 있는 방법이다.[7] 이 방법은 1988년에 독일과 일본의 각각 다른 두 연구 단체에 의해 거의 비슷한 시기에 발표되었다.[8] MALDI를 사용하는 상업용 기기가 시판되고 있다.

MALDI 법에서는 낮은 농도의 시료를 스테인리스 탐침이나 금속 재질의 판에 고체나 액체 형태로 골고루 퍼뜨린다. 그 다음 이 판을 진공으로 된 이온화원에 넣고 시료에 레이저살의 초점을 맞춘다. 보통 사용되는 진공 MALDI 대신에 대기압에서 작동하는 MALDI 법도 발표되었다.[9] MALDI 매트릭스는 레이저 복사선을 강하게 흡수한다. 매트릭스와 분석물질은 탈착 및 이온화되어 이온 다발을 만든다. 전체적인 과정이 그림 20-7에 제시되어 있다. MALDI와 같이 사용되는 가장 흔한 질량 분석 장치는 비행 시간(TOF) 질량 분석 장치이다. MALDI-TOF 기기로부터 얻은 질량 스펙트럼이 그림 20-8에 있다. 여기서 매트릭스 물질은 니코틴 산이며 분석물질은 그 분자량이 약 150,000 달톤인 쥐의 단세포 항체이다. 이 스펙트럼의 배경 잡음이 매우 낮으며 큰 분석물질 이온의 조각이 나타나지 않는다는 점에 유의해야 한다. 다중 하전된 이온과 이합체 혹은 삼중합체 이온들이 나타나기도 한다.

비록 MALDI 이온 다발의 생성 메커니즘이 명확하게 규명되지 않지만, 매트릭스가 레이저 에너지를 흡수하고, 흡수된 에너

---

[6]다음을 참고하시오. J. H. Gross, *Mass Spectrometry: A Textbook*, Chap. 8, Heidelberg, Germany: Springer, 2011.

[7]See reference 6, Chap. 11; J. T. Watson and O. D. Sparkman, *Introduction to Mass Spectrometry*, Chap. 9, Chichester, UK: Wiley, 2007.

[8]다음을 참고하시오. M. Karas and F. Hillenkamp, Anal. Chem., 1988, 60, 2299, DOI: 10.1021/ac00171a028; K. Tanaka, H. Waki, Y. Ido, S. Akita, Y. Yoshidda, and T. Yoshidda, Rapid Commun. Mass Spectrosc., 1988, 2, 151, DOI: 10.1002/rcm.1290020802; F. Hillenkamp, M. Karas, and B. T. Chait, Anal. Chem., 1991, 63, 1193A, DOI: 10.1021/ac00024a716.

[9]See Section 20B-5 for other atmospheric pressure ionization techniques.

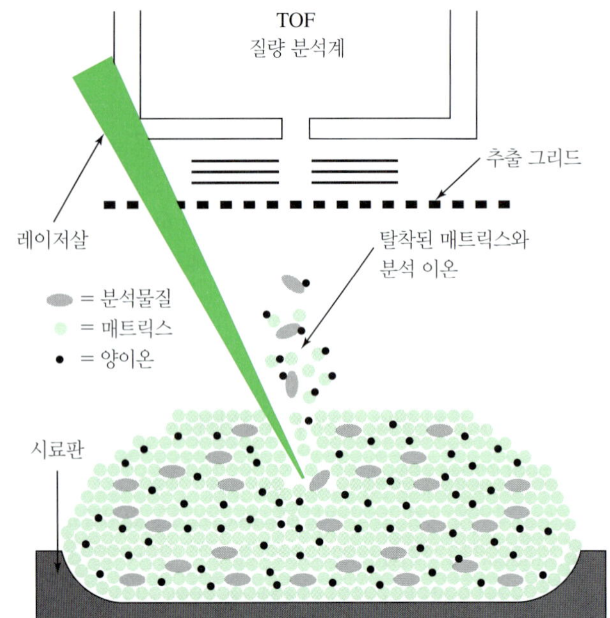

그림 20-7 MALDI 과정의 모형. 분석물질은 매트릭스와 균일하게 분산되고 금속 시료판에 놓는다. 펄스 레이저살이 시료를 때려 매트릭스, 분석물질 및 다른 이온들을 탈착시킨다. 분석물질은 TOF 분석기로 들어가기 전에 수소첨가나 수소감소될 수 있거나 분해될 수 있다.

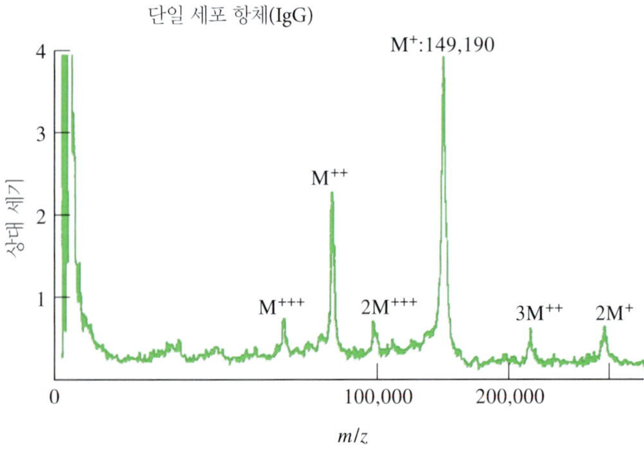

그림 20-8 266 nm 레이저살로 조사된 nicotinic acid 기질에서 얻은 MALDI-TOF 스펙트럼. [From M. Karas and U. Bahr, *Trends Anal. Chem.* (TRAC), **1990**, *9*, 323, **DOI**: 10.1016/0165-9936(90)85065-F.)]

지를 시료 분자에 전달하는 과정을 거친다고 생각된다. 다음에 분석물질과 매트릭스가 탈착되는 현상이 일어난다. 분석물질은 중성 분자의 형태로 떨어진 후에 매트릭스의 표면 위 이온의 밀도가 높은 지역에서, 양성자를 가진 매트릭스와 양성자 전달 반응에 의하여 이온화된다. 일련의 광화학반응이 양성자화된 매트릭스이온을 생성할 수 있다.

생물 분자의 분석에 사용되는 매트릭스가 사용되는 레이저 파장과 함께 표 20-4에 실려 있다. 질소(337 nm), Nd:YAG (266과 355 nm), excimer (308 nm), Er-YAG (2.94 μm) 및 CO_2 (10.6 μm) 레이저 등이 사용되고 있다.

가장 많이 사용되는 시료 준비 방법은 마른–방울법으로, 분석물질을 포함하는 매트릭스의 방울을 금속판에 떨어뜨린 다음 말리는 방법이다. 분석물질 대 매트릭스의 비는 $1{:}10^3$부터 $1{:}10^5$이다. 보통 μm 농도의 분석물질 농도가 사용된다.

최근에는 넓게 펴져있는 시료에 레이저를 가하면서 일정한 영역을 스캔하여 이미지를 얻는 MALDI 기술이 사용되고 있다.[10] 이 방법을 이용하여 다양한 바이오 중합체의 질량 분석 이미지를 얻고 있다.

빠른 원자 충격원

빠른 원자 충격(fast atom bombardment, FAB) 이온화원 또한 *용액 2차 이온화원*(liquid secondary-ion source)은 분자량이 큰 극성 화학종의 질량 분석 연구에 많이 사용되었다.[11] 점도가 높은 매트릭스 용액과 같은 응축된 상태에 있는 시료를 높은 에너지(수 KeV)의 제논 또는 아르곤과 같은 *원자*(atom)로 충격하여 이온화한다. 탈착 과정에서 분석물질의 양이온과 음이온이 시료의 표면에서 튀어 나온다. 이 처리 방법에서는 시료를 빠르게 가열시켜서 시료의 조각화를 감소시킨다. 액체 매트릭스는 응축상태에서 이온을 떼어낼 때 극복해야 하는 격자 에너지를 감소시키는 역할을 하고, 충격에 의해 생긴 손상을 "치료"하는 데 도움을 제공한다. 글리세롤, thioglycerol, *m*-nitrobenzyl alcohol, crown ethers (18-crown-6), sulfolane, 2-nitrophenyloctyl ehter, diethanolamine 및 triethanolamine 등이 좋은 매트릭스로 사용되고 있다.

이온화원에서 나온 아르곤이나 제논 이온을 가속시켜서 10^{-3} Pa (10^{-5} torr) 압력으로 아르곤이나 제논이 들어있는 상자에 통과시킨다. 빠른 속도의 이온은 병진 운동 에너지의 큰 손실 없이 원자들과 공명 전자 교환 반응을 일으킨다. 그리하여 에너지가 큰 *원자*가 생성된다. 교환으로부터 생성된 낮은 에너지를 갖는 이온은 전기를 가해서 쉽게 제거된다. 빠른 원자총이 판매되고 있으며 요즘 나오는 기기들은 부속품으로 FAB 발생 장치를 제공하고 있다.

FAB는 많은 단점을 가지고 있으므로 최근에는 많이 사용되지 않고 있다. FAB의 단점들로는 분자 질량 범위가 한정되고, 다른 이온화원보다 많은 양의 시료가 필요하고, 분석물질이 용해 될 수 있는 적당한 매트릭스가 필요하다는 점들이 있다. 그리고 FAB은 제20C절에 제시되어 이중 초점 질량 분석기와 가

[10]예로 다음의 문헌을 참조하시오. S. M. Weidner and J. Falkenhagen, *Rapid Commun. Mass Spectrom.*, **2009**, *23*, 653, **DOI**: 10.1002/rcm.3919; K. A. Lunsford, G. F. Peter, and R. A. Yost, *Anal. Chem.*, **2011**, *83*, 6722, **DOI**: 10.1021/ac2013527.

[11]더 많은 정보를 위하여 다음의 문헌을 참조하시오 J. H. Gross, *Mass Spectrometry: A Textbook*, Chap. 10, Heidelberg, Germany: Springer, 2011; J. T. Watson and O. D. Sparkman, *Introduction to Mass Spectrometry*, pp. 250 – 251, Chichester, UK: Wiley, 2007.

표 20-4 MALDI를 위해 가장 흔히 사용하는 매트릭스와 유용한 파장

매트릭스	분석물질	파장, nm
Nitropyridines:		
2-Amino-4-methyl-5-nitropyridine	Proteins, oligonucleotides	355
2-Amino-5-nitropyridine	Oligonucleotides	355
Nicotinic acid	Proteins, glycoproteins, oligonucleotides	266, 220~290
Benzoic acid derivatives:		
2,5-Dihydroxybenzoic acid	Proteins	266, 337, 355, 2940
Vanillic acid	Proteins	266
2-Aminobenzoic acid	Proteins	266, 337, 355
2-(4-Hydroxyphenylazo) benzoic acid	Proteins, gangliosides, polymers	266, 377
2-Pyrazinecarboxylic acid	Proteins	266
3-Aminopyrazine-2-carboxylic acid	Proteins	337
Cinnamic acid derivatives:		
Ferulic acid	Proteins, oligonucleotides	266, 337, 355, 488
Sinapinic acid	Proteins, industrial polymers	337, 355
Caffeic acid	Proteins, oligonucleotides	266, 337, 355, 10600
α-Cyano-4-hydroxy cinnamic acid	Proteins, oligonucleotides	337
3-Nitrobenzyl alcohol	Proteins	266
3-Nitrobenzyl alcohol with rhodamine 6G	Proteins	532
3-Nitrobenzyl alcohol with 1,4-diphenyl-1-,3-butadiene	Proteins	337
3-Hydroxypicolinic acid	Oligonucleotides, glycoproteins	266, 308, 355
Succinic acid	Proteins	2940, 10600

장 잘 사용된다. 이러한 이유들 때문에 전기 분무와 MALDI 방법들이 많은 분야에서 FAB 기술을 대체하고 있다. 두 가지 방법들은 FAB보다 감도가 더 좋고 사용이 간단하다.

20B-5 대기압 이온화 방법

대기압에서 작동되는 이온화 기술들에는 전기 분무, 대기압 화학 이온화, 대기압 광이온화 등이 있다.

전기 분무 이온화법

1984년 처음 소개된 전기 분무 이온화/질량 분석법(electrospray ionization-mass spectrometry, ESI/MS)은 100,000달톤 혹은 그 이상의 분자량을 갖는 폴리펩타이드, 단백질, oligonucleotides 등과 같은 생화학 물질을 분석하는 가장 중요한 방법 중의 하나가 되었다.[12] 그리고 무기 화합물이나 합성 고분자 물질의 특성을 알아내는 등 이 방법의 응용 분야가 확대되고 있다. 전기 분무 이온화법과 같은 연성 탈착 이온화법의 발견으로 Virginia Commonwelth 대학의 John B. Fenn과 Shimadzu 회사의 Koichi Tanaka는 2002년 Nobel 상을 공동수상하였다.

ESI는 실온과 대기압에서 그림 20-9에 제시된 장치를 이용하여 수행된다. 시료 용액은 1분당 수 마이크로리터의 속도로 스테인리스 강철 모세관 바늘을 통하여 주입된다. 이 바늘은 둘러 싸고 있는 원통형의 전극과 수천 볼트의 전압차를 가지도록 연결되어 있다. 바늘을 통하여 나온 미세한 방울들이 하전 및 분사되고, 이 작은 방울들은 탈용매-모세관(desolvating capillary)을 통과하게 된다. 이 과정에서 용매가 증발되고 분석물질이 전하를 가지게 된다. 용매가 기화되는 과정을 통하여 물방울이 더 작아지게 되고, 이들의 전하 밀도는 *Rayleigh 한계*(Rayleigh limit)라고 부르는 점까지 증가된다. 한계에 도달하면 방울은 더 이상 견디지 못하고 표면 장력이 깨진다. 여기서 소위 *Coulomb 파열*(Coulombic explosion)이라는 현상이 일어나고 방울은 더 작은 방울로 쪼개진다. 이러한 작은 방울들은 분석물질로부터 용매를 제거할 때까지 반복되어 다중 전하 분자들만 남게 된다.

이러한 ESI 과정의 흥미롭고 유용한 점은 에너지가 적기 때문

---

[12] 추가 정보를 위하여 다음의 문헌을 참조하시오. Electrospray and MALDI Mass Spectrometry, 2nd ed., R. B. Cole, ed., Hoboken, NJ: Wiley, 2010; J. H. Gross, Mass Spectrometry: A Textbook, Chap. 12, Heidelberg, Germany: Springer, 2011; Applied Electrospray Ionization Mass Spectrometry, B. N. Pramanik, A. K. Ganguly, and M. L. Gross, eds., New York: Dekker, 2002.

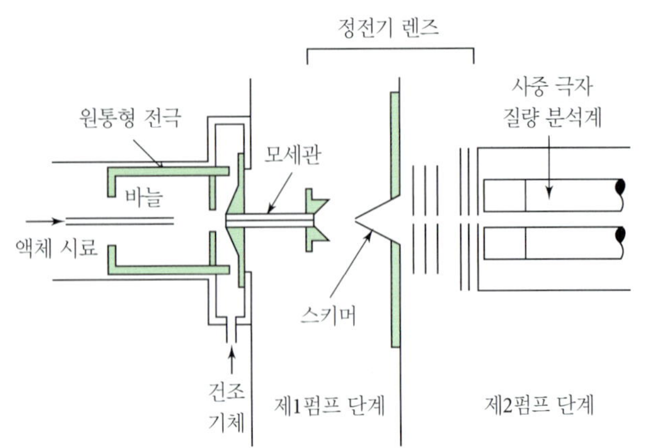

그림 20-9 전기 분무 이온화법에 사용되는 장치. (From J. B. Fenn et al., *Science*, **1989**, *246*. 64, **DOI**: 10.1126/science. 2675315. Reprinted with permission.)

에 크고 열적으로 깨지기 쉬운 생화학 분자의 조각화가 거의 일어나지 않는다는 것이다. 더욱이 형성된 이온들이 다중 전하를 가지므로 m/z 값들은 충분히 작아서 1500 혹은 그 이하 범위를 가지는 사중 극자 기기로도 측정할 수 있다. 이러한 중요한 성질은 서로 다른 분자량($\mathcal{M}$)을 가진 네 가지 단백질의 질량 스펙트럼에서 보여지고 있다(그림 20-10). 이러한 스펙트럼에서 이웃한 피크들은 한 개 전하의 차이를 가지는 이온들이다. 그림에서 보여지듯이, 단백질 스펙트럼에서 나타나는 매우 중요한 점은 평균 전하 상태가 분자량에 대하여 거의 직선의 형태로 증가한다는 점이다. 피크의 분포로부터 각각 피크에 해당되는 전하 상태를 결정할 수 있으며, 그림 20-10에서 보여진 스펙트럼으로부터 단백질의 분자량을 결정할 수 있다.

ESI의 중요한 성질은 HPLC (high-performance liquid chromatography)나 모세관 전기 이동법(capillary electrophoresis)과 바로 연결되어 시료를 직접 도입할 수 있다는 점이다. 이들에 대한 응용은 제28장과 제30장에서 설명되어 있다. 분석물질의 조각화가 이루어지지 않는다는 점은 분자 구조 해석을 어렵게 한다. 보통 탄뎀 질량 분석(20C-5절 참고)이 이러한 목적을 위해 사용된다. 이 방법에서는 이온화 과정에서 만들어진 이온들을 각각 분리하고 그중에서 관심 있는 이온을 조각화한 후에 질량 분석을 한다.

대기압 화학 이온화원

제20B-2절에서 설명되었듯이, 일반적인 화학 이온화원은 대략 100 Pa 압력에서 작동된다. 대기압 화학 이온화원(APCI)에서는 방사는 베타원이나 코로나 방전(corona discharge)으로부터 방출되는 낮은 에너지를 가지는 전자로부터 이온화된다. 일반적으로, 낮은 에너지를 가지는 전자는 시약 기체(N_2, O_2, H_2O) 등

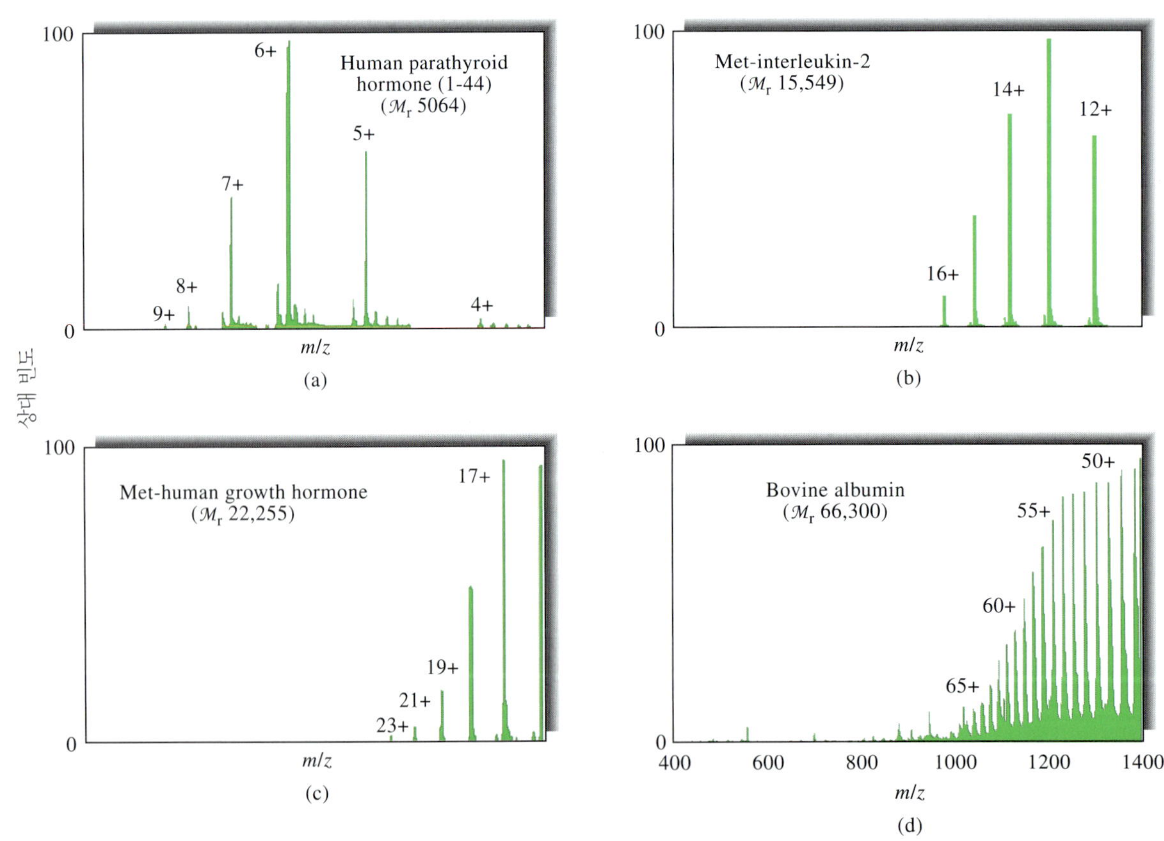

그림 20-10 Proteins와 peptides의 전형적인 전기 분무 질량 스펙트럼. 피크 위의 숫자는 분자의 전하가 각각의 피크와 관련되어 있음을 나타낸다. (From R. D. Smith et al., *Anal. Chem.*, **1990**, *62*, 882, **DOI**: 10.1021/ac00208a002. Copyright 1990 American Chemical Society.)

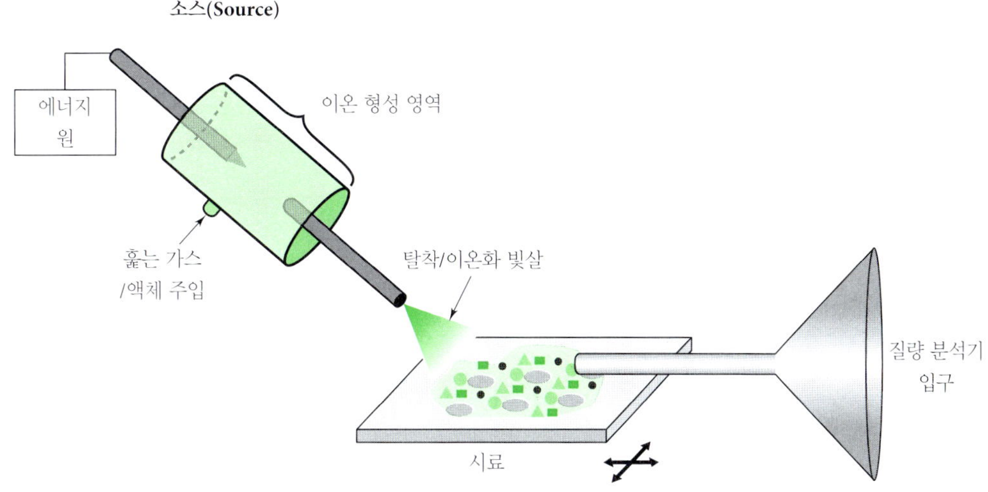

그림 20-11 실내 질량 분석 이온화원의 일반적인 그림. 생성된 시료 이온들이 가스, 액체, 에어로졸에 의하여 반응하지 않은 시료 위로 흘려진다. 빛살은 분석물질을 기체상으로 만들고 이온화시킨다. 생성된 이온들은 질량 분석기로 주입되어 *m/z*값에 따라 분리된다. (Adapted from J. T. Shelly and G. M. Hieftje, *J. Anal. At. Spectrom.*, **2011**, *26*, 2153, **DOI**: 10.1039/c1ja10158g.)

을 먼저 이온화하고, 이온화된 시약 가스는 몇 가지 복잡한 이온–분자 반응들을 통하여 분석물질을 이온화시킨다. 이온화가 대기압에서 실행되기 때문에, 시약 가스와 분석물질은 잦은 충돌을 하게 되고 이는 높은 이온화 효율을 가지도록 한다. ESI와 마찬가지로 APCI를 이용한 질량 분석기는 대기압에서 이온들을 받을 수 있도록 설계되어야 한다. 이를 위하여 그림 20-9에 제시된 것과 같은 "스키머(skimmer)"가 필요하다. 대기압 화학 이온화원은 액체 크로마토그래피(LC)와 연결될 수 있다.

대기압 광이온화

대기압 광이온화(APPI)에서서는 낮은 에너지의 전자 대신에 강한 자외선 원을 이용하여 분석물질이나 도판트(dopant) 기체를 이온화 시킨다. 도판트 기체는 일련의 반응을 통하여 분석물질 이온이 만들어지도록 한다. APCI로 이온화될 수 있는 많은 화합물들이 APPI를 통하여 이온화될 수 있지만, APPI를 이용하면 극성이 적은 물질들도 이온화시킬 수 있다.

20B-6 실내 이온화 방법

실내 탈착 이온화 기술들은 시료에 대한 사전 준비 없이 열린 공간에서 수행할 수 있다.[13] 대기압 이온화원을 가지고 있는 대부분의 질량 분석기가 사용될 수 있다. 현재, 많이 사용되고 있는 두 개의 실내 이온화 방법들은 탈착 전기 분무 이온화(desorption electrospray ionization, DESI)와 실시간 직접 분석(direct analysis in real time, DART)이다.[14] 두 가지 방법을 설명하는 도식화된 그림이 20-11에 제시되어 있다. 실내 이온화 방법들에서 실시간으로 시료를 채취하는 과정에 대한 메커니즘이 고찰되었다.[15]

탈착 전기 분무 이온화

DESI 이온화원은 일반적인 전기 분무 이온화원과 유사하지만, 생성된 물방울이 용매제거 과정(desolvation)을 거치지 않는 점이 일반적인 ESI/MS와 다르다. 전하를 가지고 있는 물방울이 분무되어 그림 20-11에 있는 탈착/이온화 빛살을 형성하여 시료를 때린다. 분석물질들이 표면에서 이온들이 되어 나오든지 아니면 흡착/이온화 과정의 결과로 생긴 플룸(plume)에서 이온이 형성된다. DESI를 사용하는 목적 중 하나는 시료가 질량 분석기의 입구 밖에 있기 때문에 탈착된 이온만이 입구로 들어가도록 하는 것이다. 비록 DESI의 메커니즘이 알려져 있지 않으나, 액체가 표면에 축적되는 것이 중요한 역할을 한다고 생각된다. 다전하 이온이 생긴다는 점을 비롯하여, 고분자량 생분자들로부터 얻은 질량 스펙트럼은 일반적인 ESI에서 얻어지는 스펙트럼과 비슷하다.

열린 공기에서 수행되는 DESI에서는 용매를 분무하는 이온화원과 시료 사이의 거리가 빛살이 표면을 때리는 각도와 함께

[13]실내 질량 분석 방법을 리뷰한 다음의 문헌을 참조하시오. R. G. Cooks, Z. Ouyang, Z. Takáts, and J. M. Wiseman, *Science*, **2007**, *311*, 1566, **DOI**: 10.1126/science.1119426; J. T. Shelly and G. M. Hieftje, *J. Anal. At. Spectrom.*, **2011**, *26*, 2153, **DOI**: 10.1039/c1ja10158g.

[14]DESI가 최초로 보고한 다음의 문헌을 참조하시오. Z. Takáts, J. M. Wiseman, B. Gologan, and R. G. Cooks, *Science*, **2004**, *306*, 471, **DOI**: 10.1126/science.1104404. For the original description of DART, R. B. Cody, *J. A. Laramee*, and H. D. Durst, *Anal. Chem.*, **2005**, *77*, 2297, **DOI**: 10.1021/ac050162j.

[15]A. R. Venter, K. A. Douglass, J. T. Shelly, G. Hasman, Jr., and E. Honarvar, *Anal. Chem.*, **2014**, *1*, 233, **DOI**: 10.1021/ac4038569.

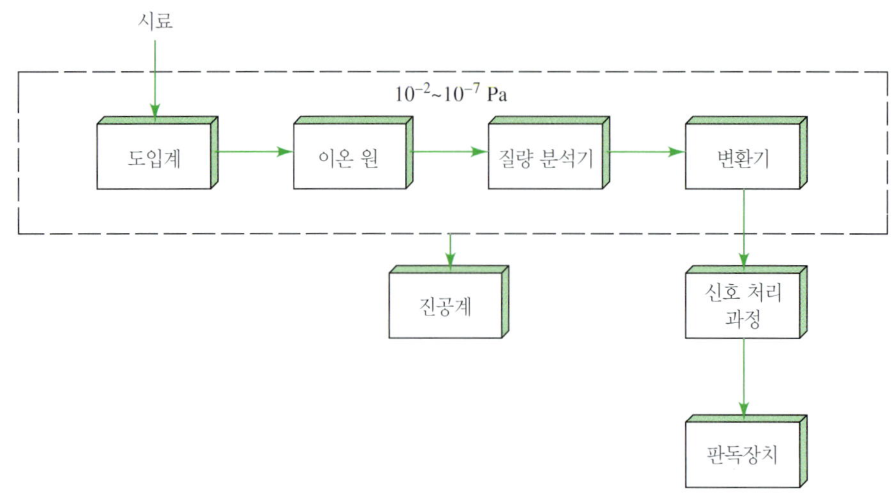

그림 20-12 질량 분석기의 부분 장치.

중요하다. 열린 공기에서 진행되는 DESI의 장점을 없애지만, 압력을 가해주는 시료 체임버(chamber)을 가지는 새로운 디자인이 개발되었다. 이를 통하여 각도에 따라 신호가 변화하는 현상을 없앨 수 있다.

실시간 직접 분석

DART에서 일련의 여기된 헬륨(가끔은 질소나 네온)을 시료 표면에 조준하고, 표면에서는 탈착/이온화가 일어난다. 여기된 헬륨을 만들기 위하여, 코로나 방전으로 만들어진 이온, 전자, 여기된 원자나 전자가 혼재하는 체임버(chamber)에 He을 통과시킨다. 세트를 이루는 망으로된 전극에 반대되는 전압을 가해주어서 생성된 He 이온은 제거하고, 오직 여기된 원자와 분자들만이 통과하여 가스 흐름을 형성한다.

가스 흐름은 시료를 포함하는 표면에 부딪힌 뒤 튕겨 나와서 질량 분석기 안으로 들어간다. 시료 표면과 질량 분석기 입구의 정확한 위치와 각도는 크게 중요하지 않다. DART의 단점은 LC와 같이 사용할 수 없다는 점과 측정 질량 범위가 한정된다는 점이다.

다른 탈착 방법

표 20-1에 몇 가지 다른 탈착/이온화 방법들이 제시되어 있다. 일반적으로, 이 방법들은 앞에서 설명된 탈착 방법과 유사하지만 더 많은 적용상 단점을 가지고 있다.

20C 질량 분석기

현재 여러 가지 종류의 기기들이 분자 질량 분석 측정을 위해 사용된다. 이 중 두 가지인 사중 극자 분석기와 비행 시간 분석기는 제11B-2절과 제11B-3절에 자세히 설명되어 있다. 이 절에서는 질량 분석기의 다른 종류를 알아보도록 한다.

20C-1 기기 부분 장치에 대한 일반적인 설명

그림 20-12에는 질량 분석기의 주요 부분 장치를 보여주고 있다. 도입 장치의 목적은 매우 작은 양의 시료(μm 혹은 이하의)를 질량 분석기로 보내어 기체상 이온으로 만드는 것이다. 가끔 도입 장치에는 고체나 액체 시료를 기화시키는 장치가 포함되기도 한다.

앞에 언급되었거나 제11장에서 자세하게 설명된 질량 분석기의 이온화원은 시료 성분을 기체상 이온으로 바꾼다. 많은 경우에 도입 장치와 이온화원은 하나로 합쳐져 있다. 어느 방법이든, 생성된 양이온 또는 음이온의 흐름은(대부분 양이온) 질량 분석 장치로 가속되어 들어간다.

제11장에서 소개된 질량 분석 장치의 기능은 광학 분광계의 회절발과 같다. 그러나 질량 분석기에서는 분석 이온의 질량 대 전하비에 의하여 분산이 된다. 질량 분석기는 질량 분석기의 특성에 따라서 여러 범주로 나눌 수 있다.

광학 분광기에서와 같이, 질량 분석기에는 이온 다발을 전기 신호로 바꾸는 검출기(이온 검출기)가 있다. 전기 신호는 처리되어서 컴퓨터 메모리에 저장되고, 다양한 방법으로 표시되거나 기록된다. 질량 분석기에 사용되는 여러 가지 검출기의 특성은 제11B-1절에 자세히 설명되어 있다.

다른 광학 분석 기기와 다른 질량 분석법의 특징은 신호 처리, 출력 등 일부의 시료 도입원을 제외하고는 대부분의 장치를 낮은 압력(10^{-2}~10^{-7} Pa)으로 유지할 수 있는 복잡한 진공 시스템이 있어야 한다는 것이다. 고 진공이 필요한 이유는 공기 중 물질들과의 충돌을 배제함으로써 전자와 이온들을 생산 및 이동을 자유롭게 하기 위함이다.

다음 절에서 모든 종류의 질량 분석기에 공통으로 사용되는 시료 도입 장치에 대하여 논의하고자 한다. 다음에는, 질량 차이를 가진 이온들을 분리하는 질량 분석기의 능력을 나타내는 *분해능*(resolution)을 정의한다. 마지막으로, 다른 종류의 질량

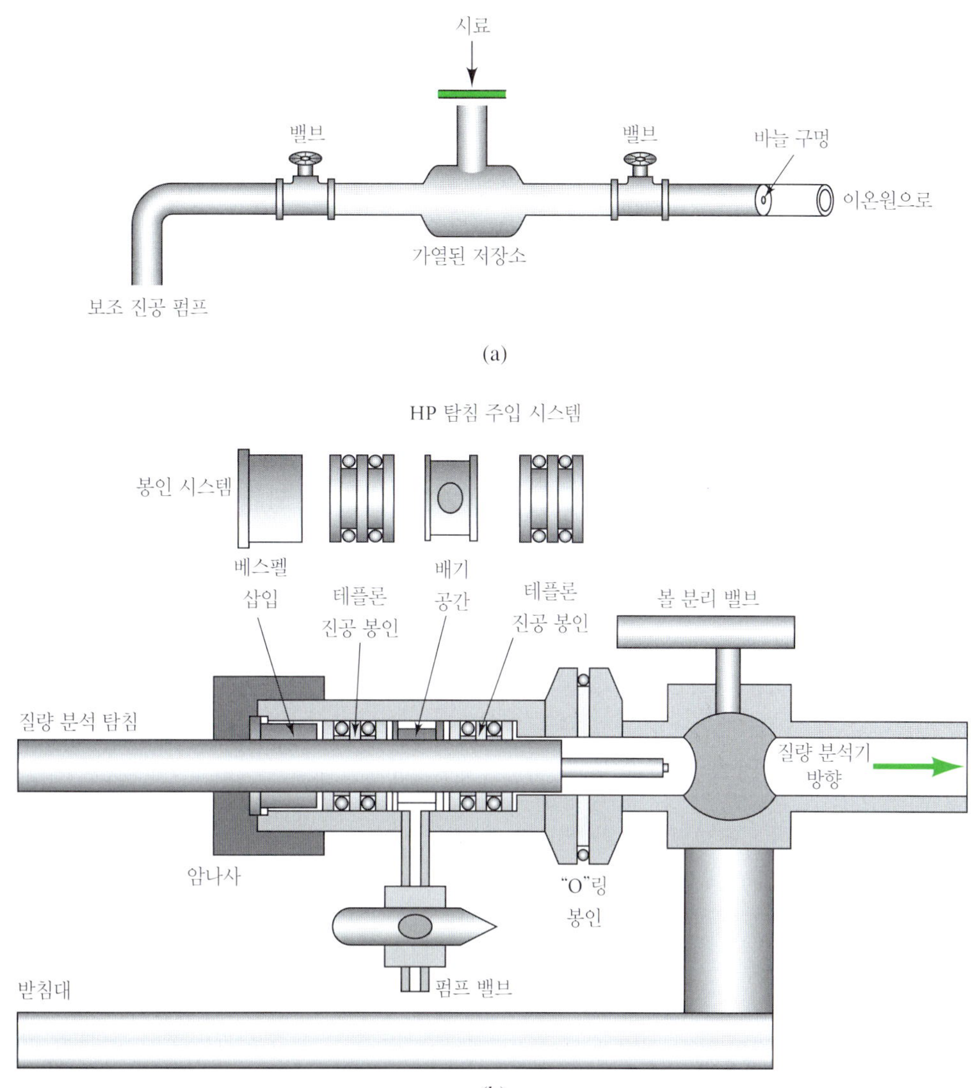

그림 20-13 가열된 시료 저장 주입(a)과 직접 주입 시스템(b). [(a) Cengage Learning; (b) Adapted from Scientific Instrument Services http://www.sisweb.com/ms/sis/probinlt.htm.]

분석기를 위한 몇가지 질량 분석 장치에 대하여 설명할 것이다.

20C-2 시료 도입 장치

시료 도입 장치의 목적은 진공을 유지하면서 시료를 손실 없이 이온화원으로 보내주는 것이다. 최신 질량 분석기는 여러 가지 종류의 시료를 다룰 수 있는 몇 가지 형태의 도입 장치를 가지고 있는데, 이들은 배치식 도입, 직접 탐침 도입, 크로마토그래피 도입 및 모세관 전기 이동 도입 장치들이다.

배치식 도입 장치

예전부터 사용되던 (그리고 가장 간단한) 도입 장치는 배치식 도입 장치(batch inlet system)이다. 이 장치에서는 시료를 외부에 증발시킨 후 진공 상태인 이온화 지역으로 새어 들어가게 한다. 그림 20-13a에서는 기체나 끓는점이 약 500°C 이하인 액체 시료에 적용이 가능한 전형적인 도입 장치를 도식화하였다.

첫 번째 단계는 직전에 분석하였던 시료에서 남아있을지 모르는 물질에 대한 질량 스펙트럼을 얻는 것이다. 이를 위해서 가열된 저장 용기를 비운 후에 이온화원 쪽 밸브를 열고 질량 스펙트럼을 얻는다. 저장 용기를 비운 뒤에 밸브를 잠근다. 격막 등을 통해서 시료를 주입하고 이온화원 쪽 밸브를 연다. 기체 시료의 경우에는 정량적으로 측정된 양의 시료를 저장 용기에 주입하는데, 경우에 따라서 주입 장치를 설치하기도 한다. 150°C 이상의 끓는점을 가지는 액체 시료의 경우에는 저장 용기와 관을 오븐 혹은/그리고 가열 테이프를 이용하여 높은 온도로 유지시킨다. 기화된 시료는 작은 구멍이 하나 또는 그 이상 있는 금속이나 유리 막을 통해 이온화원으로 새어 들어간다. 이 간단한 시료 도입 장치는 많은 양의 시료를 필요로 하는 단점을 가지고 있다. 극성 분석물질이 흡착되어 손실되는 것을 막기 위하여 시료 도입 장치를 보통 유리로 만든다.

가열된 저장 용기 주입 장치는 질량 분석기의 발전 초기에 중요한 역할을 하였다. 이러한 형식의 이온화원은 아직도 일부 전자 이온화와 화학 이온화원에서 사용되고 있고 또한 질량 분석기의 질량 단위 보정을 위한 시료 주입을 위하여 이용되고 있다.

직접 탐침 도입 장치

고체와 비휘발성 액체는 진공 유지용 고정 장치(lock)를 통해 넣는 시료 받침(holder) 혹은 탐침(probe)을 이용하여 이온화 지역으로 주입된다(그림 20-13b 참고). 고정 장치는 이온화 지역으로 시료를 도입한 뒤에 뽑아내야 하는 공기의 부피를 최소화하도록 만들어져 있다.

시료 탐침을 사용하면, 시료를 유리 또는 알루미늄으로 만들어진 모세관, 가는 철사, 작은 컵의 표면에 올린다. 탐침은 이온화 장치와 분석 장치로 향하는 슬릿에서 수 mm 이내로 가까이 있도록 위치한다. 일반적으로 이 장치에서 시료를 가열하거나 냉각할 때에 주의해야 한다. 배치식 도입 장치처럼 직접 탐침 도입 장치도 전자 이온화원과 화학 이온화원에서 사용된다.

직접 탐침 도입 장치를 이용하여 상대적으로 극성이 낮은 화합물들의 질량 스펙트럼을 얻을 수 있다. 이 방법은 배치식 도입 장치보다 적은 양의 시료를 소비하기 때문에, 시료의 양이 제한적일 때 사용될 수 있다. 단점으로는 화합물이 대기로 배기된다는 것과, 많은 양의 비휘발성 화합물이 사용되면 이온화원이 오염될 수 있다는 점들이 있다. 직접 탐침 도입 장치가 한때는 질량 분석 장치의 기본 부속 장치였지만 현재는 많이 사용되지 않고 있다.

크로마토그래피와 다른 도입 장치

복잡한 혼합물의 성분을 분리 및 측정하기 위하여 질량 분석기는 기체, 고성능 액체 크로마토그래피 또는 모세관 전기 이동법과 연결하여 사용된다. 크로마토그래피나 전기 이동관을 질량 분석기와 연결시키는 데는 특별한 도입 장치가 필요하며, 제27B-4절, 제28C-6절, 제30B-4절에서 설명될 것이다.

문헌에서 많은 다른 도입 장치들이 설명되었다.[16] 그들 중에서 가장 중요한 것은 중합체 박막과 대기압 도입 장치들이다(앞 절 참고).

20C-3 질량 분석 장치

서로 다른 질량 대 전하비를 갖는 이온들을 분리하기 위하여 몇 가지 장치들이 이용될 수 있다. 이상적으로 분석 장치는 미세한 질량의 차이를 구별할 수 있어야 한다. 그리고 분석 장치는 쉽게 측정할 수 있는 이온 전류를 얻을 수 있도록 충분한 수의 이온을 통과시켜야 한다. 이들 두 성질은 완전히 양립할 수 없기 때문에 기기를 설계할 때는 두 가지를 절충해야 한다.

[16]이온 주입부에 대한 부가적인 설명은 다음을 참조하시오. J. T. Watson and O. D. Sparkman, *Introduction to Mass Spectrometry*, Chap. 4, Chichester, UK: Wiley, 2007.

질량 분석기의 분해능

질량 분석기가 두 질량 간의 차이를 구별할 수 있는 능력을 보통 *분해능*(resolution) R로 표시하며, R은 다음과 같이 정의된다.

$$R = \frac{m}{\Delta m} \qquad (20\text{-}3)$$

여기에서 Δm은 같은 크기를 가지면서 가까스로 분리된 두 개 피크 간의 질량 차이인데, m은 첫 번째 피크의 명목상 질량이다(대신에 두 피크의 평균 질량이 사용되기도 한다). 두 피크 사이 골짜기의 높이가 피크 높이의 수 %보다 작으면 두 피크들은 분리되었다고 간주된다(보통 10%를 판단 기준이 사용된다). 그러므로 4000의 분해능을 갖는 분석기는 m/z 값이 400.0과 400.1인 피크를 분리해낸다(혹은 40.00과 40.01).

질량 분석기의 필요한 분해능은 응용 분야에 따라 크게 다르다. 예를 들면 같은 명목 질량을 가지는 $C_2H_4^+$, CH_2N^+, N_2^+, CO^+(각각 28.0313, 28.0187, 28.0061, 27.9949 달톤)들을 분리하기 위하여 수천의 분해능을 갖는 기기가 필요하다. 반면에, 작은 분자량을 가지는 이온들의 질량차가 한 단위 또는 그 이상 되는 경우[예를 들어 NH_3^+ (m = 17)와 CH_4^+ (m = 16)]에 50 이하의 분해능을 갖는 기기를 이용해서 분리할 수 있다. 500~500,000의 분해능을 가지는 질량 분석 장치들이 판매되고 있다. 예제 20-3은 두 화학종을 분리하는 데 필요한 분해능을 계산하는 방법을 보여주고 있다.

예제 20-3

$C_2H_4^+$ 이온(질량 = 28.0313)과 CH_2N^+(질량 = 28.0187)를 분리하려면 분해능이 얼마여야 하는가?

풀이

$$\Delta m = 28.0313 - 28.0187 = 0.0126$$

두 질량값의 평균은 (28.0313 + 28.0187)/2 = 28.0250.

이 값을 식 20-3에 넣으면

$$R = m/\Delta m = 28.0250/0.0126 = 2.22 \times 10^3$$

부채꼴 자기장 분석 장치

부채꼴 자기장 분석 장치(magnetic sector analyzer)는 영구 자석이나 전자석으로 이온화원으로부터 이동하는 이온을 굴절시켜 180°, 90°, 혹은 60°로 굽어진 원호형 통로를 지나가게 한다. 그림 20-14는 90° 부채꼴 기기에서 전자 이온화에 의하여 생긴 이온이 가속되어 슬릿 B를 지난 뒤, 약 10^{-5} Pa 압력으로 유지되는 금속 분석관으로 들어가는 것을 보여주고 있다. 자석 자기장 세기를 변화시키거나 슬릿 A와 B 사이에 걸린 전위를 변화시켜 질량이 다른 이온들을 스캔한다. 출구 슬릿을 통과한 이온은 수집전극에 도달하여 이온 전류를 만들고 이는 증폭되어 기록된다.

슬릿 B에서 나오는 질량 m, 전하 z인 이온의 병진 또는 운동 에너지 KE는 다음과 같다.

$$KE = zeV = \frac{1}{2}mv^2 \tag{20-4}$$

여기에서 V는 A와 B 사이의 전압차이고 v는 가속된 이온의 속도이며, e는 전자의 전하($e = 1.60 \times 10^{-19}$ C)이다. 전기장에서 가속된 후에 같은 전하를 띠는 이온들이 질량과 무관하게 같은 운동 에너지를 가진다고 가정한다는 것에 주목해야 한다. 가속되기 전 이온들은 통계적인 속도 분포(빠르기와 방향)를 가지기 때문에 가속된 이온들도 비슷한 분포를 가지고 있으므로 이 가정은 근사적으로만 사실이다. 이러한 가정의 한계점들을 다음 절에서 이중 초점 기기와 같이 설명할 것이다. 슬릿을 빠져나온 모든 이온은 대략적으로 비슷한 운동 에너지를 가지므로, 무거운 이온은 자기장 내에서 낮은 속도로 움직이게 된다.

부채꼴 자기장에서 이온의 경로는 주어진 질량과 전하를 가지는 이온에 작용하는 두 힘 간의 균형에 따라 결정된다. 자기력 F_M은 다음 식으로 표현된다.

$$F_M = Bzev \tag{20-5}$$

식에서 B는 자기장의 세기이다. 균형을 이루는 원심력 F_c는 다음과 같이 표시된다.

$$F_c = \frac{mv^2}{r} \tag{20-6}$$

식에서 r은 부채꼴 자석의 곡률 반경이다. 이온이 굽어진 통로를 통과하여 수집관에 도달하기 위해서는 F_M과 F_c가 같은 조건을 만족해야 한다. 따라서 식 20-5와 20-6는 다음과 같이 된다.

$$Bzev = \frac{mv^2}{r} \tag{20-7}$$

다시 정리하여

$$v = \frac{Bzer}{m} \tag{20-8}$$

식 20-8을 식 20-4에 대입하고 정리하면

$$\frac{m}{z} = \frac{B^2r^2e}{2V} \tag{20-9}$$

식 20-9는 세 가지 변수(B, V 또는 r) 중 두 개는 고정하고 하나를 변화시켜 질량 스펙트럼을 얻을 수 있음을 보여준다. 최신 질량 분석기는 V와 r을 일정하게 유지하며 자석에 통하는 전류, 즉 B를 바꾸면서 이온을 선택한다. 사진 기록기를 이용하는 오래된 부채꼴 자석 기기에서는 B와 V가 일정하게 유지되면서 r이 변화되었다(그림 11-11 참고). 예제 20-4는 식 20-9를 이용하여 근사적 가속 전압을 계산하는 법을 보여준다.

예제 20-4

자석의 세기가 0.240 tesla (T)이고 자기장을 통과하는 이온의 곡률 반경이 12.7 cm일 때, +1로 하전된 물분자가 질량 분석기의 출구 슬릿을 통과하기 위하여 필요한 가속 전압은 얼마인가?

풀이

먼저 모든 실험 변수를 SI 단위로 바꾼다. 이온당 전하 $ez = 1.60 \times 10^{-19}\ \text{C} \times 1$

$$\text{반경 } r = 0.127\ \text{m}$$

$$\text{질량 } m = \frac{18.02\ \text{g}\ H_2O^+/\text{mol}}{6.02 \times 10^{23}\ \text{g/mol}} \times 10^{-3}\ \frac{\text{kg}}{\text{g}} = 2.99 \times 10^{-26}\ \text{kg}\ H_2O^+$$

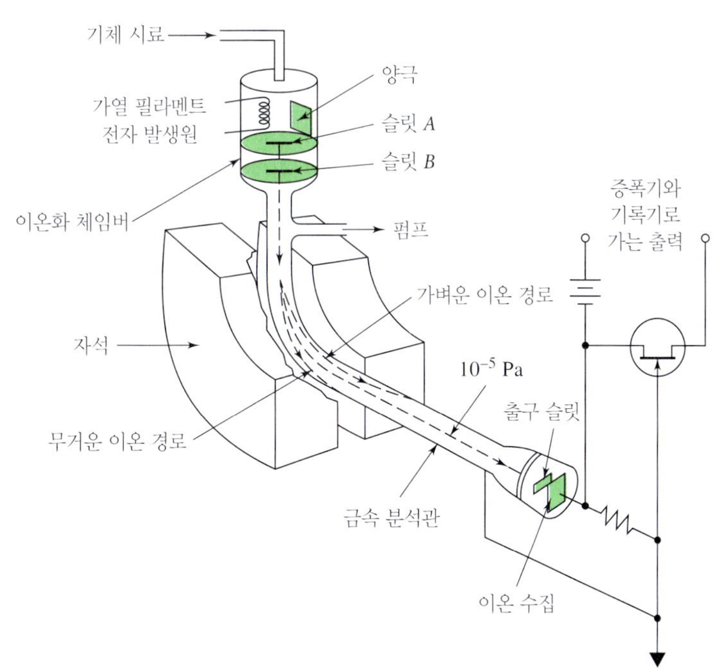

그림 20-14 부채꼴 자기장 질량 분석기의 약도.

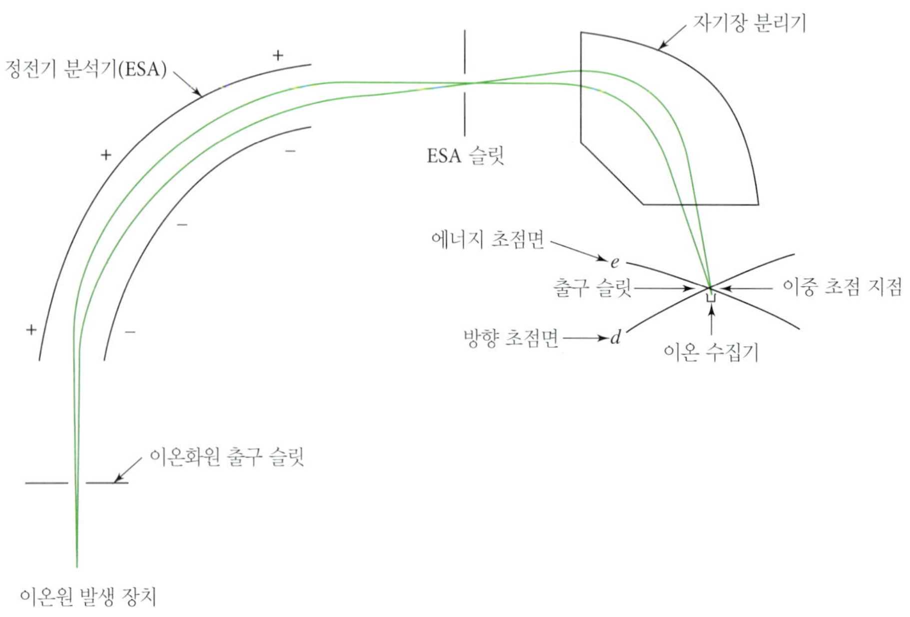

그림 20-15 Nier-Johnson 설계의 이중 초점 질량 분석기.

자기장 $B = 0.240\ \text{T} = 0.240\ \text{Vs/m}^2$

식 20-9에 넣어 가속 전압 V에 대해 푼다.

$$V = \frac{B^2 r^2 ez}{2m}$$

$$= \frac{[0.240\ \text{Vs/m}^2]^2[0.127\ \text{m}]^2[1.60 \times 10^{-19}\ \text{C}]}{2 \times 2.99 \times 10^{-26}\ \text{kg}}$$

$$= 2.49 \times 10^3 \frac{(\text{Vs})^2\text{C}}{\text{m}^2\text{kg}}$$

$$= 2.49 \times 10^3\ \text{V} \qquad (1\ \text{volt} = 1\ \text{kg m}^2/\text{s}^2\ \text{C})$$

부채꼴 자기장 질량 분석기는 자기장의 세기를 변화시키는 속도가 한정되기 때문에 다른 m/z 값을 주사 속도(scan rate)가 느리다. 이는 폭이 작은 분석물질 피크를 내어놓기 때문에 빠른 주사 속도를 요구하는 모세관 기체 크로마토그래피/질량 분석기에 적용하는 데 문제가 된다(제27B-4절).

이중 초점 분석기

앞 절에서 설명한 부채꼴 자기장 기기는 *단일 초점 분석기*(single-focusing spectrometer)라고 부른다. 이러한 명칭이 붙은 이유는 이온화원에서 나온, 질량 대 전하비는 동일하지만 작은 발산 방향 분포를 갖는 이온 다발이 자기장에 의해 분포가 줄어든 채로 자기장 영역을 떠나기 때문이다. 다른 배향을 가진 이온들을 초점에 모이게 하는 자기장의 능력은 이온화원에서 나오는 이온의 병진 운동 에너지의 분포가 부채꼴 자기장 기기의 분해능을 결정하는 중요한 요인이라는 것을 의미한다($R \leq 2000$).

이온화원에서 나오는 이온의 병진 운동 에너지 분포는 이온이 생성되는 과정에서 생기는 에너지의 Boltzmann 분포와 자기장의 불균일성에 의하여 발생된다. 운동 에너지의 퍼짐은 검출기에 도착하는 이온살의 폭을 넓게 하고 결과적으로 분해능을 떨어뜨린다. 수 ppm 정도의 정밀도로 원자와 분자의 질량을 측정하려면 이온화원에서 나오는 이온의 방향과 에너지 분포를 보정할 수 있는 기기를 디자인해야 한다. *이중 초점*(double focusing)이라는 용어는 이온 다발의 방향과 에너지 오차를 동시에 최소화할 수 있는 질량 분석기에 적용된다. 이중 초점장치는 잘 선택된 정전기장과 자기장의 조합을 통하여 만들어진다. 그림 20-14에 도식화된 이중 초점 기기에서 이온은 dc 전위가 걸려 있는 두 개 굽어진 금속판의 정전기 분석기(electrostatic analyzer, ESA)를 먼저 통과하게 된다. 이 전위는 부채꼴 자기장에 도달하는 이온들의 운동 에너지 분포를 좁은 범위로 제한하는 역할을 한다. 평균보다 더 큰 에너지를 갖는 이온은 ESA 슬릿의 위쪽에 부딪혀 전하를 잃는다. 평균보다 더 작은 에너지를 갖는 이온은 ESA 슬릿의 아래쪽을 때리게 되어 제거된다.

방향 초점은 도식화된 부채꼴 자기장(그림 20-14)에 d로 표시된 초점면을 따라 이루어진다. 에너지 초점은 e라고 표시된 면을 따라 이루어진다. 그러므로 주어진 가속 전압과 자기장 세기에 해당하는 d와 e의 교차점에서 하나의 m/z를 가지는 이온만이 이중 초점으로 맞추어진다. 그러므로 수집 슬릿은 이중 초점의 교차점에 놓여져야 한다.

여러 가지 종류의 이중 초점 질량 분석기가 판매되고 있다. 이중 가장 정밀한 기기는 10^5의 분해능을 가진다. 작게 만든 소형 이중 초점 기기가 (훨씬 싼 가격에) 판매되고 있다. 일반적으로 6인치 부채꼴 정전기 분석기, 4인치 90° 부채꼴 자기장 분석기를 가지고 있고, 약 2500의 분해능을 가진다. 이 장치는 기체, 액체 크로마토그래피의 검출기로 사용되기도 한다.

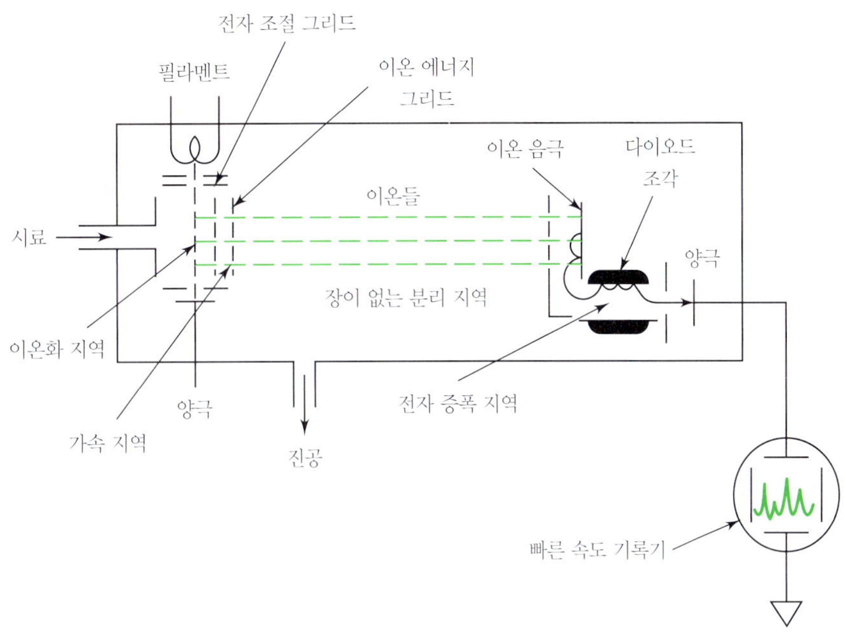

그림 20-16 비행 시간 질량 분석기의 약도.

그림 20-15에 제시된 질량 분석기는 소위 *Nier-Johnson* 디자인(Nier-Johnson design)에 기초를 두고 있다. 그림 11-11은 *Mattauch-Herzog* 배열(Mattauch-Herzog geometry)을 바탕으로 한 다른 형태의 이중 초점 분석기를 보여준다. 이 구조에서는 에너지와 방향 초점 판이 일치하는데, 이 때문에 배열 검출기(array detector)나 사진 검출기와 사용될 수 있다. 신호 전달기는 질량 대 전하비와 상관없이 모든 이온이 집중되는 초점면에 놓인다.

사중 극자 질량 분석기

사중 극자 질량 분석기(quadrupole mass spectrometer)는 부채꼴 자기장 질량 분석기보다 일반적으로 작고, 값이 싸며, 고장이 적다. 부채꼴 자기장 장치보다 훨씬 작기 때문에 실험대 위에 놓고 사용하는 질량 분석기에 흔히 사용된다. 사중 극자 질량 분석 장치는 짧은 주사 시간(scan time) ($<$ 100 ms)을 가지기 때문에 크로마토그래피 분리를 기록하기 위한 실시간 주사(real- time scanning)를 위해 매우 유용하다. 사중 극자 기기는 현재 가장 많이 사용되는 질량 분석 장치이다. 사중 극자 질량 분석 장치에 대한 자세한 논의는 제11B-2절에 있다.

비행 시간 분석기

제11B-3절에서 보았듯이 비행 시간(time-of-flight, TOF) 기기에서는 짧은 펄스의 전자, 이차 이온 또는 레이저 광자를 주기적으로 가해주어 양이온이 생성된다. 이렇게 생성된 이온들은 10^3~10^4 V의 전기장 펄스에 가속되어 전기장이 없는 비행 관(field free drift tube)으로 보내진다(그림 20-16 참고). 비행 관의 끝에 있는 검출기에 도달하는 동안에 질량에 따른 이온들의 분리가 일어난다. 관에 들어온 모든 이온들은 같은 운동 에너지를 가지기 때문에 속도는 각각의 질량에 반비례한다(식 20-4). 이에 가벼운 이온은 무거운 이온보다 먼저 검출기에 도착한다. 비행 시간 t_F는 다음과 같이 표현되는데, 식에서 L은 이온원에서 검출기까지의 거리이다. 일반적인 비행 시간은 1~50 μs이다.

$$t_F = \frac{L}{v} = L\sqrt{\frac{m}{2zeV}} \qquad (20\text{-}10)$$

TOF 기기는 다른 형태의 질량 분석기와 비교하여 여러 가지 장점, 즉 단순함, 고장이 적음, 이온화원과 연결하기 쉬움, 사실상 무제한인 넓은 질량 범위 등을 가지고 있다. 그럼에도 불구하고 제한된 분해능과 감도를 가지는 단점이 있다. 이온들이 단지 10^{-6}초 단위의 시차를 가지면서 변환기에 도착하기 때문에, TOF 기기들은 정교하고 빠른 전자 부품을 필요로 한다. 몇몇 기기 제작 회사들이 TOF 기기를 팔고 있지만, 부채꼴 자기장이나 사중 극자 질량 분석기처럼 널리 사용되지는 않는다.

이온 포획 분석기

이온 포획(ion trap)은 기체상의 음이온이나 양이온을 전기장이나 자기장을 이용하여 가두어 놓을 수 있는 장치이다. 사중 극자 이온 포획은 Paul에 의해 1953년에 최초로 소개되었다.[17] 그 이후에 몇 가지 형태의 이온 포획이 개발되어 왔다.[18] 이온 포획

[17]W. Paul and H. Steinwedel, *Z. Naturforsch*, **1953**, *8A*, 448.

[18]R. E. March and J. F. J. Todd, eds., *Quadrupole Ion Trap Mass Spectrometry*, 2nd ed., Hoboken, NJ: Wiley, 2005; R. E. March, *Mass Spectrom. Rev.*, **2009**, *28*, 961; **DOI**: 10.1002/mas.20250; R. E. March, *Int. J. Mass Spectrom.*, **2000**, *200*, 285, **DOI**: 10.1016/S1387-3806(00)00345-6; C. Hao and R. E. March, *Int. J. Mass Spectrom.*, **2001**, *212*, 337, **DOI**: 10.1016/S1387-3806(01)00465-1.

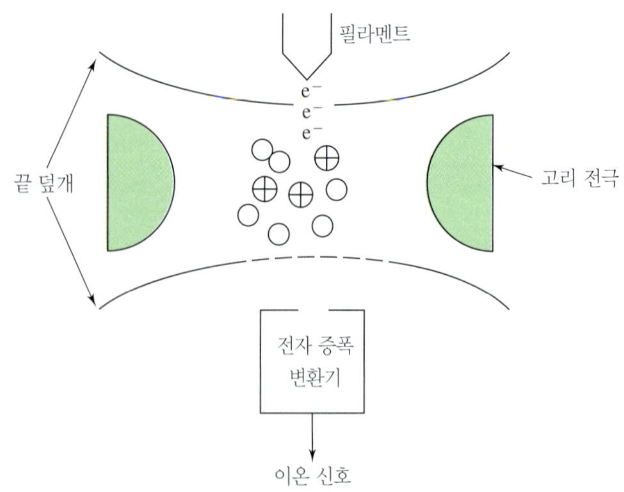

그림 20-17 이온 포획 질량 분석기. (Adapted from Watson, *Introduction to Mass Spectrometry*, p. 89, Philadelphia: Lippincott-Raven Press, 1997.)

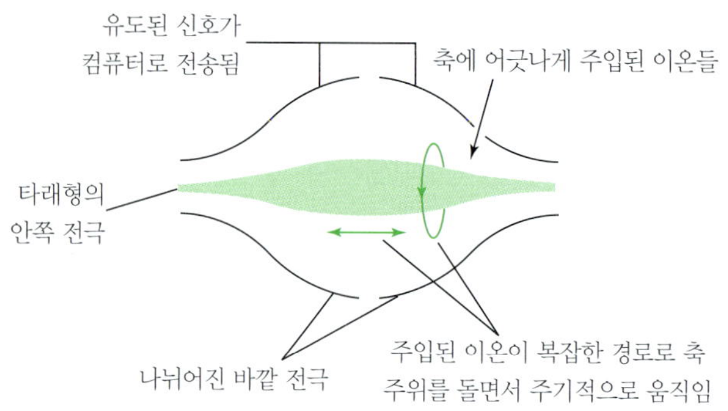

그림 20-18 오비트랩 질량 분석 장치. 이온이 분석 장치에 주입되면, 축둘레의 회전 운동과 축의 양쪽 사이의 주기적 운동이 혼합된 복잡한 운동을 하게 된다. 주입되기 전에 이온은 C-트랩에서 시간 및 공간적으로 모여진다. (Adapted from J. Greaves and J. Roboz, *Mass Spectrometry for the Novice*, Boca Raton, FL: CRC Press, 2014, p. 84.)

자습: www.tinyurl.com/skoogpia7에서 **질량 분석기(mass analyzers)**에 대해 더 알아보시오.

질량 분석기들은 크로마토그래피 검출기나 여러 종류의 분석물질의 질량 스펙트럼을 얻는 데 사용되고 있다. 이온 포획을 개발한 공로로 1989년 Wolfgang Paul과 Hans Dehmelt가 Nobel 물리학상을 공동 수상하였다.

그림 20-17은 판매되고 있는 간단한 이온 포획의 단면도이다. 트랩은 중앙의 도넛 모양 고리 전극과 한 쌍의 덮개(end-cap) 전극으로 이루어져 있다. 가변성 라디오 주파수 전압이 고리 전극에 걸리고, 두 덮개 전극은 접지되어 있다. 적당한 m/z 값을 가진 이온은 고리 전극의 안쪽 공간에서 안정한 궤도로 돌게 된다. 라디오 주파수 전압을 크게 하면 무거운 이온의 궤도는 안정화되지만 가벼운 이온은 불안정해져서 고리 전극에 충돌하게 된다.

질량 분석 장치로 사용될 때, 전자 이온화나 화학 이온화에서 생긴 이온 다발이 위쪽 덮개 전극에 있는 그물을 통하여 이온 포획으로 도입된다. 이온 다발을 만들기 위하여 이온화원은 펄스(pulse)로 작동시킨다. 관심 있는 값을 포함하는 넓은 m/z 범위의 이온들이 동시에 갇히게 된다. 이온 포획은 상대적으로 긴 시간 동안, 안정한 이온인 경우 15분 정도까지 가두어 둘 수 있다. *선택적–질량–분출*(mass-selective-ejection) 기법이 사용되는데, 이 방법에서는 고리 전극에 걸린 라디오 주파수 전압을 선형 기울기(linear lamp)로 증가시켜 가두어진 이온을 질량 값에 따라 순서적으로 방출한다. 가둔 이온들은 불안정하게 되고 하층 덮개에 있는 구멍을 통해 고리 전극의 공간에서 방출된다. 방출된 이온들은 그림 20-17에 보이는 전자 증배관등의 검출기로 이동한다.

이온 포획 분석 장치는 다른 질량 분석 장치와 비교하여 잔고장이 없고, 작고, 값이 싸다. 또한 잠재적으로 낮은 검출 한계를 가질 수 있다. 전자 이온원 외에도 MALDI나 전기 분무 이온화 장치와 연결시켜서 사용한다.

가장 최근에 개발된 이온 포획 질량 분석 장치는 오비트랩 분석 장치이다.[19] 오비트랩의 원리는 1920년대부터 알려져 있었지만, 이온 광학과 다른 분야의 발전을 통하여 질량 분석 분야에서 오비트랩 분석 장치를 사용할 수 있게 되었다. 오비트랩 질량 분석 장치는 실타래 모양의 전극(가운데는 반지름이 크고 양쪽 끝에는 반지름이 작은)이 안에 있고, 나누어져 있는 바깥쪽 구형 전극으로 이루어져 있다(그림 20-18 참고). 일정한 전압차가 두개의 전극 사이에 가해진다. 바깥쪽 전극의 반대쪽 표면이 서로 평행하지 않기 때문에, 전기장은 위치에 따라 달라진다. 트랩의 중앙에 걸리는 전기장이 가장 작다. C-트랩(C-trap)에 모아진 이온들은 시간과 공간적으로 작게 집중된 후에 오비트랩으로 주입된다. 주입된 이온들은 안쪽 전극의 주위에서 원형 궤도를 따라 돌면서, 안쪽 전극의 축을 따라 왼쪽 오른쪽으로 왔다 갔다하는 주기적 진동 운동을 한다. 이 진동 운동의 주파수는 주입된 이온의 질량 대 전하비에 비례한다. 이동하는 이온들은 바깥쪽 전극에 이미지 전류를 생성하는데, 이 전류를 기록하고 Fourier의 변환 분석(Fourier Transform analysis)을 이용하여 해석한다(다음 절 참고).

오비트랩은 높은 분해능(>200,000)과 높은 농도 측정 범위(dynamic range)를 가질 수 있다. 높은 정확도를 가지고 질량을 측정할 수 있다. 오비트랩 분석기는 크기가 작고 많은 다른 고분해능 질량 분석기와 비교하여 값이 저렴하다. 그러나 오비트랩에 넣을 수 있는 이온의 개수가 한정되기 때문에 시료에 미량 존재하는 화학종의 측정에 한계가 있을 수 있다. 다른 단점으로는 다른 어떤 질량 분석기보다 낮은 압력을 요구한다는 것이다. 낮은 압력은 오비트랩 운동을 하는 이온의 평균 비충돌 거리

[19] 오비트랩 분석 장치의 리뷰를 위하여 다음의 문헌을 참조하시오. R. A. Zubarev and A. Makarov, *Anal. Chem.*, **2013**, *85*, 5288, **DOI**: 10.1021/ac4001223.

(mean-free path)를 큰 값으로 유지하기 위하여 필요하다. 오비트랩 분석 기기는 2005년에 상업화되었다.

20C-4 Fourier 변환 기기

적외선 기기와 핵 자기 공명 기기의 경우와 같이, Fourier 변환 질량 분석기[Fourier transform (FT) mass spectrometer]는 향상된 신호 대 잡음비, 빠른 속도, 높은 감도와 분해능을 제공한다.[20] 상품화된 Fourier 변환 질량 분석기는 1980년대 초에 시장에 나왔고 몇 개의 기기업체에서 판매되고 있다.

Fourier 변환 기기의 가장 중요한 부분은 이온이 오랫동안 잘 정의된 궤도를 회전할 수 있는 이온 포획이다. 이 공간은 *이온 사이클로트론 공명*(ion cyclotron resonance, ICR)현상을 이용할 수 있게 만들어져 있다.

이온 사이클로트론 공명 현상

기체 이온이 센 자기장에 들어오든지 혹은 자기장 안에서 생기면, 그 이온은 자기장의 방향에 수직한 면에서 원운동을 한다. 이 원운동의 주파수를 사이클로트론 주파수(cyclotron frequency) ω_c라 부르고, 식 20-8을 변형하고 v/r에 대해 풀면 초당 라디안 단위로 사이클로트론 주파수가 얻어진다.

$$\omega_c = \frac{v}{r} = \frac{zeB}{m} \qquad (20\text{-}11)$$

일정한 크기의 자기장에서 사이클로트론 주파수는 질량 대 전하비에만 반비례 한다. 이온 속도가 증가하면 원운동의 반경이 증가한다. ω_c 측정은 이온의 정확한 질량 대 전하비 값을 제공한다.

주파수가 사이클로트론 주파수와 정확하게 일치하면 자기장에서 원운동을 하는 이온은 교류 전기장의 에너지를 흡수한다. 흡수된 에너지는 이온의 속도(따라서 이온의 이동 반경)를 증가시키지만 ω_c에는 영향을 주지 않는다. 이런 효과는 20-19에 그림으로 설명되어 있다. 자기장 안 이온의 원래 운동은 실선 원으로 나타내었다. 이온의 사이클로트론 주파수와 일치하는 주파수를 가지는 ac 전압을 잠시 걸어주면, 판 사이에 전기장의 변동이 생기고, 이온의 움직임은 전기장에 반응한다. 이런 상황에서 이온의 속도가 증가하고 결국 원운동의 반경이(그림의 점선 참고) 증가한다. Ac 전기 신호가 중단되면, 이온의 원운동 반경은 그림에서 나타낸 바깥 실선 원과 같이 일정하게 된다.

그림 20-19에 있는 판 사이 지역에 같은 질량 대 전하비를 갖는 이온들만 있을 때, 사이클로트론 공명 주파수를 갖는 전기

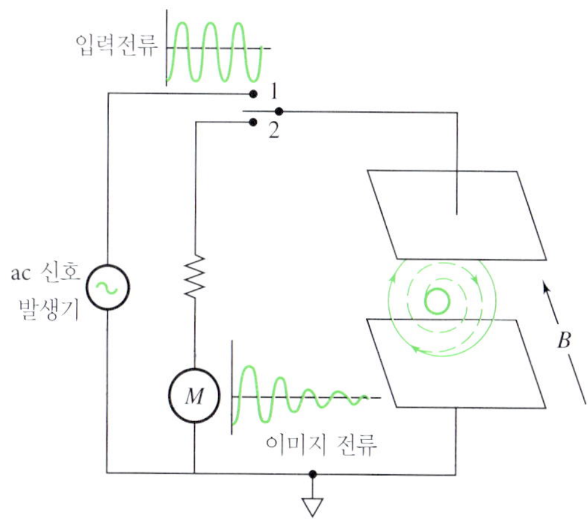

그림 20-19 **센 자기장 속의 이온의 운동.** 내부 실선은 이온의 원래 원운동을 나타낸다. 스위치를 1의 위치로 잠깐 연결할 때 점선 나선형 운동을 보여준다. 바깥 실선은 스위치를 다시 열 때 이온이 하는 새로운 원형 운동을 보여준다.

신호를 걸면 해당하는 이온들은 전기장과 같은 위상을 가지는 일치된 운동을 한다. 다른 사이클로트론 주파수를 갖는 이온은(질량 대 전하비가 다른 이온들) 걸어준 ac 전기장의 영향을 받지 않는다.

이온 사이클로트론 공명 신호의 측정

공명 이온들의 일치된 원운동은 소위 *이미지 전류*(image current)를 발생하는데, 이것은 주파수 주사 신호를 중단한 후 측정할 수 있다. 따라서 그림 20-19의 스위치를 1에서 2 위치로 이동하였을 때 전류가 측정되는데, 이 전류는 시간에 따라 지수함수적으로 감소한다. 이러한 이미지 전류는 같은 질량 대 전하비를 갖는 이온 집단의 원운동에 의해 유도된 축전 전류이다. 예를 들면 이런 양이온 집단이 그림 20-19의 위 판에 접근할 때 전자가 접지에서 판 쪽으로 끌려와서 순간 전류가 흐르게 되고, 이온 집단이 다른 판 쪽으로 접근할 때는 외부 전자 흐름 방향이 반대로 된다. 발생된 ac 전류의 크기는 같이 회전 운동을 하는 집단 이온의 개수에 의하여 결정된다. 전류의 주파수(사이클로트론 공명 주파수, cyclotron resonance frequency)는 집단 이온의 질량 대 전하 값을 따르는 특성을 가진다. 이온 사이클로트론 분석기는 이 전류를 이용하여 걸어준 각종 신호 주파수에 공명하는 이온의 농도를 측정하게 된다.

같은 상으로 회전하고 있는 이온들의 일치된 특성이 없어지면 십 분의 몇 초에서 몇 초만에 유도된 이미지 전류는 사라진다. 같은 상으로 회전을 하는 이온들은 이온들 간의 충돌로 에너지를 잃고 열적 평형 상태로 돌아간다. 이러한 이미지 전류의 감소는 FT-NMR 실험에서 볼 수 있는 FID (free-induction decay) 신호와 비슷한 시간 영역 신호로 나타낸다(제19A-3절 참고).

Fourier 변환 분석기

일반적으로 Fourier 변환 질량 분석기에는 그림 20-20에 제시된 갇힌 이온 분석 셀(trapped-ion analyzer cell)이 장치되어 있다.

---

[20] Fourier 변형 질량 분석기의 리뷰를 위하여 다음의 문헌을 참조하시오 R. M. A. Heeren, A. J. Kleinnijenhuis, L. A. McDonnell, and T. H. Mize, *Anal. Bioanal. Chem.*, **2004**, *378*, 1048, **DOI**: 10.1007/s00216-003-2446-4; A. G. Marshall, *Int. J. Mass Spectrom.*, **2000**, *200*, 331, **DOI**: 10.1016/S1387-3806(00)00324-9; A. G. Marshall, C. L. Hendrickson, and G. S. Jackson, *Mass Spectrom. Rev.*, **1998**, *17*, 1, **DOI**: 10.1002/(sici)1098-2787(1998)17:1⟨1::aid-mas1⟩3.0.co;2-k.

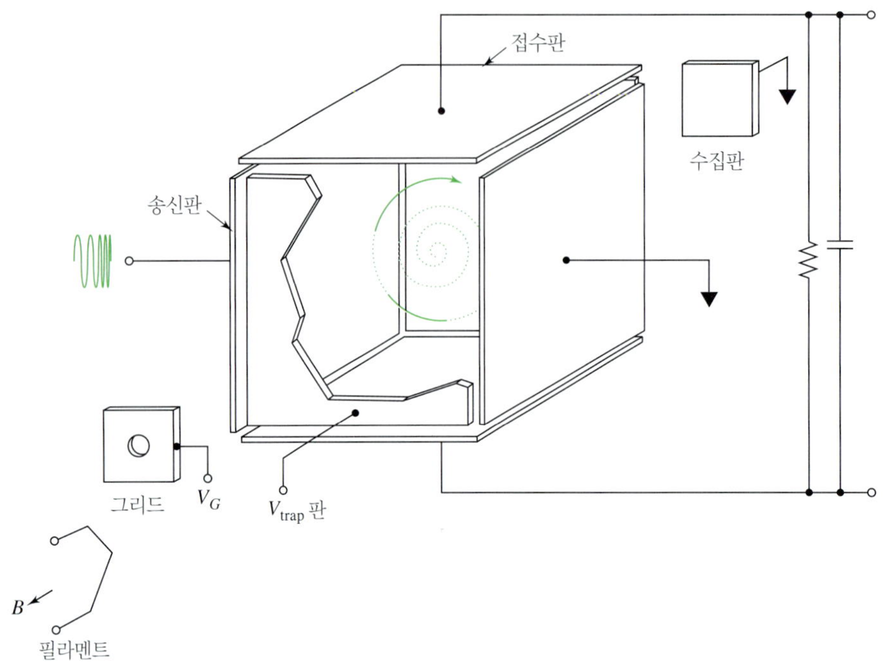

그림 20-20 **갇힌 이온 분석셀.** (Reprinted from E. B. Ledford Jr., R. L. White, S. Ghaderi, and C. L. Wilkins, *Anal. Chem.*, **1980**, *52*, 1090, **DOI**: 10.1021/ac50057a022. Copyright 1980 American Chemical Society.)

필라멘트에서 나와 가속되고 셀을 통과하여 수집판으로 이동하는 전자는 셀의 중심부에서 기체상 시료 분자를 이온화된다. 망사형 전극에 걸어준 펄스 전압은 전자의 흐름을 주기적으로 켰다가 껐다가 하면서, 전자의 출입문으로 작용한다. 이온들은 분석셀에 가해준 1~5 V 전압에 의하여 셀 안에 갇혀 있다. 그림에서처럼 송신판에 걸어준 라디오 주파수 신호에 의해 이온들은 가속된다. 수신판은 이미지 전류를 증폭하는 예비 증폭기에 연결된다. 이와 같이 이온을 가두는 방법은 대단히 효율적이고 수 분까지 긴 시간 동안 가두어 놓을 수 있다. 이온셀의 크기는 중요하지 않은데, 보통 한쪽 길이가 수 cm이다.

Fourier 변환 측정 원리가 20-21에 그림으로 설명되어 있다. 먼저 순간적 전자 펄스(나타내지 않음)에 의해 이온이 생성되고 이온 갇힘 셀(trapped ion cell)에 보관된다. 약간의 지연 뒤에 갇혀 있는 이온은 주파수가 직선적으로 증가하는 라디오 주파수 펄스를 받는다. 그림 20-21a에서 5 ms 펄스 시간 동안 주파수는 0.070~3.6 MHz까지 직선적으로 증가한다. 주파수 주사가 중단된 후, 가속된 각종 이온 집단에 의해 유도된 이미지 전류는 증폭, 디지털화 및 저장된다. 그림 20-21b에서 보여준 시간 영역 붕괴 신호(time-domain decay signal)는 주파수 영역 신호로 변환되고, 이는 식 20-11에 의하여 질량 영역 신호로 바뀌어진다. 그림 20-22는 시간 영역, 주파수 영역 그리고 질량 영역 스펙트럼 사이의 관계를 보여준다.

Fourier 변환 질량 분석기는 MALDI, 전기 분무, FAB, EI-CI 등 다양한 종류의 이온화원과 연결하여 사용할 수 있다. FT 질량 분석기의 분해능은 슬릿이나 장 측정보다는 주파수 측정의 정확성에 의해 결정된다. 분해능과 분석 질량의 범위는 자기장의 안정성과 크기에 의존한다. 주파수를 매우 정밀하게 측정할 수 있으므로 매우 높은 분해능을 가질 수 있다(10^6 이상). FT 장치를 겸비한 질량 분석기들의 정확성은 매우 뛰어나다. Fourier 변환 분석기는 부피가 크고 $500,000 이상의 비싼 기기이다. 시판되는 모델은 1.2~12 T까지의 자기장을 갖는 초전도 자석을 이용하고 있다. 이러한 고자기장 모델들은 단백질체 연구를 포함하는 생물학적 응용에 매우 유용하다.

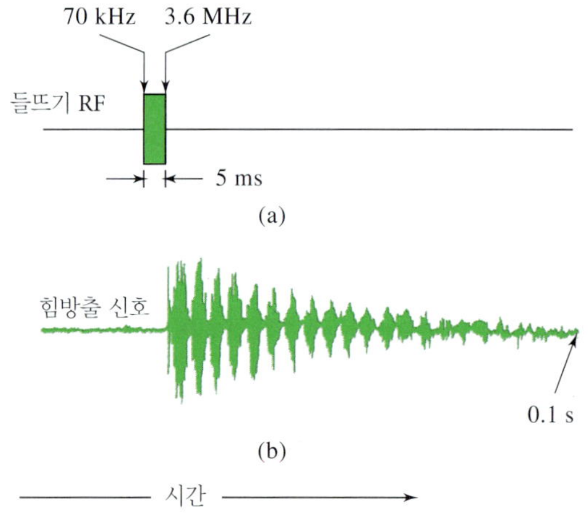

그림 20-21 (a) 라디오 주파수 신호와 (b) 순간 이미지 신호(아래)의 시간 관계를 보여주는 그림와 시간관계를 보여주는 그림. (Reprinted with permission from R. T. McIver Jr., *Amer. Lab.*, **1980**, *12* (11), 26. Copyright 1980 by International Scientific Communications, Inc.)

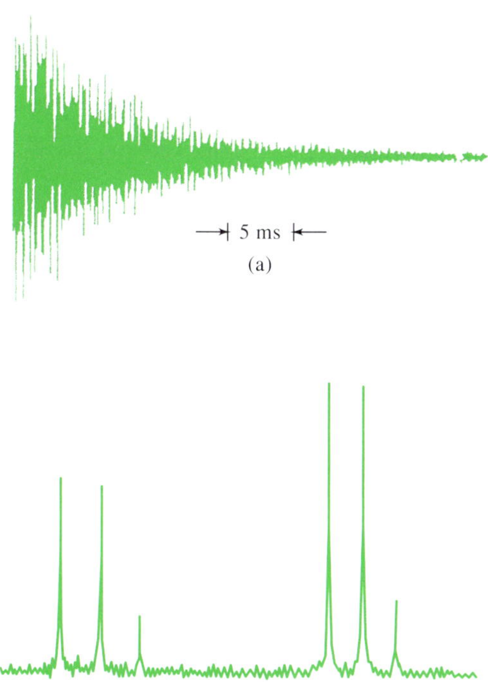

그림 20-22 1,1,1,2-tetrachloroethane의 시간 영역(a) 및 주파수 또는 질량 영역(b) 스펙트럼. (Reprinted with permission from E. B. Ledford Jr. et al., *Anal. Chem.*, **1980**, *52*, 463, **DOI**: 10.1021/ac50053a021. Copyright 1980 American Chemical Society.)

20C-5 탄뎀 질량 분석

질량 분석(mass spectrometry, MS)−*질량 분석법*이라(mass spectrometry, MS)이라고도 일컬어지는 *탄뎀 질량 분석*(tandem mass spectrometry)은 선택된 그리고 조각 이온의 스펙트럼을 얻는 방법이다. 기본 개념이 그림 20-23에 설명되어 있다. 여기서 연성(soft) 이온화원은 이온들과 조각 이온들을 만든다. 이들은 첫 번째 질량 분석기로 들어가고 여기서 *선행 이온*(precursor ion)이라고 일컬어지는 이온이 선택되어 상호작용 셀(interaction cell)로 보내진다. 이 셀에서 선행 이온들은 자발적으로 분해되거나, 충돌 기체와 반응을 하거나, 혹은 강한 세기의 레이저와 반응하여 *생성 이온*(product ions)이라고 부르는 조각들을 만든다. 이 이온들은 두 번째 질량 분석기에 의해 분석되고 이온 검출기에 의해 검출된다.

탄뎀 질량 스펙트럼의 종류

MS/MS 실험에서 여러 종류의 스펙트럼이 얻어질 수 있다. 첫째로 *생성 이온 스펙트럼*(product ion spectrum)은 질량 분석기 1이 하나의 선행 이온을 선택하도록 일정하게 유지되는 동안 질량 분석기 2를 주사(scan)시켜 생성 이온 스펙트럼을 얻는다. 그림 20-24는 dibutylphthalate와 sulfamethazine의 생성 이

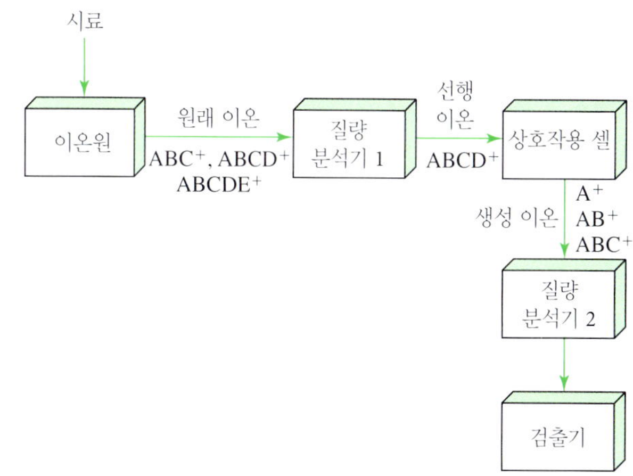

그림 20-23 탄뎀 질량 분석기의 설계도.

온 스펙트럼을 보여주고 있다. 두 개의 화합물은 279 *m*/*z* 값을 갖는 분자 이온들을 만들었다. 그러나 두 화합물의 생성 이온 스펙트럼은 확연히 다르다.

두 번째로 *선행 이온 스펙트럼*(precursor ion spectrum)에서는 주어진 생성 이온을 검출하기 위한 *m*/*z* 값에 2차 질량 분석기를 고정시키고, 1차 질량 분석기를 주사하면서 스펙트럼을 얻는다. 혼합 화합물에서, 같은 생성 이온을 만드는 화합물은 선행 이온 스펙트럼에서 쉽게 확인된다. 유사한 화학종은 여러 개의 같은 생성 이온을 만든다. 따라서 이러한 실험 방법은 *유사한 작용기를 가지는 화합물*(members of a class)의 농도를 측정하기 위하여 사용될 수 있다. 예를 들어, ABCD, BCDA, IJKL, IJMN이 섞여 있는 경우를 생각하자. IJ 작용기를 포함하는 화학종을 확인하기 위해서는 2차 분석기가 IJ^+에 해당하는 질량에 맞추어지고 $ABCD^+$, $BCDA^+$, $IJKL^+$, $IJMN^+$들이 1차 분석기에 의해 순차적으로 선택된다. 검출기에서 이온 신호는 단지

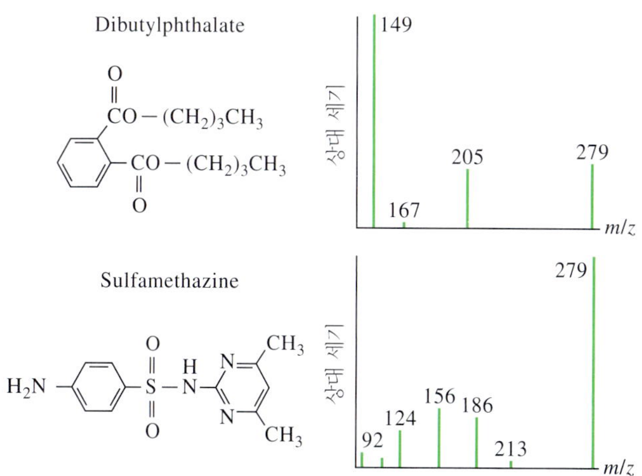

그림 20-24 MS/MS의 1차 질량 분석기에 의해 분리된 279달톤에서 예비 이온 피크가 분리된 다음 dibutylphthalate와 sulfamethazine의 생성 이온 스펙트럼이 얻어졌다. (Reprinted from K. L. Busch and G. C. DiDonato, *Amer. Lab.*, **1986**, *18* (8), 17. Copyright 1986 by International Scientific Communications, Inc.)

IJKL$^+$와 IJMN$^+$가 1차 분석기에 의해 선택될 때만 측정되며, IJ 작용기가 존재하는 것을 알려준다.

세 번째로 *중성−손실 스펙트럼*(neutral loss spectrum)에서는, 두 개의 질량 분석기를 일정한 질량 차이 즉 오프셋(offset)을 가지도록 동시에 주사한다. 이러한 과정을 통하면 H_2O나 CO와 같은 중성 분자들을 동시에 잃는 선행 이온들이 무엇인지를 알 수 있다. 마지막으로 1차 분석기를 통해 주사된 각각의 선행 이온에 대하여 생성 이온 스펙트럼을 얻는 경우 완벽한 *3차원 MS/MS 스펙트럼*(three-dimensional MS/MS spectrum)을 얻을 수 있다.

상호작용 셀에서의 상호 분해 반응

상호작용 셀(interaction cell)에서는 여러 형태의 상호작용에 의하여 조각 이온을 얻을 수 있다. 어떤 경우에는, 그림 20-23에서 보듯이 1차 질량 분석기에 의해 선택된 이온들은 *준안정*(metastable) 상태이고 일정 시간이 지나면 여러 조각들로 나뉜다. 그러나 일반적으로 분해 과정의 동역학은 이 과정의 응용성과 감도를 제한한다. 이러한 경우에 충돌 기체를 추가하여 선행 이온과 상호작용을 하게 함으로써 선행 이온이 생성 이온으로 조각화되도록 유도할 수 있다. 이러한 경우, 이 셀을 *충돌 셀*(collision cell), 상호작용은 *충돌−활성−분해*(collisionally activated dissociation, CAD) 혹은 *충돌−유도−분해*(collision-induced dissociation, CID)라고 부른다.

다른 상호작용에는 *표면−유도−분해*(surface-induced dissociation, SID)가 있는데, 이 경우에 선행 이온이 표면과의 상호작용을 통해 분해된다. 셀의 벽으로부터 튕겨 나오면서 이온들의 내부 에너지가 증가하게 되고, 이온들의 분해가 촉진시킨다. 얇은 막 등의 화학적으로 변형된 표면이 이용되기도 한다.

분자량이 크고 여러 개의 전하로 하전된 이온들을 분해하는 다른 방법으로 *전자−포획−분해*(electron-capture dissociation, ECD)법이 있다. 이 경우 선행 이온들이 낮은 에너지를 가진 전자를 잡아서 중간체를 만들고 이 중간체는 매우 빨리 분해된다. 분해 과정을 돕기 위해 배경 기체(background gas)를 추가하는 경우도 있다.

광자−유도−분해(photo-induced dissociation, PID)는 선행 이온의 분해를 촉진시키는 다른 방법이다. 대부분 PID 방법에서, 상호작용 셀에 강렬한 레이저살을 가해주어서 분해를 촉진시키기도 한다. PID의 어려운 점은 이온살과 광자살이 흡수와 결합 파열이 일어나기에 충분한 시간 동안 상호작용 영역에서 반드시 겹쳐져야 한다는 것이다. 이온 포획(ion-trap) 용기를 사용하여 두 빛살이 겹쳐지는 시간을 늘리기도 한다.

탄뎀 질량 분석을 위한 기기

탄뎀 질량 분석법은 여러 가지 방법으로 사용된다.[21] 이 방법은 *공간 탄뎀*(tandem in space)과 *시간 탄뎀*(tandem in time)으로 나눌 수 있다.[22]

공간 탄뎀 질량 분석기. 공간 탄뎀 질량 분석기에서는 두 개의 독립된 질량 분석기를 두 개의 다른 영역에서 사용하는 것이다. 삼중 사중 극자 질량 분석기는 가장 흔히 사용되는 질량 분석기이다. 그림 20-25에 설명되어 있는 것과 같은 상업화된 삼중 사

[21]이 방법들에 대한 설명은 다음의 문헌을 참조하시오. J. T. Watson and O. D. Sparkman, *Introduction to Mass Spectrometry*, 4th ed., Chichester, UK: Wiley, 2007, pp. 184–196.

[22]다음을 참고하시오. J. W. Hager, *Anal. Bioanal. Chem.*, **2004**, *378*, 845, **DOI**: 10.1007/s00216-003-2287-1; S. A. McLuckey and J. M. Wells, *Chem. Rev.*, **2001**, *101*, 571, **DOI**: 10.1021/cr990087a.

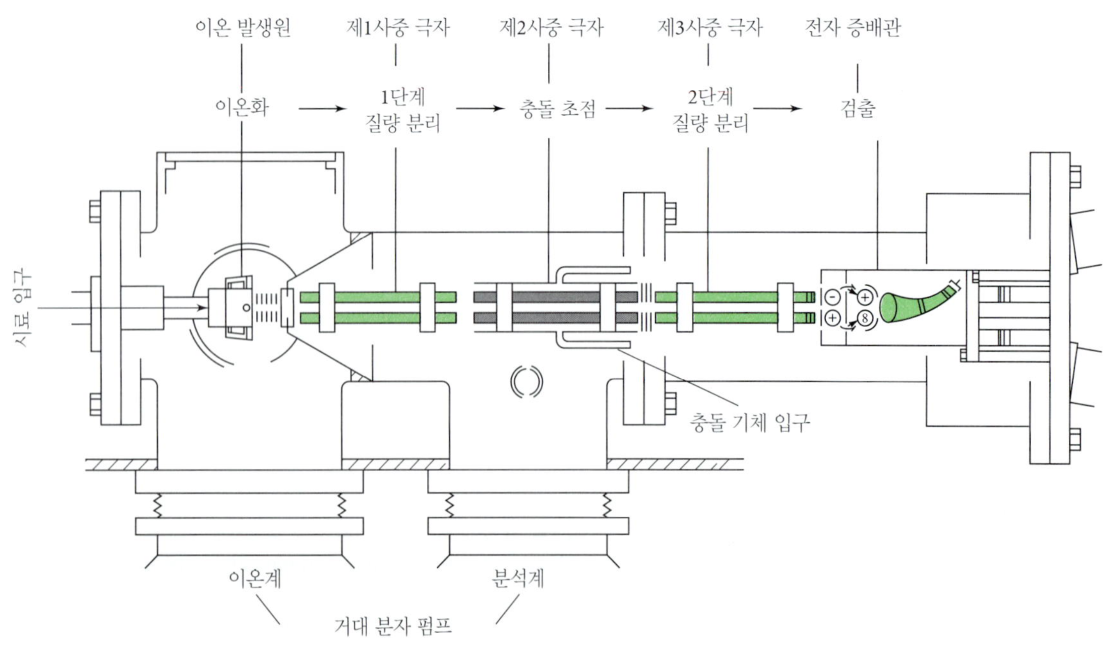

그림 20-25 삼중 사중 극자 질량 분석기의 도형. (Courtesy of Thermo-Finnigan Corp.)

중 극자 질량 분석기에서는, 시료가 CI이나 FAB처럼 온건한 이온화 발생원(soft ionization source)에 주입된다. 이 이온들은 가속되어 질량 필터인 제1사중 극자(Q)로 들어간다. 빠른 속도로 움직이는 선택된 이온들은 충돌 셀인 제2사중 극자(q)로 들어가서 충돌 셀에서 분해된다. 제2사중 극자의 경우 전극 막대에 DC 전위 없이 라디오 주파수(RF) 전위만 걸린다. 이러한 방식에서는, CAD를 일으키기 위하여 선행 및 생성된 이온들을 높은 농도의 충돌 가스 속에 가두어 둔다. 이어서 제3사중 극자(Q)는 충돌 셀에서 형성된 생성 이온들의 질량 분석을 하게 된다. 이러한 배치는 QqQ 배치로 알려져 있다. 최근에 삼중 사중 극자 질량 분석 장치를 약 9.5인치 길이로 소형화시키기도 하였다.[23] 이렇게 작은 크기의 분석 장치는 실험실 밖의 환경에서 널리 사용될 수 있다.

부채꼴 기기들을 혼합한 기기와 사중 극자-부채꼴 기기 혼합형 탄뎀 질량 분석기들이 사용되어 왔다. 첫 번째 탄뎀 질량 분석기는, 부채꼴 전기장 분석기를 부채꼴 자기장 앞에 분석기에 연결하거나(forward geometry, EB), 그 반대의 구조(reverse geometry, BE)를 가진다. 반대 구조(부채꼴 자기장 기기를 부채꼴 전기장 분석기 앞에 연결)는 *질량-분석-이온-운동 에너지-분석기*(mass-analyzed ion kinetic energy spectrometer, MIKES)라고도 부른다. 이러한 기기는 별로 효과적이지는 않지만 탄뎀 질량 분석기의 원리를 설명하는 데 사용된다.

혼합 형태의 기기로는 BEqQ 분석기(부채꼴 자기장, B; 부채꼴 전기장, E; RF-only 사중 극자, q; 사중 극자 질량 분석기, Q)와 BTOF(부채꼴 전기장, B; TOF 분석기, TOF) 분석기가 있다. QqTOF 분석기는 삼중 사중 극자(QqQ)와 비슷한 형태로 TOF 분석기가 마지막에 있는 사중 극자 질량 분석기를 대신하여 자리 잡고 있다. 또 다른 형태로는 Qq가 사중 극자 이온 포획 장치로 대체된 이온 포획-TOF 기기이다.

공간 탄뎀 질량 분석기의 마지막 형태로는 TOF-TOF 기기가 있는데, 선행 이온을 시간에 따라 분리하는 영역에 이어서 TOF 기기가 다시 붙어있는 형태이다. 충돌 셀은 시료의 조각화를 유발시키고, 두 번째 TOF 단계에서 생성 이온의 질량을 분석한다.[24] 수천의 질량 분해능이 보고되었다.

시간 탄뎀 질량 분석기. 시간 탄뎀 질량 분석에서는 일정한 영역에서 이온을 만들고 이어서 원하지 않는 이온들을 방출한 다음, 같은 영역에서 선택된 이온을 분해하고 질량 분석을 한다. 이러한 과정은 수차례 반복될 수 있는데, MS/MS 실험뿐만이 아니라 MS/MS/MS 및 MS^n 등의 실험을 수행할 수 있다. Fourier 변환 ICR과 사중 극자 이온 포획 기기들이 MS^n 실험 실행에 적합하다. 원칙적으로 시간 탄뎀 분석 기기는 공간 탄뎀 기기보다 MS/MS 실험을 더욱 간단하게 할 수 있도록 하는데, 공간 탄뎀 기기의 경우 각각 다른 이온 초점 위치(ion focal position)를 제공함이 어렵기 때문이다. 시간 탄뎀 기기를 이용하여 생성 이온 주사 실험을 쉽게 수행할 수 있지만, 다른 실험들 예를 들어 중성 분자 손실 주사와 선행 이온 주사와 같은 실험은 공간 탄뎀 기기보다 수행하기 훨씬 어렵다.

20C-6 컴퓨터화된 질량 분석기

컴퓨터는 현대화된 질량 분석기에서 중요한 부분이다. 구조에 대한 많은 데이터를 제공한다는 점이 질량 스펙트럼의 특징이다. 예를 들어 분자량이 500인 분자는 EI에 의하여 100개 정도의 다른 이온으로 쪼개지고, 각 이온 토막은 각각의 스펙트럼 피크를 나타낸다. 구조 결정을 하기 위하여 각각 피크의 높이와 질량 대 전하비를 결정, 저장 그리고 궁극적으로 시각적으로 보여주어야 한다. 데이터 양이 매우 많기 때문에, 데이터를 빨리 얻고 처리할 수 있어야 한다. 컴퓨터는 이런 작업에 가장 이상적으로 적합하다. 더불어 유용한 질량 스펙트럼 데이터를 얻기 위하여, 몇 가지 기기 조건들을 엄격히 조절 및 모니터링되어야 한다. 그러한 조절을 하기 위하여 컴퓨터가 사람보다 훨씬 효율적이다.

그림 20-26은 삼중 사중 극자 질량 분석기의 컴퓨터 조절과 데이터 획득 시스템을 보여주고 있다. 이 그림은 어떠한 현대 기기에서도 볼 수 있는 두 가지 면을 보여준다. 첫째는 중요한 기기조절을 하는 것은 컴퓨터라는 것이다. 실험하는 사람은 자판을 통하여 기기와 소통을 하는데, 사용하기 쉬운 소프트웨어를 사용하여 분석기의 실험 파라미터(parameters)와 조건을 선택한다. 컴퓨터는 또 데이터 조작과 출력을 좌우하는 프로그램을 조절한다. 두 번째로는 거의 모든 기기에 공통된 것으로, 기기조절과 또는 컴퓨터와 분석기 사이의 정보 전달을 하는 일련의 마이크로프로세서이다(보통 6개까지 사용된다).

질량 분석기와 컴퓨터의 연결 장치는, 증폭된 이온 전류 신호와 실험 조건을 조절하는 여러 가지 신호를 디지털화하는 장치를 필요로 한다. 실험 조건의 예로는 각 부분 장치의 온도, 가속 전압, 주사 속도, 자기장의 세기, 사중 극자 전위 등이 있다.

디지털화된 이온 전류 신호는 장치에 표시되기 전에 많은 처리 과정을 거쳐야 한다. 첫째, 각 피크는 표준화되어야 한다. 즉, 기준 피크와 비교하여 각 피크의 상대 높이를 계산하는 작업을 해야 한다. 보통 가장 큰 피크를 *기준 피크*로 사용하는 수가 많은데 이 높이를 임의로 100(때로는 1000)으로 정한다. 각 피크들의 m/z 값을 결정해야 하는데, 피크가 나타내는 시간과 주사 속도를 근거로 계산한다. 자기장 또는 전기장을 정교하게 주사하면서 얻어진 시간 vs 피크의 크기 데이터로부터 m/z 값이 결정된다. 시간을 m/z로 전환하는 작업을 위하여 주의 깊게 주기적으로 교정(calibration) 실험을 수행해야 한다. 기기를 교정하

[23]C. Wright et al., *Anal. Chem.*, **2015**, *87*, 3115, **DOI**: 10.1021/acs.analchem.5b00311.

[24]K. F. Medzihradszky, J. M. Campbell, M. A. Baldwin, A. M. Falick, P. Juhasz, M. L. Vestal, and A. L. Burlingame, *Anal. Chem.*, **2000**, *72*, 552, **DOI**: 10.1021/ac990809y.

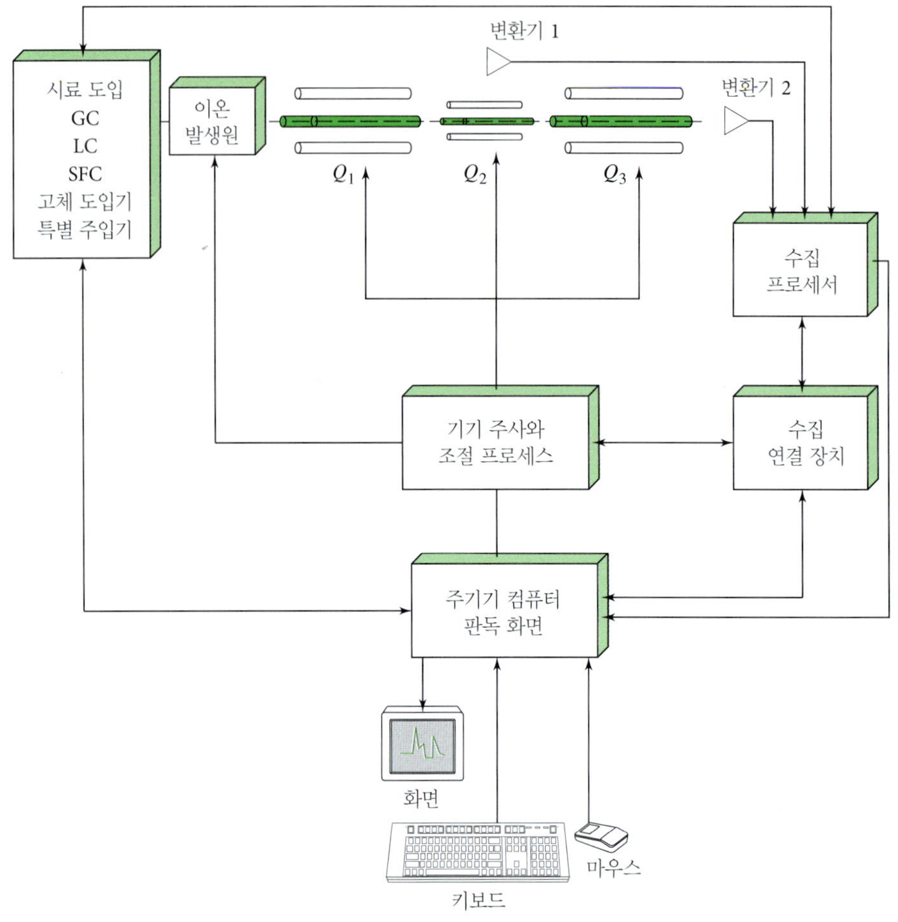

그림 20-26 삼중 사중 극자 질량 분석기의 기기 조절과 데이터 프로세서 계통도. SFC = 초임계 유체 크로마토그래피(제29장 참고).

기 위하여 perfluorotri-*n*-butylamine (PFTBA) 혹은 perfluorokerosene이 사용된다. 고분해능을 요구하는 실험에서는 표준물을 시료에 섞는다. 표준물의 피크를 확인하고 이를 질량 측정의 기준으로 사용하도록 컴퓨터가 프로그램되어 있다. 저분해능 기기의 경우에, 피크가 겹칠 수 있기 때문에 일반적으로 시료와 독립적으로 표준물을 분석한다.

대부분의 시스템에서, 컴퓨터는 모든 스펙트럼과 관련된 정보를 디스크에 저장한다. 일상작업에서는 스펙트럼이 직접 프린트되거나 디스플레이된다. 그러나 많은 경우, 사용자는 스펙트럼을 프린트하기 전에 특정정보를 얻어내기 위하여 데이터 정리 소프트웨어를 사용한다. 그림 20-27은 컴퓨터화된 질량 분석기에서 얻은 프린트 출력물의 보기이다. 첫 번째와 마지막에서 두 번째 열은 증가 순서대로 m/z 값을 나타내고, 두 번째와 마지막 칸은 가장 큰 피크인 질량 156(기준 피크)에 대하여 표준화된 각 피크의 이온 전류 값을 나타낸 것이다. 기준 피크의 전류 값을 100으로 잡고 다른 피크들의 높이들은 이에 대한 상댓값으로 계산한다. 따라서 질량 141의 피크는 기준 피크의 53%이다.

적외선 분광법과 핵 자기 공명 분광법에서와 마찬가지로, 많은 수의 질량 스펙트럼(>150,000 입력)을 가지고 있는 라이브러리가 컴퓨터와 호환되는 형식으로 얻어질 수 있다.[25] 대부분의 판매되고 있는 질량 분석기에서는 분석물질의 스펙트럼과 일치 또는 비슷한 스펙트럼을 빠르게 찾아볼 수 있다.

20D 분자 질량 분광법의 응용

분자 질량 분석법의 응용은 너무 많고 범위가 넓어서 적은 면에 충분히 설명하는 것은 불가능한 일이다. 질량 분석의 활용 능력에 대한 이해를 돕기 위해서 몇 가지 응용의 예가 표 20-5에 제시되어 있다. 이 절에서는 가장 많이 사용되고 중요한 응용에 대하여 설명하고자 한다.

20D-1 질량 분석법에 의한 순수 화합물 확인

순수 화합물의 질량 스펙트럼은 화합물 확인에 유용한 몇 가지

[25]예를 위하여 다음의 문헌을 참조하시오 F. W. McLafferty, *Wiley Registry of Mass Spectral Data*, 10th ed., New York: Wiley, 2012. The registry is available online and combined with the *NIST/EPA/NIH Mass Spectral Library*.

시료: 미지 화합물
날짜: 11/15/2004

m/z	상대 세기		m/z	상대 세기
41	9		141	53
43	14		142	4
55	5		155	6
69	4		156	100
71	5		157	21
98	5		197	5

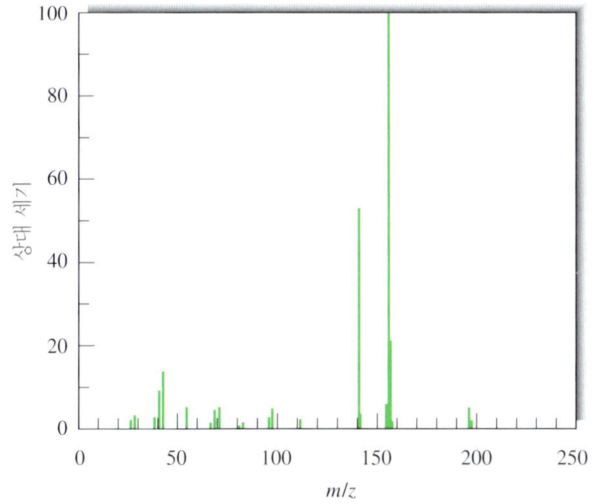

그림 20-27 질량 스펙트럼 데이터의 컴퓨터 표현법. 화합물은 혈청 추출물을 크로마토그래피에 의해 분리하였다. 스펙트럼은 이것이 barbiturate pentobarbital임을 보여준다.

종류의 데이터를 제공한다.[26] 첫 째는 화합물의 분자량이고, 둘째는 화합물의 분자식이다. 그 외에 질량 스펙트럼에 나타난 조각의 패턴을 조사하여 다양한 화학 기능기의 존재 여부에 관한 정보를 얻을 수 있다. 끝으로 어떤 화합물의 질량 스펙트럼과 이미 알고 있는 화합물들의 스펙트럼을 비교하고, 일치하는 것을 찾아서 화합물을 실제적으로 확인할 수 있다.

[26] R. M. Silverstein, F. X. Webster, D. Kiemle, and D. L. Bryce, *The Spectrometric Identification of Organic Compounds*, 8th ed., New York: Wiley, 2015; F. W. McLafferty and F. Turecek, *Interpretation of Mass Spectra*, 4th ed., Mill Valley, CA: University Science Books, 1993.

질량 분석법에 의한 분자량 결정

이미 설명한 방법들에 의하여 분자 이온, 양성자화 이온 혹은 양성자를 잃은 이온이 될 수 있는 화합물의 경우, 질량 분석기가 분자량을 결정하기 위해 가장 적합한 기기이다. 물론 이 방법은 분자 이온이나 어떤 경우에는 $(M + 1)^+$ 또는 $(M - 1)^+$ 피크들을 확인할 수 있어야 한다. 스펙트럼의 가로축 피크 위치는 분자량을 다른 방법에서는 제공할 수 없는 정확도로 얻을 수 있게 한다.

질량 분석법에 의한 분자량 측정을 위해 분자 이온 피크의 위치를 정확히 알아야 한다. 분자 이온 피크가 없거나 불순물 피크에 비해 작게 나타나는 경우, 특히 전자 이온화원에서 주의를 해야 한다. 의심이 드는 경우에 화학 이온화원, 장 이온화원, 탈착 이온화원 등의 다른 스펙트럼을 얻는 것이 유용하다.

정확한 분자량으로부터 분자식의 결정

분자 이온이 확인될 수 있고 *정확한*(exact) 질량이 결정될 수 있으면, 화합물의 질량 스펙트럼으로부터 분자의 화학식을 결정할 수 있다. 그러나 이 경우에 질량 단위의 몇천 분의 일의 질량차(Da)를 검출할 수 있는 고분해능 기기를 필요로 한다. 예를 들어, purine, $C_5H_4N_4$ ($\mathcal{M}$ = 120.044); benamidine, $C_7H_8N_2$ ($\mathcal{M}$ = 120.069), ethyltoluene, C_9H_{12} ($\mathcal{M}$ = 120.096), acetophenone, C_8H_8O ($\mathcal{M}$ = 120.058) 화합물 분자 이온의 질량 대 전하 값을 생각해보자. 만약 측정된 분자 이온 피크의 측정된 질량이 120.070 (±0.005)이라면, 유일하게 가능한 분자식은 $C_7H_8N_2$일 것이다. 이 경우의 정확도는 약 40 ppm이다. 고분해능 이중 초점 기기를 사용하여 수 ppm의 정확도를 쉽게 얻을 수 있다. C,

표 20-5 분자 질량 분석법의 응용

1. 유기 및 생화학 분자 구조 결정
2. Peptide, 단백질과 oligonucleotide의 분자량 결정
3. 얇은 층 및 종이 크로마토그래피에서 용리 성분 확인
4. Polypeptide와 단백질의 아미노산 배열 결정
5. 크로마토그래피와 모세관 전기 이동법의 분리 화학종의 검출과 확인
6. 오용약 및 마약의 확인과 혈액, 오줌 및 침중의 이들 약물의 신진대사를 확인
7. 수술 중의 환자의 호흡기체의 검사
8. 경마장의 말과 올림픽 선수의 혈액 중 약물 검사
9. 고고학적 유물의 시대 감정
10. 에어로졸 입자의 분석
11. 식품 중 잔류 살충제의 검정
12. 수돗물 중의 휘발성 유기물 검사

표 20-6 탄소, 수소, 산소와 질소로 된 화합물들의 동위 원소 존재비 백분율과 분자량

		빈도, % M 피크 높이		
	화학식	$\mathcal{M}+1$	$\mathcal{M}+2$	분자 질량
$\mathcal{M}=83$	C_2HN_3O	3.36	0.24	83.0120
	$C_2H_3N_4$	3.74	0.06	83.0359
	C_3HNO_2	3.72	0.45	83.0007
	$C_3H_3N_2O$	4.09	0.27	83.0246
	$C_3H_5N_3$	4.47	0.08	83.0484
	$C_4H_3O_2$	4.45	0.48	83.0133
	C_4H_5NO	4.82	0.29	83.0371
	$C_4H_7N_2$	5.20	0.11	83.0610
	C_5H_7O	5.55	0.33	83.0497
	C_5H_9N	5.93	0.15	83.0736
	C_6H_{11}	6.66	0.19	83.0861
$\mathcal{M}=84$	CN_4O	2.65	0.23	84.0073
	$C_2N_2O_2$	3.00	0.43	83.9960
	$C_2H_2N_3O$	3.38	0.24	84.0198
	$C_2H_4N_4$	3.75	0.06	84.0437
	C_3O_3	3.36	0.64	83.9847
	$C_3H_2NO_2$	3.73	0.45	84.0085
	$C_3H_4N_2O$	4.11	0.27	84.0324
	$C_3H_6N_3$	4.48	0.08	84.0563
	$C_4H_4O_2$	4.46	0.48	84.0211
	C_4H_6NO	4.84	0.29	84.0449
	$C_4H_8N_2$	5.21	0.11	84.0688
	C_5H_8O	5.57	0.33	84.0575
	$C_5H_{10}N$	5.94	0.15	84.0814
	C_6H_{12}	6.68	0.19	84.0939
	C_7	7.56	0.25	84.0000

Taken from R. M. Silverstein, G. C. Bassler, and T. C. Morrill, *Spectrometric identification of Organic Compounds*, 4th ed., p. 49, New York: Wiley, 1981

H, N, O로 된 모든 가능한 분자의 분자량을 소수점 이하 세 자리 또는 네 자리까지 나타낸 표가 작성되었다.[27] 이런 표 중 일부를 표 20-6에서 볼 수 있다.

동위 원소비에서 얻는 분자식

이온들의 질량 차이를 정수 단위에서만 측정할 수 있는 낮은 분해능 기기로부터 얻어지는 데이터도 화합물의 분자식을 결정하는 데 유용한 정보를 제공할 수 있다. 단, 분자 이온 피크가 충분히 강해서 그 높이와 $(M+1)^+$ 동위 원소 피크 높이 및 $(M+2)^+$ 동위 원소 피크가 정확하게 측정될 수 있어야 한다. 예제 20-5는 이러한 분석법을 보여준다.

상대적 동위 원소 피크의 높이를 이용하여 분자식을 결정하는 일은 각주 21 자료에 제시된 표와 컴퓨터 코드를 이용함으로써 신속하게 처리될 수 있다. 표 20-6에는 C, H, O, N의 합리적인 조합으로 이루어진 모든 화합물 중 질량수가 83과 84(원래 표에는 질량수 500까지 있음)인 것들을 제시하였다. 이 표에는 $(M+1)^+$과 $(M+2)^+$ 피크 높이를 M^+ 피크 높이와의 백분율로 나타냈다. 만일 스펙트럼에서 이들 피크의 백분율이 정확하게 실험적으로 측정되는 경우에 가능한 분자식이 구해질 수 있다. 이를테면 84 질량수에서 분자 이온 피크가 나타나고 $(M+1)^+$ 및 $(M+2)^+$ 피크의 백분율이 5.6 및 0.3%라면 이 화합물의 분자식은 C_5H_8O임을 알 수 있다.

---

[27] J. H. Beynon and A. E. Williams, *Mass and Abundance Tables for Use in Mass Spectrometry*, New York: Elsevier, 1963.

예제 20-5

Dinitrobenzene, $C_6H_4N_2O_4$ ($\mathcal{M}$ = 168)과 olefin, $C_{12}H_{24}$ ($\mathcal{M}$ = 168) 두 화합물의 M^+에 대한 $(M + 1)^+$ 피크 높이의 비를 계산하시오.

풀이

표 20-3로부터 100개의 ^{12}C 원자마다 ^{13}C 원자는 1.08개 있음을 알 수 있다. Nitrobenzene에는 6개의 탄소 원자가 있으므로 nitrobenzene 분자 100개마다 ^{13}C 원자를 가진 nitrobenzene은 6.48 = 6 × 1.08 분자가 있을 것이다. 이 결과만으로 $(M + 1)^+$ 피크가 M^+ 피크의 6.48%의 크기를 가진다. 다른 원소들의 동위 원소도 영향을 미친다; 이들의 영향을 정리한 표는 다음과 같다: 그들 결과를 다음 표에 작성하였다.

$C_6H_4N_2O_4$

^{13}C	6 × 1.08	= 6.48%
^{2}H	4 × 0.015	= 0.060%
^{15}N	2 × 0.37	= 0.74%
^{17}O	4 × 0.04	= 0.16%
	$(M + 1)^+/M^+$	= 7.44%

$C_{12}H_{24}$

^{13}C	12 × 1.08	= 12.96%
^{2}H	24 × 0.015	= 0.36%
	$(M+1)^+/M^+$	= 13.32%

그러므로 $(M + 1)^+$와 M^+ 피크의 높이 비를 측정하면 동일한 정수의 질량수를 가진 두 화합물을 구별할 수 있다는 것을 알 수 있다.

동위 원소비는 화합물에 포함되어 있는 황, 염소 브로민 등 원자의 수를 검출하고 추정하는 데 특히 유용하다. 이것은 이들 원자가 $(M + 2)^+$ 피크의 백분율에 크게 영향을 주기 때문이다(표 20-3 참고). 예를 들어, $(M + 2)^+$ 피크가 M^+ 피크의 약 65%에 해당하면 두 개의 염소 원자가 이 분자에 포함되어 있다는 뚜렷한 증거이다. 한편 $(M + 2)^+$ 피크가 4%이면, 황 원자 한 개가 포함되어 있음을 의미한다.

조각 이온 패턴으로부터 얻어진 구조적 정보

순수한 화합물의 조각화된 이온 패턴에 대한 체계적인 연구는 조각내기 메커니즘에 대한 합리적인 가이드라인(guideline)을 제시하게 되었고, 스펙트럼을 해석하는 데 도움이 되는 일련의 규칙을 알 수 있게 되었다.[28] 스펙트럼에 나타나는 모든 피크들을 설명할 수는(설명할 필요도) 없다. 그러나 조각내기의 특징적인 패턴을 구하게 되었다. 이를테면 그림 20-28에 있는 스펙트럼은 질량이 14만큼씩 차이를 가진 피크의 그룹(group)을 가지는 것이 특징이다. 이러한 패턴은 인접한 탄소−탄소 결합이 끊어져 일련의 CH_2기를 잃어 발생되는데, 선형 파라핀(linear paraffin)에서 나타나는 대표적인 패턴이다. 일반적으로 가장 안정한 탄화수소물의 조각은 셋 또는 넷의 탄소 원자를 포함하고, 그 피크의 크기는 가장 크다.

알코올의 스펙트럼에서는 분자 이온 피크가 매우 약하거나 또는 존재하지 않는다. 그러나 물을 잃은 $(M - 18)^+$ 피크가 크게 나타난다. 산소 옆에 있는 C—C 결합은 보통 잘 끊어지므로, 일차 알코올에서는 항상 질량 31인 CH_2OH^+ 피크가 크게 나타난다. 질량 스펙트럼을 이용하여 유기 화합물을 확인하는 것에 관한 일반적 설명서가 있는데, 관심 있는 독자는 각주 22에 있는 참고 문헌을 더 읽기 바란다.

스펙트럼 비교에 의한 화합물의 확인

분석물질의 분자량을 결정하고 동위 원소 분포와 조각 패턴을 조사한 후, 경험이 많은 질량 분석학자는 가능한 구조의 범위를 몇 개로 좁힐 수 있다. 참조 화합물(reference compound)이 얻어질 수 있으면, 미지 시료의 질량 스펙트럼을 예측되는 화합물의 스펙트럼과 비교하여 최종 확인을 한다. 이 과정은 (1) 물질의 질량 조각 패턴이 특이하며, (2) 실험 조건은 재현성 있는 스펙트럼을 얻을 수 있도록 조절될 수 있다는 가정하에 이루어진다. 첫 번째 가정은 입체 이성질체나 기하 이성질체, 대단히 유사한 화합물의 스펙트럼에서는 성립하지 않는 경우가 있다. 다른 화합물이 같은 스펙트럼을 낼 가능성은 스펙트럼의 피크가 많을수록 크게 감소한다. 두 번째 가정 역시 문제가 될 수 있다. 전자 이온화 스펙트럼은 연구실마다 재현성 있는 결과를 얻을 수 있다. 그러나 다른 발생원을 사용하여 얻은 스펙트럼은 상당한 차이가 있을 수 있다. 이러한 이유로 전자 이온화로 얻는 결과가 스펙트럼 비교나 스펙트럼 라이브러리(library)를 만드는 데 가장 좋은 선택이다.

불행하게도 질량 스펙트럼 피크 높이는 전자의 에너지, 전자살에 대한 시료의 위치, 시료 압력과 온도 및 질량 분석기의 구조와 같은 변수에 따라 크게 영향을 받는다. 그리하여 피크의 상대 존재비는 스펙트럼이 얻어진 연구실과 기기에 따라 상당히 큰 변동이 있다. 그렇지만 많은 경우 미지 시료를 여러 가지의 기기와 각종 조각내기 조건에서 얻은 스펙트럼을 통하여 확인할 수 있게 되었다. 그러나 일반적으로 화합물의 확인은 같은 조건과 같은 장치를 이용하여 얻어진 화합물의 스펙트럼과 비

시뮬레이션: www.tinyurl.com/skoogpia7에서 **MS 스펙트럼 해석(MS spectral interpretation)**에 대해 더 알아보시오.

[28]예로서 다음을 참고하시오. R. M. Silverstein, F. X. Webster, D. Kiemle, and D. L. Bryce, *The Spectrometric Identification of Organic Compounds*, 8th ed., New York: Wiley, 2015.

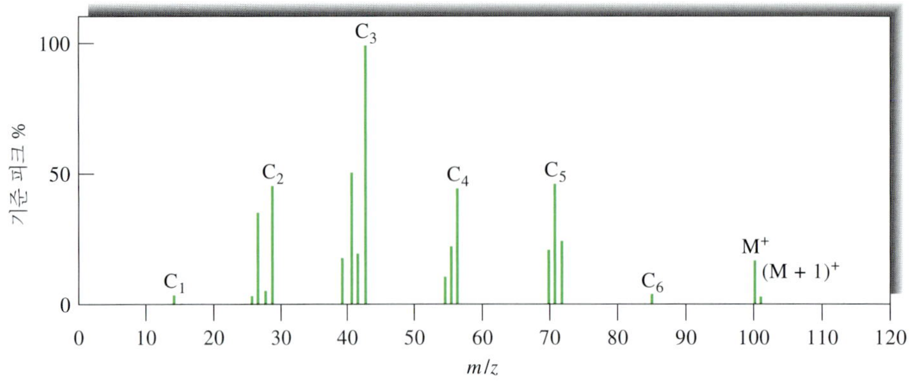

그림 20-28 ***n*-heptanal의 전자 충격법 스펙트럼.** C_6, C_5, …, C_1으로 표지된 피크들은 CH_2기가 연속적으로 떨어지는 것과 일치한다.

교하여 확인하는 것이 바람직하다.

컴퓨터화된 스펙트럼 탐색법. 질량 스펙트럼 데이터를 수집한 책이 있지만,[29] 매우 효율적인 라이브러리 탐색 시스템이 최신 질량 분석기의 컴퓨터에 설치되어 있다. 오늘날 기본적으로 두 가지 형태의 질량 스펙트럼 라이브러리가 있는데, 광범위한 라이브러리와 좁은 범위의 작은 라이브러리가 있다. John Wiley and Sons는 가장 방대한 라이브러리를(>300,000 스펙트럼) 판매하고 있다.[30] 이 라이브러리의 특징은 CD-ROM으로 얻을 수 있고 개인 컴퓨터로 탐색할 수 있다는 점이다. 작은 라이브러리는 살충제의 잔유물, 약품 또는 법화학같이 제한된 분야에 이용되는 수백에서 수천에 해당하는 스펙트럼을 가지고 있다. 작은 자료집은 기기제작회사에서 기기부품의 일부로서 공급되며, 전문 분야의 필요에 맞게 기기사용자가 만들거나 기존의 라이브러리에 추가할 수도 있다. 약 33,000개 정도의 화합물에 대한 질량 스펙트럼을 NIST (National Institute of Standards and Technology) 웹사이트에서 찾아볼 수 있다.[31]

혼합물을 기체 크로마토그래피–질량 분석기로 분석하여 얻어지는 많은 수의 스펙트럼을 해석하기 위하여, 기기의 컴퓨터를 라이브러리에 연결하고 미지 시료 스펙트럼 자료의 일부나 전체를 찾아볼 수 있다. 그 결과는 사용자에게 보고되는데, 필요한 경우에 시각적인 비교를 위하여 기준 스펙트럼을 화면에 나타내거나 프린트할 수 있다.

20D-2 연결된 질량 스펙트럼법에 의한 혼합물의 분석

질량 분석법은 순수한 화합물의 확인에 유용한 방법이지만, 일반적으로 여러 가지 *m*/*z* 값을 갖는 많은 수의 조각 피크들이 생기기 때문에 대단히 간단한 혼합물의 경우를 제외하고는 직접 정성(또는 정량) 분석에 이용하는 데는 한계가 있다. 복잡한 스펙트럼의 해석이 불가능할 때도 있다. 이런 이유 때문에 화학자는 질량 분석기와 효과적으로 분리할 수 있는 다양한 기기들을 조합하는 방법인 *연결법*(hyphenated method)을 개발하여 왔다.

크로마토그래피–질량 분석기

기체 크로마토그래피–질량 분석기(GC/MS)는 복잡한 유기물질과 생화학 혼합물을 분석하는 가장 강력한 기기 중 하나이다. 이 응용에서 크로마토그래피 관에서 나오는 화합물의 스펙트럼이 모인다. 스펙트럼들은 나중에 처리되기 위하여 컴퓨터에 저장된다. 비휘발 성분을 포함한 시료의 분석을 위하여 질량 분석기를 액체 크로마토그래피(LC/MS)와 연결하여 사용한다. 이 두 가지의 연결법에서 극복해야 될 중요한 문제점은 크로마토그래피 관에서 나온 시료가 관을 통하는 기체나 액체로 상당히 희석되어 있다는 것이다. 그러므로 질량 분석기에 시료를 도입하기 전에 시료를 묽힌 물질들을 제거하는 방법이 개발되어야만 한다. GC/MS와 LC/MS의 기기와 응용 방법을 제27B-4절과 제28C-6절에서 각각 설명하기로 한다.

모세관 전기 이동–질량 분석기

처음으로 모세관 전기 이동법과 질량 분석법을 연결시킨 논문이 1987년에 발표되었다.[32] 그 이후 모세관 전기 이동–질량 분석법은 단백질, 폴리펩타이드(polypeptide) 혹은 DNA 등과 같은 거대 생물 분자의 분석에 있어서 강력하고 중요한 분석법으로 발전하였다. 현재까지 발표된 대부분의 응용에서 모세관 유출물이 전기 분무 이온화원을 통과하고, 만들어진 이온들은 분석되기 위해 사중 극자 질량 분석기의 필터로 주입된다. 연속흐름 FAB (continuous flow fast atom bombardment) 법 역시 이온화하는 장치로 사용된 경우도 있다. 모세관 전기 이동–질

[29] F. W. McLafferty and D. A. Stauffer, *The Wiley/NBS Registry of Mass Spectral Data*, 7 vols., New York: Wiley, 1989.

[30] 참고 문헌 21를 참고하시오.

[31] http://webbook.nist.gov/.

[32] J. A. Olivares, N. T. Nguyen, N. T. Yonker, and R. D. Smith, *Anal. Chem.*, **1987**, *59*, 1230, **DOI**: 10.1021/ac00135a034. See also, D. C. Simpson and R. D. Smith, *Electrophoresis*, **2005**, *26*, 1291, **DOI**: 10.1002/elps.200410132.

량 분석기에 대한 자세한 논의는 제30B-4절에 있다.

탄뎀 질량 분석법의 응용

기체 크로마토그래피와 결합되고 다음으로 액체 크로마토그래피와 연결되면서, 질량 분석기는 복잡한 유기물과 생화학물질의 혼합물 분석에 큰 발전을 가져오게 되었다. 탄뎀 질량 분석법은 GC/MS와 LC/MS와 같은 장점 이외에도 신속하다는 장점을 가진다. 크로마토그래피 관에 의한 분리는 몇 분에서 몇 시간까지 걸려 이루어지는 데 비하여, 같은 정도의 만족스런 분리를 탄뎀 질량 분석기에서는 천 분의 1초 내에 완성할 수 있다. 그 외에도 크로마토그래피 방법에서는 다량의 이동상에 의한 시료의 희석이 일어나서 다음 과정에서 이동상의 제거가 필요한데, 이 과정에 시료가 오염될 수 있다. 결과적으로, 탄뎀 질량 분석법은 화학적 잡음이 일반적으로 작기 때문에 크로마토그래피를 연결하는 어떤 방법보다 훨씬 감도가 높다. 다른 두 방법에 비해 질량 분석법이 갖는 단점은 필요한 기기장치의 가격이 비싸다는 것이다. 이런 단점은 탄뎀 질량 분석기가 더 널리 사용되면 적어질 것이라고 생각한다.

어떤 혼합물인 경우는 MS를 GC나 LC에 연결시켜서도 충분한 분해능을 얻지 못한다. 최근에 들어서 탄뎀 질량 분석기를 크로마토그래피법과 연결시켜서 GC/MS/MS와 LC/MS/MS 같은 시스템을 만드는 방법이 가능하게 되었다. 또한 LC/MS^n 기기들도 보고되었다.[33]

현재까지, 탄뎀 질량 분석법은 복잡한 자연 및 산업 혼합물의 성분을 정성 및 정량하는 데 응용되어지고 있다. 몇 가지 예를 들면, 약품의 대사물질, 곤충의 pheromone, 식물의 알칼로이드, 공기 속에 있는 미량 성분, 중합체 서열, petrochemical, 석유 화학물질, prostaglandin, 디젤차 배기물, 공기 속에 있는 냄새 등의 검출과 확인에 이용된다. 응용 분야 중 가장 유망한 것은 *단백체학*(proteomics), 세포와 종에서 만들어지는 단백질들의 연구이다.[34]

20E 질량 분석법의 정량적 응용

질량 분석법의 정량적 응용은 두 범주로 나누어진다. 첫 번째는 유기, 생, 그리고 때로는 무기 물질들에 있는 화학종의 정량적 결정이고, 두 번째는 무기물, 흔치는 않지만 유기 및 생화학 시료의 원소 성분에 의한 농도 결정이다. 첫 번째 응용의 경우는 표 20-1에 나열된 모든 이온화원이 이용된다. 이미 제11장에서 자세히 설명되어 있듯이 질량 분석법을 이용한 원소 분석에 있어서는 레이저, 열 및 2차 이온화법이 가끔 사용되지만 라디오 주파수 스파크 광원 및 유도 결합 플라스마 광원이 주로 사용된다.

20E-1 분자 화학종의 정량 분석

석유화학 산업, 제약 산업 및 환경 문제 연구에서 필요한 복잡한 유기물질(때때로 무기)의 하나 또는 그 이상의 성분을 정량 분석하기 위하여, 질량 분석법은 널리 응용된다. 근래에 와서는 크로마토그래피나 모세관 전기 이동 관에서 분리된 시료를 질량 분석기에 통과시켜 분석한다. 질량 분석기를 적당한 m/z 값으로 설정하고, 이온 전류를 시간의 함수로서 기록할 수 있다. 이런 방법을 *선택 이온 분석법*(selected ion monitoring)이라 한다. 어떤 경우에는 3~4개의 m/z 값에 대한 전류를 한 피크에서 다른 피크로 신속히 바꾸어가며 순환적으로 측정한다. 일련의 피크들을 시간에 따라 표시되는데, 피크가 검출되는 시간은 크로마토그래피 분리에서 시료의 하나 혹은 그 이상 성분들의 특징적인 값이다. 그리고 성분들은 선택된 m/z 값들을 갖는 이온들을 생성한다. 일반적으로 피크의 면적은 성분물질의 농도에 직접 비례하며 분석 인자로 이용된다. 이런 과정에서 질량 분석기는 정량적 *크로마토그래피*(chromatographic) 혹은 *전기 이동 분석*(electrophoretic analyses)의 복잡하고 선택적인 검출기로서 역할을 한다. 정량적 기체 크로마토그래피와 액체 크로마토그래피는 제27B-4절과 제28C-6절에서 상세하게 설명하기로 한다. 질량 분석기의 모세관 전기 이동 응용은 제30B-4절에 실려 있다.

두 번째 형태의 정량 질량 분석에서는 분석물질의 농도를 질량 스펙트럼 피크의 높이에서 직접 얻는다. 간단한 혼합물의 경우에는, 각 성분들에 해당하는 특징적인 m/z 값을 가지는 피크들을 얻을 수 있다. 이런 경우에는, 미지 시료 분석을 위하여 농도에 따른 피크 높이의 교정 곡선을 준비하고 사용한다. 그러나 더 정확한 결과를 얻기 위하여, 일정량의 내부 표준물을 시료와 검정용 표준물에 각각 넣는다. 내부 표준물의 피크 크기에 대한 분석 화학종 피크 크기 비율을 분석물질 농도에 대하여 그래프로 그린다. 내부 표준물은 시료 준비와 분석과정에서 일어나는 불확정성을 줄여준다. 작은 시료를 필요로 하는 질량 분석법에서는 이런 불확정성이 중요한 불가측 오차의 원인이 된다. GC/MS와 LC/MS에서도 내부 표준물이 사용된다. 이 경우 피크의 넓이의 비는 분석 파라미터로 사용된다.

안전한 동위 원소로 표지된 유사한 물질을 내부 표준물로 사용한다. 표지하는 방법은 하나 또는 그 이상의 중수소, 탄소-13 또는 질소-15를 포함하는 분석물질로 시료를 만드는 것이다. 그

---

[33]다음을 참고하시오. J. C. A. Wuilloud, S. R. Gratz, B. M. Gamble, and K. A. Wolnik, *Analyst*, **2004**, *129*, 150, **DOI**: 10.1039/b311030c; E. W. Taylor, W. Jia, M. Bush, and G. D. Dollinger, *Anal. Chem.*, **2002**, *74*, 3232, **DOI**: 10.1021/ac020035c; L. Howells and M. J. Sauer, *Analyst*, **2001**, *126*, 155, **DOI**: 10.1039/b008305o.

[34]I. Ntai et al., *Anal. Chem.*, **2014**, *86*, 4961, **DOI**: 10.1021/ac500395k; P. Mao and D. Wang, *J. Proteom Res.*, **2014**, *13*, 1560, **DOI**: 10.1021/pr401074t; N. L. Kelleher, *Biochem.*, **2013**, *52*, 3794, **DOI**: 10.1021/bi400466p; J. P. Whitelegge, *Anal. Chem.*, **2013**, *85*, 2258, **DOI**: 10.1021/ac303064a; See also N. L. Kelleher, *Anal. Chem.*, **2004**, *76*, 196A, **DOI**: 10.1021/ac0415657.

리고 분석하는 동안 표지 분자는 표지되지 않은 분자와 같은 행동을 한다고 가정한다. 질량 분석기는 쉽게 분석물질과 표지된 내부 표준물을 구별할 수 있다. 다른 형태의 내부 표준물은 측정되는 분석물질의 조각 이온과 화학적으로 유사한 성질을 가지는 조각 이온 피크를 큰 크기로 생성시키는, 분석물질의 동족체 물질을 사용하는 것이다.

저분해능 기기에서는 혼합물 각각 성분에 해당하는 피크들을 찾기 어렵다. 이런 경우에는, 혼합 시료의 성분수와 같거나 혹은 많은 수만큼의 m/z 값에서 피크 세기 값을 측정하여 분석할 수 있다. 각 m/z에서 측정된 피크의 크기와 각각 성분들이 피크의 크기에 기여하는 정도를 연결하는 연립 관계식을 만들어야 한다. 이 방정식들을 풀어 원하는 정량적인 정보를 얻는다. 다른 방법으로, 부분적 최소 제곱법이나, PCA (principal component analysis)과 같은 통계법을 사용할 수 있다.

정밀도와 정확도

위에서 설명된 정량적 질량 스펙트럼법으로 구한 측정값의 정밀도는 2~10%의 상대 오차 범위를 가진다. 분석 값의 정확도는 분석된 혼합물의 복잡성과 그 성분의 성질에 따라 다르다. 5~10개의 성분을 포함하고 있는 기체 탄화수소 혼합물의 분석은, 보통 0.2~0.8몰 % 절대 오차를 가진다.

응용

초기의 정량적 질량 분석 응용은 석유 화합물과 공업제품의 특성 분석에 중점이 맞추어져 있었다. 최근에는 정량적 질량 분석법은 공업적 중합체, 환경 및 과학수사 시료 등 넓은 범위에 사용되며 생물학적 시료에도 많이 사용된다.

질량 분광법은 고분자 질량을 갖는 물질의 측정에 넓게 사용된다. 이 분야에서 가장 많이 사용되는 방법은 MALDI 질량 분석법이다.[35] 최근에는 멤브레인 표면에서 중합체의 분포와 위치를 알아내기 위하여, MALDI-MS를 이용한 이미징 방법이 사용되었다.[36] MALDI-TOF 이미지(imaging 질량 분석)가 중합체 LC의 검출기로 최근에 사용되었다. 한 가지 구조를 가지는 polyethylene과 polypropylene oxide co-polymer 중합체가 모니터링되었다.[37]

LC-MS를 이용하여 환경물질을 분석하는 것은 환경물질 분석에 매우 유용하다.[38] LC와 MS를 연결하기 위하여 전자 분무 이온화원이 가장 많이 사용된다. HPLC와 탄뎀 질량 분석기를 사용하는 것도 환경물질 분석 분야에서 많이 사용되는데, 특

자습: www.tinyurl.com/skoogpia7에서 **질량 분석법의 정략적 응용(quantitative applications of MS)**에 대해 더 알아보시오.

히 표면수나 폐수에서 약물질들을 검출하는 응용은 매우 중요하다. 초고분해능 FT-ICR MS는 유출된 기름의 분해된 성분들을 측정하는 데 매우 유용하다.[39] 이 방법을 이용하여 유출된 기름을 연구하기 위하여 전통적으로 사용되어 왔던 GC의 한계를 극복할 수 있다.

질량 분석과 GC/MS는 과학수사에 있어서 국가 안전과 관련된 폭발물 등 사건 증거의 발견 및 특성 파악을 위하여 사용되고 있다. 질량 분석은 운동선수와 말의 약물검사 그리고 범죄수사에서 신체 분비액과 머리카락 검사 등을 위하여 매우 중요한 역할을 하고 있다. 이외에도 페인트와 섬유질 분석을 위하여 사용된다.[40] 질량 분석기는 범죄수사에서 없어서는 안 될 중요한 도구가 되었다.

병리 실험실에서, GC/MS, LC/MS 및 탄뎀 질량 분석기가 더욱 널리 사용되고 있다. 어떤 연구에서 유방암의 조기 진료를 위하여 6개의 오줌 속 pteridine과 creatinine을 HPLC-탄뎀 질량 분석기를 사용하였다.[41] 탄뎀 질량 분석법은 신생아의 신진대사 관련 질병을 검사하기 위한 표준 방법으로 자리 잡았다.[42]

질량 분석법은 생물학적 응용에도 많이 사용된다. 질량 분석법은 이미 단백질 규명에 중요한 수단이며, 특히 trypsin과 같은 단백질 분해 효소를 이용하여 분해된 펩타이드(peptide) 분석에 사용되고 있다. 최근 들어, 무질서 단백질(disordered protein), 잘 정의된 3차원 구조가 없는 폴리펩타이드 체인(polypeptide chain)을 연구하기 위하여 질량 분석법이 사용되었다.[43] 전자 분무 이온화와 MALDI가 특히 유용하다. MALDI는 지질과 생물질의 이미지를 얻기 위하여 중요하게 사용되고 있다.[44] 제 20D-2절에서 설명된 대로 질량 분석은 단백질체학에서 매우 중요한 역할을 하고 있다. 식물연구에서 식물 생화학(biochemistry)적 작용 및 기작(mechanism)을 연구하기 위하여 질량 분석은 매우 중요하다.[45]

---

[35]다음을 참고하시오. *MALDI-MS: A Practical Guide to Instrumentation, Methods and Applications*, 2nd ed., F. Hillenkamp and J. Peter-Katalinic, eds., Weinheim: Wiley-Blackwell, 2013.

[36]K. Krueger et al. *Anal. Chem.*, **2013**, *85*, 4998, **DOI**: 10.1021/ac4002063.

[37]S. M. Weidner and J. Falkenhagen, *Anal. Chem.*, **2011**, *83*, 9153, **DOI**: 10.1021/ac202380n.

[38]D. Barcelo and M. Petrovic, *TRAC*: Trends *Anal. Chem.*, **2007**, *26*, 2, **DOI**: 10.1016/j.trac.2006.11.006.

[39]A. M. McKenna et al., *Environ. Sci. Technol.*, **2013**, *47*, 7530, **DOI**: 10.1021/es305284t.

[40]B. Stuart, Forensic *Analytical Techniques*, Chichester, UK: Wiley, 2013.

[41]C. Burton, H. Shi, and Y. Ma, *Anal. Chem.*, **2013**, *85*, 11137, **DOI**: 10.1021/ac403124a.

[42]K. C. Dooley, *Clin. Biochem.*, **2003**, *36*, 471, **DOI**: 10.1016/S0009-9120(03)00105-X.

[43]R. Beveridge, Q. Chappuis, C. Macphee, and P. Barran, *Analyst*, **2013**, *138*, 32, **DOI**: 10.1039/c2an35665a.

[44]D. Gode and D. A. Volmer, *Analyst*, **2013**, *138*, 1289, **DOI**: 10.1039/c2an36337b.

[45]E. Gemperline, C. Keller, and L. Li, *Anal. Chem.*, **2016**, *88*, 3422, **DOI**: 10.1021/acs.analchem.5b02938.

질문과 문제

*별표가 있는 문제의 해답은 이 책의 끝에 있다.

이 아이콘이 있는 문제는 스프레드시트를 이용하여 쉽게 풀 수 있다.

20-1 기체 이온화법과 탈착 이온화법은 어떻게 다른가? 각각의 장점은 무엇인가?

20-2 전자 이온화, 장 이온화, 화학 이온원으로 얻어진 스펙트럼은 서로 어떻게 다른가?

20-3 기체 장 이온화원과 장탈착 이온화원의 차이점을 설명하시오.

20-4 다음 그림은 시판되고 있는 전자 이온화원의 간단한 그림이다.

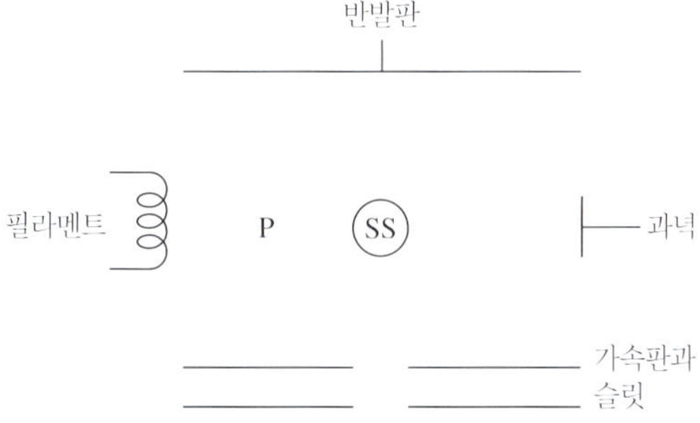

(a) SS로 표시된 점(시료원)에서 분자와 상호작용할 전자가 70 eV의 운동 에너지를 가지려면 필라멘트와 과녁 사이에 얼마의 전압 차이를 걸어야만 하는가?

(b) 필라멘트로 확산되어 점 *P*에서 이온화되는 분자에는 어떤 일이 일어날까?

* **20-5** 부채꼴 자기장 질량 분석기가 3.00×10^3 V 가속 전압에서 작동할 때, CH_4^+를 검출계 초점에 맞추고자 할 때 0.126 T의 장이 필요하였다.

(a) 가속 전압이 일정하게 유지할 때, 일가 이온의 질량 16~300 범위를 주사하는 데 필요한 장의 세기 범위는 얼마인가?

(b) 장의 세기를 일정하게 유지할 때 일가 이온의 질량 16~300 범위를 주사하는 데 필요한 가속 전압의 범위는 얼마인가?

* **20-6** 예제 20-4에서와 같은 기기에서 질량이 5000인 일가 이온에 필요한 가속 전위를 계산하시오.

* **20-7** 사중 극자 질량 분석기에서 이온 가속 전압은 10.00 V이다. 일가로 하전된 사이클로헥산(cyclohexane)이 길이 15.0 cm인 전극 막대 사이를 통과하는 데 얼마나 시간이 걸리는가? *z* 방향의 초기 속도는 0이라고 가정한다.

20-8 250페이지에는 어떻게 양이온이 사중 극자 질량 필터의 *xz*면(양의 dc 전위면)에서 행동하는지를 설명하고 있다. 비슷한 방법으로 음의 dc 전위면인 *yz*면에서 양이온의 행동에 대하여 설명하시오.

20-9 이중 초점 질량 분석기는 왜 좁은 피크 너비와 높은 분해능을 나타내는가?

20-10 사중 극자 이온 포획 질량 분석기와 FT-ICR 질량 분석기의 차이를 설명하시오.

* **20-11** 다음 피크들을 분리하는 데 필요한 분해능을 계산하시오.

(a) CH_2N ($\mathcal{M}$ = 28.0187)과 N_2^+ ($\mathcal{M}$ = 28.0061)

» 질문과 문제(계속)

(b) $C_2H_4^+$ ($\mathcal{M}$ = 28.0313)와 CO^+ ($\mathcal{M}$ = 27.9949)

(c) $C_3H_7N_3^+$ ($\mathcal{M}$ = 85.0641)와 $C_5H_9O^+$ ($\mathcal{M}$ = 85.0653)

(d) androst-4-en-3,17,-dione (M^+) m/z = 286.1930과 제거불순물 286.1240

20-12 질량 분석기의 분해능이

(a) 500, **(b)** 1000, **(c)** 3000, **(d)** 5000

이라면, 100, 1000, 2000, 3000, 5000의 m값에서 얼마의 질량 차이를 분리할 수 있는가?

* **20-13** 다음 화합물의 $(M + 2)^+$ 대 M^+, $(M + 4)^+$ 대 M^+ 피크 높이 비율을 각각 계산하시오

(a) $C_{10}H_6Br_2$, **(b)** C_3H_7ClBr, **(c)** $C_6H_4Cl_2$

20-14 부채꼴 자기장(단일 초점) 질량 분석기에서는 어떤 경우에 하나의 m/z 값을 알아보고 그 다음에는 두 번째 m/z를 알아본 후에 계속적으로 이 작업을 반복하는 것이 합리적이다. 다른 모든 조건을 일정하게 하고 두 가속 전압으로 빠르게 바꿔면서 측정하는 것을 *피크 매칭법*(peak matching)이라고 부른다.

(a) 가속 전위의 비와 해당하는 m/z 값의 비를 관련시킬 수 있는 일반식을 유도하시오.

(b) 이 식을 이용하여, 표준물로 이용한 화합물(CF_3^+)의 m/z가 69.00이고 $V_{미지}/V_{표준}$이 0.965035이라면 미지 피크의 m/z 값을 계산하시오

(c) (b)에서 구한 값과 미지 유기 화합물의 질량이 143이라는 가정을 이용하여 (b)의 답과 화합물에 대한 어떤 결론을 말하시오.

* **20-15** 만일 표준물을 사용하지 않고 한 이온의 대략 질량을 측정하고자 한다면, 문제 20-14의 피크 매칭법을 이용할 수 있다. 이 방법은 P^+와 $(P + 1)^+$가 검출기에 번갈아 도달할 수 있도록 한다. P^+와 $(P + 1)^+$ 사이의 질량 차이는 하나의 ^{12}C가 ^{13}C로 치환되어 발생한다고 가정한다.

(a) $(P + 1)^+$와 P^+의 가속 전압을 각각 V_2, V_1라 할때 이온 가속 전압비 V_2/V_1과 P^+ 질량과의 관계식을 유도하시오.

(b) V_2/V_1 = 0.987753일 때 P^+의 질량을 계산하시오.

20-16 공간 탄뎀 질량 분석기와 시간 탄뎀 질량 분석기의 주요 차이점을 설명하시오. 각각의 장단점을 포함하시오.

* **20-17** 그림 20-22b에서 보여주는 질량 스펙트럼에서 피크들에 해당하는 이온을 확인하시오.

20-18 그림 20-4a에서 M^+ 피크보다 큰 질량을 가진 4개의 피크에 해당하는 이온을 확인하시오.

도전 문제

20-19 그림 20-29(517페이지)는 전자 이온화원과 화학 이온화원으로부터 얻은 같은 화합물의 질량 스펙트럼을 보여주고 있다.

(a) 화합물의 분자 질량을 측정하는 데 어느 질량 스펙트럼이 더 좋은가? 그 이유는 무엇인가?

(b) 화학 구조를 결정하는 데는 어느 질량 스펙트럼이 더 좋은가? 그 이유는 무엇인가?

(c) 펄스 모드 EI를 TOF 질량 분석기의 이온화원으로 사용하였다. 비행관은 1.0 m이고, 가속 전압은 3000 V였다. m/z = 58 이온의 비행 시간은 얼마인가?

(d) 두 이온의 m/z 값 m_1/z와 m_2/z에서 질량, 전하, 가속 전압의 함수로 비행 시간의 차 Δt_F의 방정식을 유도하시오.

(e) (c)에서 같은 TOF 분석기에서, $m/z = 59$와 $m/z = 58$ 이온의 비행 시간의 차이를 계산하시오.

(f) 많은 구조 정보를 얻기 위해, 그림 20-27의 화합물을 탄뎀 질량 분석기에 주입하였다. 이 목적을 위해 더 적합한 이온화원은 전자 이온화 또는 화학 이온화 중 어느 것인가? 그 이유는 무엇인가?

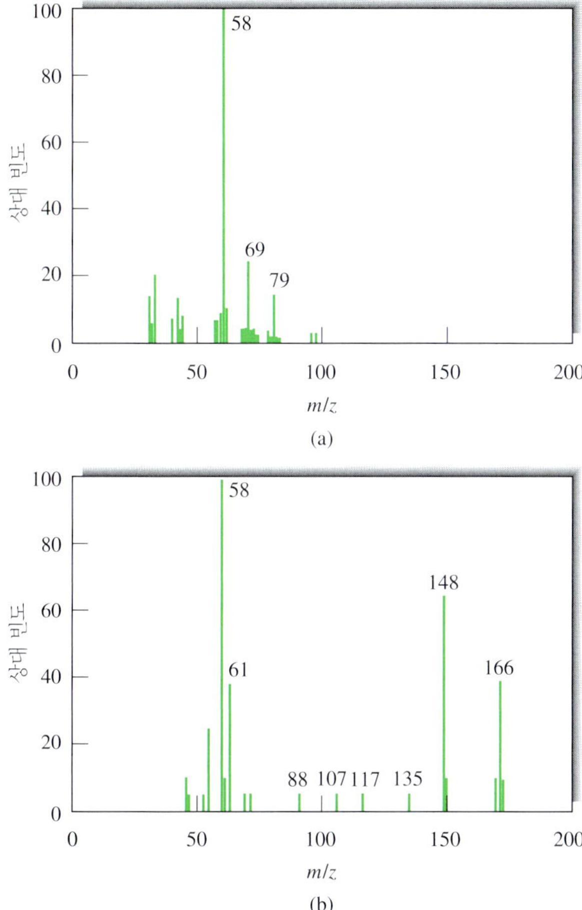

그림 20-29 생물학적으로 중요한 같은 화합물의 (a) 전자 충격법 스펙트럼과 (b) 화학 이온화 스펙트럼. (From H. M. Fales, H. A. Lloyd, and G. A. W. Milne, *J. Amer. Chem. Soc.*, **1970**, *92*, 1590 – 1597, **DOI**: 10.1021/ja00709a028. American Chemical Society.)

(g) (f)에서 선택한 이온화원을 사용하여 다음 같은 경우의 MS/MS 실험에서 얻은 질량 스펙트럼을 설명하시오.

(1) 제1질량 분석기를 일정하게 놓고 제2질량 분석기를 주사할 때

(2) 그들 사이에 작은 m/z 옵셋으로 두 분석기를 주사할 때

(3) 제1분석기는 주사하고 제2분석기를 일정하게 할 때

(4) 제1분석기에서 선택된 모든 질량에서 제2질량 분석기를 주사할 때

답변을 할 때 그림 20-29에 있는 질량 스펙트럼의 특징을 이용하여 설명하시오.

21장

분광법과 현미경법에 의한 표면 특성 분석

Surface Characterization by Spectroscopy and Microscopy

액체나 기체와 접촉하고 있는 고체의 표면은 보통 화학적 조성과 물리적 성질 모두 고체 내부와는 상당히 다르다. 이런 표면 성질의 특성 분석은 불균일 촉매, 센서 개발과 사용, 생명공학, 그리고 반도체 박막 기술을 포함한 다양한 분야에서 매우 중요하다. 이런 특성 분석은 또한 부식과 접착 메커니즘, 금속 표면의 활성도, 메짐 성질(embrittlement properties), 그리고 생체막의 거동과 기능을 이해하는 데 도움을 준다. 이 장에서는 분광법과 현미경법에 의한 고체 표면의 조사를 다룬다. 고체 표면에 대부분 집중되어 있지만, 몇몇 기술들은 또한 액체-액체와 액체-기체 계면과 같은 다른 계면에도 응용할 수 있다.

이 장에서 옆의 로고는 www.tinyurl.com/skoogpia7 에서 대화형 자습, 시뮬레이션, 연습 등을 통해 온라인으로 학습할 수 있는 기회가 있음을 나타낸다.

21A 표면 연구에 관한 서론

표면의 특성을 어떻게 분석할 것인지를 생각하기 전에, 우리는 먼저 기체나 액체 이차상과 접촉하고 있는 고체나 액체의 표면이 무엇으로 이루어졌는지를 정의할 필요가 있다.

21A-1 표면의 정의

여기서 *표면*(surface)이란 고체(때로는 액체)와 진공, 기체, 혹은 액체 사이의 경계면을 의미한다. 일반적으로 표면이란 본체(벌크) 물질의 평균 조성과는 다른 물질의 일부분이라 생각한다. 이 정의에 의하면, 표면은 고체의 최상층 원자나 분자뿐만 아니라 외부부터 본체층까지 연속적으로 변하는 비균일 조성을 갖는 전이층으로 이루어져 있다. 따라서 표면은 몇 개 혹은 수십 개 원자층의 깊이일 것이다. 하지만 표면 층은 일반적으로 전체 고체의 매우 작은 부분이므로 보통 표면 층의 조성 차이는 측정된 본체의 종합 평균 조성에 크게 영향을 미치지 않는다. 실질적인 면에서 볼 때, 표면은 특정한 측정 기술에 의해 추출된 고체의 부피라는 실무적 정의로서 받아들이는 것이 최선이라고 볼 수 있다. 이 정의는 여러 표면 기술들을 사용한다는 것은 실제로 다른 표면을 분석하는 것이고, 비록 유용하지만 다른 결과를 얻을 것이라는 것을 알려준다.

21A-2 표면 측정의 형태

지난 세기 동안 표면의 특성을 분석하기 위한 위한 많은 방법들이 개발되었다. 여전히 중요한 고전적 방법들은 표면의 *물리적*(physical) 성질에 대한 많은 유용한 정보를 제공하고 있으나 화학적 성질에 대해서는 적은 정보를 제공하고 있다. 이 방법들은 흡착 등온선, 표면적, 표면 거칠기, 동공 크기, 반사도의 측정뿐만 아니라 광학과 전자 현미경 영상을 이용한다. 1950년대를 시작으로 분광학적 표면 방법들이 표면의 화학적 성질에 대한 정보를 제공하기 위해 나타나기 시작했다.

이 장은 몇 가지 주요 부분으로 나뉜다. 제21B절의 표면 방법들에 대한 소개 후, 우리는 표면을 구성하고 있는 화학종을 확인하고 그들의 농도를 결정하기 위한 전자 분광 기술, 이온 분광 기술, 그리고 광자 분광 기술을 논의할 것이다. 제21F절과 제21G절에서는 표면을 영상화하고 그들의 형태와 특징을 결정하기 위한 현대 현미경 방법들을 기술하였다.

21B 분광학적 표면 방법

일반적으로 고체나 생물 시료 표면의 화학 조성은 종종 물질의 내부나 본체와는 상당히 다르다. 따라서 우리는 단지 본체 조성에 대한 정보를 제공하는 분석법들에 집중하였다. 하지만 과학과 공학의 어떤 분야에서는 표면층의 화학 조성은 물질의 본체 조성보다 매우 더 중요하다.

분광학적 표면 방법들은 십 분의 수 나노미터(수 옹스트롬)에서 수 나노미터(수십 옹스트롬) 두께의 표면 층의 조성에 대한 정성적이고 정량적인 *화학*(chemical) 정보 모두를 제공한다. 이 절에서 우리는 이러한 분광 기술들 중 가장 널리 사용되는 방법들에 대해 기술하였다.[1]

21B-1 분광학적 표면 실험

그림 21-1은 표면의 분광 실험을 실시하는 일반적인 방법을 묘사한 것이다. 여기서 고체 시료는 광자, 전자, 이온, 또는 중성 분자로 이루어진 *일차 살*(primary beam)로 조사된다. 이 살을 표면에 충돌시키면, 고체 표면으로부터 또한 광자, 전자, 분자, 또는 이온으로 이루어진 *이차 살*(secondary beam)이 형성된다. 이차 살은 분광기에 의해 검출된다. 일차 살을 이루는 입자의 형태가 이차 살을 이루는 것과 동일할 필요는 없다는 것을 유의해야 한다. 산란, 스퍼터링, 혹은 방출로 나온 이차 살은 다양한 분광학적 방법에 의해 연구된다.

가장 효과적인 표면 방법들은 일차 살, 이차 살, 혹은 둘 다 광자가 아닌 전자, 이온, 또는 분자로 이루어져야 하는데, 이 제약은 측정이 시료 본체가 아닌 표면으로 제한된다는 것을 분명히 하기 때문이다. 예를 들면, 1 keV의 전자나 이온살의 최대 투과 깊이는 대략 2.5 nm (25 Å)인 반면, 동일한 에너지의 광자살의 투과 깊이는 1000 nm (10^4 Å)이다. 따라서 X선 형광(제12장 참고), 적외선(IR) 반사 분광법(제17장 참고), 타원 편광법, 혹은 공명 Raman 분광법(제18장 참고)과 같은 광자의 두 살을 포함하는 많은 방법들의 경우, 측정이 표면층에 제한되게 예방책이 마련되어야 한다. 이 절에서 논의한 광자의 일차와 검출(이차) 살을 포함하는 기술들은 플라즈몬 공명, 비선형 광학분광법, 그리고 타원 편광법이다.

표면 기술을 분류하는 몇 가지 방법들이 있다. 이들 중 많은 것이 일차와 검출 살의 성질에 기반한다. 표 21-1은 가장 널리 사용되는 분광학적 기술들을 나열한 것이다. 이들은 이 장의 뒤

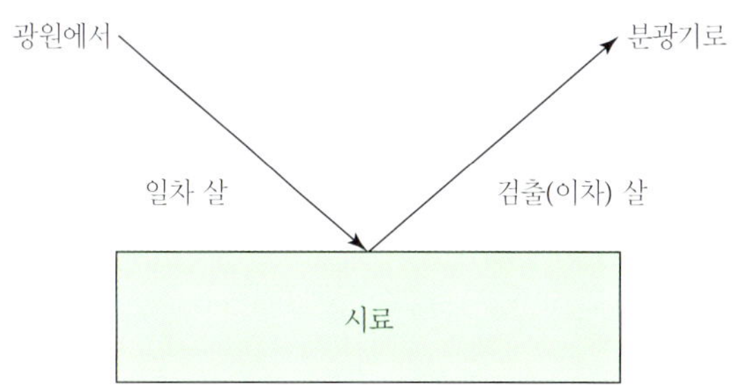

그림 21-1 일반적 표면 분광법 과정. 살은 광자, 전자, 이온, 혹은 중성 분자이다.

에서 논의할 것이다.

21B-2 표면 시료 처리

사용한 분광 표면 방법의 형태와 무관하게 세 가지 형태의 시료 처리 방법을 사용할 수 있다. 첫 번째는 일차 살을 시료의 작은 단일 지역에 집중시키는 것과 이차 살을 관찰하는 것을 포함한다. 종종 그 지점은 광학 현미경으로 보고 선택한다. 두 번째 방법은 *래스터 방식*(raster pattern)으로 표면을 가로질러 일차 살을 움직여 표면의 일정 부분을 주사하여 표면의 지도를 제작하는 것과 그 결과로 얻은 이차 살의 변화를 관찰하는 것을 포함한다. 지도 제작은 선형이거나 2차원일 것이다. 세 번째 기술은 깊이 관련 정보 수집(depth profiling)으로 알려져 있다. 여기서 이온총에서 나온 이온 살이 스퍼터링에 의해 표면에 구멍을 식각한다. 이 과정 동안보다 미세한 일차 살이 구멍의 중심에서 이차 살을 생성하는데, 이는 깊이 함수로 표면 조성에 대한 분석 자료를 제공한다.

21B-3 표면 환경

표면 분광 기술들 대부분은 "진공" 환경을 요구한다. 고진공 조건은 사용한 입자가 관심 대상 표면과 상호작용하는 평균 자유행로를 길게 한다. 진공 환경은 또한 표면 분석 실험 동안 표면에 기체 흡착이 일어나지 않도록 해준다. 고진공 요구의 예외는 표 21-1의 가장 아래 3줄에 나타낸 광자–광자 기술들이다. 이들은 촉매, 감지, 그리고 부식 연구와 같은 응용에서 사용한 것과 유사한 조건에서 표면 관찰을 가능하게 한다.

표면 분석에서 종종 맞닥뜨리는 문제는 산소, 물, 혹은 이산화탄소와 같은 대기 성분의 흡착에 의한 표면 오염이다. 진공에서조차도 이런 형태의 오염은 비교적 짧은 시간에 일어난다. 예를 들면, 1.3×10^{-4} Pa (1 torr)의 압력에서 기체 분자의 단일층이 깨끗한 표면을 3초 만에 덮을 것이다. 10^{-6} Pa에서는 1시간 만에 덮힌다. 10^{-8} Pa에서는 10시간이 요구된다.[2] 흡착 문제

[1]표면 분광 기술에 대한 내용은 다음 문헌을 참고하시오. *Surface Analysis—The Principal Techniques*, 2nd ed., J. C. Vickerman and I. S. Gilemore, eds., Chichester, UK: Wiley, 2009; *Surface Analysis and Techniques in Biology*, V. S. Smentkowshi, ed., Heidelberg: Springer, 2014; *Spectroscopy of Surfaces*, R. G. H. Clark and R. E. Hester, eds., New York: Wiley, 1988.

[2]D. M. Hercules and S. H. Hercules, *J. Chem. Educ.*, **1984**, *61*, 402, **DOI**: 10.1021/e9d061p402.

표 21-1 표면 분석을 위한 몇 가지 일반 분광학적 기술

방법과 약어	일차 살	검출 살	정보
X선 광전자 분광법(XPS), 전자 분광 화학 분석법(ESCA)	X선 광자	전자	화학 조성 화학 구조
Auger 전자 분광법(AES)	전자 혹은 X선 광자	전자	화학 조성
전자 에너지 손실 분광법(EELS)	전자	전자	화학 구조 피흡수질 결합
전자 현미경(EM)	전자	X선 광자	화학 조성
이차 이온 질량 분석법(SIMS)	이온	이온	화학 조성 화학 구조
이온 산란 분광법(ISS)과 Rutherford 후방 산란	이온	이온	화학 조성 원자 구조
레이저 탐침 질량 분석법(LMMS)	광자	이온	화학 조성 화학 구조
표면 플라즈몬 공명(SPR)	광자	광자	박막의 조성과 구조
합 주파수 발생(SFG)	광자	광자	계면 구조 피흡수질 결합
타원 편광법	광자	광자	박막 두께

때문에 시료 표면을 세척하는 준비가 이루어져야 하며, 이는 보통 시료를 조사하기 위한 용기 내에서 이루어진다. 세척은 고온에서 시료를 굽는 것, 전자총으로부터 생성된 비활성 기체 이온 살로 시료를 스퍼터하는 것, 연마재로 시료 표면을 긁어내거나 연마하는 것, 여러 용매로 표면을 초음파 세척하는 것, 산화물을 제거하기 위해 환원 대기에서 시료를 씻기는 것을 포함할 수 있다.

대기 오염에 더하여 측정이 진행됨에 따라 일차 살 자체가 표면을 변화시킬 수 있다. 일차 살에 의해 발생된 손상은 일차 살 입자의 모멘텀에 의존한다. 따라서 표 21-1에 나열된 살들 중 이온이 가장 손상을 많이 주고 광자가 가장 적게 준다.

21C 전자 분광법

표 21-1에 제시한 첫 세 가지 방법들은 입사 살에 의해 생성된 방출 전자의 측정에 기반한다. 이 방법들에서 분석물질에서 나오는 신호는 광자보다는 전자 살로 암호화된다. 분광계 측정은 전자의 에너지 $h\nu$나 주파수 ν의 함수로 전자 살의 출력을 결정하는 것으로 이루어진다. 이 형태의 분광법을 *전자 분광법*(electron spectroscopy)이라 한다.

전자 분광법의 기본 원리는 1세기 전에도 잘 알려져 있었지만, 화학 문제에 대한 이 기술의 폭넓은 응용은 비교적 최근까지 일어나지 않았다. 이 분야의 연구는 에너지가 10분의 수 eV부터 수천 eV까지 변하는 전자의 고분해능 스펙트럼 측정을 수행하기 위해 필요한 기술의 부족으로 수행되지 못했다. 1960년대 후반 이 기술이 개발되었고 상업용 전자 분광기가 시장에 나타나기 시작했다. 이들의 출현으로 전자 분광법에 노력을 쏟은 논문의 출간이 폭발적으로 증가하였다.[3]

자습: www.tinyurl.com/skoogpia7에서 **표면 방법들 (surface methods)**에 대해 더 알아보시오.

표면 연구를 위한 세 가지 형태의 전자 분광법이 있다. 가장 일반적인 형태는 *X선 광전자 분광법*(X-ray photoelectron spectroscopy, XPS)이라 불리는 것으로, 단색 X선으로 시료 표면을 조사하는 것에 기반한다. 이것은 또한 *전자 분광 화학 분석법*(electron spectroscopy for chemical analysis)이라고도 불린다. 이 장에서 많은 물질이 XPS에 쓰여졌다. 광전자 분광법에 대한 일차 살은 또한 자외선 광자로 이루어질 수 있는데, 이 경우의 기술은 *자외선 광전자 분광법*(ultraviolet photoelectron spectroscopy, UPS)이라 불린다. 여기서 자외선 복사선의 단색 살은 분석물질로부터 전자를 방출시킨다. 이 형태의 전자 분광법은 다른 두 가지 방법만큼 일반적이지 않고 우리는 더 이상 이것을 논의하지 않을 것이다. 두 번째 형태의 전자 분광법은 *Auger(오제이) 전자 분광법*(Auger electron spectroscopy, AES)이라 불

[3]추가적인 정보에 대해서는 다음 문헌을 참고하시오. J. F. Watts and J. Wolstenholme, *An Introduction to Surface Analysis by XPS and AES*, Chichester, UK: Wiley, 2003; D. Briggs and M. P. Seah, *Practical Surface Analysis by Auger and X-ray Photoelectron Spectroscopy*, 2nd ed., Chichester, UK: Wiley, 1990.

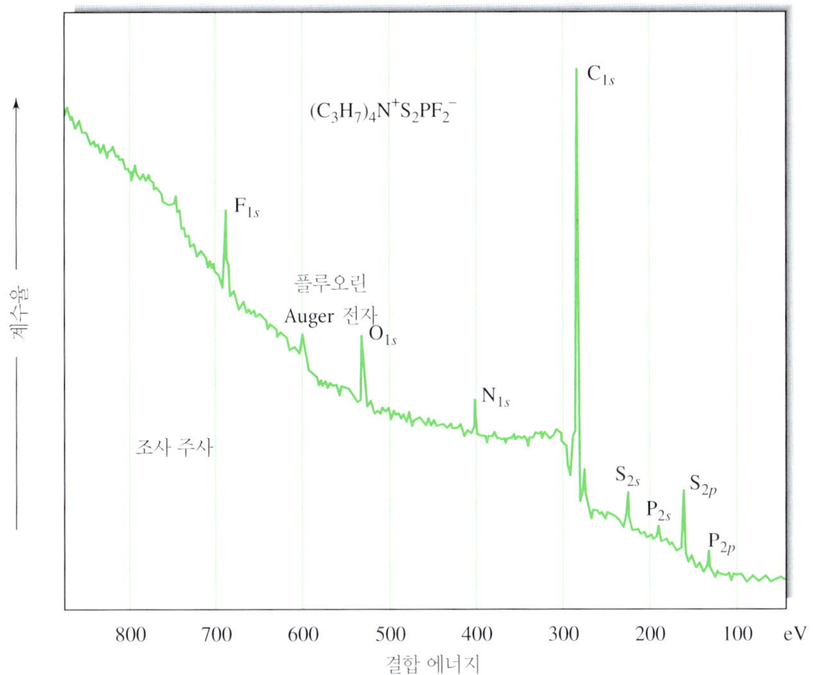

그림 21-2 Tetrapropylammonium difluoride thiophosphate의 X선 광전자 스펙트럼. 피크들에 방출 전자가 유래한 해당 원소와 오비탈을 표기하였다.

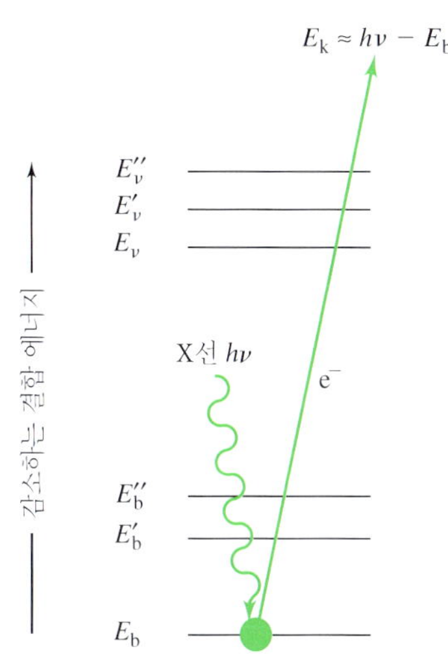

그림 21-3 ESCA 과정의 도식적 표현. 입사 살은 단일 에너지 X선으로 이루어져 있다. 방출 살은 전자로 구성되어 있다.

린다. X선도 사용되지만, Auger 스펙트럼은 가장 일반적으로 전자 살에 의해 들뜨게 된다. Auger 분광법은 제21C-2절에서 논의하였다. 세 번째 형태의 전자 분광법은 전자 에너지 손실 분광법(electron energy-loss spectroscopy, EELS)으로 저에너지 전자 살이 표면에 충돌하고 상호작용하여 표면 진동 전이를 들뜨게 한다. 그 결과로 생긴 에너지 손실이 검출되고 이는 들뜬 진동과 연관된다. 우리는 제21C-3절에서 EELS를 간단히 기술하였다. 몇몇 다른 전자 분광 기술들은 유용하며, 여기에는 저에너지 전자 회절(low-energy electron diffraction, LEED)과 반사 고에너지 전자 회절(reflection high-energy electron diffraction, LEED)이 포함된다. 이 기술들은 이 책의 관점을 벗어난다.

전자 분광법은 수소와 헬륨을 제외한 주기율표에 있는 모든 원소의 식별을 위한 강력한 도구이다. 보다 중요한 것은 이 방법이 원소의 산화 상태와 결합한 화학종의 형태를 결정하는 것을 가능하게 한다는 것이다. 마지막으로 이 기술은 분자의 전자 구조에 대한 유용한 정보를 제공한다.

전자 분광법은 기체와 고체 그리고 보다 최근에는 용액과 액체에도 성공적으로 적용되고 있다. 하지만 전자의 빈약한 투과력 때문에, 이 방법들은 수 원자층 두께(2~5 nm)의 표면층으로 한정된 고체에 대한 정보를 제공한다. 보통 표면층의 조성은 전체 시료의 평균 조성과는 크게 다르다. 실제로 가장 중요하고 값진 전자 분광법의 주요 적용은 금속, 합금, 반도체, 그리고 비균질 촉매와 같은 고체 표면의 정성 분석에 대한 것이다. 전자 분광법에 의한 정량 분석의 응용은 어느 정도 제한적이다.

21C-1 X선 광전자 분광법

전자 분광법(XPS와 AES 모두)과 이미 접한 다른 형태의 분광법과의 근본적 차이를 강조하는 것이 중요하다. 전자 분광법에서는 방출 전자의 운동 에너지가 기록된다. 따라서 그 스펙트럼은 방출 전자의 수나 전자 살의 세기가 그림 21-2에 보여진 바와 같이 방출 전자의 에너지(혹은 주파수나 파장)의 함수로 표시된다.

XPS의 원리

XPS의 사용은 스웨덴 물리학자 K. Siegbahn에 의해 개척되었는데, 그는 이 일로 나중에 1981년 Nobel 물리학상을 받았다.[4] Siegbahn은 XPS가 다른 두 전자 분광법과는 달리 시료의 원자 조성뿐만 아니라 관찰하는 화합물의 구조와 산화 상태에 대한 정보를 제공하기 때문에 이 기술을 전자 분광 화학 분석법(ESCA)이라 불리길 원했다. 그림 21-3은 XPS에 포함된 물리적 과정의 도식적 표현이다. E_b, E_b', E_b''로 표기된 아래 3개 선들은 원자의 내부 껍질 K와 L 전자들의 에너지를 나타낸다. 위 3개의 선들은 외부 껍질 전자나 원자가 전자의 에너지 준위를 나

[4]XPS의 역사에 대한 간단한 기술에 대해서는 다음 문헌을 참고하시오. K. Siegbahn, Science, **1982**, *217*, 111, **DOI**: 10.1126/science.217.4555.111; D. M Hercules, *J. Chem. Educ.*, 2004, *81*, 1751, **DOI**: 10.1021/ed081p1751. For monographs, see S. Hüfner, *Photoelectron Spectroscopy: Principles and Applications*, Berlin: Springer-Verlag, 1995; T. L. Barr, *Modern ESCA: The Principles and Practice of X-Ray Photoelectron Spectroscopy*, Boca Raton, FL: CRC Press, 1994.

타낸다. 그림에서 보는 것과 같이 알려진 에너지 $h\nu$의 단색 X선 살의 광자들 중 하나가 에너지 E_b의 K 오비탈로부터 나온 전자 e^-를 대체한다. 그 과정을 다음과 같이 나타낼 수 있다.

$$A + h\nu \rightarrow A^{+*} + e^- \quad (21\text{-}1)$$

여기서 A는 원자, 분자, 혹은 이온일 수 있고, A^{+*}는 A보다 양전하가 하나 더 큰 전자적으로 들뜬 이온이다.

방출 전자 E_k의 운동 에너지는 전자 분광기로 측정된다. 전자 E_b의 *결합 에너지*(binding energy)는 다음 식을 사용해서 계산될 수 있다.

$$E_b = h\nu - E_k - w \quad (21\text{-}2)$$

이 식에서 w는 분광기의 *일함수*(work function)로 전자가 생성되고 측정되는 정전기적 환경에 대한 보정 인자이다. 다양한 방법들이 w값을 결정하는 데 이용될 수 있다. 전자의 결합 에너지는 전자를 방출하는 원자와 오비탈의 특징이다.

그림 21-2는 결합 에너지 E_b의 함수로 나타낸 전자 계수율의 도식으로 이루어진 저분해능 혹은 조사 XPS 스펙트럼이다. 분석물질은 6개 원소로 이루어진 유기 화합물로 구성되었다. 수소를 제외하곤 각 원소에 대해 잘 분리된 피크를 관찰할 수 있다. 게다가 산소 피크가 존재하는데, 이는 화합물의 일부 표면이 산화되었다는 것을 시사하는 것이다. 예상하였듯이 핵의 양전하가 증가하였기 때문에 1*s* 전자의 결합 에너지는 원자 번호에 따라 증가한다는 것을 알아야 한다. 또한 주어진 원소에 대해 피크가 하나 이상 관찰될 수 있음을 명심해야 한다. 황과 인의 2*s*와 2*p* 전자 모두에 대한 피크들이 보여질 수 있다. 고체 시료 내에서 비탄성 충돌에 의해 방출 전자는 에너지 일부를 잃어 각 특징적 피크와 연관된 꼬리가 있기 때문에 바탕선이 크게 나타난다. 이 전자들은 비산란 상대들보다 운동 에너지가 작아 낮은 운동 에너지나 높은 결합 에너지(식 21-2)에서 나타날 것이다. XPS가 고체 표면에 있는 원소들의 정성적 확인을 위한 도구를 제공한다는 것은 그림 21-2로부터 알 수 있다.

기기장치법

전자 분광법에 대한 기기는 여러 기기 제조사들에 의해 공급되고 있다. 이 제품들은 구성 요소의 형태, 배치, 그리고 가격 면에서 상당히 다르다. XPS와 같은 기기들은 단일 형태의 응용을 위해 설계되었고, 다른 것들은 적절한 부속품들의 사용으로 AES와 UPS에 적용될 수 있다. 모두 비싸다(미화 \$300,000~ >\$ 10^6).

전자 분광기는 광학 분광기기에서 접한 것과 유사한 기능을 하는 구성요소들로 이루어져 있다. 이 구성요소들은 (1) 광원, (2) 시료잡이, (3) 단색화 장치와 동일한 작용을 하는 분석기, (4) 검출기, 그리고 (5) 데이터 분석계를 포함한다. 그림 21-4는 이 구성요소들의 전형적 배열을 보여준다. 전자 분광기는 일반적으로 모든 구성요소의 압력을 10^{-6}~10^{-8} Pa (10^{-8}~10^{-10} torr)로 낮출 수 있는 정교한 진공계가 필요하다.[5]

광원. 가장 간단한 XPS 분광기용 광원은 마그네슘이나 알루미늄 과녁과 적절한 필터가 장착된 X선 관이다. 이 두 원소에 대한 Kα 선은 원자 번호가 더 큰 과녁보다 훨씬 좁은 띠너비(0.8~0.9 eV)를 갖는다. 좁은 띠는 분해능을 증가시키기 때문에 바람직하다. 비단색화 광원은 일반적으로 직경 수 센티미터의 점으로 비춘다.

그림 21-4에서 보는 바와 같이 상대적으로 정교한 XPS 기기는 약 0.3 eV의 띠너비를 갖는 X선 살을 제공하는 결정 단색화 장치(제12B-3절)를 사용한다. 단색화 장치는 제동 복사 바탕을 제거하여 신호 대 잡음비를 개선한다. 이들은 또한 관찰할 표면에 매우 작은 점(점 크기 ~50 μm)으로 비출 수 있게 해준다.

싱크로트론 방사는 XPS 분광기가 보다 널리 사용될 수 있도록 하는 또 다른 유용한 광원이다. 싱크로트론은 잘 조준되고 편광된 광대역 방사선을 생성한다. 이런 광원을 단색화 장치와 함께 사용하면 광전자 실험용 가변 X선 광원을 제공할 수 있다.

시료잡이. 고체 시료는 보통 준비 용기에서 분석 용기로 도입된다. 이 용기는 분석 용기와 격리될 수 있고, 시료 장착을 위해 대기압에 도달할 수 있게 한다. 그리고 나서 준비 용기는 분석 용기 정도의 고진공으로 된다.

시료가 시료 용기로 이동된 후 시료는 시료 조정기와 시료잡이를 이용해 놓인다. 고체 시료는 X선 광원과 분광기의 입구 슬릿에 가능한 가깝게 놓여진다(그림 21-4). 전자 살의 감쇠를 피하기 위해 시료 구간은 10^{-3} Pa 이하의 압력으로 진공시켜야 한다. 하지만 종종 표면과 반응하거나 표면에 흡착되는 산소나 물과 같은 물질에 의한 시료 표면의 오염을 막기 위해서는 훨씬 더 우수한 진공(10^{-7}~10^{-8} Pa)이 요구된다.

기체 시료는 1 Pa 정도의 압력을 제공할 정도의 크기인 슬릿을 통해 시료 영역으로 새어 들어가게 한다. 더 높은 압력은 전자 살의 과도한 감쇠를 유도하는데, 이는 비탄성 충돌에 기인한다. 달리 말하면 시료 압력이 너무 낮으면 약화된 신호가 얻어진다.

분석기. 분석기는 집속 렌즈나 렌즈 그리고 운동 에너지에 따라 방출 전자를 분산시키는 전자 에너지 분석기로 이루어진다. 렌즈계는 보통 고효율을 위한 넓은 수집각(~30°)을 가능하게 한다. 몇몇 각도 분할 실험에서 구경(aperture)은 수집각을 줄인다. 이런 실험은 깊이 분석 연구에 이용된다.

일반적으로 광전자 실험은 일정한 분석기 에너지 방식으로

[5]상업용 XPS 기기장치법의 관점에 대해서는 다음 문헌을 참고하시오. M. A. Kelly, *J. Chem. Educ.*, **2004**, *81*, 1726, **DOI**: 10.1021/ed081p1726.

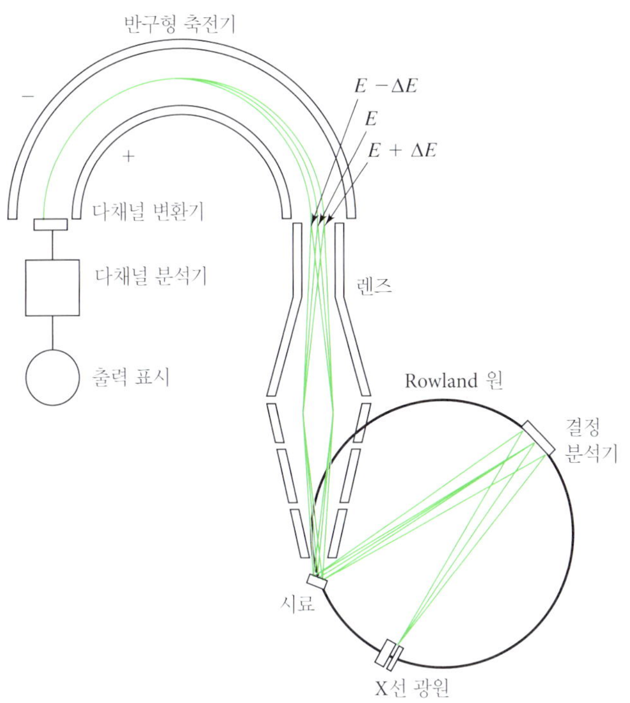

그림 21-4 단색화 X선 광원과 반구 전기장 분광기를 사용하는 현대 ESCA 기기의 원리.

수행되는데, 여기서 전자가 분석기를 통과함에 따라(그림 21-4의 통과 에너지 E) 사용자가 결정한 에너지까지 렌즈계에 의해 전자는 가속되거나 지연된다. 종종 5~25 eV의 통과 에너지는 고분해능 스펙트럼을 생성할 것이다. 조사 주사는 100~200 eV의 통과 에너지를 사용한다. 신호 세기는 통과 에너지가 감소함에 따라 감소한다.

대부분 에너지 분석기는 그림 21-4에 묘사된 형태로, 전자 살이 반구형 축전기의 정전기장에 의해 방향이 바뀐다. 따라서 전자는 렌즈부터 다채널 변환기까지 굽어진 경로를 따라 이동한다. 곡률 반경은 전자의 운동 에너지와 정전기장의 크기에 의존한다. 전체 스펙트럼은 다양한 운동 에너지의 전자들을 변환기에 집중시키기 위해 정전기장을 변화시키면서 얻는다.

변환기. 대부분 현대 전자 분광기는 소량의 납이나 바나듐이 첨가된 유리관으로 이루어진 고체상 다채널 전자 증폭기에 기반한다. 수 킬로볼트의 전위 차가 이 물질들에 가해질 때, 10^6~10^8 전자의 무리나 펄스가 각 입사 전자에 대해 생성된다. 이 펄스는 전기적으로 계수된다(제4C절 참고). 몇몇 제조사들은 현재 제7E-3절에서 기술한 다채널 광자 검출기의 방식과 응용 면에서 유사한 2차원 다채널 전자 검출기를 제공하고 있다. 여기서 전자 스펙트럼의 모든 분리 원소들은 동시에 관찰되고 데이터는 차후 디스플레이를 위해 컴퓨터에 저장한다. 이런 시스템의 장점은 다채널 광자 검출기에서 알려진 것과 유사하다.

데이터 계. 현대 XPS 기기는 거의 대부분 요소들을 컴퓨터로 조정한다. 따라서 전자총, 이온총, 밸브, 렌즈 전압, 시료 위치, 그리고 분석기 변수는 모두 컴퓨터에 의해 조정된다. 현재 통용되는 XPS 기기의 소프트웨어는 피크 찾기, 피크 해석, 그리고 피크 세기 측정을 포함하는 다수의 데이터 분석과 관련된 사항이 있다. 많은 패키지가 또한 다변량 통계 과정과 패턴 인식과 같은 화학계기 데이터 분석을 포함한다.

XPS의 응용

XPS는 물질의 원소 조성, 특히 고체 표면의 원소 조성에 대한 정성 정보와 정량 정보를 제공한다. 또한 종종 유용한 구조적 정보를 제공한다.[6]

정성 분석. 그림 21-2는 *조사 스펙트럼*(survey spectrum)이라 불리는 저분해능 전주사 XPS 스펙트럼으로 시료의 원소 조성을 결정하는 근거가 된다. 마그네슘이나 알루미늄 Kα 광원을 사용하면 수소와 헬륨을 제외한 모든 원소가 특징적 결합 에너지를 갖는 내부 전자를 방출한다. 일반적으로 조사 스펙트럼은 250~1,500 eV 범위의 운동 에너지를 포함하는데, 이는 약 0~1,250 eV의 결합 에너지에 해당한다. 주기율표에 있는 모든 원소는 이 영역에서 피크가 나타나는 하나 이상의 에너지 준위를 갖는다. 대개의 경우 피크들은 잘 분리되어 있고 원소가 0.1% 이상의 농도로 존재하면 모호하지 않게 확인할 수 있다. 때때로 O(1s)와 Sb(3d) 혹은 Al(2s, 2p)와 Cu(3s, 3p)와 같이 피크 겹침이 일어난다. 보통 스펙트럼 겹침에 의한 문제는 추가적으로 다른 스펙트럼 영역의 피크들을 조사함으로써 해소될 수 있다. 종종 Auger 전자로부터 나오는 피크들은 XPS 스펙트럼에서 발견된다(예를 들어 그림 21-2에서 약 610 eV의 피크 참고). Auger 선들은 두 X선 광원(보통 마그네슘과 알루미늄 Kα)에 의해 생성된 스펙트럼을 비교하여 바로 확인될 수 있다. Auger 선들은 운동 에너지 척도가 변하지 않은 채로 있지만 광전자 피크들은 위치가 변한다. Auger 전자의 거동에 대한 이유는 다음 절에서 언급할 것이다.

화학적 이동과 산화 상태. 조사 스펙트럼의 피크들 중 하나가 고에너지 분해능 조건으로 조사되었을 때, 최대점 위치는 피크와 연관된 원자의 화학적 환경에 따라 어느 정도 달라진다. 즉, 원자가 전자 수의 변화와 결합의 형태는 내부 전자의 결합 에너지에 영향을 준다. 원자가 전자 수와 산화 상태의 영향은 표 21-2에 보여준 여러 원소들에 대한 자료로 알 수 있다. 각 경우마다 결합 에너지는 산화 상태가 더 양의 값이 될수록 증가한다는 것을 명심해야 한다. *화학적 이동*(chemical shift)은 내부 전

[6]XPS(또한 AES)의 응용에 대한 총설은 다음 문헌을 참고하시오. J. F. Watts and J. Wolstenholme, *An Introduction to Surface Analysis by XPS and AES*, Chichester, UK: Wiley, 2003; N. H. Turner and J. A. Schreifels, *Anal. Chem.*, **2000**, 72, 99R, **DOI**: 10.1021/a10000110. See also D. M. Hercules, *J. Chem. Educ.*, **2004**, 81, 1751, **DOI**: 10.1021/ed081p1751.

표 21-2 산화 상태의 함수에 따른 화학적 이동[a]

원소[b]	산화 상태									
	−2	−1	0	+1	+2	+3	+4	+5	+6	+7
질소(1*s*)	—	*0[c]	—	+4.5[d]	—	+5.1	—	+8.0	—	—
황(1*s*)	−2.0	—	*0	—	—	—	+4.5	—	+5.8	—
염소(2*p*)	—	*0	—	—	—	+3.8	—	+7.1	—	+9.5
구리(1*s*)	—	—	*0	+0.7	+4.4	—	—	—	—	—
아이오딘(4*s*)	—	*0	—	—	—	—	—	+5.3	—	+6.5
유로퓸(3*d*)	—	—	—	—	*0	+9.6	—	—	—	—

[a]모든 이동은 (*) 표식에 의해 지시된 산화 상태에 관하여 측정된 eV이다. (Reprinted with permission from D. M. Hercules, *Anal. Chem.*, **1970**, *42*, 20A, **DOI**: 10.1021/ac60283a717. Copyright 1970 American Chemical Society.)
[b]괄호에 주어진 전자의 형태.
[c]NaN_3의 말단 질소의 측정에 대한 값을 임의로 0으로 설정.
[d]NaN_3의 중간 질소.

자에 대한 핵의 친화력이 외부 전자의 존재에 의해 감소된다고 가정함으로써 설명될 수 있다. 이 전자들 중 하나가 제거되면 내부 전자가 느끼는 유효 전자는 증가되고 결합 에너지는 증가하는 것으로 나타난다.

XPS의 가장 중요한 응용 중 하나는 무기 화합물에서 원소의 산화 상태를 규명하는 것이다.

화학적 이동과 구조. 그림 21-5는 원소의 피크 위치에 미치는 화학 구조의 영향을 묘사한다. 각 피크는 구조식에서 점선으로 가리킨 탄소 원자의 1*s* 전자에 해당한다. 결합 에너지의 이동은 다양한 작용기가 1*s* 내부 전자의 유효 핵전하에 미치는 영향을 고려함으로써 설명될 수 있다. 예를 들면, 연결된 모든 작용기 중 플루오린 원자는 탄소 원자로부터 전자 밀도를 감소시키는 능력이 가장 우수하다. 따라서 탄소 1*s* 전자가 느낀 유효 핵전하는 최고이고 결합 에너지도 최고이다.

그림 21-6은 여러 산화 상태에 있는 황과 다양한 형태의 유기 화합물에 있는 황의 피크 위치를 가리킨다. 가장 윗줄 자료는 산화 상태의 효과를 보여준다. 또한 아래 4줄은 단일 이온이나 분자에 포함된 2개 황 원자를 XPS로 구별하는 것을 보여준다. 따라서 두 개 피크가 thiosulfate 이온($S_2O_3^{2-}$)에서 관찰되는데, 두 황 원자가 다른 산화 상태를 갖는다는 것을 제시한다.

XPS 스펙트럼은 화합물에 있는 원자 형태에 대한 정성적 정보뿐만 아니라 각 형태의 상대 개수에 대한 정보도 제공한다. 따라서 sodium azide ($Na^+N_3^-$)에 대한 질소 1*s* 스펙트럼은 두 말단 질소와 중심 질소의 상대비가 2:1인 상대비를 갖는 2개의 피크로 이루어져 있다.

XPS에서 생성된 광전자는 약 5~10 nm 이상의 고체를 통과할 수 없다는 것을 다시 알려줄 필요가 있다. 따라서 X선 미세 탐침 분광법과 같은 전자 분광법의 가장 중요한 적용은 표면에 대한 정보의 축적에 대한 것이다. 하지만 깊이 분석은 풀어내기 (deconvolution) 방법을 사용하면 가능하다. XPS 사용의 여러 예시는 촉매 표면의 활성 자리와 훼손 부위의 확인, 반도체의 표면 오염의 결정, 사람 피부의 조성 분석, 그리고 금속과 합금의 산화 표면층에 대한 연구를 포함한다. 공간 지도 제작과 영상화도 또한 미세 탐침 방법으로 가능하다.

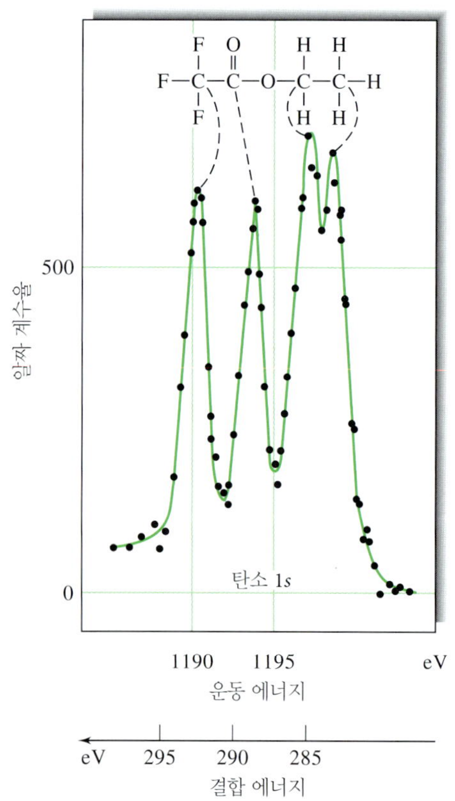

그림 21-5 Ethyl trifluoroacetate의 탄소 1s의 X선 광전자 스펙트럼. (From K. Siegbahn et al., *ESCA: Atomic, Molecular, and Solid-State Studies by Means of Electron Spectroscopy*, p. 21, Upsala: Almquist and Wiksells, 1967. With permission.)

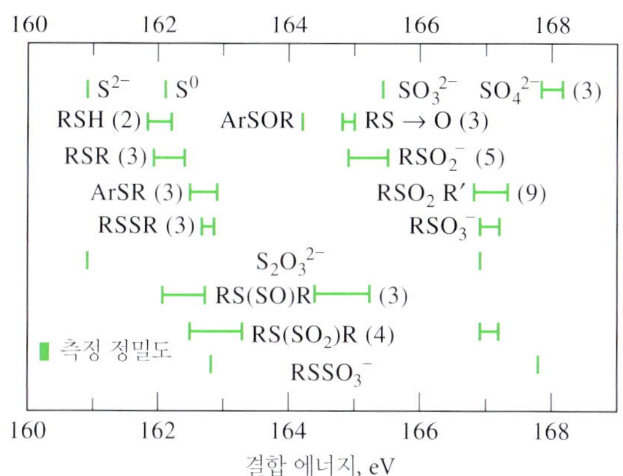

그림 21-6 황 2s 전자 결합 에너지에 대한 상관 관계도. 괄호 안 숫자는 조사한 화합물의 수를 가리킨다. (Reprinted with permission from D. M. Hercules, *Anal. Chem.*, **1970**, *42*, 20A, **DOI**: 10.1021/ac60283a717. Copyright 1970, American Chemical Society.)

이 방법은 화학 구조의 해석에도 상당한 잠재력을 가지고 있음이 분명하다(그림 21-5와 21-6 참고). XPS에서 얻은 정보는 핵 자기 공명법(NMR)이나 IR 분광법에서 얻은 정보와 견줄 만하다. 원소의 산화 상태들을 구별하는 XPS의 능력은 주목할 만하다.

XPS에서 얻은 정보는 또한 화합물에 대한 X선 흡수 스펙트럼의 흡수 끝자리에서 나타나야 한다는 것을 알아야 한다. 하지만 대부분 X선 분광기는 이 구조적 정보를 추출할 수 있을 만한 충분한 분해능을 갖지 못한다.

정량 응용. 한때, XPS는 매우 유용한 정량 기술이라고 여겨지지 않았다. 하지만 고체 표면 영역의 화학 조성 결정을 위해 XPS를 사용하는 것이 증가하고 있다.[7] 고체가 전자의 평균 자유 행로의 몇 배 길이 정도까지 균일하다면, 매초마다 측정된 광전자의 개수 I는 다음과 같이 표현될 수 있다.

$$I = n\phi\sigma\varepsilon\eta ATl \tag{21-3}$$

여기서 n은 시료의 원자 밀도(atoms cm^{-3}), ϕ는 입사 X선 살의 선속(photons cm^{-2} s^{-1}), σ는 전이에 대한 광전자 단면적(cm^2/atom), ε은 기기의 각효율 인자, η는 생성되는 광전자의 효율(photoelectrons/photon), A는 광전자가 검출되는 시료의 면적(cm^2), T는 광전자의 검출 효율이고, l은 시료에서 광전자의 평균 자유 행로(cm)이다.

주어진 전이에 대해 마지막 6개 항이 일정하다면, 원자 감도 인자 S는 다음과 같이 쓸 수 있다.

$$S = \sigma\varepsilon\eta ATl \tag{21-4}$$

주어진 분광기에 대해 S의 상대 값의 집합은 관심 원자에 대해 개발될 수 있다. 비율 I/S는 표면의 농도 n에 바로 정비례한다는 것을 명심해야 한다. 양 I는 피크 높이도 사용되지만 보통 피크 면적으로 주어진다. 종종 정량적 작업의 경우 내부 표준이 사용된다. 5% 정도의 상대 정밀도가 보통이다. 고체와 액체 분석의 경우, 시료의 표면 조성이 본체 조성과 동일하다고 가정하는 것이 필요하다. 많은 응용에서 이 가정이 심각한 오차를 유발시킬 수 있다. XPS에 의한 원소의 검출은 최소 0.1% 수준에서 나타나야 한다. 정량 분석은 보통 어떤 원소가 5% 이상 존재하면 실행될 수 있다.

21C-2 Auger 전자 분광법

XPS와는 달리 AES[8]는 두 단계 과정에 기반하는데, 첫 번째 단계는 전자 혹은 가끔 X선 살에 분석물질을 노출시켜 전자적으로 들뜬 이온 A^{+*}의 형성을 포함한다. X선을 이용하면 식 21-1에서 보여준 과정이 일어난다. 전자 살에 대한 들뜸 과정은 다음과 같이 쓸 수 있다.

$$A + e_i^- \rightarrow A^{+*} + e_i'^- + e_A^- \tag{21-5}$$

여기서 e_i^-는 입사원에서 나온 입사 전자를 나타내고, $e_i'^-$는 A와 상호작용해서 에너지 일부를 잃은 후의 동일한 전자를 나타내고, e_A^-는 A의 내부 오비탈 중 하나로부터 방출된 전자를 나타낸다.

그림 21-7a와 b에서 보는 바와 같이, 들뜬 이온 A^{+*}의 이완은 아래 두 가지 방법으로 일어날 수 있다.

$$A^{+*} \rightarrow A^{++} + e_A^- \tag{21-6}$$

혹은

$$A^{+*} \rightarrow A^{+} + h\nu_f \tag{21-7}$$

이 경우 e_A^-는 Auger 전자에 해당하고 $h\nu_f$는 형광 광자를 나타낸다.

식 21-7에 묘사된 이완 과정은 X선 형광으로, 이는 제12장에 기술되었다. 형광 복사선의 에너지 $h\nu_f$는 들뜸 에너지와는 상관없다는 것을 알아야 한다. 따라서 다색 복사선이 들뜸 단계에서 사용될 수 있다. 식 21-6에서 보여준 Auger 방출에서 이완에서 포기된 에너지는 운동 에너지 E_k를 갖는 Auger 전자 e_A^-의 방출로 나타난다. Auger 전자의 에너지는 에너지 준위 E_b의 빈자리를 만드는 입사 광자나 전자의 에너지와는 무관하다는 것을 명

[7] XPS와 AES의 정량 응용에 대한 총설은 다음 문헌을 참고하시오. K. W. Nebesny, B. L. Maschhoff, and N. R. Armstrong, *Anal. Chem.*, **1989**, 61, 469A, **DOI**: 10.1021/ac00182a731. For a discussion of the reliability of XPS, see C. J. Powell, *J. Chem. Educ.*, **2004**, *81*, 1734, **DOI**: 10.1021/ed081p1734.

[8] 다음 문헌을 참고하시오. J. T. Grant, in *Characterization of Materials*, 2nd ed., Vol. 3, E. N. Kaufmann, ed., Hoboken, NJ: Wiley, 2012; H. J. Mathieu, in *Surface Analysis: The Principal Techniques*, J. C. Vickerman and I. S. Gilmore, eds., Chichester, UK: Wiley, 2009; J. F. Watts and J. Wolstenholme, *An Introduction to Surface Analysis by XPS and AES*, Chichester, UK: Wiley, 2003; D. Briggs and J. T. Grant, *Surface Analysis by Auger and X-Ray Photoelectron Spectroscopy*, Trowbridge, UK: Cromwell Press, 2003.

심해야 한다. 따라서 형광 분광법에서와 같이 단일 에너지원이 들뜸을 위해 요구되지 않는다. Auger 선이 입력 에너지와 무관하기 때문에 스펙트럼에서 Auger 선과 XPS 피크를 구별하는 것이 가능하다.

Auger 전자의 운동 에너지는 들뜬 이온의 이완에서 방출한 에너지($E_b - E_b'$)와 오비탈에서 이차 전자를 제거하기 위해 필요한 에너지(E_b')의 차이이다. 따라서

$$E_k = (E_b - E_b') - E_b' = E_b - 2E_b' \qquad (21\text{-}8)$$

Auger 방출은 전자의 생성이 포함된 오비탈 전이 형태로 묘사된다. 예를 들면, KLL Auger 전이는 K 전자의 최초 제거와 뒤이은 L 전자의 K 오비탈로의 전이와 이와 동시에 일어나는 두 번째 L 전자의 방출을 포함한다. 다른 일반적인 전이는 LMM과 MNN이다.

XPS 스펙트럼과 마찬가지로 Auger 스펙트럼도 20~1,000 eV의 범위에 놓여진 특징적 피크들로 이루어져 있다. 그림 21-8은 구리-니켈 70:30인 합금의 두 가지 시료에 대한 전형적인 Auger 스펙트럼을 보여준다. 전자의 운동 에너지 함수로 나타낸 계수율의 미분 $dN(E)/dE$는 세로 좌표임을 명심해야 한다. 미분 스펙트럼은 작은 피크를 증강시키고 크게 나타내지만, 서서히 변하는 산란 전자 바탕 복사선의 효과를 억누르는 Auger 분광법의 기준이다. 피크들이 잘 분리되었고 상당히 쉽게 정성적으로 확인할 수 있다는 것을 알아야 한다.

Auger 전자 방출과 X선 형광(그림 21-7)은 경쟁 과정이고 그들의 상대 비율은 포함된 원소의 원자 번호에 의존한다. 높은 원자 번호는 형광에 유리하고 Auger 방출은 낮은 원자 번호의 원자에서 두드러진다. 그 결과로 X선 형광은 원자 번호 10 이하인 원소의 검출에는 그다지 감도가 좋지 않다.

Auger와 XPS는 물질의 조성에 대해 동일한 정보를 제공한다. 이 방법들은 하지만 경쟁적이라기보다는 보완적이다. Auger 분광법이 더 신뢰성이 있지만 어떤 응용에서는 XPS가 더 효율적이다. 앞서 언급하였듯이, 대부분 기기제조사들은 Auger와 XPS의 보완적 특성을 인지하고 있어서 단일 기기로 두 종류 측정 모두를 제공한다.

Auger 분광법의 특별한 강점은 낮은 원자 번호의 원자에 대한 감도, 최소 매트릭스 효과, 그리고 위에서 언급한 높은 공간 분해능으로, 이는 고체 표면의 상세 연구를 가능하게 한다. 높은 공간 분해능은 일차 살이 X선보다 더 조밀하게 표면에 집중될 수 있는 전자로 이루어졌기 때문에 일어난다. 지금까지 Auger 분광법은 XPS에서 기술한 화학 구조 형태와 산화 상태 정보를 제공하는 데 널리 사용되지 않고 있다. AES를 이용한 정량 분석은 미분 방식 자료 표현과 미세한 구조 피크의 존재 때문에 XPS를 이용한 것과 같이 간단하지 않다. 종종 적분 면적이 정량적 작업보다 우선한다. 준정량 방법이 유용하고 널리 사용되고 있다.

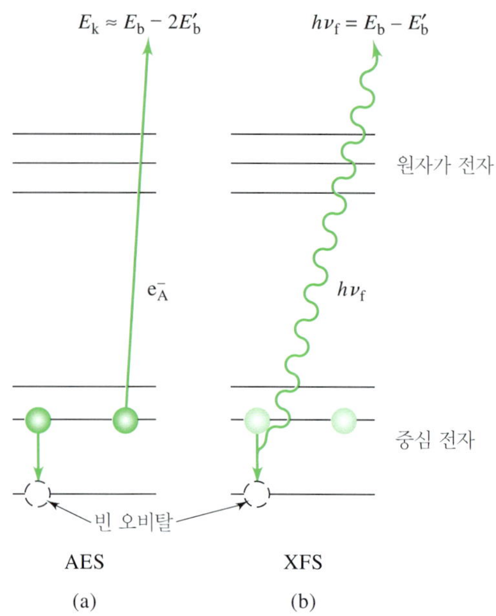

그림 21-7 (a) Auger 전자 방출과 Auger 방출과 경쟁하는 (b) X선 형광의 근원에 대한 도식 표현.

기기장치법

AES를 위한 기기장치법은 방출원이 보통 X선 관이 아니라 *전자총*이라는 것을 제외하면 XPS에 대한 것과 유사하다.[9] 전자총의 일반 형태에 대한 도식을 그림 21-9에 나타내었다. 이 방출원은 가열 텅스텐 필라멘트로 이루어져 있다. 텅스텐 필라멘트는 보통 직경이 0.1 mm이고 V 형태의 머리핀 모양으로 굽어졌다. 음극 필라멘트는 총에 포함된 양극에 대해 1~50 kV의 전위차로 유지된다. 필라멘트 주변은 필라멘트에 대해 음으로 치우친 그리드 캡(grid cap)이나 *웨넬트 전극*(Wehnelt cylinder)이다. 총에서 전기장의 효과는 직경 d_0를 갖는 소위 *교차점*(crossover)이라 불리는 작은 점에 방출 전자가 집중되는 것이다.

더 밝은 방출원이 필요할 때, 육붕소화 란타넘(LaB_6) 막대 형태로 만들어진 음극이 또한 전자총으로 사용된다. 이 형태의 방출원은 비싸고 방출원의 효율이 급속히 악화되는 산화물의 형성을 막기 위해 더 우수한 진공 계가 필요하다. 최근에 소개된 가장 우수한 방출원은 *장 방출*(field emission)에 기반한다. 여기서 방출원은 뾰족한 끝(100 nm 이하)을 갖는 텅스텐이나 탄소 음극이다. 이 형태의 음극은 고전압이 가해질 때, 끝에서의 전기장은 매우 강해(>10^7 V/cm) 전자가 *양자역학 터널링 과정*(quantum mechanical tunneling process)[10]에 의해 생성된다.

---

[9]Auger 분광기에 대한 총설은 다음 문헌을 참고하시오. M. J. Felton, *Anal. Chem.*, **2003**, *75*, 269A, **DOI**: 10.1021/ac031343t. AES 기기장치에 대한 자습은 다음을 보시오. www.tinyurl.com/gpulvlj.

[10]양자역학에서, 입자가 퍼텐셜 에너지 장벽을 통과하여 고전역학에서 금지된 영역에 나타날 수 있는 유한 확률이 있다. 이 과정을 터널링이라 한다. 이것은 양성자와 전자 같은 가벼운 입자의 경우에는 중요한 과정이다.

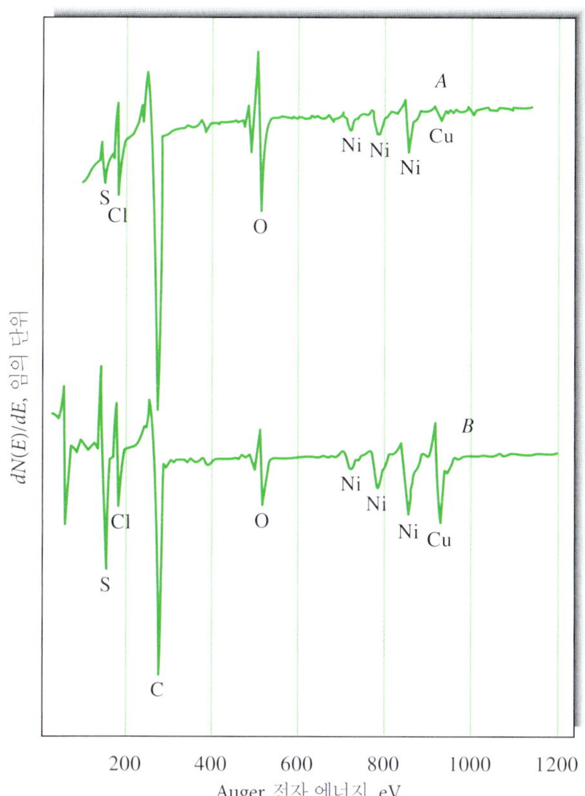

그림 21-8 70% Cu:30% Ni 합금에 대한 Auger 전자 스펙트럼. *A*는 양극 산화에 의해 부동화된 것이고, *B*는 부동화되지 않은 것이다. (Adapted from G. E. McGuire et al., *J. Electrochem. Soc.*, **1978**, *125*, 1801, **DOI**: 10.1149/1.2131298. Reprinted by permission of the publisher, the Electrochemical Society, Inc.)

이 과정은 방출을 막는 전위차 장벽으로부터 전자를 자유롭게 하는 데 필요한 열 에너지가 필요 없다. 장방출원은 전자 살을 제공하는데, 교차점 직경은 10 nm로 LaB_6 막대의 10 μm와 텅스텐 머리핀의 50 μm와 비교된다. 이 형태 방출원의 단점은 취성(fragility)과 일반 필라멘트 방출원보다 더 나은 진공이 필요하다는 것이다.

전자총은 Auger 전자 연구를 위해 시료 표면에 집중될 수 있는 1~10 keV의 전자 살을 생산한다. Auger 분광법의 특별한 장점 중 하나는 매우 높은 공간 분해능을 갖는 고체 표면의 주사 가능성이다. 일반적으로 직경 5~500 μm 범위의 전자 살이 이 목적으로 사용된다. 대략 5 μm의 살을 생산하는 총을 Auger 미세 탐침이라 부르고 불균질 원소 조성을 검출하고 결정하기 위한 고체 표면 주사에 사용된다.

AES의 응용

고체 표면의 정성 분석. 일반적으로 Auger 스펙트럼은 표면의 작은 영역(5~500 μm)을 총에서 나온 전자 살로 가격하여 얻어진다. 그림 21-8에 보여진 것과 같은 미분 전자 스펙트럼이 분석기를 이용하여 얻어진다. 표면 연구를 위한 Auger 분광법의 장점은 단지 고체의 서너 개 원자층(0.3~2 nm, 3~20 Å)만 투

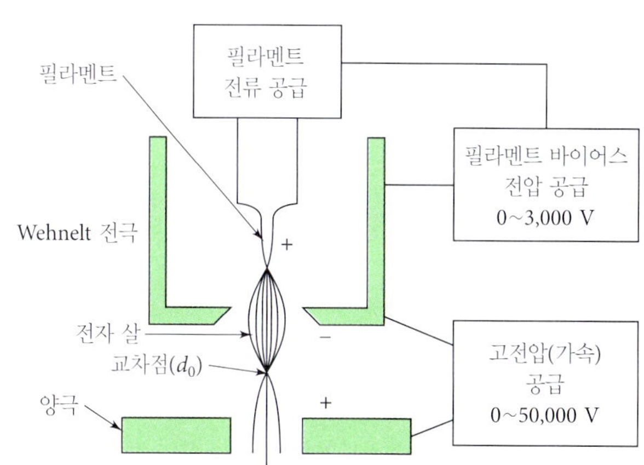

그림 21-9 텅스텐 필라멘트 방출원의 구성도.

과 가능한 저에너지 Auger 전자(20~1,000 eV)이다. 따라서 전자총에서 나온 전자는 고체 표면 아래 매우 더 깊은 곳까지 투과하더라도, 단지 첫 4개 혹은 5개 원자층에서 나온 Auger 전자가 분석기에 도달할 정도이다. 따라서 Auger 스펙트럼은 고체의 실제 표면 조성을 반영할 개연성이 있다.

그림 21-8의 두 Auger 스펙트럼은 70% Cu와 30% Ni 합금 시료에 대한 것으로, 종종 바닷물 부식 저항이 요구되는 구조로 사용된다. 이 합금의 부식 저항은 진한 염소 이온 용액에서 미리 양극 산화시켜 크게 증강되었다. 그림 21-8A는 이 방식으로 *부동화된*(passivated) 합금 표면의 스펙트럼이다. 스펙트럼 B는 양극 산화 전위차가 큰 부동화를 일으킬 만큼 충분히 크지 않은 합금의 다른 시료에 대한 것이다. 두 스펙트럼은 전자의 큰 부식 저항을 설명한 두 시료 간의 화학적 차이를 나타낸다. 첫째 비부동화된 시료의 표면층에서 구리-대-니켈 비율은 거의 본체의 것과 같지만 부동화된 물질에서는 니켈 피크가 구리 피크를 완전히 덮는다. 게다가 부동화된 시료에서 산소-대-니켈 비율은 순수한 양극화된 니켈의 것에 접근하는데, 이는 높은 부식 저항을 갖는다. 따라서 합금의 부식에 대한 저항은 산화 니켈이 표면에 크게 형성되어 나타나는 것이다. 순수한 니켈을 넘어서는 합금의 장점은 매우 낮은 가격이다.

표면의 깊이 분석. 깊이 분석(깊이 분포 측정)은 아르곤 이온살에 의해 표면이 식각(스퍼터)되어짐에 따라 표면의 원소 조성 결정을 포함한다. Auger 분광법이 더 일반적이지만, XPS나 Auger 분광법은 모두 원소 검출에 사용될 수 있다. 그림 21-10은 이 과정이 5 μm 정도의 살 직경을 갖는 고도로 집중된 Auger 미세 탐침을 이용하여 어떻게 진행되는가를 도식적으로 보여준다. 미세 탐침과 식각 살은 동시에 작동되고, 하나 이상의 Auger 피크가 시간의 함수로 기록된다. 에칭 비율은 시간과 관련되기 때문에, 원소 조성의 깊이 분포 측정이 얻어진다. 이러한 정보는 부식 화학, 촉매 거동, 그리고 반도체 접합 특성과 같은 다양한 연구에서 매우 중요하다.

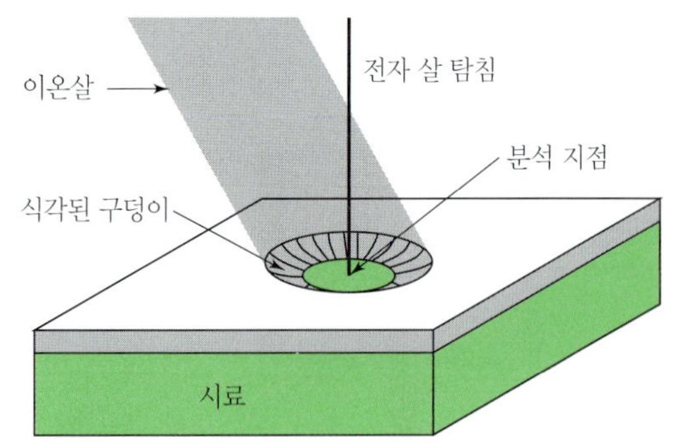

그림 21-10 깊이 분석을 위한 이온 스퍼터 식각과 Auger 분광법의 동시 사용에 대한 도식적 표현. (Courtesy of Physical Electronics, USA, Chanhassen, MN.)

그림 21-11은 앞 절(그림 21-8)에서 기술한 구리-니켈 합금에 대한 깊이 분석이다. 구리와 니켈의 피크 세기 비는 식각 시간의 함수로 기록된다. 곡선 *A*는 양극 산화에 의해 부동화된 시료에 대한 깊이 분석이다. 이 시료로 구리-대-니켈 비율이 미세 탐침 첫 식각 10분 동안 0이고, 이는 깊이 약 50 nm에 해당한다. 이 비율은 증가하여 화학적으로 식각되어 표면이 거의 본체 시료의 것과 같게 되는 합금 시료의 그것에 도달한다(곡선 *C*). 비부동화된 시료의 깊이 분석(곡선 *B*)은 비록 몇몇 증거가 얇은 산화 니켈 코팅에 대한 것을 보여주지만 화학적으로 식각된 시료와 유사하다.

선 주사. 선 주사는 100 μm 이상의 직선을 따라 거리의 함수로 고체의 표면 조성을 특성 분석하는 데 사용한다. 이 목적을 위해 고체를 가로질러 움직일 수 있는 재현성 있는 방법으로 살을 생성하는 데 Auger 미세 탐침이 사용된다. 그림 21-12는 반도체 소자 표면의 Auger 선 주사를 보여준다. 위 그림에서 산소 피크의 상대 피크 크기는 직선 거리의 함수로 기록된다. 아래 그림은 분석기가 금에 대한 피크로 조정되었을 때 얻은 동일한 주사이다.

21C-3 전자 에너지 손실 분석법

EELS[11]에서는 전자의 저에너지(1~10 eV) 살이 시료의 표면에 집중되고 산란 전자는 산란 에너지와 산란 각에 따라 분석된다. 산란 전자의 일부는 표면 분자의 진동 들뜸 때문에 에너지 손실을 겪을 것이다. 고분해능 EELS를 이용하면, 진동 탄성 산란 전자 대비 에너지 손실이 있는 전자의 수를 계수하고 이 수를 에너지 함수로 기록하여 스펙트럼이 얻어질 수 있다. 이런 스펙트럼은 흡착 물질을 포함한 표면의 첫 번째 층에 있는 작용기를 규명하고 산화 상태와 배위 수와 같은 화학 결합에 대한 정보를 제공하는 데 이용되고 있다.

많은 경우 EELS 스펙트럼은 전자 현미경 실험(제21G절 참고)과 함께 얻어진다. 하지만 전용 기기 및 다른 전자 분광법 기술(XPS, AES)과 결합된 기기가 시판되고 있다. 일반적으로 EELS 기기의 분해능은 >10 cm^{-1}으로 IR과 Raman 기기에 비해 낮으나 표면 화학종을 규명하고 특성 분석하기에는 매우 적절하다.

21D 이온 분광 기술

표 21-1의 5~7줄에 지명된 기술들은 이차 살 이온을 검출하는 이온 분광 기술로 분류된다. 여기에는 *이차 이온 질량 분석법*(secondary-ion mass spectrometry), *이온 산란 분광법*(ion-scattering spectroscopy), *Rutherford 후방 산란 분광법*(Rutherford backscattering spectroscopy), 그리고 *레이저 탐침 질량 분석법*(laser-microprobe mass spectrometry)을 포함한다.

21D-1 이차 이온 질량 분석법

이차 이온 질량 분석법(SIMS)은 가장 최고로 개발된 질량 분석 표면 방법으로, 몇몇 제조사들이 이 기술을 위한 기기를 제공하고 있다. SIMS는 고체 표면의 원자와 분자 조성 모두를 결정하는 데 유용한 것으로 알려졌다.[12]

기본적으로 SIMS 실험에는 세 가지 방법이 있다. *정적 SIMS*(static SIMS)는 표면의 아단일층(단일층 이하)의 원소 분석에 사용된다. 비록 SIMS가 기본적으로 파괴적 기술이기는 하지만, *정적*(static) 조건은 실험 시간 동안 표면을 온전하게 유지시킨다. *동적 SIMS* (dynamic SIMS)는 표면 아래 깊이의 함수로 조성 정보를 얻기 위해 사용된다. 동적 SIMS 실험은 물질의 다양한 층에 대한 정보를 얻기 위해 SIMS의 파괴 특성을 이용한다. *주사 SIMS* (scanning SIMS)라고도 불리는 *영상 SIMS* (imaging SIMS)는 표면의 공간 영상을 제공하기 위해 사용된다.

두 가지 형태의 SIMS 기기가 있다. *이차 이온 질량 분석기*(secondary-ion mass analyzer)는 정적과 동적 SIMS를 위해 사용되고 *미세 탐침 분석기*(microprobe analyzer)는 영상 SIMS를 위해 사용된다. 두 가지 모두 시료 표면에 5~20 keV의 이온살을 가격하는 것에 기반한다. 보통 Ar^+ 이온이 사용되나, Cs^+, N_2^+, 혹은 O_2^+도 사용된다. 이온살은 전자 이온화원에 의해 원자나 분자가 이온화되는 이온총에서 만들어진다. 이어서 양이온은 높은 직류 전압을 걸어 가속시킨다. 이 일차 이온의 가격은 시료 표면층의 원자를 중성 원자 형태로 벗겨지게 한다. 하지만 일부는 이차 양이온이나 음이온으로 생성되어 질량 분석

[11]다음 문헌을 참고하시오. R. F. Egerton, *Electron Energy Loss Spectroscopy in the Electron Microscope*, 3rd ed., New York: Springer, 2011.

[12]J. C. Vickerman, in *Surface Analysis—The Principal Techniques*, 2nd ed., J. C. Vickerman, and I. S. Gilmore, eds., Chichester, UK: Wiley, 2009, Chap 4; P. van der Heide, *Secondary Ion Mass Spectrometry: An Introduction to Principles and Practices*, New York: Wiley, 2014; D. McPhail and M. Dowsett, in *Surface Analysis—The Principal Techniques*, 2nd ed., J. C. Vickerman and I. S. Gilmore, eds., Chichester, UK: Wiley, 2009, Chap. 5.

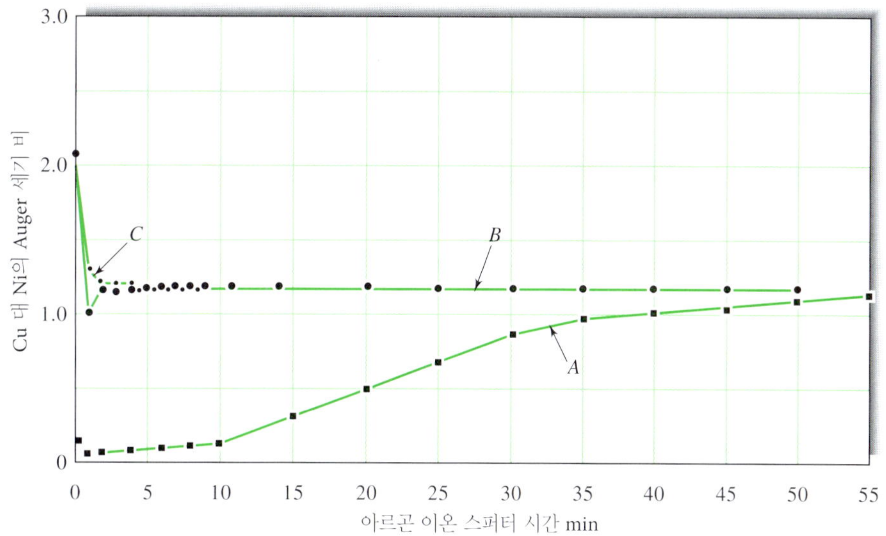

그림 21-11 그림 21-8에서 보여준 구리–니켈 합금에 대한 Auger 식각 종단면도. *A*는 부동화된 시료, *B*는 부동화되지 않은 시료, *C*는 본체 물질을 나타내는 화학적으로 식각된 시료. (Adapted from G. E. McGuire et al., *J. Electrochem. Soc.*, **1978**, *125*, 1801, **DOI**: 10.1149/1.2131298. Reprinted by permission of the publisher, the Electrochemical Society, Inc.)

기로 끌어당겨진다. 정적 SIMS에서 식각은 매우 천천히 일어나 시료의 손실은 근본적으로 무시할 만하다.

일반적인 표면 분석과 깊이 분석에 사용하는 이차 이온 질량 분석기에서 일차 이온살 직경은 0.3~5 mm 범위이다. 이중 초점, 단일 초점, 비행 시간, 그리고 사중 극자 질량 분석기가 질량 결정에 사용된다. SIMS를 위한 일반 변환기는 전자 증배관, Faraday 컵(Faraday cup), 그리고 영상화 검출기이다. 질량 분석기들은 표면에 존재하는 모든 동위 원소들(수소부터 우라늄)에 대한 정성적이고 정량적인 정보를 제공한다. 상대 감도 인자는 이온마다 크게 다르다. 대부분 미량 원소에 대한 검출 한계는 1×10^{12} atoms/cm^{3}부터 1×10^{16} atoms/cm^{3}까지로 다양하다. 하나 혹은 서너 개 동원 원소의 피크를 시간의 함수로 관찰함으로써 깊이 분해능 5~10 nm (50~100 Å)로 농도 분포 측정이 얻어질 수 있다.

이온 미세 탐침 분석기는 보다 정교하고 더 비싼 기기로 일차 이온살이 200 nm에서 1 μm의 직경으로 초점이 맞추어진다. 이 살은 표면을 가로질러 x와 y 양방향 모두 약 300 μm 움직일 수 있다. 미세 탐침은 살 위치의 육안 조정이 가능하도록 되어 있다. 질량 분석은 이중 초점 질량 분석기로 수행된다. 몇몇 기기에서 일차 이온살이 추가된 저분해능 질량 분석기를 통해 지나서 단일 형태의 일차 이온이 시료를 가격한다. SIMS의 이온 미세 탐침 형태는 고체 표면의 상세한 연구를 가능하게 한다.

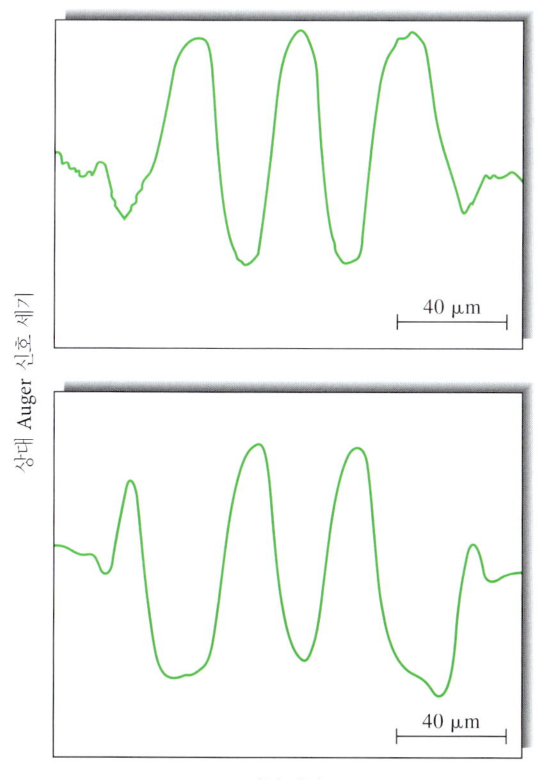

그림 21-12 반도체 소자 표면에 대해 얻은 산소(위)와 금(아래)에 대한 Auger 선 주사. (Courtesy of Physical Electronics, USA, Chanhassen, MN.)

21D-2 이온 산란과 Rutherford 후방 산란 분광법

이온 산란 분광법(ISS)과 Rutherford 후방 산란 분광법(RBS)은 유사한 기술로, 일차 이온살이 표면을 탐침하는 데 사용된다.[13] 두 기술 모두에서 시료에서 후방 산란된 이온의 에너지 분포가 측정된다. 고체 표면을 가격하는 이온은 전자 들뜸뿐만 아니라

[13]정보가 더 필요하면 다음 문헌을 참고하시오. E. Taglauer, in *Surface Analysis—The Principal Techniques*, 2nd ed., J. C. Vickerman and I. S. Gilmore, eds., Chichester, UK: Wiley, 2009, Chap. 6.

다양한 충돌 과정을 일으킨다. 산란된 이온의 에너지 스펙트럼의 분석은 원자 질량, 원자 농도, 그리고 표면에서의 공간적 배열에 대한 정보를 줄 수 있다.

두 기술 간 주요 차이점은 들어오는 이온살의 에너지에 있다. 저에너지 이온 산란이라고도 불리는 ISS에서 일차 이온 에너지는 0.5~5 keV 범위에 있다. He^+, Ar^+, 그리고 Ne^+ 같은 불활성 기체 이온과 Li^+, Na^+, 그리고 K^+ 같은 알칼리 이온이 사용된다. 전자 이온화원은 정전기 혹은 비행 시간 질량 분석기에 가장 자주 사용된다. ISS 기술에서 정보는 위의 원자층이나 때때로 하나 혹은 두 층 바로 아래에서 얻어진다.

Rutherford 후방 산란에서 일차 이온살의 에너지 범위는 H^+에 대해 100 keV에서 He^+과 He^{2+}에 대해 수 MeV까지이다. Van de Graaff 발생기가 에너지 이온살을 만들기 위해 종종 사용된다. 그림 21-13에서 보는 바와 같이 RBS 기기는 종종 고체상 입자 검출기와 에너지 분리를 위한 다채널 분석기를 사용한다. 자기와 정전기 분석기는 또한 고분해능 연구를 위해 사용된다. RBS에서의 정보는 두께 약 100 nm로부터 얻어지지만, 특별한 기술과 접목한 표면 분석도 가능하다. RBS를 사용하면 표면 아래 깊이의 함수로 원자 질량과 원소 농도를 결정하는 것이 가능하다.

표면의 최상층에 대한 감도로 인해, ISS는 촉매와 합금과 같은 물질의 표면 조성 분석을 제공하는 데 매우 유용하다는 것이 입증되었다. ISS는 또한 금속, 반도체, 금속 산화물, 그리고 흡착 표면에 대한 구조적 정보를 제공할 수 있다. ISS의 주요 제약은 중성화 반응과 다른 반응 때문에 정량 결과를 제공하기 어렵다는 것과 관련되어 있다. 충돌 과정과 비탄성 에너지 손실은 또한 절대 질량 결정을 어렵게 한다. 조성 분석에서 ISS는 일반적으로 적용되지는 않지만 AES와 상호보완적이다.

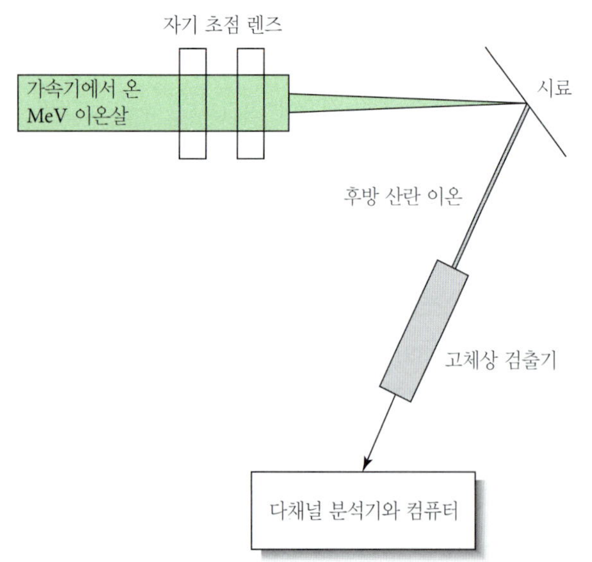

그림 21-13 Rutherford 후방 산란 장치. 가속기에서 방출된 이온살은 시료 위에 집중된다. 후방 산란 이온은 고체상 입자 검출기로 검출된다.

RBS는 정확도 5% 정도로 원소 조성의 절대 정량 분석을 제공할 수 있다. RBS는 표면층과 박막으로부터 두께 약 1 μm까지의 깊이 분석 정보를 제공할 수 있다. 하지만 어떤 경우에는 고에너지 살이 표면을 손상시킬 수 있다. 이것은 특히 고분자, 알칼리 할로젠 화합물, 그리고 산화물과 같은 절연성 물질에서 문제가 된다. 1977년에 Mars Pathfinder 임무는 알파 양성자 X선 분광기(APXS)를 포함한다. 이것의 RBS 방식에서 분광기는 시료를 알파 입자로 가격하여 후방 산란 입자의 에너지 분석을 통해 원소 조성을 결정하였다. RBS에 더해 APXS 기기는 양성자 방출과 입자 유도 X선 방출(PIXE) 실험을 수행하도록 설계되었다. 토양과 암석 조성이 측정되었고 앞선 Viking 임무의 것과 비교되었다. 2012 Mars Science Laboratory의 로버 Curiosity를 포함한 이어진 화성 임무도 APXS 기기를 포함하였다.

21D-3 레이저 미세 탐침 질량 분석법

레이저 미세 탐침 질량 분석기는 고체 표면의 연구에 사용된다. 표면의 깎임(ablation)은 고출력 펄스 레이저(보통 Nd:YAG 레이저)를 이용하여 이루어진다. 주파수를 4배로 한 후, Nd:YAG 레이저는 266 nm의 복사선을 생성하고 0.5 μm 정도의 점으로 집중될 수 있다. 이 점 내에서 이 복사선의 전력 밀도는 10^{10}~10^{11} W/cm^2 정도로 높을 수 있다. 표면이 깎일 때 일부 원자가 이온화된다. 생성된 이온은 가속되어 보통 비행 시간 질량 분석법으로 분석된다. 어떤 경우에는 미세 탐침이 사중 극자 이온덫과 푸리에 변환 질량 분석기와 결합된다. 레이저 미세 탐침 직렬 질량 분석법은 또한 현재 주목받고 있는 연구이다. 게다가 레이저 깎임은 방출이나 질량 분석을 위한 유도 결합 플라스마로 시료를 주입하기 전에 시료를 기화시키는 데 사용된다.[14]

레이저 미세 탐침 질량 분석법은 대단히 높은 감도(10^{-20} g까지)를 가지고, 무기물 시료와 생물 시료를 포함한 유기물 시료 모두에 적용 가능하고, 약 1 μm의 공간 분해능을 가지며, 빠른 속도로 데이터를 생성한다. 레이저 깎임 질량 분석법의 일반 응용은 망막에서 칼슘 분포의 결정, 단단한 치아 조직에서 플루오린 분포의 결정, 표면층의 3D 지도 제작, 그리고 법의학적 증거의 분석을 포함한다.[15]

[14]레이저 깎임에 대한 총설은 다음 문헌을 참고하시오. R. E. Russo, X. Mao, J. J. Gonzalez, V. Zorba, and J. Yoo, *Anal. Chem.*, **2013**, *85*, 6162, **DOI**: 10.1021/ac4005327; R. E. Russo, X. Mao, and S. S. Mao, *Anal. Chem.*, **2002**, *74*, 70A, **DOI**: 10.1021/ac0219445.

[15]사례는 다음 문헌을 참고하시오. J. T. van Elteren et al., *J. Anal. At. Spectrosc.*, **2013**, 28, 994, **DOI**: 10.1039/c3ja30362d; F. A. Orellana et al., *TrAC, Trends Anal. Chem.*, **2013**, *42*, 1, **DOI**: 10.1016/j.trac.2012.09.015; J. A. Stolee and A. Vertes, *Anal. Chem.*, **2013**, *85*, 3592, **DOI**: 10.1021/ac303347n.

21E 표면 광자 분광법

이 절에서 우리는 광자가 일차 살과 검출 살로 사용되는 방법들을 논의할 것이다. 이 기술들은 표 21-1에 나열되었다. 즉, *표면 플라즈몬 공명*(surface plasmon resonance), *합주파수 발생*(sum frequency generation), 그리고 *타원 편광법*(ellipsometry)이다. 앞에서 기술한 전자와 이온 분광 표면 기술들은 모두 초고진공이 필요하고 묻혀있는 계면으로의 접근이 불가능하다는 단점으로 어려움을 겪고 있다. 여기서 기술한 광자 분광법들은 모두 액체와 접촉한 표면과 때로는 투과층 아래 묻힌 표면을 다룰 수 있다.

21E-1 표면 플라즈몬 공명

표면 플라즈몬 파(surface plasmon wave)는 자유 전자가 광자와 상호작용할 때 금속 필름의 *xy* 평면으로 진행하는 표면 전자기 파이다. 공명 조건을 얻는 쉬운 방법은 그림 21-4에 보여진 것과 같이 계면에서 내부 전반사가 일어나도록 배열하는 것이다. 여기서 레이저에서 나온 단색 빛살은 유리와 같은 고굴절률 매질로 진행한다. 그 복사선이 공기나 물과 같은 저굴절률 매질에 접한 계면을 가격하고, 입사각이 임계각보다 크면 전부 내부 반사가 일어난다. 그 복사선은 프리즘 연결기나 회절 격자에 의해 계면으로 집중되고 연결된다. 내부 전반사를 이용하면, 표면에서부터의 거리에 따라 기하급수적으로 감소하는 *소멸파*(evanescent wave)(제17B-3절 참고)가 저굴절률 매질에서 생성된다. 제17장에서 본 바와 같이, 소멸파는 밀도가 낮은 매질에 흡수될 수 있고 *감쇠 전반사*(attenuated total reflection)에 의해 그 살은 감쇠된다.

내부적으로 반사한 계면이 금속 박막과 같은 전도성 물질로 덮이면, 소멸파의 *p*-편광 요소는 금속층을 투과하고 표면 플라즈몬 파를 들뜨게 한다. 만일 금속이 금 필름과 같은 비자성이면, 표면 플라즈몬 파는 또한 *p*-편광되고, 이로 인해 증강된 소멸파를 생성한다. 전기장의 저굴절률 매질로의 침투 때문에, 그 상호작용은 금속 필름 표면에서 굴절률에 매우 민감하다. 각도가 표면 플라즈몬 공명(SPR)에 적합할 때, 그림 21-14에서와 같이 반사 세기가 급격히 감소하는 것이 관찰된다. 공명 조건은 금속 필름의 굴절률과 관련될 수 있고 이 양과 표면의 다른 성질을 측정하는 데 사용될 수 있다.

SPR의 가장 흥미로운 측면은 금속 필름 위에 흡착된 물질에 대한 감도와 이 물질들(특히 생체 분자)의 상호작용이다.[16] 공명 에너지와 설탕, DNA 분자, 그리고 단백질과 같은 생물학적으로 관련된 물질의 농도 간의 직선 관계가 종종 발견된다. 이 감도 때문에, SPR은 생체 센서를 위한 중요한 기술이 되었다.[17] 항원-항체 결합이나 효소-기질 결합과 같은 생체 분자 상호작용이 센서 표면에서 일어난다. 이런 상호작용은 굴절률을 바꾸고 공명을 이루기 위해 필요한 SPR 각도를 변화시킨다. SPR 각도, θ_{SPR}는 표면에서 결합 반응의 동력학적 정보를 주는 시간의 함수로 관찰될 수 있다.

[16] J. Homola, Anal. *Bioanal. Chem.*, **2003**, *377*, 528, **DOI**: 10.1007/s00216-003-2101-0.

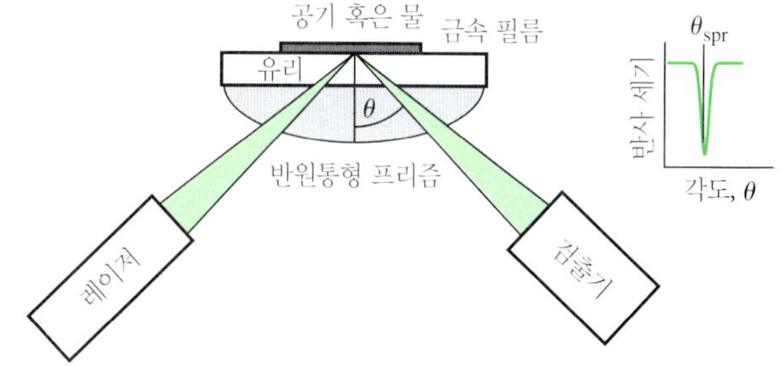

그림 21-14 표면 플라즈몬 공명. 레이저 복사선이 프리즘에 의해 금속 박막으로 코팅된 유리 기질에서 짝지어진다. 내부 전반사가 일어나면, 소멸파가 저굴절률 매질에서 생성된다. 그 각도가 표면 플라즈몬 공명에 적절할 때 반사 세기가 급락하는 것이 검출기에서 관찰된다.

표면 플라즈몬 파의 많은 다른 잠재적 응용은 필터, 편광체, 그리고 광원 같은 소형화된 장치를 포함하여 전망되고 있다. 이 영역을 *분자 플라즈몬학*(molecular plasmonics)이라 한다.[18]

21E-2 합주파수 발생

합주파수 발생(sum-frequency generation, SFG)은 표면에서 두 광자의 상호작용에 기반한 비선형 광학 기술이다.[19] 파가 혼합되는 상호작용의 결과는 주파수가 입사 주파수들의 합인 단일 광자의 생성이다. 두 입사 광자가 동일한 주파수를 가지면 들뜬 광자가 입사 광자 주파수의 두 배 주파수를 갖기 때문에, 이 기술을 *제이 배음 발생*(second-harmonic generation)이라 부른다. 이것은 약한 이차 과정이기 때문에 강한 레이저가 사용되어야 한다.

SFG는 고체-액체, 고체-기체, 액체-기체, 혹은 액체-액체 계면에 적용될 수 있다. 입사 주파수나 방출 주파수가 허용된 전자나 진동 전이에 해당할 때, 그 과정은 가장 효율적이 된다. 보통 광원 중 하나는 입사 주파수를 바꿀 수 있는 가변 레이저이다.

가장 유용하고 가능한 합주파수 기술 중 하나는 진동 합주파수(SF) 분광법으로, 입사 살 중 하나는 적외선(IR) 영역에 있고

[17] 다음 문헌을 참고하시오. O. R. Bolduc and J.-F. Masson, *Anal. Chem.*, **2011**, *83*, 8057, **DOI**: 10.1021/ac2012976.

[18] R. P. Van Duyne, *Science*, **2004**, *306*, 985, **DOI**: 10.1126/science.1104976.

[19] 다음 문헌을 참고하시오. M. E. Pemble and P. Gardner, in *Surface Analysis—The Principal Techniques*, 2nd ed., J. C. Vickerman and I. S. Gilmore, eds., Chichester, UK: Wiley, 2009, Chap. 7.

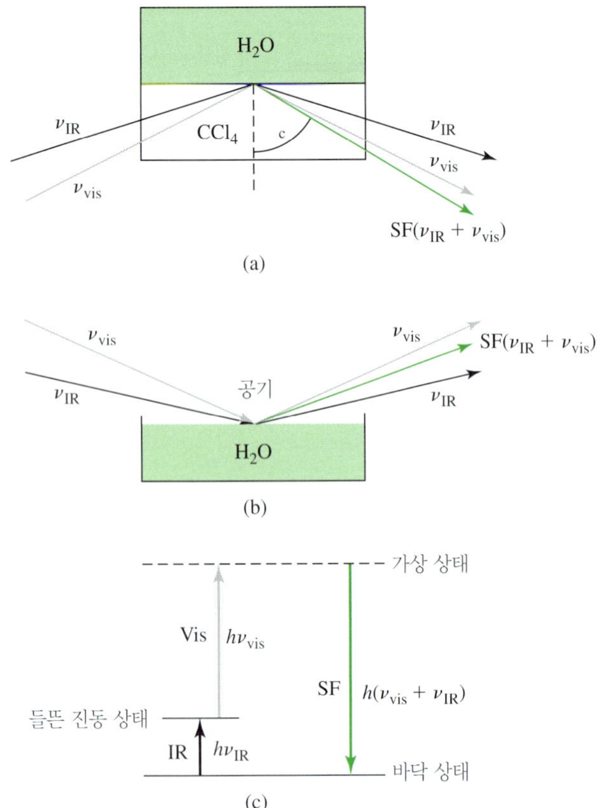

그림 21-15 합주파수 발생. (a)에서 내부 전반사 구조는 액체-액체 계면 연구를 위한 것이다. (b)에서 외부 반사 구조는 액체-기체 계면 연구를 위한 것이다. 두 가지 경우 모두에서 주파수 ν_{IR}의 IR 광자는 주파수 ν_{vis}의 가시선 광자와 일치된다. 합주파수 $(\nu_{IR} + \nu_{vis})$는 (c)에서 보는 바와 같이 생성된다.

다른 하나는 가시선 영역에 있다.[20] 그림 21-15는 사용될 수 있는 두 가지 배치를 보여준다. 그림 21-15a에서 물과 CCl_4와 같은 섞이지 않는 두 가지 액체 간 계면을 연구하기 위한 배열을 보여준다. 여기서 내부 전반사 구조가 사용되었다. 그림 21-15b에서 공기-물 계면을 연구하기 위한 외부 반사 구조를 보여준다. 합주파수는 또한 반사 방식보다는 투과 방식에서 수집될 수 있다. 진동 SFG를 위한 가장 일반적인 레이저는 Nd:YAG와 Ti-사파이어이다. 다양한 조합이 가변 IR 복사선과 고정 주파수 가시선 복사선을 제공하기 위해 사용되고 있다. 펄스는 계면에서 일시적이고 공간적으로 겹쳐야 한다. 이 과정을 묘사한 에너지 준위는 그림 21-15c에서 보여준다.

SFG는 몇몇 분석 문제에 적용되고 있다. SFG는 액체-액체와 액체-기체 계면에서 물의 구조뿐만 아니라 액체-액체 계면에서 계면활성제의 구조와 거동을 연구하는 데 사용되고 있다. 이 기술은 또한 액체 계면에서 인지질 단층과 같은 생체 계면활성제를 조사하고 액체 표면 위의 대기로부터 분자의 흡착을 연구하는 데 사용되고 있다. 묻힌 계면을 탐침하고 이들 계면에서 일어나는 과정의 동력학을 연구하는 능력이 SFG를 장래에 매우 유용한 기술로 만들고 있다.

[20]M. R. Watry, M. G. Brown, and G. L. Richmond, *Appl. Spectrosc.*, **2001**, *55*, 321A, **DOI**: 10.1366/0003702011953441.

21E-3 타원 편광법

타원 편광법은 시료의 유전 특성을 조사하기 위해 편광된 빛을 사용하는 기술이다.[21] 이 기술은 표면에 있는 매우 얇은 필름의 분석에 가장 일반적으로 적용된다. 타원 편광법에서 편광된 입사 살(종종 레이저)은 필름으로부터 반사되고, 편광 상태 변화를 결정하기 위해 반사된 빛이 분석된다. 반사된 빛의 진폭과 위상의 변화는 필름 굴절률, 흡수율, 과학적 비등방성, 그리고 두께와 같은 특성과 관련된다.

타원 편광법에서 기본 측정은 평행과 수직으로 편광된 빛(각각 $R_\parallel$과 $R_\perp$로 표기, 가끔 각각 *s*-와 *p*-편광 빛이라고도 불림)에 대한 반사 계수를 측정하는 것을 포함한다. 이들 값의 비는 복소수로 다음 식에 따라 타원 각도 Ψ와 위상 이동 Δ를 제공한다.

$$\frac{R_\parallel}{R_\perp} = \tan(\Psi)e^{i\Delta} \tag{21-9}$$

변수 Ψ와 Δ는 반사층의 두께와 광학적 특성을 나타낼 수 있다.

몇몇 다른 형태의 타원 분광기(ellipsometer)가 시판되고 있다. 가장 초기 형태는 영점 조절식 타원 분광기로 원편광 입사 살이 분석기 위에 있는 시료 표면에서 반사되었다. 입사 살 편광 상태는 편광기와 보정기에 의해 선택되어 반사 후 선편광 빛이 얻어졌다. 최소 빛 세기에 의해 표시된 대로 시료로부터 나오는 빛의 편광 축이 직각이 될 때까지 이 분석기는 회전한다. 오늘날 몇몇 기기는 여전히 영점 원리를 이용하지만, 기기들은 컴퓨터로 조정되고 검출기로 고체상 카메라를 사용한다.

다른 형태의 타원 분광기는 위상 변조 기술을 사용한다. 이 기술에서 사분파(quater-wave) 회전판이나 음향 광학 변조기가 입사 살의 편광 상태를 빠르게 바꾼다. 반사된 빛의 특징은 변조된 검출 신호의 분석으로부터 얻어지고 필름 두께와 다른 양을 계산하기 위해 사용된다.

분광 타원 편광법(spectroscopic ellipsometry)은 파장과 종종 입사각의 함수로 타원 편광 변수를 얻는다. 현대 분광 타원 편광기는 가변 파장 데이터를 수집하기 위해 고체상 카메라를 사용한다. 높은 신호 대 잡음비와 다른 내재된 장점 때문에, 최근에는 많은 기기들이 또한 Fourier 변환 기술을 사용한다.

[21]정보가 더 필요하면 다음 문헌을 참고하시오. M. Losurdo and K. Hingerl, *Ellipsometry at the Nanoscale*, Heidelberg: Springer, 2013; H. Fujiwara, *Spectroscopic Ellipsometry: Principles and Applications*, Chichester, UK: Wiley, 2007; H. G. Tompkins and E. A. Irene, *Handbook of Ellipsometry*, Norwich, NY: William Andrew Publishing, 2005.

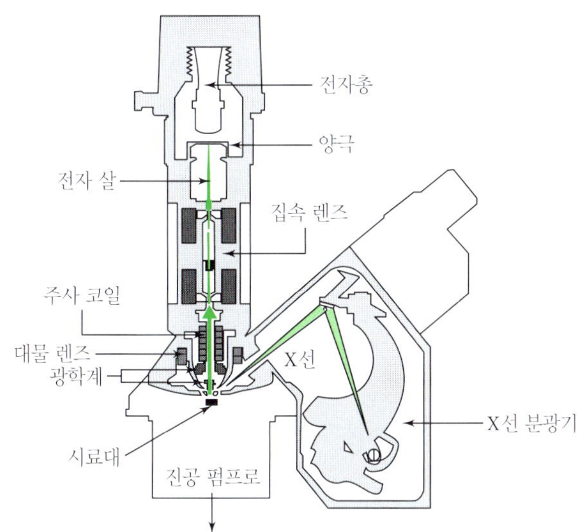

그림 21-16 **전자 미세 탐침의 도식.** (Adapted from CAMECA, SAS, Gennevilliers, France. with permission).

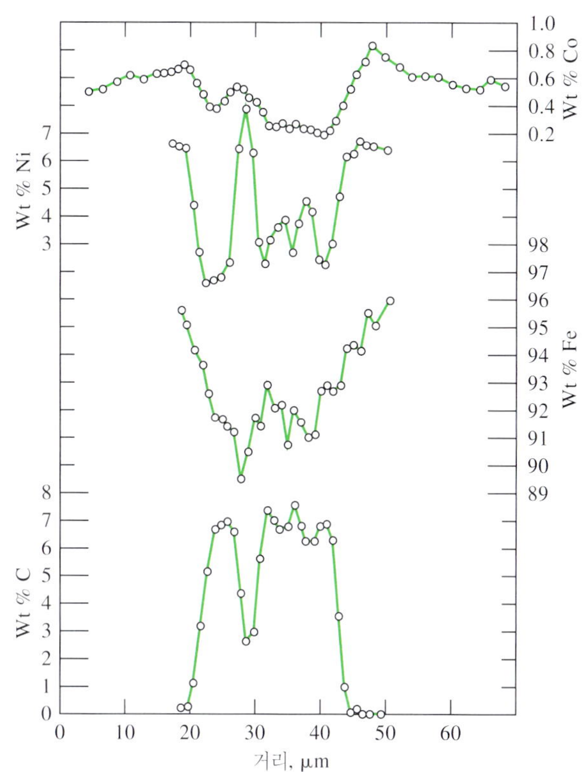

그림 21-17 **월석에 있는 α-코헨석 표면을 가로질러 주사한 전자 미세 탐침 결과.**

21F 전자-유도 미세분석 방법

몇몇 미세분석 기술은 미세하게 집중된 전자 살이 시료 표면을 가격한 후 방출된 입자를 검출한다. 우리는 여기서 *전자 미세 탐침 분석*(electron microprobe analysis)과 *주사 전자 현미경법*(scanning electron microscopy)을 논의한다.

21F-1 전자 미세 탐침

전자 미세 탐침을 이용하면, 좁게 집중된 전자 살에 의해 X선 방출이 시료 표면에 유도된다. 그 결과 X선 방출이 검출되고 파장이나 에너지 분산 분광기로 분석된다.[22]

기기장치법

그림 21-16은 전자 미세 탐침 계의 도식이다. 이 기기는 전자 살, 가시선 살, 그리고 X선 살의 3가지 통합 복사선원을 사용한다. 파장이나 에너지 분산 분광기(파장 분산 계는 그림 21-16에서 보여준다)가 유지되는 10^{-3} Pa 이하의 압력을 제공하는 진공 계가 필요하다. 전자 살은 가열된 텅스텐 음극과 가속 양극(보이지 않음)에 의해 생성된다. 몇몇 전자기 렌즈는 살을 시험편 위에 집중시킨다. 살의 직경은 0.1과 1 μm 사이이다. 연결된 광학 현미경은 가격될 영역을 자리 잡는 데 사용된다. 끝으로 전자 살에 의해 생성된 X선 형광 광자가 조준되고, 단결정에 의해 분산되고, 기체 충전 변화기에 의해 검출된다. 3가지 계를 공간적으로 배열하여 서로 간섭하지 않게 하려면 상당한 설계 노력이 필요하다.

시료대는 보통 시료를 서로 직각 방향으로 움직이고 회전시킬 수 있는 장치를 가지고 있어서 표면을 주사할 수 있다.

응용

전자 미세 탐침은 표면의 물리적 화학적 성질에 대한 풍부한 정보를 제공한다. 응용은 야금과 세라믹의 위상 연구, 합금의 입계 조사, 반도체에서 불순물의 확산 속도 측정, 결정에서 폐색종의 결정, 그리고 비균질 촉매의 활성 자리 연구를 포함하고 있다. 이들 응용 모두에서 표면에 대한 정성과 정량 분석 결과가 모두 얻어진다.

그림 21-17은 월석에 있는 α-코헨석(Fe_3C) 입자의 분석을 위한 미세 탐침의 사용을 나타낸 것이다. 이 데이터는 표면에서 육안으로 관찰된 입자의 선형 주사와 4개 원소 개개의 특징적 방출선의 세기를 측정하여 얻어졌다.

21F-2 주사 전자 현미경법

표면의 물리적 성질에 대한 상세 정보를 얻기 위한 고전적 방법은 여전히 중요한 기술인 광학 현미경법이다. 하지만 광학 현미경법의 분해능은 빛의 파장에 대한 회절 효과에 의해 제한된다. 더 높은 분해능 정보는 전자 현미경법 중 하나를 사용함으로써 얻어진다. 가장 중요한 2가지 방법은 *주사 전자 현미경법*(scanning electron microscopy, SEM)과 *투과 전자 현미경법*

[22]이 방법에 대한 상세한 논의는 다음 문헌을 참고하시오. S. J. B. Reed, *Electron Microprobe Analysis and Scanning Electron Microscopy in Geology*, 2nd ed., Cambridge, UK: Cambridge University Press, 2005; S. J. B. Reed, *Electron Microprobe Analysis*, 2nd ed., Cambridge, UK: Cambridge University Press, 1993.

(transmission electron microscopy)이다.[23] *주사 터널링 현미경법*(scanning tunneling microscopy)과 *원자 힘 현미경법*(atomic force microscopy)으로 특징지어지는 소위 *주사 탐침 현미경법*(scanning probe microscopy)은 또한 중요한 표면 특성 분석 방법이 되고 있고 제21G절에서 논의된다.

주사와 투과 전자 현미경법은 많은 유사점을 가지더라도, 주사 전자 현미경법은 외부 형태의 영상을 제공하는 것으로 사람 눈으로 본 것과 비슷한 결과를 보여준다고 여겨질 수 있다. 반면 투과 전자 현미경법은 고체의 내부 구조를 조사하고 눈과는 다른 미세 구조에 대한 상세 정보를 제공해준다. 우리는 여기서 주사 전자 현미경법으로 논의를 제한할 것이다.

SEM 영상을 얻는 경우, 미세하게 집중된 전자 살이 고체 시료 표면과 충돌한다. 아날로그 기기에서는 전자 살이 주사 코일에 의한 *래스터 주사*(raster scan)로 시료를 가로질러 주사된다. 그 결과로 얻은 래스터 주사 방식은 텔레비전이나 컴퓨터 디스플레이(액정 디스플레이, LCD)에서 사용한 것이나 음극선관(CRT)과 유사하다. 전자 살이 (1) x 방향 직선으로 표면을 가로질러 지나고, (2) 출발점으로 돌아오고, (3) 표준 증가량 만큼 y 방향 아래쪽으로 이동한다. 표면의 원하는 영역이 주사될 때까지 이 과정이 반복된다. 최근 기기에서는 시료 위의 살 위치를 디지털로 조정하여 동일한 효과가 얻어진다. 아날로그 주사 경우나 디지털 계에서 신호는 표면 위(z 방향)에서 얻어지고 컴퓨터에 저장되고 나중에 영상으로 변환된다. 후방 산란, 이차, 그리고 Auger 전자 등 여러 형태의 신호가 이 과정에서 표면으로부터 생성된다. 이러한 과정 모두 표면 연구를 위해 사용되고 있다. SEM 기기에서 후방 산란과 이차 전자는 검출되고 영상을 구축하는 데 사용된다. 화학 분석을 목적으로 하는 경우, 많은 현대 SEM이 또한 X선 검출기를 장착하고 있어서 X선 형광 기법으로 정성과 정량 결정이 가능하게 되었다. 앞선 절에서 논의하였듯이, 전자 미세 탐침 분석기는 X선 분석을 위해 특별히 만들어진 기기이다.

기기장치법

그림 21-18은 미세 탐침이 부착된 SEM의 구성도이다.[24] 전자 검출기와 X선 검출기가 모두 있다. 간단히 아날로그 주사 계가 묘사되었다.

[23]정보가 더 필요하면 다음 문헌을 참고하시오. *Electron Microscopy: Methods and Protocols*, J. Kuo, ed., 3rd ed., New York: Humana Press, 2014; J. C. H. Spence, *High-Resolution Electron Microscopy*, 4th ed., Oxford, UK: Oxford University Press, 2013; S. J. B. Reed, *Electron Microprobe Analysis and Scanning Electron Microscopy in Geology*, 2nd ed., Cambridge, UK: Cambridge University Press, 2005; P. J. Goodhew, J. Humphreys, and R. Beanland, *Electron Microscopy and Analysis*, 3rd ed., London: Taylor & Francis, 2001.

[24]SEM 원리와 기기장치법에 대해서는 다음 문헌을 참고하시오. J. Goldstein et al., *Scanning Electron Microscopy and X-Ray Microanalysis*, 3rd ed., New York: Springer, 2003.

전자총과 광학. 비록 고분해능 작업을 위해서는 장방출총이 사용되지만, 전자 방출원은 보통 텅스텐 필라멘트 방출원이다. 전자는 1과 30 keV 사이의 에너지로 가속된다. 자기 집속과 대물 렌즈 계가 전자 살이 시료에 도달할 때 그 크기를 직경 2~10 nm로 줄인다. 하나 이상의 렌즈로 구성된 집속 렌즈 계는 대물 렌즈에 도달하는 전자 살의 처리량을 좌우한다. 대물 렌즈는 시료 표면을 가격하는 살의 크기를 결정한다.

SEM을 이용한 주사는 대물 렌즈 내에 위치한 두 쌍의 전자기 코일에 의해 이루어진다(그림 21-18 참고). 한 쌍은 시료를 가로지르는 x 방향의 살 방향을 바꾸고, 다른 쌍은 y 방향으로 바꾼다. 주사는 전기 신호를 한 쌍의 주사 코일에 가해 조정되고, 전자 살이 렌즈 계 중심 축의 한 면에 있는 시료를 가격한다. 시간의 함수로 이 코일 쌍(즉 x 코일)에 가하는 전기 신호를 변화시킴으로써 전자 살이 시료를 가로질러 직선으로 움직이고 다시 처음 위치로 돌아온다. 직선 주사를 마친 후, 다른 코일 쌍(이 경우는 y 코일)이 전자 살의 방향을 약간 바꾸는 데 사용되고, x 코일을 이용한 전자 살의 주사가 반복된다. 따라서 신속한 전자 살의 움직임에 의해 전체 시료 표면이 전자 살로 조사될 수 있다. 주사 코일에 가한 신호는 아날로그일 수도 있고 디지털일 수도 있다. 디지털 주사는 전자 살의 움직임과 위치에 대한 재현성이 매우 높다는 장점을 가진다. 시료로부터의 신호는 전자 살의 x와 y 위치와 함께 암호화되고 디지털 형태로 저장될 수 있다.

아날로그 SEM에서 전자 살을 x와 y 방향으로 이동시키는 신호는 또한 CRT의 수평과 수직 주사를 구동시킨다. 시료의 영상은 CRT상에서 점의 세기를 조정하는 검출기 출력을 이용하여 생성된다. 따라서 이 주사 방법은 시료의 지도를 생성하며, 시료 표면 위의 특별한 지점에서 생성된 신호와 CRT 디스플레이상에서 대응하는 점 간에 일-대-일 관계가 있다. SEM에서 도달 가능한 확대 배율(M)은 다음과 같다.

$$M = W/w \tag{21-10}$$

여기서 W는 CRT 디스플레이의 폭이고, w는 시료를 가로지르는 단일 선 주사의 폭이다. W는 일정하므로, 배율 증가는 w가 감소함으로써 이루어진다. 예를 들면, 전자 살이 시료 위에 래스터 10 μm × 10 μm 크기로 주사하도록 만들어졌고 영상이 CRT 화면에 100 mm × 100 mm 크기로 나타난다면, 직선 배율은 10,000배일 것이다. 배율과 시료를 가로지르는 주사 폭 간의 역관계는 무한히 작은 점에 집중된 전자 살은 무한대 배율을 제공할 수 있다는 것을 의미한다. 하지만 여러 다른 요소에 의해 도달 가능한 배율은 약 10배부터 100,000배까지로 제한된다.

시료와 시료잡이. 시료 용기는 시료의 신속한 변화를 위해 설계된다. 일반 SEM의 경우 대기압에서 10^{-4} Pa 이하로 급히 변경할 수 있도록 대용량 진공 펌프가 사용된다. 대부분 기기에서 시료잡이 혹은 시료대는 끝에서 수 센티미터의 시료를 잡을 수

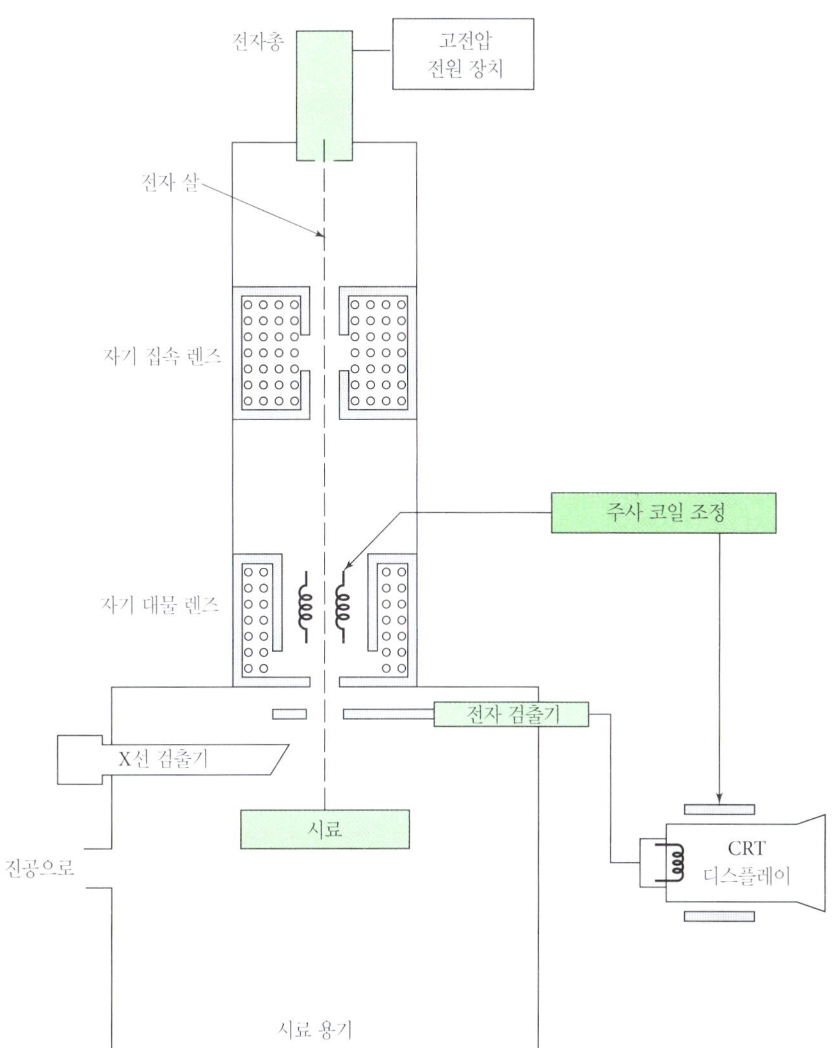

그림 21-18 전자와 X선 검출기 모두를 갖춘 SEM의 도식.

있다. 게다가 시료대는 x, y, z 방향으로 움직일 수 있고 각 축에 대해 회전도 할 수 있다. 그 결과, 대부분 시료의 표면이 다양한 각도에서 보일 수 있다. 뒤에 논의할 환경 SEM은 보다 높은 압력의 시료 용기에서 사용할 수 있고 온도와 기체 조성도 변화시켜 사용할 수 있다.

전기가 통하는 시료는 접지로의 전자 흐름이 방해받지 않아 전하 축적을 최소화하여 연구하기 가장 쉽다. 게다가 우수한 전도체인 시료는 보통 열전도성도 우수하여 열분해 가능성을 최소화한다. 불행히도 대부분 생체 시료와 대부분 광물 시료는 전도성이 아니다. 다양한 기술이 비전도성 시료의 SEM 영상을 얻기 위해 개발되었으나, 가장 일반적인 접근 방법은 스퍼터링이나 진공증착으로 시료 표면을 얇은 금속막(~10 nm)으로 덮는 것이다. 전도성 코팅을 만드는 방법에 상관없이, 할 수 있는 가장 얇고 균일한 코팅과 표면의 미세한 구조를 해치는 지나치게 두꺼운 코팅 간 정교한 균형이 이루어야 한다는 점에 부딪히게 된다. 시료를 코팅하는 것은 또한 다른 검출 방법(예를 들면, X선 방출)을 방해할 수 있다. 나중에 논의할 환경 SEM은 비전도성 시편에 바로 사용될 수 있다.

비전도성 물질, 특히 고분자와 생체 물질을 조사할 때, 열분해, 복사선 손상, 그리고 고진공에서 시료 휘발성과 같은 다른 문제가 존재할 수 있다.

전자 살 상호작용. SEM과 전자 미세 탐침의 다재다능함은 전자 살이 고체와 상호작용할 때 발생된 매우 다양한 신호에서 나온다. 그림 21-19는 생성 가능한 신호를 묘사한다. 우리는 단지 3가지 신호(후방 산란 전자, 이차 전자, 그리고 X선 방출)만을 고려하였다. 고체와 전자 살과의 상호작용은 2가지 범주로 나뉘어질 수 있다. 큰 에너지 변화가 없는 전자 살에서 전자의 궤적에 영향을 주는 *탄성*(elastic) 상호작용과 전자 에너지의 일부 혹은 전부가 고체로 전달되는 *비탄성*(inelastic) 상호작용으로 나눌 수 있다. 들뜬 고체는 이차 전자, Auger 전자, 그리고 때때로 긴 파장의 광자를 방출한다.

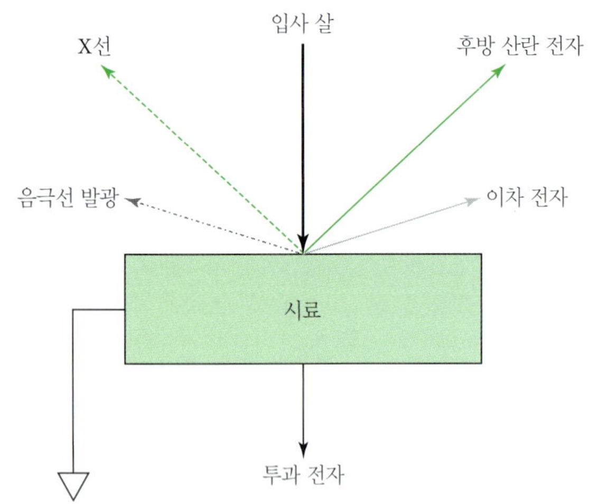

그림 21-19 SEM에서 발생되는 신호를 나타낸 그림.

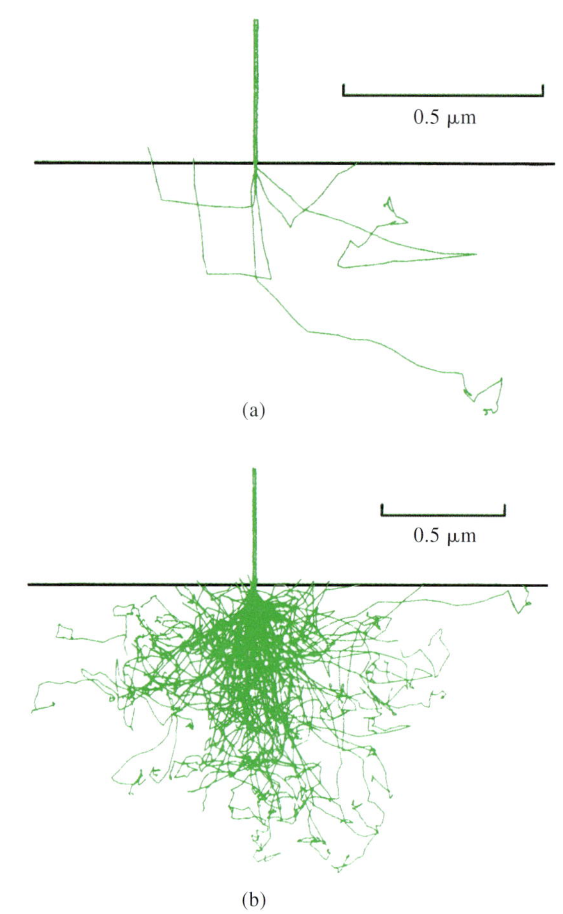

그림 21-20 철 시료에서 20 keV 전자의 산란 부피를 보여주는 전자 궤적 시뮬레이션. (a) 5개 전자, (b) 100개 전자. (From J. I. Goldstein et al., *Scanning Electron Microscopy and X-Ray Microanalysis*, New York: Plenum Press, 1981, p. 62. With permission.)

전자가 원자와 탄성적으로 충돌할 때, 전자의 방향은 변하지만 전자의 속도는 거의 영향을 받지 않아 운동 에너지는 기본적으로 일정하게 유지된다. 어떤 충돌에 대한 굴절각은 임의적이고 0°부터 180°까지 변할 수 있다. 그림 21-20은 전자가 고체 표면에 수직으로 들어갈 때 5개 전자와 100개 전자의 무작위 거동의 컴퓨터 시뮬레이션 결과이다. 전자 살의 에너지는 일반적인 20 keV로 가정하였다. 이런 전자 살은 1.5 μm 이상의 깊이를 투과한다는 것을 명심해야 한다. 일부 전자는 결국 비탄성 충돌에 의해 에너지를 잃고 고체에 남는다. 하지만 대부분 전자들은 수많은 충돌을 하고 결국 후방 산란 전자로서 표면으로부터 탈출한다. 후방 산란 전자 살은 입사 살보다 매우 더 큰 직경을 갖는다는 것을 명심하는 것이 중요하다. 즉, 입사 살 크기 5 nm에 대해 후방 산란 전자 살은 수 μm의 직경을 가질 것이다. 후방 산란 전자 살의 직경은 전자 현미경의 분해능을 제한하는 요소 중 하나이다. 후방 산란 전자는 50 eV부터 입사 살의 에너지에 이르는 넓은 에너지 범위를 갖는다.

고체 표면이 수 keV 에너지의 전자 살과 부딪힐 때, 50 eV 이하의 에너지를 갖는 전자는 후방 산란 전자와 함께 표면으로부터 방출된다. 이들 *이차 이온*(secondary electron)의 수는 일반적으로 후방 산란 전자의 수 대비 1/2에서 1/5 이하이다. 이차 전자는 에너지 전자 살과 고체에 약하게 결합된 전도띠 전자 간 상호작용의 결과로 생성되는데, 이는 수 eV의 에너지를 갖는 전도띠 전자의 방출을 이끈다. 이차 전자는 단지 50~500 Å의 깊이에서 생성되고 입사 살보다 약간 더 큰 직경의 전자 살에서 나간다. 이차 전자는 변환기 덮개에 작은 음의 바이어스를 가하면 검출기에 도달하지 못하게 할 수 있다.

X선 광자는 아직은 고체의 전자 충돌의 세 번째 생성물이다. 특징적 선 스펙트럼과 X선 연속 스펙트럼이 생성된다. 이 복사선은 SEM 영상의 X선 형광 분석을 위한 전자 미세 탐침에 대한 바이어스로서 기능을 한다.

전자가 투과하는 영역은 *상호작용 부피*(interaction volume)로 알려져 있다. 비록 복사선이 이 부피 내에서 생성되었을지라도, 복사선이 시료에서 탈출하지 않는다면 검출되지 않을 것이다. X선은 쉽게 흡수되지 않아서 대부분 탈출한다. X선의 경우, X선 신호에 기여하는 물질의 부피인 *시료 부피*(sampling volume)는 그림 21-21에서 보는 바와 같이 상호작용 부피의 순서에 따른다. 후방 산란 전자는 1 μm의 몇 분의 1보다 더 침투한다면 탈출하지 못할 것이다. 따라서 후방 산란 신호는 매우 작은 부피에서 비롯된다. 이차 전자 신호는 입사 전자 살의 직경 순서에 따른 영역에서 나온다. 이런 이유로 이차 전자 신호는 다른 신호들보다 훨씬 더 높은 공간 분해능을 제공할 수 있고 SEM 계에서 가장 널리 사용되는 신호이다.

변환기. 이차 전자는 그림 21-22에 그려진 소위 Everhart-Thornley 검출기라고 하는 섬광체-광전자 증배관 계에 의해 종종 가장 잘 검출된다. 이차 전자가 섬광체를 가격하면 빛을 방출한다. 방출된 복사선은 빛 파이프에 의해 전자 펄스로 변환되는 광전자 증배관으로 옮겨진다. 이들 펄스는 CRT에서 전자 살의 밝기

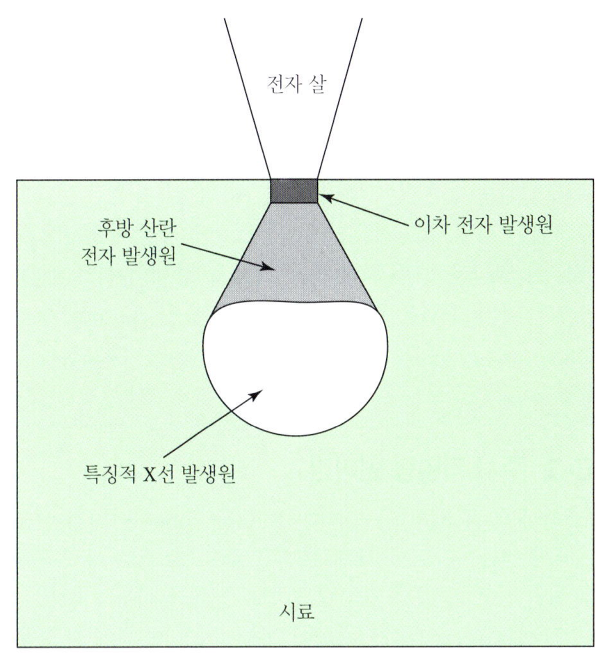

그림 21-21 **상호작용 부피와 각 형태의 SEM 신호에서 나타나는 부피.**

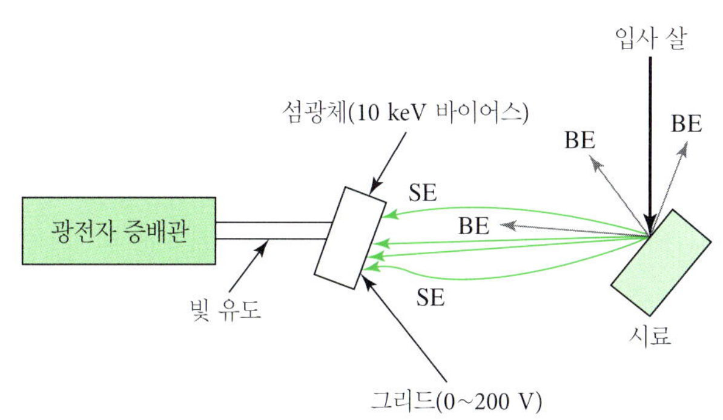

그림 21-22 **Everhart-Thornley 이차 전자 검출기의 도식.** 이차 이온(SE)과 후방 산란 전자(BE)를 보여준다. 섬광체는 전자, 감마선, 혹은 방사성 입자 같은 에너지 입자에 의해 가격되었을 때 빛을 내는 인광체이다.

를 조절하는 데 사용된다.

이차 전자의 에너지가 너무 낮아($<$ 50 eV) 섬광체를 직접 들뜨게 하지 못하기 때문에, 전자가 먼저 가속된다. 가속은 약 +10 keV의 바이어스 전압을 섬광체를 덮은 알루미늄 박막에 가함으로써 이루어진다. 양으로 바이어스된 금속 수집 그리드가 섬광체를 둘러싸서 고전압이 입사 전자 살에 영향을 주는 것을 막는다. 그리드는 또한 처음에 검출기 쪽으로 움직이지 않는 것을 포함한 이차 전자를 끌어들여 수집 효율을 개선한다.

섬광체 검출기의 대면적 수정은 후방 산란 전자를 검출하는 데 사용된다. 이 설계는 수집의 입체각을 최대화한다. 바이어스가 걸리지 않은 후반 산란 전자의 고에너지 때문에 그리드가 필요하다. 반도체 검출기가 또한 후반 산란 전자용으로 널리 사용되고 있다. 고에너지 전자가 검출기를 가격할 때, 전자-정공 짝이 형성되어 광전류를 생성한다. 반도체 검출기는 시료에 인접하게 놓을 수 있을 만큼 충분히 작아 수집 효율이 높아진다. 섬광체와 비교한 주요 단점은 상대적으로 느린 응답 시간이다.

대부분 SEM에서 X선 분석은 제12B-4절에서 논의한 *리튬-이동 실리콘*[lithium-drifted silicon, Si(Li)], *리튬-이동 저마늄*[lithium-drifted germanium, Ge(Li)], *실리콘 핀 광다이오드*(silicon pin photodiode), 혹은 *실리콘 이동 검출기*(silicon drift detector, SDD)와 같은 반도체 검출기를 이용한 에너지 분산 분석기이다. 파장 분산 계가 또한 전자 미세 탐침 분석에 사용되고 있다.

데이터 조작과 처리. 데이터 조작과 처리는 SEM이 아날로그 형태냐 혹은 새로운 디지털 현미경이냐에 의존한다. 아날로그 현미경을 사용하면, 두 개의 영상 화면이 사용된다. 첫 번째 화면으로는 운영자가 관심 있는 특징을 확인하고, 초점을 맞추기 위해 주사된 영상을 보고 계를 최적화한다. 관찰은 보통 초당 50개 프레임의 주사 속도로 행해지고 영상은 텔레비전 영상으로 나타난다. 두 번째 화면은 사진 기록을 위한 고분해능 CRT이다. 주사 속도는 보통 고품질 영상을 얻기 위해서 느려진다. 한 프레임은 50~100초의 시간이 걸린다. 그러므로 영상을 보는 것과 사진 기록을 얻기 위한 요구사항은 종종 상충한다.

디지털 SEM을 이용하면, 아날로그 계의 래스터 주사 대신 예정 기간 동안 전자 살이 시료 위 각 점에 머문다. 이 영상은 *프레임 저장 요소*(framestore element)에 각 픽셀을 기록하여 만들어진다.[25] 프레임 저장 영상은 CRT 영상과는 달리 지속된다. 그러므로 운영자는 영상을 TV 주사 속도를 사용하지 않고 볼 수 있다. 프레임 저장 계를 사용하면 *프레임 평균화*(frame averaging)를 사용하는 것이 가능하여, 연속 주사에서 얻은 데이터가 각 픽셀에 대해 평균된다. 영상의 영구 기록은 프레임 저장 내용을 비트맵 영상으로 저장하여 얻어진다. 영상은 대비 증강, 도치, 혼합, 빼기, 그리고 색 부호화를 제공하는 다양한 방법으로 처리될 수 있다.

환경 SEM

일반 SEM은 10^{-4} Pa 이하의 진공에서 작동한다. 시료는 반드시 깨끗하고 건조되어야 하고 전기 전도성이어야 한다. 휘발성 성분이 있는 시료는 전처리되어야 한다. 1980년대 중반에 *소위 환경 SEM* (environmental SEM, ESEM)이 개발되었다. ESEM에서 전자총과 경통은 고진공이 유지되어야 하나, 시료는 고압 영역(1~50 torr)에 놓을 수 있다. 시료 환경은 압력, 온도, 그리고 기체 조성에 따라 달라질 수 있다. 일반적으로 ESEM은 총,

[25] 몇몇 CCD 카메라는 두 영역으로 세분화된다. 하나는 영상을 잡기 위한 것이고, 다른 하나는 영상의 프레임을 저장하기 위한 것이다. 프레임 저장(framestore) 영역은 광자로부터 보호되고 단지 영상 영역에서 전달된 정보를 저장한다. 그렇지 않으면 분리된 저장 장치가 프레임 저장 계로 사용될 수 있다.

경통, 그리고 시료 용기의 3개의 용기를 갖는다. 이들 영역은 종종 전자 살 개구에 해당하는 작은 구멍에 의해 분리된다. 각 영역은 고유의 펌핑 계를 갖는다.

이차와 후방 산란 전자 모두 ESEM으로 검출될 수 있다. 그림 21-22에 보여진 Everhart-Thornley 검출기는 섬광체가 높은 압력에서 전기적 고장을 일으킬 수 있으므로 사용될 수 없다. 대신 종속 증폭을 이용하는 기체상 이차 전자 검출기가 사용된다. 이것은 이차 전자 신호를 증강시킬 뿐만 아니라 양이온을 생성하고, 절연 시료 표면에 끌려 하전 현상을 억제한다. 대면적 섬광체 검출기는 일반 SEM 계에서와 마찬가지로 후방 산란 전자를 검출하는 데 사용될 수 있다.

ESEM은 일반 SEM과 연관된 광범위한 수정이나 준비 없이 시료를 자연 상태로 관찰할 수 있게 한다. 젖어 있고, 더럽고, 기름기 있고, 비전도성인 시료가 관찰될 수 있다. 값진 정보를 덮는 전도성 코팅은 필요하지 않다. 환경 시료 용기는 전자 현미경법에 의해 연구될 시료와 환경 간의 상호작용을 가능하게 하는 추가적인 도구가 되었다.[26]

일반 SEM 기기와 비교한 ESEM 계의 유일한 결점은 고압에서 전자와 기체 분자 간 탄성 충돌에 기인한 분해능의 작은 손실이다. 하지만 이들 충돌은 축적된 전하를 없애는 데 도움을 주어 비전도성 시료의 조사에 도움을 준다.

응용

주사 전자 현미경법은 매우 다양한 고체 표면에 대한 형태적이고 위상적인 정보를 제공한다. 그림 21-23에 나타낸 몇몇 대표적 사례는 이 기술에 의해 얻어진 정보의 종류를 보여준다.

21G 주사 탐침 현미경

주사 탐침 현미경(SPM)은 표면을 원자 수준까지 상세히 관찰할 수 있다. 이 형태의 현미경 중 첫 번째 예시인 주사 터널링 현미경은 1982년에 소개되었다. 단지 4년 후인 1986년에 이것의 발명자인 G. Binnig와 H. Roher는 이 업적으로 Nobel 물리학상을 수상하였다. 현재 SPM의 주된 용도는 시료의 표면 지형 측정을 위한 것이다.

광학 현미경이나 전자 현미경과 달리, SPM은 시료의 평면 x축과 y축뿐만 아니라 z축에 대해서도 상세하게 보여준다. 일반적으로 SPM의 분해능은 x와 y 방향에서 약 2 nm (20 Å)이나, 이상적인 시료와 가장 우수한 기기를 사용하면 0.1 nm (1 Å) 정도로 낮아질 수 있다. z 방향의 분해능은 일반적으로 0.1 nm보다 더 좋다. 일반 전자 현미경의 분해능이 약 5 nm인 것과 비교가 된다.

우리는 여기서 가장 널리 사용되고 상업적으로 구할 수 있는 두 가지 형태의 SPM인 *주사 터널링 현미경*(scanning tunneling microscope, STM)과 *원자 힘 현미경*(atomic force microscope, AFM)을 논의할 것이다. 둘 다 시료 표면을 매우 뾰족한 끝으로 xy축 래스터 방식으로 주사하는 것에 기반하는데, 이 뾰족한 끝이 표면 지형이 변함에 따라 z축을 따라 위 아래로 움직인다. 이 움직임이 측정되고 컴퓨터에 의해 표면 지형이 영상으로 옮겨진다. 이 영상은 종종 원자 크기 척도로 상세하게 보여준다.[27] 세 번째 형태의 SPM은 *주사 전기화학 현미경*(scanning electrochemical microscope)으로 전기화학을 논의하는 제25장에 기술되어 있다.

21G-1 주사 터널링 현미경

발명자들에게 Nobel상을 안겨준 Binnig-Roher 현미경은 STM이다. 이 장치는 전도성 고체 표면을 원자 크기로 특징을 관찰할 수 있는 능력이 있는 것으로 확인되었다.[28] 이들 기기는 현재 여러 기기제조사들로부터 구입이 가능하고, 전 세계 도처에 있는 수백 개 실험실에서 일상적으로 사용되고 있다. 이들의 주요 단점은 관찰할 표면이 전기를 흘려야 한다는 것이다. 다음 절에서 논의할 AFM은 이런 제한에서 자유롭다.

STM의 원리

STM에서 시료 표면은 매우 정밀한 금속 끝에 의해 래스터 방식으로 주사된다. STM은 양자 역학 터널링의 원리에 기반하는데, 이는 작은 바이어스 전류(mV에서 3 V)가 뾰족한 끝과 전도성 시료 사이에 가해지고 그 끝이 표면의 수 나노미터 내에 있을 때 일어난다. 터널링 전류의 양 I_t는 다음과 같이 주어진다.

$$I_t = Ve^{-Cd} \tag{21-11}$$

여기서 V는 바이어스 전압이고, C는 상수이고, d는 탐침과 표면 간 거리이다. 기본 STM을 그림 21-24a에 묘사하였다. STM은 원리적으로 두 가지 방식으로 작동된다. *일정 높이 방식*(constant-height mode)에서는, 탐침 끝 위치가 z 방향으로 일정하게 유지되면서 터널링 전류 I_t가 관찰된다. *일정 전류 방식*(constant-current mode)에서는 그림 21-24a에서 보는 바와 같

시뮬레이션: www.tinyurl.com/skoogpia7에서 **주사 탐침 기술(scanning probe techniques)**에 대해 더 알아보시오.

[26]젖은 시료를 위한 SEM 시료 용기에 대해서는 다음 문헌을 참고하시오. R. Mukhopadhyay, *Anal. Chem.*, **2004**, *76*, 293A, **DOI**: 10.1021/ac041589d.

[27]주사 탐침 기술에 대한 추가 정보와 참고 문헌에 대해서는 다음 문헌을 참고하시오. D. G. Yablon, *Scanning Probe Microscopy for Industrial Applications*, Hoboken, NJ: Wiley 2014; *Scanning Probe Microscopy*, N. Tomczak, and K. E. J. Goh, eds., Singapore: World Scientific Press, 2011; G. J. Leggett, in *Surface Analysis—The Principal Techniques*, 2nd ed., J. C. Vickerman and I. S. Gilmore, eds., Chichester, UK: Wiley, 2009, Chap. 9.

[28]G. Binnig, H. Roher, C. Gerber, and E. Weibel, *Phys. Rev. Lett.*, **1982**, *49*, 57, **DOI**: 10.1103/PhysRevLett.49.57.

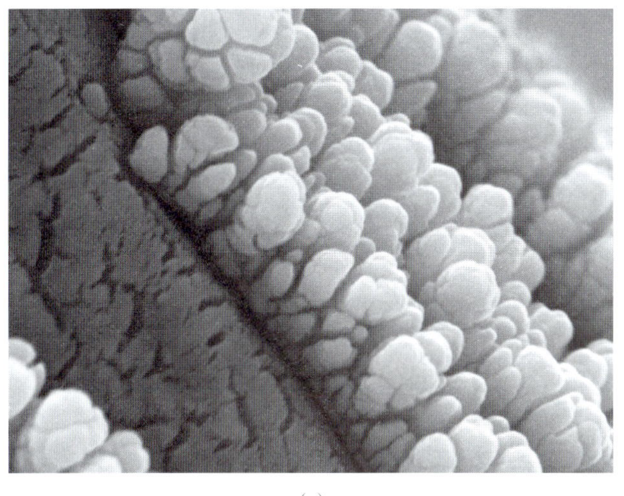

(a)

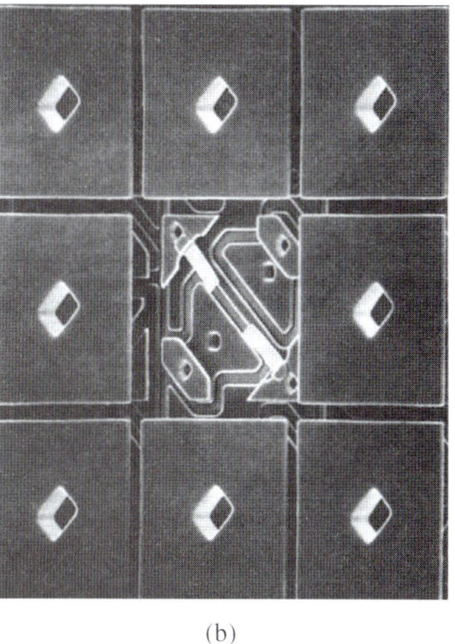

(b)

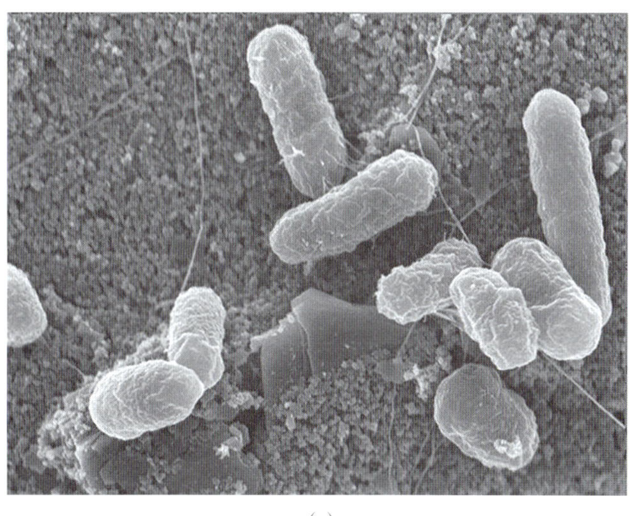

(c)

그림 21-23 SEM 현미경 사진의 대표적 사례. (a) 구리 호일 위에 있는 니켈 돌기. 배율 7,463배. 돌기는 용융 금속이 굳어짐에 따라 성장하는 나무와 유사한 특징적 구조이다. (© Stefan Diller/Science Source). (b) 원자 분광법용 디지털 미세 거울 분광기를 개발하기 위해 사용한 9개 미세 거울 배열. 거울은 중심에서 17 μm 간격으로 16 × 16 μm의 크기이다. 중심 거울을 제거하면 근본적인 구성요소가 나타난다. (From J. D. Batchelor and B. T. Jones, *Anal. Chem.*, **1998**, *70*, 4907, **DOI**: 10.1021/ac980597p. Copyright 1998 American Chemical Society.). (c) 생체 센서 표면에 잡힌 *E. coli* 박테리아의 영상. 배율 18,000배. (Courtesy of Evangelyn Alocilja laboratory, Michigan State University).

이, 탐침 끝의 z 위치가 거리 d를 일정하게 유지하기 위해 변하는 동안 터널링 전류 I_t가 일정하게 유지된다. 이 경우 탐침 끝의 z 위치가 관찰된다. 최신 STM은 정전류 방식으로 작동한다. 시료 끝의 상하 움직임은 표면의 지형을 반영한다. 그림에 있는 둥근 공은 열분해 흑연 시료에 있는 개개의 탄소 원자를 나타낸다. 탐침 끝은 명확하게 굴곡진 원뿔로 나타내었고, x 방향 주사 동안 탐침 끝의 경로를 청색 선으로 나타내었다.

식 21-11은 터널링 전류가 탐침 끝과 시료 사이가 떨어질수록 기하급수적으로 감소하고 있는 것을 나타낸다. 거리에 따른 이런 급속한 전류 감소는 탐침 끝-시료의 작은 분리에도 터널링 전류가 크게 변하는 것으로 나타나고, z 방향에 대한 고분해능의 원인이 된다.

시료 주사 장치

초기 STM에서는 그림 21-24a에서 보는 바와 같이 직각으로 배열된 3개의 압전 변환기가 탐침 끝의 3차원 움직임을 조정하였다.[29] 길이에 따라 걸어준 직류 전압은 각 변환기의 길이를 다르게 하여, 3차원 방식으로 탐침 끝을 움직이게 만들 수 있다

[29]시료 주사 장치의 묘사에 대해서는 다음 문헌을 참고하시오. C. J. Chen, *Introduction to Scanning Tunneling Microscopy*, 2nd ed., pp. 245–265, Oxford, UK: Oxford University Press, 2008; S. Park and R. C. Barrett, in *Scanning Tunneling Microscopy,* J. A. Stroscio and W. J. Kaiser, eds., pp. 51–58, New York: Academic Press, 1993.

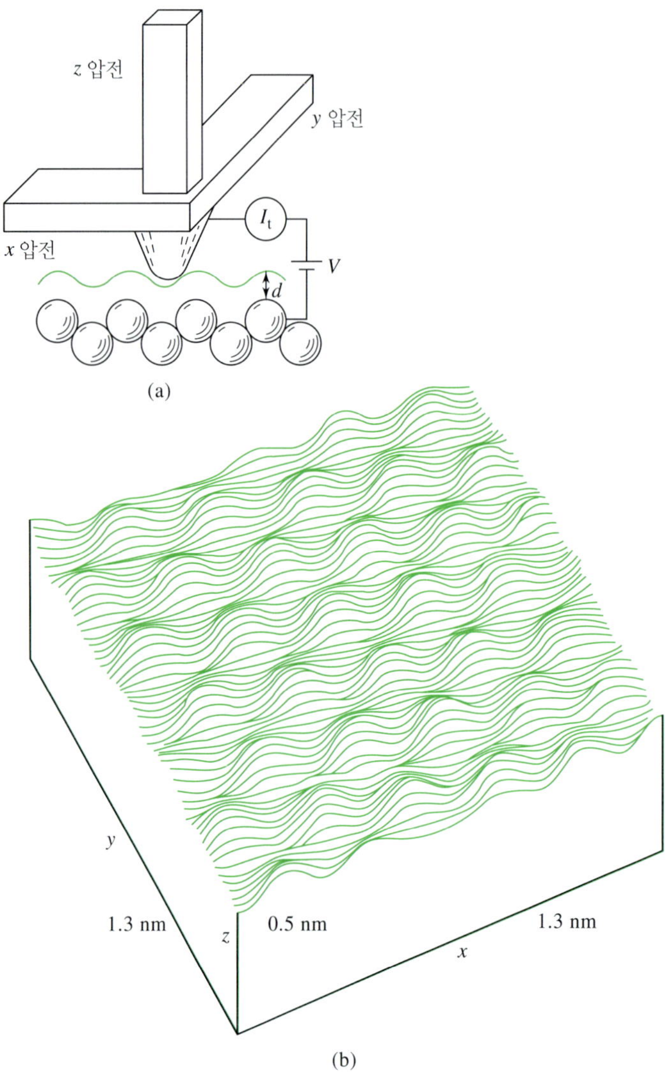

그림 21-24 (a) *x* 방향으로 시료를 주사하는 STM 탐침의 도식적 표현. 청색 선은 규칙적으로 배열된 원으로 나타낸 개별 탄소 원자 위를 지나는 탐침의 경로이다. (b) 시료 표면의 등고선 지도. (From P. K. Hansma et al., *Science*, **1988**, *242*, 209, **DOI**: 10.1126/science.3051380. With permission.)

(압전 변환기의 조성과 특성에 대한 것은 제1C-4절 참고). 압전 세라믹 물질의 조성과 변환기의 크기에 따라, 팽창이나 축소 정도가 가해진 매 볼트에 대해 1 nm 정도로 작게 만들어질 수 있다. 따라서 탐침 끝의 위치를 매우 민감하게 조정할 수 있다.

현대 주사 현미경은 더 이상 그림 21-24a에 보이는 삼각대 형태를 사용하지 않고 대신 그림 21-25에 보이는 중공관 압전 소자에 기반한다. 이 관의 외부 표면은 일반적으로 길이 12~24 mm 사이이고 직경 6에서 12 mm 사이로 얇은 금속층으로 덮여있다. 이 전도층은 금속 코팅을 포함하지 않은 수직의 긴 조각에 의해 4개의 동일한 부분으로 나뉘어진다. 금속의 반대 조각에 전압을 가하면, 가리킨 대로 *x*와 *y* 방향으로 관이 굽어진다. 마찬가지로 원통의 내부 축을 따라 전압을 가하면, *z* 방향으로 관이 길어지거나 짧아진다. 원통의 한 끝 중앙에 있는 탐침 끝은 적절한 전압을 가함으로써 3차원으로 움직이도록 할 수 있다.

일반적으로 주사 현미경은 수 nm에서 100 μm 이상의 평면 주사 범위를 갖는 주사 장치를 사용한다. 0.1 nm 이하에서 10 μm 정도까지의 높이 차이를 접하게 된다. 최대 주사 크기는 세라믹 물질의 이완 계수뿐만 아니라 실린더의 길이, 직경, 그리고 벽 두께에 의해 결정된다.

컴퓨터 연결 장치

컴퓨터 조정은 모든 주사 터널링 현미경의 필수 부분이다. 대부분 시판 STM은 소프트웨어와 *xy* 래스터 주사를 발생하기 위한 디지털-아날로그 변환기를 사용한다. 컴퓨터는 *x*, *y*, *z* 압전 요소에 걸린 전압을 조정하고, 그림 21-24b에서 보는 바와 같이

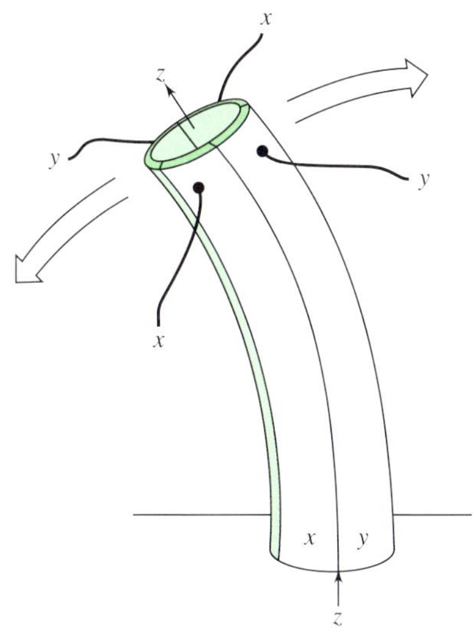

그림 21-25 분할관 형태의 압전 주사기.

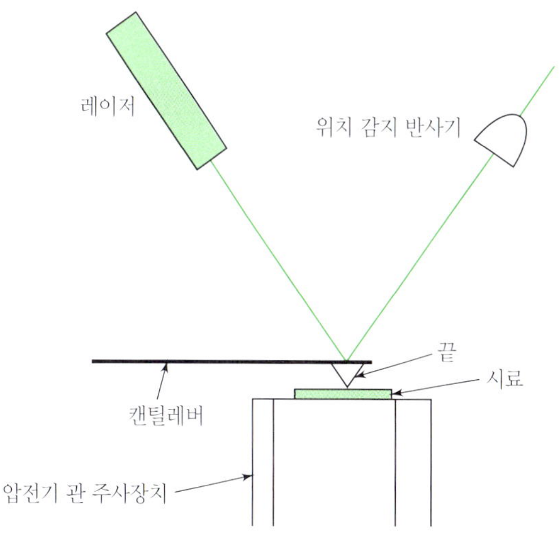

그림 21-26 광학 살 굴절 검출기의 측면 보기. 일반적으로 탐침이 시료 표면을 주사하면서 0.1 nm 이하의 굴절이 검출될 수 있다.

이들을 등고선 지도로 변환한다. 보다 정교한 기기를 이용하면, 영상은 회색 수준 영상의 형태나 준색상 입면 지도로 얻는다.

그림 21-24a에서 청색 선은 잘 정렬된 열분해 흑연 시료 표면의 x 방향으로 주사하는 탐침 끝 경로를 보여준다. x 방향 주사가 완결된 후, 탐침 끝은 최초 자리로 돌아오고 y 압전 변환기에 적정 전압을 걸어주어 하나 아래 선으로 이동된다. 그림 21-24b에서 보는 것과 같이 전체 시료의 그림이 얻어질 때까지 이 과정이 반복된다. 일련의 등고선은 시료 표면에 있는 각 탄소 원자의 전자 구름의 위치를 보여준다.

검출기에서 나온 출력 신호는 시료와 탐침 끝 간의 거리에 너무 민감하기 때문에, 그림에서 주어진 등고선에 따른 거리 차이는 원자 크기의 1/100까지 드러낸다. 주어진 등고선에 따른 평면 분해능은 탐침 끝의 곡률 반경에 의존한다. 이 반경이 단일 원자의 것과 같을 때, 원자 분해능이 얻어진다.

탐침 끝

터널링 탐침 끝은 STM의 중대한 요소이다. 가장 좋은 영상은 터널링이 탐침 끝에 있는 단일 금속 원자로 국한될 때 얻어진다. 다행히 조금만 주의하면, 백금-이리듐 선을 자르거나 텅스텐 금속의 전기화학적 식각에 의해 이런 형태의 탐침 끝을 만드는 것이 가능하다. 단일 원자 탐침 끝을 준비하는 것이 예상한 것만큼 어렵지 않은 이유는 감소하는 간격에 따라 터널링 전류의 기하급수적 증가 때문이다(식 21-11). 따라서 일반적으로 간격 거리가 0.1 nm (1 Å) 감소할 때 터널링 전류는 10배 증가한다. 즉, 만일 다른 것보다 시료 표면에 0.1 nm 더 근접한 탐침 끝에 원자 한 개가 있다면, 거의 모든 전류는 그 원자를 통해 시료로 흐를 것이고 원자 분해능이 이루어진다.

21G-2 원자 힘 현미경

1996년에 발명된 AFM[30]은 전도성과 *절연성*(insulating) 표면 모두에 있는 개개 원자의 관찰을 가능하게 한다. 이 과정에서 유연한 힘-감지 캔틸레버(cantilever) 바늘이 시료 표면 위에 래스터 방식으로 주사된다. 캔틸레버와 시료 표면 사이에 작동하는 힘은 캔틸레버의 미세한 굴절을 일으키고, 이것이 광학 도구에 의해 검출된다. STM에서와 마찬가지로 탐침 혹은 때때로 시료의 움직임은 압전관으로 이루어진다. 주사하는 동안 탐침 끝에 걸리는 힘은 탐침 끝의 상하 움직임에 의해 일정하게 유지되고 지형적 정보를 제공한다. AFM의 장점은 비전도성 시료에 적용이 가능하다는 것이다.[31]

그림 21-26은 탐침 끝을 잡고 있는 캔틸레버의 굴절을 검출하는 가장 일반적인 방법을 도식적으로 보여준다. 레이저 살이 캔틸레버 위 점에서 반사되어 탐침의 움직임을 검출하는 분할된 광다이오드로 들어간다. 광다이오드에서 나오는 출력은 탐침 끝에 가해진 힘을 조정하여 일정하게 유지시킨다. 이 광학 조정 계는 STM의 터널링 전류 조정 계와 유사하다.

그림 21-27은 AFM의 일반 구성을 보여준다. 이동 계는 탐침 끝 아래 x, y, 그리고 z 방향으로 움직이는 가변 압전 장치이다. 레이저 살 검출기에서 나온 신호는 시료 압전 변환기로 되먹임

---

[30]G. Binnig, C. F. Quate, and C. Gerber, *Phys. Rev. Lett.*, **1986**, *56*, 930, **DOI**: 10.1103/PhysRevLett.56.930.

[31]원자 힘 현미경법을 다룬 책에 대해서는 참고 문헌 27과 다음 문헌을 참고하시오. G. Haugstad, *Atomic Force Microscopy: Understanding Basic Modes and Advanced Applications*, Hoboken, NJ: Wiley, 2012; P. Eaton and P. West, *Atomic Force Microscopy*, Oxford, UK: 2010. For biological applications, see *Atomic Force Microscopy in Liquid: Biological Applications*, A. M. Baro and R. G. Reifenberger, eds., Weinheim: Wiley-VCH, 2012; *Atomic Force Microscopy: Biomedical Methods and Applications*, P. C. Braga, D. Ricci, eds., Totowa, NJ: Humana Press, 2004.

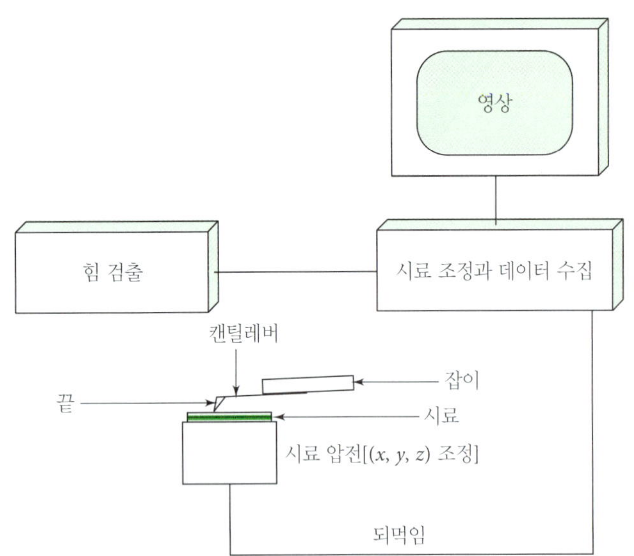

그림 21-27 원자 힘 현미경의 전형적 형태. (From D. R. Louder and B. A. Parkinson, *Anal. Chem.*, **1995**, *67*, 297A, **DOI**: 10.1021/ac00105a718. With permission.)

되어 시료가 상하로 움직여 탐침 끝과 시료 사이의 힘을 일정하게 유지시킨다.

탐침 끝과 캔틸레버

AFM의 성능은 단적으로 캔틸레버와 탐침 끝의 물리적 특성에 의존한다. 초기 AFM에서 캔틸레버는 금속 호일을 잘라 사용했고 탐침 끝은 파쇄한 다이아몬드 입자로 만들었다. 탐침 끝은 손으로 공들여 캔틸레버에 붙였다. 현재는 이런 투박한 방법이 반도체 대량 생산 방법으로 교체되고 있고, 규소, 산화 규소, 혹은 질화 규소의 단일 칩을 식각하여 하나로 된 캔틸레버–탐침 끝 집합체가 생산되고 있다. 오늘날 사용하는 가장 일반적인 캔틸레버–탐침 끝 집합체는 그림 21-28에서 보여준 것과 같은 단일 규소를 미세가공한 것이다. 그림에서 볼 수 있듯이, 캔틸레버와 탐침 끝은 매우 작다(이론적으로 탐침 끝의 정점에 원자 한 개).

AFM 방식

AFM에서 3가지 방식이 일반적으로 사용되고 있다. *접촉 방식*(contact mode), *비접촉 방식*(noncontact mode), 그리고 *톡톡 두드리기 방식*(tapping mode)이다. 접촉 방식이 가장 일반적이다. 이 방식에서 탐침 끝은 시료 표면과 일정하게 접촉한다. 대부분 AFM 측정은 대기압 상태나 액체에서 이루어지고 흡착된 기체나 액체층에서 오는 표면 장력은 탐침 끝을 아래로 당길 것이다. 이들 힘은 비록 매우 작지만, 시료 표면을 손상시키고 영상을 왜곡시키기에 충분히 클 것이다. 이 문제는 특히 생체 시료와 고분자 그리고 실리콘 웨이퍼 같은 겉보기에 단단할 것 같은 부드러운 물질에서 성가신 문제이다. 게다가 많은 시료가 정전기 전하를 가둘 수 있어서 탐침과 시료 간 인력에 기여할 수 있다. 이것은 탐침 끝이 시료 위를 움직임에 따라 추가 마찰력을 이끌 수 있어서 탐침 끝을 둔하게 하고 시료를 손상시킨다.

표면 손상 문제는 탐침 끝이 주기적으로 짧은 시간 동안만 표면에 접촉하고 제거되는 과정에 의해 크게 극복될 수 있다. 이 톡톡 두드리기 방식 운영에서 캔틸레버는 수백 kHz로 진동한다. 이 진동은 일정한 구동력에 의해 구동되고 진폭은 지속적으로 관찰된다. 캔틸레버는 탐침 끝이 각 진동 주기의 바닥에서만 표면에 닿도록 배치된다. 이 기술은 일반적인 접촉 방식으로 영상화하기 어렵거나 불가능한 매우 다양한 물질을 영상화하는데 성공적으로 사용되고 있다.

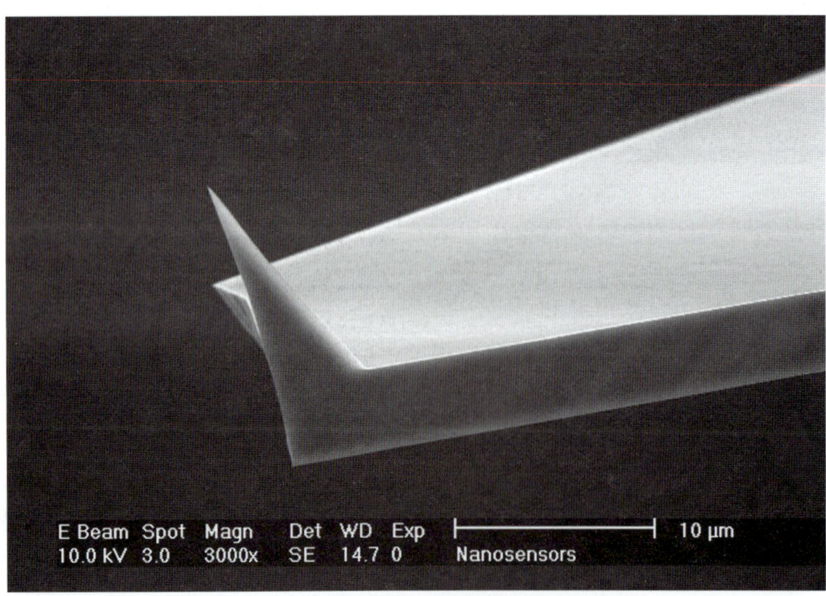

그림 21-28 미세기계화 실리콘 캔틸레버와 탐침 끝의 현미경 사진. (Courtesy of NanoWorld AG, Neuchatel, Switzerland.)

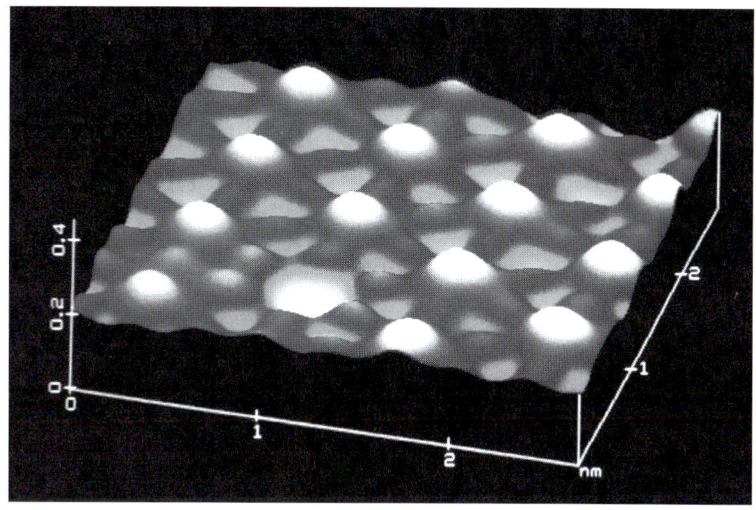

그림 21-29 백금 위에 흡착된 아이오딘 원자의 3 nm × 3 nm 배열의 STM 주사. 영상의 아래 중앙에 없어진 아이오딘 원자를 주목하시오. (Image provided by Veeco Instruments.)

가장 일반적이지 않은 운영 방식은 비접촉 방식으로 탐침 끝이 시료 표면 위 수 나노미터에서 서성이는 것이다. 탐침 끝과 시료 간 van der Waals 인력이 탐침 끝이 표면 위를 주사하면서 검출된다. 이 힘은 접촉 방식 AFM에서 검출된 것보다 훨씬 약하다. 그러므로 탐침 끝을 진동시키는 것과 교류 검출 기술이 작은 신호를 재생시키는 데 사용된다.

다중 방식 주사 탐침 현미경

많은 상업용 SPM은 다중 방식 운영이 가능하다. 이들은 AFM과 같이 접촉 방식, 비접촉 방식, 그리고 톡톡 두드리기 방식으로 사용될 수 있고 STM처럼 사용될 수도 있다. 평면 힘 방식, 비틀림 방식, 그리고 자기 힘 방식과 같은 다른 운영 방식 또한 가능하고 이는 제조사와 모델에 따라 다르다.

주사 탐침 현미경의 일반적 응용

SPM은 과학자와 공학자가 전례 없는 분해능으로 표면 구조를 보는 것을 가능하게 하였다. 그 결과로 SPM은 수많은 분야에서 사용되고 있다. 예를 들면, 반도체 분야에서는 자성 물질의 자성 영역의 영상화뿐만 아니라 규소 표면과 표면 결함의 특성 분석에 사용되고 있고, 생명공학에서는 DNA, 염색질, 단백질-효소 상호작용, 세포막 바이러스 등과 같은 물질의 영상화에 사용되고 있다. AFM의 하나의 장점은 영상의 뒤틀림이 덜 일어나는 조건에서 생체 시료의 수중 영상을 얻을 수 있다는 것이다. 부드러운 시료의 경우 미세 물방울이 탐침 끝 표면 경계에서 형성되기 때문에 뒤틀림 현상이 종종 일어난다. 이 방울에서 생긴 모세관힘은 탐침 끝과 시료 간의 일반적인 힘보다 커서 표면의 세세함을 흐리게 한다. 시료가 물에 있으면, 물은 탐침 끝 위와 아래에 있고 상하 방향에서 걸리는 모세관힘은 상쇄된다.

STM 측정의 가능성 가운데 흥미로운 예를 그림 21-29에 나타내었다. 이 영상은 아이오딘 원자가 흡착된 백금 표면에서 얻은 것이다. 흡착된 아이오딘 분자의 육각 형태는 아이오딘 원자가 없는 결점에 의해 방해받아, 이 영상의 바닥 중앙에 뜯긴 자국(디보트, divot)으로 나타난다. 보여준 영상은 백금 표면 3 nm × 3 nm 영역이다. 이 예시는 STM이 어떻게 원자 수준으로 고체 표면 구조를 밝히는 데 사용되는지를 보여준다.

그림 21-30은 톡톡 두드리기 방식 AFM 주사에 의해 얻은 운모 표면 위에 있는 얽힌 2개의 DNA 분자의 영상이다. 이런 측정은 생화학자가 DNA와 다른 생체 분자의 구조를 비교적 쉽게 연구할 수 있게 해준다.

최근에 화학적 문제에 대한 선택성과 응용성을 증가시키기 위해 탐침을 화학적으로 개질하는 것이 가능하게 되었다. 그림 21-31은 AFM의 흥미로운 적용을 보여준다. 이 실험에서는 금이 덮인 Si_3N_4 탐침 끝을 잠시 11-thioundecanoic acid와 같은 유기황 화합물이 포함된 용액에 잠기게 한다. 그 결과는 카르복실산 작용기 반대편에 있는 산 분자의 말단이 탐침 끝에 공유결합하여, 그림 21-31a에서 보는 바와 같이 탐침 끝이 효율적으로 카르복실산 작용기로 덮인다. 탐침 끝이 그림 21-31b에서 보는 바와 같이 다양한 유기 작용기가 붙은 표면을 가로질러 주사될 때, 탐침 끝의 산 작용기와 시료 표면의 다른 작용기 간의 마찰력의 차이가 결과적으로 표면 작용기의 위치 지도 영상으로 나타난다. 이 기술은 *화학 힘 현미경법*(chemical force microscopy)이라 불린다(그림 21-32). 이와 같은 연구는 주사 탐침 현미경법이 표면에 있는 분석물질의 공간적 배열뿐만 아니라 매우 독특한 정성 분석 정보를 제공한다고 묘사한다. 이 때문에 원자 힘 현미경법과 시료가 캔틸레버의 말단에 놓인 반대 형태를 포함한 다양한 개질은 최근에 다양한 문제를 해결하기 위한 일반 분석 기기로써 제안되고 있다.[32]

[32] J.-B. D. Green, *Anal. Chim. Acta*, **2003**, *496*, 267, **DOI**: 10.1016/j.aca.2003.07.004.

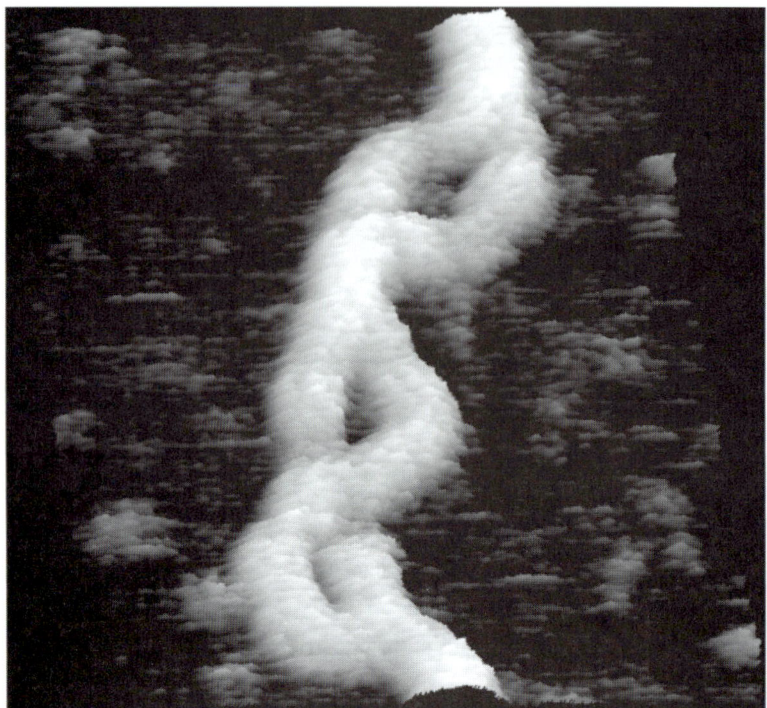

그림 21-30 운모 위에 영상화된 두 개의 이중 나선 DNA 분자로 겹친 분자들을 분리하는 AFM의 능력을 보여준다. (Courtesy of W. B. Stine, University of California, San Diego. With permission.)

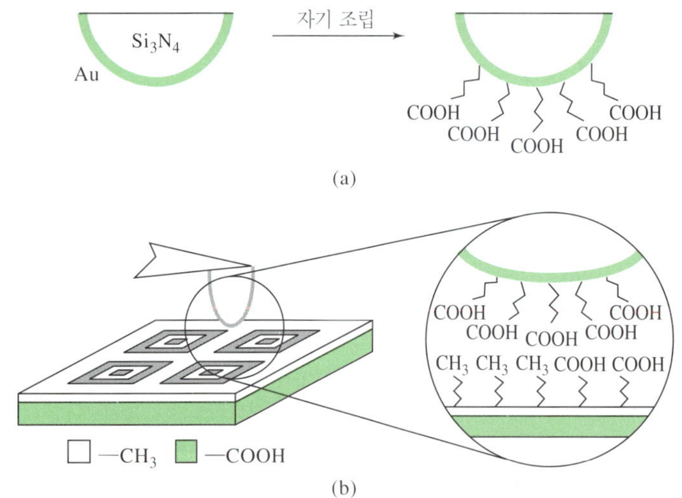

그림 21-31 원자 힘 현미경법에 의한 작용기의 검출. (a) 카르복실 산 작용기가 화학적으로 금이 덮여진 AFM 말단에 화학적으로 붙어있다. (b) 실험의 도식적 표현. (삽도) —COOH 작용기로 덮인 금 말단과 $-CH_3$와 —COOH의 두 작용기로 덮인 시료 간 상호작용. (Adapted from C. D. Frisbie, L. F. Rozsnyai, A. Noy, M. S. Wrighton, and C. M. Lieber, *Science*, **1994**, *265*, 2071, **DOI**: 10.1126/science.265.5181.2071. With permission.)

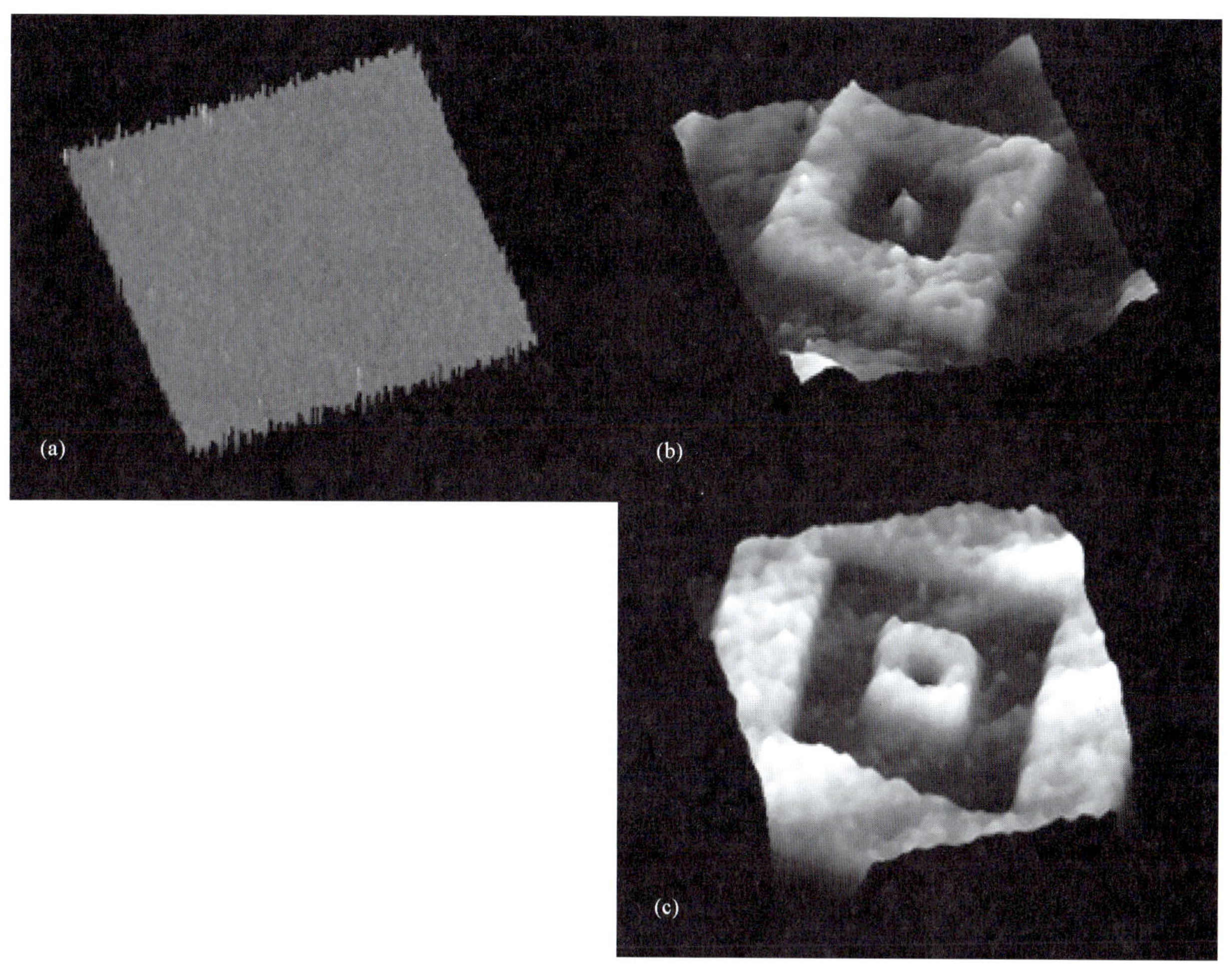

그림 21-32 **작용기 $-CH_3$ 혹은 $-COOH$로 덮인 영역의 화학 힘 현미경법 주사.** (a) 말단이 $-COOH$ 작용기로 덮였을 때, 말단과 표면에 있는 $-COOH$ 작용기 간의 마찰력이 $-CH_3$ 작용기의 그것보다 더 크다. 따라서 그 표면이 높게 나타나고 더 밝은 색이다. (b) 작용기로 $-CH_3$ 작용기를 갖는 말단이 사용되었을 때 반대로 나타난다. 보통의 표면 AFM 주사는 표면 특성이 없음을 보여준다. (Charles Lieber, Harvard University.)

›› 질문과 문제

*별표가 있는 문제의 해답은 이 책의 끝에 있다.

이 아이콘이 있는 문제는 스프레드시트를 이용하여 쉽게 풀 수 있다.

21-1 LMM Auger 전자의 생성 메커니즘을 기술하시오.

21-2 XPS 피크와 Auger 전자 피크를 어떻게 구별할 수 있는지 기술하시오.

21-3 왜 XPS 화학적 이동에서 얻은 정보는 또한 X선 흡수 끝자리에서 포함되어야만 하는지를 설명하시오.

* **21-4** Mg Kα 광원(λ = 0.98900 nm)을 사용하였을 때, XPS 전자가 1,076.8 eV의 운동 에너지를 가지고 있음이 발견되었다. 이 전자 분광기는 14.7 eV의 일함수를 갖는다.

(a) 방출된 전자로부터 결합 에너지를 계산하시오.

(b) 신호가 S(2*s*) 전자로부터 나온 것이라면, 분석물질은 S^{2-}, S^0, SO_3^{2-}, 혹은 SO_4^{2-} 중 어느 것인가?

(c) 만약 Al Kα 광원(λ = 0.83393 nm)을 사용하였다면, 운동 에너지는 얼마인가?

질문과 문제(계속)

(d) 만약 Mg Kα 광원으로 제거된 전자가 Auger 전자라면, Al Kα 광원으로 제거된 전자의 운동 에너지는 얼마인가?

***21-5** Al Kα 광원(λ = 0.83393 nm)으로 전자가 제거되었고, 일함수 25.1 eV를 갖는 분광기로 측정되었을 때, XPS 전자가 1,055.3 eV의 운동 에너지를 가지고 있음이 발견되었다. 이 전자는 $NaNO_3$의 N(1*s*) 전자로 믿어진다.

(a) 이 전자에 대한 결합 에너지는 얼마인가?

(b) 만약 Mg Kα 광원(λ = 0.98900 nm)을 사용하였다면, 그 전자의 운동 에너지는 얼마이겠는가?

(c) 어떤 피크가 XPS 피크이고 Auger 전자 피크가 아닌지는 어떻게 확신할 수 있는가?

(d) 동일한 분광기에서 Al Kα 광원이 사용되었을 때, 어떤 결합 에너지와 운동 에너지에서 $NaNO_2$에 대한 피크가 예상되는가?

21-6 EELS를 일반적인 IR과 Raman 분광법과 비교하시오. 들뜨게 하고 검출하는 데 사용하는 것이 무엇인지에 초점을 맞추시오. EELS의 장점과 한계는 무엇인가?

21-7 ISS를 RBS와 비교하시오. 두 경우 모두 기기장치 구조를 그리시오. 두 기술에 의해 얻어진 정보의 차이를 기술하시오.

21-8 정적 SIMS가 기기장치 면에서 동적 SIMS와 어떻게 다른가? 정적 SIMS에서 얻은 정보는 동적 SIMS에서 얻은 정보와 어떻게 다른가? 영상 SIMS란 무엇인가? 어떤 형태의 정보를 영상 SIMS로 이용하여 얻는가?

21-9 전자와 이온 분광법과 비교하였을 때, 표면 광자 기술의 주요 장점은 무엇인가? 주요 단점은 무엇인가?

21-10 묻힌 계면은 무엇이고, 묻힌 계면 현상을 연구하기 위해 사용 가능한 기술은 무엇인가?

21-11 SEM으로 얻는 신호의 3가지 가능한 방출원의 이름을 대시오. 전자의 탄성과 비탄성 산란을 구별하시오.

21-12 SPM의 가장 일반적인 2가지 형태의 이름을 대시오.

(a) 그들은 어떻게 다른가?

(b) 각 형태의 장점은 무엇인가?

(c) 각 형태의 주요 한계는 무엇인가?

21-13 만일 STM 탐침이 표면에서 0.40 nm 위치에 있을 때 터널링 전류가 8.7 pA이고 그 탐침이 표면에서 0.50 nm 위치에 있을 때 터널링 전류가 17.0 pA라면, 그 탐침을 0.10 nm 간격으로 0.40 nm에서 1.50 nm 움직였을 때의 전류를 계산하시오.

도전 문제

21-14 정량 X선 광전자 분광법이 최근에 더 유행하게 되었다. 방출 세기를 원자 농도(밀도)에 연관시키는 요소는 식 21-3에 주어졌다.

(a) 방출 세기에 영향을 주는 요소 중 분석물질과 관련된 것들을 알아내시오.

(b) 분광기와 관련된 방출 세기에 영향을 주는 요소를 알아내시오.

(c) 정량 XPS에서 측정된 양은 보통 I/S이다. 여기서 I는 피크 면적이고, S는 관심 원소에 대한 감도 인자이다. 만일 이 양이 분석물질에 대해 측정된 값이 $(I/S)_a$이고 다른 전이로 내부 표준물에 대해 측정된 해당 값이

$(I/S)_s$이라면, 그 비율 $(I/S)_a/(I/S)_s$가 분석물질과 내부 표준물의 원자 농도 비와 어떻게 관련 있는지를 식으로 나타내시오.

(d) 만일 표면에 있는 모든 원소가 XPS에 의해 측정된다면, 원소 A의 원자 농도 분율 f_A가 다음 식에 의해 주어진다는 것을 보이시오.

$$f_A = \frac{I_A/S_A}{\sum(I_n/S_n)}$$

여기서 I_n은 원소 n의 측정된 피크 면적이고, S_n은 피크에 대한 감도 인자이고, 합은 모든 n에 대해 수행된다.

(e) 폴리우레탄 시료에서 XPS에 의해 탄소, 질소, 그리고 산소가 검출되었고, 사용한 분광기의 탄소에 대한 감도 인자는 0.25이다. 동일한 분광기에서 질소에 대한 감도 인자는 0.42이고 산소에 대한 것은 0.66이다. 만일 피크 면적이 C(1s) = 26,550, N(1s) = 4,475, O(1s) = 13,222라면, 이 세 원소의 원자 농도는 얼마인가?

(f) XPS를 이용한 정량 분석의 한계는 무엇인가? 왜 측정된 원자 농도는 본체 조성과 일치하지 않는가?

(g) 폴리우레탄의 경우, 화학량론적 원자 농도는 C = 76.0%, N = 8.0%, O = 16.0%이다. 각 원소에 대해 위의 (e)에서 얻은 값에 대한 백분율 오차를 계산하시오.

기기 분석법의 실제 응용

Vinland 지도의 진위성 평가: 역사, 예술, 그리고 법과학을 위한 표면 분석

Vinland 지도

논란이 많은 Vinland 지도는 유럽에 있는 개인 도서관이 팔기 위해 내놓은 것을 Connecticut 주 New Haven에 있는 희귀본 중개상이 구입한 1950년대에 알려졌다. 이것은 1965년 Yale 대학교에 기증되어 현재 Yale 대학교 도서관에 소장되어 있다. 그림 IA3-1에서 보는 바와 같이, Vinland 지도는 빈랜드 섬(Vinlandia Insula)이라 불리는 서대서양에 있는 큰 섬을 보여주는 신세계의 중세 방식 지도로, 이는 일반적으로 북아메리카의 북동 지역(Vinland)과 유사하다. 이 지도는 1440년대로 추정되는 "Tartar Relation"이라는 제목의 미지 문서와 함께 1965년 처음 세상에 드러났다. 진품이라면, 이는 북아메리카 대부분이 Columbus 이전 서유럽에 알려졌다는 것을 의미한다.

이 지도에 있는 벌레 먹은 자리가 "Tartar Relation"과 다른 진품 중세 문서인 "Speculum Historiale"에 있는 벌레 먹은 자리와 정확히 일치한다고 발견되었을 때, 이 지도가 진품일 가능성이 높아졌다. 이 지도는 이 두 개의 문서와 함께 묶인 것으로 생각되었다.

이 지도는 Yale 대학교가 상세한 조사를 하기 위해 표면 분석 그룹(McCrone Associates)을 고용했을 때인 1974년까지 진품이라고 대부분 믿어졌다. 그 이후 과학자들은 이 지도에 사용한 양피지와 잉크를 조사하기 위해 매우 다양한 표면 분석 기술을 사용하였다. 다음에 논의한 것처럼, 많은 측정이 이 지도는 위조된 것이라고 가리킨다. 하지만 모든 과학자가 동의하지는 않고 몇몇 계속되는 문제들이 남아있다.

분석기기 기술

McCrone 그룹[1]은 이 지도의 종합적 분석에서 광학 현미경법을 사용하여 주의 깊게 예비 조사를 하였다. 이 관찰을 통해 이 그림이 피지 위에 검정 잉크 윤곽을 갖는, 분명히 손으로 그린 지도라는 것이 밝혀졌다. 그 윤곽은 밑에 놓인 엷은 노란 층과 인접해 있는데, 이는 고대 필사본의 전형적 특징이다. 초기의 주요 관찰은 검정 윤곽이 노란 하층과 완전히 일치하지 않는다는 것이었다.

이 지도는 방해석과 아마 아나타제 형태일 이산화 타이타늄(TiO_2)의 입자의 존재를 밝히기 위해 편광 현미경법을 사용하여 조사되었다. 이들 관찰은 또한 아나타제 입자가 20세기 초부터 생산된 시판 백색 안료와 유사하다는 것을 알렸다. 현미경 관찰 다음에 이 지도의 다양한 부분에서 입자들이 몇몇 극미량 분석 방법으로 분석되었다.

분말 X선 회절(제12D-1절) 측정이 노란 안료층의 나노그램 이하 시료에 대해 실시되었고, 그 결과 방해석과 아나타제 모두의 존재를 확인하였다. 안료 입자는 X선 형광 검출계(제12A-3절)가 장착된 주사 전자 현미경(제21F-2절)으로 조사되었다. 노란 안료 입자는 상대적으로 고농도의 타이타늄을 보였고, 검정 입자는 고농도 철과 크로뮴을 보였다. 투과 전자 현미경(제21F-2절)이 Vinland 지도의 아나타제의 입자 형태와 크기 분포를 시판 제품과 비교하기 위해 사용되었다. 그 결과도 또한 아나타제 입자는 현대의 것임을 제안하였다.

살 직경 1 μm로 펨토그램 시료의 원소 분석이 가능한 전자 현미경(제21F-1절)이 노란 안료가 상당한 양의 타이타늄을 포함하고 있다는 것을 보여주기 위해 사용되었으나, 양피지나 검정 안료는 타이타늄을 함유하고 있지 않았다. 안료 시료의 이온 현미경 분석(제21D-1절)은 전자 현미경과 일치하는 결과를 제공하였다. 이온 현미경은 또한 Vinland 지도의 안료와 "Tartar Relation"과 "Speculum Historiale"에 있는 잉크를 비교하기 위해 사용되었다. Vinland 지도에서 나온 결과는 Tartar Relation 이나 Speculum Historiale에서 나온 결과와 맞지 않았고, 알려진 어떤 잉크와도 일치하지 않았다. McCrone은 Vinland 지도는 아나타제가 포함된 노란 안료로 지도를 그리고 탄소 기반 검정 잉크를 사용해 지도를 다시 그려 만든 영리한 위조품이라고 결론지었다. 이 결론은 노란색과 검은색 층이 일치하지 않은 데서 시작되었고 이는 모든 극미량 분석 결과와 일치한다.

Cahill이 이끄는 학제 간 그룹은 입자 유도 X선 방출(PIXE) 기술(제12C-1절)을 사용하여 타이타늄이 Vinland 지도의 노란 안료에 실제로 존재하지만 단지 극미량만 발견되었다고 하였으며, 이는 McCrone 그룹의 초기 결과와 잘 일치하지 않는다.[2] 수백 개의 다른 필사본을 시험한 Cahill 그룹은 몇몇 다른 명백한 중세 양피지에서 상당 수준의 타이타늄을 검출하였다. 요약 보고서에서 McCrone[3]은 Cahill 연구에서 사용한 PIXE가 미량 분석 기술이지만 극미량 분석에는 적절하지 않은 도구라고 반박하였다. 달리 말하면, PIXE의 시료 채취 면적은 McCrone이 사용한 미량 분석 기술보다 매우 커서 지도의 대부분 영역에서 저농도의 타이타늄이 나타났다는 것이다.

Brown과 Clark에 의해 실시된 이 지도에 대한 Raman 현미경 측정(제18B-2절)은 노란 안료는 아나타제를 함유하고 있고

---

[1] W. C. McCrone, *Anal. Chem.*, **1988**, *60*, 1009, **DOI**: 10.1021/ac00161a013.

[2] T. A. Cahill et al., *Anal. Chem.*, **1987**, *59*, 829, **DOI**: 10.1021/ac00133a009.

[3] 각주 1 참고.

그림 IA3-1 **Vinland 지도.** (Medieval and Renaissance Manuscripts, General Collection of Rare Books and Manuscripts, Beinecke Rare Book and Manuscript Library, Yale University.)

검정 안료는 탄소 기반이고 이들 안료는 전체적으로 "Tatar Relation"의 잉크와는 다르다는 것을 보여주었다.[4] 이들 결과는 이 지도는 위조품이라는 McCrone의 결론과 일치한다. 마침내 가속 질량 분석법(제11F-1절)을 이용하여 방사성 탄소 연대 측정에 의해 Vinland 양피지의 연대를 결정하였으며, 그 결과 양피지는 AD 1411과 AD 1468 (95% 신뢰 수준)[5] 사이에 제조되었다고 제안한다. 따라서 양피지가 현대 모조품이라면 위조범은 지도를 제작하기 위해 진품 양피지 조각을 사용했다는 것이다.

2013년에 Scotland의 아마추어 사학자인 John Paul Floyd는 일련의 인터넷 검색을 실행하였고 Vinland 지도가 모조품이라는 증거를 찾았다고 주장하였다. Floyd는 "Speculum Historiale"로 밝힌 15세기 필사본을 묘사한 두 스페인 책(지도가 세상에 다시 나오기 전)에 있는 참고 문헌들을 발견하였다. 이들 책에는 지도가 보고되어 있지 않았다. "Tatar Relation"은 그것에 묶인 지도 없이 1892년 Madrid에 전시되었다. Madrid 전시를 위한 필사본은 Zaragoza의 가톨릭 교회로부터 빌린 것으로, Vinland 지도의 재출현 바로 전인 1950년대의 수많은 절도의 산물이었다. Floyd는 또한 Vinland 지도가 1782년에 새겨 인쇄된 것과 일치한다는 상세한 사항을 발견하였다.[6] 그는 이 지도가 모조품이라고 결론지었다.

분석적 시각

Vinland 지도에 관한 논란은 분석 연구의 몇몇 중요한 측면들을 지적한다. 첫째는 분석 시료를 정확히 정의하는 것과 결정하는 동안 그것을 염두에 두는 것을 포함한다. 특히 이 경우, 여러 다른 시료들(양피지, 지도의 잉크와 양피지를 포함한 넓은 영역, 혹은 잉크 자체의 작은 입자)이 정의될 수 있다. 많은 분석 연구에서 우리는 시료를 균일화하거나 결과를 어떤 영역을 넘어서 평균화하려 한다. 하지만 다른 경우 시료에서 개개의 국부적 불균일성을 살피는 것은 중요하다. 이 사례 연구는 작은 입자를 살피는 과학자들이 더 넓은 공간 영역을 관찰하는 다른 과학자들과 농도에 대한 다른 결론에 도달할 수 있다는 것을 보여준다. 분석 기술의 공간 분해능은 또한 이 연구의 중요한 측

[4]K. L. Brown and R. J. H. Clark, *Anal. Chem.*, **2002**, *74*, 3658, DOI: 10.1021/ac025610r.

[5]D. J. Donahue, J. S. Olin, and G. Harbottle, *Radiocarbon*, **2002**, *44*, 45, www.tinyurl.com/jdbmak4.

[6]Becky Evans (2 June 2013). "아마추어 역사가는 Columbus 이전에 바이킹이 아메리카를 발견하였음을 보여주는 '15세기 지도'는 거짓임을 증명한다." Daily Mail. http://tinyurl.com/jmrql4c

기기 분석법의 실제 응용(계속)

면이다. 우리는 넓은 공간 영역을 관찰하거나 평균화하는 기술로 국부적 효과나 국부적 농도를 결정한다는 희망을 가질 수 없다. 이 예시에서 PIXE가 감도가 우수한 미량분석법일지라도 지도 연구에서 사용한 많은 표면 기술의 공간 분해능을 갖지 못한다는 것을 알 수 있다. 이 사례 연구가 가지고 오는 다른 측면은 원소 조성을 결정하는 기술과 분자 조성을 결정하는 기술 간의 차이이다. 이 경우, X선 회절법과 Raman 분광법은 결론적으로 잉크에서 TiO_2의 존재를 결정하는 데 사용된다. 사용된 다른 기술들은 특별한 원소의 존재를 정립할 수 있고 채취된 부피에서 그들의 양을 결정할 수 있다. 마침내 Vinland 지도 논란이 의심의 여지없이 끝난 것은 아니다라는 것에 주목해야 한다. 그 지도가 모조품이라면, 어떻게 그렇게 오래된 양피지를 구할 수 있는지에 대한 의문이 남는다. 마찬가지로 그 지도가 진품이라면 입자 크기와 입자 분포에서 TiO_2의 존재가 설명되어야만 한다. 새롭고 보다 강력한 분석 기술들이 이들 문제들과 남아있는 다른 문제들을 잠재우는 데 도움이 될 수 있게 장래에 확실히 사용될 것이다.[7]

흥미로운 점은 Yale 대학교 스스로 지도의 진위 여부에 대해 언급하지 않기로 결정했음에도, 매우 흥미롭지만 논란이 많은 이 문서의 관리자 역할을 주장하고 있다는 것이다.

[7]"The Viking Deception," Narr. Gene Galusha, *NOVA*, Granite Productions, PBS, WGBH, Boston, February 8, 2005.

Photo by Woods Hole Oceanographic Institution

전기분석 화학
Electroanalytical Chemistry

전기화학적 센서들은 뜻밖의 장소에서도 사용된다. 사진은 심해 잠수함 Alvin이 태평양의 바닥에 있는 열수 분출공에 센서 배열을 배치하는 모습을 보여주고 있다. 이 센서들은 pH, 용존 수소, 용존 황화 수소 및 열수 분출공 주변에서 일어나는 생물 지구화학적 과정은 물론이고 대양의 깊은 지각 속에서 일어나는 지구화학적 반응을 이해하는 데 필수적인 화학종들을 측정한다. 이 센서들은 해저의 극한 환경 조건 아래에서 연속적이고 정확한 측정을 한다. 센서 배열이 배치될 때 측정한 온도는 365°C이고 압력은 250 bar였다. 이와 같은 센서들의 작동 원리는 제23장과 제25장에서 설명한다.

제4부에서는 전기분석 화학의 이론과 방법론을 탐구한다. 제22장에서는 제23장~제25장을 공부하는 데 필요한 일반적인 토대를 제공한다. 전기화학 전위와 전류를 측정하는 데 필요한 이론적인 면과 실제적인 면은 물론이고, 전기화학의 용어와 협약 등을 소개한다. 제23장은 전위차법의 여러 방법과 응용을 다루고 있고, 일정 전위 및 일정 전류 전기량법은 제24장에서 설명한다. 제4부의 마지막 장인 제25장에서는, 중요하고 널리 사용되고 있는 전압－전류법의 다양한 측면을 소개한다.

22장

전기분석 화학 서론

An Introduction to Electroanalytical Chemistry

전기분석 화학은 분석물질 용액이 전기화학 전지의 일부를 구성하고 있을 때, 분석물질 용액의 전기적 성질에 바탕을 두고 있는 정성 및 정량 분석법들을 포함한다. 전기화학 분석법을 통해 낮은 검출 한계를 얻을 수 있으며 전기화학적으로 접근이 가능한 시스템의 특성에 대한 풍부한 정보도 얻을 수 있다. 이러한 정보에는 화학량론, 계면에서의 전하 이동 속도, 물질 이동 속도, 흡착이나 화학 흡착의 정도 및 화학 반응의 평형 상수 등이 포함된다.

이 장에서 옆의 로고는 www.tinyurl.com/skoogpia7에서 대화형 자습, 시뮬레이션, 연습 등을 통해 온라인으로 학습할 수 있는 기회가 있음을 나타낸다.

전기화학 분석법[1]은 이 책에서 설명하고 있는 다른 형태의 분석법들에 비해 확실히 보편적인 장점을 가지고 있다. 첫째, 전기화학 측정법은 종종 원소의 특정 산화 상태를 구체적으로 나타낸다. 예를 들어, 전기화학 분석법의 경우에는 Ce(III)과 Ce(IV) 혼합물에 들어있는 각 화학종의 농도를 알아내는 것이 가능하지만, 대부분의 다른 분석법에서는 세륨의 전체 농도만을 알아낼 수 있다. 전기화학 분석법의 중요한 두 번째 장점은 기기가 상대적으로 저렴하다는 것이다. 대부분의 전기화학 장비들은 \$30,000 미만이고, 다용도로 쓸 수 있는 전형적인 상업적 장비들의 가격도 \$10,000~\$15,000 정도이다. 반면, 많은 분광기기들의 가격은 \$50,000~\$250,000 또는 그 이상이다. 전기화학 분석법의 세 번째 특징은 화학종의 농도가 아닌 활동도에 관한 정보를 제공한다는 것으로, 이는 장점일 수도 있고 단점일 수도 있다. 예를 들어, 일반적으로 생리학 연구에서는 칼슘이나 포타슘 같은 이온의 활동도가 농도보다 더 중요하다.

제23장~제25장에서 설명할 다양한 전기화학 분석법을 신중하게 적용하기 위해 전기화학 전지의 기본적인 이론과 작동의 실제적인 측면을 이해하는 것이 필요하다. 제22장에서는 주로 이 주제에 대해 설명한다.

22A 전기화학 전지

직류 전기화학 전지는 *전극*(electrode)이라고 불리는 두 개의 전도체로 이루어져 있고, 각각의 전극은 적절한 전해질 용액에 담겨있다. 전지에서 전류가 흐르려면 (1) 두 전극은 금속 도선으로 외부에서 연결되어 있어야 하며, (2) 두 전해질 용액은 한쪽에서 다른 쪽으로 이온이 이동할 수 있도록 서로 접촉하고 있

[1]전기화학과 그 응용에 대해서는 다음 문헌을 참고하시오. A. J. Bard and L. R. Faulkner, *Electrochemical Methods*, 2nd ed., New York: Wiley, 2001; A. C. West, *Electrochemistry and Electrochemical Engineering*, CreateSpace Independent Publishing Platform AC West, 2013; J. Wang, *Analytical Electrochemistry*, 3rd ed., Hoboken, NJ: Wiley, 2006; D. T. Sawyer, A. Sobkowiak, and J. L. Roberts, *Electrochemistry for Chemists*, 2nd ed., New York: Wiley, 1995; *Laboratory Techniques in Electroanalytical Chemistry*, 2nd ed., P. T. Kissinger and W. R. Heineman, eds., New York: Dekker, 1996. 다음 문헌은 전기분석 화학을 다루고 있는, 고전적이면서도 유용한 단행본이다. J. J. Lingane, *Electroanalytical Chemistry*, 2nd ed., New York: Interscience, 1958.

어야 하고, (3) 전자-이동 반응은 두 전극에서 각각 일어날 수 있어야 한다. 그림 22-1a는 간단한 전기화학 전지의 한 예를 보여준다. 이 전지는 $AgNO_3$ 용액에 담겨있는 Ag 전극과 $CuSO_4$ 용액에 담겨있는 Cu 전극으로 이뤄져 있다. 두 용액은 *염다리*(salt bridge)에 의해 연결되어 있는데, 염다리는 KCl 또는 가끔 다른 전해질로 포화된 용액이 채워져 있는 관으로 구성되어 있다. 관의 양쪽 끝은 다공성 마개나 디스크로 막혀있어 이들을 통해 이온의 이동은 가능하지만, 한 전해질 용액에서 다른 전해질 용액으로 액체가 이동하는 것은 가능하지 않다. 염다리의 목적은 전지의 양쪽 용액이 섞이지 않도록 분리하면서 전기적 접촉을 유지하는 것이다. 용액의 분리는 Ag^+ 이온과 Cu 전극이 직접 반응하는 것을 막기 위해 필요하다. 그림 22-1의 전지는 두 개의 소위 *액간 접촉*(liquid junction)을 갖고 있는데, 하나는 $AgNO_3$ 용액과 염다리 사이의 경계면이고, 다른 하나는 염다리의 전해질 용액과 $CuSO_4$ 용액이 접하고 있는 염다리의 다른 쪽 끝에 있다. 제22B-2절에서 설명하겠지만, 이러한 경계면에서 발생하는 소량의 *접촉 전위*(junction potential)는 분석의 정확도에 심각한 영향을 미칠 수도 있다.

22A-1 전지에서의 전도

그림 22-1a의 임피던스가 큰 전압계는 전지에서 전류가 거의 흐르지 않게 하면서 전지에서 발생한 전압을 측정하게 해준다. 그림 22-1a의 임피던스가 큰 전압계를 그림 22-1b에서와 같이 낮은 저항의 전선이나 부하로 교체하면 회로는 완결되고 전하가 흐르게 된다. 그림 22-1b에 나타낸 전지의 여러 부분에서 세 가지 독특한 과정으로 전하 전도가 발생한다.

1. 외부 도선에서와 마찬가지로 Cu 전극과 Ag 전극에서는 전자가 전하 운반체이고 Cu 전극에서 외부 도선을 통해 Ag 전극으로 이동한다.
2. 용액 내에서는 양이온과 음이온의 이동으로 인해 전하가 흐른다. 왼쪽의 반쪽 전지에서는 Cu^{2+} 이온이 전극에서 용액으로 이동하고 SO_4^{2-}와 HSO_4^-는 Cu 전극으로 이동한다. 오른쪽의 반쪽 전지에서는, Ag^+ 이온이 전극을 향해 이동하고 음이온은 전극으로부터 멀어진다. 염다리 내에서는 K^+ 이온이 오른쪽으로 이동하고 Cl^- 이온은 왼쪽으로 이동하면서 전하를 운반한다. 따라서 세 용액 내에 있는 모든 이온들은 전하의 흐름에 참여하게 된다.
3. 세 번째 과정은 두 전극의 표면에서 일어난다. 이 계면에서 일어나는 산화 반응 또는 환원 반응은, 용액의 이온 전도와 전극의 전자 전도를 결합시켜 전하의 흐름에 필요한 완전한 회로를 제공한다. 두 전극 과정은 다음의 반응으로 표현된다.

$$Cu(s) \rightleftharpoons Cu^{2+}(aq) + 2e^- \qquad (22\text{-}1)$$

$$Ag^+(aq) + e^- \rightleftharpoons Ag(s) \qquad (22\text{-}2)$$

22A-2 갈바니 전지와 전해 전지

그림 22-1b의 전지에서 일어나는 알짜 전지 반응은 식 22-1과 식 22-2의 두 반쪽 전지 반응의 합이다.[2]

$$Cu(s) + 2Ag^+ \rightleftharpoons Cu^{2+} + 2Ag(s)$$

이 전지의 전압은 이 반응이 평형을 향하여 진행하려는 경향성을 나타내는 척도이다. 따라서 그림 22-1a에 나타낸 것과 같이, Cu^{2+} 이온과 Ag^+ 이온의 농도(실제로는 활동도)가 0.0200 M일 때 전지의 전압은 0.412 V이고, 이는 이 반응이 평형으로부터 떨어져 있음을 나타낸다. 그림 22-1b에서와 같이, 외부 회로에 저항이나 다른 부하를 연결하면, 회로에 측정할 수 있는 크기의 전류가 발생하고 전지 반응이 일어난다. 반응이 진행됨에 따라 전압은 점점 작아지고, 이 계가 평형에 도달할 때 결국 0.000 V에 도달한다.

그림 22-1a와 그림 22-1b에 나타낸 것과 같은, 전기 에너지를 생산하는 전지를 *갈바니 전지*(galvanic cell)라고 한다. 그에 반해서 *전해 전지*(electrolytic cell)는 전기 에너지를 소비한다. 예를 들어 그림 22-1c에 나타낸 것과 같이, 배터리나 직류 전원의 (−) 단자에 Cu 전극을 연결하고 (+) 단자에 Ag 전극을 연결하면, Cu-Ag 전지는 전해 전지로 작동한다. 그림과 같이 전원의 출력을 0.412 V보다 약간 더 크게 조절하면 두 전극 반응은 뒤바뀌고 알짜 전지 반응은 다음과 같다.

$$2Ag(s) + Cu^{2+} \rightleftharpoons 2Ag^+ + Cu(s)$$

전류의 방향을 뒤바꿈으로써 두 전극에서의 반응이 역전되는 전지를 *화학적 가역 전지*(chemically reversible cell)라고 한다.

22A-3 산화 전극과 환원 전극

정의에 의해, 전기화학 전지의 *환원 전극*(cathode)은 환원이 일어나는 전극이고, *산화 전극*(anode)은 산화가 일어나는 전극이다. 이러한 정의는 방전 중의 갈바니 전지와 전해 전지 모두에 적용된다. 그림 22-1b에 나타낸 갈바니 전지의 경우, Ag 전극이 환원 전극이고 Cu 전극이 산화 전극이다. 반면에 그림 22-1c의 전해 전지에서는, 반쪽 전지 반응이 거꾸로 되었기 때문에 Ag 전극이 산화 전극이고 Cu 전극이 환원 전극이다.

22A-4 액간 접촉이 없는 전지

그림 22-1의 전지에는 두 개의 액간 접촉이 있는데, 하나는 $AgNO_3$ 용액과 염다리의 한쪽 끝 사이에 있고, 다른 하나는

시뮬레이션: www.tinyurl.com/skoohpia7에서 **전기화학 전지(electrochemical cells)**에 대해 더 알아보시오.

[2]전하 균형과 질량 균형을 위해 Ag 반쪽 반응에 2를 곱해야 한다는 것에 유의하시오.

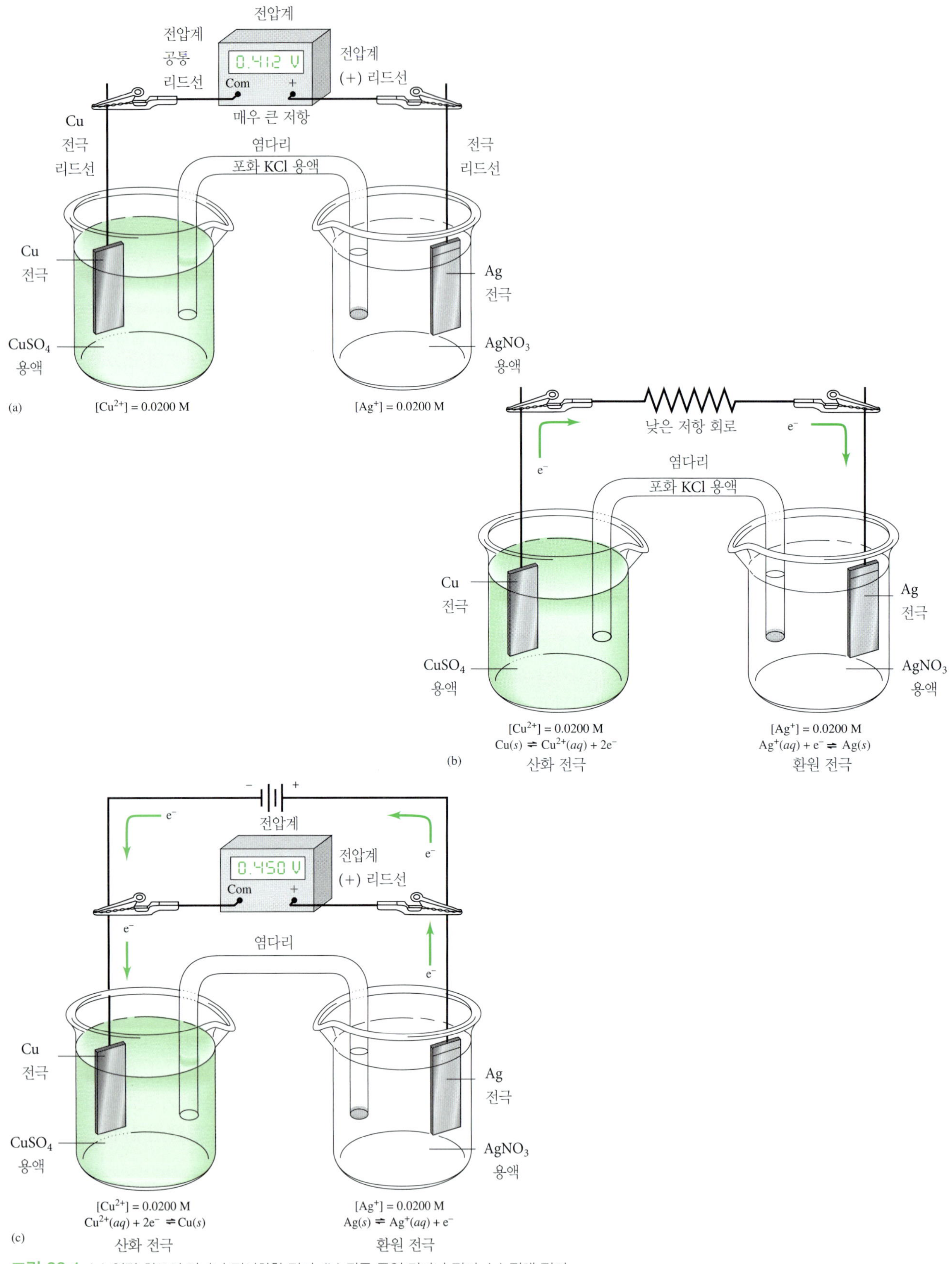

그림 22-1 (a) 열린 회로의 갈바니 전기화학 전지, (b) 작동 중인 갈바니 전지, (c) 전해 전지.

$CuSO_4$ 용액과 염다리의 다른 쪽 끝 사이에 있다. 때로는 두 전극이 같은 전해질을 공유함으로써, 접촉 전위의 영향이 제거된 전지를 사용하는 것이 가능하고 유리하다. 이런 형태를 갖는 전지의 예를 그림 22-2에 나타내었다. 전압계를 제거하고 전선으로 대체하면, Ag가 환원 전극으로 작동한다. 환원 전극에서의 반응은 다음과 같다.

$$AgCl(s) + e^- \rightleftharpoons Ag^+(s) + Cl^-(aq)$$

방전이 일어나는 경우, Pt 산화 전극에서는 수소가 소모된다.

$$H_2(g) \rightleftharpoons 2H^+(aq) + 2e^-$$

첫 번째 반응식의 각 항에 2를 곱한 후 두 반응식을 더하면 전체 전지 반응이 얻어진다.

$$2AgCl(s) + H_2(g) \rightleftharpoons 2Ag(s) + 2H^+(aq) + 2Cl^-(aq)$$

$H_2(g)$와 $AgCl(s)$ 사이의 직접적인 반응은 매우 느리기 때문에, 전지 구성 요소 사이의 직접적인 반응으로 인한 전지 효율의 심각한 감소 없이 두 전극은 같은 전해질을 사용할 수 있다.

전지의 환원 전극 반응은 다음 반응식과 같은 두 단계 과정의 결과로 여겨질 수 있으므로 흥미롭다.

$$AgCl(s) \rightleftharpoons Ag^+ + Cl^-$$

$$Ag^+ + e^- \rightleftharpoons Ag(s)$$

잘 녹지 않는 AgCl은 첫 번째 단계에서 용해되어 사실상 일정한 농도의 Ag^+ 이온을 생성하고, Ag^+ 이온은 두 번째 단계에서 환원된다.

이 전지의 산화 전극 반응 또한 다음과 같이 표현될 수 있는 두 단계 과정이다.

$$H_2(g) \rightleftharpoons H_2(aq)$$

$$H_2(aq) \rightleftharpoons 2H^+ + 2e^-$$

온도와 수소 기체의 부분 압력이 일정한 상태에서, 전극 표면에 수소 기체의 농도가 일정하도록 Pt 전극의 표면에 수소 기체를 불어넣는다. 이 경우 비활성의 Pt 전극은 반응에는 직접적인 역할을 전혀 하지 않고, 단지 전자 전달이 일어날 수 있는 표면으로서의 역할만 수행한다는 것에 유의하라.

그림 22-2의 전지는 약 0.46 V의 전위를 갖는 갈바니 전지이다. 이 전지는 또한 화학적으로 가역적이고 0.46 V보다 약간 더 큰 외부 전위를 가함으로써 전해 전지로 작동할 수 있다. 전지가 방전하고 있는 갈바니 전지인지 혹은 전해 전지인지 알지 못하면 주어진 전극이 환원 전극인지 산화 전극인지 알 수 없다는 것에 유의하라.

22A-5 용액 구조: 전기 이중층

전기화학 측정은 불균일계에서 이루어진다는 것을 아는 것이 중요하다. 전극은 보통 전극에서 수 옹스트롬 정도로 인접한 용액층에 존재하는 화학종으로부터만 전자를 주거나 받을 수 있다. 따라서 전극–용액 계면에서 일어나는 화학적인 그리고 물리적인 변화의 결과로 인해 이 층은 벌크 용액과는 매우 다른 조성을 가지게 된다.

예를 들어, 전극(그림 22-1c의 Ag 전극과 같은)에 먼저 양의 전압이 가해졌을 때, 전해 전지의 전극에 인접한 용액의 구조를 살펴보자. 전압을 가한 즉시 순간적으로 급격한 전류의 흐름이 발생하고, 만일 전극 표면에 반응성이 있는 화학종이 존재하지 않으면 전류는 빠르게 0으로 감소한다. 이 전류가 두 전극의 표면에 과량의(또는 부족한) 음의 전하를 생성하는 충전 전

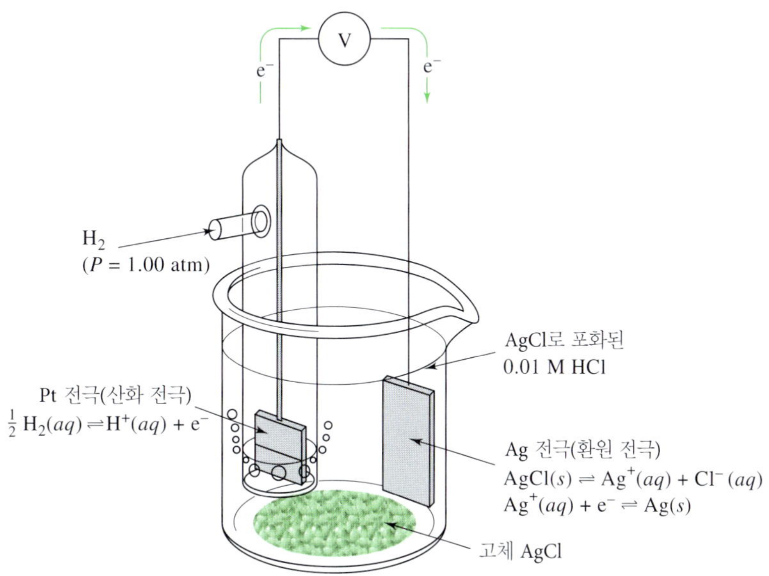

그림 22-2 액간 접촉이 없는 갈바니 전지.

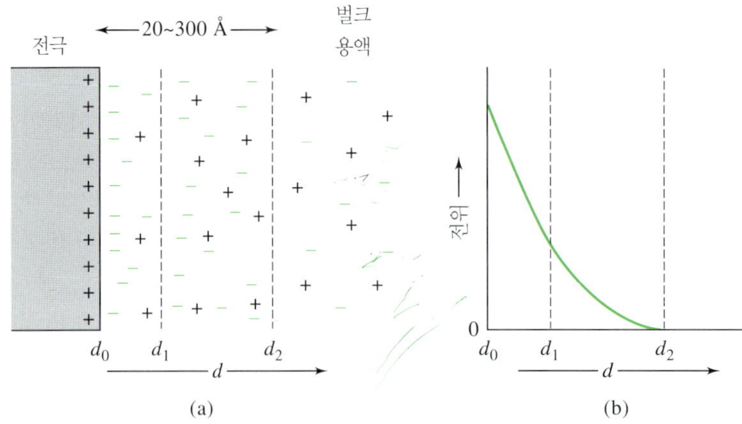

그림 22-3 가해진 전위로 인해 전극의 표면에 형성된 전기 이중층.

류이다. 하지만 이온의 이동성 때문에 전극에 인접한 용액층은 반대 부호의 전하를 갖게 된다. 이러한 효과를 그림 22-3a에 나타내었다. 가해준 양의 전압으로 인해 금속 전극의 표면은 과량의 양의 전하를 가지게 된다. 하전된 용액층은 다음과 같이 두 부분으로 되어 있다. (1) 전위가 전극 표면으로부터의 거리에 따라 직선적으로 감소하는 조밀한 내부층(d_0~d_1)과 (2) 지수함수적으로 감소하는 확산층(d_1~d_2)(그림 22-3b 참고)이다. 전극–용액 계면에 존재하는 하전된 화학종과 방향이 있는 쌍극자(물 분자와 같은)의 전체 집합을 *전기 이중층*(electrical double layer)이라고 부른다.

22A-6 패러데이 전류와 비패러데이 전류

전극–용액 계면에서 전하를 흐르게 할 수 있는 두 가지 형태의 과정이 있다. 한 가지 형태는 한 전극에서는 산화 반응을 그리고 다른 전극에서는 환원 반응을 통해 직접적으로 전자를 전달하는 것이다. 이러한 형태의 과정을 *패러데이 과정*(faradaic processes)이라고 부르는데, 이는 전극에서 일어나는 화학 반응의 양이 *패러데이 전류*(faradaic current)라고 불리는 전류에 비례한다는 Faraday 법칙을 따르기 때문이다.

어떤 조건에서는 한쪽 전극 또는 양쪽 전극 모두에서 *패러데이*(faradaic) 과정이 일어나지 않는 전위를 전지에 가할 수도 있다. 전자들이 전극–용액 계면에서의 퍼텐셜 에너지 장벽을 넘기에 충분한 에너지를 갖고 있지 않거나(열역학적 이유) 또는 실험 시간을 고려했을 때 전자–전달 반응이 충분히 빠르지 않기 때문에(반응 속도론적 이유) 패러데이 과정이 일어나지 않기도 한다. 이러한 상황에서도, 여전히 연속적인 교류 전류의 흐름은 일어날 수 있다. 이러한 전류의 경우, 전하가 역전되는 관계가 반 주기마다 일어나서 처음에는 음이온이 그 다음에는 양이온이 번갈아 전극 표면으로 끌리게 된다. 외부 전원에서 유입된 전기 에너지는 소비되거나 이온의 움직임과 관련되는 마찰에 의해 열로 전환된다. 에너지 소비에 대한 또 다른 관점은 전압이 바뀔 때, 이중층에 있는 이온들이 다시 정렬하거나 새로운 전압에 적응해야 하고, 이러한 과정에 에너지가 요구된다는 것이다. 따라서 각 전극은 축전 용량이 큰(수백~수천 F/cm^2) 축전기의 한 판으로 거동한다. 충전 전류는 주파수와 전극 면적에 따라 증가한다(제2B-3절과 식 2-28 참고). 따라서 이 변수들을 잘 조절하면, 전지 내의 거의 모든 교류 전류가 이러한 *비패러데이 과정*(nonfaradaic process)에 의해 전극 계면을 가로질러 이동할 수 있는 조건을 만들 수 있다. 이러한 과정의 회로 모델에 대한 설명은 제25B-4절에 설명되어 있다.

패러데이 전류와 비패러데이 전류 사이의 근본적인 차이점을 이해하기 위해, 외부 회로를 통해 전극 표면으로 이동하는 전자를 생각해보자. 전자가 용액 계면에 도달했을 때, 전자는 단지 두 가지 중 하나를 할 수 있다. 전극 표면에 머물러서 이중층의 전하를 증가시켜 비패러데이 전류를 흐르게 할 수 있다. 그렇지 않으면, 전극 표면을 떠나 용액에 있는 화학종으로 이동하여 패러데이 전류의 일부분이 되는 것이다.

22A-7 전지에서 전류 흐름이 있는 물질 이동

전극은 전극 표면의 매우 얇은 용액층(그림 22-3a의 d_0~d_1, 약 1~100 Å)만을 감지할 수 있기 때문에, 패러데이 전류가 흐르기 위해서는 벌크 용액으로부터 전극 표면으로 반응성이 있는 화학종이 계속해서 이동해야 한다. 세 가지 메커니즘에 의해 물질 이동이 일어난다. *대류*(convection), *전기 이동*(migration)과 *확산*(diffusion)이다. 대류는 젓기 또는 전극 표면을 지나는 용액의 흐름으로 인해 생기는 용액의 기계적인 움직임의 결과로 발생한다. 전기 이동은 이온과 반대 전하를 갖는 전극과 이온 사이의 정전기적 인력에 의해 용액 안에서 이온이 이동하는 것이다. 확산은 농도 차이로 인한 화학종의 운동이다. 물질 이동에 대한 이러한 메커니즘은 제22E-3절에서 자세히 설명한다.

22A-8 전지의 도식적 표현

전지를 간단하게 나타내기 위해 종종 간단한 기호를 사용한다. 예를 들면, 그림 22-1과 그림 22-2의 전지는 다음과 같이 나타낼 수 있다.

$$\text{Cu}|\text{CuSO}_4(a_{\text{Cu}^{2+}} = 0.0200)\|\text{AgNO}_3(a_{\text{Ag}^+} = 0.0200)|\text{Ag}$$

그리고

$$\text{Pt, H}_2(p = 1\text{ atm})|\text{H}^+(0.01\text{ M}), \text{Cl}^-(0.01\text{ M}), \text{AgCl(포화)}|\text{Ag}$$

협약에 의해, 하나의 수직선은 전위가 발생하는 상의 경계 또는 계면을 의미한다. 예를 들면, 이 도식적 표현의 첫 번째 수직선은 Cu 전극과 $CuSO_4$ 용액 사이의 상 경계에서 전위차가 있다는 것을 나타낸다. 이중 수직선은 두 개의 상 경계를 나타내는데, 염다리의 양쪽 끝에 각각 하나씩 존재한다. 이러한 경계면에 *액간 접촉 전위*(liquid-junction potential)가 있다. 전지의 전위는 전지 구성 요소의 활동도에 의존하기 때문에, 전지 구성 성분의 활동도나 농도를 괄호 속에 표시하는 것이 보통이다.

두 번째 전지에서는, 전해질 용액이 두 전극에 공통으로 사용되기 때문에 단지 두 개의 상 경계가 존재한다. 이 전지를 간단히 표시하면 다음과 같다.

$$\text{Pt}|\text{H}_2\text{(포화), HCl}(0.01\text{ M}), \text{Ag}^+(1.8 \times 10^{-5}\text{ M})|\text{Ag}$$

이 전지에서, 수소 분자의 농도는 포화 용액의 농도이다. 만약 수소의 부분 압력이 주어지지 않을 경우에는, 1.00 atm으로 추정한다. 표시된 Ag^+의 몰농도는 AgCl의 용해도곱 상수로부터 계산한 것이다.

22B 전기분석 전지의 전위

대부분의 전기화학 분석법에서는, (1) 일정 전위에서 전기화학 전지에 흐르는 전류를 측정하거나 (2) 전류가 일정하게 유지되거나 0일 때의 전위를 측정한다. 하지만 일반적으로 전기화학 실험에서는 원하는 값으로 전위를 조절하고 그 결과로 발생하는 전류를 측정하거나, 또는 그 반대로 할 수 있다. 만일 한 변수를 조절하기로 결정한 경우, 다른 변수를 독립적으로 조절하는 것은 불가능하다.

이 절에서는 먼저 전기화학 전지의 열역학과, 전형적인 전지 반응에서 화학종의 활동도와 측정된 전지 전위 사이의 관계를 알아본다. 그런 다음 대부분의 전기화학 전지에서 발생하는 접촉 전위의 원인에 대해 설명한다. 제22C절에서는 전지를 구성하는 각 전극의 전위에 대해 살펴본다.

22B-1 전지 전위의 열역학

전기화학 전지의 전위는 전지 반응의 반응물과 생성물의 *활동도*(activities)와는 직접적으로 관련되어 있고 몰농도와는 간접적으로 관련되어 있다. 종종 활동도를 몰농도와 같다고 가정하지만, 이러한 가정은 전위를 계산할 때 오차를 생기게 할 수 있다는 것을 항상 기억해야 한다. 화학종의 활동도와 농도 사이의 관계는 부록 2에 설명하고 있다.

화학종 X의 활동도 a_X는 다음과 같이 주어진다는 것을 기억하라.

$$a_X = \gamma_X[X] \tag{22-3}$$

이 식에서, γ_X는 용질 X의 활동도 계수이고, [X]는 X의 몰농도이다. 하지만 어떤 경우에는 편의상 활동도 계수가 1이어서 한 화학종의 몰농도와 활동도가 같다고 가정하기도 한다.

반응물과 생성물의 활동도가 어떻게 전기화학 전지의 전위에 영향을 미치는 것일까? 자발적 반응이 아래의 식으로 표현되는, 그림 22-2의 전지를 예로 들어보자.

$$2\text{AgCl}(s) + \text{H}_2(g) \rightleftharpoons 2\text{Ag}(s) + 2\text{Cl}^- + 2\text{H}^+$$

이 반응의 열역학적 평형 상수 K는 다음과 같다.

$$K = \frac{a_{\text{H}^+}^2 \cdot a_{\text{Cl}^-}^2 \cdot a_{\text{Ag}}^2}{p_{\text{H}_2} \cdot a_{\text{AgCl}}^2} \tag{22-4}$$

여기에서, a는 아래 첨자로 나타낸 여러 화학종들의 활동도이고 p_{H_2}는 수소의 부분 압력(기압)이다.

부록 2에서, 고체가 과량으로 존재할 때 순수한 고체의 활동도는 1이라는 것(즉, $a_{Ag} = a_{AgCl} = 1.00$)을 알 수 있다.[3] 따라서, 식 22-4는 다음과 같이 간단하게 나타낼 수 있다.

$$K = \frac{a_{\text{H}^+}^2 \cdot a_{\text{Cl}^-}^2}{p_{\text{H}_2}} \tag{22-5}$$

활동도 지수 Q를 다음과 같이 정의하는 것이 편리하다.

$$Q = \frac{(a_{\text{H}^+})_i^2 (a_{\text{Cl}^-})_i^2}{(p_{\text{H}_2})_i} \tag{22-6}$$

여기서 아래 첨자 i는 괄호 안의 항들이 평형 상태에서의 활동도가 아니라 순간 상태에서의 활동도임을 나타낸다. 따라서 Q 값은 상수가 아니고 평형에 도달할 때까지 계속 변하며, 평형에서 Q는 K와 같아지고 아래 첨자 i는 제거된다.

전지 반응에서 자유 에너지 변화 ΔG(즉, 일정 온도와 압력에서 얻을 수 있는 최대의 일)는 다음과 같이 주어진다.

$$\Delta G = RT\ln Q - RT\ln K = RT\ln\frac{Q}{K} \tag{22-7}$$

이 식에서, R은 기체 상수(8.316 J mol^{-1} K^{-1})이고 T는 켈빈 온도이다. ln은 e를 밑으로 하는 로그, 또는 자연 로그이다. 이 관계식은 어떤 계의 자유 에너지가 Q/K의 비율로 나타낸 것처럼 평형 상태에서 얼마나 멀리 떨어져 있는지에 의존한다는 것을 암시한다. 전지 전위 $E_{\text{전지}}$는 반응의 자유 에너지와 다음과 같은 관계를 가지고 있다.

$$\Delta G = -nFE_{\text{전지}} \tag{22-8}$$

여기에서 F는 패러데이 상수(전자 1몰당 96,485 C)이고 n은 산화-환원 과정에 관여하는 전자의 몰수(이 예에서, $n = 2$)이다.

---

[3] 888페이지를 보시오.

식 22-6과 식 22-8을 식 22-7에 대입하고 정리하면

$$E_{전지} = -\frac{RT}{nF}\ln Q + \frac{RT}{nF}\ln K$$
$$= -\frac{RT}{nF}\ln\frac{(a_{H^+})_i^2(a_{Cl^-})_i^2}{(p_{H_2})_i} + \frac{RT}{nF}\ln K \qquad (22\text{-}9)$$

이 식에서 마지막 항은 상수이고, 전지의 표준 전위 $E^0_{전지}$라고 불린다. 즉,

$$E^0_{전지} = \frac{RT}{nF}\ln K \qquad (22\text{-}10)$$

식 22-10을 식 22-9에 대입하면

$$E_{전지} = E^0_{전지} - \frac{RT}{nF}\ln\frac{(a_{H^+})_i^2(a_{Cl^-})_i^2}{(p_{H_2})_i} \qquad (22\text{-}11)$$

표준 전위는 **반응물과 생성물의 활동도와 압력이 단위 값일 때의 전지 전위**와 같다는 것에 유의해라.

식 22-11은 독일의 물리화학자이고 1920년 Nobel 화학상 수상자인 Walther Nernst(1864~1941)를 기념하기 위하여 이름이 붙여진 *Nernst 식*(Nernst equation)[4]이다. 이 식은 전기분석 화학 전반에 걸쳐서 사용되며 많은 응용에 대한 기초를 제공한다.

22B-2 액간 접촉 전위

조성이 다른 두 전해질 용액이 서로 접촉할 때, 경계면에서 전위차가 발생한다. 이 *접촉 전위*(junction potential)는 양이온과 음이온의 확산 속도 차이로 인해 경계면에서 이들의 분포 상태가 같지 않기 때문에 생긴다.

다음과 같은 계에서 나타나는 액간 접촉에 대해 살펴보자.

HCl(1 M)|HCl(0.01 M)

H^+와 Cl^-는 모두 더 진한 용액에서 더 묽은 용액 쪽으로 이 경계를 가로질러 확산하려고 하며, 이러한 이동의 추진력은 농도 차이에 비례한다. 일정한 힘이 작용하는 경우 여러 이온들의 확산 속도는 상당히 다르다(즉, 이동도는 다르다). 이 경우, H^+가 Cl^-보다 5배 더 빠르게 이동한다. 그 결과, H^+가 Cl^-보다 더 빠르게 확산하려는 경향성이 있고, 확산 속도의 차이로 인해 전하의 분리가 발생한다(그림 22-4 참고). H^+가 더 빨리 확산되기 때문에 경계면의 더 묽은 쪽(그림에서 오른쪽)은 양으로 하전된다. 따라서 더 진한 쪽은 더 느리게 움직이는 과량의 Cl^-로 인해 음전하를 띠게 된다. 이렇게 생성된 전하 분리는 두 이온의 이동도 차이를 상쇄하려는 경향이 있고 그 결과 곧 평형에 도달한다. 이러한 전하 분리 때문에 생긴 접촉 전위의 차이는 30 mV 또는 그 이상이 될 수도 있다.

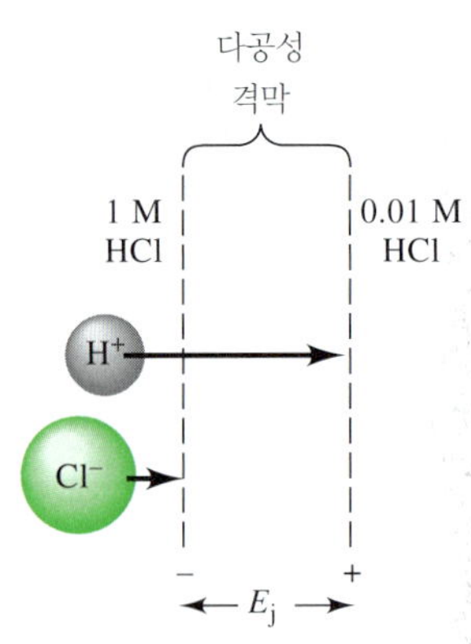

그림 22-4 접촉 전위 E_j의 원인을 보여주는 액간 접촉의 도식적 표현. 화살표의 길이는 두 이온의 상대 이동도를 나타낸다.

그림 22-4에서 보여준 것과 같은 간단한 계의 경우, 접촉 전위의 크기는 관련된 두 이온의 이동도로부터 계산할 수 있다. 하지만 분석적으로 중요한 전지는 그러한 계산이 가능할 만큼 충분히 간단한 조성을 갖고 있는 경우가 드물다.[5]

실험들은 두 용액 사이에 진한 전해질 용액(염다리)을 끼워 넣음으로써 접촉 전위의 크기를 크게 줄일 수 있다는 것을 보여주고 있다. 이러한 염다리의 효과는 염의 농도가 증가할수록 증가할 뿐 아니라 염을 구성하는 양이온과 음이온의 이동도 차이가 0에 가까울수록 증가한다. 포화 KCl 용액은 두 가지 관점을 모두 고려할 때 특히 효과적이다. 실온에서 농도는 4 M보다 더 크며, 마찬가지로 중요한 사실은 K^+와 Cl^-의 이동도가 단지 4% 정도 차이가 난다는 것이다. 특정 실험에서 Cl^-가 방해하는 경우에는, 진한 KNO_3 용액으로 대체할 수 있다. 염다리를 사용하면 최종 접촉 전위는 수 mV 또는 그 이하이고, 이는 대부분의 분석 측정에서 무시할 수 있는 정도이다.

22C 전극 전위

전기화학 전지의 전지 반응은 두 개의 *반쪽 전지 반응*(half-cell reactions)으로 이루어져 있고, 각각의 반쪽 전지 반응은 이와 관련된 특정한 *전극 전위*(electrode potential)를 가지고 있다고 생각하는 것이 유용하다. 나중에 설명하겠지만, 전극 전위는 **협약에 의해 두 반쪽 반응을 환원 반응식으로 나타내었을 때**, 이 두 반쪽 반응의 추진력을 나타내는 값이다. 따라서 그림 22-2의 전지는 다음과 같이 나타낼 수 있고,

Pt, H_2(1 atm)|H^+(0.01 M), Cl^-(0.01 M), AgCl(포화)|Ag

이 전지의 두 반쪽 반응은 다음과 같다.

---

[4]식 22-11과 형태가 비슷한 식들을 *네른스티안*(nernstian) 관계로 기술한다. Nernst 식으로 거동을 기술할 수 있는 전극이나 센서들은 네른스티안 거동을 보인다고 말하고, RT/nF(상용 로그를 사용할 때에는 2.303 RT/nF)는 종종 *네른스티안 인자*(nernstian factor)로 불린다.

[5]접촉 전위를 계산하는 방법에 대해서는 다음 문헌을 참고하시오. A. J. Bard and L. R. Faulkner, *Electrochemical Methods*, 2nd ed., pp. 69-72, New York: Wiley, 2001.

$$2AgCl(s) + 2e^- \rightleftharpoons 2Ag(s) + 2Cl^-$$

$$2H^+ + 2e^- \rightleftharpoons H_2(g)$$

자발적인 전지 반응을 얻기 위해 첫 번째 반쪽 반응에서 두 번째 반쪽 반응을 빼면 다음의 식이 얻어진다.

$$2AgCl(s) + H_2 \rightleftharpoons 2Ag(s) + 2H^+ + 2Cl^-$$

두 반쪽 반응에 대한 전극 전위 $E_{AgCl/Ag}$와 E_{H^+/H_2}를 알면, 첫 번째 반쪽 반응에 대한 전극 전위에서 두 번째 반쪽 반응에 대한 전극 전위를 빼서 전지 전위 $E_{전지}$를 구할 수 있다.

$$E_{전지} = E_{AgCl/Ag} - E_{H^+/H_2}$$

더 일반적인 관계식은 다음과 같다.

$$E_{전지} = E_{오른쪽} - E_{왼쪽} \quad (22\text{-}12)$$

이 식에서, $E_{오른쪽}$은 전지의 도식적 표현에서 오른쪽에 나타낸 반쪽 반응의 전위이고, $E_{왼쪽}$은 왼쪽에 나타낸 반쪽 반응의 전극 전위이다. 이 협약은 제22C-5절에서 더 자세히 다루게 된다.

22C-1 전극 전위의 성질

전기화학 전지의 전위는 한 전극의 전위와 다른 전극의 전위 사이의 차이이므로 전극의 전위가 의미하는 것에 대해 명확한 개념을 갖는 것이 중요하다. 이 전위는 전극의 전자 에너지의 척도이다. 전해질 용액에 담겨있는 금속 전도체의 경우, 모든 과량의 전하는 금속의 표면에 존재하고, 전도체에 연결된 외부 전원의 출력을 조절하여 금속 표면의 전하 밀도를 조절하는 것이 가능하다. 외부 전원이 전자를 전극 표면으로 밀어내면, 전자는 더욱 붐비게 되고, 쿨롱 반발에 의하여 전자의 에너지는 증가하게 된다. 이에 따라 전극의 전위는 더욱 음의 값을 갖게 된다. 만일, 외부 회로가 전극으로부터 전자를 충분히 뺏아오면 표면은 양의 전하를 갖게 되고, 전극은 더 양의 값을 갖게 된다. 또한 전극을 둘러싸고 있는 용액의 조성을 변화시킴으로써 금속 전극의 전자 에너지, 즉 전위를 변화시킬 수 있다. 예를 들어, $Fe(CN)_6^{4-}$와 $Fe(CN)_6^{3-}$가 들어있는 용액에 Pt 전극을 담그면 다음 평형의 결과로 Pt 전극에 전위가 발생한다.

$$Fe(CN)_6^{3-} + e^- \rightleftharpoons Fe(CN)_6^{4-}$$

만약 $Fe(CN)_6^{4-}$의 농도를 $Fe(CN)_6^{3-}$의 농도보다 훨씬 크게 하면, $Fe(CN)_6^{4-}$는 금속에 전자를 제공하려는 경향이 생기고, 이에 따라 금속은 표면에 음전하를 생성하게 된다. 이러한 상황에서 전극의 전위는 음의 값을 갖는다. 이와 반대로, $Fe(CN)_6^{3-}$가 과량으로 존재하면 전극으로부터 전자가 제거되려는 경향이 있고, 표면층의 이온들이 용액 속에 형성되어 전극 표면은 양의 전하를 갖게 된다. 그러면 Pt 전극은 양의 전위를 갖는다.

모든 전압 측정 장치는 단지 **전위의 차이**만을 측정하기 때문에, **한 전극의 절대적인 전위를 측정할 수 있는 방법은 없다**는 것을 강조할 필요가 있다. 이러한 전압 측정 장치의 한쪽 도선을 측정하고자 하는 전극에 연결한다. 하지만 전위차를 측정하기 위해 또 다른 도선은 반쪽 전지의 전해질 용액과 접촉시켜야 한다. 이러한 또 다른 접촉은 불가피하게 고체-용액 계면을 형성하고, **전기가 흐르는 경우 화학 반응 또한 일어나야 하는** 또 다른 반쪽 전지로 작동하게 된다. 전위는 이러한 또 다른 반응과도 연관이 있다. 따라서 원하는 반쪽 전지 전위의 절대적인 값은 측정할 수 없다. 대신, 전압 측정 장치와 용액의 접촉으로 생긴 반쪽 전지 전위와 측정하고자 하는 전위의 차이를 측정할 수 있다.

반쪽 전지 반응에 대한 절대적인 전위를 측정할 수 없다는 것은 심각한 문제가 아니다. 왜냐하면 단지 공통 기준 전극에 대해 측정한 상대적인 반쪽 전지의 전위가 사용되기 때문이다. 이 상대 전위를 합하면 실제의 전지 전위를 얻을 수 있다. 게다가, 전위는 산화-환원 반응의 평형 상수 계산에도 이용될 수 있다.

상대적인 반쪽 전지 전위 또는 전극 전위의 유용한 표를 얻기 위해서는 모든 화학자가 받아들일 수 있는 정밀하게 규정된 기준 전극이 필요하다. SHE 또는 노말 수소 전극이 종종 사용된다.

22C-2 표준 수소 전극

수소 기체 전극은 기준 전극으로서뿐만 아니라 pH를 측정할 수 있는 지시 전극으로서도 초기 전기화학 연구에 널리 사용되었다. 이러한 형태의 전극의 조성은 다음과 같이 나타낼 수 있다.

$$Pt, H_2(p \text{ atm})|H^+(a_{H^+} = x)$$

괄호 속의 항들은 Pt 표면에서의 전위가 용액의 H^+ 활동도 용액을 포화시키는 데 사용되는 수소 기체의 부분 압력에 의존한다는 것을 보여준다.

그림 22-5의 왼쪽에 나타낸 반쪽 전지는 전형적인 수소 전극의 구성 성분을 보여준다. 전도체는 백금이 *입혀진*(platinized) 백금 포일로 만들어졌다. H_2PtCl_6를 화학적 또는 전기화학적으로 빠르게 환원시켜 Pt 전극의 표면을 잘게 나눠진 백금층으로 입힌다. 잘 닦여진 백금에서는 광이 나는 반면, 전극 표면의 잘게 나눠진 백금은 빛을 반사하지 않으므로 전극은 검게 보인다. 이러한 모습 때문에, 코팅된 백금은 *백금 검정*(platinum black)으로 불린다. 백금 검정은 매우 큰 표면적을 갖고 있어 전극 표면에서 다음 반응이 빠르게 일어나게 한다.

$$2H^+ + 2e^- \rightleftharpoons H_2(g)$$

앞에서 언급한 바와 같이, 지속적으로 수소를 흐르게 함으로써 전극에 접촉하고 있는 용액을 수소가 포화된 상태로 유지시킨다.

수소 전극은 그림 22-5와 같이 염다리로 짝지어진 반쪽 전지에 따라 산화 전극 또는 환원 전극으로 작용한다. 전지가 연결되었을 때, 전극이 산화 전극인 경우에는 수소가 수소 이온으로 산화되고, 전극이 환원 전극인 경우에는 역반응이 일어난다. 따

시뮬레이션: www.tinyurl.com/skoohpia7에서 **전기화학 전지(electrochemical cell potentials)**에 대해 더 알아보시오.

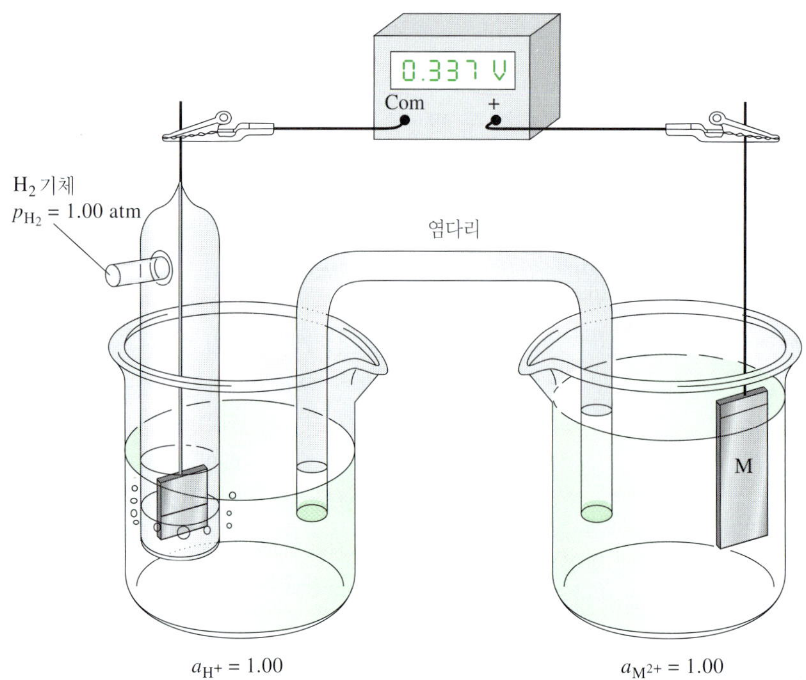

그림 22-5 전극 M의 전극 전위 측정. 만일 오른쪽 칸에 있는 M^{2+}의 활동도가 1.00이면, 전지의 전위가 반쪽 반응 $M^{2+}(aq) + 2e^- \rightleftharpoons M(s)$의 표준 전극 전위이다.

라서 적당한 조건하에서 수소 전극은 전기화학적으로 가역적이다. 전지가 그림 22-5처럼 연결되면 계측기의 매우 높은 임피던스 때문에 실질적으로 전류가 흐르지 않는다. 그림 22-1b와 같이, 계측기를 전선이나 낮은 저항의 부하로 대체하면 반응이 일어난다.

수소 전극의 전위는 온도, 용액에 있는 수소 이온의 활동도 및 전극 표면에서의 수소 압력에 의존한다. 그러므로 이 반쪽 전지를 기준 전극으로 사용하기 위해서는 실험 변수들의 값을 조심스럽게 규정해야 한다. *표준 수소 전극*(standard hydrogen electrode, SHE)으로서 요구되는 사양은, 수소 이온의 활동도는 1 그리고 수소의 부분 압력은 정확히 1 atm이 된다. **협약에 따라, 이 전극의 전위는 모든 온도에서 정확히 0 V로 지정되어 있다.**

22C-3 실용적인 기준 전극

SHE가 근본적으로 매우 중요함에도 불구하고, 전극 표면을 만들고 반응물의 활동도를 조절하기가 힘들기 때문에 이 전극은 비실용적이어서 일상적인 측정에는 거의 사용되지 않는다. 대신, 만들기 쉽고 견고하며 사용하기 쉬운 기준 전극들이 거의 언제나 수소 기체 전극을 대신하고 있다. 가장 흔히 사용되는 전극 중의 하나는 은-염화은(Ag-AgCl) 전극이다. 이 전극은 묽은 HCl 용액에 담겨있는 Ag 선에 산화 전위를 걸어주어 만들 수 있다. 얇은 AgCl 막이 형성되어 Ag 선에 단단하게 고정된다. 그 다음 이 선을 포화 KCl 용액에 담근다. 염다리로 KCl 용액과 측정하려는 전극계를 연결한다. 이 전극의 전위는 SHE에 대해 약 +0.22 V이다. 이 전극의 반쪽 반응은 다음과 같다.

$$AgCl(s) + e^- \rightleftharpoons Cl^- + Ag(s)$$

두 번째로 널리 사용되는 기준 전극은 포화 칼로멜 전극(SCE)인데, 이 전극에는 KCl과 Hg_2Cl_2(칼로멜)로 포화된 용액에 Hg 덩어리가 접하고 있다. Pt 선을 Hg에 담그어 다른 전도체와의 전기적 연결을 만들고, 또 다른 전해질에 연결된 염다리가 회로를 완결시킨다. 이 기준 전극의 전위는 SHE에 대해 약 0.24 V 양의 값을 갖는다. 전극 반응은 다음과 같다.

$$Hg_2Cl_2(s) + 2e^- \rightleftharpoons 2Cl^- + 2Hg(l)$$

Ag-AgCl 기준 전극과 칼로멜 기준 전극은 제23A절에서 더 자세히 다뤄진다. 두 기준 전극 모두 전기화학 장비 공급 업체에서 구입할 수 있다.

22C-4 전극 전위의 정의

전극 전위(electrode potential)는 측정 전극이 오른쪽 전극이고 SHE가 왼쪽 전극인 전지의 전위로 정의된다.[6] 전극 전위라는 용

[6]IUPAC. *Compendium of Chemical Terminology*, 2nd ed. (The Gold Book). Compiled by A. D. McNaught and A. Wilkinson, Oxford, UK: Blackwell, 1997. M. Nic, J. Jurat와 B. Kosuta에 의해 수정된 온라인 XML 버전: http://goldbook.iupac.org (2006); A. Jenkins에 의해 편찬된 업데이트, **DOI**: 10.1351/goldbook. 마지막 업데이트 2014-02-24, 버전 2.3.3, p. 1435. 전극 전위는 다음의 자료를 참고하시오. **DOI**: 10.1351/goldbook.E01956; E. R. Cohen, J. G. Frey, B. Holmstrom, K. Kuchitsu, R.Marquardt, I. Mills, F. Pavese, M. Quack, H. Stohner, H. L. Strauss, M. Takami, and A. J. Thor, *Quantities, Units and Symbols in Physical Chemistry*, IUPAC Green Book, 3rd ed., 2nd Printing, p. 74, Cambridge, UK: IUPAC & RSC Publishing, 2008.

어를 사용하고 있지만, 사실 전극 전위는 면밀하게 정의된 기준 전극을 왼쪽에 두고 있는 전기화학 전지의 전극 전위라는 것을 강조해야 한다. 전극 전위는 *상대 전극 전위*(relative electrode potential)로 불리는 것이 더 마땅하지만, 실제로는 거의 그렇게 불리지 않는다. 전지 전압은 측정할 전극의 전자 에너지에 따라 양의 값이나 음의 값을 가질 수 있다는 것에 유의해야 한다. 따라서 이 에너지가 SHE의 에너지보다 크면 전극 전위는 음이 되고, 측정할 전극의 전자 에너지가 SHE의 에너지보다 작으면 전극 전위는 양이 된다.

그림 22-5의 전지는 다음 반쪽 반응에 대한 전극 전위의 정의를 보여준다.

$$M^{2+} + 2e^- \rightleftharpoons M(s)$$

이 그림에서, 오른쪽의 반쪽 전지는 M^{2+} 용액과 접촉하고 있는 금속 M의 막대로 이루어져 있다. 왼쪽의 반쪽 전지는 SHE이다. 정의에 의해, 전압계에 나타난 전위 E는 M/M^{2+} *쌍*(couple)의 전극 전위이다. 이와 같이 일반적인 경우, 염다리에 나타나는 접촉 전위는 0으로 가정한다. 만일, 용액에 있는 M^{2+}의 활동도를 정확히 1.00으로 가정하면 전위는 계의 *표준 전극 전위*(standard electrode potential)라 불리고 E^0로 표시한다. 즉, 반쪽 반응의 표준 전극 전위는 반응물과 생성물의 활동도가 모두 1일 때의 전극 전위이다.

만일 그림에서 M이 구리이고 구리 이온의 활동도가 1.00이라면, 오른쪽 칸이 양이고 그림에서와 같이 측정된 전위는 +0.337 V이다. 전압계를 전선으로 대체했을 때 일어나는 자발적 전지 반응은 다음과 같다.

$$Cu^{2+} + H_2(g) \rightleftharpoons Cu(s) + 2H^+$$

수소 전극이 왼쪽에 있으므로 측정된 전위는 정의에 의해 Cu^{2+}/Cu 반쪽 전지의 전극 전위이다. 수소 전극에 대해 구리 전극이 양이라는 것에 유의하라. 따라서 다음과 같이 쓸 수 있다.

$$Cu^{2+} + 2e^- \rightleftharpoons Cu(s) \qquad E^0 = +0.337\,V$$

그림 22-5에서 M이 Cu 대신 Cd이고, 용액의 Cd^{2+} 이온 활동도가 1.00이라면 측정된 전위는 −0.403 V가 될 것이다. 이 경우, Cd 전극은 음이고, 전지 전위는 음의 부호를 갖는다. 자발적인 전지 반응은 다음과 같다.

$$Cd(s) + 2H^+ \rightleftharpoons Cd^{2+} + H_2(g)$$

그리고 다음과 같이 쓸 수 있다.

$$Cd^{2+} + 2e^- \rightleftharpoons Cd(s) \qquad E^0 = -0.403\,V$$

활동도가 1인 Zn^{2+} 이온 용액에 들어있는 Zn 전극은 SHE와 연결되었을 때, −0.763 V의 전위를 나타낸다. Zn 전극은 갈바니 전지에서 음의 전극이다. 음의 전극이고, 전극 전위 또한 음이다.

위에서 설명한 네 반쪽 전지의 표준 전극 전위를 순서대로 나열하면 다음과 같다.

$$Cu^{2+} + 2e^- \rightleftharpoons Cu(s) \qquad E^0 = +0.337\,V$$
$$2H^+ + 2e^- \rightleftharpoons H_2(g) \qquad E^0 = 0.000\,V$$
$$Cd^{2+} + 2e^- \rightleftharpoons Cd(s) \qquad E^0 = -0.403\,V$$
$$Zn^{2+} + 2e^- \rightleftharpoons Zn(s) \qquad E^0 = -0.763\,V$$

표준 전극 전위의 크기는 네 가지 이온 화학종들의 전자 받개(산화제)로서의 상대적인 세기를 나타낸다. 다시 말해, 이온들을 산화제로서의 세기가 감소하는 순서, $Cu^{2+} > H^+ > Cd^{2+} > Zn^{2+}$로 나열하거나 원소들을 환원제로서의 세기가 증가하는 순서, $Cu < H_2 < Cd < Zn$로 나열할 수 있다.

22C-5 전지 전위의 부호 협약

일반적인 화학 반응의 경우, 화살표의 왼쪽에 있는 반응물에서 오른쪽에 있는 생성물로 반응이 일어난다고 말한다. 국제 순수 · 응용 화학 연합(International Union of Pure and Applied Chemistry, IUPAC)의 부호 협약에 따라, 전기화학 전지와 그 전위를 나타낼 때, 전지 반응이 일어나는 특정 방향 또한 고려한다. 전지에서의 이 협약을 *plus right rule*이라고 한다. 이 규칙은 전압계의 (+) 단자를 전지의 도식적 표현에서 오른쪽 전극(예를 들어, 다음 예제의 Ag 전극)에 연결하고, 공통 단자 또는 접지 단자는 왼쪽 전극(구리 전극)에 연결한다는 것을 의미한다.

$$Cu|Cu^{2+}(0.0200\,M)\|Ag^+(0.0200\,M)|Ag$$

만일 항상 이 협약을 따른다면, $E_{전지}$값은 전지 반응이 왼쪽에서 오른쪽으로 쓰인 방향으로 자발적으로 일어나는 경향의 척도를 나타내게 된다. 즉, 전체 과정의 방향은 왼쪽 칸에서 구리 금속이 Cu^{2+}로 산화되고, 오른쪽 칸에서는 Ag^+가 Ag 금속으로 환원되는 것이다. 다시 말해, 전지에서 일어나는 과정에 대한 반응은 다음과 같다.

$$Cu(s) + 2Ag^+ \rightleftharpoons Cu^{2+} + 2Ag(s)$$

IUPAC 협약의 의미

부호 협약이 암시하는 것 중의 몇 개는 명확하지 않다. 첫째, 측정된 $E_{전지}$값이 양이라면, 오른쪽 전극은 왼쪽 전극에 대해 양의 값이며, 쓰인 반응에 대한 자유 에너지의 변화는 $\Delta G = -nFE_{전지}$(식 22-8)에 따라 음의 값을 갖는다. 따라서 전지가 닫힌 회로가 되거나 또는 일(즉, 전구를 켜기, 라디오를 켜기, 차의 시동을 걸기)을 수행할 수 있는 어떤 장치에 연결되면 생각하는 방향으로 자발적 반응이 일어난다. 반대로, $E_{전지}$가 음이면, 오른쪽 전극은 왼쪽 전극에 대해 음이고, 자유 에너지 변화는 양이며, 생각하고 있는 방향의 반응(왼쪽에서 산화, 오른쪽에서 환원)은 자발적인 전지 반응이 아니다. 앞의 Cu-Ag 전지의 경우, $E_{전지}$ = +0.412 V이고, 전지가 어떤 장치에 연결되어 반응이 일어나게 되면 Cu의 산화와 Ag^+의 환원이 자발적으로 일어난다.

IUPAC 협약은 갈바니 전지에서 전극들이 실제로 나타내는 부호와 일치한다. 즉, Cu-Ag 전지에서, Cu가 Cu^{2+}로 산화되는 경향으로 인해 Cu 전극은 전자가 풍부하고(−), Ag^+가 Ag로 환원되려는 경향으로 인해 Ag 전극은 전자가 부족하다(+). 갈바니 전지가 자발적으로 방전됨에 따라, Ag 전극은 환원 전극이 되고 Cu 전극은 산화 전극이 된다. 같은 전지를 반대 방향으로 나타내면

$$\mathrm{Ag|Ag^+(0.0200\ M)\|Cu^{2+}(0.0200\ M)|Cu}$$

측정된 전지 전위는 $E_{전지} = -0.412$ V이며, 반응은 다음과 같다.

$$2\mathrm{Ag}(s) + \mathrm{Cu}^{2+} \rightleftharpoons 2\mathrm{Ag}^+ + \mathrm{Cu}(s)$$

이 반응은 $E_{전지}$가 음이고, 따라서 ΔG가 양이므로 자발적인 반응이 **아니다**. 전지의 경우 도식적 표현에서 어떤 전극이 오른쪽에서 표현되고 어떤 전극이 왼쪽에 표현되는지는 상관이 없다. 자발적인 반응은 **항상** 다음과 같다.

$$\mathrm{Cu}(s) + 2\mathrm{Ag}^+ \rightleftharpoons \mathrm{Cu}^{2+} + 2\mathrm{Ag}(s)$$

협약에 의해 일반적인 방법에 따라 전지를 측정하고, 일반적인 방향으로 전지 반응을 고려하면 된다. 마지막으로 실험실에서 전지를 어떻게 배치하든 또는 도식적 표현을 어떻게 쓰든, 전지에 낮은 저항의 회로를 꾸미거나 전선을 연결하면 자발적인 전지 반응이 일어난다는 것에 유의해야 한다. 역반응이 일어나게 할 수 있는 유일한 방법은 외부 전원을 연결하여 전기 분해 반응 $2\mathrm{Ag}(s) + \mathrm{Cu}^{2+} \rightleftharpoons 2\mathrm{Ag}^+ + \mathrm{Cu}(s)$이 일어나게 하는 것이다.

반쪽 전지 전위

그림 22-5에 나타낸 것과 같은 전지의 전위는 두 개의 반쪽 전지 또는 단일-전극의 전위들, 즉 오른쪽 전극의 반쪽 반응과 관련된 전위($E_{오른쪽}$)와 왼쪽 전극의 반쪽 반응과 관련된 전위($E_{왼쪽}$)의 차이이다. IUPAC의 부호 협약에 따라, 액간 접촉이 무시되거나 없을 때 전지 전위 $E_{전지}$는 식 22-12에 주어진 것과 같이 $E_{전지} = E_{오른쪽} - E_{왼쪽}$으로 쓸 수 있다. 비록, 전극의 절대적인 전위를 측정할 수는 없지만, 제22C-4절에서 설명한 것과 같이 상대적인 전극 전위를 쉽게 측정할 수 있다.

어떤 부호 협약이든지 반쪽 전지 반응은 한 가지 방법—즉, 전부 산화 또는 환원—으로 나타내야 한다. IUPAC 협약에 의하면 *전극 전위*(electrode potential)(또는 더 정확하게는 상대적인 전극 전위)는 전적으로 환원으로 쓰인 반쪽 반응으로만 사용된다. 반대 방향으로 표현된 전극 과정을 나타내기 위해 *산화 전위*(oxidation potential)라는 용어를 사용하는 것에 대해 이의는 없지만, **산화 전위를 전극 전위로 부르면 안 된다**.

22C-6 전극 전위에 미치는 활동도의 영향

다음 반쪽 반응에 대해 생각해 보자.

$$p\mathrm{P} + q\mathrm{Q} + \cdots + ne^- \rightleftharpoons r\mathrm{R} + s\mathrm{S}$$

여기서 대문자는 반응 화학종(하전되어 있거나, 되어 있지 않은)의 화학식을 나타내고, e^-는 전자를 나타내며, 이탤릭체로 쓰인 소문자는 반쪽 전지 반응에 참여하는 각 화학종(전자를 포함하여)의 몰수를 나타낸다. 제22B-1절의 Ag-AgCl-SHE 전지에 사용되었던 것과 같은 방법을 이용하면 다음의 관계를 얻게 된다.

$$E = E^0 - \frac{RT}{nF}\ln\frac{(a_\mathrm{R})_\mathrm{i}^r \cdot (a_\mathrm{S})_\mathrm{i}^s \cdots}{(a_\mathrm{P})_\mathrm{i}^p \cdot (a_\mathrm{Q})_\mathrm{i}^q \cdots}$$

실온(298 K)에서 자연 로그 앞의 모든 상수들의 단위를 계산하면 joule/coulomb (V)이 된다. 즉,

$$\frac{RT}{nF} = \frac{8.316\,\mathrm{J\,mol^{-1}\,K^{-1}} \times 298\,\mathrm{K}}{n \times 96487\,\mathrm{C\,mol^{-1}}}$$

$$= \frac{2.568 \times 10^{-2}\,\mathrm{J\,C^{-1}}}{n} = \frac{2.568 \times 10^{-2}}{n}\,\mathrm{V}$$

그리고 2.303을 곱해서 자연 로그(ln)를 밑이 10인 상용 로그(log)로 바꾸면, 위의 식은 다음과 같이 된다.

$$E = E^0 - \frac{0.0592}{n}\log\frac{(a_\mathrm{R})^r \cdot (a_\mathrm{S})^s \cdots}{(a_\mathrm{P})^p \cdot (a_\mathrm{Q})^q \cdots} \qquad (22\text{-}13)$$

편의상, 괄호 안의 항들이 비평형 상태에서의 농도를 나타낸다는 것을 상기시키기 위해 사용된 아래 첨자 i를 생략하였다. 앞으로 **아래 첨자는 사용되지 않을 것이다**. 하지만 이런 형태의 식에 나타나는 분수는, 모양은 비슷하더라도 **평형 상수는 아니라는 것**을 명심해야 한다.

식 22-13은 **Nernst 식**의 일반적인 표현으로, 반쪽 전지 반응이나 전지 반응 모두에 적용될 수 있다.

22C-7 표준 전극 전위, E^0

식 22-13을 보면 상수 E^0는 로그 항이 0일 때 반쪽 전지 전위와 같다는 것을 알 수 있다. 이러한 상태는, 예를 들어 모든 반응물과 모든 생성물의 활동도가 1인 경우와 같이, 활동도 비가 1과 같을 때마다 발생한다. 따라서 표준 전위는 종종 모든 반응물과 생성물의 활동도가 1일 때 반쪽 전지 반응의 전극 전위(SHE에 대하여)로 정의되기도 한다.

표준 전극 전위는 중요한 물리 상수로서 반쪽 전지 반응의 상대적인 추진력을 정량적으로 나타내는 값이다. 이 상수에 관한 다음의 4가지 사실을 기억해두어야 한다. (1) 전극 전위는 온도에 의존한다. 만약 온도가 중요한 경우에는 측정 온도를 표시해야 한다. (2) 표준 전극 전위라는 것은, 전기화학 전지에서 왼쪽 전극이 신중하게 지정된 전극, 즉 0의 값으로 부여된 (assigned) SHE에 대한 상대적인 양이라는 것이다. (3) 표준 전위의 부호는 왼쪽 전극이 SHE인 갈바니 전지에서, 오른쪽 전극의 전도체가 가지고 있는 부호와 같다. (4) 표준 전위는 반쪽 반응에 대한 추진력의 척도이다. 그렇기 때문에, 반쪽 전지 반응을 나타내는 데 사용되는 표기법과는 무관하다. 따라서 비록 다음 반응의 전위가 Ag^+의 농도에 의존하지만

$$\mathrm{Ag}^+ + e^- \rightleftharpoons \mathrm{Ag}(s) \qquad E^0 = +0.799\ \mathrm{V}$$

반쪽 반응을 위와 같이 쓰거나 또는 다음과 같이 쓰더라도 전위는 같다.

$$100\,\mathrm{Ag}^+ + 100\,e^- \rightleftharpoons 100\,\mathrm{Ag}(s) \qquad E^0 = +0.799\,\mathrm{V}$$

Nernst 식은 표현된 반쪽 반응과 일치해야 한다. 1몰의 Ag로 나

타낸 반응의 경우, Nernst 식은 다음과 같고,

$$E = 0.799 - \frac{0.0592}{1}\log\frac{1}{a_{Ag^+}}$$

그리고 100몰의 Ag인 경우에는 다음과 같다.

$$E = 0.799 - \frac{0.0592}{100}\log\frac{1}{(a_{Ag^+})^{100}}$$
$$= 0.799 - \frac{0.0592}{100}\left[100\log\frac{1}{a_{Ag^+}}\right]$$
$$= 0.799 - \frac{0.0592}{1}\log\frac{1}{a_{Ag^+}}$$

많은 반쪽 반응에 대한 표준 전극 전위는 표로 만들어져 있다. 많은 표준 전극 전위는, 수소 전극 또는 다른 전극이 기준 전극으로 사용된 전지의 전위를 측정함으로써 직접 구한다. 그러나 산화-환원계의 평형 연구로부터, 그리고 이런 반응의 열역학적 값으로부터 E^0값들을 계산할 수도 있다. 문헌에 실려 있는 많은 값들은 이런 방법으로 얻어진 것이다.[7]

설명을 위한 용도로, 몇 가지 표준 전극 전위를 표 22-1에 나열하였다. 더 포괄적인 표는 부록 3에 수록되어 있다. 표 22-1에 있는 반응식의 위쪽 왼편에 있는 화학종은 매우 큰 양의 E^0에서 알 수 있듯이 가장 쉽게 환원된다. 따라서 이 화학종들은 가장 효과적인 산화제이다. 표의 왼편 아래쪽으로 내려갈수록 화학종들은, 점점 증가하는 음의 전극 전위에서 알 수 있듯이 위에 있는 화학종보다 전자를 잘 받아들이지 않는다. 표의 아래에 있는 반쪽 전지 반응은 적혀있는 대로 *환원*(reduction)이 일어날 경향성이 거의 없다. 오히려 반대 방향인 *산화*(oxidation)가 일어나려는 경향성이 있다. 따라서 가장 효과적인 환원제는 표에 나타낸 반응식의 오른쪽 아래에 있는 화학종들이다.

표준 전위를 모아 놓은 표를 이용하여 표에 실린 화학종들 사이의 전자 이동 반응의 정도와 방향에 관한 정보를 얻을 수 있다. 예를 들어, 표 22-1에 의하면 Zn는 Cd보다 더 쉽게 산화되고, Cd^{2+} 이온 용액에 Zn 조각을 담그면 Zn 표면에 금속 Cd이 석출될 것이며, 용액에 상당량의 Cd^{2+} 이온이 존재하는 한 Zn는 녹아서 Zn^{2+} 이온을 생성할 것이라는 결론을 얻을 수 있다. 반면에, Cd은 Zn^{2+} 이온을 환원시키는 경향성이 거의 없어서 Zn^{2+} 이온 용액에 담겨있는 Cd 조각에는 어떠한 변화도 생기지 않을 것이다. 표 22-1은 또한 Fe^{3+}가 I_3^-보다 더 좋은 산화제임을 보여주고 있다. 따라서 Fe^{3+}, I^-, Fe^{2+}와 I_3^-의 평형 혼합물 용액에서는 Fe^{2+}와 I_3^-가 우세할 것이라는 것을 예측할 수 있다.

표 22-1 표준 전극 전위

반응	25°C에서의 E^0, V
$Cl_2(g) + 2e^- \rightleftharpoons 2Cl^-$	+1.359
$O_2(g) + 4H^+ + 4e^- \rightleftharpoons 2H_2O$	+1.229
$Br_2(aq) + 2e^- \rightleftharpoons 2Br^-$	+1.087
$Br_2(l) + 2e^- \rightleftharpoons 2Br_2^-$	+1.065
$Ag^+ + e^- \rightleftharpoons Ag(s)$	+0.799
$Fe^{3+} + e^- \rightleftharpoons Fe^{2+}$	+0.771
$I_3^- + 2e^- \rightleftharpoons 3I^-$	+0.536
$Cu^{2+} + 2e^- \rightleftharpoons Cu(s)$	+0.337
$Hg_2Cl_2(s) + 2e^- \rightleftharpoons 2Hg(l) + 2Cl^-$	+0.268
$AgCl(s) + e^- \rightleftharpoons Ag(s) + Cl^-$	+0.222
$Ag(S_2O_3)_2^{3-} + e^- \rightleftharpoons Ag(s) + 2S_2O_3^{2-}$	+0.010
$2H^+ + 2e^- \rightleftharpoons H_2(g)$	0.000
$AgI(s) + e^- \rightleftharpoons Ag(s) + I^-$	−0.151
$PbSO_4(s) + 2e^- \rightleftharpoons Pb(s) + SO_4^{2-}$	−0.350
$Cd^{2+} + 2e^- \rightleftharpoons Cd(s)$	−0.403
$Zn^{2+} + 2e^- \rightleftharpoons Zn(s)$	−0.763

더 많은 자료는 부록 3을 참고하시오.

22C-8 전극 전위의 측정

비록 SHE가 보편적인 기준 전극이긴 하지만, 이미 설명한 바와 같이, 이 전극은 실험실에서 거의 사용되지 않는 전극이라는 것을 한 번 더 강조할 필요가 있다. 즉, 이것은 실험적으로 측정한 전위를 단지 적절한 계산을 통해 다른 전위로 나타내는 데 사용될 수 있는 *가상의*(hypothetical) 전극이다. 정의한 바와 같이, 이 전극을 만들 수 없는 이유는 수소 이온의 활동도가 정확히 1인 용액을 만들 수 없기 때문이다. Debye-Hückel 이론(부록 2 참고)이나 전해질 용액에 관한 어떤 다른 이론으로도, SHE를 정의하는 데 요구되는, 1에 가까운 이온 세기를 갖는 용액에 들어있는 수소 이온의 활동도 계수를 결정할 수 없다. 따라서 수소 이온의 활동도를 1로 맞추기 위해 필요한 HCl 또는 다른 산의 농도(concentration)를 정확하게 계산하는 것은 불가능하다. 이러한 한계에도 불구하고, 활동도 계수를 알아낼 수 있는 더 묽은 산 용액에 대한 자료는 활동도 1에서의 *가상적인*(hypothetical) 전위를 계산하는 데 이용될 수 있다. 다음 예제는 이런 방법으로 어떻게 표준 전위를 구할 수 있는지 보여준다.

[7]표준 전극 전위에 대한 포괄적인 자료는 다음 문헌을 참고하시오. *Standard Electrode Potentials in Aqueous Solutions*, A. J. Bard, R. Parsons, and J. Jordan, eds., New York: Dekker, 1985; G. Milazzo, S. Caroli, and V. K. Sharma, *Tables of Standard Electrode Potentials*, New York: Wiley-Interscience, 1978; M. S. Antelman and F. J. Harris, *Chemical Electrode Potentials*, New York: Plenum Press, 1982. 어떤 자료는 원소들의 알파벳순으로 나열되어 있고, 다른 자료는 E^0값에 따라 나열되어 있다.

예제 22-1

D. A. MacInnes[8]는 그림 22-2에 나타낸 것과 비슷한 액간 접촉이 없는 전지가 0.52053 V의 전위를 갖는다는 것을 발견하였다. 이 전지는 다음과 같이 표시된다.

$$\text{Pt, }H_2(1.00\text{ atm})|HCl(3.215\times10^{-3}\text{ M}),\ AgCl(\text{포화})|Ag$$

다음 반쪽 반응의 표준 전극 전위를 계산하시오.

$$AgCl(s) + e^- \rightleftharpoons Ag(s) + Cl^-$$

풀이

오른쪽 전극의 전극 전위는 다음과 같다.

$$E_{\text{오른쪽}} = E^0_{AgCl} - 0.0592\log a_{Cl^-}$$
$$= E^0_{AgCl} - 0.0592\log \gamma_{Cl^-}c_{HCl}$$

여기에서, γ_{Cl^-}은 Cl^-의 활동도 계수이다. 왼쪽 반쪽 반응은 다음과 같다.

$$H^+ + e^- \rightleftharpoons \frac{1}{2}H_2(g)$$

그리고

$$E_{\text{왼쪽}} = E^0_{H_2} - \frac{0.0592}{1}\log\frac{P^{1/2}_{H_2}}{a_{H^+}}$$

$$= E^0_{H_2} - \frac{0.0592}{1}\log\frac{P^{1/2}_{H_2}}{\gamma_{H^+}c_{HCl}}$$

측정된 전위는 이들 반쪽 전지 전위들의 차이이다(식 22-12).

$$E_{\text{전지}} = (E^0_{AgCl} - 0.0592\log\gamma_{Cl^-}c_{HCl}) - \left(0.000 - 0.0592\log\frac{P^{1/2}_{H_2}}{\gamma_{H^+}c_{HCl}}\right)$$

두 로그 항을 결합하면 다음과 같다.

$$E_{\text{전지}} = E^0_{AgCl} - 0.0592\log\frac{\gamma_{H^+}\gamma_{Cl^-}c^2_{HCl}}{P^{1/2}_{H_2}}$$

H^+와 Cl^-의 활동도 계수는 식 a2-3(부록 2)에 이온 세기 $\mu = 3.215\times10^{-3}$을 넣어 구할 수 있다. 이들 값은 각각 0.945와 0.939이다. 활동도 계수와 실험 데이터를 앞의 식에 대입하고 정리하면 다음과 같다.

$$E^0_{AgCl} = 0.5203 + 0.0592\log\left[\frac{(3.215\times10^{-3})^2(0.945)(0.939)}{1.00^{1/2}}\right]$$
$$= 0.2223 \approx 0.222\text{ V}$$

(이 값과 다른 HCl 농도에서 유사하게 측정한 값의 평균은 0.222 V이었다.)

[8]D. A. MacInnes, *The Principles of Electrochemistry*, p. 187, New York: Reinhold, 1939.

22C-9 E^0값을 이용하여 반쪽 전지 전위 계산하기

다음의 예제는 반쪽 전지 전위를 계산하기 위해 Nernst 식을 이용하는 전형적인 경우이다.

예제 22-2

0.0150 M Cd^{2+} 용액에 담겨있는 Cd 전극으로 이루어진 반쪽 전지의 전극 전위는 얼마인가?

풀이

표 22-1에서

$$Cd^{2+} + 2e^- \rightleftharpoons Cd(s) \qquad E^0 = -0.403\text{ V}$$

$a_{Cd^{2+}} \approx [Cd^{2+}]$라고 가정하면, 다음과 같이 쓸 수 있다.

$$E_{Cd} = E^0_{Cd} - \frac{0.0592}{2}\log\frac{1}{[Cd^{2+}]}$$

Cd^{2+} 농도를 이 식에 대입하면, 다음과 같은 식이 얻어진다.

$$E_{Cd} = -0.403 - \frac{0.0592}{2}\log\frac{1}{0.0150} = -0.457\text{ V}$$

예제 22-2에서 계산된 전위의 부호는 반쪽 전지를 SHE와 짝지었을 때 반응의 방향을 알려준다. 음의 부호를 갖는다는 것은 다음 반응이 자발적으로 일어남을 의미한다.

$$Cd(s) + 2H^+ \rightleftharpoons H_2(g) + Cd^{2+}$$

계산된 전위는 표준 전극 전위보다 더 큰 음의 값임에 주목하라. 반쪽 반응은 Cd^{2+} 농도가 0.0150 M일 경우 활동도가 1일 때보다 일어나려는 경향성이 작기 때문에 질량 작용 법칙을 따르고 있는 것으로 볼 수 있다.

예제 22-3

0.0150 M KBr 용액에 Br_2를 포화시켜 만든 용액에 담겨 있는 백금 전극의 전위를 계산하시오.

풀이

반쪽 반응은 다음과 같다.

$$Br_2(l) + 2e^- \rightleftharpoons 2Br^- \qquad E^0 = 1.065\text{ V}$$

Br_2 뒤의 l은 수용액이 *액체*(liquid) Br_2로 포화되어 있다는 것을 의미한다. 따라서 전체 반응은 다음 두 평형의 합이다.

$$Br_2(l) \rightleftharpoons Br_2(\text{포화 수용액})$$
$$Br_2(\text{포화 수용액}) + 2e^- \rightleftharpoons 2Br^-$$

$[Br^-] = a_{Br^-}$라고 가정하면 전체 반응의 Nernst 식은 다음과 같다.

$$E = 1.065 - \frac{0.0592}{2}\log\frac{[Br^-]^2}{1.00}$$

여기서 순수한 액체로 있는 Br_2의 활동도는 일정하며 정의에 따라 1.00과 같다. 따라서

$$E = 1.065 - \frac{0.0592}{2}\log(0.0150)^2$$
$$= 1.173 \text{ V}$$

예제 22-4

KBr이 0.0150 M이고 Br_2가 1.0×10^{-3} M인 용액에 담겨있는 백금 전극의 전위를 계산하시오.

풀이

이 예제에서는, **용액이 더 이상 Br_2으로 포화되어 있지 않기 때문**에 앞의 예제에서 사용된 반쪽 반응을 사용할 수 없다. 하지만 표 22-1에는 다음의 반쪽 반응이 포함되어 있다.

$$Br_2(aq) + 2e^- \rightleftharpoons 2Br^- \qquad E^0 = 1.087 \text{ V}$$

여기서 *aq*는 존재하는 모든 Br_2이 용액 안에 있으며 1.087 V는 Br^-와 $Br_2(aq)$의 활동도가 1.00 mol/L일 때 반쪽 반응에 대한 전극 전위임을 나타낸다. 하지만 25°C에서 물에 대한 Br_2의 용해도는 약 0.18 mol/L에 불과한 것으로 밝혀졌다. 따라서 기록된 1.087 V의 전위는 실험적으로는 얻을 수 없는 가상적인 계에 바탕을 둔 것이다. 그럼에도 불구하고, 이 전위는 불포화된 계의 전위를 계산하는 데 사용될 수 있는 수단을 제공하기 때문에 유용하다. 따라서 용질의 활동도가 몰농도와 같다고 가정하면 다음과 같은 식을 얻을 수 있다.

$$E = 1.087 - \frac{0.0592}{2}\log\frac{[Br^-]^2}{[Br_2]}$$
$$E = 1.087 - \frac{0.0592}{2}\log\frac{(1.50 \times 10^{-2})^2}{1.00 \times 10^{-3}}$$
$$= 1.106 \text{ V}$$

용액이 포화되어 있고 과량의 $Br_2(l)$이 존재하는 상황에서 Br_2의 활동도는 1.00이지만, 이 경우에 Br_2의 활동도는 1.00×10^{-3}이다.

22C-10 침전제와 착화제가 존재할 때의 전극 전위

다음의 예제는 전극 반응에 참여하는 화학종과 반응하는 시약들이 전극 반응의 전위에 큰 영향을 준다는 것을 보여준다.

예제 22-5

AgI로 포화되어 있고 I^- 이온의 활동도가 정확히 (a) 0.001인 그리고 (b) 1.00인 용액에 담겨있는 Ag 전극의 전위를 계산하시오(AgI의 $K_{sp} = 8.3 \times 10^{-17}$).

$$Ag^+ + e^- \rightleftharpoons Ag(s) \qquad E^0 = +0.799 \text{ V}$$
$$E = +0.799 - 0.0592\log\frac{1}{a_{Ag^+}}$$

풀이

용해도곱 상수로부터 a_{Ag^+}를 계산할 수 있다.

$$a_{Ag^+} = \frac{K_{sp}}{a_{I^-}}$$

Nernst 식에 대입하면 다음과 같은 식을 얻을 수 있다.

$$E = +0.799 - \frac{0.0592}{1}\log\frac{a_{I^-}}{K_{sp}}$$

이 식은 다음과 같이 다시 쓸 수 있다.

$$E = +0.799 + 0.0592\log K_{sp} - 0.0592\log a_{I^-} \quad (22\text{-}14)$$

(a) a_{I^-}에 0.001을 대입하고, 25.0°C에서 AgI의 용해도곱 상수 $K_{sp} = 8.3 \times 10^{-17}$을 사용하면, 다음과 같은 식을 얻는다.

$$E = +0.799 + 0.0592 \log 8.3 \times 10^{-17}$$
$$-0.0592 \log 0.001 = 0.025 \text{ V}$$

(b) $a_{I^-} = 1.00$인 경우, $E = -0.153$ V이다.

이 예제는, I^- 이온의 농도가 증가함에 따라 Ag^+ 이온의 환원에 대한 반쪽 전지 전위가 더욱 감소하다가 마침내 음의 값을 갖게 되는 것을 보여준다. Ag^+ 이온의 농도가 감소하면 Ag^+ 이온이 환원하려는 경향성이 감소하기 때문에 정성적으로 볼 때 이것은 예상된 결과이다.

식 22-14는 Ag 전극의 전위가 AgI로 포화되어 있는 용액의 I^- 이온 농도와 관련되어 있다는 것을 보여준다. **I^- 이온의 활동도가 1일 때**, 전위는 두 상수의 합이다. 따라서 전위는 다음 반쪽 반응의 표준 전극 전위이다.

$$AgI(s) + e^- \rightleftharpoons Ag(s) + I^- \qquad E^0 = -0.153 \text{ V}$$

이 식에서,

$$E^0_{AgI} = +0.799 + 0.0592\log K_{sp}$$

AgI로 포화된 용액에 담긴 Ag 전극의 Nernst 식은 다음과 같이 표현된다.

$$E = E^0 - 0.0592\log a_{I^-} = -0.153 - 0.0592\log a_{I^-}$$

따라서 AgI로 포화되어 있는 용액과 접촉하고 있을 때, Ag 전극의 전위는 Ag^+ 이온의 활동도(단순히 Ag 반쪽 반응의 표준 전극 전위를 사용) **또는** I^- 이온의 활동도(Ag-AgI 반쪽 반응의 표준 전극 전위를 사용) 중 **어느 하나**를 사용하여 나타낼 수 있다. 보통은 Ag-AgI 반쪽 반응을 이용하는 것이 더 편리하다.

Ag^+ 이온과 가용성 착물을 만드는 이온이 들어있는 용액에 담긴 Ag 전극의 전위는 위의 경우와 유사하게 취급할 수 있다. 예를 들면, $S_2O_3^{2-}$와 Ag^+를 포함하고 있는 용액에서 착물 형성은 다음과 같이 일어난다.

$$Ag^+ + 2S_2O_3^{2-} \rightleftharpoons Ag(S_2O_3)_2^{3-}$$

$$K_f = \frac{a_{Ag(S_2O_3)_2^{3-}}}{a_{Ag^+} \cdot (a_{S_2O_3^{2-}})^2}$$

여기서 K_f는 착물 형성 상수이다. 이 용액에서 Ag 전극의 반쪽 반응은 다음과 같다.

$$Ag(S_2O_3)_2^{3-} + e^- \rightleftharpoons Ag(s) + 2S_2O_3^{2-}$$

이 반쪽 반응의 표준 전극 전위는 착물과 착화제 음이온의 활동도가 모두 1일 때의 전극 전위이다. 앞의 예제에서와 같은 방법을 이용하면 다음을 얻을 수 있다.

$$E^0 = +0.799 + 0.0592 \log \frac{1}{K_f} \tag{22-15}$$

특정 이온들이 존재할 때 Ag 전극의 전위에 대한 자료는 부록 3과 표 22-1의 표준 전극 전위 표에 나열되어 있다. 다른 전극 계에 대해서도 비슷한 정보가 알려져 있다. 이러한 데이터는 종종 반쪽 전지 전위의 계산을 간단하게 해준다.

22C-11 표준 전극 전위 이용의 몇 가지 한계

표준 전극 전위는 전기분석 화학 과정을 이해하는 데 매우 중요하다. 하지만 이러한 데이터를 이용하는 데 있어서 내재하고 있는 한계점들을 이해해야 한다.

활동도 대신 농도를 사용

편의상, 반응 화학종들의 활동도 대신 몰농도가 Nernst 식을 이용하는 계산에 사용된다. 하지만 이 두 값은 **묽은 용액에서만** 일치한다. 전해질의 농도가 증가하면, 몰농도를 이용하여 계산한 전위는 실험적으로 얻은 값과 종종 많이 다르다.

예를 들어, 다음 반쪽 반응의 표준 전극 전위는 +0.771 V이다.

$$Fe^{3+} + e^- \rightleftharpoons Fe^{2+}$$

활동도를 무시하면, 각각 1 mol/L의 Fe^{2+}와 Fe^{3+}, 그리고 $HClO_4$가 들어있는 용액에 담겨있는 Pt 전극의 SHE에 대한 전위와 동일한 값을 나타낼 것으로 예측할 수 있다. 그러나 실제로는 $HClO_4$의 농도가 1 M일 때 측정된 값은 +0.732 V이다. 이렇게 차이가 나는 이유는 Nernst 식을 다음과 같은 형태로 써보면 알 수 있다.

$$E = E^0 - 0.0592 \log \frac{\gamma_{Fe^{2+}}[Fe^{2+}]}{\gamma_{Fe^{3+}}[Fe^{3+}]}$$

여기서 $\gamma_{Fe^{2+}}$와 $\gamma_{Fe^{3+}}$는 각각 활동도 계수이다. 이 계에서 두 화학종의 활동도 계수는 $HClO_4$와 철염의 높은 이온 세기 때문에 1보다 작다. 그러나 더 중요한 것은 Fe^{3+}의 활동도 계수가 Fe^{2+}의 활동도 계수보다 더 작다는 것이다. 그 결과 Nernst 식에 나타나는 활동도 계수 비는 1보다 크고, 반쪽 전지의 전위는 표준 전위보다 더 작다.

산화-환원 적정과 전기화학 실험에서 흔히 사용되는 종류의 용액에 들어있는 이온의 활동도 계수 데이터는 다소 제한적이다. 따라서 많은 계산에서 활동도보다는 오히려 몰농도가 종종 사용될 수밖에 없다. 몰농도를 사용하게 되면 상당한 오차가 생긴다. 그럼에도 불구하고, 값의 상대적인 변화는 종종 거의 정확하고 변화의 방향과 크기는 많은 경우 충분히 정확하기 때문에 그러한 계산은 여전히 유용하다.

기타 평형의 영향

관심 대상 화학종들의 용매화, 해리, 회합 및 착물 형성 반응으로 인해 표준 전극 전위의 적용은 더욱 복잡해진다. 이런 문제의 예는 Fe^{3+}/Fe^{2+} 쌍의 전위가 변하는 것에서 볼 수 있다. 앞에서 지적한 바와 같이, 1 M $HClO_4$에 같은 농도로 섞여있는 두 이온의 전극 전위는 +0.732 V이다. $HClO_4$ 대신 같은 농도의 HCl을 사용하면 관찰된 전위는 +0.700 V로 변하고, 1 M H_3PO_4에서는 +0.600 V로 바뀐다. 이러한 전위의 차이는 Fe^{3+}가 Fe^{2+}보다 Cl^- 또는 PO_4^{3-}와 더 안정한 착물을 형성하기 때문에 발생한다. 그 결과, 이러한 용액에서 **착물을 형성하지 않은** Fe^{3+}의 실제 농도는 **착물을 형성하지 않은** Fe^{2+}보다 작게 되고, 알짜 효과는 관찰되는 전위의 위치 이동으로 나타난다.

관련된 평형 반응과 평형 상수가 알려진 경우에만 이러한 효과로 인한 전위를 교정할 수 있다. 하지만 종종 이러한 정보는 알려져 있지 않아서 그러한 효과를 무시할 수밖에 없고, 계산된 결과에 심각한 오차가 생기지 않기를 바랄 뿐이다.

형식 전위

앞 절에서 설명한 것과 같은 부수적인 반응에서 생기는 활동도 효과와 오차를 부분적으로 상쇄하기 위해, Swift는 산화-환원 계산에서 표준 전극 전위 대신 *형식 전위*(formal potential) $E^{0'}$라는 값을 사용할 것을 제안하였다.[9] 때로는 *조건 전위*(conditional potential)로 불리기도 하는 한 계의 형식 전위는, 반응물과 생성물의 농도가 1 M이고 용액에 있는 다른 성분의 농도가 정밀하게 명시되었을 때 SHE에 대한 반쪽 전지의 전위이다. 즉, 예를 들어, Fe^{3+}의 환원에 대한 형식 전위는 1 M $HClO_4$에서는 +0.732 V이고, 1 M HCl에서는 +0.700 V이다. 만약, 전해질 용액의 농도가 형식 전위를 측정할 때의 농도와 비슷하면, Nernst 식에서 표준 전극 전위 대신 환원 전위 값들을 사용하여 계산된 전위는 실험에서 측정된 전위와 더 잘 맞는다. 하지만 전해질의 종류와 농도에 상당한 차이가 있는 계에 형식 전위를 적용하면 표준 전위를 사용하여 얻은 전위보다 더 큰 오차를 얻게 된다. 부록 3의 표에는 표준 전위와 함께 몇몇 형식 전위를 수록하였고, 다음 장부터는 경우에 따라 어느 것이든 더 적절한

자습: www.tinyurl.com/skoohpia7에서 **표준 전지 전위(standard cell potential)**에 대해 더 알아보시오.

[9] E. H. Swift, *A System of Chemical Analysis*, p. 50, San Francisco: Freeman, 1939.

것을 사용할 것이다.

반응 속도

반쪽 반응이 전극 전위 표에 나타나 있다고 해서 이 반쪽 반응에 대응되는 실제 전극이 반드시 존재한다는 것을 의미하는 것은 아니다. 이 표에 있는 많은 데이터는 평형이나 열역학 데이터를 이용하여 계산된 것이고, 그러한 전극 계의 실제적인 전위 측정은 전혀 이루어지지 않았다. 어떤 반쪽 반응의 경우에는 적당한 전극이 알려져 있지 않다. 예를 들어, 다음 반응의 표준 전극 전위도 간접적으로 얻은 것이다.

$$2CO_2 + 2H^+ + 2e^- \rightleftharpoons H_2C_2O_4 \qquad E^0 = -0.49\ V$$

이 전극 반응은 가역적이 아니며 이산화탄소가 결합하여 옥살산으로 되는 반응의 속도는 매우 느리다. 이 반응의 반응물과 생성물의 활동도 비에 따라 전위가 변할 것으로 예측되지만, 그러한 전극 계는 알려져 있지 않다. 직접적인 측정이 없음에도 불구하고 표의 전위는 계산 목적으로 유용하다.

22D 전극 전위로부터 전지 전위의 계산

표준 전극 전위의 중요한 용도는 갈바니 전지의 전위나 전해 전지를 작동하는 데 필요한 전위를 계산하는 것이다. 이렇게 계산된 전위(때때로 열역학적 전위라고 불리는)는 전류가 흐르지 않는 전지에 대한 것이므로 이론적인 값이다.[10] 전지에 전류가 흐르는 경우에는 추가적인 조건을 고려해야 한다. 게다가 이러한 전위는 전지에 존재하는 접촉 전위를 고려하지 않은 것이다. 대개, 접촉 전위는 큰 오차 없이 무시하기에 충분할 정도로 작게 만들 수 있다.

식 22-12에 나타낸 것과 같이, 전지의 전압은 두 반쪽 전지의 차이로부터 계산한다.

$$E_{전지} = E_{오른쪽} - E_{왼쪽}$$

여기서 $E_{오른쪽}$과 $E_{왼쪽}$은 전지를 이루고 있는 두 반쪽 반응의 *전극 전위*이다.

다음의 가상적인 전지를 생각해보자.

$$Zn|ZnSO_4(a_{Zn^{2+}} = 1.00)\|CuSO_4(a_{Cu^{2+}} = 1.00)|Cu$$

두 이온의 활동도가 1.00이기 때문에 표준 전위는 전극 전위가 된다. 따라서 표 22-1의 E^0 데이터를 이용하여 다음을 얻는다.

$$E_{전지} = E_{오른쪽} - E_{왼쪽} = E^0_{Cu} - E^0_{Zn}$$
$$= +0.337 - (-0.763) = +1.100\ V$$

전지 전위의 부호가 양이라는 것은 표준 상태에서 다음 반응이 자발적으로 일어나며,

$$Zn(s) + Cu^{2+} \rightarrow Zn^{2+} + Cu(s)$$

원소 Zn는 Zn^{2+}로 산화되고, Cu^{2+}는 금속 Cu로 환원된다는 것을 나타낸다.

앞의 전지를 다음과 같이 반대로 표시하면,

$$Cu|Cu^{2+}(a_{Cu^{2+}} = 1.00)\|Zn^{2+}(a_{Zn^{2+}} = 1.00)|Zn$$

전지 전위는 다음과 같다.

$$E_{전지} = E_{오른쪽} - E_{왼쪽} = E^0_{Cu} - E^0_{Zn}$$
$$= -0.763 - (+0.337) = -1.100\ V$$

음의 부호는 표준 상태에서 다음 반응이 비자발적임을 알려준다.

$$Cu(s) + Zn^{2+} \not\rightarrow Cu^{2+} + Zn(s)$$

따라서 이 반응을 일어나게 하기 위해서는 1.100 V보다 큰 외부 전압을 가해야 한다.

예제 22-6

다음 전지의 전위를 (a) 농도와 (b) 활동도를 사용하여 계산하시오.

$$Zn|ZnSO_4(c_{ZnSO_4}),\ PbSO_4(포화)|Pb$$

여기에서, $c_{ZnSO_4} = 5.00 \times 10^{-4}$, 2.00×10^{-3}, 1.00×10^{-2}, 2.00×10^{-2}, 5.00×10^{-2}이다.

풀이

(a) 중성 용액에서 HSO_4^-는 거의 생성되지 않으므로, 다음과 같이 가정할 수 있다.

$$[SO_4^{2-}] = c_{ZnSO_4} = 5.00 \times 10^{-4}$$

반쪽 반응과 표준 전위는 다음과 같다.

$$PbSO_4(s) + 2e^- \rightleftharpoons Pb(s) + SO_4^{2-} \qquad E^0 = -0.350\ V$$

$$Zn^{2+} + 2e^- \rightleftharpoons Zn \qquad E^0 = -0.763\ V$$

Pb 전극의 전위는 다음과 같다.

$$E_{Pb} = -0.350 - \frac{0.0592}{2}\log 5.00 \times 10^{-4}$$
$$= -0.252\ V$$

Zn^{2+}의 농도 또한 5.00×10^{-4}이므로

$$E_{Zn} = -0.763 - \frac{0.0592}{2}\log\frac{1}{5.00 \times 10^{-4}}$$
$$= -0.860\ V$$

Pb 전극이 오른쪽 전극으로 규정되어 있으므로, 전지 전위는 다음과 같다.

$$E_{전지} = -0.252\ V - (-0.860\ V) = 0.608\ V$$

다른 농도에서의 전지 전위도 같은 방법으로 계산할 수 있다. 이들의 값을 표 22-2의 (a)열에 나열하였다.

(b) Zn^{2+}와 SO_4^{2-}의 활동도 계수를 계산하기 위해, 먼저 식 a2-3(부록 2)을 이용하여 이온 세기를 알아내야 한다.

---

[10] 실제, 현대의 임피던스가 큰 전압계(10^{15} Ω까지의)를 사용하면, 전지 전위는 사실상 전류가 0인 상태에서 측정되고, 따라서 이론값과 실제 전지 전위의 차이는 무시할 수 있게 된다.

Zn^{2+}와 SO_4^{2-}의 농도에 비해 Pb^{2+}, H^+, 그리고 OH^-의 농도는 무시할 수 있다고 가정한다. 따라서 이온 세기는 다음과 같다.

$$\mu = \frac{1}{2}[5.00 \times 10^{-4} \times (2)^2 + 5.00 \times 10^{-4} \times (2)^2]$$
$$= 2.00 \times 10^{-3}$$

표 a2-1을 보면 SO_4^{2-}의 $\alpha_A = 0.4$이고, Zn^{2+}의 $\alpha_A = 0.6$이다. 이 값들을 식 a2-3에 대입하면 SO_4^{2-}에 대해서 다음을 얻는다.

$$-\log \gamma_{SO_4^{2-}} = \frac{0.0509 \times 2^2 \times \sqrt{2.00 \times 10^{-3}}}{1 + 3.28 \times 0.4 \times \sqrt{2.00 \times 10^{-3}}}$$
$$= 0.859 \times 10^{-2}$$
$$\gamma_{SO_4^{2-}} = 0.820$$
$$a_{SO_4^{2-}} = 0.820 \times 5.00 \times 10^{-4}$$
$$= 4.10 \times 10^{-4}$$

Zn^{2+}에 대해 $\alpha_A = 0.6$을 사용하여 계산을 반복하면 다음과 같은 결과가 얻어진다.

$$\gamma_{Zn^{2+}} = 0.825$$
$$a_{Zn^{2+}} = 4.13 \times 10^{-4}$$

이제 Pb 전극에 대한 Nernst 식은 다음과 같다.

$$E_{Pb} = -0.350 - \frac{0.0592}{2} \times \log 4.10 \times 10^{-4}$$
$$= -0.250$$

Zn 전극에 대해서는 다음과 같다.

$$E_{Zn} = -0.763 - \frac{0.0592}{2} \times \log \frac{1}{4.13 \times 10^{-4}}$$
$$= -0.863$$

그리고,

$E_{전지} = -0.250 - (-0.863) = 0.613$ V이다.

농도를 사용해 계산한 값(0.608 V)은 이 값과 약 1% 정도 다르다. 다른 농도에 대한 값은 표 22-2의 (b)열에 나열되어 있다.

표 22-2의 (a)열과 (b)열에 있는 계산된 전지 전위를 마지막 열에 있는 실험 결과와 비교해보는 것은 흥미로운 일이다. 활동도를 사용하면 높은 이온 세기에서 상당히 개선된 결과를 얻게 된다.

22E 전기화학 전지에서의 전류

전기화학 분석법 중에서, 전류가 거의 흐르지 않는 상태에서의 측정을 기반으로 하는 일반적인 방법은 단 한가지인데, 제23장에서 다루게 될 전위차법이다. 제24장과 제25장에서 다루게 될 나머지 다른 전기화학 분석법들은 모두 전류 및 전류의 측정과 관련이 있다. 따라서 상당한 전류가 흐르는 전지의 거동을 살펴볼 필요가 있다.

앞에서 언급했던 바와 같이 전기는 전지 내에서 이온의 운동에 의해 흐른다. 적은 전류가 흐를 때를 보통 Ohm 법칙(제2A-1절 참고)이 적용되고, $E = IR$로 나타낼 수 있는데, E는 이온 이동에 대한 전위차(V)이며 I는 전류(A), R은 전류에 대한 전해질의 저항(Ω)이다. 저항은 용액 내의 이온들의 종류와 농도에 따라 달라진다.

전기화학 전지에서 직류 전기가 흐르면, 측정된 전지 전위는 보통 제22B절에서 설명한 방식으로 계산된 열역학적 전위와는 다르다. 이런 차이는 *전하 이동 과전압*(charge-transfer overvoltage), *반응 과전압*(reaction overvoltage), *확산 과전압*(diffusion overvoltage) 및 *결정화 과전압*(crystallization overvoltage)과 같은 몇 가지 *편극 효과*(polarization effects)와 옴 저항을 포함한 많은 현상 때문에 생긴다고 볼 수 있다. 일반적으로 이런 현상은 갈바니 전지의 전압을 감소시키거나 전해 전지에서 전류를 생산하는 데 필요한 전압을 증가시킨다.

22E-1 저항 전위: IR 강하

갈바니 전지에서나 전해 전지에서 전류를 생성하기 위해서는, 산화 전극과 환원 전극 쪽으로 이동하는 이온의 저항을 극복하는 데 필요한 전압 형태의 추진력이 필요하다. 금속 전도에서와 같이 이 힘은 Ohm 법칙을 따르며 전류(A)에 저항(Ω)을 곱한 값과 같다. 이 전압을 보통 *저항 전위*(ohmic potential) 또는 *IR*

표 22-2 (a) 농도와 (b) 활동도를 이용하여 계산한 전지 전위(예제 22-6 참고)

c_{ZnSO_4}, M	μ	(a) E(계산), V	(b) E(계산), V	E(실험)*, V
5.00×10^{-4}	2.00×10^{-3}	0.608	0.613	0.611
2.00×10^{-3}	8.00×10^{-3}	0.572	0.582	0.583
1.00×10^{-2}	4.00×10^{-2}	0.531	0.549	0.553
2.00×10^{-2}	8.00×10^{-2}	0.513	0.537	0.542
5.00×10^{-2}	2.00×10^{-1}	0.490	0.521	0.529

*실험 데이터: I. A. Cowperthwaite and V. K. LaMer, *J. Amer. Chem. Soc.*, **1931**, *53*, 4333.

전지에 전류가 흐르면 전지의 전위는 극적으로 감소한다는 것에 유의하라.

강하(IR drop)라고 부른다.

IR 강하의 알짜 효과로 인해 전해 전지에서는 작동시키는 데 필요한 전위가 증가하고, 갈바니 전지에서는 측정되는 전위가 감소한다. 따라서 *IR* 강하는 항상 이론적인 전지 전위로부터 빼주어야 한다. 즉,[11]

$$E_{\text{전지}} = E_{\text{오른쪽}} - E_{\text{왼쪽}} - \text{IR} \qquad (22\text{-}16)$$

예제 22-7

다음 전지는 4.00 Ω의 저항을 가지고 있다. 전지가 0.100 A의 전류를 생성할 때 전위를 계산하시오.

$$\text{Cd}|\text{Cd}^{2+}(0.0100\text{ M})\|\text{Cu}^{2+}(0.0100\text{ M})|\text{Cu}$$

풀이

표준 전위와 농도를 Nernst 식에 대입하면 Cu 전극의 전극 전위는 0.278 V이고, Cd 전극의 전극 전위는 −0.462 V이다. 따라서 열역학적 전지 전위는 다음과 같다.

$$E = E_{\text{Cu}} - E_{\text{Cd}} = 0.278 - (-0.462) = 0.740\text{ V}$$

원하는 전류를 얻기 위해 필요한 전위는 다음과 같다.

$$\begin{aligned} E_{\text{전지}} &= 0.740\text{ V} - IR \\ &= 0.740\text{ V} - (0.100\text{ A} \times 4.00\ \Omega) = 0.340\text{ V} \end{aligned}$$

예제 22-8

예제 22-7의 전지에서 역방향으로 0.100 A의 전류를 흐르게 하는 데 필요한 전위를 계산하시오.

풀이

$$\begin{aligned} E &= E_{\text{Cd}} - E_{\text{Cu}} \\ &= -0.462\text{ V} - 0.278\text{ V} = -0.740\text{ V} \end{aligned}$$

$$\begin{aligned} E_{\text{전지}} &= E - IR \\ &= -0.740\text{ V} - (0.100\text{ A} \times 4.00\ \Omega) = -1.140\text{ V} \end{aligned}$$

이 예제에서, 0.100 A의 전류에 필요한 속도로 Cd^{2+}를 석출시키고, Cu를 용해시키기 위해서는 1.140 V보다 더 큰 외부 전위가 필요하다.

22E-2 편극

몇 가지 중요한 전기화학 분석법에서는, 전위의 변화에 따른 전지의 전류를 측정하고, 이 데이터를 이용하여 전류 대 전압 곡선을 얻는다. 식 22-16을 통해 전극 전위가 일정할 때 전지 전압과 전류 사이에는 직선 관계가 존재함을 알 수 있다. 전류-전압 곡선은 끝부분에서는 실제로 종종 직선 모양이 아니다. 이런 경우에 전지는 *편극*(polarization)되었다고 말한다. 편극은 한 전극 또는 두 전극 모두에서 일어날 수 있다.

이 문제에 관한 논의를 시작하기 위해, **이상적인 편극 전극과 이상적인 비편극 전극**의 전류-전압 곡선을 알아보는 것이 유용하다. 전극의 편극은 이 전극을 쉽게 편극되지 않는 전극과 연결함으로써 알아볼 수 있다. 쉽게 편극되지 않는 전극은 표면적이 크며 반쪽 반응이 빠르고 가역적이다. 비편극 전극의 구체적인 면에 대해서는 다음 장에서 상세히 설명할 것이다.

이상적인 편극 전극과 비편극 전극 및 전지

이상적인 편극 전극은 상당한 범위에 걸쳐 전위에 무관하게 전류가 일정하게 유지되는 전극이다. 그림 22-6a는 *A*와 *B* 사이의 영역에서 이상적으로 편극된 전극의 전류-전압 곡선이다. 그림 22-6b는 *A*와 *B* 사이의 영역에서 이상적으로 행동하는 비편극 전극의 전류-전압 관계를 보여주고 있다. 이 전극의 경우, 전위는 전류와 무관하다.

그림 22-7은 점 *A*와 점 *B* 사이에서 비편극 거동을 나타내는 전극을 포함하고 있는 전지의 전류-전압 곡선이다. 전지의 내부 저항 때문에, 전류-전압 곡선은 그림 22-6b에서 보여준 이상적인 비편극 전극의 경우와 같이 무한한 기울기를 가지는 것이 아니라 *R*(식 22-16)과 같은 크기의 한정된 기울기를 가지며, Ohm 법칙을 따른다. 점 *A*와 점 *B*를 벗어나면 하나 또는 두 전극 모두에서 편극이 일어나고, 이상적인 직선에서 벗어나게 된다. 이 곡선의 위쪽 반은 전지가 전해 전지로 작동할 때의 전류-전압 관계를 나타낸 것이며, 아래쪽 반은 갈바니 전지로 작동할 때를 나타낸 것이다.[12] 전해 전지에서 편극이 일어날 때에는, 주어진 전류를 얻기 위해 이상적인 선에서 예상되는 것보다 더 큰 전위가 필요하다는 것을 명심해야 한다. 마찬가지로, 갈바니 전지에서 편극이 일어나면 예상했던 것보다 더 낮은 전위를 얻는다.

전해 전지에서 편극의 원인들

그림 22-8은 전해 전지의 반쪽 전지에서 편극이 일어날 수 있는 세 영역을 보여준다. 세 영역은 전극 자체, 전극에 바로 인접해 있는 용액의 표면층, 그리고 벌크 용액이다. 이 반쪽 전지의 전체 전극 반응은 다음과 같다.

$$\text{Ox} + ne^- \rightleftharpoons \text{Red}$$

하지만 이 그림에서 보여주는 몇 개의 중간 단계들 중 어느 것이나 전체 반응의 속도를 제한할 수 있고, 그 결과로 전류의 크기도 제한된다. 반응에서 이러한 단계 중 하나는 *물질 이동*

[11]여기와 이후의 설명에서 접촉 전위는 다른 전위에 비하여 무시할 정도로 작다고 가정한다.

[12]이 책에서는, 환원 전류는 양의 값으로, 산화 전류는 음의 값으로 표시하는 협약을 따른다. 이 협약은, 환원이 가장 자주 연구되었기 때문에 이러한 역사적인 이유에서 생긴 것이다. 어떤 전기화학자들은 산화 전류를 양으로 나타내는 것을 선호하기도 한다. 전류-전위 곡선을 보게 되면, 어떤 협약을 따르고 있는지를 결정하는 것이 좋다.

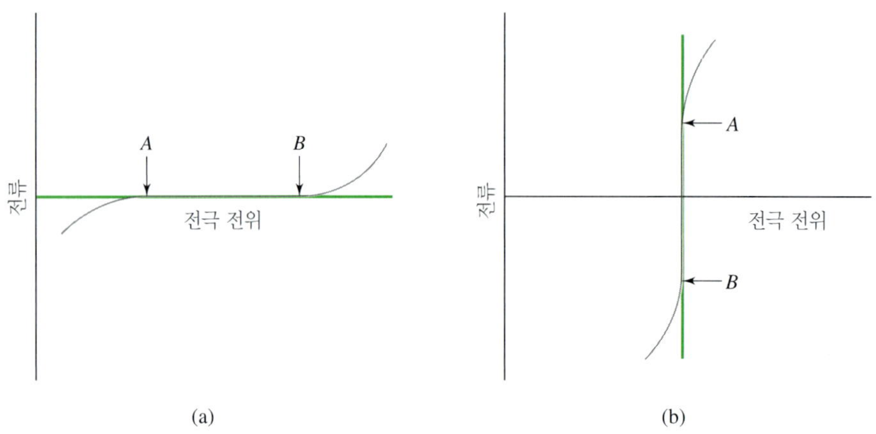

그림 22-6 이상적인 (a) 편극 전극과 (b) 비편극 전극의 전류–전압 곡선(파란색). 회색 선은 실제 전극의 거동이 이상 전극의 거동에서 벗어남을 보여준다.

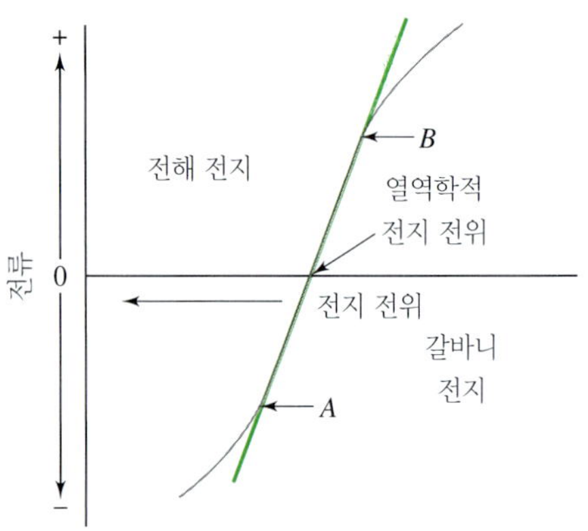

그림 22-7 ***A*와 *B* 구간에서 비편극 거동(파란색 선)과 편극 거동(회색 선)을 보여주는 전지의 전류–전압 곡선.**

(mass transfer)이라고 불리는 것으로, Ox가 벌크 용액에서 전극 표면 막까지 이동하는 것과 관련되어 있다. 이 단계(또는 역으로 Red가 벌크 용액 쪽으로 물질 이동)가 전체 반응 속도(따라서 전류)를 제한할 때, *농도 편극*(concentration polarization)이 일어난다고 한다. 어떤 반쪽 전지 반응은 Ox′ 또는 Red′와 같은 화학종이 생성되는 중간 단계의 화학 반응을 통하여 진행된다. 따라서 이 중간체는 전자 전달 과정의 실제 참여 물질이 된다. 만일 이런 중간체의 생성 또는 분해 속도가 전류를 제한하면, *반응 편극*(reaction polarization)이 일어난다. 어떤 경우에는 흡착, 탈착 또는 결정화와 같은 물리적 과정의 속도가 전류를 제한한다. 이런 경우 *흡착*, *탈착* 또는 *결정화 편극*(adsorption, desorption, or crystallization polarization)이 일어난다. 마지막으로, 전극으로부터 표면층에 있는 산화 화학종으로의 전자 이동 또는 환원 화학종으로부터 전극으로의 전자 이동이 느려서 전류가 제한될 때, *전하 이동 편극*(charge-transfer polarization)이 발생한다. 몇 가지 형태의 편극이 동시에 일어나는 경우도 흔하게 발생한다.

과전압

전해 전지에서 전극의 편극 정도는 *과전압*(overvoltge) 또는 *과전위*(overpotential), η로 측정되는데 이는 실제 전극 전위 E와 열역학적 또는 평형 전위 E_{eq}와의 차이이다.

$$\eta = E - E_{eq} \tag{22-17}$$

여기에서, η는 반응이 상당한 속도로 진행되기 위해 열역학적 값보다 더 추가적으로 요구되는 전위이다. E_{eq}가 음의 값인 환원 반응의 경우, **E는 E_{eq}보다 더 음의 값을 가져야 하고** η는 음의 값이 된다. E_{eq}가 양의 값인 산화 반응의 경우, E는 E_{eq}보다 더 양의 값을 가져야 하고 η는 양의 값이 된다.

농도 편극

농도 편극은 반응 화학종이 전극 표면으로 이동하는 속도가 식 22-16에 의해 요구되는 전류를 유지하기에 충분하지 않을 때 일어난다. 농도 편극이 일어나기 시작하면 물질 이동 과전압이 나타난다.

예를 들어, 이상적인 비편극 산화 전극과 Cd^{2+} 이온 용액에 담겨 있는 작은 Cd 편극 환원 전극으로 구성된 전지를 고려해 보자. Cd^{2+} 이온의 환원은 빠르고 가역적인 과정이므로 이 전극에 전위를 걸어주면 용액의 표면층은 전극과 즉각적으로 평형에 도달하게 된다. 즉, 순간적으로 전류가 흘러서 Cd^{2+} 이온의 표면 농도는 다음 식에 주어진 평형 농도 c_0로 감소한다.

$$E_{Cd} = E^0_{Cd} - \frac{0.0592}{2}\log\frac{1}{c_0} \tag{22-18}$$

만일 벌크 용액에서 표면층까지 Cd^{2+} 이온이 이동하는 메커니즘이 존재하지 않으면, 표면층의 농도가 c_0에 가까워짐에 따라 전류는 빠르게 0으로 감소할 것이다. 하지만 곧 보게 되는 것처럼 벌크 용액으로부터 표면층까지 Cd^{2+} 이온이 일정한 속도로 이동하는 몇 가지 메커니즘이 존재한다. 따라서 초기의 큰 전류는 이온의 이동 속도에 의해 결정되는 일정한 수준으로 빠르게 감소한다.

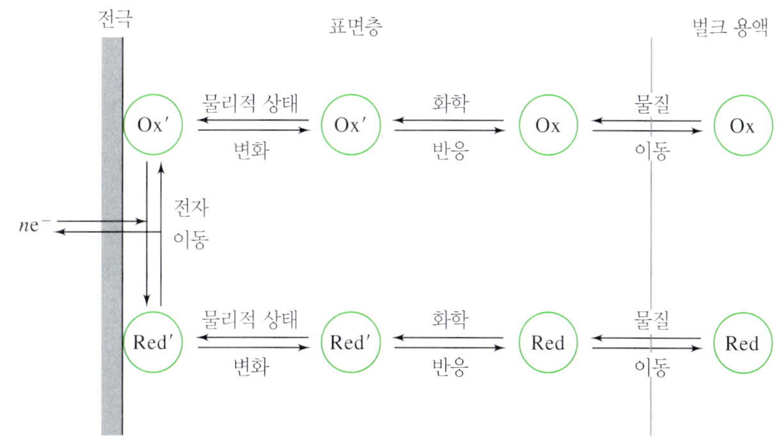

그림 22-8 전극에서 일어나는 반응 Ox + ne^- ⇌ Red의 단계. 표면층은 단지 몇 개의 분자 두께임을 알아야 한다. (Adapted from A. J. Bard and L. R. Faulkner, *Electrochemical Methods*, 2nd ed., p. 23, New York: Wiley, 2001. Reprinted by permission of John Wiley & Sons, Inc.)

빠르고 가역적인 전극 반응의 경우, 표면층의 농도는 항상 순간적인 전극 전위(식 22-18)에 의해 결정되는 평형 농도로 간주된다고 생각하는 것이 중요하다. 표면 농도 c_0는 종종 벌크 용액의 농도와 크게 다르다는 것을 아는 것도 중요하다. 이는 표면에서의 평형은 거의 순간적으로 이루어지지만 전극과 벌크 용액 사이에서 평형을 이루는 데는 수 분 또는 심지어 수 시간까지 걸리기 때문이다.

식 22-16에서 요구하는 크기의 전류를 유지하기 위해서는 반응물이 다음 식으로 주어지는 속도 dn_A/dt로 벌크 용액에서 표면층으로 이동해야 한다.

$$I = dQ/dt = nF\,dn_A/dt$$

여기에서, dQ/dt는 전극에서 전자의 흐름 속도(또는 전류 I), n은 반쪽 반응에 관여하는 전자의 수, n_A는 표면으로 이동하는 분석물질의 몰수이고, F는 패러데이 상수이다. 반응 속도(mole/s)는 다음과 같이 쓸 수 있다.

$$\frac{dn_A}{dt} = AJ$$

여기에서 A는 전극의 표면적(cm^2)이고, J는 유량(mol s^{-1} cm^{-2})이다. 두 식을 합하면 다음을 얻는다.

$$I = nFAJ \qquad (22\text{-}19)$$

물질 이동 과정이 반응물에 대한 요구를 충족시키지 못할 때, 식 22-16의 IR 강하는 이론값보다 작아지고, IR의 감소를 상쇄하는 과전압이 나타나게 된다. 이제, 환원 전극에서 환원이 일어나도록 음의 전압이 가해진 전해 전지를 고려해보자. 산화 전극에서는 편극이 일어나지 않는다고 가정한다. 즉, 농도 편극이 나타나면 식 22-16은 다음과 같이 된다.

$$E_{전지} = E_{환원\ 전극} - E_{산화\ 전극} - IR + \eta_{환원\ 전극}$$

여기에서, $\eta_{환원\ 전극}$은 환원 전극과 관련된 과전압을 나타낸다. 두 전극에서 모두 편극이 일어나는 전지의 경우 더 일반적인 식은 다음과 같다.

$$E_{전지} = (E_{환원\ 전극} - E_{산화\ 전극}) + [(\eta_{환원\ 전극} - \eta_{산화\ 전극}) - IR] \qquad (22\text{-}20)$$

여기에서 $\eta_{산화\ 전극}$은 산화 전극 과전압이다. 환원 전극과 관련된 과전압은 음의 값이고, 산화 전극과 관련된 과전압은 양의 값이다. 각 전극에서 나타나는 과전압은 전지의 전체 전위를 감소시키는 효과를 준다. 산화 전극에서 일어나는 산화 반응을 연구하는 전지에 대해서도 유사한 방법으로 표현할 수 있다.

22E-3 물질 이동 메커니즘

이온이나 분자들이 벌크 용액에서 전극 표면층까지(또는 반대 방향으로) 이동하는 메커니즘을 이해하는 것이 중요한데, 이는 이러한 메커니즘을 알아야 농도 편극을 막을 수도 있고, 필요할 때는 일어나게 할 수도 있기 때문이다. 제22A-7절에서 언급한 바와 같이 물질 이동 메커니즘에는 (1) *확산*(diffusion), (2) *전기 이동*(migration), (3) *대류*(convection)의 세 가지가 있다.

한 화학종이 환원 전극 표면에서 환원될 때(또는 산화 전극 표면에서 산화될 때)처럼, 용액의 두 영역 사이에서 농도 차이가 생길 때 이온이나 분자는 항상 확산에 의해 진한 영역에서 더 묽은 영역으로 이동한다. 확산 속도 dc/dt는 다음 관계식으로 표현된다.

$$dc/dt = k(c - c_0) \qquad (22\text{-}21)$$

여기에서 c는 벌크 용액에 들어있는 반응물의 농도이고, c_0는 전극 표면에서의 평형 농도이며, k는 비례 상수이다. 앞에서 보여준 바와 같이 **c_0의 값은 전극 전위에 의해 결정되며, Nernst 식**

자습: www.tinyurl.com/skoohpia7에서 **비표준 조건에 있는 전지(cells under nonstandard coditions)**에 대해 더 알아보시오.

으로 계산할 수 있다. 전극에 더 높은 전위를 걸어줄수록 c_0는 점점 더 작아지고 확산 속도는 점점 더 커진다. 그러나 결국에는 c_0가 c에 비해 무시할 정도가 되고, 따라서 확산 속도는 일정해진다. 즉, $c_0 \rightarrow 0$일 때, 다음과 같이 된다.

$$dc/dt = kc \tag{22-22}$$

이런 경우, 농도 편극이 완결되었다고 말하며, 전극은 이상적인 편극 전극으로 작동한다.

전기 이동은 정전기장의 영향 아래에서 이온이 이동하는 과정이다. 이것은 종종 전지 내의 벌크 용액에서 일어나는 주된 물질 이동 과정이다. 특정 이온 화학종과 전극 사이의 정전기적 인력(또는 반발력)은 용액 중의 전체 전해질 농도가 증가할수록 작아진다. 반응 화학종의 농도가 일정한 전하를 띠고 있는 이온의 전체 농도에 비해 작을 때에는, 예를 들어 1/100과 같이, 전기 이동은 거의 0에 가까워진다.

반응물은 물리적인 방법으로 전극으로 이동하거나 전극으로부터 이동할 수 있다. 따라서 저어주거나 또는 흔들어주는 것과 같은 강제적인 대류는 농도 편극을 줄일 수 있다. 온도 차이 또는 밀도 차이에 의해 일어나는 자연적인 대류 또한 물질 이동에 기여한다.

요약하면, 확산, 전기 이동 및 대류가 반응물을 이론적인 전류를 얻기 위해 필요한 속도로 전극 표면으로 또는 전극 표면으로부터 이동시키기에 충분하지 않을 때 농도 편극이 일어난다. 농도 편극으로 인해, 열역학적 전위와 *IR* 강하로부터 예측된 것보다 더 큰 전위를 전해 전지에 가해야 한다.

농도 편극은 몇 가지 전기화학 분석법에서 중요하다. 어떤 응용에서는 농도 편극을 제거하기 위한 방법이 이용되고 있다. 다른 응용에서는 농도 편극이 꼭 필요하다. 농도 편극의 정도는 실험적으로 다음과 같은 것들에 의해 영향을 받는다. (1) 반응물의 농도: 낮은 농도에서 편극이 더 심해진다. (2) 전체 전해질 농도: 높은 농도에서 편극이 더 잘 일어난다. (3) 물리적인 저어줌: 잘 저어준 용액에서는 편극이 감소한다. (4) 전극의 크기: 전극의 표면적이 증가할수록 편극 효과는 감소한다.

22E-4 전하 이동 편극

전하 이동 편극은 한 전극 또는 두 전극 모두에서 산화 또는 환원 반응의 속도가 이론적으로 요구되는 크기의 전류를 생성할 수 있을 만큼 충분히 빠르지 않을 때 일어난다. 전하 이동 편극에 의해 생기는 과전압은 다음과 같은 특성을 갖는다.

1. 전류 밀도[전류 밀도는 전극 표면의 단위 면적당 전류 (A/cm^2)로 정의된다]가 증가하면 과전압은 증가한다.
2. 온도가 증가하면 보통 과전압은 감소한다.
3. 과전압은 전극의 화학적 조성에 따라 변하고, 종종 주석, 납, 아연 및 특히 수은과 같이 더 연한 금속에서 가장 큰 값을 가진다.
4. 과전압은 수소 또는 산소와 같은 기체 물질을 생성하는 전극 반응에서 특히 중요하지만, 금속이 석출되는 경우나 한 이온의 산화 상태가 변하는 경우에는 종종 무시되기도 한다.
5. 과전압은 여러 가지 조절할 수 없는 변수들에 의해 결정되기 때문에, 어떤 주어진 상황에서 그 크기를 정확히 예측할 수는 없다.[13]

수소와 산소 발생에 대한 과전압은 특히 중요하다. 매끄러운 백금 표면과 백금을 입힌 백금 표면에서 이 기체들의 과전압은 현저한 차이를 보인다. 예를 들면, 1 M H_2SO_4 용액에 담긴 매끈한 백금 전극의 경우, 전류 밀도가 1.0 A/cm^2일 때 과전압은 0.68 V이고, 같은 조건에서 백금을 입힌 백금 전극의 경우 과전압은 단지 0.048 V이다. 이 차이는 백금을 입힌 백금 전극의 표면적이 훨씬 크기 때문인데, 이 전극에서 생성하는 실제 전류 밀도는 전체 크기에서 계산한 것보다 훨씬 작다. 백금을 입힌 백금 전극의 표면은 과전압이 무시될 수 있는 정도까지 전류 밀도를 낮추기 위해 수소 기준 전극을 만들 때 항상 이용된다.

수소 기체의 발생과 관련된 과전압이 높기 때문에, 몇몇의 금속들은 수소 발생에 의해 방해될 수 전위에서도 전해석출이 가능하게 된다. 예를 들면, 중성 용액에서 아연이 석출되는 전위에 도달하기 훨씬 전에 수소가 빠르게 발생하게 되리라는 것을 수소와 아연의 표준 전위로부터 알 수 있다. 그럼에도 불구하고 수은이나 구리 전극을 사용하면 아연을 정량적으로 석출할 수 있다. 이러한 금속들에서 높은 수소 과전압(앞 문단에 설명한 조건에서, 각각 1.07 V와 1.23 V)으로 인해, 전해 석출되는 동안 기체는 거의 또는 전혀 발생하지 않는다.

과전압의 크기는 문헌에서 찾아볼 수 있는 경험적 자료로부터 기껏해야 근사적인 값을 계산할 수 있을 뿐이다. 그러므로 과전압이 관여하고 있는 전지 전위의 계산은 매우 정확하지 않다.

22F 전기화학 분석법의 종류

여러 종류의 전기화학 분석법이 알려져 있다. 일반적으로 유용하고 이 책에 소개된 여러 방법을 그림 22-9에 나타내었다. 이러한 방법들은 계면법과 벌크법으로 나뉜다. 벌크법보다 더 폭넓게 사용되는 계면법은 전극 표면과 이 표면에 접촉하고 있는 용액의 얇은 층 사이의 계면에서 발생하는 현상에 기초를 두고

동영상: www.tinyurl.com/skoohpia7에서 **물질 이동 메커니즘(mass transport mechanism)**에 대해 더 알아보시오.

[13]여러 가지 전극에서 일어나는 다양한 기체 화학종에 대한 과전압 데이터는 다음 문헌을 참고하시오. *Analytical Chemistry Handbook*, J. A. Dean, ed., pp. 14.96-14.97, New York: McGraw-Hill, 1995.

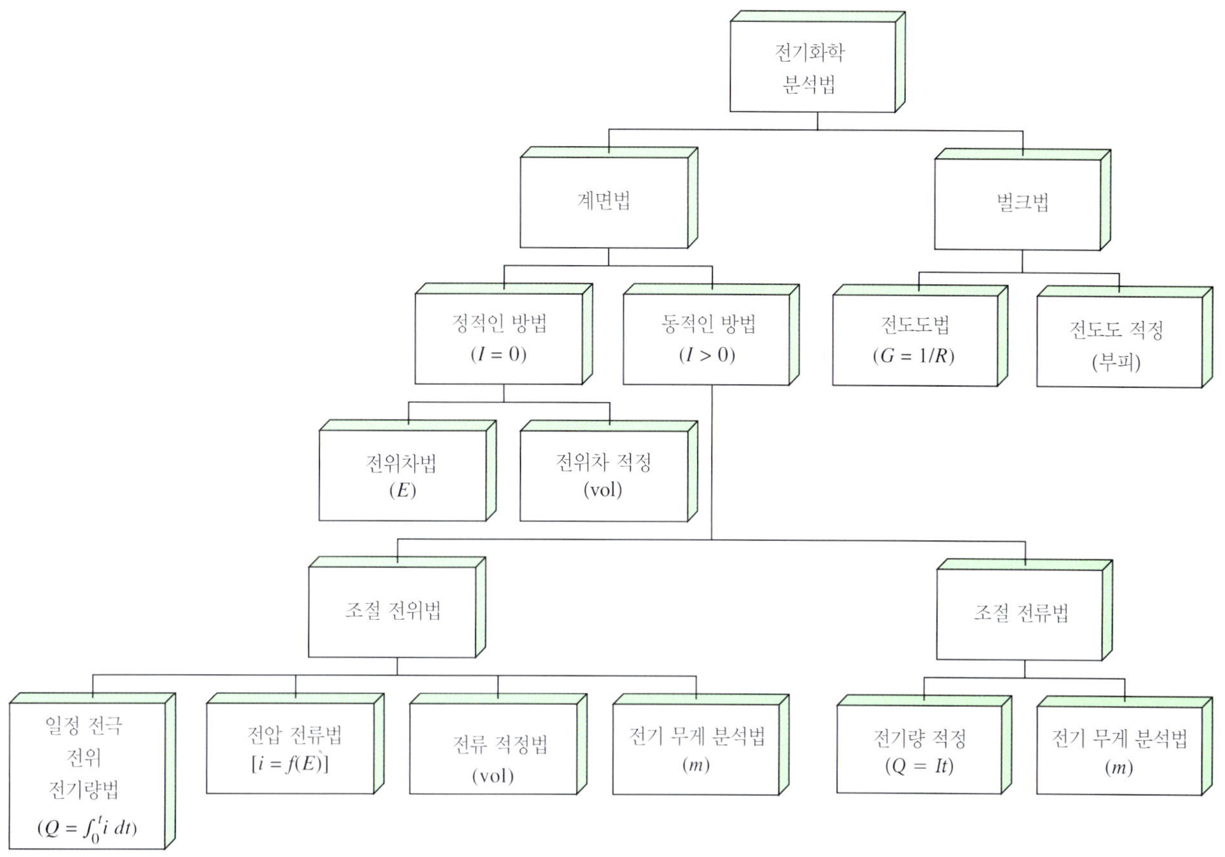

그림 22-9 일반적인 전기화학 분석법의 요약. 측정되는 양은 괄호 안에 나타내었다. (I 또는 i = 전류, E = 전위, R = 저항, G = 전도도, Q = 전하량, t = 시간, vol =표준 용액의 부피, m =전해 석출된 화학종의 질량).

있다. 이에 반해, 벌크법은 벌크 용액 내에서 발생하는 현상에 기초를 두고 있고, 계면 효과를 최소화하기 위해 최선을 다해야 한다.

계면법은 전기화학 전지에 전류가 있는지 또는 없는지에 따라 크게 정적인 방법과 동적인 방법의 두 종류로 나눌 수 있다. 전위차 측정을 기반으로 하는 정적인 방법은 속도와 선택성의 장점으로 인해 매우 중요한 방법이 된다. 전위차법은 제23장에서 다룰 것이다.

전기화학 전지에서 전류가 중요한 역할을 하는 동적 계면법에는 여러 종류가 있다. 그림 22-9의 왼쪽에 나타낸 방법 중 세 가지에서는 전지의 전위를 조절하면서 다른 변수들을 측정한다. 일반적으로 이 방법들은 감도가 좋고 비교적 넓은 동적 범위(보통 10^{-3}~10^{-8} M)를 가지고 있다. 게다가 많은 과정은 시료의 부피가 L 또는 심지어 nL인 경우에도 측정이 가능하다. 따라서 이러한 방법들은 피코 몰 범위의 검출 한계를 얻을 수도 있다.

일정 전류 동적 방법에서는 전지의 전류를 일정하게 유지하면서 데이터를 얻는다. 두 종류의 동적 방법을 제24장과 제25장에 소개하였다. 그림 22-9에서 보여준 대부분의 전기화학 분석법은 여러 종류의 크로마토그래피 방법에서 검출기로 사용되고 있다(제25장, 제27장, 제28장 참고).

질문과 문제

*별표가 있는 문제의 해답은 이 책의 끝에 있다.

이 아이콘이 있는 문제는 스프레드시트를 사용하여 쉽게 풀 수 있다.

* **22-1** 다음 반쪽 전지의 전극 전위를 계산하시오.

(a) Ag^+(0.0436 M)|Ag

질문과 문제(계속)

(b) $Fe^{3+}(5.34 \times 10^{-4}\ M)$, $Fe^{2+}(0.090\ M)|Pt$

(c) AgBr(포화), $Br^{-}(0.037\ M)|Ag$

***22-2** 다음 반쪽 전지의 전극 전위를 계산하시오.

(a) $HCl(1.53\ M)|H_2(0.929\ atm)$, Pt

(b) $IO_3^{-}(0.154\ M)$, $I_2(2.00 \times 10^{-4}\ M)$, $H^{+}(2.75 \times 10^{-3}\ M)|Pt$

(c) Ag_2CrO_4(포화), $CrO_4^{2-}(0.0625\ M)|Ag$

***22-3** 다음 반쪽 전지 각각에 대하여 (1) 농도와 (2) 활동도를 사용하여 계산한 전극 전위를 비교하시오.

(a) $HCl(0.0200\ M)$, $NaCl(0.0300\ M)|H_2(1.00\ atm)$, Pt

(b) $Fe(ClO_4)_2(0.0111\ M)$, $Fe(ClO_4)_3(0.0111\ M)|Pt$

22-4 다음 반쪽 전지 각각에 대하여 (1) 농도와 (2) 활동도를 사용하여 계산한 전극 전위를 비교하시오.

(a) $Sn(ClO_4)_2(3.00 \times 10^{-5}\ M)$, $Sn(ClO_4)_4(6.00 \times 10^{-5}\ M)|Pt$

(b) $Sn(ClO_4)_2(3.00 \times 10^{-5}\ M)$, $Sn(ClO_4)_4(6.00 \times 10^{-5}\ M)$, $NaClO_4(0.0800\ M)|Pt$

***22-5** 다음과 접촉하고 있는 Ag 전극의 전위를 계산하시오.

(a) AgI로 포화되어 있는 0.0255 M I_2 용액

(b) CN^{-}가 0.0035 M이고 $Ag(CN)_2^{-}$가 0.0550 M인 용액

(c) 0.0500 M KBr 25.0 mL와 0.100 M Ag^{+} 20.0 mL를 섞은 용액

(d) 0.0500 M Ag^{+} 25.0 mL와 0.100 M KBr 20.0 mL를 섞은 용액

***22-6** 다음 계의 전극 전위를 계산하시오.

(a) $Cr_2O_7^{2-}(5.00 \times 10^{-3}\ M)$, $Cr^{3+}(2.50 \times 10^{-2}\ M)$, $H^{+}(0.100\ M)|Pt$

(b) $UO_2^{2+}(0.100\ M)$, $U^{4+}(0.200\ M)$, $H^{+}(0.600\ M)|Pt$

***22-7** 다음 각각의 전지에 대해 이론적인 전위를 계산하시오. 전지 반응은 쓰인 방향대로 자발적인가 아니면 반대 방향이 자발적인가?

(a) $Pt|Cr^{3+}(2.00 \times 10^{-4}\ M)$, $Cr^{2+}(1.50 \times 10^{-3}\ M)||Pb^{2+}(5.60 \times 10^{-2}\ M)|Pb$

(b) $Hg|Hg_2^{2+}(2.00 \times 10^{-2}\ M)||H^{+}(1.50 \times 10^{-2}\ M)$, $V^{3+}(2.00 \times 10^{-2}\ M)$, $VO^{2+}\ (3.00 \times 10^{-3}\ M)|Pt$

(c) $Pt|Fe^{3+}(3.00 \times 10^{-2}\ M)$, $Fe^{2+}(4.00 \times 10^{-5}\ M)||Sn^{2+}(3.50 \times 10^{-2}\ M)$, $Sn^{4+}\ (5.50 \times 10^{-4}\ M)|Pt$

22-8 다음 각각의 전지에 대해 이론적인 전위를 계산하시오. 전지 반응은 쓰인 방향대로 자발적인가, 아니면 반대 방향이 자발적인가?

(a) $Bi|BiO^{+}(0.0300\ M)$, $H^{+}(0.100\ M)||I^{-}(0.100\ M)$, AgI(포화)|Ag

(b) $Zn|Zn^{2+}(5.75 \times 10^{-4}\ M)||Fe(CN)_6^{4-}(5.50 \times 10^{-2}\ M)$, $Fe(CN)_6^{3-}(6.75 \times 10^{-2}\ M)|Pt$

(c) Pt, $H_2(0.200\ atm)|HCl(8.25 \times 10^{-4}\ M)$, AgCl(포화)|Ag

* **22-9** 착물의 형성 상수가 1.0×10^{22}일 때, 다음 반응의 E^0값을 계산하시오.

$$Ni(CN)_4^{2-} + 2e^- \rightleftharpoons Ni(s) + 4CN^-$$

* **22-10** 25°C에서 PbI_2의 용해도곱 상수는 7.1×10^{-9}이다. 다음 과정의 E^0를 계산하시오.

$$PbI_2(s) + 2e^- \rightleftharpoons Pb(s) + 2I^-$$

* **22-11** BiOCl의 K_{SP}가 8.1×10^{-19}일 때, 다음 반쪽 반응의 표준 전위를 계산하시오.

$$BiOCl(s) + 2H^+ + 3e^- \rightleftharpoons Bi(s) + Cl^- + H_2O$$

* **22-12** 착물의 형성 상수가 1.3×10^{13}일 때, 다음 반쪽 반응의 표준 전위를 계산하시오.

$$Al(C_2O_4)_2^- + 3e^- \rightarrow Al(s) + 2C_2O_4^{2-}$$

* **22-13** 다음 표준 전위로부터 TlCl의 용해도곱 상수를 계산하시오.

$$Tl^+ + e^- \rightleftharpoons Tl(s) \qquad E^0 = -0.336\ V$$

$$TlCl(s) + e^- \rightleftharpoons Tl(s) + Cl^- \qquad E^0 = -0.557\ V$$

22-14 다음 표준 전위로부터 Ag_2SeO_4의 용해도곱 상수를 계산하시오.

$$Ag_2SeO_4(s) + 2e^- \rightleftharpoons 2Ag(s) + SeO_4^{2-} \qquad E^0 = 0.355\ V$$

$$Ag^+ + e^- \rightleftharpoons Ag(s) \qquad E^0 = 0.799\ V$$

* **22-15** 다음 전지에서 0.0750 A의 전류를 얻으려고 한다고 가정해보자.

$$Pt|V^{3+}(2.9 \times 10^{-5}\ M),\ V^{2+}(4.25 \times 10^{-1}\ M)|Br^-(0.0750\ M),\ AgBr(\text{포화})|Ag$$

전지의 구조로 인해 내부 저항은 4.59 Ω이다. 이 전지의 초기 전위를 계산하시오.

* **22-16** 다음 전지의 내부 저항은 4.17 Ω이다.

$$Pt|V(OH)_4^+(2.67 \times 10^{-4}\ M),\ VO^{2+}(3.42 \times 10^{-2}\ M),\ H^+(4.81 \times 10^{-3}\ M)\|Cu^{2+}(2.15 \times 10^{-2}\ M)|Cu$$

이 전지에 0.0750 A의 전류가 흐를 때 초기 전위를 계산하시오.

* **22-17** 다음 갈바니 전지의 저항은 3.85 Ω이다.

$$Pt|Fe(CN)_6^{4-}(4.42 \times 10^{-2}\ M),\ Fe(CN)_6^{3-}(8.93 \times 10^{-3}\ M)\|Ag^+(5.75 \times 10^{-2}\ M)|Ag$$

이 전지에 0.0442 A의 전류가 흐를 때 초기 전위를 계산하시오.

22-18 다음 데이터는 예제 22-1에 주어진 것과 유사하다.[14]

[14]D. A. MacInnes, *The Principles of Electrochemistry*, Table I, p. 187, New York: Reinhold, 1939

질문과 문제(계속)

c_{HCl}, m	$\gamma_\pm$	E	E^0
0.003215	0.9418	0.52053	0.22255
0.004488	0.9328	0.50384	0.22251
0.005619	0.9259	0.49257	0.22241
0.007311	0.9173	0.47948	0.22236
0.009138	0.9094	0.46860	0.22250
0.011195	0.9031	0.45861	0.22258
0.013407	0.8946	0.44974	0.22248
0.01710	0.8843	0.43783	0.22247
0.02563	0.8660	0.41824	0.22260
0.05391	0.8293	0.38222	0.22256
0.1238	0.7877	0.34199	0.22244

(a) 예제 22-1에서의 방법으로 Ag-AgCl 전극의 표준 전극 전위를 계산하기 위한 스프레드시트를 만드시오. 활동도 계수와 표준 전위에 대한 세로줄을 만드시오. 각 몰랄 농도에 대해 H^+와 Cl^-의 γ값을 계산하시오. 그런 다음 각 몰랄 농도에서 $\gamma_\pm$를 찾으시오. 각 몰랄 농도에서 E^0를 찾기 위해 측정된 E값을 사용하시오.

(b) 계산한 활동도 계수 값과 표준 전위를 MacInnes의 값들과 비교하고, 차이가 있으면 이에 대한 가능한 이유를 제시하시오.

(c) Descriptive Statistics Function of Excel's Analysis Toolpak[15]를 사용하여 Ag-AgCl 전극의 표준 전위에 대해 평균, 표준 편차, 95% 신뢰 구간과 다른 유용한 통계 자료를 계산하시오.

(d) 이 분석 결과와 특히 MacInnes의 결과의 수준에 대해 견해를 말하시오.

도전 문제

22-19 아세트산의 해리 상수를 측정하기 위하여 Harned와 Ehlers[16]는 다음 전지의 E^0를 필요로 하였다.

$$\text{Pt, H}_2(1\ \text{atm})|\text{HCl}(m),\ \text{AgCl(포화)}|\text{Ag}$$

(a) 전지 전위의 식을 쓰시오.

(b) 위의 식이 다음과 같이 정리되는 것을 보이시오.

$$E = E^0 - \frac{RT}{F}\ln \gamma_{H_3O^+}\gamma_{Cl^-}m_{H_3O^+}m_{Cl^-}$$

$m_{H_3O^+}$와 m_{Cl^-}는 몰랄 농도(용매 kg당 용질 몰수)이다.

(c) 어떤 상황에서 이 식이 유효한가?

(d) (b)의 식이 다음과 같이 정리될 수 있음을 보이시오.

$$E + 2k\log m = E^0 - 2k\log \gamma_\pm$$

여기에서, $k = \ln 10RT/F$이다

(e) 매우 묽은 용액에 대해 유효하도록 매우 간단하게 변형시킨 Debye-Hückel 식은 $\log\gamma = -0.5\sqrt{m} + cm$이다. 이 식에서 c는 상수이다. (d)에서의 전지 전위가 다음과 같음을 보이시오.

---

[15]S. R. Crouch and F. J. Holler, *Applications of Microsoft® Excel in Analytical Chemistry*, 3rd ed., Belmont, CA: Cengage Learning, 2017, pp. 44-47.

[16]H. S. Harned and R. W. Ehlers, *J. Am. Chem. Soc.*, **1932**, *54* (4), 1350-1357, **DOI:** 10.1021/ja01343a013.

$$E + 2k\log m - k\sqrt{m} = E^0 - 2kcm$$

(f) 위 식은 전해질의 농도가 0에 가까워짐에 따라 선형이 되는 "한계 법칙"이다. 이 식은 $y = ax + b$의 형태인데, 이 식에서 $y = E + 2k\log m - k\sqrt{m}$이고, $x = m$이며, 기울기 $a = -2kc$이고, y절편 $b = E^0$이다. Harned와 Ehlers는 이 문제에 제시된 액간 접촉이 없는 전지의 전위를 HCl(몰랄)농도와 온도에 따라 매우 정확하게 측정하여 아래 표와 같은 데이터를 얻었다. 예를 들면 그들은 25°C에서 HCl의 농도가 0.01 m일 때 전지의 전위를 측정하여 0.46419 V를 얻었다.

(몰랄)농도와 온도(°C)의 함수로 측정한 액간 접촉이 없는 전지 Pt, H_2(1 atm)|HCl(m), AgCl(포화)|Ag의 전위

m, 몰랄	E_T, volts							
	E_0	E_5	E_{10}	E_{15}	E_{20}	E_{25}	E_{30}	E_{35}
0.005	0.48916	0.49138	0.49338	0.49521	0.44690	0.49844	0.49983	0.50109
0.006	0.48089	0.48295	0.48480	0.48647	0.48800	0.48940	0.49065	0.49176
0.007	0.4739	0.47584	0.47756	0.47910	0.48050	0.48178	0.48289	0.48389
0.008	0.46785	0.46968	0.47128	0.47270	0.47399	0.47518	0.47617	0.47704
0.009	0.46254	0.46426	0.46576	0.46708	0.46828	0.46937	0.47026	0.47103
0.01	0.4578	0.45943	0.46084	0.46207	0.46319	0.46419	0.46499	0.46565
0.02	0.42669	0.42776	0.42802	0.42925	0.42978	0.43022	0.43049	0.43058
0.03	0.40859	0.40931	0.40993	0.41021	0.41041	0.41056	0.41050	0.41028
0.04	0.39577	0.39624	0.39668	0.39673	0.39673	0.39666	0.39638	0.39595
0.05	0.38586	0.38616	0.38641	0.38631	0.38614	0.38589	0.38543	0.38484
0.06	0.37777	0.37793	0.37802	0.37780	0.37749	0.37709	0.37648	0.37578
0.07	0.37093	0.37098	0.37092	0.37061	0.37017	0.36965	0.36890	0.36808
0.08	0.36497	0.36495	0.36479	0.36438	0.36382	0.36320	0.36285	0.36143
0.09	0.35976	0.35963	0.35937	0.35888	0.35823	0.35751	0.35658	0.35556
0.1	0.35507	0.35487	0.33451	0.35394	0.35321	0.35240	0.35140	0.35031
E^0	0.23627	0.23386	0.23126	0.22847	0.22550	0.22239	0.21918	0.21591

$E + 2k\log m - k\sqrt{m}$ 대 m의 직선을 작성하고, 낮은 농도에서 상당히 선형임을 확인하시오. 직선을 y절편까지 외삽하고 E^0값을 추정하시오. 그 값을 Harned와 Ehlers의 값과 비교하고 차이를 설명하시오. 그리고 그 값을 표 22-1의 값과 비교하시오. 이런 연습을 수행하는 가장 간단한 방법은 이 데이터를 스프레드시트에 넣고 외삽으로 얻은 값 E^0를 결정하기 위하여 엑셀에서 INTERCEPT(known_y's, known_x's) 함수를 사용하는 것이다.[17] 절편을 구하기 위해 0.005~0.01 m의 데이터만을 사용하시오.

(g) 모든 온도에 대한 데이터를 스프레드시트에 입력하여 5~35°C의 모든 온도에 대해 E^0값을 구하시오. 대안으로 모든 데이터 표를 포함하는 엑셀의 스프레드시트를 다운로드할 수 있다. www.tinyurl.com/skoogpia7에 연결하여 Instrumental Analysis를 선택한 다음 Chapter 22를 찾아서 이 문제에 대한 스프레드시트를 클릭하면 된다.

(h) 출간된 원래 논문의 표에는 두 개의 인쇄상의 오류가 있다. 이 오류를 찾아서 정정하시오. 어떻게 이 정정을 정당화할 수 있을까? 이 정정을 정당화하기 위해 어떤 통계적 기준이 적용될 수 있을까? 이미 이러한 오류가 발견되었으리라고 판단하는가? 이에 대해 설명해보시오.

[17] S. R. Crouch and F. J. Holler, *Applications of Microsoft® Excel in Analytical Chemistry*, 3rd ed., Belmont, CA: Cengage Learning, 2017, p. 92.

질문과 문제(계속)

(i) 이 연구자들이 왜 몰농도나 무게 몰농도 대신에 몰랄 농도를 사용했다고 생각하는가? 이러한 농도 중 하나를 사용했을 때 문제가 되는 것이 무엇인지 설명하시오.

22-20 문제 22-19에서 보여준 바와 같이 산의 해리 상수를 측정하기 위한 사전 실험의 일환으로 Harned와 Ehlers는 액간 접촉이 없는 전지의 E^0를 측정하였다.[18] 연구를 마무리하고 해리 상수를 결정하기 위하여 연구자들은 다음 전지의 전위를 측정하였다.

$$\text{Pt, H}_2(1\text{ atm})|\text{HOAc}(m_1),\ \text{NaOAc}(m_2),\ \text{NaCl}(m_3),\ \text{AgCl(포화)}|\text{Ag}$$

(a) 이 전지의 전위가 다음과 같음을 보이시오.

$$E = E^0 - \frac{RT}{F}\ln \gamma_{H_3O^+}\gamma_{Cl^-}m_{H_3O^+}m_{Cl^-}$$

여기에서, $\gamma_{H_3O^+}$와 γ_{Cl^-}는 각각 H_3O^+와 Cl^-의 활동도 계수이고, $m_{H_3O^+}$와 m_{Cl^-}는 각각 몰랄 농도(용매 kg 당 용질의 몰수)이다.

(b) 아세트산의 해리 상수는 다음과 같이 주어진다.

$$K = \frac{\gamma_{H_3O^+}\gamma_{OAc^-}}{\gamma_{HOAc}}\frac{m_{H_3O^+}m_{OAc^-}}{m_{HOAc}}$$

여기에서, γ_{OAc^-}와 γ_{HOAc}는 각각 아세트산 이온과 아세트산의 활동도 계수이고, m_{OAc^-}와 m_{HOAc}는 각각 평형 몰랄 농도(용매 kg당 용질의 몰수)이다. (a)의 전지 전위가 다음과 같음을 증명하시오.

$$E - E^0 + \frac{RT}{F}\ln\frac{m_{HOAc}m_{Cl^-}}{m_{OAc^-}} = -\frac{RT}{F}\ln\frac{\gamma_{H_3O^+}\gamma_{Cl^-}\gamma_{HOAc}}{\gamma_{H_3O^+}\gamma_{OAc^-}} - \frac{RT}{F}\ln K$$

(c) 용액의 이온 세기가 0에 접근할 때, 앞의 식의 오른쪽 항은 어떻게 되겠는가?

(d) 문제 22-19의 (i)의 해답에 대한 결과로서, 식의 오른쪽 항을 $-(RT/F)\ln K'$로 쓸 수 있다. 다음을 증명하시오.

이온 세기(몰랄)와 온도(°C)의 함수로 측정한 액간 접촉이 없는 전지 Pt, H_2(1 atm)|HOAc(c_{HOAc}), NaOAc(c_{NaOAc}), NaCl(c_{NaCl}), AgCl(포화)|Ag의 전위

c_{HOAc}, m	c_{NaOAc}, m	c_{NaCl}, m	E_0	E_5	E_{10}	E_{15}	E_{20}	E_{25}	E_{30}	E_{35}
0.004779	0.004599	0.004896	0.61995	0.62392	0.62789	0.63183	0.63580	0.63959	0.64335	0.64722
0.012035	0.011582	0.012326	0.59826	0.60183	0.60538	0.60890	0.61241	0.61583	0.61922	0.62264
0.021006	0.020216	0.021516	0.58528	0.58855	0.59186	0.59508	0.59840	0.60154	0.60470	0.60792
0.04922	0.04737	0.05042	0.56546	0.56833	0.57128	0.57413	0.57699	0.57977	0.58257	0.58529
0.08101	0.07796	0.08297	0.55388	0.55667	0.55928	0.56189	0.56456	0.56712	0.56964	0.57213
0.09056	0.08716	0.09276	0.55128	0.55397	0.55661	0.55912	0.56171	0.56423	0.56672	0.56917

$$K' = \exp\left[-\frac{(E - E^0)F}{RT}\ln\left(\frac{m_{HOAc}m_{Cl^-}}{m_{OAc^-}}\right)\right]$$

[18] 16번 문헌을 참고하시오.

(e) Harned와 Ehlers가 계산한 액간 접촉이 없는 전지의 용액의 이온 세기는 다음과 같다.

$$\mu = c_{\text{NaCl}} + [\text{H}^+] + [\text{OAc}^-]$$

이 식이 옳음을 보이시오.

(f) 이 연구자들은 다양한 몰랄 농도를 갖는 CH_3COOH, CH_3COONa, NaCl 용액을 만들고, 이 문제의 첫 부분에 제시된 전지의 전위를 측정하였다. 결과는 다음의 표와 같다.

적당한 근사치와 잠정적인 값인 $K_a = 1.8 \times 10^{-5}$을 사용하여 $[H_3O^+]$, $[OAc^-]$와 $[HOAc]$를 계산하기 위하여 아세트산의 K_a 식을 이용하여 각 용액의 이온 세기를 계산하시오. 표에서 25°C에서의 전위를 사용하여 (d)에 있는 식으로 K'값을 계산하시오. K' 대 μ를 도시하고 그래프를 무한히 희석한 지점까지($\mu = 0$) 외삽하여 25°C에서의 K_a값을 구하시오. 외삽한 값과 μ를 계산하기 위해 사용된 잠정적인 값을 비교하시오. 잠정적인 값 K_a는 외삽한 값 K_a에 어떤 영향을 미치는가? 이 계산을 스프레드시트를 이용하여 가장 쉽게 할 수 있다.

(g) 스프레드시트를 이용하여 이 계산을 했다면 데이터가 있는 다른 모든 온도에서 아세트산의 해리 상수를 구하시오. K_a는 온도에 따라 어떻게 변하는가? 어떤 온도에서 K_a값이 가장 큰가?

23장

전위차법

Potentiometry

전위차 분석법은 상당한 크기의 전류가 흐르지 않는 전기화학 전지의 전위를 측정하는 데 바탕을 두고 있다. 거의 한 세기 동안 전위차 분석법은 적정의 종말점을 찾는 데 사용되어 왔다. 최근에는 이온 선택성 전극의 전위를 측정하여 많은 이온들의 농도를 알아내고 있다. 이런 전극들은 비교적 방해 효과에서 자유롭고, 여러 중요한 음이온과 양이온의 정량 분석에 편리한 수단으로 사용되고 있다.

이 장에서 옆의 로고는 www.tinyurl.com/skoogpia7에서 대화형 자습, 시뮬레이션, 연습 등을 통해 온라인으로 학습할 수 있는 기회가 있음을 나타낸다.

전위차 분석법에 필요한 장치는 간단하고 값이 싸며, *지시 전극*(indicator electrode)과 *기준 전극*(reference electrode) 그리고 *전위 측정 장치*(potential measuring device)를 포함하고 있다. 이러한 각 부분 장치들에 대한 구조와 성질은 이 장의 앞부분에서 설명할 것이다. 그 다음에 전위차 측정의 분석 화학적 응용에 대해 살펴볼 것이다.[1]

23A 일반 원리

제22장에서 각 반쪽 전지 전위의 절댓값은 실험실에서 측정할 수 없다는 것을 알았다. 즉, 상대적인 전지 전위만을 실험적으로 측정할 수 있다. 그림 23-1은 전위차 분석에 사용되는 전형적인 전지를 보여준다. 이 전지는 다음과 같이 나타낸다.

$$\underbrace{\text{기준 전극}}_{E_{\text{ref}}} \;|\; \underbrace{\text{염다리}}_{E_{\text{j}}} \;|\; \text{분석물질 용액} \;|\; \underbrace{\text{지시 전극}}_{E_{\text{ind}}}$$

이 도표에서 *기준 전극*은 전극 전위(E_{ref})가 정확하게 알려진 반쪽 전지이고, 이 전극 전위는 측정 용액에 들어있는 분석물질이나 다른 이온의 농도와 무관하다. 기준 전극으로 표준 수소 전극(SHE)이 사용될 수도 있지만, 사용하고 유지하기가 어렵기 때문에 SHE는 거의 사용되지 않는다. 규약에 따라, 기준 전극은 전위차 측정에서 항상 왼쪽 전극으로 취급된다. 분석물질 용액에 담겨있는 *지시 전극*은 분석물질의 활동도에 의존하는 전위(E_{ind})를 나타낸다. 전위차법에 사용되는 대부분의 지시 전극은 선택적으로 감응한다. 전위차 전지의 세 번째 구성 요소는 염다리인데, 이는 분석물질 용액의 성분이 기준 전극의 성분과 섞이는 것을 방지해준다. 제22B-2절에서 알아본 바와 같이, 염다리 각 끝의 액간 접촉에서 전위가 발생한다. 염다리 용액에 들어있는 양이온과 음이온의 이동도가 거의 같을 때, 이 두 전위는 서로 상쇄되려는 경향이 있다. K^+와 Cl^-의 이동도가 거의 같기 때문에 KCl은 염다리 용으로 거의 이상적인 전해질이다. 염다

[1]더 많은 정보는 다음의 문헌을 참고하시오. R. S. Hutchins and L. G. Bachas, in *Handbook of Instrumental Techniques for Analytical Chemistry*, F. A. Settle, ed., Chap. 38, pp. 727-748, Upper Saddle River, NJ: Prentice-Hall, 1997.

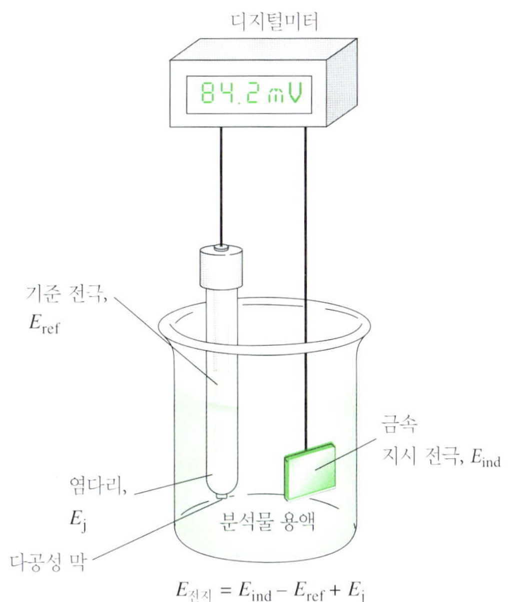

그림 23-1 전위차 측정에 사용되는 전지.

리에 나타나는 알짜 전위 차이(E_j)는 수 mV 또는 그 이하이다. 대부분의 전기화학 분석법에서, 접촉 전위는 무시할 수 있을 만큼 작다. 하지만 이번 장에서 논의하는 전위차 분석법에서 접촉 전위와 그 불확실성은 측정의 정확도와 정밀도를 제한하는 요인들이 될 수 있다.

방금 논의한 전지의 전위는 다음의 식으로 나타낸다.

$$E_{전지} = (E_{ind} - E_{ref}) + E_j \quad (23\text{-}1)$$

이 식에서 첫 번째 항(E_{ind})은 구하고자 하는 정보인 분석물질의 농도를 포함하고 있다. 그러므로 전위차 분석법으로 분석물질의 농도를 구하기 위해, 전지 전위를 측정해야 하며, 기준 전위와 접촉 전위에 대해 이 전위를 보정해야 하고, 지시 전극의 전위로부터 분석물질의 농도를 계산해야 한다. 엄밀하게는, 갈바니 전지의 전위는 분석물질의 활동도와 관련되어 있다. 농도를 알고 있는 용액으로 전극계를 적절하게 검량할 때에만 분석물질의 농도를 측정할 수 있다. 다음 절에서는 식 23-1의 오른쪽에 있는 세 전위의 성질과 유래에 대하여 살펴보기로 한다.

23B 기준 전극

이상적인 기준 전극의 전위는 알려져 있고, 일정하며, 측정하고자 하는 분석물질 용액에 전혀 감응하지 않는다. 또한, 이 전극은 튼튼해야 하며 제작하기가 쉬어야 하고 전지에 알짜 전류가 흐를 때에도 일정한 전위를 유지해야 한다.

23B-1 칼로멜 전극

칼로멜 기준 전극은 염화 수은(I)(칼로멜)으로 포화되어 있고 일정한 농도의 KCl을 포함하는 용액과 접촉하고 있는 수은으로 이루어져 있다. 칼로멜 반쪽 전지는 다음과 같이 나타낼 수 있다.

$$Hg|Hg_2Cl_2(\text{포화}), KCl(x\,M)||$$

여기에서, x는 용액 중에 있는 KCl의 몰농도이다.[2] 이 반쪽 전지의 전극 전위는 다음 반응에 의해 결정되고 Cl^-의 농도 x에 의존한다.

$$Hg_2Cl_2(s) + 2e^- \rightleftharpoons 2Hg(l) + 2Cl^-$$

따라서 전극을 나타낼 때는 KCl의 농도가 명시되어야 한다.

표 23-1에는 흔히 사용되는 세 가지 칼로멜 전극의 조성과 전위를 나열하였다. 각 용액은 염화 수은(I)(칼로멜)으로 포화되어 있으며 전지는 KCl의 농도만 다르다는 것에 유의하라.

포화 칼로멜 전극(saturated calomel electrode, SCE)은 만들기 쉽기 때문에 널리 사용되고 있다.[3] 그러나 다른 칼로멜 전극과 비교하여 볼 때 포화 칼로멜 전극의 온도 계수는 상당히 크다(표 23-1 참고). 다른 단점은 온도가 변할 때, KCl과 칼로멜이 새로운 용해 평형에 도달하는 데 걸리는 시간 때문에 새로운 전위에 느리게 도달한다는 것이다. 25°C에서 SCE의 전위는 0.2444 V이다.

그림 23-2a에 나타낸 전극과 같은, 여러 편리한 칼로멜 전극들이 시판되고 있다. 전극의 H 모양 본체는 그림에 나타낸 크기의 유리로 만들어져 있다. 전극의 오른쪽에는 전기적 접촉을 위한 Pt, 포화 KCl 속에 들어있는 소량의 $Hg\text{-}Hg_2Cl_2$ 반죽, 그리고 KCl 결정이 조금 들어있다. 관은 왼쪽 부분의 끝에 봉인된 다공성 Vycor("건조 유리")를 통해 염다리 역할을 하는 포화 KCl로 채워져 있다. 이러한 형태의 접촉은 비교적 큰 저항(2000~3000 Ω)을 가지고 있고 전류 흐름 능력도 제한적이지만, KCl이 새어나와 분석물질 용액이 오염되는 것을 최소화할 수 있다. 저항이 훨씬 작으며 분석물질 용액과 더 좋은 전기적 접촉을 갖고 있는 다른 형태의 SCE를 구할 수 있지만, 이 전극들은 소량의 포화 KCl이 시료로 새어나오는 경향이 있다. 수은 오염에 대한 염려 때문에, SCE는 예전보다 덜 사용되지만 일부 응용에서는 다음에 설명할 Ag-AgCl 기준 전극보다 더 우수하다.

23B-2 은-염화은 전극

가장 많이 시판되는 기준 전극 시스템은 AgCl로 포화된 KCl 용액 속에 담겨있는 Ag 전극으로 이루어져 있다.

$$Ag|AgCl(\text{포화}), KCl(xM)||$$

---

[2]규약에 의해, 기준 전극은 그림 23-1에서와 같이 항상 왼쪽 전극이다. 이러한 관행은 제22C-4절에서 설명한 전극 전위에 관한 국제 순수 · 응용 화학 연합(International Union of Pure and Applied Chemistry, IUPAC)의 규약과 일치한다. 이 규약에서 기준 전극은 표준 수소 전극이고, 전지 도표에서 왼쪽에 있는 전극이다.

[3]이름에서 "포화"란 용어는 KCl의 농도(약 4.6 M)와 관련된 것이지 Hg_2Cl_2의 농도와 관련된 것은 아니다. 모든 칼로멜 전극은 Hg_2Cl_2로 포화되어 있다.

표 23-1 수용액에서 기준 전극들의 전위

온도, °C	전극 전위(V), vs. SHE				
	0.1 M[c] 칼로멜[a]	3.5 M[c] 칼로멜[b]	포화[c] 칼로멜[a]	3.5 M[b,c] Ag-AgCl	포화[b,c] Ag-AgCl
10	—	0.256	—	0.215	0.214
12	0.3362	—	0.2528	—	—
15	0.3362	0.254	0.2511	0.212	0.209
20	0.3359	0.252	0.2479	0.208	0.204
25	0.3356	0.250	0.2444	0.205	0.199
30	0.3351	0.248	0.2411	0.201	0.194
35	0.3344	0.246	0.2376	0.197	0.189
38	0.3338	—	0.2355	—	0.184
40	—	0.244	—	0.193	—

[a] R. G. Bates, in *Treatise on Analytical Chemistry*, 2nd ed., I. M. Kolthoff and P. J. Elving, eds., Part I, Vol. 1, p. 793, New York: Wiley, 1978.

[b] D. T. Sawyer, A. Soblowski, and J. L. Roberts Jr., *Experimental Electrochemistry for Chemists*, 2nd ed., p. 192, New York: Wiley, 1995.

[c] "M"과 "포화"는 Hg_2Cl_2가 **아닌** KCl의 농도를 나타낸다.

전극 전위는 다음 반쪽 반응에 의해 결정된다.

$$AgCl(s) + e^- \rightleftharpoons Ag(s) + Cl^-$$

보통, 이 전극은 포화 또는 3.5 M KCl 용액 중 하나로 만든다. 이 전극들에 대한 전위는 표 23-1에 있다. 그림 23-2b에 나타낸 시판되고 있는 전극은 그냥 단순한 유리관이 아니라, 바닥의 좁은 입구가 Vycor 마개로 연결되어 분석물 용액과 접촉하게 되어 있다. 유리관에는 AgCl 막이 입혀진 Ag 선이 들어있고, 이 Ag-AgCl 선은 AgCl로 포화된 KCl 용액에 담겨있다.

Ag-AgCl 전극은 60°C 이상의 온도에서도 사용할 수 있는 장점이 있는 반면에, 칼로멜 전극은 그렇지 못하다. 반면에, 칼로멜 전극의 수은 (II) 이온은 Ag-AgCl의 Ag 이온에 비해 시료의 구성물질들과 덜 반응한다. (예를 들면 Ag 이온은 단백질과 반응할 수 있다.) 이러한 반응은 전극과 분석물질 용액 사이의 접촉을 막히게 할 수 있다.

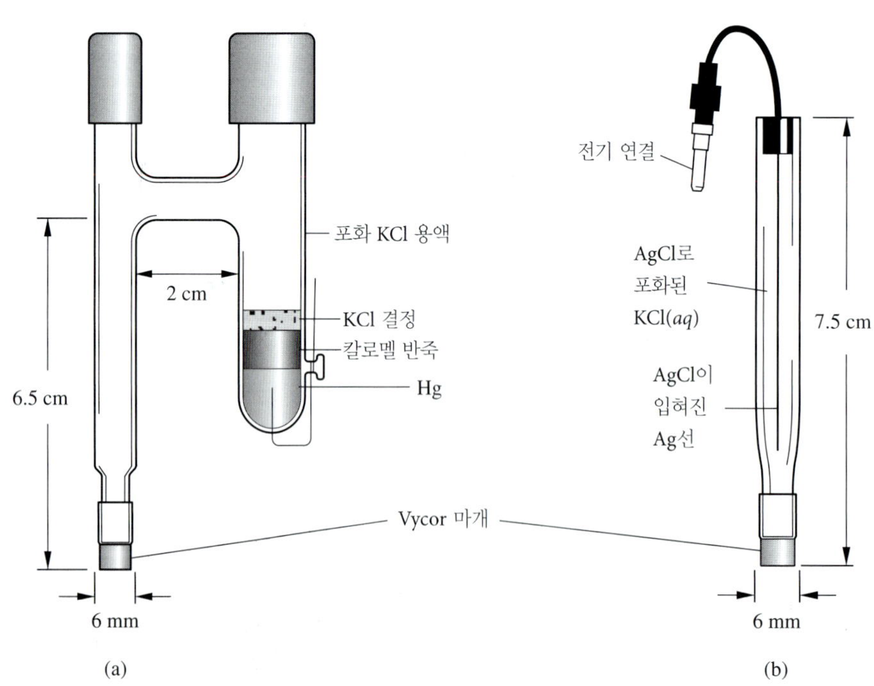

그림 23-2 시판되고 있는 전형적인 기준 전극. (a) SCE, (b) Ag-AgCl 전극. (Adapted with permission of Bioanalytical Systems, West Lafayette, IN.)

23B-3 기준 전극을 사용할 때의 주의 사항

그림 23-2에서 보여준 것과 같은 기준 전극을 사용할 때에는, 전극 용액이 오염되는 것을 막고, 내부 용액으로부터의 수은(I) 또는 은 이온과의 반응으로 인해 접촉이 막히는 것을 방지하기 위해, 전극 내부 용액의 수위를 시료 용액의 수위보다 항상 높게 유지해야 한다. 전위차 측정에서 전지의 불규칙한 거동(잡음)에 대한 가장 일반적인 원인은 아마도 접촉의 막힘일 것이다. 접촉 부분의 막힘을 방지하고 기준 전극과 분석 용액 사이의 적절한 접촉을 유지하기 위한 여러 가지 방법이 개발되었다. 그림 23-2에 나타낸 것과 같은 Vycor 마개는 우수한 접촉을 제공하며, 젖어있는 상태가 유지되는 조건에서 재현성이 있고 잡음이 적은 접촉을 제공한다. 이온 선택성 전극을 사용하는 몇몇 응용의 경우, 전기적인 잡음을 줄이기 위해 기준 전극에는 제 23H-5절과 그림 23-18에 묘사되는 자유 확산 접촉과 같은 특별히 낮은 저항의 흐름 접촉이 필요하다.

전극 내부 용액의 높이가 분석물질 용액보다 높더라도, 시료가 약간 오염되는 것은 피할 수 없다. 대부분의 경우에 오염의 양은 매우 작아서 걱정할 필요는 없다. 하지만 염화 이온, 포타슘 이온, 은 이온 또는 수은 이온과 같은 이온들을 정량할 때는 이러한 오차가 생기지 않도록 주의해야 한다. 흔한 해결책은 분석물질과 기준 전극 사이에 또 다른 염다리를 끼워 넣는 것이다. 이 염다리에는 KNO_3 또는 Na_2SO_4 등의 방해하지 않는 전해질이 포함되어 있어야 한다. 이러한 구조에 바탕을 둔 이중 접촉 전극들이 여러 회사들에 의해 제공되고 있다.

23C 금속 지시 전극

이상적인 지시 전극은 분석물질 이온 활동도의 변화에 빠르고 재현성 있게 감응한다. 비록 완전히 특정 이온에만 감응하는 지시 전극은 없지만, 현재에는 매우 선택적인 몇 가지 지시 전극이 존재한다. 두 가지 형태의 지시 전극이 존재하는 데, 하나는 금속 전극이고 다른 하나는 막전극이다. 이 절에서는 금속 지시 전극에 대해 설명하려고 한다.

금속 지시 전극은 1차 전극, 2차 전극, 3차 전극 그리고 비활성 산화–환원 전극으로 분류하는 것이 편리하다.

23C-1 1차 전극

1차 금속 전극은 용액 안의 금속 양이온과 직접적인 평형에 있는 순수한 금속 전극이다. 여기에는 한 가지 반응만이 관여한다. 예를 들어, Cu 지시 전극의 경우 다음과 같이 쓸 수 있다.

$$Cu^{2+} + 2e^- \rightleftharpoons Cu(s)$$

이 전극의 전위 E_{ind}는 다음과 같이 주어진다.

자습: www.tinyurl.com/skoohpia7에서 **전위차 전극(potentiometric electrodes)**에 대해 더 알아보시오.

$$\begin{aligned} E_{ind} &= E^0_{Cu} - \frac{0.0592}{2}\log\frac{1}{a_{Cu^{2+}}} \\ &= E^0_{Cu} - \frac{0.0592}{2}pCu \end{aligned} \tag{23-2}$$

여기에서 pCu는 구리(II) 이온의 활동도 $a_{Cu^{2+}}$의 음의 로그이다. 따라서 Cu 전극을 이용하여 용액의 pCu를 직접 측정할 수 있다.[4]

1차 전극 시스템은 여러 가지 이유로 전위차 분석에 널리 사용되지 않는다. 이유 중 하나는, 이 전극이 매우 선택적이지 않으며, 전극의 양이온뿐만 아니라 더 쉽게 환원되는 다른 양이온에도 감응한다는 것이다. 예를 들면, Cu 표면에서 쉽게 환원되는 은(I) 이온이 존재하는 경우 Cu 전극은 구리(II) 이온의 정량에 사용될 수 없다. 두 번째 이유는 Zn와 Cd 같은 많은 금속 전극들은 산에 녹기 때문에 중성이나 염기성 용액에서만 사용될 수 있다는 것이다. 세 번째로는 몇 가지 금속은 쉽게 산화되므로 공기를 제거한 용액에서만 사용될 수 있다는 것이다. 마지막으로 Fe, Cr, Co, Ni과 같은 몇몇 단단한 금속들은 재현성 있는 전위를 제공하지 못한다는 것이다. 게다가 이러한 전극들의 경우 pX 대 전위 그래프는 이론적인 값($-0.0592/n$)과 상당히 불규칙적으로 다른 기울기를 보여준다. 이러한 이유들로 인해, 사용되고 있는 유일한 1차 전극 시스템은 중성 용액에서는 Ag/Ag^+와 Hg/Hg_2^{2+}이며 공기를 제거한 용액에서는 Cu/Cu^{2+}, Zn/Zn^{2+}, Cd/Cd^{2+}, Bi/Bi^{3+}, Tl/Tl^+, Pb/Pb^{2+}이다.

식 23-2와 이 장 전체에 걸쳐 나타나는 Nernst 항 0.0592/2는 $2.303RT/2F$와 같다는 것을 생각해 보자. 이 "상수"가 온도에 의존한다는 것을 매번 언급하지는 않지만 **실험실, 현장, 분석 시료에서 필연적으로 나타나는 온도 변화로 인해 모든 전극 측정에는 오차가 생기기 쉽다는 것을 알아야 한다.** 낮은 정밀도의 일상적인 실험의 경우, 작은 온도 변화는 실험 결과에 영향을 거의 미치지 않지만, 온도 변화가 크거나 높은 정밀도가 요구되는 경우에는 반드시 시료의 온도를 측정해야 하고, 적당한 보정을 해야 한다. 전위차 측정에 사용되는 시판 기기는 온도를 감시하고 보정하는 소프트웨어나 회로를 내장하고 있다(제23G-2절 참고).

23C-2 2차 전극

금속 전극은 금속 이온과 침전이나 안정한 착물 이온을 형성하

[4]전위차 측정의 결과는 측정된 전위에 비례하는 *p*-함수(*p*-function)라는 변수로 표현된다. 그러면, *p*-함수는 측정되는 활동도를 일반적으로 사용하기 쉬운 작은 양수로 나타낸다. 따라서 칼슘 이온의 활동도가 2.00×10^{-6} M인 용액의 경우 $pCa = -\log(2.00 \times 10^{-6}) = 5.699$로 쓸 수 있다. 칼슘의 활동도가 증가함에 따라, *p*-함수는 감소한다는 것에 유의하라. 또한 활동도를 3개의 유효 숫자로 나타내기 때문에 계산된 pCa값의 소수점 오른쪽에 3개의 숫자가 나타나야 한다는 것에도 유의해야 한다. 이것은 이 3개의 숫자 속에 원래의 2.00에 관한 정보가 들어있기 때문이다. pCa값에 들어있는 5는 원래 수에서 소수점의 위치에 관한 정보만을 제공한다.

는 음이온의 활동도에 감응할 수 있다. 예를 들어, Ag 전극은 할로젠화물이나 할로젠화물과 유사한 음이온에 대해 *2차 전극*(electrode of the second kind)으로 이용될 수 있다. 따라서 Cl^-를 정량할 수 있는 전극을 만들기 위해 Ag 전극과 접촉해 있는 분석물질 용액을 AgCl로 포화시키기만 하면 된다. 전극 반응은 다음과 같이 쓸 수 있다.

$$AgCl(s) + e^- \rightleftharpoons Ag(s) + Cl^- \qquad E^0 = 0.222\,V$$

이 반응에 Nernst 식을 적용하면, 다음과 같은 식을 얻게 된다.

$$\begin{aligned} E_{ind} &= 0.222 - 0.0592\log a_{Cl^-} \\ &= 0.222 + 0.0592\,pCl \end{aligned} \qquad (23\text{-}3)$$

Cl^- 감응 전극을 만드는 편리한 방법은 KCl이 들어있는 전해 전지에서 순수한 Ag 선을 산화 전극으로 사용하는 것이다. Ag 선은 AgCl로 입혀지게 되며, Ag 선이 접하고 있는 용액과의 표면층에서 평형이 빠르게 이루어진다. AgCl의 용해도가 작기 때문에, 이러한 방법으로 만든 전극은 많은 측정에 이용될 수 있다.

2차 전극의 중요한 전극 중의 하나는 EDTA 음이온 Y^{4-}의 활동도를 측정하는 것이며, 이것은 수은 전극이 낮은 농도의 안정한 Hg(II)−EDTA 착물에 대한 감응하는 데에 기반을 두고 있다. 이 전극의 반쪽 반응은 다음과 같이 쓸 수 있다.

$$HgY^{2-} + 2e^- \rightleftharpoons Hg(l) + Y^{4-} \qquad E^0 = 0.21\,V$$

이에 대한 Nernst 식은 다음과 같다.

$$E_{ind} = 0.21 - \frac{0.0592}{2}\log\frac{a_{Y^{4-}}}{a_{HgY^{2-}}}$$

이 전극 시스템을 사용하기 위해서는, 처음에 분석물질 용액에 낮은 농도의 HgY^{2-}를 넣어주는 것이 필요하다. 이 착물은 매우 안정해서(HgY^{2-}의 $K_f = 6.3 \times 10^{21}$) 착물의 활동도는 Y^{4-}의 넓은 활동도 범위에서 사실상 일정하게 유지된다. 따라서 전위식은 다음과 같은 형태로 쓸 수 있다.

$$E_{ind} = K - \frac{0.0592}{2}\log a_{Y^{4-}} = K + \frac{0.0592}{2}pY \qquad (23\text{-}4)$$

여기서 상수 K는 다음과 같다.

$$K = 0.21 - \frac{0.0592}{2}\log\frac{1}{a_{HgY^{2-}}}$$

이 전극은 EDTA 적정에서 당량점을 찾는 데 유용하게 사용된다.

23C-3 3차 전극

어떤 경우에, 금속 전극은 다른 양이온에 감응할 수 있다. 이 경우 3차 전극이 된다. 한 예로서, 수은 전극은 칼슘을 포함하고 있는 용액의 pCa를 측정하는 데 사용된다. 앞의 예에서와 마찬가지로, 낮은 농도의 Hg(II)−EDTA 착물을 용액에 넣어준다. 앞에서와 같이(식 23-4), 이 용액에 담겨있는 수은 전극의 전위는 다음 식과 같이 주어진다.

$$E_{ind} = K - \frac{0.0592}{2}\log a_{Y^{4-}}$$

만약 추가적으로 칼슘-EDTA 착물 용액을 소량 가하면 새로운 평형이 이루어진다. 즉,

$$CaY^{2-} \rightleftharpoons Ca^{2+} + Y^{4-} \qquad K_f = \frac{a_{Ca^{2+}}a_{Y^{4-}}}{a_{CaY^{2-}}}$$

CaY^{2-}의 형성 상수식과 전위식을 결합하면 다음의 식이 얻어진다.

$$E_{ind} = K - \frac{0.0592}{2}\log\frac{K_f a_{CaY^{2-}}}{a_{Ca^{2+}}}$$

이 식은 다음과 같이 쓸 수 있다.

$$E_{ind} = K - \frac{0.0592}{2}\log K_f a_{CaY^{2-}} - \frac{0.0592}{2}\log\frac{1}{a_{Ca^{2+}}}$$

만약 분석물질 용액과 표준 용액에 일정한 양의 CaY^{2-}가 사용되면 다음과 같은 식을 얻을 수 있다.

$$E_{ind} = K' - \frac{0.0592}{2}pCa$$

이 식에서

$$K' = K - \frac{0.0592}{2}\log K_f a_{CaY^{2-}}$$

따라서 수은 전극은 칼슘 이온에 대해 3차 전극이 된다.

23C-4 금속 산화−환원 전극

백금, 금, 팔라듐 또는 다른 비활성 금속들로 만들어진 전극들은 종종 산화−환원계의 지시 전극으로 사용된다. 이런 응용에서, 비활성 전극은 용액에 있는 산화−환원계로부터 이동하는 전자를 받아들이거나 산화−환원계에 전자를 제공하는 역할을 한다. 예를 들면, Ce(III)과 Ce(IV) 이온이 들어있는 용액에서 Pt 전극의 전위는 다음 식으로 나타낸다.

$$E_{ind} = E^0 - 0.0592\log\frac{a_{Ce^{3+}}}{a_{Ce^{4+}}}$$

따라서 Pt 전극은 Ce(IV)을 표준 시약으로 사용하는 적정에서 지시 전극으로 이용될 수 있다.

하지만 비활성 전극에서의 전자 이동 과정은 종종 비가역적이라는 것을 알아야 한다.[5] 그 결과, 비활성 전극들은 전극 전위표에 나열된 많은 반쪽 반응들에 대해, 예상되는 방식으로 감응하지 않는다. 예를 들어, $S_2O_3^{\,2-}$와 $S_4O_6^{\,2-}$ 용액에 담겨있는 Pt 전극은 재현성 있는 전위를 나타내지 않는데, 이는 전자 이동 과정이 느려서 전극 표면에서 가역적이지 않기 때문이다.

$$S_4O_6^{\,2-} + 2e^- \rightleftharpoons 2S_2O_3^{\,2-}$$

[5]여기에서는 실제적인 열역학적 가역성을 의미한다. 즉, 전극 전위에 작은 변화가 생기면 평형은 다시 빠르게 이루어진다. 만일 어느 방향으로 전자 이동이 느리게 일어나면 평형에 도달하지 않고 이 반응은 비가역적 혹은 유사가역적이라고 불린다. 전자 이동 과정의 열역학과 가역성에 대한 자세한 내용은 다음 문헌을 참고하시오. A. J. Bard and L. R. Faulkner, *Electrochemical Methods*, 2nd ed., New York: Wiley, 2001, Chap. 2, pp. 44-48.

23D 막 지시 전극

직접 전위차 측정을 이용하여 여러 양이온들과 음이온들을 빠르고 선택적으로 정량할 수 있는 다양한 막전극들이 시판되고 있다.[6] 이러한 장치의 대부분이 높은 선택성을 가지고 있어 종종 *이온 선택성 전극*(ion-selective electrode, ISE)이라고 불린다. 이것들은 또한 *pIon 전극*(pIon electrode)으로 불리기도 하는데, 이것은 이 전극들로부터 얻은 결과는 일반적으로 pH, pCa 또는 pNO_3와 같은 *p*-함수로 나타내기 때문이다(각주 4 참고).

23D-1 막전극의 분류

표 23-2는 개발된 여러 종류의 이온 선택성 막전극들을 보여준다. 이 전극들은 막의 물리적 또는 화학적 조성에서 차이가 있다. 이런 전극에서 이온 선택성 전위가 나타나는 일반적인 메커니즘은 막의 성질에 의존하며, 금속 지시 전극에서 전위가 발생하는 메커니즘과는 완전히 다르다. 금속 전극의 전위는 산화–환원 반응이 전극 표면에서 일어나는 경향으로 인해 발생한다. 이에 반해, 막전극에서 관찰되는 전위는 분석물질 용액과 기준 용액을 분리하는 막에 발생하는 일종의 접촉 전위이다.

23D-2 이온 선택성 막의 성질

표 23-2에 나타낸 전극에서 모든 이온 선택성 막들은 공통적인 성질을 갖고 있는데, 이것으로 인해 막전극은 특정 양이온이나 음이온에 대해 감도와 선택성을 나타난다. 이러한 성질에는 다음과 같은 것들이 있다.

1. **최소 용해도.** 이온 선택성 막의 필수적인 성질은 분석물질 용액(보통 수용액)에서 용해도가 0에 가까워야 한다는 것이다. 그러므로 많은 막들은 실리카 유리 또는 고분자 수지와 같은 거대 분자 또는 분자 응집체를 이용하여 만들어진다. 할로젠화 은과 같이 낮은 용해도를 갖는 이온성 무기 화합물들도 막으로 사용할 수 있다.
2. **전기 전도도.** 막은 비록 작더라도 약간의 전기 전도도를 가져야 한다. 일반적으로 이러한 전도는 막 안에서 일가 이온의 이동 때문에 일어난다.
3. **분석물질과 선택적인 반응성.** 막 또는 막의 매트릭스 안에 들어있는 몇 가지 화학종들은 분석물질 이온과 선택적으로 결합할 수 있어야 한다. 알려진 세 가지 유형의 결합은 이온 교환, 결정화, 그리고 착물화이다. 앞의 두 가지가 더 흔하므로 주로 이러한 유형의 결합에 집중할 것이다.

표 23-2 이온 선택성 막전극의 종류

A. 결정성 막전극
  1. 단결정
     예: F^- 측정용 LaF_3
  2. 다중 결정 또는 혼합 결정
     예: S^{2-}와 Ag^+ 측정용 Ag_2S

B. 비결정성 막전극
  1. 유리
     예: Na^+와 H^+ 측정용 규산염 유리
  2. 액체
     예: Ca^{2+} 측정용 액체 이온 교환체와 K^+ 측정용 중성 운반체
  3. 단단한 고분자에 고정된 액체
     예: Ca^{2+}와 NO_3^- 측정용 PVC 매트릭스

23D-3 pH 측정용 유리 전극

pIon 막전극이 어떻게 만들어지고 어떻게 작동하는지에 관한 논의는 pH 측정용 유리 전극을 자세히 살펴보는 것에서 시작한다. 유리 전극은 다른 모든 막전극보다 수십 년 앞서 있으며 세계에서 가장 널리 사용되는 전극이다.[7]

1930년대 초기 이후로, pH를 측정하는 데 가장 편리한 방법은 분석물질 용액과 일정한 산도의 기준 용액을 분리하는 유리막에 나타나는 전위차를 측정하는 것이다. 이러한 측정의 기초가 되는 현상은 1906년 Cremer[8]에 의해 최초로 알려졌으며 몇 년 후 Haber[9]에 의해 체계적으로 연구되었다. 하지만 pH 측정에 유리 전극을 일반적으로 사용하는 것은 100 MΩ 또는 그 이상의 저항을 갖는 유리막에 나타나는 전위를 측정할 수 있게 해준 진공관이 발명될 때까지 20년 정도 지연되었다. 유리막의 pH 감도에 관한 체계적인 연구로 인해, 1960년대 후반에는 마침내 K^+, Na^+, Ca^{2+}, F^- 및 NO_3^-와 같은 수십 개 이상의 이온에 대한 막전극이 개발되고 시판되었다.

그림 23-3a는 pH를 측정하는 데 사용되는 전형적인 전지를 보여주고 있다. 이 전지는 pH를 측정하려는 용액에 담겨 있는 유리 지시 전극과 Ag-AgCl 또는 포화 칼로멜 기준 전극으로 이

[6]이 주제에 대한 더 많은 정보는 다음 문헌을 참고하시오. K. N. Mikhelson, *Ion-Selective Electrodes*, Lecture Notes in chemistry, 81, Berlin Heidelberg: Springer-Verlag, 2013; R. S. Hutchins and L. G. Bachas, in *Handbook of Instrumental Techniques for Analytical Chemistry*, F. A. Settle, ed., Upper Saddle River, NJ: Prentice-Hall, 1997; J. Koryta, *Ions, Electrodes, and Membranes*, 2nd ed., New York: Wiley, 1991; A. Evans, *Potentiometry and Ion-Selective Electrodes*, New York: Wiley, 1987

[7]H. Galster, *pH Measurement: Fundamentals, Methods, Applications, Instrumentation*, New York: Wiley, 1991; R. G. Bates, *Determination of pH*, 2nd ed., New York: Wiley, 1973; *Glass Electrodes for Hydrogen and Other Cations*, G. Eisenman, ed., NY: Dekker, 1967.

[8]M. Cremer, *Z. Biol.*, **1906**, *47*, 562.

[9]F. Haber and Z. Klemensiewicz, *Z. Phys. Chem.*, **1909**, *67*, 385.

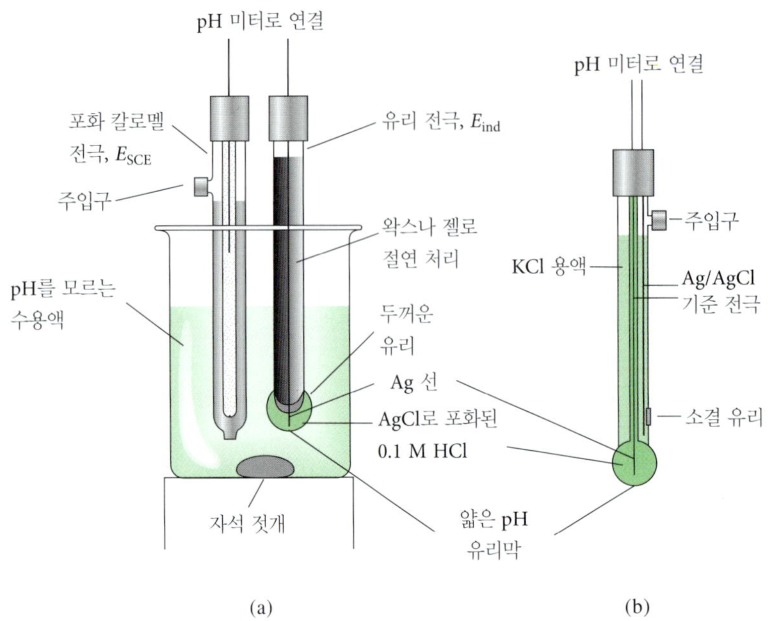

그림 23-3 pH를 측정하는 전형적인 전극 시스템. (a) pH를 모르는 용액에 담겨있는 유리 전극(지시 전극)과 SCE(기준 전극), (b) 유리 지시 전극과 Ag-AgCl 기준 전극으로 이뤄진 복합 전극. 두 번째 Ag-AgCl 전극은 유리 전극의 내부 기준 전극으로 쓰인다. 두 전극은 중심에 있는 내부 기준 전극과 외부의 기준 전극이 같은 중심을 가지도록 배열되어 있다. 기준 전극은 분석 용액과 소결 유리나 다른 다공성 물질을 통해 분석물과 접촉하고 있다. 복합 전극은 pH를 측정하기 위한 유리 전극과 기준 전극의 가장 흔한 구조이다.

뤄져 있다. 지시 전극은 pH에 감응하는 얇은 유리막을 두꺼운 유리관 또는 플라스틱 관 끝에 밀봉하여 만든다. 이 관 속에는 AgCl로 포화된 묽은 염산이 약간 들어있다(어떤 전극에서는 내부 용액이 Cl^- 이온을 포함하는 완충 용액이다). 용액 속에 담겨있는 Ag 선은 Ag-AgCl 기준 전극을 형성하고, 이것은 전위를 측정하는 장치의 한쪽 단자에 연결된다. 기준 전극은 다른 쪽 단자에 연결된다.

그림 23-3a에 있는 전지를 간단한 표시법으로 나타낸 그림 23-4는 이 전지에 두 개의 기준 전극, (1) 외부 Ag-AgCl 전극(ref 1)과 (2) 내부 Ag-AgCl 전극(ref 2)이 있다는 것을 보여준다. 비록 내부 기준 전극이 유리 전극의 한 부분이지만, pH에 감응하는 부분은 아니다. 대신, pH에 감응하는 것은 전극의 끝에 있는 얇은 유리막이다.

그림 23-3b는 유리 전극으로 pH를 측정하는 가장 일반적인 배치를 보여준다. 이 배열에서 유리 전극과 Ag-AgCl 내부 기준 전극은 원통 모양 탐침의 중앙에 위치한다. 유리 전극 주위에 외부 기준 전극이 있는데, 대부분은 Ag-AgCl 류의 기준 전극이다. 외부 기준 전극의 존재가 그림 23-3a의 이중 탐침 배열에서 만큼 명확하지는 않지만, 단일 탐침형은 이중 탐침형보다 상당히 편리하며 훨씬 더 작게 만들 수 있다. pH에 민감한 유리막은 탐침의 끝에 붙어 있다. 이런 탐침은 다양한 실험실과 산업 응용 분야에 맞게 다양한 모양과 크기(5 cm~5 mm)로 만들어진다.

유리막의 조성과 구조

유리 전극에 사용되는 유리막의 조성은 양성자와 다른 양이온에 대한 막의 감응에 강한 영향을 미친다. 유리 조성의 영향은 많은 연구자들에 의해 연구되어 왔으며, 현재는 매우 다양한 조성의 유리 전극이 시판되고 있다. 유리막으로 널리 사용되고 있는 Corning 015 유리는 대략 22% Na_2O, 6% CaO와 72% SiO_2로 구성되어 있다. 이 유리막은 약 pH 9까지 수소 이온에 대해 고유한 감응을 나타낸다. 그러나 더 높은 pH에서, 이 유리막은 Na^+뿐 아니라 다른 일가 양이온에 대해서도 어느 정도 감응한다. 현재에는 Ba^{2+}와 Li^+를 이용하여 유리의 Na^+와 Ca^{2+}의 조성을 다양하게 하고 있다. 이러한 막들은 높은 pH에서 우수한 선택성을 가지고 있다.

그림 23-5는 규산염 유리막의 2차원 구조이다. 각 규소 원자는 종이면에서 세 개의 산소와 결합되어 있다. 그리고 각각은 평면의 위 또는 아래에서 다른 산소와 결합되어 있다. 따라서 유리는 SiO_4^-의 무한한 3차원 그물로 이루어져 있고 여기에서 각 규소는 4개의 산소 원자와 결합되어 있으며, 각 산소는 두 개의 규소와 결합되어 있다. 이 구조의 틈새 안에는 규산염 작용기의 음전하와 균형을 이루기에 충분한 양이온이 들어있다. Na^+와 Li^+ 같은 일가 양이온들은 격자 안에서 이동할 수 있으므로 막 안에서 전기를 전도하는 역할을 한다.

기준 전극 1   유리 전극

외부 분석 용액   내부 기준 용액

$$\text{SCE} \parallel [\text{H}_3\text{O}^+] = a_1 \mid \text{유리막} \mid [\text{H}_3\text{O}^+] = a_2,\ [\text{Cl}^-] = 0.1\ \text{M, AgCl (포화)} \mid \text{Ag}$$

E_1 E_2 기준 전극 2

E_{ref1} E_j $E_b = E_1 - E_2$ E_{ref2}

그림 23-4 pH 측정용 유리-칼로멜 전지의 그림. E_{SCE}는 기준 전극의 전위, E_j는 접촉 전위, a_1은 분석물 용액의 하이드로늄 이온 활동도, E_1과 E_2는 유리막 양쪽에서의 전위, E_b는 경계 전위, a_2는 내부 기준 전극의 하이드로늄 이온 활동도이다.

유리막의 흡습성

유리막의 표면은 pH 전극으로 기능하기 전에 수화되어야 한다. 수화된 물의 양은 유리 cm^3당 약 50 mg 정도이다. 습기를 흡수하지 않는 유리는 pH에 감응하지 않는다. 습기를 흡수하는 유리라 할지라도 건조 용기 속에 보관하여 탈수된 후에는 pH에 대한 감도가 사라진다. 하지만 효과는 가역적이어서 물에 담가두면 유리 전극의 감응은 복구된다.

pH 감응 유리막의 수화는 유리 격자 내의 일가 양이온과 용액에 있는 양성자 사이의 이온 교환 반응과 관련되어 있다. 이 반응에는 오로지 일가 양이온만 관여하는데, 그 이유는 2가 양이온과 3가 양이온들은 규산염 구조 안에서 너무 강하게 결합되어 있어 용액에 있는 이온과 교환될 수 없기 때문이다. 일반적으로, 이온 교환 반응은 다음과 같이 나타낼 수 있다.

$$\underset{\text{용액}}{\text{H}^+} + \underset{\text{유리}}{\text{Na}^+\text{Gl}^-} \rightleftharpoons \underset{\text{용액}}{\text{Na}^+} + \underset{\text{유리}}{\text{H}^+\text{Gl}^-} \tag{23-5}$$

이 과정의 평형 상수는 매우 크므로 수화된 유리막의 표면은 거의 규산(H^+Gl^-)으로 이루어진다. 하지만 수소 이온의 농도가 매우 낮고 소듐 이온의 농도가 매우 큰 알칼리 용액에서 대해서는 잘 맞지 않는다; 이러한 경우 소듐 이온이 많은 자리를 차지한다.

유리막에서의 전기 전도

양이온에 대한 지시 전극으로 사용하기 위해, 유리막은 전기를 통해야 한다. 수화된 젤 층 내에서의 전도는 수소 이온의 이동과 관련이 있다. 막의 건조한 내부에서는 소듐 이온이 전하 운반체이다. 용액-젤 경계면에서의 전도는 다음 반응에 의하여 일어난다.

$$\underset{\text{용액}_1}{\text{H}^+} + \underset{\text{유리}_1}{\text{Gl}^-} \rightleftharpoons \underset{\text{유리}_1}{\text{H}^+\text{Gl}^-} \tag{23-6}$$

$$\underset{\text{유리}_2}{\text{H}^+\text{Gl}^-} \rightleftharpoons \underset{\text{용액}_2}{\text{H}^+} + \underset{\text{유리}_2}{\text{Gl}^-} \tag{23-7}$$

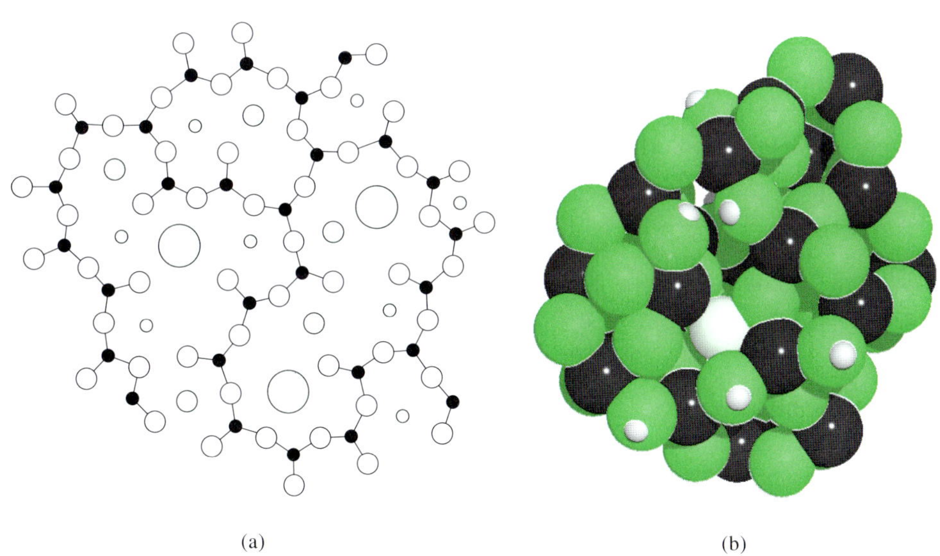

그림 23-5 (a) 규산염 유리 구조의 단면도. 각 규소는 그림에서 보이는 세 개의 Si—O 결합 뿐만 아니라, 지면의 위 또는 아래에 존재하는 산소와 추가적인 결합을 이루고 있다. (G. A. Perley, *Anal. Chem.*, **1949**, *21*, 395. **DOI:** 10.1021/ac60027a013. Copyright 1949 American Chemical Society.) (b) Na^+ 이온(큰 밝은 회색)과 여러 개의 H^+ 이온(작은 밝은 회색)이 섞인 비결정성 실리카의 삼차원 구조를 보여주는 모델. Na^+ 이온은 산소 원자(밝은 파란색)의 무리에 둘러싸여 있고, 비결정성 격자에서 각 양성자는 산소에 붙어있다. 작은 크기의 구멍과 양성자의 높은 이동도로 인해 양성자는 실리카의 표면으로 깊게 이동할 수 있다. 다른 양이온과 물 분자 역시 구조의 틈새에 들어갈 수 있다.

여기에서 1은 유리와 분석물질 용액 사이의 경계면을 나타내고, 2는 내부 용액과 유리 사이의 경계면을 나타낸다. 이들 두 평형의 위치는 막의 양쪽 용액에 들어있는 수소 이온의 활동도에 의해 결정된다. 해리가 더 많이 일어나는 표면은 해리가 더 적게 일어나는 표면에 비해 음 전하를 띠게 된다. 이에 따라 막에서 경계 전위 E_b가 나타난다. 경계 전위의 크기는 두 용액의 수소 이온 활동도의 비율에 달라진다. 막전극을 이용하는 전위차법으로 pH를 측정할 때 분석의 변수로 사용되는 것이 바로 이 전위차이다.

막전위

그림 23-4의 아랫부분은 유리 전극으로 pH를 측정할 때 전지에서 나타나는 4개의 전위를 보여준다. 이 중 두 개 E_{ref1}과 E_{ref2}는 기준 전극의 전위이다. 세 번째 전위는 칼로멜 전극과 분석물질 용액을 분리하는 염다리에서의 접촉 전위 E_j이다. 접촉 전위는 이온 농도를 전위차법으로 측정할 때 사용되는 모든 전지에서 볼 수 있다. E_j를 낮고 안정하게 유지하기 위해 기준 전극에 사용되는 액간 접촉을 적절하게 선택할 필요가 있다. 염다리를 적절하게 선택하지 못하면 이온 흐름에 커다란 저항이 생기고 이로 인해 잡음과 불안정한 측정값을 얻게 된다. 제조사들은 다양한 응용에 따라 선택할 수 있는 많은 액간 접촉을 제공하고 있다. 그림 23-4에서 네 번째 전위이자 가장 중요한 전위는 **분석물질 용액의 pH에 따라 변하는 경계 전위 E_b이다**. 두 기준 전극은 단순히 용액과 전기적으로 접촉하는 역할을 하여 경계 전위의 변화를 측정할 수 있도록 해준다.

그림 23-4는 유리 전극의 전위가 두 가지 요소, 즉 Ag-AgCl 전극의 고정 전위 E_{ref2}와 pH에 따라 달라지는 경계 전위 E_b로 이루어진다는 것을 보여준다.

경계 전위

그림 23-4에서와 같이 경계 전위는 두 개의 전위 E_1과 E_2로 구성되며, 각각은 두 유리 표면 중 하나와 관련이 있다. 경계 전위는 단순히 이들 전위의 차이이다.

$$E_b = E_1 - E_2 \tag{23-8}$$

열역학적인 면[10]에서 살펴볼 때 식 23-8의 E_1과 E_2는 Nernst 관계식에 의해 각 표면에 있는 수소 이온의 활동도와 관련되어 있다.

$$E_1 = j_1 - \frac{0.0592}{n}\log\frac{a_1'}{a_1} \tag{23-9}$$

$$E_2 = j_2 - \frac{0.0592}{n}\log\frac{a_2'}{a_2} \tag{23-10}$$

여기서 j_1과 j_2는 상수이며 a_1과 a_2는 각각 막의 바깥쪽과 안쪽 *용액*(solutions)에 들어있는 H^+의 활동도이다. a_1'과 a_2'는 막을 이루고 있는 유리의 외부와 내부 *표면*(surface)에 있는 H^+의 활동도이다.

만약 두 표면에서 H^+가 해리되어 떨어져 나갈 수 있는 음의 전하를 가진 자리의 개수가 같다면(보통 같은 수이다), j_1과 j_2는 동일하고, a_1'과 a_2' 또한 같다. 식 23-9와 식 23-10을 식 23-8에 대입하고 식 $j_1 = j_2$과 $a_1' = a_2'$를 사용하여 정리하면 다음과 같이 된다.

$$E_b = E_1 - E_2 = 0.0592\log\frac{a_1}{a_2} \tag{23-11}$$

그러므로 경계 전위 E_b는 막의 양쪽에 있는 용액의 수소 이온 활동도에만 의존한다. pH 유리 전극의 경우, 내부 용액의 수소 이온 활동도 a_2가 일정하므로 식 23-11은 다음과 같이 간단해진다.

$$E_b = L' + 0.0592\log a_1 = L' - 0.0592\,\text{pH} \tag{23-12}$$

여기에서

$$L' = -0.0592\log a_2$$

그러므로 경계 전위는 외부 용액의 수소 이온 활동도(a_1)의 척도이다.

식 23-11에서 나타낸 전위와 전위차의 의미는 그림 23-6의 전위 단면도에 보여주고 있다. 이 단면도는 왼쪽의 분석물질 용액에서부터 막을 거쳐 오른쪽의 내부 용액까지 나타낸 것이다.

비대칭 전위

동일한 용액이 유리막의 양쪽에 놓여있을 때, 경계 전위는 이론적으로 0이 되어야 한다(그림 23-6b 참고). 하지만 실제로는 시간에 따라 점차적으로 변하는 작은 비대칭 전위가 자주 나타난다.

비대칭 전위의 원인은 확실하지 않으나 제조 과정에서 발생하는 막의 두 표면에 주어지는 힘의 차이, 사용하는 동안 외부 표면의 기계적 마모, 외부 표면의 화학적 부식 등이 원인에 포함되는 것은 의심할 여지가 없다. 비대칭 전위로 인해 생기는 오차를 제거하기 위해, 모든 막전극은 하나 또는 그 이상의 표준 분석물질 용액으로 검정해야 한다. 그러한 검정은 최소한 매일, 전극을 자주 사용할 때는 더 자주 해야 한다.

유리 전극의 전위

앞에서 설명한 바와 같이, 유리 지시 전극의 전위 E_{ind}는 세 가지 성분으로 이루어져 있다: (1) 식 23-12로 주어진 경계 전위, (2) 내부 Ag/AgCl 기준 전극의 전위 E_{ref2}, (3) 작은 비대칭 전위 E_{asy}. 이것을 식으로 나타내면 다음과 같다.

$$E_{ind} = E_b + E_{ref2} + E_{asy}$$

E_b에 대한 식 23-12를 대입하면 다음과 같다.

$$E_{ind} = L' + 0.0592\log a_1 + E_{ref2} + E_{asy}$$

또는

$$E_{ind} = L + 0.0592\log a_1 = L - 0.0592\,\text{pH} \tag{23-13}$$

여기에서 L은 세 상수의 합이다.

---

[10]G. Eisenman, *Biophys. J.*, **1962**, *2* (part 2), 259, **DOI:** 10.1016/s0006-3495(62)86959-8.

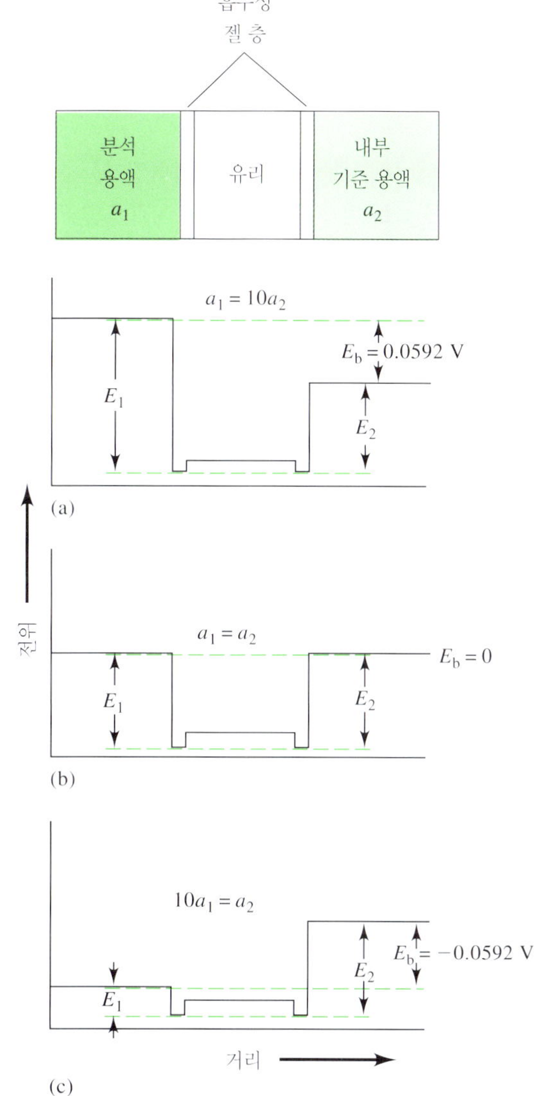

그림 23-6 **분석 용액으로부터 유리막을 거쳐 내부 기준 용액까지의 전위 단면도. 기준 전극 전위는 표시하지 않았다.**

$$L = L' + E_{ref2} + E_{asy} \qquad (23\text{-}14)$$

식 23-13이 금속 양이온 지시 전극에 대한 식 23-2 및 식 23-4와 비슷하다는 것을 알 수 있다. 비록 식 23-2와 23-4가 식 23-13과 형태는 비슷할지라도 다루고 있는 전극 전위의 근원은 완전히 다르다는 것을 강조할 필요가 있다. 하나는 산화–환원 전위이고, 다른 하나는 경계 전위이다.

알칼리 오차

유리 전극은 염기성 용액에서 수소 이온의 농도뿐 아니라 알칼리 금속 이온의 농도에도 감응한다. 네 가지의 다른 유리막에 대하여 알칼리 오차의 크기를 그림 23-7(곡선 *C*~*F*)에 나타내었다. 이 곡선들은 Na^+ 이온 농도는 1 M로 유지하면서 pH를 변화시킨 용액에 대한 것들이다. 오차가 음의 값으로 나타나는데(즉, 측정한 pH값이 참값보다 낮다), 이는 전극이 양성자뿐 아니라 Na^+ 이온에도 감응한다는 것을 암시한다. 이러한 결과

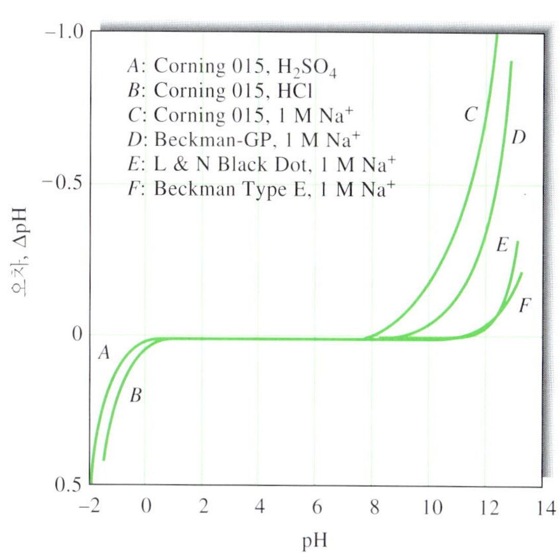

그림 23-7 **25°C에서 몇 가지 유리 전극의 산 오차와 알칼리 오차.** (R. G. Bates, *Determination of pH*, 2nd ed., p. 365. New York: Wiley, 1973. With permission.)

는 Na^+ 이온의 농도가 다른 용액에서 얻은 데이터에서도 확인된다. pH 12에서, Corning 015 막을 사용하는 전극(그림 23-7의 곡선 *C*)은 Na^+ 이온 농도가 1 M인 용액에서 pH 11.3을 나타내지만, Na^+ 이온의 농도가 0.1 M 용액의 경우에는 pH 11.7을 나타내었다. 모든 1가 양이온들은 알칼리 오차를 나타내는데, 오차의 크기는 양이온의 종류와 유리막의 조성에 따라 달라진다.

알칼리 오차는 유리 표면의 수소 이온과 용액의 양이온 사이에서 교환 평형이 존재한다고 가정하면 만족스럽게 설명할 수 있다. 이 과정은 단순히 식 23-5의 역반응이다. 즉,

$$\underset{\text{유리}}{H^+Gl^-} + \underset{\text{용액}}{B^+} \rightleftharpoons \underset{\text{유리}}{B^+Gl^-} + \underset{\text{용액}}{B^+}$$

여기서 B^+는 소듐 이온과 같은 1가 양이온을 나타낸다.

이 반응에 대한 평형 상수는 다음과 같다.

$$K_{ex} = \frac{a_1 b_1'}{a_1' b_1}$$

여기에서, a_1과 b_1은 용액에 있는 H^+와 B^+의 활동도를 나타내며, a_1'과 b_1'은 유리 표면에서 이 이온들의 활동도이다. 유리 표면에서의 활동도 비를 얻기 위해 이 식을 정리하면 다음과 같다.

$$\frac{b_1'}{a_1'} = K_{ex}\frac{b_1}{a_1}$$

pH 전극에 사용되는 유리의 경우, 대개 K_{ex}는 매우 작아서 활동도 비 b_1'/a_1'도 매우 작다. 하지만 매우 강한 알칼리 용액에서는 상황이 달라진다. 예를 들어, Na^+ 이온의 농도가 1 M이고 pH가 11인 용액에 담겨있는 전극의 경우(그림 23-7 참고) $b_1'/a_1' = 10^{11} \times K_{ex}$이다. 이런 조건에서는, 수소 이온에 비해 소듐 이온의 활동도가 매우 크므로 전극은 두 화학종 모두에 감응하게 된다.

많은 제조업체들은 높은 pH에서 알칼리 오차를 최소화할 수 있는 유리의 조성을 제공하고 있다. 하지만 일상적으로 사용하는 많은 유리 전극들은 여전히 Corning 015와 유사한 특성을 갖는 유리로 만들어진다.

선택 계수

막전위에 미치는 알칼리 금속 이온의 영향은 식 23-12에 새로운 항을 추가해서 얻은 다음 식으로 설명할 수 있다.

$$E_b = L' + 0.0592\log(a_1 + k_{H,B}b_1) \tag{23-15}$$

여기에서 $k_{H,B}$는 전극의 선택 계수이고, b_1은 알칼리 금속 이온의 활동도이다. 식 23-15는 수소 이온 측정을 위한 유리 지시 전극뿐만 아니라 다른 모든 종류의 막전극에도 적용된다. 선택 계수는 0(방해 없음)부터 1보다 큰 값에까지 이르른다. 선택 계수가 1이라는 것은 전극이 분석물질 이온과 방해 이온에 대해 동등하게 감응한다는 것을 의미한다. 만약 A 이온 선택성 전극이 A 이온보다 B 이온에 대해 20배 더 강하게 감응하면 $k_{A,B}$의 값은 20이다. 만약 C 이온에 대한 전극의 감응이 A 이온에 대한 감응의 0.001이면(훨씬 더 바람직한 경우), $k_{A,C}$는 0.001이다.[11]

pH가 9보다 작으면, 유리 전극의 $k_{H,B}b_1$은 일반적으로 a_1에 비해 작다. 이런 상황에서는, 식 23-15는 식 23-13으로 간단하게 된다. 그러나 pH가 높고 1가 양이온의 농도가 크면, 식 23-15의 두 번째 항은 E_b를 결정하는 데 더욱 큰 역할을 하게 되어, 알칼리 오차가 나타난다. 높은 알칼리 용액에서 사용할 수 있도록 특별히 고안된 전극(그림 23-7의 곡선 *E*)의 경우, $k_{H,B}b_1$의 크기는 보통 유리 전극보다 훨씬 작다.

산 오차

그림 23-7에서 보여주는 것과 같이, 전형적인 유리 전극은 pH가 약 0.5보다 작은 용액에서 알칼리 오차와는 부호가 반대인 오차를 나타낸다. 즉, 이 영역에서 pH값은 너무 높게 나타나는 경향이 있다. 오차의 크기는 다양한 요인에 의존하며 일반적으로 재현성이 좋지 않다. 산 오차의 원인이 모두 잘 알려져 있는 것은 아니지만, 한 가지 요인은 유리 표면에 있는 모든 자리를 H^+ 이온이 차지하고 있을 때 나타나는 포화 효과이다. 이러한 조건에서, 전극은 더 이상 H^+ 농도의 증가에 감응하지 않으며 pH값은 너무 높다.

그림 23-7의 데이터는 다소 오래된 것이고 이 유리 전극 모델은 더 이상 구할 수 없지만, Corning 015 및 이와 비슷한 유리는 이러한 많은 장치들을 제작하는 데 여전히 사용되고 있다. 이 그림에 보여준 오차는 조심해야 할 pH 범위를 알려준다. 근래에 여러 회사에서 시판되는 유리의 조성은 유리 전극의 사용 가능한 pH 범위를 넓히고 있지만, 극단적인 pH값에서는 pH와 유리 전극 전위 사이의 관계가 비선형이 된다는 데는 의심할 여지가 없다. pH 척도의 양극단에서 측정이 이루어진 경우에는, pH 미터의 검정이나 측정 결과의 해석에 매우 조심하는 것이 중요하다.

그림 23-7의 양 극단에서 직선성이 사라진다는 것은 0보다 작거나 12보다 큰 pH값은 매우 비판적인 시각으로 봐야 한다는 것을 일깨워준다. 이 pH 범위에서는 단순한 용액일지라도 이론적인 설명이 복잡하며 결과에 대한 물리적인 설명도 까다롭다.[12] 이 범위에 있는 실제 시료의 측정은 기껏해야 정성적이거나 아니면 반정량적인 것으로 간주해야 한다.

23D-4 다른 양이온을 측정하기 위한 유리 전극

초기 유리 전극들이 갖고 있던 알칼리 오차로 인해 알칼리 오차에 미치는 유리 조성의 영향에 관한 연구가 시작되었다. 연구의 결과로 12보다 낮은 pH에서 알칼리 오차가 무시할 정도로 작은 유리가 개발되었다. 또 다른 연구로 인해 수소 이외의 양이온을 측정할 수 있는 유리의 조성이 발견되었다. 이의 응용을 위해서는 식 23-15에서 수소 이온 활동도 a_1이 $k_{H,B}b_1$에 비하여 무시할 정도가 되어야 한다. 이러한 상황에서, 전위는 pH에 무관하고 대신 pB의 함수이다. 유리에 Al_2O_3나 B_2O_3를 섞으면 원하는 효과를 얻을 수 있다. Na^+, K^+, NH_4^+, Rb^+, Cs^+, Li^+ 및 Ag^+와 같은 1가 양이온들을 직접 전위차법으로 측정할 수 있는 유리 전극들이 개발되었다. 이 유리들 중에 몇몇은 특정 1가 양이온들에 상당히 선택적이다. 양이온을 측정할 수 있는 몇 가지의 유리 전극이 시판되고 있다.

23D-5 결정성 막전극

유리가 양이온에 감응하는 것과 같은 방법으로 음이온에 선택적인 고체 막의 개발에 많은 연구가 이뤄지고 있다. 유리 표면의 음이온성 자리가 양이온에 대한 선택성을 설명한다는 것을 알고 있다. 마찬가지로, 양이온성 자리를 갖는 막은 음이온에 대해 선택적으로 감응할 것으로 기대된다.

가장 중요한 종류의 결정성 막은 이온 결합 화합물 또는 이온 결합 화합물의 균일 혼합물로 만들어진다. 어떤 경우에 막은 단결정을 잘라서 만들고, 다른 경우에는 미세 분말의 결정성 고체를 높은 압력으로 압착하거나 또는 용융물을 틀에 부어 원판 형태로 만든다. 전형적인 막은 지름이 약 10 mm이고 두께는 1 또는 2 mm이다. 전극으로 만들기 위해, 테플론(Teflon)이나 폴리염화비닐(PVC)과 같은 화학적으로 비활성인 플라스틱으로 만든 관의 끝에 막을 밀봉한다.

결정성 막의 전도도

대부분의 이온성 결정은 절연체이며 실온에서 막전극으로 사용

---

[11]모든 종류의 이온 선택성 전극에 대한 선택 계수는 다음의 자료를 참고하시오. Y. Umezawa, *CRC Handbook of Ion Selective Electrodes: Selectivity Coefficients*, Boca Raton, FL: CRC Press, 1990.

[12]S. L. Clegg, J. A. Rard, and K. S. Pitzer, *J. Chem. Soc., Faraday Trans.*, **1994**, *90*, 1875, **DOI:** 10.1039/ft9949001875.

할 수 있을 정도의 충분한 전기 전도도를 갖고 있지 않다. 전도성이 있는 이온성 결정은 고체상에서 이동 가능한 작은 1가 이온을 갖는 특징이 있다. 예로서 어떤 희토류 플루오르화물 중에 있는 F^- 이온, 할로젠화 은과 황화 은 중의 Ag^+ 이온 및 Cu_2S 중의 Cu^+ 이온이 있다.

F^- 전극

플루오린화 란타넘(LaF_3)은 F^- 이온의 정량에 사용되는 결정성 막전극의 재료로 거의 이상적인 물질이다. 비록 이 화합물이 천연적인 전도체이지만, 이의 전도도는 플루오린화 유로퓸, EuF_2를 도핑시킴으로써 증가시킬 수 있다. 막은 혼입된 화합물의 단결정을 원판 모양으로 잘라서 만든다.

플루오린화 란타넘 막에서 F^- 감응 전위가 생기는 메커니즘은 pH 감응 유리막에 대해 설명한 것과 매우 비슷하다. 즉, 두 계면에서 다음 식과 같이 이온화에 의해 막에 전하가 생성된다.

$$\underset{\text{고체}}{LaF_3} \rightleftharpoons \underset{\text{고체}}{LaF_2^+} + \underset{\text{용액}}{F^-}$$

전하의 양은 용액의 F^- 이온 농도에 의존한다. 그러므로 더 낮은 F^- 이온 농도와 접촉하는 막의 계면은 반대 쪽 계면에 대해 상대적으로 양의 전하를 띠게 된다. 이 전하가 전위의 차이를 생성하는데, 이 차이는 두 용액의 F^- 이온 농도 차이의 크기이다. LaF_3 전극을 포함하는 전지의 전위는 식 23-13과 유사한 다음의 식으로 나타낸다. 즉,

$$E_{\text{ind}} = L - 0.0592 \log a_{F^-} = L + 0.0592\,\text{pF} \qquad (23\text{-}16)$$

오른쪽에 있는 두 번째 항의 부호는 음이온을 측정하기 때문에 반대가 된다는 것에 유의하라(식 23-3 참고).

시판되고 있는 LaF_3 전극은 모양과 크기가 다양하며 여러 제조 회사에서 공급하고 있다. 대부분은 충격에 강하고 0~80°C 사이의 온도에서 사용될 수 있다. F^- 전극의 감응은 LaF_3의 용해도가 분석물질 용액의 F^- 이온 농도에 영향을 주기 시작하는 10^{-6} M(0.02 ppm)까지 선형이다. F^- 측정에 직접적으로 방해하는 유일한 이온은 수산화 이온이다. 이러한 방해는 pH > 8에서 심각해진다. pH < 5일 때, 수소 이온 또한 전체 F^- 정량에 방해를 한다. 이러한 조건에서는 해리하지 않은 HF가 생성되고 전극은 이 화학종에 감응하지 않는다. 많은 점에서, F^- 이온 전극은 거의 이상적인 선택성 전극에 가깝다.

은염을 기본으로 하는 전극

여러 할로젠화 은의 단결정이나 압착된 원판으로 만든 막은 Ag^+ 이온과 할로젠화 이온에 대하여 선택적이다. 하지만 낮은 전도도, 낮은 기계적 강도 및 높은 광전 전위 때문에 이상적인 전극의 거동에서 많이 벗어난다. 이러한 단점들은 은염과 결정성 Ag_2S를 대략 1:1의 몰 비로 혼합하면 최소화된다. 동일한 몰농도의 S^{2-} 이온과 할로젠화 이온을 포함하고 있는 용액을 $AgNO_3$로 침전시켜 균일 혼합물을 만든다. 씻고 건조시킨 후, 생성물을 약 10^5 psi의 압력을 가해 원판 모양으로 만든다. 이렇게 만들어진 원판은 S^{2-} 이온 매트릭스에서 Ag^+ 이온의 이동도 때문에 좋은 전기 전도도를 나타낸다.

Ag_2S 또는 Ag_2S와 또 다른 Ag 염의 혼합물로 만들어진 막은 S^{2-} 이온과 Ag^+ 이온을 정량하는 데 유용하다. Ag^+ 이온에 대한 전기적 감응은 1차 금속 전극과 유사하다(비록 작동 메커니즘은 완전히 다르지만). S^{2-} 이온에 대한 Ag_2S 막의 전기적 감응은 2차 전극의 감응과 유사하다(제23B-2절). 막을 분석물질 용액에 담그면 아주 작은 양의 Ag_2S가 용해되어 전극에 인접한 용액의 얇은 층을 재빨리 포화시킨다. 그러나 용해도와 이에 따른 Ag^+ 이온의 농도는 분석물질의 S^{2-} 이온 농도에 의존한다.

결정성 막들은 또한 구리(II), 납 또는 카드뮴의 황화물과 Ag_2S의 균일 혼합물로도 만들 수 있다. 이 물질들로 만든 전극들은 이러한 2가 양이온에 대해, 3차 전극과 유사한 전기적 감응을 나타낸다(제23C-3절). 이러한 2가 황화물들 자체는 전도체가 아니고 따라서 이온에 선택적인 활동을 나타내지 않는다.

표 23-3은 시판되고 있는 대표적인 고체 상태 전극들을 보여준다.

23D-6 액체 막전극

액체 막전극의 전위는 분석물질을 포함하고 있는 용액과 분석물질 이온과 선택적으로 결합하는 액체 이온 교환체 사이의 경계면에서 발생한다. 이러한 유형의 막들은 여러 음이온은 물론 많은 다가 양이온들을 직접 전위차법으로 측정하기 위해 개발되었다.

2가 양이온 전극

액체 막은 섞이지 않는 액체 이온 교환체를 이용하여 만들어지는데, 이것은 다공성의 비활성 고체 지지체에 들어있다. 그림 23-8에 개략적으로 나타낸 것과 같이, 두 수용액 사이에 놓여있는 다공성의 소수성(즉, 물을 밀어내는) 플라스틱 원판(전형적인 규격: 3 × 0.15 mm)에는 유기물 층이 들어있다. 2가 양이온을 정량하는 경우, 내부 관에는 MCl_2 표준 수용액이 들어있고, M^{2+}는 활동도를 측정하려고 하는 양이온이다. 이 용액은 또한 AgCl로 포화되어 있어서 Ag 연결선과 함께 Ag/AgCl 기준 전극을 형성한다.

단단한 지지체 역할을 하는 다공성 원판을 사용하는 대신 튼튼한 PVC 막 안에 액체 교환체를 고정시키는 것도 가능하다. 이러한 형태의 전극에서는, 액체 이온 교환체와 PVC를 tetrahydrofuran과 같은 용매에 녹인다. 용매를 증발시켜서 유연한 막을 얻고 이것을 잘라서 모양을 만들어 유리나 플라스틱 관의 끝에 붙인다. 이 방법으로 만들어진 막들은 액체 이온 교환체가 원판의 구멍에 들어있는 것과 같은 방식으로 작동한다. 최근에 사용되는 대부분의 액체 막전극들은 이런 형태이다.

액체 막에 들어있는 활성 물질에는 다음과 같은 세 가지 종류가 있다. (1) 양이온 교환체, (2) 음이온 교환체, (3) 어떤 양이온과 선택적으로 착물을 형성하는 중성의 거대 고리 화합물이다.

표 23-3 고체 상태 결정성 전극들의 특성

분석 이온	농도 범위, M	주요 방해 이온
Br^-	10^0~5×10^{-6}	CN^-, I^-, S^{2-}
Cd^{2+}	10^{-1}~1×10^{-7}	Fe^{2+}, Pb^{2+}, Hg^{2+}, Ag^+, Cu^{2+}
Cl^-	10^0~5×10^{-5}	CN^-, I^-, Br^-, S^{2-}, OH^-, NH_3
Cu^{2+}	10^{-1}~1×10^{-8}	Hg^{2+}, Ag^+, Cd^{2+}
CN^-	10^{-2}~1×10^{-6}	S^{2-}, I^-
F^-	포화~1×10^{-6}	OH^-, H_3O^+
I^-	10^0~5×10^{-8}	CN^-
Pb^{2+}	10^{-1}~1×10^{-6}	Hg^{2+}, Ag^+, Cu^{2+}
Ag^+/S^{2-}	Ag^+: 10^0~1×10^{-7} S^{2-}: 10^0~1×10^{-7}	Hg^{2+}
SCN^-	10^0~5×10^{-6}	I^-, Br^-, CN^-, S^{2-}

출처: *Orion Guide to Ion Analysis*, Boston, MA: Thermo Orion, 1992. With permission of Thermo Electron Corp., Waltham, MA.

가장 중요한 액체 막전극 중의 하나는 중성 용액에 들어있는 Ca^{2+} 이온에 대해 선택적인 전극이다. 막 안에 들어있는 활성 성분은 극성 용매에 용해된 인산의 지방족 다이에스터로 이뤄진 양이온 교환체이다. 다이에스터는 한 개의 산성 양성자를 가지고 있어서, 두 분자가 2가 Ca^{2+} 이온과 반응하여 다음 구조를 갖는 다이알킬 인산염을 형성한다.

```
R—O    O         O    O—R
   \  //          \\  /
    P              P
   / \            / \
R—O   O — Ca — O      O—R
```

calcium dialkyl phosphate

여기에서 R은 8~16개의 탄소 원자를 가지고 있는 지방족 작용기이다. 이런 종류의 시판 전극에서 R은 보통 C_9 작용기이다. 이온 교환체와 접촉하고 있는 내부 수용액에는(그림 23-8 참고) 일정 농도의 $CaCl_2$와 Ag-AgCl 기준 전극이 포함되어 있다. 액체 이온 교환체가 들어있는 다공성 원판(또는 PVC 막)은 분석물질 용액과 $CaCl_2$ 기준 용액을 분리하고 있다. 각 계면에서 생기는 평형은 다음과 같이 나타낼 수 있다.

$$\underset{\text{유기물}}{[(RO)_2POO]_2Ca} \rightleftharpoons \underset{\text{유기물}}{2(RO)_2POO^-} + \underset{\text{수용액}}{Ca^{2+}}$$

이 식은 유리 전극에 대한 식 23-7과 비슷하다는 것을 알 수 있다. 전위와 pCa 사이의 관계식 또한 유리 전극에 대한 것(식 23-12)과 비슷하다. 그러므로

$$E_{ind} = L + \frac{0.0592}{2}\log a_1$$

$$= L' - \frac{0.0592}{2}\text{pCa} \qquad (23\text{-}17)$$

하지만 이 경우에는 양이온이 2가이므로 오른쪽의 두 번째 항을 2로 나누었다.

칼슘은 신경 전달, 뼈의 형성, 근육 수축, 심장의 확장과 수축 및 콩팥 세뇨관의 기능에 중요한 역할을 하므로 칼슘 막전극은 생리학적 연구에 중요한 도구이다. 적어도 이러한 과정 중 몇몇은 Ca^{2+} 이온의 농도보다 Ca^{2+} 이온의 활동도에 더 많은 영향을 받는다. 물론, 활동도는 이 전극으로 측정된다.

이온 운반체에 기반을 둔 이온 선택성 전극

대상 이온과 착물을 형성하는 중성의 친지질성 화합물(*이온 운반체*, ionophore)이 소량의 친지질성 이온 교환체와 함께 액체나 고분자 막에 들어있을 때, 대상 이온은 착물을 형성하여 용액–막 경계를 가로질러 운반된다. 대상 이온에 대한 막의 선택성은 이온 운반체와 대상 이온 사이에 형성된 착물의 안정도에

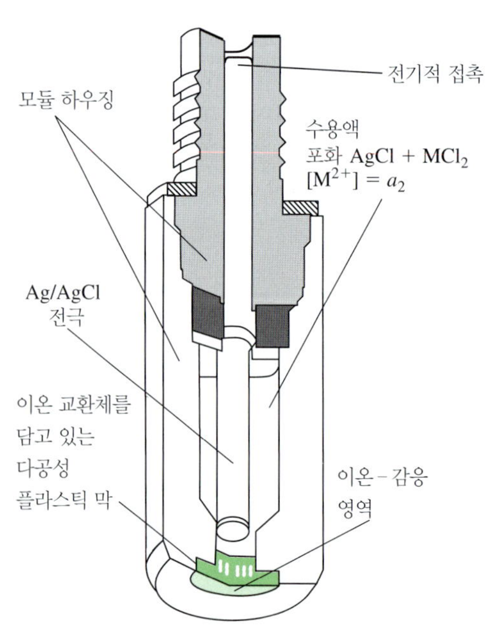

그림 23-8 **M^{2+}에 감응하는 액체 막전극.** (Courtesy of Thermo Orion Corp., Waltham, MA.)

(a) (b)

그림 23-9 전형적인 이온 운반체인 (a) valinomycin과 (b) bis-thiourea.

의해 좌우된다. 용액–막 경계에서의 전하 분리는 식 23-16과 23-17과 비슷한 형태인 Nernst 감응을 발생시킨다. 이온 운반체는 특정 이온에 대한 선택성을 극대화하도록 고안되고 합성되며, 아주 많은 예들이 선택 계수 및 다른 특성들과 함께 문헌에 나와있다.[13] 그림 23-9a에 나타낸 valinomycin은 전하가 없는 거대 고리형 에터이고 항생제로, K^+ 이온에 대해 매우 높은 선택성을 보인다. 반면에 그림 23-9b는 Cl^- 이온에 대해 특별히 선택적인 bis-thiourea를 보여준다.

K^+ ISE는 생리학적 연구에 매우 중요하다. Na^+와 K^+는 모든 생체 안에 들어있고 신경 전달에 중요한 역할을 하기 때문에 액체 막의 Na^+에 대한 K^+의 선택성은 특히 중요하다. Valinomycin은 의심할 여지없이 가장 널리 사용되는 K^+ 이온 운반체이다. 이것은 Na^+보다 K^+에 약 10^4배 더 감응하고, Ca^{2+}와 Mg^{2+}보다는 K^+에 약 10^7배 더 감응한다.[14] 그림 23-10은 하나의 단일 세포 내부에 들어 있는 K^+ 활동도를 측정하는 valinomycin 미소 전극의 광현미경 사진이다. 이 경우, 분석물질과 내부 용액을 분리하는 물리적인 막은 필요 없는데, 그 이유는 전극 끝에 있는 입구의 지름이 매우 작고($< 1\ \mu m$) 유리의 내부를 실리콘으로 코팅하여 소수성으로 만들었기 때문이다. Valinomycin에 기반한 막전극은 제23F-2절에 설명한 i-STAT와 같은 임상 분석기에서 사용된다. 지구상에서 매일 수천만 개의 valinomycin 전극이 사용되고 있다.[15]

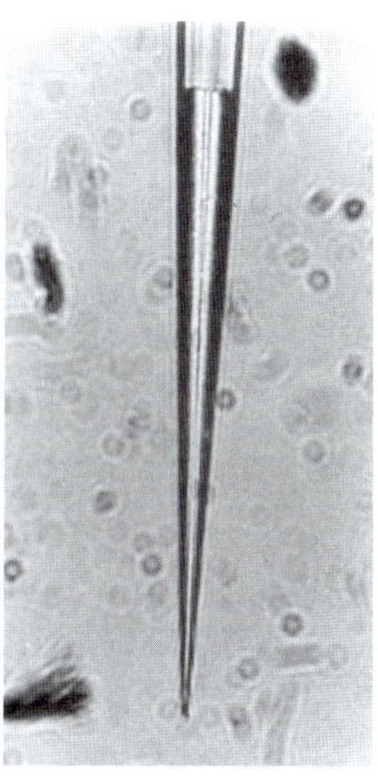

그림 23-10 전극의 끝 내부에 125 mm의 이온 교환체를 갖고 있는 포타슘 액체 이온 교환체(valinomycin) 미소 전극의 사진. 원본 사진의 배율은 400배이다. (J. L. Walker, *Anal. Chem.*, **1971**, *43*, 89A, **DOI:** 10.1021/ac60298a780. Reproduced by permission of the American Chemical Society.)

표 23-4는 시판되고 있는 전형적인 액체 막전극을 보여준다. 음이온에 감응하는 전극에는 유기 용매에 용해되어 있는 음이온 교환체 용액이 들어있다. 앞에서 언급한 것처럼, 소위 액체 막전극이라고 불리는 것 중 많은 것들은 사실 액체가 고분자(플라스틱) 매트릭스에 들어있는 고체이다. 막전극으로 가장 먼저 그리고 가장 널리 사용되는 고분자는 PVC이지만,[16] 이온 운반체와 재료 물질과의 적합성으로 인해 다른 물질들도 사용되고 있다. 고분자에 기반을 둔 전극들은 예전의 다공성 원판 전극보

[13]P. Buhlmann, E. Pretsch, and E. Bakker, *Chem. Rev.*, **1998**, *98*, 1593, **DOI:** 10.1021/cr970113; Y. Umezawa et al., *Pure Appl. Chem.*, **2000**, *72*, 1851, **DOI:** 10.1351/pac200072101851; *Pure Appl. Chem.*, **2002**, *74*, 923, **DOI:** 10.1351/pac200274060923; *Pure Appl. Chem.*, **2002**, *74*, 995, **DOI:** 10.1351/pac200274060995.

[14]M. S. Frant and J. W. Ross Jr., *Science*, **1970**, *167*, 987, **DOI:** 10.1126/science.167.3920.987.

[15]P. Buhlmann, E. Pretsch, and E. Bakker, *Chem. Rev.*, **1998**, *98*, 1593, **DOI:** 10.1021/cr970113.

[16]G. J. Moody, R. B. Oke, and J. D. R. Thomas, *Analyst*, **1970**, *95*, 910, **DOI:** 10.1039/an9709500910.

표 23-4 액체 막전극의 특성

분석 이온	농도 범위, M†	주요 방해물‡
NH_4^+	10^0~5×10^{-7}	$<1\,H^+, 5 \times 10^{-1}\,Li^+, 8 \times 10^{-2}\,Na^+, 6 \times 10^{-4}\,K^+, 5 \times 10^{-2}\,Cs^+, >1\,Mg^{2+}, >1\,Ca^{2+}, >1\,Sr^{2+}, >0.5\,Sr^{2+}, 1 \times 10^{-2}\,Zn^{2+}$
Cd^{2+}	10^0~5×10^{-7}	Hg^{2+}와 Ag^+($> 10^{-7}$ M에서는 전극을 오염시킨다), Fe^{3+}($> 0.1[Cd^{2+}]$일 때), Pb^{2+}($> [Cd^{2+}]$일 때), Cu^{2+}(가능)
Ca^{2+}	10^0~5×10^{-7}	$10^{-5}\,Pb^{2+}; 4 \times 10^{-3}\,Hg^{2+}, H^+, 6 \times 10^{-3}\,Sr^{2+}; 2 \times 10^{-2}\,Fe^{2+}; 4 \times 10^{-2}\,Cu^{2+}; 5 \times 10^{-2}\,Ni^{2+}; 0.2\,NH_3; 0.2\,Na^+; 0.3\,Tris^+; 0.3\,Li^+; 0.4\,K^+; 0.7\,Ba^{2+}; 1.0\,Zn^{2+}; 1.0\,Mg^{2+}$
Cl^-	10^0~5×10^{-6}	Cl^-에 대해 허용 가능한 방해물의 최대 비율: OH^- 80, Br^- 3×10^{-3}, I^- 5×10^{-7}, S^{2-} 10^{-6}, CN^- 2×10^{-7}, NH_3 0.12, $S_2O_3^{2-}$ 0.01
BF_4^-	10^0~7×10^{-6}	$5 \times 10^{-7}\,ClO_4^-; 5 \times 10^{-6}\,I^-; 5 \times 10^{-5}\,ClO_3^-; 5 \times 10^{-4}\,CN^-; 10^{-3}\,Br^-; 10^{-3}\,NO_2^-; 5 \times 10^{-3}\,NO_3^-; 3 \times 10^{-3}\,HCO_3^-, 5 \times 10^{-2}\,Cl^-; 8 \times 10^{-2}\,H_2PO_4^-, HPO_4^{2-}, PO_4^{3-}; 0.2\,OAc^-; 0.6\,F^-; 1.0\,SO_4^{2-}$
NO_3^-	10^0~7×10^{-6}	$10^{-7}\,ClO_4^-; 5 \times 10^{-6}\,I^-; 5 \times 10^{-5}\,ClO_3^-; 10^{-4}\,CN^-; 7 \times 10^{-4}\,Br^-; 10^{-3}\,HS^-; 10^{-2}\,HCO_3^-, 2 \times 10^{-2}\,CO_3^{2-}; 3 \times 10^{-2}\,Cl^-; 5 \times 10^{-2}\,H_2PO_4^-, HPO_4^{2-}; PO_4^{3-}; 0.2\,OAc^-; 0.6\,F^-; 1.0\,SO_4^{2-}$
NO_2^-	1.4×10^{-6}~3.6×10^{-6}	7×10^{-1} salicylate, $2 \times 10^{-3}\,I^-, 10^{-1}\,Br^-, 3 \times 10^{-1}\,ClO_3^-, 2 \times 10^{-1}$ acetate, $2 \times 10^{-1}\,HCO_3^-, 2 \times 10^{-1}\,NO_3^-, 2 \times 10^{-1}\,SO_4^{2-}, 1 \times 10^{-1}\,Cl^-, 1 \times 10^{-1}\,ClO_4^-, 1 \times 10^{-1}\,F^-$
ClO_4^-	10^0~7×10^{-6}	$2 \times 10^{-3}\,I^-; 2 \times 10^{-2}\,ClO_3^-; 4 \times 10^{-2}\,CN^-, Br^-; 5 \times 10^{-2}\,NO_2^-, NO_3^-; 2\,HCO_3^-, CO_3^{2-}; Cl^-, H_2PO_4^-, HPO_4^{2-}, PO_4^{3-}, OAc^-, F^-, SO_4^{2-}$
K^+	10^0~1×10^{-6}	$3 \times 10^{-4}\,Cs^+; 6 \times 10^{-3}\,NH_4^+, Tl^+; 10^{-2}\,H^+; 1.0\,Ag^+, Tris^+; 2.0\,Li^+, Na^+$
물의 경도 ($Ca2^+ + Mg^{2+}$)	10^{-3}~6×10^{-6}	$3 \times 10^{-5}\,Cu^{2+}, Zn^{2+}; 10^{-4}\,Ni^{2+}; 4 \times 10^{-4}\,Sr^{2+}; 6 \times 10^{-5}\,Fe^{2+}; 6 \times 10^{-4}\,Ba^{2+}; 3 \times 10^{-2}\,Na^+; 0.1\,K^+$

모든 전극은 플라스틱 막 형태이다.

† 전극 카탈로그, Boston, MA: Thermo Orion, 2006. With permission of Thermo Electron Corp., Waltham, MA.

‡ 물품 사용 설명서, Boston, MA: Thermo Orion, 2003. With permission of Thermo Electron Corp., Waltham, MA.

다 사용하기에 좀 더 편리하고 더 단단하다. 표 23-4에 나열한 모든 전극은 플라스틱 막 형태이다.

23E 이온 선택성 장 효과 트랜지스터

제2C-3절(그림 2-19)에서 설명한 금속 산화물 반도체 장 효과 트랜지스터(metal oxide semiconductor field-effect transistor, MOSFET)는 컴퓨터와 다른 전자 회로에서 전류의 흐름을 조절하는 스위치로 많이 사용된다. 전자 회로에 이러한 형태의 장치를 사용하는 데 있어서 문제점 중의 하나는 이것이 이온성 표면 불순물에 매우 민감하다는 것이다. 그러므로 전자 산업계에서는 안정된 트랜지스터를 생산하기 위해 민감한 정도를 최소화하거나 제거하는 데 많은 돈과 노력을 들이고 있다.

지난 수십 년간, 전위차법으로 다양한 이온들을 선택적으로 정량하기 위해 이온성 표면 불순물에 대한 MOSFET의 감도를 이용하는 데 있어서 많은 성과가 있었다. 그 결과 매우 많은 종류의 *이온 선택성 장 효과 트랜지스터*(ion-selective field-effect transistor, ISFET)가 개발되었다. 이것들의 이온 선택성 감도에 대한 이론은 잘 알려져 있으며, 다음 절에서 설명할 것이다.[17]

23E-1 ISFET의 이온 선택성 거동 메커니즘

ISFET는 구성이나 기능 면에서 n-채널 증강 방식 MOSFET과 매우 유사하다(제2C-3절). 유일한 차이는 대상 이온의 농도 변화로 인해 채널의 전도도를 조절하는 게이트 전압이 변화한다는 것이다. 그림 23-11에서와 같이 보통의 금속 접촉 대신 ISFET의 게이트는 Si_3N_4 절연층으로 덮여있다. 이 예에서 수소 이온을 포함하고 있는 분석물질 용액은 절연층 및 기준 전극과 접촉하고 있다. 게이트 절연체의 표면은 유리 전극의 표면과 매우 비슷하게 거동한다. 분석물질 용액의 H^+는 Si_3N_4 위의 미세

[17]ISFET에 관한 총설은 다음 문헌을 참고하시오. P. Bergveld, *Sens. Actuators B*, **2003**, *88*, 1, **DOI:** 10.1016/S0925-4005(02)00301-5. ISFET에 관한 이론과 작동에 관한 소개는 다음 문헌을 참고하시오. J. Janata, *Principles of Chemical Sensors*, pp. 125-41, New York: Plenum, 1989.

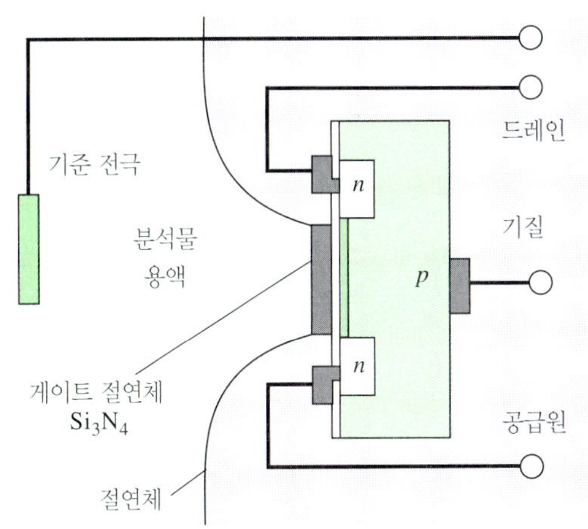

그림 23-11 **pH 측정용 ISFET.**

자리에 흡착된다. 용액 중의 H^+ 농도가 변하면 흡착되는 H^+의 농도가 변하게 된다. 흡착된 H^+의 농도가 변하면 게이트와 공급원 사이의 전기화학적 전위가 변화되고, 이것은 다시 ISFET에서 채널의 전도도를 변화시킨다. 채널의 전도도는 전기적으로 측정되어 용액에 들어있는 H^+ 농도의 로그에 비례하는 신호로 나타난다. 분석물질 용액과 모든 전기적 접촉을 차단하기 위해, 게이트 절연층을 제외한 전체 ISFET는 고분자 물질로 입혀져 있다.

23E-2 ISFET의 응용

ISFET의 이온 감응 표면은 본래 pH 변화에 민감하지만, 하이드로늄 이온 이외의 다른 화학종과 착물을 형성하려는 분자가 포함된 고분자를 Si_3N_4 게이트 절연층에 코팅하면, 이 장치는 다른 화학종에도 감응할 수 있게 된다. 게다가, 한 기질 위에 여러 개의 ISFET를 설치하여 동시에 여러 개를 측정할 수도 있다. 모든 ISFET들이 같은 화학종을 측정하여 정확도와 신뢰도를 높일 수도 있고, 또는 각 ISFET에 다른 고분자를 입혀 여러 다른 화학종을 측정할 수도 있다.

ISFET는 막전극에 비해, 단단함, 작은 크기, 가혹한 환경하에서의 안정성, 빠른 감응, 그리고 낮은 전기적 임피던스와 같은 중요한 장점을 많이 가지고 있다. 막전극과 비교해서 ISFET는 사용하기 전에 수화시킬 필요가 없으므로 마른 상태에서 무한정 보관할 수 있다. 이런 많은 이점에도 불구하고, 발명 후 20년이 지난 1990년대 초반까지도 ISFET 이온 선택성 전극은 상품화되지 못하였다. 이렇게 늦어진 이유는 전위의 변화와 불안정성을 나타내지 않는 상품을 만들기 위해 필요한 절연 기술을 개발하지 못했기 때문이다. 전위의 변화 다음으로 유일하게 중대한 단점은 다소 기존의 기준 전극이 필요하다는 것이다. 이러한 요구 사항으로 인해 ISFET 탐침의 소형화는 제약을 받는다. 분석 이온에 선택적인 것과 선택적이지 않은 것으로 이뤄진 차등 ISFET 쌍에 대한 연구가 계속되고 있다. 분석 이온에 선택적이지 않은 기준 ISFET를 REFET라 부르고, ISFET와 REFET 사이의 전위차를 측정하기 위하여 차동 증폭기가 사용되는데 이 전위차는 pX에 비례한다.[18] 지난 10여 년간 ISFET에 기반을 둔 여러 pH 측정 기기가 시장에 나왔고 다른 분석물질에 선택적인 기기를 개발하기 위하여 연구가 계속되고 있다. 지난 30여 년 동안 150개가 훨씬 넘는 ISFET 특허가 출원되었고, 20여 개 이상의 회사가 여러 형태의 ISFET를 제조하고 있다. 기준 전극의 문제가 해결됨에 따라, 넓은 범위의 가혹하고 특이한 환경 속에서 사용될 수 있는 작고 튼튼한 센서에 대한 가능성이 실현되고 있다.

23F 분자 선택성 전극계

어떤 종류의 *분자들*(molecules)에 선택적으로 감응하는 두 가지 종류의 막전극계가 개발되었다. 하나는 이산화탄소와 암모니아 같이 용해되어 있는 기체를 정량하는 데 사용된다. 다른 하나는 생촉매 막에 기반을 두고 있으며, 글루코스나 요소와 같은 다양한 유기 화합물을 정량하는 데 사용된다.

23F-1 기체-감응 탐침

지난 30여 년 동안 여러 기체-감응 전기화학 장치들이 시판되었다. 제조업체의 문헌에서는 이 장치들이 종종 기체-감응 "전극"이라고 불린다. 그러나 그림 23-12에서 보는 바와 같이 이 장치들은 실제로는 전극이 아니고, 이온 선택성 전극과 기준 전극으로 이루어진 전기화학 전지로, 이 전극들을 포함하는 내부 용액이 얇은 기체 투과막에 의해 유지되고 있다. 따라서 이 장치는 *기체-감응 탐침*(gas-sensing probes)으로 부르는 것이 더 적절하다.

기체-감응 탐침은 용해된 기체, 또는 pH 조절에 의해 용해된 기체로 전환될 수 있는 이온들을 정량하는 데 대단히 선택적이며 민감한 장치이다.

막 탐침 설계

그림 23-12는 이산화탄소를 측정하는 데 사용되는 기체-감응 탐침을 자세히 보여주는 개요도이다. 탐침의 핵심부는 얇은 다공성인 막인데, 이것은 쉽게 교환할 수 있다. 이 막은 분석물질 용액을 $NaHCO_3$와 NaCl이 포함된 내부 용액으로부터 분리시켜 준다. 평평한 막으로 된 pH-감응 유리 전극과 기체-투과막 사이에 매우 얇은 내부 용액층이 끼어 있다. Ag-AgCl 기준 전극 또한 내부 용액에 들어있다. 유리 전극에 인접한 액체층의 pH는 막의 다른 쪽에 있는 분석물질 용액의 이산화탄소 함량을 나타낸다.

[18] P. Bergveld, *Sens. Actuators B*, **2003**, *88*, 1, **DOI:** 10.1016/S0925-4005(02)00301-5.

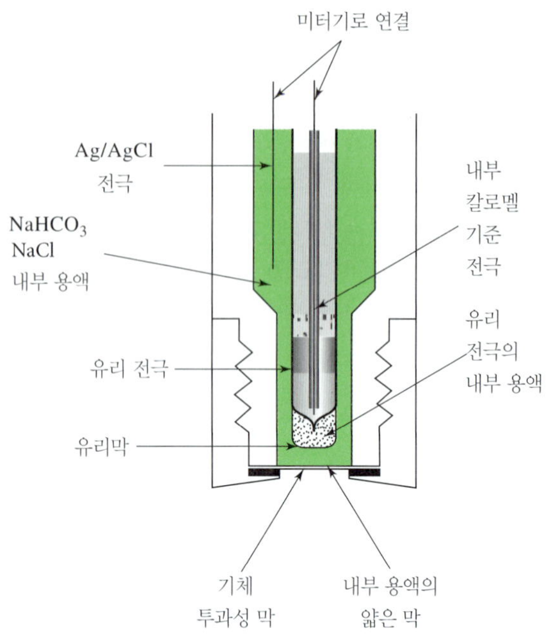

그림 23-12 이산화탄소를 측정하는 기체-감응 탐침의 개요도.

기체 투과성 막

막의 재료로 사용되는 두 가지 일반적인 유형은 미세 다공성인 것과 균일한 것이다. 미세 다공성 물질은 polytetrafluoroethylene 또는 polypropylene과 같은 소수성 중합체를 이용하여 제작되며, 이들의 다공도(틈새 부피)는 약 70%이고, 구멍 크기는 1 μm 이하이다. 이 막이 갖고 있는 무극성과 물을 밀어내는 성질로 인해, 물 분자나 전해질 이온은 구멍에 들어오지 못한다. 반면에 기체 분자는 *분출*(effusion)에 의해 구멍을 자유롭게 드나들며 이 막을 통과한다. 보통 미세 다공성 막의 두께는 약 0.1 mm이다.

이와 달리, 균일한 막은 고체 고분자 물질로 되어 있으며 분석물질 기체는 막 안에서 용해되고, 확산한 다음 탈용매화를 거쳐 내부 용액으로 전달된다. 이러한 막에 가장 널리 사용되는 물질은 실리콘 고무이다. 균일한 막은 일반적으로 미세 다공성 막보다 더 얇아서(0.01~0.03 mm) 기체의 이동과 계의 감응 속도가 증가한다.

감응 메커니즘

이산화탄소가 용해되어 있는 용액이 그림 23-12에서 보여준 미세 다공성 막과 접촉할 때 다음 반응식과 같이 기체는 막을 통해 분출된다.

$$\underset{\text{분석물 용액}}{CO_2(aq)} \rightleftharpoons \underset{\text{막의 구멍}}{CO_2(g)}$$

$$\underset{\text{막의 구멍}}{CO_2(g)} \rightleftharpoons \underset{\text{내부 용액}}{CO_2(aq)}$$

$$\underset{\text{내부 용액}}{CO_2(aq)} + 2H_2O \rightleftharpoons \underset{\text{내부 용액}}{HCO_3^-} + H_3O^+$$

마지막 평형으로 인해 내부 표면층의 pH가 변화한다. 이 변화는 그림 23-12에 나타낸 것과 같은 내부 유리-칼로멜 전극 계에 의해 검출된다. 세 개의 평형 반응식을 더하면 전체 과정에 대한 식을 얻을 수 있다.

$$\underset{\text{분석물 용액}}{CO_2(aq)} + 2H_2O \rightleftharpoons \underset{\text{내부 용액}}{HCO_3^-} + H_3O^+$$

이 전체 반응의 열역학적 평형 상수 K는 다음과 같다.

$$K = \frac{(a_{H_3O^+})_{int}(a_{HCO_3^-})_{int}}{(a_{CO_2})_{ext}}$$

CO_2와 같은 중성 화학종의 경우, $a_{CO_2} = [CO_2(aq)]$이므로,

$$K = \frac{(a_{H_3O^+})_{int}(a_{HCO_3^-})_{int}}{[CO_2(aq)]_{ext}}$$

여기에서, $[CO_2(aq)]_{ext}$는 분석물질 용액에 들어있는 기체의 몰 농도이다. 측정한 전지 전위가 외부 용액에 들어있는 이산화탄소 농도의 로그에 비례하기 위해서, 내부 용액에 있는 HCO_3^-의 활동도는 외부 용액으로부터 들어오는 이산화탄소에 의해 크게 변화되지 않도록 충분히 커야 한다. $(a_{HCO_3^-})_{int}$가 일정하다고 가정하면, 앞의 식은 다음과 같이 정리할 수 있다.

$$\frac{(a_{H_3O^+})_{int}}{[CO_2(aq)]_{ext}} = \frac{K}{(a_{HCO_3^-})_{int}} = K_g \qquad (23\text{-}18)$$

a_1을 내부 용액에 들어있는 수소 이온의 활동도로 놓으면, 이 식은 다음과 같다.

$$(a_{H_3O^+})_{int} = a_1 = K_g[CO_2(aq)]_{ext} \qquad (23\text{-}19)$$

식 23-19를 식 23-13에 대입하면, 다음을 얻는다.

$$\begin{aligned} E_{ind} &= L + 0.0592 \log a_1 \\ &= L + 0.0592 \log K_g[CO_2(aq)]_{ext} \\ &= L + 0.0592 \log K_g + 0.0592 \log[CO_2(aq)]_{ext} \end{aligned} \qquad (23\text{-}20)$$

두 상수항을 정리하여 새로운 상수 L'을 얻으면, 다음과 같은 식이 얻어진다.

$$E_{ind} = L' + 0.0592 \log [CO_2(aq)]_{ext} \qquad (23\text{-}21)$$

결국, $E_{cell} = E_{ind} - E_{ref}$이므로

$$E_{cell} = L' + 0.0592 \log [CO_2(aq)]_{ext} - E_{ref} \qquad (23\text{-}22)$$

또는

$$E_{cell} = L'' + 0.0592 \log [CO_2(aq)]_{ext}$$

여기에서

$$L'' = L + 0.0592 \log K_g - E_{ref}$$

따라서 내부 용액에 있는 유리 전극과 기준 전극 사이의 전위는 외부 용액에 있는 CO_2 농도에 의해 결정된다. **어떠한 전극도 분석물질 용액과 직접 접촉하지 않고 있다는 것에 다시 한번 유의하라.**

이러한 센서들의 CO_2 감응을 방해하는 유일한 화학종은 막을 통과해서 내부 용액의 pH에 영향을 미치는 다른 용존 기체

표 23-5 시판되고 있는 기체-감응 전극

기체	내부 용액에서의 평형	감응 전극
NH_3	$NH_3 + H_2O \rightleftharpoons NH_4^+ + OH^-$	유리, pH
CO_2	$CO_2 + H_2O \rightleftharpoons HCO_3^- + H^+$	유리, pH
HCN	$HCN \rightleftharpoons H^+ + CN^-$	Ag_2S, pCN
HF	$HF \rightleftharpoons H^+ + F^-$	LaF_3, pF
H_2S	$H_2S \rightleftharpoons 2H^+ + S^{2-}$	Ag_2S, pS
SO_2	$SO_2 + H_2O \rightleftharpoons HSO_3^- + H^+$	유리, pH
NO_2	$2NO_2 + H_2O \rightleftharpoons NO_2^- + NO_3^- + 2H^+$	고정된 이온 교환, pNO_3

들이다. 기체 탐침의 선택성은 기체 막의 투과성에만 의존한다. 막을 바탕으로 하는 CO_2 센서들은 제23F-2절에서 설명하는 임상 분석기에 사용하기 위해 매우 작은 크기로 제작되고 있다.[19]

수소 이온 외에 다른 어떤 화학종에 감응하는 내부 전극을 사용하면 기체 감응 탐침의 선택성을 더 증가시킬 수 있다. 예를 들면 NO_3^- 감응 전극은 NO_2에 감응하는 탐침 제작에 이용할 수 있다. 이 장치의 경우, 평형은 다음과 같다.

$$\underset{\text{외부}}{2NO_2(aq)} + 3H_2O \rightleftharpoons \underset{\text{내부 용액}}{NO_2^- + NO_3^-} + 2H_3O^+$$

이 전극을 이용하면 내부 용액의 pH를 변화시킬 수도 있는 SO_2, CO_2 및 NH_3와 같은 기체의 존재하에서도 NO_2를 정량할 수 있다.

표 23-5에는 시중에서 구할 수 있는 대표적인 기체-감응 탐침을 나열하였다. 산소-감응 탐침도 시판되고 있다. 하지만 이것은 전압-전류법 측정에 바탕을 두고 있으므로 제25장에서 설명할 것이다.

23F-2 바이오센서

지난 30여 년 동안, 생화학 분야의 물질과 반응들의 선택성을 전기화학적 변환기(그림 1-7 참고)와 결합하여 생물학과 생화학 분야의 화합물들을 정량할 수 있는 매우 선택적인 바이오센서를 개발하기 위해 많은 노력을 기울여 왔다.[20] 이 물질들은 효소, DNA, 항원, 항체, 박테리아, 세포 및 동물과 식물의 조직 시료들이다. 분석물질이 이 물질들과 반응할 때, 상호작용에 의해 화학종들이 생성되고 이 화학종들은 앞에서 설명한 이온 또는 분자 선택성 전극에 의해 직접적으로 또는 간접적으로 분석될 수 있게 된다. 바이오센서가 가지고 있는 높은 선택성이라는 장점은 많은 생화학 물질들의 제한적인 안정성에 의해 상쇄되고, 이로 인해 가혹한 환경에서의 사용에 제약을 받는다. 이러한 단점은 합성 물질의 개발에 의하여 어느 정도 극복되고 있는데, 이 합성 물질은 자연에 나타나는 분자와 비슷하게 분자 인식 특성을 가지고 있다. 이러한 새 화합물들은 천연 물질들보다 더 견고할 수 있다.

효소 기반 바이오센서

효소 기반 바이오센서는 가장 폭넓게 연구되고 있으며, 아마도 가장 유용한 바이오센서이다. 이 장치에서, 시료가 *고정된 효소*(immobilized enzyme)와 접촉하면 효소와 분석물질이 반응하여 암모니아, 이산화탄소, 수소 이온 또는 과산화수소와 같은 화학종이 생성된다. 생성물의 농도는 분석물질의 농도에 비례하고, 변환기에 의하여 측정된다. 이런 장치에 가장 흔하게 사용되는 변환기는 막전극, 기체-감응 탐침과 제25장에서 설명하게 될 전압-전류 장치이다.

막전극에 기반을 두고 있는 바이오센서는 몇 가지 점에서 매력적이다. 첫째는 원리적으로 무기 화학종들을 이온 선택적으로 측정할 때와 같이 복잡한 유기 분자를 편리하고 빠르고, 쉽게 측정할 수 있다는 것이다. 둘째는 효소 촉매 반응은 일반적인 온도와 pH 조건하에서, 그리고 기질의 농도가 비교적 낮을 때에도 일어난다는 것이다. 셋째로는, 효소 반응의 선택성과 전극 감응의 결합으로 인해 대부분의 방해물로부터 자유롭다는 것이다.

효소를 이용하는데 있어 가장 큰 문제점은 효소의 가격이 높다는 것인데, 특히 일상적인 측정이나 연속 측정에 사용할 때 더 그러하다. 이러한 단점을 극복하기 위해 소량의 효소로 수백 개의 시료를 반복해서 분석할 수 있는 고정된 효소 매질을 사용하는 방법이 개발되었다. 두 가지의 일반적인 방법이 사용된다. 한 가지는, 시료가 고정된 효소층을 통과한 후 검출기로 이동하는 방법이다. 두 번째 방법은, 다공성의 고정된 효소층을 이온 선택성 전극의 표면에 부착시켜 *효소 전극*(enzyme electrode)을 만드는 것이다. 이러한 장치에서, 반응 생성물은 확산에 의해 선택성 막의 표면으로 이동한다.

효소를 고정시키는 방법으로는 고분자 젤 안에 물리적으로 잡아두기, 알루미나와 같은 다공성 무기 지지체에 물리적인 흡착, 유리 구슬 또는 고분자와 같은 고체 표면에 효소의 공유 결합, 그리고 적당한 단위체와 효소의 공중합 등이 있다.

그림 23-13은 중요한 일상적인 임상 실험인 혈액 요소 질소(BUN)의 정량에 사용되는 두 종류의 효소 전극을 보여준다. 요소분해효소가 있을 때, 요소는 다음과 같은 반응에 의해 가수분해된다.

---

[19] M. E. Meyerhoff, *Clin. Chem.*, **1990**, *36*, 1567.

[20] 바이오센서에 관한 총설은 다음 문헌을 참고하시오. E. Bakker and M. Telting-Diaz, *Anal. Chem.*, **2002**, *74*, 2781, **DOI:** 10.1021/ac0202278. 바이오센서에 대한 폭넓은 논의는 다음 문헌을 참고하시오. *Biosensors and Modern Biospecific Analytical Techniques*, Vol. 44 (Comprehensive Analytical Chemistry), L. Gorton, ed., Amsterdam: Elsevier, 2004; *Biosensor Technology: Fundamentals and Applications*, R. P. Buck, W. E. Hatfield, M. Umaña, and E. F. Bowden, eds., New York: Dekker, 1990; *Biosensors: Fundamentals and Applications*, A. P. F. Turner, I. Karube, and G. S. Wilson, eds., New York: Oxford University Press, 1987.

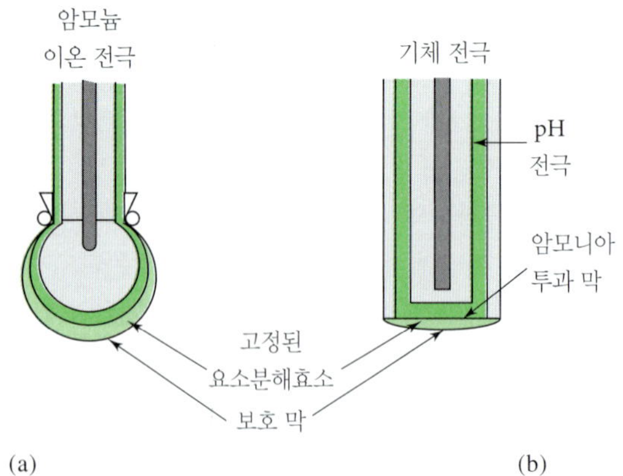

그림 23-13 요소 측정용 효소 전극. (D. N. Gray, M. H. Keyes, and B. Watson, *Anal. Chem.*, **1977**, *49*, 1067A, **DOI:** 10.1021/ac50020a798. Copyright 1977 American Chemical Society.)

$$(NH_2)_2CO + H_3O^+ + H_2O \rightarrow 2NH_4^+ + HCO_3^-$$
$$\rightleftharpoons + 2H_2O \qquad (23\text{-}23)$$
$$2NH_3 + 2H_3O^+$$

그림 23-13a에 있는 전극은 식 23-23의 윗부분에 있는 있는 반응에 의해 생성된 NH_4^+ 이온에 감응하는 유리 전극이다. 그림 23-13b에 있는 전극은 NH_4^+ 이온과 평형 상태에 있는 암모니아 분자에 감응하는 암모니아 기체 탐침이다. 불행하게도, 두 전극 모두 한계점을 가지고 있다. 유리 전극은 모든 1가 양이온에 감응하며, Na^+ 이온과 K^+ 이온에 대한 NH_4^+의 선택 계수가 좋지 않아서 대부분의 생물학적 매질(혈액과 같은)에서 방해를 받는다. 암모니아 기체 탐침이 갖는 또 다른 문제는 탐침에 적합한 pH와 효소에 적합한 pH가 서로 다르다는 것이다. 효소가 최대 촉매 활성을 나타내기 위해서는 약 7 정도의 pH가 필요하지만, 센서의 최대 감도는 pH 8~9 이상(거의 모든 NH_4^+ 이온이 NH_3로 전환되는)에서 나타난다. 따라서 전극의 감도에는 한계가 있다. 이 두 한계점은 고정된 효소 시스템을 사용하여 극복할 수 있는데, 이 시스템에서는 약 pH 7 정도의 시료가 효소 위를 통과한다. 이로 인해 용액은 알칼리성이 되고, 이때 생성된 암모니아는 암모니아 기체 탐침으로 측정한다. 이러한 방법을 이용한 자동화기기(제33장 참고)는 수년 동안 시판되고 있다.

효소에 기반을 둔 바이오센서의 검출 한계에 영향을 주는 요인에는 효소층과 결합되어 있는 ISE의 고유 검출 한계, 효소 반응의 반응 속도, 그리고 기질이 층 안으로 이동하는 물질 이동 속도 등이 있다.[21] 이러한 장치와 표 23-6에서 보여준 여러 개의 잠재적으로 유용한 효소에 기반을 둔 막에 대한 많은 연구에도 불구하고, 최소한 위에서 언급한 한계점들 때문에 시판되고 있는 전위차법 효소 전극은 단지 몇 개에 불과하다. 다음에 설명할 임상 응용에서 효소를 이용한 요소 질소 측정은 이러한 유형의 센서가 예외적으로 사용되는 예이다. 많은 회사에서 다양한 효소 시스템에 대한 전압-전류법 측정에 기반을 둔 효소 전극을 제공하고 있다. 이러한 전극들은 제25장에서 다룰 것이다.

임상 분석에서의 응용

효소 기반 전위차 바이오센서를 임상 분석에 응용하는 예로 환자의 침대 옆에서 혈액 시료를 분석하기 위하여 특별히 고안된 자동화된 모니터 장치를 들 수 있다. 그림 23-14a의 i-STAT 휴대용 임상 분석기는 K^+, Na^+, Cl^-, pH, pCO_2, pO_2, 요소 질소, 글루코스와 같이 넓은 범위의 임상적으로 중요한 분석물질을 측정할 수 있는 휴대용 기기이다. 뿐만아니라, 컴퓨터 기반의 분석기는 HCO_3^-, 이산화탄소 총량, 염기 과잉, 산소 포화, 전혈에 들어있는 헤모글로빈을 계산할 수 있다. 이 장치를 이용해 얻은 데이터의 상대 표준 편차는 0.5~4% 정도이다. 연구에 의하면 분석기로 얻은 분석 결과는 일반적인 임상 실험실에서 얻은 비슷한 측정 결과를 대체하기에 충분할 정도로 믿을 만하고 비용면에서도 효과적이라는 사실이 알려졌다.[22]

대부분의 분석물질(pCO_2, Na^+, K^+, Ca^{2+}, 요소 질소와 pH)은 막을 기반으로 하는 미세 제작 ISE 기술을 이용하여 전위차 측정법으로 정량한다. 요소 질소 센서는 암모늄 이온 선택성 전극 위에 자리하고 있는 요소분해효소가 포함된 고분자 층으로 이루어져 있다. BUN 측정에 관한 화학적 지식은 앞 절에서 설명하였다. 적혈구 용적률은 전기 전도도 검출에 의해 측정되며, pO_2는 Clack 전압-전류 센서로 측정한다(제25C-4절). 다른 결과들은 이 자료를 이용하여 계산한다. 감시 장치의 핵심 부품은 그림 23-14b에 나타낸 일회용 전기화학적 i-STAT 센서 배열이다. 그림과 같이 각 센서 전극은 좁은 흐름 통로를 따라 실리콘 칩 위에 위치하고 있다. 통합 바이오센서는 특허 기술인 마이크로 제조 공정에 의해 제작된다.[23]

각각의 새로운 센서 배열은 측정 단계에 앞서 자동적으로 보정된다. 환자로부터 추출한 혈액 시료는 시료 도입 구멍에 위치시키고, 카트리지를 i-STAT 안에 끼워 넣는다. 완충된 분석물질 표준 용액이 들어있는 보정 주머니에는 i-STAT 분석기에 의해 구멍이 생기고, 보정 용액이 센서 표면의 흐름 통로를 따라 이동하도록 압축된다. 보정 단계가 완료되면 분석기는 공기 주머니를 압축하고, 이로 인해 혈액 시료는 흐름 통로를 통해 보정 용액을 출구로 밀어내며, 혈액(20~100 μL)이 센서 배열과 접촉

---

[21] E. Bakker and M. E. Meyerhoff, in *Encyclopedia of Electrochemistry*, A. J. Bard, ed., Vol. 9, *Bioelectrochemistry*, G. S. Wilson, ed., New York: Wiley, 2002, p. 303; P. W. Carr and L. D. Bowers, *Immobilized Enzymes in Analytical and Clinical Chemistry: Fundamentals and Applications*, New York: Wiley, 1980.

[22] J. N. Murthy, J. M. Hicks, and S. J. Soldin, *Clin. Biochem.*, **1997**, *30*, 385, **DOI:** 10.1016/S0009-9120(97)00046-5.

[23] S. N. Cozzette et al. for i-STAT Corporation, East Windsor, NJ. U.S. Patent 5 466 575, 1995.

표 23-6 효소 기반 전위차 바이오센서*

분석물질	효소	반응	ISE 검출기
Urea	Urease	Urea $\longrightarrow$ $2NH_3$ + CO_2	NH_4^+-유리 또는 고분자 NH_3-기체 센서 H^+-유리 또는 고분자
Creatinine	Creatininase	Creatinineh $\longrightarrow$ N-methylhydantoin + NH_3	NH_4^+-유리 또는 고분자 NH_3-기체 센서
L- 또는 D-Amino acids	L- 또는 D-Amino acid oxidase	L (D) AA $\longrightarrow$ RCOCOOH + NH_3 + H_2O_2	NH_4^+-유리 또는 고분자 NH_3-기체 센서
L-Glutamine	Glutaminase	L-Glutamine $\longrightarrow$ glutamic acid + NH_3	NH_4^+-유리 또는 고분자 NH_3-기체 센서
Adenosine	Adenosine deaminase	Adenosine $\longrightarrow$ inosine + NH_3	NH_4^+-유리 또는 고분자 NH_3-기체 센서
L-Glutamate	Glutamate decarboxylase	L-Glutamate $\longrightarrow$ GABA + CO_2	CO_2-기체 센서
Amygdalin	β-Glucosidase	amygdalinh $\longrightarrow$ HCN + $2C_6H_{12}O_6$ + benzaldehyde	CN-고체 상태
Glucose	Glucose oxidase	glucose + O_2 $\longrightarrow$ gluconic acid + H_2O_2	H^+-유리 또는 고분자
Penicillin	Penicillinase	Penicillin $\longrightarrow$ Penicilloic acid	H^+-유리 또는 고분자

*E. Bakker and M. E. Meyerhoff, in *Encyclopedia of Electrochemistry*, A. J. Bard., ed., Vol. 9, *Bioelectrochemistry*, G. S. Wilson, ed., New York: Wiley, 2002, p. 305.

하도록 만든다. 그런 다음 전기화학 측정이 이뤄지고 결과가 계산되어 분석기의 액정 디스플레이에 나타난다. 결과는 분석기 메모리에 저장되고, 병원 실험실 데이터 관리 시스템으로 보내져 영구 저장이나 검색이 가능해진다(제4H-2절 참고). 20개 이상의 서로 다른 분석물질 조합과 측정이 가능하도록 설정된 카트리지가 시판되고 있다.

생의학적인 시스템과 생물학적인 시스템에 들어있는 다양한 시료를 생체 밖에서 전위차법으로 측정하기 위해 i-STAT 병상 모니터와 비슷한 기기가 한동안 시판되었다. 최근에는, 생체 내 연구를 위한 소형 전위차 센서 개발에 많은 관심이 쏠리고 있다. 그림 23-15는 얇은 Kapton® 폴리이미드 필름 위에 제작된 9개의 전위차 전극의 소형 배열(4 × 12 mm)을 보여준다.[24] 인쇄 회로 기판에 사용된 것과 비슷한 두꺼운 필름 기술에 의해 9개의 분리된 전극(배열의 반대 면에 있는 대응 기준 전극과 함께)이 제작되었다. 크로뮴 접착층과 금층을 고분자 위에 증착시켜 센서 영역에 전기적 접촉을 제공한다. 다음에 배열을 감광 저항으로 입히고 전극 영역을 정하는 마스크를 통해 UV 광선에 노출시킨다. 감광 저항을 현상하면 전극 패드가 노출된다. 그런 다음, 전기화학적으로 Ag과 AgCl을 입혀서 각 센서의 내부기준 전극을 만든다. HEMA (hydroxyethyl methacrylate)와 전해질의 혼합물을 가하여 내부 기준 전극과 이온 선택성 막 사이에 염다리를 만든다. 끝으로, 폴리이미드 보호막과 함께 이온 선택성 막을 내부 기준 전극 위에 입힌다. 센서 배열은 심장 근육 속에 있는 H^+, K^+, Na^+, Ca^{2+} 이온과 다른 분석물질을 관찰하는 데 성공적으로 사용된다.

임상 시료에 들어있는 여러 가지 이온들을 일상적으로 정량하기 위하여 제작된, ISE 기반의 일회용 전기화학 전지가 한 동안 시판되었다. 이러한 시스템에 대해서는 제33D-3절에서 간략하게 설명할 것이다.

빛 지시형 전위차 센서

반도체 기기와 전위차 측정 원리를 흥미롭고 유용하게 응용한 것이 빛 지시형 전위차 센서이다(light addressable potentiometric sensor, LAPS).[25] 이 기기는 한쪽 면에 실리콘 옥시나이트라이드를 1000 Å 두께로 입힌 얇고 평평한 p-형 또는 n-형 실리콘 판으로 만든다. 절연된 옥시나이트라이드 층과 접촉하고 있는 용액에 담긴 기준 전극과 실리콘 기판 사이에 바이어스 전압이 가해지면, 반도체는 주 운반체가 결핍된 상태가 된다(제2C-1절 참고). 변조 광원에서 나온 빛이 판의 양쪽으로 들어오면, 상응하는 광전류가 생성된다. 바이어스 전압에 따른 광전류를 측정하여 기기의 표면 전위를 측정한다. 옥시나이트라이드

[24]E. Lindner and R. P. Buck, *Anal. Chem.*, **2000**, *72*, 336A, **DOI:** 10.1021/ac002805v.

[25]D. A. Hafeman, J. W. Parce, and H. M. McConnell, *Science*, **1988**, *240*, 1182, **DOI:** 10.1126/science.3375810.

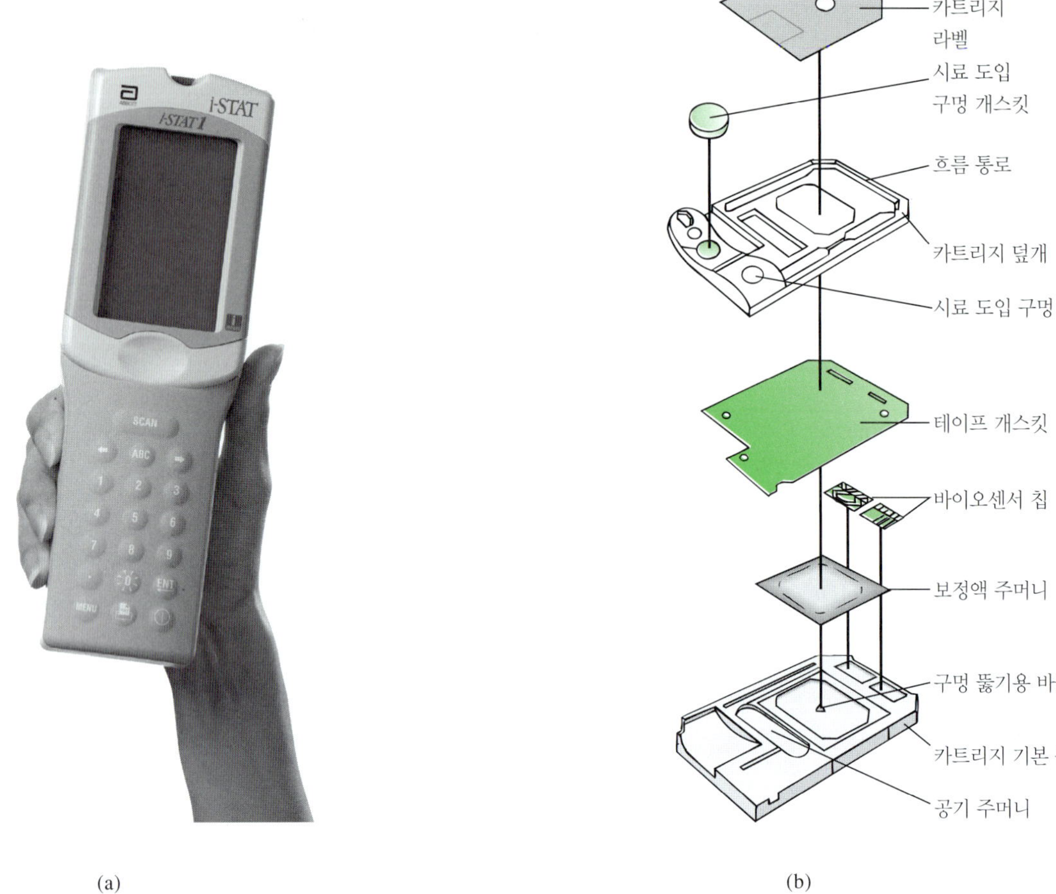

그림 23-14 (a) 휴대용 임상 분석기 i-STAT 1의 사진, (b) i-STAT 센서 배열 카트리지의 분해도. (Abbott Point of Care Inc.)

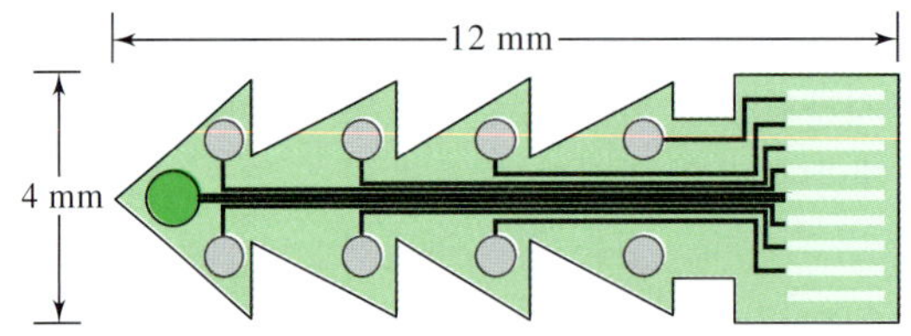

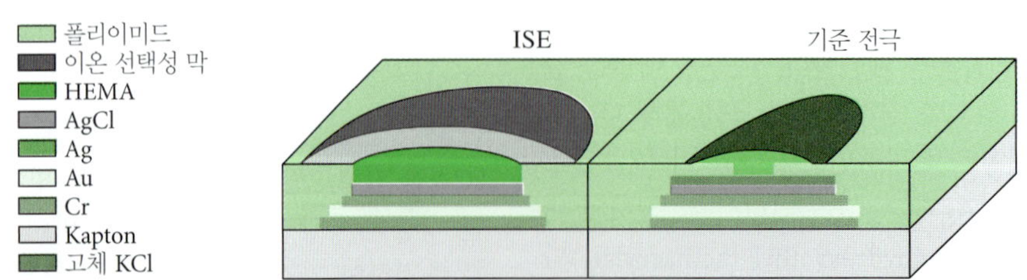

그림 23-15 분석물의 생체 내 측정을 위한 소형 전위차 센서. 센서는 두꺼운 필름 기술을 이용하여 유연성 있는 플라스틱 기질 위에 제작되었다. 필름의 한쪽에는 9개의 ISE가 있고, 반대쪽에는 이에 대응하는 기준 전극이 있다. (E. Lindner and R. P. Buck, *Anal. Chem.*, **2000**, *72*, 336A. With permission. Copyright 2000 American Chemical Society.)

층은 pH에 민감하므로, 표면 전위는 넓은 범위에 걸쳐 Nernst 관계식에 맞게 반응하는 pH 값을 제공한다.

실리콘 기판 아래에 발광 다이오드(light-emitting diode, LED) 배열을 부착시켜 이 기기의 용도를 확장시킬 수 있다. 차례로 다이오드를 변조시킴으로써, 장치 표면의 다른 부분이 pH 변화에 응답할 수 있다. 더구나 옥시나이트라이드 층에 여러 종류의 이온 운반체나 효소가 들어있는 막을 입히면, 각 LED는 여러 다른 종류의 분석물질을 감지할 수 있다. 이 장치를 이용하여 살아있는 세포가 다양한 생화학적 자극에 대해 반응하는 것을 관찰할 때, 이 장치를 *microphysiometer*라고 부른다. LAPS와 이를 이용한 바이오 분석에 대한 더 자세한 설명은 제25장 뒤에 나오는 기기 분석법의 실제 응용을 보라.

23G 전지 전위를 측정하는 기기

전지 전위를 측정하기 위한 기기를 설계하는 데 있어서 중요하게 고려할 점은 이 측정 장치의 저항이 전지의 저항보다 커야 한다는 것이다. 만약 그렇지 않으면, 전지의 IR 강하 때문에 심각한 오차가 생긴다(제2A-3절 참고). 다음의 예제는 이러한 효과를 보여준다.

예제 23-1

유리-칼로멜 전극계의 참 전위는 0.800 V이고 이의 내부 저항은 20 MΩ이다. 측정 장치의 저항이 100 MΩ일 때, 측정된 전위의 상대 오차는 얼마인가?

풀이

다음의 개요도는 측정 회로가 전압원 E_s와 두 개의 직렬 저항, 즉 소스 저항 R_s와 측정 장치의 내부 저항 R_M으로 간주될 수 있음을 보여준다.

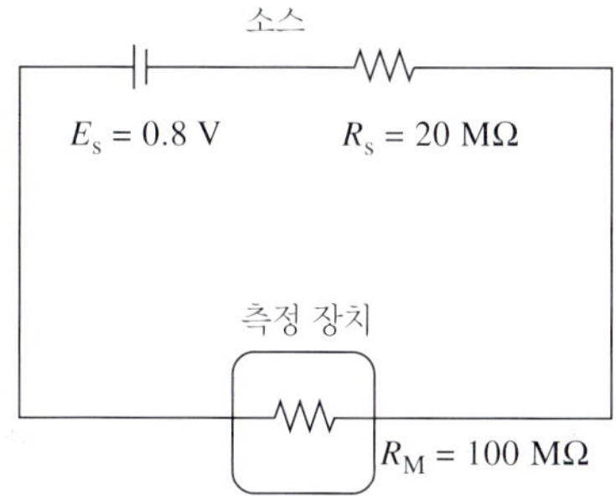

Ohm 법칙을 이용하면, 다음과 같이 쓸 수 있다.

$$E_s = IR_s + IR_M$$

여기에서 I는 전지와 측정 장치로 이루어져 있는 회로에서의 전류이다. 전류는 다음과 같다.

$$I = \frac{0.800\text{ V}}{(20 + 100) \times 10^6\ \Omega} = 6.67 \times 10^{-9}\text{ A}$$

측정 장치에 나타나는 전압 강하(측정 장치에 의해 나타난 전위, E_M)는 IR_M이다. 그러므로

$$E_M = (6.67 \times 10^{-9}\text{ A})(100 \times 10^6\ \Omega) = 0.667\text{ V}$$

그리고,

$$\text{상대 오차} = \frac{0.667\text{ V} - 0.800\text{ V}}{0.800\text{ V}} \times 100\%$$

$$= \frac{-0.133\text{ V}}{0.800\text{ V}} \times 100\% = -17\%$$

저항 오차를 1%까지 줄이기 위해서는, 전위 측정 장치의 저항이 전지 저항보다 약 100배 이상 더 커야 한다는 것을 쉽게 알 수 있다. 상대 오차가 0.1%가 되기 위해서는 저항은 1000배 더 커야 한다. ISE를 포함하는 전지의 전기 저항은 100 MΩ 또는 그 이상일 수 있으므로, 이러한 전극에 사용하는 전위 측정 장치의 저항은 일반적으로 10^{12} Ω 이상의 내부 저항을 갖는다.

예제 23-1에서 보여준 것과 같이, 측정된 전압 오차(−0.133 V)는 전위를 이용하여 측정한 농도의 정확도에 막대한 영향을 미친다는 것을 알 수 있다. 제23H-2절에서 설명한 것과 같이, 유리 전극으로 전위를 측정할 때 0.001 V의 전위 불확정도는 용액 중의 수소 이온 농도에 있어서 약 4%의 상대 오차를 초래한다. 예제 23-1에서 볼 수 있는 크기의 오차는 100배 이상의 농도 불확정도를 가져온다.

내부 저항이 큰 직독식 디지털 전압계는 거의 pH 측정이나 pIon 측정에만 사용된다.

23G-1 직독식 기기

매우 많은 직독식 pH 미터가 시판되고 있다. 일반적으로, 이 반도체 장치 안에는 장-효과 트랜지스터 또는 전압 팔로워가 있으며, 이것들은 필수적인 높은 입력 저항을 제공하는 첫 단계 증폭기로서 작동한다. 그림 23-16은 pH 탐침과 판독 장치로 사용되는 디지털 멀티미터를 제외하면, 약 \$10 정도로 만들 수 있는 건전지로 작동하는 간단한 pH 미터의 개요도이다.[26] 이 탐침기의 출력은 10^{12} Ω의 입력 저항을 갖는 높은 저항 전압 팔로워 A에 연결된다(제3B-2절, 제3C-2절 참고). 연산증폭기 B와 C는 회로 출력으로 이득(기울기, 또는 온도 조절)과 오프셋(교정)을 제공한다. 반전 증폭기 C(제3B-3절 참고)는 신호를 반전시켜 pH의 증가는 회로 출력 전위의 값이 양으로 증가하도록 해준다. 회로는 pH 1~14 범위에 해당하는 100~1400 mV의 출력 전압 범위를 나타내도록 완충 용액으로 보정한다. 세 개의 접합-FET 연산증폭기는 LF347 (National Semiconductor에서 제작)과 같은 단일 쿼드 집적 회로 패키지에 위치하게 된다.

---

[26] D. L. Harris and D. C. Harris, *J. Chem. Educ.*, **1992**, *69*, 563, **DOI:** 10.1021/ed069p563.

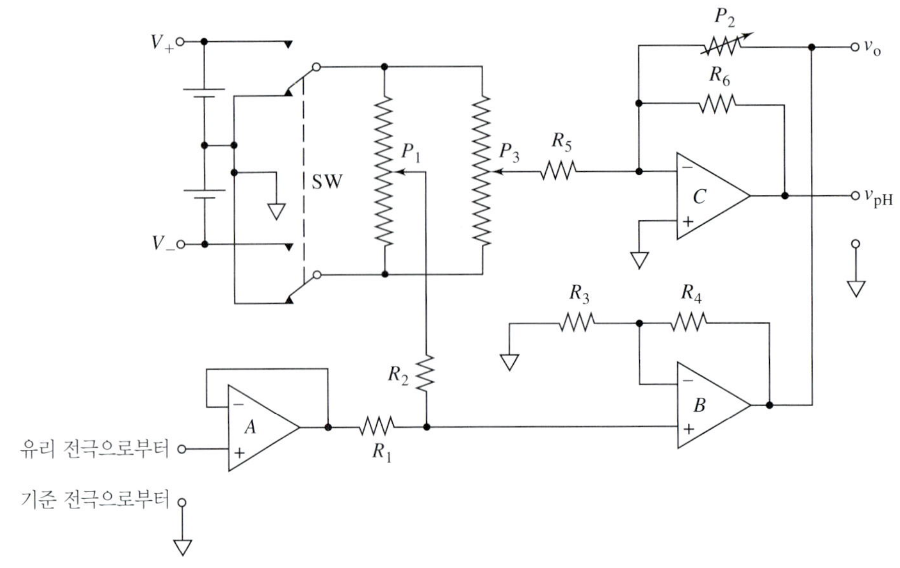

그림 23-16 쿼드 접합-FET 입력 연산증폭기 직접 회로에 기초한 pH 미터. 저항 R_1~R_6와 전위차계 P_1~P_3는 50 KΩ이다. 회로는 그림과 같이 배터리나 적당한 전원 공급 장치에 의해 작동한다. 회로 작동과 검정 과정은 논문 원본을 보라. (D. L. Harris and D. C. Harris, *J. Chem. Educ.*, **1992**, *69*, 563. With permission.)

23G-2 시판 기기

기기 제작사로부터 구할 수 있는 pIon 미터의 범위는 놀라울 정도이다.[27] 미터는 가격과 판독력을 기준으로 네 가지 그룹으로 분류할 수 있다. 이 중에는 실용적인 미터가 포함되어 있는데, 이 기기는 보통 건전지로 작동하는 휴대용이며, 가격의 범위는 $50 미만에서부터 $500 이상이다. 저가의 미터는 소비자 시장을 겨냥한 것이며 크기는 의료용 디지털 온도계 정도이다. 일반적으로 실용적인 미터는 0.5 또는 그 이하의 pH 단위까지 읽을 수 있다. 일반용 미터는 전선으로 연결된 전기 작동 기기이며 0.05 또는 그 이하의 pH 단위까지 읽을 수 있다. 많은 미터들은 디지털 판독 장치, 자동 온도 보상(automatic temperature compensation, ATC), 전체 눈금이 0~14 단위 대신에 0~1.4 단위로 표시되는 눈금 확장, mV 눈금 등의 특징을 가지고 있다. 현재 일반용 기기의 가격은 $100~$1,000 정도이다. 확장 눈금 기기는 일반적으로 0.01 또는 그 이하의 pH 단위를 읽을 수 있으며 일반용보다 더 비싸다. 대부분의 기기는 0.5~2 pH 단위(0~7 그리고 0~14 범위와 함께)의 전체 눈금 범위, 네 자리 숫자를 보여주는 표시 장치, 누름 단추식 제어 장치, mV 눈금, 그리고 ATC 등의 특징을 가지고 있다. 연구용 기기는 0.001 또는 그 이하의 pH 단위를 읽을 수 있으며, 일반적으로 다섯 자리 숫자의 표시 장치를 가지고 있고, 가격은 수천 달러이다. 이러한 기기의 판독성은 일반적으로 대부분의 이온 선택성 전극의 감도보다 훨씬 더 좋다.

많은 상용 기기의 ATC 기능은 대개 온도에 따라 저항이 달라지는 서미스터 또는 열전쌍과 온도에 비례하는 신호를 제공하는 관련 회로(제3C-3절)로 구성된다. 그 다음에 이 신호는 소프트웨어 계산이나 아날로그 회로를 이용하여 기기의 전달 함수 기울기(25°C에서 $2.303RT/F = 0.0592$)를 조절함으로써 출력을 보정하는 데 사용된다. 서미스터 또는 열전쌍은 기기의 콘솔에 통합되어 단순히 주변의 온도를 관측하거나, 분석물질 용액 안에 직접 담기는 탐침일 수 있다. 일상적인 작업의 경우, 온도 보상이 필수적인 것은 아니지만 매우 정확한 전위차 측정을 위해서는 매우 중요하다.

[27]시판되고 있는 엄청난 수의 pH 미터와 pIon 미터에 대해서 알아보려면 Google에서 "pH meter"와 "ion meter"를 입력해서 검색해보시오.

23H 직접 전위차 측정

직접 전위차 측정은 시료 용액에 담긴 지시 전극의 전위를 하나 이상의 분석물질의 표준 용액에 담긴 전극의 전위와 비교만 하면 되므로 이온이나 분자를 정량하는 것이 빠르고 간단하다. 대부분의 지시 전극이 선택적이기 때문에, 예비 분리 단계는 거의 필요 없다. 게다가, 직접 전위차 측정은 빠르며 이온 활동도의 연속적인 그리고 자동화된 측정에 쉽게 응용될 수 있다.

23H-1 직접 전위차법의 관계식과 부호 협약

전위차법의 부호 협약은 제22장에서 설명한 표준 전극 전위의 협약과 같다.[28] 이 협약에 따르면 지시 전극은 오른쪽 전극이고,

[28]여기에 설명한 규약은 National Institute of Standards and Technology (NIST)와 IUPAC에 의해 승인되었다. 다음 문헌을 참고하시오. R. P. Buck and E. Lindner, *Pure Appl. Chem.*, **1994**, *66*, 2527, **DOI:** 10.1351/pac199466122527 (http://www.iupac.org/publications/pac/1994/pdf/6612x2527.pdf).

기준 전극은 왼쪽에 위치한다.[29] 직접 전위차 측정에서 전지의 전위는 식 23-1에 나타낸 것과 같이 지시 전극의 전위, 기준 전극의 전위, 그리고 액간 접촉 전위의 항으로 표현된다.

$$E_{cell} = (E_{ind} - E_{ref}) + E_j \tag{23-24}$$

제23B절과 제23C절에서, 분석물질의 활동도에 대한 여러 형태의 지시 전극의 감응을 설명하였다. 25°C에서 양이온 X^{n+}의 전극 감응은 일반적인 Nernst 식을 따른다.

$$\begin{aligned} E_{ind} &= L - \frac{0.0592}{n}\log\frac{1}{a_X} \\ &= L + \frac{0.0592}{n}\log a_X \\ &= L - \frac{0.0592}{n}\text{pX} \end{aligned} \tag{23-25}$$

여기서 L은 상수이고, a_X는 양이온의 활동도이다. 금속 지시 전극의 경우, L은 일반적으로 표준 전극 전위이다(식 23-2 참고). 막전극의 경우, L은 크기를 알 수 없는, 시간에 따라 변하는 비대칭 전위를 포함한 여러 상수들의 합이다(식 23-14 참고).

식 23-25을 식 23-24에 대입하여 다시 정리하면, 다음의 식이 얻어진다.

$$\begin{aligned} \text{pX} = -\log a_X &= -\frac{E_{cell} - [(E_j - E_{ref}) + L]}{0.0592/n} \\ &= -\left[\frac{E_{cell} - (E_j - E_{ref} + L)}{0.0592/n}\right] \end{aligned}$$

괄호 안의 상수항을 합하면 새로운 상수 K를 얻을 수 있다.

$$\text{pX} = -\log a_X = -\frac{n(E_{cell} - K)}{0.0592} \tag{23-26}$$

여기에서

$$K = E_j - E_{ref} + L \tag{23-27}$$

음이온 A^{n-}의 경우, 식 23-26의 부호는 거꾸로 바뀐다.

$$\text{pA} = \frac{n(E_{cell} - K)}{0.0592} \tag{23-28}$$

모든 직접 전위차법은 식 23-26 또는 식 23-28에 바탕을 두고 있다. 두 식에서 부호의 차이는 이온 선택성 전극들이 pH 미터와 pIon 미터에 연결하는 방법에 있어서 미묘하지만 중요한 결과를 나타낸다. 두 식을 E_{cell}에 대해 풀면, 양이온에 대해 다음과 같은 식을 얻게 된다.

$$E_{cell} = K - \frac{0.0592}{n}\text{pX} \tag{23-29}$$

음이온에 대한 식은 다음과 같다.

$$E_{cell} = K + \frac{0.0592}{n}\text{pA} \tag{23-30}$$

식 23-29는 pX가 증가할 때 양이온 선택성 전극의 E_{cell}은 감소한다는 것을 보여준다. 따라서 높은 저항의 전압계를 일반적인 방식으로 전지에 연결하여, 지시 전극이 (+) 단자에 연결되면, pX가 증가함에 따라 전압계의 눈금은 감소한다. 이런 문제를 해결하기 위해, 기기 제작자들은 일반적으로 연결선을 바꾸어서 결국 양이온 선택성 전극을 전압 측정 장치의 (−) 단자에 연결하도록 하고 있다. 또는 제23F-1절에 나타낸 것처럼, 입력 단계와 미터 사이에서 신호를 뒤바꾸기도 한다. 그러면 미터의 눈금은 pX가 증가함에 따라 증가한다. 반면에, 음이온 선택성 전극은 미터의 (+) 단자에 연결하여 pA가 증가할 때 눈금 또한 크게 증가하도록 한다.

23H-2 전극 교정법

식 23-29과 식 23-30에서 상수 K는 여러 개의 다른 상수들을 포함하고 있고, 그중 적어도 하나는 접촉 전위인데 이것은 직접 측정하거나 이론적으로 계산할 수 없다. 그러므로 이 식들을 이용하여 pX 또는 pA를 구하기에 앞서 하나 이상의 분석물질 표준 용액을 이용하여 실험적으로 K를 얻어야 한다.

전극 교정법에서, K는 pX 또는 pA를 알고 있는 하나 이상의 표준 용액을 이용하여 E_{cell}을 측정함으로써 구할 수 있다. 이 경우에, 표준 용액 대신 시료 용액을 측정하는 경우에도 K는 변하지 않는다고 가정한다. 교정은 대개 미지 시료의 pX나 pA를 측정할 때 수행한다. 막전극의 경우, 만약 수 시간에 걸쳐 측정한다면 느리게 변하는 비대칭 전위 때문에 재교정이 필요할 수도 있다.

직접 전극 교정법은 간단하고, 빠르며, pX 또는 pA의 연속적인 측정에 이용할 수 있다는 장점이 있다. 하지만 이 방법에는 두 가지의 중요한 단점이 있다. 이 중 하나는, 이 방법에 의해 얻은 측정의 정확도가 접촉 전위 E_j에 의해 발생하는 본질적인 불확정도에 제한을 받는다는 것이며, 불행하게도 이러한 불확정도는 결코 완전히 제거될 수 없다. 이 방법의 두 번째 단점은 분석 결과가 농도가 아닌 활동도라는 것이다(어떤 경우에서, 이것은 단점이 아니라 장점이다).

전극 교정 과정의 본질적 오차

전극 교정법의 심각한 단점은 식 23-26과 식 23-28의 K가 전극을 교정하고 분석물질을 측정하는 동안 일정하게 유지된다는 가정으로 인해 발생하는 본질적 오차이다. 이 가정이 정확히 타당한 경우는 극히 드문데, 그 이유는 미지 시료의 전해질 조성은 교정에 사용하는 용액의 조성과 거의 항상 다르기 때문이다. 그 결과, K에 포함된 접촉 전위 E_j(식 23-27)는 염다리를 사용하는 경우에도 약간 변한다. 이 불확정도는 종종 1 mV 또는 그 이상이다. 불행하게도 전위−활동도 관계의 성질로 인해, 이 불확정도는 분석의 내재된 정확도에 증폭된 효과를 나타낸다. 분

[29] 실제로, 제22C-5절에서 설명한 전극 전위의 부호 협약 또한 반쪽 반응은 반드시 환원 반응으로 나타내야 한다는 규정에 따라 지시 전극을 오른쪽 전극으로 지정한다. 항상 환원 반쪽 반응식으로 표기하고 있다. 그러므로 이 경우 기준 전극으로 사용하는 표준 수소 전극은 왼쪽 전극이다.

석물질 농도의 불확정도 크기는, E_{cell}을 일정하게 유지한 채 식 23-26을 K에 대하여 미분하여 추정할 수 있다.

$$-\log_{10} e\frac{da_X}{a_X} = -0.434\frac{da_X}{a_X} = -\frac{dK}{0.0592/n}$$

$$\frac{da_X}{a_X} = \frac{ndK}{0.0257} = 38.9ndK$$

da_X와 dK를 일정한 증가량으로 대체하고 식의 양쪽에 100%를 곱하면, 다음과 같다.

$$\% \text{ 상대 오차} = \frac{\Delta a_X}{a_X} \times 100\%$$

$$= 3.89 \times 10^3\, n\Delta K\% \quad (23\text{-}31)$$

$\Delta a_X/a_X$의 양은 K의 절대 불확정도 ΔK와 관련된 a_X의 상대 오차이다. 식 23-31에서, % 상대 오차는 약 $4000n\Delta K\%$임을 알 수 있다. 예를 들어, 만약 ΔK가 ±0.001V이면 활동도의 상대 오차는 약 $\pm 4n\%$가 되리라고 예상할 수 있다. **이러한 불확정도는 염다리를 가지고 있는 전지의 모든 측정에 대한 특성이며, 이 오차는 아무리 조심스럽게 전지 전위를 측정하거나 가장 감도가 좋고 정밀한 측정 장치를 사용하더라도 결코 제거할 수 없다는 것을 인식하는 것이 중요하다.** 게다가 이 문제의 근원인 K의 불확정도를 제거하는 방법을 고안하는 것은 명백하게 불가능하다.

농도 대 활동도

전극의 감응은 분석물질의 농도보다는 분석물질의 활동도와 관련이 있다. 보통은 농도에 관심이 더 많고, 전위차 측정으로 농도를 구하는 데는 활동도 계수가 필요하다. 용액의 이온 세기가 알려져 있지 않거나 또는 Debye-Hückel 식을 적용할 수 없을 정도로 너무 커서 활동도 계수를 얻을 수 없는 경우가 종종 있다. 불행하게도, 활동도와 농도가 동일하다는 가정은 특히 분석물질이 다가 이온일 경우에 심각한 오차를 가져온다.

활동도와 농도 사이의 차이는 그림 23-17에 나타내었는데, 여기에서 아래 곡선은 $CaCl_2$의 농도에 따른 칼슘 전극의 전위 변화를 나타내고 있다(활동도나 농도는 로그 단위라는 것을 명심하라). 이 곡선의 비직선성은 전해질의 농도가 커짐에 따라 이온 세기가 증가하고, 그 결과 칼슘 이온의 활동도 계수가 감소하기 때문이다. 이 농도를 활동도로 바꾸면, 0.0296 (0.0592/2)의 Nernst 기울기를 갖는 위의 곡선이 된다.

1가 이온의 활동도 계수는 이온 세기가 변할 때 다가 화학종의 활동도 계수보다 영향을 작게 받는다. 따라서 그림 23-17에 나타낸 영향은 H^+, Na^+ 및 다른 1가 이온에 감응하는 전극에서는 덜 심각하다.

전위차 pH 측정에서, 교정에 사용되는 표준 완충 용액의 pH는 보통 수소 이온의 활동도에 근거를 두고 있다. 따라서 측정한 수소 이온의 결과 또한 활동도 단위이다. 만약 미지 시료의 이온 세기가 크면, 수소 이온 농도는 측정된 활동도와는 상당히 다를 것이다.

23H-3 농도 측정을 위한 교정 곡선

전위차 측정의 결과는 그림 23-17의 아래 곡선과 같이 실험적으로 얻은 교정 곡선을 이용하여 농도로 나타낼 수 있다. 그러나 이 방법이 성공하려면 표준 용액의 이온 조성은 반드시 시료 용액의 이온 조성과 거의 같아야 하는데, 이 조건은 복잡한 시료의 경우에는 실험적으로 만족시키기 어렵다.

전해질 농도가 매우 크지 않으면, 시료와 교정 표준 용액에 측정한 과량의 비활성 전해질을 넣어주는 것이 종종 도움이 된다. 이 상황에서, 시료에 가한 전해질의 효과는 무시할 수 있고, 실험을 통해 얻은 교정 곡선은 농도에 대한 자료를 보여준다. 이러한 방법은 수돗물에 들어있는 F^- 이온을 LaF_3 전극을 이용하여 전위차법으로 측정할 때 이용되고 있다. 이 경우 시료와 표준물 모두를 NaCl, 시트르산 완충 용액 및 아세트산 완충 용액을 포함한 용액을 이용하여여 1:1로 묽힌다. 이온 세기와 pH가 일정하게 조절된 이 혼합물은 Total Ionic Strength Adjusting Buffer, 즉, TISAB이라는 상품명으로 시판되고 있다. 희석액은 충분히 진해서 시료와 표준 용액의 이온 세기는 크게 다르지 않다. 이 방법으로 1 ppm 범위의 F^- 이온을 빠르게 측정할 수 있는데, 약 5% 정도의 상대 정밀도를 갖는다. 교정 곡선은 pA에 선형적으로 감응하지 않는 전극에 대해서도 사용될 수 있다.

23H-4 표준물 첨가법

제1D-3절에서 설명한 표준물 첨가법은 전위차 측정에도 적용될 수 있다. 이 방법에서는, 소량 부피(또는 부피들)의 표준 용액을 부피를 알고 있는 시료에 첨가하기 전과 후에 전극 시스템의 전위를 측정한다. 이와 같은 첨가에 의해서 이온 세기는 변하지 않으며 따라서 분석물질의 활동도 계수 γ_X도 변하지 않는다고 가정한다. 또 첨가된 표준 물질은 접촉 전위를 크게 변화시키지 않는다고 가정한다.

표준물 첨가법은 시판되고 있는 인광체 시료 중의 Cl^- 이온과

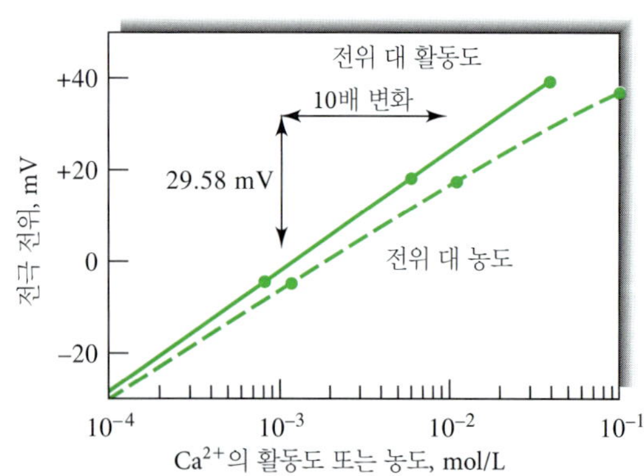

그림 23-17 **Ca^{2+} 이온의 농도와 활동도 변화에 대한 액체 막전극의 감응.** (Courtesy of Thermo Orion, Boston, MA.)

F^- 이온을 정량하는 데 응용되고 있다.[30] 이 경우에는 고체 상태 Cl^- 이온과 F^- 이온 지시 전극이 기준 전극과 결합하여 사용된다. 첨가되는 표준물에는 양을 알고 있는 두 음이온이 들어있다. 표준 용액을 반복 측정할 때, 상대 표준 편차는 F^- 이온의 경우 0.7%, Cl^- 이온의 경우 0.4%였다. 표준물 첨가법을 이용하여 실제 시료를 일상적으로 분석할 때, 상대 표준 편차는 F^- 이온의 경우 1.1%, Cl^- 이온의 경우 0.8%였다. 비슷한 시료를 보통의 전극 교정법으로 분석할 때, 정밀도는 2배 정도 더 나빠진다. 지질학 시료에 들어있는 F^- 이온과 Cl^- 이온을 비슷한 방법으로 정량할 때 검출 한계는 각각 5~10 μg/g과 40~100 μg/g이다.

23H-5 유리 전극을 이용하는 전위차법 pH 측정

유리 전극[31]은 의심할 여지없이 가장 중요한 수소 이온 지시 전극이다. 유리 전극은 사용하기에 편리하며, 다른 pH 감응 전극에 영향을 주는 방해 요인이 이 전극에는 거의 영향을 주지 않는다. 유리 전극은 가격이 비교적 싸며 여러 가지 모양과 크기의 전극이 있다. 흔히 사용하는 종류를 그림 23-3에서 보여 주었다. 기준 전극은 보통 Ag-AgCl 전극이다.

유리 전극은 다양한 조건에서 pH를 측정할 수 있는 다용도의 훌륭한 도구이다. 이 전극은 강한 산화제, 환원제, 기체와 단백질(Ag^+ 이온은 단백질과 반응하기 때문에 단백질이 존재하는 경우에는 대개 Ag-AgCl 기준 전극보다 칼로멜 기준 전극을 사용한다)을 함유한 용액에서도 방해 효과 없이 사용될 수 있다. 점성이 있거나 또는 심지어 반고체형 유체의 pH도 측정할 수 있다. 특별한 응용에 사용되는 전극들이 알려져 있다. 이런 예로는, 한 방울(또는 그 이하)의 용액이나 충치 구멍 속에서 pH를 측정할 수 있는 소형 전극, 살아있는 세포 내부의 pH를 측정할 수 있는 미소 전극, pH를 연속적으로 측정하기 위해 액체의 흐름 속에 설치한 전극 시스템, 위에 들어있는 내용물의 산도를 측정하기 위해 삼킬 수 있는 작은 유리 전극(기준 전극은 입 속에 둔다), 그리고 하나의 탐침 안에 지시 전극과 기준 전극이 함께 들어있는 복합 전극이 있다.[32]

유리 전극을 이용한 pH 측정에 영향을 미치는 오차들의 요약

pH 미터가 널리 보급되고 유리 전극이 널리 응용되고 있기 때문에 이러한 기기로 얻은 측정 결과는 틀림없이 옳을 것이라고 생각하기 쉽다. 전극 시스템을 사용하는 데도 명백한 한계가 있으므로 이런 잘못된 확신을 가지지 않도록 조심하는 것이 좋다. 앞 절에서 설명한 오차들을 요약하면 다음과 같다.

1. **알칼리 오차.** 최신 유리 전극은 pH가 11~12보다 클 때, 알칼리 금속 이온들에 다소 감응한다.
2. **산 오차.** pH가 0.5보다 작을 때, 유리 전극으로 얻은 값이 다소 높아지는 경향이 있다.
3. **탈수.** 전극이 탈수되면 불안정해지고 오차가 발생한다.
4. **이온 세기가 낮은 용액에서의 오차.** 호수나 강물 시료와 같이 낮은 이온 세기의 시료의 pH를 유리 전극 시스템으로 측정하는 경우에는 상당한 오차(1~2 pH 단위 정도)가 생길 수 있다.[33] 이러한 오차의 주 원인은 재현성이 없는 접촉 전위인데, 이는 염다리 용액이 시료 용액으로 흐르는 것을 제한하기 위해 사용되는 소결 마개 또는 다공질 섬유가 부분적으로 막히기 때문에 발생한다. 이 문제를 해결하기 위해 여러 형태의 *자유 확산 접촉*(free diffusion junction)이 고안되었고, 몇 개는 시판되고 있다. 시판되고 있는 어떤 모델의 경우, 전해질 용액은 주사기 카트리지로부터 모세관을 통하여 흘러나오게 되고, 모세관의 끝은 시료 용액과 접촉하고 있다(그림 23-18 참고). 각 측정 전에는, 수 μL의 전해질을 흘려주어서 새로운 전해질이 시료 용액과 접촉하게 한다.
5. **접촉 전위의 변화.** 표준 용액과 시료 용액 사이의 접촉 전위가 변화되기 때문에 pH 측정에서는 교정할 수 없는 근본적인 불확정도가 발생한다는 것을 알아야 한다. 일반적으로 0.01 pH 단위보다 더 신뢰할 수 있는 측정값은 얻을 수 없다. 심지어 0.03 pH 단위의 신뢰도를 얻기 위해서도 엄청난 주의가 필요하다. 반면에, 종종 비슷한 용액들 사이의 pH 차이나 같은 용액에서 0.001 단위 정도로 작은 pH 변화를 검출하는 것도 가능하다. 이러한 이유 때문에 0.01 pH 단위보다 작은 눈금을 읽을 수 있게 만들어진 pH 미터가 많이 있다. 그림 23-18에 나타낸 자유 확산 접촉은 접촉 전위의 변화를 최소화시킬 수 있다.
6. **표준 완충 용액의 pH 오차.** 교정을 위해 사용하는 완충 용액을 정확히 만들지 못하거나 또는 보관하는 동안 성분이 변하면 pH 측정에 오차가 발생한다. 완충 용액의 품질이 나빠지는 흔한 요인은 완충 용액의 유기 성분에 박테리아가 작용하기 때문이다.
7. **온도 변화에 따른 오차.** 25°C 이외의 온도에서 pH를 측정할 때, 유리 전극의 Nernst 감응의 변화를 보정하기 위

시뮬레이션: www.tinyurl.com/skoohpia7에서 **전위차 시스템의 교정(calibration of potentiometric systems)**에 대해 더 알아보시오.

[30] L. G. Bruton, *Anal. Chem.*, **1971**, *43*, 579, **DOI:** 10.1021/ac60299a044.

[31] pH 측정에 대한 정의, 표준 용액, 과정 및 오차에 대한 자세한 논의는 다음 문헌을 참고하시오. R. P. Buck et al., *Pure Appl. Chem.*, **2002**, *74*, 2169, **DOI:** 10.1351/pac200274112169 (http://www.iupac.org/publications/pac/2002/pdf/7411x2169.pdf), R. G. Bates, *Determination of pH: Theory and Practice*, 2nd ed., New York: Wiley, 1973.

[32] 전형적인 pH 전극의 제조 과정은 다음 문헌을 참고하시오. http://www.radiometer-analytical.com/pdf/general/Electrode_manufacturing.pdf.

[33] W. Davison, *Trends Anal. Chem.*, **1990**, *9*, 80, **DOI:** 10.1016/0165-9936(90)87084-Y; W. Davison and C. Woof, *Anal. Chem.*, **1985**, *57*, 2567, **DOI:** 10.1021/ac00290a031; T. R. Harbinson and W. Davison, *Anal. Chem.*, **1987**, *59*, 2450, **DOI:** 10.1021/ac00147a002.

하여 pH 미터를 조절해야 한다. 보정은 요즘 미터의 경우 ATC 회로나 소프트웨어로 할 수 있지만, 오래된 기기의 경우에는 기울기(또는 온도)를 수동으로 조절할 필요가 있다.

8. **기타 오차들.** pH 측정에서는 다른 오차들도 발생한다. 시간이 지남에 따라 기준 전극의 충전 용액(대개 KCl)이 새거나 AgCl 염이 용해될 수도 있다. 용액이 새어나오면 시료 용액을 오염시킬 수 있고, 의도하지 않은 화학 반응이 일어날 수도 있다. 용액이 새는 경우에는 대개 주기적으로 기준 전극 용액을 채워주는 것이 필요한데, 멀리 떨어진 곳이나 현장에서 실험하는 경우에는 불편한 일이다. 최신 복합 전극 중 일부는 내부 기준 전극과 외부 시료 용액 사이에 추가 요소가 들어있는 이중 접촉 구조를 사용한다. 따라서, 충전 용액이 시료 용액에 도달하고 오염시킬 수 있으려면 이중 접촉을 통과하여 확산해야만 한다. 이중 접촉 구조의 독립된 기준 전극도 시판되고 있다.

pH의 실용적 정의

수용액의 산도 또는 알칼리도의 척도로서 pH의 유용성, 시판되는 유리 전극의 광범위한 이용, 그리고 비싸지 않은 고체-상 pH 미터의 확산 등으로 인해 전위차를 이용한 pH 측정은 모든 과학 분야에서 가장 일반적인 분석법 중의 하나가 되었다. 따라서 pH는 언제 어디서나 쉽게 재현할 수 있는 방법으로 정의되어야 한다는 것은 매우 중요하다. 이러한 요구를 충족시키기 위해 pH는 실용적인 조건으로, 즉 측정 방법에 의해 규정되어야 할 필요가 있다. 이렇게 되었을 경우에만 한 사람이 측정한 pH가 다른 사람이 측정한 값과 같아질 것이다.

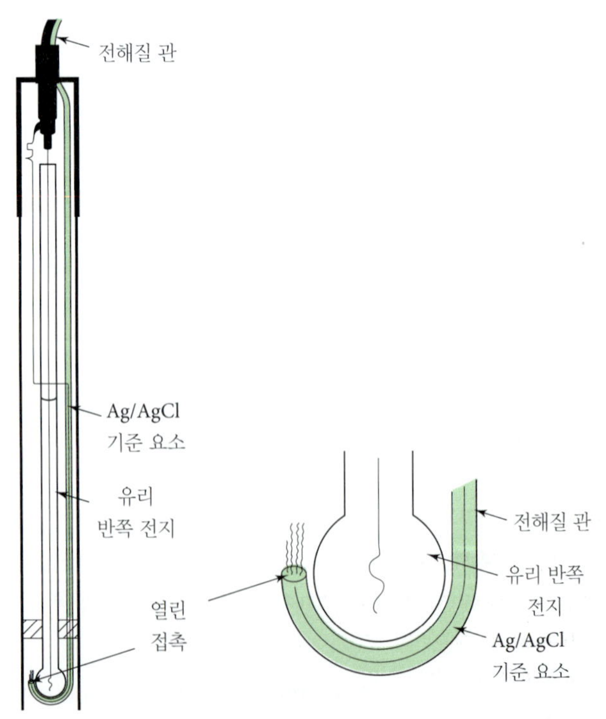

그림 23-18 자유 확산 접촉이 있는 pH 복합 전극 시스템. (Courtesy of Hach Company, Loveland, CO. With permission.)

pH의 실용적 정의는 미국의 NIST (National Institute of Standards and Technology), 다른 나라의 유사 기관, 그리고 IUPAC에서 인정하는 것으로, 정교하게 제조한 표준 완충 용액을 이용하여 직접 pH 미터를 교정한 다음 미지 용액의 pH를 전위차법으로 측정하는 방법에 기반하고 있다.

예를 들어 그림 23-3의 유리-기준 전극 시스템을 살펴보자. 이 전극들이 25°C의 표준 완충 용액에 담겨있을 때, 식 23-26을 적용하여 다음과 같은 식을 얻게 된다.

$$pH_S = -\frac{E_S - K}{0.0592}$$

여기에서 E_S는 전극이 표준 완충 용액에 담겨있을 때의 전지 전위이다. 같은 방법으로, 이 전극들이 25°C의 미지 pH 용액에 담겨있을 때의 전지 전위를 E_U라고 하면, 다음과 같은 식을 얻게 된다.

$$pH_U = -\frac{(E_U - K)}{0.0592}$$

두 번째 식에서 첫 번째 식을 빼서 pH_U에 대하여 풀면 다음을 얻는다.

$$pH_U = pH_S - \frac{(E_U - E_S)}{0.0592} \qquad (23\text{-}32)$$

식 23-32은 pH의 실용적 정의로서 전 세계에서 통용되고 있다.[34]

NIST와 다른 기관의 연구원들은 일차 표준 완충 용액을 연구하기 위해, 액간 접촉이 없는 전지를 많이 사용해오고 있다. 이 완충 용액들의 성질 가운데 일부는 표 23-7에 나열되 있고, 다른 자료에 상세하게 설명되어 있다.[35] 일반적으로 사용하는 경우, 완충 용액은 비교적 값싼 실험실 시약으로 만들거나 많은 시약 공급 업체로부터 구입할 수 있다. 신중한 작업의 경우에는 인증된 완충 용액을 NIST에서 구입할 수도 있다.[36]

23I 전위차 적정

적절한 지시 전극의 전위는 적정의 당량점을 결정하는 데 편리

---

[34] 식 23-32는 25°C의 용액에만 적용된다. 더 일반적인 식은 다음과 같다.

$$pH_U = pH_S - \frac{(E_U - E_S)F}{2.303RT} = pH_S - \frac{(E_U - E_S)F}{1.984 \times 10^{-4}\,T}$$

이 식에서 T는 시료와 표준 완충 용액의 온도이고, pH_S는 온도 T에서 표준 완충 용액의 pH이다.

[35] R. G. Bates, *Determination of pH*, 2nd ed., Chap. 4, New York: Wiley, 1973.

[36] https://www-s.nist.gov/srmors에서 키워드에 pH를 입력하여 찾을 수있다.

표 23-7 0°C부터 60°C까지 NIST 표준 – 기준 pH 용액의 값들[a]

온도, °C	0.05 m[a] $KH_3(C_2O_4)_2 \cdot 2H_2O$ 189b	0.01 m KH Tartrate 188	0.05 m KH Phthalate 185h	0.025 m KH_2PO_4/ 0.025 m Na_2HPO_4 186g	0.008695 m KH2PO_4/ 0.03043 m Na_2HPO_4 186g	0.01 m $Na_4B_4O_7$ 187e	0.025 m $NaHCO_3$/ 0.025 ma Na_2CO_3 191a/192a
0	—	3.711	—	—	—	—	—
5	1.709	3.689	4.004	6.952	7.503	9.393	—
10	1.709	3.671	4.001	6.923	7.475	9.333	—
15	1.711	3.657	4.001	6.899	7.451	9.278	10.117
20	1.714	3.647	4.003	6.880	7.432	9.230	10.063
25	1.719	3.639	4.008	6.864	7.416	9.186	10.012
30	1.724	3.635	4.015	6.853	7.404	9.146	—
35	1.731	3.632	4.023	6.844	7.396	9.110	9.928
37	—	3.631[d]	4.027	6.841	7.394	9.096	—
40	1.738	3.632	4.034	6.837	7.390	9.077	—
45	1.746	3.635	4.046	6.835	7.387	9.047	—
50	1.754	3.639	4.060	6.833	7.385	9.020	—
55	—	3.644	—	—	—	—	—
60	—	3.651	—	—	—	—	—
완충 용량,[b] mol/pH 단위	0.070	0.027	0.016	0.029	0.016	0.020	0.029
1:1 용액[c]의 $\Delta pH_{1/2}$	0.186	0.049	0.052	0.080	0.07	0.01	0.079
온도 계수, pH/K	+0.001	−0.0014	−0.0012	−0.0028	−0.0028	−0.0082	−0.0096

출처: Y. C. Wu, W. F. Koch, and R. A. Durst, *Standard Reference Materials: Standardization of pH Measurements*, NIST Special Publication 260-53. Gaithersburg, MD: U.S. Department of Commerce, 1988, http://ts.nist.gov/ts/htdocs/230/232/SP_PUBLICATIONS/documents/SP260-53.pdf. 가장 최근의 NIST SRM 인증서 자료이다.

m = 몰랄 농도(용질 mol/kg H_2O).

[a]$KHC_2O_4 \cdot 2H_2C_2O_4$를 제외하고 모든 불확정도는 ±0.005 pH이다. $KHC_2O_4 \cdot 2H_2C_2O_4$의 불확정도는 ±0.01 pH이다.

[b]완충 용량은 완충 용액 1.0 L의 pH를 1.0만큼 변화시키는 데 필요한 일양성자성 강산 또는 강염기의 몰수이다.

[c]완충 용액과 H_2O를 1:1로 섞었을 때 생기는 pH 변화.

[d]38°C.

하다(전위차 적정).[37] 전위차 적정은 직접 전위차 측정과는 다른 정보를 제공해준다. 예를 들어, 0.100 M 아세트산과 0.100 M 염산 용액을 pH 감응 전극으로 직접 측정하는 경우 아세트산은 부분적으로 해리하기 때문에 상당히 다른 pH값을 얻게 된다. 반면, 부피가 같은 두 산을 전위차 적정하면 중화시키는 데 같은 양의 표준 염기가 필요하다.

전위차를 이용한 종말점은 널리 응용될 수 있으며 지시약을 이용하는 방법보다 본질적으로 더 정확한 데이터를 제공한다. 특히, 색깔을 띠거나 흐린 용액을 적정하는 데 그리고 용액에 들어있는 예상치 못한 화학종을 검출하는 데 유용하다. 불행하게도 자동 적정기를 사용하지 않으면 지시약을 사용하는 적정보다 시간이 더 걸린다. 대부분의 기초적인 분석 화학 교재에서 전위차 적정에 대해 자세히 다루고 있으므로 여기에서는 자세한 내용을 다루지 않을 것이다.[38]

자동 적정기는 여러 회사에서 시판하고 있다. 그림 23-19가 그중 한 기기의 사진이다. 이 기기는 적정 시약 저장 용기, 주사기형 펌프와 같은 적정 시약 운반 장치, 적당한 속도로 일정 부

[37]이 방법에 대한 단행본 E. P. Sergeant, *Potentiometry and Potentiometric Titrations*, New York: Wiley, 1984, reprint: Melbourne, FL: Krieger, 1991.

[38]예를 들어 다음 문헌을 참고하시오 D. A. Skoog, D. M. West, F. J. Holler, and S. R. Crouch, *Fundamentals of Analytical Chemistry*, 9th ed., Chap. 21, Belmont, CA: Brooks/Cole, 2014.

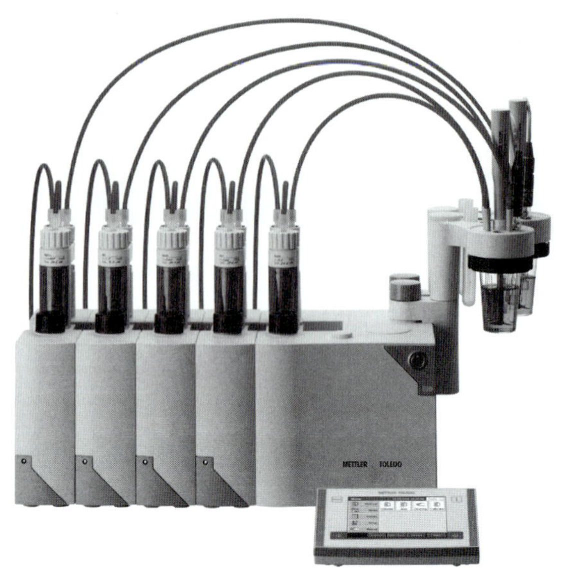

그림 23-19 **고성능 자동 적정기.** 최대 6개의 뷰렛 구동 장치를 수용할 수 있고, 사용자가 설정할 수 있는 소프트웨어를 갖고 있으며, 시료 처리 용량이 큰 (사진에 나타내지 않은) 자동 시료 회전 장치를 장착할 수 있다. 이 장치는 여러 다른 유형의 적정에 적용할 수 있다. (Copyright 2006 Mettler-Toledo, Inc.)

피의 적정 시약을 운반하기 위한 튜브와 밸브의 배열로 이루어져 있다. 적정기는 적정의 진행 정도를 파악하기 위해 pH 전극

시뮬레이션: www.tinyurl.com/skoohpia7에서 **전위차 적정(potentiometric titrations)**에 대해 더 알아보시오.

이나 다른 센서로부터 데이터를 수집한다. 적정의 종말점은 1차와 2차 미분 방법[39]에 기초를 둔 내장된 프로그램에 의해서 또는 사용자가 지정하거나 설정한 또 다른 방법에 의해 결정된다. 이러한 장치의 대부분은 사용자가 입력한 표준−농도 데이터로부터 시료의 농도를 계산할 수 있고, 실험 결과는 인쇄, 저장, 직렬 또는 적당한 인터페이스를 통해 실험실 정보 처리 시스템(제 4H-2절 참고)으로 전송된다. 자동 적정기는 많은 수의 시료를 일상적으로 분석해야 하는 공장 실험실 또는 임상 실험실에서 특히 유용하게 사용된다.

시뮬레이션: www.tinyurl.com/skoohpia7에서 **미분 적정(derivative titrations)**에 대해 더 알아보시오.

[39] S. R. Crouch and F. J. Holler, *Applications of Microsoft® Excel in Analytical Chemistry*, 3rd ed., Belmont, CA: Cengage Learning, 2017, pp. 196 201.

질문과 문제

*별표가 있는 문제의 해답은 이 책의 끝에 있다.

이 아이콘이 있는 문제는 스프레드시트를 사용하여 쉽게 풀 수 있다.

23-1 지시 전극의 Nernst 거동은 무엇을 의미하는가?

23-2 유리 전극으로 pH를 측정할 때 산 오차와 알칼리 오차의 원인은 무엇인가?

23-3 표 23-1에 있는 5개의 기준 전극에 대해 15~35°C 범위에서 평균 온도 계수를 비교하시오.

23-4 새로 제작된 유리 전극의 팁을 물에 담그면 무슨 일이 일어나는가?

23-5 1차 전극과 2차 전극의 차이를 설명하시오.

23-6 기체 감지 탐침이 다른 막전극들과 어떻게 다른지 설명하시오.

23-7 다음의 원인이 무엇인지 설명하시오.

(a) 유리−기준 전극 시스템의 접촉 전위

(b) 막전극의 경계 전위

(c) 유리 막전극의 비대칭 전위

(d) F^-의 농도를 측정하는 데 사용되는 결정성 막전극의 전위

23-8 유리-기준 전극 시스템으로 pH를 측정할 때 불확정도의 5가지 원인을 나열하시오.

23-9 이온 운반체란 무엇인가? 막전극에서 이온 운반체의 목적은 무엇인가?

23-10 직접 전위차 측정에 비해 전위차 적정의 장점과 단점을 나열하시오.

23-11 pH의 실용적 정의는 무엇이고, 어떻게 사용되는가?

23-12 소형 ISE의 장점은 무엇인가? 이러한 종류의 센서가 응용되는 전형적인 예를 설명하시오.

* **23-13** 다음 전지의 이론적인 전위를 계산하시오. (각 경우에, 활동도는 몰농도와 거의 동일하며 온도는 25°C인 것으로 가정하시오.)

(a) SCE||Fe^{3+}(0.0150 M), Fe^{2+}(0.0250 M)|Pt

(b) SCE||Zn^{2+}(0.002135 M)|Zn

(c) 포화 Ag/AgCl||전극 Ti^{3+}(0.0450 M), Ti^{2+}(0.0250 M)|Pt

(d) 포화 Ag/AgCl||전극 I_3^-(0.00667 M), I^-(0.0043 M)|Pt

* **23-14 (a)** 다음 반응의 표준 전위를 계산하시오.

$$CuBr(s) + e^- \rightleftharpoons Cu(s) + Br^-$$

CuBr의 $K_{sp} = 5.2 \times 10^{-9}$이다.

(b) Br^- 이온을 정량하기 위해 사용되는 전지는 Cu 지시 전극과 SCE 기준 전극으로 이뤄진다. 이 전지를 도식적 표현법으로 나타내시오.

(c) (b)에서 측정한 전지의 전위와 pBr과의 관계식을 유도하시오(접촉 전위는 0이라고 가정한다).

(d) 전지의 전압이 −0.078 V일 때, (b)의 전지에 들어있는 CuBr로 포화된 Br^- 용액의 pBr을 계산하시오.

* **23-15 (a)** 다음 반응의 표준 전위를 계산하시오.

$$Ag_3AsO_4(s) + 3e^- \rightleftharpoons 3Ag(s) + AsO_4^{3-}$$

Ag_3AsO_4의 $K_{sp} = 1.2 \times 10^{-22}$이다.

(b) AsO_4^{3-} 이온을 정량하기 위해 사용되는 전지는 Ag 지시 전극과 SCE 기준 전극으로 이뤄진다. 이 전지를 도식적 표현법으로 나타내시오.

(c) (b)에서 측정한 전지의 전위와 $pAsO_4$와의 관계식을 유도하시오(접촉 전위는 0이라고 가정한다.)

(d) 전지의 전압이 0.193 V일 때, (b)의 전지에 들어있는 Ag_3AsO_4로 포화된 용액의 $pAsO_4$를 계산하시오.

* **23-16** 다음 전지는 $pCrO_4$의 측정에 사용된다.

$$SCE||CrO_4^{2-}(x\ M),\ Ag_2CrO_4(포화)|Ag$$

질문과 문제(계속)

전지 전위가 −0.313 V일 때, $pCrO_4$의 값을 계산하시오.

***23-17** 다음 전지는 pSO_4 측정에 사용된다.

$$SCE \| SO_4^{2-}(x\ M),\ Hg_2SO_4(\text{포화}) | Hg$$

전지 전위가 −0.474 V일 때, pSO_4의 값을 계산하시오.

***23-18** 아세트산 수은(II) 착물의 형성 상수는 다음과 같다.

$$Hg^{2+} + 2OAc^- \rightleftharpoons Hg(OAc)_2(aq) \qquad K_f = 2.7 \times 10^8$$

다음 반쪽 반응의 표준 전위를 계산하시오.

$$Hg(OAc)_2(aq) + 2e^- \rightleftharpoons Hg(l) + 2OAc^-$$

***23-19** EDTA-Cu(II) 착물의 환원 반응에 대한 표준 전극 전위는 다음과 같다.

$$CuY^{2-} + 2e^- \rightleftharpoons Cu(s) + Y^{4-} \qquad E^0 = 0.13\ V$$

다음 반응의 형성 상수를 계산하시오.

$$Cu^{2+} + Y^{4-} \rightleftharpoons CuY^{2-}$$

***23-20** 오른쪽 칸에 pH 4.006의 완충 용액이 들어있을 때, 다음 전지의 전위는 −0.2094 V이다.

$$Ag|AgCl(\text{포화}) \| H^+(a = x) | \text{유리 전극}$$

완충 용액 대신 미지 용액을 넣으면, (a) −0.2806 V와 (b) −0.2132 V의 전위가 측정된다. 각 미지 용액의 pH와 수소 이온 활동도를 계산하시오. (c) 접촉 전위의 불확정도가 0.001 V이라고 가정할 때, 참값이 있을 것으로 기대되는 수소 이온의 활동도 범위를 계산하시오.

***23-21** 다음 전지의 전위는 0.124 V이다.

$$Ag|AgCl(\text{포화}) \| Cu^{2+}(3.25 \times 10^{-3}\ M) | Cu^{2+}\ \text{막전극}$$

활동도를 알고 있는 용액을 미지 용액으로 대체하였을 때, 전위가 0.055 V였다. 미지 용액의 pCu의 값을 계산하시오. 접촉 전위는 무시하시오.

***23-22** 다음 전지의 전위는 −1.007 V이다.

$$SCE \| X^-(0.0200\ M),\ CdX_2(\text{포화}) | Cd$$

접촉 전위는 무시하고, CdX_2의 용해도곱을 계산하시오.

***23-23** 다음 전지의 전위는 −0.492 V이다.

$$Ag|AgCl(\text{포화}) \| HA(0.200\ M),\ NaA(0.300\ M) | H_2(1.00\ atm),\ Pt$$

접촉 전위는 무시하고, HA의 해리 상수를 계산하시오.

23-24 0.0500 M HNO_2 용액 40.00 mL를 75.0 mL로 묽히고 0.0800 M Ce^{4+} 이온을 적정하였다. 적정 과정 동안 수소 이온 농도는 1.00 M이라고 가정한다(Ce 계의 형식 전위는 1.44 V이다).

(a) 5.00, 10.00, 15.00, 20.00, 25.00, 40.00, 45.00, 49.00, 49.50, 49.60, 49.70, 49.80, 49.90, 49.95, 49.99, 50.00, 50.01, 50.05, 50.10, 50.20, 50.30, 50.40, 50.50, 51.00, 55.00, 60.00, 75.00, 90.00mL의 Ce(IV) 용액을 가했을 때, Ag/AgCl(포화) 기준 전극에 대한 지시 전극의 전위를 계산하시오.

(b) 이 자료를 이용하여 적정 곡선을 그리시오.

(c) 이 자료를 이용하여 1차 미분 곡선과 2차 미분 곡선을 그리시오.[40] 2차 미분 곡선이 0에 교차하는 부피가 이론적 당량점과 일치하는가? 일치하는 또는 일치하지 않는 이유를 설명하시오.

* **23-25** 다음 전지의 전위는 0.2897 V이다.

$$\text{SCE}\|\text{Mg}^{2+}(a = 3.32 \times 10^{-3}\ \text{M})|\text{Mg}^{2+}\ \text{막전극}$$

(a) Mg^{2+}의 활동도를 알고 있는 용액을 미지 용액으로 대체하였을 때, 전위가 0.2041 V였다. 미지 용액의 pMg의 값을 계산하시오.

(b) 접촉 전위의 불확정도가 ±0.002 V라고 가정하면, 참값이 존재할 것으로 예상되는 Mg^{2+}의 활동도 범위를 계산하시오.

(c) E_j의 불확정도와 연관된 $[Mg^{2+}]$의 상대 오차를 계산하시오.

* **23-26** F^- 이온을 추출하기 위해 0.400 g의 치약 시료를 시트르산 완충 용액과 NaCl을 포함하는 50 mL 용액에 넣고 끓였다. 식힌 다음, 정확히 100 mL가 되도록 묽혔다. 25.0 mL 시료 용액 담긴 ISE의 전위는 Ag/AgCl(포화) 기준 전극에 대해 −0.1823 V이었다. 0.00107 mg F^-/mL를 포함하는 용액 5.0 mL를 가했더니, 전위는 −0.2446 V로 변하였다. 시료에 들어있는 F^-의 무게%를 계산하시오.

도전 문제

23-27 Ceresa, Pretsch, Bakker[41]는 칼슘의 농도를 측정하기 위해 세 개의 ISE를 조사하였다. 3개의 전극 모두 같은 막을 사용하였지만, 내부 용액의 조성은 달랐다. 전극 1은 전형적인 ISE로, 내부 용액은 1.00×10^{-3} M의 $CaCl_2$와 0.10 M의 NaCl이다. 전극 2(낮은 Ca^{2+} 활동도)의 내부 용액에는 동일한 분석 농도의 $CaCl_2$와 6.0×10^{-2} M NaOH를 이용하여 pH가 9로 조절된 5.0×10^{-2} M의 EDTA가 들어있다. 전극 3(높은 Ca^{2+} 활동도)에는 1.00 M의 $Ca(NO_3)_2$ 내부 용액이 들어 있다.

(a) 전극 2의 내부 용액에 들어있는 Ca^{2+} 이온의 농도를 계산하시오.

(b) 전극 2에서 용액의 이온 세기를 계산하시오.

(c) Debye-Hückel 식을 이용하여 전극 2에서 Ca^{2+} 이온의 활동도를 계산하시오. Ca^{2+}의 α_X값으로 0.6 nm를 사용하시오(부록 2 참고).

(d) 전극은 활동도가 0.001 M~1.0×10^{-9} M인 칼슘 표준 용액을 측정하기 위해 칼로멜 기준 전극과 전극 1이 들어있는 전지로 다음의 데이터를 얻었다.

---

[40] S. R. Crouch and F. J. Holler, *Applications of Microsoft® Excel in Analytical Chemistry,* 3rd ed., pp. 196-201. Belmont, CA: Cengage Learning, 2017.

[41] A. Ceresa, E. Pretsch, and E. Bakker, *Anal. Chem.*, **2000**, *72*, 2050, **DOI:** 10.1021/ac991092h.

질문과 문제(계속)

Ca^{2+}의 활동도, M	전지의 전위, mV
1.0×10^{-3}	93
1.0×10^{-4}	73
1.0×10^{-5}	37
1.0×10^{-6}	2
1.0×10^{-7}	−23
1.0×10^{-8}	−51
1.0×10^{-9}	−55

전지 전위 대 pCa 그래프를 그리고 그래프가 선형으로부터 5% 이상 벗어나는 pCa값(직선 한계, 제1E-2절 참고)을 구하시오. 직선 영역에 대해 기울기와 절편을 구하시오. 그래프는 예상한 것과 같이 식 23-29를 따르고 있는가?

(e) 전극 2의 경우, 다음과 같은 결과를 얻었다.

Ca^{2+}의 활동도, M	전지의 전위, mV
1.0×10^{-3}	228
1.0×10^{-4}	190
1.0×10^{-5}	165
1.0×10^{-6}	139
5.6×10^{-7}	105
3.2×10^{-7}	63
1.8×10^{-7}	36
1.0×10^{-7}	23
1.0×10^{-8}	18
1.0×10^{-9}	17

다시, 전지의 전위 대 pCa의 그래프를 그리고, 전극 2의 선형 범위를 구하시오. 직선 영역에 대해 기울기와 절편을 구하시오. 이 전극은 높은 Ca^{2+} 활동도에 대해 식 23-24를 따르는가?

(f) 전극 2는 10^{-7} M~10^{-6} M 영역에서 super-Nernstian이라고 불린다. 이러한 용어가 사용되는 이유를 설명하시오. 만약 *Analytical Chemistry* 저널을 구독하는 도서관에 들어갈 수 있거나 인터넷으로 이 저널에 접속할 수 있다면, 이 논문을 읽어 보시오. 이 전극은 Ca^{2+} 흡수를 갖는다고 한다. 이것은 무슨 의미이며 감응을 어떻게 설명할 수 있는지 말하시오.

(g) 전극 3은 다음의 결과를 나타낸다.

Ca^{2+}의 활동도, M	전지의 전위, mV
1.0×10^{-3}	175
1.0×10^{-4}	150
1.0×10^{-5}	123
1.0×10^{-6}	88
1.0×10^{-7}	75
1.0×10^{-8}	72
1.0×10^{-9}	71

전지의 전위 대 pCa의 그래프를 그리고, 선형 범위를 구하시오. 다시, 기울기와 절편을 구하시오. 이 전극은 식 23-29를 따르는가?

(h) 전극 3은 Ca^{2+} 방출을 갖는다고 한다. 이 용어를 설명하고, 이것이 감응을 어떻게 설명하는지 말하시오.

(i) 이 논문은 실험 결과를 설명할 수 있는 어떤 대안을 제시하고 있는가? 만약 그렇다면, 이 대안을 설명하시오.

24장

전기량법

Coulometry

세 가지 전기화학 분석법은 분석물질을 충분한 시간 동안 산화 또는 환원시켜서 새로운 산화 상태로 정량적으로 전환시키는 데 기초를 두고 있다. 이 방법들은 **일정-전위 전기량법**(constant-potential coulometry), **일정-전류 전기량법**(constant-current coulometry) 또는 **전기량법 적정**(coulometric titration), 그리고 **전해무게분석법**(electrogravimetry)이다. 전해무게분석법은 전기분해로 인해 생기는 생성물을 한 전극에 석출시켜 무게를 측정하는 방법이다. 반면에 다른 두 전기량법은 전기분해를 완결시키는 데 필요한 전기량을 측정함으로써 존재하는 분석물질의 양을 정량하는 것이다.

이 세 가지 분석법들은 중간 정도의 선택성과 감도, 분석속도를 가지고 있다. 많은 경우에 이 방법들은 가장 정확하고 정교한 실용적인 방법에 속하며, 일반적으로 사용되는 것은 상대적으로 1분의 수%의 불확정도를 가진다. 이 책에서 언급된 다른 모든 방법과는 달리 이 세 분석법들은 표준물을 이용하여 검정할 필요가 없는데 이는 측정한 값과 분석물질의 질량 사이의 함수 관계를 이론적으로 구할 수 있기 때문이다. 전해무게분석법의 응용은 많은 분석화학책에 설명되어 있으므로[1] 이 장에서는 자세히 다루진 않겠다. 그러나 두 전기량법에 대해 살펴보기 전에 전기분해 석출 과정을 알아보자.

24A 전기분해 과정에서 일어나는 전류-전압 관계

전기분해는 다음 세 가지 방법 중 하나로 일어날 수 있다. (1) 걸어준 전지 전위를 일정하게 유지하면서, (2) 전기분해 전류를 일정하게 유지하면서, (3) 작업 전극의 전위를 일정하게 유지하면서, 이 세 가지 방식 각각에 대해 살펴보는 것도 유용하다. 이 세 가지 작동 방식 모두의 경우 전지는 식 22-20과 유사한 관계식을 따른다.

$$E_{appl} = (E_r - E_l) + (\eta_{rc} + \eta_{rk}) - (\eta_{lc} + \eta_{lk}) - IR \qquad (24\text{-}1)$$

여기서 E_{appl}은 외부 전원에 의해 걸어주는 전위이고 E_r와 E_l는 각각 환원 전극(오른쪽)과 산화 전극(왼쪽)의 가역적, 즉 열역학적 전위이다. η_{rc}와 η_{rk}항은 각각 환원 전극(오른쪽)에서의 농도 편극에 의한 과전압과 전하이동 편극에 의한 과전압이다. η_{lc}와 η_{lk}는 산화 전극(왼쪽)에서 이에 해당하는 과전압이다(제22E-2절 참고). E_r과 E_l값은 Nernst 식을 사용하여 표준 전극 전위로부터 계산할 수 있다. 많은 경우에 왼쪽 전극이 비편극 기준 전극이므로 오른쪽 전극만이 편극 전극이다. 과전압 η은 전지의 전극 반응을 적당한 속도로 일어나게 하여 전류를 생산할 수 있

이 장에서 옆의 로고는 **www.tinyurl.com/skoogpia7**에서 대화형 자습, 시뮬레이션, 연습 등을 통해 온라인으로 학습할 수 있는 기회가 있음을 나타낸다.

[1] 예로서 다음을 참고하시오. D. A. Skoog, D. M. West, F. J. Holler, and S. R. Crouch, *Fundamentals of Analytical Chemistry*, 9th ed., Chap. 22, Belmont, CA: Brooks/Cole, 2014.

도록 하는 데 필요한 역학적 전위 이외의 여분의 전위이다.[2] 식 24-1의 오른쪽 항 중에서 E_r과 E_I만이 이론적으로 계산할 수 있고 나머지 다른 항들은 실험을 통해서만 구할 수 있다.

24A-1 고정된 전위에서의 전지 작동

전기분해법으로 분석을 할 때 가장 간단한 방법은 가급적 일정한 값으로 전지 전위를 유지시켜주는 것이다. 실제로 일정 전위에서의 전기분해는 수소 이온이나 NO_3^-보다 환원되기 힘든 이온으로부터 쉽게 환원되는 양이온을 분리하는 데 국한된다. 이 한계성의 이유는 그림 24-1로 설명된다. 이 그림은 Cu^{2+}를 정량하기 위한 전지의 전기분해 동안의 전류의 변화, *IR* 강하, 환원 전극 전위 E_c를 나타낸다. 수소 이온 농도가 1.00 M이고 Cu^{2+}의 농도가 0.0220 M인 용액 200 mL에 표면적이 각각 150 cm^2인 두 개의 백금 전극이 담겨 있는 전지에서 Cu^{2+}를 정량하는 것에 대해 생각해보자. 이 전지의 저항은 0.50 Ω이다. 적당한 전위를 두 전극에 걸어주면 환원 전극에서는 구리가 석출되고 산화 전극에서는 부분 압력이 1.00기압인 산소가 발생한다. 전지의 전체 반응식은 다음과 같다.

$$Cu^{2+} + H_2O \rightarrow Cu(s) + \tfrac{1}{2}O_2(g) + 2H^+$$

여기서 분석물질은 과량의 황산이나 질산 용액에 있는 Cu^{2+}이다.

전지의 초기 열역학적 전위

이 경우 전지의 두 반쪽 반응의 표준 전극 전위는 다음과 같다.

$$Cu^{2+} + 2e^- \rightleftharpoons Cu(s) \qquad E^0 = 0.34\ V$$

$$\tfrac{1}{2}O_2(g) + 2H^+ + 2e^- \rightleftharpoons H_2O \qquad E^0 = 1.23\ V$$

예제 22-6에 보여준 방법을 이용하여 계산하면 이 전지의 열역학 전위는 −0.94 V가 됨을 알 수 있다. 따라서 이보다 다소 작은 음의 전위를 걸어주면 전류가 흐르지 않으리라고 예상된다. 그러나 더 큰 음의 전위를 걸어주면 전하이동 편극 또는 농도 편극이 없을 경우에 전류가 선형적으로 증가하는 것을 관찰할 수 있을 것이다. 전지에 약 −2.5 V의 전위가 걸리도록 하면 그림 24-1a에서 보는 바와 같이 1.5 A의 초기 전류가 흐르게 된다. 그 후 구리의 전해 석출은 걸어준 전위에서 완결된다.

그림 24-1b에서 보여주는 바와 같이 반응이 진행됨에 따라 *IR* 강하는 계속해서 감소한다. 이렇게 감소하는 이유는 주로 구리 이온이 전극 표면으로 이동하는 속도를 제한하는 환원 전극에서의 농도 편극 때문인데 그 결과 전류가 제한되기 때문이다. 전지 전위가 일정하기 때문에 *IR*의 감소는 환원 전극 전위가 증가하여 상쇄되어야 한다는 것을 식 24-1를 보면 알 수 있다.

결국 전류의 감소와 환원 전극 전위의 증가는 수소 이온의 환원으로 말미암아 점 *B*에서 느려지게 된다. 용액이 과량의 산을 포함하고 있기 때문에 전류는 더 이상 농도 편극에 의해 제한받지 않으므로 남아 있는 구리 이온이 모두 석출될 때까지 구리와 수소의 동시 석출이 일어난다. 이러한 상황에서 환원 전극은 수소 이온에 의해 감극되었다(depolarized)라고 말한다.

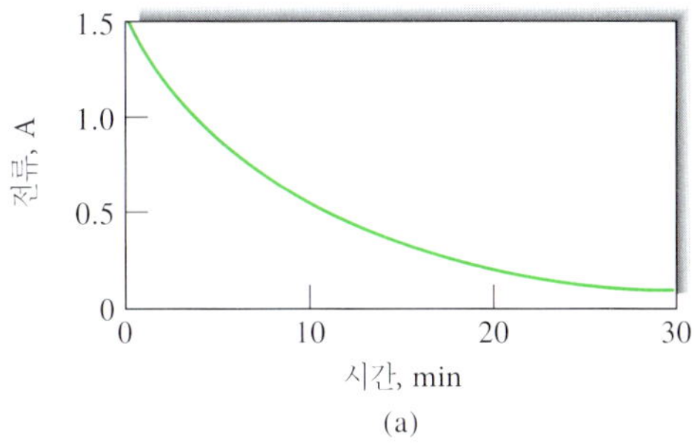

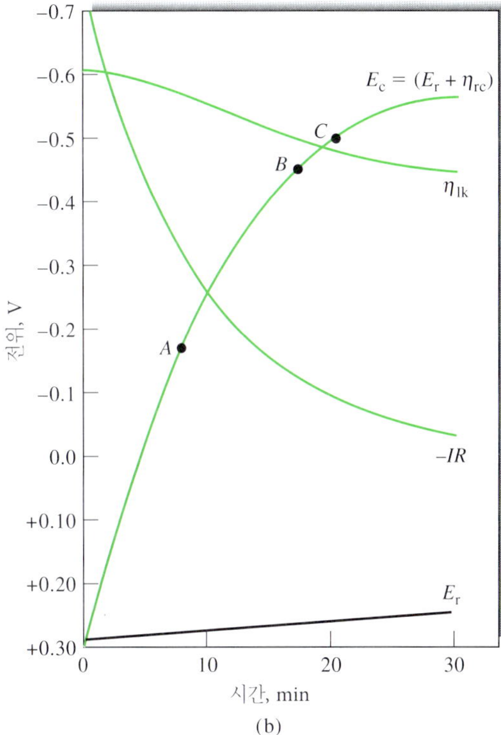

그림 24-1 Cu^{2+}를 전기분해하여 석출할 때 (a) 전류와 (b) 전위의 변화를 도시한 것. 환원 전극 전위 곡선에 있는 점 *A*와 *B*는 Pb와 Cd가 있었다면 석출하기 시작하는 전위이다. 점 *C*는 환원 전극에서 H_2가 생성되기 시작할 전위이다. 이들 중 어느 것이 일어나도 곡선 *ABC*는 변형할 것이다.

이제 환원 전극 전위 곡선의 점 *A*에서 석출되기 시작하는 Pb(II) 이온과 같은 금속 이온을 살펴보자. Pb(II) 이온은 구리 석출이 완결되기 전에 동시 석출이 이루어질 것이며 구리 정량을 방해할 것이다. 이에 비해 곡선의 점 *C*에 해당하는 환원 전극 전위에서 반응하는 Co(II)와 같은 금속 이온은 방해받지 않을 것이다. 수소 발생에 의한 감극 작용으로 환원 전극이 이 전위에 도달하는 것을 막기 때문이다.

일정 전위에서 전기분해를 통하여 수소 이온보다 더 환원되기 어려운 이온, 즉 Al^{3+}과 같은 이온으로부터 Pb^{2+}, Cd^{2+}, Ag^+, Tl^+, Cu^{2+}, Zn^{2+} 같이 쉽게 환원되는 이온을 분리해낼 수 있다.

[2]접촉 전위는 보통 무시할 정도로 작은 값이므로 이 장에서는 고려하지 않는다.

먼저 제시한 바와 같이 수소 발생은 전기분해 마지막에서 나타나고 더 음전위에서 환원되는 양이온에 의한 방해를 막아준다.

전기분해가 일어나는 동안 수소가 동시에 석출되면 분석물질이 전극에 부착되지 않는 석출물을 생성하는 경우도 있는데 이는 분석 목적에 바람직한 현상이 아니다. 이러한 이유로 수소 이온보다 더 작은 음전위의 환원 전극에서 환원되는 감극제(depolarizer)를 첨가하도록 한다. 질산염 이온, 하이드라진 그리고 하이드록실 아민이 환원 전극 감극제로 널리 이용된다.

실제로 현대 연산증폭기 기반의 기기에서는 전해 전지의 전지 전위를 유지하면서 작동시키는 방법은 거의 사용되지 않고 있다. 대신에 작업 전극 전위는 *정전위기*(potentiostat)라 불리는 기기를 사용하여 유지시킨다(제24C-1절 참고). 전기분해 석출에 대해 설명하고 이 이론을 전기량법과 전기량법 적정에 응용한다.

일정 전위에서 전기분해하는 동안의 전류 변화

전기분해가 일어나는 동안 전위를 −2.5 V로 일정하게 유지하면서 전지에 흐르는 전류의 변화에 대해 살펴보기로 하자. 여기서는 시간에 따라서 용액 중에 존재하는 구리 이온의 농도가 감소할 뿐 아니라 환원 전극에서 농도 편극이 증가하기 때문에 전류도 감소할 것으로 예상할 수 있다. 실제로 농도 편극이 시작되면 전류는 시간에 대하여 지수함수적으로 감소한다.

$$I_t = I_0 e^{-kt}$$

여기서 I_t는 편극이 시작된 후 t분에서의 전류이고 I_0는 초기 전류값이다. Lingane[3]은 상수 k값을 다음 관계식으로부터 구할 수 있다고 했다.

$$k = \frac{25.8DA}{V\delta}$$

여기서 D는 cm^2/s 단위의 확산 계수이며 단위 농도 기울기에서 반응물의 확산 속도이다. A는 cm^2 단위의 전극 표면적이고 V는 cm^3 단위의 용액 부피이다. 그리고 δ는 전극 표면에서 농도 기울기를 형성하는 용액층의 두께이다. D와 δ의 전형적인 값은 10^{-5} cm^2/s와 2×10^{-3} cm이다(상수 25.8에는 D의 단위를 cm^2/min로 전환시키는 데 필요한 인자 60 (s/min)이 포함되어 있는데, 이는 I_t에 대한 식에서 k를 t의 단위와 맞추기 위한 것이다). 초기 전위를 −2.5 V로 걸어주면 사실상 그 직후부터 농도 편극이 일어나고 전류가 지수함수적으로 감소한다. 이와 같은 사실을 그림 24-1a에 나타내었다. 여기서 보여준 곡선은 앞에서 나온 두 식을 이용하여 이 전지에 대해 얻은 것이다. 30분 후에 전류는 초기의 1.5 A에서 0.08 A로 감소하였다. 이때까지 약 96%의 구리가 석출되었을 것이다.

시뮬레이션: www.tinyurl.com/skoogpia7에서 **전기분해(electrolysis)**에 대해 더 알아보시오.

[3]다음을 참고하시오. J. J. *Lingane, Electroanalytical Chemistry*, 2nd ed., pp. 223–29, New York: Interscience, 1958.

24A-2 일정-전류 전기분해

다른 전기분석법과 마찬가지로 전기석출 분석법도 걸어주는 전위보다는 전류를 일정하게 유지하면서 수행할 수 있다. 이 경우 전기분해가 진행되는 동안 걸어주는 전위를 주기적으로 높여주어야만 한다.

앞 절에서 언급했듯이 환원 전극에서 일어나는 농도 편극은 전류를 감소시킨다. 처음에 이런 효과는 걸어주는 전위를 높여줌으로써 부분적으로 보상할 수 있다. 정전기적인 인력으로 구리 이온이 전극 표면으로 이동하는 속도가 증가하므로 농도 편극이 일어나는 것이 지연될 것이다. 그러나 곧 용액 중에 존재하는 구리 이온이 급격히 고갈되어 확산, 정전기적 인력 및 젓기에 의해서도 원하는 전류를 유지하도록 구리 이온을 전극 표면으로 이동시킬 수가 없게 된다. 이와 같은 일이 일어나면 E_{appl}를 더 증가시키게 되는데 이때 η_{rc}, 즉 환원 전극 전위는 급격히 변하게 된다. 이렇게 되면 수소(또는 환원될 수 있는 다른 화학종)도 함께 석출될 수 있다. 결국 환원 전극 전위는 새로운 전극 반응의 표준 전위와 과전압에 의해 결정되는 전위로 일정하게 유지된다. 따라서 전류를 일정하게 유지하기 위해 전지 전위를 더 이상 증가시켜줄 필요가 없게 된다. 구리(II) 이온이 전극 표면에 도달하면 계속해서 구리가 석출된다. 그러나 전체 전류에 대한 이런 전류의 기여 정도는 구리의 석출이 완결될수록 점점 작아진다. 수소 이온 또는 질산 이온의 환원과 같은 다른 과정이 곧 우세하게 일어난다. 일정 전류의 조건에서 환원 전극의 전위가 변화되는 모습을 그림 24-2에서 보여준다.

24A-3 일정한 작업 전극 전위에서의 전기분해

석출하려는 이온의 농도를 10배 감소시키려면 전위가 단지 0.0592/n V만큼만 더 음의 값으로 이동하면 된다는 것을 Nernst 식으로부터 알 수 있다. 그러므로 전기분해법은 상당히 선택적

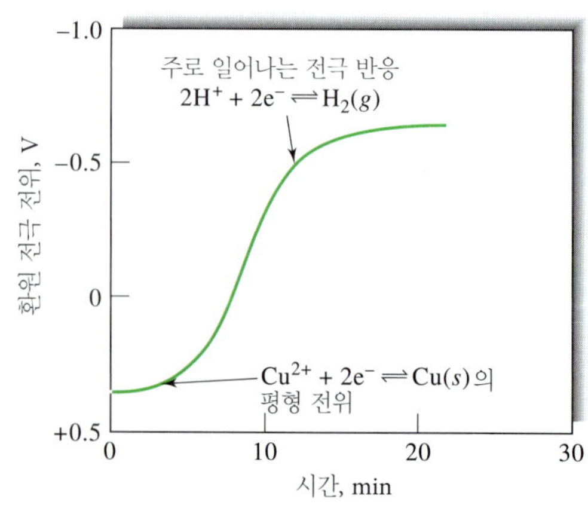

그림 24-2 일정 전류 1.5 A로 구리를 석출시키는 동안 환원 전극 전위의 변화. 이때 환원 전극 전위는 $E_r + \eta_{rc}$와 같다.

일 수도 있다. 예를 들면 용액 중에 존재하는 구리 이온의 농도가 0.01 M에서 10^{-6} M로 감소하면 열역학적 환원 전극 전위 E_r는 처음 값 +0.31 V에서 +0.16 V로 변화한다. 따라서 이론적으로는 0.15 V 전위 범위 내에서 석출되지 않는 원소들로부터 구리를 분리시킬 수 있게 된다. +0.31 V보다 더 큰 양의 전위에서 정량적으로 석출되는 화학종은 미리 환원시켜 제거할 수 있다. +0.16 V보다 작은 전위를 필요로 하는 이온들은 구리가 석출될 때 방해하지 않는다. 따라서 만약 분석물질의 농도가 10^{-6} M까지 감소되었을 때를 정량적으로 분리되었다고 하고 분석물질의 초기들 농도가 서로 거의 같다고 한다면, 2가 이온들은 이론적으로 그 표준 전위가 서로 0.15 V 이상 차이 나면 전기석출에 의해 정량적으로 분리될 수 있다. 마찬가지로 1가 이온에 대해서는 약 0.30 V 차이가 필요하고 3가 이온에 대해서는 약 0.10 V 차이가 필요하다.

적당한 전기분해 시간 내에 이와 같은 이론적인 분리를 하기 위해서는 지금까지 설명했던 방법보다 더 정교한 방법이 필요한데, 이는 전압을 잘 조정하지 않으면 환원 전극에서의 농도 편극으로 말미암아 제대로 잘 분리되지 않기 때문이다. 환원 전극 전위는 *IR* 강하의 감소 정도에 따라 변화한다(그림 24-1b). 따라서 처음에 비교적 큰 전류를 걸어주는 경우 환원 전극 전위도 나중에 크게 변할 것이라고 예상할 수 있다. 한편 환원 전극 전위가 작게 변화되도록 하기 위해 낮은 전류로 작동시키는 경우에는 완전히 석출하는 데 걸리는 시간이 길어진다. 이런 어려움을 해결하기 위해 처음에는 충분한 전지 전위를 걸어주어 상당한 전류가 흐르게 하고 그 다음에 걸어주는 전지 전위를 계속적으로 낮추어주면서, 환원 전극 전위가 원하는 분리를 하는 데 필요한 수준으로 유지되게 한다. 불행하게도 걸어주는 전지 전위를 변화시킨 정도를 이론적으로 예상하는 것이 쉽지 않은데 이는 과전압 효과와 아마도 전기전도도 변화와 같이 석출에 영향을 주는 여러 변수들이 불확정도를 갖고 있기 때문이다. 실제로 두 전극 사이의 전압을 측정하는 것은 도움이 되지 못하는데 이러한 측정은 단지 전체 전지 전위 E_{appl}만을 측정하는 것이 되기 때문이다. 다른 좋은 방법은 용액 중에서 전위가 일정하고 알려져 있는 세 번째 전극인 기준 전극에 대하여 작업 전극의 전위를 측정하는 것이다. 그 전지 전위, 즉 작업 전극과 그 상대 전극 사이에 걸려 있는 전위를 조절하여 기준 전극에 대한 작업 환원 전극(또는 산화 전극)의 전위를 원하는 수준으로 유지하도록 한다. 이와 같은 방법을 *조절−전위 전기분해*(controlled-potential electrolysis) 혹은 때로는 *정전위 전기분해*(potentiostatic electrolysis)라고 부른다.

조절−환원 전극−전위 전기분해에 대한 상세한 실험 과정은 제24C-1절에서 설명할 것이다. 여기서는 환원 전극과 기준 전극 사이의 전위차를 전압계로 측정한다는 정도만 알아도 충분하다. 작업 전극과 그의 상대 전극 사이에 걸어준 전위차를 전압 분할기를 이용하여 조절함으로써 환원 전극의 전위를 분리에 적합한 수준으로 유지한다. 그림 24-3은 일정 환원 전극 전위에서 석출시키는 간단한 수동식 장치의 개요도이다.

그림 24-3에서 보여준 것과 같은 장치에서는 처음에 비교적 높은 전압을 걸어주어 큰 전류를 얻을 수 있게 한다. 그러나 전기분해가 진행됨에 따라 *AC* 사이에 걸어준 전위를 차차 낮추어

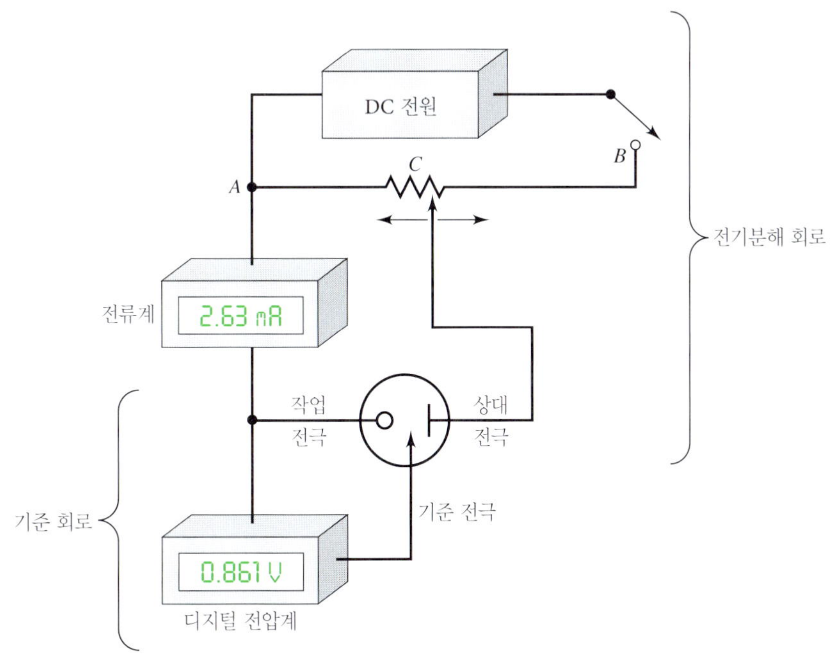

그림 24-3 조절−전위 전해 장치. 전압계는 작업 전극과 기준 전극 사이의 전위를 측정한다. 접촉점 *C*를 이동하여 작업 전극과 상대 전극 사이에 걸린 전압을 조절함으로써 작업 전극(산화 전극)의 전위를 일정하게 유지하도록 한다. 전류는 실제로 항상 0이다. 최근 정전위기는 전자동화이며 컴퓨터로 통제된다. 전극 표시: −O 작업 전극, → 기준 전극, ├ 상대 전극.

야 한다. 이 전위가 낮아지면서 전류도 감소하게 된다. 전기분해가 완결되는 것은 전류가 0에 접근하는 것을 보면 알 수 있다. 그림 24-4에서는 전형적인 일정-환원전극-전위 전기분해 과정에서 일어나는 변화를 보여준다. 앞에서 언급한 전기분해법과는 달리 이 방법은 작동하는 동안 계속해서 주의를 기울여야만 한다. 보통 이런 장치는 자동적으로 조절하게 되어 있다. 제 24-1절과 같은 간단한 일정 전위기는 기준 전극에 대해 작업 전극의 전위를 조절하는 데 적합하다.

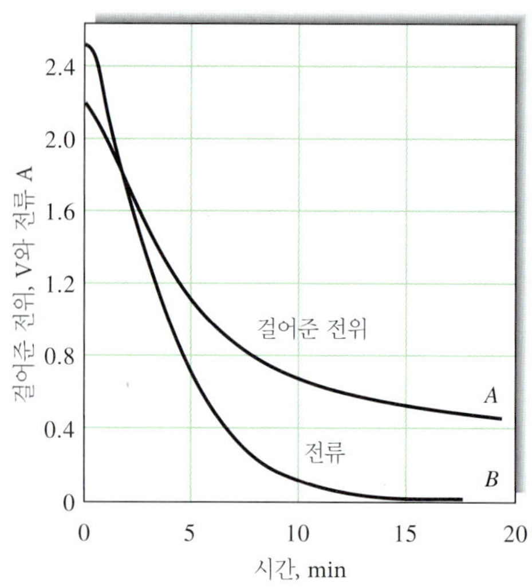

그림 24-4 조절-환원전극-전위 전기분해의 경우 걸어주는 전압과 전류의 변화 관계. SCE에 대한 환원 전극 전위를 −0.36 V로 유지하면서 구리를 석출시킨다. (Experimental data from J. J. Lingane, *Anal. Chim. Acta*, **1948**, *2*, 584, **DOI**: 10.1016/s0003-2670(01)93842-5. With permission.)

24B 전기량법 분석의 서론

전기량법은 분석물질을 다른 산화 상태로 정량적으로 전환시키는 데 필요한 전기량을 측정하는 모든 분석법들을 포함한다. 무게법 분석과 같이 전기량법은 측정된 양(이 경우 전기량)과 분석물질의 질량 사이의 비례 상수를 알려진 물리적 상수로부터 얻을 수 있다는 장점이 있다. 따라서 보통 표준화나 검정법을 사용하지 않아도 된다. 전기량법은 무게법 분석과 부피법 분석만큼 정확하다. 전기량법은 무게법 분석보다 빠르고 편리하다. 마지막으로 전기량법은 쉽게 자동화할 수 있다.[4]

24B-1 전기량의 단위

전기량이나 전하량은 쿨롱(C) 단위로 측정한다. 1쿨롱은 1초 동안에 1암페어(A)의 일정한 전류에 의해서 운반되는 전기량이다. 따라서 t초 동안 일정한 전류 I가 흐르면 쿨롱의 수 Q는 다음과 같다.

$$Q = It \tag{24-3}$$

전류가 변할 경우 쿨롱 수는 적분하여 얻을 수 있다.

$$Q = \int_0^t i\,dt \tag{24-4}$$

1패러데이(F)는 1몰의 전자가 가지고 있는 쿨롱 단위의 전하량이다. 전자 하나의 전하량은 1.60218×10^{-19} C이므로 다음과 같다.

$$F = 6.02214 \times 10^{23} \frac{e^-}{\text{mol } e^-} \times 1.60218 \times 10^{-19} \frac{C}{e^-}$$

$$= 96{,}485 \frac{C}{\text{mol } e^-}$$

자습: www.tinyurl.com/skoogpia7에서 **전기분해(electrolysis)**에 대해 더 알아보시오.

전기량과 전기분해되는 화학종의 양 사이의 관계식은 다음과 같은 Faraday 법칙으로 나타낼 수 있다.

$$n_A = \frac{Q}{nF} \tag{24-5}$$

여기서 n은 분석물질의 반쪽-반응의 전자수이다. n_A는 A물질의 몰수이다. 예제 24-1에서 보는 바와 같이 알려진 크기의 전류에 의하여 전극에서 생성되는 화학종의 질량을 계산하는 데 이 정의를 사용할 수 있다.

예제 24-1

전기분해 전지의 산화 전극에서는 산소가, 환원 전극에서는 구리가 석출되도록 0.800 A의 일정한 전류가 흐르도록 하였다. 다른 산화 환원 반응이 일어나지 않았다고 가정하고, 15.2분 동안 생성된 각 생성물의 양을 그램 단위로 계산하시오.

풀이

두 반쪽 반응으로부터 당량을 구할 수 있다.

$$Cu^{2+} + 2e^- \rightarrow Cu(s)$$

$$2H_2O \rightarrow 4e^- + O_2(g) + 4H^+$$

1몰의 구리는 2몰의 전자에 그리고 1몰의 산소는 4몰의 전자에 해당한다.

식 24-3으로부터

$$Q = 0.800\text{ A} \times 15.2\text{ min} \times 60\text{ s/min}$$

$$= 729.6\text{ A}\cdot\text{s} = 729.6\text{ C}$$

식 24-5로부터 O_2와 Cu의 몰수를 구할 수 있다:

[4]전기량법에 대한 추가적인 정보는 아래 문헌을 참고하시오. P. Monk, *Fundamentals of Electroanalytical Chemistry*, Chap. 5, Chichester, UK: Wiley, 2001; J. A. Dean, *Analytical Chemistry Handbook*, Section 14, pp. 14.118–14.133, New York: McGraw-Hill, 1995; D. J. Curran, in *Laboratory Techniques in Electroanalytical Chemistry*, 2nd ed., P. T. Kissinger and W. R. Heinemann, eds., pp. 739–68, New York: Marcel Dekker, 1996.

$$n_{Cu} = \frac{Q}{nF} = \frac{729.6\ C}{2\ mol\ e^-/mol\ Cu \times 96{,}485\ C/mol\ e^-}$$
$$= 3.781 \times 10^{-3}\ mol\ Cu$$
$$n_{O_2} = \frac{Q}{nF} = \frac{729.6\ C}{4\ mol\ e^-/mol\ O_2 \times 96{,}485\ C/mol\ e^-}$$
$$= 1.890 \times 10^{-3}\ mol\ O_2$$

구리와 산소의 질량은 아래 식으로부터 구할수 있다.

$$m_{Cu} = n_{Cu}\mathcal{M}_{Cu} = 3.781 \times 10^{-3}\ mol\ Cu \times \frac{63.55\ g\ Cu}{1\ mol\ Cu}$$
$$= 0.240\ g\ Cu$$
$$m_{O_2} = n_{O_2}\mathcal{M}_{O_2} = 1.890 \times 10^{-3}\ mol\ O_2 \times \frac{32.00\ g\ O_2}{1\ mol\ O_2}$$
$$= 0.0605\ g\ O_2$$

24B-2 전기량법의 종류

전기량법 분석에는 일반적으로 *조절-전위(정전위) 전기량법*[controlled-potential (potentiostatic)]과 *조절-전류(정전류) 전기량법*[controlled-current (amperostatic)]이 사용된다. 조절-전위 전기량법은 작업 전극(분석물질의 반응이 일어나는 전극)의 전위를 일정하게 유지시켜주어서 시료 또는 용매 중에서 반응성이 덜한 화학종은 반응하지 않고 분석물질만이 정량적으로 산화나 환원이 일어나게 하는 것이다. 이 경우 전류가 처음에는 높으나 분석물질이 용액으로부터 사라짐에 따라 급격히 감소하여 마침내 0으로 떨어진다(그림 24-4 참고). 이때 사용되는 전기량은 다른 전하 측정 장치나 방법으로도 측정되지만 대부분의 경우 전자적분기를 이용한다.

조절-전류 전기량법에서는 분석물질이 완전히 반응하였음을 알리는 지시계 신호가 있을 때까지 일정한 전류를 유지시켜 준다. 반응이 완결되는 종말점에 도달할 때까지 사용되는 전기량은 전류의 크기와 반응 시간으로부터 계산될 수 있다. 조절-전류법이 정전위법보다 더 많이 이용된다. 나중에 그 이유를 알겠지만 이것을 *전기량법 적정*(coulometric titration)이라고도 부른다(제24D절 참고).

모든 전기량법에서 기본적으로 요구하는 것은 분석물질이 100% 전류 효율로 반응해야 한다는 것이다. 이것은 1패러데이 전기량이 분석물질 $1/n$몰을 화학적으로 변화시켜야 한다는 것을 의미한다. 여기서 n은 1몰 분석물질에 해당하는 전자 수이다. 그러나 100% 전류 효율이라는 것은 분석물질이 전극에서의 전자 이동 과정에 직접적으로 꼭 참여해야 한다는 의미는 아니다. 실제로 종종 분석물질이 최소한 부분적으로 또 다른 전극 반응에 이차적으로 관여하는 경우가 많다. 예를 들면 백금 산화 전극에서 철(II) 이온이 산화되는 초기에는 모든 전류가 다음 반응을 통하여 흐른다.

$$Fe^{2+} \rightleftharpoons Fe^{3+} + e^-$$

그러나 철(II) 이온의 농도가 감소함에 따라 농도 편극으로 인해 산화 전극 전위가 증가하고 경쟁 반응으로 물 분해가 일어나게 된다.

$$2H_2O \rightleftharpoons O_2(g) + 4H^+ + 4e^-$$

철(II) 이온을 완전히 산화시키는 데 소요되는 전기량은 이론적으로 필요한 양보다 훨씬 많아질 것이다. 이와 같은 오차를 없애기 위해서 적당히 충분한 양의 세륨(III) 이온을 전기분해가 시작될 때 시료 용액에 넣어준다. 이 세륨 이온은 물보다 낮은 산화 전극 전위에서 산화된다:

$$Ce^{3+} \rightleftharpoons Ce^{4+} + e^-$$

생성된 세륨(IV)은 빠르게 전극 표면에서 확산해 나가서 그 당량만큼 철(II)을 산화시킨다:

$$Ce^{4+} + Fe^{2+} \rightarrow Ce^{3+} + Fe^{3+}$$

철(II) 이온의 일부만이 전극 표면에서 직접 산화되지만 알짜 효과는 철(II) 이온이 100% 전류 효율로 전기화학적으로 산화된 것으로 나타난다.

염화 이온을 전기량법으로 정량하는 것은 또 다른 간접적인 방법의 예라고 할 수 있다. 이때 은 전극은 산화 전극으로 작용하므로 은 이온은 전류에 의해서 생성된다. 이 은 이온은 용액 중으로 확산되어 염화 이온과 반응하여 염화은 침전을 만든다. 이 염화 이온은 전지에서 산화나 환원이 되지 않을지라도 염화 이온에 대하여 100% 전류 효율을 얻게 된다.

자습: www.tinyurl.com/skoogpia7에서 **전기량법(coulometry)**에 대해 더 알아보시오.

24C 조절-전위 전기량법

조절-전위 전기량법(controlled-potential coulometry)에서 분석물질을 반응 생성물로 전환하는데 필요한 전하량은 전류-시간 곡선을 전기분해동안 적분하여 계산한다. 이와 같은 종류의 분석은 전기무게법 분석의 모든 장점을 가지고 있으며 무게를 달 수 있는 생성물을 얻어야 할 필요가 없다. 그러므로 이런 방법은 고체 생성물이 전혀 생성되지 않는 반응뿐만 아니라 물리적 성질이 나쁜 석출물을 생성하는 경우에도 응용할 수 있다. 예를 들면 백금 산화 전극에서 H_3AsO_3를 H_3AsO_4로 산화시켜 비소 이온을 전기량법으로 정량할 수 있다. 마찬가지로 산화 전극 전위를 적당히 조절함으로써 Fe(II) 이온을 Fe(III) 이온으로 산화시켜 철을 정량할 수 있다.

24C-1 기기장치

정전위 전기량법에 사용되는 기기장치는 전기분해 전지, 정전위기(제3D-1절 참고), 소모된 하전량을 측정하기 위한 적분기 등으로 이루어져 있다.

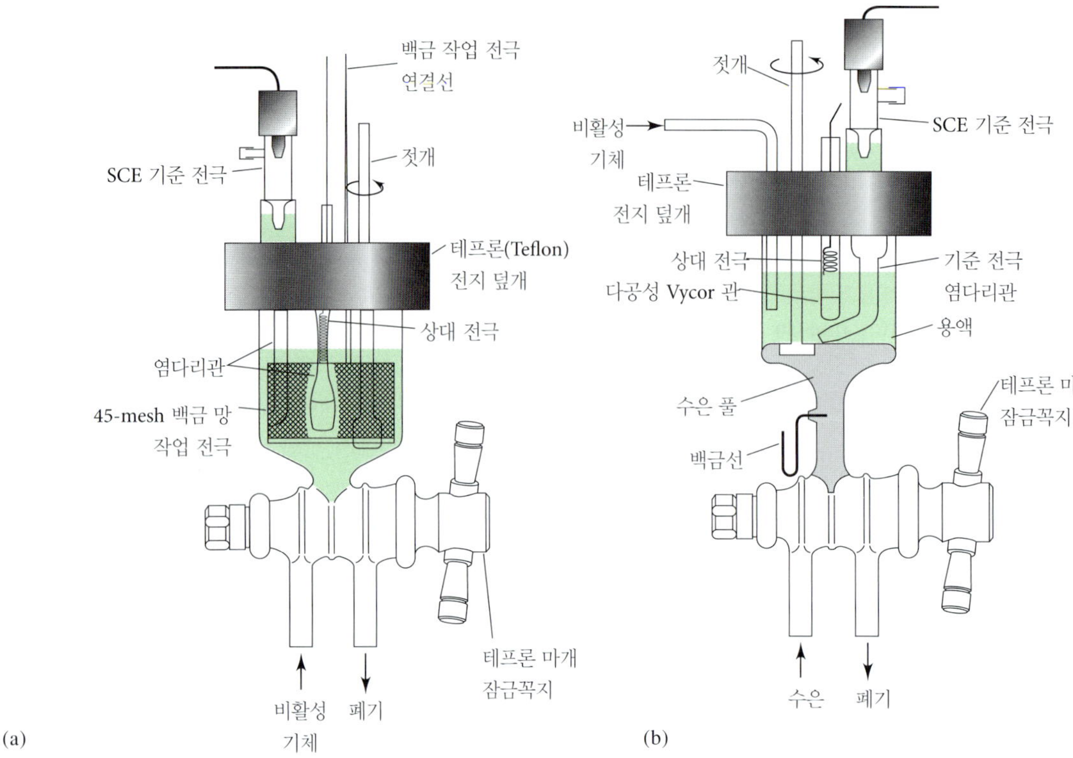

그림 24-5 정전위 전기량법 전기분해 전지 작업 전극이 (a) 백금 망 또는 (b) 수은 풀(pool)인 경우. (Reprinted with permission from J. E. Harrar and C. L. Pomernacki, *Anal. Chem.*, **1973**, *45*, 57. **DOI**: 10.1021/ac60323a003. Copyright 1973 American Chemical Society.)

전지

그림 24-5(정전위 전기량법 전기분해 전지)에서는 정전위 전기량법에 이용되는 두 가지 형태의 전지를 보여준다. 처음 것은 백금 망으로 된 작업 전극과 백금선 상대 전극으로 되어 있는데, 이 백금 상대 전극은 분석물질 용액과 같은 지지 전해질을 포함하고 있는 다공성 관에 의해 분석물질 용액과 격리되어 있다(그림 24-5a 그림). 상대 전극을 분리시켜 놓은 것은 때때로 전극 생성물이 분석에 방해하는 것을 방지하기 위함이다. 포화 칼로멜 기준 전극 또는 Ag-AgCl 기준 전극은 염다리에 의해 분석물질 용액과 연결되어 있다. 보통 이 염다리도 분석물질 용액과 같은 전해질을 포함하고 있다.

두 번째 전지는 수은 풀(mercury pool)로 이루어져 있다. 수은 환원 전극은 분석의 예비 단계로서 쉽게 환원되는 원소들을 분리 제거하는 데 특히 유용하다. 예를 들면 구리, 니켈, 코발트, 은 및 카드뮴 등은 알루미늄, 티타늄, 알칼리 금속 및 인산이온 등과 같은 이온들로부터 쉽게 분리될 수 있다. 환원된 금속 원소들은 수은에 쉽게 용해된다. 큰 과전압 효과 때문에 심지어 높은 전압을 걸어주어도 수소가 거의 발생하지 않는다. 그림 24-5b에서 보여준 것과 같은 전기량법 전지는 여러 금속 이온들과 몇 가지 종류의 유기 화합물을 전기량법으로 정량하는 데 이용된다.

정전위

정전위는 작업 전극의 전위를 기준 전극에 대해 일정하게 유지시켜 주는 전자공학적 장치이다. 두 가지의 이런 장치를 그림 3-14에서 보여준다. 그림 24-6c는 다소 다른 형태의 정전위기를 가지는 조절-전위 전기량법 측정장치를 나타낸 것이다. 이 회로가 어떻게 작동하는지 이해하기 위해서 그림 24-6a에 나타낸 등가 회로를 생각해보자. 이 그림에서의 두 저항은 그림 24-6b에서 보여주는 전기화학전지의 두 부분에 있는 저항에 해당한다. 여기서 R_s는 상대 전극과 기준 전극 끝 P 사이의 저항이고, R_u는 작업 전극과 P 사이의 전기 저항으로서 *비보상 전지 저항*(uncompensated cell resistance)이라고 한다. 연산증폭기의 입력저항이 매우 높기 때문에 전환 입력에 연결된 피드백 루프에서는 전류가 흐르지 않으므로 연산증폭기의 전환 입력과 P 사이의 전위차는 간단히 기준 전극 전위 E_{ref}가 된다.

비전환 배열에서 연산증폭기는 E_1과 E_2가 같아지도록 작동하고, 이런 상태를 계속 유지시키기 위해서 전지 전류 I_c가 연산증폭기에 의해서 공급된다. 전환 입력과 회로 공통 출력 사이의 회로를 고려하면 다음과 같아진다.

$$E_2 = E_1 = E_{ref} + I_cR_u = E_{ref} + E_c$$

여기서 환원 전극 전위 E_c는 사실상 P와 작업 환원 전극(그림 24-6b 참고) 사이의 전위차와 같다. E_1과 E_{ref}는 일정하므로 I_cR_u도 일정하다. 전기분해 과정 동안 어떤 방식으로든지 R_u 또는 R_s가 변하면 연산증폭기의 출력 전압이 $E_c = I_cR_u$를 일정한 수준으로 유지하도록 변한다. 만약 전지 저항 또는 농도 편극의 증가로 R_u가 증가하면 연산증폭기의 출력 전압이 I_c를 감소시키

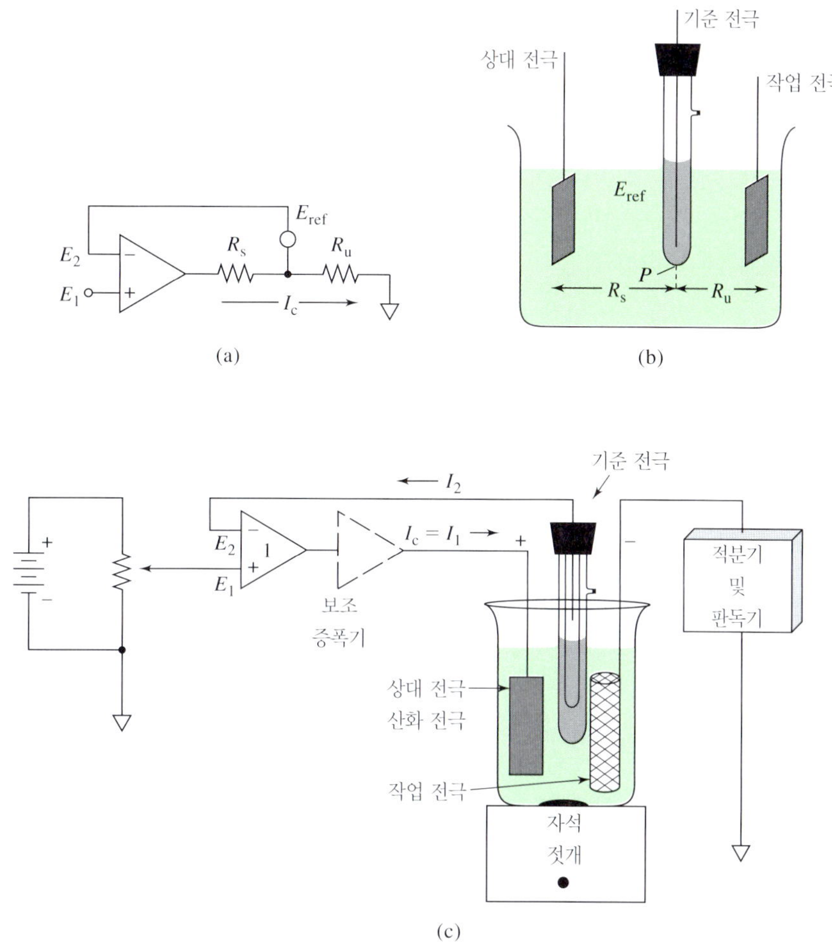

그림 24-6 조절-전위 전기량법 장치의 약도. (a) 등가 회로, (b) 전해 전지, (c) 실제 회로. 전지 전류 I_c는 적분기와 판독기 모듈로 흐르게 되고, 이를 통해 전지에 통과되는 전체 전하량에 비례하는 숫자로 나타난다.

기 위해 감소한다. 만약 R_u가 감소하면 연산증폭기의 출력 전압은 E_c를 일정하게 유지하도록 증가한다.

그림 24-6c의 실제 회로는 정전위 전기량법을 수행하는 데 필요한 다른 부분 장치들을 보여준다. 이 회로에는 정전위기의 조절 전위를 변화시킬 수 있도록 연산증폭기의 비전환 입력에 설치한 가변전위기, 때로 필요한 높은 전류를 공급할 수 있는 보조증폭기, 그리고 적분기 및 판독기 등이 포함되어 있다. 보조증폭기는 전위 조절회로에 아무런 영향을 주지 않는다. 회로에서 $I_1 = I_c - I_2$이다. 연산증폭기에서 입력 바이어스 전류 I_2는 무시할 정도로 작으므로 $I_c \approx I_1$이고, 이 전류가 적분기와 기록기로 간다.

적분기

제3E-3절에서 보여준 것처럼 적분기는 연산증폭기 회로를 이용하여 만들 수 있다. 그러나 대부분 정전위 전기량법에 사용되는 최신 장치는 디지털 적분기를 사용하여 전기분해가 완결되는 데 필요한 전기량을 측정한다. 디지털 적분기는 상대 전극에 연결되어 있는 전위-주파수 변환기(voltage-to-frequency converter)로 되어 있다. 그림 24-6c에 전지 전류 I_c는 적분기-출력 모드에서 작은 표준 저항 R로 흐르고 전위 I_cR은 전위-주파수 변환기를 통과해 순간 전류 I_c에 비례하는 주파수를 내게 된다. 실험 동안에 발생하는 전위-주파수 변환기의 전체 사이클 횟수는 전기분해를 완성시키기 위해 필요한 전하량에 비례한다. 이 펄스는 분석물질에 비례하는 전하량에 비례하는 출력 수를 내게 된다.

컴퓨터로 제어되는 전기량법 기기에서 전위 I_cR은 아날로그-디지털 변환기에 의해 수로 전환되고, 시간에 따른 결과 전위는 디지털 적분에 대한 표준 연산법에 의해 적분되어 전하량에 비례하는 수가 된다.[5]

24C-2 응용

조절-전위 전기량법은 무기 화합물에 들어있는 55종 정도의 원소들을 정량하는 데 응용되어 왔다.[6] 수은을 환원 전극으로

[5] S. R. Crouch and F. J. Holler, *Applications of Microsoft® Excel in Analytical Chemistry*, 3rd ed., Belmont, CA: Cengage Learning, 2017, pp. 291–297.

[6] 응용에 대한 요약은 아래 문헌을 참고하시오. J. A. Dean, *Analytical Chemistry Handbook*, Section 14, pp. 14.119–14.123, New York: McGraw-Hill, 1995; A. J. Bard and L. R. Faulkner, *Electrochemical Methods*, 2nd ed., pp. 427–31, New York: Wiley, 2001.

사용하는 것이 더 좋으며, 수은 전극에 20여 가지 이상의 금속들을 석출시키는 방법이 보고되어 왔다. 최근에는 백금과 여러 형태의 탄소를 포함한 다양한 전극 소재가 사용되고 있다. 이 방법은 비교적 방해 없이 우라늄이나 플루토늄을 정량하는 핵에너지 분야에 널리 이용되고 있다. 예를 들어 사용된 핵원료 중에 존재하는 우라늄-산소 비율은 정전위 전기량법에 의하여 상대 표준 편차(RSD) 0.06%의 정확도로 측정된다.[7]

정전위 전기량법은 또한 유기 화합물을 정량(그리고 합성)하는 데도 마찬가지로 이용되고 있다. 예를 들면 T. Meites와 L. Meites[8]는 전위를 적절하게 조절한 수은 환원 전극에서 트리클로로아세트산과 피크로산을 정량적으로 환원시킬 수 있다고 하였다:

$$Cl_3CCOO^- + H^+ + 2e^- \rightarrow Cl_2HCCOO^- + Cl_2$$

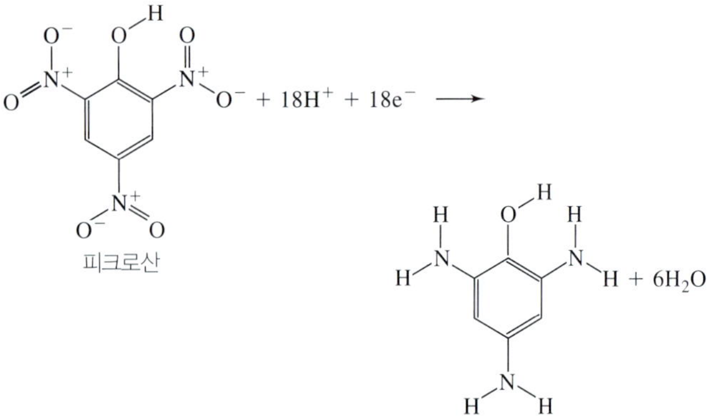

$$\text{피크로산} + 18H^+ + 18e^- \longrightarrow \text{(2,4,6-triaminophenol)} + 6H_2O$$

피크로산

전기량법 측정으로 이 화합물들을 분석할 때 상대 오차는 10분의 수 퍼센트 정도가 된다.

전기량법은 액체 크로마토그래피에서 검출하는 데도 사용된다(제28C-6 참고). 어떤 제품에는 소형화된 표면적이 큰 다공성 특수 탄소전극의 쌍들(4, 8, 12, 16 개)로 이루어진 전기량 배열 검출기가 액체 크로마토그래피의 배출구에 바로 연결되어 있다.[9] 전극쌍은 다채널이며 컴퓨터로 제어되는 정전위기로 연결되어 있다. 이 정전위기는 각 쌍을 다른 전위로 유지시켜 전기활성화 종을 선택적으로 검출할 수 있게 한다. 전류는 거의 100% 효율로 각 전극 쌍에서 검출되어 16개의 화학종까지도 동시에 검출할 수 있게 한다. 데이터 분석 소프트웨어를 이용하여 각 채널로부터의 신호를 수치적으로 다룰 수 있게 된다. 예를 들어 한 채널에서 두 화합물이 전기활성이고, 다른 채널에서 그 중의 한 화합물만 검출된다면 두 채널은 상쇄되어 두 번째 화합물에 비례하는 신호를 주게 된다. 이 시스템은 guanosine, kynurenine, 3-nitro-tyrosine, 5-hydroxyindole-3-acetic acid, homovanillic acid, serotonin을 4 ng/ml~4 μg/ml의 농도에서 2%~5% RSD의 정확도로 정량하는 데 사용된다.[10] 같은 시료에 대해 전기량 배열 검출기로 가능한 농도의 작동 범위는 10^{-15} M에서 10^{-6} M이다. 이 장치는 생물학과 제약 분야에서 중요한 전기활성인 화합물을 넓은 범위에서 검출하는 데 사용되고 있다.

[7]S. R. Sarkar, K. Une, and Y. Tominaga, *J. Radioanal. Nuc. Chem.*, **1997**, *220*, 155, **DOI**: 10.1007/bf02034849.

[8]T. Meites and L. Meites, *Anal. Chem.*, **1955**, 27, 1531, **DOI**: 10.1021/ac60106a008; **1956**, *28*, 103, **DOI**: 10.1021/ac60109a033.

[9]CoulArray® Multi-channel coulometric array detector for HPLC, Dionex, Thermo Scientific, Chelmsford, MA.

24D 전기량법 적정

전기량법 적정에서는 일정 전류에 의한 전기분해로 적정 시약이 생성된다. 몇몇 분석에서 활성 전극은 단지 적정 시약만을 생성한다.[11] 예를 들면 은 산화 전극에서 생성되는 은 이온으로 할로젠화 이온을 적정하는 경우이다. 다른 적정의 경우에는 분석물질이 직접 생성 전극에서 반응하기도 한다. 이 경우의 예는 철(II) 이온을 전기량법으로 산화시키는 것인데, 일부는 생성 전극에서 생긴 세륨(IV)에 의해서, 그리고 일부는 바로 전극 반응에 의해서 산화된다(제24B-2절 참고). 어떤 경우에서든지 알짜 과정은 분석물질의 한 종류의 화학 반응에 대하여 100% 전류 효율에 가까워야 한다.

전기량법 적정에서는 정전류기(amperostat)를 이용하여 전류를 정확히 알려진 일정 수준으로 정교하게 유지하도록 한다. 종말점에 도달할 때까지 걸리는 시간(s)과 이 전류(A)를 곱하면 전기분해 때 반응한 분석물질에 비례하는 전기량(Q)을 구할 수 있다. 이 경우 전기분해가 완결되기 전에 용액에서 농도 편극이 일어나는 것을 피할 수 없기 때문에 일정 전류로 생성 전극에서 미지 화학종을 완전히 정량적으로 산화 또는 환원시킨다는 것은 불가능하다. 전류를 일정하게 유지하려면 전극의 전위는 반드시 높아져야 한다(제24A-2절 참고). 만약 전위를 이와 같이 높여도 분석물질과 반응하는 시약이 생성되지 않는다면 전류 효율은 100% 이하가 될 것이다. 따라서, 전기량법 적정에서는 분석물질이 수반되는 반응에 대해 최소한 그 반응의 일부분이 (종종 전부가) 작업 전극의 표면에서 멀리 떨어진 곳에서 일어난다.

보통 일반적인 부피법 분석과 같이 전기량법 적정도 화학 당량점을 검출하는 방법이 필요하다. 부피법 분석에서 이용될 수 있는 대부분의 종말점 검출법이 여기서도 똑같이 이용될 수 있다. 전위차법, 전류법, 전기전도도법뿐만 아니라 지시약 변색법도 성공적으로 이용된다.

24D-1 전기 장치

전기량법 적정장치는 여러 기기회사로부터 구입할 수 있다. 게

[10]J. K. Yaoa, P. Cheng, *J. Chromatography B*, **2004**, *810*, 93, **DOI**: 10.1016/j.jchromb.2004.07.021.

[11]상기 기술에 대한 좀 더 자세한 정보는 아래 문헌을 참고하시오. D. J. Curran, in *Laboratory Techniques in Electroanalytical Chemistry*, 2nd ed., P. T. Kissinger and W. R. Heineman, eds., pp. 750–68, New York: Marcel Dekker, 1996.

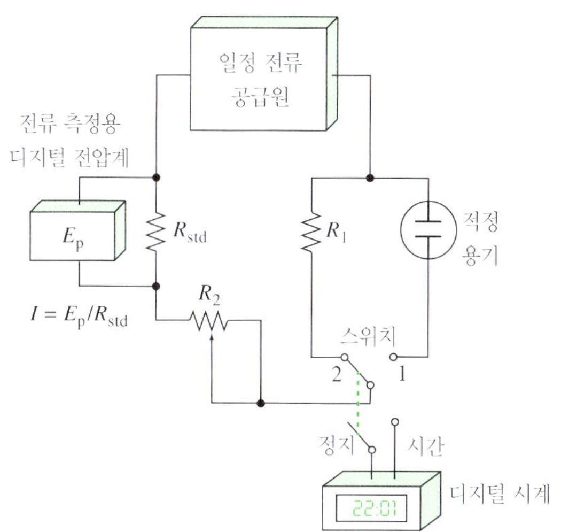

그림 24-7 전기량법 적정장치의 개략도. 시판되고 있는 전기량법 적정장치는 완전히 전자적으로, 대체적으로는 컴퓨터에 의해 제어된다.

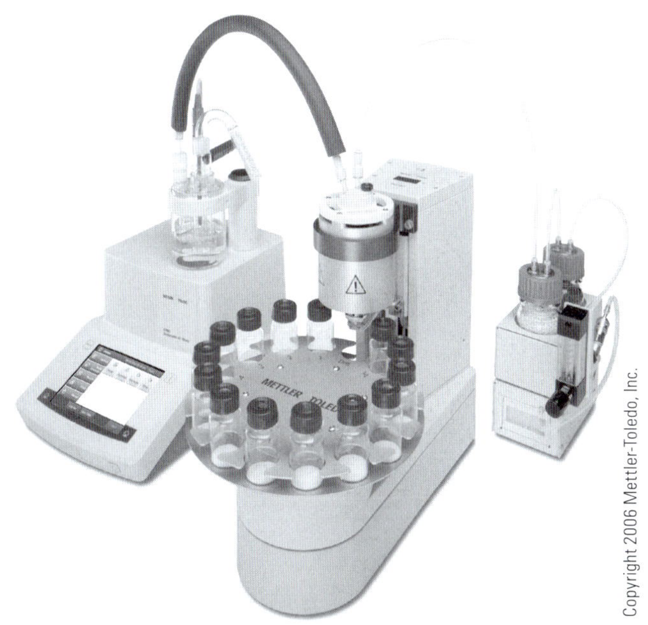

그림 24-8 자동 전기량 적정장치. 장치의 모든 기능은 내부 컴퓨터로 제어되고, 분석 결과는 LCD 디스플레이에 나타난다. (Courtesy of Mettler-Toledo, Inc., Columbus, OH.)

다가 이런 장치는 대부분의 실험실에서 쉽게 이용할 수 있는 부분 장치를 조립하여 만들 수도 있다. 그림 24-7은 전형적인 전기량법 적정장치의 주요 부분 장치들을 보여준다. 일정 전류 공급원과 스위치가 포함되어 있으며, 스위치는 전류를 연결하는 동시에 전자시계를 개시한다. 또한 전류를 정확하게 측정할 수 있는 장치도 필요하다. 그림 24-7에서 표준 저항 R_{std}를 가로질러 나타나는 전압강하를 이용하여 전류를 측정한다. 여러 가지 전자공학적 또는 전기기계적 정전류기가 문헌에 나와 있다. 값싼 연산증폭기를 이용하여 비교적 간단한 장치를 쉽게 만들 수도 있다(그림 3-15 참고).

그림 24-8은 상용화된 여러 종류의 자동화 전기량법 적정기 중 하나를 보여준다. 이 기기의 대부분은 전위차법 종말점을 사용한다. 몇몇 기기들은 다목적으로 다양한 화학종을 정량하는데 사용된다. 반면 한 화학종만을 위하여 고안된 것도 있는데 Cl^- 적정기 같은 것이다. 여기서는 Ag^+ 이온이 전기량법으로 생성된다. 산화 전극에서 생성된 브로민이 분석물질을 SO_2를 SO_4^{2-} 이온으로 산화시킴으로써 SO_2를 모니터한다. Monoethanolamine에 흡수된 기체를 전기량법으로 생성된 염기로 적정함으로써 CO_2를 모니터한다. H_2O 적정기에서는 Karl Fischer 시약이 전기분해에 의하여 생성된다.[12]

그림 24-8의 기기는 H_2O의 Karl Fischer 정량을 위하여 특별히 고안된 것이다. 이 기기는 데이터 출력과 적정 곡선을 그리기 위하여 프린터에 연결된다. 이 기기는 외부 컴퓨터와 연결을 위한 직렬 인터페이스로 구성되어 있지만, 기기조작은 내부 컴퓨터가 하게 된다. 디바이스는 11개의 프로그램화된 표준방법을 내장하고 있으며, 120명의 사용자-정의 방법까지 저장할 수 있다. 물의 경우 1 ppm 범위에서 5%까지 정량이 가능하다. 그림에서 보이는 회전판에 장착된 시료를 최대 14개까지 자동화 방법으로 분석할 수 있다.

전기량법 적정용 전지

그림 24-9에서는 전형적인 전기량법 적정에 사용되는 전지를 보여준다. 반응 시약이 생성되는 생성 전극과 회로를 완성시키는 데 필요한 상대 전극으로 이루어져 있다. 생성 전극은 표면적이 비교적 커야 하며 종종 백금 네모판이거나 백금 코일로 되어 있다. 그림 24-5a에 보여준 환원 전극과 같은 전극도 또한 이용할 수 있다. 상대 전극에서 생성된 생성물은 때로 방해를 일으킬 수 있는 원인이 될 수도 있다. 예를 들면 산화 전극에서 산

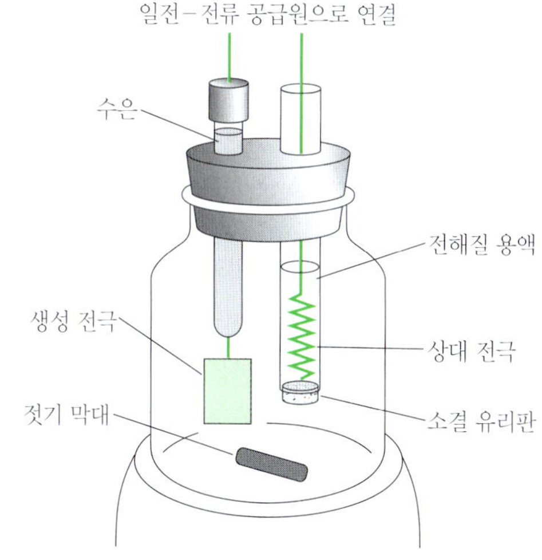

그림 24-9 대표적 전기량법 적정용 전지 모식도.

---

[12] D. A. Skoog, D. M. West, F. J. Holler, and S. R. Crouch, *Fundamentals of Analytical Chemistry*, 9th ed., Section 20C-5, pp. 529–531, Belmont, CA: Brooks/Cole, 2014.

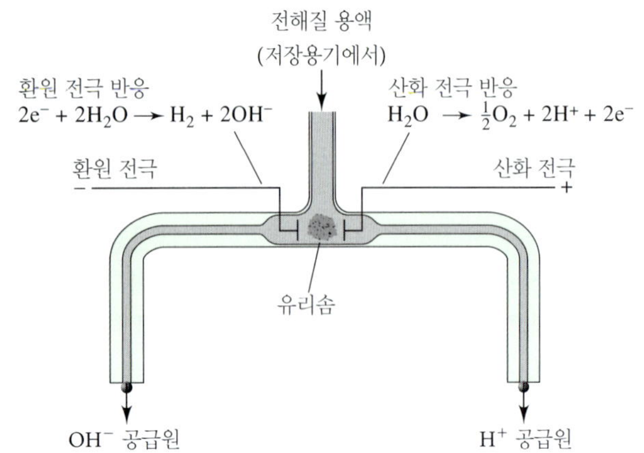

그림 24-10 산과 염기를 외부에서 생성하는 전해 전지장치 모식도.

화제 시약이 생성될 때 환원 전극에서는 수소가 종종 발생하기도 한다. 이때 발생하는 기체를 용액 밖으로 내보내지 않으면 산화제 시약과 반응할 가능성이 크다. 이와 같은 어려움을 해결하기 위해서 상대 전극을 소결 유리판 또는 다른 다공성 매질로 격리시킨다. 상대 전극을 격리시키는 또 다른 방법으로 반응 시약을 외부에서 생성하는 장치를 그림 24-10에서 보여준다. 이 장치는 전류를 끊은 후에도 잠시 동안 전해질 용액을 계속 흐르게 하여 남아 있는 생성 반응 시약을 적정용기 속으로 들어가게 한다. 그림 24-10에서 보여주는 장치는 어느 쪽 유리관을 사용하느냐에 따라 수소 이온 또는 수산화 이온을 이용할 수 있게 한다. 이 장치는 또한 산화 전극에서 아이오딘화 이온을 산화시킴으로써 아이오딘과 같은 반응 시약을 생성시키는 데도 사용할 수 있다.

24D-2 전기량법 적정의 응용

전기량법 적정은 부피법 분석에 이용되는 모든 종류의 반응에 이용할 수 있게 개발되어 왔다.[13] 여기서는 몇 가지 응용에 대해 알아보기로 한다.

중화 적정

약한 산과 센 산 모두는 환원 전극에서 다음과 같이 생성되는 수산화 이온을 이용하여 매우 정확하게 적정할 수 있다.

$$2H_2O + 2e^- \rightarrow 2OH^- + H_2(g)$$

그림 24-9와 그림 24-10에 보여준 전지를 이용할 수 있다. 좀 더 편리한 방법은 산화 전극으로 은선을 사용하고 분석물질 용액에 염화 이온이나 브로민화 이온을 첨가하는 것이다. 산화 전극에서의 반응은 다음과 같다.

$$Ag(s) + Br^- \rightleftharpoons AgBr(s) + e^-$$

대부분의 산화 전극에서 수소 이온이 발생한다면 중화 반응을 방해할 수 있을 것이지만, 브로민화 은은 중화 반응을 방해하지 않는다. 이 적정법에서 종말점을 결정할 때는 전위차법과 지시약법 모두 이용할 수 있다. 당량점을 결정할 때 생기는 문제점은 일반 부피 분석법의 경우와 같다. 그러나 전기량법 적정의 실제적인 장점은 탄산 이온의 방해가 훨씬 작다는 것이다; 단지 분석하기 전에 이산화탄소가 없는 기체를 주입하여 용액으로부터 이산화탄소를 제거하는 것만이 필요하다. 센 염기와 약한 염기는 백금 산화 전극에서 생성되는 수소 이온을 이용하여 전기량법 적정으로 정량할 수 있다.

$$H_2O \rightleftharpoons \tfrac{1}{2}O_2(g) + 2H^+ + 2e^-$$

이 경우 환원 전극에서 생성되는 수산화 이온이 방해하는 것을 방지하기 위해 환원 전극을 용액에서 격리시키든가 또는 적정 용액을 외부에서 생성해야 한다.

침전법과 착화법 적정

산화 전극에서 생성되는 은 이온을 이용하는 여러 전기량법 적정이 개발되어 왔다(표 24-1 참고). 그림 24-9에서 보여준 것과 같은 전지는 길고 굵은 은 선으로 만든 생성 전극을 이용한다. 종말점은 전위차법 또는 지시약법으로 결정할 수 있다. 수은 산화 전극에서 수은(I) 이온을 생성시키는 방법으로도 비슷한 분석을 할 수 있음이 알려져 있다.

한 가지 흥미 있는 전기량법 적정은 EDTA (H_4Y)의 아민수은(II) 착물 용액을 이용하는 분석법이다.[14] 수은 환원 전극에서 다음과 같은 반응이 일어나서 착화제가 용액 중으로 방출된다.

$$HgNH_3Y^{2-} + NH_4^+ + 2e^- \rightleftharpoons Hg(l) + 2NH_3 + HY^{3-} \quad (24\text{-}6)$$

수은 착물은 칼슘, 아연, 납 또는 구리의 착물보다 더 안정하기 때문에 전극 반응에 의해서 리간드가 방출되기 전에 이 이온들이 착물 형성에 관여하지 않는다.

체액에서 Cl^-의 전기량법 적정

혈청, 혈장, 소변, 땀 그리고 다른 체액에서 Cl^- 이온을 정량하는 공인된 기준 방법은 전기량법 적정이다.[15] 이 방법에서 Ag^+ 이온이 전기량적으로 생성되고 이 이온이 Cl^- 이온과 반응하여 난용성 AgCl 염을 생성한다. 종말점은 전류법(제25C-4절 참고)으로 검출되는데 과량의 Ag^+ 이온의 생성으로 전류가 급격히 증가하게 된다. 이론적으로 Cl^- 이온과 정량적으로 반응하는 데 필요한 Ag^+ 이온의 양을 Faraday 법칙으로부터 얻을 수 있다. 실제적으로는 검정 방법이 사용된다. 첫째로 일정 전류 I를 사용하여 Cl^- 이온의 표준 용액을 적정하는 데 소요된 시간 t_s

---

[13] 응용에 대한 요약은 아래 문헌을 참고하시오. J. A. Dean, *Analytical Chemistry Handbook*, Section 14, pp. 14.127–14.133, New York: McGraw-Hill, 1995.

[14] C. N. Reilley and W. W. Porterfield, *Anal. Chem.*, **1956**, *28*, 443, **DOI:** 10.1021/ac50161a010.

[15] C. A. Burtis and E. R. Ashwood, *Tietz Fundamentals of Clinical Chemistry*, 7th ed., pp. 416–419, Philadelphia: Saunders, 2015; L. A. Kaplan and A. J. Pesce, *Clinical Chemistry: Theory, Analysis, and Correlation*, 5th ed., p. 235, St. Louis, MO: C. V. Mosby, 2010.

표 24-1 중화, 침전 및 착화 반응과 관련된 전기량법 적정의 요약

분석화학종	생성 전극 반응	이차 분석 반응
산	$2H_2O + 2e^- \rightleftharpoons 2OH^- + H_2$	$OH^- + H^+ \rightleftharpoons H_2O$
염기	$H_2O \rightleftharpoons 2H^+ + \frac{1}{2}O_2 + 2e^-$	$H^+ + OH^- \rightleftharpoons H_2O$
Cl^-, Br^-, I^-	$Ag \rightleftharpoons Ag^+ + e^-$	$Ag^+ + X^- \rightleftharpoons AgX(s)$
메르캅탄(RSH)	$Ag \rightleftharpoons Ag^+ + e^-$	$Ag^+ + RSH \rightleftharpoons AgSR(s) + H^+$
Cl^-, Br^-, I^-	$2\,Hg \rightleftharpoons Hg_2^{2+} + 2e^-$	$Hg_2^{2+} + 2X^- \rightleftharpoons Hg_2X_2(s)$
Zn^{2+}	$Fe(CN)_6^{3-} + e^- \rightleftharpoons Fe(CN)_6^{4-}$	$3Zn^{2+} + 2K^+ + 2Fe(CN)_6^{4-} \rightleftharpoons K_2Zn_3[Fe(CN)_6]_2(s)$
Ca^{2+}, Cu^{2+}, Zn^{2+}, Pb^{2+}	식 24-6 참고	$HY^{3-} + Ca^{2+} \rightleftharpoons CaY^{2-} + H^+$, 등

를 측정한다. 같은 일정 전류에서 미지용액을 적정하는 데 걸린 시간 t_u를 측정한다. 미지용액에서의 Cl^-의 몰수는 다음과 같이 결정한다.

$$(n_{Cl^-})_u = \frac{t_u}{t_s} \times (n_{Cl^-})_s$$

만약 표준 용액과 미지용액의 부피가 같다면 농도는 이 식에서 몰수로 대체할 수 있다. 그림 24-11은 chloridometer라고 불리는 상용화된 전기량법 적정기를 보여준다.

Cl^- 이온을 정량하는 다른 일반적인 방법에는 이온선택성 전극(제23D절 참고), 광도법 적정(제14E절 참고) 그리고 동위 원소 묽힘 질량 분석기를 이용한 방법들이 있다.

산화-환원법 적정

표 24-2에 전기량법으로 생성될 수 있는 여러 가지 반응 시약들과 이 시약들이 이용되는 분석법들을 적어놓았다. 전기적으로 생성된 브로민은 산화제 중 특히 유용하며 많은 방법에 이용되고 있다. 용액에서 불안정하기 때문에 부피법 분석에서 일반적으로 사용할 수 없는 몇몇 특수 시약들도 역시 중요하게 사용될 수 있다. 이 시약들에는 은의 2가 양이온, 망간의 3가 양이온 그

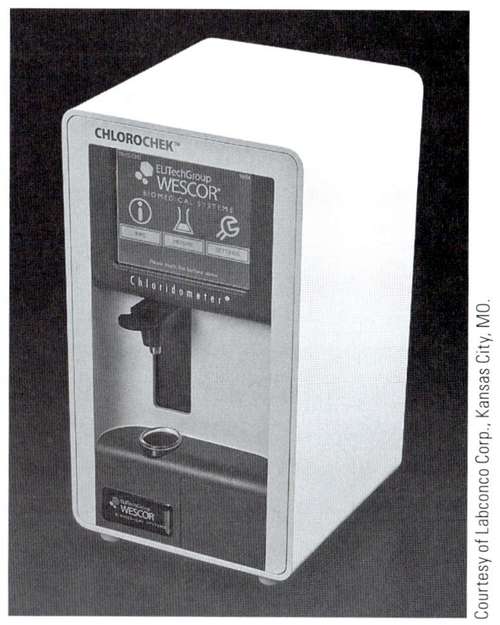

그림 24-11 **상품화된 디지털 염소분석기.** 이 전기량법 적정장치는 혈청, 소변, 타액을 포함한 임상시료 안의 염소 이온을 정량하도록 고안된 것이며 낭성 섬유증 진단에 사용된다. 또한 염소분석기는 식품 및 환경 연구 분야에도 활용되고 있다.

표 24-2 산화-환원 반응에 관련되는 전기량법 적정의 요약

시약	생성 전극 반응	분석물질
Br_2	$2Br^- \rightleftharpoons Br_2 + 2e^-$	As(III), Sb(III), U(IV), Tl(I), I^-, SCN^-, NH_3, N_2H_4, NH_2OH, phenol, aniline, mustard gas, mercaptans, 8-hydroxyquinoline, oleins
Cl_2	$2Cl^- \rightleftharpoons Cl_2 + 2e^-$	As(III), I^-, styrene, fatty acids
I_2	$2I^- \rightleftharpoons I_2 + 2e^-$	As(III), Sb(III), $S_2O_3^{2-}$, H_2S, ascorbic acid
Ce^{4+}	$Ce^{3+} \rightleftharpoons Ce^{4+} + e^-$	Fe(II), Ti(III), U(IV), As(III), I^-, $Fe(CN)_6^{4-}$
Mn^{3+}	$Mn^{2+} \rightleftharpoons Mn^{3+} + e^-$	$H_2C_2O_4$, Fe(II), As(III)
Ag^{2+}	$Ag^+ \rightleftharpoons Ag^{2+} + e^-$	Ce(III), V(IV), $H_2C_2O_4$, As(III)
Fe^{2+}	$Fe^{3+} + e^- \rightleftharpoons Fe^{2+}$	Cr(VI), Mn(VII), V(V), Ce(IV)
Ti^{3+}	$TiO^{2+} + 2H^+ + e^- \rightleftharpoons Ti^{3+} + H_2O$	Fe(III), V(V), Ce(IV), U(VI)
$CuCl_3^{2-}$	$Cu^{2+} + 3Cl^- + e^- \rightleftharpoons CuCl_3^{2-}$	V(V), Cr(VI), IO_3^-
U^{4+}	$UO_2^{2+} + 4H^+ + 2e^- \rightleftharpoons U^{4+} + 2H_2O$	Cr(VI), Ce(IV)

리고 구리의 1가 양이온의 염화착물 등이 있다.

전기량법 적정의 재미있는 응용은 인간 혈청[16] 속에 들어있는 전체 항산화제 용량 정량이다. 많은 항산화제가 혈청 속에 나타난다. 이는 tocopherol, ascorbate, β-carotene, glutathione, uric acid, bilirubin과 같은 작은 분자량을 갖는 화합물, albumin, transferrin, caruloplasmin, ferritin, superoxide dismutase, catalase, glutathione perxidase 같은 단백질 등이다. 전체 항산화제 용량에 크게 기여하는 것은 혈청 알부민이다. 혈청 시료를 전기적으로 생성된 브로민으로 전기량법 적정함으로써 항산화제 용량 값을 얻게 되는데, 이는 혈청 투석 중인 환자의 상태를 아는 중요한 임상수치이다. 항산화제 용량을 결정하는 이 방법은 간단하고 매우 정밀하다(±0.04% RSD).

전기량법 적정과 부피법 적정의 비교

전기량과 부피법에서 방법 및 장치들 사이의 몇 가지 유사점에 대해 알아보기로 하자. 두 방법 모두 관찰할 수 있는 종말점이 필요하며, 따라서 적정 오차가 생길 수도 있다. 그리고 두 방법에서 분석물질의 양은 분석물질과 결합하는 것의 양—부피법 적정의 경우 표준 용액의 양이고, 전기량법 적정의 경우에는 전자의 양—을 측정함으로써 결정할 수 있다. 또 이런 반응들에 대한 요구 조건도 비슷하다. 즉 반응이 빠르고, 완전히 일어나야 하며, 부반응은 일어나지 말아야 한다. 마지막으로 그림 24-7에서 보여주는 장치의 여러 부분 장치들과 일반 부피법 분석에서 사용되는 기구 및 용액 사이에는 비슷한 점이 매우 많다. 크기를 알고 있는 일정 전류 공급원은 부피법에서의 표준 용액과 같은 역할을 한다. 전자시계와 스위치는 뷰렛에 해당한다고 볼 수 있으며 스위치는 잠금꼭지와 똑같은 기능을 한다. 전기량법 적정의 초기 단계에서는 스위치가 어느 정도 시간 동안 닫힌 채로 유지된다. 그러나 종말점에 가까워지면 점점 더 짧은 시간 동안씩 스위치를 연결시켜 주면서 "시약"이 작은 양씩 첨가되도록 한다. 뷰렛이 작동하는 것과 유사하다.

고전적 부피법 분석과 비교해볼 때 전기량법 적정은 몇 가지 실질적인 장점을 가지고 있다는 것을 알 수 있다. 중요한 장점은 표준 용액을 만들고, 표준화하고, 저장하는 것과 관련된 문제들을 피할 수 있다는 것들이다. 이와 같은 장점들은 염소, 브로민, 타이타늄(III) 이온과 같이 쉽게 변하는 시약인 경우에 특히 중요하다. 이 화학종들은 불안정하기 때문에 부피법 분석에서 적합하지 못하다. 그러나 전기량법 분석에서 이 시약들은 생성되자마자 즉시 분석물질과 반응하기 때문에 확실히 유용하다.

적은 양의 시약이 사용되어야 하는 경우도 전기량법 적정이 매우 유용하다. 전류를 적당하게 선택하면 마이크로 양의 시약을 쉽고 정확하게 생성할 수 있다. 그러나 이에 상응하는 부피법 분석에서는 작은 부피의 매우 묽은 용액을 사용하여야 하는데 이는 매우 어려운 일이며, 오차가 발생하는 원인이 된다.

단 하나의 일정 전류 공급원 사용하여 침전법, 착화법, 산화-환원법 또는 중화법에 필요한 시약을 생성할 수도 있다. 게다가 전기량 적정은 전류를 쉽게 조절할 수 있기 때문에 쉽게 자동화할 수 있다.

전기량법 적정은 다섯 가지의 오차 발생 요인을 가지고 있다. (1) 전기분해가 일어나는 동안의 전류 변화, (2) 100% 전류 효율로부터의 벗어남, (3) 전류 측정의 오차, (4) 시간 측정의 오차, (5) 당량점과 종말점이 다르기 때문에 생기는 적정 오차. 이 마지막 오차는 부피법 분석에서도 마찬가지로 나타나는 오차이다: 지시약으로 인한 오차가 제한 요인이 되는 경우, 두 방법은 같은 정도의 신뢰도를 가질 수도 있다.

간단한 기기장치를 이용할 경우에도 일정 전류를 0.2%의 상대 오차 내에서 쉽게 얻을 수 있다. 좀 더 정교한 기기를 이용하면 상대 오차를 0.01%까지 조절할 수 있다. 따라서 일반적으로 전류의 요동으로 인해 생기는 오차는 거의 중요하지 않다.

전극 반응과 관련된 불확정도의 크기를 일반화할 수는 없지만 99.5~99.9% 이상의 전류 효율을 가진다고 알려져 있다. 전류는 ±0.1% 정도의 상대 오차로 쉽게 측정할 수 있다.

요약하면 전기량법 적정에서 사용되는 전류-시간 측정은 근본적으로 고전적인 부피법 분석에서 특히 적은 양의 시약이 사용되는 경우, 부피-몰농도 측정만큼 정확하거나 또는 더 정확하다. 그러나 적정의 정확도는 종종 이러한 측정 자체에 의해 제한 받는 것이 아니라 종말점의 측정 감도에 의해 영향을 받는다; 이런 점은 두 방법 모두에서 볼 수 있다.

[16] G. K. Ziyatdinova, H. C. Budnikov, V. I. Pogorel'tzev, and T. S. Ganeev, *Talanta*, **2006**, *68*, 800, **DOI**: 10.1016/j.talanta.2005.06.010.

질문과 문제

*별표가 있는 문제의 해답은 이 책의 끝에 있다.

이 아이콘이 있는 문제는 스프레드시트를 이용하여 쉽게 풀 수 있다.

***24-1** 납을 0.150 M Pb^{2+} 이온과 0.215 M $HClO_4$ 용액에서 환원 전극에서 석출시켰다. 30 cm^2의 백금 산화 전극에서 0.850 atm의 산소가 발생한다. 전지 저항은 0.900 Ω이다. (a) 전지의 열역학 전위를 계산하시오. (b) 0.220 A 전류가 흐를 때 IR 강하를 계산하시오.

* **24-2** 환원성이 작은 금속 M_2 1.00×10^{-1} M인 용액 중에서 금속 M_1의 농도를 2.00×10^{-4} M의 농도로 낮추는 데 필요한 두 금속의 표준 전극 전위의 최소한의 차이를 다음 경우에 대해 계산하시오. (a) M_2는 1가 이온이고 M_1은 2가 이온일 때, (b) M_1과 M_2 모두 2가 이온일 때, (c) M_2는 3가 이온이고 M_1은 1가 이온일 때, (d) M_2는 2가 이온이고 M_1은 1가 이온일 때, (e) M_2는 2가 이온이고 M_1은 3가 이온일 때.

24-3 0.0550 M BiO^+, 0.110 M Cu^{2+}, 0.0962 M Ag^+ 그리고 0.500 M $HClO_4$에서 Bi, Cu, Ag를 분리하고 정량하고자 한다. (a) 정량적으로 제거되는 기준 농도를 1.00×10^{-6} M로 했을 때 전위 조절 전기분해법으로 세 가지 화학종의 분리가 가능한가? (b) 분리가 가능하다면 각 이온이 석출되는 환원 전극 전위의 범위를 추정하시오 (vs. Ag-AgCl).

24-4 할로젠화 이온은 은 산화 전극에서 다음과 같이 석출된다.

$$Ag(s) + X^- \longrightarrow AgX(s) + e^-$$

Cl^-, Br^-, I^- 이온이 각각 0.0250 M인 분석 용액에 은 전극을 담그고 염다리를 통해 포화 칼로멜 전극으로 연결된 전지를 가정하시오.

(a) 어느 할로젠화 이온이 어느 전위에서 제일 먼저 석출되는가? 이 전지는 갈바니 전지인가 전해 전지인가?

(b) Br^-, I^- 이온을 정량적으로 분리할 수 있는가?(이온의 정량적 제거 기준을 1.00×10^{-5} M로 하시오) 분리가 가능하다면 전지 전위의 범위는 얼마인가?

(c) Cl^-, I^-에 대해 (b)를 반복하시오.

(d) Br^-, Cl^-에 대해 (b)를 반복하시오.

* **24-5** 다음 용액에서 Hg(II) 농도를 1.00×10^{-6} M로 낮추기 위해 필요한 환원 전극 전위(vs. SCE)의 범위는 얼마인가? (각각의 경우 반응 생성물은 Hg 원소이다.)

(a) Hg^{2+} 수용액?

(b) 0.100 M SCN^- 이온과 평형을 이루고 있는 용액?

$$Hg^{2+} + 2SCN^- \rightleftharpoons Hg(SCN)_2(aq) \qquad K_f = 1.8 \times 10^7$$

(c) 0.100 M Br^- 이온과 평형을 이루고 있는 용액?

$$HgBr_4^{2-} + 2e^- \rightleftharpoons Hg(l) + 4Br^- \qquad E^0 = 0.223\ V$$

* **24-6** 다음 원소 0.250 g을 석출시키기 위해서 0.800 A의 일정 전류를 흐르게 한다. 소요된 시간을 계산하시오. 이때 100% 전류 효율을 가정하시오. (a) 환원 전극 표면에 Co(II) 이온을 원소로 석출, (b) 산화 전극 표면에 Co_3O_4로 석출.

* **24-7** 다음을 0.350 g씩 석출하기 위해 0.875 A의 일정 전류를 흐르게 할 때 소요된 시간을 계산하시오. (a) 환원 전극에서 Tl(III) 이온을 원소로 석출, (b) 양극에서 Tl(I)을 Tl_2O_3로 석출, (c) 환원 전극에서 Tl(I) 이온을 원소로 석출.

24-8 −1.0 V 전위(SCE에 대해서)에서 메탄올에 넣어준 CCl_4가 수은 환원 전극에서 $CHCl_3$로 환원된다.

$$2CCl_4 + 2H^+ + 2e^- + 2Hg(l) \longrightarrow 2CHCl_3 + Hg_2Cl_2(s)$$

−1.80 V에서 $CHCl_3$는 다시 반응하여 CH_4로 된다.

$$2CHCl_3 + 6H^+ + 6e^- + 6Hg(l) \longrightarrow 2CH_4 + 3Hg_2Cl_2(s)$$

CCl_4, $CHCl_3$, 비활성 유기 화학종이 포함된 0.750 g의 시료를 메탄올에 녹여 전류가 0으로 접근할 때까지 −1.0

질문과 문제(계속)

V에서 전기분해시켰다. 전기량계는 반응이 완결되는 데 필요한 전하량을 나타내며 이는 표의 두 번째 열에 나타내었다. 이후 환원 전극의 전위를 −1.80 V에 고정하였다. 이 전위에서 반응이 완결되는데 필요한 추가적인 전하량은 표의 세 번째 열에 나타내었다. 혼합물 중에 들어있는 CCl_4와 $CHCl_3$의 백분율을 계산하시오.

시료 번호	−1.0 V에서 필요한 전하량(C)	−1.8 V에서 필요한 전하량(C)
1	10.84	69.20
2	20.52	88.50
3	6.22	45.98
4	11.60	68.62

*** 24-9** 개미 살충제 6.27 g을 H_2SO_4와 HNO_3로 습식 탄화시켜 분해시킨다. As는 하이드라진과 반응하여 As(III) 이온으로 환원된다. 과량의 환원제를 제거한 다음 As(III) 이온을 **약한 알칼리 용액에서** 전기적으로 생성된 I_2로 산화시킨다.

$$HAsO_3^{2-} + I_2 + 2HCO_3^- \longrightarrow HAsO_4^{2-} + 2I^- + 2CO + H_2O$$

일정 전류 150.2 mA가 10분 34초 흐른 다음 적정이 완결되었다. 처음 시료 속에 들어있는 As_2O_3의 %는 얼마인가?

*** 24-10** 정제된 유기산 시료 0.0712 g을 알코올과 물 혼합용액에 녹이고 전기량적으로 생성된 OH^- 이온으로 적정한다. 0.0392 A의 전류가 241초 흐른 후 페놀프탈레인 종말점이 나타났다. 산의 당량을 계산하시오.

*** 24-11** 미량의 $C_6H_5NH_2$를 전기분해로 생성된 과량의 Br_2와 반응시키므로 정량할 수 있다.

$$C_6H_5NH_2 + 3Br_2 \longrightarrow C_6H_2Br_3NH_2 + 3H^+ + 3Br^-$$

다음 작업 전극의 극성을 바꾸어 과량의 Br_2를 생성된 Cu(I) 이온을 이용하여 전기량법 적정으로 정량한다.

$$Br_2 + 2Cu^+ \longrightarrow 2Br^- + 2Cu^{2+}$$

KBr과 $CuSO_4$의 적당량을 아닐린이 포함된 25.0 mL 시료에 첨가하였다. 다음 데이터로부터 시료 중의 $C_6H_5NH_2$를 마이크로그램 단위로 계산하시오.

작업 전극의 기능	1.00 mA 일정 전류로 생성시킨 시간(min)
산화 전극	3.76
환원 전극	0.270

24-12 Fe(III) 이온이 들어있는 1 M H_2SO_4 용액 100.0 mL을 0.075 M Ce(III)로부터 생성된 Ce(IV)로 적정할 때, 쿨롱 적정 곡선을 그리시오. 적정은 전위차법으로 실시되며, Fe(II)의 초기 함량은 0.05182 mmol이고, 정전류 20.0 mA를 사용한다. 먼저 당량점에 해당하는 시간을 찾으시오. 이때 당량점 전 시간 값 10개에 대해 생성된 Fe^{3+} 이온과 남아 있는 Fe^{2+} 이온의 양을 계산하기 위해서는 화학양론적 반응식을 이용하고, 시스템 전위는 Nernst 방정식을 이용해서 얻을 수 있다. 당량점 전위는 산화–환원 적정에 대한 일반적 방법으로 찾을 수 있다. 당량점 후 시간 값 10개 정도에 대해서도 전기분해로 생성된 Ce^{4+}와 남아 있는 Ce^{3+}의 양을 계산하시오. 마지막으로 시스템 전위(V)와 전기분해 시간(t)과의 관계를 그래프로 도시하시오.

도전 문제

24-13 S^{2-} 이온은 폐수 속의 유기물에 대한 혐기성 박테리아의 작용으로 생성된다. 이 황화 이온(S^{2-})은 쉽게 양성자와 결합하여 H_2S의 유독한 가스로 바뀐다. 뿐만 아니라 S^{2-}나 H_2S는 호기성 조건으로 바뀌면 황산으로 쉽게 바뀌어 부식 문제도 야기한다. 이러한 황 음이온 정량 방법은 은이온을 이용한 전기량법 적정(coulomertric titration)이 가장 일반적이다. 은이온 발생 전극에서 반응과 적정 반응은 다음과 같다. $Ag \rightarrow Ag^+ + e^-$, $S^{2-} + 2Ag^+ \rightarrow Ag_2S(s)$

(a) 폐수 속의 황화 이온 정량에 있어서 디지털 염화 이온 측정기(chloridometer)가 이용된다. 이 기기는 염화 이온(Cl^-)을 ng 단위로 곧바로 읽을 수 있다. 염화 이온 결정에 있어서도 같은 은 이온 발생 전극을 사용하지만, 적정 반응은 $Cl^- + Ag^+ \rightarrow AgCl(s)$가 된다. ng 단위의 Cl^- 양을 ng 단위의 S^{2-}양으로 환산하는 식을 유도하시오.

(b) 어떤 폐수 표준 용액이 1689.6 ng Cl^- 이온을 나타냈다면, 이 용액 내의 황화 이온(S^{2-})을 침전시키기 위해 필요한 Ag^+ 이온을 생산하기 위해 흘려주어야 하는 총 전하량(C)은 얼마이겠는가?

(c) 아래 표는 여러 가지 황화 이온 함량의 시료 용액 20.00 mL들로부터 얻는 자료이다.[1] 각각의 표준 용액에 대해 3회씩 분석하여 염화 이온(Cl^-)의 질량을 기록하였다. 각각의 염화 이온에 대한 ng값들을 S^{2-}의 ng 값으로 환산하시오.

알려져 있는 S^{2-} 이온의 질량(ng)	Cl^- 이온에 대해 측정된 질량(ng)		
6365	10447.0	10918.1	10654.9
4773	8416.9	8366.0	8416.9
3580	6528.3	6320.4	6638.9
1989	3779.4	3763.9	3936.4
796	1682.9	1713.9	1669.7
699	1127.9	1180.9	1174.3
466	705.5	736.4	707.7
373	506.4	521.9	508.6
233	278.6	278.6	247.7
0	−22.1	−19.9	−17.7

(d) 각 표준 용액의 S^{2-}의 ng값에 대해 평균값, 표준 편차, %RSD을 구하시오.

(e) 각각의 S^{2-} 용액에 대해 실제 값과 평균값을 도시하고, 기울기, 절편, 표준오차, R^2값을 구하시오. 그래프를 보고 자료들의 선형특성에 대해 논하시오.

(f) k 인자를 2로 하여 검출 한계(detection limit, DL)를 ng와 ppm 단위로 각각 구하시오(식 1-12 참고).

(g) 미지의 폐수 시료로부터 893.2 ng Cl^-의 값을 얻었다면, S^{2-}의 ng 값은 얼마인가? 또한, 그 폐수 시료의 부피가 20.00 mL였다면, S^{2-}의 농도는 몇 ppm인가?

---

[17] D. T. Pierce, M. S. Applebee, C. Lacher, and J. Bessie, *Environ. Sci. Technol.*, **1998**, *32*, 1734, **DOI:** 10.1021/es970924v.

25장

전압-전류법

Voltammetry

전압-전류법(voltammetry)은 지시 전극, 또는 작업 전극이 편극된 상태에서 걸어준 전위의 함수로 전류를 측정함으로써 분석물에 대한 정보를 얻는 전기분석법의 한 부류를 말한다. 이와 유사한 기술로 분석 농도에 비례하는 전류를 일정 전위에서 측정하는 방법을 **전류법(amperometry)**이라 부른다. 일반적으로 편극을 증가시키기 위해서 전압-전류법에서 사용되는 작업 전극은 작업 전극(microelectrode)인데, 이 전극의 표면적은 기껏해야 수 μm^2이나 어떤 경우에는 수 mm^2 이하인 것도 있다.

이 장에서 옆의 로고는 **www.tinyurl.com/skoogpia7**에서 대화형 자습, 시뮬레이션, 연습 등을 통해 온라인으로 학습할 수 있는 기회가 있음을 나타낸다.

먼저 앞의 장에서 설명하였던 두 종류의 전기화학 분석법과 전압-전류법 사이의 근본적인 차이점에 대해 알아보기로 한다. 전압-전류법은 완전히 농도 편극된 상태에서 전기화학 전지에 흐르는 전류를 측정하는 데 기초를 두고 있다. 편극된 전극은 산화나 환원을 일으키기 위한 Nernst에 의하여 계산된 값보다 좀 더 큰 전위를 가져야 한다(제22E-2절). 이에 비해 전위차법은 편극되지 않은 상태에서 전류가 흐르지 않게 하여 전위를 측정하는 것이다. 전압-전류법은 농도 편극을 최소화하거나 또는 이것을 보상해주는 방법을 이용하여 전류를 측정하는 방법인 전기량법과 다르다. 그리고 또한 전압-전류법에서는 최소한의 분석물이 소모되는 반면, 전기량법은 사실상 모든 분석물이 다른 산화 상태로 전환된다.

전압-전류법은 무기화학자, 물리화학자 및 생화학자들에 의해서 여러 매질에서 산화환원 과정의 기본적인 연구, 표면 흡착 과정, 그리고 화학적으로 개량한 전극 표면에서의 전자 이동 메커니즘을 포함한 비분석학적인 문제를 연구하기 위해 널리 이용되고 있다.

역사적으로 볼 때 전압-전류법은 *폴라로그래피*(polarography)로부터 시작하여 발전하였는데 이는 1920년대 초에 Czechoslovakia의 화학자 Jaroslav Hetrovsky[1]에 의해서 발견된 특별한 형태의 전압-전류법이다. 폴라로그래피법은 여전히 전압-전류법의 중요한 분야이며, 미소 작업 전극으로 *적하 수은 전극*(dropping mercury electrode, DME)을 사용한다는 면에서 다른 종류의 전압-전류법과는 다르다. 한때 전압-전류법(특히 고전적인 폴라로그래피)은 화학자들이 수용액 중에서 무기이온들과 몇몇 유기 화학종들을 정량하는 데 이용하는 중요한 수단이었다. 1950년대 말과 1960년대 초에 와서 이러한 응용들은 여러 가지 분광법에 의해 대체됨으로써 용액 중 존재하는 산소 분자를 정량하는 것과 같은 특별한 경우를 제외하고는 전압-전류법이 사용되지 않았다. 1960년대 중반에 와서 고전 전압-전류법의 몇 가지 중요한 개량법이 개발됨에 따라 그 감도와 선택성이 크게 증가하였다. 거의 같은 시기에 값싼 연산증폭기가

[1]J. Heyrovsky, *Chem. Listy*, **1922**, *16*, 256. Heyrovsky는 폴라로그래피법 발견과 개발에 대한 공로를 인정받아 1959년 Novel 화학상을 수상하였다.

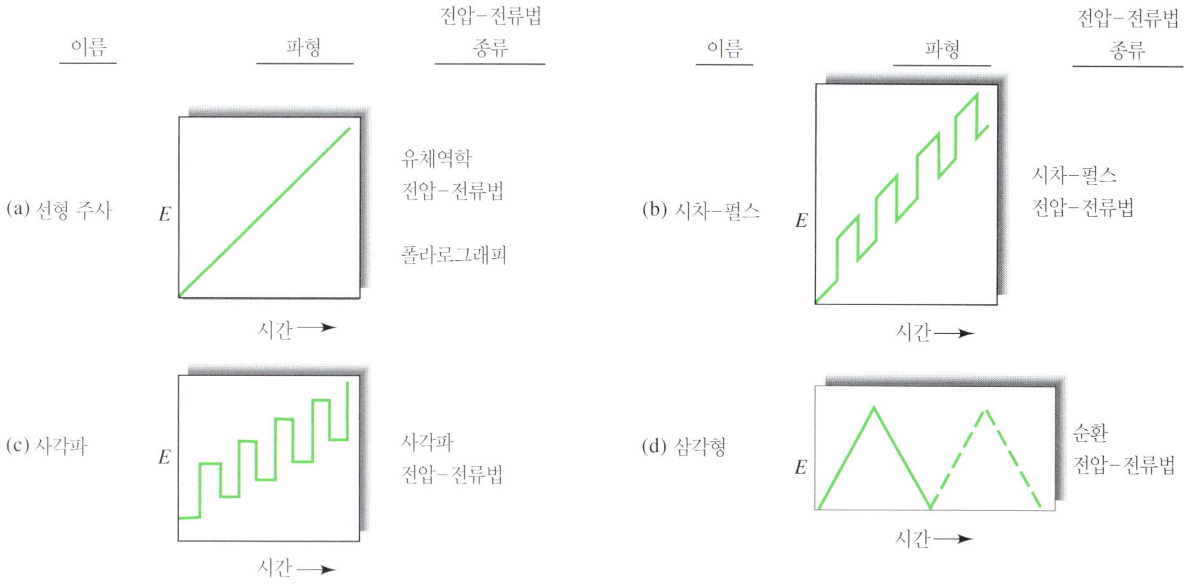

그림 25-1 전압-전류법에 이용되는 시간 대 전압의 들뜸 신호.

나와서 이것을 이용한 비교적 값싼 개량된 전압-전류법 기기를 많은 화학자들이 구입할 수 있게 되었다. 그 결과, 전압-전류법이 특히 약품, 환경, 생물 시료와 같은 많은 화학종들을 정량하는 데 이용할 수 있게 되었다.[2] 폴라로그래피 발명 이래 적어도 60,000편의 연구 논문이 문헌에 수록되었다. 이 분야의 연구 활동은 지난 50여년간 전기분석 화학에서 지배적이었으며, 최고조에 달한 1973년에는 약 2,000 여편의 논문이 출판되었다. 그 후 폴라로그래피법에 대한 관심은 일반적인 화학 문헌의 증가 속도의 거의 2배 속도로 꾸준히 감소되어 2005년에는 이 방법에 대한 논문은 300여 편이 되었다. 이러한 감소의 추세는 대체로 환경 뿐만 아니라 실험실에서 다량의 수은 사용에 대한 우려, 다소 다루기 쉽지 않은 기기의 특성, 더 빠르고 편리한 방법들(주로 분광법)에 대한 넓은 접근성의 결과 등이다. 이러한 이유로 폴라로그래피에 대해서는 간단히 다루고, 대신 그 분야에서 가능한 참고문헌을 제시하기로 한다.[3]

비록 폴라로그래피가 중요성 면에서는 감소하고 있지만 적하수은 전극보다 다른 작업 전극을 사용하는 전압-전류법과 전류법은 놀라운 속도로 성장하고 있다.[4] 게다가 액체 크로마토그래피와 연결한 전압-전류법과 전류법은 여러 종류의 복잡한 혼합물을 분석하는 데 강력한 수단이 되었다. 현재 전압-전류법은 화학, 생화학, 재료과학 및 공학, 산화환원 그리고 흡착 과정 등 여러 분야에 앞으로도 좋은 수단이 될 것이다.[5]

25A 전압-전류법의 들뜸 신호

전압-전류법에서는 가변 전위 들뜸 신호를 작업 전극이 들어있는 전기화학 전지에 걸어준다. 이와 같은 들뜸 신호를 걸어주면 그 방법에 따라 특징적인 전류가 나타난다. 전압-전류법에 가장 흔히 사용되는 네 가지 들뜸 신호를 그림 25-1에서 보여주고 있다. 고전 전압-전류법의 들뜸 신호는 그림 25-1a에 보여주는 것처럼 선형으로 주사하는 것이다. 이는 전지에 걸어준 dc 전위를 시간의 함수로 선형적으로 증가시킨다. 이때 전체 주사 범위는 약 수백 mV 또는 2~3 V 내외이다. 그 다음 전지에서 흐르는 전류를 시간의 함수, 즉 걸어준 전위의 함수로 기록한다. 전류법에서는 전류값을 고정된 전위에서 기록한다.

그림 25-1b와 c에서는 두 종류의 펄스형 들뜸 신호를 보여준다. 펄스를 걸어주는 시간 동안 전류는 다양한 시간에서 측정한다. 그림 25-1d에 보여주는 삼각파의 경우는 두 전위 사이를 순환시키는데 처음에는 최고 전위까지 선형적으로 증가시키고 다

[2]A. Bond, *Broadening Electrochemical Horizons: Principles and Illustration of Voltammetric and Related Techniques*, New York: Oxford, 2003; C. M. A. Brett and A. M. Oliveira Brett, in *Encyclopedia of Electrochemistry*, A. J. Bard and M. Stratmann, eds., Vol. 3, *Instrumentation and Electroanalytical Chemistry*, P. Unwin, ed., New York: Wiley, 2002, pp. 105 – 124.

[3]A. J. Bard and L. R. Faulkner, *Electrochemical Methods*, 2nd ed., New York: Wiley, 2001, Chap. 7, pp. 261 – 304; *Laboratory Techniques in Electroanalytical Chemistry*, 2nd ed., P. T. Kissinger and W. R. Heineman, eds., New York: Dekker, 1996, pp. 444 – 461.

[4]1973년부터 2005년까지 전압-전류법과 전류법에 대한 연간 저널 논문 수는 화학 전 분야 논문 출판율 대비 각각 3배와 2.5배로 증가하였다.

[5]전압-전류법에 대한 몇 가지 일반적인 참고문헌은 다음을 참고하시오. R. G. Compton and C. E. Banks, *Understanding Voltammetry*, 2nd ed., London: Imperial College, 2011; A. J. Bard and L. R. Faulkner, *Electrochemical Methods*, 2nd ed., New York: Wiley, 2001; S. P. Kounaves, in *Handbook of Instrumental Techniques for Analytical Chemistry*, Frank A. Settle, ed., Upper Saddle River, NJ: Prentice-Hall, 1997, pp. 711 – 728; *Laboratory Techniques in Electroanalytical Chemistry*, 2nd ed., P. T. Kissinger and W. R. Heineman, eds., New York: Dekker, 1996.

음에는 같은 기울기로 선형적으로 감소시켜 처음 전위로 되돌아오게 한다. 이와 같은 과정을 여러 번 반복하여 시간에 따라 전류를 기록한다. 한 번 완전히 순환되는 데 걸리는 시간은 1초 이하~100초 이상이 될 수도 있다.

그림 25-1의 마지막 열에 여러 들뜸 신호를 이용하는 여러 종류의 전압-전류법의 이름을 적어 놓았다. 이 방법들에 대해서는 뒷절에서 설명할 것이다.

25B 전압-전류법 장치

그림 25-2는 선형 주사 전압-전류법에서 측정하는 최신 연산증폭 일정전위기를 보여주는 개요도이다(제4C-1절 참고). 전지는 *지지 전해질*(supporting electrolyte)이라 부르는 과량의 비반응성 전해질이 포함된 분석물 용액에 담근 세 개의 전극으로 되어 있다. 이 세 전극 중에서 하나는 작업 전극(working electrode, WE)으로서, 이 전극의 전위는 시간에 따라 선형적으로 변한다. 이 전극의 크기는 편극이 일어나기 쉽도록 되도록 작게 한다(제22E-2절 참고). 두 번째 전극은 전 실험 과정 동안 일정한 전위를 유지하는 기준 전극(reference electrode, RE)으로 주로, 은-염화은 전극 또는 포화 칼로멜 전극이 사용된다. 세 번째 전극은 상대 전극(counter electrode, CE)인데 백금선 코일로 되어 있으며 단지 용액을 통해서 신호발생 전원에서 작업 전극까지 전기가 흐르도록 하는 역할만을 한다.

신호발생 전원은 그림 3-16c에 나타낸 적분 회로와 비슷한 선형 주사 전압발생장치이다. 이와 같은 전원에서 나온 출력은 식 3-22로 표현될 수 있다.[6] 따라서 dc 입력 전위 E_i가 일정할 때 출력 전위 E_0는 다음과 같이 주어진다.

$$E_o = -\frac{E_i}{R_i C_f}\int_0^t dt = -\frac{E_i t}{R_i C_f} \qquad (25\text{-}1)$$

[6]식 3-22와 식 25-1을 비교해볼 때, 전위에 대해서 전기적 회로에서는 V 또는 v를 사용하는 반면에, 전기화학 전지에서는 기호 E를 사용하는 것을 기억하시오.

이 전원에서 나온 출력은 그림 25-2 또한 그림 24-6c에서 보여준 것과 같은 정전위 회로로 들어간다. 기준 전극을 포함하고 있는 조절 회로의 전기 저항은 매우 크기 때문에($>10^{11}$ Ω) 이 회로에서 전류는 사실상 거의 흐르지 않는다. 따라서 전원에서 나오는 모든 전류는 상대 전극에서 작업 전극으로 흐르게 되어 있다. 게다가 이 조절 회로는 작업 전극과 기준 전극 사이의 전압이 선형 전압발생장치로부터 나오는 출력 전압과 같아지도록 전류를 조절한다. 이 결과, 흐르는 전류는 전압과 전환되어 시간의 함수로 기록되는데 이 시간에 따라 작업 전극과 기준 전극 사이에 걸리는 전위는 선형적으로 증가한다.[7] 이 실험 과정에서 독립변수는 작업 전극과 상대 전극 사이의 전위가 아니라 기준 전극에 대한 작업 전극의 전위이다. 작업 전극은 전 실험 과정 내내 가상 공통 전위에 놓여있다(제3B-3절 참고).

25B-1 작업 전극

전압-전류법에 사용되는 작업 전극은 모양과 형태에서 다양하

자습: http://www.timyurl.com/skoogpia7에서 **전압-전류법 기기 장치와 파형(voltammetric instrumentation and waveforms)**에 대해 더 알아보시오.

[7]초기의 전압-전류법 실험은 그림 25-2에 보이는 3전극 시스템이 아니라 2전극 시스템으로 수행되었다. 2전극 시스템의 경우 두 번째 전극은 표면적이 큰 금속 전극을 사용하거나 또는 충분히 큰 면적의 기준 전극을 사용하여 실험하는 동안 전극 그 자체의 편극 현상이 일어나는 것을 방지하였다. 이때 두 번째 전극은 그림 25-2에서 나타낸 상대 전극과 기준 전극의 기능을 모두 갖춘 것이다. 2전극 시스템에서는 이 두 번째 전극의 전위가 스캔되는 동안 일정하게 유지됨으로써, 작업 전극의 전위는 단순히 두 번째 전극의 전위와 걸어준 전위의 차이가 되도록 한다는 것을 가정한다. 그러나 만약 용액의 전기적 저항이 매우 큰 경우, IR 강하가 매우 중요하며, 전류 값이 증가할수록 이는 증가하기 때문에 위의 가정은 더 이상 유효하지 않게 된다. 따라서 왜곡된 전압-전류 곡선이 얻어지게 된다. 현재 대다수의 전압-전류법 실험은 3전극 시스템을 사용하여 수행되고 있다.

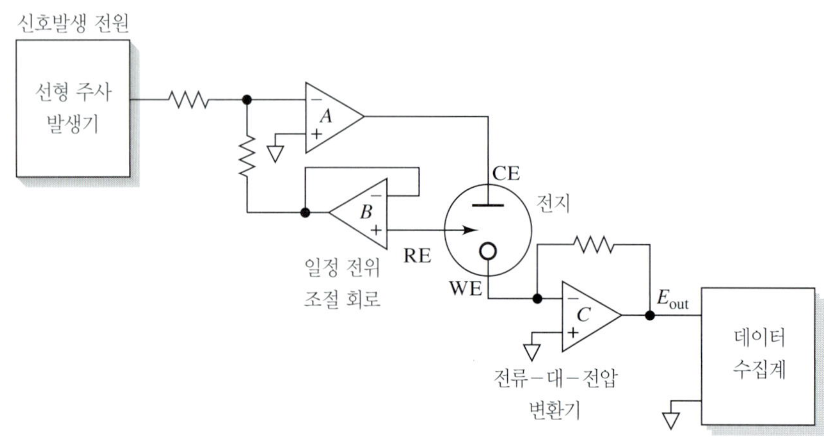

그림 25-2 연산증폭기가 장착된 일정전위기. 3전극 전위는 작업 전극(WE), 기준 전극(RE), 상대 전극(CE)을 가지고 있다.

다.[8] 종종 이 전극들은 테프론(Teflon)이나 Kel-F와 같은 비활성 물질의 막대 속에 도선이 봉입되어 있고 막대 끝에 납작하고 작은 원판의 전도체를 붙여 만들기도 한다(그림 25-3a 참고). 전도체로는 백금이나 금 같은 비활성 금속; 탄소 반죽, 탄소 섬유, 열분해 흑연, 유리질 탄소, 다이아몬드 또는 탄소 나노튜브 같은 탄소 소재; 산화주석 또는 산화인듐 같은 반도체; 또는 수은 막으로 입힌 금속 같은 것이 있다. 그림 25-4에서 보여주는 바와 같이 수용액 중에서 이 전극들이 사용될 수 있는 전위 범위는 다양하게 변하는데 이는 사용된 전극 물질뿐만 아니라 전극이 담긴 용액의 조성에 따라서도 달라진다. 일반적으로 양전위의 한계는 물이 산화되어 산소 분자가 생성될 때 나타나는 큰 전류에 의해서 결정된다. 음전위의 한계는 물이 환원되어 수소를 생성할 때 나타난다. 수은 전극은 표면에서 수소가 발생할 때 가지는 높은 과전압으로 인하여 비교적 큰 음전위에서도 사용될 수 있다.

수은 방울 작업 전극이 전압-전류법에 널리 쓰이는 데는 몇 가지 이유가 있다. 그중 하나는 바로 앞에서 말한 바와 같이 비교적 넓은 범위의 음전위를 가진다는 것이다. 게다가 또 새로운 수은 방울이 생길 때마다 쉽게 새로운 금속 표면이 생성된다는 것이다. 새로운 표면을 쉽게 얻을 수 있다는 것은 매우 중요한데, 그 이유는 전압-전류법에서 측정되는 전류가 표면의 깨끗함과 울퉁불퉁함이 없는 것에 매우 민감하기 때문이다. 수은 전극의 또 다른 장점은 많은 금속 이온들이 수은 전극의 표면에서 가역적 환원을 통해 아말감을 형성하는 것인데, 이것은 화학적 현상을 단순화한다. 수은 전극은 몇 가지 형태를 가진다. 가장 간단한 형태는 그림 25-3a에서 보여주는 것과 같이 원판 전극에 수은 금속을 전기석출시켜 만든 수은 필름 전극이다. 그림 25-3b는 매달린 수은 방울 전극(hanging mercury drop electrode, HMDE)을 보여준다. 시중에서 구할 수 있는 전극은 수은 저장소에 연결된 매우 미세한 모세관으로 된 것이다. 금속 수은은 마이크로미터 나사로 작동되는 피스톤 장치에 의해 모세관 밖으로 밀려나온다. 이 마이크로미터 나사를 이용하면 수은 방울의 표면적이 5% 이내에서 재현성 있게 만들어진다.

그림 25-3c는 시판되는 전형적인 미소 전극이다. 이는 작은 직경의 금속선이나 섬유(5~100 μm)를 유리 본체에 붙인 것이다. 미소 전극의 평평한 끝부분은 연마하여 경면 마감하는데, 이 면은 알루미나, 다이아몬드 연마를 통해 유지될 수 있다. 전기 연결선은 직경이 0.06 inch이며 금으로 도금된 핀이다. 미소 전극은 흑연섬유, 백금, 금, 은 등 다양한 재료가 가능하다. 다른 재료라도 선 또는 섬유이고 에폭시로 잘 봉인될 수 있다면 미소

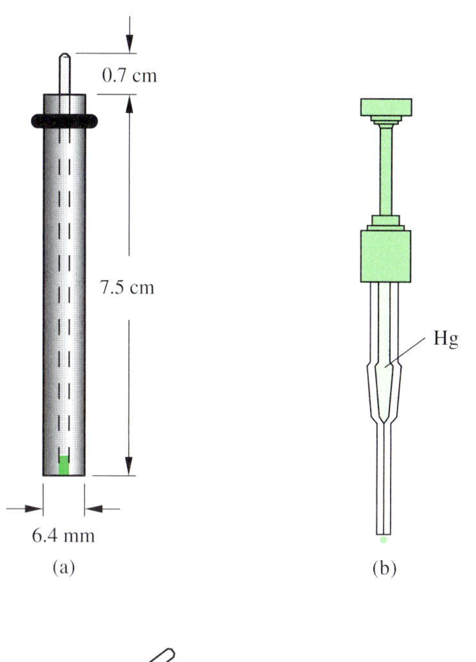

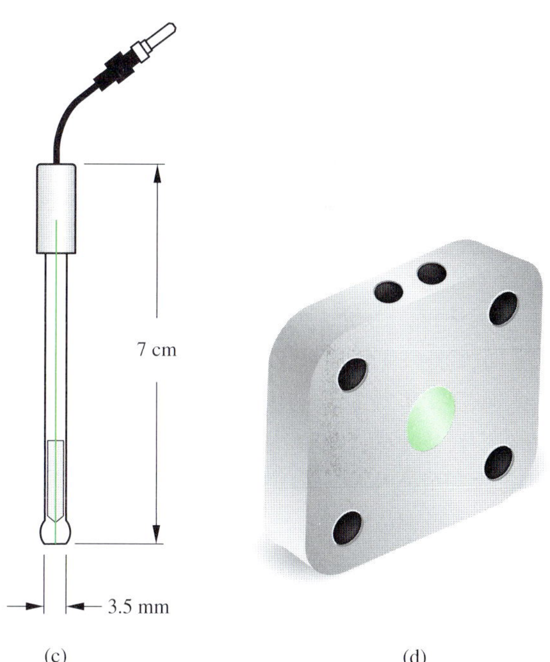

그림 25-3 몇 가지 시판되고 있는 작업 전극 형태. (a) 원판 전극, (b) 매달린 수은 방울 전극, (c) 미소 전극, (d) 샌드위치형 흐름 전극. (Electrodes [a], [c], and [d] courtesy of Bionalytical System, Inc., West Lafayeete, IN, with permission.)

전극 안으로 결합시킬 수 있다. 보여준 전극은 약 7 cm 길이에 3.5 mm 외경을 갖는다.

그림 25-3d에는 흐름계에서 전압-전류법이나 전류법을 위하여 시판되는 샌드위치형의 작업 전극이다. 몸체는 PEEK (polyetheretherketone)이며 몇 가지 모양의 다른 크기의 전극(3 mm와 6 mm, 그림에서 푸른색 참고)과 여러 가지 배열(이중 3 mm와 사각형 2 mm)이 가능하다. 흐름계에서 전극이 어떻게 사용되는지는 그림 25-17을 보라. 작업 전극은 유리 탄소, 탄소 반죽,

[8]이 장에서 설명한 대부분의 작업 전극의 크기는 밀리미터이다. 현재 마이크로미터 또는 이보다 더 작은 크기의 작업 전극에 대한 많은 연구가 이루어지고 있으며, 우리는 이러한 전극을 작업 전극이라 한다. 이는 기존의 작업 전극 대비 많은 장점을 가지고 있으며, 이러한 작업 전극의 독특한 특성에 대해 제25I절에서 설명하고자 한다.

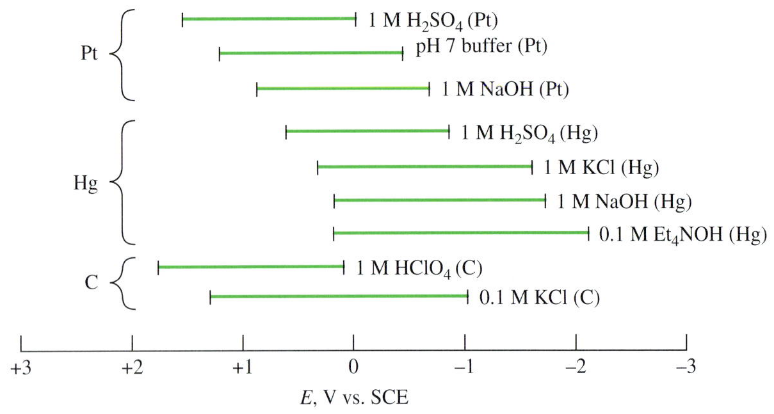

그림 25-4 각종 지지 전해질을 이용할 때 세 가지 전극에 적용하는 전위 범위. (Adapted from A. J. Bard and L. R. Faulkner, *Electrochemical Method*, 2nd ed., back cover. New York: Wiley, 2001. Reprinted by permission of Johm Wiley & Sons, Inc.)

금, 구리, 니켈, 백금 혹은 다른 적합한 주문 재료로 만들어진다.

25B-2 변성 전극

다양한 전도성 기판[9](전극면)에 화학적 변성을 통해 전극을 개발하는 것은 활발한 전기화학 연구의 한 분야이다. 그러한 전극들은 다양한 기능을 갖추기 위해 제작되어 왔다. 그러한 변성 방법에는 원하는 기능을 가진 물질을 비가역적으로 흡착, 물질을 표면에 공유 결합, 고분자 박막 또는 다른 물질의 박막을 전극에 코팅 등이 있다. 금속 전극과 탄소 전극의 공유 부착 과정은 그림 25-5에 나타나 있다. 첫째로 전극 표면은 그림 25-5a와 b에 보는 바와 같이 산화되어 표면에 작용기를 생산한다. 그런 다음 유기실란(그림 25-5c)이나 아민(그림 25-5d) 같은 연결 시약을 과녁기에 붙이기 전에 부착한다. 고분자 박막은 딥 코팅, 스핀 코팅, 전해석출 또는 공유 결합에 의하여 용해된 고분자로부터 만들어진다. 고분자 박막은 또한 단위체로부터 열, 플라스마, 광화학, 전기화학 중합법에 의하여 생산된다. 제25C-4절에서 설명한 전류법 센서와 같은 고정화된 효소 바이오센서는 변성된 전극의 형태로 공유 부착, 흡착 혹은 젤 포착에 의하여 만들어진다. 전극 변성을 위한 또 다른 부착 방법은 *자기-조립 단막층*(self-assembled monolayer, SAM)에 의한 것이다. 가장 일반적인 방법은 한쪽이 —SH기를 갖고 다른 쪽이 $-NH_2$이나 —COOH를 갖는 긴-사슬 탄화수소를 원래의 금이나 수은 필름 전극에 가하는 것이다. 탄화수소 분자는 스스로 질서 있게 단층을 형성하는데,—SH기는 금속 표면에 부착되고, 다른 기는 노출되게 된다. 배열에 원하는 분자로 공유 결합시키거나 흡착시켜 더 다양한 기능을 갖도록 한다.

변성된 전극은 응용 범위가 넓다. 주 관심은 전기촉매 분야로, 산소를 물로 환원시킬 수 있는 전극은 연료 전지와 배터리에 사용된다. 다른 응용은 산화와 환원에 의하여 색깔이 변하는 전기변색 장치의 생산이다. 그러한 장치는 디스플레이 또는 *스마트 창과 스마트 거울*에 사용된다. 다이오드와 트랜지스터와 같은 분자 전자 장치에 사용되는 전기화학 장치는 활발히 연구 중에 있다. 마지막으로 전극의 가장 중요한 분석적 사용은 특정 화학종이나 작용기에 선택적인 분석 센서로서 사용하는 것이다(그림 1-7 참고).

25B-3 전압-전류 곡선

그림 25-6은 수은막 전극에서 분석 화학종 A가 환원되어 생성물 P로 될 때의 전형적인 선형 주사 전압-전류 곡선(voltammogram)을 나타낸 것이다. 이 경우 작업 전극은 선형 주사 전위 발생장치의 음의 부호를 갖도록 한다. 협약에 의하면 환원 전류는 항상 양의 부호로 나타내고 산화 전류는 음의 부호로 나타낸다.[10] 이 가상실험에서 용액은 0.0 M의 P와 10^{-4} M의 A 그리고 지지 전해질로서 0.1 M의 KCl를 포함하고 있다고 하자. 작업 전극에서의 가역 반쪽 반응도 다음과 같다고 하자.

$$A + ne^- \rightleftharpoons P \qquad E^0 = -0.26\text{V} \tag{25-2}$$

편의상 A와 P의 전하를 무시하였고 또한 반쪽 반응의 표준 전위를 −0.26 V라고 하였다.

선형 주사 전압-전류 그림은 일반적으로 *전압-전류파*(voltammetric wave)라고 부르는 S자형 곡선이다. 급상승한 다음에 나타나는 일정한 전류를 확산-한계 전류 또는 간단히 *한계 전*

---

[9]자세한 설명은 아래 문헌을 참고하시오. J. Wang, *Analytical Electrochemistry*, pp. 136–148, Hoboken, NJ: Wiley, 2006; A. J. Bard and L. R. Faulkner, *Electrochemical Methods*, 2nd ed., Chap. 14, New York: Wiley, 2001; R. W. Murray, "Molecular Design of Electrode Surfaces," *Techniques in Chemistry*, Vol. 22, W. Weissberger, founding ed., New York: Wiley, 1992; A. J. Bard, *Integrated Chemical Systems*, New York: Wiley, 1994.

[10]초기의 폴라로그래피 연구로부터 기원한 이 관습은 현재까지도 보편적으로 받아들여지고 있다. 많은 연구자들은 아직도 + 표시를 산화 전류라고 지칭한다. 문헌을 읽을 때 어떤 관습이 사용되는지를 아는 것이 중요하다. 이에 대한 자세한 내용은 아래 문헌을 참고하시오. A. J. Bard and L. R. Faulkner, *Electrochemical Methods*, 2nd ed., p. 6, New York: Wiley, 2001.

금속

M

O_2 또는 전기화학적 산화

M—OH, M=O, M—OH

(a)

탄소

O_2 또는 전기화학적 산화

(b)

Pt/PtO | $OSi(CH_2)_3NH(CH_2)_2NHC(=O)—CH_2—C_6H_4—FeCp_2$

(c)

graphite | $C(=O)—NHCH_2—C_5H_4NRu(NH_3)_5^{2+}$

(d)

그림 25-5 산화 반응을 통해 금속(a), 혹은 탄소 표면(b)에 기능기를 형성. (With permission from A. J. Bard, *Integrated Chemical System*, New York: Wiley, 1994.) Ferrocene이 고정된 Pt 전극(c). Organosilane과 같은 연결 시약이 기능기가 붙어있는 표면에 결합한다. 그 후 ferrocene, viologens, metal bipyridine complexes와 같은 반응성 성분을 표면에 고정함으로써 전극 표면을 변성한다. (With permission from J. R. Lenhard and R. W. Murray, *J. Am. Chem. Soc.*, **1978**. *100*, 7870. **DOI**: 10.1021/ja00493a016). py-$Ru(NH_3)_5$이 붙은 흑연 전극(d). (With permission from C. A. Koval and F. C. Anson, *Anal. Chem.*, **1978**, *50*, 223. **DOI**: 10.1021/ac50024a015.)

류(limiting current) i_l라고 부르는데, 이는 반응물이 물질–이동 과정에 의해 전극 표면으로 이동하는 속도에 한계가 있기 때문이다. 한계 전류는 일반적으로 반응물의 농도에 정비례한다. 따라서 다음과 같이 쓸 수 있다.

$$i_l = kc_A$$

여기서 c_A는 분석물의 농도이고 k는 상수이다. 선형 주사 전압–

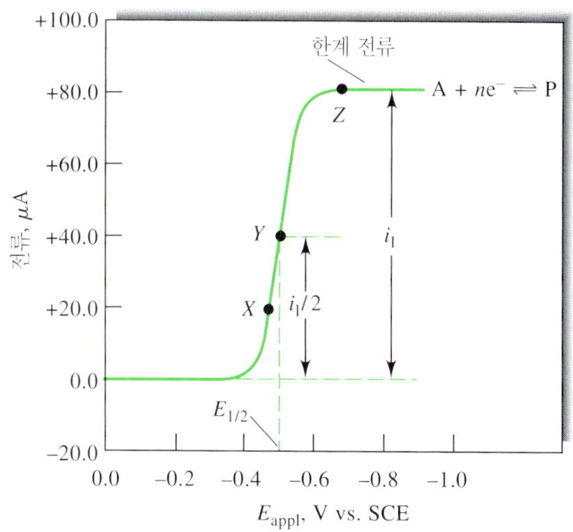

그림 25-6 가상화학종 A가 생성물 P로 환원되는 경우는 선형 주사 전압–전류 곡선. 한계 전류(i_l)는 분석물 농도에 비례하고 정량 분석에 사용된다. 반파 전위($E_{1/2}$)는 반쪽 반응에 대한 표준 전위와 관련되어 있으며 종종 정성 분석에 사용된다. 반파 전위는 전류 $i_l/2$에서 전위가 전해진다.

전류법 정량 분석은 이 관계식에 기초하고 있다.

전류가 한계 전류의 반이 되는 지점에서의 전위를 *반파 전위*(half-wave potential)라 부르고 기호를 $E_{1/2}$로 표시한다. 반파 전위는 기준 전극 전위[포화 칼로멜 전극(saturated calomel electrode, SCE)인 경우 0.244 V]를 보정하면 그 반쪽 반응의 표준 전위에 밀접한 관계를 가지고 있으나 보통 똑같지는 않다. 반파 전위는 때때로 용액 중의 성분물질을 확인하는 데 유용하게 사용될 수 있다.

분석물 용액이나 작업 전극을 지속적이고 재현적으로 움직이게 하면, 재현성 있는 한계 전류는 신속하게 얻을 수 있다. 용액이나 전극을 계속 움직이면서 측정하는 선형 주사 전압–전류법을 *유체역학 전압–전류법*(hydrodynamic voltammetry)이라고 한다. 이 장에서는 많은 관심의 촛점을 유체역학 전압–전류법에 맞출 것이다.

25B-4 작업 전극의 회로 모형

전기화학 전지를 전지와 마찬가지로 들뜸에 감응하는 전기 회로로 나타내는 것은 가끔 필요하고 도움이 된다. 여기에서는 작업 전극에 초점을 맞추고, 상대 전극은 비분극이며 분석 용액과 접촉 역할만을 하는 큰 비활성 전극으로 가정한다. 그림 25-7은 전기화학 전지의 가능한 회로 모델 중 세 가지의 계통도를 보여준다. 그림 25-7a는 *Randles 회로*(Randles circuit)[11]로, 용액의 저항 R_Ω, 이중층 커패시턴스 C_d 그리고 *Faraday 임피던스*(faradaic impedance) Z_f로 구성되어 있다. 그 회로 위의 전극의 물리적 도표는 회로 성분과 전극의 특성과의 일치성을 보여준다. 비록 R_Ω과 C_d가 넓은 범위의 주파수 영역에서 꽤 정확하

[11] J. E. B. Randles, *Disc. Faraday Soc.*, **1947**, *1*, 11, **DOI**: 10.1039/df9470100011.

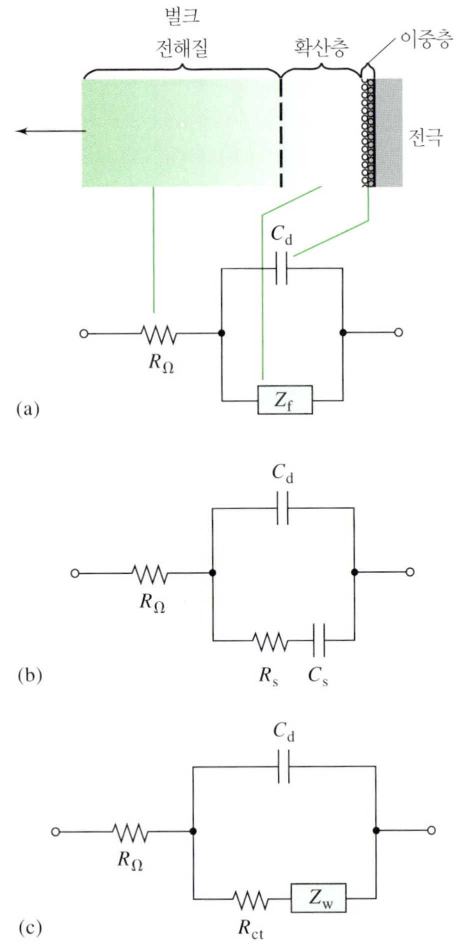

그림 25-7 전기화학 전지의 회로 모델. R_Ω은 전지 저항, C_d는 이중층 커패시턴스 Z_f는 Faraday 임피던스로 그림에서 나타낸 어떤 회로에나 사용된다. R_s는 전지 저항, C_s는 유사 커패시턴스, Z_w는 Warberg 임피던스. (Adapted from A. J. Bard and L. R. Faulkner, *Electrochemical methods*, 2nd ed,. p. 376, New York: Wiley, 2001. Reprinted by permission of John Wiley & Sons, Inc.)

게 실제 전극의 행동을 나타내주고 그 값이 주파수에 무관하다 할지라도 Faraday 임피던스는 그렇지 않다. 일반적으로 그 이유는 Z_f가 전지에서 일어나는 전자와 물질의 이동 과정의 모델이 되어야만 하고 이 과정이 주파수에 의존하기 때문이다. Faraday 임피던스의 간단한 표시는 일련의 저항 R_s와 *유사 커패시턴스*(pseudocapacitance) C_s(그림 25-7b)를 포함하고 이것은 소위 주파수 의존성[12] 때문이다.

과거에 R_Ω와 C_d값을 측정하기 위하여 고안된 좋은 방법이 있었다. 예를 들어 작은 크기의 sine파의 들뜸 신호를 작업 전극이 들어있는 전지에 준다고 가정해보자(그림 25-7b). 그리고 가한 전위가 Faraday 과정을 시작하기에 불충분하다고 가정해보자. 상대적으로 큰 주파수에서 커패시터의 리액턴트 $X_C = 1/(2\pi f C_d)$는 매우 작게 되고(제2B-4절 참고) C_d는 단락 회로로서 행동하게 된다. 만일 그때 회로의 피크 전류 I_p를 측정한다면 $R_\Omega = V_p/I_p$ 관계를 알게 된다. 이것은 용액의 전도성 $G = 1/R_\Omega = I_p/V_p$를 측정하는 알려진 방법이다. 비슷한 방법으로, 모델의 회로 성분 각각을 고립되게 하고, 그 값은 *ac* 회로 측정 기술을 사용하여 결정된다.

그림 25-7는 Faraday 임피던스가 전하 이동 저항 R_{ct}와 *Warberg 임피던스*(Warburg impedance) Z_w의 조합으로 나타나는 작업 전극의 세 번째 모델이다. 전하 이동 저항 $R_{ct} = -\eta/i$로 나타내고, η는 작업 전극에서 Faraday 과정을 일으키기 위한 과전압이며(22E-2절 참고), i는 전류이다.[13] Warberg 임피던스는 전극-용액 접촉면에서 용질 분자의 물질 이동에 대한 작업 전극의 저항과 비슷한 주파수 의존 회로이다. 실험조건에서 Warberg 임피던스가 무시될 수 있을 때 들뜬 주파수가 거의 0인 경우 전하 이동 저항이 쉽게 측정되다.

현대화되고 컴퓨터화된 주파수 분석기기와 소프트웨어를 사용하면 전지에 대한 임피던스 데이터를 구할 수 있고, 그림 25-7의 회로 모델의 모든 성분값을 얻어낼 수 있다. *전기화학적 임피던스 분광법*(electrochemical impedance spectroscopy)이라고 불리는 이 분석법은 Faraday 과정의 성질을 나타내주고 가끔 전자 이동 반응[14]의 메커니즘을 조사하는 데 도움이 된다. 다음에서는 Faraday 임피던스를 일으키는 전극 용액 경계면에서의 과정을 살펴볼 것이다.

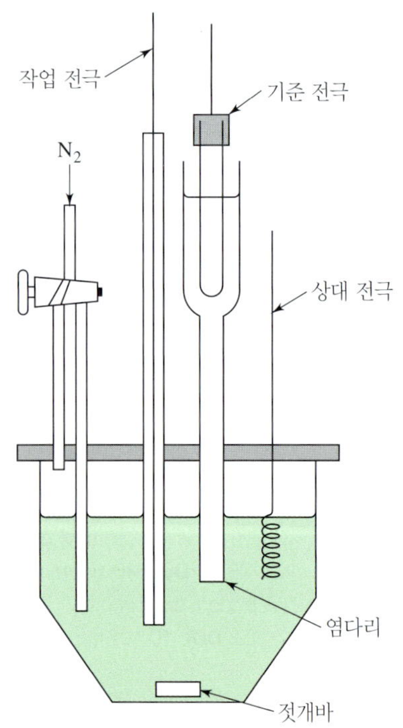

그림 25-8 유체역학 전압-전류법의 3전극 전지.

[12] A. J. Bard and L. R. Faulkner, *Electrochemical Methods*, 2nd ed., p. 376, New York: Wiley, 2001.

[13] Ibid., p. 102.

[14] Ibid., pp. 383–388; A. Lasia, *Electrochemical Impedance Spectroscopy and its Applications*, New York: Springer, 2014; M. E. Orazem and B. Tribollet, *Electrochemical Impedance Spectroscopy*, Hoboken, NJ: Wiley, 2008.

25C 유체역학 전압–전류법

유체역학 전압–전류법은 여러 가지 방법으로 할 수 있다. 한 가지 방법은 고정된 작업 전극에 접하고 있는 용액을 격렬하게 저어주는 방법이다. 유체역학 전압–전류법의 대표적인 전지를 그림 25-8에 그려놓았다. 여기서는 보통 자석젓개를 이용하여 저어준다. 다른 방법은 용액에서 작업 전극을 일정한 속도로 회전시켜 젓기 효과를 얻는 방법이다(그림 25-21a). 유체역학 전압–전류법의 또 다른 방법은 작업 전극이 설치된 관을 통해 분석물질 용액을 흘려주는 방법이다(그림 25-17). 마지막 방법은 액체 크로마토그래피관에서 흘러나오는 분석물을 산화나 환원을 시킴으로써 분석하는 데 널리 사용되는 방법이다(28C-6절).

22E-3절에서 설명한 것과 같이 전기분해하는 동안 반응물은 다음 세 가지 메커니즘에 의해 전극 표면으로 이동한다; 즉, 전기장의 영향하에서 *전기 이동*(migration), 저어주거나 진동시킴으로써 생기는 *대류*(convection), 그리고 벌크 용액과 전극 표면 용액 막 사이의 농도 차이에 의해서 생기는 *확산*(diffusion)이다. 전압–전류법에서는 비활성 지지 전해질을 과량 첨가함으로써 전기 이동 효과를 최소화한다. 지지 전해질의 농도가 분석물의 농도보다 50~100배가 넘을 때 분석물에 의해서 이동되는 전류의 분율은 거의 0이 된다. 따라서 반대 전하를 띠는 전극 표면으로 분석물이 이동하는 속도는 사실상 걸어주는 전위에 무관하게 된다.

25C-1 전기분해하는 동안 작업 전극 표면에서의 농도 기울기

식 25-2에서 보여준 전극 반응은 과량의 지지 전해질을 포함하고 있는 A 용액에서 수은으로 입혀진 작업 전극에서 일어난다고 하자. A의 초기 농도는 c_A이고, P의 초기 농도는 0이고, P는 수은에 용해되지 않는다고 하자. 또한 환원 반응은 빠르고 가역적으로 일어나므로, 전극 표면에 바로 인접한 액체막에 들어있는 어느 순간의 A와 P의 농도는 다음과 같이 Nernst 식으로 나타낼 수 있다고 하자.

$$E_{appl} = E_A^0 - \frac{0.0592}{n}\log\frac{c_P^0}{c_A^0} - E_{ref} \qquad (25\text{-}3)$$

여기서 E_{appl}은 기준 전극과 작업 전극 사이의 전위이고 c_P^0와 c_A^0는 단지 전극 표면의 용액막에 들어 있는 P와 A의 몰농도이다. 또한 전극은 매우 작고 전기분해가 짧은 시간 동안 일어나므로 벌크 용액의 농도를 거의 변화시키지 못한다고 하자. 따라서 벌크 용액에서의 A의 농도 c_A는 전기분해하는 동안 거의 변하지 않고, 벌크 용액에서의 P의 농도 c_P는 사실상 계속 0에 머물게 될 것이다($c_P \approx 0$).

시뮬레이션: www.tinyurl.com/skoogpia7에서 **전극에서의 확산(diffusion at electrode)**에 대해 더 알아보시오.

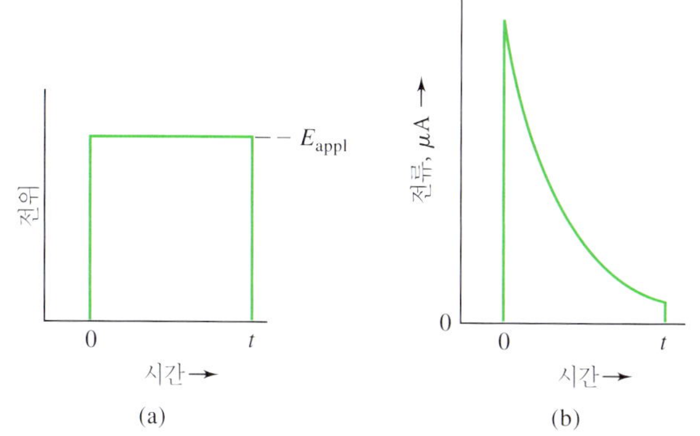

그림 25-9 **젓지 않은 용액 중의 평면 작업 전극에 사각파전위를 걸 때의 응답 전류.** (a) 들뜸 전위, (b) 응답 전류.

젓지 않은 용액에서 평면 전극의 농도 기울기

유체역학적 조건에서 이 용액에 들어있는 작업 전극의 행동을 설명하기 전에 대류가 없는 상태, 즉 용액을 젓지 않은 상태에서 그림 25-3a에서 보여주는 것과 같은 평면 전극에 전위를 걸어주었을 때 어떤 현상이 일어나는가를 살펴보기로 하자. 이와 같은 조건에서 분석물은 단지 확산에 의해서만 전극 표면으로 이동한다.

그림 25-9a에서 보여준 바와 같이 t초 시간 동안 계단 들뜸 전위 E_{appl}을 작업 전극에 걸어주었다고 하자. 그리고 또 식 25-3의 c_P^0/c_A^0 비가 1000 이상이 될 수 있도록 E_{appl}을 충분히 크게 걸어 주었다고 하자. 이런 조건에서 전극 표면에서의 A의 농도는 사실상 즉시 0으로 감소하게 될 것이다($c_A^0 \to 0$). 이 경우 걸어준 계단 전위에 대한 전류 감응을 그림 25-9b에 나타내었다. 이때 처음에는 전류가 전극 표면 용액층에 존재하는 모든 A를 P로 변환시키는 데 필요한 피크값까지 증가한다. 그 다음 벌크 용액으로부터 새로운 A가 확산되어 환원이 더 일어나는 전극 표면으로 이동한다. 그러나 식 25-3을 만족시키는 데 필요한 A의 농도를 유지시키는 데 필요한 전류는 시간이 지남에 따라 급격히 감소하는데, 이것은 A가 환원될 수 있는 전극 표면의 용액층에 도달하기 위해 점점 더 멀리서부터 이동해와야 하기 때문이다. 따라서 그림 25-9b에서 보여준 것처럼 전류는 처음에 급격히 증가한 후에 급격히 감소된다.

그림 25-10은 전기분해 시간 0, 1, 5, 10 ms 후의 A와 P에 대한 농도 기울기를 보여준다. 여기서 A의 농도(검정색 선)와 P의 농도(파란색 선)를 전극 표면에서의 거리에 대해 도시하였다. 그림 25-10a는 계단 전압을 걸어주기 전 벌크 용액의 A 농도 c_A와 전극 표면층 용액의 A 농도 c_A는 같은 균일한 용액임을 보여준다. 그리고 P의 농도는 이 두 영역에서 0이다. 전압을 걸어주고 1 ms 지난 후에는 농도 기울기가 급격히 변한다(그림 25-10b). 전극 표면에서는 P의 농도가 증가하고 A의 농도가 감소하여 사실상 0이 될 때 P의 농도는 A의 처음 농도와 같아진다. 즉 $c_P^0 = c_A$이다. 전극 표면에서부터 멀어지면서 A의 농도는

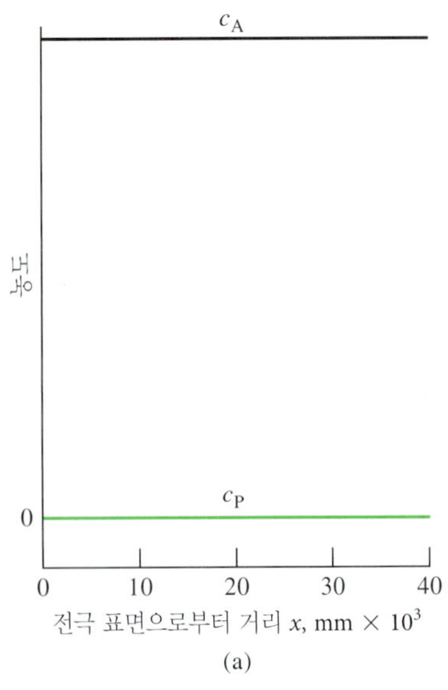

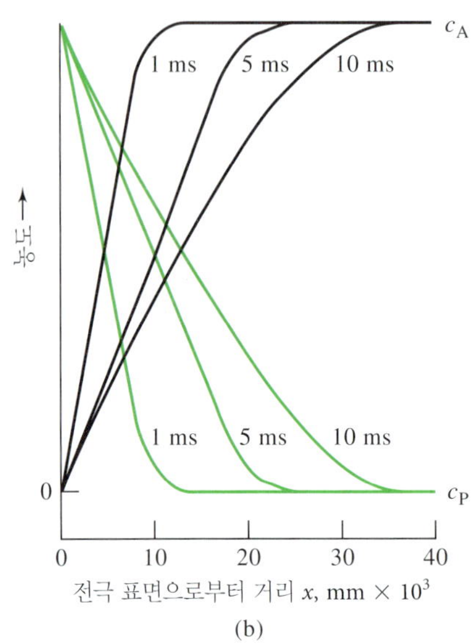

그림 25-10 평면 작업 전극에서 A가 P로 환원 반응하는 동안 확산에 의존할 경우 거리에 대한 농도 기울기. (a) E_{appl} = 0 V, (b) E_{appl}= 그림 25-6의 *Z*점, 경과시간 1, 5 및 10 ms.

거리에 따라 선형적으로 증가하여 전극 표면으로부터 약 0.01 mm가 되는 지점에서 c_A로 가까워진다. 같은 영역에서 P의 농도는 선형적으로 감소한다. 그림에서 보여준 바와 같이 시간에 따라 이 농도 기울기들은 용액 중에서 점점 더 멀리까지 확대된다. 이 기울기를 만드는 데 필요한 전류 *i*는 그림 25-10b에 나타낸 실선의 직선 부분의 기울기로부터 구할 수 있다. 즉 다음과 같다.

$$i = nFAD_A\left(\frac{\partial c_A}{\partial x}\right) \tag{25-4}$$

여기서 *i*는 암페어 단위의 전류이고, *n*은 1 mole의 분석물에 해당하는 전자의 몰(mole)수이고, *F*는 Faraday이고, *A*는 전극의 표면적(cm^2), c_A는 A의 농도(mol/cm^3)이다. 그림 25-10b에서 보여준 것처럼 이 기울기($\partial c_A/\partial x$)는 시간이 지남에 따라 점점 작아지며, 전류도 역시 마찬가지다. $D_A(\partial c_A/\partial x)$는 *유동*(flux)이라 하고 전극에 확산된 단위 시간당 A의 몰수이다.

젓지 않은 용액에서는 평면 전극을 이용하여 한계 전류를 실질적으로 얻을 수가 없는데 이는 시간이 지남에 따라 농도 기울기가 점점 작아지므로 전류도 계속해서 감소하기 때문이다.

저어준 용액에서 작업 전극의 농도 기울기

이제 앞 절에서 설명한 환원 반응이, 격렬하게 저어주는 용액에 담겨있는 작업 전극에서 일어날 때 거리에 대한 농도 기울기를 살펴보기로 하자. 저어주는 효과를 이해하기 위해서는 작은 평면 전극이 들어있는 저어주는 용액에서의 액체 흐름 모양을 알아보는 것이 필요하다. 그림 25-11에서 보여주는 것처럼 평균흐름 속도에 따라서 두 가지 유형의 흐름이 있다. *층 흐름*(laminar flow)은 이 그림의 왼쪽에 표시된 것같이 흐름속도라 느리고 매끄럽고 규칙적인 운동이다. *난류*(turbulent flow)는 오른쪽에서 보는 바와 같이 불규칙적이고 파동형 운동을 한다. 저어지고 있는 전기화학 전지에서는 전극으로부터 멀리 떨어진 벌크에서 난류 흐름이 일어나고 전극 표면에서는 층 흐름이 일어난다. 이 영역은 그림 25-12에서 볼 수 있다. 층 흐름에서는 액체의 층이 전극 표면과 평행되는 방향으로 미끄러져 나란히 움직인다. 전극 표면에서 δ cm 떨어진 지점에서는 액체와 전극 사이의 마찰로 인해 층류의 속도가 거의 0이 되어 소위 *Nernst 확산층*(Nernst diffusion layer)이라고 부르는 정체된 얇은 용액층

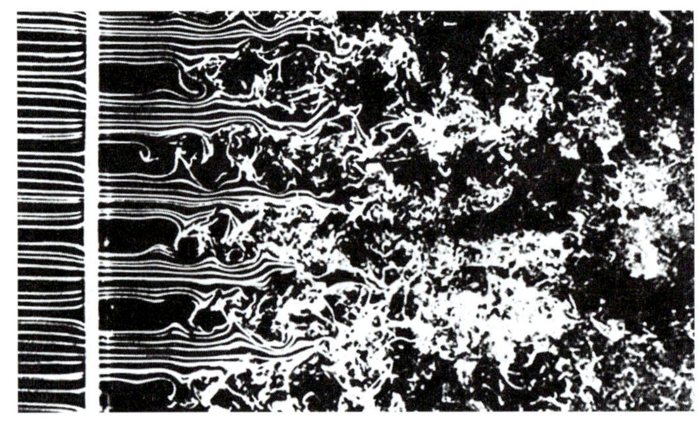

그림 25-11 흐르는 용액 중에서 흐름 형태에 대한 그림. 왼쪽에 보이는 유선 형태의 흐름은 평균 유속이 빨라짐에 따라 난류 흐름으로 변한다. 난류 흐름에서 분자들의 운동이 불규칙적이며 지그재그 운동을 보이며, 그 운동 중에는 많은 회오리와 소용돌이를 볼 수 있다. 유선형 흐름에서는 액체의 흐름이 규칙적인 액체 충돌이 잘 정돈된 모습으로 보인다. (From *An Album of Fluid motion*, assembled by Milton Van Dyke, no. 152, photograph by Thomas Corke and Hassan Nagib, Stanford, CA: Parabolic Press, 1982.)

시뮬레이션: www.tinyurl.com/skoogpia7에서 **전극에서의 농도변화(concentration profiles at electrodes)**에 대해 더 알아보시오.

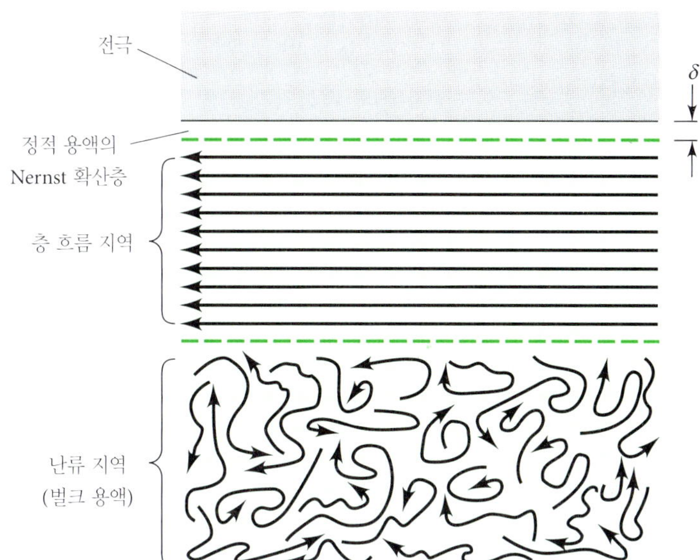

그림 25-12 유체역학 전압-전류법을 사용할 경우 저어주는 용액에서 작업 전극 표면의 흐름 모양.

이 형성된다. 반응물과 생성물의 농도가 전극 표면에서의 거리 함수에 따라 변하는 것은 오직 정체된 용액의 Nernst 확산층에서 일어난다 즉, 층류와 난류 영역에서는 대류가 일어나 A의 농도는 거의 원래 농도를, P의 농도는 거의 0에 가까운 농도를 가지게 된다.

그림 25-13은 그림 25-6의 *X*, *Y* 및 *Z*로 나타낸 세 전위에서 A와 P의 두 세트의 농도 기울기를 보여준다. 그림 25-13a에서 용액은 두 영역으로 나누어져 있다. 하나는 벌크 용액이며 이는 그림 25-12에서 보여준 것처럼 난류와 층류로 이루어져 있으며 여기서 물질 이동은 젓개를 이용한 기계적 대류에 의해서 이루어진다. 이 영역에서 A의 농도는 c_A이고, 반면에 c_P는 0이다. 또 다른 영역은 Nernst 확산층인데 이는 전극 표면에 바로 인접한 용액층으로 이의 두께 δ는 10^{-2}~10^{-3} cm 정도이다. 이 두께는 저어주기의 효율성과 액체의 점도에 따라 달라진다. 정체된 확산층에서 물질 이동은 단지 확산에 의해서만 일어나는데 이것은 저어주지 않은 용액에서와 같다. 그러나 용액을 저어주면 확산은 용액의 얇은 층에서만 일어나고 시간이 지나더라도 확산층이 확대되지 않는다. 이 결과 확산 전류는 전압을 걸어준 후부터 일정하게 흐르게 된다.

그림 25-13에서 보여준 것처럼 전위 *X*에서는 전극 표면에서의 A의 평형 농도가 원래 농도의 약 80% 정도로 감소하는 반면에 P의 평형 농도는 같은 양만큼 증가한다; 즉, $c_P^0 = c_A - c_A^0$이다. 반파 전위인 전위 *Y*에서는 전극 표면에서의 두 화학종의 평형 농도가 대략 같으며 $c_A/2$ 정도이다. 마지막으로 전위 *Z*와 그 이상에서 A의 표면 농도는 거의 0이 되며, 반면에 P의 표면 농도는 A의 원래 농도 c_A와 거의 같아진다. 따라서 *Z*보다 더 큰 음의 전위에서는 전극 표면층으로 들어가는 모든 A 이온들은 사실상 즉시 P로 환원된다. 그림 25-10b에서 보여준 것처럼 *Z*보다 큰 음의 전위에서 표면층에 있는 P의 농도는 P가 확산되어 저어주는 용액 영역으로 되돌아가기 때문에 $c_P^0 = c_A$로 일정하게 유

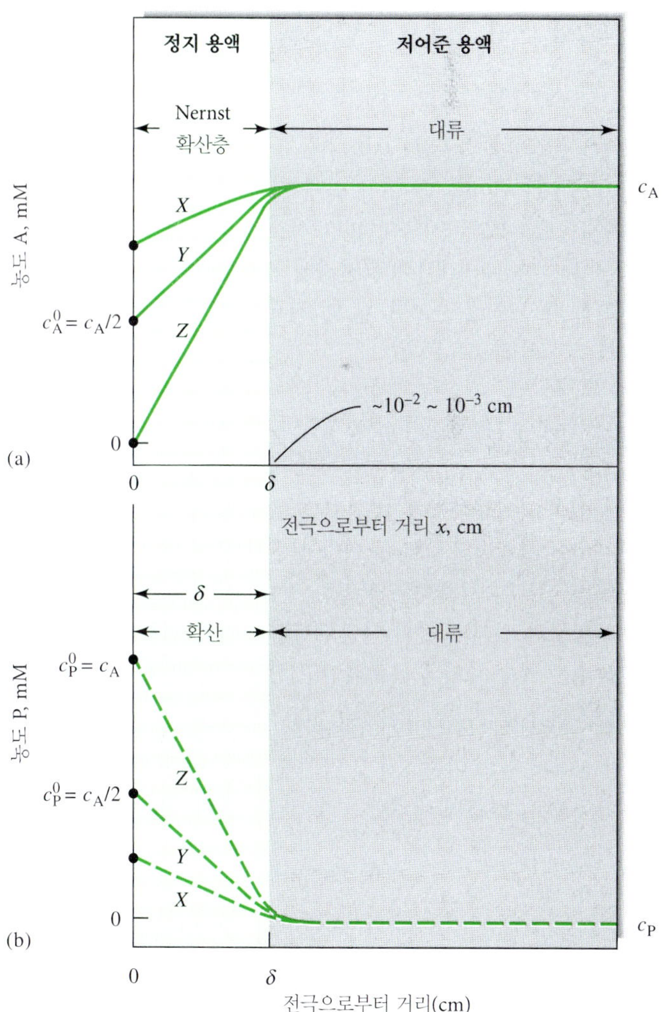

그림 25-13 저어주는 A 용액에서 전기분해 $A + ne^- \rightarrow P$ 반응이 일어나는 경우 전극과 용액 계면에서의 농도 기울기. *X*, *Y* 및 *Z* 곡선의 전위 값은 그림 25-6을 참조하시오.

지된다.

25C-2 전압-전류법 전류

전기분해 동안 어느 순간에서의 전류는 확산층 바깥부분에서 전극 표면으로 이동하는 A의 속도에 의해서 결정된다. 전기분해 생성물 P가 전극 표면으로부터 확산되어 나가고 결국 대류에 의해서 쓸려나가기 때문에 전류가 계속 흐르기 위해서는 전극의 표면 농도가 Nernst 식에 만족되도록 유지시킬 필요가 있다. 그러나 A는 대류에 의해 확산층 바깥부분까지 계속적으로 공급된다. 따라서 걸어준 전위에 의해 결정되는 일정 전류가 흐르게 된다. 이 전류는 A가 얼마나 빨리 전극 표면에 도달하는가를 나타내는 정량적인 척도라고 할 수 있고, 이 속도는 $\partial c_A/\partial x$로 주어지는데 여기서 전극 표면으로부터의 거리는 cm단위이다. 평면 전극의 경우 전류는 식 25-4와 같이 나타낼 수 있다.

$\partial c_A/\partial x$는 그림 25-13a에서 보여준 Nernst 확산층의 기울기이다. 이 기울기는 $(c_A - c_A^0)/\delta$와 거의 같다고 할 수 있다. 이런 조건에서 식 25-4는 다음과 같이 된다.

$$i = \frac{nFAD_A}{\delta}(c_A - c_A^0) = k_A(c_A - c_A^0) \tag{25-5}$$

여기서 상수 k_A는 $nFAD_A/\delta$이다.

식 25-5는 전위를 더 음이 되게 걸어줌에 따라 c_A^0는 점점 더 작아지므로 전류는 전극의 표면 농도가 0이 될 때까지 증가하는데 이때 전류는 걸어주는 전위에 관계없이 일정하게 됨을 보여준다. 따라서 $c_A^0 \rightarrow 0$이 될 때 전류는 한계 전류 i_l로 되므로 식 25-5는 식 25-6으로 된다.[15]

$$i_l = \frac{nFAD_A}{\delta}c_A = k_A c_A \tag{25-6}$$

이와 같은 유도는 확산층을 매우 단순화시킨 모형에 근거를 두고 있는데, 이 확산층 내에서 용액의 움직이는 층과 정지된 층 사이의 경계면을 대류에 의한 물질 이동이 멈추고 확산에 의한 물질 이동이 시작되는 선명한 경계선으로 간주하였다. 그럼에도 불구하고 이와 같이 단순화시킨 모형은 전류와 전류에 영향을 주는 변수 사이의 근사적이고 합리적인 관계를 제공한다.

가역 반응에서 전류와 전압 사이의 관계

그림 25-6에서 보여준 S자형 곡선에 대한 식을 유도하기 위해 식 25-6을 식 25-5에 대입하고 재배열하면 다음을 얻는다.

$$c_A^0 = \frac{i_l - i}{k_A} \tag{25-7}$$

P의 표면 농도도 또한 식 25-5와 비슷한 관계식을 사용하여 전류항으로 나타낼 수 있다 . 즉,

$$i = -\frac{nFAD_P}{\delta}(c_P - c_P^0) \tag{25-8}$$

여기서 음의 부호는 P의 농도 기울기가 음이기 때문이다. D_P는 P의 확산 계수이다. 그러나 전기분해 전 과정에 걸쳐 벌크 용액에서의 P 농도는 0이다. 그러므로 $c_P \approx 0$일 때

$$i = \frac{-nFAD_P c_P^0}{\delta} = k_P c_P^0 \tag{25-9}$$

여기서 $kp = -nFAD_p/\delta$이다. 재정리하면 다음과 같이 된다.

$$c_P^0 = i/k_P \tag{25-10}$$

식 25-7과 식 25-10을 식 25-3에 대입하여 정리하면

$$E_{appl} = E_A^0 - \frac{0.0592}{n}\log\frac{k_A}{k_P} - \frac{0.0592}{n}\log\frac{i}{i_l - i} - E_{ref} \tag{25-11}$$

여기서 $i = i_l/2$일 때 이 식의 우변의 세 번째 항은 0이 되고 정의에 의해 E_{appl}는 반파 전위가 된다.

$$E_{appl} = E_{1/2} = E_A^0 - \frac{0.0592}{n}\log\frac{k_A}{k_P} - E_{ref} \tag{25-12}$$

이 식을 식 25-11에 대입하면 그림 25-6에 보여준 전압-전류 곡선을 대표하는 식이 된다. 즉,

$$E_{appl} = E_{1/2} - \frac{0.0592}{n}\log\frac{i}{i_l - i} \tag{25-13}$$

종종 식 25-11과 식 25-12에 있는 k_A/k_P 항은 거의 1이기 때문에 식 25-12는 화학종 A에 대해서 다음과 같이 된다.

$$E_{1/2} \approx E_A^0 - E_{ref} \tag{25-14}$$

비가역 반응의 전류-전압 관계식

많은 전압-전류법 전극 반응들, 특히 유기물과 관련된 전극 반응들은 비가역 반응인데, 이 전압-전류 그림들은 늘어지고 덜 명확한 파형을 가지고 있다. 이와 같은 파형을 정량적으로 설명하려면 식 25-12에 전극 반응의 속도를 나타내는 활성화 에너지를 포함한 여러 항들을 첨가시킬 필요가 있다. 비가역 반응의 반파 전위는 보통 농도에 다소 의존하지만 확산 전류는 농도에 선형적으로 비례하는 관계를 갖는다; 그러므로 이런 반응은 교정 곡선을 얻을 수 있는 적절한 표준물만 있으면 정량 분석에 쉽게 응용할 수 있다.

반응 혼합물의 전압-전류 곡선

보통 혼합물 내의 반응물들은 작업 전극에서 서로 독립적으로 반응한다; 그러므로 혼합물의 전압-전류 그림은 단순히 개별적인 구성 성분의 전압-전류 곡선을 합한 것이 된다. 그림 25-14는 한 쌍의 구성 성분 혼합물에 대한 전압-전류 그림을 보여준다. 두 반응물의 반파 전위 차이는 곡선 A의 경우 0.1 V 정도이고, 곡선 B의 경우 0.2 V 정도이다. 반파 전위들 사이의 차이가 매우 커서 개개 반응물의 확산 전류를 측정할 수 있다면 하나의 전압-전류 그림으로도 두 가지 이상의 화학종을 정량할 수 있다. 일반적으로 환원이 잘 되는 화학종들이 환원될 때 두 개의

---

[15]이 식에서 사용된 각 변수의 단위를 분석하면 다음과 같이 얻을 수 있다.

$$n\left(\frac{\text{mol e}^-}{\text{mol analyte}}\right)F\left(\frac{\text{C}}{\text{mol e}^-}\right)A(\text{cm}^2)D_A\left(\frac{\text{cm}^2}{\text{s}}\right)c_A\left(\frac{\text{mol analyte}}{\text{cm}^3}\right)/\delta\,(\text{cm}) = i_l\left(\frac{\text{C}}{\text{s}}\right)$$

정의에 따르면 1초당 1쿨롱은 1암페어이다.

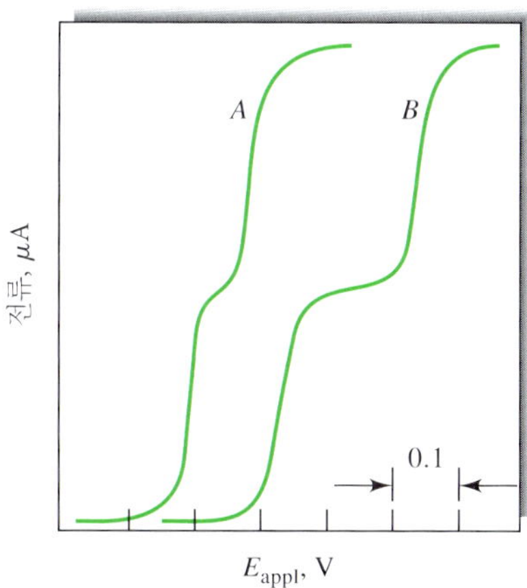

그림 25-14 두 성분 혼합물의 전압-전류 곡선. 반파 전위차는 곡선 A에서는 0.1 V이고, 곡선 B에서는 0.2 V이다.

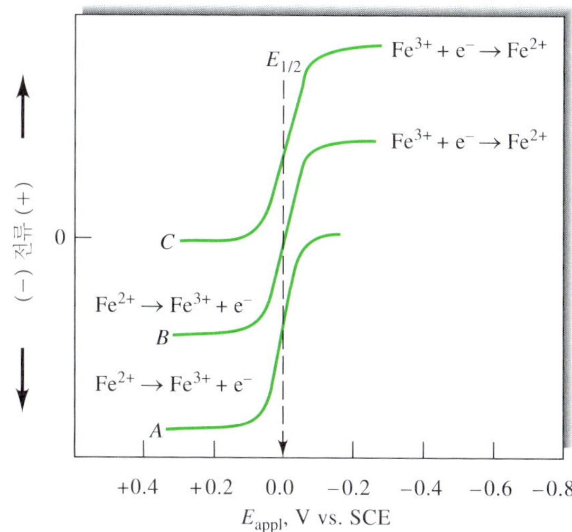

그림 25-15 시트르산 용액에서 철(II)와 철(III)의 전압-전류 곡선. 곡선 A: $c_{Fe^{2+}} = 1 \times 10^{-4}$ M 용액에 대한 산화파, 곡선 B: $c_{Fe^{2+}} = c_{Fe^{3+}} = 0.5 \times 10^{-4}$ M 용액에 대한 산화-환원파, 곡선 C: $c_{Fe^{3+}} = 1 \times 10^{-4}$ M 용액에 대한 환원파.

전자가 필요하다면 반파 전위의 차이가 0.1~0.2 V는 되어야 한다. 첫 번째 환원 반응이 전자 한 개를 필요로 하는 반응이라면 최소한 약 0.3 V는 되어야 한다.

산화 반응과 혼합된 산화-환원 반응의 전압-전류 곡선

전압-전류법에서는 환원파뿐만 아니라 산화파도 나타난다. 산화파의 한 예는 그림 25-15의 곡선 *A*에서 보여주는데, 이것은 시트르산 이온의 존재하에서 철(II)가 철(III)로 산화되는 전극 반응이다. 한계 전류는 약 +0.1 V (vs. SCE)에서 나타나고 다음과 같은 반쪽 반응으로 얻어진다.

$$Fe^{2+} \rightleftharpoons Fe^{3+} + e^-$$

전위가 좀 더 음으로 되면 산화 전류는 감소한다; 약 −0.02 V에서는 철(II)의 산화가 멈추기 때문에 전류는 0으로 된다.

곡선 *C*는 같은 전해질 용액에서의 철(III)용액의 전압-전류 그림이다. 이 경우 환원파는 철(III)가 철(II)로 환원되어 나타난다. 반파 전위는 산화파의 것과 같은데 이것은 두 철 화학종의 산화와 환원이 작업 전극에서 완전히 가역적으로 일어남을 나타낸다.

곡선 *B*는 철(II)와 철(III)의 동일한 몰수를 포함한 혼합 용액의 전압-전류 곡선이다. 전류가 0 이하인 부분의 곡선은 철(II)의 산화에 해당하는 것이다. 이 반응은 걸어주는 전위가 반파 전위와 같을 때 중지한다. 이 곡선의 윗부분은 철(III)의 환원으로 인해 생긴 것이다.

25C-3 산소파

용해되어 있는 산소는 많은 종류의 작업 전극에서 쉽게 환원된다. 따라서 그림 25-16에서 보여준 것처럼 공기로 포화되어 있는 수용액은 산소 특유의 두 개의 뚜렷한 파를 나타낸다. 첫 번째 것은 산소가 과산화수소로 환원될 때 나타난다.

$$O_2(g) + 2H^+ + 2e^- \rightarrow H_2O_2$$

두 번째 것은 과산화수소가 더 환원되면서 나타난다.

$$H_2O_2 + 2H^+ + 2e^- \rightarrow 2H_2O$$

화학양론적으로 예상할 수 있는 바와 같이 이 두 파의 높이는 같다.

전압-전류법은 용액에 용해되어 있는 산소를 정량하는 데 편리하며 널리 사용되고 있다. 그러나 산소가 용해되어 있으면 다른 화학종을 정확하게 정량하는 데 종종 방해하는 경우도 있다. 따라서 전압-전류법과 전류법 측정을 시작하기 전에 산소를 제거하는 것이 보통이다. 비활성 기체를 용액에 수 분 동안 불어넣으면 산소를 쉽게 쫓아낼 수 있다(*스파징*, sparging); 분석하는 동안에도 보통 질소 기체를 용액 표면에 흘려보내 산소가 다시 용액에 흡수되지 않도록 한다. 그림 25-16에서 가장 아래 곡선은 무산소 용액의 전압-전류 곡선을 나타낸다.

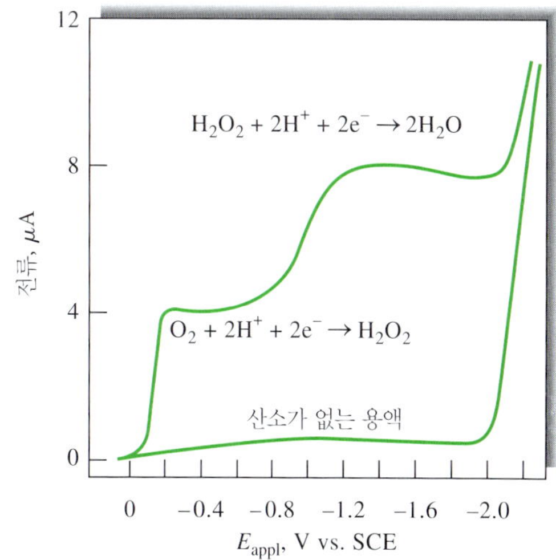

그림 25-16 공기로 포화된 0.1 M KCl 용액 중의 산소 환원 전압-전류 곡선. 아래 곡선은 산소가 없는 0.1 M KCl 용액의 곡선이다.

25C-4 유체역학 전압-전류법의 응용

유체역학 전압-전류법의 가장 중요한 용도는 (1) 크로마토그래피 관 또는 흐름주입 장치에서 흘러나오는 화학종을 검출하거나 정량하는 것; (2) 산소와 생화학적으로 관심의 대상인 글루코스, 락토스, 슈크로스와 같은 물질을 일상적으로 정량 분석하는 것; (3) 전기량법과 부피법 분석에서 종말점을 검출하는 데 사용하는 것, 그리고 (4) 전기화학적 반응의 기초연구에 이용하는 것 등이다.

크로마토그래피와 흐름주입 분석법에서의 전압-전류법 검출기

유체역학 전압-전류법은 고성능 액체 크로마토그래피 또는 흐름주입 분석법에 의해 분리된 산화 및 환원되는 화합물들 또는 이온들을 검출하고 정량하는 데 널리 쓰이고 있다.[16] 이와 같은 응용을 하기 위해서 그림 25-17a에서 보여준 것과 같은 박막 전지를 이용한다. 이 전지에서 작업 전극은 그림에서 보는 바와 같이 얇은 간격판에 의해 상대 전극과 분리되어 있는 절연체 벽 속에 설치되어 있다. 이와 같은 전지의 부피는 보통 0.1~1 μL이다. 분석물의 한계 전류에 해당하는 전위를 금속 또는 유리질 탄소 작업 전극과 이것에서 떨어져 있는 아래 흐름 속에 설치되어 있는 은-염화은 기준 전극 사이에 걸어준다. 작업 전극과 이에 사용되는 소재는 제25B-1절을 참고하시오. 이와 같은 응용에서는 10^{-9}~10^{-10} M 정도의 낮은 검출 한계를 얻을 수 있다. 유체역학 전압-전류법의 이런 응용은 제28C-6절에서 더 살펴볼 것이다.

전압-전류법 센서와 전류법 센서

제23F-2절에서 전극 표면에 분자 인지층을 도입하여 전위법 센서의 특이성이 어떻게 증가하는지 설명하였다. 전압-전류법 전극[17]에서 같은 개념을 도입하는 연구가 근래에 많이 이루어졌다. 산업 분야, 바이오 의학, 환경 및 연구 응용 분야에서 특별히 관심대상이 되는 화학종을 정량할 수 있는 여러 전압-전류법 기기 장치가 시판되고 있다. 이와 같은 장치들을 때로 전극 또는 검출기라고 부르나 사실은 완성된 전압-전류법 전지이므로 오히려 센서(sensor)라고 부르는 것이 더 합당하다. 다음 절에서 상업적으로 가능한 센서와 개발 중인 것을 소개하겠다.

산소 센서. 바닷물, 혈액, 하수도 물, 화학공장에서 나오는 폐수 및 토양과 같은 여러 수용성 환경 중에 용해되어 있는 산소를 정량하는 것은 산업, 생의학 및 환경연구 그리고 임상의학에서 매우 중요하다. 이와 같은 측정을 하는 가장 일반적이고 편리한 방법 중 하나가 1956년 L. C. Clark Jr.가 특허를 낸 Clark 산소 센서이다.[18] 그림 25-18에 Clark 산소 센서를 나타내었다. 전지는 원통형 절연체의 중앙 위치에 봉입되어 있는 원형판 백금 환원 작업 전극으로 이루어져 있다. 이 절연체 아래 끝 둘레에 고리 모양의 은 전극이 있다. 이 원통형 절연체와 전극들을 염화칼륨 완충 용액이 들어있는 또 다른 원통 안에 설치한다. 얇고 (~20 μm), 교환할 수 있는 테프론(Teflon) 또는 폴리에틸렌으로 만든 산소 투과막은 관의 아랫부분에 O-링으로 고정되어 있다. 환원 전극과 막 사이에 존재하는 전해질 용액의 두께는 약 10 μm이다.

산소 센서를 흐르는 용액이나 저어주는 분석물 용액 속에 담그면 산소는 막을 통과하여 원판 환원 전극 바로 가까이에 있는 전해질층으로 확산하여 들어가서 즉시 환원 전극에서 물로 환원된다. 정상적인 유체역학 전극에 비해 두 가지 확산 과정이 포함되어 있는데, 하나는 막을 통하는 것이고 다른 하나는 막과 전극 표면 사이의 용액을 통하는 것이다. 적당한 시간(10~20초 내)에 정류 상태의 전류에 도달하기 위해서 막의 두께와 전해질층의 두께는 20 μm 이내이어야 한다. 이와 같은 조건에서 정류 상태의 전류에 도달하는 속도는 막을 통과하는 산소의 이동 평

[16]전압-전류법 검출기는 한계 전류 변환기(limiting-current transducer)라 불리는 특정한 타입의 변환기이다. 이 장과 이후의 장에서는 전압-전류법 변환기를 좀 더 일반적으로 사용되는 용어인 *전압-전류법 검출기*(voltammetric detector)로 명칭한다. 다양한 실험적 변수의 조절 때문에 전압-전류법 변환기가 특정한 화학종에 선택적일 때 또는 변환기를 화학적으로 선택적인 고분자층 또는 다른 멤브레인 소재로 변형하였을 때, 이를 *전압-전류 센서*(voltammetric sensor)라 한다. 변환기, 검출기, 센서 그리고 이에 대한 정의는 제1C-4절을 참고하시오.

[17]전기화학적 센서와 바이오센서 및 나노 소재를 이용한 이들 센서에 대한 최근 총설은 아래의 문헌을 참고하시오. C. Zhu et al., *Anal. Chem.*, **2015**, *87*, 230, **DOI**:10.1021/ac5039863; D. W. Kimmel et al., Anal. Chem., **2012**, *84*, 685, **DOI**:10.1021/ac202878q.

[18]Clark 산소 센서에 대한 더 자세한 설명은 다음을 참고하시오. M. L. Hitchman, *Measurement of Dissolved Oxygen*, Chaps. 3–5, New York: Wiley, 1978.

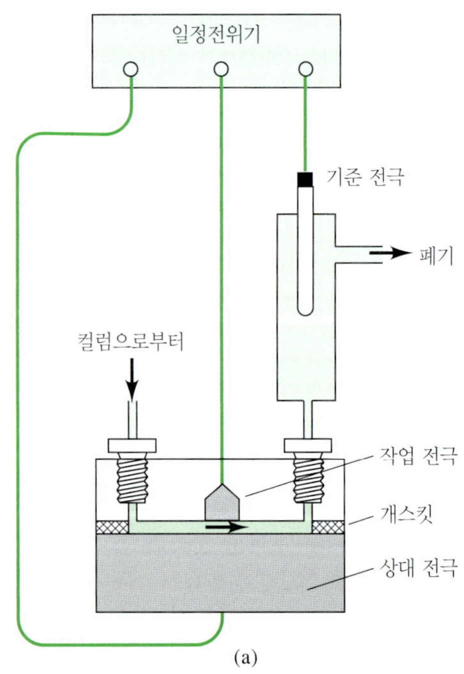

그림 25-17 (a) 컬럼에서 유출되는 전기활성종을 검출하는 전압계의 도형. 전지 부피는 개스킷(gasket)의 두께로 결정한다.

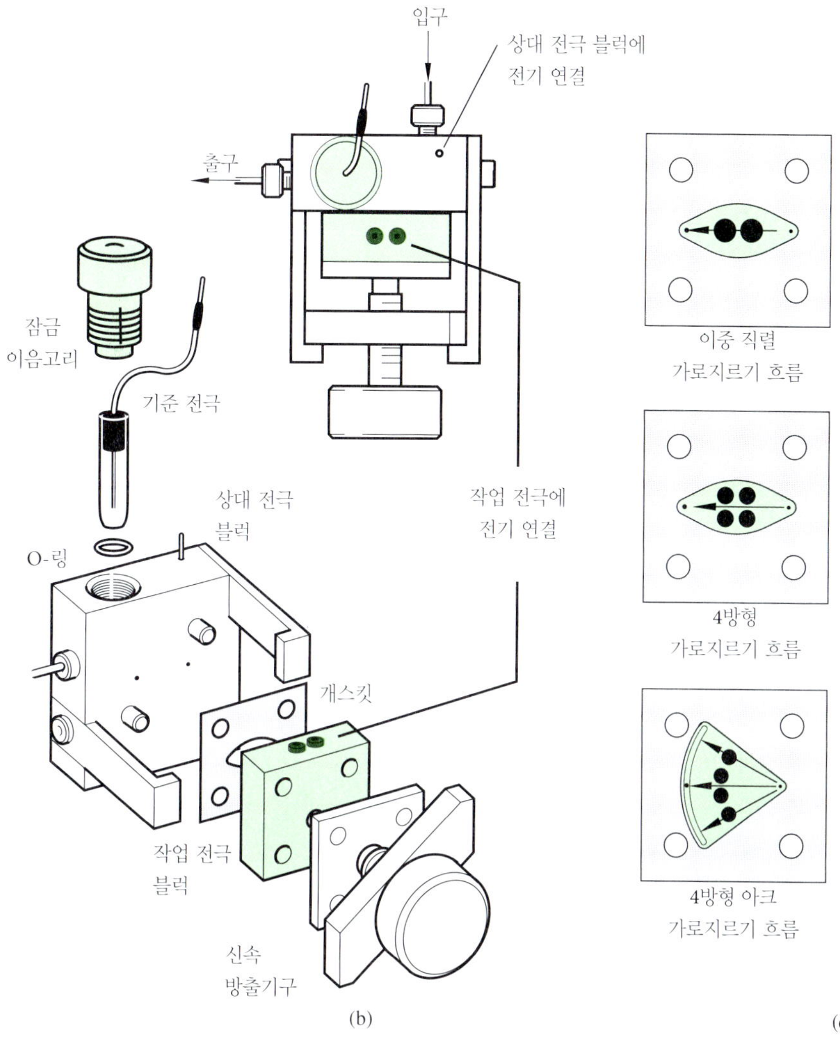

그림 25-17 *(계속)* (b) 시판되는 흐름 전지의 세부, (c) 작업 전극 블럭의 모양. 화살표는 전지에서 용액 흐름의 방향을 나타낸다. [(b) and (c) courtesy of Bioanalytical System, Inc., West Lafayette, IN.]

형속도에 의해 결정된다.

산소가 고갈되어 전류가 감소하는 것을 방지하기 위해 표준 Clark 산소 센서는 반드시 저어주거나 흐르는 용액에 담궈야 한다. 전극을 편극화하기 위해 불규칙적인 펄스를 빠르게 사용하는 펄스형의 산소 센서도 있다. 매우 짧은 시간으로도 전위는 편극화되므로 산소 소모량이 크게 감소되므로 대부분의 경우 저어주지 않아도 된다.

효소 기반 센서. 여러 종류의 효소 기반 전압-전류법 센서를 시중에서 구입할 수 있다. 예를 들면 임상실험에서 혈청 속의 글루코스를 일상적인 분석 방법으로 측정하는 데 널리 사용되고 있는 글루코스 센서가 있다. 이와 같은 장치는 그림 25-18에서 보여준 산소 센서의 구조와 비슷하다. 이 경우에는 막이 더 복잡하고 세 개의 층으로 이루어져 있다. 바깥층은 혈액의 단백질이나 다른 성분들은 통과하지 못하고 오직 글루코스만 통과하게 하는 polycarbonate 막이다. 중간층은 고정된 효소층(제

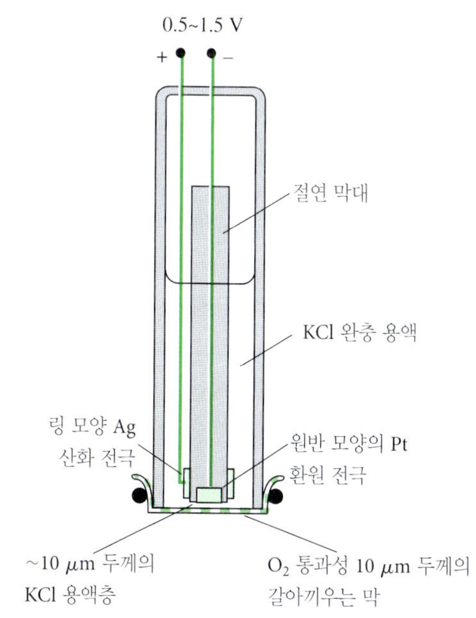

그림 25-18 Clark 전압-전류법 산소 센서. 환원 반응: $O^2 + 4H^+ + 4e^- \rightarrow 2H_2O$, 산화 반응: $Ag + Cl^- \rightarrow AgCl(s) + e^-$

23F-2절)이며, 여기서는 글루코스 산화 효소이다. 안쪽 층은 과산화수소와 같은 작은 분자만 투과시키는 아세트산 셀루로오스 막이다. 이런 장치를 글루코스가 들어 있는 용액에 담그면 글루코스가 바깥 막을 통과하여 효소가 고정되어 있는 막으로 들어가 다음과 같이 촉매 반응이 일어난다.

$$\text{글루코스} + O_2 \xrightarrow{\text{glucose oxidase}} H_2O_2 + \text{글루콘산}$$

과산화수소는 막의 내부층을 통해 확산하여 전극 표면에 도달하며 여기서 산화되어 산소를 생성한다. 즉

$$H_2O_2 \rightarrow O_2 + 2H^+ + 2e^-$$

이때 흐르는 전류는 분석물 용액의 글루코스 농도에 정비례한다. 이런 종류의 센서를 변형시켜 당뇨 환자가 집에서 사용하는 글루코스 센서를 제작한다. 이 장치는 세계에서 가장 많이 팔리는 화학 기기 중의 하나이다.[19]

임상적으로 중요한 여러 다른 화학종들을 효소로 산화시켜서 이때 생성된 과산화수소를 전압-전류법으로 측정하는 여러 감지기를 시중에서 구입할 수 있다. 이런 분석물에는 슈크로스, 락토스, 에탄올, L-락트산 등이 있다. 물론 각 물질마다 다른 종류의 효소를 사용해야만 한다. 때때로 효소 전극은 산소를 측정하거나 pH를 측정하는 데 기초를 둔다(제23F-2절).

면역센서. 센서의 특이성은 가끔 분석물과 유일하게 반응하는 분자 인식원을 사용하여 달성할 수 있다. 항체는 분석물에 예외적으로 특이성을 갖는 단백질이고 *면역센서*(immunosensors)[20]에 가장 흔히 사용되는 인지체이다. 면역센서는 흡착, 공유결합 부착, 고분자 포착 또는 다른 방법으로 센서 표면에 항체를 변성함으로써 만들어진다.

다양한 분석 포맷이 면역센서에 사용된다. 가장 흔하게 사용되는 방법 중의 하나는 두 개의 항체를 사용하는 것인데, 하나는 센서 표면에 변성시켜 표적 분석물을 잡는 데 사용하고, 다른 하나는 표지시켜 포획된 분석물을 검출하는 데 사용한다(*샌드위치 분석*, sandwich assay). 전통적으로 방사성 핵종은 면역센서에서 표지로서 사용되는데 형광 물질과 효소와 같은 더 편리한 표지로 대체되고 있다. 그러므로 면역센서는 광학법과 전기화학 방법과 같은 다양한 검출방법을 사용할 수 있다. 요즘에는 압전법(piezoelectric, 제1C-4절), 표면 플라즈몬 공명법(surface plasmon resonance, 제21E-1절) 그리고 그외의 다른 검출 방법과 같이 비표지(label-free) 방식의 면역센서가 개발되었다.

그림 25-19는 어떤 특정 단백질을 정량하기 위한 샌드위치 분석법[21]의 모식도와 전류법 바이오센서를 보여준다. 이 장치에서(그림 25-19a) 원하는 분석물에 적합한 항체는 전극의 표면

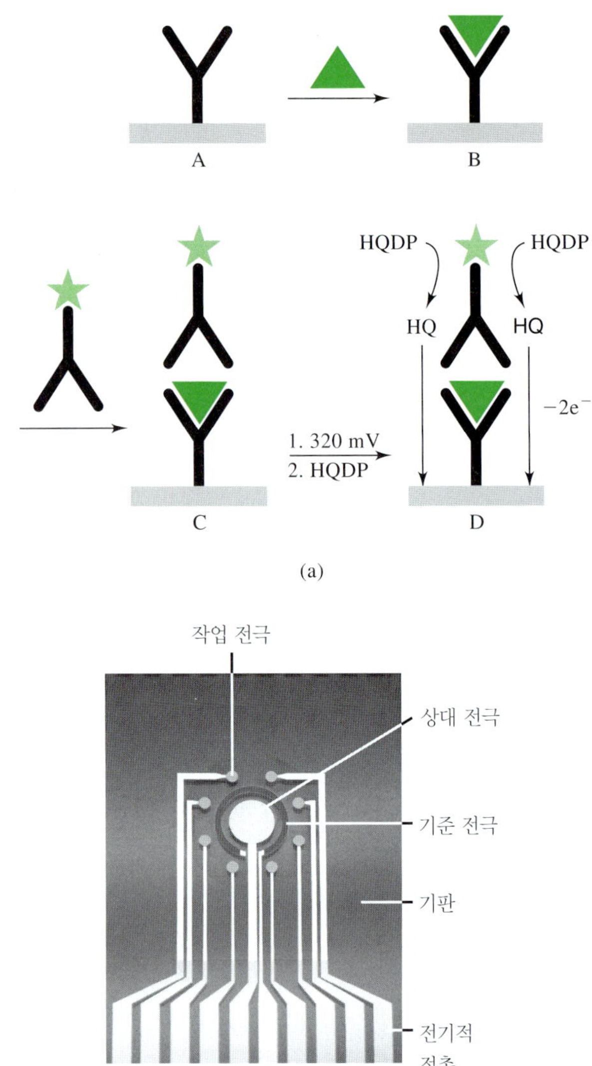

그림 25-19 (a) A: 항체(Y)를 고정한 전극, B: 표적 분석물이 전극에 고정된 항체에 결합, C: 전극에 결합된 분석물에 alkaline phosphatase (AP)로 라벨을 한 항체의 결합, D: 전극에 320 mV를 전위를 걸어주고 hydroquinone diphosphate (HQDP)를 가함. AP-generated hydroquinone (HQ)의 전기화학적 산화는 전극에 결합된 분석물의 양에 비례하는 전류를 생성한다. (b) IrOx 1 mm 직경의 산화 이리듐 작업 전극, 4 mm 직경 상대 전극, 7 mm 외부 직경 Ag-AgCl 기준 전극 그리고 이 전극들이 기판(28 × 35 × 1 mm)에 전기적으로 연결된 배열을 보여주는 바이오센서의 사진. 여기서 선명한 그림을 표현하기 위해 시료 저장소는 나타내지 않았다. (Adapted from M. S. Wilson and W. Nie, *Anal. Chem.*, **2006**, *78*, 2507, with permission of the American Chemical Society.) Image reprinted with permission from *Anal. Chem.* Copyright 2006 American Chemical Society.

[19]집에서 사용하는 혈당 모니터의 사진은 그림 제33-19를 보시오. 다른 종류의 임상 분석기에 대한 내용은 제33D-3절을 보시오.

[20]면역센서의 원리와 응용에 대한 총설은 아래 문헌을 참고하시오. P. B. Luppa, L. J. Sokoll, and D. W. Chan, *Clinica Chimica Acta*, **2001**, *314*, 1, **DOI**: 10.1016/S0009-8981(01)00629-5.

[21]M. S. Wilson and W. Nie, *Anal. Chem.*, **2006**, *78*, 2507, **DOI**: 10.1021/ac0518452.

에 변성된다(A). 이 예에서 항체는 물리 흡착[22]에 의하여 변성된 것이다. 전극이 그림에서 푸른색의 삼각형으로 표시된 분석물을 포함하는 용액과 접촉될 때 선택적으로 항체와 결합한다(B). 그 후 전극을 씻고 그림(C)에서 별표로 표시된 두 번째 항체에 접촉시킨다. 이 예에서 항체는 hydroquinone diphosphate를 hydroquinone으로 변형시키는 촉매인 alkaline phosphatase로 표지된다. Ag-AgCl에 대하여 320 mV의 전위를 작업 전극에 가하면 hydroquinone은 전자 2개를 내놓는 산화 반응을 통해 quinone으로 된다(D). 흐르는 전류는 원래의 분석물 농도에 직접 비례하게 된다.

그림 25-19b는 먼저 앞 절에서 설명한 면역분석용 바이오센서 배열의 사진이다. 바이오센서는 각각의 독립적인 면역센서인 전극이 일정한 간격으로 배열되어 있으며, 따라서 동시에 여러 종류의 단백질을 분석할 수 있다. 이러한 배열은 반도체 산업에서 일반적으로 사용되는 사진석판술(photolithography)을 사용하여 유리 위에 조립된다. 이 과정에서 유리기판에 용매로 쉽게 제거되는 고분자(감광 저항)로 형을 뜨고 고분자 패턴은 전극 모형의 음형이 된다. 그 후 스퍼터링 방법을 이용하여 이리듐을 약 100 nm 두께로 전체 기판 위에 증착한다. 이어서 고분자를 기판에서 제거함으로써 이리듐 작업 전극과 상대 전극 패턴이 남게 된다. 이와 유사한 방법을 이용하여 기준 전극은 은을 증착하여 제작한다. 그 후 Ag^+ 이온을 포함하는 KCl 용액으로부터 AgCl염을 전기화학적으로 전착시켜 기준 전극을 완성시킨다. 이 배열은 절연 고분자로 입혀 노출된 전극과 접촉 부분을 나타나게 한다. 마지막으로 원통형 polycarbonate 재질의 시료 저장소(그림에 나타내지 않음)는 분석 용액을 포함하는 전극 위로 접촉시킨다.

0.785 mm^2 면적을 갖는 Ir 작업 전극을 전기화학적으로 활성화시키기 위하여 각각 이리듐 산화물층을 만들어준다. 다공성 이리듐 산화물은 전극에 항체를 고정하기 위한 표면적을 증가시킨다. 시료 분석에 필요한 항체가 포함된 용액 방울을 작업 전극에 떨어뜨리고 4°C에 보관하여 항체 고정화 과정을 완성한다.

이후 염소 IgG, 쥐 IgG, 인간 IgG, 닭 IgG 항체(0~125 ng/mL)가 포함된 혈청 시료의 분석을 수행한다. 여기에서 표적 분석물은 항체(IgG와 IgY)이고, 탐침과 검출용 항체는 표적 항체에 대한 항체(anti-IgG와 anti-IgY)가 된다. 분석 용액을 센서 시료 저장소에 가하고 다음 검출 항체 혼합물도 가한다. 전기화학적 측정을 위해 바이오센서는 이 배열의 모퉁이 접촉을 통하여 다채널 컴퓨터 조정 일정전위기로 연결된다. 그리고 전류 측정은 모두 8개의 작업 전극에서 이루어진다.

측정 정밀도는 1.9~8.2%의 상대 표준 편차 범위이고, 검출 한계는 모든 분석물에 대해 3 ng/mL이다. 이 결과는 분광법 기반의 ELISA (enzyme-linked immunosorbent assays)의 결과보다 훨씬 좋다(2.4~6.5% 차이). 여기에서는 네 개의 분석물을 한 쌍씩 정량하였는데 8개의 분석물의 어떠한 조합도 동시에 정량할 수 있다. 배열된 바이오센서를 미세 흐름계(제33C절)와 연계시킬 때 이 결합된 장치는 중요한 생화학 분석물의 일상적인 정량에 강력한 기기가 될 것이다.

전류법 적정

적정 반응에 참여하는 반응물 또는 생성물 중 적어도 어느 하나가 작업 전극에서 산화 또는 환원 반응을 한다면 유체역학 전압-전류법을 이용하여 적정의 당량점을 결정할 수 있다. 이 경우에는 한계 전류 영역의 어느 한 일정 전위에서 전류를 적정 시약의 부피(또는 적정 시약이 일정 전류 전기량법에 의해 생성된다면 시간)의 함수로서 측정한다. 당량점 양쪽의 데이터를 도시하면 기울기가 다른 두 직선을 얻게 된다; 종말점은 외삽법(extrapolation)을 이용하여 얻은 두 직선의 교차점이다.[23]

그림 25-20은 대표적인 전류법 적정 곡선을 나타내었다. 그림 25-20a의 적정 곡선의 경우 분석물은 작업 전극에서 환원되지만 적정 시약은 환원되지 않을 때 얻어진 것이며, 그림 25-20b는 적정 시약은 작업 전극에서 반응하지만 분석물은 반응하지 않는 경우이며, 그림 25-20c는 분석물과 적정 시약 모두 작업 전극에서 반응하는 적정 반응이다.

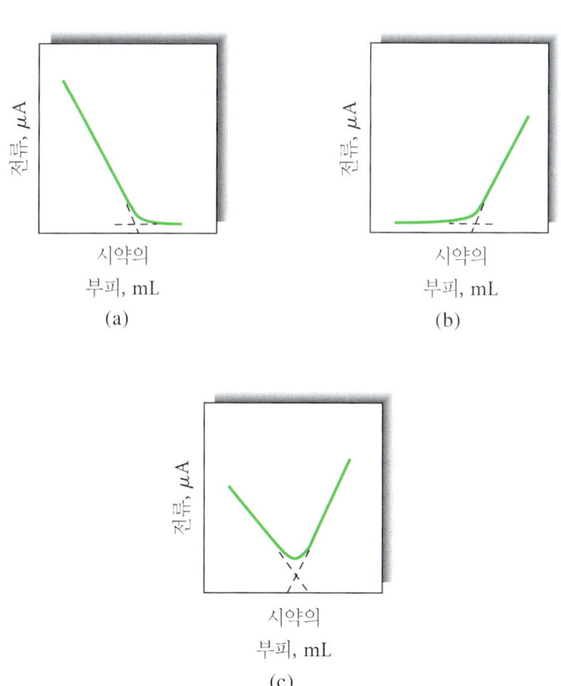

그림 25-20 대표적인 전류법 적정 곡선. (a) 분석물이 환원되고 시약은 환원되지 않음, (b) 시약은 환원되고 분석물은 환원되지 않음, (c) 시약과 분석물 둘 다 환원되는 경우.

[22]화학적으로 변성된 전극과 관련된 용어와 정의는 다음 문헌을 참고하시오. R. A. Durst, A. J. Baumner, R. W. Murray, R. P. Buck, and C. P. Andrieux, *Pure and Applied Chemistry*, **1997**, 69, 1317, **DOI**: 10.1351/pac199769061317. http://iupac.org/publications/pac/69/6/1317/.

[23]S. R. Crouch and F. J. Holler, *Applications of Microsoft® Excel in Analytical Chemistry*, 3rd ed., Belmont, CA: Cengage Learning, 2017, pp. 305–309.

전류법 전극 시스템에는 두 종류가 있다. 하나는 기준 전극에 짝지어 있는 한 개의 편극될 수 있는 전극을 이용하는 것이고, 다른 하나는 저어주는 용액 속에 담겨있는 똑같은 한 쌍의 고체 전극을 이용하는 것이다. 앞의 것은 작업 전극이 젓개 모터에 연결된 유리관 옆면에 백금선을 봉입하여 만든 회전 백금 전극이다.

하나의 지시 전극을 사용하는 전류법 적정은, 어떤 예외도 있지만, 생성물이 침전물이거나 안정된 착물인 적정에만 국한되어 있다. 침전제로, 할로젠화 이온에 대해서는 질산은, 황산 이온인 경우는 질산납, 작업 전극에서 환원될 수 있는 여러 금속 이온들에 대해서는 8-하이드록시퀴놀린, 디메틸글리옥심 및 쿠페론과 같은 유기 시약 등이 있다. 또한 몇몇 금속 이온들은 EDTA 표준 용액으로 적정함으로써 정량할 수 있다. 바로 앞에서 언급한 예외 중에는 몇몇 종류의 페놀, 방향족 아민류, 올레핀 등과 같은 유기 화합물들, 하이드라진 그리고 비소(III) 및 안티몬(III)에 대해 브롬으로 적정하는 경우가 있다. 이 경우 브로민은 보통 전기량법으로 생성시킨다; 또한 브로민은 과량의 브로민화포타슘을 포함하는 산성 분석물 용액에 브로민산포타슘 표준 용액을 적가함으로써 생성시킬 수도 있다. 브로민은 산성 매질에서 다음과 같은 반응으로 생성된다.

$$BrO_3^- + 5Br^- + 6H^+ \longrightarrow 3Br_2 + 3H_2O$$

이와 같은 적정은 회전 백금 전극 또는 두 개의 백금 전극을 이용하여 수행할 수 있다. 당량점 전에는 전류가 관찰되지 않는다. 당량점 후에는 과량의 브로민이 전기화학적으로 환원되므로 전류가 급격히 증가한다.

전류법 적정의 당량점을 측정하는 데 똑같은 한 쌍의 금속 전극을 사용하는 경우에는 장치가 간단하고 기준 전극을 사용할 필요가 없는 장점이 있다. 이와 같은 장치는 보통 전기량법으로 생성되는 반응 시약으로, 한 화학종만을 일상적으로 분석하는 자동 측정 장치를 만드는 데 이용되고 있다. 이런 장치의 한 예로는 혈청, 땀, 조직 추출물, 살충제 및 식품 등의 시료에 들어 있는 염화 이온을 자동적으로 정량하는 장치가 있다. 이 경우 반응 시약은 은 산화 전극에서 전기량법으로 생성되는 은 이온이다. 지시전극 시스템은 약 0.1 V 정도의 전위차가 걸려 있는 한 쌍의 은 작업 전극이다. 염화 이온을 적정하는 과정에서 당량점 전에는 용액 중에 쉽게 환원될 수 있는 화학종이 없으므로 전류가 흐르지 않는다. 따라서 환원 전극에서는 전자 이동이 일어날 수가 없으므로 전극은 완전히 편극된다. 그러나 적당한 환원 반응물 또는 편극 소거제(depolarizer)가 존재하는 경우 산화 전극에서는 다음 반응이 일어나기 때문에 편극이 되지 않는다.

$$Ag \rightarrow Ag^+ + e^-$$

당량점이 지난 후에는 다음 반응과 같이 은으로 환원될 수 있는 은 이온이 충분히 존재하기 때문에 환원 전극은 편극되지 않는다.

$$Ag^+ + e^- \rightarrow Ag$$

이 반쪽 반응과 산화 전극에서 은의 산화 반응에 의해 전류가 흐르게 된다. 다른 전류법에서와 같이 이때 흐르는 전류의 크기는 과량으로 존재하는 반응 시약의 농도에 정비례한다. 따라서 적정 곡선은 그림 25-20b에서 보여준 것과 비슷하게 된다. 앞에서 언급한 자동 적정장치에서는 전자 회로가 전류법 검출 전류를 측정하고, 전기량 생성 전류를 중지한다. 그 다음 염화 이온의 농도는 적정 전류의 크기와 전류 생성 시간으로부터 계산된다. 이러한 장치를 이용할 경우 Cl^-의 측정 농도 범위 1~999.9 mM이고 0.1% 상대 표준 편차의 정밀도와 0.5% 상대 오차의 정확도로 측정할 수 있다. 보통 적정하는 데 걸리는 시간은 20초 정도이다.

물의 정량법인 Karl Fisher 적정에서 종말점 검출 방법으로 가장 많이 이용되는 전류법 적정에서는 이중 편극 전극을 사용한다(제24D-1절 참고). 이 적정법에 사용되는 자동 적정장치가 시판되고 있다. Karl Fisher 적정에서 종말점 검출은 적은 전류가 흐르는 두 개의 동일 전극에서의 전위차를 측정함으로써 가능하다.

회전 전극

산화-환원 반응을 이론적으로 연구하기 위해서는 식 25-6의 k_A가 측정 장치의 유체역학에 의하여 어떻게 영향을 받는지 살펴보는 것도 유익한 일이다. 저어주는 용액에서의 유체역학 흐름에 대해 정밀하게 설명할 수 있는 가장 일반적인 방법은 그림 25-21a와 b에서 보여주는 것과 같은 회전 원판 전극(rotating disk electrode, RDE)을 이용하는 것이다. 회전 전극이 빨리 회전할 때 흐름의 모양은 그림의 화살표와 같은 모양으로 나타나게 된다. 이 경우 원판 표면에 있는 액체는 원판의 중앙으로부터 수평 형태로 바깥으로 이동하여 그 자리를 다시 채우기 위해 액체가 수직으로 상승하며 흐른다. 이 경우[24]에 유체역학을 정밀하게 다룰 수 있으며 *Levich 식*(Levich equation)을 얻을 수 있다.[25]

$$i_l = 0.620\, nFAD\omega^{1/2}\nu^{-1/6}c_A \qquad (25\text{-}15)$$

이 식의 n, F, A, D는 식 25-5의 것들과 같은 의미이며, ω는 원판의 각속도로 radian/s이고, ν는 *동적 점성도*(kinematic viscosity)로서 cm^2/s의 단위를 가지며 용액의 점성도와 밀도의 비율이다. 가역적인 반응계의 전압-전류 그림은 일반적으로 그림 25-6에 보여준 이상적인 모양을 갖는다. 전기화학 반응의 반응 속도론과 메커니즘에 대한 수많은 연구들이 회전 원판 전극을 이용하여 수행되었다. RDE를 사용한 일반적인 실험은 $\omega^{1/2}$에 대한 의존성을 연구하는 것이다. i_l vs $\omega^{1/2}$ 도시는 *Levich 도시*(Levich plot)라고 알려져 있는데 선형 관계에서 벗어나는 것은 전자 이동 과정의 반응 속도론적 한계를 나타낸다. 예를 들어 큰 $\omega^{1/2}$에

[24]A. J. Bard and L. R. Faulkner, *Electrochemical Methods*, 2nd ed., New York: Wiley, 2001, pp. 335–339.

[25]V. G. Levich, *Acta Physicochimica URSS*, **1942**, *17*, 257.

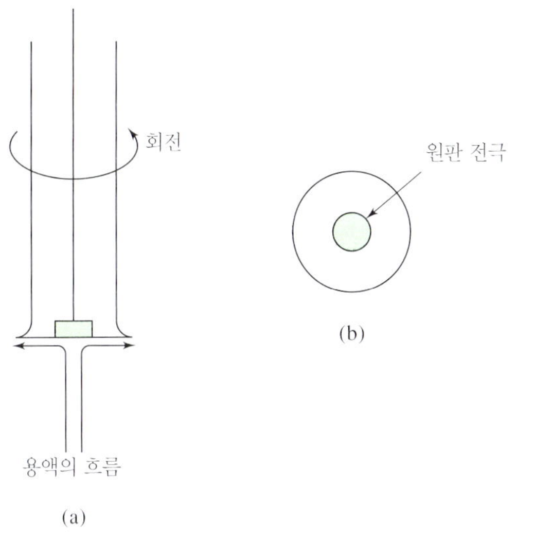

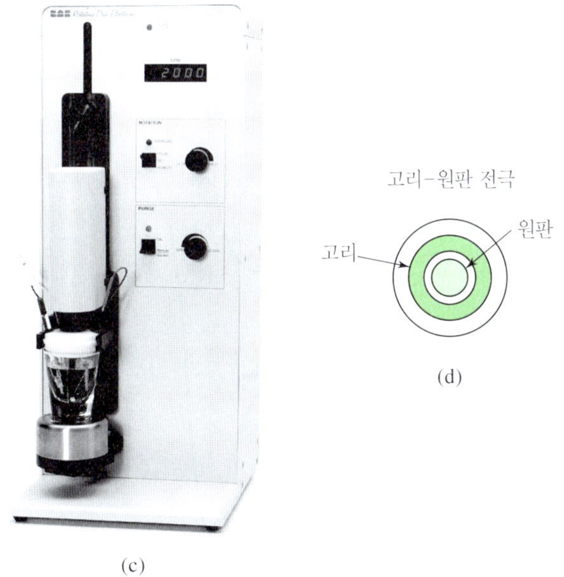

그림 25-21 (a) 용액의 흐름 모양을 보여주는 회전 원판 전극의 측면도, (b) 원판 전극을 바닥에서 본 모양, (c) 상품화된 RDE의 사진. (Courtesy of Bioanalytical Systems, Inc, West Lafayette, IN.) (d) 고리–원판 전극을 바닥에서 본 모양.

서 i_1이 ω와 무관하다면 전류는 전극 표면으로 전기활성종의 물질 이동에 의하여 결정되지 않는 대신에 반응 속도가 한계 요인이 된다. 그림 25-21c의 시판되는 모델인 RDE는 매달린 수은 방울 전극(폴라로그래피)에 대한 관심이 사라져가는 요즈음 기본적인 연구나 정량 분석연구에 새로운 흥미를 불러일으키고 있다. 수은 필름 전극의 RDE 검출 방식은 때때로 *유사폴라로그래피법*(pseudopolarography)이라 불린다.

회전 고리–원판 전극(rotating ring-disk electrode)은 전극 반응을 연구하는 데 더 유용하도록 개량한 회전 원판 전극이다. 이것도 분석에는 거의 사용되지 않는다. 그림 25-21d는 중앙에 있는 원판으로부터 전기적으로 단절된 또 다른 고리 모양의 전극을 가지고 있는 고리–원판 전극을 보여준다. 이와 같은 장치를 이용하는 경우 전기활성종이 원판에서 전기화학적으로 생성된다. 그리고 이 전기활성종은 고리 전극을 거쳐 지나가는데 이때 전압–전류법으로 검출된다. 그림 25-22는 전형적인 고리–원판 전극으로 얻은 전압–전류 곡선이다. (a) 그림은 원판 전극에서 산소가 과산화수소로 환원되는 것을 나타낸 전압–전류 곡선이다. (b) 그림은 과산화수소가 고리 전극을 지나갈 때 산화되는 것을 나타낸 전압–전류 그림이다. 원판 전극의 전위가 더 음으로 되면 환원생성물은 과산화수소보다 더 환원된 수산화 이온으로 되어서 고리 전극의 전류는 0으로 떨어진다. 이런 종류의 연구를 하면 전기화학 반응의 메커니즘과 중간생성물에 대한 매우 유용한 정보를 얻을 수 있다.

25D 순환 전압–전류법

순환 전압–전류법(cyclic voltammetry, CV)[26]에서는 그림 25-23에서 보여준 것과 같은 삼각파 전위신호를 젓지 않은 용액에 들어있는 작은 정지 전극에 걸어주어 전류를 흐르게 한다. 이 경우 전위는 포화 칼로멜 전극에 대해 처음에는 +0.8에서 −0.15 V까지 선형으로 변화시키고, 그 다음에는 주사 방향

[26]이에 대한 간단한 총설로 다음 문헌을 참고하시오. P. T. Kissinger and W. R. Heineman, *J. Chem. Educ.*, **1983**, *60*, 702, **DOI**: 10.1021/ed060p702; D. H. Evans, K. M. O'Connell, T. A. Petersen, and M. *J. Kelly, J. Chem. Educ.*, **1983**, *60*, 290, **DOI**: 10.1021/ed060p290.

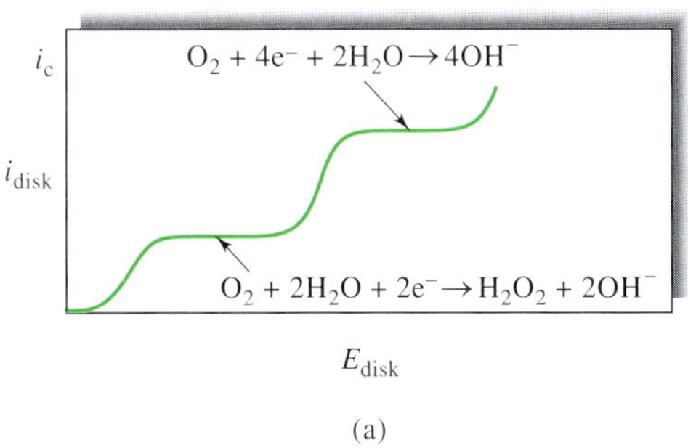

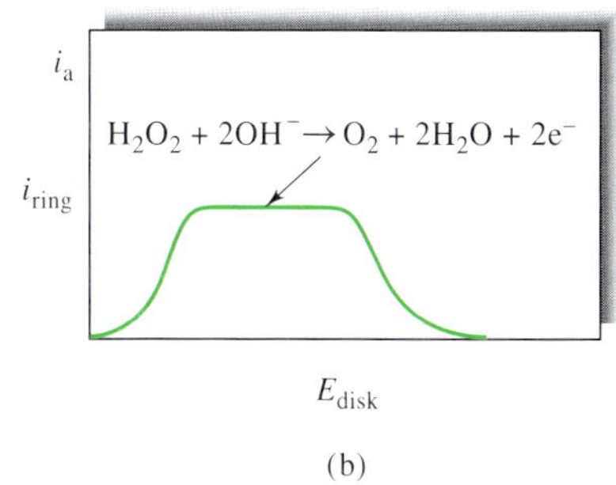

그림 25-22 회전 고리–원판 전극에서 산소의 환원 반응에 대한 전압–전류 곡선. (a) 원판, (b) 고리. (From *Laboratory Techniques in Electroanalytical Chemistry*, 2nd ed., P. T. Kissinger and Heineman, eds., p. 117. New York; Marcel Dekker, 1996. With permission.)

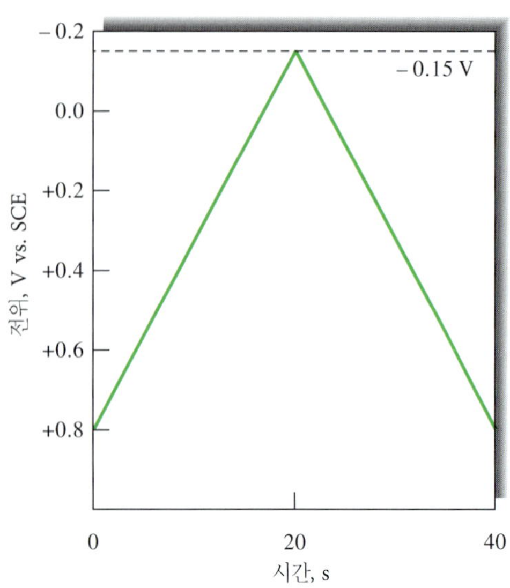

그림 25-23 전압-전류 곡선을 얻는 데 사용된 삼각파 자극(excitation) 신호의 예.

을 거꾸로 하여 전위를 처음 값 +0.8 V로 되돌아가게 한다. 주사 속도는 어느 방향으로든 50 mV/s이다. 이러한 순환 자극(excitation) 방식으로 종종 여러 번 반복된다. 이처럼 역방향으로 순환시키는 전위 −0.15 V를 *스위칭 전위*(switching potential)라고 부르고 원래 전위 +0.8 V로 돌아간다. 한 주어진 실험에서 선택되는 스위칭 전위의 범위는 하나 이상의 분석물이 주로 확산에 의해 산화 또는 환원이 일어날 수 있는 범위이다. 처음 주사 방향은 시료의 구성 성분에 따라 여기서 보여준 음의 방향 또는 양의 방향이 될 수도 있다[더 큰 음의 방향으로의 주사를 *정방향 주사*(forward scan)라고 하고 그 반대 방향으로의 주사를 *역방향 주사*(reverse scan)라고 한다]. 일반적으로 순환 시간은 1 ms 이하~100초 이상이 될 수 있다. 이 예에서 순환 시간은 40초이다.

그림 25-24b는 6 mM의 $K_3Fe(CN)_6$와 1 M의 KNO_3가 들어 있는 용액에 그림 25-23과 그림 25-24a에서 보여준 순환 자극 신호를 걸어주었을 때 나타내는 전류 감응을 보여준다. 작업 전극은 정지백금 작업 전극이었고 기준 전극은 포화 칼로멜 전극이었다. 처음 전위가 +0.8 V에서 작은 산화 전류가 관찰되는데 이 전류는 주사가 계속되면 즉시 0으로 감소한다. 이 음의 전류는 물이 산소로 산화되면서 생기는 것이다(더 큰 양의 전위에서 이 전류는 급격히 증가하는데 +0.9 V 정도의 전위에서 상당히 크다). +0.7 V와 +0.4 V 사이의 전위에서는 전류를 관찰할 수가 없는데 이는 이 전위 범위에서 산화 또는 환원될 수 있는 전기활성종이 없기 때문이다. 전위가 +0.4 V보다 다소 작은 양의 값으로 되면 $Fe(CN)_6^{3-}$ 이온이 $Fe(CN)_6^{4-}$ 이온으로 환원되면서 환원 전류가 나타난다(점 *B*). 환원 전극에서의 반응은 다음과 같다.

시뮬레이션: www.tinyurl.com/skoogpia7에서 **순환 전압-전류법(cyclic voltammetry)**에 대해 더 알아보시오.

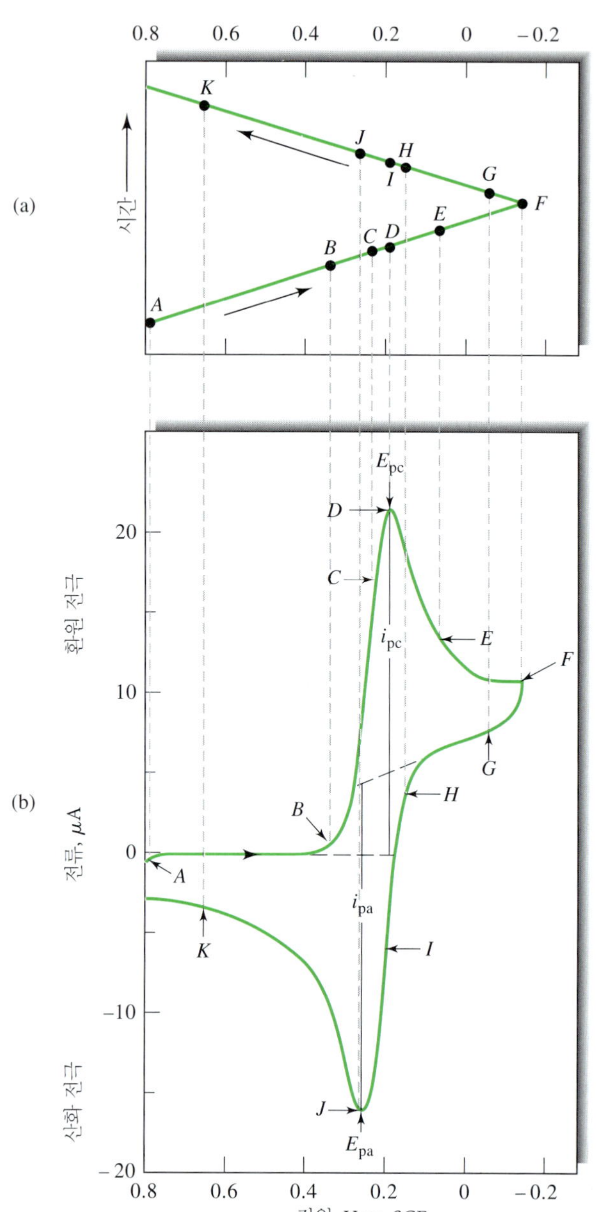

그림 25-24 (a) 시간-대-전위 파형, (b) 6.0 mM의 $K_3Fe(CN)_6$와 1.0 M의 KNO_3를 포함한 용액에서 얻은 순환 전압-전류 곡선. (From P. T. Kissinger and W. H. Heineman, *J. Chem. Eudc.*, **1983**, *60*, 702. Copyright 1983; American Chemical Society.)

$$Fe(CN)_6^{3-} + e^- \rightleftharpoons Fe(CN)_6^{4-}$$

점 *B*와 점 *D* 사이의 영역에서 전류는 급격히 증가하는데 이때 전극 표면에서 $Fe(CN)_6^{3-}$의 농도는 점점 작아진다. 이 피크에서의 전류는 두 가지 성분으로 되어 있다. 첫 번째는 전극 표면에서 반응물의 농도가 Nernst 식에 의해 주어지는 평형 농도로 조정되면서 갑자기 많이 흐르는 전류이며, 두 번째는 일반적인 확산-조절(diffusion-controlled) 전류이다. 첫 번째 전류는 그 다음에 확산층이 전극 표면으로부터 점점 더 넓어짐에 따라 급격히 감소한다(점 *D*에서 점 *F*)(그림 25-10b 참고). −0.15 V(점 F) 전위에서 주사 방향이 바뀐다. 그러나 전위가 더 큰 양의 전

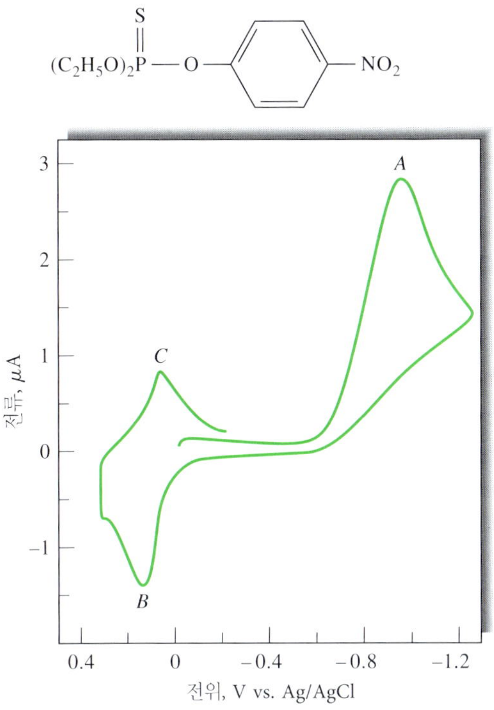

그림 25-25 50% 에탄올에 혼합된 pH 5인 0.5 M 아세트산나트륨 완충 용액에 존재하는 살충제 parathion의 순환 전압-전류 곡선. 매달린 수은 방울 전극, 주사 속도 200 mV/s. (From W. R. Heineman and P. T. Kissinger, *Amer. Lab.* **1982**, no. 11, 34. Copyright 1982 by International Scientific Communications, Inc.)

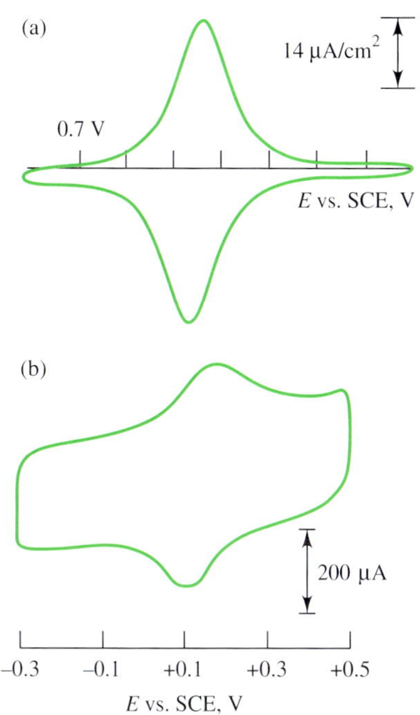

그림 25-26 그림 25-5에서 보여준 변성된 전극의 순환 전압-전류 곡선. (a) Ferrocene이 고정된 백금 전극의 순환 전압-전류 곡선. (With permission from J. R. Lenhard and R. W. Murray, *J. Am. Chem. Soc.*, **1978**, *100*, 7870. **DOI**: 10.1021/ja00493a014.) (b) py-Ru$(NH_3)_5$이 고정된 흑연 전극의 순환 전압-전류 곡선. (With permission from C. A. Koral and F. C. Anson, *Ananl. Chem.*, **1978**, *50*, 223. **DOI**: 10.1021/ac50024a0145.)

위로 되어도 환원 전류가 계속 흐르는데 이는 이 전위가 여전히 $Fe(CN)_6^{3-}$ 이온을 환원시키기에 충분한 음의 전위이기 때문이다. 전위가 충분히 양으로 커지게 되면 더 이상 $Fe(CN)_6^{3-}$ 이온이 환원되지 않으므로 전류는 0으로 되고, 그 다음 산화 전류가 흐르게 된다. 산화 전류는 정방향 주사를 하는 동안 전극 표면 가까이에 축적된 $Fe(CN)_6^{4-}$ 이온이 다시 산화됨으로써 생성된다. 이 산화 전류도 피크를 나타내며 축적된 $Fe(CN)_6^{4-}$ 이온이 산화 전극 반응으로 소모되면서 감소한다.

순환 전압-전류 그림에서 중요한 파라미터는 환원 피크 전위 E_{pc}, 산화 피크 전위 E_{pa}, 환원 피크 전류 i_{pc} 및 산화 피크 전류 i_{pa}이다. 이 파라미터들이 어떤 것인지를 그림 25-24에서 보여준다. 가역 전극 반응에서 산화 피크 전류와 환원 피크 전류는 거의 같은 크기를 갖고 반대의 부호를 갖는다. 가역 반응의 경우 산화 피크 전류와 환원 피크 전류의 절댓값은 같고 부호는 반대이다. 또 25°C에서 가역 반응의 피크 전위의 차이, ΔE_p는 다음과 같다.

$$\Delta E_p = |E_{pa} - E_{pc}| = 0.0592/n \qquad (25\text{-}16)$$

여기에서 n은 반쪽 반응에 관여하는 전자의 갯수이다. 비가역 반응에서는 전자 이동 속도가 느리므로 ΔE_p는 예측된 값보다 크다. 느린 주사 속도에서는 전자 이동 반응이 가역적으로 나타나지만, 주사 속도가 증가하면 ΔE_p값이 증가되어 비가역성의 신호가 나타난다. 따라서 느린 전자 이동 속도와 속도상수를 얻기 위해 여러 주사 속도에서 ΔE_p를 측정한다.

25°C에서 다음에 나타낸 Ranles-Sevcik의 식으로부터 정량적인 정보를 얻는다.

$$i_p = 2.686 \times 10^5 n^{3/2} A c D^{1/2} v^{1/2} \qquad (25\text{-}17)$$

여기에서 i_p는 피크 전류(A), A는 전극 면적(cm^2), D는 확산 계수(cm^2/s), c는 농도(mol/cm^3), v는 전위 주사 속도(V/s)이다. 만일 농도, 전극 면적, 주사 속도를 알면 CV(순환 전압-전류법)으로부터 확산 계수를 구할 수 있다.

25D-1 기본적인 연구

순환 전압-전류법은 다양한 조건에서 일어나는 전기화학 반응에 대한 정성적인 정보를 이용하는 기초 및 진단 연구에 중요하게 응용된다. 예를 들어 그림 25-25에서 보여준 살충제 파라티온의 순환 전압-전류 곡선에 대해 살펴보자.[27] 이 경우 스위칭 전위는 약 −1.2 V와 +0.3 V이다. 그러나 처음 정방향 주사는 +0.3 V가 아니라 0.0 V에서 시작한다. 세 개의 피크가 관찰된다. 첫 번째 환원 피크(A)는 파라티온이 하이드록실아민 유도체로 환원되면서 전자 4개를 얻는 반응(식 25-18)에서 나타난다.

[27]이 논의와 전압-전류 곡선은 아래 문헌으로부터 얻었다. W. R. Heineman and P. T. Kissinger, *Amer. Lab.*, **1982** (11), 29.

$(NH_2)_{64}$— Amine-terminated G4 dendrimer → Ferrocene carboxaldehyde → (Fc–C(=O)=N–)$_n$ dendrimer → $NaBH_4$ → (Fc–CH$_2$–NH–)$_n$ dendrimer: Partial ferrocenyl-tethered dendrimer (Fc-D)

$$R{-}C_6H_4NO_2 + 4e^- + 4H^+ \rightarrow R{-}C_6H_4NHOH + H_2O \quad (25\text{-}18)$$

B의 산화 피크는 전위를 역방향 주사를 하는 동안 하이드록실아민이 나이트로소 유도체로 산화될 때 나타나고, 이 전극 반응은 다음과 같다.

$$R{-}C_6H_4NHOH \rightarrow R{-}C_6H_4NO + 2H^+ + 2e^- \quad (25\text{-}19)$$

환원 피크 C는 나이트로소화합물이 하이드록실아민으로 환원될 때 나타나는 피크인데, 이때의 환원 반응은 다음과 같다.

$$R{-}C_6H_4NO + 2e^- + 2H^+ \rightarrow R{-}C_6H_4NHOH \quad (25\text{-}20)$$

두 중간체만을 포함하는 독립적인 시료에 대해 얻은 순환 전압-전류 곡선으로부터 피크 B와 C가 이들의 것임을 확인할 수 있었다.

순환 전압-전류법은 유기 및 무기 화학에 널리 활용되고 있다. 이 방법은 전기활성종이 포함된 시스템을 연구하는데 가장 먼저 사용되는 실험 방법으로도 종종 이용된다. 예를 들어 CV는 화학적으로 변성된 전극의 행동을 조사하는 데 사용된다(제 25B-2절과 그림 25-5). 그림 25-26에 보여준 CV는 전극 표면에 존재하는 가역적인 산화-환원 쌍의 특징적인 대칭 피크를 보여준다. CV를 통해 산화-환원 반응에서 중간체의 존재를 알 수도 있다(그림 25-25 참고). 백금 전극은 가끔 CV에 사용된다. 음전위에서는 수은 필름 전극이 사용될 수 있다. 일반적으로 쓰이는 작업 전극 물질은 유리 탄소(glassy carbon), 탄소 곤죽, 흑연, 금, 다이아몬드 그리고 근래에는 탄소 나노튜브(nanotube) 등이 있다. 이 장에서 설명한 화학적으로 변성된 전극도 CV에 사용된다.

25D-2 CV를 사용한 분석물의 정량

식 25-17은 CV의 피크 전류가 분석물질의 농도에 직접 비례한다는 것을 보여준다. 일상적인 분석에서 CV 피크 전류가 흔히 사용되지는 않지만 가끔 그러한 응용이 문헌에 나타나며 빈도가 점점 증가하고 있다. 언급한 바와 같이 여러 종류의 변성된 전극이 바이오센서로 개발되고 있다. 예를 들면 효소-증폭 샌

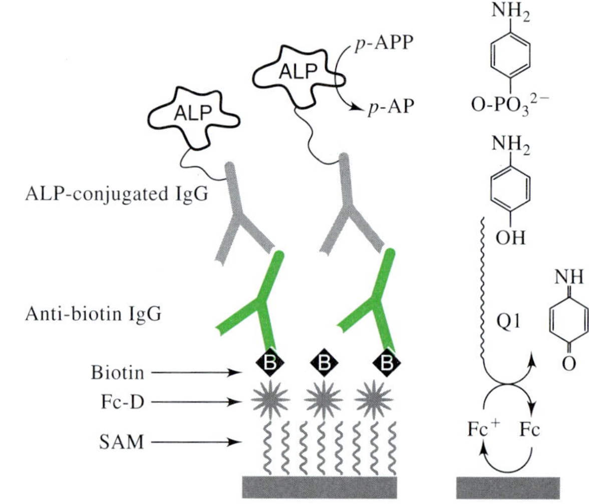

그림 25-27 산화환원 매개체로 Fc-D를 사용한 효소증폭 면역센서의 작동 모식도. 분석물인 IgG는 파란색으로 표기함. (From S. J. Kwon. E. Kim, H. Yang, and J. Kwak, *Analyst*, **2006**, *131*, 602, with permission.)

드위치 타입의 면역센서인데 이는 전자 이동[28]을 용이하게 하기 위해 산화환원 매개체를 사용하여 항원과 항체의 상호작용(결합)을 검출한다. 여기에서 자기-조립 단막층(self-assembled monolayer, SAM)을 먼저 금전극 표면에 입힘으로써 잇따른 바이오센서층을 붙이기에 적당한 기능기를 갖는 표면으로 만든다. 그 다음 층에서는, 다음 페이지에서 제시한 반응 순서에 따라 ferrocenyl-tethered 덴드리머(Fc-D)를 합성하고 이것은 효과적인 전자 이동을 위한 산화환원 매개체(ferrocene)로 사용된다. *덴드리머*(dendrimer)는 구형 고분자로서 유기 기능기를 갖는 양파 같은 층을 형성하기 위해 단계적으로 합성된다. 연속적으로 쌓여진 각 층은 표적 분자와 결합하는 많은 수의 기능성 자리를 갖는다.

덴드리머 표면에 64개의 아민기의 약 30%가 ferrocene car-

[28]S. J. Kwon, E. Kim, H. Yang, and J. Kwak, *Analyst*, **2006**, *131*, 402, **DOI:** 10.1039/b509969b.

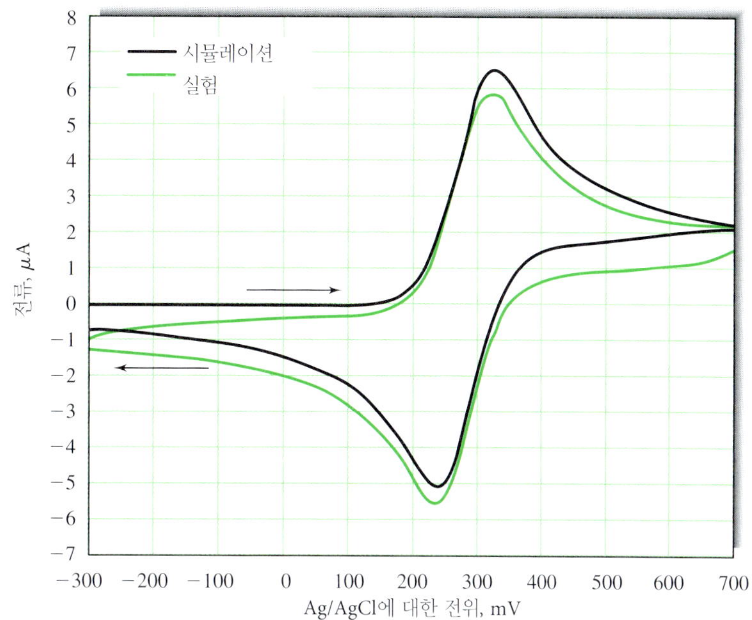

그림 25-28 시판되는 다이아몬드 전극을 이용하여 1 M의 KCl 안에 존재하는 0.1 mM의 $Fe(CN)_6^{3-}$-$Fe(CN)_6^{4-}$의 실험과 시뮬레이션한 순환 전압-전류 곡선. (From A. E. Fisher, Y. Show, and G. M. Swain, *Anal. Chem.*, **2004**, *76*, 2553, **DOI**: 10.1021/ac035214o, with permission of the American Chemical Society.)

boxaldehyde와 이민 형성 반응으로 결합된다. 나머지 부분은 분자 인지 물질이 결합할 수 있는 자리이다. 여기 예에서 분자 인지 물질은 biotin이며, 한 쪽으로는 덴드리머, 다른 쪽으로는 SAM에 결합한다.

그림 25-27은 샌드위치 배열이 어떻게 금 전극 표면에 배열되는지를 보여준다. SAM 층은 mercaptoundecanol과 mercaptododecanoic acid가 4:1 비율로 이루어져 있다. 즉 금 표면에 4개의 OH기마다 1개의 COOH기가 있다. Fc-D가 SAM에 가해지면 덴드리머 표면의 남아있는 아민기의 몇 개가 SAM의 COOH기가 결합하여 덴드리머를 표면에 붙이게 된다. 작업 전극 표면 준비의 최종단계는 화학적으로 *N*-hydroxy-succinimide 기로 변성한 biotin을 첨가하는 것이다. 이를 통해 변성된 biotin은 덴드리머 표면에 남아있는 아민기와 결합하게 한다.

샌드위치 면역분석법에서, 분석물인 항원(그림 25-27의 예에서 anti-biotin IgG)을 작업 전극에 접촉시키면 덴드리머 표면에 존재하는 biotin과 결합하게 된다. 그 후 alkaline phosphatase로 변성한 IgG를 가하면 분석물과 특이 결합을 한다. 그 후 작업 전극을 그림에서와 같이 1 mM의 *p*-aminophenylphosphate (*p*-APP)가 포함된 완충 용액 내에 담근다. 이 화학종은 alkaline phosphatase에 의하여 *p*-aminophenol (*p*-AP)로 바뀌어 덴드리머의 표면으로 확산된다. 덴드리머 표면 위의 Fc (Ferrocene)는 작업 전극에 산화 전위를 가할 때 Fc^+ 이온으로 산화되고, Fc^+ 이온은 그림에서와 같이 *p*-aminophenol을 quinoid 구조 Q1로 산화시킨다. 결과적으로 전류의 크기는 분석물 IgG의 표면 농도의 측정치가 된다.

Anti-biotin IgG 외의 다른 항체가 존재할 경우 작업 전극의 CV는 산화 피크가 나타나지 않는다. Anti-biotin IgG를 포함하는 분석물의 경우 CV 피크 전류는 분석물의 농도에 비례하고, 농도에 대한 CV 피크 전류의 감응 곡선은 면역분석법을 완성하는 효과적인 수단이 된다. 검출 한계는 0.1 μg/mL이고, 농도 분석 범위는 0.1~100 μg/mL의 anti-biotin IgG이다.

25D-3 CV의 디지털 시뮬레이션

화학 현상의 디지털 시뮬레이션은 기초 연구 조사에서 유용한 도구이다. 지난 수 십 년 동안 많은 사용자가 직접 작성한 소프트웨어 응용이 광범위한 영역의 전기화학 과정[29]에 대한 문헌에 나와 있다. 최근 Digisim®[30]과 같은 전문화된 소프트웨어 패키지가 상용화되어 연구자나 학생들에게 공급되고 있다. 이러한 PC 소프트웨어는 고속 암묵적 유한차분법(implicit finite difference method)[31]를 사용하여 한 개 또는 여러 개의 전자 이동 반응을 나타내는 전기화학 메커니즘에 대한 CV를 시뮬레이션하게 한다. 그리고 1차와 2차 균일화학 반응도 시뮬레이션하게 한다. 더구나 Digisim은 동적 농도 측면도를 만들어 소위 CV - The Movie™를 사용하여 전시할 수 있다. 소프트웨어는 시뮬레이션한 데이터를 최소제곱법과 비교하기 위하여 다양한 교과서

[29] B. Speiser, in *Electroanalytical Chemistry*, A. J. Bard and I. Rubinstein, eds., Vol. 19, New York: Dekker, 1996, pp. 1–108.

[30] 다음을 참고하시오. S. J. Messersmith, *J. Chem. Educ.*, **2014**, *91*, 1498, **DOI**: 10.1021/ed300633n과 이 문헌에 수록된 참고문헌; DigiSim의 원리와 응용에 대한 참고문헌으로 다음을 참고하시오. http://tinyurl.com/h3sovo4.

[31] M. Rudolph, D. P. Reddy, and S. W. Feldberg, *Anal. Chem.*, **1994**, *66*, 589A, **DOI**:10.1021/ac00082a725.

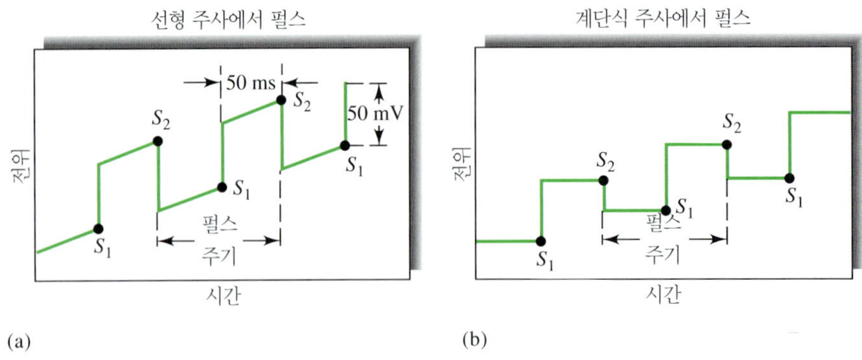

그림 25-29 시차-펄스 전압-전류법에 사용된 들뜸 전위 신호.

에서 발췌한 실험데이터에 적합한지 그 여부를 조사할 수있다. 또한 전극의 기하 구조, 유한 확산, 반무한(semi-infinite) 확산 조건의 유체역학 물질 이동을 시뮬레이션할 수 있다.

그림 25-28은 boron으로 도핑한 다이아몬드 박막 전극에서 $Fe(CN)_6^{3-}$-$Fe(CN)_6^{4-}$의 실험 CV를 Digisim으로 시뮬레이션한 CV와 비교하여 보여준다. 두 CV는 일반적인 모양에서 잘 일치하고 E_{pc}와 E_{pa}가 잘 일치됨을 볼 수 있다. $\Delta E_p = E_{pc} - E_{pa}$ 피크 분리는 전자 이동 과정의 표준 불균일 속도상수를 측정하는 데 사용될 수 있다. 실험 데이터에는 패러데이 전류와 비패러데이(바탕) 전류가 포함되어 있고 시뮬레이션한 결과는 패러데이 전류만 나타내므로 두 순환 전압-전류 곡선은 서로 상쇄하게 된다.

25E 펄스 전압-전류법

전통적인 선형 주사 전압-전류법의 한계점은 펄스법이 개발됨에 따라 거의 해결되었다. 여기서는 가장 중요한 두 가지 펄스법, 즉 *시차-펄스 전압-전류법*(differential-pulse voltammetry)과 *사각파 전압-전류법*(square-wave voltammetry)에 대해 설명하려고 한다. 모든 펄스법의 개념은 원하는 패러데이 전류와 방해하는 충전 전류의 차이가 클 때에 전류를 측정한다는 것이다. 이 방법은 각종 고체 전극, HMDE, 회전 전극(제25C-4절)을 사용한다.

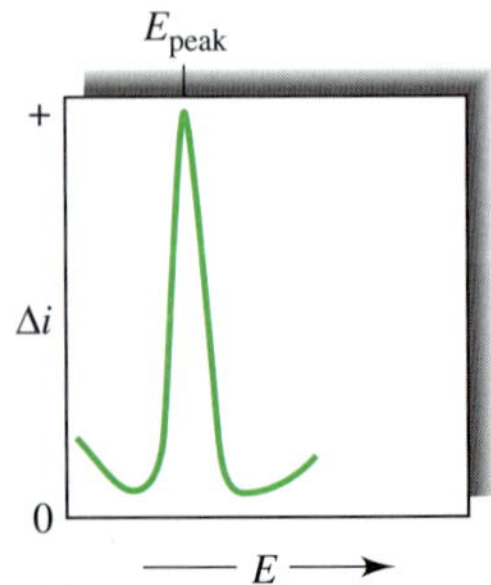

그림 25-30 시차-펄스 전압-전류 곡선. 여기서 $\Delta i = i_{S2} - i_{S1}$(그림 25-29 참고). 피크 전위($E_{peak}$)는 전압-전류법의 반파 전위와 매우 밀접하게 관련되어 있다.

25E-1 시차-펄스 전압-전류법

그림 25-29에서는 시차-펄스 전압-전류법 측정기기에 사용되는 가장 일반적인 두 가지 들뜸 신호를 보여준다. 첫 번째(그림 25-29a) 것은 아날로그 기기에 이용되며 선형 주사 전위에 주기적 펄스를 겹쳐서 얻은 것이다. 두 번째(그림 25-29b) 것은 보통 디지털 기기에 이용되며 계단식 신호와 펄스 출력의 합이다. 이 두 경우 들뜸 신호 주기의 마지막 50 ms 동안 일반적으로 약 50 mV의 펄스를 걸어준다.

그림 25-29에 보여주는 것처럼 두 개의 전류를 교대로 측정한다. 즉 한 번(S1에서)은 dc 펄스 전 16.7 ms 동안 측정하고, 또 다른 한 번(S2에서)은 펄스의 후 16.7 ms 동안 측정한다. 한 펄스에 해당하는 전류의 차이(Δi)를 선형적으로 증가하는 전압의 함수로서 기록한다. 미분 곡선 결과는 피크 모양을 가지며(그림 25-30 참고) 그 높이는 농도에 정비례한다. 가역 반응인 경우 피크 전위는 반쪽 반응의 표준 전위와 거의 같다.

미분형 전압-전류 곡선의 한 가지 장점은 반파 전위의 차이가 0.04~0.05 V 정도이면 분석물들의 최대 피크들을 식별할 수 있다는 것이다. 이에 비해 고전적인 또는 보통 펄스 전압-전류법에서는 전압-전류파가 분리되려면 전위 차이는 약 0.2 V 정도는 되어야만 한다. 더 중요한 것은 시차-펄스 전압-전류법은 감도를 현저하게 증가시킨다는 것이다. 전형적으로 시차-펄스 전압-전류법은 약 1000배 이상 더 낮은 농도의 분석물에 대해서도 고전적인 전압-전류파 대비 더 선명한 피크를 나타낸다. 그림 25-30에서 보여주듯이 Δi의 전류 스케일은 nA 단위이다. 일반적으로 시차-펄스 전압-전류법의 검출 한계는 고전 전압-전류법보다 10^2~10^3배 정도 낮으며, 약 10^{-7}~10^{-8} M 범위를 갖는다.

시차-펄스 전압-전류법이 더 큰 감도를 갖는 데는 두 가지 이유가 있다. 하나는 패러데이 전류가 증가한다는 것이고 다른 하나는 비패러데이 충전 전류가 감소된다는 것이다. 먼저 패러데이 전류에 대해 설명하기로 한다. 전위를 갑자기 50 mV만큼 증가시켰을 때 전극 주위의 표면층에서 일어나는 현상에 대해 살펴보자. 반응물이 이 표면층에 존재한다면 새로운 전위가 요구하는 농도까지 감소하여야 하므로 전류가 급격히 증가하게 될 것이다(그림 25-9b 참고). 그러나 그 새로운 전위에 해당하는 평형 농도에 가까워짐에 따라 확산에 의해서만 흐르는 수준의 전류, 즉 확산 지배 전류까지 감소한다. 고전 전압-전류법에서는 전류의 급증 현상이 관찰되지 않는데, 이는 측정 시간이 순간 전류의 수명보다 길기 때문이다. 한편 시차-펄스 전압-전류법에서는 전류 측정을 전류의 급증이 완전히 끝나기 전에 한다. 따라서 측정된 전류는 확산 지배 성분 그리고 표면층 농도가 Nernst 식이 요구하는 농도로 감소하는 성분을 모두 포함하고 있다. 총 전류는 확산 전류보다 수 배 정도 더 크다. 유체역학 조건에서 각 전압 펄스가 시작되는 시점에서 용액은 분석물에 대해 균일해진다는 것을 기억하라. 따라서 어느 주어진 전위에서 각 전압 펄스마다 똑같은 형식의 전류 급증이 나타난다.

펄스 전압-전류법에서는 패러데이 전류와 비패러데이 전류의 강하 속도에서 차이가 매우 중요하다. 비패러데이 전류는 시간 t에 따라 지수함수적으로 감소하며, 따라서 $1/\sqrt{t}$에 따라 감소하는 패러데이 전류보다 훨씬 빨리 감소한다. 충전 전류가 무시할 정도로 작을 때 전류를 측정함으로써 전체 전류에서 비패러데이 전류를 크게 감소시키고, 이를 통해 패러데이 전류를 충전 전류로부터 구별할 수 있게 된다. 이로 인해 감도는 크게 증가한다.

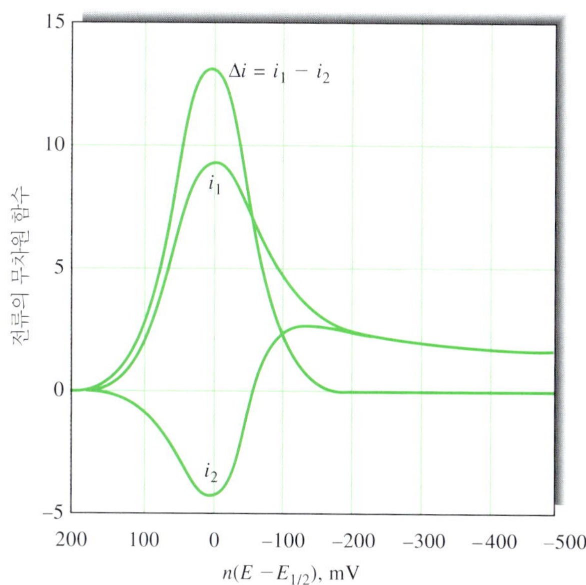

그림 25-32 그림 25-31c의 들뜸 신호에 대한 가역 반응의 전류 감응. 이러한 이론적 감응 그래프는 무차원 전류 대 전위값, 즉 mV 단위의 $n(E - E_{1/2})$의 함수이다. 여기서 i_1는 정반응 전류, i_2는 역반응 전류, $i_1 - i_2$는 전류차이다. (From J. J. O'Dea, J. Osteryoung, and R. A. Osteryoung, *Anal. Chem.*, **1981**, *53*, 695. **DOI**: 10.1021/ac00227a028. With permission. Copyright 1981 American Chemical Society.)

시차-펄스 전압-전류법을 사용할 수 있는 신뢰할 만한 기기는 시중에서 적당한 가격으로 구입할 수 있다. 따라서 이와 같은 방법은 전압-전류법 분석에서 가장 널리 사용되고 있으며 특히 중금속 이온의 잔류 농도를 정량하는 데 유용하다.

25E-2 사각파 전압-전류법

사각파 전압-전류법은 일종의 펄스 전압-전류법이고 빠른 속도와 높은 감도 등의 장점을 가지고 있다.[32] 전체 전압-전류 그림을 10 ms 이내에 얻을 수 있다. 전압-전류법은 또한 매달린 수은 방울(HMDE) 전극 및 다른 전극과 센서에도 사용할 수 있다(그림 25-3 참고).

그림 25-31c는 사각파 전압-전류법의 들뜸 신호를 보여주는데, 이것은 그림 25-31b에서 보여준 연속된 펄스 신호를 그림 25-31a에 나타낸 계단식 신호에 겹쳐서 얻을 수 있다. 이 경우 계단의 각 길이는 펄스의 주기(τ)와 같으며 보통 약 5 ms 정도이다. 계단의 전위 크기 ΔE_s는 일반적으로 10 mV이다. 펄스의 크기 $2E_{sw}$는 보통 50 mV이다. 펄스 주파수 200 Hz에 해당하는

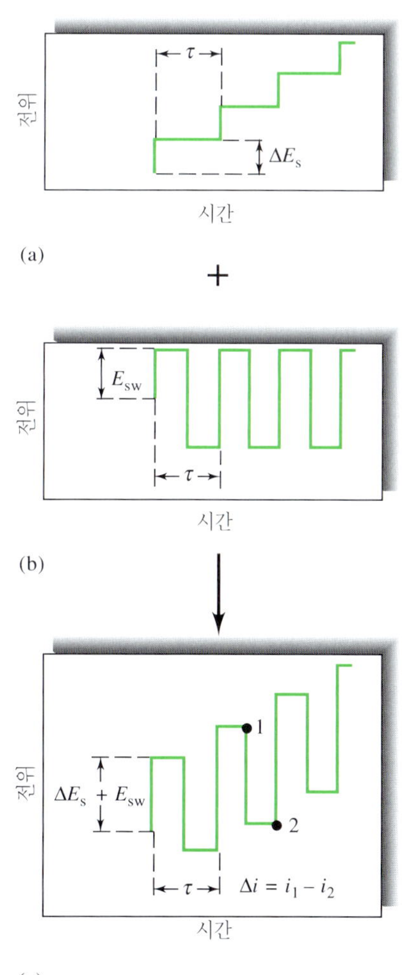

그림 25-31 사각파 전압-전류법 들뜸 신호 발생. (a)의 계단식 신호에 (b)의 연속된 펄스 신호를 겹쳐서 (c)의 사각파 들뜸 신호를 얻는다. 감응 전류 Δi는 전위 1의 전류에서 전위 2의 전류를 뺀 것이다.

[32] 사각파 전압-전류법에 대한 좀 더 자세한 정보는 다음 문헌을 참고하시오. A. J. Bard and L. R. Faulkner, *Electrochemical Methods*, 2nd ed., New York: Wiley, 2001, Chap. 7, pp. 293–99; J. G. Osteryoung and R. A. Osteryoung, *Anal. Chem.*, 1985, *57*, 101A, **DOI**: 10.1021/ac00279a789.

이와 같은 최적의 조건에서 작동하면 1 V 주사하는 데 0.5초 걸린다. 가역 환원 반응인 경우 펄스의 크기는 정방향의 펄스에서 생성된 생성물이 역방향 펄스로 걸어주는 동안 산화되기에 충분할 정도로 걸어준다. 따라서 그림 25-32에 보여준 것처럼 정방향 펄스는 환원 전류 i_1을 생성하고, 반면에 역방향 펄스는 산화 전류 i_2를 생성한다. 보통 이 전류들의 차이 Δi를 도시하여 전압-전류 그림을 얻는다. 이 차이가 농도에 정비례한다; 이 피크의 전위는 전압-전류법에서 얻은 반파 전위에 해당한다. 측정 속도가 빠르기 때문에 여러 번의 전압-전류법 주사를 하여 얻은 데이터를 신호 평균화하면 실제로 분석의 정밀도를 높일 수 있다. 사각파 전압-전류법의 검출 한계는 10^{-7}~10^{-8} M로 보고되어 있다.

최근에 사각파 전압-전류법의 기기 장치가 시판되기 시작하였으므로 이와 같은 분석법이 무기 화학종과 유기 화학종을 분석하는 데 상당히 많이 이용되고 있다. 사각파 전압-전류법은 역시 액체 크로마토그래피의 검출기로도 이용되고 있다.

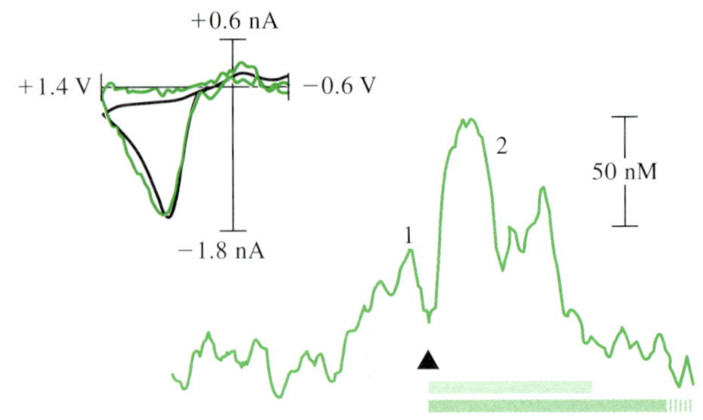

그림 25-33 코카인 자가-투여 동안의 도파민 분비. 쥐는 작은 양의 코카인 정맥 주사를 받기 위하여 레버(화살촉)를 누르도록 훈련되어 있다. 아래 쪽의 선은 도파민의 변화를 보여준다. 피크 1은 쥐가 레버를 누르기 전에 도파민의 증가를 나타낸다. 두 개의 피크(2)는 레버를 누른 후 일어나는 일시적인 현상을 나타낸다. 선 아래쪽의 검은 청색 막대는 시청각의 신호 레버가 눌려있는 상태와 연관된 시간을 기록한다. 연한 청색 막대는 펌프가 활동하여 코카인을 이동시킬 때를 나타낸다. 행동으로 발생한 도파민의 순환 전압-전류 곡선(검은색)은 전기적으로 발생한 전압-전류 곡선(푸른색)과 일치한다. (Adapted with permission from P. E. M. Phillips et al., *Nature*, **2003**, *422*, 614, **DOI**: 10.1038/nature01476.)

25F 고주파와 고속력 전압-전류법

과학기술, 전압-전류기기의 기술 그리고 데이터 환산법이 개발됨에 따라 전압-전류법 측정 시간과 차지하는 공간 영역이 감소되었다. 전통적으로 전압-전류법 측정은 dc와 낮은 주파수에서 이루어져 상대적으로 느린 전자 이동 과정에 대해 연구되었다.

25F-1 Fourier 변환 전압-전류법

Fourier 변환(FT) 방법이 NMR과 IR에 혁명을 일으켰듯이 또한 전압-전류법에도 비슷한 충격을 주었다. Bond 등[33]은 데이터 환산 소프트웨어(MATLAB과 LabVIEW)와 연결된 PC (off-the-shelf PC-based stereo gear)를 이용하여 40 kHz까지의 시료 채취 주파수에서 FT 전압-전류법을 어떻게 가능하게 하는지 보여주었다. 특정 모양의 들뜸 파형을 생성시켜 일정전압기 회로에 가하고 생성된 감응은 매우 빠르게 분석되어, 각 들뜸 파형의 각 주파수 성분에 해당하는 전압-전류 곡선을 얻게 된다. FT 전압-전류법의 데이터 출력은 입력파의 각 주파수 성분에 대해 새롭고 눈으로 확인할 수 있는 흥미로운 형태의 스펙트럼을 준다. 데이터 패턴은 연구 중인 화학 반응에 관련된 다양한 종류의 전자-이동 메커니즘으로 인식될 수 있다. Ferrocene과 hexacyanoferrate(III)에 대한 FT 전압-전류법 측정과 같은 여러 가지 예에서 연구자들은 출력에서 패턴을 가시적으로 분석하는 것을 보여주고 있다. 다양한 화학 반응 계가 개발됨에 따라 메커니즘의 데이터베이스가 향상되고 소프트웨어 알고리즘이 메카니즘 패턴을 인식하는 데 이용된다. FT 전압-전류법은 전기화학적 방법의 중요한 분야가 되고 있다.

[33] A. M. Bond, M. W. Duffy, S. X. Guo, J. Zhang, and D. Elton, *Anal. Chem.*, **2005**, *77*, 186A, **DOI**: 10.1021/ac053370k; 또한 다음을 참고하시오. T. Peachey et al., *Philos. Trans. R. Soc. London, Ser. A.*, **2011**, *369*, 3336, **DOI**: 10.1098/rsta.2011.0146.

25F-2 고속-주사 순환 전압-전류법

고속-주사 순환 전압-전류법(fast-scan cyclic voltammetry, FSCV)은 생의학, 특히 신경정신병학과 *정신분석 전기화학 분야*(psychoanalytical electrochemistry)에까지 확장되고 있다. Venton과 Wightman은 행동 자극을 줄 때 쥐 뇌에서 나오는 도파민의 생체 내 측정을 하는데 있어 탄소 섬유 전극을 이용한 FSCV가 어떻게 이용될 수 있는지 설명하였다.[34] 그림 25-33의 데이터에 의하여 설명되는 실험에서 쥐 뇌에 넣은 탄소 섬유 전극(제25I절 참고)은 작업 전극으로 사용되고 +1.4~−0.6 V에서 100 ms 간격으로 450 V/s CV 주사한 것이다. 쥐는 레버를 눌러 미리 코카인을 자동 투여하였다.

그림 위의 왼쪽의 두 개의 CV는 행동 자극(검은색)에 의한 도파민 분비와 코카인 투여에 따른 분비 도파민 분비를 보여준다. 중심의 푸른선은 전압-전류 곡선의 피크 전류로 계산된 시간 변화에 따른 도파민 농도이다. 이 선은 20초 동안 얻은 200개의 CV로부터 발췌한 것이다. 위치 1의 피크는 검은 삼각형으로 표시된 부분에서 코카인이 쥐에 자동 투여하기 직전 도파민의 분비를 나타낸다. 위치 2의 피크는 계속된 코카인 투여로(흐

[34] B. J. Venton and R. M. Wightman, *Anal. Chem.*, 2003, *75*, 414A, **DOI**: 10.1021/ac031421c; A. Hermans, R. B. Keithley, J. M. Kita, L. A. Sombers, R. M. Wightman, *Anal. Chem.*, **2008**, *80*, 4040, **DOI**: 10.1021/ac800108j; 뇌에서 화학적 상호작용을 모니터링하는 방법에 대한 총설은 다음 문헌을 참고하시오. D. L. Robinson, A. Hermans, A. T. Seipel, and R. M. Wightman, *Chem. Rev.*, **2008**, *108*, 2554, DOI: 10.1021/cr068081q.

린 푸른색 띠) 도파민의 분비가 갑자기 증가된 것을 나타낸다. 이와 같은 연구로 뇌에서의 화학 변화와 행동과의 연관성을 연구할 수 있다.[35]

25F-3 나노초 전압-전류법

전자 이동 과정의 첨단 지식을 확장하기 위하여 매우 빠른 시간에 CV 실험을 수행하는 것이 중요하다. 그림 25-7의 회로를 잘 살펴보면 전지에서 용액의 저항과 이중층 커패시턴스(capacitance)가 CV의 시간 척도에 제한을 준다는 것을 알 수 있다. 이중층을 하전시키기 위한 시간은 대략적으로 $R_{\Omega}C_{d}$으로 계산할 수 있다. 예를 들어, CV 전지의 경우 1 mm 반경의 Pt 전극을 1 mM의 전기활성종 용액에 담궜을 때 이는 500 Ω × 0.3 μF = 0.15 ms에 해당된다. 더구나 1 mA가 흐르는 전지의 용액 저항에 의한 *IR* 강하는 0.5 V이다. 이 조건에서 1000 V/s의 주사 속도로 필요한 CV 데이터를 얻는 것은 거의 불가능하다. 반대로 5 μm 반경의 원판 작업 전극에서 *IR* 강하는 2.5 mV이고 $R_{\Omega}C_{d}$ = 750 ns이다.[36] 만일 작업 전극의 크기를 감소시키는 것에 덧붙여 반복적인 양(+)의 피드백을 들뜸 파형에 가할 수 있다면,[37] *IR* 강하는 완전히 상쇄될 수 있고 250만 V/s까지의 주사 속도를 최적조건의 일정전위기 회로에서 달성할 수 있다. 이렇게 최적화된 기기 설정 조건에서 pyrylium 양이온의 CV를 얻을 수 있으며, 환원 생성물의 이합체화(dimerization) 반응의 반응 속도 상수 k_{dim} = 0.9(±0.3) × 10^9 M/s와 함께 반응 과정도 측정할 수 있다. 이 값은 pyrylium 라디칼의 반감기 200 ns에 해당한다. 이와 같은 측정의 시간 척도는 나노초의 섬광 광분해 반응에 비교되는 값이다. 고속-주사 순환 전압-전류법은 lithography 기술에 의해 제작된 밴드형 전극과 마이크로칩에서도 구현되었다.[38] 이러한 혁신적인 기술은 전압-전류법 측정에 완전히 새로운 방향을 제시하였고 단일 전자 이동 측정의 목표를 눈 앞에 둘 수 있게 하였다.

25G 전압-전류법의 응용

예전에는 생물 및 생화학적 분자를 포함한 많은 무기 화합물과 유기 화합물을 정량하는 데 선형 주사 전압-전류법이 사용되었다. 현재는 고전 전압-전류법이 펄스법으로 거의 대체되었는데 이는 감도가 우수하고, 편리하며, 선택성도 좋기 때문이다. 일반적으로 정량 분석에 응용하는 경우, 피크의 높이를 분석물 농도의 함수로 도시하여 얻은 교정 곡선을 이용한다. 어떤 경우에는 교정 곡선 대신 표준물 첨가법을 사용한다. 어느 경우에서나 모두 표준 용액의 조성은 전해질 농도와 pH에 대하여 시료 용액의 조성과 가능한 거의 같아야만 한다. 이런 조건이 충족되면 상대 정밀도와 정확도는 1~3% 정도 된다.

25G-1 무기물 분석에 응용

전압-전류법은 무기물 분석에 널리 이용할 수 있다. 예를 들면 대부분의 금속 양이온들은 일반적인 작업 전극에서 환원된다. 알칼리 금속 및 알칼리토 금속도 환원에 필요한 충분히 높은 전위를 걸어주었을 때 지지 전해질이 반응하지 않는다면 분석 가능하다. 이 경우 높은 환원 전위를 갖는 테트라알킬암모늄 할로젠염을 지지 전해질로 사용할 수 있다.

양이온을 성공적으로 정량하기 위해서는 사용되는 지지 전해질을 잘 선택하는 것이 매우 중요하다. 이를 위해 반파 전위 데이터를 모아놓은 표를 이용하는 것이 좋다.[39] 음이온을 적절하게 잘 선택하면 이 방법의 선택성을 높일 수 있다. 예를 들어 지지 전해질로서 염화칼륨을 사용하면 Fe(III) 이온과 Cu(II) 이온의 전압-전류 곡선은 서로 방해한다; 그러나 플루오르화 매질에서는 Fe(III)의 반파 전위가 −0.5 V 정도 이동하는 반면 Cu(II)의 반파 전위는 백분의 수 V 정도만 이동한다. 따라서 플루오르화 이온이 존재함으로써 잘 분리된 두 이온의 전압-전류 곡선을 얻을 수 있다.

제22C-10절에 논의하였듯이, 착화제가 존재하는 경우 금속 이온의 전극 전위는 금속만 있을 경우보다 좀 더 음으로 이동한다. 따라서 금속 이온의 환원에 필요한 반파 전위 값 역시 좀 더 음으로 이동하게 된다. 이렇게 반파 전위 값이 이동하는 정도는 금속 이온과 리간드 결합 비율을 결정하고, 형성 상수를 결정하는 데 사용될 수 있다.

전압-전류법은 또한 브로민산 이온, 아이오딘산 이온, 중크롬산 이온, 바나듐산 이온, 셀렌산 이온 및 아질산 이온 등과 같은 무기 음이온들을 분석하는 데도 사용할 수 있다. 일반적으로 이 물질들의 전압-전류 곡선에는 수소 이온이 환원 반응에 참여하기 때문에 용액의 pH에 의해 영향을 많이 받는다. 따라서 재현성 있는 데이터를 얻으려면 어떤 일정 pH로 완충시킬 필요가 있다(다음 절 참고).

25G-2 유기물의 전압-전류법 분석

전압-전류법은 초기부터 유기 화합물을 연구하고 정량하는 데 많이 이용되었으며, 많은 논문들이 발표되었다. 몇 가지 유기성

[35]P. E. M. Phillips, G. D. Stuber, M. L. A. V. Heien, R. M. Wightman, and R. M. Carelli, *Nature*, **2003**, *422*, 614, **DOI**: 10.1038/nature01476.

[36]C. Amatore and E. Maisonhaute, *Anal. Chem.*, **2005**, 77, 303A, **DOI**: 10.1021/ac053430m.

[37]D. O. Wipf, *Anal. Chem.*, **1996**, 68, 1871, **DOI**: 10.1021/ac951209b.

[38]P. Fortgang, C. Amatore, E. Maisonhaute, and B. Schöllhorn, *Electrochem. Commun.*, **2010**, *12*, 897, **DOI**: 10.1016/j.elecom.2010.04.015.

[39]예를 들어, 다음을 참고하시오. J. A. Dean, *Analytical Chemistry Handbook*, Section 14, pp. 14.66–14.70, New York: McGraw-Hill, 1995; D. T. Sawyer, A. Sobkowiak, and J. L. Roberts, *Experimental Electrochemistry for Chemists*, 2nd ed., pp. 102–130, New York: Wiley, 1995.

작용기들은 일반적인 작업 전극에서 환원되기 때문에 여러 종류의 유기 화합물을 정량할 수 있다.[40] 산화하기 쉬운 유기 작용기는 백금, 금 또는 탄소 혹은 여러 종류의 변성된 전극을 이용한 전압-전류법으로 연구할 수 있다.

전압-전류 곡선에 미치는 pH의 영향

보통 유기 전극 반응에는 수소 이온이 참여하므로 그 전형적인 반응은 다음과 같이 나타낼 수 있다.

$$R + nH^+ + ne^- \rightleftharpoons RH_n$$

여기서 R과 RH_n은 유기 분자의 산화형과 환원형을 나타낸다. 그러므로 유기 화합물의 반파 전위는 pH에 따라 크게 달라진다. 게다가 pH가 변하면 반응 생성물이 달라지는 수도 있다. 예를 들면 벤즈알데하이드(benzaldehyde)가 염기성 용액에서 환원이 될 때 전압-전류 곡선의 변화(파, wave)는 −1.4 V 정도에서 얻어지며 이때 벤질 알코올이 생성된다.

$$C_6H_5CHO + 2H^+ + 2e^- \rightleftharpoons C_6H_5CH_2OH$$

만약 pH가 2보다도 작으면 약 −1.0 V에서 나타나며, 파는 염기성에서 얻은 것의 크기의 반 정도 된다. 이 경우 반응에서 하이드로벤조인이 생성된다.

$$2C_6H_5CHO + 2H^+ + 2e^- \rightleftharpoons C_6H_5CHOHCHOHC_6H_5$$

중간 pH에서는 전압-전류 곡선에 두 개의 파가 관찰되는데, 이는 두 반응이 모두 일어남을 의미한다.

용액이 잘 완충되어 있지 않으면 수소 이온이 생성되거나 또는 소모되는 전극 반응에 의해서 전극 표면 용액의 pH가 크게 변할 것이다. 이 pH의 변화로 말미암아 반응의 환원 전위에 영향을 주게 되고 wave의 모양이 잘 만들어지지 않고 늘어진다. 더욱이 벤즈알데하이드의 경우에서처럼 전극 반응이 pH에 따라 변하면 확산 전류와 농도 사이에서 선형 관계도 또한 형성되지 않을 수도 있다. 그러므로 유기 전압-전류법에서 재현성 있는 반파 전위와 확산 전류를 얻으려면 잘 완충시키는 것이 필요하다.

유기 전압-전류법에 사용되는 용매

유기 전압-전류법에서는 용해도를 고려해서 순수한 물보다 다른 용매를 사용하는 경우가 종종 있다; 글리콜, 다이옥산, 아세토나이트릴, 알코올, 셀로솔브(Cellosolve) 또는 아세트산 등과 같이 물과 섞일수 있는 용매를 적당량 포함한 혼합수용액을 사용하고 있다. 아세트산, 포름아마이드, 다이에틸아민 및 에틸렌글라이콜과 같은 무수 용매도 역시 사용되어 왔다. 지지 전해질로서는 종종 테트라알킬 암모늄염 또는 리튬염을 사용한다.

활성 작용기

다음과 같은 작용기를 가진 유기 화합물들은 하나 이상의 전압-전류파를 생성시킬 수 있다.

1. 알데하이드, 케톤 및 퀴논 등의 카보닐기는 전압-전류파를 생성한다. 일반적으로 알데하이드는 케톤보다 낮은 전위에서 환원된다; 또한 카보닐기가 이중 결합과 콘쥬게이션되어 있으면 좀 더 낮은 반파 전위를 갖는다.
2. 어떤 카복실산은 환원 전압-전류파를 나타낸다. 그러나 간단한 지방족 및 방향족 단일 카복실산은 환원되지 않는다. 카복실기가 서로 콘쥬게이션되어 있는 푸마르산, 말리산, 또는 프탈산 등과 같은 다이카복실산 등은 특징적인 전압-전류파를 나타낸다; 어떤 케톤산과 알데하이드 산에 대해서도 마찬가지이다.
3. 대부분의 과산화물과 에폭시화합물은 전압-전류파를 생성한다.
4. 나이트로기, 나이트로소기, 산화아민 및 아조기 등은 일반적으로 작업 전극에서 환원된다.
5. 대부분의 유기할로젠기는 전압-전류파를 생성한다. 이 파는 할로젠기가 수소 원자로 치환되면서 나타난다.
6. 탄소-탄소 이중 결합은 다른 이중 결합, 방향족 고리 또는 불포화작용기와 콘쥬게이션되어 있을 때 환원된다.
7. 하이드로퀴논과 메르캅탄은 산화 전극파를 생성한다.

이외에도 많은 다른 유기 작용기는 분석에 이용될 수 있는 촉매 수소파를 형성한다. 여기에는 아민, 메르캅탄, 산, 이중원자고리 질소 화합물 등이 포함된다. 생화학물질계에도 많이 응용된다.[41]

25H 벗김법

벗김법(stripping method)에는 다양한 전기화학적 방법들이 있지만, 공통적으로 특징적인 시작 단계를 가지고 있다.[42] 이 모든 방법에서 먼저 분석물은 저어준 용액에서 작업 전극에 석출된다. 정확히 일정 시간 지난 후에 전기분해를 중지하고, 그 다음 저어주는 것을 멈추고 석출된 분석물을 앞 절에서 설명한 전압-전류법 중의 한 방법으로 정량한다. 분석 과정의 이 두 번째

[40] 유기 전기화학에 대한 더 자세한 내용은 다음 문헌을 참고하시오. *Encyclopedia of Electrochemistry*, A. J. Bard and M. Stratmann, eds., Vol. 8, *Organic Electrochemistry*, H. J. Schäfer, ed., New York: Wiley, 2002; *Organic Electrochemistry*, 5th ed., O. Hammerich and B. Speiser, eds., Boca Raton, FL: CRC Press, 2015; T. Fuchigami, M. Atobe, and S. Inagi, *Fundamentals of Organic Electrochemistry*, Chichester, UK: Wiley, 2015.

[41] *Encyclopedia of Electrochemistry*, A. J. Bard and M. Stratmann, eds., Vol. 9, *Bioelectrochemistry*, G. S. Wilson, ed., New York: Wiley, 2002.

[42] 벗김법에 대한 더 자세한 내용은 다음 문헌을 참고하시오. M. Lovric, in *Electroanalytical Methods: Guide to Experiments and Applications*, 2nd ed., F. Scholz, ed., Berlin-Heidelberg, Springer-Verlag, 2010; R. G. Compton and C. E. Banks, *Understanding Voltammetry*, 2nd ed., pp. 351–358, London: Imperial College Press, 2011; H. D. Dewald, in *Modern Techniques in Electroanalysis*, P. Vanysek, ed., Chap. 4, p. 151, New York: Wiley-Interscience, 1996; J. Wang, *Stripping Analysis*, Deerfield Beach, FL: VCH, 1985.

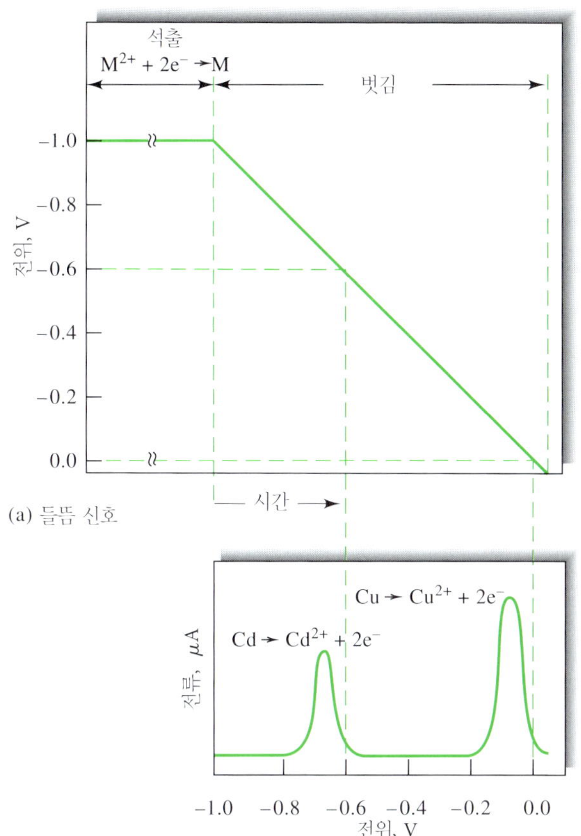

그림 25-34 (a) Cd^{2+}와 Cu^{2+}의 벗김법 측정을 위한 들뜸 신호. (b) 벗김법 전압-전류 곡선.

단계 동안 분석물은 작업 전극에서 다시 용해되어 벗겨 나온다; 그래서 이 방법에 이러한 이름이 붙여진 것이다. 산화 전극 벗김법에서 작업 전극은 석출 단계 동안 환원 전극으로 작용하고, 분석물이 산화되어 원래 형태로 되돌아가는 벗김 단계 동안에는 산화 전극으로 작용한다. 환원 전극 벗김법에서는 작업 전극이 석출 단계 동안에는 산화 전극으로, 벗김 단계 동안에는 환원 전극으로 작용한다. 석출 단계는 분석물을 전기화학적으로 예비농축시키는 단계이다. 즉 작업 전극 내부 표면에서의 분석물 농도는 벌크 용액에서의 농도보다 훨씬 크다. 예비농축의 결과로 벗김법은 모든 전압-전류법 중에서 검출 한계가 가장 낮다. 예를 들면 펄스 전압-전류법을 이용한 양극 벗김법은 환경과학에서 중요한 화학종인 Pb^{2+}, Cd^{2+}, Cu^{2+} 및 Tl^{+} 이온의 검출 한계를 나노몰까지 낮출 수 있다.

그림 25-34a는 카드뮴과 구리 수용액 중에서 카드뮴과 구리를 정량하는 양극 벗김법의 들뜸 전위 프로그램을 보여준다. 벗김 단계에서 선형 주사 전압-전류법이 사용되었다. 처음에는 카드뮴 이온과 구리 이온 모두가 환원되어 금속으로 석출되도록 −1 V의 일정한 환원 전극 전위를 작업 전극에 걸어준다. 두 금속이 전극에 상당량 석출될 때까지 수 분 동안 이 전위를 유지시킨다. 그 다음 전극 전위를 수 분 동안 −1 V로 유지함으로써 충분한 양의 두 금속이 작업 전극에 축적되도록 한다. 계속해서 전극의 전위를 −1 V로 약 30초 정도 유지하되, 이 동안 용액을 저어주는 것은 멈춘다. 그리고 전극의 전위를 덜 음의 값으로 선형적으로 감소시키면서 동시에 전지의 전류를 시간 또는 전위의 함수로 기록한다. 그림 25-34b는 이렇게 하여 얻은 전압-전류 곡선을 보여준다. −0.6 V보다 약간 더 큰 음의 전위에서 카드뮴은 산화되기 시작하므로 전류가 갑자기 증가하게 된다. 석출된 카드뮴이 산화됨에 따라 전류 피크가 감소하여 원래 수준으로 되돌아간다. 전위가 약 −0.1 V에 도달하게 되면 구리가 산화되는 두 번째 피크가 나타난다. 두 피크의 높이는 석출된 금속의 물질량에 비례한다.

벗김법은 전기분해 과정을 통해 분석물이 농축되므로 적은 양의 분석물을 상당히 정확하게 정량할 수 있기 때문에 극미량 분석에 대단히 중요한다. 10^{-6}~10^{-9} M 정도 범위의 용액을 간단하고 빠르게 분석할 수 있다.

25H-1 전착 단계

일반적으로 전착(electrodepostion) 단계에서는 분석물의 일부만이 석출된다; 그러므로 정량적인 결과는 시료 용액과 교정 곡선 작성에 이용하는 표준 용액 모두에 대한 전극 전위의 조절뿐만 아니라 전극 크기, 석출 시간 및 저어주는 속도 등과 같은 인자에 의해서 영향을 받는다.

벗김법에 사용하는 작업 전극은 수은, 금, 은, 백금, 그리고 여러 형태의 탄소 등의 물질로 만든다. 가장 많이 사용되는 전극은 그림 25-3b에 나타낸 매달린 수은 방울 전극(HMDE)이다. RDE 역시 벗김법에 사용될 수 있다.

양극 벗김법으로 금속 이온을 정량하려면 새로운 방울을 매달고 용액을 저어주면서 분석 이온의 반파 전위보다 10분의 수 V만큼 더 큰 음의 전위를 걸어준다. 석출 시간은 분석물 농도에 따라 변화되므로 시간 측정에 주의해야 한다. 분석물의 농도가 10^{-7} M인 경우는 1분 이내, 10^{-9} M인 경우는 30분 이상 석출한다. 또한 이 시간 동안에 분석물 이온이 완전히 제거되는 것이 아니라는 것을 반드시 알아야 한다. 전기분해 시간은 분석의 완결 단계에서 사용되는 분석 방법의 감도에 따라 결정된다.

25H-2 분석의 전압-전류법 완결 단계

작업 전극에 모인 분석물은 여러 전압-전류법 중 어느 방법으로도 정량할 수 있다. 예를 들어 이 절 처음에서 언급한 선형 산화 주사법의 경우 석출이 끝난 후 용액 저어주기를 30초 동안 중단한다. 그 다음 전위를 처음 환원 전극 전위로부터 일정한 선형 속도로 음의 전위 쪽으로 덜 감소시키고 이로 인해 생긴 산화 전극의 전류를 가해준 전위의 함수로 기록한다. 이와 같은 선형 주사법은 그림 25-34b에서 보여준 형태의 곡선을 나타낸다. 이런 형태의 분석은 일반적으로 관심 대상 양이온의 표준 용액을 이용하여 얻은 교정 곡선에 바탕을 둔다. 주의깊게 하면

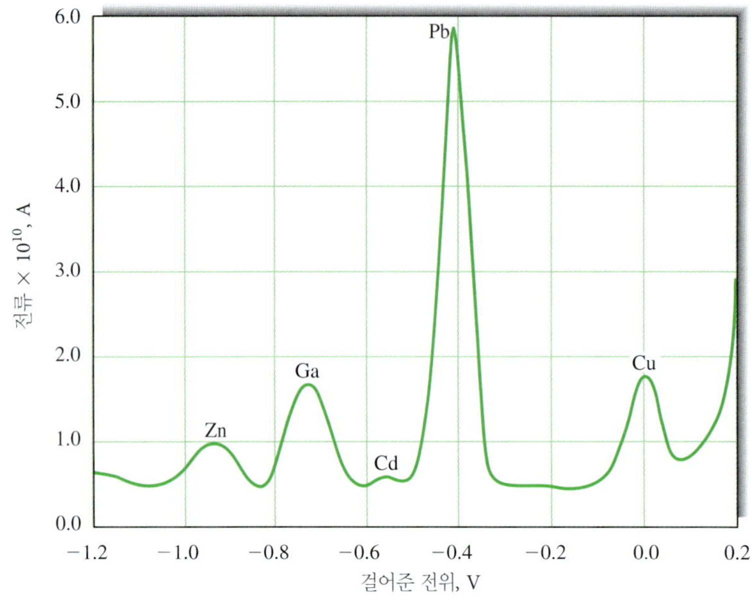

그림 25-35 $GaCl_3$ 염이 첨가된 무기물 꿀 시료 분석에서 시차-펄스 산화벗김 전압-전류 곡선(분석 용액의 최종 농도: 1×10^{-5} M). 석출 전위: −1.20 V, 석출 시간: 젓지 않는 용액에서 1200초, 펄스 높이: 50 mV, 산화 전위 주사 속도: 5 mV/s^{-1}. (Adapted from G. Sannaa, M. I. Pilo, P. C. Piu, A. Tapparo, and R. Seeber, *Anal. Chim. Acta*, **2000**, *415*, 165. **DOI**: 10.1016/S0003-2670(00)00864-3, with permission.)

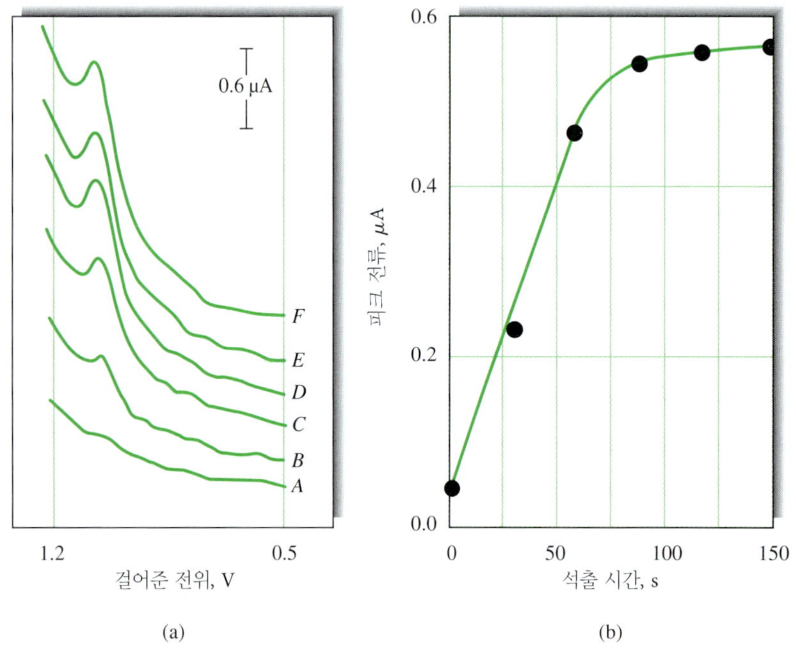

그림 25-36 (a) 처리된 탄소 곤죽 전극에서 전압-전류 벗김 감응에 대한 예비 농축의 효과. +0.5 V에서 예비 농축시간(초) (A) 1, (B) 30, (C) 60, (D) 90, (E) 120, (F) 150. 사각파 크기: 10 mV; 주파수 40 Hz; 0.5 mg/L calf-thymus DNA. (b) 석출 시간에 따른 피크 전류 변화. (Adapted from J. Wang, X. Cai, C. Jonsson, and M. Balakrishnan, *Electroanalysis*, **1996**, *8*, 20, **DOI**: 10.1002/elan.1140080105, with permission.)

분석 정밀도가 약 2% 상대 표준 편차 정도된다.

앞 절에서 설명한 다른 전압-전류법도 벗김 단계에서 역시 이용할 수 있다. 이 방법들 중 가장 많이 사용되는 방법은 산화 시차-펄스이다. 이 방법을 이용하면 더 좁은 피크를 얻을 수 있으므로 혼합물을 분석할 때 바람직하다. 좁은 피크를 얻을 수 있는 또 다른 방법은 수은막 전극을 사용하는 것이다. 이 경우 얇은 수은막을 유리 탄소와 같은 비활성 전극 위에 전기적으로 석출한다. 보통 수은은 분석물과 동시에 석출되도록 한다. 수은막으로부터 용액 경계면까지의 평균 확산 거리가 수은 방울 안에서보다 매우 짧기 때문에 분석물이 빨리 빠져나온다; 이 결과 좁

자습: www.tinyurl.com/skoogpia7에서 **벗김법(stripping methods)**에 대해 더 알아보시오.

고 큰 전압–전류 피크를 얻을 수 있으므로 감도가 더 커지고 혼합물 피크의 분해능이 더 좋아진다. 한편, 매달린 방울 전극은 재현성 있는 결과를 내는데, 특히 분석물 농도가 클 경우 재현성이 좋다. 따라서 대부분의 응용에서는 매달린 방울 전극을 사용한다. 그림 25-35는 무기물 꿀 시료에서 5가지 양이온 무기물 분석을 위한 1×10^{-5} M의 $GaCl_3$염을 첨가하여 얻은 시차–펄스 양극 벗김 전압–전류 곡선을 나타내었으며, 좋은 분해능과 여러 응용에 적절한 감도를 보여주고 있다.

벗김법의 다른 여러 변형 방법들이 개발되어 왔다. 예를 들면 백금 환원 전극 위에 여러 금속 양이온들을 석출시켜 정량할 수 있다. 석출된 금속을 벗겨내는 데 사용된 전기량을 전기량법으로 측정한다. 이것은 특히 극미량 분석에 매우 유용하다. 할로젠 이온 분석을 위한 환원 전극 벗김법도 개발되었는데, 먼저 할로젠 이온을 수은 산화 전극 위에 수은(I)염으로 석출시킨다. 이 때 벗김을 통해 환원 전극 전류를 얻는다.

25H-3 흡착 벗김법

흡착 벗김법은 바로 앞에서 살펴본 산화 전극 및 환원 전극 벗김법과 매우 유사하다. 이 경우 작업 전극을 수 분 동안 저어주는 분석물 용액에 담궈 둔다. 그러면 분석물은 전기분해적으로 석출되는 것이 아니라 물리적 흡착에 의해서 전극 표면 위에 석출된다. 분석물을 충분히 축적시킨 후 저어주기를 멈추고 석출된 물질을 선형 주사 또는 펄스 전압–전류법으로 정량한다. 정량적인 결과는 시료와 같은 방법으로 처리한 표준 용액으로 작성한 교정 곡선을 이용하여 얻을 수 있다.

임상과 약학에 관련 있는 많은 유기 화합물들은 특히 전극의 전하가 0인 상태인 전위를 유지시킬 경우(SCE에 대해서) 수용액에서부터 수은 또는 탄소 전극 표면으로 강하게 흡착하는 경향이 있다. 용액을 잘 저어주면 흡착이 빨리 일어나는 데 분석할 수 있는 정도로 흡착되는 시간은 10^{-7} M 농도의 용액인 경우 1~5분, 10^{-9} M 용액인 경우는 10~20분 정도이다. 그림 25-36a는 0.5 mg/L calf-thymus DNA 용액을 정량할 때 얻어진 시차–펄스 흡착 벗김 전압–전류법의 감도를 보여준다. 그림 25-36b는 흡착 시간에 대한 신호의 의존성을 보여준다. 이와 같은 종류의 연구들이 최근 논문에 많이 발표되어 있다.

흡착벗김 전압–전류법은 또한 매우 낮은 농도의 여러 무기 양이온들을 정량하는 데도 이용되고 있다. 이 경우에 양이온들은 일반적으로 다이메틸글리옥심(dimethylglyoxime), 카테콜(catechol) 및 비이피리딘(bipyridine) 등과 같은 계면활성 착화제와 착물을 형성한다. 검출 한계는 10^{-10}~10^{-11} M 정도라고 알려져 있다.

25I 미소 전극을 이용한 전압–전류법

근래에 지금까지 설명했던 전극보다 10의 수 제곱승 배 작은 작업 전극을 이용하는 전압–전류법에 대한 많은 연구가 진행되어 왔다. 이와 같은 작은 전극의 전기화학적 특성은 일반적인 전극과는 상당히 다르고 어떤 특정 분석에 적용하여 좋은 성과를 얻은 경우도 있다.[43] 이와 같은 전극을 기존의 전극과 구별하기 위하여 *작업 전극*(microelectode) 또는 미세한 전극(microsopic electrode)이라고 부른다. 그림 25-3c에는 작업 전극의 한 예를 나타냈다. 이와 같은 전극의 직경은 약 20 μm 이하이고 작게는 30 nm, 길이가 2 μm (A ≈ 0.2 μm^2)이다. 이것이 **사용할 수 있는 작업 전극의 정의**이다. 미소 전극이 갖추어야 할 특징적인 크기는 주어진 실험 조건에서 확산층 두께 δ 정도이거나 그보다 작은 것을 말한다. 이러한 조건에서 정류 상태(steady state)나 혹은 실린더형 전극인 경우에는 유사 정류 상태(pseudo-steady state)가 된다.[44]

*작업 전극*이라는 용어는 전극의 크기가 밀리미터, 마이크로미터 또는 이보다 작은 것을 이르며, 그 크기가 마이크로미터보다 작을 때 종종 *초미소 전극*(ultramicroelectrode)이라 부른다. 그러나 상기 용어는 관용적으로 사용되지는 않는다.

25I-1 작업 전극에서 전압–전류법 전류

제25C-2절에서 전압–전류 실험에서 보통 평면 전극을 사용할 때 발생한 전류의 성질에 대해 설명하였다. 전위 계단을 가한 후 구형 전극에서의 농도 기울기는 다음과 같다.

$$\frac{\partial c_A}{\partial x} = c_A^0\left(\frac{1}{\sqrt{\pi Dt}} + \frac{1}{r}\right) = c_A^0\left(\frac{1}{\delta} + \frac{1}{r}\right) \qquad (25\text{-}21)$$

여기에서 r은 구의 반경이고, $\delta = \sqrt{\pi Dt}$는 Nernst 확산층의 두께이고, t는 전위를 가한 후의 시간이다. 여기에서 δ는 $t^{1/2}$에 비례한다. 이 식은 식 25-4에 넣으면 구형 전극에서 시간에 의존하는 Faraday 전류를 얻게 된다.

$$i = nFADc_A^0\left(\frac{1}{\delta} + \frac{1}{r}\right) \qquad (25\text{-}22)$$

짧은 시간에서 $r \gg \delta$이면 $1/\delta$항이 우세하게 되고, 식 25-22는 식 25-5와 같게 된다. 만일 긴 시간에서 $r \ll \delta$이면 $1/r$항이 우세하여 전자 이동 과정은 정류 상태에 도달하여 정류 상태 전류는 전극의 크기에만 의존한다. 이것은 전극의 크기가 Nernst 확

[43]다음을 참고하시오. C. Amatore, C. Pebay, L. Thouin, A. Wang, J. S. Warkocz, *Anal. Chem.*, **2010**, *82*, 6933; R. M. Wightman, *Science*, **1988**, *240*, 415, **DOI**: 10.1126/science.240.4851.415; *Anal. Chem.*, **1981**, *53*, 1125A, **DOI**: 10.1021/ac00232a004; R. M. Wightman and D. O. Wipf, in *Electroanalytical Chemistry*, Volume 15, A. J. Bard, ed., New York: Dekker, 1989; A. C. Michael and R. M. Wightman, in *Laboratory Techniques in Electroanalytical Chemistry*, 2nd ed., P. T. Kissinger and W. R. Heinemann, eds., Chap. 12, New York: Dekker, 1996; C. G. Zoski, in *Modern Techniques in Electroanalysis*, P. Vanysek, ed., Chap. 6, New York: Wiley, 1996.

[44]미소 전극의 용어, 특성 및 응용에 대한 좀 더 자세한 내용은 다음 문헌을 참고하시오. K. Štulík, C. Amatore, K. Holub, V. Mareček, and W. Kutner, *Pure Appl. Chem.*, **2000**, *72*, 1483, **DOI:** 10.1351/pac200072081483.

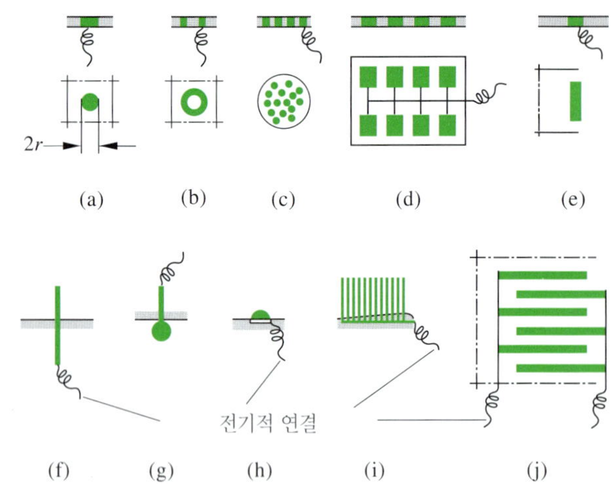

그림 25-37 작업 전극과 작업 전극 배열의 중요한 기하학적 구조. (a) 작업 원판; (b) 작업 고리; (c) 작업 원판 배열(복합 전극); (d) 석판 인쇄된 작업 밴드 배열; (e) 작업 밴드; (f) 단일 섬유(미세 원통); (g) 미세구; (h) 미세 반구; (i) 섬유 배열; (j) 상호 손가락 모양 배열. (From K. Štulík, C. Amatore, K. Holub, V. Mareek, and W. Kutner, *Pure Appl. Chem.*, **2000**, *72*, 1483, with permission.)

산층의 두께보다 작으면 정류 상태가 빠르게 도달하여 일정 전류가 얻어진다는 것을 의미한다. 전류가 전극의 면적에 비례하므로 미소 전극은 작은 전류를 낸다. 식 25-22와 비슷한 표현을 다른 기하 구조에 대해서도 만들 수 있으며 전극이 작을수록 더 빠르게 정류 상태에 도달한다는 공통적인 특성을 갖는다.

작업 전극의 장점은 다음과 같다.[45]

1. Faraday 과정의 정류 상태는 마이크로초에서 밀리초 정도로 매우 빠르게 얻어진다. 이 시간창에서 측정으로 빠른 전기화학 반응의 중간체를 연구할 수 있다.
2. 충전 전류는 전극 면적 A에 비례하고 패러데이 전류는 A/r에 비례하므로 전체 전류에 대한 충전 전류의 상대기여도는 작업 전극의 크기에 따라 감소한다.
3. 작업 전극에서 충전 전류가 작기 때문에 전위는 매우 빠르게 주사된다.
4. 전류가 매우 작기 때문에(피코암페어에서 나노암페어 범위) IR 강하는 작업 전극의 크기가 감소할수록 감소한다.
5. 작업 전극이 정류 상태 조건에서 작동될 때 전류의 신호 대 잡음비는 동적 상태 조건에서보다 더 크다.
6. 흐름계에서 작업 전극 표면의 용액은 계속 새로워지므로 δ가 최소가 되고 패러데이 전류는 최대가 된다.
7. 작업 전극을 사용한 측정은 아주 작은 부피, 예를 들면 생물 세포 부피에서 이루어질 수 있다.
8. 아주 작은 전류 때문에 정상-상 액체 크로마토그래피에서와 같이 높은 저항을 갖는 비수용매에서의 전압-전류법 측정이 가능하다.

그림 25-37에서 보여주는 바와 같이 작업 전극을 여러 형태로 만들 수 있다. 가장 흔한 것은 평면 전극인데 이는 5 μm 반경 탄소 섬유나 0.3~20 μm의 금이나 백금선을 미세한 모세관에 밀봉하여 만든다. 섬유나 선은 관의 끝에서 잘라낸다(그림 25-3c와 25-37a와 b). 원통형 전극은 작은 선의 부분이 관의 끝부분에 나와 있는 채로 사용된다(그림 25-37f). 이러한 기하학적 구조는 큰 전류값을 나타내는 장점이 있으나 부서지거나 깨끗하게 유지하고 닦기 어려운 단점이 있다. 띠 전극은(그림 25-37d와 e) 매우 매력적이다. 왜냐하면 한 치수만 nm 크기만 되면 만들 수 있고, 미소 전극에 대한 거동이 전류의 크기가 길이에 비례하는 것만 제외하고는 같게 나타나기 때문이다. 20 Å 크

[45]각주 43을 참고하시오.

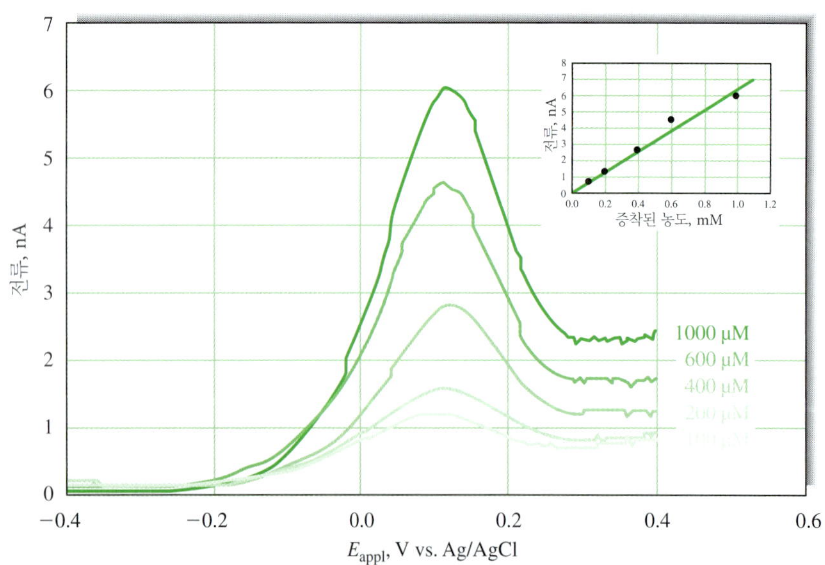

그림 25-38 다중벽 탄소 나노튜브 기반의 나노바늘 전극에서 도파민의 검출. 나노바늘 전극에서 100~1000 μM 농도 범위의 도파민의 시차-펄스 전압-전류 곡선. 그림에 삽입된 도표는 도파민의 교정 곡선이다. (From H. Boo et al., *Anal Chem.*, **2006**, 78, 617. With permission. Copyright 2006 American Chemistry Society.)

기의 이런 종류의 전극은 유리나 에폭시 절연체 사이에 금속 필름을 샌드위치 형태로 조립한다. 작업 원판 배열, 작업구, 작업 반구, 섬유 배열, 깍지형 배열(interdigitated array)(그림 25-37c, g, h, i와 j)과 같은 다른 모양도 성공적으로 사용되고 있다. 수은작업 전극은 탄소나 금속 전극 위에 전기석출시켜 만든다.

Takmakov 등[46]은 수은을 사용하지 않고 표면을 재생하여 사용할 수 있는 탄소 섬유 작업 전극을 보고하였다. 확장된 산화 전위 주사와 함께 전압-전류법으로 처리된 전극을 이용하여 비가역적인 흡착과 다른 메카니즘에 의해 오염된 전극의 감도를 복원할 수 있음을 보여주었다.

25I-2 작업 전극의 응용

제25F-2절에서 탄소 섬유 전극을 행동변화에 감응하는 쥐의 뇌에 있는 신경전달물질인 도파민의 농도를 정하는 데 사용한 것을 설명하였다. 그림 25-38은 100~1000 μM 정도[47]의 도파민을 시차-펄스 전압-전류법으로 정량한 결과를 보여준다. 이 연구에서 작업 전극은 텅스텐 선 끝에 부착된 다중벽 탄소 나노튜브(multiwall carbon nanotube)로 구성된 나노바늘이다. 이 전극은 현재까지 개발된 것 중 가장 작은 것이다. 나노바늘(직경이 30 nm이고 3 μm 길이)을 제외하고 이 탐지기의 전체 표면은 나노전도성 UV-경화 고분자로 입혀져 있다. CV와 시차-펄스 전압-전류법 둘 다 나노바늘 전극을 사용하여 좋은 결과를 얻을 수 있다. Wrightman 그룹은 탄소 섬유 작업 전극과 빠른 주사 전압-전류법을 이용하여 *생체 내*(in vivo)에서 0.96 nM 농도의 도파민을 검출하였다.[48] 마취된 쥐의 *생체 내*(in vivo) 측정 성능 개선 역시 보여주었다. 아주 작은 부피의 용액에서 분석물을 정량하기 위한 나노 물질과 바이오센서에 대한 지대한 관심은 당분간 이 분야의 연구와 발전을 도모할 것이다.

25I-3 주사 전기화학적 현미경

작업 전극의 또 다른 응용은 1989년 Bard에 의해 도입된 *SECM* (scanning electrochemical microsope)이다.[49] SECM은 제21G 절에서 설명한 SPM (scanning probe microscope)과 밀접하게 연관되어 있다. SECM은 전기활성종이 포함되어 있는 용액에서 기질 표면 위를 팁(tip)이 조사하는 동안 미소 전극인 팁을 통하여 흐른 전류를 측정하는 것이다. 기질의 존재는 팁의 전기화학적 감응의 간섭을 야기시키고 이는 표면의 특성과 성질에 대한 정보를 준다. 지금까지 연구된 표면은 유리, 고분자, 금속, 생물학적 물질과 같은 고체와 수은, 기름 같은 액체를 포함한다. 탄소 섬유,[50] 탄소 파우더 페이스트[51]를 포함한 여러 종류의 탐침용 팁 소재가 사용되었다. 나노미터 크기를 가지는 여러가지 전극에 대해 SECM 방법으로 연구되었다.[52] 전극 시판되는 SECM은 전도성 고분자 결정의 용해, 나노 물질, 생물학적으로 관심 있는 표면을 연구하는 데 사용된다.

[46]P. Takmakov et al., *Anal. Chem.*, **2010**, *82*, 2020, **DOI**: 10.1021/ac902753x.

[47]H. Boo et al., *Anal. Chem.*, **2006**, *78*, 617, **DOI**: 10.1021/ac0508595.

[48]R. B. Keithley, P. Takmakov, E. S. Bucher, A. M. Belle, C. A. Owesson-White, J. Park, and R. M. Wightman, *Anal. Chem.*, **2011**, *83*, 3563, **DOI**: 10.1021/ac200143v.

[49]A. J. Bard, F.-R. F. Fan, J. Kwak, and O. Lev, *Anal., Chem.*, **1989**, *61*, 132, **DOI**:10.1021/ac00177a011.

[50]J. Sripirom, S. Kuhn, U. Jung, O. Magnussen, and A. Schulte, *Anal. Chem.*, **2013**, *85*, 837, **DOI**: 10.1021/ac3028432.

[51]A. K. Satpati, A. J. Bard, *Anal. Chem.*, **2012**, *84*, 9498, **DOI**: 10.1021/ac302349m.

[52]J. L. Fernández, M. Wijesinghe, and C. G. Zoski, *Anal. Chem.*, **2015**, *87*, 1066, **DOI**: 10.1021/ac5039187.

질문과 문제

*별표가 있는 문제의 해답은 이 책의 끝에 있다.

이 아이콘이 있는 문제는 스프레드시트를 이용하여 쉽게 풀 수 있다.

25-1 다음을 구별하여 설명하시오. (a) 전압-전류법과 전류법, (b) 선형 주사 전압-전류법과 펄스 전압-전류법, (c) 시차-펄스 전압-전류법과 사각파 전압-전류법, (d) RDE와 원판 전극, (e) Faraday 임피던스와 이중층 커패시턴스, (f) 한계 전류와 확산 전류, (g) 층(laminar) 흐름과 난류(turbulent) 흐름, (h) 표준 전극 전위와 가역 반응에 대한 작업 전극의 반파 전위, (i) 정상 벗김법과 흡착 벗김법

25-2 다음을 정의하시오. (a) 전압-전류 곡선, (b) 유체역학 전압-전류법, (c) Nernst 확산층, (d) 수은 박막 전극, (e) 반파 전위, (f) 전압-전류법 센서

질문과 문제(계속)

25-3 대부분의 전기분석 과정에서 왜 높은 농도의 전해질이 사용되는가?

25-4 3전극 전지에서 왜 기준 전극을 작업 전극 가까이에 놓아야 하는가?

25-5 유기 전압-전류법에서 왜 완충 용액이 필요한가?

25-6 벗김법이 다른 전압-전류 과정보다 왜 더 민감한가?

25-7 벗김법에서 전극석출 과정의 목적은 무엇인가?

25-8 백금 또는 탄소 전극과 비교할 때 수은 박막 전극의 장점과 단점을 열거하시오.

25-9 전극에서의 반응에 관여하는 화학종의 반파 전위를 결정하는 데 식 25-13이 어떻게 이용되는지 밝히시오.

* **25-10** 퀴논은 어떤 전압-전류 측정용 작업 전극에서 다음과 같은 가역 반응을 한다.

$$\text{C}_6\text{H}_4\text{O}_2 + 2\text{H}^+ + 2e^- \rightleftharpoons \text{C}_6\text{H}_4(\text{OH})_2 \qquad E^0 = 0.599\ \text{V}$$

(a) 퀴논과 하이드로퀴논의 확산 계수가 거의 같다고 가정하고, pH 8.0의 완충 용액 중 회전원판 전극에서 하이드로퀴논이 환원되는 반파 전위(SCE에 대해서)를 계산하시오.

(b) pH 5.0 완충 용액에서 (a)의 문제를 다시 푸시오.

* **25-11** 실험 1에서 HMDE에서 순환 전압-전류 곡선은 0.159 mM Pb^{2+} 용액에서 주사 속도 2.9 V/s에서 얻었다. 실험 2에서 두 번째 CV는 같은 HMDE를 사용하여 4.26 mM Cd^{2+} 용액에서 얻었다. Pb^{2+} 이온과 Cd^{2+} 이온의 확산 계수가 각각 $0.72 \times 10^{-5}\ cm^2\ s^{-1}$와 $0.98\ cm^2\ s^{-1}$라면 두 실험에서 같은 피크 전류를 얻기 위해 실험 2의 주사 속도는 얼마가 되어야 하는가? 두 양이온의 환원이 HMDE에서 가역적이라고 가정하시오.

25-12 나노바늘 전극에서 시차-펄스 전압-전류법을 사용하여(그림 25-38) 도파민 정량을 위한 작업 곡선은 다음 데이터로부터 작성된 것이다.

도파민 농도(mM)	피크 전류(nA)
0.093	0.66
0.194	1.31
0.400	2.64
0.596	4.51
0.991	5.97

(a) 최소제곱법은 수행하기 위해 엑셀을 사용하여 기울기, 절편, 회귀 분석에 대한 표준 편차를 포함한 회귀 통계자료를 결정하시오.

(b) 그 결과를 이용하여 시료에서 피크 전류가 2.92 nA일 때 도파민의 농도를 구하시오. 이 값은 2회 실험의 평균치이다.

(c) 표의 데이터가 한 번 실험하여 얻은 값이라고 가정하고 95% 신뢰 수준에서 미지 농도의 표준 편차를 계산하시오.

* **25-13** Cd^{2+} 이온이 포함된 용액을 표준물 첨가법을 이용하여 전압-전류법으로 분석하였다. 산소를 제거한 1 M의 HNO_3 용액 25 mL는 −0.85 V (versus SCE) 전위에서 회전 수은 박막 작업 전극을 사용할 때 한계 전류 1.41 μA를 얻었다. 2.50 $\times 10^{-3}$ M 표준 Cd^{2+} 용액 5.00 ml를 가한 후에 4.93 μA의 전류를 얻었다. 시료 속의 Cd^{2+} 농도를 계산하시오.

25-14 Pb^{2+} 이온을 적정제로 하여 황산 이온을 전류적정법으로 정량하려고 한다. 만일 회전 수은 박막 작업 전극의 전위를 −1.00 V vs. SCE로 조절하면, 적정이 진행되는 동안 측정한 전류로부터 적정제인 Pb^{2+}의 농도를 추적할 수 있다. 교정 곡선을 얻는 실험에서, 잔류 전류와 바탕 전류를 뺀 한계 전류는 Pb^{2+} 농도에 대하여 $i_l = 10c_{Pb^{2+}}$의 관계가 성립한다. 여기서 i_l은 mA로 나타낸 한계 전류이고, $c_{Pb^{2+}}$는 mM 단위로 나타낸 Pb^{2+}의 농도이다. 적정 반응식은 다음과 같다.

$$SO_4^{2-} + Pb^{2+} \rightleftharpoons PbSO_4(s) \qquad K_{sp} = 1.6 \times 10^{-8}$$

0.020 M의 $NaSO_4$ 용액 25 mL를 0.030 M의 $Pb(NO_3)_2$ 용액으로 적정할 경우, 적정제의 부피에 대한 한계 전류의 적정 곡선을 전개하시오.

25-15 구형 전극은 단일 나노양파, 즉 C_{60}-C_{240}-C_{540}-C_{960}-C_{1500}-C_{2160}-C_{2940}-C_{3840}-C_{4860}으로 만들 수 있다고 가정하시오. 나노양파는 구조식에 나타내었듯이 점점 크기가 커지는 동심원형의 풀러렌(fullerene)으로 구성되어 있다. 나노양파는 충분한 크기와 강도의 탄소 나노튜브로 합성될 수 있다고 가정한다. 즉, 0.1 μm의 텅스텐 바늘에 전기적으로 연결될 수 있고 바늘과 나노튜브 꼬리는 적당히 절연되어 있어 나노양파의 표면만이 노출되어 있다고 가정하시오.

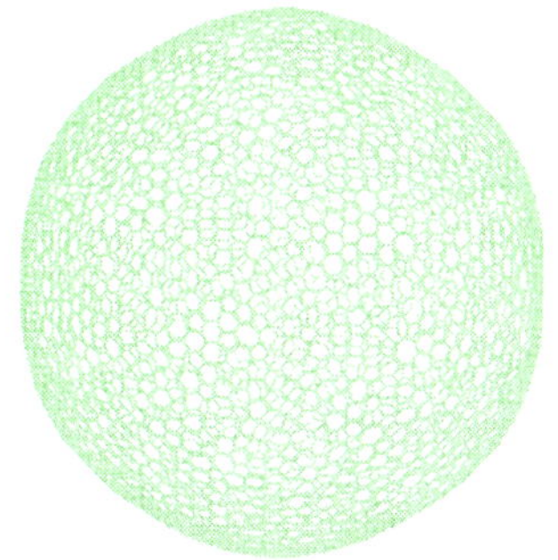

* **(a)** 나노양파의 반경이 3.91 nm일 때 표면적을 cm^2 단위로 계산하시오(나노튜브의 접촉 면적을 무시하시오).

(b) 분석물 A의 확산 계수가 8 $\times$ 10^{-10} m^2/s라면 A가 환원되는 전위를 가한 후 다음 시간에서 A의 농도 1.00 mM일 때 농도 기울기와 전류를 계산하시오: 1×10^{-8} s, 1×10^{-7} s, 1×10^{-6} s, 1×10^{-5} s, 1×10^{-4} s, 1×10^{-3} s, 1×10^{-2} s, 1×10^{-1} s, 1 s, 10 s

* **(c)** 정류 상태 전류를 계산하시오.

* **(d)** 전위를 가한 후 전극이 정류 상태 전류를 얻기 위하여 필요한 시간을 계산하시오.

(e) 표면적이 0.785 mm^2인 구형의 Ir 전극과 3 μm 구형 Pt 전극에 대하여 계산을 반복하시오.

(f) 세 전극의 결과를 비교하고 발견한 차이점을 설명하시오.

25-16 **(a)** 작업 전극을 사용하는 전압-전류법의 장점은 무엇인가?

(b) 너무 작은 전극이란 가능한가? 답을 설명하시오.

질문과 문제(계속)

도전 문제

25-17 극소량의 시료(nL)를 분석하는 양극 벗김 전압-전류법이 제안되었다(W. R. Vandarveer and I. Fritsch, *Anal. Chem.*, **2002**, *74*, 3575, **DOI**: 10.1021/ac011036s). 이 방법에서는 적은 양의 시료 속에 포함된 금속을 작업 전극으로 전기분해 석출한 뒤에 다시 벗김 과정을 거치게 된다. 용액의 부피 V_s와 이에 포함된 금속을 완전히 벗기는 데 소비된 전기량 Q와의 관계식은 다음과 같다.

$$V_s = \frac{Q}{nFC}$$

여기서 n은 분석물 몰당 관여하는 전자의 수이고, F는 패러데이 상수, C는 전기분해하기 전 용액의 몰농도이다.

(a) 식 22-8에 있는 Faraday 법칙(식 22-8 참고)으로부터 V_s에 대한 위의 식을 유도하시오.

(b) 어떤 실험에서 석출된 금속은 Ag(*s*)이며, 8.00 mM의 $AgNO_3$ 용액으로부터 석출되었다. 유사(pseudo) 기준 전극으로 사용한 Au 상층에 대하여 −0.700 V의 전위를 가하여 상기 용액을 30분간 전기분해하였다. 관 형태의 나노띠 전극을 사용하였다. Ag은 선형 주사 주사 속도 0.10 V/s로 양극 벗김시켰다. 다음에 나타낸 실험결과는 양극 벗김 과정에서의 자료이다. 관형 전극에 석출된 Ag를 벗기는 데 필요한 전기량을 적분법을 이용하여 구하시오. Simpson 법칙 적분법을 이용하여 수작업으로 계산하거나 엑셀을 이용한 적분법으로 계산하시오.[53] 이와 함께 구한 전기량으로부터 Ag가 석출된 용액의 부피를 계산하시오.

전위, V	전류, nA	전위, V	전류, nA
−0.50	0.0000	−0.123	−1.10
−0.45	−0.001	−0.115	−1.00
−0.40	−0.02	−0.10	−0.80
−0.30	−0.10	−0.09	−0.65
−0.25	−0.20	−0.08	−0.52
−0.22	−0.30	−0.065	−0.37
−0.20	−0.44	−0.05	−0.22
−0.18	−0.67	−0.025	−0.12
−0.175	−0.80	0.00	−0.05
−0.168	−1.00	0.05	−0.03
−0.16	−1.18	0.10	−0.02
−0.15	−1.34	0.15	−0.005
−0.135	−1.28	–	–

(c) 석출 단계에서 용액 중의 Ag^+ 이온이 모두 Ag(*s*)로 석출되었는지 여부를 확인할 수 있는 실험 방법을 제안하시오.

(d) 전극에 석출된 모양이 반구형은 아닌가? 예측하시오.

(e) 제안된 방법을 검정하기 위한 다른 실험 방법이 있다면 제시하시오.

[53]S. R. Crouch and F. J. Holler, *Applications of Microsoft® Excel in Analytical Chemistry*, 3rd ed., Chap. 11, Belmont, CA: Cengage Learning, 2017.

기기 분석법의 실제 응용

전체를 이해하기 위한 부분 측정: microphysiometer

전통적으로 생물과학, 생약과학, 그리고 과학 자체는 복잡한 계의 상세한 기초 정보를 얻기 위해 화학 분석에 의존해야 했다. 과학자들은 긴 시간과 여러 많은 장소에서 분석 정보를 얻어서 그들의 환경과 살아있는 현상의 상세한 작용을 이해하는 복잡한 계의 모델을 발전시켰다. 최근에 *계통 생물*(systems biology) 분야는 밑에서 위로보다는 위에서 아래로 문제에 접근하고 있다. 계통 분석, 계산, 실험적 설계, 지노믹스, 분석 화학 같은 여러 가지 분야로부터 지식과 장치를 개발하여 세포 간 생화학, 유전 작용의 모델을 만들어 약의 발견과 의학 진단에 도움을 주었다. 이러한 모델들은 생체에 대해 신속, 정확, 실시간, 고속 처리, 다변수 측정을 수행할 수 있는 측정기기에 매우 의존적이다.[1]

제4부를 통해 낮은 농도의 분석물을 신속하고 정확하게 분석하는 많은 전기화학 장치들을 공부하였다. 그런 장치의 하나가 전위차 센서 또는 LAPS(제23F-2절)이다. 이 장치는 많은 의미가 있고 여러 가지 생물계[2]를 연구하는 데 사용되었다. 그들 장치는 특히 실시간 측면에서 유용하였고, 외부 세포 산성화와 살아있는 세포에서 자극에서 생긴 대사 과정의 이온의 조성 변화를 모니터하는 데 이용되었다. 그런 측정의 의미를 이해하기 위해, 외부 세포의 산성화를 만드는 과정은 제시된 그림 IA4-1을 생각하는 것이 유용하다.

예를 들면, 리셉터를 접합한 막은 적당한 리간드와 결합할 때 세포 내에서 호흡 또는 glycolysis 같은 대사 과정이 자극되어 산성 폐기물이 생성된다. 양성자가 소듐 이온과 교환되고 중탄산 이온과 염소 이온이 세포막을 가로질러 교환된다. 이런 교환 과정은 세포 주위 용액의 pH를 감소시킨다. Microphysiometer에 근거한 LAPS는 pH 변화를 조사하는 데 사용되고 다른 중요한 이온종의 농도 변화를 측정한다.

계의 작동법

제23F-2절에서 설명한 것처럼, LAPS는 pH에 민감한 반도체 장치이다. 빛이 기준 전극에 대한 바이어스 전압에 있는 전극 표면을 쪼이면 용액의 pH에 비례하는 광전류가 생긴다. 그림 1A4-2는 H^+, Ca^{2+}, K^+의 농도를 동시에 조사하기 위해 설계된

[1] H. Kitano, *Science*, **2002**, *295*, 1662, **DOI**: 10.1126/science.1069492.

[2] F. Hafner, *Biosens. Bioelectron.*, **2000**, *15*, 149, **DOI**: 10.1016/S0956-5663(00)00069-5.

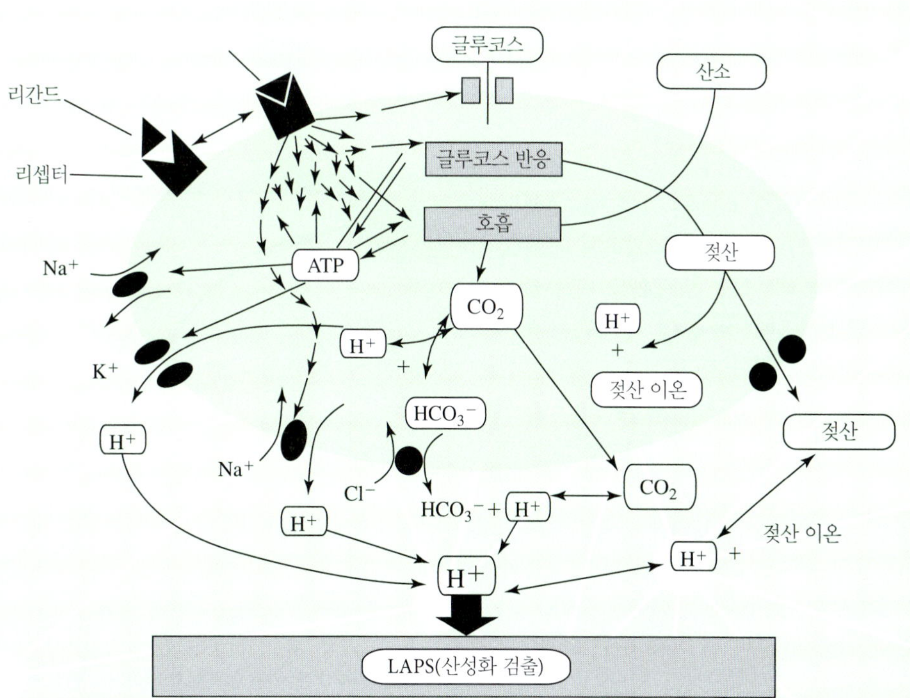

그림 IA4-1 외부 세포의 산성화의 세포생물학. 리셉터(receptor)가 자극되면 신호 전달 통로가 유도된다. ATP (adenosine triphosphate) 소비는 글루코스의 흡수와 대사를 증가시켜 보상된다. 그 결과 산폐기물 생산의 배설이 증가된다. 외부 세포 산성화는 LAPS에 의해 측정된다. (From F. Hafner, *Biosens. Bioelectron.*, **2000**, *15*, 149. With permission.)

기기 분석법의 실제 응용(계속)

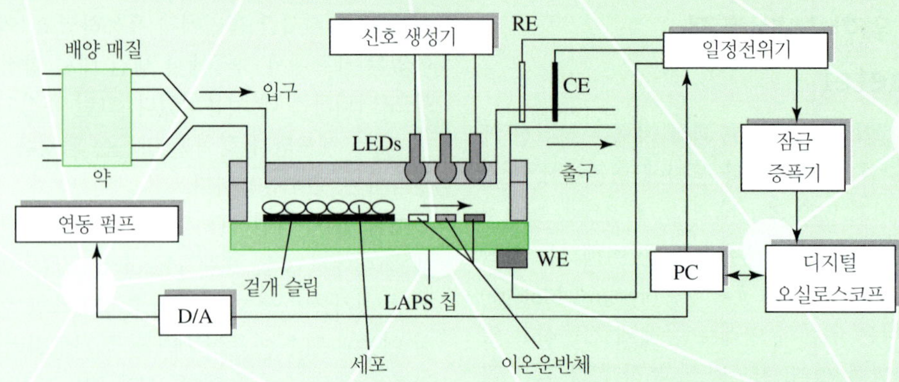

그림 IA4-2 생물 세포의 약의 효과 연구에서 특수 세포에 있는 H^+, Ca^{2+}, K^+ 농도의 변화를 모니터하는 LAPS 기저계의 도형. RE = 기준 전극 , CE = 작업 전극, PC = 작업 전극, D/A = 디지털 대 아날로그 변환기. (Adapted from Y. Wu et al., *Biosens. Bioelectron.*, **2001**, *16*, 277. With permission.)

LAPS 칩의 기본 원소를 보여준다.[3]

재질 없이 LAPS 칩은 H^+를 위해 선택된다. 그림 1A4-2에서 보다시피, 일정전위기는 기준 전극(RE)에 대해 칩을 바이어스하는 데 사용된다. LED의 하나로부터 빛이 바이어스 칩 표면에 쪼일 때 상대 전극과 작업 전극 사이에 광전류가 나타난다. 일정전위기의 전류-전압 변환기는 pH에 비례하는 전압을 생산한다. 그 pH는 잠금 증폭기를 지나 디지털 오실로스코프에 출력이 기록된다. 오실로스코프는 컴퓨터에 연결되어 데이터를 저장하고 계산한다. pH 변화에 따른 LAPS의 응답을 그림 IA4-3에서 볼 수 있다. 이 실험에서 LAPS는 완충 용액에 담그고 광전류가 바이어스 전압에 따라 기록된다. 두 개의 다른 완충 용액에서 실험은 반복된다.

수직선은 바이어스 전압을 가리키며 광전류 변화(생긴 전압 변화, ΔV)로부터 pH를 측정하는 것을 보여준다. LAPS는 장치 표면의 다른 지역에 이온 운반체를 달아 다른 화학종을 조사하기 위해 사용된다(제23D-6절 참고). LED는 그림 1A4-2에서 보는 것 같이 각 이온 운반체의 반대 지역에 위치하여 교대로 각 광원을 켜서 선택된 화학종에 해당하는 광전류를 기록한다. 이와 같은 응답 곡선이 그림 IA4-3에서와 같이 각 이온 운반체에서 기록되어 각 검출 화학종을 검정한다.

LAPS의 3개의 센서를 순차적으로 수신할 수 있도록 그림 IA4-2에서 본 것과 같이 배열하면 동시에 수신할 수 있다. 여기서 H^+, Ca^{2+}, K^+에 해당하는 3개의 LED는 3개의 주파수 출력, 3 kHz, 3.5 kHz, 4 kHz로 신호발생기에 의해 독립적으로 조절된다. 각각의 화학종의 농도 정보는 그것들의 주파수 성분과 연결된다. 예를 들면 K^+ 이온은 3 kHz, Ca^{2+} 이온은 3.5 kHz, H^+ 이온은 4 kHz의 신호로 기록된다. 이 세 화학종을 포함한 용액의 일정 전위 출력 신호가 그림 1A4-4a이다. 복잡한 파 형태는 Fourier 변환을 하고 디지털 필터(제5C-2절 참고)를 해서 그림 1A4-46의 (b) 스펙트럼을 얻는다. 각 화학종의 신호의 진폭은 스펙트럼에서 추출되는데 이 역변환 과정에서 특정 화학종의 농도를 측정하게 한다. 100 kHz 데이터 수집 속도로, 각 1,024개의 시간-영역 신호를 얻는데 약 10 ms 걸린다. 세 화학종의 농도가 시간의 함수로 모니터링되는 실험에서 시간-영역 신호가 수집되고, 순차 분석을 위해 컴퓨터의 하드드라이브에 저장되고 그 결과를 도시한다.

앞 절에서 설명한 LAPS 계는 그림 IA4-2에서 보는 것같이 센서에 직접 넣은 살아있는 세포의 약 효과를 연구하는 데 사용된다. 세포를 다양한 종류의 약물에 노출하여 이들 세포의 물리적인 반응을 비교할 수 있다. 유사한 물리적 반응이 생기는 경우

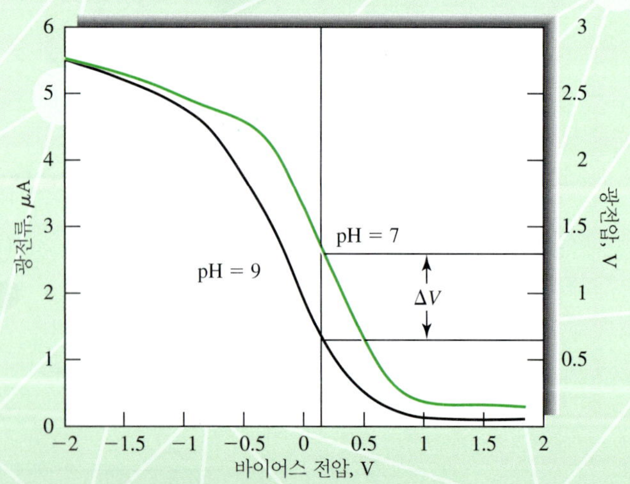

그림 IA4-3 두 완충 용액에서 바이어스 전압 변화에 따른 LAPS의 감응 0.25 V의 일정 바이어스 전압에서 계의 출력 전압 변화 ΔV는 LAPS 표면의 pH 변화에 비례한다. (Adapted from Y. Wu et al., *Biosens. Bioelectron.*, **2001**, *16*, 277. With permission)

---

[3]Y. Wu et al., Biosens. *Bioelectron.*, **2001**, *16*, 277, **DOI**: 10.1016/S0956-5663(01)00138-5.

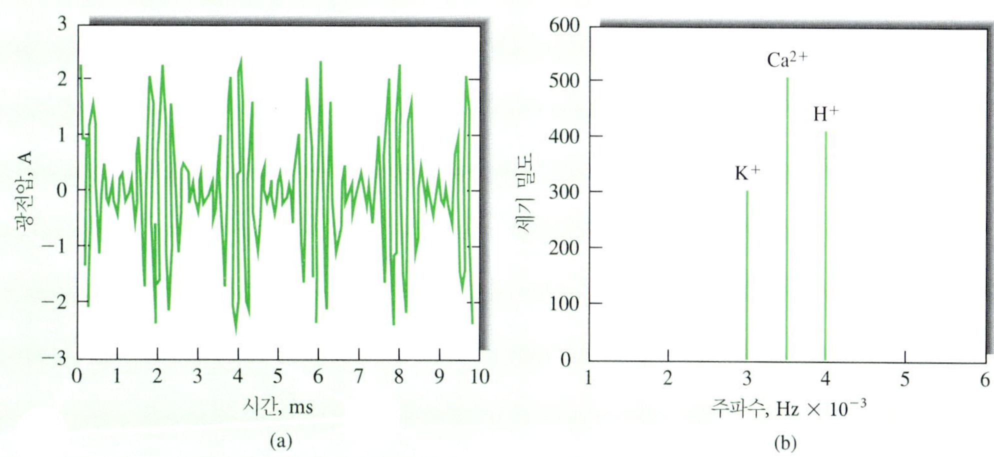

그림 IA4-4 (a) H^+, Ca^{2+}, K^+를 포함한 용액의 시간 영역 LAPS 출력. 신호는 100k Hz에서 채취하고 시간 영역 신호는 1,024점을 포함했다. (b) (a)의 신호의 Fourier 변환 신호. (Adapted from Y. Wu et al., *Biosens. Bioelectron.*, **2001**, *16*, 277. With permission)

약이 유사한 메커니즘으로 작동한다고 유추할 수 있다. 예를 들어 쥐의 심장세포에 Dilantin(간질약)과 phenobarbital (PB)이 주사되었을 때 모니터링한 3종 이온(H^+, Ca^{2+}, K^+)의 감응 패턴이 서로 다르게 나타난다. 이것은 두 종류의 약에 대해 다른 생화학적 메커니즘이 작동함을 암시한다.

Microphysiometer의 가장 흥미로운 응용의 예는 바이오센서에서의 역할이라 할 수 있다. 제23F-2절에서 설명한 것처럼 생체 재료를 전위차 측정법과 융합함으로써 민감하면서도 선택성이 우수한 센서를 제작할 수 있으며, 제25C-4절에도 전류법과 전압-전류법 기반 센서의 유사한 융합을 나타내었다. 세포 전체는 많은 종류의 중요한 분석물에 선택적 및 특징적으로 감응을 한다. 원하는 물질과 선택적으로 반응하는 셀을 선정하여 물리적 및 화학적으로 microphysiometer 표면에 고정함으로써 다변수 신호가 발생되고 이를 모니터링하여 분석물 농도를 결정하는 데 활용할 수 있다.[4]

Microphysiometer의 진화

최근 급격히 발전한 소규모의 제작 기술은 microphysiometer에도 활용되고 있다. 고해상도 3D 프린터는 잉크젯 프린팅 장비와 기술로도 다양한 고분자물질부터 좀 더 복잡한 생체 재료에 이르는 매우 광범위한 물질을 다룰 수 있게 한다. 효소, 단백질 및 세포 전체 등의 고가 또는 희귀한 물질도 수십 피코리터(picoliter) 정도를 취하여 정교하게 반도체 및 금속 전극 표면에 올릴 수 있다. 잉크젯 기술을 이용하여 차후 고정단계에서 적어도 80~95% 정도까지 손상되지 않은 채로 살아있는 세포도 표면에 고정할 수 있다.[5]

Mackenzie와 공동연구자들은 여러 종의 분석물을 동시에 분석할 수 있는 microphysiometer (multianalyte microphysiometer, MAMP)를 제작하고 그 특성을 연구하였다. 이는 전류법 기반의 혈당, 유산염 및 산소 센서[6]와 pH 센서[7]로 구성되어 있다. 5개의 변형 가능한 Pt 전극으로 이루어진 세라믹 array 판 위에 제작된 평면 스크린-프린트된 전극으로 구성된 MAMP를 그림 IA4-5a에 나타냈다.[8] 4개의 전극은 각각 지정된 분석물 분석에 필요한 물질로 코팅되어 있다. 즉 잉크젯 프린터를 이용하여 혈당 측정을 위한 글루코스 산화효소, 유산염 측정을 위한 유산염 효소를 각각 Pt 전극에 바른 후 각각을 얇은 Nafion® 이온 교환 고분자막으로 코팅하였다. 세 번째 Pt 전극은 같은 방법으로 Nafion® 막만 코팅하여 산소 측정용 센서로 제작하였다. 그림 25-19에서와 같이 네 번째 Pt 전극은 전기도금 방법을 이용하여 그 표면에 산화 이리듐 코팅층으로 변성하였다. 그림 IA4-5a 가장 오른쪽에 위치한 다섯 번째 전극은 전기화학적으로 제작한 Ag/AgCl 기준 전극이다.

MAMP를 벌크 용액과 미세유체 용액에서 농도 검정을 위한 테스트를 수행하였다. 이때 미세유체 연구에 사용된 흐름셀은 그림 1A4-5b~c에 나타냈다. 3 μm 기공의 polycarbonate (PC)

---

[4]Q. Liu et al., *Chem. Rev.*, **2014**, *114*, 6423, **DOI**: 10.1021/cr2003129.

[5]R. E. Saunders and B. Derby, *International Materials Reviews*, **2014**, *59*, 430, **DOI**: 10.1179/1743280414Y.0000000040.

[6]J. R. McKenzie et al., *Anal. Chem.*, **2015**, *87*, 7857, **DOI**: 10.1021/acs.analchem.5b01533.

[7]I. A. Ges, B. L. Ivanov, A. A. Werdich, F. J. Baudenbacher, *Biosens. Bioelectron.*, **2007**, *22*, 1303, **DOI**: 10.1016/j.bios.2006.05.033.

[8]L. Tymecki, S. Glab, and R. Koncki, *Sensors*, **2006**, *6*, 390, **DOI**: 10.3390/s6040390.

기기 분석법의 실제 응용(계속)

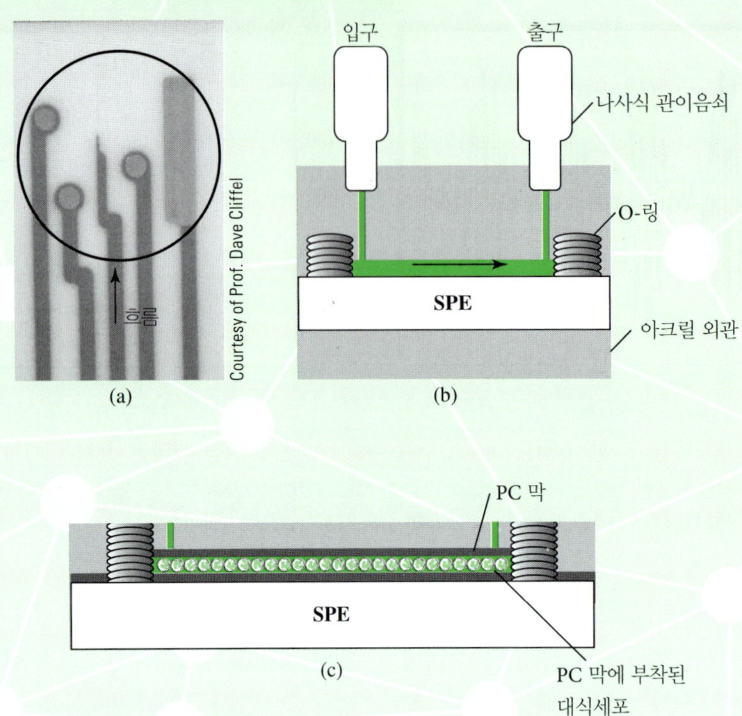

그림 IA4-5 미세유체 역학 장치의 모식도. (a) O-링 안의 작동 영역과 흐름, (b)와 (c)는 각각 폴리카보네이트 막에 세포가 흡착되지 않은 경우와 흡착된 경우의 장치의 단면. (From J. R. McKenzie et al., *Anal. Chem.*, **2015**, *87*, 7857, with permission)

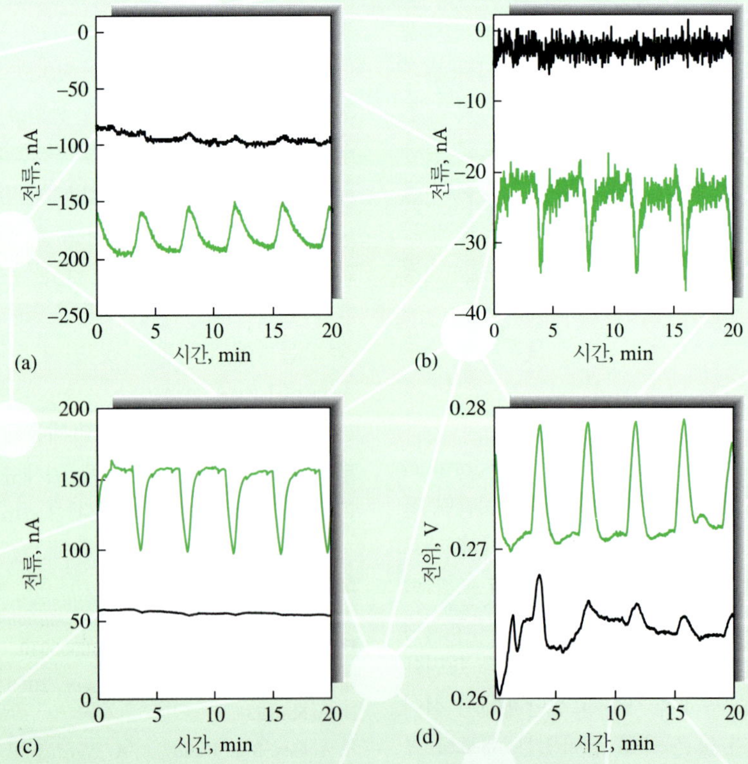

그림 IA4-6 센서와 대식세포를 함께 밀봉한 미세유체 장치를 이용하여 (a) 글루코스, (b) 유산염, (c) 산소, (d) pH 변화를 실시간으로 검출한 결과. 파란 선은 세포가 죽기 전에, 검정 선은 죽은 후에 측정된 신호. (Adapted from J. R. McKenzie et al., *Anal. Chem.*, **2015**, *87*, 7857, with permission.)

막을 쥐 대식세포(백혈구)로 변형한 후, 세포로 코팅된 막과 변형하지 않은 막으로 구성된 막과 SPE 각각을 아크릴 외관 사이 사이에 넣어 샌드위치 형태로 층을 쌓았으며, 그 결과 23 μL 부피를 갖는 미세유체 흐름셀이 제작되었다. 최종적으로 그림에서 보듯이 흐름셀을 SPE 배열보다 약간 큰 O-링으로 밀봉하였다.

MAMP 장치 안에 글루코스 용액을 200초 동안 흐르게 한 후 40초 동안 흐름을 정지하는 반복적인 흐름/흐름정지 모드로 작동하였다. 이와 같이 5회 작동한 글루코스 센서로부터 얻은 데이터를 그림 IA4-6a에 아래쪽 파란 선으로 나타냈다. 용액 흐름이 정지하여 대식세포가 glucose를 대사하는 동안 글루코스 신호는 감소하였다. MAMP 장치에 alamethicin을 주입하여 대식세포를 죽인 후 다시 흐름/흐름정지 모드 사이클을 반복하여 센서로부터 데이터를 다시 얻었다. 그 결과 죽은 세포로부터 미묘한 대사 반응이 나타났고 이를 검정 선으로 그림에 표기하였다. 그림 IA4-6b~d에 나타낸 선은 각각 흐름이 정지된 상태에서 증가하는 유산염과 산소의 농도를 보여주며 (각각 b와 c의 파란색 추적선), pH의 증가는 d에 나타나 있다. 다시 한번 세포를 죽여서 대사활동을 멈춘 후에 얻은 데이터는 각각 검정 선으로 b~d에 나타냈다. 상기 결과는 microphysiometer를 세포대사 반응의 신속하고 정밀한 측정에 효율적으로 활용할 수 있는 장치로 제작할 수 있음을 보여준다. 스크린-프린트와 잉크젯 기술을 이용하여 제작된 MAMP 센서는 견고하면서도 앞으로 자동화 및 소형화에 유용하게 활용될 것으로 예측된다.

앞서 제시한 두 가지 방법으로 제작된 microphysiometer는 살아있는 세포 표면에서의 대사체에 대한 다변수의 실험 데이터는 얻기 위한 몇 개의 흥미 있는 기술과 측정 전략과 연결된다. 이런 예는 초소형화, 반도체 기반의 변환기와 센서의 발전, 그리고 현대의 데이터-수집과 데이터 처리법이 화학, 생물, 생화학, 계통 생물학, 다른 생명과학의 연구를 위해 새로운 방법으로 계속 발전함을 보여준다.

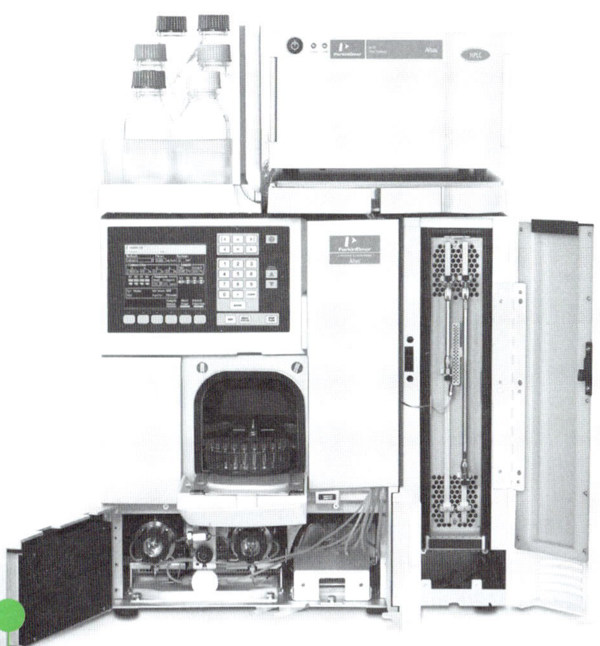

Courtesy of Perkin-Elmer, Inc., Shelton, CT.

5부

분리법
Separation Methods

사진은 최신 LC 장치이다. 왼쪽 상단에서부터 아래로 용매 저장용기, 데이터 분석 장치, 자동화된 시료 주입기 및 두 용매 기울기 용리를 수행할 수 있는 2개의 펌프가 있다. 오른쪽 상단에는 다이오드가 배열된 UV-가시선 검출기가 있고 오른쪽 하단에는 컬럼 항온조가 있다.

여기에서는 기기적인 방법으로 시료를 정량하기 전에 분석 시료를 구성 성분들로 분리하는 방법들을 설명한다. 제26장은 효과적인 정성 및 정량 분석을 위한 실험 조건의 최적화 방법과 함께 크로마토그래피 분리에 대한 이론과 용어를 소개한다. 제27장에서는 기체 크로마토그래피의 이론과 실제를 다룬다. 크로마토그래피 분석의 중심에 있는 액체 크로마토그래피는 제28장에서 다룬다. 제29장에서는 초임계 유체 크로마토그래피와 초임계 유체 추출법을 설명한다. 마지막으로 제30장에서 새롭게 부각되는 모세관 전기 이동법, 모세관 전기 크로마토그래피 및 장-흐름 분획법을 설명한다. 각 방법의 응용은 각 장에 포함되어 있다.

기기 분석법의 실제 응용에서는 비스페놀 A에 대한 논란을 다루는데, 기체 크로마토그래피, 액체 크로마토그래피 및 질량 분석법이 중요한 역할을 한다.

26장

크로마토그래피 분리법의 기초

An Introduction to Chromatographic Separations

단일 화학종에 고유적(specific)인 화학 분석법은 매우 드물다. 분석법은 기껏해야 몇 개의 화학종이나 화학종 집단에 대해 선택성이 있는 정도이다. 결과적으로 방해 가능성이 있는 물질로부터 분석물질을 분리하는 것은 분석 과정에서 필수적인 단계가 되었다. 20세기 중반까지 분리 분석법은 침전법, 증류법 및 추출법과 같은 고전적 방법에 의해 주로 이루어졌다. 그러나 현대의 분리 분석법은 특히 다성분이며 복잡한 시료인 경우, **크로마토그래피(chromatography)**와 **전기 이동(electrophoresis)**에 의해 주로 수행된다.

이 장에서 옆의 로고는 **www.tinyurl.com/skoogpia7**에서 대화형 자습, 시뮬레이션, 연습 등을 통해 온라인으로 학습할 수 있는 기회가 있음을 나타낸다.

크로마토그래피(chromatography)는 과학의 모든 분야에서 응용되는 강력한 분리 방법이다. 크로마토그래피는 20세기 초에 러시아의 식물학자인 Mikhail Tswett가 발명하였고 명명하였다. 그는 클로로필과 크산토필과 같은 여러 식물성 염료들의 혼합 용액을 잘게 빻은 탄산칼슘으로 채운 유리관에 흘려보내 분리하였다. 분리된 화학종은 관에 색을 띤 띠로 나타났으며, 이것이 이 방법의 이름의 기원이다(그리스어에서 *chroma*는 "색"을, *graphein*은 "기록"한다는 것을 의미한다).

크로마토그래피의 응용은 지난 50년간에 폭발적으로 증가되었는데, 다양한 새로운 크로마토그래피 기술이 개발되었을 뿐 아니라, 복잡한 혼합물을 분리하는 데 더 좋은 방법을 과학자들이 필요로 하였기 때문이었다. 과학 발전에 대한 이 방법들의 엄청난 공적으로 말미암아, 이 분야에 공헌한 A. J. P. Martin과 R. L. M. Synge가 1952년에 Nobel 화학상을 수상하였다. 그 후에도 크로마토그래피가 중요한 역할을 한 업적에 많은 Nobel 상이 수여되었다.

26A 크로마토그래피의 개요

크로마토그래피는 복잡한 혼합물을 구성하는 매우 유사한 성분들을 다양한 방법으로 분리, 확인 및 정량할 수 있는 중요한 분리법이다. 이러한 분리 중에는 다른 방법으로 분리할 수 없는 것들이 많이 있다.[1] 모든 크로마토그래피 분리법에서 시료는 기체, 액체 또는 초임계 유체인 *이동상*(mobile phase)에 의해 용해된다. 이런 이동상은 컬럼 속에 또는 고체 판 위에 고정되어 있는 용해되지 않는 *정지상*(stationary phase)을 통해 지나간다.

---

[1]크로마토그래피법에 관한 일반적인 참고서는 다음과 같다. J. M. Miller, *Chromatography: Concepts and Contrasts*, 2nd ed., New York: Wiley, 2005; Chromatography: *Fundamentals of Chromatography and Related Differential Migration Methods*, E. F. Heftman, ed., Amsterdam, Boston: Elsevier, 2004; C. F. Poole, *The Essence of Chromatography, Amsterdam*, Boston: Elsevier, 2004; C. F. Poole, *The Essence of Chromatography, Amsterdam*, Boston: Elsevier, 2003; J. Cazes and R. P. W. Scott, *Chromatography Theory*, New York: Dekker, 2002; A. Braithwaite and F. J. Smith, *Chromatographic Methods*, 5th ed., London: Blackie, 1996; R. P. W. Scott, *Techniques and Practice of Chromatography*, New York: Marcel Dekker, 1995; J. C. Giddings, *Unified Separation Science*, New York: Wiley, 1991.

표 26-1 컬럼 크로마토그래피법의 분류

일반 분류	특정 방법	정지상	평형의 형태
1. 기체 크로마토그래피(GC)	a. 기체-액체 크로마토그래피(GLC)	고체의 표면에 흡착되거나 결합된 액체	기체-액체 사이의 분배
	b. 기체-고체	고체	흡착
2. 액체 크로마토그래피(LC)	a. 액체-액체(분배)	고체의 표면에 흡착되거나 결합된 액체	서로 섞이지 않는 액체 사이의 상호작용 또는 분배*
	b. 액체-고체 또는 흡착	고체	흡착
	c. 이온 교환	이온-교환 수지	이온 교환
	d. 크기 배제	중합체 고체의 틈새에 들어있는 액체	분배/거름
	e. 친화도	고체 표면에 결합된 특성 작용기에 선택적인 액체	표면 액체와 이동 액체 간의 분배
3. 초임계 유체 크로마토그래피(SFC; 이동상: 초임계 유체)		고체 표면에 결합된 유기 화학종	초임계 유체와 결합된 상 사이의 분배

*초창기 LC에서는 섞이지 않는 상들 사이에 용질의 분배(용해도)가 머무름의 주요한 방식이었다. 최신의 LC에서는 분산, 쌍극자-쌍극자, 수소 결합, 전하-이동 및 이온을 포함한 분자 간 상호 작용들이 머무름과 선택성에 주요한 원인으로 작용한다.

두 상은 시료 성분들이 이동상과 정지상 사이에서 분배 정도가 달라지도록 선택한다. 시료 성분 중에 정지상에 세게 *붙잡히는*(retained) 성분은 이동상의 흐름에 따라 천천히 움직이는 반면, 정지상에 약하게 붙잡히는 성분은 빠르게 운반된다. 이런 이동 속도의 차이 때문에 시료 성분들은 정성적으로, 그리고(또는) 정량적으로 분석할 수 있는 불연속적인 *띠들*(bands) 혹은 *구역들*(zones)로 분리된다.

26A-1 크로마토그래피법의 분류

크로마토그래피법은 두 가지 방법으로 분류할 수 있다. 첫 번째 분류는 정지상과 이동상을 접촉시키는 물리적인 방법에 기초한다. *컬럼 크로마토그래피*(column chromatography)에서 정지상은 좁은 컬럼에 고정되어 있으며, 그 컬럼을 통하여 이동상이 압력에 의해 강제로 흐르게 된다. *평면 크로마토그래피*(planar chromatography)에서는 유리판이나 다공성 종이에 정지상을 입혀 놓았다. 이 경우 이동상은 모세관 작용이나 중력의 영향으로 정지상을 통해 움직이게 된다. 이 장과 다음 세 장에서는 컬럼 크로마토그래피에 대해 중점적으로 설명한다. 제28I절에서는 평면법에 대해 설명한다. 그러나 여기서 주목해야 할 중요한 사항은 두 종류의 크로마토그래피는 같은 평형에 근거를 두고 있으며 컬럼 크로마토그래피에서 개발된 이론은 평면법에도 쉽게 적용된다는 것이다.

보다 근본적인 크로마토그래피의 분류법은 이동상과 정지상의 종류 및 이 상들 사이에서의 용질 이동과 관련된 평형의 종류에 기초한 것이다. 표 26-1에 세 가지 일반적인 크로마토그래피의 종류를 열거하였다. 즉 *기체 크로마토그래피*(gas chromatography, GC), *액체 크로마토그래피*(liquid chromatography, LC), 및 *초임계 유체 크로마토그래피*(supercritical fluid chromatography, SFC)이다. 이름에서 알 수 있는 것처럼 세 가지 방법에서 이동상은 각각 기체, 액체 및 초임계 유체이다. 표의 두 번째 열에 나타낸 것처럼 기체 크로마토그래피나 액체 크로마토그래피는 각각 몇 가지 특정 크로마토그래피법들로 분류된다.

여기에서 유의해야 할 점은 액체 크로마토그래피만이 분리관법 또는 평면법을 모두 사용할 수 있으며, 기체 크로마토그래피와 초임계 유체 크로마토그래피는 분리관법만을 이용할 수 있다는 것이다.

26A-2 컬럼 크로마토그래피에서의 용리

그림 26-1에 두 가지 물질 A와 B가 충전 컬럼에서 *용리*(elution)에 의해 분리되는 과정을 도식적으로 나타내었다. 컬럼은 표면에 정지상이 부착된 순수한 미세 분말로 충전된 직경이 좁은 관으로 이루어져 있다. 이동상은 충전 입자들 사이의 빈 공간에 채워진다. 그림에서와 같이, 먼저 이동상에 A와 B 성분이 용해된 시료 용액 소량을 컬럼의 윗부분에 주입한다. 이때가 그림 26-1의 시간 t_0이다. 시료의 성분들이 두 상 사이에 분배되고 새로운 이동상이 지속적으로 가해짐으로써 A와 B 성분은 컬럼을 따라 이동하게 된다. 이 과정을 *용리*라고 한다. 최신의 크로마토그래피에서 LC와 SFC에서는 펌프를, GC에서는 압력을 이용하여 연속적으로 이동상을 가해줄 수 있다.

새로운 이동상, 즉 *용리액*(eluent)이 가해지면 시료를 포함하고 있는 이동상을 컬럼 아래로 이동시키고, 여기서 이동상과 정

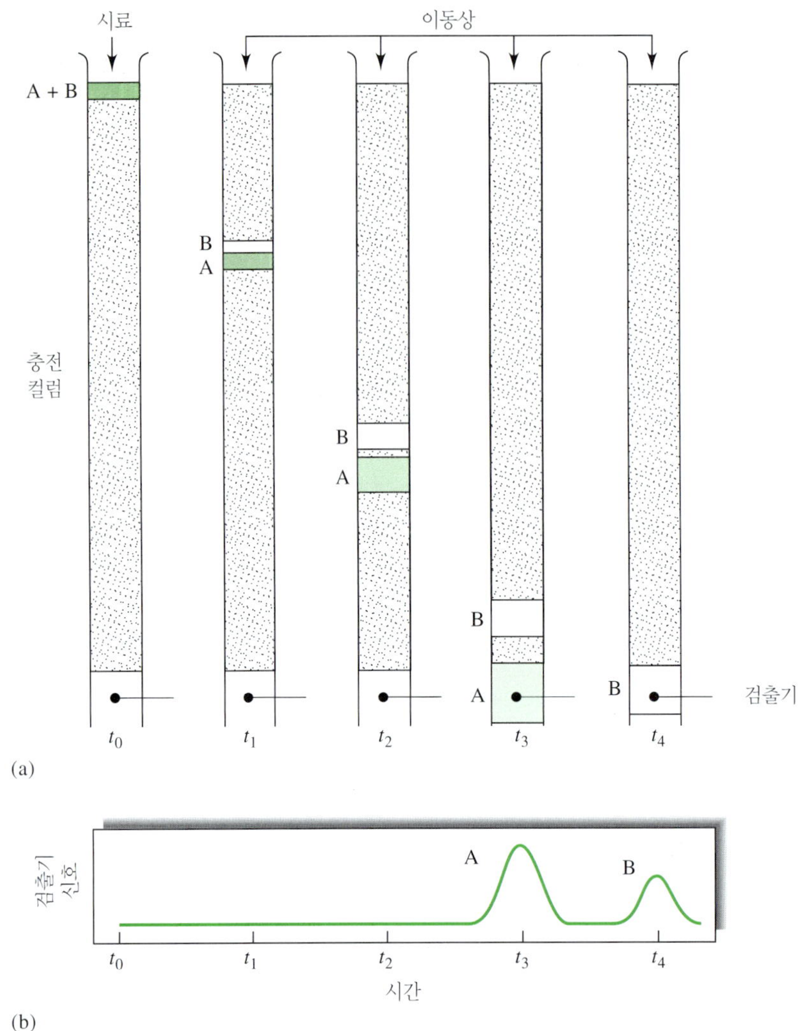

그림 26-1 (a) 컬럼 용리 크로마토그래피법으로 성분 A와 B의 혼합물을 분리하는 과정을 나타낸 그림, (b) (a)에서 나타낸 용리의 여러 단계에서 검출기에 나타난 출력.

지상 사이에 또 다른 분배가 일어나게 된다(시간 t_1). 새로운 이동상과 정지상에 대한 용질의 상호작용은 이동상이 시료를 컬럼을 통과시키는 동안 계속된다.

계속하여 새로운 이동상을 가하면, 용질 분자는 이동상과 정지상 사이에서 계속되는 일련의 분배 과정을 거치면서 컬럼 아래로 내려간다. 용질의 움직임은 이동상에서만 일어나기 때문에 용질 구역이 컬럼 아래로 이동하는 평균 속도(rate)는 **용질이 이동상에 머무르는 시간 분율에 의존한다**. 이 시간 분율은 정지상에 잘 머무는 용질의 경우에는 작고(예를 들면 그림 26-1의 성분 B), 이동상에 잘 머무는 용질인 경우에는 크다(그림 26-1의 성분 A). 이상적인 경우, 이런 이동 속도의 차이 때문에 혼합물에 들어 있는 성분들은 컬럼을 따라가며 *띠*나 *구역*으로 분리

시뮬레이션: www.tinyurl.com/skoogpia7에서 **용리 크로마토그래피법(elution chromatography)**에 대해 더 알아보시오.

된다(그림 26-1의 시간 t_2 참고). 그런 다음 충분한 양의 이동상을 컬럼에 통과시키면 각각의 띠들이 컬럼으로부터 완전히 빠져 나온다[컬럼으로부터 *용출*(eluate)된다]. 이들을 각각 검출하거나 따로 모을 수도 있다(그림 26-1의 시간 t_3와 t_4).

분석물질 묽힘

그림 26-1은 크로마토그래피 분리 과정에 대한 중요한 일반적 특성을 보여준다. 즉, 크로마토그래피 분리 과정에서 항상 분석물질이 묽혀진다는 것이다. 그러므로 그림에서 분석 시료를 포함한 처음 띠의 폭은 두 성분 모두 검출기에 도달하는 띠보다 현저히 좁다. 이는 분리되는 과정에서 분석물질이 묽혀지고 띠의 폭은 넓어진다는 것을 의미한다. 결과적으로 분리된 분석물질에 사용되는 검출기는 분리 과정이 필요하지 않는 경우보다 감도가 더 좋아야 한다.

크로마토그램

분석물질의 농도에 감응하는 검출기를 컬럼 끝에 설치하여, 이

것의 신호를 시간의 함수(또는 가해지는 이동상의 부피의 함수)로 도시하면 일련의 피크가 그림 26-1의 아랫부분처럼 얻어진다. 이러한 그림을 *크로마토그램*(chromatogram)이라고 하고, 이것은 정성 및 정량 분석에 유용하다. 피크가 나타나는 시간으로부터 시료의 성분을 확인할 수 있고, 피크의 면적은 성분의 양을 정량적으로 측정하는 데 이용된다.

컬럼 성능을 향상시키는 방법

그림 26-2는 용질 A와 B가 그림 26-1의 크로마토그래피 컬럼을 통하여 용리될 때, 용리 초기(t_1)와 용리가 좀 진행된 단계(t_2)에서의 농도 곡선의 모양을 보여준다.[2] 화학종 B는 A보다 정지상에 더 강하게 붙잡히기 때문에 B는 이동하는 동안 뒤처지게 된다. 컬럼 아래로 이동함에 따라 두 띠 사이의 거리는 증가하게 된다. 그러나 이와 동시에 두 띠도 넓어져 분리 수단으로서 컬럼의 효율을 감소시킨다. 띠 넓어짐은 피할 수는 없으나 띠 분리보다 서서히 일어나게 할 수 있는 조건을 쉽게 찾을 수 있다. 따라서 그림 26-1 및 그림 26-2에 나타낸 바와 같이 컬럼을 충분히 길게 하면 화학종을 깨끗이 분리할 수 있다.

몇몇의 화학적, 물리적 변수들이 띠 분리 및 띠 넓어짐에 영향을 준다. 분리는 (1) 띠 분리 속도를 높이거나 (2) 띠 넓어지는 속도를 낮출 수 있는 변수들을 조절함으로써 개선될 수 있다. 이러한 방법을 그림 26-3에 나타내었다. 정지상을 통하여 분석물질이 이동하는 상대적인 속도에 영향을 주는 변수들에 대해서는 다음 절에서 설명한다. 제26C절에서는 띠 넓어짐 속도에 영향을 주는 인자들에 대해서 살펴본다.

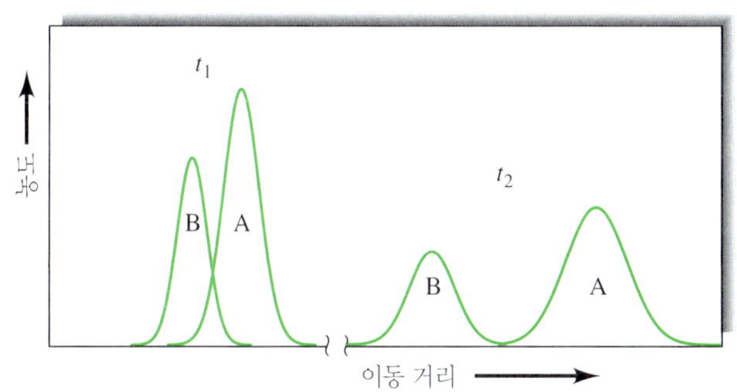

그림 26-2 분석물질 A와 B 띠가 그림 26-1의 컬럼을 통하여 이동할 때 다른 두 시간에서의 농도 단면도. 시간 t_1과 t_2는 그림 26-1에서 나타내었다.

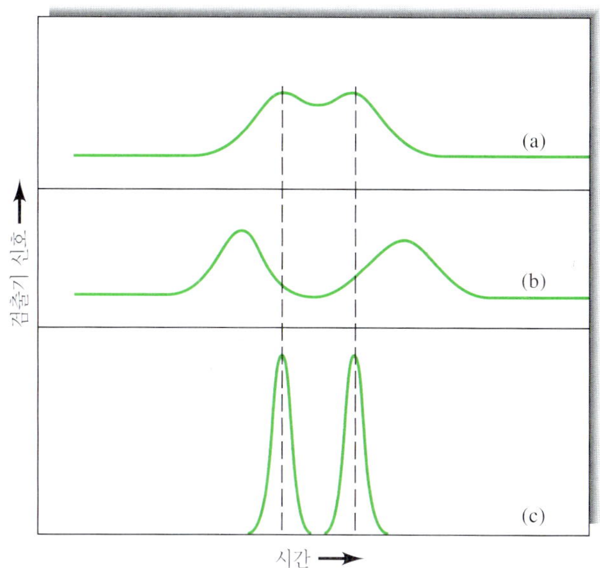

그림 26-3 분리를 개선시키는 두 가지 방법을 보여주는 두 성분 크로마토그램. (a) 피크가 겹쳐 있는 처음 크로마토그램, (b) 띠의 분리가 증가되어 나타나는 개선, (c) 띠의 폭이 좁아짐으로써 나타나는 개선.

26B 용질의 이동 속도

두 용질을 분리하는 크로마토그래피 컬럼의 효율은 부분적으로 두 화학종이 용리되는 상대 속도에 의존한다. 이 속도는 이동상과 정지상 사이에서 화학종이 분포되는 반응의 평형 상수의 크기에 의해 결정된다.

26B-1 분포 상수

크로마토그래피의 분포 평형은 이동상과 정지상 사이에서 분석물질의 이동을 설명하는 비교적 간단한 반응식으로 나타낸다. 따라서 용질 화학종 A에 대해 다음과 같이 쓸 수 있다.

$$\mathrm{A}_{\text{이동상}} \rightleftharpoons \mathrm{A}_{\text{정지상}}$$

두 상 사이에서 화학종 A의 분포에 대한 평형 상수 K_c는 *분포 상수*(distribution constant)라고 부르며, 다음과 같이 정의한다.

$$K_c = \frac{(a_A)_S}{(a_A)_M} \tag{26-1}$$

여기서 $(a_A)_S$는 정지상에 머무는 분석물질 A의 활동도이며, $(a_A)_M$은 이동상에 머무는 분석물질의 활동도이다. 농도가 낮거나 비이온성 화학종이 존재할 때, 활동도 계수(부록 2)는 거의 1이다. 이러한 조건에서 각 활동도를 정지상에서 용질의 몰 분석 농도 c_S로, 이동상에서 용질의 몰 분석 농도 c_M으로 대신한다. 그러면 식 26-1은 다음과 같이 쓸 수 있다.

$$K_c = \frac{c_S}{c_M} = \frac{n_S/V_S}{n_M/V_M} \tag{26-2}$$

---

[2]그림 26-2의 농도 단면도에 나타난 A와 B 띠의 상대적 위치는 그림 26-1의 밑에서 보여주는 크로마토그램의 피크 위치가 뒤바뀐 것같이 보인다. 이 차이는 그림 26-2의 가로좌표는 컬럼을 이동한 거리인 데 반하여 그림 26-1의 경우는 시간이기 때문이다. 따라서 그림 26-1의 크로마토그램의 경우, 피크의 전단이 왼쪽에, 꼬리가 오른쪽에 놓인다; 그림 26-2에서는 반대로 나타난다.

여기에서 n_S와 n_M은 두 상에서 분석물질의 몰수이고, V_S와 V_M은 두 상의 부피이다. 때때로 *분배비*(partition ratio) 혹은 *분배계수*(partition coefficient)[3]라고 하는 분포 상수는 용질의 넓은 농도 범위에서 일정하다. 즉, c_S는 c_M에 비례한다. 식 26-2가 적용되는 크로마토그래피는 *선형 크로마토그래피*(linear chromatography)라고 하는데, 대칭형 Gaussian형의 피크가 나타나고 머무름 시간은 주입한 분석물질의 양에 무관하다. 여기에서 이론적인 논의는 선형 크로마토그래피에 한정한다.

K_c는 상 사이에 성분의 분배, 즉 분리에 영향을 미치는 기본적인 상수이다. 이동상, 정지상 혹은 모두를 적절히 선택함으로써 분포 상수를 제한적으로 조절할 수 있다. 상의 부피를 조절함으로써 두 상에서의 몰 비를 변경시킬 수 있다. 여기에서 제시하는 모델은 두 상과 관련된 상호작용이 분배가 아닌 경우에도 유용하다.

26B-2 머무름 시간

분포 상수는 크로마토그래피 분리의 기본이지만 쉽게 측정되지는 않는다. 대신에 K_c의 함수인 *머무름 시간*(retention time)이라는 양을 측정할 수 있다. 이것이 어떻게 측정되는지 알아보기 위해 두 개의 피크로 이루어진 간단한 크로마토그램인 그림 26-4를 참고하자. 왼쪽에 있는 작은 피크는 컬럼에 머무르지 **않는** 화학종의 피크를 나타낸다. 종종 시료 또는 이동상에 머무르지 않는 화학종이 포함되어 있다. 이들이 머무르지 않는 화학종을 포함하지 않는 경우에는 이런 화학종을 가하여 피크를 확인하기도 한다. 머무르지 않는 화학종이 검출기에 도달하는 시간 t_M을 *무용 시간*(dead time) 또는 *무효 시간*(void time)이라고 한다. 무용 시간은 이동상의 평균 이동 속도를 측정할 수 있게 해주고 분석물질 피크를 확인하는 데 중요한 파라미터이다. 모든 성분은 이동상에서 시간 t_M을 보낸다. 그림 26-4에서 오른쪽의 큰 피크는 분석물질 화학종의 것이다. 시료를 주입한 후 분석물질 피크가 검출기에 도달할 때까지 걸리는 시간을 *머무름 시간*이라 하고 t_R로 표시한다. 분석물질은 정지상에서 t_S만큼 머무르기 때문에 머무름 시간은 다음과 같다.

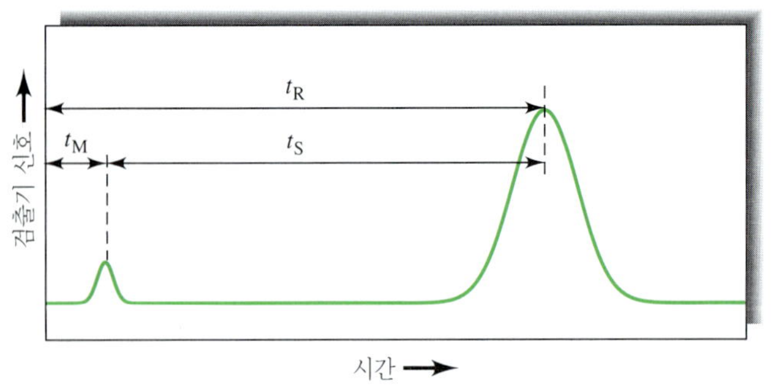

그림 26-4 두 성분 혼합물의 전형적 크로마토그램. 왼쪽의 작은 피크는 컬럼에서 머무르지 않는 화학종을 나타낸다. 그러므로 용리가 시작되면 바로 검출기에 도달하게 된다. 따라서 그것의 머무름 시간 t_M은 이동상의 분자가 컬럼을 통과하는데 걸린 시간과 거의 같다.

$$t_R = t_S + t_M \tag{26-3}$$

용질이 컬럼에서 이동하는 평균 선형 속도 $\bar{v}$ (cm/s)는 다음과 같다.

$$\bar{v} = \frac{L}{t_R} \tag{26-4}$$

여기서 L은 충전 컬럼의 길이이다. 마찬가지로, 이동상 분자들의 평균 선형 이동 속도 u는 다음과 같다.

$$u = \frac{L}{t_M} \tag{26-5}$$

26B-3 부피 흐름 속도와 선 흐름 속도 사이의 관계

크로마토그래피에서 이동상 흐름은 실험적으로 컬럼 출구에서의 부피 흐름 속도, F (cm³/min)로 나타난다. 열린 관 컬럼의 경우, F는 컬럼 출구에서의 선속도 u_o와 관련이 있다.

$$F = u_o A = u_o \times \pi r^2 \tag{26-6}$$

여기서 A는 관의 단면적(πr^2)이다. 충전 컬럼에서는 컬럼의 전체 부피가 액체로 채워지지 않기 때문에 식 26-6은 다음과 같이 수정된다.

$$F = \pi r^2 u_o \varepsilon \tag{26-7}$$

여기서 ε은 전체 컬럼의 부피 중 액체가 차지할 수 있는 분율(컬럼의 다공성)이다.

26B-4 머무름 시간과 분포 상수 사이의 관계

용질의 이동 속도를 분포 상수와 연관시키기 위하여, 용질의 이동 속도를 이동상 속도의 분율로 나타낸다.

$$\bar{v} = u \times (\text{용질이 이동상에서 보내는 시간분율})$$

그러나 이 분율은 어떤 순간에 이동상에 있는 용질의 평균 몰수를 컬럼에 있는 용질 전체 몰수로 나눈 값과 같다.

$$\bar{v} = u \times \frac{\text{이동상에 있는 용질의 평균 몰수}}{\text{용질 전체 몰수}}$$

이동상에 있는 용질의 전체 몰수는 그 상에 있는 용질의 몰농도, c_M에 용질의 부피, V_M을 곱한 것과 같다. 마찬가지로, 정지상에 있는 용질의 몰수는 정지상에 있는 용질의 농도, c_S에 용질의 부피, V_S를 곱한 것이다. 그러므로 용질의 전체 몰수는 $c_S V_S + c_M V_M$이고

$$\bar{v} = u \times \frac{c_M V_M}{c_M V_M + c_S V_S} = u \times \frac{1}{1 + c_S V_S / c_M V_M}$$

[3]크로마토그래피에 대한 분석 명명법에 관한 IUPAC 위원회의 권고 사항은 다음 문헌을 참고하시오. L. S. Ettre, *Pure Appl. Chem.*, **1993**, *65*, 819, **DOI:** 10.1351/pac199365040819. 위원회는 오래된 용어 "분배 계수" 또는 "분배비" K 대신에 분배상수 K_c라는 용어의 사용을 권장한다. 두 용어는 모두 크로마토그래피 문헌에서 사용된다는 점을 유의하시오.

식 26-2를 이 식에 대입하면 용질의 이동 속도를 분포 상수의 함수와 정지상 및 이동상 부피의 함수로서 나타낼 수 있다.

$$\bar{v} = u \times \frac{1}{1 + K_c V_S / V_M} \tag{26-8}$$

두 부피는 컬럼의 제조 과정에서 측정할 수 있다.

26B-5 용질 이동 속도: 머무름 인자

머무름 인자(retention factor) k는 컬럼에서 용질의 이동 속도를 비교하기 위해 널리 사용되는 중요한 실험값이다.[4] k가 유용한 이유는 컬럼의 모양이나 부피 흐름 속도에 이 값이 무관하기 때문이다. 이것은 용질, 이동상 및 정지상의 주어진 조합에서는 어떤 이동상 흐름 속도에서 작동되는 모든 기하학 컬럼에 대해 동일한 머무름 인자를 나타낸다는 것을 의미한다. 용질 A에서 머무름 인자 k_A는 다음과 같이 정의된다.

$$k_A = \frac{K_A V_S}{V_M} \tag{26-9}$$

여기서 K_A는 용질 A의 분포 상수이다. 식 26-9를 식 26-8에 대입하면 다음과 같다.

$$\bar{v} = u \times \frac{1}{1 + k_A} \tag{26-10}$$

크로마토그램으로부터 어떻게 k_A를 유도하는지를 알아보기 위하여, 식 26-4와 식 26-5를 식 26-10에 대입한다:

$$\frac{L}{t_R} = \frac{L}{t_M} \times \frac{1}{1 + k_A} \tag{26-11}$$

이 식을 재정리하면 다음과 같다.

$$k_A = \frac{t_R - t_M}{t_M} \tag{26-12}$$

정지상에서 보낸 시간, $t_R - t_M$은 *조정된 머무름 시간*(adjusted retention time)이라 하고 t'_R로 표시한다.

그림 26-4에서 나타낸 바와 같이, t_R과 t_M은 크로마토그램에서 쉽게 얻을 수 있다. 머무름 인자는 이 값과 식 26-12로부터 계산할 수 있다. 한 용질의 머무름 인자가 1보다 훨씬 작다는 것은 용질이 무용 시간과 비슷한 시간에 컬럼에서 나온다는 것을 의미한다. 머무름 인자가 20~30보다 크면, 용리 시간이 매우 길어진다. 혼합물 내 용질들의 머무름 인자가 1~10 사이의 범위에 놓일 수 있는 조건에서 분리가 수행되는 것이 이상적이다. 분리의 최적화(제26D절 참고)는 관심 있는 성분들의 k값들을 최적화함으로써 이루어진다.

26B-6 상대 이동 속도: 선택 인자

두 화학종 A와 B에 대한 컬럼의 *선택 인자*(selectivity factor) α는 다음과 같이 정의된다.

$$\alpha = \frac{K_B}{K_A} \tag{26-13}$$

여기서 K_B는 더 세게 붙잡혀 있는 화학종 B의 분포 상수이고, K_A는 약하게 붙잡혀 있거나 더 빠르게 용리되는 화학종 A의 분포 상수이다. 위의 정의에 의하면 **α는 항상 1보다 크다.**

식 26-9와 용질 B에 대한 유사한 식을 식 26-13에 대입하면, 두 용질에 대한 선택 인자와 머무름 인자 사이의 관계를 얻는다:

$$\alpha = \frac{k_B}{k_A} \tag{26-14}$$

여기서 k_B와 k_A는 각각 B와 A의 머무름 인자이다. 두 용질에 대한 식 26-12를 식 26-14에 대입하면 크로마토그램에서 α를 실험적으로 구할 수 있는 식을 얻는다.

$$\alpha = \frac{(t_R)_B - t_M}{(t_R)_A - t_M} \tag{26-15}$$

제26D-2절에서 컬럼의 분리도를 계산하기 위해 선택 인자와 머무름 인자가 어떻게 사용되는지를 설명한다.

26C 띠 넓어짐과 컬럼의 효율

크로마토그래피 컬럼의 효율은 화합물이 컬럼을 통과할 때 일어나는 띠 넓어짐의 정도에 따라 달라진다. 컬럼 효율에 대해 보다 정량적으로 정의하기 전에 띠가 컬럼을 따라 내려가면 점차 넓어지는 이유를 먼저 살펴보자.

26C-1 크로마토그래피의 속도 이론

크로마토그래피의 *속도 이론*(rate theory)은 분자들이 컬럼을 통하여 이동하는 것이 랜덤워크 메커니즘(random-walk mechanism)에 의해 이루어진다고 보고, 이에 근거한 정량적인 항들로서 용리 피크의 모양과 너비를 표현한다. 속도 이론에 대한 자세한 논의는 이 책의 범위를 벗어나므로 여기서는 다루지 않는다. 그러나 띠가 넓어지는 이유와 컬럼 효율을 개선시킬 수 있는 변수들에 대해서는 정량적으로 설명할 것이다.[5]

이 장과 다음 장에 나오는 크로마토그램들을 살펴보면, 용리 피크들이 Gauss 곡선 또는 정규 오차 곡선과 매우 유사함을 알 수 있다(부록 1 참고). 부록 1에서 알 수 있듯이, 어떤 단일 측정에 관련된 불확실도는 각각이 양과 음이 될 확률이 동등한 아주 많은 수의 작고 개별적으로는 검출되지 않으며 무질서한 불확실도들의 합이라고 가정함으로써 정규오차 곡선은 얻어진다. 이와 유사하게 크로마토그래피 띠의 전형적인 Gauss 곡선 모양도 여러 분자들이 컬럼을 따라 내려갈 때 멋대로 움직인 동작들이 모

[4] 옛날 문헌에는 이 상수를 용량 인자(capacity factor)라고 했고 k'으로 표시했다. 그러나 1993년 분석 명명법에 대한 IUPAC 회의에서 이 상수를 *머무름 인자*라 하고 k로 표시하기로 약속하였다.

[5] 자세한 내용은 다음을 참조하시오: J. C. Giddings, *Unified Separation Science*, New York: Wiley, 1991, pp 94-96.

두 합쳐진 결과에 의한 것으로 볼 수 있다. 차후의 논의에서는 주입된 시료의 너비가 용리되는 띠의 전체 너비를 결정하는 데 제한적 인자로 작용하지 않도록 매우 좁은 영역으로 시료가 주입된다고 가정한다. 용리되는 띠의 너비는 시료가 주입된 영역의 너비보다 절대로 *더 좁아*(narrower)질 수 없음을 알아야 한다.

한 개의 용질 분자는 용리가 잘 일어날 때까지 정지상과 이동상의 사이를 수천 번 이동한다고 생각하면 이해하기가 쉽다. 각 상에서 머무르는 시간은 매우 불규칙하다. 한 상에서 다른 상으로 이동하려면 에너지가 필요한데, 분자들은 이 에너지를 주위로부터 얻어야 한다. 따라서 주어진 상으로 이동한 뒤 거기서 머무르는 시간은 어떤 때는 순간적이며 어떤 때는 상대적으로 길어질 수 있다. **분자가 이동상에 머무르는 동안에만** 컬럼 아래로 이동한다는 것을 기억하시오. 결과적으로 어떤 입자들은 우연히 대부분의 시간을 이동상 내에서 보내기 때문에 빨리 이동하게 되는 반면, 다른 것들은 평균적인 시간보다 더 길게 정지상에 머무르게 되어 뒤처지게 된다. 이와 같은 무작위의 개별 과정들에 의해 얻어지는 결과는 분석물질 분자들의 평균적인 거동을 뜻하는 평균 이동 속도를 중심으로 하여 대칭적인 속도 분포를 나타낸다.

띠의 너비는 분자가 컬럼을 따라 내려갈수록 넓어지는데, 이것은 시간이 길어질수록 확산이 일어나기 때문이다. 따라서 띠의 너비는 컬럼에 머무르는 시간과 비례하며 이동상의 흐름 속도와는 반비례한다.

그림 26-5와 같이, 어떤 크로마토그래피 피크들은 비이상적이 되어 *꼬리끌기*(tailing)나 *앞세우기*(fronting)를 나타낸다. 전자의 경우는 피크의 앞부분은 가파르고 크로마토그램의 오른쪽에 피크의 꼬리가 생기며, 앞세우기의 경우는 반대가 된다. 꼬리끌기와 앞세우기가 나타나는 일반적인 원인은 농도에 따라서 분포 상수가 변하기 때문이다. 앞세우기는 컬럼에 주입되는 시료의 양이 너무 많을 경우에도 나타난다. 이처럼 피크가 찌그러지면 분리가 나빠지며 용리 시간의 재현성이 떨어지기 때문에 바람직하지 않다. 차후의 논의에서는 꼬리끌기와 앞세우기가 최소화된다고 가정한다.

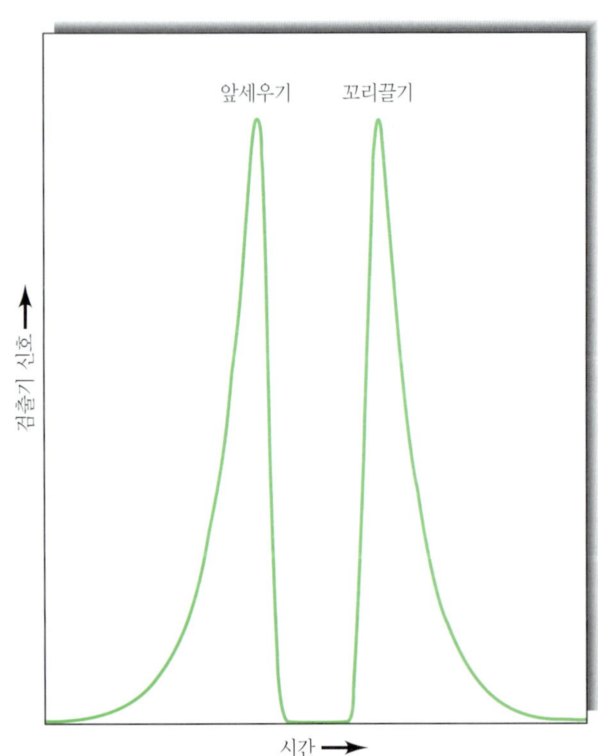

그림 26-5 크로마토그래피 피크에서 앞세우기와 꼬리끌기의 실례.

26C-2 컬럼 효율의 정량적인 설명

크로마토그래피 컬럼 효율을 나타내는 정량적인 척도로서 널리 사용되는 두 가지 관련된 용어는 (1) *단높이*(plate height), H와 (2) *단수*(plate count) 또는 *이론 단수*(number of theoretical plates), N이다. 이들의 관계는 다음 식과 같다.

$$N = \frac{L}{H} \tag{26-16}$$

여기서 L은 컬럼의 충전 길이(일반적으로 cm)이다. 크로마토그래피 컬럼의 효율은 단수가 클수록 그리고 단높이가 작을수록 증가한다. 컬럼의 형태 그리고 이동상과 정지상이 다르면 컬럼의 효율에도 큰 차이가 나타난다. 단수로 나타낸 효율은 수백부터 수십만까지 다양하다; 단높이는 십 분의 일에서 수천 분의 1 cm 또는 그 이하의 것들도 흔히 있다.

"단높이"와 "이론 단수"라는 용어는 Martin과 Synge의 선구자적인 이론적 연구에 기인하였다. 그들은 크로마토그래피 컬럼을 *이론 단*(theoretical plate)[6]이라고 하는 불연속적이지만 접촉해 있는 무수히 많은 얇은 층으로 이루어져 있는 증류 컬럼과 동일하다고 간주하였다. 이동상과 정지상 사이에서 용질의 평형이 각 단에서 일어난다고 가정하였다. 용질이 컬럼 아래로 이동하는 것은 평형을 이룬 이동상이 한 단에서 다음 단으로 단계적으로 이동하는 것이라고 간주하였다.

단 이론(plate theory)은 크로마토그래피 피크의 Gauss 곡선 모양과 컬럼 아래로 내려가는 이동 속도를 성공적으로 설명한다. 그러나 이것은 피크의 넓어짐 현상을 역학적으로 설명할 수 없기 때문에 결국 단 이론을 포기하고 속도론(rate theory)을 선호하게 되었다. 그럼에도 불구하고 효율을 표현하기 위해 원래의 용어가 속도론에서도 사용되고 있다. 이런 명명법은 불행한 일이라고 할 수 있는데, 이는 컬럼이 평형이 일어나는 단으로 이루어졌다는 잘못된 생각을 영구화할 수도 있기 때문이다. 실제로, 계속 움직이는 이동상에서는 평형 상태에 결코 도달하지 못한다.

단높이의 정의

부록 1의 제a1B-1절에서와 같이, Gauss 곡선의 폭은 반복 측정

[6]A. J. P. Matine and R. L. M. Synge, *Biochem. J.*, **1941**, *35*, 1358. **DOI**: 10.1042/bj0351358.

한 데이터의 표준 편차 σ 또는 가변도 σ^2과 직접 관계가 있다. 크로마토그래피 띠가 일반적으로 Gauss 곡선 모양을 하고 있기 때문에 컬럼의 효율을 컬럼의 단위 길이당 가변도의 항으로 편리하게 정의할 수 있다. 즉, 단높이 H는 다음과 같이 주어진다.

$$H = \frac{\sigma^2}{L} \tag{26-17}$$

컬럼 효율의 정의는 길이가 L cm인 충전 컬럼으로 그림 26-6a에서 설명된다. 그림 26-6b는 분석물질의 피크가 충전 컬럼의 끝에 도달하는 순간(즉, 머무름 시간)에 컬럼의 길이에 따라 분자들이 분포된 상태를 보여준다. 이 곡선은 Gauss 곡선이며, $L - 1\sigma$와 $L + 1\sigma$의 위치는 수직 점선으로 표시되어 있다. L의 단위는 cm이고 σ^2의 단위는 cm^2 다. 따라서 H는 cm 단위의 선형 거리로 나타낸다(식 26-17). 사실상 단높이는 $L - \sigma$와 L 사이에 놓여있는 일정 분율의 분석물질을 포함하는 컬럼의 길이라고 생각할 수 있다. $\pm 1\sigma$의 경계를 갖는 정규 오차 곡선 아래의 면적은 전체 면적의 약 68%이기 때문에, 정의에 따라서 단높이는 대략 34%의 분석물질을 포함한다.

N과 H의 실험적 측정

그림 26-7은 가로축을 시간으로 나타낸 전형적인 크로마토그램이다. 용질 피크의 가변도는 간단한 그래픽 방법으로 구할 수 있으며, 단위는 sec^{2}이고 일반적으로 τ^2으로 표시하며, cm^{2}의 단위를 갖는 σ^2과 구별하고 있다. 두 가지 표준 편차 τ와 σ는 다음과 같은 관계를 갖는다.

$$\tau = \frac{\sigma}{L/t_R} \tag{26-18}$$

여기서 L/t_R은 용질의 평균 선형 속도 $\bar{v}$ (cm/sec)이다(식 26-4).

그림 26-7은 실험으로 얻은 크로마토그램으로부터 대략적인 τ와 σ를 구하는 방법을 보여준다. 크로마토그램 피크의 양변의 변곡점에서 접선을 그어 크로마토그램의 가로축과 삼각형을 만든다. 피크가 Gauss 곡선이라면, 삼각형의 넓이는 피크 전체 면적의 약 96%가 된다. 부록 1의 제a1B-1절에서 알 수 있듯이, Gauss 곡선의 최댓값에서 양과 음의 표준 편차의 두 배($\pm 2\sigma$) 내에 포함되는 면적은 Gauss 곡선 아래 전체 면적의 약 96%가 된다. 따라서 그림 26-7에서 보여준 가로축에서의 절편은 최댓값에서 용질 피크의 양과 음의 표준 편차의 대략 두 배($\pm 2\tau$) 자리에 있게 된다. 따라서 $W = 4\tau$이며, 여기서 W는 삼각형 밑변의 길이이다. 이 관계식을 식 26-18에 대입하여 재정리하면 다음과 같다.

$$\sigma = \frac{LW}{4t_R} \tag{26-19}$$

이 식의 σ를 식 26-17에 대입하면 다음과 같다.

$$H = \frac{LW^2}{16t_R^2} \tag{26-20}$$

N을 구하기 위해 식 26-16에 대입하고 재정리하면 다음과 같다.

$$N = 16\left(\frac{t_R}{W}\right)^2 \tag{26-21}$$

따라서 N은 두 개의 시간 측정값 t_R과 W로부터 계산할 수 있다. 또한 H를 구하기 위해 충전 컬럼의 길이 L을 알아야 한다. 이와 같은 계산은 근사적이고 피크 모양은 Gauss 곡선이라는 것을 가정한다.

좀 더 신뢰성이 있는 N을 구하는 다른 근사법은 피크 최대 높이의 반이 되는 지점에서 피크 너비 $W_{1/2}$을 구하는 것이다. 이 경우 이론적 단수는 다음과 같이 주어진다.

$$N = 5.54\left(\frac{t_R}{W_{1/2}}\right)^2 \tag{26-22}$$

여기서 설명한 H와 N의 실험적 결정은 Gauss 크로마토그래피 피크에 기초를 두고 있기 때문에 계산은 어림잡은 값이다. 왜곡된 Gauss 피크를 취급하는 더 정확한 방법은 문헌에 설명되어 있다; 이것은 통계적인 이차-모멘트 계산(statistical second-moment calculation)[7]을 사용하여 피크의 가변도를 찾아내는 데 기초를 두고 있다.

단수 N과 단높이 H는 문헌 및 기기 제작자들에 의해 널리 이용된다. 이들은 컬럼의 분리도와 효율을 비교하는 데 아주 유용하다. 하지만 컬럼들을 비교하는 데 이 숫자들이 의미를 가지려면, *동일한 화합물*(same compound)을 사용하여 측정해야만 한다.

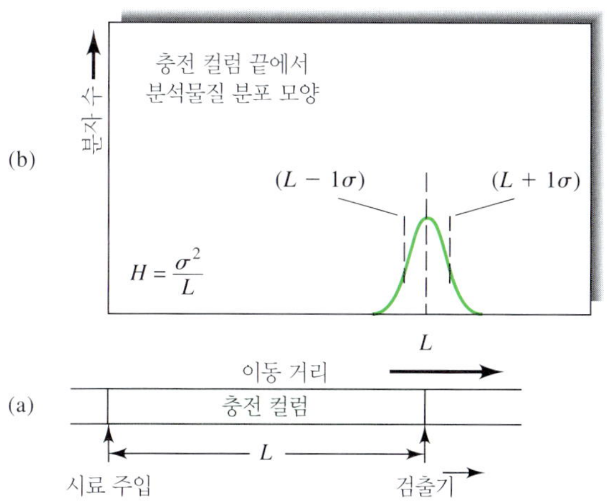

그림 26-6 단높이의 정의 $H = \sigma^2/L$. (a)에서 컬럼 길이는 시료 주입에서 검출기까지 거리이며, (b)에서 시료 분자의 Gaussian 분포를 보여준다.

26C-3 컬럼 효율에 영향을 주는 속도론적 변수들

띠가 넓어지는 것은 컬럼 효율이 떨어졌다는 것을 의미한다. 용

[7] J. P. Foley and J. G. Dorsey, *Anal. Chem.*, **1983**, *55*, 730, **DOI**: 10.1021/ac00255a033; *J. Chromatogr. Sci.*, **1984**, *22*, 40, **DOI**:10.1093/chromsci/22.1.40. 비이상 피크 모양에 관한 스프레드시트 접근법은 다음 문헌을 참고하시오. S. R. Crouch and F. J. Holler, Applications of Microsoft® Excel in Analytical Chemistry, 3rd ed., Belmont, CA: Cengage Learning, 2017, pp. 391-393.

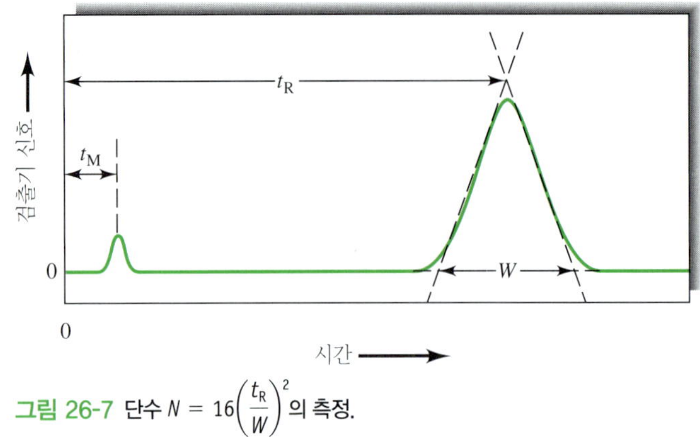

그림 26-7 단수 $N = 16\left(\frac{t_R}{W}\right)^2$의 측정.

질들이 컬럼 아래로 이동하는 동안 일어나는 질량 이동 과정의 속도가 느려질수록, 컬럼 출구에서 띠는 더 넓어진다. 질량 이동 속도에 영향을 주는 몇 가지 변수를 조절하여 분리를 개선할 수 있다. 표 26-2에는 이 변수들 중 가장 중요한 것들을 나타내었다. 단높이 H로 측정되는 컬럼 효율에 미치는 이 변수들의 영향은 다음 절에서 설명한다.

이동상 흐름 속도의 영향

띠 넓어짐의 정도는 이동상이 정지상과 접촉하는 시간의 길이에 영향을 받는다. 즉 이동상의 흐름 속도에 따라 달라진다. 이와 같은 이유로 컬럼 효율에 관한 연구는 보통 H(식 26-21 또는 식 26-22, 그리고 식 26-16을 이용)를 이동상 속도의 함수로 측정하는 방법을 이용하고 있다. 이런 연구로부터 얻어진 데이터들을 그림 26-8에 나타내었으며, 하나는 LC, 다른 하나는 GC에 대한 것이다. 두 그림 모두 흐름 속도가 낮을 때 H는 최솟값(또는 최대 효율)을 갖지만, LC의 최소점은 일반적으로 GC 경우보다 낮은 흐름 속도에서 나타난다. 때로는 흐름 속도가 너무 느려서 정상적인 작동 조건에서 최소 H값이 관찰되지 않는다. 이 절에서 설명하게 되는 크로마토그래피 띠 넓어짐에 대한 속도론은 H를 u에 대해 도시한 곡선 모양을 정확히 예측할 수 있게 한다. 이것을 이 이론의 창시자의 이름을 딴 *van Deemter 도시*(van Deemter plot)라고 한다.

표 26-2 컬럼 효율에 영향을 미치는 변수

변수	기호	일반 단위
이동상의 선형 속도	u	cm s^{-1}
이동상에서의 확산 계수*	D_M†	$cm^2\ s^{-1}$
정지상에서의 확산 계수*	D_s	$cm^2\ s^{-1}$
머무름 인자(식 26-12)	k	무단위
충전제 입자의 지름	d_p	cm
정지상 표면에 입힌 액체 막의 두께	d_f	cm

*온도가 상승하고 점도가 감소함에 따라 증가한다.

†액체의 경우, 작거나 중간 크기 분자들의 D_M값들은 10^{-5} $cm^2\ s^{-1}$ 자릿수이고; 기체의 경우, D_M값들은 ~10^5배 크다.

자습: www.tinyurl.com/skoogpia7에서 **컬럼 효율(column efficiency)**에 대해 더 알아보시오.

그림 26-8에 나타낸 것처럼 LC의 흐름 속도는 GC의 것보다 훨씬 느리다. 이것은 기체 크로마토그래피 분리가 액체 크로마토그래피 분리보다 더 짧은 시간에 완결될 수 있다는 것을 의미한다. 게다가 그림에서 보여주는 것처럼 액체 크로마토그래피 컬럼의 단높이는 기체 크로마토그래피 컬럼의 것보다 10배 이상 작다. 그러나 LC 컬럼이 25 cm보다 길어지면 높은 압력 강하로 비실용적이기 때문에 이런 장점이 상쇄된다. 반면에 GC 컬럼은 길이가 50 m 또는 그 이상의 것도 사용할 수 있다. 결과적으로 전체 단수가 더 크므로 전반적인 컬럼 효율은 대체로 기체 크로마토그래피 컬럼이 더 우수하다. 따라서 GC와 LC를 비교하면 GC가 더 빨리 그리고 더 높은 효율로 분리할 수 있다. 하지만 이 두 효과가 모두 동시에 필요한 것은 아니다.

띠 넓어짐에 관한 이론

지난 40년간 여러 종류의 컬럼에 대하여 표 26-2에 열거한 실험적 변수들이 단높이에 미치는 영향을 설명하는 정량적인 관계식을 유도하기 위하여 이론과 실험적으로 많이 노력하였다. 아마도 단높이를 계산할 수 있는 10여 개 이상의 관계식이 제안되었고 어느 정도는 성공적으로 적용되었다. 그러나 이 식들 중 어느 것도 복잡한 물리적 상호작용과 띠 넓어짐이 발생하여 컬럼의 효율을 떨어뜨리는 효과들을 완전하게 설명하지는 못하였다. 그러나 불완전하지만 몇몇 관계식은 컬럼의 성능을 개선하는 방향을 제시하는 데 상당히 기여하고 있다.

크로마토그래피 컬럼의 효율은 다음과 같이 근사적으로 나타낼 수 있다.

$$H = A + \frac{B}{u} + C_S u + C_M u \qquad (26\text{-}23)$$

여기서 H는 단높이(cm)이며 u는 이동상의 선형 속도(cm/s)이다. A는 *다중 경로 효과*(multiple path effects)(소용돌이 확산, eddy diffusion)를 나타내는 계수, B는 *세로 확산 계수*(lon-

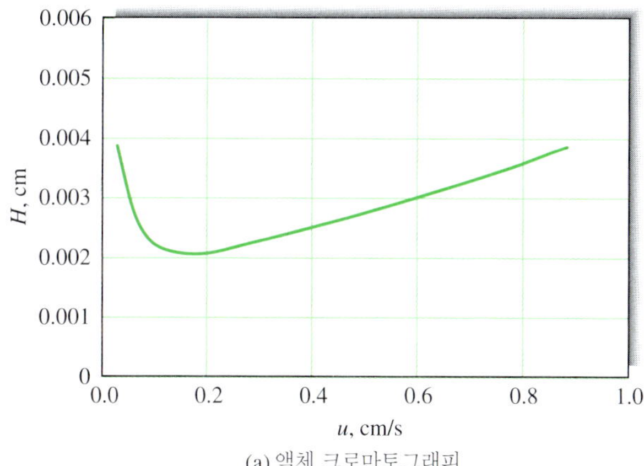

(a) 액체 크로마토그래피

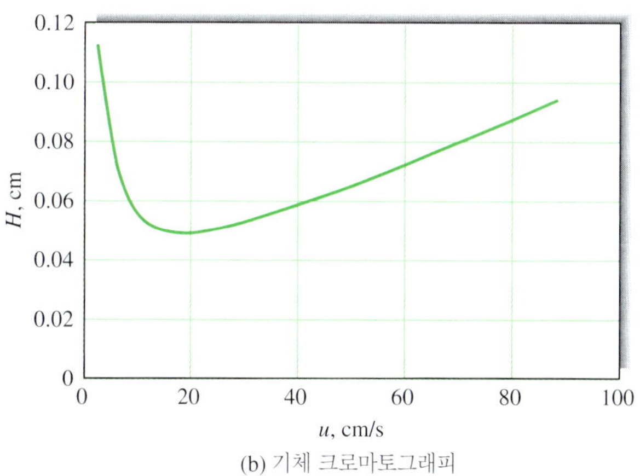

(b) 기체 크로마토그래피

그림 26-8 단높이에 미치는 이동상 흐름 속도의 영향. (a) LC, (b) GC. 흐름 속도와 단높이의 크기가 매우 다르다는 점을 유의하라.

gitudinal diffusion coefficient) 및 c_S과 c_M은 *질량 이동 계수*(mass-transfer coefficients)이다. c_S는 정지상과 관련된 계수이고, c_M은 이동상과 관련된 계수이다. 식 26-23은 잘 알려진 *van Deemter* 식과 동일하며, 1950년대 네덜란드의 화학공학자들에 의해 유도되었고 종종 크로마토그래피 효율을 설명하는 데 사용되었다.

최근에 이 식에 대한 연구가 행해져 더 정교한 식을 얻었으나 원래의 식 26-23도 컬럼 효율을 설명하는 데 매우 만족할 만하다는 것이 실험적으로 밝혀졌다.[8] van Deemter 식은 이동 속도에 무관한 항뿐만 아니라 선형적으로 비례 그리고 반비례 항을 포함하고 있다.

이제 식 26-23의 네 개의 항에 영향을 주는 변수들에 대해 좀 더 자세히 살펴보자. 이 항들을 표 26-3에 나타내었고 다음 단

표 26-3 띠 넓어짐에 원인이 되는 과정

과정	식 26-23의 항	컬럼*과 분석물질의 성질에 대한 관계식
다중 경로	A	$A = 2\lambda d_p$
세로 확산	B/u	$\frac{B}{u} = \frac{2\gamma D_M}{u}$
정지상에서의 질량 이동	$C_S u$	$C_S u = \frac{f(k)d_f^2}{D_S}u$
이동상에서의 질량 이동	$C_M u$	$C_M u = \frac{f'(k)d_p^2}{D_M}u$

*u, D_S, D_M, d_f, d_p, k'는 표 26-2에서 정의한다.
$f(k)$, $f'(k)$: k의 함수
λ, γ: 충전의 질에 따르는 상수
B: 세로 확산 계수
C_S, C_M: 각각 정지상과 이동상에서의 질량 이동 계수

락에서 설명한다.[9]

다중 경로 항(A). 이동상에서의 띠 넓어짐은 부분적으로는 분자(또는 이온)가 충전 컬럼을 통과해 나갈 수 있는 통로가 다양하기 때문에 나타나는 것이다. 그림 26-9에서 볼 수 있는 바와 같이 이 통로들의 길이는 서로 상당히 다르다. 따라서 같은 화학종의 분자라도 컬럼에 머무는 시간이 다를 수 있다. 그리하여 분석물질 분자들은 시간차를 갖고 컬럼 끝에 도착하게 되므로 띠는 넓어지게 된다. 흔히 *소용돌이 확산*(eddy diffusion)이라고 하는 다중 경로의 효과는 한 흐름 경로에서 다른 흐름 경로로 분자를 이동하게 하는 보통의 확산에 의하여 부분적으로

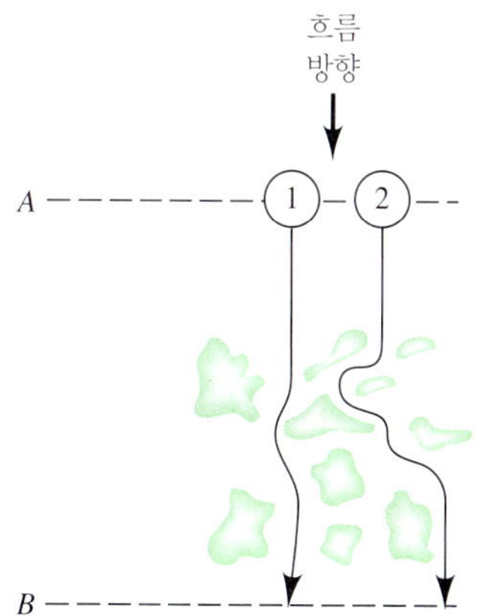

그림 26-9 용리 중의 두 분자의 대표적인 경로. 분자 2가 지나가는 거리는 분자 1이 지나가는 거리보다 길다. 따라서 분자 2는 분자 1보다 늦게 B에 도착할 것이다.

[8] E. Katz, K. L. Ogan, and R. P. W. Scott, *J. Chromatogr.*, **1983**, *270*, 51, **DOI**: 10.1016/S0021-9673(01)96351-4.

[9] van Deemter 식을 이용한 계산에 관한 스프레드시트 접근은 다음 문헌을 참고하시오. S. R. Crouch and F. J. Holler, *Applications of Micrisoft® Excel in Analytical Chemistry*, 3rd ed., Belmont, CA: Cengage Learning, 2017, pp. 394-399.

상쇄되지 않는다면 용매 속도와는 무관하다. 흐름 속도가 아주 느리면 보통의 확산에 의한 이동이 아주 많이 일어나서, 컬럼을 따라 흐르는 각 분자는 수많은 흐름 경로마다 짧은 시간 동안 머물게 된다. 그 결과, 각 분자가 컬럼 속을 이동하는 속도는 평균속도에 접근하게 된다. 그러므로 이동상의 속도가 느릴 경우, 충전물 사이의 다중 경로 때문에 분자들이 크게 분산되지는 않는다. 그러나 속도가 중간 정도 또는 그보다 높을 경우에는 확산에 의해 평균화가 일어날 충분한 시간이 없으므로 경로가 다르기 때문에 발생하는 띠 넓어짐이 관찰된다. 속도가 충분히 높다면 소용돌이 확산의 효과는 흐름 속도에 무관하게 된다.

소용돌이 확산 효과에 겹쳐서 일어나는 다른 효과는 정지상에 고인 이동상의 정체된 풀(pool) 때문에 생긴다. 따라서 정지상으로 고체가 사용될 경우, 고체의 구멍은 *정체된*(static) 부피의 이동상으로 채워진다. 용질 분자들은 이 정체된 풀에서 확산하여 나와야만 정지상과 *움직이는*(moving) 이동상 사이에 이동이 일어날 수 있다. 이 상황은 고체 정지상뿐만 아니라 다공성 고체에 고정시킨 액체 정지상에도 적용되는데, 이는 고정화된 액체가 고체 내의 구멍을 완전히 채우지 못하기 때문이다.

이동상의 정체된 풀의 존재는 교환 과정의 속도를 느리게 만들어, 단높이는 이동상 속도에 정비례하고 이동상 내 용질의 확산 계수에 반비례한다. 입자의 크기가 커지면 내부 부피의 증가도 수반된다.

세로 확산 항(B/u). 확산은 농도가 진한 부분에서 묽은 영역으로 화학종이 이동하는 과정이다. 이동 속도는 두 영역의 농도차 및 화학종의 *확산 계수*(diffusion coefficient) D_M에 비례한다. 확산 계수는 주어진 매질 속에서 물질 이동도의 척도로서, 주어진 화학종에서 대해 단위 농도 기울기에서의 이동 속도와 동일한 상수이다.

크로마토그래피에서 세로 확산이 일어나면 농도가 진한 띠의 중앙 부분에서 띠 양쪽의 농도가 묽은 영역으로(즉 흐름의 같은 방향과 반대 방향으로) 용질이 이동하게 된다. 기체 분자의 확산 속도가 상대적으로 빠르기 때문에 GC에서는 세로 확산이 띠 넓어짐의 잘 알려진 원인이다. 확산 속도가 훨씬 느린 LC에서는 이런 현상이 덜 중요하다. 식 26-23의 B항의 크기는 이동상 내에서 분석물질의 확산 계수에 크게 의존하며, 이 상수에 정비례한다.

식 26-23에 나타낸 바와 같이 세로 확산이 단높이에 기여하는 정도는 용리액의 선속도에 반비례한다. 이것은 흐름 속도가 빠를 경우 분석물질이 컬럼 내에 머무르는 시간이 짧아지기 때문이다. 따라서 띠의 중앙에서 양쪽 가장자리로 확산이 일어날 시간이 부족해진다.

그림 26-8의 두 곡선에서 H의 초기 감소는 세로 확산의 직접적인 결과이다. LC에서는 액체 이동상에서의 확산 속도가 아주 낮기 때문에 이 효과가 훨씬 적게 나타난다. 그림 26-8의 두 곡선에서 나타난 바와 같이 단높이가 크게 다른 것은 두 이동상 속에서의 세로 방향 확산의 상대적인 속도를 감안하면 설명될 수 있다. 즉, 기체 매질 속에서의 확산 계수는 액체 매질 속에서의 확산 계수보다 여러 자릿수가 크다. 따라서 띠 넓어짐은 LC보다 GC에서 훨씬 더 크게 일어난다.

정지상 질량 이동 항 $C_S u$. 정지상이 고정화된 액체이면 질량 이동 계수는 지지체 입자 위의 막 두께의 제곱, d_f^2에 정비례하고, 막 내에서의 용질의 확산 계수 D_S에 반비례한다. 이러한 효과는 이들 둘 모두가 이동상으로의 이동이 일어날 수 있는 계면에 분석물질 분자가 도달하는 평균 빈도를 줄인다는 점을 인식하면 이해할 수 있다. 즉 막이 두꺼우면 분자들이 표면에 도달하는 데 평균적으로 더 먼 거리를 이동해야 하며, 확산 계수가 작으면 분자들이 더 느리게 이동하게 된다. 결과적으로 질량 이동 속도가 느려지고 단높이는 증가하게 된다.

정지상이 고체 표면이면, 질량 이동 계수 C_S는 화학종이 흡착 또는 탈착되는 데 필요한 시간에 정비례하며, 이 시간은 흡착 또는 탈착 과정의 일차속도 상수에 반비례한다.

이동상 질량 이동 항 $C_M u$. 이동상에서 일어나는 질량 이동 과정은 너무 복잡하여 아직은 완벽하게 정량적으로 설명하지 못하고 있다. 그러나 질량 이동 과정에 의해 야기되는 띠 넓어짐에 영향을 미치는 변수들에 대하여 정성적으로는 잘 설명되었으며, 이를 통하여 모든 형태의 크로마토그래피 컬럼은 크게 개선되었다.

이동상 질량 이동 계수 C_M은 이동상 내에서의 분석물질의 확산 계수, D_M에 반비례한다고 알려져 있다. 충전 컬럼에서 C_M은 충전 물질의 입자 지름의 제곱, d_p^2에 비례한다. 열린 관 컬럼의 경우 C_M은 컬럼 직경의 제곱, d_c^2에 비례한다.

이동상 질량 이동이 단높이에 기여하는 정도는 질량 이동 계수 C_M(용매 속도의 함수)과 용매 자체 속도의 곱만큼이다. 따라서 $C_M u$가 단높이에 영향을 주는 알짜 기여도는 용매 속도 u에 대해 직선 관계가 아닌 복잡한 의존성을 보인다(그림 26-10에서 $C_M u$로 표시된 곡선을 보시오).

이동상 속도가 식 26-23의 항들에 미치는 효과. 그림 26-10은 이동상 속도에 따라 식 26-23의 세 항이 변화하는 양상을 보여준다. 가장 위의 곡선은 이들 여러 가지 효과를 모두 더한 것이다. 단높이가 최소이며 분리 효율이 최대인 최적 흐름 속도가 존재한다는 것을 주목하시오.

띠 넓어짐을 줄이는 방법들의 요약. 충전 컬럼에서 컬럼 효율에 영향을 미치는 가장 중요한 인자는 충전에 사용된 입자의 지름이다. 열린 관 컬럼에서는 컬럼 자체의 직경이 중요한 변수이다. 입자 지름의 영향은 그림 26-11의 GC에 대한 데이터로 설명할 수 있다. LC에 대한 유사한 그래프는 그림 28-2에 나타내었다. 컬럼 직경이 주는 효과를 극대화하기 위해서 최근에는 점

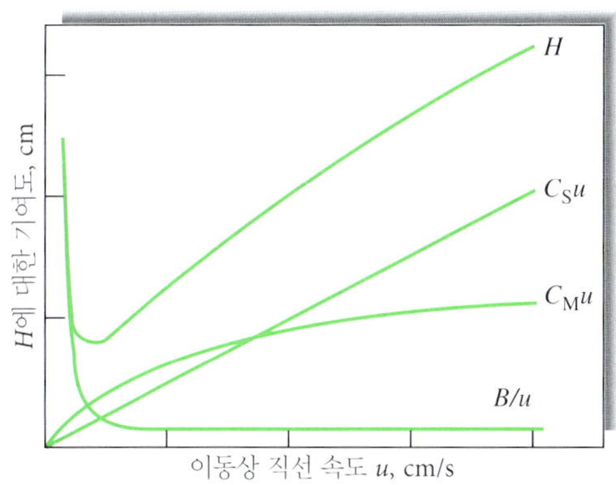

그림 26-10 여러 가지 질량 이동 항들의 컬럼 단높이에 기여하는 정도. $C_S u$는 정지상으로 오고 가는 질량 이동 속도에 기인하며, $C_M u$는 이동상에서의 질량 이동 속도의 제한 때문에 발생하고, 또 B/u는 세로 방향 확산에 관계된다.

점 더 가는 컬럼이 사용되고 있다.

이동상이 기체일 경우, 온도를 낮추어 확산 계수를 감소시킴으로써 세로 확산의 속도를 상당히 느리게 만들 수 있다. 이동상 속도가 낮아지면 B/u 항은 커지게 되는데(그림 26-10), 온도를 낮춤으로써 작은 단높이를 얻을 수 있다. 이 효과는 LC에서는 크게 나타나지 않은데, 그 이유는 확산이 매우 느려 세로 확산항이 전체 단높이에 영향을 줄 만큼 크지 않기 때문이다. 또한 대부분의 크로마토그래피는 적정 속도보다 더 높은 이동상 속도에서 이루어져 질량 이동항(C항)이 컬럼의 효율을 좌우하게 된다.

정지상이 액체인 경우에는 식 26-23의 C_S가 흡착된 액체층 두께의 제곱에 비례하기 때문에 이 두께를 최소화하여야 한다.

26D 컬럼 성능의 최적화

크로마토그래피 분리는 혼합물 성분들이 최소 시간 내에 깨끗하게 분리될 때까지 실험 조건을 변화시킴으로써 최적화된다. 최적화 실험은 (1) 띠 넓어짐을 감소시키거나 (2) 성분들의 상대 이동 속도를 변화시키는 것을 목표로 한다. 제26C절에서 설명했듯이, 띠 넓어짐은 컬럼의 단높이를 증가시키는 속도론적 변수들에 의해 증가된다. 반면에 이동 속도는 용질의 머무름 인자와 선택 인자에 영향을 주는 변수들을 변화시키면 달라진다(제26B절).

26D-1 컬럼의 분리도

컬럼의 *분리도*(resolution) R_s는 두 개의 띠가 그들의 너비에 비해 얼마나 멀리 떨어져 있는지 알려준다. 분리도는 두 가지 분석 물질을 분리할 수 있는 컬럼의 능력을 정량적으로 나타낸 척도이다. 이 분리도의 중요성은 서로 다른 분리도를 갖는 3개의 컬럼을 사용하여 얻은 화학종 A와 B의 크로마토그램을 나타낸 그림 26-12에서 설명된다. 컬럼의 분리도는 다음과 같이 정의한다.

$$R_s = \frac{\Delta Z}{\frac{W_A}{2} + \frac{W_B}{2}} = \frac{2\Delta Z}{W_A + W_B}$$

$$= \frac{2[(t_R)_B - (t_R)_A]}{W_A + W_B} \qquad (26\text{-}24)$$

여기서 식의 오른쪽에 있는 모든 항들은 그림에서 명확히 나타나 있다.

그림 26-12에서 알 수 있는 것은, 분리도가 1.5는 되어야 두 성분이 완전하게 분리된 것이며, 분리도가 0.75인 경우에는 분리가 되지 않은 것이다. 분리도가 1.0인 경우에는, 띠 A가 약 4%의 B를 포함하며 띠 B도 약 4%의 A를 포함한다. 분리도가

자습: www.tinyurl.com/skoogpia7에서 **컬럼 분리도(column resolution)**에 대해 더 알아보시오.

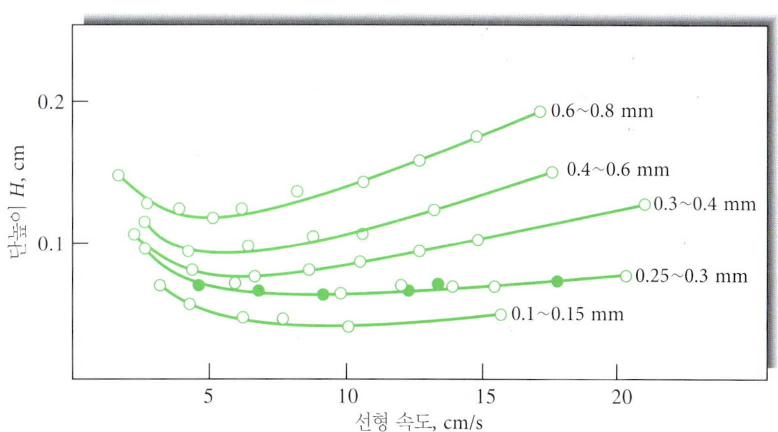

그림 26-11 충전된 GC 컬럼에서 단높이에 미치는 입자 크기의 영향. 각 곡선의 오른쪽 숫자는 입자의 지름이다.(From J. Boheman and H. Purnell, in *Gas Chromatography*, 1958, D. H. Desty, ed. New York: Academic Press, 1958. With permission.)

1.5인 경우에는 약 0.3% 겹친다. 주어진 정지상에 대한 분리도는 컬럼의 길이를 늘이면, 즉 단의 수를 증가시키면 개선된다. 그러나 단수가 증가하면 분리 시간이 길어진다.

26D-2 분리도에 미치는 머무름 인자와 선택 인자의 영향

두 용질의 머무름 인자 k_A와 k_B, 선택 인자 α 및 컬럼을 구성하는 단수 N과 컬럼의 분리도와의 수학적 관계식을 유도해보는 것은 유용한 일이다. 이를 위해 머무름 시간이 서로 비슷한 두 용질 A와 B에 대해 다루기로 한다. 그러면 다음과 같이 가정할 수 있다.

$$W_A = W_B \approx W$$

식 26-24는 다음과 같이 된다.

$$R_s = \frac{(t_R)_B - (t_R)_A}{W}$$

식 26-21을 이용하면 W를 $(t_R)_B$와 N으로 나타낼 수 있고, 이것을 위의 식에 대입하면 다음과 같다.

$$R_s = \frac{(t_R)_B - (t_R)_A}{(t_R)_B} \times \frac{\sqrt{N}}{4}$$

식 26-12를 위의 식에 대입하고 재정리를 하면, R_s를 A와 B의 머무름 인자로 나타낸 식을 얻을 수 있다. 즉,

$$R_s = \frac{k_B - k_A}{1 + k_B} \times \frac{\sqrt{N}}{4}$$

식 26-14를 대입하여 위 식에서 k_A를 제거하고 재정리를 하면 다음과 같다.

$$R_s = \frac{\sqrt{N}}{4}\left(\frac{\alpha - 1}{\alpha}\right)\left(\frac{k_B}{1 + k_B}\right) \tag{26-25}$$

여기서 k_B는 느리게 이동하는 화학종의 머무름 인자이고 α는 선택 인자이다. 식 26-25를 재정렬하면 원하는 분리도를 얻기 위하여 필요한 이론 단수를 계산할 수 있다.

$$N = 16R_s^2\left(\frac{\alpha}{\alpha - 1}\right)^2\left(\frac{1 + k_B}{k_B}\right)^2 \tag{26-26}$$

분포 상수가 매우 비슷하여 분리가 어려운 한 쌍의 용질에 식 26-25와 식 26-26을 적용하는 경우에는 이들의 간략식을 이용할 수 있다. 따라서 $K_A \approx K_B$이면 식 26-9로부터 $k_A \approx k_B = k$가 되고 식 26-13으로부터는 $\alpha \rightarrow 1$이 된다. 이러한 근사법을 사용하면, 식 26-25와 26-26은 다음과 같이 간단해진다.

$$R_s = \frac{\sqrt{N}}{4}(\alpha - 1)\left(\frac{k}{1 + k}\right) \tag{26-27}$$

$$N = 16R_s^2\left(\frac{1}{\alpha - 1}\right)^2\left(\frac{1 + k}{k}\right)^2 \tag{26-28}$$

여기서 k는 k_A와 k_B의 평균값이다.

26D-3 머무름 시간에 미치는 분리도의 영향

앞 절에서 유도한 네 식의 중요성을 자세히 살펴보기 전에, 컬럼의 성능 특성, 즉 용질 A와 B를 완벽하게 분리하는 데 걸리는

자습: www.tinyurl.com/skoogpia7에서 **선택 인자(selectivity factor)**에 대해 더 알아보시오.

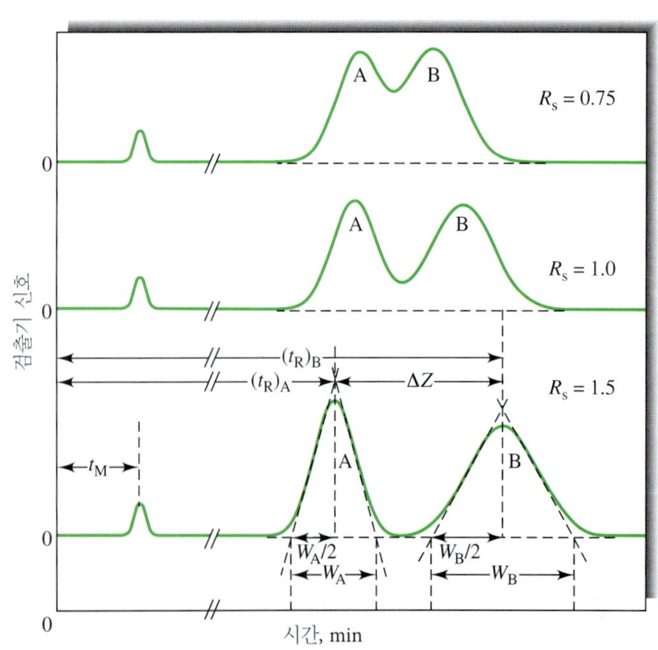

그림 26-12 세 개의 분리도 값에 따른 분리 상태: $R_s = 2\Delta Z/(W_A + W_B)$. 피크의 높이는 각 경우에 서로 비슷하게 대략 조절한 것이다.

시간에 관한 식을 유도하는 것은 의미가 있다. 크로마토그래피법의 목표는 가능한 짧은 시간 내에 가장 좋은 분리를 하는 것이다. 그러나 불행하게도, 이 두 목표는 양립할 수 없으므로 적절히 절충을 해야 한다.

분리를 완결하는 데 걸리는 시간은 식 26-4에서 주어진 것과 같이 더 느리게 움직이는 용질의 속도 $\bar{\nu}_B$를 이용하여 결정한다. 즉,

$$\bar{\nu}_B = \frac{L}{(t_R)_B}$$

이 식을 식 26-10 및 식 26-16과 합치고 재정리하면 다음과 같다.

$$(t_R)_B = \frac{NH(1 + k_B)}{u}$$

여기서 $(t_R)_B$는 이동상의 속도가 u일 때 컬럼 끝으로 피크 B가 나오는 데 걸리는 시간이다. 이 식을 식 26-26과 합쳐서 재정리하면 다음과 같다.

$$(t_R)_B = \frac{16R_s^2H}{u}\left(\frac{\alpha}{\alpha - 1}\right)^2\frac{(1 + k_B)^3}{(k_B)^2} \qquad (26\text{-}29)$$

H가 u의 함수이고 α는 k의 함수이므로 위의 식은 여러 인자들이 비율로 상쇄되어 비교할 때를 제외하고는 풀어서 사용하기가 어렵다.

이 관계를 예제 26-1에 설명하였다.

예제 26-1

30.0 cm 컬럼으로 물질 A와 B를 분리할 때 머무름 시간은 각각 16.40분과 17.63분이었다. 머물지 않는 화학종은 1.30분만에 컬럼을 통과하였다. A와 B의 피크 너비(밑변에서)는 각각 1.11분과 1.21분이었다. (a) 컬럼의 분리도, (b) 컬럼의 평균 단수, (c) 단높이, (d) 1.5의 분리도를 얻기 위해 필요한 컬럼의 길이, (e) 1.5의 분리도를 갖는 컬럼에서 물질 B를 용리하는 데 걸리는 시간 및 (f) 원래의 30 cm 컬럼과 원래의 시간으로 1.5의 분리도를 얻는 데 필요한 단높이를 계산하시오.

풀이

(a) 식 26-24에 대입하면 다음과 같다.

$$R_s = \frac{2(17.63 - 16.40)}{1.11 + 1.21} = 1.06$$

(b) 식 26-21을 이용하여 N을 계산할 수 있다.

$$N = 16\left(\frac{16.40}{1.11}\right)^2 = 3493 \quad \text{그리고} \quad N = 16\left(\frac{17.63}{1.21}\right)^2 = 3397$$

$$N_{av} = \frac{3493 + 3397}{2} = 3445$$

(c) $H = \dfrac{L}{N} = \dfrac{30.0}{3445} = 8.7 \times 10^{-3}$ cm

(d) k와 α는 N과 L이 증가해도 크게 변화하지 않는다. 그러므로 N_1과 N_2를 식 26-25에 대입하고 얻은 식 중에 하나를 다른 것으로 나누면 다음과 같다.

$$\frac{(R_s)_1}{(R_s)_2} = \frac{\sqrt{N_1}}{\sqrt{N_2}}$$

여기서 아래 첨자 1과 2는 각각 원래 컬럼과 더 길어진 컬럼을 나타내고, N_1, $(R_s)_1$ 및 $(R_s)_2$에 적절한 값을 대입하면 다음과 같다.

$$\frac{1.06}{1.5} = \frac{\sqrt{3445}}{\sqrt{N_2}}$$

$$N_2 = 3445\left(\frac{1.5}{1.06}\right)^2 = 6.9 \times 10^3$$

그러나

$$L = NH = 6.9 \times 10^3 \times 8.7 \times 10^{-3} = 60 \text{ cm}$$

(e) $(R_s)_1$과 $(R_s)_2$를 식 26-29에 대입하고 나누면 다음과 같다.

$$\frac{(t_R)_1}{(t_R)_2} = \frac{(R_s)_1^2}{(R_s)_2^2} = \frac{17.63}{(t_R)_2} = \frac{(1.06)^2}{(1.5)^2}$$

$$(t_R)_2 = 35\text{분}$$

따라서 개선된 분리도 1.5를 얻으려면, 컬럼 길이와 분리 시간이 대략 두 배로 늘어야만 한다.

(f) H_1과 H_2를 식 26-29에 대입하고 얻은 식 중에 하나를 다른 것으로 나누면 다음과 같다.

$$\frac{(t_R)_B}{(t_R)_B} = \frac{(R_s)_1^2}{(R_s)_2^2} \times \frac{H_1}{H_2}$$

여기서 아래 첨자 1과 2는 각각 원래 단높이와 새로운 단높이를 나타낸다. 재정리하면 다음과 같다.

$$H_2 = H_1\frac{(R_s)_2^2}{(R_s)_1^2} = 8.7 \times 10^{-3}\text{ cm} \times \frac{(1.06)^2}{(1.5)^2}$$

$$= 4.3 \times 10^{-3}\text{ cm}$$

따라서 30 cm 컬럼으로 17.63분 이내에 분리도가 1.5가 되게 하려면 단높이를 반으로 줄여야 한다.

26D-4 컬럼 성능에 영향을 주는 변수들

식 26-25 및 식 26-29가 중요한 것은 가장 짧은 시간 내에 깨끗하게 분리해야 하는 쉽지 않은 분리 조건을 선택하는 데 지침이 되기 때문이다. 이 식들을 살펴보면, 각 식은 세 부분으로 구성되어 있다는 것을 알 수 있다. 첫 번째 항은 띠 넓어짐을 일으키는 속도론적 효과와 관련되어 있는 것으로, $\sqrt{N}$ 또는 H/u로 되어 있다. 두 번째와 세 번째 항은 분리되는 성분들의 열역학적인 면과 관련되어 있다. 즉, 이들 분포 상수의 상대적 크기와 이동상 및 정지상의 부피이다. 식 26-25와 26-29의 두 번째 항인 α를 포함하는 분수항은 선택 인자 항이다. 주어진 이동상과 정지상의 조합에서 α항은 두 용질의 성질에만 의존한다. 세 번째

항은 k_B의 비로 되어 있고 용질과 컬럼의 성질에 모두 의존한다.

원하는 분리를 얻기 위한 최적 조건을 찾는 데 있어서 기억해야 할 것은 기본적인 파라미터 α, k 및 N(또는 H)들을 어느 정도는 독립적으로 조절할 수 있어야 한다는 것이다. 따라서 α와 k는 온도 또는 이동상의 조성을 변화시키면 쉽게 조절할 수 있다. 좀 불편하기는 하나 다른 종류의 충전물을 사용할 수도 있다. 이미 살펴본 바와 같이 컬럼의 길이를 바꾸어 N을 변화시킬 수 있다. 이동상의 흐름 속도, 충전물의 입자 크기, 이동상의 점도(따라서 D_M 또는 D_S) 및 정지상을 구성하는 흡착된 액체의 막 두께(표 26-3 참고)를 변화시키면 H를 변화시킬 수 있다.

N의 변화

분리도를 개선할 수 있는 확실한 방법은 컬럼의 단수를 증가시키는 것이다(식 26-25). 예제 26-1에서 볼 수 있는 바와 같이 보통 N을 증가시키기 위해 컬럼의 길이를 늘이는 것보다 H를 감소시키는 것이 분리를 완결하는 데 걸리는 시간을 절약할 수 있다.

H의 변화

예제 26-1f에서 알 수 있듯이 단높이를 줄일 수 있다면, 분리 시간도 길어지지 않으면서 분리도를 크게 개선할 수 있다. 표 26-3에 이러한 목적을 이루기 위하여 이용할 수 있는 변수들을 나타내었다. 충전물의 입자 크기를 감소시키면 H가 뚜렷하게 개선된다는 점을 기억하시오. 일반적으로 B/u가 무시될 수 있는 액체 이동상의 경우, 단높이를 줄이려면 용매의 점도를 낮추어 이동상에서의 확산 계수를 증가시킨다.

머무름 인자의 변화

때때로 머무름 인자 k_B를 잘 조절하면 분리를 크게 개선시킬 수 있다. k_B를 증가시키면 일반적으로 분리도가 높아진다(그러나 용리 시간은 길어진다). k_B값의 최적 범위를 결정하기 위하여 식 26-25를 다음과 같이 나타내는 것이 편리하다.

$$R_s = \frac{Qk_B}{1 + k_B}$$

여기서 $Q = \frac{\sqrt{N}}{4}\left(\frac{\alpha - 1}{\alpha}\right)$이고, 식 26-29는 다음과 같다.

$$(t_R)_B = Q'\frac{(1 + k_B)^3}{(k_B)^2}$$

여기서

$$Q' = \frac{16R_s^2H}{u}\left(\frac{\alpha}{\alpha - 1}\right)^2$$

이다. 그림 26-13은 Q와 Q'가 거의 일정하다고 가정하고 R_s/Q와 $(t_R)B/Q'$를 k_B의 함수로 도시한 것이다. k_B값이 약 10보다 크지 않도록 해야 한다. 왜냐하면 k_B값이 커지면 분리도는 약간 증가하지만 분리 시간이 크게 늘어나기 때문이다. 용리 시간 곡선에서 최소점은 k_B값이 약 2 정도일 때 나타난다. 그림 26-13에서 알 수 있듯이, 분리도와 분리 시간을 고려할 때, k_B의 최적값의 범위는 1~5이다.

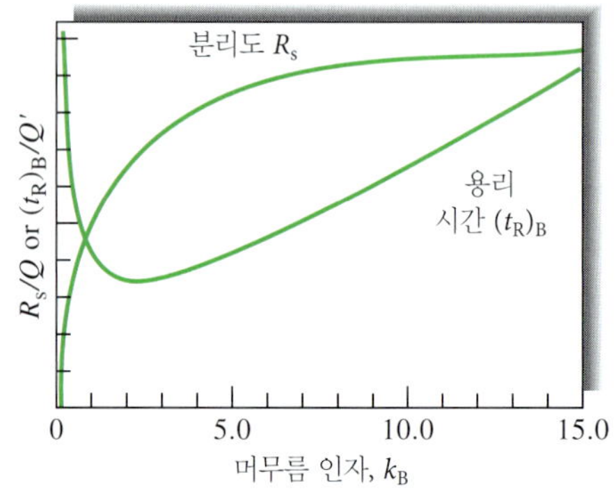

그림 26-13 분리도 R_s와 용리 시간 $(t_R)_B$에 미치는 머무름 인자 k_B의 영향. k_B는 변해도 Q와 Q'는 일정하게 유지된다고 가정한다.

보통 분리도를 개선하는 데 가장 쉬운 방법은 k를 최적화하는 것이다. 기체 이동상의 경우, 일반적으로 k는 컬럼의 온도를 증가시켜 개선할 수 있다. 액체 이동상의 경우에는 용매의 조성을 변화시킴으로써 좀 더 나은 분리를 할 수 있도록 k를 조절할 수 있다. 용매를 비교적 간단히 변화시킴으로써 얻을 수 있는 뚜렷한 효과를 그림 26-14에서 보여준다. 여기서 메탄올/물의 비율을 점진적으로 변화시키면, 분리되지 않는 크로마토그램(a와 b)을 잘 분리된 피크를 갖는 크로마토그램(c와 d)으로 변환시킬 수 있다. 대부분의 경우, (c)의 크로마토그램이 최소 시간에서 적절한 분해능을 나타내기 때문에 가장 좋다.

선택 인자의 변화

α값이 1에 가까운 경우에는 k를 최적화하고 N을 증가시켜도 두 용질을 적절한 시간에 만족스럽게 분리시킬 수 없다. 이러한 상황에서는 k의 최적 범위를 1~10으로 유지시키면서 α를 증가시키는 방법을 찾아야 한다. 몇 가지 방법을 이용할 수 있는데, 효과와 편의성의 측면에서 순서에 따라 살펴보면 다음과 같다. (1) 이동상의 조성 변화, (2) 컬럼의 온도 변화, (3) 정지상의 조성 변화 및 (4) 특별한 화학적 효과 이용하기 이다.

방법 (1)을 사용한 예로는 아니솔($C_6H_5OCH_3$)과 벤젠을 분리한 실험이다.[10] 물과 에탄올의 50% 혼합물을 이동상으로 사용하였을 때, 두 용질의 k값은 아니솔은 4.5이고 벤젠은 4.7이며, α는 겨우 1.04였다. 이동상을 37%의 테트라히드로푸란을 함유하는 수용액으로 대체하면 k값은 각각 3.9와 4.7이 되며 α는 1.20이 된다. 피크가 겹치는 정도는 첫 번째 용매에서 심각하게 나타나며 두 번째 용매에서는 무시할 정도이다.

좀 불편하지만 k값을 최적 범위로 유지하면서 α를 개선하는 매우 효율적인 방법은 정지상의 화학조성을 바꾸는 것이다. 이 방법의 장점을 활용하기 위하여 크로마토그래피 분리를 빈번히 수행하는 대부분의 실험실에서는 필요할 때 쉽게 컬럼을 교체

[10] L. R. Snyder and J. J. Kirkland, *Introduction to Modern Liquid Chromatography*, 2nd ed., p. 75, New York: Wiley, 1979.

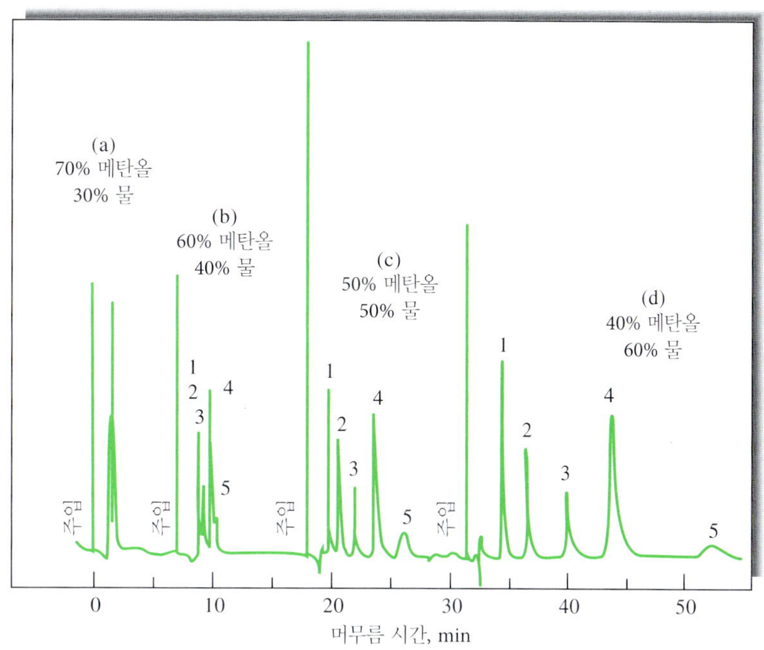

그림 26-14 크로마토그램에 미치는 용매 변화의 영향. 분석물질: (1) 9,10-안트라퀴논; (2) 2-메틸-9,10-안트라퀴논; (3) 2-에틸-9,10-안트라퀴논; (4) 1,4-디메틸-9,10-안트라퀴논; 및 (5) 2-*t*-부틸-9,10-안트라퀴논.

할 수 있도록 여러 종류의 컬럼들을 준비한다.

액체-액체 및 액체-고체 크로마토그래피에서 온도를 올리면 보통 k값은 감소하게 되고 α값에 영향을 줄 수 있다. 이에 비해 이온-교환 크로마토그래피에서는 온도의 효과가 대단히 크기 때문에 컬럼 충전물을 바꾸기 전에 온도 변화의 효과를 확인할 필요가 있다.

분리도를 높이는 마지막 방법은 시료 중 하나 이상의 성분과 착물을 만들거나 상호작용하는 화학종을 정지상에 포함시키는 것이다. 이 방법의 잘 알려진 예는 은염이 함유된 흡착제를 이용하여 올레핀을 분리하는 것이다. 즉, 은 이온과 불포화 유기 화합물 간에 착물을 형성시킴으로써 분리도를 높힌다.

26D-5 용리에 따른 일반적인 문제

그림 26-15는 분포 상수의 차이가 커서 머무름 인자가 매우 다른 세 쌍의 성분으로 이루어진 6성분 혼합물에 대한 가상적인 크로마토그램이다. 크로마토그램 (a)에서는 조건들을 조절하여 성분 1과 2의 머무름 인자(k_1 및 k_2)를 최적 영역인 1~5에 들어오도록 하였다. 그러나 다른 성분들의 머무름 인자들은 최적 값보다 훨씬 크다. 따라서 성분 5와 6에 대한 피크들은 시간이 상당히 흐른 뒤에 나타난다; 게다가 이 피크들은 너비가 너무 넓어져 식별하기 어려울 수 있다.

크로마토그램 (b)는 성분 5와 6의 분리를 최적화하기 위하여 조건들을 변화시킨 것인데, 처음 네 성분의 피크들은 분리도가 만족스럽지 못하다. 그러나 전체 용리 시간은 이상적이다.

세 번째 조건들을 조절하여, 성분 3과 4에 대한 최적 k값을 얻은 결과는 크로마토그램 (c)와 같다. 여전히 다른 두 쌍의 분리가 아주 만족스럽지는 않다.

그림 26-15에서 나타나는 현상은 *일반적인 용리 문제*(general elution problem)이고 흔히 볼 수 있다. 이 문제에 대한 일반적인 해법은 분리가 진행되는 동안에 k값을 결정하는 조건들을 변화시키는 것이다. 이러한 변화는 단계적으로 또는 연속적으로 할 수 있다. 그리하여 그림 26-15에 보인 혼합물에 대한 초기의 분리 조건은 크로마토그램 (a)를 얻을 때의 조건이 될 수 있다. 성분 1과 2가 용리된 직후, 조건을 변화시켜 크로마토그램 (c)에서와 같이 성분 3과 4를 분리하는 데 최적인 조건으로 변경할 수 있다. 이 성분들의 피크가 나타나면 크로마토그램 (b)를 얻을 때의 조건에서 용리를 완결할 수 있다. 이렇게 하면 최소 시간에 혼합물의 모든 성분들을 만족스럽게 분리할 수 있다.

LC의 경우, k값은 용리 중에 이동상의 조성을 변화시키면 바꿀 수 있다. 이와 같은 것을 *기울기 용리*(gradient elution) 또는 *용매 프로그래밍*(solvent programming)이라고 한다. 일정한 이동상 조성으로 용리하는 것을 *등용매 용리*(isocratic elution)라고 한다. GC의 경우, 알려진 방식대로 온도를 변화시켜 k를 조절할 수 있다. 이 *온도 프로그래밍*(temperature programming) 방식은 많은 분리에서 최적 조건을 얻는 데 도움이 될 수 있다. 이것에 대해서는 제27장과 제28장에서 자세히 설명할 것이다.

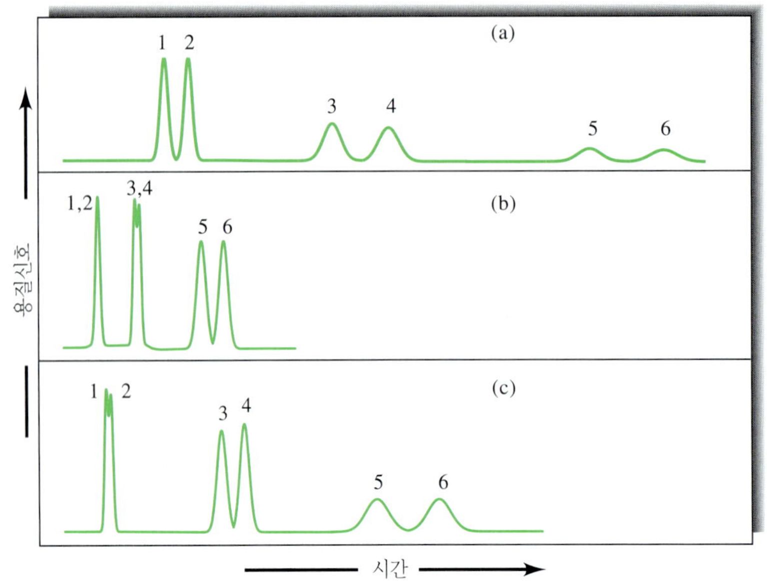

그림 26-15 크로마토그래피의 일반적인 용리 문제.

26E 크로마토그래피에 필요한 관계식

크로마토그래피에서 사용되는 측정값, 용어 및 관계식의 수가 많아서 종종 혼동하기 쉽다. 표 26-4와 표 26-5에 다음 세 장에서 사용하게 될 중요한 정의와 관계식들을 요약해 놓았다.

26F 크로마토그래피의 응용

크로마토그래피는 서로 유사한 화학종들을 분리하는 데 가장 훌륭한 방법으로 발전하였다. 또한 분리된 화학종의 정성적 확인 및 정량 분석에도 이용될 수 있다. 이 절에서는 분석을 완결하는 도구로써 크로마토그래피의 일반적인 몇 가지 특성을 설명한다.

26F-1 정성 분석

크로마토그램은 시료에 들어 있는 각 화학종에 대한 단편적인 정성적 정보, 즉 머무름 시간 또는 일정 시간 동안 용리한 후 정지상에서의 위치에 관한 정보를 제공한다. 물론 이동상과 정지상을 바꾸고 용리 온도를 변화시키면서 얻은 크로마토그램으로부터 추가적인 데이터를 얻을 수도 있다. 그러나 크로마토그래피로 얻는 정보의 양은 IR, 핵 자기 공명 또는 질량 스펙트럼 등에 비해 적다. 게다가 스펙트럼의 파장 또는 주파수 데이터는 크로마토그래피에서 얻을 수 있는 값(t_R)보다 훨씬 정밀하게 측정될 수 있다.

이것은 크로마토그래피가 정성적으로 중요하게 응용될 수 없다는 것을 의미하지는 않는다. 실제로 이것은 몇 개의 알려진 화학종을 포함하고 있을 가능성이 있는 혼합물 중의 어떤 성분의 존재 여부를 확인하는 방법으로 널리 사용되고 있다. 예를 들어, 단백질 가수 분해물에 들어있는 30개 또는 그 이상의 아미노산의 존재 여부를 크로마토그래피를 사용하여 비교적 정확하게 확인할 수 있다. 그러나 이러한 확인을 뒷받침하기 위해서

표 26-4 크로마토그래피의 중요한 측정값들과 이들의 관계

명칭	측정값의 기호	측정 근거
이동시간, 머무르지 않는 화학종	t_M	크로마토그램(그림 26-7)
머무름 시간, 화학종 A와 B	$(t_R)_A$, $(t_R)_B$	크로마토그램(그림 26-7과 26-12)
화학종 A의 조정된 머무름 시간	$(t'_R)_A$	$(t'_R)_A = (t_R)_A - t_M$
화학종 A와 B의 피크 너비	W_A, W_B	크로마토그램(그림 26-7과 26-12)
충전 컬럼의 길이	L	직접 측정
부피 흐름 속도	F	직접 측정
선형 흐름 속도	u	F와 컬럼 크기(식 26-6과 26-7)
정지상의 부피	V_S	컬럼 충전 시의 데이터
이동상 및 정지상에서 분석물질의 농도	c_M, c_S	분석 및 실험 데이터

표 26-5 중요한 유도 측정치들과 관계식

명칭	측정값의 계산	다른 측정치와의 관계
이동상 선형 속도	$u = \dfrac{L}{t_M}$	
이동상의 부피	$V_M = t_M F$	
머무름 인자	$k = \dfrac{t_R - t_M}{t_M}$	$k = \dfrac{KV_S}{V_M}$
분포 상수	$K = \dfrac{kV_M}{V_S}$	$K = \dfrac{c_S}{c_M}$
선택 인자	$\alpha = \dfrac{(t_R)_B - t_M}{(t_R)_A - t_M}$	$\alpha = \dfrac{k_B}{k_A} = \dfrac{K_B}{K_A}$
분리도	$R_s = \dfrac{2[(t_R)_B - (t_R)_A]}{W_A + W_B}$	$R_s = \dfrac{\sqrt{N}}{4}\left(\dfrac{\alpha - 1}{\alpha}\right)\left(\dfrac{k_B}{1 + k_B}\right)$
단 수	$N = 16\left(\dfrac{t_R}{W}\right)^2$	$N = 16R_s^2\left(\dfrac{\alpha}{\alpha - 1}\right)^2\left(\dfrac{1 + k_B}{k_B}\right)^2$
단높이	$H = \dfrac{L}{N}$	
머무름 시간	$(t_R)_B = \dfrac{16R_s^2 H}{u}\left(\dfrac{\alpha}{\alpha - 1}\right)^2 \dfrac{(1 + k_B)^3}{(k_B)^2}$	

는 분리된 성분을 스펙트럼이나 화학적 분석법으로 확인하여야 한다. 그러나 단백질 가수 분해물처럼 복잡한 시료에서는 크로마토그래피로 먼저 분리하지 않고서는 분광학적으로 확인할 수 없다는 것을 알아야 한다. 따라서 크로마토그래피는 종종 분광학적 정성 분석에서 필수적인 단계이다.

크로마토그램으로 시료에 들어 있는 화학종을 명확히 확인할 수는 없을지라도 특정 화합물이 존재하지 *않다는*(absence) 확실한 증거를 제시할 수는 있다. 즉, 시료가 동일한 조건에서 표준물로 얻은 것과 같은 머무름 시간에 피크를 나타내지 않는다면, 문제의 화합물은 시료에 들어있지 않거나 이 방법의 검출한계 이하의 농도 수준으로 존재한다고 가정할 수 있다.

26F-2 정량 분석

크로마토그래피는 분리 수단으로서 지난 40여 년간 급성장을 하였는데, 이것은 빠르고, 간단하며, 비교적 비용이 적게 들고, 폭넓게 응용되기 때문이다. 그러나 분리된 화학종에 관한 유용한 정량적 정보를 제공해주지 않았다면, 이처럼 널리 보급되지는 못하였을 것이다. 그러므로 모든 유형의 크로마토그래피에 적용되는 몇 가지 정량 분석적인 측면에 대해 알아보는 것도 중요하다.

컬럼 크로마토그래피에서의 정량법은 분석물질 피크의 높이 또는 면적을 한 가지 이상의 표준물의 것과 비교하는 것을 기본으로 한다. 평면 크로마토그래피에서는 분리된 화학종이 차지하는 면적을 분석의 파라미터로 이용한다. 조건을 적절히 조절한다면, 이 파라미터들은 농도에 따라 선형적으로 변할 것이다.

자습: www.tinyurl.com/skoogpia7에서 **정량적 크로마토그래피(quantitative chromatographic analysis)**에 대해 더 알아보시오.

피크 높이에 따른 분석

크로마토그래피 피크의 높이는 피크 양쪽의 바탕선을 직선으로 연결하고 이 선에서 피크로 수직 거리를 측정하여 얻고 있다. 이와 같은 측정은 일반적으로 정밀도가 비교적 높다. 그러나 피크 높이가 피크 너비와 반비례한다는 점에 유의해야 한다. 따라서 컬럼 조건의 변화가 시료와 표준물의 크로마토그램을 얻는 동안에 피크 너비를 변화시키지 않는 경우에만 피크 높이로 정확한 결과를 얻을 수 있다. 엄격하게 조절되어야 할 변수들은 컬럼의 온도, 용리액의 흐름 속도 및 시료 주입 속도들이다. 또한 컬럼에 시료를 과다하게 주입하지 않도록 주의해야 한다. 시료 주입 속도는 크로마토그램의 초기 피크에 특히 영향을 많이 준다. 주사기로 주입할 경우, 이로 인하여 흔히 생기는 상대 오차는 5~10% 정도이다

피크 면적에 따른 분석

피크 면적은 앞 단락에서 언급한 변수들 때문에 나타나는 넓어짐 현상과 무관하다. 따라서 이러한 관점에서 면적은 피크 높이보다 더 만족스러운 분석 파라미터이다. 반면에 피크 높이는 보다 쉽게 측정할 수 있으며 좁은 피크의 경우 대단히 정확하게 측정할 수 있다. 그러나 피크 높이는 머무름 시간 또는 컬럼 효율의 변화에 영향을 받지만 피크 면적은 그렇지 않다. 따라서 피

크 면적이 일반적으로 선호되는 정량 방법이다.

대부분의 최신 크로마토그래피 기기에는 피크 면적을 정확하게 측정할 수 있는 컴퓨터 또는 디지털 적분기가 내장되어 있다. 이러한 장비가 없다면 수동으로 측정해야 한다. 적당한 너비를 가진 대칭 피크인 경우에 적용할 수 있는 간단한 방법은 피크의 높이에 그 피크 높이의 절반에서의 너비를 곱하는 것이다. 이전에는 면적측정기(planimeter) 또는 잘라 무게 달기(cut-and-weigh) 기법을 이용하였다. 일반적으로 수동식 적분 방법은 재현성이 2～5% 정도이다; 디지털 적분기는 적어도 10배 정도 더 정밀하다.[11]

검정법과 표준물

크로마토그래피 정량 분석을 위한 가장 간단한 방법은 미지 시료의 조성과 비슷한 일련의 표준 용액을 제조해 사용하는 것이다. 그런 다음, 표준물의 크로마토그램을 얻어서 피크 높이나 면적을 농도의 함수로 도시한다. 데이터를 도시하면 원점을 지나는 직선이 되어야 한다; 이 교정 곡선을 이용하여 정량한다. 정확도를 높이기 위하여 재표준화를 자주 해줘야 한다.

이와 같은 방법에 의한 분석에서 나타나는 가장 중요한 오차의 원인은 시료 부피의 불확정도에 있다; 때로는 시료 주입 속도도 원인이 된다. 일반적으로 시료는 적은 양(～1 μL)을 주입하는데, 마이크로주사기로 이 정도의 부피를 주입할 때 재현성에 대한 불확정도는 상대 오차로 수 % 정도이다. GC에서 이 불확정도가 더욱 심한데, 이는 시료를 가열된 주입기에 주입해야 하므로 바늘 끝에서의 증발로 인해 주입된 시료 부피에 큰 변화가 일어날 수 있기 때문이다. 제27장에서 설명하는 것과 같은 자동주입기나 회전식 시료 밸브를 사용하면 시료 부피의 오차를 1～2% 정도로 줄일 수 있다.

[11]다음 문헌을 참고하시오. N. A. Dyson, *Chromatographic Integration Methods*, 2nd ed., London: Royal Society of Chemistry, 1998.

내부 표준물법

가장 정밀한 크로마토그래피 정량 분석은 내부 표준물을 사용하는 것인데, 이것은 시료 주입으로 생기는 불확정도를 피할 수 있기 때문이다. 이 방법에서는 정확히 측정된 일정량의 내부 표준물들을 각 표준시료와 미지 시료에 넣어 분석물질과 내부 표준물의 피크 면적(또는 높이)의 비를 분석 파라미터로 사용한다. 이 방법이 성공하려면 내부 표준물의 피크가 시료의 다른 모든 성분의 피크로부터 잘 분리되어야 한다($R_s > 1.25$); 반면에 내부 표준물의 피크는 분석물질 피크에 가깝게 나타나야 한다. 적합한 내부 표준물을 사용하면, 일반적으로 상대표준 편차가 1% 미만인 정밀도를 얻을 수 있다.

면적–정규화 방법

시료 주입과 관련된 불확정도를 피하는 또 다른 방법은 면적 정규화 방법(area-normalization method)이다. 시료의 모든 성분을 완전히 용리해야 한다. 정규화 방법에서는 모든 용리된 피크의 면적을 계산한다; 화합물의 종류에 따른 검출기의 감응 차이에 대하여 이 면적들을 보정한 후에, 모든 피크의 전체 면적에 대한 각 피크의 면적의 비로부터 분석물질의 농도를 계산한다. 다음 예제에서 이 방법을 설명한다.

예제 26-2

면적 정규화 방법을 1차−, 2차−, 3차−부틸알코올의 정량에 적용하였다. 알코올의 상대적인 감응 인자를 구하기 위하여 알코올의 표준 용액을 준비하고 그것들의 기체 크로마토그램을 얻었다. 결과는 다음과 같다.

알코올	취한 무게, g	무게 % 알코올	피크 면적 A, cm^2	무게 % 면적	상대적 감응인자 F
n-부틸	0.1731	24.61	3.023	8.141	1.000
i-부틸	0.1964	27.92	3.074	9.083	1.116
s-부틸	0.1514	21.52	3.112	6.915	0.849
t-부틸	0.1826	25.96	3.004	8.642	1.062
	Σ 질량 = 0.7035	Σ % = 100.00	Σ A = 12.213		

상대적 감응인자는 5열의 값을 5열의 첫 번째 값인 8.141로 나누어 주면 구할 수 있다.

네 가지의 알코올만을 포함한 시료는 아래의 두 번째 열에 면적 값들을 산출했다. 각 알코올의 무게 %를 구하시오.

풀이

결과는 다음의 네 열과 같다.

알코올	피크 면적, cm^2	면적 × F	무게 % 알코올
n-부틸	1.731	1.731	18.18
i-부틸	3.753	4.188	43.99
s-부틸	2.845	2.415	25.36
t-부틸	1.117	1.186	12.46
		Σ = 9.521	99.99

불행히도, 혼합물 내의 성분들이 적절한 시간 내에 컬럼에서 모두 용리되도록 실험조건을 조절하기가 종종 쉽지 않기 때문에, 면적 정규화 방법은 잘 이용되지 못하고 있다.

질문과 문제

*별표가 있는 문제의 해답은 이 책의 끝에 있다.

이 아이콘이 있는 문제는 스프레드시트를 이용하여 쉽게 풀 수 있다.

26-1 다음을 정의하시오.

(a) 용리 **(b)** 이동상 **(c)** 정지상
(d) 분포 상수 **(e)** 머무름 시간 **(f)** 머무름 인자
(g) 부피 흐름 속도 **(h)** 선 흐름 속도 **(i)** 선택 인자
(j) 단높이 **(k)** 컬럼 분리도 **(l)** 세로 확산

26-2 일반적인 용리 문제를 설명하시오.

26-3 크로마토그래피에서 띠 넓어짐을 일으키는 변수들을 나열하시오.

26-4 기체–액체와 액체–액체 크로마토그래피의 주요 차이점은 무엇인가?

26-5 액체–액체와 액체–고체 크로마토그래피의 차이점은 무엇인가?

26-6 한 쌍의 분석물질에 대한 선택 인자 α에 영향을 주는 변수들은 무엇인가?

26-7 용질에 대한 용량 인자를 조절하는 방법을 설명하시오.

26-8 컬럼의 단수를 결정하는 방법을 설명하시오.

26-9 크로마토그래피의 컬럼에 대한 두 물질의 분리도를 향상시키는 일반적인 두 가지 방법은 무엇인가?

26-10 흐름 속도에 대한 단높이의 관계 곡선에서 단높이 최솟값을 나타내는 흐름 속도가 GC보다 LC에서 낮은 이유는 무엇인가?

26-11 기울기 용리란 무엇인가?

26-12 크로마토그래피에서 띠 분리를 일으키는 변수들을 열거하시오.

26-13 시료를 너무 느린 속도로 주입하는 것이 크로마토그래피 피크에 미치는 영향은 무엇인가?

* **26-14** 다음은 액체 크로마토그래피 컬럼에 대한 데이터이다.

충전제의 길이	24.7 cm
흐름 속도	0.313 mL/min
V_M	1.37 mL
V_S	0.164 mL

질문과 문제(계속)

화학종 A, B, C 및 D의 혼합물의 크로마토그램에서 다음 데이터를 얻었다.

	머무름 시간, 분	바탕선의 피크 너비(W), 분
머무름 없음	3.1	—
A	5.4	0.41
B	13.3	1.07
C	14.1	1.16
D	21.6	1.72

다음을 계산하시오.

(a) 각 피크에 대한 단 수

(b) N값에 대한 평균 및 표준 편차

(c) 컬럼의 단높이

* **26-15** 문제 26-14의 데이터를 이용하여 A, B, C 및 D에 관해 다음을 계산하시오.

(a) 머무름 인자

(b) 분포 상수

* **26-16** 문제 26-14의 데이터를 이용하여 화학종 B와 C에 관해 다음을 계산하시오.

(a) 분리도

(b) 선택 인자 α

(c) 두 화학종을 분리도 2.5로 분리하기 위한 컬럼의 길이

(d) (c)의 컬럼에서 두 화학종을 분리하는 데 필요한 시간

* **26-17** 문제 26-14의 데이터를 이용하여 화학종 C와 D에 관해 다음을 계산하시오.

(a) 분리도

(b) 두 화학종을 분리도 2.5로 분리하기 위한 컬럼의 길이

* **26-18** 40 cm 충전 컬럼의 기체–액체 크로마토그래피로 다음의 데이터를 얻었다.

화합물	t_R, 분	W, 분
공기	1.9	—
메틸시클로헥산	10.0	0.76
메틸시클로헥센	10.9	0.82
톨루엔	13.4	1.06

다음을 계산하시오.

(a) 위 데이터에서 평균 단수

(b) (a)의 평균값에 대한 표준 편차

(c) 컬럼에 대한 평균 단높이

*26-19 문제 26-18을 참고로 하여 다음 화합물에 대한 분리도를 계산하시오.

(a) 메틸시클로헥센과 메틸시클로헥산

(b) 메틸시클로헥센과 톨루엔

(c) 메틸시클로헥산과 톨루엔

*26-20 문제 26-18의 메틸시클로헥산과 메틸시클로헥센을 분리도 1.5로 분리하려고 한다.

(a) 필요한 단수는 얼마인가?

(b) 만약 같은 충전 컬럼을 사용한다면 컬럼의 길이는 얼마인가?

(c) (b)의 컬럼에서 메틸시클로헥센에 대한 머무름 시간은 얼마인가?

*26-21 문제 26-18의 컬럼에 대한 V_S와 V_M이 각각 19.6과 62.6 mL이고, 머물지 않는 공기의 피크는 1.9분에 나타났다. 다음을 계산하시오.

(a) 각 화합물에 대한 용량 인자

(b) 각 화합물에 대한 분포 상수

(c) 메틸시클로헥산과 메틸시클로헥센에 대한 선택 인자

*26-22 5개의 스테로이드를 분리하여 얻은 기체 크로마토그래피 피크의 면적은 아래와 같다. 또한 다섯 가지 화합물에 대한 검출기의 상대 감응도 나타내었다. 혼합물에 들어 있는 각 성분의 백분율을 계산하시오.

화합물	상대적 피크 넓이	상대적 검출기 감응
디히드로에피안드로스테론	27.6	0.70
에스트라디올	32.4	0.72
에스트론	47.1	0.75
테스토스테론	40.6	0.73
에스트리올	27.3	0.78

도전 문제

26-23 25 cm의 충전 LC 컬럼에서 얻어진 2성분 혼합물의 크로마토그램이 다음 그림과 같다. 흐름 속도는 0.40 mL/min이다.

(a) 성분 A와 B가 정지상에서 보낸 시간은 얼마인가?

(b) A와 B의 머무름 시간은 얼마인가?

(c) 두 성분에 대한 머무름 인자를 계산하시오.

(d) 각 피크의 너비와 최댓값의 반의 너비를 구하시오.

(e) 두 피크의 분리도는 얼마인가?

질문과 문제(계속)

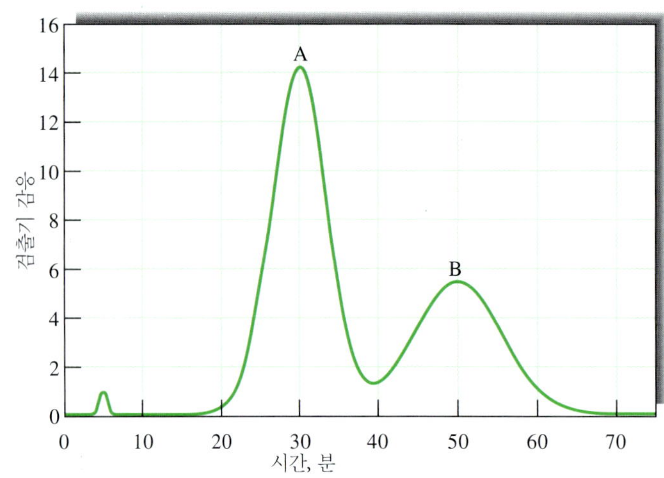

(f) 컬럼에 대한 평균 단수는 얼마인가?

(g) 평균 단높이는 얼마인가?

(h) 1.75의 분리도를 얻는 데 필요한 컬럼의 길이는 얼마인가?

(i) (h)의 분리도를 얻는 데 필요한 시간은 얼마인가?

(j) 컬럼의 길이가 25 cm로 고정되고 컬럼 충전물이 고정되어 있다고 가정하면, 바탕선 분리가 이뤄지도록 분리도를 향상시키기 위해 취할 수 있는 조치는 무엇인가?

(k) (j)와 똑같은 컬럼을 사용하여 더 짧은 시간 내에 더 좋은 분리를 얻기 위해 사용할 수 있는 방법이 있겠는가?

27장

기체 크로마토그래피

Gas Chromatography

기체 크로마토그래피(gas chromatography)에서는, 기체화된 시료 성분들이 컬럼에 채워져 있는 고체 또는 액체 정지상과 기체 이동상 사이에서 차등적으로 분배되는 과정을 거쳐 분리된다. 기체 크로마토그래피에서 분리를 할 때, 시료는 기체화된 상태에서 크로마토그래피 컬럼 입구에 주입되고 이동상인 비활성 기체가 흘러가면서 용리된다. 대부분의 크로마토그래피 방법과는 달리 이동상은 시료와 반응을 하지 않으며 분석물질이 컬럼을 통과하게 하는 역할을 한다.

이 장에서 옆의 로고는 www.tinyurl.com/skoogpia7 에서 대화형 자습, 시뮬레이션, 연습 등을 통해 온라인으로 학습할 수 있는 기회가 있음을 나타낸다.

기체 크로마토그래피에는 두 종류, 즉 *기체-액체 크로마토그래피*(gas-liquid chromatography, GLC)와 *기체-고체 크로마토그래피*(gas-solid chromatography, GSC)가 있다. GLC는 과학의 모든 분야에서 사용되며 일반적으로 *기체 크로마토그래피*(gas chromatography, GC)라고 줄여 부른다.[1] GSC는 고체 정지상에 분석물질이 물리적으로 흡착되는 과정에서 머물게 되는 현상을 이용한다. GSC는 활성 또는 극성 분자가 반영구적으로 머물러 있고, 또한 용리 피크에서 심한 꼬리끌기가 나타나기 때문에 응용하는 데 한계가 있다. 꼬리끌기란 흡착 과정의 비선형적인 특성 때문에 나타나는 것이다. 따라서 이 방법은 분자량이 작은 몇몇 기체 화학종들을 분리하는 경우를 제외하고는 널리 응용되지 않으며 이에 대한 것은 제27F절에 간단히 설명해놓았다.

GLC에서는 분석물질이 비활성 고체 충전물의 표면 또는 모세관 내벽에 고정시킨 액체 정지상과 기체 이동상 사이에서 분배된다. GLC의 개념은 액체-액체 분배 크로마토그래피를 개발한 Martin과 Synge에 의해 1941년 처음 소개되었다. 그러나 10여 년의 세월이 지난 후에야 비로소 GLC의 가치가 실험적으로 증명되었고,[2] 이 방법은 실험실의 일상적인 실험 장치가 되었다. 1955년에 최초의 상용화된 GLC가 시판되었다. 그 이후 이 분석 기술의 응용은 크게 증가하여 주목을 받게 되었으며, 기체 크로마토그래피는 현재 전 세계에서 백만 대에 가깝게 사용되고 있다.

27A GLC의 원리

제26장에서 설명한 크로마토그래피의 일반 원리와 제26E절에 요약된 수식들은 기체 이동상의 압축성으로 인해 생기는 특성

[1]GC에 대한 상세한 설명은 다음 문헌을 참고하시오. C. Poole, ed., *Gas Chromatography*, Amsterdam: Elsevier, 2012; H. M. McNair and J. M. Miller, *Basic Gas Chromatography*, 2nd ed., Hoboken, NJ: Wiley, 2009; R. L. Grob and E. F. Barry, eds., *Modern Practice of Gas Chromatography*, 4th ed., New York: Wiley-Interscience, 2004; R. P. W. Scott, *Introduction to Analytical Gas Chromatography*, 2nd ed., New York: Marcel Dekker, 1997; W. Jennings, E. Mittlefehldt, and P. Stremple, *Analytical Gas Chromatography*, 2nd ed., Orlando, FL: Academic Press, 1997.

[2]A. T. James and A. J. P. Martin, *Analyst*, **1952**, *77*, 915-932, **DOI**: 10.1039/AN9527700915.

때문에 유래되는 수정사항만 일부 추가하면 기체 크로마토그래피에서도 사용될 수 있다.

27A-1 머무름 부피

GC에서는 온도와 압력의 영향을 고려하기 위하여 제26B절에서 설명하였던 머무름 시간 대신 머무름 부피(retention volume)를 이용하는 것이 유용하다. 이들 사이의 관계는 식 27-1 및 식 27-2와 같다.

$$V_R = t_R F \tag{27-1}$$

$$V_M = t_M F \tag{27-2}$$

여기서 F는 컬럼 내의 평균 부피 흐름 속도이고 V와 t는 각각 머무름 부피와 머무름 시간이며, 아래 첨자 R과 M은 각각 컬럼에 머무르거나 머무르지 않는 화학종을 가리킨다. 컬럼 내의 흐름 속도을 직접적으로 측정할 수는 없지만 컬럼을 빠져나오는 흐름 속도는 제27B절에서 소개할 유속계(flow meter)를 사용하여 실험적으로 결정할 수 있다. 기체가 물에 포화되는 비누-거품형 유속계를 이용할 경우 평균 흐름 속도 F는 측정된 흐름 속도 F_m과 다음의 관계를 가지며

$$F = F_m \times \frac{T_c}{T} \times \frac{(P - P_{H_2O})}{P} \tag{27-3}$$

여기서 T_c는 켈빈 온도 단위의 컬럼 온도, T는 유속계의 온도, 그리고 P는 컬럼 끝에서의 기체 압력이다. 보통 P와 T는 실내 압력과 온도를 나타낸다. 물의 증기압, P_{H_2O}가 포함된 항은 이동상 기체가 물에 포화되었을 때의 압력을 보정한 것이다.

V_R과 V_M은 컬럼 내의 평균 압력에 따라 달라지며 평균 압력은 컬럼 입구 압력 P_i와 출구 압력 P(대기압)의 중간 정도에 해당한다. *압력 강하 보정 인자*(pressure drop correction factor) j는 *압축 인자*(compressibility factor)로도 불리며 이것은 컬럼 내부 압력이 비선형적인 P_i/P 비를 갖는 것을 나타낸다. 보정 머무름 부피(corrected retention volume) 값인 V_R^0와 V_M^0은 컬럼의 평균 압력에서의 부피에 해당하며 다음 관계식으로부터 얻는다.

$$V_R^0 = jt_R F \quad \text{그리고} \quad V_M^0 = jt_M F \tag{27-4}$$

여기서 j는 다음 수식으로부터 계산할 수 있다.

$$j = \frac{3[(P_i/P)^2 - 1]}{2[(P_i/P)^3 - 1]} \tag{27-5}$$

고유 머무름 부피(specific retention volume) V_g는 다음과 같이 정의되며

$$V_g = \frac{V_R^0 - V_M^0}{m_S} \times \frac{273}{T_c} = \frac{jF(t_R - t_M)}{m_S} \times \frac{273}{T_c} \tag{27-6}$$

m_S는 정지상의 질량으로서 컬럼을 만들 때 결정된 값이다.

27A-2 V_g와 K 사이의 관계

고유 머무름 부피 V_g는 분포 상수 K_c와 연결시킬 수 있으며 k를 사용하여 표현한 t_R과 t_M 수식(식 26-12)을 식 27-6에 대입할 경우 다음과 같다.

$$V_g = \frac{jFt_M k}{m_S} \times \frac{273}{T_c}$$

위 식에 식 27-4를 대입할 경우

$$V_g = \frac{V_M^0 k}{m_S} \times \frac{273}{T_c}$$

k에 대한 식 26-9를 대입하면 다음과 같이 된다(여기서 V_M^0과 V_M은 같다).

$$V_g = \frac{KV_S}{m_S} \times \frac{273}{T_c}$$

정지상으로 사용된 액체의 밀도 ρ_S는 다음과 같으며

$$\rho_S = \frac{m_S}{V_S}$$

여기서 V_S는 정지상의 부피이다.

따라서

$$V_g = \frac{K}{\rho_S} \times \frac{273}{T_c} \tag{27-7}$$

주어진 온도에서 V_g는 용질의 분포 상수와 정지상으로 사용된 액체의 밀도에만 의존한다는 것에 주목해야 한다.

27A-3 이동상 흐름 속도의 효과

식 26-23과 표 26-3에 나타난 관계식들은 GC에 그대로 사용할 수 있다. 그러나 GLC에서는 세로 확산항(B/u)이 다른 크로마토그래피 분리 과정에서보다 더 중요한데, 이는 기체의 확산 속도가 매우 크기 때문이다(액체보다 10^4~10^5배 더 크다). 결과적으로 단높이 H와 흐름 속도와의 관계를 나타낸 곡선(van Deemter 도시)에서의 최소점은 GC에서 대개 매우 넓게 나타난다(그림 26-8 참고).

27B GLC 기기장치

기체 크로마토그래피 기기는 처음 시판되기 시작한 이래로 많은 변화와 발전을 거듭하였다. 1970년대에는 컴퓨터를 이용한 데이터-처리 장치와 전자 적분기를 갖춘 기기가 일반화되었다. 1980년대에는 대부분의 기기 변수들, 즉 컬럼 온도, 흐름 속도 및 시료 주입 등을 자동으로 제어할 수 있는 컴퓨터가 부착되었으며, 고성능 기기들이 적절한 가격대에 제공되기 시작하였다. 아마도 가장 중요한 것은 비교적 짧은 시간 안에 많은 분석물질들을 분리할 수 있는 열린 관 컬럼이 개발되었다는 것이다. 요즈음에는 50여 개 이상의 제조업체에서 약 \$1000부터 \$50,000 이상 되는 수백여 종의 기체 크로마토그래피 기기를 시판하고 있다.

전형적인 GC 기기의 기본 구성 장치를 그림 27-1에 나타내었다. 각 장치에 대한 설명은 다음과 같다.

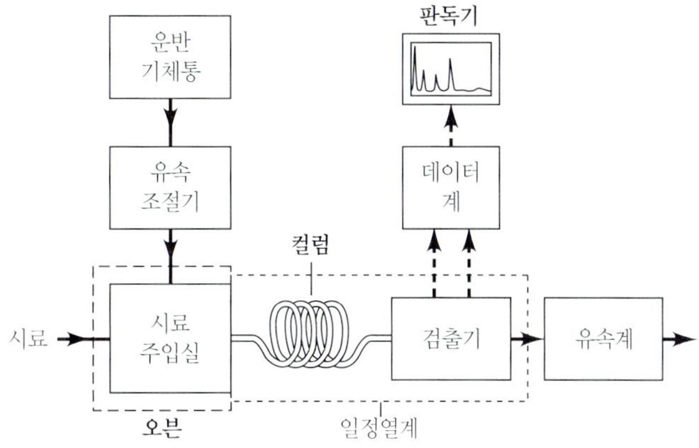

그림 27-1 전형적인 기체 크로마토그래피 기기의 구성도.

연습: www.tinyurl.com/skoogpia7에서 **기체 크로마토그래피(gas chromatography)**에 대해 더 알아보시오.

27B-1 운반 기체 공급기

GC에서의 이동상 기체는 *운반 기체*(carrier gas)로 부르며 화학적으로 비활성이어야 한다. 이동상 기체로 헬륨이 가장 흔히 사용되지만 아르곤, 질소, 수소도 사용된다. 이 기체들은 가압 탱크에 저장된 상태로 이용된다. 기체 흐름 속도를 조절하기 위하여 압력 조절기, 압력계, 유속계를 사용한다. 또한 운반 기체 공급기에는 수분이나 불순물들을 제거할 수 있는 분자체(molecular sieve)가 포함되어 있기도 한다.

기체 흐름 속도는 일반적으로 기체 실린더에 있는 두 단계 압력 조절기와 크로마토그래피 기기에 설치되어 있는 몇 가지 종류의 압력 조절기 또는 흐름 속도 조절기에 의해 조절된다. 입구 압력은 보통 실내 압력보다 10~50 psi (lb/in.^{2}) 정도 더 높은데, 이는 충전 컬럼의 경우 25~150 mL/분의 흐름 속도, 열린 모세관 컬럼의 경우 1~25 mL/분 흐름 속도에 해당된다. 보통 입구 압력이 일정하게 유지되면 기체 흐름 속도도 일정할 것으로 예상된다. 기체 흐름 속도는 컬럼 입구에 부착되어 있는 로터미터(rotameter)로 알 수 있지만, 이 장치는 그림 27-2에 있는 간단한 비누-거품 유속계보다 정확하지 않다. 이런 유속계는 그림 27-1에서와 같이 보통 컬럼의 끝에 설치되어 있다. 비누 또는 세제 수용액이 채워진 고무 벌브를 누를 때 운반 기체가 지나가는 통로에서 비누거품 막이 형성되는데, 이 비누거품 막이 유속계의 두 눈금 사이를 이동하는 데 걸리는 시간을 측정하여 부피 흐름 속도를 계산한다(그림 27-2 참고). 부피 흐름 속도와 유체의 선속도는 식 26-6 또는 식 26-7과 관계가 있음을 기억해야 한다. 컴퓨터로 제어되는 최신의 기체 크로마토그래피 기기들은 대부분 원하는 흐름 속도를 유지하고 조절할 수 있는 전자 유속계를 갖추고 있다.

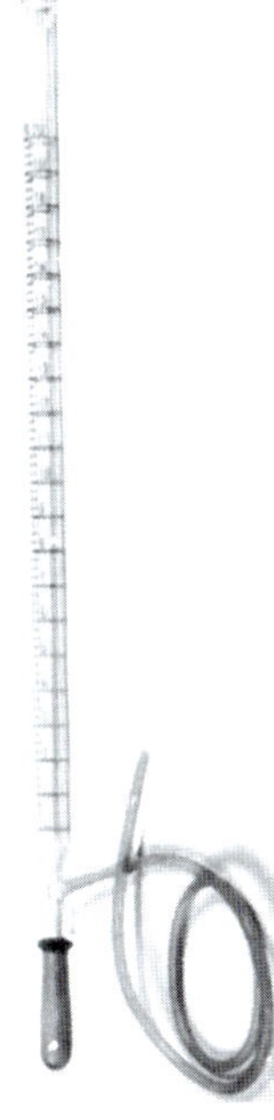

그림 27-2 비누-거품 유속계. (Courtesy Agilent Technologies.)

27B-2 시료 주입 장치

컬럼의 효율을 높이기 위해서 시료는 양이 적당하여야 하고 짧은 "증기층(plug)"으로 주입되어야 한다. 천천히 주입하거나 시료의 양이 많으면 띠 퍼짐(band spreading)이 유발되며 분해능이 떨어진다. 그림 27-3에 있는 검량된 마이크로주사기를 사용하여 컬럼 입구에 위치한 가열된 시료 주입구 내부의 고무 또는 실리콘 격막을 통해 액체 시료를 주입한다. 시료 주입구(그림 27-4)는 시료 중 가장 비휘발성인 물질의 끓는점보다 보통 50°C 정도 높은 온도를 유지한다. 보통 분석용 충전 컬럼에 주입하는 시료의 양은 수 μL~20 μL 정도이다. 모세관 컬럼에는 이보다 100배 이상 더 적은 시료를 주입하게 되어 있다. 이 경우 *시료 분할기*(sample splitter)를 이용하여 주입된 시료의 일부(1:50~1:500)만 컬럼 입구에 주입하고, 나머지는 배출한다. 모

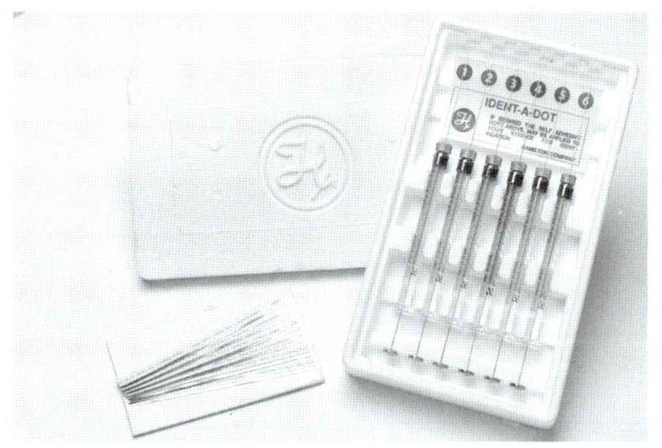

그림 27-3 **시료 주입에 사용되는 마이크로주사기.** (Courtesy of Hamilton company).

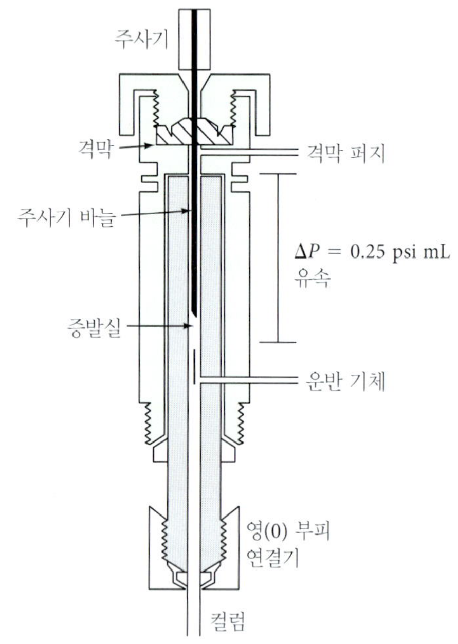

그림 27-4 **미세증발방식 직접 주입기의 단면도.**

세관 컬럼을 이용하는 상용화된 기체 크로마토그래피 기기들은 이런 시료 분할기를 가지고 있으며, 감도를 높이거나 충전 컬럼을 사용할 수 있도록 시료를 **분할시키지 않고 주입(splitless injection)**할 수도 있게 되어 있다. 분할 주입 장치가 없는 경우, 퍼지(purge) 밸브를 닫은 상태에서 시료를 주입한 뒤 30~60초 정도 그대로 놓아둔다. 이 시간 동안에만 시료 기체가 컬럼 속으로 들어간다. 그 후 퍼지 밸브를 열면 나머지 시료 기체는 장치 밖으로 빠르게 빠져나간다. 또한 GC에서는 *컬럼 내 주입 장치*(on-column inlet)를 이용하기도 한다. 이러한 종류의 주입 장치를 사용하면 액체 시료 전체가 컬럼에 주입되고 난 뒤 컬럼 또는 주입 장치의 온도 프로그래밍에 따라 기체가 된다. 그리고 열과 용매 효과로 인해 분석물질은 용매로부터 분리된다.[3]

가장 재현성 있게 시료를 주입하기 위해, 최근 기체 크로마토그래피 기기는 그림 27-5에서와 같이 자동시료채취기와 자동주입을 사용한다. 자동주입 장치를 사용하면 시료가 주사기에 자동으로 자동주입 장치에 채워지고, 크로마토그래피 기기에 자동으로 주입된다. 시료들은 자동시료채취기의 시료 회전판에 놓여 있는 시료 용기에 담겨있다. 자동주입 장치의 주사기는 시료 용기에 있는 고무 뚜껑을 통해 시료를 채취한 뒤 크로마토그래피 기기의 고무판을 통해 시료를 주입한다. 그림에 있는 장치는 회전판에 150개의 시료 용기를 담을 수 있다. 주입부피는 10 μL 용량의 주사기를 사용했을 때 0.1 μL에서부터 200 μL 주사기를 사용했을 때 200 μL까지 가능하다. 자동주입 장치의 재현성은 매우 높아서 반복 주입 시 표준 편차가 최저 0.3%에 해당한다.

[3]N. H. Snow, in *Modern Practice of Gas Chromatography*, R. L. Grob and E. F. Barry, eds., 4th ed., Chap. 9, New York: Wiley-Interscience, 2004.

그림 27-5 **기체 크로마토그래피용 자동시료채취기가 장착된 자동주입 장치.** (Shimadzu Corp.)

기체 시료를 주입할 때는 주사기 대신 그림 27-6에 나타낸 것과 같은 시료 밸브를 사용한다. 이와 같은 장치를 이용할 경우 시료량의 상대 오차는 0.5% 이하로 줄일 수 있다. 액체 시료도 시료 밸브를 이용하며 주입할 수 있다. 고체 시료의 경우 용액 상태로 주입하거나, 컬럼 입구에 삽입되면서 외부에서 구멍을 내거나 깰 수 있도록 고안된 벽이 얇은 시료 용기에 밀봉한 상태로 주입하기도 한다.

27B-3 컬럼 형태와 컬럼 오븐

GC에서는 일반적으로 두 종류의 컬럼 즉, *충전 컬럼*(packed columns)과 *모세관 컬럼*(capillary columns)을 사용한다. 과거에는 대다수의 기체 크로마토그래피 분석 시 충전 컬럼을 사용했으나 최근 대부분의 경우 충전 컬럼은 보다 효율적인 모세관 컬럼으로 대체되고 있다.

크로마토그래피 컬럼은 2 m 이하에서부터 60 m 또는 그 이

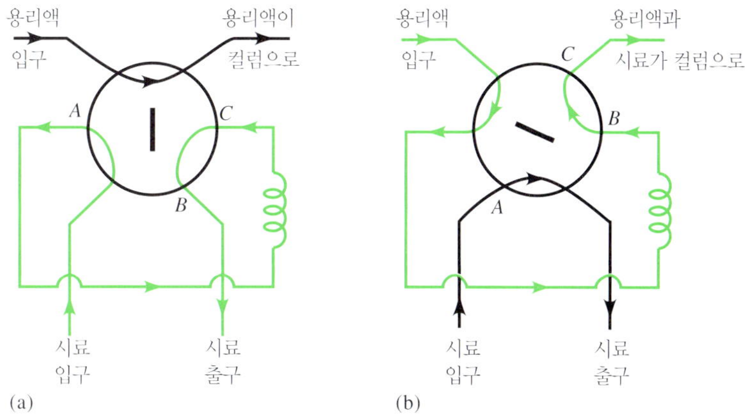

그림 27-6 회전식 시료 주입 밸브. 밸브 위치 (a)에서는 시료 루프 *ACB*에 시료를 채우며, 위치 (b)에서는 시료가 컬럼으로 주입된다.

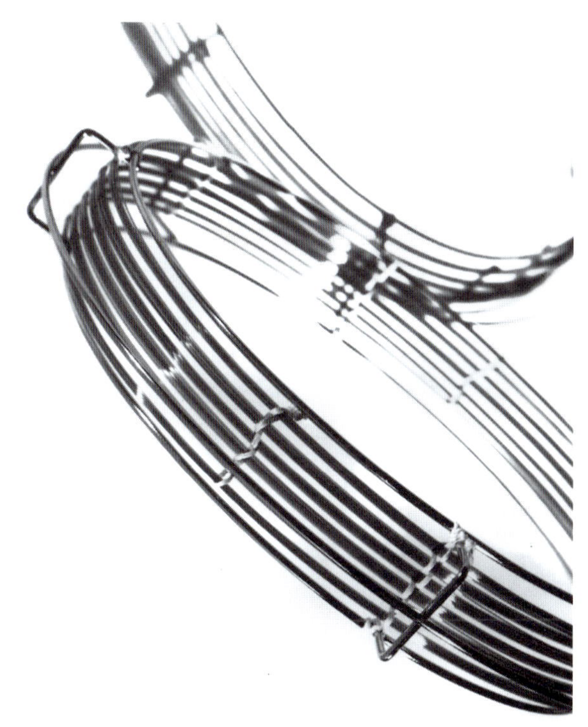

그림 27-7 용융 실리카 모세관 컬럼. (Courtesy of Restek Corp., Bellefonte, PA).

상으로 길이가 다양하다. 컬럼들은 스테인레스 강, 유리, 용융 실리카, 또는 테플론(Teflon)으로 제작되며 항온 오븐 안에 설치하기 위해 10~30 cm 정도의 지름을 갖는 코일 형태로 되어 있다(그림 27-7 참고). 컬럼, 컬럼 충전물 및 정지상에 관한 자세한 내용은 제27C절에서 설명하기로 한다.

정밀분석을 수행하는 데 있어 컬럼 온도는 10분의 1도까지 조절되어야 하는 매우 중요한 변수이다. 따라서 컬럼은 보통 항온 오븐 안에 설치되어 있다. 컬럼의 최적 온도는 시료의 끓는점과 요구되는 분리 정도에 따라 정해진다. 대략, 시료의 평균 끓는점과 같거나 약간 높은 온도를 유지하면 용리 시간이 적절하게 된다(2~30분). 끓는점이 넓은 영역에 걸쳐 있는 시료에 대하여서는 온도 *프로그래밍*(temperature programming)을 권장하는데, 이것은 분리가 이루어지는 동안에 컬럼의 온도가 연속적으로 또는 단계적으로 증가되는 것이다. 그림 27-8에서 온도 프로그래밍을 이용함으로써 크로마토그램이 향상되는 것을 보여준다.

일반적으로 최적의 분해능은 최저 온도와 연관되어 있으나 낮은 온도에서는 용리 시간이 길어지고 결국 분석을 완료하는 데 시간이 길어진다. 그림 27-8a와 27-8b에서 이 원리를 보여주고 있다.

때때로 휘발성이 낮은 분석물질은 휘발성이 큰 유도체로 만들어 분석한다. 유도체화 방법은 때로 검출 감도를 증가시키거나 크로마토그래피의 성능을 높여준다.

27B-4 기체 크로마토그래피 검출기

수십 가지의 검출기들이 개발되어 기체 크로마토그래피에 사용되고 있다.[4] 먼저 기체 크로마토그래피 검출기의 이상적인 특성과 가장 널리 사용되고 있는 검출 장치에 대해 설명할 것이다. 어떤 경우에는 기체 크로마토그래피 기기를 질량 분석기와 적외선 분광기와 같은 분광기기와 연결하여 사용하기도 한다. 이런 분석장치를 이용하면 컬럼의 끝에서 분석물질이 나타나는지를 검출해줄 뿐만 아니라 이들이 어떤 물질인지에 대한 정보도 제공해준다.

이상적인 검출기의 특성

GC에 이상적인 검출기에는 다음과 같은 특성이 요구된다.

1. 적당한 감도. 적당한 감도가 어느 정도인가를 정량적으로 설명할 수는 없다. 예를 들면 이 절에서 설명하려고 하는 검출기들의 감도가 대략 10^7배까지 차이가 나기 때문이다. 그러나 모두가 특정 분석 목적에 적절하며 널리 사용되고 있

[4]다음 문헌을 참고하시오. L. A. Colon and L. J. Baird, in *Modern Practice of Gas Chromatography*, R. L. Grob and E. F. Barry, eds., 4th ed., Chap. 6, New York: Wiley-Interscience, 2004.

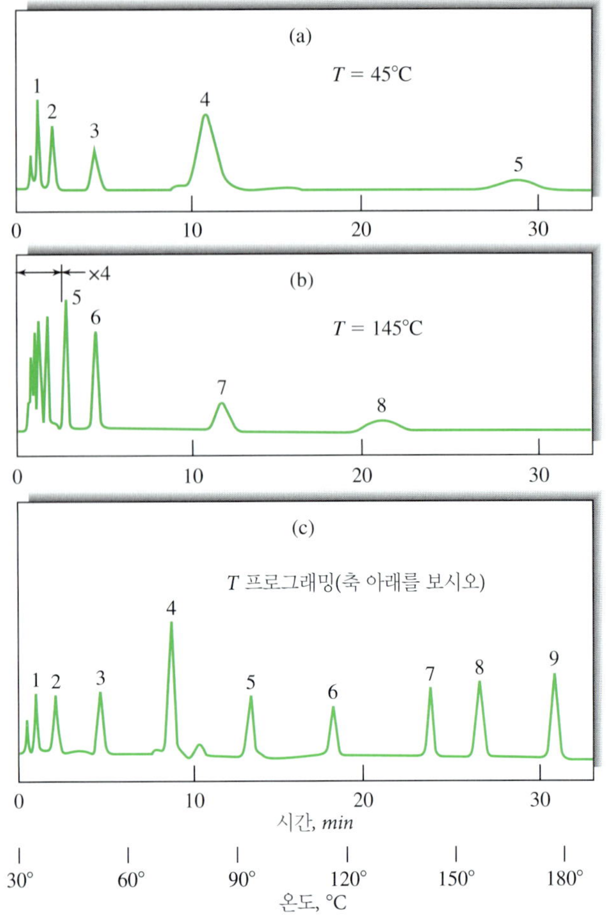

그림 27-8 기체 크로마토그램에 미치는 온도의 영향. (a) 45°C 등온, (b) 145°C 등온, (c) 30~180°C 온도 프로그래밍. (From W. E. Harris and H. W. Habgood, *Programmed Temperature Gas Chromatography*, New York: Wiley, 1966, p. 10. Reprinted with permission.)

다. 반면 감도가 너무 낮으면 어떤 응용에는 사용하지 못할 수도 있다. 일반적으로 오늘날 사용되는 검출기의 감도는 10^{-8}~10^{-15} g 용질/s 영역이다.

2. 높은 안정성과 재현성
3. 여러 자릿수 영역의 용질에 대한 검출기 감응의 직선성
4. 실온부터 최소한 400°C까지의 온도 범위
5. 흐름 속도와 무관한 짧은 감응 시간
6. 높은 신뢰도와 사용 편리성. 가능하면 경험이 없는 사용자도 쉽게 다룰 수 있어야 한다.
7. 모든 용질에 대한 감응이 비슷하거나 하나 또는 그 이상의 분석물질 종류에 대하여 선택적인 감응을 보여야 하며 쉽게 예측할 수 있어야 한다.
8. 시료를 파괴하지 않는 검출기

언급할 필요는 없지만, 어떠한 검출기도 이러한 특성들을 모두 가지고 있지는 않다. 흔히 사용되는 검출기 중 몇 가지를 표 27-1에 나열하였으며 가장 흔히 사용되는 몇 가지 검출기에 대해 아래에 설명한다.

불꽃 이온화 검출기

불꽃 이온화 검출기(flame ionization detector, FID)는 GC에서 가장 널리 사용되고 있으며, 응용성이 넓은 검출기이다. 그림 27-9와 같은 FID를 이용하면, 컬럼에서 나온 용출물이 작은 공기-수소 불꽃으로 들어간다. 대부분의 유기 화합물들이 공기-수소 불꽃 온도에서 열분해될 때 전자와 이온들이 만들어진다. 검출 과정은 이들 전하를 띤 물질들을 수집할 때 발생하는 전류를 측정하는 것이다. 버너의 끝과 불꽃 위에 놓여 있는 수집 전극을 가로질러 수백 볼트의 전압이 걸려 있으므로 이온과 전자가 수집 전극 쪽으로 이동한다. 이때 발생된 전류(~10^{-12} A)는 높은 임피던스를 가진 피코전류계(picoammeter)로 측정된다.

FID에서 탄소 화합물이 이온화되는 원리는 완전히 밝혀지지 않았지만 생성된 이온의 수는 대략 불꽃에서 *환원된*(reduced) 탄소 원자의 수에 비례한다는 것이 잘 알려져 있다. FID는 검출기에 단위 시간당 들어가는 탄소 원자의 수에 감응하기 때문에 *농도-감응*(concentration-sensitive)보다는 오히려 *질량-감응*(mass-sensitive) 장치라고 할 수 있다. 이처럼, FID는 이동상의 흐름 속도가 변화되더라도 검출기 감응에 거의 영향을 주지 않는 장점을 지니고 있다.

카보닐, 알코올, 할로젠 및 아민과 같은 작용기는 불꽃 속에서 거의 이온을 만들지 않거나 만들어도 적은 양을 만들 뿐이다. 또 이 검출기는 H_2O, CO_2, SO_2, CO, 비활성 기체 및 NO_x와

표 27-1 대표적인 기체 크로마토그래피 검출기

형태	응용할 수 있는 시료	검출 한계
불꽃 이온화	탄화수소물	1 pg/s
열전도도	일반 검출기	500 pg/mL
전자 포획	할로젠 화합물	5 fg/s
질량 분석계(MS)	어떤 화학종에도 적용	0.25~100 pg
열이온	질소와 인화합물	0.1 pg/s (P), 1 pg/s (N)
전해질 전도도(Hall)	할로젠, 황, 질소를 포함한 화합물	0.5 pg Cl/s, 2 pg S/s, 4 pg N/s
광이온화	UV 빛에 의한 이온화 화합물	2 pg C/s
Fourier 변환 IR (FTIR)	유기 화합물	0.2~40 ng

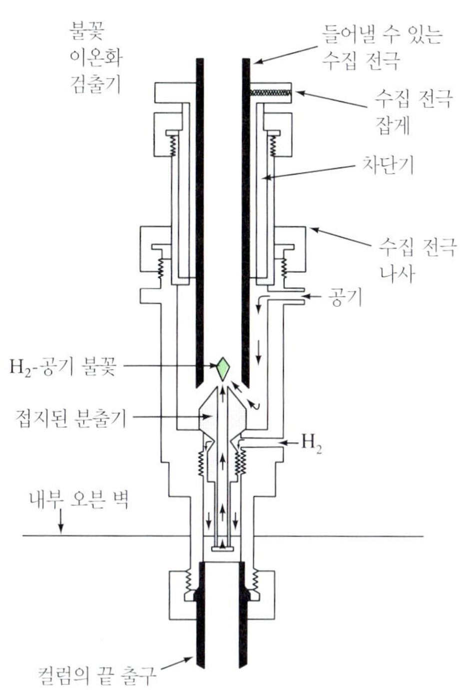

그림 27-9 **대표적인 불꽃 이온화 검출기.** (Courtesy of Agilent Technologies.)

같이 연소하지 않는 기체에 대해서는 감응하지 않는다. 이러한 특성으로 인해 FID는 질소와 황의 산화물 및 물로 오염된 유기물을 포함한 대부분 유기 시료를 분석하는 데 가장 유용한 검출기로 사용된다.

FID는 감도가 높고($\sim 10^{-13}$ g/s), 선형 감응 범위가 넓으며($\sim 10^7$), 잡신호가 적다. 일반적으로 이 검출기는 고장이 별로 없으며, 사용하기 편하다. 불꽃 이온화 검출기의 단점이라면 연소 과정에서 시료가 파괴된다는 것과, 추가적인 기체와 이의 조절장치가 필요하다는 것이다.

열전도도 검출기

GC용으로 가장 먼저 사용된 검출기 중 하나인 *열전도도 검출기*(thermal conductivity detector, TCD)는 여전히 널리 사용되고 있다. 이 검출기는 전력이 일정한 상태에서 주변 기체의 열전도도에 따라 온도가 달라지는 전기 가열 장치를 가지고 있다. 가열되는 부분 장치는 백금, 금 또는 텅스텐의 가는 선으로 되어 있거나 또는 작은 더미스터(thermistor)로 되어 있다. 이 더미스터의 전기 저항은 기체의 열전도도에 따라 달라진다. 그림 27-10a는 TCD 안에 있는 온도-감응 부분 장치 중 하나의 단면도이다.

보통 두 개의 검출기를 사용하는데 하나는 시료 주입구 앞에 놓여 있고 다른 하나는 컬럼 바로 뒤에 놓여 있다. 이런 부분 장치들은 그림 27-10b에 *시료*(sample)와 *기준*(reference)으로 표시되어 있다. 또 다른 방법으로는 기체 흐름을 분할하는 것이다. 이 검출기에는 Wheatstone 브리지 회로의 두 저항이 포함되어 있다. 브리지 회로는 운반 기체의 열전도도가 상쇄되도록

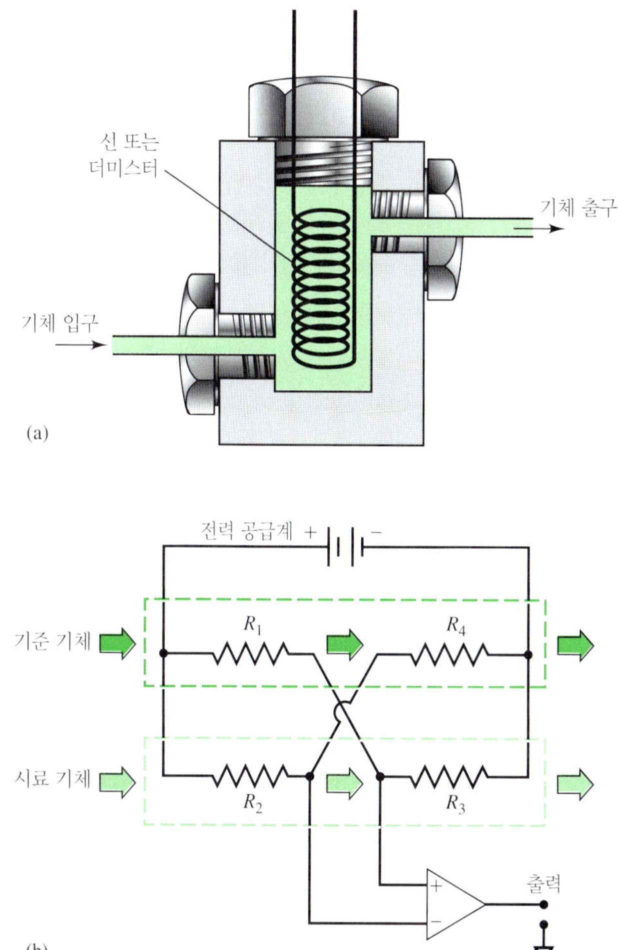

그림 27-10 (a) 열전도도 검출기의 용기와 (b) 두 개의 시료 검출 용기(R_2와 R_3) 및 두 개의 기준 검출 용기(R_1과 R_4) 배열에 대한 개략도. (Adapted from F. Rastrelloa, P. Placidi, A. Scorzonia, E. Cozzanib, M. Messinab, I. Elmib, S. Zampollib, and G. C. Cardinali, *Sensors and Actuators A*, **2012**, *178*, 49, **DOI**: 10.1016/j.sna.2012.02.008.)

배열되어 있다. 또 이 경우 온도, 압력 및 전력 변화에 따른 효과도 최소화된다.

변조된 단일 필라멘트 TCD도 이용되고 있다. 이 경우 단지 작은 부피($\sim 5\ \mu$L)의 검출 용기 속에 있는 작은 필라멘트 위에 분석물질 기체와 기준 기체가 번갈아 가며 통과하게 되어 있다. 기체들은 10 Hz의 진동수로 번갈아 들어간다. 따라서 필라멘트의 출력은 10 Hz의 전기 신호가 되는데, 이 신호의 진폭은 분석물질 기체와 기준 기체의 열전도도의 차이에 비례한다. 증폭 회로가 10 Hz 신호에만 감응하기 때문에 이 장치의 열 잡음은 거의 모두 제거된다.

수소와 헬륨의 열전도도는 대부분의 유기 화합물보다 대략 6~10배 정도 더 크다. 따라서 적은 양의 유기물이 섞여 있어도 컬럼의 용출 기체의 열전도도는 비교적 크게 감소하게 되고 결과적으로 검출기의 온도는 크게 증가하게 된다. 운반 기체의 열전도도가 대부분 시료 성분의 열전도도와 비슷할 경우 열전도

도 검출 방식은 효과적이지 않다.

TCD의 장점은 장치가 간단하고, 선형 감응 범위가 크며(~10^5), 유기 및 무기 화학종 모두에 감응을 하고, 용질이 파괴되지 않기 때문에 검출 후 용질을 모을 수 있다는 데 있다. 이 검출기의 단점이라면 감도가 비교적 낮다는 것이다(~10^{-8} g 용질/mL 운반 기체). 다른 검출기의 감도는 이것보다 약 10^4~10^7배 정도 더 크다. TCD는 감도가 낮기 때문에 매우 적은 양의 시료를 다루는 모세관 컬럼을 사용할 때는 이용하지 않는다.

전자 포획 검출기

전자 포획 검출기(electron-capture detector, ECD)는 살충제와 polychlorinated biphenyl과 같은 유기 화합물에 함유된 할로젠 원소에 선택적으로 감응하기 때문에 환경 시료에 가장 널리 사용되고 있는 검출기 중 하나이다. 그림 27-11에서 볼 수 있듯이, 컬럼에서 용출되어 나오는 시료 기체는 보통 니켈-63과 같은 β-방사선 방출기 위를 통과하게 된다. 방출기에서 나오는 전자는 운반 기체(보통 질소)를 이온화시켜 많은 수의 전자를 생성한다. 유기 화학종이 없을 경우, 이 이온화 과정으로 인해 한 쌍의 전극 사이에서 일정한 전류가 흐른다. 그러나 전자를 잘 포획할 수 있는, 즉 전기음성도가 큰 작용기를 가지고 있는 유기 분자들이 통과하게 되면 전류는 급격하게 감소하게 된다.

ECD는 선택적인 감응을 한다. 할로젠화물, 과산화물, 퀴논 및 나이트로 화합물들은 높은 감도로 검출된다. 아민, 알코올 및 탄화수소와 같은 작용기에는 감응하지 않는다. ECD의 중요한 응용 분야는 염소화합물 형태의 살충제를 검출하고 정량하는 경우이다.

ECD는 대단히 감도가 좋으며, (시료를 파괴하는 불꽃 이온화 검출기에 비해) 시료를 크게 변화시키지 않는 장점을 지니고 있다. 하지만 선형 감응 범위는 보통 10^2 정도로 한계를 가지고 있다.

열이온 검출기

열이온 검출기(thermionic detector, TID)*는 인과 질소를 함유하는 유기 화합물에 대하여 선택적으로 감응한다. 인원자에 대한 감응은 질소 원자에 대한 감응보다 10배 정도 크며, 탄소 원자에 대한 감응보다 10^4~10^6배 더 크다. FID와 비교할 때, 열이온 검출기는 인 함유 화합물에 대하여 500배, 질소 함유 화학종에 대해서는 50배 정도 높은 감응을 가지고 있다. 이러한 성질 때문에 열이온 검출기는 인 함유 살충제를 검출하고 정량하는 데 특히 유용하게 쓰인다.

열이온 검출기는 그림 27-9에 있는 FID와 그 구조가 유사하다. 컬럼에서 나오는 용출 기체는 수소와 혼합되고 불꽃 버너 끝부분을 지나면서 연소한다. 그 다음 뜨거운 기체는 수집 전극에 대하여 약 180 V 정도로 유지되어 있고 전기로 가열된 규산 루비듐(rubidium silicate) 구슬 주위를 흐르게 되어 있다. 가열된 구슬은 600~800°C의 온도를 갖는 플라스마를 만들어낸다. 인 또는 질소 함유 분자로부터 엄청나게 많은 수의 이온들이 플라스마 속에서 생기는 원리는 아직까지 정확히 밝혀지지 않았지만, 큰 이온 전류가 생성되는 탓에 이 두 원소를 함유한 화합물을 정량하는 데 유용하게 이용되고 있다.

전해질 전도도 검출기

Hall 전해질 전도도 검출기(electrolytic conductivity detectors)에서 할로젠, 황 또는 질소를 포함하는 화합물은 보통 니켈로 만들어진 작은 반응 용기에서 반응 기체와 혼합된다. 반응 용기는 850~1000°C로 유지되어 있다. 반응의 생성물은 전도성 용액을 생성할 수 있는 액체에 용해된다. 그 다음 전도도 전지에서 이온 화학종으로 인해 생긴 전도도 변화를 측정한다. 그림 27-12는 전형적인 검출기의 모습을 보여준다.

할로젠 방식에서는, 수소를 반응 기체로 사용한다. 할로젠을 함유한 화합물은 HX로 변화되고 전도도 용매인 *n*-propyl alcohol에 용해된다. 이 방식에서, 황-함유 화합물은 H_2S로 변하고, 질소-함유 화합물은 NH_3로 변화되는데 둘 다 이 용매에서 이온화가 잘 되지 않기 때문에 별로 감응을 하지 않는다. 검출 한

* 열이온 검출기(TID)는 질소-인 검출기(nitrogen-phosphorous detector, NPD)로 더 잘 알려져 있다.

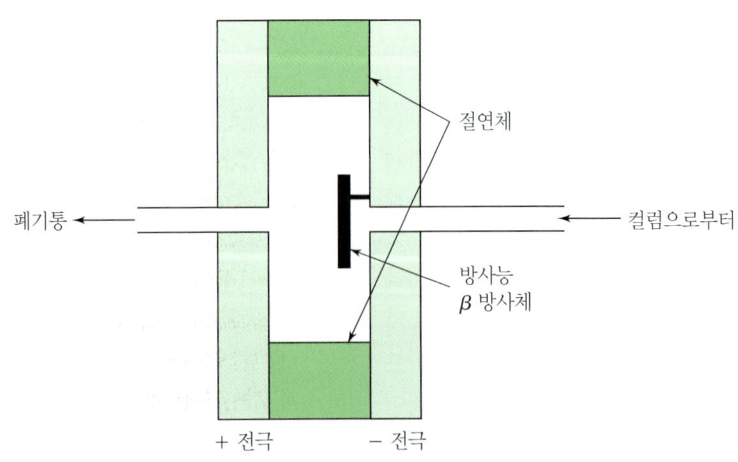

그림 27-11 ECD의 개략도.

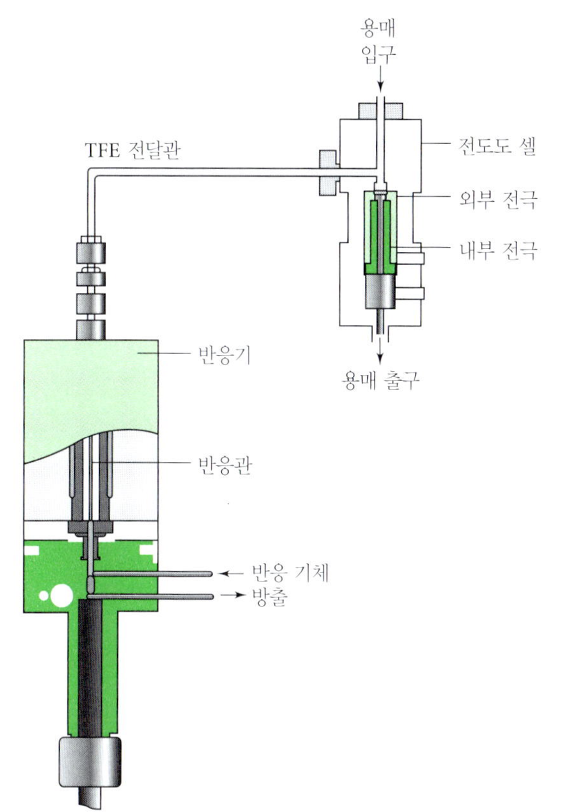

그림 27-12 **Hall 전해질 전도도 검출기의 개략도.** (Courtesy of ThermoElectron Corp.)

계는 ~0.5 pg Cl/s이고, 선형 범위는 10^6이다.

황 방식에서, 반응 기체는 공기이며 황-함유 화합물이 SO_2로 전환된다. 전도도 용매로 약간의 물이 섞여 있는 메틸 알코올(methyl alcohol)을 사용한다. SO_2는 수분과 만나 아황산이온과 황산이온으로 변한다. 질소-함유 화합물은 N_2와 질소 산화물로 전환되는데 거의 감응하지 않는다. 할로젠-함유 화합물은 HX로 변화되므로 검출되기 전에 반응 후 세정장치(scrubber)로 제거하여야 한다. 황 방식에서는 검출 한계가 약 2 pg S/s 정도, 선형 범위는 10^3 정도이다.

질소 방식에서는, 할로젠 방식에서처럼 수소가 반응 기체로 사용된다. 하지만, 이때 작은 양의 유기 용매를 포함한 물이 전도도 용매로 사용된다. 이 용매에서, 생성된 NH_3는 NH_4^+ 이온으로 전환된다. 할로젠-함유 그리고 황-함유 화합물로부터 각각 생성된 HX와 H_2S는 반응 후 세정장치로 제거되어야만 한다. 검출 한계는 ~4 pg N/s이고, 선형 범위는 10^3 정도이다.

건식 전해질 전도도 검출기 또한 사용되고 있다. 이들은 용매를 사용하지 않고 대신 기체상에서 생성 이온을 검출한다는 면에서 기존의 검출기와 다르다. 건식 검출기는 염소-함유 그리고 브로민-함유 화합물에 감응한다. 그리고 FID와 직렬로 연결하여 사용할 수도 있다.

광이온화 검출기

광이온화(photoionization) 검출기에서는, GC 컬럼에서 용출되는 분자가 10.2 eV 수소 램프 또는 11.7 eV 아르곤 램프로부터 나오는 자외선에 의해 광이온화된다. 이 광원은 광원 에너지보다 더 낮은 이온화 퍼텐셜을 지닌 화학종을 이온화한다. 더 큰 이온화 퍼텐셜을 지닌 화합물은 에너지를 흡수하지 못하므로 검출되지 않는다. 광이온화로 인해 생성된 이온과 전자는 전압이 걸려 있는 한 쌍의 전극에 모아진다. 이 검출기는 쉽게 광이온화될 수 있는 방향족 탄화수소 그리고 유기황계 또는 유기인계 화합물에 높은 감도를 보인다. 선형 범위는 10^7 이상이다.

원자 방출 검출기

원자 방출 검출기(atomic emission detector, AED)에서는 GC 컬럼에서 나오는 용출 기체를 마이크로파 유도 플라스마(MIP), 유도 결합 플라스마(ICP) 또는 직류 플라스마(DCP)로 주입한다. 이 중 MIP가 가장 널리 사용되며 상용화되어 있다. MIP는 그림 27-13에서와 같이 다이오드 배열 또는 전하-결합 장치를 검출기로 가지고 있는 원자 방출 분광기와 연결하여 사용된다. 플라스마의 에너지는 매우 높아 시료 속에 있는 모든 원소들을 원자화하고 그들의 특성 원자 방출 스펙트럼을 낼 수 있도록 들뜨게 할 수 있다. 그러므로 AED는 *원소-선택성 검출기*(element-selective detector)이다. 그림의 오른쪽에서처럼 이동 가능한 다이오드 배열은 어떤 주어진 위치에서 몇 가지의 원소들을 동시에 검출할 수 있다.

그림 27-14는 원소-선택성 검출 능력을 보여주고 있다. 이 경우 시료는 몇 가지 낮은 농도의 지방족 알코올뿐만 아니라 노킹 방지제로 첨가된 소량의 methyl tertiary butyl ether (MTBE)를 포함하고 있는 휘발유이다. 위의 크로마토그램은 198 nm에서 탄소원소의 방출선을 관측한 것인데, 물질을 확인하고 분류하기 불가능할 정도로 많은 피크들로 이루어져 있다. 반면, 777 nm의 산소 방출선을 이용하여 얻은 크로마토그램(그림 27-14b)의 경우 알코올들과 MTBE의 피크가 명확하게 나타나며 쉽게 식별할 수 있다.

불꽃 광도 검출기

불꽃 광도 검출기(flame photometric detector, FPD)는 공기와 물의 오염물질, 살충제 및 석탄의 수소화 생성물 등을 분석하는 데 널리 이용되고 있다. 이 검출기는 주로 황과 인을 포함하는 화합물에 감응하는 선택성 검출기이다. 이 검출기에서는 용출물이 낮은 온도의 수소-공기 불꽃으로 들어가서 인의 일부가 HPO 화학종으로 변하게 되는데, 이 물질은 약 510과 526 nm 파장에서 복사선 띠를 방출한다. 동시에 시료 중의 황은 최대 방출파장이 394 nm인 띠를 방출하는 S_2로 전환된다. 그러나 이 절에서 나중에 언급할 황 화학발광 검출기는 FPD보다 검출 한계가 더 낮고 선형 검출 농도 영역이 넓다. 적당한 필터를 이용하면 이 띠들을 분리할 수 있고 이들의 세기는 광도법으로 기록된다. 불꽃 광도법으로 검출되는 다른 원소들로는 할로젠 원소들, 질소, 그리고 주석, 크로뮴, 셀레늄 및 게르마늄 같은 몇 가지 금속들이 있다.

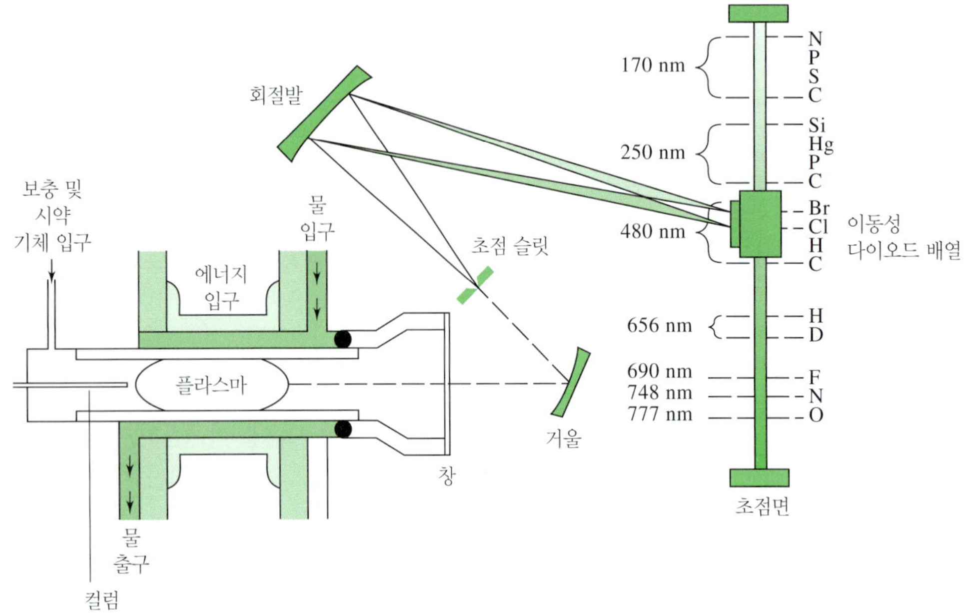

그림 27-13 GC용 AED. (Courtesy of Agilent Technologies.)

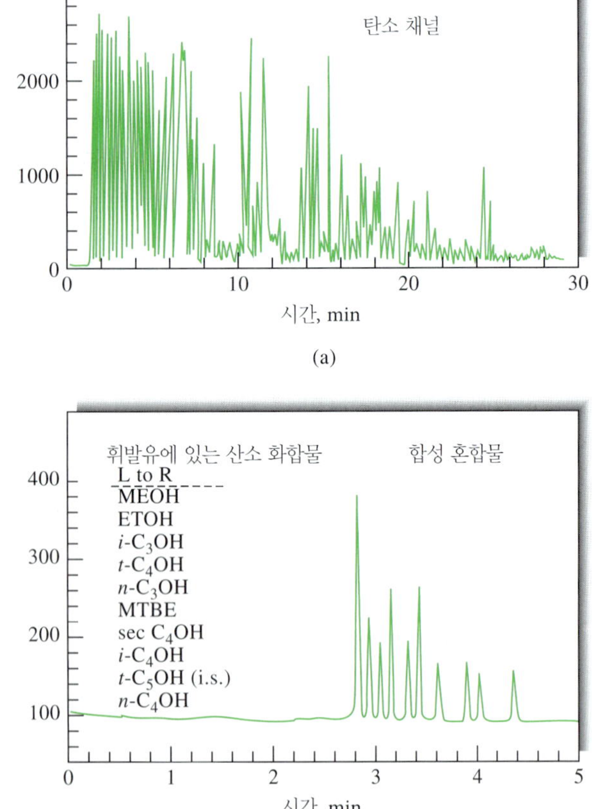

그림 27-14 소량의 MTBE와 몇 가지 지방족 알코올을 포함한 휘발유 시료의 크로마토그램. (a) 탄소 방출선 기준 검출, (b) 산소 방출선 기준 검출. (Courtesy of Agilent Technologies.)

질량 분석 검출기

질량 분석기는 GC 검출기 중 가장 탁월한 성능을 가지고 있는 검출기 중 하나이다. 질량 분석기와 질량 분석법의 응용은 제11장과 제20장에서 설명하였다. GC에 질량 분석기를 연결시킨 것을 *GC/MS*라고 한다.[5] 제11장에서 설명하였듯이, 질량 분석기는 시료로부터 생성되는 이온의 질량 대 전하비(mass-to-charge ratio, m/z)를 측정한다. 생성되는 이온들의 대부분은 단일 전하($z = 1$)를 띠고 있어서 질량 분석자들은 질량 대 전하비가 정확하게 측정될 때 흔히 이온의 질량을 측정한다고 표현한다. 현재 약 50여 개의 기기회사에서 GC/MS 기기를 시판하고 있다. 모세관 컬럼에서 나오는 흐름 속도는 일반적으로 느린 편이어서 컬럼 용출물을 질량 분석기의 이온화 장치에 직접 주입할 수 있다. 그림 27-15에 대표적인 GC/MS 장치의 구성도를 나타내었다. 모세관 컬럼이 개발되기 전 충전 컬럼을 GC에서 사용할 때에는 GC로부터 나오는 많은 양의 운반 기체의 양을 최소화해야 했다. 이를 위해 제트(jet) 분리기, 막(membrane) 분리기, 그리고 분출(effusion) 분리기가 사용되었다. 그러나 많은 경우 이 장치들은 많은 양의 분석물질도 같이 제거하므로 비효율적이었다. 현재의 GC/MS 장치는 거의 모두 모세관 컬럼을 사용하므로 더 이상 이런 분리장치가 필요 없다.

분석물질의 열분해 과정은 GC/MS의 문제점이 될 수 있다. GC 시료 주입구와 컬럼에서뿐만 아니라 질량 분석기 이온화원(또는 이온화 장치)의 가열된 금속 표면에서도 열분해가 발생

[5]추가 정보는 다음 문헌을 참고하시오. O. D. Sparkman, Z. E. Penton, and F. G. Kitson, *Gas Chromatography and Mass Spectrometry*, 2nd ed., Amsterdam: Elsevier, 2011; M. C. McMaster, *GC/MS: A Practical User's Guide*, 2nd ed., New York: Wiley, 2008.

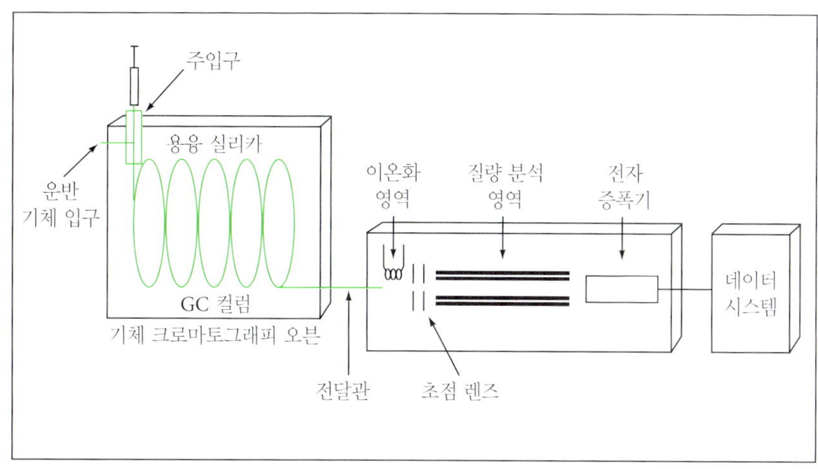

그림 27-15 대표적인 모세관 GC/MS 장치의 구성도. GC의 용출물이 질량 분석기의 입구로 주입되면 기체상의 분자들이 토막이 나고 이온화되고 질량에 따라 분리된 뒤 검출된다.

할 수 있다. 온도를 낮추면 열분해를 최소화할 수 있다. 하지만 질량 분석기는 분해 생성물을 식별하는 목적으로도 사용하므로 크로마토그래피법을 개선하여 열분해 문제로 인해 생기는 문제점을 해결할 수 있다.

GC/MS에서 가장 흔히 사용되는 이온화원은 전자 이온화원과 화학 이온화원이다. 질량 분석기의 이온화원은 제20B절에 자세히 설명되어 있다. 가장 흔히 사용되는 질량 분석관(mass analyzer)은 사중 극자와 이온 포획(이온 트랩) 분석관이다. 이 분석관에 대해서는 제11B-2절과 제20C-3절에 상세히 설명되어 있다. 비행시간형 질량 분석관 또한 사용되고 있으나 사중 극자와 이온 포획 분석관만큼 널리 사용되고 있지 않다.

GC/MS에서 질량 분석기는 크로마토그래피 분리가 일어나는 동안 반복해서 질량을 주사(scan)한다. 예를 들어 크로마토그래피가 10분 동안 수행되고, 1초당 한 번씩 주사한다면 600개의 질량 스펙트럼이 기록된다. 이 데이터는 데이터 시스템에 의해 여러 가지 다른 방식으로 분석될 수 있다. 첫째, 각 스펙트럼에 있는 이온의 존재량을 모두 합하여 시간의 함수로 도시하면 *총-이온 크로마토그램*(total-ion chromatogram)이 얻어진다. 이 도시는 일반적인 크로마토그램과 비슷하다. 어떤 경우는 크로마토그램을 얻는 동안 어떤 특별한 시간에 용출되는 화학종을 식별하기 위하여 바로 그 시간의 질량 스펙트럼을 나타낼 수도 있다. 마지막으로 하나의 질량 대 전하비(m/z) 값을 선택하여 크로마토그래피 분리를 하는 동안 내내 측정할 수도 있는데 이런 방법을 *선택-이온 모니터링*(selected-ion monitoring)이라고 한다. 크로마토그래피 분리를 하는 동안 얻어진 선택 이온의 질량 스펙트럼을 *질량 크로마토그램*(mass chromatogram)이라고 한다.

GC/MS 기기는 자연계와 생체계에 존재하는 수천 개의 화합물들을 식별하는 데 이용되고 있다. 예를 들면 이 방법은 식품의 냄새 및 맛 성분을 규명하고, 수질 오염물질을 식별하고, 날숨 기체 성분을 이용하여 의학진단을 하고 그리고 약물 대사물질들도 연구할 수 있게 한다.

GC/MS의 한 가지 응용법을 그림 27-16에 나타내었다. 그림

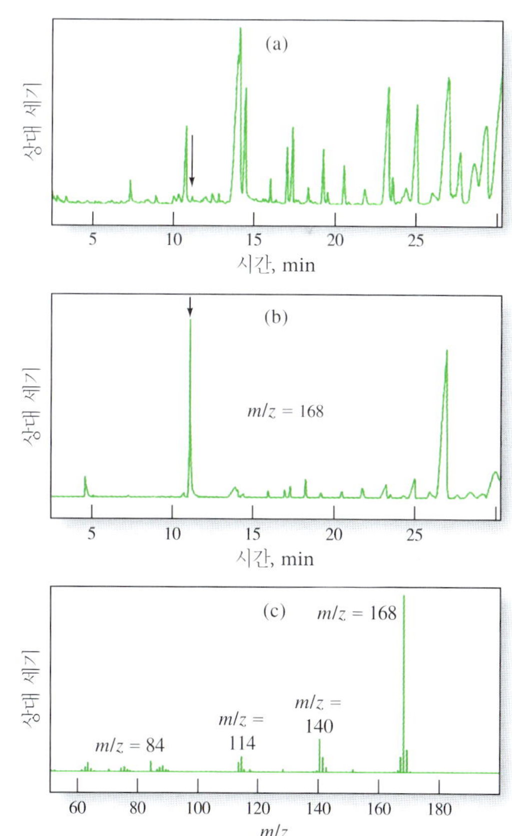

그림 27-16 GC/MS 기기의 전형적인 출력. (a) 흰개미 시료로부터 추출된 물질의 총-이온 크로마토그램. (b) m/z = 168 이온에 대한 질량 크로마토그램. (c) t = 10.46분에 용출된 화합물에 대한 전체 질량 스펙트럼으로서 이를 통해 중요한 알칼로이드 물질인 β-carboline norharmane으로 식별이 가능하게 하였다. (Adapted from S. Itakura, S. Kawabata, H. Tanaka, and A. Enoki, *J. Insect Sci.*, **2008**, *8*, 13.)

동영상: www.tinyurl.com/skoogpia7에서 **GC/MS**에 대해 더 알아보시오.

(a)는 흰개미 시료로부터 추출된 물질의 총-이온 크로마토그램, (b)는 m/z = 168을 지닌 이온들에 대한 질량 크로마토그램이며, (C)는 10.46분에 용출된 물질의 전체 질량 스펙트럼으로서 그 성분이 무엇인지를 식별할 수 있다.

질량 분석법은 또한 완전하게 분리되지 않은 성분에 관한 정보를 얻는 데도 사용할 수 있다. 예를 들면, GC 피크가 두 개 이상의 성분을 포함하고 있다면 피크의 앞쪽 부분의 질량 스펙트럼은 중간 또는 뒷부분에서 얻어지는 스펙트럼과 다를 수도 있다. 질량 분석법을 이용하면 피크가 하나가 아닌 여러 화학종을 지닌 것인지를 확인할 수 있음은 물론 분리되지 않은 여러 성분들을 식별할 수 있다. GC는 최근 텐덤 질량 분석기나 Fourier 변환 질량 분석기와 연결되어 사용되는데 이를 GC/MS/MS 또는 GC/MS^{n}라고 하며 이런 기기들은 혼합물 속에 들어 있는 각 성분을 식별하는 데 있어서 탁월한 성능을 갖고 있다.

분광 검출기와 연결된 GC

GC는 분광학 및 전기화학의 선택적인 검출법과 연결되어 복잡한 혼합물의 성분들을 분리하고 식별하는 훌륭한 도구로 사용된다. GC를 질량 분석기(GC/MS), Fourier 변환 적외선 분광법(GC/FTIR), 핵 자기 공명 분광법 및 전기 분석법과 연결하는 것을 *연계 분석법*(hyphenated methods)이라고 한다.[6]

초기의 연계 분석법은 GC 컬럼의 용출물을 냉각 트랩에 여러 분획으로 모으고 비파괴적이고 비선택적인 검출기를 이용하여 용출물이 나타나는가를 구분하였다. 그 다음에 각 분취물의 조성을 NMR 분광법, IR 분광법, 또는 전기분석법으로 측정하여 조사하였다. 이 접근방법의 한계는 분취물 속에 들어있는 용질의 양(보통은 마이크로몰 정도)이 매우 적다는 것이다.

대부분의 최신 연계분석법은 컬럼에서 나오는 용출물을 분광법을 이용하여 연속적으로 검출하는 것이다. 측정되는 원리가 서로 다른 두 방법을 연결함으로써 선택성을 크게 증가시킬 수 있다. 오늘날 컴퓨터를 갖춘 GC 기기는 스펙트럼을 비교하여 화합물을 식별할 수 있는 많은 데이터베이스를 지니고 있다.

다른 형태의 검출기

특별한 응용 목적으로 여러 가지 다른 형태의 GC 검출기를 사용 한다. *황 화학발광 검출기*(sulfur chemiluminescence detector, SCD)는 특정 황화합물과 오존 사이의 반응을 이용한다. 이런 반응에 의해 얻어지는 발광 세기는 황의 농도에 비례한다. 이 검출기는 메트캅탄류(mercaptans)와 같은 공해물질을 정량하는 데 특히 유용하다는 것이 판명되었다. 황 화학발광 검출기의 경우, 운반 기체는 수소와 공기와 함께 혼합되며 불꽃 이온화 검출기에서처럼 연소된다. 이 과정에서 생성되는 기체들은 오존과 혼합되고 반응 과정에서 방출되는 발광 세기를 측정한다. 선형 범위는 약 10^5 정도이며 황의 검출 한계는 약 0.5 pg/s이다. 황 화학발광 검출기는 초임계 유체 크로마토그래피에도 적용되었다.

질소에 선택적인 화학발광 검출기는 황 검출기와 아주 유사하다. 연소생성물인 아산화질소는 오존과 반응하여 화학발광을 한다. 이 검출기는 질소에 대한 선형 범위가 약 10^4 정도이다. 질소에 대한 검출 한계는 약 5 pg/s이다. 이 검출기는 암모니아, 히드라진(hydrazine), HCN 및 질소 산화물 같은 무기 화합물과 유기 질소 화합물에 사용된다.

27C 기체 크로마토그래피 컬럼과 정지상

1950년대 초 기체-액체 크로마토그래피를 이용한 초기 연구에는 미세한 비활성 고체 지지체의 표면에 흡착시킨 얇은 막의 액체를 정지상으로 이용하는 충전 컬럼을 사용하였다. 그러나 이 시기에 수행된 이론적인 연구에 의하면, 컬럼 효율과 속도 측면에서 내경이 십 분의 수 mm에 해당하는 충전되지 않은 컬럼이 충전 컬럼보다 훨씬 우수하다는 것이 밝혀졌다.[7] 이 *모세관 컬럼*(capillary columns)의 경우, 정지상은 모세관 내부에 십 분의 수 mm 두께의 액체막으로 균일하게 입혀져 있다. 1950년대 후반에 *열린 관 컬럼*(open tubular column)이 제작되었으며, 여러 실험실에서 이론 단수 300,000 이상의 열린 관 컬럼을 사용하여 예견된 성능을 실험적으로 확인하였다.[8] 오늘날 GC에서는 열린 관 컬럼이 더 널리 사용되는데 그 이유는 충전 컬럼을 사용할 때보다 더 좁고 긴 컬럼을 이용할 수 있어 더 큰 효율을 얻을 수 있기 때문이다.

이러한 놀라운 성능 특성에도 불구하고, 모세관 컬럼은 발명된 후 20년이 되도록 널리 사용되지는 않았다. 이렇게 지연된 데는 몇 가지 이유가 있었다. 즉, 시료의 용량이 적고 컬럼이 깨지기 쉬우며, 시료를 주입하고 컬럼을 검출기에 연결하는 것과 관련된 기계적 문제가 있으며, 재현성 있게 정지상을 부착하기가 어렵고 잘못 만든 컬럼의 수명이 짧고, 컬럼이 쉽게 막히고 한 제작자에 독점되어 상업적 개발에 지장을 준 특허 문제(첫 특허권은 1977년에 소멸되었다)가 있었기 때문이다. 용융 실리

---

[6]연계분석법에 대한 총설은 다음 문헌을 참고하시오 C. L. Wilkins, *Science*, **1983**, *222*, 291, **DOI**: 10.1126/science.6353577; C. L. Wilkins, *Anal. Chem.*, **1989**, *59*, 571A, **DOI**: 10.1021/ac00135a001.

[7]충전 컬럼과 모세관 컬럼 기술에 대한 자세한 자료는 다음 문헌을 참고하시오. E. F. Barry and R. L. Grob, *Columns for Gas Chromatography*, Hoboken, NJ: Wiley-Interscience, 2007.

[8]1987년, 열린 관 컬럼의 길이와 이론 단수에 대한 세계 기록이 네덜란드의 Chromapack International Corporation이 출판한 *Guinness 세계기록*(Guinness Book of Records)에 기록되었다. 한 개의 용융 실리카 컬럼의 내부 지름은 0.32 mm이고, 길이는 2.1 km 즉 1.3마일이다. 컬럼은 polydimethyl siloxane의 0.1 mm 막으로 입혀져 있고, 이 컬럼의 1.3 km는 2백만 이상의 단수를 가지고 있었다.

표 27-2 대표적인 GC 컬럼의 성질과 특성

	컬럼의 종류			
	FSWC*	WCOT†	SCOT‡	충전관
길이, m	10~100	10~100	10~100	1~6
내부 지름, mm	0.1~0.3	0.25~0.75	0.5	2~4
효율, 단수/m	2000~4000	1000~4000	600~1200	500~1000
시료크기, ng	10~75	10~1000	10~1000	$10 \sim 10^6$
상대 압력	낮다	낮다	낮다	높다
상대 속도	빠르다	빠르다	빠르다	느리다
유연성	있다	없다	없다	없다
화학적 비활성	최고 ——————→			최저

* 용융 실리카 벽도포 열린 관 컬럼.
† 벽도포 열린 관 금속, 플라스틱, 또는 유리관.
‡ 지지체도포 열린 관 컬럼(또한 다공성 막 열린 관 컬럼, 즉 PLOT라고도 한다).

카 모세관이 등장하였던 1979년에 모세관 GC 기술은 발달하기 시작하였다. 이때부터 여러 가지 분석적 응용이 가능한 모세관 컬럼들이 시판되었다. 그 결과 최근 수년간 소개된 대부분의 응용은 모세관 컬럼을 사용한다.[9]

27C-1 모세관 컬럼

모세관 컬럼은 컬럼 내에 흐름 경로가 열려 있어서 열린 관 컬럼이라고도 부른다. 이것은 *벽도포 열린 관*(wall-coated open tubular, WCOT)과 *지지체도포 열린 관*(support-coated open tubular, SCOT)이라 불리는 두 가지 기본적인 형태를 가지고 있다.[10] 벽도포 컬럼은 컬럼 내벽에 얇은 정지상층을 입힌 단순한 모세관이다. 지지체도포 열린 관 컬럼은 모세관의 안쪽 표면에 규조토와 같은 지지체를 얇은 막(~30 μm) 형태로 입힌 것이다. 이런 형태의 컬럼은 벽도포 컬럼보다 몇 배 더 많은 정지상을 가지고 있으므로 보다 큰 시료 용량을 가진다. 일반적으로 SCOT 컬럼의 효율은 WCOT 컬럼보다는 낮은 편이나 충전 컬럼보다는 훨씬 높다.

초기의 WCOT 컬럼은 스테인리스 강, 알루미늄, 구리 또는 플라스틱으로 제작되었다. 그 후 유리관도 사용하기 시작했다. 유리관은 염산 기체, 센 염산 수용액 또는 HF_2K로 에칭시켜 표면을 거칠게 하여, 정지상이 더 단단히 결합되도록 하였다. 가장 널리 사용되고 있는 모세관 컬럼은 *용융 실리카 벽도포*(fused-silica wall-coated, FSWC) 열린 관 컬럼이다. 용융 실리카 모세관은 금속 산화물을 최소한으로 포함하도록 특별히 정제한 실리카를 이용하여 만들었다. 이런 모세관들은 유리 컬럼보다 훨씬 얇은 벽을 갖는다. 모세관을 뽑아내면서 외부를 폴리이미드로 입혀 강도가 커지도록 하였다. 이렇게 해서 만든 컬럼은 유연성이 상당히 커서 수 인치의 지름을 가진 코일 형태로 만들 수 있게 되었다. 그림 27-7은 용융 실리카 열린 관 컬럼이다. 용융 실리카 모세관 컬럼은 상용화되어 있으며, 물리적 강도, 시료 성분에 대한 아주 낮은 반응성 및 유연성 등 몇 가지 중요한 장점을 지니고 있다. 대부분의 응용에서, 초기에 나온 WCOT 유리 컬럼이 이것으로 대체되고 있다.

가장 널리 사용되고 있는 실리카 열린 관 컬럼의 내경은 0.32와 0.25 mm이고, 더 높은 분해능을 갖는 컬럼의 내경은 0.20과 0.15 mm로서 역시 시판되고 있다. 이런 컬럼들은 사용할 때 다루기가 더 힘들며 시료 주입 장치와 검출기와 연결시키는 데 더 많은 어려움이 있다. 따라서 컬럼에 주입하는 시료의 양을 줄이기 위하여 시료 분할기와 빠른 감응 시간을 지닌 감도 좋은 검출기를 사용해야만 한다.

Megabore 컬럼(megabore columns)이라고 부르기도 하는 530 μm 모세관이 상용화되어 있다. 이 컬럼은 충전 컬럼에서 사용되는 시료량과 비슷한 양의 시료에도 적용할 수 있다. Megabore 열린 관 컬럼의 성능 특성은 내경이 작은 컬럼보다는 좋지 못하지만 충전 컬럼보다는 훨씬 좋다.

표 27-2에 용융 실리카 모세관 컬럼의 성능 특성을 지지체도포 컬럼과 충전 컬럼뿐만 아니라 다른 형태의 벽도포 컬럼과도 비교하였다.

27C-2 충전 컬럼

최신의 충전 컬럼은 유리 또는 금속관으로 제작된다. 길이는 2~3 m이며, 내경이 2~4 mm이다. 이 관들은 얇은 층(0.05~1 μm)의 액체 정지상이 도포되어 있는 균일하고 미세한 충전물

[9]GC 컬럼에 관한 상세한 정보는 다음과 같다. E. F. Barry, in *Modern Practice of Gas Chromatography*, R. L. Grob and E. F. Barry, eds., 4th ed., Chap. 3, New York: Wiley-Interscience, 2004.

[10]열린 관 컬럼에 관한 자세한 설명은 다음과 같다. M. L. Lee, F. J. Yang, and K. D. Bartle, *Open Tubular Column Gas Chromatography: Theory and Practice*, New York: Wiley, 1984.

이거나 고체 지지체로서 고밀도로 충전되어 있다. 컬럼은 항온 오븐 속에 장착할 수 있도록 대략 15 cm 직경의 코일 형태로 만들어져 있다.

고체 지지체 물질

충전 컬럼 내의 충전물 또는 고체 지지체는 표면에 액체 정지상이 고정되어 있어 가능한 한 넓은 표면적이 이동상에 노출되도록 한다. 이상적인 고체 지지체는 작고, 균일하며, 구형의 입자로서 기계적 강도가 좋고, 비표면적은 적어도 1 m^2/g 이상은 되어야 한다. 또 지지체는 고온에서 비활성이어야 하며 액체상으로 쉽게 적셔질 수 있어야 한다. 이러한 모든 기준을 완벽하게 만족하는 물질은 아직 개발되어 있지 않다.

최초로 개발되었으면서 여전히 가장 널리 사용되고 있는 GC 충전물은 자연에서 구할 수 있는 규조토로 만든 것으로서, 고대의 호수와 바다에 서식하였던 수천 종의 단세포 식물(규조류)이 골격을 이루고 있다. 그림 27-17은 주사 전자현미경으로 관찰한 규조토의 확대 사진이다. 이러한 식물은 작은 기공을 통해 영양분을 얻으며 배설물은 분자 확산으로 배출하였다. 결과적으로, GC 또한 동일한 분자 확산에 기초하고 있어 이들의 잔유물은 지지체로서 적당하다.

지지체의 입자 크기

그림 26-11에 나타난 바와 같이 기체 크로마토그래피 컬럼의 효율은 충전물의 입자 직경이 작을수록 급격히 증가한다. 그러나 운반 기체를 기준에 맞는 흐름 속도로 일정하게 유지하는 데 필요한 압력 차이는 입자 직경의 제곱에 반비례한다; 이와 같은 관계로 GC에 사용되는 입자 크기에는 최저 한계가 있는데 약 50 psi 이상의 압력 차이를 사용하기가 쉽지 않기 때문이다. 따라서 보통 사용되는 지지체 입자는 60～80 mesh (250～170 μm) 또는 80～100 mesh (170～149 μm) 정도이다.

27C-3 컬럼 충전물 또는 모세관 벽에의 흡착

초기부터 GC가 갖고 있던 문제점은 알코올 또는 방향족 탄화수소와 같은 극성 또는 편극이 쉽게 되는 분석물질 화학종들이 컬럼 충전물 또는 모세관 벽의 규산염 표면에 물리적으로 흡착된다는 것이다. 흡착 현상은 피크가 일그러지는 원인으로 피크가 넓어지며 종종 꼬리끌기 현상을 보인다(그림 26-5 참고). 규산염 표면이 수분과 반응하여 생성되는 실라놀(SiOH) 작용기에서 흡착이 일어나게 된다. 따라서 완전히 가수분해된 규산염의 표면 구조는 다음과 같다.

```
  OH      OH      OH      OH
  |   O   |   O   |   O   |
 \|  / \  |  / \  |  / \  |/
  Si      Si      Si      Si
  |       |       |       |
```

지지체 표면의 SiOH 작용기는 극성 유기 분자에 대한 친화력이 크므로 흡착 현상으로 유기 분자를 붙잡는 경향을 보인다.

지지체 물질은 dimethylchlorosilane (DMCS)으로 실란화시켜 비활성화시킬 수 있다. 반응은 다음과 같다.

$$-\mathrm{Si}-\mathrm{OH} + \mathrm{Cl}-\overset{\mathrm{CH_3}}{\underset{\mathrm{CH_3}}{\mathrm{Si}}}-\mathrm{Cl} \longrightarrow -\mathrm{Si}-\mathrm{O}-\overset{\mathrm{CH_3}}{\underset{\mathrm{CH_3}}{\mathrm{Si}}}-\mathrm{Cl} + \mathrm{HCl}$$

지지체를 메탄올로 씻으면 메톡시기가 또 다른 염소를 치환한다. 즉,

$$-\mathrm{Si}-\mathrm{O}-\overset{\mathrm{CH_3}}{\underset{\mathrm{CH_3}}{\mathrm{C}}}-\mathrm{Cl} + \mathrm{CH_3OH} \longrightarrow -\mathrm{Si}-\mathrm{O}-\overset{\mathrm{CH_3}}{\underset{\mathrm{CH_3}}{\mathrm{Si}}}-\mathrm{OCH_3} + \mathrm{HCl}$$

컬럼 충전물의 실란화된 표면은 여전히 약간의 흡착력이 남아 있는데, 이는 규조토에 들어 있는 금속 산화물 불순물 때문에 나타나는 것이다. 실란화하기 전에 산으로 씻어내면 이 불순물들이 제거된다. 열린 관 컬럼을 만드는 데 사용하는 용융 실리카에는 이런 종류의 불순물이 거의 없다. 이러한 이유에서 용융 실리카 컬럼에서는 흡착에 관한 문제가 거의 나타나지 않는다.

그림 27-17 규조토의 광학현미경 사진. 배율 5000배. (BIOPHOTO ASSOCIATES/Getty Images)

27C-4 정지상

기체-액체 크로마토그래피 컬럼에서 고정화된 액체 정지상의 성질은 다음과 같아야 한다: (1) *낮은 휘발성*(low volatility, 이상적인 경우 액체의 끓는점은 컬럼의 최대 작동 온도보다 적어도 100°C 높아야 한다); (2) *열 안정성*(thermal stability); (3) *화학적 비활성*(chemical inertness); (4) 분리하려는 용질에 대한 k

및 α값(각각 제26B-5절과 제26B-6절 참고)이 적당한 영역 내에 있는 *용매의 특성*(solvent characteristics).

GLC가 발전되어 오는 과정에서 정지상으로 수많은 액체들이 제시되었다. 오늘날에는 약 10개 정도의 액체가 흔하게 이용되고 있다. 정지상을 적절히 선택하는 것은 성공적으로 분리를 수행하는 데 있어 결정적인 역할을 한다. 정지상을 선택하는 정성적인 지침은 총설 문헌, 인터넷 검색, 사전 경험, 또는 크로마토그래피 기기 공급회사에서 얻을 수 있다.

컬럼에서 분석물질의 머무름 시간은 분포 상수에 따라 달라지는데, 이것은 다시 액체 정지상의 화학적 성질과 연관되어 있다. 여러 시료 성분들을 분리하려면, 이들의 분포 상수가 서로 충분히 달라야만 깨끗한 분리를 할 수 있다. 그러나 이 상수들은 너무 크거나 너무 작아서는 안 된다. 너무 크면 머무름 시간이 매우 길어지고, 너무 작으면 머무름 시간이 짧아져 완벽하게 분리되지 않기 때문이다.

분석물질이 컬럼에 적절하게 머무르려면 정지상과 어느 정도의 적합성(용해도)을 반드시 가져야만 한다. 이 경우 "유사한 것은 유사한 것을 용해시킨다"는 원리가 적용되는데, 여기서 "유사한 것"은 분석물질과 액체 정지상의 극성을 말하는 것이다. 분자의 극성은 쌍극자 모멘트에 의해 결정되며 분자 내에서 전하가 분리되면서 생기는 전기장의 척도이다. 극성 정지상은 —CN, —CO 및 —OH기 같은 작용기들을 가지고 있다. 탄화수소 계열의 정지상과 디알킬 실록산(dialkyl siloxane)은 비극성인 반면, 폴리에스터 정지상은 극성이 크다. 극성 분석물질에는 알코올, 산 및 아민류 등이 있고; 중간 정도의 극성 분석물질에는 에터, 케톤 및 알데하이드 등이 있다. 포화 탄화수소는 비극성이다. 일반적으로 정지상의 극성은 시료 성분의 극성과 서로 맞아야 한다. 서로 잘 맞을 때 용리되는 순서는 분석물질의 끓는점에 의해 결정된다.

정지상의 분류

정지상을 분류하고 따라서 정지상을 쉽게 선택할 수 있는 여러 가지 다양한 방식이 알려져 있다. 이들 중 대부분은 용질의 머무름 특성을 측정하는 방식으로 용질과 액체상 사이에서의 특정한 상호작용을 파악하는 용질 탐침들을 이용하여 분류한다. 가장 중요한 두 가지 분류 방법은 Rohrschneider와 McReynolds의 연구에 기초를 두고 있다.[11] 이들은 정지상과 각 정지상에서 분리할 수 있는 화합물의 목록을 만들었다(표 27-3 참고). 또한, 알데하이드류 또는 케톤류로부터 알코올을 분리하려 할 때와 같이 서로 다른 작용기를 가지고 있는 분석물질들을 분리하는 데 필요한 정지상을 선택하려 할 때 지침이 될 수 있는 McReynold 상수라는 수치도 이용 가능하다.[12]

몇 가지 널리 쓰이는 정지상

표 27-3에 충전 컬럼과 열린 관 컬럼 GC에서 가장 널리 사용되는 정지상을 극성이 커지는 순서로 나열하였다. 이 6개 액체들은 아마도 취급하는 시료의 90% 이상을 만족스럽게 분리해 줄 것이다.

표 27-3에 수록된 액체 중 5개는 다음과 같은 일반적인 구조식을 갖는 폴리디메틸 실록산(polydimethyl siloxane)이다.

$$\mathrm{R}-\underset{\mathrm{R}}{\overset{\mathrm{R}}{\mathrm{Si}}}-\mathrm{O}\left[\underset{\mathrm{R}}{\overset{\mathrm{R}}{\mathrm{Si}}}-\mathrm{O}\right]_n\underset{\mathrm{R}}{\overset{\mathrm{R}}{\mathrm{Si}}}-\mathrm{R}$$

이들 중 첫 번째 물질인 폴리디메틸 실록산은 —R기가 모두 $—CH_3$이고 비교적 비극성인 액체이다. 표의 다른 폴리실록산의 경우, 메틸기의 일부가 페닐($—C_6H_5$), 사이아노프로필($—C_3H_6CN$) 및 트라이플루오로프로필($—C_3H_6CF_3$)과 같은 작용

[11] L. Rohrschneider *J. Chromatogr.*, **1966**, *22*, 6, **DOI**: 10.1016/S0021-9673(01)97064-5; W. O. McReynolds, *J. Chromatogr. Sci.*, **1970**, *8*, 685, **DOI**: 10.1093/chromsci/8.12.685.

[12] J. A. Dean *Analytical Chemistry Handbook*, pp. 4.34~4.37, New York: McGrawHill, 1995.

표 27-3 GLC에서 흔히 사용되는 액체 정지상

정지상	일반 상품명	최고 온도, °C	응용
Polydimethyl siloxane	OV-1, SE-30	350	보통의 비극성상, 탄화수소류, 여러 고리 방향족, 스테로이드류, PCBs
5% Phenyl-polydimethyl siloxane	OV-3, SE-52	350	지방산 메틸에스테르, 알칼로이드류, 약품, 할로젠화합물
50% Phenyl-polydimethyl siloxane	OV-17	250	약품, 스테로이드류, 살충제, 글라이콜류
50% Trifluoropropyl-polydimethyl siloxane	OV-210	200	염소화방향족류, 나이트로방향족류, 알킬화 벤젠류
Polyethylene glycol	Carbowax 20M	250	유리산, 알코올류, 에테르, 기름, 글라이콜류
50% Cyanopropyl-polydimethyl siloxane	OV-275	240	다중 불포화 지방산류, 로신산류, 유리산류, 알코올류

기로 치환되어 있다. 각 물질에 적혀있는 퍼센트 수치는 폴리실록산 골격에 있는 메틸기 대신에 각각 명명된 작용기로 치환된 양을 나타낸 것이다. 예를 들어, 5% 페닐-폴리디메틸 실록산은 중합체 내의 규소 원자에 페닐기가 5%(개수 기준) 결합된 것이다. 이렇게 치환을 하면 액체의 극성을 다양하게 변화시킬 수 있다.

표 27-3에서 다섯 번째인 폴리에틸렌 글라이콜은 다음과 같은 구조를 갖는다.

$$HO—CH_2—CH_2—(O—CH_2—CH2)_n—OH$$

이 화합물은 극성 화학종들을 분리하는 데 널리 사용되고 있다. 그림 27-18은 표 27-3에 적어놓은 정지상을 열린 관 컬럼에 대해 이용한 것을 보여주고 있다.

결합된 정지상 및 가교결합 정지상

상용 컬럼에는 결합된 정지상 또는 가교결합 정지상이 있다. 결합과 가교결합 방식을 사용하는 이유는 높은 온도에서 또는 온도 프로그래밍을 할 때 정지상이 깨지지 않고 오랫동안 잘 유지되도록 하기 위함이다. 이렇게 처리되지 않은 컬럼은 사용할 수록 "정지상 벗김(bleeding)" 현상으로 인해 정지상이 서서히 없어진다. 이 벗김 현상은 용리되는 동안 작은 양의 정지상이 컬럼에서 떨어져 나오는 현상을 말한다. 이런 컬럼들은 용매의 부피가 큰 온-컬럼 주입(on-column injection)에도 잘 사용할 수 있다. 실제로, 가교결합 또는 결합된 정지상 컬럼은 오염물질 제거를 위해 정지상의 커다란 손실 없이 역방향 세척도 할 수 있다.

결합은 화학 반응을 이용하여 컬럼의 실리카 표면에 단일 분자층의 정지상을 부착시키는 과정을 말한다. 상용 컬럼의 경우, 이런 반응의 성질이 보통 특허로 등록되어 있다.

가교결합은 컬럼을 표 27-3에 적혀 있는 중합체 중의 하나로 입힌 후 그 즉시(in situ) 이루어지도록 한다. 가교결합의 한 가지 방법은 과산화물을 원래의 액체에 섞어 결합시키는 것이다. 얇은 중합체막을 가열하면 중합체 사슬에 있는 메틸기 사이에서 자유라디칼 메커니즘에 의해 반응이 시작된다. 중합체 분자들은 그때 탄소-탄소 결합을 통해 가교결합을 하게 된다. 그 결과 막은 이렇게 처리하지 않은 막보다 벗겨지는 성질이 줄어들고, 훨씬 더 높은 열적 안정성을 갖게 된다. 또한 도포한 컬럼에 감마 방사선을 쪼여주면 가교결합이 시작된다.

정지상 막두께

상용 컬럼은 0.1 μm에서 5 μm에 이르기까지 다양한 두께의 정지상을 지니고 있다. 막두께는 제26C-3절에서 설명한 것과 같이 주로 컬럼의 머무름 특성과 시료 용량에 영향을 준다. 두꺼

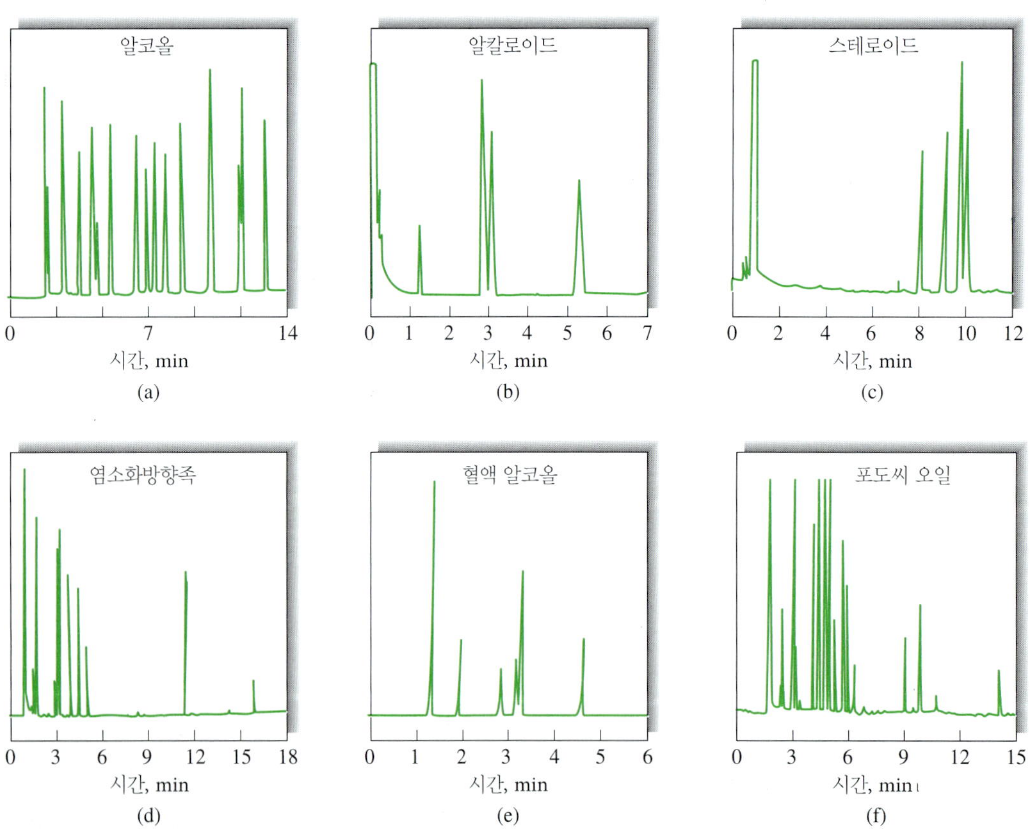

그림 27-18 여러 정지상으로 입힌 열린 관 컬럼으로 얻은 대표적인 크로마토그램. 정지상 (a) polydimethyl siloxane, (b) 5% (phenyl methyldimethyl) siloxane, (c) 50% (phenyl methyldimethyl) siloxane, (d) 50% poly(tirfluoropropyl-dimethyl) siloxane, (e) polyethylene glycol, (f) 50% poly(cyanopropyl-dimethyl) siloxane. (Source: Agilent Technologies.)

운 막은 휘발성이 큰 분석물질에 사용되는데, 이런 막이 용질을 보다 긴 시간 동안 머무르게 하여 분리하는 데 오랜 시간이 소요되도록 하려는 이유이다. 얇은 막은 휘발성이 낮은 화학종을 적당한 시간 내에 분리하는 데 유용하다. 내경이 0.25 또는 0.32 mm인 컬럼을 사용하는 대부분의 응용에서는 0.25 μm의 막두께가 적당하다. Megabore 컬럼에는 1~1.5 μm 막이 종종 사용된다. 오늘날 8 μm 막두께를 갖는 컬럼도 시판되고 있다.

카이랄 정지상

최근에는 기체 또는 액체 크로마토그래피를 이용하여 거울상 이성질체를 분리할 수 있는 방법을 개발하는 데 많은 노력을 기울여 왔다.[13] 두 가지 방법이 개발되었다. 한 가지는 분석물질을 한 쌍의 부분입체 이성질체를 형성하는 광학 활성 시약으로 반응시켜 그 유도체를 만들어 비카이랄성 컬럼으로 분리하는 것에 기초를 둔 것이다. 다른 한 가지 방법은 카이랄성 액체를 정지상으로 사용하는 것이다. 많은 아미노산 유도체 카이랄 정지상들이 이러한 목적으로 개발되었으며, 이외 다른 종류들도 상용화되고 있다.

27D GC의 응용

GC의 중요성을 평가하려면, 이 분석법의 두 가지 역할에 대해 구분하여 볼 필요가 있다. 첫째는, GC가 물질을 분리하는 수단이라는 것이다. 즉, 이러한 점에서 본다면 GC가 휘발성 화학종 또는 휘발성 물질로 유도체화될 수 있는 화학종들로 이루어져 있는 복잡한 유기물, 금속−유기물 및 생화학 물질에 적용될 때 어느 방법도 GC를 능가할 수 없다. 둘째로 GC는 분석을 완결하는 수단이 된다. 이 경우 머무름 시간이나 머무름 부피는 물질을 정성적으로 확인하는 데 사용되고, 반면 피크 높이나 면적은 정량적인 정보를 얻는 데 사용된다. 정성 분석 측면에서 GC는 앞장에서 설명했던 대부분의 분광학적 방법보다는 많은 한계를 지니고 있다. 따라서, 정성 분석 분야에서는 GC의 훌륭한 분리 능력을 질량 분석기, 적외선 분광기 및 NMR 분광기와 같이 탁월한 식별 능력을 지닌 기기들과 연결하는 방향으로 발전시켰다(제27B-4절 참고).

27D-1 정성 분석

기체 크로마토그램은 유기 화합물의 순도를 알아내는 데 널리 사용되고 있다. 오염물질이 들어 있다면 그에 해당하는 피크가 따로 나타나게 되며, 이 피크의 면적으로 오염물질의 양을 대략 짐작할 수 있다. 성분들마다 검출기의 감응 인자가 다를 수도 있기 때문에 이런 면적들로는 대략적 추정만 가능할 뿐이다. 기체 크로마토그래피는 또한 정제 과정의 효율을 평가하는 데도 유용하다.

이론적으로, GC의 머무름 시간은 혼합물에 들어있는 성분들을 식별하는 데 유용하게 쓰인다. 그러나, 재현성 있는 결과를 얻기 위해 조절해야 하는 변수들이 많기 때문에 이러한 데이터를 응용하기에는 실제로 제한적이다. 그럼에도 불구하고, GC는 각 물질의 확실한 표준물을 구할 수만 있다면 혼합물 시료 중에 의심이 가는 화합물의 존재 여부를 확인하는 데 대단히 훌륭한 수단이 될 수 있다. 혼합물 속에 존재하는 화합물을 첨가하게 되면 혼합물의 크로마토그램에는 새로운 피크가 나타나는 것이 아니라, 이미 나타나 있는 피크 중 하나가 커지게 될 것이다. 만약 다른 컬럼과 다른 온도에서도 이 효과가 동일하게 나타난다면, 더 확실한 존재의 증거가 된다.

반면에, 크로마토그램은 혼합물 속에 있는 각 성분들에 대한 한 가지 단편적인 정보(머무름 시간)만을 제공하기 때문에 확인되지 않은 성분으로 구성된 복잡한 시료를 정성적으로 분석하는 데 응용하기에는 한계를 가지고 있다. 크로마토그래피 컬럼을 자외선분광기, 적외선분광기, 질량 분석기에 직접 연결하여 앞에서 설명한 바와 같은 연결 분석장치를 구성할 경우 이러한 한계는 상당 부분 극복될 수 있다.

선택 인자

화합물 A와 B에 대한 선택 인자 α는 다음 관계식으로 주어진다는 것을 앞에서(제26B-6절) 이미 살펴보았다.

$$\alpha = \frac{K_B}{K_A} = \frac{(t_R)_B - t_M}{(t_R)_A - t_M} = \frac{(t'_R)_B}{(t'_R)_A}$$

여기서 $(t'_R)_A = [(t_R)_A - t_M]$은 화합물 A의 보정 머무름 시간이다. 화합물 B를 표준물질로 선택한다면 α는 화합물 A를 식별하기 위한 지수로 사용할 수 있는데, 이 지수는 온도 외의 컬럼의 다른 변수와는 무관하다. 즉, 한 공통 표준물질에 대한 다른 순수한 화합물들의 선택 인자 수치표를 만들 수 있고, 이것은 용질을 분석하는 데 사용될 수 있다. 불행하게도, 모든 종류의 분석물질에 대해 적당한 크기의 선택 인자를 제공할 수 있는 공통 표준물질을 아직 찾을 수가 없다. 따라서 현재 문헌에서 찾아볼 수 있는 이러한 선택 인자에 관한 데이터는 별로 많지 않다.

머무름 지수

머무름 지수(retention index) I는 크로마토그램에서 용질을 확인하는 데 사용되는 파라미터로서, 1958년 E. Kovats에 의해 처음으로 제안되었다.[14] 어떤 한 용질의 머무름 지수는 혼합물의 크로마토그램에서 그 용질의 머무름 시간의 앞과 뒤에 머무름

[13]GC의 카이랄 정지상 분리에 관한 총설은 다음 문헌을 참고하시오. J. V. Hinshaw, *LC-GC*, **1993**, *11*, 644; E. F. Barry, in *Modern Practice of Gas Chromatography*, R. L. Grob and E. F. Barry, eds., 4th ed., Chap. 3, New York: Wiley-Interscience, 2004.

[14]E. Kovats, *Helv. Chim. Acta*, **1958**, *41*, 1915, **DOI**: 10.1002/hlca.19580410703.

시간을 가지는 적어도 두 개의 노말 알케인을 이용하여 구할 수 있다. 즉, 머무름 지수 규모를 결정하는 데는 노말 알케인을 기준으로 한다. 노말 알케인의 머무름 지수는 **컬럼 충전물, 온도 및 크로마토그래피의 다른 조건과 관계없이** 그 화합물이 지닌 탄소 수의 100배에 해당하는 값으로 정의한다. 노말 알케인 이외의 모든 화합물에 대한 머무름 지수는 컬럼의 작동 변수에 따라 어떤 경우는 수백 단위의 머무름 지수 차이가 나기도 한다.

동족 계열 내에서는 보정 머무름 시간 t_R' ($t_R' = t_R - t_M$)의 로그값을 탄소 원자 수에 대하여 도시하면 그 계열에서 제일 작은 탄소수의 것을 제외하고는 직선이 된다는 사실이 오래전부터 알려져 왔다. 그림 27-19에는 C_4에서 C_9까지의 노말 알케인 표준물에 대한 이런 도시를 나타내었다. 그리고 세로축에는 동일한 컬럼과 동일한 온도에서 용리된 세 가지 화합물의 보정 머무름 시간의 로그값을 나타내었다. 각각의 머무름 지수들은 해당 가로축 값에다 100을 곱하면 얻을 수 있다. 따라서 톨루엔의 머무름 지수는 749이고 벤젠의 값은 644가 된다.

머무름 지수를 결정하는 데는 보통 도시적 방법을 이용해야만 하는 것은 아니다. 그 대신 보정 머무름 데이터는 관심대상의 용질과 두 개 또는 그 이상의 알케인 표준물을 혼합하여 얻은 크로마토그램으로부터 내삽법을 통해 구할 수 있다.

한 노말 알케인의 머무름 지수는 온도와 컬럼 충전물에 무관하다는 것을 다시 강조하는 것이 좋겠다. 따라서 정의에 의하여 헵테인의 I는 항상 700이다. 이에 비해 모든 다른 용질의 머무름 지수는 컬럼이 달라지면 달라질 수 있고, 또 많이 그렇게 나타나고 있다. 예를 들면 가교결합된 폴리디메틸 실록산 정지상을 사용하여 140°C에서 얻은 acenaphthene의 머무름 지수는 1460이다. 같은 온도에서 정지상으로 5% 페닐-폴리디메틸 실록산을 사용했을 때 머무름 지수는 1500인 반면에, 정지상으로 폴리에틸렌 글라이콜을 사용하였을 경우에 머무름 지수는 2084이다.

머무름 지수 체계는 끓는점이 넓은 범위이면서 쉽게 구할 수 있는 기준 물질들을 근거로 하고 있는 장점을 가지고 있다. 또 다른 장점으로는 머무름 지수가 온도에 거의 의존하지 않는다는 것이다.

두 개 이상의 GC 컬럼에서 얻은 머무름 지수를 사용할 경우 미지의 화합물을 정확하게 식별할 수 있는 기회가 높아질 수 있다. 컬럼들을 각각 다른 실험에서 사용할 수도 있고 때로는 이들을 서로 연결하여 사용할 수도 있다. 두 개 이상의 컬럼을 직렬로 연결하여 사용하는 경우를 *다차원 크로마토그래피*(multidimensional chromatography)라고 한다.[15] 마찬가지로 2개 이상의 GC 검출기를 사용하면 정성 분석의 효율을 크게 높일 수 있다.

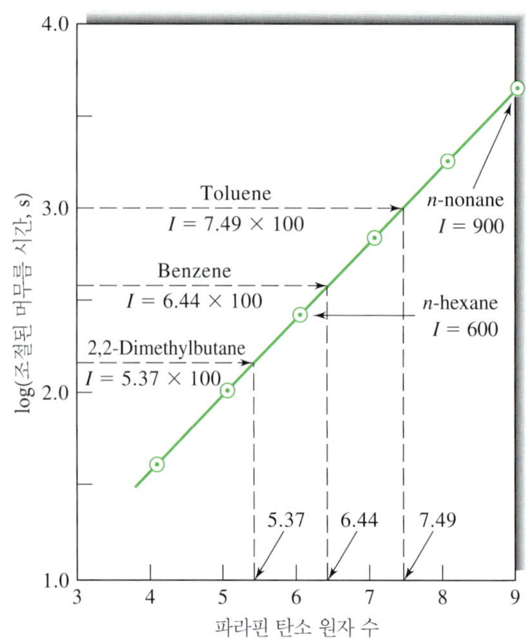

그림 27-19 세 가지 화합물의 머무름 지수를 측정하는 방법을 설명하는 도시법. 정지상: squalane, 온도: 60°C. 노말 알케인 표준물인 nonane과 hexane에 대한 머무름 지수를 표시해놓았다.

GC를 다양한 분광검출기 특히 질량 분석기와 연결할 경우 화합물을 식별하는 데 크게 도움을 줄 수 있다. 실제로 GC/MS는 혼합물에 있는 화학종들을 분리하고 식별하는 데에 있어 현재 최고의 기술이다.

국립 표준물 및 기술연구원(National Institute of Standards and Technology)은 NIST 표준기준 물질 데이터베이스 1A를 보유하고 있는데 이것은 250,000여 화합물에 대한 질량 분석스펙트럼 데이터와 그중 70,000여 종의 머무름 지수를 수록하고 있다. 연구원에서는 실험에서 얻은 스펙트럼 및 머무름 지수를 데이터베이스에 있는 알려진 화합물의 스펙트럼 및 머무름 지수들로부터 탐색하고 비교할 수 있는 편리한 소프트웨어를 개발하였다.[16]

27D-2 정량 분석

GC 컬럼에서 나오는 분석물질의 피크 높이 또는 피크 면적은 정량과 반정량 분석에 널리 사용되고 있다. 세밀하게 조절한 조건에서 외부 또는 내부 표준물법을 이용하여 얻은 정확도는 상대 오차가 1% 정도 된다. 대부분의 분석법에서와 같이 신뢰도는 변수를 어떻게 조절하느냐에 따라 달라진다; 또 시료의 성질도 정확도를 결정하는 데 중요한 역할을 한다. 제26F-2절에서 다룬 크로마토그래피의 정량 분석에 관한 일반적인 설명은 다

[15] 이차원 GC에 대한 총설은 다음 문헌을 참고하시오. M. Adahchour, J. Beens, R. J. J. Vreuls, U. A. Th. Brinkman, *Trends Anal. Chem. (TRAC)*, **2006**, *25*, 438, **DOI**: 10.1016/j.trac.2006.03.002; **2006**, 25, 540, DOI: 10.1016/j.trac.2006.04.004; **2006**, *25*, 726, **DOI**: 10.1016/j.trac.2006.03.005.

[16] *NIST 표준기준 물질 데이터베이스 1A*, Gaithersburg, MD: National Institute of Standards and Technology, 2014, http://tinyurl.com/ncozs4c

른 종류의 크로마토그래피뿐만 아니라 GC에서도 적용된다; 따라서 이 점에 관해서는 여기서 더 다루지 않겠다.

27E GC의 최신 분석법

GC는 기술적인 측면에서 상당히 발달하였지만, 최근에도 이론, 기기장치, 컬럼 그리고 실제적 응용면에서 다양하게 발전되고 있다. 여기서는 최근에 개발된 고속 GC와 초소형 GC 장치에 대해 알아보기로 한다.

27E-1 고속 GC[17]

GC를 연구하는 사람들은 더욱 더 복잡한 혼합물을 분리하고자 이제까지보다 더 높은 분해능을 얻는 데 관심을 가지고 있다. 대부분의 분리에서 가장 분리하기 어려운 한 쌍의 성분들, 즉 *임계 쌍*(critical pair)을 분리하기 위해 실험조건들을 변화시킨다. 이런 조건에서 관심대상 성분들은 과도하게 분리되기도 한다. 고속 분리의 기본 개념은 관심대상의 많은 분리에서 선택성과 분해능을 희생하더라도 더 빠른 속도로 분리하려는 것이다.

고속 분리의 원리는 식 26-5를 식 26-11에 대입하여 얻은 식을 이용하면 설명할 수 있다.

$$\frac{L}{t_R} = u \times \frac{1}{1 + k_n} \quad (27\text{-}8)$$

여기서 k_n은 크로마토그램에서 관심대상 성분들 중 마지막 성분의 머무름 인자이다. 식 27-8을 재정리하여 이 마지막 성분의 머무름 시간에 대해 변환하면 다음과 같이 된다.

$$t_R = \frac{L}{u} \times (1 + k_n) \quad (27\text{-}9)$$

식 27-9는 짧은 컬럼을 사용하고, 운반 기체 속도를 보통보다 더 빠르게 하고, 작은 머무름 인자를 이용하면 더 빠른 분리를 할 수 있다는 것을 알려준다. 예를 들면, 컬럼의 길이(L)를 4배 정도 감소시키고, 운반 기체의 속도(u)를 5배 정도 더 빠르게 하면 분석 시간 t_R은 약 20배 정도 감소된다. 이로 인해 희생되는 면은 띠 퍼짐이 증가하고, 피크 용량(크로마토그램에서 분리 가능한 피크의 수)이 작아지면서 분해능이 감소한다.

이 분야를 연구하는 학자들은 분해능과 피크 용량을 최소로 희생하면서 분리 속도를 최적화하기 위해 기기장치를 설계하고 크로마토그래피 조건을 찾아내기 위해 노력하고 있다.[18] 이들은 가변 컬럼과 고속 온도 프로그래밍이 가능한 시스템을 설계하고 있다. 가변 컬럼은 극성과 비극성 컬럼을 직렬 형태로 연결시킨 것이다. 그림 27-20은 온도 프로그래밍이 시작하기 전에 12개의 성분이 분리되고, 온도 프로그래밍이 시작된 후에 19개의 성분이 분리되는 것을 보여준다. 이때 총 분리시간은 140초였다. 이 연구자들은 또한 비행시간형 질량 분석기를 검출기로 사용한 초고속 GC를 이용하고 있다.[19]

[17]자세한 정보는 다음 문헌을 참고하시오. R. D. Sacks, in *Modern Practice of Gas Chromatography*, R. L. Grob and E. F. Barry, eds., 4th ed., Ch. 5, New York: Wiley-Interscience, 2004.

[18]H. Smith and R. D. Sacks, *Anal. Chem.*, **1998**, *70*, 4960, **DOI**: 10.1021/ac980463b.

[19]C. Leonard and R. Sacks, *Anal. Chem.*, **1999**, *71*, 5177, **DOI**: 10.1021/ac990631f.

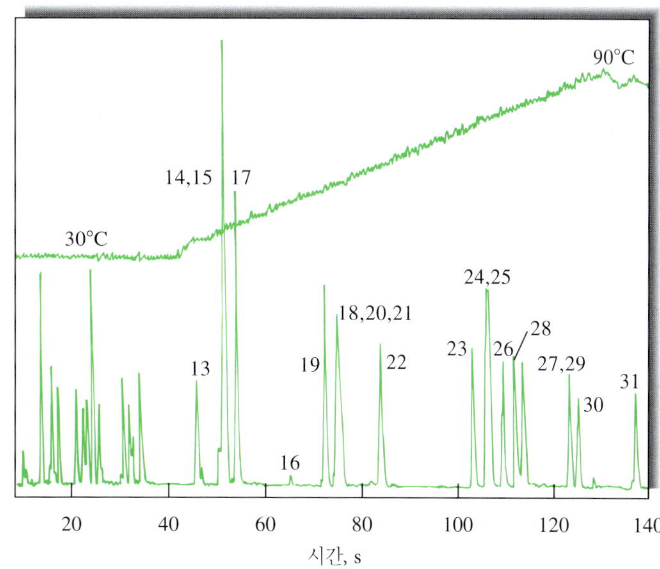

그림 27-20 **37초 동안 등온(30°C)으로 그 다음 90°C까지 분당 35°C씩 증가시키면서 얻은 고속 크로마토그램.** (H. Smith and R. D. Sacks, *Anal. Chem*, **1998**, *70*, 4960. Copyright 1998 American Chemical Society.)

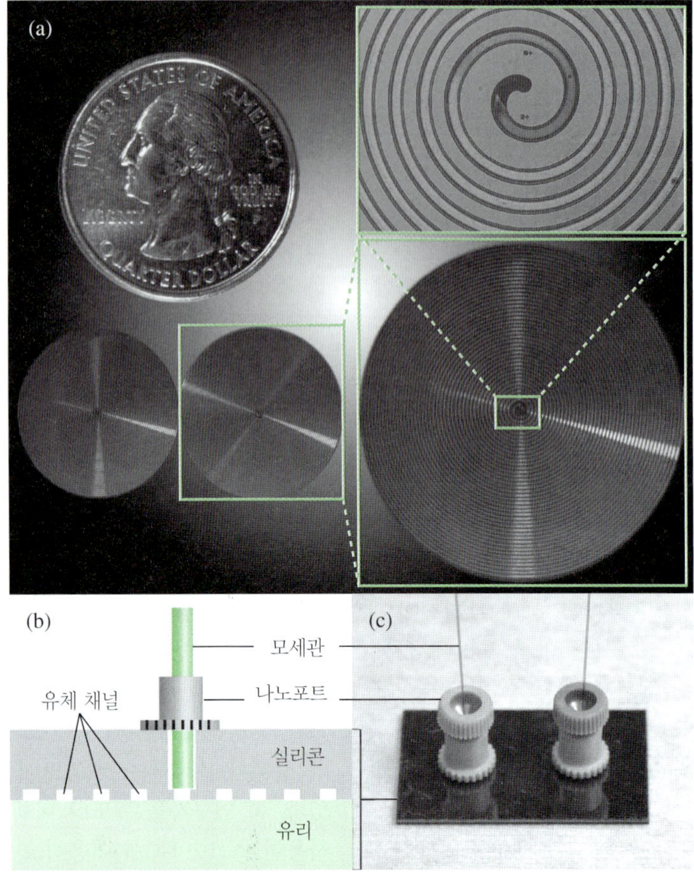

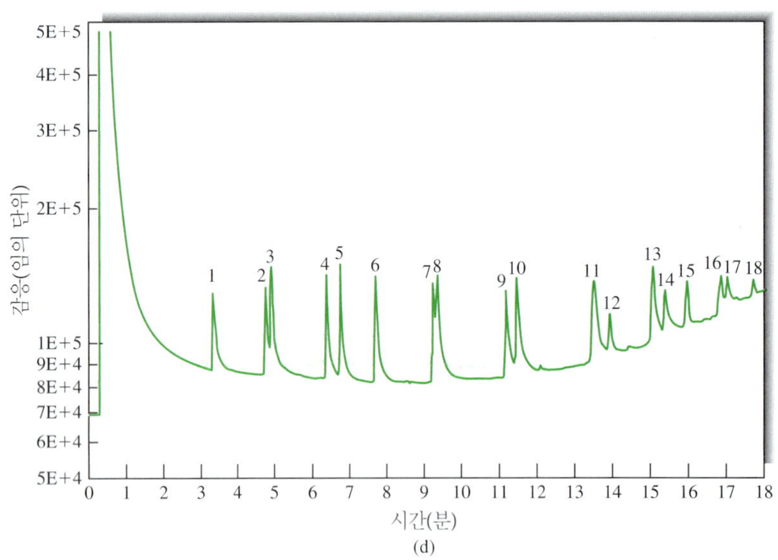

그림 27-21 (a) 미국 25센트 동전 크기의 초소형으로 조립된 2 m 길이의 GC 컬럼 사진. 오른쪽의 두 사진은 컬럼을 두 가지 배율로 확대한 것이다. 사진에서 밝은 부분은 채널 경로이며 어두운 부분은 결합된 실리콘 벽이다. (b) 모세관 튜브와 GC 컬럼 내 채널과의 연결 부위에 대한 단면 구조도. (c) 조립된 GC 컬럼 사진. 컬럼 입구와 출구 부분은 이동상 흐름과 정교하게 연결되어 있다. 시료 주입구와 컬럼은 실리카 튜브로 연결한다. (d) (a)~(c)에 나타낸 컬럼을 이용하여 얻은 다환성 방향족 탄화수소 혼합물의 분리로서 45°C에서 시작하여 분당 15°C/min 속도로 325°C까지 온도를 올렸다. 혼합물 안의 18개 성분 모두가 성공적으로 분리되었다. (D. Gaddes et al., *J. Chromatograph. A*, **2014**, *1349*, 96. With permission.)

27E-2 소형 GC 시스템

수년 동안 GC 시스템을 마이크로칩 수준으로 소형화하려고 노력해왔다. 소형 GC 시스템은 우주 탐험, 현장에서 사용할 수 있는 휴대용 기기, 환경 시료를 탐지하는 것에 유용하다. 초기에는 GC 컬럼을 마이크로칩에 에칭하여 만들었다.[20] 그러나 이 장치는 크로마토그래피로서의 성능이 비교적 좋지 않아, 상용화된 장치는 칩으로부터 컬럼을 없애게 되었다.

실리콘과 몇 가지 금속 그리고 중합체와 같은 재질을 이용하여 초소형으로 조립된 컬럼을 만들고 있다.[21] 이 재질 위에 비교적 깊고 좁은 채널을 에칭시켜 만든다. 이 채널은 불감 부피가 작으므로 띠 퍼짐을 줄일 수 있고, 표면적이 커서 정지상의 부피를 증가시킨다. 완전한 초소형 GC 시스템에 대한 연구도 소개되었다.[22] 그림 27-21은 초소형으로 조립된 GC 컬럼과 연결 튜브 및 시료 주입구와의 연결 부위를 나타낸다(a, b, 그리고 c). 그림 27-21d에 다환방향성 탄화소수 혼합물에 대한 크로마토그램을 나타내었다.

27F 기체-고체 크로마토그래피

GSC는 고체 표면에 기체 물질이 흡착되는 원리를 이용한다. 분포 상수는 보통 GLC의 경우보다 훨씬 크다. 따라서 GSC는 GLC 컬럼에서는 머물지 않는 화학종들, 즉 공기, 황화 수소, 아황화탄소, 질소 산화물, 일산화탄소, 이산화탄소 및 희유기체들을 분리하는 데 유용하다.

GSC는 충전 컬럼과 열린 관 컬럼 모두 사용한다. 열린 관 컬럼은 얇은 막의 흡착제가 모세관 내벽에 입혀져 있다. 이런 컬럼을 때때로 *다공성층 열린 관 컬럼*(porous-layer open tubular column) 또는 PLOT 컬럼이라 부른다.

27F-1 분자체

분자체(molecular sieve)는 aluminum silicate 이온 교환체이고 이에 포함되어 있는 양이온의 종류에 따라 구멍의 크기가 달라진다. 입자의 크기가 40~60 mesh부터 100~120 mesh까지인 분자체가 상용화되어 있다. 분자체들은 구멍에 들어갈 수 있는 분자의 최대 지름에 따라 분류하고 있다. 상용화된 분자체의 구멍 크기는 4, 5, 10 및 13 Å이다. 이 크기보다 작은 분자들은 분자체의 내부까지 침투해 들어가서 흡착된다. 이러한 작은 분자들이 이용할 수 있는 표면적은 더 큰 분자가 이용할 수 있는 표면적과 비교해볼 때 엄청나게 크다. 따라서 분자체는 큰 분자들로부터 작은 분자들을 분리하는 데 이용될 수 있다. 예를 들어 실온에서 5 Å 구멍의 충전물로 채워진 6 ft의 충전 컬럼을 이용하여 헬륨, 산소, 질소, 메탄 및 일산화탄소들의 혼합물을 적어 놓은 순서대로 쉽게 분리할 수 있다.

그림 27-22a는 대표적인 분자체 크로마토그램으로서 두 개의 충전 컬럼이 사용되었는데, 하나는 일반적인 기체-액체 컬럼, 다른 하나는 분자체 컬럼이다. 여기서 기체-액체 컬럼은 단지 이산화탄소만을 머물게 하며, 나머지 기체들을 운반 기체의 속도로 통과하게 한다. 이산화탄소가 첫 번째 컬럼에서 용출될 때, 스위치를 조작하여 운반 기체의 흐름이 두 번째 컬럼을

[20]다음 문헌을 참고하시오. S. C. Terry et al., *IEEE Trans. Electron Devices*, **1979**, *26*, 1880, **DOI**: 10.1109/T-ED.1979.19791; J. B. Angell et al., *Sci. Am.*, **1983**, *248* (4), 44, **DOI**: 10.1038/scientificamerican0483-44.

[21]G. Lambertus et al., *Anal. Chem.*, **2004**, *76*, 2629, **DOI**: 10.1021/ac030367x

[22]D. Gaddes et al., *J. Chromatograph. A*, **2014**, *1349*, 96, **DOI**: 10.1016/j.chroma.2014.04.087.

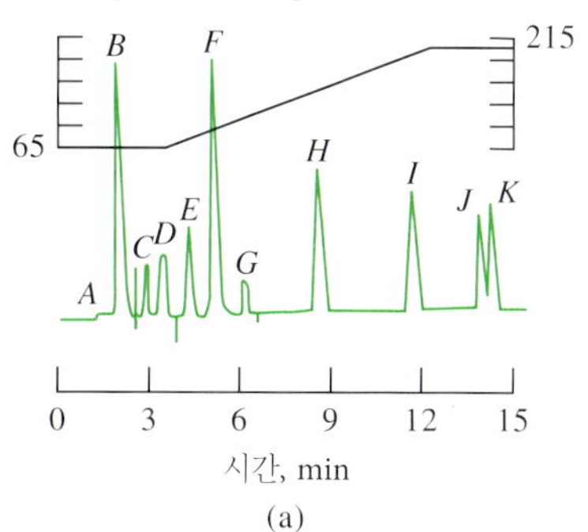

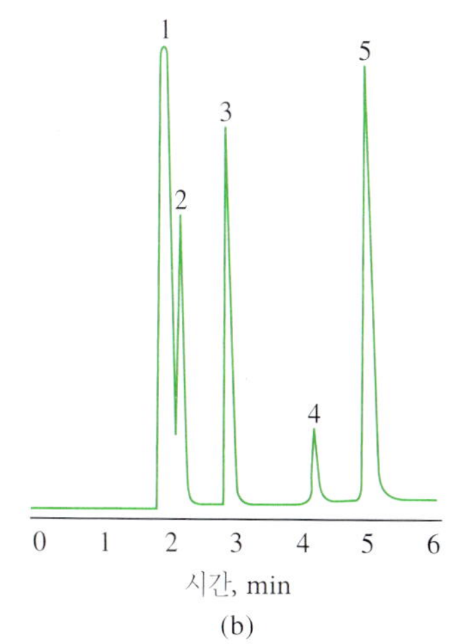

그림 27-22 대표적인 기체-고체 크로마토그래피 분리. (a) 5 ft. × 1/8 in. 분자체 컬럼, (b) 30 m × 0.53 mm PLOT 컬럼. C_n=*n*개의 탄소를 가지고 있는 탄화수소.

거치지 않고 흘러가게 하면 이산화탄소가 분자체에 영원히 흡착되는 것을 피할 수 있다. 이산화탄소의 신호가 0이 된 후 운반 기체의 흐름을 원래 상태로 변경하여 두 번째 컬럼을 통과하도록 하면 나머지 시료 성분들을 분리하고 용리시킬 수 있다.

27F-2 다공성 중합체

크기가 균일한 다공성 중합체 구슬은 디비닐벤젠으로 가교된 스티렌으로 제조한다(제28F-2절). 이 구슬들의 구멍 크기는 균일하며 가교결합의 양에 의해 조절된다. 다공성 중합체는 황화수소, 질소 산화물, 물, 이산화탄소, 메탄올 및 염화 비닐과 같은 극성 기체 화학종을 분리하는 데 널리 이용되고 있다. 그림 27-22b에는 다공성 중합체로 입혀져 있는 열린 관 컬럼(PLOT 컬럼)의 대표적인 응용을 나타내었다.

» 질문과 문제

*별표가 있는 문제의 해답은 이 책의 끝에 있다.

이 아이콘이 있는 문제는 스프레드시트를 이용하여 쉽게 풀 수 있다.

27-1 기체–액체와 기체–고체 크로마토그래피는 어떻게 다른가?

27-2 비누–거품 유속계는 어떻게 작동하는가?

27-3 GC에서 온도 프로그래밍이란 무엇을 의미하는가? 이것은 왜 자주 사용되는가?

27-4 다음을 설명하시오. (a) 머무름 부피, (b) 보정 머무름 부피, (c) 고유 머무름 부피

27-5 농도–감응성 검출기와 질량–감응성 검출기의 차이점은 무엇인가? 다음 검출기는 질량–감응성인가 또는 농도–감응성인가? (a) 열전도도, (b) 원자 방출, (c) 열이온, (d) 전자 포획, (e) 불꽃 광도, (f) 불꽃 이온화

27-6 질문 27-5에 나열한 검출기들의 작동 원리에 대해 설명하시오

27-7 질문 27-5에 나열한 각 검출기의 주요 장점과 주요 한계점은 무엇인가?

***27-8** 총–이온 크로마토그램과 질량 크로마토그램의 차이점은 무엇인가?

27-9 GC와 질량 분석법을 연결하면 성능이 좋아지는 이유를 설명하시오.

27-10 GC *연계분석법*(hyphenated)이란 무엇인가? 두 가지 연계분석법에 대해 간단히 설명하시오.

***27-11** 대부분의 GC 충전 컬럼에 사용되는 충전 물질은 무엇인가?

27-12 다음의 열린 관 컬럼들에는 어떤 차이점이 있는가?

(a) PLOT 컬럼 **(b)** WCOT 컬럼 **(c)** SCOT 컬럼

27-13 Megabore 열린 관 컬럼이란 무엇인가? 이들을 사용하는 이유는 무엇인가?

***27-14** 유리 또는 금속 컬럼과 비교해볼 때 용융 실리카 모세관 컬럼이 갖는 장점은 무엇인가?

27-15 GC에서 정지상으로 사용되는 액체는 어떤 성질을 가지고 있어야 하는가?

***27-16** 정지상의 막두께가 기체 크로마토그램에 주는 영향은 무엇인가?

27-17 기체 크로마토그래피에서 왜 정지상은 종종 결합상과 가교결합상으로 되어 있는가? 이 용어들은 무엇을 의미하는가?

27-18 GLC에서 (a) 띠 퍼짐, 그리고 (b) 띠 분리를 일으키는 변수들을 나열하시오.

27-19 머무름 지수란 무엇인가? 이들은 어떻게 결정되는지 설명하시오.

27-20 동일한 극성화합물을 기체 크로마토그래피로 분리하는 데 한 번은 SE-30(매우 비극성) 컬럼을 사용하고 또 한 번은 Carbowax 20M(매우 극성) 컬럼을 사용하였다. 두 컬럼 사이에서 $K = c_S/c_M$는 어떻게 변할 것인가?

* **27-21** 아래 주어진 머무름 데이터를 사용하여 1-hexene의 머무름 지수를 계산하시오.

시료	머무름 시간(분)
공기	0.571
n-pentane	2.16
n-hexane	4.23
1-hexene	3.15

* **27-22** 다음 조건에서 GC 컬럼을 이용하였다:

컬럼: Chromosorb P로 충전된 1.10 m × 2.0 mm 컬럼, 액체 정지상의 무게 1.40 g, 액체의 밀도 1.02 g/mL

압력: 실내 압력보다 26.1 psi 높은 주입구 압력, 실내 압력 748 torr

출구 흐름 속도 측정값: 25.3 mL/분

온도: 실내 21.2°C, 컬럼 102.0°C

머무름 시간: 공기 18.0초, methyl acetate 1.98분, methyl propionate 4.16분, methyl *n*-butyrate 7.93분

에스터 물질들의 피크 밑면 나비: 각각 0.19, 0.39 및 0.79

다음을 계산하시오.

(a) 컬럼에서의 평균 흐름 속도

(b) 공기와 세 에스터 성분들에 대한 보정 머무름 부피

(c) 세 성분에 대한 고유 머무름 부피

(d) 각 에스터의 분포 상수

(e) methyl *n*-hexanoate의 보정 머무름 부피와 머무름 시간

* **27-23** 문제 27-22의 데이터를 이용하여 다음을 계산하시오.

(a) 각 성분의 머무름 인자 k

(b) 각 이웃한 화합물 쌍의 선택 계수 α

(c) 컬럼의 평균 이론 단수와 단높이

(d) 각 이웃한 화합물 쌍에 대한 분해능

질문과 문제(계속)

27-24 문제 27-23에서 설명한 컬럼의 액체 정지상은 중간 정도의 극성을 갖는 용매인 didecylphthalate이다. 만약 유기 규소 중합체 오일(silicone oil)과 같은 비극성 용매를 대신 사용했다면 세 화합물의 머무름 시간은 커질까 혹은 작아질까? 그 이유는 무엇인가?

27-25 GC에 의해 분석된 시료의 구성 성분들의 농도를 정량하는 데 사용하는 한 가지 방법은 면적 표준화법이다. 여기서는 시료의 모든 구성 성분이 완전히 용리되어야 한다. 그 다음 각 피크의 면적을 측정하고, 각 용질에 대한 검출기의 감응 차이를 보정한다. 보정 과정은 피크 면적을 실험적으로 구한 보정 인자로 나누는 것이다. 분석물질의 농도는 보정된 면적-대-모든 피크의 총 보정 면적의 비에서 알 수 있다. 세 개의 피크를 포함하는 크로마토그램에서 상대 면적은 머무름 시간이 증가하는 순서에 따라 16.4, 45.2, 30.2임을 알게 되었다. 상대 검출기 감응이 0.60, 0.78 및 0.88이라면 각 화합물의 백분율은 얼마인가?

27-26 다음 표에서 주어진 5개의 크로마토그래피 피크에 대한 피크 면적과 상대 검출기 감응을 이용하여 시료에 있는 각 성분들의 농도를 계산하시오. 문제 27-25에서 설명한 면적 표준화법을 이용하시오.
또한 검출기의 상대 감응 수치가 제공되었다. 혼합물에 들어있는 각 성분의 백분율을 계산하시오.

화합물	상대 피크 넓이	상대 검출기 감응
A	32.5	0.70
B	20.7	0.72
C	60.1	0.75
D	30.2	0.73
E	18.3	0.78

27-27 다음의 조건들이 컬럼의 단높이에 미치는 효과에 대해 설명하시오.

(a) 충전물 무게에 비해 정지상 무게를 증가시킬 때

(b) 시료 주입 속도를 낮출 때

(c) 시료 주입구의 온도를 높일 때

(d) 운반 기체 속도를 증가시킬 때

(e) 충전물의 입자 크기를 감소시킬 때

(f) 컬럼의 온도를 낮출 때

* **27-28** GSC로 어떤 종류의 혼합물을 분리할 수 있는가?

27-29 GSC는 왜 GLC만큼 널리 사용되지 않는가?

도전 문제

27-30 Cinnamaldehyde는 계피(cinnamon) 향을 내는 성분이다. 이는 또한 정유(essential oil) 속에 들어 있는 강력한 항균성(antimicrobial) 화합물이다(M. Friedman, N. Kozukue, and L. A, Harden, *J. Agric. Food. Chem.*, **2000**,

48, 5702, **DOI**: 10.1021/jf000585g를 보시오). 그림 (a)는 6개의 정유 성분과 내부 표준물로 사용한 methyl benzoate를 포함한 인공 혼합물에 대한 GC 크로마토그램이다.

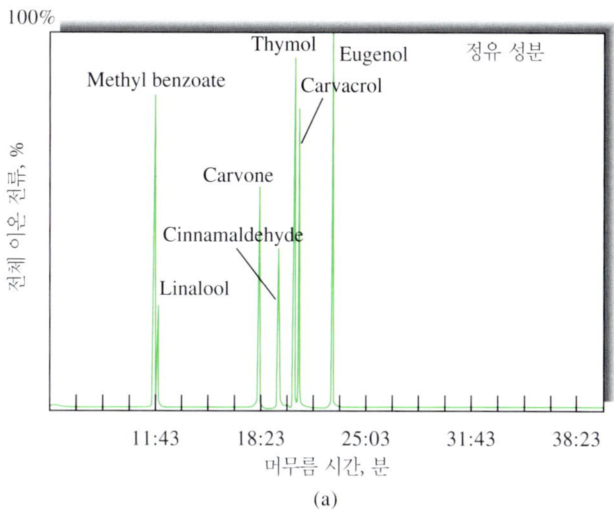

(a)

(a) 그림 (b)는 cinnamaldehyde 피크 부근을 확대시킨 크로마토그램이다. Cinnamaldeyde의 머무름 시간은 얼마인가?

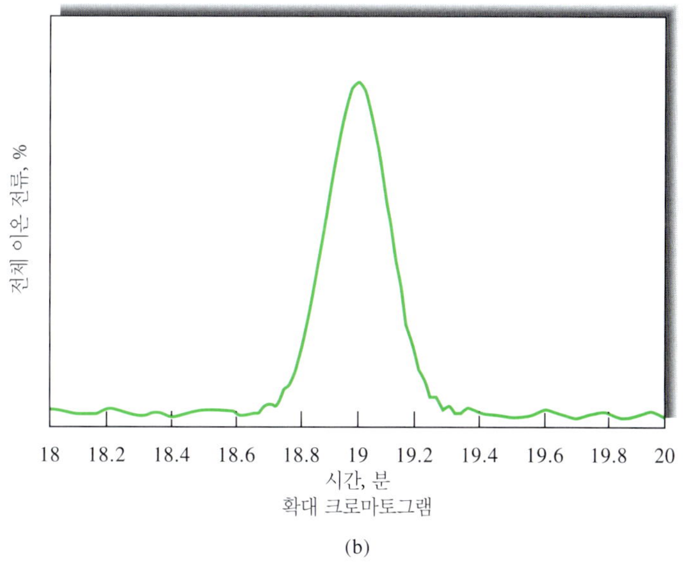

(b)

(b) 그림 (b)에서 컬럼의 이론 단수를 구하시오.

(c) 용융 실리카 컬럼은 0.25 mm × 30 cm에 정지상의 막두께는 0.25 μm이다. (a)와 (b)에서 얻은 데이터를 이용하여 이론단 높이를 구하시오.

(d) Methyl benzoate를 내부 표준물로 사용하여 정량 데이터를 얻었다. 다음 결과는 cinnamaldehyde, eugenol, 그리고 thymol의 교정 곡선으로부터 얻은 것이다. 각 성분들 아래에 있는 수치는 각 성분의 피크 면적을 내부 표준물 피크의 면적으로 나누어 얻은 것이다.

질문과 문제(계속)

농도, mg sample/ 200 μL	Cinnamaldehyde	Eugenol	Thymol
0.50	—	0.4	—
0.65	—	—	1.8
0.75	1.0	0.8	—
1.10	—	1.2	—
1.25	2.0	—	—
1.30	—	—	3.0
1.50	—	1.5	—
1.90	3.1	2.0	4.6
2.50	4.0	—	5.8

각 성분에 대한 R^2값을 포함한 교정 곡선 수식을 구하시오.

(e) (d)에서 얻은 데이터에서 교정 곡선의 감도가 가장 큰 성분과 가장 작은 성분을 찾아내시오.

(f) (d)에 있는 3개의 정유가 들어있는 시료의 경우 내부 표준물의 면적에 대한 각 피크의 면적의 비가 다음과 같다: cinnamaldeyde, 2.6; eugenol 0.9; thymol, 3.8. 시료에 들어 있는 각 정유 성분의 농도와 그 표준 편차를 구하시오.

(g) 계피 기름에 들어있는 cinnamaldeyde의 분해에 대해 연구하였다. 이 기름을 가열 시간을 달리하며 여러 온도에서 측정하였다. 그 결과 얻은 데이터는 다음과 같다:

온도, °C	시간, 분	Cinnamaldehyde, %
25, 초기		90.9
40	20	87.7
—	40	88.2
—	60	87.9
60	20	72.2
—	40	63.1
—	60	69.1
100	20	66.1
—	40	57.6
—	60	63.1
140	20	64.4
—	40	53.7
—	60	57.1
180	20	62.3
—	40	63.1
—	60	52.2
200	20	63.1
—	40	64.5
—	60	63.3

(계속)

온도, °C	시간, 분	Cinnamaldehyde, %
210	20	74.9
—	40	73.4
—	60	77.4

분산 분석(ANOVA)을 수행하여 온도가 cinnamaldehyde의 분해에 대해 통계적인 측면에서 효과가 있는지 파악하시오(ANOVA를 이용할 수 있는 방법에 대해서는 다음을 보시오. S. R. Crouch and F. J. Holler, *Applications of Mirosoft® Excel in Analytical Chemistry*, 3rd ed., Chap. 3, Belmont, CA: Cengage Learning, 2017). 같은 방식으로, 가열 시간에 대한 효과도 있는지 파악하시오.

(h) (g)에 있는 데이터를 이용하여, 분해가 60°C에서 시작된다고 했을 때, 온도 또는 시간의 영향이 없다는 가정이 맞는지를 확인하시오.

28장

고성능 액체 크로마토그래피

High-Performance Liquid Chromatography

고성능 액체 크로마토그래피(high-performance liquid chromatography, HPLC)는 가장 다양하고 널리 사용되고 있는 용리 크로마토그래피법이다. 이 기술은 과학자들이 유기, 무기 및 생물학적 물질 내의 화학종들을 분리하고 정량하는 데 사용한다. 액체 크로마토그래피에서 이동상은 용질의 혼합물인 시료를 함유하는 액체 용매이다. 액체 크로마토그래피는 종종 분리 메커니즘 또는 정지상의 종류에 따라 분류된다. 여기에는 (1) **분배 크로마토그래피**(partition chromatography) 또는 **액체-액체 크로마토그래피**(liquid-liquid chromatography); (2) **흡착 크로마토그래피**(adsorption chromatography) 또는 **액체-고체 크로마토그래피**(liquid-solid chromatography); (3) **이온 교환 크로마토그래피**(ion-exchange chromatography) 또는 **이온 크로마토그래피**(ion chromatography); (4) **크기 배제 크로마토그래피**(size-exclusion chromatography); (5) **친화 크로마토그래피**(affinity chromatography) (6) **카이랄 크로마토그래피**(chiral chromatography) 등이 있다. 이 장의 대부분은 이와 같이 중요한 컬럼 크로마토그래피의 응용에 대하여 알아본다. 그러나 마지막 절에서는 평면 액체 크로마토그래피에 대하여 간략하게 설명한다. 이 방법을 이용하면 컬럼 분리를 위한 최적 조건 등을 간단하고 값싸게 얻을 수 있기 때문이다.

이 장에서 옆의 로고는 www.tinyurl.com/skoogpia7에서 대화형 자습, 시뮬레이션, 연습 등을 통해 온라인으로 학습할 수 있는 기회가 있음을 나타낸다.

초기의 액체 크로마토그래피(LC)는 지름이 10~50 mm인 유리관을 사용하였다. 컬럼은 길이가 50~500 cm로서 고체 입자에 정지상으로 작용하는 액체를 흡착시켜 입힌 것으로 채웠다. 이런 정지상을 통해 흐르는 적절한 흐름 속도를 확보하기 위하여 고체 입자는 지름이 150~200 μm보다 큰 것을 사용하였다; 그럼에도 불구하고 흐름 속도는 기껏해야 분당 10분의 수 mL에 불과했다. 따라서 분리 시간이 길어지게 되었고, 종종 몇 시간이 걸리는 경우도 있었다. 그러나 진공이나 압력 펌프를 사용하는 등의 고전적 방법을 이용하여 흐름 속도를 빠르게 하려고 시도하였으나 효과적이지 못하였는데, 그 이유는 흐름 속도의 증가는 흐름 속도에 대한 단높이 곡선(그림 26-8a 참고)에서 단높이를 증가시키기 때문이다. 결국 컬럼의 효율이 떨어진다.

LC의 개발 초기에 과학자들은 컬럼 효율을 증가시킬 수 있는 주된 방법은 충전물의 입자 크기를 줄이는 것이라는 것을 깨달았다. 그러나 3~10 μm 정도로 작은 지름의 입자를 생산하고 사용하는 기술은 1960년대 후반이 되어서야 개발되었다. 이러한 기술은 고압에서 작동하는 정교한 기기를 필요로 하였는데, 이것은 고전적인 중력-흐름 LC의 간단한 유리 컬럼과는 현저한 차이가 있다. *고성능 액체 크로마토그래피*(high performance liquid chromatography, HPLC)라는 이름은 이러한 새로운 방법을 고전적인 중력-흐름 방법과 구별하기 위해서 붙여진 것이다. 오늘날, 실제로 모든 LC는 압력을 가해 흐르게 하는 방법을 사용하므로, 약어 LC와 HPLC는 혼용해서 사용하고 있다.[1]

지난 20년 동안, 신속하고 효율적인 분리가 절실히 요구되어, 충전물 입자 크기가 2 μm 이하이고 최대 20,000 psi의 압력까지 사용할 수 있는 초고성능 액체 크로마토그래피[ultra-high-performance (pressure) liquid chromatography, UHPLC]가 개발되었다. 2004년 이후로 HPLC 장비 제조업체는 많은 장비에 UHPLC 기능을 추가했다.[2] 671페이지의 사진은 이러한 장비의 예이다.

---

[1]HPLC의 자세한 설명은 다음 문헌을 참고하시오. L. R. Snyder, J. J. Kirkland, and J. W. Dolan, *Introduction to Modern Liquid Chromatography*, 3rd ed., Hoboken, NJ: Wiley, 2010; V. Meyer, *Practical High-Performance Liquid Chromatography*, 5th ed., Chichester, UK: Wiley 2010.

[2]S. Fekete et al., *Trends Anal. Chem.*, **2014**, *63*, 2, **DOI**: 10.1016/j.trac.2014.08.007.

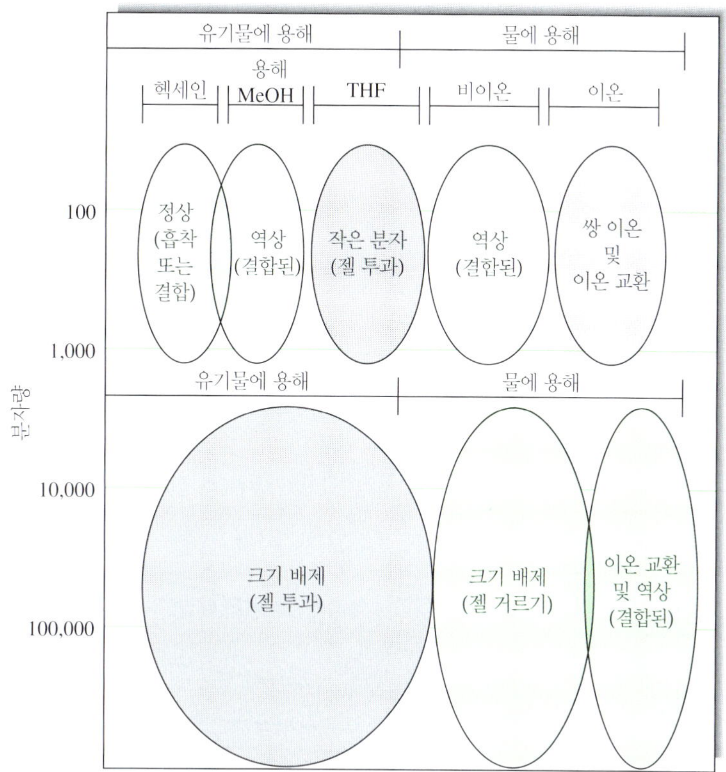

그림 28-1 **액체 크로마토그래피의 응용.** 방법은 용해도와 분자량을 근거로 선택할 수 있다. 대부분의 비이온성 작은 분자($\mathcal{M}$ < 2000)의 경우, 역상법이 적절하다. 그림의 아래쪽에 있는 방법들은 분자량이 큰 화학종($\mathcal{M}$ > 2000)에 아주 적절하다. MeOH = 메탄올; THF = 테트라하이드로푸란. (Adapted from *High Performance Liquid Chromatography*, 2nd ed., S. Lindsay and J. Barnes, eds., Copyright 1987, 1992, Thames Polytechnic, London, UK. New York: Wiley, 1992.)

28A HPLC의 영역

LC는 모든 분리 분석법 중에서 가장 널리 사용되고 있다. 이 방법이 이렇게 널리 사용되는 이유는 감도가 높고, 쉽게 정확한 정량을 할 수 있고, 자동화가 쉽고, 비휘발성 화학종 또는 열적으로 불안정한 물질을 분리할 수 있으며, 무엇보다도 산업 분야, 많은 다른 과학 분야 및 공중위생 분야의 중요한 물질들에 널리 응용될 수 있기 때문이다. 이런 물질들로는 아미노산, 단백질, 헥세인, 탄화수소, 탄수화물, 약품, 터페노이드(terpenoids), 살충제, 항생제, 스테로이드, 금속-유기물 및 여러 가지 무기물 등이 있다.

다양한 액체 크로마토그래피 방법들은 응용의 측면에서 서로 상호보완적이라는 것을 그림 28-1에서 보여준다. 10,000 이상의 분자량을 갖는 용질에 대해서는 대체로 크기-배제 크로마토그래피가 사용된다. 그러나 지금은 역상 크로마토그래피로도 이러한 화합물들을 분리할 수 있게 되었다. 분자량이 적은 이온 화학종의 경우에는 이온 교환 크로마토그래피가 널리 사용되고 있다. 비이온성이며 작은 극성을 갖는 화학종은 역상법을 사용하는 것이 가장 좋다. 또한 이 방법은 동족 계열의 화학종들을 분리하는 데도 자주 이용된다. 흡착 크로마토그래피는 비극성 화학종, 구조 이성질체 및 지방족 알코올에서 지방족 탄화수소와 같은 화합물들을 분리하는 데 사용된다. 고체 정지상에서 머무름의 재현성 및 비가역적 흡착으로 인해 흡착 크로마토그래피는 정상(결합상) 크로마토그래피로 거의 대체되었다. LC의 특별한 형태 중 하나인 친화 크로마토그래피는 생체분자들의 분리와 회수에 주로 사용되며, 카이랄 크로마토그래피는 거울상체를 분리하는 데 사용된다.

28B LC의 컬럼 효율

제26C-3절에서 다루었던 띠 넓어짐 현상에 관한 설명은 일반적으로 LC에도 적용된다. 여기에서는 정지상 입자 크기의 중요한 효과를 설명하고, LC에서 때때로 상당히 중요한 띠 넓어짐 현상을 일으키는 또 다른 두 가지 원인에 대해 설명한다.

28B-1 충전물 입자 크기의 효과

이동상에서의 질량 이동 계수(표 26-3 참고), C_M은 식 26-23에서 알 수 있듯이, 충전물 입자의 지름 d_p의 제곱에 정비례한다.

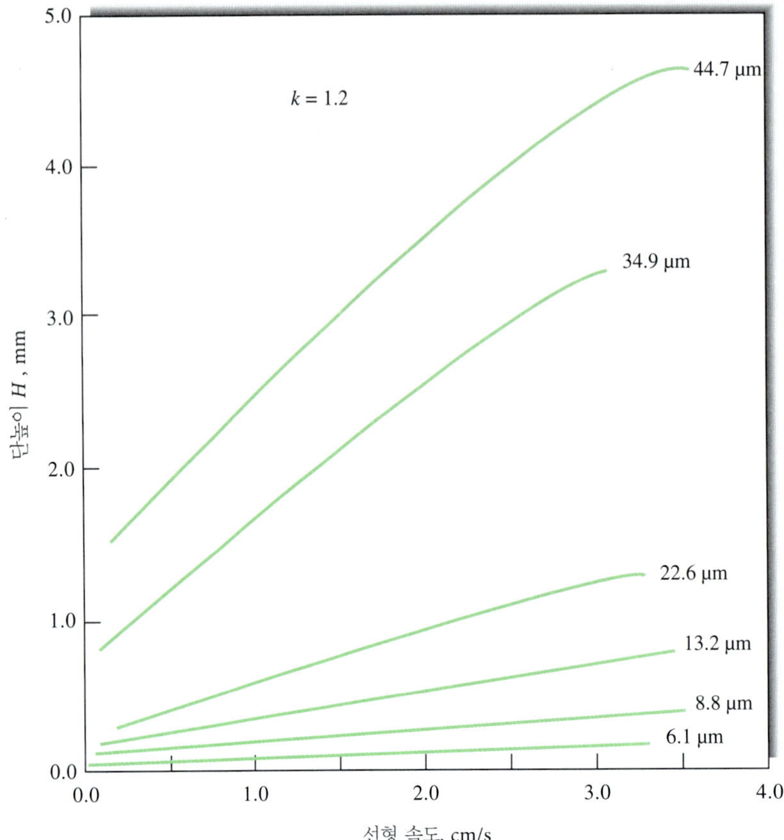

그림 28-2 LC에서 단높이 *H*에 미치는 충전물 입자 크기와 흐름 속도의 효과. 컬럼의 크기: 30 cm × 2.4 mm, 용질: *N*, *N*-다이에틸-*p*-아미노아조벤젠. 이동상: 헥세인, 염화메틸렌 및 이소프로필 알코올의 혼합물(Adapted from R. E. Majors, *J. Chromatogr. Sci.*, **1973**, *11*, 88. **DOI**: 10.1093/chromsci/11.2.88).

따라서 LC 컬럼의 효율은 입자의 크기를 줄이면 크게 개선된다. 그림 28-2는 이 효과를 실험적으로 살펴본 것으로, 입자 크기를 45 μm에서 6 μm로 줄이면 단높이는 10배 이상 작아진다는 것을 보여준다. 이 그림의 곡선들 중에 어느 것도 식 26-23에 의해 예측되는 최소점이 나타나지 않는다. 이러한 최소점은 실제로 LC에서 관찰할 수 있으나(그림 26-8a 참고), 실제 사용하기에는 대부분 너무 낮은 흐름 속도에서 나타난다.

28B-2 LC에서 컬럼 밖 띠 넓어짐

LC에서는 컬럼 충전물 자체가 아닌 외부에서도 띠 넓어짐이 크게 생기는 경우가 있다. 이 *컬럼 밖 띠 넓어짐*(extracolumn band broadening)은 용질이 시료주입구, 검출기 영역 및 부분 장치들의 연결관과 같은 열린 관을 통과할 때 나타난다. 이 경우 넓어짐은 관의 중심과 벽 부근의 액체 층 사이의 흐름 속도의 차이로 인해 나타난다. 결과적으로 용질 띠의 중심 부분은 주변 부분보다 더 빠르게 움직이게 된다. GC에서 컬럼 밖 넓어짐 현상은 확산에 의해 대부분 상쇄된다. 그러나 액체에서의 확산은 대단히 느리기 때문에 이런 형태의 띠 넓어짐 현상이 눈에 띄게 나타난다.

컬럼 밖 효과 H_{ex}가 전체 단높이에 기여하는 정도는 다음과 같다.[3]

$$H_{ex} = \frac{\pi r^2 u}{24 D_M} \qquad (28\text{-}1)$$

여기서 u는 선형 흐름 속도(cm/s), r은 관의 반지름(cm) 및 D_M은 이동상에서 용질의 확산 계수(cm^2/s)이다.

컬럼 밖 띠 넓어짐 현상은 내부 지름이 큰 컬럼을 사용할 때 심각하게 나타난다. 이러한 띠 넓어짐을 최소화하기 위해 컬럼 밖 관의 반지름은 0.010인치 이하로 하고 컬럼 밖 관의 길이는 가능한 짧게 한다.

28C LC 기기장치

최신 LC에서 흔히 사용하는 3~10 μm의 충전물에서 적당한 흐름 속도를 얻으려면 펌프로 수백 기압의 압력을 가해주어야 한다. 이렇게 높은 압력 때문에 HPLC 장치는 다른 종류의 크로마

[3]R. P. W. Scott and P. Kucera, *J. Chromatogr. Sci.*, **1971**, *9*, 641, **DOI**: 10.1093/chromsci/9.11.641.

토그래피 기기보다 정교하고 비싸다. 그림 28-3은 전형적인 LC 기기의 중요 부분 장치를 나타낸 구성도이다.

28C-1 이동상 저장용기와 용매 처리 장치

최신 LC 기기에는 하나 이상의 유리 저장용기가 있으며, 각 저장용기에는 500 mL 이상의 용매를 저장한다. 저장용기에는 액체에 용해된 기체와 먼지를 제거할 수 있는 장치가 있다. 용해된 기체는 흐름 속도의 재현성을 떨어뜨리고, 띠 넓어짐을 야기시킨다; 또한 기포와 먼지는 대부분 검출기의 성능을 떨어뜨린다. 탈기 장치는 진공 펌프, 증류 장치, 가열과 교반하는 장치 또는 그림 28-3에서 볼 수 있듯이 용해도가 낮은 비활성 기체의 미세 기포를 용액에 통과시켜 용해되어 있는 기체를 쫓아내는 *분사*(sparging) 장치가 있다. 이 장치는 펌프나 시료주입 장치를 손상시키거나 컬럼을 막히게 하는 먼지와 입자성 물질을 용매로부터 걸러내는 필터도 갖추고 있다. 그림 28-3에서 볼 수 있듯이 탈기체장치와 필터는 HPLC 기기의 필수 장치는 아니다. 예를 들면 용매를 저장용기에 넣기 전에 처리하는 편리한 방법이 있는데, 이는 진공하에서 밀리포어(millipore) 필터로 용매를 거르는 방법이다. 이렇게 하면 기체뿐만 아니라 부유 물질도 제거된다.

단일 용매 또는 일정한 조성을 갖는 혼합 용매를 사용하는 분리법을 *등용매 용리*(isocratic elution)라고 한다. *기울기 용리*(gradient elution)에서는 극성이 아주 다른 두 개(또는 그 이상)의 용매를 사용하고, 분리하는 동안 이들의 조성을 변화시킨다. 두 용매의 비율은 미리 프로그램된 비율에 따라, 때로는 연속적으로, 어떤 경우에는 단계적으로 변화시킨다. 최신 HPLC 기기에는 둘 이상의 용매 저장용기에서 용매들을 끌어내어 이들의 비율을 연속적으로 변화시킬 수 있는 분배 밸브가 장착되어 있다(그림 28-3). 이때 용매의 부피 비는 시간에 따라 선형적으로 또는 지수적으로 변화시킬 수 있다.

그림 28-4는 클로로벤젠류 혼합물의 분리에서 기울기 용리의 장점을 보여준다. 50:50 (v/v)의 메탄올–물 용액으로 등용매 용리를 사용하여 그림 28-4b의 곡선을 얻었다. 그림 28-4a의 곡선은 기울기 용리를 사용한 것으로, 두 용매의 혼합비를 40:60에서 시작하여 메탄올 농도를 분당 8%의 속도로 증가시켰다. 기울기 용리는 앞에서 나오는 피크들의 분리도를 희생시키지 않으면서 분리 시간을 크게 단축시켰다. 또한 기울기 용리는 기체 크로마토그래피에서 온도 프로그래밍을 이용하여 얻은 효과와 유사함을 알 수 있다(그림 27-7 참고).

28C-2 펌프 장치

LC 펌프 장치의 필요조건들은 다음과 같다. (1) 6000 psi (lb/in.^{2}) 또는 414 bar까지 압력 발생,[4] (2) 펄스 없는 출력, (3)

시뮬레이션: www.tinyurl.com/skoogpia7에서 **액체 크로마토그래피(liquid chromatography)**에 대해 더 알아보시오.

[4]UHPLC 장치는 20,000 psi = 1361 atm = 137.9 MPa = 1,379 bar까지 압력이 필요하다.

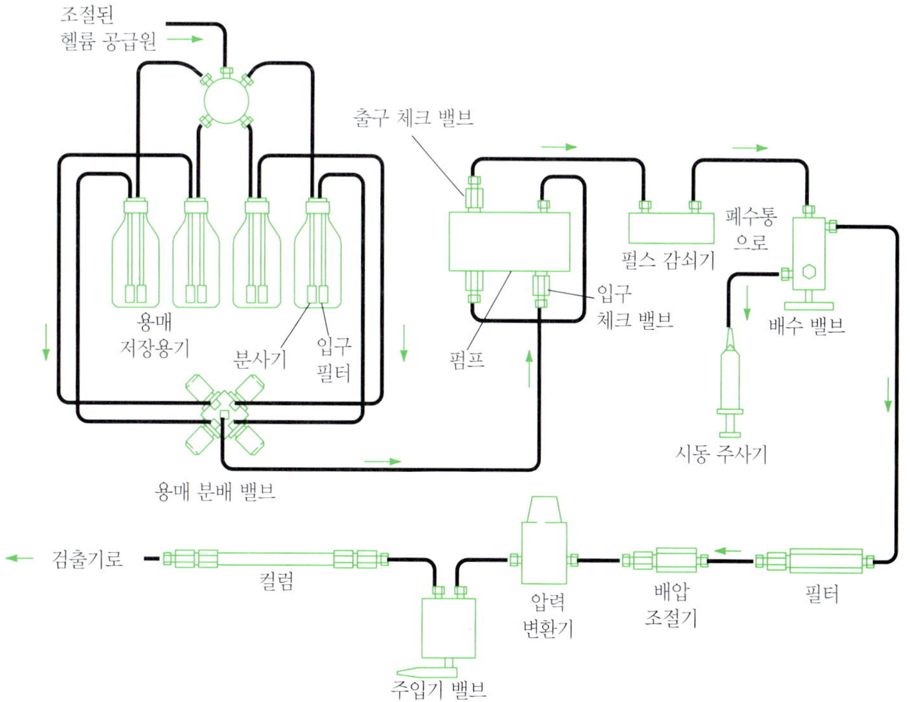

그림 28-3 **전형적인 HPLC 기기의 부분 장치를 보여주는 구성도.** (Courtesy of PerkinElmer Corp., Nowalk, CT.)

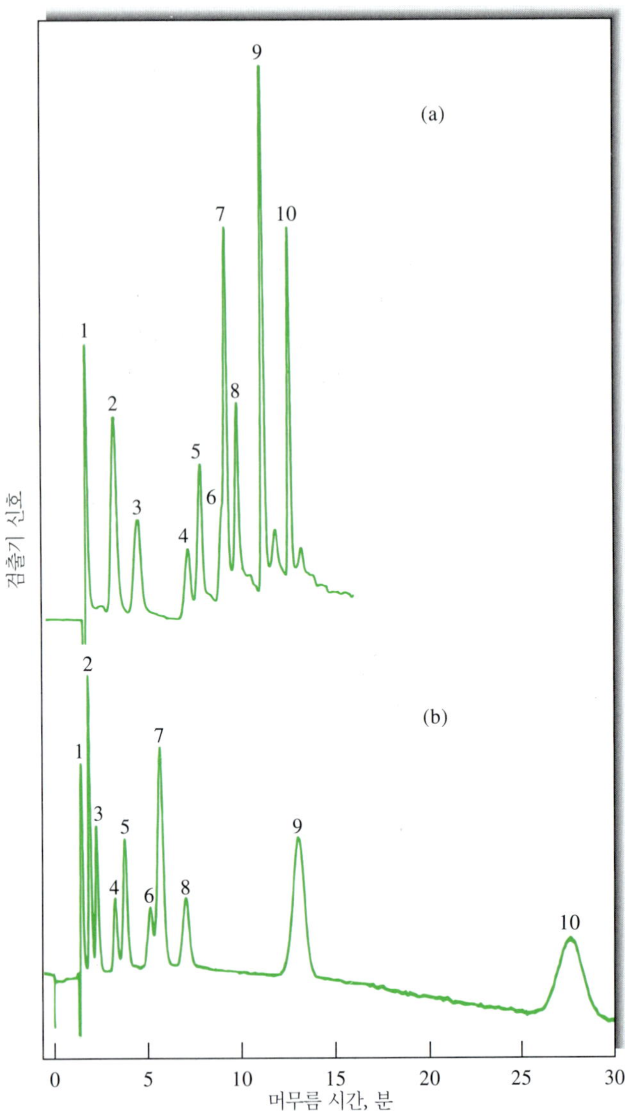

그림 28-4 (a) 기울기 용리와 (b) 등용매 용리에 의한 분리 효율의 개선. 컬럼: 1 m × 2.1 mm 내부 지름, precision-bore 스테인리스 강; 충전물: 1% Permaphase® ODS (C_{18}). 시료: 아이소프로판올에 들어 있는 염화 벤젠류 5 μL. 검출기: UV 광도계(254 nm). 조건: 온도, 60℃; 압력, 1200 psi. 피크 확인: (1) 벤젠, (2) 모노클로로벤젠, (3) o-디클로로벤젠, (4) 1,2,3-트리클로로벤젠, (5) 1,3,5-트리클로로벤젠, (6) 1,2,4-트리클로로벤젠, (7) 1,2,3,4-테트라클로로벤젠, (8) 1,2,4,5-테트라클로로벤젠, (9) 펜타클로로벤젠, (10) 헥사클로로벤젠. (Adapted from J. J. Kirkland, *Modern Practice of Liquid Chromatography*, p. 88, New York: Interscience, 1971. Reprinted by permission of John Wiley & Sons, Inc.)

0.1～10 mL/분 범위의 흐름 속도, (4) 흐름 속도 재현성의 상대 오차를 0.5% 이하로 유지, (5) 여러 용매에 의해 잘 부식되지 않음. 액체는 압축성이 거의 없기 때문에 LC 펌프에 의해 생긴 높은 압력으로 폭발할 위험성은 없다. 따라서 부분 장치가 파열되면 용매가 누출될 뿐이다. 물론, 이러한 누출로 인해 일부 용매는 화재와 환경적 위험을 초래할 수도 있다.

LC에서는 두 가지 주요 유형의 펌프가 사용된다: 나사식 주사기형 펌프 및 왕복 펌프. 거의 모든 최신의 시판되는 LC에는 왕복 펌프가 사용되고 있다.

왕복 펌프

왕복 펌프는 일반적으로 모터로 움직이는 피스톤의 전후 운동으로 용매가 펌프질되는 작은 방으로 구성되어 있다(그림 28-5 참고). 교대로 개폐되는 두 개의 볼 체크 밸브가 용매를 실린더 내로 들어오고 나가게 조절한다. 용매는 피스톤과 직접 접촉되어 있다. 다른 방법으로는 유연성이 있는 격막을 통해 압력을 용매에 전달시키는 것인데, 이것은 왕복 피스톤에 의해 수압으로 펌프질되는 것이다. 왕복 펌프는 펄스 흐름을 생성하는 단점이 있는데, 이로 인해 크로마토그램의 바탕선에 잡음이 나타나기 때문에 이를 감쇠시켜야 한다. 최신 LC 기기에서는 이러한 펄스를 최소화하기 위해 이중(혹은 삼중) 펌프 헤드 또는 타원형 캠(cam)을 사용한다. 왕복 펌프의 장점은 내부 부피가 작고(35～400 μL), 출력 압력이 높고(10,000 psi까지, UHPLC 시스템에서는 20,000 psi), 기울기 용리에 쉽게 적용할 수 있고, 용매 용량이 크며, 컬럼 역압 및 용매 점도에 거의 무관한 일정한 흐름 속도를 갖는 것이다.

변위 펌프

변위 펌프는 일반적으로 스테핑 모터(stepping motor)에 의해 나사식으로 움직이는 플런저가 주사기와 비슷한 큰 원통 속에 들어있다. 변위 펌프도 역시 점도와 역압에 무관하게 용매를 흐르게 한다. 또한 출력흐름에 펄스가 없다. 단점은 제한된 용매 용량(～250 mL), 상대적으로 낮은 압력 한계(～10,000 psi) 및 용매를 바꿀 때 상당히 불편하다는 것이다.

흐름 조절과 프로그래밍 시스템

시판되는 많은 기기의 펌프에는 펌프 출구에 있는 흐름제한기에 걸리는 압력 강하를 측정하여 흐름 속도를 측정하는 컴퓨터－조절장치가 설치되어 있다. 그리하여 출력 신호가 미리 설정한 값에서 차이가 나면 펌프 모터의 속도를 증가 또는 감소시키게 된다. 또한 대부분의 기기는 연속적으로 또는 단계적으로 용매의 조성을 변화시키는 장치가 있다. 예를 들면, 그림 28-3의 기기는 분배 밸브를 가지고 있는데, 이 밸브는 미리 프로그램된 방식에 따라 연속적으로 변화시켜 네 가지 용매까지 섞어줄 수 있다.

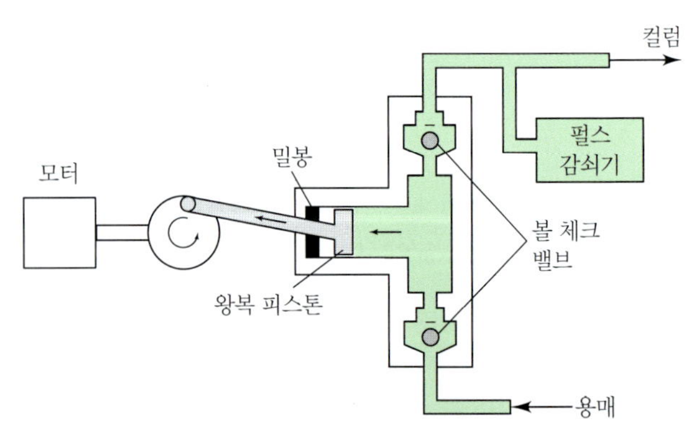

그림 28-5 HPLC용 왕복 펌프.

28C-3 시료주입 장치

액체 크로마토그래피 측정의 정밀도에 종종 제한을 주는 요인은 컬럼 충전물에 시료를 주입할 때의 재현성이다. 이러한 문제는 시료를 많이 주입함으로써 동반되는 띠 넓어짐에 의해 악화된다. 따라서 시료 부피는 매우 작아야 한다—몇십 분의 1 μL에서 약 500 μL까지. 또한 계의 압력을 낮추지 않고 시료를 주입할 수 있으면 편리할 것이다.

LC에서 시료를 주입하는 데 가장 널리 사용되는 방법은 그림 28-6과 27-5에서 나타낸 것과 같은 시료주입 고리(sampling loop)이다. 이 장치는 액체 크로마토그래피에 필수적이며, 1 μL부터 100 μL 혹은 그 이상까지 시료 크기에 따라 고리를 선택할 수 있다. 이러한 유형의 시료주입 고리를 사용하면 7000 psi까지의 압력에서 몇십 분의 1%의 상대 표준 편차로 시료를 주입할 수 있다.

오늘날 대부분의 크로마토그래피 기기는 자동시료주입기를 갖추고 있다. 이 장치는 시료 회전판에 있는 유리병이나 마이크로타이터 판(microtiter plate)으로부터 시료를 LC에 주입할 수 있게 되어있다. 대체로 이 장치에는 1 μL 이하부터 1 mL 이상까지의 부피를 주입할 수 있도록 시료 고리와 주사기형 펌프가 포함되어 있다. 어떤 것은 온도 조절 장치가 부착되어 있는데,

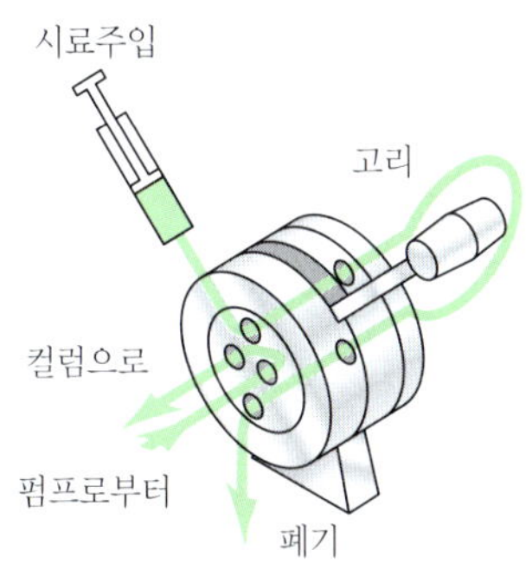

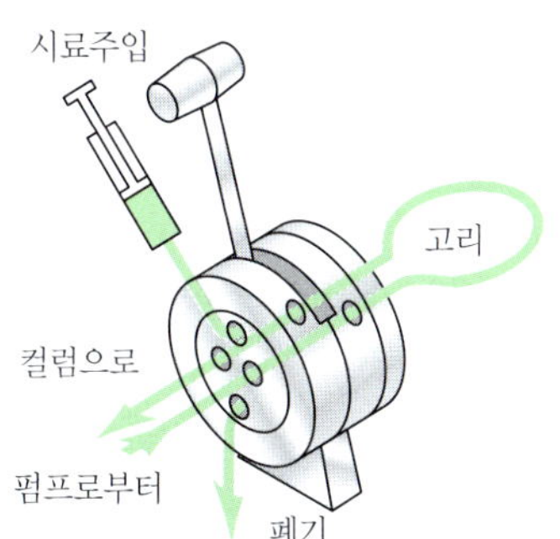

그림 28-6 LC에 사용되는 시료주입 고리. 밸브 손잡이를 위쪽에 있는 그림처럼 놓으면 주사기로부터 시료가 고리에 채워지고 이동상은 펌프에서 컬럼으로 흐른다. 밸브가 아래쪽에 있는 그림처럼 놓이면 고리는 펌프와 컬럼 사이에 놓이게 되고 이동상이 시료를 컬럼으로 밀고 들어간다. (Courtesy of Beckman-Coulter, Inc.)

이것은 시료를 주입하기 전에 시료를 보관하거나 유도체화 반응을 일으키는 데 이용된다. 대부분의 자동주입기는 LC 장치에 무인 주입이 가능하도록 프로그래밍될 수 있다. 상업용 UHPLC 기기의 주입량은 0.1 ~ 50 μL이다.[5]

28C-4 HPLC 컬럼

액체 크로마토그래피 컬럼은 일반적으로 속이 활강(smooth-bore)인 스테인리스 강 관으로 만든다. HPLC 컬럼은 때때로 두꺼운 유리관 및 폴리에테르에테르케톤(PEEK)과 같은 폴리머 관으로 만든다. 또한 유리 또는 PEEK와 연결된 스테인레스 강 컬럼이 사용되기도 한다. 크기와 충전물이 다른 수백 가지의 충전 컬럼들이 있다. 표준 크기의 일반 컬럼의 가격은 대략 $200에서 $500 이상이다. 카이랄 컬럼과 같은 특수 컬럼의 가격은 $1000 이상이다.

분석 컬럼

대부분의 액체 크로마토그래피 컬럼의 길이는 5~25 cm이다. 주로 직선형 컬럼이 사용되고 있다. 때로 둘 이상의 곧은 컬럼을 연결하여 더 길게 만들어 사용하기도 한다. 분석 컬럼의 내부 지름은 약 3~5 mm이다; 충전물의 입자 크기는 보통 3 또는 5 μm이다. 가장 흔히 사용되고 있는 컬럼은 길이가 10 또는 15 cm이고, 내부 지름이 4.6 mm이며, 5 μm의 입자가 채워져 있다. 이러한 종류의 컬럼은 40,000~70,000단/m(보통 약 10,000단/컬럼)의 단수를 갖는다.

1980년대에 내부 지름이 1~4.6 mm이고, 길이가 3~7.5 cm 정도인 마이크로컬럼을 사용하기 시작하였다. 이 컬럼들은 3 또는 5 μm의 입자로 채워져 있으며, 100,000단/m의 단수를 가지고 있고, 속도가 빠르고, 용매의 소비가 적다는 것이 장점이다. 용매의 소비가 적다는 것은 LC에서 사용되는 고순도의 용매의 가격이 비싸고, 사용 후 폐기할 때도 비용이 많이 들기 때문에 상당히 중요하다. 그림 28-7은 마이크로컬럼으로 분리할 경우 소모되는 시간을 보여준다. 이 경우 다양한 종류의 8개의 성분들을 약 15초 내에 분리하였다. 이 컬럼은 길이가 4 cm이고 내부 지름은 4 mm이며, 3 μm의 입자로 채워져 있다.

전치 컬럼

전치 컬럼(precolumn)에는 두 가지 유형이 있다. 이동상 저장용기와 시료주입기 사이의 전치 컬럼은 이동상 조절을 위해 사용되며 *청소부 컬럼*(scavenger column)이라 불린다. 용매는 실리카 충전물을 부분적으로 용해시키므로 이동상이 분석 컬럼에 들어가기 전에 규산(silicic acid)으로 포화되도록 해야 한다. 이와 같은 포화 상태는 분석 컬럼의 정지상의 손실을 최소화한다.

두 번째 유형의 전치 컬럼은 시료주입기와 분석 컬럼 사이에

---

[5] J. De Vos, K. Broeckhoven, and S. Eeltink, *Anal. Chem.*, **2016**, *88*, 262, **DOI**: 10.1021/acs.analchem.5b04381.

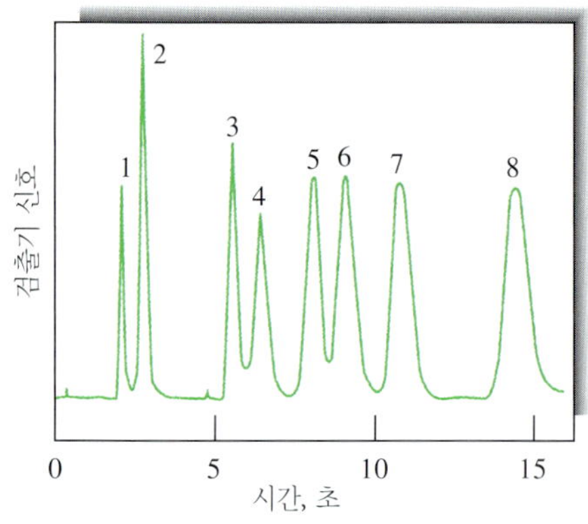

그림 28-7 등용매 고속 분리. 컬럼 크기: 길이 4 cm, 내부 지름 0.4 cm, 충전물: 3 μm spherisorb; 이동상: *n*-헥세인에 용해시킨 4.1% 아세트산에틸. 화합물: (1) *p*-자일렌, (2) 아니솔, (3) 아세트산벤질, (4) 프탈산디옥틸, (5) 프탈산디펜틸, (6) 프탈산디부틸, (7) 프탈산디프로필, (8) 프탈산디에틸. (Adapted from R. P. W. Scott, *Small Bore Liquid Chromatography Columns: Their Properties and Uses*, New York: Wiley, 1984, p. 156.)

위치하는 *보호 컬럼*(guard column)이다. 보호 컬럼은 분석 컬럼과 동일한 정지상으로 충전된 짧은 컬럼이다. 보호 컬럼의 역할은 강하게 정지상에 잔류되는 화합물 및 입자성 물질과 같은 불순물이 분석 컬럼에 도달하여 이를 오염시키는 것을 방지하는 것이다. 보호 컬럼은 정기적으로 교체해주면 분석 컬럼의 수명을 연장시킬 수 있다.

컬럼의 온도 조절

일반적인 응용에서는 컬럼의 온도를 정밀하게 조절할 필요가 없으며 컬럼은 실온에서 작동된다. 그러나 더 재현성 있는 크로마토그램을 얻으려면 컬럼의 온도를 일정하게 유지하여야 한다. 대부분 최신 기기에는 실온에서 150°C까지의 온도 영역에서 몇십 분의 1도까지 컬럼 온도를 조절할 수 있는 가열 장치가 부착되어 있다. 또한 일정한 온도의 중탕기에 연결된 물 자켓으로 컬럼을 둘러싸서 컬럼의 온도를 정밀하게 조절할 수도 있다. 크로마토그래피 전문가들은 재현성 있는 분리를 하려면 온도 조절이 필수적이라고 생각한다.

온도 조절은 보통 HPLC에서 중요한 것과 같은 이유로 UHPLC에서도 중요하다. 그러나 초고압으로 인한 마찰열은 컬럼에서 온도 구배를 만든다. 이러한 온도 구배는 정밀한 온도 제어에 의해 최소화될 수 있으며, 이는 컬럼 안정성 및 고효율 분리로 이어진다. 100°C 이상의 온도는 컬럼 열화를 일으킬 수 있으므로, UHPLC의 작동 온도는 60~100°C 범위가 적절하다.[6]

28C-5 컬럼 충전물의 종류

LC에서 사용하고 있는 두 가지 종류의 기본적인 충전물에는 *박막형 입자*(pellicular particle)와 *다공성 입자*(porous particle)가 있다. 박막형 입자는 다공성이 아닌 구형의 유리 또는 중합체 구슬로 되어 있고, 일반적으로 지름이 30~40 μm이다. 실리카, 알루미나, 폴리스티렌-디비닐벤젠 합성수지 또는 이온 교환 수지의 얇은 다공성 층을 이 구슬의 표면에 입힌다. 작은 다공성 미세 입자는 큰 박막형 입자를 완전히 대체하였다. 최근에 들어서는 작은(~5 μm) 박막형 충전물이 단백질 및 대형 생체 분자을 분리하는 데 다시 사용되고 있다.

LC의 전형적인 다공성 입자 충전물은 지름이 3~10 μm인 다공성 미세 입자로 구성되어 있다; 주어진 크기의 입자에 대해 입자 크기 분포가 매우 좁은 것이 바람직하다. 이 입자는 실리카, 알루미나, 폴리스티렌-디비닐벤젠 합성수지 또는 이온 교환 수지로 되어 있다. 지금까지 LC에서 가장 흔히 사용되는 충전물은 실리카이다. 실리카 입자는 매우 균일한 지름의 큰 입자가 만들어지는 조건에서 초미세 실리카 입자를 응집시켜 제조한다. 이렇게 만든 입자의 표면에 화학적 또는 물리적으로 결합된 얇은 유기 막을 입힌다. 특별한 크로마토그래피의 컬럼 충전물에 대해서는 이 장의 뒷부분에서 설명한다.

28C-6 검출기

LC에는 제27B-4절에서 설명한 기체 크로마토그래피의 불꽃이온화 및 열전도도 검출기와 같이 모든 응용에 이용할 수 있는 검출기가 없다. GC 검출기는 흐르는 기체 흐름 속에 들어 있는 작은 농도의 분석물질을 측정하기 위해 특별히 개발되었다. 이에 비해 LC 검출기는 액체 흐름 속에 들어있는 낮은 농도의 분석물질을 측정하기 위해 흐름 셀(flow cell)이 부착된 전통적인 분석 기기이다. LC가 발전하는 데 있어서 주요 과제는 이런 장치들을 잘 적용하고 개선시키는 것이다.[7]

이상적인 검출기의 특성

LC에 대한 이상적인 검출기는 제27B-4절에 GC 검출기에 대해 나열한 모든 조건을 가지고 있어야 한다. 단, LC 검출기는 넓은 온도 영역에 걸쳐 감응할 필요는 없다. 또한 HPLC 검출기는 띠 넓어짐을 감소시키기 위하여 내부 부피를 최소화해야 하고(제28B-2절) 액체 흐름과 호환되어야 한다.

검출기의 종류

액체 크로마토그래피의 검출기에는 두 가지의 기본 유형이 있다. *본체 성질 검출기*(bulk property detector)는 용질의 존재에 따라 변하는 이동상의 본체 성질, 즉 굴절률, 유전상수 또는 밀도 등에 감응한다. 이에 비해 *본체 성질 검출기*(solute property

---

[6]S. Fekete et al., *Trends Anal. Chem.*, **2014**, *63*, 2, **DOI**: 10.1016/j.trac.2014.08.007.

[7]자세한 설명은 다음 문헌을 참고하시오. *Liquid Chromatography: Fundamentals and Instrumentation*, F. Salvatore, P. R. Haddad, C. Poole, and D. K. Lloyd, eds., Boston: Elsevier, 2013; R. P. W. Scott, *Chromatographic Detectors*, New York: Dekker, 1996; R. P. W. Scott, *Liquid Chromatography Detectors*, 2nd ed., Amsterdam: Elsevier, 1986.

표 28-1 HPLC 검출기들의 성능

HPLC 검출기	시판	질량 LOD*(일반형)	선형 범위†(10승)
흡광도	가능	10 pg	3~4
형광	가능	10 fg	5
전기화학	가능	100 pg	4~5
굴절률	가능	1 ng	3
전도도	가능	100 pg~1 ng	5
질량 분석기	가능	< 1 pg	5
FTIR	가능	1 μg	3
빛 산란	가능	1 μg	5
광활성	불가능	1 ng	4
원소 선택	가능	1 ng	4~5
광이온화	가능	< 1 pg	4

출처: 제조사의 문헌에서; *Handbook of Instrumental Techniques for Analytical Chemistry*. F. Settle, ed., Upper Saddle River, NJ: Prentice-Hall, 1997: E. S. Young and R. E. Synovec, *Anal. Chem.*, **1986**, *58*, 1237A, **DOI**: 10.1021/ac00125a797.

*질량 LOD (limits of detection, 검출 한계)는 화합물, 기기 및 HPLC의 조건에 따라 달라진다. 그러나 여기서 주어진 값은 이용 가능한 시판기기에 대한 전형적인 값들이다.

†앞의 출처로부터 얻은 전형적인 값들

detector)는 이동상의 성질이 아닌 용질의 특정 성질, 즉 UV 흡수, 형광 또는 확산 전류 등에 감응한다.

표 28-1에는 HPLC에서 가장 흔히 사용되는 검출기들과 이들의 몇 가지 중요한 성질들을 나열하였다. LC에서 가장 널리 사용되는 검출기는 자외선 또는 가시선의 흡수에 근거를 둔 것이다(그림 28-8 참고). 또한 형광, 굴절률 및 전기화학 검출기도 널리 사용되고 있다. 질량 분석법(MS) 검출기도 현재 많이 사용되고 있다. 이 절의 뒷부분에서 설명할 LC/MS 장치는 HPLC 컬럼에서 용리되어 나오는 분석물질을 확인하는 데 크게 도움을 줄 수 있다.

자외선-가시선 흡수 검출기

그림 28-8은 크로마토그래피 컬럼에서 나오는 용리액의 흡광도를 측정하기 위한 전형적인 Z자 모양의 흐름 셀이다. 컬럼 밖 띠 넓어짐을 최소화하기 위하여 이 셀의 부피는 가능한 한 작아야 한다. 일반적인 셀 부피는 1~10 μL이고 셀의 길이는 2~10 mm 정도이다.

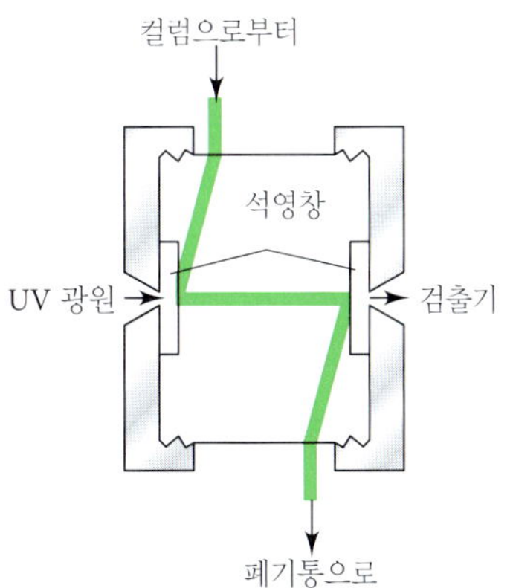

그림 28-8 **HPLC용 자외선-가시선 흡수 셀.**

많은 흡수 검출기는 겹빛살형인데, 한 빛살은 용리액 셀을 통과하고 다른 빛살은 기준 빛살이다. 그리고 짝지어진 광전 검출기들을 이용하여 두 빛살의 세기를 비교한다. 또는 그림 9-13b (또한 그림 13-13b 참고)와 같이 빛살 토막틀을 사용하여 하나의 광변환기로 검출하는 방법이 있다. 어느 경우에서나 크로마토그램은 흡광도(변환된 두 신호 비의 로그값)를 시간의 함수로 도시하여 얻는다. 또한 홑빛살형 기기도 사용된다. 이 경우 용매를 통과한 빛살의 세기를 측정하여 컴퓨터에 저장하였다가 나중에 흡광도를 계산할 때 불러내어 사용한다.

필터가 있는 UV 흡수 검출기. 초기의 UV 흡수 검출기는 수은 램프를 광원으로 사용한 필터 광도계였다. 일반적으로 254 nm의 센 선을 필터로 분리하여 사용한다; 또한 어떤 기기는 필터를 바꾸어 가면서 250, 313, 334 및 365 nm 선을 선택하여 사용하고 있다. 이런 종류의 검출기는 이 파장들 중 어느 하나를 흡수하는 용질에만 사용될 수 있다. 제14B절에서 보여준 바와 같이 몇 가지 유기 작용기들과 많은 무기 화학종들은 이러한 UV 파장들 중 하나 이상을 포함하는 넓은 흡수띠를 가진다.

간섭 필터를 갖추고 있는 중수소 또는 텅스텐 필라멘트 광원은 컬럼에서 용리되는 흡수 화학종들을 검출하는 데 사용된다. 어떤 기기에는 이중 파장 장치를 가지고 있거나 또는 여러 개의 필터를 구비한 필터 바퀴가 부착되어 있어 필터를 빠르게 바꾸어 주면서 용리되는 여러 가지 화학종을 검출할 수 있도록 한다. 오늘날 필터 기기는 스캐닝 또는 다이오드 배열 분광계로 거의 완전히 대체되었다.

스캐닝 기능이 있는 흡수 검출기. 대부분의 HPLC 제조회사들은 회절발 광학계를 이용하여 스캐닝할 수 있는 분광광도계로 구성된 검출기를 제공하고 있다. 어떤 것들은 UV 복사선에만 사용할 수 있고; 다른 것들은 UV와 가시 복사선에서 모두 사용할 수 있다. 몇 가지 작동 방식을 선택할 수 있다. 예를 들면 전체 크로마토그램을 단일 파장에서 얻을 수도 있고; 용리 피크가 시간적으로 충분히 분리된다면, 각 피크마다 다른 파장을 선택할 수 있다. 이 경우 컴퓨터로 조절하여 각 용리액에 가장 적합한 파장을 선택하도록 할 수 있다. 확인 목적으로 전체 스펙트럼이 필요한 경우에는 용리액의 흐름을 충분한 시간 동안 정지시키고 측정하고자 하는 파장 영역을 스캐닝할 수도 있다.

가장 유용한 UV 분광광도법 검출기는 제7E-3절과 그림 13-25에서 설명한 다이오드배열 기기이다.[8] 몇몇 제조업체들이 이러한 기기들을 내놓고 있는데 대략 1초 내에 전체 스펙트럼을 얻을 수 있다. 따라서 각 크로마토그래피 피크의 스펙트럼 데이터를 분석물질이 컬럼 끝에 나타나는 대로 모아서 저장할 수 있다. 화학종의 확인과 정량 분석에 필요한 조건을 얻는 데 도움이 되는 스펙트럼 데이터를 나타내는 한 가지 표현 방법은 그림 28-9에 보여준 것과 같은 3차원 도시이다. 이 경우 스펙트럼은 5초 간격으로 연속적으로 얻었다. 용리되는 동안에 세 종류의 스테로이드가 각각 나타나고 없어지는 것을 볼 수 있다.

적외선 흡수 검출기. 두 종류의 적외선 검출기가 시판되고 있다. 첫 번째 것은 그림 16-13의 장치와 비슷하게 설계한 필터 기기이다. 두 번째 것은 좀 더 정교한 IR 검출기로서 제16B-1절에서 설명한 것과 유사한 Fourier 변환 기기에 기초한다. 몇몇 Fourier 변환 적외선(FTIR) 기기 제작자들은 이 기기를 부속장치로 내놓아 HPLC 검출기로 이용할 수 있도록 하고 있다. 적외선 검출기 셀은 창이 염화나트륨 또는 불화칼슘으로 되어 있다는 점을 제외하고는 자외선에서 사용된 것과 구조가 유사하다. 셀의 길이는 0.2~1.0 mm이며 부피는 1.5~10 μL이다.

IR 검출기를 사용하는 데 있어서 가장 큰 문제점은 유용하게 사용되는 여러 용매의 투과도가 낮다는 것이다. 예를 들면, 물과 알코올의 넓은 적외선 흡수띠로 인해 많은 응용에서 이 검출기의 사용이 배제되고 있다. 또한 특별한 재질의 셀을 사용하지 않는다면, 수용액 이동상을 사용하는 경우에 셀이 쉽게 손상될 수 있다. 그리고 많은 용질에 대한 검출 한계가 좋지 못해 IR 검출기의 사용이 제한적이다. LC에 대한 검출기로 질량 분석기(이 절 뒷부분에서 설명함)를 사용하게 됨으로써 IR 검출기의 사용이 급격히 줄어들게 되었다.

형광 검출기

HPLC에 사용되는 형광 검출기는 그 구조가 제15B-2절에서 설명한 형광계 및 분광형광계와 유사하다. 대부분의 경우, 형광은 들뜸 빛살에 대하여 90° 방향에 놓여있는 광전 검출기로 측정한다. 가장 간단한 검출기는 수은 들뜸 광원 및 방출복사선의 띠를 분리하기 위해 하나 이상의 필터를 사용한다. 보다 정교한 기기는 크세논 광원 및 형광복사선을 분리하는 데 회절발 단색화장치를 사용한다. 또한 레이저-유도 형광법도 감도와 선택성이 좋기 때문에 사용된다.

제15장에서 언급한 바와 같이 형광법의 고유한 장점은 대부분의 흡수법보다 10배 이상 감도가 높다는 것이다. 이러한 장점 때문에 LC에서 형광성 시료 성분 분리 및 정량에 이 방법이 이용되고 있다. 제15C-2절에서 설명한 바와 같이 형광성 화합물

[8]다음 문헌을 참고하시오. R. P. W. Scott, *Chromatographic Detectors*, New York: Dekker, 1996; *Diode Array Detection in HPLC*, L. Huber and S. A. George, eds., New York: Dekker, 1993.

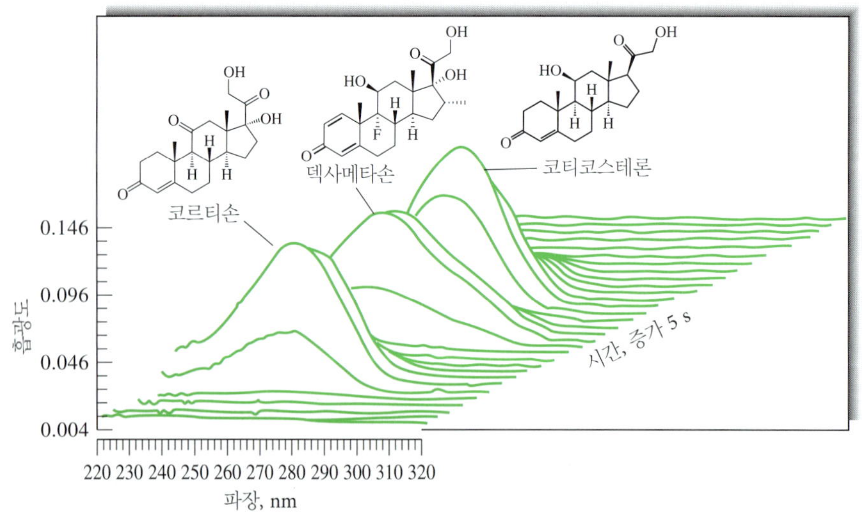

그림 28-9 세 가지 스테로이드 혼합물의 용리액으로부터 5초 간격으로 얻은 흡수 스펙트럼. (출처: Agilent Technologies).

들은 의약품, 천연물, 임상시료 및 석유 화학제품 등과 같은 물질을 분석할 때 자주 접하게 된다. 형광성 유도체를 형성하는 시약으로 시료를 전처리하면, 형광을 내는 화학종의 수를 증가시킬 수 있다. 예를 들면, 댄실염화물(5-디메틸아미노-나프탈렌-1-술포닐클로라이드)은 1차 및 2차 아민, 아미노산 및 페놀과 반응하여 형광성 화합물을 만들기 때문에, 단백질이 가수분해하여 생긴 아미노산을 검출하는 데 널리 사용되어 왔다.

굴절률 검출기

그림 28-10은 시차 굴절률 검출기의 개략도인데, 용매는 컬럼으로 가는 도중에 셀의 한쪽 방을, 용출액은 셀의 다른 쪽 방을 통해 흐르도록 되어 있다. 두 방은 유리판으로 분리되어 있는데, 이 유리판은 두 용액의 굴절률이 다르면 빛이 굴절될 수 있는 각도로 설치되어 있다. 이로 인해 검출기의 감광성 표면에 도달하는 빛살의 변위는 출력 신호의 변화를 일으키고, 이것을 증폭하여 기록하면 크로마토그램이 된다.

굴절률 검출기는 거의 모든 용질에 감응을 하는 중요한 장점을 가지고 있다. 즉 이것은 GC의 불꽃 이온화 또는 열전도도 검출기와 같은 범용 검출기이다. 그 외에도 신뢰도가 크며 흐름 속도에 영향을 받지 않는다. 그러나 이것은 온도에 매우 민감하므로 수천 분의 1°C 범위까지 일정한 온도를 유지해야 한다. 게다가 많은 다른 유형의 검출기만큼 민감하지 않으며, 기울기 용리에는 사용할 수 없다. 굴절률 검출기는 당과 같은 몇몇 분석물질을 정량하는 데 응용되고 있다.

증발 광 산란 검출기

HPLC의 최신형 검출기 중의 하나는 *증발 광 산란 검출기* (evaporative light scattering detector, ELSD)이다. 이 검출기에서 컬럼 용출액은 분무기를 통과하면서 질소나 공기의 흐름에 의해 미세한 안개로 변하게 된다. 미세 방울은 온도가 조절되어 있는 이동관으로 흘러가서 이동상은 증발이 되고 분석물질은 미세 입자로 남아있게 된다. 그런 다음, 이 자욱한 분석물질 입자들을 레이저살 속으로 통과시킨다. 산란된 복사선은 분석물질 흐름에 수직인 위치에서 반도체 광다이오드에 의해 검출된다.

이 검출기의 주요한 장점은 모든 비휘발성 용질에 대해서 거의 동일한 감응을 나타낸다는 것이다. 게다가, 검출 한계가 0.2 ng/μL 정도로 굴절률 검출기보다 매우 좋다. 단점은 이동상 성분이 휘발성이어야만 한다는 것이다.

전기화학 검출기

최근 기기 제작자들이 여러 종류의 전기화학 검출기들을 출시하고 있다.[9] 이러한 장치들은 전류법, 전압법, 전기량법 및 전도도법에 기초를 두고 있다. 이 방법들 중 처음 3가지는 제24장과 25장에서 설명하였다.

전기화학 분석법은 아직은 광학 검출기만큼 개발되지 않았지만 여러 가지 경우에서 감도가 높고, 간단하고, 편리하며 널리 응용할 수 있는 장점을 가지고 있다. 이 마지막 장점은 그림 28-11에 나타냈으며, 여기에 16가지 유기 작용기가 산화 또는 환원 반응을 일으키는 전위 영역을 표시하였다. 따라서 원리적으로 이 작용기들 중 어느 한 가지를 함유하는 화학종은 전류법, 전압전류법 또는 전기량법으로 검출할 수 있다. 하지만 전기화학 검출기의 큰 단점은 기울기 용리에 사용할 수 없다는 것이다.

HPLC에 이용되는 여러 가지 전기화학 검출기 전지는 문헌에 설명되어 있으며, 몇 가지는 시판되고 있다. 그림 28-12는 전류법 검출을 위한 얇은-층 흐름-전지의 한 예이다(그림 25-17 참고). 여기에서 전극 표면은 Kel-F 플라스틱으로 만든 두 토막 사이에 50 μm의 테플론(Teflon) 간격판이 끼워 넣어 만들어진 통로 벽의 일부이다. 지시 전극은 백금, 금, 유리질 탄소 또는 탄소 반죽이다. 기준 전극 그리고 때로는 상대 전극은 지시 전극보다 하류에 위치한다. 전지의 부피는 1~5 μL이다. 이 전지를 유용하게 변형한 것을 시중에서 구입할 수 있는데, 이는 직렬 또는 병렬로 작동할 수 있는 두 개의 작업 전극을 가지고 있다.[10] 직렬의 경우에는 용리액이 먼저 한 전극으로 흐른 다음, 두 번째 전극으로 흐르도록 배열되어 있어 첫 번째 전극에서는 분석물질이 가역적으로 산화(또는 환원)가 일어난다. 환원 전극(또는 산화 전극)으로 작동하는 두 번째 전극에서는 산화(또는 환원) 생성물을 측정하도록 한다. 이러한 배열은 검출계의 선택

[9]시판되고 있는 검출기에 대한 설명은 다음 문헌을 참고하시오. B. E. Erickson, *Anal. Chem.*, **2000**, *72*, 353A, **DOI**: 10.1021/ac002813b.

[10]D. A. Roston, R. E. Shoup, and P. T. Kissinger, *Anal. Chem.*, **1982**, *54*, 1417A, **DOI**: 10.1021/ac00250a767.

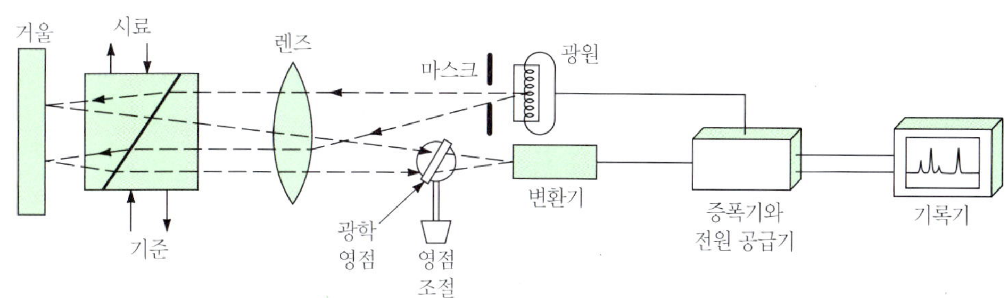

그림 28-10 **시차 굴절률 검출기의 개략도.** (Courtesy of Waters Associates, Ins., Milford, MA).

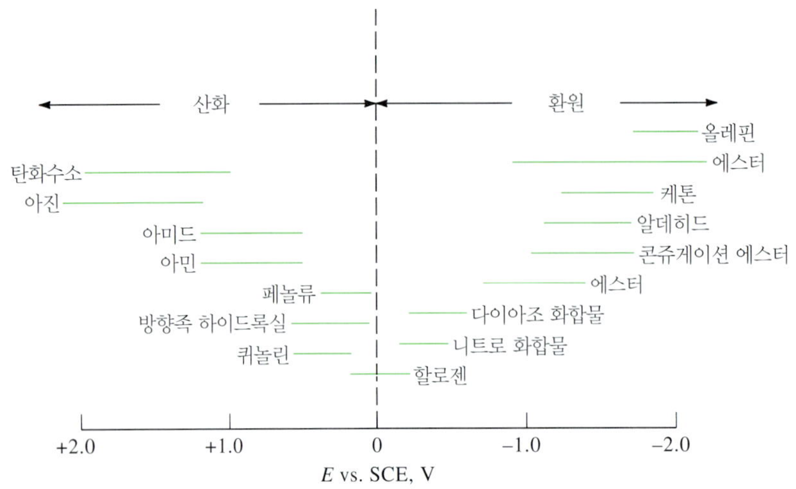

그림 28-11 **전류법 측정으로 검출할 수 있는 유기 작용기.** 수평선은 표시된 작용기를 가진 화합물들이 전기적으로 반응이 일어나는 산화 또는 환원 전위 영역이다. SCE = 포화 칼로멜 전극.

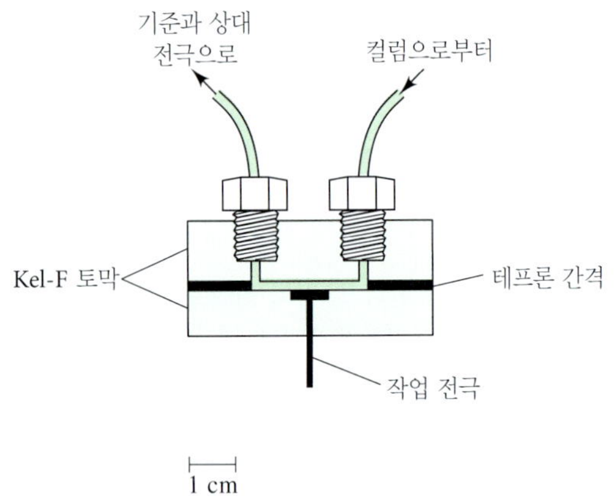

그림 28-12 **HPLC용 얇은-층 전류법 검출기 전지.**

성을 향상시킨다. 이 장치의 흥미로운 응용은 티올과 이황화물을 함유하고 있는 혼합물에서 각 성분을 검출하고 정량한 것이다. 이 경우 첫 번째 수은 전극은 이황화물을 약 −1.0 V에서 환원시킨다. 즉,

$$RSSR + 2H^+ + 2e^- \rightarrow 2RSH$$

두 번째 수은 전극은 첫 번째 전극에서 생성된 티올뿐만 아니라 원래 시료에 들어있는 티올도 산화시킨다. 즉,

$$2RSH + Hg(l) \rightarrow Hg(SR)_2(s) + 2H^+ + 2e^-$$

즉, 병렬 배열에서 두 전극은 그들 사이의 축이 용리액의 흐름에 대해 90°가 되도록 회전된다. 두 전극은 서로 다른 전위(아래흐름에 있는 기준 전극과 관련)에서 작동시킬 수 있는데, 이는 종종 피크의 순도를 알려준다. 다른 방법으로, 한 전극은 환원전극으로서 그리고 다른 전극은 산화 전극으로서 작동하여 산화제와 환원제를 모두 동시에 검출할 수 있다.

전압-전류법, 전도도법 및 전기량법 검출기도 시판되고 있다. 전도도법은 제28F-3절에서 설명한다.

질량 분석 검출기

LC를 질량 분석기와 연결함으로써 분리와 검출을 모두 이상적으로 잘할 수 있게 되었다.[11] GC에서와 마찬가지로 질량 분석기는 크로마토그래피 컬럼으로부터 용출되는 화학종을 확인하는데 큰 역할을 한다. 그러나 두 분석법을 연결하는 데 큰 문제점이 있다. 즉 질량 분석기에서는 시료가 기체상이어야 하는데, LC 컬럼에서 나오는 용출액은 용매에 용해되어 있는 용질이라는 것이다. 첫 번째 단계로서 용매가 증발되어야 한다. 하지만 LC 용매가 증발되었을 때, GC에서의 운반 기체보다 10~1000배 더 큰 기체 부피를 발생시킨다. 그러므로 용매의 대부분은 제거되어야 한다.

용매 제거 그리고 LC 컬럼과 MS의 연결 부위에 대한 문제를 해결하기 위한 몇 가지 장치가 개발되었다. 오늘날 가장 널리 사용되는 방법은 저유량의 대기압 이온화법이다. 전형적인 LC/MS 장치의 개략도는 그림 28-13과 같다. HPLC 장치는 일반적으로 μL/분 정도의 흐름 속도를 갖는 나노규모 모세관 LC 기기이다. 또는 일부 인터페이스는 1~2 mL/분의 높은 흐름 속도를 허용하는데, 이는 기존 HPLC의 전형적 조건이다. 가장 흔히 사용되는 이온원은 전기 분무 이온화와 대기압 화학 이온화이다(제20B절 참고). HPLC와 질량 분석기를 연결하면 선택성이 매우 높아지는데, 이는 분리되지 않은 피크도 선택된 질량에서 관찰을 하면 확인할 수 있기 때문이다. 기존의 HPLC에서 머무름 시간으로 측정하는 것과 달리 LC/MS에서는 특정한 용출물에 대해 자세한 정보를 제공한다. 또한 LC/MS는 분자량과 구조적

[11] W. M. A. Niessen, *Liquid Chromatography-Mass Spectrometry*, 3rd ed., Boca Raton, FL: CRC Press, 2006; R. E. Ardrey, *Liquid Chromatography-Mass Spectrometry: An Introduction*, Chichester, UK: Wiley, 2003.

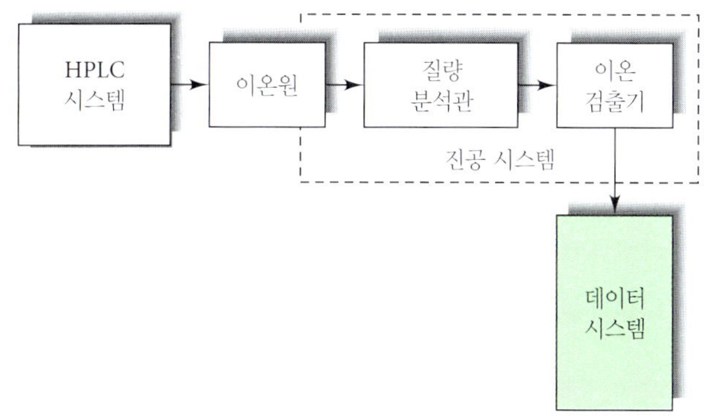

그림 28-13 **LC/MS 장치의 구성도.** LC 컬럼으로부터의 유출액은 전기 분무 또는 화학 이온원과 같은 대기압 이온원으로 도입된다. 생성된 이온들은 질량 분석기에서 분리되고 이온 검출기에서 검출된다.

정보도 제공하고, 정확한 정량 분석도 가능하게 한다.[12]

몇몇 복잡한 혼합물의 경우, LC/MS로도 충분한 분리도를 주지 못할 경우도 있다. 최근에는 두 개 이상의 질량 분석기를 연결하여 만든 직렬 질량 분석기가 사용되고 있다(제20C-5절 참고). LC와 연결한 직렬 질량 분석기를 LC/MS/MS라고 부른다. 직렬 질량 분석기는 보통 3개의 사중 극자 분석관 또는 사중 극자-이온 포집 분석계로 되어 있다. 사중 극자로 얻을 수 있는 분리도보다 더 큰 분리도를 얻기 위하여 텐덤 MS에서의 마지막 질량 분석관으로 비행시간형 질량 분석기를 사용할 수도 있다. 또한 영역 질량 분광기도 연결하여 직렬 질량 분석기를 만들 수 있다. 이온 사이클로트론 공명 그리고 이온-포집 질량 분석기는 질량 분석을 단지 두 단계뿐만 아니라 *n* 단계로도 할 수 있게 한다. 이런 MS^n 장치(제20C-5절 참고)는 하나의 질량 분석기 내에서 분석 단계가 순차적으로 수행된다. 이들을 LC와 연결하면 LC/MS^n 기기가 된다.

최첨단의 컴퓨터 제어 LC/MS 장치를 이용하면, 실시간 컴퓨터-재구성 크로마토그램과 용리된 피크들의 스펙트럼을 한꺼번에 얻을 수 있다.

28D 분배 크로마토그래피

가장 널리 사용되는 유형의 HPLC는 *분배 크로마토그래피*(partition chromatography)인데, 이것은 정지상이 액체 이동상과 섞이지 않는 또 다른 액체이다. 분배 크로마토그래피는 *액체-액체*(liquid-liquid)와 *액체-결합상*(liquid-bonded-phase) 크로마토그래피로 세분된다. 두 방법의 차이는 정지상이 충전물의 지지 입자에 고정되는 방식에 있다. 액체-액체 크로마토그래피에서는 액체 정지상이 물리적 흡착에 의해 붙어 있는 반면, 결합상 크로마토그래피에서는 정지상이 화학적 결합에 의해 붙어 있다. 초기의 분배 크로마토그래피는 오직 액체-액체 컬럼이었으나, 최근에는 액체-결합상 컬럼으로 대체되고 있다. 왜냐하면 액체-결합상은 안정성이 매우 높고, 기울기 용리에도 사용할 수 있기 때문이다. 액체-액체 충전제는 오늘날 특정한 특수 용도로 쓰이는 정도이다. 이 절에서는 결합상 분배 크로마토그래피에 대해서만 설명할 것이다.[13]

28D-1 결합상 충전물

분배 크로마토그래피의 결합상 충전물의 지지체는 대부분 단단한 실리카 또는 실리카계 조성물로 제조한다. 이 고체는 균일하고 다공성이며, 기계적으로 단단한 입자로 되어 있고, 지름이 대략 1.5~10 μm, 가장 많이 사용되는 것은 3 μm와 5 μm이다. 완전히 가수분해된(0.1 M HCl로 하루에서 이틀 동안 가열하여 가수분해된) 실리카 표면은 화학적으로 반응성이 있는 실라놀 작용기로 구성되어 있다. 즉,

```
OH    OH    OH    OH
 |  O  |  O  |  O  |
\| / \ | / \ | / \ |/
 Si    Si    Si    Si
 |     |     |     |
```

일반적인 실리카 표면은 약 8 $\mu mol/m^2$의 OH기를 함유하고 표면적은 100~300 m^2/g이다.

가장 유용한 결합상 피막은 가수분해된 표면에 유기-클로로실란을 반응시켜 형성된 실록산이다. 예를 들면,

$$-\overset{/}{\underset{\backslash}{Si}}-OH + Cl-\overset{CH_3}{\underset{CH_3}{Si}}-R \rightarrow -\overset{/}{\underset{\backslash}{Si}}-O-\overset{CH_3}{\underset{CH_3}{Si}}-R$$

여기서 R은 알킬기나 치환된 알킬기이다.

실란화에 의한 표면 점유율은 입체 효과 때문에 4 $\mu mol/m^2$ 이하로 제한된다. 불행하게도 미반응 SiOH기는 표면에서 바람직하지 않는 극성을 나타내며, 특히 염기성 용질의 피크에 꼬리 끌림을 초래할 수 있다. 이와 같은 현상을 줄이기 위해, 클로로트라이메틸실란과 추가 반응을 시켜 실록산 충전물을 *덮어주는*(capped) 경우가 종종 있는데, 클로로트라이메틸실란은 크기가 작기 때문에 일부 미반응 실라놀기와 결합할 수 있다.

정상 및 역상 충전물

분배 크로마토그래피는 이동상과 정지상의 상대적 극성에 따라

자습: www.tinyurl.com/skoogpia7에서 **분배 크로마토그래피(partition chromatography)**에 대해 더 알아보시오.

[12]시판 LC/MS 기기의 총설은 다음 문헌을 참고하시오. B. E. Erickson, *Anal. Chem.*, **2000**, *72*, 711A, **DOI**: 10.1021/ac0029758.

[13]결합상 크로마토그래피의 머무름 메커니즘에 대한 자세한 내용은 다음 문헌을 참고하시오. J. G. Dorsey and W. T. Cooper, *Anal. Chem.*, **1994**, *66*, 857A, **DOI**: 10.1021/ac00089a002.

두 종류로 구분한다. 초기의 LC에서는 정지상으로 트라이에틸렌글리콜 또는 물과 같이 극성이 매우 큰 것을 사용하였다; 그리고 이동상으로는 헥세인 또는 *i*-프로필에터와 같이 비교적 비극성인 용매를 사용하였다. 먼저 사용했다는 이유 때문에 이러한 종류의 크로마토그래피를 *정상 크로마토그래피*(normal-phase chromatography)라 한다. *역상 크로마토그래피*(reversed-phase chromatography)에서는 정지상이 비극성인 것으로 종종 탄화수소를 사용하며, 이동상은 비교적 극성인 용매(물, 메탄올, 아세토니트릴 또는 테트라하이드로푸란)를 사용한다.[14]

정상 크로마토그래피에서는 극성이 *가장 작은* 성분이 제일 먼저 용리된다; 이동상의 극성을 **증가시키면(increasing)**, 용리 시간이 **짧아진다(decrease)**. 그러나 역상 크로마토그래피에서는 극성이 *가장 큰* 성분이 먼저 용리되고, 이동상의 극성을 **증가시키면** 용리 시간도 **길어진다**. 이 관계를 그림 28-14에 나타내었다. 그림 28-1에서 알 수 있듯이 정상 분배 크로마토그래피와 흡착 크로마토그래피는 상당히 중첩된다. 실제로 대부분의 정상 크로마토그래피에서의 머무름은 흡착-치환 과정에 의해 좌우되는 것으로 알려져 있다.[15]

결합상 충전물은 결합된 피막이 비극성 성질을 가지면 역상으로, 피막이 극성 작용기를 가지면 정상으로 분류된다. 아마 현재 HPLC의 75% 정도는 역상 충전물 컬럼을 사용하는 것으로 추정된다. 역상 분리의 주요 장점은 물을 이동상으로 사용할 수 있다는 것이다. 물은 값싸고, 독성이 없고, 생물학적 용질을 용해시키며 UV를 흡수하지 않는 용매이다. 또한 기울기 용리에서 용매 평형과 같이 비극성 정지상에서 질량 이동이 빠르게 일어난다. 대부분의 경우, 이러한 피막에 있는 실록산의 R기는 C_8 사슬(*n*-octyl)이나 C_{18} 사슬(*n*-octadecyl)이다.

이러한 표면에 용질 분자가 머무르는 메커니즘은 아직 완전하게 밝혀지지 않았다. 머무름 메커니즘은 벌크 용액에서의 분배가 일어나는 것보다 매우 복잡하고 상당히 다른데, 이는 비극성 정지상의 한쪽 끝이 고체 지지체에 결합되어 있기 때문이다.[16] 상세한 머무름 메커니즘에 관계없이, 일반적으로 결합상 피막을 물리적으로 부착되어있는 액체처럼 취급할 수 있다.

그림 28-15는 분리 성능에 영향을 주는 알킬기 사슬 길이의 효과를 보여준다. 예상대로, 충전물의 사슬이 길어지면 시료를 더 머무르게 한다. 또한 사슬의 길이가 길면 더 많은 양의 시료를 수용할 수 있다. 예를 들면, C_{18} 충전물에 대한 최대 시료 양은 같은 조건에서 C_4 충전물의 약 두 배가 된다.

대부분의 역상 크로마토그래피의 응용에서, 용리는 극성이 큰 이동상에서 수행한다. 예를 들어 메탄올, 아세토니트릴 또는 테트라하이드로푸란과 같은 용매를 다양한 농도로 포함하는 수용액이다. 이 경우 pH값이 7.5를 넘지 않도록 주의해야 하는데, 그 이유는 실리카가 가용성 규산염으로 되어 정지상이 용해되기 때문이다. 또한 알칼리 용액에서 실록산은 가수분해되어 충전물이 분해 또는 파괴된다. 산에 의해 가수분해되는 것을 방지하기 위해 pH는 약 2.5 이상으로 한다.

시판되는 정상 결합상 충전물에서, 실록산 구조에서 R은 사이아노($-C_2H_4CN$), 다이올($-C_3H_6OCH_2CHOHCH_2OH$), 아

[14]역상 HPLC에 대한 자세한 설명은 다음 문헌을 참고하시오. L. R. Snyder, J. J. Kirkland,and J. L. Glajch, *Practical HPLC Method Development*, 2nd ed., New York: Wiley, 1997; A. M. Krstulovic and P. R. Brown, *Reversed-Phase High Performance Liquid Chromatography*, New York: Wiley, 1982.

[15]다음 문헌을 참고하시오. J. G. Dorsey et al., *Anal. Chem.*, **1994**, *66*, 500R, **DOI**: 10.1021/ac00084a019.

[16]L. A. Cole and J. G. Dorsey, *Anal. Chem.*, **1992**, *64*, 1317, **DOI**: 10.1021/ac00037a004; L. A. Cole, J. G. Dorsey, and K. A. Dill, *Anal. Chem.*, **1992**, *64*, 1324, **DOI**: 10.1021/ac00037a005.

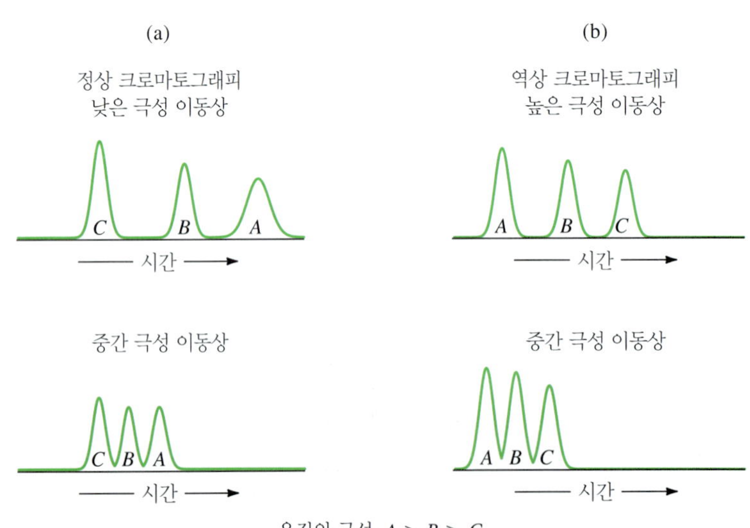

그림 28-14 정상 및 역상 크로마토그래피에서 극성과 용리 시간과의 관계.

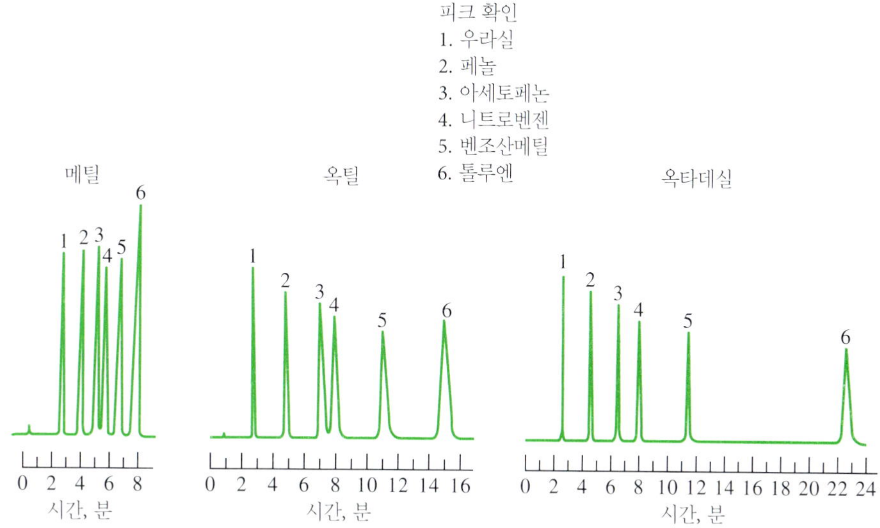

그림 28-15 5 μm 크기의 입자가 충전된 역상 실록산 컬럼의 성능에 미치는 사슬 길이의 효과. 이동상: 50:50 메탄올–물, 흐름 속도: 1.0 mL/분.

미노($—C_3H_6NH_2$) 및 다이메틸아미노[$—C_3H_6N(CH_3)_2$]기와 같은 극성 작용기이다. 이러한 충전물의 극성은 서로 상당히 다른데, 사이아노 형태가 가장 극성이 작고 아미노 형태가 극성이 가장 크다. 다이올 형태는 중간 정도의 극성을 가진다. 정상 충전물을 사용할 경우, 에틸에터, 클로로포름 및 *n*-헥세인과 같이 비교적 비극성인 용매로 용리를 한다.

28D-2 분배 크로마토그래피에서의 용리법 개발

LC에서 용리법의 개발은 GC에 비해 복잡한데, 이는 액체 이동상에 있는 시료 성분이 정지상과 이동상 모두와 상호작용하기 때문이다.[17] 이에 비해 GC에서 이동상은 분리 과정에 아무런 영향을 주지 않고, 단지 시료 성분이 정지상을 통과하도록 이동시키기는 역할만 한다. 즉, GC에서는 이동상이 헬륨, 질소, 또는 수소이든 관계없이 분리에 영향을 별로 주지 않는다. 이와는 대조적으로, 분배 크로마토그래피에서의 분리는 이동상이 아세토니트릴, 헥세인 또는 다이옥산 중 어느 것이냐에 따라 종종 큰 영향을 받는다.

분배 크로마토그래피 분리에서 컬럼 선택

이동상이 상호작용을 하는 크로마토그래피에서 성공적인 분리를 하려면, 분리 과정에 관여하는 세 가지, 즉 용질, 이동상, 정지상 사이의 분자 간 힘이 적절한 균형을 이루어야 한다. 이러한 분자 간 힘은 세 가지 참여물질 각각의 상대적 극성을 이용하여 정성적으로 설명할 수 있다. 여러 분석물질 작용기들의 극성이 증가하는 순서는 다음과 같다: 탄화수소 < 에터 < 에스터 < 케톤 < 알데하이드 < 아미드 < 아민 < 알코올. 물은 앞에 나열한 작용기를 포함하는 화합물보다 극성이 크다.

일반적으로 분배 크로마토그래피 분리를 위해 컬럼을 선택할 경우, 정지상의 극성은 분석 대상물의 극성과 대략 비슷해야 한다; 그런 다음 극성이 상당히 다른 이동상으로 용리한다. 이와 같은 과정으로 용질의 극성이 이동상의 극성과 비슷하고 정지상의 극성과는 다른 경우보다 일반적으로 성공적으로 분리할 수 있다. 용질의 극성이 정지상의 극성과 다를 경우 정지상은 시료 성분에 대해 이동상과 잘 경쟁할 수 없으므로 머무름 시간이 너무 짧아져 실제로 응용하기 곤란하다. 물론, 용질과 정지상의 극성이 너무 비슷하고 이동상의 극성이 완전히 다른 극단적인 경우도 있다. 이 경우 머무름 시간은 비정상적으로 길어진다.

요약하면, 적절한 시간 내에 분배 크로마토그래피 분리를 성공적으로 수행하려면 용질, 이동상 및 정지상의 극성을 조심스럽게 잘 조화시켜야 한다. 불행하게도, 주어진 시료 성분에 대한 이동상과 정지상 사이의 상호작용에 대한 이론이 불완전하다. 따라서 사용자들은 일반적인 유형의 정지상으로 선택을 좁혀가는 것이 최선이다. 이런 선택을 하려면 다양한 이동상을 사용하여 완전한 분리가 이루어질 때까지 여러 차례의 크로마토그램을 얻는 실험을 반복하는 시행착오를 거쳐야만 한다. 그러나 이동상의 조성과 머무름 인자 사이의 상관관계를 이용하면, 몇 번의 시행착오 실험만으로도 대략적인 머무름 시간을 예측할 수 있다. 만약 혼합물의 모든 성분에 대한 분리도가 만족스럽지 못하다면 다른 유형의 컬럼을 사용해야 할 수도 있다.

분배 크로마토그래피에서 이동상 선택

제26D-4절에서 크로마토그래피 컬럼의 분리도를 개선하는 데 사용되는 세 가지 방법을 설명한 바 있다; 각각의 방법은 식

[17]자세한 내용은 다음 문헌을 참고하시오. L. R. Snyder, J. J. Kirkland, and J. L. Glajch, *Practical HPLC Method Development*, 2nd ed., New York: Wiley, 1997.

26-26에 포함되어 있는 세 가지 파라미터(N, k, α) 중에서 한 가지씩을 변화시키는 방법이다.[18] LC에서 머무름 인자 k는 셋 중에서 실험적으로 가장 쉽게 조절할 수 있는데, 그 이유는 이 상수가 이동상의 조성에 따라 크게 달라지기 때문이다. 앞에서도 언급했듯이, 최적의 실험을 위해서 k는 2에서 10 사이의 영역에 있는 것이 이상적이다. 그러나 복잡한 혼합물일 경우, 모든 성분의 피크가 다 나타나도록 용리하려면 이 영역을 0.5에서 20까지 넓혀야만 하는 경우도 있다.

때로는 k의 조절만으로는 겹치지 않는 개개의 피크를 얻기에 충분하지 않다. 이런 경우 선택 인자 α를 변화시켜야 한다. 이때 α를 변화시키는 가장 간단한 방법은 이동상의 구성 성분을 바꾸어주는 것인데, 이때 k는 적절한 영역을 유지하도록 주의를 기울여야 한다. 또는 다른 컬럼 충전물을 선택하여 α를 변화시킬 수 있다.

머무름 인자에 미치는 용매 세기의 효과. 용질과 강하게 상호작용하는 용매를 "센" 용매("strong" solvent)라고 한다. 센 용매는 극성 용매인 경우가 많지만, 항상 그렇지는 않다. 용매의 세기는 분석물질과 정지상의 성질에 따라 달라진다. 용매의 극성을 정량적으로 나타내는 몇 가지 지수가 개발되었다. 분배 크로마토그래피에서 가장 유용한 지수는 Snyder에 의해서 개발된 극성 지수(polarity index) P'이다.[19] 이 파라미터는 다이옥산(작은 쌍극자 양성자 받개), 니트로메탄(큰 쌍극자 양성자 받개) 및 에틸알코올(큰 쌍극자 양성자 주개)의 세 가지 용매에 대한 관심 대상의 물질의 용해도를 측정한 것이다. 극성 지수는 다양한 용매의 상대적인 극성을 숫자로 나타낸 것이다. 표 28-2에 분배 크로마토그래피에 사용되는 여러 가지 용매의 극성 지수(및 다른 성질들)를 나타내었다. 극성 지수는 극성이 큰 물의 10.2에서부터 매우 비극성인 플루오르알케인의 −2까지 다양하다. 이 두 값 사이의 어떤 원하는 극성 지수는 두 용매를 적절히 혼합하여 얻을 수 있다. 따라서 용매 A와 B 혼합물의 극성 지수 P'_{AB}는 다음과 같다.

$$P'_{AB} = \phi_A P'_A + \phi_B P'_B \tag{28-2}$$

여기서 P'_A와 P'_B는 두 용매의 극성 지수이고, ϕ_A와 ϕ_B는 각 용매의 부피 분율이다.

제26D-4절에서, 두 화학종의 크로마토그래피 분리도를 개선하는 가장 쉬운 방법은 머무름 인자 k를 조절하는 것이라고 하였다. 머무름 인자는 용매의 극성 지수를 변화시킴으로써 조절할 수 있다. 두 가지 용매로 이루어져 있는 이동상을 사용하여 P'값을 쉽게 조절할 수 있다. 일반적으로 P'값을 대략 2단위 변화시키면 k는 약 10배 정도 변한다. 즉, 정상 분리의 경우

$$\frac{k_2}{k_1} = 10^{(P'_1 - P'_2)/2} \tag{28-3}$$

여기서 k_1와 k_2는 용질의 처음과 나중의 k값이며, P'_1과 P'_2는 이에 해당하는 P'값이다. 역상 컬럼의 경우

$$\frac{k_2}{k_1} = 10^{(P'_2 - P'_1)/2} \tag{28-4}$$

이 식들은 근사식이라는 것을 알아야 한다. 그럼에도 불구하고 예제 28-1에서 알 수 있듯이 이 식들은 유용하다.

예제 28-1

역상 컬럼에서 이동상으로 메탄올 30%와 물 70%(부피 %)인 용액을 사용하였을 때 한 용질의 머무름 시간은 31.3분이었으며, 머물지 않은 화학종을 용리하는 데 걸린 시간은 0.48분이었다. (a) k와 (b) k값이 약 5가 되게 하는 물−메탄올의 조성을 계산하시오.

풀이

(a) 식 26-12를 적용하면

$$k = (31.3 - 0.48)/0.48 = 64$$

(b) 이동상의 P'값을 얻기 위하여 표 28-2에 있는 메탄올과 물의 극성 지수를 식 28-2에 대입하면 다음과 같다.

$$P' = (0.30 \times 5.1) + (0.70 \times 10.2) = 8.7$$

이 결과를 식 28-4에 대입하면,

$$\frac{5}{64} = 10^{(P'_2 - 8.7)/2}$$

이 식 양변에 로그를 취하여 P'_2에 대해 풀면,

$$-1.11 = \frac{P'_2 - 8.7}{2} = 0.5P'_2 - 4.35$$

$$P'_2 = 6.5$$

x를 새로운 혼합 용매에서 메탄올의 부피 분율이라고 하고, 식 28-2에 다시 대입하면

$$65 = (x \times 5.1) + (1 - x) \times 10.2$$

$$x = 0.73 \text{ or } 73\%$$

종종 역상 분리에서는 물과 극성 유기 용매의 혼합물이 사용된다. 머무름 인자는 예제 28-1에서와 같이 물의 농도를 변화시킴으로써 조절할 수 있다. 이러한 조성 변화에 대한 효과를 그림 28-16a와 28-16b의 크로마토그램에서 나타내었는데, 여기서 여섯 가지의 스테로이드 혼합물을 시료로 사용했다. 41% 아세토니트릴과 59% 물 혼합물을 사용하면, k값이 5가 되고 모든 분석물질들이 빠른 시간(~2분) 내에 용리되지만, 분리는 불완

---

[18]정지상과 이동상의 선택에 대한 자세한 내용은 다음 문헌을 참고하시오. L. R. Snyder, J. J. Kirkland, and J. L. Glajch, *Practical HPLC Method Development*, 2nd ed., New York: Wiley, 1997.

[19]L. R. Snyder, *J. Chromatogr. Sci.*, **1978**, *16*, 223, **DOI**: 10.1093/chromsci/16.6.223.

표 28-2 크로마토그래피에서 흔히 사용되는 이동상의 성질

용매	굴절률[a]	점도, cP[b]	끓는점, °C	극성 지수, P'	용리액 세기[c], ε^0
플루오로알칸[d]	1.27~1.29	0.4~2.6	50~174	<−2	−0.25
시클로헥세인	1.423	0.90	81	0.04	−0.2
n-헥세인	1.372	0.30	69	0.1	0.01
1-클로로부탄	1.400	0.42	78	1.0	0.26
사염화탄소	1.457	0.90	77	1.6	0.18
i-프로필에터	1.365	0.38	68	2.4	0.28
톨루엔	1.494	0.55	110	2.4	0.29
디에틸에터	1.350	0.24	35	2.8	0.38
테트라하이드로푸란	1.405	0.46	66	4.0	0.57
클로로폼	1.443	0.53	61	4.1	0.40
에탄올	1.359	1.08	78	4.3	0.88
아세트산에틸	1.370	0.43	77	4.4	0.58
다이옥세인	1.420	1.2	101	4.8	0.56
메탄올	1.326	0.54	65	5.1	0.95
아세토니트릴	1.341	0.34	82	5.8	0.65
니트로메탄	1.380	0.61	101	6.0	0.64
에틸렌글리콜	1.431	16.5	182	6.9	1.11
물	1.333	0.89	100	10.2	큼

[a] 25°C에서
[b] 센티푸아즈(centipoise)는 점도의 일반적인 단위이다. SI 단위로는 $1\ cP = 1\ mN \cdot s \cdot m^{-2}$
[c] Al_2O_3에서, 0.8을 곱하면 SiO_2의 ε^0값을 얻는다.
[d] 성질은 주어진 데이터의 분자량 범위에 따라 달라진다.

전했다. 물을 70%로 증가시켰더니, k값은 2배로 증가하여 용리는 7분 이상이 걸렸다. 전체 용리 시간은 모든 분석물질들을 분리하기에는 충분하지만 화합물 1과 3의 α값은 이들을 분리하기에 충분치 못하였다.

선택성에 미치는 이동상 영향. 많은 경우에, k를 적절한 수준으로 조절하는 것만으로도 만족스러운 분리를 할 수 있다. 그러나 그림 28-16a와 b에서처럼 두 띠가 여전히 겹쳐 있다면 두 화학종에 대한 선택 인자 α를 더 크게 해야 한다. 이러한 변화는 미리 정한 k값은 **거의 같게(more or less the same)** 유지하면서 이동상의 화학적 성질을 변화시키면 쉽게 얻을 수 있다. 이런 방식으로 최적하는 데 가장 널리 사용되는 접근법을 *용매 선택성 삼각도표*(solvent selectivity triangle)라 한다.[20] 여기에서 선택성에 기여하는 이동상 효과는 양성자 주개, 양성자 받개 및 쌍극자 상호작용의 결과로 간주된다. 이러한 상호작용을 하는 용매들은 최적의 용매 혼합물을 찾기 위해 통계적으로 설계된 실험에 선택된다.[21]

역상 크로마토그래피 경우, 세 가지 용매 변형제는 메탄올, 아세토니트릴 및 테트라하이드로푸란이 있다. 그런 다음 물을 사용하여 용매 혼합물의 세기를 조절하여 적절한 k값을 얻도록 한다. 세 가지의 이성분 용매의 조성(물과 용매 변형제)은 그림 28-17에서와 같이 용매 삼각도표의 세 정점에 놓인다. 일반적으로 7~10회 실험하면 적절한 k값을 가지면서 최적의 선택성을 갖는 최적의 용매 조성을 알아낼 수 있다. 전체 요인 실험(full factorial design)과 같은 몇 가지 다른 통계적 실험도 사용되었지만, 용매-삼각도표 방법이 더 적은 실험으로 최적의 용매 조성을 얻을 수 있다. 용매 최적화 과정을 자동화하는 데 소프트웨어를 사용할 수도 있다. 또한 DryLab[22]과 같은 시뮬레이션 소프트웨어가 방법 개발 및 최적화에 널리 사용된다.

[20] 자세한 내용은 다음을 참조하시오. J. C. Berridge, *Techniques for the Automated Optimization of HPLC Separations*, Chichester, UK: Wiley, 1985.

[21] 다음을 참조하시오. J. L. Glajch, J. J. Kirkland, K. M. Squire, and J. M. Minor, *J. Chromatogr.*, **1980**, *199*, 57, **DOI**: 10.1016/S0021-9673(01)91361-5; L. R. Snyder, *J. Chromatogr. Sci.*, **1978**, *16*, 223-234, **DOI**: 10.1093/chromsci/16.6.223.

[22] DryLab는 지금은 Molnár-Institute, http://molnar-institute.com/drylab/에 속해 있다. Walnet Creek, CA에 있는 LC Resources, Inc에 의해 개발되었다.

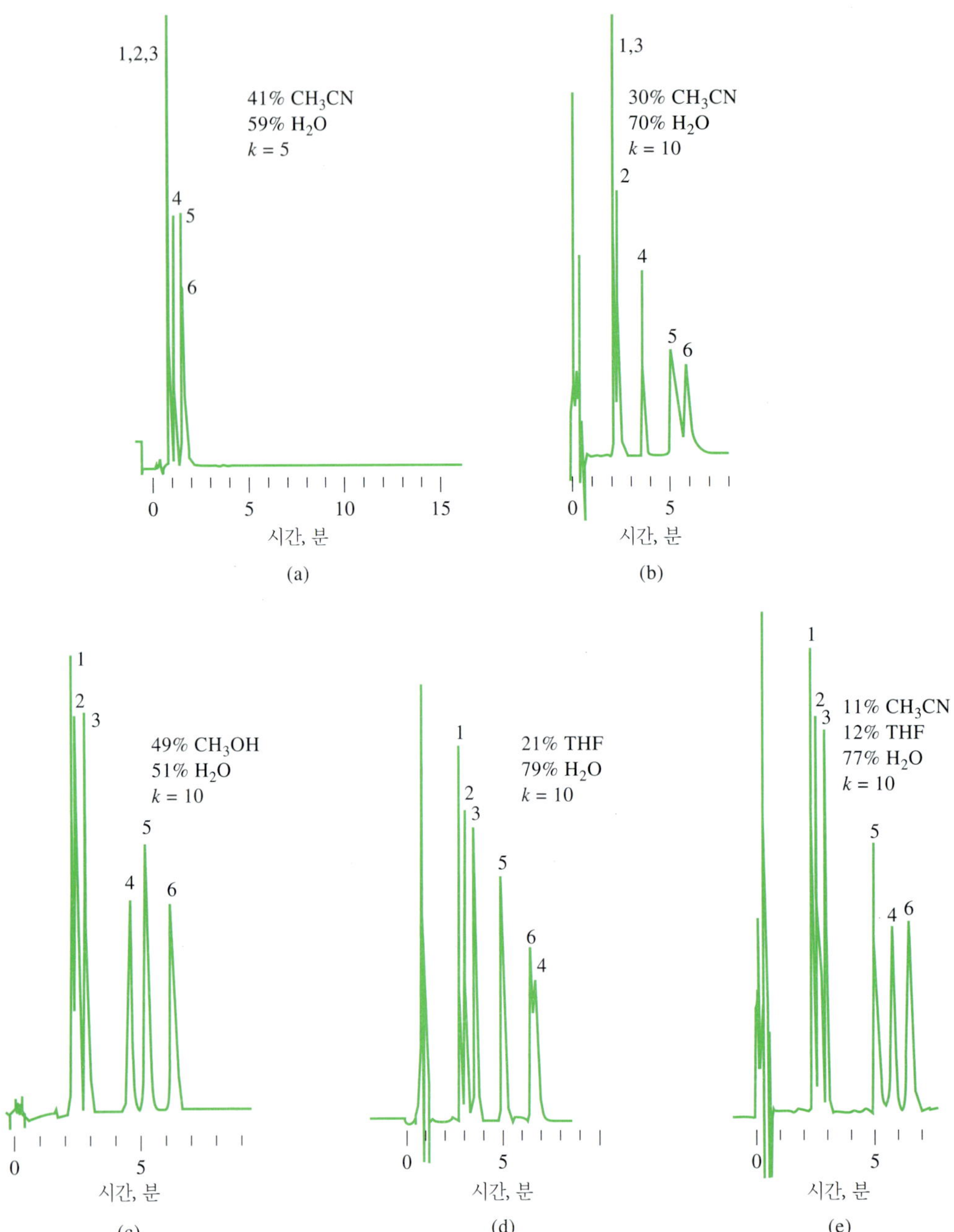

그림 28-16 6가지 스테로이드의 분리를 위한 체계적 접근법. k를 조절하기 위해 물이 사용되는 것을 (a)와 (b)에서 알 수 있다. k를 일정하게 유지하고 α를 변화시켜 얻은 효과를 (b), (c), (d), (e)에서 볼 수 있다. 컬럼: 5 μm C_8 역상 결합상 입자를 충전한 0.4×150 mm, 온도: 50°C, 흐름 속도: 3.0 cm^3/분. 검출기: UV 254 nm, THF=테트라하이드로푸란, CH_3CN=아세토니트릴. 화합물: (1) 프리드니손, (2) 코르티손, (3) 하이드로코르티손, (4) 덱사메타손, (5) 코르티코스테론, (6) 코르토엑솔론.* (*역자가 명명함.)

그림 28-16은 역상 크로마토그래피에서 6가지 스테로이드를 분리하기 위한 체계적인 용매 삼각도표법의 접근법을 보여준다. 처음의 두 크로마토그램은 필요한 최소의 k값을 결정하기 위한 초기 실험의 결과를 보여준다. 여기서 제일 나중에 용리되는 성분으로 k를 계산한다. 성분 6의 k가 10이므로 개개 피크가 나타날 수 있는 시간적 여유가 있다; 그러나 여기서 성분 1과 3의(그리고 적게는 5와 6) α값은 만족스런 분리를 할 만큼 크지 못하다. 따라서 더 나은 α값을 찾기 위해 더 많은 실험을 해야 한다; 각 실험에서 물의 농도는 제일 나중에 용리되는 성분의 k = 10이 되도록 조절하였다. 메탄올–물과 테트라히드로푸란–물 혼합물을 사용한 실험 결과를 그림 28-16c와 d에 나타내었다. 세 가지 유기 용매 쌍을 체계적으로 변화시키면서 몇 가지 실험을 추가로 수행하였다(각 경우에 물로 k를 10으로 조정). 마지막으로 그림 28-16e에 나타낸 용매 혼합물이 이 화합물들

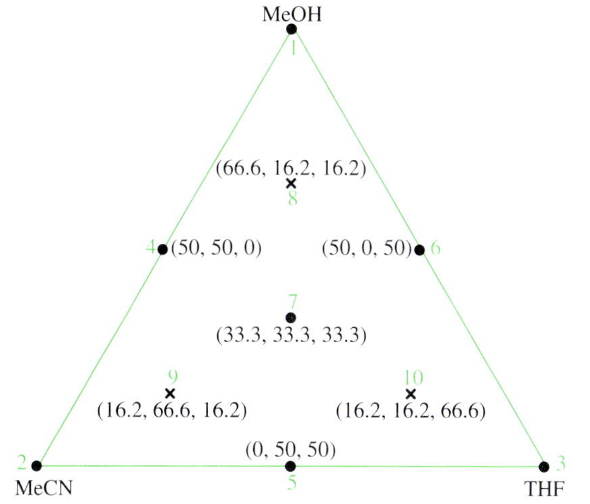

그림 28-17 역상 분리에서 최적화를 위한 용매 선택성 삼각도표. 3가지 유기 용매(메탄올, 아세토니트릴, 테트라하이드로푸란)의 10개 혼합물을 괄호(MeOH, MeCN 및 THF) 속에 상대적 비율과 함께 나타내었다. 물을 사용하여 용매 세기를 유지하고 k값이 적절한 범위에 들어오도록 한다.

을 분리하는 데 가장 좋은 이동상으로 선택되었다.

정상 용리에서도 유사한 용매 삼각도표가 사용되는데, 선택성 용매로는 에틸에터, 메틸렌 클로라이드 그리고 클로로폼이 사용된다;[23] 그런 다음, 용매 세기는 n-헥세인으로 조절한다. 이러한 용매들을 이용하면 최소 횟수의 실험으로 최적 조건을 얻을 수 있다.

28D-3 분배 크로마토그래피의 응용

극성이 큰 용매(수용액인 경우가 많음)와 함께 사용하는 역상 결합상 충전물은 LC에서 이상적인 범용 시스템이 된다. 이 충전물은 응용성이 넓고, 편리하며 수용성 이동상의 조성을 변화시킴으로써 k와 α를 변화시킬 수 있기 때문에 새로운 종류의 시료를 예비 분리하는 데 우선적으로 사용된다.

표 28-3은 여러 분야에서 다양하게 쓰이는 분배 크로마토그래피의 몇 가지 대표적인 예를 나열하였다. 이 방법의 많은 응용에 대한 보다 완벽한 내용은 리뷰 기사와 서적을 참고하여 얻을 수 있다.[24] 그림 28-18은 소비자 및 산업 자재 분석에 대한 결합상 분배 크로마토그래피의 수천 가지 응용 사례 중 두 가지를 보여준다.

유도체 형성

어떤 경우에는 크로마토그래피 분리 전 또는 가끔은 후에, 시료의 성분을 유도체로 바꾸는 것이 유용하다. 이러한 처리를 하면 (1) 화학종의 극성을 낮출 수 있어 흡착 또는 이온 교환 컬럼보다는 분배를 이용할 수 있으며, (2) 모든 시료 성분에 대해 검출기의 감응 즉, 감도를 증가시킬 수 있고, (3) 시료의 특정 성분에 대한 검출기 감응을 선택적으로 향상시킬 수 있다.

그림 28-19는 극성을 낮추고 감도를 높이기 위해 유도체를 사용한 것을 보여준다. 시료는 생리학적으로 중요한 30가지 아미노산으로 이루어져 있다. 지금까지 이러한 분리는 이온 교환 컬럼으로 분리하고 컬럼에서 용출된 아미노산을 닌히드린과 같은 발색 시약과 반응시켜 광도법으로 검출하였다. 그림 28-19의 크로마토그램은 컬럼에 들어가기 전에 o-프탈알데하이드와 자동으로 유도체를 형성시켜서 얻은 것이다. 이 반응에서 생긴 치환된 아이소인돌[25]은 425 nm에서 센 형광을 나타내어, 수 피코몰(10^{-12}몰)까지도 검출이 가능하다. 또한 이 유도체의 극성은 C_{18} 역상 충전물로 분리가 가능한 정도이다. 이 새로운 방법의 장점은 빠르고 시료 양이 적다는 것이다. 유도체의 검출은 형광, 전기화학 및 질량 분석법 검출기와 같은 선택적 검출기를 주로 사용한다.

이온쌍 크로마토그래피

이온쌍 크로마토그래피(ion-pair chromatography)[26]는 *쌍-이온 크로마토그래피*(paired-ion chromatography)라고도 하는데, 이는 쉽게 이온화될 수 있는 화학종을 역상 컬럼을 이용하여 분리할 수 있는 역상 크로마토그래피의 한 유형이다. 이러한 유형의 크로마토그래피에서는 이온쌍 시약으로서 사차 암모늄 이온 또는 알킬 술폰산과 같은 큰 유기 반대 이온을 포함한 유기 염이 이동상에 첨가된다. 두 개의 분리 메커니즘이 가정된다. 첫

표 28-3 분배 크로마토그래피의 일반적인 응용

분야	혼합물
약품	항생제, 진정제, 스테로이드, 진통제
생화학물질	아미노산, 단백질, 탄수화물, 지질
식품	인공감미료, 항산화제, 아플라톡신, 첨가제
산업용 화학 제품	향수, 계면활성제, 추진제, 염료
오염물질	살충제, 제초제, 페놀류, 폴리염화비페닐(PCBs)
법과학	마약, 독약, 혈중 알코올, 마취제
임상 화학	담즙산, 약물 대사물질, 소변 추출물, 에스트로겐

[23]염소계 용매는 엄격한 환경 규제를 받고 있음에 유의하시오.

[24]예를 들어, 다음 문헌을 참고하시오. L. R. Snyder, *Anal. Chem.*, **2000**, *72*, 412A, **DOI**: 10.1021/ac002846r; J. G. Dorsey et al., *Anal. Chem.*, **1998**, *70*, 591R, **DOI**: 10.1021/a1980022h; *HPLC: Practical and Industrial Applications*, J. K. Swadesh, ed., 2nd ed., Boca Raton, FL: CRC Press, 2001; *Handbook of Pharmaceutical Analysis by HPLC*, S. Ahuja and M. W. Dong, eds., San Diego, CA: Elservier, 2005.

[25]이 화합물들의 구조는 다음 문헌을 참고하시오. S. S. Simons Jr. and D. E. Johnson, *J. Amer. Chem. Soc.*, **1976**, *98*, 7098, **DOI**: 10.1021/ja00438a070.

[26]다음 문헌을 참고하시오. T. Cecchi, *Ion-Pair Chromatography and Related Techniques*, Boca Raton, FL: CRC Press, 2010.

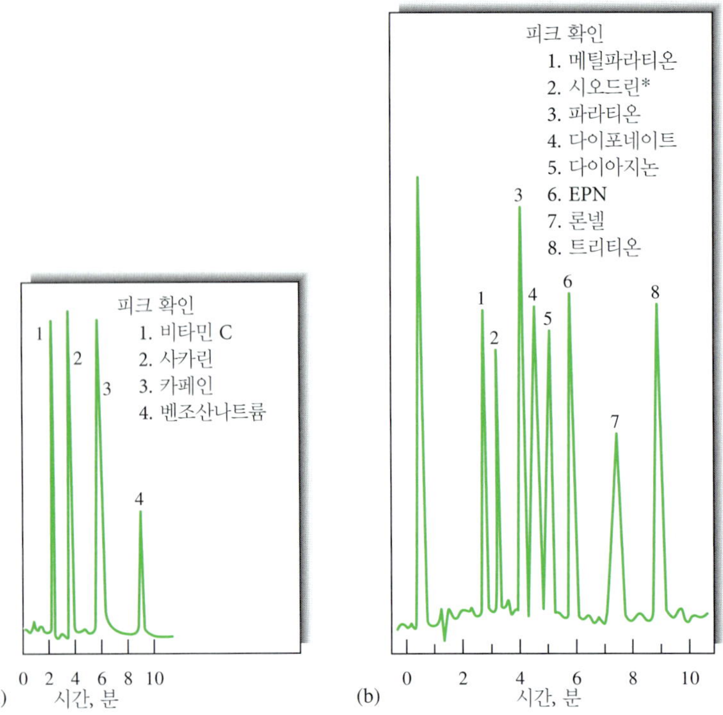

그림 28-18 결합상 크로마토그래피의 대표적인 응용. (a) 청량음료 첨가제. 컬럼: 극성(나이트릴) 결합상 충전물로 채워진 4.6 × 250 mm. 6% HOAc/94% H_2O로 등용매 용리. 흐름 속도: 1.0 mL/분. (Courtesy of BTR Separations, a DuPont ConAgra affiliate.) (b) 유기인계 살충제. 컬럼: 5 μm C_8 결합상 충전물로 채워진 4.5 × 250 mm. 기울기 용리: 67% CH_3OH/33% H2O에서 80% CH_3OH/20% H_2O까지. 흐름 속도: 2 mL/분. 모두 254-nm-UV 검출기를 사용. (*역자가 명명함.)

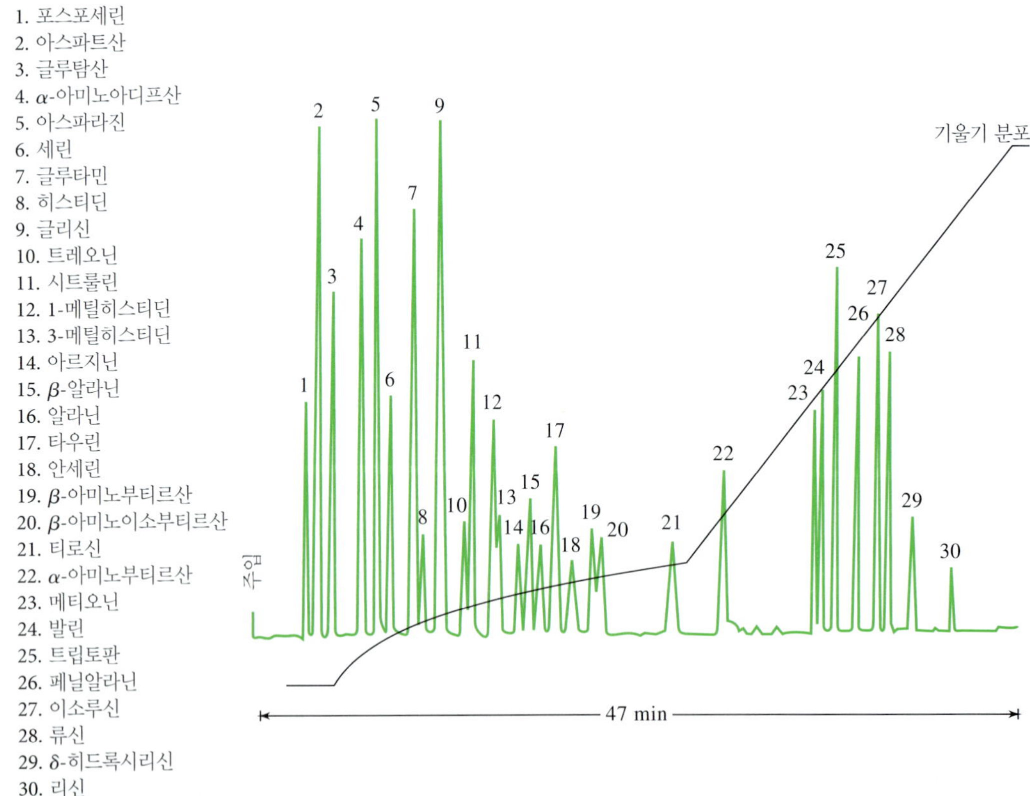

그림 28-19 생리적으로 중요한 30개 아미노산의 o-프탈알데하이드 유도체들의 크로마토그램. 컬럼: 5 μm C_{18} 역상, 용매 A: 0.05 M Na_2HPO_4, pH 7.4; 96:2:2 CH_3OH, THF, H_2O. 형광 검출기: 들뜸 334 nm; 방출 425 nm. (Reprinted with permission from R. Pfiefer et al., *Amer. Lab.*, **1983**, *15* (3), 86. Copyright 1983 by International Scientific Communications, Inc.).

째, 반대 이온이 이동상에 있는 반대 전하의 용질 이온과 결합하여 전하를 띠지 않는 이온쌍을 형성한다. 그런 다음, 이온쌍은 비극성 정지상으로 분배되어 두 상에 대한 이온쌍의 친화도에 따라 용질들의 머무름에 차이가 생기게 된다. 두 번째는, 반대 이온이 일반적으로 중성인 정지상에 세게 머물러 있어 정지상이 전하를 갖게 된다. 그런 다음, 반대 전하를 띠는 유기 용질 이온이 가역적인 이온쌍 복합체를 형성하는데, 정지상과 가장 센 복합체를 형성하는 용질이 더 오래 머물게 됨으로써 분리가 일어난다. 이런 분배 크로마토그래피는 같은 시료에 들어있는 이온성과 비이온성 물질들을 모두 분리해야 하는 독특한 경우에도 이용할 수 있다.

그림 28-20은 이온쌍 시약으로 다양한 사슬 길이를 갖는 알킬 술폰산을 이용하여 이온성과 비이온성 화합물들의 분리를 보여준다. C_5^-와 C_7^-알킬 술폰산의 혼합물을 사용하였을 때 분리 결과가 가장 좋다.

이온쌍 크로마토그래피의 응용은 제28F절에서 설명할 이온 교환 크로마토그래피와 종종 겹친다. 작은 무기 및 유기 이온을 분리하는 경우, 선택성이 문제가 되지 않는다면 이온 교환 크로마토그래피를 사용하는 것이 더 좋다.

카이랄 크로마토그래피

최근에 *카이랄 화합물*(chiral compound)이라고 하는 서로 겹칠 수 없는 거울상 화합물을 분리하는 데 엄청난 발전이 있었다.[27] 이런 거울상들을 *거울상체*(enantiomer)라고 한다. 이들의 분리에는 카이랄 이동상 첨가제 또는 카이랄 정지상이 필요하다. *카이랄 분리 시약*(chiral resolving agent)(첨가제 또는 정지상)이 이성질체 중 어느 하나와 착물을 더 잘 만들면 거울상체를 분리할 수 있다. 카이랄 분리 시약은 용질의 카이랄 성질을 인식하기 위해 카이랄 성질을 가져야 한다.

카이랄 정지상은 지대한 관심을 받았다.[28] 여기서 카이랄 시약은 고체 지지체 표면에 결합되어 있다. 카이랄 정지상은 많은 제조업체에서 만들고 있다. 몇 가지 다른 방식의 상호작용이

[27]자세한 내용은 다음 문헌을 참고하시오. *Chiral Separation Techniques: A Practical Approach*, 3rd ed., G. Subramanian, ed., New York: Wiley, 2006; *Chiral Separations for Pharmaceutical and Biotechnological Products*, S. Ahuja, ed., Hoboken, NJ: Wiley, 2011; S. Ahuja, *Chiral Separations by Chromatography*, New York: Oxford University Press, 2000.

[28]카이랄 정지상에 대한 총설은 다음 문헌을 참고하시오. D. W. Armstrong and B. Zhang, *Anal. Chem.*, **2001**, *73*, 557A, **DOI**: 10.1021/ac012526n.

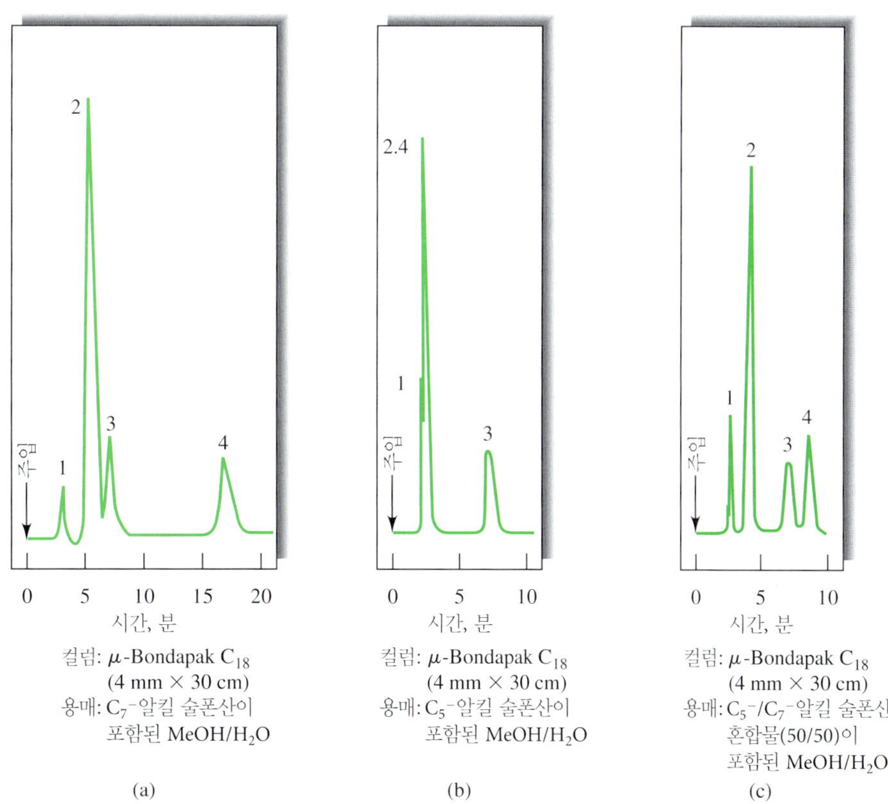

그림 28-20 이온쌍 크로마토그래피를 이용하여 이온성과 비이온성 화합물의 혼합물에 대한 분리를 보여주는 크로마토그램. 화합물: (1) 나이아신아미드, (2) 피리독신, (3) 리보플라빈, (4) 티아민. pH 3.5에서 나이아신아미드는 강하게 이온화가 되고, 리보플라빈은 비이온성이다. 피리독신과 티아민은 약하게 이온화된다. 컬럼: μ-Bondapak, C_{18}, 4 mm × 30 cm. 이동상: (a) C_7^-알킬 술폰산이 포함된 MeOH와 H_2O; (b) C_5^-알킬 술폰산이 포함된 MeOH와 H_2O; (c) C_5^-와 C_7^-알킬 술폰산 1:1 혼합물이 포함된 MeOH와 H_2O. (Courtesy of Waters Associates, Inc.)

카이랄 분리 시약과 용질 사이에서 일어난다.[29] 어느 유형에서는, 상호작용은 π 결합, 수소 결합, 또는 쌍극자 사이의 인력에 기인한다. 또 다른 유형에서는, 용질이 정지상의 카이랄 구멍(chiral cavity)으로 들어가서 내포 복합체(inclusion complex)를 형성할 수 있다. 어떤 방식이든, 매우 비슷한 화합물을 분리할 수 있는 능력은 많은 분야에서 상당히 중요하다. 그림 28-21은 카이랄 정지상에서 에스터의 라셈 혼합물을 분리하는 것을 보여준다. *R*과 *S* 거울상체가 잘 분리됨을 알 수 있다.

카이랄 분리는 제29장에서 설명할 초임계 유체 크로마토그래피에 의해 점차 완성되어가고 있다.

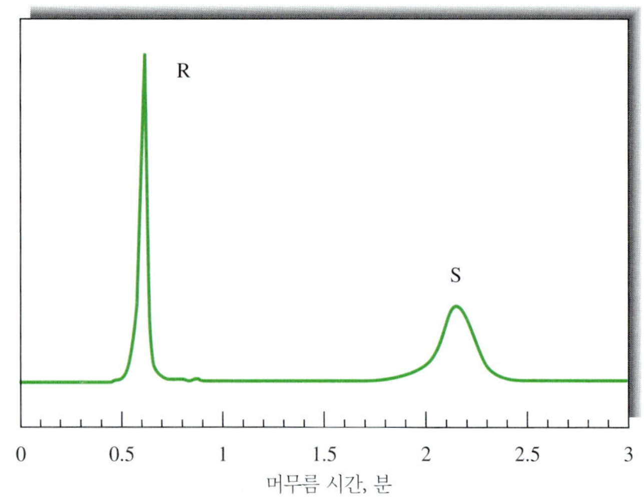

그림 28-21 다이나이트로벤젠–류신 카이랄 정지상에서 *N*-(1-나프틸)류신 에스터의 라셈 혼합물의 크로마토그램. *R*과 *S* 거울상체가 잘 분리됨을 알 수 있다. 컬럼: 4.6 × 50 mm; 이동상, 2-프로판올이 20% 들어있는 헥세인 용액; 흐름 속도 1.2 mL/분; 254 nm에서 UV 검출기. (From L. H. Bluhm, Y. Wang, and T. Li, *Anal. Chem.*, **2000**, *72*, 5201, **DOI**: 10.1021/ac000568q. With permission of American Chemical Society.)

28E 흡착 크로마토그래피

흡착 또는 액체–고체 크로마토그래피는 지난 세기 초 Tswett에 의해 처음으로 소개된 고전적 형태의 LC이다. 정상 분배 크로마토그래피와 흡착 크로마토그래피는 서로 겹치는 부분이 많기 때문에 정상 분배 크로마토그래피에서 사용된 원리와 방법은 흡착 크로마토그래피에도 적용된다. 실제로 많은 정상 분리에서, 흡착–치환 과정이 머무름의 주된 요인이 된다.

미세 분할된 실리카와 알루미나는 흡착 크로마토그래피에 사용되는 유일한 정지상이다. 실리카는 시료 용량이 커서 대부분의 응용 분야에서 선호된다. 두 물질의 흡착 특성은 서로 비슷하다. 두 경우 모두 분석물질의 극성이 증가할수록 머무름 시간은 길어진다.

제28D-2절에서 설명된 극성 지수 P'은 흡착 크로마토그래피에 대한 용매 세기의 대략적인 지침이 될 수 있음이 밝혀졌다. 그러나 더 좋은 지수로서 *용리액 세기*(eluent strength) ε^0가 있는데, 이것은 용매의 단위 면적당 흡착 에너지이다.[30] 용리액 세기는 흡착제에 따라 달라지는데, 실리카의 ε^0는 알루미나의 0.8배 정도이다. 표 28-2의 마지막 열에 수록되어 있는 ε^0값은 알루미나에 대한 값이다. 용매들 사이의 ε^0의 차이는 P'에서의 차이와 거의 비슷하다.

최근에는 고체 정지상을 이용하는 고전적 흡착 크로마토그래피보다 정상 크로마토그래피를 더 많이 사용하는데, 이는 결합 정지상이 다양하고, 쉽게 이용할 수 있기 때문이다.

28F 이온 크로마토그래피

이온 크로마토그래피(ion chromatography)는 비교적 낮은 이온 교환 용량을 갖는 컬럼에서 이온들을 분리 및 정량하기 위한 최신의 효율적인 방법이다. 이온–교환 분리가 1930년대 중반에 이온 교환 수지가 개발된 이래로 계속 사용되어 왔지만, 오늘날 실제로 사용되는 이온 크로마토그래피는 음이온 또는 양이온 혼합물이 음이온 또는 양이온 교환 수지로 충전된 HPLC 컬럼에서 쉽게 분리될 수 있다는 것이 밝혀진 1970년대 중반에 처음 개발되었다. 그 당시 검출법은 일반적으로 전도도 측정법으로 이루어졌는데, 이는 이동상에 있는 전해질의 농도가 너무 높기 때문에 효과적이지 못하였다. 교환 용량이 작은 컬럼이 개발됨으로써 덜 이온화(이온화 억제)시키는 낮은 이온 세기의 이동상을 사용할 수 있게 되어 높은 감도로 전도도를 측정할 수 있게 되었다. 현재는 분광광도법 및 전기화학법을 포함하여 몇 가지의 다른 검출기들이 이온 크로마토그래피에 이용되고 있다.[31]

이온 크로마토그래피는 이온 교환 크로마토그래피가 발전한 것인데, 이것은 양이온 교환 수지를 이용하여 서로 매우 비슷한 성질을 갖는 희토류 양이온들을 분리하기 위한 Manhattan 프로젝트[32] 과정에서 개발되었다. 이온–교환 분리의 이론적인 토대를 마련한 이 기념비적 연구 사업은 2차 세계대전 후에 많은 다른 물질들의 분리로 확대되었다; 궁극적으로, 이온 교환 크로마토그래피는 복잡한 혼합물에 들어있는 아미노산 및 다른 이온 화학종의 분리 및 검출을 위한 자동화 방법으로 발달되었다.

[29]카이랄 상호작용에 대한 총설은 다음 문헌을 참고하시오. M. C. Ringo and C. E. Evans, *Anal. Chem.*, **1998**, *70*, 315A, **DOI**: 10.1021/ac9818428.

[30]다음 문헌을 참고하시오. L. R. Snyder, *Principles of Adsorption Chromatography*, Chap. 8, New York: Dekker, 1968.

[31]이온 크로마토그래피에 대한 간단한 총설은 다음 문헌을 참고하시오. J. S. Fritz, *Anal. Chem.*, **1987**, *59*, 335A, **DOI**: 10.1021/ac00131a737; P. R. Haddad, *Anal. Chem.*, **2001**, *73*, 266A, **DOI**: 10.1021/ac012440u. 이 주제에 대한 단행본은 다음 문헌을 참고하시오. J. S. Fritz and D. T. Gjerde, *Ion Chromatography*, 4th ed. Weinheim, Germany: Wiley-VCH, 2009; H. Small, *Ion Chromatography*, New York: Plenum Press, 1989.

[32]Manhattan 프로젝트는 핵무기 개발을 위해 2차 세계대전 동안 미국이 주도 하고, 캐나다와 영국이 보조하였다.

최신의 HPLC는 1960년대 후반에 개발되기 시작하였으나, 이온 교환법으로 이온 화학종을 분리하기 위한 HPLC의 응용은 알칼리 및 알칼리 토금속 양이온과 할로젠화물, 아세트산염 및 질산 음이온과 같은 용리된 이온 화학종을 검출할 수 있는 감도 좋은 범용 검출법이 마땅치 않아 지연되었다. 이러한 상황은 1975년 Dow Chemical Company의 연구자들이 용리액 억제 기술을 개발함으로써 해결되었는데, 이 방법으로 용리된 이온을 전기전도도법으로 검출할 수 있게 되었다.[33] 이 방법은 제28F-3절에서 설명한다.

28F-1 이온 교환 평형

이온 교환 과정은 용액 중의 이온들과 본질적으로 불용성인 고분자량 고체의 표면에 붙어있는 같은 부호 이온들 사이에서의 이온 교환 평형에 근거를 두고 있다. 점토 및 제올라이트와 같은 천연 이온 교환체가 수십 년 동안 사용되어 왔다. 합성 이온 교환 수지는 연수, 물의 탈 이온화 및 용액 정제를 위해 1930년대 중반에 처음 제조되었다. 양이온 교환 수지의 가장 일반적인 활성자리는 센 산인 술폰산기 —$SO_3^-H^+$와 약한 산인 카복시산기 —COO^-H^+이다. 음이온 교환체는 센 염기인 사차 아민기 —$N(CH_3)_3^+OH^-$ 또는 약한 염기인 일차 아민기 —$NH3^+OH^-$를 가지고 있다.

술폰산 이온 교환체가 양이온 M^{x+}를 함유한 수용액과 접촉하면 교환 평형이 이루어지는데 다음과 같이 쓸 수 있다.

$$\underset{\text{고체}}{x\text{RSO}_3^-\text{H}^+} + \underset{\text{용액}}{\text{M}^{x+}} \rightleftharpoons \underset{\text{고체}}{(\text{RSO}_3^-)_x\text{M}^{x+}} + \underset{\text{용액}}{x\text{H}^+}$$

여기서 $RSO_3^-H^+$는 큰 중합체 분자에 붙어 있는 여러 술폰산기 중의 *하나*(one)를 나타낸 것이다. 마찬가지로 센 염기 교환체는 음이온 A^{x-}와 다음과 같이 상호작용한다.

$$\underset{\text{고체}}{x\text{RN(CH}_3)_3\text{OH}^-} + \underset{\text{용액}}{\text{A}^{x-}} \rightleftharpoons \underset{\text{고체}}{[\text{RN(CH}_3)_3^+]_x\text{A}^{x-}} + \underset{\text{용액}}{x\text{OH}^-}$$

이온 교환 평형에 질량작용 법칙을 적용한 예로서, 크로마토그래피 컬럼에 붙어 있는 술폰산 수지와 단일 하전 이온 B^+ 사이의 반응을 고려해보자. 중성 용액에 들어있던 B^+ 이온이 컬럼 앞부분에서 초기 머무름은 다음 반응 때문이다.

$$\text{RSO}_3^-\text{H}^+(s) + \text{B}^+(aq) \rightleftharpoons \text{RSO}_3^-\text{B}^+(s) + \text{H}^+(aq) \qquad (28\text{-}5)$$

묽은 염산 용액으로 용리시키면, 식 28-5의 평형이 왼쪽으로 이동하여 정지상에 있는 B^+ 이온의 일부가 이동상으로 옮겨간다. 그런 다음, 이 이온들은 정지상과 이동상 사이에서 계속적으로 이동하면서 컬럼 아래로 내려간다.

식 28-5에서 나타낸 교환 반응에 대한 평형 상수 K_{ex}는 다음과 같다.

$$K_{\text{ex}} = \frac{[\text{RSO}_3^-\text{B}^+]_s[\text{H}^+]_{aq}}{[\text{RSO}_3^-\text{H}^+]_s[\text{B}^+]_{aq}} \qquad (28\text{-}6)$$

여기서, $[RSO_3^-B^+]_s$와 $[RSO_3^-H^+]_s$는 *고체상의* B^+와 H^+의 농도(엄밀하게는 활동도)이다. 재정리하면 다음과 같다.

$$\frac{[\text{RSO}_3^-\text{B}^+]_s}{[\text{B}^+]_{aq}} = K_{\text{ex}}\frac{[\text{RSO}_3^-\text{H}^+]_s}{[\text{H}^+]_{aq}} \qquad (28\text{-}7)$$

용리하는 동안 이동상에서 수소 이온의 농도는 단일 하전 B^+ 이온의 농도보다 훨씬 더 크다. 또한 교환체는 머무르는 B^+ 이온의 수보다 더 많은 교환 자리를 가지고 있다. 따라서 전체 농도 $[H^+]_{aq}$와 $[RSO_3^-H^+]_s$는 식 28-5에서 평형의 변화에 크게 영향을 받지 않는다. 그러므로 $[RSO_3^-H^+]_s \gg [RSO_3^-B^+]_s$이고 $[H^+]_{aq} \gg [B^+]_{aq}$일 때 식 28-7의 우변은 사실상 일정하므로 다음과 같이 쓸 수 있다.

$$\frac{[\text{RSO}_3^-\text{B}^+]_s}{[\text{B}^+]_{aq}} = K = \frac{c_S}{c_M} \qquad (28\text{-}8)$$

여기서 K는 식 26-1과 26-2에서 정의한 분포 상수에 해당하는 상수이다. 표 26-5(제26E절)에 있는 모든 식들은 다른 유형의 크로마토그래피에 적용한 동일한 방식으로 이온 교환 크로마토그래피에도 적용할 수 있다.

식 28-6의 K_{ex}는 수지에 대한 B^+의 친화력을 다른 이온(여기서는 H^+)의 것과 비교하여 나타낸 것이다. K_{ex}가 크면 고체상이 B^+를 머무르게 하려는 경향이 강하다; K_{ex}가 작으면 반대이다. H^+와 같은 공통 기준 이온을 선택하면 주어진 종류의 수지에 대한 상이한 이온들의 분포비를 실험적으로 비교할 수 있다. 이러한 실험을 통해 다가 이온들이 단일 하전 화학종들보다 훨씬 강하게 붙들린다는 것을 알 수 있다. 그러나 같은 전하를 가진 화학종들 내에서도 차이가 나타나는데, 이는 수화된 이온의 크기뿐만 아니라 다른 성질과도 관련이 있다. 따라서 전형적인 술폰화 양이온 교환 수지에 대한 K_{ex}값은 다음 순으로 감소한다. $Tl^+ > Ag^+ > Cs^+ > Rb^+ > K^+ > NH^{4+} > Na^+ > H^+ > Li^+$. 2가 양이온에 대한 순서는 다음과 같다. $Ba^{2+} > Pb^{2+} > Sr^{2+} > Ca^{2+} > Ni^{2+} > Cd^{2+} > Cu^{2+} > Co^{2+} > Zn^{2+} > Mg^{2+} > UO_2^{2+}$.

음이온의 경우, 센염기 수지에 대한 K_{ex}는 다음 순으로 감소한다. $SO_4^{2-} > C2O_4^{2-} > I^- > NO_3^- > Br^- > Cl^- > HCO_2^- > CH_3CO_2^- > OH^- > F^-$. 이 순서는 수지의 유형과 반응 조건에 따라 다소 달라질 수 있다.

28F-2 이온 교환 충전물

역사적으로, 이온 교환 크로마토그래피는 스타이렌 및 다이바이닐벤젠의 유화 공중합 반응으로 만들어진 작은 다공성 구슬을 이용하였다. 다이바이닐벤젠(보통 ~8%)을 사용하여 가교 결합시키면 구슬이 기계적으로 더 안정해진다. 이온에 대해 활성이 있는 중합체를 만들기 위해 산성 또는 염기성 작용기를 중

---

[33] H. Small, T. S. Stevens, and W. C. Bauman, *Anal. Chem.*, **1975**, *47*, 1801, **DOI**: 10.1021/ac60361a017.

합체 구조에 화학적으로 결합시킨다. 가장 일반적인 작용기는 술폰산과 사차 아민이다.

그림 28-22는 센 산형 수지의 구조를 보여준다. 선형 폴리스타이렌 사슬을 서로 연결하고 있는 가교 결합이 있음을 주목하시오. 다른 종류의 수지도 활성 작용기를 제외하면 모두 이와 유사한 구조를 갖는다.

다공성 중합체 입자가 크로마토그래피 충전물로 완전히 만족스러운 것은 아니다. 왜냐하면 분석물질 분자가 중합체 매트릭스의 미세 구멍을 통해 느리게 확산하고, 매트릭스가 압축성이 있기 때문이다. 이런 문제를 해결하기 위해 새로운 형태의 두 가지 충전물이 개발되었는데, 다공성 중합체보다 일반적으로 더 많이 사용되고 있다. 그중 하나는 중합체 구슬 충전물인데, 이는 중합체 구슬 표면 위에 합성 이온 교환 수지를 입힌 것이다. 또 다른 종류의 충전물은 흡착 크로마토그래피에서 사용하는 것과 같은 실리카의 다공성 미세 입자에 이온 교환체를 얇은 막으로 입혀 제조한 것이다. 입자 지름은 일반적으로 3~10 μm이다. 두 유형 중 어느 것이든, 중합체 막에서 이온이 더 빠르게 확산되기 때문에 효율이 향상된다. 중합체-기반 충전물은 실리카-기반 충전물보다 시료 용량이 더 크고, 넓은 pH 영역에서 사용할 수 있다. 실리카-기반 이온 교환체는 효율이 더 크지만, 안정성을 갖는 pH 영역이 좁고, 억제-기반 검출법과 호환되지 않는다(다음 절 참고).

28F-3 무기-이온 크로마토그래피

이온 교환 크로마토그래피의 이동상도 다른 유형의 크로마토그래피에서 필요한 것과 동일한 일반 특성을 가져야 한다. 즉, 시료를 용해시켜야 하며, 적당한 머무름 시간(적절한 k값)을 나타낼 수 있는 용매 세기를 가져야 하고, 선택성(적절한 α값)을 가질 수 있는 방식으로 용질과 상호작용해야 한다. 이온 교환 크로마토그래피에서 이동상은 수용액인데, 적당량의 메탄올 또는 수용성 유기 용매를 포함할 수도 있다; 이러한 이동상들은 이온 화학종을 포함하며 종종 완충액의 형태이다. 용매 세기와 선택성은 첨가된 성분들의 종류와 농도에 따라 결정된다. 일반적으로 이동상의 이온들은 이온 교환 충전물의 활성 자리를 놓고 분석물질 이온들과 경쟁한다.

현재 두 가지 유형의 이온 크로마토그래피가 사용되고 있다: *억제-기반*(suppressor-based) 그리고 *단일 컬럼*(single-column). 이들은 분석물질의 전도도를 측정하는 데 용리된 전해질이 방해를 주지 않도록 하는 방법에서 차이가 난다.

억제 컬럼을 이용한 이온 크로마토그래피

이미 지적한 바와 같이, 이온 크로마토그래피를 이용한 무기 화학종을 정량하기 위한 광범위한 응용은 크로마토그래피의 피크 면적을 측정하여 이온의 정량 분석을 가능하게 하는 좋은 검출기가 없어서 제약을 받았다. 전도도 검출기는 이를 가능하게 하는 탁월한 선택이다. 전도도 검출기는 매우 감도가 좋고 하전된 화학종에 모두 감응하며, 대체로 농도 변화에 따라 예측 가능한 방식으로 감응한다. 게다가 이 검출기는 간단하고, 제작 및 유지비용이 저렴하고, 소형화가 용이하며, 오랫동안 고장 없이 사용할 수 있다. 그러나 전도도 검출기에는 심각한 한계가 하나 있는데, 이것이 이 방법을 일반적으로 사용할 수 없도록 지연시켰다. 이 한계는 대부분의 분석물질 이온들을 적절한 시간 내에 용리시키는 데 필요한 높은 전해질 농도로 인해 기인한다. 결과적으로, 이동상 성분에 의한 전도도는 분석물질 이온만의 전도도를 압도하는 경향이 있어서 검출기의 감도를 크게 감소시킨다.

1975년에 용리액의 높은 전도도 문제는 이온 교환 컬럼 바로 뒤에 *용리액 억제 컬럼*(eluent suppressor column)을 설치함으

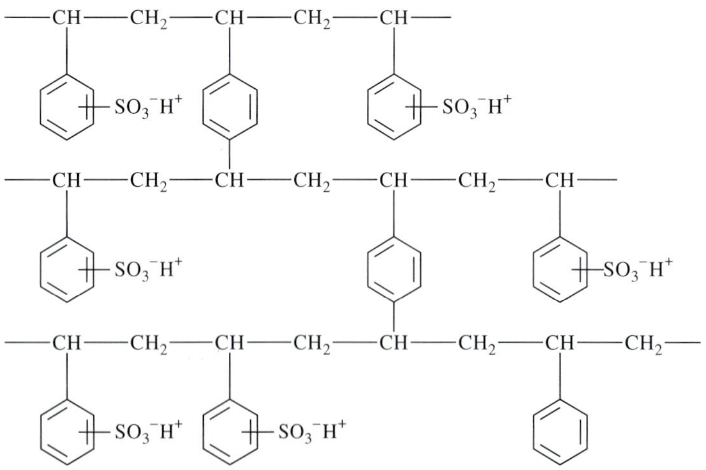

—CH—CH$_2$—CH—CH$_2$—CH—
(structure diagram: benzene rings with —SO$_3^-$H$^+$ groups, cross-linked chains)
—CH—CH$_2$—CH—CH$_2$—CH—CH$_2$—CH—
—CH—CH$_2$—CH—CH$_2$—CH—CH$_2$—CH—CH$_2$—

그림 28-22 가교 결합 폴리스티렌 이온 교환 수지의 구조. —$SO_3^-H^+$기 대신에 —COO^-H^+, —$NH_3^+OH^-$ 및 $N(CH_3)_3^+OH^-$기로 치환된 수지도 사용된다.

로써 해결되었다.[34] 억제 컬럼은 분석물질 이온들에 의한 전도도에 영향을 주지 않고 용매 중의 이온들을 거의 이온화하지 않는 분자 화학종으로 효과적으로 바꾸어 주는 또 다른 이온 교환 수지로 충전되어 있다. 예를 들면, 양이온을 분리하고 정량하는 경우, 염산을 용리 시약으로 선택하면 억제 컬럼은 수산화 이온 형태의 음이온 교환 수지를 사용한다. 억제 컬럼에서의 반응 생성물은 물이다. 즉,

$$H^+(aq) + Cl^-(aq) + resin^+OH^-(s) \rightarrow resin^+Cl^-(s) + H_2O$$

분석물질 양이온은 이 억제 컬럼에 머물지 않는다.

음이온을 분리하는 경우, 억제 컬럼 충전물은 양이온 교환 수지의 산성형이다. 이때에는, 중탄산나트륨 또는 탄산나트륨을 용리 시약으로 사용하는데, 이 경우 억제 컬럼에서의 반응은 다음과 같다.

$$Na^+(aq) + HCO_3^-(aq) + resin^-H^+(s) \rightarrow resin^-Na^+(s) + H_2CO_3(aq)$$

이 경우에도 생성물인 탄산은 거의 해리하지 않으므로 전도도에 큰 영향을 주지 않는다.

이러한 억제 컬럼을 사용할 때 불편한 것은 억제 컬럼의 충전물을 원래의 산이나 염기 형태로 바꾸어 주기 위해 주기적(일반적으로 8~10시간마다)으로 이들을 재생시켜야 한다는 것이다. 그러나 1980년대에 지속적으로 작동하는 마이크로막 억제 컬럼이 사용되었다. 그림 28-23은 일반적인 마이크로막 억제 컬럼을 보여준다. 이 경우 용리액과 억제 용액은 *M*으로 표시된 투과성 이온 교환막의 양쪽에서 서로 반대 방향으로 흐른다. 음이온을 분석할 때의 막은 양이온 교환 수지이고, 양이온 분석을 할 때의 막은 음이온 교환 수지이다. 예를 들면, 용리액으로부터 소듐 이온을 제거하는 경우에는 재생용 산을 억제 용액 흐름 쪽에서 연속적으로 흐르게 한다. 용리액의 소듐 이온은 막의 수소 이온으로 교환되고 이들은 막을 가로질러 이동하여 재생시약의 수소 이온과 교환된다. 이 장치는 교환 속도가 매우 빠르다. 예를 들어, 용리액의 흐름 속도가 2 mL/min일 때 0.1 M 수산화소듐 용액에 있는 모든 소듐 이온을 제거할 수 있다.

최근에 출시된 기기에서는, 억제 용액이 전기적으로 생성된 수소 또는 수산화 이온에 의해 자동적으로 재생되도록 되어 있어서 재생을 위한 기기의 사용에 따른 불편을 없앴다. 그림 28-24는 억제 컬럼과 전도도법 검출을 이용한 이온 크로마토그래피의 두 가지 응용을 보여준다. 각 경우에 이온들은 ppm 수준으로 존재하며, 시료 크기는 한 경우는 50 μL이고 다른 경우는 100 μL이다. 이런 종류의 혼합물을 분석하는 데 이보다 빠르고 편리한 다른 방법이 없기 때문에, 이 방법은 음이온을 분석하는 데 특히 중요하다.

[34] H. Small, T. S. Stevens, and W. C. Bauman, *Anal. Chem.*, **1975**, *47*, 1801, **DOI**: 10.1021/ac60361a017.

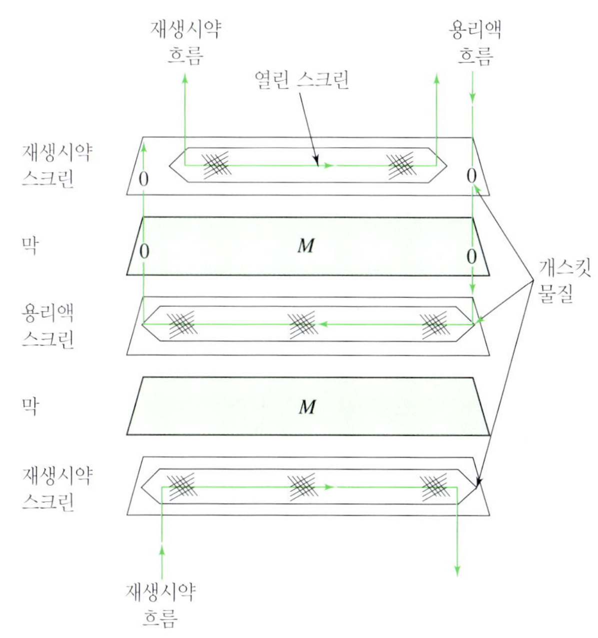

그림 28-23 마이크로막 억제 컬럼. 용리액은 플라스틱 스크린의 좁은 통로로 흘러서 질량 이동 속도를 증가시키고 틈새 부피를 감소시킨다. 용리액은 50 μm 이온 교환 막으로 억제 용액과 분리되어 있다. 재생시약 흐름은 용리액 흐름과 반대 방향이다. (Courtesy of Dionex Corporation, Sunnyvale, CA.)

단일-컬럼 이온 크로마토그래피

억제 컬럼을 사용하지 않은 이온 크로마토그래피 장치도 시판되고 있다. 이 방법은 용리된 시료 이온과 용리액 이온 사이의 적은 전도도 차이에 의존하고 있다. 이 차이를 증폭시키기 위하여 전해질 농도가 낮은 용액으로 용리할 수 있는 저용량의 교환체를 사용한다. 그리고 전도도가 낮은 용리액을 선택하여 사용한다.

단일-컬럼 크로마토그래피는 억제 컬럼과 같은 장치가 필요 없다는 장점이 있다. 그러나 음이온을 정량할 때는 억제 컬럼 이온 크로마토그래피보다 감도가 다소 떨어진다.

모세관 이온 크로마토그래피

일반적으로 크로마토그래피 장치, 특히 이온 크로마토그래피 장비는 소형화하는 추세이다.[35] 모세관 이온 크로마토그래피는 ~0.4 mm 직경의 모세관 컬럼을 사용하여, 시약 및 흐름 속도의 부피를 약 100배 정도 줄인다. 예를 들어, 일반적인 이온 크로마토그래피 시스템이 한 달에 50 L의 용리액을 소비하는 반면, 모세관 시스템은 한 달에 0.5 L를 소비한다. 또한 제조사들은 제28F-3절에서 언급한 것처럼 컬럼 헤드에 산 또는 염기를 첨가하여 억제 컬럼 용액을 재생할 수 있게 하는 전기 용리액 생성 장비를 제공하여 분석 과정에서 용리액 준비 단계를 생략

[35] P. Kuban and P. K. Dasgupta, *J. Sep. Sci.*, **2004**, *27*, 1441, **DOI**: 10.1002/jssc.200401824.

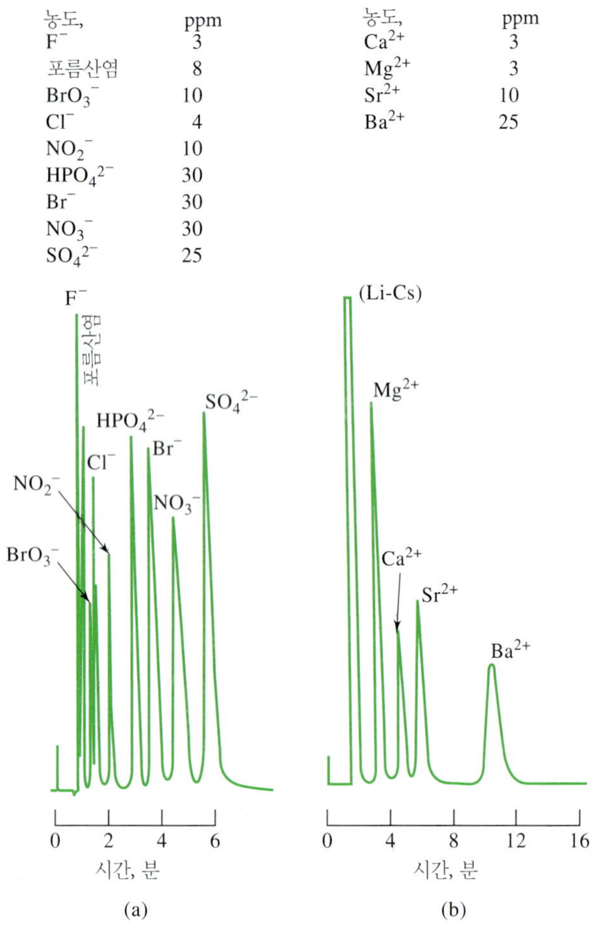

그림 28-24 이온 크로마토그래피의 대표적인 응용. (a) 음이온 교환 컬럼에서 음이온의 분리. 용리액: 0.0028 M $NaHCO_3$~0.0023 M Na_2CO_3, 시료 크기: 50 μL, (b) 양이온 교환 컬럼에서 알칼리토금속 이온의 분리. 용리액: 0.025 M 페닐렌다이아민 다이하이드로클로라이드~0.0025 M HCl(염화 수소). 시료 크기: 100 μL. (Courtesy of Dionex Corp., Sunnyvale, CA.)

할 수 있다.[36]

소형화와 자동화의 이점이 화성 탐사 프로그램의 탐사로봇에 탑재된 과학적 패키지보다 더 중요하게 나타난 곳은 아무 데도 없었다. 작고 가벼우며 저전력의 모세관 이온 크로마토그래피 장치가 화성 탐사에 포함될 수 있도록 개발 중이다. 이 시스템은 1.0 μL/min의 흐름 속도로 용리액 소비가 적고, 압력이 200 psi로 가스 압력 펌프(무거운 기계 펌프 없음)를 사용하며, 화성 표면에서 발견될 수 있는 많은 이온들을 0.5~100 μM의 농도 범위에서 정량할 수 있는 능력을 갖추고 있다.[37]

28F-4 이온-교환 크로마토그래피의 유기 및 생화학적 응용

이온-교환 크로마토그래피는 약품과 그들의 대사물질, 혈청, 식품 방부제, 비타민 혼합물, 설탕 및 의약품 제조를 포함한 유기 및 생화학계에 다양하게 응용되고 있다. 이 중에 한 가지 예를 그림 28-25에 나타내었는데, 각각 1×10^{-8}몰인 17가지 아미노산 혼합물이 양이온 교환-컬럼에서 분리되었다.

28F-5 이온-배제 크로마토그래피

이온-배제 크로마토그래피는 이온이 아닌 중성 분자들을 분리하기 때문에 이온 크로마토그래피의 한 종류라고 볼 수 없다. 그럼에도 불구하고 이온 크로마토그래피와 마찬가지로 이온-

[36]P. Bodsky and F. Hoefler, *Fundamentals of Capillary Ion Chromatography*, Sunnyvale, CA: Thermo Fisher Scientific, 2012.

[37]C. P. Shelor et al., *Astrobiology*, **2014**, *14*, 577, **DOI**: 10.1089/ast.2013.1131.

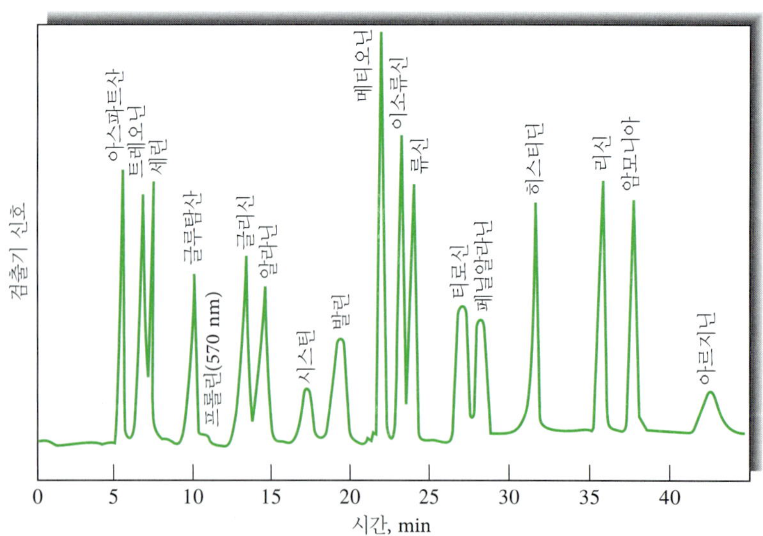

그림 28-25 이온 교환 컬럼을 이용한 아미노산의 분리. 충전물: 입자 크기가 8 μm인 양이온 교환 수지. 압력: 2700 psi. (Reprinted with permission from J. R. Benson, *Amer. Lab.* **1972**, *4*(10), 60. Copyright 1972 by International Scientific Communications, Inc.)

배제 크로마토그래피도 이온 교환 컬럼을 사용하여 분리를 하기 때문에 여기서 설명하는 것이 더 좋을 것이다.

이온-배제 크로마토그래피의 이론과 응용은 그림 28-26의 크로마토그램에 나타낸 간단한 카복시산들의 분리를 이용하여 편리하게 설명할 수 있다. 여기서 정지상은 산성형의 양이온 교환 수지이고, 묽은 염산 용액을 이용하여 용리를 하였다. 분석 컬럼 아래에는 은(silver)형의 양이온 교환 수지로 충전되어 있는 억제 컬럼이 연결되어 있다. 은 이온은 용리액의 수소 이온과 교환이 되어 염소 이온을 침전시켜 용리액에 들어있는 이온들을 제거한다. 해리되지 않은 형태의 분석물질 산들은 컬럼에 있는 이동상과 충전물 구멍에 붙들려 움직이지 않는 액체 사이에 분포된다. 비록 화학종들이 두 상 사이의 분포하는데에 다른 여러 인자들이 어느 정도 영향을 주지만, 산들의 분포 상수는 주로 그들의 산 해리 상수에 역비례 관계를 갖는다.

이온-배제 크로마토그래피는 우유, 커피, 포도주 및 여러 상품에 함유된 산성 화학종을 확인하고 정량하는 데 많이 이용되고 있다. 약산의 염들도 분석할 수 있는데, 이것은 이것들이 교환체의 수소 이온에 의해 해당하는 산으로 변화하기 때문이다. 또한, 약염기와 그것들의 염도 이온-배제 크로마토그래피로 정량할 수 있다. 이런 응용에서는 수산화형의 음이온 교환 컬럼이 사용된다.

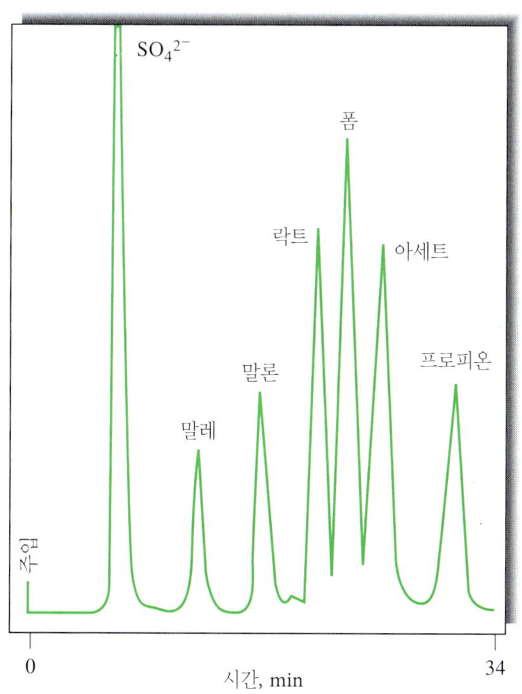

그림 28-26 **6개의 약산 혼합물의 이온-배제 크로마토그램.**

28G 크기-배제 크로마토그래피

젤(gel) 크로마토그래피라고도 하는 크기-배제 크로마토그래피(size-exclusion chromatography)는 특히 고분자량 화학종을 분리하는 데 매우 강력한 기술이다.[38] 크기-배제 크로마토그래피의 충전물은 작은(~10 μm) 실리카 또는 용질 및 용매 분자가 확산해 들어갈 수 있는 균일한 구멍의 그물 구조를 갖는 중합체 입자로 구성되어 있다. 분자가 구멍 속에 있는 동안에는 효과적으로 붙잡히게 되어 이동상의 흐름에서 제거된다. 구멍에 머무르는 평균 시간은 분석물질 분자의 유효 크기에 따라 달라진다. 충전물의 평균 구멍 크기보다 큰 분자는 배제되므로 사실상 머무르지 않는다; 즉, 이러한 화학종은 제일 먼저 용리된다. 구멍보다 상당히 작은 지름을 가진 분자는 구멍의 미로를 통해 침투 또는 투과할 수 있으므로 오랜 시간 동안 붙잡혀 있게 된다; 따라서 이들이 가장 늦게 용리된다. 이들 두 극단적인 것 사이에 있는 중간 크기의 분자가 충전물의 구멍 속으로 침투하는 정도는 분자의 지름에 따라 달라진다. 이러한 분자들 사이에서도 분별이 일어나는데, 이것은 분자 크기 및 어느 정도는 분자 모양에 직접 관련되어 있다. 크기-배제 분리법은 앞에서 설명했던 여러 방법들과는 달리 분석물질과 정지상 사이에 화학적 또는 물리적 상호작용이 일어나지 않는다고 간주한다. 실제로 이러한 상호작용은 컬럼 효율을 떨어뜨리기 때문에 일어나지 않도록 해야 한다. 또한 다른 종류의 크로마토그래피와는 달리, 정지상에 완전히 침투하는 분석물질 화학종보다 더 오래 머무르는 화학종이 없기 때문에 머무름 시간의 상한선이 있다.

28G-1 컬럼 충전물

크기-배제 크로마토그래피에는 두 종류의 충전물이 있는데, 이는 중합체 구슬과 실리카-기반 입자로서 둘 다 지름은 5~10 μm이다. 이 중 실리카 입자는 단단하여 충전하기가 쉽고 더 높은 압력에서도 사용할 수 있으며; 안정하여 물을 포함한 다양한 용매를 사용할 수 있으며; 새로운 용매와 빠르게 평형을 이루며; 높은 온도에서도 안정하다는 장점을 가지고 있다. 실리카-기반 입자의 단점은 흡착에 의해 용질을 머무르게 하는 경향이 있으며, 용질 분자를 분해시키는 촉매작용을 할 가능성이 있다는 것이다.

대부분의 초기 크기-배제 크로마토그래피는 그림 28-22에 나타낸 것과 유사한 구조(술폰산기가 없다는 것을 제외하고)의 가교 결합된 스티렌-디비닐벤젠의 혼성 중합체에서 이루어졌다. 이 중합체들의 구멍 크기는 가교 결합의 정도, 즉 제작 과정에서 사용되는 디비닐벤젠의 상대적인 양에 의해 조절된다. 따라서 다양한 평균 구멍 크기를 갖는 중합체 충전물이 시판되고

[38]이 주제에 대한 단행본은 다음 문헌을 참고하시오. A. Striegel, W. W. Yau, J. J. Kirkland, and D. D. Bly, *Modern Size-Exclusion Chromatography: Practice of Gel Permeation and Gel Filtration Chromatography*, 2nd ed., Hoboken, NJ: Wiley, 2009; C. S. Wu, ed., *Handbook of Size Exclusion Chromatography*, 2nd ed., New York: Dekker, 2004; C. S. Wu, ed., *Column Handbook for Size Exclusion Chromatography*, San Diego: Academic Press, 1999.

있다. 원래 스티렌-디비닐벤젠 젤은 소수성이므로 비수용액 이동상만 사용할 수 있었다. 그러나 이제는 친수성 젤도 개발되어, 설탕과 같이 물에 용해되는 큰 분자들을 분리하는 데 수용성 용매를 사용할 수 있게 되었다. 이 친수성 젤들은 보통 술폰화된 디비닐벤젠이나 폴리아크릴아미드계 화합물들이다. 친수성 충전물을 이용한 크로마토그래피를 *젤 거르기*(gel filtration)라 하고, 소수성 충전물을 이용하면 *젤 투과*(gel permeation)라고 한다. 오늘날 두 방법은 크기-배제 방법으로 설명된다. 두 종류 모두 다양한 구멍 크기의 충전물이 있다. 통상적으로, 주어진 충전물은 해당 분자량 범위의 2~2.5배를 수용할 수 있다. 주어진 충전물에 대해 적절한 평균 분자량은 수백 정도의 작은 것으로부터 수백만 정도의 큰 것까지 있다.

표 28-4에는 몇 가지 시판되는 전형적인 크기-배제 충전물의 성질을 나열하였다.

28G-2 크기-배제 크로마토그래피의 이론

다공성 중합체 또는 실리카 젤로 충전된 컬럼의 전체 부피 V_t는 다음과 같다.

$$V_t = V_g + V_i + V_o \tag{28-9}$$

여기서 V_g는 중합체, 즉 젤의 고체 기질이 차지하는 부피, V_i는 구멍에 붙들려 있는 용매의 부피, V_o는 젤 입자 밖의 자유 부피이다. 혼합이나 확산이 없다고 가정하면, V_o는 크기가 너무 커서 젤의 구멍으로 들어갈 수 없는 성분들을 컬럼을 통해서 운반시키는 데 필요한 용매의 이론적 부피를 나타낸다. 그러나 실제로는 혼합과 확산이 어느 정도 일어나므로, 결과적으로 구멍에 머물지 않는 시료 성분은 V_o에서 농도가 최대가 되는 Gauss형 띠로 나타난다. 크기가 충분히 작아 젤의 구멍 속으로 자유로이 들어가는 성분의 경우는 컬럼의 끝에서 $(V_i + V_o)$에 해당하는 용리액 부피에서의 띠 최댓값이 나타날 것이다. 일반적으로 V_i, V_o, V_g는 거의 크기가 같다. 따라서 크기-배제 컬럼은 시료 중의 큰 분자를 작은 분자로부터 최소 부피의 용출액으로 분리할 수 있다.

중간 정도 크기의 분자는 구멍에 들어 있는 용매의 K 분율만큼 운반될 것이다; 이 머무른 분자들에 대한 용리 부피 V_e는 다음과 같다.

$$V_e = V_o + KV_i \tag{28-10}$$

식 28-10은 컬럼의 모든 용질에 적용된다. 너무 커서 젤의 구멍에 들어갈 수 없는 분자의 경우에 $K = 0$이며, $V_e = V_o$이다. 구멍 속으로 방해받지 않고 들어가는 분자의 경우에는 $K = 1$이며, $V_e = (V_o + V_i)$이다. 식 28-10을 유도하는데, 용질 분자와 젤 표면 사이에 흡착과 같은 상호작용이 일어나지 않는다고 가정한다. 흡착을 하면 구멍에 붙들려 있는 용질의 양이 증가할 것이다; 따라서, 작은 분자인 경우 K는 1보다 커지게 된다.

식 28-10을 다시 쓰면

$$K = (V_e - V_o)/V_i = c_S/c_M \tag{28-11}$$

여기서 K는 용질의 분포 상수이다(식 26-1와 식 26-2 참고). K 값은 완전히 배제되는 커다란 분자에 대한 0부터 작은 분자에 대한 1까지의 값을 가진다. 분포 상수는 서로 다른 충전물들의 데이터를 비교하는 데 중요한 파라미터이다. 또한 표 26-5의 모든 식을 배제 크로마토그래피에 응용할 수 있게 해준다.

크기-배제 충전물에 대한 유용한 분자량 범위는 그림 28-27a에서 나타낸 것과 같은 교정 곡선으로 쉽게 설명할 수 있다. 여기서 용질 분자의 크기와 직접 관련된 분자량을 머무름 부피 V_R에 대해 도시하였는데, V_R은 부피 흐름 속도와 머무름 시간의 곱이다. 세로좌표 눈금은 로그값이라는 것에 유의하라. *배제 한계*(exclusion limit)는 구멍 속에 들어갈 수 있는 화학종의 최대 분자량이다. 배제 한계보다 더 큰 분자량을 갖는 모든 화학

시뮬레이션: www.tinyurl.com/skoogpia7에서 **크기-배재 크로마토그래피(size-exclusion chromatography)**에 대해 더 알아보시오.

표 28-4 크기-배제 크로마토그래피에 사용되는 대표적 충전물의 성질

종류	입자 크기, μm	평균 구멍 크기, Å	분자량 배제 한계*
폴리스타이렌-다이바이닐벤젠	10	100	700
		1000	$(0.1\sim20) \times 10^4$
		10^4	$(1\sim20) \times 10^4$
		10^5	$(1\sim20) \times 10^5$
		10^6	$(5\sim>10) \times 10^6$
실리카	10	125	$(0.2\sim5) \times 10^4$
		300	$(0.03\sim1) \times 10^5$
		500	$(0.05\sim5) \times 10^5$
		1000	$(5\sim20) \times 10^5$

*이보다 큰 분자량은 머물지 않는다.

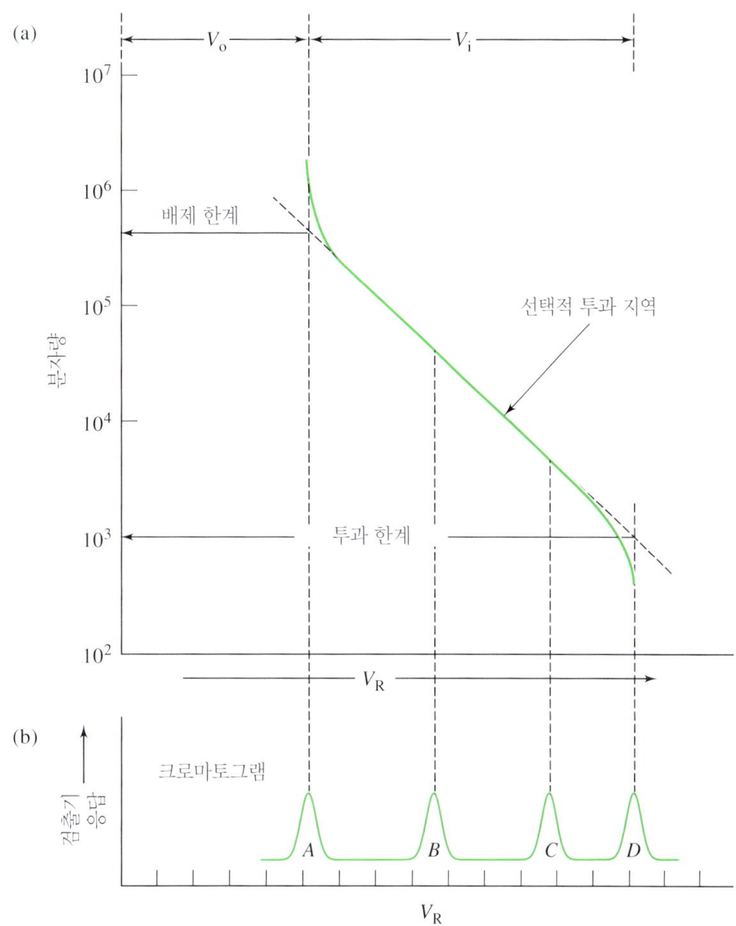

그림 28-27 (a) 크기-배제 컬럼에 대한 교정 곡선, (b) 배제 한계보다 큰 분자량을 갖는 모든 화합물들이 포함된 피크 *A*, 선택적 투과 영역 내에 있는 화합물들이 포함된 피크 *B*와 *C* 그리고 투과 한계보다 작은 모든 화합물들이 포함된 피크 *D*를 보여주는 크로마토그램.

종들은 너무 크기 때문에 머물지 않고, 함께 용리되어 그림 28-27b의 크로마토그램에서 피크 *A*를 나타낸다. *투과 한계*(permeation limit) 이하의 용질 분자는 구멍 속으로 완전히 침투할 수 있다. 이 분자량 이하의 모든 분자들은 너무 작기 때문에 *D*로 표시한 단일 띠로서 용리된다. 분자량이 배제 한계로부터 점점 작아질수록 용질 분자는 평균적으로 더 많은 시간을 입자 구멍 속에서 머물게 되어 점점 느리게 움직인다. 선택적인 투과 영역에서는 분별이 일어나 크로마토그램의 *B*와 *C* 같은 개개의 용질 피크로 나타난다.

실험적으로 얻은 교정 곡선은 그림 28-27a의 가상적인 것과 모양이 비슷한데, 일반적으로 표준물을 이용하여 쉽게 얻을 수 있다. 종종 이러한 곡선은 충전물 제조업자가 제공하기도 한다. 분자량 검정 표준물은 시료의 성분들과 화학적 성질이 가능한 한 비슷해야 한다.

28G-3 크기-배제 크로마토그래피의 응용

젤 거르기 및 젤 투과 크로마토그래피는 상호보완적인데, 젤 거르기는 수용성 시료에 적용되고 젤 투과는 극성이 작은 유기 용매에 용해되는 물질에 응용되기 때문이다. 크기-배제법의 유용한 응용 사례 중 하나는 저분자량 화학종과 염에서 고분자량의 천연물 분자를 분리하는 것이다. 예를 들면, 수천의 배제 한계를 가진 젤은 아미노산과 작은 분자량 펩티드로부터 단백질을 분리할 수 있다.

젤 투과 크로마토그래피의 또 다른 유용한 응용은 동족체와 소중합체를 분리하는 것이다. 이러한 응용의 두 가지 예를 그림 28-28에 나타내었다. 첫 번째 것은 배제 한계가 1000인 폴리스타이렌-기반 충전물을 이용하여 분자량 $\mathcal{M}$이 116에서 344까지인 일련의 지방산을 분리한 것이다. 두 번째 것은 역시 폴리스타이렌 충전물을 이용하여 시판용 에폭시 수지에 대해 얻은 크로마토그램이다. 여기서 *n*은 수지 분자에서의 단위체($\mathcal{M}$ = 264)의 수를 의미한다.

크기-배제 크로마토그래피의 또 다른 중요한 응용은 거대 중합체나 천연물의 분자량 또는 분자량 분포를 신속하게 측정하는 것이다. 이런 분석에서 핵심은 정확한 분자량 검정이다. 검정 과정은 분자량이 잘 알려진 표준물을 이용하거나(그림 28-27 참고) 또는 보편적 교정 곡선법을 이용할 수 있다. 교정 곡

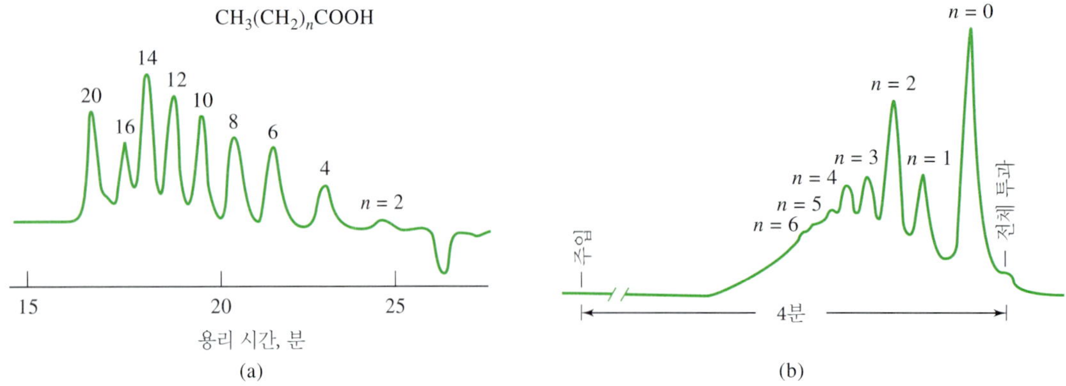

그림 28-28 크기-배제 크로마토그래피의 응용. (a) 지방산의 분리. 컬럼: 폴리스타이렌-기반, 7.5 × 600 nm, 배제 한계 1 × 10^3. 이동상: 테트라하이드로푸란. 흐름 속도: 1.2 mL/분. 검출기: 굴절률. (b) 상업용 에폭시 수지의 분석(n = 중합체에서 단위체 단위의 수). 컬럼: 다공성 실리카 6.2 × 250 mm. 이동상: 테트라하이드로푸란. 흐름 속도: 1.3 mL/분. 검출기: UV 흡수. (제공: BTR Separations)

선법은 고유 분자 점도 η와 분자량 $\mathcal{M}$의 곱이 유체역학 부피(용매화 층을 포함한 유효 부피)에 비례한다는 원리에 근거를 두고 있다. 이상적으로, 크기-배제 크로마토그래피에서 분자는 유체역학 부피에 따라 분리된다. 그러므로 보편적 교정 곡선은 log (ηM)을 머무름 부피 V_R에 대해 도시하여 얻게 된다. 대안으로 절대 검정은 저각 광 산란 검출기와 같이 분자량에 감응하는 검출기를 사용하여 얻을 수 있다.

크기-배제 크로마토그래피의 가장 중요한 장점은 (1) 분리 시간이 짧고 명확하고(모든 용질은 식 28-9와 그림 28-27의 V_o와 $V_o + V_i$ 사이에서 컬럼을 통과한다), (2) 좁은 띠를 나타내므로 감도가 좋고, (3) 용질이 정지상과 상호작용을 하지 않기 때문에 시료 손실이 없고, (4) 충전물과 용질의 상호작용으로 인해 생길 수 있는 컬럼의 손상이 없다는 것 등이다.

단점은 (1) 크로마토그램의 시간 척도가 짧기 때문에 제한된 수의 띠만을 나타낼 수 있고, (2) 이성질체와 같이 비슷한 크기의 시료에는 적용되지 못한다는 것이다. 일반적으로 분자량이 10% 정도 차이가 있어야 적절한 분리를 할 수 있다.

전통적으로 크기-배제 크로마토그래피에 의해 수행된 분리의 일부는 제30장에서 설명할 장-흐름 분획법에 의해 수행되고 있다.

28H 친화 크로마토그래피

친화 크로마토그래피는 고체 지지체에 *친화 리간드*(affinity ligand)라고 하는 시약을 공유 결합시켜 정지상으로 사용한다.[39] 대표적인 친화 리간드에는 항체, 효소 억제제 또는 시료에 있는 분석물질 분자와 가역적이고 선택적으로 결합하는 다른 분자이다. 시료가 컬럼을 통과할 때, 친화 리간드와 선택적으로 결합하는 분자만이 머무르게 된다. 결합하지 않는 분자는 이동상과 함께 컬럼을 통과한다. 원하지 않는 분자를 제거한 후, 머무른 분석물질은 이동상의 조건을 변화시킴으로써 용리할 수 있다.

친화 크로마토그래피의 정지상은 친화 리간드가 결합되어 있는 아가로스 또는 다공성 유리구슬과 같은 고체이다. 친화 크로마토그래피에서 이동상은 2가지 중요한 역할이 있다. 첫째, 리간드에 분석물질 분자가 강하게 결합할 수 있도록 해야 한다. 둘째, 일단 원하지 않는 화학종을 제거한 후, 이동상은 분석물질-리간드 상호작용을 약화시키거나 제거하여 분석물질을 용출시킬 수 있어야 한다. 일반적으로 pH 또는 이온 세기를 변화시킴으로써 두 단계의 과정이 일어나는 동안 용리 조건을 변화시킬 수 있다.

친화 크로마토그래피는 매우 특별한 선택성을 가지는 장점이 있다. 준비 작업 동안 생체 분자를 빠르게 분리하는 데 주로 사용된다.

28I 얇은-층 크로마토그래피

평면 크로마토그래피 방법에는 *얇은-층 크로마토그래피*(thin-layer chromatography, TLC)와 *종이 크로마토그래피*(paper chromatography, PC)가 있다. 이들 각각은 자체가 지지체이거나 지지체로서 유리, 플라스틱 또는 금속을 사용하는데, 그 표면에 평평하고 비교적 얇은 층으로 물질을 도포시킨다. 이동상은 모세관 작용에 의해 정지상을 통해 이동하며, 때로는 중력 또는 전위의 도움을 받는다.

현재, 대부분의 평면 크로마토그래피는 얇은-층 방법을 기반으로 하는데, 이 방법은 종이 크로마토그래피보다 빠르고 분리도가 좋으며, 감도도 좋다. 그러므로 이 절에서는 얇은-층 방법에 대해서만 설명한다.

---

[39]친화 크로마토그래피에 대해 자세한 것은 다음 문헌을 참고하시오. M. Zachariou, ed., *Affinity Chromatography: Methods and Protocols*, 2nd ed., Totowa, NJ: Humana Press, 2007; D. S. Hage ed., *Handbook of Affinity Chromatography*, 2nd ed., Boca Raton, FL: CRC Press, 2006.

28I-1 얇은-층 크로마토그래피의 영역

얇은-층과 LC는 이론 그리고 정지상과 이동상의 종류 및 응용면에서 대단히 비슷하다. 실제로 TLC 법은 HPLC 분리를 위한 조건을 개발하는 데 사용되었다. 한때 TLC는 제약 업계에서 널리 사용되었다. 오늘날, 이 방법은 쉽게 자동화되고 신속한 LC 방법으로 대체되었다. 얇은-층 크로마토그래피는 임상 실험실에서 널리 사용되며, 많은 생화학과 생물학 연구에서도 중추적인 역할을 하고 있다. 또한 산업현장의 실험실에서도 광범위하게 사용되고 있다.[40] 이렇게 많은 분야에 응용되기 때문에 TLC는 여전히 중요한 분석법으로 남아있다.

28I-2 얇은-층 크로마토그래피의 원리

전형적인 얇은-층 분리는 미세한 입자를 얇은 층으로 입힌 유리판 위에서 이루어진다; 이 층이 정지상이다. 이 정지상 입자들은 흡착, 정상 및 역상 분배, 이온 교환 및 크기-배제 크로마토그래피에서 설명한 것과 유사하다. 이동상은 또한 HPLC에서 사용하는 것과 비슷하다.

얇은-층 전개판 만들기

얇은-층 전개판은 유리 또는 플라스틱 판 또는 현미경 슬라이드의 깨끗한 표면 위에 미세하게 분쇄된 고체의 수성 슬러리를 펼침으로써 제조된다. 종종 결합제를 슬러리에 넣어 고체 입자가 유리에 잘 부착되도록 한다. 그런 다음, 전개판 표면에 얇은-층이 단단히 고정될 때까지 기다린다; 어떤 경우에는 몇 시간 동안 오븐에서 가열하기도 한다. 여러 종류의 전개판이 하나당 몇 달러 정도에 시판된다. 일반적인 전개판의 크기는 cm 단위로 5 × 20, 10 × 20, 20 × 20이다.

시판되는 전개판은 일반형과 고성능형의 두 종류가 있다. 일반형은 입자의 크기가 20 μm 이상이고 층이 두껍다(200~250 μm). 고성능형 전개판은 일반적으로 층의 두께가 100 μm이고 입자의 지름은 5 μm 이하이다. 고성능형 전개판은 짧은 시간에 더 선명한 분리를 제공한다. 그러나 고성능형 전개판은 일반형보다 시료 용량이 상당히 적다.

시료 점적법

시료 점적법은 아마도 얇은-층 크로마토그래피에서 특히 정량 측정을 할 경우, 가장 중요한 점일 것이다. 일반적으로 0.01~0.1% 시료용액을 전개판의 가장자리에서 1~2 cm 되는 위치에 점적한다. 최고의 분리 효율을 얻기 위해서는 점적의 지름이 작아야 하는데, 정성 분석에서는 약 5 mm이고 정량 분석에서는 이보다 더 작아야 한다. 묽은 용액의 경우에는 건조시켜가면서 3~4번 반복해서 점적하도록 한다.

수동식 시료 점적은 시료 용액이 들어 있는 모세관이나 주사기를 전개판 위에 접촉시켜 점적한다. 시료 점적의 정밀도와 정확도를 높일 수 있는 여러 가지 기계적 분배기가 현재 시판되고 있다.

전개판 전개

전개판 전개(plate development)는 시료가 이동상에 의하여 정지상을 통해 운반되는 과정으로서, LC의 용리와 유사하다. 가장 일반적인 전개 방법은 먼저 전개판의 한쪽 가장자리 근처에 연필로 위치를 표시하고, 그곳에 시료 한 방울을 점적한다. 시료 용매를 증발시킨 후, 전개판을 전개 용매의 증기로 포화된 밀폐된 용기에 넣는다. 전개판의 한쪽 끝을 전개 용매에 담근다. 이때 시료와 전개액이 직접 접촉되지 않도록 주의해야 한다(그림 28-29). 전개액이 전개판의 1/2 또는 2/3를 통과한 후, 전개판을 용기에서 꺼내어 건조시킨다. 그런 다음, 시료 성분들의 위치를 여러 가지 방법 중 하나로 검출한다.

전개판 위의 분석물질의 위치 확인

분리 후에 시료 성분의 위치를 알아내는 데 몇 가지 방법이 사용된다. 대부분의 유기 혼합물에 적용하는 일반적인 두 가지 방법은 황산 용액을 뿌려 주거나 적은 양의 요오드 결정이 들어있는 용기에 전개판을 놓은 것이다. 이들 시약은 모두 전개판 위의 유기 화합물과 반응하여 검은 생성물을 만든다. 몇 가지 특수 시약들(닌히드린 같은)도 분리된 화학종의 위치를 알아내는

[40] 얇은-층 크로마토그래피의 원리와 응용에 관한 책은 다음과 같다. *Handbook of Thin-Layer Chromatography*, 3rd ed., J. Sherma and B. Fried, eds., New York: Dekker, 2003; B. Fried and J. Sherma, *Thin Layer Chromatography*, 4th ed., New York: Dekker, 1999. 평면 크로마토그래피에 대한 총설은 다음 문헌을 참고하시오. J. Sherma, *Anal. Chem.*, **2010**, *82*, 4895, **DOI**: 10.1021/ac902643v; J. *Anal. Chem.*, **2008**, *80*, 4253, **DOI**: 10.1021/ac702341; *Anal. Chem.*, **2006**, *78*, 3841, **DOI**: 10.1021/ac060098l.

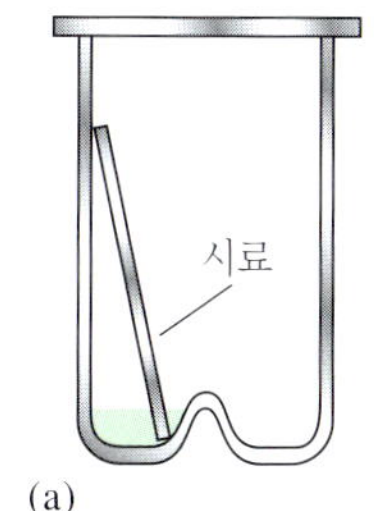

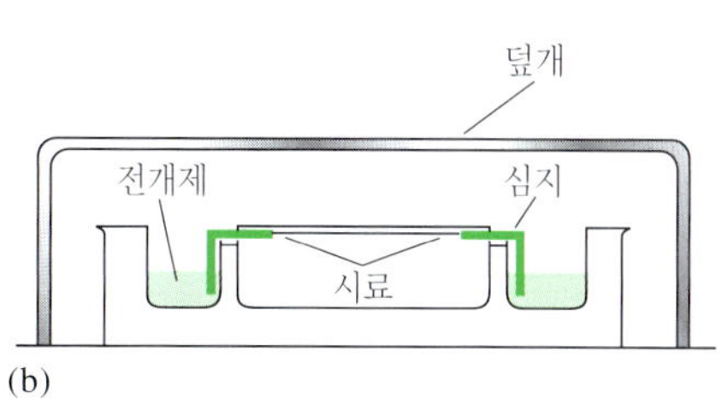

그림 28-29 (a) 상향-흐름 전개 용기, (b) 수평-흐름 전개 용기. 시료는 전개판의 양쪽 끝에 점적하고, 중앙을 향해 전개를 한다. 따라서 측정할 수 있는 시료의 수는 두 배가 된다.

데 유용하다.

또 다른 검출 방법은 정지상에 형광 물질을 내포시키는 방법이다. 전개를 시킨 후, 전개판에 자외선을 쪼여 검사한다. 시료 성분들이 형광 물질의 형광을 소광시키므로, 비형광성 시료 성분이 위치한 곳을 제외한 전개판 전체에서 형광이 방출된다.

그림 28-30은 전개 후에 전개판에 나타난 모양과 해당 크로마토그램을 보여주는 이상적인 그림이다. 시료 1은 두 가지 성분을 포함하고, 시료 2는 한 가지 성분만을 포함한다. 종종 실제 전개판 위의 점들은 그림에서와 같은 대칭적인 모양을 나타내지 못하고 꼬리끌기를 나타낸다.

28I-3 얇은-층 전개판의 성능 특성

제26B절에서 설명한 컬럼 크로마토그래피에 관한 대부분의 용어와 관계식을 약간 수정하면 얇은-층 크로마토그래피에도 적용될 수 있다. 한 가지 새로운 용어인 *지연 인자*(retardation factor), 즉 R_F 인자를 알아볼 필요가 있다.

지연 인자

하나의 용질을 전개하여 얻은 얇은-층 전개판을 그림 28-30a에서 시료 2에 대해 나타내었다. 이 용질에 대한 지연 인자는 다음과 같다.

$$R_F = \frac{d_R}{d_M} \tag{28-12}$$

여기서 d_R과 d_M은 시료의 점적 위치로부터 측정한 직선 거리이다. R_F값은 지연되지 않는 용질의 경우인 1에서부터 0에 가까운 값까지 다양하게 변한다. 그림 28-30a와 같이 반점이 대칭이 아닌 경우, d_R은 용질의 최대 강도의 위치에 근거하여 측정한다.

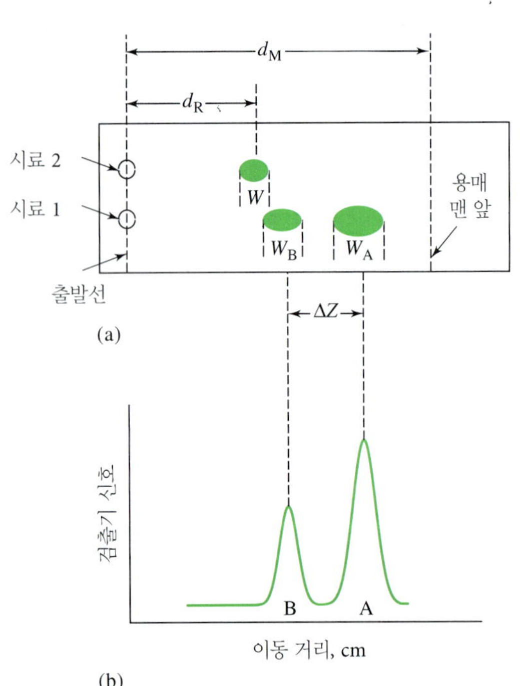

그림 28-30 (a) 전개한 후 얇은-층 전개판, (b) 시료 1에 대한 얇은-층 크로마토그램.

머무름 인자

표 26-5에 있는 모든 식들은 얇은-층 크로마토그래피에도 적용시킬 수 있다. 이 식들을 적용하려면, 그림 28-30a에서 정의한 d_R 및 d_M을 그림 26-4에서 정의한 t_R과 t_M에 연관시킬 필요가 있다. 이 관계들을 알아보기 위하여 그림 28-30a의 시료 2에 있는 한 가지 용질에 대해 고려해보자. 여기서 t_M과 t_R은 이동상과 용질이 일정 거리(이 경우 d_R)를 이동하는 데 걸린 시간에 해당한다. 이동상인 경우, 이 시간은 용질이 이동한 거리를 용매의 선형 속도, u로 나눈 값과 같다. 즉,

$$t_M = d_R/u \tag{28-13}$$

그러나 이동상이 거리 d_M까지 이동할 때까지 용질은 이동상과 같은 지점에 도달하지 못한다. 그러므로

$$t_R = d_M/u \tag{28-14}$$

식 28-13과 28-14를 식 26-12에 대입하면 다음과 같다.

$$k = \frac{d_M - d_R}{d_R} \tag{28-15}$$

머무름 인자 k는 식 28-15를 고쳐 써서 지연 인자의 항으로도 나타낼 수 있다.

$$k = \frac{1 - d_R/d_M}{d_R/d_M} = \frac{1 - R_F}{R_F} \tag{28-16}$$

이러한 방법으로 유도된 머무름 인자는 제28D-2절에서 설명한 컬럼 크로마토그래피의 방법 개발을 위해 사용될 수 있다. 그러나 얇은-층 크로마토그래피로 머무름 인자를 얻는 것이 컬럼을 이용한 실험으로부터 데이터를 얻은 것보다 더 간단하고 빠르다.

단높이

얇은-층 크로마토그래피 측정을 통해 주어진 형태의 충전물에 대한 대략적인 단높이도 구할 수 있다. 따라서 그림 28-30a의 시료 2에 대한 단수는 다음 식과 같이 주어진다.

$$N = 16\left(\frac{d_R}{W}\right)^2 \tag{28-17}$$

여기서 d_R과 W는 그림에서 알 수 있다. 단높이는 다음과 같이 주어진다.

$$H = d_R/N \tag{28-18}$$

28I-4 얇은-층 크로마토그래피의 응용

얇은-층 크로마토그래피를 이용하면 화합물들을 정성 및 정량 분석할 수 있다.

TLC의 정성적 응용

R_F 값은 일반적으로 시료 크기, 얇은-층 전개판 및 전개하는

조건 등에 따라 달라지기 때문에 단일 크로마토그램으로부터 얻은 데이터는 혼합물에 존재하는 다양한 화학종을 확인하는 데 충분한 정보를 제공하지 못한다. 또한 주어진 조건에서 두 개의 매우 다른 용질이 동일하거나 비슷한 R_F값을 나타낼 수도 있다.

확인 방법. 때로는 미지 시료 중에 존재하리라 예측되는 화학종의 순수한 표준 용액을 시료 물질과 함께 전개판에 점적하여 확인하기도 한다. R_F값이 일치하면 시료 성분 중의 한 가지를 확인할 수 있는 증거가 된다. 또 다른 방법은 분리된 분석 화학종을 긁어내어 용해시켜 확인하는 방법이다. 여기에서 전개판에 분석물질이 차지하고 있는 영역을 면도칼이나 주걱으로 긁어내어 표면이 매끈한 종이에 모은다. 적합한 용기로 옮기고 분석물질을 적절한 용매로 녹인 다음, 원심분리기나 거름 기구를 이용하여 정지상으로부터 분리한다. 그런 다음, 형광법, UV-VIS 흡수법, NMR 또는 FTIR과 같은 분광법을 사용하여 화학종을 확인한다. 또한 얇은-층 크로마토그래피는 여러 가지 분광 검출법과 온라인으로 연결하여 사용하기도 한다. TLC와 질량 분석계를 연결하는 것에 대한 연구가 활발히 진행되고 있다.[41]

2차원 평면 크로마토그래피. 그림 28-31은 2차원적으로 전개하여 아미노산 혼합물을 분리한 것이다. 시료는 정사면체 전개판의 한쪽 구석에 점적하고, 용매 A를 이용하여 위쪽 방향으로 전개한다. 그런 다음, 용매를 증발시켜 제거하고 전개판을 90° 회전시킨 후, 용매 B를 이용하여 위쪽으로 전개한다. 용매를 제거한 후, 아미노산의 위치는 아미노산과 반응하여 핑크색이나 자주색 생성물을 만드는 닌히드린을 분무하여 측정한다. 반점은 표준물의 반점 위치와 비교함으로써 확인된다. 2차원 분리를 하여 정량 분석을 할 때 이미징 기술이 이용되고 있다.[42]

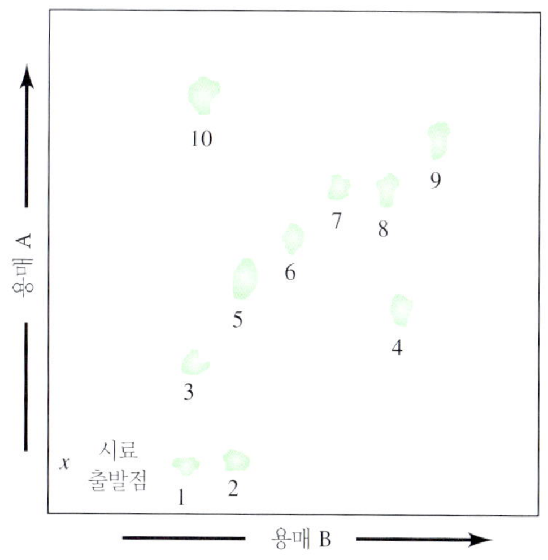

그림 28-31 **몇 가지 아미노산들의 2차원 얇은-층 크로마토그램(실리카 젤).** 용매 A: 톨루엔, 2-클로로에탄올, 피리딘. 용매 B: 클로로폼, 벤질 알코올, 아세트산. 아미노산: (1) 아스파트산, (2) 글루탐산, (3) 세린, (4) β-알라닌, (5) 글리신, (6) 알라닌, (7) 메티오닌, (8) 발린, (9) 이소루신, (10) 시스테인.

정량 분석

존재하는 성분의 대략적인 양을 구하는 반정량적 측정은 표준물의 반점 면적과 시료 반점의 면적을 비교함으로써 할 수 있다. 또한 전개판으로부터 반점을 긁어내어 얻은 정지상 고체에서 분석물질을 추출하여 적절한 물리적 또는 화학적 방법으로 분석물질을 측정하면 더 정확한 결과를 얻을 수 있다. 세 번째 방법은 주사 농도계(scanning densitometer)를 사용하여 반점으로부터 발생한 형광 또는 흡수를 측정하는 것이다.

[41]P. Bernard-Savary and C. F. Poole, *J. Chromatogr. A*, **2015**, *1421*, 184, **DOI**: 10.1016/j.chroma.2015.08.002.

[42]M. Medic-Saric et al., *J. Planar. Chromatogr.-Mod. TLC*, **2004**, *17*, 459, **DOI**: 10.1556/JPC.17.2004.6.12.

질문과 문제

*별표가 있는 문제의 해답은 이 책의 끝에 있다.

이 아이콘이 있는 문제는 스프레드시트를 이용하여 쉽게 풀 수 있다.

28-1 다음의 각 크로마토그래피법으로 가장 잘 분석할 수 있는 물질의 종류를 나열하시오.

(a) 기체-액체

(b) 액체 흡착

(c) 액체-액체 분배

질문과 문제(계속)

(d) 역상 분배

(e) 이온 교환

(f) 젤 투과

(g) 기체–고체

(h) 젤 거르기

(i) 이온쌍

28-2 분배 크로마토그래피에서 분리도를 개선하기 위한 세 가지 일반적인 방법을 설명하시오.

28-3 분배 크로마토그래피에서 용질의 머무름 인자를 조절하는 방법을 설명하시오.

28-4 (a) GC 및 (b) LC에서 선택 인자는 어떻게 조절할 수 있는가?

28-5 알루미나 HPLC 컬럼을 사용하여 헥세인–아세톤 기울기 용리를 하려고 하는데, 컬럼에서 용리될 때 헥세인의 분율을 증가 또는 감소시키는 것 중 더 바람직한 것은 무엇인가?

28-6 검출기의 선형–감응 범위란 무엇을 뜻하는가?

28-7 다음 용어를 정의하시오.

(a) 등용매 용리

(b) 기울기 용리

(c) 흐름–정지식 주입

(d) 역상 충전물

(e) 정상 충전물

(f) 이온쌍 크로마토그래피

(g) 이온 크로마토그래피

(h) 본체 성질 검출기

(i) 용질 성질 검출기

(j) 분사(sparging)

28-8 분배 크로마토그래피에서 보호 컬럼이란 무엇인가?

28-9 정상 분배 크로마토그래피와 흡착 크로마토그래피의 유사한 점은 무엇인가?

* **28-10** 다음 화합물들이 역상 충전물로 채워진 HPLC 컬럼에서 용리되는 순서를 예측하시오.

(a) 벤젠, 다이에틸에터, *n*-헥세인

(b) 아세톤, 다이클로로에테인, 아세트아미드

* **28-11** 다음 화합물들이 정상 충전물로 채워진 HPLC 컬럼에서 용리되는 순서를 예측하시오.

(a) 아세트산에틸, 아세트산, 다이메틸아민

(b) 프로필렌, 헥세인, 벤젠, 다이클로로벤젠

28-12 흡착 크로마토그래피와 분배 크로마토그래피의 근본적인 차이점을 설명하시오.

28-13 이온 교환 크로마토그래피와 크기-배제 크로마토그래피의 근본적인 차이점을 설명하시오.

* **28-14** GC가 아닌 HPLC에서 분리될 수 있는 화학종의 종류에는 어떤 것이 있는가?

28-15 HPLC에서 사용되는 다양한 종류의 펌프에 대해 설명하시오. 각각의 장단점은 무엇인가?

28-16 단일-컬럼과 억제-컬럼 이온 크로마토그래피의 차이점을 설명하시오.

28-17 질량 분석법은 GC의 매우 훌륭한 검출기이다. 하지만 질량 분석계를 HPLC와 연결하는 경우, 많은 어려움이 있다. GC와 질량 분석계를 연결시키는 것보다 HPLC와 질량 분석계를 연결시킬 때, 더 어려운 주된 이유에 대해 설명하시오.

28-18 표 27-1의 GC 검출기 중 어느 것이 HPLC의 검출기로 적절한가? 몇몇 검출기는 HPLC 검출기로서 적절하지 않은 이유는 무엇인가?

28-19 온도가 GC에 비해 HPLC에서의 분리에 거의 영향을 주지 않는다고 할지라도 중요한 역할을 한다. 다음 분리에 온도가 어떻게 영향을 줄 것인가에 대해 설명하고 그 이유를 밝히시오.

(a) 스테로이드 혼합물의 역상 크로마토그래피 분리

(b) 매우 유사한 이성질체의 흡착 크로마토그래피 분리

* **28-20** HPLC 분리에서 두 성분의 머무름 시간은 15초 차이가 난다. 처음 피크는 9.0분에 용리되었고, 피크 너비는 거의 같다. 불감 시간 t_M은 65초였다. 다음의 분리도 R_s를 얻기 위해 필요한 최소의 이론 단수를 스프레드시트를 사용하여 계산하시오. R_s: 0.50, 0.75, 0.90, 1.0, 1.10, 1.25, 1.50, 1.75, 2.0, 2.5. 피크 2의 너비가 피크 1의 두 배가 된다면 결과는 어떻게 변하겠는가?

* **28-21** 실험동물에 주입한 약물의 시간 경과에 대한 연구의 일환으로서, 쥐의 혈장 시료에서 이부프로펜을 분리 및 정량하기 위한 HPLC 법이 개발되었다. 여러 표준물에 대한 크로마토그램으로 아래와 같은 결과를 얻었다:

이부프로펜 농도, μg/mL	상대 피크 넓이
0.5	5.0
1.0	10.1
2.0	17.2
3.0	19.8
6.0	39.7
8.0	57.3
10.0	66.9
15.0	95.3

다음으로, 10 mg/kg의 이부프로펜 시료를 실험용 쥐에 경구투여하였다. 시료를 투여한 후 다양한 시간에 혈액 시료를 취하여 HPLC로 분석하였다. 그 결과는 다음과 같다.

질문과 문제(계속)

시간, h	피크 면적
0	0
0.5	91.3
1.0	80.2
1.5	52.1
2.0	38.5
3.0	24.2
4.0	21.2
6.0	18.5
8.0	15.2

위에 주어진 각 시간에서 혈장에 들어있는 이부프로펜의 농도를 구하고, 이 농도를 시간에 대해 도시하시오. 백분율 기준으로 보았을 때, 어느 0.5 시간 주기(첫 번째, 두 번째, 세 번째 등) 측정 동안에 이부프로펜이 가장 많이 없어지는가?

* **28-22** 정상 분배 컬럼에서, 용질의 머무름 시간이 29.1분이고, 머물지 않는 시료의 머무름 시간은 1.05분이었다. 이때 이동상은 부피비로 50% 클로로폼과 50% *n*-헥세인이었다. (a) 용질에 대한 *k*와 (b) *k*를 10으로 조정할 수 있는 용매 조성을 계산하시오.

도전 문제

28-23 식 26-23으로 주어진 HPLC 단높이, *H*는 간단하게 다음과 같다고 가정하자.

$$H = \frac{B}{u} + C_S u + C_M u = \frac{B}{u} + Cu$$

여기서 $C = C_S + C_M$

(a) 최소 *H*를 구하기 위한 미적분을 이용하여, 최적 속도 u_{opt}를 다음과 같이 나타낼 수 있음을 보이시오.

$$u_{opt} = \sqrt{\frac{B}{C}}$$

(b) 이것으로 최소 단높이 H_{min}은 다음과 같이 주어짐을 보이시오.

$$H_{min} = 2\sqrt{BC}$$

(c) 크로마토그래피의 어떤 조건에서는 C_S가 C_M에 비해 무시할 정도로 작다. HPLC 충전 컬럼에 대해 C_M은 다음과 같이 주어진다.

$$C_M = \frac{\omega d_p^2}{D_M}$$

여기서 ω는 단위가 없는 상수이고, d_p는 컬럼 충전물의 입자 크기이며, D_M은 이동상에서의 확산 계수이다. 계수 *B*는 다음과 같이 나타낼 수 있다.

$$B = 2\gamma D_M$$

여기서 γ도 단위가 없는 상수이다. u_{opt}와 H_{min}을 D_M, d_p 및 단위 없는 상수 γ와 ω에 대해 나타내시오.

(d) 만약 단위 없는 상수가 1이라면, u_{opt}와 H_{min}이 다음과 같음을 보이시오.

$$u_{\text{opt}} \approx \frac{D_{\text{M}}}{d_{\text{p}}} \quad \text{그리고} \quad H_{\text{min}} \approx d_{\text{p}}$$

(e) 앞의 조건에서 단높이를 1/3로 감소시킬 수 있는 방법은 무엇인가? 이런 조건에서 최적 속도는 어떤 변화가 있겠는가? 똑같은 길이의 컬럼에서 이론 단수 N은 어떻게 변하겠는가?

(f) (e)의 조건에서 단높이를 1/3로 줄이면서 이론 단수는 똑같이 유지하려면 어떻게 하여야 하는가?

(g) 앞의 설명은 모든 띠 넓어짐이 컬럼 안에서 일어난다고 가정하였다. HPLC 피크의 전체 너비에 영향을 줄 수 있는 컬럼 밖 띠 넓어짐의 두 가지 원인은 무엇인가?

29장

초임계 유체 크로마토그래피와 추출법

Supercritical Fluid Chromatography and Extraction

초임계 유체에 기반을 둔 두 가지 새로운 방법이 1970년대와 1980년대 초에 개발되었고, 오늘날 환경, 생의학 및 식품 시료 등의 분석에 중요한 역할을 하고 있다. **초임계 유체 크로마토그래피(supercritical fluid chromatography, SFC)**와 **초임계 유체 추출(supercritical fluid extraction, SFE)**이 그 새로운 방법들이다. 상용화된 SFC와 SFE 기기들은 1980년대 중반에 판매되기 시작했으며, 분석화학 분야에서 단기간에 널리 이용하게 되었다. 이 장에서는 SFC와 SFE의 이론, 기기장치, 그리고 응용 분야 등이 서술되었다.

이 장에서 옆의 로고는 **www.tinyurl.com/skoogpia7**에서 대화형 자습, 시뮬레이션 연습 등을 통해 온라인으로 학습할 수 있는 기회가 있음을 나타낸다.

29A 초임계 유체의 성질

물질이 임계 온도 이상으로 가열되었을 때 *초임계 유체*(supercritical fluid)가 형성된다. 압력을 높여도 구별할 수 있는 액체 상이 존재할 수 없는 온도를 물질의 *임계 온도*(critical temperature)라고 한다. 임계 온도에서 물질이 가지는 증기압을 그 물질의 *임계 압력*(critical pressure)이라 한다. 임계 온도와 임계 압력(임계점)보다 높은 온도와 압력 상태에 있는 물질을 *초임계 유체*(supercritical fluid)라고 한다. 초임계 유체는 기체와 액체 상으로 있는 물질들이 가지는 밀도, 점도, 다른 성질 값들의 중간 정도의 값을 가진다. 초임계 유체가 가지는 성질 값들과 일반적인 기체 및 액체가 가지는 값들이 표 29-1에 나열되어 있다. 표에 제시된 성질들은 기체, 액체, 초임계 유체 크로마토그래피 및 추출법에서 중요하다.

SFC에서 이동상으로 사용되는 24가지 중 네 가지 화합물의 성질이 표 29-2에 제시되어 있다. 이들의 임계 온도와 임계 압력은 고성능 액체 크로마토그라피(HPLC)의 일반적인 작동조건 범위 내에 있다는 것에 주목하여야 한다.

초임계 유체의 중요한 성질은 분자량이 큰 비휘발성 분자를 잘 용해할 수 있다는 것인데, 이는 초임계 유체의 높은 밀도($0.2 \sim 0.5\ g/cm^3$)와 관련되어 있다. 예를 들면, 이산화탄소 초임계 유체는 5∼22개의 탄소 원자를 가지는 *n*-알케인, 탄소 원자가 4∼16개인 알킬기를 가지고 있는 di-*n*-alkylphthalate, 그리고 다양한 다환고리방향족 탄화수소 화합물을 쉽게 용해한다. 유기 화합물들이 이산화탄소 초임계 유체에 잘 용해된다는 현상을 바탕으로 중요한 산업공정이 개발되어 있다. 예를 들어, 이러한 매질을 이용하여 커피원두에서 카페인을 추출하여 디페인 커피를 만들고, 담배 연초에서 니코틴을 추출한다.

초임계 유체의 두 번째로 중요한 성질은 분석물질들을 쉽게 회수할 수 있다는 것이다. 초임계 용액에 녹아 있는 분석물질들을 비교적 낮은 온도에서 대기와 단순히 평형이 유지되게 하여 쉽게 회수할 수 있다. 따라서 가장 일반적으로 사용되는 용매인 초임계 이산화탄소에 녹아있는 분석물질을 실온의 실험실 조건에서 단순히 압력을 낮추어 초임계 유체를 증발시키면 회수할 수 있다. 이 성질은 열에 불안정한 분석물질일 경우에 특히 중요하다. 많은 초임계 유체가 가지고 있는 또 다른 장점은 값이

표 29-1 액체, 기체와 초임계 유체의 성질 비교

성질	기체(STP)	초임계 유체	액체
밀도(g/cm^3)	$(0.6\sim2) \times 10^{-3}$	0.2∝0.5	0.6~2
확산 계수(cm^2/s)	$(1\sim4) \times 10^{-1}$	$10^{-3}\sim10^{-4}$	$(0.2\sim2) \times 10^{-5}$
점도($g\ cm^{-1}\ s^{-1}$)	$(1\sim3) \times 10^{-4}$	(1∝3) × 10^{-4}	$(0.2\sim3) \times 10^{-2}$

노트: 모든 데이터는 값의 크기 순서로 나열되어 있다.

표 29-2 몇 가지 초임계 유체의 성질

유체	임계 온도, ℃	임계 압력, atm	임계점 밀도, g/mL	밀도(400 atm), g/mL
CO_2	31.3	72.9	0.47	0.96
N_2O	36.5	71.7	0.45	0.94
NH_3	132.5	112.5	0.24	0.40
n-Butane	152.0	37.5	0.23	0.50

출처: From M. L. Lee and K. E. Markides, *Science*, **1987**, *235*, 1342, **DOI**: 10.1126/science.235.4794.1342, with permission. Data taken from *Matheson Gas Data Book* and *CRC Handbook of Chemistry and Physics.*

싸고, 흡입해도 해롭지 않으며, 일반적으로 비독성 물질이라는 것이다. SFC는 HPLC와 비교하여 더 "환경친화적인 방법"으로 알려져 있다. 이산화탄소 초임계 유체는 특히 추출법 및 크로마토그래피에 매우 적합한 용매이다. 마지막으로, 초임계 유체는 액체 용매보다 10배 정도 더 높은 용질의 확산성과 10배 정도 더 낮은 점도를 가지고 있다는 장점도 있다. 마지막 두 장점은 초임계 유체를 이용한 크로마토그래피와 추출법에 매우 중요하다.

29B 초임계 유체 크로마토그래피

이동상이 초임계 유체인 SFC는 기체 크로마토그래피(GC)와 액체 크로마토그래피(LC)가 혼합된 방법인데, GC와 LC 각각의 장점을 가지고 있다. 특정한 응용에서는 SFC가 GC와 HPLC보다 더 효과적이다.[1] 몇몇 기기제작회사들이 SFC를 위해 특별히 설계된 기기들을 1985년부터 공급하기 시작했고, SFC는 빠른 속도로 널리 사용되게 되었다. SFC 기기는 많은 산업체, 정부 기관 및 대학 실험실에서 중요한 분석장치로 사용되고 있다. SFC에는 열린 관 컬럼과 충전관 컬럼이 모두 사용되고 있다.

SFC는 기존의 GC 또는 LC를 이용하여 분석하기 어려운 화합종들을 분리 및 측정할 수 있으므로 중요하다. 이런 화합물들은 (1) 비휘발성이거나 열적으로 불안정하여 GC를 이용한 분석에 적합하지 않고, (2) 분광법이나 전기화학법을 이용하여 검출할 수 있는 작용기를 갖고 있지 않아서 HPLC를 이용한 분석에 적합하지 않다. 1986년에 Chester[2]는 과학자들이 분리하고자 하는 화합물의 25% 정도가 이러한 분석하기 힘든 화학종을 포함하는 혼합물이라고 추정하였다.

29B-1 기기장치와 작동 변수

이미 언급된 바와 같이, 초임계 유체로 일반적으로 사용되는 몇 가지 기체와 액체의 필요한 압력과 온도는 보통 HPLC 장치의 작동 조건과 비슷하다. 따라서 그림 29-1에 제시되어 있는 초임계 유체 크로마토그래피 기기는 제28C절에서 설명한 HPLC 기기장치와 여러 가지로 유사하다.[3] 그러나 이들 두 방법 사이에는 두 가지 중요한 차이점이 있다. 첫째는 GC(제27B-3절)에서 사용되는 것과 유사한 항온 컬럼 오븐이 이동상의 온도를 정밀하게 조절하기 위해 필요로 한다는 점; 둘째는 흐름제한기 혹은 역압력 조절장치를 이용하여 컬럼의 적정 압력을 유지한다는 점이 중요한 차이점이다. 1980년대에 많이 사용되었던 열린 관 컬럼의 경우에 흐름제한기를 이용하여 컬럼에서 분출되는 분출물을 초임계 유체에서 기체로 바꾸었다. 기체 상태의 분출물을 측정하기 위하여 불꽃 이온화 검출기(FID)가 많이 사용되었다.

1980년도 후반부터 충전관을 이용한 SFC가 많은 관심을 받

[1]SFC에 대한 추가 정보를 얻기 위하여 다음의 문헌을 참조하시오. *Supercritical Fluid Chromatography: Advances and Applications in Pharmaceutical Analysis*, G. K. Webster, ed., Boca Raton, FL: CRC Press, 2014; *Practical Supercritical Fluid Chromatography and Extraction*, M. Caude and D. Thiebaut, eds., Amsterdam: Harwood, 2000; L. Taylor, *J. Supercrit. Fluids*, **2009**, *47*, 566, **DOI**: 10.1016/j.supflu.2008.09.012; G. Guichon and A. Tarafder, *J. Chromatogr. A*, **2011**, *1218*, 1037, **DOI**: 10.1016/j.chroma.2010.12.047; E. Lesellier and C. West, *J. Chromatogr. A*, **2015**, *1382*, 2, **DOI**: 10.1016/j.chroma.2014.12.083.

[2]T. L. Chester, *J. Chromatogr. Sci.*, **1986**, *24*, 226, **DOI**: 10.1093/chromsci/24.6.226.

[3]SFC 개발의 역사를 알기 위하여 다음의 문헌을 참조하시오. M. Saito, *J. Biosci. Bioeng.*, **2013**, *115*, 590, **DOI**: 10.1016/j.jbiosc.2012.12.008.

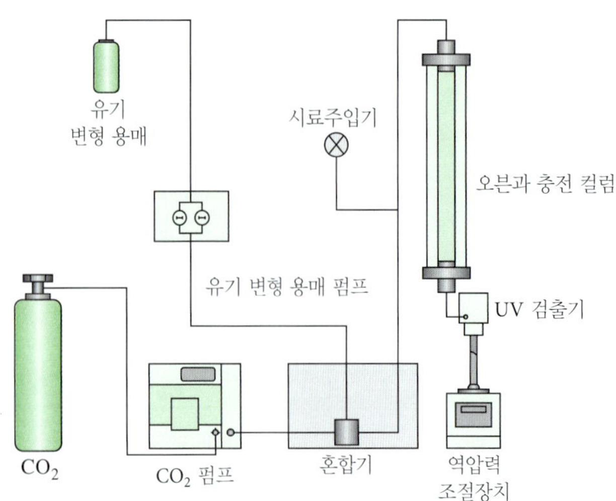

그림 29-1 충전관 SFC 기기의 모식도.

았고, 현재 충전관이 널리 사용되고 있다. 그림 29-1에서 일반적인 충전관 SFC 기기의 구성을 보여주고 있다. 압력 조절 장치를 이용하면 이동상의 흐름 속도와 관계없이 압력을 조절할 수 있다. 충전관을 이용한 기기에서는 두 개 머리 펌프를 이용하여 극성 변형 용매를 초임계 유체와 섞어서 사용할 수 있다. 변형 용매는 초임계 유체가 용질을 용해시킬 수 있는 범위를 향상시키기 위하여 사용된다. 극성 보조 용매는 FID 검출기에 적합하지 않다. 충전관 SFC에서는 일반적인 HPLC 검출기들이, 특히 UV-VIS 검출기가 사용되고 있다.

압력 효과

SFC에서는 이동상의 밀도가 분석물질의 컬럼 머무름에 영향을 미친다. 이동상의 밀도는 온도, 압력, 이동상의 조성에 의하여 결정된다. 열린 관 SFC에서 압력 변화는 머무름 인자 k에 큰 영향을 미치므로 머무름 시간 t_R에도 큰 영향을 미친다. 초임계 유체의 밀도는 압력의 증가에 따라 비선형적으로 급격히 증가한다. 밀도가 증가하면 이동상 용매의 능력이 증가되므로 용리 시간이 짧아진다. 예를 들면 이산화탄소의 압력이 70~90 atm로 증가되면 hexadecane의 용리 시간은 25분에서 5분으로 줄어든다고 보고되었다. GC에서의 온도 프로그래밍과 HPLC에서의 기울기 용리에서 얻을 수 있는 것과 유사한 효과를 SFC에서는 컬럼 압력의 선형적 증가나 컬럼 압력 조절을 통한 선형적인 밀도 증가를 통하여 얻을 수 있다. 그림 29-2는 압력 프로그램에 의해 크로마토그램이 개선되는 예를 보여주고 있다. 컬럼을 통과하는 유체의 압력이 감소되면 분리와 열역학적 측정에 영향을 줄 수 있는 온도가 바뀔 수 있다. SFC에서 일반적으로 사용되는 압력 변화법은 일정 시간 동안 일정 압력(등압력)을 유지한 다음 최종 압력까지 직선적으로 또는 계단식으로 증가시키는 방법이다. 압력 프로그래밍 이외에도 온도 프로그래밍과 이동상 기울기 용리도 사용되고 있다.

충전관 SFC에서는 변형 용매의 사용과 이동상의 조성이 압력이나 밀도의 변화보다 더욱 중요하다. 그러므로 이 경우에 압력이나 밀도는 미세한 조정을 위하여 대부분 사용된다.[4]

시뮬레이션: www.tinyurl.com/skoogpia7에서 **초임계 크로마토그래피(supercritical fluid chromatography)**에 대해 더 알아보시오.

---

[4]L. Nováková et al., *Anal. Chim. Acta*, **2014**, *824*, 18, **DOI**: 10.1016/j.aca.2014.03.034.

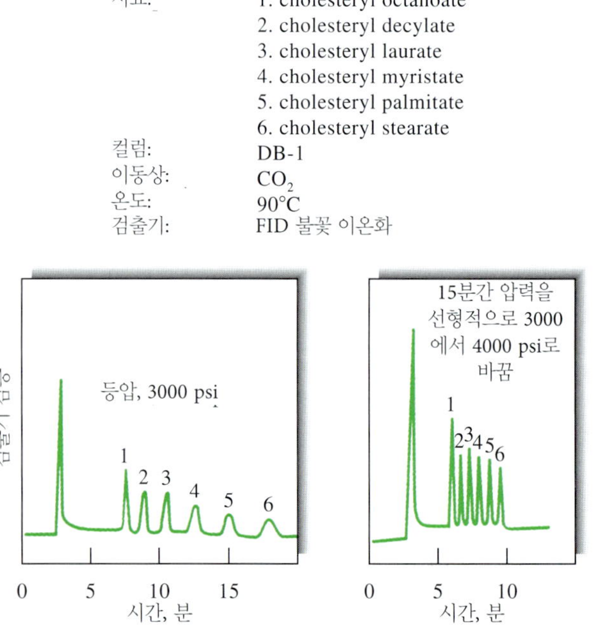

그림 29-2 SFC에서 압력 프로그래밍의 효과. 왼쪽에 있는 일정 압력(isobaric) 크로마토그램과 비교해볼 때 오른쪽에 있는 압력-기울기 크로마토그램은 더 짧은 시간에 용리됨을 알 수 있다. (Courtesy of Brownlee Labs, Santa Clara, CA.)

정지상

충전 컬럼은 열린 관 컬럼과 비교하여 더 큰 이론 단수를 가지고, 많은 양의 시료를 분석하는 데 적용될 수 있다. 초임계 유체의 점도가 낮기 때문에 LC에서 사용하는 것보다 긴 길이의 컬럼을 사용할 수 있다. 따라서 길이 10~20 m, 내부 지름 50 또는 100 μm의 열린 관 컬럼을 사용할 수 있다. 분리하기 어려운 시료의 경우에는 60 m 혹은 그 이상 길이의 컬럼을 사용하고 있다. 열린 관 컬럼은 제27C-1절에서 설명된 용융 실리카 벽 도포(FSWC) 열린 관 컬럼과 비슷하다. 충전 컬럼은 보통 스테인리스 강으로 만들어지고 10~25 cm 길이를 가진다. 일반적인 컬럼은 3.0~4.6 mm 내경 관에 2~5 μm 크기의 입자를 충전하여 만들어 진다. 충전 컬럼을 이용하여 100,000 이상의 단수를 얻을 수 있다.

충전 컬럼이 SFC에 많이 사용되기 시작된 초기에 SFC는 주로 정상 HPLC 분리와 비교되었는데, 그 이유는 CO_2가 상대적으로 극성이 낮기 때문이다. 결과적으로 초기에는 극성을 가지는 정지상만이 적용되었다. 그러나 이동상의 극성을 바꾸기 위한 변형 용매가 많이 사용되면서 극성(실리카)부터 비극성(C18)을 포함하는 다양한 정지상이 유용하게 사용되고 있다. 정지상의 선택과 이동상의 조성을 변화시킴으로써 SFC의 머무름 메커니즘을 바꿀 수 있다. HPLC에서 사용되는 많은 정지상들이 SFC에도 적용되고 있다.

이동상

SFC에 가장 널리 사용되는 이동상은 이산화탄소이다. 이것은 여러 비극성 유기 분자들의 분리에 적합한 용매이다. 또 자외선을 흡수하지 않으며, 냄새가 없고, 독성이 없으며, 구하기 쉽고, 다른 크로마토그래피의 이동상과 비교할 때 값이 매우 싸다. 이산화탄소의 임계 온도가 31°C이고, 이의 임계 압력이 72.9 atm이기 때문에 HPLC 장치의 작동 영역을 벗어나지 않고도 다양한 온도와 압력을 선택할 수 있다. 현재 사용되는 충전관 SFC의 응용에서는 유기 변형 용매가 분석물질의 용해도 향상, 침전물 생성 방지, 머무름 시간 변화를 위하여 사용된다. 일반적인 단일 용매 분리에서는 변형 용매를 5%나 그 이하로 사용한다. SFC의 이동상으로 methanol, ethanol, acetonitrile 등의 극성 변형 용매나 hexane과 같은 비극성 변형 용매가 사용될 수 있다. 극성이 다양한 혼합물을 분리할 경우에 이동상의 조성에 변형 용매의 양을 5~50%로 점차적으로 변화시키면서 측정하는 것이 일반적이다.[5]

Ethane, pentane, dichlorodifluoromethane, diethyl ether, ammonia 및 tetrahydrofuran도 또한 SFC의 이동상에 사용되고 있다.

검출기

열린 관을 사용하면 GC와 같이 불꽃 이온화 검출기(FID)를 이용할 수 있다. 제27B-4절에서 설명한 것처럼, FID는 거의 모든 유기 화합물에 대해 감응을 하며 잔 고장이 별로 없으므로 유리하다. HPLC에서 사용되는 UV 및 IR 흡수, 형광, 질량 분석기를 포함한 다양한 검출기들이 SFC에서도 사용될 수 있다. 질량 분석기는 대기압 화학 이온화법과 전기 분무 이온화법을 이용하여 SFC와 연결될 수 있어서 더욱 많이 사용되고 있다.[6]

29B-2 다른 크로마토그래피 방법과의 비교

표 29-1과 표 29-2에 제시된 값들은 초임계 유체의 몇 가지 물리적 성질이 기체와 액체 사이의 중간임을 보여주고 있다. 따라서 SFC 분리는 GC와 LC의 특성 중 몇 가지가 합쳐져 이루어진다. 첫째로, 특히 열린 관이 많이 사용되었던 시기에 SFC는 GC와 상보적인 방법이라고 생각되었다. 상대적으로 비극성인 이동상이 비극성 분석물질과 상대적으로 비극성인 정지상과 함께 사용되었다. 이산화탄소가 GC에서 사용되는 가스들보다 용해를 잘 시키기 때문에 SFC가 GC로 분석할 수 있는 화합물의 범위를 넓힐 수 있을 방법으로 생각되었다. 현재에는 SFC가 HPLC에 더욱 가깝다고 간주된다. SFC의 기기와 소프트웨어는 HPLC와 매우 유사하다. 이동상은 이산화탄소를 주요 성분으로 하여서 2개 혹은 3개 성분을 가진다. 기울기 용리는 상대적으로 극성을 가지는 정지상이 이용되어 수행된다. SFC는 역상 HPLC

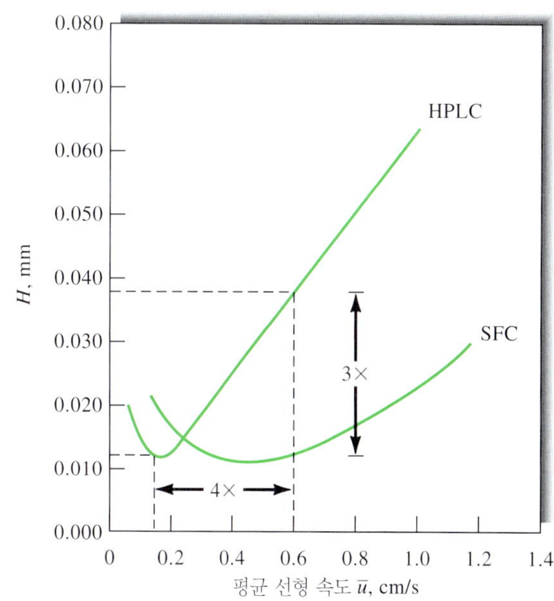

그림 29-3 일반적인 이동상(HPLC)과 초임계 이산화탄소로 용리할 때 5 μm octadecyl (C_{18})이 결합된 실리카 컬럼의 성능 특성. (Adapted from D. R. Gere, *Science*, **1983**, *222*, 253, **DOI**: 10.1126/science.6414083.)

[5]E. Lesellier and C. West, *J. Chromatogr. A*, **2015**, *1382*, 2, **DOI**: 10.1016/j.chroma.2014.12.083.

[6]A. Grand-Guillaume Perrenoud, J.-L. Veuthey, and D. Guillarme, *J. Chromatogr. A*, **2014**, *1339*, 174, **DOI**: 10.1016/j.chroma.2014.03.006; J. D. Pinkston, W. Wen, K. L. Morand, D. A. Tirey, D. T. Stanton, *Anal. Chem.*, **2006**, *78*, 7467, **DOI**: 10.1021/ac061033l.

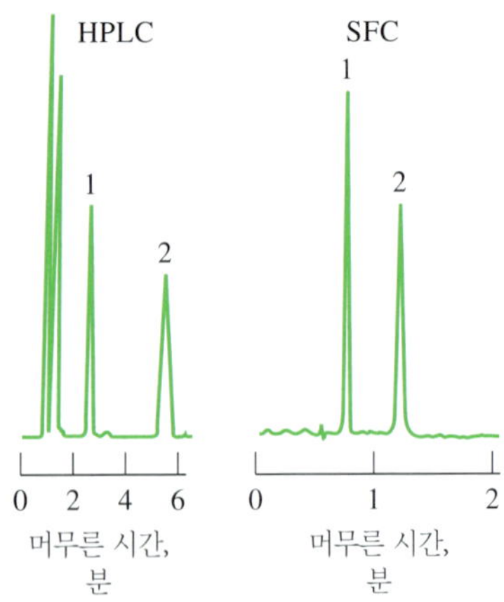

그림 29-4 일반적인 분배 크로마토그래피(HPLC)와 SFC로 얻은 크로마토그램의 비교. 컬럼: 20 cm × 4.6 mm로 10 μm 역상 결합 충전물이 채워져 있다. 분석물질: (1) biphenyl; (2) terphenyl. HPLC인 경우: 이동상, 65% CH_3OH-35% H_2O; 흐름 속도, 4 mL/분; 선형 속도, 0.55 cm/s; 시료 크기, 10 μl. SFC인 경우: 이동상, CO_2; 흐름 속도, 5.4 mL/분; 선형 속도 0.76/초; 시료 크기, 3 μl. (Adapted from D. R. Gere, *Science*, **1983**, *222*, 253.)

와 비교하여 몇 가지 장점을 가지고 있다.[7] 초임계 이산화탄소의 점도가 HPLC 용매와 비교하여 낮기 때문에 더 높은 흐름 속도를 사용할 수 있고, 결과적으로 HPLC보다 빠르게 분리할 수 있다. 적은 양의 용매를 사용하기 때문에 SFC를 작동하는 비용이 HPLC보다 낮다. 마지막으로 SFC는 HPLC보다 더욱 환경 친화적인 방법이다.

그림 29-3과 그림 29-4는 초임계 이산화탄소와 일반적인 액체 이동상으로 분리할 때 얻어지는 충전 컬럼의 성능 특성을 비교한 것이다. 그림 29-3은 0.6 cm/s의 이동상 선형 속도에서 초임계 컬럼은 0.013 mm의 단높이를, 일반적인 액체 용리액은 단높이가 3배 정도인 0.039 mm의 단높이를 각각 가짐을 보여주고 있다. 따라서 SFC를 이용하여 피크 나비를 $\sqrt{3}$배 정도 줄일 수 있음을 보여준다. 다른 면에서 고려해보면, SFC의 곡선 최소점에 해당하는 단높이에서 선형속도는 HPLC의 곡선보다 4배 정도 더 크다; 이는 분석 시간을 4배로 줄일 수 있음을 의미한다. 이러한 이점들은 그림 29-4에서 보여주는 두 개의 크로마토그램에 나타나 있다.

이동상은 GC, LC 및 SFC에서 다른 역할을 한다. GC 이동상은 띠를 이동시키는 역할만을 목적으로 한다. 제28장에서 보여준 것처럼 LC 이동상은 용질 분자를 운반할 뿐만 아니라 용질과 상호작용을 하여 선택 인자(α)에 영향을 준다. 분자가 초임계 매질에 용해될 때의 과정은 증발 현상과 비슷하나 GC에서 보통 사용되는 온도보다 훨씬 낮은 온도에서 일어난다. 그러므로 주어진 온도에서, 초임계 유체에 용해된 거대 분자의 증기압은 이러한 유체가 없을 때보다 10^{10}배만큼 더 큰 값을 가질 수 있다. 이러한 현상 때문에 고분자량 화합물, 열적으로 불안정한 화학종, 중합체, 큰 생화학 분자들이 비교적 낮은 온도에서 컬럼으로부터 용리될 수 있다. 위에서 언급된 분자들의 용해 현상을 통하여 용질 분자와 초임계 유체 분자 사이의 상호작용이 분명히 일어남을 알 수 있다. 따라서 초임계 유체가 가지는 용매로서의 능력은 화학적 조성과 그 밀도에 따라 달라진다. 그러므로 GC와는 다르게 이동상을 바꾸어서 선택 인자(α)를 변화시킬 수 있다.

그림 29-5는 GC, LC, 크기별 배제 크로마토그래피(SEC)와 SFC의 응용 범위를 비교하여 제시하고 있다. LC와 SFC는 GC보다는 10의 수 제곱승 더 큰 분자량 범위에 적용할 수 있다는 것을 알 수 있다. 이미 언급한 것처럼 SEC는 이보다 더 큰 분자들에 대해서도 적용할 수 있다.

29B-3 응용

SFC는 천연물, 약품, 식품, 살충제, 제초제, 계면 활성제, 중합체, 중합체 첨가제, 화석연료, 폭발물, 추진연료 등과 같은 다양한 물질들에 응용되어 왔다. SFC의 가장 중요한 응용 중의 하나는 특히 제약 산업에서 광학활성 물질을 분리하는 것이다.[8] SFC 용리액이 LC 용리액보다 더 큰 확산 속도를 가지기 때문에 높은 분해능과 폭이 좁은 피크를 얻을 수 있다. 이는 더욱 정확한 거울상 물질의 순도 측정을 가능하게 한다. 그림 29-6은 HPLC와 SFC를 이용하여 베타 차단약물(beta-blocking drug)인 metroprolol의 거울상체를 분리한 결과를 보여준다. 두 방법 모두 거울상체를 완전히 분리하였지만, HPLC를 이용하여는 분리하는 데는 22분 걸렸고 SFC는 단지 6분 걸렸다. SFC를 이용하여 더 큰 분해능과 좋은 대칭성을 가지는 피크를 얻었음에 주목

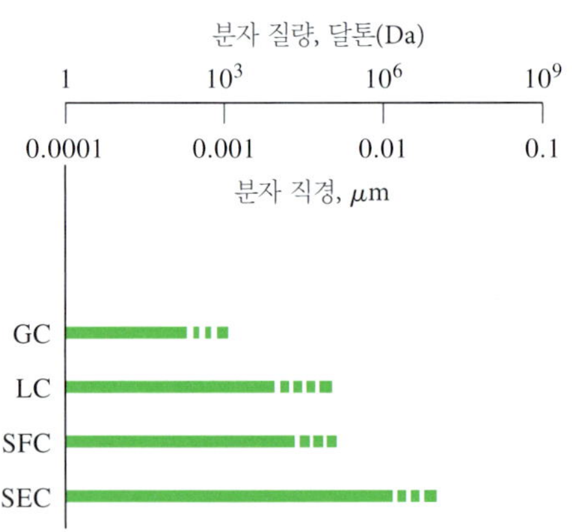

그림 29-5 각종 컬럼 크로마토그래피를 적용할 수 있는 분자량과 분자 크기의 범위. (From M. L. Lee and K. E. Markides, *Science*, **1987**, *235*, 1342, **DOI**: 10.1126/science.235.4794.1342. With permission.)

[7] L. Taylor, *Anal. Chem.*, **2010**, *82*, 4925, **DOI**: 10.1021/ac101194x.

[8] V. Desfontaine, D. Guillarme, E. Francotte, and L. Nováková, *J. Pharm. Biomed. Anal.*, **2015**, *113*, 56, **DOI**: 10.1016/j.jpba.2015.03.007; K. Kalíková, T. Šlechtová, J. Vozka, E. Tesařová, *Anal. Chim. Acta*, **2014**, *821*, 1, **DOI**: 10.1016/j.aca.2014.02.036.

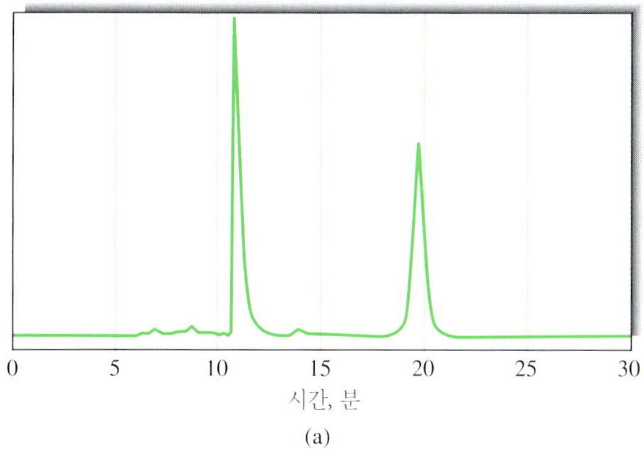

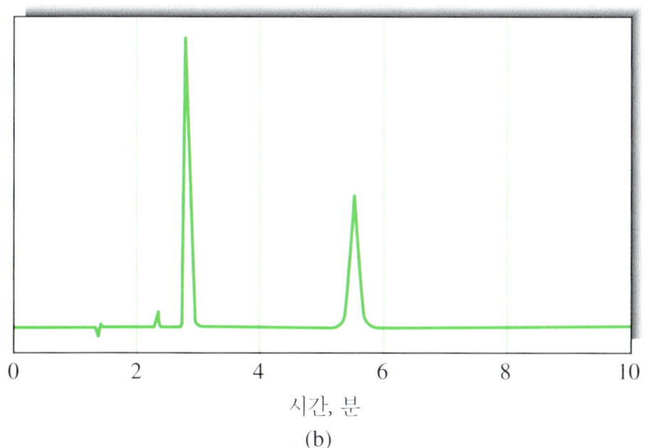

그림 29-6 Chiralcel OD 정지상을 가진 (a) HPLC와 (b) SFC에 의해 metoprolol의 거울상체의 분리. (a)에서는 이동상이 1% diethylamine을 포함하고 있는 20% 2-propanol의 hexane 용액; 선택성 α = 2.67 그리고 분해능 R_s = 4.8. (b)에서, 0.5% isopropylamine이 포함된 20% methanol의 CO_2가 사용됨; α = 2.77이고, R_s = 12.7. [From K. W. Phinney, *Anal. Chem.*, **2000**, *72*, 204A, **DOI**: 10.1021/ac0027542; adapted from M. S. Villeneuve and R. J. Anderegg, *J. Chromatogr. A*, **1998**, *826*, 217, **DOI**: 10.1016/ S0021-9673(98)00696-7.]

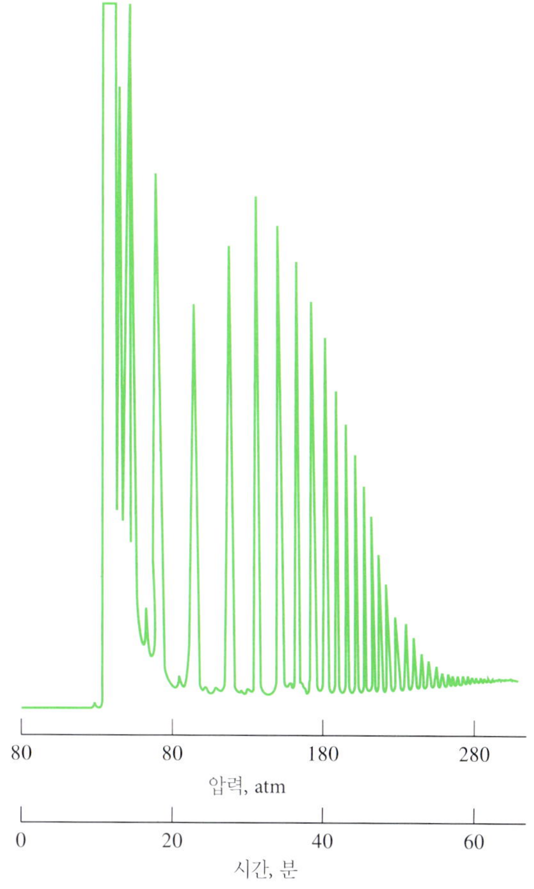

그림 29-7 **SFC에 의한 dimethylpolysiloxane 소중합체의 분리.** (From C. M. White and R. K. Houck, *HRC&CC*, **1986**, *9*, 4, **DOI**: 10.1002/ jhrc.1240090103. With permission.)

할 필요가 있다. 분해능이 크다는 것 이외에도, SFC를 사용하면 방법을 개발하는 데 드는 시간도 HPLC보다 줄일 수 있다. 이는 거울상체의 충분한 분해능을 얻기 위하여 HPLC 처럼 많은 정지상과 이동상에 대해 조사하지 않아도 되기 때문이다. SFC에서 한 개의 컬럼으로 원하는 분리를 하지 못하면 다른 정지상을 갖는 몇 개의 컬럼을 연결하여 사용할 수 있는데, 이는 SFC에서 낮은 압력을 사용한다는 점 때문에 가능하다. SFC를 이용하여 광학 활성 물질들을 분리하는 것은 매우 유용한데 이는 이동상인 CO_2를 날려 쉽게 제거할 수 있기 때문이다.

SFC는 비광학 활성 물질을 분리하는 데도 매우 유용하다. 그림 29-7, 29-8 및 29-9에서는 SFC의 세 가지 대표적이며 다양한 응용을 보여주고 있다. 그림 29-7은 분자량이 400~700달톤(Da) 정도 되는 일련의 dimethylpolysiloxane 중합체들이 분리된 결과를 보여주고 있다. 이 크로마토그램은 5% phenylpolysiloxane이 0.25 μm 피막으로 입혀진 10 m × 100 μm 내부지름 용융 실리카 모세관 컬럼을 이용하여 얻어졌다. 이동상은 140°C의 CO_2였고, 압력은 처음 20분 동안은 80 atm, 이후에는 분당 5 atm씩 80 atm에서 280 atm까지 선형으로 증가되었다. 불꽃 이온화 검출기가 사용되었다.

그림 29-8은 9개의 다른 약을 기울기 용리 충전관 SFC를 이용하여 분리한 크로마토그램을 보여주고 있다. 6개의 다른 정지상이 사용되었다. 정지상의 종류가 분석물질들의 머무름 시간과 분출 순서에 영향을 끼침을 볼 수 있다. 산성 화합물(1, 2, 3, 4)은 유도되지 않은 실리카(a)와 융합 실리카(b) 정지상에서 빠르게 용출된다. 중성 화합물(5, 6)은 아미드 그룹을 가진 정지상에서 용출되지 않았다(f). 염기성 화합물(7, 8, 9)은 유도되지 않은 실리카 정지상에서 용출되지 않았지만, 2-EP 정지상에서 모두 용출되었다(d). 몇 개의 염기성 물질들은 넓어진 피크와 심한 끌림을 나타냈다(b, c, d).

그림 29-9는 "표면 다공성 입자"를 이용한 고효율, 낮은 압력 SFC로부터 식물성 기름에 존재하는 트리글리세라이드(triglyceride)를 결정한 결과를 보여주고 있다. 이러한 입자는 비다공성 물질로 만들어진 코어에 HPLC에서 사용되는 다공성 물질과 유사한 물질을 겉에 둘러싸서 만들어진다. 트리글리세라이드는 글리세롤 기본 구조에 3개의 지방산이 붙어있는 구조를

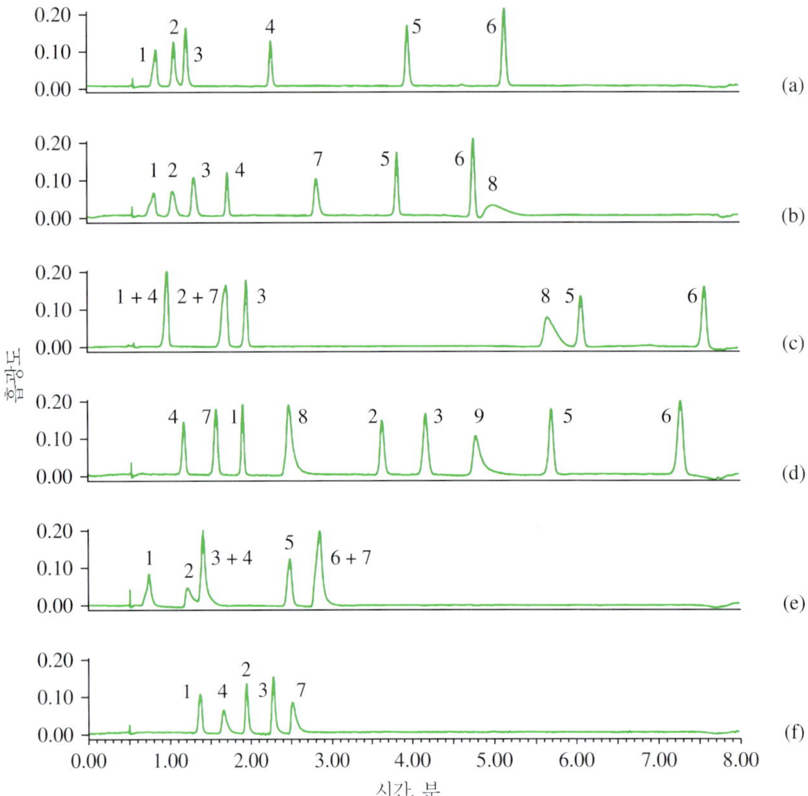

그림 29-8 9개의 약물을 다른 정지상의 SFC로 분리한 결과. 컬럼: 150 mm × 4.6 mm with 5-μm packing. (a) Waters Viridis silica; (b) Waters Viridis BEH ; (c) Phenomenex Luna Hilic diol; (d) Phenomenx PrincetonSFC 2-EP; (e) Waters Viridis fluorophenyl; (f) Waters X-bridge amide. 분석물질: (1) ibuprofen; (2) mefenamic acid; (3) doclofenac; (4) caffeine; (5) chlorthalidane; (6) hydrochlorothiazide; (7) midazolam; (8) propanolol; (9) dopamine. SFC 150 bar pressure at 40°C. Gradient of 5 – 40% methanol over 9 min with CO_2. UV detection at 220 nm. (Adapted from A. Grand-Guillaume Perrenoud, J. Boccard, J. L. Veuthey, and D. Guillarme, *J. Chromatogr. A*, **2012**, *1262*, 205, **DOI**: 10.1016/j.chroma.2012.08.091.)

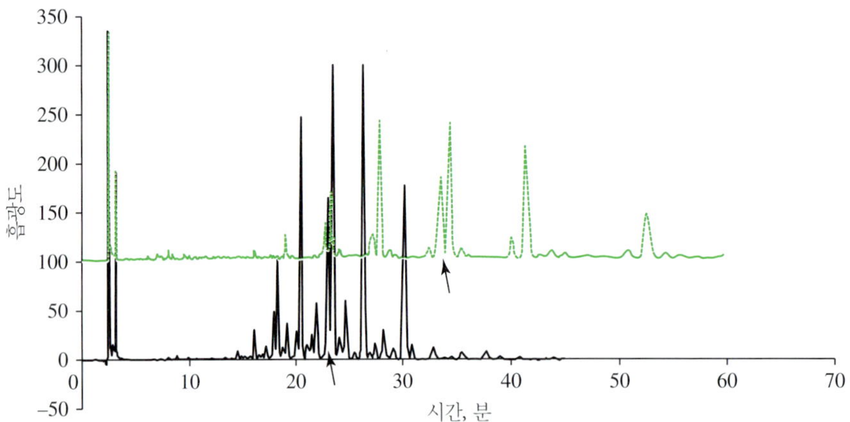

그림 29-9 다양한 트리글리세라이드를 보여주는 유체 오일의 크로마토그램. 밑에 실선은 10% acetonitrile, 위의 점선은 30% acetonitrile. 화살표는 PLL/LLL 및 과 POLn/OLL을 표시하는데, P = palmitic, L = linoleic, PO = palmitoleic, Ln = linolinic, O = oleic. Column, three Phenomenex Kinetex C18 columns in series, 3 × 150 mm × 4.6 mm with 2.6-μm packing. SFC, pressure 10 Mpa, 15°C. Mobile phase CO_2 with acetonitrile, UV detection at 210 nm. (Adapted from E. Lesellier, A. Latos, and A. L. Oliveira, *J. Chromatogr. A*, **2014**, *1327*, 141, **DOI**: 10.1016/j.chroma.2013.12.046.)

가진다. 변형 용매인 아세토나이트릴을 10~30% 변화시키면서 머무름이 증가하는 것을 볼 수 있다. 이는 극성인 변형 용매의 양이 증가하면서 트라이글리세라이드의 용해도가 감소했기 때문으로 설명될 수 있다. 그림 29-9에서 3개 대신에 4개의 컬럼을 선형으로 연결하여 컬럼의 길이가 길어졌다. 트리글리세라이드는 이산화탄소 이동상에 잘 용해됨이 발견되었는데, 이는 이산화탄소가 역상 HPLC에서 사용되는 유기 용매를 대체할 수 있음을 보여준다.

29C 초임계 유체 추출법

복잡한 물질을 분석할 때 시료 매트릭스로부터 분석물질들을 미리 분리해내는 예비 단계가 필요한 경우가 종종 있다. 이상적인 분리법은, 빠르고, 간단하고, 비용이 적게 들고; 손실이나 분해됨이 없이 분석물질을 정량적으로 회수할 수 있어야 하며; 더 이상 농축할 필요 없이 최종적 측정이 가능하도록 충분히 농축된 분석물질 용액을 만들어야 하고; 버려야 할 실험 폐기물이 거의 혹은 전혀 없어야 한다.

오랫동안, 복잡한 환경, 의약품, 식품, 석유 시료의 분리 분석을 위해 사용된 가장 일반적인 방법 중의 하나는 Soxhlet 추출기를 이용하여 탄화수소 또는 염소화된 유기 용매로 전체 시료를 추출하는 데 근거를 두고 있다. 불행하게도, 액체 추출법은 종종 앞에서 적어 놓았던 몇몇 이상적인 조건들을 만족시키지 못한다. 이들은 보통 분석물질을 만족할 정도로 회수하기 위해서는 수 시간 이상을 필요로 하며, 때때로 결코 만족스럽지 못한 경우도 있다. 용매의 가격도 보통 비싸다. 회수된 분석물질 용액의 농도가 너무 묽어서 추출한 후 농축해야 할 경우도 있다. 이 농축 단계에서 대기 오염뿐만 아니라 분석물질의 분해 및 손실이 있을 수 있다.

액체–고체 추출 또는 *고체상 추출*(solid-phase extraction)을 이용하면 몇 가지 문제점을 해결할 수 있다.[9] 고체상 추출 기술은 멤브레인 또는 작은 일회용 주사기로 만들어진 컬럼 또는 카트리지를 사용한다. 소수성 유기 화합물을 실리카 가루에 코팅하거나 화학적으로 결합시켜서 고체 추출상을 만든다. 화합물들은 비극성, 약간 극성 또는 극성이 가능하다. 예를 들어 octadecyl (C_{18})이 결합된 실리카는 일반적인 충전물이다. 충전물에 결합된 octadecyl (C_{18}) 작용기가 van der Waals 인력에 의해 잡아당겨서 시료에 있는 소수성 화합물을 수용액으로부터 추출한다.

초임계 유체 추출법(supercritical fluid extraction, SFE)을 사용하면 유기 액체 추출법을 이용할 때 발생하는 많은 문제점들을 피할 수 있다. 1980년대 중반부터 화학자들은 분석물질들을 분리하기 위하여 초임계 유체를 이용하는 연구를 시작하였다. 이런 추출법은 다음 절에서 설명된 많은 장점들을 가지고 있다.[10]

29C-1 초임계 유체 추출법의 장점

다음은 SFE의 몇 가지 장점에 대한 설명이다:

1. SFE는 일반적으로 빠르다. 시료 매트릭스와 추출 유체 사이에서의 질량 이동 속도는 유체에서 화학종의 확산 속도와 유체의 점도에 의해 결정된다—확산 속도가 더 크고 점도가 더 낮을수록, 질량 이동 속도는 더 빨라지게 된다. 앞에서 언급했던 것처럼 이 두 변수들은 전형적인 액체 용매에서보다 초임계 유체에서 더 유리하다. 따라서 초임계 유체 추출은 10~60분 내에 완결될 수 있지만, 유기 액체를 이용한 추출은 수 시간 또는 심지어 며칠이 걸릴 수 있다.
2. 초임계 유체의 용매 세기는 압력 변화에 따라, 그리고 적은 정도이지만 온도 변화에 따라 변할 수 있다. 이에 비해, 유기 액체의 용매 세기는 원칙적으로 조건에 관계없이 일정하다. 이러한 성질은 분석물질의 종류에 따라 초임계 유체를 이용한 추출 조건을 최적화할 수 있게 한다.
3. 많은 초임계 유체들은 일반적인 실험실 조건에서 기체 상태로 존재한다. 따라서 가열에 의해 증발을 시켜야만 하는 유기 액체를 사용하면 열적으로 불안정한 분석물질의 분해나 휘발성 분석물질의 손실이 일어날 수도 있지만, 초임계 유체를 이용하면 분석물질을 간단히 회수할 수 있다. 즉, 초임계 유체는 간단히 압력을 낮추기만 하여도 분석물질로부터 분리될 수 있다. 또 다른 방법으로는, 분석물질을 잘 용해하는 용매를 포함하고 있는 작은 유리병에 추출물을 통과시키면 작은 부피의 용매에도 용해시킬 수 있다.
4. 몇몇 초임계 유체들은 값이 싸고, 안정하며, 독성도 없다. 따라서 추출한 후 대기 중에 증발되도록 놓아둠으로써 초임계 유체를 제거할 수 있다.

29C-2 기기장치

SFE용 기기장치는 그림 29-10에서 보여주는 것처럼 비교적 간단하다. 기기의 부분 장치로는 유체 공급원으로서 가장 일반적으로 사용되는 이산화탄소의 저장탱크; 적어도 400 atm의 압력

[9] 더욱 자세한 정보를 위하여 다음의 문헌을 참조하시오. D. A. Skoog, D. M. West, F. J. Holler, and S. R. Crouch, *Fundamentals of Analytical Chemistry*, 9th ed., Belmont, CA: Brooks/Cole, 2014, pp. 856–857.

[10] 다음을 참고하시오. *Supercritical Fluid Extraction: Technology, Applications and Limitations*, J. Lindy, ed., Hauppauge, NY: Nova Science Publishers, 2014; *Supercritical Fluids as Solvents and Reaction Media*, G. Brunner, ed., Amsterdam: Elsevier, 2004, Chap. 4; *Practical Supercritical Fluid Chromatography and Extraction*, M. Caude and D. Thiebaut, eds., Amsterdam: Harwood, 2000; *Supercritical Fluids in Chromatography and Extraction*, R. M. Smith and S. B. Hawthorne, eds., Amsterdam: Elsevier, 1997; L. Taylor, in *Handbook of Instrumental Techniques for Analytical Chemistry*, F. Settle, ed., Chap. 11, Upper Saddle River, NJ: Prentice-Hall, 1997.

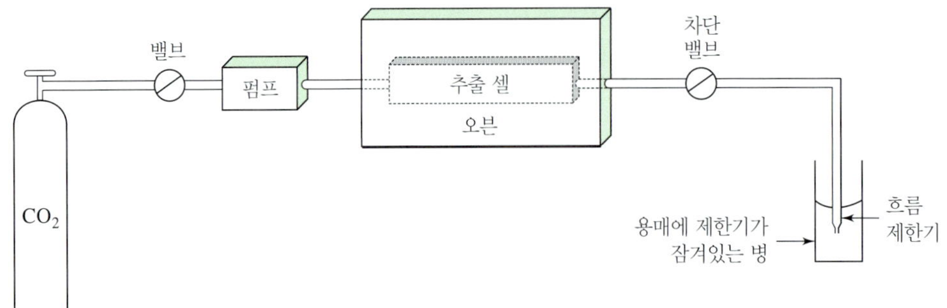

그림 29-10 오프라인 SFE의 전형적인 배열도. 차단 밸브는 동적 SFE에서는 필요 없고, 정적 SFE에서는 필요하다.

등급을 가지며, 2 mL/분 이상 가압 유체 흐름 속도를 낼 수 있는 주사기형 펌프; 임계 유체가 수 mL 용량의 가열된 추출 용기로 흐르는 것을 조절하는 밸브; 유체가 흐름 제한기로 흐르도록 유도하는 출구 밸브 등이 있다. 흐름 제한기는 유체의 압력을 낮추고 수집 기기로 이동시키는 역할을 한다. 가장 간단한 기기에서 흐름 제한기는 10~50 cm 길이의 모세관이다. 최신의 정교한 기기에서는 수동으로 또는 자동으로 흐름 제한기를 변화시키고 조절할 수 있다. 몇몇 기기제작회사들이 SFE 기기를 판매하고 있다.

SFE 장치는 두 가지 방법 중 한 방법으로 작동한다. 동적 추출 방식에서는, 추출 용기와 제한기 사이에 위치한 밸브가 열려 있어서 시료가 새로운 초임계 유체와 함께 계속해서 공급되고 추출된 물질은 감압이 일어나는 수집 용기로 들어간다. 정적 추출 방식에서는, 추출 용기와 제한기 사이에 있는 밸브가 닫혀져 있고, 추출 용기는 정적인 조건에서 압력이 걸려있다. 적당한 시간이 지난 후 출구 밸브가 열리면 추출 용기 내용물은 제한기를 통해 펌프로부터 나오는 유체의 동적 흐름에 의해 운반된다. 동적 방식이 정적 방식보다 더 널리 사용되고 있다.

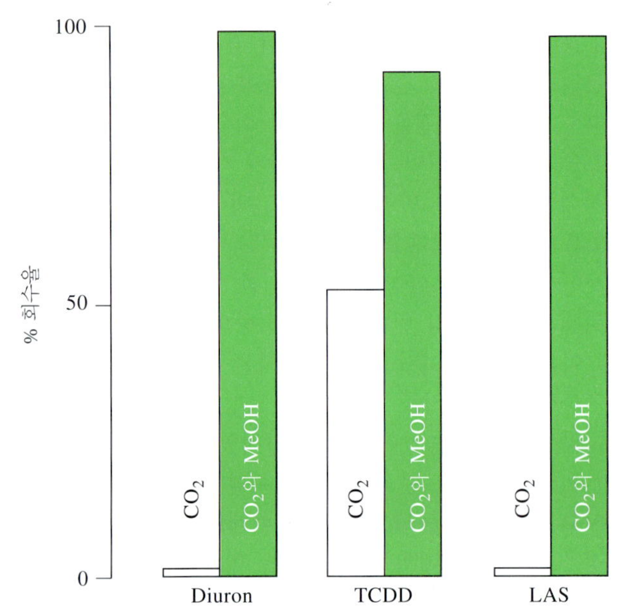

그림 29-11 CO_2 그리고 메탄올로 개선된 CO_2를 이용하여 얻어진 추출 효율의 비교. 시료는 토양이다. 모든 추출은 30분 동안 행해졌다. Diuron은 방향족 작용기가 치환된 요소 유도체인 제초제이고, TCDD는 2,3,7,8-tetrachlorodibenzo-*p*dioxin이고, LAS는 선형 alkylbenzenesulfonate 세탁제이다.

29C-3 초임계 유체의 선택

20여 개 이상의 초임계 유체가 추출 매질로서 사용될 수 있다고 알려지고 있으나, SFC에서와 마찬가지로, 가장 널리 사용되고 있는 물질은 이산화탄소 또는 유기 변형 용매를 포함하고 있는 이산화탄소이다. 가장 적합한 유체를 선택할 때 많은 변수들이 고려될 수 있는데, 이 변수들에는 분석물질과 매트릭스 성분들의 극성과 용해도, 매트릭스의 물리적 성질, 분석물질의 농도, 시료의 수분 함량, 그리고 속도론적 고려 등을 포함한다.[11] 불행하게도, 현재까지 SFE의 이론이 정립되어 있지 않기 때문에 대부분의 경우 최종 조건을 실험적으로 결정하여야만 한다. 대부분의 연구에서 이산화탄소를 초임계 유체로서 사용하여 왔다. 이산화탄소는 알케인과 터펜 등의 비극성 화학종들에 대해서 매우 좋은 용매이고, 여러 고리 방향족 탄화수소, 여러 개의 염소가 결합된 바이페닐, 알데하이드, 에스터, 알코올, 유기염소 살충제, 그리고 지방과 같이 중간 정도의 극성을 갖는 화학종들에 대해서는 괜찮은 추출 매질이다. 극성 화합물에 대해서는 일반적으로 좋은 추출 매질이 아니다. 단, 메탄올과 같이 극성이 큰 변형 용매를 첨가하여 유체의 극성을 변형시켜서 사용할 수 있다. 다른 펌프를 이용하거나 추출하기 전에 시료에 주입하여 변형 용매를 추출장치에 주입할 수 있다.

몇 가지 낮은 분자량의 알코올, 프로필렌 카보네이트, 2-메톡시에탄올, 메틸렌 클로라이드, 그리고 몇몇 유기산들이 초임계 유체인 이산화탄소의 극성을 증가시키기 위한 변형 용매로 사용된다. 가장 흔히 사용되는 변형 용매는 메탄올이다. 그림 29-11은 작은 양의 메탄올이 토양 시료로부터 여러 물질을 추출하는 효율을 향상시킴을 보여주고 있다.

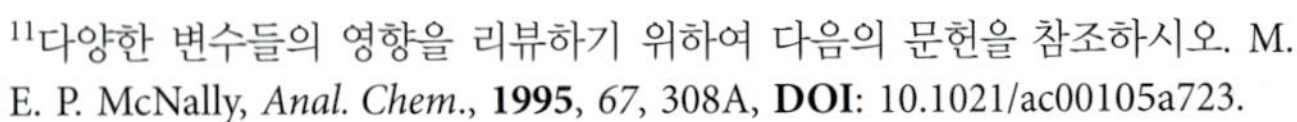
[11]다양한 변수들의 영향을 리뷰하기 위하여 다음의 문헌을 참조하시오. M. E. P. McNally, *Anal. Chem.*, **1995**, *67*, 308A, **DOI**: 10.1021/ac00105a723.

표 29-3 SFE의 일반적인 분석적 응용

물질	분석물질*	초임계 유체	추출 시간, 분	오프라인(1), 온라인(2)
토양	살충제	CO_2	20	1
강 침전물	PAHs	CO_2/5% MeOH	120	1
연기, 도시먼지	PAHs	CO_2	15	2
철도길 토양	PCBs, PAHs	CO_2/MeOH	45	1
식품	지방	CO_2/MeOH	12	1
향료, 풍선껌	향기	CO_2	10	2
혈청	콜레스테롤	CO_2	30	1
석탄, 비산재	PCBs, 다이옥신	CO_2	15	2
중합체	첨가제, 소중합체	CO_2	15	2
동물 조직	약품 잔류물	CO_2	9	1

*PAHs = polycyclic aromatic hydrocarbons; PCBs = polychlorinated biphenyls.

29C-4 오프라인 및 온라인 추출

추출 후 분석물질들을 모으기 위하여 *오프라인*(off-line)과 *온라인*(on-line) 두 가지 방법이 사용되고 있다. 두 방법 중 더 간단한 오프라인 방법의 경우에는 제한기를 수 mL의 용매에 담그고, 초임계 유체가 대기 속으로 날아가도록 하면서 분석물질들을 모은다(그림 29-10 참고). 분석물질은 실리카와 같은 흡착제 위에서 모을 수도 있다. 흡착된 분석물질들을 작은 부피의 액체 용매로 용리시킨다. 분리된 분석물질들을 여러 가지 광학적, 전기화학적, 크로마토그래피 분석법을 이용하여 확인한다.

온라인 방법에서는, 제한기로부터 나오는 유출물이 감압된 후에 바로 크로마토그래피 장치에 들어가도록 한다. 이 경우에 HPLC 기기가 가끔 사용될 수도 있지만 대부분 GC 장치나 SFC 장치가 이용된다. 온라인 장치의 주된 장점은 추출과 측정 사이에 시료를 처리하는 과정이 생략된다는 것과 분석물질이 묽혀지지 않기 때문에 감도가 증가할 수 있다는 것이다.

29C-5 SFE의 전형적인 응용

수백 개의 SFE 응용이 여러 문헌에 나와 있다. 이들 중 대부분은 환경 시료를 분석한 것이다. 그 외에도 식품, 식물, 생의학, 그리고 여러 가지 종류의 산업용 시료들을 분석한 예들이 있다. 표 29-3에는 오프라인 방법과 온라인 방법을 이용한 SFE의 몇 가지 대표적인 응용을 적어 놓았다. SFE는 분석적인 사용 외에도 제약과 고분자 산업에서 시료를 전처리하거나 분석물질을 분리하는 데 많이 사용되고 있다.

질문과 문제

*별표를 한 문제의 해답은 이 책의 끝에 있다.

이 아이콘이 있는 문제는 스프레드시트를 이용하여 쉽게 풀 수 있다.

29-1 다음 용어들을 정의하시오.

(a) 기체의 임계 온도와 임계 압력

(b) 초임계 유체

29-2 크로마토그래피를 하는 데 있어서 초임계 유체의 어떤 성질이 중요한가?

29-3 기기구성에서 SFC는 (a) HPLC 그리고 (b) GC와는 어떻게 다른가?

29-4 초임계 유체 크로마토그래피에 대한 압력 효과를 설명하시오.

질문과 문제(계속)

29-5 크로마토그래피 분리에서 이동상으로 사용되는 초임계 유체 CO_2의 장점을 HPLC 이동상과 비교하여 나열하시오.

29-6 SFC를 다른 컬럼 크로마토그래피와 비교하시오.

29-7 SFC 실험에서 초임계 이산화탄소를 이용할 경우 다음의 변화가 용리 시간에 어떠한 영향을 미칠지를 예측하시오.

(a) (일정한 온도와 압력에서) 흐름 속도를 증가시킨다.

(b) (일정한 온도와 흐름 속도에서) 압력을 증가시킨다.

(c) (일정한 압력과 흐름 속도에서) 온도를 증가시킨다.

29-8 다음 SFE 용어들의 차이점은 무엇인가?

(a) 온라인 방법과 오프라인 방법

(b) 정적 추출과 동적 추출

29-9 액체-액체 추출법과 비교하여 SFE의 장점과 단점을 나열하시오.

29-10 SFE 후에 추출된 분석물질들은 일반적으로 어떻게 회수되는가?

도전 문제

29-11 Zheng과 공동 연구자(J. Zheng, L. T. Taylor, J. D. Pinkson, and M. L. Mangels, *J. Chro- matogr. A*, **2005**, 1082, 220, **DOI**: 10.1016/j.chroma.2005.04.086)가 발표한 흥미로운 논문에서 극성과 이온성 화합물이 SFC에서 용리되는 것에 대해 설명하였다.

(a) 보통 SFC에서 매우 극성이거나 이온성인 화합물은 용리되지 않는데 그 이유는 무엇인가?

(b) 매우 극성이거나 이온성인 화합물을 용리하기 위하여 어떤 종류의 이동상 변형 용매가 사용되는가?

(c) 이온쌍 SFC가 종종 사용되지 않은 이유는 무엇인가?

(d) SFC에서 이동상 변형 용매로 암모늄 염이 종종 사용되는 이유는 무엇인가?

(e) 논문의 저자들은 검출기로서 질량 분석계(MS)를 사용한 SFC 기기에 대해 설명하였다. SFC와 MS를 연결하는 연결장치에 대해 설명하시오. SFC와 MS를 연결할 때와 HPLC와 GC에 MS를 연결할 때의 적합성을 비교하여 설명하시오.

(f) 논문의 저자들은 컬럼 출구 압력이 sodium 4-dodecylbenzene sulfonate 용리에 미치는 영향을 3개의 다른 정지상과 5개 이동상 변형 용매에서 연구하였다. 관찰된 효과는 무엇이고, 이 효과를 어떻게 설명하는가?

(g) 논문의 저자들이 고려한 용리 메커니즘은 무엇인가?

(h) Sulfonate salt를 가장 빨리 용리시킨 이동상 변형 용매는 어느 것인가? 가장 긴 머무름 시간을 갖도록 한 변형 용매는 어느 것인가?

(i) 실리카 컬럼은 사이아노 결합상 컬럼으로부터 얻은 결과와 비슷한가 또는 다른가?

30장

모세관 전기 이동, 모세관 전기 크로마토그래피와 장-흐름 분획법

Capillary Electrophoresis, Electrochromatography, and Field-Flow Fractionation

이 장에서는 비교적 새로운 세 가지 분리법을 다루고 있다. 먼저 특히 **모세관 전기 이동(capillary electrophoresis)**에 중점을 두고 전기 이동 분리의 원리를 알아보고, 여러 종류의 분석 문제에 이 다양한 방법을 응용하는 것에 대해 알아볼 것이다. 모세관 띠 전기 이동, 모세관 젤 전기 이동, 모세관 등속이동, 모세관 등전 집중, 마이셀 동전기 크로마토그래피에 대해 설명할 것이다. 그 다음 **전기 크로마토그래피(electrochromatography)**에 대해서도 간단히 설명할 것이다. 마지막 부분에서는 중합체, 콜로이드, 그리고 다른 거대 분자들의 분리에 사용되는 **장-흐름 분획법(field-flow fractionation)**의 원리와 응용에 대해 설명할 것이다.

이 장에서 옆의 로고는 www.tinyurl.com/skoogpia7에서 대화형 자습, 시뮬레이션, 연습 등을 통해 온라인으로 학습할 수 있는 기회가 있음을 나타낸다.

모세관 전기 이동과 전기 크로마토그래피에서는, 그림 30-1에 있는 구성도에 나타낸 것과 같이 전기장의 영향하에 완충 용액이 채워진 모세관에서 분리가 일어난다. 반면에 장-흐름 분획법에서는 유체가 통과하는 리본 형태로 된 채널 안에서 흐름 방향에 수직으로 전달되는 침강 장, 전기장, 또는 열 장을 이용하여 분리한다.

30A 전기 이동의 개요

전기 이동(electrophoresis)은 dc 전위가 걸려 있는 전기장에서 전하를 띤 화학종들이 서로 다른 속도로 이동하는 것을 토대로 한 분리법이다. 이 분리법은 1930년대에 혈청 단백질 연구를 한 스웨덴 화학자 Arne Tiselius에 의해 처음 개발되었으며, 그는 이 업적으로 1948년에 Nobel 상을 수상하였다.

전기 이동은 무기 음이온과 양이온, 아미노산, catecholamine, 의약품, 비타민, 탄수화물, 펩타이드, 단백질, 핵산, 뉴클레오타이드, 폴리뉴클레오타이드 및 그 외 많은 화학종들과 같이 분리 분석하기에 어려운 여러 분석물질들에 응용되어 왔다.

전기 이동의 특별한 장점은 생물공학적 산업과 생물과학 연구분야에서 관심이 많은 하전된 거대분자들을 분리할 수 있는 독특한 능력을 지니고 있다는 것이다. 오랫동안 전기 이동은 단백질(효소, 호르몬, 항체)과 핵산(DNA, RNA)을 분리하는 데 매우 좋은 분해능을 갖는 훌륭한 방법으로 사용되어 왔다. 예를 들면, DNA의 서열을 알아내기 위해서는 염기의 수가 약 200~500 정도이면서 단지 하나의 뉴클레오타이드만이 차이가 나는 긴 사슬의 폴리뉴클레오타이드들을 식별할 수 있는 능력이 필요하다. 오로지 전기 이동만이 이 문제를 해결할 수 있을 정도로 충분한 분해능을 가지고 있다. 예를 들어, 전기 이동이 없었다면 인간 게놈 프로젝트는 거의 불가능하였을 것이다. 인간의 DNA가 약 30억 개의 뉴클레오타이드로 이루어져 있기 때문이다.

전기 이동 분리는 좁은 관이나 종이 또는 반고체 젤과 같은 평평한 다공성 지지체 매질에 채워져 있는 수용성 완충 용액에 작은 양의 시료를 주입하여 수행한다. 완충 용액이 채워져 있는 전 구간에는 완충 용액의 양쪽 끝에 위치한 한 쌍의 전극에 의

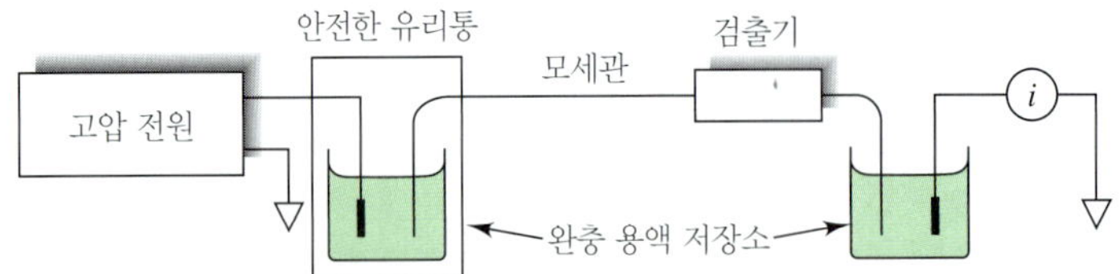

그림 30-1 모세관 전기 이동 장치의 구성도.

해 높은 전압이 가해진다. 이 전기장은 시료 이온을 한 전극 쪽에서 다른 전극 쪽으로 이동하게 한다. 분리 대상 화학종들의 이동 속도는 그들의 전하뿐만 아니라 크기에 따라서도 달라지므로, 시료에 들어있는 여러 분석물질들은 이들의 전하-대-크기 비의 차이에 따라 분리된다. 이 비가 크면 클수록, 이온은 전기장에서 더 빨리 이동한다.

30A-1 전기 이동의 종류

전기 이동 분리법은 현재 매우 다른 두 가지 형식으로 작동되고 있다: 하나는 *평판 전기 이동*(slab electrophoresis)이고, 다른 하나는 *모세관 전기 이동*(capillary electrophoresis)이다. 평판 전기 이동은 생화학 또는 생물학적으로 관심이 많으면서 복잡하고, 분자량이 큰 물질들을 분리하는 데 오랫동안 사용되어온 고전적인 방법이다. 평판 분리는 다공성 반고체 젤로 되어 있는 얇고 평평한 층, 즉 평판 위에서 행해지는데 이 다공성 구멍 속에는 수용성 완충 용액이 채워져 있다. 보통 이 평판은 얇은 층 크로마토그래피의 평판처럼 한쪽 면이 수 cm 정도 되는 크기를 가지고 있으며, 여러 개의 시료를 동시에 분리할 수 있다. 시료는 평판 위에 점적(spot) 또는 띠로서 주입되고, 일정 시간 동안 평판을 가로질러 dc 전압을 걸어준다. 완전히 분리되었을 때 전기장을 끊고, 제28I-2절에서 얇은 층 크로마토그래피에 대해 설명했던 것과 거의 유사한 방법으로 염색하여 분리된 화학종을 눈으로 확인할 수 있도록 한다.

평판 전기 이동은 현재 생화학 및 생물학 분야에서 가장 널리 사용되고 있는 분리법이다. 생명과학 분야의 단행본, 교과서, 학술지에서 수많은 전기 이동 평판의 분리 후 사진들을 볼 수 있다. 모세관 전기 이동은 전기 이동을 기기장치화한 것으로서 1980년대 중후반에 개발되었다. 이것은 다양한 분리 분석 문제점들을 해결해주는 중요한 도구가 되었다. 많은 경우에 있어서, 이 새로운 모세관 전기 이동 분리는 이 장에서 앞으로 설명하게 될 몇 가지 중요한 장점으로 평판 전기 이동을 대체하고 있다.

30A-2 전기 이동 분리의 원리

전기장이 주어졌을 때 이온의 이동 속도(migration velocity, cm/s) v는 전기장의 세기 E ($V\ cm^{-1}$)와 전기 이동 이동도(electrophoretic mobility) μ_e ($cm^2\ V^{-1}s^{-1}$)의 곱과 같다. 즉,

$$v = \mu_e E \qquad (30\text{-}1)$$

전기 이동 이동도는 분석물질의 이온 전하에 비례하고, 마찰 지연 인자에 반비례한다. 전기장은 단지 이온들에 대해서만 작용한다. 만약 두 화학종이 서로 전하의 차이가 있거나, 완충 용액에서 이동할 때 겪는 마찰력의 차이가 있을 경우 이것들은 각각으로부터 분리될 것이다. 중성 화학종들은 전기장의 영향을 받지 않아 분리되지 않는다. 분석물질 이온에 대한 마찰 지연력은 이온의 크기와 모양 그리고 이온이 이동하는 매질의 점도에 의해 결정된다. 동일한 크기의 이온인 경우, 전하가 클수록 추진력은 더 커지고 이동 속도는 더 빨라진다. 동일한 전하를 갖는 이온인 경우, 이온이 작을수록, 마찰력이 더 작아지므로 이동 속도는 더 빨라진다. 이온의 *전하 대 크기비*(charge-to-size ratio)는 이 두 가지 효과가 합쳐져서 결정된다. 크로마토그래피와는 달리 전기 이동 분리에서는 단지 한 가지 상만을 이용한다는 것에 주목해야 한다.

30B 모세관 전기 이동

기존의 평판 전기 이동이 유용하게 사용되고 있는 만큼, 이런 종류의 전기 이동 분리는 전형적으로 느리며, 노동 집약적이고, 자동화하기 어려우며, 아주 정밀한 정량적인 정보를 제공해 주지 못하고 있다. 1980년대 중후반 시기에 모세관에서 구동되는 전기 이동의 연구와 응용이 폭발적으로 늘어나게 되면서 여러 종류의 기기가 시판되기 시작하였다. *모세관 전기 이동*(capillary electrophoresis, CE)은 매우 작은 시료 부피(평판 전기 이동에서는 μL 정도의 시료가 필요한 것에 비해 0.1~10 nL)에 대해서도 높은 분해능으로 고속 분리가 가능하다. 게다가 분리된 화학종들은 모세관 한쪽 끝에서 용리되어 나오므로 평판 전기 이동의 번거로운 발색법 대신에 HPLC에서 사용되는 것과 유사한 정량 분석용 검출기를 이용할 수 있다.[1]

[1]CE에 관한 추가 정보는 다음을 참고하시오. *Capillary Electrophoresis and Microchip Capillary Electrophoresis*, C. D. Garcia, K. Y. Chumbimuni-Torres, and E. Carrilho, eds., Hoboken, NJ: Wiley, 2013; *Analysis and Detection by Capillary Electrophoresis*, M. L. Marina, A. Rios, and M. Valcarcel, eds., Vol. 45 of *Comprehensive Analytical Chemistry*, D. Barcelo, ed., Amsterdam: Elsevier, 2005; R. Weinberger, *Practical Capillary Electrophoresis*, 2nd ed., New York: Academic Press, 2000; *High Performance Capillary Electrophoresis*, M. G. Khaledi, ed., New York: Wiley, 1998.

30B-1 CE에서 이동 속도

식 30-1에서 볼 수 있었듯이, 이온의 이동 속도 v는 전기장의 세기에 따라 달라진다. 전기장은 걸어준 전압의 크기 V에 비례하고, 전기장이 걸린 모세관의 길이 L에 반비례한다. 따라서,

$$v = \mu_e \times \frac{V}{L} \tag{30-2}$$

이 관계식으로부터 이온의 빠른 이동과 빠른 분리를 위해서는 높은 전압을 걸어주는 것이 바람직하다는 것을 알 수 있다. 빠르게 분리되는 것이 좋지만, 더 중요한 것은 높은 분해능으로 분리되는 것이다. 따라서 전기 이동에서 분해능을 결정하는 인자들에 대해 알아볼 필요가 있다.

30B-2 CE에서의 단높이

크로마토그래피에서는 세로 확산과 질량 이동 저항 모두가 띠 퍼짐에 관여한다. 하지만 전기 이동에서는 단지 한 가지 상만을 이용하기 때문에, 이론적으로 세로 확산만을 고려하면 된다. 그러나, 시료 주입 과정이 띠 퍼짐에 기여하는 것과 마찬가지로, 실험을 할 때 발생하는 Joule 열이 띠 퍼짐을 유발할 수 있다. 비록 CE가 크로마토그래피 과정은 아니지만 CE의 분리는 크로마토그래피와 비슷한 방법으로 설명한다. 예를 들면, 전기 이동에서 이론 단수(N)는 다음 식으로 계산할 수 있다.

$$N = \frac{\mu_e V}{2D} \tag{30-3}$$

여기서 D는 용질의 확산 계수($cm^2\ s^{-1}$)이다. 이론 단수가 커질수록 분해능이 증가하기 때문에 높은 분해능으로 분리를 하기 위해서는 높은 전압을 걸어주는 것이 바람직하다. 크로마토그래피에서와는 달리, 전기 이동에서는 관의 길이를 증가시켜도 이론 단수가 증가하지 않는다는 것을 알아두어야 한다.

젤 평판 전기 이동의 경우, 전압을 걸었을 때 발생하는 Joule 열로 인해 적용 전압은 약 500 V 이하로 제한하고 있다. 이것이 평판 형식에 비해 모세관 형식이 갖는 우수성 중 하나이다. 모세관의 긴 길이와 작은 단면적으로 인해 모세관에 들어있는 용액의 저항이 매우 커진다. 전력은 저항에 반비례하여 소모되기 때문에($P = I^2/R$) 동일한 양의 열이 발생한다고 하더라도 평판에서보다는 모세관에서 더 높은 전압을 걸어줄 수 있다. 또, 모세관은 표면적-대-부피의 비가 크므로 효과적으로 냉각시킬 수도 있다. 이 두 가지 요인으로, 모세관에서는 열에 의한 대류 혼합으로 발생되는 띠 퍼짐은 크게 나타나지 않는다. 보통 100~400 V/cm의 전기장을 사용한다. 10~25 kV의 고압 전력 공급기가 보통 사용된다. 이렇게 높은 전압을 사용하게 되면 평판 형식에서 보았던 것보다 속도와 분해능이 크게 향상된다. CE의 피크 폭은 세로 확산으로 인해 때로는 발생되는 이론적인 한계치에 가까워지기도 한다. HPLC의 전형적인 이론 단수가 5,000~20,000인 것에 비해, CE는 100,000~200,000 이론 단수를 갖는다. 모세관 띠 전기 이동을 이용하여 단실화된 아미노산을 분리하였을 때 이론 단수는 3,000,000에 가까우며,[2] 모세관 젤 전기 이동을 이용해 폴리뉴클레오타이드를 분리하였을 때 이론 단수는 10,000,000 이상인 것으로 알려졌다.[3]

30B-3 전기삼투 흐름

CE의 독특한 특징은 *전기삼투 흐름*(electroosmotic flow)이다. 완충 용액이 들어있는 용융 실리카 모세관 양 끝에 높은 전압을 걸어주었을 때 전기삼투 흐름이 발생하는데 이것은 액체 전체가 음극으로 움직이는 현상이다. 이동 속도는 감지할 수 있을 정도이다. 예를 들면, 50 cm 모세관에 채워진 50 mM pH 8인 완충 용액은 25 kV의 전압을 걸어 주었을 때 약 5 cm/분의 속도로 음극으로 흘러가는 것을 관찰할 수 있다.[4]

전기삼투 흐름은 그림 30-2에서와 같이 실리카-용액 경계면

[2] R. D. Smith, J. A. Olivares, N. T. Nguyen, and H. R. Udseth, *Anal. Chem.*, **1988**, *60*, 436, **DOI**: 10.1021/ac00156a013.

[3] A. Guttman, A. S. Cohen, D. N. Heiger, and B. L. Karger, *Anal. Chem.*, **1990**, *62*, 137, **DOI**: 10.1021/ac00201a010.

[4] J. D. Olechno, J. M. Y. Tso, J. Thayer, and A. Wainright, *Amer. Lab.*, **1990**, *22* (17), 51.

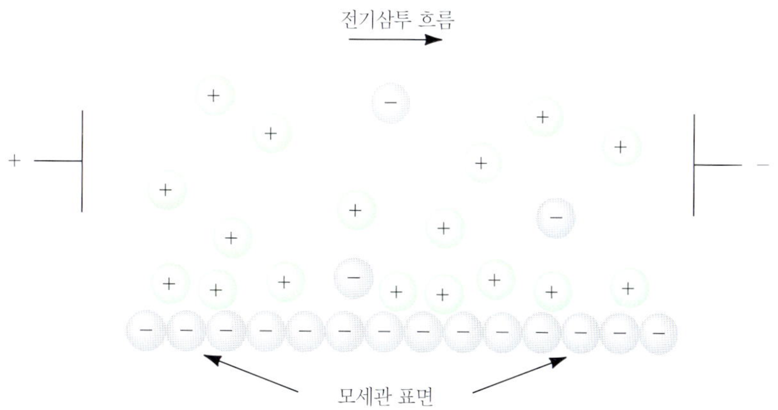

그림 30-2 실리카 모세관 경계면에서의 전하 분포와 이로 인해 발생되는 전기삼투 흐름. (From A. G. Ewing, R. A. Wallingford, and T. M. Olefirowicz, *Anal. Chem.*, **1989**, *61*, 292A, **DOI**: 10.1021/ac00179a722. Copyright 1989 American Chemical Society.)

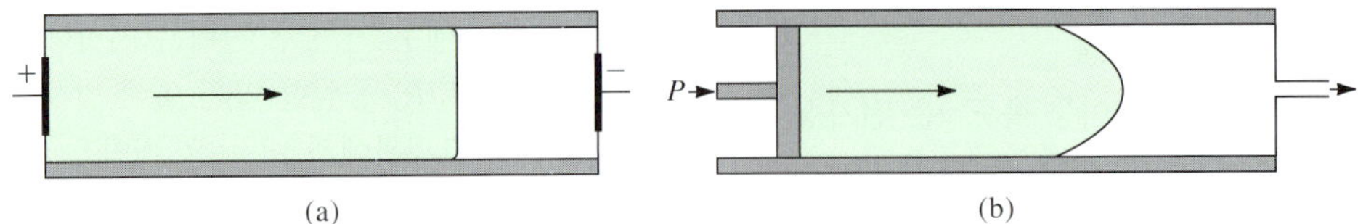

그림 30-3 (a) 전기삼투 흐름과 (b) 압력에 의해 발생되는 흐름에서의 액체의 흐름 측면도.

에서 생성되는 전기 이중층으로 인해 일어난다. pH 3 이상에서는, 실리카 모세관의 실라놀(Si—OH)기의 이온화로 인해 모세관 내벽이 음전하를 띠게 된다. 완충 용액의 양이온들은 실리카 모세관의 음의 표면 가까이에 있는 전기 이중층에 모인다. 전기 이중층으로부터 멀리 떨어진 확산층에 있는 양이온들은 음극을 향해 끌려가게 된다. 양이온들은 용매에 둘러싸인, 즉 용매화되어 있기 때문에 이들은 전체 용매도 함께 끌고 간다. 그림 30-3a에서와 같이, 전기삼투 현상은 벌크 용액의 흐름이 생기도록 하는데 이 흐름은 관의 벽에서 생기기 때문에 관의 측면을 기준으로 평평한 단면을 갖는다. 이러한 유형은 HPLC의 압력에 의한 흐름에서 관찰되는(그림 30-3b) 포물선형의 층흐름(laminar flow) 단면과는 대조적이다. 이 흐름 유형은 원리적으로 평면이기 때문에, 전기삼투 흐름은 LC에서 압력에 의한 흐름으로 인해 생길 수 있는 만큼의 띠 퍼짐을 유발하지 않는다.

전기삼투 흐름의 속도는 일반적으로 개개 이온들의 전기 이동 이동 속도보다 더 크기 때문에, CE의 이동상을 효과적으로 펌프해주게 된다. 비록 분석물질들이 모세관 안에서 이들의 전하에 따라 이동한다 할지라도, 전기삼투 흐름 속도는 보통 모든 양이온, 중성, 심지어 음이온까지도 모세관 한쪽 끝까지 다 끌고 가기에 충분할 정도로 크므로, 모든 화학종들이 한 지점을 통과할 때 검출할 수 있다(그림 30-4 참고). 결과적으로 *전기 이동 곡선*(electropherogram)은 크로마토그램과 매우 비슷하지만 피크 폭이 훨씬 좁다.

전기삼투 흐름 속도 v는 식 30-1과 비슷한 식으로 주어진다. 즉,

$$v = \mu_{eo}E \tag{30-4}$$

전기삼투 흐름이 있을 때, 이온의 속도는 그 이온의 전기 이동 속도와 전기삼투 흐름 속도의 합이 된다. 즉,

$$v = (\mu_e + \mu_{eo})E \tag{30-5}$$

전기삼투 현상의 결과로서, 전형적인 모세관 전기 이동 분리에서의 용리 순서라는 가장 빠른 양이온이 먼저 나오고, 느린 양이온들이 뒤따라 계속해서 나오고, 그 다음 모든 중성 화학종들이 하나의 띠로 나오고, 결국에는 가장 느린 음이온들과 그 뒤를 바로 따라오는 더 빠른 음이온들이 나오게 된다(그림 30-4 참고). 어떤 경우에 있어서는, 전기삼투 흐름의 속도가 몇몇 음이온들이 양극을 향해 움직이는 속도보다 크지 못하는 경우도 있으며, 어느 경우에서는 음이온들이 음극으로 향하는 대신 양극으로 움직이기도 한다.

CE에서 이동 시간 t_m은 한 용질이 시료 주입 위치로부터 검출기까지 이동하는 데 걸리는 시간이다. 만약 전체 길이가 L인 모세관을 사용하고 검출기까지의 길이를 l이라고 한다면 이동 시간은 다음과 같다.

$$t_m = \frac{l}{(\mu_e + \mu_{eo})E} = \frac{lL}{(\mu_e + \mu_{eo})V} \tag{30-6}$$

전기삼투 흐름이 있을 때 이론 단수는 식 26-21과 유사한 식으로 나타낼 수 있다:

$$N = 16\left(\frac{t_m}{W}\right)^2 \tag{30-7}$$

여기서 W는 크로마토그래피에서처럼 피크 밑면에서 측정된 피크 폭이다.

정상적인 전기삼투 흐름의 방향은 완충 용액에 양이온성 계면활성제를 넣어줌으로써 바꿀 수도 있다. 계면활성제는 모세관 벽에 흡착이 되어 모세관 벽이 양전하를 띠게끔 한다. 그렇

시뮬레이션: www.tinyurl.com/skoogpia7에서 **모세관 전기 이동(capillary electrophoresis)**에 대해 더 알아보시오.

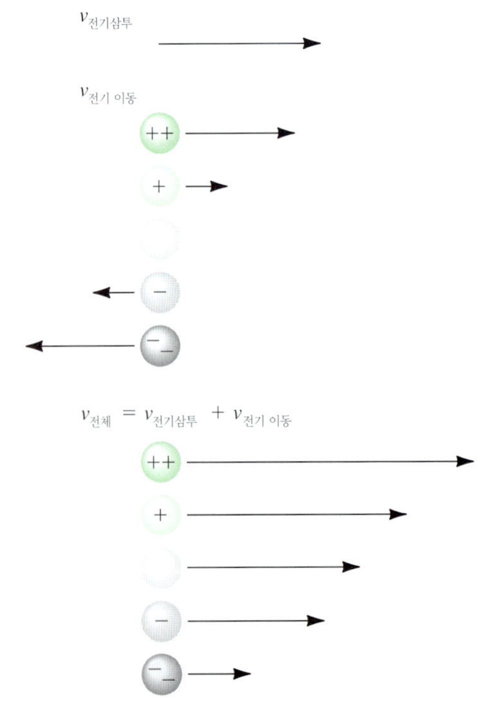

그림 30-4 전기삼투 흐름이 존재할 때의 속도. 이온들 옆에 나타낸 화살표의 길이는 속도의 크기를 나타낸다; 화살표의 방향은 움직이는 방향을 나타낸다. 이 용액의 오른쪽에는 음극이, 왼쪽에는 양극이 놓여져 있다.

게 되면 완충 용액의 음이온들은 벽 가까이 모이게 되고 양극을 향해 움직이게 된다. 종종, 이런 방법을 이용하여 음이온들을 빠르게 분리하기도 한다.

전기삼투 현상은 어떤 형태의 모세관 전기 이동에서는 종종 바람직하지만, 다른 형태의 것에서는 그렇지 않은 경우도 있다. 트라이메틸클로로실레인(trimethylchlorosilane)과 같은 시약으로 모세관 벽 내부를 변형시키면 표면에 결합하여 표면의 실라놀 기의 수를 감소시켜 전기삼투 흐름을 최소화할 수도 있다(제28D-1절 참고).

30B-4 CE의 기기장치

모세관 전기 이동 장치는 그림 30-1에 나타낸 것처럼 간단하다. CE 기기장치는 실험실에서 쉽게 구성할 수 있기는 해도 때로는 안전을 위해서, 또 검출기를 손쉽게 연결하려면 상용화된 장비를 사용하는 것이 바람직하다. 여러 기기 회사들이 제작하는 CE 기기장치를 구할 수 있다. 내부 지름이 10~100 mm이고, 길이가 30~100 cm인 용융 실리카 모세관은 완충 용액이 채워져 있는 상태에서 백금 전극이 각각 들어있는 두 개의 완충 용액 저장용기에 담가 연결한다. 기체 크로마토그래피(GC)에서 사용하는 모세관처럼, 용융 실리카 외부 벽에는 폴리이미드를 입혀서 내구성과 유연성 그리고 안정성을 지니게 한다. 시료 주입은 모세관 한쪽 끝에서, 검출은 다른 쪽 끝에서 이루어진다. 두 전극 사이에는 5~30 kV의 직류 전압을 걸어준다. 이 높은 전압의 극성은 그림 30-1에서와 같게 하거나, 빠르게 음이온을 분리하고자 할 때에는 반대 방향으로 걸어줄 수도 있다. 사용자들의 안전을 위해 전기 이동 장치 중 높은 전압을 발생하는 부위는 안전차단 시스템으로 구성되어 있다.

기기 구성이 개념적으로는 간단하다 해도, 시료의 부피가 매우 작기 때문에 시료를 주입하고 검출하는 과정에서 실험적으로 많이 어렵다. 일반적인 모세관의 부피가 4~5 μL 정도이기 때문에, 시료 주입 부피와 검출 부피는 수 nL 또는 그 이하의 크기를 갖게 된다.

시료 주입

가장 널리 사용하고 있는 시료 주입 방법은 *동전기 주입*(electrokinetic injection)과 *압력 주입*(pressure injection)이다. 동전기 주입을 할 경우, 모세관의 한쪽 끝과 전극을 완충 용액의 저장용기로부터 꺼내어 시료가 들어있는 작은 컵 안에 옮겨 놓는다. 그 다음 일정 시간 동안 전압을 걸어주어, 이온의 이동과 전기삼투 흐름에 의해 시료가 모세관으로 들어가도록 한다. 그 다음 모세관 끝부분과 전극을 원래의 완충 용액에 다시 옮겨 놓고 분리를 진행시킨다. 이 주입법은 빠르게 움직이는 이온들이 상대적으로 느리게 움직이는 이온들에 비해 더 많이 주입된다는 문제가 생기게 된다.

압력 주입을 이용하여 시료를 주입할 경우, 모세관 끝의 시료 주입구를 작은 시료 용기에 담가두지만 압력 차이가 시료 용액을 모세관으로 들어가도록 하는 것이다. 압력 차이는 검출기 끝부분에 진공을 걸어주거나 시료 용액에 압력을 가하는 방법, 또는 시료 용액 위치를 높여주는 방법(유체역학적 주입, hydrodynamic injection)으로 얻을 수 있다. 압력 주입은 이온의 이동도 차이로 인한 문제는 없지만, 젤이 채워진 모세관에서는 사용할 수 없다.

동전기 주입과 압력 주입 모두에서, 주입되는 시료 부피는 주입 시간을 조절하면 된다. 보통 5~50 nL가 주입되며, 100 pL 이하의 부피가 주입되기도 한다. 물과 거의 같은 밀도와 점도를 가지고 있는 완충 용액을 사용하고, 75 μm 직경을 갖는 모세관 양 끝의 높이가 5 cm 차이가 날 때 10초 동안 유체역학 주입을 사용하면 약 6 nL의 부피가 주입된다.

모세관 한쪽 끝을 길게 뽑아내어 매우 작은 직경을 갖도록 만든 미량 주입 팁을 사용하면 단일 세포 또는 세포 속에 있는 내부 구성물질과 같은 pL 정도의 시료를 취할 수 있다. 이런 방법은 단일 세포 속에 있는 아미노산과 신경 전달 물질을 연구하는데 이용하고 있다. 다른 특이한 주입 방법도 여러 문헌에 소개되고 있다.[5] 상용화된 CE 장치는 시료 주입을 자동으로 하기 위하여 여러 개의 시료 용기를 담은 항온 회전 테이블을 장착하고 있다.

검출

대부분의 CE 장치에서 분리된 분석물질들은 같은 지점을 통과하기 때문에, 검출기는 외형이나 기능면에서 HPLC에서 사용하는 것과 비슷하다. 표 30-1에 CE에 대해 보고된 몇 가지 검출법을 나열하였다. 표의 두 번째 열은 이 검출기들의 대표적인 검출 한계에 대한 것이다.

흡광법. 일반적으로 흡광법은 응용성이 커서 흔히 사용되고 있지만 형광 검출기와 흡광도 검출기 모두가 CE에 널리 사용되고 있다. 검출기 부피를 nL 또는 이보다 작게 하기 위해 검출은 모세관 내에서(on-column) 행해진다. 이 경우에는 모세관의 외벽에 입혀져 있는 폴리이미드 보호피막 일부분을 태우거나 또는 에칭하여 제거한다. 이 경우, 모세관에서 벗겨진 부분이 검출기의 시료 용기 역할을 하는 것이다. 이런 측정을 할 때 빛의 통과 길이가 단지 50~100 μm 정도밖에 되지 않아 농도 단위로 표시하는 검출 한계가 제한되기도 한다; 하지만 부피가 작기 때문에 질량 검출 한계는 HPLC와 같거나 또는 더 좋다.

흡광도 측정의 감도를 높이기 위하여, 측정하는 빛의 통과 거리를 길게 하려는 여러 방법들이 제시되었다. 그림 30-5a는 상용화된 검출기들로서 모세관의 끝을 Z 모양으로 구부린 것으로 통과 거리가 모세관 직경의 약 10배에 달한다. 빛의 통과 거

---

[5]다음을 참고하시오. C.-C. Chen et al., *Anal. Chem.*, **2007**, *79*, 195, **DOI**: 10.1021/ac061377b; S. I. Cho et al., *J. Chromatogr. A*, **2005**, *1063*, 253, **DOI**: 10.1016/j. chroma.2004.11.088; L. M. Ponton and C. E. Evans, *Anal. Chem*, 2001, 73, 1974, **DOI**; 10.1021/ac001145r.

표 30-1 CE의 검출기

검출기 형태	대표적 검출 한계* (검출된 아토 몰수)
분광법	
흡수†	1~1000
형광	1~0.01
열 렌즈†	10
Raman†	1000
화학발광†	1~0.0001
질량 분석법	1~0.01
전기화학	
전도도†	100
전위차법†	1
전류법	0.1

Sources: B. Huang, J. J. Li, L. Zhang, J. K. Cheng, *Anal. Chem.*, **1996**, *68*, 2366, **DOI**: 10.1021/ac9511253; S. C. Beale, *Anal. Chem.*, **1998**, *70*, 279R, **DOI**: 10.1021/a19800141; S. N. Krylov and N. J. Dovichi, *Anal. Chem.*, **2000**, *72*, 111R, **DOI**: 10.1021/a1000014c; S. Hu and N. J. Dovichi, *Anal. Chem.*, **2002**, *74*, 2833, **DOI**: 10.1021/ac0202379.

*Detection limits quoted have been determined with injection volumes ranging from 18 pL to 10 nL.

†Mass detection limit converted from concentration detection limit using a 1-nL injection volume.

리가 증가하면 피크 효율, 즉 분해능이 감소하는 결과를 초래할 수 있다. 어떤 경우는 구형 볼 렌즈처럼 특별한 렌즈를 광원과 Z 용기 사이 그리고 용기와 검출기 사이에 삽입하기도 한다.[6] 이러한 렌즈를 이용하면 용기에 그리고 검출기 위에 빛을 모아주므로 감도를 높여준다.

그림 30-5b는 흡광 경로를 증가시키기 위한 두 번째 방법이다. 이 방법에서는 모세관의 끝 가까이에 작고 둥근 돔(bubble)이 형성되어 있는 데 이 기술을 상용화한 장비의 경우, 50 μm 모세관에 돔의 내부 지름이 150 μm 정도가 되어 흡광 경로를 3배로 증가시킨다.

반사로 인해 복사선의 통과 거리를 증가시키는 세 번째 방법을 그림 30-5c에 나타내었다. 이 방법에서는, 모세관의 한쪽 끝에 은을 이용한 빛 반사 피막을 입혀놓는다. 이 경우에 복사선의 빛살은 모세관을 통과할 때까지 여러 번의 반사가 일어나 통과 거리를 크게 증가시킨다.

상용 CE 장치에는 1초 이내에 자외선-가시선 영역의 스펙트럼을 얻을 수 있는 다이오드 배열 및 전하-쌍(charge-coupled device, CCD) 검출기가 장착되기도 한다.

간접 검출법. 간접 흡수 검출법은 몰 흡광 계수가 낮아 유도체화 반응을 하지 않고서는 직접 검출하기 어려운 화학종들을 검출하는 데 사용된다. 이온성 발색제를 전기 이동 완충 용액에 넣는다. 그러면 검출기는 이 물질의 존재로 인해 일정한 신호

[6]D. M. Spence, A. M. Sekelsky, and S. R. Crouch, *Instrum. Sci. Technol.*, **1996**, *24*, 103, **DOI**: 10.1080/10739149608000472.

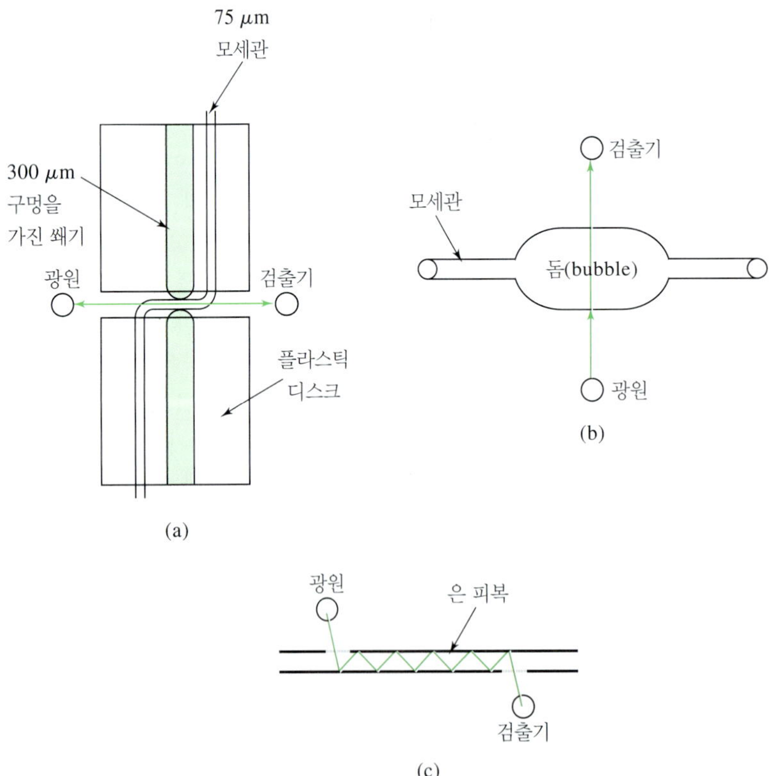

그림 30-5 CE에서 흡광도 측정 감도를 높이기 위한 세 가지 종류의 시료 용기. (a) 3 mm Z 모양의 용기, (b) 150 μm 둥근 돔형 용기, (c) 다중반사 시료 용기.

를 얻게 된다. 이온 교환 크로마토그래피에서와 마찬가지로 분석물질들이 이 이온들과 교체됨으로써 분석물질 띠가 검출기를 지나갈 때 검출기 신호는 감소한다. 이렇게 감소된 흡광도로부터 분석물질을 검출한다. 그림 30-6에 있는 전기 이동 그림은 4 mM 크로뮴산 음이온을 발색제로 사용하여 간접 흡수 검출법으로 얻은 것으로서, 이 이온은 완충 용액 내에서 254 nm의 빛을 강하게 흡수한다. 분석물질의 피크는 흡광도가 감소되는 방향으로 얻어지지만 그림 30-6에서는 검출기의 극성을 바꿔줌으로써 흡광도가 증가하는 것으로 나타났다.

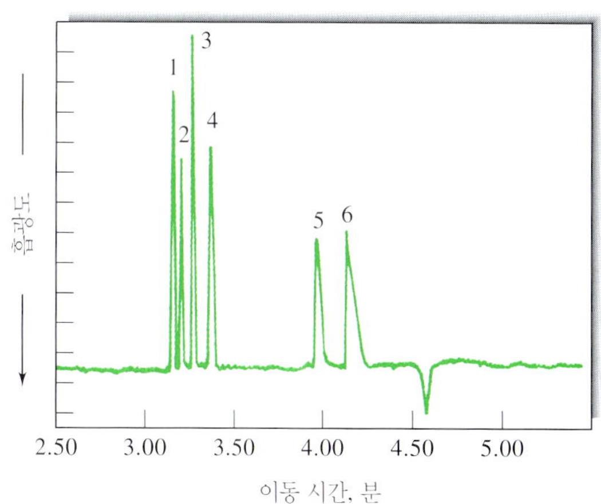

그림 30-6 **4 mM 크로뮴산 음이온을 이용하여 254 nm의 파장에서 간접 검출하여 얻은 6개 음이온 혼합물의 전기 이동 그림.** 피크: (1) bromide (4 ppm), (2) chloride (2 ppm), (3) sulfate (4 ppm), (4) nitrate (4 ppm), (5) fluoride (1 ppm), (6) phosphate (6 ppm).

형광 검출법. 형광 검출법은 HPLC에서와 마찬가지로 형광 분석물질 또는 형광 유도체에 대한 감도와 선택성을 증가시킨다. 레이저를 이용한 기기장치는 들뜸 복사선을 작은 모세관 위에 집중시킬 수 있고, 센 광원을 이용함으로써 검출 한계를 낮출 수 있다. 상용 CE 장치에 연결할 수 있는 레이저 형광 검출용 부가 장치들이 개발되어 있으며 레이저 형광 검출법을 이용하면 10 젭토몰(zeptomoles) 즉, 6000개의 분자까지도 검출할 수 있다.[7]

전기화학 검출법. CE에는 두 종류의 전기화학 검출법, 즉 전도도법과 전류법을 사용하고 있다. 전기화학 검출법이 가지고 있는 문제점 중 하나는 분리를 하기 위해 필요로 하는 높은 전압으로부터 검출기 전극을 차단시키는 것이다. 한 가지 차단 방법은 모세관의 끝과 검출기 전극이 있는 두 번째 모세관 사이에 다공성 유리 또는 흑연으로 된 연결관을 넣어주는 것이다.

질량 분석 검출법. 전기 이동 모세관에서 나오는 유출액의 부피 흐름 속도는 1 μL/분 이하 정도로 매우 작아 유출액을 질량 분석기의 이온화 장치에 직접 연결하기에 적합하다. 빠른 원자 충격 이온화법, MALDI 질량 분석법, 그리고 유도 결합 플라스마 질량 분석법(ICPMS)들도 사용되지만, 시료를 주입하고 이온화하는 데 가장 흔히 사용하는 연결 장치는 전기 분무(제 20B-4절)이다. 액체 시료는 질량 분석기(MS)에 들어가기 전에 반드시 기체화되어야 하기 때문에 휘발성 완충 용액을 사용하는 것이 중요하다. 모세관 전기 이동–질량 분석법(CE-MS) 기기는 단백질, DNA 토막, 펩타이드와 같이 자연에 존재하는 거대 분자들을 분석하여야 하는 생명과학 분야에서 매우 중요한 장치가 되었다.[8]

[7] S. Wu and N. Dovichi, *J. Chromatogr.*, **1989**, *480*, 141, **DOI**: 10.1016/S0021-9673(01)84284-9.

[8] 질량 분석 검출에 관한 추가 정보는 다음을 참조하시오. J. A. Olivares, N. T. Nguyen, C. R. Yonker, and R. D. Smith, *Anal. Chem.*, **1987**, *59*, 1230, **DOI**: 10.1021/ac00135a034; D. C. Simpson and R. D. Smith, *Electrophoresis*, **2005**, *26*, 1291, **DOI**: 10.1002/elps.200410132; K. Vuignier, J.-L. Veuthey, P.-A. Carrupt, and J. Schappler, *Electrophoresis*, **2012**, *33*, 3306, **DOI**: 10.1002/elps.201200116.

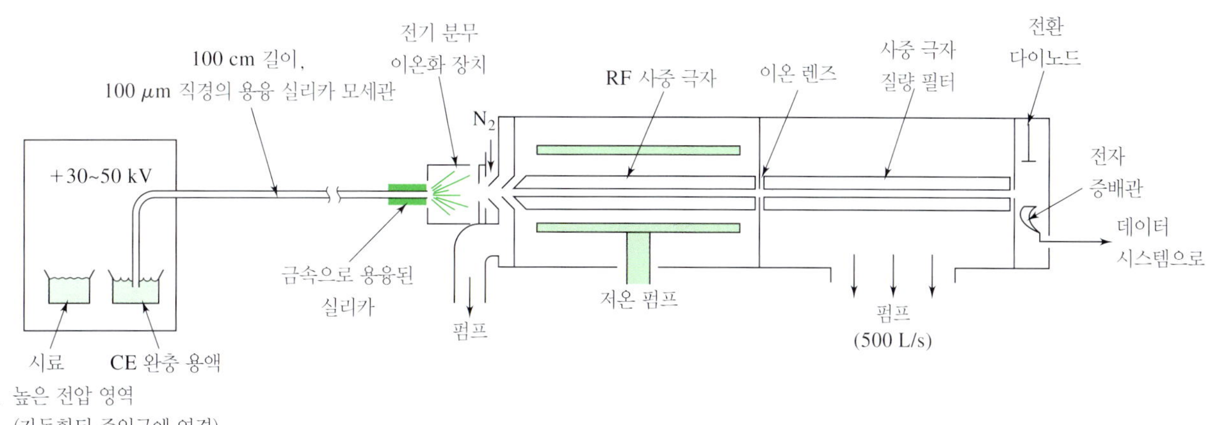

그림 30-7 **CE/MS 기기.** 고압(양극) 끝부분은 전기적으로 격리되고 자동 차단되는 상자에서 30~50 kV로 유지되어 있다. 낮은 전압(음극) 영역은 끝부분이 은 코팅된 모세관과 스테인레스 강 관에 전기 접촉이 되어 있으며 이것에는 전기 분무를 하전시킬 수 있는 3~5 kV가 걸려 있다. 용매를 증발시키는 용도로 질소를 ~70℃ 에서 3~6 L/min으로 흘려준다. (From R. D. Smith, J. A. Olivares, N. T. Nguyen, and H. R. Udseth, *Anal. Chem.*, **1988**, *60*, 436, **DOI**: 10.1021/ac00156a013. With permission.)

그림 30-7은 사중 극자 질량 분석기와 연결된 전기 분무 이온화 연결 장치의 대표적인 구성도이다. 모세관은 차단된 높은 전압 영역과 전기 분무 이온화 장치 사이에 놓여 있는 것에 주목해야 한다. 모세관의 한쪽 끝에는 접지에 비해 30~50 kV의 높은 전압이 걸려 있다. 또한 모세관 다른 쪽 끝은 3~5 kV의 전압이 걸려 있어 액체 방울이 하전되도록 한다. 전기 분무 이온화 기기를 사중 극자 또는 이온-포집 질량 분석기에 연결하여 상용화된 기기들도 개발되어 제공되고 있다.[9] 이온-포집 질량 분석기를 이용하여 CE/MS/MS 또는 CE/M^n 구동이 가능하다.

그림 30-8은 분자량 1050의 폴리펩타이드인 vasotocin을 분리한 전기 분무 이온화 질량 스펙트럼이다. 2가와 3가로 하전된 화학종들이 검출되었음을 주목해야 한다. 분자량이 큰 화학종인 경우, +12 또는 그 이상의 전하를 갖는 이온들이 종종 관찰된다. 이렇게 큰 전하를 갖는 이온들을 생성하게 될 경우 비교적 질량 범위가 크지 않은 사중 극자 기기를 이용하여도 큰 분자량의 분석물질을 검출할 수 있다. CE/MS의 전형적인 검출 한계는 분자량이 100,000 이상 되는 분자인 경우 십 분의 몇 펨토몰(femtomoles) 정도이다.

시판되는 CE 장치

여러 기기회사들에서 CE 장치 세트들을 시판하고 있다. CE의 부가 장치 및 소모품들은 20여 개 이상의 회사들이 판매하고 있다. CE의 초기 구입 비용과 유지 비용은 일반적으로 이온 크로마토그래피와 원자 분광기보다 상당히 낮은 편이다. 이처럼, 범용 흡광 또는 형광 검출기를 갖춘 상용화된 CE 장치는 \$10,000~\$75,000 정도이며 질량 분석 검출기를 추가할 경우에는 가격이 크게 올라간다.

[9]Agilent Technologies, Santa Clara, CA.

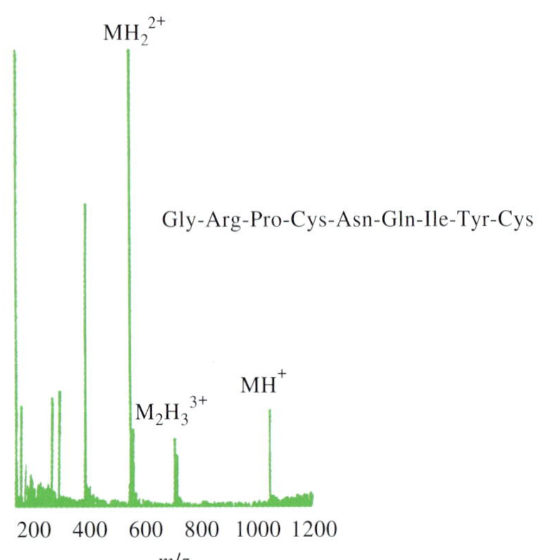

그림 30-8 Vasotocin의 전기 분무 이온화 질량 스펙트럼. (From R. D. Smith, J. A. Olivares, N. T. Nguyen, and H. R. Udseth, *Anal. Chem.*, **1988**, *60*, 436. With permission.)

30C CE의 응용

모세관 전기 이동은 여러 가지 방식으로 분류된다.[10] 이러한 방식에는 모세관 띠 전기 이동(capillary zone electrophoresis), 모세관 젤 전기 이동(capillary gel electrophoresis), 모세관 등전 집중(capillary isoelectric focusing), 모세관 등속 이동(capillary isotachophoresis) 그리고 마이셀 동전기 크로마토그래피(micellar electrokinetic chromatography)가 있다. 다음 절에서는 각 방법들의 대표적인 응용에 대해 설명하려고 한다.

30C-1 모세관 띠 전기 이동

모세관 띠 전기 이동(CZE)에서, 완충 용액의 조성은 분리하는 전 영역에 걸쳐 일정하다. 걸어준 전압은 혼합물의 여러 이온성 성분들이 각각의 이동도에 따라 이동하도록 하여 띠 형태로 완전히 분리되든가 또는 부분적으로 겹친 상태로 분리된다. 그림 30-9a에서와 같이 완전히 분리된 띠들은 그 사이에 완충 용액의 영역이 있다. 이런 상황은 분리된 분석물질들이 들어 있는 각각의 띠 사이에 이동상이 차지하는 영역이 있는 용리관 크로마토그래피와 유사하다.

작은 이온들의 분리

전기 이동으로 작은 이온들을 분리하는 대부분의 경우, 분석물질 이온들이 전기삼투 흐름과 같은 방향으로 움직일 때 분석 시간이 최소화된다. 따라서 양이온을 분리할 경우, 모세관의 벽을 변형시키지 않은 상태에서, 전기삼투 흐름과 양이온의 움직임이 음극을 향하게 한다. 반면, 음이온을 분리할 경우, 보통 세틸트라이메틸암모늄 브로마이드(cetyltrimethylammonium bromide)와 같은 알킬 암모늄 염으로 모세관 벽을 처리하여 전기삼투 흐름을 반대 방향으로 한다. 양으로 하전된 암모늄 이온이 실리카 표면에 부착됨으로써 양으로 하전되고 고정화된 표면층을 만든다. 이렇게 함으로써 음전하를 띤 이동상 용액층이 생성되면서 양극을 향해 끌려가게 되고, 이로 인해 전기삼투 흐름은 반대 방향이 된다.

과거에는 이온 크로마토그래피가 작은 음이온들을 분석하는 데 가장 흔히 사용된 방법이었다. 양이온을 분석할 때에는 원자흡수분광법과 ICPMS가 선호되는 분석법이었다. 그림 30-10은 작은 음이온들을 전기 이동으로 분리할 때의 분해능과 속도의 예를 들었다. 여기서 30개의 음이온들이 단지 3분 정도에 완전히 깨끗하게 분리됨을 볼 수 있다. 일반적으로 이온 교환 크로마토그래피를 이용할 경우 이 정도의 짧은 시간 내에서는 단지 3개 또는 4개의 음이온들만 분리된다. 그림 30-11에는 CE 분리

[10]다음의 총설을 참고하시오. V. A. Galievsky, A. S. Stasheuski, S. N. Krylov, *Anal. Chem.*, **2015**, *87*, 157, **DOI**: 10.1021/ac504219r; M. Geiger, A. L. Hogerton, and M. T. Bowser, *Anal. Chem.*, **2012**, *84*, 577, **DOI**: 10.1021/ac203205a; N. W. Frost, M. Jing, and M. T. Bowser, *Anal. Chem.*, **2010**, *82*, 4682, **DOI**: 10.1021/ac101151k.

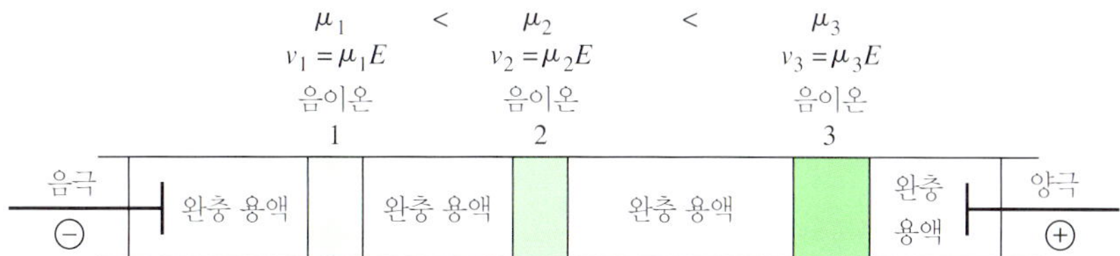

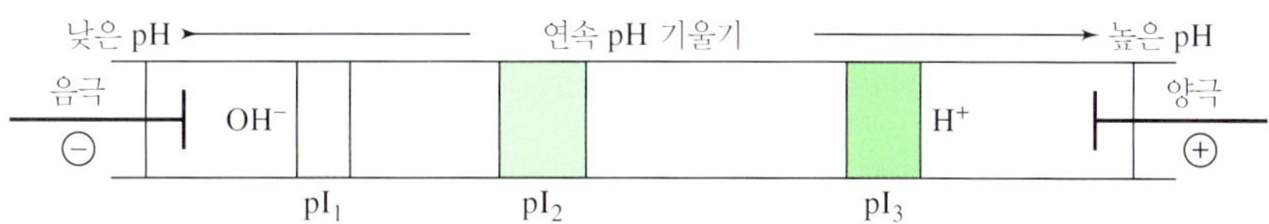

그림 30-9 전기 이동에 의한 세 가지 분리 방식. 띠 전기 이동(a)에서 이온은 띠 1, 2 및 3으로 분리된다. 그림에 있는 띠들은 각 띠 사이의 완충 용액으로 완전히 분리되어 있다. 등속 이동법(b)에서, 시료는 앞서가는 더 빠른 이동도의 완충 용액과 뒤따라오는 느린 속도의 완충 용액 사이에 주입된다. 등전 집중(c)에서 모세관의 양 끝을 따라 연속적인 pH 기울기가 존재한다. 분석물 이온은 그들의 등전점에 해당하는 pH 영역으로 이동한다.

가 얼마나 빠르게 진행될 수 있는지를 나타내었다. 여기서는 19개의 양이온들이 2분 이내에 분리되었다. CE 방법은 저렴한 장치의 가격, 분석에 필요한 시료량이 작다는 점, 더 짧은 분석 시간 등의 장점 덕분에 기존에 확립된 여러 분석법을 대체할 것으로 예상되기도 하였다. 하지만 전기삼투 흐름 속도의 변동성이 CE 분리의 재현성을 떨어뜨리기 때문에, 작은 무기 이온에는 LC 방법들과 원자 분광법이 여전히 널리 사용되고 있다.

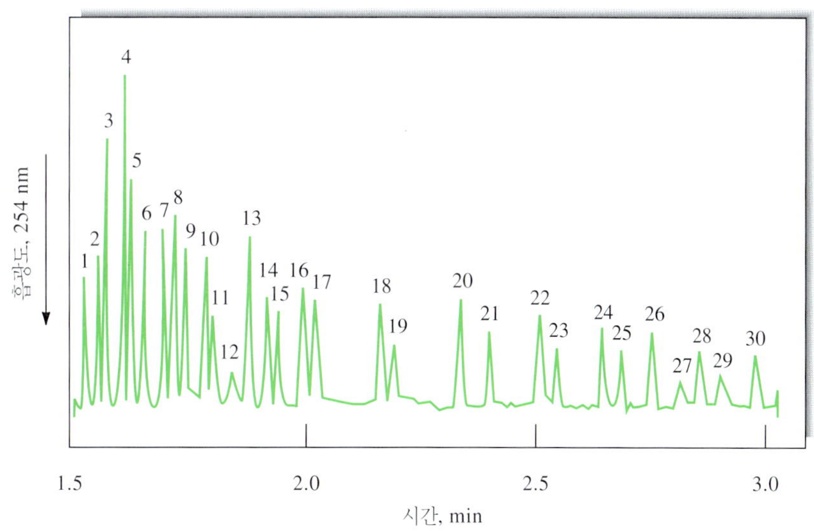

그림 30-10 30개 음이온들을 분리한 전기 이동 그림. 모세관 내부 지름: 50 μm(용융 실리카). 검출: 간접법 UV, 254 nm. Peaks 1 = thiosulfate (4 ppm), 2 = bromide (4 ppm), 3 = chloride (2 ppm), 4 = sulfate (4 ppm), 5 = nitrite (4 ppm), 6 = nitrate (4 ppm), 7 = molybdate (10 ppm), 8 = azide (4 ppm), 9 = tungstate (10 ppm), 10 = monofluorophosphate (4 ppm), 11 = chlorate (4 ppm), 12 = citrate (2 ppm), 13 = fluoride (1 ppm), 14 = formate (2 ppm), 15 = phosphate (4 ppm), 16 = phosphite (4 ppm), 17 = chlorite (4 ppm), 18 = galactarate (5 ppm), 19 = carbonate (4 ppm), 20 = acetate (4 ppm), 21 = ethanesulfonate (4 ppm), 22 = propionate (5 ppm), 23 = propanesulfonate (4 ppm), 24 = butyrate (5 ppm), 25 = butanesulfonate (4 ppm), 26 = valerate (5 ppm), 27 = benzoate (4 ppm), 28 = *l*-glutamate (5 ppm), 29 = pentanesulfonate (4 ppm), 30 = *d*-gluconate (5 ppm). (From W. R. Jones and P. Jandik, *J. Chromatogr. A*, **1991**, *546*, 445, **DOI**: 10.1016/s0021-9673(01)93043-2. With permission.)

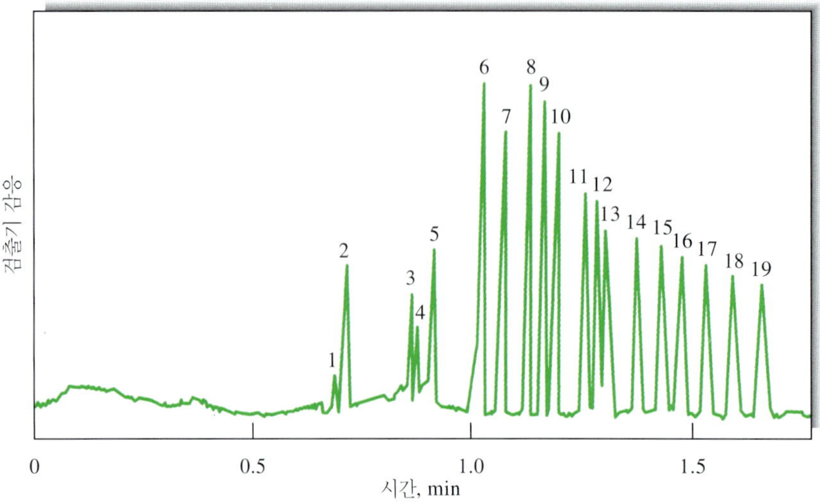

그림 30-11 알칼리 금속, 알칼리토 금속 및 란탄족 원소의 분리. 모세관: 36.5 cm × 75 μm 용융 실리카, +30 kV. 주입: 유체 압력, 10 cm에 20초. 검출: 간접 UV, 214 nm. Peaks 1 = rubidium (2 ppm), 2 = potassium (5 ppm), 3 = calcium (2 ppm), 4 = sodium (1 ppm), 5 = magnesium (1 ppm), 6 = lithium (1 ppm), 7 = lanthanum (5 ppm), 8 = cerium (5 ppm), 9 = praseodymium (5 ppm), 10 = neodymium (5 ppm), 11 = samarium (5 ppm), 12 = europium (5 ppm), 13 = gadolinium (5 ppm), 14 = terbium (5 ppm), 15 = dysprosium (5 ppm), 16 = holmium (5 ppm), 17 = erbium (5 ppm), 18 = thulium (5 ppm), 19 = ytterbium (5 ppm). [From A. Weston, P. R. Brown, P. Jandik, W. R. Jones, and A. L. Heckenberg, *J. Chromatogr. A*, **1992**, *593*, 289, **DOI**: 10.1016/0021-9673(92)80297-8. With permission.]

분자 화학종의 분리

자체적으로 이온이거나 또는 이온 형태로 유도체화될 수 있는 다양한 합성 제초제, 살충제, 그리고 의약품들은 CZE를 이용하여 분리 분석되고 있다. 그림 30-12는 이온화 가능한 카복실기를 지닌 세 가지 소염제를 15분 이내에 분리하는 데 응용한 것이다.

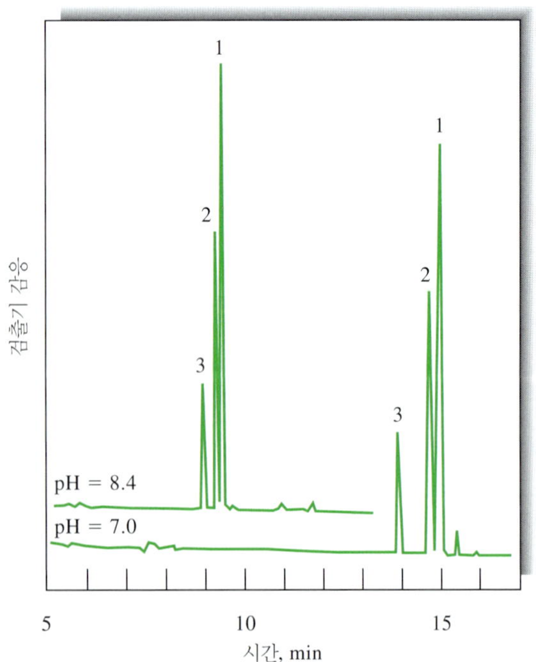

그림 30-12 CZE를 이용한 소염제들의 분리. 검출: UV at 215 nm. 분석물: (1) naproxen, (2) ibuprofen, and (3) tolmetin. (Reprinted with permission from A. Wainright, *J. Microcolumn. Sep.*, **1990**, *2*, 166, **DOI**: 10.1002/mcs.1220020403.)

CZE를 이용할 경우 단백질, 아미노산, 그리고 탄수화물들은 매우 빠른 시간 내에 분리된다. 중성 탄수화물인 경우에는 음전하를 뜨는 붕산 착물을 형성한 다음 분리하게 된다. CE는 빠르게 확장되는 프로테오믹스(proteomics) 연구 분야에서 중심 연구 기술이 되고 있다. 소변 시료에 있는 단백질을 분석하여 만성 신장 질환 및 관상동맥질환(coronary artery disease)을 진단하는데 이용하고 있다. CZE를 이용하여 여러 가지 단백질들을 지문 분석(fingerprinting)하는 것이 점점 더 중요해지고 있다. 그림 30-13에는 CZE와 레이저 형광 검출법을 이용하여 *Staphylcocus* 화학종들을 식별하는 예를 들었다. 모세관 젤 전기 이동은 DNA 서열을 확인하는 데 널리 사용되는데 이는 다음 절에 설명된다.

30C-2 모세관 젤 전기 이동

모세관 젤 전기 이동(CGE)은 일반적으로 구멍을 가지고 있는 다공성 젤 중합체 기질에 완충 용액을 채워 행해진다. 초기 평판 전기 이동 연구에서, 중합체 매질을 사용하는 주된 목적은 대류와 확산에 의해 분석물질이 퍼지는 현상을 줄이고, 검출과 탐색(scanning)을 편리하게 하기 위해서였다. 이러한 종류의 매질은 분자체로서의 기능을 제공하기 때문에, 중합체의 구멍 크기와 분석물질 이온의 크기에 따라 분석물질 화학종들이 이동하는 것을 다양한 수준에서 지연시킬 수 있다. 이 분자체 작용은 단백질, DNA 토막, 그리고 올리고뉴클레오타이드와 같이 비슷한 전하를 가지고 있으면서도 크기가 다른 고분자 물질들을 분리하는 데 아주 쓸 만하다. 현재, 대부분 대규모의 전기 이동

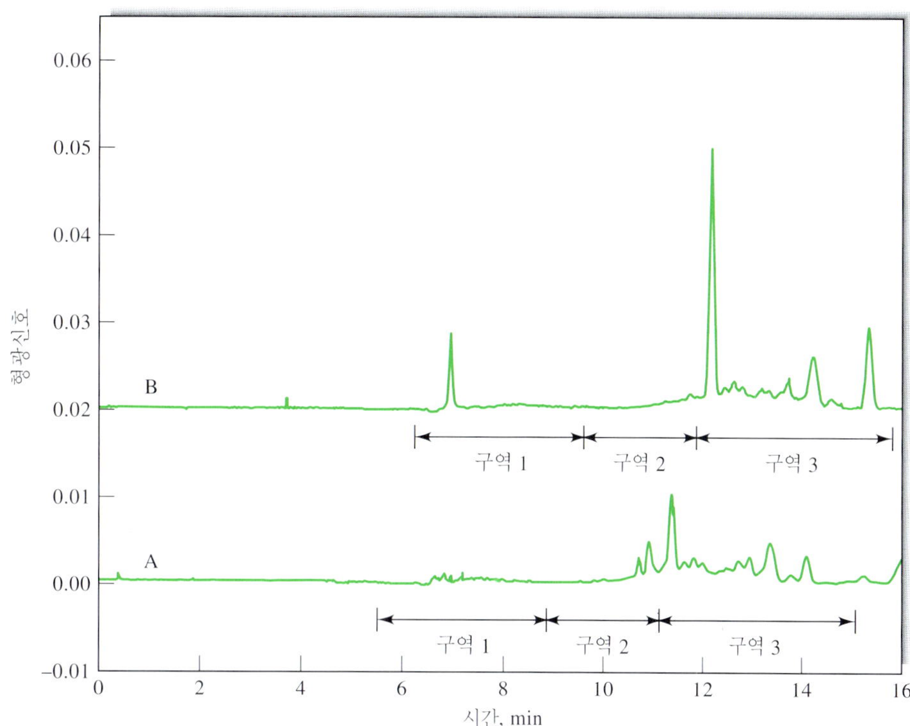

그림 30-13 CZE를 이용한 단백질들의 지문 분석. 전기 이동 그림은 두 개의 서로 다른 배양액 조건(A와 B)에서 성장된 *Staphylcocus*의 분리이다. CE 피크들은 세 영역에 모아져 있다. 이동 시간을 사용하여 배양액을 식별하고 *S. aureus*와 *S. epidermidis*를 구분한다. 모세관: 처리하지 않은 50 mm 용융 실리카. 검출: 레이저 형광법. 완충 용액: pH 7.0 인산 용액. (Adapted from M. T. Valedo, C. Pelaez-Lorenzo, R. Gonzalez, M. de Frutos, J. C. Diez-Masa, *Anal. Chim. Acta*, **2010**, *658*, 81, **DOI**: 10.1016/j.aca.2009.10.053.)

분리는 젤 판에서 이루어지고 있다. 그러나 크기가 다른 화학종을 분리하기 위한 몇몇 모세관 전기 이동 분리는 모세관 안에 채워진 젤에서 행해지기도 한다.

젤 종류

전기 이동에서 가장 흔히 사용되는 종류의 젤은 아크릴아마이드(acrylamide, $CH_2{=}CH{-}CO{-}NH_2$)에 가교제를 첨가한 뒤 중합하여 만든 폴리아크릴아마이드 중합체이다. 중합체의 구멍의 크기는 단위체－대－가교제의 비율에 따라 달라진다. 가교제의 양이 증가하면 구멍의 크기는 더 작아진다. CGE에 사용되는 다른 젤들로는 아가로즈(agarose, 해조류로부터 추출한 다당류의 한 종류), 메틸 셀룰로즈, 셀룰로즈의 여러 유도체들, 폴리바이닐 알코올, 폴리에틸렌옥사이드, 덱스트란, 폴리다이메틸아크릴아마이드, 그리고 폴리에틸렌 글라이콜 등이 있다. 모세관에 단단한 젤을 채워 넣는 것이 어렵기 때문에 얽힌 그물 구조로 된 중합체 젤이 종종 사용된다. 이것은 모세관을 쉽게 채우거나 씻어낼 수 있다. 폴리에틸렌 글라이콜 젤을 이용하여 단백질 표준 혼합물을 분리한 예를 그림 30-14에 나타내었다.

CE를 이용한 DNA 서열 분석

인간 게놈 프로젝트의 주 목적은 DNA 분자에 있는 4가지 염기 즉, 아데닌 (A), 사이토신 (C), 구아닌 (G), 그리고 타이민 (T)의 배열 순서를 밝히는 것이다. 이 염기 서열은 개개의 유전 정보를 알려준다. DNA 서열을 확인해야 할 필요성 때문에 새로운 분석기기의 개발이 촉진되었다. 이들 중 가장 관심을 모으는 것은 모세관 배열 전기 이동(capillary array electrophoresis)이다.[11] 이 방법에서는 최대 96개의 모세관이 나란히 배열되어 한꺼번에 작동한다. 모세관은 보통 선형 폴리아크릴아마이드 젤로 된 분리 매트릭스로 채워져 있다. 모세관의 내경은 35~75 mm이고, 길이는 30~60 cm 정도이다.

서열 분석 과정에서, 세포에서 추출된 DNA는 여러 단계를 거쳐 토막이 난다. 토막 난 DNA 조각의 말단 염기의 종류에 따라 4개의 형광 염료 중 하나가 DNA 조각에 부착된다. 시료에는 크기가 다른 여러 가지 DNA 조각들이 있을 것이고 각각은 형광으로 표지되어 있다. 전기 이동 전기장이 걸리게 되면 낮은 분자량을 갖는 DNA 조각이 큰 분자량의 조각보다 더 빨리 이동하여 검출기에 먼저 도달한다. DNA 서열은 용리된 DNA 조각에 부착된 염료 색깔의 순서에 의해 결정된다. 레이저를 사용하여 염료를 들뜨게 함으로써 형광을 낸다. 여러 다른 방식으로 형광을 검출하고 있다. 이 중 한 방법은 발광 레이저와 4-파장 검출기가 고정된 상태에서 모세관 다발을 움직여 주사(scanning)하는 방법을 사용한다. 그림 30-15에 있는 검출 장치에서,

[11]다음의 총설을 참고하시오. I. Kheterpal and R. A. Mathies, *Anal. Chem.*, **1999**, *71*, 31A, **DOI**: 10.1021/ac990099w.

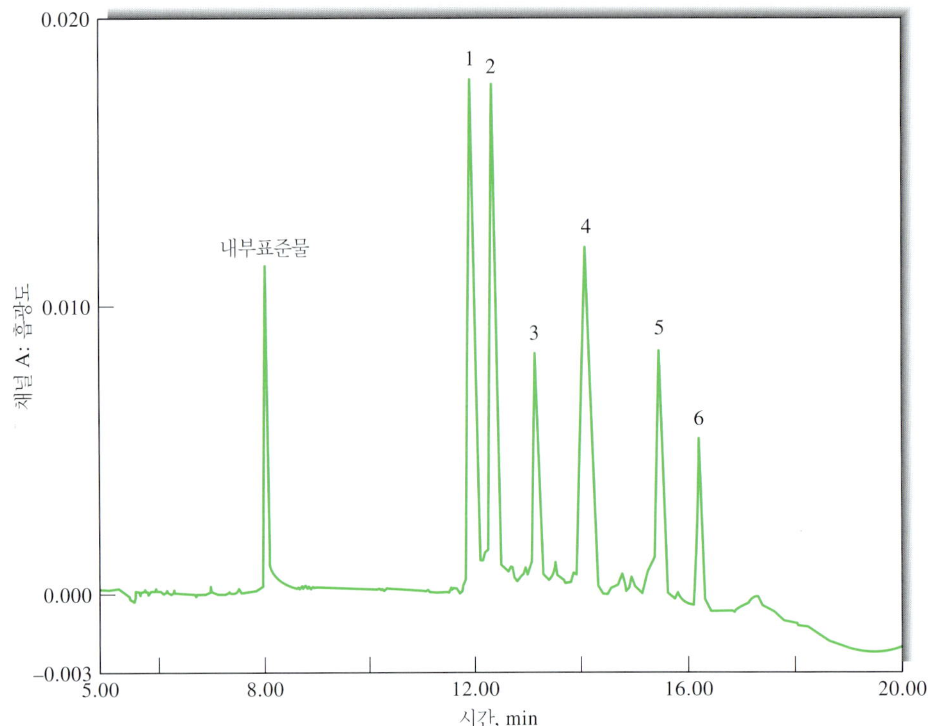

그림 30-14 폴리에틸렌 글라이콜 컬럼에서 SDS에 의해 변성된 단백질들의 모세관 젤 분리. 214 nm에서 UV 흡수법 검출. 단백질: (1) α-lactalbumin, (2) soybean trypsin inhibitor, (3) carbonic anhydrase, (4) ovalbumin, (5) bovine serum albumin, (6) phosphorylase B. (Reprinted from K. Ganzler et al., *Anal. Chem.*, **1992**, *64*, 2665. Copyright 1992 American Chemical Society.)

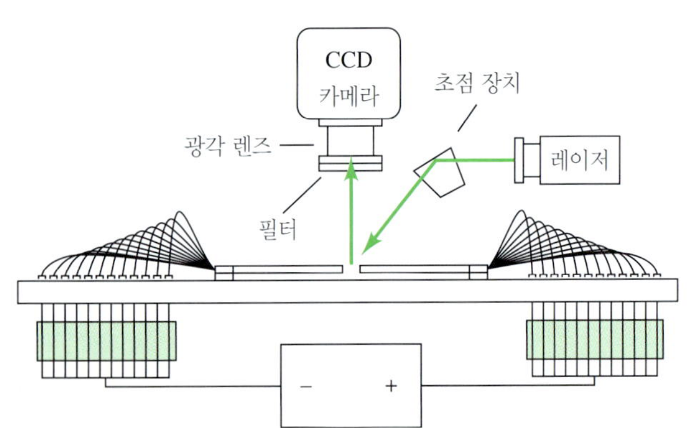

그림 30-15 모세관 배열 전기 이동에 사용되며 컬럼에서 직접 측정하는 레이저 형광 검출기. 레이저살은 45° 각도에서 모세관 배열 위의 한 선으로 집중하게 한다. 형광은 필터된 후 광각 렌즈를 통과한 다음 CCD 카메라에 의해 검출된다. (From K. Ueno and E. S. Yeung, *Anal. Chem.*, **1994**, *66*, 1424. Copyright 1994 American Chemical Society.)

렌즈를 이용해 레이저살이 모세관 배열에 집중되도록 한다. 레이저에 의해 쪼여지는 부분은 전하-결합 장치(CCD, 제7E-3절 참고)에 의해 영상기록된다. 필터는 네 가지 색깔을 검출하기 위해 파장을 선택하는 데 사용된다. 100개의 모세관에서 11개의 DNA 조각을 동시에 분리한 경우도 있다.[12] 다른 장치들은 층흐름(sheath-flow) 검출기 장치와 두 개의 발광용 다이오드 레이저를 이용하는 검출기들이다. 이런 상용화된 기기의 가격은 \$90,000~\$1,000,000 정도이다.[13] DNA 서열 측정기 및 다른 유전 정보 분석기는 랩온어칩(lab-on-a-chip) 기술을 이용하여 소형화되고 있다.[14] CE는 세계 무역센터 참사의 잔재물에서 사람의 유해를 확인하는 데 중요한 역할을 하였다.

30C-3 모세관 등속 이동법

모세관 등속 이동법(capillary isotachophoresis)에서 모든 분석물질 띠들은 근본적으로는 동일한 속도로 이동한다; 그러므로 이름에 *iso*인 "등"과 *tach*인 "속도"라는 용어가 사용되었다. 어떤 응용에서도, 양이온 또는 음이온 중 어느 하나를 분리할 수는 있지만 동시에 둘 모두를 분리할 수는 없다. 등속 이동분리를 하기 위해서는 시료를 두 완충 용액 사이에 주입한다: 분석물질 이온들 중의 어느 것보다 이동도가 더 큰 이온을 포함하고 있는 완충 용액이 앞서가고, 시료 이온들보다 이동도가 더 느린 이온을 가지고 있는 완충 용액은 뒤를 따라간다(그림 30-9b).

[12]K. Ueno and E. S. Yeung, *Anal. Chem.*, **1994**, *66*, 1424, **DOI**: 10.1021/ac00081a010.

[13]DNA 서열에 관한 총설은 다음을 참조하시오. X. Li et al., *PLoS One*, **2013**, *8*, e67744, **DOI**: 10.1371/journal.pone.0067744; E. Ban, et al., *Electrophoresis*, **2012**, *33*, 2, **DOI**: 10.1002/elps.201100344; T. C. Glenn, *Mol. Ecol. Resour.*, **2011**, *11*, 759, **DOI**: 10.1111/j.1755-0998.2011.03024.x; H. Kambara, *Chem. Rec.*, **2010**, *10*, 8, **DOI**: 10.1002/tcr.200900010.

[14]C. A. Emrich, H. Tian, I. L. Medintz, and R. A. Mathies, *Anal. Chem.*, **2002**, *74*, 5076, **DOI**: 10.1021/ac020236g; Agilent Technologies, Santa Clara, CA.

예를 들면, 음이온을 분리하는 데 있어 빨리 움직이는 염화 이온은 앞서가는 완충 용액에 포함되어 있고 뒤따라가는 완충 용액에는 느리게 움직이는 헵타노에이트(heptanoate) 이온이 포함되어 있다. 음이온을 분리하는 경우에, 앞서가는 전해질 용액은 양극에, 뒤따라 가는 전해질 용액은 음극에 연결되어 있다.

등속 이동 분리법에서 처음 전기장을 걸어주었을 때, 분석물질 이온들은 띠 전기 이동에서와 마찬가지로 $\mu_e E$에 해당하는 고유 속도로 이동한다. 이동 속도에서의 차이는 여러 분석물질 화학종들을 인접한 띠들로서 분리할 수 있게 하는데, 앞서가는 완충 용액에 직접 근접해 있는 띠에는 가장 빠른 화학종들이 위치하고, 가장 느린 화학종은 뒤에 가는 완충 용액의 바로 앞에 있다. 띠들이 형성된 후, 이들은 똑같은 속도로 움직인다. 띠들이 같은 속도로 움직이는 이유는 전기장이 더 빨리 움직이는 띠에 대해서는 더 작게 걸리고, 느린 띠에 대해서는 더 크게 걸림으로써 완충 용액의 어느 부분에서나 사실상 전류가 같아지기 때문이다. 완충 용액 내에서 이온의 흐름으로부터 생기는 이온 전류는 배터리에 직렬로 연결된 여러 개의 저항체를 가지고 있는 회로에서의 dc 전류와 유사하다. 이때 모든 저항체에서의 전류는 같다. 그러므로 저항체 각각에 걸리는 전압은 Ohm의 법칙에 따라 변해야만 한다.

등속 이동 실험에서 평형에 도달하였을 때, 그림 30-9b에서처럼 바로 다음으로 느리게 움직이는 이온을 포함하고 있는 띠와 바로 다음으로 빨리 이동하는 띠 사이에 놓여져 있는 한 띠에서 각 시료 성분은 이동하게 된다. 띠 사이의 경계면은 명확하다. 만약 한 용질 화학종이 바로 다음으로 빠른 띠로 확산되기 시작하면, 낮은 전기장을 만나게 되어 원래 띠로 되돌아올 때까지 속도가 감소된다. 띠 전기 이동 또는 용리 크로마토그래피에 비해, 분석물질 띠는 서로서로 매우 인접해 있고 완충 용액의 띠에 의해 분리되어 있지 않는다는 것을 그림 30-9b에서 알 수 있다.

30C-4 모세관 등전 집중

모세관 등전 집중(capillary isoelectric focusing)은 약산성 작용기인 카복실산과 약염기성 작용기인 아민을 가지고 있는 아미노산과 단백질과 같은 양쪽성 양성자성 화학종을 분리하는 데 사용된다.

양쪽성 양성자성 화합물의 성질

양쪽성 양성자성(amphiprotic) 화합물은 용액에서 양성자를 주기도 하고 받기도 할 수 있는 화학종이다. 글라이신처럼 아미노산은 대표적인 양쪽성 양성자성 화합물이다. 글라이신이 물에 용해될 때 세 가지의 중요한 평형이 일어난다:

$$NH_2CH_2COOH \rightleftharpoons NH_3^+CH_2COO^-$$

$$NH_3^+CH_2COO^- + H_2O \rightleftharpoons NH_2CH_2COO^- + H_3O^+$$

$$K_a = \frac{[H_3O^+][NH_2CH_2COO^-]}{[NH_3^+CH_2COO^-]} = 2 \times 10^{-10} \qquad (30\text{-}8)$$

$$NH_3^+CH_2COO^- + H_2O \rightleftharpoons NH_3^+CH_2COOH + OH^-$$

$$K_b = \frac{[OH^-][NH_3^+CH_2COOH]}{[NH_3^+CH_2COO^-]} = 2 \times 10^{-12} \qquad (30\text{-}9)$$

첫 번째 반응은 분자 내에서 일어나는 산-염기 반응으로서, 이는 하나의 카복실산과 하나의 아민 사이에서 예상할 수 있는 반응과 유사하다. 대표적인 지방족 아민의 염기 해리 상수는 10^{-4}~10^{-5} 정도이며 많은 카복실산의 산 해리 상수도 이와 비슷한 크기를 가지고 있다. 결과적으로 첫 번째 반응은 오른쪽으로 더 진행되어 용액에는 생성물이 지배적으로 존재하게 된다.

첫 번째 반응식에 있는 아미노산 생성물은 음전하와 양전하를 모두 가지고 있으므로 *쯔비터 이온*(zwitterion)이라고 부른다. 두 번째와 세 번째 반응(식 30-8과 식 30-9)에서의 평형 상수를 비교하면 글라이신의 쯔비터 이온은 염기로서보다는 산으로서 더 세다. 그러므로 글라이신의 수용액은 약간 산성이다.

양전하와 음전하를 모두 가지고 있는 어떠한 아미노산의 쯔비터 이온은 전기장에 의해 이동하는 경향성은 없는 반면, 단일 하전된 음이온과 양이온 화학종들은 반대 전하를 띠고 있는 전극으로 끌려간다. 아미노산의 양이온 형태의 농도와 음이온 형태의 농도가 같아지는 pH에서는 전기장이 걸려 있는 상태에서도 아미노산의 알짜 이동은 일어나지 않는다. 알짜 이동이 일어나지 않는 pH를 *등전점*(isoelectric point, pI)이라고 하며, 이는 아미노산의 특성을 구분하는 중요한 물리적 상수이다. 등전점은 화학종의 이온화 상수와 밀접한 관계를 가지고 있다. 따라서 글라이신의 경우 등전점에서,

$$[NH_2CH_2COO^-] = [NH_3^+CH_2COOH]$$

따라서, K_a를 K_b로 나누고, 이 관계식을 대입하면 등전점에서의 결과는 다음과 같다.

$$\frac{K_a}{K_b} = \frac{[H_3O^+]_{iso}[NH_2CH_2COO^-]}{[OH^-]_{iso}[NH_3^+CH_2COOH]} = \frac{[H_3O^+]_{iso}}{[OH^-]_{iso}} \qquad (30\text{-}10)$$

식 30-10에 있는 $[OH^-]_{iso}$에 $K_w/[H_3O^+]_{iso}$로 대입하고 재배열을 하면 다음을 얻는다.

$$[H_3O^+]_{iso} = \sqrt{\frac{K_a K_w}{K_b}} \qquad (30\text{-}11)$$

양변에 음의 로그를 취하고 식 30-11을 등전점 pH (pI)로 변형시킬 수 있다. 따라서 pI는 다음과 같이 나타낼 수 있다.

$$pI = -\log[H_3O^+]_{iso} = \frac{(-\log K_a - \log K_w + \log K_b)}{2}$$

$$pI = \frac{(pK_a + pK_w - pK_b)}{2} \qquad (30\text{-}12)$$

글라이신의 경우, $pK_a = -\log(2 \times 10^{-10}) = 9.7$, $pK_b = 11.7$ 그리고 $pK_w = 14.0$이다. 따라서

$$pI = (9.7 + 14.0 - 11.7)/2 = 6.0$$

그러므로 글라이신의 등전점 pI는 pH 6.0에서 나타난다.

양쪽성 양성자성 화학종의 분리

양쪽성 양성자성 화학종들의 등전 분리는, pH가 길이에 따라 연속적으로 변화되는 완충 용액 혼합물에서 수행된다. 이 pH 기울기는 수용액에서 몇 가지 서로 다른 *양쪽성 전해질*(ampholytes)을 혼합하여 만든다. 양쪽성 전해질은 보통 카복실 작용기와 아미노 작용기를 가지고 있는 양쪽성 화합물이다. 다양한 pH 영역의 양쪽성 전해질 혼합물은 직접 만들거나 또는 시중에서 구입할 수 있다.

모세관에서 등전 집중 실험을 하려면 분석물질 혼합물을 양쪽성 전해질의 묽은 용액에 용해시킨 다음 모세관에 넣어준다. 그 다음 모세관의 한쪽 끝을 수산화 소듐(NaOH)과 같은 강 염기성 용액에 넣어주는데 이 용액은 음극에 연결되어 있다. 관의 다른 쪽 끝은 인산(H_3PO_4)과 같은 산 용액에 넣어주는데 이 용액은 양극에 연결되어 있다. 전기장을 걸어주면 수소 이온은 양극 부분에서 음극을 향해 이동하기 시작한다. 수산화 이온은 음극으로부터 반대 방향으로 이동하기 시작한다. 만약 양쪽성 전해질이나 분석물질의 한 성분이 알짜 음전하를 가지고 있다면 양극을 향해 움직이게 된다. 화학종들이 이동하면서 연속적으로 낮아지는 pH 영역을 통과하는 동시에 화학종들에 점진적으로 양성자 첨가 반응이 일어나게 되어 음전하가 줄어들게 된다. 결국에는 알짜 전하가 0이 되는 pH(화학종의 등전점)에 도달하게 된다. 그렇게 되면 화학종들의 이동은 멈추게 된다. 이 과정은 각 양쪽성 전해질 화학종에 대해 진행되며 결국에는 관 전체를 통해 연속적인 pH 기울기를 나타낸다. 분석물질 이온들도 각자의 등전점에 도달할 때까지 이동한다. 이 과정은 각각의 분석물질들이 각자의 등전점인 pH에 위치한 좁은 띠로 서로 분리되는 결과를 얻게 된다(그림 30-9c 참고). 이런 장치에서 매우 명확한 분석물질 집중이 일어난다. 등전 집중 분리는 이동 속도의 차이보다는 오히려 분석물질의 평형 성질(K_a, K_b)에서의 차이에 근거를 두고 있다는 것에 주안점을 두어야 한다. 일단 각 분석물질이 중성이 되는 지점으로 이동하게 되면 띠의 위치는 변화되지 않고, 시간이 지나더라도 더 이상 변화되지 않는다.

집중된 띠의 이동

모세관 등전 집중 분리에서 집중된 띠들을 검출하려면, 띠들이 모세관의 한쪽 끝에 위치한 검출기를 통과하도록 모세관의 내용물을 움직이게 할 필요가 있다. 이런 이동은 시료를 주입하는 것과 같이 압력 차이를 걸어주거나 또는 전극 부분에 있는 용액을 간단히 변화시키기만 하여도 이동시킬 수 있다. 등전 집중 과정 동안, 같은 수의 H^+ 이온과 OH^- 이온이 모세관의 반대쪽 끝에 들어가므로 pH 기울기는 안정하게 유지된다. 집중이 끝난 후 수산화 소듐 용액에 염화 소듐을 첨가하였다고 하자. 이제 Cl^- 아온과 OH^- 이온은 모두 관의 음극 끝으로 이동하여 이 두 농도의 합이 관의 반대쪽에서 들어오는 H^+ 이온에 의해 균형을 이루게 된다. 이것은 OH^- 이온이 H^+ 이온에 비해 모세관으로 적게 들어가는 것을 의미한다. 음극 끝에서는 pH가 감소하게 되고, pH 기울기는 더 이상 안정하지 않게 된다. 이것이 음극 끝으로 이동하게 되므로, 이것과 함께 집중된 띠도 움직인다. 검출기를 제일 먼저 통과하는 띠는 가장 염기성인 등전점을 지닌 단백질에 해당하는 띠들이다. 그림 30-16은 일련의 낮은 분자량 pI 표지물(A)과 세 가지 단백질 혼합물(B)을 분리한 전기 이동 그림이다. 이 경우 시료 이동은 전기삼투 방식을 이용하였다.

30C-5 마이셀 동전기 크로마토그래피

1984년 Terabe와 그의 공동연구자들은[15] 그림 30-1과 같은 장치를 이용하여 낮은 분자량의 방향족 페놀류와 나이트로 화합물들을 분리할 수 있는 변형된 CE 분석법을 개발하였다. *마이셀 동전기 크로마토그래피*(micellar electrokinetic chromatography, MEKC)는 CE의 한 종류로서 몇 가지 독특한 장점을 가지고 있다.[16] CE에서와 같이 MEKC는 HPLC에 필요한 고압 펌프 장치가 없어도 mL 부피의 시료 용액을 매우 효율적으로 분리할 수 있다. 그러나 일반적인 CE와 달리 MEKC는 하전된 화학종뿐만 아니라 전하가 없는 화학종도 분리할 수 있다. MEKC에서 이동상은 전기삼투 흐름 방식으로 정지상을 통과한다. 그림 30-3에서와 같이 전기삼투 흐름은 압력에 의해 형성되는 포물선 모양의 흐름 유형이 아닌 평평한 단면 유형으로 이동한다. 삼투 펌프의 평면 모양은 좁은 띠를 만들므로 더 큰 분리효율을 제공한다.

수용액에서 긴 사슬의 탄화수소 꼬리를 갖는 어떤 이온 화학종의 농도가 *임계 마이셀 농도*(critical micelle concentration, CMC)라고 하는 특정 농도보다 높을 때 *마이셀*(micelle)이 형성된다. 이 농도에서 계면활성제들이 모이기 시작하여 40~100개의 이온들로 이루어져 있는 구형의 집합체를 만드는데, 이 집합체의 내부에는 탄화수소의 꼬리가 모여 있고, 하전된 끝부분들은 구형 집합체의 바깥쪽으로 향하여 물과 접촉하는 구조를 이룬다. 마이셀은 집합체의 탄화수소 내부에 비극성 화합물을 내포할 수 있는 안정한 또 다른 상을 이룸으로써 비극성 화학종들을 *용해*(solubilizing)시킬 수 있다. 이러한 용해는 기름 또는 표면의 기름성분을 세탁제 용액으로 씻을 때 흔히 나타나는 과정이다.

MEKC에서는 계면활성제를 완충 용액에 첨가할 때 CMC보다 높게 유지한다. 지금까지 대부분의 응용에서 계면활성제로 도데실 황산 소듐(sodium dodecyl sulfate, SDS)을 사용하였다. 이런 종류의 이온 마이셀 표면은 큰 음전하를 가지므로, 전기 이동 이동도가 크다. 그러나 대부분의 완충 용액들은 음극 쪽으

---

[15]S. Terabe, K. Otsuka, K. Ichikawa, A. Tsuchiya, and T. Ando, *Anal. Chem.*, **1984**, *56*, 111, **DOI**: 10.1021/ac00265a031; S. Terabe, K. Otsuka, and T. Ando, *Anal. Chem.*, **1985**, *57*, 834, **DOI**: 10.1021/ac00281a014.

[16]다음의 총설을 참고하시오. S. Terabe, *Anal. Chem.*, **2004**, *76*, 240A, **DOI**: 10.1021/ac0415859.

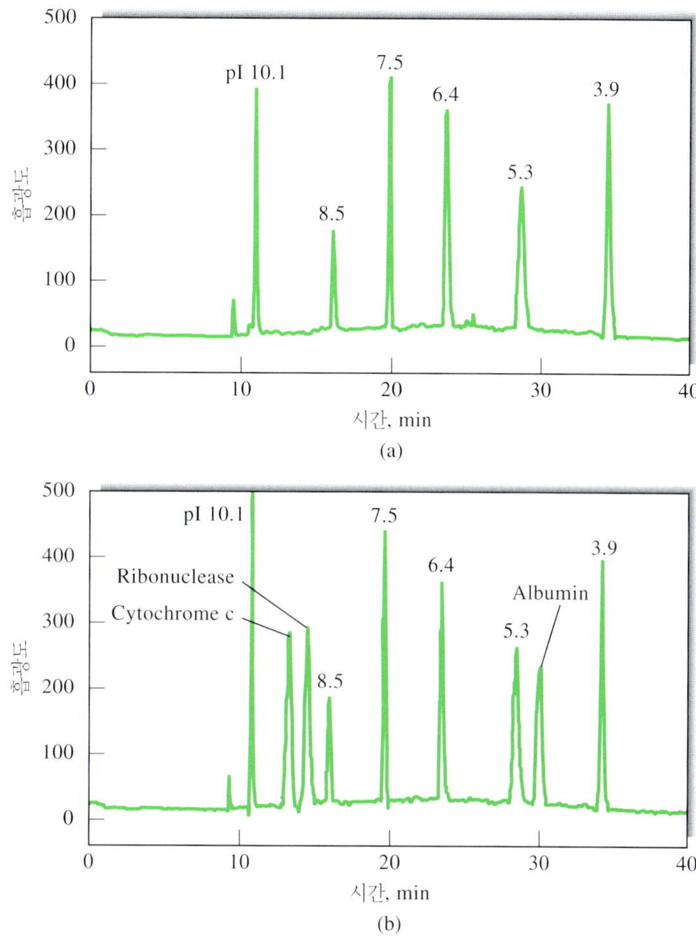

그림 30-16 단백질의 모세관 등전 집중. 등전 pI값은 각각의 피크 위에 표시되어 있다. (a)는 pI를 알고 있는 저분자량 표지물들에 대한 분리이며, (b)는 ribonuclease, cytochrome c 및 albumin 단백질과 표지물이 동시에 분리된 것이다. UV 흡수로 검출되었다. (From M. Horká, F. Růžička, J. Horký, V. Holá, and K. Šlais, *J. Chromatogr. B*, **2006**, *841*, 152, **DOI**: 10.1016/j.jchromb.2006.05.013, with permission.)

로 높은 전기삼투 흐름 속도를 나타내므로 음이온 마이셀 또한 음극 쪽으로 따라 이동하지만 속도는 많이 느려진다. 따라서 실험하는 동안 완충 용액 혼합물은 보다 빠르게 이동하는 수용액상과 보다 느리게 이동하는 마이셀상으로 구성된다. 시료가 이 장치에 주입되면, 시료 성분들은 마이셀 내부의 탄화수소상과 수용액상 사이에서 분배된다. 이때 평형의 위치는 용질의 극성에 따라 달라진다. 극성 용질은 수용성 용액에, 비극성 화합물은 탄화수소상에 더 잘 분배된다.

이 현상은 "정지상"이 컬럼의 축을 따라 이동하는 것을 제외하면 LC 관에서 용리되는 것과 비슷하나, 정지상의 이동 속도는 이동상보다 훨씬 더 느리게 관을 통해 이동한다. 두 경우에서 분리 메커니즘은 동일하고, 수용액 이동상과 *탄화수소 유사 정지상*(pseudostationary phase) 사이에서의 분석물질의 분포상수의 차이에 의해 분리된다. 이 과정은 사실상 크로마토그래피 과정이므로, "마이셀 동전기 *크로마토그래피*(chromatography)"라고 부른다. 그림 30-17은 MEKC를 이용하여 얻은 두 가지 대표적인 분리 예이다.

MEKC는 키랄 화합물을 분리하는 데도 매우 중요하게 이용되고 있다.[17] 여기서는 LC에서처럼 광학 이성질체 중 하나와 착물을 잘 형성하는 키랄 분리 시약을 사용한다. 담즙산처럼 계면활성제 성질을 가지고 있는 키랄 분리 시약이 마이셀을 형성하는 데 사용되거나, 또는 그 자체가 비키랄인 계면활성제에 사이클로덱스트린(cyclodextrin) 같은 키랄 분리 시약을 첨가한다. 비록 LC가 친숙하기 때문에 산업현장에서 주로 이용되지만 여러 가지 측면에서, 키랄 분리는 LC보다 MEKC를 이용하면 더 쉽게 할 수 있다.

HPLC에 비해 MEKC의 한 가지 장점은 관 효율이 매우 높다는 것(100,000 이상의 이론 단수)이다. 아울러, MEKC에서 두 번째 상(정지상)을 바꾸는 과정은 단지 완충 용액의 마이셀 조성을 바꾸어주는 것이다. 이에 비해 HPLC에서는 정지상을 변화시키려면 컬럼을 바꾸거나 컬럼 충전물의 종류를 바꾸어야만 한다. MEKC 법은 고전적인 젤 전기 이동으로 분리할 수 없는 작은 분자를 분리하는 데 특히 유용하다. 최근에는 온라인 사전

[17] R. Vaspalec and P. Boček, *Chem. Rev.*, **2000**, *100*, 3715, **DOI**: 10.1021/cr9411583.

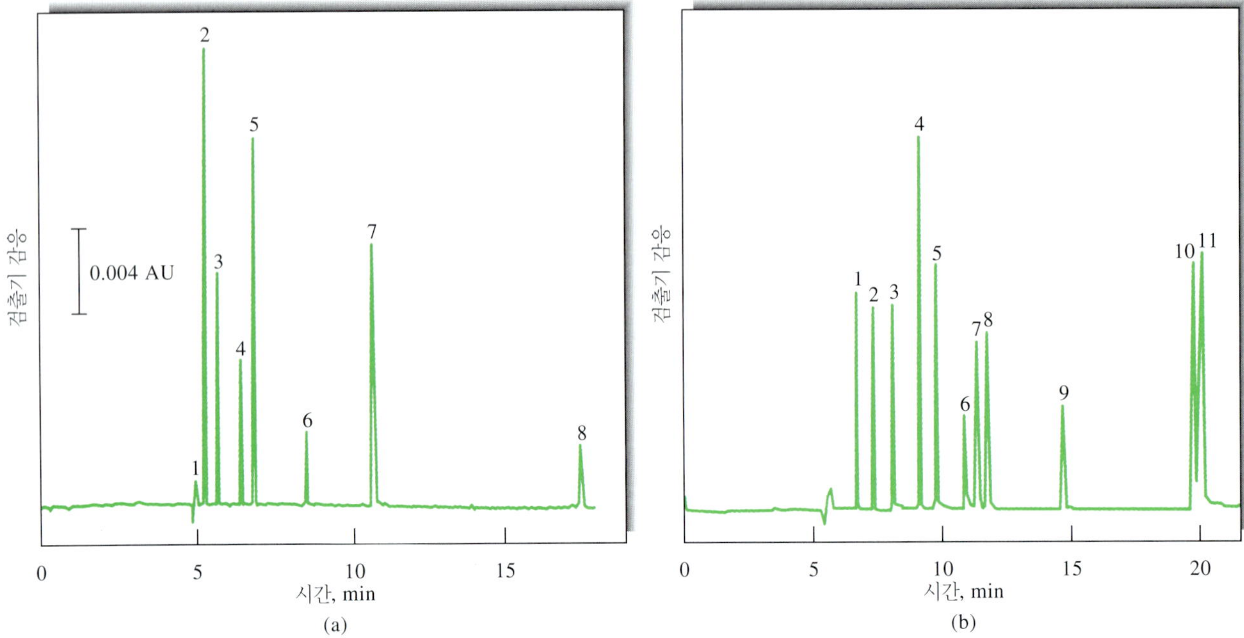

그림 30-17 MEKC를 이용한 대표적인 분리. (a) 몇 가지 시료 화합물: 1 = methanol, 2 = resorcinol, 3 = phenol, 4 = *p*-nitroanilines, 5 = nitrobenzene, 6 = toluene, 7 = 2-naphthol, 8 = Sudan III; 모세관, 50 μm 내부 지름, 검출기까지의 거리 500 mm; 걸어준 전위, ~15 kV; 210 nm에서 흡광도 검출. (b) 감기약 분석: 1 = acetaminophen, 2 = caffeine, 3 = sulpyrine, 4 = naproxen, 5 = guaiphenesin, 10 = noscapine, 11 = chloropheniramine와 tipepidine; 걸어준 전압, 20 kV; (a)에서와 같은 모세관; 220 nm에서 흡광도 검출. (From S. Terabe, *Trends Anal. Chem.*, **1989**, *8*, 129, **DOI**: 10.1016/0165-9936(89)85022-8. With permission.)

농축법도 개발되었다.[18] 전기 분무 이온화법을 사용하는 경우 계면활성제가 문제를 유발하기도 하지만 질량 분석기를 이용한 검출법도 사용 가능하다.

30D 충전 컬럼 전기 크로마토그래피

전기 크로마토그래피는 CE와 HPLC의 혼합체로서 두 방법 각각의 가장 좋은 특성을 가지고 있다.[19] HPLC와 MEKC 처럼 중성 화학종이나 전하를 띤 화학종을 분리하는 데 이용된다. 하지만 충전 컬럼을 이용한 전기 크로마토그래피는 여러 전기 분리법 중에 가장 발전되지 못한 방법이다. 이 방법에서는 일반적으로 극성 용매가 역상 HPLC 충전물로 채워진 모세관에 전기삼투 흐름 방식으로 이동한다. 분리는 이동상과 충전물에 고정된 액체 정지상 사이에서 분석물질 화학종이 분포되는 정도에 따라 달라진다. 그림 30-18은 내경이 75 μm, 길이가 33 cm인 모세관을 이용하여 16개의 폴리방향족 탄화수소(PAHs)를 분리하여 얻은 대표적인 전기 크로마토그램이다. 이동상은 4 mM so 붕산 소듐(sodium borate) 용액에 섞인 아세토나이트릴이다. 정지상은 3 μm 옥타데실실리카(octadecylsilica) 입자로 이루어져 있다.

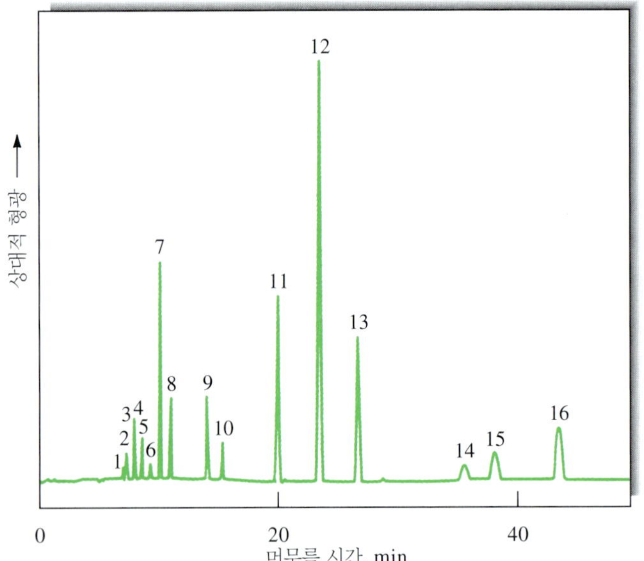

그림 30-18 16개의 PAH(각 화합물의 농도는 10^{-6}~10^{-8} M)를 전기 크로마토그래피로 분리하여 얻은 전기 크로마토그램. 피크는 다음처럼 확인되었다. (1) naphthalene, (2) acenaphthylene, (3) acenaphthene, (4) fluorene, (5) phenanthrene, (6) anthracene, (7) fluoranthene, (8) pyrene, (9) benz[*a*]anthracene, (10) chrysene, (11) benzo[*b*]fluoranthene, (12) benzo[*k*]fluoranthene, (13) benzo[*a*]pyrene, (14) dibenz[*a, h*]anthracene, (15) benzo[*ghi*]perylene, 그리고 (16) indeo[1, 2, 3-*cd*]pyrene. (From C. Yan, R. Dadoo, H. Zhao, R. N. Zare, and D. J. Rakestroaw, *Anal. Chem.*, **1995**, *67*, 2026, **DOI**: 10.1021/ac00109a020. With permission.)

[18]S. Terabe, *Anal. Chem.*, **2004**, *76*, 240A.

[19]L. A. Colón, Y. Guo, and A. Fermier, *Anal. Chem.*, **1997**, *69*, 461A, **DOI**: 10.1021/ac9717245.

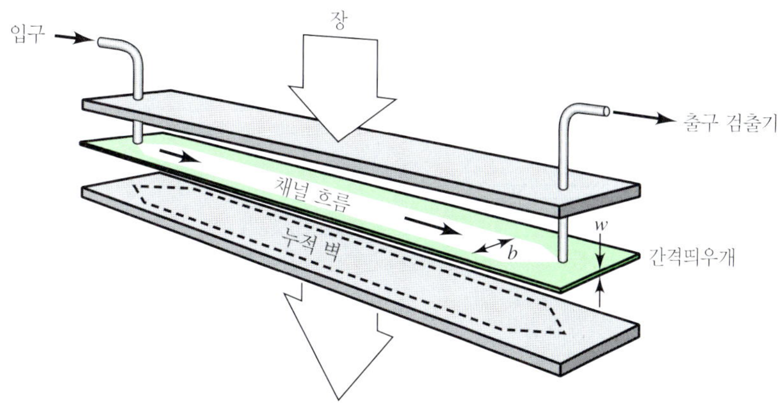

그림 30-19 **두 벽 사이에 샌드위치된 FFF 흐름 채널의 구조도.** 외부 장(전기, 열, 원심 장)은 흐름 방향에 수직으로 걸려 있다.

30E 장-흐름 분획법

장-흐름 분획법(field-flow fractionation, FFF)은 중합체, 큰 입자 및 콜로이드와 같이 용해되거나 분산되어 있는 물질을 분리하고 특성을 분석하는 데 매우 유용한 분석법의 한 부류이다. FFF 개념이 Giddings에 의해 1966년 처음 소개되었지만,[20] 최근 20여년 전부터 비로소 실제로 응용되고 다른 분석법들과 차별되는 장점들이 알려지게 되었다.[21]

30E-1 분리 메커니즘[22]

FFF에서의 분리는 그림 30-19와 같이 얇은 띠 같은 흐름 채널에서 수행된다. 일반적으로 채널의 길이는 25~100 cm이고 폭은 1~3 cm이다. 띠 형태의 채널 두께는 보통 50~500 μm이다. 채널은 보통 얇은 간격띄우개(spacer)를 잘라서 두 벽 사이에 끼워 제작한다. 전기장, 열 장 또는 원심장(centrifugal field)은 흐름 방향의 직각 방향으로 전달된다. 또 다른 방법으로는, 주된 유체 흐름 방향에 수직으로 움직이는 교차 흐름을 이용하기도 한다.

실험을 할 때 시료는 채널 입구에 주입한다. 그 다음 외부 장(또는 힘)은 그림 30-19에서 볼 수 있듯이 채널의 단면을 가로질러 전달된다. 외부 장이 존재할 경우, 외부에서 전달되는 힘과 분석성분과의 상호작용 세기에 따라 결정되는 이동 속도로 시료 성분은 *누적 벽*(accumulation wall)을 향해 이동한다. 시료 성분은 그림 30-20과 같이 누적 벽 근처에서 빠르게 정류 상태의 농도 분포를 형성하게 된다. 시료 성분이 형성하는 층의 평균 두께 l은 분자의 확산 계수 D와 벽으로 향해 움직이는 장-유도 속도 U와 관련이 있다. 분석성분이 외부 장에 의해 더 빨리 움직일수록 벽 근처의 시료 성분층은 더 얇아진다. 확산 계수가 더 커질수록 시료 성분층은 더 두꺼워진다. 시료 성분들은 다른 D와 U의 값을 지니기 때문에 시료 성분층의 평균 두께는 시료 성분마다 다르게 된다.

일단 분석성분들이 누적 벽 가까이에서 정류 상태 모습을 나타내면, 채널 흐름을 전달하기 시작한다. 흐름은 층류(laminar)로 결국 그림 30-20의 왼쪽에서 보여주는 포물선 모양이 된다. 주된 운반체 흐름은 채널의 중앙에서 가장 속도가 빠르고, 채널 벽 가까이에서는 가장 느린 속도를 가진다. 외부 장과 강하게 상호작용하는 시료 성분은 그림 30-21의 성분 A처럼 채널 벽 매우 가까이에서 압착된다. 이 위치에서 성분 A는 느리게 움직이는 용매에 의해 용리된다. 시료 성분 B와 C는 채널에서 덜 압착되어, 더 빠른 속도의 용매를 느낄 것이다. 따라서 용리 순서는 C가 제일 먼저 그리고 B, A 순이 된다. FFF에서 분리된 성분들은 채널 끝에 설치되어 있는, UV-VIS 흡수, 굴절률, 그리고 형광 검출기 등과 같이 HPLC 분리에서 사용되는 것들과 유사한 검출기를 통과한다. 이렇게 분리된 것을 검출기의 감응을

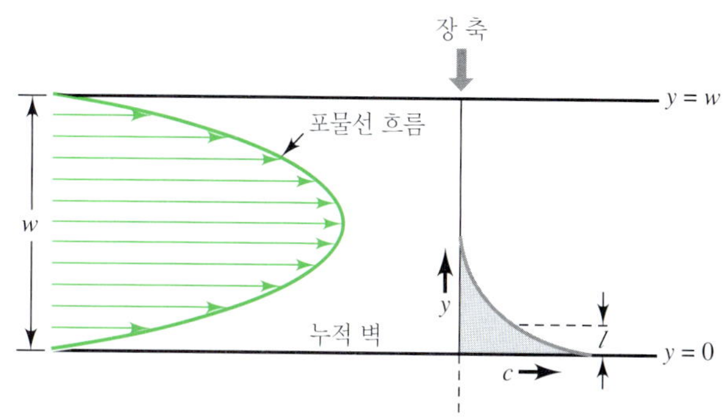

그림 30-20 **FFF에 외부 장이 전달될 때, 분석성분들은 그림의 오른쪽에 나타낸 지수함수적인 농도 모습을 보여주는 누적 벽으로 이동한다.** 시료 성분은 채널 벽에서 거리 y만큼 퍼진다. 시료 성분층의 평균 두께는 l로서 각 성분마다 다르다. 용리 용매의 주된 채널 흐름이 시작되면 그림 왼쪽에서와 같이 포물선형 흐름 유형을 만들게 된다.

[20] J. C. Giddings, *Sep. Sci.*, **1966**, *1*, 123, **DOI**: 10.1080/01496396608049439.

[21] FFF에 관한 총설은 다음을 참고하시오. J. C. Giddings, *Anal. Chem.*, **1995**, *67*, 592A, **DOI**: 10.1021/ac00115a001.

[22] M. E. Schimpf, K. Caldwell, and J. C. Giddings, eds., *Field-Flow Fractionation Handbook*, New York: Wiley, 2000, Part I.

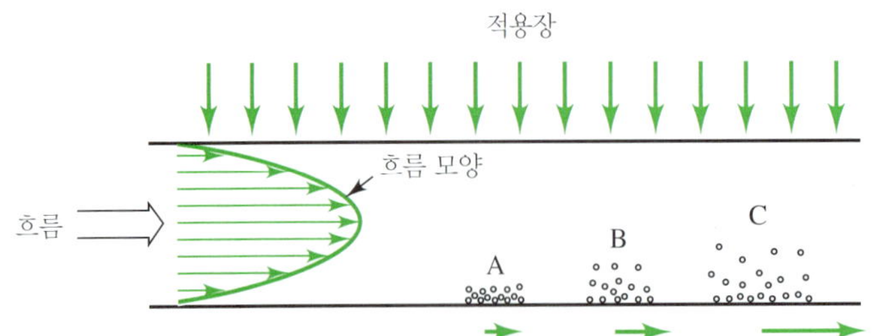

그림 30-21 세 성분 A, B, C는 외부 장과의 상호작용 세기가 서로 다르기 때문에 FFF에서 누적 벽에 압착되는 정도가 서로 다르다. 흐름이 시작되면, 성분 A는 벽에 가장 가까이 있기 때문에 가장 느린 속도의 용매를 따라 이동한다. 성분 B는 채널에서 이동 속도가 더 빠른 위치까지 돌출되어 있다. 외부 장과 가장 적게 상호작용하는 성분 C는 가장 빠른 흐름 속도의 용매를 만나게 되므로 가장 빠르게 이동한다.

시뮬레이션: www.tinyurl.com/skoogpia7에서 **장-흐름 분획법(field-flow fractionation)**에 대해 더 알아보시오.

시간에 따라 도시하여 나타내는 데 이를 크로마토그래피에서의 크로마토그램과 유사한 *분획도*(fractogram)라고 한다.

30E-2 FFF 방법

다른 종류의 외부 장 또는 기울기 장을 이용하면서 여러 가지 FFF 부수 기술들이 개발되었다.[23] 지금까지 연구 보고된 부수 기술로는 *침강*(sedimentation) *FFF*, *전기*(electrical) *FFF*, *열*(thermal) *FFF*, 그리고 *흐름*(flow) *FFF*가 있다. *음향*(acoustic), *자기장*(magnetic), *유전체 전기 이동*(dielectrophoretic) *FFF* 기술들도 알려져 있다.[24]

침강 FFF

침강 FFF는 가장 널리 사용되는 방법이다. 이 방법의 채널은 그림 30-22와 같이 침강 장 상자 안에 코일 형태로 장착되어 있다. 질량과 밀도가 가장 큰 시료 성분들은 침강 힘(침강 장)에 의해 채널 벽으로 밀려가면서 가장 늦게 용리된다. 작은 질량의 화학종이 먼저 용리된다. 침강 FFF에서는 크기가 다른 입자들 사이에 비교적 큰 선택성을 갖는다. 그림 30-23은 침강 FFF를 이용

[23]다양한 FFF 분석법에 대한 내용은 다음을 참고하시오. J. C. Giddings, *Unified Separation Science*, New York: Wiley, 1991, Chap. 9; M. E. Schimpf, K. Caldwell, and J. C. Giddings, eds., *Field-Flow Fractionation Handbook*, New York: Wiley, 2000.

[24]다음을 참고하시오. F. A. Messaud et al., *Prog. Polym. Sci.*, **2009**, *34*, 351, **DOI**: 10.1016/j.progpolymsci.2008.11.001.

그림 30-22 침강 FFF 기기. (Courtesy of Postnova Analytics, Salt Lake City, UT.)

하여 다양한 직경을 갖는 폴리스타이렌 구형 입자들을 분리한 것이다.

침강 장이 작은 질량의 분자에 대해서는 비교적 약하기 때문에 침강 FFF는 분자 질량 기준으로 10^6보다 큰 분자에 쉽게 응용할 수 있다. 중합체, 거대 생체 분자, 천연과 공업용 콜로이드, 에멀전, 그리고 세포 내 입자들과 같은 물질은 침강 FFF에 의해 쉽게 분리되는 것으로 알려져 있다.

전기 FFF

전기 FFF에서는 흐름 방향의 수직으로 전기장을 걸어준다. 시료의 머무름과 분리는 전기 전하에 따라 일어난다. 가장 큰 전하를 갖는 화학종은 누적 벽을 향해 대부분 효과적으로 움직인다. 낮은 전하를 갖는 화학종들은 더 압착되지 않아 흐름 속도가 빠른 영역에 노출된다. 그러므로 가장 낮은 전하를 갖는 화학종이 먼저 용리되고 가장 큰 전하를 갖는 화학종은 가장 오래 머무르게 된다.

전기장의 세기가 매우 강하기 때문에 심지어 작은 이온도 전기 FFF에 의해 쉽게 분리된다. 하지만 전기 분해의 효과로 인해 이 방법은 단백질과 다른 큰 분자의 혼합물을 분리하는 경우에만 이용한다.

열 FFF

열 FFF에서는, FFF 채널 단면을 가로질러 온도 기울기를 형성하는 방법을 사용하여 열 장을 흐름 방향에 수직으로 전달한다. 온도 차이가 형성되면 화학종의 열 확산을 유발하게 되는데 이로 인하여 화학종의 이동 속도는 각 화학종의 열확산 계수와 관계가 있게 된다.

열 FFF는 특히 분자량이 $10^3 \sim 10^7$ 범위의 합성 중합체를 분리하는 데 적당하다. 이 방법은 큰 분자량을 갖는 중합체를 분리하는 경우 크기 배제 크로마토그래피보다 매우 큰 장점을 가지고 있다. 반면에 낮은 분자량의 중합체는 크기 배제법에서 더 잘 분리된다. 중합체 이외에 입자나 콜로이드도 열 FFF에 의해 분리된다.[25]

흐름 FFF

모든 FFF 방법 중에서 다양성이 가장 높은 것은 아마도 운반액체를 채널 단면을 가로질러 느리게 흐르게 하는, 교차 흐름을 외부 장으로 이용하는 흐름 FFF일 것이다. 수직 방향으로 전달되는 흐름은 시료 성분과 무관한, 즉 비선택적으로 성분들을 누적 벽으로 이동시킨다. 하지만 정류 상태층의 두께는 각 성분별로 다르게 되는데 그것은 층 두께가 누적 벽으로 이동하는 속도뿐만 아니라 분자 확산에 따라서도 달라지기 때문이다. 정상모드의 FFF에서처럼 다양한 층 두께가 지수함수적으로 분포된다.

두 가지 형태의 흐름 FFF가 소개되었다: 대칭(symmetric) 흐름 FFF와 비대칭(asymmetric) 흐름 FFF. 대칭 흐름 FFF의 경우 교차 흐름이 채널의 윗벽에 있는 다공성 프릿을 통해 유입된다. 이 흐름은 채널 바닥 벽에 놓인 초미세 여과막과 다공성 프릿을 통과하여 채널을 빠져나간다. 비대칭 흐름 FFF의 경우 오직 바닥 벽만 유체 투과가 가능하다. 윗벽은 고체 벽으로 되어 있어 운반 흐름이 통과할 수 없다. 하나의 주입 흐름은 채널 내에서 채널 흐름과 교차 흐름 두 개로 나뉜다. 교차 흐름은 대칭 흐름 FFF에서와 같이 채널 바닥을 통과한다. 중간 온도와 고온 비대칭 흐름 FFF가 각각 개발되기도 하였다. 비대칭 흐름 FFF는 대

[25] P. M. Shiundu, G. Liu, and J. C. Giddings, *Anal. Chem.*, **1995**, *67*, 2705, **DOI**: 10.1021/ac00111a032.

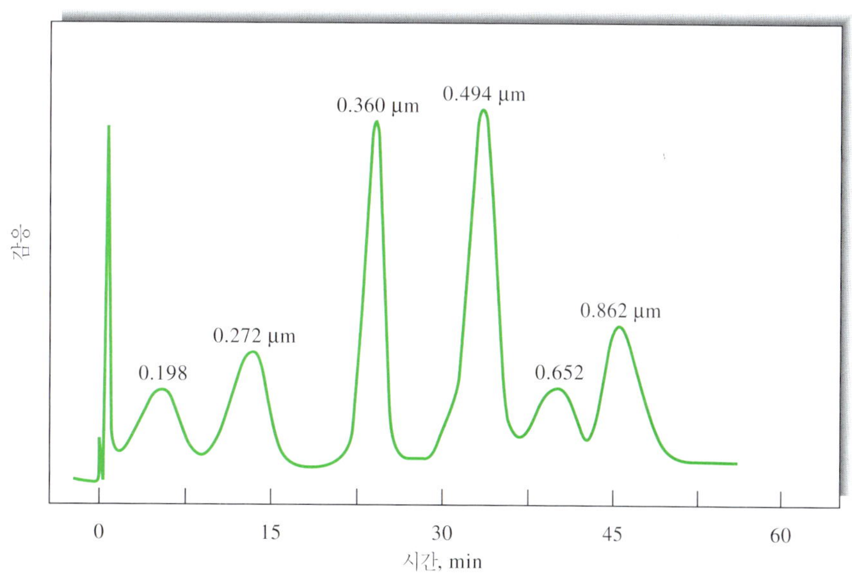

그림 30-23 침강 FFF에 의해 직경이 다른 polyethylene 구형 입자의 분리를 보여주는 분획도. 채널 흐름 속도는 2 mL/분이다. (Courtesy of Postnova Analytics, Salt Lake City, UT.)

칭 흐름 FFF에 비하여 구조가 간단하여 조립이 용이하다.[26]

흐름 FFF는 단백질, 합성 중합체, 그리고 여러 종류의 콜로이드 입자의 분리에 응용된다. 그림 30-24는 흐름 FFF를 이용하여 세 가지 단백질을 분리한 것이다. 세 번 반복 주입하여 얻은 분획도로부터 장치의 재현성을 알 수 있다.

30E-3 크로마토그래피법과 차별되는 FFF의 장점

여러 응용면에서 FFF는 일반적인 크로마토그래피법에 비해 몇 가지 장점을 지니고 있다. 첫째로 분리하는 데 충전물이나 정지상을 필요로 하지 않는다는 것이다. 어떤 크로마토그래피에서는 충전물 또는 정지상과 시료 성분들 사이에서 원하지 않는 상호작용이 일어날 수도 있다. 어떤 용매나 시료 물질은 정지상 또는 고체 지지체에 흡착을 하거나 반응을 한다. 크로마토그래피에서의 비틀림 힘(shear force)은 어떤 시료의 경우 절단될 가능성도 있다. 거대분자와 입자 시료는 특히 이런 바람직하지 않은 상호작용을 일으키기 쉽다.

FFF 장치의 기하구조와 흐름 모양의 특성은 잘 알려져 있다. 마찬가지로, 대부분의 외부 장의 효과를 쉽게 모형화할 수 있다. 그 결과 FFF에서 머무름과 이론단 높이에 대한 이론적 예측을 아주 정확하게 할 수 있다. 이에 비해 크로마토그래피에서의 이론적 예측은 여전히 부정확하다.

마지막으로, 외부 장은 FFF에서의 머무름을 지배한다. 전기, 침강 그리고 흐름 FFF를 이용하면 수직으로 전달되는 힘을 빠르게 그리고 시간-프로그래밍 방식으로 변화시킬 수 있다. 그러므로 FFF는 다른 종류의 시료에도 적용할 수 있는 다양성을 가지고 있다. 이 방법을 이용하면 분해능과 분리속도 또한 쉽게 최적화할 수 있다.

비록 FFF가 비교적 최근에 개발된 분석 분리 방법이기는 하지만 크로마토그래피와 매우 상호보완적이라고 알려져 있다. FFF 법은 크로마토그래피가 다룰 수 있는 분자량 영역을 넘어서는 대부분의 거대 분자와 입자에 가장 적합하다. 반면에 크로마토그래피법은 저분자량 물질에 대해 탁월한 능력을 지니고 있다.

[26]참고문헌 24를 참고하시오.

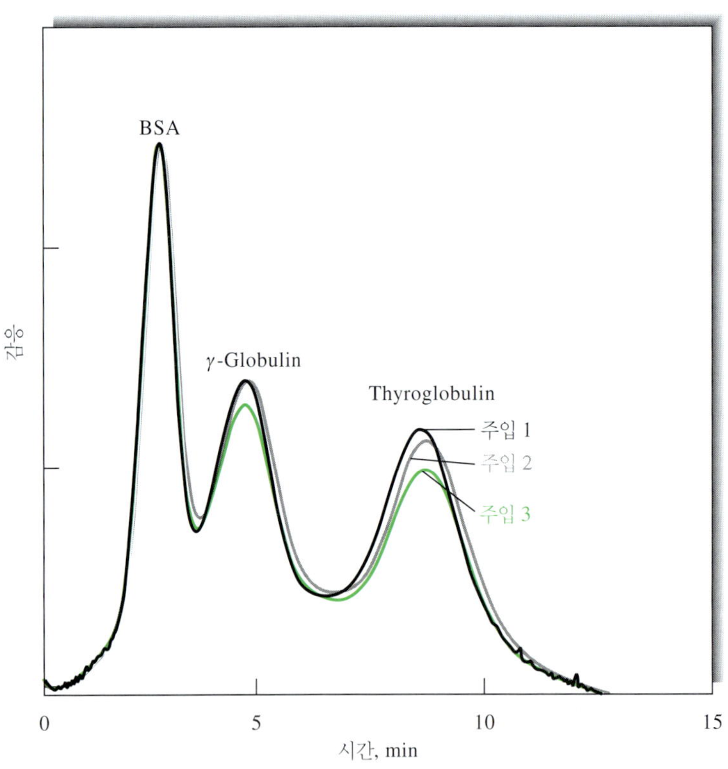

그림 30-24 흐름 FFF를 이용한 세 가지 단백질의 분리. 실험에서 시료 주입은 세 번 하였으며, 시료는 채널 반대 방향으로 전달된 흐름에 의하여 채널의 앞부분에 농축되었다. BSA = bovine serum albumin. (From H. Lee, S. K. R. Williams, and J. C. Giddings, *Anal. Chem.*, **1998**, *70*, 2495, **DOI**: 10.1021/ac9710792. Copyright 1998 American Chemical Society.)

질문과 문제

*별표가 있는 문제의 해답은 이 책의 끝에 있다.

이 아이콘이 있는 문제는 스프레드시트를 이용하여 쉽게 풀 수 있다.

30-1 전기삼투 흐름이란 무엇인가? 이는 왜 일어나는가?

30-2 전기삼투 흐름을 억제할 수 있는 방법을 제시하시오.

30-3 전기 이동으로 아미노산을 분리할 때 pH는 왜 영향을 주는가?

30-4 CZE의 분리 원리는 무엇인가?

***30-5** 어떤 무기 양이온은 5.27×10^{-4} cm^2 s^{-1} V^{-1}의 전기 이동 이동도를 갖는다. 또 이 이온은 9.5×10^{-6} cm^2 s^{-1}의 확산 계수를 갖는다. 만약 50.0 cm 모세관에서 CZE 방법을 이용하여 다른 양이온으로부터 이 이온이 분리되었다면, 걸어준 전압이 다음과 같을 때 예상되는 이론 단수 N은 얼마인가?

(a) 10.0 kV

(b) 20.0 kV

(c) 30.0 kV

***30-6** 문제 30-5의 양이온 분석물을 10.0 kV가 걸려 있는 50.0 cm 모세관에서 CZE로 분리하였다. 이 분리 조건에서, 음극을 향한 전기삼투 흐름 속도는 0.85 mm s^{-1}이었다. 만약 검출기가 모세관 시료 주입구로부터 40.0 cm 정도 떨어져 있을 때 전기장을 걸어준 후 분석물 양이온이 검출기에 도달하는 데 걸리는 시간은 몇 분이나 될 것인가?

30-7 마이셀 동전기 모세관 크로마토그래피의 원리는 무엇인가? CZE와는 어떻게 다른가?

30-8 일반적인 액체 크로마토그래피에 비해 마이셀 동전기 모세관 크로마토그래피가 더 좋은 주된 장점은 무엇인가?

30-9 전기 FFF 분리가 일어나는 pH에서 세 개의 큰 단백질이 이온화된다. 만약 이온을 A^{2+}, B^{+} 및 C^{3+}로 나타낸다면, 용리되는 순서는 어떻게 되겠는가?

30-10 침강 FFF에서 용리되는 순서를 결정하는 요인은 무엇인가?

30-11 크로마토그래피법과 비교해서 FFF의 주된 장단점을 나열하시오.

질문과 문제(계속)

도전 문제

30-12 Doxorubicin (DOX)은 사람의 백혈병과 유방암을 치료하는 데 널리 사용되는 효과적인 anthracycline이다(A. B. Anderson, C. M. Ciriaks, K. M. Fuller, and E. A. Ariaga, *Anal. Chem.*, **2003**, *75*, 8, **DOI**: 10.1021/ac020426r). 그런데 불행하게도, 간에 독성이 있고 약에 내성이 생기는 부작용이 있다고 알려졌다. 최근 연구에서 Anderson과 그의 동료들은 CE의 검출법으로 레이저-유도 형광법(laser-induced fluorescence, LIF)을 사용하여 단일 세포와 세포 내 분획물에 들어 있는 DOX의 대사산물에 대해 조사하였다. 다음의 결과는 Anderson과 그의 동료들이 LIF로 doxorubicin을 정량하여 얻은 것과 유사한 것이다. 교정 곡선을 작성하고자 CE 피크 면적을 DOX 농도의 함수로서 측정하였다.

DOX 농도, nM	피크 면적
0.10	0.10
1.00	0.80
5.00	4.52
10.00	8.32
20.00	15.7
30.00	26.2
50.00	41.5

(a) 교정 곡선식을 구하고 기울기와 절편의 표준 편차를 구하시오. 그리고 R^2도 구하시오.

(b) (a)에서 얻은 교정 곡선식을 측정된 면적으로부터 농도를 표시할 수 있는 식으로 전환하시오.

(c) DOX의 검출 한계(LOD)가 3×10^{-11} M이었다. 시료 주입부피가 100 pL였다면 몰 단위로 LOD는 얼마인가?

(d) DOX 농도를 모르는 두 시료를 주입하여 면적을 측정하였더니 11.3과 6.97이었다. 이들의 농도와 표준 편차는 각각 얼마인가?

(e) 어떤 조건하에서 DOX 피크가 LIF 검출기에 도달하는 시간이 300초였다. 만약 걸어주는 전압을 두 배로 하면 시간은 얼마나 걸리겠는가? 만약 동일한 전압에서 모세관의 길이가 두 배가 되면 시간은 얼마나 걸리겠는가?

(f) 정상적인 조건에 (e)에서 사용된 모세관의 이론 단수는 100,000이었다. 걸어주는 전압이 동일할 때 모세관 길이를 두 배로 하면 N은 얼마가 되겠는가? 원래의 모세관 길이에서 걸어주는 전압을 두 배로 하면 N은 얼마인가 ?

(g) 내경이 50 μm, 길이가 40.6 cm, N = 100,000인 모세관의 이론단 높이는 얼마인가?

(h) (g)에서와 똑같은 모세관인 경우, 이 피크의 분산도 σ^2는 얼마인가?

기기 분석법의 실제 응용

비스페놀 A 논란

비스페놀 A란

비스페놀 A (Bisphenol A, BPA)는 폴리카보네이트 플라스틱과 에폭시 수지를 합성할 때 사용되는 단량체 중개물질이다. 에폭시 수지는 식품용 금속 캔 내부를 코팅할 때 사용하며 폴리카보네이트 플라스틱은 그림 IA5-1에서와 같이 음식이나 음료를 담는 용기로 사용된다.

유아용 플라스틱 젖병, 넘어짐 방지(sippy) 컵, 플라스틱 생수병, 및 식탁용 투명 용기들은 종종 폴리카보네이트로 만들어진다. BPA는 컴팩트 디스크, 페인트, 치과용 복합재료와 밀폐제를 포함한 몇몇 의료용 기구 등과 같은 소비자용 물품에서도 발견된다. 소량의 BPA는 유연 플라스틱의 산화방지제로 첨가되며 현금등록기에서 사용되는 것과 같은 열전사 종이의 전개액으로도 쓰인다. 그림 IA5-2는 BPA의 구조식이다.

염려되는 것은 무엇인가?

BPA는 동물 실험을 통해 여성 호르몬인 에스트로겐과 유사한 작용을 한다는 것이 밝혀졌다. BPA에 노출된 실험용 동물들의 젖샘과 전립샘에서의 암조짐 변화, 변형된 뇌 발달, 생식기능 이상 및 전당뇨성 비만이 진행되는 것으로 나타났다. 놀랍기는 하지만, 이 연구에 적용된 노출 정도는 일반적으로 사람이 일상에서 노출될 수 있는 양보다 수천에서 수백만 배 높은 정도이다. 아울러 대부분의 연구에서 BPA는 입으로 섭취된 것이 아니라 동물에게 직접 주입된 것이었다. 이러한 주입 방법에 대해

그림 IA5-1 **BPA가 포함된 플라스틱 용기들.** (APImages/JONATHAN HAYWARD)

H_3C CH_3 HO OH

그림 IA5-2 **BPA의 구조식.**

다양한 대사 경로가 보고되었다. 그러나 동물 실험은 BPA가 사람의 건강에 문제를 일으킬 수 있다는 가능성에 대한 논란을 제기했다.

BPA를 우려하는 한 가지 이유는 사람이 BPA에 광범위하게 노출되어 있다는 것이다. 질병통제 및 예방센터(Centers for Disease Control and Prevention, CDC)가 GC/MS를 이용한 분석을 수행한 바에 의하면 검사에 참여한 성인 394명 중 95%의 소변 시료에서 BPA가 검출되었다.[1] HPLC와 MS/MS 검출법을 이용하여 2517명으로 대상을 확대한 연구에서는 6세 이상의 참가자 중 93%에게서 BPA가 검출되었다.[2] 사람은 공기, 물, 먼지를 통해 BPA에 약간 노출되기도 하지만 주로 음식물을 통해 노출된다. 식수와 음식을 담는 데 사용되는 폴리카보네이트 용기가 광범위하게 이용되고 있기 때문에 플라스틱과 수지의 가수분해(침출)가 발생할 수 있고 특히 높은 온도에서는 BPA가 녹아 나오기 때문에 우려하는 것이다. 또한 중합되지 않은 BPA 잔류물이 BPA를 사용하는 코팅과 수지에 남아 있을 가능성도 있다.

단속기관에서는 어떻게 이야기하는가?

미국 식품 의약국(U.S. Food and Drug Administration, FDA)에서는 음식물에서 나타나는 BPA의 현재 수치는 안전하다고 결론지었다. FDA의 과학적 근거에 관한 최근 안전 보고서는 BPA 사용 승인을 받은 음식 용기 및 포장재의 경우 안전하다고 뒷받침했다. 2008년 국가 독성관리프로그램(National Toxicology Program)에서 발표한 연구 결과는 뇌, 행동, 전립샘에 미치는 영향은 약간 우려할 정도이지만 태아, 영유아, 어린이의 젖샘에 대한 영향은 매우 낮은 수준이라고 결론지었다.[3] 이 결과는 임신한 여성 및 작업장 또는 어느 곳에서도 노출되는 성인

[1] A. M. Calafat, Z. Kuklenyik, J. A. Reidy, S. P. Caudill, J. Ekong, L. L. Needham, *Environ. Health Perspect.*, **2005**, *113*, 391, **DOI**: 10.1289/ehp.7534.

[2] A. M. Calafat, X. Ye, L.-Y. Wong, J. A. Reidy, L. L. Needham, *Environ. Health Perspect.*, **2008**, *116*, 39, **DOI**: 10.1289/ehp.10753.

[3] National Toxicology Program, *NTP-CERHR Monograph on the Potential Human Reproductive and Development and Effects of Bisphenol A*, September 2008 NIH Publication No. 08-5994.

기기 분석법의 실제 응용(계속)

들에 대해서는 그 효과가 무시할 만한 수준이라고 하였다. 2014년 FDA의 한 연구자그룹에서는 쥐를 이용한 실험을 근거하여 보고서를 발표하였는데 그것은 BPA에 낮은 수준으로 노출되는 것은 안전하다고 결론을 지었다.[4] 학계의 많은 학자들은 실험이 수행된 실험실이 BPA에 오염되어 있으며 동물 대조군 또한 오염되어 있다는 것을 제시하면서 이 연구의 타당성에 대해 문제를 제기하였다.[5] FDA의 국립 독성연구센터(National Center for Toxicological Research)는 국가독성관리프로그램과 함께 BPA의 불확실도를 규명하고 그 안전을 우려하는 문제들에 대한 답을 찾기 위해 현대의 기기 분석법들을 이용하여 심층 연구를 추가로 수행하고 있다.

2012년, FDA는 더 이상 유아 젖병과 "sippy" 컵에 폴리카보네이트 수지의 사용을 허가하지 않기로 식품 첨가 규정을 수정하였다. 규정을 수정한 것은 BPA의 안전에 관해 알게 되었기 때문이 아니라 오히려 이 용기들을 생산하는 제조사들에 의해 해당 수지와 코팅이 시장에서 사라지게 되었기 때문이다. 사실, 12개의 미국 주에서는 유아나 어린이가 사용하는 용도로 제작하는 용기에 폴리카보네이트 수지를 사용하는 것을 금지하고 있다.

캐나다는 2010년도에 BPA를 독성 물질로 선언하였다. 캐나다 법에 의하면 폴리카보네이트 젖병을 제조, 수입, 광고, 또는 판매하는 것은 불법으로 규정되어 있다. 캐나다 정부는 음식 포장재에서 나오는 BPA가 신생아와 어린이를 포함한 캐나다 시민의 건강을 우려할 만하지 않다고 지적하였다. 유럽 식품안전국(European Food Safety Authority)은 태어나지 않은 아이, 유아, 성인을 포함한 어느 연령대의 소비자에게도 BPA는 건강을 위협하지 않는다고 결론지었다. 음식물이나 여러 가지 혼합된 재료로부터 오는 BPA 노출은 안전한 것으로 간주되었다.

앞서 설명된 내용들은 음식 포장재와 기타 재료에 있는 BPA에 대해 안전과 관련한 우려가 많다는 것을 강하게 암시한다. 모든 경우 음식, 음료 용기, 사람의 체액, 그리고 공급되는 물을 포함한 환경에서 BPA(그리고 그 대체물질)를 분석하는 데 있어서 신뢰할 만한 분석법들이 필수적이다.

BPA 없는 제품

BPA에 대한 안전문제 때문에 BPA가 사용되지 않은 제품들이 시판되고 있다. 대부분의 대체물질들은 BPA와 구조가 비슷한 것들로, 연구된 BPA의 종류는 아니다. 가장 널리 사용하는 두

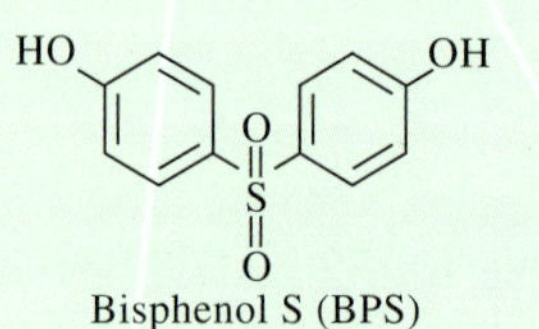

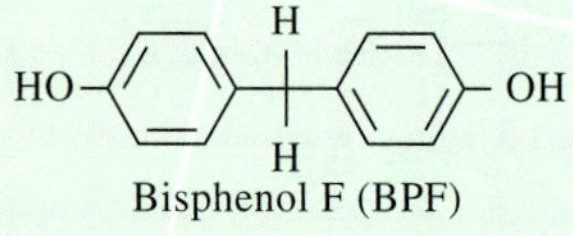

그림 IA5-3 **BPS와 BPF의 구조식.**

가지 대체물질은 그림 1A5-3에 있는 비스페놀 S (BPS)와 비스페놀 F (BPF)이다.

BPS는 BPA보다 침출되기 쉽지 않다고 여겨지기 때문에 특별히 선호되고 있는 물질이다. BPS는 세척용품, 전기도금 및 페놀계 수지들을 포함하는 여러 가지 공업용 제품에 사용된다. BPA가 들어가지 않은 열전사용지는 종종 BPS를 대체물질로 사용한다. BPF를 사용한 에폭시 레진은 라커, 니스, 화장용 붓, 접착제, 치과용 밀폐제, 및 음식 포장재와 같은 제품에 사용된다. 두 대체물질은 표층수, 퇴적물, 쓰레기 침출물에서 BPA보다 다소 낮은 농도로 검출되었다.[6] 사람의 소변에서는 BPS와 BPF가 BPA와 비교할만한 농도와 빈도로 검출되었다.[7] 이 동일한 사람들에게서 BPF는 조사 대상자의 55%, BPS는 78%가 발견되었다. 농도 수치들은 BPA 수치보다는 낮지만 충분히 우려할 만하다.

BPA 대체물질이 화학적으로 비활성이거나 BPA보다 최소한 독성이 매우 낮기를 기대해본다. 이 대체물질들에 대한 시험관 내에서 또는 생체 내에서의 효과에 대한 연구는 제한적이라고는 하지만 BPA처럼 내분비계와 생식계에 유사한 영향이 있음을 지적하고 있다. 지금까지의 연구 결론은 BPS와 BPF의 건강 유해 가능성이 BPA와 유사하다는 것이다.[8] 앞으로의 연구는 BPA가 지닌 생체효과 또는 호르몬 효과를 갖지 않는 대체물질에 초점을 맞추어야 한다는 것이 결론이었다.

BPA와 유사물질에 대한 분석법들

BPA, BPS 및 BPF의 분석은 이 화합물을 함유한 제품의 매트릭스가 다양하기 때문에 쉽지 않다. BPA에 사용되는 대부분의 방법들은 매트릭스를 제거하고 분석물을 농축하기 위해 특정한

[4]K. B. Delclos et al., *ToxSci*, **2014**, *139*, 174, **DOI**: 10.1093/toxsci/kfu022.

[5]P. A. Hunt, C. VandeVoort, T. Woodruff, R. Gerona, *ToxSci*, **2014**, *141*, i, **DOI**:10.1093/toxsci/kfu100.

[6]Y. Yang et al., *J. Chromatogr. A*, **2014**, *1328*, 26, **DOI**: 10.1016/j.chroma.2013.12.074.

[7]C. Liao et al., *Environ. Sci. Technol.*, **2012**, *46*, 6860, **DOI**: 10.1021/es301334j.

[8]J. R. Rochester and A. L. Bolden, *Environ. Health Perspect.*, **2015**, *123*, 643, **DOI**: 10.1289/ehp.1408989.

추출 과정을 사용한다.[9] 추출 뒤에는 일반적으로 형광 검출이나 질량 분석기를 이용한 크로마토그래피 분리 과정을 수행한다. 가장 감도가 좋고 명확한 방법은 GC나 HPLC를 MS 또는 MS/MS 검출기와 함께 사용하는 것이다. BPS와 BPF에 대한 문헌은 많지 않아도, 화합물들의 구조가 유사해서 BPA에 대한 분석법과 유사하다.

물 시료

환경에서 얻는 물 시료들에 있는 페놀계 화합물들은 대부분 폴리카보네이트 플라스틱과 수지가 분해에 기인한다. BPA는 생분해가 가능하며 물속의 유기체들에 축적되지는 않는다. 매립지의 침출수나 수처리 시설의 유출물들도 종종 BPA의 출처가 되고 있다. 환경수에 있는 BPA의 분석 시 사용되는 ASTM 표준 분석법은 시료 세척에 고체상 추출법을 사용한 뒤 MS/MS 검출법을 연결한 액체 크로마토그래피로 분석한다.[10] 방법 검출 한계(DL)는 0.005 ng/mL, 정량 한계(LOQ)는 0.02 ng/mL, 그리고 농도 직선 범위는 0.02~0.6 ng/mL로 알려져 있다.

플라스틱 용기

BPA는 형광 화합물이며, 이 특성은 유아 젖병으로부터 BPA를 고체상 추출기법을 이용하여 추출한 뒤 검출하는 데 사용된다.[11] 시료는 역상 HPLC C18 컬럼에 주입한 다음 인산포타슘과 아세토나이트릴 이동상을 기울기 용리법으로 분석한다. 형광 검출기의 들뜸 파장은 230 nm이고 방출 파장은 316 nm를 사용한다. DL은 0.19 ng/mL에 LOQ는 1.06 ng/mL로 알려져 있다. 농도 직선 범위는 1.06~171.43 ng/mL로 보고되었다.

식품 시료의 BPA

식품 시료의 BPA를 분석하는 다양한 방법들에 대한 총설이 출간되어 있다.[12] 앞서 설명한 LC 방법 외에 기체 크로마토그래피도 사용된다. GC 분석에서는 유도체화 과정이 필요하다. Silyl 기로의 치환(silylation) 또는 acetyl 기로의 치환(acetylation) 방법은 가장 흔히 사용하는 것으로서, BPA 피크가 좁아지게 되며 감도는 높아진다. 검출은 MS 또는 MS/MS를 사용한다. GC/MS는 0.004 ng/mL 정도의 낮은 검출 한계로 인하여 가장 감도가 높은 방법으로 알려져 있다.[13]

소변과 혈장의 BPA

소변에서의 BPA 측정 또한 고체상 추출법을 필요로 한다. 어느 방법에서는 추출액의 BPA를 pentafluorobenzyl bromide로 유도체화하였다. 유도체화된 페놀은 동위 원소 묽힘법에 기초를 둔 GC/MS 방법을 이용하여 측정하였다.[14] 소변에서의 BPA 검출 한계는 0.1 ng/mL였다. 또 다른 방법에서는 고체상 추출법을 동위 원소 묽힘 HPLC와 탄뎀 질량 분석법(MS/MS)에 온라인으로 연결하였다.[15] BPA의 검출 한계는 0.4 ng/mL였다.

물과 생쥐의 혈장 시료에서 BPA와 인체 내 대사산물인 BPA-glucuronide의 분석이 보고되었다.[16] 액체-액체 추출법을 사용한 다음 초고압 LC (ultrahigh-pressure LC)를 이용하였으며 LC 용출액은 음이온 전자분무 이온화법을 이용하여 triple quadrupole MS 기기로 검출하였다. 혈장에서 정량 한계는 BPA의 경우 0.5 ng/mL였고 BPA-glucuronide의 경우 0.2 ng/mL였다. LC/MS/MS를 이용하여 제대혈 시료로부터 유사한 분석 결과들이 얻어졌다.[17]

미래의 전망

BPA 및 그 대체물질들에 대한 분석 감도 및 특이성은 탄뎀 질량 분석기와 초고압 LC의 등장으로 크게 향상되었다. BPA, BPS, BPF 및 관련 대체물질들에 대한 인체의 건강 유해성을 밝히는 데 더 많은 연구가 진행되어야 한다. 현재 연구는 이 화합물에 대한 독성을 규명하고 대중과 과학자들의 질문에 응답하는 데 초점이 맞추어져 있다. 기기 분석은 새로운 발견을 하거나 상충되는 결과를 분석해내는 데 선도적인 역할을 하게 될 것이다.

---

[9]고체상 추출법을 포함한 추출 방법들의 원리는 다음을 참조하시오. D. A. Skoog, D. M. West, F. J. Holler, and S. R. Crouch, *Fundamentals of Analytical Chemistry*, 9th ed., Belmont, CA: Brooks/Cole, 2014, pp. 852-857.

[10]ASTM Standard Test Method for *Determination of Bisphenol A in Environmental Waters by Liquid Chromatography/Tandem Mass Spectrometry*, Method D7574-09, ASTM International, Book of Standards Volume 11.02, **DOI**: 10.1520/D7574-09.

[11]S. F. Lateef, *Analysis of Bisphenol A Leaching from Baby Feeding Bottles*, Agilent Technologies Application Note 5990-9398EN, Agilent Technologies, Inc. Santa Clara, CA, **2011**.

[12]A. Ballesteros-Gómez, S. Rubio, D. Pérez-Bendito, *J. Chromatogr. A*, **2008**, *1216*, 449, **DOI**: 0.1016/j.chroma.2008.06.037.

[13]J. D. Stuart, C. P. Capulong, K. D. Launer, and X. Pan, *J. Chromatogr. A*, **2005**, *1079*, 136, **DOI**: 10.1016/j.chroma.2005.03.075.

[14]A. M. Calafat, Z. Kuklenyik, J. A. Reidy, S. P. Caudill, J. Ekong, L. L. Needham, *Environ. Health Perspect.*, **2005**, *113*, 391, **DOI**: 10.1289/ehp.7534.

[15]A. M. Calafat, X. Ye, L.-Y. Wong, J. A. Reidy, L. L. Needham, *Environ. Health Perspect.*, **2008**, *116*, 39, **DOI**: 10.1289/ehp.10753.

[16]R. B. van Breemen, G. Li, Y. Yuan, and K. Huang, *Shimadzu Journal*, **2014**, *2*, 32.

[17]R. Gerona et al., *Environ. Sci. Technol.* **2013**, *47*, 12477, **DOI**: 10.1021/es402764d.

기타 방법들
Miscellaneous Methods

현대적인 열무게 분석기. 이 계측기는 온도가 조절되는 열저울과 질량 흐름 제어 기능이 있는 수평적 기체 주입 시스템을 가지고 있다. 최대 16개의 시료를 자동으로 분석할 수 있는 다중위치 자동 시료 주입기가 선택사항으로 있다. 이 시스템의 한 가지 모델은 상온에서 1200°C까지 가열할 수 있는 적외선로를 특징으로 한다. 전체 시스템은 특정 기술 및 분석법을 위해 설계된 소프트웨어를 이용하여 컴퓨터를 통해 제어된다.

제6부는 기타 기기 분석법에 대한 4개의 장으로 구성되어 있다. 제31장에서는 열무게 분석, 시차 열분석, 시차 주사 열계량 및 미세열 분석에 관해 논의한다. 중성자 방사화 분석 및 동위 원소 묽힘 기술을 포함한 방사화학 방법의 이론과 실습은 제32장에서 논의된다. 제33장에서는 자동화 분석기의 원리, 기기적 측면, 응용에 관해서 설명되고, 흐름 주입 분석기, 미세유체 시스템 및 불연속 분석기에 관한 설명이 포함되어 있다. 이 절의 마지막 제34장에서는 입자 크기를 결정하는 분석법을 검토한다. 이 방법에는 낮은-각 레이저 광산란, 동적 광산란 및 광침전을 포함한다. 기기 분석법의 실제 응용에서는 중성자 방사화 분석이 매우 중요한 역할을 한 John F. Kennedy 암살에 관해서 다룬다.

31장

열분석법

Thermal Methods

열분석 기술은 물질 또는 그 반응 생성물의 물리적 특성을 온도의 함수로 측정하는 기술이다. 일반적으로 분석 과정에서 물질은 온도 제어 프로그램에 영향을 받는다. 많은 열분석 기술이 있지만 이 장의 논의는 시료 물질에 대한 물리적인 정보보다는 주로 화학적 정보를 제공하는 네 가지 방법으로 한정된다. 이러한 방법들로는 **열무게 분석**(thermogravimetric analysis), **시차 열분석**(differential thermal analysis), **시차 주사 열계량**(differential scanning calorimetry), **미세열 분석**(microthermal analysis)이 있다.

이 장에서 옆의 로고는 www.tinyurl.com/skoogpia7에서 대화형 자습, 시뮬레이션, 연습 등을 통해 온라인으로 학습할 수 있는 기회가 있음을 나타낸다.

열분석법들은 측정되는 특성과 적용되는 온도 프로그램에서 서로 다르다.[1] 여기에서 논의되는 네 가지 방법은 고분자, 의약품, 점토, 광물, 금속 및 합금에 대한 품질 관리 및 연구 응용 모두에 널리 이용되고 있다.

31A 열무게 분석

열무게 분석(TGA)에서는 제어되는 환경에서 시료의 온도가 증가함에 따라(일반적으로 시간에 따라 선형적으로) 시료 무게가 온도 또는 시간의 함수로 연속적으로 기록된다. 질량 또는 질량 백분율을 시간의 함수로 도시한 것을 *열분석도*(thermogram) 또는 *열분해 곡선*(thermal decomposition curve)이라고 한다.

31A-1 기기장치

상업적으로 판매되는 TGA 기기는 (1) 열저울이라고 불리는 감도가 매우 좋은 미세저울; (2) 전기로; (3) 비활성 또는 때때로 반응성인 환경을 제공하기 위한 기체 주입 장치; (4) 기기장치 제어, 데이터 수집 및 데이터 처리를 위한 컴퓨터 시스템 등으로 구성되어 있다. 기체 주입 교환 장치는 실험 중에 주입하는 기체가 변경되어야 하는 응용 분야에서는 일반적인 선택사항으로 들어 있다.

열저울

상업적으로 이용 가능한 여러 가지 종류의 열저울이 질량 1 mg 미만에서 100 g에 이르는 시료에 대한 정량적 정보를 제공할 수 있다. 그러나 열저울의 일반적인 측정범위는 1~100 mg이다. 많은 저울들이 0.1 μg만큼의 작은 질량 변화도 감지할 수 있다.

[1]열분석법들에 대한 자세한 내용은 다음 문헌을 참고하시오. *Principles and Applications of Thermal Analysis,* P. Gabbott, ed., Oxford, UK: Wiley-Blackwell, 2008; *Principles of Thermal Analysis and Calorimetry,* P. J. Haines, ed., Cambridge, UK: Royal Society of Chemistry, 2002; P. J. Haines, *Thermal Methods of Analysis,* London: Blackie, 1995; B. Wunderlich, *Thermal Analysis,* Boston: Academic Press, 1990; W. W. Wendlandt, *Thermal Analysis,* 3rd ed., New York: Wiley, 1985. 전체적 총설에 대해서는 다음 문헌을 참고하시오. S. Vyazovkin, *Anal. Chem.,* **2010**, *82*, 4936, **DOI**: 10.1021/ac100859s; *Anal. Chem.,* **2008**, *80*, 4301, **DOI**: 10.1021/ac8005999; *Anal. Chem.,* **2006**, *78*, 3875, **DOI**: 10.1021/ac0605546

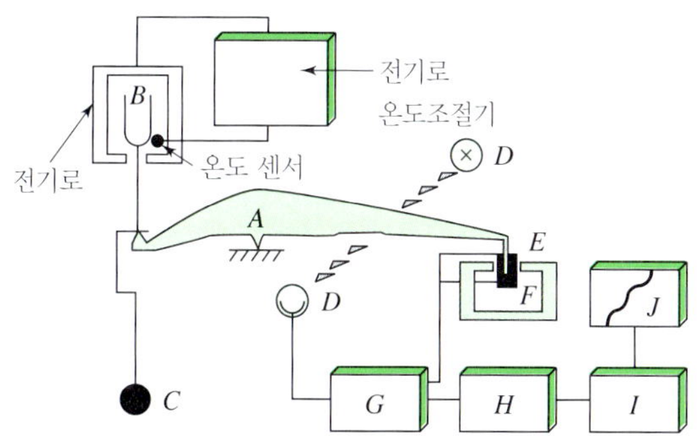

그림 31-1 열저울의 부분 장치들. 저울대는 *A*로 표시된다. 시료 컵과 받침대는 *B*이고, *C*는 균형추이다. *D*는 램프 및 광다이오드, *E*는 자기장 코일, *F*는 영구 자석이다. 컴퓨터 데이터 수집, 데이터 처리 및 제어 시스템은 각각 *G*, *H* 및 *I*이다. 부분 장치 *J*는 프린터와 판독 장치이다. (Courtesy of Mettler-Toledo.)

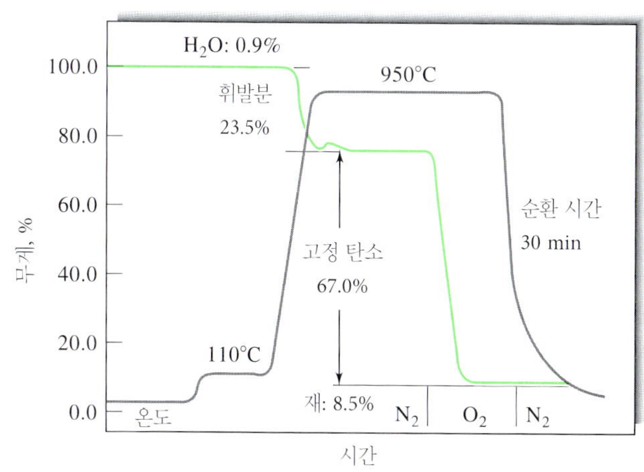

그림 31-2 기체 환경이 조절되는 분위기에서 역청탄 시료에 대한 열분석도. 질소 분위기를 약 18분 동안 사용하고, 이어서 산소 분위기를 4~5분 동안 사용 한 후에 실험은 질소에서 완료되었다. (Reprinted with permission from C. M. Earnest, *Anal. Chem.*, **1984**, *56*, 1471A, **DOI**: 10.1021/ac00277a786.)

시료 받침대는 전기로 속에 장치되어 있어야만 하지만, 저울의 나머지 부분은 전기로와 열적으로 격리되어 있어야 한다. 그림 31-1은 한 가지 열저울의 개략도를 보여주고 있다. 시료 질량의 변화는 저울대의 위치 변화를 유발하여, 2개의 광다이오드 중 하나와 램프 사이에 광 셔터를 위치시킨다. 이 결과 생긴 광다이오드 전류의 불균형이 증폭되어 영구 자석 *F*의 두 극 사이에 위치한 코일 *E*에 입력된다. 코일의 전류에 의해 생성된 자기장은 저울대를 원래 위치로 돌아가게 한다. 증폭된 광다이오드 전류는 기록되고 데이터 처리 장치에 의해 질량 또는 질량 손실 정보로 변환된다. 대부분의 경우 질량 대 온도 데이터는 실시간으로 도시되거나 추후의 처리 또는 표시를 위해 저장될 수 있다.

전기로

TGA에서 사용되는 전기로의 온도 범위는 일반적으로 상온에서 1000°C 이내지만 일부는 1600°C 온도까지도 사용될 수 있다. 가열 속도는 보통 0.1°C/분부터 100°C/분까지 선택할 수 있다. 일부 장치는 200°C/분만큼 빠르게 가열할 수도 있다. 열이 저울로 전달되는 것을 막기 위해서 전기로 외부의 절연과 냉각이 필요하다. 일반적으로 질소 또는 아르곤이 전기로에 주입되어 시료의 산화를 방지하는 데 이용된다. 일부 분석의 경우 분석이 진행되는 과정에 주입 기체를 교체하는 것이 필요하다. 그림 31-2는 주입 기체가 질소에서 산소로, 그리고 다시 질소로 자동 전환되는 예를 보여주고 있다. 이 예에서 사용된 시료는 역청탄이다. 수분 함량과 휘발 물질의 백분율이 기록된 처음 18분 동안에 주입된 기체는 질소였다. 그런 다음 4~5분 동안은 산소로 전환하여 탄소를 이산화탄소로 산화시켰다. 마지막으로 실험은 질소 주입으로 마무리되면서 재(ash) 함량을 측정하였다. 대부분의 최신 TGA 기기는 주입 기체 흐름을 점검하기 위해 디지털 유체 조절기를 사용한다.

보통 온도 축은 Curie 점이 알려진 물질이나, 녹는점이 알려진 표준물을 사용하여 검정한다. *Curie 점*(Curie point)은 강자기성 물질이 상자기성으로 변화는 온도이다. 강자기성 물질은 자기력의 수직 성분이 시료에 작용하도록 배향된 자기장에 놓여진다. 자기력은 실제 시료 질량을 나타내는 TGA 저울 대에 등가적인 자기 질량(magnetic mass)으로 작용한다. 시료가 고유의 Curie 점을 지나서 가열될 때, 자기 질량은 손실되고 저울은 실제 질량 손실을 나타내게 된다. 온도 정확도는 대부분의 전기로에서 1°C보다 우수하며 온도 정밀도는 일반적으로 ±0.1°C이다. 전기로는 보통 강제 순환되는 공기에 의해 식혀진다. 대부분의 전기로는 15분 이내에 1000°C에서 50°C까지 냉각될 수 있다.

시료 받침대

시료는 일반적으로 백금, 알루미늄 또는 알루미나와 같은 세라믹으로 만들어진 시료 접시에 놓는다. 백금은 반응성이 낮고 세척이 용이하여 가장 많이 사용된다. 시료 접시의 부피는 40 μL에서 500 μL 이상까지 다양하다. 세라믹 접시는 부피가 크거나 저밀도의 시료(예: 거품 형태의 재료) 그리고 백금과 반응하는 물질에 적합하다. 알루미늄 접시는 저렴한 대용품이지만 600°C를 초과하는 온도에는 사용할 수 없다. 자동 시료채취기가 대부분의 TGA 기기에 부착되어 사용되고 있고, 이러한 장치의 대부분은 모든 과정이 소프트웨어 제어하에 자동화되어 있다. 빈 시료 접시 무게 달기, 시료 올려놓기, 무게 측정; 전기로 가열과 냉각 시료 접시 비우기 등 모든 과정이 자동화되어 있다.

온도 제어 및 데이터 처리

열분석도에 기록된 온도는 이상적으로는 시료의 실제 온도이다. 이 온도는 원칙적으로 작은 열전기쌍을 시료에 직접 꽂아야만 얻을 수 있다. 그러나 이와 같은 측정 방법은 거의 사용하지 않는데 이는 시료가 촉매 작용으로 분해될 수 있고, 시료의 오염 가능성과 열전기쌍 접촉 부분으로 인한 무게 측정 오류가 생길 수 있기 때문이다. 이러한 문제 때문에 기록되는 온도는 일반적으로 작은 열전기쌍을 시료 용기에 가능한 한 가까이 위치한 후 측정한다. 그러므로 기록된 온도는 일반적으로 실제 시료 온도보다 약간 높거나 낮을 수 있다. 경우에 따라 이중의 열전기쌍들이 제어/피드백 방식으로 사용되기도 한다.

최신 TGA 기기에서는 열전기쌍의 전압 출력을 컴퓨터 기억장치에 저장된 온도-대-전압 표와 자동으로 비교하는 컴퓨터에 의한 온도 제어 장치를 사용한다. 컴퓨터는 열전기쌍의 온도와 지정된 온도 사이의 차이를 사용하여 가열 장치의 전압을 조정한다. 일부 기기에서는 동일한 열전기쌍이 가열 장치 및 온도 감지기로서 작동하기도 한다. 최신 제어 시스템을 사용하면 지정된 온도 프로그램과 시료 온도 사이에서 아주 잘 일치하게 할 수 있다. 특정 프로그램에 대한 일반적인 실행 사이의 재현성은 기기의 전체 작동 범위에서 2°C 이내이다.

결합된 열분석 기기들

몇몇 기기 제조업체는 열 흐름(시차 주사 열계량, 제31C절 참고)과 질량 변화(TGA) 또는 에너지 변화(시차 열분석, 제31B절 참고)와 질량 변화를 동시에 측정하는 기기를 시판하고 있다. 이러한 기기들은 온도에 따라 물질의 손실 또는 증발 현상을 추적할 뿐만 아니라 이러한 과정과 관련된 전이현상을 알 수 있게 한다. 이렇게 결합된 기기 시스템은 시료 크기, 균질성 및 기하학적 모양의 변화에 따른 영향을 제거할 수 있다. 많은 TGA 기기들은 열분석도뿐만 아니라 미분한 형태인 도함수 열분석도도 얻을 수 있게 한다. 이러한 도함수 도시는 시차 열분석에서 산출된 것과 같은 진정한 시차 열분석도는 아니지만 이와 유사한 정성적인 정보를 제공한다. 이들은 종종 단일 시차 열분석(single differential thermal analysis, SDTA) 도시라고 한다.

TGA/MS 및 TGA/FTIR

TGA는 특정 온도에서 질량 손실을 결정하는 데 사용되지만 TGA만으로 그 화학종이 무엇인지를 확인할 수는 없다. 이런 종류의 정보를 얻으려면 열무게 분석기의 출력을 Fourier 변환 IR 분광계 또는 질량 분석계에 연결해야 한다. 몇몇 기기 회사는 TGA 장치를 분광기와 연결할 수 있는 장치를 제공하고, 일부는 TGA/MS 또는 TGA/FTIR 시스템의 소프트웨어와 하드웨어가 실제로 통합된 기기를 제공하기도 한다.

고분해능 TGA

고분해능 TGA에서는 시료 가열 속도를 변동시킬 수 있어서, 질량 변화가 일어나는 시간보다 질량이 일정하게 유지되는 시간 동안 시료가 더 빨리 가열된다. 따라서 관찰하고자 하는 시간 동안 더 높은 분해능을 얻을 수 있고 비활성 시간을 줄일 수 있다.

31A-2 응용

TGA는 온도에 따른 분석물질의 질량 변화를 측정하는 것이기 때문에 제공하는 정보는 정량적이지만, 분해와 산화 반응, 그리고 기화, 승화 및 탈착 등과 같은 물리적 과정에 제한되어 있다.

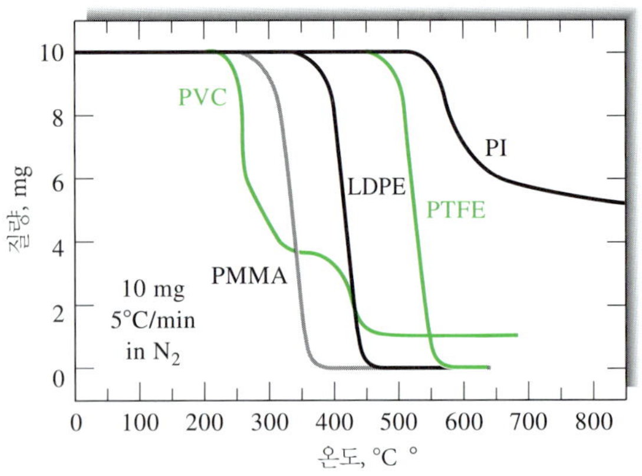

그림 31-3 몇 가지 일반적인 중합체 물질에 대한 열분석도. PVC = polyvinyl chloride; PMMA = polymethylmethacrylate; LDPE = low-density polyethylene; PTFE = polytetrafluoroethylene; PI = aromatic polypyromelitimide. (From J. Chiu, in *Thermoanalysis of Fiber-Forming Polymers,* R. F. Schwenker, ed., New York: Wiley, 1966.)

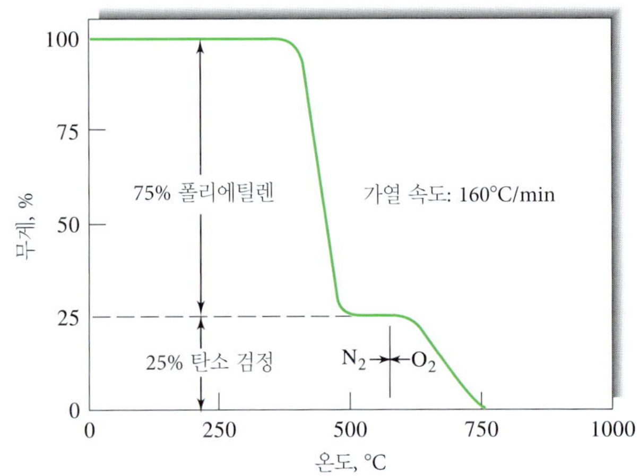

그림 31-4 열무게 분석에 의한 폴리에틸렌에 들어있는 탄소 검정의 정량. (From J. Gibbons, *Amer. Lab.*, **1981**, *13* (1), 33. Copyright 1981 by International Scientific Communications, Inc.)

TGA의 가장 중요한 응용은[2] 다성분 시료의 조성 분석과 분해 과정을 알아내는 것이다.

중합체 연구에서 열분석도는 다양한 중합체 물질의 분해 메커니즘에 대한 정보를 제공해준다. 또한, 분해 곡선은 각 종류의 중합체에 따라 특징적인 형태를 보이며, 때로는 성분 확인의

자습: www.tinyurl.com/skoogpia7에서 **열무게 분석(thermogravimetric analysis)**에 대해 더 알아보시오.

[2]열분석 방법의 응용에 대한 논의는 다음 문헌을 참고하시오. K. S. Alexander, A. T. Riga, and P. J. Haines in *Analytical Instrumentation Handbook*, 3rd ed., J. Cazes, ed., Boca Raton, FL: CRC Press, 2005, Chap. 15; A. J. Pasztor, in *Handbook of Instrumental Techniques for Analytical Chemistry,* F. Settle, ed., Upper Saddle River, NJ: Prentice-Hall, 1997, Chap. 50.

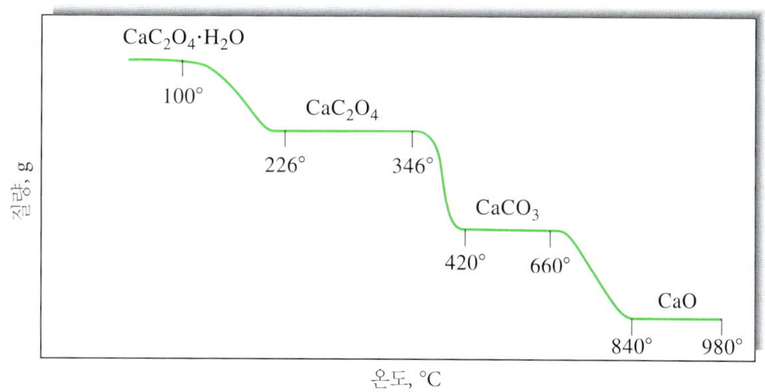

그림 31-5 비활성 기체 분위기에서 $CaC_2O_4 \cdot H_2O$의 분해를 나타내는 열분석도. (From S. Peltier and C. Duval, *Anal. Chim. Acta*, **1947**, *1*, 345, **DOI**: 10.1016/S0003-2670(00)89754-8. With permission.)

목적으로 사용될 수도 있다. 그림 31-3은 열무게 분석법으로 얻은 5개의 중합체에 대한 분해 곡선을 보여준다.

그림 31-4는 중합체 물질의 조성 분석에 열분석도가 어떻게 사용되는지 보여주고 있다. 시료는 햇빛에 노출되었을 때 변질되는 것을 막기 위해 미세한 탄소 검정(carbon-black) 입자를 섞어 만든 폴리에틸렌이다. 다른 대부분의 분석 방법으로는 이런 종류의 시료들을 분석하기가 매우 어렵다.

그림 31-5는 순수한 $CaC_2O_4 \cdot H_2O$의 온도를 5°C/분의 속도로 증가시키면서 얻은 열분석도이다. 질량 변화가 없는 명확한 수평 영역은 표시된 칼슘 화합물이 안정하게 존재하는 온도 범위에 해당한다. 이 그림은 순수한 화학종을 만드는 데 필요한 열적 조건을 알아낼 때 TGA를 사용하는 방법을 보여준다.

그림 31-6a는 칼슘, 스트론튬 및 바륨 이온의 혼합물을 정량 분석하는 데에 TGA의 적용을 보여준다. 이들은 먼저 일수화 옥살산 염(monohydrated oxalate)으로 침전된다. 320°C와 400°C 사이 온도 범위에서의 질량은 CaC_2O_4, SrC_2O_4, BaC_2O_4의 세 가지 무수 화합물에 해당하는 것이고, 약 580°C 와 620°C 사이의 질량은 세 종류의 탄산염에 해당한다. 다음 두 단계의 질량 변화는 첫 번째 CaO와 그 다음 SrO가 형성됨에 따라 이산화탄소가 손실되어 나타난 결과이다. 시료 중에 존재하는 세 원소의 질량을 각각 계산하기 위해 열분석도에서 충분한 자료를 얻을 수 있다.

그림 31-6b는(a)에 표시된 열분석도의 도함수 곡선이다. 이러한 도함수 곡선은 때때로 일반적인 열분석도에서 볼 수 없는 정보를 나타내주기도 한다. 예를 들어 140°C, 180°C, 205°C의 세 가지 피크는 세 가지 수화물이 서로 다른 온도에서 수분을 잃는다는 것을 보여준다. 그러나 세 가지 모두 450°C에서 일산화탄소가 동시에 손실되어 한 개의 선명한 피크를 나타낸다.

TGA는 정량적인 정보를 제공 할 수 있으므로 수분 함량을 결정하는 것이 또 다른 중요한 응용 분야이다. 0.5 %, 때로는 더 작은 수준으로 결정할 수 있다.

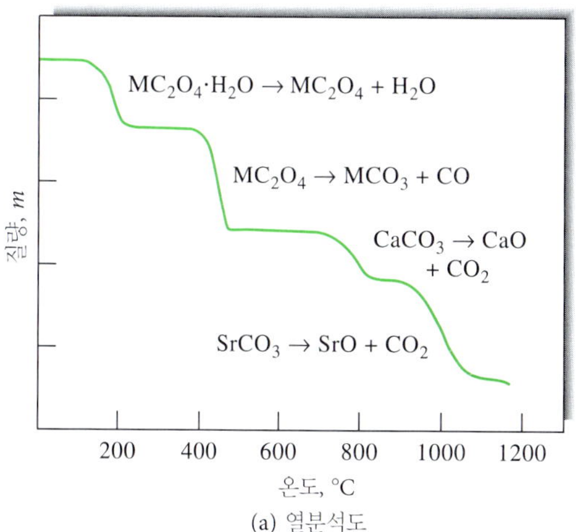

(a) 열분석도

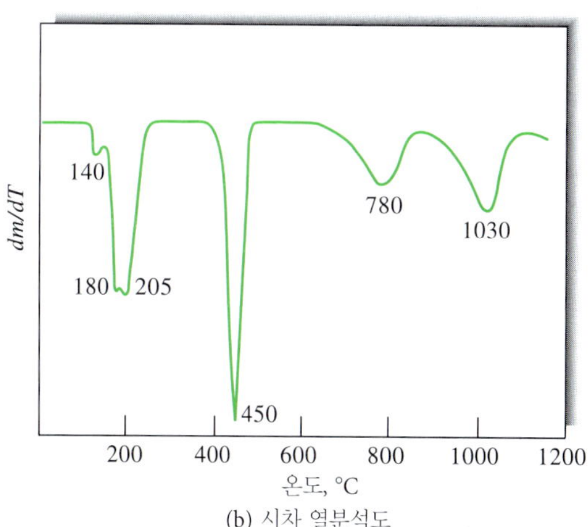

(b) 시차 열분석도

그림 31-6 $CaC_2O_4 \cdot H_2O$, $SrC_2O_4 \cdot H_2O$ 및 $BaC_2O_4 \cdot H_2O$의 분해. (From L. Erdey, G. Liptay, G. Svehla, and F. Paulike, *Talanta*, **1962**, *9*, 489, **DOI**: 10.1016/0039-9140(62)80117-9.)

31B 시차 열분석

시차 열분석(differential thermal analysis, DTA)은 시료와 기준 물질이 온도 제어 프로그램으로 가열되면서 시료와 기준 물질

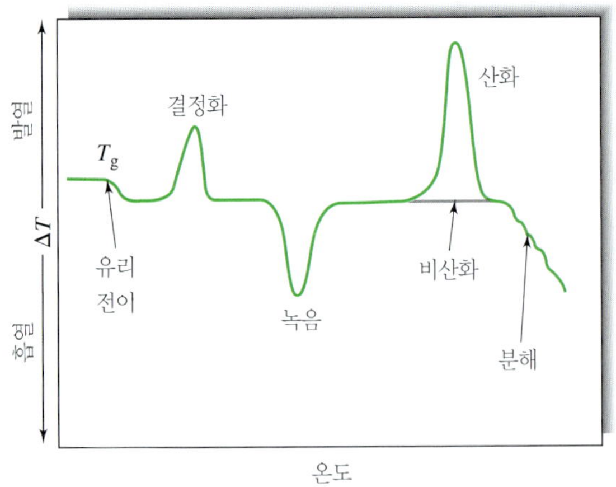

그림 31-7 중합체 물질에서 나타나는 변화의 유형을 보여주는 시차 열분석도. (From R. M. Schulken Jr., R. E. Roy Jr., and R. H. Cox, *J. Polymer Sci., Part C*, **1964**, *6*, 17, **DOI**: 10.1002/polc.5070060104. Reprinted by permission of John Wiley & Sons, Inc.)

사이의 온도 차이를 온도의 함수로 측정하는 방법이다. 보통, 온도 프로그램은 시료의 온도 T_s가 시간에 따라 선형적으로 증가하는 방식으로 시료와 기준 물질을 가열하게 되어 있다. 시료 온도 T_s와 기준 온도 T_r 사이의 온도차 $\Delta T(\Delta T = T_s - T_r)$를 측정하고 시료 온도에 대하여 도시하면 그림 31-7에 보여진 것과 같은 시차 열분석도를 얻게 된다. (이 곡선의 여러 부분에 관한 중요성은 제31B-2절에 설명되어 있다.)

31B-1 기기장치

그림 31-8은 시차 열분석기의 전기로 부분의 구성도이다. 전기로 속의 시료-기준 열전기쌍 위에 위치한 작은 알루미늄 접시

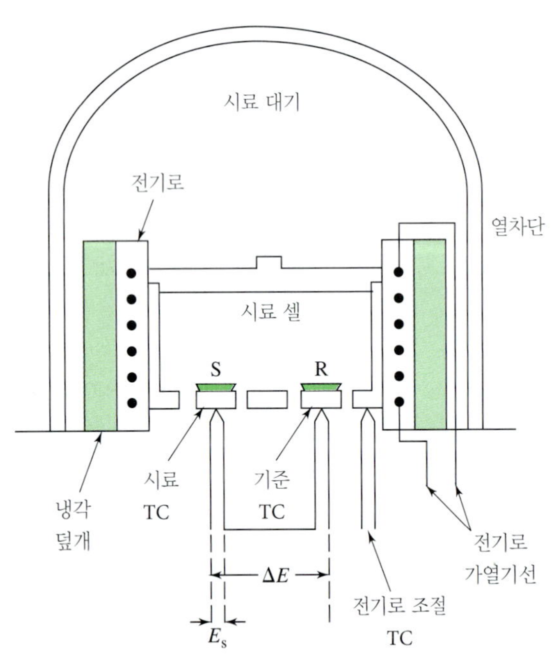

그림 31-8 전형적인 DTA 기기의 구성도. TC = 열전기쌍.

에 시료(S)와 비활성 기준 물질(R)을 수 mg씩 넣는다. 기준 물질은 알루미나, 탄화 규소(silicon carbide) 또는 유리 구슬과 같은 비활성 물질이 사용된다

시료의 열전기쌍으로부터 나온 디지털 출력 전압 E_s는 컴퓨터로 입력된다. 컴퓨터는 시료 온도가 선형적으로 미리 결정된 속도로 증가하도록 전기로에 대한 전류 입력을 제어한다. 시료의 열전기쌍 신호는 또한 온도 T_s로 변환되어 시차 열분석도의 x축으로 사용된다. 시료와 기준 열전기쌍의 출력 차이 ΔE는 증폭과 변환을 통해 온도 차이 ΔT로 변환되고, 이 온도 차이 ΔT는 열분석도의 y축으로 사용된다.

일반적으로 DTA의 시료실과 기준실은 질소와 같은 비활성 기체 또는 산소 또는 공기와 같은 반응성 기체의 순환을 허용하도록 설계되어 있다. 또한 일부 기기는 높은 압력 및 낮은 압력에서도 작동할 수 있는 기능을 갖추고 있다.

31B-2 일반 원리

그림 31-7은 최종 분해를 일으키기에 충분한 온도 범위에서 중합체를 가열하여 얻은 이상적인 시차 열분석도이다. ΔT값의 초기 감소는 유리 전이(glass transition) 때문인데, 이는 중합체의 많은 시차 열분석도의 초기 부분에서 관찰되는 현상이다. 유리 전이 온도 T_g는 유리질 비결정성 중합체에서 고분자의 큰 부분들이 일제히 움직이기 시작하면서 고무처럼 말랑해지거나 유연하게 되는 특성적인 온도이다. 유리 전이 온도 T_g로 가열될 때, 중합체는 유리질에서 고무질로 변한다. 이러한 전이에는 열 흡수 또는 방출이 일어나지 않아 엔탈피 변화가 없으므로 $\Delta H = 0$이 된다. 그러나 고무질의 열용량은 유리질의 열용량과 다르므로 그림에서 보여진 것처럼 기준선이 낮아진다. 그러나 엔탈피 변화가 없으므로 이 전이가 일어나는 중에는 어떤 피크도 나타나지 않는다.

그림 31-7의 열분석도에서 두 개의 최대점과 한 개의 최소점이 관찰된다. 두 개의 최대점은 열이 시료에서 방출되어 온도가 상승하는 발열 과정의 결과이다. "녹음(melting)"이라고 표시된 최소점은 열이 분석물질의 의해 흡수되는 흡열 과정의 결과이다. 특정 온도로 가열되면 많은 비결정성 중합체가 미세결정으로 결정화되기 시작하여 처리 과정에서 열을 방출한다. 결정 형성은 그림 31-7에서 보여지는 첫 번째 발열 피크에 해당한다.

그림에서 두 번째 피크는 흡열 과정에 의한 것으로 초기 발열 과정에서 형성된 미세 결정의 녹음을 포함한다. 세 번째 피크는 발열 과정에 기인한 것이며 가열이 공기나 산소의 존재하에 이루어지는 경우에만 발생한다. 이 피크는 중합체의 발열적 산화의 결과이다. 마지막 과정에서 보이는 ΔT의 음의 변화는 중합체가 흡열 분해하면서 여러 다른 물질을 생성할 때 나타나는 것

자습: www.tinyurl.com/skoogpia7에서 **시차 열분석(differential thermal analysis)**에 대해 더 알아보시오.

이다.

그림 31-7에서 보여진 것처럼, DTA에서 보이는 피크는 시료의 온도 변화에 의해 일어나는 물리적 변화와 화학 반응으로 인해 발생한다. 흡열적인 물리 과정에는 용융, 기화, 승화, 흡수 및 탈착 등이 포함된다. 흡착과 결정화는 보통 발열 반응이다. 또한 화학 반응은 발열 또는 흡열 과정일 수 있다. 흡열 반응에는 탈수, 어떤 기체 분위기에서의 환원 및 분해 등이 있다. 발열 반응은 공기나 산소 존재하에서의 산화, 중합 및 촉매 반응 등을 포함한다.

31B-3 응용

일반적으로 DTA는 정성적인 정보를 주는 분석법이다. 비록 다양한 변화가 일어나는 온도를 측정할 수는 있지만, DTA는 각 과정과 관련된 에너지를 측정할 수는 없다.

DTA는 중합체의 특성을 연구하는 데에 널리 사용되는 방법이다. 그림 31-7은 시차 열분석법으로 연구할 수 있는 중합체 물질의 물리적 및 화학적 변화의 유형을 보여준다. 중합체의 열전이는 종종 넓어진 온도 범위에서 발생하는데, 그 이유는 순수한 중합체라 하더라도 단일 화학종이 아닌 동족체의 혼합물이기 때문이다.

DTA는 또한 세라믹 및 금속 산업에서도 널리 사용되고 있다. 이 방법은 고온 프로세스(일부 장치의 경우 최대 2400°C까지)와 상대적으로 많은 양의 시료(수백 mg)에도 이용될 수 있다. 이러한 물질들의 경우, DTA는 분해 온도, 상 전이, 용융과 결정화 온도 및 열적 안정성에 대해 연구하기 위해 사용된다.

DTA의 중요한 용도는 상평형 그림을 얻고 상전이 과정에 대해 연구하는 것이다. 그림 31-9에서 한 가지 예로 황의 시차 열분석도를 보여주고 있는데, 113°C의 피크는 사방형(rhombic)에서 단사형(monoclinic)으로의 고체 상전이에 해당하고 124°C에서의 피크는 황원소의 녹는점에 해당한다. 액체 황은 적어도 세 가지 형태로 존재하는 것으로 알려져 있으며, 179°C에서의 피크는 분명히 이러한 전이들을 포함하는 반면, 446°C에서의 피크는 황의 끓는점에 해당한다.

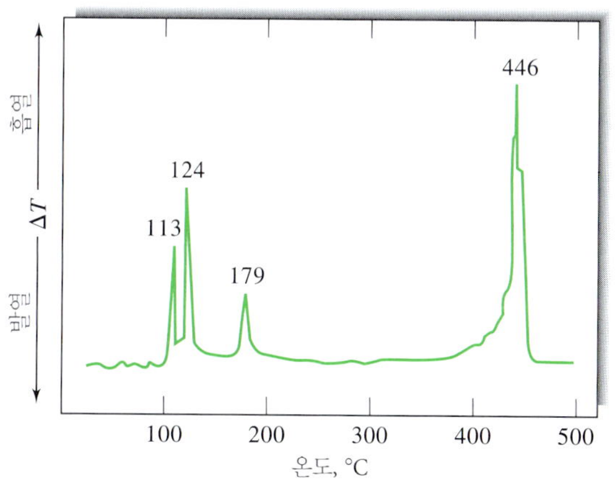

그림 31-9 황에 대한 시차 열분석도. (Reprinted with permission from J. Chiu, *Anal. Chem.*, **1963**, *35*, 933, **DOI**: 10.1021/ac60200a052. Copyright 1963 American Chemical Society.)

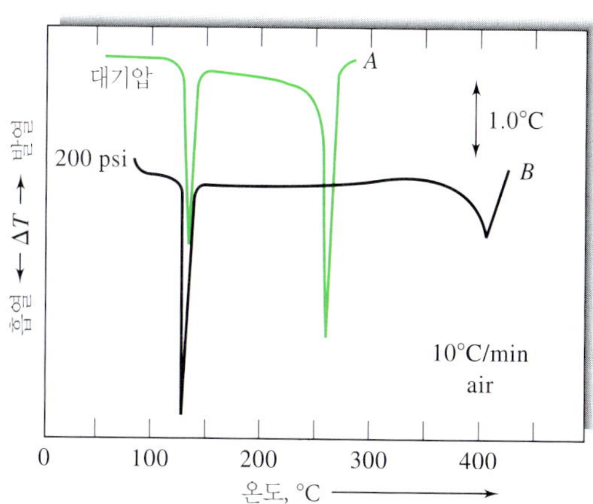

그림 31-10 벤조산의 시차 열분석도. 곡선 *A*는 대기압에서 얻은 것이고, 곡선 *B*는 13.79 bar (200 lbs/in^2)의 압력에서 얻은 것이다. (From P. Levy, G. Nieuweboer, and L. C. Semanski, *Thermochim. Acta*, **1970**, *1*, 429, **DOI**: 10.1016/0040-6031(70)85013-4. With permission.)

DTA는 또한 유기 화합물의 녹는점, 끓는점 및 분해 온도 등을 간단하고 정확하게 결정할 수 있는 방법을 제공한다. DTA 데이터는 일반적으로 가열이나 모세관법으로 얻은 결과보다 더 일관되고 재현성이 있다. 그림 31-10은 대기압(*A*)과 13.79 bar (*B*)에서 측정된 벤조산의 시차 열분석도를 보여준다. 낮은 온도에서의 피크는 녹는점에 해당하고 두 번째 피크는 산의 끓는점에 해당한다.

31C 시차 주사 열계량법

시차 주사 열계량법(differential scanning calorimetry, DSC)은 측정 속도가 빠르고, 간단하며 쉽게 사용할 수 있다는 것 때문에 가장 널리 사용되는 열분석법이다. DSC에서 시료와 기본 물질은 기기의 시료 받침대에 놓인다. 가열 장치는 지정된 속도(예를 들어, 5°C/분)로 온도를 상승시키거나 또는 일정 온도에서 DSC를 유지한다. 기기는 시료와 기본 물질 사이의 열 흐름 차이를 측정한다. DSC와 DTA의 근본적인 차이점은 DSC가 *에너지*(energy) 차이를 측정하는 열량 측정 방법이라는 것이고, 대조적으로 DTA에서는 온도의 차이가 기록된다. 두 가지 방법에서 사용되는 온도 프로그램은 유사하며 DSC는 DTA와 달리 정량적 분석 기술로 간주된다.

31C-1 기기장치

DSC 기기에는 *전력보상*(power-compensated) *DSC*, *열흐름*

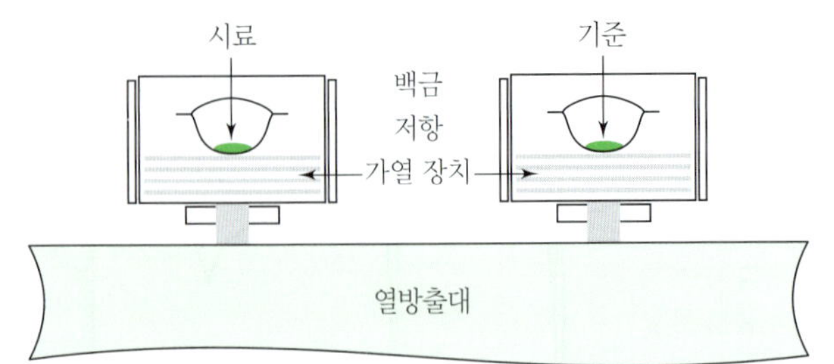

그림 31-11 전력보상 DSC의 시료와 기준의 받침대와 가열 장치. 온도 프로그램은 컴퓨터 시스템에 의해 생성된다. 시료와 기준 받침대에 접촉해 있는 백금 저항 온도계는 프로그램된 온도와 시료와 기준의 온도 차이를 감지한다. 오류 신호는 시료에 걸어주는 전력과 기준 백금저항 가열 장치에 걸어주는 전력을 조정하는 데 사용된다. DSC 출력 신호는 시료와 기준 물질이 프로그램된 온도와 똑같아지도록 하기 위해서 두 물질 사이에 필요한 전력의 차이이다.

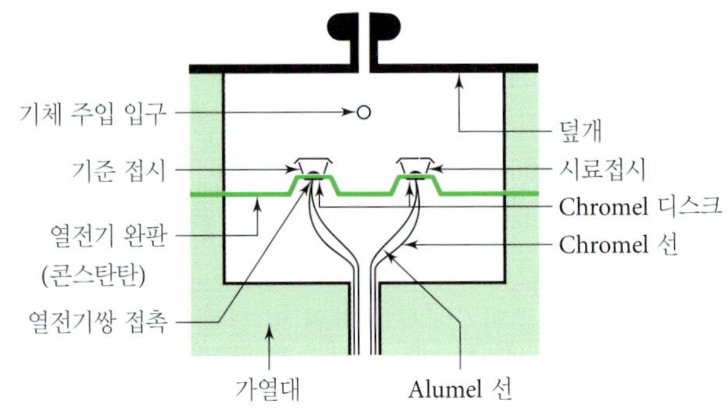

그림 31-12 열흐름 DSC. (Courtesy of TA Instruments, New Castle, DE.)

(heat-flux) *DSC* 그리고 *변조*(modulated) *DSC*와 같은 세 가지 유형이 있다. 각각은 온도에 대해서 전력 또는 열흐름을 도시하는데, 이를 *열분석도*(thermogram)라 한다.[3]

전력보상 DSC 기기

전력보상 DSC에서 시료와 기준 물질의 온도가 서로 동일하게 유지되는 한편 온도는 선형적으로 증가 또는 감소한다. 시료의 온도를 기준 물질의 온도와 동일하게 유지하기 위해 필요한 전력이 측정된다.

그림 31-11은 전력보상 DSC의 시료 받침대와 가열 장치를 보여주는 구성도이다. 이 경우 두 개의 독립적인 가열 장치가 사용된다. 이 가열 장치들은 매우 작기 때문에 가열, 냉각 및 평형 속도를 빠르게 할 수 있고, 온도 조절이 되는 대형 열상자에 내장되어 있다. 시료와 기준 물질 받침대는 물질의 온도를 계속적으로 측정하기 위하여 백금 저항 온도계를 가지고 있다. 시료와 기준 가열 장치에 전력을 공급하여 시료와 기준 물질 모두 프로그램된 온도로 유지된다. 기기는 프로그램된 온도의 함수에 대해 시료와 기준 물질을 동일한 온도로 유지하는 데 필요한 전력 차이를 기록한다.

전력보상 DSC는 열흐름 DSC보다 감도가 낮지만 감응 시간은 더 빠르다. 따라서 전력보상 DSC는 새로운 온도 설정에 대한 빠른 평형이 필요한 동력학 연구에 적합하다. 또한 전력보상 DSC는 열흐름 DSC보다 더 높은 분별 능력을 가질 수 있다.

열흐름 DSC 기기

열흐름 DSC에서는 시료 온도가 일정한 속도로 변경되는 동안 시료와 기준 물질로 흘러들어오는 열흐름의 차이가 측정된다. 시료와 기준 물질 모두 하나의 가열 장치로 가열된다. 그림 31-12에서처럼 열은 전기적으로 가열된 콘스탄탄(constantan) 열전기 원판을 통해 시료와 기준 물질로 흐른다. 시료와 기준 물질을 놓는 알루미늄 재질의 작은 접시는 콘스탄탄 원판에서 위로 올려진 평평한 곳에 놓는다.[4] 열은 원판을 통해 전달되고 두 접시를 통해 시료와 기준 물질에 전달된다. 시료와 기준 물질로 흐르는 열의 차이는 콘스탄탄 판과 그 판 밑면에 부착된 크로멜(chromel) 원판 사이의 접합부에 형성된 크로멜-콘스탄탄 열전기쌍의 면적에서 측정된다. 두 접시 쪽으로 흘러간 열의 차이는 두 열전기쌍 접합점의 출력 차이에 직접 비례한다. 시료 온도는 시료 원판 아래의 크로멜-알루멜(alumel) 접합점으로부터 측정된다.

열흐름 DSC에서 총 열흐름 dH/dt는 다음과 같이 나타낼 수 있다.

$$\frac{dH}{dt} = C_p\frac{dT}{dt} + f(T,t)$$

여기서 H는 J mol^{-1} 단위의 엔탈피이고, C_p는 JK^{-1} mol^{-1} 단위의 비열 용량(몰당 열용량), 그리고 $f(T, t)$는 J mol^{-1} 단위의 시료의 속도론적 반응을 나타낸다. 따라서 전체 열흐름은 열용량과 관련된 하나의 항과 속도론적 반응과 관련된 항의 합이라는 것을 알 수 있다. 전형적인 DSC 열분석도를 그림 31-13에서 보여주는데, 온도가 변할 때 발생하는 몇 가지 과정을 볼 수 있다. 열흐름의 증가는 발열 과정을 의미하고, 감소는 흡열 과정을 나타낸다.

변조 DSC 기기

변조 DSC(modulated DSC, MDSC)는 열흐름 DSC 방법과 동일한 가열 장치와 용기 배열을 사용한다. MDSC에서는 전체 온도가 점진적으로 증가 또는 감소함에 따라 미세한 가열 및 냉각 주기를 생성하기 위해 전체 온도 프로그램에 sine파 함수가 중첩된다. Fourier 변환법을 사용하여 전체 신호는 가역적 열흐름 신호와 비가역적 열흐름 신호의 두 부분으로 수학적으로 분리된다. 가역적 열흐름 신호는 열분석도의 열용량 구성 요소와 관련되며 비가역 열흐름은 속도론적 과정과 관련이 있다. 일반적

---

[3]DSC 기기 및 설계에 대한 설명은 다음 문헌을 참고하시오. P. Gabbott in *Principles and Applications of Thermal Analysis,* P. Gabbott, ed., Oxford, UK: Wiley-Blackwell, 2008, Chap. 1.

[4]콘스탄탄(constantan)은 구리 60%와 니켈 40%의 합금이다. 크로멜(chromel)은 크롬, 니켈 및 때때로 철을 함유하는 일련의 합금에 대한 상표이다. 알루멜(alumel)은 2% 알루미늄, 2% 망간 및 1% 실리콘을 포함한 니켈 합금이다.

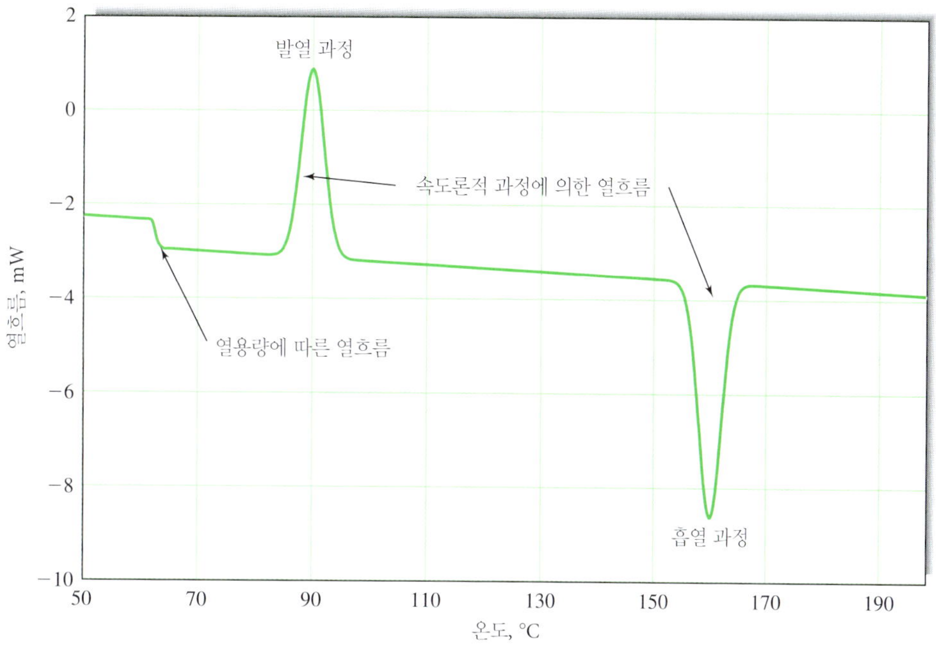

그림 31-13 중합체 물질에 대한 전형적인 DSC 주사. 약 63°C에서 단계 전이가 있음에 주목하시오. 약 90°C에서 발열 과정이 일어나고 160°C에서 흡열 과정이 일어난다. 열분석도는 열용량과 속도론적 과정으로 인한 열흐름의 합을 나타낸다. (Courtesy of TA Instruments, New Castle, DE.)

으로 유리 전이와 같은 단계 전이(step transition)는 가역적 열흐름 신호에서만 나타나며, 발열 또는 흡열 과정은 두 신호 중 하나 또는 양쪽 모두에 나타날 수 있다.

전체 열흐름 신호의 가역 및 비가역 성분으로의 분해를 보여주는 도시가 그림 31-14에 나와 있다. 60°C 근처의 전이는 전체 열흐름의 열용량 부분에 해당하는 가역적 열흐름에서 나타남을 주목하라. 또한 250°C 근처의 흡열 과정은 가역적 구성 요소에 나타나며 150°C 근처의 발열 과정은 비가역 구성 요소에 나타난다.

변조 DSC의 다른 유형으로 Rosgen과 동료들이 소개한 *압력-변조 DSC* (pressure-modulated DSC)가 있다.[5] 이 실험에서는 표준 DSC 온도 주사에 톱니 모양의 압력 경사 또는 다른 압력 형식이 중첩된다. 압력 변조에서는 열용량과 팽창도를 동시에 측정을 할 수 있는데, 서로 동기화되어 있다.

DSC 보조 장치

자동 시료채취기는 대부분의 최신 DSC 기기에서 사용할 수 있다. 또한 많은 기기에는 광-감응성 시료에 자외선-가시선을 조사하면서 열량 측정을 할 수 있는 광열계량기가 부착될 수 있게 되어 있다. 가압 용기 보조 장치를 통해 용기 압력을 제어하고 조절할 수 있다. 또한 저온 영역을 확장하기 위해 냉장 장치를 사용할 수 있다.

DSC 실험

전형적인 DSC 실험은 빈 시료 접시의 무게 측정을 통하여 시작된다. 접시는 금, 백금, 흑연, 스테인레스 스틸 및 유리 앰플(ampoule)로 만들 수 있지만 대부분 알루미늄으로 만들어지고, 밀폐식 접시가 주로 사용된다. 그 다음, 시료의 일부분을 접시에 옮겨 바닥에 균일하게 퍼지도록 놓는다. 접시는 밀봉된 다음 다시 무게를 측정한다. 시료와 기준 물질 접시가 제 위치에 놓여지면 주입 기체를 불어넣는다. 일부 DSC 장치에는 받침대에 놓인 다중 시료 접시를 순차적으로 실행할 수 있게 하는 자동 시료 처리기가 있다. 때때로 공기 또는 산소가 산화 과정을 연구하기 위해 사용되지만 헬륨 또는 질소가 일반적인 주입 기체이다. 주입 기체는 시료에서 습기와 산소를 제거하고 시료 접시로 열을 전달하는 데 도움을 준다.

최신 DSC 기기는 컴퓨터로 제어되어 사용자가 온도 프로그램 및 다양한 교정 매개변수와 같은 변수를 입력한 후에 자동으로 실험이 수행된다.

DSC 보정

DSC 장치는 일반적으로 여러 가지 방법으로 보정된다. 바탕선 보정은 접시를 놓지 않고 실행된다. 보정은 관심 온도 범위에서 바탕선의 경사와 오프셋 값을 측정하는 것이다. DSC를 제어하는 컴퓨터 시스템은 바탕선의 경사와 오프셋 값을 저장하고 그 영향을 최소화하기 위해 후속 시료 측정에서 이들 값을 빼 준다.

바탕선 보정이 수행된 후 열흐름 보정은 용융열이 잘 알려진 물질의 일정한 양을 녹임으로써 수행된다. 인듐은 가장 자주 사

[5]J. Rösgen and H. J. Hinz, *Anal. Chem.*, **2006**, *78*, 991, **DOI**: 10.1021/ac0516436; K. Boehm, J. Rösgen, and H. J. Hinz, *Anal. Chem.*, **2006**, *78*, 984, **DOI**: 10.1021/ac0509760.

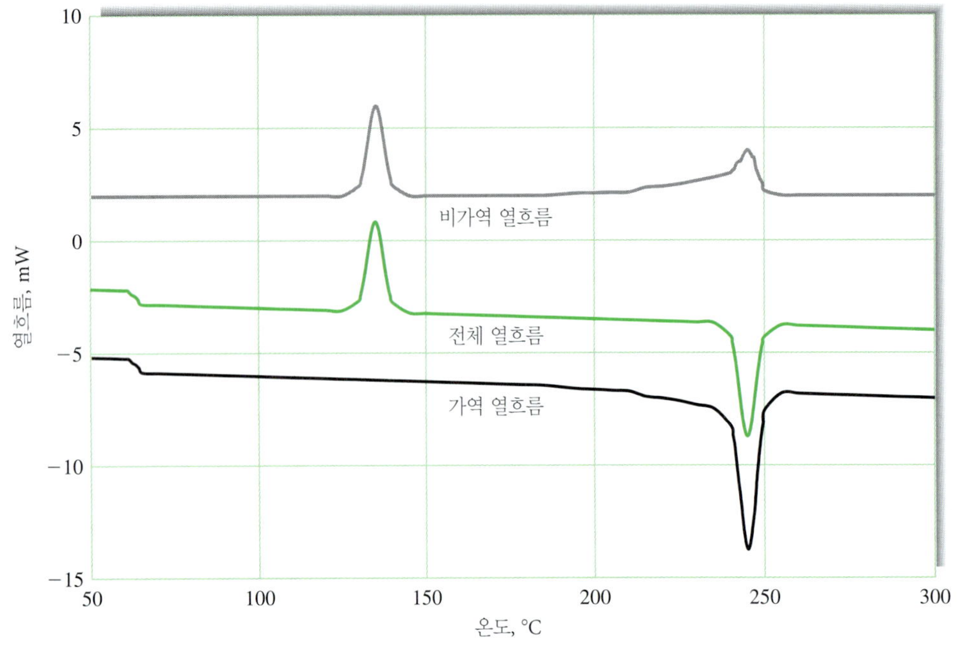

그림 31-14 비가역 및 가역 열흐름 성분으로 분리된 것을 보여주는 MDSC 장치의 열분석도. (Courtesy of TA Instruments, New Castle, DE.)

용되는 표준물질로서, 시료 접시에 놓여지고 빈 기준 접시에 대해서 주사한다. 녹음 피크의 면적은 *용기 상수*(cell constant)로 알려진 보정 인자를 사용하면 알려진 용융 엔탈피와 연관지어질 수 있는데, 이러한 과정은 또한 인듐의 알려진 녹는점으로부터 온도 축을 보정하는 데 사용된다. 온도 보정은 몇 가지 잘 알려진 표준물의 녹는점을 측정하여 보다 넓은 온도 범위에서 수행되어야 한다.

일반적인 DSC와 MDSC 장치로 열용량을 측정하는 경우, 열용량 보정은 사파이어와 같은 열용량 표준물을 주사하여 수행된다. 이것은 장치에 대해 C_p값을 보정하고 총 열흐름에서 열용량 성분을 분리하는 데 사용된다.

DSC 데이터 분석

최신 DSC 기기를 사용하면 녹는점, 유리 전이 온도 및 열용량 값을 결정할 때 소프트웨어의 도움으로 손쉽게 구할 수 있다. 단계 전이와 속도론적 과정의 온도는 보통 시작(onset) 온도로서 결정된다. 시작 온도는 그림 31-15에서 보여주는 것처럼 바탕선과 전이 곡선의 접선이 서로 만나는 점의 온도로 정의된다. 어떤 경우에는 유리 전이와 같은 전이의 온도는 시작 온도보다는 전이의 중간 지점으로 간주된다.

유리 전이와 같은 전이에서의 단계는 물질이 한 상태에서 다른 상태로 전이할 때 열용량의 변화와 관련이 있다. 열용량의 변화는 일반적으로 전이의 시작 시점과 종료 시점에서의 열용량 차이로 결정된다. 용융 또는 결정화 엔탈피는 흡열 또는 발열의 면적을 적분하여 결정된다.

31C-2 응용

DSC는 재료의 특성을 분석하는 많은 응용에 사용되고 있다. 정량적 응용에는 결정성 물질의 용융열 및 결정화 정도를 측정하는 것이 포함된다. 유리 전이 온도와 녹는점은 재료의 정성적인 분류에 유용하지만, 열적 방법 단독으로는 물질의 확인이 불가능하다. 녹는점은 또한 다양한 조제물의 순도를 결정하는 데에도 매우 유용하다. 따라서, 열적 방법은 품질 관리를 하는 데 자주 사용된다.

유리 전이 온도

유리 전이 온도 T_g의 측정은 DSC의 가장 중요한 응용 분야 중 하나이다. 중합체의 물리적 특성은 물질이 유리질 상태에서 고무질 상태로 변하는 T_g에서 극적인 변화를 겪는다. 중합체는 유리 전이 온도에서 부피, 팽창, 열흐름, 열용량의 변화가 나타나고, 열용량의 변화는 DSC로 쉽게 측정된다.

결정성 및 결정화 속도

결정성 물질의 경우, 결정성의 정도는 중합체의 특성을 나타내는 중요한 인자이다. 결정화 정도는 IR 분광법, X선 회절, 밀도 측정 및 열적 방법에 의해 결정될 수 있다. 대부분의 경우, DSC는 결정화 정도를 측정하는 가장 쉬운 방법 중 하나이다. 결정화 정도는 시료의 용융 엔탈피$(\Delta H_f)_{시료}$를 측정하고, 이를 완전한 결정성 물질의 용융 엔탈피$(\Delta H_f)_{결정}$와 비교함으로써 얻어진다. 결정화 분율은 다음과 같이 주어진다.

$$\text{결정화 분율} = (\Delta H_f)_{시료}/(\Delta H_f)_{결정} \qquad (31\text{-}2)$$

또한 열계량법은 결정화 속도를 연구하는 데 사용된다. 결정

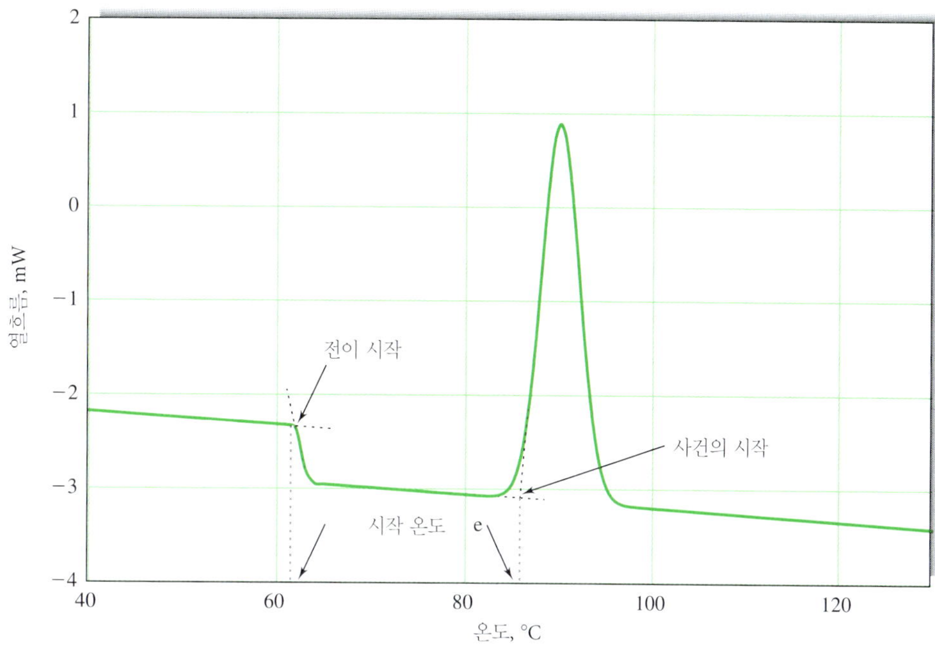

그림 31-15 전이 과정과 발열 과정(결정화)에 대한 시작 온도를 결정하는 그림.

화는 그림 31-15에서 보여준 것처럼 발열 과정이다. 열 방출 속도와 이에 따른 결정화 속도론은 DSC에 의해 추적될 수 있다.

반응 속도론

중합체 형성 반응과 같은 많은 화학 반응은 발열 반응이며 DSC 방법으로 쉽게 점검할 수 있다. 여기서 열 방출 속도 dH/dt의 측정은 시간의 함수로서 반응의 정도를 결정하는 데 사용된다. 중합체 반응 속도론은 온도 주사와 등온 조건에서 모두 연구될 수 있다. 일부 중합체의 경우에서는 단위체의 휘발성 및 점도와 같은 인자가 측정되는 속도에 영향을 줄 수 있다.

단백질 안정성과 구조

단백질의 특성 분석은 DSC의 또 다른 중요한 응용 분야이다. 단백질의 주요 특성으로는 풀림, 분해 및 리간드와 금속의 결합 등이 있다. 마이크로그램의 단백질에 대한 연구를 용이하게 하기 위해 미세열계량기(microcalorimeter)가 판매되고 있다.

31D 미세열 분석

미세열 분석[6]은 열적 분석에 원자 힘 현미경법을 결합한 것이다. 이것은 실제로 표면의 열적 특성을 온도의 함수로 측정하여 열 영상(thermal image)을 얻는 데 사용되는 주사 열 현미경법의 한 종류이다. 미세열 분석에서 원자 힘 현미경의 탐침은 서미스터(thermistor) 또는 열전기쌍과 같은 열에 민감한 탐침으로 대체되어 있다. 표면 온도는 외부에 의해 또는 가열 장치와 온도 측정 장치 역할을 하는 탐침에 의해 변경될 수 있다.

자습: www.tinyurl.com/skoogpia7에서 **시차 주사 열량계(differential scanning calorimetry)**에 대해 더 알아보시오.

열 탐침의 광현미경 사진이 그림 31-16에 나와 있다. 가장 일반적인 유형의 열 탐침은 Wollaston 선을 기반으로 하는 저항성 탐침이다. 이 선은 백금 또는 백금-로듐 합금의 얇은 중심 위에 은으로 두껍게 코팅을 입힌 것이다. 탐침의 끝에는 은을 에칭하여 중심의 선이 노출되도록 하였다. 기계적으로 미세 가공된 탐침도 또한 개발되었다. 이런 탐침을 사용하면 거의 모든 전기 저항이 탐침의 끝에 놓이게 된다. 그 결과, 전류가 가해지면 탐침의 끝만 뜨거워지게 된다. 이러한 끝부분의 전기 저항은 또한 온도의 척도가 된다.

그림 31-17에 나와 있는 미세열 분석 장치는 일정 온도 방식 또는 일정 전류 방식으로 작동할 수 있다. 일정 온도 방식이 가장 간단하며 가장 많이 사용된다. 일정 온도 방식에서 탐침 온도를 일정하게 유지하는 데 필요한 전력은 탐침이 접촉 방식으로 시료 표면을 격자 별로 주사되면서 얻어진다(제21G-2절 참고). 탐침이 열적 성질이 다른 표면 부분과 만나면 탐침으로부터 시료로 흐르는 열의 양이 변화된다. 탐침이 높은 열전도도 영역에 닿으면 냉각되고 일정한 온도로 유지하는 데 더 많은 전력이 필요하게 된다. 반대로 열 전도율이 낮은 영역에 닿으면 더 적은 전력이 필요하게 된다. 따라서 시료 표면의 열전도도가 영상화될 수 있다. 그림 31-18은 제약 약품의 열 영상을 일반적

[6]미세열 분석 및 그 응용에 대한 총설은 다음 문헌을 참고하시오. H. M. Pollock and A. Hammiche, *J. Phys. D: Appl. Phys.*, **2001**, *34*, R23, **DOI**: 10.1088/0022-3727/34/9/201; C. Q. M. Craig, V. L. Kett, C. S. Andrews, and P. G. Royall, *J. Pharm. Sci.*, **2002**, *91*, 1201, **DOI**: 10.1002/jps.10103.

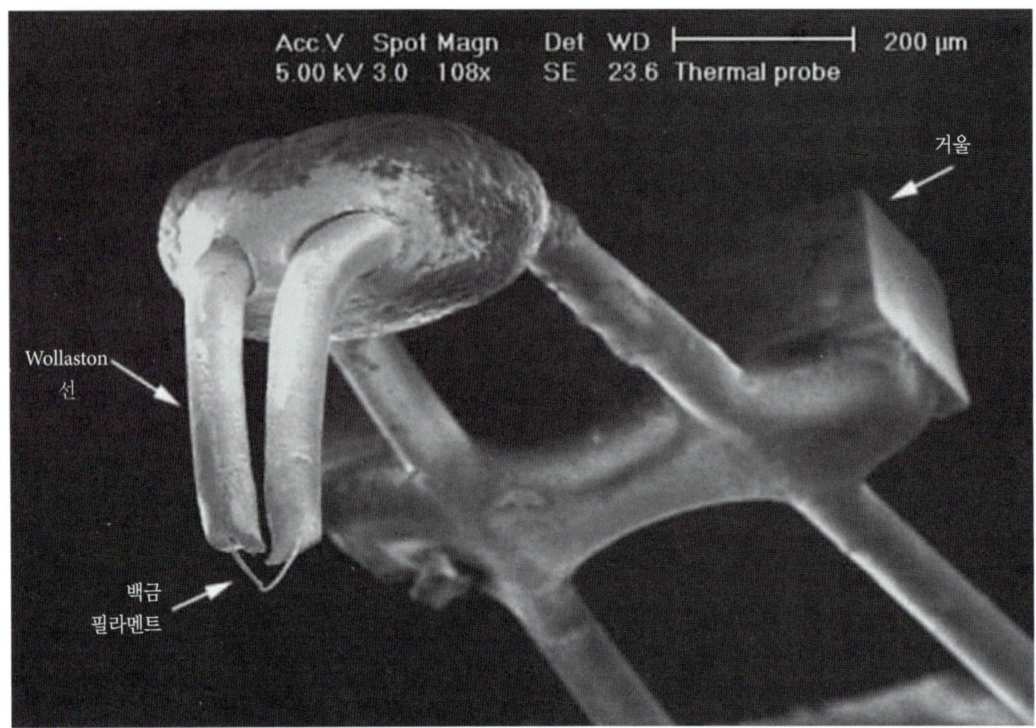

그림 31-16 미세열 분석 탐침. (Reprinted from P. G. Royall, D. Q. M. Craig, and D. B. Grandy, *Thermochim. Acta*, **2001**, *380* (2), 165–173, **DOI**: 10.1016/S0040-6031(01)00667-0, with permission from Elsevier.)

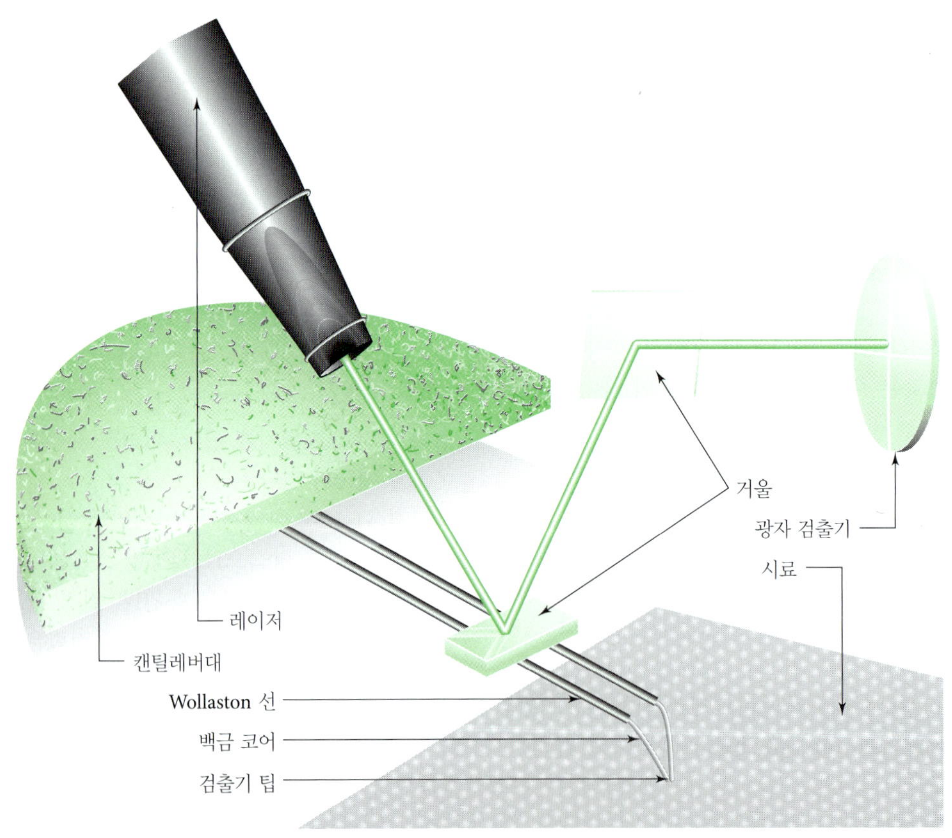

그림 31-17 미세열 분석 기기.

(a)

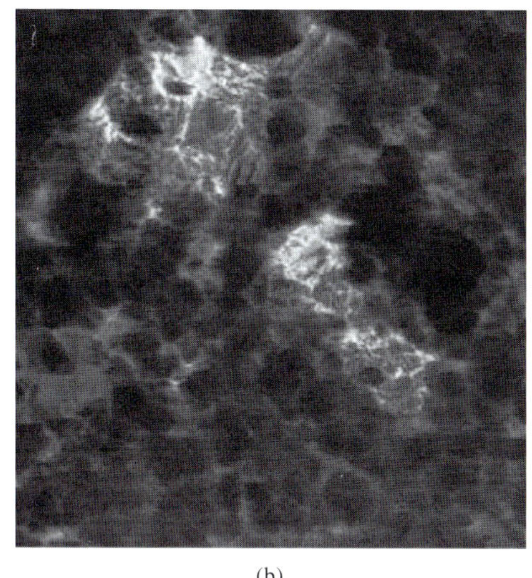
(b)

그림 31-18 파라세타몰(paracetamol) 정제약에 대해 얻은 원자 힘 현미경의 일반적인 지형(topography) 영상 (a)와 열 영상 (b)의 비교. (Reprinted from H. M. Pollock and A. Hammiche, *J. Phys. D: Appl. Phys.*, **2001**, *34*, R23. With permission.)

인 표면 영상과 비교한 것이다. 변조 주파수를 변화시키는 다양한 변조 기술이 또한 시료의 서로 다른 깊이에서의 열전도도를 측정할 수 있게 한다.

미세열 분석은 비교적 새로운 기술이지만 상업적으로 판매되고 있고 의약품, 중합체 및 식품에 대한 응용 사례가 보고되었다. 이 기술은 또한 세라믹 산업 및 생의학 시료를 영상화하는데도 응용되고 있다.

질문과 문제

*별표가 있는 문제의 해답은 이 책의 끝에 있다.

이 아이콘이 있는 문제는 스프레드시트를 이용하여 쉽게 풀 수 있다.

31-1 다음 각 방법에 대해 어떤 양이 측정되며, 어떻게 측정되는지를 설명하시오:

(a) TGA

(b) DTA

(c) DSC

(d) 미세열 분석

* **31-2** 0.5927 g의 시료가 용해되어 존재하는 Ca^{2+} 및 Ba^{2+} 이온은 $BaC_2O_4 \cdot H_2O$ 및 $CaC_2O_4 \cdot H_2O$로서 침전되었다. 이어서, 열무게 분석 장치에서 옥살산염을 가열하여 320~400°C의 범위에서 0.5127 g 그리고 580~620°C의 범위에서 0.4362 g의 잔류물을 얻었다. 시료 중에 들어 있는 Ca과 Ba의 백분율을 계산하시오.

31-3 다음 표는 세 가지 iron(III) chloride에 대한 일부 실험자료를 요약한 것이다.

화합물	분자량	녹는점(°C)
$FeCl_3 \cdot 6H_2O$	270	37
$FeCl_3 \cdot \frac{5}{2}H_2O$	207	56
$FeCl_3$	162	306

$FeCl_3 \cdot 6H_2O$의 25.0 mg 시료를 0°C에서 400°C로 가열할 때 예상되는 열무게 측정 곡선을 그려보시오.

질문과 문제(계속)

31-4 그림 31-10에서, 대기 압력에 대한 저온 흡열은 13.79 bar와 같은 온도에서 나타나는 반면, 두 압력에 대한 고온 피크는 다른 온도에서 발견되는 이유는 무엇인가?

31-5 이 장에서 논의된 기술을 사용하여 혈암유(oil shale) 시료의 특성을 적어도 부분적으로 분석할 수 있어야 한다. 이 목적을 위해 사용하기에 적합한 두 가지 기술을 간략하게 논의하시오. 전형적인 열 곡선을 그려보고, 얻을 수 있는 정보와 예상되는 문제에 대해 설명하시오.

31-6 열분석법에서 시료 온도를 측정하기 위해 열전기쌍을 시료에 직접 넣는 경우가 왜 거의 없는가?

31-7 DTA와 DSC에서 발열과 흡열 피크를 생성할 수 있는 물리적 변화 유형을 나열하시오.

31-8 DTA와 DSC에서 발열과 흡열 피크를 생성할 수 있는 화학적 변화의 유형을 나열하시오.

31-9 왜 TGA의 응용은 DSC보다 더 제한적인가?

31-10 중합체의 유리 전이는 왜 발열 또는 흡열 피크로 나타나지 않는가?

31-11 전력보상, 열흐름 및 변조 DSC 기기들의 차이점을 설명하시오.

도전 문제

31-12 제약 산업에서는 약물의 순도, 품질, 안정성 및 안전성에 세심한 주의를 기울여야 한다. 제약 화합물은 종종 분자 모양이 다른 몇 가지 구조 형태를 가지고 있다. 이들 화합물은 또한 열 분해, 물의 흡수와 유지, 그리고 광분해 과정이 일어날 수 있다. 원재료에서 완제품 단계까지 의약품을 특성화하는 가장 좋은 방법 중 하나는 열분석이다. 다음 질문은 의약품에 대한 열분석 방법의 적용을 다루고 있다.

(a) 약품의 순도를 결정하는 것은 제약 산업에서 가장 중요한 검사 중 하나이다. 이런 검사는 DSC에 의한 관심 약물의 녹는점 측정 및 열역학의 다음 관계에 기반하고 있다.

$$\frac{d\ln X_1}{dT} = \frac{\Delta H_f}{RT^2}$$

여기서 X_1은 순도를 측정하는 약물의 몰분율, ΔH_f는 용융 엔탈피, R은 기체 상수, 그리고 T는 온도이다. 이 식을 이용하여 다음의 수정된 van't Hoff 식을 유도하시오.

$$\frac{1}{f} = \frac{\Delta H_f}{R}\frac{(T_0 - T)}{T_0^2}\frac{1}{X_2^0}$$

여기서 f는 온도 T에서 녹는 시료의 분율이고, T_0는 순수한 약물의 녹는점이며, X_2^0는 원래 화합물에 들어 있는 불순물의 몰분율이다.

힌트: 약물이 거의 순수하다고 가정하면 $\ln X_1$은 다음과 같이 근사될 수 있다.

$$\ln X_1 = \ln(1 - X_2) \approx -X_2$$

온도가 참 녹는점 T_0을 향하여 증가함에 따라, 액체 상태 몰분율 X_2는 다음 식에 따라 일정하게 감소한다.

$$X_2 = X_2^0(1/f)$$

(b) 분율 f는 A/A_T로부터 구할 수 있는데, 여기서 A는 온도 T까지 녹음으로 인한 흡열 면적이고, A_T는 녹음으로 인한 흡열의 총 면적이다. 흡열 면적을 부분의 녹음 면적으로 분할하면 분율 f는 다양한 온도에서 결정될 수 있다. 녹는점 T를 $1/f$의 함수로 나타내도록 수정된 van't Hoff 방정식을 재배열하시오. T 대 $1/f$를 도

시하면 절편이 T_0이고 기울기가 $-RT_0X_2/\Delta H_f$인 직선이어야 함을 보이시오. 만약 용융열이 알려지면 X_2를 결정할 수 있다.

(c) H. Staub와 W. Perron, *Anal. Chem.*, **1974**, *46*, 128의 논문을 참고하시오. 불순물을 정량할 때 DSC 접근법의 한계점을 설명하시오. 저자가 사용한 "단계 가열" 방법을 설명하시오. 이것이 일반 DSC와 어떻게 다른가?

(d) 전력보상과 열흐름 중에 어느 DSC 유형이 순도 결정에 가장 유용한가? 이유는 무엇인가?

(e) 제약 시료에서 수분 함량을 분석하고 정량화하기 위해 어떤 열분석 기법이 적합한가? 이유는 무엇인가?

(f) 제약 화합물의 수화 정도를 결정하기 위해 열분석이 어떻게 사용될 수 있는지 기술하시오.

(g) 가열되면 많은 제약 물질은 녹음, 유리질 상태로의 전이, 수분 손실, 열적 완화 그리고 경우에 따라 분해를 비롯한 다양한 열적 과정이 진행된다. 비가역 속도론적 과정은 가역적인 열흐름 과정과 어떻게 구별될 수 있는가?

(h) 미세열 분석이 제약 물질 연구에 얼마나 유용한지 설명하시오. 다형성 형태(polymorphic forms), 불순물 및 유리질 상태의 확인 등의 문제를 고려하시오.

32장

방사화학법

Radiochemical Methods

자연 및 인공 방사성 동위 원소를 이용할 수 있게 되면서, **방사화 분석**(activation analysis) 및 **동위 원소 묽힘 기술**(isotope dilution techniques)을 포함한 감도가 좋고 구체적인 방사화학 방법의 개발이 가능하게 되었다. 이러한 분석법들은 보통 정확하고 넓은 응용성을 가지고 있다. 일부 방사화학법은 또한 다른 분석법에서 요구되는 분리 과정을 최소화하거나 제거할 수 있다. 이 장에서는 방사화학법의 원리, 기기장치 및 응용에 대해 알아본다.

이 장에서 옆의 로고는 www.tinyurl.com/skoogpia7 에서 대화형 자습, 시뮬레이션, 연습 등을 통해 온라인으로 학습할 수 있는 기회가 있음을 나타낸다.

방사화학법은 방사능의 발생원에 따라 다음 세 가지 유형으로 나눌 수 있다.[1] *방사화 분석*(activation analysis)에서는 적당한 방사선 또는 입자(보통 원자로에서 나온 열중성자)를 조사(irradiation)하여 시료에 포함된 하나 이상의 원소에서 방사능을 유발시킨다. 그리고 그 결과로 방출되는 방사능을 측정한다. 두 번째 방법에는 *추적자*(tracer)라 불리는 방사성 화학종의 일정한 양을 시료에 첨가하여 방사능을 물리적으로 도입하는 방법이 있다. 방사성 추적자 도입에 기초한 가장 중요한 정량 방법은 *동위 원소 묽힘법*(isotope dilution)으로, 활성도를 알고 있는 방사성 분석물질의 일정량을 시료 일정량에 첨가한다. 균질성을 보증하기 위해 철저히 혼합한 후, 분석대상 성분의 일부를 분리하고 정제한다. 그 다음 분리된 분석물질의 방사능을 측정하여 원래 시료에 들어 있는 관심 성분의 질량을 계산하는 데 사용한다. 추적자는 또한 반응 메커니즘을 밝히기 위해 유기 화학자와 무기 화학자가 사용하기도 한다. 세 번째 방법에서는 시료에서 자연 발생적으로 생기는 방사능의 측정을 이용한다. 이러한 유형의 방법의 예로는 도자기 및 세라믹 물질의 우라늄 양 측정, 집안 공기 중의 라돈 측정 등이 있다.

32A 방사성 핵종

양성자만으로 구성된 수소를 제외하고는, 모든 원자핵은 양성자와 중성자의 집합체로 구성되어 있다. 한 원자의 화학적 특성은 핵에 포함된 양성자의 수를 나타내는 원자 번호 Z에 의해 결정된다. *핵종*(nuclide)은 핵 안에 있는 양성자와 중성자의 수에 의해 특징지어진다. 원자핵에서 중성자와 양성자의 합은 질량수 A이다.[2] 한 원소의 동위 원소는 원자 번호가 같지만 질량수

[1]방사화학법에 대한 자세한 내용은 다음 문헌을 참고하시오. G. R. Choppin, J. Rydberg, J. O. Liljenzin, C. Ekberg, *Radiochemistry and Nuclear Chemistry*, 4th ed., Oxford, UK: Academic Press, 2013; K. H. Lieser, *Nuclear and Radiochemistry*, 2nd ed., Weinheim, Germany: Wiley-VCH, 2001; *Handbook of Radioactivity Analysis*, M. F. L'Annunziata, ed., San Diego: Academic Press, 1998; *Chemical Analysis by Nuclear Methods*, Z. B. Alfassi, ed., Chichester, UK: Wiley, 1994; W. D. Ehmann and D. E. Vance, *Radiochemistry and Nuclear Methods of Analysis*, New York: Wiley, 1991.

[2]원소 X의 동위 원소의 핵 조성은 기호 $^{A}_{Z}X$로 표시되거나 때로는 단순히 ^{A}X로 표시된다. 여기서 A는 양성자 수에 중성자 수를 더한 값(질량수)이고, Z는 원자 번호, 즉 양성자의 수이다.

가 다른 원자이다. 즉, 한 원소의 동위 원소들의 핵은 같은 수의 양성자를 포함하지만 중성자의 수는 서로 다르다.

안정한 핵종(stable nuclide)은 자발적으로 붕괴되는 것이 관찰된 적이 없는 핵종이다. 반면에 *방사성 핵종*(radionuclide)은 자발적으로 붕괴되어 궁극적으로 안정한 핵종으로 바뀐다. *방사성 붕괴*(radioactive decay)는 X선 또는 감마선(γ선) 형태의 전자기 복사선 방출로 발생한다. 이는 전자, 양전자 및 헬륨 핵의 형성 또는 *분열*(fission)에 의해 핵이 더 작은 핵으로 부서지기 때문이다.

32A-1 방사성 붕괴 생산물

표 32-1은 방사성 붕괴로부터 나오는 가장 중요한 (화학자의 관점에서) 방사선의 종류들을 적어 놓았다. 이들은 알파 입자, 베타 입자, 감마선 광자, X선 광자와 같은 네 가지 종류로서, 제 12B-4절에 기술된 검출기에 의해 감지되고 기록될 수 있다. 대부분의 방사화학 분석법은 이러한 붕괴 입자 또는 광자가 방사선 검출기에 충돌할 때 생성되는 전자 신호를 계수(count)하는 것을 기반으로 한다.

32A-2 붕괴 반응

몇 가지 유형의 방사성 붕괴 반응이 표 32-1에 열거된 생성물을 만든다.

알파 붕괴

알파 붕괴는 무거운 방사성 핵종에서 발생하는 공통의 방사성 반응이다. 질량수가 약 150 ($Z \approx 60$) 미만인 경우 알파 입자가 거의 나오지 않는다. 알파 입자는 질량수 4이고 전하 +2인 헬륨 핵이다. 알파 붕괴의 예는 다음 식에서 볼 수 있다.

$$^{238}_{92}\text{U} \rightarrow {}^{234}_{90}\text{Th} + {}^{4}_{2}\text{He} \text{ 또는 } {}^{238}\text{U} \rightarrow {}^{234}\text{Th} + \alpha \qquad (32\text{-}1)$$

여기에서 우라늄-238(^{238}U)은 원자 번호가 *어미*(parent) 핵종보다 2가 작은 *딸*(daughter) 핵종인 토륨-234 (^{234}Th)로 변환된다.

특정 붕괴 반응에서 나오는 알파 입자는 단일 에너지 상태이거나 또는 비교적 적은 불연속 에너지 상태에 분포되어 있다.

표 32-1 일반적인 방사성 붕괴 생성물의 특성

생성물	기호	전하	질량수
알파 입자	α	+2	4
베타 입자			
음전자	β^-	−1	1/1840 (~0)
양전자	β^+	+1	1/1840 (~0)
감마선	γ	0	0
X선	X	0	0
중성자	n	0	1
중성미자/반중성미자	$\nu/\overline{\nu}$	0	0

예를 들어, 식 32-1로 나타낸 붕괴 반응은 두 개의 다른 경로로 진행된다. 붕괴의 77%를 차지하는 첫 번째는 4.196 MeV의 에너지를 갖는 알파 입자를 생성한다.[3] 붕괴의 23%에 해당하는 두 번째 경로는 4.149 MeV의 에너지를 갖는 알파 입자를 생성하며, 이어서 0.047 MeV의 감마선을 방출한다.

알파 입자는 물질을 통과할 때 충돌의 결과로 점진적으로 에너지를 잃어버리고 궁극적으로 주변으로부터 두 개의 전자를 포획하여 헬륨 원자로 변환된다. 상대적으로 큰 질량과 전하를 가진 알파 입자가 물질을 통과할 때, 이온쌍을 생성하는 데 있어 매우 효과적이다. 이러한 속성은 알파 입자의 검출과 측정을 용이하게 한다. 높은 질량과 전하 때문에 알파 입자는 물질에 낮은 침투력을 가지고 있다. 알파 입자를 방출하는 방사성 핵종의 정체는 방출된 알파 입자가 특정 매질(종종 공기) 내에서 이온쌍을 생성하는 길이(또는 범위)를 측정하여 확인될 수 있다. 방사성 붕괴로 인한 알파 입자는 가장 가벼운 원소들을 제외하고는 인공 핵종을 생성하는 데 비교적 효과적이지 못하다. 그러나 알파 입자는 화성 Pathfinder 임무와 화성 탐사차에서 사용된 알파 양성자 X선 분광계의 생성원으로 사용되었다.

베타 붕괴

원자 번호 Z는 변화하지만 질량수 A가 변하지 않는 방사성 붕괴 반응을 β 붕괴라 한다. β 붕괴에는 *음전자 방출*(negatron emission), *양전자 방출*(positron emission) 그리고 *전자 포획*(electron capture)의 세 가지 유형이 있다. 세 가지 과정의 예는 다음과 같다.

$$^{14}_{6}\text{C} \rightarrow {}^{14}_{7}\text{N} + \beta^- + \overline{\nu}$$

$$^{65}_{30}\text{Zn} \rightarrow {}^{65}_{29}\text{Cu} + \beta^+ + \nu$$

$$^{48}_{24}\text{Cr} + {}^{0}_{1}\text{e}^- \rightarrow {}^{48}_{23}\text{V} + \text{X선}$$

여기서 $\overline{\nu}$와 ν는 각각 반중성미자와 중성미자를 나타낸다. 세 번째 방정식은 *전자 포획*(electron capture)이라고 불리는 베타 붕괴 과정을 보여주고 있다. 이 반응에서 $^{48}_{24}$Cr 핵에 의한 전자의 포획은 $^{48}_{23}$V를 생성하지만, 이 과정에서 바나듐의 원자 궤도함수 [보통 1s 궤도함수 또는 K 껍질, 이 경우 반응은 *K 포획*(K capture)이라고 함]에 전자 하나가 부족하게 된다. 외곽 궤도함수에 있던 하나의 전자가 포획 과정에 의해 생긴 비어있는 궤도함수를 채울 때 X선이 방출된다. X선 광자 방출은 핵반응이 아니고, 핵에 의한 전자의 포획이라는 점에 유의하라.

방사성 붕괴에 의해 두 종류의 β 입자가 생성될 수 있다. 음전자(β^-)는 핵에 있는 중성자 중 하나가 양성자로 변환될 때 생성되는 전자이다. 반면에 전자와 질량이 같은 양전자(β^+)는 핵의 양성자 수가 하나 감소할 때 생긴다. 양전자는 순간적으로만 존재하며, 궁극적인 운명은 전자와 반응하여 0.511 MeV 에너지

[3] 핵반응과 관련된 에너지는 보통 수백만 전자 볼트(MeV) 또는 수천 전자 볼트(keV)로 보고되고 있다.

를 갖는 두 개의 광자를 내고 소멸된다.

알파 방출과는 대조적으로, 베타 방출은 거의 0에서 각 붕괴 과정의 고유한 최대 에너지까지의 연속 스펙트럼을 갖는 입자를 생산하는 특징을 가지고 있다. 베타 입자는 질량이 작기 때문에(알파 입자의 1/7000 정도) 물질에서 이온쌍을 생성하는 데 있어서 알파 입자만큼 효과적이지 않다. 동시에, 그 투과력은 알파 입자보다 상당히 크다. 베타 입자 에너지는 흔히 입자를 정지시키는 데 필요한 흡수재, 보통 알루미늄의 두께로 연관지을 수 있다.

감마선 방출

많은 알파와 베타 방출 과정은 핵을 들뜬 상태가 되게 하는데, 그 다음 단일 에너지의 감마선 광자를 방출하면서 하나 또는 그 이상의 양자화되어 있는 단계를 거쳐 바닥 상태로 돌아오게 된다. 감마선은 이들의 발생원이 다르다는 것 이외에는 동일한 에너지의 X선과 구별할 수 없다는 것을 알아야 한다. 따라서, 감마선은 핵 이완(nuclear relaxation)에 의해 생성되고, X선은 전자 이완(electronic relaxation)으로 생긴다. 감마선 방출 스펙트럼은 각 핵종에 따라 특징적으로 나타나므로 방사성 핵종을 확인하는 데 유용하다.

감마선이 큰 투과력을 가진다는 것은 놀랄 일이 아니다. 감마선은 물질과 상호 작용할 때 세 가지 메커니즘으로 에너지를 잃는데, 우세한 과정은 감마선의 에너지에 의존한다. 낮은 에너지의 감마선에서는 *광전 효과*(photoelectric effect)가 우세하다. 여기서, 감마선 광자는 표적 원자의 원자 궤도함수(보통 K 껍질)로부터 전자를 방출시킨 후에 사라진다. 이 경우 광자 에너지는 전자의 결합 에너지를 극복하고 방출된 전자에 운동 에너지를 전달하는 데 전적으로 소비된다. 비교적 큰 에너지의 감마선을 사용하면 *Compton 효과*(Compton effect)가 발생한다. 이 경우, 전자가 원자로부터 방출되기는 하지만 광자 에너지의 일부만을 얻는다. 그러면 전자에서 부딪혀 나온 광자는 감소된 에너지를 가지고 계속 진행하여 Compton 또는 광전자 작용을 일으킨다. 감마선 광자가 충분히 높은 에너지(적어도 1.022 MeV)를 가지고 있다면 *쌍생성*(pair production)이 일어날 수 있다. 이때, 광자는 핵 주위의 장(field)에서 양전자와 전자를 생성하고 완전히 흡수 소멸된다.

X선 방출

많은 핵반응의 결과로 원자의 내부껍질 전자가 제거될 수 있다. 그런 다음 외각 전자가 핵반응에 의해 생성된 빈 자리를 채우는 전자 전이로부터 X선이 생기게 된다. 이러한 핵반응의 하나는 앞에서 설명한 *전자 포획*(electron capture)이다. X선을 낼 수 있는 두 번째 과정은 감마선 방출 대신에 일어날 수 있는 핵반응의 일종인 *내부 전환*(internal conversion)이다. 이 경우, 들뜬 핵과 핵 밖의 전자 사이의 전자기적 상호작용에 의해 궤도함수의 전자가 방출되며, 이 전자의 운동 에너지는 핵 전이 에너지와 전자의 결합 에너지의 차이에 해당한다(제12A-3절 참고). 이른바 *내부 전환 전자*(internal conversion electron)의 방출로 K, L 또는 더 높은 궤도함수에 빈자리가 생긴다. 이때, 전자 전이로 빈자리가 채워지면서 X선이 방출된다.

32A-3 방사성 붕괴 속도

방사성 붕괴는 완전히 무작위적으로 일어나는 과정이다. 따라서 개개의 핵의 수명에 관한 예측은 할 수 없지만, 동일한 핵종으로 이루어진 큰 집합체의 거동은 일차 반응 속도 식으로 나타낼 수 있다.

$$-\frac{dN}{dt} = \lambda N \tag{32-2}$$

여기서 N은 시간 t에서 시료에 들어 있는 특정 종류의 방사성 핵의 수를 나타내며, λ는 방사성 핵종에 대한 특징적인 *붕괴 상수*(decay constant)이다. 이 식을 재배열하고 $t = 0$과 $t = t$ 사이의 간격(시료에서 방사성 핵의 수가 N_0에서 N으로 감소하는 시간) 동안 적분하면 다음 식을 얻는다.

$$\ln\frac{N}{N_0} = -\lambda t \tag{32-3}$$

또는,

$$N = N_0 e^{-\lambda t} \tag{32-4}$$

방사성 핵종의 *반감기*(half-life) $t_{1/2}$은 시료에 들어 있는 방사성 원자의 수가 절반으로 감쇠하는 데 필요한 시간으로 정의된다. 따라서 반감기는 N이 $N_0/2$로 감소하는 데 필요한 시간이다. 식 32-3에서 N에 $N_0/2$를 대입하면 다음 식을 얻는다.

$$t_{1/2} = \frac{\ln 2}{\lambda} = \frac{0.693}{\lambda} \tag{32-5}$$

방사성 화학종의 반감기는 수분의 1초에서 수십억 년에 이르기까지 다양하다.

방사성 핵종의 방사능(activity) A는 분해 속도로 정의된다. 따라서, 식 32-2로부터 우리는 다음과 같이 쓸 수 있다.

$$A = -\frac{dN}{dt} = \lambda N \tag{32-6}$$

방사능의 단위는 초의 역수(s^{-1})로 주어지고, *베크렐*(becquerel, Bq)은 1초당 하나의 붕괴에 해당한다. 그러므로, 1 Bq = 1 s^{-1}이다. 더 오래되었지만 여전히 널리 사용되는 방사능 단위는 *퀴리*(curie, Ci)이며, 이는 1 g에 해당하는 라듐-226의 방사능으로 정의된다. 1 퀴리는 정확히 3.7×10^{10} Bq와 같다. 방사화학적 분석에서, 분석물질의 방사능은 전형적으로 나노퀴리 또는 그 이하로부터 수 마이크로퀴리까지의 범위에 해당한다.

실험실에서는 검출 효율이 100%가 되지 못하기 때문에, 절대적인 방사능 수치는 거의 측정될 수 없다. 그 대신에 *계수* 속도

시뮬레이션: www.tinyurl.com/skoogpia7에서 **계수와 붕괴 속도(counting and decay rates)**에 대해 더 알아보시오.

(counting rate) R이 사용되는데, 여기서 $R = cA$이다. 이 관계를 식 32-6에 대입하면 다음과 같다.

$$R = cA = c\lambda N \quad (32\text{-}7)$$

여기에서, c는 *절대 검출 효율*(absolute detection efficiency)이라고 하는 상수이며, 이는 검출기의 특성, 시료와 검출기의 기하학적 배열 그리고 기타 요인에 따라 달라진다. 식 32-4로 주어진 붕괴 법칙은 다음과 같은 식으로 쓰여질 수 있다.

$$R = R_0 e^{-\lambda t} \quad (32\text{-}8)$$

예제 32-1은 붕괴 속도 식의 사용법을 보여준다.

예제 32-1

초기 계수 기간에 특정 시료의 계수 속도는 453 cpm (counts per minute, 분당 계수)이었다. 420분 후에 수행된 두 번째 실험에서, 동일한 시료는 285 cpm의 계수 속도를 나타냈다. 모든 계수가 단일 방사성 핵종의 붕괴 결과라고 가정할 수 있다면, 그 방사성 핵종의 반감기는 얼마인가?

풀이

방정식 32-8은 붕괴 상수 λ를 계산하는 데 사용될 수 있다.

$$285\text{ cpm} = 453\text{ cpm}\; e^{-\lambda(420\text{ min})}$$

$$\ln\left(\frac{285\text{ cpm}}{453\text{ cpm}}\right) = -\lambda(420\text{ min})$$

$$\lambda = 1.10 \times 10^{-3}\text{ min}^{-1}$$

식 32-5를 이용하여 반감기를 계산할 수 있다.

$$t_{1/2} = \frac{\ln 2}{\lambda} = \frac{0.693}{1.10 \times 10^{-3}\text{ min}^{-1}} = 630\text{ min}$$

32A-4 계수 통계

제32B절에서 설명할 것과 같이, 방사능은 방사선이 검출기로 들어올 때마다 전자 펄스 즉 *계수*(count)를 생성하는 검출기에 의해 측정된다. 붕괴 속도에 대한 정량적인 정보는 일정기간 동안 이러한 펄스를 계수함으로써 얻어진다.[4] 표 32-2는 한 방사능 발생원을 1분 간격으로 계속 측정하여 얻어진 전형적인 붕괴 데이터를 보여준다. 붕괴 과정은 무작위적이기 때문에 측정 데이터 간의 상당한 차이가 관찰된다. 따라서 표 32-2에서 1분당 계수는 낮은 132 cpm부터 높은 187 cpm까지의 범위를 보인다.

방사성 붕괴는 무작위이지만, 붕괴 과정이 Gauss 거동을 따르지 않기 때문에, 특히 계수가 적을수록 데이터는 식 a1-14(부록 1)에 따라 분배되지 않는다. 붕괴 데이터가 정규 곡선을 따라서 분포하지 않는 이유는 방사능이 Gauss 분포가 적용되는 불가측 오차와 같이 연속적으로 변할 수 있는 것이 아니라 일련의 불연속적인 개별 과정으로 구성되어 있기 때문이다. 또한 음의 계수는 불가능하기 때문에 데이터는 평균에 대해 대칭으로 분포될 수 없다.

표 32-2 방사능 발생원의 1분당 계수의 변동

분	계수값	분	계수값
1	180	7	168
2	187	8	170
3	166	9	173
4	173	10	132
5	170	11	154
6	164	12	167

총 계수값 = 2004
평균 계수값/분 = $\bar{x}$ = 167

방사성 발생원의 거동을 정확하게 기술하기 위해서는 다음 식으로 주어지는 *Poisson 분포*(Poisson distribution)를 가정할 필요가 있다.

$$y = \frac{\mu^{x_i}}{x_i!} e^{-\mu} \quad (32\text{-}9)$$

여기서 y는 주어진 계수 x_i의 발생 빈도이며, μ는 많은 수의 데이터에 대한 평균값이다.[5]

그림 32-1에 도시한 데이터는 식 32-9을 이용하여 얻어졌다. 이 곡선은 동일한 시료에서 1000회의 반복 관찰이 수행된 경우 예상되는 참 평균값과의 편차($x_i - \mu$)를 보여준다. 곡선 A는 선택된 기간의 참 평균값 μ가 5인 물질에 대한 분포를 나타내고, 곡선 B와 C는 참 평균값이 15와 35인 시료에 해당한다. μ의 증가에 따라 *절대* 편차는 더 커지지만 *상대* 편차는 더 작아진다. 또 계수값이 적은 두 경우의 분포는 평균값 주위에 정확히 대칭이 아닌 것에 유의하여야 한다.

계수 데이터의 표준 편차

Gauss 분포를 나타내는 식 a1-14(부록 1)와는 달리 Poisson 분포에 대한 식 32-9에는 이에 해당하는 표준 편차 항이 없다. 그림 32-1과 같은 곡선의 폭은 일정 시간 동안의 전체 계수의 수에만 의존한다는 것을 알 수 있다.[6] 즉,

$$\sigma_M = \sqrt{M} \quad (32\text{-}10)$$

M은 일정 시간 동안에 측정한 계수의 수이고, σ_M은 Poisson 분포에 대한 표준 편차이다.

상대 표준 편차 σ_M/M은 다음과 같이 주어진다.

[4]더 자세한 논의는 다음 문헌을 참고하시오 G. Friedlander, J. W. Kennedy, E. S. Macias, and J. M. Miller, *Nuclear and Radiochemistry*, 3rd ed., Chap. 9, New York: Wiley, 1981.

[5]식 32-9를 유도할 때, 방사성 원자의 수에 현저한 변화가 일어나지 않도록 계수 기간이 반감기에 비해 짧다고 가정한다. 추가 제한 사항에는 검출기는 단일 방사성 핵종의 붕괴에만 반응하고, 검출기가 붕괴 과정의 일정한 비율에 응답하도록 측정 배열이 고정되도록 하는 것을 포함한다.

[6]각주 4를 보시오.

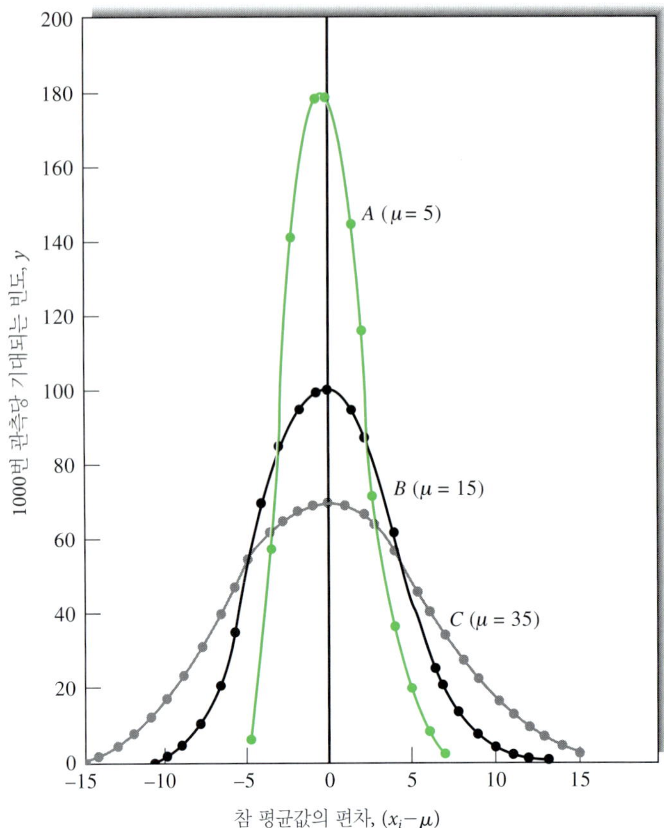

그림 32-1 편차에 따라 참 평균값에서 벗어나는 편차($x_i - \mu$)의 예상 빈도 수의 도시. 비록 매끄러운 곡선으로 도시되었지만, Poisson 함수는 원 모양의 점으로 표시된 정수 값들에 대해서만 정의된다.

$$\frac{\sigma_M}{M} = \frac{\sqrt{M}}{M} = \frac{1}{\sqrt{M}} \tag{32-11}$$

따라서 표준 편차는 계수의 수에 따라 증가하지만 상대 표준 편차는 감소한다.

계수 속도 R은 M/t과 같다. R에 대한 표준 편차를 구하기 위해 식 a1-29(부록 1)을 적용하면 다음과 같다.

$$\sigma_R^2 = \left(\frac{\partial R}{\partial M}\right)^2 \sigma_M^2 + \left(\frac{\partial R}{\partial t}\right)^2 \sigma_t^2$$

일반적으로 시간은 고정 밀도로 측정할 수 있으므로 $\sigma_t^2 \approx 0$이다. M에 대한 R의 편미분은 $1/t$이 된다. 그러므로 다음과 같다.

$$\sigma_R^2 = \frac{\sigma_M^2}{t^2}$$

이 식의 제곱근을 구하여 식 32-10에 대입하면 다음과 같이 된다.

$$\sigma_R = \frac{\sqrt{M}}{t} = \frac{\sqrt{Rt}}{t} = \sqrt{\frac{R}{t}} \tag{32-12}$$

$$\frac{\sigma_R}{R} = \frac{\sqrt{R/t}}{R} = \sqrt{\frac{1}{Rt}} \tag{32-13}$$

예제 32-2는 계수 통계를 위해 이러한 식들을 사용하는 방법을 보여준다.

예제 32-2

표 32-2에서 (a) 첫 번째 데이터와 (b) 모든 데이터의 평균값에 대한 계수 속도의 절대 및 상대 표준 편차를 계산하시오.

풀이

(a) 식 32-12를 적용하면 다음을 얻는다.

$$\sigma_R = \frac{\sqrt{M}}{t} = \frac{\sqrt{180}}{1\ \text{min}} = 13.4\ \text{cpm}$$

$$\frac{\sigma_R}{R} = \frac{13.4\ \text{cpm}}{180\ \text{cpm}} \times 100\% = 7.4\%$$

(b) 모든 데이터에 대해서는 다음과 같다.

$$\sigma_R = \frac{\sqrt{2004}}{12} = 3.73\ \text{cpm} = 3.7\ \text{cpm}$$

$$\frac{\sigma_R}{R} = \frac{3.73}{167} \times 100\% = 2.2\%$$

계수의 신뢰 구간

제a1B-2절(부록 1)에서, 어떤 측정의 신뢰 구간(confidence interval, CI)은 참 평균값이 명시된 확률로 나타날 것으로 예상되는 측정값의 한계로 정의된다. 측정된 표준 편차가 참 표준 편차의 좋은 근삿값이라고 생각되면($s \to \sigma$) 신뢰 구간 CI는 식 a1-20으로 주어진다.

$$\mu\text{에 대한 CI} = \bar{x} \pm z\sigma$$

계수 속도에 대해서는 다음과 같은 식이 된다.

$$R\text{에 대한 CI} = R \pm z\sigma_R \tag{32-14}$$

여기서 z는 요구되는 신뢰도에 따라 결정된다. z에 대한 몇 가지 값은 표 a1-3에 나와 있다. 예제 32-3은 신뢰 구간을 계산하는 법을 보여준다.

예제 32-3

표 32-2에서 (a) 첫 번째 데이터와 (b) 모든 데이터의 평균값에 대한 95% 신뢰 구간을 계산하라.

풀이

(a) 예제 32-2에서 σ_R = 13.4 cpm임을 알았다. 표 a1-3(부록 3)을 통해 95% 신뢰도에서 z = 1.96임을 알 수 있다. 따라서, R의 경우

$$95\%\ \text{CI} = 180\ \text{cpm} \pm (1.96 \times 13.4\ \text{cpm})$$
$$= 180 \pm 26\ \text{cpm}$$

(b) 이 예에서 σ_R은 3.73 cpm이다.

$$R\text{에 대한 } 95\%\ \text{CI} = 167\ \text{cpm} \pm (1.96 \times 3.73\ \text{cpm})$$
$$= 167 \pm 7\ \text{cpm}$$

따라서, (12분 동안의 계수 평균) R에 대한 참 속도가 160~174 계수/분 사이에 있을 기회는 100번 측정 중 95번이다. 파트 (a)의 단일 측정에 대해서는 참 속도가 154~206 계수/분 사이에 있을 확률은 100번 중 95번이다.

그림 32-2는 전체 계수와 식 32-14에서 계산되는 불확정도의 허용 수준 사이의 관계를 보여주고 있다. 수평축은 로그 값으로 표현되서, 상대 불확정도가 10배 감소하려면 계수의 수가 100배 증가해야 한다.

바탕 보정

방사화학 분석에서 기록되는 계수에는 시료 이외의 다른 방사원에 의한 신호도 포함된다. 바탕 방사능(background activity)의 원인으로는 대기 중에 있는 미세한 양의 라돈 방사성 핵종, 실험실 구조물에 사용된 물질, 실험실 내 우발적인 오염, 우주 방사선 및 지구 대기로 방출된 방사성 물질 등에 이르기까지 다양하다. 정확한 측정값을 얻으려면 측정된 계수 속도를 바탕값으로 보정해야 한다. 바탕 보정을 하는 데 필요한 계수 시간은 시료의 계수 시간과 같지 않은 경우가 종종 있다. 따라서 식 32-15와 같이 계수 속도를 사용하는 것이 더 편리하다.

$$R_c = R_x - R_b \tag{32-15}$$

여기서 R_c는 보정된 계수 속도이고 R_x와 R_b는 각각 시료와 바탕의 계수 속도이다. 보정된 계수 속도의 표준 편차는 표 a1-6(부록 1)의 식 (1)을 적용하여 얻을 수 있다. 따라서,

$$\sigma_{R_c} = \sqrt{\sigma_{R_x}^2 + \sigma_{R_b}^2}$$

식 32-12를 이 식에 대입하면 다음을 얻는다.

$$\sigma_{R_c} = \sqrt{\frac{R_x}{t_x} + \frac{R_b}{t_b}} \tag{32-16}$$

예제 32-4

한 시료로부터 10분 동안 측정하여 1800 계수를 얻었다. 바탕 신호는 4분에 80 계수였다. 95% 신뢰 수준에서 보정된 계수

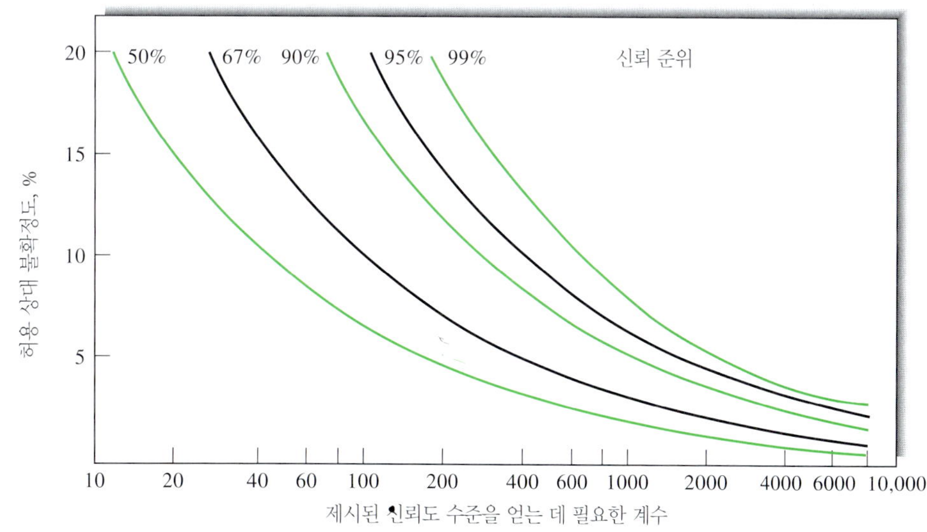

그림 32-2 계수할 때의 상대 불확정도.

속도의 절대 불확정도를 계산하시오.

풀이

$$R_x = \frac{1800}{10} = 180\ \text{cpm}$$

$$R_b = \frac{80}{4} = 20\ \text{cpm}$$

식 32-16에 대입하여 다음을 얻는다.

$$\sigma_{R_c} = \sqrt{\frac{180}{10} + \frac{80}{4}} = 6.2\ \text{cpm}$$

95% 신뢰 수준에서는

$$R_c\text{에 대한 CI} = (180 - 20) \pm 1.96 \times 6.2$$
$$= 160 \pm 12\ \text{cpm}$$

여기서, 참 계수가 148~172 cpm 사이에 있을 확률은 100번 중 95번이다.

바탕값이 포함되면 언제나 측정값의 불확정도가 증가하는 것에 유의해야 한다.

32B 기기장치

방사능 발생원에서 나오는 방사선은 X선의 경우와 본질적으로 동일한 방식으로 검출되고 측정될 수 있다(제12B-4절 및 제12B-5절). 기체가 충전된 함(chamber), 섬광 계수기 및 반도체 검출기는 모두 알파와 베타 입자 그리고 감마선에 감응하는데, 이는 이 입자들이 흡수되면 이온화 또는 광전자가 생성되어 수천 개의 이온쌍을 생성할 수 있기 때문이다. 따라서 변환기에 도달하는 각 입자들은 검출 가능한 전기 펄스를 생성하게 된다.

32B-1 알파 입자 측정

자체 흡수를 최소화하기 위해, 알파 입자 방출 시료는 일반적으로 전착(electrodeposition) 또는 증발에 의해 준비된 얇은 층의 박막으로 만들어 계수(count)한다. 흔히, 이러한 박막 시료를 얇은 층의 재료로 밀봉하고 창이 없는 기체 흐름 비례 계수기 또는 이온화함에서 계수한다. 또 다른 방법으로는 보통 진공 상태로 되어 있는 반도체 검출기 바로 옆에 놓고 계수하기도 한다. 시료 준비가 쉽고 알파 입자 검출에 대한 감도가 더 크기 때문에 액체 섬광 계수기를 이용한 계수(다음 절 참고)가 알파 방출체를 계수하는 데 점점 더 중요해지고 있다.

알파 입자 스펙트럼은 특징적인 불연속적 에너지 피크로 구성되어 있기 때문에 물질 확인에 매우 유용하다. 펄스−높이 분석기(제12B-5절)는 알파 입자 스펙트럼의 기록에 사용된다.

32B-2 베타 입자 측정

약 0.2 MeV보다 큰 에너지를 갖는 베타 입자 발생원의 경우, 균일한 시료 층을 얇은 창의 Geiger 또는 비례 계수기로 보통 계수한다. 탄소-14, 황-35 및 삼중 수소와 같은 낮은 에너지의 베타 입자 발생원의 경우에는 액체 섬광 계수기(274페이지)가 더 선호된다. 여기서 시료는 섬광 화합물의 용액에 용해되고, 이 용액이 들어있는 작은 유리병은 빛이 새지 않는 부분 안에 설치된 두 개의 광전증배관 사이에 놓인다. 두 광전증배관의 출력은 두 개의 변환기의 펄스가 동시에 도착할 때만 계수를 기록하는 전자 장치인 동시 계수기(coincidence counter)로 들어간다. 동시 계수기는 그러한 잡음이 두 시스템에 동시에 영향을 미칠 가능성이 적기 때문에 검출기 및 증폭기의 바탕 잡음을 줄인다. 액체 섬광 계수는 임상 실험실에서 이 기법을 광범위하게 사용하기 때문에 대부분의 β-입자 정량을 책임지고 있다. 베타 스펙트럼은 보통 연속적이므로 펄스−높이 분석은 알파 입자만큼 유용하지는 않다.

32B-3 감마선 측정

감마선은 제12B-4절 및 제12B-5절에서 X선에 대해 설명한 방법으로 검출하고 측정한다. 알파와 베타 방사선으로 인한 간섭은 알루미늄 또는 플라스틱의 얇은 창으로 방사선을 제거하여 쉽게 피할 수 있다.

감마선 분광기(gamma-ray spectrometer)[7]는 제12B-5절에서 설명한 펄스−높이 분석기와 유사하고, 일반적인 배열은 그림 32-3에 나와 있다. 그림 32-4는 50~3000 keV 범위의 감마선을 측정할 수 있는 높은 분해능 분광기로 얻은 토양 시료의 감마선 스펙트럼을 보여준다. 여기서 다양한 원소들의 특징적인 피크는 주로 Compton 효과로 인해 생긴 연속 스펙트럼 위에 겹쳐 나타난다.

그림 32-5는 감마선 계수에 사용되는 우물형 섬광 계수기의 구성도이다. 여기에서 시료는 작은 유리병에 담겨 계수기의 섬광 결정에 있는 원통형 구멍 또는 우물에 놓인다.

감마선 분광기는 달과 화성 표면 탐사에 성공적으로 사용되었으며, 이 기기는 화성 탐사 계획에서 중요한 구성 요소였다. 이 계획은 화성 표면 위에 존재하는 원소들을 정량적으로 측정하고, 물의 분포를 나타내는 지도를 만들고, 계절별 극관(polar cap) 현상을 연구하고, 우주의 감마선 폭발(cosmic gamma-ray bursts)에 관한 성질을 조사하는 것이었다.

32C 중성자 방사화법

방사화법(activation method)은 중성자 또는 수소, 중수소 및 헬륨 이온과 같은 전하를 띤 입자로 조사될 때 시료에서 생성된

[7]다음 문헌을 참고하시오. G. Gilmore, *Practical Gamma-Ray Spectrometry*, 2nd ed., Chichester, UK: Wiley, 2008.

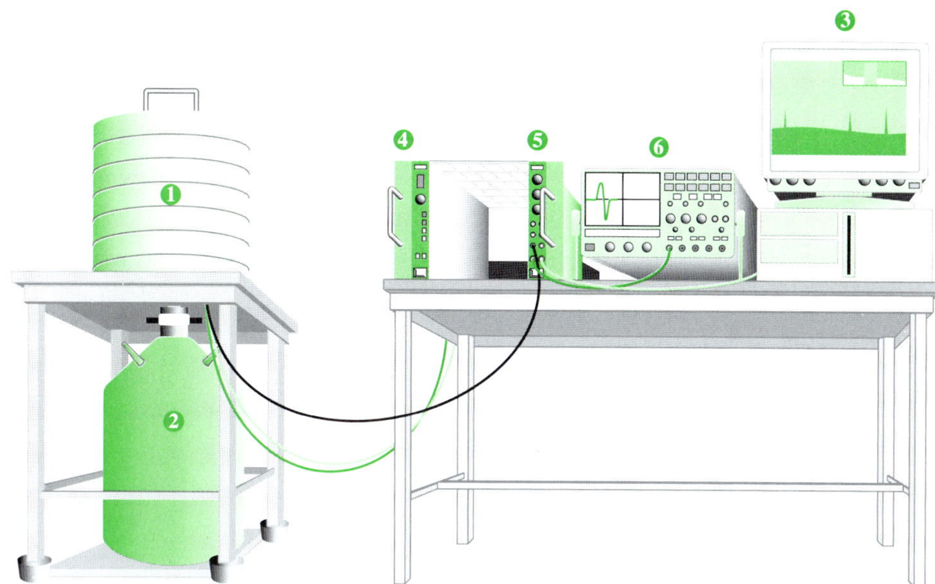

그림 32-3 **고순도 저마늄 검출기가 있는 감마선 분광기의 구성도.** (1) 납으로 차폐된 고순도 저마늄 검출기, (2) 저온 유지 장치를 갖춘 Dewar 플라스크와 예비증폭기(preamplifier), (3) 플러그인 아날로그-디지털 변환기 및 다중 채널 분석기 소프트웨어를 갖춘 컴퓨터, (4) 검출기 전압 공급 장치, (5) 증폭기, (6) 오실로스코프. (Adapted from Nuclear Physics Laboratory, University of Cyprus)

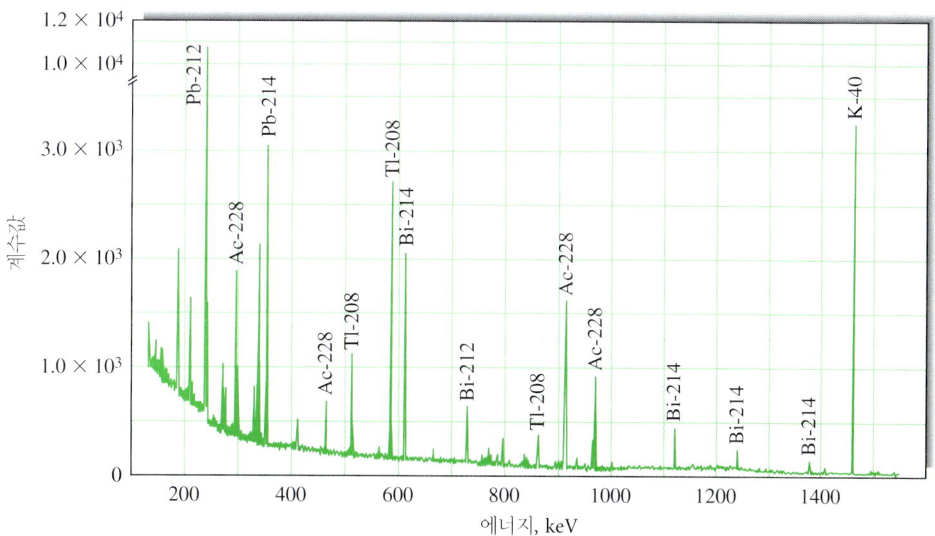

그림 32-4 **고순도 저마늄 검출기로 얻은 토양 시료의 감마선 스펙트럼.** (Adapted from Nuclear Physics Laboratory, University of Cyprus, with permission.)

방사능의 측정을 기반으로 한다.[8] 그림 32-6에는 가장 일반적인 중성자 방사화 과정을 개략적으로 보여주고 있다. 여기서 중성자는 표적 핵에 포획되어 들뜬 혼합핵을 형성한다. 혼합핵은 하나 이상의 특징적인 *빠른 감마선*(prompt gamma ray) 방출로 거의 즉각적으로 이완된다. 많은 경우에 새로운 방사성 핵이 형성되며, 이는 또 다른 특성의 *지연된 감마선*(delayed gamma ray)의 방출과 함께 β^- 붕괴되어 하나의 들뜬 원자핵으로 바뀐다.

중성자 방사화 분석(neutron activation analysis, NAA)은 입자를 쪼여주는 동안 생기는 빠른 감마선을 측정하거나, 또는 지

[8]방사화 방법에 대한 추가 정보는 다음 문헌을 참고하시오. *Handbook of Prompt Gamma Activation Analysis with Neutron Beams*, G. Molnar, ed., Dordrecht, Netherlands: Kluwer Academic Publishers, 2004; Z. B. Alfassi and C. Chung, *Prompt Gamma Neutron Activation Analysis*, Boca Raton, FL: CRC Press, 1995; S. J. Parry, *Activation Spectrometry in Chemical Analysis*, New York: Wiley, 1991; *Activation Analysis*, Vols. 1 and 2, Z. B. Alfassi, ed., Boca Raton, FL: CRC Press, 1989.

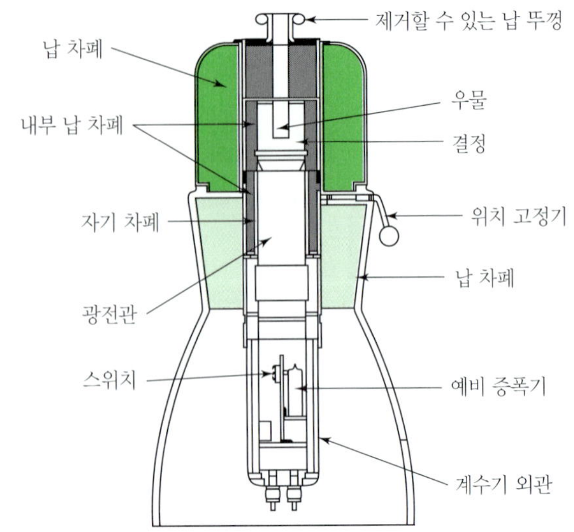

그림 32-5 **NaI(Tl) 결정으로 된 우물형 섬광 계수기.**

연된 감마선을 측정함으로써 수행될 수 있다. 지연된 감마선을 측정하는 것이 더 일반적이다.

32C-1 중성자와 중성자 발생원

중성자 방사화법에 사용되는 세 가지 중성자 발생원은, *원자로*(reactor), *방사성 핵종*(radionuclide) 그리고 *가속기*(accelerator)이다. 이 세 가지 모두 메가 전자 볼트(MeV) 범위의 고에너지 중성자를 생성하는데, 보통 중성자는 에너지를 백 분의 수 eV로 감소시키는 감속 물질을 통과한다. 감속 물질로의 에너지 전이는 **탄성 산란(elastic scattering)에 의해** 일어난다. 즉 중성자가 감속 물질 속의 핵과 충돌하여 운동 에너지의 일부를 부딪히는 핵에 넘겨주게 된다. 최종적으로 핵은 주위 환경과 열적 평형에 도달하게 되는 것이다. 이러한 온도(약 0.04 eV의 에너지)를 갖는 중성자를 *느린 중성자*(slow neutron) 또는 *열중성자*(thermal neutron)라고 부르며, 높은 에너지의 중성자를 열중성자로 감속하는 과정을 *열평형*(thermalization)이라 한다. 가장 효율적인 감속제는 물, 중수소 산화물, 파라핀 등의 수소 함유 물질들이다.

대부분의 방사화법은 분석하려는 대부분의 원소들과 효과적으로 반응하는 열중성자를 기반으로 한다. 질소, 산소, 불소 및 실리콘과 같은 더 가벼운 원소의 경우에는, 약 14 MeV의 에너지를 갖는 *빠른 중성자*(fast neutron)가 방사능을 유발하는 데 보다 효과적이다. 이러한 높은 에너지를 갖는 중성자는 일반적으로 입자가속기에서 생성된다.

원자로

핵원자로는 상당히 많은 중성자 선속(flux)을 생성할 수 있으며 방사화 분석에 널리 사용된다. 전형적인 연구용 원자로는 10^{11}~10^{14} n cm^{-2}s^{-1} (n은 중성자의 수)의 열중성자 선속을 갖는다. 이러한 높은 중성자 선속 밀도는 많은 원소들에 대해서 10^{-3}~10 μg 범위의 검출 한계를 갖게 한다.

방사성 중성자 발생원

방사성 핵종은 방사화 분석에 사용되는 편리하고 비교적 값싼

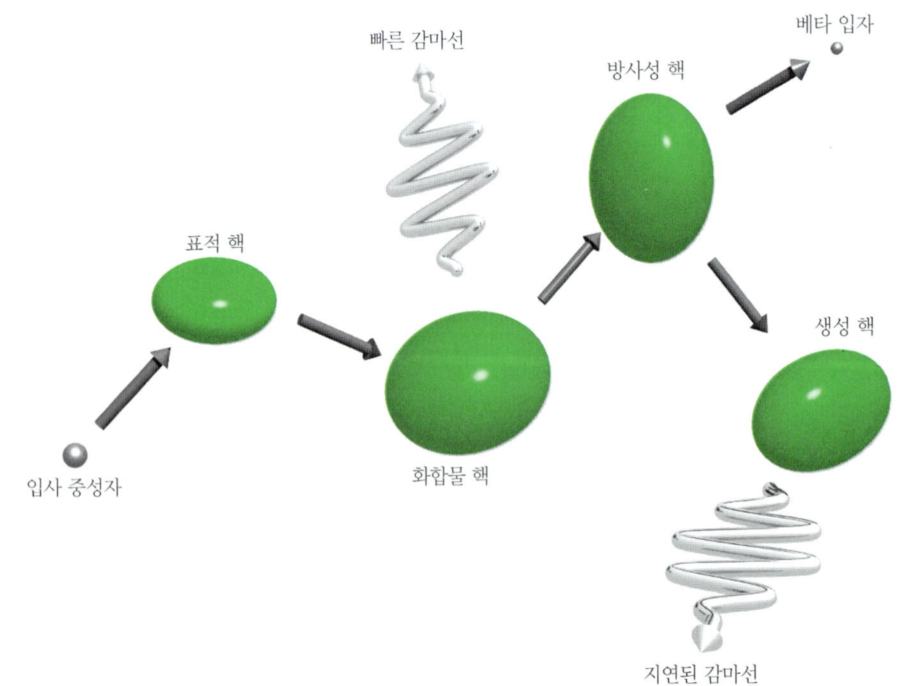

그림 32-6 **중성자 방사화 과정의 개요.** 입사 중성자는 표적 핵에 의해 포획되어 들뜬 혼합핵을 생성하며, 이는 빠른 감마선을 방출하며 이완된다. 방사성 핵은 베타 입자를 방출하면서 붕괴된다. 들뜬 핵 생성물이 생성되면, 지연된 감마선이 방출될 수 있다. 붕괴가 핵 생성물의 바닥 상태로 직접 이르게 되면 감마선은 방출되지 않는다.

중성자 발생원이다. 이들의 중성자 선속 밀도는 약 $10^5 \sim 10^{10}$ n cm^{-2} s^{-1}의 범위에 있다. 낮은 선속 때문에 일반적으로 검출한계는 원자로가 발생원으로 사용되는 것만큼 좋지는 않다.

일반적인 방사성 중성자 발생원 중의 하나는 자발적으로 핵분열하여 중성자를 내는 초우라늄(transuranium) 원소이다. 이 유형의 가장 일반적인 예로는 ^{252}Cf (californium-252)가 있으며, 반감기는 2.6년이다. 이 붕괴의 약 3%는 분열당 3.8개의 중성자를 생성하는 자발적 핵분열에 의해 발생한다. 이러한 유형의 발생원에서는 약 10^7 n cm^{-2} s^{-1} 또는 그 이상의 열중성자 선속 밀도를 얻을 수 있다.

중성자는 플루토늄, 아메리슘 또는 퀴륨과 같은 알파 입자 방출체에 베릴륨과 같은 가벼운 원소를 충분히 혼합하면 생성될 수 있다. 흔히 사용되는 이런 종류의 발생원에서 일어나는 반응은 다음과 같다.

$$^{9}_{4}\text{Be} + {}^{4}_{2}\text{He} \rightarrow {}^{12}_{6}\text{C} + {}^{1}_{0}n + 5.7\,\text{MeV}$$

열중성자를 생성하기 위해 감속제로서 보통 파라핀이 사용된다.

가속기

상업적으로 시판되는 탁상용 하전 입자 가속기를 이용하면 중성자를 생성할 수 있다. 전형적인 중성자 발생원은 중수소 이온을 수백 kV의 전위차에 의해 가속되는 영역으로 전달하여, 티타늄 또는 지르코늄에 흡착된 삼중 수소를 포함하는 표적에 부딪히게 하는 이온 발생원을 가지고 있다. 반응은 다음과 같다.

$$^{2}_{1}\text{H} + {}^{3}_{1}\text{H} \rightarrow {}^{4}_{2}\text{He} + {}^{1}_{0}n$$

이러한 방식으로 생성된 고에너지 중성자는 더 가벼운 원소를 방사화하는 데 특히 유용하다.

32C-2 중성자와 물질의 상호작용

중성자의 기본 특성은 표 32-1에 나와 있다. 자유 중성자는 안정하지 못하며, 약 10.2분의 반감기로 붕괴되어 양성자와 전자를 주게 된다. 그러나 자유 중성자는 일반적으로 주변 물질과 반응하는 경향이 커서 이런 식으로 붕괴될 만큼 오래 존재하지는 않는다. 중성자의 높은 반응성은 중성자가 전하를 가지고 있지 않아서 정전기적 힘에 의한 간섭 없이 전하를 가진 핵에 쉽게 접근할 수 있기 때문이다.

중성자 포획(neutron capture)은 방사화법에서 가장 중요한 반응이다. 여기에서, 중성자는 분석물질의 핵에 포획되어 동일한 원자 번호를 가지지만 질량수가 1만큼 큰 동위 원소로 된다. 새로운 핵종은 중성자와 결합함으로써 수 MeV의 에너지를 얻기 때문에 매우 들뜬 상태로 된다. 이러한 초과 에너지 상태는 *빠른 감마선 방출*(prompt gamma-ray emission) 또는 양성자 또는 알파 입자와 같은 하나 이상의 핵입자의 방출에 의해 이완된다. 빠른 감마선을 생성하는 반응의 예는 다음과 같다.

$$^{23}_{11}\text{Na} + {}^{1}_{0}n \rightarrow {}^{24}_{11}\text{Na} + \gamma$$

일반적으로 이런 유형의 반응식은 다음과 같은 간략한 형태로 쓰인다.

$$^{23}_{11}\text{Na}(n, \gamma)^{24}_{11}\text{Na}$$

포획 반응에 의해 생성된 빠른 감마선이 어떤 경우에는 분석적으로 관심 있는 사항이지만, 생성된 방사성 핵종(^{24}Na)과 그 붕괴 방사선이 NAA에서 보다 자주 이용된다.

32C-3 방사화법 이론

한 동위 원소가 중성자에 노출되었을 때, 방사성 핵종이 형성되는 속도는 다음과 같이 주어진다.

$$\frac{dN^*}{dt} = N\phi\sigma$$

여기서 dN^*/dt는 반응 속도(s^{-1}), N은 안정한 목표 원자의 수, ϕ는 평균 선속 밀도(n cm^{-1} s^{-1}), σ는 포획 단면적(cm^2)이다.[9] 포획 단면적은 적용된 중성자 에너지에서 중성자와 핵이 반응할 확률을 나타내는 척도이다. 열중성자의 반응 단면적을 나열하는 표에는 σ 값을 *barns*, b 단위로 나타내고 있으며, 1 b = 10^{-24} cm^2에 해당한다.

일단 생성된 방사성 핵은 식 32-2에 나타낸 $-dN^*/dt$ 속도로 붕괴한다. 즉,

$$-\frac{dN^*}{dt} = \lambda N^*$$

따라서 균일한 중성자의 선속으로 쪼여주는 동안, 방사성 입자의 알짜 생성 속도는 다음과 같다.

$$\frac{dN^*}{dt} = N\phi\sigma - \lambda N^*$$

이 식을 시간 0에서 t까지 적분하면 다음과 같다.

$$N^* = \frac{N\phi\sigma}{\lambda}[1 - \exp(-\lambda t)]$$

식 32-5를 지수항에 대입하면 다음을 얻는다.

$$N^* = \frac{N\phi\sigma}{\lambda}\left[1 - \exp\left(-\frac{0.693t}{t_{1/2}}\right)\right]$$

마지막 식을 방사능 A에 해당하는 λN^*(식 32-6 참고) 식이 되도록 재배열하면 다음과 같다.

$$A = \lambda N^* = N\phi\sigma\left[1 - \exp\left(-\frac{0.693t}{t_{1/2}}\right)\right] = N\phi\sigma S \quad (32\text{-}17)$$

여기서 S는 포화 인자(saturation factor)이며, 이는 1에서 지수항을 뺀 것과 같다.

식 32-17은 식 32-7을 대입하여 실험적으로 측정된 속도로 나타낼 수 있다.

---

[9]여기서, 안정한 핵의 수 N과 구별하기 위하여 N^* 기호를 사용하여 방사성 핵의 수를 표시한다.

$$R = cN\phi\sigma\left[1 - \exp\left(-\frac{0.693t}{t_{1/2}}\right)\right] = N\phi\sigma cS \quad (32\text{-}18)$$

그림 32-7은 3가지 단계의 중성자 선속 밀도에서 이러한 관계를 도시한 것이다. 가로축은 동위 원소의 반감기에 대한 조사 시간의 비율($t/t_{1/2}$)이다. 각각의 경우에 계수 속도는 방사성 핵종의 생성 속도와 붕괴 속도가 거의 동일해지는 일정한 값에 접근한다. 이러한 도시는 동위 원소에 대한 반감기의 4~5배 이상 기간 동안 쪼여주더라도 감도가 거의 향상되지 않는다는 것을 보여준다.

많은 분석에서 시료와 표준물질을 충분한 시간 동안 쪼여주어 S가 1에 근접하는 포화에 도달하게 한다. 이 경우, 식 32-18의 오른쪽에 있는 N을 제외한 모든 항은 일정해지고 분석하려는 방사성 핵종의 수는 계수 속도에 정비례하게 된다. 만일 어미(paren) 핵종, 즉 표적 핵종이 자연 발생적이라면, 분석물질의 질량 m은 Avogadro의 수, 분석하려는 핵종의 자연 존재비, 원자량을 N에 곱하여 얻을 수 있다. 이들 모두가 상수이기 때문에 분석물질 질량은 계수 속도에 직접 비례하게 된다. 아래첨자 x와 s를 사용하여 각각 시료와 표준물질을 표현하면 다음과 같이 쓸 수 있다.

$$R_x = km_x \quad (32\text{-}19)$$

$$R_s = km_s \quad (32\text{-}20)$$

여기서 k는 비례 상수이다. 하나의 식을 다른 식으로 나누고 재배치하면 미지 시료 속에 들어 있는 분석물질의 질량을 계산하기 위한 기본식이 된다.

$$m_x = \frac{R_x}{R_s} m_s \quad (32\text{-}21)$$

32C-4 방사화법의 실험적 고찰

그림 32-8은 방사화법의 대표적인 두 가지 방법인 *분해적*(destructive) 방법과 *비분해적*(nondestructive) 방법에 따라 시료와 표준물질을 분석하는 과정을 보여주는 흐름도이다. 두 방법 모두에서 시료와 하나 이상의 표준물질을 중성자(또는 다른 유형의 방사선)로 동시에 쪼여준다. 시료는 고체, 액체 또는 기체일 수 있는데, 보통 고체나 액체가 사용된다. 표준물질은 물리적, 화학적으로 시료와 최대한 비슷해야 한다. 일반적으로 시료와 표준물질을 작은 폴리에틸렌 병에 넣는데, 상황에 따라 열접차 석영 병도 사용된다. 시료와 표준물질에 동일한 중성자 선속이 쪼여지도록 주의를 기울여야 한다. 조사 시간은 다양한 요인에 따라 달라지며 보통 경험적으로 결정된다. 종종 생성 분석물질의 반감기에 대해 약 3~5배의 시간 동안 쪼여준다(그림 32-7 참고). 조사 시간은 일반적으로 수 분에서 수 시간 정도로 다를 수 있다.

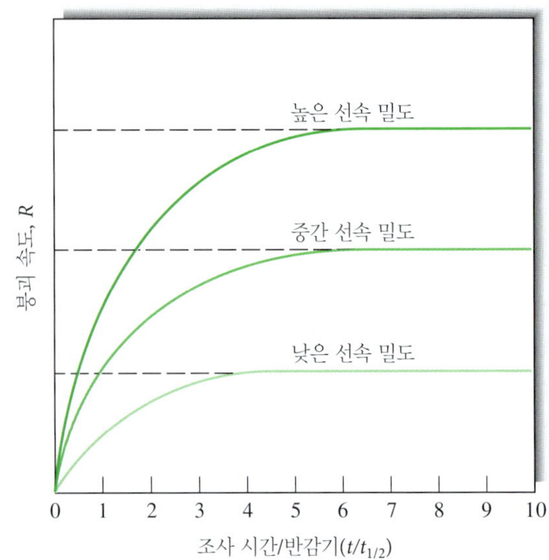

그림 32-7 시료에서 유도된 방사능에 대한 중성자 선속과 시간의 영향.

조사가 종료된 후, 시료와 표준물질은 수 분에서 수 시간 또는 그 이상의 기간 동안 붕괴(또는 "냉각")되도록 놓아둔다. 냉각하는 동안 반감기가 짧은 간섭 물질은 붕괴하여 분석의 결과에는 영향을 미치지 않는다. 조사한 시료를 냉각시키는 또 다른 이유는 높은 수준의 방사능 단계에서 발생할 수 있는 건강 위험을 줄이기 위해서이다.

비분해법

그림 32-8에서 보여주듯이 비분해 방법에서는 냉각 후 시료와

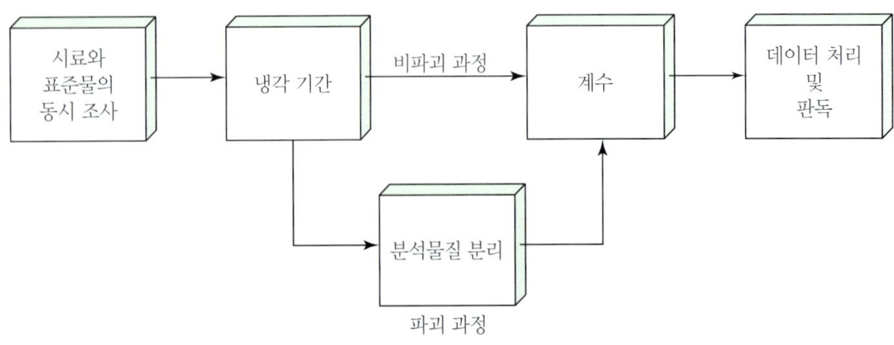

그림 32-8 두 가지 유형에 대한 중성자 방사화 방법의 흐름도.

표준물질을 직접 계수한다. 여기서 감마선 분광기는 에너지가 다른 방사선을 구별할 수 있으므로 물질들을 선택적으로 계수할 수 있다. 이어서 식 32-21을 사용하여 미지 시료에 들어있는 분석물질의 양을 예제 32-5에서 보여준 것처럼 계산한다.

예제 32-5

NAA를 하기 위하여 두 개의 5.00 mL 강물 시료를 채취하였다. 1.00 μg의 Al^{3+} 이온을 포함하는 표준 용액 1.00 mL를 한 시료에 넣고, 다른 시료에는 1.00 mL의 탈염수를 가하였다. 그런 다음, 두 개의 시료를 균일한 중성자 선속으로 동시에 쪼여주었다. 짧은 냉각 기간 후, ^{28}Al의 붕괴로부터 나오는 감마선을 각 시료에 대해 계수하였다. 물로 묽힌 용액은 2315 cpm의 계수 속도를 보인 반면, 첨가된 Al^{3+} 이온이 있는 용액은 4197 cpm을 보였다. 5.00 mL 시료에 들어있는 Al의 질량을 계산하시오.

풀이

여기서는 식 32-19와 32-20에 대입하여 풀 수 있는 간단한 표준물 첨가법 문제를 다루고 있다.

$$2315 = km_x$$

$$4197 = k(m_x + m_s) = k(m_x + 1.00)$$

이 두 식을 풀면 다음과 같이 된다.

$$m_x = 1.23\ \mu g$$

비분해법은 분광기가 분석물질에 의해 생성된 감마선 신호를 다른 성분에 의해 생성된 신호로부터 분리할 수 있느냐에 따라 성공여부가 달려 있다. 적절하게 분리가 가능한지에 대한 여부는 시료의 복잡성, 분석하고자 하는 원소와 거의 동일한 에너지의 감마선을 생성하는 다른 원소들의 존재 여부, 또는 분광기의 분해능에 달려 있다. 고순도 저마늄 검출기(제12B-4절)의 개발로 인해 지난 수십 년 동안 이루어진 분해능의 향상은 비분해법의 응용 범위를 크게 넓혔다. 비분해 접근법의 가장 큰 장점은 시료 처리가 간단하고 분석을 완료하는 데 걸리는 시간이 짧다는 것이다. 실제로 최신의 방사화법 장비는 대부분 자동화되어 있다. 비분해적인 기기 분석 전용 분석을 흔히 *기기 중성자 방사화 분석*(instrumental neutron activation analysis, INAA)이라고 한다.

분해법

그림 32-8의 아래쪽 경로에 보여진 것처럼, 분해법에서는 계수하기 전에 시료의 다른 성분들로부터 분석물질을 분리하는 것이 필요하다. 화학적인 분리 방법을 사용하는 경우, 이 방법을 *방사화학 중성자 방사화*(radiochemical neutron activation)라고 한다. 이 경우, 조사한 시료의 일정량을 용해시키고, 분석물질은 침전, 추출, 이온 교환 또는 크로마토그래피의 방법으로 분리한다. 분리된 물질 전체 또는 그 일부에 대해서 감마 또는 베타 방사능을 계수한다. 비분해법과 마찬가지로 표준물질도 동시에 조사하고 같은 방법으로 처리한다. 그런 다음 식 32-21을 사용하여 분석결과를 계산한다.

32C-5 중성자 방사화법의 응용

중성자 방사화법은 감도가 매우 높고, 필요한 시료의 양이 적으며, 보정이 쉽다는 장점을 가지고 있다. 보통 이러한 절차는 비파괴적이기 때문에 예술품, 동전, 법의학 시료, 고고학적 표본 등을 분석하는데 이용된다. 방사화법의 주요 단점은 크고 비싼 장비와 방사성 물질 취급 및 처리를 위한 특수 설비가 필요하다는 것이다. 또 하나의 단점은 반감기가 긴 방사성 핵종이 사용될 때 분석을 완료하는 데 오랜 시간이 걸린다는 것이다.

범위

그림 32-9는 중성자 방사화법이 69개 원소들을 정량하는 데 적용될 수 있음을 보여준다. 또한, 비활성기체 중 네 가지도 열중성자를 이용하여 방사성 핵종을 만들 수 있으므로 정량할 수 있다. 끝으로, 산소, 질소, 이트륨의 세 가지 원소도 빠른 중성자로 방사화될 수 있다. 이 방법이 적용된 물질의 목록은 다양하며 금속, 합금, 고고학적 물품, 반도체, 생물 표본, 암석, 광물 및 물 등을 포함한다. 방사화 분석을 통해 얻은 증거를 법정에서 채택하면서, 이 분석법은 법의학 화학(forensic chemistry)에 널리 사용되게 되었다. 여기서, 이 방법은 감도가 높고 비파괴적으로 분석한다는 면에서 특히 유용하다. 따라서 대부분의 응용에서 다양한 원소의 극소량인 흔적을 확인하는 작업을 하게 되었다.[10]

정확도

방사화 분석의 주요 오류는 자체 가림(self-shielding), 시료와 표준물질에 쪼여지는 불균등한 중성자 선속, 계수의 불확정도, 산란, 흡수 및 시료와 표준물질 간의 기하학적 차이로 인한 계수 오류로 인해 발생한다. 이러한 원인으로 인한 오류는 대개 상대 오차를 10% 미만으로 줄일 수 있다. 때로는 불확정도를 1~3%의 범위까지로도 감소시킬 수 있다.

감도

중성자 방사화법의 가장 중요한 특징은 많은 원소에 대해 뛰어난 감도를 보인다는 것이다. 예를 들어, 그림 32-9에서 보여주는 바와 같이 몇 가지 원소들은 10^{-5} μg의 작은 양도 검출될 수가 있다. 또 원소에 따라 감도가 서로 크게 다르다는 것도 알 수 있다; 따라서 철을 검출하는 데에는 약 50 μg이 필요하지만 유로퓸에는 10^{-6} μg만 필요하다.

[10] 세계적으로 중요한 NAA의 법의학적 적용에 대해서는 제6부 끝에 있는 기기 분석법의 실제 응용을 보시오.

																	F
β																	–
γ																	1
	Na	Mg											Al	Si	P	S	Cl
β	5×10^{-3}	5×10^{-1}											1×10^{-1}	5×10^{-2}	5×10^{-1}	5	1×10^{-2}
γ	5×10^{-3}	5×10^{-1}											1×10^{-2}	500	–	200	1×10^{-1}
	K	Ca	Sc	Ti	V	Cr	Mn	Fe	Co	Ni	Cu	Zn	Ga	Ge	As	Se	Br
β	5×10^{-2}	1.0	1×10^{-2}	5×10^{-1}	5×10^{-3}	–	5×10^{-5}	50	5×10^{-3}	5×10^{-2}	1×10^{-3}	1×10^{-1}	5×10^{-3}	5×10^{-3}	1×10^{-3}	–	5×10^{-3}
γ	5×10^{-2}	5	5×10^{-2}	5×10^{-2}	1×10^{-3}	1	5×10^{-5}	200	1×10^{-1}	5×10^{-1}	1×10^{-3}	1×10^{-1}	5×10^{-3}	5×10^{-2}	5×10^{-3}	5	5×10^{-3}
	Rb	Sr		Zr	Nb	Mo		Ru	Rh	Pd	Ag	Cd	In	Sn	Sb	Te	I
β	5×10^{-2}	5×10^{-3}		1	5×10^{-3}	5×10^{-1}		1×10^{-2}	1×10^{-3}	5×10^{-4}	5×10^{-3}	5×10^{-2}	5×10^{-5}	5×10^{-1}	5×10^{-3}	5×10^{-2}	5×10^{-3}
γ	5	5×10^{-3}		1	1	1×10^{-1}		5×10^{-2}	5×10^{-4}	5	5×10^{-3}	5×10^{-1}	1×10^{-4}	5×10^{-1}	1×10^{-2}	5×10^{-2}	5×10^{-2}
	Cs	Ba	La	Hf	Ta	W	Re	Os	Ir	Pt	Au	Hg		Pb	Bi		
β	5×10^{-1}	5×10^{-2}	1×10^{-3}	–	5×10^{-2}	1×10^{-3}	5×10^{-4}	5×10^{-2}	1×10^{-4}	5×10^{-2}	5×10^{-4}	–		10	5×10^{-1}		
γ	5×10^{-1}	1×10^{-1}	5×10^{-3}	1	5×10^{-1}	5×10^{-3}	1×10^{-3}	–	1×10^{-3}	5×10^{-1}	5×10^{-4}	1×10^{-2}		–	–		

	Ce	Pr	Nd		Sm	Eu	Gd	Tb	Dy	Ho	Er	Tm	Yb	Lu
β	1×10^{-1}	5×10^{-4}	1×10^{-1}		5×10^{-4}	5×10^{-6}	1×10^{-2}	5×10^{-2}	1×10^{-6}	1×10^{-4}	1×10^{-3}	1×10^{-2}	1×10^{-3}	5×10^{-5}
γ	1×10^{-1}	5×10^{-2}	1×10^{-1}		5×10^{-3}	5×10^{-4}	5×10^{-2}	1×10^{-1}	5×10^{-6}	1×10^{-4}	1×10^{-3}	1×10^{-1}	1×10^{-3}	5×10^{-5}
	Th		U											
β	5×10^{-2}		5×10^{-3}											
γ	5×10^{-2}		5×10^{-3}											

그림 32-9 중성자 방사화법의 추정 감도. 파란색 숫자는 mg 단위로 나타낸 β 감도에 해당하고, 검정색의 숫자는 mg 단위로 나타낸 γ 감도에 해당한다. 각각의 경우에 시료들은 1.8×10^{-12} n/cm^2/s의 열중성자 선속에서 1시간 또는 그 이하 시간 동안 쪼여졌다. (From V. P. Guinn and H. R. Lukens Jr., in *Trace Analysis: Physical Methods*, G. H. Morrison, ed., p. 345, New York: Wiley, 1965.).

필요한 경우 화학적 회수(chemical recovery) 효율이 방사화 분석의 감도에 영향을 준다. 다른 요인으로는 방출된 방사선을 검출하는 장비의 감도, 시료의 조사와 분석 사이에 시료의 방사능이 감쇠하는 정도, 계수할 수 있는 시간, 시료 계수 속도에 대한 배경 계수 속도의 크기 등이 감도에 영향을 준다. 빠른 붕괴 속도는 계수 주기 시간을 최소화한다는 관점에서 바람직하다. 그러나 높은 붕괴 속도에서는 조사를 중지하고 계수 과정을 시작하는 사이의 시간을 정확하게 설정하는 것이 필요하다. 잠재적인 추가 복잡성은 계수 장치가 일어나는 과정에 영향을 받지 않는 *불감 시간*(dead time)과 관련되어 있다. 계수 속도가 너무 빠르면 실제 발생하는 과정을 놓치는 경우가 생길 수 있다. 이런 경우에 경과된 시간과 실제 계수 시간 사이의 차이를 고려하여 보정해 주어야 한다.

32D 동위 원소 묽힘법

방사화법보다 먼저 사용된 동위 원소 묽힘법은 화학의 모든 분야의 문제에 광범위하게 적용되어 왔고 여전히 사용되고 있다. 이 방법들은 과학자들이 가장 많이 선택하여 이용한 방법 중의 하나이다. 동위 원소 묽힘법에서는 안정한 핵종과 방사성 핵종 모두를 이용할 수 있다. 그러나 방사성 핵종을 이용하는 경우 동위 원소의 농도를 쉽게 측정할 수 있기 때문에 더 편리하다. 여기서의 논의는 방사성 화학종을 사용하는 방법에 한정한다.

32D-1 동위 원소 묽힘법의 원리

동위 원소 묽힘법은 방사능을 방출할 수 있는 일정량의 분석물질을 준비해야 한다. 그런 다음 이 방사성 화학종의 일정량을 시료에 섞는다. 방사성 화학종과 비방사성 화학종을 균일하게 섞은 후, 이 중 일부가 순수한 화합물의 형태로 화학적으로 분리된다. 분리된 물질의 일정량을 계수하면, 방사성 물질의 묽힘 정도를 계산할 수 있으며 이로부터 원래 시료의 비방사성 물질의 양을 알아낼 수 있다. 이 방법에서는 화학종의 정량적인 회수가 요구되지 않는다는 점이 주목된다. 따라서 전형적인 분석 분리법과는 달리, 이 분석의 기초가 되는 매우 순수한 생산물을 보장하는 과정들이 사용될 수 있다. 동위 원소 묽힘법이 높은 선택성을 가질 수 있는 것은 정량적 분리가 필요하지 않다는 사실로부터 기인한다.

분리 정제한 분석물질과 추적자의 혼합물에서의 방사능을 분석물질의 원래 양과 관련시키는 식을 전개하는 과정에서 계수 속도가 R_t인 추적자의 질량 m_t를 비방사성 분석물질의 질량 m_x가 포함된 시료에 첨가한다고 가정한다. 혼합물 $m_x + m_t$ 그램에 대한 계수 속도는 추적자 m_t 그램의 계수 속도인 R_t와 동일할 것이다. 이제 분리 정제된 방사성 화학종과 비방사성 화학종의 혼합물 m_m 그램이 계수되는 경우, 묽힘 효과로 인해 계수 속도 R_m은 R_t의 $m_m/(m_x + m_t)$가 된다. 그러므로 다음과 같이 쓸 수 있다.

$$R_m = R_t\left(\frac{m_m}{m_x + m_t}\right) \tag{32-22}$$

다시 정리하면

$$m_x = \frac{R_t}{R_m}m_m - m_t \tag{32-33}$$

따라서, 처음에 존재하는 화학종의 질량은 예제 32-6에서 설명된 것처럼 식 32-23의 오른쪽에 있는 4개의 항에 대해 측정된 값으로부터 얻어진다.

예제 32-6

바탕값을 보정한 계수 속도가 584 cpm이고, ^{14}C로 표지된 1.00 mg의 트립토판(tryptophan)을 단백질 가수분해물 시료에 첨가하였다. 이 표지 화합물을 충분히 시료와 혼합한 후에, 이온 교환 컬럼에 통과시켰다. 트립토판만을 함유하는 유출액의 일부를 수집하여, 이로부터 18.0 mg의 순수 트립토판 시료를 분리하였다. 분리된 시료는 동일한 계수기에서 204 cpm의 계수 속도를 보였다. 처음 시료 속에 들어 있던 트립토판의 무게는 얼마인가?

풀이

식 32-23에 대입하면 다음을 얻는다.

$$m_x = \left(\frac{584\ \text{cpm}}{204\ \text{cpm}} \times 18.0\ \text{mg}\right) - 1.00\ \text{mg} = 50.5\ \text{mg}$$

32D-2 동위 원소 묽힘법의 응용

동위 원소 묽힘법은 다양한 매트릭스 물질에서 약 30개의 원소를 측정하는 데 사용되어 왔다. 동위 원소 묽힘 과정은 또한 유기화학 및 생화학 분야에서 관심 있는 화합물의 측정에 널리 이용되어 왔다. 따라서 비타민 D, 비타민 B_{12}, 설탕, 인슐린, 페니실린, 다양한 아미노산, 코르티코스테론(corticosterone), 여러 종의 알코올, 티록신(thyroxine)과 같은 다양한 물질을 측정하는 방법이 개발되었다. 동위 원소 묽힘법은 방사화 방법의 출현 이후 이전보다 덜 이용되고 있다. 그러나 이 방법은 필요한 장비가 비교적 간단하기 때문에 계속해서 사용되리라 기대된다. 또한 동위 원소 묽힘은 방사화 분석이 불가능한 경우에도 종종 적용될 수 있다.

동위 원소 묽힘 원리를 항체–항원 반응에 연결시킨 기술의 예로 방사면역 측정법(radioimmunoassay, RIA)이 있다. 이 기술의 발전으로 Rosalyn Yalow는 1977년 생리의학 분야의 Nobel 상을 받았다. 여기에는 방사성 항원(보통 ^{125}I 또는 ^{131}I를 함

자습: www.tinyurl.com/skoogpia7에서 **방사화학법(radiochemical method)**에 대해 더 알아보시오.

유)과 그 항원에 특이 결합하는 항체의 혼합물이 준비된다. 그 다음 표지되지 않은 일정량의 항원이 첨가되어 항체 결합 자리를 놓고 경쟁한다. 표지되지 않은 항원의 농도가 증가함에 따라 더 많은 방사성 항원이 항체에서 떨어져 나오게 되고, 항체에 결합되지 않고 자유롭게 있는 항원의 비율이 증가한다. 이 비율을 결정하기 위해 자유 항원과 항체-결합 항원을 분리하고 ^{125}I 또는 ^{131}I에서 나오는 감마선 방출을 측정한다. 첨가된 항원의 일정량을 이용하여 표준 결합 곡선(standard binding curve)을 얻는다. 이어서 미지 시료에 대해 동일한 절차를 진행하고, 자유 항원 대 항체-결합 항원의 비를 구한다. 이렇게 하면 시료 내의 비표지된 항원의 양을 결합 곡선으로부터 구할 수 있다.

동위 원소 묽힘 원리를 응용한 많은 최신 연구에서, 질량 측정은 제11C절에서 논의된 것처럼 질량 분석기에 의해 이루어진다. 질량 스펙트럼을 측정하는 경우에, 이 기술은 보통 *동위 원소 묽힘 질량 분석법*(isotope dilution mass spectrometry, IDMS)이라고 한다.[11] IDMS 방법은 환경, 식품 안전 및 임상 실험실에서 일상적으로 사용되고 있다. IDMS 기술은 2개 이상의 분석물질을 분석하고 크로마토그래피 컬럼에서 용리되어 나오는 관심 있는 원소를 포함하는 여러 분석물질을 결정할 수 있게 확장되었다.

묽힘의 원리가 다른 비방사성 응용에도 적용되어 왔다는 것은 흥미롭다. 한 가지 예는 알래스카 연안에서의 연어 산란의 규모를 추정하는 데 사용하는 것이다. 여기서는 일부의 연어를 잡아 기계적으로 표시를 한 다음, 강으로 되돌려 놓아준다. 그런 다음 약 10마일 상류에서 잡은 후 표시된 연어의 분율을 측정한다. 총 연어 개체 수는 이 정보와 처음 표시한 연어의 수로부터 쉽게 계산된다. 물론 어류 개체 수가 포획 장소 사이를 이동하는 동안 균일하게 분포할 것이라는 가정이 반드시 있어야 한다.

[11] 자세한 설명은 다음 문헌을 참고하시오. J. Alonso and P. Gonzalez, *Isotope Dilution Mass Spectrometry*, London: Royal Society of Chemistry, 2013.

질문과 문제

*별표가 있는 문제의 해답은 이 책의 끝에 있다.

이 아이콘이 있는 문제는 스프레드시트를 이용하여 쉽게 풀 수 있다.

32-1 다음의 각 핵반응에서 X는 무엇인가:

(a) $^{68}_{30}\text{Zn} + ^{1}_{0}n \rightarrow ^{65}_{28}\text{Ni} + \text{X}$

(b) $^{30}_{15}\text{P} \rightarrow ^{30}_{14}\text{Si} + \text{X}$

(c) $^{214}_{82}\text{Pb} \rightarrow ^{214}_{83}\text{Bi} + \text{X}$

(d) $^{235}_{92}\text{U} + ^{1}_{0}n \rightarrow 4(^{1}_{0}n) + ^{72}_{30}\text{Zn} + \text{X}$

(e) $^{130}_{52}\text{Te} + ^{2}_{1}\text{H} \rightarrow ^{131}_{53}\text{I} + \text{X}$

(f) $^{64}_{29}\text{Cu} + \text{X} \rightarrow ^{64}_{28}\text{Ni}$

32-2 포타슘-42는 반감기가 12.36시간인 β 방출체이다. 1, 10, 20, 30, 40, 50, 60, 70 및 100시간 후에 시료에 남아 있는 이 방사성 핵종의 분율을 계산하시오. 남아 있는 분율을 시간에 대해 도시하시오. 남아 있는 분율이 1%로 떨어지는 데 필요한 시간은 얼마인가?

32-3 다음 각 방사성 핵종이 1일, 2일, 3일, 4일 후에 남아 있는 분율을 계산하시오(반감기는 괄호 안에 표시): 철-59 (44.51일), 티탄-45 (3.078시간), 칼슘-47 (4.536일) 그리고 인-33 (25.3일).

***32-4** $PbSO_4$ 시료에는 1 마이크로퀴리의 Pb-200 ($t_{1/2}$ = 21.5시간)을 포함하고 있다. 그 방사능이 0.001 마이크로퀴리 미만이 되는 데 필요한 저장 기간은 얼마인가?

***32-5** 다음 계수들의 표준 편차와 상대 표준 편차를 계산하시오.

(a) 100

(b) 850

(c) 8.00×10^3

(d) 4.00×10^4

* **32-6** 다음 신뢰 수준에서 계수가 600인 측정값의 절대 및 상대 불확정도를 계산하시오.

(a) 90% 신뢰 수준

(b) 95% 신뢰 수준

(c) 99% 신뢰 수준

* **32-7** 특정 방사성 시료의 전체 계수 속도(시료값 + 바탕값)는 450 cpm이었고, 이 값은 15.0분의 계수 시간 동안 얻은 것이다. 바탕값은 2.0분 동안 계수하였더니 7 cpm이었다. 다음을 계산하시오.

(a) 보정 계수 속도 R_c

(b) 보정 계수 속도의 표준 편차 σ_{R_c}

(c) 보정 계수 속도와 관련된 95 % 신뢰 구간

* **32-8** 실험실의 바탕 계수 속도는 3분 동안 측정했을 때 약 9 cpm인 것으로 나타났다. 목표는 보정된 계수 속도의 상대 표준 편차를 5% 미만($\sigma_{R_c}/R_c < 0.05$)으로 유지하는 것이다. 전체 계수 속도가 각각 (a) 50 cpm과 (b) 300 cpm인 경우 전체 계수의 수는 얼마이어야 하는가?

* **32-9** ^{64}Cu 시료는 4225 cpm을 나타내었다. 10.0 시간 후에 동일한 시료가 2898 cpm을 나타냈다. ^{64}Cu의 반감기를 계산하시오.

32-10 식 32-3을 따르는 방사성 핵종에 대하여,

(a) $1/\lambda$에 해당하는 시간 후에 남은 핵종의 비율을 구하시오.

(b) 핵종의 90%가 붕괴되기 위해서는 $1/\lambda$ 단위로 얼마의 시간이 필요한가?

(c) 핵종의 99%가 붕괴되기 위해서는 $1/\lambda$ 단위로 얼마의 시간이 필요한가?

* **32-11** 특정 시료에서 전체 방사능의 절반은 ^{38}Cl ($t_{1/2}$ = 87.2분)에서, 나머지 절반은 ^{35}S ($t_{1/2}$ = 37.5일)에 의해 나타난다고 한다. 이 핵종은 감마선을 방출하지 않기 때문에 ^{35}S의 베타 방출을 측정해야 한다. 그러므로, ^{38}Cl의 방사능이 무시할 수준으로 감소할 때까지 기다리는 것이 바람직하다. ^{38}Cl의 방사능이 ^{35}S 때문에 남은 방사능의 0.1%로 감소하기까지 얼마나 많은 시간이 경과해야 하나?

32-12 계수 속도의 상대 표준 편차 σ_R/R이 단순히 $M^{-1/2}$임을 증명하시오. 여기서 M은 계수의 수이다.

32-13 식 32-23의 두 번째 항은 어떤 조건에서 무시될 수 있는가?

* **32-14** 삼중 수소 1 mL당 0.113 마이크로퀴리를 보이는 2.00 mL 용액이 개의 혈관에 주입되었다. 균일하게 잘 섞일 때까지 기다린 후에, 혈액 1.00 mL 시료에서 계수 속도가 초당 14.9 계수(counts per second, cps)임이 밝혀졌다. 이 개의 혈액 부피를 계산하시오.

* **32-15** 무게당 방사능이 5.42×10^3 cpm/mg인 ^{14}C-표지된 화합물 0.981 mg을 혼합물에 첨가하여 혼합물에 들어 있는

질문과 문제(계속)

페니실린을 정량하였다. 평형 후, 순수 결정질 페니실린 0.406 mg이 분리되었다. 이 물질의 알짜 방사능은 343 cpm이었다. 시료에 들어있는 페니실린의 질량을 밀리그램 단위로 계산하시오.

* **32-16** 동위 원소 묽힘 실험에서, ^{38}Cl ($t_{1/2}$ = 37.3분)을 함유하는 5.0 mg의 NaCl을 시료에 첨가하여 염소의 양을 정량하였다. 첨가된 NaCl의 무게당 방사능은 3.6×10^4 cps/mg이었다. 만일 방사선 추적자 첨가 후, 400 mg의 순수 AgCl이 분리되고 이 물질이 바탕값을 보정하고 150분 후에 38 cps의 계수 속도를 갖는다면 처음 시료에 존재하는 염소의 총량은 얼마인가?

32-17 10.0 g의 단백질 시료가 가수분해되었다. 1000 cpm/mg의 방사능을 갖는 ^{14}C-표지된 트레오닌(threonine) 3.0 mg 단백질을 가수분해물에 첨가하였다. 혼합 후, 11.5 mg의 순수한 트레오닌이 분리되었고, 20 cpm/mg의 무게당 방사능을 갖는 것으로 밝혀졌다.

(a) 이 단백질에서 트레오닌은 몇 퍼센트인가?

(b) ^{14}C 대신 ^{11}C ($t_{1/2}$ = 20.3분)가 사용되었다면 결과는 어떻게 달라지는가?

모든 수치가 (a)에서와 같고, 두 무게당 방사능 측정 사이의 경과된 시간은 32분이라고 가정한다.

* **32-18** ^{14}C를 함유한 순수한 항생제 1.25 mg을 첨가하여 500 g의 고기국물 시료에서 스트렙토마이신(streptomycin)을 정량하였다. 이 시료의 무게당 방사능은 30분 동안 계수하여 240 cpm/mg임을 알았다. 혼합물로부터 0.112 mg의 정제된 스트렙토마이신이 분리되어 60.0분에 675 계수가 측정되었다. 시료에 있는 스트렙토마이신의 농도를 ppm 단위로 계산하시오.

32-19 열중성자 집단의 평균 운동 에너지가 약 0.04 eV임을 계산을 통해 보이시오.

32-20 자연에서 발견되는 망간(Mn)은 100%가 ^{55}Mn이다. 이 핵종의 열중성자 포획 단면적은 13.3×10^{-24} cm^{2}이다. 중성자 포획의 생성물은 ^{56}Mn이며, 2.50시간의 반감기를 갖으며 베타와 감마를 방출한다. 그림 32-9가 만들어질 때, 시료는 1.8×10^{12}중성자/(cm^2 s)의 중성자 선속에서 1시간 동안 쪼여졌고 바탕값 보정 후에 10 cpm이 검출될 수 있었다고 가정하였다.

(a) 검출할 수 있는 망간(Mn)의 최소 질량을 계산하시오.

(b) 계산된 값이 표의 값보다 낮은 이유를 제시하시오

도전 문제

32-21 **(a)** NAA에 관한 참고문헌을 참조하거나 정보검색을 위해 인터넷 검색엔진을 사용하여 빠른 감마선 중성자 방사화법과 지연된 감마선 중성자 방사화법 사이의 기기적인 면과 방사화학적인 면에서의 차이점을 상세히 기술하시오.

(b) 빠른 감마선 방사화 분석이 가장 잘 응용될 수 있는 원소들은 어떤 종류인가?

(c) NAA에서 지연된 감마선 방출이 가장 자주 사용되는 이유는 무엇인가?

(d) NAA는 왜 매우 선택적이고 감도가 좋은 방법으로 간주되는가?

(e) 결정형의 불화칼륨(potassium fluoride)을 NAA를 통해 연구하려 한다. 다음 표는 결정에 있는 모든 자연발생 동위 원소의 거동을 요약한 것이다.

자연 존재비			
100%	${}^{19}_{9}F\ (n,\gamma){}^{20}_{9}F$	$\xrightarrow{t_{1/2}=11\ s}$	${}^{20}_{10}Ne + \beta^{-} + \bar{\nu}$
93%	${}^{39}_{19}K\ (n,\gamma){}^{40}_{19}K$		
0.01%	${}^{40}_{19}K\ (n,\gamma){}^{41}_{19}K$		
7%	${}^{41}_{19}K\ (n,\gamma){}^{42}_{19}K$	$\xrightarrow{t_{1/2}=12.4\ h}$	${}^{42}_{20}Ca + \beta^{-} + \bar{\nu}$

${}^{19}F$, ${}^{20}Ne$, ${}^{39}K$, ${}^{41}K$, ${}^{42}Ca$는 안정적이며, ${}^{40}K$도 반감기가 1.3×10^9년 정도이므로 안정하다고 가정한다. 만약 불소(F)에 기반한 분석을 하고 싶다면, 어떤 조사 방법과 검출 순서를 사용하여야 하는가?

(f) 만약 칼륨(K)에 기반한 분석을 하고 싶다면, 어떤 조사 방법과 및 검출 순서를 사용하여야 하는가?

(g) (e)를 참조하여 60초 동안 쪼여준 순수한 불화칼륨 58 mg (1.0 mM) 시료에 있는 ${}^{20}F$와 ${}^{42}K$로 인한 방사능을 계산하시오. ${}^{19}F$와 ${}^{41}K$의 열중성자 단면은 각각 0.0090×10^{-24} cm^2와 1.1×10^{-24} cm^2이다. 1.0×10^{13} 중성자 cm^{-2} s^{-1}의 선속 밀도를 가정하시오.

(h) 문헌에서 담수 생태계의 셀레늄(Se)을 정량하기 위해 NAA를 이용한 것에 대해 설명하고 있는 방법을 찾으시오. 중성자 발생원, 조사 시간 및 사용된 계산법을 포함해서, 이 방법을 자세히 설명하시오. 다른 분석법과 비교해 이 방법의 장단점을 제시하시오.

33장

자동화 분석법

Automated Methods of Analysis

지난 수십 년 동안 분석 화학에서의 주요 발전 중 하나는, 가능한 작업자의 도움 없이 분석 및 조절 정보를 제공하는 상업화된 **자동화 분석기기 장치(automated analytical system)**가 출현하였다는 것이다. 자동화 분석기기는 임상 실험실에 처음 등장했으며, 30개 이상의 화학종이 진단 및 검사 목적으로 일상적으로 정량화되고 있다. 실험 자동화는 곧 산업 공정 제어에 널리 사용되었고, 그 후 제약, 환경, 법의학, 정부 및 대학 연구실로 확산되었다. 오늘날 수요가 많은 대부분의 분석뿐만 아니라 많은 일상적인 정량이 전적으로 또는 부분적으로 자동화된 시스템으로 이루어진다.

이 장에서 옆의 로고는 **www.tinyurl.com/skoogpia7**에서 대화형 자습, 시뮬레이션, 연습 등을 통해 온라인으로 학습할 수 있는 기회가 있음을 나타낸다.

33A 개요

자동화에 대한 많은 정의가 있지만 실제적인 의미는 사람의 도움 없이 작동하는 것이다. 분석 화학에서 자동화는 시료 준비, 반응 측정 및 결과 계산과 같은 작업을 포함한다.[1] 그림 33-1은 일반적인 화학 분석에서의 공통적인 단계들과 이와 관련되어 사용된 자동화 방법을 보여준다. 경우에 따라 그림 왼쪽에 표시된 단계 중 하나 또는 몇 가지는 생략될 수 있다. 예를 들어, 시료가 이미 액체인 경우 용해 과정을 생략할 수 있다. 마찬가지로, 방법이 매우 선택적이면 분리 단계가 불필요할 수 있다. 그림 33-1에 나열된 단계를 때때로 *단위 작업*(unit operation)이라고 한다.

이 장에서는 흐름 주입 및 불연속 분석기와 같이 고도로 자동화된 분석기에 대해 설명한다. 또한, 시료 처리 및 준비에 있어 흔히 사용되고 있는 실험 로봇 시스템에 대해서도 설명한다. 자동화의 최신 발전은 *랩온어칩*(lab-on-a-chip) 또는 *미세전체 분석 시스템*(micro total analysis system)이라고도 하는 미세유체(microfluidic) 시스템의 개발을 포함한다. 이러한 시스템들의 최근 발전에 대해서도 이 장에서 설명하기로 한다. 여기서 논의된 자동 분석의 원리는, 공정의 현재 상태를 분석하고 피드백을 사용하여 현재 상태와 원하는 상태가 거의 같은 상태가 되도록 변경되는 방식으로, 실험 변수를 변경하는 공정제어 시스템에도 적용할 수 있다는 점을 아는 것이 중요하다.

33A-1 자동 분석법의 장점과 단점

자동화된 기기는 인건비를 절감함으로써 많은 경제적 이득을 가져온다. 이 장점은 작업량이 원래 자본 투자를 상쇄할 만큼 충분히 클 때 실현된다. 매일 많은 수의 일상적인 분석이 수행되는 임상 및 검사 실험인 경우, 자동화에 의해 달성되는 절감액이 매우 클 수 있다.

[1]실험 자동화에 대한 단행본은 다음을 보시오. *Laboratory Automation in the Chemical Industries*, D. G. Cork and T. Sugawara, eds., New York: Dekker, 2002; *Automation in the Laboratory*, W. J. Hurst, ed., New York: Wiley, 1995; V. Cerda and G. Ramis, *An Introduction to Laboratory Automation*, New York: Wiley, 1990.

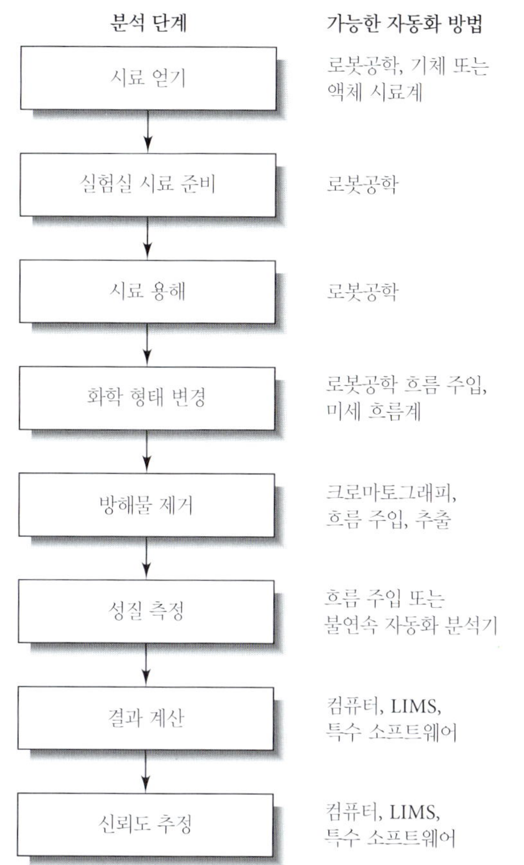

그림 33-1 가능한 자동화 방법을 보여주는 분석과정의 단계들. 실험 정보 관리 시스템(LIMS = laboratory information management system).

자동화된 기기의 두 번째 주요 장점은 수동 방법보다 하루당 처리량이 훨씬 더 많을 수 있다는 것이다. 어떤 경우에는 자동화된 분석기의 속도가 같은 조건을 가진 수동 장치의 속도보다 훨씬 더 빠르기 때문이다. 다른 경우에는 자동화된 기기가 인간 기술자보다 하루에도 더 많은 시간을 사용할 수 있기 때문에 처리량이 증가하게 된다. 실제로, 처리량이 많을수록 제조 과정에서 생산물의 조성을 지속적으로 점검할 수 있다. 이 정보는 품질이나 수율을 개선하도록 즉시 작업 조건을 변경시키는 데 이용될 수 있다. 지속적인 점검은 분석 결과를 이용하여 환자의 현재 상태와 치료에 대한 반응을 결정할 수 있는 의학에서 유용하며, 점검 결과가 환경 처리 과정의 유효성을 측정하는 데 사용될 수 있는 환경 감시에도 유용하다.

자동화의 세 번째 장점은 잘 설계된 분석기가 종종 수동 장비를 사용하는 작업자보다 장기간에 걸쳐 보다 재현성 있는 결과를 제공한다는 것이다. 자동화된 장치가 더 큰 정밀도를 갖는 두 가지 이유가 있다. 첫째, 수동적으로 얻어지는 경우에는 결과에 악영향을 미칠 수 있는 피로감이 기계에서는 나타나지 않는다. 정밀도에 영향을 주는 더 중요한 요인은 자동화 기기의 시간에 따른 순차적인 작업에 대해 재현성이 높다는 것이며, 수동 조작에서는 거의 따라 할 수 없다. 예를 들어 자동 분석기는 불완전한 발색 반응이나 수동 측정에는 적합하지 않은 불안정한 생성물을 만드는 발색 반응을 사용할 수 있게 한다. 마찬가지로, 분석물질 회수가 불완전한 용매 추출 또는 투석과 같은 분리 기술도 자동화 시스템에서는 사용될 수 있다. 두 경우 모두 작업 순서의 시간에 관한 재현성이 높게 유지되기 때문에 시료와 표준물질이 동일한 방식으로 동일한 시간 동안 처리되게 한다.

자동화의 다른 장점으로는 인간에게 위험할 수 있는 상황에서도 시료를 처리하는 능력, 계산 오류의 최소화, 데이터베이스 및 저장 장치에 결과를 직접 기록할 수 있다는 것이다. 경우에 따라 수동으로 수행하는 것보다 더 길고 복잡한 절차를 자동화된 시스템으로 처리할 수 있다.

실험실 자동화 초기에는 자동화된 기기가 사람을 대체하거나 그 역할을 약화시킬 것으로 생각되었다. 그러나 자동화된 실험실에서 분석 화학자의 역할은 약화되지 않고 단지 수정된 것으로 밝혀졌다. 분석 화학자는 궁극적으로 실험 결과의 질과 상태에 대해 책임을 져야 한다. 이는 분석자가 사용한 자동화 방법의 강점과 약점을 잘 이해해야 하고, 교정 및 검증 방법에 정통해야 한다는 것을 의미한다. 실제로 요즘의 분석 화학자들은 데이터 질뿐만 아니라 새로운 기기 지정, 실험과정의 선택 및 수정을 수행해야 하고, 시료 취급, 방해물질 분리 및 데이터 신뢰성 평가를 위한 새로운 방법 등을 연구하는 책임을 지고 있다. 이처럼 역할은 달라졌지만 여전히 중요한 역할을 하고 있다.

33A-2 자동 분석계의 유형

자동 분석계에는 일반적으로 두 가지 유형, 즉 *불연속 분석기*(discrete analyzer)와 *연속 흐름 분석기*(continuous flow analyzer)가 있다. 때로는 이 둘이 합쳐지기도 한다. 불연속 기기에서 개개의 시료들은 그림 33-1에서 나열된 각각의 단계별 작동을 하는 동안 분리된 개체로 유지되며 별도의 용기에 보관된다. 대조적으로, 연속 흐름 시스템에서는, 시료는 시료가 주입되어 흐름계의 측정 단계를 지나서 폐기될 때까지 몇 개의 단계별 작동이 일어나는 흐름계의 일부가 된다. 일반적으로 불연속 및 연속 흐름 기기는 모두 컴퓨터로 제어된다.

불연속 기기는 개개의 용기를 사용하기 때문에 시료 간 교차오염이 완전히 제거된다. 다른 한편, 연속 흐름 시스템에서는 시료 간의 상호작용은 항상 문제가 될 수 있는데, 특히 시료 처리량이 증가함에 따라 더욱 그렇다. 이 경우 시료 오염을 최소화하기 위한 특별한 주의가 필요하다.

최신 연속 흐름 분석기는 일반적으로 불연속 분석기보다 기계적으로 간단하고 가격도 싸다. 사실, 많은 연속 흐름계에서 유일하게 움직이는 부분은 펌프와 스위치 밸브이다. 이 두 가지 모두 저렴하고 신뢰성도 좋다. 대조적으로, 불연속계에서는 종종 시약을 계의 한 부분에서 다른 부분으로 운반하기 위한 주사기, 밸브 및 기계 장치와 같은 여러 가지 움직이는 부분을 가지고 있다. 가장 정교한 불연속계에서, 여러 단계별 단위 작업은 사람이 하는 것과 거의 동일한 방식으로, 컴퓨터로 움직이는 다양한 로봇에 의해 수행된다.

어떤 단계별 단위 작업은 연속 흐름계에서는 불가능한데, 이는 연속 흐름계가 유체 시료만 처리할 수 있기 때문이다. 따라서 고체 물질을 분석하거나 분쇄, 무게 달기, 점화, 녹임 및 거르기 등이 분석에 필요할 때는 불연속계를 이용하거나 로봇과 연속 흐름 장치를 결합한 경우에만 자동화가 가능하다.

이 장에서는 먼저 중요한 연속 흐름 방법인 흐름 주입 분석법(flow injection analysis, FIA)에 대해 알아본다. 다음으로 우리는 연속 흐름 장치의 소형화된 형태인 미세유체 시스템에 대해 알아본다. 그런 다음 몇 가지 유형의 불연속 자동 시스템을 설명하는데, 이 중 일부는 로봇공학을 기반으로 한다.

33B 흐름 주입 분석법

흐름 주입법(flow injection method)은 1970년대 중반에 덴마크의 Ruzicka와 Hansen, 그리고 미국의 Stewart와 그의 공동연구자들에 의해 처음으로 소개되었다.[2] 흐름 주입법은 1960년대와 19070년대 임상 실험실에서 널리 사용되었던 분할–흐름법(segmented-flow procedure)에서 발전된 것으로, 의학적 진단 목적으로 혈액 및 소변 시료에 들어있는 다양한 화학종을 자동으로 반복하여 정량하는 방법이다. 분할–흐름 장치에서 시료는 공기방울이 조밀하게 분포되어 있는 수용액의 흐름에 의해 흐름계를 지나 검출기로 운반되었다. 공기방울은 시료의 분산을 최소화하고, 시료와 시약의 혼합을 촉진하며, 연속적으로 가해지는 시료 간의 교차 오염을 방지하는 것이었다. 공기방울은 *탈기체장치*(debubbler)를 사용하여 검출되기 전에 제거되거나, 방울의 효과를 전자공학적으로 제거해야 했다. 그러나 흐름 주입 분석법을 사용함으로써 공기방울을 사용하지 않거나 시료를 흐름계에 주입하는 시간을 재현성 있게 사용함으로써 연속 흐름계를 크게 단순화할 수 있게 하였다.[3] 이러한 시스템은 연속적으로 주입된 시료 간의 교차 오염을 최소화하도록 설계될 수 있었다.

공기방울을 사용하지 않음으로써 흐름 주입 분석법은 다음과 같은 몇 가지 장점을 가지게 되었다; (1) 높은 분석 속도(보통 100~300 시료/시간), (2) 향상된 응답 시간(시료 주입과 검출기 응답 사이가 1분 미만), (3) 훨씬 더 빠른 시동 및 종료 시간(각각 5분 미만), (4) 주입 시스템을 제외하면, 보다 간단하고 유연한 장치. 마지막 두 가지 이점은 특별히 중요한데, 이는 자동화 측정법을 일상적으로 반복 분석할 수 없는 몇 가지 시료에도 적용할 수 있게 하고, 경제적이기 때문이다. 즉, 연속 흐름법은 더 이상 시료 수가 많고 분석 방법이 매우 반복적인 경우에만 한정되어 사용되는 것은 아니다. 또한, 흐름 주입의 정확한 시간 조절은 재현성 있는 혼합을 촉진하고, 시료 또는 시약의 농도 기울기를 생성하며, 시약 사용을 최소화할 수 있게 되는 *조절된 분산*(controlled dispersion)이 일어나게 한다. 이러한 이점 때문에 많은 분할–흐름계는 흐름 주입법으로 대체되었다(또한 로봇을 이용하는 불연속계로 대체). 현재는 완전히 자동화된 FIA 기기를 여러 회사에서 구입할 수 있다.

[2]K. K. Stewart, G. R. Beecher, and P. E. Hare, *Anal. Biochem.*, **1976**, *70*, 167, **DOI**: 10.1016/S0003-2697(76)80058-9; J. Ruzicka and E. H. Hansen, *Anal. Chim. Acta*, **1975**, *78*, 145, **DOI**: 10.1016/s0003-2670(01)84761-9.

[3]흐름 주입 분석법에 대한 단행본은 다음을 보시오. M. Trojanowicz, *Flow Injection Analysis*, River Edge, NJ: World Scientific Publishing Co., 2000; B. Karlberg and G. E. Pacey, *Flow Injection Analysis: A Practical Guide*, New York: Elsevier, 1989; J. Ruzicka and E. H. Hansen, *Flow Injection Analysis*, 2nd ed., New York: Wiley, 1988; M. Valcarcel and M. D. Luque de Castro, *Flow Injection Analysis: Principles and Applications*, Chichester, UK: Ellis Horwood, 1987.

33B-1 기기장치

그림 33-2a는 기본적인 흐름 주입법 장치의 흐름 계통도이다. 여기서 연동 펌프는 염화 이온에 대한 발색 시약을 밸브로 직접 이동시켜 시료를 흐름에 주입시킨다. 그런 다음 시료와 시약은 50 cm 반응기 코일을 지나고, 이때 시약이 시료 속으로 확산되고 일련의 반응에 의해 발색 생성물을 생성한다.

$$Hg(SCN)_2(aq) + 2Cl^- \rightleftharpoons HgCl_2(aq) + 2SCN^-$$

$$Fe^{3+} + SCN^- \rightleftharpoons Fe(SCN)^{2+}$$

반응기 코일에서 나온 용액은 480 nm 간섭 필터(D)가 장착된 흐름–광도계로 들어간다.

그림 33-2b의 왼쪽에는 5~75 ppm의 염소 이온을 포함하는 일련의 표준물질에 대한 이런 흐름계의 출력 신호가 나와 있다. 시스템의 재현성을 입증하기 위해 각 표준물질을 네 번씩 주입하였음에 주목하라. 오른쪽의 두 곡선은 30 ppm(R_{30})과 75 ppm(R_{75})의 염화 이온을 포함하는 시료들에 대해 고속으로 주사하여 얻은 기록이다. 이러한 곡선들은 비분할 흐름에서 교차 오염이 최소화되었음을 보여준다. 이처럼 첫 번째 분석물질의 1% 미만이 다음 주입시간(S_2)인 28초 후에 흐름 용기에 존재한다. 이 흐름계는 혈청뿐만 아니라 폐수 및 소금기 있는 수용액에 존재하는 염화 이온의 일상적 정량 분석을 성공적으로 수행하였다.

시료와 시약 이동계

보통 FIA에서 용액은 유체(액체 또는 기체)가 들어 있는 플라스틱 관을 롤러로 압착하는 장치인 연동 펌프(peristaltic pump)에 의해 유연한 관을 통해 흐름계를 이동하게 된다. 그림 33-3은 연동 펌프의 작동 원리를 보여준다. 여기서, 스프링이 장착된 캠(cam) 또는 밴드(band)는 항상 두 개 이상의 롤러에 접하는 간격에 관을 집어넣음으로써 관을 통해 유체가 연속적으로 흐르게 한다. 최신 펌프는 일반적으로 8~10개의 롤러가 원형으로 배열되어 있어, 어느 순간이든 관의 절반이 롤러로 압착된다. 이러한 장치는 상대적으로 펄스가 없는 흐름을 만들어낸다.

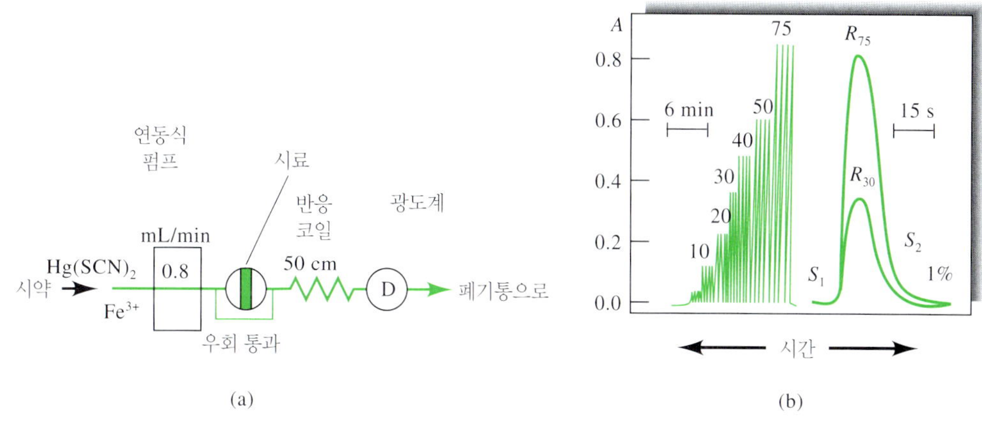

그림 33-2 흐름 주입법을 이용한 염화 이온의 정량. (a) 흐름 계통도, (b) 5~75 ppm의 염화 이온을 포함하는 표준물질에 대한 기록(왼쪽)과 시료와 시료 간에 넘어가는 분석물질의 양이 작다는 것(1% 미만)을 증명하기 위한 두 가지 표준물질의 빠른 주사에 대한 기록(오른쪽). 1%로 표시된 지점은 시간 S_2에 주입된 시료에 대해 감응이 시작되는 곳이다. (From J. Ruzicka and E. H. Hansen, *Flow Injection Methods*, 2nd ed., p. 16, New York: Wiley, 1988. Reprinted by permission of John Wiley & Sons, Inc.)

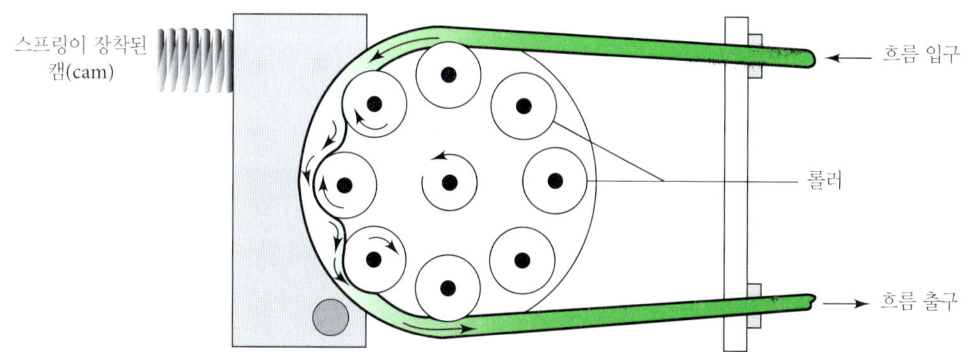

그림 33-3 연동 펌프의 한 채널을 보여주는 개략도. 시약 또는 시료를 여러 채널로 운반하기 위해 여러 추가적인 관들은 그림에서 보여지는 관의 아래에 평행하게 위치할 수 있다(개략도 지면의 아래). (Adapted from B. Karlberg and G. E. Pacey, *Flow Injection Analysis: A Practical Guide*, p. 34, New York: Elsevier, 1989.)

흐름 속도는 모터속도(30 rpm 이상)와 관의 내부 지름(i.d.)에 의해 조절된다. 최소 0.0005 mL/분 및 최대 40 mL/분의 흐름 속도를 허용하는 다양한 관의 크기(내부 지름 = 0.25~4 mm)가 상업적으로 시판되고 있다. 흐름 주입계는 용융 실리카 모세관(내부 지름 = 25~100 μm) 또는 *랩온어칩* 기술을 사용하여 소형화될 수 있다(제33C절 참고). 일반적인 상업용 연동 펌프의 롤러는 몇 개의 시약 및 시료 흐름을 동시에 펌핑할 수 있을 정도로 충분히 길다. 주사기 펌프와 전기삼투도 또한 흐름 주입계에서 흐름을 유도하는데 사용되고 있다.

그림 33-2a에서 볼 수 있듯이 흐름 주입계는 종종 코일 형태의 관(일반적으로 코일 지름은 약 1 cm 또는 그 이하)을 포함하고 있는데, 이는 향상된 축방향 분산과 시료와 시약의 방사 방향 혼합 증가를 위함이다. 이를 통해 더 대칭적인 피크 신호를 얻을 수 있다.

시료 주입기와 검출기

FIA에서 사용되는 시료 주입기와 검출기는 종류 및 성능 조건이 고성능 액체 크로마토그래피(HPLC)에서 사용되는 것과 비슷하다. 흐름 주입 과정의 시료 부피는 1 μL 이하~200 μL 정도의 범위이며, 대부분의 응용에서는 일반적으로 10~30 μL이다. 분석을 성공적으로 수행하려면 시료 용액을 펄스나 좁은 띠 형태로 신속하게 주입해야 한다. 또한, 주입은 운반체의 흐름을 방해해서는 안 된다. 가장 유용하고 편리한 주입법은 크로마토그래피에서 사용되는 것과 유사한 시료 주입 고리(sampling loop)를 이용하는 것이다(그림 27-6 및 28-6 참고). 시료 주입 고리의 작동 방법은 그림 33-2a에 나와 있다. 시료채취 밸브가 그림에서 보이는 것과 같이 위치되어 있으면, 시약은 우회통로관(bypass)을 통해 흐른다. 시료가 고리 안으로 주입되고 밸브가 90° 회전하면 시료는 하나의 명확한 띠로서 흐름 속으로 들어간다. 실제로, 시료 고리의 지름이 우회통로관의 지름보다 훨씬 크기 때문에 밸브가 이 위치에 있게 되면 우회통로관을 통한 흐름은 중단된다.

흐름 주입법에서 가장 일반적인 검출기는 분광광도계, 광도계, 형광계이다. 또한 전기화학, 화학 발광, 원자 방출 및 원자흡수 검출기도 사용되고 있다.

FIA에서의 분리

투석, 액체–액체 추출 및 기체 확산에 의한 분리는 흐름 주입계에서 자동적으로 쉽게 수행된다.[4]

투석과 기체 확산. 투석(dialysis)은 단백질과 같이 분자량이 큰 화학종에서 염화 이온이나 나트륨 이온과 같은 무기 이온들 또는 포도당과 같은 작은 유기 분자들을 분리하는 연속 흐름법에서 종종 사용된다. 작은 이온 및 분자들은 cellulose acetate 또는 cellulose nitrate의 친수성 막을 통해 비교적 빠르게 확산하지만 큰 분자는 확산하지 못한다. 투석은 보통 혈액이나 또는 혈청 내의 이온 및 작은 분자들을 정량하기 전에 앞서 수행된다.

그림 33-4는 분석물질 이온 또는 작은 분자들이 시료 용액으로부터 막을 통해 시약의 흐름으로 확산되는 투석 장치의 다이어그램이며, 종종 시약의 흐름에는 분석물질과 반응하여 색깔을 띠는 화학종이 형성되어 광도계로 정량할 수 있는 시약이 포함된다. 정량에 방해되는 큰 분자들은 원래의 흐름에 그대로 남아 폐기물로 버려진다. 막은 두 줄기의 상보적인 통로 사이에서 두 흐름이 접촉되도록 만든 두 개의 Teflon 판 사이에 지지되어 있다. 이러한 막을 통과하는 더 작은 화학종의 이동은 보통 불완전하다(종종 50% 미만). 따라서 성공적인 정량 분석을 위해서는 시료와 표준물 둘 다 온도와 흐름 속도를 면밀히 조절하여야 한다. 이러한 조절은 자동화된 흐름 주입계에서 쉽게 이루어진다.

기체 분석물질을 포함하는 주개 흐름에서 기체를 정량할 수 있는 시약을 포함하는 받개 흐름으로의 기체 확산(gas diffusion)은 FIA에서 종종 사용되는 매우 선택적인 정량화 기술이다. 분리는 그림 33-4에서 보여주는 것과 비슷한 장치에서 수행된다. 그러나, 이 응용 예에서 사용된 막은 일반적으로 Teflon 또는 동일 배열 폴리프로필렌과 같은 소수성 미세다공성 물질로 되어 있다. 수용액에서 총 탄산염의 정량은 이러한 분리 기술의 한 예이다. 여기에서, 시료는 묽은 황산의 운반 흐름에 주입되고, 이어서 기체–확산 부분까지 보내져, 여기에서 생성된 이산화탄소는 산–염기 지시약을 포함한 받개 흐름 내로 확산된다. 그런 다음 이 흐름은 시료의 탄산염 함량에 비례하는 신호를 발생하는 광도계 검출기를 통과한다.

[4]FIA에서 시료를 준비하고 분리하는 데 대한 총설은 다음 문헌을 참고하시오. G. D. Clark, D. A. Whitman, G. D. Christian, and J. Ruzicka, Crit. Rev. *Anal. Chem.*, **1990**, *21* (5), 357, **DOI**: 10.1080/10408349008050849.

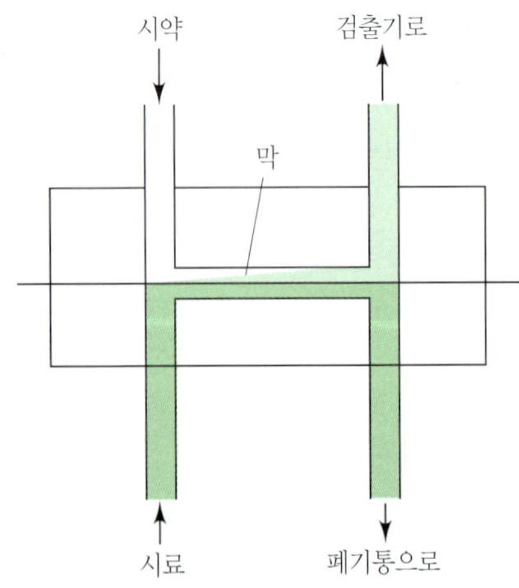

그림 33-4 투석 흐름 모듈. 막은 홈이 파인 Teflon 블록 두 개 사이에 놓여 있다.

용매 추출. 용매 추출(solvent extraction)은 연속 흐름법에서 쉽게 사용할 수 있는 또 한 가지의 일반적인 분리방법이다. 그림 33-5a는 8-hydroxyquinoline과 같은 착화제를 포함하는 chloroform으로 수용액 시료를 추출함으로써 무기 양이온을 비색법으로 정량하기 위한 장치의 흐름도이다. 지점 *A*에서, 유기 용액은 시료를 포함하고 있는 이동 흐름 속으로 주입된다. 그림 33-5b는 이 지점에서 흐름이 분할되고 수용액과 유기 용매의 연속적인 기포로 구성되어 있음을 보여준다. 금속 착물의 추출은 반응기 코일에서 일어난다. 섞이지 않는 액체의 분리는 그림 33-5c에 보여진 T-형 분리기에서 일어난다. 분리기에는 Teflon 조각 또는 섬유가 들어있어 무거운 유기층을 T자 관의 아래쪽 팔에서 분리해내고, 이것은 그림 33-5a의 FC라고 표시된 검출기를 통해 흐르게 된다. 이러한 유형의 분리기는 분리기를 거꾸로 하면 낮은 밀도의 액체도 사용될 수 있다.

FIA에서 완전한 분리가 이루어지는 과정은 하나도 없다는 것을 이해하는 것이 중요하다. 그러나 미지물질과 표준물질이 동일하게 취급되기 때문에 완전히 분리되지 않아도 문제되지 않는다. 분리가 완전히 일어나지 않더라도 FIA에서의 타이밍은 재현성이 있어서, 수동으로 하는 경우 발생할 수 있는 정밀도와 정확도의 손실이 나타나지 않는다.

33B-2 FIA의 원리

시료 밸브를 이용하여 주입한 직후, 흐름 주입 장치에서 시료 띠 모양은 그림 33-6a에서 보여주는 것과 같이 직사각형 농도 분포 모양을 갖는다. 시료 띠가 관을 통과하면서 띠가 넓어지는, *분산*(dispersion)이 일어난다. 이러한 결과로 생긴 띠의 모양은 두 가지 현상에 의해 결정된다. 첫 번째는 중심에 있는 액체가 벽에 인접한 액체보다 더 빠르게 움직이는 유선형(laminar) 흐름에서 발생하는 대류 때문이며, 이는 그림 33-6b와 같은 앞쪽의 포물선 모양과 굽은 띠 모양을 생성한다. 또한 확산으로 인해 띠 넓힘이 일어난다. 원칙적으로 두 가지 유형의 확산이 발생할 수 있다. 즉 흐름 방향에 대하여 수직인 방사형(radial) 확산과 흐름에 평행인 세로(longitudinal) 확산이 일어난다. 좁은 관에서는 세로 확산이 중요하지 않으며 방사형 확산이 훨씬 더 크다고 알려져 있다. 실제로 낮은 흐름 속도에서는 방사형 확산

동영상: www.tinyurl.com/skoogpia7에서 **흐름 주입법(flow injection)**에 대해 더 알아보시오.

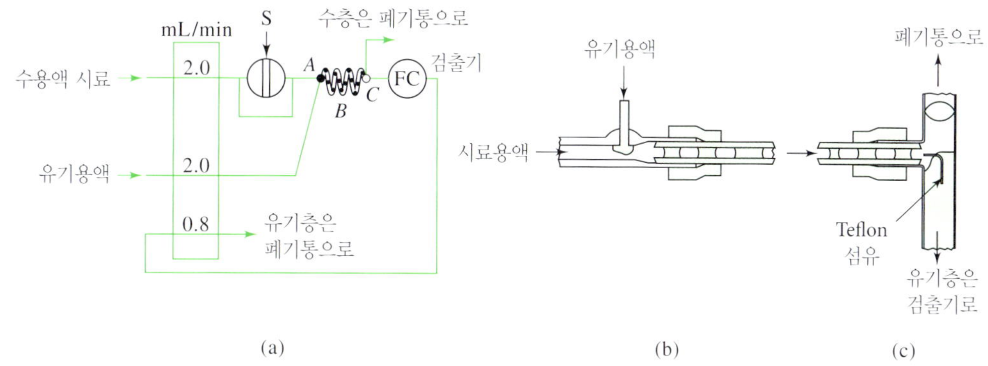

그림 33-5 (a) 추출 모듈(*ABC*)을 포함한 흐름 주입계의 흐름도, (b) 유기액체 주입 장치인 *A*의 상세도, (c) 분리기인 *C*의 상세도. (Adapted from J. Ruzicka and E. H. Hansen, *Flow Injection Analysis*, 2nd ed., New York: Wiley, 1988. With permission of John Wiley & Sons.)

이 분산의 주요 원인이 된다. 이러한 조건에서는 그림 33-6d에 보이는 대칭 분포에 접근한다. 실제로, 흐름 주입 분석은 일반적으로 대류와 방사형 확산으로 인해 분산이 일어나는 조건하에서 수행되는데, 그러면 그림 33-6c와 같은 피크가 얻어진다. 여기서, 벽에서 중심으로 향하는 방사형 분산은 분석물질을 벽에서 사실상 제거하므로 시료 간의 교차오염을 거의 제거한다.

분산

분산 *D*는 아래 식에 의해 정의된다.

$$D = c_o/c$$

여기서 c_o는 주입된 시료의 분석물질 농도이고, c는 검출기에서의 피크 농도이다(그림 33-6a 및 c 참고). 분산은 알려진 농도 c_o의 염료 용액을 주입한 다음 연속 흐름 셀에서 흡광도를 기록하여 측정한다. 교정 후에 c는 Beer 법칙으로부터 계산된다.

분산은 상호 관련되고 조절 가능한 세 가지 변수인 시료 부피, 관의 길이, 흐름 속도의 영향을 받는다. 분산에 대한 시료 부피의 영향은 관의 길이와 흐름 속도가 일정한 그림 33-7a에 나와 있다. 시료 부피가 클 때에는 분산이 1이 됨에 주목하라. 이러한 상황에서는, 시료 및 운반체의 혼합이 잘 일어나지 않으므로, 시료의 묽힘도 일어나지 않는다. 그러나 대부분의 흐름 주입 분석은 시료와 운반체 또는 주입된 시약과의 상호작용이 일어난다. 이때에는, 1보다 큰 분산값이 필요하다. 예를 들어, 시료와 운반체를 1:1 비율로 혼합하려면 분산값 2가 필요하다.

그림 33-7a에서 보여주는 피크 높이에 대한 시료 부피의 매우 큰 영향은 *D*값이 2 이상일 때 주입하는 시료 부피를 매우 재현성 있게 유지해야 하는 필요성을 강조하고 있다. 좋은 정밀도를 위해 다른 조건들 또한 면밀히 조절되어야 한다.

그림 33-7b는 시료 부피와 흐름 속도가 일정할 때, 분산에 대한 관 길이의 영향을 보여주고 있다. 여기에서 각 피크 위에 있는 숫자는 시료 이동 거리를 cm 단위로 나타낸 것이다.

33B-3 FIA의 응용

흐름 주입법의 응용은 보통 *작은 분산*(low dispersion), *중간 분*

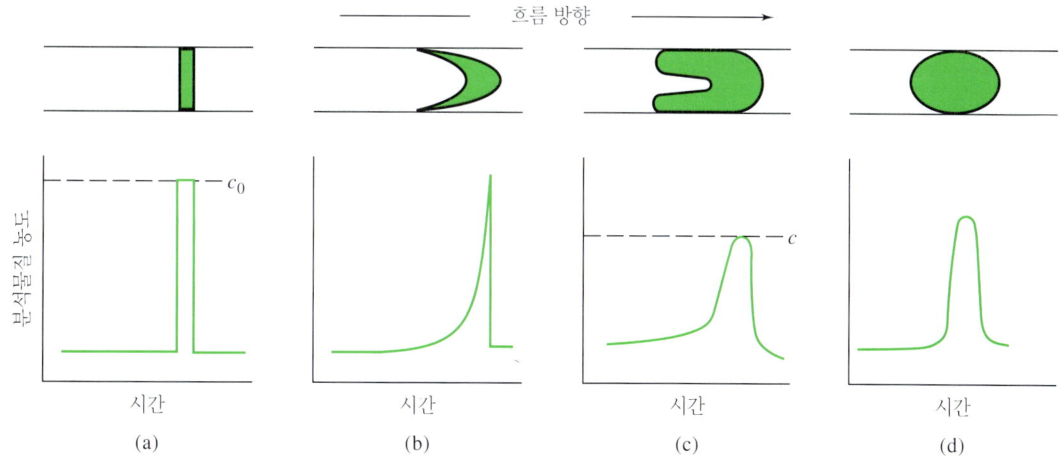

그림 33-6 검출기에서 분석물질 농도 분포 모양에 미치는 대류와 확산의 영향. (a) 분산 없음, (b) 대류에 의한 분산, (c) 대류 및 방사형 확산에 의한 분산, (d) 확산에 의한 분산. (Reprinted with permission from D. Betteridge, *Anal. Chem.*, **1978**, *50*, 832A, **DOI**: 10.1021/ac50031a715. Copyright 1978 American Chemical Society.)

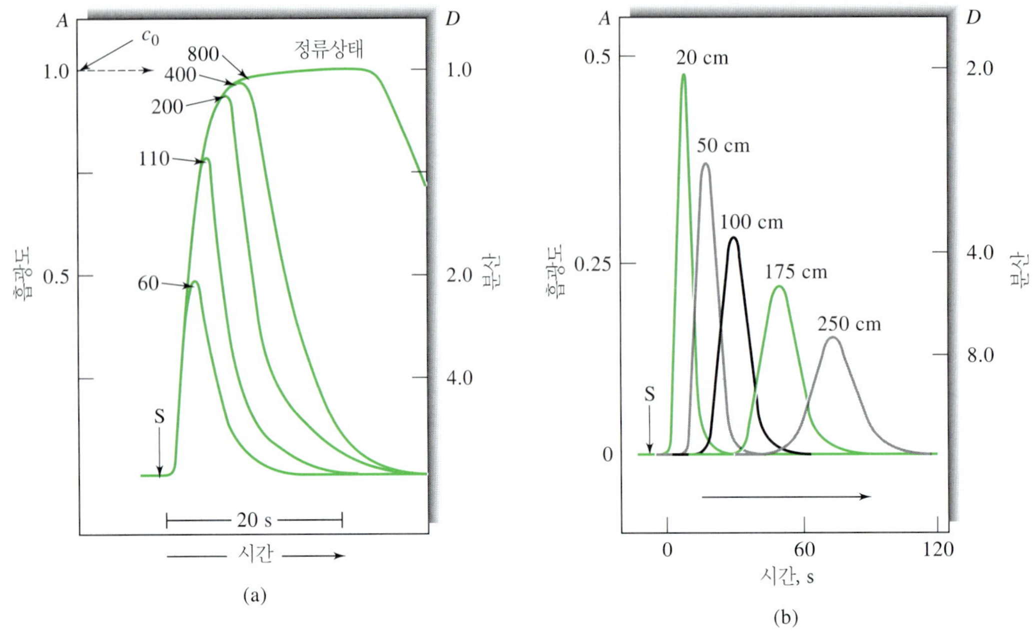

그림 33-7 시료 부피 및 관 길이가 분산에 미치는 영향. (a) 관 길이: 20 cm; 흐름 속도: 1.5 mL/분; 표시된 부피의 단위는 μL 이다. (b) 시료 부피: 60 μL; 흐름 속도: 1.5 mL/분. (From J. Ruzicka and E. H. Hansen, *Anal. Chim. Acta*, **1980**, *114*, 19, **DOI**: 10.1016/S0003-2670(01)84277-X. With permission.)

산(medium dispersion), *큰 분산*(large dispersion)의 세 가지 범주로 나눌 수 있다.

작은 및 중간 분산의 응용

작은 분산 흐름 주입법(분산값이 1~3인 경우)은 유도 결합 플라스마 원자 방출, 불꽃 원자 흡수, 이온 전극과 같은 분석기의 검출기에 고속으로 시료를 도입하기 위해 사용되었다. pH와 pCa 같은 값을 측정하는 전극에 대해 흐름 주입법을 사용할 수 있는 근거는 시료 부피가 작고(~ 25 μL) 측정 시간이 짧다는 데 있다(~ 10초). 즉, 많은 이온 선택성 전극에서 1분 이상 걸리는 정류상태 평형에 도달하기 전에도 측정이 잘 이루어진다. 흐름 주입 측정을 통해 시료와 표준물질에 대한 일시 신호(transient signal)를 뛰어난 정확도와 정밀도로 측정할 수 있다. 예를 들어, 혈청의 pH 측정은 ±0.002 pH의 정밀도와 240번/시간 속도로 수행될 수 있다.

일반적으로 제한된 분산 조건을 이루기 위해서는 시료 주입기와 검출기 사이의 거리를 가능한 한 줄이고, 흐름 속도를 느리게 하고, 시료 부피를 증가시켜야 한다. 따라서, 앞에서 설명한 pH 측정의 경우, 0.5 mm 관의 길이는 단지 10 cm이었고 시료 부피는 30 μL이었다.

중간 분산에 대한 *D*값은 3~10범위에 있다. 그림 33-8a는 혈청, 우유 및 식수에 존재하는 칼슘의 비색법 측정을 위한 중간 분산법 기기를 보여주고 있다. 시료 주입 전에 50 cm 혼합 코일 *A*에서 붕사(borax) 완충 용액과 발색 시약이 합쳐진다. 그림 33-8b는 세 개의 시료는 각각 세 번, 네 개의 표준물질은 각각 두 번씩 측정한 출력을 보여주고 있다.

그림 33-9는 아세틸살리실산(acetylsalicylic acid) 조제약에서 카페인을 클로로포름으로 추출한 후, 카페인 양을 분광광도법으로 자동 정량하기 위해 설계된 보다 복잡한 흐름 주입 장치를 보여주고 있다. 클로로포름 용매는 증발을 최소화하기 위해 얼음 통에서 냉각된 후 T자관에서 염기성 시료 흐름과 혼합된다(아래에 확대된 부분). 2 m 길이의 추출 코일 *L*을 통과한 후, 혼합물은 T자관 분리기로 들어가서 서로 다르게 펌프질되어 카페인을 포함하는 유기상의 약 35%는 흐름 용기로 들어가고, 다른 65%는 시료의 나머지를 포함하는 수용액과 함께 폐기된다. 흐름 용기가 물로 오염되는 것을 막기 위해, 물에 젖지 않는 테플론 섬유를 실로 꼬아서 T-관 입구에 삽입하여 부드럽게 아래쪽으로 굽어지도록 만들었다. 그러면 클로로포름 흐름은 이러한 굽어진 부분을 지나 광도계 셀에 이르고, 여기서 카페인 농도가 275 nm에서의 흡수를 기준으로 결정된다.

흐름 정지법

앞서 논의한 바와 같이, 흐름 속도가 감소하면 작은 지름을 가진 관에서의 분산은 감소하게 된다. 실제로 흐름이 멈추었을 때 분산은 거의 완전히 중단된다는 것이 밝혀졌다. 이 현상은 분산에 의해 시료 띠가 묽혀짐이 없이 반응이 완결되도록 시간을 더 허용함으로써 측정 감도를 증가시키는 데 이용되었다. 이러한 유형의 응용에서 정확하게 일정한 간격으로 펌프를 끄도록 하는 시간 장치가 필요하다.

흐름 정지법의 두 번째 응용은 속도론적 측정에 대한 것이다. 이 응용에서, 반응 혼합물을 포함하고 있는 흐름이 흐름셀에서 멈추게 되고 반응물 또는 생성물의 농도의 변화가 시간의 함수

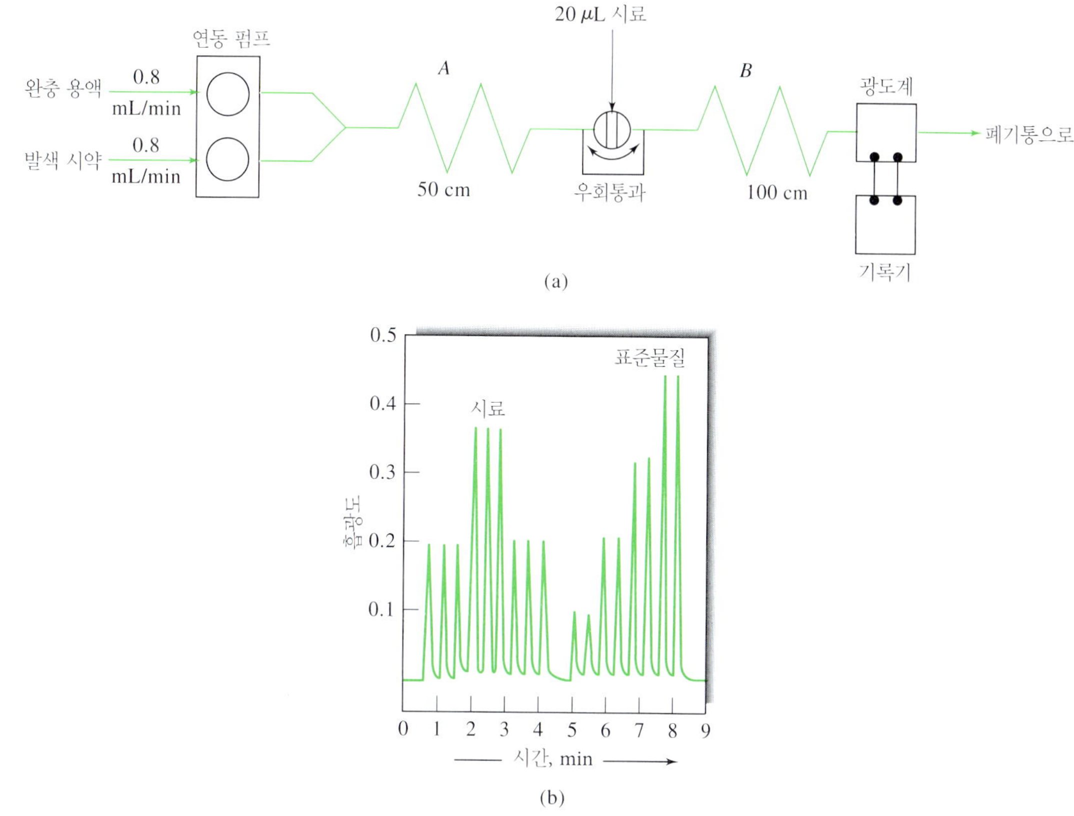

그림 33-8 (a) pH 10에서 *o*-cresolphthalein complexone과 반응하여 색깔을 띤 착물을 형성함으로써 물에 존재하는 칼슘을 정량하기 위한 흐름 주입 장치. 모든 관의 내부 지름은 0.5 mm이다. *A* 및 *B*는 표시된 길이의 반응 코일이다. (b) 기록된 결과. 왼쪽에 있는 3쌍의 피크는 3개의 시료를 3회씩 주입한 것이다. 오른쪽에 있는 4쌍의 피크는 5, 10, 15, 20 ppm 칼슘을 포함하는 표준물질을 2번씩 주입한 것이다. (From E. H. Hansen, J. Ruzicka, and A. K. Ghose, *Anal. Chim.* Acta, **1978**, *100*, 151, **DOI**: 10.1016/S0003-2670(01)93312-4. With permission.)

로서 측정된다. 흐름 정지법은 임상 화학에서 중요한 포도당, 요소(urea), 갈락토스(galactose), 그 외 많은 관심 물질에 대해 효소를 이용한 정량을 할 때 사용되고 있다.

흐름 주입법 적정

흐름 주입법 장치를 이용하면 연속적인 적정도 수행될 수 있다. 이 방법에서, 주입된 시료는 큰 분산을 촉진시키는 혼합실에서 운반 용액과 섞이게 된다. 그런 다음 혼합물은 합류점으로 이동되어 지시약을 포함하고 있는 적정시약과 섞인다. 과량의 분석물질이 존재할 때 지시약 색에 반응하도록 검출기가 설정되면, 그림 33-10과 같은 피크 신호들이 얻어진다. 이 예에서는 bromothymol blue 지시약이 들어있는 수산화나트륨 표준 용액으로 산을 적정하고 있다. 시료의 주입과 동시에, 용액은 푸른색에서 노란색으로 변하고 산이 모두 소비될 때까지 노란색으로 남아 있다가 용액은 다시 푸른색으로 된다. 그림에서 보듯이, 분석물질의 농도는 피크의 반 높이에서의 너비로부터 결정된다. 이러한 종류의 적정은 일반적인 FIA 시스템에서 시간당 60개 시료 분석의 속도로 실행될 수 있다.

띠 합병 FIA

띠 합병(merging zone) 원리는 값비싼 시약의 사용을 절약하기 위해 처음 도입되었다. 시료가 시약의 운반 흐름에 주입될 때, 시약은 시료 띠가 존재하지 않아도 보통 계속적으로 펌프된다. 띠 합병 FIA에서 시료와 시약은 2개의 운반 흐름으로 주입되고, 이들 흐름은 흘러내려 가면서 합쳐지도록 한다. 운반 흐름은 물 또는 비반응성 완충액만을 포함하기 때문에 값비싼 시약이 보존되고 단지 작은 양만이 주입된다. 다양한 길이의 시약 띠를 선택하고 시료 띠와 다른 방식으로 겹쳐지도록 함으로써, 서로 다른 농도의 시료와 시약이 서로 결합되어 교정 곡선을 구성하거나 농도 효과를 연구하는 데 필요한 데이터를 얻을 수 있다.

33B-4 FIA의 변형

1970년대 중반에 FIA가 도입된 이래로, 한 방향으로만 펌핑하는 평평한 FIA를 변형한 몇 가지 장치가 개발되었다.

흐름 역전 FIA

보통 FIA의 한 가지 변형인 *흐름 역전 FIA* (flow reversal FIA)

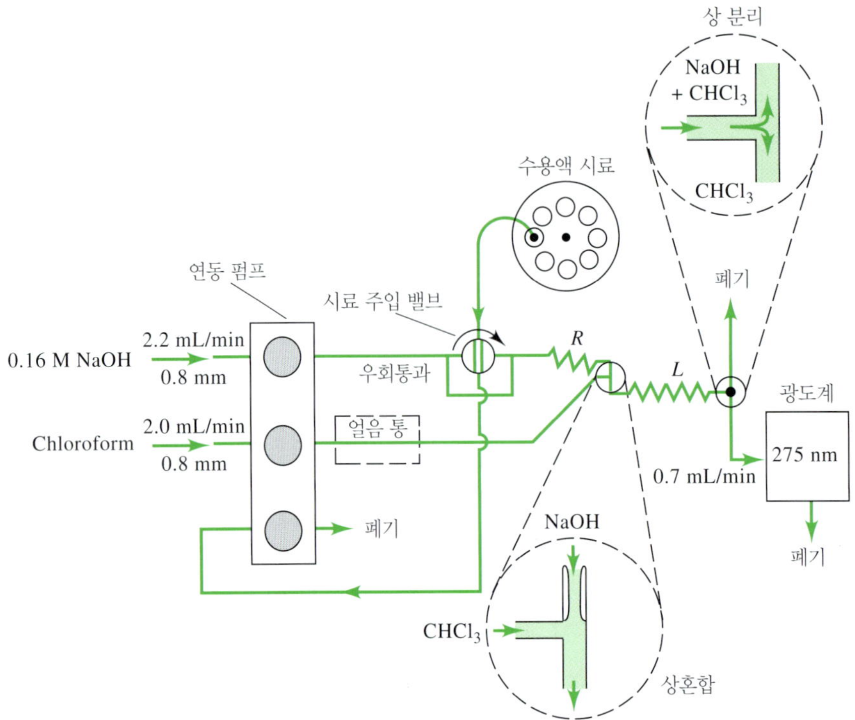

그림 33-9 아세틸살리실산 조제에서 카페인 정량을 하기 위한 흐름 주입 장치. 시료 주입 밸브가 90° 회전하면, 우회통로로의 흐름은 그 지름이 작기 때문에 거의 없게 된다. *R*과 *L*은 0.8 mm의 내부 지름을 갖는 Teflon 코일이다. *L*은 길이가 2 m이고, 주입 지점으로부터 *R*을 거쳐 혼합 지점까지의 거리는 0.15 m이다. (Adapted from B. Karlberg and S. Thelander, *Anal. Chim. Acta*, **1978**, *98*, 1, **DOI**: 10.1016/S0003-2670(01)83231-1. With permission.)

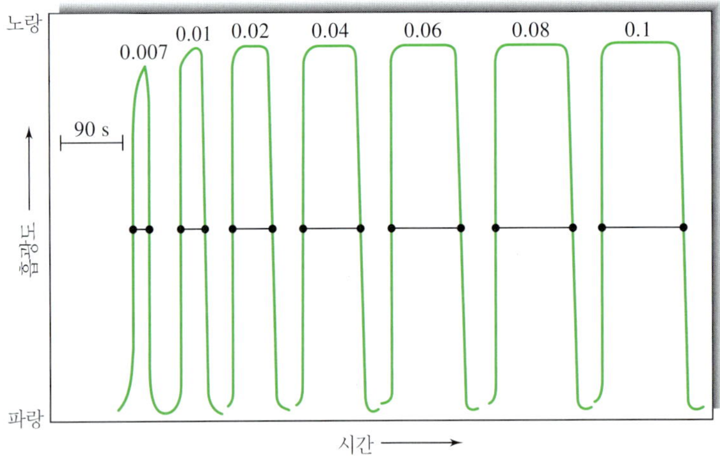

그림 33-10 0.001 M의 NaOH를 이용한 HCl의 흐름 주입 적정. HCl 용액의 몰농도는 그림의 상단에 나와 있다. 지시약은 bromothymol blue이다. 두 점 사이의 시간 간격은 산 농도의 척도를 나타낸다. (From J. Ruzicka and E. H. Hansen, *Anal. Chim. Acta*, **1980**, *114*, 19, **DOI**: 10.1016/S0003 2670(01)84277-X. With permission.)

라고 불리는 장치가 Betteridge와 동료들에 의해 소개되었다.[5] 흐름의 방향을 반대로 하면 FIA 장치의 변경 없이 유효 반응 코일 길이를 변경할 수 있다. 여러 개의 펌프를 사용할 수도 있고, 그림 33-11a와 같이 밸브를 사용하여 흐름의 방향을 거꾸로 할 수도 있다. 그림 33-11b와 같이 2개의 밸브를 전환하여 흐름 재순환(flow recycling)을 수행할 수도 있다. 흐름을 거꾸로 하거나 시료 부분을 재순환시키는 것은 다양한 소프트웨어 접근법을 사용하여 FIA 방법을 자동으로 최적화할 수 있게 한다. 또한 흐름을 중단하지 않고 속도론적 데이터를 얻을 수 있다.

[5]D. Betteridge, P. B. Oates, and A. P. Wade, *Anal. Chem.*, **1987**, *59*, 1236, **DOI**: 10.1021/ac00135a036.

순차 주입 분석

1990년에 Ruzicka와 Marshall[6]은 FIA에서 시약이 낭비되는 것을 해결할 수 있는 *순차 주입 분석*(sequential injection analysis, SIA)이라 불리는 흐름 주입법의 한 변형을 소개하였다. FIA의 한 방향으로의 연속적 흐름 대신에 SIA는 불연속적으로 양방향의 흐름을 이용한다. 이의 일반적인 장치가 그림 33-12에 나와 있다. SIA 시스템은 주사기형 펌프를 이용하여 정밀하게 적은 양의 시약 전달이 가능하고 재현성 있게 흐름을 거꾸로 할 수 있다. 주입되는 부피(일반적으로 mL 또는 그 이하)는 연결구(port)가 연결 통로(communication channel)에 연결되는 시간과 펌프 흐름 속도에 의해 조절된다. 시료와 시약이 멈춤(holding) 코일로 들어가게 되면 분산이 시작된다. 흐름을 역전시키면 시료 띠가 반응 코일과 검출기로 이동하면서 혼합된다.

자습: www.tinyurl.com/skoogpia7에서 **순차 주입 분석(sequential injection analysis)**에 대해 더 알아보시오.

[6]J. Ruzicka and G. Marshall, *Anal. Chim.* Acta, **1990**, *237*, 329, **DOI**: 10.1016/S0003-2670(00)83937-9.

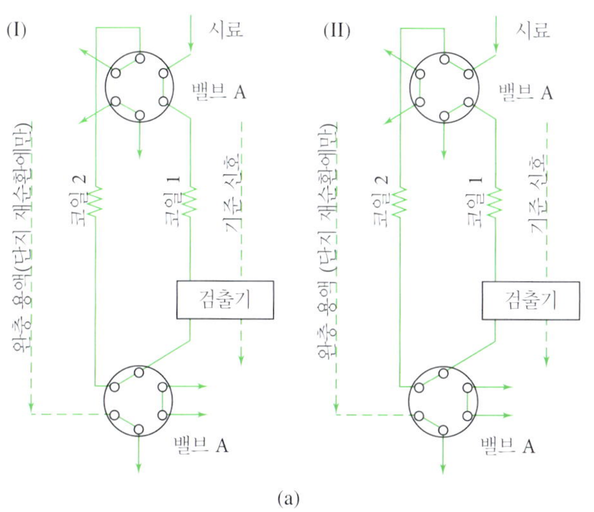

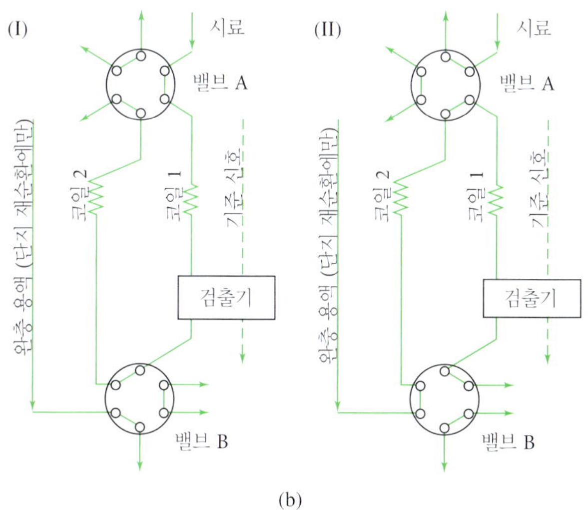

그림 33-11 흐름 역전(a) 및 흐름 재순환(b)에 대한 구성도. 두 경우 모두 6개의 연결구를 가진 밸브가 사용된다. 처음 밸브 위치는 다이어그램 I에 표시되어 있으며, 다이어그램 II는 역전 또는 재순환이 일어나는 동안의 밸브 구성을 보여준다. 재순환 구성(b)에서는 두 밸브가 모두 돌아가지만 역전 구성에서는 밸브 B가 고정되어 있다. 밸브에서 나가는 화살표의 방향은 모두 폐기물로 흘러가는 것을 나타낸다. (From E. B. Townsend and S. R. Crouch, *Trends Anal. Chem.*, **1992**, *11*, 90, **DOI**: 10.1016/0165-9936(92)85006-Q. With permission.)

순차 주입법은 전통적인 흐름 주입법과 비교할 때 몇 가지 장점이 있다. SIA로 시약 사용량이 적어질 뿐만 아니라 사용되는 기구가 더 간단하다. 또한 흐름 프로그램을 변경하여 한 분석 과정에서 다른 분석 과정으로 쉽게 변경할 수 있다. FIA를 사용하면 새로운 분석 과정이 필요할 때 보통 전체 기구를 변경해야 하지만, SIA를 사용하면 FIA의 주입 밸브가 선택 밸브로 교체되어 다양한 시약 또는 교정을 위한 표준물을 도입할 수 있다. 따라서 교정을 포함한 전체 과정의 자동화는 SIA를 통해 쉽게 수행된다. FIA와 마찬가지로 선택 밸브, 펌프, 반응기 및 검출기를 포함한 완전한 SIA 기기는 상업적으로 판매되고 있다.

순차 주입은 다양한 분리 및 예비 농축 과정에 특히 유용하다는 것이 입증되었다. 이것은 막 분리, pH 조정, 고체상 추출, 침전, 적정 등의 방법을 포함하는 분석법에 이용되었다. 비색법 외에도 이온–선택성 전극, 전류법, 형광, 적외선 흡수, 화학 발광, 전도도 측정 등이 SIA의 검출 방법으로 사용되고 있다.

랩온어밸브 기술

FIA의 가장 최근 변형은 Ruzicka가 도입한 소위 *랩온어밸브*(lab-on-a-valve, LOV) 기술이다.[7] LOV의 핵심 아이디어는 SIA에서 사용되는 선택 밸브 위에 집적 미세도관(integrated microconduit)을 넣은 것이다. 미세도관은 주어진 분석과정에 필요한 모든 단계별 작업을 처리하도록 설계되었다. 분석물질과 시약이 혼합되는 부분, 컬럼 반응기, 구슬 반응기, 분리 컬럼 및 막이 모두 LOV 시스템 안에 설치되어 있다. 어떤 경우에는, FIA의 LOV 변형이 다음 절에서 설명하는 미세유체 흐름계와 유사한 방식으로 사용된다.

33C 미세유체공학

집적회로의 크기 정도로 소형화된 곳에서 작업이 일어나게 하는 미세유체 시스템이 개발됨으로서 완전한 *랩온어칩* 또는 *미세전체 분석계*(micro total analysis system, μTAS)의 제조가 가

[7]J. Ruzicka, *Analyst*, **2000**, *125*, 1053.

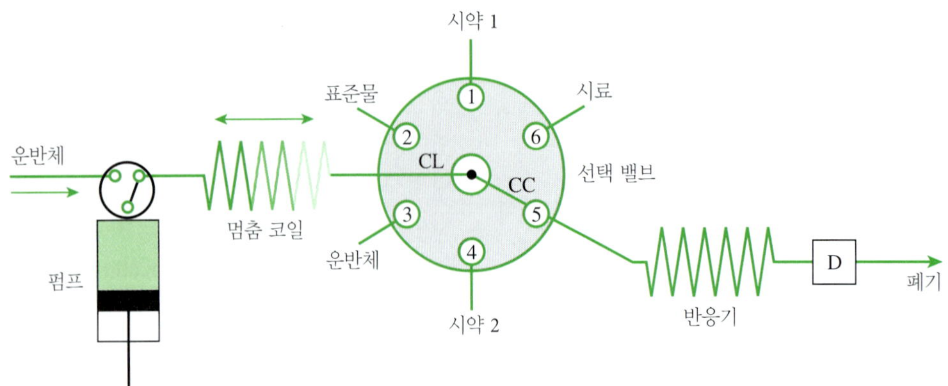

그림 33-12 양방향 주사기 펌프 및 6개의 연결구를 가진 선택 밸브 기반 순차 주입 장치. 밸브에는 모든 연결구를 처리할 수 있는 중앙 연결 통로(communication channel, CC)와, 멈춤 코일(holding coil, HC) 및 주사기형 펌프에 연결되어 있는 연결선(communication line, CL)이 있다. 연결 통로가 여러 연결구로 향하게 되면, 시료 및 시약 띠가 멈춤 코일에 순차적으로 끌려들어가 차례차례로 배열된다. 연결 통로를 5번 연결구로 돌리면 각 시료 부분들이 반응기로 흘러 들어가고 검출기(D)로 향한다. 이 흐름 중에 각 시료는 분산되어, 부분적으로 혼합되고 화학 반응을 겪는다.

능하게 되었다.[8] 실험실 작업을 칩 크기만큼 소형화함으로써 시약 소비 및 폐기물 생산을 줄이고, 같은 실험과정을 자동화하고, 일일 분석 횟수를 늘림으로써 분석 비용을 절감할 수 있게 되었다. 랩온어칩 개념을 응용하는 몇 가지 접근 방식이 있었다. 가장 성공적인 적용은 전자 집적회로를 만들 때 사용되는 것과 동일한 광전사(photolithography) 기술을 사용한 것이다. 이 기술은 밸브, 추진 시스템 및 화학 분석을 수행하는 데 필요한 반응실을 만드는 데 사용된다. 미세유체 장치의 개발은 학계 및 산업체 연구소의 과학자와 기술자들이 관심을 가지고 참여하는 매우 활발한 연구 분야이다.[9]

초기에는 미세유체 흐름 통로와 혼합기가 전통적인 거시 유체 추진용 시스템 및 밸브와 결합되어 있었다. 유체 흐름 통로의 소형화는 큰 가능성을 보여주었지만, 시약 소비가 적고 자동화가 완벽하다는 이점은 실현되지 않았다. 그러나 최근의 개발에서는 추진 시스템, 혼합기, 흐름 통로 및 밸브가 단일 구조로 통합된 모놀리식(monolithic) 시스템이 사용되었다.[10]

몇 가지 다른 유체 추진(propulsion) 시스템이 전기삼투(제30장 참고), 미세제작 기계펌프 및 인간 근육을 모방한 수화젤(hydrogel) 등의 미세유체 시스템의 개발을 위해 연구되었다. 액체 크로마토그래피(제28장), 모세관 전기 이동, 전기 이동 크로마토그래피(제30장)와 같은 분리 방법뿐만 아니라 흐름 주입법이 이용되었다. 그림 33-13은 FIA에 사용되는 미세구조의 설계도를 보여준다. 모놀리식 단위 장치는 2개의 영구적으로 결합된 polydimethyl siloxane (PDMS) 층으로 구성되어 있다. 유체 통로의 너비가 100 μm, 높이는 10 μm, 전체 장치의 크기는 2.0 cm × 2.0 cm이다. 유리 덮개는 아르곤 이온 레이저로 들떠 방출된 형광에 의해 통로의 영상화를 가능하게 한다.

대부분의 미세유체 시스템에서 혼합될 때 문제점이 발생한다. 층류(laminar) 흐름 때문에 혼합이 느려지고 분산이 커져서 속도론적 측정을 포함하는 많은 응용 분야에서 미세유체의 사용을 방해한다. 이러한 문제를 해결하기 위한 흥미로운 접근법은, 용액의 수용액 부분이 섞이지 않는 유기 유체(perfluorodecaline)에 의해 분리되어 분산을 제거하는 것이다.[11] 그 다음 혼합은 혼돈 *이류*(chaotic advection)로 알려진 과정에 의해 발생한다. 이와 같은 방울-기반(droplet-based) 시스템을 사용하면 밀리초 단위로 혼합이 일어난다. 그림 33-14는 두 반응물 사이의 반응에 대한 일반적인 층류 흐름 시스템과 방울-기반 시스템을 비교하고 있다. 이러한 유형의 분할 시스템은 효소 정량, 기질 정량, 단백질 결정화[12] 및 흡착[13]에 대한 연구에 사용될 수 있다. 물방울은 시간 분해 및 다중화 작업을 위해 공간적으

---

[8]이들 시스템에 대한 총설은 다음 문헌을 참고하시오. C. T. Culbertson, T. G. Mickleburgh, S. A. Stewart-James, K. A. Sellens, and M. Pressnall, *Anal. Chem.*, **2014**, *86*, 95, **DOI**: 10.1021/ac403688g; A. Arora, G. Simone, G. B. Salieb-Beugelaar, J. T. Kim, and A. Manz, *Anal. Chem.*, **2010**, *82*, 4830, **DOI**: 10.1021/ac100969k; J. West, M. Becker, S. Tombrink, and A. Manz, *Anal. Chem.*, **2008**, *80*, 4403, **DOI**:10.1021/ac800680j; P. S. Dittrich, K. Tachikawa, and A. Manz, *Anal. Chem.*, **2006**, *78*, 3887, **DOI**: 10.1021/ac0605602; T. Vilkner, D. Janasek, and A. Manz, *Anal. Chem.*, **2004**, *76*, 3373.

[9]다음 문헌을 참고하시오. N. A. Polson and M. A. Hayes, *Anal. Chem.*, **2001**, *73*, 312A, **DOI**: 10.1021/ac0124585.

[10]A. M. Leach, A. R. Wheeler, and R. N. Zare, *Anal. Chem.*, **2003**, *75*, 967, **DOI**:10.1021/ac026112l.

[11]H. Song and R. F. Ismagilov, *J. Am. Chem. Soc.*, **2003**, *125*, 14613, **DOI**: 10.1021/ja0354566.

[12]B. Zheng, J. D. Tice, and R. F. Ismagilov, *Anal. Chem.*, **2004**, *76*, 4977, **DOI**:10.1021/ac0495743.

[13]L. S. Roach, H. Song, and R. F. Ismagilov, *Anal. Chem.*, **2005**, *77*, 785, **DOI**:10.1021/ac049061w.

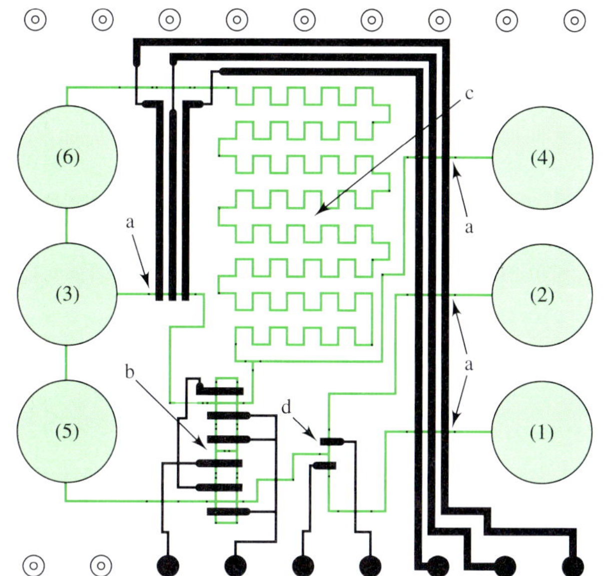

그림 33-13 **미세제작 FIA 구조의 설계도.** 미세유체 통로는 푸른색으로 표시되며 조절 채널(펌프 및 밸브)은 검은 색으로 표시되어 있다. (a) 연동 펌프, (b) 주입밸브, (c) 혼합 및 반응실, (d) 시료 선택기. 푸른색 원은 유체 저장소 (1과 2), 시료 (3), 운반체 (4), 반응물 (5) 및 폐기물 (6)을 나타낸다. 전체 크기는 2.0 cm × 2.0 cm이다. (From A. M. Leach, A. R. Wheeler, and R. N. Zare, *Anal. Chem.*, **2003**, *75*, 967.)

로 정의된 2차원 및 3차원 배열에 배정되기도 한다.[14]

랩온어칩 분석기는 현재 여러 기기 회사에서 제작되어 판매되고 있다. 하나의 상용 분석기로 DNA, RNA, 단백질 및 세포 분석이 가능하다. 또 다른 상용 미세유체 장치는 나노흐름(nanoflow) 액체 크로마토그래피에 사용되고, 전기 분무 질량 분석법의 검출기에 연결할 수 있게 되어 있다. 랩온어칩 분석기는 앞으로 약물 선별(drug screening), DNA 서열 분석, 지구, 화성 및 다른 행성에서의 생명체 검출 등에 사용될 것이다. 이러한 장치는 기술이 성숙해짐에 따라 여러 분야에서 더욱 중요해질 것이 분명하다.

종이는 미세유체 공학 연구에 유용한 기판으로 사용되고 있다.[15] 종이 위에 소수성 저항층을 가하여 일정한 패턴을 만들면 친수성 흐름 통로를 만들 수 있는데, 이를 이용하여 시료를 유입구에서 검출기로 향하게 할 수 있다. 또한 종이는 의학적 진

[14]R. R. Pompano, W. Liu, W. Du, and R. F. Ismagilov, *Annu. Rev. Anal. Chem.*, **2011**, *4*, 59, **DOI**:10.1146/annurev.anchem.012809.102303.

[15]D. M. Cate, J. A. Adkins, J. Mettakoonpitak, and C. S. Henry, *Anal. Chem.*, **2015**, *87*, 19, **DOI**: 10.1021/ac503968p; A. W. Martinez, S. T. Phillips, G. M. Whitesides, and E. Carrilho, *Anal. Chem.*, **2010**, *82*, 3, **DOI**: 10.1021/ac9013989.

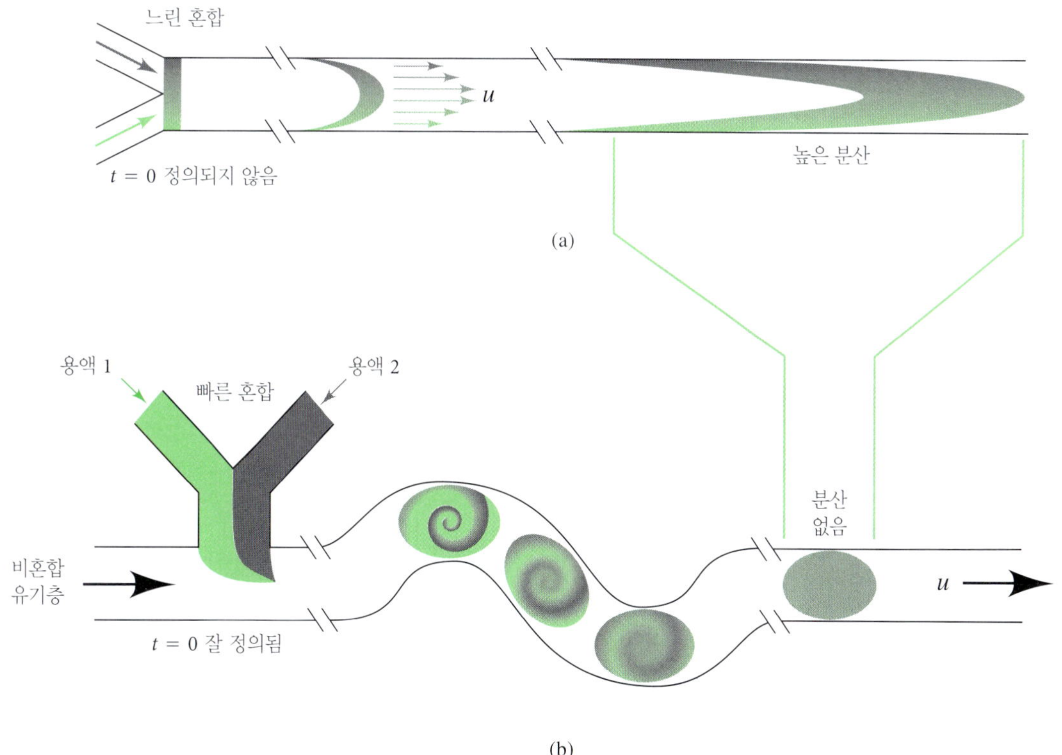

그림 33-14 **표준 압력이 가해지는 미세유체 시스템(a)과 방울-기반 시스템(b)의 두 구성 요소 사이의 반응 비교.** (a)에서 반응 시간은 잘 정의되어 있지 않다. (b)에서 성분 및 섞이지 않는 유체는 2개의 시약을 포함하는 방울 부분을 만든다. 서로 다른 기하학적 구조를 가지고 있는 흐름 영역은 방울 안에서 내부 재순환으로 빠르게 혼합된다. 반응 시간은 거리 d를 흐름 속도 u로 나눈 값과 같다. (Adapted from H. Song, J. D. Tice, and R. F. Ismagilov, *Angew. Chem. Int. Ed.*, **2003**, *42*, 768, **DOI**: 10.1002/anie.200390203.)

단에 있어서 유용한 장치를 만들기 위해 화학적으로 쉽게 변형할 수 있다. 종이는 저렴한 비용으로 널리 구입할 수 있어 개발도상국에서 진단 장치로 사용하기에 매우 유용하다. 종이-기반 장치는 매우 가볍고 휴대가 가능하다. 이러한 여러 장점으로 인해서 종이-기반의 미세유체 응용의 예가 크게 증가하였다.

나노유체 공학은 많은 관심을 받고 있는 또 다른 분야이다.[16] 나노유체 장치의 가장 일반적인 형상은 나노기공(nanopore), 나노통로(nanochannel) 및 나노피펫(nanopipette) 구조이고, 또한 나노관(nanotube)과 나노선(nanowire)도 연구되었다. 나노유체 장치의 응용으로는 DNA 서열분석, 나노입자를 이용한 분자 분리, 극소량의 액체 전달 및 조작, 나노미터 크기에서의 전기화학 수행, 100 nm 이하의 탐침 직경을 갖는 나노피펫을 사용하는 전기 분무 이온화 등이 제안되었다.

33D 불연속 자동화 장치

다양한 불연속 자동화 장치가 많은 기기 제조업체에 의해 제공되고 있다. 이러한 장치 중 일부는 그림 33-1에 제시된 하나 이상의 단위 작업을 수행하도록 설계되어 있고, 다른 장치들은 전체 분석을 자동으로 수행할 수 있다. 어떤 불연속 장치는 한 가지 특정 분석(예: 유기 화합물 내의 질소 정량 또는 혈액 내 포도당 정량)만을 위해 만들어지기도 한다. 또 어떤 장치는 한 종류의 분석을 여러 가지 다양한 방법을 통해 수행할 수도 있다. 예를 들어, 여러 자동 적정 장치는 사용자가 프로그래밍 한 컴퓨터의 지시에 따라 중화법 적정, 침전법 적정, 착물화법 적정 및 산화-환원법 적정 등을 수행할 수 있다. 이 절에서는 몇 가지 대표적인 불연속 장치에 대해 설명하고자 한다.

[16] D. G. Haywood, A. Saha-Shah, L. A. Baker, and S. C. Jacobson, *Anal. Chem.*, **2015**, *87*, 172, **DOI**: 10.1021/ac504180h.

33D-1 액체와 기체 시료 자동 채취 및 묽힘

액체 및 기체 시료를 채취하기 위한 수십 개의 자동화 장치들이 현재 기기 제조업체에서 판매되고 있다. 그림 33-15a는 가역 펌프 시료채취기의 원리를 보여주고 있다. 이 장치는 주사바늘이나 미세한 플라스틱 관으로 된 이동 탐침(movable probe)을 가지고 있다. 이 이동 탐침은 주기적으로 시료 용기에서 들어 올려지고 분석이 수행되는 다른 용기로 위치시킬 수 있는 팔 모양의 장치에 매달려 있다. 이 동작은 가역적인 연동 펌프의 동작과 동기화되어 있다. 그림 33-15a와 같이 시료 용기에 담긴 탐침을 사용하여 펌프는 짧은 시간에 액체를 왼쪽에서 오른쪽으로 이동시킨다. 그런 다음 탐침을 들어 올려 오른쪽 용기 위에 위치시키고 펌핑 방향을 바꾼다. 펌핑은 시료와 묽힘제의 원하는 부피가 전달될 때까지 이 방향으로 계속된다. 그런 다음 탐침은 원래 위치로 되돌아가 다음 용기에서 시료를 채취한다. 시료 부피는 항상 충분히 작게 취하여 시료가 펌프나 묽힘제 용기에 도달하지 않게 한다. 가역 펌프 시료채취기는 원형회전 시료 테이블과 함께 사용된다. 이러한 종류의 테이블에는 보통 플라스틱 또는 유리로 된 컵이나 시험관에 40개 이상의 시료가 놓일 수 있다. 테이블의 회전은 시료채취기의 이동 팔과 동기화되어 시료가 순차적으로 배출된다.

그림 33-15b는 전형적인 주사기 기반 시료채취기와 희석기를 보여주고 있다. 여기서도 이동 가능한 시료 탐침이 사용된다. 시료 컵에 있는 탐침을 사용하여 왼쪽의 전동식 주사기가 일정량의 시료 부피를 끌어낸다. 동시에, 오른쪽의 주사기는 일정량의 묽힘액(일반적으로 더 큰 용량)을 끌어낸다. 그림에 표시된 밸브는 이 두 과정이 독립적으로 진행될 수 있도록 한다. 탐침이 오른쪽 용기 위로 움직이면, 두 액체를 분석 용기로 보내어 두 주사기는 비워지게 된다.

일반적으로 주사기형 주입기는 컴퓨터에 제어되는 단계 모터(stepping motor)에 의해 구동되며, 연속적인 일정한 펄스 신호

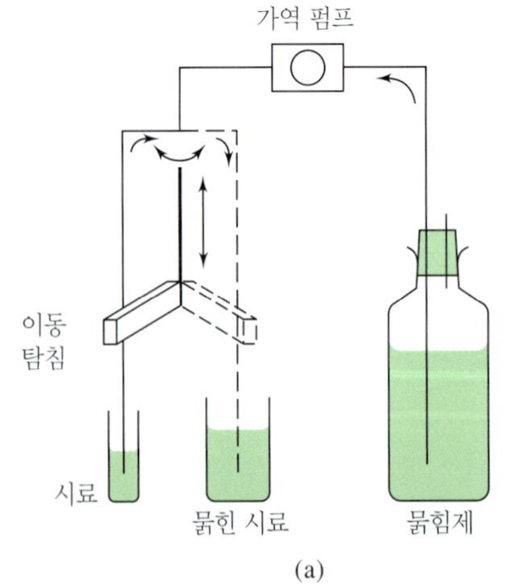

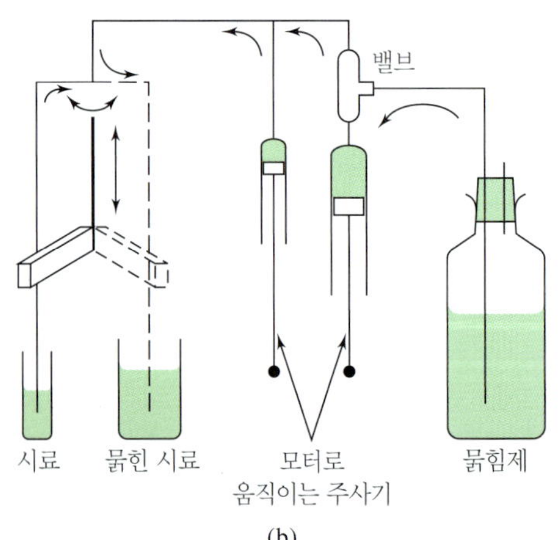

그림 33-15 자동 시료채취기: (a) 가역 펌프 유형, (b) 주사기 유형.

에 따라 주사기에서 액체를 내보낸다. 예를 들어, 주사기를 비우기 위해 1000단계가 필요한 모터로 구동되는 1 mL 주사기는 1×10^{-3} mL 즉, 1 μL 부피까지 제어할 수 있다. 5000단계 모터의 경우 그 정밀도는 0.2 μL가 된다.

33D-2 로봇 장치

고체 시료의 경우 시료 준비, 분취 및 용해를 하는 데는 분쇄, 균질화, 건조, 무게 달기, 점화, 용융 및 용매 처리와 같은 단위 작업을 포함한다. 이러한 개개의 과정들은 각각 자동화되어 있다. 그러나 최근에는 작동자의 중간도움이 필요 없이 순차적으로 이러한 작업을 수행하도록 프로그래밍할 수 있는 기기가 나오게 되었다. 일반적으로 이러한 기기는 1980년대 중반에 처음 출시된 소형 실험용 로봇을 기반으로 한다.

실험실에서 사용되는 로봇 시스템은 몇 가지 범주로 나눌 수 있다. 처음에 등장한 것은 실험실에서 많은 다른 작업을 수행하도록 프로그래밍할 수 있는 일반적 로봇이었다. 수천 개의 화합물을 설계하고 성능을 시험하는 제약회사가 로봇 시스템을 처음으로 사용한 작업 군에 속한다. 또한 이러한 로봇 시스템은 식품 시험연구소와 법의학 및 환경 실험실에도 적용되었다. 임상 실험실에서는 자동화가 제33D-3절에서 설명하는 것과 약간 다른 방법으로 진행되었다.

범용 실험실 로봇 외에도 워크스테이션은 미량적정판 및 관(microtiter plate and tube)에 시약을 집어넣거나 빼내는 것과 같은 특정 작업을 자동화하기 위해 개발되었다. 사실 워크스테이션은 현재 범용 로봇보다 더 널리 사용되고 있다. 그림 33-16에 표시된 시스템은 96 또는 384 구멍을 가진 판에 액체를 분배하는 자동화된 액체 처리를 할 수 있는 워크스테이션이다. 이 시스템은 연속적인 희석을 수행할 수 있으며 분석 작업 곡선을 자동으로 만들 수 있다. 약간 다른 접근 방식이 그림 33-17에 나와 있는데, 여기에서는 액체를 미량적정판 또는 깊은 우물판(deep-well plate)에 분배하기 위해 기존의 피펫을 로봇 팔과 함께 사용하고 있다.

몇몇 회사는 그림 33-16 및 33-17에 표시된 것과 같은 자동화된 분배 시스템이 보다 광범위한 로봇 시스템에 통합될 수 있도록 하는 기능을 제공한다. 이러한 통합 시스템은 액체 분배에 앞서 다양한 온도에서 용해 작업, 혼합 및 흔들기, 배양 등을 수행할 수 있다. 통합 시스템은 또한 흡광도 또는 형광 측정을 위해 적절한 판독기에 미량적정판을 연결할 수도 있다.

33D-3 불연속 임상용 분석기

임상용 기기는 오랫동안 실험실 자동화의 중심에 있었다. 사실

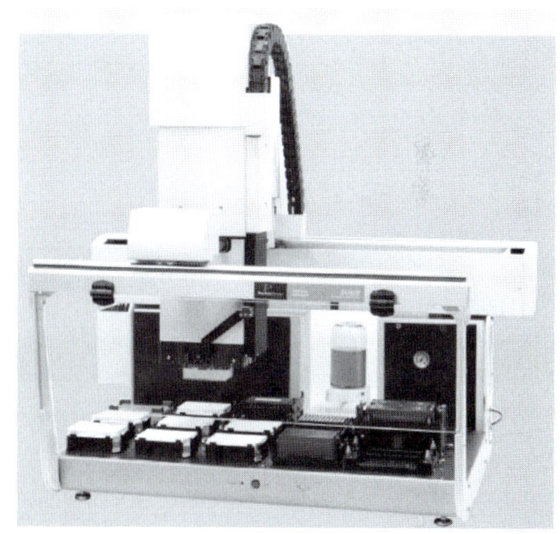

그림 33-16 미량적정판 및 깊은 우물판에 액체를 분배하기 위한 자동화된 워크스테이션. 이 장치는 96 및 384 구멍 판을 수용할 수 있다. (Courtesy of Perkin-Elmer, Inc., Waltham, MA)

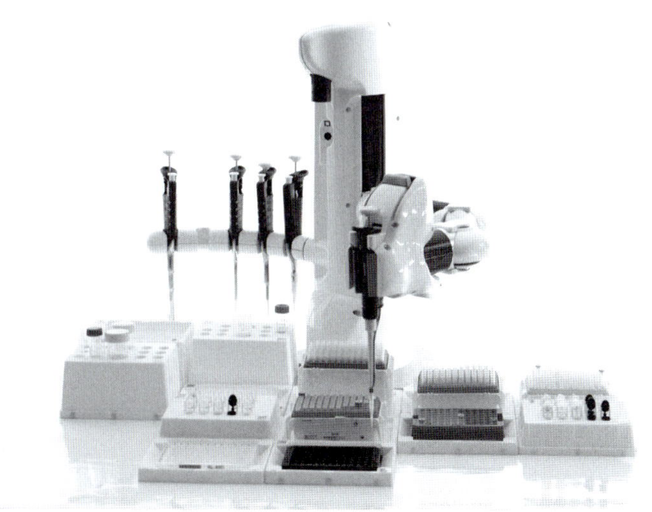

그림 33-17 일반 피펫을 사용하는 자동화된 액체 분배 워크스테이션. (Courtesy of Andrew Alliance, Geneva, Switzerland)

공기 분할 연속 흐름 시스템인 Technicon AutoAnalyzer[17]는 최초로 실험실에서 사용된 자동화된 임상용 기기이다. DuPont은 1968년 처음으로 완전히 자동화된 불연속 분석기인 ACA (Automated Clinical Analyzer)를 출시했다. 이 분석기는 미리 준비된 시약과 컨베이어 벨트(conveyor-belt)를 이용하여 일정 분취량의 시료를 얻고, 적절한 시약과 혼합하고, 반응시키고, 흡광도 측정을 위해 광도계로 이동시킨다. 이후의 불연속 분석기는 다중층 박막(Kodak Ektachem)을 기반으로 하거나 원심분리기를 사용하여 시료와 시약을 혼합한다(원심분리식 고속 분석기).

오늘날 임상 실험실에서는 다양한 불연속 분석기를 사용할 수 있다. 어떤 것들은 일반적은 용도를 가지며, 무작위 접근(random access)을 기반으로 다른 많은 정량을 수행할 수 있다. 다른 것들은 하나 또는 몇 가지 구체적인 정량을 위한 한정된 용도로 사용된다. 많은 일반용 분석기는 전통적인 화학 검사법과 항체−항원 상호작용이 정량에 사용되는 면역분석법의 조합을 사용한다. 몇 가지 일반용 분석기는 표 33-1에 나와 있는 정량을 포함하여 100개가 넘는 검사를 수행할 수 있다.

일부 분석기의 경우 일상적인 검사 중에 이를 잠시 멈추고 통계(stat) 검사를 수행할 수 있다(*stat*은 라틴어 단어 *statim*의 약자로 "즉시"를 의미함). 다른 경우에는 여러번의 고빈도 검사에 특화된 장비를 이용하여 통계 측정을 수행한다.

많은 최신 분석기는 생물학적 위험에 대한 노출을 최소화하고 수동 조작을 줄이기 위해 밀폐관(closed-tube) 기술을 사용한다. 시료 및 시약은 자동으로 분배되고, 측정은 광도법 또는 이온 선택성 전극을 이용하여 결과가 계산된다. 대부분은 잘못된 환자 식별로 인한 오류를 줄이기 위해 바코드 기능을 갖추고 있다. 전형적인 화학−면역화학 자동화 분석기가 그림 33-18에 나와 있다.

많은 면역화학 전용 분석기는 시약이 고정되어 있는 미량적정판 또는 미량적정 우물을 사용한다. 시료를 첨가하면 면역화학 반응이 시작된다. 그런 다음 우물 또는 판에 대한 판독기를 사용하여 흡광도 또는 경우에 따라 형광을 측정한다. 대부분의 시스템에서는 로봇 분배장치(제33D-2절 참고)를 통하여 자동으로 올려놓고 내려놓는다.

몇몇 회사는 현재 임상 및 법의학 응용을 위한 자동화된

[17]L. T. Skeggs, *Am. J. Clin. Pathol.*, **1957**, *28*, 311.

표 33-1 분석기가 정량하는 대표적인 화합물

혈액	오용된 약	특수 화학	치료약
Albumin	Alcohol	Ammonia	Acetaminophen
Amylase	Amphetamine	C-reactive protein	Caffeine
Bicarbonate	Barbiturate	Glucose-6-phosphate dehydrogenase	Digoxin
Bilirubin	Cannabinoids	Immunoglobulin A	Lidocaine
Calcium	Cocaine metabolite	Immunoglobulin G	Phenobarbital
Chloride	LSD	Immunoglobulin M	Primidone
Cholesterol	Methadone	Lactate	Quinidine
Cholinesterase	Methaqualone	Microalbumin	Salicylate
Creatinine	Opiates	Rheumatoid factor	Theophylline
Glucose	PCP	Thyroid (T4)	Vancomycin
HDL cholesterol	Urine bleach		
Phosphate	Urine chromate		
Iron	Urine nitrates		
LDL cholesterol	Urine pH		
Lithium	Urine specific gravity		
Magnesium			
Potassium			
Sodium			
Total protein			
Triglyceride			
Urea nitrogen			
Uric acid			

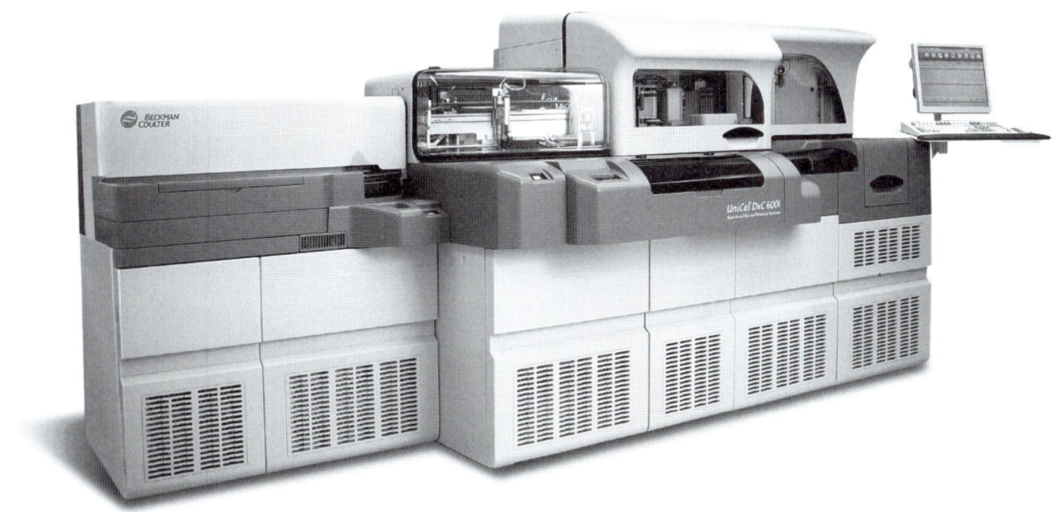

그림 33-18 통합된 화학-면역화학 검사 시스템의 사진. (Courtesy of Beckman Coulter, Inc., Fullerton, CA)

DNA 서열분석기(sequencer)를 만들고 있다. 서열분석은 표지된 뉴클레오타이드를 복제된 DNA 조각에 넣어줌으로써 이루어진다. 그런 다음, 서열은 표지된 뉴클레오타이드의 위치로부터 얻을 수 있다. 첫 번째 서열분석기는 효소를 사용하여 표지된 뉴클레오타이드를 포함하는 가닥(strand)의 상보적인 복제를 하였다. 그 후 가닥을 겔 전기 이동(gel electrophoresis)으로 분리하였다. 3세대 서열분석기는 단일 DNA 분자에서 작동하며 실시간으로 뉴클레오타이드의 첨가를 측정한다.

방사성 뉴클레오타이드는 전통적으로 DNA 서열분석에 사용되었지만, 주로 형광 표지와 같은 다른 표지 절차로 대부분 대체되었다. 그 다음 레이저-들뜸 형광이 사용되어 서열을 읽게 된다. 판매되는 기기는 부분적으로 또는 완전히 자동화되어 있다. 완전히 자동화된 시스템을 사용하면 시료 접시(tray)에 주형(template) DNA가 주입된다. 모든 표지 및 분석 단계가 자동으로 수행된다. 직렬(tandem) 질량 분석계와 같은 많은 새로운 기술이 DNA 서열 단순화 및 추가 자동화를 위해 개발 중에 있다.

특수 목적의 임상 기기는 가장 자주 사용되는 진단 검사(포도당, 혈액 기체, 요소 질소 등)에 이용되고 있다. 많은 임상 분석기가 현장에서, 환자의 침대 또는 집에서 사용할 수 있는 정도까지 소형화되었다. 그림 33-19는 가정용 혈당 측정기를 보여준다. 고정된 글루코스 산화 효소는 글루코스와 반응하여 전기화학적으로 검출될 수 있는 생성물을 생산한다.[18] 전극은 잉크젯 인쇄 기술을 사용하여 스크린 인쇄(screen-print)된다. 측정기는 결과를 평균하고 나중에 불러올 수 있도록 저장 장치를 가지고 있다. 그림 33-19의 혈당 측정기는 약 $50에 구입할 수 있다.

[18]포도당 바이오센서의 총설은 다음 문헌을 참고하시오 J. Wang, *Electroanalysis*, **2001**, *13*, 983, **DOI**: 10.1002/1521-4109(200108)13:12<983::aid-elan983>3.0.co;2-#.

33D-4 유기물 원소 자동분석기

몇몇 제조업체는 탄소, 수소, 산소, 황 및 질소 같은 공통 원소를 하나 또는 몇 가지 포함하는 유기 화합물을 분석하기 위한 자동기기를 생산하고 있다. 이 모든 기기들은 유기 화합물들을 고온에서 산화시켜, 관심 있는 원소를 기체 분자로 변환시키는 과정에 기반하고 있다. 일부 기기에서는 기체가 크로마토그래피 컬럼에서 분리되고 다른 경우에는 선택성 흡수제를 이용하여 분리된다. 대부분의 기기에서 열전도도 측정을 통하여 정량을 완료한다. 이러한 기기에는 일정 무게의 시료를 자동적으로 연소실에 넣어주는 장치를 갖추고 있다.

그림 33-20은 탄소, 수소 및 질소를 정량하기 위한 상업용 자동화 기기의 개략도이다. 이 장비에서 시료는 900°C의 정적인 조건에서 순수한 산소에 의해 산화되어 이산화탄소, 일산화탄소, 물, 원소 상태의 질소 및 질소 산화물들의 기체 혼합물을 생성한다. 생성물들은 산소 환경에서 2~6분 후, 흐르는 헬륨에 의해 750°C 관상 전기로(tube furnace)를 지나가게 되고, 여기서 전기로 속의 뜨거운 구리가 질소 산화물을 원소 상태 질소로 환원시키고 산화 구리로서 산소를 제거한다. 또한 추가 산화 구리가 존재하여 일산화탄소를 이산화물로 변환시킨다. 할로젠 원소는 은 솜(silver wool) 충전물에 의해 제거된다.

반응 전기로에서 나온 생성물들은 혼합실을 통과하면서 일정한 온도로 유지된다. 이렇게 얻은 균일 혼합물은 일련의 정밀한 열전도도 검출기 3개를 통과시켜 분석된다. 각 검출기는 한 쌍의 감지 소자(sensing cell)로 구성되어 있다.

첫 번째 감지 소자 쌍 사이에는 물을 제거하는 과염소산 마그네슘(magnesium perchlorate) 흡수 트랩이 있다. 감지 소자의 신호 차이는 시료 속의 수소 정량에 이용된다. 이산화탄소는 두 번째 흡수 트랩에서 제거된다. 여기서도, 두 번째 소자 쌍 사이의 신호 차이는 시료 속의 탄소 정량에 이용된다. 헬륨과 질

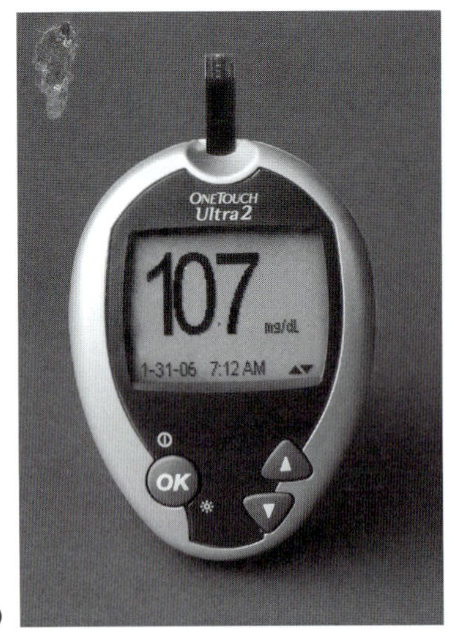

(a)

(b)

그림 33-19 가정용 혈당 측정기의 사진. 측정기 (a)는 전자 장치 및 화면을 가지고 있다. 혈액 방울이 측정기 상단에 위치한 시험판(test strip) (b) 위에 놓인다. 시험판은 고정된 글루코스 산화 효소 및 전류법 검출 시스템에 사용되는 전극을 포함하고 있다. (Courtesy of LifeScan, Inc., Milpitas, CA.)

소로 구성된 나머지 기체는 세 번째 검출기 감지 소자를 통과한다. 이 감지 소자의 출력은 순수한 헬륨이 흐르는 기준 감지 소자의 출력과 비교된다. 이 한 쌍의 감지 소자에 걸리는 전압 차이는 시료의 질소량과 관련이 있다.

산소 정량을 위해, 반응관을 백금이 첨가된 탄소로 채워진 석영관으로 교체한다. 시료가 헬륨 분위기 안에서 열분해되고 이 관을 통해 지나가면, 모든 산소가 일산화탄소로 전환되고 그 다음 뜨거운 산화 구리를 통과하여 이산화탄소로 전환된다. 나머지 과정은 산소 농도가 이산화탄소의 흡수 전후의 신호 차이와 관련되어 있다는 앞서 설명한 바와 동일하다.

황 정량을 위해서는, 시료가 산화 텅스텐(VI) 또는 산화 구리로 채워진 관의 산소 분위기에서 연소된다. 물은 같은 관의 냉각 구역에 있는 탈수제에 의하여 제거된다. 건조된 이산화황은 분리되어 보통 수소 검출 감지기에서와 같은 신호 차이에 의해 측정된다. 그러나 이 경우에 이산화황은 은산화물(silver oxide) 시약에 의해 흡수된다.

그림 33-20의 기기는 완전히 자동화될 수 있다. 이 기기에서는 질량이 측정된 시료를 담은 작은 캡슐을 최대 60개까지 회전식 시료판대 위에 놓고 자동 채취를 수행할 수 있다.

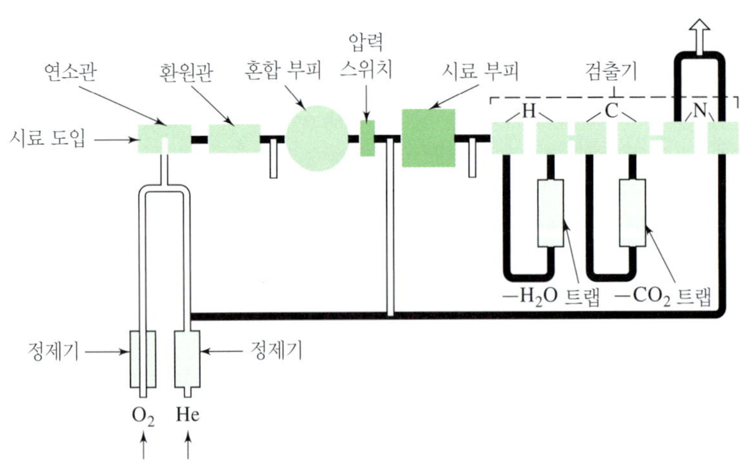

그림 33-20 C, H 및 N 자동분석기. (Courtesy of PerkinElmer, Inc., Norwalk, CT.)

›› 질문과 문제

*별표가 있는 문제의 해답은 이 책의 끝에 있다.

이 아이콘이 있는 문제는 스프레드시트를 이용하여 쉽게 풀 수 있다.

33-1 다음 분석을 하기 위해 사용될 수 있는 일련의 실험 단위 작업을 순차적으로 나열하시오.

(a) 마른 페인트 조각에서 납의 존재 유무를 확인하기

(b) 종합 비타민 및 무기질 약품에 포함된 철의 양을 정량하기

(c) 환자의 혈액에서 포도당 농도를 결정하기

33-2 강물 시료에 들어있는 인산 이온을 molybdenum blue 반응(인산 이온 + molybdate + ascorbic acid는 산성 용액에서 660 nm에서 흡수하는 phosphomolybdenum blue를 생산한다)을 이용하여 정량할 수 있는 흐름 주입계를 그리시오.

33-3 dithizone이 담긴 사염화탄소 용액은 Pb^{2+}와 반응하여 진한 색깔을 띠는 생성물을 형성한다. 이 반응에 통한 납 이온을 추출하는 것에 기반하여 산업체 공장에서 나오는 수용액 유출물에서 납 성분을 정량하는 흐름 주입계를 설계하시오.

33-4 연속 흐름과 불연속 자동화 기기를 대조하면서 비교하시오. 각 유형의 자동화 기기의 장점과 단점을 설명하시오.

33-5 기존의 흐름 주입 분석기와 비교하여 순차 주입 분석기의 장점과 단점을 설명하시오.

33-6 랩온어칩 기술은 PerkinElmer, Inc.에서 만든 몇 가지 분석기에서 사용되고 있다. Google과 같은 검색엔진을 사용하여 이러한 분석기를 찾아보시오. 한 가지 PerkinElmer 분석기에서 미세유체의 사용을 자세히 기술하시오. 선택된 분석기에 적용된 랩온어칩 기술의 가능한 정량 유형과 장점 및 한계에 대해 논의하시오.

33-7 수용액 시료에 들어 있는 아황산나트륨(sodium sulfite) 정량을 위한 흐름 주입기를 그려보시오.

33-8 다음 요구사항을 만족시키도록 설계된 흐름도(컬럼, 검출기 및 스위칭 밸브를 나타내는)를 그려보시오. 첫째, 용매 피크는 용매보다 훨씬 낮은 휘발성을 갖는 2개의 분석물질들로부터 신속하게 분리되어야 한다. 둘째, 용매 피크는 분석 컬럼을 통과해서는 안된다. 셋째, 극성이 상당히 다른 두 가지 분석물질은 분리되어야 하며, 최종적으로 정량 측정이 되어야 한다.

도전 문제

33-9 Lawrence, Deo, Wang (*Anal. Chem.*, **2004**, *76*, 3735, **DOI**: 10.1021/ac049943v)은 탄소 반죽 전극을 이용하여 포도당을 정량하기 위한 전기화학적 바이오센서를 기술했다.

(a) 설명된 효소 전극에 사용된 전기화학적 방법은 무엇인가?

(b) 탄소 반죽 전극 매트릭스에 효소를 통합시켰을 때의 장점은 무엇인가?

(c) 매개체(mediator)란 무엇이며, 이들 바이오센서에 어떻게 사용되는가?

(d) 기존의 탄소 반죽 전극 대신에 매개체 반죽 액체(mediating paste liquid)를 사용하면 어떤 장점이 있는가?

(e) 효소와 매개체 반응을 나타내시오.

(f) Lawrence, Deo, Wang 연구에서 사용된 순환 전압-전류법(cyclic voltammetry)은 무엇이었는가?

질문과 문제(계속)

(g) 이들 전극의 대략적인 감응 시간은 얼마인가?

(h) 새로운 매개체 중 가장 감도가 좋은 것은 어느 것인가? 어느 것이 더 넓은 측정 농도 범위를 갖는가?

(i) 이러한 바이오센서로 측정된 전류가 포도당 반응 속도와 어떻게 관련되는지 자세히 설명하시오. Michaelis 상수 K_m은 어떻게 결정되었나?

34장

입자 크기 분석법

Particle Size Determination

입자 크기 정보는 많은 연구개발 및 산업공정에서 매우 중요하다. 몇 가지 분석법을 통해 입자 크기 정보를 얻을 수 있다. 어떤 방법은 평균 크기만 제공하는 반면, 다른 방법은 완전한 입자 크기의 분포를 제공한다. 따라서 입자 크기 분석을 수행하는 첫 번째 단계는 적절한 분석법을 선택하는 것이다. 이 선택에 영향을 미치는 몇 가지 고려 사항을 이 장에서 검토한 다음, **낮은-각도 레이저 광산란(low-angle laser light scattering)**, **동적 광산란(dynamic light scattering)** 및 **광침강(photosedimentation)**과 같이 아직 이 책에서 논의되지 않은 세 가지 기술에 초점을 맞출 것이다.

선택한 특정 입자 크기 분석법은 필요한 크기 정보의 유형과 시료의 화학적 및 물리적 특성에 따라 다르다. 여기서 논의되는 세 가지 기술 외에도 분자체(molecular sieving), 전기전도도, 현미경법, 모세관 유체역학 크로마토그래피법(capillary hydrodynamic chromatography), 빛 차폐 계측(light obscuration counting), 장-흐름 분획법(field-flow fractionation), Doppler 풍속측정법(anemometry) 및 초음파 분광법 등이 일반적으로 적용된다. 개별 입자 크기 분석법은 특정 시료 및 분석에 있어 각각 장점과 단점을 갖는다.

이 장에서 옆의 로고는 www.tinyurl.com/skoogpia7에서 대화형 자습, 시뮬레이션, 연습 등을 통해 온라인으로 학습할 수 있는 기회가 있음을 나타낸다.

34A 입자 크기 분석의 서론

입자 크기 분석에 있어서 특유한 어려움이 존재한다.[1] 일반적으로 *입자 크기*(particle size)를 지름, 부피 또는 표면적과 같은 단일 수치로 기술하려고 한다. *입자 크기 분포*(particle size distribution)는 특정하게 선택한 양에 대해 그러한 양을 갖는 입자의 수를 도시하거나, 특정 크기보다 크거나 작은 입자의 분율을 나타내는 누적 분포이다. 그 어려움은 묘사된 입자가 3차원이기 때문에 발생한다. 단일 수치로 기술될 수 있는 유일한 3차원 물체는 구형이다. 한 구형의 지름이 주어지면 우리는 그 표면적과 부피를 정확하게 계산할 수 있다. 구형 입자의 밀도를 알면 질량도 계산할 수 있다.

그러면 비구형 입자들은 어떻게 취급되는가? 일반적인 방법은 입자가 구형이라 가정한 다음 구형 입자처럼 취급하거나, 측정된 수치를 그에 상응하는 구형의 수치로 변환하는 것이다. 예를 들어, 한 입자의 질량 m을 알면 $m = (4/3)\pi r^3\rho$이기 때문에 이를 구형의 질량으로 환산할 수 있다. 여기서 r은 입자 반지름이고, ρ는 입자의 밀도이다. 이것은 입자 크기가 단지 입자의 지름($d = 2r$)으로 기술될 수 있게 한다. 그러면 이 지름은 같은 질량을 가지는 관심 있는 입자의 구의 직경을 나타낸다. 표면적 또는 부피와 같은 다른 측정된 양으로도 유사한 전환을 할 수 있다.

입자 크기 측정에 관한 또 다른 기본적인 문제는, 측정 기술이 다르면 같은 3차원 입자에 대해 종종 다른 결과를 제공한다는 것이다. 입자 지름이 현미경으로 직접 측정되더라도, 어떤 차원(dimension)이 측정되는가? 입자가 입방체인 경우 3가지 다른 차원(길이)을 지름으로 취할 수 있다. 예를 들어, 최대 길이를 지름으로 취할 수 있다. 이것은 입자가 이 지름을 갖는 구형이라고 말하는 것과 같다. 또는 최소 길이를 지름으로 취할 수도 있다. 또 다른 방법은, 부피 또는 표면적을 사용하여 그

[1]추가적인 정보는 다음 문헌을 참고하시오. H. G. Merkus, *Particle Size Measurements: Fundamentals, Practice, Quality,* Dordrecht, Netherlands: Springer, 2009; T. Allen, *Particle Size Measurement,* 5th ed., Vol. 1, London: Chapman & Hall, 1997; S. P. Wood and G. A. Von Wald, in *Handbook of Instrumental Techniques for Analytical Chemistry,* F. Settle, ed., Upper Saddle River, NJ: Prentice-Hall, 1997; H. G. Barth, *Modern Methods of Particle Size Analysis,* New York: Wiley, 1984.

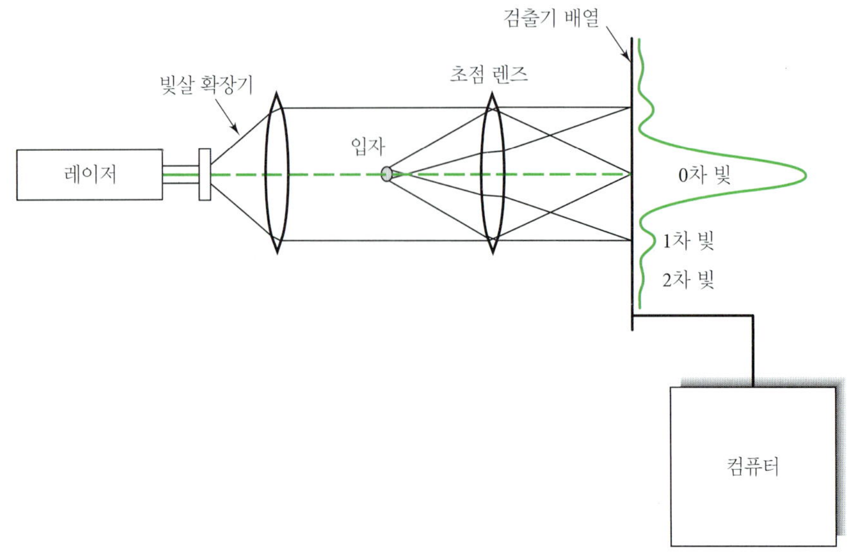

그림 34-1 레이저 회절 장치. 한 입자가 레이저 빛살에 들어가면 빛은 입자 크기와 관련된 각도로 산란된다. 산란된 빛은 검출기에 의해 수집되고, 생성된 산란 패턴이 분석된다. 한 그룹의 서로 다른 크기 입자에 의하여 생긴 산란 패턴은 어떤 한계 범위 내에서 각 입자가 보이는 패턴의 합계이다.

에 해당하는 구형의 지름을 계산하는 것이다. 여기서 현미경법이라는 한가지 측정법으로 얻어진 각각 수치에 대한 결과는 다를 수 있지만, 하나의 수치에 대해서는 맞는 값을 제공한다. 측정되는 양에 대해서는 정확하다. 따라서 서로 다른 기술이 입자 크기 또는 입자 크기 분포에 대해 다른 결과를 줄 수 있다는 것은 놀라운 일이 아니다.

입자 크기 문제에 대한 유일한 합리적 해답은 입자 크기와 입자 크기 분포를 비교하기 위해서는 동일한 측정 방법과 측정 수치를 사용하는 것이다. 다른 측정 절차를 사용하는 기기들 간의 비교가 이루어지지만, 일반적으로 정성적인 비교로만 간주된다.

어떤 측정 방법에서는 밀도 및 굴절률과 같은 물리적 특성도 필요하다. 예를 들어, 굴절률 정보는 일반적으로 광산란을 기반으로 하는 방법에 필요하지만, 밀도는 일반적으로 침강(sedimentation)에 기반한 방법에 필요하다. 종종 측정된 값을 이용할 수 없다면 이러한 양에 대한 가정이 이루어진다. 이러한 가정은 측정된 입자 크기에 있어서 차이를 초래할 수 있다.

입자 크기 분석법을 선택하기 전에 현미경으로 시료를 검사하는 것이 보통 현명한데, 이는 크기와 모양의 범위를 예측할 수 있기 때문이다. 대부분의 입자 크기 측정 방법은 입자 모양에 민감하며 입자 크기 범위와 관련하여 모두 제한적으로 적용될 수 있다. 대략 구형을 갖는 입자가 가장 정확하게 측정되고, 구형과 크게 다른 바늘 및 다른 모양은 종종 현미경법으로 분석된다.

많은 분석법에서, 입자 크기는 그 입자들이 녹지 않는 유체에 입자들을 현탁하는 것에 의해 가장 잘 얻어진다. 유체는 입자 크기 분석기기에 주입될 때, 농도가 균질하고 크기가 균일한 현탁액(suspension)을 생성할 수 있다. 유체 현탁액은 또한 입자들이 뭉치거나 또는 응집될 수 있는 응집력을 제거한다. 선택한 유체는 기기의 접촉 표면 물질에 대해 화학적으로 비활성이어야 한다.

34B 낮은–각도 레이저 광산란법

레이저 회절(laser diffraction)이라고도 하는 *낮은–각도 레이저 광산란법*(low-angle laser light scattering, LALLS)[2]은 0.1~2000 μm의 입자 크기와 크기 분포를 측정하는 데 있어서 가장 일반적으로 사용되는 방법 중 하나이다. 이 방법은 넓은 동적 범위, 정밀도, 사용 용이성 및 다양한 형태의 시료에 대한 적응성으로 인해 널리 사용되고 있다. 측정은 시료를 빛살에 노출시키고 다양한 크기의 입자에 의해 산란되는 빛의 각도 패턴을 감지함으로써 이루어진다. 생성된 패턴이 입자 크기의 특징이기 때문에 광산란 패턴을 수학적으로 분석하면 정확하고 재현성 있는 크기 분포를 알 수 있다.

34B-1 기기장치

전형적인 레이저 회절 기기는 그림 34-1에 나타나 있다. 일반적으로 He-Ne 레이저를 사용하는 연속파(continuous-wave, CW) 레이저에서 나오는 빛살을 모아 시료에 통과시킨다. 이때 입자로부터 산란이 발생한다. 그 다음 빛살은 검출기 배열에 초점이 맞춰지고, 그림 34-1에 회절 패턴처럼 보이는 산란 패턴을 측정한다. 그런 다음 산란 패턴을 이론적 모델에 따라 분석하여 입자 크기 분포를 제공한다.

[2]다음 문헌을 참고하시오 J. D. Ingle Jr. and S. R. Crouch, *Spectrochemical Analysis,* Upper Saddle River, NJ: Prentice-Hall, 1988, pp. 518–19; P. E. Plantz, in *Modern Methods of Particle Size Analysis,* H. G. Barth, ed., New York: Wiley, 1984, Chap. 6.

어떤 기기는 렌즈의 초점에 위치한 *차폐 검출기*(obscuration detector)를 사용하여 빛살이 지나는 경로의 입자 농도를 검출한다. 입자들이 빛살에 존재하지 않으면 모든 빛이 차폐 검출기에 닿는다. 입자들이 빛살에 들어가면서 곧 그 빛의 일부를 차단하고 빛을 검출기 배열 소자 위에 산란시킨다. 산란, 흡수 또는 둘 다에 의해 감쇄되는 빛의 비율은 빛살 중의 입자 농도와 관련이 있다(제34D절 참고).

기기 제조업체는 시료 도입을 위해 몇 가지 다른 부속품을 제공한다. 예를 들어, 일부는 레이저살에 시료를 에어졸로서 직접 도입한다. 시료는 투명창이 있는 시료 셀을 통과하거나 교반되면서 큐벳에 현탁될 수 있다. 건조 분말은 불어주거나 중력에 의해 자연적으로 떨어지게 하여 빛살로 보낼 수 있다. 현탁액의 입자는 펌프를 통해 빛살로 반복해서 보낼 수 있다.

34B-2 이론적 모델

대부분의 상업적 기기는 Mie 산란 이론 또는 Fraunhofer 회절을 기반으로 하는 분석 소프트웨어의 광학 모델을 이용한다. *Mie 이론*(Mie theory)은 투과 및 흡수되는 빛의 영향을 포함하여 구형 입자에 의한 빛의 산란 문제에 대한 완전한 해답을 제공한다. 다른 한편으로, *Fraunhofer 회절 모델*(Fraunhofer diffraction model)은 훨씬 간단하게 수행될 수 있다. 이 모델은 입자들을 빛살의 투과를 방해하는 불투명한 원형 조리개(aperture)로 취급한다.

Mie 이론

Mie 이론에서 입자는 점 산란체 대신 한정된 물체로 간주된다. 산란 중심은 입자의 여러 영역에서 발견된다. 이러한 입자들이 빛을 산란시키면, 산란 중심들은 충분히 멀리 떨어져 있어서 입자의 한 영역에서 방출된 빛과 다른 입자에서 방출된 빛 사이에 어느 정도의 간섭이 발생할 수 있다. 이러한 조건은 작은 입자들로부터 관측된 분포와는 매우 다른 세기 분포를 유도한다. 빛의 파장보다 훨씬 작은 입자($d < 0.05\lambda$)에 의해 발생하는 산란은 *Rayleigh 산란*(Rayleigh scattering)이라고 한다.

그림 34-2a는 큰 입자 산란에서 발생할 수 있는 간섭을 보여준다. 결과적으로, 세기 분포 패턴은 그림 34-2b에 나타낸 것처럼 주로 전방 산란을 나타내는 패턴으로 이동한다. 빛의 파장($0.05\lambda < d < \lambda$) 근처의 지름을 가진 입자로부터의 산란은 때로는 *Debye 산란*(Debye scattering)이라 불린다. *Mie 산란*(Mie scattering)은 입사광의 파장보다 큰 지름을 가진 입자에서 발생

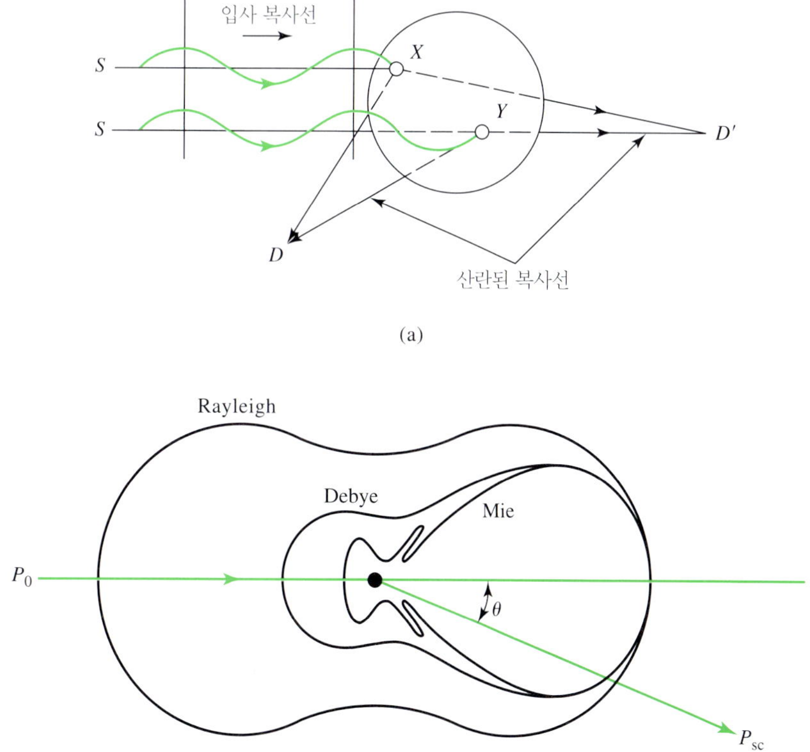

그림 34-2 크기가 서로 다른 입자로부터 산란. (a) 간섭을 보이는 큰 입자 산란. 점 D에서 관찰된 역방향으로 방출된 빛은 진행 경로 SXD와 SYD 사이의 큰 경로 차이로 인해 상쇄 간섭할 수 있다. 위치 D'에서 관찰된 정방향으로 방출된 빛은 SXD' 및 SYD' 경로 차이가 훨씬 작기 때문에 보강 간섭을 일으킬 가능성이 더 높다. (b) Rayleigh 산란, Debye 산란, Mie 산란에 해당하는, 3가지 입자 크기에 대한 산란광의 분포를 나타내었다. 산란각 θ는 각각 복사력 P_0와 P_{sc}를 갖는 입사광과 산란광 사이의 각도이다. 따라서, θ는 정방향 산란에 대해서는 0°이고, 역방향 산란에 대해서는 180°이다.

한다($d > \lambda$).

그림 34-2에서 Debye와 Mie의 산란은 정방향에서는 Rayleigh 산란과 비슷하지만 역방향의 산란은 상당히 다름을 볼 수 있다. Debye 산란은 보통 별도의 종류로서 생략되지만, Mie 산란은 빛의 파장에 가까운 또는 더 큰 지름을 갖는 입자에 대하여 발생하는 것으로 생각된다. 입자 크기가 입사광 파장에 비해 작으면, 산란된 빛은 옆면과 뒷면으로 이동하고 결국 모든 방향으로 이동된다(Rayleigh 산란). Rayleigh 산란 한계에서 전방 산란의 세기 분포는 거의 일정하고 입자 크기와 무관하다.

실험실에서 사용되는 강력한 컴퓨터가 출현하기 전에는, 레이저 회절에 의한 입자 크기 분포를 결정하기 위해 엄격한 Mie 이론을 적용하기가 어려웠다. 이 이론은 입자가 매끄러운 표면을 가진 등방성 구형이라고 가정한다. 이러한 조건이 유지되더라도, 복잡한 물질에 의존하는 Mie 매개 변수를 알아야 한다. 마지막으로 Mie 이론은 여러 가지 성분을 지닌 혼합물에는 적용할 수 없다.

Fraunhofer 회절 이론

Fraunhofer 이론은 입자가 투명하고, 구형이며, 입사광의 파장보다 훨씬 큰 것으로 간주하는 단순화 가정을 갖는다. 흡수 및 간섭 효과는 Mie 이론과는 달리 고려되지 않는다. 따라서 입자는 원형 조리개처럼 행동하고, 이로부터의 산란은 *Airy 패턴*(Airy pattern)으로 알려진 회절 패턴을 생성한다. Airy 패턴은 $x = 2\pi rs/\lambda f$의 함수로 나타낼 수 있다. 여기서 r은 입자 반지름, s는 광축으로부터 측정된 반지름 거리, λ는 입사광의 파장, f는 렌즈의 초점 거리이다(그림 34-1 참고). Airy 함수는 다음과 같이 쓸 수 있다.

$$I = I_0\left(\frac{2J_1(x)}{x}\right)^2 \qquad (34\text{-}1)$$

여기서 I는 산란 세기이고, I_0는 패턴 중심에서의 세기이며, J_1은 1차의 구형 제일 Bessel 함수이다. 그림 34-3는 Airy 함수의 도시를 보여준다. 삽입된 작은 그림은 극값을 보다 명확하게 볼 수 있도록 y축을 확대해 보여주고 있다. 극대값과 극소값의 위치를 주목해보아야 한다.

Airy 패턴은 입자 반지름에 따라 다르다. 그림 34-4는 반지름 r, $2r$ 및 $0.5r$의 입자에 대한 패턴을 보여주고 있다. 패턴은 더 작은 입자의 경우 넓고 큰 입자의 경우 더 좁다. 입자 크기가 감소하면 극값의 위치가 더 큰 x값으로 이동한다는 점에 주목하라. 크기가 다른 입자들이 존재하면, 세기 패턴은 개별 입자에 대한 Airy 패턴의 합계로 간주될 수 있다.

입자 크기 분포 분석

실제로 다양한 크기의 입자가 실제 시료에 존재하며, 산란광의 세기 분포가 입자 크기 분포를 계산하는 데 이용된다. Fraunhofer 회절의 경우에 산란광의 세기 분포와 입자 크기 분포 사이의 관계는 다음과 같다.

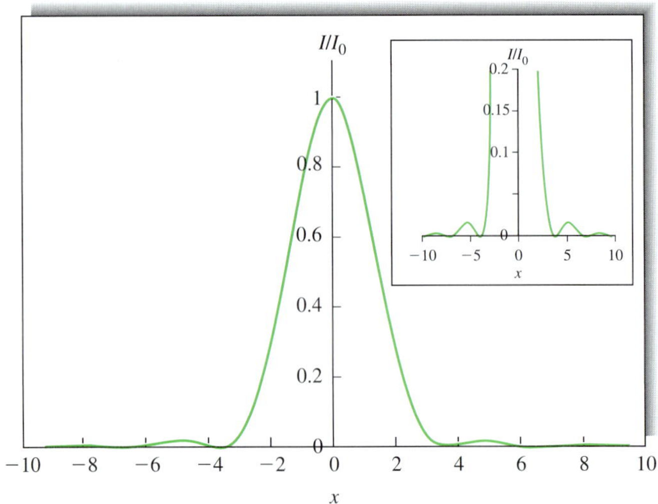

그림 34-3 **변수 x의 함수로 중심 세기 I_0에 대한 세기 I의 도시를 보여주는 Airy 함수(교재 참고).** 삽입된 그림은 최대 및 최소를 보다 명확하게 보여주기 위해 y축의 확장을 보여준다.

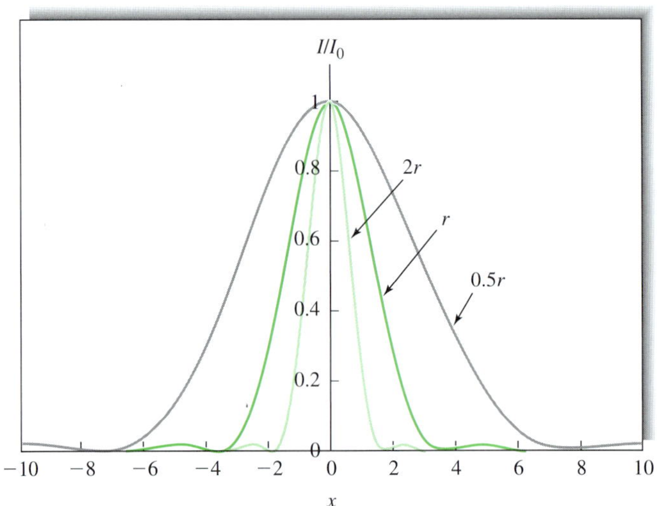

그림 34-4 **3가지 다른 크기의 입자에 대한 Airy 패턴.**

$$I(x) = I_0\int_0^\infty\left(\frac{2J_1(x)}{x}\right)^2 f(d)dd \qquad (34\text{-}2)$$

여기에서 $I(x)$는 산란광의 세기 분포, $f(d)$는 입자 크기 분포 계수, d는 입자 지름이다. 산란각 θ와 크기 변수 $\alpha = 2\pi r/\lambda = \pi d/\lambda$를 이용하여 식 34-2를 다음과 같이 쓸 수 있다.

$$I(\theta) = I_0\int_0^\infty\left(\frac{2J_1(\alpha\theta)}{\alpha\theta}\right)^2 f(d)dd \qquad (34\text{-}3)$$

이 식은 행렬식 형태 또는 반복법으로 풀 수 있다.

대부분의 현대 기기에서 측정은 N개의 검출기 배열을 사용하여 수행된다. 또한 Mie 산란 이론은 Fraunhofer 회절 이론 대신에 많은 기기에서 사용된다. 많이 사용되는 하나의 접근법에서, 입자는 크기 간격으로 나누어지고 각 간격은 평균 크기에 따라

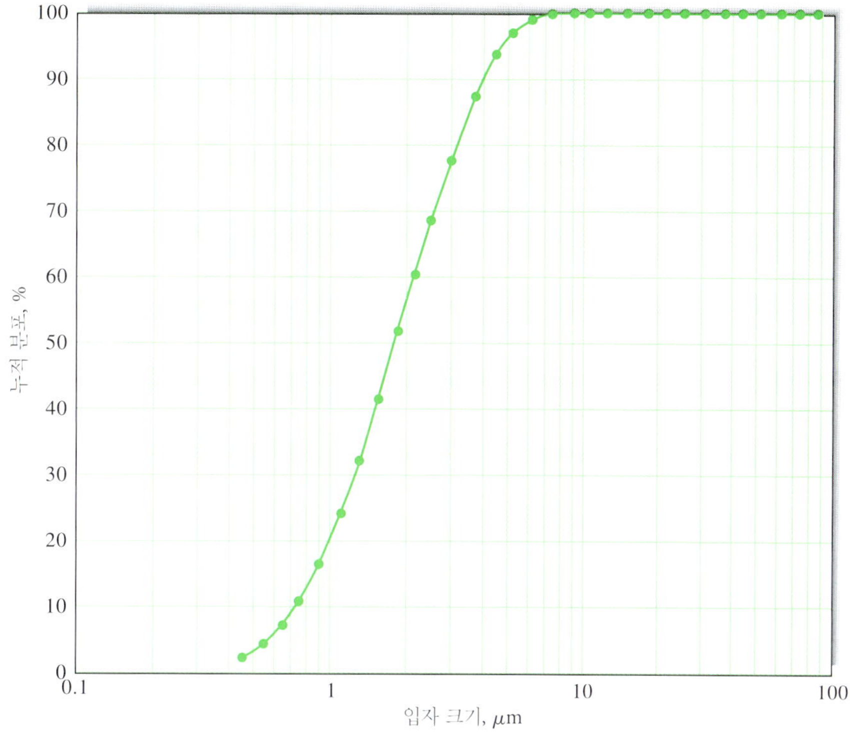

그림 34-5 일정 크기 이하의 누적 분포.

세기 분포를 생성한다고 가정한다. 이 경우 앞의 식은 다음과 같다.

$$g(N) = \sum_{i=1}^{N} K(N, d_i) f(d_i) \Delta d \qquad (34\text{-}4)$$

여기에서 $g(N)$는 N번째 검출기의 출력이고, $K(N, d_i)$는 N번째 검출기의 감응 계수, d_i는 i번째 입자의 지름, Δd는 입자 크기 간격 수치이다. 입자 크기 분포 $f(d_i)$는 검출기의 출력과 그 응답 함수 사이의 관계로부터 계산된다. 그 분포는 일반적으로 부피를 기준으로 계산된다. 그림 34-5는 *일정한 크기 이하의 누적 분포*(cumulative undersize distribution)의 도시를 보여준다. 각 입자 지름에서의 값은 표현된 값보다 작거나 같은 지름을 갖는 입자의 백분율을 나타낸다. 특정한 입자 지름 또는 지름 범위를 갖는 입자의 백분율을 나타내는 빈도 분포 역시 일반적으로 주어진다. 이것들은 히스토그램 또는 연속 분포로 도시될 수 있다.

34B-3 응용

1970년대에 레이저 회절 기기를 처음 도입한 이래로 입자 크기 분석에 대한 다양한 응용이 보고되었다.[3] 이들은 방사성 추적 입자, 사진 복사기에 사용하는 잉크 입자, 지르코니아 섬유, 알루미나 입자, 전자식 연료 투입기에서 나오는 방울, 결정성장 입자, 석탄 분말, 화장품, 토양, 수지, 의약품, 금속 촉매, 전자 재료, 사진 유탁제, 유기 안료, 세라믹 등의 크기 분포 측정을 포함한다. 약 12개 이상의 기기 회사가 현재 LALLS 기기를 생산하고 있고, 일부 LALLS 기기는 크기 배제 크로마토그래피법의 검출기로 널리 사용되고 있다.

34C 동적 광산란법

광자 상관 분광법(photon correlation spectroscopy, PCS) 또는 *준탄성 광산란*(quasi-elastic light scattering, QELS)이라고도 하는 *동적 광산란*(dynamic light scattering, DLS)은 용액의 동역학을 조사하고 입자 크기를 측정하는 데 있어서 강력한 방법이다.[4] DLS 방법은 지름이 수 nm에서 약 5 μm에 이르는 입자의 경우 몇 분 안에 크기 정보를 얻을 수 있다.

DLS 방법은 입자의 Brown 운동(병진 확산)의 결과로서 생긴 Rayleigh 산란광의 Doppler 넓힘을 측정하는 것이다. 이러한 열

[3]예를 들어 다음을 보시오. B. B. Weiner, in *Modern Methods of Particle Size Analysis,* H. G. Barth, ed., New York: Wiley, 1984, Chap. 5; P. E. Plantz, ibid., Chap. 6.

[4]추가 정보를 위해 다음을 보시오. J. D. Ingle Jr. and S. R. Crouch, *Spectrochemical Analysis,* Upper Saddle River, NJ: Prentice-Hall, 1988, Chap. 16; N. C. Ford, in *Measurements of Suspended Particles by Quasielastic Light Scattering,* B. E. Dahenke, ed., New York: Wiley, 1983; M. L. McConnell, *Anal. Chem.,* **1981**, 53, 1007A, **DOI**: 10.1021/ac00231a799; B. J. Berne and R. Pecora, *Dynamic Light Scattering with Applications to Chemistry, Biology and Physics,* New York: Wiley, 1976, reprinted by Dover Publications, Inc., New York.

적 운동은 산란 세기의 시간 변동과 Rayleigh 선의 넓힘을 초래한다. Rayleigh 선은 Lorentz 선 모양을 가지고 있다. 거대분자 용액에서는 농도의 변동이 보통 지배적이다. 이러한 조건에서, Rayleigh 선 너비는 병진 확산 계수 D_T에 정비례한다. DLS 방법은 광학적 혼합방법과 상관 분석을 사용하여 이러한 확산 계수를 얻는다. 그 선 너비(1 Hz~1 MHz)는 너무 작아 기존의 분광계, 심지어 간섭계로도 측정할 수 없다.

34C-1 원리

DLS 실험에서 시료를 현탁 매질에 잘 분산시킨다. 일반적인 DLS 실험에서 시료는 단일 파장의 레이저 빛살에 조사된다. Doppler 너비를 측정하기 위해 DLS 기기는 광학적 혼합 또는 광-박동(light-beating) 방법을 사용하여 광학적 진동수(Ar^+ 레이저의 488 nm에서 약 6×10^{14} Hz)를 쉽게 측정할 수 있는 0 Hz (dc) 근처의 진동수로 변환한다. 대부분의 DLS 기기에서 광전증배관(photomultiplier tube, PMT)은 비선형 혼합기로 사용되는데, 이는 그 출력이 감광 표면에 떨어지는 전기장의 제곱에 비례하기 때문이다.

PMT가 어떻게 혼합기 역할을 하는지 알아보기 위해, 산란된 복사선이 두 진동수 ω_1과 ω_2의 sine파를 갖는다고 가정하면 전기장 벡터 $\boldsymbol{E}$는 다음과 같이 쓸 수 있다.

$$\boldsymbol{E} = \boldsymbol{E}_1 \sin \omega_1 t + \boldsymbol{E}_2 \sin \omega_2 t \qquad (34\text{-}5)$$

여기서 $\boldsymbol{E}_1$과 $\boldsymbol{E}_2$는 두 파동의 진폭이다. PMT 출력 신호 $S(\omega)$는 전기장의 제곱에 비례하며 다음과 같이 나타낼 수 있다.

$$S(\omega) = A\{\boldsymbol{E}_1^2 \sin^2 \omega_1 t + \boldsymbol{E}_2^2 \sin^2 \omega_2 t + \boldsymbol{E}_1\boldsymbol{E}_2[\cos(\omega_2 - \omega_1)t - \cos(\omega_2 + \omega_1)t]\} \qquad (34\text{-}6)$$

여기서 A는 비례 상수이다. PMT는 진동수 ω_1과 ω_2 또는 이 둘의 합계에 직접적으로 감응할 수 없는데, 왜냐하면 이들은 가시광 복사선에 대해 10^{14} Hz보다 크기 때문이다. 그러나 PMT는 수 Hz 정도로 작은 소위 *맥놀이*(beat) 진동수 항인 두 진동수의 차이($\omega_2 - \omega_1$)에는 감응할 수 있다. 다수의 진동수가 존재할 때, 0 Hz에 중심을 둔 차이 스펙트럼이 생성된다. 그 다음, 세기 변동의 시간 의존성을 사용하여 입자 크기 정보를 얻는다. 이것은 산란광을 광원 빛살의 일부와 혼합(박동, beating)하거나 또는 산란광을 그 자신에 대해 박동함으로써(자체-박동, self-beating) 수행된다.

PMT 출력 신호는 산란된 복사선 세기에 비례한다. 분산된 입자가 연속적인 열 운동을 하기 때문에 관찰된 산란 세기 $I(t)$는 시간에 따라 변동한다. 세기-대-시간 추적은 그림 34-6a와 같은 잡음 패턴과 유사하다. 작은 입자는 큰 입자보다 세기가 더 빠르게 변동한다.

이 과정의 다음 단계는 신호의 자동상관(autocorrelation) 함수를 결정하는 것이다. 자동상관을 이용하여, 신호는 그 자체의 지연된 값과 곱해지며 곱해진 결과값은 시간에 대해 평균화된

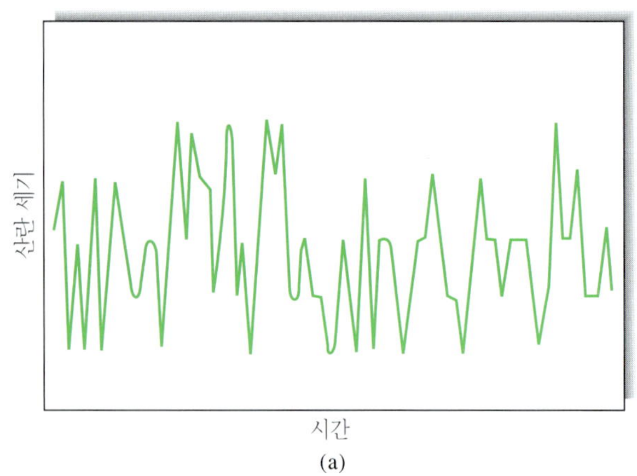

(a)

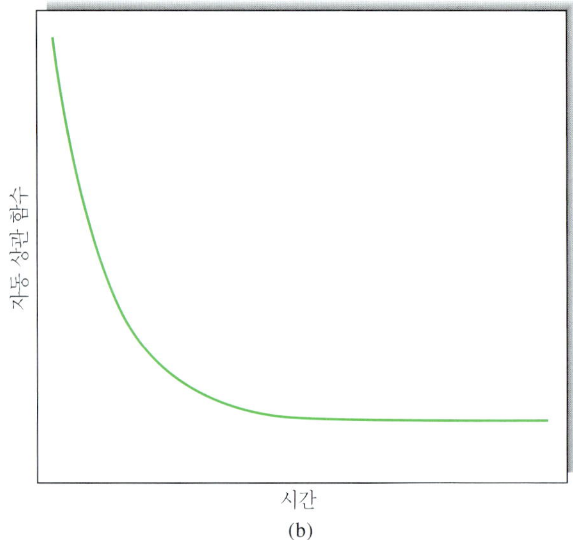

(b)

그림 34-6 (a) 2.02 μm(지름) polystyrene 구의 수용액으로부터 산란 복사선 세기 변동, (b) 세기 변동의 자동상관 함수.

다. 시간-평균화된 결과값은 여러 지연 시간에서 얻어지고 지연 시간에 대하여 도시된다. 자동상관 함수는 파워 스펙트럼의 Fourier 변환이다. 산란 복사선은 Lorentz 선 모양을 가지므로, 그림 34-6b에서 보인 것처럼 이 복사선의 Fourier 변환은 지수함수적으로 감소해야 한다. DLS의 이론에 따르면, 지수함수적 감소의 시간 상수 τ는 Brown 운동에서 등방성 구형 입자들의 병진 확산 계수와 직접적으로 관련되어 있다.

$$\tau = D_T q^2 \qquad (34\text{-}7)$$

여기서, q는 *산란 벡터의 계수*(modulus of the scattering vector)라고 불리며 다음과 같이 주어진다.

$$q = \frac{4\pi n}{\lambda} \sin\left(\frac{\theta}{2}\right)$$

여기서 n은 현탁액의 굴절률, θ는 산란 각도, λ는 레이저 복사

자습: www.tinyurl.com/skoogpia7에서 **입자 크기 분석(particle size analysis)**에 대해 알아보시오.

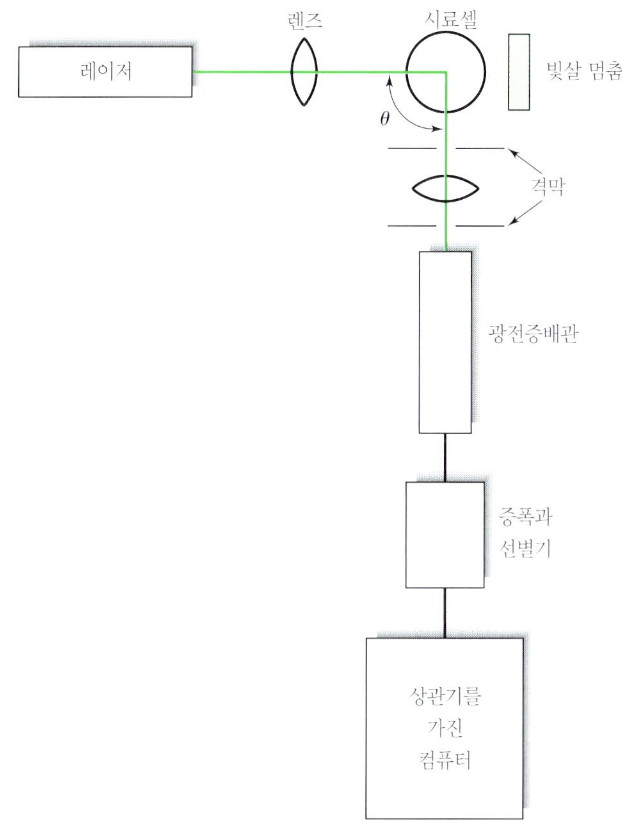

그림 34-7 전형적인 DLS의 기기 배열. 레이저 광원이 시료에 입사한다. 시료는 대개 잘 분산된 현탁액이다. Doppler 넓힘 정보를 포함하는 산란 방사선이 PMT에 입사한다. 광자 계수 신호처리가 자주 사용된다. 산란 신호의 자동상관 함수가 계산되어 입자 크기와 관련이 있는 병진 확산 계수 D_T를 얻는 데 사용된다.

선의 파장이다.

입자 크기는 병진 확산 계수 D_T와 입자 모양 정보로부터 얻어진다. 구형 입자의 경우, 유체역학적 입자 지름 d_h를 계산하기 위해 *Stokes-Einstein 관계식*(Stokes-Einstein relationship)이 사용된다.

$$d_h = \frac{kT}{3\pi\eta D_T} \tag{34-8}$$

여기서 k는 Boltzmann 상수, T는 절대 온도, η은 매질의 점도이다. 식 34-8은 상호작용이 없는 구형 입자에 대해서만 성립한다. 비구형 입자의 경우 유체역학적 지름은 비구형 입자와 동일한 병진 확산 계수를 갖는 가상 구의 지름이다.

DLS는 입자 크기 분포를 제공하는 데에도 사용할 수 있지만, 이러한 경우 세심한 시료 준비와 긴 측정 시간이 필요하다. DLS 데이터는 비슷한 상호 관련 패턴에 해당하는 많은 분포가 있기 때문에 완전히 정확한 입자 크기 분포를 제공할 수는 없다.

34C-2 기기

DLS 기기는 레이저 광원, 시료 셀, 광검출기 그리고 자동상관기를 장착한 컴퓨터로 구성된다. 그림 34-7은 DLS의 전형적인 기기 배열을 보여준다. CW 레이저가 DLS의 광원으로 사용된다. He-Ne 레이저(632.8 nm)와 Ar^+ 레이저(488.0 nm 및 514.5 nm)가 가장 일반적인 광원이다. 650 nm의 다이오드 레이저는 일부 기기에서 사용된다. 레이저 빛살은 액체에 부유된 관심대상 입자가 들어있는 시료 셀의 중앙에 초점을 맞춘다.

시료 셀과 시료 처리

큐벳-유형의 시료 셀이 자주 사용된다. 이러한 셀은 일반적으로 일정한 온도로 유지되는 액체로 둘러싸여 있다. 이 액체의 굴절률은 현탁 매질의 굴절률과 일치한다.

시료는 현탁 매질에 잘 분산되어 있어야 한다. 이것은 보통 부드럽게 흔들어주거나 때로는 초음파 진동에 의해 이루어진다. 과도한 진동은 일부 물질의 응집과 다른 물질의 깨짐을 일으킬 수 있다. 분산을 일으킬 수 있는 먼지 입자 및 기타 오염물질을 피하기 위해서 용매를 조심스럽게 여과해야 한다. 현탁 매질과 분산상 사이에는 굴절률 차이가 있어야 하며, 용매의 굴절률을 알아야 한다. Stokes-Einstein 관계식(식 34-8)을 적용할 수 있도록 측정 온도에서의 점도도 알고 있어야 한다.

사용하려는 시료 농도는 입자 크기, 레이저 출력 및 입자 굴절률에 따라 달라진다. 농도 상한선은 하나의 입자에서 산란된 빛이 다른 입자에 의해 다시 산란되는 다중 산란 현상에 의해 결정된다. 최대 농도는 입자 크기에 의존하지만, 강한 산란체의 경우에 100 nm 입자는 최대 농도 0.01%인 것이 일반적이다. 낮은 농도 한계는 산란 부피 중 입자 수에 의해 결정된다. 일반적으로 적어도 1000개 입자들이 필요하고, 적절한 농도를 얻으려면 보통 어느 정도의 시행 착오가 필요하다.

광검출기

산란광은 입사광으로부터 각도 θ, 보통 90°에서 측정된다. 광검출기의 표면에 닿는 산란광은 비선형 혼합기처럼 작용한다. PMT는 가장 일반적인 광검출기이다. PMT 출력은 광자 계수법 또는 아날로그 광전류로서 처리될 수 있다(제7F-1절 참고). 입자 크기 정보는 이전에 논의된 바와 같이 처리된 신호의 상관분석으로부터 얻어진다. 광다이오드도 일부 상업용 DLS 기기에서 사용되어 왔다. 또한 다중 산란의 영향을 제거하기 위해 교차-상관 처리(cross-correlation processing)와 함께 이중 광검출기를 사용할 수 있다.

34C-3 응용

DLS 방법이 적용된 다양한 응용 분야가 있다. DLS 방법은 중합체 격자와 수지의 크기를 결정하고, 유화 및 중합과 같은 과정에서 입자 성장을 관측하는 데 사용될 수 있다. 마이셀과 미세에멀션(microemulsion)은 DLS 방법으로 연구되어 왔다. DLS는 또한 생중합체(biopolymers)와 생체콜로이드(biocolloids)의 연구에 널리 적용되고 있다. 천연 및 합성 폴리펩타이드, 핵산, 리보솜, 막소포(vesicle), 바이러스 및 근육 섬유가 DLS에 의해 연구되었다.

34D 광침강법

입자 크기 분석기의 가장 중요한 유형 중 하나는 *광침강*(photosedimentation)을 이용하는 것이다.[5] 광침강 분석기는 입자가 액체를 통해 가라앉는(침강) 속도를 광도법으로 측정하여 입자 크기 분포를 결정한다. 동일한 물질의 다양한 크기의 입자가 액체에서 격렬하게 교반되어 균질하게 분포되도록 하고, 교반이 멈추면 가장 큰 입자가 가장 빠르게 떨어지며 중간 크기가 덜 급격하게 떨어지는 순으로 입자가 가라앉기 시작한다. 교반이 정지된 후 어느 순간, 가장 큰 입자가 없는 상부 액체 표면 아래의 층, 중간 크기의 입자가 존재하지 않는 보다 높은 층 그리고 전혀 입자가 없는 그 이상의 다른 층이 존재할 것이다. 광침강 분석기에서, 이러한 조건 변화는 다음에 설명되는 것처럼 입자 크기와 그 상대 개체 수를 알기 위하여 분석된다. 입자가 침강하거나 가라앉는 힘은 중력 또는 원심력일 수 있다. 광침강 분석기는 0.01~300 μm 범위의 입자 크기를 측정할 수 있다.

34D-1 침강 속도와 입자 크기

중력과 같은 힘 F가 용액 내의 입자에 가해지면 입자는 가속된다. 속도가 증가함에 따라 입자는 마찰로 인해 더 많은 방해 힘을 경험한다. 낮은 속도의 경우, 마찰력은 uf로 주어지며, 여기서 u는 속도, f는 *마찰 계수*(frictional coefficient)이다. 속도가 충분히 커지면 마찰력은 가해지는 힘과 같아져서 입자는 일정한 속도로 움직인다.

$$uf = F \qquad (34\text{-}9)$$

마찰 계수 f는 입자의 크기와 모양에 대한 정보를 포함한다. 구형 입자의 경우, 식 34-10에 주어진 Stokes의 법칙은 층-흐름(laminar-flow) 조건을 만족한다.

$$f = 6\pi\eta r \qquad (34\text{-}10)$$

여기서 η는 점도이고, r은 입자의 반지름이다. 여기서, 떨어지는 입자에 대한 방해 힘은 주로 마찰력에 의한 것이라고 가정한다.

Stokes 식

구형 입자가 *중력장*(gravitational field)에 놓이면, 유체에서 입자를 가라앉히는 힘은 입자의 유효 질량과 중력 가속도를 곱한 것과 같다. 유효 질량은 입자의 질량에서 입자에 의해 대체된 유체의 질량을 뺀 값이다. 입자의 밀도가 ρ인 경우, 침강을 일으키는 힘은 $\frac{4}{3}\pi r^3(\rho - \rho_F)g$이며, 여기서 ρ_F는 유체 밀도이고, g는 중력 가속도이다. 입자가 일정한 침강 속도에 도달하면, 마찰력에 의한 지연시키는 힘은 중력과 동일하고, 다음 식과 같다.

$$\frac{4}{3}\pi r^3(\rho - \rho_F)g = 6\pi\eta r u \qquad (34\text{-}11)$$

식 34-11을 재정리하면, 입자 반지름 r 또는 지름 $d = 2r$에 대하여 말단 속도 u를 구할 수 있다

$$u = \frac{(\rho - \rho_F)g}{18\eta}(2r)^2 = \frac{(\rho - \rho_F)g}{18\eta}d^2 \qquad (34\text{-}12)$$

침강 거리 h와 시간 t에서 속도는 $u = h/t$이고, *Stokes 지름*(Stokes diameter) d_{Stokes}라고 불리는 지름보다 작거나 같은 지름을 가진 침강 입자가 측정 범위에 있게 된다. Stokes 지름은 다음과 같다.

$$d_{Stokes} = \sqrt{\frac{18\eta}{(\rho - \rho_F)g} \times \frac{h}{t}} \qquad (34\text{-}13)$$

원심력 장(centrifugal field)에서, 점성 매질을 통해 침강하는 입자도 또한 말단 속도 u에 도달한다. 원심 가속도는 $\omega^2 r_a$이다. 여기서 ω는 rad/s 단위의 회전 속도이며, r_a는 *분석 반지름*(analytical radius)이라고 하는 회전 중심에서부터 측정하는 곳까지의 거리이다. 이 경우 Stokes 식은 다음과 같다.

$$u = \frac{(\rho - \rho_F)\omega^2 r_a d^2}{18\eta} = \frac{\ln(r_a/r_0)r_a}{t} \qquad (34\text{-}14)$$

여기서 t는 지름이 d인 입자가 시작점 반지름 r_0에서 분석 반지름 r_a로 이동하는 데 필요한 시간이다. 입자가 유체보다 큰 밀도를 갖는 경우, 시작 반지름 r_0는 내부 액체 메니스커스의 반지름이다. 식 34-14로부터, Stokes 지름 d_{Stokes}를 구할 수 있다.

$$d_{Stokes} = \sqrt{\frac{18\eta \ln(r_a/r_0)}{\omega^2 t(\rho - \rho_F)}} \qquad (34\text{-}15)$$

수치 $u/\omega^2 r_a$는 때로는 초(sec) 단위의 침강 계수(sedimentation coefficient) S라고 한다. 식 34-14로부터, 다음 식을 유도할 수 있다.

$$S = \frac{u}{\omega^2 r_a} = \frac{1}{\omega^2 t}\ln(r_a/r_0) \qquad (34\text{-}16)$$

Stokes 식의 가정

Stokes 식을 침강 입자의 크기 측정에 적용하기 위해 여러 가지 중요한 가정을 한다.

1. 입자는 구형이고 부드럽고 단단해야 한다. 이 가정은 이전에 논의된 바와 같이 항상 유효한 것은 아니다. 비구형 입자의 경우, 계산된 지름은 동일한 침강 속도를 갖는 동일한 물질의 구형 지름인 동등 *Stokes 지름*(equivalent Stokes diameter)이다.
2. 입자는 최종 속도에 즉시 도달한다. 사실 이 조건에 도달하기 위해서는 유한하지만 작은 시간이 필요하다.
3. 모든 입자들은 같은 밀도 ρ를 가지며 침전용기 벽으로부터의 영향은 무시할 수 있다.
4. 모든 입자는 시스템의 다른 입자와 간섭 또는 상호작용 없이 독립적으로 움직이는 것으로 가정한다. 이 가정은 입자들끼리 분리되어 있는 낮은 농도에서만 효과가 있

[5]추가 정보를 위하여 다음을 보시오. T. Allen, *Particle Size Measurement*, Vol. 1, 5th ed., London: Chapman & Hall, 1997; C. Bernhardt, *Particle Size Analysis,* London: Chapman & Hall, 1994.

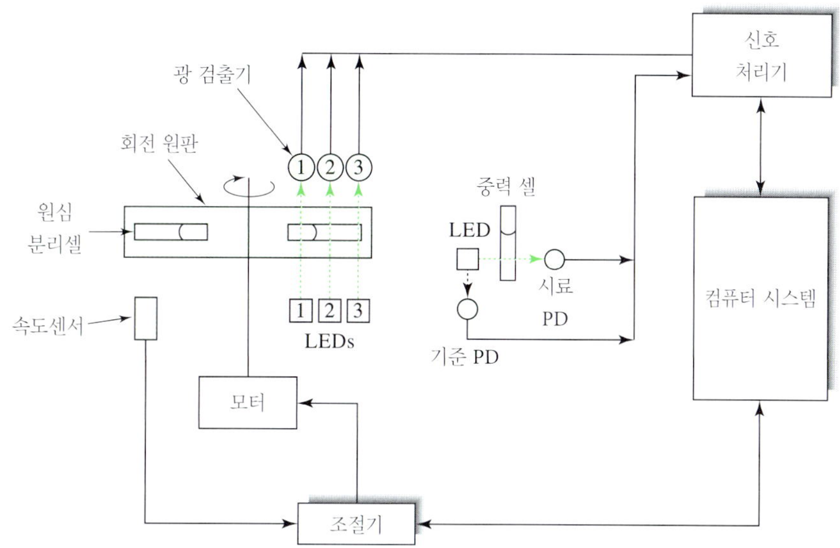

그림 34-8 광침강 시스템의 다이어그램. 기기는 중력 방식 또는 원심력 방식에서 작동할 수 있다. 중력 방식에서, 침강은 LED 광원과 다이어그램의 오른쪽에 나타낸 시료 광검출기(photodetector, PD)로 관측된다. 기준 광검출기는 LED 세기를 측정한다. 원심력 방식에서 모터는 300∼10,000 rpm의 속도로 회전 디스크를 회전시킨다. 침강은 LED-광검출기 쌍 (2)에 의해 관측된다. 광검출기 (1)과 (3)은 각각 기준 물질과 시료에 대한 동기화 신호를 제공한다. 속도 센서는 회전 속도를 관측하고 일정한 속도를 유지하기 위해 모터 조절기에 정보를 제공한다. (Courtesy of Horiba, Ltd.)

다. 부피로 1%보다 훨씬 적은 농도가 바람직하다.

5. 유체는 속도와 농도 기울기에 관계없이 일정한 점도를 갖는 연속체로 거동한다(Newton 유체 근사). 이 가정은 물이 희석 매질일 때 유효하다.

34D-2 기기

몇 가지 상업용 광침강 분석기를 이용할 수 있다. 그림 34-8은 중력 또는 원심력에 의해 침전이 일어나게 할 수 있는 하나의 장비(Horiba CAPA-700)의 개략도를 보여준다. 구성 요소는 광학 시스템, 원심분리기, 제어회로, 계산 시스템으로 구성되어 있다.

회전 속도는 사용자가 선택하거나 컴퓨터가 자동으로 설정할 수 있다. 이 속도는 300 rpm에서 8 G부터 10,000 rpm에서 9000 G까지의 원심력에 해당한다. 여기서 G는 6.6742×10^{-11} N m^2/kg^{2}와 같은 중력 상수이다. 두 개의 셀이 회전기에 놓여지면 시료 셀은 시료 현탁액으로 채워지고, 반대편 기준 셀은 투명한 분산 유체로 채워진다. 기준 셀은 원심분리기의 균형을 유지하고 일정한 광학 기준 값을 제공하는 데 사용된다. 녹색 LED (560 nm)는 광원 복사선을 제공한다. 원심력 방식에서 광원은 지속적으로 켜져 있고 중력 방식에서는 광원이 15 Hz 진동수로 켜진다. 컴퓨터는 모터 속도를 제어하기 위해 신호를 관측하고 전송한다. 컴퓨터 시스템은 또한 나중에 설명될 적절한 계산을 수행한다.

침강 방식

중력장에서의 침강은 큰 입자들에 사용될 수 있다. 그러나 중력 침강은 지름이 5 μm보다 훨씬 작은 입자에 대해서는 실현 가능하지 않다. 그러한 입자의 경우, 침강 시간이 너무 길어 Brown 운동이 입자 운동에 크게 기여하게 된다. 중력 침강에서 입자 속도를 변화시키는 유일한 방법은 다른 점도와 밀도를 갖는 매질을 선택하는 것이다. 원심력 침강은 더 작은 입자에 사용된다. 일부 기기는 *기울기 방식*(gradient mode)을 사용하기도 하는데, 이 방식에서는 분석 중에 원심분리기가 가속된다.

분포 측정

중력 침강에서 측정 영역의 입자 농도는 현탁액에 존재하는 가장 큰 입자가 그 측정 영역을 통해 가라앉을 때까지 최초 농도와 같게 유지된다. 시간 t에서 측정 영역 내의 입자들의 농도는 Stokes 지름 d_{Stokes}보다 작거나 같은 크기의 입자들에 관해 나타낸 것이다. Stokes 지름은 식 34-13에 나타난 것처럼 시간의 제곱근에 반비례한다. 따라서 d_{Stokes} 대 농도의 도시는 일정 값보다 작은 누적 분포를 나타낸다.

원심력 침강에서는 입자 속도가 중력 침강에서처럼 입자 크기뿐만 아니라 입자의 방사형 위치에 의존하기 때문에 복잡성이 발생한다. 식 34-14에서 알 수 있듯이, 입자 속도는 회전축에서부터 방사형 거리 r_a가 증가함에 따라 증가한다. 이 때문에 측정 영역 아래의 입자 농도는 침강 시간에 따라 지수함수적으로 감소한다. 이것은 종종 *방사형 묽힘 효과*(radial dilution effect)라고 한다. 균질 현탁액을 이용한 원심력 침강에서 방사형 묽힘 효과는 입자 크기 분포를 얻기 위해 필요한 수학적 처리를 복잡하게 만든다. 일부 장치의 경우 원심력 침강 방식에서 방사형

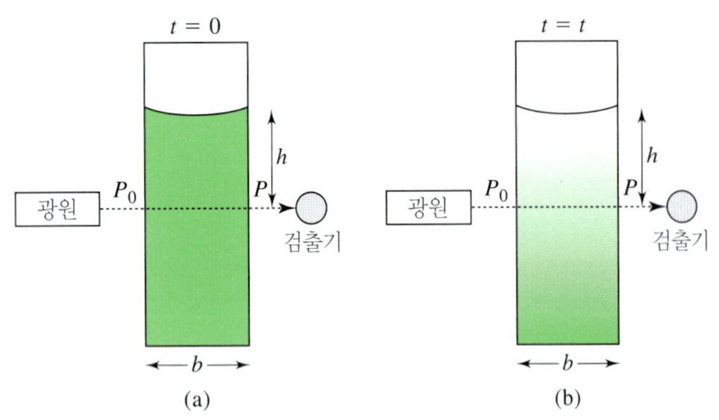

그림 34-9 입자 크기 분포의 광도법 측정. 침강 입자의 농도 측정은 시간의 함수이며, 용액 흡광도, $A_t = -\log(P/P_0)_t$를 측정하여 수행된다. 여기서, 현탁액은 $t = 0$에서 균일 혼합물로(a), 그리고 그 후에 $t = t$에서는 침전물 침강으로(b) 그려져 있다.

묽힘에 대한 보정을 적용할 수 있다.[6]

광도법 측정

광침강에서 용액 흡광도 측정은 일정한 거리(중력장) 또는 방사형 위치(원심력 장)에서 시간의 함수로 진행된다.[7] 그림 34-9는 중력장에 대한 측정 원리를 보여주고 있다. 경로 길이가 b인 셀에서 농도 c의 현탁 입자인 경우, 시간 t에서의 용액 흡광도 A_t는 다음 식으로 주어진다.

$$A_t = kcb \sum_{i=0}^{i=\text{Stokes}} K_i n_i d_i^2 \qquad (34\text{-}17)$$

여기서 k는 모양 인자, K_i는 크기 d_i의 입자에 대한 흡수 계수, n_i는 분말의 단위 질량에서 크기가 d_i인 입자의 수, d_{Stokes}는 시간 t에서 Stokes 지름이다.

침강 시간이 t에서 $t + \Delta$로 변할 때 흡광도 ΔA_i의 작은 변화를 고려해보자. 여기서 빛살의 평균 Stokes 지름은 d_i이고 다음과 같이 쓸 수 있다.

$$\frac{\Delta A_i}{K_i} = kcbn_i d_i^2 \qquad (34\text{-}18)$$

시간의 함수로서 흡광도 변화를 측정함으로써, 일정 크기 이하로 누적된 입자 크기 분포(cumulative undersize particle distribution)를 수학적으로 구할 수 있다. 그러나, 식 34-18을 크기 분포로 전환하기 위해서는 흡수 계수 K가 d_i에 따라 어떻게 변하는지를 알아야 한다. 또는 외부 표준물을 사용하여 교정할 수도 있다. K의 변화에 대해 교정하지 않으면 결과는 비교 목적으로만 유효하다.

점진적으로 증가하며 균일한 원심력 침강의 경우 상황은 매우 복잡해진다. 일반적으로, 용액 흡광도는 시간의 함수로서 관측된다. Stokes 지름은 다시 측정 시간의 제곱근에 반비례하고, 방사형 묽힘 보정을 적용해야 한다. 시간에 따라 측정된 흡광도 변화는 수학적으로 입자 크기 분포와 관련되어 있다.

34D-3 응용

광침강은 중합체, 염료 물질, 의약품 및 생물학적 물질의 입자 크기를 결정하는 데 사용되었다. 도료, 식품 및 도자기 생산에서 품질 관리에 사용된다. 예를 들어 제약 업계에서 현재 관심 분야 중 하나는 흡입 분말을 통한 의약품 전달이다. 이 경우, 미세 입자가 준비되어 흡입기에서 건조 분말로 사용되어 폐에 직접 약을 전달한다(폐 공급). 일부 준비 과정에서는 무기 및 유기 물질, 중합체, 펩타이드, 단백질과 같은 광범위한 화학 물질로부터 분말 형성을 제어하기 위해 초임계 유체를 사용한다. 건조 분말을 흡입제로 사용하기 위해서는 입자 크기가 상당히 제한된 범위 내에 있어야 한다. 따라서 광침강과 같은 방법이 준비 과정 또는 품질관리 목적으로 입자 크기를 관측하는 데 사용된다.

단백질 기반의 약물은 건조분말 흡입을 통해 혈류에 들어가기 전에 소화 시스템에 의해 분해되지 않고 전달될 수 있다. 따라서 건조 분말 형태로 약물을 투여하는 것은 몇몇 유형의 의약품에 대해 정맥 주사보다 장점이 있다. 당뇨병(인슐린), 다발성 경화증, 낭포성 섬유증, 빈혈, 천식 그리고 기타 여러 질병을 치료하기 위한 약물의 폐 전달이 시행되었거나 현재 개발 중에 있다. 입자 크기 분석은 이러한 발전에 중요한 역할을 하고 있다.

[6] Horiba, Ltd: Notice for CAPA-500, U.S. Version, Code 04169400, December 1993; 또한 다음을 보시오. Sections 7.13 and 8.6.1 of T. Allen, *Particle Size Measurement,* Vol. 1, 5th ed., London: Chapman & Hall, 1997; H. J. Kamack, *Anal. Chem., 1951*, 23, 844.

[7] 다음 문헌을 참고하시오. T. Allen, *Particle Size Measurement,* Vol. 1, 5th ed., London: Chapman & Hall, 1997, pp. 269-327

질문과 문제

*별표가 있는 문제의 해답은 이 책의 끝에 있다.

이 아이콘이 있는 문제는 스프레드시트를 이용하여 쉽게 풀 수 있다.

34-1 일반적 입자 크기 분포는 무엇인가? 누적 입자 크기 분포란 무엇인가?

34-2 입자 크기 분석에서 나타나는 주요 문제점은 무엇인가?

34-3 입자 크기를 나타내는 데 사용되는 양은 무엇인가?

34-4 비구형 입자는 입자 크기 분석에서 어떻게 취급하는가?

34-5 서로 다른 기기방법 사이에 입자 크기 비교는 왜 정성적으로 다루어야 하는가?

34-6 Mie 산란을 정의하시오. Mie 이론이 적용되는 입자 크기는 얼마인가?

34-7 Airy 패턴이란 무엇인가? 회절에서 어떻게 발생하는가?

34-8 특정값 이하 누적 입자 크기 분포(cumulative undersize particle distribution)란 무엇인가?

34-9 DLS와 LALLS의 주요 차이점에 대해 논의하시오.

* **34-10** 묽은 수용액에서 aspartate transcarbamylase 효소의 병진 확산 계수는 20°C에서 3.75×10^{-7} cm^2 s^{-1}이었다(η = 1.002 cP). 입자의 유체역학적 지름은 얼마인가? 입자가 비구형이면 유체역학 지름은 무엇을 의미하는가?

* **34-11** 단백질 분자는 대략 구형이며 유체역학 지름이 42 μm이다. 묽은 수용액(η = 1.002 cP) 20°C에서 단백질의 병진 확산 계수는 얼마인가?

* **34-12** 준비된 폴리스타이렌 미세구(microsphere)의 지름이 9.5 μm이고 밀도는 1.06 g cm^{-3}이다. 20°C의 물에서(ρ_F = 0.998 g cm^{-3}), 1 G 중력장이 작용하면 이들 입자의 침강 속도는 어떻게 되는가? 입자가 10 mm 침강하기까지 걸리는 시간은 얼마인가?

* **34-13** 문제 34-12에서처럼 같은 밀도를 가지고 20°C 물에서의 지름 10.0 μm의 폴리스타이렌 구에 대해, 10,000 rpm의 원심력 장에서 입자가 초기 반지름 70 mm에서 분석 반지름 80 mm으로 이동하는 데 걸리는 시간은 얼마인가? 10,000 rpm에서 원심 가속력은 몇 G인가?

* **34-14** 문제 34-12에서와 같은 밀도의 폴리스타이렌 입자가 9000 G의 원심력 조건에서 70 mm의 시작 반지름에서 2.9초 지나 분석 반지름 80 mm로 움직여 침강한다. 입자가 20°C 수용액에 있다면, Stokes 지름은 얼마인가?

도전문제

34-15 **(a)** 인터넷 검색 엔진을 사용하여 상업 회사(Malvern, Sympatec, Shimadzu, Beckman Coulter 또는 Horiba를 시도하시오)가 만든 레이저 회절 기기를 찾으시오. 특정 기기를 선택하고 그 조작 방법을 설명하시오. 어떤 레이저가 사용되는가? 검출 시스템은 무엇인가? 정확도와 정밀도의 일반적인 값을 제시하시오.

(b) 선택한 기기로 결정할 수 있는 입자 크기의 범위는 어느 정도인가?

(c) 이 기기에서는 어떤 종류의 시료 관련 부속품들이 이용 가능한가? 어떤 시료 셀을 사용할 수 있는가?

(d) 기기의 크기는 얼마인가?

(e) 입자 크기를 결정하기 위해 소프트웨어는 어떤 모델을 사용하는가?

(f) 입자 크기 분석을 자동화 할 수 있는 어떤 선택사항이 있는가?

(g) 레이저 회절을 사용하여 입자 크기를 결정하는 논문을 찾기 위해 검색 엔진을 사용하시오. 응용 방법을 자세히 설명하시오.

기기 분석법의 실제 응용

John F. Kennedy 암살

무슨 일이 일어났나?

John Fitzgerald Kennedy는 1963년 11월 22일 Texas Dallas에서 대통령 자동차퍼레이드로 아내 Jacqueline, Texas 주지사 John Connally, Connally의 부인 Nellie와 함께 이동 중에 암살 당했다. Connally는 총격 사건 중 부상당했다. 총을 쏜 사람은 Lee Harvey Oswald였고 Jack Ruby에 의해 법정에 서기 전에 사살 당했다. Lyndon B. Johnson이 Kennedy의 죽음에 이어 대통령이 되었고, 이는 미국의 4번째 대통령 암살이었다.

암살에 대한 조사

Warren 위원회(Warren Commission), 공식적으로 **Kennedy 대통령 암살에 관한 대통령위원회(President's Commission on the Assassination of President Kennedy)**가 암살 일주일 후 Johnson 대통령에 의해 설립되었다. 위원회 의장은 대법원장 Earl Warren 판사였는데, 그의 이름을 따라서 보고서의 비공식적인 이름이 붙게 되었다. 의회 공동결의안은 위원회에 조사 결과를 보고하도록 승인했으며, 1964년 9월 24일 889쪽의 보고서가 Johnson 대통령에게 제출되었다.[1] 3일 후 보고서가 공개되었다. 이 보고서는 Oswald가 Kennedy를 죽이고 Connally를 부상 입히는 것이 단독 행동이었다고 결론지었다. 또한 위원회는 Ruby가 나중에 Oswald를 살해한 것도 단독 행동이었다고 결론내렸다. 그들은 또한 3발의 총알이 발사되었을 가능성이 가장 큰 것으로 보았다. 총알 하나는 완전히 실종됐고, 다른 하나는 Kennedy의 목을 타격하고 Kennedy 앞에 있던 Connally를 가격하였고, 세 번째 치명적인 총알은 Kennedy의 머리를 가격하였다. 발견된 두 개 중 하나는 Connally의 들것에서 발견된, 거의 손상되지 않았지만 약간 변형된 총알이었고, 두 번째 총알은 거의 조각난 상태였다. 이른바 "마술 총알"은 Kennedy의 등을 때리고 목구멍을 관통한 뒤, Connally의 등을 가격하였다. 이 총알은 Connally의 가슴에서 나와 오른쪽 손목을 부수고 피부를 약간 관통한 후 허벅지에서 멈췄고, 나중에 들것에서 떨어져 병원에서 발견되었다. 위원회의 보고서는 공개되자마자 논란이 있었고, 보고서의 발견과 결론은 후일 조사에 의해 뒷받침되기도 하고 도전받기도 하였다.

그림 IA6-1 **John F. Kennedy 대통령.** (SuperStock/Getty Images)

Warren 위원회와는 다르게, 미국 하원 암살 특별위원회(United States House Select Committee on Assassinations, HSCA)는 암살에 음모가 있었을 가능성이 있다고 1979년에 결론지었다.[2] 그들은 Oswald가 3발의 총을 쏴 Kennedy를 죽이고 Connally를 부상입혔다는 Warren 위원회 보고에는 동의했다. 그러나 오디오 기록을 바탕으로 그들은 총알이 발사된 당시 자동차 퍼레이드가 통과한 "잔디 언덕"에서 추가 총알이 발사되었을 수도 있다는 것을 발견했다. 그러나 HSCA는 음모와 관련된 개인이나 집단에 대한 추가 근거를 제공할 수는 없었다.

1980년, 국립연구위원회(National Research Council)에 의해 설립된 탄도소음위원회(Committee on Ballistic Acoustics)는 잔디 언덕으로부터의 총격에 관한 음향 데이터 및 결론을 검토하였다. 그들은 음향 분석이 잔디 언덕에서 총알이 발사되었다는 것을 증명하지는 못한다고 1982년 결론을 내렸다.[3] 잔디 언덕으로 관심을 이끌어낸 총성은 대통령이 총격을 당한 후 1분 뒤에 녹음되었던 것이었다. 이에 따라 믿을만한 음향 증거가 제2의 총격자가 있다는 것을 뒷받침하지는 않는다고 결론지었다.

과학적 증거

Oswald가 체포된 직후, Dallas 경찰과 FBI(Federal Bureau of Investigation)가 Oswald의 손과 오른쪽 뺨에서 파라핀 테스트를 하였다. FBI는 이 파리핀을 Oak Ridge 국립연구소(ORNL)로 가져와서 중성자 방사화 분석(NAA)에 의해 총알 잔여물의

[1]*Kennedy 대통령 암살에 관한 대통령위원회 보고서*(Report of the President's Commission on the Assassination of President Kennedy), Washington, D.C.: United States Government Printing Office, 1964. http://www.archives.gov/research/jfk/warren-commission-report/letter.html#title

[2]*미국 하원 암살 특별위원회 보고서*(Report of the Select Committee on Assassinations of the U.S. House of Representatives), Washington, D.C.: United States Government Printing Office, 1979. http://www.archives.gov/research/jfk/select-committee-report/

[3]*탄도 소음 위원회 보고서*(Report of the Committee on Ballistic Acoustics), Washington, D.C.: National Academies Press, 1982. http://www.nap.edu/catalog/10264/report-of-thecommittee-on-ballistic-acoustics

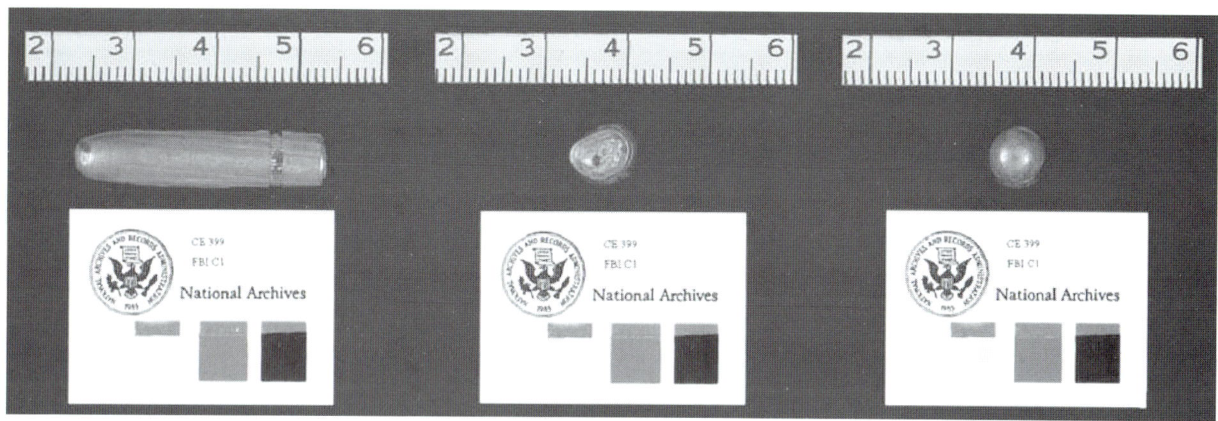

그림 IA6-2 **"마술 총알"을 3가지 각도에서 본 사진들.** [미국 국가 기록원(기록 그룹 272: Kennedy 대통령 암살에 관한 대통령위원회 기록, 1964~1965)]

표 IA6-1 NAA에 의한 은(Ag)과 안티몬(Sb)에 대한 총알 분석

검출	설명	C_{Ag}, ppm	C_{Sb}, ppm	결론
Q1	Connally 들것에서 발견된 총알	8.8 ± 0.5	883 ± 9	총알 No. 1
Q9	Connally 손목으로부터의 총알 파편	9.8 ± 0.5	797 ± 7	
Q2	차량에서 발견된 큰 총알 파편	8.1 ± 0.6	602 ± 4	총알 No. 2
Q4,5	Kennedy 두개골로부터의 총알 파편	7.9 ± 0.3	621 ± 4	
Q14	차량에서 발견된 작은 총알 파편	8.2 ± 0.4	642 ± 6	

미량 금속 성분인 바륨(Ba)과 안티몬(Sb)의 존재를 분석했다. 그러나 파라핀은 심하게 오염되어 있었고, Oswald의 피부와 접촉한 파리핀의 외부에서 발견된 것과 본질적으로 같은 양의 Ba과 Sb가 파라핀의 내부에서도 발견되었다. 총알 앞부분 조각들이 또한 방출분광법을 사용하여 FBI에 의해 분석되었다. 원소 분석을 통해 거의 손상되지 않은 총알과 총알 조각이 매우 다르거나 매우 유사하다는 것을 설득력 있게 보여줄 것으로 기대되었다. 유사한 구성 성분이 발견되었지만 그 결과가 결론을 내기에 결정적이지는 않았다. 1964년 ORNL에서 FBI가 총알에서의 증거를 조사하기 위해 NAA 방법을 사용했다는 것이 나중에 밝혀졌다. 이 분석 결과도 주장된 탄환의 수에 대해서는 결정적이지 못했다. FBI NAA 분석은 상대적으로 낮은 분해능의 NaI 섬광 검출기를 사용하였다(제12B-4절).

Warren 위원회의 보고서가 공개된 후, 법의학 과학자 그룹은 해상도와 민감도가 더 높은 Ge(Li) 검출기를 사용하는 NAA(제12B-4절 참고)와 같은 정량 기술을 통해 총알 증거를 재검토할 것을 촉구했다. 따라서 총알은 1977년 어바인의 캘리포니아 주립대(University of California-Irvine)에 전달되어 NAA 분야에서 세계적으로 유명한 전문가인 Vincent P. Guinn 교수가 분석을 하였다. 1979년에 이 실험의 결과는 Guinn 교수에 의해 분석화학(Analytical Chemistry) 저널에 논문으로 보고되었다.[4] 표 IA6-1은 Guinn의 결과를 보여준다.

시료 Q1과 Q9에서 비슷한 수준의 Ag와 Sb가 있었기 때문에 이것들은 동일한 총알, 즉 "마술 총알"에서 나온 것이라고 추론되었다. 시료 Q2, Q4,5 그리고 Q14는 서로 비슷한 조성이었지만 Q1, Q9와는 달랐기 때문에 두 번째 총알에서 나온 것이라는 결론이었다. Guinn 교수는 1964년 FBI가 얻은 데이터도 재검토했다. 그는 표 IA6-2에 나와있는 것처럼 Ag에 대한 결과 1 세트와 Sb에 대한 결과 4 세트를 조사했다. Sb 결과는 Guinn이 사용한 고해상도 Ge(Li) 검출기가 1964년에는 일반적으로 사용 가능되지 않았기 때문에 NaI 섬광 검출기(12B-4절 참고)를 사용하여 얻은 것이었다. Sb에 대한 절댓값의 차이에도 불구하고 Guinn 교수는 FBI 결과가 시료 Q1과 Q9는 유사하고, 다른 시료와는 매우 다르다는 것을 나타내고 있다고 주장하였다. Sb에 대한 결과 세트 1~4의 큰 차이는 표준물 준비, 샘플 조사, 측정에서의 배열 문제 등으로 인한 계수 및 결과 계산에 대한 계통 오차 때문으로 생각되었다.

2004년 Rahn과 Sturdivan은 총알 증거에 대한 NAA의 분석

[4] V. P. Guinn, *Anal. Chem.*, **1979**, *51*, 484A, **DOI**: 10.1021/ac50040a003. Errata V. P. Guinn *Anal. Chem.*, **1979**, *51*, 1284A, **DOI**: 10.1021/ac50049a71.

기기 분석법의 실제 응용(계속)

표 IA6-2 은(Ag)과 안티몬(Sb)에 대한 1964년 FBI 총알 분석 결과

시료	C_{Ag}, ppm	C_{Sb}, ppm			
		집합 1	집합 2	집합 3	집합 4
Q1	9.4 ± 0.3	945 ± 16	1002 ± 13	813 ± 43	705 ± 54
Q9	9.2 ± 0.1	977 ± 24	1090 ± 37	773 ± 22	676 ± 14
Q2	7.9 ± 0.9	745 ± 16	747 ± 20	626 ± 57	534 ± 30
Q4,5	8.5 ± 0.4	783 ± 5	858 ± 46	614 ± 37	561 ± 32
Q14	8.5 ± 0.2	793 ± 10	879 ± 33	629 ± 18	562 ± 21

결과와 데이터를 발표했다.[5] Guinn 교수의 것과 세부적인 면에서 차이를 보이는 이 해석은, Oswald의 소총에서 나온 두 개의 총알만이 두 사람을 강타했다는 결론을 입증했다. 이들의 두 번째 논문은 NAA가 케네디 암살을 이해하는 핵심 요소였다고 주장했다.[6] 그들이 언급한 NAA 결과의 확장된 결론 중 하나는 한 명 이상의 저격수가 있었고 그들이 언급한 바에 따르면, NAA 분석을 함으로써 더 얻게된 결론은 저격수가 두 명 이상이었다거나 파편 중의 일부는 갖다 놓여진 것이었다는 다양한 음모론들을 거의 배제시킬 수 있었다는 것이었다.

그 후 법의학 과학자 Randich와 Grant에 의한 보고[7]는 Guinn 그리고 Rahn과 Sturdivan의 해석에 대해 몇 가지 의혹을 제기하였다. 법의학 과학자들은 총알에 대한 납의 추출과 가공 과정에서 미량 원소의 미세분리(microsegregation)가 발생할 수 있으며, 영역 경계에서는 안티몬(Sb)과 구리(Cu)의 양이 증가될 수 있다고 주장했다. 미세분리는 총알에 다양한 크기의 영역을 만들 수 있으며, 총알 조각을 분석할 때 시료 채취에 대한 계통 오차가 나타날 수 있다. 그 결과 그들은 단일 총알이었다는 이론은 가능하지 않다고 결론지었다. 총알 증거에 대한 그들의 평가는 1963년 그날 Dealey 광장에서 2~5발 사이의 총알이 발사된 것과 일치한다고 제시하였다.

2007년 Texas A&M 대학의 Cliff Spiegelman 통계학 교수가 이끄는 팀은 법의학 과학자와 화학자들과 함께 통계학과 화학의 결합된 접근법을 통해, Kennedy 암살 사건에서 발견된 것과 같은 종류의 총알들이 두 가지 원소에서 일치한다는 것은 매우 드문 경우가 아니라는 결론을 이끌어내었다.[8] 사실, 같은 상자에서 나온 총알들이 두 가지 원소에 기반하여 일치하는 것은 더욱 더 그러하다. 또한, Spiegelman과 동료들은 분석한 상자들 중 하나에서 취한 10개의 테스트 총알 중 하나가 5개의 암살 총알 파편들 중 하나 이상과 일치했다는 사실을 발견했다. 그들은 일치하는 파편이 세 개 이상의 별개의 총알과, 한 명 이상의 저격수로부터 왔을 수 있다고 결론을 내렸다. Spiegelman 그룹은 또한 총알 조각이 최소한 7가지 원소를 사용하여 재분석되어야 일치하는 파편이라고 말할 수 있다고 결론 내렸다. 뿐만 아니라 그들은 앞으로 이에 대한 연구를 할 때, 총알과 그 출처의 불일치로 인한 시료 채취 오류의 가능성에 대해 신중하게 다루어야 한다고 제안하였다.

최근에는 PBS 시리즈 *Nova*에서 아버지와 아들인 Luke와 Michael Haag로 구성된 탄도학 팀이 단일 총알 가설을 테스트하기 위해 총격 복원과 현대 기술을 사용하는 "Cold Case JFK" 라는 제목의 다큐멘터리를 방영하였다.[9] 그들은 마술 총알이 있었는지 여부를 알아내기 위해 고안된 테스트를 수행하였다. Oswald가 사용한 것과 동일한 유형의 탄환이 여러 가지 유형의 연조직(soft tissue) 모형물을 관통하는 것이 Doppler 레이더로 관측되고, 그 경로가 고속 비디오로 추적되었다. 총알은 거의 손상되지 않은 채로 3피트의 소나무에서 나왔다. 그들은 이러한 종류의 탄환이 밀착되서 앞으로 이동하는 동안 매우 안정적이었고 시험재료에 충격을 가할 때 변형되지 않는다는 것을 알게 되었다. 총알이 Kennedy의 등 위쪽과 목을 모방한 연조직을 통과해서 나왔을 때, 심하게 던져진 축구공이 구르는 것과 같이 총알도 구르기 시작하였다. Connally의 첫 상처는 둥근 구멍이 아니었고 Kennedy의 등과 목을 관통함으로써 불안정해진 탄환의 결과일 수 있었다. 그런 다음 Connally 주지사의 가슴을 통과하여 손목을 가격했을 수 있었다. 그들은 단일 탄환 이론이 매우 가능성 있다고 결론지었다.

Haags는 또한 Oswald가 사용했던 것과 유사한 소총으로 총

[5]K. A. Rahn and L. M. Sturdivan, *J. Radioanal. Chem.*, **2004**, *262*, 205, **DOI**: 10.1023/B:JRNC.0000040876.55194.3a.

[6]L. M. Sturdivan and K. A. Rahn, *J. Radioanal. Chem.*, **2004**, *262*, 215, **DOI**: 10.1023/B:JRNC.0000040877.41184.7d.

[7]E. Randich and P. M. Grant, *J. Forensic. Sci.*, **2006**, *51*, 717, **DOI**: 10.1111/j.1556-4029.2006.00165.x.

[8]C. Spiegelman, W. A. Tobin, W. D. James, S. J. Sheather, S. Wexler, and D. M. Roundhill, *Ann. Appl. Stat.*, **2007**, *1*, 287, **DOI**: 10.2307/4537437.

[9]National Public Radio, November 13, 2014. http://www.pbs.org/wgbh/nova/tech/cold-case-jfk.html.

알을 발사하여, 기록된 시간대에 3발이 쉽게 발사될 수 있었음을 발견하였다. 연구팀은 3차원 레이저 스캔을 사용하여 총알이 휘어져 나간 문제와 잔디 언덕에서 발사됐을 가능성도 조사하였다. 그들의 결과는 Oswald의 첫 번째 발사는 완전히 실패하였을 가능성이 높고, 두 번째 발사가 Connally로 향하기 전에 대통령의 연조직에 충돌했다고 제안하였다. 치명적인 총알은 Kennedy 머리에 맞았는데, 머리에서 두개골 뼈를 때리고, 매우 빨리 흔들리면서 금속 외관이 벗겨지고 연납 코어가 드러났다. 그 다음에 이 머리에 부딪힌 총알이 조각나기 시작해 흩어졌다고 추측하였다. 그래서 Haags는 하나의 총알이 Kennedy와 Connally를 강타했고, 머리를 강타한 치명적인 총알이 대통령에게 부상을 입혔으며, 잔디 언덕에서는 총알 발사가 없었다는 사실을 물리적 증거가 강력하게 뒷받침한다고 결론을 내렸다.

결론

다양한 연구와 과학적 증거가 Kennedy 암살과 관련하여 보편적으로 받아들여지는 결론을 이끌어내지는 못하였다. 법의학 과학의 많은 경우에서와 마찬가지로, 과학적 증거만으로는 전체 내용을 말하지 못하고, 두 원소의 일치와 총알 조각의 균질성에 관한 의심으로 인해 여전히 의문점이 남아있게 되었다. 불행히도 TV 프로그램[과학수사대(CSI), 법과 질서(Law and Order) 등]은 법의학 사건이 확실한 결론으로 해결될 것으로 예상하게 만들고 있다. 배심원들은 흔히 재판에서 제시된 증거가 확실한 것이라고 기대하지만, 좀처럼 그렇지 못하다. Kennedy 암살 사건은 결과가 정확하더라도 과학적 결과가 어떻게 해석될 수 있는지를 보여주고 있다. 게다가 새로운 과학과 기술로 몇 가지 역사적인 수수께끼를 풀 수는 있지만, 어떤 경우는 원래 시료의 고유한 불확실성 때문에 해결되지 않은 채 남아있기도 하다.

부록 1

분석 데이터의 평가

Evaluation of Analytical Data

이 부록에서는 분석화학에서 접하게 되는 오차의 형태와 어떻게 오차의 크기를 측정하고 나타낼 수 있는지를 설명한다.[1] 신뢰도(reliability)가 확인되지 않은 데이터는 사실상 의미가 없기 때문에 분석 결과의 질을 평가하는 것은 어떠한 분석에서나 매우 중요한 부분이다.

a1A 정밀도와 정확도

이 두 용어는 데이터의 신뢰도를 다루는 데 널리 사용된다: 정밀도와 정확도.

a1A-1 정밀도

정밀도(precision)는 결과의 재현성, 즉 둘 또는 그 이상의 반복 측정을 통해 얻은 수치들 또는 **정확히 동일한 방법**으로 측정하여 얻은 수치들 사이의 일치 정도를 나타낸다. 일반적으로, 분석 방법의 정밀도는 단순히 측정을 반복함으로써 쉽게 얻어진다.

일련의 반복 데이터 세트의 정밀도를 나타내기 위해 널리 이용되는 세 가지 용어는 표준 편차(standard deviation), 가변도(variance), 변동 계수(coeffcient of variation)이다. 이들 용어는 통계적 의미를 지니며 제a1B-1절에서 정의된다.

a1A-2 정확도

정확도(accuracy)는 실험 결과의 정확성을 나타내는데 이는 측정치가 참값 또는 인정된 값에 얼마나 근접하느냐를 의미한다. 무엇이 정확하고 부정확한 방법인가 하는 것이 과학자들의 요구 정도와 분석하고자 하는 문제의 난이도에 따라 달라진다는 점에서 정확도는 상대적인 용어이다. 예를 들어, 10 ppb의 수은을 포함하고 있는 물고기 조직 시료에서 수은의 정확한 양의 1 ppb 혹은 ±10% 이내의 결과를 측정할 수 있는 분석 방법은 비교적 정확한 방법이라고 생각할 수 있다. 이에 반해, 20%의 수은 금속 광석에서 수은의 정확한 양의 ±10% 이내의 결과를 얻을 수 있는 분석 방법은 보통 허용할 수 없을 정도로 부정확한 방법이라고 할 수 있을 것이다.

정확도는 절대 오차나 상대 오차로 나타낼 수 있다. 작은 세트의 반복 분석값의 평균 $\bar{x}$의 *절대 오차*(absolute error) E는 다음과 같은 관계식으로 주어진다.

$$E = \bar{x} - x_t \qquad \text{(a1-1)}$$

이때, x_t는 측정하고자 하는 양의 참값 혹은 인정되는 값이다. 정확도는 종종 다음과 같이 *상대 오차*(relative error) E_r로 표현하는 것도 유용하다.

$$E_r = \frac{\bar{x} - x_t}{x_t} \times 100\% \qquad \text{(a1-2)}$$

이와 같이 상대 오차는 자주 백분율로 표시한다. 어떤 경우에는 100 대신 1000을 곱하여 천분율(part per thousand, ppt)로 표시하기도 한다. 절대 오차와 상대 오차 모두 부호를 가지고 있는데, 측정값이 참값보다 클 때는 양의 부호, 그 반대일 때는 음의 부호를 나타낸다.

오차에는 두 가지 형태가 있다. *불가측 오차*(indeterminate error)라고도 종종 불리우는 *우발 오차*(random error)와 *가측 오차*(determinate error)라고도 불리우는 *계통 오차*(systematic error)이다.[2] 이때 우발 오차와 계통 오차는 각각 기호 E_d와 E_s로 표시할 것이다. 일련의 반복 측정치 세트의 평균값의 오차는 이들 두 형태의 오차의 합이다.

$$E = E_d + E_s \qquad \text{(a1-3)}$$

우발 오차

같은 시료에 대해 반복적으로 분석적 측정을 수행하면 표 a1-1에서 볼 수 있는 바와 같이 데이터 수치가 흩어져 있는 형태로 얻어진다. 이는 우발 오차 혹은 불가측 오차가 존재하기 때문이

[1] 더 자세한 내용을 위해서는 D. A. Skoog, D. M. West, F. J. Holler, and S. R. Crouch, *Fundamental of Analytical Chemistry*, 9th ed. Belmont, CA: Brooks/Cole, 2014을 참조하라.

[2] 가끔 발생하는 제3의 오차는 대부분 사람의 오차(human error)에서 유래하는 *엉뚱 오차*(gross error)이다. 이러한 오차의 근원은 데이터를 기록할 때 숫자를 잘못 적는 것, 시료를 쏟아 유실하는 것, 미터기로 측정할 때 잘못된 눈금을 사용하는 것, 사고로 오염물이 유입되는 것, 미터기를 읽을 때 부호를 반대로 적는 것 등을 포함한다. 반복 측정치 세트에서 엉뚱 오차는 같은 세트에서 다른 분석값과 크게 차이가 나는 데이터인 *외각치*(outlier)로 나타난다. 여기서 이런 엉뚱 오차 다루지는 않을 것이다.

표 a1-1 반복적 흡광도 측정

	A	B	C	D	E	F	G	H
1	Replicate Absorbance Measurements*							
2	Trial	Absorbance		Trial	Absorbance		Trial	Absorbance
3	1	0.488		18	0.475		35	0.476
4	2	0.480		19	0.480		36	0.490
5	3	0.486		20	0.494		37	0.488
6	4	0.473		21	0.492		38	0.471
7	5	0.475		22	0.484		39	0.486
8	6	0.482		23	0.481		40	0.478
9	7	0.486		24	0.487		41	0.486
10	8	0.482		25	0.478		42	0.482
11	9	0.481		26	0.483		43	0.477
12	10	0.490		27	0.482		44	0.477
13	11	0.480		28	0.491		45	0.486
14	12	0.489		29	0.481		46	0.478
15	13	0.478		30	0.469		47	0.483
16	14	0.471		31	0.485		48	0.480
17	15	0.482		32	0.477		49	0.483
18	16	0.483		33	0.476		50	0.479
19	17	0.488		34	0.483			
20	*Data listed in the order obtained							
21	Mean	0.482		Maximum	0.494			
22	Median	0.482		Minimum	0.469			
23	Std. Dev.	0.0056		Spread	0.025			

다. 즉, 데이터의 부정밀도(imprecision)에는 *우발 오차*가 반영되어 있다.[3] 표의 B, E, H열에 나타나 있는 데이터는, 10 ppm Fe(III)을 포함하고 있는 동일한 수용액 시료들을 과량의 티오시안산 이온(thiocyanate ion)으로 처리하여 얻은 50개의 빨간색 용액을 분광광도계(spectrophotometer)로 측정하여 얻은 흡광도이다(제13A절 참고). 흡광도는 철의 농도와 정비례한다.

이러한 데이터에서 우발 오차의 분포는 표 a1-2에서 보는 바와 같이 같은 크기의 이웃한 데이터 그룹, 즉 셀(cell)로 분류해 보면 더 쉽게 파악할 수 있다. 각 셀에서 얻어진 결과의 상대적 빈도를 그림 a1-1*A*처럼 *히스토그램*(histogram)이라 불리는 막대 그래프(bar graph)로 도시할 수 있다.

측정 횟수가 증가할수록 히스토그램은 그림 a1-1*B*에서 볼 수 있는 바와 같이 연속적인 곡선을 얻을 것이다. 이러한 형태의 완만한 곡선을 무한한 크기의 데이터 세트에 해당하는 *Gaussian 곡선*(Gaussian curve) 혹은 *정규 오차 곡선*(normal error curve)이라 한다. 보통 반복 측정된 화학 분석의 결과들은 대략 Gaussian 혹은 정규 형태로 분포되는 것을 경험적으로 알 수 있다.

Gaussian 곡선으로 보여지는 빈도 분포는 다음과 같은 특성

표 a1-2 표 a1-1에 있는 데이터의 빈도 분포

Absorbance Range, A	Number in Range, y	Relative Frequency, y/N^a
0.469~0.471	3	0.06
0.472~0.474	1	0.02
0.475~0.477	7	0.14
0.478~0.480	9	0.18
0.481~0.483	13	0.26
0.484~0.486	7	0.14
0.487~0.489	5	0.10
0.490~0.492	4	0.08
0.493~0.495	1	0.02

[a]N = total number of measurements = 50.

을 갖고 있다.

1. 가장 빈도가 큰 측정값은 데이터 세트의 평균값 μ이다.
2. 결괏값들은 이 평균값 주위에 대칭적으로 분포한다.
3. 중앙 평균에서 벗어난 정도가 작은 결괏값이 큰 결괏값보다 빈도가 높다.
4. 계통 오차가 없을 때, 많은 데이터를 포함하고 있는 데이터 세트의 평균값은 참값에 가까워진다.

네 번째 특성은 원칙적으로 분석 시 우발 오차를 0에 가깝도

[3]분석 데이터를 평가하는 스프레드시트(spreadsheet)의 응용에 대한 더 자세한 내용을 위해서는 S. R. Crouch and F. J. Holler, *Applications of Microsoft® Excel in Analytical Chemistry*, 3rd ed., Belmont, CA: Cengage Learning, 2017을 참조하시오.

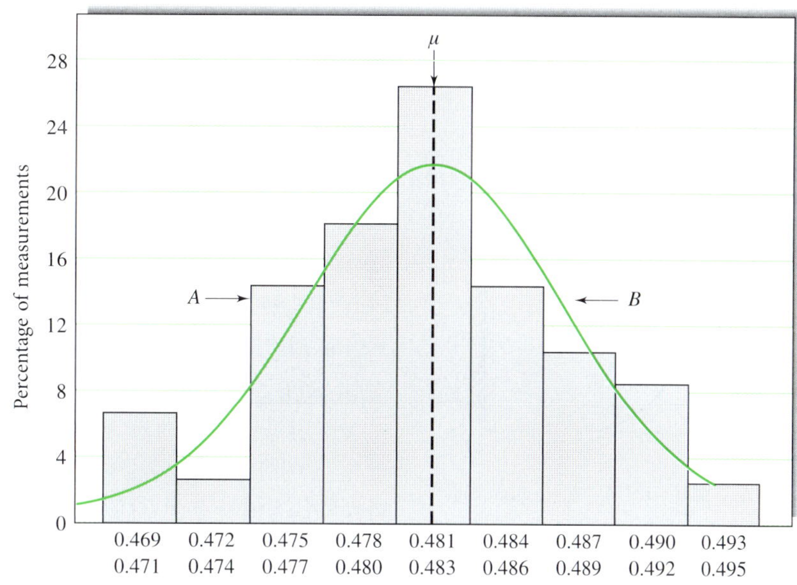

그림 a1-1 ***A.*** **표 a1-1의 측정 결과 50개의 분포를 나타내는 히스토그램, *B. A*에서와 같은 평균과 표준 편차를 갖는 데이터의 Gaussian 곡선.**

록 줄일 수 있다는 것을 의미한다. 그러나 불행히도 이를 이루기는 거의 불가능한데 그 이유는 우발 오차를 0에 가깝도록 줄이기 위해서는 20회 혹은 그 이상의 반복 분석을 수행해야 하기 때문이다. 보통 과학자들은 겨우 두세 번 측정을 반복할 여유만을 가지며, 이와 같이 적은 횟수로 반복 측정하여 얻은 평균값에는 상당한 우발 오차가 존재할 것으로 예상된다.

통계학자들은 보통 무수히 많은 데이터 집단의 평균을 나타날 때는 μ를 사용하고(그림 a1-1, 곡선 *B* 참고), 작은 세트의 반복 측정된 데이터의 평균은 $\bar{x}$로 나타낸다. 계통 오차가 존재하지 않을 때 전체 오차 *E*는 우발 오차 E_d와 같다(식 a1-3). 이때, 작은 세트의 평균에 대한 오차는 다음과 같이 나타낸다.

$$E = \bar{x} - \mu \qquad \text{(a1-4)}$$

한정된 세트의 데이터 평균은 측정 횟수 *N*이 20 혹은 30보다 클 때 참 평균(true mean)과 거의 같게 된다. 따라서, 다음 예제에서 볼 수 있듯이 때로는 개개의 측정 결과나 작은 세트의 데이터 평균에서 우발 오차를 계산할 수 있다.

예제 a1-1

(a) 표 a1-1의 두 번째 측정 결과와 (b) 처음 세 번째 측정 결과들의 평균 우발 오차를 계산하시오.

풀이

50회 측정으로 얻은 평균 $\bar{x} = 0.482 \approx \mu$라고 가정하면,

(a) 두 번째 측정 결과 x_2의 우발 오차는

$$E = x_2 - \mu = 0.480 - 0.482 = -0.002$$

(b) 표에서 처음 세 번째 측정 결과들의 평균은

$$\bar{x} = \frac{0.488 + 0.480 + 0.486}{3} = 0.485$$

식 a1-4에 대입하면,

$$E = \bar{x} - \mu = 0.485 - 0.482 = +0.003$$

불가측 오차의 우발 성질은 통계적인 방법으로 통계적 방법으로 이들 효과들을 처리할 수 있도록 한다. 통계적 방법들은 제a1B절에서 살펴볼 것이다.

계통 오차

계통 오차(Systematic errors)는 명확한 값과 확인할 수 있는 원인을 가지며 똑같은 방법으로 반복 측정하면 같은 크기를 나타낸다. 계통 오차는 측정 결과에서의 *편향*(bias)을 나타낸다. 이러한 편향은 그림 a1-2의 두 곡선에서 보이는데, 이 두 곡선들은 동일한 크기의 우발 오차를 갖는 두 가지 방법으로 동일한 시료를 반복 분석한 결괏값에 대한 빈도 분포를 나타낸다. 방법 *A*는 편향이 없어 평균 μ_A는 참값이다. 반면에 방법 *B*는 다음과 같은 편향을 갖는다.

$$\text{bias} = \mu_B - \mu_A \qquad \text{(a1-5)}$$

편향은 한 세트의 모든 데이터에 영향을 주며 부호를 지니는 점에 주의해야 한다.

계통 오차는 세 가지 종류이다: 기기 오차, 개인 오차, 방법 오차.

기기 오차. *기기 오차*(instrumental error)는 비이상적 기기 작동, 잘못된 검보정(calibration), 부적절한 상태에서의 작동에 의해 발생한다. 전형적인 기기 오차의 요인들은 전자 회로에서의 표류(drift), 진공 장치에서의 누출, 검출기에서의 온도 효과, 110 V 전력원으로 인해 회로에 유도되는 전류, 전지의 사용에 따른 전지전압 감소, 그리고 부피, 질량, 길이를 재는 측정 장치

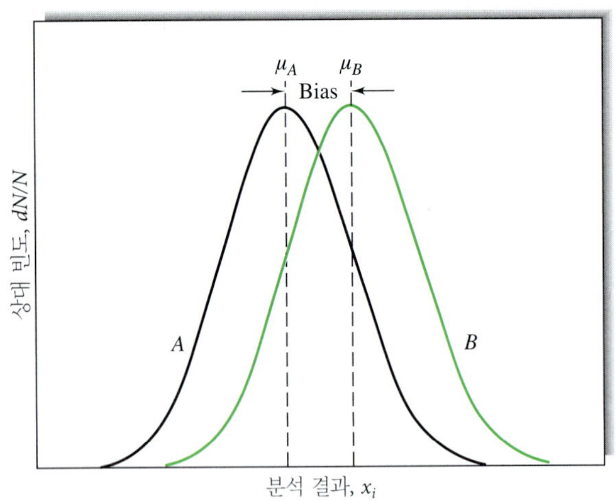

그림 a1-2 분석 결과에 있어서의 계통 오차 예시. 곡선 A는 편향(bias)이 없는 방법 A에 의해 얻어 인정되는 값의 빈도 분포이다. 곡선 B는 유의미한 편향(bias) $= \mu_B - \mu_A$가 있는 방법 B에 의해 얻은 값의 분포이다.

들의 보정 오류(calibration error)이다.

계통 오차는 대부분 발견되고, 적절한 표준물로 보정하여 제거할 수 있다(제1장 참고). 대부분의 기기들은 시간이 지남에 따라 마모, 부식, 취급 부주의로 기기 반응 정도가 달라지기 때문에 항상 주기적인 보정(periodic calibration)을 해주어야 한다.

개인 오차. *개인 오차*(personal errors)는 측정치를 실험자가 판단할 때 수반되는 발생하는 오차이다. 이러한 예로는, 두 눈금 사이에 있는 지시 바늘의 위치, 적정의 종말점에서 용액의 색 변화, 피펫 눈금에 대한 액체의 위치, 혹은 두 빛살의 상대적 세기 등을 판단할 때 발생하는 오차들을 들 수 있다. 이러한 형태의 판단은 종종 계통적이며, 단일 방향의 불확실성으로 이어진다. 예를 들어, 어떤 사람은 지시 바늘의 위치를 일관되게 높게 읽을 수 있으며, 다른 사람은 타이머를 작동시킬 때 약간씩 느리게 할 수도 있으며, 또 다른 사람은 색깔에 덜 민감할 수도 있다는 것이다.

숫자 편향(number bias)은 자주 발생하며, 사람에 따라 상당히 다양한 개인 계통 오차(systematic personal error)의 또 다른 원인이다. 눈금 위에 있는 지시 바늘의 위치를 판단할 때 가장 흔한 편향은 숫자 0과 5를 선호한다는 것이다. 또 큰 숫자보다는 작은 숫자를 선호하고 홀수보다 짝수를 선호하는 것도 흔하게 나타난다. 디지털 표시 화면이나 컴퓨터 기반의 기기들을 사용할 때는 위와 같은 숫자 편향의 우려가 없다.

개인 오차의 보편적인 요인은 *편견*(prejudice)이다. 대부분의 사람들은 아무리 정직하다 하더라도 실험 결과 세트에서 정밀도를 높이기 위해 또는 측정에서 미리 염두에 둔 참값에 가까운 결괏값을 얻기 위해 눈금을 추정하여 읽으려는 자연적인 성향을 갖고 있다.

대부분의 개인 오차는 주의와 자기 훈련으로 최소화할 수 있다. 따라서 대부분의 과학자들은 기기 눈금을 측정하고, 실험 노트에 데이터를 기입하고, 그리고 계산할 때 체계적으로 두 번 확인하는 습관을 만들어간다. 로봇, 자동화된 시스템, 컴퓨터화된 데이터 수집, 그리고 컴퓨터화된 기기 작동들을 이용하여 대부분의 개인 계통 오차를 제거하거나 최소화할 수 있다.

방법 오차. *방법 오차*(Method-based errors)는 분석에 이용되는 시약과 반응의 비이상적인 화학적 및 물리적 거동으로 인해 생긴다. 가능한 원인들로는 화학반응의 느린 속도 혹은 불완결성, 휘발에 의한 손실, 고체 물질에의 분석성분 흡착, 시약의 불안정성, 오염, 그리고 화학적 간섭들이 있다.

계통 방법 오차는 기기 오차나 개인 오차보다 찾아내고 수정하기 더 어렵다. 가장 훌륭하고 확실한 방법은 물리적인 상태와 화학적 조성에서 분석 시료와 거의 같은 표준 물질을 분석함으로써 그 방법의 *유효성*(validation)을 증명하는 것이다. 물론 이러한 표준물질의 분석하고자 하는 농도는 정확하게 알고 있어야 한다. 간단한 물질인 경우 표준 물질은 때때로 정확히 측정된 양의 순수한 화합물을 혼합하여 만들 수 있다. 그러나 불행히도 더 많은 경우 분석하고자 하는 물질들은 상당히 복잡하기 때문에 이러한 간단한 방법으로는 얻기 어렵다.

미국 NIST (National Institute of Technology and Standards)는 분석 방법의 유효성 검증을 위해 특별하게 준비된 다양한 *표준 기준 물질*(standard reference material, SRM)을 판매하고 있다.[4] 이 물질들의 한 가지 또는 그 이상의 구성물의 농도는 다음에 의해 결정된다. 즉, (1) 이미 검증된 기준 방법, (2) 둘 또는 그 이상의 독립적이고 신뢰있는 측정 방법, (3) 기술적으로 유능하고 분석물질을 완전히 파악하고 있는 협력 실험실들에 의한 연합 분석이다. 대부분의 표준 기준 물질들은 상업 또는 환경적, 오염, 의학적, 생물학적 그리고 법정화학 연구에서 흔히 접하는 물질들이다. 몇 가지 예들로는, 석탄, 중유, 도시 미세먼지, 강어귀의 퇴적물, 그리고 물에 존재하는 미량 원소들; 혈액 시료에 들어있는 납; 사람 혈청 속의 콜레스테롤; 소변에 남아 있는 남용 물질; 유리, 광물 그리고 암석 등에 들어 있는 다양한 원소들을 들 수 있다. 또한 오늘날에는 다수의 상업적 공급 업체들도 이러한 분석 방법 검증을 위해 분석된 여러 가지 물질들을 공급하고 있다.[5]

a1B 우발 오차의 통계적 취급법

이전에 설명한 종류의 무작위하게 분포되어 있는 데이터들은

[4]더 자세한 내용을 위해서는 www.nist.gov에서 얻을 수 있는 U.S. Department of Commerce, *NIST Standard Reference Materials, Online Catalog*와 NIST Special Publications 260을 참조하라.

[5]예를 들어 의학적, 생물학 관련 분야로는 Sigma-Aldrich Chemical Co., 3050 Spruce St., St. Louis, MO 63103과 Bio-Rad Laboratories, 1000 Alfred Nobel Dr., Hercules, CA 94547을 참조하라.

이어지는 여러 절에서 다루어질 통계적인 기법들로 편리하게 분석될 수 있다.[6]

a1B-1 모집단과 표본

데이터의 통계적인 처리에서는, 실험실에서 얻은 소수의 반복 실험 결과들을 이론적으로 무한한 시간과 무한한 양의 시료에서 얻을 수 있는 무한한 결과들 중 일부분이라고 가정한다. 통계학자들은 적은 수의 데이터 무리를 *표본*(sample)이라 부르며, 이론적으로 존재하는 무한히 많은 데이터의 무리인 *모집단*(population, 혹은 universe)의 일부에 해당하는 부분 집단이라고 본다. 통계학 법칙은 엄격하게 모집단에만 적용된다. 즉, 이러한 법칙을 실험 데이터의 표본에 적용시키려면 이 표본이 모집단을 실질적으로 대표한다고 가정해야 한다. 하지만 이러한 가정이 타당하다는 어떠한 보장도 없기 때문에 우발 오차와 관련된 서술은 필연적으로 불확실하므로 확률의 개념으로 기술되어야 한다.

통계학에서 사용되는 몇 가지 용어들의 정의

모집단 평균. 한 세트의 반복 측정한 데이터의 *모집단 평균*(population mean, μ)또는 *한계 평균*(limiting mean)은 다음 식으로 정의된다.

$$\mu = \lim_{N\to\infty} \frac{\sum_{i=1}^{N} x_i}{N} \tag{a1-6}$$

이때, 는 i번째의 측정값이다. 식에서 나타난 바와 같이, 한 세트의 측정값에 대한 평균은 측정 횟수 N이 무한히 클 때 모집단 평균에 가까워진다. 계통 오차가 없을 때, **μ는 측정하는 양에 대한 참값이다**.

표본 평균. 표본 평균(sample mean, $\bar{x}$)은 다음 식에 나타난 바와 같이 유한한 수의 데이터 세트의 평균값이다.

$$\bar{x} = \frac{\sum_{i=1}^{N} x_i}{N} \tag{a1-7}$$

이 경우 N이 유한한 수이기 때문에 $\bar{x}$는 측정하는 양의 모집단 평균 μ, 즉 참값과는 어느 정도 다르다. 표본 평균에 다른 부호를 사용하는 것은 이와 같은 중요한 차이를 강조한다.

모집단 표준 편차와 모집단 가변도. 모집단 표준 편차(population standard deviation, σ)와 모집단 가변도(population variance, σ^2)는 데이터 모집단의 정밀도를 측정하는 통계학적으로 중요한 척도이다. 모집단 표준 편차는 다음 식으로 주어진다.

$$\sigma = \sqrt{\lim_{N\to\infty} \frac{\sum_{i=1}^{N} (x_i - \mu)^2}{N}} \tag{a1-8}$$

이때 x_i도 역시 i번째의 측정값이다. 모집단 표준 편차는 모집단 **평균에 대한 각각의 편차(deviation)**의 근 평균 제곱(root mean square)이다.

데이터의 정밀도는 종종 표준 편차의 제곱인 *가변도*(variance, σ^2)로 표현한다. 한 시스템에서 우발 오차의 여러 독립적인 요인들에 대해, 총 가변도는 각각의 요인들에 대한 가변도의 합이다. n개의 독립적인 요인들이 있다면 총 가변도 σ_t^2은 다음 식으로 주어진다.

$$\sigma_t^2 = \sigma_1^2 + \sigma_2^2 + \cdots + \sigma_n^2 \tag{a1-9}$$

이때 $\sigma_1^2, \sigma_2^2, \cdots, \sigma_n^2$은 우발 오차의 각 요인들에 대한 가변도이다.

표준 편차는 데이터와 같은 단위이지만 가변도는 데이터의 제곱의 단위를 갖는다는 점을 유의하라. 일반적으로 과학자들은 정밀도의 척도로 가변도보다는 표준 편차를 사용한다. 이는 표준 편차가 측정값과 같은 단위를 갖기 때문이다.

표본 표준 편차(Sample Standard Deviation, s)와 표본 가변도(sample variance, s^2). 한정된 크기의 데이터 표본의 *표준 편차*(standard deviation)는 다음 식으로 주어진다.

$$s = \sqrt{\frac{\sum_{i=1}^{N} (x_i - \bar{x})^2}{N - 1}} \tag{a1-10}$$

표본 표준 편차는 식 a1-8에 정의된 모집단 표준 편차와는 세 가지 측면에서 다르다. 첫째, 두 용어 사이의 차이를 위하여 σ를 s로 나타낸다. 둘째, 참 평균 μ는 표본 평균 $\bar{x}$로 대체된다. 마지막으로, 분모에 N 대신 *자유도*(degrees of freedom)라 정의되는 $(N - 1)$을 사용한다.[7]

상대 표준 편차와 변동 계수. 상대 표준 편차(relative standard deviation, RSD)는 종종 절대 표준 편차보다 더 많은 정보를 가져다준다. 한 데이터 표본의 상대 표준 편차는 다음과 같이 주어진다.

$$\text{RSD} = \frac{s}{\bar{x}} \times 10^z \tag{a1-11}$$

$z = 2$일 때, 상대 표준 편차는 백분율로 주어지며, $z = 3$일 때는 천분율로 표시된다. 백분율로 표시된 상대 표준 편차는 데이터의 *변동 계수*(coefficient of variation, CV)로 알려져 있고, 다음 식으로 표시된다.

---

[6]통계학 관련 더 자세한 내용을 위해서는 "J. L. Devore, *Probability and Statistics for Engineering and the Sciences*, 9th ed., Boston: Brooks/Cole, 2016; D. A. Skoog, D. M. West, F. J. Holler, and S. R. Crouch, *Fundamentals of Analytical Chemistry*, 9th ed., Belmont, CA: Brooks/Cole, 2014, Chaps. 5–7; S. R. Crouch and F. J. Holler, *Applications of Microsoft® Excel in Analytical Chemistry*, 3rd ed., Belmont, CA: Cengage Learning, 2017."을 참조하시오.

[7]정의에 의하면, 자유도는 s를 계산할 때 독립적으로 남은 값들의 수이다. 표본 평균 $\bar{x}$이 계산에서 사용될 때, $N - 1$개의 값들만이 독립적이다. 이는 한 값은 평균과 다른 값들로부터 얻을 수 있기 때문이다.

$$CV = \frac{s}{\bar{x}} \times 100\% \qquad (a1\text{-}12)$$

모집단 데이터를 다룰 때는 식 a1-11과 식 a1-12에서 s와 $\bar{x}$ 대신 σ와 μ를 사용한다.

표준 편차를 계산하는 다른 방법들. 과학 계산기에 표준 편차를 계산할 수 있는 기능이 보통 갖추어져 있다. 많은 경우 표본 표준 편차 s뿐만 아니라 모집단 표준 편차 σ를 계산할 수 있다. 데이터 세트가 작은 경우, 표본 표준 편차가 사용되어야 한다.

표준 편차를 계산할 수 있는 기능 키를 갖고 있지 않은 계산기로 s를 계산할 때에는, 식 a1-10을 재배열하여 얻은 다음 식을 사용하는 것이 더 수월하다.

$$s = \sqrt{\frac{\sum_{i=1}^{N} x_i^2 - \frac{\left(\sum_{i=1}^{N} x_i\right)^2}{N}}{N-1}} \qquad (a1\text{-}13)$$

예제 a1-2는 s를 계산하기 위해 식 a1-13을 사용하는 방법을 예시하고 있다.

예제 a1-2

다음은 혈액 시료 내에 존재하는 납(Pb) 성분을 반복 측정한 결과이다: 납 0.752, 0.756, 0.752, 0.751, 0.760 ppm. 측정 결과의 평균, 표준 편차, 변동 계수를 계산하시오.

풀이

식 a1-13을 적용하기 위하여, $\sum x_i^2$와 $(\sum x_i)^2/N$을 계산한다.

시료	x_i	x_i^2
1	0.752	0.565504
2	0.756	0.571536
3	0.752	0.565504
4	0.751	0.564001
5	0.760	0.577600
	$\sum x_i = 3.771$	$\sum x_i^2 = 2.844145$

$$\bar{x} = \frac{\sum x_i}{N} = \frac{3.771}{5} = 0.7542 \approx 0.754 \text{ ppm Pb}$$

$$\frac{(\sum x_i)^2}{N} = \frac{(3.771)^2}{5} = \frac{14.220441}{5} = 2.8440882$$

이 결과를 식 a1-13에 대입하면,

$$s = \sqrt{\frac{2.844145 - 2.8440882}{5-1}} = \sqrt{\frac{0.0000568}{4}}$$

$$= 0.00377 \approx 0.004 \text{ ppm Pb}$$

$$CV = \frac{s}{\bar{x}} \times 100\% = \frac{0.00377}{0.7542} \times 100\% = 0.5\%$$

예제 a1-2에서 $\sum x_i^2$와 $(\sum x_i)^2/N$의 차이가 매우 적은 것을 유의하자. 만약 뺄셈을 하기 전에 이 수들을 반올림한다면 계산된 s값에는 심각한 오차가 발생할 것이다. 이러한 오차 요인을 제거하기 위해서는 **계산의 마지막 단계까지 표준 편차 계산 과정 중에 반올림을 하지 말아야 한다.** 더 나아가, 같은 이유로 5 또는 그 이상의 자릿수(digits)를 가지고 있는 수들의 표준 편차를 계산할 때에는 식 a1-13을 사용하지 말아야 한다. 대신 식 a1-10을 사용하여야 한다.[8] 표준 편차 계산 기능을 가지고 있는 많은 계산기와 컴퓨터들이 식 a1-13 방식을 사용한다는 것에 유념해야 한다. 따라서, 5 또는 그 이상의 자릿수를 가지고 있는 수들의 표준 편차를 계산할 때는 반올림으로 인한 오류(roundoff errors)를 항상 주의해야 한다.

계산기와 더불어, 컴퓨터 소프트웨어도 통계 계산에 널리 사용한다. 마이크로소프트 엑셀과 같은 스프레드시트 소프트웨어를 이용하여 다양한 통계적 수치들을 얻을 수 있다.[9] 널리 쓰이는 또 다른 프로그램들로는 MINITAB, SAS, SYSTAT, Origin, STATISTICA, SigmaPlot, SPSS, STATGRAPHICS가 있다. 이 프로그램들은 일반 통계 계산뿐만 아니라 최소 제곱 분석법(least-squares analysis)과 비선형회귀법, 그리고 이외의 많은 발전된 기능들을 수행한다.

정규 분포(normal distribution)

Gaussian 통계학에서 불가측 오차를 가지는 반복 측정의 결과는 정규 오차 법칙(normal error law)에 따라 분포되리라 생각한다. 정규 오차 법칙에서는 측정 모집단 중 x와 $(x + dx)$ 사이의 범위에 놓여 있는 측정값의 집단수(population of observations) 분율 dN/N을 다음 식으로 나타낸다.

$$\frac{dN}{N} = \frac{1}{\sigma\sqrt{2\pi}} e^{-(x-\mu)^2/2\sigma^2} dx \qquad (a1\text{-}14)$$

이때, μ와 σ는 각각 모집단의 평균과 표준 편차이고, N은 측정 횟수이다. 그림 a1-3a에 나타난 두 곡선은 식 a1-14를 도시한 것이다. 곡선 B의 데이터에 대한 표준 편차는 곡선 A의 데이터에 대한 표준 편차의 두 배이다.

식 a1-14에서 $(x - \mu)$는 측정에서 쓰인 단위가 무엇이든지 **평균에서 벗어난 개개의 측정값 x의 절대 편차(absolute deviation)**이다. 하지만, 평균에서 벗어난 편차를 식 a1-15에서 주어진 바와 같이 z로 표시하는 것이 종종 더 편리하다.

$$z = \frac{x-\mu}{\sigma} \qquad (a1\text{-}15)$$

z는 데이터값의 평균과의 편차를 표준 편차에 대한 비로 표시

[8]대부분의 경우에, 한 데이터 세트에서 처음 둘 또는 세 자리(digits) 숫자들은 서로 동일하다. 이런 경우, 식 a1-10을 사용하는 것의 대안으로, 그 동일한 숫자들을 빼고 남은 자릿수들만 식 a1-13에 사용할 수 있다. 예를 들어 예제 a1-2에 나와 있는 데이터들의 표준 편차는 0.052, 0.056, 0.052 등을 사용하여 계산할 수 있다(52, 56, 52, 등도 가능).

[9]S. R. Crouch and F. J. Holler, *Applications of Microsoft® Excel in Analytical Chemistry*, 3rd ed., Belmont, CA: Cengage Learning, 2017.

한 것이다. 즉, $x - \mu = \sigma$일 때 z는 1이고, $x - \mu = 2\sigma$일 때 z는 2이다. z는 표준 편차에 대한 평균과의 편차를 나타내기 때문에, z에 따른 상대 빈도(relative frequency)를 도시하면 표준 편차와는 무관하게 데이터의 모든 모집단을 기술하는 하나의 Gaussian 곡선을 나타낸다. 따라서, 그림 a1-3b는 그림 a1-3의 두 곡선 A, B을 도시하기 위해 사용된 두 데이터 세트의 정규 오차 곡선(normal error curve)을 나타낸다.

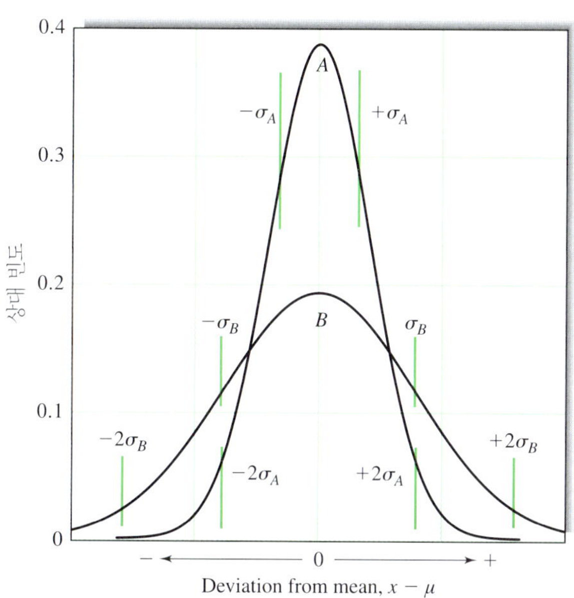

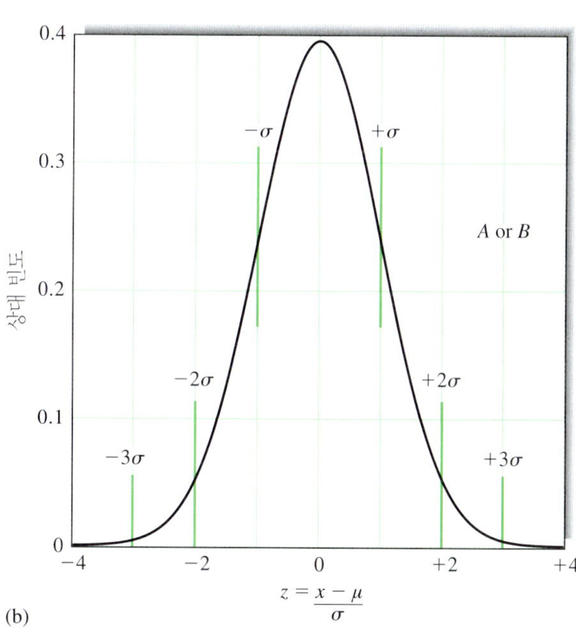

그림 a1-3 **정규 오차 곡선들.** B의 표준 편차는 A의 두 배이다; 즉, $\sigma_B = 2\sigma_A$이다. (a) 가로축은 측정 단위로 나타낸 평균과의 편차이다. (b) 가로축은 σ에 대한 평균과의 편차이다. 따라서, 가로축이 $z = (x - \mu)/\sigma$일 때, A와 B는 동일한 곡선을 이룬다.

식 a1-15를 x에 대하여 미분하면 다음과 같다.

$$dz = \frac{dx}{\sigma} \tag{a1-16}$$

이 두 관계식을 식 a1-14에 대입하면 한 개의 변수 z로 분포를 나타내는 다음 식을 얻을 수 있다.

$$\frac{dN}{N} = \frac{1}{\sqrt{2\pi}} e^{-z^2/2}\, dz \tag{a1-17}$$

정규 오차 곡선

그림 a1-3b의 정규 오차 곡선은 다음과 같은 일반적인 특성을 갖는다: (1) 평균에서 편차가 0일 때 최대 빈도(maximum frequency)를 갖는다. (2) 이 최댓값 양쪽에 양과 음의 편차가 대칭적으로 분포한다. (3) 편차의 크기가 증가함에 따라 빈도는 지수 함수적으로 감소한다. 따라서, 우발 오차가 작은 경우가 큰 경우보다 훨씬 더 자주 나타난다.

정규 오차 곡선 영역의 면적. 그림 a1-3b의 곡선 아래 면적은 식 a1-17을 적분한 값이고, 다음과 같다.

$$\frac{\Delta N}{N} = \int_{-a}^{a} \frac{1}{\sqrt{2\pi}} e^{-z^2/2}\, dz = \text{erf}\left(\frac{a\sqrt{2}}{2}\right)$$

이때 erf(b)는 *오차 함수*(error function)라 하며 다음과 같이 나타낸다.

$$\text{erf}(b) = \int_0^b \frac{2}{\sqrt{\pi}} e^{-x^2}\, dx$$

어떤 특정 범위 사이의 모집단 분율은 이 범위 사이의 곡선 아래 면적으로 주어진다. 예를 들면, $z = -1$과 $z = +1$ 사이의 곡선 아래 면적은 다음과 같이 정적분으로 얻을 수 있다.

$$\frac{\Delta N}{N} = \int_{-1}^{1} \frac{1}{\sqrt{2\pi}} e^{-z^2/2}\, dz = \text{erf}\left(\frac{\sqrt{2}}{2}\right) = 0.683$$

따라서, $\Delta N/N = 0.683$은 데이터 모집단의 68.3%가 평균의 $\pm 1\sigma$ 안에 존재함을 의미한다. $z = 2$와 $z = 3$을 이용하여 이와 같은 계산을 할 경우에는 95.4%가 $\pm 2\sigma$ 안에 있고, 99.7%는 $\pm 3\sigma$ 안에 존재함을 알 수 있다. $\pm 1\sigma$, $\pm 2\sigma$, $\pm 3\sigma$에 해당하는 $(x - \mu)$의 값들은 그림 a1-3에서 파란색 수직선으로 표시되어 있다.

정규 오차 곡선의 특성은 매우 유용하다. 이는 **표준 편차를 알고 있으면**, 주어진 측정 혹은 한 세트의 측정에서 알짜 우발 오차의 확률적 크기를 설명할 수 있기 때문이다. 따라서, 한 번의 측정에서 나타날 우발 오차가 $\pm 1\sigma$ 범위 내에서 발생할 확률은 68.3%이고, $\pm 2\sigma$ 범위 내에서 발생할 확률은 95.4%이라고 할 수 있다. 이와 같이 표준 편차는 분석 방법의 알짜 우발 오차가 일어날 확률을 추정하고 보고하는 데 유용하다.

평균의 표준 오차. 앞서 언급한 Gaussian 분포의 확률적 성질들은 **한 번**의 측정으로 생길 수 있는 오차의 확률적 정보를 알려준다. 만약 각 N개의 결과를 포함하는 한 세트의 표본들을 모집단으로부터 임의로 취할 때, 각 표본의 평균은 N이 커질수록 덜 분산되는 것을 알려준다. 각 표본들의 평균의 표준 편차는 σ_m으로 표시되고 *평균의 표준 오차*(standard error of the mean)라고 한다. 표준 오차(standard error)는 평균을 계산하는 데 사용한 데이터 수의 제곱근에 반비례한다. 즉, 다음과 같다.

$$\sigma_{\mathrm{m}} = \frac{\sigma}{\sqrt{N}} \tag{a1-18}$$

표본의 표준 편차 s를 계산하고자 할 때에 식 a1-18은 다음과 같이 나타낼 수 있다.

$$s_{\mathrm{m}} = \frac{s}{\sqrt{N}}$$

이때 s_m은 평균의 표본 표준 편차이다.

한 데이터 세트의 평균과 표준 편차는 모든 형태의 과학과 공학에서 매우 중요한 통계학 수치이다. 평균은 관심 있는 변수에 대한 가장 좋은 근사치이으로 중요하다. 평균의 표준 편차도 정밀도에 대한 정보, 즉 측정과 연관된 우발 오차를 나타내므로 마찬가지로 중요하다.

σ의 좋은 근사치를 얻는 방법

한정된 데이터 표본에 통계학적인 관계식을 적용하기 위해서는 데이터 표본의 표준 편차 s가 모집단의 표준 편차 σ의 좋은 근사치이어야 한다. 그렇지 않으면, 통계적 추정값은 s의 불확실성을 고려하여 수정되어야 한다. 이 절에서는 작은 크기의 데이터 표본에서 σ의 신뢰할 만한 좋은 추정치를 얻기 위한 방법들을 알아보고자 한다.

예비 실험의 수행. s에 대한 계산 값의 불확실성은 식 a1-10에서 측정 횟수 N이 늘어남에 따라 감소한다. 그림 a1-4는 s의 상대 오차를 N의 함수로서 보여준다. N이 약 20보다 클 때, 대부분의 경우 s와 σ는 동일하다고 가정할 수 있다. 따라서 측정 방법이 지나치게 많은 시간을 필요로 하지 않고 시료의 공급이 적절히 이루어질 수 있다면, 신뢰할 만한 표준 편차를 얻기 위한 예비 실험을 수행하는 것이 가능하고 경제적일 수 있다. 예를 들어, 만약 많은 용액의 pH가 실험 과정에서 측정된다면 일련의 예비 실험을 통해 s를 얻는 것이 유용하다. 이러한 측정은 간단한데, 깨끗이 씻은 pH 전극을 시료 용액에 담가 pH 값을 읽어내기만 하면 된다. s를 결정하기 위해서, 고정된 pH의 완충 용액 20~30개 정도는 위와 같은 과정으로 충분히 측정할 수 있다. 일반적으로 이러한 실험에서의 우발 오차는 다음에 이어지는 실제 측정에서의 우발 오차와 같다고 간주할 수 있다. 따라서, 식 a1-10에 의해 결정된 s값은 모집단의 σ값의 좋은 추정치가 된다.

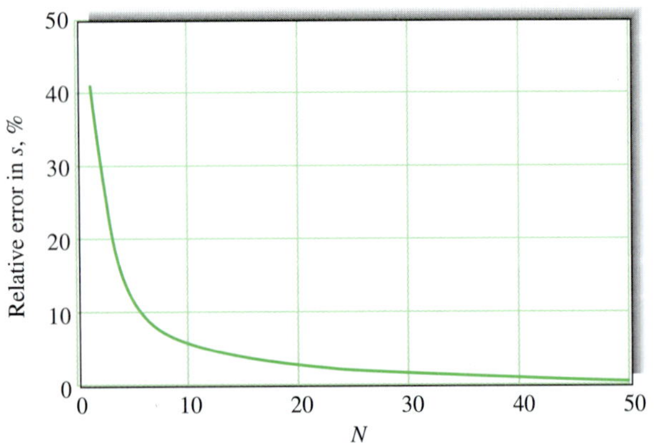

그림 a1-4 측정 횟수 N의 함수로서의 표본 표준 편차 s의 상대 오차.

데이터 통합(pooling data). 만약 다수의 데이터 세트를 갖는다면, 단지 한 세트의 데이터를 이용하는 것보다 다수의 데이터 세트를 통합(pooling 혹은 combining)하여 모집단 표준 편차의 더 나은 추정치를 얻을 수 있다. 이 경우에도 모든 측정에는 우발 오차가 똑같은 요인에서 발생한다고 가정해야 한다. 이러한 가정은 시료들이 비슷한 조성을 가지고 있고, 정확하게 동일한 방법으로 분석된다면 일반적으로 유효하다. 또한 표본은 같은 모집단에서 임의적으로 뽑은 것이고 이로 인해 공통된 σ값을 갖는다고 가정해야 한다.

s_{pooled}라 불리는 σ의 통합된 추정치(pooled estimate of σ)는 개별 추정치(individual estimates)의 가중 평균(weighted average)이다. s_{pooled}을 계산하기 위하여 각 측정값 부세트(subset)의 평균으로부터의 편차를 제곱한다. 모든 부세트들의 편차의 제곱값들은 합해지고, 이는 다시 적절한 자유도의 수로 나누어진다. 통합된 s는 이와 같이 얻은 값의 제곱근이다. 각 부세트에 대해 자유도 하나가 없어진다. 따라서, 통합된 $s(s_{\mathrm{pooled}})$에 대한 자유도는 전체의 측정 횟수에서 부세트의 수(n_t)를 뺀 것과 같다.

$$s_{\mathrm{pooled}} = \sqrt{\frac{\sum_{i=1}^{N_1}(x_i - \bar{x}_1)^2 + \sum_{j=1}^{N_2}(x_j - \bar{x}_2)^2 + \sum_{k=1}^{N_3}(x_k - \bar{x}_3)^2 + \cdots}{N_1 + N_2 + N_3 + \cdots - n_t}} \tag{a1-19}$$

이때, 지수 i, j, k는 각 부세트에서의 데이터를 나타내고, N_1, N_2, N_3, . . . N_n은 각 부세트에서의 측정 횟수를 나타낸다. 예제 a1-3은 통합된 표준 편차(pooled standard deviation)의 계산과 적용을 예시한다.

예제 a1-3

당뇨병을 앓고 있는 환자는 일상적으로 글루코스(glucose) 수치를 측정한다. 글루코스 수치가 가볍게 증가하는 환자의 글루코스 농도는 분광측정(spectrophotometric) 분석 방법을 통해 매달마다 측정된다. 환자는 글루코스 수치를 낮추기 위해 저당 식이요법을 한다. 다음은 식이 요법의 효과를 결정하기 위한 연구에서 얻은 결과이다. 분석 방법에 대한 표준 편차의 통합된 추정치를 계산하시오.

시간	글루코스 농도 (mg/L)	평균(mg/L)	평균으로부터의 편차의 제곱 합	표준 편차
1개월	1108, 1122, 1075, 1099, 1115, 1083, 1100	1100.3	1687.43	16.8
2개월	992, 975, 1022, 1001, 991	996.2	1182.80	17.2
3개월	788, 805, 779, 822, 800	798.8	1086.80	16.5
4개월	799, 745, 750, 774, 777, 800, 758	771.9	2950.86	22.2

비고(Note): 전체 측정 횟수 = 24; 제곱의 전체 합계 = 6907.89.

풀이

첫 번째 달에 대해서 첫 번째 칸에서 다음 칸의 값을 뺀 다음 제곱하고 더하여 계산하면 다음과 같다.

$$\begin{aligned}\text{제곱 합} &= (1108 - 1100.3)^2 + (1122 - 1100.3)^2 \\ &\quad + (1075 - 1100.3)^2 + (1099 - 1100.3)^2 \\ &\quad + (1115 - 1100.3)^2 + (1083 - 1100.3)^2 \\ &\quad + (1100 - 1100.3)^2 = 1687.43\end{aligned}$$

제곱의 다른 합들은 비슷한 방법으로 계산한다. 따라서, 통합된 표준 편차는 다음과 같다.

$$s_{\text{pooled}} = \sqrt{\frac{6907.89}{24 - 4}} = 18.58 \approx 19 \text{ mg/L}$$

계산하여 얻은 통합된 표준 편차 값은 마지막 열에 있는 개개의 s값들보다 더 나은 σ의 추정치임을 유의하시오. 또한, 네 개의 데이터 세트 각각에 대해 자유도가 하나씩 없어짐을 유의하시오. 하지만, 20개의 자유도가 남아있기 때문에 계산하여 얻은 s(즉, s_{pooled})는 더 나은 σ의 추정치이다.

a1B-2 신뢰 구간

화학 분석에서 마주하는 대부분의 상황들에서, 평균 μ의 참값은 확정할 수 없다. 이는 평균 μ의 참값을 구하기 위해서는 아주 많은 수(무한에 가까운 수)의 측정이 필요하기 때문이다. 그러나 모집단 평균 μ가 일정한 확률상으로 존재할 범위를 실험적으로 확정된 평균 $\bar{x}$를 포함한 구간의 형태로 통계적으로 추정할 수 있다. 이 구간을 *신뢰 구간*(confidence interval, CI)이라고 한다. 예를 들어, 포테슘(potassium, K)을 측정한 데이터 세트에 대한 모집단의 평균이 7.25 ± 0.15% K의 구간 내에 존재할 확률이 99%라고 말할 수 있는 것이다. 이는 모집단의 평균이 99%의 확률로 7.10~7.40% K의 구간 안에 존재한다는 의미이다.

표본 표준 편차로 계산하는 신뢰 구간의 크기는 표본 표준 편차 s가 얼마나 좋은 모집단 표준 편차 σ의 근사치인지에 의존한다. 만약 s가 σ의 좋은 근사치라면, σ를 단지 몇 개의 측정값에 기반하여 추정하였을 때보다 신뢰 구간은 훨씬 더 좁아지게 될 것이다.

σ이 알려져 있거나 s가 σ의 좋은 추정치일 때의 신뢰 구간

그림 a1-5는 5개의 정규 오차 곡선(normal error curves)을 보여준다. 각 곡선은 z에 대한 함수로서 상대 빈도를 도시하고 있다. 이때, z는 평균에 대한 편차를 **모집단 표준 편차로 정규화(normalized)한 것**이다(식 a1-15 참고). 각 그림의 음영된 영역은 곡선의 왼쪽, 오른쪽에 표시된 $-z$와 $+z$값들 사이에 걸쳐 있다. 음영된 영역 안에 제시된 숫자는 각 곡선 아래 z값들 안에 포함되어 있는 면적의 총면적에 대한 백분율이다. 예를 들어, 곡선 a에 나타난 바와 같이, Gaussian 곡선 아래 면적의 50%는 -0.67σ와 $+0.67\sigma$ 사이에 있다. 곡선 b와 c에서 살펴보면, 총면적의 80%는 -1.28σ와 $+1.28\sigma$ 사이에 있고, 총면적의 90%는 -1.64σ와 -1.64σ 사이에 있음을 알 수 있다. 이와 같은 관계들을 통해, 우리는 **σ의 합리적인 추정치를 알고 있다면** 참 평균값이 일정한 확률상으로 존재할 구간을 측정한 결과들에 기반하여 구할 수 있다. 예를 들어, 데이터 세트에서 표준 편차 σ를 갖는 x 측정값을 얻었을 때, 100회 중 90회는 참 평균 μ이 구간 $x \pm 1.64\sigma$ 내에 놓이게 될 것이다(그림 a1-5c 참고). 이때의 확률을 *신뢰 수준*(confidence level, CL)이라 부른다. 그림 a1-5c의 예에서, 신뢰 수준(CL)은 90%이고 신뢰 구간(confidence interval, CI)은 -1.64σ~$+1.64\sigma$ 범위이다. 결과가 신뢰 구간 밖에 존재할 확률을 종종 *유의미 수준*(significance level)이라 부른다.

만약 알고 있는 σ를 지니는 분포로부터 하나의 측정값 x를 얻었다면, 참 평균은 z에 의존하는 확률상으로 구간 $x \pm z\sigma$ 내에 존재할 것이다. 그림 a1-5c~e에서 확인할 수 있는 바와 같이, 이때의 확률은 $z = 1.64$라면 90%, $z = 1.96$이라면 95%, $z = 2.58$이라면 99%이다. 단일 측정값 x에 기반하여 참 평균의 신뢰 구간에 대한 일반적인 표현을 식 a1-15를 재배열하여 얻을 수 있다(z는 양수나 음수 값을 가질 수 있음을 기억하라). 따라서,

$$\mu\text{에 대한 신뢰 구간(CI)} = x \pm z\sigma \qquad \text{(a1-20)}$$

하지만, 보통 단일 측정으로는 참 평균을 추정하지 않는다. 그 대신 N번의 측정에서 얻은 실험적 평균 $\bar{x}$를 사용하여 μ의 더 나은 추정치를 얻는다. 이 경우 식 a1-20에서 x를 $\bar{x}$로 대체하고, σ를 평균의 표준 오차 $\sigma/\sqrt{N}$(식 a1-18 참고)로 대체한다. 즉,

$$\mu\text{에 대한 신뢰 구간(CI)} = \bar{x} \pm \frac{z\sigma}{\sqrt{N}} \qquad \text{(a1-21)}$$

여러 신뢰 수준에서의 z값들은 표 a1-3에서 찾을 수 있고, 신뢰

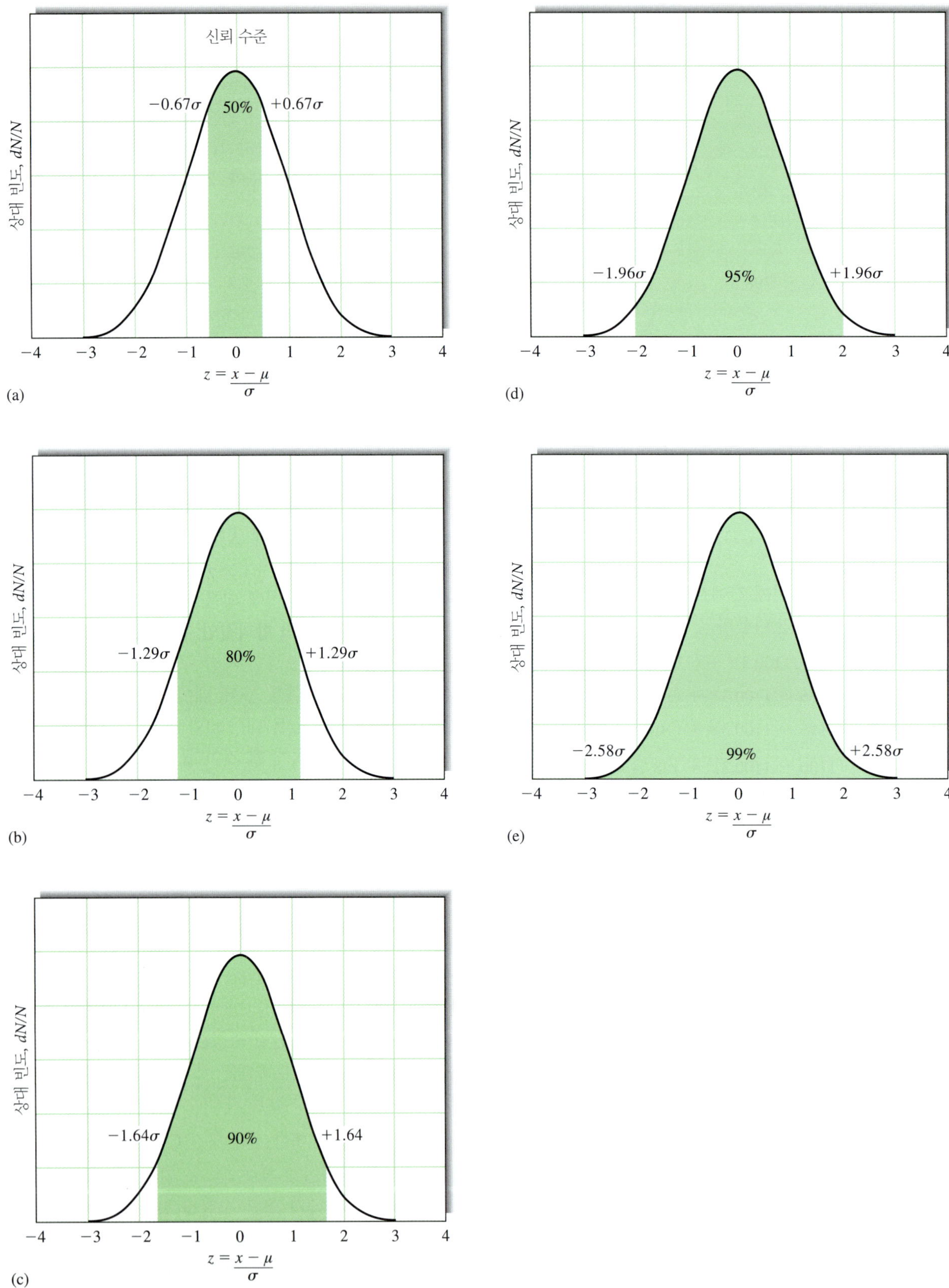

그림 a1-5 여러 가지 ±z에 대한 Gaussian 곡선 아래 면적. (a) $z = \pm 0.67$; (b) $z = \pm 1.29$; (c) $z = \pm 1.64$; (d) $z = \pm 1.96$; (e) $z = \pm 2.58$.

표 a1-3 다양한 z에 따른 신뢰 수준

Confidence Level, %	z
50	0.67
68	1.00
80	1.28
90	1.64
95	1.96
95.4	2.00
99	2.58
99.7	3.00
99.9	3.29

표 a1-4 평균 측정 횟수의 함수로서의 신뢰 구간의 크기

평균 측정 횟수	Relative Size of Confidence Interval
1	1.00
2	0.71
3	0.58
4	0.50
5	0.45
6	0.41
10	0.32

구간의 상대적 크기는 N의 함수로서 표 a1-4에 제시되었다. 신뢰 한계(confidence limits)와 신뢰 구간에 대한 예제 계산은 예제 a1-4와 a1-5에 제시되어 있다.

예제 a1-4

예제 a1-3에서의 (a) 첫 번째 시료(1108 mg/L 글루코스)와 (b) 첫 번째 1개월에 대한 평균(1100.3 mg/L)에 대한 80%와 95% 신뢰 수준에서의 신뢰 구간을 계산하시오.

›풀이

σ의 좋은 추정치로 통합된 표준 편차 $s_{pooled} = 19$를 사용한다.

(a) 표 a1-3으로부터 80%와 95% 신뢰 수준에서의 z는 각각 1.28, 1.96이다. 이를 식 a1-20에 대입하면

$$80\%\ \text{CI} = 1108 \pm 1.28 \times 19 = 1108 \pm 24.3\ \text{mg/L}$$

$$95\%\ \text{CI} = 1108 \pm 1.96 \times 19 = 1108 \pm 37.2\ \text{mg/L}$$

이 결과로부터, 모집단 평균[**가측 오차(determinate error)가 없는 경우**] μ가 1083.7과 1132.3 mg/L 글루코스 사이에 있을 확률은 80%임을 알 수 있다. 또한, 1070.8과 1145.2 mg/L 글루코스 사이에 존재할 확률은 95%이다.

(b) 7번의 측정으로부터,

$$80\%\ \text{CL} = 1100.3 \pm \frac{1.28 \times 19}{\sqrt{7}}$$

$$= 1100.3 \pm 9.2\ \text{mg/L}$$

$$95\%\ \text{CL} = 1100.3 \pm \frac{1.96 \times 19}{\sqrt{7}}$$

$$= 1100.3 \pm 14.1\ \text{mg/L}$$

따라서, 80%의 확률로 μ가 1091.1과 1109.5 mg/L 글루코스 사이에 존재하고, 95%의 확률로 μ가 1086.2와 1114.4 mg/L 글루코스 사이에 존재한다.

예제 a1-5

예제 a1-3에서 첫 번째 1개월의 경우 95% 신뢰 구간을 1100.3 ± 10.0 mg/L 글루코스 범위로 감소시키기 위하여 몇 번의 반복 측정이 필요한가?

›풀이

이때 $\pm z\sigma/\sqrt{N}$은 ±10.0 mg/L 글루코스이다.

$$\frac{z\sigma}{\sqrt{N}} = \frac{1.96 \times 19}{\sqrt{N}} = 10.0$$

$$\sqrt{N} = \frac{1.96 \times 19}{10.0} = 3.724$$

$$N = (3.724)^2 = 13.9$$

따라서, 14번 반복 측정하면 모집단 평균이 실험 평균(experimental mean)의 ±10.0 mg/L 글루코스 구간 안에 있을 확률이 95%보다 약간 더 클 것이다.

식 a1-21과 표 a1-4를 살펴보면 측정을 4번 반복할 때 한 분석값의 신뢰 구간을 반으로 줄일 수 있음을 알 수 있다. 16번 측정하면 신뢰 구간을 또 다시 반으로 좁힐 수 있을 것이다. 하지만 계속 데이터를 얻더라도 신뢰 구간이 크게 좁혀지지 않는 상황에 빠르게 도달한다. 따라서, 보통 2~4번 측정으로 얻은 평균을 이용하여 비교적 큰 효과를 얻고, 더 이상 신뢰 구간을 좁히기 위해 그 이상의 추가적인 반복 실험을 위해 시간이나 시료를 소비하지 못하는 경우가 많다.

식 a1-21에 바탕을 둔 신뢰 구간은 편향이 없고 σ의 좋은 **추정치를 알고 있을 때에만(즉, s가 σ의 좋은 추정치일 때에만)** 사용할 수 있다는 것을 유념해야 한다. $s \rightarrow \sigma$(즉, s가 σ에 근접한다) 표시는 s가 σ의 좋은 추정치라는 것을 의미한다.

σ를 알지 못할 때의 신뢰 구간

시간이 한정되어 있거나 시료량이 제한되어 있기 때문에 s가 σ의 좋은 추정치일 수 있도록 충분한 측정을 수행하지 못하는 경우가 때때로 있다. 그런 경우에는 하나의 반복 측정 세트로 평균뿐만 아니라 정밀도(precision)도 평가해야 한다. 앞서 언급한 바와 같이, 작은 데이터 세트로부터 계산한 s는 상당히 불확실

할 수 있다. 따라서 σ의 추정치로 작은 데이터 세트의 s를 사용하는 경우에는 신뢰 구간이 더 넓어져야 한다.

s의 변동성을 반영하기 위하여 중요한 통계 인자 t를 사용하는데, t는 식 a1-15에서 σ 대신 s로 치환하는 것을 제외하면 z와 같은 방식으로 다음과 같이 정의한다. x 측정값을 갖는 하나의 단일 측정에 대하여, t는 다음과 같이 정의한다.

$$t = \frac{x - \mu}{s} \qquad \text{(a1-22)}$$

N번의 측정에 따른 평균에 대하여,

$$t = \frac{\bar{x} - \mu}{s/\sqrt{N}} \qquad \text{(a1-23)}$$

식 a1-20에서의 z와 같이, t는 원하는 신뢰 수준에 의존한다. 하지만, t는 s 계산에 이용한 자유도 수(number of degree of freedom)에도 의존한다. 표 a1-5에는 몇 가지 자유도에 대한 t값들이 실려 있다. 보다 광범위한 표는 여러 수학 혹은 통계 핸드북에서 찾을 수 있다. 자유도 수가 커짐에 따라 t는 z에 가까워짐에 유의하라.

N번 반복 측정하여 얻은 평균 $\bar{x}$의 신뢰 구간은 식 a1-21과 유사한 다음과 같은 식에 의해 t로부터 계산할 수 있다.

$$\text{CI for } \mu = \bar{x} \pm \frac{ts}{\sqrt{N}} \qquad \text{(a1-24)}$$

신뢰 구간에 대한 통계적인 t의 사용은 예제 a1-6에 예시되어 있다.

표 a1-5 여러 가지 확률 수준에 따른 t 값

자유도	80%	90%	95%	99%	99.9%
1	3.08	6.31	12.7	36.7	637
2	1.89	2.92	4.30	9.92	31.6
3	1.64	2.35	3.18	5.84	12.9
4	1.53	2.13	2.78	4.60	8.61
5	1.48	2.02	2.57	4.03	6.87
6	1.44	1.94	2.45	3.71	5.96
7	1.42	1.90	2.36	3.50	5.41
8	1.40	1.86	2.31	3.36	5.04
9	1.38	1.83	2.26	3.25	4.78
10	1.37	1.81	2.23	3.17	4.59
15	1.34	1.75	2.13	2.95	4.07
20	1.32	1.73	2.09	2.84	3.85
40	1.30	1.68	2.02	2.70	3.55
60	1.30	1.67	2.00	2.62	3.46
∞	1.28	1.64	1.96	2.58	3.29

예제 a1-6

화학자가 혈액 시료 중의 알코올 함량을 측정하여 다음과 같은 데이터를 얻었다: % C_2H_5OH: 0.084, 0.089, 0.079. (a) 세 개의 결과만을 가지고 사용한 측정 방법의 정밀도를 나타낼 때와 (b) 수백 개의 시료를 사용한 예전의 실험에 근거하여 s = 0.005% 에탄올(C_2H_5OH)이고 이것이 σ의 좋은 추정치일 때, 평균값에 대한 95% 신뢰 구간을 계산하시오.

❯풀이

(a) $\sum x_i = 0.084 + 0.089 + 0.079 = 0.252$

$$\sum x_i^2 = 0.007056 + 0.007921 + 0.006241$$
$$= 0.021218$$

$$s = \sqrt{\frac{0.021218 - (0.252)^2/3}{3 - 1}} = 0.0050\%\ C_2H_5OH$$

이때, $\bar{x} = 0.252/4 = 0.084$이다. 표 a1-5를 통해 자유도가 2이고 신뢰 수준이 95%일 때 $t = 4.30$임을 알 수 있다. 따라서,

$$95\%\ \text{CI} = \bar{x} \pm \frac{ts}{\sqrt{N}} = 0.084 \pm \frac{4.30 \times 0.0050}{\sqrt{3}}$$

$$= 0.084 \pm 0.012\%\ C_2H_5OH$$

(b) $s = 0.0050\%$가 σ의 좋은 추정치이므로,

$$95\%\ \text{CI} = \bar{x} \pm \frac{z\sigma}{\sqrt{N}} = 0.094 \pm \frac{1.96 \times 0.0050}{\sqrt{3}}$$

$$= 0.084 \pm 0.006\%\ C_2H_5OH$$

σ를 정확히 알면 신뢰 구간이 상당히 좁아짐을 알 수 있다.

a1B-3 측정 불확실성의 전파

전형적인 기기 분석 방법은 여러 가지 실험적 측정을 수반하는데, 이들 각 측정에는 불가측 불확실성(indeterminate uncertainty)이 관여하고 최종 결과의 불가측 오차(indeterminate error)에도 기여한다.

원리(principles)

이러한 불가측 불확실성이 어떻게 분석 결과에 영향을 주는가에 대해 알아보기 위하여, 결괏값 x가 독립적이고 불규칙하게 요동치는 실험 변수 p, q, r 등에 의존한다고 가정하자. 즉, x는 p, q, r 등의 함수이므로 다음과 같이 표현할 수 있다.

$$x = f(p, q, r, \ldots) \qquad \text{(a1-25)}$$

x의 i번째 측정값의 불확실성 dx_i(즉, 평균에 대한 편차)는 대응하는 불확실성 dp_i, dq_i, dr_i 등의 크기와 부호에 의존한다. 즉,

$$dx_i = f(dp_i, dq_i, dr_i, \ldots)$$

p, q, r 등의 불확실성의 함수로서 x의 전체 불확실성은 변수 p, q, r 등의 각각에 대하여 x(식 a1-25)의 편미분을 통해 얻을 수 있다. 즉,

$$dx = \left(\frac{\partial x}{\partial p}\right)_v dp + \left(\frac{\partial x}{\partial q}\right)_v dq + \left(\frac{\partial x}{\partial r}\right)_v dr + \cdots \quad \text{(a1-26)}$$

이때, 아래 첨자 v는 다른 변수 p, q, r 등이 일정한 상수임을 의미한다.

x의 표준 편차와 p, q, r의 표준 편차들 간의 관계를 알기 위하여, 식 a1-26을 제곱하고 $i = 1$과 $i = N$ 사이에서 합해야 한다. 이때 N은 총 측정 횟수이다. 식 a1-26을 제곱할 때, 식의 오른쪽에는 두 종류의 항(term), 즉 제곱 항(square terms)과 곱셈 항(cross terms)이 나타난다. 제곱 항은 다음의 형태로 표시된다.

$$\left(\frac{\partial x}{\partial p}\right)^2 (dp)^2, \left(\frac{\partial x}{\partial q}\right)^2 (dq)^2, \left(\frac{\partial x}{\partial r}\right)^2 (dr)^2, \cdots$$

제곱 항은 항상 양의 값을 가지며 **서로 상쇄되지 않는다**. 반면에, 곱셈 항의 부호는 양이나 음이 모두 될 수 있으며 다음과 같은 형태로 표시된다.

$$\left(\frac{\partial x}{dp}\right)\left(\frac{\partial x}{dq}\right) dp\, dq, \left(\frac{\partial x}{dp}\right)\left(\frac{\partial x}{dr}\right) dp\, dr, \cdots$$

만약 dp, dq, dr 등이 *독립적*(independent)이고 *불규칙한 불확실성*(random uncertainties)을 나타낸다고 한다면, 곱셈 항의 어떤 것들은 음의 값이고 나머지 항들은 양의 값일 것이다. 따라서, 특히 N이 클 때 곱셈 항들의 합은 0에 가까울 것이다. 하지만, 변수들이 독립적이지 않고 서로 연관되어 있다면 N의 크기와는 상관없이 곱셈 항들은 일정할 것이다.[10]

곱셈 항은 서로 상쇄되는 경향을 가지고 있기 때문에, $i = 1$부터 $i = N$까지 식 a1-26의 제곱의 합은 전적으로 제곱 항들로 이루어져 있다고 일반적으로 가정할 수 있다. 따라서, 이 합은 다음과 같은 형태를 갖는다.

$$\sum (dx_i)^2 = \left(\frac{\partial x}{\partial p}\right)^2 \sum (dp_i)^2 + \left(\frac{\partial x}{\partial q}\right)^2 \sum (dq_i)^2 + \left(\frac{\partial x}{\partial r}\right)^2 \sum (dr_i)^2 + \cdots \quad \text{(a1-27)}$$

전체를 $N - 1$로 나누면 다음과 같다.

$$\frac{\sum (dx_i)^2}{N-1} = \left(\frac{\partial x}{\partial p}\right)^2 \frac{\sum (dp_i)^2}{N-1} + \left(\frac{\partial x}{\partial q}\right)^2 \frac{\sum (dq_i)^2}{N-1} + \left(\frac{\partial x}{\partial r}\right)^2 \frac{\sum (dr_i)^2}{N-1} + \cdots \quad \text{(a1-28)}$$

식 a1-8로부터 다음 관계를 알 수 있다.

$$\frac{\sum (dx_i)^2}{N-1} = \frac{\sum (x_i - \bar{x})^2}{N-1} = s_x^2$$

이때, $s_x{}^2$은 x의 가변도(variance)이다. 마찬가지로,

$$\frac{\sum (dp_i)^2}{N-1} = s_p^2$$

등을 알 수 있다. 따라서, 식 a1-28은 수치들의 가변도 항들로 표현할 수 있다. 즉,

$$s_x^2 = \left(\frac{\partial x}{\partial p}\right)^2 s_p^2 + \left(\frac{\partial x}{\partial q}\right)^2 s_q^2 + \left(\frac{\partial x}{\partial r}\right)^2 s_r^2 + \cdots \quad \text{(a1-29)}$$

만약 N이 크면, 식 a1-29에서 나타난 표본 가변도(sample variances)는 모집단 가변도(population variances)로 대체될 수 있다. 다음 예제는 식 a1-29가 어떻게 몇몇 실험 결과들로부터 계산된 값의 가변도를 얻는 데 사용되는가를 보여주고 있다.

예제 a1-7

크로마토그래피 관(column)의 단수 N은 식 26-21을 이용하여 계산할 수 있다.

$$N = 16\left(\frac{t_R}{W}\right)^2$$

이때, t_R은 머무름 시간이고, W는 크로마토그램 피크(peak)의 너비(width)인데 t_R와 같은 단위를 가진다. 이 항들의 중요성은 그림 26-7에서 설명하고 있다.

헥사클로로벤젠(hexachlorobenzene)은 머무름 시간 13.36분에서 HPLC 피크를 나타냈다. 이 피크의 밑면에서의 너비는 2.18분이다. 두 번의 측정에 대한 표준 편차 s는 각각 0.043과 0.061분이었다. (a) 관의 단수를 계산하고, (b) 계산된 결과의 표준 편차를 계산하시오.

풀이

(a) $N = 16\left(\frac{13.36}{2.18}\right)^2 = 601$단

(b) 식 a1-29로부터,

$$s_N^2 = \left(\frac{\partial N}{\partial t_R}\right)_W^2 s_{t_R}^2 + \left(\frac{\partial N}{\partial W}\right)_{t_R}^2 s_W^2$$

N에 대한 식으로부터,

$$\left(\frac{\partial N}{\partial t_R}\right)_W^2 = \frac{32 t_R}{W^2} \quad \text{그리고} \quad \left(\frac{\partial N}{\partial W}\right)_{t_R}^2 = \frac{-32 t_R^2}{W^3}$$

이 관계식들을 앞 식에 대입하면

$$s_N^2 = \left(\frac{32 t_R}{W^2}\right) s_{t_R}^2 + \left(\frac{-32 t_R^2}{W^3}\right)^2 s_W^2$$

$$= \left(\frac{32 \times 13.36\text{ 분}}{(2.18\text{ 분})^2}\right)^2 (0.061\text{ 분})^2 + \left(\frac{-32(13.36\text{ 분})^2}{(2.18\text{ 분})^3}\right)^2 (0.043\text{ 분})^2 = 592.1$$

$$= \sqrt{592.1} = 24.3 \text{ 또는 } 24\text{단}$$

따라서, $N = 601 \pm 24$단

[10]더 자세한 내용을 위해서는 P. R. Bevington and D. K. Robinson, *Data Reduction and Error Analysis for the Physical Sciences,* 3rd ed., pp. 39-48, New York: McGraw-Hill, 2003을 참조하라.

표 a1-6 산술적 계산에서의 오차 전파(propagation)

연산 형태	예[a]	y의 표준 편차	
덧셈 또는 뺄셈	$x = p + q - r$	$s_x = \sqrt{s_p^2 + s_q^2 + s_r^2}$	(1)
곱셈 또는 나눗셈	$x = p \times q/r$	$\frac{s_x}{x} = \sqrt{\left(\frac{s_p}{p}\right)^2 + \left(\frac{s_q}{q}\right)^2 + \left(\frac{s_r}{r}\right)^2}$	(2)
지수(exponentiation)	$x = p^y$	$\frac{s_x}{x} = y\left(\frac{s_p}{p}\right)$	(3)
대수(logarithm)	$x = \log_{10} p$	$s_x = 0.434\frac{s_p}{p}$	(4)
역대수(antilogarithm)	$x = \text{antilog}_{10}\, p$	$\frac{s_x}{x} = 2.303\, s_p$	(5)

[a] p, q, r은 각각 s_p, s_q, s_r의 표준 편차를 갖는 실험적 변수.

계산된 결과의 표준 편차

식 a1-29는 산술적 계산을 통해 얻어진 결과들의 표준 편차를 계산하는 데 필요한 관계식을 유도하는 데 사용될 수 있다. 예를 들어, 결괏값 x가 다음 관계식에 따라 계산되는 경우를 생각하자.

$$x = p + q - r$$

이때, p, q, r은 각각 s_p, s_q, s_r의 표준 편차를 갖는 실험 측정값이다. 식 a1-29에서, 편미분 값은 다음과 같다.

$$\left(\frac{\partial x}{dp}\right)_{q,r} = \left(\frac{\partial x}{dq}\right)_{p,r} = 1 \quad \text{그리고} \quad \left(\frac{\partial x}{\partial r}\right)_{p,q} = -1$$

따라서, x의 가변도는 다음과 같다.

$$s_x^2 = s_p^2 + s_q^2 + s_r^2$$

그리고 x의 표준 편차는 다음과 같다.

$$s_x = \sqrt{s_p^2 + s_q^2 + s_r^2}$$

따라서, 덧셈 또는 뺄셈의 표준 편차는 그 연산(즉, 덧셈 또는 뺄셈)을 수행한 숫자들의 표준 편차의 제곱한 합의 제곱근과 같다.

이와 같은 방법으로 다른 형태의 산술적 연산의 경우에도 표 a1-6에 나타낸 관계식들을 얻을 수 있다. 몇몇 연산의 경우 절대 표준 편차(absolute standard deviation)가 아닌 $(s_x/x)^2$, $(s_p/p)^2$와 같은 상대 가변도(relative variance)가 사용되고 있음을 주의하라.

반올림

실험 측정에 있어서 반올림(rounding data)에 의해 측정 결과의 불확실성이 유발될 수 있고, 이에 따라 측정 결과는 *유효 숫자*(significant figures)만으로 표시한다. 정의에 의하면, 유효 숫자는 정확히 알고 있는 확실한 모든 자릿수들과 **첫 번째 불확실한 자릿수**를 포함한다. 만약 측정한 결과의 표준 편차 혹은 *이의 좋은 근사치*를 알고 있다면, 우리는 어떤 자릿수가 불확실한지 판단할 수 있다. 예를 들어 5번 측정한 결과의 평균이 2.634이고 평균의 표준 편차가 0.02라면, 소수점 두 번째 자릿수가 불확실한 자릿수라는 것을 알 수 있다. 따라서, 측정 결과는 2.63 ± 0.02로 표시되어야 한다. 한 가지 유의할 점은, 표준 편차도 오차를 포함하고 있기 때문에, **표준 편차에서 하나 이상의 유효 숫자를 포함하는 것은 대체로 타당하지 않다는 점이다**. 연구 논문에서 물리적 상수의 불확실성을 나타내는 등의 특별한 목적을 위하여 두 개의 유효 숫자를 유지하는 것은 유용할 수 있고, 따라서 그 표준 편차에 두 자릿수까지 포함하는 것에 문제가 없을 수도 있다. 하지만, 일반적으로 불확실성은 첫 번째 자릿수에 포함된다는 것을 유념할 필요가 있다.[11]

일련의 표준 편차를 지닌 실험값들로부터 결과를 계산할 때, 식 a1-29나 표 a1-6을 사용하여 계산 결괏값의 표준 편차를 계산할 수 있다. 예제 a1-8과 1-9에서 어떻게 결괏값을 적절히 반올림하고 유효 숫자를 구하는지 살펴보자.

예제 a1-8

다음 결과에 대한 표준 편차를 계산하고, 어떻게 결과를 반올림할지 결정하시오.

$$x = \frac{[14.3(\pm 0.2) - 11.6(\pm 0.2)] \times 0.050(\pm 0.001)}{[820(\pm 10) + 1030(\pm 5)] \times 42.3(\pm 0.4)}$$

$$= 1.725129 \times 10^{-6}$$

〉풀이

먼저, 분모에서의 합의 값들과 분자에서의 차이 값들에 대한 표준 편차를 구해야 한다. s_d를 분자에서의 차이 값들에 대한 표준 편차라고 하면,

[11] 더 자세한 내용을 위해서는 http://tinyurl.com/h539hez를 참조하시오.

$$s_d = \sqrt{(\pm 0.2)^2 + (\pm 0.2)^2} = \pm 0.2828$$

분모에서의 합의 값들에 대한 표준 편차 s_s는

$$s_s = \sqrt{(\pm 10)^2 + (\pm 5)^2} = \pm 11.180$$

따라서, 주어진 식은 다음과 같이 나타낼 수 있다.

$$\frac{2.7(\pm 0.2828) \times 0.050(\pm 0.001)}{1850(\pm 11.180) \times 42.3(\pm 0.4)} = 1.725129 \times 10^{-6}$$

이 식은 곱셈과 나눗셈만을 포함하고 있기 때문에, 표 a1-6의 식 (2)를 적용하면,

$$\frac{s_x}{x} =$$

$$\sqrt{\left(\frac{\pm 0.2828}{2.7}\right)^2 + \left(\frac{\pm 0.001}{0.050}\right)^2 + \left(\frac{\pm 11.180}{1850}\right)^2 + \left(\frac{\pm 0.4}{42.3}\right)^2}$$

$$= \pm 0.10722$$

s_x를 얻기 위하여, 얻어진 상대 표준 편차에 $x = 1.725129 \times 10^{-6}$을 곱하면,

$$s_x = \pm 0.10722 \times 1.725129 \times 10^{-6} = 0.18497 \times 10^{-6}$$

따라서, 답은 $1.7(\pm 0.2) \times 10^{-6}$이다.

이 예제에서 최종 계산을 마칠 때까지 반올림을 하지 않았다는 점을 유의하시오. *반올림 오류*(rounding error)를 피하기 위해 유효 숫자 이 외에 적어도 하나의 추가 자릿수를 가지고 모든 계산 과정을 수행해야 한다.

예제 a1-9

다음 계산의 결괏값에 대한 표준 편차를 구하고, 유효 숫자를 고려하여 결괏값을 적절히 반올림하시오. 각각의 값에 대한 절대 표준 편차는 괄호 안에 주어져 있다.

(a) $x = \log[2.00(\pm 0.02) \times 10^{-4}] = -3.69897$

(b) $x = \text{antilog}[1.200(\pm 0.003)] = 15.84893$

(c) $x = [4.73(\pm 0.03) \times 10^{-4}]^3 = 1.0582 \times 10^{-10}$

풀이

(a) 표 a1-6의 식 (4)를 적용하면,

$$s_x = \pm 0.434 \times \frac{0.02 \times 10^{-4}}{2.00 \times 10^{-4}} = \pm 0.00434$$

따라서, $\log[2.00(\pm 0.02) \times 10^{-4}] = -3.699 \pm 0.004$.

(b) 표 a1-6의 식 (5)를 적용하면,

$$\frac{s_x}{x} = 2.303 \times (\pm 0.003) = \pm 0.006909$$

$$s_x = \pm 0.006909 \times 15.84893 = \pm 0.1095$$

따라서, $\text{antilog}[1.200(\pm 0.003)] = 15.8 \pm 0.1$.

(c) 표 a1-6의 식 (3)을 적용하면,

$$\frac{s_x}{x} = 3\left(\frac{\pm 0.03 \times 10^{-4}}{4.73 \times 10^{-4}}\right) = \pm 0.01903$$

$$s_x = \pm 0.01903 \times 1.0582 \times 10^{-10} = \pm 2.014 \times 10^{-12}$$

따라서, $[4.73(\pm 0.03) \times 10^{-4}]^3 = 1.06(\pm 0.02) \times 10^{-10}$.

앞의 예제들을 통해, 값들의 표준 편차를 알면 반올림 과정은 수학적 오차의 전파(propagation of error mathematics)를 통해 비교적 쉽게 수행할 수 있다는 것을 알 수 있다. 하지만 유효 숫자만으로 정밀도가 표현된 데이터를 가지고 계산을 해야 하는 경우도 종종 접하게 된다. 이런 경우, 각 수의 불확실성에 상식적인 가정을 적용해야 한다. 이러한 가정을 가지고 식 a1-29를 사용하여 최종 결괏값의 불확실성을 평가한다. 최종적으로 결괏값을 반올림하여 유효 숫자만으로 표현한다. 주의할 것은 계산기나 컴퓨터 프로그램은 일반적으로 유효하지 않은 여분의 자릿수를 포함하고 있다는 점이다. 따라서, 최종값에서는 적절히 반올림하여 유효 숫자만을 포함하도록 해야 한다.

a1C 가설 검증

가설 검증(hypothesis testing)은 과학과 공학에서 이루어지는 많은 판단들에 대한 기본 토대이다. 따라서, 관찰 사실을 설명하기 위하여 가설 모델을 세우고 실험적으로 검증한다. 만약 실험 결과들이 가설 모델을 뒷받침하지 못한다면 그 가설 모델은 폐기되고 새로운 가설을 세우게 된다. 반대로 실험 결과와 가설이 일치한다면 그 가설 모델은 받아들여지고 추후 실험들의 토대가 된다.

실험 결과들이 이론적 모델에 따른 예측치들과 정확히 일치하는 경우는 매우 드물다. 따라서, 과학자들은 그 수치들의 차이가 모든 실험에서 피할 수 없는 우발 오차의 결과인지 혹은 계통 오차의 결과인지 종종 판단해야 한다. 통계적 검증은 이러한 판단을 명확히 하는 데 있어서 유용한 도구가 된다.

이런 종류의 검증은 *영점 가설*(null hypothesis)을 사용하는데, 이 영점 가설에서는 비교되는 수치들이 사실상 동일하다고 가정한다. 그리고 확률 분포(probability distribution)를 사용하여 관찰된 수치적 차이가 우발 오차로 인한 차이일 확률을 계산한다. 일반적으로 관찰된 차이가 우발 오차로 인해 100번 중 5번[유의 수준(significance level) 0.05] 발생할 차이와 같거나 크다면, 영점 가설은 의심스러워지고 그 차이는 의미 있는 차이라고 판단할 수 있다. 판단 과정에서 요구되는 확실성의 정도에 따라 다른 유의 수준, 예를 들어 0.01 (1%) 혹은 0.001 (0.1%)을 적용할 수도 있다. 분수로 표현할 경우 유의 수준은 종종 기호 α로 표시한다. 백분율로 표시되는 신뢰 수준는 α와 $\text{CL} = (1 - \alpha) \times 100\%$의 관계를 갖는다.

화학자들이 자주 사용하는 가설 검증의 구체적인 예들은 다음과 같다. (1) 실험 데이터 세트의 평균과 참값으로 여겨지는

값과의 비교, (2) 평균과 예측치(predicted value) 혹은 임계값 [cutoff (threshold) value]과의 비교, (3) 둘 또는 그 이상의 데이터 세트들의 평균값들 혹은 표준 편차들의 비교.

가설 검증에는 고려해야 할 상호 모순되는 두 결과들이 있다. 첫째는 영점 가설 H_0인데 $\mu = \mu_0$이라 기술된다[μ는 실험 평균(experimental mean), μ_0는 참값, 임계값, 또는 비교해야 할 다른 평균]. 둘째는 대안 가설(alternative hypothesis) H_a인데 몇 가지 방식으로 기술될 수 있다. 만약 μ가 μ_0와 다르다면($\mu \neq \mu_0$) 영점 가설을 폐기하고 H_a를 취할 수 있다. 이 경우의 검증을 *두 꼬리 검증*(two-tailed test)이라 한다. 다른 대안 가설들은 $\mu > \mu_0$와 $\mu < \mu_0$이다. 이들은 *한 꼬리 검증*(one-tailed test)라 한다. 예를 들어, 방출되는 산업폐수의 납 농도가 최대 허용치 0.05 ppm (μ_0=0.05 ppm)을 초과하는지 결정하는 경우를 고려하자. 이 경우 가설 검증은 다음과 같이 기술할 수 있고, 이 검증은 한 꼬리 검증일 것이다.

$$H_0: \mu = 0.05 \text{ ppm}$$
$$H_a: \mu > 0.05 \text{ ppm}$$

이번에는 몇 년 동안 실시한 실험을 통하여 평균 납 수준을 $\mu_0 = 0.02$ ppm이라 결정했다고 하자. 최근 들어 산업공정에 변화가 일어나 현재의 납 수준이 0.02 ppm이 아닐 것이라 의심한다고 하자. 여기서는 납 수준이 0.02 ppm보다 높을지 아니면 낮을지를 고려하지 않고 있다. E라서 가설 검증은 다음과 같이 기술될 수 있고, 이 검증은 두 꼬리 검증이다.

$$H_0: \mu = 0.02 \text{ ppm}$$
$$H_a: \mu \neq 0.02 \text{ ppm}$$

통계적 검증을 실행하기 위해서는 검증 과정이 수행되어야(implemented) 한다. 검증 과정의 중요한 요소는 적절한 검증 통계(test statistic)를 형성하고 폐기 영역(rejection region)을 결정하는 것이다. 검증 통계는 영점 가설 H_0를 수용할지 폐기할지를 결정하는 데 근거로 사용하는 데이터로부터 형성한다. 폐기 영역에는 영점 가설 H_0를 폐기하게 만드는 모든 검증 통계치들이 포함된다. 검증 통계치가 폐기 영역에 포함된다면 영점 가설은 폐기되어야 한다. 만약 측정 표본 수가 매우 크거나 σ를 알고 있다면 하나 또는 두 개의 평균과 관계되는 검증에 대해 검증 통계는 z 통계일 수 있다. 반면에 측정 표본 수가 작으면서 σ를 알고 있지 못하다면 대신 t 통계를 사용해야 한다.

t 통계 과정은 다음과 같다.

1. 영점 가설을 기술하라: $H_0: \mu = \mu_0$
2. 검증 통계의 식을 만들라: $t = \dfrac{\bar{x} - \mu_0}{s/\sqrt{N}}$
3. 대안 가설 H_a를 기술하고 폐기 영역을 결정하라. 이때 t의 기준값(critical value) t_{crit}은 t 통계 표에서 찾는다.
   대안 가설 H_a: $\mu \neq \mu_0$인 경우, 만약 $t \geq t_{crit}$ 혹은 $t \leq -t_{crit}$(두 꼬리 검증)라면, H_0를 폐기하라.
   대안 가설 H_a: $\mu > \mu_0$인 경우, 만약 $t \geq t_{crit}$(한 꼬리 검증)라면, H_0을 폐기하라.
   대안 가설 H_a: $\mu < \mu_0$인 경우, 만약 $t \leq -t_{crit}$(한 꼬리 검증)라면, H_0을 폐기하라.

그림 a1-2에 예시된 바와 같이 분석 방법에서의 계통 오차에 대한 검증 예를 통해 위의 검증 과정을 설명할 수 있다. 이 경우 분석물의 측정을 통해 모집단 평균의 추정치인 실험 평균을 얻을 수 있다. 만약 분석 방법에 계통 오차 혹은 편향이 반영되어 있지 않다면, 우발 오차는 그림 a1-2의 곡선 A에 나타난 빈도 분포(frequency distribution)를 나타낼 것이고, 이때 평균 μ_A는 참 평균 μ_0와 같다($\mu_A = \mu_0$). 분석 방법 B가 계통 오차를 포함하고 있다면, μ_B의 추정치인 $\bar{x}_B$는 허용치 μ_0와 다르다. 편향은 다음과 같다.

$$\text{편향} = \mu_B - \mu_0 \qquad \text{(a1-30)}$$

편향을 검증하는 데 있어서, 실험 평균과 허용치 간의 차이가 우발 오차 때문인지 아니면 실제 계통 오차 때문인지 여부를 처음부터 알 수는 없다. 예제 a1-10에 예시된 바와 같이 t 검증은 실험 평균과 허용치 간의 차이의 의미를 결정하는 데 사용할 수 있다.

예제 a1-10

황 S의 함유량이 0.123% (μ_0 = 0.123%)로 알려진 등불용 석유(kerosenes)를 이용하여 황의 함유량을 빠르게 결정할 수 있는 새로운 측정법을 검증하였다. 측정 결과 황의 함유량은 % S = 0.112, 0.118, 0.115, 0.119였다. 95%의 신뢰 수준에서 측정 결과는 측정법에 편향이 반영되어 있음을 나타내는가?

풀이

영점 가설은 H_0: μ = 0.123% S이고, 대안 가설은 H_a: $\mu \neq$ 0.123% S이다.

$$\sum x_i = 0.112 + 0.118 + 0.115 + 0.119 = 0.464$$
$$\bar{x} = 0.464/4 = 0.116\% \text{ S}$$
$$\sum x_i^2 = 0.012544 + 0.013924 + 0.013225 + 0.014161 = 0.53854$$
$$s = \sqrt{\frac{0.053854 - (0.464)^2/4}{4 - 1}} = \sqrt{\frac{0.000030}{3}} = 0.0032\% \text{ S}$$

검증 통계는 다음과 같이 계산할 수 있다.

$$t = \frac{\bar{x} - \mu_0}{s/\sqrt{N}} = \frac{0.116 - 0.123}{0.032/\sqrt{4}} = -4.375$$

표 a1-5로부터 자유도가 3이고 신뢰 수준이 95%인 경우 t의 기준값은 3.18임을 찾을 수 있다. $t \leq -3.18$이므로, 측정법에는 95% 신뢰 수준에서 유의미한 차이가 있다고, 즉 편향이 있다고 결론지을 수 있다. 만약 99% 신뢰 수준에서 검증을 수행한다면, 표 a1-5로부터 $t_{crit} = 5.84$임을 알 수 있다. $-5.84 < -4.375$이므로, 99% 신뢰 수준에서는 영점 가설을 받아들여 실험값과 허용값(accepted value) 사이에는 차이가 없다고 결론지을 수 있다.

이 예제에서 사용한 신뢰 수준에 따라 결과가 달라진다는 것에 유의하라. 신뢰 수준의 선택은 결과에 포함된 오차를 얼마나 허용할지에 달려 있다.[12] 신뢰 수준(0.05, 0.01. 0.001 등)은 영점 가설을 폐기함으로써 오차가 발생할 수 있는 확률이다.

가설 검증은 과학과 공학에서 널리 이용된다.[13] 하나 또는 두 표본의 비교는 여기서 설명한 방식처럼 수행된다. 하지만, 검증 원리는 둘 이상의 모집단 평균들을 비교하는 데에도 확대 적용할 수 있다. 이러한 다중 비교(multiple comparisons)는 *가변도 분석*(analysis of variance, ANOVA)의 일반적 범주에 속한다.[14] 이러한 방법은 t 검증에서 수행한 바와 같이 자료 쌍을 상호 비교하기보다는 모집단 평균들 사이에 차이가 있는지를 결정하기 위하여 하나의 단일한 검증을 사용한다. ANOVA 분석 결과 잠재적 차이가 나타난다면, *다중 비교*(multiple comparisons) 과정을 적용하여 구체적으로 어느 모집단 평균이 다른 모집단 평균들과 차이를 나타내는지 확인한다. *실험 설계법*(experimental design methods)은 실험을 계획하고 수행하는 데 ANOVA를 이용한다.

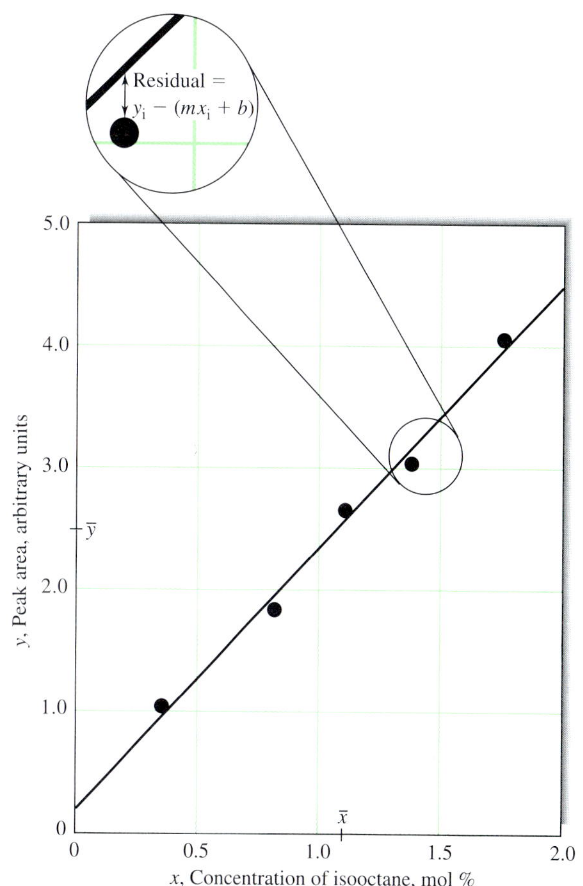

그림 a1-6 탄화수소 혼합물에서의 아이소옥테인(isooctane) 정량을 위한 교정 곡선.

a1D 최소 제곱법

대부분의 분석 방법들은 교정 곡선(calibration curve)을 기초로 하는데, 교정 곡선은 측정값 y를 일련의 표준물질의 농도 x의 함수로 나타낸 것이다. 그림 a1-6은 전형적인 교정 곡선의 예시로, 이는 탄화수소 시료의 아이소옥테인(isooctane) 농도를 크로마토그래피 분석법으로 측정하기 위한 교정 곡선이다. 세로 좌푯값(종속 변수)은 아이소옥테인에 대한 크로마토그래피 피크 아래의 면적이고, 가로 좌푯값(독립 변수)은 아이소옥테인의 몰 백분율(%)이다. 전형적으로, 얻어진 교정 곡선은 직선에 가깝다. 하지만 측정 과정에서의 우발 오차 때문에 모든 측정값들이 정확히 직선상에 위치하지는 않는다는 점을 유념해야 한다. 따라서, 측정값 점들을 지나는 "최선의" 직선을 찾아야 한다. *회귀 분석법*(regression analysis)은 그러한 직선을 객관적으로 얻을 수 있는 방법과 이후에 얻어진 직선의 사용과 관련된 불확실성을 상세히 밝힐 수 있는 수단을 제공해준다. 여기서는 2차원 측정 데이터들에 대한 *최소 제곱법*(method of least squares)의 기초만을 다루기로 한다.

a1D-1 최소 제곱법의 가정

최소 제곱법을 사용하는 경우 두 가지 가정이 이루어진다. 첫째는 표준 분석물질 농도 x와 측정값 y 사이에는 실제로 선형의 관계를 갖는다는 것이다. 이 가정을 기술하는 수학적 관계식은 *회귀 모델*(regression model)이라 불리고 다음과 같이 표시할 수 있다.

$$y = mx + b$$

이때, b는 y절편(x가 0일 때의 y의 값)이고 m는 직선의 기울기이다. 두 번째 가정은 개개의 데이터 포인트가 직선에서 벗어나

[12]가설 검증에서의 오차에 대한 더 자세한 내용을 위해서는 J. L. Devore, *Probability and Statistics for Engineering and the Science*, 9th ed., Chap. 8, Boston: Brooks/Cole, 2016을 참조하시오.

[13]더 자세한 내용을 위해서는 D. A. Skoog, D. M. West, F. J. Holler, and S. R. Crouch, *Fundamentals of Analytical Chemistry*, 9th ed., Chap. 7, Belmont, CA: Brooks/Cole, 2014와 S. R. Crouch and F. J. Holler, *Applications of Microsoft® Excel in Analytical Chemistry*, 3rd ed., Belmont, CA: Cengage Learning, 2017을 참조하시오.

[14]ANOVA 법에 대한 더 자세한 내용을 위해서는 D. A. Skoog, D. M. West, F. J. Holler, and S. R. Crouch, *Fundamentals of Analytical Chemistry*, 9th ed., Sec. 7C, Belmont, CA: Brooks/Cole, 2014를 참조하시오.

는 정도는 *측정*(measurement)에 수반되는 오차로부터 발생한다는 것이다. 즉, 데이터 포인트의 x값(농도 값)에는 오차가 없다고 가정한다. 위 두 가정은 많은 분석 방법에서 적절하다. 하지만, 만약 x값 데이터에 유의미한 불확실성이 존재한다면 기본적인 선형 최소 제곱법 분석은 최상의 선형 관계를 가져다 주지 못할 수도 있다는 것을 유념해야 한다. 이런 경우에는, 더 복잡한 *상관 분석*(correlation analysis)이 필요할 수도 있다. 또한, x값에 따라 y값의 불확실성이 유의미하게 변화하는 경우에도 간단한 최소 제곱법은 적절하지 않을 수 있다. 이런 경우에는, 각 데이터 포인트에 다른 가중치(weighting factors)를 적용하여 *가중 최소 제곱법*(weighted least-squares analysis)을 수행해야 한다.[15]

a1D-2 최소제곱선(least-squares line) 찾기

그림 a1-6에 나타낸 바와 같이, 직선으로부터 개개의 포인트들의 수직 편차(vertical deviation)를 *잔류 오차*(residual)라 한다. 최소 제곱법에 의해 얻어진 직선은 모든 포인트들에 대한 잔류 오차의 제곱의 합을 최소화하는 선이다. 최소 제곱법은 실험 데이터 포인트와 직선 사이의 최상의 상관관계를 가져다주는 것 이외에도, 기울기 m과 y절편 b에 대한 표준 편차를 제공한다.

최소 제곱법은 잔류 오차 SS_{resid}의 제곱의 합을 찾고, 이를 계산의 최소화법에 따라 최소화한다.[16] SS_{resid}값은 다음과 같다.

$$SS_{resid} = \sum_{i=1}^{N}[y_i - (b + mx_i)]^2$$

이때, N은 사용한 데이터 포인트의 수이다. 기울기와 y절편을 찾는 계산은 다음과 같이 세 가지 양, 즉 S_{xx}, S_{yy}, S_{xy}를 정의하여 간단히 수행할 수 있다.

$$S_{xx} = \sum(x_i - \bar{x})^2 = \sum x_i^2 - \frac{(\sum x_i)^2}{N} \quad \text{(a1-31)}$$

$$S_{yy} = \sum(y_i - \bar{y})^2 = \sum y_i^2 - \frac{(\sum y_i)^2}{N} \quad \text{(a1-32)}$$

$$S_{xy} = \sum(x_i - \bar{x})(y_i - \bar{y}) = \sum x_i y_i - \frac{\sum x_i \sum y_i}{N} \quad \text{(a1-33)}$$

이때, x_i와 y_i는 x와 y에 대한 개개의 데이터 쌍이다. N은 쌍의 수이고, $\bar{x}$와 $\bar{y}$는 각각 x와 y의 평균이다. 즉, $\bar{x} = \sum x_i/N$이고 $\bar{y} = \sum y_i/N$이다.

S_{xx}와 S_{yy}는 x와 y 개개의 값에 대한 평균과의 편차의 제곱의 합이다. 식 a1-31, a1-32, a1-33에서 오른쪽 항의 끝부분 표현식들은 회귀 기능(regression function)이 내재되어 있지 않은 계산기를 사용할 때 더 편리하다.

S_{xx}, S_{yy}, S_{xy}로부터 다음과 같이 여섯 개의 유용한 값들을 얻을 수 있다.

1. 직선의 기울기, m:

$$m = \frac{S_{xy}}{S_{xx}} \quad \text{(a1-34)}$$

2. y절편, b:

$$b = \bar{y} - m\bar{x} \quad \text{(a1-35)}$$

3. 회귀(regression)에 대한 표준 편차, s_r:

$$s_r = \sqrt{\frac{S_{yy} - m^2 S_{xx}}{N-2}} \quad \text{(a1-36)}$$

4. 기울기의 표준 편차, s_m

$$s_m = \sqrt{\frac{s_r^2}{S_{xx}}} \quad \text{(a1-37)}$$

5. y절편의 표준 편차, s_b

$$s_b = s_r\sqrt{\frac{\sum x_i^2}{N\sum x_i^2 - (\sum x_i)^2}} = s_r\sqrt{\frac{1}{N - (\sum x_i)^2/\sum x_i^2}} \quad \text{(a1-38)}$$

6. 교정 곡선에서 얻은 결과의 표준 편차, s_c

$$s_c = \frac{s_r}{m}\sqrt{\frac{1}{M} + \frac{1}{N} + \frac{(\bar{y}_c - \bar{y})^2}{m^2 S_{xx}}} \quad \text{(a1-39)}$$

식 a1-39를 사용하면 N개의 포인트를 포함하는 교정 곡선을 활용하여 M번 반복 분석한 데이터 세트의 평균 $\bar{y}_c$의 표준 편차를 계산할 수 있다. $\bar{y}$는 N개의 검정 포인트에 대한 y의 평균이라는 것을 기억하라. 이 식은 단지 근사식이고 기울기와 y절편이 서로 독립적인 인자라고 가정한다. 하지만, 이 가정은 엄밀히 성립하지는 않는다.

회귀에 대한 표준 편차 s_r(식 a1-36)은 편차가 보통의 경우처럼 y의 평균에서 측정된 것이 아니고 최소 제곱법에 의해 예측되어 얻은 직선에서 측정되었을 때의 y에 대한 표준 편차이다. 그 값 s_r은 다음과 같이 SS_{resid}와 연관되어 있다.

$$s_r = \sqrt{\frac{\sum_{i=1}^{N}[y_i - (b + mx_i)]^2}{N-2}} = \sqrt{\frac{SS_{resid}}{N-2}}$$

이 식에서 m을 계산하고 b를 결정할 때 각각 하나씩의 자유도가 상실되기 때문에 자유도 수는 $N - 2$이다. 회귀에 대한 표준 편차는 종종 평가의 표준 오차(standard error of the estimate)라고 불리는데, 이는 평가된 회귀선(regression line)으로부터의 전형적인 편차의 크기에 대략적으로 대응된다. 예제 a1-11과

[15]가중 선형 회귀법(weighted linear regression)을 위한 엑셀(Excel) 사용에 대한 더 자세한 내용을 위해서는 S. R. Crouch and F. J. Holler, *Applications of Microsoft Excel in Analytical Chemistry,* 3rd ed., Belmont, CA: Cengage Learning, 2017, pp. 331-337을 참조하시오.

[16]최소화를 위한 절차는 SS_{resid}를 먼저 m에 대해서 미분한 후 다시 b에 대해 미분하여 이를 0과 같다고 설정한다. 이를 통해 두 미지수 m과 b에 관한 두 가지 식을 얻는데, 이 식들은 정규 식(normal equations)이라 불린다. 이 식들을 풀어 최소의 제곱 값을 가져다 주는 변수들의 최적 추정치를 얻는다.

a1-12는 어떻게 이러한 수치들을 계산하고 사용하는지를 예시한다.

예제 a1-11

그림 a1-6에 도시되고, 표 a1-7의 첫 번째 두 열에 제시된 실험값에 대한 최소 제곱법 분석을 완성하시오.

풀이

표의 3, 4, 5번째 열에는 각각 x_i^2, y_i^2, x_iy_i의 계산 값이 제시되어 있고, 이들 계산 값의 합이 각 열의 마지막에 제시되어 있다. 계산 값의 자릿수는 **계산기나 컴퓨터에서 얻어진 최대치**이며, **계산이 끝날 때까지는 반올림을 하지 말아야 한다**는 점을 유의해야 한다.

식 a1-31, a1-32, a1-33에 대입하면 다음과 같다.

$$S_{yy} = \sum y_i^2 - \frac{(\sum y_i)^2}{N}$$

$$= 36.3775 - \frac{(12.51)^2}{5} = 5.07748$$

$$S_{xy} = \sum x_iy_i - \frac{\sum x_i \sum y_i}{N}$$

$$= 15.81992 - \frac{5.365 \times 12.51}{5} = 2.39669$$

식 a1-34, a1-35에 위의 값들을 대입하면 다음과 같다.

$$m = \frac{2.39669}{1.14537} = 2.0925 \approx 2.09$$

$$b = \frac{12.51}{5} - 2.0925 \times \frac{5.365}{5} = 0.2567 \approx 0.26$$

따라서, 최소 제곱법에 의한 교정 곡선의 식은 다음과 같다.

$$y = 2.09x + 0.26$$

식 a1-36에 대입하여 회귀에 대한 표준 편차를 계산하면 다음과 같다.

$$s_r = \sqrt{\frac{S_{yy} - m^2S_{xx}}{N-2}} = \sqrt{\frac{5.07748 - (2.0925)^2 \times 1.14537}{5-2}}$$

$$= 0.1442 \approx 0.14$$

식 a1-37에 대입하여 기울기에 대한 표준 편차를 계산하면 다음과 같다.

$$s_m = \sqrt{\frac{s_r^2}{S_{xx}}} = \sqrt{\frac{(0.1442)^2}{1.14537}} = 0.13$$

마지막으로 식 a1-38에 대입하여 y절편에 대한 표준 편차를 계산하면 다음과 같다.

$$s_b = 0.1442\sqrt{\frac{1}{5 - (5.365)^2/6.9021}} = 0.16$$

표 a1-7 탄화수소 혼합물 속의 아이소옥테인 정량을 위한 크로마토그래피 분석법의 검정 데이터(calibration data).

아이소옥테인의 몰 퍼센트, x_i	피크 면적, y_i	x_i^2	y_i^2	x_iy_i
0.352	1.09	0.12390	1.1881	0.38368
0.803	1.78	0.64481	3.1684	1.42934
1.08	2.60	1.16640	6.7600	2.80800
1.38	3.03	1.90440	9.1809	4.18140
1.75	4.01	3.06250	16.0801	7.01750
5.365	12.51	6.90201	36.3775	15.81992

예제 a1-12

예제 a1-11에서 얻은 교정 곡선은 탄화수소 혼합물 속의 아이소옥테인의 크로마토그래피 분석법으로 정량 분석하는 데 사용되었다. 피크 면적이 2.65로 관찰되었다. 혼합물 내의 아이소옥테인의 몰 백분율을 계산하고, 피크 면적이 (a) 한 번의 분석으로 얻어진 측정값이 경우와 (b) 네 번의 측정으로 얻은 측정값인 경우에 대해 표준 편차를 계산하시오.

풀이

어느 경우에서나 미지의 농도 몰 백분율은 교정 곡선에 대한 최소 제곱법 식을 재배열하여 다음과 같이 계산할 수 있다.

$$x = \frac{y-b}{m} = \frac{y - 0.2567}{2.0925}$$

$$= \frac{2.65 - 0.2567}{2.0925} = 1.144 \text{ mol \%}$$

(a) 식 a1-39에 대입하면 표준 편차는 다음과 같다.

$$s_c = \frac{0.1442}{2.0925}\sqrt{\frac{1}{1} + \frac{1}{5} + \frac{(2.65 - 12.51/5)^2}{(2.0925)^2 \times 1.145}}$$

$$= 0.076 \text{ mol \%}$$

(b) 네 번의 측정으로 얻은 경우에도 식 a1-39에 대입하면 다음과 같다.

$$s_c = \frac{0.1442}{2.0925}\sqrt{\frac{1}{4} + \frac{1}{5} + \frac{(2.65 - 12.51/5)^2}{(2.0925)^2 \times 1.145}}$$

$$= 0.046 \text{ mol \%}$$

강력한 통계 및 스프레드시트 소프트웨어의 출현으로 실험 데이터를 최소 제곱법으로 분석하는 데 필요한 계산 부담을 크게 줄일 수 있다는 점을 유의하라.[17]

[17]더 자세한 내용을 위해서는 S. R. Crouch and F. J. Holler, *Applications of Microsoft® Excel in Analytical Chemistry*, 3rd ed., Belmont, CA: Cengage Learning, 2017을 참조하시오.

질문과 문제

*별표가 있는 문제의 해답은 이 책의 끝에 있다.

***a1-1** 다음과 같은 반복 측정하여 얻은 데이터 세트를 고려하시오.

A	B	C	D
61.25	3.27	12.06	1.9
61.33	3.26	12.14	1.5
61.12	3.24		1.6
	3.24		1.4
	3.28		
	3.23		

(a) 각 세트에 대하여 평균을 계산하고, $\bar{x}$을 계산하는 데 관련된 자유도를 계산하시오.

(b) 각 세트에 대하여 표준 편차를 계산하고, s를 계산하는 데 관련된 자유도를 계산하시오.

(c) 각 세트에 대하여 가변도 계수(coefficient of variation)를 계산하시오.

(d) 각 세트의 평균에 대한 표준 오차를 계산하시오.

***a1-2** 문제 a1-1에서의 데이터 세트에 대한 공인된 값은 다음과 같다: A, 61.52; B, 3.28; C, 12.23; D, 1.75.

(a) 각 세트의 평균에 대한 절대 오차를 계산하시오.

(b) 각 평균에 대한 상대 오차를 백분율로 계산하시오.

***a1-3** 구리 정량 분석을 위한 특정 분석법이 0.5 mg 더 낮은 측정값을 나타내었다. 시료 중의 구리 무게가 다음과 같다면 이러한 원인으로 인한 상대 오차 백분율은 얼마인가?

(a) 25 mg

(b) 100 mg

(c) 250 mg

(d) 500 mg

***a1-4** 문제 a1-3에 제시된 분석법을 통해 4.8%의 구리를 포함하고 있는 광석을 분석하였다. 0.5 mg 손실로 인한 상대 오차가 다음보다 더 작아지려면 최소의 시료 무게는 얼마나 되어야 하는가?

(a) 0.1%

(b) 0.5%

(c) 0.8%

(d) 1.2%

***a1-5** 어떤 기기 분석법이 1.0%의 표준 편차를 가지고 있다. 평균의 표준 편차가 0.01%가 되려면 몇 번의 반복 측정이 필요한가?

***a1-6** 어떤 분석방법이 평균 0.500, 표준 편차 1.84×10^{-3}을 나타내고 있는 것으로 알려졌다. 또 Gaussian 통계(Gaussian statistics)가 적용되는 것으로 알려졌다. 평균의 표준 오차가 0.100%를 초과하지 않으려면 몇 번의 반복 측정이 필요한가?

***a1-7** 지질시료에 포함된 Cr을 정량 분석하는 데 대략 1.6 mg의 용해도 손실이 발생하는 특정 분석방법이 있다. 약

18% Cr을 포함하고 있는 시료를 이 방법으로 분석하였다. 분석 시 시료가 0.350 g 취해졌다면, 계통 오차로 인한 분석 결과들의 상대 오차를 ppt 단위로 예측하시오.

* **a1-8** 몇 가지 비료 시료들을 분석하여 다음과 같이 포테슘 이온(K^+)을 검출하였다.

시료	K^+ 백분율
1	5.15, 5.03, 5.04, 5.18, 5.20
2	7.18, 7.17, 6.97
3	4.00, 3.93, 4.15, 3.86
4	4.68, 4.85, 4.79, 4.62
5	6.04, 6.02, 5.82, 6.06, 5.88

시료들은 같은 모집단에서 무작위로 추출되었다.

(a) 각 시료의 평균과 표준 편차 s를 계산하시오.

(b) s_{pooled}를 계산하시오.

(c) 어느 하나의 시료로부터 계산한 표준 편차보다 s_{pooled}이 σ의 더 나은 추정치인 이유는 무엇인가?

* **a1-9** 같은 종류의 와인 여섯 병을 분석하여 당 잔류량(residual sugar contnet)을 다음과 같이 측정하였다.

병	당 잔류량 백분율(w/v)
1	0.99, 0.84, 1.02
2	1.02, 1.13, 1.17, 1.02
3	1.25, 1.32, 1.13, 1.20, 1.12
4	0.72, 0.77, 0.61, 0.58
5	0.90, 0.92, 0.73
6	0.70, 0.88, 0.72, 0.73

(a) 각 데이터 세트에 대한 표준 편차 s를 계산하시오.

(b) 분석 방법의 절대 표준 편차를 계산하기 위하여 데이터를 통합하시오.

* **a1-10** 다음 계산의 결과에 대한 절대 표준 편차와 가변도 계수(coefficient of variation)를 계산하시오. 각 결과를 유효 숫자만을 가지도록 반올림하시오. 괄호 안의 숫자는 절대 표준 편차이다.

(a) $y = 5.75(\pm 0.03) + 0.833(\pm 0.001) - 8.021(\pm 0.001) = -1.4381$

(b) $y = 18.97(\pm 0.04) + 0.0025(\pm 0.0001) + 2.29(\pm 0.08) = 21.2625$

(c) $y = 66.2(\pm 0.3) \times 1.13(\pm 0.02) \times 10^{-17} = 7.4806 \times 10^{-16}$

(d) $y = 251(\pm 1) \times \dfrac{860(\pm 2)}{1.673(\pm 0.006)} = 129{,}025.70$

(e) $y = \dfrac{157(\pm 6) - 59(\pm 3)}{1220(\pm 1) + 77(\pm 8)} = 7.5559 \times 10^{-2}$

(f) $y = \dfrac{1.97(\pm 0.01)}{243(\pm 3)} = 8.106996 \times 10^{-3}$

* **a1-11** 다음 계산의 결과에 대한 절대 표준 편차와 가변도 계수를 계산하시오. 각 결과를 유효 숫자만을 가지도록 반올

질문과 문제(계속)

림하시오. 괄호 안의 숫자는 절대 표준 편차이다.

(a) $y = 1.02(\pm0.02) \times 10^{-8} - 3.54(\pm0.2) \times 10^{-9}$

(b) $y = 90.31(\pm0.08) - 89.32(\pm0.06) + 0.200(\pm0.004)$

(c) $y = 0.0020(\pm0.0005) \times 20.20(\pm0.02) \times 300(\pm1)$

(d) $y = \dfrac{163(\pm0.03) \times 10^{-14}}{1.03(\pm0.04) \times 10^{-16}}$

(e) $y = \dfrac{100(\pm1)}{2(\pm1)}$

(f) $y = \dfrac{2.45(\pm0.02) \times 10^{-2} - 5.06(\pm0.06) \times 10^{-3}}{23.2(\pm0.7) + 9.11(\pm0.08)}$

* **a1-12** 반복 측정하여 얻은 다음과 같은 데이터 세트를 고려하시오.

A	B	C	D	E	F
3.5	70.24	0.812	2.7	70.65	0.514
3.1	70.22	0.792	3.0	70.63	0.503
3.1	70.10	0.794	2.6	70.64	0.486
3.3		0.900	2.8	70.21	0.497
2.5			3.2		0.472

제시된 여섯 데이터 세트 각각에 대하여 평균과 표준 편차를 계산하시오. 각 데이터 세트에 대해 95% 신뢰 구간을 계산하시오. 이 신뢰 구간의 의미는 무엇인가?

* **a1-13** 문제 a1-12에 제시된 데이터 세트 각각에 대하여 σ의 좋은 추정치로 다음과 같은 s를 가질 때 95% 신뢰 구간을 계산하시오. 세트 A, 0.20; 세트 B, 0.070; 세트 C, 0.0090; 세트 D, 0.30; 세트 E, 0.15; 세트 F, 0.015.

* **a1-14** 공기 시료 중의 염소화 탄화수소(chlorinated hydrocarbons)를 분석하기 위해 인증된 분석방법이 0.030 ppm의 표준 편차를 지닌다.

(a) 제시된 방법으로 네 번의 측정을 통해 얻은 평균에 대한 95% 신뢰 구간을 계산하시오.

(b) 95% 신뢰 구간이 ±0.017이 되기 위해서는 몇 번의 측정이 이루어져야 하는가?

* **a1-15** 자동차 배기가스 내의 일산화탄소를 정량하는 분석 방법에서의 표준 편차가 과거 축적된 경험치를 바탕으로 0.80 ppm으로 측정되었다.

(a) 세 번의 반복 측정에 대한 90% 신뢰 구간을 계산하시오.

(b) 해당 세트에 대해 90% 신뢰 구간이 0.50 ppm이 되기 위해서는 몇 번의 측정이 이루어져야 하는가?

* **a1-16** NIST에서 제공한 기준 강철 시료에 함유된 Ni의 인증된 백분율이 1.12%이고, 표준 편차는 0.03%이다. 새로운 분광법으로 Ni를 정량하여 다음과 같은 백분율을 얻었다: 1.10, 1.08, 1.09, 1.12, 1.09. 95% 신뢰 수준에서 새로운 방법에는 편향이 존재하는가?

* **a1-17** 석회암의 Ca를 정량 분석하는 적정 분석법(titrimetric method)을 30.15% CaO를 함유하고 있는 NIST 석회암으로 검증하였다. 네 번의 측정을 통해 평균은 30.26% CaO이고, 표준 편차는 0.085%였다. 여러 번의 분석 데이터를 통합함으로써 $s \rightarrow \sigma$ CaO임을 발견하였다.

(a) 95% 신뢰 수준에서 데이터에 계통 오차가 존재하는가?

(b) 통합된 s값을 이용할 수 없을 때, 95% 신뢰 수준에서 데이터에 계통 오차가 존재하는가?

***a1-18** 상업적 실험실의 분석 능력을 검증하기 위하여, 정제된 벤조산(benzoic acid, 68.8% C, 4.953% H) 시료를 재현 분석하게 하였다. 이 방법의 상대 표준 편차는 탄소의 경우 $s_r \rightarrow \sigma = 4$ ppt이고 수소에 대하여 $s_r \rightarrow \sigma = 6$ ppt라 가정한다. 보고된 결괏값의 평균은 68.5% C, 4.882% H이다. 95%의 신뢰 수준에서, 분석 결과에 계통 오차가 존재하는가?

***a1-19** 구의 지름은 2.15 cm이고, 이 평균의 표준 편차는 0.02 cm이다. 구의 부피의 최적의 추정치와 표준 편차를 계산하시오.

***a1-20** 주어진 pH 미터는 2~12 사이의 pH 범위에서 ±0.01 pH 단위의 표준 편차를 지닌다. 이 범위의 양쪽 끝부분에서 $[H_3O^+]$의 표준 편차를 계산하시오.

***a1-21** 화합물 X의 5.0000 g을 100 mL 부피 플라스크에 넣고 눈금까지 용매를 넣어 용액을 제조하였다. 사용한 저울은 표준 편차가 0.2 mg인 정밀도를 가지고, 부피 플라스크는 표준 편차가 0.15 mL인 정밀도를 갖는다. 제조한 용액 농도의 표준 편차는 얼마인가(g/mL)?

a1-22 자연수 중의 SO_4^{2-} 농도는 일정량의 시료에 과량의 $BaCl_2$를 가하여 발생하는 탁도(turbidity)를 측정하여 정량 분석한다. 분석에 사용한 탁도계(turbidimeter)를 일련의 Na_2SO_4 표준 용액을 사용하여 검정하였다. 다음 데이터는 검정 과정에서 얻은 것이다.

c_x, mg SO_4^{2-}/L	탁도계 눈금, R
0.00	0.06
5.00	1.48
10.00	2.28
15.0	3.98
20.0	4.61

농도와 탁도계의 눈금은 선형적인 관계를 가지고 있다고 가정한다.

(a) 스프레드시트를 사용하여 데이터를 도시하고, 최소 제곱법을 이용한 교정 곡선을 포함하시오.

(b) 최소 제곱법에 의한 교정 곡선의 기울기와 절편을 계산하시오.

(c) 구한 기울기와 절편의 표준 편차를 계산하시오.

(d) 탁도계의 눈금이 3.67인 시료의 농도를 구하고, 절대 표준 편차와 가변도 계수를 계산하시오.

(e) 문제 (d)에서의 3.67이 여섯 번의 탁도계 측정에 의한 평균값이라 가정할 때, 문제 (d)에서의 계산을 반복하시오.

a1-23 다음 데이터는 pCa를 정량 분석하기 위한 Ca+ 이온선택성 전극(ion selective electrode)을 검정하여 얻은 것이다. 측정한 전위값과 pCa 사이에는 선형적인 관계가 있다고 알려져 있다.

pCa = $-\log [Ca^{2+}]$	E, mV
5.00	−53.8
4.00	−27.7
3.00	+2.7
2.00	+31.9
1.00	+65.1

질문과 문제(계속)

(a) 스프레드시트를 사용하여 데이터를 도시하고, 최소 제곱법을 이용한 교정 곡선도 함께 도시하시오.

(b) 최소 제곱법으로 구한 교정 곡선 식을 나타내시오.

(c) 최소 제곱법으로 구한 교정 곡선의 기울기와 절편의 표준 편차를 계산하시오.

(d) 측정한 전극 전위가 10.7 mV인 혈청 용액의 pCa를 계산하시오. 전극 전위가 한 번의 측정으로 얻어진 값이라 할 때, pCa에 대한 절대 표준 편차와 상대 표준 편차를 계산하시오.

(e) 문제 (d)에서의 전극 전위 눈금 값이 두 번의 측정에 의한 평균이라 할 때, pCa에 대한 절대 표준 편차와 상대 표준 편차를 계산하시오. 또한 전극 전위 눈금 값이 여덟 번의 측정에 의한 평균인 경우에 대해 동일한 계산을 반복하시오.

* **a1-24** 다음 표는 메틸 비닐 케톤(methyl vinyl ketone, MVK) 표준 용액의 크로마토그램에서 해당 피크의 상대 면적을 나타낸 것이다.

MVK 농도, mmol/L	상대 피크 면적(relative peak area)
0.500	3.76
1.50	9.16
2.50	15.03
3.50	20.42
4.50	25.33
5.50	31.97

(a) 최소 제곱법을 이용한 교정 곡선의 기울기와 y절편을 계산하시오.

(b) 실험 데이터 포인트와 함께 최소 제곱법을 이용한 교정 곡선을 도시하시오.

(c) MVK를 포함하는 시료의 상대 피크 면적이 10.3이다. 시료의 MVK 농도를 계산하시오.

(d) 문제 (c)에서의 측정값(즉, 10.3)이 한 번의 측정으로 얻어진 값 혹은 네 번의 측정에 의한 평균이라 가정할 때, 각각의 경우에의 절대 표준 편차와 상대 표준 편차를 계산하시오.

(e) 상대 피크 면적이 22.8인 시료에 대해 문제 (c)와 (d)를 반복 계산하시오.

부록 2

활동도 계수
Activity Coefficients

화학종 X의 *활동도*(activity) a_X와 몰농도 [X]와의 관계는 다음 식과 같다.

$$a_X = \gamma_X[X] \quad \text{(a2-1)}$$

이때, γ_X는 X의 단위가 없는 *활동도 계수*(activity coefficient)이다. X의 활동도 계수, 따라서 X의 활동도는 용액의 *이온세기*(ionic strength)에 따라 변화한다. 화학 평형을 다루거나 전극 전위를 계산할 때에는 농도 대신에 활동도를 사용하면 이온세기에 무관한 결괏값을 얻는다. 여기서, 이온세기 μ는 다음 식으로 정의한다.

$$\mu = \frac{1}{2}(c_1Z_1^2 + c_2Z_2^2 + c_3Z_3^2 + \cdots) \quad \text{(a2-2)}$$

이때, c_1, c_2, c_3 등은 용액에 존재하는 다양한 이온들의 몰농도이고, Z_1, Z_2, Z_3 등은 이들 이온 각각의 전하이다. 이온세기를 계산할 때는 반응하는 이온들만 고려하는 것이 아니라 용액에 존재하는 **모든** 이온 화학종들을 고려해야 한다.

예제 a2-1

0.0100 M의 $NaNO_3$와 0.0200 M의 $Mg(NO_3)_2$가 혼합된 용액의 이온세기를 계산하시오.

풀이

여기서, H^+와 OH^-의 농도는 $NaNO_3$, $Mg(NO_3)_2$ 두 염의 농도에 비교하여 매우 낮기 때문의 H^+와 OH^-의 이온세기에 대한 기여는 무시한다. Na^+, NO_3^-, Mg^{2+}의 몰농도는 각각 0.0100, 0.0500, 0.0200이다. 따라서,

$$C_{Na^+} \times (1)^2 = 0.0100 \times 1 = 0.0100$$
$$C_{NO_3^-} \times (1)^2 = 0.0500 \times 1 = 0.0500$$
$$C_{Mg^{2+}} \times (2)^2 = 0.0200 \times 2^2 = 0.0800$$
$$\text{합} = 0.1400$$

$$\mu = \frac{1}{2} \times 0.1400 = 0.0700$$

a2A 활동도 계수의 성질

활동도 계수는 다음과 같은 성질을 갖는다.

1. 한 화학종의 활동도 계수는, 참여하고 있는 화학 평형에 그 화학종이 영향을 주는 효과의 척도라고 생각할 수 있다. 이온세기가 작은 매우 묽은 용액에서는 이온들이 충분히 멀리 떨어져 있어 서로의 활동에 영향을 주지 않는다. 이 경우에는 평형 위치에 미치는 공통 이온의 효과는 단지 그 이온의 몰농도에만 의존하고 다른 이온들의 영향을 받지 않는다. 이러한 조건에서는 활동도 계수는 1과 같아지고 식 a2-1의 [X]와 a_X는 같아진다. 이온세기가 커짐에 따라 각 이온의 행동은 가까운 주위의 이온들에 의해 영향을 받게 된다. 이 결과 화학 평형의 위치에 미치는 그 이온의 효과는 줄어들게 된다.

   이때 그 이온의 활동도 계수는 1보다 작아진다. 이러한 효과는 식 a2-1의 형태로 요약할 수 있다. 적당한 이온세기에서는 $\gamma_X < 1$이며, 용액이 무한히 묽어지면($\mu \rightarrow 0$), $\gamma_X \rightarrow 1$이 되어 $a_X \rightarrow [X]$이다.

   높은 이온세기에서 어떤 화학종의 활동도 계수는 증가하여 1보다 커지는 경우도 있다. 용액의 이러한 성질은 설명하기 어렵다. 따라서, 여기서는 이온세기가 낮거나 중간 정도인 영역(즉, $\mu < 0.1$)에 국한하여 논의를 진행해 나가도록 한다. 이온세기에 따른 활동도 계수의 전형적인 변화는 그림 a2-1에 나타내었다.
2. 묽은 용액에서 주어진 화학종의 활동도 계수는 전해질의 특정 성질에 무관하고 단지 이온세기에만 의존한다.
3. 주어진 이온세기에서 한 이온의 활동도 계수는 그 이온의 전하가 증가할수록 1로부터 더 많이 벗어난다. 이러한 효과는 그림 a2-1에 나타나 있다. 전하를 띠지 않는 분자의 활동도 계수는 이온세기에 상관없이 대략 1이다.
4. 주어진 이온세기에서 같은 전하를 띠는 이온들의 활동도 계수는 대략 같다. 약간의 차이는 수화된 이온들의 유효 지름(effective diameter)과 연관지을 수 있다.
5. 주어진 이온의 활동도 계수와 몰농도를 곱한 값은 그 이

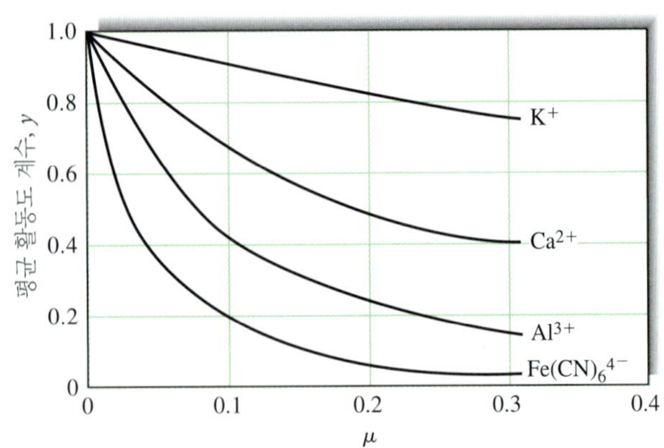

그림 a2-1 **활동도 계수에 미치는 이온세기의 효과.**

온이 참여하는 평형에서 그 이온이 미치는 유효한 활동의 정도를 나타낸다.

a2B 활동도 계수의 실험적 측정

각 이온의 활동도 계수는 이론적으로 계산할 수 있지만, 불행히도 실험적으로 측정하는 것은 불가능하다. 그 대신, 용액 중에 존재하는 양전하 이온과 음전하 이온들에 대한 평균 활동도 계수만을 구할 수 있다.

전해질 A_mB_n에 대한 평균 활동도 계수 $\gamma_\pm$는 다음 식으로 정의된다.

$$\gamma_\pm = (\gamma_A^m \gamma_B^n)^{1/(m+n)}$$

평균 활동도 계수는 몇 가지 방법으로 측정할 수 있지만, 개개의 활동도 계수 γ_A와 γ_B로 측정하는 것은 불가능하다. 예를 들어, 만약 A_mB_n이 침전물이라면, 다음과 같이 쓸 수 있다.

$$K_{sp} = [A]^m[B]^n\gamma_A^m\gamma_B^n$$
$$= [A]^m[B]^n\gamma_\pm^{(m+n)}$$

전해질 농도가 거의 0인 용액에서(γ_A즉, $\gamma_B \rightarrow 1$) A_mB_n의 용해도를 측정하면 K_{SP}를 얻을 수 있다. 어떤 이온세기 μ_1에서 다시 용해도를 측정하면 [A]와 [B]의 값을 얻을 수 있다. 이를 통해 이온세기에서의 $\gamma_A^m\gamma_B^n = \gamma_\pm^{(m+n)}$값을 계산할 수 있다. 하지만, **각각의** γ_A와 γ_B값을 계산하기에는 충분한 실험값이 부족하다는 것과 이들의 값을 검증할 수 있는 추가적인 실험 정보가 없다는 것을 알아야 한다. 이런 경우는 일반적이다: 개개의 활동도 계수를 **실험적으로** 측정하는 것은 불가능하다.

a2C Debye-Hückel 식

1923년에 P. Debye와 E. Hückel은 다음과 같은 이론식을 유도하였는데, 이 식을 이용하면 이온의 활동도 계수를 계산할 수 있다.[1]

$$-\log\gamma_A = \frac{0.509Z_A^2\sqrt{\mu}}{1+3.28\alpha_A\sqrt{\mu}} \qquad \text{(a2-3)}$$

이때,

γ_A = 화학종 A의 활동도 계수

Z_A = 화학종 A의 전하

μ = 용액의 이온세기

α_A = 수화된 이온의 유효 지름(nm 단위)

상수 0.509와 0.328이 25°C의 용액에 사용될 수 있다; 다른 온도에선 다른 값들을 사용해야 한다.

불행히도, 식 a2-3에 있는 α_A의 값에는 상당한 불확실성이 있다. 대부분의 단일 전하 이온들에 대해 α_A값은 대략 3 Å (0.3 nm) 정도로 알려져 있으며, 이 경우 Debye-Hückel 식의 분모는 대략 $(1 + \sqrt{\mu})$이 된다. 더 큰 전하 값을 띠는 이온의 경우 α_A값은 10 Å보다 더 클 수도 있다. 이온세기가 0.01보다 작을 때 분모의 두 번째 항은 첫 번째 항에 비해 작아지게 된다; 이런 경우에 α_A값의 불확실성은 활동도 계수를 계산하는 데 거의 영향을 주지 않는다.

Kielland[2]는 여러 가지 실험 데이터를 활용하여 다양한 이온들의 α_A값을 계산하였다. "그가 가장 적당하다고(best values)" 생각하는 유효 지름 값들을 표 a2-1에 정리하였다. 또한 이들 유효 지름 값을 식 a2-3에 넣고 계산한 활동도 계수도 함께 정리하였다.

이온세기가 0.01 이하인 경우, Debye-Hückel 식으로 계산한 활동도 계수는 평형 계산에서 실험값과 잘 일치하는 결과를 얻게 된다. 심지어 이온세기가 0.1인 경우에도 일반적으로 큰 차이는 없다. 하지만, 이온세기가 0.1 M보다 클 때에는 Debye-Hückel 식은 유효하지 않고, 실험적으로 측정한 평균 활동도 계수를 사용해야 한다. 불행히도, 많은 전기화학적 계산은 실험적으로 활동도 계수를 구할 수 없는 높은 이온세기의 용액들을 다룬다. 따라서, 활동도 대신에 농도를 사용하여야 한다. 높은 이온세기의 용액에서 농도가 사용되는 경우 불확실성은 수 %부터 수십 %까지 되리라고 예상한다.

[1]P. Debye and E. Hückel, *Physik. Z.*, **1923**, *24*, 185.

[2]J. Kielland, *J. Amer. Chem. Soc.*, **1937**, *59*, 1675, **DOI**: 10.1021/ja01288a032.

표 a2-1 25°C에서 이온의 활동도 계수[a]

이온	각 이온 세기에서의 활동도 계수					
	α_X, nm	0.001	0.005	0.01	0.05	0.1
H_3O^+	0.9	0.967	0.934	0.913	0.85	0.83
Li^+, $C_6H_5COO^-$	0.6	0.966	0.930	0.907	0.83	0.80
Na^+, IO_3^-, HSO_3^-, HCO_3^-, $H_2PO_4^-$, $H_2AsO_4^-$, OAc^-	0.4~0.45	0.965	0.927	0.902	0.82	0.77
OH^-, F^-, SCN^-, HS^-, ClO_3^-, ClO_4^-, BrO_3^-, IO_3^-, MnO_4^-	0.35	0.965	0.926	0.900	0.81	0.76
K^+, Cl^-, Br^-, I^-, CN^-, NO_2^-, NO_3^-, $HCOO^-$	0.3	0.965	0.925	0.899	0.81	0.75
Rb^+, Cs^+, Tl^+, Ag^+, NH_4^+	0.25	0.965	0.925	0.897	0.80	0.75
Mg^{2+}, Be^{2+}	0.8	0.872	0.756	0.690	0.52	0.44
Ca^{2+}, Cu^{2+}, Zn^{2+}, Sn^{2+}, Mn^{2+}, Fe^{2+}, Ni^{2+}, Co^{2+}, $Phthalate^{2-}$	0.6	0.870	0.748	0.676	0.48	0.40
Sr^{2+}, Ba^{2+}, Cd^{2+}, Hg^{2+}, S^{2-}	0.5	0.869	0.743	0.668	0.46	0.38
Pb^{2+}, CO_3^{2-}, SO_3^{2-}, $C_2O_4^{2-}$	0.45	0.868	0.741	0.665	0.45	0.36
Hg_2^{2+}, SO_4^{2-}, $S_2O_3^{2-}$, Cr_4^{2-}, HPO_4^{2-}	0.40	0.867	0.738	0.661	0.44	0.35
Al^{3+}, Fe^{3+}, Cr^{3+}, La^{3+}, Ce^{3+}	0.9	0.737	0.540	0.443	0.24	0.18
PO_4^{3-}, $Fe(CN)_6^{3-}$	0.4	0.726	0.505	0.394	0.16	0.095
Th^{4+}, Zr^{4+}, Ce^{4+}, Sn^{4+}	1.1	0.587	0.348	0.252	0.10	0.063
$Fe(CN)_6^{4-}$	0.5	0.569	0.305	0.200	0.047	0.020

[a]식 a2-3으로부터 계산.

부록 3

몇 가지 표준 및 형식 전극 전위

Some Standard and Formal Electrode Potentials

반쪽 반응	*E*0, Va	형식 전위, V[b]
Aluminum		
$Al^{3+} + 3e^- \rightleftharpoons Al(s)$	−1.662	
Antimony		
$Sb_2O_5(s) + 6H^+ + 4e^- \rightleftharpoons 2SbO^+ + 3H_2O$	+0.581	
Arsenic		
$H_3AsO_4 + 2H^+ + 2e^- \rightleftharpoons H_3AsO_3 + H_2O$	+0.559	0.577 in 1 M HCl, $HClO_4$
Barium		
$Ba^{2+} + 2e^- \rightleftharpoons Ba(s)$	−2.906	
Bismuth		
$BiO^+ + 2H^+ + 3e^- \rightleftharpoons Bi(s) + H_2O$	+0.320	
$BiCl_4^- + 3e^- \rightleftharpoons Bi(s) + 4Cl^-$	+0.16	
Bromine		
$Br_2(l) + 2e^- \rightleftharpoons 2Br^-$	+1.065	1.05 in 4 M HCl
$Br_2(aq) + 2e^- \rightleftharpoons 2Br^-$	+1.087[c]	
$BrO_3^- + 6H^+ + 5e^- \rightleftharpoons \frac{1}{2}Br_2(l) + 3H_2O$	+1.52	
$BrO_3^- + 6H^+ + 6e^- \rightleftharpoons Br^- + 3H_2O$	+1.44	
Cadmium		
$Cd^{2+} + 2e^- \rightleftharpoons Cd(s)$	−0.403	
Calcium		
$Ca^{2+} + 2e^- \rightleftharpoons Ca(s)$	−2.866	
Carbon		
$C_6H_4O_2(\text{quinone}) + 2H^+ + 2e^- \rightleftharpoons C_6H_4(OH)_2$	+0.699	0.696 in 1 M HCl, $HClO_4$, H_2SO_4
$2CO_2(g) + 2H^+ + 2e^- \rightleftharpoons H_2C_2O_4$	−0.49	
Cerium		
$Ce^{4+} + e^- \rightleftharpoons Ce^{3+}$		+1.70 in 1 M $HClO_4$; +1.61 in 1 M HNO_3; +1.44 in 1 M H_2SO_4
Chlorine		
$Cl_2(g) + 2e^- \rightleftharpoons 2Cl^-$	+1.359	
$HClO + H^+ + e^- \rightleftharpoons \frac{1}{2}Cl_2(g) + H_2O$	+1.63	
$ClO_3^- + 6H^+ + 5e^- \rightleftharpoons \frac{1}{2}Cl_2(g) + 3H_2O$	+1.47	
Chromium		
$Cr^{3+} + e^- \rightleftharpoons Cr^{2+}$	−0.408	
$Cr^{3+} + 3e^- \rightleftharpoons Cr(s)$	−0.744	
$Cr_2O_7^{2-} + 14H^+ + 6e^- \rightleftharpoons 2Cr^{3+} + 7H_2O$	+1.33	

반쪽 반응	E0, Va	형식 전위, Vb
Cobalt		
$Co^{2+} + 2e^- \rightleftharpoons Co(s)$	−0.277	
$Co^{3+} + e^- \rightleftharpoons Co^{2+}$	+1.808	
Copper		
$Cu^{2+} + 2e^- \rightleftharpoons Cu(s)$	+0.337	
$Cu^{2+} + e^- \rightleftharpoons Cu^+$	+0.153	
$Cu^+ + e^- \rightleftharpoons Cu(s)$	+0.521	
$Cu^{2+} + I^- + e^- \rightleftharpoons CuI(s)$	+0.86	
$CuI(s) + e^- \rightleftharpoons Cu(s) + I^-$	−0.185	
Fluorine		
$F_2(g) + 2H^+ + 2e^- \rightleftharpoons 2HF(aq)$	+3.06	
Hydrogen		
$2H^+ + 2e^- \rightleftharpoons H_2(g)$	0.000	−0.005 in 1 M HCl, $HClO_4$
Iodine		
$I_2(s) + 2e^- \rightleftharpoons 2I^-$	+0.5355	
$I_2(aq) + 2e^- \rightleftharpoons 2I^-$	+0.615[c]	
$I_3^- + 2e^- \rightleftharpoons 3I^-$	+0.536	
$ICl_2^- + e^- \rightleftharpoons \frac{1}{2}I_2(s) + 2Cl^-$	+1.056	
$IO_3^- + 6H^+ + 5e^- \rightleftharpoons \frac{1}{2}I_2(s) + 3H_2O$	+1.196	
$IO_3^- + 6H^+ + 5e^- \rightleftharpoons \frac{1}{2}I_2(aq) + 3H_2O$	+1.178[c]	
$IO_3^- + 2Cl^- + 6H^+ + 4e^- \rightleftharpoons ICl_2^- + 3H_2O$	+1.24	
$H_5IO_6 + H^+ + 2e^- \rightleftharpoons IO_3^- + 3H_2O$	+1.601	
Iron		
$Fe^{2+} + 2e^- \rightleftharpoons Fe(s)$	−0.440	
$Fe^{3+} + e^- \rightleftharpoons Fe^{2+}$	+0.771	0.700 in 1 M HCl; 0.732 in 1 M $HClO_4$; 0.68 in 1 M H_2SO_4
$Fe(CN)_6^{3-} + e^- \rightleftharpoons Fe(CN)_6^{4-}$	+0.36	0.71 in 1 M HCl; 0.72 in 1 M $HClO_4$, H_2SO_4
Lead		
$Pb^{2+} + 2e^- \rightleftharpoons Pb(s)$	−0.126	−0.14 in 1 M $HClO_4$; −0.29 in 1 M H_2SO_4
$PbO_2(s) + 4H^+ + 2e^- \rightleftharpoons Pb^{2+} + 2H_2O$	+1.455	
$PbSO_4(s) + 2e^- \rightleftharpoons Pb(s) + SO_4^{2-}$	−0.350	
Lithium		
$Li^+ + e^- \rightleftharpoons Li(s)$	−3.045	
Magnesium		
$Mg^{2+} + 2e^- \rightleftharpoons Mg(s)$	−2.363	
Manganese		
$Mn^{2+} + 2e^- \rightleftharpoons Mn(s)$	−1.180	
$Mn^{3+} + e^- \rightleftharpoons Mn^{2+}$		1.51 in 7.5 M H_2SO_4
$MnO_2(s) + 4H^+ + 2e^- \rightleftharpoons Mn^{2+} + 2H_2O$	+1.23	
$MnO_4^- + 8H^+ + 5e^- \rightleftharpoons Mn^{2+} + 4H_2O$	+1.51	
$MnO_4^- + 4H^+ + 3e^- \rightleftharpoons MnO_2(s) + 2H_2O$	+1.695	
$MnO_4^- + e^- \rightleftharpoons MnO_4^{2-}$	+0.564	

반쪽 반응	*E*0, Va	형식 전위, V[b]
Mercury		
$Hg_2^{2+} + 2e \rightleftharpoons 2Hg(l)$	+0.788	0.274 in 1 M HCl; 0.776 in 1 M $HClO_4$; 0.674 in 1 M H_2SO_4
$2Hg^{2+} + 2e^- \rightleftharpoons Hg_2^{2+}$	+0.920	0.907 in 1 M $HClO_4$
$Hg^{2+} + 2e^- \rightleftharpoons Hg(l)$	+0.854	
$Hg_2Cl_2(s) + 2e^- \rightleftharpoons 2Hg(l) + 2Cl^-$	+0.268	0.244 in sat'd KCl; 0.282 in 1 M KCl; 0.334 in 0.1 M KCl
$Hg_2SO_4(s) + 2e^- \rightleftharpoons 2Hg(l) + SO_4^{2-}$	+0.615	
Nickel		
$Ni^{2+} + 2e^- \rightleftharpoons Ni(s)$	−0.250	
Nitrogen		
$N_2(g) + 5H^+ + 4e \rightleftharpoons N_2H_5^+$	−0.23	
$HNO_2 + H^+ + e^- \rightleftharpoons NO(g) + H_2O$	+1.00	
$NO_3^- + 3H^+ + 2e^- \rightleftharpoons HNO_2 + H_2O$	+0.94	0.92 in 1 M HNO_3
Oxygen		
$H_2O_2 + 2H^+ + 2e^- \rightleftharpoons 2H_2O$	+1.776	
$HO_2^- + H_2O + 2e^- \rightleftharpoons 3OH^-$	+0.88	
$O_2(g) + 4H^+ + 4e^- \rightleftharpoons 2H_2O$	+1.229	
$O_2(g) + 2H^+ + 2e^- \rightleftharpoons H_2O_2$	+0.682	
$O_3(g) + 2H^+ + 2e^- \rightleftharpoons O_2(g) + H_2O$	+2.07	
Palladium		
$Pd^{2+} + 2e^- \rightleftharpoons Pd(s)$	+0.987	
Platinum		
$PtCl_4^{2-} + 2e^- \rightleftharpoons Pt(s) + 4Cl^-$	+0.73	
$PtCl_6^{2-} + 2e^- \rightleftharpoons PtCl_4^{2-} + 2Cl^-$	+0.68	
Potassium		
$K^+ + e^- \rightleftharpoons K(s)$	−2.925	
Selenium		
$H_2SeO_3 + 4H^+ + 4e^- \rightleftharpoons Se(s) + 3H_2O$	+0.740	
$SeO_4^{2-} + 4H^+ + 2e^- \rightleftharpoons H_2SeO_3 + H_2O$	+1.15	
Silver		
$Ag^+ + e^- \rightleftharpoons Ag(s)$	+0.799	0.228 in 1 M HCl; 0.792 in 1 M $HClO_4$; 0.77 in 1 M H_2SO_4
$AgBr(s) + e^- \rightleftharpoons Ag(s) + Br^-$	+0.073	
$AgCl(s) + e^- \rightleftharpoons Ag(s) + Cl^-$	+0.222	0.228 in 1 M KCl
$Ag(CN)_2^- + e^- \rightleftharpoons Ag(s) + 2CN^-$	−0.31	
$Ag_2CrO_4(s) + 2e^- \rightleftharpoons 2Ag(s) + CrO_4^{2-}$	+0.446	
$AgI(s) + e^- \rightleftharpoons Ag(s) + I^-$	−0.153	
$Ag(S_2O_3)_2^{3-} + e^- \rightleftharpoons Ag(s) + 2S_2O_3^{2-}$	+0.017	

반쪽 반응	E0, Va	형식 전위, V[b]
Sodium		
$Na^+ + e^- \rightleftharpoons Na(s)$	−2.714	
Sulfur		
$S(s) + 2H^+ + 2e^- \rightleftharpoons H_2S(g)$	+0.141	
$H_2SO_3 + 4H^+ + 4e^- \rightleftharpoons S(s) + 3H_2O$	+0.450	
$SO_4^{2} + 4H^+ + 2e \rightleftharpoons H_2SO_3 + H_2O$	+0.172	
$S_4O_6^{2-} + 2e^- \rightleftharpoons 2S_2O_3^{2-}$	+0.08	
$S_2O_8^{2-} + 2e^- \rightleftharpoons 2SO_4^{2-}$	+2.01	
Thallium		
$Tl^+ + e^- \rightleftharpoons Tl(s)$	−0.336	−0.551 in 1 M HCl; −0.33 in 1 M $HClO_4$, H_2SO_4
$Tl^{3+} + 2e^- \rightleftharpoons Tl^+$	+1.25	0.77 in 1 M HCl
Tin		
$Sn^{2+} + 2e^- \rightleftharpoons Sn(s)$	−0.136	−0.16 in 1 M $HClO_4$
$Sn^{4+} + 2e^- \rightleftharpoons Sn^{2+}$	+0.154	0.14 in 1 M HCl
Titanium		
$Ti^{3+} + e^- \rightleftharpoons Ti^{2+}$	−0.369	
$TiO^{2+} + 2H^+ + e^- \rightleftharpoons Ti^{3+} + H_2O$	+0.099	0.04 in 1 M H_2SO_4
Uranium		
$UO_2^{2+} + 4H^+ + 2e^- \rightleftharpoons U^{4+} + 2H_2O$	+0.334	
Vanadium		
$V^{3+} + e^- \rightleftharpoons V^{2+}$	−0.256	0.21 in 1 M $HClO_4$
$VO^{2+} + 2H^+ + e^- \rightleftharpoons V^{3+} + H_2O$	+0.359	
$V(OH)_4^+ + 2H^+ + e^- \rightleftharpoons VO^{2+} + 3H_2O$	+1.00	1.02 in 1 M HCl, $HClO_4$
Zinc		
$Zn^{2+} + 2e^- \rightleftharpoons Zn(s)$	−0.763	

[a]G. Milazzo, S. Caroli, and V. K. Sharma, *Tables of Standard Electrode Potentials,* London: Wiley, 1978.

[b]E. H. Swift and E. A. Butler, *Quantitative Measurements and Chemical Equilibria,* New York: Freeman, 1972.

[c]이들 전위는 Br_2와 I_2농도가 각각 1.00 M인 용액에 해당하는 값이기 때문에 가상적이다. 25°C에서 Br_2와 I_2의 용해도는 각각 0.18 M이고 0.0020 M이다. 과량의 $Br_2(l) + 2e^- \rightleftharpoons 2Br^-$ 혹은 $I_2(s) + 2e^- \rightleftharpoons 2I^-$을 포함하는 포화용액에서는 $Br_2(l)$혹은 $I_2(s)$ 반쪽 반응에 대한 표준 전위가 사용되어야 한다. 반면에, 포화되지 않은 Br_2, I_2용액에서는 이들 가상 전극 전위가 사용되어야 한다.

부록 4

몇 가지 자주 사용되는 원소의 표준 용액 준비용 화합물 추천[a]

Compounds Recommended for the Preparation of Standard Solutions of Some Common Elementsa

원소	화합물	원자량	용매[b]	비고
Aluminum	Al metal	26.98	Hot dil HCl	a
Antimony	$KSbOC_4H_4O_6 \cdot \frac{1}{2}H_2O$	333.93	H_2O	c
Arsenic	As_2O_3	197.84	dil HCl	i,b,d
Barium	$BaCO_3$	197.35	dil HCl	
Bismuth	Bi_2O_3	465.96	HNO_3	
Boron	H_3BO_3	61.83	H_2O	d,e
Bromine	KBr	119.01	H_2O	a
Cadmium	CdO	128.40	HNO_3	
Calcium	$CaCO_3$	100.09	dil HCl	i
Cerium	$(NH_4)_2Ce(NO_3)_6$	548.23	H_2SO_4	
Chromium	$K_2Cr_2O_7$	294.19	H_2O	i,d
Cobalt	Co metal	58.93	HNO_3	a
Copper	Co metal	63.55	dil HNO_3	a
Fluorine	NaF	41.99	H_2O	b
Iodine	KIO_3	214.00	H_2O	i
Iron	Fe metal	55.85	HCl, hot	a
Lanthanum	La_2O_3	325.82	HCl, hot	f
Lead	$Pb(NO_3)_2$	331.20	H_2O	a
Lithium	Li_2CO_3	73.89	HCl	a
Magnesium	MgO	40.31	HCl	
Manganese	$MnSO_4 \cdot H_2O$	169.01	H_2O	g
Mercury	$HgCl_2$	271.50	H_2O	b
Molybdenum	MoO_3	143.94	1 M NaOH	
Nickel	Ni metal	58.70	HNO_3, hot	a
Phosphorus	KH_2PO_4	136.09	H_2O	
Potassium	KCl	74.56	H_2O	a
	$KHC_8H_4O_4$	204.23	H_2O	i,d
	$K_2Cr_2O_7$	294.19	H_2O	i,d
Silicon	Si metal	28.09	NaOH, concd	
	SiO_2	60.08	HF	j
Silver	$AgNO_3$	169.87	H_2O	a

원소	화합물	원자량	용매[b]	비고
Sodium	NaCl	58.44	H_2O	i
	$Na_2C_2O_4$	134.00	H_2O	i,d
Strontium	$SrCO_3$	147.63	HCl	a
Sulfur	K_2SO_4	174.27	H_2O	
Tin	Sn metal	118.69	HCl	
Titanium	Ti metal	47.90	H_2SO_4, 1:1	a
Tungsten	$Na_2WO_4 \cdot 2H_2O$	329.86	H_2O	h
Uranium	U_3O_8	842.09	HNO_3	d
Vanadium	V_2O_5	181.88	HCl, hot	
Zinc	ZnO	81.37	HCl	a

[a]이 표의 데이터는 B. W. Smith and M. L. Parsons, *J. Chem. Educ.*, **1973**, *50*, 679. **DOI**: 10.101/ed050p679에 수록된 보다 완전한 리스트에서 얻었다. 다른 언급이 없는 한 화합물은 110°C에서 건조하여 일정한 무게가 되도록 하였다.

[b]다른 언급이 없는 한, 산은 진한 분석용 등급이다.

a 일차 표준물질 급에 근접함.

b 매우 유독함.

c 110°C에서 $\frac{1}{2}H_2O$ 잃음. 건조 후, 몰질량 = 324.92. 건조된 화합물은 데시케이터(desiccator)에서 꺼낸 후 신속히 질량를 측정해야 함.

d National Institute of Standards and Technology (NIST)에서 일차 표준물질로 인정함.

e H_3BO_3는 병으로부터 직접 질량을 측정해야 함. 100°C에서 $1H_2O$를 잃으며, 일정한 무게가 되도록 건조하기 어려움.

f CO_2와 H_2O를 흡수함. 사용하기 바로 전에 점화되어야 함.

g 110°C에서 물을 잃지 않고 건조될 수 있음.

h 110°C에서 두 개의 물을 잃음. 몰질량 = 293.82. 건조 후 데시케이터에 보관함.

i 일차 표준물질.

[j] HF 매우 유독하고 유리를 녹임.

연습문제 일부의 해답

Chapter 1

1-9 6.66×10^{-4} M

1-10 **(a)** $m = 0.0701$; $b = 0.0083$

(b) $s_m = 0.0007$; $s_b = 0.0040$

(c) 95% CI for $m = 0.0701 \pm 2.78 \times 0.0007 = 0.070 \pm 0.002$

95% CI for $b = 0.0083 \pm 2.78 \times 0.004 = 0.08 \pm 0.01$

(d) 4.87 ± 0.09 mM

1-11 **(b)** 0.410 μg/mL **(c)** $S = 3.16V_s + 3.25$

(d) 0.410 μg/mL

Chapter 2

2-1 **(a)** $R_1 = 250\ \Omega$; $R_2 = 1.0\ \text{k}\Omega$; $R_3 = 1.25\ \text{k}\Omega$

(b) 5.0 V **(c)** 0.004 A (4.0 mA)

(d) 0.04 W

2-2 **(a)** 2.31 V **(b)** 0.013 W

(c) 15%

2-3 **(a)** −18% **(b)** −1.2%

(c) −0.2%

2-4 **(a)** 99 kΩ **(b)** 999 kΩ

2-5 **(a)** $V_1 = 2.65$ V; $V_2 = V_3 = 1.76$ V; $V_4 = 10.59$ V

(b) $I_1 = I_5 = 1.06 \times 10^{-2}$ A;

$I_2 = 3.5 \times 10^{-3}$ A;

$I_3 = 7.0 \times 10^{-3}$ A; $I_4 = 1.06 \times 10^{-2}$ A

(c) $P = 1.2 \times 10^{-2}$ W

연습문제 일부의 해답(계속)

(d) 12.35 V

2-6 (a) 0.052 W (b) 5.5×10^{-3} A (5.5 mA)
(c) 11.0 V (d) 3.65 V
(e) 13 V

2-7 0.535 V

2-10 (a) 50 kΩ (b) 5 MΩ

2-13

t, s	*i*, μA	*t*, s	*i*, μA
0.00	0.96	1.0	0.786
0.010	0.958	10	0.130
0.10	0.941		

2-14 (a) 1.15 s (b) 0.115 s
(c) 1.15×10^{-4} s

2-15 (a) 0.25 s (b) 0.025 s
(c) 2.5 × 1025 s

Chapter 3

3-1 (a) $v_+ > v_-$ by 130 μV for + limit and $v_- > v_+$ by 140 μV for − limit
(b) $v_+ > v_-$ by 21.7 μV for + limit and $v_- > v_+$ by 23.3 μV for − limit
(c) $v_+ > v_-$ by 5.0 μV for + limit and $v_- > v_+$ by 5.4 μV for − limit

3-2 5.2×10^3 or 74 dB

3-3 6.5×10^6

3-4 (a) 0.001% (b) 1.0×10^{-6}%

3-6 $R_1 = 5.9$ kΩ; $R_2 = 44.1$ kΩ

3-11 $t_r = 4.2$ ns; $\Delta v/\Delta t = 2400$ V/μs

3-16 (a) $v_o = \frac{v_1 R_{f1} R_{f2}}{R_1 R_4} + \frac{v_2 R_{f1} R_{f2}}{R_2 R_4} - \frac{v_3 R_{f2}}{R_3}$
(b) $v_o = v_1 + 10v_2 - 30v_3$

3-21 12.75 cm from common end

Chapter 4

4-1 (a) 100101 (b) 1011101
(c) 10000001 (d) 101100011

4-2 (a) 0011 0111 (b) 1001 0011
(c) 0001 0010 1001 (d) 0011 0101 0101

4-4 (a) 6 (b) 29
(c) 101 (d) 859

4-5 (a) 9 (b) 99
(c) 343 (d) 968

4-7 (a) $1101_2 = 13_{10}$ (b) $101101100_2 = 364_{10}$
(c) $111111_2 = 63_{10}$ (d) $10010_2 = 18_{10}$

4-8 (a) 0.047 V (b) 0.0029 V
(c) 0.00018 V

4-11 (a) 1.25 Hz (b) 25 Hz

4-12 100 kHz

Chapter 5

5-7 (a) $S/N = 321$ (b) $n = 22$

5-8 (a) $S/N = 5.1$ (b) $n = 31$

5-9 1.28×10^{-4} V; noise reduced by a factor of 100

5-10 $n = 10{,}000$

5-11 Middle is improved by 7.1; bottom by 14.1; bottom by 2 over middle.

5-12 $(S/N)_D = 3.9(S/N)_A$

Chapter 6

6-2 $\nu = 5.48 \times 10^{17}$ Hz; $E = 3.63 \times 10^{-16}$ J;
$E = 2.27 \times 10^3$ eV

6-3 $\nu = 8.524 \times 10^{13}$ Hz; $\lambda = 3.517$ μm;
$E = 5.648 \times 10^{-20}$ J

6-4 $\lambda = 119.9$ cm; $E = 1.66 \times 10^{-25}$ J

6-5 $v_{species} = 2.68 \times 1010$ cm s^{-1}; $n = 5.09 \times 10^{14}$ Hz; $\lambda_{species} = 527$ nm

6-6 2.41

6-7 273 nm

6-8 492 nm

6-9 **(a)** 8.10×10^{-20} J **(b)** 4.22×10^{5} m s^{-1}

6-10 1.7 μm

6-11 **(a)** 243 nm **(b)** 466 nm

6-12 17.3%

6-14 **(a)** 67.1%; **(b)** 15.9%; **(c)** 7.2%; **(d)** 87.9%

6-15 **(a)** 0.644; **(b)** 0.040; **(c)** 0.341; **(d)** 1.66

6-16 **(a)** 81.9%; **(b)** 39.9%; **(c)** 26.8%; **(d)** 93.8%

6-17 **(a)** 0.945; **(b)** 0.341; **(c)** 0.642; **(d)** 1.96

6-18 2.34×10^{-3} M

6-19 1.69×10^{-4} M

Chapter 7

7-3 **(a)** 644 nm **(b)** 1.16 μm **(c)** 2.32 μm

7-4 **(a)** 2.33×10^{7} W m^{-2}

(b) 2.22×10^{6} W m^{-2}

(c) 1.39×10^{5} W m^{-2}

7-5 **(a)** 1010 nm and 773 nm

(b) 3.86×10^{2} W cm^{-2} and 1.125×10^{3} W cm^{-2}

7-9 **(a)** 2.43 μm **(b)** 3.48 μm, 2.17 μm, etc.

7-12 2072 lines/mm

7-13 $\lambda/\Delta\lambda = 1350$; $\Delta\bar{\nu} = 0.89$ cm^{-1}

7-16 3.0

7-18 **(a)** 4.80×10^{4}

(b) 0.42 nm/mm and 0.21 nm/mm

7-22 **(a)** 1.6×10^{5} Hz **(b)** 9.6×10^{4} Hz **(c)** 1.0×10^{4} Hz **(d)** 2.2×10^{3} Hz

7-23 **(a)** 1.7 cm **(b)** 0.082 cm

Chapter 8

8-8 **(a)** 5.5×10^{-3} nm (0.055 Å)

(b) 6.9 3 10^{-3} nm (0.069 Å)

8-9 for Na and Mg^{+}, respectively, N_j/N_0

(a) 3.85×10^{-6} and 1.16×10^{-12}

(b) 7.6×10^{-4} and 8.0×10^{-8}

(c) 0.10 and 2.5×10^{-3}

Chapter 9

9-11 104 mm

9-12

	Height	T	$N_j/N_0 \times 10^4$	I_x/I_y
(a)	2.0	1973	2.22	1.00
(b)	3.0	2136	4.58	2.06
(c)	4.0	2092	3.81	1.72
(d)	5.0	1998	2.50	1.13

9-14

	Na	Mg^+
(a)	2.7×10^{-5}	6.9×10^{-11}
(b)	6.6×10^{-4}	5.9×10^{-8}
(c)	0.051	5.7×10^{-4}

9-15 **(a)** 1.2×10^{-5} **(b)** 1.8×10^{-2}

연습문제 일부의 해답(계속)

9-16 0.046 ± 0.009 μg Pb/mL

9-20 0.283 ppm Pb

Chapter 10

10-4 **(a)** 3.15 Å/mm **(b)** 1.05 Å/mm

Chapter 11

11-3 To atomize and ionize species.

11-4 Relative abundance or intensity (y-axis) versus mass-to-charge ratio (x-axis).

11-10 To compensate for instrument drift and noise, torch instabilities, and some matrix effects.

Chapter 12

12-1 0.25 Å

12-2

	V_{min} for Kβ_1, kV	V_{min} for Lβ_1, kV
(a)	112	17.2
(b)	3.59	No line
(c)	5.95	0.58
(d)	34.9	4.62

12-5 2.38×10^{-3} cm

12-6 **(a)** 4.92 cm^2/g **(b)** 11.8%

12-7 3.84×10^{-3} cm

12-8 **(a)** 1.18% **(b)** 0.0503%

12-9 for Fe, Se, and Ag, respectively,

(a) 80.9°, 42.9°, 21.1°

(b) 51.8°, 28.5°, 14.2°

(c) 36.4°, 20.3°, 10.1°

12-11 **(a)** 4.046 kV **(b)** 1.323 kV

(c) 20.94 kV **(d)** 25.00 kV

Chapter 13

13-1 **(a)** 90.8% **(b)** 12.1%

(c) 56.9% **(d)** 41.8%

(e) 36.7% **(f)** 30.7%

13-2 **(a)** 1.27 **(b)** 0.308

(c) 0.405 **(d)** 0.623

(e) 0.907 **(f)** 0.801

13-3 **(a)** 95.3% **(b)** 34.8%

(c) 75.4% **(d)** 64.6%

(e) 60.6% **(f)** 55.4%

13-4 **(a)** 0.968 **(b)** 0.007

(c) 0.103 **(d)** 0.322

(e) 0.606 **(f)** 0.500

13-5 1.80×10^4 L mol^{-1} cm^{-1}

13-7 **(a)** 0.396 **(b)** 40.2%

(c) 1.70×10^{-5} M

13-8 **(a)** 0.313 **(b)** 0.391

(c) 48.6% and 40.6% **(d)** 0.614

13-9 0.100

13-15 **(a)** 51.4% T and A = 0.289

(b) 0.717 **(c)** 0.264

Chapter 14

14-1 22.0 ppm

14-2 0.0795%

14-6 3.89×10^{-5} M

14-7 0.0150%

14-8 **(a)** $c_{Ni} = 5.34 \times 10^{-5}$ M; $c_{Co} = 5.00 \times 10^{-5}$ M

(b) $c_{Co} = 1.88 \times 10^{-4}$ M; $c_{Ni} = 3.99 \times 10^{-5}$ M

14-9 **(a)** $c_A = 3.95 \times 10^{-5}$ M; $c_B = 5.69 \times 10^{-6}$ M

(b) $c_A = 2.98 \times 10^{-5}$ M; $c_B = 1.23 \times 10^{-6}$ M

14-10 **(a)** At 485 nm, $\varepsilon_{In} = 150$; $\varepsilon_{HIn} = 974$.

At 625 nm, $\varepsilon_{In} = 180°$; $\varepsilon_{HIn} = 362$.

(b) $K_a = 1.86 \times 10^{-6}$ (c) pH = 4.58

(d) $K_a = 1.81 \times 10^{-6}$

(e) $A_{485} = 0.131$; $A_{625} = 0.391$

14-14 $c_{Al} = 0.41\ \mu M$

14-15 [tryptamine] = 3.0×10^{-2} M

14-21 $K_f = 7.16 \times 10^9$

14-22 $K_f = 3.45 \times 10^5$

Chapter 15

15-4 **(a)** Fluorescein **(b)** *o,o'*-Dihydroxyazobenzene

15-7 **(b)** $F = 22.35c + 3.57 \times 10^{-4}$

(d) 0.544 μmol/L **(e)** 0.015%

(f) 0.010%

15-9 196 mg

15-10 3.00%

15-11 1.37×10^{-5} M

Chapter 16

16-1 **(a)** 1.90×10^3 N/m **(b)** 2083 cm^{-1}

16-2 **(a)** 4.81×10^2 N/m **(b)** 2075 cm^{-1}

16-5 6600 cm^{-1} or 1.5 μm

16-6 3300 cm^{-1} or 3.0 μm

16-7 three vibrational modes and three absorption bands

16-8 **(a)** inactive **(b)** active

(c) active **(d)** active

(e) inactive **(f)** active

(g) inactive

16-11 **(a)** $N_1/N_0 = 8.9 \times 10^{-7}$

(b) $N_2/N_0 = 7.9 \times 10^{-13}$

16-14 400 interferograms

16-15 **(a)** 6.07 kHz **(b)** 6.13 kHz

(c) 6.20 kHz

Chapter 17

17-2 vinyl alcohol, $CH_2{=}CH{-}CH_2{-}OH$

17-4 acrolein, $CH_2{=}CH{-}CHO$ with H_2O contaminant

17-5 propanenitrile, $CH_3CH_2C{\equiv}N$

17-10 1.18×10^{-2} cm

17-11 0.0165 cm

17-12 7.9×10^{-3} cm

Chapter 18

18-3 **(a)** $\lambda_{ex} = 632.8$ nm **(b)** $\lambda_{ex} = 488.0$ nm

$\Delta\bar{\nu}$, cm^{-1}	λ_{st}	λ_{ast}	λ_{st}	λ_{ast}
488	653.0	613.8	499.9	476.6
725	663.2	605.0	505.9	471.3
875	669.9	599.6	509.8	468.0
925	672.1	597.8	511.1	466.9
1350	691.9	583.0	522.4	457.8

18-4 **(a)** 2.83

(b) Detector efficiency is wavelength dependent.

18-5 **(a)** 0.342 (20°C) and 0.367 (40°C)

(b) 0.105 and 0.121

(c) 0.0206 and 0.0264

18-7 **(a)** $\frac{I_\perp}{I_\parallel} = 0.77$ **(b)** $\frac{I_\perp}{I_\parallel} = 0.012$ polarized

연습문제 일부의 해답(계속)

(c) $\frac{I_\perp}{I_\parallel}$ = 0.076 polarized **(d)** $\frac{I_\perp}{I_\parallel}$ = 0.76

Chapter 19

19-7 **(a)** 499 MHz **(b)** 125 MHz
(c) 469 MHz **(d)** 201 MHz

19-8 **(a)** 15 MHz **(b)** 50 MHz
(c) 76 MHz **(d)** 125 MHz
(e) 201 MHz **(f)** 227 MHz

19-9 **(a)** 299 Hz **(b)** 450 Hz
(c) 1200 Hz
(d) δ = 1.5 independent of field strength

19-11 **(a)** N_j/N_0 = 0.9999845 (b) 0.9999697
(c) 0.9999544

19-17 N_j/N_0 = 0.99998

19-24 Pairs of wire loops in which currents produce small magnetic fields that compensate for inhomogeneities in the primary magnetic field.

19-25 To overcome the effects of small field inhomogeneities.

19-29 (a) Singlet at δ = 1.2~1.4.
(b) Quartet at about δ = 3.4 and triplet at δ = 1.2.
(c) Singlet at δ = 3.2 and a single peak at δ = 3.4.

19-31 Ethyl bromide, CH_3CH_2Br.

19-33 Methyl ethyl ketone.

19-37 Phenacetin.

Chapter 20

20-5 **(a)** 0.126~0.546 T (b) 3000~160 V

20-6 8.95 V

20-7 31.3 μs

20-11 **(a)** 2.22×10^3 (b) 770
(c) 7.09×10^4 (d) 4.15×10^3

20-13 **(a)** $(M + 2)^+/M^+ = 1.96$
$(M + 4)^+/M^+ = 0.96$
(b) $(M + 2)^+/M^+ = 1.30$
$(M + 4)^+/M^+ = 0.32$
(c) $(M + 2)^+/M^+ = 0.65$
$(M + 4)^+/M^+ = 0.106$

20-15 **(a)** $V_2/V_1 = m(P^+)/[m(P^+) + 1.00335]$
(b) $m(P^+) = 80.92$

20-17 m/z = 131 due to $^{35}Cl_3CCH_2{}^+$
m/z = 133 due to $^{37}Cl^{35}Cl_2CCH_2{}^+$
m/z = 135 due to $^{37}Cl_2{}^{35}ClCCH_2{}^+$
m/z = 117 due to $^{35}Cl_3C^+$
m/z = 119 due to $^{37}Cl^{35}Cl_2C^+$
m/z = 121 due to $^{37}Cl_2{}^{35}ClC^+$

Chapter 21

21-4 **(a)** 162.1 eV **(b)** S^0
(c) 1309.9 eV **(d)** 1076.8 eV

21-5 **(a)** 406.3 eV **(b)** 822.2 eV
(c) By obtaining the peak with sources of differing energy, such as the Al and Mg X-ray tubes. Auger peaks do not change with the two sources, whereas XPS peaks do.
(d) 403.4 eV

Chapter 22

22-1 **(a)** 0.718 V **(b)** 0.639 V
(c) 0.158 V

22-2 **(a)** 0.012 V **(b)** 1.008 V
(c) 0.482 V

22-3 (**a1**) -0.101 V (**a2**) -0.104 V
(**b1**) 0.771 V (**b2**) 0.750 V

22-5 (**a**) -0.057 V (**b**) -0.09 V
(**c**) 0.694 V (d) 0.178 V

22-6 (**a**) 1.20 V (**b**) 0.299 V

22-7 (**a**) 0.297 V spontaneous as written
(**b**) -0.644 V not spontaneous as written
(**c**) -0.840 V not spontaneous as written

22-9 -0.90 V

22-10 -0.367 V

22-11 -0.037 V

22-12 -1.92 V

22-13 1.85×10^{-4}

22-15 0.299 V

22-16 -0.675 V

22-17 0.24 V

Chapter 23

23-13 (**a**) 0.514 V (**b**) -1.092 V
(**c**) -0.553 V (**d**) 0.482 V

23-14 (**a**) 0.031 V
(**b**) SCE‖CuBr(포화), Br^-(xM)|Cu
(**c**) pBr = $(E_{cell} + 0.213)/0.0592$
(**d**) 2.28

23-15 (**a**) 0.366 V
(**b**) SCE‖Ag_3AsO_4(포화), AsO_4^{3-}(xM)|Ag
(**c**) $pAsO_4 = \dfrac{(E_{cell} - 0.122) \times 3}{0.0592}$
(**d**) 3.60

23-16 3.75

23-17 3.48

23-18 0.604 V

23-19 9.8×10^6

23-20 (**a**) 5.21 and 6.18×10^{-6}
(**b**) 4.07 and 8.51×10^{-5}
(**c**) for (a), 5.19~5.23; for (b), 4.05~4.09

23-21 4.82

23-22 2.75×10^{-16}

23-23 1.69×10^{-5}

23-25 (**a**) 5.372
(**b**) 3.64×10^{-6}~4.97×10^{-6}
(**c**) -23.3% and 16.7%

23-26 4.28×10^{-4}%

Chapter 24

24-1 (**a**) -1.409 V (**b**) 0.198 V

24-2 (**a**) -0.050 V (**b**) -0.079 V
(**c**) -0.199 V (**d**) -0.189 V
(**e**) -0.043 V

24-5 (**a**) 0.432 V (**b**) 0.277 V
(**c**) -0.080 V

24-6 (**a**) 17.1 min (**b**) 5.69 min

24-7 (**a**) 9.44 min (**b**) 6.29 min
(**c**) 2.70 min

24-9 0.778%

24-10 727 g/equiv

24-11 33.7 μg

연습문제 일부의 해답(계속)

Chapter 25

25-10 **(a)** −0.119 V **(b)** +0.059 V

25-11 7.5 mV/s

25-13 1.56×10^{-4} M

25-15 **(a)** 1.92×10^{-12} cm^2
(c) 1.48 nA
(d) 0.0382 s

Chapter 26

26-14 **(a)** $N_A = 2562$ **(b)** $\overline{N} = 2455$ or 2500
$N_B = 2472$ $s = 100$
$N_C = 2263$
$N_D = 2523$
(c) $H = 0.010$ cm

26-15 **(a)** $k_A = 1.0$ **(b)** $K_A = 8.4$
$k_B = 3.3$ $K_B = 27$
$k_C = 4.1$ $K_C = 34$
$k_D = 6.0$ $K_D = 50$

26-16 **(a)** $R_s = 2.01$ **(b)** $a_{C,B} = 1.24$
(c) L = 38.2 cm **(d)** $(t_R)_2 = 24.3$ or 24 min

26-17 **(a)** $R_s = 3.9$ **(b)** $L = 10.2$

26-18 **(a)** $\overline{N} = 2.7 \times 10^3$ **(b)** $s = 100$
(c) $H = 0.015$ cm

26-19 **(a)** $R_s = 1.1$ **(b)** $R_s = 2.7$
(c) $R_s = 3.7$

26-20 **(a)** $N = 4.7 \times 10^3$ **(b)** $L = 69$ cm
(c) $t_R = 19$ min

26-21 **(a)** $k_1 = 4.3$; $k_2 = 4.7$; $k_3 = 6.1$
(b) $K_1 = 14$; $K_2 = 15$; $K_3 = 19$
(c) $\alpha_{2,1} = 1.11$; $\alpha_{3,2} = 1.28$

26-22 dehydroepiandrosterone = 14.99%; estradiol = 18.10%; estrone = 27.40%; testosterone = 22.99%; estriol = 16.52%

Chapter 27

27-8 Total ion chromatogram: ion abundances are summed and plotted versus time.
Mass chromatogram: one m/z abundance is plotted versus time.

27-11 Diatomaceous earth with particle diameters from 250 to 170 μm or 170 to 149 μm.

27-14 Greater physical strength and flexibility and less reactivity toward analytes.

27-16 Thickness affects rate of analyte migration and band broadening.

27-21 558

27-22 **(a)** 30.2 mL/min
(b) 8.3 mL; 54.7 mL; 115.0 mL; 219.1 mL
(c) 24.1 mL/g; 55.5 mL/g; 109.6 mL/g
(d) $K_1 = 33.8$; $K_2 = 77.8$; $K_3 = 154$
(e) $t'_R = 35.83$ min; $V_0^R = 990$ mL

27-23 **(a)** $k_1 = 5.6$; $k_2 = 13$; $k_3 = 25$
(b) $\alpha_{2,1} = 2.3$; $\alpha_{3,2} = 2.0$
(c) $N = 1.7 \times 10^3$ plates; $H = 0.064$ cm
(d) $(R_s)_{2,1} = 7.5$; $(R_s)_{3,2} = 6.4$

27-28 Low molecular mass gases, like CO_2, CO, and oxides of nitrogen.

Chapter 28

28-10 **(a)** diethyl ether, benzene, n-hexane
(b) acetamide, acetone, dichloroethane

28-11 **(a)** ethyl acetate, dimethylamine, acetic acid
(b) hexane, propylene, benzene, dichloroben-

zene

28-14 Nonvolatile and thermally unstable compounds can be separated by HPLC but not GC.

28-20

R_s	N
0.50	5,476
0.75	12,321
0.90	17,742
1.0	21,904
1.10	26,504
1.25	34,225
1.50	49,284
1.75	67,081
2.0	87,616
2.5	136,900

If the second peak were twice as broad as the first, R_s and N would be smaller.

28-21

Time, h	Concentration of Ibuprofen, mg/mL	% Change/0.5 h
0		
0.5	14.05	
1.0	12.28	12.61
1.5	7.79	36.53
2.0	5.62	27.85
3.0	3.34	20.29
4.0	2.86	7.17
6.0	2.43	3.76
8.0	1.90	5.42

From the table, the largest percentage loss occurs between 1.0 and 1.5 h.

28-22 **(a)** $k_1 = 26.7$

(b) 71% $CHCl_3$ and 29% *n*-hexane

Chapter 30

30-5 **(a)** 2.8×10^5 **(b)** 5.5×10^5

(c) 8.3×10^5

30-6 3.9 min

Chapter 31

31-2 %Ca = 7.1

%Ba = 38.8

Chapter 32

32-4 8.93 days

32-5 **(a)** 10 counts or 10.0%

(b) 29.2 counts or 3.43%

(c) 89.4 counts or 1.12%

(d) 200 counts or 0.50%

32-6 **(a)** 40 counts or 6.7%

(b) 48 counts or 8.0%

(c) 63 counts or 10.5%

32-7 **(a)** 443 cpm **(b)** 5.79 cpm

(c) 95% CI = 443 ± 11 cpm

32-8 **(a)** 2079 counts **(b)** 431 counts

32-9 18.4 h

32-11 14.5 h

32-14 559 mL

32-15 5.31 mg

32-16 29 g

32-18 3.30 ppm

Chapter 34

34-10 11.4 nm; the diameter of a hypothetical sphere with the same translational diffusion coefficient

34-11 1.020×10^{-10} cm^2/s

34-12 3.042×10^{-4} cm/s; 3287 s

34-13 0.354 s; 9000 G

34-14 100 nm

연습문제 일부의 해답(계속)

Appendix 1

a1-1

		A	B	C	D
(a)	$\bar{x}$	61.23	3.25	12.10	1.6
	df	3	6	2	4
(b)	s	0.11	0.02	0.06	0.2
	df	2	5	1	3
(c)	CV	0.17%	0.60%	0.47%	13.5%
(d)	s_m	0.061	0.008	0.040	0.11

a1-2

	A	B	C	D
(a) 절대 오차	−0.29	−0.03	−0.13	−0.15
(b) 상대 오차	−0.47%	−0.82%	−1.1%	−8.6%

a1-3 (a) −2.0% (b) −0.5%
(c) −0.2% (d) −0.1%

a1-4 (a) 10 g (b) 2.1 g
(c) 1.3 g (d) 0.87 g

a1-5 $N = 1 \times 10^4$

a1-6 $N = 13.5$ (14 replicates)

a1-7 −25 ppt

a1-8 (a)

시료	평균	표준 편차
1	5.12	0.08
2	7.11	0.12
3	3.99	0.12
4	4.74	0.10
5	5.96	0.11

(b) $s_{\text{pooled}} = 0.11\%$

(c) s_{pooled} is a weighted average of the individual estimates of σ. It uses all the data from the five samples. The reliability of s improves with the number of results.

a1-9 (a)

병	표준 편차
1	0.096
2	0.077
3	0.084
4	0.090
5	0.104
6	0.083

(b) $s_{\text{pooled}} = 0.088$

a1-10

	s_y	CV	y
(a)	0.030	−2%	1.44(±0.03)
(b)	0.089	0.42%	21.26(±0.09)
(c)	0.14×10^{-16}	1.8%	$7.5(\pm 0.1) \times 10^{-16}$
(d)	750	0.58%	$1.290(\pm 0.008) \times 10^5$
(e)	0.005	6.9%	$7.6(\pm 0.5) \times 10^{-2}$
(f)	1.1×10^{-4}	1.34%	$8.1(\pm 0.1) \times 10^{-3}$

a1-11

	s_y	CV	y
(a)	3×10^{-10}	−4%	$6.7(\pm 0.3) \times 10^{-9}$
(b)	0.1	8.4%	1.2(±0.1)
(c)	3	25%	12(±3)
(d)	6.8	4.3%	158(±7)
(e)	25	50%	50(±25)
(f)	1.5×10^{-5}	2.4%	$6.0(\pm 0.2) \times 10^{-4}$

a1-12

	A	B	C	D	E	F
$\bar{x}$	3.1	70.19	0.82	2.86	70.53	0.494
s	0.37	0.08	0.05	0.24	0.22	0.016
CI	±0.5	±0.20	±0.08	±0.30	±0.34	±0.020

The 95% confidence interval establishes the range about the mean that the true value should lie 95% of the time if the errors are random.

a1-13 Set A, 95% CI = ±0.18; set B, 95% CI = ±0.079; set C, 95% CI = ±0.009; set D, 95% CI = ±0.26; set E, 95% CI = ±0.15; set F, 95% CI = ±0.013

a1-14 (a) $\bar{x} \pm 0.029$

(b) $N = 11.9$ or 12 measurements

a1-15 (a) $\bar{x} \pm 0.76$

(b) $N = 6.9$ or 7 measurements

a1-16 Bias is suggested at the 95% confidence level.

a1-17 (a) Systematic error is suggested.

(b) No systematic error is demonstrated.

a1-18 For C, no systematic error is suggested, but for

H, a systematic error is indicated.

a1-19 $V = 5.20\ \text{cm}^3$; $s_V = 0.15\ \text{cm}^3$

a1-20 At pH = 2.0, s for $[H_3O^+] = 2.3 \times 10^{-4}$; at pH 12.0, s for $[H_3O^+] = 2.3 \times 10^{-14}$.

a1-21 $s = 7.5 \times 10^{-5}$ g/mL

a1-24 **(a)** 기울기= 5.57, 절편 = 0.90

(c) 1.69 mmol/L

(d) For one measurement, $s_{MVK} = 0.080$;
RSD = 0.0482 (CV = 4.8%).
For four replicate measurements, $s_{MVK} = 0.052$; RSD = 0.308 (CV = 3.1%).

(e) $c_{\text{MVK}} = 3.93$ mmol/L
For one measurement, $s_{\text{MVK}} = 0.08$;
RSD = 0.0203(CV = 2.03%).
For four measurements, $s_{\text{MVK}} = 0.05$;
RSD = 0.0126(CV = 1.26%).

찾아보기
Index

▸▸ ㅈ ◂◂

▸▸ ㅊ ◂◂

▸▸ ㅋ ◂◂

▸▸ ㅌ ◂◂

▸▸ ㅍ ◂◂

▸▸ ㅎ ◂◂

▸▸ A ◂◂

▸▸ B ◂◂

C

D

E

F

G

▸▸ T ◂◂

▸▸ U ◂◂

▸▸ V ◂◂

▸▸ W ◂◂

▸▸ X ◂◂

▸▸ Z ◂◂

▸▸ 기타 ◂◂

USEFUL CONVERSION FACTORS AND RELATIONSHIPS

Length	Mass
SI unit: Meter (m) 1 kilometer = 1000 meters = 0.62137 mile 1 meter = 100 centimeters 1 centimeter = 10 millimeters 1 nanometer = 1×10^{-9} meter 1 picometer = 1×10^{-12} meter 1 inch = 2.54 centimeters (exactly) 1 Ångstrom = 1×10^{-10} meter	**SI unit: Kilogram (kg)** 1 kilogram = 1000 grams 1 gram = 1000 milligrams 1 pound = 453.59237 grams = 16 ounces 1 ton = 2000 pounds
Volume	**Pressure**
SI unit: Cubic meter (m^3) 1 liter (L) = 1×10^{-3} m^3 = 1000 cm^3 = 1.056688 quarts 1 gallon = 4 quarts	**SI unit: Pascal (Pa)** 1 pascal = 1 N/m^2 = 1 $kg/m \cdot s^2$ 1 atmosphere = 101.325 kilopascals = 760 mmHg = 760 torr = 14.70 lb/in^2
Energy	**Temperature**
SI unit: Joule (J) 1 joule = 1 kg m^2/s^2 = 0.23901 calorie = 1 C × 1 V 1 calorie = 4.184 joules	**SI unit: kelvin (K)** $T(\text{K}) = T(°\text{C})(1\ \text{K}/°\text{C}) + 273.15\ \text{K}$ $T(°\text{C}) = (5°\text{C}/9°\text{F})[T(°\text{F}) - 32°\text{F}]$ $T(°\text{F}) = (9°\text{F}/5°\text{C})T(°\text{C}) + 32°\text{F}$

SYMBOLS FOR COMMON PHYSICAL AND CHEMICAL QUANTITIES

Symbol	Quantity	Symbol	Quantity
A	absorbance, area	S/N	signal-to-noise ratio
a	absorptivity, activity	T	transmittance, temperature
B	magnetic field strength	t	time
C	capacitance	V	dc voltage, volume
D	diffusion coefficient	v	ac voltage, velocity
d	diameter, spacing	X	reactance
E	electrical potential, energy	$\bar{x}$	sample mean
e^-	electron	Z	impedance
F	faraday		
f	frequency		
G	conductance, free energy		
H	enthalpy	η	(eta) viscosity
I	dc current	γ	(gamma) activity coefficient
i	ac current	ε	(epsilon) molar absorptivity
K	equilibrium constant	λ	(lambda) wavelength
L	inductance	μ	(mu) population mean
n	number of moles, refractive index	ν	(nu) frequency
n	spectral order	$\bar{\nu}$	wavenumber
P	radiant or electrical power	ρ	(rho) density
Q	quantity of dc charge	σ	(sigma) population standard deviation
q	quantity of ac charge	τ	(tau) period, time constant
R	electrical resistance, gas constant	ϕ	(phi) phase angle
s	sample standard deviation	ω	(omega) angular velocity

THE VISIBLE SPECTRUM

Wavelength Region, nm	Color	Complementary Color
400–435	Violet	Yellow-green
435–480	Blue	Yellow
480–500	Blue-green	Red
500–560	Green	Purple
560–580	Yellow-green	Violet
580–595	Yellow	Blue
595–650	Orange	Green-blue
650–750	Red	Blue-green

SYMBOLS FOR UNITS

A	ampere	Hz	hertz
Å	ångström	J	joule
atm	atmosphere	K	kelvin
C	coulomb	L	liter
°C	degree Celsius	M	mole/liter
°	angular degree	m	meter
eV	electron volt	min	minute
F	farad	s	second
G	gauss	T	tesla
g	gram	V	volt
h	hour	W	watt
		Ω	(omega) ohm

MULTIPLICATIVE PREFIXES

Prefix	Symbol	Factor
atto	a	10^{-18}
femto	f	10^{-15}
pico	p	10^{-12}
nano	n	10^{-9}
micro	μ	10^{-6}
milli	m	10^{-3}
centi	c	10^{-2}
deci	d	10^{-1}
kilo	k	10^{3}
mega	M	10^{6}
giga	G	10^{9}
tera	T	10^{12}